Bergmann · Schaefer
Lehrbuch der Experimentalphysik
Band 6   Festkörper

Bergmann · Schaefer

Lehrbuch der Experimentalphysik

Band 6

Walter de Gruyter
Berlin · New York 2005

Festkörper

Herausgeber Rainer Kassing

Autoren

Stefan Blügel, Margret Giesen, Burkard Hillebrands
Hartmut Hillmer, Harald Ibach, Rainer Kassing
Hilbert v. Löhneysen, Peter Luger, Josef Salbeck
Udo Scherz, Werner Schilling, Ludwig K. Thomas

Unter Mitwirkung von Paul Fumagalli

2., überarbeitete Auflage

Walter de Gruyter
Berlin · New York 2005

Herausgeber

Prof. Dr. Rainer Kassing
Universität Kassel
Makromolekulare Chemie und
makromolekulare Materialien
Heinrich-Plett-Str. 40
34132 Kassel
kassing@physik.uni-kassel.de

Lektorat

Prof. Dr. Paul Fumagalli
Institut für Experimentalphysik
Freie Universität Berlin
Arnimallee 14
14195 Berlin
paul.fumagalli@physik.fu-berlin.de

Das Buch enthält 618 Abbildungen, 17 Farbbilder und 39 Tabellen.

1. Auflage 1992 Herausgeber Wilhelm Raith
2. Auflage 2005 Herausgeber Rainer Kassing

ISBN 3-11-017485-5

Bibliografische Information Der Deutschen Bibliothek

Die Deutsche Bibliothek verzeichnet diese Publikation in der Deutschen
Nationalbibliografie; detaillierte bibliografische Daten sind im Internet
über ⟨http://dnb.ddb.de⟩ abrufbar.

Vorwort

Das nach den Begründern und ersten Autoren – Ludwig Bergmann und Clemens Schäfer – benannte mehrbändige Lehrbuch der Experimentalphysik hat folgenden Aufbau:

Für Studenten im Grundstudium:

Band 1   Mechanik · Akustik · Wärme
Band 2   Elektrizität und Magnetismus

Für Studenten im Hauptstudium, für Natur- und Ingenieurwissenschaftler in Lehre, Forschung, Industrie:

Band 3   Optik
Band 4   Teilchen
Band 5   Vielteilchen-Systeme
Band 6   Festkörper
Band 7   Erde und Planeten

Der vorliegende Band 6 ist dem grundlegenden Verständnis des Festkörpers gewidmet.

Seit es Menschen gibt, dienen Festkörper dem Überleben der Menschheit. Um die Festkörper den gewünschten Anwendungen optimal anzupassen, ist ein grundlegendes Verständnis ihrer Eigenschaften unabdingbar, erst ein solches gestattet, diese als optimierte Werkstoffe zu verwenden.

Insbesondere die elektrischen und optischen Eigenschaften der Festkörper haben erst die Entwicklung unserer heutigen Informationsgesellschaft möglich gemacht. Daher spielen die Festkörper in Form der Halbleiter in der Mikro- und Opto-Elektronik als wirtschaftlicher Motor unserer Gesellschaft eine entscheidende Rolle.

Das mikroskopische Verständnis der Materialgemeinschaften bis in atomare Dimensionen wird über die sog. Nanotechnologie unsere gesellschaftliche Zukunft entscheidend beeinflussen.

Dieser Band beinhaltet daher zunächst die Grundlagen der Festkörperphysik und anschließend die Kristallstrukturen, die zugehörigen Fehlordnungen und die Physik der Oberflächen. Danach werden die elektrischen, optischen und magnetischen Eigenschaften behandelt sowie die Nutzung der Festkörper als Werkstoffe beschrieben. Dabei werden sowohl die Grundlagen als auch die neuesten Ergebnisse vermittelt.

Dies wurde allein dadurch möglich, dass die einzelnen Kapitel von verschiedenen Autoren, die Experten des jeweiligen Gebietes sind, geschrieben wurden. Alle Autoren haben sich – in Abstimmung mit dem Herausgeber und den anderen Autoren – bemüht, nicht nur eine Sammlung von Einzelbeiträgen, sondern ein homogenes, gut lesbares Buch über Festkörper zu verfassen, so wie es in dieser Form nicht noch einmal existiert.

Kassel, August 2005   *Rainer Kassing*

Autoren

Prof. Dr. Stefan Blügel
Forschungszentrum Jülich GmbH
Institut für Festkörperforschung
52425 Jülich
s.bluegel@fz-juelich.de

PD Dr. Margret Giesen
Forschungszentrum Jülich GmbH
Institut für Schichten und
Grenzflächen ISG 4
52425 Jülich
m.giesen@fz-juelich.de

Prof. Dr. Burkhard Hillebrands
Technische Universität Kaiserslautern
Fachbereich Physik
Erwin-Schrödinger-Str. 56
67663 Kaiserslautern
hilleb@physik.uni-kl.de

Prof. Dr. Hartmut Hillmer
Universität Kassel
Fachbereich Elektrotechnik/Informatik
Heinrich-Plett-Str. 40
34132 Kassel
hillmer@uni-kassel.de

Prof. Dr. Harald Ibach
Forschungszentrum Jülich GmbH
Institut für Schichten und
Grenzflächen ISG 3
52425 Jülich
h.ibach@fz-juelich.de

Prof. Dr. Rainer Kassing
Universität Kassel
Institut für Technische Physik
Heinrich-Plett-Str. 40
34132 Kassel
kassing@physik.uni-kassel.de

Prof. Dr. Hilbert v. Löhneysen
Universität Karlsruhe
Physikhochhaus
Wolfgang-Gaede-Str. 1
76131 Karlsruhe
h.vl@physik.uni-karlsruhe.de

Prof. Dr. Peter Luger
Freie Universität Berlin
Institut für Chemie/Kristallographie
Takustr. 6
14195 Berlin
luger@chemie.fu-berlin.de

Prof. Dr. Josef Salbeck
Universität Kassel
Makromolekulare Chemie und
makromolekulare Materialien
Heinrich-Plett-Str. 40
34132 Kassel
salbeck@uni-kassel.de

Prof. Dr. Udo Scherz
Technische Universität Berlin
Institut für Theoretische Physik
Hardenbergstr. 36
10623 Berlin
scherz@physik.tu-berlin.de

Prof. Dr. Werner Schilling
Haubourdinstr. 12
52428 Jülich
prof.w.schilling@t-online.de

Prof. Dr. Ludwig K. Thomas
Technische Universität Berlin
Institut für Metallforschung
Hardenbergstr. 36
10623 Berlin
lkthomas@physik.tu-berlin.de

Inhalt

1 Grundlagen der Festkörperphysik
Udo Scherz

1.1	Bindungen im Festkörper	3
1.1.1	Valenzkristalle	3
1.1.2	Metalle	5
1.1.3	Ionenkristalle	6
1.1.4	Molekülkristalle und Polymere	7
1.1.5	Amorphe Festkörper, Gläser und Keramiken	8
1.1.6	Biologische Festkörper	10
1.1.7	Züchtung von Halbleiterkristallen	11
1.1.8	Nanostrukturen	16
1.2	Mechanische Eigenschaften	18
1.2.1	Elastische Konstanten	18
1.2.2	Gitterschwingungen	20
1.3	Thermische Eigenschaften	40
1.3.1	Wärmekapazität	41
1.3.2	Thermische Ausdehnung	43
1.3.3	Wärmeleitung	44
1.4	Bändermodell	46
1.4.1	Elektronengas	52
1.4.2	Bestimmung der Energiebänder	54
1.4.3	Grundzustandseigenschaften	59
1.5	Elektrische Eigenschaften	65
1.5.1	Effektive Masse der Kristallelektronen	66
1.5.2	Elektrische Leitfähigkeit	73
1.5.3	Bilanzgleichungen	79
1.6	Optische Eigenschaften	82
1.7	Gestörte Halbleiter	91
1.7.1	Donatoren, Akzeptoren	92
1.7.2	Flache Störstellen	94
1.7.3	Oberflächen, Grenzflächen	95
1.7.4	Heterostrukturen	98
1.8	Tiefe Zentren in Halbleitern und Isolatoren	100
1.8.1	Farbzentren	101
1.8.2	Experimentelle Methoden	104
1.8.3	Spezielle Zentren	108

2 Kristallstukturen
Peter Luger

2.1   Grundlagen 111
2.1.1   Geschichtlicher Überblick 111
2.1.2   Periodizität, Kristallgitter, Gitterkonstanten 114
2.1.3   Netzebenen, reziprokes Gitter 116

2.2   Kristallsymmetrie 118
2.2.1   Punktgruppensymmetrieoperationen, Kristallklassen 118
2.2.2   Translationssymmetrie, Bravais-Gitter, Raumgruppen 124
2.2.3   Strukturtypen 128
2.2.4   Polymorphie 138

2.3   Kristallstukturbestimmung mit Beugungsmethoden 140
2.3.1   Röntgen/Neutronenbeugung an Kristallen (Ergebnisse der Beugungstheorie)   140
2.3.2   Experimentelle Grundlagen der Röntgenbeugung 156
2.3.3   Pulverdiffraktometrie 159
2.3.4   Beugungsexperimente an Einkristallen 164
2.3.5   Lösung des Phasenproblems 174
2.3.6   Gang einer Strukturbestimmung 184

2.4   Anwendungen der Kristallstukturanalyse 187
2.4.1   Kleine Moleküle 187
2.4.2   Strukturanalyse bei tiefen Temperaturen 193
2.4.3   Elektronendichte und topologische Analyse 198
2.4.4   Makromoleküle (Proteine, Virusstrukturen) 204

3 Fehlordnung in Kristallen
Werner Schilling

3.1   Einführung 219

3.2   Atomare Fehlstellen 222
3.2.1   Einteilung und Notation atomarer Fehlstellen 222
3.2.2   Beispiele für atomare Fehlstellenstrukturen 223
3.2.3   Strukturbestimmung atomarer Fehlstellen 226

3.3   Thermische Fehlordnung 228
3.3.1   Fehlstellengleichgewichte in einatomaren Substanzen 228
3.3.2   Methoden zum Nachweis thermischer Leerstellen 231
3.3.3   Fehlstellengleichgewichte in nichtatomaren Substanzen 234

3.4   Platzwechsel atomarer Fehlstellen 236
3.4.1   Platzwechsel von Leerstellen 236
3.4.2   Platzwechsel von Zwischengitteratomen 238

3.5   Festkörperdiffusion 241
3.5.1   Diffussionsgleichungen, Diffusionskoeffizienten 241
3.5.2   Driftdiffusion 245
3.5.3   Selbstdiffusion und Korrelationsfaktor 247
3.5.4   Fremdatomdiffusion 250
3.5.5   Diffusion in konzentrierten Legierungen 254

3.6   Bestrahlungsinduzierte Fehlstellen 257
3.6.1   Der Verlagerungsprozess 257
3.6.2   Reaktionen bestrahlungsinduzierter Fehlstellen 261

3.7   Versetzungen 264
3.7.1   Topologische Eigenschaften von Versetzungen 264
3.7.2   Verzerrungsfelder um Versetzungen 267
3.7.3   Beobachtung von Versetzungen im Elektronenmikroskop 270
3.7.4   Atomistische Struktur des Versetzungskerns 274

3.8   Innere Grenzflächen 279
3.8.1   Topologische Eigenschaften, Grenzflächenenergien 279
3.8.2   Atomistische Strukturen in Krongrenzen 284

4 Oberflächen
Margret Giesen, Harald Ibach

4.1   Einleitung 291

4.2   Struktur von Oberflächen 292
4.2.1   Symmetrie von Oberflächen 293
4.2.2   Rekonstruktionen von Oberflächen 295
4.2.3   Notation von Einheitszellen und Überstrukturen 301
4.2.4   Vizinale Oberflächen und Defekte auf Oberflächen 303
4.2.5   Wichtige Methoden zur Untersuchung der Struktur von Oberflächen 304

4.3   Grenzflächen als Kontinuum 308
4.3.1   Die Thermodynamik von Grenzflächen 308
4.3.2   Kollektive Anregungen 318
4.3.3   Elastostatik von Oberflächen 321

4.4   Adsorption 327
4.4.1   Allgemeines zu Adsorbatstrukturen 328
4.4.2   Bindung von Adsorbaten 334
4.4.3   Adsorptionsgleichgewichte 343
4.4.4   Desorption und Desorptionsspektroskopie 347

4.5   Quantenzustände an Oberflächen 351
4.5.1   Vibronische Oberflächenzustände 351
4.5.2   Elektronenzustände an Oberflächen 360

4.6   Nichtperiodische Bewegungen von Atomen an Oberflächen – Diffusion und
        Fluktuationen 366
4.6.1   Stochastische Bewegung von Einzelatomen 366
4.6.2   Absolute Ratentheorie 367
4.6.3   Übergang zum Kontinuumsmodell 369
4.6.4   Ein Beispiel für ein Diffusionsproblem 371
4.6.5   Ostwald-Reifung 373
4.6.6   Brown'sche Bewegung von Inseln und Fluktuationen 378

4.7   Keimung und Wachstum 380
4.7.1   Keimbildung fern vom Gleichgewicht 381
4.7.2   Thermodynamisches Modell der Keimbildung 384
4.7.3   Wachstum nach der Keimung 385

4.7.4   Wachstum auf vizinalen Flächen 389
4.7.5   Mäander-Instabilitäten von Stufen 392
4.7.6   Wachstum verspannter Filme 395

5 Magnetismus
Burkard Hillebrands, Stefan Blügel

5.1   Grundlagen 401
5.1.1   Maßsysteme, Definitionen und Grundgleichungen 401
5.1.2   Das magnetische Moment 403
5.1.3   Die Spin-Bahn-Wechselwirkung 405
5.1.4   Hund'sche Regeln 405
5.1.5   Die Zeeman-Aufspaltung 406

5.2   Ensembles nicht-koppelnder magnetischer Momente 407
5.2.1   Paramagnetismus lokalisierter Momente – klassische Betrachtung 407
5.2.2   Paramagnetismus lokalisierter Momente –quantenmechanische Betrachtung 409
5.2.3   Paramagnetismus von Leitungselektronen 412
5.2.4   Diamagnetismus 414
5.2.5   Kristallfeld-Wechselwirkung 415

5.3   Gekoppelte magnetische Momente 416
5.3.1   Dipol-Dipol-Wechselwirkung 416
5.3.2   Direkte Austauschwechselwirkung 417
5.3.3   Ferromagnetismus lokaler Momente 422
5.3.4   Itineranter Ferromagnetismus 424
5.3.5   Weitere Austausch-Wechselwirkungsmechanismen 431
5.3.6   Antiferromagnetismus und Ferrimagnetismus 434
5.3.7   Selten-Erd-Metalle 438

5.4   Magnetische Anisotropie 439
5.4.1   Formanisotropie 440
5.4.2   Magnetokristalline Anisotropie 442
5.4.3   Magnetoelastische Anisotropie 444

5.5   Magnetooptische Effekte 445

5.6   Spindynamik 448
5.6.1   Präzession der Magnetisierung 448
5.6.2   Austauschdominierte Spinwellen 450
5.6.3   Dipolare Spinwellen 453
5.6.4   Messverfahren 454
5.6.5   Magnetismus auf der Femtosekunden-Zeitskala 455

5.7   Domänen und Domänenwände 458
5.7.1   Mikromagnetische Grundgleichungen 458
5.7.2   Block- und Néel-Wände 459
5.7.3   Domänenstrukturen 461
5.7.4   Ummagnetisierungseigenschaften und Koerzitivität 461

5.8   Oberflächenmagnetismus 464
5.8.1   Erhöhte magnetische Momente 465
5.8.2   Temperaturabhängigkeit 467

5.8.3   Grenzflächenanisotropie 468
5.8.4   Reorientierungsübergang 469

5.9   Zwischenschichtkopplung 470
5.9.1   Mikroskopische Modelle für die bilineare Kopplung 471
5.9.2   „Orange-Peel"-Kopplung 474
5.9.3   Exchange-Bias-Effekt 474

5.10   Spinabhängiger Transport 475
5.10.1 Anisotroper Magnetowiderstand 476
5.10.2 Riesenmagnetowiderstand 476
5.10.3 Tunnelmagnetowiderstand 478
5.10.4 Spin-Ströme 479

5.11   Einige Anwendungen 479
5.11.1 Spinventil-Strukturen 479
5.11.2 Positions- und Drehsensoren 480
5.11.3 Magnetische Festplatte 481
5.11.4 Magnetisches Random-Access-Memory 481

5.12   Ausblick 482

6 Supraleitung
Hilbert v. Löhneysen

6.1   Grundlegende Aspekte der Supraleitung 486
6.1.1   Verschwinden des elektrischen Widerstands 486
6.1.2   Meißner-Ochsenfeld-Effekt 487
6.1.3   Supraleiter 1. und 2. Art 488
6.1.4   Auftreten von Supraleitung 494

6.2   Phänomenologische Modelle 496
6.2.1   Die London-Gleichungen 496
6.2.2   Ginzburg-Landau-Theorie 499

6.3   Grundzüge der BCS-Theorie 504
6.3.1   Cooper-Paare 505
6.3.2   Beispiel für attraktive Wechselwirkung: Elektron-Phonon-Kopplung 507
6.3.3   BCS-Grundzustand 508
6.3.4   Endliche Temperaturen und äußere Felder 510
6.3.5   Quasiteilchenzustandsdichte und Quasiteilchentunneln 514

6.4   Josephson-Effekte 519
6.4.1   Phase der makroskopischen Wellenfunktion 519
6.4.2   Josephson-Gleichungen 520
6.4.3   Josephson-Kontakt im Magnetfeld 521
6.4.4   SQUIDs 523

6.5   Spezielle supraleitende Materialien 524
6.5.1   Supraleiter aus Übergangsmetallen 524
6.5.2   Supraleiter mit magnetischen Atomen 526
6.5.3   Supraleitende Kuprate 531

7 Halbleiter
Rainer Kassing

7.1	Einführung	543
7.2	Warum Halbleiter? Definition der Halbleiter	545
7.3	Übersicht über die Halbleiter	546
7.4	Energiebändermodell und elektronische Halbleitung	548
7.4.1	Bändermodell bekannter Halbleiter	549
7.4.2	Die effektive Masse	550
7.4.3	Eigenleitung	550
7.4.4	Störstellenleitung	552
7.4.5	Übersicht über die Methoden der Halbleiterdotierung	555
7.5	Das Fermi-Niveau und die Dichten freier Ladungsträger	557
7.5.1	Bedeutung des Eigenleitungs-Fermi-Niveaus	557
7.5.2	Berechnung des Fermi-Niveaus bei Störstellenleitung	561
7.5.3	Temperaturabhängigkeit der Ladungsträgerkonzentration	563
7.6	Transporterscheinungen	565
7.6.1	Driftprozesse	565
7.6.2	Diffusionsprozesse	569
7.7	Generations- und Rekombinationsprozesse	570
7.7.1	Generations- und Rekombinationsraten	570
7.7.2	Lebensdauer der Ladungsträger im Eigenhalbleiter	571
7.7.3	Lebensdauer der Ladungsträger im Störstellenhalbleiter	573
7.7.4	Abschätzung der Zeitkonstanten	576
7.7.5	Energetische tief liegende Niveaus	577
7.7.6	Messung der Zeitkonstanten, raumladungsbegrenzte Ströme	579
7.7.7	Diffusionslänge	584
7.7.8	Der Dember-Effekt	584
7.8	Die Halbleiteroberfläche	586
7.8.1	Phasengrenze Halbleiter-Gasphase	587
7.9	Halbleiterbauelemente	590
7.9.1	Der Metall-Isolator-Halbleiter – (MIS-)Kondensator	590
7.9.2	Bänderschema des MOS-Kondensators	595
7.9.3	Berechnung der Kapazität des MOS-Kondensators	598
7.9.4	Einfluss von Oxid-Ladungen, tiefen Niveaus und Grenzflächenzuständen	602
7.10	Technologie des Silizium-MOS-Kondensators	607
7.11	Raumladungsschichten an Kontaktübergängen	608
7.11.1	Kontakt zwischen Metall und Halbleiter	608
7.11.2	Quantenmechanische Einflüsse	614
7.11.3	Analyse tiefer Störstellen (DLTS-Verfahren)	616
7.12	Der Halbleiter-Halbleiter-Kontakt, die Bipolar-Diode	620
7.12.1	Die I-, U-Kennlinie der pn-Diode	620
7.12.2	Die Solarzelle	629
7.12.3	Die Photodiode	638
7.12.4	Die Tunneldiode	640
7.12.5	Halbleiter-Heteroübergänge	643

7.13   Bauelemente mit mehrfachen Raumladungsschichten 646
7.13.1 Der Bipolar-Transistor 647
7.13.2 Grundschaltungen des Bipolar-Transistors 651
7.13.3 Der MOS-Feldeffekt-Transistor (MOS-FET) 653
7.13.4 Der Thyristor 668
7.13.5 Der IGBT (Insulated Gate Bipolar-Transistor) 673

7.14   Einige grundlegende Experimente der Halbleiterphysik 674
7.14.1 Messung der Leitfähigkeit 674
7.14.2 Der Gunn-Effekt 675
7.14.3 Der Hall-Effekt 679
7.14.4 Der Quanten-Hall-Effekt 682

7.15   Eigenschaften des nichtkristallinen Halbleiters 686
7.15.1 Eigenschaften des hochdotierten Halbleiters 687
7.15.2 Eigenschaften polykristalliner Halbleiter 688
7.15.3 Eigenschaften amorpher Halbleiter 691

7.16   Ausblick 695
7.16.1 Fragen an die zukünftige Halbleitertechnik 695
7.16.2 Entwicklungstendenzen von Bauelementen 695
7.16.3 Sensoren und Aktuatoren, Mikro-, Nano-Systeme 700

8 Materialien der Optoelektronik – Grundlagen und Anwendungen
Hartmut Hillmer, Josef Salbeck

8.1   Einleitung 707
8.1.1   Lumineszenz 708

8.2   Grundlagen optischer Eigenschaften der Festkörper 714
8.2.1   Lumineszenzmodelle/Elektronische Energieschemata 715
8.2.2   Dielektrische Materialeigenschaften 731
8.2.3   Nichtlineare Optik 732

8.3   Dielektrische Materialien 734
8.3.1   Anorganische Gläser 734
8.3.2   Amorphe dielektrische Materialien für Dünnfilm- und Wellenleiterstrukturen 746
8.3.3   Amorphe organische dielektrische Materialien für Faseranwendungen 747
8.3.4   Kristalline anorganische dielektrische Materialien 748
8.3.5   Keramische Werkstoffe 752

8.4   (Anorganische) Halbleiter 753
8.4.1   Grundlagen 753
8.4.2   Quanteneffekte und verspannte Halbleiter-Heterostukturen 757
8.4.3   Epitaktische Herstellung von Halbleiter-Heterostrukturen 768
8.4.4   Optische Eigenschaften von III/V-Halbleitern 775
8.4.5   Effiziente Emission auf der Basis von Si 780
8.4.6   LEDs auf der Basis anorganischer Halbleiter 781
8.4.7   Klassifikation von Halbleiterlasern 786
8.4.8   Kantenemittierende Laser mit horizontalem Resonator 788
8.4.9   Oberflächenemittierende Laser mit vertikalem Resonator 797
8.4.10 Kantenemitter und VCSEL's mit niederdimensionaler aktiver Zone 800

8.4.11   Mikromechanisch abstimmbare Filter und VCSELs 801
8.4.12   Laser mit externem Resonator 804

8.5   Organische Festkörper 805
8.5.1   Ladungstransport in organischen Festkörpern 806
8.5.2   Injektion von Ladungsträgern 807
8.5.3   Organische Leuchtdioden 809

9 Werkstoffe
Ludwig K. Thomas

9.1   Vorbemerkung zum Begriff Werkstoffe 821

9.2   Strukturen von Werkstoffen 822
9.2.1   Mikrostruktur 822
9.2.2   Makrostruktur 823
9.2.3   Oberflächen 824

9.3   Herstellung und Verarbeitung 825
9.3.1   Verwendung natürlicher Rohstoffe 826
9.3.2   Verwendung synthetischer Rohstoffe 828
9.3.3   Verarbeitung 829

9.4   Zustandsdiagramme 836
9.4.1   Thermodynamische Grundlagen 836
9.4.2   Beispiele von Zustandsdiagrammen realer Systeme 842
9.4.3   Ungleichgewichtszustände 846
9.4.4   Umwandlungen von Werkstoffen 851
9.4.5   Wärmebehandlung von Werkstoffen 858
9.4.6   Erholung und Rekristallisation 859

9.5   Werkstoffprüfung 860
9.5.1   Grundlagen 861
9.5.2   Mechanische Prüfverfahren 861
9.5.3   Zerstörungsfreie Prüfung 866
9.5.4   Thermische Analyse 870

9.6   Mechanische Eigenschaften 870
9.6.1   Abgrenzung und Überblick 870
9.6.2   Elastische Eigenschaften 871
9.6.3   Plastische Eigenschaften 875
9.6.4   Zeitabhängigkeit der Verformung 884
9.6.5   Temperaturabhängigkeit der Verformung 889
9.6.6   Bruch 891
9.6.7   Mechanische Modelle 897
9.6.8   Pseudoelastizität (Gedächtnis-Effekt) 898
9.6.9   Festigkeitssteigerung 900
9.6.10   Gewichtsverminderung 904
9.6.11   Tribologie 904

9.7   Physikalische Eigenschaften 906
9.7.1   Vorbemerkung 906
9.7.2   Elektrische Leitfähigkeit 907
9.7.3   Dielektrische Eigenschaften 914

9.7.4   Optische Eigenschaften 916
9.7.5   Thermische Eigenschaften 920
9.7.6   Wechselwirkung zwischen Strahlung und Werkstoff 925

9.8   Chemische Eigenschaften 926
9.8.1   Chemische Reaktionen im Innern 927
9.8.2   Chemische Reaktionen an Oberflächen 928
9.8.3   Schädigung bei hohen Temperaturen 936
9.8.4   Biologische Verträglichkeit 941
9.8.5   Wasserstoffspeicherung in Metallhydriden 942
9.8.6   Recycling, Entsorgung, Verwertung von Werkstoffen 943

9.9   Zukünftige Entwicklungen 944

Register 951

1 Grundlagen der Festkörperphysik

Udo Scherz

In der Festkörperphysik wird die kondensierte Materie in einem Zustand betrachtet, in dem die Atome in einer Art Riesenmolekül angeordnet sind. Sie haben darin feste Positionen zueinander und sind an diese elastisch gebunden. Daraus ergeben sich die Eigenschaften fester Stoffe als deformierbare Körper. Die quantisierten Schwingungen der Atome um ihre Ruhelagen sind nicht nur die Ursache für die Temperaturabhängigkeit der Wärmekapazität, der thermischen Ausdehnung, der Wärmeleitung und der Entropie im dritten Hauptsatz der Thermodynamik, sondern können auch direkt durch optische Absorption, Raman- und Brillouin-Streuung nachgewiesen werden. Daneben gibt es in Festkörpern auch die Diffusion von Atomen, Phasenumwandlungen und chemische Reaktionen an der Oberfläche.

Seit den frühen Anwendungen fester Werkstoffe hat die physikalische Forschung an Festkörpern vor allem im vergangenen Jahrhundert große Fortschritte erzielt. Die neuen Entwicklungen wurden durch die Herstellung hochreiner, strukturierter und genau spezifizierter Kristalle und neuer Analysemethoden möglich und führten, insbesondere auf dem Gebiet der Halbleiterphysik in der Informations- und Kommunikationstechnik, zu ganz neuen Technologien. Wichtige technische Entwicklungen der Festkörperphysik sind neben der Miniaturisierung in der Mikroelektronik die Optoelektronik, der Festkörper- und Halbleiter-Laser, die Solarzellen und die Herstellung ganz unterschiedlicher Polymere sowie glaskeramischer und magnetischer Werkstoffe. Weitere Aspekte für zukünftige Anwendungen ergeben sich auch aus der Entwicklung der Nanotechnologie, die es ermöglicht, Festkörper bis in den Nanometer-Bereich gezielt zu strukturieren, und aus den Kohlenstoff-Nanoröhrchen.

Daneben wurden in jüngerer Zeit in der Festkörperphysik bahnbrechende Entdeckungen gemacht. Bei der Beobachtung der Resonanzabsorption von γ-Strahlen an Fe-Atomkernen fand Mössbauer 1958 rückstoßfreie γ-Quanten, die die im Kristall bei tiefen Temperaturen unbeweglichen Atomkerne praktisch ohne Doppler-Effekt emittieren. Doll und Nähbauer gelang 1961 der Nachweis der Quantisierung des magnetischen Flusses in Vielfachen von $\Phi = h/2\,e$ bei der metallischen Supraleitung, wobei h das Planck'sche Wirkungsquantum und e die Elementarladung bezeichnet. Josephson beobachtete 1962 eine exakte Beziehung zwischen einer Frequenz v und einer elektrischen Spannung $U = \Phi \cdot v$ für Supraleiter in einer Josephson-Anordnung. Der 1980 durch von Klitzing gefundene Quanten-Hall-Effekt liefert in einem Halbleiter mit zweidimensionalem Elektronengas eine exakte Beziehung zwischen der Stromstärke I und der Hall-Spannung $U_{\mathrm{H}} = Ih/e^2$. Diese Effekte führten zu neuen, genaueren Messverfahren. 1986 entdeckten Müller und Bednorz die Hochtemperatur-Supraleitung an keramischen Festkörpern bis zur Temperatur des flüssigen Stickstoffs. Etwa zur gleichen Zeit entwickelten Binnig und Rohrer das Rastertunnelelektronenmikroskop mit einem Auflösungsvermögen einer Festkörperoberfläche von unter einem Nanometer, mit dessen Weiterentwicklung sogar einzelne Atome kontrolliert verschoben werden können.

Heute stehen dem Physiker eine große Anzahl weit entwickelter Untersuchungsmethoden für Festkörper zur Verfügung. Elektronische Anregungen können außer mit Licht und Röntgenstrahlen auch mit Elektronenstrahlen beobachtet werden. Dabei kann die Absorption, die Streuung und die Emission von Elektronen oder Photonen analysiert werden. Die Struktur wird mit dem Elektronenmikroskop oder durch Beugung von Röntgen-, Elektronen- oder Neutronenstrahlen festgestellt. Festkörperoberflächen werden durch die Streuung von Elektronen oder Photonen, mit dem Rastertunnelelektronenmikroskop, der Mikrosonde oder mit Ionenstrahlen untersucht, wobei Ionenstrahlen auch zum Bearbeiten von Oberflächen oder zum Einbringen von Fremdatomen angewendet werden. Auch die Beobachtung von γ-Strahlen aus dem Zerfall von Positronium liefert Aussagen über Kristallzustände. Viele interessante physikalische Eigenschaften werden erst bei tiefen Temperaturen oder hohen Magnetfeldern beobachtet, so dass auch hierfür umfangreiche Apparaturen erforderlich sind. Theoretische Rechnungen, meist mit Hilfe von Großrechenanlagen ausgeführt, sind heute ein wichtiges Hilfsmittel nicht nur um Experimente richtig zu interpretieren, sondern auch um Größen zu bestimmen, die dem Experiment nicht zugänglich sind.

Um einen Überblick über die Festkörperphysik zu geben, werden in diesem Kapitel die allgemeinen Grundlagen, d. h. die Struktur und Herstellung, die mechanischen, thermischen, elektrischen und optischen Eigenschaften sowie die elektronischen Energiezustände der Festkörper, beschrieben. Es folgen Kapitel mit den wichtigsten Themenbereichen der Festkörperphysik: In Kap. 2 werden die verschiedenen Kristallgitter beschrieben und ihre Bestimmung durch Röntgenbeugung. In Kap. 3 folgt die Behandlung der Fehlordnungen in Kristallen und in Kap. 4 werden die physikalischen Eigenschaften der Festkörperoberflächen im Einzelnen dargestellt. Es folgen in Kap. 5 die magnetischen Eigenschaften der Festkörper mit ihren Anwendungsmöglichkeiten und in Kap. 6 die Physik der Supraleiter. Die darauf folgenden Kapitel sind insbesondere für technische Anwendungen wichtig. So werden in Kap. 7 die Halbleiterphysik und in Kap. 8 die Physik der Optoelektronik und der Leuchtstoffe mit ihren modernen Anwendungen behandelt, während in Kap. 9 die Werkstoffeigenschaften der Festkörper im Einzelnen dargestellt werden.

Die zahlreichen technischen und messtechnischen Anwendungen der Festkörperphysik sowie die unterschiedlichen Untersuchungsmethoden haben inzwischen zu einer Vielfalt von Forschungsrichtungen geführt, von denen hier nur einige dargestellt werden können. Der Leser sei in diesem Zusammenhang auf spezielle Bücher zur Festkörperphysik, auf Monographien und Übersichtsartikel sowie auf Zeitschriftenartikel zu einzelnen Bereichen verwiesen, die in den verschiedenen Kapiteln angegeben sind.

1.1 Bindungen im Festkörper

Die sehr unterschiedlichen Eigenschaften fester Stoffe lassen sich mit Hilfe der atomaren Struktur und der Bindungsverhältnisse zwischen den Atomen verstehen, aus denen der Festkörper aufgebaut ist.

Besonders einfache Strukturen werden an Kristallen beobachtet, die streng periodisch sind und nur aus wenigen Atomsorten des periodischen Systems der Elemente bestehen. Diese Kristalle lassen sich nach der Art der Bindungskräfte zwischen den Atomen klassifizieren. Die **Valenzkristalle**, wie z. B. Diamant (C), mit kovalenten Bindungen wie in Molekülen, unterscheidet man von **Metallen**, wie z. B. Natrium, bei denen die Bindung zwischen den positiv geladenen Na^+-Ionen durch ein Elektronengas der Valenzelektronen verursacht wird. Bei den **Ionenkristallen**, wie z. B. Kochsalz (NaCl), kommt die Bindung durch die elektrostatischen Kräfte zwischen den positiv geladenen Natrium-Ionen Na^+ und den negativ geladenen Chlor-Ionen Cl^- zustande. Die bei tiefen Temperaturen auftretenden **festen Edelgase** werden durch eine relativ schwache Van-der-Waals-Bindung zusammengehalten. Die Struktur all dieser Kristalle hängt mit der Koordinationszahl, d. h. der Anzahl der nächsten Nachbaratome, zusammen, die durch den Bindungstyp bestimmt wird.

Daneben gibt es komplizierter aufgebaute Festkörper. Bei den **anorganischen Molekülkristallen**, wie z. B. Eis (H_2O), und den **organischen Molekülkristallen**, wie z. B. Anthracen ($C_{14}H_{10}$), bleibt die Struktur der Moleküle bei der Kristallisation weitgehend erhalten. Je nach den Verhältnissen bei der Bildung der Festkörper aus den Ausgangssubstanzen können auch **amorphe Festkörper** entstehen, bei denen die Nahordnung der Atome gegenüber der der Kristalle nur noch näherungsweise erfüllt ist, die Fernordnung dagegen verloren gegangen ist. Während die meisten Flüssigkeiten bei langsamer Abkühlung zu einem periodischen kristallinen Zustand erstarren, gehen die Glasbildner, wie z. B. Arsen, in einen amorphen festen **Glaszustand** über. Demgegenüber bestehen **Keramiken** aus kristallinen Ausgangssubstanzen mit ionischen und kovalenten Bindungen, die durch Sintern, d. h. die Verbindung der Pulverteilchen durch thermische Aktivierung, zu Feststoffen mit vielen Defekten werden.

Polymere bestehen im Allgemeinen aus langen, teilweise vernetzten Polymerketten, die aus einzelnen Monomeren aufgebaut sind, wie z. B. das Polyacetylen ((C_2H_2)$_n$). In der Natur bilden sich eine Reihe **biologischer Festkörper**, wie z. B. Holz, die eine hierarchische Struktur aufweisen, so dass in verschiedenen Längenskalen unterschiedliche Strukturen zu finden sind.

1.1.1 Valenzkristalle

Wichtige Vertreter sind C (Diamant), Silizium und Germanium, aber auch die Verbindungshalbleiter GaAs, InSb, GaN, ZnS, CdS mit zunehmenden ionischen Bindungsanteilen. Bei dem Elementkristall Si wird die kovalente Bindung deutlich: Das Siliziumatom besitzt die Elektronenkonfiguration $[Ne]3s^2\,3p^2$ und hat somit vier Valenzelektronen. Demgemäß hat jedes Si-Atom im Kristall vier nächste Nachbarn, wobei die kovalente Bindung zwischen je zwei Atomen durch ein Elektronenpaar mit entgegengesetzten Spins zustande kommt, das sich in Form einer Ladungswolke

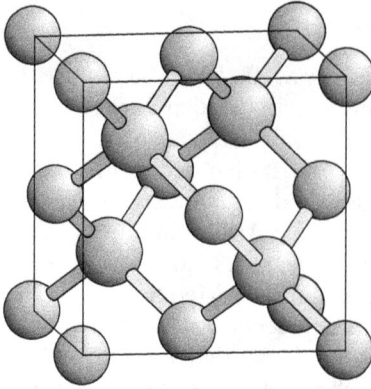

Abb. 1.1 Kubisches Gitter kovalenter Kristalle. Bei zwei verschiedenen Atomsorten handelt es sich um die Zinkblende-Struktur, wobei jede Atomsorte für sich ein kubisch flächenzentriertes Gitter bildet. Werden alle Plätze von derselben Atomsorte eingenommen, erhält man das Diamantgitter. Die Kante des Würfels ist die Gitterkonstante.

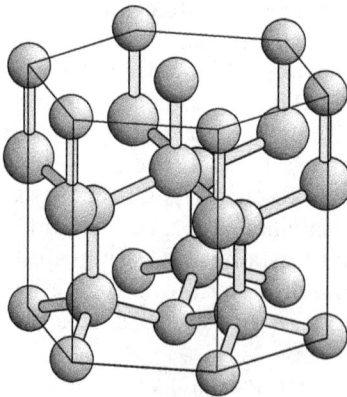

Abb. 1.2 Wurtzit-Struktur kovalenter Kristalle. Jedes Atom hat vier nächste Nachbarn.

zwischen den benachbarten Atomen befindet. Die Elemente aus der IV. Gruppe des Periodensystems C, Si und Ge kristallisieren im **Diamantgitter** mit der Koordinationszahl 4 (s. Abb. 1.1). Der überall gleiche Abstand nächster Nachbarn d hängt mit der Gitterkonstanten a über $d = a\sqrt{3/4}$ zusammen und beträgt ein Viertel der Raumdiagonalen des Würfels der Einheitszelle. Werden die Plätze der größeren Kugeln von einer anderen Atomsorte eingenommen, erhält man die **Zinkblende-Struktur**. Die wichtigsten Vertreter dieser Kristalle sind die III-V-Verbindungen GaAs, GaP, AlSb, AlAs, GaSb, InP, InAs, InSb und die II-VI-Verbindungen ZnS (Zinkblende), ZnSe, ZnTe, CdTe und CuCl. Die Zahl der Valenzelektronen der beiden Atome zusammen beträgt jeweils acht, so dass sich entsprechende kovalente Bindungen wie beim Si-Kristall bilden. Daneben gibt es die **Wurtzit-Struktur**, ebenfalls mit der Koordinationszahl 4 (s. Abb. 1.2). Hier haben nur drei nächste Nachbarn den gleichen Abstand und die übernächsten Nachbarn haben andere Positionen als bei der Zinkblende-Struktur. Die wichtigsten Vertreter sind GaN, CdS, ZnS, ZnSe CdSe, ZnTe, CdTe und AgI.

Der ionische Anteil der Bindung entsteht dadurch, dass die Einzelatome auch elektrisch geladen sind: etwa $A_{II}^q B_{IV}^{-q}$ mit $0 < q < 2$, wobei $q = 2$ in Einheiten der Elementarladung eine rein ionische und $q = 0$ eine rein kovalente Bindung bedeuten würde. Bei den kovalenten Elementkristallen sind die Einzelatome ungeladen. Im Gegensatz zu den in Abschn. 1.1.2 beschriebenen Metallen verbleibt zwischen den Atomen des Diamantgitters viel Platz. Ersetzt man die Atome durch sich berührende Kugeln, füllen diese nur 34 % des Volumens des Kristalles aus. Die Struktur des Diamantgitters entsteht also dadurch, dass die Kohlenstoffatome nur mit vier Nachbarn kovalente Bindungen eingehen können.

1.1.2 Metalle

Bei Metallen bilden alle Valenzelektronen zusammen ein Elektronengas, welches die Bindung der positiv geladenen Metallionen aufgrund der quantenmechanischen Austauschwechselwirkung verursacht. Näherungsweise kann man die Elektronenzustände behandeln, in dem man die Metallionen durch eine gleichmäßig verschmierte positive Ladung ersetzt. Dadurch erhält man praktisch freie Elektronen, die die elektrische Leitfähigkeit der Metalle beschreiben. Das Gitter der Metallionen ist das einer **dichtesten Kugelpackung**. Denkt man sich die Kugeln zunächst in einer Ebene dicht angeordnet, so erhält man das Gitter durch Übereinanderschichten solcher Ebenen. Wie man in Abb. 1.3 erkennt, gibt es dabei zwei Möglichkeiten: Wird die erste Lage mit A bezeichnet und die zweite Lage mit B, so kann die dritte Lage entweder genau wie die erste liegen, was zum hexagonalen Gitter führt, oder von den ersten beiden verschieden liegen, wodurch man das kubische Gitter erhält. Letzteres findet man auch dadurch, dass man bei einem Würfel die Ecken und Flächenmitten mit Atomen besetzt: kubisch flächenzentriertes Gitter. In beiden Fällen

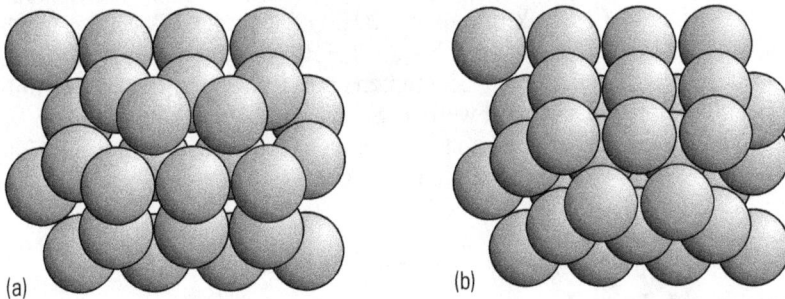

(a)   (b)

Abb. 1.3 Die zwei wichtigsten Kristallgitter von Metallen, (a) hexagonal dichteste Kugelpackung mit der Schichtfolge AB AB . . ., (b) kubisch dichteste Kugelpackung mit der Schichtfolge ABC ABC . . . .

hat ein Metallion 12 nächste Nachbarn und somit die Koordinationszahl 12. Im Gegensatz zu Kristallen mit kovalenter Bindung und vier nächsten Nachbarn füllen hierbei sich berührende Kugeln 74 % des Kristallvolumens aus. Ein kubisch flächenzentriertes Gitter haben z. B. Cu und Au, während Be, Mg, Ti, Zn, Cd, Co eine hexagonal dichteste Kugelpackung bilden. Daneben gibt es noch weniger dicht gepackte Metalle, etwa Fe, Cr, W mit einem kubisch innenzentrierten Gitter und der Koordinationszahl 8 oder α-Po mit einem kubisch primitiven Gitter und der Koordinationszahl 6.

Besonders kleine Kristalle oder Kristall-Cluster aus bis zu einigen hundert Metallatomen lassen sich in der Gasphase herstellen. Sie haben, wegen der großen Anzahl von Oberflächenatomen im Vergleich zu denen im Innern, physikalische Eigenschaften, die denen der Moleküle ähneln. Ihre elektronische Struktur und die der atomaren Schwingungen unterscheiden sich deutlich von denen der Kristalle.

Die physikalischen Eigenschaften der Metalle lassen sich durch Verunreinigungen stark verändern. Zum Beispiel führt Kohlenstoff in Eisen je nach der Konzentration zu den verschieden harten Sorten Schmiedeeisen, Stahl oder Gusseisen. Mischungen unterschiedlicher Metalle in Form von Legierungen ergeben neue physikalische Eigenschaften, z. B. Messing als Kupfer-Zink-Legierung oder Bronze als Kupfer-Zinn-Legierung. Eine ausführliche Beschreibung der Metalle als Werkstoffe findet sich in Kap. 9.

1.1.3 Ionenkristalle

Typische Vertreter sind die Alkalihalogenide, bei denen die Bindung durch elektrostatische Kräfte entsteht. Das Metallatom gibt ein Elektron an das Halogenatom ab, so dass beide Ionen nunmehr eine Edelgaskonfiguration und damit eine kugelsymmetrische Ladungsverteilung besitzen. Bei NaCl (Kochsalz) beträgt der Abstand beider Ionen etwa $d = 0.3$ nm, woraus sich eine Bindungsenergie nach dem Coulomb-Gesetz zu $e^2/(4\pi\varepsilon_0 d) \approx 5$ eV ergibt. Berücksichtigt man alle Nachbarn im Gitter, so kommt man dem tatsächlichen Wert von etwa 8 eV nahe. Insgesamt entsteht die Bindung dadurch, dass alle nächsten Nachbarn entgegengesetzte Ladungen haben, während die abstoßenden Kräfte zwischen gleichen Ionen wegen des größeren Abstandes geringer sind. Dies erkennt man an den zwei wichtigsten Gitterstrukturen in Abb. 1.4. Die NaCl-Struktur haben z. B. LiH, NaCl, KCl, KBr, AgBr, PbS, MgO, MnO, während die CsCl-Struktur bei CsCl, TlBr, TlI und anderen beobachtet wird.

Um die Bindungsenergie zu bestimmen, muss die potentielle Coulomb-Energie E_C über alle Ionen aufsummiert werden. Sei $z_j = \pm 1$, je nachdem, ob j ein Metall-Ion oder ein Halogen-Ion bezeichnet, das sich am Ort r_j befindet, und sei ein Halogen-Ion im Ursprung des Koordinatensystems, so gilt

$$E_C = -\sum_j^{\text{Gitter}} \frac{e^2}{4\pi\varepsilon_0} \frac{z_j}{|r_j|} = -\alpha \frac{e^2}{4\pi\varepsilon_0} \frac{1}{d},$$

wobei α die **Madelung-Konstante** bezeichnet, die nur vom Kristallgitter abhängt. Sie hat zum Beispiel die Werte: $\alpha = 1.7476$ (NaCl-Struktur), $\alpha = 1.763$ (CsCl-Struktur), $\alpha = 1.638$ (Zinkblende-Struktur) und $\alpha = 1.641$ (Wurtzit-Struktur). Neben der langreichweitigen Coulomb-Anziehung muss außerdem eine kurzreichweitige Absto-

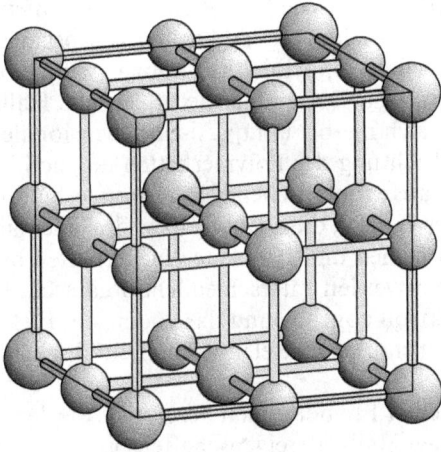

Abb. 1.4   Gitter eines Ionenkristalles mit NaCl-Struktur.

ßung zwischen den Ionen berücksichtigt werden, die von der Deformation der abgeschlossenen Elektronenschalen herrührt, und eng mit der Kompressibilität der Kristalle zusammenhängt.

1.1.4 Molekülkristalle und Polymere

Edelgase mit abgeschlossenen Elektronenschalen und Moleküle mit gesättigten Bindungen können bei nicht zu hohen Temperaturen ebenfalls Kristalle bilden. Die Bindung wird dabei von den Van-der-Waals-Kräften verursacht. Kommen sich zwei Atome nahe, so beeinflussen sich ihre Elektronenhüllen gegenseitig derart, dass beide Atome Dipolmomente bilden. Diese Dipole führen dann zu einer gegenseitigen Anziehung. Viele Moleküle haben darüber hinaus bereits im gasförmigen oder flüssigen Zustand permanente elektrische Dipolmomente oder Multipolmomente höherer Ordnung, die zur Kristallbindung beitragen. Als Beispiel dafür sei das Wassermolekül H_2O erwähnt. Die Van-der-Waals-Kräfte sind nicht gerichtet, so dass je nach Geometrie des Moleküls möglichst dichte Packungen der Moleküle im Kristall entstehen.

Die Molekülkristalle nehmen in vielerlei Hinsicht eine Sonderstellung unter den Kristallen ein. Die festen Edelgase z. B. werden auch als **Quantenkristalle** bezeichnet, weil bei ihnen bereits die Nullpunktsenergie der Gitterschwingungen in der Größenordnung der Bindungsenergie liegt. Die Gitterschwingungen können deshalb nicht wie in Abschn. 1.2 in harmonischer Näherung beschrieben werden.

Die organischen Molekülkristalle entstehen ebenfalls durch die Van-der-Waals-Kräfte zwischen den Molekülketten. Die mechanischen Eigenschaften der Polymere als Werkstoffe sind in Kap. 9 über Werkstoffe beschrieben.

Bei den Einkomponentensystemen sind die Polymere mit nur Einfachbindungen zwischen benachbarten Kohlenstoffatomen meist Isolatoren, z. B. Polyethylen

$(CH_2)_n$. Befinden sich in der Polymerkette zwischen den Kohlenstoffatomen abwechselnd einfache und Doppelbindungen, spricht man von **konjugierten organischen Polymeren**. Die zusätzlichen Elektronen der Doppelbindung können sich bewegen und führen zu einer elektrischen Leitfähigkeit. Der einfachste organische Halbleiter ist das Polyacetylen $(CH)_n$. Es handelt sich hierbei um quasi-eindimensionale Halbleiter, da der Stromtransport nur in Richtung der Polymerketten möglich ist.

Daneben gibt es Molekülkristalle aus aromatischen Kohlenstoffverbindungen, etwa Naphtalen $C_{10}H_8$ oder Anthracen $C_{14}H_{10}$, die aus zwei bzw. drei aneinanderhängenden Kohlenstoffsechserringen bestehen und Halbleitereigenschaften haben.

Bei den Zweikomponentensystemen werden unterschiedliche organische Moleküle verwendet, von denen eines ein Elektron abgeben und das andere ein Elektron aufnehmen kann, so dass der Ladungsaustausch eine elektrische Leitfähigkeit im Kristall ermöglicht.

Polymerkristalle, die mit zusätzlichen Fremdatomen hergestellt werden, z. B. mit Alkali- oder Halogenatomen, können Halbleitereigenschaften bis zur metallischen Leitfähigkeit haben, wobei die Fremdatome entweder zufällig verteilt sind oder in Form von Ketten parallel zwischen den Polymerketten angeordnet sind. Damit lassen sich elektronische und optoelektronische Bauelemente wie Leuchtdioden, Laser und auch Supraleiter herstellen. Ebenso werden Molekülkristalle aus kugelförmigen C_{60}-Molekülen, sog. **Fullerene**, mit Alkaliatomen elektrisch leitend und auch supraleitend.

Festkörper aus Polymeren lassen sich weiter strukturiert herstellen. Hochelastische Eigenschaften ergeben sich aus Polymer-Netzwerken, wobei die langen Polymerketten stellenweise durch chemische Bindungen miteinander verknüpft sind. Technische **Hochleistungselastomere** enthalten darüber hinaus noch so genannte Füllstoffe, z. B. Ruß, die für die elastischen Eigenschaften wesentlich sind und zu einer Strukturierung auf verschiedenen Längenskalen führen. Bestimmte Elastomere enthalten Polymerknäuel mit Durchmessern von z. B. 50 nm.

Außerdem bilden geschäumte Polymere auch Dämmstoffe, die offenzellig oder geschlossenzellig sein können. Schließlich kann man aus Polymerkügelchen von etwa 100 nm Durchmesser durch Eintrocknen einer Polymerdispersion eine kristalline Überstruktur erzeugen, wobei die Bindungen zwischen den Kügelchen durch Interdiffusion der Polymere entstehen.

1.1.5 Amorphe Festkörper, Gläser und Keramiken

Amorphe Festkörper entstehen bei schneller Abkühlung der Schmelze oder Gasphase, so dass ein geordnetes kristallines Wachstum nicht stattfinden kann. Sie haben eine mikroskopische Struktur, die mit der einer Flüssigkeit verglichen werden kann. Neben Gläsern, Kunststoffen und amorphen Metallen sind auch amorphe Halbleiter technisch von Bedeutung, z. B. für Solarzellen oder Kopiergeräte. Bei Festkörpern mit kovalenter Bindung bleibt auch im amorphen Zustand die Nahordnung weitgehend erhalten, während eine Fernordnung nicht mehr vorhanden ist, so dass der Festkörper isotrop erscheint. Aus der Abb. 1.5 erkennt man, dass die Bindungswinkel, Bindungslängen und die Anzahl der Nachbarn im amorphen Material gegenüber dem kristallinen nur wenig verändert sind, während die Anzahl und Orte der über-

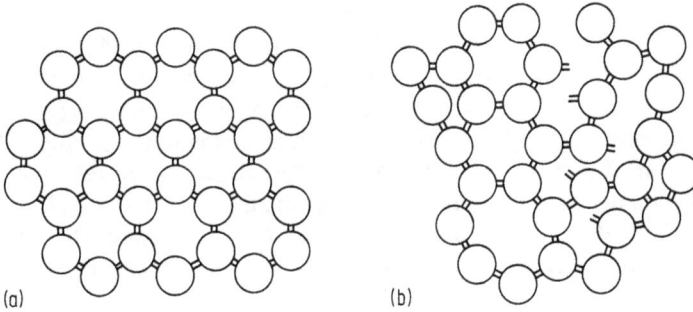

Abb. 1.5 Schematische Darstellung der kovalenten Bindungen eines dreiwertigen Atoms, (a) im kristallinen Zustand und (b) im amorphen Zustand, in dem es ungesättigte Valenzen gibt.

nächsten Nachbarn stark verändert sind. Die noch weiter entfernten Nachbarn sind dann praktisch statistisch verteilt. Freie Valenzen können z. B. durch Einbau von Wasserstoff abgesättigt werden. Dadurch entstehen **amorphe Halbleiter** mit wohldefinierten physikalischen Eigenschaften, die sich in charakteristischer Weise von denen der kristallinen Halbleiter unterscheiden, siehe Kap. 7.

Von den **glasigen Halbmetallen** sei hier Arsen betrachtet. As kristallisiert in einer rhomboedrischen Schichtstruktur. Innerhalb einer Schicht hat jedes As-Atom drei

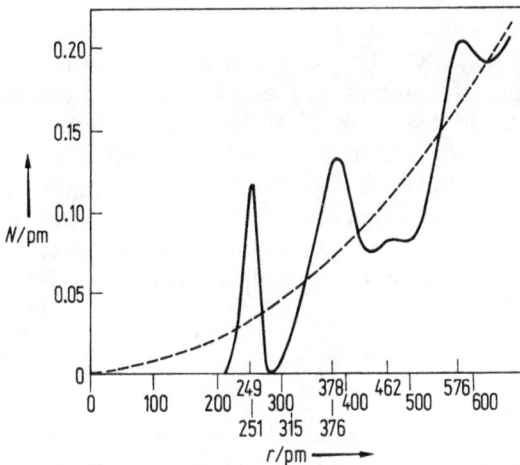

Abb. 1.6 Atomverteilungskurve des glasigen Arsens nach Krebs und Steiffen [1]. Die ausgezogene Kurve gibt die Anzahl N der Atome an, die sich pro Längeneinheit in einem bestimmten Abstand r vom Aufpunktatom befinden. Die gestrichelte Kurve $n\,4\pi r^2$ stellt die kontinuierliche Verteilung dar, an die sich die ausgezogene Kurve für großes r anschmiegt. Dabei bezeichnet n die mittlere Dichte der Atome bzw. den Kehrwert des Volumens pro Atom. Die Zahlen unterhalb der r-Achse geben die Abstände zum nächsten, übernächsten und drittnächsten Nachbarn im kristallinen As an.

nächste Nachbarn im Abstand von 251 pm, während der kürzeste Abstand zu einem As-Atom der benachbarten Schicht 315 pm beträgt. Die übernächsten Nachbarn haben einen Abstand von 376 pm. In Abb. 1.6 ist zum Vergleich dazu die Atomverteilungskurve des glasigen Arsens dargestellt. Aufgetragen ist dabei die gemittelte Anzahl von Atomen, die sich in einem bestimmten Abstand von einem As-Atom befinden. Die vier Maxima kennzeichnen die am häufigsten anzutreffenden Abstände, die mit den chemischen Bindungsverhältnissen zusammenhängen. Der Vergleich mit den Abständen der Nachbarn im kristallinen As zeigt, dass die Schichtstruktur im glasigen Material aufgebrochen ist, da bei dem entsprechenden Abstand kaum Nachbarn zu finden sind.

Gläser bilden sich z. B. aus Mischungen von As mit Si, Ge und Chalkogenen. Sie haben keinen wohldefinierten Schmelzpunkt wie die Kristalle, und man beobachtet eine kontinuierliche Zunahme der Viskosität mit abnehmender Temperatur der Schmelze. Die Viskosität wird durch strukturelle Relaxationsprozesse bestimmt. Die nicht-vibratorische, diffuse Bewegung der Moleküle in einer Flüssigkeit geschieht beim Glasübergang als koordinierte Bewegung einer wachsenden Anzahl von Molekülen, bevor sie zum Stillstand kommt.

Keramiken sind polykristalline Festkörper, die aus pulverförmigen Kristalliten durch Sintern gewonnen werden. Durch diese thermische Behandlung werden die Zwischenräume und Poren des verdichteten Pulvers teilweise aufgefüllt, wobei an den Berührungsstellen der Kristallite sog. Sinterhälse wachsen. **Keramiken für Werkstoffe** werden aus synthetisch hergestellten Ausgangsstoffen gefertigt, wobei die ionischen und kovalenten Bindungen von Oxiden, Nitriden, Karbiden und Boriden eine wichtige Rolle spielen. Defekte wie Einschlüsse, Poren, Mikrorisse und Gefügeinhomogenitäten begrenzen die mechanische Stabilität und kleine Verunreinigungen durch Zusatzstoffe können entscheidende Unterschiede der chemischen, physikalischen und mechanischen Eigenschaften verursachen. Zum Beispiel kann man durch Hinzufügen nadelförmiger Siliziumnitrid Kristallite Si_3N_4 die Bruchzähigkeit verbessern, weil sich ausbreitende Risse dadurch zu Richtungsänderungen gezwungen werden. Moderne Keramiken zeichnen sich durch hohe Schmelz- und Zersetzungstemperaturen, hohen Elastizitätsmodul, große Härte und Festigkeit, niedrigen thermischen Ausdehnungskoeffizienten und hohe thermische Leitfähigkeit aus. Keramiken können mit höchsten elektrischen Widerständen oder auch elektrisch leitend bis hin zur Hochtemperatur-Supraleitung hergestellt werden.

1.1.6 Biologische Festkörper

Biologische Festkörper, wie Holz, Knochen oder Zähne, entstehen durch selbstorganisiertes Wachstum und sind durch unterschiedliche Strukturen auf verschiedenen Längenskalen oder hierarchischen Ebenen gekennzeichnet.

Bei Holz z. B. erkennt man in der obersten Ebene die Jahresringe. In der darunterliegenden hierarchischen Ebene besteht Holz aus parallel zur Faserrichtung angeordneten Hohlröhrchen oder Holzzellen, ähnlich einer Bienenwabenstruktur, mit Durchmessern von etwa 20 μm bei Fichtenholz. In der darunterliegenden hierarchischen Ebene bestehen die Zellwände aus spiralförmig angeordneten Zellulosefasern, den so genannten Fibrillen, aus kristalliner Zellulose mit 2.5 nm Durchmessern, wobei die Fibrillen durch amorphe polymere Zuckerketten miteinander verbunden sind. Diese Strukturierung optimiert die für Baumstämme und Äste erforderlichen Eigenschaften und besitzt ein Verhältnis von Elastizitätsmodul zu Massendichte, das dasjenige heutiger metallischer, keramischer, Polymer- oder Verbundwerkstoffe übertrifft.

Ein menschlicher Wirbelknochen z. B. ist in der oberen hierarchischen Ebene ein poröses Material aus einem dreidimensionalen Netzwerk von Verstrebungen oder Trabekeln von etwa 0.5 mm Durchmesser, die teilweise auch Vorzugsrichtungen besitzen. In der darunter liegenden hierarchischen Ebene haben die Trabekeln eine Lamellenstruktur aus Kollagenfasern von etwa 20 nm Durchmesser. In der nächsttieferen hierarchischen Ebene bestehen die Kollagenfasern aus helixförmig verschlungenen Proteinketten von etwa 300 nm Länge, die durch Calciumphosphat-Partikel im Nanometer-Bereich verstärkt sind.

Zähne bestehen aus dem Zahnbein oder Dentin, das mit einem härteren Zahnschmelz aus Calciumphosphat überzogen ist. Das weichere Dentin hat unterschiedliche mechanische Eigenschaften mit einem von außen nach innen kontinuierlich zunehmenden Elastizitätsmodul. Es besteht aus organischem Kollagen von Proteinketten, in das Calciumphosphatplättchen von einigen Nanometern Dicke eingebettet sind.

Bemerkenswert ist für biologische Festkörper nicht nur, dass sie bezüglich der mechanischen Anforderungen optimiert sind, sie durchlaufen auch Wachstums- und Alterungsprozesse und können auftretende Defekte reparieren.

1.1.7 Züchtung von Halbleiterkristallen

Die Züchtung von kristallographisch und chemisch reinen sowie von gezielt verunreinigten Kristallen ist eine wesentliche Voraussetzung für die Entwicklung und technische Anwendung der Festkörperphysik. Die Herstellungsverfahren selbst sind weiterhin Gegenstand intensiver Forschungen, um neue Anwendungen nicht nur in der Mikroelektronik und Optoelektronik zu erschließen.

Mit Hilfe des **Czochralski-Verfahrens** (s. Abb. 1.7) lassen sich auch große Einkristalle aus der Schmelze ziehen. Der Kristall wächst an der Oberfläche der Schmelze und rotiert durch die Ziehvorrichtung, um einen gleichmäßigen Wärmefluss zu erreichen. Die Ziehgeschwindigkeit liegt in der Größenordnung von einigen cm/h. Dadurch können Si-Kristalle bis zu 30 cm Durchmesser hergestellt werden. Um die Verunreinigung gering zu halten, verwendet man als Tiegelmaterial z. B. Quarz (SiO_2) für Si, Graphit für Ge und Aluminiumnitrid für GaAs. Das Verfahren wird außerdem auf III-V-Verbindungen, Alkalimetallhalogenide und auch auf Metalle angewendet.

Eine andere Methode, Kristalle aus der Schmelze herzustellen, ist das **Bridgman-Verfahren**. Dabei wird der Tiegel mit der Schmelze langsam horizontal oder nach unten aus dem Hochtemperaturbereich des Ofens herausgezogen, so dass die Schmelze erstarrt. Die Kristallisationsgrenze stellt sich an einer bestimmten Stelle des Temperaturgradienten ein. Mit diesem Gradientenverfahren werden viele Halbleiterkristalle, aber auch feste Edelgase hergestellt.

Eine Möglichkeit, Verunreinigungen durch das Tiegelmaterial zu vermeiden, stellt das **Zonenschmelzverfahren** dar. Ausgangsmaterial ist dabei ein polykristalliner Stab,

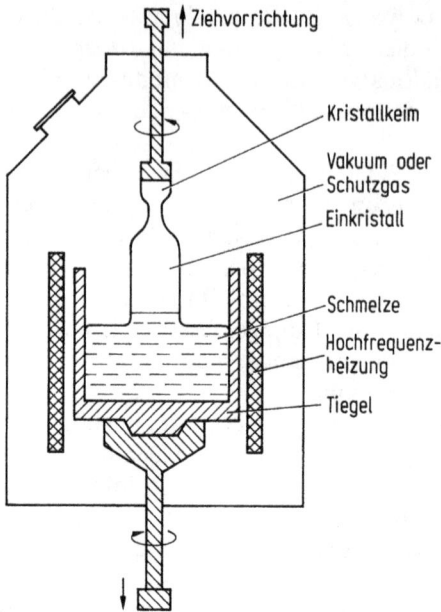

Abb. 1.7 Apparatur zum Ziehen von Einkristallen nach dem Czochralski-Verfahren. Um eine gleichmäßige Temperaturverteilung zu erreichen, rotieren Tiegel und Kristall mit etwa 10 Umdrehungen pro Minute.

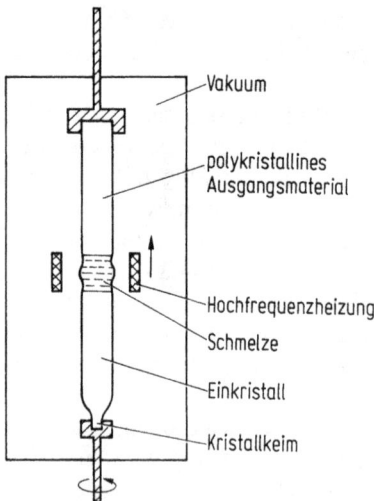

Abb. 1.8 Zonenschmelzverfahren zur tiegelfreien Züchtung von Reinstkristallen aus der Schmelze.

der im Vakuum mit Hilfe einer Hochfrequenzheizung in einer schmalen Zone geschmolzen wird und wieder rekristallisiert (s. Abb. 1.8). Die Schmelzzone bewegt sich mit der Heizung langsam nach oben, wobei der Einkristall unten langsam rotiert. Wiederholt man das Verfahren, lässt sich der Kristall auf diese Weise weiter von Verunreinigungen befreien. Die Löslichkeit von Fremdsubstanzen ist allgemein in der festen Phase niedriger als in der flüssigen Phase, so dass sich Fremdsubstanzen nach und nach im oberen Teil des Kristalles ansammeln. Damit können sehr reine Kristalle von Si, Ge, III-V- und II-VI-Verbindungen hergestellt werden.

Besonders hochwertige Kristalle erhält man durch die **Züchtung aus der Gasphase**, bei der die Zufuhr der Substanzen und die Bedingungen an der Wachstumsgrenze besser kontrolliert werden können. Bei der Züchtung von CdS-Kristallen nach Frerichs (s. Abb. 1.9) verdampft das Metall im Ofen bei 1100 °C, wo auch der zugeführte Schwefelwasserstoff dissoziiert. Die Kristalle wachsen am Rande des Ofens bei einer Temperatur von 980 °C im Bereich eines großen Temperaturgradienten. Über den zusätzlichen Wasserstoff wird die richtige Schwefelkonzentration am Ort des Wachstums eingestellt. II-VI-Verbindungen werden auch in abgeschlossenen Quarzrohren nach Greene (s. Abb. 1.10) hergestellt, wobei Halogene als Transportmittel dienen. Dabei muss der Temperaturverlauf im Rohr durch den Ofen genau eingestellt werden. Im Hochtemperaturbereich bei 850 °C wird ZnS gemäß

$$ZnS + I_2 \rightarrow ZnI_2 + 1/2\,S_2$$

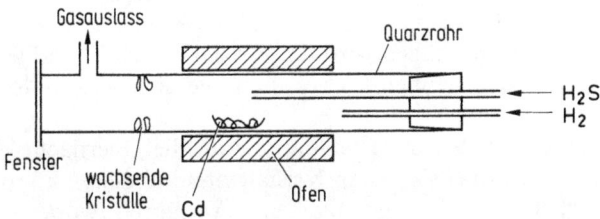

Abb. 1.9 Züchtung von CdS-Kristallen aus der Gasphase nach Frerichs. Die Kristalle wachsen an der Stelle der günstigsten Temperatur im Bereich eines starken Temperaturgradienten am Rande des Ofens, in dem eine Temperatur von 1100 °C herrscht.

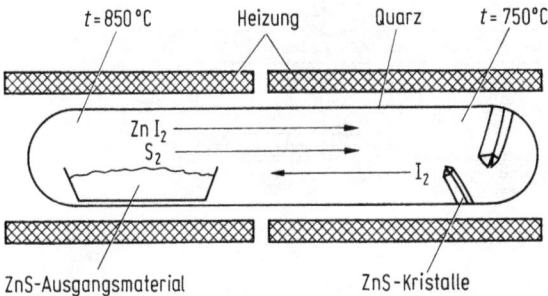

Abb. 1.10 Züchtung von ZnS-Kristallen aus der Gasphase nach Greene in einem abgeschlossenen Quarzrohr.

zersetzt, worauf das ZnI_2 in den Niedertemperaturbereich diffundiert. Bei $750\,°C$ findet an der Kristalloberfläche die umgekehrte Reaktion

$$ZnI_2 + 1/2\,S_2 \rightarrow ZnS + I_2$$

statt. Das Iod diffundiert wieder in den Hochtemperaturbereich zurück. Durch Ausnutzen der Reaktion

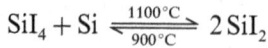

$$SiI_4 + Si \underset{900\,°C}{\overset{1100\,°C}{\rightleftharpoons}} 2\,SiI_2$$

lassen sich auf ähnliche Art auch Si-Kristalle herstellen.

Dotierte Halbleiter, also Kristalle mit festgelegter Konzentration an Fremdatomen, lassen sich ebenfalls aus der Gasphase herstellen, wobei man die Zusatzelemente genau dosieren kann. Große Halbleiterkristalle werden dagegen aus der Schmelze gezogen, indem die Fremdsubstanz dem Ausgangsmaterial hinzugefügt wird.

Zur Herstellung mikroelektronischer Bauelemente ist es erforderlich, auch die fertigen Kristalle weiter dotieren zu können. Dies kann durch **Diffusion** oder **Ionenimplantation** geschehen. Beim letzteren Verfahren werden die Fremdatome ionisiert und auf Energien von $10–100\,keV$ elektrisch beschleunigt, so dass sie bis in eine bestimmte Tiefe in den Kristall eindringen. Zur Trennung unterschiedlicher Ionenarten wird der Strahl durch ein Magnetfeld abgelenkt und die unerwünschten Ionen werden ausgeblendet. Mit Hilfe eines Ablenksystems kann der Strahl auf eine beliebige Stelle der Halbleiteroberfläche gelenkt werden. In der Planartechnologie der Mikroelektronik auf Siliziumbasis ergeben sich dabei besonders scharfe Übergänge der Dotierung, wenn die Oberfläche mit einer dicken SiO_2-Schicht geeignet maskiert ist. Zum Ausheilen der Strahlenschäden wird der Kristall anschließend getempert, d. h. mehrere Stunden auf einer Temperatur gehalten, die nicht weit unterhalb der Schmelztemperatur liegt.

Beim **Diffusionsverfahren** werden die Fremdatome an die Oberfläche der stark erhitzten Kristalle gebracht, wobei sie in den Kristall eindiffundieren können. Man unterscheidet auch hierbei offene von geschlossenen Verfahren, wobei chemische Verbindungen zum Transport verwendet werden können, die im Hochtemperaturbereich an der Kristalloberfläche dissoziieren und dabei die Atome freisetzen. Als Beispiel ist in Abb. 1.11 die Dotierung von Si-Kristallen mit Phosphor im offenen Diffusionssystem dargestellt. Das Eindiffundieren von Fremdsubstanzen lässt sich

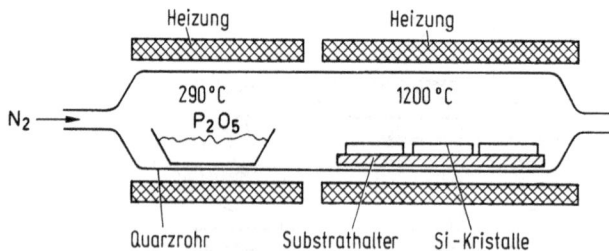

Abb. 1.11 Schematischer Aufbau eines offenen Diffusionssystems zur Dotierung von Si-Kristallen mit Phosphor. P_2O_5 verdampft bei $290\,°C$ und wird durch den Stickstoffstrom in den Hochtemperaturbereich transportiert. Die Moleküle dissoziieren dort, und der Phosphor diffundiert in die Si-Kristalle ein.

auch aus der festen Phase erreichen. Dazu genügt es, das Dotierungsmaterial auf die Oberfläche aufzubringen und den Kristall hinreichend lange zu tempern. Durch Aufbringen von Metallen werden auf ähnliche Weise die elektrischen Kontakte bei Halbleiterbauelementen hergestellt.

Als Beispiel für die Züchtung von Kristallen aus der Lösung sei die Herstellung von Quarzkristallen angeführt. In einem abgeschlossenen Druckgefäß löst sich SiO_2 bei 400°C und einem Druck von $4 \cdot 10^8$ Pa in geringer Menge in Wasser und kristallisiert an einem Keim im etwas kühleren Bereich des Gefäßes, wobei der Transport durch Konvektion erfolgt.

Auch aus der festen Phase lassen sich Kristalle züchten, wobei man besser von einer Phasenumwandlung spricht. Die Phasenumwandlung des Kohlenstoffs vom Ausgangsmaterial Graphit zum Diamant lässt sich bei einer Temperatur von 2000°C und Drücken im Bereich von $10^9 - 10^{10}$ Pa erreichen. Wegen der technischen Probleme, die selbst bei kurzzeitigem Anwenden solch extremer Bedingungen auftreten, sind die so erhaltenen Kristalle jedoch nur klein und auch mit Graphit verunreinigt.

Bei der Herstellung dünner, einkristalliner Schichten – der so genannten **Epitaxie** – kommt es darauf an, die zugeführten Komponenten gut zu dosieren, um die Schichtdicken im μm-Bereich und darunter genau einhalten zu können. Bei der Herstellung von Si-Schichten aus der Gasphase kann der Transport in den Ofen durch Halogengas und Wasserstoff erfolgen. Im Ofen findet dann die Reaktion

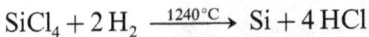

$$SiCl_4 + 2\,H_2 \xrightarrow{\;1240°C\;} Si + 4\,HCl$$

statt, wodurch die Si-Einkristallschichten auf einer Graphitunterlage wachsen können. Zur Herstellung von GaAs-Schichten geht man von gasförmigem Arsentrichlorid aus, das in einem Ofen bei 900°C über flüssiges Ga geleitet wird, wobei die Reaktionen

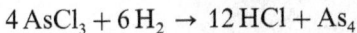

$$4\,AsCl_3 + 6\,H_2 \rightarrow 12\,HCl + As_4$$

und

$$2\,Ga + 2\,HCl \rightarrow 2\,GaCl + H_2$$

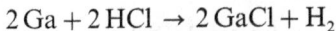

stattfinden. Das Gas aus GaCl und As_4 wird weitergeleitet, so dass die Einkristallschichten bei 750°C wachsen können.

Zur Herstellung von **Heterostrukturen**, bei denen verschiedene dünne Einkristallschichten periodisch übereinander angeordnet sind, ist die **Molekularstrahlepitaxie** (MBE) besonders genau. Die Schichten werden hier im Vakuum erzeugt, wobei die Einzelatome mit Hilfe von Molekularstrahlen nacheinander und präzise dosiert zugeführt werden. Einfacher durchzuführen ist jedoch der Transport der Komponenten in der Gasphase durch metallorganische Verbindungen (**MOCVD**: *M*etal-*o*rganic-*c*hemical-*v*apor-*d*eposition). Mit Hilfe von Methyl- oder Ethylverbindungen lassen sich auf diese Weise Einkristallschichten aller III-V-, II-VI- und IV-VI-Verbindungen herstellen. Dazu bringt man z. B. Trimethylgallium und Arsenwasserstoff durch Gastransport in den Ofen ein, in dem dann bei Temperaturen unterhalb 900°C die Reaktion

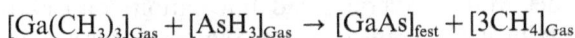

$$[Ga(CH_3)_3]_{Gas} + [AsH_3]_{Gas} \rightarrow [GaAs]_{fest} + [3CH_4]_{Gas}$$

stattfindet und zum Wachsen einer GaAs-Einkristallschicht führt. Anstelle von Trimethylgallium wird anschließend Trimethylaluminium zugeführt, so dass eine AlAs-

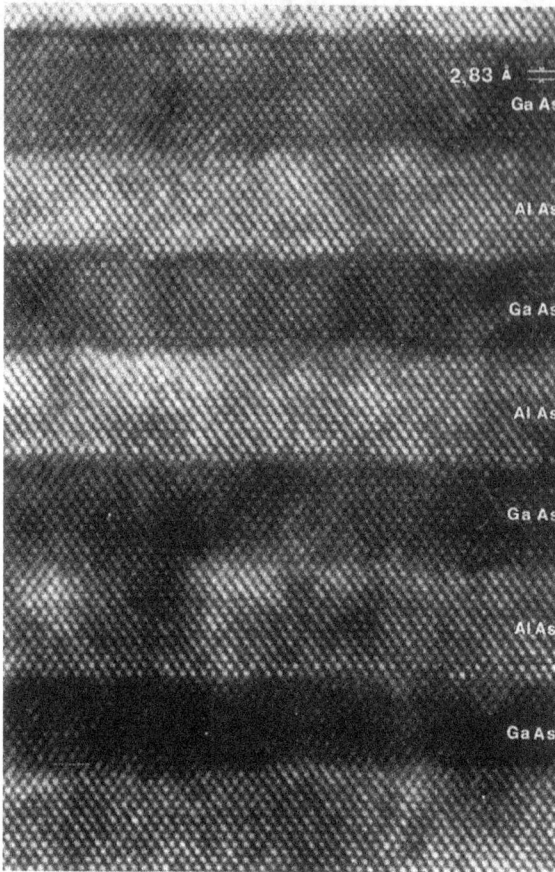

Abb. 1.12   Heterostruktur von GaAs/AlAs, hergestellt mit dem MOCVD-Verfahren nach [2].
Transmissionselektronenmikroskopische Aufnahme; jede Schicht besteht aus etwa 15 Monolagen.

Schicht aufwächst. Damit lassen sich GaAs/AlAs-Heterostrukturen erzeugen, mit
Schichtdicken bis herunter zu 5 nm. Da sich die Gitterkonstanten von GaAs und
AlAs kaum unterscheiden, betrifft die Unregelmäßigkeit an der Grenzschicht nur
wenige Atomlagen. Abbildung 1.12 zeigt als Beispiel eine Heterostruktur von GaAs/
AlAs, aufgenommen mit einem Elektronenmikroskop.

1.1.8 Nanostrukturen

In Zusammenhang mit der Miniaturisierung und Integration von elektronischen
und optoelektronischen Halbleiterbauelementen sowie von magnetischen Strukturen
von Metallen sind räumliche Abmessungen bis zu einzelnen Atomlagen, d. h. in
den Nanometerbereich, möglich. Solche Anordnungen haben physikalische Eigen-

schaften, die sich von denen größerer, so genannter Volumenkristalle deutlich unterscheiden. Es lassen sich z. B. mit der Molekularstrahlepitaxie oder der metallorganischen Gasphasenepitaxie gezielt atomare Monolagen auf Halbleiteroberflächen abscheiden und damit unterschiedliche Supergitter mit Schichtdicken von weniger als einem Nanometer bis 100 nm mit maßgeschneiderten physikalischen Eigenschaften erzeugen. In einer weniger als 50 nm dicken GaAs-Schicht sind Elektronen nur innerhalb der Schicht beweglich, und es entsteht ein zweidimensionaler Halbleiter oder ein Quantenfilm. Wird diese Schicht in Streifen geteilt, entstehen eindimensionale Halbleiter oder Quantendrähte und bei weiterer Strukturierung quer dazu erhält man Halbleiterinseln bzw. nulldimensionale Halbleiter oder Quantenpunkte, in denen die Elektronen wie in Atomen in diskreten Energieniveaus gebunden sind.

Nanostrukturen lassen sich bei schichtweisem Wachstum durch Epitaxie und lithographisch definiertem Ätzen der Oberfläche oder durch gezieltes Abtragen von Oberflächenmaterial mit Ionenstrahlen oder Lasern herstellen. Die Nanostrukturierung mit Hilfe von gepulsten Lasern hoher Intensität mit Pulsdauern bis in den Femtosekunden-Bereich ermöglicht ganz unterschiedliche Anwendungen. So kann man mit großer Genauigkeit Material im Mikro- und Nanometerbereich bearbeiten, wobei mit abnehmender Pulsdauer die wärmebeeinflusste Zone kleiner und damit die Präzision der Struktur verbessert wird.

Andererseits entstehen Nanostrukturen auch durch selbstorganisiertes Wachstum. Werden z. B. dünne Schichten von InAs auf der Oberfläche eines GaAs-Substratkristalles abgeschieden, so wachsen die ersten Monolagen wegen der etwa 7 % größeren kristallinen Atomabstände unter starken elastischen Spannungen. Bei weiterem Wachstum bilden sich dann pyramidenförmige InAs-Inseln von 4 bis 20 nm Größe auf der GaAs-Oberfläche, die energetisch günstiger sind als Schichten mit ihren großen Verzerrungsenergien. Die sich bildenden InAs-Pyramiden sind Quantenpunkte mit diskreten Energieniveaus und können als Quasiatome bezeichnet werden. Ihre Größe hängt von den Wachstumsbedingungen ab und schwankt nur gering. Nach Bedeckung der Pyramiden mit GaAs-Lagen können auch mehrfache Schichten übereinander hergestellt werden, wobei es zu korreliertem Wachstum aufeinanderfolgender Schichten kommt und ein dreidimensionales Gitter von InAs-Pyramiden im GaAs-Kristall entsteht.

Quantenpunkte aus 1 bis 20 nm großen kristallinen II-VI- oder III-V-Verbindungen können auch im nasschemischen Verfahren durch Fällungsreaktionen von metallhaltigen und nichtmetallhaltigen Verbindungen in organischen Lösungsmitteln oder Wasser hergestellt werden. Fügt man an solche kolloidchemische Prozesse noch eine Größenfraktionierung der Nanopartikel mit unterschiedlichen Lösungsmitteln an, erreicht man Unterschiede in der Größe von weniger als 10 %. Die optischen Eigenschaften dieser Quantenpunkte unterscheiden sich von denen großer Kristalle durch größenabhängige diskrete Energiezustände, die für verschiedene optische Bauelemente wie Dioden oder Laser interessant sind.

Galliumarsenidkristalle z. B. können im µm-Bereich lithographisch derart strukturiert werden, dass kleine optische Resonatoren oder so genannte photonische Punkte mit maßgeschneiderten optischen Modenspektren entstehen. Das eröffnet Möglichkeiten für hocheffiziente Lichtquellen, optische Wellenleiter und andere Anwendungen. Die Eigenschaften optischer Bauelemente sind in Kap. 8 behandelt.

In jüngerer Zeit haben Kohlenstoff-Nanoröhren besonderes Interesse erlangt. Sie bestehen aus einem Netz von Kohlenstoff-Sechserringen, die die Hülle eines Röhrchens von einigen Nanometern Durchmesser und bis zu $10\,\mu\mathrm{m}$ Länge bilden, und entstehen beim Verdampfen von Graphit im Lichtbogen, durch Laser und bei der katalytischen Zersetzung von Kohlenwasserstoffen. Daraus werden Kohlenstoff-Fasern mit 10 bis 50 nm Durchmessern und Längen im Millimeterbereich gebildet, die unter anderem zur Herstellung unterschiedlicher kohlenstoffverstärkter Kompositwerkstoffe dienen.

1.2 Mechanische Eigenschaften

1.2.1 Elastische Konstanten

Die elastischen Eigenschaften von Kristallen werden durch maximal 21 **Elastizitätsmoduln** $C_{ij} = C_{ji}$ mit $i, j = 1, \dots, 6$ beschrieben, deren Anzahl sich jedoch durch die Punktsymmetrie des Kristalles stark reduziert. Die Elastizitätsmoduln vermitteln die lineare Abhängigkeit der sechs Komponenten des Spannungstensors von den sechs Komponenten des Verzerrungstensors. Für homogene, isotrope Festkörper gilt

$$C_{11} = C_{22} = C_{33} = \lambda + 2\,\mu$$
$$C_{12} = C_{13} = C_{23} = \lambda$$
$$C_{44} = C_{55} = C_{66} = \mu$$

(alle anderen $C_{ij} = 0$) und die beiden **Lamé-Konstanten** λ, μ hängen mit dem Elastizitätsmodul E und der **Poisson-Zahl** m über die Beziehungen

$$E = \frac{\mu(2\,\mu + 3\,\lambda)}{\mu + \lambda}; \quad m = \frac{\lambda}{2\,(\mu + \lambda)}$$

zusammen.

Im Falle kubischer Kristalle gibt es drei unabhängige Elastizitätsmoduln C_{11}, C_{12}, C_{44}, und es gilt

$$C_{22} = C_{33} = C_{11}$$
$$C_{13} = C_{23} = C_{12}$$
$$C_{55} = C_{66} = C_{44}$$

(alle anderen $C_{ij} = 0$). Der **Kompressionsmodul** B hängt mit den elastischen Konstanten über die Beziehung $B = (C_{11} + 2\,C_{12})/3$ zusammen. Am einfachsten lassen sich die elastischen Konstanten durch Messung der **Schallgeschwindigkeit** bestimmen. Longitudinale bzw. transversale Schallwellen, die sich in (100)-Richtung ausbreiten, haben die Schallgeschwindigkeit

$$v_{\mathrm{l}}^{(100)} = \sqrt{\frac{C_{11}}{\varrho}} \quad \text{bzw.} \quad v_{\mathrm{t}}^{(100)} = \sqrt{\frac{C_{44}}{\varrho}},$$

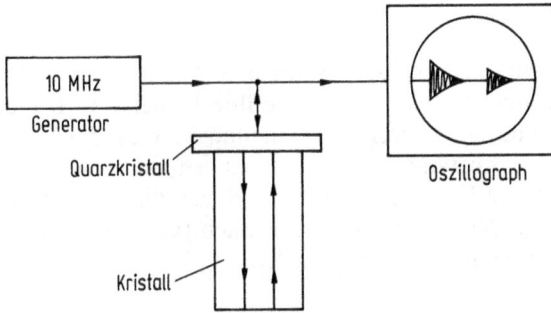

Abb. 1.13 Anordnung zur Messung der Schallgeschwindigkeit durch Laufzeitmessungen von Ultraschallimpulsen. Die Schallfrequenz von 10 MHz wird in einem Generator erzeugt, durch den piezoelektrischen Quarz auf den Kristall übertragen und gemeinsam mit der reflektierten Schallwelle auf dem Oszillographen angezeigt.

wobei ϱ die Massendichte bezeichnet. Für die Ausbreitung in (110)-Richtung ergibt sich entsprechend

$$v_l^{(110)} = \sqrt{\frac{C_{11} + C_{12} + 2\,C_{44}}{2\,\varrho}}$$

$$v_{t1}^{(110)} = \sqrt{\frac{C_{44}}{\varrho}}; \quad v_{t2}^{(110)} = \sqrt{\frac{C_{11} - C_{12}}{\varrho}}.$$

Damit lassen sich die elastischen Konstanten durch Messung der Geschwindigkeit von Ultraschallwellen bestimmen. Abbildung 1.13 zeigt die Versuchsanordnung, wobei die Ultraschallwellen im MHz-Bereich durch einen auf den Kristall geklebten Quarzkristall erzeugt werden. Der piezoelektrische Effekt wird gleichzeitig benutzt, um die an der Rückwand der Kristalle reflektierten Schallwellen in elektrische Signale umzuformen. Man verwendet Schallpulse im Abstand von etwa 10 µs und kann Sende- und Echopuls gleichzeitig auf dem Oszillographen sichtbar machen, woraus sich unmittelbar die Laufzeit ergibt. In Tab. 1.1 sind die elastischen Konstanten einiger kubischer Kristalle angegeben.

Tab. 1.1 Elastizitätsmoduln und Dichte einiger kubischer Kristalle bei 300 K.

| | Elastizitätsmoduln in 10^{10} Pa | | | Dichte in 10^3 kg m^{-3} |
	C_{11}	C_{12}	C_{44}	ϱ
C (Diamant)	107.6	12.5	57.6	3.51
Si	16.6	6.4	8.0	2.38
GaAs	11.9	5.4	5.9	5.32
KCl	40.5	0.66	0.63	2.04
Cu	16.8	12.1	7.5	9.02

1.2.2 Gitterschwingungen

Im Unterschied zu Gasen und Flüssigkeiten besteht die Wärmebewegung der Kristalle ausschließlich aus Schwingungen der Atome um ihre Ruhelagen. Dabei handelt es sich in guter Näherung um harmonische Schwingungen, wenn die Schwingungsamplituden klein gegen den Abstand nächster Nachbarn sind. Dies ist in einem großen Temperaturbereich der Fall, der nach oben durch die Schmelztemperatur des Kristalles begrenzt wird. Nur bei Quantenkristallen (vgl. Abschn. 1.1.4) kann die harmonische Näherung nicht verwendet werden.

1.2.2.1 Zweiatomige lineare Kette

Um die Gitterschwingungen qualitativ zu verstehen, sei zunächst ein einfaches eindimensionales Modell, die **zweiatomige lineare Kette**, betrachtet. Der Kristall sei aus punktförmigen Atomen zusammengesetzt, die durch kleine Federn mit ihren Nachbarn verbunden sind. In diesem Modell kann sich die Schwingung eines Atoms über die Kopplungsfedern auf den ganzen Kristall ausdehnen, und man hat es mit einem System aus sehr vielen gekoppelten harmonischen Oszillatoren zu tun. Die typischen Eigenschaften der Gitterschwingungen der Kristalle lassen sich bereits an einem solchen eindimensionalen Modell erkennen.

Die lineare Kette möge aus zwei verschiedenen Atomsorten der Massen M_1 und M_2 bestehen, deren Ruhelagen auf der x-Achse der Abb. 1.14 den Abstand d haben. Der Kristall ist dann mit der Gitterkonstanten $a = 2d$ periodisch. Ist $x_{2v}(t)$ die Auslenkung eines Atoms der Masse M_1 am Ort $2vd$ und $x_{2v+1}(t)$ die Auslenkung eines Atoms der Masse M_2 am Ort $(2v+1)d$ wie in Abb. 1.15 angegeben, so folgt aus dem Bewegungsgesetz von Newton

$$
\begin{aligned}
M_1 \ddot{x}_{2v} &= -C[(x_{2v} - x_{2v-1}) - (x_{2v+1} - x_{2v})] \\
&= -C[2x_{2v} - x_{2v-1} - x_{2v+1}] \\
M_2 \ddot{x}_{2v+1} &= -C[2x_{2v+1} - x_{2v} - x_{2v+2}],
\end{aligned}
\tag{1.1}
$$

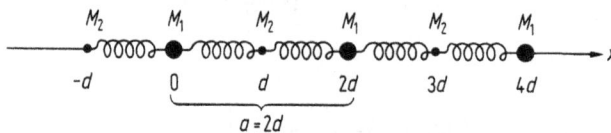

Abb. 1.14   Eindimensionales Kristallmodell.

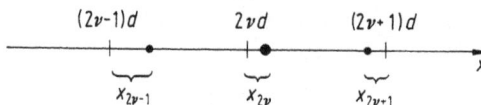

Abb. 1.15   Auslenkungen der Atome.

wobei C die Direktionskraft der Kopplungsfeder bezeichnet. Dieses gekoppelte Differentialgleichungssystem wird am einfachsten mit einem Ansatz **ebener Wellen** gelöst:

$$x_{2v} = A_1\, e^{i(2vqd - \omega t)}, \quad x_{2v+1} = A_2\, e^{i(2vqd - \omega t)}, \tag{1.2}$$

wobei ω die Frequenz und A_1, A_2 die Amplituden der ebenen Wellen sind. Hier bedeutet q die Wellenzahl, die mit der Wellenlänge λ durch $q = 2\pi/\lambda$ verknüpft ist. Setzt man diesen Ansatz in Gl. (1.1) ein, so erhält man ein lineares homogenes Gleichungssystem für die Amplituden A_1 und A_2:

$$M_1 \omega^2 A_1 = 2\,C A_1 - 2\,C A_2\, e^{-iqd} \cos qd$$
$$M_2 \omega^2 A_2 = 2\,C A_2 - 2\,C A_1\, e^{iqd} \cos qd. \tag{1.3}$$

Daraus erhält man die Bedingung

$$\begin{vmatrix} M_1 \omega^2 - 2\,C & 2\,C\,e^{-iqd} \cos qd \\ 2\,C\,e^{iqd} \cos qd & M_2 \omega^2 - 2\,C \end{vmatrix} = 0, \tag{1.4}$$

die eine Dispersionsgleichung, also eine Beziehung zwischen der Frequenz ω und der Wellenzahl q darstellt. Die Berechnung der Determinante liefert zu jedem q zwei verschiedene Kreisfrequenzen ω_+, ω_-:

$$\omega_{\pm}^2(q) = \frac{C(M_1 + M_2)}{M_1 M_2} \left[1 \pm \sqrt{1 - \frac{4\,M_1 M_2}{(M_1 + M_2)^2} \sin^2 qd} \,\right],$$

die zu verschiedenen Schwingungsformen gehören. Beide Zweige der **Dispersionskurven** sind in Abb. 1.16 schematisch eingezeichnet. Der obere **optische Zweig** verläuft recht flach, und die optische Schwingungsfrequenz hängt nur wenig von q ab, so dass sie für viele Zwecke durch ihren Wert bei $q = 0$ ersetzt werden kann, der zugleich die höchste mögliche Frequenz ist. Der **akustische Zweig** hat dagegen an der Stelle $q = 0$ die Frequenz $\omega = 0$. Zur Veranschaulichung des Unterschiedes zwischen der optischen und akustischen Schwingungsform sei das Amplitudenverhältnis benachbarter Atome betrachtet. Es ergibt sich aus Gl. (1.3) zu

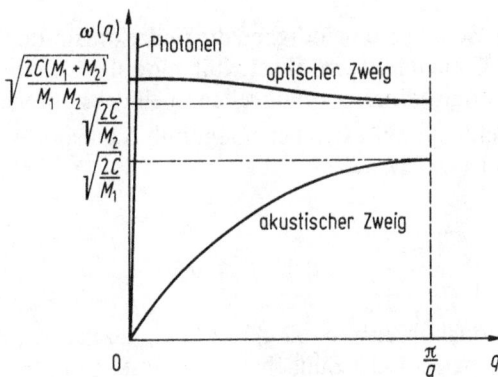

Abb. 1.16 Dispersion der Gitterschwingungen für $M_1 > M_2$.

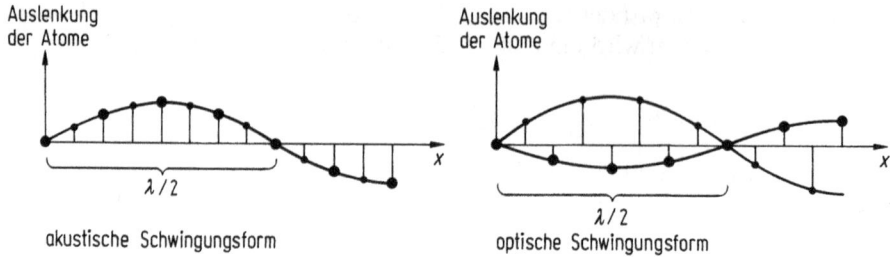

Abb. 1.17 Mögliche Gitterschwingungsformen der linearen Kette.

$$\frac{A_1}{A_2} = -\frac{2\,C\,\mathrm{e}^{-iqd}\cos qd}{M_1\,\omega^2 - 2\,C}$$

und wird für große Wellenlängen – also $q \approx 0$ – bei optischen Schwingungen negativ und bei akustischen Schwingungen positiv. Benachbarte Gitteratome sind also in der akustischen Schwingungsform in der gleichen Richtung ausgelenkt, in der optischen Schwingungsform schwingen sie aber gegeneinander. In Abb. 1.17 sind die Auslenkungen der Atome zu einer festen Zeit schematisch dargestellt. Man erkennt daraus, dass die akustische Schwingung die Form einer Schallwelle hat, wie sie sich in einem beliebigen Medium ausbreitet. Die optische Schwingungsform ist jedoch in einem kontinuierlichen Medium nicht möglich. Bei der optischen Schwingungsform entstehen durch die Gegeneinanderbewegung benachbarter Gitterteilchen starke elektrische Dipole, wodurch eine besonders große Wechselwirkung mit elektromagnetischen Wellen (Licht) gegeben ist. Daher der Name **optische Schwingung** im Gegensatz zur **akustischen Schwingung**, die eine Schallschwingung darstellt.

Für große Wellenlängen λ, also kleine $q = 2\pi/\lambda$, geht das **Dispersionsgesetz** des akustischen Zweiges in das der Schallwellen $\omega = vq = v\,2\pi/\lambda$ (v = Schallgeschwindigkeit) über:

$$\omega_{\text{akustisch}}(q) \approx \sqrt{\frac{2\,C}{M_1 + M_2}}\,qd, \quad \text{also} \quad v = d\sqrt{\frac{2\,C}{M_1 + M_2}}, \tag{1.5}$$

so dass man durch Messung der Schallgeschwindigkeit die Federkonstante C bestimmen kann. Andererseits hängt C auch mit dem Elastizitätsmodul E zusammen. Die Ausbreitungsgeschwindigkeit longitudinaler Schallwellen in einem homogenen Medium ist $v = \sqrt{E/\varrho}$, und die Dichte ϱ ergibt sich bei einem kubisch primitiven Gitter aus zwei Atomsorten zu $\varrho = 4\,(M_1 + M_2)/a^3$.

Daraus erhält man dann:

$$v = d\sqrt{\frac{2\,C}{M_1 + M_2}} = \frac{a}{2}\sqrt{\frac{a\,E}{M_1 + M_2}} \quad \text{oder} \quad C = dE.$$

In Abb. 1.16 sind die Dispersionskurven nur bis $q = \pi/a$ eingezeichnet, denn für größere q wiederholen sie sich periodisch. Zunächst entnimmt man aus Gl. (1.4), dass für die Dispersionskurven $\omega(-q) = \omega(q)$ gelten muss, denn der Übergang $q \to -q$ bedeutet den Übergang zur konjugiert komplexen Gleichung, die dieselben reellen Wurzeln hat. Ersetzt man andererseits in Gl. (1.2) q durch $q + (2\pi/a)\,n$, wo n eine beliebige ganze Zahl ist, so verändert sich der Ansatz nicht:

$$A_1\,e^{i[2v(q+\frac{2\pi}{a}n)d-\omega t]} = A_1\,e^{i(2vqd-\omega t)}\,e^{i2\pi vn} = A_1\,e^{i(2vqd-\omega t)}.$$

Die Dispersionskurven sind also mit der Periode $2\pi/a$ periodisch, und es genügt, den in Abb. 1.16 eingezeichneten Teil zu betrachten. Das Intervall $-\pi/a < q \le \pi/a$ bezeichnet man als den **reduzierten Bereich**.

In derselben Abb. 1.16 ist zusätzlich das Dispersionsgesetz für Photonen $\omega = cq$ (c = Lichtgeschwindigkeit) eingezeichnet. Die Gerade verläuft sehr steil, dicht an der ω-Achse, denn die Lichtgeschwindigkeit ist sehr viel größer als die Schallgeschwindigkeit, die die Steigung der Tangente des akustischen Zweiges bei $q = 0$ ist.

1.2.2.2 Dispersionskurven der Kristalle

Zur allgemeinen Behandlung der Gitterschwingungen von Kristallen sollen zunächst einige Begriffe zur Beschreibung des Gitters eingeführt werden. Die betrachteten Kristalle mögen aus einer periodischen Aneinanderreihung der **Elementarzelle** bestehen, die von den drei Vektoren a_1, a_2, a_3 aufgespannt wird. In einer Elementarzelle können ein oder mehrere verschiedene Atome sein. Sind n_1 n_2 und n_3 ganze Zahlen, so bezeichnet man den Vektor $R = n_1 a_1 + n_2 a_2 + n_3 a_3$ als einen **Gittervektor**. Die **Periodizitätsbedingung** lautet dann für eine beliebige Eigenschaft f des Kristalles $f(r + R) = f(r)$. Dabei wird der Kristall stets als unendlich ausgedehnt angenommen. Da die drei **Basisvektoren der Elementarzelle** a_1, a_2, a_3 im Allgemeinen nicht aufeinander senkrecht stehen und auch nicht gleich lang sind, führt man zur Vereinfachung der Rechnungen die **Basis des reziproken Gitters** b_1, b_2, b_3 durch die Definition

$$b_k = \frac{2\pi}{\Omega}\,a_i \times a_j \quad \text{mit} \quad i, j, k \text{ zyklisch} \tag{1.6}$$

ein, wobei $\Omega = a_1 \cdot (a_2 \times a_3)$ das Volumen der Elementarzelle bezeichnet. Dann gilt $a_i \cdot b_j = 2\pi \delta_{ij}$. Sind jetzt g_1, g_2 und g_3 ganze Zahlen, so bezeichnet man den Vektor $G = g_1 b_1 + g_2 b_2 + g_3 b_3$ als einen **Vektor des reziproken Gitters**. Es gilt dann $R \cdot G = 2\pi g$, wobei g wiederum eine ganze Zahl bezeichnet. Eine ausführliche Beschreibung des reziproken Gitters findet sich in Abschn. 2.1.3.

Als Beispiel sei das Diamantgitter betrachtet. Aufgrund der in Abb. 1.1 gegebenen Kristallstruktur erhält man die Basisvektoren der Elementarzelle a_i und die des reziproken Gitters b_i zu

$$a_1 = a/2\,(1,1,0); \quad b_1 = 2\pi/a\,(1,1,-1)$$
$$a_2 = a/2\,(0,1,1); \quad b_2 = 2\pi/a\,(-1,1,1)$$
$$a_3 = a/2\,(1,0,1); \quad b_3 = 2\pi/a\,(1,-1,1), \tag{1.7}$$

wobei a die **Gitterkonstante** bezeichnet. Dabei liegt der Ursprung im Zentralatom von Abb. 1.1 und die Achsen sind parallel zu den Würfelkanten gewählt. In der Elementarzelle mit dem Volumen $\Omega = a^3/4$ gibt es zwei Atome: eines im Ursprung und ein zweites am Ort $a/4\,(1,1,1)$.

Die Zahl der Dispersionskurven eines Kristalles hängt von der Zahl der Atome ab, die sich in der Elementarzelle befinden. Sind allgemein s Teilchen in der Elementarzelle, so bestehen die Dispersionskurven aus drei akustischen und $3s-3$ optischen Zweigen. Anstelle von Gl. (1.1) lauten nämlich die gekoppelten Differentialgleichungen der Bewegung in harmonischer Näherung allgemein

$$M_{\mathrm{l}}\ddot{x}_{\mathbf{R}\mathrm{l}} + \sum_{\mathbf{R'}} \sum_{\mathrm{l'}=1}^{s} A_{\mathbf{R}\mathrm{l},\,\mathbf{R'}\mathrm{l'}}\, x_{\mathbf{R'}\mathrm{l'}} = 0\,, \tag{1.8}$$

wobei die Rückstellkräfte von den Auslenkungen aller anderen Atome herrühren. Dabei bedeutet

$$\sum_{\mathbf{R}}: \sum_{n_1=-\infty}^{+\infty} \sum_{n_2=-\infty}^{+\infty} \sum_{n_3=-\infty}^{+\infty}$$

und $l = 1, 2, \ldots s$ zählt die Atome in der Elementarzelle ab. Die Atome haben die Masse M_{l} und werden durch zwei Indizes charakterisiert: Der Gittervektor $\mathbf{R}$ kennzeichnet die Elementarzelle, in der sich das Atom befindet, und l gibt an, um welches Atom der Elementarzelle es sich handelt. Insofern bezeichnet $x_{\mathbf{R}\mathrm{l}}(t)$ die Auslenkung des Atoms l in der Elementarzelle $\mathbf{R}$. Die (3×3)-Tensoren $A_{\mathbf{R}\mathrm{l},\,\mathbf{R'}\mathrm{l'}}$ beschreiben alle möglichen Kopplungskonstanten. Mit den Abkürzungen

$$y_{\mathbf{R}\mathrm{l}} = x_{\mathbf{R}\mathrm{l}}\sqrt{M_{\mathrm{l}}} \quad \text{und} \quad D_{\mathbf{R}\mathrm{l},\,\mathbf{R'}\mathrm{l'}} = A_{\mathbf{R}\mathrm{l},\,\mathbf{R'}\mathrm{l'}}\big/\sqrt{M_{\mathrm{l}}M_{\mathrm{l'}}}$$

erhält man aus Gl. (1.8)

$$\ddot{y}_{\mathbf{R}\mathrm{l}} + \sum_{\mathbf{R'}} \sum_{\mathrm{l'}=1}^{s} D_{\mathbf{R}\mathrm{l},\,\mathbf{R'}\mathrm{l'}}\, y_{\mathbf{R'}\mathrm{l'}} = 0\,, \tag{1.9}$$

wobei $D_{\mathbf{R}\mathrm{l},\,\mathbf{R'}\mathrm{l'}}$ die **dynamische Matrix** bezeichnet. Dieses gekoppelte Differentialgleichungssystem lässt sich mit Hilfe des Ansatzes **ebener Wellen**

$$y_{\mathbf{R}\mathrm{l}}(t) = Y_{\mathrm{l}}(q)\exp[i(q\mathbf{R} - \omega t)] \tag{1.10}$$

lösen. Einsetzen von Gl. (1.10) in Gl. (1.9) liefert

$$-\omega^2 Y_{\mathrm{l}}(q) + \sum_{\mathrm{l'}=1}^{s} B_{\mathrm{l}\mathrm{l'}}(q)\, Y_{\mathrm{l'}}(q) = 0\,, \tag{1.11}$$

wobei der Ausdruck

$$B_{\mathrm{l}\mathrm{l'}}(q) = \sum_{\mathbf{R'}} D_{\mathbf{R}\mathrm{l},\,\mathbf{R'}\mathrm{l'}}\exp[iq(\mathbf{R'} - \mathbf{R})]$$

mit Rücksicht auf die Translationssymmetrie des Kristalles von $\mathbf{R}$ unabhängig ist. Für einen festen Wellenvektor q stellt Gl. (1.11) die Eigenwertgleichung der $(3s \times 3s)$-dimensionalen Matrix $B_{\mathrm{l}\mathrm{l'}}(q)$ dar, deren Eigenwerte durch den Index j abgezählt werden: $\omega_j^2(q), j = 1, 2, \ldots 3s$. Also besitzt ein Kristall mit s Atomen in der Elementarzelle gerade $3s$ – nicht notwendig verschiedene – Dispersionszweige.

Durch den Ansatz der ebenen Wellen, Gl. (1.10), ist der Wellenvektor q nur bis auf einen Vektor des reziproken Gitters definiert, denn wegen $\mathbf{G} \cdot \mathbf{R} = 2\pi g$ (mit g = ganze Zahl) führen q und $q + \mathbf{G}$ zum selben Ansatz Gl. (1.10). Es genügt also,

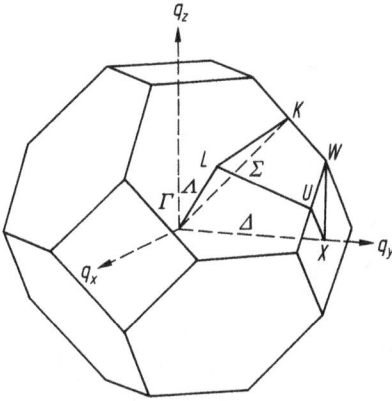

Abb. 1.18 Brillouin-Zone kubischer Kristalle. Eingezeichnet sind einige Punkte und Geraden hoher Symmetrie. Γ bezeichnet das Zentrum $(0, 0, 0)$, der X-Punkt ist gegeben durch $\frac{2\pi}{a}(0, 1, 0)$, der L-Punkt durch $\frac{\pi}{a}(1, 1, 1)$ und der K-Punkt durch $\frac{3\pi}{2a}(0, 1, 1)$.

sich auf das Periodizitätsgebiet der Dispersionskurven zu beschränken. Dieses kann entweder der **reduzierte Bereich** sein, der durch

$$-\pi < \boldsymbol{q} \cdot \boldsymbol{a}_i \leq \pi, \quad i = 1, 2, 3 \tag{1.12}$$

definiert ist, oder die etwas anders geformte **Brillouin-Zone**, die das gleiche Volumen besitzt.

Als Beispiel seien die Dispersionskurven von Silizium betrachtet. Si kristallisiert im Diamantgitter und hat die Gitterkonstante $a = 543.1$ pm. Abbildung 1.18 zeigt die Brillouin-Zone von kubischen Kristallen, also auch speziell von Si. Geraden hoher Symmetrie sind Δ mit den Endpunkten Γ und X, Σ mit den Endpunkten Γ und K sowie Λ mit den Endpunkten Γ und L. Wegen $s = 2$ besitzt Si sechs Zweige von Dispersionskurven, die in Abb. 1.19 angegeben sind. Die drei akustischen Zweige haben am Γ-Punkt die Energie Null und sind längs Δ und Λ entartet, d. h. es gibt dort nur einen longitudinal-akustischen Zweig LA und einen zweifachen transversal-akustischen Zweig TA, der längs Σ in die beiden Zweige TA_1 und TA_2 aufspaltet. LO bezeichnet den longitudinal-optischen Zweig, TO_1 und TO_2 die beiden transversaloptischen Zweige.

Die Steigung der akustischen Zweige am Γ-Punkt gibt die Schallgeschwindigkeit für transversal oder longitudinal polarisierte Schallwellen sehr großer Wellenlänge λ, d. h. für

$$\lambda \gg a \quad \text{bzw.} \quad \frac{2\pi}{\lambda} = |\boldsymbol{q}| \ll \frac{2\pi}{a}$$

an. Dort gilt genähert ein lineares Dispersionsgesetz, und man erkennt die Abhängigkeit der Schallgeschwindigkeit von der Ausbreitungsrichtung, die durch den Wellenvektor $\boldsymbol{q}$ gegeben ist. Mit Hilfe der Beziehungen von Abschn. 1.2.1 ist ein direkter Zusammenhang mit den Elastizitätsmoduln (vgl. Tab. 1.1) gegeben.

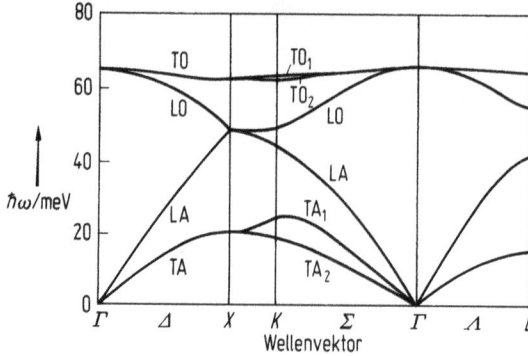

Abb. 1.19 Dispersion der Gitterschwingungen von Si. Aufgetragen ist hier die Schwingungsenergie $\hbar\omega$, wobei ω die Schwingungsfrequenz ist. Γ, X, K und L bezeichnen verschiedene
Punkte und Δ, Σ und Λ verschiedene Geraden in der Brillouin-Zone, die in Abb. 1.18 definiert
sind. Bei der Verlängerung der Strecke von Γ nach K außerhalb der Brillouin-Zone gelangt
man zu einem zu X äquivalenten Punkt. L bzw. T bedeutet eine longitudinal bzw. transversal
polarisierte Welle, A eine akustische Welle und O eine optische Welle.

Im Vergleich zu Si-Kristallen besitzt CdS noch weitere optische Dispersionszweige.
CdS kristallisiert in der Wurtzit-Struktur (Abb. 1.2) und hat zwei Cd- und zwei S-
Atome in der Elementarzelle. Aus $s = 4$ ergibt sich dann, dass CdS drei akustische
und neun optische Dispersionszweige besitzt, die sich entsprechend in longitudinale
und transversale Zweige unterscheiden lassen. Im Gegensatz dazu haben Al-Kristalle
überhaupt keine optischen Zweige; da Al nur ein Atom in der Elementarzelle besitzt,
gibt es nur drei akustische Zweige LA, TA_1 und TA_2. Die Dispersionskurven von
GaAs zeigt Abb. 1.30 in Abschn. 1.2.2.4, in der auch die Aufspaltung der optischen
Zweige diskutiert ist.

In den bisherigen Überlegungen war stets die Voraussetzung enthalten, dass der
Kristall unendlich ausgedehnt ist, denn ein realer endlicher Kristall erfüllt ja wegen
seiner Oberflächen nicht die Periodizitätsbedingung. Bei endlichen Kristallen wird
die Periodizitätsbedingung dadurch eingehalten, dass man periodische Randbedingungen einführt, indem man sich den ganzen Kristall periodisch bis ins Unendliche
wiederholt denkt. Im eindimensionalen Fall entspräche das einer zu einem Ring
geschlossenen linearen Kette. Die periodischen Randbedingungen führen nun dazu,
dass der Wellenvektor q eine diskrete Variable wird. Um das zu erkennen, sei ein
endlicher Kristall mit dem Volumen V betrachtet, der aus N^3 Elementarzellen bestehen möge: In den Richtungen a_1, a_2 und a_3 seien jeweils N Elementarzellen nebeneinander, so dass $V = Na_1 \cdot (Na_2 \times Na_3) = N^3\Omega$ ist. Dabei ist Ω das Volumen der
Elementarzelle. Das Kristallvolumen V heißt auch **Grundgebiet** und soll nun das
Periodizitätsgebiet sein. Dann muss für den Ansatz ebener Wellen (Gl. (1.10)) die
Periodizitätsbedingung

$$y_{\mathbf{R}+Na_i l}(t) = y_{\mathbf{R} l}(t), \quad i = 1, 2, 3$$

gelten, was zur Bedingungsgleichung

$$\exp(\mathrm{i}\boldsymbol{q}\,N a_\mathrm{i}) = 1 \quad \text{oder} \quad \boldsymbol{q}\cdot\boldsymbol{a}_\mathrm{i} = 2\,\pi\,\frac{g_\mathrm{i}}{N},\ g_\mathrm{i}\ \text{ganzzahlig}$$

führt. Drückt man $\boldsymbol{q}$ durch Basisvektoren des reziproken Gitters $\boldsymbol{b}_\mathrm{i}$ aus, erhält man die diskreten Wellenvektoren

$$\boldsymbol{q} = \frac{g_1}{N}\boldsymbol{b}_1 + \frac{g_2}{N}\boldsymbol{b}_2 + \frac{g_3}{N}\boldsymbol{b}_3 , \tag{1.13}$$

die von den ganzen Zahlen g_1, g_2 und g_3 abgezählt werden. Die Beschränkung auf den reduzierten Bereich, Gl. (1.12), führt dann zu

$$-\frac{N}{2} < g_\mathrm{i} \le \frac{N}{2}, \quad i = 1,2,3$$

so dass es nur endlich viele, nämlich N^3, verschiedene Wellenvektoren $\boldsymbol{q}$ im reduzierten Bereich oder in der Brillouin-Zone gibt. Für reale Kristalle wird N^3 in der Größenordnung der Avogadro-Konstanten gewählt, so dass man auch von einer quasidiskreten Variablen sprechen kann.

Besteht ein endlicher Kristall also aus N^3 Elementarzellen, von denen jede s Atome enthält, gibt es gerade $3s \cdot N^3$ verschiedene Schwingungsfrequenzen, denn zu jedem der N^3 Wellenvektoren $\boldsymbol{q}$ gemäß Gl. (1.13) gibt es $3s$ Schwingungsfrequenzen aus den verschiedenen Dispersionszweigen. $3sN^3$ ist andererseits auch die Anzahl der Freiheitsgrade aller $s \cdot N^3$ Atome des endlichen Kristalles.

1.2.2.3 Phononen

Bisher wurden die Gitterschwingungen in Form von ebenen Wellen beschrieben, die mit verschiedenen Geschwindigkeiten durch den Kristall wandern. Die einzelnen Atome führen dabei recht komplizierte Bewegungen aus, die die Lösungen des gekoppelten Differentialgleichungssystems (Gl. (1.8)) sind. Die Bewegung eines Gitterteilchens hängt ja von den Bewegungen der Nachbarn und damit auch aller anderen Gitterteilchen ab. Dies erkennt man z. B., wenn man sich zunächst alle Gitterteilchen ruhend vorstellt und nur eines auslenkt. Die Schwingung dieses Gitterteilchens wird dann dazu führen, dass alle anderen ebenfalls in Bewegung geraten. Mathematisch gibt es nun eine Möglichkeit im Differentialgleichungssystem (Gl. (1.8)) Normalkoordinaten derart einzuführen, dass ein System **ungekoppelter harmonischer Oszillatoren** entsteht. Die Normalkoordinaten bedeuten aber nicht mehr die Auslenkung einzelner Gitterteilchen, sondern hängen von den Amplituden der verschiedenen möglichen ebenen Wellen ab. Im dreidimensionalen Fall entstehen $3sG$ verschiedene ungekoppelte harmonische Oszillatoren, die durch den Wellenvektor $\boldsymbol{q}$ und durch den Dispersionszweig $\omega_\mathrm{j}(\boldsymbol{q})$ charakterisiert werden, denn es gibt $3s$ Dispersionszweige und $G = N^3$ verschiedene Wellenvektoren $\boldsymbol{q}$. Seien also etwa $Q_{\mathrm{j}q}$ die richtigen Normalkoordinaten, so lautet das ungekoppelte Differentialgleichungssystem im allgemeinen dreidimensionalen Fall einfach

$$\ddot{Q}_{\mathrm{j}q} + \omega_\mathrm{j}^2(\boldsymbol{q})\,Q_{\mathrm{j}q} = 0 .$$

Sind P_{jq} die zugehörigen kanonisch konjugierten Variablen, so ergibt sich die Hamilton-Funktion zu

$$H = \sum_{j=1}^{3s} \sum_{q}^{1\ldots G} \left[\frac{1}{2M} P_{jq}^2 + \frac{1}{2} M \omega_j^2(q)\, Q_{jq}^2 \right],$$

wobei M die Gesamtmasse aller Gitterteilchen in der Elementarzelle ist. H ist also einfach die Summe der Hamilton-Funktionen der einzelnen harmonischen Oszillatoren.

Betrachtet man nun die Gitterschwingungen vom quantenmechanischen Standpunkt aus, so hat jeder dieser harmonischen Oszillatoren ein äquidistantes Energiespektrum

$$E_{jq}(n_{jq}) = \hbar \omega_j(q) \left(n_{jq} + \frac{1}{2} \right) \quad \text{mit} \quad n_{jq} = 0, 1, 2, \ldots \tag{1.14}$$

Man kann also nur Energien in ganzzahligen Vielfachen von $\hbar \omega_j(q)$ zu- oder abführen. Dies führt unmittelbar zu dem Begriff des **Phonons**, worunter man ein Quasiteilchen versteht mit der Energie $\hbar \omega_j(q)$ und dem Impuls $\hbar q$. Das Phonon ist also ein Schwingungsenergiequantum, das dem Kristall zu- oder abgeführt werden kann, und man spricht demgemäß von **Phononenerzeugung** oder **Phononenvernichtung**. Entsprechend der Zahl der verschiedenen harmonischen Oszillatoren unterscheidet man $3sG$ verschiedene Phononen, die in $3s$ Dispersionszweigen zusammengefasst sind. Es gibt also z. B. longitudinal akustische Phononen (LA) oder transversal optische Phononen (TO) usw., je nachdem, zu welchem Dispersionszweig das Phonon gehört.

Wie wertvoll der Begriff des Phonons ist, zeigt sich aber erst, wenn man die Wechselwirkung der Gitterschwingungen mit Leitungselektronen oder mit eingestrahltem Licht (Photonen) betrachtet. Eine quantenmechanische Rechnung zeigt nämlich, dass die Wechselwirkung einfach durch einen elastischen Stoß des Elektrons bzw. Photons mit einem Phonon beschrieben werden kann, wobei Energie- und Impulssatz gelten müssen. Dabei können Phononen erzeugt oder vernichtet werden.

Betrachtet man etwa einen elektrischen Strom in einem Leiter, so geben die Leitungselektronen nach dem Ohm'schen Gesetz Energie an das Gitter ab. Der elektrische Widerstand kommt durch die Erzeugung und Vernichtung von Phononen zustande, wie sie in Abb. 1.20 schematisch angedeutet sind. Dabei bedeuten E, E' bzw. p, p' die Energien bzw. Impulse eines Leitungselektrons vor und nach dem Stoß mit einem Phonon. Im Falle der Erzeugung eines Phonons (Abb. 1.20a) lauten Energie- und Impulssatz

$$E = E' + \hbar \omega_j(q), \quad p = p' + \hbar q,$$

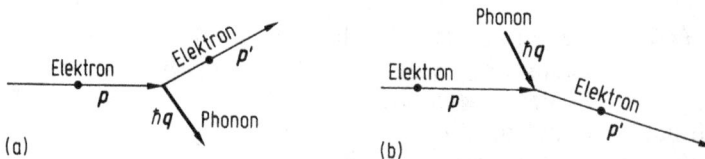

Abb. 1.20 Elektron-Phonon-Wechselwirkung; (a) Erzeugung, (b) Vernichtung eines Phonons.

und bei der Vernichtung eines Phonons (Abb. 1.20 b) gilt entsprechend

$$E + \hbar\omega_j(\boldsymbol{q}) = E', \quad \boldsymbol{p} + \hbar\boldsymbol{q} = \boldsymbol{p}'.$$

In beiden Fällen wird das Elektron aus seiner Bahn abgelenkt. Der elektrische Widerstand ergibt sich aus der Summierung der Stoßprozesse mit allen akustischen Phononen, während die optischen Phononen einen sehr viel geringeren Einfluss auf den elektrischen Widerstand haben. Bei tiefen Temperaturen spielt bei Metallen und Halbleitern außerdem noch die Streuung an Störstellen eine Rolle.

Bei dem Impulssatz ist allerdings zu beachten, dass der Wellenvektor $\boldsymbol{q}$ im reduzierten Bereich gewählt wurde. Ergibt sich bei einem solchen Stoß ein Wellenvektor außerhalb, so ist jeweils der äquivalente Wellenvektor im reduzierten Bereich zu nehmen. Daher muss der Impulssatz allgemeiner wie folgt geschrieben werden:

$$\boldsymbol{p} = \boldsymbol{p}' + \hbar\boldsymbol{q} + \hbar\boldsymbol{G} \quad \text{bei Erzeugung eines Phonons,}$$

$$\boldsymbol{p} + \hbar\boldsymbol{q} + \hbar\boldsymbol{G} = \boldsymbol{p}' \quad \text{bei Vernichtung eines Phonons,}$$

wobei $\boldsymbol{G}$ ein Vektor des reziproken Gitters ist, der einen beliebigen Punkt in einen äquivalenten Punkt im reduzierten Bereich überführt. Solche Prozesse, bei denen ein Vektor des reziproken Gitters beteiligt ist, nennt man **Umklappprozesse**. Sie spielen bei der elektrischen Leitfähigkeit nur eine untergeordnete Rolle. Anschaulich kann man sich Umklappprozesse dadurch entstanden denken, dass das als Welle aufgefasste Phonon noch zusätzlich elastisch am Kristallgitter gestreut wird. Dies steht in Analogie zur Bragg-Reflexion, bei der ein als Welle aufgefasstes Elektron elastisch am Kristallgitter gestreut wird.

Strahlt man in einen Kristall Licht der Wellenlänge λ ein, so können die Photonen ebenfalls in Wechselwirkung mit den Gitterschwingungen treten und Phononen erzeugen, wobei wieder Energie- und Impulssatz gelten müssen. Nun ist aber der Impuls der Photonen $\hbar/\lambda$ sehr klein gegen den Phononenimpuls $\hbar\boldsymbol{q}$, denn die Wellenlänge der Photonen liegt im sichtbaren Bereich zwischen 400 und 800 nm, wohingegen $\boldsymbol{q}$ in der Größenordnung $2\pi/a$ und $2\pi/|\boldsymbol{q}|$ in der Größenordnung der Gitterkonstanten, also einiger 0.1 nm liegt. Daher kann im Impulssatz der Impuls des Photons vernachlässigt werden.

Wir betrachten zunächst den Fall, dass ein Photon im Kristall unmittelbar vernichtet, d. h. absorbiert wird, wobei ein Phonon entsteht. Ist $h\nu$ die Energie des Photons, so muss also gelten

$$h\nu = \hbar\omega_j(\boldsymbol{q}) \quad \text{und} \quad \hbar\boldsymbol{q} \approx 0.$$

Dies erkennt man auch unmittelbar aus der Abb. 1.16, in der das Dispersionsgesetz der Photonen mit eingezeichnet ist. Ein solcher Prozess ist nur am Schnittpunkt der Photonengeraden mit der Dispersionskurve, also nur mit dem optischen Zweig, möglich, denn die Steigung der Photonengeraden ist die Lichtgeschwindigkeit c, die Steigung des akustischen Zweiges für kleine q aber die Schallgeschwindigkeit v. Durchstrahlt man z. B. einen NaCl-Kristall, so findet man bei der Frequenz des optischen Zweiges eine sehr geringe Durchlässigkeit, also starke Absorption (vgl. Abb. 1.21). Die Absorptionslinie ist nur bei dünnen Kristallen schmal, weil bei dickeren Kristallen Mehrphononenprozesse zunehmend eine Rolle spielen. Die optische Wellenlänge λ, bei der die Absorption zu erwarten ist, lässt sich leicht aus der Kreis-

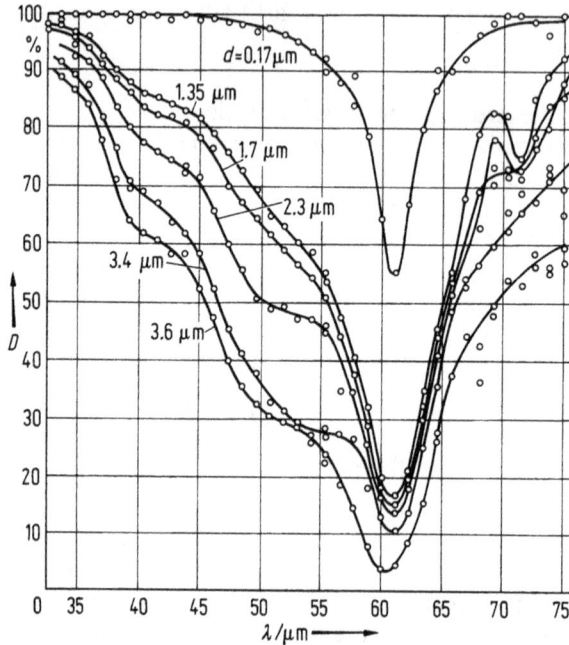

Abb. 1.21 Durchlässigkeit dünner NaCl-Plättchen (nach [3]).

frequenz des optischen Zweiges abschätzen. Diese ist im eindimensionalen Modell nach Abb. 1.16 an der Stelle $q = 0$:

$$\omega_{opt} = \sqrt{\frac{2\,C\,(M_1 + M_2)}{M_1\,M_2}}. \tag{1.15}$$

Die unbekannte Federkonstante C findet man aus der Schallgeschwindigkeit für longitudinale Schallwellen nach Gl. (1.5). Setzt man diese Gleichung in Gl. (1.15) ein, so erhält man:

$$\omega_{opt} = \frac{v}{d}\,\frac{M_1 + M_2}{\sqrt{M_1\,M_2}} = \frac{v}{d}\,\frac{1 + M_1/M_2}{\sqrt{M_1/M_2}}.$$

Damit ergibt sich die optische Wellenlänge λ zu

$$\lambda = \frac{2\,\pi\,c}{\omega_{opt}} = \frac{2\,\pi\,c\,d}{v}\,\frac{\sqrt{M_1/M_2}}{1 + M_1/M_2}.$$

Verwendet man die mit Ultraschallmethoden bestimmte Schallgeschwindigkeit für longitudinale Schallwellen in NaCl-Kristallen $v = 4.7 \cdot 10^3\,\mathrm{ms^{-1}}$ und den Abstand zwischen den Na- und Cl-Ionen $d = 2.8 \cdot 10^{-10}\,\mathrm{m}$ sowie das Massenverhältnis $M_{Cl}/M_{Na} = 35.5/23 \approx 1.5$, so erhält man eine Wellenlänge von $\lambda = 54\,\mu\mathrm{m}$. Dies ist in guter Übereinstimmung mit dem Durchlässigkeitsminimum der Abb. 1.21 bei einer Wellenlänge von 61 μm. Bei Kristallen mit vielen verschiedenen Dispersionszweigen ergeben sich i. A. recht komplizierte Absorptionsspektren, und die Zuordnung der einzelnen Absorptionsmaxima zu den verschiedenen Phononen ist nicht leicht.

Bei der Absorption eines Photons können aber auch zwei Phononen erzeugt werden, deren Impulse dann entgegengesetzt gleich sein müssen:

$$h\nu = \hbar\omega_{j1}(\boldsymbol{q}_1) + \hbar\omega_{j2}(\boldsymbol{q}_2), \quad \hbar\boldsymbol{q}_1 + \hbar\boldsymbol{q}_2 \approx 0.$$

Prozesse dieser Art führen z. B. zur Verbreiterung der Absorptionslinie (Abb. 1.21), indem etwa gleichzeitig mit dem optischen Phonon noch ein akustisches Phonon erzeugt wird. Die Beteiligung von akustischen Phononen führt allgemein zu breiteren Banden, während durch optische Phononen scharfe Linien entstehen.

Meist ist die Absorption im Bereich des optischen Zweiges so stark, dass sie direkt auf optischem Wege nur an sehr dünnen Plättchen gemessen werden kann. Einfacher ist es, man misst die Reflexion, die in der Nähe des Transmissionsminimums ein Maximum hat. Bei wiederholter Reflexion bleibt schließlich nur noch eine Frequenz im Lichtstrahl übrig: die **Reststrahlenfrequenz**.

Oft kommt es auch vor, dass ein Photon im Kristall nur einen Teil seiner Energie abgibt, um ein oder mehrere Phononen zu erzeugen. Sendet z. B. ein irgendwie angeregtes Leuchtzentrum im Kristall ein Photon aus, so werden bei der spektroskopischen Untersuchung des Fluoreszenzlichtes neben der ursprünglichen Spektrallinie eine ganze Reihe von **Phononensatelliten** beobachtet. Dies geht so weit, dass bei höheren Temperaturen i. A. überhaupt keine scharfen Linien sondern nur noch breite Banden gefunden werden. Ist $h\nu$ die freiwerdende Energie des Leuchtzentrums und $h\nu'$ die im Detektor beobachtete Wellenlänge, so lautet der Energiesatz bei Erzeugung eines Phonons

$$h\nu' = h\nu - \hbar\omega_j(\boldsymbol{q}),$$

so dass die Energie der Phononensatelliten immer niedriger ist als die der ursprünglichen Linie. Der Impulssatz braucht hier nicht zu gelten, weil der Vorgang an einem festen Zentrum im Kristall stattfindet, welches einen beliebigen Impuls aufnehmen und auf den gesamten Kristall übertragen kann. Außerdem können auch mehrere gleiche oder verschiedene Phononen erzeugt werden, z. B.

$$h\nu = h\nu' + 2\,\hbar\omega_j(\boldsymbol{q}) \qquad \text{Erzeugung von 2 gleichen Phononen}$$

$$h\nu = h\nu' + 3\,\hbar\omega_j(\boldsymbol{q}) \qquad \text{Erzeugung von 3 gleichen Phononen}$$

$$h\nu = h\nu' + 4\,\hbar\omega_j(\boldsymbol{q}) \qquad \text{Erzeugung von 4 gleichen Phononen}$$

$$h\nu = h\nu' + \hbar\omega_{j1}(\boldsymbol{q}_1) + \hbar\omega_{j2}(\boldsymbol{q}_2) \quad \text{Erzeugung von 2 verschiedenen Phononen}$$

usw. In Abb. 1.22 sind eine Reihe solcher Phononensatelliten zu erkennen. Die ursprüngliche Emissionslinie liegt bei der Energie 1.986 eV, und auf der linken, niederenergetischen Seite finden sich periodisch wiederkehrende Linien, die von der Erzeugung von 1, 2, 3, 4 usw. optischen Phononen herrühren. Oben sind die äquidistant liegenden Phononensatelliten besonders markiert. Die scharfen Linien bezeichnen jeweils optische Phononen, da sich die Energie der optischen Zweige bei den verschiedenen Wellenvektoren $\boldsymbol{q}$ nur sehr wenig ändert. Die Erzeugung von akustischen Phononen führt zu breiteren Linien und zu einer breiten Bande, die

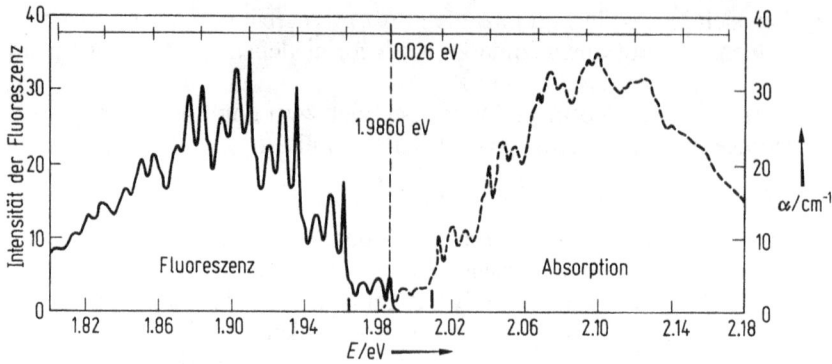

Abb. 1.22   Emissions- und Absorptionsspektrum eines Zentrums in ZnTe-Einkristallen; α bezeichnet den Absorptionskoeffizienten (nach [4]).

den optischen Phononensatelliten überlagert ist. Dies ist ebenfalls in Abb. 1.22 gut zu erkennen. Misst man die Absorption des Zentrums, so erhält man das gestrichelt gezeichnete Spektrum der Abb. 1.22, bei dem die Phononensatelliten auf der energiereicheren Seite der ursprünglichen Linie liegen. Ist wieder hv die Energie, die das Leuchtzentrum aufnimmt und hv' die Energie, deren Absorption im Detektor beobachtet wird, so lautet nämlich der Energiesatz bei der Erzeugung eines Phonons

$$ hv' = hv + \hbar\omega_j(\boldsymbol{q}) . $$

Genau wie beim Emissionsvorgang können auch mehrere Phononen gleichzeitig erzeugt werden.

Natürlich können Phononen auch an der Absorption von Photonen im reinen Kristall beteiligt sein. Die elektronischen Anregungen im **Bändermodell** werden bei Phononenbeteiligung indirekte Übergänge genannt und in Abschn. 1.4 besprochen. Bei den indirekten Übergängen müssen bei der Erzeugung oder Vernichtung von Phononen ganz entsprechend Energie- und Impulssatz erfüllt sein.

Schwieriger ist es, die Streuung von Photonen durch Erzeugung oder Vernichtung von Phononen unmittelbar am reinen Kristall zu beobachten: **Raman-Streuung, Brillouin-Streuung**. Wegen der geringen Streuwahrscheinlichkeit muss man Laser als Lichtquellen verwenden, die eine hohe Lichtintensität in einem sehr kleinen Frequenzbereich liefern. Um den schwachen gestreuten Strahl vom Laserstrahl zu trennen, beobachtet man gewöhnlich das gestreute Licht unter einem rechten Winkel zum einfallenden Laserstrahl oder man beobachtet das rückwärts gestreute Licht. Die Streuung eines Photons, bei der ein Phonon erzeugt wird, ist schematisch in Abb. 1.23 dargestellt. In diesem Fall lauten Energie- und Impulssatz:

$$ hv = hv' + \hbar\omega_j(\boldsymbol{q}), \quad hv\frac{n}{c}\boldsymbol{e}_1 = hv'\frac{n}{c}\boldsymbol{e}_2 + \hbar\boldsymbol{q} . $$

Dabei bedeuten hv bzw. hv' die Photonenenergien vor bzw. nach der Streuung, n die Brechzahl des Kristalles, c die Lichtgeschwindigkeit und $\boldsymbol{e}_1$ bzw. $\boldsymbol{e}_2$ Einheitsvektoren in Richtung des einfallenden bzw. gestreuten Strahles. Die Streuung des Photons kann aber auch durch mehrere Phononen geschehen, wobei Phononen vernichtet und erzeugt werden können.

Abbildung 1.24 zeigt das **Raman-Spektrum** von GaP-Kristallen bei Zimmertemperatur, wobei auf der Abszisse gleich die Energieverschiebung $h\nu - h\nu'$ in den in der Spektroskopie üblichen Energieeinheiten $1\,\mathrm{cm}^{-1} \cong 0.123981\,\mathrm{meV}$ (früher auch *Kaiser* genannt) aufgetragen ist. Die rechte Liniengruppe entsteht durch die Erzeugung eines optischen Phonons und die Vernichtung eines akustischen Phonons, die mittlere Liniengruppe durch Erzeugung eines optischen und eines akustischen Phonons und die linke Liniengruppe durch Erzeugung zweier optischer Phononen.

Bei der Erzeugung eines akustischen Phonons gibt das Photon nur einen sehr kleinen Teil seiner Energie an das Gitter ab. Ist ω_{max} die maximale Kreisfrequenz eines akustischen Phonons, das durch Streuung an einem Photon erzeugt werden kann, ω_{Photon} die Kreisfrequenz des Photons und v die Schallgeschwindigkeit, so gilt nämlich:

$$\frac{\omega_{max}}{\omega_{Photon}} \approx 2n\frac{v}{c} \ll 1 \,.$$

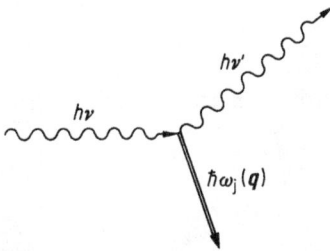

Abb. 1.23 Streuung eines Photons und Erzeugung eines Phonons.

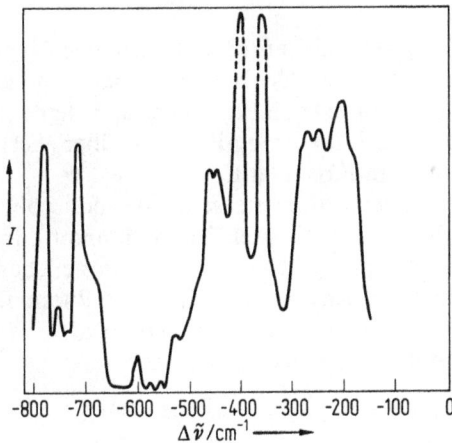

Abb. 1.24 Raman-Spektrum von GaP-Kristallen nach Hobden und Russel ($I = $ Intensität, $\Delta\tilde{\nu} = $ Raman-Verschiebung).

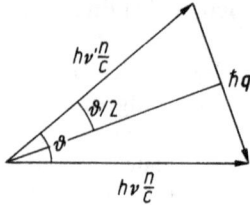

Abb. 1.25 Vektordiagramm der Impulse bei der Streuung eines Photons und Erzeugung eines Phonons.

Abbildung 1.25 zeigt das Vektordiagramm des Stoßprozesses der Abb. 1.23. Dabei wurde angenommen, dass bei der Streuung nur die Richtung des Photonenimpulses geändert wird, während sich der Betrag nur sehr wenig ändert. Dies gilt für sichtbares Licht und ergibt sich unmittelbar aus dem Energiesatz: $h\nu - h\nu' = \hbar\omega_j(q)$. Ist ϑ der Streuwinkel des Photons, so entnimmt man Abb. 1.25:

$$\frac{\hbar|q|}{2} = h\nu \frac{n}{c} \sin(\vartheta/2).$$

Setzt man das für kleine q genähert gültige Dispersionsgesetz der akustischen Phononen

$$\omega(q) = v|q|$$

ein, so erhält man mit $\omega_{\text{Photon}} = 2\pi\nu$:

$$\omega = \omega_{\text{Photon}} 2n \frac{v}{c} \sin(\vartheta/2).$$

Die maximal erzeugbare Energie des akustischen Phonons ergibt sich danach bei einem Streuwinkel von π.

Die Impulssätze der Streuprozesse gelten alle nur bis auf einen beliebigen Vektor des reziproken Gitters, der hier fortgelassen wurde. Berücksichtigt man jedoch den Vektor des reziproken Gitters bei der Streuung von Photonen, so bedeutet das, dass der Streuung an Phononen noch zusätzlich die **Bragg-Reflexion** überlagert ist, also die elastische Streuung von Photonen am Kristallgitter.

Phononen können auch untereinander Stoßprozesse ausführen, wobei wieder Energie- und Impulssatz gelten müssen. Die Wechselwirkung kommt dabei durch kleine anharmonische Glieder in der Kopplung benachbarter Gitterteilchen zustande. Denn die Annahme rein harmonischer Schwingungen, die zum Phononenbegriff geführt hatte, ist natürlich nur eine Näherungsannahme. Die beiden wichtigsten Stoßprozesse, die bei der **Wärmeleitung** eine Rolle spielen, sind

1. Vernichtung zweier Phononen und Erzeugung eines Phonons:
$$\hbar\omega_{j1}(q_1) + \hbar\omega_{j2}(q_2) = \hbar\omega_{j3}(q_3), \quad \hbar q_1 + \hbar q_2 = \hbar q_3 + \hbar G$$

2. Vernichtung eines Phonons und Erzeugung zweier Phononen:
$$\hbar\omega_{j1}(q_1) = \hbar\omega_{j2}(q_2) + \hbar\omega_{j3}(q_3), \quad \hbar q_1 = \hbar q_2 + \hbar q_3 + \hbar G.$$

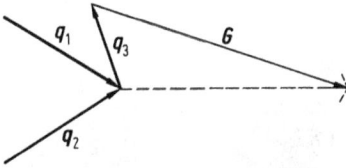

Abb. 1.26 Stoß zweier Phononen mit Umklappprozess $q_1 + q_2 = q_3 + G$. Der gestrichelt ein-gezeichnete Vektor wäre das Ergebnis eines normalen Stoßprozesses der beiden Phononen q_1 und q_2, während q_3 das resultierende Phonon beim Umklappprozess anzeigt, und G der be-teiligte Vektor des reziproken Gitters ist.

Im Impulssatz ist jeweils ein Vektor des reziproken Gitters hinzugefügt, da die Um-klappprozesse bei der **Phonon-Phonon-Streuung** eine besondere Rolle spielen. Nur durch sie ist es nämlich zu erklären, dass sich in Kristallen die Wärme nicht mit Schallgeschwindigkeit sondern sehr viel langsamer ausbreitet. Hat im Fall 1 z. B. der Vektor des reziproken Gitters eine Komponente in Richtung des Wärmestromes, so kann aus zwei Phononen mit Komponenten in Richtung des Wärmestromes ein Phonon mit einer Komponente in der umgekehrten Richtung entstehen (vgl. Abb. 1.26).

Stellt man die Frage, wie viele Phononen mit welchen Energien bei einer bestimm-ten Temperatur des Kristalles vorhanden sind, so findet man, dass sich die Phononen auch hierbei wie Teilchen behandeln lassen, denn sie gehorchen als spinlose Quasiteil-chen der **Bose-Einstein-Statistik**.

Die Verteilungsfunktion ergibt sich, wenn man annimmt, dass die äquidistanten Energieniveaus (Gl. (1.14)) der harmonischen Oszillatoren nach Boltzmann besetzt sind. Im thermodynamischen Gleichgewicht ist die Zahl der Oszillatoren, die sich im Energiezustand E_n befinden, proportional zu $\exp\{-E_n/k_B T\}$. Dabei bedeutet k_B die Boltzmann-Konstante und der Einfachheit halber sind die Indizes j und q fortgelassen. Die mittlere Energie, also die Energie über alle Energieniveaus gemittelt, ist dann:

$$\bar{E}_n = \frac{\sum\limits_{n=0}^{\infty} E_n \exp(-E_n/k_B T)}{\sum\limits_{n=0}^{\infty} \exp(-E_n/k_B T)} = -\frac{d}{dZ} \ln\left[\sum\limits_{n=0}^{\infty} \exp(-E_n Z)\right],$$

wobei zur Abkürzung $Z = 1/k_B T$ gesetzt wurde. Nun ist mit Hilfe von Gl. (1.14)

$$\sum\limits_{n=0}^{\infty} \exp(-E_n Z) = \exp\left(-\frac{\hbar\omega}{2} Z\right) \sum\limits_{n=0}^{\infty} \exp(-\hbar\omega n Z) = \frac{\exp\left(-\dfrac{\hbar\omega}{2} Z\right)}{1 - \exp(-\hbar\omega Z)}.$$

Damit erhält man für die mittlere Energie:

$$\bar{E}_n = -\frac{d}{dZ} \ln \exp\left(-\frac{\hbar\omega}{2} Z\right) + \frac{d}{dZ} \ln[1 - \exp(-\hbar\omega Z)]$$

$$= \frac{\hbar\omega}{2} + \frac{\hbar\omega \exp(-\hbar\omega Z)}{1 - \exp(-\hbar\omega Z)} = \frac{\hbar\omega}{2} + \frac{\hbar\omega}{\exp\left(\dfrac{\hbar\omega}{k_B T}\right) - 1}.$$

Setzt man jetzt

$$\bar{E}_n = \hbar\omega\left(\bar{n} + \frac{1}{2}\right),$$

so ergibt sich für die Quantenzahl im Mittel $\bar{n}$:

$$\bar{n} = \frac{1}{\exp\left(\dfrac{\hbar\omega}{k_B T}\right) - 1}.$$

Da n auch gleichzeitig die Zahl der Phononen (Energiequanten) mit der Energie $\hbar\omega$ angibt, ist $\bar{n}$ die mittlere Anzahl der Phononen dieser Energie.

Die Verteilungsfunktion der Phononen im thermodynamischen Gleichgewicht ist also die **Bose-Einstein-Verteilung**:

$$n_{jq} = \frac{1}{\exp\left(\dfrac{\hbar\omega_j(\boldsymbol{q})}{k_B T}\right) - 1}. \tag{1.16}$$

Außer den Gitterschwingungen eines idealen Kristalles können noch **lokalisierte Schwingungen** an einer Störstelle oder Störung des Kristalles auftreten, die sog. **lokalen Phononen**. Besteht z. B. die Störung darin, dass ein Fremdatom am Ort eines Gitterteilchens oder auf einem Zwischengitterplatz sitzt, so kann die Umgebung der Störstelle molekülähnliche Schwingungen ausführen, die fest mit der Störstelle verbunden sind. Solche lokalisierten Phononen lassen sich unmittelbar im Absorptionsspektrum dotierter Halbleiter nachweisen. Dazu dotiert man die Kristalle mit

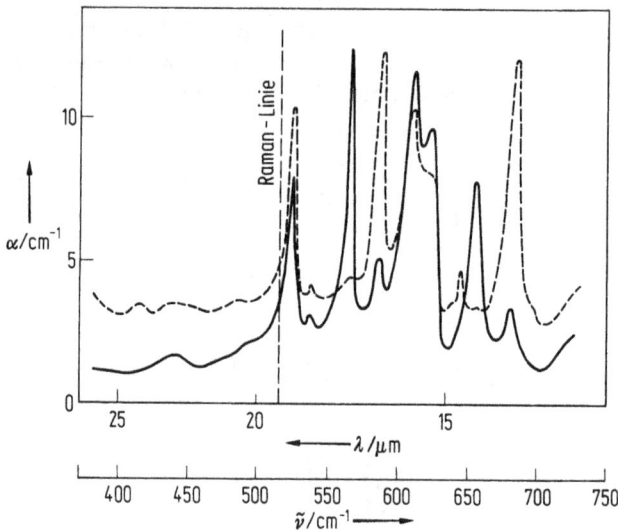

Abb. 1.27 Absorptionsspektrum von Si-Kristallen mit B und Li dotiert (nach Balkanski; α = Absorptionskoeffizient).

verschiedenen Isotopen, da die Energien der lokalisierten Phononen von der Masse der Störstellenatome abhängt. In Abb. 1.27 ist das Absorptionsspektrum von mit Li und B dotierten Si-Kristallen gezeigt. Die ausgezogene Kurve rührt von Kristallen her, die mit natürlichem Bor, also einem Gemisch von 80 % ^{11}B und 20 % ^{10}B dotiert wurden, während die gestrichelte Kurve von einem Kristall stammt, der mit reinem ^{10}B dotiert wurde. Die beiden starken Absorptionslinien der gestrichelten Kurve sind also lokalisierte Phononen der Störstellen des ^{10}B-Isotopes, während die bei etwas niedrigeren Energien liegenden stärkeren Linien der ausgezogenen Kurven zum ^{11}B-Isotop gehören.

1.2.2.4 Messung von Dispersionskurven

Die beste Methode, die Dispersionskurven der Phononen zu bestimmen, ist die **unelastische Streuung thermischer Neutronen am Kristallgitter**. Durch die Messung der Neutronengeschwindigkeiten vor und nach der Streuung durch den Kristall gelingt es, die Energie $\hbar\omega_j(q)$ und den Impuls $\hbar q$ der dabei erzeugten Phononen unabhängig voneinander zu bestimmen, und man erhält auf diese Weise die Dispersionskurven in der ganzen Brillouin-Zone.

Neutronen eignen sich besonders gut zur Erzeugung von Phononen, weil sie mit den Elektronen des Kristalls keine elektromagnetische Wechselwirkung haben. Die Neutronen werden nur an den Atomkernen gestreut und regen so Gitterschwingungen an, ohne dass störende Elektronenanregungen auftreten. Die Wechselwirkung der Neutronen mit den Gitterschwingungen wird genau wie bei der Elektron-Phonon-Wechselwirkung und bei der Photon-Phonon-Wechselwirkung einfach wie ein elastischer Stoß der Neutronen mit Phononen beschrieben. Wird z. B. bei der Streuung eines Neutrons nur ein Phonon erzeugt, so lauten Energie- und Impulssatz:

$$\frac{p^2}{2m_\mathrm{n}} - \frac{p'^2}{2m_\mathrm{n}} = \hbar\omega_j(q), \quad p - p' = \hbar q + \hbar G. \tag{1.17}$$

Dabei bedeuten p bzw. p' die Neutronenimpulse vor bzw. nach der Streuung, m_n die Neutronenmasse und G einen Vektor des reziproken Gitters. Sind die Kristalle hinreichend dünn, so dass Mehfachstreuung der Neutronen ausgeschlossen werden kann, genügt es, die Neutronenimpulse vor und nach der Streuung zu messen, um aus Gl. (1.17) $\hbar\omega_j(q)$ und $\hbar q$ zu bestimmen.

Während der Energiesatz (Gl. (1.17)) unmittelbar klar ist, kann man sich den Impulssatz mit Hilfe der *Bragg-Reflexion* veranschaulichen. Diese tritt nämlich auf, wenn das Neutron am Kristall elastisch gestreut wird, also kein Phonon erzeugt. Den Neutronenstrahl denkt man sich als Wellenzug mit der **De-Broglie-Wellenlänge** $\lambda = h/|p|$. Die **Bragg-Reflexion** ist dann einfach die Beugung dieser Welle am Kristallgitter. Sind R ein Gittervektor in der Gitterebene, an der die Beugung erfolgt, und e bzw. e' Einheitsvektoren in Richtung der einfallenden bzw. gebeugten Welle, so ergibt sich aus Abb. 1.28 die Bedingung, dass der Gangunterschied $R \cdot e - R \cdot e'$ ein ganzzahliges Vielfaches der Wellenlänge sein muss:

$$R\,(e - e') = n\lambda \,,$$

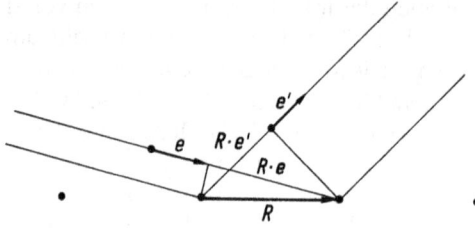

Abb. 1.28   Zur Ableitung der Bragg-Reflexion.

wobei n eine ganze Zahl bezeichnet. Die Bedingung ist nur erfüllt, wenn

$$e - e' = \frac{\lambda}{2\pi}\,G$$

ist, wobei G ein beliebiger Vektor des reziproken Gitters ist, denn es ist $R \cdot G = 2\pi n$, wobei n eine ganze Zahl bedeutet. Nun gilt

$$p = \frac{h}{\lambda}\,e \quad \text{und} \quad p' = \frac{h}{\lambda}\,e',$$

und daher lautet die Bedingung für die **Bragg-Reflexion der Neutronen**:

$$p - p' = \hbar G.$$

Wird nun das Neutron unelastisch gestreut, so tritt zusätzlich noch eine Impulsänderung durch die Erzeugung eines Phonons auf, so dass sich der Impulssatz (Gl. (1.17)) ergibt.

Zur Streuung der Neutronen am Kristallgitter muss die **De-Broglie-Wellenlänge der Neutronen** $\lambda = h/|p|$ in der Größenordnung der Gitterkonstanten des Kristalles sein.

Nimmt man $\lambda = 0.4\,\text{nm}$ an, so entspricht das einer Energie der Neutronen von

$$E = \frac{p^2}{2\,m_\text{n}} = \frac{h^2}{2\,m_\text{n}\,\lambda^2} \approx 5\,\text{meV}$$

bzw. einer Neutronentemperatur von

$$T = \frac{2\,E}{3\,k_\text{B}} \approx 40\,\text{K}.$$

Die Neutronen haben dann eine Geschwindigkeit von

$$\frac{|p|}{m_\text{n}} = \frac{h}{m_\text{n}\,\lambda} \approx 10^3\,\text{ms}^{-1}.$$

Zur Messung verwendet man thermische Neutronen eines Kernreaktors, die zunächst gekühlt, d. h. durch einen Moderator tiefer Temperatur geleitet werden. Danach schickt man die Neutronen durch ein Geschwindigkeitsfilter, um einen möglichst monoenergetisch gerichteten Neutronenstrahl zu bekommen. Man bringt den

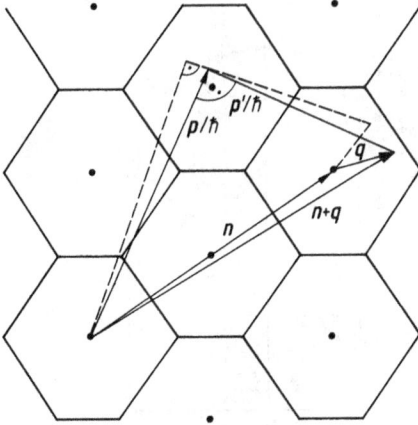

Abb. 1.29 Bestimmung des Wellenvektors q im reziproken Gitter. Die Sechsecke sind Schnitte durch die einzelnen Brillouin-Zonen und · sind die Gitterpunkte des reziproken Gitters.

Kristall in den Neutronenstrahl und misst die Geschwindigkeit der unter einem bestimmten Winkel gestreuten Neutronen sowie die Orientierung des Kristalls relativ zu den einfallenden und gestreuten Neutronen. Zur Bestimmung des Phononenimpulses $\hbar q$ muss noch der Vektor des reziproken Gitters G im Impulssatz (Gl. (1.17)) eliminiert werden. Dazu verwendet man die Ebene des reziproken Gitters, in der der einfallende und der gestreute Neutronenstrahl liegen. Abbildung 1.29 zeigt eine solche Ebene bei einem kubisch raumzentrierten Gitter. Die durch $\hbar$ dividierten Impulse der einfallenden und gestreuten Neutronen werden von einem Gitterpunkt des reziproken Gitters aus eingezeichnet, wobei der Streuwinkel $\pi/2$ betragen möge; q ergibt sich dann aus dem Abstand zum nächstgelegenen Gitterpunkt des reziproken Gitters. Wird der Kristall etwas gedreht, so ergibt sich aus der gestrichelt eingezeichneten Streuung ein anderer Wellenvektor.

Mit Hilfe der Neutronenimpulse p bzw. p', und des Wellenvektors q können also $\hbar q$ und $\hbar \omega_j(q)$ nach Gl. (1.17) unabhängig voneinander bestimmt werden, woraus sich die Dispersionskurven ergeben.

Als Beispiel zeigt Abb. 1.30 die auf diese Weise gemessenen Phononendispersionskurven von GaAs. Beim Vergleich mit den Dispersionskurven von Si (vgl. Abb. 1.19) fällt die Aufspaltung der longitudinal-optischen und transversal-optischen Zweige insbesondere am Γ-Punkt auf. Dies ist auf die langreichweitige Coulomb-Wechselwirkung der geladenen Ga- und As-Ionen im Kristall zurückzuführen, deren effektive Ladung sich aus der Aufspaltung gemäß

$$Z_{\text{eff}}^2 = \frac{M_1 M_2}{M_1 + M_2} \, \Omega \, \frac{4\pi^2 \varepsilon_0}{e^2} \, (v_{\text{LO}}^2 - v_{\text{TO}}^2) \qquad (1.18)$$

berechnen lässt. Dabei bedeuten M_1 und M_2 die Massen der beiden Atome in der Elementarzelle Ω und v_{LO} bzw. v_{TO} die Frequenzen der LO- bzw. TO-Schwingungen

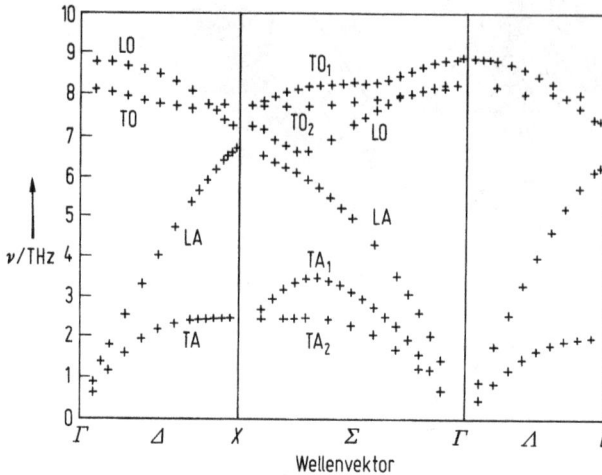

Abb. 1.30 Mit Hilfe der Neutronenstreuung gemessene Phononendispersionskurven von GaAs (nach [5]). Die verschiedenen Punkte und Geraden des Wellenvektors sind in Abb. 1.18 erklärt; ν ist die Schwingungsfrequenz.

am Γ-Punkt. Setzt man die Werte von GaAs $M_1 = 69.7\,m_n$, $M_2 = 74.9\,m_n$, $\Omega = a^3/4$, $a = 565\,pm$ ein, so findet man aus der Aufspaltung der Abb. 1.30 mit Hilfe von Gl. (1.18) eine effektive Ladung $Z_{eff}^2 = 0.44$.

1.3 Thermische Eigenschaften

Im Unterschied zu Gasen werden die thermodynamischen Eigenschaften fester Körper wesentlich durch die diskreten, quantenmechanischen Energiezustände bestimmt. Wegen der geringen thermischen Ausdehnung und Kompressibilität der Festkörper kann die Volumenarbeit gegenüber den übrigen Änderungen der inneren Energie und Entropie vernachlässigt werden. Es spielt dann keine Rolle mehr, ob eine Zustandsänderung bei konstantem Volumen oder bei konstantem Druck vorgenommen wird, so dass die Änderungen der freien Enthalpie den Änderungen der freien Energie gleichgesetzt werden können. Die thermodynamischen Potentiale werden hier aus dem etwas einfacheren Fall isothermer Zustandsänderungen bei konstantem Volumen abgeleitet. Ausgangspunkt dazu ist die **Zustandssumme** Z, die bei gegebenem Volumen V und Temperatur T definiert ist durch (k_B = Boltzmann-Konstante)

$$Z = \mathrm{Sp}(\exp\{-H/k_B T\}) = \sum_i \exp\{-\varepsilon_i/k_B T\}, \tag{1.19}$$

wobei H der **Hamilton-Operator** des Festkörpers ist und Sp die Spur bezeichnet. Die Summe ist über alle möglichen Energiezustände ε_i des Festkörpers auszuführen. **Freie Energie** F und **Entropie** S sind dann definiert durch

$$F(V, T) = -k_{\mathrm{B}} T \ln Z, \quad S(V, T) = -\left(\frac{\partial F}{\partial T}\right)_{\mathrm{V}} \tag{1.20}$$

und die innere Energie bestimmt sich aus $U = F + TS$. Nun lässt sich der Hamilton-Operator genähert in zwei Teile zerlegen:

$$H \approx H_{\mathrm{Gitter}} + H_{\mathrm{Elektronen}}, \tag{1.21}$$

wobei der Gitteranteil von der Bewegung der Atome herrührt und der andere die elektronischen Energiezustände beschreibt. Aus Gl. (1.20) und Gl. (1.21) folgt, dass sich auch die extensiven thermodynamischen Potentiale F, S und U genähert auf die gleiche Weise zerlegen lassen, z. B.

$$U \approx U_{\mathrm{Gitter}} + U_{\mathrm{Elektronen}}. \tag{1.22}$$

Treten bei Zustandsänderungen von Halbleitern und Isolatoren keine elektronischen Anregungen auf, können die Elektronenanteile der Potentialänderungen vernachlässigt werden. Auch bei Metallen ist ihr Anteil klein und wird nur bei tiefen Temperaturen mit dem Gitteranteil vergleichbar. Werden bei Halbleitern und Isolatoren elektronische Anregungen betrachtet, sind meist die Gitteranteile vernachlässigbar. Die **Zustandsgleichung fester Körper** ist im isotropen Fall bestimmt durch

$$p = -\left(\frac{\partial F}{\partial V}\right)_{\mathrm{T}} \tag{1.23}$$

und kann durch Messung des **thermischen Ausdehnungskoeffizienten** α, des **Spannungskoeffizienten** β und des **Kompressionsmoduls** B

$$\alpha = \frac{1}{V}\left(\frac{\partial V}{\partial T}\right)_{\mathrm{p}}; \quad \beta = \frac{1}{p}\left(\frac{\partial p}{\partial T}\right)_{\mathrm{V}}; \quad B = -V\left(\frac{\partial p}{\partial V}\right)_{\mathrm{T}} \tag{1.24}$$

mit $\alpha B = \beta p$ bestimmt werden. Dabei sind als thermodynamische Variable zunächst nur Druck p, Volumen V und Temperatur T in Betracht gezogen. Die Untersuchungen fester Körper unter dem Einfluss äußerer elektrischer oder magnetischer Felder sowie verschiedener Strahlungen führen meist zu thermodynamischen Nicht-Gleichgewichtszuständen und werden getrennt behandelt.

1.3.1 Wärmekapazität

Wegen der geringen thermischen Expansion α unterscheidet sich die Wärmekapazität bei konstantem Volumen C_{V} nur unwesentlich von der Wärmekapazität bei konstantem Druck C_{p}. Gewöhnlich wird C_{p} gemessen und unmittelbar mit dem berechneten C_{V} verglichen. Nach Gl. (1.22) setzt sich C_{V} aus einem Gitteranteil und einem Elektronenanteil zusammen. In den meisten Fällen kann der Elektronenanteil vernachlässigt werden, nur bei Metallen bei sehr tiefen Temperaturen wird er wesentlich. Nach dem **Dulong-Petit-Gesetz** haben alle Festkörper bei hohen Temperaturen eine molare Wärmekapazität von etwa $25\,\mathrm{J K^{-1} mol^{-1}}$, bei tiefen Temperaturen fällt sie aber steil ab und ist dort nach dem **Debye-Gesetz** T^3 proportional. Beide Gesetze lassen sich unmittelbar aus den Gitterschwingungen herleiten.

Die **innere Energie** U eines Kristalls mit dem Volumen V, das ist hier die Energie, die in den Gitterschwingungen enthalten ist, ergibt sich aus Gl. (1.19) und Gl. (1.20) zu (s. auch Gl. (1.14).)

$$U = \sum_{j,\mathbf{q}} \hbar \omega_j(\mathbf{q}) \left(n_{j\mathbf{q}} + \frac{1}{2} \right),$$

wobei $n_{j\mathbf{q}}$ die Bose-Einstein-Verteilung (Gl. (1.16)) darstellt. Dabei ist über alle $3s$ Dispersionszweige j und über alle G Wellenvektoren $\mathbf{q}$ zu summieren, wenn das Volumen V aus G Elementarzellen mit jeweils s Atomen besteht. Die Summe kann in ein Integral über die Phononenfrequenz ω umgeformt werden, indem man setzt

$$U = \int_0^\infty \hbar \omega \left(n + \frac{1}{2} \right) g(\omega) \, d\omega \quad \text{mit} \quad \int_0^\infty g(\omega) \, d\omega = 3sG. \tag{1.25}$$

Dabei bedeutet $g(\omega) \, d\omega$ die Anzahl der Phononenfrequenzen im Intervall $d\omega$. Die Zustandsdichte $g(\omega)$ hängt von der genauen Form der Dispersionskurven ab und ist daher für jeden Kristall verschieden. Da nur n von der Temperatur abhängt, ergibt sich die Wärmekapazität bei konstantem Volumen aus Gl. (1.25) zu

$$C_V = \left(\frac{\partial U}{\partial T} \right)_V = \hbar \int_0^\infty \omega g(\omega) \frac{\partial}{\partial T} \left[\exp(\hbar \omega / k_B T) - 1 \right]^{-1} d\omega, \tag{1.26}$$

wobei die Integration bis zum obersten optischen Zweig ausgeführt wird, weil $g(\omega)$ für höhere Frequenzen verschwindet. Die **Näherung von Debye** besteht in der Annahme, dass die akustischen Phononen den Hauptbeitrag zur Wärmekapazität liefern. Mit der Näherung eines linearen Dispersionsgesetzes $\omega(\mathbf{q}) = v|\mathbf{q}|$, $v = $ Schallgeschwindigkeit, ergibt sich die Zustandsdichte $g(\omega)$ proportional zu ω^2, so dass die Integration von Gl. (1.25) bei einem geeigneten ω_D abgebrochen werden muss. Man erhält so

$$g(\omega) = 9sG \left(\frac{\hbar}{\kappa \theta} \right)^3 \omega^2 \quad \text{mit} \quad \int_0^{\omega_D} g(\omega) \, d\omega = 3sG, \tag{1.27}$$

wobei die **Debye-Temperatur** θ durch $k_B \theta = \hbar \omega_D$ eingeführt wurde. Betrachtet man 1 Mol Substanz, so hat man die Teilchenzahl $s \cdot G$ gleich der Avogadro-Konstanten N_A zu setzen. Die **molare Wärmekapazität** c_V ergibt sich dann aus Gl. (1.26) mit der Zustandsdichte (Gl. (1.27)) zu

$$c_V = 9R \left(\frac{T}{\Theta} \right)^3 \left[4 \int_0^{\Theta/T} \frac{x^3 \, dx}{e^x - 1} - \left(\frac{\Theta}{T} \right)^4 \left(\exp\{\Theta/T\} - 1 \right)^{-1} \right], \tag{1.28}$$

wobei $R = N_A k_B$ die Gaskonstante bezeichnet. Für hohe bzw. tiefe Temperaturen folgt aus Gl. (1.28)

$$T \gg \Theta: c_V \approx 3R \quad \text{(Dulong-Petit-Gesetz)},$$

$$T \ll \Theta: c_V \approx \frac{12\pi^4}{5} R \left(\frac{T}{\Theta} \right)^3 \quad \text{(Debye-Gesetz)}. \tag{1.29}$$

Die Temperaturabhängigkeit der molaren Wärmekapazität nach Gl. (1.28) ergibt die ausgezogene Kurve in Abb. 1.31. Sie liefert für alle Festkörper eine gute Über-

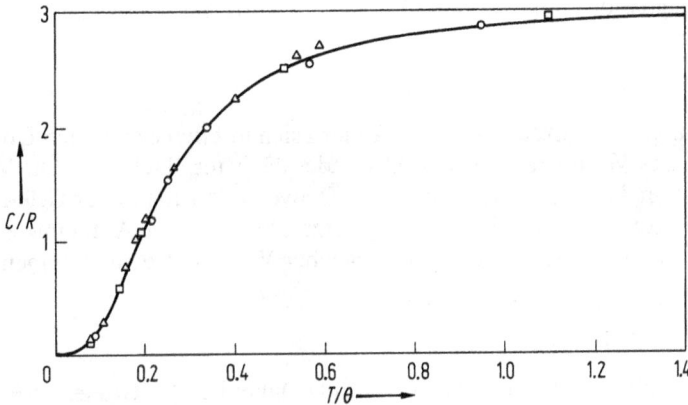

Abb. 1.31   Vergleich der molaren Wärmekapazität nach Debye, Gl. (1.28), (ausgezogene Kurve) mit Messungen nach F. Seitz ($\triangle$ Diamant, $\bigcirc$ Ag, $\square$ KCl). Die Debye-Temperaturen sind $\Theta = 1860\,\mathrm{K}$ für Diamant, $\Theta = 215\,\mathrm{K}$ für Ag und $\Theta = 227\,\mathrm{K}$ für KCl.

einstimmung mit experimentellen Werten, wenn die Debye-Temperatur als Anpassparameter genommen wird. Wegen der ungenügenden Berücksichtigung der optischen Phononen in Gl. (1.27) ergibt die Bestimmung der Debye-Temperatur aus der Schallgeschwindigkeit oder aus der Reststrahlenfrequenz, vgl. Abb. 1.21, etwas abweichende Werte.

Der Elektronenanteil der molaren Wärmekapazität von Metallen ist genähert

$$c_{\mathrm{EL}} = \frac{\pi^2}{2}\,\frac{v n k_{\mathrm{B}}^2 T}{E_{\mathrm{F}}}, \tag{1.30}$$

wobei E_{F} die Fermi-Energie, n die Elektronendichte und v das molare Volumen des Kristalls bezeichnet. Dieser T-proportionale Anteil kann bei tiefen Temperaturen den schneller abfallenden Gitteranteil überwiegen, so dass die Temperaturabhängigkeit der molaren Wärmekapazität von Metallen bei tiefen Temperaturen die Form

$$c_{\mathrm{V}} = \alpha T^3 + \gamma T \tag{1.31}$$

hat, wobei der erste Term den Gitteranteil und der zweite den Elektronenanteil darstellt.

1.3.2 Thermische Ausdehnung

Entsprechend den Ausführungen zu Gl. (1.21) besteht auch die Zustandsgleichung Gl. (1.23) aus einem Elektronenanteil und einem Gitteranteil. Bei nicht zu hohen Temperaturen, also im Bereich, in dem die Wärmekapazität durch den Gitteranteil der inneren Energie in Debye-Näherung hinreichend beschrieben wird, lässt sich die freie Energie F nach Gl. (1.20) in einen Anteil $F_0 = U(V, T = 0\,\mathrm{K})$ und einen

Anteil F_T zerlegen, der nur von den Gitterschwingungen abhängt und bei $T = 0\,\mathrm{K}$ verschwindet:

$$F(V, T) = F_0(V) + F_T(V, T).$$

Die Schwingungsfrequenzen des Gitters ändern sich mit den elastischen Konstanten bei Änderung des Volumens bzw. des Abstandes nächster Nachbarn. Die Volumenabhängigkeit von F_T wird entsprechend der Debye-Näherung in der **Grüneisen-Näherung** in der Form $F_T = Tf(\theta(V)/T)$ angesetzt. Dem liegt die Annahme zugrunde, dass sich alle Schwingungsfrequenzen in gleicher Weise mit dem Volumen ändern

$$\frac{d\omega}{\omega} = -\gamma\frac{dV}{V}; \quad \frac{d\Theta}{\Theta} = -\gamma\frac{dV}{V}, \tag{1.32}$$

was dann auch für die Debye-Temperatur gilt. Dabei heißt γ **Grüneisen-Konstante**. In der Grüneisen-Näherung folgt mit Rücksicht auf Gl. (1.23) und Gl. (1.20)

$$p = -\left(\frac{\partial F}{\partial V}\right)_T = -\left(\frac{\partial F_0}{\partial V}\right)_T - \left(\frac{\partial F_T}{\partial \Theta}\right)_T \cdot \left(\frac{\partial \Theta}{\partial V}\right)_T = -\left(\frac{\partial F_0}{\partial V}\right) + \frac{\gamma U_T}{V},$$

mit $U = F_0 + U_T$ und $U_T = \Theta f'$. Nimmt man an, dass die Grüneisen-Konstante nicht von der Temperatur abhängt, ergibt sich mit Hilfe von Gl. (1.24) die **Grüneisen-Beziehung** zum thermischen Ausdehnungskoeffizienten α

$$\alpha B = \left(\frac{\partial p}{\partial T}\right)_V = \gamma \left(\frac{\partial U}{\partial T}\right)_V \bigg/ V = \frac{\gamma C_V}{V}. \tag{1.33}$$

Die Grüneisen-Konstante liegt in der Größenordnung 1 und hat für Si-Kristalle bei 300 K den Wert $\gamma = 0.44$, während $\alpha = 2.63 \cdot 10^{-6}\,\mathrm{K}^{-1}$ und $B = 0.99 \cdot 10^{11}\,\mathrm{Pa}$ ist. Dabei ist α stark temperaturabhängig, hat bei $T = 115\,\mathrm{K}$ den Wert 0 und wird bei noch tieferen Temperaturen negativ.

1.3.3 Wärmeleitung

Wird in einem Festkörper ein stationärer Temperaturgradient in x-Richtung aufrechterhalten, so entsteht ein Energietransport gemäß der **Wärmeleitungsgleichung**

$$w = -\lambda\frac{dT}{dx}, \tag{1.34}$$

wobei w die Wärmestromdichte und λ die Wärmeleitfähigkeit bezeichnet. Die wichtigsten Prozesse sind dabei der Energietransport durch Gitterschwingungen und Elektronen. Es gibt aber auch Beiträge anderer innerer Anregungen, wie Spinwellen, Magnonen und Exzitonen. In allen Fällen handelt es sich um diffusive Streuprozesse der Energie, die phänomenologisch analog zur Diffusion in Gasen beschrieben werden können. Die experimentell beobachtete Wärmeleitfähigkeit setzt sich dabei additiv aus den Wärmeleitfähigkeiten der Teilprozesse zusammen.

Bei Isolatoren und Halbleitern sei der Wärmestrom durch die Gitterschwingungen betrachtet. Da sich die Phononen in harmonischer Näherung mit Schallgeschwindigkeit im Kristall ausbreiten, entsteht eine Wärmeleitungsgleichung durch anharmonische Effekte wie sie in Abschn. 1.2.2.3 in Form der Phonon-Phonon-Streuung beschrieben wurde. Die diffusen Streuprozesse können dabei nur durch die Umklappprozesse erklärt werden, da im anderen Fall die Summe aller Phononenimpulse erhalten bliebe. Darüber hinaus können Phononen auch an Störstellen, Oberflächen und Elektronen gestreut werden. In Analogie zur Diffusion in Gasen kann von einer **mittleren freien Weglänge** l der Phononen und einer **mittleren freien Flugdauer** $\tau = l/v$, v = Schallgeschwindigkeit ausgegangen werden. Zur Herleitung von Gl. (1.34) wird angenommen, dass l klein ist gegen die Kristalldimension und dass $l \cdot (\mathrm{d}T/\mathrm{d}x)$ so klein ist, dass lokal thermodynamisches Gleichgewicht angenommen werden kann. Dann hängt die Energiedichte $U(T)$ über die Temperatur vom Ort ab. Bewegen sich die Phononen im Volumen $A \cdot l$ mit Schallgeschwindigkeit in x-Richtung senkrecht zur Fläche A, so beträgt die Energieabnahme

$$-\frac{\mathrm{d}Q}{\mathrm{d}t} = \frac{\mathrm{d}(U \cdot A \cdot l)}{\mathrm{d}x/v} = A\left(\frac{\partial U}{\partial T}\right)_V \frac{\mathrm{d}T}{\mathrm{d}x} \cdot v \cdot l$$

und $C_V = (\partial U/\partial T)_V$ ist die Wärmekapazität pro Volumen. Die **Wärmestromdichte** $w = (\mathrm{d}Q/\mathrm{d}t)/A$ erhält man durch die Mittelung der Geschwindigkeiten über alle Raumrichtungen

$$w = -C_V \frac{\mathrm{d}T}{\mathrm{d}x} \tau \frac{1}{4\pi} \int_0^\pi \int_0^{2\pi} (v\cos\vartheta)^2 \sin\vartheta \, \mathrm{d}\vartheta \, \mathrm{d}\varphi = -\frac{1}{3} C_V v^2 \tau \frac{\mathrm{d}T}{\mathrm{d}x},$$

so dass sich die Wärmeleitungsgleichung mit der **Wärmeleitfähigkeit**

$$\lambda_{\mathrm{Ph}} = \frac{1}{3} C_V v^2 \tau = \frac{1}{3} C_V v l \tag{1.35}$$

ergibt. Aus diesem Zusammenhang mit der Wärmekapazität erkennt man die Abnahme der Wärmeleitfähigkeit bei tiefen Temperaturen, da die mittlere freie Weglänge für $T \to 0\,\mathrm{K}$ durch die Kristalloberfläche einem festen Grenzwert zustrebt.

Die Wärmeleitfähigkeit wird auch durch die Streuung von Phononen an Störstellen beeinflusst. Dies erkennt man z. B. durch den **Isotopeneffekt der Wärmeleitfähigkeit**. Ein Kristall, der aus verschiedenen Isotopen desselben Elements aufgebaut ist, hat eine deutlich kleinere Wärmeleitfähigkeit als ein Kristall aus nur einem Isotop. Die zusätzliche Streuung der Phononen an Atomen anderer Masse reduziert die mittlere freie Weglänge.

Bei Metallen überwiegt allgemein die Wärmeleitung durch die Elektronen, die auch die große elektrische Leitfähigkeit verursachen. Auch hier sind es Stoßprozesse wie Elektron-Elektron-Streuung oder Störstellenstreuung der Leitungselektronen, die letztendlich zu einer mittleren freien Flugdauer τ der Elektronen und damit zu einer Wärmeleitfähigkeit führen. In der einfachen **Drude-Näherung** erhält ein Leitungselektron mit der effektiven Masse m^* im elektrischen Feld E in der Zeit der mittleren freien Flugdauer τ eine Impulsänderung $m^* v_{\mathrm{D}} = e_0 E\tau$, wobei v_{D} **Driftgeschwindigkeit** heißt. Damit erhält man für die elektrische Stromdichte j und die elektrische Leitfähigkeit σ nach Drude

$$j = e_0 n v_{\mathrm{D}} = \sigma E \quad \text{mit} \quad \sigma = \frac{e_0^2}{m^*} n\tau, \tag{1.36}$$

wo n die Elektronendichte bezeichnet. Die gleichen Streuprozesse führen dann zur **Wärmeleitfähigkeit** λ_{EL} *der Elektronen* gemäß Gl. (1.36)

$$\lambda_{El} = \frac{1}{3} C_{El} v_F^2 \tau = \frac{\pi^2}{3} k_B^2 T \frac{n\tau}{m^*} = \frac{1}{3}\left(\frac{\pi k_B}{e_0}\right)^2 \sigma T,$$

wobei der Elektronenanteil der Wärmekapazität C_{El} nach Gl. (1.30) eingesetzt ist und die Elektronengeschwindigkeit v_F an der Fermi-Grenze mit der Fermi-Energie E_F über $2 E_F = m^* v_F^2$ zusammenhängt. Diese Beziehung stellt **das Wiedemann-Franz-Gesetz**

$$\lambda_{EL} = L \cdot \sigma T \tag{1.37}$$

dar, mit der **Lorenz-Konstanten** $L = (\pi k_B/e_0)^2/3 = 2.45 \cdot 10^{-8}\,V^2 K^{-2}$.

Als Beispiel sei Kupfer bei Zimmertemperatur betrachtet. Experimentell findet man $\lambda = 394\,Wm^{-1}K^{-1}$ und $1/\sigma = 1.55 \cdot 10^{-8}\,\Omega m$, so dass bei $T = 300\,K$ der Wert von $\lambda/(\sigma T) = 2.04 \cdot 10^{-8}\,V^2 K^{-2}$ genähert dem Wert von L entspricht.

1.4 Bändermodell

Die Energiezustände der Kristalle sind grundsätzlich verschieden zu denen isolierter Atome. Während die elektronische Struktur der Atome hauptsächlich die elektromagnetischen Spektren von Radiowellen bis zum Röntgen-Gebiet bestimmen, ist die elektronische Struktur der Kristalle außerdem die Grundlage zum Verständnis der vielfältigen elektrischen Eigenschaften. Durch die chemische Bindung werden die Energiezustände der Elektronen in den äußeren Schalen stark verändert, während die inneren Schalen der Atome weitgehend erhalten bleiben. Die durch Elektronenstoß angeregte Röntgen-Strahlung ist bei isolierten Atomen und Kristallen die gleiche. Dies wird bei der Mikrosonde ausgenutzt, bei der der anregende Elektronenstrahl die Oberfläche eines Festkörpers abtastet und aus dem charakteristischen Röntgenspektrum eine örtliche Analyse der vorhandenen Elemente herstellt.

Die besonderen Eigenschaften der Kristalle ergeben sich nun daraus, dass die Energieniveaus in Bändern angeordnet sind und nicht wie bei isolierten Atomen aus einzelnen diskreten Niveaus bestehen. Dies ist schematisch in Abb. 1.32 angedeutet. Durch die periodische Anordnung der Atomkerne ergibt sich der gezeichnete

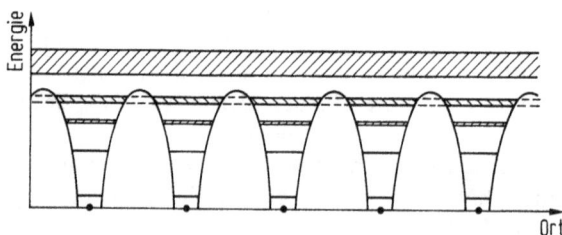

Abb. 1.32 Schematische Darstellung der Energiebänder von Kristallen. Die Punkte zeigen die Lagen der Atomkerne an, der Nullpunkt der Energieskala ist willkürlich.

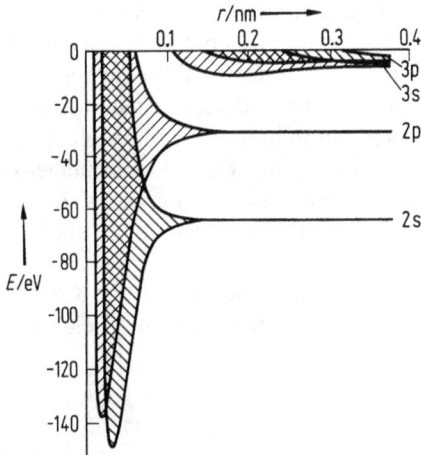

Abb. 1.33   Energieniveaus E von Natrium in Abhängigkeit vom Atomabstand r nach Slater. Der tatsächliche Atomabstand im Na-Kristall beträgt etwa 0.2 nm.

Potentialverlauf. Die tiefen Niveaus werden von den Nachbarkernen kaum gestört, die höheren sind jedoch durch den Einfluss der Nachbaratome zunehmend verbreitert, die Wellenfunktionen überlappen sich und die Elektronen können durch die Potentialschwelle hindurchtunneln. Oben bestehen dann die Energiezustände aus breiten Bändern und man kann die Elektronen nicht mehr einem Atom zuordnen, denn die Wellenfunktionen sind über den ganzen Kristall ausgebreitet. Die **Energiebänder** sind eine unmittelbare Folge der periodischen Anordnung der Atome und bilden eine Eigenschaft des ganzen Kristalls. Die Elektronen in den Bändern sind daher frei verschieblich, was unmittelbar zur elektrischen Leitfähigkeit führt. In Abb. 1.33 sind die Energieniveaus von Natrium-Kristallen in Abhängigkeit vom Atomabstand gezeichnet. Bei sehr großen Abständen sind alle Niveaus diskret, und bei zunehmender Annäherung verbreitern sich zunächst die höheren Niveaus, wobei eine Überlappung stattfindet. Der tatsächliche Atomabstand beträgt etwa 0.2 nm. Bei noch größerer Annäherung verbreitern sich auch die tieferen Niveaus zu Bändern. Der Grundzustand 1 s liegt sehr viel tiefer und ist in Abb. 1.33 nicht enthalten.

Bei vielen Kristallen befinden sich zwischen den verschiedenen Bändern Energielücken von der Größenordnung 0.1 bis 10 eV, so dass Anregungen im optischen Bereich möglich sind (**Photoleitfähigkeit**). Bei gestörten Kristallen gibt es zusätzlich diskrete Niveaus in der Energielücke, woraus sich eine Vielfalt infraroter Spektren ergibt. Die genaue Kenntnis der Energiebänder ist die Grundlage, um alle diese Eigenschaften richtig zu verstehen. Trotzdem ist es nicht möglich, die Energiebänder direkt auszumessen, man kann sie aber näherungsweise berechnen. Man teilt dazu die Elektronen der Atome in die der tieferen abgeschlossenen Schalen, die **Rumpfelektronen**, und die der äußeren Schalen, die **Valenzelektronen**, ein und betrachtet nur die energetische Struktur der Valenzelektronen *im periodischen Potential der Gitterteilchen*, die aus den Atomkernen und den Rumpfelektronen bestehen. Die Einteilung in Valenzelektronen und Rumpfelektronen ist nicht scharf; man muss sie vornehmen, je nachdem welche Energiezustände untersucht werden sollen. Im Allgemeinen genügt es, die Elektronen der nicht abgeschlossenen Schale als Valenzelektronen zu betrachten, weil diese für die Bindungsverhältnisse des Kristalls verantwortlich sind. Zur Untersuchung tieferer bzw. höherer Zustände müssen aber weitere gefüllte bzw. leere Atomschalen betrachtet werden. Viele physikalische Eigenschaften der Kristalle können bereits mit einer **Einelektronennäherung** richtig interpretiert werden, bei der die Coulomb-Wechselwirkung der Valenzelektronen untereinander teilweise vernachlässigt wird. Typische Ausnahmen sind z. B. *Ferromagnetismus, Exzitonen, Supraleitung*.

In der Elektronennäherung ergeben sich die Energieniveaus der Kristalle als Lösungen der Schrödinger-Gleichung oder auch der Kohn-Sham-Gleichung

$$\left(-\frac{\hbar^2}{2m}\Delta + V(r)\right)\psi(r) = E\psi(r),\tag{1.38}$$

wobei das Einelektronenpotential mit der Elementarzelle periodisch ist:

$$V(r+R) = V(r).\tag{1.39}$$

Hier bezeichnet R einen Gittervektor, vgl. Abschn. 1.2.2.2. Da mit dem Potential $V(r)$ auch der Hamilton-Operator in Gl. (1.38) gitterperiodisch ist, gilt das **Bloch-Theorem**

$$\psi_n(k, r+R) = \psi_n(k, r)\exp(ik\cdot R)\tag{1.40}$$

und man kann die Eigenfunktionen (Gl. (1.38)) durch den **Ausbreitungsvektor** k charakterisieren und n zählt die verschiedenen Eigenfunktionen bei festgehaltenem Ausbreitungsvektor ab. Aufgrund des Bloch-Theorems lassen sich die Eigenfunktionen in Form von **Bloch-Funktionen**

$$\psi_n(k, r) = u_n(k, r)\exp(ikr); \quad u_n(k, r+R) = u_n(k, r)\tag{1.41}$$

schreiben, wobei die u_n gitterperiodisch sind. Verwendet man im Bloch-Theorem (Gl. (1.40)) anstelle des Ausbreitungsvektors k den Vektor $k+G$, wo G einen reziproken Gittervektor (vgl. Abschn. 1.2.2.2) bezeichnet, so erhält man wegen $\exp\{iG\cdot R\} = 1$

$$\psi_n(k+G, r+R) = \psi_n(k+G, r)\exp[i(k+G)R] = \psi_n(k+G, r)\exp[ikR],$$

so dass k und $k+G$ nicht unterschieden werden müssen. Es genügt also, k auf den reduzierten Bereich

$$-\pi < ka_i \le \pi; \quad i = 1, 2, 3\tag{1.42}$$

zu beschränken, wobei a_1, a_2, a_3 die Elementarzelle aufspannen, vgl. Abschn. 1.2.2.2. Anstelle des reduzierten Bereiches wird meist die volumengleiche Brillouin-Zone verwendet, die so definiert ist, dass für k innerhalb der Brillouin-Zone $|k| \le |k+G|$ gilt, wo G ein beliebiger reziproker Gittervektor ist (vgl. Abb. 1.18). Im Gegensatz dazu gilt für den reduzierten Bereich entsprechend $|k\cdot a_i| \le |(k+G)\cdot a_i|$ für $i = 1, 2, 3$. Die Bloch-Funktionen (Gl. (1.41)) sind normierbar, wenn man ein endliches Volumen, das Grundgebiet $V = N^3\Omega$ (vgl. Abschn. 1.2.2.2) einführt, wobei

N^3 in der Größenordnung der Avogadro-Konstanten liegt und Ω das Volumen der Elementarzelle bezeichnet. Dann gilt

$$1 = \int_V |\psi_n(k,r)|^2 \, d^3r = N^3 \int_\Omega |u_n(k,r)|^2 \, d^3r \,. \tag{1.43}$$

Zur Erfüllung der Periodizitätsbedingung (Gl. (1.39)) werden **periodische Randbedingungen** für das Grundgebiet V in der Form

$$\psi_n(k, r + Na_i) = \psi_n(k,r)\,; \quad i = 1,2,3 \tag{1.44}$$

angesetzt, wobei das Volumen V von den Vektoren Na_1, Na_2, Na_3 aufgespannt wird. Einsetzen der Bloch-Funktionen Gl. (1.41) in Gl. (1.44) liefert dann die Bedingung

$$Na_i \cdot k = 2\pi g_i \quad \text{mit} \quad g_i = \text{ganze Zahl}, \; i = 1,2,3\,.$$

Dadurch lässt sich der Ausbreitungsvektor in der Form

$$k = \frac{g_1}{N} b_1 + \frac{g_2}{N} b_2 + \frac{g_3}{N} b_3 \quad \text{mit} \quad -\frac{N}{2} \le g_i < \frac{N}{2}\,; \quad i = 1,2,3 \tag{1.45}$$

schreiben. Durch die Beschränkung der g_i erhält man gerade N^3 diskrete äquidistante Ausbreitungsvektoren im reduzierten Bereich, vgl. Gl. (1.45), bzw. in der Brillouin-Zone. Wegen $N \gg 1$ bezeichnet man k auch als einen **quasidiskreten Vektor**, der in vielen Fällen durch eine kontinuierliche Größe ersetzt werden kann. Das Volumen des reduzierten Bereiches bzw. der Brillouin-Zone ist $8\pi^3/\Omega$, so dass für jeden der $N^3 = V/\Omega$ Ausbreitungsvektoren das Volumen $8\pi^3/V$ zur Verfügung steht. Die Dichte der k-Vektoren in der Brillouin-Zone ist somit $V/8\pi^3$.

Setzt man die Bloch-Funktionen (Gl. (1.41)) in die Schrödinger-Gleichung (Gl. (1.38)) ein, so ergibt sich:

$$\left[-\frac{\hbar^2}{2m}\Delta - ik\frac{\hbar^2}{m}\nabla + \frac{\hbar^2 k^2}{2m} + V(r) \right] u_n(k,r) = E_n(k)\, u_n(k,r)\,. \tag{1.46}$$

Daraus erkennt man, dass die Energieeigenwerte $E_n(k)$ die möglichen Energieniveaus, direkt vom Ausbreitungsvektor k abhängen müssen, also praktisch Energiebänder sind. Andererseits gehört zu jedem festen k ein ganzes Spektrum diskreter Energieniveaus, und es gibt eine ganze Reihe von Energiebändern $E_n(k)$. Dabei unterscheidet der Index n die einzelnen Energiebänder und k zählt die Zustände in einem Band ab. Abbildung 1.34 zeigt die berechneten Energiebänder von InSb-, ZnS- und KCl-Kristallen. Für viele Zwecke genügt es, die Energiebänder entlang bestimmter Geraden hoher Symmetrie, wie sie in Abb. 1.18 angegeben sind, zu kennen. Die einzelnen Bänder werden durch die Symmetrieeigenschaften der Energiezustände in der Brillouin-Zone unterschieden. So bezeichnet z. B. Γ_{15} in Abb. 1.34 einen bei Γ (also bei $k = 0$) dreifach entarteten Energiezustand, der auf der Geraden von Γ nach X in zwei Bänder aufspaltet.

Bei allen drei Kristallen tritt eine **Energielücke** auf, also ein Energiebereich, in dem keine Zustände liegen. Das Erscheinen solcher Energielücken kann man sich auch unmittelbar aus Gl. (1.46) verständlich machen. Die Energien in der Energielücke gehören nämlich zu Lösungen der Schrödinger-Gleichung mit komplexem k. Die zugehörigen Wellenfunktionen (Gl. (1.41)) erfüllen aber nicht die Bloch-Bedingung (Gl. (1.40)), die ein reelles k verlangt, so dass diese Zustände verboten sind.

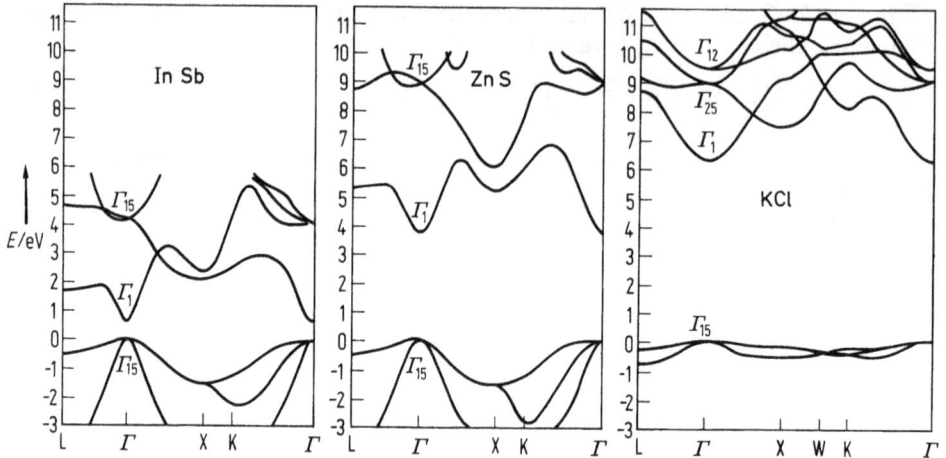

Abb. 1.34 Energiebänder von III-V-, II-VI- und I-VII-Verbindungen. InSb hat die kleinste und KCl die größte Bandlücke (nach Cohen und Bergstresser und nach de Cicco).

Bei den drei Kistallen in Abb. 1.34 sind alle Zustände bis zur Unterkante der Energielücke vollständig mit Elektronen besetzt und diese Bänder heißen **Valenzbänder**. Alle Zustände oberhalb der Energielücke sind unbesetzt, und diese Bänder heißen **Leitungsbänder**. Meistens wird nur das tiefste Leitungsband und das höchste Valenzband betrachtet, und man spricht dann einfach von dem Leitungsband und dem Valenzband. In Abb. 1.34 ist der Nullpunkt der Energieskala willkürlich an die Oberkante des Valenzbandes gelegt worden.

Von den Nichtmetallen sind die Kristalle aus der IV. Gruppe des Periodensystems, die III-V-Verbindungen, II-VI-Verbindungen und die Alkalimetallhalogenide physikalisch besonders interessant. Bei ihnen ist die Summe der Valenzelektronen benachbarter Atome gleich acht, ergibt also eine volle Elektronenschale, so dass keine nur teilweise gefüllten Bänder entstehen. Alle Elektronen sind relativ fest gebunden und die Energiebänder zeigen eine Energielücke. Si-, Ge- und Diamantkristalle haben eine ausgeprägt kovalente Bindung. Die Valenzelektronen haben große Aufenthaltswahrscheinlichkeiten bei den Nachbarn und verursachen durch die Überlappung der Wellenfunktionen die chemische Bindung. Die Energielücke beträgt bei Si 1.1 eV, bei Ge 0.7 eV und bei Diamant 5.4 eV. Eine Besonderheit von Si und Ge ist, dass der kleinste Abstand zwischen Valenz- und Leitungsband nicht im Zentrum der Brillouin-Zone (dem Γ-Punkt) liegt. Man vergleiche Abb. 1.37 mit den Energiebändern Abb. 1.34. Die III-V-Verbindungen haben einen ähnlichen Bindungstypus wie die Elemente der IV. Gruppe des Periodensystems. Die Energielücke liegt beim Γ-Punkt ($k = 0$) und ist auch relativ klein, s. Abb. 1.34. Sie reicht von etwa 0.17 eV bis 2.4 eV bei den verschiedenen Verbindungen. Die wichtigsten Vertreter dieser Gruppe sind GaP, GaAs, GaSb, InP, InAs und InSb. Die II-VI-Verbindungen haben eine Bindungsform, die schon mehr der ionischen Bindung der Alkalimetallhalogenide ähnelt. Die Elektronen sind fester gebunden und die Energielücken sind beträchtlich größer und reichen etwa von 1.5 eV bis 6 eV, Abb. 1.34. Die wichtigsten

Vertreter der II-VI-Verbindungen sind die Oxide, Sulfide, Selenide und Telluride von Zink und Cadmium. Die Alkalimetallhalogenide schließlich haben eine überwiegend ionische Bindung. Die Valenzelektronen sind sehr fest an ein Atom gebunden und bilden abgeschlossene Atomschalen. Die Bindung kommt allein durch die Coulomb-Anziehung der verschieden geladenen Ionen zustande. Die Alkalimetallhalogenide sind vollständige Isolatoren und haben eine sehr große Energielücke etwa von 6 eV bis 12 eV, s. Abb. 1.34. Vertreter sind Fluoride, Chloride, Bromide und Iodide von Li, Na, Ka, Rb und Cs.

Das elektrische Verhalten der Kristalle und damit die Einteilung in **Metalle, Halbleiter** und **Isolatoren** hängt eng mit der Struktur der Energiebänder zusammen. Ein elektrischer Strom kann nämlich nur fließen, wenn in einem Band die Zustände teilweise mit Elektronen besetzt und teilweise leer sind. Ein vollständig mit Elektronen besetztes Valenzband kann nichts zur elektrischen Leitfähigkeit beitragen. Daher sind alle drei Kristalle der Abb. 1.34 Isolatoren. Ist jedoch die Energielücke sehr klein oder liegen durch Verunreinigungen der Kristalle in der Bandlücke noch weitere Energieniveaus, so können bei höheren Temperaturen Elektronen in das Leitungsband angeregt werden. Ist etwa Δ die zu überspringende Energiedifferenz, so sind die höheren Zustände nach dem **Boltzmann-Prinzip** proportional zu $\exp\{-\Delta/k_B T\}$ besetzt, wo k_B die Boltzmann-Konstante und T die thermodynamische Temperatur bezeichnet. Die Elektronen im Leitungsband führen dann zu einer elektrischen Leitfähigkeit, die proportional zur Zahl der Elektronen ist und damit mit der Temperatur zunimmt. Diese Kristalle werden Halbleiter genannt im Unterschied zu den Metallen, bei denen die elektrische Leitfähigkeit mit der Temperatur abnimmt. Als Beispiel zeigt Abb. 1.35 die Energiebänder von Cu. Die Grenze, bis zu der die Energieniveaus mit Elektronen besetzt sind, ist hier als Fermi-Energie eingezeichnet. Das Leitungsband ist bei Metallen teilweise mit Elektronen gefüllt, was zur großen elektrischen Leitfähigkeit führt.

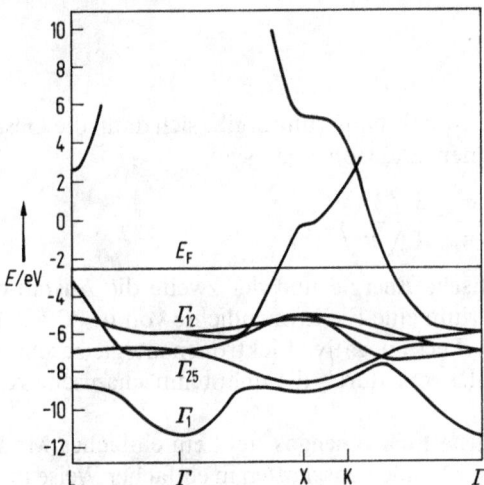

Abb. 1.35 Energiebänder von Cu (nach Segall; E_F = Fermi-Energie).

1.4.1 Elektronengas

Als Elektronengas bezeichnet man ein System, bei dem N Elektronen in einem endlichen Volumen V mit dem äußeren Potential $v(r)$ eingeschlossen sind. Bei Verwendung periodischer Randbedingungen kann man alle Festkörper im Rahmen der **Born-Oppenheimer-Näherung** als ein Elektronengas auffassen. In der einfachsten Näherung eines Metalles, dem homogenen Elektronengas, werden die positiv geladenen Gitterteilchen durch eine gleichmäßig verschmierte positive Ladung ersetzt. Man erhält so ein konstantes äußeres Potential $v(r) = v_0$, das bei geeigneter Wahl des Energienullpunktes auch Null gesetzt werden kann. Das Eigenwertproblem des zugehörigen Hamilton-Operators

$$H = \sum_{i=1}^{N} - \frac{\hbar^2}{2m} \Delta_i + \frac{e^2}{4\pi\varepsilon_0} \sum_{i<j} \frac{1}{|r_i - r_j|} \qquad (1.47)$$

lässt sich jedoch nur näherungsweise lösen. In **Hartree-Fock-Näherung** ergeben sich die Einteilchenwellenfunktionen in Form von ebenen Wellen

$$\psi(k, r) = \frac{1}{\sqrt{V}} \exp\{ikr\}, \qquad (1.48)$$

die gleichzeitig die einfachste Form der Bloch-Funktionen (Gl. (1.41)) darstellen. Nach dem **Pauli-Prinzip** kann jeder der Zustände von Gl. (1.48), die durch die Ausbreitungsvektoren k nach Gl. (1.45) unterschieden werden, mit zwei Elektronen besetzt sein. Im Grundzustand sind alle Zustände innerhalb der **Fermi-Kugel** $|k| \le k_F$ mit Elektronen besetzt und alle Zustände außerhalb unbesetzt, vgl. Abb. 1.36. Der Radius der Fermi-Kugel k_F bestimmt sich aus der Elektronenzahl N gemäß:

$$k_F = (3\pi^2 n)^{1/3}, \qquad (1.49)$$

wobei $n = N/V$ die Elektronendichte bezeichnet. Die obersten besetzten Energieniveaus haben die **Fermi-Energie**

$$E_F = \frac{\hbar^2 k_F^2}{2m} \qquad (1.50)$$

als kinetische Energie. In Hartree-Fock-Näherung ergibt sich dann die Gesamtenergie pro Elektron E des homogenen Elektronengases zu

$$E = \frac{3\hbar^2}{10m} (3\pi^2 n)^{2/3} - \frac{e^2}{4\pi\varepsilon_0} \frac{3}{4} \left(\frac{3n}{\pi}\right)^{1/3}, \qquad (1.51)$$

wobei der erste Term die **kinetische Energie** und der zweite die **Austauschenergie** beschreibt. Als Beispiel hat Natrium eine Elektronendichte von $n = 2.52 \cdot 10^{28}\,\text{m}^{-3}$, woraus sich $E = -1.2\,\text{eV}$ ergibt. Diese negative Elektronenenergie beschreibt einen gebundenen Zustand des Metalles, der durch die quantenmechanische **Austauschwechselwirkung** verursacht wird.

Das hier beschriebene **homogene Elektronengas** stellt ein einfaches Modell eines Metalles dar, mit dem sich einige Metalleigenschaften in einfacher Weise interpretieren lassen. Bei einem solchen Elektronengas führen z. B. Dichteschwankungen zu den so genannten **Plasmaschwingungen**, die bei der Durchstrahlung dünner Metall-

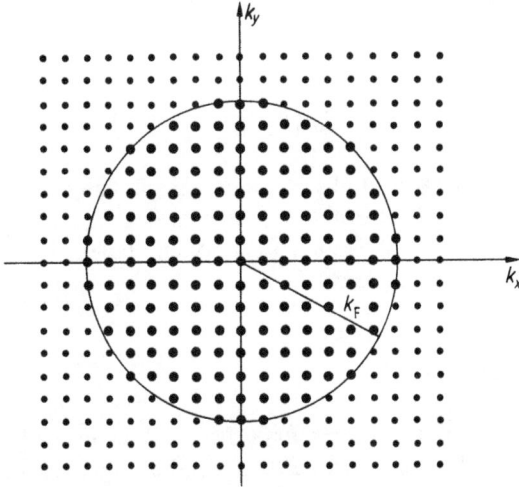

Abb. 1.36   Im Innern der Fermi-Kugel mit dem Radius k_F bezeichnen die diskreten Ausbreitungsvektoren mit je zwei Elektronen besetzte Zustände (●), während die Zustände mit k-Vektoren außerhalb unbesetzt sind (•). Der Abstand zweier Ausbreitungsvektoren beträgt $2\pi/L$ mit $L^3 = V$.

folien mit Elektronen beobachtet werden. Der Elektronenstrahl erfährt bei der Energie der Plasmaschwingung $\hbar\omega_p$ einen messbaren Energieverlust. Sei $\varrho(r, t)$ die Ladungsdichte, die durch Abweichung von der homogenen Elektronendichte n auftritt, so ist damit ein elektrisches Feld E gemäß der **Poisson-Gleichung** $\nabla \cdot E = \varrho/\varepsilon_0$ verknüpft, das wiederum die Elektronen nach dem Newton-Gesetz $m\dot{v} = -e_0 E$ beschleunigt. Für die elektrische Stromdichte $j = -e_0 n v$ folgt daraus

$$\nabla \cdot \frac{dj}{dt} = -e_0 n \nabla \frac{dv}{dt} = \frac{e_0^2}{m} n \nabla \cdot E = \frac{e_0^2}{m\varepsilon_0} n\varrho \,.$$

Aus der Kontinuitätsgleichung der Ladungserhaltung folgt dann eine Schwingungsgleichung für die Ladungsdichte ϱ:

$$0 = \frac{d\varrho}{dt} + \nabla \cdot j; \quad \frac{d^2\varrho}{dt^2} + \frac{e_0^2}{\varepsilon_0 m} n\varrho = 0 \,, \tag{1.52}$$

woraus sich die **Plasmafrequenz** ω_p zu

$$\omega_p = \left(\frac{e_0^2 n}{\varepsilon_0 m}\right)^{1/2} \tag{1.53}$$

ergibt. Für Gold mit $n = 5.9 \cdot 10^{28}\,\mathrm{m}^{-3}$ folgt für die Schwingungsenergie $\hbar\omega_p = 9.0\,\mathrm{eV}$.

Unabhängig von der Näherung des homogenen Elektronengases bei Metallen lassen sich alle Festkörper im Rahmen der Born-Oppenheimer-Näherung als ein

inhomogenes Elektronengas auffassen. Der Hamilton-Operator lautet dann für Festkörper ebenso wie für Flüssigkeiten sowie für einzelne Moleküle oder Atome

$$H = \sum_{i=1}^{N} \left[-\frac{\hbar^2}{2m} \Delta_i + v(r_i) \right] + \frac{e^2}{4\pi\varepsilon_0} \sum_{i<j} \frac{1}{|r_i - r_j|}, \tag{1.54}$$

wobei eventuell noch die Spin-Bahn-Kopplung und andere Ergänzungen hinzugefügt werden müssen. Das vorgegebene äußere Potential $v(r)$ besteht aus der Summe aller Ionenpotentiale der Ionen mit abgeschlossenen Elektronenschalen, in denen sich die Valenzelektronen als Elektronengas bewegen.

1.4.2 Bestimmung der Energiebänder

Der Energiegrundzustand des Hamilton-Operators (Gl. (1.54)) eines N-Elektronensystems lässt sich im Rahmen der **Dichtefunktionaltheorie** näherungsweise berechnen. Dazu genügt es, die Kohn-Sham-Gleichung

$$\left[-\frac{\hbar^2}{2m} \Delta + V(r) \right] \psi_i(r) = \varepsilon_i \psi_i(r) \tag{1.55}$$

mit dem *effektiven Potential*

$$V(r) = v(r) + \frac{e^2}{4\pi\varepsilon_0} \int \frac{n(r')}{|r - r'|} d^3r' + v_{xc}(r) \tag{1.56}$$

und der Elektronendichte

$$n(r) = \sum_{i}^{\text{besetzt}} |\psi_i(r)|^2; \quad \int_V |\psi_i(r)|^2 d^3r = 1 \tag{1.57}$$

zu lösen; v_{xc} ist dabei ein nur näherungsweise bekanntes Potential, welches die **Austausch- und Korrelationswechselwirkung** der Elektronen beschreibt. Obwohl die Kohn-Sham-Gleichung eine Einteilchengleichung darstellt, enthält sie doch die Elektron-Elektron-Wechselwirkung in Gl. (1.54) in sehr guter Näherung. Sie ist in *selbstkonsistenter Weise* zu lösen, da das effektive Potential $V(r)$ (Gl. (1.56)) ein Funktional der Elektronendichte $n(r)$ ist, die sich selbst aus den Lösungen $\psi_i(r)$ bestimmt, indem über die N tiefsten Niveaus ε_i summiert wird. Man beginnt mit einem Startwert für $V(r)$, berechnet durch Lösen von Gl. (1.55) die normierten Zustände $\psi_i(r)$, aus denen sich ein verbessertes $n(r)$ nach Gl. (1.57) ergibt. Aus $n(r)$ kann ein korrigiertes $V(r)$ nach Gl. (1.56) berechnet werden, so dass der Zyklus von vorne beginnt. Das Verfahren wird so lange wiederholt, bis sich das $n(r)$ nicht mehr ändert und dann die **Grundzustandselektronendichte** des N-Elektronensystems darstellt. Die **Grundzustandsenergie** E_g des N-Elektronensystems bestimmt sich aus:

$$E_g = \sum_{i}^{\text{besetzt}} \varepsilon_i - \frac{e^2}{8\pi\varepsilon_0} \int \frac{n(r)n(r')}{|r - r'|} d^3r\, d^3r'$$

$$- \int v_{xc}(r)\, n(r)\, d^3r + E_{xc}[n] + E_{\text{Ion}}, \tag{1.58}$$

wobei $E_{xc}[n]$ das **Austausch-Korrelationsfunktional** bezeichnet. In der **Lokalen-Dichte-Näherung** setzt man

$$E_{xc}[n] = \int \varepsilon_{xc}(n(r))\, n(r)\, \mathrm{d}^3 r\,, \tag{1.59}$$

woraus sich das **Austausch-Korrelations-Potential** $v_{xc}(r)$ zu

$$v_{xc}(r) = \frac{\delta E_{xc}[n]}{\delta n(r)} = \varepsilon_{xc}(n(r)) + n(r)\, \frac{\mathrm{d}\varepsilon_{xc}(n)}{\mathrm{d}n} \tag{1.60}$$

ergibt. Im einfachsten Falle geht man von der Austauschenergie des homogenen Elektronengases (Gl. (1.51)) aus und ersetzt n durch die Dichte $n(r)$ des inhomogenen Elektronengases

$$\varepsilon_{xc}(n(r)) = -\frac{e^2}{4\pi\varepsilon_0}\, \frac{3}{4}\, (3n(r)/\pi)^{1/3}\,.$$

Es ergibt sich damit aus Gl. (1.60)

$$v_{xc}(r) = -\frac{e^2}{4\pi\varepsilon_0}\, (3n(r)/\pi)^{1/3}$$

und aus Gl. (1.59)

$$E_{xc}[n] = -\frac{e^2}{4\pi\varepsilon_0}\, \frac{3}{4}\left(\frac{3}{\pi}\right)^{1/3} \int\limits_V n^{4/3}(r)\, \mathrm{d}^3 r\,. \tag{1.61}$$

Im Allgemeinen fügt man diesem Term noch Korrekturfunktionale hinzu. E_{Ion} in Gl. (1.58) bezeichnet die langreichweitige Coulomb-Wechselwirkung der positiv geladenen Ionen

$$E_{ion} = \sum_A \sum_{B \neq A} \frac{1}{4\pi\varepsilon_0}\, \frac{Q_A Q_B}{|R_A - R_B|}\,. \tag{1.62}$$

Dabei bezeichnet Q_A die elektrische Ladung des Ions oder Atomkerns A am Ort R_A. Die Kohn-Sham-Gleichung (Gl. (1.55)) kann im Rahmen der Born-Oppenheimer-Näherung ganz allgemein angewendet werden, da sie eine allgemeine Lösung des inhomogenen Elektronengases darstellt. Bei Kristallen muss das Potential $V(r) = V(r + R)$ gitterperiodisch sein, s. Gl. (1.39), so dass die ψ_i Bloch-Funktionen (Gl. (1.41)) sind. Die Einteilchenenergieniveaus ε_i bilden die Energiebänder $E_n(k)$, die mit Elektronen besetzt sind, also die Valenzbänder. Die Kohn-Sham-Gleichung lässt sich zur Berechnung angeregter Zustände, also im Grundzustand unbesetzter Leitungsbänder, nur bedingt anwenden. Abbildung 1.37a zeigt als Beispiel die berechneten Energiebänder von Silizium. Die Bandstruktur von Halbleitern ist ein wichtiges Hilfsmittel zum Verständnis der elektrischen Eigenschaften, wobei im Wesentlichen die Zustände mit Energien am oberen und unteren Ende der Energielücke eingehen. Bei Metallen bestimmt die Form des Leitungsbandes in der Nähe der Fermi-Energie die elektrischen und magnetischen Eigenschaften.

Zur experimentellen Bestimmung der Bandstruktur eignen sich elektronische Anregungen mit Photonen oder Elektronen, wobei praktisch die Zustandsdichte gemessen wird. Zur Interpretation der Anregungen im Innern des Kristalles reichen die Energiebänder im Allgemeinen nicht aus, es müssen vielmehr *Vielteilcheneffekte*,

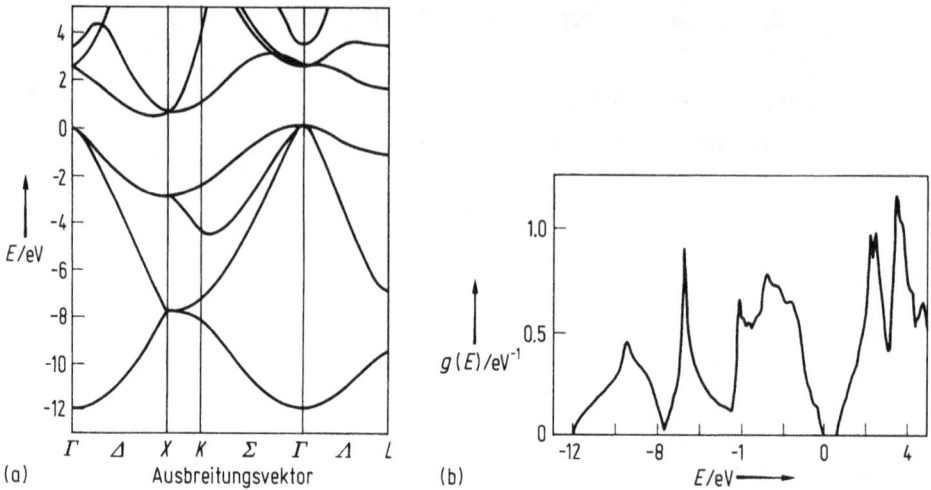

Abb. 1.37 Im Rahmen der Dichtefunktionaltheorie berechnete Energiebänder (a) und Zu-standsdichte (b) von Silizium (nach [6]). Die Einheit der Zustandsdichte $g(E)$ ist so gewählt, dass das Integral über die Kurve die Anzahl der Energiezustände des Kristalles dividiert durch die Anzahl der Atome angibt. Die Energielücke ist zu klein und hat in Wirklichkeit den Wert 1.1 eV. Die Bezeichnungen des Ausbreitungsvektors sind in Abb. 1.18 erklärt.

z. B. die *Exzitonen*, berücksichtigt werden. Ist jedoch die Energie der anregenden Strahlung groß genug, um einzelne Elektronen aus dem Kristall zu entfernen, so lässt deren Energieverteilung Rückschlüsse auf die Zustandsdichte der mit Elektronen besetzten Valenzbänder zu.

Zur Herleitung der **Zustandsdichte**, d. h. der Dichte der Energieniveaus auf der Energieachse, geht man von der äquidistanten Verteilung der Ausbreitungsvektoren k gemäß Gl. (1.45) in der Brillouin-Zone aus. Sei jetzt $E_n(k) = E$ die Fläche im k-Raum, die bei vorgegebenem E durch ein Energieband festgelegt ist, so wird ein Volumenelement zwischen der Fläche E und $E + dE$ betrachtet, vgl. Abb. 1.38. Sei d^2f ein Flächenelement auf der Fläche $E = $ konstant, so gilt

$$d^3k = d^2f \, dk_\perp \quad \text{mit} \quad dE = \left| \frac{\partial E_n(k)}{\partial k} \right| dk_\perp,$$

wobei $dk_\perp$ ein Linienelement in Richtung des Gradienten der Energiefläche ist. Sei jetzt $g_n(E)$ die Zustandsdichte, d. h. die Dichte der Energieniveaus auf der E-Achse, so ist $g_n(E) \, dE$ die Zahl der Zustände zwischen den beiden Energieflächen E und $E + dE$. Diese ergibt sich aus dem Volumen zwischen den beiden Energieflächen und der Dichte der k-Vektoren in der Brillouin-Zone $V/8\pi^3$ zu

$$g_n(E) \, dE = \frac{2V}{8\pi^3} \int_E^{E+dE} d^3k = \frac{V}{4\pi^3} \int_{E = \text{konst}} \frac{d^2f}{|\partial E_n(k)/\partial k|} \, dE$$

oder

$$g_n(E) = \frac{V}{4\pi^3} \int_{E = \text{konst}} \frac{d^2f}{|\partial E_n(k)/\partial k|}, \tag{1.63}$$

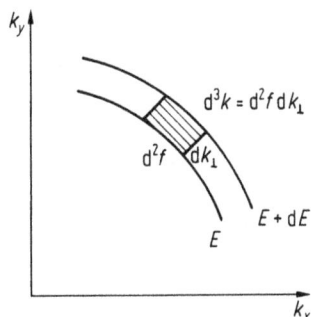

Abb. 1.38   Zur Ableitung der Dichte der Energieniveaus.

wobei berücksichtigt wurde, dass jedes durch einen Ausbreitungsvektor gekennzeichnete Niveau mit zwei Elektronen besetzt werden kann. Die gesamte Zustandsdichte $g(E)$ ergibt sich dann aus einer Summe über alle Bänder. Abbildung 1.37b zeigt als Beispiel die Zustandsdichte von Silizium.

Im Falle des homogenen Elektronengases sind die Energieflächen näherungsweise Kugelflächen $E(k) \sim k^2$, woraus $|\partial E(k)/\partial k| \sim |k|$ und

$$g(E) \sim \frac{V}{4\pi^3} \int \frac{|k|^2 \sin\vartheta\, d\vartheta\, d\varphi}{|k|} = \frac{V}{\pi^2} |k| \sim \sqrt{E} \qquad (1.64)$$

folgt. Aufgrund der in Abschn. 1.5.1 besprochenen Effektive-Masse-Näherung hat die Zustandsdichte an allen Bandkanten einen solchen steilen, wurzelförmigen Verlauf, vgl. Abb. 1.39. Bei elektronischen Anregungen geht jedoch die Dichte der besetzten Energieniveaus $g(E) \cdot f(E)$ ein, wobei

$$f(E) = \left[1 + \exp\left(\frac{E - E_F}{k_B T}\right)\right]^{-1} \qquad (1.65)$$

die **Fermi-Dirac-Verteilung** bezeichnet. Die Dichte der mit Elektronen besetzten Niveaus ist in Abb. 1.39 ebenfalls eingezeichnet. Da bei Halbleitern bei Zimmertemperatur allgemein $E_L - E_V \gg k_B T$ gilt, sind dort die Valenzbänder vollständig besetzt und die Leitungsbänder vollständig unbesetzt.

Bei Einstrahlung von Licht vom infraroten bis in den sichtbaren Bereich findet bei Metallen fast vollständige Absorption statt, da bei allen diesen Anregungsenergien Übergänge von besetzten in unbesetzte Zustände möglich sind, vgl. Abb. 1.39. Dagegen sind Halbleiter für Photonenenergien $h\nu < E_L - E_V$ durchsichtig, weil sich innerhalb der Energielücke keine Zustände befinden. An der Stelle $h\nu = E_L - E_V$ beobachtet man im Absorptionsspektrum eine steile **Absorptionskante** mit großem Absorptionskoeffizient, auch für höhere Energien. Daneben kann Licht aber auch an akustischen Phononen (**Brillouin-Streuung**) oder an optischen Phononen (**Raman-Streuung**) gestreut werden. Einzelheiten über die optischen Eigenschaften fester Körper sind in Abschn. 1.6 behandelt.

Bei Einstrahlung von Licht vom ultravioletten bis zum Röntgen-Bereich können angeregte Elektronen den Kristall verlassen. Bei der **Photoelektronenspektroskopie**

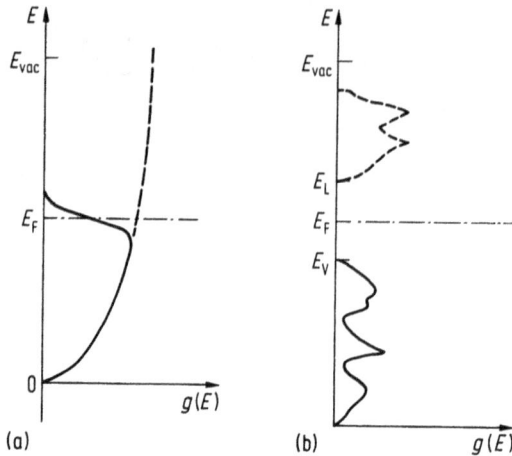

Abb. 1.39 Schematische Darstellung der Zustandsdichte $g(E)$ (gestrichelt) und der Dichte der mit Elektronen besetzten Energieniveaus $g(E) \cdot f(E)$ (ausgezogen) als Funktion der Energie (a) für ein Metall und (b) für einen Halbleiter. E_F bezeichnet die Fermi-Energie, E_{vac} das Vakuum-Niveau eines Elektrons, E_L die Unterkante des Leitungsbandes und E_V die Oberkante des Valenzbandes.

wird die kinetische Energie dieser Elektronen analysiert, die sich aus der Anregungsenergie der Strahlung $h\nu$, der Austrittsarbeit des Kristalles $E_A = E_{vac} - E_F$ (vgl. Abb. 1.39) und der Tiefe des Valenzbandzustandes bezüglich der Fermi-Energie $\Delta E = E_F - E$ zusammensetzt:

$$E_{kin} = h\nu - E_A - \Delta E . \tag{1.66}$$

Die Austrittsarbeit E_A hängt stark von der Oberflächenbeschaffenheit, z. B. von der Belegung mit Fremdatomen, ab und stellt die langwellige Grenze des eingestrahlten Lichtes dar, bei der Elektronen außerhalb des Kristalls beobachtet werden. Die Austrittsarbeit E_A kann auch durch Messung der thermisch angeregten Sättigungsstromdichte j gemäß der **Richardson-Gleichung**

$$j = \frac{4\pi e_0 m}{h^3} (k_B T)^2 \exp(-E_A/k_B T) \tag{1.67}$$

gemessen werden. Dabei bedeutet m die Elektronenmasse und k_B die Boltzmann-Konstante. Bei Verwendung von ultraviolettem Licht spricht man bei der Photoelektronenspektroskopie von **UPS** (ultraviolet photoelectron spectroscopy) oder **ESCA** (electron spectroscopy for chemical analysis). Bei Anregung mit Röntgen- oder Synchrotron-Strahlen werden diese Experimente mit **XPS** (x-ray photoelectron spectroscopy) bezeichnet. Als Beispiel zeigt Abb. 1.40 ein an GaP-Kristallen gemessenes XPS-Signal als Funktion von ΔE im Vergleich mit der im Rahmen der Dichtefunktionaltheorie berechneten Zustandsdichte der Valenzbänder und der Valenzbänder selbst. Die Unterschiede sind im Wesentlichen auf unelastische Stöße zurückzuführen, die die angeregten Elektronen auf ihrem Weg zur Kristalloberfläche

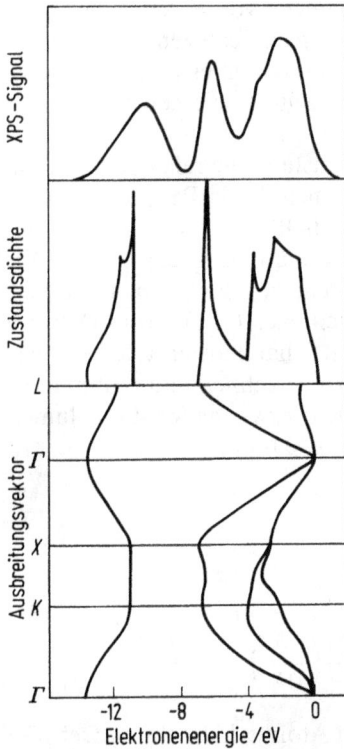

Abb. 1.40 Berechnete Valenzbänder von GaP (unten) und Zustandsdichte (Mitte) (nach [7]) im Vergleich mit dem gemessenen Photoelektronenspektrum (oben) (nach [8]). Der Nullpunkt der Energieskala wurde an die Oberkante des obersten Valenzbandes gelegt. Die Zustandsdichte und das Photoelektronenspektrum sind in beliebigen Einheiten dargestellt. Zur Bezeichnung der Ausbreitungsvektoren in der Brillouin-Zone vgl. Abb. 1.18.

mit anderen Elektronen haben. Dadurch werden die scharfen Konturen der Zustandsdichte stark verbreitert.

Werden die den Kristall verlassenden Elektronen auch unter verschiedenen Austrittswinkeln gemessen, spricht man von **ARUPS** (angle resolved ultraviolet photoelectron spectroscopy). Aus der Analyse dieser Spektren lassen sich zusätzlich wichtige Informationen über die Kristalloberfläche gewinnen.

1.4.3 Grundzustandseigenschaften

Mit Hilfe der Dichtefunktionaltheorie lässt sich im Rahmen der Born-Oppenheimer-Näherung und der Lokale-Dichte-Näherung die elektronische Grundzustandsenergie E_g (s. Gl. (1.58)) berechnen, wozu die Kohn-Sham-Gleichung (Gl. 1.55)) zu lösen ist. Der numerische Fehler bei der Berechnung von E_g pro Atom liegt bei etwa 0.1 eV. Bei der Anwendung auf physikalische Eigenschaften der Festkörper treten jedoch nur Energiedifferenzen auf, wenn Parameter von E_g, etwa die Gitterkonstante, verändert werden. Der Fehler dieser Energiedifferenzen ist wesentlich kleiner und kann bis herab zu 0.1 meV betragen. Dadurch ist es möglich, eine Reihe von Festkörpergrundzustandseigenschaften zu berechnen, die neben den Experimenten wichtige Erkenntnisse liefern.

Zur Berechnung der elektronischen Grundzustandsenergie E_g eines Kristalles wird die Gitterkonstante a bzw. das Kristallvolumen V als Parameter eingegeben, so dass man $E_g(V)$ am absoluten Nullpunkt erhält. Bei $T = 0\,K$ sind freie Energie $F = U\text{-}TS$ und innere Energie U gleich, die gemäß Gl. (1.22) in einen Elektronenanteil und einen Gitteranteil zerfallen. E_g stellt den Elektronenanteil der inneren Energie dar, während der kleinere Gitteranteil nach Gl. (1.25) in Debye-Näherung (Gl. (1.27)) berechnet werden kann. Für $T > 0\,K$ hat man statt dessen die freie Energie $F(V, T)$ gemäß Gl. (1.20) und Gl. (1.19) zu berechnen und bestimmt daraus den Druck p nach Gl. (1.23). Die Gitterkonstante a bzw. das Kristallvolumen V erhält man dann aus der Gleichgewichtsbedingung $p = 0$ mit

$$p = -\left(\frac{\partial F}{\partial V}\right)_T. \tag{1.68}$$

Für $T = 0\,K$ folgt aus Gl. (1.68) einfach

$$p = -\left(\frac{\partial F}{\partial V}\right)_{T=0} = -\left(\frac{\partial U}{\partial V}\right)_{T=0} = -\left(\frac{\partial E_g}{\partial V}\right)_{T=0} - \left(\frac{\partial U_{\text{Gitter}}}{\partial V}\right)_{T=0}. \tag{1.69}$$

Für den Gitteranteil der inneren Energie pro Atom erhält man in Debye-Näherung (Gl. (1.27)) aus Gl. (1.25) mit $n = 0$ für $T = 0\,K$ nach Gl. (1.16)

$$U_{\text{Gitter}}(V, T = 0) \approx \frac{9}{8} k_B \Theta, \tag{1.70}$$

wobei k_B die Boltzmann-Konstante und Θ die Debye-Temperatur bezeichnet. Für die Volumenabhängigkeit dieser **Nullpunktsschwingungsenergie** pro Atom erhält man in Grüneisen-Näherung (Gl. (1.32))

$$\left(\frac{\partial U_{\text{Gitter}}}{\partial V}\right)_{T=0} \approx -\frac{9}{8} \gamma \frac{k_B \Theta}{V},$$

wobei γ die Grüneisen-Konstante bezeichnet. Damit kann aus der Berechnung von $(\partial E_g / \partial V)_{T=0}$ mit der Gleichgewichtsbedingung $p = 0$ und Gl. (1.69) die Gitterkonstante a berechnet werden. Tabelle 1.2 enthält einige so bestimmte Gitterkonstanten.

Aus der Berechnung der elektronischen Grundzustandsenergie als Funktion des Kristallvolumens $E_g(V)$ lässt sich außerdem der Kompressionsmodul B (s. Gl. (1.24)) gemäß

$$B = -V\left(\frac{dp}{dV}\right)_T = V\frac{\partial^2}{\partial V^2}(E_g + U_{\text{Gitter}}) \tag{1.71}$$

bei $T = 0\,K$ bestimmen, wobei für den kleineren Gitteranteil die Grüneisen-Näherung (Gl. (1.32)) verwendet werden kann. Einige Zahlenwerte sind ebenfalls in Tab. 1.2 aufgeführt.

Tab. 1.2 Berechnete Werte der Gitterkonstanten a, des Kompressionsmoduls B, der Bindungsenergie E_B sowie der elastischen Konstanten C_{11}, C_{12} und C_{44} einiger kubischer Kristalle.

	Al	C	Si	GaAs
a in pm	405	360	545	557
B in 10^{11} Pa	0.78	4.33	0.98	0.73
E_B in eV pro Atom	3.33	7.58	4.67	
C_{11}			1.59	1.23
C_{12} in 10^{11} Pa			0.61	0.53
C_{44}			0.85	0.62

Berechnet man die Grundzustandsenergie für andere Kristallstrukturen desselben Stoffes, also für verschiedene Modifikationen, lassen sich daraus nicht nur **Phasenübergänge** bestimmen, sondern auch die Eigenschaften unter Normalbedingungen nicht existierender Kristalle untersuchen. Abbildung 1.41 zeigt die Phasendiagramme verschiedener Siliziumkristalle mit einem eingezeichneten möglichen Phasenübergang von der Diamantstruktur zur β-Zinn-Struktur. Abbildung 1.42 enthält die mit einem anderen Verfahren berechneten **Phasendiagramme** für molekularen und metallischen Wasserstoff. Ein Phasenübergang wäre am Schnittpunkt der Kurven der Grundzustandsenergie möglich. Dazu müsste ein Druck angewendet werden, der

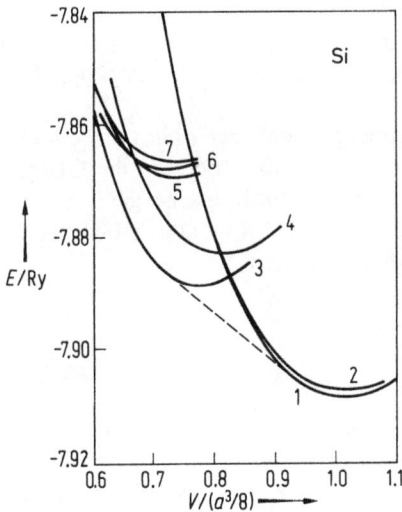

Abb. 1.41 Grundzustandsenergien von Si in verschiedenen Kristallgittern (nach [6]). 1 = Diamantgitter, 2 = hexagonales Diamantgitter, 3 = β-Zinngitter, 4 = einfach kubisch, 5 = kubisch raumzentriert, 6 = hexagonal dichteste Kugelpackung, 7 = kubisch flächenzentriert. Das Volumen V ist in Einheiten von $a^3/8$, das heißt dem experimentellen Gleichgewichtsvolumen pro Atom mit $a = 0.5429$ nm angegeben und die Energie E in Rydberg-Einheiten (1 Ry = 13.60 eV). Zwischen der Diamantstruktur 1 und der β-Zinnstruktur 2 ist ein möglicher Phasenübergang durch die gestrichelte Linie eingezeichnet.

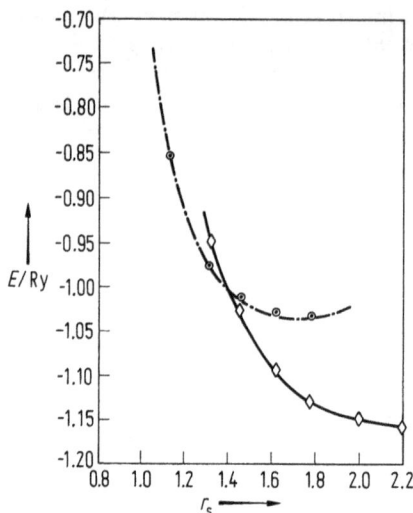

Abb. 1.42   Grundzustandsenergie von molekularem Wasserstoff $\diamond$ und metallischem Wasserstoff $\odot$ mit kubisch flächenzentriertem Gitter (nach Ceperley und Alder). Der Wigner-Seitz-Radius r_s kennzeichnet das Volumen pro Atom $V = 4\pi(r_s a_0)^3/3$, wobei a_0 den Bohr-Wasserstoffradius bezeichnet (1 Ry = 13.60 eV).

sich gemäß Gl. (1.69) aus der Steigung der unteren Kurve am Schnittpunkt zu etwa 5×10^{11} Pa ergibt. Der Druck liegt über dem experimentell zugänglichen Bereich bis etwa 10^{11} Pa.

   Die Berechnung der Grundzustandsenergie eines Kristalles ermöglicht darüber hinaus die Bestimmung der **Bindungsenergie**, wenn außerdem die Grundzustandsenergien der Einzelatome berechnet werden. Die Bindungsenergie E_B eines Kristalles ist definiert durch die bei $T = 0$ K isotherm aufzubringende Arbeit pro Atom, um den Kristall mit dem Volumen V in Einzelatome zu zerlegen

$$E_B = -\int\limits_V^\infty p(V)\,dV = \int\limits_V^\infty dF = \int\limits_V^\infty dU$$

$$= U(V = \infty, T = 0) - U(V, T = 0)\,. \tag{1.72}$$

Speziell im Falle von Kochsalz ergibt das

$$E_B(\text{NaCl}) = E_0(\text{Na-Atom}) + E_0(\text{Cl-Atom}) - E_0(\text{NaCl-Kristall})\,, \tag{1.73}$$

wobei $E_0(\text{Na-Atom})$ bzw. $E_0(\text{Cl-Atom})$ die Grundzustandsenergie eines Na- bzw. Cl-Atoms und $E_0(\text{NaCl-Kristall})$ die innere Energie des Kristalls pro Na-Cl-Paar bei der Temperatur $T = 0$ K bezeichnet. Die innere Energie setzt sich dabei gemäß Gl. (1.22) aus der elektronischen Grundzustandsenergie und einem Gitteranteil zusammen und kann wie oben beschrieben berechnet werden. Die Bindungsenergie (cohesive energy) lässt sich experimentell nur indirekt mit Hilfe des **Born-Haber-Kreisprozesses** bestimmen. Dazu geht man von der bei Zimmertemperatur $T = 298$ K auf chemischem Wege bestimmbaren **Bildungsenergie** (formation energy) oder **Bildungswärme** W aus, die z. B. für NaCl durch

$$W(\text{NaCl}) = E_{298}(\text{Na-Metall}) + \frac{1}{2}\,E_{298}(\text{Cl}_2\text{-Gas})$$
$$- E_{298}(\text{NaCl-Kristall}) \tag{1.74}$$

definiert ist. Hierbei bezeichnet entsprechend E_{298}(Na-Metall) die innere Energie pro Atom von metallischem Natrium bei der Temperatur $T = 298$ K. Die Bildungswärme hängt somit auch von der chemischen Zusammensetzung der Einzelsubstanzen ab. Bestimmt man zusätzlich die **Sublimationsenergie** von metallischem Natrium bei $T = 298$ K,

$$W_{\text{Subl}}(\text{Na}) = E_{298}(\text{Na-Atom}) - E_{298}(\text{Na-Metall}) = 1.13\,\text{eV}, \tag{1.75}$$

und die **Dissoziationsenergie** von Chlorgas pro Chloratom,

$$W_{\text{Diss}}(\text{Cl}) = E_{298}(\text{Cl-Atom}) - \frac{1}{2}\,E_{298}(\text{Cl}_2\text{-Molekül}) = 1.25\,\text{eV}, \tag{1.76}$$

so erhält man durch Addition von Gl. (1.74), Gl. (1.75) und Gl. (1.76) zunächst die Bindungsenergie bei Zimmertemperatur

$$W(\text{NaCl}) + W_{\text{Subl}}(\text{Na}) + W_{\text{Diss}}(\text{Cl})$$
$$= E_{298}(\text{Na-Atom}) + E_{298}(\text{Cl-Atom}) - E_{298}(\text{NaCl-Kristall}). \tag{1.77}$$

Zur Umrechnung auf die Temperatur $T = 0$ K kann man die atomaren Gase genähert als ideale Gase ansehen. Aus der Wärmekapazität pro Atom bei konstantem Druck p

$$c_{\text{p}} = \left(\frac{\partial(U+pV)}{\partial T}\right)_{\text{p}} = c_{\text{v}} + k_{\text{B}} = \frac{5}{2}\,k_{\text{B}}$$

erhält man für $T = 298$ K

$$E_0(\text{Na-Atom}) - E_{298}(\text{Na-Atom}) \approx -\frac{5}{2}\,k_{\text{B}}T$$
$$\approx E_0(\text{Cl-Atom}) - E_{298}(\text{Cl-Atom}). \tag{1.78}$$

Die zum Aufheizen des NaCl-Kristalles erforderliche Wärmemenge

$$W_{\text{therm}}(\text{NaCl}) = E_{298}(\text{NaCl-Kristall}) - E_0(\text{NaCl-Kristall}) = 0.10\,\text{eV} \tag{1.79}$$

erhält man schließlich durch Integration der Wärmekapazität pro Atom, vgl. Gl. (1.28), von $T = 0$ bis $T = 298$ K. Die Addition der Gl. (1.77), Gl. (1.78) und Gl. (1.79) liefert dann die Bindungsenergie von Gl. (1.73):

$$E_{\text{B}}(\text{NaCl}) = W(\text{NaCl}) + W_{\text{Subl}}(\text{Na}) + W_{\text{Diss}}(\text{Cl}) - 5\,k_{\text{B}}T + W_{\text{therm}}(\text{NaCl}). \tag{1.80}$$

Bei Ionenkristallen wird oft anstelle der Bindungsenergie E_{B} die Gitterenergie E_{G} bei der Temperatur $T = 0$ K

$$E_{\text{G}}(\text{NaCl}) = E_0(\text{Na}^+\text{-Ion}) + E_0(\text{Cl}^-\text{-Ion}) - E_0(\text{NaCl-Kristall}) \tag{1.81}$$

berechnet. Sie hängt in analoger Weise über die Ionisierungsenergie eines Na-Atoms bei $T = 0\,\mathrm{K}$,

$$W_{\mathrm{Ion}}(\mathrm{Na}) = E_0(\mathrm{Na}^+\text{-Ion}) - E_0(\mathrm{Na\text{-}Atom}) = 5.12\,\mathrm{eV}, \tag{1.82}$$

und der Elektronenaffinität eines Cl-Atoms bei $T = 0\,\mathrm{K}$,

$$W_{\mathrm{EA}}(\mathrm{Cl}) = E_0(\mathrm{Cl}^-\text{-Ion}) - E_0(\mathrm{Cl\text{-}Atom}) = -3.72\,\mathrm{eV}, \tag{1.83}$$

mit der Bildungswärme W bei $T = 298\,\mathrm{K}$ zusammen. Addition der Gl. (1.80), Gl. (1.82) und Gl. (1.83) liefert

$$E_{\mathrm{G}}(\mathrm{NaCl}) = E_{\mathrm{B}}(\mathrm{NaCl}) + W_{\mathrm{Ion}}(\mathrm{Na}) + W_{\mathrm{EA}}(\mathrm{Cl}). \tag{1.84}$$

Aus der Bildungswärme $W(\mathrm{NaCl}) = 4.27\,\mathrm{eV}$ erhält man durch Gl. (1.80) und Gl. (1.84) für die Bindungsenergie bzw. Gitterenergie von NaCl

$$E_{\mathrm{B}} = 6.6\,\mathrm{eV} \quad \text{bzw.} \quad E_{\mathrm{G}} = 8.0\,\mathrm{eV}.$$

In Tab. 1.2 sind die Bindungsenergien einiger weiterer Kristalle angegeben. Die Kenntnis der Bindungsenergie der Festkörper ist nicht nur zum Verständnis vieler physikalischer Eigenschaften wichtig, sondern bestimmt auch wesentlich den Festkörper als Werkstoff etwa bei der Herstellung und Bearbeitung.

Die in Abschn. 1.2.1 beschriebenen elastischen Konstanten der Kristalle lassen sich ebenfalls im Rahmen der Dichtefunktionaltheorie berechnen. Dazu wird die Kohn-Sham-Gleichung (Gl. (1.55)) für einen Kristall gelöst, dessen Atome aus ihren Gleichgewichtslagen R ein wenig verzerrt sind. Aus der so ermittelten Grundzustandselektronendichte $n(r)$ (Gl. (1.57)) ergibt sich die zugehörige Kraft F als Ableitung der Grundzustandsenergie E_{g} (Gl. (1.58)) mit Hilfe des **Hellmann-Feynman-Theorems** zu

$$F = -\frac{\mathrm{d}E_{\mathrm{g}}}{\mathrm{d}R} = -\int \frac{\partial v(r, R)}{\partial R}\, n(r)\, \mathrm{d}^3 r - \frac{\partial E_{\mathrm{Ion}}}{\partial R}, \tag{1.85}$$

wobei $v(r, R)$ das äußere Potential gemäß Gl. (1.54) und Gl. (1.56) bezeichnet, welches aus der Summe aller Ionenpotentiale besteht und von ihren Orten abhängt. E_{Ion} bezeichnet die langreichweitige Coulomb-Energie der Ionen untereinander, vgl. Gl. (1.62). Aus der Deformation des Kristalls einerseits und den durch die Kräfte verursachten Spannungen andererseits lassen sich die elastischen Konstanten berechnen. Tabelle 1.2 enthält die so berechneten elastischen Konstanten einiger Kristalle. Die Abweichungen von den experimentellen Werten in Tab. 1.2 liegen bei einigen Prozent. Durch die Berechnung von Grundzustandsenergien lassen sich auch dynamische Eigenschaften von Kristallen, etwa Gitterschwingungen, studieren. Mit Hilfe des **Modells des eingefrorenen Phonons** berechnet man einen Kristall, dessen Atome so verschoben sind, wie es der Augenblickslage eines bestimmten Phonons entspricht. Die Grundzustandsenergie E_{g} (Gl. (1.58)) hängt dann von der Auslenkung der Atome ab, und die Frequenz des Phonons lässt sich entweder aus der zweiten Ableitung von E_{g} oder aus der ersten Ableitung der **Hellmann-Feynman-Kraft** (Gl. (1.85)) gewinnen, wobei im Rahmen der klassischen Mechanik die Masse der bewegten Atome eingeht. Wesentlich an diesen Rechnungen ist auch die Möglichkeit, zusätzlich die anharmonischen Kräfte zu bestimmen, da sich diese nicht messen lassen. Die anharmonischen Kräfte bestimmen die thermische Ausdehnung der Kristalle (vgl. Abschn. 1.3.2), d. h. den Grüneisen-Parameter und die Wärmeleitung (vgl. Abschn. 1.3.3) und lassen sich aus diesen nur mit vereinfachenden Modellen abschätzen. Darüber hinaus kann man auch **lokale Schwingungen an Punktdefekten** in Kristallen berechnen, während bei der experimentellen Beobachtung solcher Schwingungen die Identifizierung des Defektes meist schwierig ist. Das Modell wird ferner zur Berechnung von **Oberflächenphononen** angewendet und liefert neben den Schwingungsfrequenzen vor allem wichtige Informationen über die zwischenatomaren Kräfte in den Oberflächenschichten, die sich experimentell nicht bestimmen lassen.

1.5 Elektrische Eigenschaften

Im Bändermodell werden die Zustände der Kristallelektronen durch den Ausbreitungsvektor k charakterisiert (s. Gl. (1.45)). Nach dem Pauli-Prinzip kann jedes Energieniveau eines Bandes mit höchstens zwei Elektronen besetzt werden. Die Geschwindigkeit eines Elektrons ist dann gegeben durch

$$v_{n}(k) = \frac{1}{\hbar} \frac{\partial}{\partial k} E_{n}(k), \tag{1.86}$$

und wegen $E_{n}(k) = E_{n}(-k)$ gibt es im thermodynamischen Gleichgewicht zu jedem Elektron mit einer Geschwindigkeit $v(k)$ ein weiteres Elektron mit der Geschwindigkeit $v(-k) = -v(k)$, so dass insgesamt kein elektrischer Strom fließt. Da leere und vollständig mit Elektronen gefüllte Bänder keinen Beitrag zu einem elektrischen Strom liefern, kann dieser nur auftreten, wenn ein elektrisches Feld an einen Kristall angelegt wird, der teilweise mit Elektronen besetzte Bänder besitzt. Bei Metallen liegt die Oberkante der mit Elektronen besetzten Niveaus, die Fermi-Energie, innerhalb eines Bandes, was zur hohen elektrischen Leitfähigkeit der Metalle führt. Halbleiter und Isolatoren haben nur vollständig mit Elektronen gefüllte so genannte Valenzbänder und leere Bänder, wobei die Fermi-Energie in der Energielücke liegt. Bei Zimmertemperatur sind jedoch die Zustände nach der Fermi-Dirac-Verteilung (Gl. (1.65)) besetzt, so dass einige Elektronen im sonst leeren Leitungsband angeregt sind, während im Valenzband eine entsprechende Anzahl nicht besetzter Elektronenzustände auftreten. Dadurch können die Elektronen im Leitungsband und im Valenzband bei Anlegen eines äußeren elektrischen Feldes einen elektrischen Strom erzeugen. Da mit der Anzahl der Ladungsträger auch die elektrische Stromstärke mit der Temperatur zunimmt, spricht man dabei von **Halbleitern** im Gegensatz zu den **Metallen**, bei denen die elektrische Stromstärke mit der Temperatur abnimmt. Ist jedoch die Energielücke so groß, dass bei Zimmertemperatur praktisch keine Elektronen angeregt werden, $E_{L} - E_{V} \gg k_{B} \cdot 300\,\mathrm{K} = 26\,\mathrm{meV}$, spricht man von **Isolatoren**. Diese Einteilung ist jedoch nicht streng, und die technisch verwendeten Halbleiter verdanken ihre elektrische Leitfähigkeit trotz großer Energielücke einer geeigneten Verunreinigung mit Fremdatomen.

1.5.1 Effektive Masse der Kristallelektronen

Obwohl die Kristalle eine recht komplizierte Struktur der Energiebänder besitzen, lassen sich die meisten physikalischen Effekte reiner Kristalle mit einer sehr einfachen Approximation der Energiebänder beschreiben. Der Grund liegt darin, dass bei Metallen nur die Elektronen in der Nähe der Fermi-Energie eine Rolle spielen, während die tieferen Niveaus besetzt und die höheren unbesetzt bleiben. Daher geht in die physikalischen Effekte der Leitungselektronen auch nur die Struktur der Energiebänder in der unmittelbaren Umgebung der Fermi-Energie ein, während die Form der Bänder bei anderen Energien keine Rolle spielt. Bei Nichtleitern mit einer Energielücke gilt das Gleiche. Die Fermi-Energie liegt hier in der Energielücke, und man hat nur die Form des Leitungsbandes in der unmittelbaren Nähe der unteren Bandkante und die Form des Valenzbandes in der unmittelbaren Nähe der oberen Bandkante zu berücksichtigen.

Es sei zunächst ein Halbleiter betrachtet mit dem Minimum des Leitungsbandes im Γ-Punkt, also bei $k = 0$. Für kleine k in der Umgebung des Minimums kann das Band durch die Anfangsglieder einer Taylor-Reihe dargestellt werden:

$$E_L(k) = E_L(0) + \frac{1}{2} \sum_{\nu,\mu} \left(\frac{\partial^2 E_L}{\partial k_\nu \partial k_\mu} \right)_{k=0} k_\nu k_\mu + \dots ,$$

und $E(0) = E_L$ ist die Unterkante des Leitungsbandes. Die erste Ableitung verschwindet an der Stelle $k = 0$, da dort ein Minimum sein soll. Man kann es nun durch geeignete Wahl des Koordinatensystems in der Brillouin-Zone immer erreichen, dass die Taylor-Entwicklung die einfachere Form

$$E_L(k) = E_L(0) + \frac{1}{2} \sum_{\nu} \left(\frac{\partial^2 E_L}{\partial k_\nu^2} \right)_{k=0} k_\nu^2 + \dots \tag{1.87}$$

annimmt. Die effektiven Massen m_i^* sind dann definiert durch

$$\frac{1}{m_i^*} = \frac{1}{\hbar^2} \left(\frac{\partial^2 E_L}{\partial k_i^2} \right)_{k=0} \tag{1.88}$$

und in der Nähe des Minimums wird das Leitungsband durch

$$E_L(k) - E_L = \frac{\hbar^2 k_1^2}{2 m_1^*} + \frac{\hbar^2 k_2^2}{2 m_2^*} + \frac{\hbar^2 k_3^2}{2 m_3^*} \tag{1.89}$$

dargestellt. Die Energieflächen (Flächen konstanter Energie) sind dann Ellipsoide im k-Raum und man spricht von **ellipsoidförmigen Energieflächen**. In manchen Fällen sind die drei effektiven Massen gleich und man erhält **kugelförmige Energieflächen**:

$$E_L(k) - E_L = \frac{\hbar^2 k^2}{2 m^*}. \tag{1.90}$$

Diese Gleichung gibt aber gerade die quantenmechanischen Energiewerte freier Teilchen an, denn die Lösung der Schrödinger-Gleichung für freie Teilchen, also ohne Potential, ist

$$-\frac{\hbar^2}{2m} \Delta e^{ikr} = \frac{\hbar^2 k^2}{2m} e^{ikr} ,$$

und die zugehörigen Eigenfunktionen sind ebene Wellen. Der quantenmechanische Impuls freier Teilchen ist $p = \hbar k$ und die Energie ist gegeben durch

$$E = \frac{p^2}{2m} = \frac{\hbar^2 k^2}{2m}.$$

Vergleicht man diese Gleichung mit Gl. (1.90), so sieht man, dass sich die Elektronen in einem solchen Band kugelförmiger Energieflächen wie freie Teilchen verhalten, der einzige Unterschied ist nur, dass die Elektronenmasse m durch eine **effektive Masse** m^* ersetzt wird. Man kann außerdem zeigen, dass das Newton'sche Grundgesetz für die Bewegung der Kristallelektronen in äußeren elektrischen und magnetischen Feldern ebenfalls gilt, wenn die effektive Masse m^* anstelle von m verwendet wird. Die Wirkung des periodischen Potentials (Gl. (1.39)) auf die Elektronen ist also nur in der effektiven Masse m^* enthalten, und der Hamilton-Operator in Gl. (1.38) kann ersetzt werden durch

$$-\frac{\hbar^2}{2m}\Delta + V(r) \;\rightarrow\; -\frac{\hbar^2}{2m^*}\Delta. \tag{1.91}$$

Diese Beziehung, von der im Folgenden und in Kap. 7 noch häufig Gebrauch gemacht werden wird, gilt nur im Falle kugelförmiger Energieflächen, kann aber auf beliebige Energieflächen verallgemeinert werden und nimmt dann die Form an:

$$-\frac{\hbar^2}{2m}\Delta + V(r) \;\rightarrow\; E\!\left(\frac{1}{i}\nabla\right). \tag{1.92}$$

Sie gilt also nur für die Elektronen in einem ganz bestimmten Energieband $E(k)$, und man hat einfach k durch $(1/i)\nabla$ zu ersetzen. Der Hamilton-Operator (Gl. (1.92)) beschreibt also die Bewegung der Elektronen in einem Energieband und hat dieselben Energieeigenwerte wie der Operator auf der linken Seite von Gl. (1.92). Der Vollständigkeit halber sei noch der Hamilton-Operator für ellipsoidförmige Energieflächen (Gl. (1.89)) angegeben. Gemäß Gl. (1.92) lautet er

$$-\frac{\hbar^2}{2m_1^*}\frac{\partial^2}{\partial x^2} - \frac{\hbar^2}{2m_2^*}\frac{\partial^2}{\partial y^2} - \frac{\hbar^2}{2m_3^*}\frac{\partial^2}{\partial z^2}. \tag{1.93}$$

In Analogie zum Impuls freier Teilchen wird für die Kristallelektronen in einem bestimmten Band ein Quasiimpuls $p = \hbar k$ definiert, der von der Bandstruktur und damit von der effektiven Masse unabhängig ist. Diese geht aber in die **Geschwindigkeit v eines Kristallelektrons** ein, und es gilt nach Gl. (1.86) und Gl. (1.90)

$$v = \frac{p}{m^*} = \frac{\hbar k}{m^*}. \tag{1.94}$$

Das Konzept der effektiven Masse, das die Energiebänder nur in einer gewissen Näherung beschreibt, hat also den enormen Vorteil, dass die physikalischen Gesetze freier Teilchen auf die Kristallelektronen angewendet werden können, wenn man nur die effektive Masse m^* anstelle der wahren Elektronenmasse m verwendet. Dadurch können die meisten Experimente bei Beteiligung der Kristallelektronen nur eines Bandes unmittelbar anschaulich interpretiert werden.

Für das Valenzband kann die Effektive-Masse-Näherung ebenfalls eingeführt werden. Die Taylor-Entwicklung in der Nähe der Oberkante bei $k = 0$ (Gl. (1.87)) würde aber, da es sich um ein Maximum handelt, gemäß Gl. (1.88) zu negativen effektiven Massen führen. Für das Valenzband $E_V(k)$ definiert man daher positive effektive Massen durch

$$\frac{1}{m_i^*} = -\frac{1}{\hbar^2}\left(\frac{\partial^2 E_V(k)}{\partial k_i^2}\right)_{k=0} \tag{1.95}$$

und erhält damit bei ellipsoidförmigen Energieflächen

$$E_V(k) - E_V = -\frac{\hbar^2 k_1^2}{2\,m_1^*} - \frac{\hbar^2 k_2^2}{2\,m_2^*} - \frac{\hbar^2 k_3^2}{2\,m_3^*}, \tag{1.96}$$

wobei E_V die Oberkante des Valenzbandes bezeichnet. Befindet sich z. B. das Minimum des Leitungsbandes nicht bei $k = 0$, sondern etwa bei k_0, so lauten die Energiebänder bei ellipsoidförmigen bzw. kugelförmigen Energieflächen entsprechend

$$E_L(k) - E_L = \sum_{i=1}^{3} \frac{\hbar^2(k_i - k_{0i})^2}{2\,m_i^*} \quad \text{bzw.} \quad E_L(k) - E_L = \frac{\hbar^2(k - k_0)^2}{2\,m^*}. \tag{1.97}$$

Die Annäherung der Energiebänder durch die Effektiv-Masse-Näherung in der Nähe der Energielücke ist schematisch in der Abb. 1.43 dargestellt. Die gestrichelten Parabeln bilden die Approximation der Energiebänder an den verschiedenen Stellen.

Während bei Nichtleitern die Struktur der Energiebänder in der Nähe der Energielücke wichtig ist, werden die Eigenschaften der Metalle, bei denen die Fermi-Energie E_F im Leitungsband liegt, durch die Form der Energiefläche $E(k) = E_F$ bestimmt. Diese Energiefläche wird **Fermi-Fläche** genannt. In vielen Fällen kann man die Fermi-Fläche durch eine Kugel, die **Fermi-Kugel**, approximieren und so die **effektive Masse der Leitungselektronen** im Metall einführen:

$$E(k) = \frac{\hbar^2 k^2}{2\,m^*}. \tag{1.98}$$

Es muss jedoch betont werden, dass diese Beziehung, im Unterschied zu Gl. (1.90) bei Halbleitern, nicht für kleine k gültig ist, sondern nur für k in der Nähe des

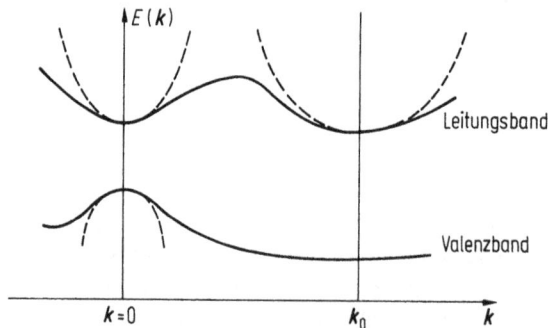

Abb. 1.43 Die Effektive-Masse-Näherung der Energiebänder.

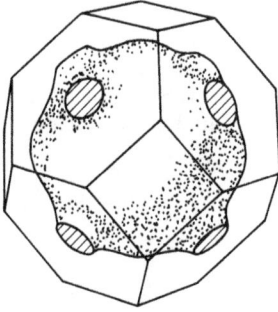

Abb. 1.44 Fermi-Fläche von Kupfer in der Brillouin-Zone (nach Pippard).

Radius der Fermi-Kugel k_F, wobei k_F durch $k_F^2 = 2\,m^* E_F/\hbar^2$ definiert ist. Gl. (1.98) gilt also bei Metallen nur in einer Umgebung der Oberfläche der Fermi-Kugel. Als Beispiel sei die Fermi-Fläche von Kupfer (Abb. 1.44) betrachtet, die in einfacher Näherung als kugelförmig angenommen werden kann.

Zur Beschreibung der elektrischen und optischen Eigenschaften der Nichtleiter ist es praktisch, den Begriff des **Defektelektrons** oder des **Loches** einzuführen. Das Valenzband ist fast vollständig mit Elektronen gefüllt, und da jedes Niveau nach dem Pauli-Prinzip nur mit einem Elektron besetzt werden kann, ist es leichter, die unbesetzten Zustände oder „Löcher" zu zählen. Die Löcher bewegen sich in der entgegengesetzten Richtung wie die Elektronen, haben also die entgegengesetzt gerichtete Geschwindigkeit. Außerdem ist die Energieskala umgekehrt, denn wenn ein Elektron nach unten „fällt" und dabei Energie abgibt, wandert das entsprechende Loch nach oben. In Halbleitern und Isolatoren kann man mit Löchern im Valenzband genauso rechnen wie mit Elektronen im Leitungsband. Die Löcher haben die durch Gl. (1.95) definierte positive effektive Masse und eine positive Ladung. Die Eigenschaften der Elektronen im Leitungsband bzw. der Löcher im Valenzband sind in Tab. 1.3 zusammengestellt.

Wie wertvoll das Konzept der Effektive-Masse-Näherung ist, zeigt sich aber erst, wenn man das Verhalten der Kristallelektronen in äußeren Feldern betrachtet. Legt man z. B. ein äußeres elektrisches Feld an, welches so schwach ist, dass nur Intrabandübergänge vorkommen, so gilt für Elektronen und Löcher in der Effektive-Masse-Näherung einfach das Newton-Grundgesetz, wie es in Tab. 1.3 mit eingetragen ist. Elektronen und Löcher werden also im elektrischen Feld in der entgegengesetzten Richtung beschleunigt. Da die Geschwindigkeit des Elektrons v durch seinen Ausbreitungsvektor k festgelegt ist, „springt" das Elektron bei der Beschleunigung von einem k-Vektor zum anderen. Daraus ergibt sich eine zeitliche Änderung des **Quasiimpulses** $\hbar k$, wie sie ebenfalls in Tab. 1.3 eingetragen ist. Die letzte Spalte gibt den Hamilton-Operator in der Effektive-Masse-Näherung an, wenn ein äußeres magnetisches Feld und ein (davon unabhängiges) elektrisches Feld angelegt ist. Man sieht also, dass in der Effektive-Masse-Näherung die Gesetze der klassischen Mechanik und die der Quantenmechanik freier Teilchen angewendet werden können, wenn nur die effektive Masse anstelle der wahren Masse verwendet wird. Die Eigen-

Tab. 1.3 Vergleich der Eigenschaften der Elektronen im Leitungsband mit denen der Löcher im Valenzband bei Nichtleitern. Zur Unterscheidung ist die effektive Masse des Elektrons mit m_n und die des Loches mit m_p bezeichnet; e_0 bedeutet die (positive) Elementarladung, E_L die Unterkante des Leitungsbandes, E_V die Oberkante des Valenzbandes. A ist das Vektorpotential einer äußeren magnetischen Induktion $B = \nabla \times A$, $\nabla \cdot A = 0$ und φ das Potential eines (von B unabhängigen) elektrischen Feldes $E = -\nabla\varphi$.

	Elektronen	Löcher
Ausbreitungsvektor	k	k
effektive Masse	$m_n > 0$	$m_p > 0$
Ladung	$-e_0$	e_0
Näherung des Energiebandes	$E_L(k) = E_L + \dfrac{\hbar^2 k^2}{2\,m_n}$	$E_V(k) = E_V - \dfrac{\hbar^2 k^2}{2\,m_p}$
Definition der effektiven Masse	$\dfrac{1}{m_n} = \dfrac{1}{\hbar^2}\left(\dfrac{\partial^2 E_L(k)}{\partial k_i^2}\right)_{k=0}$	$\dfrac{1}{m_p} = -\dfrac{1}{\hbar^2}\left(\dfrac{\partial^2 E_V(k)}{\partial k_i^2}\right)_{k=0}$
Geschwindigkeit	$v = \dfrac{1}{\hbar}\nabla_k E_L(k) = \dfrac{\hbar}{m_n}k$	$v = \dfrac{1}{\hbar}\nabla_k E_V(k) = -\dfrac{\hbar}{m_p}k$
Beschleunigung im elektrischen Feld	$b = -e_0\,E/m_n$	$b = e_0\,E/m_p$
Newton-Grundgesetz	$b = K/m_n$	$b = K/m_p$
Änderung des Quasiimpulses	$\hbar k = -e_0\,E = K$	$\hbar k = -e_0\,E = -K$
Hamilton-Operator im elektrischen und magnetischen Feld	$H = \dfrac{1}{2\,m_n}\left(\dfrac{\hbar}{i}\nabla + e_0\,A\right)^2 - e_0\,\varphi$	$H = \dfrac{1}{2\,m_p}\left(\dfrac{\hbar}{i}\nabla - e_0\,A\right)^2 + e_0\,\varphi$

schaften des Kristalls sind nur noch in der effektiven Masse enthalten. Es muss jedoch beachtet werden, dass in die Gleichungen der Tab. 1.3 die Annahme kugelförmiger Energieflächen eingeführt wurde. Handelt es sich z. B. um ellipsoidförmige Energieflächen, so sind die einzelnen Gesetze entsprechend zu modifizieren. Die effektive Masse ist dann in verschiedenen kristallographischen Richtungen verschieden, und das Newton-Grundgesetz lautet dann $b = K \cdot m^{-1}$, wo m der Tensor der effektiven Masse ist. In diesem Falle ist z. B. die Beschleunigung eines Elektrons nicht mehr in Richtung der angreifenden Kraft.

In der Näherung der effektiven Masse lässt sich die Zustandsdichte gemäß Gl. (1.63) leicht ausrechnen. Bei Halbleitern erhält man an der Unterkante des Leitungsbandes bzw. der Oberkante des Valenzbandes bei Verwendung von Gl. (1.90) bzw. Gl. (1.96)

$$g_L(E) = V\frac{m_n^{3/2}\sqrt{2}}{\pi^2\hbar^3}\sqrt{E - E_L}\,; \quad g_V(E) = V\frac{m_p^{3/2}\sqrt{2}}{\pi^2\hbar^3}\sqrt{E_V - E}\,, \tag{1.99}$$

wobei isotrope effektive Massen m_n bzw. m_p angenommen wurden. Dieser wurzelförmige Verlauf der Zustandsdichte an den Bandkanten ist in Abb. 1.39 zu erkennen. Alle elektrischen Eigenschaften der Halbleiter und Metalle hängen von den effektiven

Massen der Ladungsträger, also der Elektronen und der Löcher ab. Am genauesten lassen sich jedoch die effektiven Massen mit Hilfe der **Zyklotronresonanz** bestimmen. Die Ladungsträger bewegen sich wie freie Teilchen in einem Magnetfeld nach den klassischen Bewegungsgleichungen (vgl. Tab. 1.3) auf Kreisbahnen. Die Umlauffrequenz der Teilchen ist dabei gegeben durch die **Zyklotronfrequenz**

$$\omega_Z = \frac{e}{m^*} B,$$ (1.100)

wobei B die magnetische Induktion, e die Elementarladung und m^* die effektive Masse des Ladungsträgers bezeichnet. Durch Drehen des angelegten Magnetfeldes gegenüber den kristallographischen Achsen kann so auch die Richtungsabhängigkeit der effektiven Massen gemessen werden. Bei ellipsoidförmigen Energieflächen gemäß Gl. (1.89) treten entsprechend den unterschiedlichen effektiven Massen mehrere Zyklotronfrequenzen auf. Komplizierter liegen die Verhältnisse bei indirekten Halbleitern, bei denen sich Elektronen in einem Minimum des Leitungsbandes bei $k \neq 0$ befinden, etwa bei Si, vgl. Abb. 1.37a. Aus Symmetriegründen kommt dieses Minimum in der Brillouin-Zone mehrfach vor und die Flächen konstanter Energie bestehen z. B. bei Germanium aus acht Ellipsoiden, die im k-Raum verschieden orientiert sind. Es gibt daher drei verschiedene Extremalbahnen in Ebenen senkrecht zum Magnetfeld und daher auch drei verschiedene Zyklotronresonanzfrequenzen, die alle auch richtungsabhängig sind. Die Zyklotronresonanz ermöglicht also die genaue Bestimmung der Form der Energiebänder in der Nähe der Bandkanten von Halbleitern und der Form der Fermi-Oberfläche bei Metallen.

Bei der Messung muss die Bedingung eingehalten werden, dass die mittlere freie Flugdauer τ den Ladungsträgern mindestens einen Umlauf ermöglicht, was zur Bedingung $\omega_Z \cdot \tau > 1$ führt. Man misst deshalb bei tiefen Temperaturen ($T = 4\,\mathrm{K}$) und Frequenzen, die für $B = 1\,\mathrm{T}$ im Mikrowellenbereich ($\omega = 2 \cdot 10^{11}\,\mathrm{s}^{-1}$) liegen, also in einem Mikrowellenresonator. Für Cu findet man $m^* = 1.5\,m$, während für Ag und Au $m^* = 1.0\,m$ gemessen wurde. Bei GaAs ist $m_n = 0.07\,m$ und es gibt zwei verschiedene Valenzbänder mit den effektiven Massen $m_{p1} = 0.5\,m$, $m_{p2} = 0.12\,m$. InSb hat $m_n = 0.012\,m$ und $m_{p1} = 0.5\,m, m_{p2} = 0.015\,m$. Bei Si und Ge ist die effektive Masse des Leitungsbandes stark richtungsabhängig. Für k in Richtung der Verbindungsgeraden zweier Nachbarn ist $m_{nl} = 0.98\,m$ bzw. $= 1.58\,m$ für Si und Ge, für

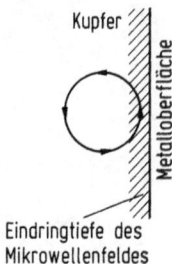

Abb. 1.45 Zur Erklärung des anomalen Skin-Effektes. Das Magnetfeld liegt senkrecht zur Zeichenebene, und das Elektron wird nur in dem Teil seiner Kreisbahn beschleunigt, der im schraffierten Bereich, also im Mikrowellenfeld liegt.

die dazu senkrechten Richtungen ist dagegen $m_{\text{nt}} = 0.19\,m$ bzw. $m_{\text{nt}} = 0.08\,m$. Die beiden Löchermassen sind bei Si $m_{\text{p1}} = 0.49\,m$, $m_{\text{p2}} = 0.16\,m$ und bei Ge $m_{\text{p1}} = 0.34\,m$ und $m_{\text{p2}} = 0.04\,m$. Bei manchen Metallen, bei denen die mittlere freie Weglänge der Elektronen viel größer als die Eindringtiefe des Mikrowellenfeldes ist, beobachtet man auch Resonanzen bei ganzzahligen Vielfachen der Zyklotronfrequenz ω_{Z}. Dieser Effekt wird **anomaler Skin-Effekt** oder **Azbel-Kaner-Effekt** genannt und erklärt sich dadurch, dass die Kreisbahn des Elektrons nur ein kurzes Stück durch das Mikrowellenfeld verläuft, vgl. Abb. 1.45. Resonanz tritt also ein, wenn das Mikrowellenfeld das Elektron im richtigen Takt beschleunigt, was bei ganzzahligen Vielfachen der Umlauffrequenz der Fall ist. Dadurch verringert sich die Eindringtiefe zusätzlich zum normalen Skin-Effekt.

Ähnlich wie bei der Zyklotronresonanz kann man auch mit Hilfe des **De-Haas-van-Alphen-Effektes** die Form der Fermi-Fläche bei Metallen bestimmen. Die Zahl der Zustände der **Landau-Niveaus** bei $k_z = 0$ hängt nämlich vom Magnetfeld ab. Erniedrigt man das Magnetfeld, so erniedrigt sich auch die Zahl der Zustände und ein gefülltes Landau-Niveau kann nicht mehr alle Elektronen aufnehmen, so dass sich auch die höheren Landau-Niveaus mit Elektronen füllen. Daraus ergeben sich unstetige Sprünge in der Gesamtenergie, wenn das Magnetfeld erhöht wird. Da die magnetische Suszeptibilität die Ableitung der freien Energie nach dem Magnetfeld ist, kann man periodische Schwankungen der Suszeptibilität als Funktion des Magnetfeldes beobachten. Die Periode dieser Schwankungen ist unmittelbar ein Maß für die extremale Schnittfläche einer Ebene senkrecht zum Magnetfeld mit der Fermi-Oberfläche.

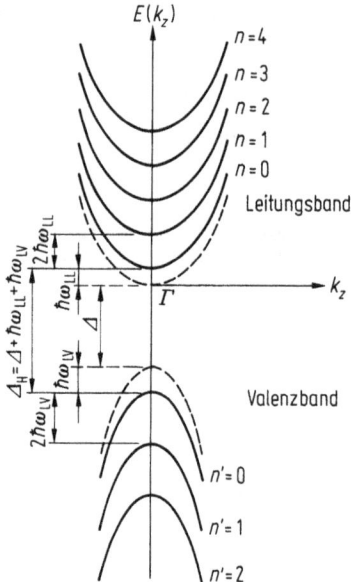

Abb. 1.46 Landau-Niveaus eines direkten Halbleiters. Das Leitungs- und Valenzband ohne das Magnetfeld ist gestrichelt eingezeichnet, dazu die Energielücke Δ. Im Magnetfeld vergrößert sich die Energielücke zu $\Delta_{\text{H}} = \Delta + \hbar\omega_{\text{LL}} + \hbar\omega_{\text{LV}}$.

Bei Anlegen eines äußeren Magnetfeldes spalten die Valenz- und Leitungsbänder der Kristalle in diskrete Bänder, die so genannten **Landau-Parabeln**, auf. In der Effektive-Masse-Näherung kann man dies durch den Hamilton-Operator (vgl. Tab. 1.3)

$$H = \frac{1}{2\,m^*} \left(\frac{\hbar}{i} \nabla + e\,A \right)^2 \tag{1.101}$$

beschreiben, wobei e die Ladung und m^* die effektive Masse des Ladungsträgers ist. Das Vektorpotential A ist bei konstanter magnetischer Induktion in z-Richtung $B = (0, 0, B)$ durch $A = (0, Bx, 0)$ gegeben. Die Eigenwerte des Hamilton-Operators (Gl. (1.101)) werden als Landau-Parabeln

$$E = \hbar\omega_z \left(n + \frac{1}{2} \right) + \frac{\hbar^2 k_z^2}{2\,m^*} \tag{1.102}$$

bezeichnet und sind in Abb. 1.46 dargestellt. Das in der Effektive-Masse-Näherung parabolische Leitungsband wird in eine Reihe äquidistanter Parabeln aufgespalten. Für das Leitungs- bzw. Valenzband sind die **effektiven Larmor-Frequenzen** durch

$$\omega_{LL} = \frac{e\,B}{2\,m_n}; \quad \omega_{LV} = \frac{e\,B}{2\,m_p} \tag{1.103}$$

gegeben. Die Landau-Niveaus sind bezüglich k_y noch entartet.

1.5.2 Elektrische Leitfähigkeit

In Metallen und Halbleitern kann ein elektrischer Strom fließen, wenn die Gleichgewichtsverteilung der beweglichen Ladungsträger, also Elektronen im Leitungsband und Löcher im Valenzband, durch ein äußeres elektrisches Feld gestört wird. Bei Kristallen lautet das **Ohm'sche Gesetz** allgemein

$$j = \sigma \cdot E, \tag{1.104}$$

wobei j die elektrische Stromdichte, E die elektrische Feldstärke und σ den Tensor der elektrischen Leitfähigkeit bezeichnet. Es gilt nur für nicht zu große E, für die die Stromdichte proportional zur elektrischen Feldstärke ist. Nach Gl. (1.104) liegt der Vektor der elektrischen Stromdichte nicht notwendig in Richtung der elektrischen Feldstärke. Dies hat seine Ursache in den anisotropen Energieflächen des Leitungsbandes (Gl. (1.89)) oder des Valenzbandes (Gl. (1.96)). Für viele praktische Fälle kann jedoch mit kugelförmigen Energieflächen (Gl. (1.90) bzw. Gl. (1.98)) und einer mittleren effektiven Masse gerechnet werden. Im isotropen Fall lautet das Ohm'sche Gesetz $j = \sigma E$, und der elektrische Widerstand R eines Festkörpers mit der Länge l und dem Querschnitt A hängt im homogenen Fall mit der elektrischen Leitfähigkeit σ über $\sigma = l/(R\,A)$ zusammen. Das Ohm'sche Gesetz schreibt sich dann in der Form $U = RI$, wobei U die angelegte Spannung und I die Stromstärke bezeichnet. Mit Hilfe dieser Gleichung kann dann die elektrische Leitfähigkeit gemessen werden. Wegen der Kontaktwiderstände beim Aufsetzen von Metallspitzen auf die Kristalle muss die Spannung U stromlos gemessen werden. Dies geschieht am einfachsten mit der Vier-Spitzen-Methode, vgl. Abb. 1.47. Während der Strom durch

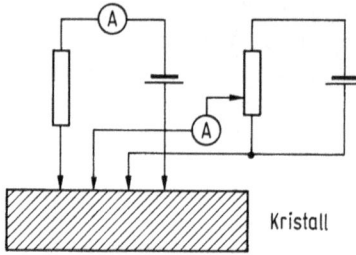

Abb. 1.47 Vier-Spitzen-Methode zur Messung des elektrischen Widerstandes von Kristallen. Zur Anwendung des Ohm'schen Gesetzes muss die inhomogene Stromverteilung im Kristall durch eine Korrekturformel berücksichtigt werden, die von der Geometrie des Kristalls abhängt.

die äußeren Kontakte gemessen wird, erhält man die Spannung durch Nullabgleich der Stromstärke im Stromkreis der inneren Kontakte. In die Bestimmung der elektrischen Leitfähigkeit σ aus dem Widerstand R gehen je nach der Form die geometrischen Abmessungen des Kristalls ein.

Bei Metallen wird der elektrische Strom allein durch die Leitungselektronen getragen. Diese werden im elektrischen Feld beschleunigt, geben ihre Energie aber durch Wechselwirkung mit Phononen und Kristallstörungen an das Gitter ab (**Joule'sche Wärme**). Aufgrund dieser stationären **Energiedissipation** kann die Elektronenbewegung durch eine **mittlere Driftgeschwindigkeit** $v_D = \mu E$ beschrieben werden, wobei μ die Beweglichkeit bezeichnet. Ist n die Elektronendichte, so folgt (man vergleiche auch Gl. (1.36))

$$ j = e_0 n v_D = e_0 n \mu E = \sigma E \quad \text{mit} \quad \sigma = e_0 n \mu, \tag{1.105} $$

wobei σ und μ stets positiv definiert sind.

Bei Zimmertemperatur gilt zum Beispiel für Kupfer $\sigma = 6.5 \cdot 10^7 \, \Omega^{-1} \mathrm{m}^{-1}$ und $n = 8.5 \cdot 10^{28} \, \mathrm{m}^{-3}$, woraus $\mu = 4.7 \cdot 10^{-3} \mathrm{m}^2 \mathrm{V}^{-1} \mathrm{s}^{-1}$ folgt. Bei einem elektrischen Feld von $E = 10^3 \, \mathrm{V m}^{-1}$ ergibt sich damit die Driftgeschwindigkeit der Elektronen zu $v_D = 4.7 \, \mathrm{m s}^{-1}$. Diese Geschwindigkeit ist um Größenordnungen kleiner als die mikroskopische Elektronengeschwindigkeit nach Gl. (1.86) $v = (\hbar/m^*) k$ am Rande der Fermi-Grenze k_F nach Gl. (1.49) $v = (\hbar/m^*)(3 \pi^2 n)^{1/3}$. Wegen $m^* = 1.5 \, m$ erhält man mit obiger Elektronendichte für Kupfer $v = 1.0 \cdot 10^6 \, \mathrm{m s}^{-1}$.

Die im elektrischen Feld beschleunigten Leitungselektronen geben ihre Energie durch Streuung an Gitterschwingungen und an Kristallstörungen ab, und durch diese Streuprozesse wird die **Beweglichkeit** μ bestimmt, die in der Form $\mu = e \cdot \tau/m^*$ geschrieben werden kann, wobei τ die Relaxationszeit bezeichnet. Die Streuung an Phononen führt in der Debye-Näherung zu einer **Relaxationszeit**, die für hohe Temperaturen $T > \Theta$ proportional zu Θ/T ist und für tiefe Temperaturen $T \ll \Theta$ proportional zu $(\Theta/T)^5$ ist, wobei Θ die Debye-Temperatur (vgl. Abschn. 1.3.1) bezeichnet. Bei tiefen Temperaturen ist die Streuung der Leitungselektronen an Gitterstörungen nicht mehr vernachlässigbar und hängt nicht von der Temperatur ab. Da die Ladungsträgerkonzentration n in Gl. (1.105) temperaturunabhängig ist, erhält man den in Abb. 1.48 angegebenen Temperaturverlauf des elektrischen Widerstandes

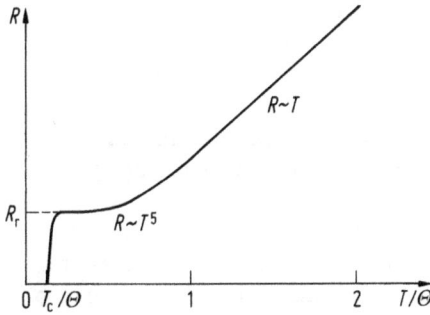

Abb. 1.48 Qualitativer Verlauf des elektrischen Widerstandes R von Metallen in Abhängigkeit von der Temperatur T. R_r bezeichnet den Restwiderstand und T_c die Sprungtemperatur, unterhalb derer das Metall supraleitend ist. Θ ist die Debye-Temperatur.

R. Bei tiefen Temperaturen nähert sich R dem **Restwiderstand** R_r der von den Gitterstörungen verursacht wird. An der **Sprungtemperatur** T_c tritt bei den meisten Metallen ein Phasenübergang auf, der zum **supraleitenden Zustand** führt, in dem $R = 0$ ist (vgl. Kap. 6, Supraleiter).

Bei Halbleitern setzt sich die elektrische Stromdichte j aus einem Anteil der Elektronen im Leitungsband j_n und einem Anteil der Löcher im Valenzband j_p zusammen:

$$j = j_n + j_p = (e_0 n \mu_n + e_0 p \mu_p)\, E, \tag{1.106}$$

wobei n und μ_n Dichte und Beweglichkeit der Elektronen bzw. p und μ_p der Löcher bezeichnen. Die Dichte der Elektronen und Löcher n und p lässt sich durch geeignetes Verunreinigen der Kristalle, die sog. **Dotierung**, in sehr weiten Grenzen ändern, und es muss auch die Abhängigkeit der Beweglichkeiten μ_n und μ_p von den Störstellen berücksichtigt werden. Bei hohen Temperaturen $T > \Theta$ überwiegt auch hier die Streuung der Ladungsträger an den Gitterschwingungen, und die Beweglichkeit ist proportional zu $T^{-3/2}$. Bei tieferen Temperaturen wird die Beweglichkeit zunehmend durch die Streuung der Ladungsträger an den geladenen Störstellen bestimmt, die

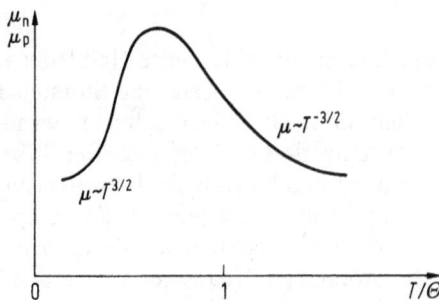

Abb. 1.49 Qualitativer Verlauf der Temperaturabhängigkeit der Beweglichkeit von Elektronen μ_n und von Löchern μ_p in Halbleitern. Höhe und Lage des Maximums hängen stark von der Störstellenkonzentration ab.

zu $\mu \sim T^{3/2}$ führt. Bei der Überlagerung der verschiedenen Streuprozesse an Phononen, ionisierten Störstellen, neutralen Störstellen und anderen Kristallstörungen sind nach der **Matthiesen-Regel** die Inversen der entsprechenden Beweglichkeiten zu addieren. Abbildung 1.49 gibt den qualitativen Verlauf der Temperaturabhängigkeit der Beweglichkeit wieder. Sie besitzt ein Maximum für Temperaturen im Bereich der Debye-Temperatur, und bei tiefen Temperaturen nimmt die Beweglichkeit mit der Störstellenkonzentration stark ab.

Die elektrische Leitfähigkeit σ wird bei Halbleitern wesentlich durch die Ladungsträgerkonzentrationen n und p bestimmt. Diese berechnet sich aus der Fermi-Dirac-Verteilung $f(E)$ (Gl. (1.65)) und der Zustandsdichte der Elektronen g_L bzw. der Löcher g_V nach Gl. (1.99) aus

$$n = \frac{1}{V} \int_{E_L}^{\infty} g_L(E) f(E)\, dE \quad \text{bzw.} \quad p = \frac{1}{V} \int_{-\infty}^{E_V} g_V(E)(1 - f(E))\, dE, \quad (1.107)$$

wobei E_L die Unterkante des Leitungsbandes und E_V die Oberkante des Valenzbandes bezeichnet. Da $f(E)$ für $E \gg E_F$ (E_F ist die Fermi-Energie) rasch verschwindet, kann die Integration näherungsweise bis unendlich ausgeführt werden, und die Auswertung liefert für nicht-entartete Halbleiter, d. h. für $E_L - E_F \gg k_B T$ bei Elektronen bzw. für $E_F - E_V \gg k_B T$ bei Löchern

$$n = 2 \left(\frac{m_n k_B T}{2 \pi \hbar^2} \right)^{3/2} \exp\left(-\frac{E_L - E_F}{k_B T} \right) \quad \text{bzw.}$$

$$p = 2 \left(\frac{m_p k_B T}{2 \pi \hbar^2} \right)^{3/2} \exp\left(-\frac{E_F - E_V}{k_B T} \right). \quad (1.108)$$

Das Produkt ist somit von der Fermi-Energie E_F unabhängig:

$$n \cdot p = 4 (m_n m_p)^{3/2} \left(\frac{k_B T}{2 \pi \hbar^2} \right)^3 \exp\left\{ -\frac{E_L - E_V}{k_B T} \right\}. \quad (1.109)$$

Enthält der Kristall speziell keine geladenen Störstellen, so lautet die Neutralitätsbedingung $n = p$, und aus Gl. (1.108) lässt sich die Fermi-Energie berechnen

$$E_F = \frac{E_V + E_L}{2} + \frac{3}{4} k_B T \ln\left(\frac{m_p}{m_n} \right). \quad (1.110)$$

Sie liegt also in der Nähe der Mitte der Energielücke. Dotierte Halbleiter enthalten bei nicht zu tiefen Temperaturen positiv oder negativ geladene Störstellen, die in die Neutralitätsbedingung einzubeziehen sind. Die so berechnete Fermi-Energie hängt dann stark von der Störstellenkonzentration und der Lage der Störstellenniveaus in der Bandlücke ab. Einzelheiten dazu sind im Kap. 7 (Halbleiter) dargestellt. Ist die Konzentration einer Störstellenart groß genug und ist die Temperatur so niedrig, dass Band-Band-Anregungen vernachlässigbar sind, so kann die Fermi-Energie genähert gleich der Energie des Störstellenniveaus gesetzt werden. Aus der Fermi-Energie E_F lässt sich dann die Elektronen- und Löcherkonzentration bei bekannten effektiven Massen gemäß Gl. (1.108) bzw. im Falle entarteter Halbleiter aus Gl. (1.107) berechnen. Damit wird deutlich, wie stark die Ladungsträgerkonzentration und damit die elektrische Leitfähigkeit der Halbleiter von der Dotierung ab-

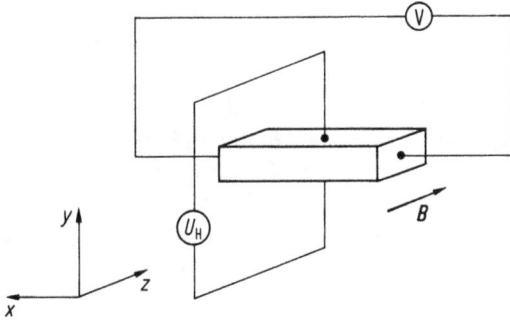

Abb. 1.50 Schematische Darstellung einer Messung des Hall-Effektes.

hängt. Dieser Umstand führt zu den technischen Anwendungen in der Halbleiter-elektronik und der Optoelektronik.

Während über die elektrische Leitfähigkeit nur das Produkt aus der Ladungs-trägerkonzentration und der Beweglichkeit gemessen werden kann, bietet der **Hall-Effekt** die Möglichkeit, beide Größen unabhängig zu bestimmen. Dazu wird ein stromdurchflossener Halbleiter in ein Magnetfeld B gebracht, vgl. Abb. 1.50. Dabei fließt der Strom in x-Richtung und das Magnetfeld sei in z-Richtung ausgerichtet. In y-Richtung wird dann eine **Hall-Spannung** U_H derart angelegt, dass in y-Richtung kein Strom fließt. Im Unterschied zu Gl. (1.105) wird die Driftgeschwindigkeit der Elektronen v_n und die der Löcher v_p hier durch die **Lorentz-Kraft** bestimmt:

$$v_n = -\mu_n(E + v_n \times B) \quad \text{bzw.} \quad v_p = \mu_p(E + v_p \times B). \tag{1.111}$$

Aufgrund der Anordnung in Abb. 1.50 gilt $B = (0,0,B)$ und $E = (E_x, E_y, 0)$. Fließt in y-Richtung kein Strom: $j_y = -e_0 n v_{ny} + e_0 p v_{py} = 0$, so erhält man durch Einsetzen von v aus Gl. (1.111) mit Hilfe von Gl. (1.106)

$$\frac{E_y}{BE_x} = \frac{p\mu_p^2 - n\mu_n^2}{p\mu_p + n\mu_n} \quad \text{bzw.} \quad R_H = \frac{E_y}{Bj_x} = -\frac{1}{e_0}\frac{nb^2 - p}{(nb + p)^2}, \tag{1.112}$$

wobei R_H die **Hall-Konstante** bezeichnet und $b = \mu_n/\mu_p$ gesetzt wurde. Im Falle von Eigenhalbleitern, die $n = p$ erfüllen, n-Leitern mit $p = 0$ und p-Leitern mit $n = 0$ erhält man speziell für die Hall-Konstante

$$R_H = \begin{cases} -\dfrac{1}{e_0}\dfrac{1}{n}\dfrac{b-1}{b+1} & \text{bei Eigenhalbleitern} \\[2mm] -\dfrac{1}{e_0 n} < 0 & \text{bei } n\text{-Halbleitern} \\[2mm] \dfrac{1}{e_0 p} > 0 & \text{bei } p\text{-Halbleitern}. \end{cases} \tag{1.113}$$

Die Messung des Hall-Effektes ermöglicht also die Bestimmung der Ladungsträger-konzentration und des Leitungstyps, also Elektronenleitung oder Löcherleitung. Als

Beispiel liefert die Messung bei $T = 300\,\mathrm{K}$ an hochohmigem, sehr schwach mit Donatoren dotiertem Silizium $\mu_\mathrm{n} = 0.12\,\mathrm{m^2V^{-1}s^{-1}}$, $n = 10^{12}\,\mathrm{cm^{-3}}$ und $\sigma = 0{,}02\,\Omega^{-1}\mathrm{m^{-1}}$.

Im Falle eines zweidimensionalen Elektronengases, wie es z. B. in Feldeffekt-Transistoren (MOSFET) (metal oxide semiconductor field effect transistor) vorhanden ist, führt die Messung des Hall-Effektes zum sog. **Quanten-Hall-Effekt** (siehe Kap. 7). Im zweidimensionalen Fall ergeben die Landau-Parabeln eine Zustandsdichte im Leitungsband, die periodisch verschwindet. Dies kann bei tiefen Temperaturen ($T = 1.5\,\mathrm{K}$) und hohen Magnetfeldern ($B = 19\,\mathrm{T}$) dadurch gemessen werden, dass die Fermi-Energie über die Steuerspannung des Transistors an diese Stellen gebracht wird, wodurch die elektrische Leitfähigkeit an bestimmten Stellen der Steuerspannung verschwindet. Es zeigt sich dann, dass der reziproke **Hall-Widerstand** $(BR_\mathrm{H})^{-1} = I/U_\mathrm{H}$ zwischen diesen Stellen ein ganzzahliges Vielfaches von e^2/h sein muss. Hierbei hat die Hall-Konstante $R_\mathrm{H} = E_\mathrm{y}/(Bj_\mathrm{x})$ die Einheit Ohm/Tesla, da die Flächenstromdichte j_x die Einheit Ampere/Meter besitzt. Die Präzisionsmessung des Quanten-Hall-Effektes liefert somit die Naturkonstante e^2/h der Einheit 1/Ohm, was zur Widerstandseichung unabhängig vom Ohm'schen Gesetz verwendet wird.

Bei starken elektrischen Feldern treten bei Halbleitern Abweichungen vom Ohm'schen Gesetz (Gl. (1.106)) auf. Durch den **Zener-Effekt** werden dabei zusätzliche Ladungsträger in Abhängigkeit von der elektrischen Feldstärke erzeugt, die den elektrischen Strom vergrößern. Die Verhältnisse eines Halbleiters im elektrischen Feld kann man sich im Modell der gekippten Energiebänder veranschaulichen, vgl. Abb. 1.51, wobei deutlich wird, dass Elektronen durch den **Tunneleffekt** aus dem Valenzband in das Leitungsband gelangen können. Dadurch entstehen zusätzliche Ladungsträger jeweils im Leitungs- und Valenzband.

Besitzen Halbleiter, wie z. B. GaAs, außer dem Minimum des Leitungsbandes im Zentrum der Brillouin-Zone weitere Minima mit einer größeren effektiven Masse, kann es bei hohen elektrischen Feldstärken zu **Strominstabilitäten** kommen. Dieser **Gunn-Effekt** entsteht dadurch, dass Leitungselektronen durch die Beschleunigung im elektrischen Feld in die höher gelegenen weiteren Leitungsbandminima angeregt werden. Wegen der größeren effektiven Masse m_2^* haben sie dort aber eine kleinere Beweglichkeit $\mu_2 = e \cdot \tau/m_2^*$, wobei τ die Relaxationszeit der Streuprozesse bezeich-

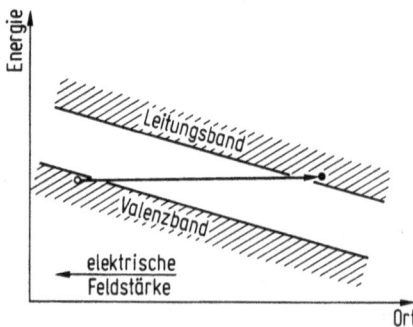

Abb. 1.51 Modell der gekippten Energiebänder zur Erklärung des Zener-Effektes. In dieser Darstellung bewegt sich ein Elektron im Leitungsband bei der Beschleunigung im elektrischen Feld auf einer waagerechten Geraden nach rechts.

net. Dadurch bildet sich im Halbleiter eine **Domänenstruktur** mit Bereichen hoher und niedriger elektrischer Feldstärke $E_2 > E_1$ mit $j/e_0 n = \mu_1 E_1 = \mu_2 E_2$ wobei $\mu_1 > \mu_2$ die Beweglichkeit der Elektronen im Leitungsbandminimum bezeichnet. Durch die Wanderung dieser Hochfelddomänen durch den Kristall entstehen Stromschwankungen mit Frequenzen f im GHz-Bereich, die von der Länge l des Kristalls gemäß $f = \mu_1 E_1 / l$ abhängen. Bei GaAs sind dazu elektrische Feldstärken von 4×10^5 V/m erforderlich. Gunn-Bauelemente werden als Mikrowellengeneratoren und -verstärker verwendet.

Bei amorphen Halbleitern wird eine andere Temperaturabhängigkeit der elektrischen Leitfähigkeit beobachtet. Die Zustandsdichte der Energieniveaus besteht hier nicht wie im kristallinen Fall aus Bandzuständen und einer Energielücke, vgl. Abb. 1.39 b, sondern aus mehr oder weniger lokalisierten Energieniveaus mit niedriger Zustandsdichte im Bereich der Bandlücke und höherer im Bereich der Bänder. Im elektrischen Feld geschieht dann der Ladungstransport durch die ,,**Hopping-Leitung**'', bei der Elektronen aus lokalisierten Zuständen mit Hilfe des Tunneleffektes in benachbarte, lokalisierte aber unbesetzte Zustände gelangen, wobei Phononen beteiligt sind, um die Energiedifferenz zwischen Ausgangs- und Endzustand zu überbrücken. Die Temperaturabhängigkeit der elektrischen Leitfähigkeit ist dabei von der Form $\sigma = \sigma_0 \exp\{-(T_0/T)^\gamma\}$ mit $1/4 \leq \gamma \leq 1$.

1.5.3 Bilanzgleichungen

Wichtige Anwendungen der elektrischen Leitfähigkeit bei Halbleiterbauelementen ergeben sich bei orts- oder zeitabhängigen Ladungsträgerdichten $n(r, t)$ für Elektronen im Leitungsband bzw. $p(r, t)$ für Löcher oder Defektelektronen im Valenzband. Inhomogene Ladungsträgerdichten lassen sich z. B. durch inhomogene Störstellenverteilungen im Halbleiter künstlich erzeugen, außerdem werden Ladungsträger durch Metallkontakte injiziert oder extrahiert. In Feldeffekt-Transistoren lassen sich Ladungsträger durch die Steuerelektrode injizieren oder extrahieren. Durch Einstrahlung von Licht der Energie $h\nu \geq E_L - E_V$ der Bandlücke werden ebenfalls Ladungsträger erzeugt, in dem Elektronen aus dem Valenzband in das Leitungsband angeregt werden. Umgekehrt rekombinieren Ladungsträger unter Aussendung von Licht, was z. B. beim Halbleiterlaser ausgenutzt wird. Optische oder auch strahlungslose Übergänge können außerdem zwischen Störstellen oder Haftstellen und den Bandkanten stattfinden, was ebenfalls zur Generation oder Rekombination von Ladungsträgern beiträgt. Darüber hinaus können Inhomogenitäten der Ladungsträger an Oberflächen, Versetzungen und Grenzflächen, durch äußeren Druck oder Temperaturgradienten, anisotrope Kristalle sowie durch inhomogene äußere elektrische oder magnetische Felder auftreten,

Sei g_n die Generationsrate, d. h. die Zahl der je Zeit und Volumen erzeugten Elektronen, und r_n entsprechend die Rekombinations- oder Vernichtungsrate, so ergibt sich die **Bilanzgleichung der Leitungselektronen** zu

$$\frac{\partial n(r, t)}{\partial t} = g_n - r_n + \frac{1}{e_0} \nabla \cdot j_n, \qquad (1.114)$$

wobei sich die Elektronenstromdichte aus einem Leitfähigkeits- und einem Diffusionsstrom zusammensetzt:

$$j_n = e_0 \mu_n n E + e_0 D_n \nabla n \,. \tag{1.115}$$

D_n bezeichnet hierbei die **Diffusionskonstante** der Leitungselektronen. Für die Löcher oder Defektelektronen gilt entsprechend

$$\frac{\partial p(r,t)}{\partial t} = g_p - r_p - \frac{1}{e_0} \nabla \cdot j_p \tag{1.116}$$

mit der Defektelektronenstromdichte

$$j_p = e_0 \mu_p p E - e_0 D_p \nabla p \,. \tag{1.117}$$

Im Falle inhomogen dotierter Halbleiter hängt die elektrische Feldstärke E im Kristall von der Ladungsverteilung ab. **Donatoren** sind Störstellen, die entweder neutral oder positiv geladen sind. Entsprechend werden Störstellen als **Akzeptoren** bezeichnet, wenn sie entweder neutral sind oder negativ gleaden auftreten. Sei N_D die Dichte der positiv geladenen Donatoren und N_A die Dichte der negativ geladenen Akzeptoren, so ist die elektrische Feldstärke durch die Poisson-Gleichung

$$\nabla \cdot E = \frac{e_0}{\varepsilon} (N_D - N_A - n + p) \tag{1.118}$$

gegeben, wobei $\varepsilon = \varepsilon_r \varepsilon_0$ und ε_r die Dielektrizitätszahl des Halbleiters bezeichnet. Im Falle homogener Ladungsverteilung verschwindet die rechte Seite von Gl. (1.118) aufgrund der Neutralitätsbedingung. Die elektrische Feldstärke ist dann als Lösung der Laplace-Gleichung $\nabla \cdot E = 0$ durch das äußere elektrische Feld gegeben. Gl. (1.114) und Gl. (1.116) stellen die allgemeinen Bilanzgleichungen für orts- und zeitabhängige Ladungsträgerkonzentrationen dar und sind miteinander gekoppelt, was durch Einsetzen der Gl. (1.115), Gl. (1.117) und Gl. (1.118) deutlich wird.

Als einfache Anwendung sei hier die Bestimmung der Lebensdauer von Leitungselektronen aus dem zeitlichen Abklingen einer homogenen Raumladungsänderung n_1 betrachtet, die man sich z. B. durch einen Lichtblitz zur Zeit $t = 0$ erzeugt hat. Sei n_0 die stationäre Elektronendichte, so folgt für $n = n_0 + n_1$ mit $n_1 \ll n_0$ aus Gl. (1.114), Gl. (1.115) und Gl. (1.118) mit den Annahmen $N_D = N_A$, $n_0 = p$, $g_n = r_n$ und n unabhängig vom Ort r:

$$\frac{\partial n}{\partial t} = \frac{\partial n_1}{\partial t} = \frac{1}{e_0} \nabla \cdot (e_0 \mu_n n E) \approx -\mu_n n_0 \frac{e_0}{\varepsilon} n_1 \,. \tag{1.119}$$

Die Lösung dieser Differentialgleichung liefert

$$n_1(t) = n_1(0) \exp\left(-\frac{t}{\tau_n}\right) \quad \text{mit} \quad \tau_n = \frac{\varepsilon}{e_0 n_0 \mu_n} = \frac{\varepsilon_r \varepsilon_0}{\sigma_n}, \tag{1.120}$$

so dass sich ein exponentielles Abklingen der erhöhten Elektronendichte mit der dielektrischen Relaxationszeit τ_n ergibt.

Als Beispiel sei Silizium bei Zimmertemperatur mit einer Elektronendichte von $n_0 = 10^{16} \, \text{cm}^{-3}$ betrachtet, die mit $\mu_n = 0.15 \, \text{m}^2 \text{V}^{-1} \text{s}^{-1}$ zu einer Leitfähigkeit von $\sigma_n = e_0 \mu_n n = 240 \, \Omega^{-1} \text{m}^{-1}$ führt. Mit der Dielektrizitätszahl $\varepsilon_r = 12$ ergibt sich daraus die Relaxationszeit $\tau_n = 4 \cdot 10^{-13} \, \text{s}$. Bei hochohmigem Silizium mit einer Elektronendichte von $n_0 = 10^{12}\,\text{cm}^{-3}$ und $\mu_n = 0.12\,\text{m}^2\text{V}^{-1}\text{s}^{-1}$ ergibt sich die Leitfähigkeit zu $\sigma = 0.02\,\Omega^{-1}\text{m}^{-1}$, was zu einer sehr viel größeren Lebensdauer der Leitungselektronen mit einer Relaxationszeit von $\tau_n = 5 \cdot 10^{-9}\,\text{s}$ führt.

Experimentell kann die Relaxationszeit τ mit einer **Wechsellichtmethode** bestimmt werden. Dabei erzeugt man mit Hilfe kurzer Lichtpulse zusätzliche Ladungsträger, die die elektrische Leitfähigkeit erhöhen, so dass bei konstantem Strom die Spannung am Halbleiter abfällt. Beobachtet wird dann die exponentielle Zunahme der Spannung, aus der sich die Relaxationszeit ergibt.

Zur Bestimmung der Diffusionskonstanten für Leitungselektronen D_n bzw. Defektelektronen D_p wird ein äußeres elektrisches Feld $\boldsymbol{E} = -\nabla \varphi(\boldsymbol{r})$ betrachtet, das zu einer stationären inhomogenen Elektronenverteilung $n(\boldsymbol{r})$ führt. Für $g_n = r_n$ muss dann im stationären Fall der Leitfähigkeitsstrom den Diffusionsstrom kompensieren:

$$0 = j_n = e_0 \mu_n n \boldsymbol{E} + e_0 D_n \nabla n \,. \tag{1.121}$$

Ohne elektrisches Feld ist die Elektronendichte im Gleichgewicht durch Gl. (1.108) gegeben. Nach Tab. 1.3 ist zum Hamilton-Operator der Leitungselektronen im elektrischen Feld ein Term $-e_0 \varphi(\boldsymbol{r})$ hinzuzufügen, wodurch als Eigenwert die Leitungsbandunterkante ortsabhängig wird: $E_L - e_0 \varphi(\boldsymbol{r})$. Setzt man dies in Gl. (1.108) anstelle von E_L ein, so folgt

$$n(\boldsymbol{r}) = 2 \left(\frac{m_n k_B T}{2 \pi \hbar^2} \right)^{3/2} \exp\left(-\frac{E_L - e_0 \varphi - E_F}{k_B T} \right) \tag{1.122}$$

mit

$$\nabla n(\boldsymbol{r}) = n(\boldsymbol{r}) \nabla \left(\frac{e_0 \varphi(\boldsymbol{r})}{k_B T} \right) = -\frac{e_0 n}{k_B T} \boldsymbol{E} \,. \tag{1.123}$$

Aus Gl. (1.121) ergibt sich damit die Einstein-Beziehung

$$D_n = \frac{\mu_n}{e_0} k_B T \quad \text{bzw.} \quad D_p = \frac{\mu_p}{e_0} k_B T \,, \tag{1.124}$$

nach der die Diffusionskonstanten proportional zur Beweglichkeit und zur Temperatur sind.

Als weitere Anwendung der Bilanzgleichungen sei die Bestimmung der **Diffusionslänge** betrachtet, d. h. der Strecke L_n, die die Elektronen in der Relaxationszeit τ_n durch Diffusion zurücklegen. Wird unter der Bedingung $g_n = r_n$ stationär eine Änderung n_1 der Gleichgewichtselektronendichte n_0 betrachtet ($n = n_0 + n_1$ mit $n_1 \ll n_0$), so folgt aus der Bilanzgleichung Gl. (1.114) mit Hilfe von Gl. (1.115) und Gl. (1.118) mit den Annahmen $N_D = N_A = 0$, $p = n_0$:

$$0 = \frac{1}{e_0} \nabla \cdot \boldsymbol{j}_n = \mu_n \nabla(n\boldsymbol{E}) + D_n \Delta n \approx \mu_n n_0 \frac{-e_0}{\varepsilon} n_1 + D_n \Delta n_1 \,. \tag{1.125}$$

Hängt die Elektronendichte nur von x ab, so folgt aus Gl. (1.125)

$$\frac{\mathrm{d}^2 n_1(x)}{\mathrm{d}x^2} - \frac{n_1(x)}{L_n^2} = 0 \tag{1.126}$$

mit der Lösung

$$n_1(x) = n_1(0) \exp\left(-\frac{x}{L_n} \right), \tag{1.127}$$

wobei sich die Diffusionslänge L_n gemäß

$$L_n^2 = \frac{\varepsilon D_n}{e_0 n_0 \mu_n} = \tau_n D_n = \frac{\varepsilon k_B T}{e_0^2 n_0} = L_D^2 \tag{1.128}$$

gleich der **Debye-Abschirmungslänge** L_D eines Elektronengases der Dichte n_0 in einem Medium der Dielektrizitätskonstanten $\varepsilon = \varepsilon_r \varepsilon_0$ ergibt. Die Debye-Abschirmungslänge ist dabei die charakteristische Länge, mit der eine elektrische Ladung durch das Elektronengas abgeschirmt wird. Dabei ist das Potential einer Punktladung q im Elektronengas nicht q/r, sondern durch $q/r \exp\{-r/L_D\}$ gegeben. Entsprechende Beziehungen gelten für Defektelektronen.

Wird wieder Silizium betrachtet mit einer Elektronendichte $n_0 = 10^{16}\,\text{cm}^{-3}$ und einer Dielektrizitätszahl $\varepsilon_r = 12$, so ergibt sich die Diffusionslänge bei Zimmertemperatur $T = 300\,\text{K}$ zu $L_n = 4 \cdot 10^{-8}\,\text{m}$. Aus der Relaxationszeit $\tau_n = 4 \cdot 10^{-13}\,\text{s}$ folgt dann für die Diffusionskonstante $D_n = 4 \cdot 10^{-3}\,\text{m}^2\text{s}^{-1}$.

Experimentell kann die Diffusionslänge gemessen werden, indem die Ladungsträgererzeugung mit Hilfe eines dünnen Lichtstrahls räumlich getrennt von der Messung der elektrischen Leitfähigkeit durchgeführt wird. Da die Ladungsträgerdichte exponentiell mit dem Abstand zur beleuchteten Stelle abnimmt, gilt das gleiche für die elektrische Leitfähigkeit, aus der sich dann die Diffusionslänge L_n bzw. L_p ermitteln lässt.

1.6 Optische Eigenschaften

Mit optischen Untersuchungsmethoden erhält man sehr genaue Einzelheiten über die Energiezustände reiner und gestörter Kristalle. Grundlage zum Verständnis der optischen Eigenschaften ist die k-Auswahlregel, die sich unmittelbar aus der Translationssymmetrie der Kristalle ergibt. Da die Wellenlänge des Lichtes groß gegenüber der Gitterkonstanten ist, erhält man die Übergangswahrscheinlichkeit W für elektrische Dipolübergänge proportional zum Matrixelement des Impulsoperators p

$$W(n, k \to n', k') \sim (\psi_{n'}(k', r), p\psi_n(k, r))^2,$$

wobei $\psi_n(k, r)$ die Bloch-Funktionen (Gl. (1.41)) bezeichnen. Einsetzen liefert

$$(\psi_{n'}(k', r), p\psi_n(k, r)) = \int_V \exp\{i(k - k')r\} u_{n'}(k', r) \left(\frac{\hbar}{i}\nabla + \hbar k\right) u_n(k, r)\,d^3r,$$

wobei über das Volumen des Kristalles zu integrieren ist. Da die Funktionen $u_n(k, r)$ gitterperiodisch sind, genügt es, das Integral über die Elementarzelle Ω auszuführen, und man erhält

$$(\psi_{n'}(k', r), p\psi_n(k, r)) = \sum_R \exp\{i(k - k')R\}$$
$$\cdot \int_\Omega \exp\{i(k - k')r\} u_{n'}(k', r) \left(\frac{\hbar}{i}\nabla + \hbar k\right) u_n(k, r)\,d^3r,$$

wobei über alle Gittervektoren R zu summieren ist. Die k-Auswahlregel ergibt sich unmittelbar aus der Tatsache, dass die Summe vor dem Integral für $k \neq k'$ verschwindet. Dies lässt sich durch Einsetzen der diskreten Ausbreitungsvektoren (Gl. (1.45)) erkennen,

$$\sum_{\mathbf{R}} \exp[\mathrm{i}(\mathbf{k} - \mathbf{k}')\,\mathbf{R}]$$

$$= \sum_{n_1, n_2, n_3}^{-\infty\ldots+\infty} \exp\left[\mathrm{i}\frac{2\pi}{N}\{(g_1 - g_1')\,n_1 + (g_2 - g_2')\,n_2 + (g_3 - g_3')\,n_3\}\right],$$

wobei $\mathbf{R} = n_1\mathbf{a}_1 + n_2\mathbf{a}_2 + n_3\mathbf{a}_3$ (vgl. Abschn. 1.2.2.2) verwendet wurde. Da die g_i, g_i' und n_i ($i = 1, 2, 3$) ganze Zahlen sind, verschwindet die rechte Seite außer für $g_i = g_i'$, $i = 1, 2, 3$. Elektrische Dipolübergänge sind also nur bei Erhaltung des Ausbreitungsvektors $\mathbf{k}$ möglich, d. h. im Bändermodell als senkrechte Striche einzuzeichnen.

Intrabandübergänge, also Übergänge innerhalb eines Energiebandes, sind ohne Phononenbeteiligung aufgrund dieser $\mathbf{k}$-Auswahlregel verboten. Es bleiben die **Interband-Übergänge** oder **Band-Band-Übergänge**, die bei allen Kristallen zu einer starken optischen Absorption führen. Die Übergänge führen dabei von einem besetzten zu einem unbesetzten Niveau, so dass es sich im Allgemeinen um Übergänge von einem Valenzband zu einem Leitungsband handelt. Bei den Halbleitern und Isolatoren mit einer Energielücke setzt diese Absorption erst bei einer bestimmten Energie ein, und man spricht von einer **Absorptionskante**, oberhalb derer der Kristall undurchsichtig ist. Photonen im optischen Bereich, also mit Wellenlängen zwischen 400 und 800 nm, haben Energien von etwa 2 bis 4 eV, so dass die Kristalle mit größeren Energielücken durchsichtig sind. Außer diesen **direkten Übergängen** ohne Phononenbeteiligung sind aber auch noch **indirekte Übergänge** unter Mitwirkung von Phononen möglich. In diesem Fall ist die $\mathbf{k}$-Auswahlregel wie ein Impulssatz aufzufassen, wobei jetzt noch der Impuls des Phonons $\mathbf{q}$ hinzuzufügen ist. Energie und Impulssatz lauten dann bei einem indirekten Übergang bei Absorption des Photons $h\nu$:

$$E_\mathrm{L}(\mathbf{k}') - E_\mathrm{V}(\mathbf{k}) = h\nu + \hbar\omega_j(\mathbf{q}), \quad \mathbf{k}' = \mathbf{k} + \mathbf{q}. \tag{1.129}$$

Dabei bedeutet E_V das Valenzband, E_L das Leitungsband und j charakterisiert das Phonon, das bei dem Übergang erzeugt wird. Der Impuls des Photons $h\nu/c$ ist klein gegen $\hbar|\mathbf{k}'|$ und $\hbar|\mathbf{q}|$ und kann vernachlässigt werden. Man vergleiche Gl. (1.129) mit den Gleichungen der entsprechenden Phononenprozesse in Abschn. 1.2.2.3. Abbildung 1.52 zeigt schematisch einen direkten und einen indirekten Übergang bei $k = 0$ im Si-Kristall. Da die Energie der Phononen allgemein sehr klein gegen die Energielücke ist, entspricht die optische Absorptionskante durch die indirekten Übergänge in guter Näherung der Energielücke. Die Absorptionskante wird durch die Phononenbeteiligung nur etwas verbreitert, was übrigens auch bei den Kristallen der Fall ist, wo die Energielücke durch einen direkten Übergang überwunden werden kann. Halbleiter mit einem Bänderschema wie in Abb. 1.37a bzw. Abb. 1.52 nennt man **indirekte Halbleiter** im Unterschied zu den **direkten Halbleitern**, bei denen an der Energielücke ein direkter Übergang stattfinden kann, vgl. Abb. 1.34.

Umgekehrt muss ein angeregtes Elektron im Leitungsband nicht unbedingt ein Photon aussenden, um in den Grundzustand im Valenzband zu gelangen. Diese so genannten **strahlungslosen Übergänge** können z. B. durch Erzeugung einer ganzen Serie von Phononen vor sich gehen, oder bei den **Auger-Prozessen** gibt das Elektron seine Energie beim Übergang in das Valenzband an ein anderes Elektron im Leitungsband oder an ein Elektron in einem tiefliegenden Zustand im Valenzband ab.

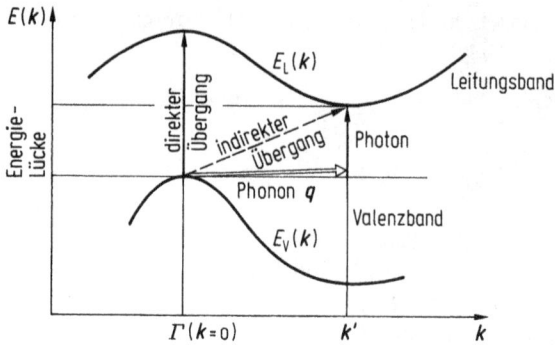

Abb. 1.52   Direkter und indirekter Übergang bei einem indirekten Halbleiter.

Innerhalb eines Bandes verlieren die Elektronen ihre Energie schnell in kleinen Schritten durch Erzeugung akustischer Phononen.

Bei Metallen ohne eine Energielücke sind zunächst alle optischen direkten und indirekten Übergänge möglich. Die sehr starke Absorption nicht nur im optischen Bereich erklärt das starke Reflexionsvermögen und die spiegelnde Oberfläche der Metalle. Die Übergänge in höhere unbesetzte Leitungsbänder sind genau wie bei Nichtleitern erst ab einer bestimmten Energie möglich, so dass dann eine zusätzliche verstärkte Absorption einsetzt. Wenn dies im optischen Bereich geschieht, führt das zu der charakteristischen Färbung der Metalle (z. B. Gold, Kupfer).

Zur richtigen Interpretation der optischen Spektren der Kristalle muss allerdings die ungleichmäßige Verteilung der Energieniveaus auf der Energieachse beachtet werden. Die Dichte der Energieniveaus eines Bandes ist allgemein durch Gl. (1.63) gegeben und hat in der Nähe der Bandkanten einen wurzelförmigen Verlauf gemäß Gl. (1.99).

Nimmt man an, dass sich die Übergangswahrscheinlichkeit für Übergänge in das Leitungsband mit der Energie nur wenig ändert, so sollte also die Absorptionskante bei Halbleitern auch die Form einer Wurzelfunktion haben. Diese ist in Abb. 1.53 zusammen mit der meist beobachteten Form der Absorptionskante schematisch gezeichnet. Die „Verschmierung" der Bandkante rührt von der Wechselwirkung mit Phononen her. Durch Vernichtung von Phononen werden auch schon Übergänge etwas unterhalb der Bandkante möglich.

Während sich die Absorptionskante bei Nichtmetallen relativ einfach bestimmen lässt, sind zur Ausmessung der Energiebänder in der ganzen Brillouin-Zone besondere Verfahren, wie die **Modulationsspektroskopie**, erforderlich. Gerade die ungleichmäßige Verteilung der Dichte der Energieniveaus gestattet es, den energetischen Abstand der Bänder an verschiedenen *kritischen Punkten* in der Brillouin-Zone zu messen. Für den Absorptionskoeffizienten bei Übergängen vom Valenzband in das Leitungsband ist dann nicht nur die Dichte der Energieniveaus eines Bandes (Gl. (1.63)), sondern die **kombinierte Zustandsdichte** der beiden Bänder maßgebend:

$$J_{\mathrm{VL}}(E) = \frac{V}{4\pi^3} \int\limits_{E_{\mathrm{L}} - E_{\mathrm{V}} = E = \mathrm{const}} \frac{\mathrm{d}S}{|\nabla_{\boldsymbol{k}}(E_{\mathrm{L}}(\boldsymbol{k}) - E_{\mathrm{V}}(\boldsymbol{k}))|}, \tag{1.130}$$

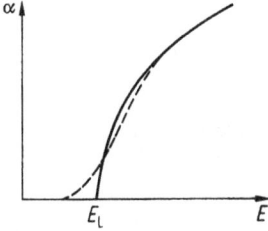

Abb. 1.53 Die Form der Absorptionskante nach dem Wurzelgesetz —— und experimentell – – – (α = Absorptionskoeffizient, E = Energie, E_L = Unterkante des Leitungsbandes).

wobei über alle Bereiche integriert werden muss, für die $E_L - E_V$ gleich einem gegebenen energetischen Abstand E ist. Besonders große Werte der kombinierten Zustandsdichte J_{VL} ergeben sich für Energien E, bei denen der Nenner im Integral verschwindet. Die Stellen im $\boldsymbol{k}$-Raum, für die $\nabla_k E_L(\boldsymbol{k}) = \nabla_k E_V(\boldsymbol{k})$ gilt, heißen **kritische Punkte**, sie ergeben besonders große J_{VL} und führen zu besonders starken Absorptionen. Es ist daher möglich, den energetischen Abstand der beiden Bänder an den kritischen Punkten zu messen. Um zu unterscheiden, welche Absorptionsspitze zu welchem kritischen Punkt gehört, muss man die einzelnen kritischen Punkte näher unterscheiden. Dazu entwickelt man $E_L(\boldsymbol{k}) - E_V(\boldsymbol{k})$ in der Umgebung des kritischen Punktes $\boldsymbol{k}_0$ in eine Taylor-Reihe

$$E_L(\boldsymbol{k}) - E_V(\boldsymbol{k}) = E_L(\boldsymbol{k}_0) - E_V(\boldsymbol{k}_0) + \sum_{i=1}^{3} a_i (k_i - k_{i0})^2 + \dots,$$

wobei das lineare Glied verschwindet. Je nach den Vorzeichen der a_i kann man vier verschiedene Typen von kritischen Punkten unterscheiden:

Minimum	M_0:	alle $a_i > 0$
Sattelpunkt	M_1:	zwei $a_i > 0$, ein $a_i < 0$
Sattelpunkt	M_2:	ein $a_i > 0$, zwei $a_i < 0$
Maximum	M_3:	alle $a_i < 0$.

Setzt man die Taylor-Entwicklung in Gl. (1.130) ein, so erhält man die Form der kombinierten Zustandsdichte für die vier Fälle. Die Ergebnisse sind in Abb. 1.54 schematisch angegeben. Dabei bedeutet $E_0 = E_L(\boldsymbol{k}_0) - E_V(\boldsymbol{k}_0)$ jeweils den energetischen Abstand der beiden Bänder am kritischen Punkt $\boldsymbol{k}_0$. Darunter ist außerdem die experimentell meist gefundene Form der Absorptionsmaxima angegeben, die dann eine Unterscheidung der verschiedenen kritischen Punkte ermöglicht. Die kombinierte Zustandsdichte entspricht im Falle eines Minimums M_0 natürlich der bereits in Abb. 1.53 diskutierten Kurve. In allen vier Fällen ergibt sich ein charakteristischer Knick in der Absorptionskurve an den Stellen der kritischen Punkte. Es bedeutet also eine erhebliche Steigerung der Messgenauigkeit, wenn man ein *differentielles Messverfahren* anwendet, d. h., die Ableitung des Absorptionskoeffizienten α misst, die ebenfalls in Abb. 1.54 schematisch angegeben ist. Man erkennt, dass in allen vier Fällen eine Unstetigkeit auftritt, und dass aus der Form der Kurve auf die Art des kritischen Punktes geschlossen werden kann.

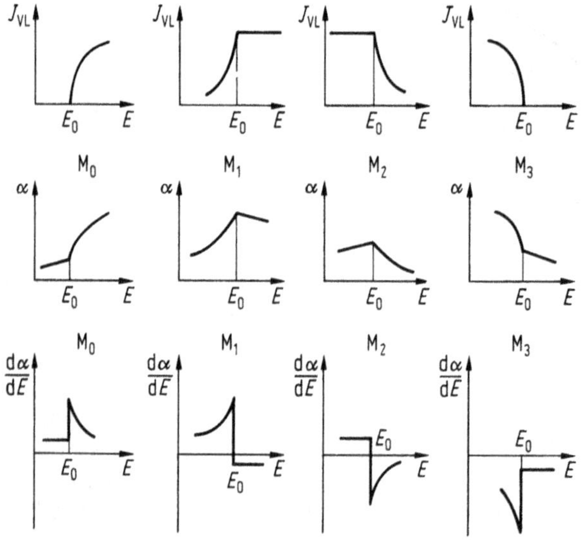

Abb. 1.54 Schematischer Verlauf der kombinierten Zustandsdichte J_{VL}, des Absorptionskoeffizienten α und der Ableitung des Absorptionskoeffizienten $d\alpha/dE$ in der Nähe der vier kritischen Punkte M_0, M_1, M_2, M_3.

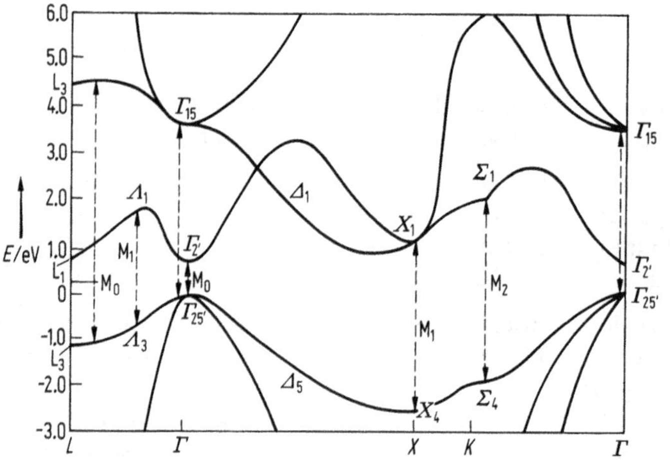

Abb. 1.55 Die beobachteten Übergänge an den kritischen Punkten zwischen Valenz- und Leitungsband von Ge (nach Phillips).

Als Beispiel zeigt Abb. 1.55 einige kritische Punkte der Energiebänder von Ge-Kristallen. Die senkrechten Pfeile zeigen die Übergänge an, die im Absorptionsspektrum beobachtet wurden. An den einzelnen Übergängen ist außerdem der Typ des kritischen Punktes angegeben, den man natürlich an einer eindimensionalen Darstellung der Energiebänder nicht erkennen kann. Leitungsband und Valenzband müssen aber an den kritischen Punkten parallel verlaufen.

Bei der **Modulationsspektroskopie** zur Durchführung des differentiellen Messens verändert man die Messgröße periodisch und misst dann mit einem phasenempfindlichen Verstärker nur die Signale mit der Modulationsfrequenz. Die Amplitude der sich periodisch ändernden Messgröße ist dann ein Maß für die Steigung der Messgröße. Bei Absorptions- oder Reflexionsmessungen kann z. B. die eingestrahlte Lichtwellenlänge periodisch verändert werden (etwa durch periodisches Schwenken des Gitters im Spektrographen). Außerdem kann man die Energiebänder durch Temperatur- oder Druckmodulation periodisch verändern. Eine wichtige Methode bei Nichtleitern ist die Modulation mit Hilfe eines von außen angelegten elektrischen Wechselfeldes. Bei der **Elektroreflexion** z. B. wird die Ableitung des Reflexionskoeffizienten nach der Photonenenergie gemessen, wobei sich der Kristall in einem elektrischen Wechselfeld befindet. Das elektrische Feld „verbiegt" die Energiebänder periodisch, dadurch verändert sich auch die kombinierte Zustandsdichte, was zu einer periodischen Schwankung des Reflexionskoeffizienten führt.

Bei der Beobachtung der Bandkante im Magnetfeld muss beachtet werden, dass die Energiebänder in diskrete Landau-Parabeln (Gl. (1.102)) aufspalten (vgl. Abb. 1.46) wodurch die Zustandsdichte ebenfalls eine periodische Struktur annimmt. Die Auswahlregeln für elektrische Dipolübergänge sind $\Delta n = \pm 1$ für Intrabandübergänge und $\Delta n = 0$ für Interbandübergänge. Letztere lassen sich in Absorption z. B. an Ge-Kristallen unmittelbar messen. Man bestimmt zweckmäßig das Verhältnis der Absorptionskoeffizienten mit und ohne Magnetfeld und findet periodische Schwankungen mit der Periode $2\hbar(\omega_{LL} + \omega_{LV})$. Derartige Messungen bezeichnet man mit dem Begriff **Interband-Magneto-Optik**.

Äußere elektrische Felder verschieben die optische Absorptionskante bei Halbleitern und Isolatoren zu höheren Energien. Dieser **Franz-Keldysch-Effekt** ergibt sich aus der „Verbiegung" der Energiebänder durch das elektrische Feld. Die Energiebänder sind ja die Eigenwerte der Schrödinger-Gleichung (Gl. (1.38)), die durch das elektrische Feld modifiziert wird. Auch die Übergänge an den übrigen kritischen Punkten werden durch ein elektrisches Feld verändert. Ein optischer Übergang an einem Sattelpunkt wird z. B. zu niedrigeren Energien verschoben. Diese unterschiedliche Energieverschiebung verschiedener kritischer Punkte kann bei der Elektroreflexion ausgenutzt werden. Durch Vorspannungen zusätzlich zum elektrischen Wechselfeld verschieben sich die einzelnen Signale, was die Zuordnung zu den verschiedenen kritischen Punkten erleichtert.

In Halbleitern und Isolatoren sind noch optische Übergänge in Zustände möglich, die mit einem Einelektronenmodell nicht beschrieben werden können. Durch die Coulomb-Wechselwirkung der Elektronen entsteht eine Coulomb-Anziehung zwischen einem negativ geladenen Elektron im Leitungsband und einem positiv geladenen Loch im Valenzband, die zu gebundenen Zuständen führen kann. Diese Exzitonen sind dann analog zum Wasserstoffatom, das einen gebundenen Zustand zwischen Proton und Elektron darstellt. Ein **Exziton** ist also ein Elektron-Loch-Paar, welches sich im Kristall frei bewegen kann, und das in sehr kurzer Zeit (bei II-VI-Verbindungen in weniger als 10^{-9} s) zerfällt, indem sich das Elektron mit dem Loch vereinigt. Dabei „fällt" das Elektron aus dem Leitungsband in das Valenzband zurück und gibt eine Energie ab, die gleich der Energielücke ist, vermindert um die

Bindungsenergie des Elektron-Loch-Paares. Die Exzitonen können sowohl im Emissionsspektrum, also bei ihrem Zerfall, als auch im Absorptionsspektrum, also bei ihrer Erzeugung, beobachtet werden. Sie liegen in unmittelbarer Nähe der Absorptionskante, und der Abstand der Exzitonenlinie zur Bandkante ist die Bindungsenergie des Exzitons. Außer der Exzitonenlinie im Grundzustand können auch noch angeregte Exzitonenlinien beobachtet werden.

Je nach der räumlichen Ausdehnung eines Exzitons unterscheidet man zwischen **Frenkel-Exzitonen** mit einem mittleren Elektron-Loch-Abstand von der Größenordnung einer Gitterkonstanten und **Wannier-Exzitonen**, bei denen der Elektron-Loch-Abstand groß gegen die Gitterkonstante ist. Die Wannier-Exzitonen sollen jetzt etwas genauer betrachtet werden, da sie sich sehr einfach in der Effektive-Masse-Näherung beschreiben lassen. In dieser Näherung besitzt das Elektron die effektive Masse m_n und das Loch die effektive Masse m_p, und die Wechselwirkung zwischen beiden ist einfach ein Coulomb-Potential, das allerdings durch die Gitterpolarisation modifiziert wird. In einer ersten Näherung kann man einfach die Dielektrizitätskonstante ε des Kristalls einführen und die Exzitonenenergieniveaus ergeben sich aus der Schrödinger-Gleichung

$$\left[-\frac{\hbar^2}{2\,m_n}\Delta_n - \frac{\hbar^2}{2\,m_p}\Delta_p - \frac{e^2}{4\,\pi\varepsilon_0\varepsilon|r_n - r_p|} \right]\psi = E\psi,$$

wobei die Unterkante des Leitungsbandes die Energie $E = 0$ besitzt. Diese Schrödinger-Gleichung ist identisch mit der des Wasserstoffatoms und kann exakt gelöst werden. Dazu führt man Relativ- und Schwerpunktskoordinaten ein,

$$r = r_n - r_p, \quad R = \frac{m_n r_n + m_p r_p}{m_n + m_p},$$

sowie die reduzierte und die Gesamtmasse

$$\mu = \frac{m_n m_p}{m_n + m_p}, \quad M = m_n + m_p.$$

Dann erhält man:

$$\left[-\frac{\hbar^2}{2\,\mu}\Delta_r - \frac{\hbar^2}{2\,M}\Delta_R - \frac{e^2}{4\,\pi\varepsilon_0\varepsilon|r|} \right]\psi = E\psi.$$

Der Schwerpunkt R des Exzitons verhält sich wie der eines freien Teilchens, also quantenmechanisch wie eine ebene Welle, die durch den Ausbreitungsvektor K beschrieben wird. Die kinetische Energie des Exzitons ist dann $\hbar^2 K^2/(2M)$. Ist Δ die Größe der Energielücke, dann ergibt sich für die Linien der Wannier-Exzitonen ein wasserstoffähnliches Spektrum:

$$E_n = \Delta + E = \Delta - \frac{\mu e^4}{32\,\pi^2\varepsilon_0^2\hbar^2\varepsilon^2}\,\frac{1}{n^2} + \frac{\hbar^2 K^2}{2\,M}, \quad n = 1,2,3\ldots \quad (1.131)$$

Die Bindungsenergie des **Elektron-Loch-Paares** ist im Grundzustand, also $n = 1$:

$$-\frac{\mu e^4}{32\,\pi^2\varepsilon_0^2\hbar^2\varepsilon^2} = -\frac{\mu}{m}\frac{1}{\varepsilon^2}\,Ry = -\frac{\mu}{m}\frac{1}{\varepsilon^2}\,13.6\,\text{eV}.$$

Da ε^2 bei vielen Kristallen in der Größenordnung 100 liegt, ist diese Bindungsenergie in der Größenordnung 10–50 meV. Die übrigen Linien der angeregten Exzitonen, mit $n > 1$, liegen dann noch dichter an der Absorptionskante. Abbildung 1.56 zeigt die Energiezustände der Wannier-Exzitonen nach Gl. (1.131). Der Grundzustand liegt immer bei $K = 0$. Abbildung 1.57 zeigt ein wasserstoffähnliches Exzitonenspektrum von Cu_2O-Kristallen. Es wurden dabei die angeregten Exzitonenniveaus beim Kristall a bis $n = 6$ und beim Kristall b sogar bis $n = 9$ beobachtet. Die Linien $n = 1$ sind in dieser Abbildung nicht enthalten. Bei der Erzeugung eines Exzitons durch Absorption eines Photons muss das Exziton zur Impulserhaltung den Pho-

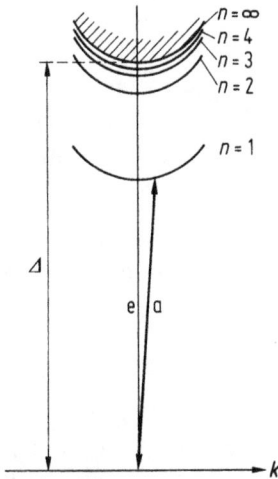

Abb. 1.56 Exzitonenenergiezustände. Erzeugung eines Exzitons durch Absorption eines Photons a und Vernichtung eines Exzitons durch Emission eines Photons e. Δ bedeutet die Energielücke des Kristalles.

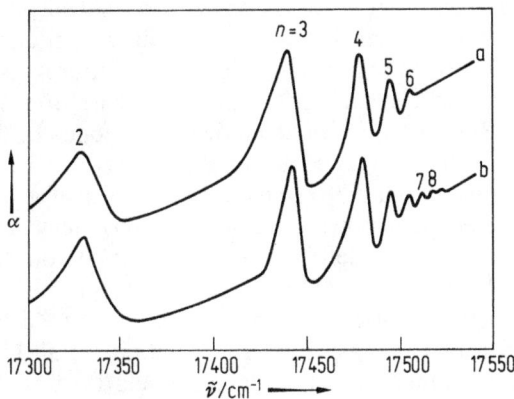

Abb. 1.57 Exzitonenspektrum von Cu_2O-Kristallen bei 4.2 K; (a) und (b) sind die Spektren zweier verschiedener Kristalle; α = Absorptionskoeffizient (nach Nikitine).

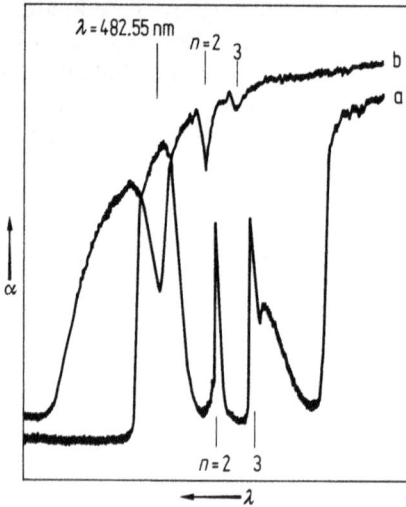

Abb. 1.58   Exzitonenlinien im Absorptionsspektrum (a) und im Emissionsspektrum (b) eines CdS-Kristalles bei der Temperatur des flüssigen Heliums; α = Absorptionskoeffizient (nach Groß, Razbirin und Permogorov).

tonenimpuls übernehmen, so dass der Übergang in einen Zustand mit $K \neq 0$ vor sich geht (vgl. Abb. 1.56a). Das Exziton kann aber seine kinetische Energie durch Erzeugung von Phononen verlieren, so dass der Emissionsprozess durch den Pfeil e in Abb. 1.56 bei $K = 0$ dargestellt wird. Die kleine Energiedifferenz zwischen Absorption und Emission ist in Abb. 1.58 bei den Linien $n = 2$ und $n = 3$ deutlich zu erkennen.

Außer den Linien dieser so genannten **freien Exzitonen** beobachtet man noch **gebundene Exzitonen**, deren Linien noch etwas weiter von der Absorptionskante entfernt liegen. Es handelt sich dabei um die Anlagerung eines Exzitons an eine Störstelle, und der energetische Abstand zur Linie des freien Exzitons ist gerade die Anlagerungsenergie. Sind in einem Kristall mehrere verschiedene Störstellen vorhanden, kann man eine ganze Reihe von Linien gebundener Exzitonen beobachten. Diese Linien haben eine wesentlich geringere Halbwertsbreite als die der freien Exzitonen, denn die letzteren werden durch die verschiedenen möglichen K-Vektoren, also die kinetische Energie des Gesamtexzitons, verbreitert. Dabei unterscheidet man die Anlagerung an eine ionisierende Störstelle (siehe weiter unten) von der Anlagerung an eine neutrale Störstelle. Im ersten Fall bindet das abgeschirmte Coulomb-Potential der Störstelle gleichzeitig ein Elektron und ein Loch – ein Zustand, der etwa dem Wasserstoffmolekül-Ion H_2^+ vergleichbar ist. Im zweiten Fall bindet das gleiche Potential bei positiver Ladung zwei Elektronen und ein Loch und bei negativer Ladung zwei Löcher und ein Elektron. Diese Zustände sind dann dem Wasserstoffmolekül H_2 vergleichbar. Die Linien gebundener Exzitonen werden vor allem in II-VI-Verbindungen beobachtet.

Bei hohen Anregungen mit Hilfe von Lasern kann die Dichte der freien Exzitonen so groß werden, dass sie miteinander in Wechselwirkung treten. Der Exzitonenradius α_0 ergibt sich analog zum Bohr'schen Wasserstoffradius zu

$$\alpha_0 = \frac{4\,\pi\varepsilon_0\hbar^2 \cdot \varepsilon}{\mu e^2}$$

und liegt in der Größenordnung 1 bis 5 nm. Steigert man nun die Dichte n der Exzitonen so, dass $n a_0^3$ nicht mehr klein gegen 1 ist, so treten die Exzitonen miteinander in Wechselwirkung. Bei $n a_0^3 \approx 10^{-3}$ beobachtet man an direkten Halbleitern (CuCl, CuBr, CuJ, CdSe u.a.) bei sehr tiefen Temperaturen die Bildung von **Exzitonenmolekülen**, die durch die Zusammenlagerung zweier Exzitonen entstehen. Das Exzitonenmolekül ist dann ein gebundener Zustand aus zwei Elektronen und zwei Löchern und dem Wasserstoffmolekül H_2 vergleichbar. Bei seinem Zerfall rekombiniert ein Elektron mit einem Loch und emittiert ein Photon, und es bleibt ein Elektron im Leitungsband und ein Loch im Valenzband zurück. Aus der Rekombinationslinie eines Exzitonenmoleküls kann also die Bindungsenergie der beiden Exzitonen aneinander bestimmt werden.

Bei indirekten Halbleitern, z.B. Ge und Si, bei denen die Exzitonen eine viel größere Lebensdauer besitzen, bilden sich bei tiefen Temperaturen **Elektron-Loch-Tropfen**. Hier „kondensiert" das „Exzitonengas" bei hoher Anregung regelrecht zu einer Flüssigkeit, wobei die Störstellen des Halbleiters die Kondensationskeime bilden. Im Kristall existieren dann sehr viele Tröpfchen, die $n a_0^3 \approx 1$ erfüllen, und die wegen ihrer großen elektrischen Leitfähigkeit durch diffuse Lichtstreuung nachgewiesen werden können. Darüber hinaus ist auch ein **Elektron-Loch-Plasma** und eine Bose-Kondensation der spinlosen Exzitonen oder Exzitonenmoleküle möglich.

1.7 Gestörte Halbleiter

Von besonderem Interesse sind die physikalischen Eigenschaften gestörter Kristalle, denn diese haben z.B. als Transistoren, Halbleiterdioden, in Leuchtstoffröhren, Fernsehröhren und Photozellen in der Technik eine breite Anwendung gefunden. Durch geeignetes „Verunreinigen" kann man Kristalle mit den verschiedensten elektrischen oder optischen Eigenschaften herstellen. Als Störungen kommen z.B. Fremdatome im Kristall in Frage, fehlende Atome (Lücken) oder Atome auf Zwischengitterplätzen. Außer diesen so genannten **Punktdefekten** gibt es noch eine große Anzahl linienhafter oder flächenhafter Unregelmäßigkeiten des Kristallgitters, die hier nicht weiter betrachtet werden sollen. Schließlich hat jeder Kristall eine Oberfläche, die zu besonderen Oberflächenzuständen führt. In allen Fällen soll jedoch angenommen werden, dass der Kristall im Großen und Ganzen erhalten bleibt, dass also die Zahl der Störstellen klein ist im Vergleich zur Zahl der regulären Gitteratome. Man kann dann von einem gestörten Kristall sprechen, der zusätzlich zu den Eigenschaften des Idealkristalles noch Besonderheiten zeigt, die von den Störstellen herrühren.

1.7.1 Donatoren, Akzeptoren

Zum Verständnis der Energiezustände von Störstellen im Bändermodell des Idealkristalls, sei ein Ge-Kristall betrachtet, bei dem ein Ge-Atom durch ein As-Atom
ersetzt sei. Ge ist ein Nichtleiter und besitzt eine Energielücke im Bändermodell
(Abb. 1.55). Die vier Valenzelektronen des Ge-Atoms gehen dabei eine feste kovalente Bindung mit den Nachbarn ein und bilden das gefüllte Valenzband. As steht
im Periodensystem der Elemente rechts neben Ge und hat ein Valenzelektron mehr.
Dieses fünfte Elektron hat im Valenzband keinen Platz mehr und wird daher nur
relativ lose an das As-Atom gebunden. Das Elektron kann also aus diesem gebundenen lokalisierten Zustand leicht befreit werden und in das Leitungsband gelangen,
wobei die Störstelle dann ein positiv geladenes As-Ion wird. Die Bindungsenergie
des Elektrons an die As-Störstelle ist in diesem Fall klein gegen die Energielücke,
und man kann das lokalisierte Störungsniveau wie in Abb. 1.59 in das Bändermodell
einzeichnen. Da man den Störstellenniveaus keinen k-Vektor zuordnen kann, zeichnet man die Bänder im Ortsraum und gibt nur die Energielücke Δ an. Die Zustände
des Leitungsbandes und Valenzbandes sind dann im Ortsraum beliebig ausgedehnt,
während das lokalisierte Störstellenniveau durch einen kurzen Strich angedeutet ist.
Der Abstand der Störstelle zum Leitungsband ist die Bindungsenergie des Elektrons
an die Störstelle.

   Betrachtet man jetzt ein In-Atom mit nur drei Valenzelektronen, das ein Ge-Atom
ersetzt, so fehlt an der Störstelle ein Valenzelektron für die kovalente Bindung des
Ge-Kristalles. Das In-Atom kann also leicht ein Elektron einfangen, wodurch die
Störstelle negativ geladen wird. Das Störstellenniveau liegt in diesem Falle in der
Nähe der Oberkante des Valenzbandes in der Bandlücke. Die beiden Störstellenarten
werden durch die Begriffe Donator (z. B. As in Ge-Kristallen) und Akzeptor (z. B.
In in Ge-Kristallen) unterschieden. Allgemein wird ein **Donator** als eine Störstelle
definiert, die entweder neutral oder positiv vorkommt:

$$D \rightleftharpoons D^+ + \ominus$$

und also ein Elektron an das Leitungsband abgeben kann. Dabei bezeichnet D die
neutrale, D^+ die positiv geladene Störstelle und $\ominus$ das Elektron im Leitungsband.
Entsprechend wird ein **Akzeptor** durch die Umladungsgleichung

$$A \rightleftharpoons A^- + \oplus$$

definiert, wobei $\oplus$ ein Loch im Valenzband bezeichnet. Der Akzeptor bekommt
also sein Elektron aus dem Valenzband und lässt dort ein Loch zurück. Anders
ausgedrückt: Der Akzeptor gibt ein Loch an das Valenzband ab. Der niedrigere
Energiezustand (Grundzustand) ist in beiden Fällen die neutrale Störstelle, vgl.
Abb. 1.60. Geladene Donatoren können also Elektronen aus dem Leitungsband
„einfangen" und werden daher auch als **Haftstellen** für Leitungselektronen bezeichnet. Umgekehrt wirken geladene Akzeptoren als Haftstellen für Löcher im Valenzband. Andererseits lassen sich die Elektronen bzw. Löcher umso leichter von den
Störstellen befreien, je dichter die Niveaus an den Bandkanten liegen. Dies kann
z. B. durch Lichteinstrahlung geschehen, und man erhält so die **Photoleitfähigkeit**.
Die elektrische Leitfähigkeit wird dabei durch Erhöhung der Zahl der Ladungsträger
(Elektronen im Leitungsband oder Löcher im Valenzband) vergrößert. Diesen Effekt

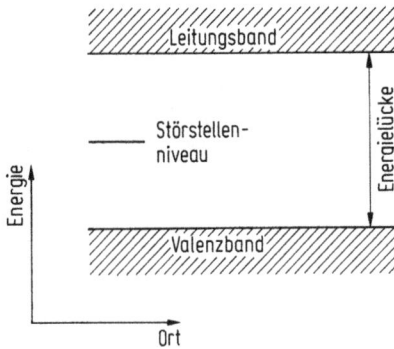

Abb. 1.59   Lokalisiertes Störstellenniveau im Bändermodell.

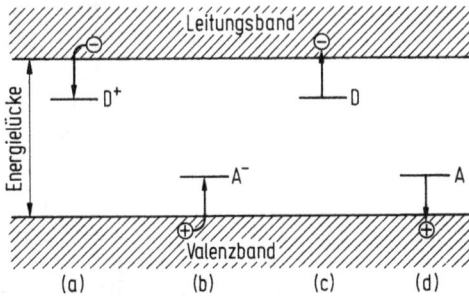

Abb. 1.60   Umladungen von Donatoren und Akzeptoren im Bändermodell. (a) Ein geladener Donator fängt ein Elektron ein, wobei Phononen erzeugt werden, (b) ein geladener Akzeptor fängt ein Loch ein, wobei Phononen erzeugt werden, (c) ein neutraler Donator gibt ein Elektron an das Leitungsband ab und vernichtet dabei ein Photon oder Phononen, (d) ein neutraler Akzeptor gibt ein Loch an das Valenzband ab und vernichtet dabei ein Photon oder Phononen.

nutzt man z. B. zum Bau von **Photozellen** aus. Die elektrische Leitfähigkeit bzw. der fließende Strom bei vorgegebener Spannung ist dann ein Maß für die Intensität des eingestrahlten Lichtes. Liegen die Störstellenniveaus dicht genug an der Bandkante, so genügt schon eine Temperaturerhöhung, um die Elektronen bzw. Löcher zu befreien. Diese Temperaturabhängigkeit der Ladungsträgerkonzentration wird beim Thermistor unmittelbar zur Temperaturmessung ausgenutzt. Die Thermistoren werden besonders bei tiefen Temperaturen (flüssige Gase) verwendet, wobei die Temperaturmessung auf eine Widerstandsmessung zurückgeführt ist.

Dotiert man einen Nichtleiter, d. h. erzeugt man genügend Störstellen, die zu Donatorniveaus oder Akzeptorniveaus nicht zu weit von den Bandkanten entfernt in der Energielücke führen, so wird der Kristall bei Zimmertemperatur zu einem Leiter, und man spricht von einem Halbleiter. Im Unterschied zur metallischen Leitfähigkeit, die mit steigender Temperatur abnimmt, erhöht sich die Leitfähigkeit der Halbleiter mit der Temperatur, denn die Donatoren und Akzeptoren geben zusätzlich

Ladungsträger an die Bänder ab, wenn die Temperatur erhöht wird und erhöhen damit die Zahl der Leitungselektronen bzw. Löcher. Je nachdem, ob die Leitfähigkeit durch Donatoren oder Akzeptoren hervorgerufen wird, spricht man von einem **n-Leiter** oder **p-Leiter**. Ein mit As dotierter Ge-Kristall ist demnach ein n-Leiter und ein mit In dotierter Ge-Kristall ein p-Leiter, bei dem die Leitfähigkleit durch die Löcher im Valenzband entsteht.

1.7.2 Flache Störstellen

In Silizium- und Germanium-Kristallen gibt es eine Anzahl von Störstellen, die so dicht an der Bandkante in der Energielücke liegen, dass man sie mit der Effektive-Masse-Näherung berechnen kann. Dazu gehören z. B. Li, P, As, Sb und Bi als Donatoren und B, Al, Ga und In als Akzeptoren. Bei den Donatoren z. B. ist das Elektron so schwach gebunden, dass sein Abstand zur Störstelle (Bohr-Radius) groß gegen die Gitterkonstante ist, vgl. Abb. 1.61. Daher „sieht" das Elektron die Störstelle aus großer Entfernung, d. h. im Wesentlichen als Coulomb-Potential, denn der ionisierte Donator ist einfach positiv geladen. Dieses Potential der ionisierten Störstelle wird allerdings durch die Polarisation des Gitters abgeschirmt. In der Effektive-Masse-Näherung werden dann die Energiezustände E des Elektrons durch die Schrödinger-Gleichung

$$\left[E\left(\frac{1}{i}\nabla\right) - \frac{e^2}{4\pi\varepsilon_0\varepsilon r} \right]\psi = E\psi$$

beschrieben, wobei vom Hamilton-Operator (Gl. (1.92)) Gebrauch gemacht wurde. Die Abschirmung des Coulomb-Potentials wird einfach durch Einführung der statischen Dielektrizitätskonstanten ε berücksichtigt. Für Donatoren in Si und Ge nimmt die Schrödinger-Gleichung die Form

$$\left[-\frac{\hbar^2}{2m_l}\frac{\partial^2}{\partial z^2} - \frac{\hbar^2}{2m_t}\left(\frac{\partial^2}{\partial x^2} + \frac{\partial^2}{\partial y^2}\right) - \frac{e^2}{4\pi\varepsilon_0\varepsilon r} \right]\psi = E\psi \tag{1.132}$$

an, wobei für Si $m_l = 0.98\,m$, $m_t = 0.19\,m$ und für Ge $m_l = 1.6\,m$ und $m_t = 0.0813\,m$ gilt. Ferner ist $\varepsilon = 12$ bei Si und $\varepsilon = 16$ bei Ge. Die Eigenwerte E des Grundzustandes ergeben sich aus Gl. (1.132) zu 29 meV bei Si und 9 meV bei Ge. Bei den Akzeptoren

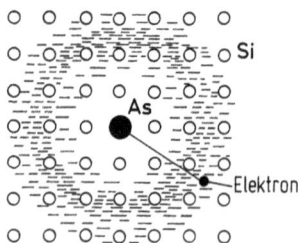

Abb. 1.61   Schematische Veranschaulichung der Aufenthaltswahrscheinlichkeit des Elektrons eines flachen Arsen-Donators im Siliziumkristall.

in Si und Ge muss die kompliziertere Struktur der Valenzbänder berücksichtigt werden, und man erhält als Abstand des Akzeptors im Grundzustand von der Bandkante 34 meV bei Si und 9 meV be Ge.

Experimentell kann man den Abstand zur Bandkante durch *Hall-Effekt-Messungen* bestimmen, wobei praktisch die Ladungsträgerkonzentration in Abhängigkeit von der Temperatur bestimmt wird. Einer Temperatur von 116 K entspricht z. B. eine Energie von 10 meV pro Teilchen, und die Ladungsträgerkonzentration muss bei der entsprechenden Temperatur einen starken Anstieg zeigen, da die Elektronen durch thermische Energie aus den Störstellenniveaus (Haftstellen) befreit werden können. Auf diese Weise kann nicht nur der Grundzustand sondern auch eine ganze Reihe angeregter Niveaus bestimmt werden. Außerdem lassen sich die optischen Übergänge vom Grundzustand in die angeregten Niveaus im fernen infraroten Spektralbereich beobachten. Die experimentellen Ergebnisse stimmen für alle angeregten Niveaus mit der Rechnung gut überein, nur im Grundzustand beobachtet man Unterschiede zwischen den einzelnen Störstellen und Abweichungen von den mit der Effektive-Masse-Näherung berechneten Werten, die ja für alle Donatoren das gleiche Termschema ergeben. Diese Abweichungen sind hauptsächlich auf die primitive Näherung des Störstellenpotentials als eines Coulomb-Potentials zurückzuführen.

1.7.3 Oberflächen, Grenzflächen

Auch die Oberfläche der Kristalle bildet eine Störung des periodischen Gitters und führt daher zu besonderen Energiezuständen. Zu ihrem Verständnis genügt es nicht, das mikroskopische oder atomistische Bild des Kristalls zu betrachten, sondern man muss auch den Kristall als makroskopisches Kontinuum untersuchen (s. Kap. 4). Abbildung 1.32 zeigt z. B. die Energieniveaus der Elektronen im periodischen Potential des Gitters, deren Energien das Ergebnis der Bindungskräfte des Kristalls auf das Elektron sind. Diesem mikroskopischen Potential überlagert sich noch ein makroskopisches Potential, das nicht nur von äußeren elektrischen Feldern, sondern auch von elektrischen Flächenladungen, Raumladungen und Doppelschichten an der Oberfläche der Kristalle herrührt. Dieses makroskopische Potential muss in Metallen wegen der hohen elektrischen Leitfähigkeit eine Konstante sein, in Halbleitern ist das aber zumindest in einer Oberflächenschicht nicht der Fall.

Als Beispiel für die **Grenzflächen** zwischen Halbleitern sei hier das System AlAs und GaAs betrachtet, das sich als Einkristall mit sehr genauen Grenzflächen züchten lässt, vgl. Abb. 1.12. Die Gitterkonstanten beider Kristalle, $a(\text{AlAs}) = 566.1\,\text{pm}$ bzw. $a(\text{GaAs}) = 565.4\,\text{pm}$, unterscheiden sich nur wenig voneinander, während die Energielücke bei AlAs 2.2 eV und bei GaAs 1.5 eV beträgt. Die Abb. 1.62 zeigt das Bänderschema der beiden undotierten Kristalle, die sich nicht im Kontakt befinden. Die Energie ist bezüglich eines gemeinsamen **Vakuum-Niveaus** angegeben. Die Abb. 1.63 zeigt die Bandzustände in der Umgebung einer idealen Grenzfläche zwischen AlAs und GaAs. Beide Kristalle enthalten Donatoren, so dass die Fermi-Energie in der oberen Hälfte der Bandlücke liegt. Im thermodynamischen Gleichgewicht haben beide Kristalle das gemeinsame Fermi-Niveau E_{F}. Durch die sich bildenden Raumladungen sind die Bandkanten in einer Grenzschicht verbogen. Die Poten-

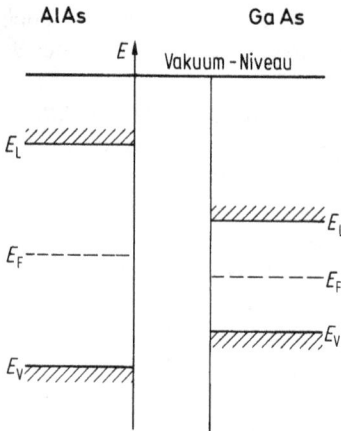

Abb. 1.62 Lage der Bandkanten und der Fermi-Energie zweier Kristalle, die sich bezüglich des gemeinsamen Vakuum-Niveaus nicht in thermodynamischem Kontakt befinden.

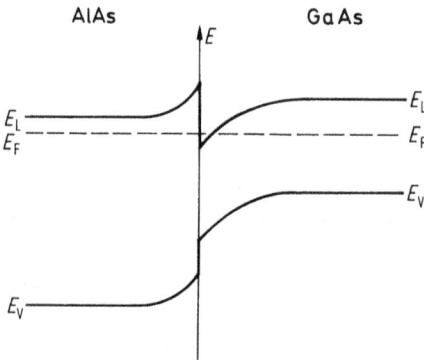

Abb. 1.63 Versetzungen und Verbiegungen der Bandkanten in einer AlAs-GaAs-Grenzschicht. Beide Kristalle sind durch den Einbau von Donatoren n-leitend, so dass in der Grenzschicht ein zweidimensionales Elektronengas entsteht.

tialdifferenzen zwischen den Leitungsbandkanten beider Kristalle und den Valenzbandkanten beider Kristalle sind die gleichen wie in der Abb. 1.62. Die Anordnung der Abb. 1.63 ermöglicht es, in der Grenzschicht ein **zweidimensionales Elektronengas** zu erzeugen. Die Spitze des Leitungsbandes reicht bis unter die Fermi-Energie, so dass die dortigen Zustände mit Elektronen besetzt sind. Diese Elektronen können sich in der Ebene der Grenzfläche frei bewegen, senkrecht dazu sind sie auf einen sehr engen Bereich beschränkt und können bezüglich dieser Dimension nur diskrete Zustände annehmen.

Bei der Betrachtung der mikroskopischen Struktur einer Kristalloberfläche wird zunächst angenommen, dass es sich um eine ideale Kristalloberfläche in Form einer Gitterebene handelt, die senkrecht zu einem Gittervektor $\boldsymbol{R} = n_1\boldsymbol{a}_1 + n_2\boldsymbol{a}_2 + n_3\boldsymbol{a}_3$ ist.

Einfach und sauber herstellbar sind Gitterebenen mit kleinen Indizes $n_i = 0, 1, 2$. Um die bei oder nach der Züchtung stark verunreinigten Oberflächenschichten abzutragen, kann man sie im Hochvakuum erhitzen, was z. B. durch eine Elektronen- oder Ionenstrahlheizung geschehen kann. Eine andere Methode besteht darin, Kristalle im Ultrahochvakuum zu spalten und sie dann zu tempern.

Die Atome der obersten Lage des Kristalls sind in anderer Weise chemisch gebunden als die Atome im Innern, da sie eine geringere Anzahl nächster Nachbarn haben. Dadurch kommt es zu einer **Oberflächenrekonstruktion**, bei der sich eine oder mehrere Atomlagen an der Oberfläche räumlich verschieben, wobei es auch zu einer Erniedrigung der zweidimensionalen Symmetrie der Oberfläche kommen kann. Die zweidimensionale Elementarzelle in der Oberfläche ist im Allgemeinen größer als die Elementarzelle einer entsprechenden parallelen Ebene im Innern des Kristalls. Dies lässt sich z. B. durch die Streuung niederenergetischer Elektronenstrahlen, **LEED** (low-energy electron diffraction) untersuchen. Dabei wird ein monoenergetischer Elektronenstrahl mit einer Energie von 100–500 eV an der Kristalloberfläche gestreut. Mehrere konzentrisch angeordnete Gitter sorgen dann für eine Potentialverteilung, die die elastisch gestreuten Elektronen von den übrigen abtrennen, beschleunigen und auf einen Leuchtschirm abbilden. Aus dem entstehenden Punktmuster lässt sich dann, ähnlich wie bei der Röntgen-Streuung an Kristallen, die Geometrie der Oberflächenatome bestimmen.

An realen Oberflächen interessiert nicht nur ihre Struktur, sondern auch, in welcher Weise Fremdatome durch *Chemisorption* an der Oberfläche gebunden sind. Dies ist insbesondere bei Metalloberflächen wichtig, die in der technischen Chemie zur *Katalyse* verwendet werden, wobei an der Metalloberfläche bestimmte chemische Reaktionen ablaufen. Nicht-ideale Oberflächen lassen sich z. B. mit der **Raster-Tunnelelektronen-Spektroskopie** untersuchen. Fremdatome können mit der **Sekundärionen-Massenspektroskopie** (SIMS) bestimmt werden, wobei ein Ionenstrahl die Fremdatome von der Oberfläche ablöst, die dann in einem Massenspektrometer identifiziert werden. Eine andere Methode ist die bereits in Abschn. 1.4.2 erwähnte Spektroskopie der Elektronen, die aufgrund der Einstrahlung von ultraviolettem Licht den Kristall verlassen: **ESCA** (electron spectroscopy for chemical analysis). Die kinetische Energie dieser Elektronen hängt nach Gl. (1.66) von der Austrittsarbeit ab, so dass Aussagen über die Oberfläche möglich sind. Da es sich um Elektronen handelt, die aus inneren Schalen der Atome stammen, kann man diese Atome an ihrem charakteristischen Spektrum erkennen, so dass die Oberflächenatome identifiziert werden können. Eine weitere Methode ist die **Auger-Elektronen-Spektroskopie (AES)**, mit der man die Atome der obersten Atomlagen und damit auch die Adsorbate identifizieren kann. Richtet man einen Elektronenstrahl mit Elektronenenergien von etwa 0.1–1 keV auf die Oberfläche eines Kristalles, so werden durch die Stöße Elektronen aus inneren abgeschlossenen Schalen in hohe freie Niveaus angeregt. Die Energie kann dann entweder in Form eines Röntgen-Strahls abgegeben werden oder an ein anderes Elektron desselben Atoms in einer höheren Schale übergeben werden, wobei dieses dann den Kristall verlässt (**Auger-Effekt**). Durch die Energie dieser sog. **Auger-Elektronen** lässt sich dann das Atom identifizieren. AES hat gegenüber ESCA den Vorteil, dass nur wenige Oberflächenschichten betroffen werden, während die für ESCA verwendeten Röntgenstrahlen tiefer in den Kristall eindringen.

1.7.4 Heterostrukturen

Mit Hilfe der **Molekularstrahlepitaxie (MBE)** oder der **MOCVD**-Methode (vgl. Abschn. 1.1.7) lassen sich verschiedene oder verschieden dotierte Halbleiterkristalle in dünnen Schichten aufeinander züchten, die sog. Heterostrukturen. Im einfachsten Fall wird eine dünne, 2.5–50 nm dicke Schicht GaAs in einem GaAlAs-Kristall mit größerer Bandlücke betrachtet (vgl. Abb. 1.64). Durch die kleinere Bandlücke in der dünnen GaAs-Schicht entsteht bezüglich der Richtung senkrecht zur Schicht ein *Potentialtopf* (Quantum Well), in dem die Leitungselektronen bzw. Defektelektronen nur diskrete Energiezustände annehmen können. Die tatsächliche Bandlücke E_g hängt somit von der Breite des Potentialtopfes bzw. von der Schichtdicke ab und lässt sich daher beliebig einstellen. Valenzband und Leitungsband sind hier in mehrere **Subbänder** aufgespalten, die jedes für sich ein zweidimensionales Elektronengas charakterisieren. Strahlt man Licht höherer Energie ein, lässt sich die Bandkantenemission direkt beobachten. Ihre Lage stimmt gut mit Rechnungen überein, bei denen die Elektronen und Defektelektronen in Effektive-Masse-Näherung in einem eindimensionalen Potentialtopf angenommen werden. Auch die Lage der Exzitonenlinien (vgl. Abschn. 1.6) lässt sich in diesem einfachen Modell verstehen. Auf diese Weise lässt sich auch aus einem indirekten Halbleiter ein direkter Halbleiter herstellen. Die Lage der flachen Störstellenniveaus, der Donatoren und Akzeptoren (Abschn. 1.7.1 und 1.7.2) in der dünnen Schicht hängt stark von der Schichtdicke ab und davon, ob die Störstelle am Rande oder in der Mitte der Schicht liegt. Ihre Lage lässt sich ebenfalls im Rahmen der Effektive-Masse-Theorie und des eindimensionalen Potentialtopfes berechnen.

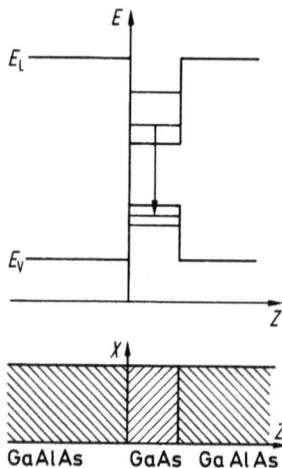

Abb. 1.64 Schematische Darstellung einer dünnen GaAs-Schicht senkrecht zur z-Achse in einem GaAlAs-Kristall, der eine wesentlich größere Bandlücke besitzt. In dem entstehenden Potentialtopf können die Elektronen des Leitungsbandes bzw. die Defektelektronen des Valenzbandes nur diskrete Energiezustände haben, so dass in der GaAs-Schicht ein zweidimensionales Elektronengas entsteht. Der eingezeichnete Übergang bezeichnet die Bandkantenlumineszenz. E_L und E_V bezeichnen die Kanten des Leitungs- und Valenzbandes des GaAlAs.

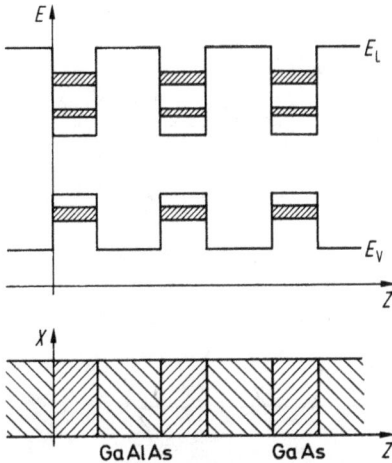

Abb. 1.65 Schematische Darstellung eines Supergitters aus abwechselnden dünnen Schichten aus GaAlAs und GaAs senkrecht zur z-Achse, unterer Teil der Abbildung. Im oberen Teil zeigt das Energiebändermodell die periodische Anordnung von Potentialtöpfen, die im GaAs zu Subbändern führt, schraffiert eingezeichnet.

Als **Supergitter** bezeichnet man Kristalle, die aus periodischen Schichten zweier Kristalle oder aus unterschiedlich dotierten Kristallen bestehen, vgl. Abb. 1.65 Im Bänderschema erhält man so eine periodische Anordnung von Potentialtöpfen. Die Berechnung der Energiebänder liefert eine Aufspaltung jedes Bandes in enge Teilbänder, die durch kleine Energielücken getrennt sind. Diese lassen sich mit optischen Hilfsmitteln, etwa bei der Beobachtung der Aufspaltung der Exzitonenlinien oder der Interband-Magnetooptik, direkt nachweisen. Bei der Bestimmung der elektrischen Leitfähigkeit beobachtet man signifikante Abweichungen gegenüber dem reinen Material, die auf Eigenschaften des zweidimensionalen Elektronengases zurückzuführen sind. Erzeugt man in einem GaAs-GaAlAs-Supergitter eine modulierte Dotierung, d. h. eine hohe Dotierung im GaAlAs und eine möglichst kleine Dotierung in den GaAs-Schichten, so werden sich die Ladungsträger getrennt von den ionisierten Störstellen in den GaAs-Schichten aufhalten und haben dort innerhalb der Schicht eine sehr viel größere Beweglichkeit als im dotierten Material, da die Streuung an den ionisierten Störstellen entfällt. Durch diese Trennung der Ladungsträger von den Störstellen lassen sich elektronische Bauelemente für sehr viel höhere Schaltfrequenzen herstellen, etwa den **MODFET** (modulation doped field effect transistor).

Ein **Dotierungs-Supergitter** wird aus einem Kristall mit dünnen abwechselnden Schichten hoher n- bzw. p-Dotierung hergestellt. Abbildung 1.66 zeigt das Energiebänderschema einer sog. **Nipi-Struktur** in GaAs, wobei die n- bzw. p-leitenden Schichten von undotierten Schichten, also aus intrinsischem Material, getrennt sind. Es entstehen sinusförmige Leitungs- und Valenzbandkanten, wobei in den Bereichen hoher Dotierung (Si als Donatoren, Be als Akzeptoren) geladene flache Störstellen an den Bandkanten entstehen. Die Elektronen des Leitungsbandes bzw. die Defekt-

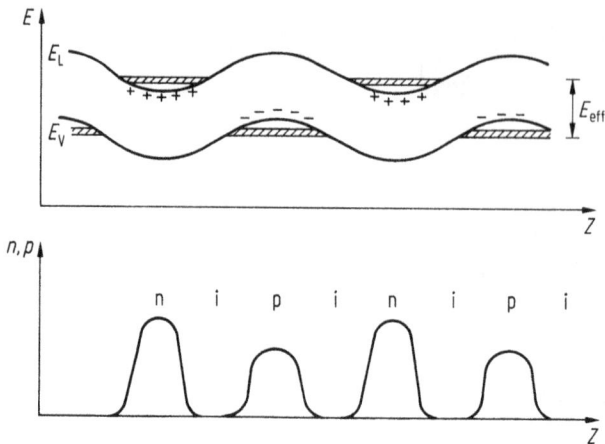

Abb. 1.66 Dotierungs-Supergitter eines GaAs-Kristalles. Der untere Teil zeigt die Störstellen-konzentration n bzw. p in den senkrecht zur z-Achse angeordneten Schichten. Periodisch wechseln sich n-leitende und p-leitende Schichten ab, die durch undotiertes, intrinsisches Material getrennt sind, sog. Nipi-Struktur. Der obere Teil zeigt das zugehörige Energiebänder-schema. Die Subbänder von Leitungs- und Valenzband sind schraffiert eingezeichnet. E_{eff} bezeichnet die effektive Bandlücke. Die Plus- und Minus-Zeichen geben die Lagen geladener Donatoren bzw. Akzeptoren an.

elektronen des Valenzbandes halten sich in den eingezeichneten Subbändern auf, die zu einer effektiven Energielücke E_{eff} führen. Durch verschiedene Schichtdicken in Bereichen von 5–300 nm und unterschiedlicher Dotierung lassen sich Halbleiter-kristalle mit unterschiedlichen Eigenschaften wie Leitfähigkeit, Photolumineszenz, Absorptionskoeffizient, usw. herstellen. Dadurch sind die elektronischen Eigen-schaften eines Dotierungs-Supergitters nicht mehr feste Materialeigenschaften, son-dern einstellbare Parameter geworden.

1.8 Tiefe Zentren in Halbleitern und Isolatoren

Viele Störstellen in Kristallen, wie z. B. Lücken, Atome auf Zwischengitterplätzen, Fremdatome auf Gitterplätzen oder auf Zwischengitterplätzen, Versetzungen und andere Gitterfehler, die die Kristallsymmetrie verletzen, führen zu lokalen Energiezu-ständen, deren Wellenfunktionen keine Bloch-Funktionen (vgl. Abschn. 1.4) sind. Solche lokalen Energiezustände können in den Energiebändern oder bei Halbleitern und Isolatoren in der Energielücke liegen. Wenn es sich nicht um flache Störstellen (vgl. Abschn. 1.7.2) handelt, spricht man allgemein von **tiefen Störstellen** oder **tiefen Zentren**. **Lokale Energieniveaus** tiefer Zentren in der Bandlücke von Halbleitern und Isolatoren können deren elektrische und optische Eigenschaften stark verän-dern. So reduzieren sie die Lebensdauer von Ladungsträgern in Halbleitern und begrenzen viele technisch wichtige elektrische Eigenschaften, z. B. die maximale Stromstärke in Halbleiterbauelementen oder die minimale Größe von Bauelementen in der Mikroelektronik. Tiefe Zentren ermöglichen andererseits wichtige optische Anwendungen von Halbleitern etwa bei Strahlungsdetektoren (Photozellen), Thermistoren, Halbleiterlasern und Solarzellen oder in Isolatoren, z. B. bei Festkörperlasern, Leuchtschirmen in Fernsehröhren usw.

Solche Störstellen entstehen bei der Züchtung aus thermodynamischen Gründen und ihre Konzentration hängt von den Kristalleigenschaften und den äußeren Wachstumsbedingungen ab. Auch wenn keine Fremdatome vorhanden sind, bilden sich Eigenstörstellen wie Leerstellen, Atome auf Zwischengitterplätzen oder, bei Verbindungshalbleitern, auch auf falschen Gitterplätzen und beeinflussen die physikalischen Eigenschaften des Kristalls.

Ist N_P die Anzahl der möglichen Plätze im Kristall, an denen eine bestimmte Störstelle D auftreten kann, und $N \ll N_P$ die Anzahl der Störstellen, so wird die Störstellenkonzentration unter der Annahme eines thermodynamischen Gleichgewichts durch die freie Bildungsenthalpie $G(D^{(l)}, T, p)$ der Störstelle bestimmt

$$[D^{(l)}] = \frac{N}{N_P} = \exp\left\{-\frac{G(D^{(l)}, T, p)}{k_B T}\right\},$$

wobei le^0 den Ladungszustand der Störstelle kennzeichnet. Hier ist T die Temperatur bei der Züchtung, unterhalb derer keine Diffusion mehr stattfindet, und k_B die Boltzmann-Konstante. Eine Störstelle entsteht, indem Atome A_j zu dem perfekten Kristall hinzugefügt oder aus ihm entfernt werden, und indem Elektronen (e^-) angelagert oder abgetrennt werden. Die chemische Reaktionsgleichung dafür ist

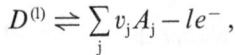

$$D^{(l)} \rightleftharpoons \sum_j v_j A_j - le^-,$$

und lautet z. B. für die Bildung einer einfach ionisierten Leerstelle in Silizium: $V^+ \rightleftharpoons -Si - e^-$, weil ein Si-Atom und ein Elektron vom Ort der Störstelle entfernt werden, wobei ersteres im Außenraum und letzteres bei der Fermi-Energie E_F verbleibt. Die freie Bildungsenthalpie der Störstelle ist dann gegeben durch

$$G(D^{(l)}, T, p) = \mu^0(D^{(l)}) - \sum_j v_0 \mu(A_j) + lE_F,$$

wobei der Standardterm μ^0 im Wesentlichen die Differenz ist zwischen der elektronischen Energie der Störstelle und des perfekten Kristalls, die sich auf quantenmechanischer Grundlage berechnen lässt. Die freie Bildungsenthalpie, und damit die Konzentration der Störstelle im Kristall, wird also durch die chemischen Potentiale $\mu(A_j)$ der einzelnen Atome außerhalb des Kristalles beeinflusst.

Die Identifizierung von Defekten und die Messung von Störstellenkonzentrationen ist auch bei Beteiligung von Fremdatomen nicht einfach und erfordert, insbesondere bei Eigenstörstellen, eine quantenmechanische Berechnung ihrer Eigenschaften und des Standardtermes.

1.8.1 Farbzentren

Die Alkalimetallhalogenide sind wegen ihrer großen Energielücke (vgl. Abb. 1.34) durchsichtig, denn zur Anregung eines Elektrons aus dem Valenzband in das Leitungsband ist eine Energie von ca. 6 bis 12 eV erforderlich, während die Photonen

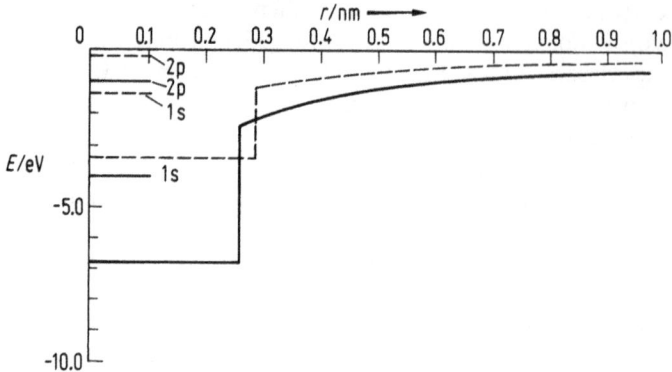

Abb. 1.67   Theoretisch berechnetes Potential und Energiezustände eines F-Zentrums in NaCl-Kristallen nach Fowler. Die ausgezogene Kurve stellt die Verhältnisse bei Absorption dar, während die gestrichelte für Emissionsprozesse gilt.

des sichtbaren Lichtes nur Energien von etwa 2 bis 4 eV besitzen. Die Störstellen erzeugen aber allgemein eine Färbung dieser Kristalle, weshalb man bei Alkalimetallhalogeniden auch von Farbzentren spricht. Die Färbung kommt durch Störstellenniveaus in der Bandlücke zustande, die zur Absorption im optischen Bereich Anlass gibt.

Das wichtigste Farbzentrum ist das so genannte **F-Zentrum**, das aus einer **Halogen-Lücke** besteht, die ein Elektron lose gebunden hat. In einem einfachen Modell kann man sich die energetische Struktur der Lücke wie einen Potentialtopf (Kastenpotential) vorstellen, in dem das Elektron verschiedene gebundene Zustände hat (vgl. Abb. 1.67). Die Absorptionsbande des F-Zentrums in NaCl bei 2.8 eV entsteht dann durch eine Anregung des Elektrons vom 1s- in den 2p-Zustand. Die gestrichelte Kurve der Abb. 1.67 stellt die veränderten Verhältnisse für den Emissionsvorgang dar. Die Emissionslinie des F-Zentrums liegt bei NaCl mit 0.98 eV bei wesentlich niedrigeren Energien und entsteht durch den Übergang 2p → 1s im gestrichelten Termschema der Abb. 1.67.

Diesen Unterschied kann man sich am einfachsten im **Konfigurationskoordinatenmodell** veranschaulichen. Die Schwingungen der nächsten Nachbarn des Farbzentrums ändern nämlich das Potential und damit die Energiezustände des Elektrons. In der **Born-Oppenheimer-Näherung** „bewegen" sich die Elektronen so schnell, dass sie die augenblickliche Lage der Ionen „sehen" und sich also in einem Potential befinden, das sich mit der Bewegung der Nachbarionen ändert. Umgekehrt werden die Schwingungen der Nachbarn nur durch eine mittlere Lage der Elektronen beeinflusst. Beschränkt man sich der Einfachheit halber auf eine Schwingungsmode – etwa eine radiale Schwingung, die die Symmetrie der Umgebung nicht verändert – und bezeichnet mit R eine effektive Auslenkung der Nachbarkerne, so erhält man die Energieniveaus der Abb. 1.68. R_g bzw. R_a sind die Gleichgewichtslagen der Nachbarkerne für den Grundzustand bzw. den angeregten Zustand des Elektrons. Die Zustände (oder Wellenfunktionen) der Elektronen sind für die Bindungsverhältnisse und damit für die Schwingungen der Atome verantwortlich. Da das Potential für

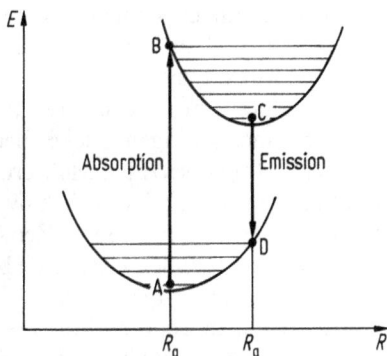

Abb. 1.68 Konfigurationskoordinatenmodell zur Erklärung der Stokes'schen Verschiebung zwischen Absorptions- und Emissionslinie von Farbzentren.

die Gitterschwingungen in guter Näherung parabelförmig ist (vgl. Abschn. 1.2.2), ergeben sich die äquidistanten Termschemata der Abb. 1.68, die die möglichen Elektronenniveaus für die verschieden stark angeregten Gitter Schwingungen bilden. Die Aufenthaltswahrscheinlichkeit des Elektrons ist bei den angeregten Schwingungsniveaus am Rande am größten.

Nach dem **Franck-Condon-Prinzip** geschehen die elektronischen Übergänge (Absorption oder Emission eines Photons) so schnell, dass sich dabei der Schwingungszustand des Zentrums nicht ändert, so dass die elektrischen Übergänge als senkrechte Striche in das Konfigurationskoordinatenmodell einzuzeichnen sind. Die **Stokes'sche Verschiebung** der Emissionslinie gegenüber der Absorptionslinie lässt sich nun aus Abb. 1.68 leicht verstehen. Die Absorption eines Photons bewirkt den Übergang vom Grundzustand A in den angeregten Zustand B. Durch Abgabe einiger lokalisierter Phononen an das Gitter (Relaxation) gelangt das System dann in den tieferen

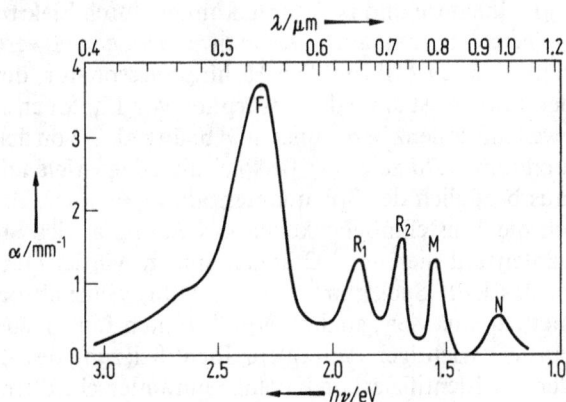

Abb. 1.69 Absorptionsspektrum eines KCl-Kristalles mit Übergängen an F-, M-, R- und N-Zentren (nach van Doorn).

Zustand C. Durch Abgabe eines Photons ist jetzt zunächst nur der Übergang in einen angeregten Schwingungszustand D möglich, und danach kann das System erst durch Relaxation in den Grundzustand A zurückkehren.

Außer den F-Zentren gibt es noch eine Reihe anderer Farbzentren in Alkalimetall-halogeniden. Das F_A-Zentrum z. B. besteht aus einer Halogen-Lücke, bei der ein nächster Nachbar durch ein kleineres Alkalimetallatom ersetzt ist. Mehrere F-Zentren können sich auch zu Aggregaten zusammenfügen. In der Abb. 1.69 sind im Absorptionsspektrum des KCl noch Übergänge des M-, R- und N-Zentrums zu erkennen, die aus zwei, drei und vier dicht beieinanderliegenden F-Zentren bestehen. Außerdem beobachtet man noch das U-Zentrum, bei dem ein H^--Ion ein Halogen-Ion ersetzt, oder anders gesprochen, ein F-Zentrum, in dem ein Wasserstoffatom eingelagert ist. Darüber hinaus gibt es noch eine große Anzahl anderer Zentren, die durch Fremdatome entstehen.

1.8.2 Experimentelle Methoden

Wie bei Farbzentren in Alkalimetallhalogeniden besteht die wichtigste Untersuchungsmethode für Störstellen in der Beobachtung der optischen Absorption und Emission unterhalb der Bandkante bei Halbleitern und Isolatoren. Während bei reinen Kristallen dort keine Absorption beobachtet wird, deuten einzelne Linien im Absorptionsspektrum auf lokale Niveaus in der Bandlücke hin. Die Identifizierung der Störstellen bzw. der Fremdatome, die diese lokalen Energieniveaus verursachen, ist meist eine schwierige Aufgabe und gelingt in vielen Fällen nur durch die Kombination unterschiedlicher Untersuchungsmethoden. Bei sehr scharfen Linien handelt es sich meist um innere Übergänge an den Störstellen, etwa bei den in Abschn. 1.8.3 behandelten Übergangsmetall-Störstellen, während bei Übergängen zwischen Valenzbandoberkante und Störniveau oder zwischen Störniveau und Leitungsbandunterkante breitere Banden auftreten. Dabei befindet sich das Störniveau in der Bandlücke, während Störniveaus innerhalb der Bänder auf diese Weise nicht beobachtet werden können.

Sehr viele Störstellen in Halbleitern und Isolatoren können durch **Elektronspinresonanz** (ESR) oder **EPR** (electron paramagnetic resonance) beobachtet werden. Dazu bringt man den Kristall in einen Mikrowellen-Hohlraumresonator, der sich in einem Magnetfeld befindet. Man misst dann die Absorption von Photonen der Energie $h\nu$, wobei ν die Mikrowellenfrequenz bezeichnet, in Abhängigkeit von der magnetischen Induktion B. Abbildung 1.70 zeigt als Beispiel die **Magnetfeldaufspaltung** eines Einelektronenniveaus bezüglich der Spinquantenzahl $m_s = \pm 1/2$. Außerdem sind beide Niveaus durch die Einstellmöglichkeiten des *Kernspins* des Störatoms aufgespalten, dessen Quantenzahl hier mit 3/2 angenommen wurde. Durch diese **Hyperfeinstruktur** besteht das EPR-Spektrum, d. h. die Mikrowellenabsorption in Abhängigkeit vom Magnetfeld, aus vier genähert äquidistanten Linien, so dass die Bestimmung des Kernspins ein wichtiger Beitrag zur Identifizierung des Zentrums ist. Darüber hinaus werden zur Identifizierung Kristalle mit unterschiedlichen Konzentrationen an Fremdatomen untersucht. Befinden sich am Zentrum mehrere Elektronen, so lässt sich mit Hilfe der EPR der Gesamtspin S aus der Anzahl der Linien bestimmen, sofern $S \neq 0$ ist. Bei bahnentarteten Zuständen, etwa bei Übergangs-

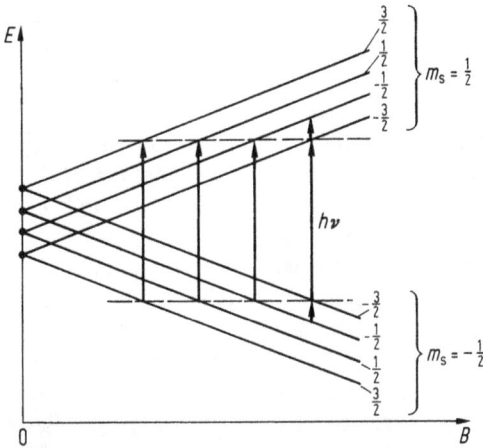

Abb. 1.70 Durch die Wechselwirkung mit einem Kernspin 3/2 besteht die Hyperfeinstruktur eines Einelektronenniveaus aus einem Quartett, das im Magnetfeld durch den Elektronenspin $m_s = \pm 1/2$ in acht Niveaus aufspaltet. In der ESR sind durch Absorption einer festen Mikrowellenenergie $h\nu$ Übergänge bei vier verschiedenen Magnetfeldern B möglich. Die kleinen Pfeile zeigen Übergänge innerhalb der Hyperfeinstruktur an, die mit Hilfe von ENDOR gemessen werden können.

metall-Zentren, kommt es außerdem zu einer symmetrieabhängigen Aufspaltung der Grundzustände, so dass auch die Symmetriegruppe des Zentrums, etwa die Zahl der Nachbaratome, bestimmt werden kann. Darüber hinaus ist es in vielen Fällen möglich, auch die sog. **Superhyperfeinstruktur** aufzulösen, so dass auch die Kernspins der Nachbaratome bestimmt werden können.

Mit Hilfe der Elektronenspinresonanz lassen sich auch Spinaufspaltungen angeregter elektronischer Zustände messen, wenn durch gleichzeitige Einstrahlung von Licht die Zentren in den angeregten Zustand überführt werden. Andererseits nimmt durch Einstrahlung von Licht das Grundzustands-ESR-Signal ab. Mit Hilfe dieser **Photo-ESR** kann man z. B. die **Lage eines Störstellenniveaus in der Bandlücke** bestimmen. Bei Photonenenergien, die dem Abstand zur Bandkante entsprechen oder darüber liegen, beobachtet man eine deutliche Abnahme des ESR-Signals. Auf diese Weise kann z. B. das Störstellenniveau As auf Ga-Platz in GaAs (EL2) bestimmt werden. Es liegt in der Mitte der Energielücke bei 0.75 eV über der Oberkante des Valenzbandes und besitzt bei tiefen Temperaturen einen metastabilen, d. h. sehr langlebigen angeregten Zustand, der durch optische Einstrahlung bei Energien von 1.04 eV erzeugt werden kann.

Ist die Elektron-Gitter-Wechselwirkung am Zentrum zu groß, kann das ESR-Signal nicht beobachtet werden, weil die Mikrowellenenergie zu schnell an das Gitter abgegeben wird. Die Elektronenspinresonanz lässt sich aber auch auf optischem Wege messen: **ODMR** (optical detection of magnetic resonance). Dazu werden die Zentren durch Einstrahlung von Laserlicht in einen angeregten Zustand gebracht, in dem die Mikrowellenabsorption zwischen Niveaus stattfindet, die durch das Magnetfeld aufgespalten sind. Gemessen wird dann die Lumineszenz einer bestimmten

Photonenenergie in Abhängigkeit vom Magnetfeld. Nur wenn das zu bestimmende angeregte Niveau durch die Mikrowellenabsorption aus einem tieferen Zeeman-Niveau besetzt wird, kann die Lumineszenz beobachtet werden. In diesem Fall braucht die Mikrowellenabsorption selbst nicht gemessen zu werden.

ENDOR (electron nuclear double resonance) ist eine weitere magnetische Resonanzmethode insbesondere zur Bestimmung der Nachbaratome einer Störstelle aus der Superhyperfeinstruktur. Dabei wird die Hyperfeinstruktur durch Einstrahlung von elektromagnetischer Energie im Radiowellenbereich direkt gemessen. In einem Mikrowellenresonator wird zunächst die Mikrowellenenergie so groß gewählt, dass die angeregten Niveaus (vgl. Abb. 1.70) ebenso häufig besetzt sind wie die Grundzustände. Durch diese Sättigung verschwindet das ESR-Signal. Strahlt man zusätzlich elektromagnetische Wellen einer Energie ein, die dem Abstand der vier näherungsweise parallelen Hyperfeinniveaus entspricht, so wird dadurch die Gleichverteilung der beiden Niveaus gestört, indem beim tieferen Niveau die Besetzung zunimmt oder beim höheren Niveau die Besetzung abnimmt (vgl. die kleinen Pfeile in Abb. 1.70). Durch diese Störung der Sättigung wird das ESR-Signal wieder sichtbar. Für ein gegebenes Magnetfeld ergibt sich also der Abstand der Hyperfeinstrukturniveaus aus der Frequenz der Radiowellen, deren Absorption über das ESR-Signal beobachtet wird.

Bei Halbleitern lässt sich die Lage der Energieniveaus tiefer Zentren gut mit Hilfe von **DLTS** (deep level transient spectroscopy) bestimmen. Dabei wird die Kapazität der elektrischen Doppelschicht an einem pn-Übergang gemessen. Innerhalb des pn-Überganges existiert eine Verarmungszone von Ladungsträgern, in der die tiefen Zentren ionisiert sind. Durch von außen angelegte kurze Spannungspulse gelangen nun Ladungsträger zu den tiefen Zentren, die dadurch umgeladen werden. Nach dem Spannungspuls geben die tiefen Zentren die Ladungsträger langsam wieder ab. Gemessen wird die dabei auftretende Kapazitätsänderung der Doppelschicht in Abhängigkeit von der Temperatur. Bei der DLTS arbeitet man mit Wiederholfrequenzen im MHz-Bereich und man erhält direkt die Energieniveaus der tiefen Zentren in der Bandlücke, die Unterscheidung in Elektronen- und Löcher-Haftstellen sowie die Konzentrationen der einzelnen Störstellen. Eine genauere Beschreibung dieses Verfahrens erfordert einige Einzelheiten über Vorgänge in der Doppelschicht und ist in Kap. 7 zu finden.

Genauere Informationen über Art und Lage der Nachbaratome einer Störstelle erhält man durch Beobachtung der Feinstruktur von Röntgen-Spektren: **EXAFS** (extended x-ray absorption fine structure). Dabei wird die Absorption von Röntgen-Strahlen im Energiebereich von 40 bis 1000 eV meist aus einer **Synchrotronstrahlungsquelle** gemessen. Durch die Absorption dieser Photonen werden Elektronen aus tiefen K- oder L-Schalen von Störatomen in hohe Zustände angeregt, wobei eine charakteristische Absorptionskante bei Anregung ins Kontinuum auftritt. Bei freien Atomen fällt der Absorptionskoeffizient für höhere Energien monoton wieder ab. Hat das Atom jedoch in Molekülen oder Festkörpern gebundene Nachbaratome, so wird oberhalb der Absorptionskante eine Feinstruktur in Form verschiedener Maxima und Minima beobachtet, die auf unterschiedliche Endzustände des angeregten Elektrons hinweist. Diese Feinstruktur entsteht dadurch, dass die Kugelwelle des K-Elektrons, das das Störatom verlässt, an den Nachbaratomen gestreut wird, so dass Interferenzen entstehen, die zu verschiedenen Endzuständen des Elektrons führen. Die Feinstruktur enthält also Informationen über die Struktur der Umgebung der Störstelle und insbesondere auch über die Gitterrelaxation. Diese Information ist nur implizit im Spektrum enthalten, d. h. das Spektrum muss mit theoretischen Spektren verglichen werden, die aufgrund der mikroskopischen Streuprozesse berechnet werden.

Zum Schluss sei noch kurz auf die Messung der **Positronen-Lebensdauer** in Festkörpern hingewiesen. Strahlt man mit einer Natrium-Quelle des Radioisotops ^{22}Na Positronen in einen Festkörper, so lässt sich die Vernichtung eines Positron-Elektron-Paares durch die Registrierung der beiden γ-Quanten von jeweils 511 keV Energie feststellen (Abb. 1.71). Da bei der Emission des Positrons aus dem Na-Kern ebenfalls ein γ-Quant der Energie 1.28 MeV ausgesendet wird, lässt sich aus der Zeitdifferenz dieser γ-Quanten die Lebensdauer der Positronen bestimmen. Sie liegt im Bereich von 0.1 bis 0.7 ns. Beim Eindringen in den Festkörper wird das Positron innerhalb von nur 1 ps auf thermische Energie abgebremst und gelangt dabei 0.01 bis 1 mm tief in den Kristall. In Ionenkristallen bildet das Positron mit einem Elektron einen wasserstoffähnlichen Zustand, das Positronium, für das Lebensdauern von etwa 0.2 bis 0.3 ns gemessen werden. Bildet das Positronium dagegen einen gebundenen Zustand mit einem tiefen Zentrum, so erhöht sich dadurch die Lebensdauer auf 0.4 bis 0.7 ns. Dies hat seine Ursache darin, dass die reziproke Lebensdauer der Elektronendichte proportional ist und die Anziehungskraft zwischen Elektron und Positron im gebundenen Zustand nicht so wirksam ist wie beim freien Positron. Die Messung der Positronen-Lebensdauer lässt also Rückschlüsse auf die Konzentration und Art der Störstellen zu. Der Impuls des freien Positroniums führt zu einer Energieverschiebung der beiden bei der Positronenvernichtung entstehenden γ-Quanten, so dass die Linienform der Vernichtungsstrahlung auch Informationen über die Impulsverteilung der Elektronen enthält.

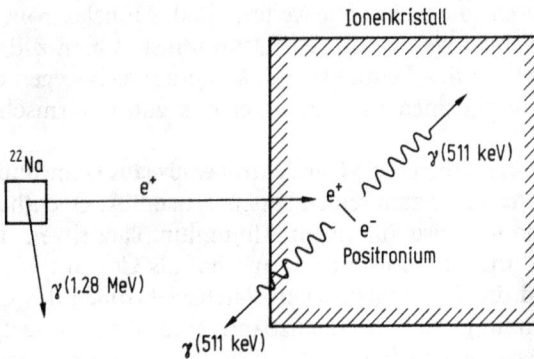

Abb. 1.71 Bestimmung der Lebensdauer von Positronen e^+ in Festkörpern aus der Zeitdifferenz der Registrierung des γ-Quants bei der Entstehung (1.28 MeV) und des γ-Quants bei der Vernichtung (511 keV).

1.8.3 Spezielle Zentren

In diesem Abschnitt sollen nur zwei Beispiele wichtiger tiefer Zentren in Halbleitern und Isolatoren angeführt werden. **Wasserstoff** kommt in vielen Halbleitersubstanzen vor, da es relativ leicht innerhalb des Kristalles diffundieren kann. Bei amorphem Silizium z. B. sättigt es die losen Bindungen ab, die entstehen, wenn ein Si-Atom nicht vier nächste Nachbarn hat. Das Proton geht dabei eine kovalente Bindung mit einem Si-Atom ein, analog der molekularen Bindung zwischen Kohlenstoff und Wasserstoff. Ähnliche Bindungen entstehen bei der Anlagerung von Wasserstoff an Si-Atome, die zu einer Störstelle benachbart sind. Sie lassen sich durch optische Absorption im Energiebereich von 200–280 meV nachweisen, wobei die elastische Schwingung des gebundenen H-Atoms angeregt wird. Die höchste Schwingungsfrequenz des reinen Si-Kristalles liegt unter 65 meV. Schwingungsenergien der gleichen Größe werden in GaAs und anderen Halbleiterkristallen beobachtet, die ebenfalls von gebundenem Wasserstoff herrühren. Der Nachweis gelingt über den Isotopeneffekt, in dem *Deuterium* anstelle von Wasserstoff verwendet wird.

Eine ganze Gruppe komplizierter optischer Spektren ergibt sich durch Einbau von **Übergangsmetallen** oder **Seltenerdmetallen** in kovalente oder ionische Kristalle. Die Spektren lassen sich mit Hilfe der Kristallfeldtheorie interpretieren. Danach geht man zunächst von den Spektren der freien Übergangsmetallionen bzw. der freien Ionen der seltenen Erden aus und berücksichtigt den Einfluss des Kristalls indem nur die nächsten Nachbarn betrachtet werden. Die symmetrische Anordnung der Nachbarn führt dann zu einer Aufspaltung der Terme der freien Ionen, die qualitativ mit Hilfe der *Gruppentheorie* bestimmt werden kann.

Die Spektren der Übergangsmetalle und der Seltenerdmetalle in Kristallen entstehen also genau wie die der freien Ionen durch nicht abgeschlossene Elektronenschalen, also Elektronenkonfigurationen der Art $3d^n$ mit $n = 1, 2, 3 \ldots 9$ bei Übergangsmetallen und $4f^n$ mit $n = 1, 2, 3 \ldots 13$ bei den Seltenerdmetallen. Es handelt sich dabei um *Mehrelektronenterme*, die nicht ohne weiteres in das Einelektronenschema des Bändermodells eingezeichnet werden dürfen. Denn ionisiert man z. B. ein Ion, d. h. bringt man ein Elektron in das Leitungsband, so ändert sich wegen der Coulomb-Wechselwirkung der Elektronen untereinander das ganze Termschema des Ions.

Eine praktische Anwendung haben die **Mehrelektronenniveaus** beim Bau des **Rubin-Lasers** gefunden. Im Unterschied zum reinen Saphir-Kristall Al_2O_3 enthält Rubin zusätzlich Chromatome, die teilweise auf einem Aluminiumplatz sitzen. In diesen tiefen Zentren liegt Chrom dreifach ionisiert vor und hat als Cr^{3+} die Elektronenkonfiguration $3d^3$, während die drei abgegebenen Valenzelektronen des Cr in Zuständen der kovalenten Bindung, also im Valenzband, sind. Abbildung 1.72 zeigt auf der linken Seite das Termschema freier Cr^{3+}-Ionen, während auf der rechten Seite die Aufspaltung durch das oktaedrische *Kristallpotential* angegeben ist. Dieses Potential entsteht durch die sechs nächsten Sauerstoffnachbarn, die näherungsweise ein Oktaeder bilden, in dessen Mittelpunkt sich das Chrom befindet. Im Grundzustand bilden die drei d-Elektronen den Gesamtspin $S = 3/2$, so dass Quartett-Zustände entstehen. Die angeregten Dublett-Zustände haben einen Gesamtspin $S = 1/2$. Durch die Auswahlregel $\Delta S = 0$ für optische Übergänge wird eine starke Absorption vom $^4A_2$-Grundzustand in die angeregten $^4T_2$- und $^4T_1$-Niveaus beobach-

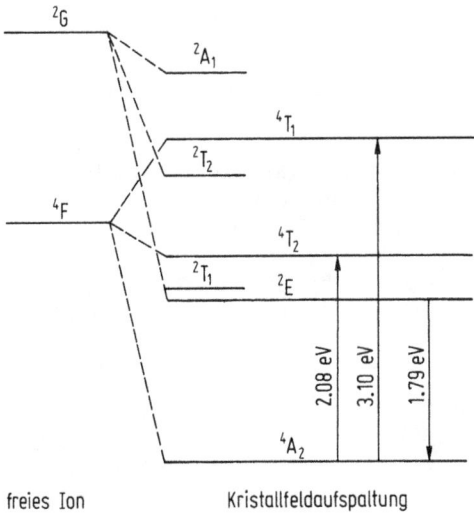

Abb. 1.72 Energieniveauschema des Cr^{3+}-Ions im oktaedrischen Kristallfeld beim Rubin. Eingezeichnet sind die erlaubten Übergänge für die Laser-Anregung sowie der Übergang der roten Laser-Emissionslinie. Der ^4F-Grundzustand des freien Ions ist siebenfach bahnentartet und spaltet durch das Kristallfeld in drei Niveaus $^4T_1$, $^4T_2$ und $^4A_2$ auf.

tet. Diese Übergänge werden deshalb zur Anregung des Lasers (Energieaufnahme oder Pumpen) verwendet. Demgegenüber ist die Übergangswahrscheinlichkeit vom angeregten ^2E-Zustand in den Grundzustand $^4A_2$ wesentlich kleiner. Bei diesem Übergang wird das rote Laserlicht vom Chrom-Zentrum emittiert. Einzelheiten über die Funktion des Rubin-Lasers finden sich im Band Optik dieses Lehrbuches.

Literatur

Weiterführende Literatur

Böer, Karl W., Survey of Semiconductor Physics, John Wiley & Sons, New York, 2002
Brüesch, P., Phonons: Theory and Experiments I, Springer Series in Solid State Sciences 34, Berlin, 1982
Grosse, P., Freie Elektronen in Festkörpern, Springer, Berlin, 1979
Harth, W., Halbleitertechnologie, Teubner, Stuttgart, 1981
Hellwege, K.-H., Einführung in die Festkörperphysik, Springer, Berlin, 1976
Ibach, H., Lüth, H., Festkörperphysik, Springer, Berlin, 1981
Kittel, Ch., Einführung in die Festkörperphysik, Oldenbourg, München, 1973
Kopitzki, K., Einführung in die Festkörperphysik, Teubner, Stuttgart, 1986
Weißmantel, Ch., Hamann, C., Grundlagen der Festkörperphysik, Springer, 1979
Ziman, J.M., Prinzipien der Festkörpertheorie, Harri Deutsch, Zürich, 1975

Zitierte Publikationen

[1] Krebs, H., Steiffen, R., Z. anorg. allg. Chem. **327**, 224, 1964
[2] Leys, M.R., van Opdorp, C., Viegers, M.P.A., Talen-Van der Mheen, H.J., J. Crystal Growth **68**, 431, 1984
[3] Barnes, R.B., Czerny, M., Z. Phys. **72**, 447, 1931
[4] Dietz, R.E., Thomas, O.G., Hopfield, J.J., Phys. Rev. Lett. **8**, 391, 1962; Hopfield, J.J., Thomas, D.G., Lynch, R.T, Phys. Rev. Lett. **17**, 312, 1966
[5] Strauch, D., Dorner, B., private Mitteilung, 1987
[6] Yin, M.T., Cohen, M.L., Phys. Rev. **B26**, 5668, 1982
[7] Chelikowski, J., Chadi, D.J., Cohen, M.L., Phys. Rev. **B8**, 2786, 1973
[8] Ley, L., Pollack, R.A., McFeely, FR., Kowalczyk, S.P, Shirley, D.A., Phys. Rev. **B9**, 600, 1974

2 Kristallstrukturen

Peter Luger

2.1 Grundlagen

2.1.1 Geschichtlicher Überblick

Kristalle zeichnen sich durch ein besonderes Ordnungsprinzip vor allen anderen Festkörpern aus. Sie fallen durch einen ebenflächig begrenzten Habitus auf, sind in der Regel durchscheinend und unterscheiden sich damit allein durch ihr Aussehen von allen anderen Stoffen. Für Materie dieser Art wurde das griechische Wort κρνσταλλος (kristallos = Eis) benutzt, mit dem ursprünglich der Geograph Strabo (geb. 64 v. Chr.) Bergkristalle aus Indien beschrieb, weil sie ihrer regelmäßigen Form wegen mit Eiskristallen vergleichbar waren.

Über die mikroskopischen Ursachen dieser makroskopisch beobachtbaren Regelmäßigkeiten war lange Zeit nichts bekannt. Die erste modern klingende Vorstellung vom Aufbau eines Kristalls wurde von Huygens im Rahmen seiner Arbeit über die Wellennatur des Lichts (Traité de la lumière, 1690) formuliert, in der die Eigenschaften der Kristalle über einen Aufbau aus sehr kleinen – unsichtbaren – Ellipsoid-Teilchen erklärt wurden. Der Schwede Torbern Bergman (1773) und der Franzose René Just Haüy (1782) schufen dann die Vorstellung, dass ein Kristall

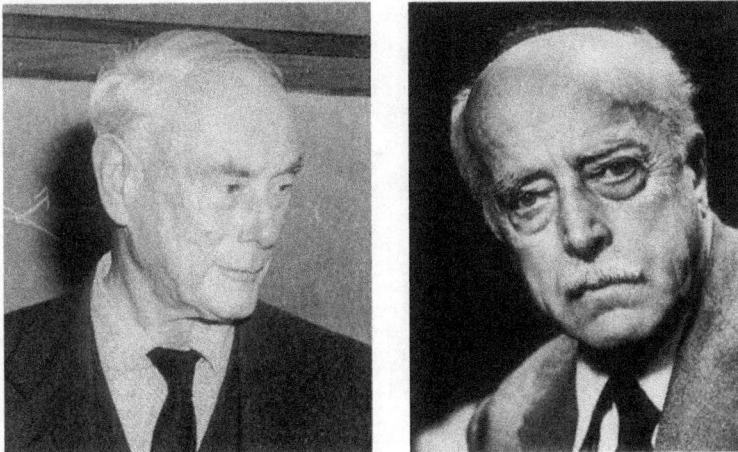

Abb. 2.1 „Väter" der Kristallstrukturanalyse: Peter Paul Ewald (1888–1985), links; Max von Laue (1879–1960), rechts.

aus einem Mauerwerk von parallelepipedartigen Ziegeln bestehen sollte. Damit war die Vorstellung vom Raumgitter geboren, ohne dass eine Aussage über die Struktur eines Bausteins gemacht werden konnte.

Das wichtigste neuere Datum für die Kristallstrukturforschung ist das Jahr 1912, als von Laue (Abb. 2.1) zusammen mit Friedrich und Knipping [1] die Beugung von Röntgenstrahlen an Kristallen nachwiesen und damit nicht nur den Wellencharakter der erst 17 Jahre vorher entdeckten Röntgenstrahlen bestätigten, sondern ihnen auch der Beweis der periodischen Atomanordnung im Kristall gelang (Abb. 2.2).

Damit war ein neues Teilgebiet der Kristallographie geboren, die Kristallstrukturanalyse, die einen ungeahnten Aufschwung nehmen sollte. Noch im Jahr 1912 wurde die Röntgenbeugung am Kristall theoretisch beschrieben, durch von Laue selbst sowie von Ewald (Abb. 2.1) [2] und den Engländern W. H. Bragg und W. L. Bragg (Vater und Sohn). Die „Bragg'sche Gleichung", eine der fundamentalen Formeln auf diesem Gebiet, wurde bereits auf einer Tagung im November 1912 mitgeteilt und schon 1913 wurde die erste Kristallstruktur, nämlich von Natriumchlorid, von Vater und Sohn Bragg publiziert [3].

Zunächst hatte die Kristallstrukturanalyse etwa 40–50 Jahre lang mit erheblichen Schwierigkeiten zu kämpfen, um auch bei etwas größeren Verbindungen eingesetzt werden zu können. Einerseits waren die wirkungsvollsten Methoden zur Lösung des sog. „Phasenproblems" (s. Abschn. 2.3.5) noch nicht entwickelt, andererseits stellte in einer Zeit ohne elektronische Rechenanlagen der enorme numerische Rechenaufwand ein fast unüberwindliches Hindernis dar. In den sechziger Jahren erfolgte schließlich der Durchbruch, nachdem die in den fünfziger Jahren entwickelten „Direkten Methoden" über raffinierte und sehr benutzerfreundliche Computerpro-

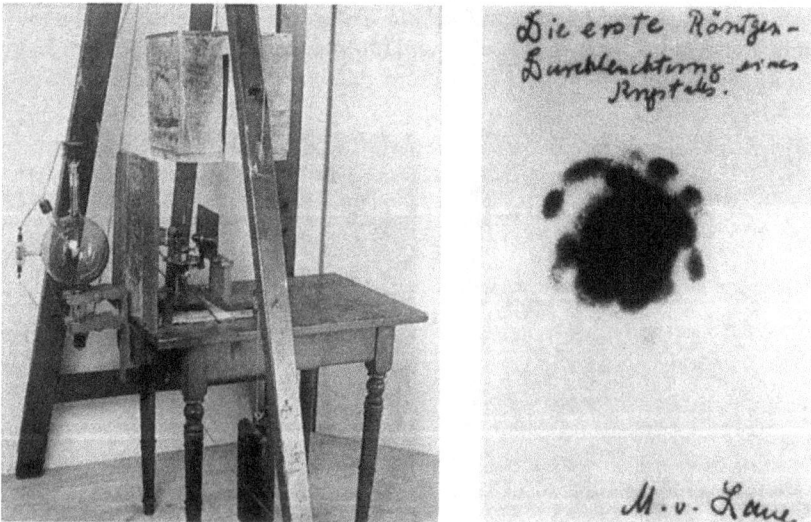

Abb. 2.2 *Links:* Nachbau der Originalapparatur, mit der 1912 das erste Beugungsexperiment an einem Kristall von Friedrich, Knipping und von Laue durchgeführt wurde (Deutsches Museum München). *Rechts:* Erste Röntgenbeugungsaufnahme eines Kristalls, von Max von Laue signiert.

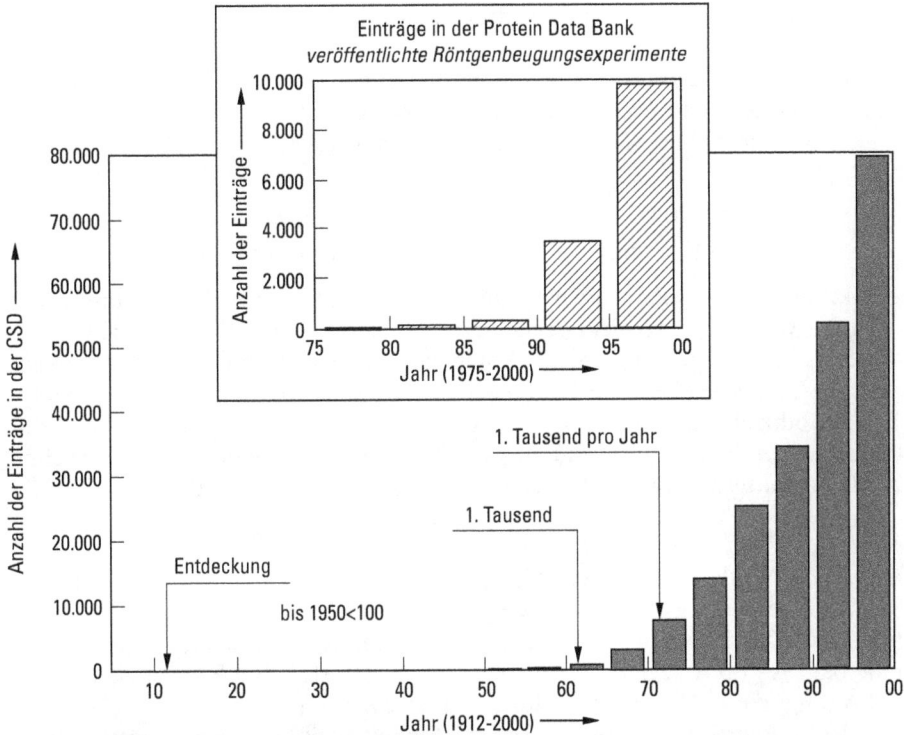

Abb. 2.3 Einträge von weltweit publizierten Kristallstrukturen organischer und organometallischer Verbindungen in die Cambridge Structural Data Base (CSD) [4] in Fünfjahresintervallen. Insert: Entsprechende Einträge makromolekularer Strukturen in die Protein Data Bank (PDB) [5].

gramme weltweit anwendbar wurden und die schnellen Rechner das Problem des numerischen Rechenaufwandes de facto beseitigt hatten.

Abbildung 2.3 zeigt die stürmische Entwicklung der Kristallstrukturforschung, illustriert an der Zahl der Einträge in den beiden wichtigsten Datenbanken für weltweit publizierte Kristallstrukturen. Während für die ersten 1000 Strukturen 50 Jahre seit der Entdeckung der Methode vergehen mussten, werden derzeit pro Jahr etwa 20 000 neue Kristallstrukturen bekannt. Im Frühjahr 2002 hat die International Union of Crystallography (IUCr) den viertelmillionsten Eintrag in die Cambridge Structural Data Base bekanntgegeben. Heute gilt die Kristallstrukturanalyse als die sicherste, genaueste und inzwischen auch als eine der schnellsten Methoden, um atomare Strukturen im Festkörper zu bestimmen. Ihre Anwendung erfolgt in zahlreichen Disziplinen wie der Festkörperphysik, den Materialwissenschaften, der Chemie/Biochemie, der Biologie oder der Arzneimittelforschung.

Gegenstand dieses Kapitels sind die theoretischen und experimentellen Grundlagen dieser Methode und an Hand ausgewählter Beispiele ihre Ergebnisse und Anwendungsmöglichkeiten in den verschiedenen Disziplinen.

2.1.2 Periodizität, Kristallgitter, Gitterkonstanten

Ein Kristall ist ein Festkörper, bei dem die Materie in drei nicht koplanaren Raumrichtungen periodisch angeordnet ist (Abb. 2.4). Bezeichnen wir die „Materieverteilung", die wir später noch genauer spezifizieren müssen, zunächst neutral mit $q(r)$, so gilt

$$q(r) = q(r + a) = \ldots q(r + ma) = \ldots q(r + nb) = \ldots q(r + pc)$$
$$= \ldots q(r + ma + nb + pc), \quad m, n, p \text{ ganze Zahlen}. \tag{2.1}$$

Die Vektoren a, b, c, spannen ein Volumenelement auf – die nicht periodische Untereinheit – welches als **Elementarzelle** bezeichnet wird. In der Regel ist die Elementarzelle das *kleinste* nicht periodische Volumenelement, aus Symmetriegründen kann es auch Ausnahmen geben. Das Volumen V ist durch das Spatprodukt (abc) gegeben.

Die Periodizitätsvektoren a, b, c heißen *Elementarzell-* oder häufiger *Gitterkonstantenvektoren*. Ihre Längen und die zwischen ihnen gebildeten Winkel bezeichnet man als die **Gitterkonstanten** des Kristalls. Dies sind also folgende sechs Größen:

$$a = |a|, \quad b = |b|, \quad c = |c|, \quad \alpha = \sphericalangle(b, c), \quad \beta = \sphericalangle(c, a), \quad \gamma = \sphericalangle(a, b). \tag{2.2}$$

Während die Winkel üblicherweise in Grad angegeben werden, hat man früher für die Längen gern die Einheit Å ($1\,\text{Å} = 10^{-10}\,\text{m}$) gewählt, weil dann die atomaren Bindungsabstände auch in Å angegeben werden konnten und weil ihre Zahlenwerte gerade bei $1\,\text{Å}$–$1.5\,\text{Å}$ liegen. (Die Kohlenstoff-Wasserstoff-Bindung ist ziemlich genau $1\,\text{Å}$ lang, die C-C-Einfachbindung beträgt ca. $1.5\,\text{Å}$.)

Seit der konsequenten Einführung der SI-Einheiten gibt man die Längeneinheiten in der Kristallstrukturforschung entweder in pm ($10^{-12}\,\text{m}$) oder nm ($10^{-9}\,\text{m}$) an, d. h. $1\,\text{Å} = 100\,\text{pm} = 0.1\,\text{nm}$.

Die Gitterkonstantenvektoren stellen im mathematischen Sinn eine Basis des dreidimensionalen Raumes dar und können daher zur Grundlage eines Koordinaten-

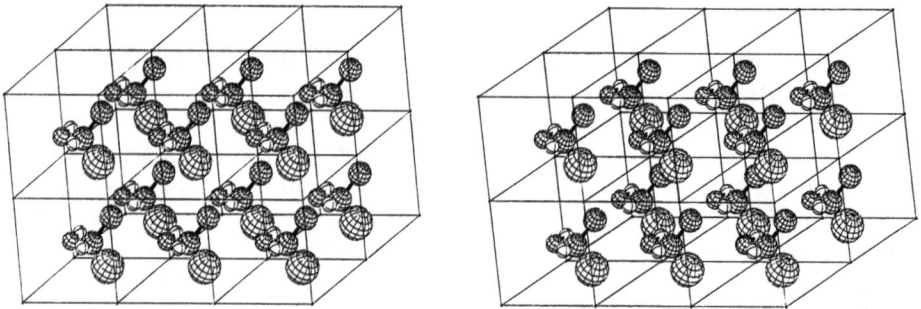

Abb. 2.4 Dreidimensionale periodische Atomanordnung in einem Kristall. Das hier dargestellte Stereobildpaar wurde – wie zahlreiche der folgenden Strukturbilder – mit dem Graphikprogramm SCHAKAL (Keller, E., Chemie in unserer Zeit *14*, 56 (1980) siehe auch Lit. [51]) erzeugt. Man erhält auch ohne entsprechende Sehhilfe einen räumlichen Eindruck dieser Abbildungen, wenn bei Betrachtung aus etwa 30 cm Entfernung das Auge auf „unendlich" akkommodiert wird. Dann verschmelzen die beiden Teilbilder zu einem gemeinsamen dritten Bild in der Mitte, das einen Stereoeffekt haben sollte.

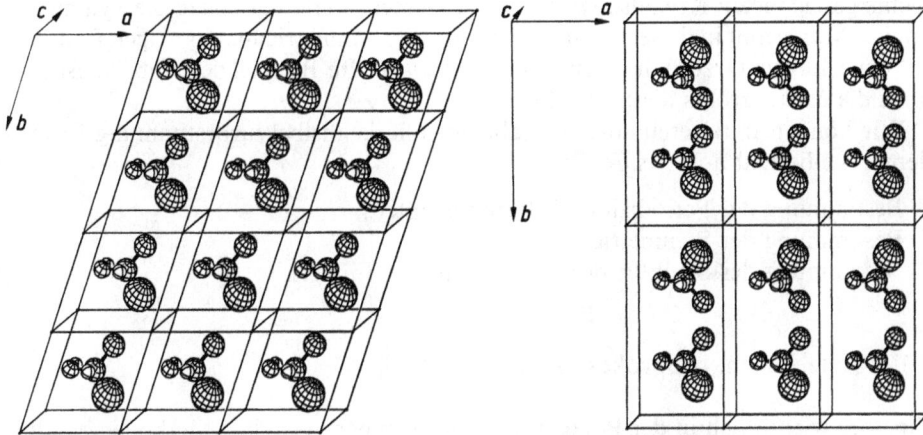

Abb. 2.5 Einfluss der Symmetrie auf die Größe der Elementarzelle und die Wahl der Gitterkonstantenvektoren.

systems im Kristall gemacht werden, das allerdings den Nachteil hat (den man in Kauf nimmt!), weder orthogonal noch normiert zu sein. Ein Punkt im Kristall, z. B. der Ort eines Atoms, kann dann durch den Ortsvektor

$$r = xa + yb + zc$$

eindeutig beschrieben werden, für den auch die übliche verkürzte Vektortripeldarstellung verwendet wird, die in der Kristallographie gern *waagerecht* geschrieben wird, $r = (x, y, z)$. Die dimensionslosen Größen x, y, z heißen *fraktionelle* Koordinaten, weil Punkte *innerhalb* einer einmal gewählten Elementarzelle Werte für x, y und z zwischen 0 und 1 haben.

Punkte, deren Ortsvektoren von der Form

$$r = ma + nb + pc, \quad m, n, p \text{ ganzzahlig,} \tag{2.3}$$

sind (d. h. die einen Eckpunkt einer Elementarzelle darstellen), bezeichnet man als *Gitterpunkte*. Die Gesamtheit der Gitterpunkte spannt das **Kristallgitter** auf.

Makroskopisch lässt sich an vielen Kristallen eine Symmetrie der äußeren Form, des *Habitus*, beobachten. Diese Symmetrie, die von der Elementarzelle ausgeht (also mikroskopisch vorhanden ist), ist ein wichtiger Aspekt bei der Bestimmung einer Kristallstruktur. Erste Auswirkungen einer etwa vorhandenen Symmetrie betrachten wir in Abb. 2.5.

In dem links zur Vereinfachung zweidimensional gezeichneten Kristall ist außer der reinen Translation keine weitere Symmetrie vorhanden, die Elementarzelle enthält gerade ein Strukturmotiv. In dem rechts dargestellten Kristall ist das gleiche Motiv noch einmal in einer anderen – spiegelbildlichen – Anordnung vorhanden, so dass die Elementarzelle erst bei Wiederkehr der *zweiten* Reihe in *b*-Richtung endet. Sie enthält also das Motiv zweimal. Ferner erzwingt die interne Symmetrie eine spezielle Anordnung der Gitterkonstantenvektoren, hier $b \perp a, c$. Will man nun die Struktur eines Kristalls bestimmen, so genügt es offensichtlich auch im Fall des rechts gezeichneten Kristalls, *ein* Motiv zu kennen, wenn man dazu die Symmetrie angibt. Man nennt in diesem Zusammenhang den symmetrieunabhängigen Bestandteil einer Elementarzelle die *asymmetrische Einheit*. Im Beispiel der Abb. 2.5 ist dies links die ganze, rechts die halbe Zelle.

Wir können nun bereits die Aufgabe einer Kristallstrukturbestimmung formulieren. Sie besteht aus drei Teilen:

1. Bestimmung der Periodizität (Gitterkonstanten),
2. Bestimmung der Symmetrie,
3. Bestimmung der Struktur der asymmetrischen Einheit.

2.1.3 Netzebenen, reziprokes Gitter

Eine der wichtigsten in der Praxis verwendeten experimentellen Methoden zur Bestimmung von Kristallstrukturen ist die Röntgenbeugung, die Max von Laue, wie bereits erwähnt, in seinem klassischen Experiment von 1912 begründete.

Die wesentlichen Ergebnisse der Beugungstheorie können auf sehr einfache und anschauliche Weise dargestellt werden (s. Abschn. 2.3.1), wenn wir vorher noch einige weitere Grundbegriffe wie *Netzebenen* und *reziprokes* Gitter einführen.

Verbindet man in einem Kristall alle Gitterpunkte durch parallele Ebenen, so werden diese als **Netzebenen**, die entstehenden Ebenenscharen als *Netzebenenscharen* bezeichnet (Abb. 2.6). Da die Netzebenen in der Beugungstheorie eine zentrale Rolle spielen, ist es nötig, eine mathematische Beschreibung der Netzebenen anzugeben. Hierzu bietet sich die Hesse'sche Normalform der Ebenengleichung an,

$$re = D$$

in der *e* der Stellungsvektor und *D* der Nullpunktsabstand ist. Man kann nun zeigen, dass jede Netzebene die Eigenschaft hat, von den Gitterkonstantenvektoren die Achsenabschnitte

$$\frac{1}{h}\,a,\ \frac{1}{k}\,b,\ \frac{1}{l}\,c \quad \text{mit rationalen } h,\,k,\,l$$

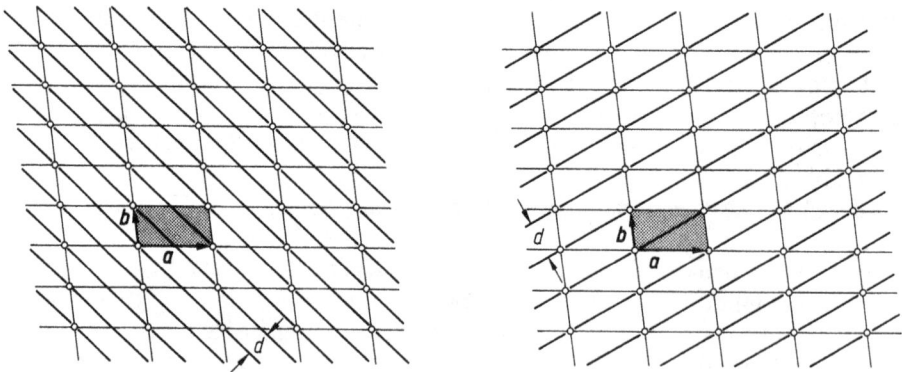

Abb. 2.6 Netzebenen, Netzebenenscharen.

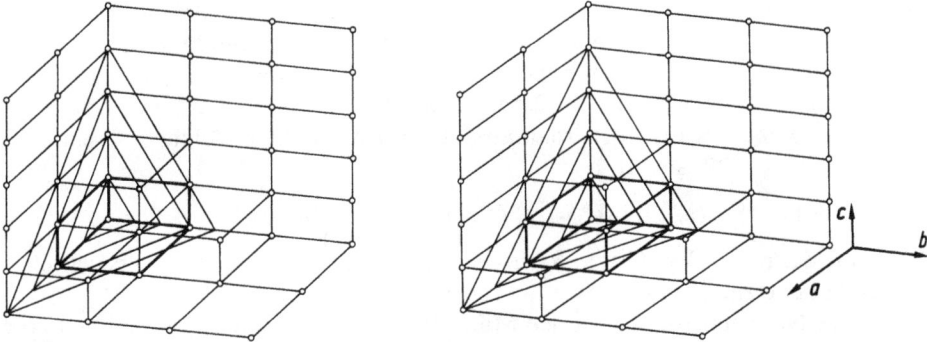

Abb. 2.7   Netzebenenschar mit den Achsenabschnitten $\dfrac{m}{2}\,\boldsymbol{a}$, $\dfrac{m}{3}\,\boldsymbol{b}$ und $\dfrac{m}{1}\,\boldsymbol{c}$ ($m = 1, \ldots, 4$) und den entsprechenden Miller-Indizes (2, 3, 1), Stereobildpaar.

abzuschneiden, und dass die dem Nullpunkt der gewählten Elementarzelle am nächsten gelegene Netzebene sogar Achsenabschnitte hat, für die h, k und l teilerfremde ganze Zahlen sind. Diese für die ganze Netzebenenschar charakteristischen ganzen Zahlen bezeichnet man als die *Miller-Indizes* der Netzebenenschar. (Näheres zu diesem nicht ganz trivialen Sachverhalt z. B. in Luger, „Modern X-Ray Analysis on Single Crystals", S. 36 ff.)

In Abb. 2.7 betragen die Achsenabschnitte $\frac{1}{2}\,\boldsymbol{a}$, $\frac{1}{3}\,\boldsymbol{b}$, $1\,\boldsymbol{c}$ für die dem Nullpunkt am nächsten gelegene Netzebene, d. h. die Miller'schen Indizes sind $(h, k, l) = (2, 3, 1)$.

Aus den Achsenabschnitten kann man leicht den Stellungsvektor und den Nullpunktabstand herleiten, wenn man vorher noch eine Konstruktion einführt, die bei der Beschreibung von Kristallen eine wichtige Rolle spielt, nämlich die *reziproken Gitterkonstantenvektoren*.

Die Vektoren

$$\boldsymbol{a}^* = \frac{\boldsymbol{b} \times \boldsymbol{c}}{(\boldsymbol{a}\,\boldsymbol{b}\,\boldsymbol{c})}$$

$$\boldsymbol{b}^* = \frac{\boldsymbol{c} \times \boldsymbol{a}}{(\boldsymbol{a}\,\boldsymbol{b}\,\boldsymbol{c})}$$

$$\boldsymbol{c}^* = \frac{\boldsymbol{a} \times \boldsymbol{b}}{(\boldsymbol{a}\,\boldsymbol{b}\,\boldsymbol{c})} \tag{2.4}$$

bezeichnet man als reziproke Gitterkonstantenvektoren, die Größen

$$a^* = |\boldsymbol{a}^*|, \quad b^* = |\boldsymbol{b}^*|, \quad c^* = |\boldsymbol{c}^*|,$$

$$\alpha^* = \sphericalangle(\boldsymbol{b}^*, \boldsymbol{c}^*), \quad \beta^* = \sphericalangle(\boldsymbol{c}^*, \boldsymbol{a}^*), \quad \gamma^* = \sphericalangle(\boldsymbol{a}^*, \boldsymbol{b}^*) \tag{2.5}$$

heißen *reziproke Gitterkonstanten*.

Das von den Vektoren

$$\boldsymbol{h} = h\boldsymbol{a}^* + k\boldsymbol{b}^* + l\boldsymbol{c}^* \quad h, k, l \text{ ganzzahlig,}$$

aufgespannte Gitter heißt **reziprokes Gitter**, das bereits vorher definierte Kristall-gitter bezeichnet man in diesem Zusammenhang auch gern als *direktes Gitter*, ebenso wie man die Gitterkonstanten auch gern als direkte *Gitterkonstanten* bezeichnet. Die Beträge der reziproken Gitterkonstantenvektoren haben die Dimension einer reziproken Länge. Konstruiert man analog zu dem direkten Volumen V ein rezi-prokes Volumen V^*, so gilt:

$$\text{Aus} \quad V = (\boldsymbol{abc}), \quad V^* = (\boldsymbol{a}^*\boldsymbol{b}^*\boldsymbol{c}^*) \quad \text{folgt:} \quad VV^* = 1. \tag{2.6}$$

Mit Hilfe des reziproken Gitters kann man zeigen, dass sich jeder Netzebenenschar eindeutig ein reziproker Gittervektor zuordnen lässt. Es gilt:

(1) Eine Netzebenenschar mit den Miller-Indizes (h, k, l) hat den Stellungsvektor

$$\boldsymbol{e} = \frac{\boldsymbol{h}}{|\boldsymbol{h}|}, \tag{2.7}$$

wobei $\boldsymbol{h}$ ein reziproker Gittervektor der Form

$$\boldsymbol{h} = h\boldsymbol{a}^* + k\boldsymbol{b}^* + l\boldsymbol{c}^*$$

ist.

(2) Für den Netzebenenabstand d gilt

$$d = \frac{1}{|\boldsymbol{h}|}. \tag{2.8}$$

Der Beweis kann mit elementarer Vektoralgebra geführt werden.

Zwei Anmerkungen: (1) Sind ein oder mehrere Indizes von $\boldsymbol{h}$ null, so hat die zu-gehörige Netzebene *keinen* Schnittpunkt mit dem entsprechenden Gitterkonstanten-vektor (der Achsenabschnitt ist „*unendlich*", sein Kehrwert ist null!). So ist die zu $\boldsymbol{h} = (100)$ gehörende Netzebene parallel zur $\boldsymbol{b}$, $\boldsymbol{c}$-Ebene.

(2) Liegt ein reziproker Gittervektor $\boldsymbol{h}$ mit nicht teilerfremden Indizes vor, d. h. gilt

$$h = mh', \quad k = mk', \quad l = ml', \quad h', k', l' \text{ teilerfremd,}$$

so gehört die zugehörige Netzebene zur Netzebenenschar mit den Miller-Indizes (h', k', l'). Sie hat die Achsenabschnitte

$$\frac{m}{h'}\boldsymbol{a}, \quad \frac{m}{k'}\boldsymbol{b}, \quad \frac{m}{l'}\boldsymbol{c}.$$

2.2 Kristallsymmetrie

2.2.1 Punktgruppensymmetrieoperationen, Kristallklassen

Wie bereits erwähnt, stellt man bei der Beobachtung der makroskopischen Gestalt von Kristallen eine mehr oder weniger ausgeprägte Symmetrie des Habitus fest. Wir hatten bereits darauf hingewiesen, dass zwischen dieser makroskopischen Sym-metrie und der mikroskopischen Symmetrie der Elementarzelle eine Korrespondenz bestehen muss.

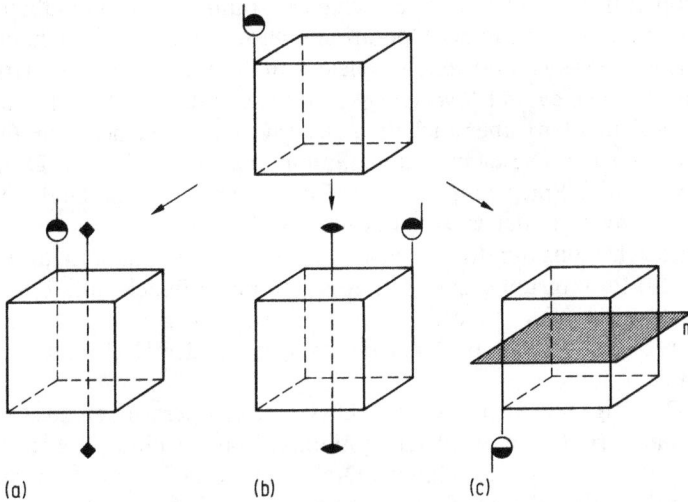

Abb. 2.8 Symmetrie an einem Würfel. Die Symmetrieoperationen sind Drehungen um 90°
(a) und 180° (b) bzw. eine Spiegelung (c). Das Fähnchen zeigt jeweils an, welche Operation
durchgeführt ist. Ohne diese Markierung wäre der Würfel ununterscheidbar von seinem vorigen Zustand. Die Symmetrieelemente (gleichzeitig auch geometrische Orte der Fixpunkte)
sind die vier- und zweizählige Achse (a, b) und die Spiegelebene (c).

Die Symmetrie eines Kristalls hat nicht nur einen großen Einfluss auf zahlreiche
physikalische Eigenschaften (z. B. ist Piezoelektrizität nur bei Vorhandensein polarer
Achsen möglich), sie spielt auch bei der Kristallstrukturbestimmung eine große Rolle. Es ist daher erforderlich, die Kristallsymmetrie detailliert zu betrachten. Folgt
man der üblichen Definition, so ist ein Körper dann symmetrisch, wenn eine geometrische Operation existiert, nach deren Ausführung der Körper ununterscheidbar
von seinem vorherigen Zustand ist. Diese Operation nennt man **Symmetrieoperation**.
So sind zum Beispiel bei einem Würfel mehrere Symmetrieoperationen möglich,
wie etwa Drehungen um 90° oder 180° (Abb. 2.8a, b) oder Spiegelungen (Abb. 2.8c).

Die in einem Kristall vorhandenen Symmetrieoperationen müssen nun nicht nur
die oben genannte Definition erfüllen, sondern sie müssen auch noch mit der dreidimensionalen Periodizität vereinbar sein. Diese zusätzliche Bedingung schränkt die
in einem Kristall möglichen Symmetrieoperationen stark ein. Wir wollen zunächst
einige grundlegende Begriffe einführen. Das zu einer Symmetrieoperation gehörende
geometrische Objekt heißt **Symmetrieelement**.

Beispiele: Zur Operation *der Spiegelung an einer Ebene* gehört als Symmetrieelement die *Spiegelebene*. Zur *Drehung um eine Achse* gehört das Symmetrieelement
Drehachse. Sind n gleichartige aufeinanderfolgende Drehungen erforderlich, um einen Punkt in seine Ausgangslage zu überführen, so heißt die Drehachse *n*-zählig,
der Drehwinkel ist dann $\varphi = 360°/n$. Im oben erwähnten Beispiel der Drehung am
Würfel liegt bei der Drehung um 90° eine vierzählige, bei der Drehung um 180°
eine zweizählige Achse vor.

Symmetrieoperationen, die mindestens einen Fixpunkt im Raum haben (d. h. einen Punkt, der bei Ausführung der Operation invariant bleibt), bezeichnet man als *Punktgruppensymmetrieoperationen*. Beispiele von Punktgruppensymmetrieoperationen sind die *Drehungen* und *Spiegelungen* (die Fixpunkte liegen auf den zugehörigen Symmetrieelementen), aber auch die *Punktspiegelung* an einem sog. *Inversions-* oder *Symmetriezentrum*. Diese Operation kann man auch ansehen als Drehung um 180° gefolgt von einer Spiegelung an einer Ebene senkrecht zur Drehachse. Hier ist das Symmetriezentrum der einzige Fixpunkt (Abb. 2.9f).

Unter Berücksichtigung der dreidimensionalen Periodizität gilt nun, dass in einem Kristall genau 10 Punktgruppensymmetrieoperationen möglich sind, und zwar die 1-, 2-, 3-, 4- und 6-zähligen Drehachsen und ihre zugehörigen sog. *Drehinversionsachsen*. Letztere sind als Kombinationen der entsprechenden Drehachsen mit einem Inversionszentrum definiert.

Abbildung 2.9 zeigt alle 10 Punktgruppensymmetrieoperationen zusammen mit der in der Kristallographie verwendeten Symbolik. Man beachte, dass das Symmetriezentrum (Symbol i) mit der einzähligen Drehinversionsachse zusammenfällt, also $\bar{1} = i$ und dass die Spiegelebene (Symbol m) gleich der $\bar{2}$-Achse ist.

In der Regel liegen in einem Kristall nicht nur eine, sondern mehrere Symmetrieoperationen vor. In dem Beispiel der Abb. 2.10 enthält eine Elementarzelle vier Moleküle, die über eine Spiegelebene und eine zweizählige Achse verbunden sind, wobei durch das gleichzeitige Vorhandensein dieser beiden Symmetrieelemente zusätzlich ein Symmetriezentrum in ihrem Schnittpunkt erzeugt wird.

Mit gruppentheoretischen Mitteln kann man nun zeigen, dass die Menge aller in einem Kristall vorhandenen Symmetrieoperationen die Eigenschaften einer mathematischen Gruppe, der sog. Symmetriegruppe des Kristalls, erfüllen. Man kann ferner zeigen, dass die Bildung von Symmetriegruppen aus den 10 Punktgruppensymmetrieoperationen auf 32 Möglichkeiten beschränkt ist. Diese 32 möglichen Symmetriegruppen heißen die **32 Kristallklassen**. Jeder Kristall gehört bezüglich sei-

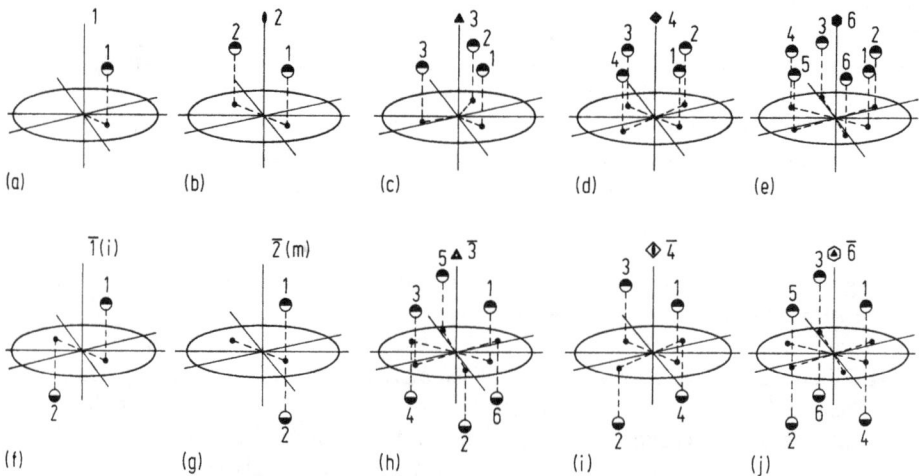

Abb. 2.9   Die zehn Punktgruppensymmetrieoperationen.

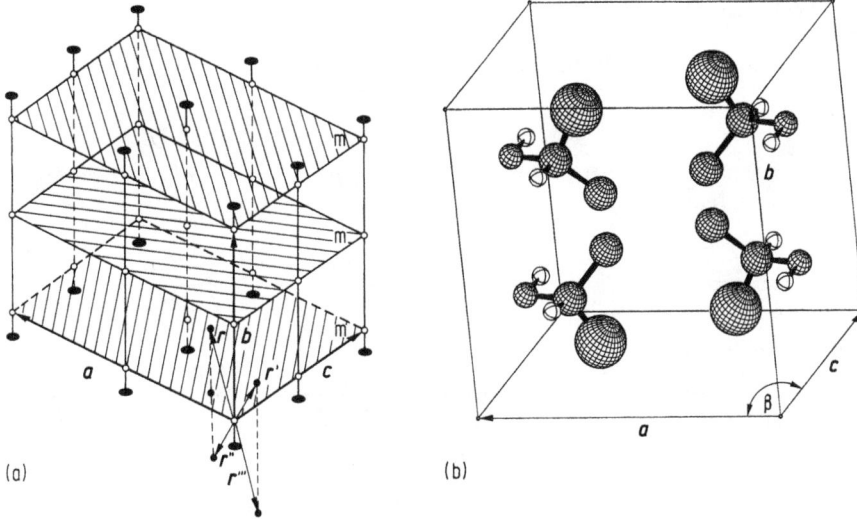

Abb. 2.10 Verteilung der Symmetrieelemente (a) und Beispiel einer Kristallstruktur (b) in der Kristallklasse 2/m.

ner Symmetrie einer dieser Kristallklassen an. Eine Übersicht aller 32 Kristallklassen zeigt Tab. 2.1.

Beispiel: Der in Abb. 2.10 dargestellte Kristall gehört der Kristallklasse 2/m an, die in der Natur am häufigsten vorkommt (der Schrägstrich in der Symbolik gibt an, dass die zweizählige Achse senkrecht auf der Spiegelebene steht). Sie enthält die vier Symmetrieelemente 1 (die Identität darf schon aus gruppentheoretischen Gründen nicht vergessen werden!), 2, m($= \overline{2}$) und i($= \overline{1}$), die allerdings in der Elementarzelle mehrfach vorkommen (Abb. 2.10a).

Wir hatten bereits einleitend darauf hingewiesen, dass die Symmetrie die Wahl der Gitterkonstantenvektoren und damit die Wahl des Koordinatensystems erheblich beeinflusst.

Man kann nun zeigen, dass es sinnvoll ist, sieben unterschiedliche Koordinatensysteme zu verwenden, mit denen die Beschreibung der Kristallsymmetrie besonders vereinfacht wird. Diese in Tab. 2.2 zusammen mit den einschränkenden Bedingungen für die Gitterkonstantenvektoren angegebenen Koordinatensysteme heißen in der Kristallographie **Kristallsysteme**. Jede Kristallklasse wird einem Kristallsystem zugeordnet (Tab. 2.1).

Die Einführung der Kristallsysteme hat den Vorteil, dass jede Punktgruppensymmetrieoperation durch eine einfache 3 × 3-Matrix beschrieben werden kann, deren Elemente nur ganze Zahlen sind.

Wir wollen dies am Beispiel des monoklinen Systems belegen. Da einer der Winkel von 90° verschieden sein kann, gibt es in diesem System eine ausgezeichnete Richtung, die als *monokline Achse* bezeichnet wird. Nach der sog. „second-setting"-Konvention wird der Gitterkonstantenvektor *b* zur monoklinen Achse bestimmt (Abb. 2.10), dann ist der „monokline" Winkel, also der Winkel, der von 90° ab-

Tab. 2.1 Die 32 Kristallklassen.

Nr.	Kristallsystem	Schoenflies*	Hermann und Mauguin*	Laue-Symmetrie
1	Triklin	C_1	1	
2		C_i	$\bar{1}$	$\bar{1}$
3	Monoklin	C_2	2	
4		C_s	m	
5		C_{2h}	2/m	2/m
6	Orthorhombisch	D_2	222	
7		C_{2v}	mm2	
8		D_{2h}	mmm	mmm
9	Tetragonal	C_4	4	
10		S_4	$\bar{4}$	
11		C_{4h}	4/m	4/m
12		D_4	422	
13		C_{4v}	4 mm	
14		D_{2d}	$\bar{4}2\,m$	
15		D_{4h}	4/mmm	4/mmm
16	Trigonal	C_3	3	
17		C_{3i}	$\bar{3}$	$\bar{3}$
18		D_3	32	
19		C_{3v}	3 m	
20		D_{3d}	$\bar{3}$ m	$\bar{3}$ m
21	Hexagonal	C_6	6	
22		C_{3h}	$\bar{6}$	
23		C_{6h}	6/m	6/m
24		D_6	622	
25		C_{6v}	6 mm	
26		D_{3h}	$\bar{6}2m$	
27		D_{6h}	6/mmm	6/mmm
28	Kubisch	T	23	
29		T_h	m3	m3
30		O	432	
31		T_d	$\bar{4}3m$	
32		O_h	m3m	m3m

* Für die Symbolik der Kristallklassen wird einmal die Nomenklatur nach Schoenflies und eine andere nach Hermann und Mauguin verwendet. Letztere ist als die offizielle Symbolik anzusehen.

Tab. 2.2 Die sieben Kristallsysteme.

Name	Bedingungen für die Gitterkonstanten
Triklin	keine Einschränkung für a, b, c, α, β, γ
Monoklin	keine Einschränkung für a, b, c, β; $\alpha = \gamma = 90°$ (2nd setting) keine Einschränkung für a, b, c, γ; $\alpha = \beta = 90°$ (1st setting)
Orthorhombisch	keine Einschränkung für a, b, c; $\alpha = \beta = \gamma = 90°$
Tetragonal	keine Einschränkung für a und c, jedoch $a = b$ und $\alpha = \beta = \gamma = 90°$
Hexagonal	keine Einschränkung für a und c, jedoch $a = b$; $\alpha = \beta = 90°$, $\gamma = 120°$
Trigonal (rhomboedrische Aufstellung)	keine Einschränkung für a, jedoch $a = b = c$; keine Einschränkung für α, jedoch $\alpha = \beta = \gamma$
Kubisch	keine Einschränkung für a, jedoch $a = b = c$; $\alpha = \beta = \gamma = 90°$

weichen kann, β (nach der alternativen „first-setting"-Konvention werden c und γ als monokline Achse bzw. Winkel gewählt).

Nach Tab. 2.1 gehören die Kristallklassen 2, m und 2/m zum monoklinen Kristallsystem. Bei ihnen ist eine Vorzugsrichtung die Richtung der zweizähligen Achse oder die Normale der Spiegelebene (die in 2/m zusammenfallen!). Wir legen nun die monokline Achse in diese Vorzugsrichtung und betrachten als Beispiel noch einmal den Kristall der Kristallklasse 2/m in diesem System (Abb. 2.10a). Für ein Atom mit dem Ortsvektor $r = (x, y, z)$ lassen sich die symmetrieverwandten Lagen leicht angeben. Bezüglich der zweizähligen Achse ist

$$r' = (-x, y, -z) \quad \text{oder} \quad r' = \begin{pmatrix} -1 & 0 & 0 \\ 0 & 1 & 0 \\ 0 & 0 & -1 \end{pmatrix} r .$$

Für die Spiegelebene gilt

$$r'' = (x, -y, z) \quad \text{oder} \quad r'' = \begin{pmatrix} 1 & 0 & 0 \\ 0 & -1 & 0 \\ 0 & 0 & 1 \end{pmatrix} r .$$

Und schließlich für das Symmetriezentrum

$$r''' = (-x, -y, -z) \quad \text{oder} \quad r''' = \begin{pmatrix} -1 & 0 & 0 \\ 0 & -1 & 0 \\ 0 & 0 & -1 \end{pmatrix} r .$$

Will man alle symmetrieverwandten Punkte in einer gemeinsamen Elementarzelle haben (wie z. B. in Abb. 2.10b), so kann man dies durch Anwendung reiner Translationen erreichen. Damit haben wir für alle Symmetrieoperationen dieser Kristallklasse eine Darstellung durch einfache 3×3-Matrizen erhalten, wenn wir noch die Einheitsmatrix für die Identität hinzufügen. Jede andere Wahl des Koordinatensystems hätte ebenfalls zu 3×3-Matrizen geführt. Da die hier gefundenen aber besonders einfach sind, erweist sich das monokline System als besonders geeignet für die hier vorliegende Symmetrie.

2.2.2 Translationssymmetrie, Bravais-Gitter, Raumgruppen

Bisher hatten alle betrachteten Symmetrieoperationen die Eigenschaft, einen Fixpunkt zu besitzen. Lässt man diese Einschränkung fallen, dann kann man den Punktgruppensymmetrieoperationen Translationen hinzufügen. Das kann auf zweierlei Weise geschehen.

(1) Wir fügen zu allen Symmetrieelementen einer Punktgruppe einen *universellen* Translationsvektor hinzu. Dies führt zur Einführung der 14 sog. Bravais-Gittertypen.

(2) Wir fügen zu einem oder mehreren Symmetrieelementen einen *individuellen* Translationsvektor hinzu. Dies führt zur Einführung von *Schraubenachsen* und *Gleitspiegelebenen*.

Man kann nun zeigen, dass unter Beachtung der dreidimensionalen Periodizität eines Kristalls die Zahl der oben unter (1) und (2) genannten Möglichkeiten begrenzt ist, ebenso wie die Menge der resultierenden Symmetrieelemente.

Aus der unter Hinzunahme von Translationselementen nach (1) und (2) gewonnenen Gesamtheit von Symmetrieelementen kann man insgesamt 230 Symmetriegruppen konstruieren, die man als die **230 Raumgruppen** bezeichnet (Fedorov, 1889 und Schönflies, 1891).

Betrachten wir zunächst die erste Möglichkeit, d. h. wir fügen zu allen Symmetrieelementen (mindestens) einen universellen Translationsvektor hinzu. Gitter mit dieser Eigenschaft heißen *zentrierte Gitter*. Nicht-zentrierte Gitter heißen *primitive Gitter*, sie werden mit dem Gittersymbol P versehen. Bravais hat bereits 1850 gezeigt, dass man bei Anwendung aller möglichen Zentrierungen zu insgesamt 14 Gittertypen, den **14 Bravais-Gittern** kommt, die in Abb. 2.11 schematisch dargestellt sind.

Unter den zentrierten Gittern unterscheidet man (einseitig) *flächenzentrierte* (oder *basiszentrierte*) *Gitter* (Symbole A, B, C, je nach dem, welche Fläche der Elementarzelle betroffen ist), allseitig flächenzentrierte (Symbol F) und *innenzentrierte Gitter* (Symbol I). Ein zentriertes Gitter kann man sich entstanden denken aus mehreren primitiven Gittern, wobei die Verschiebung der Gitter zueinander durch den (oder die) universellen Translationsvektor(en) gegeben ist. Man spricht daher auch von mehrfach primitiven Gittern. So sind die basis- und das innenzentrierte Gitter, bei denen der universelle Translationsvektor eine halbe Flächen-, bzw. Raumdiagonale der Zelle ist, zweifach primitiv. Das allseitig flächenzentrierte Gitter (alle halben Flächendiagonalen sind universelle Translationsvektoren) ist dann vierfach primitiv.

Ein Sonderfall liegt im hexagonalen System vor. Dort ist ein dreifach primitives Gitter möglich, das jedoch durch Transformationen der hexagonalen Elementarzelle in eine rhomboedrische Elementarzelle in ein primitives Gitter übergeht. Ein Gitter dieser Art, das dann auch rhomboedrisches Gitter heißt, wird mit dem Symbol R versehen (s. Abb. 2.11).

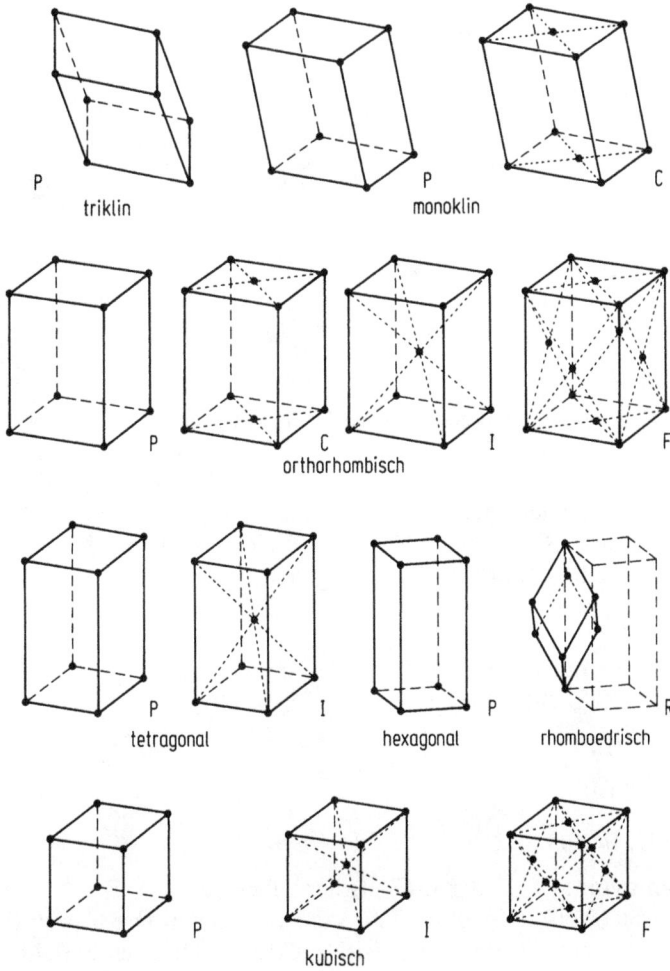

Abb. 2.11   Die 14 Bravais-Gitter.

Die Addition eines individuellen Translationsvektors zu den Punktgruppensymmetrieelementen kann auf zwei Weisen erfolgen:

(1) Fügt man die Translation zu einer Spiegelung hinzu, so kommt man zu dem Symmetrieelement der *Gleitspiegelebene*. Der Translationsvektor, der eine Richtung parallel zur Spiegelebene haben muss, wird als Gleitkomponente bezeichnet.

(2) Wird die Translation zu einer Drehung hinzugefügt, so erhält man eine *Schraubenachse*. Der Translationsvektor, der stets die Richtung der Drehachse hat, wird auch Schraubungskomponente genannt.

Die Translationsvektoren sind in beiden Fällen nicht nur bezüglich ihrer Richtung sondern auch in ihrer Länge eingeschränkt.

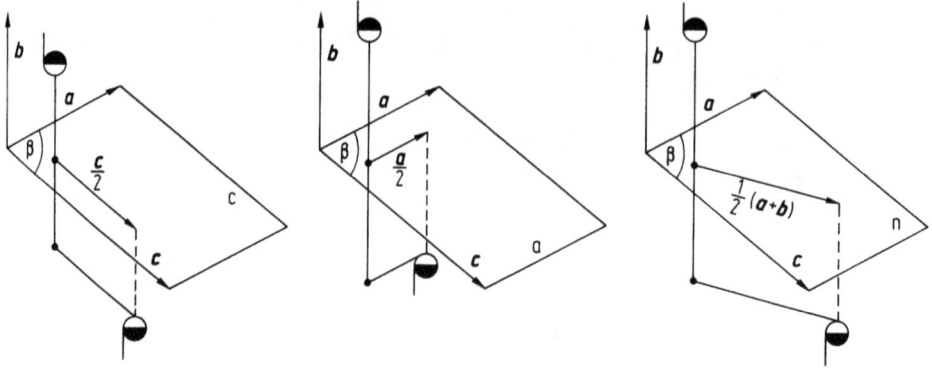

Abb. 2.12   Gleitspiegelebenen mit verschiedenen Gleitkomponenten.

In der Regel sind die Gleitspiegelebenen parallel zu einer Elementarzellfläche angeordnet. Ist das wie z. B. in Abb. 2.12 die *a-c*-Fläche, so kann der Vektor *t*, der die Gleitkomponente beschreibt, nur von folgender Form sein:

$$t = \alpha a + \beta c,$$

wobei α und β sogar nur die Werte 0 oder 1/2 annehmen können. Dann ergeben sich folgende drei Möglichkeiten:

$$t(\mathrm{a}) = (1/2)\, a$$

$$t(\mathrm{c}) = (1/2)\, c$$

$$t(\mathrm{n}) = 1/2\, (a + c).$$

Man spricht dann von a-, c-, oder n-Gleitspiegelebenen.

Schraubenachsen (Abb. 2.13) existieren zu jeder erlaubten Drehachse. Ihre Klassifikation ist sehr einfach. Ist der Periodizitätsvektor in Drehachsenrichtung *R*, so gibt es für jede *n*-zählige Achse $(n - 1)$ Schraubenachsen mit den Schraubungskomponenten $t = (1/n)\, R,\ (2/n)\, R,\ \ldots,\ [(n-1)/n]\, R$.

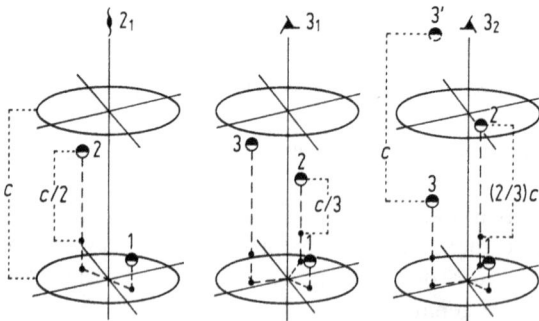

Abb. 2.13   Die möglichen 2- und 3-zähligen Schraubenachsen.

Mit der Einführung dieser zusätzlichen Translationssymmetrieelemente ist das Symmetriekonzept der Kristalle vollständig. Für jeden Kristall ist seine Symmetrie durch eine der 230 Raumgruppen beschreibbar. Da die Raumgruppensymmetrieoperationen aus den Punktgruppensymmetrieoperationen entwickelt sind, ist jede Raumgruppe aus einer Kristallklasse herleitbar. Damit gehört auch jeder Kristall über seine Raumgruppe einer bestimmten Kristallklasse an.

Zum besseren Verständnis dieses Sachverhalts wollen wir beispielhaft die Raumgruppen angeben, die aus der monoklinen Kristallklasse 2/m hergeleitet werden. Die Klasse 2/m enthält die vier Punktgruppensymmetrieelemente 1, 2, m, i. Durch schrittweises Hinzufügen von Translationen ergeben sich die folgenden Raumgruppen:

1. P2/m: Die Symmetrieelemente sind identisch zu denen der Kristallklasse, keine Translation ist hinzugekommen.
2. $P2_1/m$: Die zweizählige Achse ist durch eine Schraubenachse ersetzt.
3. P2/c: Die Spiegelebene ist durch eine Gleitspiegelebene ersetzt.
4. $P2_1/c$: zweizählige Achse *und* Spiegelebene sind durch Schraubenachse und Gleitspiegelebene ersetzt.
5. C2/m: Es ist ein universeller Translationsvektor hinzugekommen, so dass das Gitter einseitig flächenzentriert (C-Fläche) wird. Man kann zeigen, dass im monoklinen System jede andere Zentrierung auf diese Zentrierung zurückgeführt werden kann.
6. C2/c ($= C2_1/c$): Universelle und alle möglichen individuellen Translationen sind angewendet.

Hinweis: Die Raumgruppe $P2_1/c$ kommt in der Natur mit Abstand am häufigsten vor. Etwa 30% (und damit nahezu jede dritte) aller Kristallstrukturen haben die Symmetrie dieser Raumgruppe.

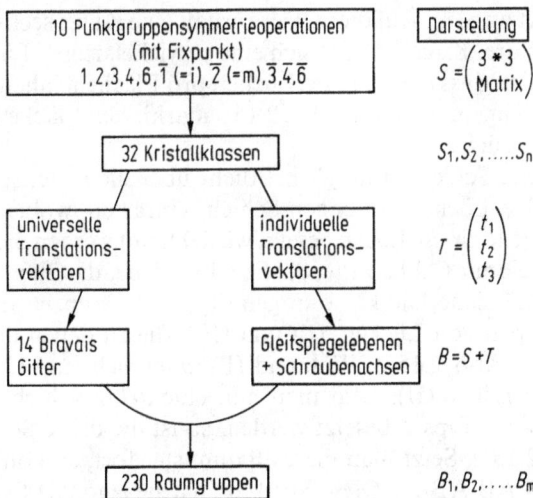

Abb. 2.14   Zusammenfassung des Konzepts der Kristallsymmetrie.

Eine Zusammenfassung des Konzepts der Kristallsymmetrie ist in Abb. 2.14 dargestellt. Sehr viel detaillierter als es hier geschehen konnte, werden alle Aspekte der Kristallsymmetrie (mit einer ausführlichen Beschreibung aller 230 Raumgruppen) im ersten Band (Band A) der *International Tables for Crystallography* behandelt. Die „Tables" sind für den Praktiker, der sich mit Kristallstrukturen beschäftigen will, ein unverzichtbares Nachschlagewerk. In fünf Bänden (weitere sind in Vorbereitung) enthalten sie umfangreiches kristallographisches Basiswissen, mathematische Formeln und physikalische Konstanten, die im Verlauf einer Strukturbestimmung benötigt werden [6].

In diesem Abschnitt sind wir *nicht* auf die Frage eingegangen, wie man bei einem gegebenen Kristallstrukturproblem die Raumgruppe tatsächlich bestimmen kann. Hierzu werden wir in Abschn. 2.3.1 einige Bemerkungen machen.

2.2.3 Strukturtypen

Wir werden in diesem Abschnitt einige wichtige, in der Natur häufig vorkommende Strukturtypen kennenlernen. Dabei wird sich zeigen, dass allein einfache Packungsüberlegungen zu bestimmten Strukturen führen, für die sich eine – relativ hohe – Symmetrie zwangsläufig ergibt.

Einfachste Packungen ergeben sich, wenn man Strukturen betrachtet, die nur aus *einer* Atomsorte bestehen, wie sie etwa bei den Metallen vorkommen. Bei ihnen ist die Wechselwirkung zwischen den positiven Metallionen und dem delokalisierten Elektronengas in allen Raumrichtungen gleich, so dass man bei ihnen eine kugelsymmetrische und nur von geometrischen Faktoren bestimmte räumliche Anordnung erwarten kann.

Die einfachste und platzsparendste Möglichkeit, Kugeln gleicher Größe periodisch anzuordnen, ist in Abb. 2.15 sukzessiv dargestellt. Eindimensionale Kugelreihen fügt man zu einer zweidimensionalen Schicht A dadurch zusammen, dass benachbarte Reihen „auf Lücke" gepackt werden. Auf diese Weise erhält eine Kugel sechs nächste Nachbarn, zwischen jeweils drei Kugeln bildet sich eine „zwickelartige" Lücke, wobei die Feststellung wichtig ist, dass die Zahl der Lücken pro Flächeneinheit doppelt so groß ist wie die Zahl der Kugeln (in der in Abb. 2.15b markierten Fläche befinden sich vier Kugeln, aber acht Lücken!).

Packt man nun eine zweite Schicht B möglichst dicht über die erste, so werden ihre Kugeln natürlich bei den Lücken der ersten Schicht einrasten, wobei – wegen der doppelten Anzahl – nur jede *zweite* Lücke besetzt wird. Damit werden die Lücken der ersten Schicht unterscheidbar (Abb. 2.15c, d). Es gibt solche, die über sich eine Kugel „tragen" (Typ I) und solche, die keine tragen (Typ II). Dann hat natürlich auch die Schicht B zwei Typen von Lücken, (I') und (II'), die zu denen der ersten Schicht komplementär sind (Abb. 2.15e). Während (I') *unter* sich eine Kugel hat, ist unter (II') ebenfalls eine Lücke (II). Legt man nun eine *dritte* Schicht so über die zweite, dass die Lücken des Typs I' besetzt werden, so ist die dritte Schicht mit der ersten identisch (Abb. 2.15f). Setzt man dieses Baumuster fort, so kommt man zu einer Schichtenfolge AB AB AB ... Diese Struktur hat hexagonale Symmetrie (Raumgruppe $P6_3/mmc$), wobei die hexagonale *c*-Achse (siehe Abb. 2.16a) auf den Schichten senkrecht steht. Man bezeichnet daher diese Art der Packung auch als

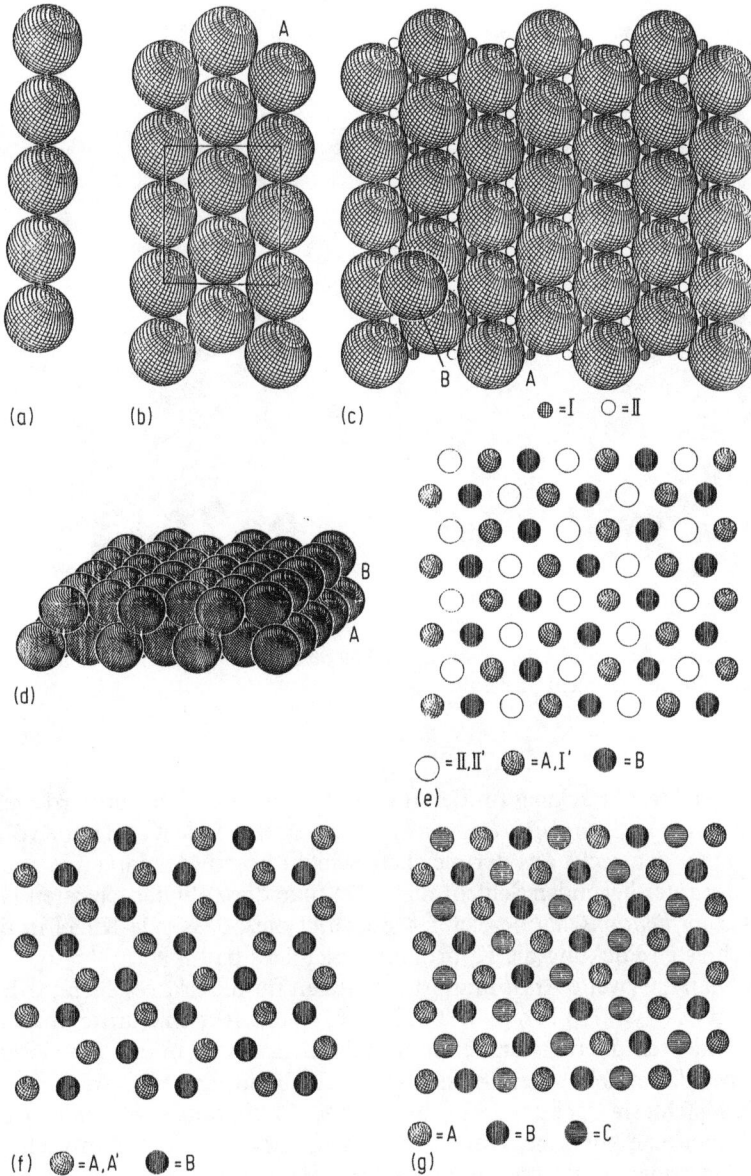

(a)   (b)   (c)

⊕ = I   ◯ = II

◯ = II, II'   ⊕ = A, I'   ● = B

(e)

◯ = II, II'   ⊕ = A, I'   ● = B

(f)   ⊕ = A, A'   ● = B

⊕ = A   ● = B   ● = C

(g)

Abb. 2.15 Räumliche Anordnung von Kugeln zu dichtesten Packungen. (a) Eindimensionale Kugelreihe. (b) zweidimensionale Kugelschicht mit doppelt so vielen Lücken wie Kugeln. In der markierten Fläche sind acht Lücken und vier Kugeln. (c) Verschiedene Typen von Lücken (I, II) der Schicht A bei Beginn der zweiten Schicht B. (d) Benachbarte Kugelschichten A und B. Die Kugeln von B sitzen auf den Lücken des Typs I. (e) Aufsicht auf die Schichten A und B mit verkleinerten Kugeln. Die Lücken I' der Schicht B liegen oberhalb der Kugeln von A, die Lücken II' oberhalb von Lücken II. (f) Hexagonal dichteste Packung. In der dritten Schicht A' werden die Lücken I' besetzt, so dass die dritte über der ersten Schicht liegt. (g) Kubisch dichteste Packung. In der dritten Schicht C werden die Lücken II' besetzt. Erst in der vierten Schicht wird die erste reproduziert.

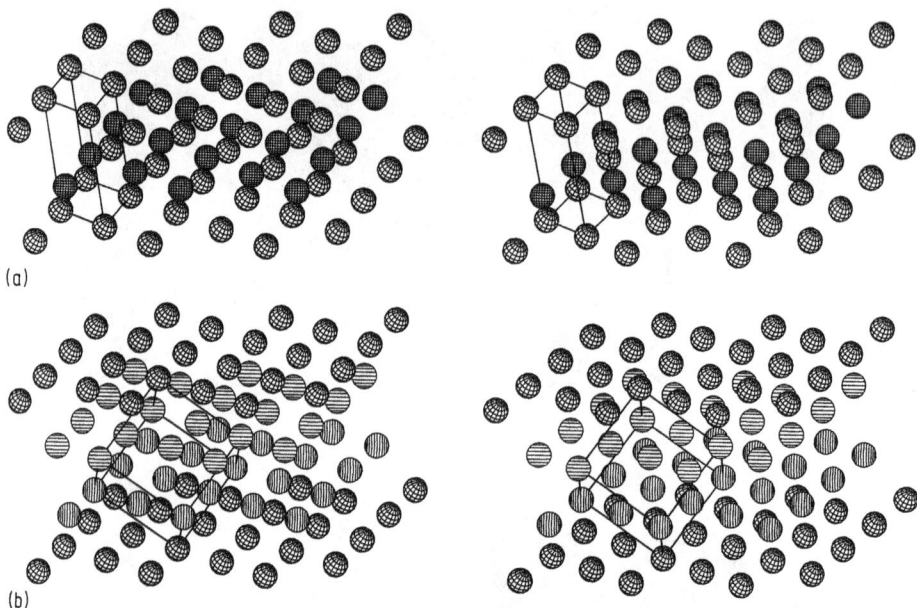

Abb. 2.16   Stereodarstellung der (a) hexagonal dichtesten und (b) kubisch dichtesten Packung mit eingezeichneten Elementarzellen.

hexagonal dichteste Packung (in der englischsprachigen Literatur wird vielfach die Abkürzung hcp = *hexagonal close packing* verwendet). Jede Kugel hat zwölf nächste Nachbarn; zu den sechs aus der gleichen Schicht kommen je drei aus der darüber und der darunter liegenden Schicht dazu. Da man die Zahl der nächsten Nachbarn auch als *Koordinationszahl* bezeichnet, bedeutet dies, dass jede Kugel in der hexagonal dichtesten Packung die Koordinationszahl 12 hat.

Wählt man die zweite Anordnungsmöglichkeit für die dritte Schicht, d. h. werden die Lücken des Typ (II′) besetzt (Abb. 2.15 g), so entsteht eine dritte, mit *keiner* der vorigen Schichten übereinstimmende Schicht C. Liegt dann erst die vierte Schicht wieder über der ersten, so ergibt sich eine Schichtenfolge ABC ABC …, die man als **kubisch dichteste** Packung bezeichnet (engl. Abkürzung ccp = *cubic close packing*), weil hier eine kubische Symmetrie vorliegt. Man kann eine kubische Elementarzelle konstruieren (Raumgruppe Fm3m), deren Raumdiagonale senkrecht auf den Schichten steht, die kubische Zelle selbst muss dann allseitig flächenzentriert sein (F-Gitter, engl. Abkürzung fcc = *face centered cubic*, s. auch Abb. 2.16b).

Auch in der kubisch dichtesten Packung hat jede Kugel die Koordinationszahl 12. Erst bei der Betrachtung der drittnächsten Nachbarn kann man zwischen beiden dichtesten Packungen Unterschiede feststellen. Sonst besteht der wesentliche geometrische Unterschied darin, dass es in der hexagonal dichtesten Packung nur eine Stapelrichtung für die Schichten gibt (entlang der hexagonalen *c*-Achse), während in der kubisch dichtesten Packung die vier Würfeldiagonalen äquivalente Stapelrichtungen sind.

Tatsächlich kristallisiert eine große Zahl von Metallen in einer der oben angegebenen dichtesten Packungs-Strukturen. Ein prominenter Vertreter der kubisch dichtesten Packung ist Gold, weshalb die kubisch dichteste Packung auch als **Gold-Struktur** bezeichnet wird (aber auch z. B. Ca, Ni, Cu, Ag, Pt haben diese Struktur). Entsprechend wird die hexagonal dichteste Packung auch als **Magnesium-Struktur** bezeichnet, weil dieses Metall darin kristallisiert. Andere Vertreter dieses Struktur-typs sind z. B. Be, Co, Zn, Cd.

Eine dritte wichtige Metallstruktur ist die kubisch innenzentrierte Struktur (I-Gitter, Raumgruppe Im3m, engl. Abkürzung bcc = *body centered cubic*), die auch als **Wolfram-Struktur** bezeichnet wird (andere Vertreter sind z. B. Li, Na, K, Rb, Cs, Ba, Ta). Hier liegt nur die Koordinationszahl acht vor, die nächsten Nachbarn eines im Zentrum der Elementarzelle gelegenen Atoms sind die acht Atome in den Würfelecken. Vor allem Metalle mit größeren Atomradien (Alkalimetalle) haben diese Struktur. Die Packungsdichte der Wolfram-Struktur ist nur wenig geringer (nämlich um ca. 8%) als die der Gold- oder Magnesiumstruktur.

Die Strukturen der Metalle waren unter der Voraussetzung *einer* Atomsorte und räumlich kugelsymmetrischer Wechselwirkung mit den Nachbarn hergeleitet worden. Lässt man letztere Voraussetzung fallen, so kann man Elemente mit kovalenten Bindungen zulassen, wie sie in den beiden wichtigsten Kristallstrukturen des Kohlenstoffs, der **Diamant-Struktur** und der **Graphit-Struktur** vorliegen.

Im Diamant ist das Kohlenstoffatom sp^3-hybridisiert, d. h. es hat vier Bindungs-partner, und liegt im Zentrum eines regelmäßigen Tetraeders. Aus ihnen wird im Kristallgitter ein unendliches dreidimensionales Netzwerk aufgebaut, das kubische Symmetrie besitzt. Die eine Hälfte der Kohlenstoffatome bildet ein flächenzentriertes Gitter, die andere Hälfte ein gleiches Gitter, das aus dem ersten durch Translation in Richtung der Raumdiagonalen um den Betrag 1/4 entsteht. Betrachtet man eine Elementarzelle (Abb. 2.17a), so kann man Tetraederzentren nach (1/4, 1/4, 1/4), (3/4, 3/4, 3/4) ... legen, die durch Atome auf den Würfelecken und Flächenmitten zu Tetraedern komplettiert werden.

Senkrecht zu einer Würfeldiagonalen [111] lassen sich im Diamantgitter gewellte Schichten erkennen, die aus sesselförmigen Sechsringen gebildet werden (siehe

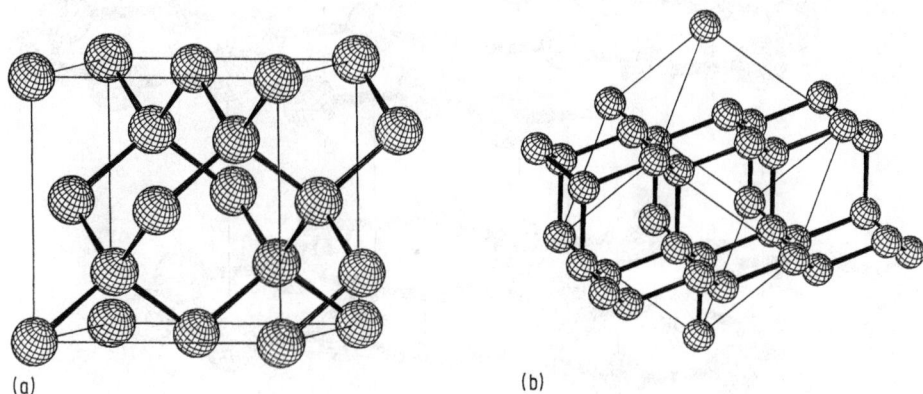

(a)   (b)

Abb. 2.17   (a) Kubische Elementarzelle der Diamant-Struktur. (b) Gewellte Schichten aus sesselförmigen Kohlenstoffsechsringen senkrecht zur [111]-Richtung.

Abb. 2.17b). Diese Sesselform, die der gesättigte Kohlenstoffsechsring (Cyclohexan) in Molekülverbindungen einnimmt, ist also hier bereits vorgebildet. Auch der Atomabstand von 154 pm im Diamant-Gitter entspricht dem C-C-Abstand in aliphatischen Verbindungen.

In der Diamantstruktur kristallisieren außer dem Kohlenstoff noch die Elemente Si, Ge und eine (die graue) Sn-Modifikation.

In der **Graphit-Struktur** ist das Kohlenstoffatom sp^2-hybridisiert (drei Bindungspartner in trigonal-planarer Anordnung), und es bildet ein Gitter paralleler Schichten, wobei jede Schicht aus regelmäßigen planaren Sechsringen besteht (Abb. 2.18). Hier ist also die Benzolstruktur vorgebildet. Benachbarte Schichten sind so angeordnet, dass jeweils nur die Hälfte der Atome über- bzw. untereinander liegt, d. h. bei gegebener Schicht A ist die benachbarte Schicht B um die Hälfte einer der drei Flächendiagonalen verschoben. Verschiebt man die dritte Schicht auch um eine halbe Flächendiagonale gegen die zweite, so führen zwei der drei möglichen Verschiebungen zu einer Lage, bei der *alle* Atome über der ersten Schicht liegen, d. h. es gibt eine Schichtenfolge AB AB ..., und die Symmetrie ist hexagonal (Abb. 2.18).

Wählt man die dritte Möglichkeit der Überlagerung für die dritte Schicht, so entsteht eine Schichtenfolge ABC ABC ... mit rhomboedrischer Symmetrie, wobei letztere Form energetisch weniger stabil ist und seltener vorkommt.

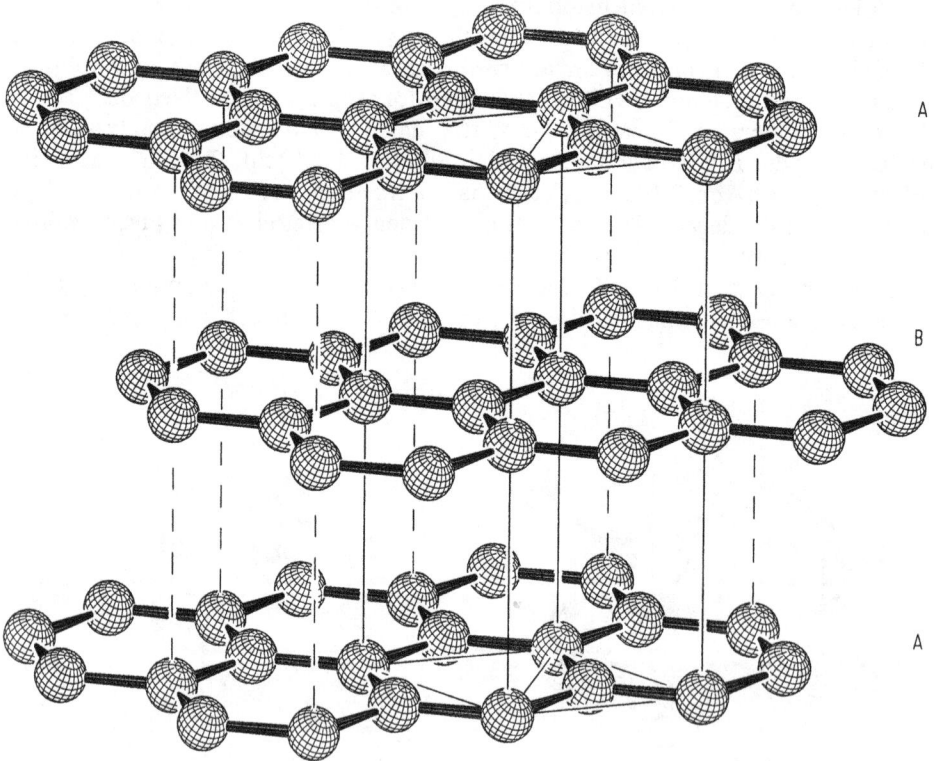

Abb. 2.18   Schichtenstruktur mit hexagonaler Elementarzelle vom Graphit.

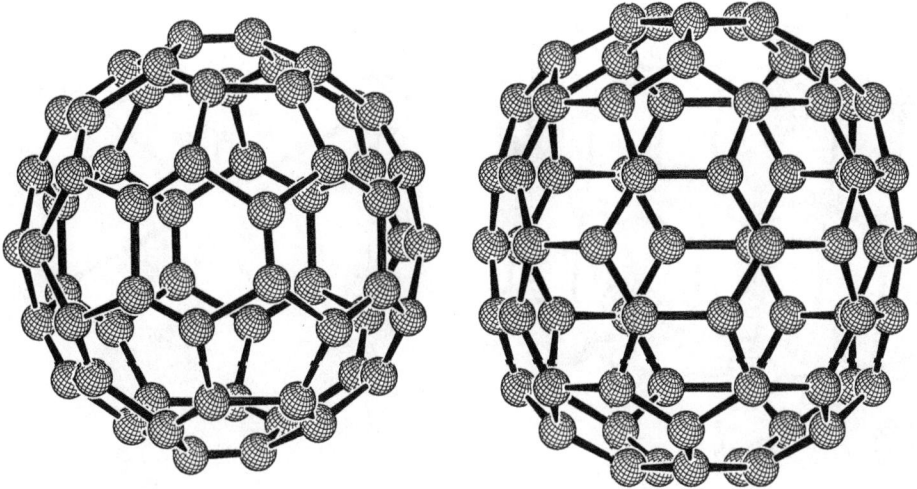

Abb. 2.19   Molekülstrukturen der beiden Fullerene C_{60} (links) und C_{70} (rechts).

Während diese beiden Formen des Kohlenstoffs seit Jahrhunderten, wenn nicht Jahrtausenden, bekannt sind – der Diamant als begehrtes Schmuckstück oder wegen seiner extremen Härte als Werkstoff, der Graphit bei vielen technischen Anwendungen oder im Alltag in Bleistiftminen – war es eine Sensation, als Mitte der 80er-Jahre neue Formen des Kohlenstoffs in Gestalt der hochmolekularen Fullerene entdeckt wurden.

Nach ersten Hinweisen in den Spektren interstellarer Gaswolken wurden später im Labor durch Verdampfen von amorphem Graphit im Lichtbogen unter Heliumatmosphäre Molekülverbindungen von zunächst 60 oder 70 Kohlenstoffatomen massenspektrometrisch nachgewiesen, für die kugel- oder käfigartige Molekülstrukturen, wie sie in Abb. 2.19 dargestellt sind, hergeleitet wurden [7, 8]. Weil sie in ihrer Gestalt den Gebäuden des amerikanischen Architekten Buckminster-Fuller ähnelten, wurde der Begriff **Buckminsterfullerene** (oder kurz **Fullerene**) geprägt. Man spricht auch salopp von Fußballmolekülen, weil die Form und die Nähte der Lederstücke auf Fußbällen die gleiche Struktur besitzen wie das C_{60}-Molekül, das aus 12 regulären Fünfringen und 20 Sechsringen zusammengesetzt ist.

Für die Entdeckung dieser neuen Verbindungsklasse, die enorme Forschungsaktivitäten in der sich rasch etablierenden „Fullerenchemie" auslösten, erhielten R. F. Curl, H. W. Kroto und R. E. Smalley 1996 den Chemie-Nobelpreis.

Inzwischen sind größere Fullerene wie C_{76}, C_{78}, C_{84} , C_{94} aber auch kleinere wie C_{36} oder C_{20} in der Literatur beschrieben worden [9, 10]. Gegenstand sehr aktueller Forschung sind derzeit auch die aus den Fullerenen strukturell herleitbaren Nanoröhren (engl. nanotubes) [11] wegen ihrer vermuteten wichtigen Materialeigenschaften in der Mikroelektronik. Gehen wir zu Strukturtypen über, bei denen zwei verschiedene Elemente beteiligt sind, so kommen wir zu den sog. *AB-Strukturen*, die durch einige wenige hauptsächlich vorkommende Strukturtypen charakterisiert sind. Wir wollen im Folgenden die häufigsten AB-Strukturen betrachten:

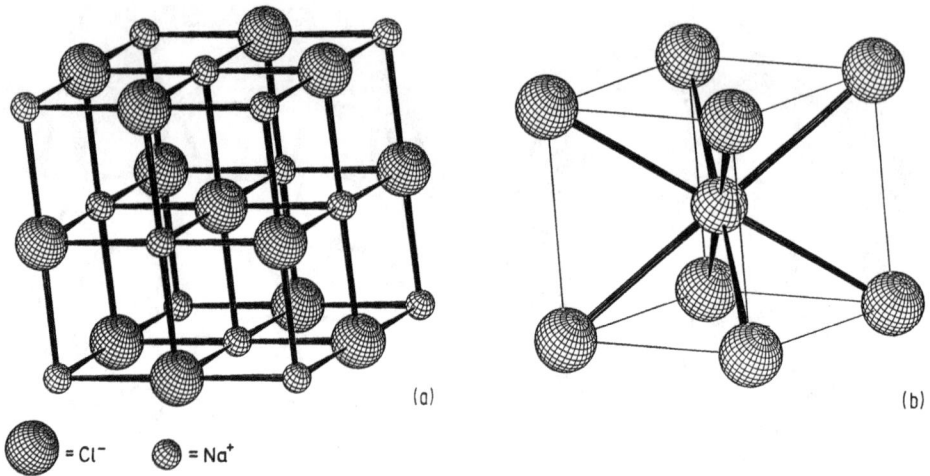

(a)   (b)

⬤ = Cl⁻   ◉ = Na⁺

Abb. 2.20   (a) Die NaCl-Struktur, (b) Die CsCl-Struktur. Die Cl⁻-Ionen liegen auf den Würfelecken, das Cs⁺-Kation in der Würfelmitte.

(1) Die **Natriumchlorid-Struktur** (NaCl-Struktur, Abb. 2.20a). In diesem sehr verbreiteten Gittertyp bilden die relativ großen Cl⁻-Ionen ein kubisch flächenzentriertes Gitter, in dessen Lücken die – kleinen – Na⁺-Ionen liegen. Diese bilden selbst ebenfalls für sich ein kubisch flächenzentriertes Gitter, wobei die beiden Teilgitter durch Translation (um (1/2, 0, 0)) verschoben sind. Jedes Na⁺-Kation ist von sechs Cl⁻-Anionen als nächsten Nachbarn umgeben, d. h. Na⁺ und Cl⁻ haben jeweils die Koordinationszahl sechs. Die nächsten Nachbarn bilden einen regelmäßigen Oktaeder (Abb. 2.20a), so dass man von einem oktaedrischen Koordinationspolyeder spricht. Die Raumgruppensymmetrie ist Fm3m.

(2) Die **Caesiumchlorid-Struktur** (CsCl-Struktur, Abb. 2.20b). Hier bilden die Cl⁻-Anionen ein kubisch primitives Gitter und in der Würfelmitte, d. h. bei (1/2, 1/2, 1/2) sitzt das Cs⁺-Kation. Insgesamt existieren also wieder zwei, allerdings primitive, kubische Teilgitter mit der Verschiebung um eine halbe Raumdiagonale. Jedes Ion hat acht nächste Nachbarn, d. h. die Koordination ist achtfach mit einem würfelförmigen Koordinationspolyeder. Die Raumgruppensymmetrie ist Pm3m.

Aus einfachen Abstandsüberlegungen kann man eine Präferenz entweder für die NaCl- oder die CsCl-Struktur herleiten. Nehmen wir bei der CsCl-Struktur an, dass sich die acht in den Würfelecken sitzenden Cl⁻-Anionen gerade berühren, dann ist die Gitterkonstante a gleich dem doppelten Ionenradius r_{Cl^-}.

$$a = 2 r_{Cl^-}.$$

Für das in dem „Loch" in der Würfelmitte liegende Ion ergibt sich dann ein Radius r_{Cs^+}, der der halben Raumdiagonalen minus r_{Cl^-} entspricht, d. h.

$$r_{Cs^+} = \frac{a}{2}\sqrt{3} - r_{Cl^-} = r_{Cl^-}(\sqrt{3} - 1) = 0.732\, r_{Cl^-}.$$

Hieraus folgt, dass die Caesiumchlorid-Struktur besonders stabil ist, wenn das Radienverhältnis von Kation zu Anion gleich 0.732 oder größer ist (dann muss nur der Anionenabstand aufgeweitet werden). Für *kleinere* Kationen ist dagegen die CsCl-Struktur nicht geeignet, weil dann, salopp ausgedrückt, das Kation in der zu großen Lücke in der Würfelmitte hin und her „wackeln" könnte, d.h. das Kation nicht mehr alle umgebenden Anionen berühren könnte.

Bei der NaCl-Struktur dagegen liegt das Kation auf einer Flächendiagonale eines aus vier Anionen gebildeten Quadrats. Hieraus folgt

$$r_{Na^+} = (\sqrt{2} - 1)\, r_{Cl^-} = 0.414\, r_{Cl^-},$$

d.h. das minimale Verhältnis von Kationen- zu Anionenradius ist 0.414. Insgesamt gilt also, dass bei geringen Größenunterschieden zwischen Kation und Anion die CsCl-Struktur, bei stärkeren (d.h. kleineren Kationen) die NaCl-Struktur bevorzugt ist.

Für noch kleinere Kationen kommen wir zu einem weiteren Strukturtyp, der allerdings nicht notwendigerweise eine Ionenstruktur ist.

(3) Die **Zinkblende-Struktur** und die **Wurtzit-Struktur**. Zinksulfid (ZnS) kristallisiert in zwei verschiedenen Strukturen. Die Zinkblende-Struktur leitet sich von der Diamant-Struktur (Abb. 2.17) ab, wobei abwechselnd die Positionen der C-Atome des Diamant-Gitters durch Zn und S ersetzt sind. Hieraus folgt, dass jedes Atom (oder Ion) von vier Atomen der anderen Sorte umgeben ist, die Koordination ist also vierfach, die Koordinationspolyeder sind regelmäßige Tetraeder. Die Raumgruppe ist kubisch F$\bar{4}$3m.

Wie auch beim Diamant liegen senkrecht zur Raumdiagonalen [111] wellenförmige Schichten, wobei jede Schicht aus sesselförmigen Sechsringen besteht, jeder Sechsring enthält abwechselnd drei Zn- und drei S-Atome.

Während in der Zinkblende-Struktur die Schichten zwar gegeneinander verschoben, aber sonst identisch sind, sind in der sehr verwandten Wurtzit-Struktur zwei benachbarte Schichten verschieden. Sie unterscheiden sich durch eine Drehung um 180° um die [111]-Achse. Die Schichtfolge ist also in der Zinkblende AAA, im Wurtzit dagegen AB AB .... Die Wurtzit-Raumgruppe ist hexagonal, P6$_3$mc.

Bei den AB$_2$-Verbindungen ist eine wesentlich größere Anzahl von Strukturtypen möglich als bei den AB-Strukturen. Bei den Ionenkristallen dieses Typs muss wegen der (1:2)-Zusammensetzung die Koordinationszahl der einen Ionensorte doppelt so groß sein wie die der anderen, wobei wegen des größeren Anions seine Koordinationszahl immer halb so groß ist wie die des Kations.

Auch bei den AB$_2$-Verbindungen bestimmt im Wesentlichen das Ionenradienverhältnis r_{Kation}/r_{Anion}, welche Struktur gebildet wird, wobei hauptsächlich drei Fälle zu unterscheiden sind:

1. $r_{Kation}/r_{Anion} \geq \sqrt{3} - 1 = 0.73$. In diesem Fall wird die Flussspat- oder **Fluorit-Struktur** (CaF$_2$-Struktur) ausgebildet (Abb. 2.21). In einer kubischen Elementarzelle (Raumgruppe Fm3m) besetzen die Ca^{2+}-Ionen die Ecken und die Flächenmitten, so dass sie allein ein kubisch flächenzentriertes Gitter bilden. Jeweils zwei F$^-$-Ionen sitzen auf den vier Raumdiagonalen, um 1/4 von den Ecken entfernt, so dass sie eine kubisch primitive Teilzelle mit der halben Gitterkonstanten bzw. einem Achtel des Zellvolumens bilden. Dann ist jedes Ca^{2+}-Kation von acht F$^-$-

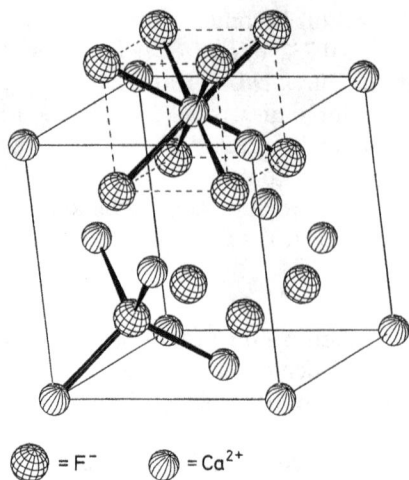

$= F^-$ $= Ca^{2+}$

Abb. 2.21   Die CaF_2-Struktur. Die Koordinationszahlen von Ca^{2+} und F^- sind acht bzw. vier.

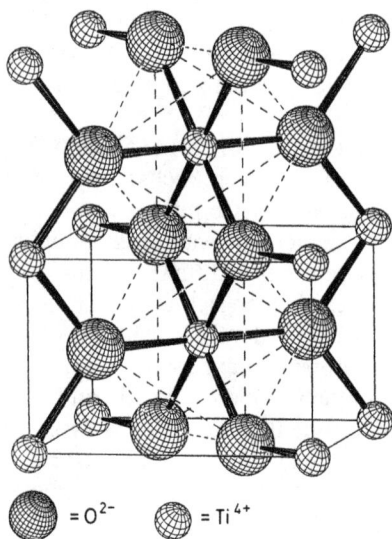

$= O^{2-}$ $= Ti^{4+}$

Abb. 2.22   Die Rutil-Struktur, TiO_2. Die Sauerstoffoktaeder um das im Würfelzentrum gelegene Ti^{4+}-Ion sind gestrichelt gezeichnet. Betrachtet man in c-Richtung benachbarte Elementarzellen, so sieht man, dass die Sauerstoffoktaeder über gemeinsame Kanten miteinander
verknüpft sind.

Anionen würfelförmig umgeben, jedes F^--Ion tetraedrisch von vier Ca^{2+}-Ionen.
Die Koordination ist $8:4$.

2. $\sqrt{2} - 1 = 0.414 \leq r_{Kation}/r_{Anion} < \sqrt{3} - 1 = 0.73$. Bei diesen Radienverhältnissen
ist die tetragonale **Rutil-Struktur** (TiO_2-Struktur) favorisiert (Abb. 2.22). In dieser

Struktur bilden die Ti^{4+}-Kationen für sich ein innenzentriertes tetragonales Gitter. Die Sauerstoffanionen sind so angeordnet, dass sechs von ihnen ein Ti^{4+}-Ion in Form eines etwas verzerrten Koordinationsoktaeders umgeben. Jedes O^{2-}-Ion ist planar von drei Ti^{4+}-Ionen umgeben. Die Koordination ist 6:3.

3. $r_{Kation}/r_{Anion} < 0.414$. In diesem Fall werden bei einer Koordination von 4:2 verschiedene Modifikationen der SiO_2-Struktur (z. B. *Cristobalit-*, *Tridymit-*, *Quarz-Struktur*, Vertreter etwa BeF_2) gebildet, auf die wir hier allerdings nicht näher eingehen wollen.

Ferner treten bei Ionenkristallen der Zusammensetzung AB_2 verschiedene *Schichtenstrukturen* wie die PbI_2-Struktur oder die $CdCl_2$-Struktur auf oder auch *Kettenstrukturen* ($PdCl_2$, SiS_2). Auch diese sollen hier nicht näher betrachtet werden.

Ebenfalls nicht weiter behandeln können wir hier die Kristallstrukturen komplexerer Verbindungstypen der Form $A_n B_m C_p \dots$. Dies ist ein umfangreiches Gebiet, das Gegenstand der Kristallchemie ist, und wir verweisen hier auf die einschlägige Literatur (z. B. Evans, Einführung in die Kristallchemie, siehe weiterführende Literatur am Ende des Kapitels).

Abschließend wollen wir als ein weiteres Beispiel die Perowskit-Struktur betrachten, weil Verbindungen mit dieser Kristallstruktur vielfach wegen ihrer elektrischen und magnetischen Eigenschaften großes technisches Interesse besitzen. So haben z. B. die ersten Hochtemperatur-Supraleiter (mit Sprungtemperaturen $> 30\,K$) aus Perowskiten herleitbare Strukturen (s. auch Abschn. 2.4.1).

Die **Perowskit-Struktur** besitzt die Zusammensetzung ABX_3, wobei meistens $X = O$ oder $X = F$ ist. Als Beispiele seien erwähnt $KMgF_3$, $BaSnO_3$ oder $CaTiO_3$, dessen Struktur in Abb. 2.23 dargestellt ist. Die ideale Perowskit-Struktur ist kubisch, allerdings sind verzerrte niedriger symmetrische Varianten bekannt.

Das Titanatom besetzt die Ecken der Elementarzelle, das Calciumatom das Würfelzentrum, während die Sauerstoffatome auf den Kantenmitten liegen. Jedes Titan-

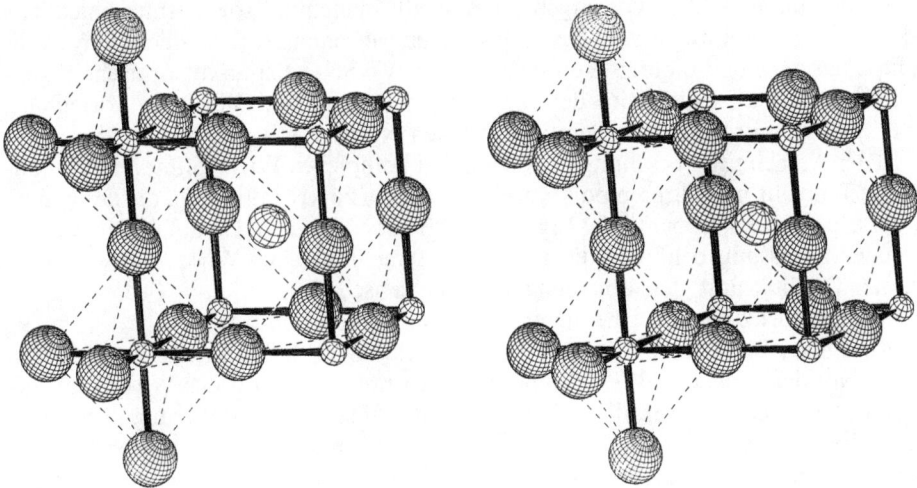

Abb. 2.23   Die Perowskit-Struktur, $CaTiO_3$ (Stereopaar).

atom ist oktaedrisch von sechs Sauerstoffatomen umgeben, während die von 12 Sauerstoffatomen koordinierten Calciumatome in Lücken der TiO_6-Oktaeder sitzen.

Bezeichnet man mit r_{Ti}, r_{Ca} und r_O wieder die Ionenradien der beteiligten Elemente, so sollte bei Berührung der Ionen wieder gelten

$$r_{Ti} + r_O = \frac{a}{2},$$

wenn a die Gitterkonstante ist. Da O und Ca auf der Flächendiagonalen liegen, gilt

$$r_{Ca} + r_O = \frac{\sqrt{2}}{2} a = \sqrt{2}\,(r_{Ti} + r_O).$$

Tatsächlich findet man, dass die Perowskit-Struktur bei solchen ABX_3-Verbindungen auftritt, bei denen

$$r_A + r_X = t\sqrt{2}\,(r_B + r_X)$$

gilt, wobei t ein sog. Toleranzfaktor ist, der Werte von 0.8–1.0 annehmen kann.

2.2.4 Polymorphie

Als Polymorphie wird die Eigenschaft einer chemischen Substanz bezeichnet, mindestens zwei, häufiger auch mehrere Kristallstrukturen zu bilden. Eines der bekanntesten Beispiele liefert der elementare Kohlenstoff, auf dessen beide Formen, Diamant und Graphit, bereits in Abschn. 2.2.3 hingewiesen wurde.

Das Phänomen der Polymorphie ist seit langem bekannt, es wurde bereits 1822 von Mitscherlich [12] an Natrium-Dihydrogenphosphat beschrieben. Inzwischen ist eine Unzahl von Beispielen bekannt, darunter ungewöhnlich vielfältige wie das von p-Methylchalcon; von dieser Verbindung sind 13 polymorphe Formen bekannt.

In verschiedenen kristallinen Modifikationen liegen in der Regel unterschiedliche intermolekulare Wechselwirkungen im Kristall, manchmal sogar unterschiedliche Molekülkonformationen vor. Deshalb können sie sehr unterschiedliche physikalische, chemische und biologische Eigenschaften wie Schmelzpunkte, optische Eigenschaften, Farbe, Löslichkeit oder Bioverfügbarkeit haben. Dies kann vorteilhaft, aber auch von großem vor allem industriellen Nachteil sein.

In der Arzneimittelforschung findet man bei komplexen Wirkstoffmolekülen häufig die Tendenz, in mehreren polymorphen Formen zu kristallisieren, die dann auch unterschiedliche therapeutische Eigenschaften haben können. Da auf diesem Gebiet von den Zulassungsbehörden die gesicherte Herstellung **eines** Wirkstoffes von konstanter Qualität und gleich bleibenden Wirkeigenschaften verlangt wird, kann Polymorphie dort zu einem erheblichen Problem werden.

Vor einiger Zeit wurde über den Fall des HIV-Wirkstoffes Ritonavir (Handelsname Norvir) berichet [13]. Während zunächst nur eine Form des Wirkstoffes bekannt und zugelassen war, die in halbfester oder flüssiger Formulierung in Kapseln vertrieben wurde, bildete sich nach einiger Zeit im Produktionsprozess eine zweite, weniger lösliche polymorphe Form, so dass die bisherigen Kapseln nicht mehr vertrieben werden konnten, und das Präparat sogar vorübergehend vom Markt genommen werden musste.

Abb. 2.24   Gleichzeitig auftretende Kristallformen von Benzamid aus heißer wässriger Lösung, erkennbar am Habitus: einerseits kompakte Würfel- bis Quaderformen, andererseits dünne Nadeln.

Der Kristallisationsprozess wird vor allem von thermodynamischen und kinetischen Faktoren bestimmt. Einflüsse wie Lösungsmittel, Temperatur, Temperaturgradient können die Kristallisation der einen oder anderen polymorphen Form bestimmen. Allerdings sind Fälle bekannt, bei denen unter sonst gleichen – oder nicht erkennbar verschiedenen – Bedingungen zwei oder mehrere polymorphe Modifikationen zusammen auskristallisieren. Sie werden als gleichzeitig auftretende (engl. concomitant) polymorphe Formen bezeichnet [14]. Ein bekanntes Beispiel ist Benzamid, dessen beide polymorphe Formen in einem einfachen Laborversuch gleichzeitig erzeugt werden können. Lässt man eine gesättigte erwärmte wässrige Lösung dieser Verbindung langsam abkühlen, so bilden sich gleichzeitig zwei Kristallmodifikationen (s. Abb. 2.24), die am Habitus leicht erkennbar sind. Einmal entstehen kompakte würfel- bis quaderförmige Kristalle, zum anderen dünne Nadeln.

Im Zusammenhang mit dem Phänomen der gleichzeitig auftretenden polymorphen Formen wird auch der merkwürdige und ungewöhnliche Fall der verschwindenden polymorphen Modifikationen (engl. disappearing polymorphs) diskutiert. Man versteht hierunter die Erscheinung, dass zunächst von einer Substanz nur eine kristalline Modifikation gebildet wird, die über einen längeren Zeitraum stabil sein kann. Aus bisher nicht bekannten Gründen erfolgt nach einiger Zeit eine Umwandlung in eine zweite Modifikation, die vorige ist also dann „verschwunden" und kann – solange die zweite vorhanden ist – nicht reproduziert werden. Es scheint sogar, dass eine geringfügige Kontamination des Labors mit der zweiten Form die erneute Herstellung der ersten verhindert. Dieses Phänomen, das erstmalig an einem Ribosederivat beobachtet wurde, dürfte auch im bereits oben erwähnten Fall des Wirkstoffes Ritonavir vorgelegen haben.

Erkannt werden können polymorphe kristalline Modifikationen makroskopisch an unterschiedlichen Kristallformen, an der Farbe, durch physikalische Messungen, z. B. des Schmelzpunktes oder optischer Eigenschaften. Eine sehr moderne und si-

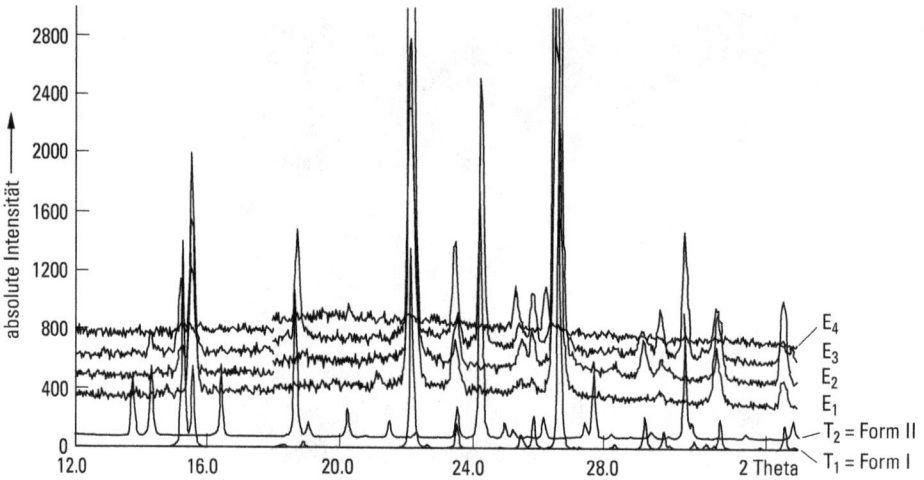

Abb. 2.25   Röntgenpulverbeugungsdiagramme von Anthranilsäure. Die beiden unteren Diagramme T1 und T2 sind berechnet aus den bekannten Einkristallstrukturen der beiden polymorphen Formen I und II. Die experimentellen Diagramme E1 bis E4 sind von vier Proben aufgenommen, die unter verschiedenen Bedingungen kristallisiert sind. Im Diagramm E3 (2. von oben) ist neben der Form I auch die Existenz von Form II erkennbar. [15]

chere Methode ist die Röntgen-Pulverdiffraktometrie (s. Abschn. 2.3.3). Da kristalline Pulver verschiedener Polymorphe unterschiedliche Pulverbeugungsbilder liefern, sind sie durch dieses Experiment leicht zu erkennen. Selbst Gemische zweier (oder mehrerer) polymorpher Formen können nachgewiesen werden wie in Abb. 2.25 gezeigt wird [15]. In der industriellen Fertigung kann es erforderlich werden, sehr viele Proben auf Polymorphie zu untersuchen. In letzter Zeit sind automatisierte Verfahren der Pulverdiffraktometrie mit hohem Durchsatz (engl. high throughput) entwickelt worden, die die Messung und Auswertung von Pulverbeugungsdiagrammen in Takten von einigen Minuten ermöglichen.

2.3 Kristallstrukturbestimmung mit Beugungsmethoden

2.3.1 Röntgen/Neutronenbeugung an Kristallen
(Ergebnisse der Beugungstheorie)

Röntgenstrahlen sind elektromagnetische Wellen im Wellenlängenbereich zwischen 10 pm und 1000 pm. Trifft eine Röntgenwelle auf ein Atom, so werden seine Elektronen zu harmonischen Schwingungen angeregt, und sie senden nun selbst eine Strahlung der Frequenz der einfallenden Welle aus. Dies ist der bekannte Vorgang der kohärenten Streuung. Durch Energieverlust entsteht zwar noch ein Strahlungsanteil anderer Frequenz (inkohärenter Anteil, Compton-Streuung), der jedoch so gering ist, dass er bei der Betrachtung der Strukturbestimmung durch Beugungsmethoden vernachlässigt werden kann.

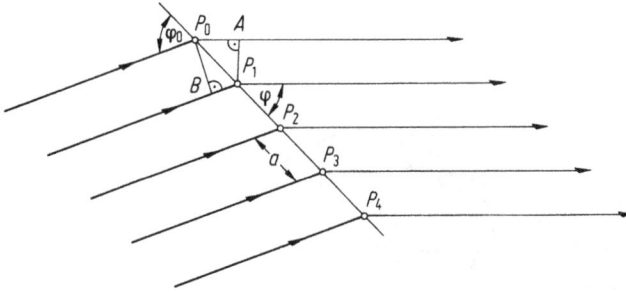

Abb. 2.26 Periodische Punktreihe als eindimensionales Kristallmodell. Fällt eine Wellenfront unter dem Winkel φ_0 auf die Streuzentren P_0, P_1, P_2 ..., so gibt es in der Austrittsrichtung φ Verstärkung, wenn die Weglängendifferenz zweier benachbarter Wellen ein ganzzahliges Vielfaches der Wellenlänge ist. Dies bedeutet: $\overline{P_0 A} - \overline{P_1 A} = h\lambda$ oder $a\cos\varphi - a\cos\varphi_0 = h\lambda$. Im dreidimensionalen periodischen Kristall müssen drei Gleichungen dieser Art erfüllt sein (Laue-Bedingung).

Kristalle haben nun die günstige Eigenschaft, dass sie einfallenden Röntgenwellen Streuzentren in einer regelmäßigen – periodischen – Anordnung anbieten mit Abständen, die der einfallenden Wellenlänge vergleichbar sind. Durch die Interferenz der Wellenzüge benachbarter Streuzentren kommt es in bestimmten Richtungen zur Verstärkung, und die Intensität der gebeugten Strahlung in Richtung der Beugungsmaxima wird dem Experiment zugänglich (Abb. 2.26).

Wichtig für das Zustandekommen dieses Vorgangs ist, dass die einfallende Strahlung Wellencharakter hat mit einer Wellenlänge in der Größenordnung der Streuzentren-Abstände. Diese Eigenschaft haben u. a. auch Neutronen- oder Elektronenstrahlen, so dass neben der Röntgenbeugung auch die Neutronen- oder Elektronenbeugung am Kristall betrachtet werden kann.

Da Elektronenstrahlen von Festkörpern stark absorbiert werden, können sie nur zur Beugung in der Gasphase, zur Durchstrahlung dünner Schichten oder zur Untersuchung von Oberflächen verwendet werden (LEED). Zum Studium der Eigenschaften von Grenzflächen (Aufdampfschichten, Korrosion, Epitaxie) leistet die Elektronenbeugung wichtige Beiträge, zur eigentlichen Bestimmung von Kristallstrukturen ist sie jedoch ungeeignet, so dass wir sie hier außer Betracht lassen können.

Im Gegensatz zur Röntgenbeugung, die durch eine Wechselwirkung der Röntgenstrahlen mit den Elektronen entsteht, kommt die Neutronenbeugung durch Streuung an den Atomkernen zustande. Damit werden die Aussagen, die man aus einem Röntgen- und einem Neutronenbeugungsexperiment gewinnt, komplementär. Einmal erhält man Informationen über die Elektronenverteilung, zum anderen über die Kernorte und, da Neutronen einen Spin und ein *magnetisches Moment* haben, auch noch Aussagen über magnetische Eigenschaften.

Beide Methoden sind daher für die Strukturbestimmung wertvoll. In der Praxis spielt die Kristallstrukturanalyse mit Röntgenstrahlen jedoch eine viel größere Rolle, weil eine Röntgenquelle in nahezu jedem Labor eingerichtet werden kann. Dagegen stehen Neutronenquellen ausreichender Primärintensität nur an wenigen Reaktorstandorten zur Verfügung.

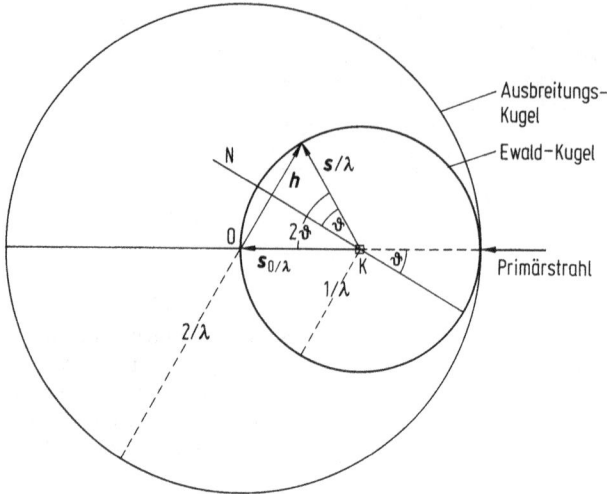

Abb. 2.27   Ewald-Kugel (Radius $1/\lambda$) und zugehörige Ausbreitungskugel (Radius $2/\lambda$).

Wir betrachten daher im Folgenden in der Hauptsache die Beugung von Röntgenstrahlen an Kristallen, weisen aber von Fall zu Fall auf die Änderungen hin, die sich ergeben würden, wenn man Neutronen als Primärstrahlung verwendete.

Die anschaulichste Aussage über die Röntgenbeugung am Kristall liefert die *Ewald'sche* Beugungsbedingung, die sich am besten über die Konstruktion der **Ewald-Kugel** (Abb. 2.27) beschreiben lässt. Trifft ein Röntgenstrahl der Wellenlänge λ in der Primärstrahlrichtung s_0 (s_0 Einheitsvektor) auf einen Kristall K, so lege man eine Kugel mit dem Radius $1/\lambda$ um den (punktförmig gedachten) Kristall und einen Koordinatenursprung 0 an den Ort, wo die Verlängerung des Primärstrahls über den Kristall hinaus die Ewald-Kugel schneidet. Dann lautet die Ewald'sche Beugungsbedingung: Ein Beugungsmaximum tritt nur dann auf, wenn eine Netzebene N mit dem dazugehörigen Gittervektor h (s. Abschn. 2.1.3) so angeordnet ist, dass h, von 0 aus aufgetragen, den Rand der Ewald-Kugel trifft. Verbindet man den Kristallmittelpunkt mit diesem Punkt, so erhält man die Richtung s (s ebenfalls Einheitsvektor) des gebeugten Strahls. Analytisch lässt sich die Ewald-Bedingung durch die Gleichung formulieren:

$$h = \frac{s - s_0}{\lambda}. \tag{2.9}$$

Wir halten zweierlei ausdrücklich fest:

1. Bei N muss es sich um eine Netzebene, mithin bei h um einen reziproken Gittervektor, also einen Vektor der Form $h = ha^* + kb^* + lc^*$ mit h, k, l ganzzahlig, handeln.
2. Außerhalb der Maxima ist praktisch keine messbare Beugungsintensität vorhanden.

Aus 1. und 2. zusammen folgt, dass das Beugungsbild eines Kristalls aus diskontinuierlichen Punkten im Raum besteht und dass jeder Beugungspunkt eindeutig einer Netzebene und damit einem reziproken Gitterpunkt h zugeordnet werden kann. Damit erweist sich das in Abschn. 2.1.3 eingeführte reziproke Gitter als überaus nützliches Instrument zur Beschreibung der Beugung am Kristall.

Nach der Ewald'schen Konstruktion bilden Primärstrahl und gebeugter Strahl mit der Netzebene N den gleichen Winkel ϑ, einfallender und gebeugter Strahl bilden dann *miteinander* den sog. *Beugungswinkel* oder *Glanzwinkel* 2ϑ (s. Abb. 2.27).

Einfallender und gebeugter Strahl verhalten sich also wie ein Lichtstrahl, der an einem planaren Spiegel N nach dem Prinzip Einfallswinkel = Ausfallswinkel reflektiert wird. Daher spricht man auch von Reflexion an den Netzebenen und nennt die einzelnen Beugungsmaxima sogar Reflexe.

Für den Winkel ϑ lässt sich folgender geometrischer Zusammenhang formulieren:

$$\sin\vartheta = \frac{|h|/2}{1/\lambda} = \frac{|h|\cdot\lambda}{2};$$

mit

$$|h| = 1/d$$

folgt

$$2d\sin\vartheta = \lambda. \tag{2.10}$$

Diese Gleichung gehört zu den wichtigsten Formeln der Beugungstheorie und heißt **Bragg'sche Gleichung**.

Wir können jetzt sagen, dass Beugung an einer Netzebene nur dann auftritt, wenn ein Vektor h vom Punkt 0 aufgetragen die Ewald-Kugel trifft, bzw. wenn der Primärstrahl mit N den nach der Bragg'schen Gleichung zu berechnenden Winkel ϑ bildet; h, s_0 und s liegen dann in einer Ebene, der Beugungsebene.

Eine wichtige Konsequenz folgt unmittelbar aus der Bragg'schen Gleichung: Bei gegebener Wellenlänge λ ist die Zahl der zur Beugung fähigen Netzebenen *begrenzt*, denn wegen $|\sin\vartheta \leq 1|$ gilt

$$\frac{\lambda}{2d} = \frac{\lambda|h|}{2} \leq 1$$

oder

$$|h| \leq \frac{2}{\lambda}. \tag{2.11}$$

Die Kugel mit dem Radius $2/\lambda$ (Abb. 2.27) heißt *Ausbreitungskugel* (limiting sphere). Sie hat den doppelten Radius der Ewald-Kugel und enthält alle reziproken Gittervektoren, die bei gegebenem λ überhaupt die Ewald-Bedingung erfüllen können.

Da wir jedem Vektor h ein Volumenelement V^* des reziproken Gitters zuordnen können, ist die Zahl M der zur Beugung fähigen Reflexe gegeben durch

$$M = \frac{V_A}{V^*},$$

wenn V_A das Volumen der Ausbreitungskugel ist. Es folgt

$$MV^* = \frac{4}{3}\pi\left(\frac{2}{\lambda}\right)^3,$$

$$M = \frac{32\,\pi}{3}\,\frac{1}{\lambda^3}\,\frac{1}{V^*},$$

$$M \approx \frac{33.5}{\lambda^3}\,V.$$

(2.12)

Für die in der Röntgenstrukturanalyse am häufigsten verwendeten Strahlungsarten der CuKα-Linie ($\lambda = 154.18\,\mathrm{pm}$) und der MoKα-Linie ($\lambda = 71.07\,\mathrm{pm}$) gilt dann

$$M_{Cu} \approx 9\,V \quad \text{und} \quad M_{Mo} \approx 93\,V,$$

d. h. mit Mo-Strahlung kann man (theoretisch) etwa zehnmal mehr Reflexe messen als mit Cu-Strahlung.

Bevor wir einige experimentelle Anordnungen studieren, mit denen man die Ewald'sche Beugungsbedingung realisieren kann, wollen wir angeben, wie die Information aus dem Beugungsexperiment mit der Kristallstruktur in Beziehung steht.

Da wir die Beugungsmaxima den reziproken Gittervektoren h zuordnen konnten, können wir insgesamt bei der Betrachtung der Beugungsintensität I diese als Funktion des reziproken Raumes formulieren, d. h. $I = I(b)$, wobei b zunächst ein beliebiger von a^*, b^*, c^* aufgespannter Vektor ist. Die Eigenschaft der Kristalle, ein diskretes Beugungsbild zu besitzen, kann dann durch die vektorielle Form der *Laue'schen Beugungsbedingung* formuliert werden:

$$I(b) \neq 0, \quad \text{nur falls} \quad b = h = h a^* + k b^* + l c^*, \quad h, k, l \text{ ganzzahlig}$$

$$I(b) = 0 \quad \text{sonst}.$$

(2.13)

Wir wenden nun das von der Optik (vgl. Band III, Kap. 3) her bekannte Prinzip an, nach welchem ein Objekt mit seinem Beugungsbild über eine Fouriertransformation verknüpft ist. Bei der Röntgenbeugung ist das Objekt die Elektronenverteilung im Kristall, die man aus Normierungsgründen noch auf die Volumeneinheit bezieht, so dass als Funktion, die die „Materieverteilung" und damit die Struktur im Kristall beschreibt, die sog. *Elektronendichtefunktion* $\varrho(r)$ (Dimension Elektronenzahl/Volumen, z. B. e · pm^{-3}) betrachtet wird. Die in Abschn. 2.1.2 zunächst neutral eingeführte Funktion $q(r)$ kann also jetzt durch $\varrho(r)$ ersetzt werden, wobei $\varrho(r)$ im Kristall die Periodizitätseigenschaft (Gl. (2.1)) besitzt.

Damit ist über die Röntgenbeugung die Elektronendichtefunktion $\varrho(r)$ im Sinne der Quantenchemie eine physikalische Observable, im Gegensatz zu den Wellenfunktionen in der Schrödinger-Gleichung. Die zeitunabhängige Schrödinger-Gleichung

$$H\psi = E\psi$$

mit

$$H = \left(-\frac{\hbar^2}{2\,m}\,\nabla^2 + U\right) = \text{Hamilton-Operator}$$

$$\nabla^2 = \frac{\partial^2}{\partial x^2} + \frac{\partial^2}{\partial y^2} + \frac{\partial^2}{\partial z^2}$$

$U =$ potentielle Energie, $E =$ Gesamtenergie

hat als partielle Differentialgleichung 2. Ordnung den Nachteil, dass sie exakt nur für das Wasserstoffatom lösbar ist und dass die Wellenfunktion $\psi(r)$ nicht dem Experiment zugänglich ist.

Nach Borns statistischer Interpretation kann mit Hilfe von $\psi(r)$ eine Wahrscheinlichkeit angegeben werden. Durch

$$\mathrm{d}W = \psi\psi^*(r)\,\mathrm{d}V$$

ist die Wahrscheinlichkeit gegeben, ein Elektron im Volumenelement $\mathrm{d}V$ anzutreffen.

Dann ist die Wahrscheinlichkeitsdichte

$$\lim_{\mathrm{d}V \to 0} \frac{\mathrm{d}W}{\mathrm{d}V} = \varrho(r)$$

und

$$\varrho(r) \propto \psi\psi^*(r). \tag{2.14}$$

Damit kommt der dem Experiment zugänglichen Elektronendichte $\varrho(r)$ für die Beschreibung chemischer Strukturen eine fundamentale Bedeutung zu.

Die Fouriertransformierte von ϱ ist durch das Volumenintegral

$$F(b) = \int_V \varrho(r) \cdot \mathrm{e}^{2\pi\mathrm{i}br}\,\mathrm{d}V \tag{2.15}$$

definiert. Die im Allgemeinen komplexwertige Funktion $F(b)$ heißt *Strukturfaktor*. Sie ist eine Funktion des reziproken Raumes. Man nennt in diesem Zusammenhang den reziproken Raum auch gern *Fourier-Raum*, den direkten Raum dann zum Unterschied den *physikalischen* Raum.

Umgekehrt ist $\varrho(r)$ durch Fourier-Inverstransformation aus $F(b)$ zu erhalten:

$$\varrho(r) = \int_{V^*} F(b) \cdot \mathrm{e}^{-2\pi\mathrm{i}br}\,\mathrm{d}V^*. \tag{2.15a}$$

Hieraus folgt unmittelbar, dass $\varrho(r)$ bekannt wäre, wenn man $F(b)$ aus dem Beugungsexperiment bestimmen könnte. Leider ist dies unmittelbar nicht möglich.

Da es keine Röntgenlinse gibt, die das Beugungsbild wieder zusammensetzt, geht bei diesem Experiment die Phaseninformation verloren und man kann nur die Intensität $I(b)$ der gebeugten Strahlung messen. Sie ist zum Betragsquadrat des Strukturfaktors proportional:

$$I(b) = \mathrm{c} \cdot FF^*(b) = \mathrm{c}|F(b)|^2. \tag{2.16}$$

Hieraus folgt

$$|F(b)| = +\sqrt{\frac{I(b)}{\mathrm{c}}}. \tag{2.16a}$$

Da $F(b) = |F(b)|\mathrm{e}^{\mathrm{i}\varphi(b)}$ i. A. eine komplexwertige Funktion ist und das Experiment nur den Betrag von $F(b)$ liefert, ist die Phaseninformation $\varphi(b)$ verloren gegangen. Dies wird als das sog. „Phasenproblem" der Strukturanalyse bezeichnet, das über Jahrzehnte einen wesentlichen Fortschritt in der Kristallstrukturanalyse und ihre breite Anwendung behindert hat.

Es gibt einige neuere Arbeiten, die Experimente im sog. „Mehrstrahlfall" beschreiben [16, 17], d. h. dort wird die Wechselwirkung mehrerer gebeugter Strahlen betrachtet. In diesen Sonderfällen ist tatsächlich eine Messung der Phasen möglich. Da der experimentelle Aufwand erheblich ist und nur in ausgewählten Fällen eine hinreichend genaue Phasenmessung erfolgt, haben diese Methoden für die praktische Strukturanalyse (noch) keine Bedeutung.

Ein wichtiger Schritt zur rechnerischen Umgehung des Phasenproblems erfolgte 1935, als Patterson vorschlug, eine Fouriertransformation der Größe durchzuführen, die vom Experiment her zugänglich war, nämlich von $FF^*(b)$. Er führte damit die später nach ihm benannte sog. *Patterson-Funktion* $P(u)$ ein, die wie $\varrho(r)$ eine Funktion des direkten Raumes ist, deren Argument nur zur Unterscheidung von ϱ mit u anstatt mit r bezeichnet wird:

$$P(u) = \int_{V*} FF^*(b) \cdot e^{-2\pi i bu} \, dV^*. \tag{2.17}$$

In der Theorie der Integraltransformationen kann man zeigen, dass die Fouriertransformation eines Produkts zweier Funktionen (hier F und F^*) durch ein Faltungsintegral der Fouriertransformierten der beiden Faktoren ersetzt werden kann. Dies liefert den Zusammenhang zwischen P und ϱ:

$$P(u) = \int_{V} \varrho(r)\varrho(r-u) \, dV. \tag{2.18}$$

Leider ist die Auflösung dieser Integralgleichung nach dem Integranden und damit die Berechnung von $\varrho(r)$ aus $P(u)$ allgemein auch nicht möglich, so dass auch die Patterson-Funktion keine direkte Lösung des Phasenproblems bietet. Jedoch ergibt sich aus der Verknüpfung von $P(u)$ und $\varrho(r)$ über ein Faltungsintegral die wichtige Eigenschaft von $P(u)$, alle Differenzvektoren zwischen je zwei Atomen einer Struktur darzustellen. Das erlaubt den Einsatz der Patterson-Funktion zur Lösung des Phasenproblems in wichtigen Sonderfällen, wie wir in Abschn. 2.3.5.1 noch diskutieren werden.

Die Zusammenhänge zwischen den für die Strukturbestimmung wichtigen Funktionen $\varrho(r)$, $P(u)$ und $F(b)$ sind in eleganter Form von Hosemann & Bagchi in dem Lehrbuch „Direct Analysis of Diffraction by Matter" (1962) in Form eines Diagramms angegeben worden:

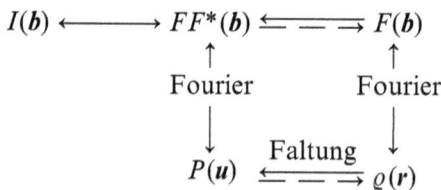

$$I(b) \longleftrightarrow FF^*(b) \Longleftarrow\!=\!=\!\Longrightarrow F(b)$$

$$\uparrow \qquad\qquad\qquad \uparrow$$

$$\text{Fourier} \qquad\qquad \text{Fourier}$$

$$\downarrow \qquad\qquad \text{Faltung} \qquad \downarrow$$

$$P(u) \Longleftarrow\!=\!=\!\Longrightarrow \varrho(r)$$

Während die ausgezogenen Pfeile die durchführbaren Operationen anzeigen, enthalten die gestrichelten Pfeile das Phasenproblem. Man sieht, dass es zunächst keinen Weg vom Ergebnis des Experiments $I(b)$ zur rechten Seite des Diagramms und damit zur gesuchten Elektronendichte-Funktion $\varrho(r)$ gibt.

Berücksichtigt man in der allgemeingültigen Formel (Gl. (2.16)) noch die Laue-Bedingung (Gl. (2.13)), d. h. die Tatsache, dass die Beugung am Kristall diskret ist, so kann in den Formeln für $\varrho(r)$ und $P(u)$ (Gl. (2.15a) bzw. Gl. (2.17)) das Integral durch das Summenzeichen und das Argument b durch Gittervektoren h ersetzt werden:

$$\varrho(r) = \sum_h F(h)\, e^{-2\pi i h r}\, dV^* .$$

Mit $h = h a^* + k b^* + l c^*$, $r = x a + y b + z c$ und $dV^* = \Delta V^* = V^*$ (wegen der eindeutigen Zuordnung eines reziproken Gittervektors zu einer reziproken Elementarzelle) $= 1/V$ wird

$$\varrho(r) = \frac{1}{V} \sum_h \sum_k \sum_l F(hkl)\, e^{-2\pi i(hx + ky + lz)} . \tag{2.15b}$$

Analog gilt

$$P(u) = \frac{1}{V} \sum_h \sum_k \sum_l F F^*(hkl)\, e^{-2\pi i(hx + ky + lz)} . \tag{2.17a}$$

Der Strukturfaktor kann ebenfalls durch eine Summe ausgedrückt werden. Dazu betrachten wir in einer Elementarzelle die *Gesamtelektronendichte* als Summe der atomaren Elektronendichten.

Nehmen wir an, dass ϱ aus N atomaren ϱ_j mit den Ortsvektoren r_j $(j = 1, \ldots, N)$ besteht (Abb. 2.28), so ist

$$\varrho(r) = \sum_{j=1}^N \varrho_j(r - r_j) . \tag{2.19}$$

Bezeichnen wir mit $f_j(h)$ die Fourier-Transformierte von ϱ_j, so folgt nach dem sog. *Shift-Theorem* aus der Theorie der Fouriertransformationen

$$F(h) = \sum_{j=1}^N f_j(h)\, e^{2\pi i h r_j} .$$

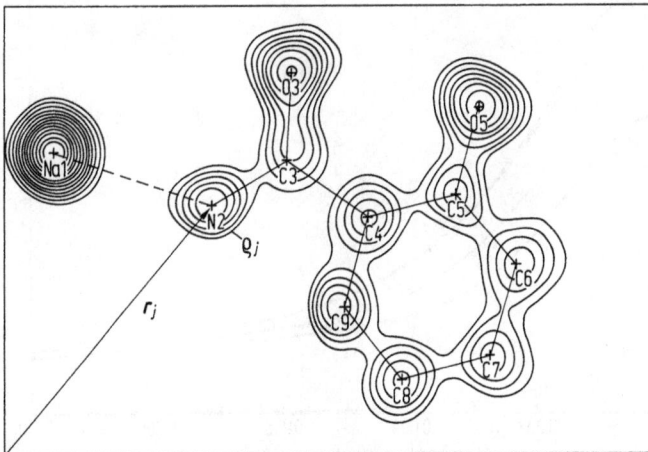

Abb. 2.28 Darstellung der Gesamtelektronendichte $\varrho(r)$, zusammengesetzt aus den atomaren Elektronendichten $\varrho_j(r)$.

Um die Funktion $f_j(\boldsymbol{h})$ numerisch berechnen zu können, macht man bei der konventionellen Röntgenstrukturanalyse die Näherung einer kugelsymmetrischen atomaren Elektronendichteverteilung, die darüber hinaus nur noch von dem Atomtyp abhängen soll. Dieses Modell wird auch als das Modell der „unabhängigen Atome" („independent atom model", IAM) bezeichnet. Dann ist

$$\varrho_j = \varrho_j(|\boldsymbol{r}|) \, .$$

und die f_j können für alle Atomsorten – näherungsweise – berechnet werden. Sie stellen ebenfalls kugelsymmetrische, reelle Funktionen dar und werden als *Atomformfaktoren* bezeichnet. Als Argument von f_j führt man eine neue Variable $s = \sin\vartheta/\lambda$ ein, die nach der Bragg'schen Gleichung proportional zu $|\boldsymbol{h}|$ ist:

$$f_j = f_j(|\boldsymbol{h}|) = f_j(s) \quad \text{mit} \quad s = \frac{\sin\vartheta}{\lambda} \, .$$

Dann ist schließlich

$$F(\boldsymbol{h}) = \sum_{j=1}^{N} f_j \, e^{2\pi i \boldsymbol{h} \boldsymbol{r}_j} \, , \tag{2.20}$$

wobei das Argument von f_j in der Regel weggelassen wird.

Die Formfaktoren sind für nahezu alle Atomsorten in Abhängigkeit von s im Band C der „International Tables" tabelliert. Der prinzipielle Verlauf der Atomformfaktorkurven ist in Abb. 2.29 dargestellt. Wie man sieht, ist f_j bei $s = 0$ gleich der Ordnungszahl des betreffenden Elements und nimmt mit wachsendem s stark ab. Dies bedeutet, dass auch die Beträge der Strukturfaktoren mit zunehmendem $\sin\vartheta/\lambda$ abnehmen, oder anders ausgedrückt, Reflexe hoher Ordnungen haben schwache Beugungsintensitäten.

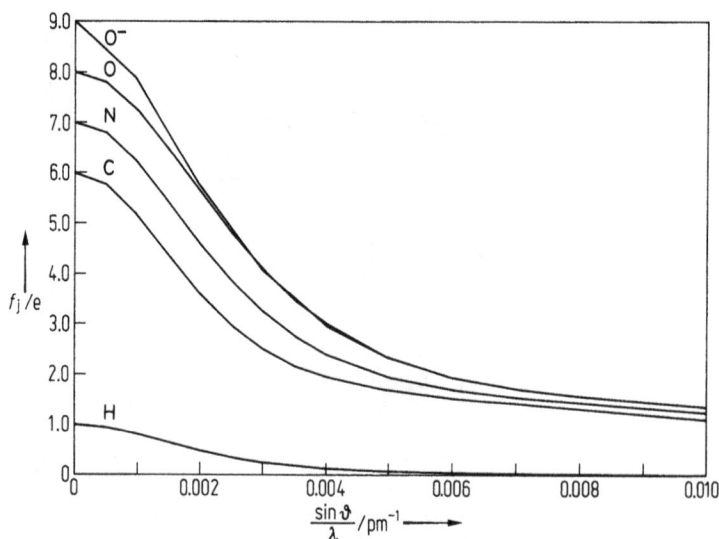

Abb. 2.29   Atomformfaktor-(f_j-)-Kurven für C, N, O, O$^-$ und H.

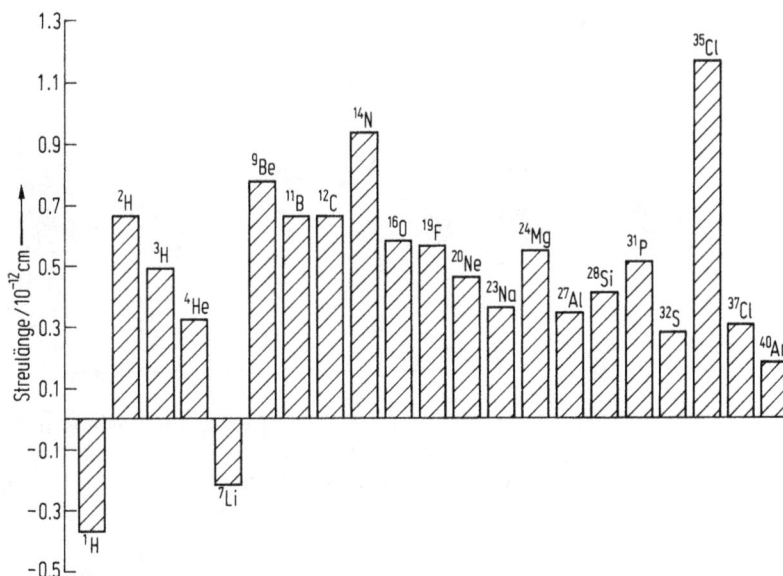

Abb. 2.30   Neutronenstreulängen für die ersten 18 Elemente des Periodensystems (bis Argon).

Zwei weitere Eigenschaften der Formfaktoren sollen hier erwähnt werden:

1. Kugelsymmetrische Formfaktoren setzen kugelsymmetrische atomare Elektronendichteverteilungen voraus, d. h. Bindungseffekte werden vernachlässigt. Daher wird bei der Röntgenstrukturanalyse in der Regel nur der Ort eines Atoms als Zentrum seiner Elektronendichte „kugel" bestimmt. Genaue Elektronendichteverteilungen erfordern einen besonderen Aufwand (s. Abschn. 2.4.3).
2. Die Formfaktoren sind nur näherungsweise reell und müssen, besonders für Elemente höherer Ordnungszahlen, mit einem komplexen Korrekturfaktor versehen werden, der noch von der Art der verwendeten Primärstrahlung abhängt. Diese Eigenschaft der Formfaktoren, die man als *anomale Dispersion* bezeichnet, kann man zur Bestimmung der absoluten Aufstellung chiraler Moleküle benutzen (s. Abschn. 2.4.1).

Im Fall der Neutronenbeugung hat der Strukturfaktor formal das gleiche Aussehen wie in Gl. (2.20), nur sind die Formfaktoren durch die Neutronenstreulängen zu ersetzen, die im Gegensatz zu den Formfaktoren bezüglich $\sin\vartheta/\lambda$ konstant sind. Daher kommt man für die Streulängen mit einem Zahlenwert pro Element aus (Abb. 2.30). Während sich die Formfaktoren benachbarter Elemente des Periodensystems nur wenig unterscheiden (die von Isotopen, z. B. H und D gar nicht!), sind die Streulängen etwa von H und D oder auch C und N sehr verschieden, so dass hier eine Diskriminierung gut möglich ist (s. auch Abb. 2.31).

Mit Hilfe des Strukturfaktors lassen sich noch drei wichtige Konsequenzen für das Beugungsexperiment studieren:

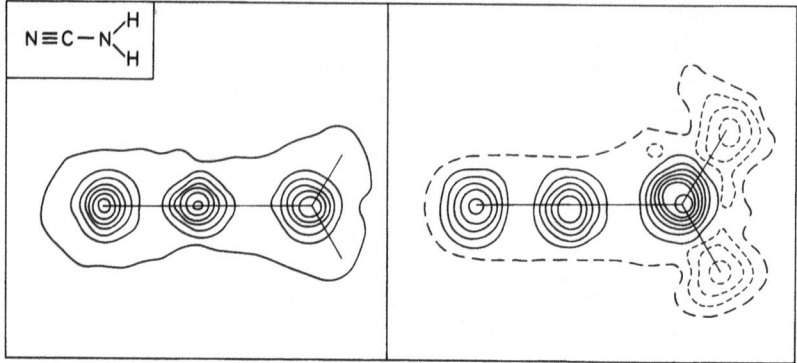

Abb. 2.31 Strukturbestimmung von Cyanamid, NH_2—C≡N, durch Röntgen- (links) und Neutronenbeugung (rechts). Die Wasserstoffatome sind in der Röntgenstruktur nur schwach, in der Neutronenstruktur als deutliche *Minima* (wegen der negativen Streulänge von H) zu erkennen.

1. Kristallsymmetrie und Intensitätssymmetrie. Die in Abschn. 2.2 beschriebenen Symmetrieeigenschaften des Kristalls verursachen eine bestimmte Symmetrie des Beugungsbildes, das seinerseits Aussagen über die Kristallsymmetrie gestattet.

Unabhängig von jeder Kristallsymmetrie gilt zunächst unter der Voraussetzung *reeller* kugelsymmetrischer Formfaktoren $(f_j(-h) = f_j(h) = f_j(|h|))$

$$F(-h) = \sum_{j=1}^{N} f_j e^{-2\pi i h r_j} = F^*(h),$$

wobei F^* die konjugiert komplexe Funktion zu F bezeichnen soll. Daraus folgt nach Gl. (2.16)

$$I(h) \sim F(h)\, F^*(h) = F(h)\, F(-h)$$

und

$$I(-h) \sim F(-h)\, F^*(-h) = F(-h)\, F(h),$$

d. h.

$$I(h) = I(-h). \tag{2.21}$$

Diese wichtige Eigenschaft, die noch keinerlei Kristallsymmetrie voraussetzt, heißt **Friedel'sches Gesetz**. Es besagt, dass das Beugungsbild unter den oben genannten Voraussetzungen immer zentrosymmetrisch ist und dass sich dadurch die Zahl der unabhängigen Reflexe auf die Hälfte der Ausbreitungskugel reduziert.

Liegt nun im Kristall selbst ein Symmetriezentrum vor, d. h. existiert zu jedem Atom mit dem Ortsvektor $r = (x, y, z)$ ein äquivalentes mit $r' = (-x, -y, -z)$, so folgt für den Strukturfaktor durch Zusammenfassen

$$F_{\text{zentr}}(h) = \sum_{j=1}^{N/2} f_j (e^{2\pi i h r_j} + e^{-2\pi i h r_j}).$$

Nach der Euler'schen Formel $2\cos\varphi = e^{i\varphi} + e^{-i\varphi}$ folgt

$$F_{\text{zentr}}(h) = 2 \sum_{j=1}^{N/2} f_j \cos 2\pi h r_j, \tag{2.22}$$

d. h. für zentrosymmetrische Strukturen ist F nicht länger eine komplexe Funktion, sondern reell. Damit reduziert sich das Phasenproblem auf ein Vorzeichenproblem, was bei der Phasenbestimmung (s. Abschn. 2.3.5) noch von Bedeutung sein wird.

Als Beispiel für den Einfluss der anderen kristallographischen Symmetrieelemente auf den Strukturfaktor betrachten wir eine Gleitspiegelebene, die senkrecht zur y-Achse liegen möge. Dann existiert zu jedem Atom mit dem Ortsvektor r ein äquivalentes mit $r' = (x + \alpha, -y, z + \beta)$, wobei für die verschiedenen Arten von Gleitspiegelebenen (a, c, n) α und β die Werte 0 oder 1/2 haben können. Bei einer reinen Spiegelebene ist $\alpha = \beta = 0$.

Für den Strukturfaktor folgt dann

$$F_{\mathrm{m}}(hkl) = \sum_{j=1}^{N/2} f_j [e^{2\pi i(hx_j + ky_j + lz_j)} + e^{2\pi i(h(x_j + \alpha) - ky_j + l(z_j + \beta))}]$$

$$= \sum_{j=1}^{N/2} f_j \cdot e^{2\pi i(hx_j + lz_j)} [e^{2\pi i ky_j} + e^{-2\pi i ky_j} e^{2\pi i(h\alpha + l\beta)}].$$

Da α und β nur die Werte 0 oder 1/2 annehmen, ist $n = 2(h\alpha + l\beta)$ eine ganze Zahl, d. h. der letzte Exponentialterm ist ± 1. Dann ist

$$F_{\mathrm{m}}(hkl) = \sum_{j=1}^{N/2} f_j e^{2\pi i(hx_j + lz_j)} [e^{2\pi i ky_j} + e^{-2\pi i ky_j}(\pm 1)]$$

und

$$F_{\mathrm{m}}(h-kl) = \sum_{j=1}^{N/2} f_j e^{2\pi i(hx_j + lz_j)} [e^{-2\pi i ky_j} + e^{2\pi i ky_j}(\pm 1)],$$

d. h.

$$F_{\mathrm{m}}(hkl) = \pm F_{\mathrm{m}}(h-kl)$$

und damit

$$I_{\mathrm{m}}(hkl) = I_{\mathrm{m}}(h-kl).$$

Für $k = 0$ vereinfacht sich der Ausdruck für $F_{\mathrm{m}}(hkl)$:

$$F_{\mathrm{m}}(h0l) = \sum_{j=1}^{N/2} f_j e^{2\pi i(hx_j + lz_j)} [1 + e^{2\pi i(h\alpha + l\beta)}].$$

Für eine a-Gleitspiegelebene ist $\alpha = 1/2$, $\beta = 0$. Dann ist für *ungerades* h:

$$e^{i\pi h} = -1, \quad \mathrm{d.\,h.} \quad F_{\mathrm{m}}(h0l) = 0.$$

Analog ist für eine c-Gleitspiegelebene ($\alpha = 0$, $\beta = 1/2$) und *ungerades* l:

$$F_{\mathrm{m}}(h0l) = 0.$$

Ebenso verschwindet für eine n-Gleitspiegelebene ($\alpha = \beta = 1/2$), $F_{\mathrm{m}}(h0l)$ für ungerades $h + l$.

Ist dagegen $\alpha = \beta = 0$, d. h. liegt eine echte Spiegelebene vor, so kann *kein* systematisches Verschwinden des Strukturfaktors hergeleitet werden.

Insgesamt folgt also, dass eine Spiegel- *oder* Gleitspiegelebene im Kristall eine *Spiegelebene* bei den Intensitäten erzeugt. Liegt eine Translationskomponente vor, d. h. eine Gleitspiegelebene, so ist die Intensität bestimmter Reflexe (wie oben auf der reziproken Gitterebene $h0l$) identisch null, man nennt dies eine *systematische Auslöschung*.

Weil im Fall der Gleitspiegelebenen eine ganze Ebene des reziproken Gitters betroffen ist und solche Ebenen auch als „Zonen" bezeichnet werden, spricht man auch von einer zonalen Auslöschung.

Völlig analog kann man im Fall von kristallographischen Dreh- und Schraubenachsen zeigen, dass sie entsprechende Drehachsensymmetrien bei den Intensitäten erzeugen. Liegt eine Translationskomponente, d. h. eine echte Schraubenachse vor, so werden zusätzlich systematische Auslöschungen auf einer reziproken Gittergeraden (Serie) erzeugt, die man als *serielle Auslöschungen* bezeichnet.

Liegt schließlich ein universeller Translationsvektor vor, also ein zentriertes Gitter, so sind im gesamten reziproken Gitter bestimmte Reflexe von systematischen Auslöschungen betroffen, man spricht von *integralen Auslöschungen*.

Fassen wir zusammen: Die Analyse der Beugungsintensitäten eines Kristalls hinsichtlich Symmetrie und systematischer Auslöschungen liefert wichtige Information über die Kristallsymmetrie:

1. Zunächst sind die Intensitäten (bei Vernachlässigung der anomalen Dispersion) immer zentrosymmetrisch (Friedel'sches Gesetz).
2. n-zählige Dreh- und Schraubenachsen erzeugen n-zählige Achsen bei den Intensitäten. Nur die Schraubenachsen erzeugen zusätzlich *serielle* Auslöschungen.
3. Spiegel- und Gleitspiegelebenen erzeugen Spiegelebenen bei den Intensitäten. Nur die Gleitspiegelebenen erzeugen zusätzlich *zonale* Auslöschungen.
4. Zentrierte Gitter erzeugen *integrale* Auslöschungen.

Als Symmetrie bei den Beugungsintensitäten können daher nur die Punktgruppensymmetrieelemente vorkommen, wobei das Symmetriezentrum wegen des Friedel'schen Gesetzes immer vorliegt. Dies führt zu einer neuen Klassifikation der Kristalle hinsichtlich gemeinsamer Intensitätssymmetrie. Man kommt auf diese Weise zu den **11 Laue-Gruppen**, die nichts anderes als die zentrosymmetrische Untermenge der 32 Kristallklassen sind (s. auch Tab. 2.1).

Alle oben genannten Informationen aus dem Beugungsbild können für die Bestimmung der Raumgruppe eines Kristalls verwendet werden. Aus der Intensitätssymmetrie kann auf die Laue-Klasse und damit auf das Kristallsystem geschlossen werden. Eventuelle vorhandene systematische Auslöschungen erlauben die Raumgruppenfrage auf einige wenige Möglichkeiten zu reduzieren oder diese sogar eindeutig zu bestimmen.

2. Quasikristalle. Nach dem oben beschriebenen Zusammenhang zwischen Kristall- und Intensitätssymmetrie darf ein Beugungsbild eines Kristalls keine anderen als die in Abschn. 2.2.1 eingeführten Punktgruppensymmetrien zeigen. Es erregte deshalb erhebliches Aufsehen als Ende der 80er-Jahre Beugungsbilder, wie das in Abb. 2.32a gezeigte Beispiel [18], bekannt wurden, die fünfzählige, zehnzählige oder andere, für Kristalle eigentlich „verbotene" Symmetrien zeigten.

Eine ebenfalls verbotene Symmetrie war makroskopisch an Kristallproben zu erkennen, wie in Abb. 2.32b zu sehen ist [19]. Bei Proben dieser Art, deren Symmetrieeigenschaften offensichtlich im krassen Gegensatz zu der in Abschn. 2.2.1 formulierten Unmöglichkeit fünfzähliger oder höher als sechszähliger Drehachsen im Kris-

(a)   (b)

Abb. 2.32   (a) Beugungsbild eines dekagonalen Al-Co-Ni-Quasikristalls, das zehnzählige Symmetrie zeigt [18]; (b) Quasikristalle, deren Habitus deutlich fünfzählige Symmetrie zeigt [19].

tall stehen, handelt es sich um sog. *Quasikristalle*, die eine Atomanordnung besitzen, welche auf einem quasiperiodischen Punktgitter basieren. Eigenschaften dieser Art wurden 1984 erstmalig von Shechtman und Mitarbeitern [20] an Aluminium-Mangan-Legierungen entdeckt, die aus der Schmelze durch extrem schnelles Abkühlen gewonnen worden waren.

Die Quasikristalle, die wegen ihrer „verbotenen" Symmetrie nicht streng periodische Strukturen haben können, müssen auf Grund ihrer scharfen Beugungsreflexe eine reguläre Verteilung der Atome in der Probe besitzen, ihre Struktur unterliegt einer – nichtperiodischen – Gesetzmäßigkeit.

Mathematische Modelle für geordnete, aber nicht periodische Strukturen waren in ein und zwei Dimensionen bereits bekannt. Das Bildungsgesetz einer eindimensionalen Struktur dieser Art folgt den bekannten Fibonacci-Folgen. Man benötigt zwei Bausteine, einen kurzen, K, und eine langen, L. Dann lässt sich eine gesetzmäßige eindimensionale Sequenz, die aber nicht periodisch ist, wie folgt erzeugen (s. Abb. 2.33a):

Man beginne mit dem Baustein K. Den nächsten Anbauschritt erhält man aus dem vorigen, in dem jeweils ein kurzer Baustein K durch einen langen Baustein L ersetzt wird, und L durch zwei Bausteine K und L ersetzt wird. Weil mit K begonnen wurde, ist der 1. Anbauschritt L, der zweite besteht aus K und L. Für den 3. Anbauschritt werden bereits 3 Bausteine, nämlich L, K und wieder L benötigt, für den vierten K, L, L, K und L, usw..

Als zweidimensionales Modell für die Strukturen der Quasikristalle können die bereits 1974 eingeführten *Penrose-Muster* [21] dienen, mit denen eine Ebene lückenlos quasiperiodisch „parkettiert" werden kann.

Abbildung 2.33b zeigt ein Penrose-Muster, das aus zwei verschiedenen Rauten als Elementarbausteinen gebildet wird. Obwohl diese Penrose-Muster gewisse Ordnungskriterien erfüllen, gelingt es nicht, das Gesamtmuster durch periodisches An-

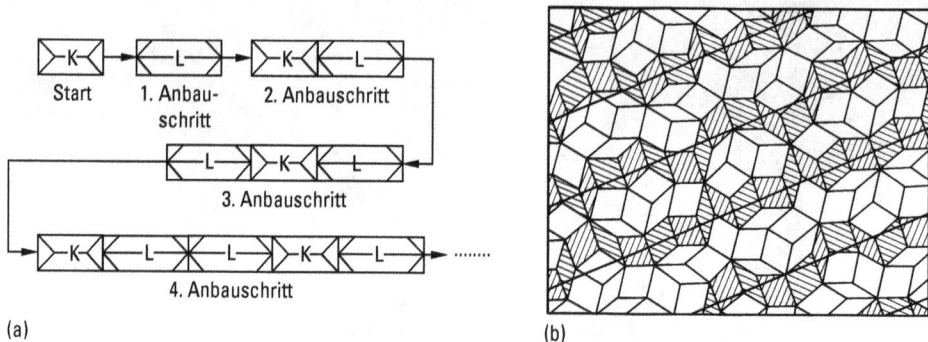

(a)   (b)

Abb. 2.33   (a) Beispiel einer eindimensionalen Fibonacci-Struktur, (b) Penrose-Muster, generiert aus zwei Rauten, die zwar gleich lange Seiten, aber verschiedene Dicken haben. Markiert man alle Bausteine, deren Kanten eine gemeinsame Richtung haben, so kann man durch sie annähernd parallele und äquidistante Geraden legen, die (im Dreidimensionalen) als verallgemeinerte Netzebenen angesehen werden können.

einanderfügen einer noch so großen Elementarzelle zu erzeugen. Mindestens lokal ist eine fünfzählige Symmetrie erkennbar und es lassen sich sogar – näherungsweise – die für das Zustandekommen scharfer Reflexe benötigten „Netzebenen" konstruieren. Man kann auch dreidimensionale aus zwei Rhomboedern zusammengesetzte quasiperiodische Modelle erzeugen, und es gibt Befunde, die dafür sprechen, dass die unmöglichen Symmetrien auf quasikristalline Strukturen dieser Form zurückgeführt werden können [22].

Warum bei quasikristallinen Materialien von der Natur das energetisch weniger günstige Bauprinzip aus zwei Elementarbausteinen anstatt einer Elementarzelle verwendet werden soll, ist nicht ohne weiteres einsichtig. Es werden deshalb auch alternativ sog. „Überlappende Cluster-Modelle" diskutiert. Von P. Gummelt wurde gezeigt, dass quasiperiodische Strukturen auch aus einem atomaren Cluster, d. h. einem Baustein erzeugt werden können, wenn beim Aufbau der dreidimensionalen Struktur Überlappungen zugelassen werden [23].

Quasikristalle, die in ihrer Mehrzahl als metallische Legierungen vorliegen, sind metastabil, d. h. sie gehen bei höheren Temperaturen in periodisch kristalline Phasen über. Wegen ihrer Struktureigenschaften, die sich eindeutig von denen kristalliner und amorpher Stoffe unterscheiden, werden Quasikristalle auch als dritter Zustand der Festkörper bezeichnet.

Quasikristalle besitzen eine Reihe ungewöhnlicher Materialeigenschaften. Sie haben geringe elektrische und Wärmeleitfähigkeit, deshalb können quasikristalline Materialien Isolatoreigenschaften haben, obwohl sie Metalllegierungen sind. Weitere Eigenschaften sind u. a. besondere Härte und hohe plastische Verformbarkeit. Sie eignen sich zur Oberflächenbeschichtung und werden industriell bereits zur Fertigung chirurgischer Instrumente und als Beschichtung von Bratpfannen (anstelle von Teflon) verwendet. Auch die Nutzung als Wasserstoffspeicher wird diskutiert.

3. Thermische Atombewegung. Gl. (2.20) für den Strukturfaktor ist nur gültig, wenn die Atome im Kristall in Ruhe sind. Dies ist im realen Kristall natürlich nicht der Fall, und wir müssen daher den Strukturfaktor durch einen sog. Temperaturterm ergänzen, der der thermischen Bewegung der Atome Rechnung trägt.

Debye hat schon 1914 gezeigt, dass man näherungsweise die thermische Bewegung eines Atoms dadurch beschreiben kann, dass man den Atomformfaktor f für das ruhende Atom durch einen Temperaturterm ergänzt

$$f_T = f e^{-(8\pi^2 U \sin^2 \vartheta)/\lambda^2}. \tag{2.23}$$

Die Größe

$$B = 8\pi^2 U \tag{2.24}$$

heißt *Debye-Waller-Faktor*. U ist die mittlere quadratische Amplitude der atomaren Schwingung. Die Beschreibung der thermischen Bewegung allein durch den Parameter U basiert auf der einfachen Annahme einer isotropen Schwingung des Atoms, d. h. alle Raumrichtungen sind gleichberechtigt. Das Volumenelement, das die mittlere Aufenthaltswahrscheinlichkeit angibt, ist eine Kugel. Man bezeichnet die Größe U (ebenso auch B), deren Dimension das Quadrat einer Länge ist (z. B. pm^2), als *isotropen Temperaturfaktor*.

Es ist nun sicherlich physikalisch eine sehr grobe Näherung, die Bewegung eines Atoms isotrop zu beschreiben, vor allem, wenn das Atom an einer kovalenten chemischen Bindung beteiligt ist.

Zu einer verbesserten Näherung kommt man durch Einführung des sog. *anisotropen Temperaturtensors* (U_{ij}), mit dessen Hilfe die Aufenthaltswahrscheinlichkeit eines Atoms nicht mehr innerhalb einer Kugel, sondern eines Ellipsoids, des sog. *Temperaturellipsoids* beschrieben wird. Formal geschieht das in folgender Weise:

Aus

$$f_T = f e^{-T_{iso}}$$

mit

$$T_{iso} = \frac{8\pi^2 U \sin^2 \vartheta}{\lambda^2} \tag{2.25a}$$

wird

$$f_T = f e^{-T_{aniso}}$$

mit

$$T_{aniso} = 2\pi^2 (U_{11} h^2 a^{*2} + U_{22} k^2 b^{*2} + U_{33} l^2 c^{*2} + U_{12} hk a^* b^* \cos\gamma^* \\ + U_{13} hl a^* c^* \cos\beta^* + U_{23} kl b^* c^* \cos\alpha^*). \tag{2.25b}$$

Der Vorteil einer genaueren Beschreibung der thermischen Bewegung ist allerdings durch den Nachteil von fünf weiteren Parametern (sechs U_{ij} anstatt eines U) erkauft worden.

Unter Berücksichtigung der thermischen Bewegung lautet dann der Strukturfaktor

$$F(\boldsymbol{h}) = \sum_{j=1}^{N} f_j e^{2\pi i \boldsymbol{h} r_j} e^{-T_j}, \tag{2.26}$$

wobei für T_j entweder Gl. (2.25a) oder Gl. (2.25b) einzusetzen ist.

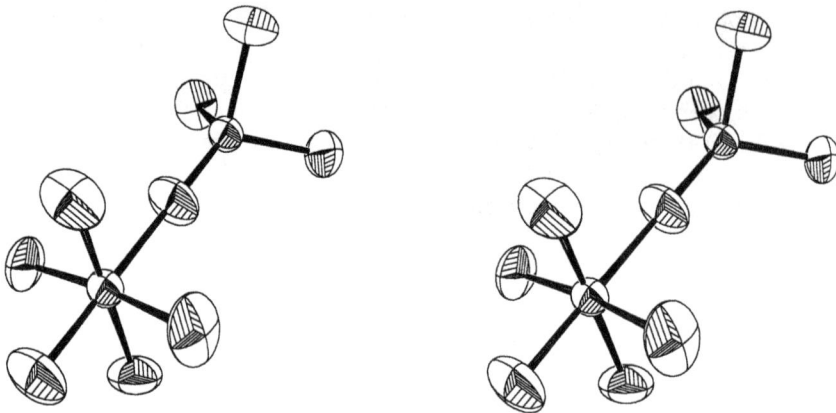

Abb. 2.34 ORTEP-Darstellung (Stereobildpaar) der durch Röntgenstrukturanalyse ermittelten Molekülstruktur des Schwefelfluorids F_5—S—C$\equiv$S—F_3. Die auf der Basis der anisotropen Temperaturfaktoren (Verschiebungsparameter) berechneten thermischen Ellipsoide zeigen eine 50%ige Aufenthaltswahrscheinlichkeit für die C-, S- und F-Atome an.

Abbildung 2.34 zeigt eine in der wissenschaftlichen Literatur sehr verbreitete Zeichnung [24] eines durch Kristallstrukturanalyse bestimmten Molekülmodells. Die Atome sind in Form ihrer Temperaturellipsoide dargestellt, so dass diese Form der graphischen Präsentation eine gewisse Information über die thermische Bewegung der Atome im Kristallgitter vermittelt.

Beachtet werden sollte, dass in der neueren kristallographischen Literatur die Größen U bzw. U_{ij} nicht mehr als Temperatur- sondern als Verschiebungsparameter (engl. displacement parameter) bezeichnet werden. Tatsächlich gehen nämlich nicht nur thermische Einflüsse sondern auch auf andere Ursachen zurückgehende Lageungenauigkeiten (z. B. durch Fehlordnung) in diese Parameter ein, so dass ein neutraler Name gerechtfertigt erscheint.

2.3.2 Experimentelle Grundlagen der Röntgenbeugung

Der schematische Aufbau eines Röntgenbeugungsexperiments an Kristallen ist in Abb. 2.35 dargestellt. Als Röntgenquelle dient im Labor normalerweise eine abgeschmolzene Feinfokusröhre mit einer Leistung von 2–3 kW. In Sonderfällen wird die „weiße" (polychromatische) Strahlung des Bremsspektrums, in der Regel aber die monochromatische charakteristische Strahlung der Kupfer-Kα- oder Molybdän-Kα-Linie benutzt. Die weichere CuKα-Strahlung ($\lambda = 154.18$ pm) hat gegenüber der härteren MoKα-Strahlung ($\lambda = 71.07$ pm) den Nachteil einer höheren Absorption im Kristall, dagegen den Vorteil eines günstigeren Signal/Untergrund-Verhältnisses. Daher sollte für die Untersuchung geringer absorbierender (organischer) Substanzen, die meistens auch ein schwächeres Streuvermögen haben, Kupferstrahlung verwendet werden, während für höher absorbierende und stärker streuende (meistens anorganische) Verbindungen vorzugsweise Mo-Strahlung benutzt wird. Da die Er-

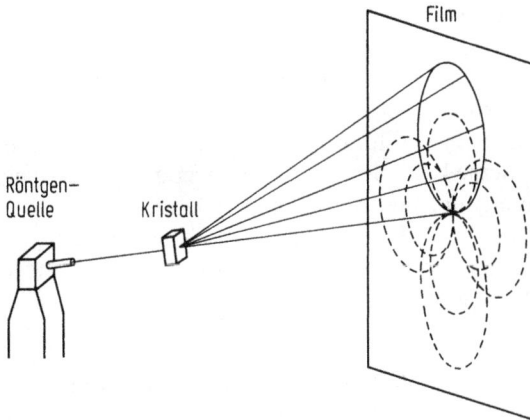

Abb. 2.35   Schematischer Versuchsaufbau beim Röntgenbeugungsexperiment.

zeugung von Röntgenstrahlen energetisch sehr ineffektiv ist ($> 90\%$ geht in Form von Wärme verloren), kann die Leistung konventioneller Röntgenröhren kaum gesteigert werden. Höhere Leistungen von 6–12 kW oder mehr können mit Drehanodengeräten erzielt werden, bei denen an den rotierenden Anoden wegen der größeren Flächen mehr Wärme abgeführt werden kann.

Eine Steigerung der Primärintensität um mehrere Größenordnungen kann mit Hilfe der Synchrotronstrahlung erzielt werden, deren Bedeutung als Strahlungsquelle mit außergewöhnlichen Primäreigenschaften in letzter Zeit immer mehr an Bedeutung gewonnen hat. Synchrotronstrahlung wird in den Speicherringen von Großforschungszentren erzeugt. Dabei werden geladene Teilchen (Elektronen oder Positronen) auf kreisförmigen Bahnen auf nahezu Lichtgeschwindigkeit beschleunigt, wobei dann tangential eine sehr intensive elektromagnetische Strahlung emittiert wird, die an den tangential anzubringenden Strahlrohren mit geeigneten Versuchsaufbauten genutzt werden kann.

Synchrotronstrahlung ist eine weiße (polychromatische) Strahlung, deren Wellenlängenbereich von Aufbau und Betriebsart des Speicherringes abhängt. Mit geeigneten Röntgenoptiken (Kristallmonochromatoren, Spiegeln) kann auch streng monochromatische Strahlung zum Ort des Experiments geführt werden. Synchrotronstrahlung im harten Röntgenbereich (Wellenlänge um 100 pm) ist in Deutschland am Speicherring DORIS III des Hasylab auf dem Gelände des DESY (Hamburg) verfügbar, einer Synchrotronquelle der sog. zweiten Generation. Inzwischen existieren noch intensivere Quellen der dritten Generation (z. B. in Europa die ESRF in Grenoble), und auch Quellen der vierten Generation sind im Gespräch.

Während der Intensitätsgewinn der charakteristischen MoKα-Strahlung einer konventionellen Röntgenröhre im Vergleich zur Bremsstrahlung etwa zwei Größenordnungen beträgt, gewinnt man derzeit mit Synchrotronstrahlung noch einmal ca. 10 Größenordnungen (!) im Vergleich zur Mo-Röhre.

Nicht nur durch die hohe Primärintensität zeichnet sich die Synchrotronstrahlung aus. Weitere Vorteile sind:

1. Durchstimmbarkeit: Durch das große Wellenlängenspektrum kann eine für das experimentelle Problem „passende" Wellenlänge mit geeigneten Monochromatoren ausgewählt werden, es können sogar Beugungsexperimente bei unterschiedlichen Wellenlängen durchgeführt werden.
2. Linienschärfe: Für Synchrotronstrahlung kann eine hohe Kollimation erreicht werden, so dass einerseits kleine kristalline Proben verwendet, andererseits extrem scharfe Beugungsmaxima erzeugt und registriert werden können.
3. Zeitstruktur: Da die Injektion in die Speicherringe in Teilchenpaketen („bunches") erfolgt, hat auch die emittierte Strahlung eine Zeitstruktur im Nanosekundenbereich, so dass Experimente zur Untersuchung dynamischer Prozesse möglich sind.

Zur Detektion des Röntgenbeugungsbildes wurden über die ersten Jahrzehnte röntgenempfindliche Filme (siehe Filmverfahren in Abschn. 2.3.4) verwendet, die heute noch für erste orientierende Experimente benutzt werden. Der Vorteil der Röntgenfilme war, dass ein umfangreiches Beugungsbild fast zeitgleich flächenhaft registriert wurde, der Nachteil war ihre relative Unempfindlichkeit und Ungenauigkeit.

Abgelöst wurden sie in den 60er-Jahren mit dem Aufkommen der automatischen Einkristalldiffraktometer, die mit Szintillationszählern ausgestattet waren, mit denen allerdings die Röntgenreflexe einzeln und nacheinander, allerdings mit wesentlich höherer Genauigkeit gemessen wurden.

Für größere Datenmengen erwiesen sich die seriellen Punktmessungen mit den Szintillationszählern als sehr zeitaufwendig, so dass seit kurzem wieder die Flächendetektion bevorzugt angewendet wird. Allerdings sind die Filme durch die sehr empfindlichen und genaue Messungen ermöglichenden Bildplatten (Imaging Plates) und seit kurzer Zeit durch CCD-Flächendetektoren ersetzt. Sie vereinen den alten Vorteil der schnellen flächenhaften Detektion großer Bereiche des Beugungsbildes mit modernen Ansprüchen an Schnelligkeit und Genauigkeit.

Beugungsexperimente an Kristallen erfordern immer eine experimentelle Realisierung der Ewald'schen Beugungsbedingung (s. Abschn. 2.3.1, Abb. 2.27). Im allgemeinen Fall wird es bei gegebener Primärstrahlwellenlänge λ und fester Orientierung des Kristalls nur selten zu einer Koinzidenz eines Netzebenen-Stellungsvektors h mit der Oberfläche der Ewald-Kugel und damit zur Reflexionsstellung kommen.

Um möglichst viele Reflexe zu erhalten, kann man das Experiment auf drei verschiedene Arten konzipieren:

1. Man verwendet polykristallines Material, d. h. eine große Anzahl von Kristallen unterschiedlichster Orientierung (*Pulver-Verfahren*),
2. man verwendet weiße Primärstrahlung und bietet damit dem Kristall einen großen Wellenlängenbereich an (*Laue-Verfahren*),
3. man ändert systematisch die Orientierung des Kristalls zum (monochromatischen) Primärstrahl (monochromatische Filmverfahren wie *Drehkristall-, Weissenberg-, Precession-Technik; Einkristalldiffraktometer mit serieller Punkt- oder Flächendetektion*).

Bei 2. und 3. handelt es sich um Einkristallexperimente, d. h. es wird nur ein einziges Kristallindividuum verwendet. Diese Verfahren werden wir in Abschn. 2.3.4 be-

schreiben, zunächst wollen wir uns im nächsten Abschnitt mit der Beugung an polykristallinem Pulver, der sog. Pulverdiffraktometrie beschäftigen.

2.3.3 Pulverdiffraktometrie

Bei einem polykristallinen Pulverpräparat mit einer sehr großen Anzahl kleiner Kristalle (Kristallite) kann man von einer statistischen räumlichen Orientierung der Kristallite ausgehen. Dann liegen für eine gegebene Kristallnetzebene ebenfalls beliebige
räumliche Orientierungen vor und der geometrische Ort aller Vektoren h, die zu
dieser Netzebene gehören, ist eine Kugel mit dem Radius $|h|$. Dann ist die Gesamtheit
aller Reflexionsstellungen durch den Kreis gegeben, den diese Kugel aus der Ewald-
Kugel ausschneidet. Nach der Ewald'schen Konstruktion liegen dann alle gebeugten
Strahlen auf einem Kegel (Kegelspitze bei K, Öffnungswinkel 4ϑ), den man als
Laue-Kegel bezeichnet. Legt man, wie in Abb. 2.36 dargestellt, einen Filmstreifen
zylindrisch um die Pulverprobe, so bilden sich die Laue-Kegel dort als Kreisbögen
ab, die man – bei hinreichend schmalem Filmstreifen oder großem Filmzylinderra-
dius – auch näherungsweise als Linien, die sog. „Pulverlinien" bezeichnen kann
(Abb. 2.37a). Praktisch realisieren kann man ein Pulverexperiment mit einer sog.
Debye-Scherrer-Kamera, die von diesen Autoren bereits 1915 konstruiert wurde
und nach denen das Verfahren auch **Debye-Scherrer-Methode** genannt wird
(Abb. 2.36). Um die Zufallsorientierung der Kristallite zu verstärken, wird das Präparat während der Aufnahme um die Zylinderachse gedreht.

Verbesserte experimentelle Techniken im Vergleich zu dem einfachen und preiswerten Debye-Scherrer-Verfahren stellen **Guinier-Kameras** oder **automatisierte Pul-
verdiffraktometer** dar. Bei ihnen werden zur Intensitätssteigerung Flachpräparate
verwendet. Als Detektoren sind die Filme durch Zählrohre (Szintillationszähler)
oder neuerdings ebenfalls Flächenzähler ersetzt worden. Hierdurch und durch spezielle Strahlengänge (*Bragg-Brentano-Methode*) ist die sehr genaue Vermessung der
Lage und Intensität einer Linie möglich. Ein Rechner erlaubt die Automatisierung
des gesamten Messprozesses und die Analyse des Pulverdiagramms.

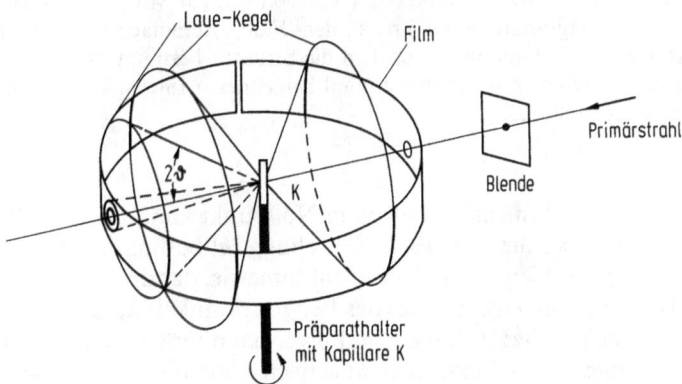

Abb. 2.36 Prinzip der Pulverdiffraktometrie: Debye-Scherrer-Kamera.

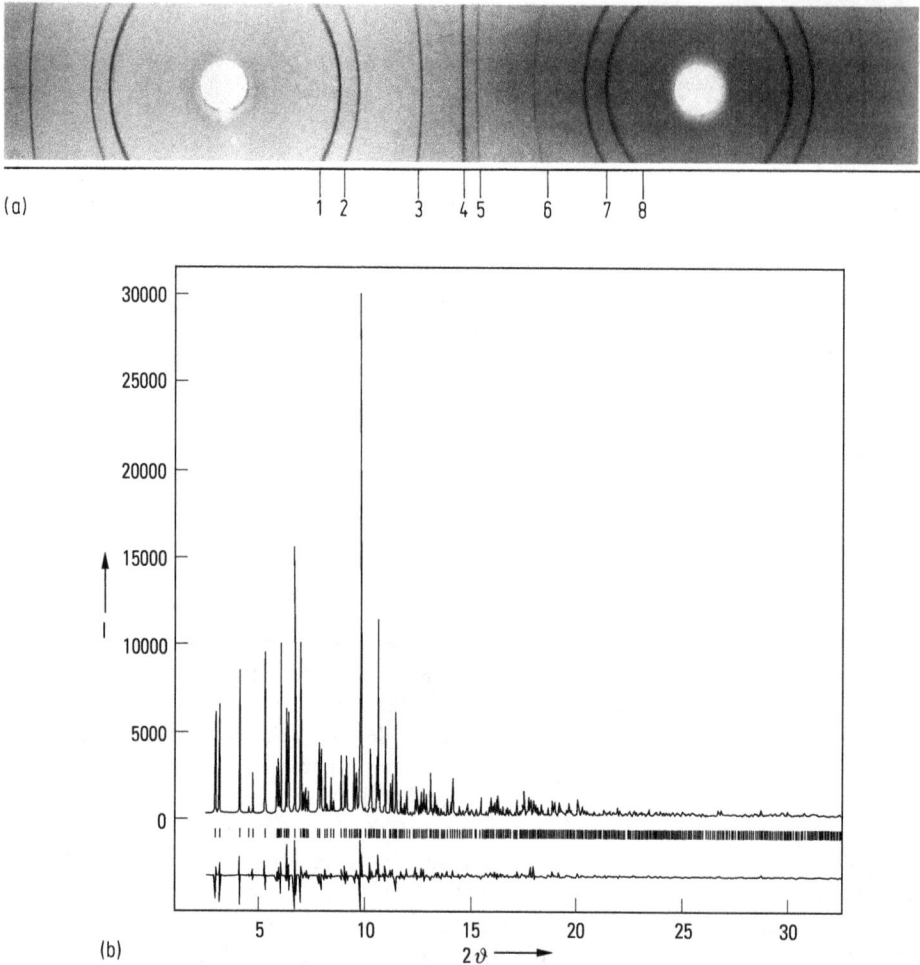

Abb. 2.37   (a) Debye-Scherrer-Aufnahme von Kupferpulver. (b) Mit Synchrotronstrahlung aufgenommenes Pulverdiagramm an polykristallinem Fluoresceindiacetet (Strahlungsquelle: Messplatz BM16 der ESRF, Grenoble), aus dem die Struktur bestimmt wurde. Ganz unten ist die Differenzkurve (zwischen beobachteten und berechneten Intensitäten) nach der Rietveld-Verfeinerung dargestellt [25].

Durch Ausmessen der Linienabstände vom Nullpunkt kann man den Beugungswinkel 2ϑ und damit über die Bragg'sche Gleichung $|h|$ bestimmen. Hieraus ergibt sich bereits das Hauptproblem der Pulverdiffraktometrie, das dreidimensionale Beugungsbild wird auf **eine** Dimension längs des Beugungswinkels 2ϑ projiziert. Daraus folgt, dass Reflexe die gleiches $|h|$ haben, im Pulverdiagramm nur eine überlappende Linie zeigen, bei wenig unterschiedlichen $|h|$ je nach Linienbreite entweder ebenfalls zusammenfallen oder ein nicht oder nur mit Mühe separierbares Liniendublett bilden. Damit stellt sich das Problem der Indizierung der Netzebenen, das bei kleinen hochsymmetrischen Elementarzellen noch einigermaßen einfach zu lösen ist, bei größeren weniger symmetrischen Zellen erheblichen Aufwand erfordert.

Liegt zum Beispiel ein orthogonales Gitter vor, so gilt

$$|\boldsymbol{h}|^2 = \boldsymbol{hh} = h^2 a^{*2} + k^2 b^{*2} + l^2 c^{*2}.$$

Ist das Gitter sogar kubisch, d. h. $a^* = b^* = c^* = 1/a$, so ist

$$|\boldsymbol{h}|^2 = \frac{1}{a^2}(h^2 + k^2 + l^2).$$

Einsetzen dieses auch als „quadratische Form" bezeichneten Ausdrucks in die Bragg'sche Gleichung liefert

$$\sin^2 \vartheta = \frac{\lambda^2}{4a^2}(h^2 + k^2 + l^2). \tag{2.27}$$

Bildet man für zwei Linien den Quotienten

$$\frac{\sin^2 \vartheta_1}{\sin^2 \vartheta_2} = \frac{h_1^2 + k_1^2 + l_1^2}{h_2^2 + k_2^2 + l_2^2}, \tag{2.28}$$

so erhält man auf der rechten Seite den Quotienten zweier quadratischer Formen. Versucht man nun, der innersten Linie eines Debye-Scherrer-Diagramms niedrige Indizes etwa (1 0 0) oder (2 0 0) zuzuordnen, so kann man häufig unter Ausnutzung von Gl. (2.28) alle höheren Linien indizieren. In Tab. 2.3 ist dies für die Pulverlinien der Abb. 2.37a von Kupferpulver vorgeführt worden, die alle zweifelsfrei indiziert werden konnten. Da Kupfer in einer kubisch dichtesten Packung (s. Abschn. 2.2.3) in der Raumgruppe Fm3m kristallisiert, hat der Reflex mit dem kleinsten Beugungswinkel ϑ die Indices (1 1 1), d. h. $h^2 + k^2 + l^2 = 3$. Hat man dies erst einmal erkannt, ist die weitere Indizierung problemlos.

Wegen dieser noch relativ einfachen Lösung des Indizierungsproblems sind bis vor kurzem überwiegend hochsymmetrische, vor allem anorganische Verbindungen

Tab. 2.3 Auswertung der Pulverlinien von Kupfer (Abb. 2.37a).

Nr.	ϑ	$\sin^2 \vartheta$	$\dfrac{\sin^2 \vartheta_n}{\sin^2 \vartheta_1}$	$h^2 + k^2 + l^2$	$h\,k\,l$	$a/$pm
1	21.7	0.1367	–	3	1 1 1	361.1
2	25.3	0.1826	1.336	4	2 0 0	360.8
3	37.2	0.3655	2.673	8	2 2 0	360.7
4	45.1	0.5017	3.670	11	3 1 1	361.0
5	47.6	0.5453	3.989	12	2 2 2	361.6
6	58.6	0.7285	5.329	16	4 0 0	361.3
7	68.3	0.8633	6.315	19	3 3 1	361.7
8	72.5	0.9096	6.653	20	4 2 0	361.5

$$\bar{a} = 361.2(4)$$

Genaue Messungen liefern für die Gitterkonstante von Kupfer $a = 361.5(1)\,$pm.

Gegenstand von Pulveruntersuchungen gewesen. Beachtliche Entwicklungen der letzten Jahre, die zusammenfassend in einem Übersichtsartikel von Harris et al. beschrieben werden [26], haben die Anwendungsmöglichkeiten stark erweitert und so der Pulverdiffraktometrie zu einer wachsenden Bedeutung verholfen.

Die wesentlichen Schritte, mit denen heute aus einem Pulverbeugungsexperiment eine vollständige Strukturbestimmung durchgeführt wird, sind:

1. Messung eines möglichst gut aufgelösten Pulverbeugungsdiagramms,
2. Indizierung und Bestimmung von Gitterkonstanten und Raumgruppe,
3. Strukturlösung,
4. Rietveld-Verfeinerung [27] zur endgültigen Struktur.

Wird die Messung mit der hochintensiven und linienscharfen Synchrotronstrahlung durchgeführt (s. Abb. 2.37b [25]), treten mehr Pulverlinien vor allem bei hohen Beugungswinkeln aus dem Untergrund hervor, und es können wegen der geringen Linienbreiten auch Reflexe noch aufgelöst und damit getrennt werden, wenn sie in 2ϑ noch dicht beieinander liegen. Dies kann die Indizierung und damit die Bestimmung von Gitterkonstanten und Raumgruppen sehr erleichtern, für die eine Reihe raffinierter Computerprogramme entwickelt worden sind.

Ein weiteres Problem ist die Strukturbestimmung, d.h. die Lösung des Phasenproblems, auf das wir in Abschn. 2.3.1 hingewiesen hatten. Um die konventionellen Methoden (Patterson- oder Direkte Methoden), auf die in Abschn. 2.3.5 noch einzugehen ist, anwenden zu können, benötigt man einen Intensitätsdatensatz $I(\boldsymbol{h})$ von hinreichend vielen Reflexen $\boldsymbol{h} = (hkl)$. Das kann wegen der oben angesprochenen Überlappung benachbarter Reflexe sehr problematisch werden und zu einem nur begrenzt aufgelösten und unzuverlässigen Datensatz führen, mit dem die Lösung des Phasenproblems häufig misslingt.

Deshalb ist der entscheidende Forschritt in der Strukturbestimmung mit Pulvermethoden den sog. „direct space techniques" (die nur unzureichend mit „Realraumverfahren" übersetzt sind) zu verdanken, die gar nicht erst versuchen, Intensitäten einzelner Reflexe zu identifizieren. Sie beruhen darauf, dass Strukturmodelle (Strukturvorschläge) erzeugt werden und hierfür Pulverdiagramme berechnet und mit dem experimentellen Diagramm verglichen werden.

Um zu einer überschaubaren Anzahl von Strukturvorschlägen zu kommen, werden die geometrischen Freiheitsgrade einer Struktur so gering wie möglich gehalten. So kann z.B. ein vollständig starres Molekül allein durch seine absolute Lage in der Elementarzelle beschrieben werden, also etwa durch die Koordinaten (x, y, z) seines Massenschwerpunktes und durch die drei Drehwinkel (φ, χ, ψ) seiner Orientierung, insgesamt also sechs Parameter. Besteht die Struktur aus mehreren starren Teilfragmenten, zwischen denen freie Drehbarkeit herrscht, so kommen noch eine Reihe von Torsionswinkeln $\tau_1, \tau_2, \ldots, \tau_n$ zur Beschreibung der Molekülgeometrie hinzu (s. Abb. 2.38), wobei von festen Bindungslängen und -winkeln ausgegangen wird. Bei allen „direct space"-Techniken werden nun systematisch bzw. mehr oder weniger zufällig die Parameter einer Struktur variiert, wobei Raster-Techniken, Monte-Carlo-Methoden, „simulated annealing" und neuerdings mit großem Erfolg genetische Algorithmen eingesetzt werden. Näheres zu diesen Verfahren ist in dem bereits erwähnten Übersichtsartikel von Harris et al. [26] zu finden. In der Regel müssen mehrere tausend Strukturvorschläge erzeugt werden, ehe die Übereinstim-

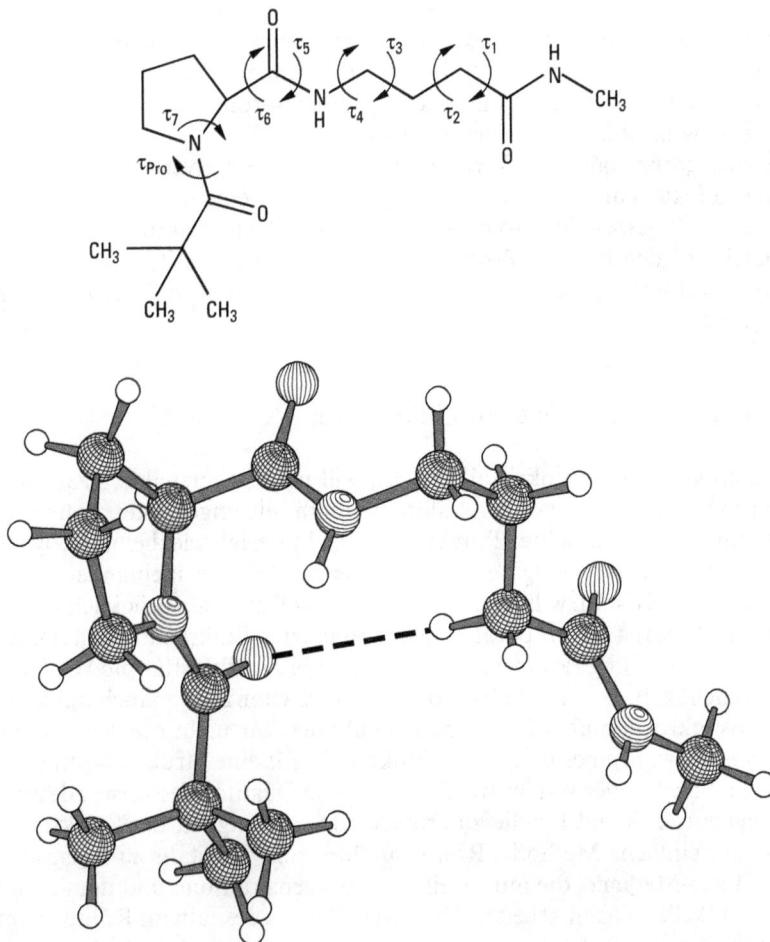

Abb. 2.38 Strukturbestimmung an dem Peptid Piv-L-Pro-γ-Abu-NHMe durch Pulverdiffraktometrie. Oben: Strukturformel mit den sieben variablen Torsionswinkeln $\tau_1, \ldots, \tau_7$. Dem Winkel τ_{pro} wurden nur die Werte 0° oder 180° zugewiesen. Unten: Strukturmodell nach Abschluss der Rietveld-Verfeinerungen, intramolekulare C-H ... O-Wasserstoffbrücke gestrichelt [28].

mung von theoretischem und experimentellem Diagramm so aussichtsreich ist, dass in einem anschließenden Rietveld-Verfahren [27] in einem Kleinste-Quadrate-Formalismus durch die Anpassung des theoretischen gegen das experimentelle Pulverdiagramm die Parameter des Modells verfeinert werden.

Das in Abb. 2.38 dargestellte Peptid wurde mit 13 Variablen, davon sieben Torsionswinkeln, bestimmt [28], inzwischen sind auch Strukturen mit bis zu 20 Variablen erfolgreich gelöst worden.

Neben der zunehmenden Bedeutung der Strukturbestimmung aus Pulverdaten ist die Pulverdiffraktometrie für industrielle Anwendungen – Materialprüfung, Fertigungs- bzw. Qualitätskontrolle – nach wie vor von hohem Interesse. Sie erlaubt eine rasche Identifizierung von Substanzen, Substanzgemischen, Phasen bzw. Phasenübergängen, wobei letztere durch Variation der experimentellen Bedingungen (Druck, Temperatur) direkt verfolgt werden können. Auf die Möglichkeiten, die Pulverdiffraktometrie zur Identifizierung polymorpher Formen einzusetzen, ist schon in Abschn. 2.2.4 hingewiesen worden.

Für eine große Zahl von Verbindungen sind ihre Pulverlinien in allgemein zugänglichen Datenbanken (JCPDS-ICCD Data Base etc., http://www.icdd.com) mit Rechnerzugriff gespeichert, so dass durch Vergleich eines aktuellen Diagramms mit der Datei die Identität der Probe häufig sehr schnell ermittelt werden kann. Die Pulverdiffraktometrie stellt damit eine Art „fingerprint"-Verfahren der chemischen Analyse dar.

2.3.4 Beugungsexperimente an Einkristallen

Wenn man von einem Einkristall spricht, will man sicherstellen, dass man ein Experiment mit einem einzigen Kristallindividuum mit ungestörter, definierter Periodizität durchführen möchte. Polykristallines Material wie beim Debye-Scherrer-Verfahren aber auch Aggregate mehrerer aneinander oder ineinander verwachsener Kristalle sowie Kristallzwillinge, -drillinge etc. will man ausdrücklich nicht verwenden. In der Praxis ist die Präparation eines geeigneten Einkristalls nicht immer trivial. So lassen sich Zwillinge zwar manchmal am Habitus (überstumpfe Winkel zwischen zwei Flächen, z. B. bei sog. Schwalbenschwanzzwillingen), manchmal auch im Polarisationsmikroskop aber leider manchmal auch gar nicht optisch erkennen.

Auf die Auswahl eines geeigneten Einkristalls für eine Strukturbestimmung sollte erhebliche Sorgfalt verwendet werden, denn die Qualität des verwendeten Kristalls ist bereits entscheidend für die zu erreichende Genauigkeit der Struktur.

Eine sehr einfache Methode, Röntgenreflexe eines Kristalls zu registrieren, bietet die sog. **Laue-Methode**, die mit „weißer" Röntgenstrahlung und damit einem Kontinuum an Wellenlängen arbeitet. Der Kristall muss deshalb im Röntgenstrahl nicht bewegt werden, um Reflektionsstellungen zu erzeugen, sondern die Netzebenen können sich die „passende" Wellenlänge heraussuchen. Das auf einem Flächendetektor (früher planarer Film, heute eher moderne Bildplatten) registrierte Beugungsbild zeigt unmittelbar die Symmetrie der Laue-Klasse des entsprechenden Kristalls (s. Abb. 2.39a). Daher bietet das Laue-Verfahren eine einfache und rasche Möglichkeit zur Bestimmung dieser Symmetrie. Das war auch eine Zeitlang die Hauptanwendung dieses Verfahrens, das sonst in der Kristallstrukturanalyse nur geringe Bedeutung hatte.

Seit in letzter Zeit Synchrotronstrahlung als Primärquelle für die Röntgenbeugung zunehmend zur Verfügung steht, wird die Laue-Methode mit Erfolg zur Registrierung großer Datensätze von makromolekularen Strukturen (Proteinen) eingesetzt [29]. Da Synchrotronquellen einen relativ großen Wellenlängenbereich hoher Primärintensität bereitstellen, ist dort die Laue-Methode natürlich besonders vorteilhaft anwendbar.

Auch an Neutronenquellen ist Strahlung in einem größeren Wellenlängenbereich verfügbar, so dass auch dort Laue-Diffraktometer installiert sind, z. B. der neue Messplatz VIVALDI am ILL in Grenoble, an dem in Kombination mit einer Bild-

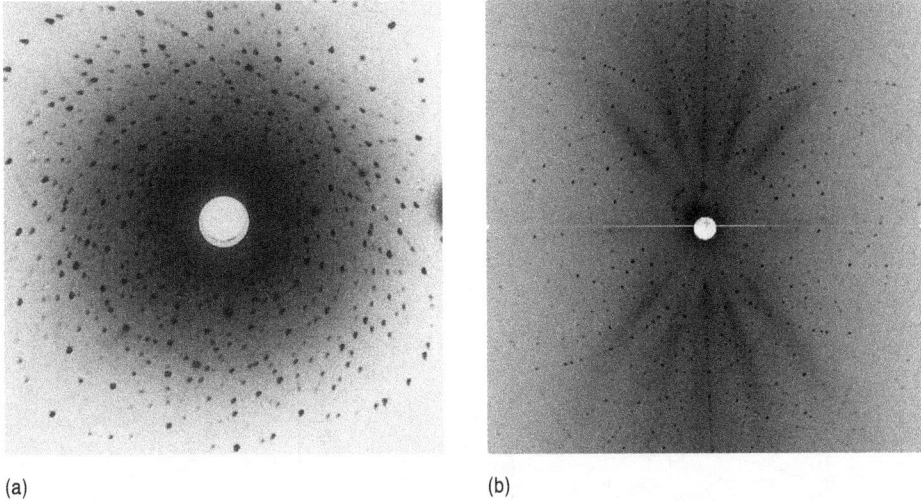

(a)   (b)

Abb. 2.39   (a) Laue-Aufnahme von Kalialaun ($KAl(SO_4)_2 \cdot 12\,H_2O$) (kubisch, Raumgruppe Pa3) in [100]-Richtung. An der Intensitätsverteilung ist klar das *Nicht*vorhandensein einer vierzähligen Symmetrie zu erkennen, so dass hier unter den beiden möglichen kubischen Laue-Klassen m3 und m3m eindeutig zugunsten von m3 entschieden werden kann. (b) Laue-Aufnahme an einem Vitamin B_{12}-Kristall, mit Neutronenstrahlen am Messplatz VIVALDI am ILL in Grenoble aufgenommen (Quelle: A. Wagner (PSI, Villigen), S. Mason, R. G. McIntyre (ILL, Grenoble), persönliche Mitteilung).

platte sehr viele Neutronenbeugungsdaten auch von großen Strukturen in kurzer Zeit flächenhaft registriert werden können, angesichts der knappen Verfügbarkeit von Messzeit an Neutronenquellen eine sehr wünschenswerte Entwicklung (Abb. 2.39 b).

Die weiteren, klassischen Filmverfahren setzen alle monochromatische Primärstrahlung voraus. Um dabei hinreichend viele Reflexe registrieren zu können, muss der Kristall bewegt werden. Im einfachsten Fall ist das eine Drehung, die im **Drehkristallverfahren** realisiert ist, wobei eine Drehachse senkrecht zur Primärstrahlrichtung gewählt wird.

Die schematische Versuchsanordnung ist in Abb. 2.40 dargestellt. Um auswertbare Aufnahmen zu erhalten, muss der Kristall *justiert* werden und zwar so, dass möglichst ein Gitterkonstantenvektor (z. B. *c* in Abb. 2.40) mit der Drehachse zusammenfällt. Dann liegen reziproke Gitterebenen zueinander parallel und in äquidistanten Abständen senkrecht zur Drehachse. Ist *c* die Drehachse, so liegt in der „Äquator"-Ebene der Ewald-Kugel die *a**, *b**-Ebene, die alle Reflexe der Form $hk0$ enthält und deshalb auch als „0.- Schicht" bezeichnet wird. Die benachbarte reziproke Gitterebene ist dann die 1. Schicht mit den Reflexen $hk1$ (bzw. die -1. Schicht mit $hk-1$) usw.

Legt man einen zylindrischen Film um Kristall und Ewald-Kugel, so bildet sich jede reziproke Gitterebene als eine Linie, die sog. „Schichtlinie" auf dem Film ab. Ursache sind wieder die Laue-Kegel, die von dem Schnittkreis einer reziproken Git-

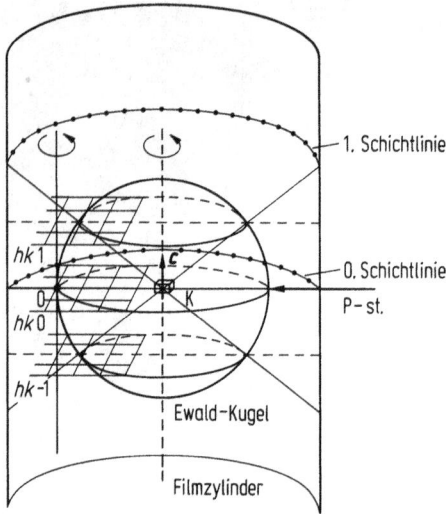

Abb. 2.40   Schema der Versuchsanordnung beim Drehkristallverfahren.

terebene mit der Ewald-Kugel und dem Kristallmittelpunkt K gebildet werden (Abb. 2.40).

Im Gegensatz zum Pulververfahren sind die Schichtlinien keine durchgehenden Linien, sondern bestehen aus diskreten Punkten. Das liegt natürlich daran, dass die entsprechende reziproke Ebene ebenfalls nur diskrete Gitterpunkte enthält, die die Ewald-Kugel nur an ausgewählten Stellen auf den Schnittkreisen treffen (Abb. 2.41).

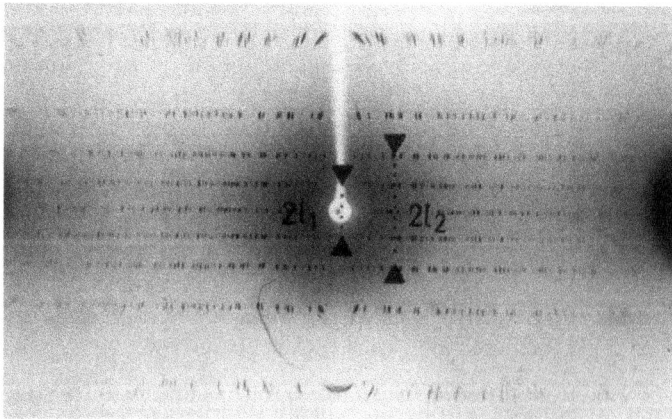

Abb. 2.41   Beispiel einer Drehkristallaufnahme.

Weissenberg-Technik. Es ist ein entscheidender Nachteil der Drehkristall-Technik, dass alle Reflexe einer reziproken Gitterebene auf eine einzige Linie, die entsprechende Schichtlinie, projiziert werden, was in der Regel ausschließt, dass einzelne Reflexe identifiziert werden können. Dieser Nachteil kann entweder dadurch beseitigt werden, dass die Drehung nur um kleine Winkelbereiche erfolgt (Schwenk- oder Oszillationsaufnahmen), oder man geht zu der Weissenberg-Technik über, die eine wirkungsvolle Abwandlung des Drehkristallverfahrens darstellt. Sie unterscheidet sich von diesem in zwei wesentlichen Punkten:

1. Durch die Verwendung einer ringförmigen Schlitzblende ist es möglich, nur eine reziproke Gitterebene (Schichtlinie) auf den Film gelangen zu lassen.
2. Der Film führt eine Translationsbewegung längs der Kristalldrehachse aus, die mit der Drehung in einem festen Übersetzungsverhältnis synchronisiert ist.

Die prinzipielle experimentelle Anordnung einer Weissenberg-Kamera wird in Abb. 2.42a gezeigt. Die Reflexe einer Schicht, die die Ewald-Kugel zu verschiedenen Zeiten treffen, werden wegen der Filmtranslation an verschiedenen Orten des Films registriert. Daher werden die Reflexe – im Gegensatz zur Drehkristalltechnik – über

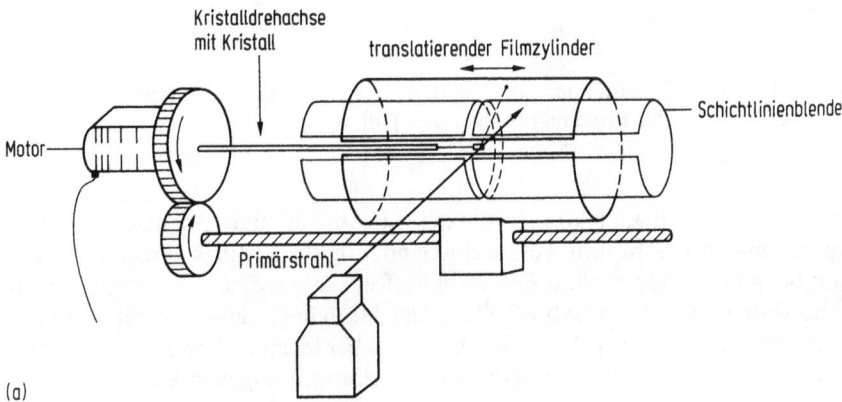

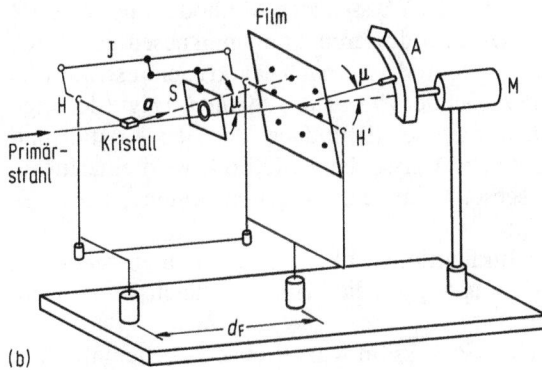

(a)

(b)

Abb. 2.42   (a) Prinzipieller Aufbau einer Weissenberg-Kamera und (b) einer Buerger-Precessionkamera.

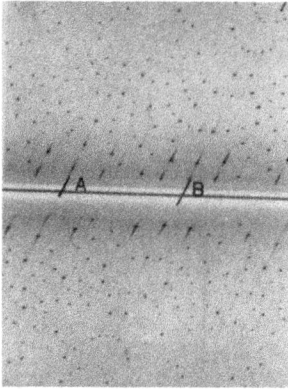

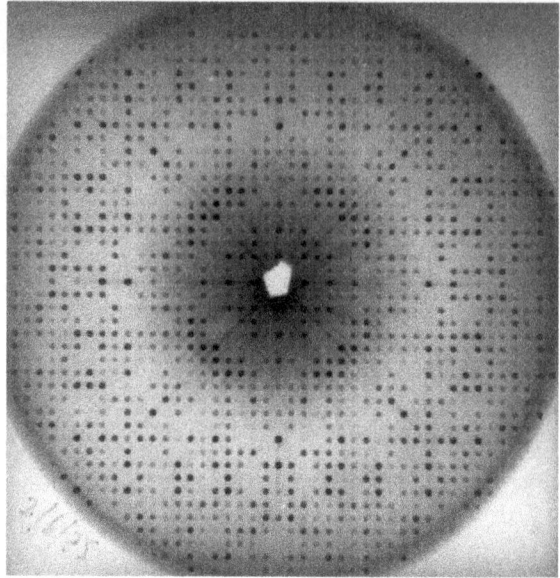

(a)   (b)

Abb. 2.43   (a) Weissenberg-Aufnahme von Kaliumhydrogentartrat, (b) Buerger-Precession-Aufnahme eines Kristalls des Proteins Proteinase K [30], ($h0l$)-Ebene.

den ganzen Film verteilt und können einzeln identifiziert und registriert werden. Diese experimentelle Anordnung liefert eine eindeutige, allerdings verzerrte Abbildung einer Schicht des reziproken Gitters. Die Reflexe werden in einer girlandenartigen Anordnung dargestellt (Abb. 2.43a), was daran liegt, dass Kristall und Film verschiedene Bewegungen ausführen. Sie lässt sich aber leicht rechnerisch beseitigen, da man die geometrischen Bedingungen der Bewegungen angeben kann.

Buerger-Precession-Methode. Den Nachteil der Weissenberg-Methode, eine verzerrte Abbildung einer reziproken Gitterebene zu produzieren, kann man beseitigen durch eine zuerst von Buerger 1942 eingeführte Methode, die nach der Art der ausgeführten Bewegung den Namen *Präzessionsmethode* oder *Precession-Methode* trägt (der engl. Begriff hat sich im Sprachgebrauch durchgesetzt!) und bei der sich Kristall und Film synchron bewegen. Im Gegensatz zur Weissenberg-Methode wird eine Justierung des Kristalls zunächst so vorausgesetzt, dass ein Gitterkonstantenvektor, z. B. **a**, in Richtung des Primärstrahls zeigt.

Dann wird die *a*-Achse um einen Inklinationswinkel μ gegen den Primärstrahl geneigt und es wird eine Präzessionsbewegung um die Primärstrahlachse mit einem konstanten Öffnungswinkel μ durchgeführt.

Realisiert wird diese Technik mit einer Precession-Kamera wie sie schematisch in Abb. 2.42b dargestellt ist. Wesentliche Teile der Kamera sind Kristall- und Filmhalter H und H′, die über eine Art Joch J gekoppelt sind, um eine simultane Bewegung zu gestatten. Eine ringförmige Blende S, die ebenfalls fest mit dem Joch verbunden ist, erlaubt das Ausblenden einzelner reziproker Gitterebenen. Den Precession-Winkel μ kann man an dem Kreissegment A einstellen, das mit einem Motor M verbunden ist. Die Drehung des Motors verursacht dann die Präzessionsbewegung des ganzen Systems bestehend aus Kristall, Blende und Film. Durch passende Wahl des Kristall-Film-Abstandes d_F, des Kristall-Blenden-Abstandes und des Blendenradius können verschiedene reziproke Gitterebenen unverzerrt und mit bestimmbarem Vergrößerungsfaktor auf dem *planaren* Film abgebildet werden (Abb. 2.43b).

2.3.4.3 Automatisches Einkristalldiffraktometer (AED)

In den sechziger Jahren ist die Messung von Einkristall-Reflexen durch die Entwicklung der **Automatischen Einkristalldiffraktometer** (AED) auf eine völlig neue experimentelle Grundlage gestellt worden. Die entscheidenden Vorteile waren ein weitgehend automatischer (computergestützter) Betrieb sowie durch die Verwendung von Szintillationszählern auf der Detektorseite eine erhöhte Messgenauigkeit.

Der zentrale Teil eines AED-Messplatzes (Abb. 2.44) ist das aus vier Winkelkreisen bestehende Diffraktometer (daher wird auch vielfach der Name *Vierkreisdiffraktometer* verwendet), das meistens als Euler-Wiegen-Mechanik ausgelegt ist (Abb. 2.45a). Es nimmt in seinem Zentrum den Kristall auf und kann diesen durch seine Winkelkreise φ und χ in beliebige Orientierungen bringen. Ein dritter und vierter Kreis ω bzw. 2ϑ kann Euler-Wiege und Detektor in eine bestimmte Winkelstellung zum Primärstrahl fahren.

Die Realisierung der Ewald'schen Beugungsbedingung kann nun auf sehr einfache Weise erfolgen. Es wird zunächst eine horizontale Diffraktionsebene definiert, die durch Primärstrahl, Kristall und Detektorkollimator bestimmt ist (Abb. 2.45a). Da weder Primärstrahl noch Detektor diese Ebene verlassen können, muss jeder reziproke Gittervektor h in diese Ebene gedreht werden, um in Reflektionsstellung zu kommen.

Abb. 2.44 Teilansicht eines automatischen Einkristalldiffraktometers: Eulerwiege mit Röntgenröhre und Detektor (Fa. Stoe & CIE GmbH, Darmstadt).

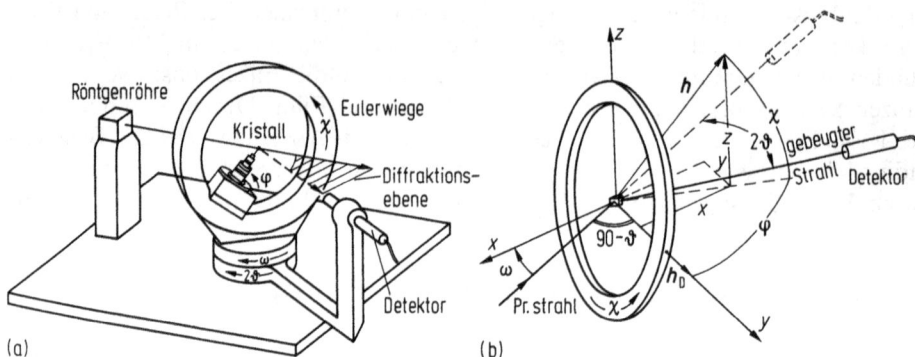

Abb. 2.45 (a) Euler-Wiegen-Geometrie; (b) Realisierung der Ewald'schen Beugungsbedingung in der Diffraktionsebene einer Euler-Wiege.

Um die entsprechenden Drehwinkel angeben zu können, führen wir ein orthonormiertes Koordinatensystem ein wie in Abb. 2.45b angegeben. Der Ursprung soll im Zentrum aller Winkelkreise, d. h. am Kristallort liegen. Die z-Achse stehe senkrecht auf der Diffraktionsebene, die y-Achse liege in der Ebene des χ-Kreises, die auf y und z senkrecht stehende x-Achse zeigt bei Nullstellung aller Winkelkreise in Richtung des Primärstrahls (Abb. 2.45b). Hat h bezüglich dieses Koordinatensystems die Komponenten (x, y, z), so lässt sich h durch Ausführung einer φ- und χ-Drehung, die durch

$$\cos\varphi = \frac{y}{\sqrt{x^2 + y^2}} \quad \text{und} \tag{2.29a}$$

$$\sin\chi = \frac{-z}{|h|} \tag{2.29b}$$

gegeben sind (s. Abb. 2.45b) in die Position h_D bringen, die in der Diffraktionsebene *und* der Ebene des χ-Kreises liegt. Schließt man nun noch eine Drehung der Euler-Wiege um ω so an, dass h_D mit dem Primärstrahl den nach der Bragg'schen Gleichung (Gl. (2.10)) zu berechnenden Winkel $90° - \vartheta$ bildet, dann erfüllt h_D die Ewald'sche Beugungsbedingung, und der gebeugte Strahl kann vom Detektor registriert werden, wenn dieser in eine Winkelstellung 2ϑ zum Primärstrahl gedreht wird.

Die Euler-Winkel nach Gl. (2.29) können aber nur dann berechnet werden, wenn die Orientierung des Kristalls bezüglich des oben angegebenen Koordinatensystems bekannt ist, d. h. es ist eine Transformation $h = (hkl) \to h = (x, y, z)$ durchzuführen über eine Orientierungsmatrix U:

$$\begin{pmatrix} x \\ y \\ z \end{pmatrix} = U \begin{pmatrix} h \\ k \\ l \end{pmatrix}.$$

U lässt sich bestimmen, wenn – mindestens – die Euler-Winkel von drei linear unabhängigen reziproken Gittervektoren bekannt sind, die man durch systematisches Absuchen des reziproken Raumes (d. h. Variation aller Winkelkreise) ermitteln kann.

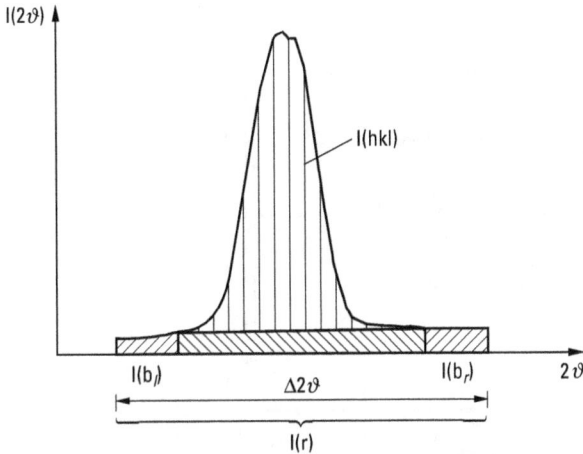

Abb. 2.46 Intensitätsprofil eines Reflexes in Abhängigkeit vom Beugungswinkel 2ϑ. Man erhält die integrale Netto-Intensität $I(hkl)$ durch Abzug des links und rechts gemessenen Untergrundes $I(b_l)$ und $I(b_r)$ von $I(r)$.

Bei der Messung der Beugungsintensitäten $I(h)$ ist zu beachten, dass durch Faktoren wie endliche Kristallgröße, Primärstrahldivergenz, nicht streng monochromatische Strahlung etc. ein Reflex keineswegs eine punktförmige Ausdehnung sondern durchaus eine endliche Intensitätsverteilung hat (Abb. 2.46). In der Praxis erfolgt daher die Messung einer Reflexintensität durch Integration über ein Profil in einem variablen und mit 2ϑ größer werdenden $\Delta 2\vartheta$-Intervall. Misst man noch beiderseits des Reflexes den Untergrund, so erhält man die Netto-Intensität

$$I_{\text{netto}}(hkl) = \int_{\Delta 2\vartheta} I(2\vartheta)\, d2\vartheta - I_{\text{Untergrund}} \,. \tag{2.30}$$

Aus den statistischen Fehlern der im Zähler registrierten Impulsraten kann ferner eine Abschätzung des Fehlers von I angegeben werden.

Mit einem Einkristalldiffraktometer, mit dem computergesteuert **nacheinander** alle Reflexe eines vorgegebenen hkl-Bereichs angefahren und vermessen werden, lassen sich je nach gewünschter Genauigkeit und Streuvermögen des verwendeten Kristalls 500–1000 Reflexe pro Tag registrieren. Bei kleinen bis mittleren anorganischen oder organischen Strukturen ($M_r < 1000$) sind einige hundert bis einige tausend Reflexe zu messen, so dass die Intensitätsdatensammlung Tage dauern kann. Bei hochaufgelösten Datensätzen, wie sie z. B. bei der Elektronendichtebestimmung anfallen (s. Abschn. 2.4.3) oder bei Makromolekülen (Protein- oder Virusstrukturen, Abschn. 2.4.4) kann es nötig sein, mehrere hunderttausend Reflexe zu messen. Hierfür sind die Diffraktometer, die seriell mit ihrem *einen* Detektor pro Zeiteinheit auch nur *einen* Reflex registrieren können, ungeeignet.

Diese punktförmige Detektion wird zunehmend wieder durch flächenhafte Detektion (wie bei früheren Filmverfahren!) ersetzt, die die Zahl der pro Zeiteinheit messbaren Reflexe um mindestens zwei Größenordnungen erhöht.

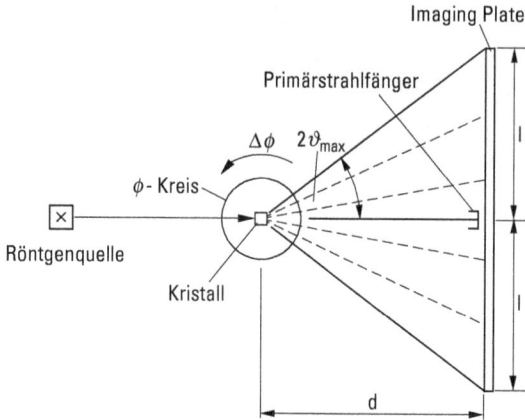

Abb. 2.47 Prinzipieller Aufbau eines Imaging-Plate-Messplatzes.

Seit Mitte der 80er Jahre werden röntgenempfindliche Bildplatten (Imaging Plates) zur Flächendetektion eingesetzt. Die Bildplatte besteht aus einem organischen Trägermaterial, auf die eine Seltenerd- (in der Regel Europium) dotierte BaFBr-Schicht aufgebracht wird. Elektronen aus dieser Schicht werden durch die auftreffenden Röntgenstrahlen in angeregte Zustände überführt. Zum Auslesen dieser Information wird nach Abschluss der Röntgenbelichtung durch einen Laser Photolumineszenz erzeugt und das von den angeregten Elektronen dann abgegebene ultraviolette Licht kann registriert werden. Da die Platte horizontal und vertikal mit einer bestimmten Auflösung in Pixel unterteilt ist, können Ort und Intensität der vorher aufgetroffenen Röntgenstrahlung registriert und abgespeichert werden. Nach dem Auslesen der Platte wird die Information durch weißes Licht gelöscht, und eine neue Belichtung durch Röntgenstrahlen kann erfolgen.

Die meisten Imaging-Plate-Messplätze haben einen Aufbau, wie er prinzipiell in Abb. 2.47 dargestellt ist. In einer Ebene senkrecht zur Primärstrahlrichtung wird im Abstand d hinter dem Kristall die planare quadratische (oder kreisförmige) Bildplatte der Kantenlänge (oder Durchmesser) $2l$ angebracht. Die Geometrie des Beugungsexperiments ist im Prinzip die der Drehkristalltechnik. Der Kristall ist zur Realisierung der Ewald-Bedingung um eine φ-Achse senkrecht zur Primärstrahlrichtung drehbar. Um die bei der Drehkristalltechnik mögliche Überlappung von Reflexen zu vermeiden, erfolgt die Drehung des Kristalls während der Belichtung der Platte nur um ein kleines Inkrement $\Delta\varphi$, das höchstens bei einem bis einigen Grad liegt. Man spricht in diesem Zusammenhang von der Messung in „Frames". Ist bei Drehung des Kristalls um $\Delta\varphi$ während einer zu wählenden Messzeit t ein Frame gemessen, wird die Information mit Hilfe des Lasers ausgelesen, die Platte gelöscht, und es kann für das nächste $\Delta\varphi$ ein neuer Frame gemessen werden (φ-scan), bis ein hinreichend großes φ-Intervall, ggf. 360°, bei höherer Intensitätssymmetrie weniger, erreicht ist.

Obwohl mit dieser Anordnung weitaus schneller gemessen werden kann als mit der seriellen Punktdetektion, haben die Imaging-Plate-Messplätze noch zwei Schwächen:

1. Abbildung 2.47 zeigt unmittelbar, dass der maximale Begungswinkel $2\vartheta_{max}$ durch die Größe der Bildplatte und ihren Abstand zum Kristall gegeben ist, wobei gilt

$$\tan 2\vartheta_{max} = l/d.$$

Selbst bei unendlicher Bildplattengröße könnte $2\vartheta_{max}$ den Wert von 90° nicht überschreiten, also $\vartheta_{max} < 45°$. Realistisch ist bei den verfügbaren Plattengrößen ein $2\vartheta_{max}$ von 60°–70°, was für viele Strukturprobleme, vor allem bei Messung mit der harten Mo-Kα-Strahlung, ausreichend ist, bei hochauflösenden Strukturbestimmungen eine nicht akzeptable Einschränkung darstellt.
2. Die Röntgenexposition pro Frame liegt ebenso wie die anschließende Auslesezeit noch im Bereich einiger Minuten.

Beide Schwächen sind weitgehend beseitigt durch die Mitte der 90er-Jahre eingeführten CCD-Diffraktometer (Abb. 2.48). Ihre Mechanik ist aufwendiger gestaltet und besteht, ähnlich wie bei den konventionellen Einkristalldiffraktometern, aus drei oder vier Winkelkreisen, so dass eine hohe Erreichbarkeit des reziproken Raumes auch bei hohem Beugungswinkel gegeben ist. Der Flächendetektor, der – um dies zu ermöglichen – auf einem 2ϑ-Kreis bewegt werden kann, wandelt auf dem Detektorschirm, bestehend aus einer Gd-Oxysulfid-Schicht, die auftreffende Röntgenintensität in sichtbares Licht um, das über Lichtleiter oder direkt auf einen CCD-Chip, ähnlich wie er in Videokameras verwendet wird, gegeben wird und dort pixelweise ausgelesen und gespeichert werden kann. Auch bei den CCD-Diffraktometern erfolgt die Messung inkrementweise in Frames, wobei wegen der höheren geometrischen Flexibilität ω- oder φ-scans oder Kombinationen von beiden gefahren werden können. Die Belichtungszeiten und vor allem die Auslesezeiten pro Frame, die im Sekundenbereich liegen, sind kürzer als bei den Bildplatten. Allerdings sind

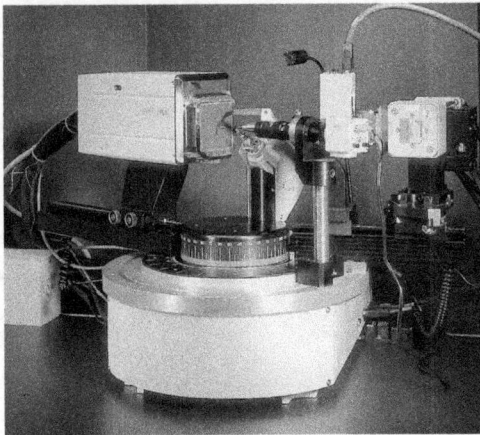
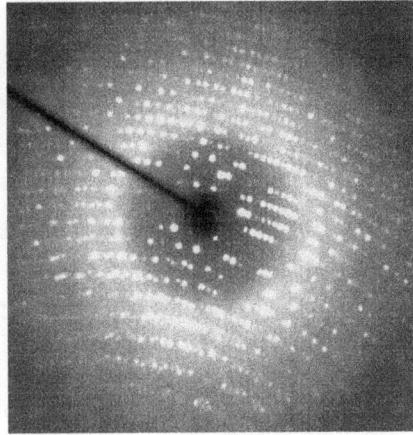

(a)   (b)

Abb. 2.48 (a) Modernes CCD-Flächendetektions-Diffraktometer, Fa. Bruker AXS (Quelle: Bruker AXS, Inc., Madison, USA), (b) Frame eines Lysozym-Kristalls, auf einem Bruker-Diffraktometer mit APEX-Detektor aufgenommen, Belichtungszeit 150 Sekunden (Quelle: I. Dix, Fa. Bruker AXS, Karlsruhe).

die Investitionskosten für die CCD-Diffraktometer höher, so dass derzeit beide Techniken parallel etabliert sind.

2.3.5 Lösung des Phasenproblems

Um aus den experimentell (z. B. durch Diffraktometermessung) bestimmten Intensitätsdaten zur Kristallstruktur zu kommen, muss zunächst das Phasenproblem gelöst werden, auf das wir in Abschn. 2.3.1 bereits in Form des Hosemann-Diagramms hingewiesen hatten.

Im Abstand von etwa 20 Jahren sind die beiden wesentlichen Methoden zur Lösung dieses fundamentalen Problems entwickelt worden, die genau genommen keine exakten Lösungen, sondern Näherungsverfahren zur Umgehung des Problems darstellen, in der Praxis allerdings vorzüglich funktionieren. Die erste, etwa 1935 eingeführte Methode basiert auf der von Patterson angegebenen und nach ihm benannten Patterson-Funktion (s. Abschn. 2.3.1, Gl. (2.17)), die zweite wurde in den fünfziger Jahren unter dem Sammelbegriff *Direkte Methoden* entwickelt und ist heute die dominierende Methode zur Phasenbestimmung.

Nach Gl. (2.16) war $I(h)$ proportional zu $F(h) F^*(h)$. Den Proportionalitätsfaktor kann man ersetzen durch

$$I(h) = t^2 \cdot K\,|F(h)|^2$$

wobei t ein Skalierungsfaktor und K ein Korrekturterm ist, der nur von den experimentellen Bedingungen abhängt und aus diesen bestimmt werden kann.

Die Größe, die man zunächst nicht bestimmen kann, ist der Skalierungsfaktor, da er von der Primärintensität und der Kristallgröße abhängt. Daher definiert man zunächst eine Größe

$$F_{\mathrm{rel}}(h) = t\,|F(h)|\,, \tag{2.31a}$$

die den Vorteil hat, dass man sie aus den gemessenen Intensitäten bestimmen kann:

$$F_{\mathrm{rel}}(h) = +\sqrt{\frac{I(h)}{K}}\,. \tag{2.31b}$$

Aufgabe der weiteren Strukturbestimmung ist es nun, die Phase von $F_{\mathrm{rel}}(h)$ und den Skalierungsfaktor zu bestimmen. Danach erhält man durch Fourier-Transformation nach Gl. (2.15b) die Struktur.

2.3.5.1 Patterson-Methoden

Nach Gl. (2.17) war die Pattersonfunktion $P(u)$ definiert durch

$$P(u) = \int_{V^*} F(h)\,F^*(h)\,\mathrm{e}^{-2\pi i h u}\,\mathrm{d}V^*\,.$$

Wir hatten gezeigt (Gl. (2.18)), dass die Pattersonfunktion auch geschrieben werden kann als Faltungsquadrat von ϱ,

$$P(u) = \int_{V} \varrho(r)\,\varrho(r - u)\,\mathrm{d}V\,.$$

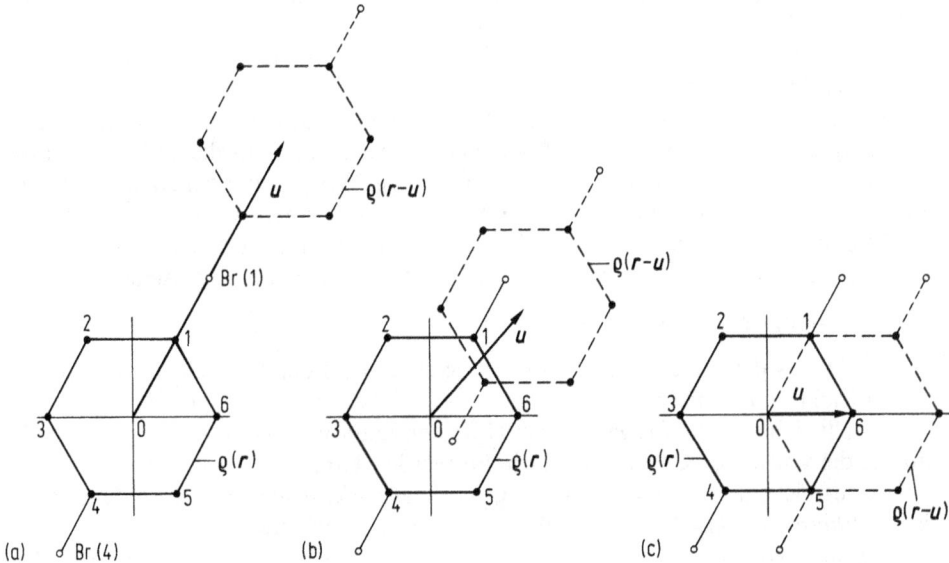

Abb. 2.49 Interpretation der Patterson-Funktion als Faltungsquadrat demonstriert am (fiktiven) Molekül *p*-Dibrombenzol: (a) u entspricht einem Differenzvektor zweier Atome, nämlich Br(1) und Br(4), dann ist $P(u) \sim 35^2$; (b) u stimmt mit keinem Differenzvektor zweier Atome überein, $P(u) = 0$; (c) u stimmt mit *zwei* Differenzvektoren überein (C(2)–C(1) und C(4)–C(5)), dann ist $P(u) \sim 2 \times 6^2$.

Aus der Formulierung als Faltungsquadrat folgen wichtige geometrische Eigenschaften der Pattersonfunktion.

Nehmen wir als vereinfachtes Modell an, dass die Atome punktförmig mit einem Gewicht entsprechend der Ordnungszahl im Kristall vorliegen, dann wird aus dem Faltungsintegral eine Summe:

$$P(u) \sim \sum_{\text{Atome}} \varrho(r)\varrho(r - u).$$

Diese Summe kann wie folgt interpretiert werden (s. Abb. 2.49):

Um $P(u)$ zu erhalten, muss man die Struktur ϱ um u verschieben, für jedes r das Produkt $\varrho(r)\varrho(r - u)$ berechnen und über alle r summieren. Daraus folgt, dass P nur dann von Null verschieden ist, wenn in mindestens einem Summanden *beide* Faktoren $\neq 0$ sind.

Das ist nur dann der Fall, wenn u gleich einem Differenzvektor zwischen zwei Atomen der Struktur ist. Bei nicht punktförmigen Atomen, wie sie im realen Kristall vorliegen, ist die Patterson-Funktion zwar keine diskrete Funktion mehr, aber sie hat Maxima an den Orten der Differenzvektoren einer gegebenen Struktur mit einem Gewicht, das proportional ist zur Häufigkeit des Auftretens dieses Vektors multipliziert mit dem Produkt der Ordnungszahlen der beteiligten Atome.

Mit dieser geometrischen Interpretation stellt sich das Problem der Strukturbestimmung wie folgt dar: Gegeben sind alle Differenzvektoren von je zwei Atomen einer Struktur. Gesucht ist die Struktur selbst.

Dieses Problem ist allgemein wegen der großen Zahl der vorhandenen Differenz-vektoren nicht lösbar. Das Problem vereinfacht sich, wenn die Struktur von einfacher Geometrie ist oder ein Atom (oder wenige) von besonders hoher Ordnungszahl enthält (Schweratomstruktur).

Betrachten wir noch einmal die Struktur in Abb. 2.49, bei der ein Atom (Brom, Ordnungszahl 35) eine wesentlich höhere Ordnungszahl hat als die anderen und bei der außerdem noch ein Symmetriezentrum vorliegt. Von allen möglichen Patterson-Einfach-Vektoren ist sicherlich der Br-Br-Vektor mit einem Gewicht von 35^2 der höchste, der auch nicht von einem C-C-Mehrfachvektor übertroffen werden kann. Ferner hat – wegen der Zentrosymmetrie – dieser Vektor die Eigenschaft

$$u(\text{Br}, \text{Br}) = r(\text{Br}) - (-r(\text{Br})) = 2r(\text{Br}).$$

Daher ist aus dem höchsten Maximum (nach $u = 0$!) der Ortsvektor vom Brom-Atom leicht zu ermitteln.

Es stellt sich nun die Frage, wie mit Hilfe der Kenntnis eines oder einiger Schwer-atome die vollständige Struktur bestimmt werden kann.

Dies erreicht man mit Hilfe der sog. *Differenz-Elektronendichteverteilung* (auch kurz *Differenzsynthese*), die nach folgendem Prinzip arbeitet:

Setzt man voraus, dass eine Teilstruktur von N_c Atomen ($N_c \leq N$, beim o. g. Bei-spiel der Br-Schweratomstruktur ist sogar $N_c = 1$!) bekannt ist, so berechnet man durch Fourier-Transformation (nach Gl. (2.26)) die sog. *berechneten Strukturfakto-ren* F_c (c = calculated):

$$F_c(h) = \sum_{j=1}^{N_c} f_j e^{2\pi i h r_j} e^{-T_j} \quad \text{mit} \quad N_c \leq N. \tag{2.32}$$

Aus der Bedingung

$$\langle |F_c(h)| \rangle = \langle F_{rel}(h) \rangle \quad (\langle \ldots \rangle = \text{Mittelwert})$$

wird ein Skalierungsfaktor $c = 1/t$ abgeschätzt. Dann führt man die sog. *beobach-teten Strukturfaktoren* F_o ein (weil sie aus der „Beobachtung", d. h. aus dem Expe-riment stammen, o = observed), denen man die Phase von F_c zuordnet:

$$|F_o(h)| = c \cdot F_{rel}(h), \quad \varphi(F_o(h)) = \varphi(F_c(h)). \tag{2.33}$$

Nun berechnet man die Differenzelektronendichteverteilung durch Fourier-Invers-transformation nach Gl. (2.15a):

$$\Delta\varrho(r) = F^{-1}[F_o(h) - F_c(h)], \quad F = \text{Fouriertransformationsoperator}.$$

Es folgt

$$\Delta\varrho(r) = F^{-1}[F_o(h)] - F^{-1}[F_c(h)].$$

Setzen wir

$$\varrho_c(r) = F^{-1}[F_c(h)]$$

und nehmen wir näherungsweise an, dass die wahre Elektronendichte durch $\varrho_o(r) = F^{-1}[F_o(h)]$ gegeben ist, so stellt

$$\Delta\varrho(r) = \varrho_o(r) - \varrho_c(r) \tag{2.34}$$

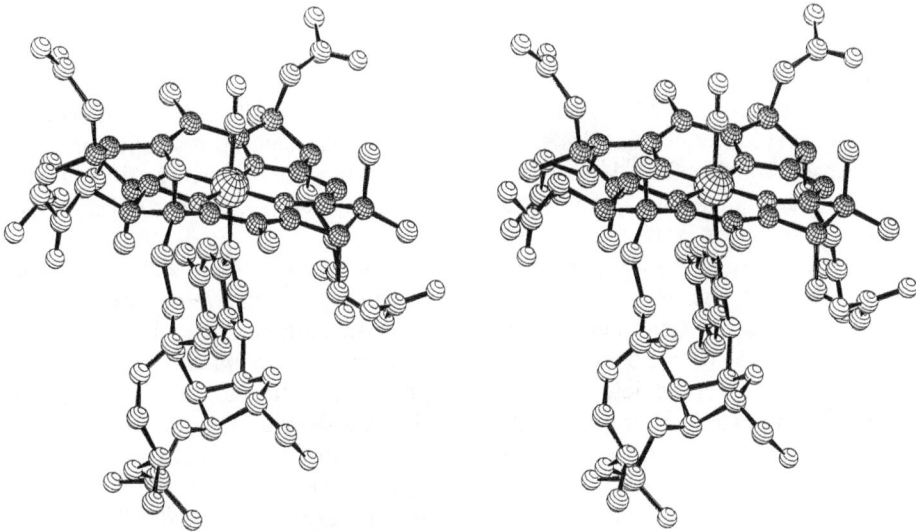

Abb. 2.50 Struktur von Vitamin B$_{12}$ [31], die nach der Schweratommethode gelöst wurde durch Lokalisierung des Kobaltatoms (Stereobildpaar).

mindestens näherungsweise den Teil der Struktur dar, der noch nicht zur Berechnung von F_c beigetragen hat, mithin den noch unbekannten Teil der Struktur.

In der Praxis hängt der Erfolg der Differenz-Fouriertechnik davon ab, welchen Umfang und Genauigkeit der bekannte Anteil der Struktur hat, denn das bestimmt die Gültigkeit der Approximation von $\varphi(F_o)$ durch $\varphi(F_c)$.

Das bekannteste Beispiel einer Struktur, die mit Pattersonmethoden gelöst wurde, ist Vitamin B$_{12}$, die bereits 1957 von D. Hodgkin und Mitarbeitern [31] gelöst wurde (Abb. 2.50). Es gelang, aus Differenzvektoren symmetrieverwandter Kobalt-Atome die Co-Position zu bestimmen und daraus die Struktur zu vervollständigen, obwohl der Anteil des Kobalt-Atoms an der Gesamtstruktur relativ gering ist.

Liegen mehrere oder gar keine Schweratome vor, wird die Interpretation der Patterson-Funktion sehr erschwert, sie ist in der Regel unmöglich. Für solche Fälle sind eine Zeitlang mit beachtlichem Erfolg sog. Vektorsuchmethoden verwendet worden [32]. Unter der Voraussetzung, dass eine Struktur starrer und damit im Wesentlichen bekannter Molekülgeometrie zu bestimmen ist, kann man mit Hilfe geeigneter Computerprogramme wie folgt vorgehen:

Man berechnet alle Differenzvektoren im Molekül und versucht, durch systematische Drehung eine Übereinstimmung der berechneten Differenzvektoren mit den Maxima der Patterson-Funktion zu finden. Ist dies gelungen, wird angenommen, dass die Orientierung der Struktur richtig bestimmt ist. Um die absolute Lage des Moleküls in der Elementarzelle zu finden, wird es systematisch in allen drei Raumrichtungen translatiert, und es wird unter Berücksichtigung der Raumgruppensymmetrie ein Abgleich mit intermolekularen Pattersonvektoren gesucht.

Anwendungen der Vektorsuchmethoden sind allerdings auf Fälle beschränkt, bei denen die Molekülstruktur oder wesentliche Fragmente in ihrer Geometrie bekannt sind.

2.3.5.2 Direkte Methoden

Die in den fünfziger und sechziger Jahren zur allgemeinen Anwendungsreife entwickelten sog. *Direkten Methoden* zur Phasenbestimmung haben die Kristallstrukturanalyse revolutioniert. Die gesamte Klasse der sog. „Leichtatomstrukturen" und damit ein erheblicher Teil der organischen Verbindungen war den Patterson-Methoden unzugänglich. Sie konnten nun mit dieser neuen Methode zur Phasenbestimmung behandelt werden.

Während Anfang der siebziger Jahre noch etwa drei von vier publizierten Kristallstrukturen mit Patterson-Methoden bearbeitet worden waren, werden derzeit weit mehr als 90 % der organischen und organometallischen Strukturen mit „Direkten Methoden" gelöst. Wegen der enormen Bedeutung, den die Strukturforschung durch diese Entwicklung für Gebiete wie Festkörperphysik, Chemie und Biowissenschaften erlangt hat, war es daher nur folgerichtig, dass Jerome Karle und Herbert Hauptman, zwei *Physikern*, die wesentlich zur Entwicklung der Direkten Methoden beigetragen haben, 1985 der Nobelpreis für *Chemie* verliehen worden ist.

Der Name „Direkte Methoden" kommt von der Tatsache, dass die Phasen der Strukturfaktoren direkt von ihren Beträgen hergeleitet werden, ohne dass sie indirekt auf dem Umweg über die Patterson-Funktion gewonnen werden. Dahinter steckt die grundlegende Erkenntnis, dass die Beträge der Strukturfaktoren sehr wohl Phaseninformation enthalten und mit Hilfe eines geschickten Algorithmus auch daraus gewonnen werden können. Allerdings sind hierzu umfangreiche numerische Berechnungen erforderlich, und es war ein Glücksfall, dass die Entwicklung der „Direkten Methoden" zeitgleich mit dem rapiden Fortschritt der Computertechnologie stattfand, so dass raffinierte Computerprogramme zu ihrer Anwendung entwickelt und weltweit verbreitet werden konnten.

Über die reichlich komplexe Theorie der „Direkten Methoden" gibt es eine große Zahl spezieller Publikationen [33]. Ihre Prinzipien und ihre Schlüsselformeln sind leicht herzuleiten, wenn man ein etwas vereinfachtes Modell des Kristalls betrachtet.

Dazu nehmen wir an, dass sich in der Elementarzelle N Atome *gleicher* Elektronendichte und punktförmiger Ausdehnung befinden, die ferner keinerlei thermische Bewegung ausführen mögen.

Für ein derart normiertes Strukturmodell, für das wir eine Einheitselektronendichte $\varrho_e(r)$ ansetzen können, und für das keine Überlappung benachbarter Atome stattfindet, gilt sicherlich

$$\varrho_e(r) = [\varrho_e(r)]^2. \tag{2.35}$$

Man bezeichnet nun die Fouriertransformierte von $\varrho_e(r)$ als *normierten Strukturfaktor* $E(h)$ (oder auch kurz als *E-Wert*)

$$E(h) = F(\varrho_e(r)).$$

Fourier-Transformation von Gl. (2.35) unter Benutzung des sog. *Faltungs-Theorems* der Theorie der Fouriertransformationen, nach welchem die Fouriertransformierte eines Produkts in Form des Faltungsprodukts der Fouriertransformierten der einzelnen Faktoren geschrieben werden kann, liefert

$$E(h) = \int\limits_{V^*} E(h')\, E(h - h')\, \mathrm{d}V^*$$

oder, weil für diskrete Reflexe im Kristall das Integral über den reziproken Raum durch eine Summe ersetzt werden kann,

$$E(h) = T \sum_{h'} E(h') E(h - h'),$$ (2.36)

wobei T ein nicht-negativer Proportionalitätsfaktor ist.

Gl. (2.36) ist die fundamentale Gleichung in der Theorie der „Direkten Methoden". Sie wurde von D. Sayre 1952 angegeben [34] und ist unter dem Namen *Sayre-Gleichung* bekannt. Aus ihr lassen sich die beiden Schlüsselformeln herleiten, die im zentrosymmetrischen bzw. im azentrischen Fall zur Phasenbestimmung verwendet werden.

1. Zentrosymmetrischer Fall. Da in diesem Fall die E-Werte Vorzeichen $s(h)$ mit $s(h) = \pm 1$ haben, kann die Sayre-Gleichung wie folgt interpretiert werden: Für Reflexe h mit großem $|E(h)|$ ist es wahrscheinlicher, dass die rechte Seite der Sayre-Gleichung mehr Summanden $E(h') E(h - h')$ enthält, die das *gleiche* Vorzeichen haben wie die linke Seite als Terme entgegengesetzen Vorzeichens. Das muss besonders für Summanden mit betragsmäßig großen E-Werten gelten, weil sie zu der Summe den Hauptbeitrag leisten.

Also existiert für *große* E-Werte eine mehr als 50%ige Wahrscheinlichkeit dafür, dass gilt

$$s(h) = s(h') s(h - h').$$

Da $s(h) = s(-h)$ ist, können wir auf der linken Seite h durch $-h$ ersetzen. Setzen wir ferner

$$-h = h_1; \quad h' = h_2; \quad h - h' = h_3,$$

so folgt

$$s(h_1) s(h_2) s(h_3) = 1,$$ (2.37)

falls

$$h_1 + h_2 + h_3 = 0.$$ (2.38)

Dabei gilt Gl. (2.37) nicht streng, sondern mit einer Wahrscheinlichkeit p, die näherungsweise von Cochran und Woolfson [35] durch die Formel

$$p = \frac{1}{2} + \frac{1}{2} \tanh \left[\frac{1}{\sqrt{N}} |E(h_1) E(h_2) E(h_3)| \right]$$ (2.39)

angegeben worden ist.

Die Beziehung aus Gl. (2.38) für ein Reflextripel wird als Σ_2-Beziehung bezeichnet und man kann jetzt Gl. (2.37) zusammen mit Gl. (2.39) wie folgt interpretieren: Wenn drei Reflexe über eine Σ_2-Beziehung nach Gl. (2.38) verknüpft sind, dann kann bei Kenntnis von zwei Reflexen das Vorzeichen des dritten nach Gl. (2.37) mit einer durch Gl. (2.39) gegebenen Wahrscheinlichkeit bestimmt werden. Die Anwendung dieser Formeln geschieht in der Praxis mit Hilfe geeigneter Computerprogramme in vier Schritten.

1. Schritt: Zunächst erfolgt eine näherungsweise Berechnung der normierten Strukturfaktoren, die ja auf dem oben beschriebenen idealisierten Strukturmodell beruhen. Die E-Werte, genauer ihre Beträge $|E(\boldsymbol{h})|$, werden aus $F_{rel}(\boldsymbol{h})$ nach einer Methode berechnet, die unter dem Stichwort *Wilson-Plot* (Wilson, 1942) [36] in die Literatur eingegangen ist und die wir hier nicht näher beschreiben wollen. Jedenfalls erlaubt dieses Verfahren rechnerisch den realen Kristall (durch F_{rel} repräsentiert) in den idealisierten Kristall ($|E(\boldsymbol{h})|$) zu überführen.

2. Schritt: Jetzt werden Reflextripel gesucht, die die Σ_2-Beziehung nach Gl. (2.38) erfüllen. Damit die Wahrscheinlichkeit nach Gl. (2.39) nicht zu klein ist, werden nur solche Beziehungen betrachtet, für die die E-Werte aller beteiligten Reflexe ein vorgegebenes E_{min} überschreiten. Wählt man z. B. $E_{min} = 2.5$ und enthält die Elementarzelle nicht mehr als 100 Atome, so ist $p > 95\%$. Allerdings kann man zeigen, dass nur etwa 1 % aller Reflexe eines Datensatzes so große E-Werte haben, daher wird in der Praxis E_{min} in der Größenordnung 1.5 gewählt.

3. Schritt: Essentiell für die Anwendung von Gl. (2.37) ist die Kenntnis eines „Startsatzes" von Reflexen mit bekannten Vorzeichen. Eine begrenzte Zahl von bis zu drei bekannten Vorzeichen kann man durch die implizierte Festlegung des Nullpunktes der Elementarzelle erhalten, die der beliebigen Vorzeichenwahl bestimmter – linear unabhängiger – Reflexe entspricht. Da die sog. *Nullpunktsreflexe* selten zur Festlegung eines hinreichend großen Startsatzes ausreichen, fügt man einige sog. *variable Reflexe* hinzu. Hierbei weist man einfach einem geeigneten Reflex $\boldsymbol{h}$, der an möglichst vielen Σ_2-Beziehungen beteiligt sein soll, einmal das Vorzeichen $s(\boldsymbol{h}) = +1$ und einmal $s(\boldsymbol{h}) = -1$ zu (mehr Möglichkeiten gibt es nicht) und erzeugt damit zwei alternative Startsätze. Bei n variablen Reflexen gibt es 2^n Startsätze, die alle systematisch ausprobiert werden müssen.

4. Schritt: Für jeden der im 3. Schritt erzeugten Startsätze wird nun eine Vorzeichenbestimmung gerechnet. Dazu werden Σ_2-Beziehungen hoher Wahrscheinlichkeit aufgesucht (also von Reflexen hoher E-Werte), die zwei Startsatzreflexe enthalten, so dass das Vorzeichen des dritten Reflexes berechnet werden kann. Dieser wird dann sofort dem Startsatz als bekannter Reflex hinzugefügt, so dass die Chance, eine Σ_2-Beziehung mit zwei bekannten Reflexen zu finden, stark zunimmt und damit in einer Art Kettenreaktion immer neue Vorzeichen von Reflexen bestimmt werden können.

So optimistisch das Verfahren zunächst aussieht, birgt es doch (mindestens) zwei erhebliche Probleme. Erstens ist zu beachten, dass die Vorzeichenformel nicht streng gilt und dass sie selbst bei einer 95 %igen Wahrscheinlichkeit bei zwanzigfacher Anwendung einmal im Mittel falsch ist. Da in der Praxis Hunderte von Reflexen bestimmt werden müssen und jeder neu bestimmte Reflex sofort weiterverwendet wird, besteht ständig die Gefahr einer lawinenartigen Fortpflanzung falscher Vorzeichen. Zweitens erfordern die von n variablen Reflexen generierten 2^n Startsätze das Durchrechnen von 2^n Versuchen, woraus sich, abgesehen von dem Rechenaufwand, das Problem ergibt, die richtige Vorzeichenbestimmung zu erkennen.

2. Azentrischer Fall. In diesem Fall sind die Strukturfaktoren und damit die E-Werte komplex. Wir spalten die Sayre-Gleichung (Gl. (2.36)) in Real- und Imaginärteil auf und erhalten

$$|E(\boldsymbol{h})|\sin\varphi(\boldsymbol{h}) = T\sum_{\boldsymbol{h'}}|E(\boldsymbol{h'})\,E(\boldsymbol{h}-\boldsymbol{h'})|\sin[\varphi(\boldsymbol{h'})+\varphi(\boldsymbol{h}-\boldsymbol{h'})]$$

$$|E(\boldsymbol{h})|\cos\varphi(\boldsymbol{h}) = T\sum_{\boldsymbol{h'}}|E(\boldsymbol{h'})\,E(\boldsymbol{h}-\boldsymbol{h'})|\cos[\varphi(\boldsymbol{h'})+\varphi(\boldsymbol{h}-\boldsymbol{h'})]\,.$$

Division beider Gleichungen liefert

$$\tan\varphi(\boldsymbol{h}) = \frac{\sum_{\boldsymbol{h'}}|E(\boldsymbol{h'})\,E(\boldsymbol{h}-\boldsymbol{h'})|\sin[\varphi(\boldsymbol{h'})+\varphi(\boldsymbol{h}-\boldsymbol{h'})]}{\sum_{\boldsymbol{h'}}|E(\boldsymbol{h'})\,E(\boldsymbol{h}-\boldsymbol{h'})|\cos[\varphi(\boldsymbol{h'})+\varphi(\boldsymbol{h}-\boldsymbol{h'})]}, \tag{2.40}$$

die sog. Tangens-Formel, die Karle und Hauptmann 1956 [37] erstmalig angegeben haben.

Die azentrische Phasenbestimmung verläuft im Prinzip in den gleichen vier Schritten wie im zentrosymmetrischen Fall, nur dass bei der eigentlichen Phasenbestimmung die Tangens-Formel (Gl. (2.40)) angewendet wird.

Zu beachten ist ferner, dass den variablen Reflexen nun nicht mehr nur die Alternativen 0 und π zugewiesen werden können, sondern dass sie im Prinzip beliebige Phasen im Bereich $0\ldots 2\pi$ haben können. Dies würde theoretisch zu beliebig vielen Möglichkeiten führen, doch hat die Praxis gezeigt, dass man mit vier Anfangswerten ($\pi/4$, $3\pi/4$, $5\pi/4$, $7\pi/4$) für die Phasen variabler Reflexe auskommt, so dass jeder Reflex vier, n Reflexe mithin 4^n Startsätze generieren.

In letzter Zeit sind sogar Startsätze dadurch erzeugt worden, dass einer relativ großen Zahl von Reflexen durch einen Zufallsgenerator beliebige Anfangsphasen zugewiesen („random phases") und daraus über die Tangens-Formel Phasenbestimmungen gerechnet wurden. Durch geeignete Gütekriterien („figures of merit") wurde dann entschieden, ob ein berechneter Phasensatz akzeptiert oder verworfen werden sollte.

Wird ein – wie auch immer berechneter – Vorzeichen- oder Phasensatz als zuverlässig angesehen, wird durch Fouriertransformation der (jetzt mit Phasen versehenen) E-Werte eine erste Näherung der Elektronendichteverteilung (E-map) berechnet und versucht, die vermutete Struktur mit Hilfe stereochemischer Gesichtspunkte zu erkennen. Gelingt dies, ist das Phasenproblem gelöst, eventuell noch fehlende Atome können durch die Differenzelektronendichte bestimmt werden. Bei Nichtgelingen muss z. B. durch Wahl anderer Startbedingungen eine neue Phasenbestimmung gerechnet werden.

Sämtliche Aufgaben, die im Verlauf einer „Direkten Phasenbestimmung" zu bewältigen sind, können heute mit sehr elegant programmierten und benutzerfreundlichen Programmsystemen erledigt werden, wobei in einem einzigen Lauf nicht nur die o. g. Schritte 1–4 selbständig durchgeführt werden (unter Beachtung der damit verbundenen Probleme), sondern auch noch der richtige Versuch erkannt und die E-map berechnet und interpretiert wird.

Das erste Programm dieser Art (sozusagen der „Klassiker") war MULTAN von Woolfson, Main und Germain, 1972 [38], danach kamen SHELX von Sheldrick, 1976 [39] und MITHRIL von Gilmore, 1981 [40] und andere hinzu. Heute werden vor allem SHELXS (Sheldrick, 1986 [41]) und SIR97 (Giacovazzo et al., 1999 [42]) verwendet.

Es sind auch Verfahren entwickelt worden, die Patterson- und Direkte Methoden kombinieren. Bei ihnen werden in einem ersten Schritt durch Vektorsuchmethoden, Ort und Orientierung von Strukturfragmenten bestimmt, die dann als zusätzliche Informationen in Direkte Methoden zur vollständigen Strukturbestimmung eingegeben werden. Genannt sollen hier werden PATSEE von Egert [43] und DIRDIF von Beurskens et al. [44].

2.3.5.3 Isomorpher und molekularer Ersatz bei Makromolekülen

Die im vorigen Abschnitt angegebene Gl. (2.39) enthält die Zahl der Atome N im Nenner, so dass mit großem N die Wahrscheinlichkeit p abnimmt. Dies ist bereits ein erster Hinweis darauf, dass die „Direkten Methoden" nicht für beliebig große Strukturen anwendbar sind. Obwohl Gl. (2.39) nur für den zentrosymmetrischen Fall formuliert ist, gilt generell, dass die Erfolgsaussichten der „Direkten Methoden" mit steigender Atomzahl abnehmen, wobei heute bei einigen hundert Atomen in der asymmetrischen Einheit (Wasserstoffatome *nicht* mitgezählt) die Grenze gezogen wird.

Bei der Strukturbestimmung an Makromolekülen, also in der gesamten Proteinkristallographie, wo mehrere tausend Atome zu bestimmen sind, benutzt man deshalb ein Verfahren, das unter dem Namen **isomorpher Ersatz** bekannt ist, und das in den Anfangsstadien Patterson-Methoden benutzt.

Als isomorph bezeichnet man zwei Kristallstrukturen, wenn ihre Gitterkonstanten (fast) gleich sind, sie in der Raumgruppe übereinstimmen und wenn die Atomanordnung im Kristallgitter sich höchstens bei einem oder einigen wenigen Atomen unterscheidet. Isomorph können die Strukturen chemisch sehr ähnlicher Verbindungen sein. So haben einige saure Salze der Weinsäure isomorphe Strukturen, wie z. B. Kaliumhydrogentatrat und das entsprechende Ammoniumsalz. Alle Atome des Tatratanions liegen auf den gleichen Positionen, der Unterschied zwischen beiden Strukturen besteht lediglich in der Kation-Lage, die am gleichen Ort einmal von K^+ und einmal von NH_4^+ besetzt ist.

Isomorphe Strukturen zeigen ein Beugungsbild, bei dem die reziproken Gittervektoren hinsichtlich ihrer Lage übereinstimmen und lediglich wegen der unterschiedlichen chemischen Identität (z. B. Austausch $K^+ \leftrightarrow NH_4^+$) abweichende Intensitäten haben.

Bei kleinen Strukturen ist es relativ schwierig, isomorphe Paare zu finden, weil selbst kleine Änderungen von atomaren Abmessungen zu großen strukturellen Änderungen führen können. Makromoleküle kristallisieren dagegen fast immer mit großen Zwischenräumen, die mit Wasser oder anderen Lösungsmittelmolekülen gefüllt sind. Daher bestehen hier gewisse Chancen, an geeignete Gitterplätze Schweratome zu bringen, ohne die ursprüngliche Anordnung des Makromoleküls zu beeinflussen. Die auf diese Weise erhaltenen isomorphen Schweratomderivate kann man nun zur Phasenbestimmung wie folgt ausnutzen:

Ist $F(\boldsymbol{h})$ der Strukturfaktor des reinen Makromoleküls (bei einem Protein des „nativen" Proteins) und $F'(\boldsymbol{h})$ der Strukturfaktor des Schweratomderivats, so kann (wegen der Isomorphie!) separiert werden,

$$F'(\boldsymbol{h}) = F(\boldsymbol{h}) + F_s(\boldsymbol{h}), \tag{2.41}$$

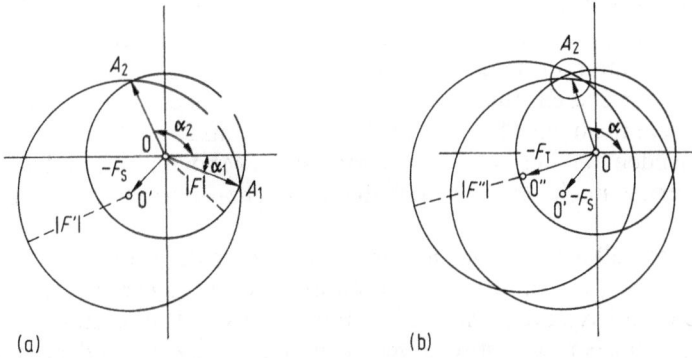

Abb. 2.51 Phasenbestimmung nach der Methode des isomorphen Ersatzes. (a) Bestimmung zweier möglicher Phasenwinkel α_1 und α_2 mit Hilfe eines Schweratomderivates, (b) eindeutige Phasenbestimmung zugunsten von α durch zwei Schweratomderivate.

wobei $F_s(h)$ der Schweratombeitrag ist. Es werden nun die Intensitäten beider Strukturen gemessen, so dass $|F|$ und $|F'|$ zur Verfügung stehen (das Argument h lassen wir zur Vereinfachung weg). Gelingt es nun, den Ort des Schweratoms z. B. durch Patterson-Methoden zu bestimmen, so ist F_s einschließlich Phase bekannt und man kann in der komplexen Zahlenebene eine graphische Lösung (s. Abb. 2.51a) der Gleichung $F = F' - F_s$ versuchen.

Dazu werden zwei Kreise mit den Radien $|F|$ und $|F'|$ gezeichnet, deren Nullpunkte 0 und 0' um den Vektor $-F_s$ gegeneinander verschoben sind. Bezeichnet man ihre Schnittpunkte mit A_1 und A_2, so sind die Vektoren $F_1 = OA_1$ und $F_2 = OA_2$ Lösungen der Gl. (2.41) für $F(h)$. Leider ist diese Konstruktion nicht eindeutig und man erhält in der Regel zwei mögliche Phasen α_1 und α_2 ($\alpha_1 = 18°$, $\alpha_2 = 108°$ in Abb. 2.51a) für den Strukturfaktor des nativen Proteins.

Man muss daher noch ein zweites isomorphes Schweratomderivat $|F''|$ messen und seinen Schweratombeitrag $|F_T|$ bestimmen. Dann ist $F'' = F + F_T$, und ein dritter Kreis mit dem Radius $|F''|$, dessen Nullpunkt 0'' gegen 0 um $-F_T$ verschoben ist (Abb. 2.51b), kann dann einen der beiden Schnittpunkte A_1 oder A_2 bestätigen. Diese Methode hängt in der Praxis allerdings sehr von der Genauigkeit der Messwerte $|F|$, $|F'|$ und $|F''|$ sowie von der Bestimmung der Schweratompositionen ab. Die drei Kreise werden sich in der Regel keineswegs in einem Punkt (A_2 in Abb. 2.51b) schneiden, sondern höchstens einen gewissen Phasenbereich $\Delta\alpha$ favorisieren. In der Praxis sind daher manchmal noch mehr als zwei Schweratomderivate nötig, um hinreichend genaue Phasen zu bestimmen.

Hieraus ergibt sich, dass der Aufwand bei der Strukturbestimmung von Makromolekülen erheblich ist. Nicht nur, dass die Elementarzellen im Vergleich zu kleinen Molekülen wesentlich größer sind und damit viel mehr Reflexe anfallen, sondern die oben beschriebene Methode des isomorphen Ersatzes erfordert darüber hinaus die Messung mehrerer dieser umfangreichen Datensätze.

Da inzwischen eine große Zahl von Proteinstrukturen bekannt ist, kann man die Lösung des Phasenproblems auch mit einer anderen Methode versuchen, die als

„Molekularer Ersatz" (molecular replacement) bekannt ist. Falls eine Struktur zu bestimmen ist, die sich zum Beispiel in ihrer Aminosäuresequenz nur wenig von einer bereits bekannten Proteinstruktur unterscheidet und falls die Elementarzellen in guter Näherung übereinstimmen, nimmt man an, dass die unbekannte Struktur sich im Kristall ähnlich anordnet wie die bekannte. Man kann dann versuchen, den übereinstimmenden Teil der bekannten Struktur als Modell in die zu bestimmende einzugeben, um den noch fehlenden Teil über Differenz-Fouriertechniken zu bestimmen.

Die Proteinkristallographie hat in den Biowissenschaften, unter anderem auch in dem menschlichen Genomprojekt, eine enorme Bedeutung erlangt. Deshalb sind auch erhebliche Anstrengungen in die Kristallisation von Proteinen investiert worden, darunter sogar extraterristische Versuche in der Schwerelosigkeit von Raumkapseln. Dessen ungeachtet ist in der Regel die Streukraft von Proteinkristallen auf niedrige Beugungswinkel 2ϑ beschränkt. Deshalb und um den experimentellen Aufwand zunächst in Grenzen zu halten, ist es in der Proteinkristallographie üblich, Datensätze innerhalb kleinerer als der gesamten Ausbreitungskugel zu messen. Dies führt bei gegebenem $2\vartheta_{max}$ zu einer verringerten Auflösung der Struktur, die nach der Bragg'schen Gleichung

$$d = \frac{\lambda}{2\sin\vartheta_{max}} \tag{2.42}$$

beträgt. Wählt man z. B. bei CuK_α-Strahlung $2\vartheta_{max} = 45°$, so reduziert man den Datensatz auf etwa 5 % (!) der gesamten Ausbreitungskugel, aber man erreicht nur eine Auflösung von 200 pm, das bedeutet, man hat keine atomare Auflösung mehr.

Bei makromolekularen Strukturbestimmungen wird deshalb immer angegeben, bis zu welcher Auflösung sie bestimmt worden sind, wobei selbst in fortgeschrittenen Stadien selten atomare Auflösung erzielt wird. Die erste in der Literatur beschriebene Strukturbestimmung von Hämoglobin [45] (s. Abschn. 2.4.4) wurde sogar nur bis zu einer Auflösung von 550 pm durchgeführt. Auch bis heute sind nur wenige Proteinstrukturen mit atomarer Auflösung bekannt. Beispiele sind Crambin [46] mit einer Auflösung von $d = 0.5$ Å oder die Aldosereduktase ($d = 0.66$ Å) [47].

2.3.6 Gang einer Strukturbestimmung

Mit moderner experimenteller Ausstattung, d. h. vor allem Diffraktometer mit Flächendetektion und einschlägigen Computerprogrammen, beträgt die Bearbeitungszeit einer Kristallstrukturanalyse derzeit höchstens einige Stunden, so dass in industriellen Laboren, wo es auf hohen Durchsatz ankommt (z. B. in der Arzneimittelforschung) mehrere Strukturen am Tag bearbeitet werden können. Der Ablauf kann mit Hilfe des in Abb. 2.52 angegebenen Diagramms beschrieben werden, wobei dieses Schema in erster Linie für „kleine Moleküle" gilt, also solche, bei denen atomare Auflösung erzielt werden kann.

Die entscheidende Voraussetzung für die Durchführung einer Kristallstrukturbestimmung ist das Vorhandensein eines geeigneten Kristalls. Es sei hier darauf hingewiesen, dass trotz der in Abschn. 2.3.3 beschriebenen neueren Entwicklungen die Strukturbestimmung mit Pulvermethoden die Ausnahme bleibt. Bei den meisten

Gang einer Strukturanalyse

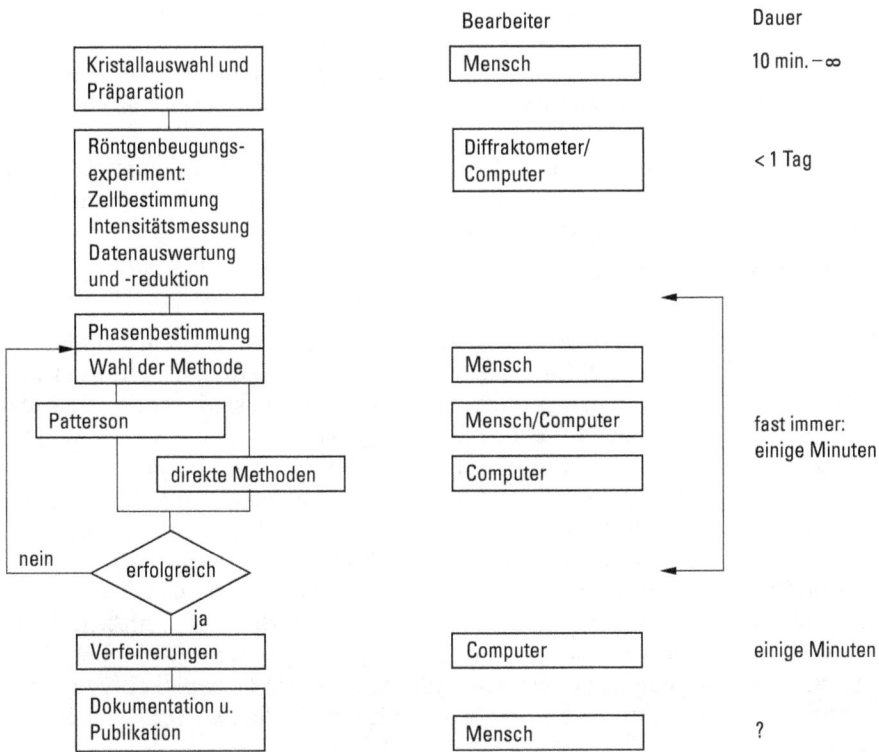

	Bearbeiter	Dauer
Kristallauswahl und Präparation	Mensch	10 min. − ∞
Röntgenbeugungs-experiment: Zellbestimmung Intensitätsmessung Datenauswertung und -reduktion	Diffraktometer/ Computer	< 1 Tag
Phasenbestimmung Wahl der Methode	Mensch	
Patterson	Mensch/Computer	fast immer: einige Minuten
direkte Methoden	Computer	
nein ◇ erfolgreich ◇ ja		
Verfeinerungen	Computer	einige Minuten
Dokumentation u. Publikation	Mensch	?

Abb. 2.52   Schema einer Kristallstrukturbestimmung an kleinen Molekülen.

Strukturproblemen müssen Einkristalle zur Verfügung stehen, die nicht zu klein sein dürfen. Für Röntgenexperimente sollten die Kristallabmessungen bei 0.1 mm– 0.5 mm liegen, bei der Neutronenbeugung müssen wesentlich größere Kristalle verwendet werden (Volumen um $5\,mm^3$–$10\,mm^3$). Nach oben werden die Abmessungen durch den Primärstrahlquerschnitt begrenzt, der bei normalen Röntgenquellen bei 0.5 mm–1 mm liegt.

Für viele Verbindungen ist es nicht leicht, Einkristalle in hinreichender Größe zu erhalten. Zunehmende Bedeutung werden daher die entsprechenden Experimentier-plätze an Synchrotronquellen erhalten, bei denen man wegen der hohen und brillianten Primärintensität mit wesentlich kleineren Kristallen auskommt. So haben Schulz und Mitarbeiter [48] vor einiger Zeit über die erfolgreiche Strukturanalyse an einem nur $200\,\mu m^3$ großen CaF_2-Kristall berichtet, dessen Datensatz mit Synchrotronstrahlung aufgenommen wurde.

Sind für eine Verbindung geeignete Kristalle präpariert, so läuft der weitere Gang einer Strukturbestimmung weitgehend automatisiert ab, wobei der Eingriff des Be-arbeiters nur noch an wenigen – jedoch entscheidenden – Stellen erforderlich ist.

Man beachte, dass alle in den vorigen Abschnitten beschriebenen Methoden zur Lösung des Phasenproblems starken Näherungscharakter haben, so dass selbst bei erfolgreicher Phasenbestimmung zunächst nur ein grobes Modell der Struktur erhalten wird. Dieses wird mit Verfeinerungsrechnungen verbessert, wobei man sich der von der Ausgleichsrechnung her bekannten *Methode der Kleinsten Quadrate* bedient.

Aus dem vorhandenen – ungenauen – Strukturmodell werden die berechneten Strukturfaktoren $F_c(\boldsymbol{h})$ bestimmt. Zusammen mit den aus dem Experiment gewonnenen beobachteten Strukturfaktoren $F_o(\boldsymbol{h})$ wird über die Bedingung

$$\sum_{\boldsymbol{h}} (F_o(\boldsymbol{h}) - F_c(\boldsymbol{h}))^2 = \text{Min} \tag{2.43}$$

ein verfeinertes Strukturmodell berechnet. Im Verlauf der Verfeinerungsrechnungen wird die Genauigkeit der Struktur stark verbessert. Während zum Zeitpunkt der Phasenbestimmung die Atomorte nur auf $5\,\text{pm} - 10\,\text{pm}$ genau sind, werden sie nach Abschluss der Verfeinerungen auf einige $10^{-1}\,\text{pm}$ genau.

Ferner lassen sich auch aus Röntgendaten Wasserstoffatome bestimmen, wenn die Struktur nicht zu viele Atome extrem hoher Ordnungszahl enthält, was z.B. bei organischen Verbindungen selten der Fall ist. Dazu wird kurz vor Ende der Verfeinerung eine Differenzelektronendichte (s. Abschn. 2.3.5.1) berechnet, die die Wasserstoffatome sicher anzeigen sollte (s. Beispiel in Abb. 2.53). Die in vielen Lehrbüchern und leider auch von vielen organischen Chemikern noch vertretene Meinung, dass Wasserstoffatome durch Röntgenstrukturanalyse nicht zugänglich sind, muss als stark veraltet bezeichnet werden. Allerdings ist die Genauigkeit von Wasserstoffpositionen um etwa den Faktor zehn geringer als die anderer Atome. Für

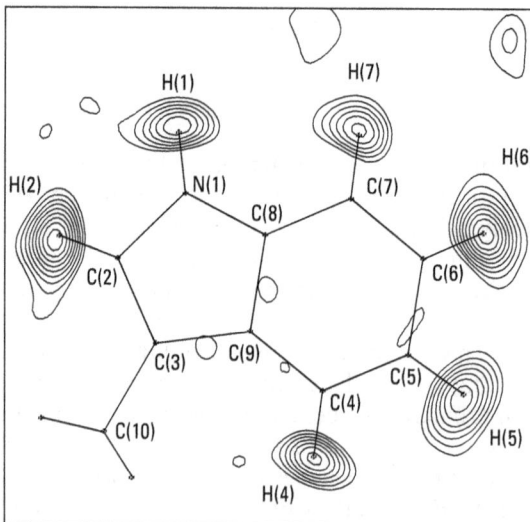

Abb. 2.53 Differenzelektronendichte im Indolring von L-Tryptophan. Alle Nicht-H-Atome sind eingegeben worden, alle Wasserstoffatome können zweifelsfrei bestimmt werden, die Konturlinien zeigen die entsprechende Restelektronendichte an.

eine sehr genaue Bestimmung von Wasserstoffatomen ist, falls möglich, ein Neutronenbeugungsexperiment vorzuziehen.

Die Kristallstrukturanalyse liefert heute die sichersten, genauesten und wie der Zeitplan in Abb. 2.52 zeigt, auch sehr schnelle Informationen über die Strukturen chemischer Verbindungen im festen Zustand. Sie wird daher in zunehmendem Maße bei allen Untersuchungen eingesetzt, bei denen Strukturprobleme eine Rolle spielen. Einige Anwendungen werden wir in Abschn. 2.4 diskutieren. Ein gewisser Nachteil besteht allerdings darin, dass die zu untersuchende Probe kristallin sein muss und dass sich die erhaltene Strukturinformation allein auf den festen Zustand bezieht.

2.4 Anwendungen der Kristallstrukturanalyse

In diesem Absatz sollen einige Ergebnisse der Kristallstrukturanalyse aus den verschiedensten Bereichen der anorganischen, der organischen und der Biochemie sowie der Arzneimittelforschung betrachtet werden, um die weitgespannten Anwendungsmöglichkeiten dieser Methode zu dokumentieren.

Zugegebenermaßen etwas willkürlich, wollen wir „kleine" und „große" Moleküle (in Abschn. 2.4.1 und 2.4.4) getrennt behandeln und uns auch noch mit der Tieftemperaturstrukturanalyse sowie der experimentellen Elektronendichtebestimmung beschäftigen, die in letzter Zeit wieder an Bedeutung gewonnen hat.

2.4.1 Kleine Moleküle

Wie einleitend bereits erwähnt, wurde die erste Kristallstrukturanalyse an Kochsalz durchgeführt und bereits ein Jahr nach der Entdeckung dieser Methode publiziert [3]. Neben Kochsalz ist Zucker, genauer die Saccharose (engl. sucrose), das zweite Nahrungsmittel, das in kristallinem Zustand konsumiert wird. Es war daher naheliegend, dass auch diese Struktur auf baldiges Interesse stieß. Da die chemische Zusammensetzung von Saccharose (s. Abb. 2.54, Formel I) ungleich komplizierter ist als die von NaCl, erwies sich ihre Struktur lange Zeit als unlösbar, so dass Saccharose geradezu als exemplarisches Beispiel für die anfänglichen Schwierigkeiten und den inzwischen erreichten Fortschritt in der Kristallstrukturforschung angesehen werden kann.

Eine erste aus zweidimensionalen Projektionen bestimmte Struktur von Saccharose wurde 1952 von Beevers, McDonald, Robertson und Stern publiziert [49] (s. Abb. 2.55) mit einem Hinweis der Autoren, dass die Intensitätsmessung bereits 1944 stattgefunden hatte. Die Genauigkeit der Atompositionen wurde mit ± 8 pm abgeschätzt.

Eine dreidimensionale Struktur von Saccharose wurde erst 1963 von Brown und Levi [50] auf der Basis einer Neutronenbeugungsmessung veröffentlicht, und erst Anfang der siebziger Jahre wurden Röntgenstrukturanalysen durchgeführt, die dem derzeitigen Genauigkeitsstandard von einigen Zehntel pm für die Atompositionen entsprechen.

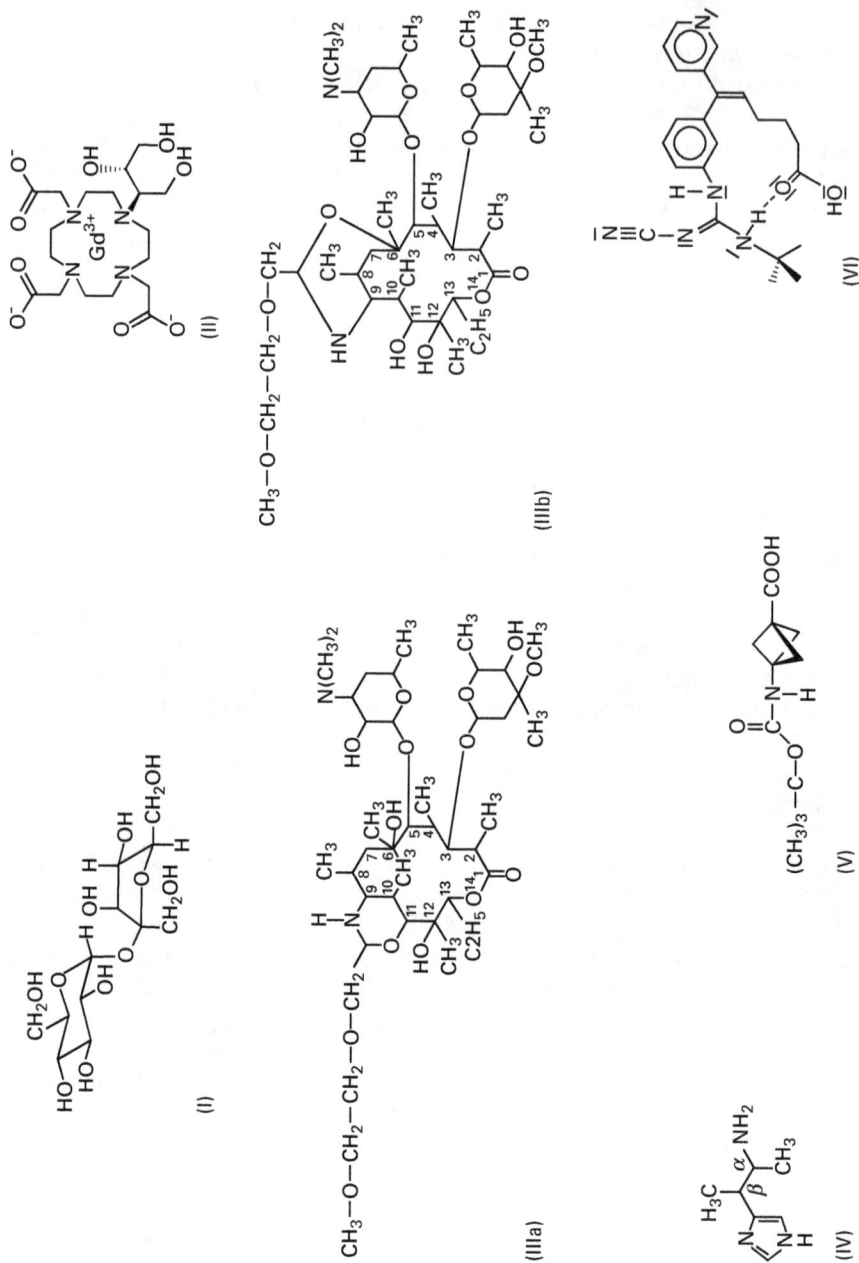

Abb. 2.54 Chemische Formeln einiger in Abschn. 2.4 behandelter Verbindungen.

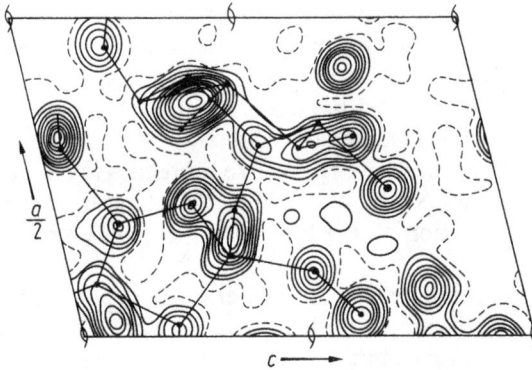

Abb. 2.55 Fourier-Projektion der ersten Saccharose-Struktur aus der Originalarbeit (von 1952) auf die *a*, *c*-Ebene. Links unten ist der Fructofuranosylring, in der Mitte – in einer sehr ungünstigen Projektionsrichtung – der Glucopyranosylring zu erkennen.

Heute ist die Strukturbestimmung an Saccharose völlig unproblematisch, sie wird gern als Übungsbeispiel in studentischen Praktika verwendet. Es müssen bei einem Elementarzellvolumen von ca. $7.16 \cdot 10^8 \, pm^3$ etwa 1500 Reflexe gemessen werden, was mit modernen Diffraktometern in einigen Stunden zu erledigen ist. Strukturbestimmung mit „Direkten Methoden" und Verfeinerung benötigen kaum mehr als einige Minuten, so dass im Vergleich zu den vierziger Jahren die Bearbeitungszeit von 8 Jahren auf weniger als einen Tag gesunken ist. Moderne computergraphische Hilfsmittel gestatten auch eine neue Qualität in der Darstellung der Ergebnisse. Farbbild 1 zeigt ein mit dem Graphikprogramm SCHAKAL [51] gezeichnetes Farbbild der Saccharose-Struktur, wobei sowohl eine Kugelstab- als auch eine Kalottendarstellung für das Molekül gewählt wurde.

Im Bereich der anorganischen Strukturforschung haben Mitte der achtziger Jahre die Strukturen der neuen bei hohen Temperaturen supraleitenden keramischen Materialien besondere Beachtung gefunden. Strukturell leiten sich diese Verbindungen von den Perowskiten ab (s. Abschn. 2.2.3). An einigen Metalloxiden dieser Art, wie $BaPbO_3$ oder $SrTiO_3$, war schon vor längerer Zeit beobachtet worden, dass sie bei sehr tiefen Temperaturen supraleitend waren ($T_c < 15 \, K$), wenn man sie mit Fremdatomen wie Bi oder Nb dotierte. Der entscheidende Durchbruch zu höheren Sprungtemperaturen gelang, als Bednorz und Müller [52] zu Metalloxiden mit weitgehend zweidimensionalen Oxidschichten übergingen. Ihr $La_{2-x}CuO_4$ (La teilweise durch verschiedene Metalle wie Ca, Sr, Ba substituiert) mit einer Sprungtemperatur von 35K bildet $[Cu_2O_6]$-Oktaeder-Schichten, die durch LaO-Schichten separiert sind.

Eine nochmalige dramatische Steigerung der kritischen Temperatur konnte durch den lange Zeit als „Weltrekordhalter" geltenden sog. 1-2-3-Supraleiter $YBa_2Cu_3O_{7-x}$ (der Name kommt von der Zusammensetzung 1 Yttrium-, 2 Barium-, 3 Kupferatome) erzielt werden. Seine Struktur, die aus Einkristallröntgen- und Neutronenpulverdaten [53] bestimmt wurde, ist im Farbbild 2 dargestellt.

Im Gegensatz zu den Perowskiten, aus denen auch diese Struktur formal hergeleitet werden kann (die *c*-Achse hat die dreifache Länge der fast gleich langen *a*-

und b-Achsen!), dominiert hier strukturell ein schichtartiger Charakter der Kupferoxid-Einheiten. Einmal treten leicht wellenförmige CuO_2-Schichten bei $z \approx 1/3$, 2/3 auf, andererseits CuO_{3-x}-Bereiche bei $z = 0$, wo das Kupferatom eine quadratisch planare Sauerstoffumgebung hat und Bänder von einer Breite von ca. 370 pm in b-Richtung zwischen den Barium-Atomen ausbildet.

Ein interessantes und zu überraschenden Ergebnissen führendes Forschungsgebiet in der anorganischen Chemie ist die Synthese von Edelgasverbindungen. Ursprünglich galten die Edelgase per Definition als die Elemente, die keine chemischen Bindungen eingehen.

Allerdings wurde schon 1962 mit $XePtF_6$ [54] die erste Edelgasverbindung hergestellt, der später weitere, auch die anderer Edelgase wie Krypton, folgten. In allen Fällen waren elektronegative Hauptgruppenelemente an das Edelgas gebunden.

Unlängst gelang der Gruppe von K. Seppelt mit $AuXe_4^{2+}(Sb_2F_{11}^-)_2$ erstmalig die Synthese einer Metall-Xenon-Verbindung mit einer direkten Au-Xe-Bindung [55]. Die Röntgenstrukturanalyse lieferte den Strukturbeweis für diesen Komplex, der im Farbbild 3 dargestellt ist. Das $AuXe_4^{2+}$-Kation ist quadratisch planar mit Au-Xe-Bindungslängen um 274 pm. Drei schwache Au...F-Kontakte sind zusätzlich in der Koordinationssphäre des Goldatoms zu erkennen.

Ein Beispiel aus der Chemie der metallorganischen Komplexe wird in Farbbild 4 gezeigt. In der Kernspin(NMR)-Tomographie, die sich in der Medizin als wichtige Diagnosemethode etabliert hat, wurden zur Steigerung des Signals pathologischer Gewebe paramagnetische Verbindungen als Kontrastmittel entwickelt, wobei sich Gadolinium-Komplexe mit sieben ungepaarten Elektronen im Gd^{3+}-Ion als geeignet erwiesen haben. Da die Signalverstärkung von der direkten Umgebung des paramagnetischen Zentrums abhängt, ist die Kenntnis der ersten Koordinationssphäre des Gadoliniums von Interesse.

Daher wurde für den im Farbbild 4 gezeigten Gd-Tetraazacyclododekan-Komplex (Abb. 2.54, Formel II, [56], der inzwischen in der NMR-Tomographie als Kontrastmittel verabreicht wird, Gadobutrol, Schering AG, Berlin) eine Röntgenstrukturanalyse durchgeführt. Wie man im Farbbild 4 sieht, ist das Gd^{3+}-Ion neunfach koordiniert mit einem quadratischen Antiprisma mit aufgesetztem „Dach" („monocapped antiprism") als Koordinationspolyeder. Zur Koordination tragen die vier Stickstoffatome des Aza-12-Krone-4-Liganden und vier Sauerstoffatome der Seitengruppen (drei Carboxylat-, ein Hydroxylsauerstoff) bei. Erwartet wurde als neunter Koordinationspartner das Sauerstoffatom eines Kristallwassermoleküls. Überraschenderweise wird die Koordination aber vervollständigt von einem Carboxylatsauerstoffatom eines zweiten über ein kristallographisches Symmetriezentrum verbundenen Komplexes. Daher liegt im Kristall ein Komplex-Dimer von Gadobutrol vor (siehe auch Farbbild 4). Offen muss hier natürlich die Frage bleiben, wie weit die im Kristall gefundenen Verhältnisse auf den Zustand in (physiologischer) Lösung übertragen werden können.

In der organischen Chemie werden Kristallstrukturuntersuchungen häufig zur Aufklärung von Konstitutions- und Konformationsfragen durchgeführt, wenn die dem organischen Chemiker geläufigeren „klassischen" Methoden der instrumentellen Analytik (IR, UV, NMR, MS etc.) nicht zum Ziel führen.

Ein Beispiel dieser Art ist das im Farbbild 5 gezeigte Erythromycinderivat (s. a. Abb. 2.54, Formel III), ein Makrolidantibiotikum, bei dem versucht wurde, durch geeignete Veränderung des Makrozyklus das Wirkungsspektrum zu erweitern. Bei dem durchgeführten 9,11-Ringschluss war zunächst offen, ob ein zusätzlicher Sechs- oder Siebenring entstanden war, eine Frage, die auch mit spektroskopischen Methoden nicht zu klären war. Durch Röntgenstrukturanalyse konnte das Vorliegen des Sechsringes nachgewiesen werden, die Verbindung liegt also in einer Oxazinstruktur (IIIa) (s. Farbbild 5) und nicht in einer Oxazepinstruktur (III b) vor [57].

In Abschn. 2.2.3 hatten wir die neue Verbindungsklasse der Fullerene vorgestellt und gezeigt, dass das C_{60}-Fulleren eine fußballartige Kugelgestalt hat. Durch Einführung von Substituenten kann diese reguläre Form verändert werden. Farbbild 6 zeigt die Molekülstruktur von $C_{60}F_{18}$ [58], wo der dramatische Einfluss der Substitution von 18 Fluoratomen auf die Konformation des C_{60} durch Röntgenstrukturanalyse sichtbar gemacht wurde. Das C_{60}-Gerüst sieht – salopp formuliert – jetzt eher wie ein Fußball aus, dem zur Hälfte die Luft herausgelassen wurde.

Eine weitere wichtige Anwendungsmöglichkeit der Röntgenstrukturanalyse besteht in der Ermittlung der absoluten Aufstellung chiraler Verbindungen, die zum ersten Mal von Bijvoet und Mitarbeitern 1951 [59] an Salzen der Weinsäure durchgeführt wurde, wodurch erstmalig die Zuordnung der D- und L-Weinsäure und damit der gesamten D- und L-Reihe gesichert werden konnte.

Nach dem Friedel'schen Gesetz ist zwar das Röntgenbeugungsbild zweier Kristalle, die jeweils ein Enantiomeres einer chiralen Verbindung enthalten, gleich. Allerdings gilt das Friedel'sche Gesetz nur, wenn keine sog. „anomalen" Streuzentren im Kristall vorhanden sind. Wenn diese vorliegen, was dann der Fall ist, wenn die Wellenlänge der Primärstrahlung in der Nähe der Absorptionskante des entsprechenden Streuers liegt, kommt es zu einem anomalen Streuverhalten, was einen Phasensprung der gestreuten Welle an diesem Zentrum zur Folge hat. Mathematisch kann man diesem Effekt dadurch Rechnung tragen, dass man die reellen Formfaktoren $f(s)$ durch komplexe Größen $f_A(s)$ ersetzt, die man durch Einführung eines reellen und eines imaginären Korrekturterms erhält:

$$f_A(s) = f(s) + \Delta f' + i\Delta f'' \,. \tag{2.44}$$

Die Größen $\Delta f'$ und $\Delta f''$, die kaum von s, aber stark wellenlängenabhängig sind, sind für die wichtigsten Strahlungsarten (CuKα, MoKα) in den International Tables (Band C) tabelliert.

Bei Vorliegen dieses Effektes, der auch als *anomale Dispersion* bezeichnet wird, gilt das Friedel'sche Gesetz nicht mehr, so dass er zur Bestimmung der richtigen absoluten Aufstellung eines Enantiomers benutzt werden kann.

In der Arzneimittelforschung spielt die absolute Aufstellung eines Wirkstoffes eine wichtige Rolle, weil die beiden Enantiomere sehr unterschiedliche Wirkungen haben können. Farbbild 7 zeigt die Struktur von α, β-Dimethylhistamin (Abb. 2.54 Formel IV), eine Verbindung mit zwei chiralen Zentren.

Sie ist ein hochwirksamer H_3-Rezeptor-Agonist, die Wirkung ist um ein Vielfaches höher als die von Histamin selbst. Der H_3-Rezeptor ist im Zentralnervensystem auf histaminergen Neuronen lokalisiert und moduliert als präsynaptischer Autorezeptor die Synthese und Freisetzung von Histamin.

Aus einem Gemisch verschiedener Diastereomerer von α, β-Dimethylhistamin wurde der Vertreter mit der höchsten Wirksamkeit für eine Röntgenstrukturanalyse ausgewählt. Durch die Messung eines genauen Intensitätsdatensatzes mit CuKα-

Strahlung am Dihydrobromid dieser Verbindung konnte durch Ausnutzen der anomalen Dispersion von Brom das in Farbbild 7 gezeigte Enantiomer als das richtige ermittelt werden, das nach der Cahn-Ingold-Prelog-Konvention als (αR, βS)-Dimethylhistamin vorliegt [60].

In der in den sechziger Jahren bekannt gewordenen Arzneimittelkatastrophe um das Präparat Contergan hat ebenfalls die Chiralität eine wichtige Rolle gespielt. Von dem dort eingesetzten Wirkstoff Thalidomid hat nach Tierversuchen nur das L-Enantiomer therapeutische Wirksamkeit, während das D-Enantiomer die verheerenden Nebenwirkungen wie die Missbildungen von Neugeborenen verursacht hatte. Wäre damals enantiomerenrein gearbeitet worden, hätte man die Contergan-Katastrophe vielleicht vermeiden können. Deshalb ist spätestens seit den 60er-Jahren die Bestimmung des wirksamen Enantiomers zu einer wichtigen Aufgabe in der Arzneimittelforschung geworden.

Abgeschlossen sollen die Strukturbeispiele „kleiner Moleküle" durch zwei Verbindungen werden, die hinsichtlich ihrer Größe und ihrer chemischen Identität schon das Bindeglied zu den Makromolekülen herstellten. Es handelt sich einmal um das Octannucleoid d(G-G-T-A-T-A-C-C), das in der Raumgruppe P6$_1$ mit zwei Molekülen in der asymmetrischen Einheit kristallisiert, die damit 322 Atome (außer H) enthält. Die in Farbbild 8 dargestellte Struktur wurde von Egert et al. [61] mit Hilfe von PATTSEE [43] gelöst, das, wie in Abschn. 2.3.5.2 erwähnt, auf einer Kombination von Patterson- und Direkten Methoden beruht und das offensichtlich bei mittelgroßen Strukturen besonders leistungsfähig ist. Farbbild 8 zeigt deutlich eine Doppelhelix-Struktur dieses Nucleotids, die seit den berühmten Arbeiten von Watson und Crick [62] in den fünfziger Jahren als charakteristisch für DNS-Strukturen gilt und deren Entdeckung damals weltweites Aufsehen erregte.

Für noch größere Moleküle, die aber noch nicht zu den Makromolekülen gehören und für die bei der Strukturbestimmung noch atomare Auflösung erhalten werden sollte, standen lange Zeit keine wirkungsvollen Methoden zur Lösung des Phasenproblems zur Verfügung. Genau um diese Lücke in der Strukturbestimmung mittelgroßer Verbindungen (500–1000 Atome) schließen zu helfen, sind Verfahren von Hauptman („Shake & Bake") [63] und später von Sheldrick („half baked") entwickelt worden [64]. In beiden Verfahren werden zunächst Strukturmodelle generiert (Zufallsstrukturen bei Hauptman, möglichst realitätsnähere bei Sheldrick durch Patterson-Interpretation), aus denen durch Fouriertransformation in den reziproken Raum Strukturfaktoren und damit Anfangsphasen gewonnen werden, aus denen mit erweiterten „Direkten Methoden" eine Phasenbestimmung gerechnet wird. Sie soll durch Rücktransformation in den direkten Raum ein verbessertes Strukturmodell liefern. Durch ständigen Wechsel zwischen direktem und reziproken Raum (daher der Name „shake & bake"; wobei der „shake"-Schritt im reziproken der „bake"-Schritt im direkten Raum stattfindet) wird versucht, Konvergenz bezüglich der richtigen Struktur zu erzielen [65]. Weil in der Praxis mehrere tausend Versuche gerechnet werden müssen, fallen enorme Rechenzeiten an, trotzdem sind spektakuläre Erfolge erzielt worden. Farbbild 9 zeigt die von Sheldrick aufgeklärte Struktur der triklinen Form des HEW-Lysozyms, bei der mit 1001 Atomen erstmals die 1000-Atome-Grenze durchbrochen wurde [65, 66].

2.4.2 Strukturanalyse bei tiefen Temperaturen

Wie in Abschn. 2.3.1 gezeigt wurde, wird der thermischen Bewegung der Atome im Kristallgitter durch Einführung des Debye-Waller-Faktors Rechnung getragen, der als zusätzlicher exponentieller Term in den Strukturfaktor eingeht:

$$F(\boldsymbol{h}) = \sum_{j=1}^{N} f_j \, e^{2\pi i \boldsymbol{h} \boldsymbol{r}_j} \, e^{-(B_j \sin^2 \vartheta)/\lambda^2} \, .$$

Die Temperaturbewegung wirkt sich in zweierlei Hinsicht ungünstig auf die Kristallstrukturanalyse aus:

1. Der exponentielle Temperaturterm wirkt dämpfend auf den Strukturfaktor (besonders bei großem $\sin \vartheta / \lambda$), d. h. er verstärkt den ohnehin durch den Formfaktor verursachten Abfall der Intensitäten von Reflexen hoher Ordnung.
2. Die Orte der Atome im Kristall sind bei hoher Temperaturbewegung weniger fixiert, die Ortsparameter sind dadurch weniger genau.

Beide Faktoren wirken in die gleiche ungünstige Richtung, nämlich in die einer weniger gut aufgelösten und weniger genauen Struktur. Zur Vermeidung dieser Nachteile kann man die Beugungsexperimente bei tiefen Temperaturen durchführen. Hierfür lassen sich noch weitere Gründe angeben:

- Viele Verbindungen bzw. ihre Kristalle sind bei Raumtemperatur instabil, bei tiefen Temperaturen dagegen hinreichend haltbar.
- Substanzen, die bei Raumtemperatur flüssig oder gar gasförmig sind, können überhaupt nur bei tiefen Temperaturen untersucht werden, nämlich dann, wenn es gelingt, bei Abkühlung unterhalb des Schmelzpunktes die Substanz zu kristallisieren. Analoges gilt für Tieftemperaturphasen.
- Beugungsexperimente zur Elektronendichtebestimmung (s. Abschn. 2.4.3) müssen bei tiefen Temperaturen durchgeführt werden.

Für die „Automatischen Einkristalldiffraktometer" wurden Tieftemperaturanlagen entwickelt, bei denen man derzeit im Wesentlichen zwei Typen unterscheiden kann. Am weitesten verbreitet sind offene N_2-Kaltgasstromanlagen. Bei ihnen wird flüssiger Stickstoff in einem geeigneten Verdampfergefäß verdampft und über eine Dewar-Leitung zum Ort des Kristalls gebracht. Dort wird der Kaltgasstrom durch eine geeignete Düse auf die Kristallprobe geblasen. Dieses Verfahren hat mehrere Nachteile. So ist es bei den Vollkreis-Eulerwiegen aus Platzgründen problematisch, die Stickstoffstrom-Austrittsöffnung in die Nähe des Kristalls zu bringen. Häufig gibt es Vereisungsprobleme, die man durch einen zweiten koaxialen Warmgasstrom zu bekämpfen versucht, man hat Regelungs-(Temperaturkonstanz-) und Wartungsprobleme (Stickstoffnachfüllung), und es fallen laufende Kosten für den Flüssigstickstoffverbrauch an.

Der prinzipielle Nachteil besteht allerdings darin, dass niemals die Siedetemperatur des flüssigen Stickstoffs (77 K) unterschritten werden kann. Wegen der unvermeidbaren Erwärmung des Gasstromes auf dem Weg bis zum Kristallort um einige Grad sind mit Anlagen dieser Art praktisch nur Messungen bei tiefsten Temperaturen von ca. 100 K möglich. Es gibt zwar auch Gasstromanlagen, die mit Helium arbeiten und deshalb auf Temperaturen um 10 K kommen, wegen der hohen Kosten für flüssiges Helium werden sie nur vereinzelt eingesetzt.

Einige der oben erwähnten Nachteile werden mit Anlagen vermieden, die auf der Basis der adiabatischen Expansion von Helium arbeiten. Sie sind durch einen geschlossenen Heliumkreislauf gekennzeichnet, so dass im Kühlbetrieb kein Materialverbrauch auftritt. Das Heliumgas wird in einem Kompressor unter Abgabe der Kompressionswärme komprimiert und in einer Kälte erzeugenden Expansionsmaschine expandiert. Bei diesen Geräten, die kühlseitig einstufig oder zweistufig ausgelegt sein können (z. B. Displex, Fa. Air Products/USA), werden tiefste Temperaturen bis ca. 50 K (einstufig) bzw. 15 K (zweistufig) erreicht (s. Abb. 2.56). Der Kühlkopf mit der Probe (Kristall) muss mit Hilfe einer Vakuumkammer isoliert werden, die im Falle von Neutronenstrahlen mit Hilfe einer Aluminiumhohlkugel (oder -zylinder) problemlos herzustellen ist. Vereisungsprobleme entfallen, die Temperaturregelung geschieht automatisch, und die laufenden Kosten sind gering (kein ständiger Verbrauch eines Arbeitsgases).

Geräte, die nach dieser Technik arbeiten, werden an Neutronendiffraktometern weltweit vielfältig eingesetzt [67]. Nachteil dieser Geräte, insbesondere jener in der zweistufigen Ausführung, ist ein relativ großer Platzbedarf, der zwar an Neutro-

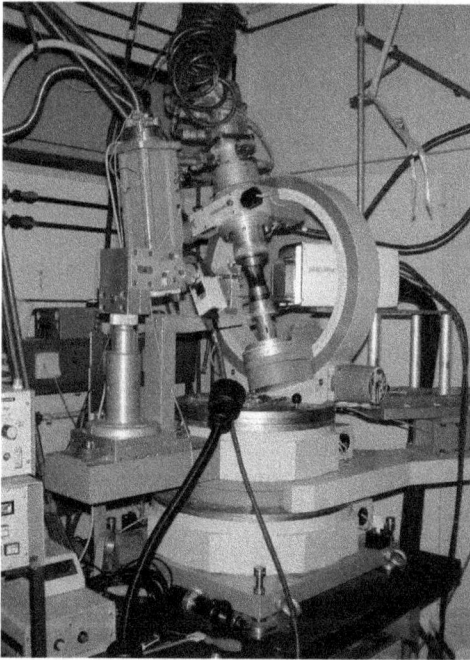

Abb. 2.56 Röntgendiffraktometer mit zweistufigem Heliumkryostaten. Um den großen Kryostaten aufzunehmen, wird eine große Eulerwiege (400 mm Durchmesser, offset-χ-Kreis, Fa. Huber) verwendet. Die Vakuumkammer hat an Stelle von Beryllium einen Mantel aus Kaptonfolie, der die Untergrundstrahlung gut reduziert. Der Detektor ist ein Bruker-Apex-Flächendetektor. Mit diesem Versuchsaufbau sind Ultratieftemperaturbeugungsexperimente bis ca. 20 K möglich.

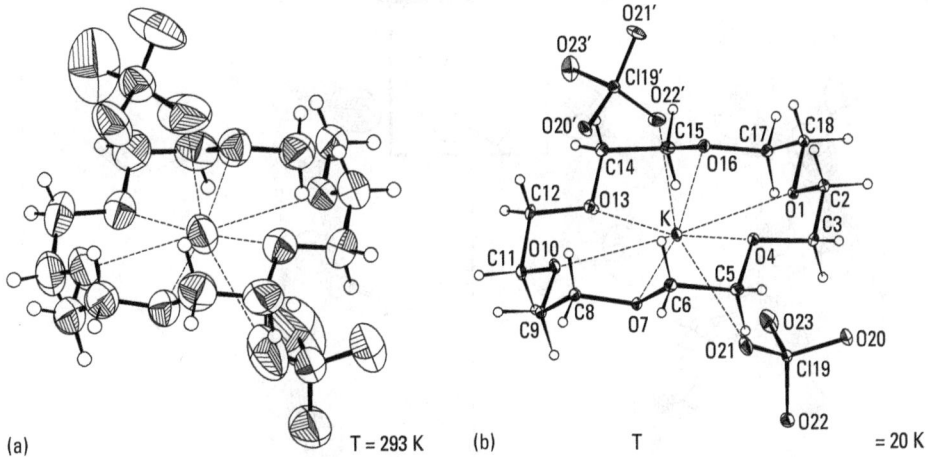

(a)   T = 293 K   (b)   T   = 20 K

Atom	293 K $U_{eq}[pm^2]$	20 K $U_{eq}[pm^2]$	293 K Cl-O[pm]	20 K Cl-O[pm]
Cl	720	72	–	–
O20	960	98	141.6	144.3
O21	1390	116	139.5	144.9
O22	1550	138	138.5	144.3
O23	2070	202	137.7	144.3

Abb. 2.57 Struktur des Kronenetherkomplexes 18-Krone-6 × KClO$_4$ bei 295 K (a) und bei 20 K (b). Unten sind die isotropen Verschiebungsparameter (U_{eq}) und die Cl-O-Bindungslängen bei beiden Temperaturen zusammengestellt [68].

nendiffraktometern bewältigt werden kann, an den kleineren Röntgendiffraktometern aber Probleme aufwirft. Hinzu kommt, dass man für die Vakuumkammer im Röntgenfall wegen der Absorption bisher auf das schwer zu bearbeitende, hoch toxische und teure Beryllium angewiesen ist. Dies hat dazu geführt, dass derartige geschlossene Kühlanlagen im Röntgenbereich nur selten verwendet werden.

Ein Beispiel einer Röntgenstrukturanalyse, die bei 293 K und 20 K durchgeführt wurde, ist für den Kronenetherkomplex 18-Krone-6 × KClO$_4$ [68] in Abb. 2.57 dargestellt. Es ist klar zu erkennen, dass die thermischen Schwingungsellipsoide beim Übergang zu 20 K wesentlich kleiner geworden sind. Besonders auffällig ist dies bei der ClO$_4$-Gruppe, von der allgemein bekannt ist, dass sie bei Raumtemperatur in Kristallstrukturen eine hohe thermische Flexibilität hat. Die Atome dieser Gruppe haben bei 293K nicht nur besonders hohe mittlere quadratische Schwingungsamplituden (U_{eq}-Werte, s. Abb. 2.57), die der vier Sauerstoffatome unterscheiden sich auch noch untereinander um mehr als den Faktor zwei (von 960 pm^2 bis 2070 pm^2). Damit korrelliert sind offensichtlich die Cl-O-Bindungslängen, die mit zunehmenden U_{eq}-Werten kürzer werden. Bei 20 K sind die Schwingungsamplituden um den Faktor zehn kleiner geworden, sie sind bei O23 immer noch doppelt so groß wie bei O20, aber die Cl-O-Bindungen sind – wie es von der Stereochemie dieser Gruppe auch

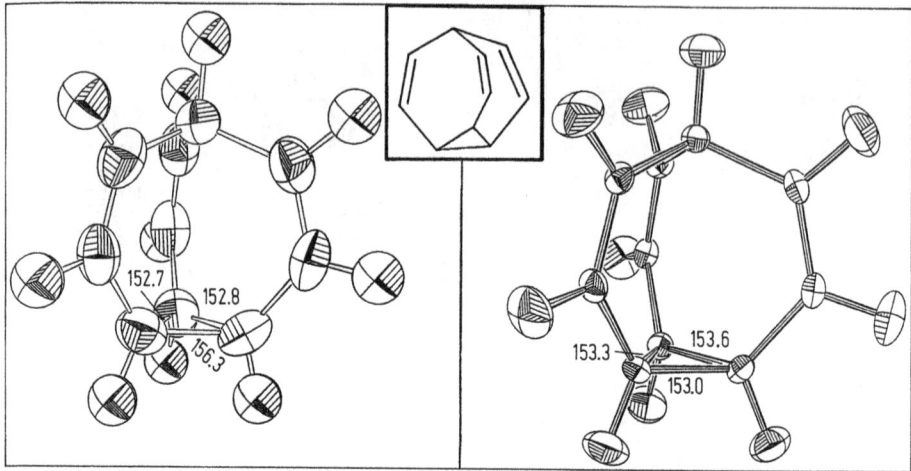

Abb. 2.58 Molekülstruktur von Bullvalen. Links das Ergebnis der Raumtemperatur-Röntgenstrukturanalyse, rechts die Neutronen-Struktur bei 100 K.

zu erwarten war – im Rahmen der Fehlergrenzen gleich. Die bei Raumtemperatur beobachtete Verkürzung der Bindungslängen, die auch sonst immer bei hohen U-Werten gefunden wird, ist also ein systematischer Fehler, der durch die hohe thermische Atombewegung hervorgerufen wird und der durch Tieftemperaturmessung vermieden werden kann.

Ein Beispiel einer Verbindung, bei der das Neutronenbeugungsexperiment bei tiefen Temperaturen zu einer erheblichen Verbesserung der Strukturergebnisse im Vergleich zur Röntgen-Raumtemperaturuntersuchung führte, ist Bullvalen, $C_{10}H_{10}$. Dieser Kohlenwasserstoff bildet eines der spektakulärsten Moleküle der organischen Chemie, das die einzigartige Eigenschaft hat, durch Cope-Umlagerung mehr als 1,2 Millionen strukturgleicher Isomere zu bilden [69, 70].

Das Molekül hat eine „Käfig"-Struktur, die durch Raumtemperatur-Röntgenstrukturanalyse [71] bestätigt wurde (Abb. 2.58). Da die Kristalle von Bullvalen unter Normalbedingungen durch Sublimation sehr schnell zerfallen, musste diese Analyse zu Ergebnissen mäßiger Genauigkeit führen. Obwohl von der Stereochemie her eine dreizählige Molekülsymmetrie zu erwarten war, zeigten die gefundenen Bindungslängen deutliche Abweichungen von dieser Symmetrie, wie man z. B. an den C-C-Abständen im Cyclopropan-Dreiring sieht (s. Abb. 2.58).

Da die Kristalle bei tiefen Temperaturen sehr stabil sind, konnte bei 100 K eine sehr genaue Neutronenstruktur bestimmt werden (einschließlich genauer Wasserstoffatomorte), die in Abb. 2.58 zum Vergleich mit der Röntgenstruktur dargestellt ist. Es konnte nun gezeigt werden, dass tatsächlich (in sehr guter Näherung) eine dreizählige Molekülsymmetrie vorliegt. Marginale Abweichungen von dieser Symmetrie konnten auf Kristallpackungs-Effekte zurückgeführt werden [72]. Weil ein Neutronenbeugungsexperiment vorlag, konnten die Wasserstoffatome sogar mit anisotropen Verschiebungsparametern verfeinert werden. Die C-H-Bindungslängen, die zwischen 108.6 pm und 109.6 pm liegen, Mittelwert 108.9(3) pm, also nur um 1 pm schwanken, waren bei der Röntgenstrukturanalyse im Mittel kürzer. Sie reichten von 95.5 pm bis 113.5 pm, Mittelwert 105(5) pm, ein Beleg für die bessere Bestimmung der H-Positionen beim Neutronenexperiment.

Mithilfe von Tieftemperaturtechniken ist es auch möglich, Kristallstrukturen von Verbindungen zu untersuchen, die bei Raumtemperatur flüssig oder sogar gasförmig sind. Die Kristallisation solcher Verbindungen erfolgt in einer Art miniaturisiertem Zonenschmelzverfahren direkt auf dem Diffraktometer. Dazu wird eine Kapillare mit der zu untersuchenden Flüssigkeit an den Kristallort gebracht und mit der (Gasstrom)-Tieftemperaturanlage zunächst bis weit unter den Schmelzpunkt abgekühlt. An der dann in der Regel polykristallinen Probe wird anschließend entweder durch eine Heizwendel oder einen fokussierten Lichtstrahl (oder ähnliches) ein Temperaturgradient erzeugt und die Züchtung eines Einkristalls versucht. Die Erfolgsaussichten sind bei einigem experimentellen Geschick gut, allerdings können Phasenübergänge, besonders wenn plastische Phasen beteiligt sind, erschwerend wirken.

Abbildung 2.59 zeigt zwei Beispiele, bei denen nach Tieftemperaturkristallisationen Röntgenstrukturanalysen durchgeführt wurden. Stickstoffdioxid, NO_2, ist ein Molekül mit ungerader Elektronenzahl, ein sog. Radikal. Der Schmelzpunkt liegt bei 258 K, oberhalb von 295 K ist NO_2 sogar ein Gas. Trotzdem lässt sich die Verbindung gut kristallisieren. Sie liegt im Kristall als Dimeres, N_2O_4, vor, so dass formal im Kristall keine ungepaarten Elektronen mehr vorliegen. Allerdings ist die N-N-Bindung mit 176 pm ungewöhnlich lang [73]. Aus einer Elektronendichtestudie wurde durch Vergleich mit Modellverbindungen, die Stickstoff-Stickstoff-ein- bis -dreifachbindungen enthalten, die Bindungsordnung dieser langen N-N-Bindung im N_2O_4 zu ca. 0.5 abgeschätzt [74].

Bei dem zweiten Beispiel, Cyclobutan C_4H_8 (Smp. 182 K), stellte sich die Frage der Planarität des Kohlenstoffvierringes. Hierzu waren eine Reihe theoretischer und experimenteller Untersuchungen durchgeführt worden, ehe die Röntgenstrukturanalyse zunächst eine absolut planare Konformation bestätigte, weil die Molekülebene auf einer kristallographischen Spiegelebene gefunden wurde. Allerdings deuten die senkrecht zur Spiegelebene stärker ausgedehnten Verschiebungsparameter

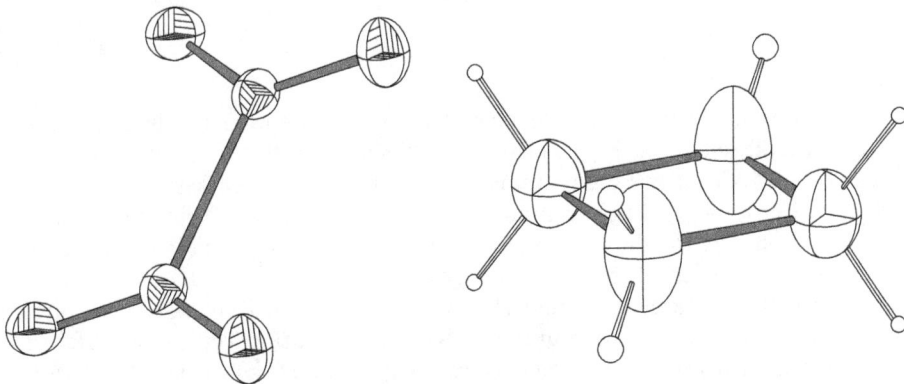

Abb. 2.59 Strukturen von NO_2 (im Kristall als Dimeres N_2O_4 vorliegend, links) und Cyclobutan (rechts) erhalten nach Tieftemperaturkristallisation und Röntgenstrukturanalyse.

zweier gegenüberliegender Kohlenstoffatome (s. ORTEP-Darstellung in Abb. 2.59) entweder auf eine Knickschwingung bezüglich einer Moleküldiagonalen oder auf eine leichte Fehlordnung dieser Atome im Sinne einer Abweichung von der Spiegelebene hin, so dass auch die Röntgenstrukturanalyse die Frage der Planarität des Cyclobutan-Vierringes nicht zweifelsfrei beantworten konnte [75].

2.4.3 Elektronendichte und topologische Analyse

Normalerweise vernachlässigt man bei der Röntgenstrukturanalyse chemische Bindungseffekte, weil man zugunsten der richtungsunabhängigen Formfaktoren kugelsymmetrische atomare Elektronendichten voraussetzt und diese in das Strukturmodell einbringt. Trotzdem enthält die experimentell bestimmte Dichteverteilung Informationen über diese Effekte, die für das Studium von chemischen Bindungszuständen von erheblichem Interesse sind.

Beim Eingehen einer chemischen Bindung geben die beteiligten Atome einen kleinen Teil ihrer atomaren Elektronendichte in die Bindungsregionen oder in andere Vorzugsrichtungen (z. B. Gebiete mit einsamen Elektronenpaaren, engl. „lone-pair regions") ab, die atomaren Dichten werden asphärisch „deformiert".

Zur Beschreibung dieser asphärischen Verteilung ist das Modell einer kugelsymmetrischen atomaren Elektronendichte nicht mehr geeignet. Es wird durch das 1978 von Hansen und Coppens [76] eingeführte Multipolmodell ersetzt, das auch als Pseudoatom- oder Valenzdichtemodell bezeichnet wird. Dabei wird die Elektronendichte $\varrho_a(r)$ eines Atoms in einen kernnahen und einen Valenzanteil zerlegt, wobei der Valenzterm über Kugelflächenfunktionen asphärische Deformationen beschreiben kann:

$$\varrho_a(r) = \overbrace{\underbrace{\varrho_\kappa(r)}_{\text{sphärisch}} + \overbrace{P_v \kappa^3 \varrho_v(\kappa r)}^{\text{Valenz}} + \underbrace{\varrho_d(\kappa' r)}_{\text{asphärisch}}}^{\text{Kern}} \tag{2.45}$$

mit

$$\varrho_d(\kappa' r) = \sum_{l=0}^{l_{max}} \kappa_1'^3 R_l(\kappa_1' r) \sum_{m=-1}^{1} P_{lm} Y_{lm}(r/r).$$

Die Radialfunktionen $R_l(\kappa' r)$ entsprechen den von der Quantenchemie her bekannten Slater-Funktionen, die $Y_{lm}(r/r)$ sind Kugelflächenfunktionen. Hiermit steht ein sehr flexibles Modell zur Beschreibung der experimentellen Elektronendichte zur Verfügung. Ferner wird durch Summation über die atomaren Dichten eine analytische Funktion $\varrho(r)$ für die Gesamtelektronendichte erhalten, die auch die quantitative Bestimmung abgeleiteter Größen gestattet.

Die Populationsparameter P_v und P_{lm} sowie die radialen Expansions-/Kontraktionsparameter κ und κ_1' werden in einem Kleinste-Quadrate-Verfahren verfeinert. Im Multipolmodell für $l_{max} = 4$, dem Hexadekapolmodell, kann sich die Parameterzahl pro Atom auf maximal 41 erhöhen im Vergleich zum sphärischen Modell, wo nur neun Parameter (drei Orts- und sechs Verschiebungsparameter) zu verfeinern waren.

Deshalb hat die Einführung des Multipolmodells bzw. überhaupt die Bestimmung einer asphärischen Elektronendichte erhebliche Konsequenzen für das Beugungsexperiment.

Die erfolgreiche Durchführung einer experimentellen Elektronendichtebestimmung erfordert die Messung eines Intensitätsdatensatzes von hoher Genauigkeit und hoher Auflösung bis $(\sin\vartheta/\lambda)_{max} \gg 1.0\,\text{Å}^{-1}$ $(0.01\,\text{pm}^{-1})$ bzw. (entsprechend Gl. (2.42)) $d \ll 50\,\text{pm}$, u. a. wegen der hohen Parameterzahl. Besonders wichtig ist es, das Beugungsexperiment bei tiefstmöglichen Temperaturen durchzuführen, um die Überlappung thermischer und elektronischer Effekte im Valenzbereich so weit als möglich zu minimieren. Wegen dieser anspruchsvollen experimentellen Bedingungen wurde die Methode – obwohl schon seit Jahrzehnten bekannt – nur wenig angewendet. Einige Entwicklungen der letzten Jahre haben nun neue Möglichkeiten eröffnet. Dazu gehören auf experimenteller Seite intensivere Röntgenquellen (z. B. Synchrotronstrahlung), tiefere Temperaturen (bis ca. 20 K) und vor allem die Flächendetektion, die die Messzeiten für große Datensätze von mehreren Wochen auf einen bis einige Tage reduziert hat [77]. Damit hat die Methode der experimentellen Elektronendichtebestimmung eine beachtliche Renaissance erlebt. Hinzu kommt, dass die zunehmend verfügbare Rechnerkapazität quantenchemische ab initio-Rechnungen auf hohem Niveau zur Bestimmung von Wellenfunktionen gestattet, so dass theoretische Elektronendichten mit dem Experiment in Beziehung gebracht werden können (s. Abschn. 2.3.1, Gl. (2.14)).

Die Gesamtelektronendichte $\varrho(\boldsymbol{r})$ weist in der Nähe der Kernorte hohe lokale Maxima auf (s. Abb. 2.60a), die so dominant sind, dass andere Strukturmerkmale kaum erkennbar sind. Um feine Details z. B. in den Bindungsregionen analysieren

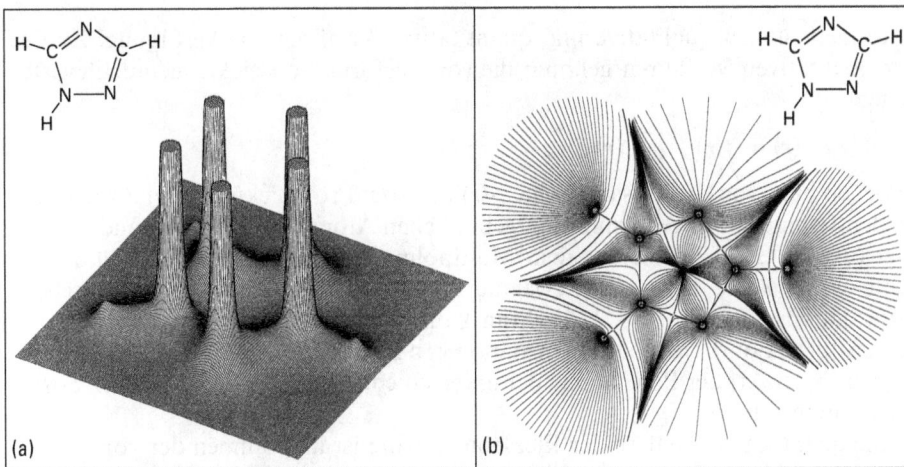

Abb. 2.60 (a) Gesamtelektronendichte, (b) Trajektorien des Gradientenvektorfeldes von 1,2,4-Triazol [79]. Es sind kritische Kernpunkte, kritische Bindungspunkte (auf allen kovalenten Bindungen) und ein kritischer Ringpunkt in der Mitte des Fünfringes erkennbar (durch kleine Kreise markiert). Die Verbindungslinien zwischen zwei kritischen Kernpunkten entsprechen den Bindungspfaden.

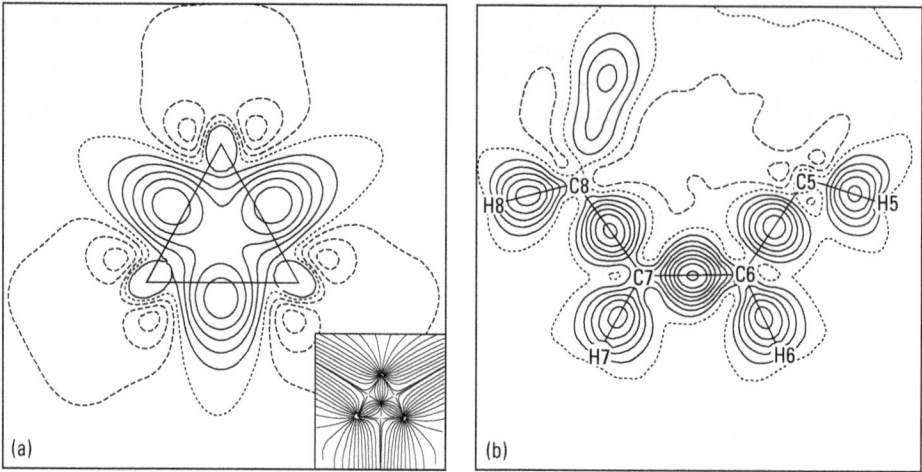

Abb. 2.61 Beispiel einer statischen Deformationsdichte. (a) Der Cyclopropandreiring im Bullvalenmolekül, es sind deutlich die nach außen verschobenen Maxima der kovalenten Bindungen zu erkennen (gebogene bzw. „Bananen"-Bindungen). Insert: Gradientenvektorfeld dieses Dreirings. Die Bindungspfade sind hier wegen der hohen Ringspannung leicht gekrümmt (entnommen aus Lit. [80] mit Genehmigung American Chemical Society). (b) Ebene durch einen der „Flügel" des Moleküls (s. auch Abb. 2.58). Die mittlere formale Doppelbindung zeigt deutlich mehr Dichte als die anderen C-C-Bindungen.

zu können, stehen qualitative und quantitative Verfahren zur Verfügung. Zu den eher qualitativen Verfahren gehören die sog. Deformationselektronendichteverteilungen

$$\varrho_{\mathrm{D}}(\boldsymbol{r}) = \varrho(\boldsymbol{r}) - \varrho_{\mathrm{pro}}(\boldsymbol{r}),\tag{2.46}$$

bei denen man von der Gesamtdichte $\varrho(\boldsymbol{r})$ das sog. Promolekül $\varrho_{\mathrm{pro}}(\boldsymbol{r})$ abzieht, das aus der Summe der kugelförmigen ungebundenen Atome im Grundzustand besteht. Setzt man in Gl. (2.46) die aus dem Multipolmodell erhaltene Gesamtelektronendichte ein, die keine thermische Bewegung enthält, spricht man von der „statischen" Deformationsdichte (s. Abb. 2.61). Man kann auch „dynamische" Deformationsdichten durch Fourierinverstransformation von Differenzen $(F_{\mathrm{o}}(\boldsymbol{h}) - F_{\mathrm{c}}(\boldsymbol{h}))$ erhalten, die je nach der Art der Berechnung der unterschiedlichen F_{c} zu verschiedenen Sorten von Dichten führen.

Eine quantitative Analyse der Elektronendichte ist im Rahmen der von R.F.W. Bader entwickelten Theorie der „Atoms in Molecules" (AIM) möglich, die auf der Berechnung der ersten und zweiten partiellen Ortsableitungen der Gesamtelektronendichte $\varrho(\boldsymbol{r})$ beruht [78]. Die topologische Analyse des auf diese Weise erhaltenen Gradientenvektorfeldes $\nabla\varrho(\boldsymbol{r})$ und des skalaren Laplacefeldes $\nabla^2\varrho(\boldsymbol{r})$ ermöglicht es, atomare und Bindungseigenschaften innerhalb eines Molekülverbandes zu bestimmen.

Das Gradientenvektorfeld $\nabla \varrho(r)$ ist definiert durch

$$\nabla \varrho(r) = \begin{pmatrix} \dfrac{\partial \varrho(r)}{\partial x} \\[2mm] \dfrac{\partial \varrho(r)}{\partial y} \\[2mm] \dfrac{\partial \varrho(r)}{\partial z} \end{pmatrix} .$$

Es kann, wie in Abb. 2.60b gezeigt, bei planaren Strukturfragmenten anschaulich durch seine Trajektorien dargestellt werden. Wichtige Orte im Gradientenvektorfeld sind die kritischen Punkte r_{cp} (cp = critical point), die definiert sind durch

$$\nabla \varrho(r_{cp}) = 0 . \tag{2.48}$$

Kritische Punkte zeigen immer lokale Extrema in der Elektronendichte an. Je nach Art des Extremums (lokales Maximum oder Minimum in bestimmten Richtungen) unterscheidet man verschiedene Typen kritischer Punkte.

Ist der kritische Punkt bei Annäherung aus drei Raumrichtungen immer ein lokales Maximum der Elektronendichte, so liegt ein kernkritischer oder nuklearer kritischer Punkt (nuclear critical point) vor. Solche kritischen Punkte definieren die Kernorte. Weil an ihnen die Elektronendichte ein lokales Maximum hat, ist jeder Kernort Anziehungspunkt (nuklearer Attraktor) des Gradientenvektorfeldes. Hiermit kann eine wohl definierte Zerlegung einer chemischen Struktur in Atome und Bindungen vorgenommen werden.

Ein Atom ist durch einen „nuklearen Attraktor" (d. h. einen kritischen Kernpunkt der Ladungsdichte) sowie das „Bassin" aller an diesem Attraktor endenden Trajektorien des Gradientenvektorfeldes $\nabla \varrho(r)$ definiert (s. Abb. 2.60b). Begrenzt wird das so definierte atomare Volumen durch die sog. „flusslosen Flächen" (zero flux surfaces), d. h. Flächen im Raum, die nicht von Trajektorien des Gradientenvektorfeldes der Ladungsdichte passiert werden. Die Anwendungen der „zero flux"-Flächenbedingung führt zu einer vollständigen Zerlegung eines Moleküls in nicht-überlappende Atome, was z. B. bei dem in der Chemie allgemein verwendeten Molekülorbitalkonzept nicht möglich ist.

Eine Trajektorie maximaler Elektronendichte zwischen zwei kritischen Kernpunkten definiert einen Bindungspfad. Der Bindungspfad muss nicht notwendigerweise mit dem geometrischen Verbindungsvektor zweier Kernorte zusammenfallen. Bei hochgespannten Systemen (z. B. Dreiring- oder Vierringstrukturen) liegen „gebogene" Bindungen (auch „Bananen"-Bindungen genannt) vor, die dann auch an gebogenen Bindungspfaden erkennbar werden (s. z. B. Abb. 2.61a).

Als kritischer Bindungspunkt (bond critical point) wird ein Extremwert im Gradientenvektorfeld bezeichnet, der in einer Richtung (längs des Bindungspfades) ein Minimum, in einer Ebene senkrecht dazu in zwei Richtungen ein Maximum hat. Der Wert der Elektronendichte an einem bindungskritischen Punkt erlaubt eine quantitative Aussage über die Bindungsstärke.

Es gibt dann noch ringkritische (zwei Minima in der Ringebene, ein Maximum senkrecht dazu) und käfigkritische Punkte (Minima in drei Raumrichtungen), so dass das Gradientenvektorfeld eine große Zahl topologischer Deskriptoren zur Charakterisierung einer chemischen Struktur auf der Basis ihrer Elektronendichte liefert.

(Hinweis: Es ist in der AIM-Theorie üblich, die kritischen Punkte durch zwei Zahlenwerte, nämlich Rang und Vorzeichensumme der Eigenwerte der Hesse-Matrix der zweiten partiellen Ortsableitungen von $\varrho(r)$ zu klassifizieren. Wir wollen auf diesen Formalismus hier nicht näher eingehen und bevorzugen die oben gewählte anschauliche Beschreibung).

Die skalare Laplacefunktion der Elektronendichte $\varrho(r)$ ist definiert durch

$$\nabla^2 \varrho(r) = \frac{\partial^2 \varrho(r)}{\partial x^2} + \frac{\partial^2 \varrho(r)}{\partial y^2} + \frac{\partial^2 \varrho(r)}{\partial z^2}. \tag{2.49}$$

Sie hat die Eigenschaft, für Werte von $\nabla^2 \varrho < 0$ lokale Ladungskonzentrationen, für $\nabla^2 \varrho > 0$ lokalen Ladungsmangel anzuzeigen. Wegen ihrer Eigenschaft als zweiter Ableitung der Elektronendichte macht die Laplacefunktion feine Veränderungen der Elektronendichte sichtbar, so dass die Schalenstruktur der Atome darstellbar wird und kritische Punkte der Laplacefunktion in Anzahl, Ort und Größe den freien Elektronenpaaren im Lewis-Modell entsprechen.

Eine besondere Bedeutung hat die Laplacefunktion bei der Unterscheidung zwischen ionischen und kovalenten Bindungen. Kovalente Bindungen werden durch typische sattelförmige Bereiche erkennbar, die Laplacefunktion ist am kritischen Bindungspunkt negativ, bei ionischen Bindungen dagegen positiv.

Ein Beispiel, bei dem die topologische Analyse hilfreiche Aussagen zur Strukturchemie erlaubt, ist im Farbbild 10 und Abb. 2.62 dargestellt. In der oligocyclischen gespannten Käfigstruktur des (1.1.1) Bicyclopentans, bei dem sich drei Dreiecks„flügel" an zwei gemeinsamen Brückenkopfatomen treffen, beträgt der Abstand dieser Atome nur etwa 180 pm–190 pm, so dass sich die Frage einer kovalenten Bindung zwischen ihnen stellt. Die im Farbbild 10 dargestellte statische Deformationsdichte eines entsprechenden Derivats (Formel V in Abb. 2.54) in der Hauptebene des Moleküls, die auch einen der Dreiecksflügel des Käfigs enthält, zeigt gut aufgelöste Dichtemaxima auf kovalenten Bindungen, nicht aber auf dem Verbindungsvektor zwischen den Brückenkopfatomen. Es gibt also hier keine kovalente Bindung, was auch durch das Fehlen eines kritischen Bindungspunktes bestätigt wird, die sonst auf allen kovalenten Bindungen vorhanden sind. Weiterer Beweis ist die Reliefdarstellung der – negativen – Laplacefunktion in der Molekülhauptebene (Abb. 2.62), die die oben erwähnten typischen sattelförmigen Regionen auf den kovalenten Bindungen zeigt, die aber zwischen den Brückenkopfatomen fehlt [81].

Aus der Elektronendichte können noch weitere Eigenschaften wie etwa das elektrostatische Potential $V_{ep}(r)$, Dipol- oder höhere Momente quantitativ bestimmt werden. $V_{ep}(r)$ ist gegeben durch

$$V_{ep}(r) = \sum_{j=1}^{N} \frac{Z_j}{|R_j - r|} - \int \frac{\varrho(r')}{|r - r'|} \, dr' \tag{2.50}$$

mit Z_j = Kernladung des Atoms mit dem Ortsvektor R_j, N = Atomzahl.

Für biologisch aktive Moleküle ist zum Beispiel das elektrostatische Potential von besonderer Bedeutung, nicht nur bei der Behandlung der Reaktivität sondern

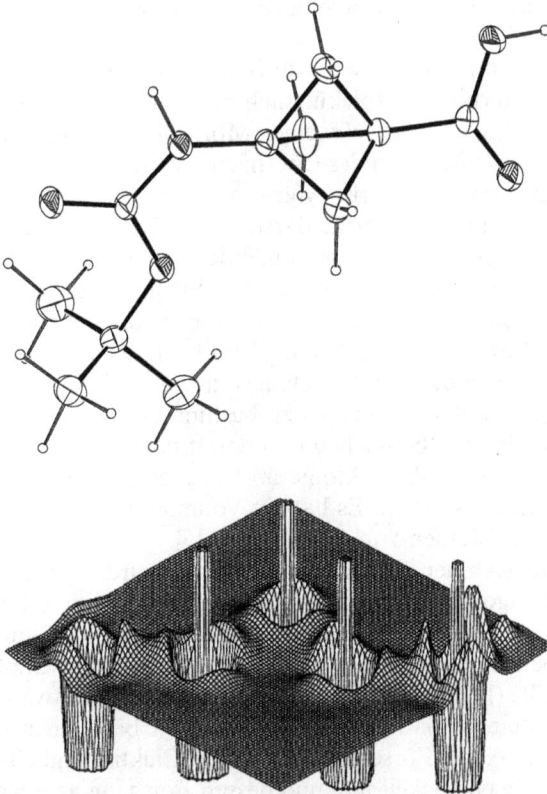

Abb. 2.62   (1.1.1) Bicyclopentanderivat V: ORTEP-Darstellung der Molekülstruktur (oben); Reliefdarstellung des negativen Laplacefeldes in der Molekülhauptebene (unten), reproduziert mit Genehmigung von ‚The Royal Society of Chemistry' [81].

auch bei der intermolekularen Erkennung, etwa bei Wirkstoff-Rezeptor-Wechselwirkungen. Denn bei elektrostatischen Kräften handelt es sich um relativ weitreichende Wechselwirkungen, die somit neben sterischen Effekten großen Einfluss etwa auf die Erkennung biologisch interagierender Moleküle haben können.

Farbbild 11 zeigt einige Ergebnisse einer Elektronendichtebestimmung an dem antithrombotischen Wirkstoff Terbogrel [82] (Formel VI in Abb. 2.54), einem – in diesem Zusammenhang – relativ großen Molekül mit mehr als 50 Atomen. Wegen einer intramolekularen N-H ... O-Wasserstoffbrücke liegt das Molekül in einer fast geschlossenen schalenförmigen Gestalt vor. Das elektrostatische Potential wurde aus der experimentellen und zum Vergleich aus einer theoretischen Elektronendichte (nach ab initio-Rechnungen auf hohem Hartree-Fock-Niveau) generiert. Wie Farbbild 11 deutlich zeigt, sind die negativen Regionen (in rot) an der Cyano-substituierten Guanidingruppe, dem Pyridinstickstoff und der Carboxylgruppe in der experimentellen Verteilung weiter ausgedehnt als im theoretischen Potential, was auf Polarisierungseffekte des Kristallfeldes zurückzuführen ist. Da das experimentelle

Potential noch Informationen über intermolekulare Wechselwirkungen enthält, ist
es zur Simulation physiologischer Umgebungen sicher besser geeignet als das theoretische Potential, das für ein isoliertes Molekül berechnet wurde.

Farbbild 11 zeigt für das Terbogrel-Molekül auch die Nulloberfläche der Laplacefunktion, die auch als reaktive Oberfläche eines Moleküls bezeichnet wird. Ladungsmangel, angezeigt durch Lücken in der Oberfläche, wird an den Kohlenstoffatomen der Guanidingruppe und der Carboxylgruppe gefunden, so dass diese die bevorzugten Orte eines nucleophilen Angriffs darstellen.

Es wurde bereits darauf hingewiesen, dass mit Hilfe der flusslosen Flächen im Gradientenvektorfeld eine Zerlegung einer chemischen Struktur in atomare Fragmente möglich ist. Seit kurzer Zeit existieren Algorithmen, die diese Flächen erkennen und darüber integrieren können [83, 84]. Damit ermöglicht es der Bader-Formalismus, aus der Elektronendichte wohldefiniert, atomare Volumina und weitere atomare Eigenschaften wie Atomladungen zu bestimmen.

Farbbild 12 zeigt die flusslosen Oberflächen und damit das Volumen eines Kohlenstoffatoms im C_{60}-Fulleren (da alle C-Atome im C_{60} chemisch äquivalent sind, musste nur ein Atom berechnet werden). Es hat ein Volumen von $11 \cdot 10^6$ pm, d. h. die C_{60}-Kugel hat ein Bader-Volumen von $6.6 \cdot 10^8$ pm [85].

Mit der Möglichkeit, im Rahmen der AIM-Theorie atomare Eigenschaften zu bestimmen, stellt sich die Frage der Transferierbarkeit und Additivität dieser Eigenschaften. Dies führt zu dem Ansatz, Moleküleigenschaften aus der Summe ihrer atomaren Bausteine zu berechnen, was besonders für die elektronische Struktur biologischer Makromoleküle (Proteine, Polynucleotide) von Interesse wäre, die aus polymeren Kombinationen einer relativ kleinen Anzahl von Bausteinen bestehen. Hier eröffnet sich ein umfangreiches Forschungsfeld für die Elektronendichtebestimmung, das sich derzeit gerade entwickelt [86] und dessen Fortgang abzuwarten ist.

2.4.4 Makromoleküle (Proteine, Virusstrukturen)

Als ein Meilenstein in der kristallographischen Strukturforschung kann die Aufklärung der ersten Proteinstrukturen, nämlich von Myoglobin und Hämoglobin durch Perutz und Kendrew in den 50er-Jahren gelten [87, 45], wobei allein an der Myoglobinstruktur 22 Jahre gearbeitet wurde.

Nicht nur die Kristallisation dieser Makromoleküle sondern auch die eigentliche Durchführung der Strukturanalyse ist wegen der extrem großen Elementarzellen mit erheblichem Aufwand verbunden. So hat z.B. Hämoglobin Gitterkonstanten von ca. 6000 pm × 6000 pm × 16000 pm; was einem Elementarzellvolumen von etwa $5 \cdot 10^{11}$ pm^3 entspricht. Vergleichsweise winzig ist dagegen die Zelle von Saccharose, die nur ein Volumen von $7 \cdot 10^8$ pm^3, also drei Größenordnungen weniger hat. Wie bereits erwähnt, sind bei so großen Strukturen Patterson- oder „Direkte Methoden" zur Lösung des Phasenproblems nicht anwendbar, sondern es muss in der Regel der mehrere Schweratomderivate erfordernde „Isomorphe Ersatz" (s. Abschn. 2.3.5.3) herangezogen werden, der zu einer Vervielfachung des ohnehin erheblichen experimentellen und rechnerischen Aufwandes führt.

Es erregte daher in den fünfziger Jahren erhebliches Aufsehen, dass trotz dieses Aufwandes erste Strukturaufklärungen an Proteinen gelangen, was dann zurecht mit der Verleihung des Nobelpreises für Chemie an Perutz und Kendrew 1962 belohnt wurde. Zwar begnügte man sich bei der ersten Hämoglobin-Struktur noch mit einer vergleichsweise bescheidenen Auflösung von 550 pm, doch mussten immerhin sechs isomorphe Schweratomderivate zur Phasenbestimmung herangezogen werden. Inzwischen sind mehrere tausend Proteinstrukturen aufgeklärt worden, darunter weitere Hämoglobinstrukturen.

Ein Beispiel einer wichtigen makromolekularen Struktur, die in den 80er-Jahren durch Röntgenstrukturanalyse aufgeklärt wurde [88], ist das Reaktionszentrum des Purpurbakteriums *Rhodopseudomonas viridis*, ein Membranprotein-Pigment-Komplex, der bei der Übertragung von Lichtenergie und Elektronen in der Photosynthese eine zentrale Rolle spielt. Der Komplex, dessen Struktur mit einer Auflösung von 300 pm bestimmt wurde, besteht aus vier Proteinuntereinheiten, die im Farbbild 13 durch verschiedene Farben gekennzeichnet sind, nämlich Cytochrom (Cyt, M_r = 38000) und je einer H- (= heavy, M_r = 35000), M- (= medium, M_r = 28000), bzw. L- (= light, M_r = 24000) Untereinheit, ferner, in gelb gezeichnet, einer größeren Zahl von Pigmenten.

Die Untersuchung dieses Komplexes ist deshalb von besonderer Bedeutung, weil hier erstmalig mit fast atomarer Auflösung die Struktur eines vollständigen Membranprotein-Komplexes aufgeklärt werden konnte und weil über die detaillierte Kenntnis der Pigment-Bindungsstellen der Mechanismus des Elektronentransportes bei der Photosynthese auf struktureller Basis nachvollzogen werden konnte [89].

Diese große wissenschaftliche Leistung wurde dann auch durch die Verleihung des Chemie-Nobelpreises 1988 an Deisenhofer, Huber und Michel gewürdigt.

Ein neueres Beispiel, das bis vor kurzem wegen der großen Teilchenmasse im Megadaltonbereich (1 Dalton = 1 atomare Masseneinheit) noch als nahezu unlösbares Problem galt, ist die Ribosom-Struktur. Die Ribosomen stellen die Protein-„Fabrik" der Zelle dar, d. h. sie sind maßgeblich an der Proteinsynthese beteiligt. Man bezeichnet sie auch als molekulare Maschinen.

Ein Ribosom mit einer Masse von mehr als zwei Megadalton besteht aus zwei Untereinheiten, einer großen, als 50S-Einheit bezeichneten und einer kleinen, der 30S-Einheit. Farbbild 14 zeigt die von der Gruppe um A. Yonath aufgeklärte Struktur der 30S-ribosomalen Untereinheit des Bakteriums *Thermus thermophilus*, die bei einer Teilchenmasse von 0.85 Megadalton 20 Proteine und eine RNA enthält, die aus 1518 Nucleotiden besteht [90]. Blausilberne Stränge zeigen RNA-Strukturen, die verschiedenen Proteine werden in unterschiedlichen Farbcodes gezeigt. Um die Struktur bis zu einer Auflösung von 330 pm bestimmen zu können, mussten an insgesamt sieben Derivaten (davon fünf Schweratomderivaten) nahezu vier Millionen Reflexe gemessen werden.

Die kleine Untereinheit ist für die Dekodierung der genetischen Informationen zuständig. Das hierbei aktive Zentrum, das vollständig in einer RNA-Region liegt, konnte identifiziert werden, so dass erstmalig strukturelle Kenntnisse über den Mechanismus der Übertragung des genetischen Codes auf die Proteinbiosynthese auf atomarem Niveau zur Verfügung stehen. Inzwischen hat die Gruppe um A. Yonath auch eine 300 pm-Struktur der großen 50-S-Untereinheit vorgestellt.

Eine neue Dimension der Kristallstrukturforschung mit Beugungsmethoden hat sich durch die Untersuchung an noch größeren Einheiten wie den Virusstrukturen eröffnet, über die erste Ergebnisse Ende der siebziger Jahre publiziert wurden. Viren haben Teilchenmassen von mehreren Millionen Dalton, sie gehören damit zu den größten Bausteinen, die Kristallstrukturen ausbilden.

Als Beispiel sei hier die Strukturbestimmung des Viruskerns der Blauzungenkrankheit (BTV = blue tongue virus) genannt, die – von Stechmücken übertragen – hauptsächlich Schafherden befällt. Während die meisten bisher kristallographisch untersuchten Viren Teilchendurchmesser um 30 000 pm hatten, haben Blauzungenviren einen Durchmesser von 70 000 pm. Ihre 1998 von der Gruppe um D. I. Stuart (Oxford) mit einer Auflösung von 350 pm publizierte Struktur (siehe Farbbild 15) ist damit die größte Molekülstruktur, die in solchen Details bestimmt wurde [91].

Das Virus, das wie andere Viren auch aus einer Proteinhülle (auch Capsid genannt) und Nucleinsäure im Innern (hier doppelsträngige RNA) besteht, hat eine Teilchenmasse von ca. 41 Megadalton allein für die Proteinhülle. Die Elementarzelle enthält bei einem Volumen von 4.9×10^{14} pm^3 zwei Viruspartikel. Damit ist die Zelle noch einmal um drei Größenordnungen größer als die von Hämoglobin und etwa sechs Zehnerpotenzen größer als die von „kleinen" organischen Molekülen.

Das Beugungsexperiment wurde an einer der intensivsten Röntgenquellen, der Undulatorbeamline ID-2 der ESRF (Grenoble), durchgeführt. Mit Imaging-Plate-Detektion mussten mehr als 21 Millionen (!) Reflexe gemessen werden, um bei der Strukturbestimmung die Auflösung von 350 pm zu erreichen. Ein Kristall war nur für die Belichtung **eines** Frames des Flächendetektors brauchbar und musste danach wegen Strahlenschädigung ersetzt werden, so dass mehr als 1000 Kristalle im Verlauf der Intensitätsmessung benötigt wurden. Der BTV-Kern (Farbbild 15) besitzt Ikosaädersymmetrie, eine Partikelsymmetrie, die bei Viren häufig beobachtet wird. Die Capsid-Hülle ist doppelschalig. Die äußere Schale besteht aus 780 Kopien eines VP7 (VP = Virusprotein) genannten kleinen Proteins ($M_r = 38\,000$), die innere aus 120 Kopien eines großen Proteins, VP3 ($M_r = 100\,000$). Im Innern befinden sich noch einige enzymatisch aktive Proteine und eine doppelsträngige RNA.

Farbbild 15 zeigt zunächst die beiden Virusproteinschichten der Capsid-Hülle. In der äußeren Schale, die den Virus-Kern in einer stachelartigen Struktur umgibt, enthält die ikosaädrisch asymmetrische Einheit 13 Kopien des kleinen Proteins VP7, von denen aber nur fünf unabhängig sind (vier Trimere und ein Monomer) und die im Farbbild 15 in unterschiedlichen Farben gezeigt sind.

Die innere Schale (durch ein aufgeschnittenes Segment der äußeren Schale im rechten Teil von Farbbild 15 sichtbar gemacht) hat zwei ikosaädrische unabhängige Moleküle, die durch roten und grünen Farbcode unterschieden werden. Die ikosaädrische asymmetrische Einheit beider Schalen enthält knapp 50.000 Nicht-H-Atome. Insgesamt finden sich fast 1000 Proteine zu dieser gemeinsamen Capsid-Hülle durch Selbstorganisation zusammen. Damit ist die Proteinhülle des BTV in (fast) atomaren Details bekannt und es bietet sich die Möglichkeit, die Rolle der Capsid-Struktur in der Wirtszelle auf molekularem Niveau zu studieren. Weniger gut aufgelöst ist die RNA-Struktur im Innern, die bei allen Virusstrukturen zu Fehlordnungen neigt. Daher sind Interpretationen hier eher spekulativ. Immerhin konnte bei der BVT-Struktur geklärt werden, dass die im Kern aus 19 000 Basenpaaren bestehende RNA in Form von zehn verschiedenen Fragmenten angeordnet ist (graue Stränge oben rechts in Farbbild 15).

Das Beispiel dieses Virus hat gezeigt, dass bei der Bestimmung von Kristallstrukturen die Grenzen der Möglichkeiten offensichtlich noch nicht erreicht sind. Zwei entscheidende experimentelle Schritte werden die Zukunft bestimmen, wobei der eine weitgehend in die Realität umgesetzt ist, beim zweiten die Realisierung sich abzeichnet:

1. Die herkömmlichen Röntgenquellen werden bei immer mehr Anwendungen durch Synchrotronstrahlung ersetzt werden. Dadurch können ein hoher Photonenfluss am Ort der Probe, streng monochromatische Strahlung, geringe Divergenz und damit Strahleigenschaften genutzt werden, durch die das Beugungsexperiment hinsichtlich Dauer und Präzision eine neue Qualität erreicht. Durch den Einsatz von Flächenzählern ist die gleichzeitige Messung von einigen 1000 Reflexen bei Belichtungszeiten im Sekundenbereich bereits jetzt möglich. Wegen der Zeitstruktur der Synchrotronstrahlung werden auch bereits Experimente zu einer zeitlich aufgelösten Strukturbestimmung konzipiert und durchgeführt.

2. Der Röntgenlaser, an dessen Entwicklung man vielerorts arbeitet, würde die Möglichkeit holographischer Darstellungen von Kristallstrukturen ermöglichen. An seiner Realisierung, die mit enormem technischen Aufwand und hohen Kosten verbunden ist, wird bereits gearbeitet, in Deutschland im Rahmen eines Großprojekts unter der Leitung der Gruppe von J. Schneider am DESY [92], für dessen Finanzierung die Bundesregierung gerade die Zusage gegeben hat. Mit der Fertigstellung wird in weniger als zehn Jahren gerechnet, dann soll bei einer Wellenlänge des Röntgenlasers von 1000 pm–100 pm eine Leuchtdichte erreicht werden, die noch einmal um zehn Größenordnungen höher sein soll als die derzeit stärksten Röntgenquellen.

Erklärungen zu den Farbbildern

1 Farbbild der Molekülstruktur von Saccharose (Kugelstab und Kalottendarstellung) [51]. C = blau, O = rot, H = weiß; falls nicht anders angegeben, gilt dieser Code auch für die anderen Farbbilder.

2 Struktur des Hochtemperatur-Supraleiters $YBa_2Cu_3O_{7-x}$ (Y = blau, Ba = grün, Cu = gelb, O = rot).

3 Struktur der Edelgasverbindung $AuXe_4^{2+}(Sb_2F_{11}^-)_2$ [55] (Au = pink, Xe = blau, Sb = gelb, F = grün).

4 Dimerenstruktur des Gadolinium-Komplexes Gadobutrol (Gd = rosa, N = grün) [56], Stereobildpaar. Die Gd-Koordinationskontakte sind gestrichelt gezeichnet.

5 Das Makrolidantibiotikum 9-Desoxy-11-desoxy-9,11-(imino-(2-(methoxyethoxy)-ethyliden-oxy)-(9,S)-erythromycin [57]. Die Bindungen des durch die Röntgenstrukturanalyse nachgewiesenen zusätzlichen Sechsringes sind gelb gezeichnet.

6 Struktur des C_{60}-Fullerenderivats $C_{60}F_{18}$ mit deutlich deformierter C_{60}-Kugel [58].

7 Absolute Struktur des hochwirksamen H_3-Rezeptor-Agonisten (αR, βS)-Dimethylhistamin [60].

8 Struktur des Octanucleotids d(G-G-T-A-T-A-C-C) [61], dabei ist G = Guanin, T = Thymin, A = Adenin, C = Cytosin. (Stereobildpaar), Phosphoratome sind rosa gezeichnet.

9 Struktur des 1001 (Nicht-H-)Atome enthaltenden HEW-Lysozyms (Computergraphik von G.M. Sheldrick; Universität Göttingen [65, 66]).

10 Struktur von 3-(tert-Butyloxycarbonylamino)bicyclo[1.1.1]pentancarbonsäure (a) und statische Deformationsdichte in der Hauptebene des Moleküls (b), die einen der Dreiecksflügel des Bicyclo[1.1.1]pentankäfigs, die Amid- und die Carboxylgruppe enthält. Auf allen kovalenten Bindungen sind Dichtemaxima klar zu erkennen, nicht aber zwischen den Brückenkopfatomen C(1) und C(3) [81].

11 Ergebnisse einer Elektronendichtestudie an dem antithrombotischen Wirkstoff Terbogrel [82]. (a) Molekülstruktur; (b) Isooberflächen des elektrostatischen Potentials, aus der experimentellen Dichte bestimmt; (c) aus ab initio-Rechnungen. Die Werte der Isooberflächen in beiden Darstellungen sind: rot = $-0.001\,e\,pm^{-1}$, blau = $0.01\,e\,pm^{-1}$; (d) Nulloberfläche der Laplace-Funktion, die auch als reaktive Oberfläche bezeichnet wird.

12 Volumen eines Kohlenstoffatoms (dunkelrot) im C_{60}-Molekül, durch flusslose Oberflächen begrenzt [85].

13 Struktur des Photoreaktionszentrums im Purpurbakterium *Rhodopseudomonas viridis* [88, 89].

14 Struktur der 30S-ribosomalen Untereinheit des Bakteriums *Thermus thermophilus* [90] (Computergraphik: A. Yonath, Arbeitsgruppe Ribosomstruktur der Max-Planck-Gesellschaft am DESY, Hamburg und Weizmann-Institut, Rehovot, Israel).

15 Struktur des Viruskerns der Blauzungenkrankheit (BTV = *blue tongue virus*) [91]. Die fünf Trimere der äußeren Schale sind in rot, orange, grün, gelb und blau dargestellt, die beiden unabhängigen Einheiten der inneren Schale in rot und grün. RNS-Regionen (oben rechts) in grau. Computergraphik: D.I. Stuart, Universität Oxford, UK.

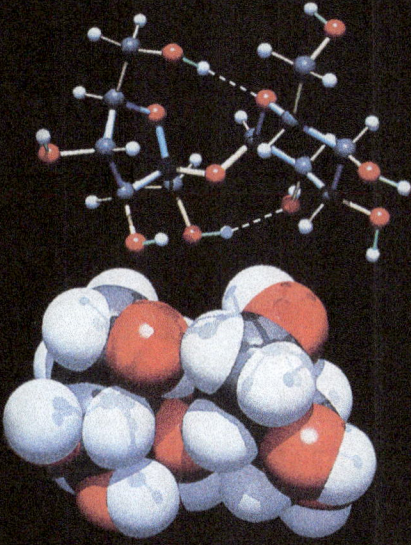

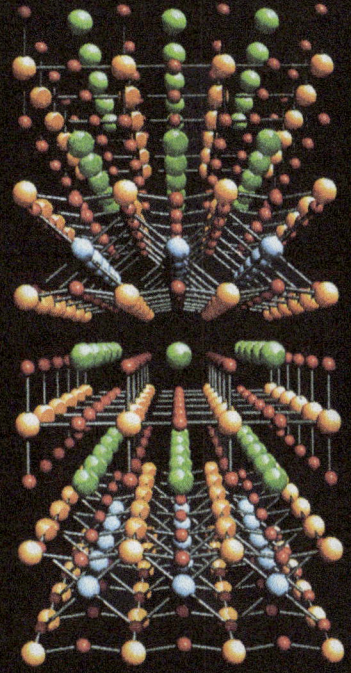

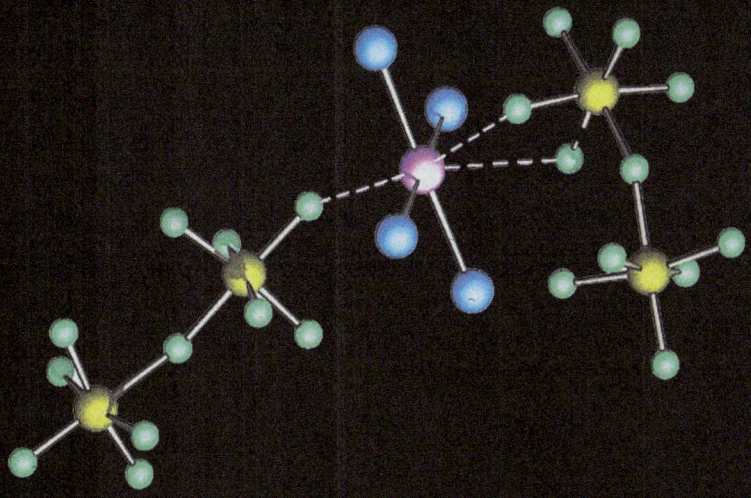

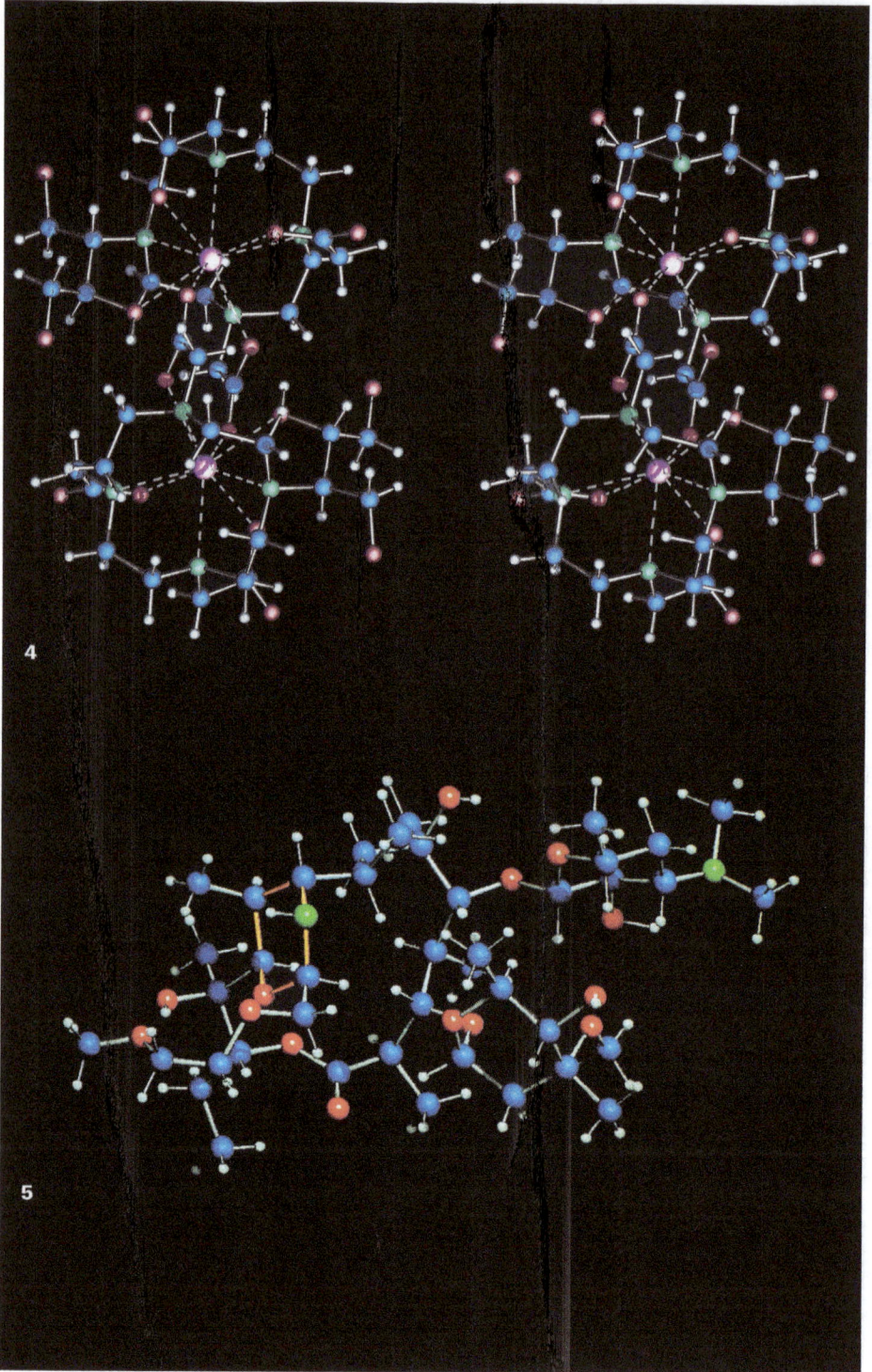

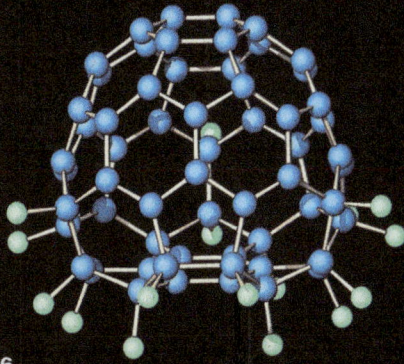

6

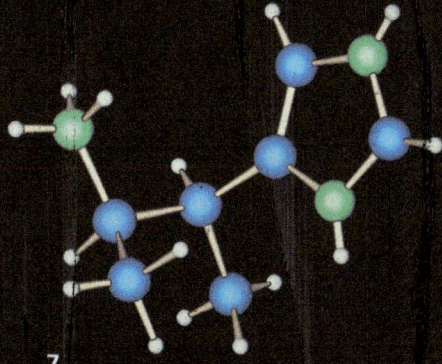

7

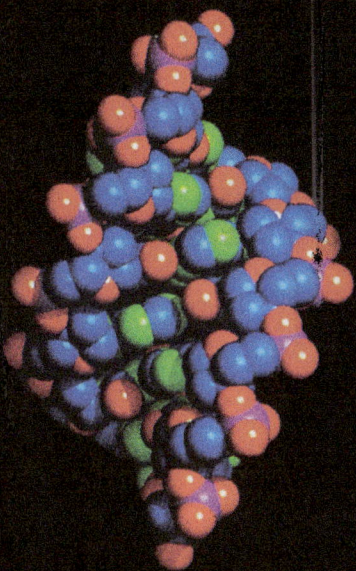

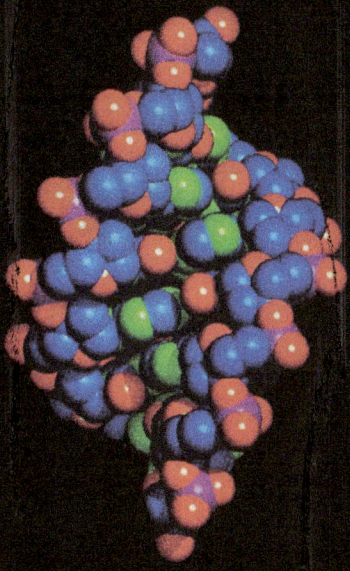

8

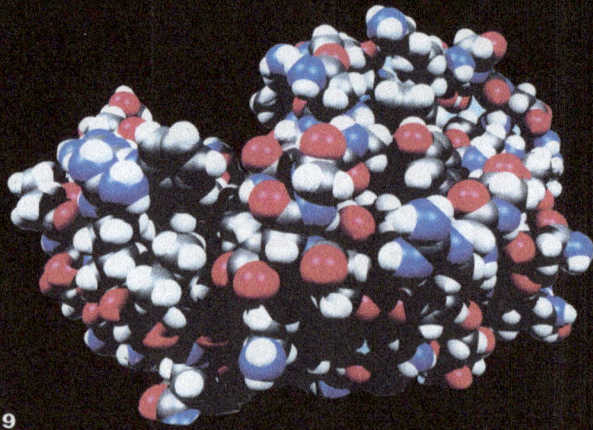

9

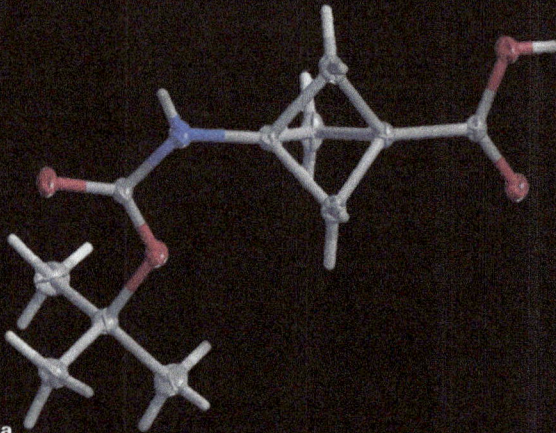

10a

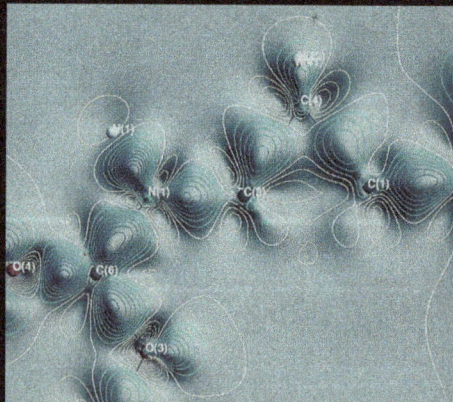

10b

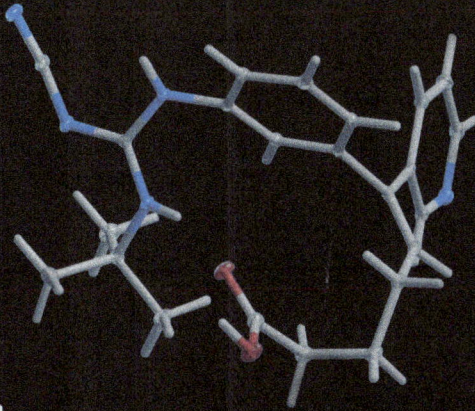

11a

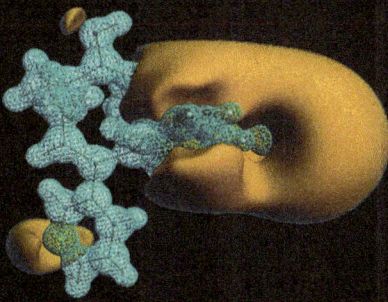

11b

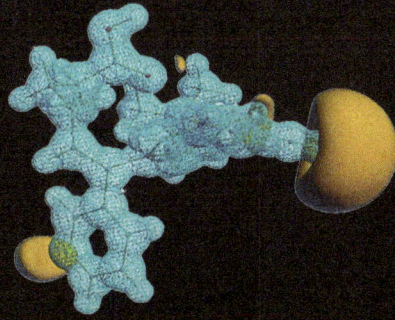

11c

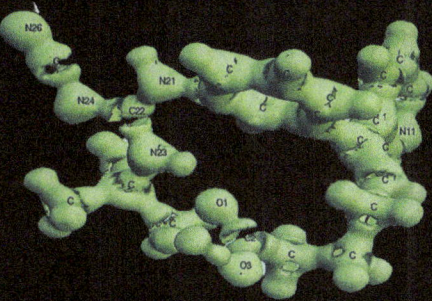

11d

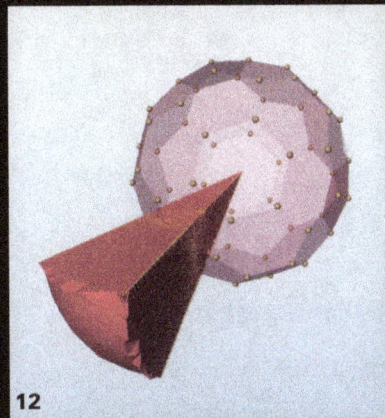

12

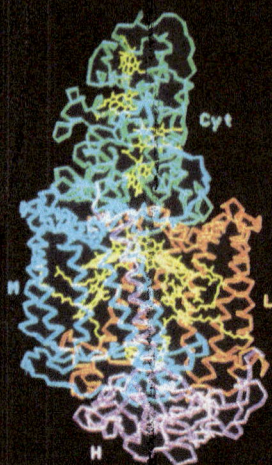

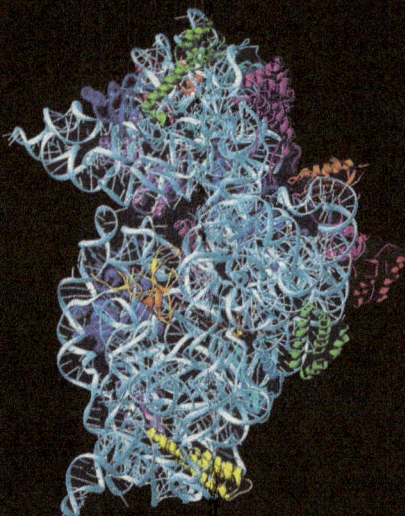

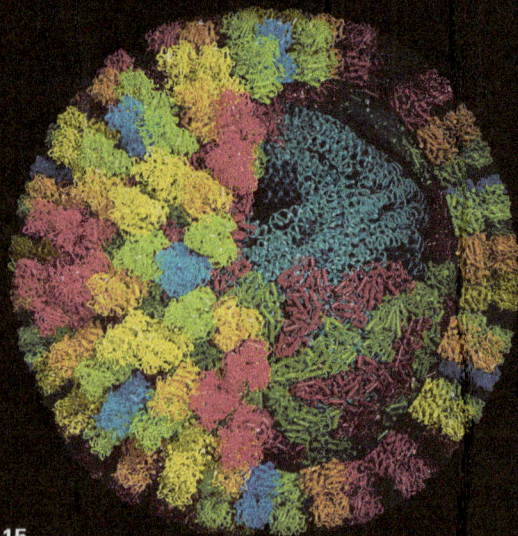

Literatur

Weiterführende Literatur

Bacon, G.E., Neutron Diffraction, 3rd Ed., Clarendon Press, Oxford, 1975

Bader, R.F.W., Atoms in Molecules, Oxford University Press, Oxford, 1991

Bernstein, J., Polymorphism in Molecular Crystals, Oxford University Press, Oxford, 2002

Blundell, T.L., Johnson, L.N., Protein Crystallography, Academic Press, New York, 1997

Borchardt-Ott, Kristallographie, eine Einführung für Naturwissenschaftler, 5. Aufl., Springer, Berlin, Heidelberg, New York, 1997

Burzlaff, H., Zimmermann, H., Symmetrielehre, Thieme, Stuttgart, 1977

Clegg, W., Blake, A.J., Gould, R.O., Main, P., Crystal Structure Analysis, Oxford University Press, Oxford, 2001

Coppens, P., Synchrotron Radiation Crystallography, Academic Press, London, 1992

Coppens, P., X-Ray Charge Densities and Chemical Bonding, Oxford University Press, Oxford, 1997

David, W.I.F., Shankland, K., McCusker, L.B., Baerlocher, Ch., Structure Determination From Powder Diffraction Data, Oxford University Press, Oxford, 2002

Desiraju, G.R., Steiner, T., The Weak Hydrogen Bond, Oxford University Press, Oxford, 1999

Duke, P., Synchrotron Radiation, Oxford University Press, Oxford, 2000

Dunitz, J.D., X-Ray Analysis and the Structure of Organic Molecules, 2nd Ed., Cornell University Press, Ithaca, 1995

Evans, R.C., Einführung in die Kristallchemie, de Gruyter, Berlin, New York, 1976

Giacovazzo, C., Monaco, H.L., Artioli, G., Viterbo, D., Ferraris, G., Gilli, G., Zanotti, G., Catti, M., Fundamentals of Crystallography, 2nd Ed., Oxford University Press, Oxford, 2002

Glusker, J.P., Trueblood, K.N., Crystal Structure Analysis, A Primer, 2nd Ed., Oxford University Press, New York, Oxford, 1985

Janot, C., Quasicrystals, A Primer, 2nd Ed., Clarendon Press, Oxford, 1995

Kleber, W., Bautsch, H.-J., Bohm, J., Einführung in die Kristallographie, 18. Aufl., Verlag Technik GmbH Berlin, 1998

Ladd, M.F.C., Palmer, R.A., Structure Determination, 2nd Ed., John Wiley & Sons, New York, 1989

Luger, P., Modern X-Ray Analysis on Single Crystals, de Gruyter, Berlin, New York, 1980

Massa, W., Kristallstrukturbestimmung, 2. Aufl., Teubner, Stuttgart, 1996

Pauffler, P., Physikalische Kristallographie, Verlag Chemie, Weinheim, 1986

Schwarzenbach, D., Crystallography, J. Wiley & Sons Ltd., Chichester, 1996

Stout, G.H., Jensen, L.H., X-Ray Structure Determination, 2nd Ed., J. Wiley & Sons, New York, 1989

Wölfel, E.R., Theorie und Praxis der Röntgenstrukturanalyse, 3. Aufl., Vieweg, Braunschweig, Wiesbaden, 1987

Woolfson, M.M., An Introduction to X-Ray Crystallography, 2nd Ed., Cambridge University Press, Cambridge, 1997

Young, R.A. (Hrsg.), The Rietveld Method, Oxford University Press, Oxford, 1993

Zitierte Publikationen

[1] Friedrich, W., Knipping, P., Laue, M., Sitzungsber., Bayer. Akad. Wiss., **303** u. **363**, 1912

[2] Ewald, P.P., Phys. Z. **14**, 464, 1913

[3] Bragg, W.L., Proc. Roy. Soc. **A89**, 248, 1913

[4] Allen, F.H., Kennard, O., Chem. Des. Autom. News **8**, 31, 1993

[5] Berman, H.M., Westbrook, J., Feng, Z., Gilliland, G., Bhat, T.N., Weissig, H., Shindyalov, I.N., Bourne, P.E., Nucleid Acids Res. **28**, 235, 2000

[6] International Tables for Crystallography, Vol. A, 5th Ed. (2002), Vol. B, 2nd Ed. (2001), Vol. C, 2nd Ed. (1999), Vol. E (2002), Vol. F. (2001), IUCr/Kluwer Academic Publisher, Chester, UK

[7] Kroto, H. W., Heath, J. R., O'Brien, S. C., Curl, R. F., Smalley, R. E., Nature **318**, 162, 1985

[8] Krätschmer, W., Lamb, L. D., Fostiropoulos, K., Huffman, D. R., Nature **347**, 354, 1990

[9] Thilgen, C., Diederich, F., Wheffen, R. L., In: Billups, W. E., Ciufolini, M. A., (Eds.), Buckminsterfullerenes, VCH Weinheim, 1993, S. 59

[10] Prinzbach, H., Weiler, A., Landenberger, P., Wahl, F., Wörth, J., Scott, L. T., Gelmont, M., Olevano, D., v. Issendorff, B., Nature **407**, 60, 2000

[11] Iijima, S., Nature **354**, 56, 1991

[12] Mitscherlich, E., Ann. Chim. Phys. **19**, 350, 1822

[13] Chemburkar, S. R., Bauer, J., Deming, K., Spiwek, H., Patel, K., Morris, J., Henry, R., Spanton, S., Dziki, W., Porter, W., Quick, J., Bauer, P., Donaubauer, J., Narayanan, B. A., Soldani, M., Riley, D., McFarland, K., Org. Process Res. Dev. **4**, 413, 2000

[14] Bernstein, J., Davey, R. J., Henck, J.-O., Angew. Chem. **111**, 3646, 1999

[15] Lehmann, Ch. W., Mazurek, J., Acta Crystallogr. **AS58**, C8, 2002

[16] Post, B., Acta Crystallogr. **A35**, 17, 1979

[17] Hümmer, K., Billy, H., Acta Crystallogr. **A42**, 127, 1986

[18] Soltmann, C., Beeli, C., Phil. Mag. Lett. **81**, 877, 2001 (http://www.tandf.co.uk)

[19] Gastaldi, J., Privatmitteilung, CRMC2-CNRS, Marseille, Frankreich, 2003

[20] Shechtman, D., Blech, I., Gratias, D., Cahn, J. W., Phys. Rev. Lett. **53**, 1951, 1984

[21] Penrose, R., Bull. Inst. Math. Appl. **10**, 266, 1974

[22] Mancini, L., Gastaldi, J., Reinier, E., Cloetens, P., Ludwig, W., Janot, C., Härtwig, J., Schlenker, M., Baruchel, J., ESRF Newsl. **31**, 16, 1998

[23] Gummelt, P., Dissertation, Universität Greifswald (Shaker-Verlag), 1999

[24] Burnett, M. N., Johnson, C. K., ORTEP III. Report ORNL-6895. Oak Ridge National Laboratory, Tennessee, USA, 1996

[25] Knudsen, K. D., Pattison, P., Fitch, A. N., Cernik, R. J., Angew. Chem. **110**, 2474, 1998

[26] Harris, K. D. M., Tremayne, M., Kariuki, B. M., Angew. Chem. **113**, 1674, 2001

[27] Rietveld, H. M., J. Appl. Crystallogr. **2**, 65, 1969

[28] Cheung, E. Y., McCabe, E. E., Harris, K. D. M., Johnston, R. L., Tedesco, E., Raja, K. M. P., Balaram, P., Angew. Chem. **114**, 512, 2002

[29] Hadju, J., Machin, P. A., Campbell, J. W., Greenhough, T. J., Clifton, I. J., Zureck, S., Gover, S., Johnson, L. N., Elder, M., Nature **329**, 178, 1987

[30] Pähler, A., Banerjee, A., Dattagupta, J. K.,Fujiwara, T., Lindner, K., Pal, G. P., Suck, D., Weber, G., Saenger, W., Embo J. **3**, 1311, 1984

[31] Hodgkin, D. C., Pickworth, J., Robertson, J. H., Prosen, R. J., Sparks, R. A., Trueblood, K. N., Proc. Roy. Soc. **A251**, 306, 1959

[32] Nordman, C. E., Kumra, S. K., J. Am. Chem. Soc. **87**, 2059, 1965

[33] Hauptmann, H., Angew. Chem. **98**, 610, 1986; Karle, J., Angew. Chem. **98**, 611, 1986

[34] Sayre, D., Acta Crystallogr. **5**, 60, 1952

[35] Cochran, W., Woolfson, M. M., Acta Crystallogr. **8**, 1, 1955

[36] Wilson, A. J. C., Nature **150**, 151, 1942

[37] Hauptmann, H., Karle, J., Acta Crystallogr. **9**, 635, 1956

[38] Main. P., Lessinger, L., Woolfson, M. M., Germain, G., Declerq, J. P., MULTAN 77. A System of Computer Programs for the Automatic Solution of Crystal Structures. Univs. of York, England and Louvain, Belgium, 1977

[39] Sheldrick, G. M., SHELX-76, Program for Crystal Structure Determination and Refinement, University of Cambridge, Great Britian, 1976

[40] Gilmore, C. J., MITHRIL, A Computer Program for the Automatic Solution of Crystal Structures. Univ. of Glasgow, Scotland, 1983

[41] Sheldrick, G.M., SHELXS-86. Crystallographic Computing 3, edited by Sheldrick, G.M., Krüger, C., Goddard, R., 175–189, Oxford University Press, 1985

[42] Burla, M.C., Camalli, M., Carrozzini, B., Cascarano, G.L., Giacovazzo, C., Polidori, G., Spagna, R., Acta Crystallogr. **A55**, 991, 1999

[43] Egert, E., Sheldrick, G.M., Acta Crystallogr. **A41**, 262, 1985

[44] Beurskens, P.T., Admiraal, G., Beurskens, G., Bosman, W.P., Garcia-Granda, S., Gould, R.O., Smits, J.M.M., Smykalla, C., The DIRDIF96 program system, Technical Report of the Crystallography Laboratory, University of Nijmegen, The Netherlands, 1996

[45] Perutz, M.F., Rossmann, M.G., Cullis, A.F., Muirhead, H., Will, G., North, A.C.T., Nature **185**, 416, 1960

[46] Jelsch, C., Teeter, M.M., Lamzin, V., Pichon-Pesme, V., Blessing, R.H., Lecomte, C., Proc. Natl. Acad. Sci. USA **7**, 3171, 2000

[47] Cachau, R., Howard, E., Barth, P., Mitschler, A., Chevrier, B., Lamour, V., Joachimiak, A., Sanishvili, R., Van Zandt, M., Sibley, E., Moras, D., Podjarny, A., J. de Phys. **10**, 3, 2000

[48] Bachmann, R., Kohler, H., Schulz, H., Weber, H.P., Kupcik, V., Wendschuh-Josties, M., Wolf, A., Wulf, R., Angew. Chem. **95**, 1013, 1983

[49] Beevers, C.A., McDonald, T.R.R., Robertson, J.H., Stern, F., Acta Crystallogr. **5**, 688, 1952

[50] Brown, G.M., Levi, H.A., Science **141**, 921, 1963

[51] Keller, E., SCHAKAL 86, Universität Freiburg, 1986

[52] Bednorz, J.G., Müller, K.A., Z. Phys. **B64**, 189, 1986

[53] David, W.I.F., Harrison, W.T.A., Gunn, J.M.F., Moze, O., Soper, A.K., Day, P., Jorgensen, J.D., Hinks, D.G., Beno, M.A., Soderholm, L., Capone II, D.W., Schuller, I.K., Segre, C.U., Zhang, K., Grace, J.D., Nature **327**, 310, 1987

[54] Bartlett, N., Proc. R. Chem. Soc. **1962**, 218, 1962

[55] Seidel, S., Seppelt, K., Science **290**, 117, 2000

[56] Platzek, J., Blaszkiewicz, P., Gries, H., Luger, P., Michl, G., Müller-Farnow, A., Radüchel, B., Sülzle, D., Inorg. Cem. **36**, 6086, 1997

[57] Luger, P., Maier, R.J., J. Cryst. Mol. Struct. **9**, 329, 1979

[58] Neretin, I.S., Lyssenko, K.A., Antipin, M.Y., Slovokhotov, Y.L., Boltalina, O.V., Troshin, P.A., Lukonin, A.Y., Sidorov, L.N., Taylor, R., Angew. Chem. **112**, 3411, 2000

[59] Bijvoet, J.M., Peerdeman, A.F., van Bommel, A.J., Nature **168**, 271, 1951

[60] Lipp, R., Arrang, J.-M., Garbarg, M., Luger, P., Schwartz, J.-C., Schunack, W., J. Med. Chem. **35**, 4434, 1992

[61] Shakkad, Z., Rabinovich, D., Cruse, W.B.T., Egert, E., Kennard, G., Sala, G., Salisbury, S.A., Viswarnitra, M.A., Proc. Roy. Soc. London **B13**, 479, 1981

[62] Watson, J.P., Crick, F.H.C., Nature **171**, 737, 1953

[63] Miller, R., deTitta, G.T., Jones, R., Langs, D.A., Weeks, C.M., Hauptmann, H.A., Science **259**, 1430, 1993

[64] Sheldrick, G.M., Gould, R.O., Acta Crystallogr. **B51**, 423, 1995

[65] Luger, P., Angew. Chem. **110**, 3548, 1998

[66] Sheldrick, G.M., persönliche Mitteilung, 1998

[67] Filhol, A., Reynal, J.-M., Savariault, J.-M., Simms, P., Thomas, M., J. Appl. Crystallogr. **13**, 343, 1980

[68] Luger, P., Cryst. Res. Techn. **28**, 767, 1993

[69] Doering, W.E., Roth, W.R., Tetrahedron **19**, 715, 1963

[70] Schröder, G., Angew. Chem. **75**, 722, 1963

[71] Amit, A., Huber, R., Hoppe, W., Acta Crystallogr. **B24**, 265, 1968

[72] Luger, P., Buschmann, J., McMullan, R.K., Ruble, J.R., Maties, P., Jeffrey, G.A., J. Am. Chem. Soc. **108**, 7825, 1986

[73] Kvick, A., McMullan, R.K., Newton, M.D., J. Chem. Phys. **76**, 3754, 1982
[74] Messerschmidt, M., Wagner, A., Wong, M.W., Luger, P., J. Am. Chem. Soc. **124**, 732, 2002
[75] Stein, A., Lehmann, Ch.W., Luger, P., J. Am. Chem. Soc. **114**, 7684, 1992
[76] Hansen, N., Coppens, P., Acta Crystallogr. **A34**, 909, 1978
[77] Koritsanszky, T., Flaig, R., Zobel, D., Krane, H.-G., Morgenroth, W., Luger, P., Science **279**, 356, 1998
[78] Bader, R.F.W., Lode, P., Popelier, A., Keith, T.A., Angew. Chemie **106,** 647, 1994
[79] Fuhrmann, P., Koritsanszky, T., Luger, P., Z. Kristallogr. **212**, 213, 1998
[80] Koritsanszky, T., Buschmann, J., Luger, P., J. Phys. Chem. **100**, 10541, 1996
[81] Luger, P., Weber, M., Szeimies, G., Pätzel, M., J. Chem. Soc., Perkin Trans. **2**, 1956, 2001
[82] Flaig, R., Koritsanszky, T., Soyka, R., Häming, L., Luger, P., Angew. Chem. **113**, 368, 2001
[83] Volkov, A., Gatti, C., Abramov, Yu., Coppens, P., Acta Crystallogr. **A56**, 252, 2000
[84] Popelier, P.L.A., MORPHY98, A Program, with a Contribution from Bone, R.G.A., UMIST, Manchester, England, EU, 1998
[85] Luger, P., Messerschmidt, M., Scheins, S., Wagner, A., Acta Crystallogr. **A60**, 390, 2004
[86] Matta, C.F., Bader, R.F.W., Proteins **48**, 519, 2002
[87] Kendrew, J.C., Bodo, G., Dintzis, H.M., Parrish, R.G., Wyckoff, H.W., Phillips, D.C., Nature **181**, 662, 1958
[88] Deisenhofer, J., Epp, O., Miki, K., Huber, R., Michel, H., Nature **318**, 618, 1985
[89] Michel, H., Epp, O., Deisenhofer, J., Embo J. **5**, 2445, 1986
[90] Schluenzen, F., Tocilj, A., Zarivach, R., Harms, J., Gluehmann, M., Janell, D., Bashan, A., Bartels, H., Agmon, I., Franceschi, F., Yonath, A., Cell **102**, 615, 2000
[91] Grimes, J.M., Burroughs, J.N., Gouet, P., Disprose, J.M., Malby, R., Zientara, S., Mertens, P.P.C., Stuart, D.I., Nature **395**, 470, 1998
[92] Schneider, J.R., Z. Kristallogr. **S19**, 4, 2002

3 Fehlordnung in Kristallen

Werner Schilling

3.1 Einführung

Die übliche Vorstellung vom idealen Festkörper geht von einer streng periodischen Anordnung von identischen Atomen bzw. Atomgruppen aus. Auf ihr basiert z. B. die Beschreibung der Kristallstrukturen oder der Energiebänder in Festkörpern.

Alle Realkristalle enthalten jedoch Störungen in ihrem regelmäßigen Aufbau: **Fehlordnung, Fehlstellen** oder **Gitterfehler** genannt. Beispiele sind in Tab. 3.1 aufgeführt. Allgemeines Merkmal dieser Gitterfehler ist, dass sie eine gut lokalisierte, starke und weitgehend statische Abweichung vom streng periodischen Kristallaufbau darstellen. Sie unterscheiden sich damit von den „Anregungen", wie Phononen, Magnonen, Elektronen, Defektelektronen usw., die im Kristall verschmierte, schwache, dynamische Störungen des perfekten Grundzustands beschreiben.

Die besondere Bedeutung der Gitterfehler liegt darin, dass sie viele, technisch wichtige Festkörpereigenschaften bestimmen. Dazu gehören die mechanischen Eigenschaften, wie Härte, Duktilität, Festigkeit, Haftung; die optischen Eigenschaften, wie Lichtempfindlichkeit und Farbe der Ionenkristalle; die Lumineszenz der Laser; die elektrischen Eigenschaften der Halbleiter, z. B. in Transistoren oder Photodioden, aber auch die von festen Ionenleitern, z. B. in Festkörperbatterien oder Sauerstoff-Sensoren; die Stromtragfähigkeit von Supraleitern; die Koerzitivfeldstärke bzw. der Verlustfaktor von magnetischen Werkstoffen usw. Ferner bestimmen Fehlstellenprozesse entscheidend die Kinetik von allen Festkörperreaktionen, z. B. des Sinterns von Pulvern, der Entmischung bzw. Ordnungseinstellung in Legierungen oder der Oxidation von Oberflächen.

Eine *Übersicht* der wichtigsten in diesem Kapitel behandelten Gitterfehler findet sich in Tab. 3.1. Es ist üblich, die Gitterfehler gemäß ihrer Geometrie in nulldimensionale atomare Fehlstellen, eindimensionale Versetzungen, zweidimensionale Grenzflächen und dreidimensionale Ausscheidungen bzw. Partikel zu **klassifizieren**. Bei den atomaren Fehlstellen ist der Bereich der starken Störung auf eine bzw. wenige Elementarzellen beschränkt; bei den Versetzungen ist sie dagegen in Form des sog. Versetzungskerns schlauchförmig entlang hunderter von Atomabständen ausgedehnt.

Der Grad der Fehlordnung eines Kristalls wird i. A. durch die sog. **Fehlstellendichte** ϱ quantifiziert (s. Tab. 3.1). Sie ist die auf das Volumen V normierte Gesamtzahl N_{aF} an atomaren Fehlstellen, Gesamtlänge L_d an Versetzungen (engl. dislocations), Gesamtfläche A_{GF} an inneren Grenzflächen bzw. Gesamtvolumen V_P an Ausscheidungen (Partikel).

Tab.3.1 Klassifizierung der Fehlstellen.

Dimension	Bezeichnung	Fehlstellendichte	Beispiele	Bedeutung für
0	atomare Fehlstellen, Punktfehler	$\varrho_{aF} \equiv N_{aF}/V$ in m^{-3} 10^{22} hochreines Si ⋮ 10^{27} technische Reinheitsgrade	Leerstellen, Zwischengitteratome, Antistrukturatome, Fremdatome, Mehrfachfehlstellen, Assoziate	thermisches Fehlstellengleichgewicht, Platzwechsel und Diffusion, Kinetik von Festkörperreaktionen, Bestrahlungseffekte, Stöchiometrieabweichungen, Dotierung von Halbleiterbauelementen, Lichterzeugung mit Laser
1	Versetzungen (engl. dislocations)	$\varrho_d \equiv L_d/V$ in m^{-2} 10^3 „versetzungsfreies" Si ⋮ 10^{16} Metall, kalt gewalzt	gerade Versetzungen, Versetzungsringe, – Knäuel, mit Fremdatomen dekorierte Versetzungen	plastische Verformung, Kristallwachstum, innere Spannungen, Quellen und Senken für atomare Fehlstellen
2	innere Grenzflächen	$\varrho_{GF} \equiv A_{GF}/V$ in m^{-1} 10^2 Einkristall (äußere Oberfläche) ⋮ 10^9 nanokristalline Materialien, Multischichtsysteme	Korngrenzen, Phasengrenzflächen, Stapelfehler, Antiphasengrenzen, kristallographische Scherebenen	Vielkristallverformung, Epitaxie, Bruchvorgänge, Verbundwerkstoffe, Haftung von Schichten, Quellen und Senken für atomare Fehlordnung, Stöchiometrieabweichungen
3	Ausscheidungen, Einschlüsse, (Partikel)	$\varrho_P \equiv V_P/V$, in m^0 10^{-8} Restausscheidungen in hochreinem Si, Au ⋮ 0.5 Zweiphasige Legierung	Ausscheidungen, Hohlräume, Gasbläschen, Dispersoide	Ausscheidungs- und Dispersionshärtung, Schwellen unter Bestrahlung, Sintern, interne Oxidation, Entmischung von Legierungen

Oft unterscheidet man auch zwischen intrinsischen und extrinsischen Fehlstellen. **Intrinsische Fehlstellen** sind im thermodynamischen Gleichgewicht zur Minimalisierung der freien Enthalpie unabdingbar. Zu ihnen gehören Leerstellen, Zwischengitteratome und Antistrukturatome, deren Gleichgewichtskonzentrationen sich als *thermische Fehlordnung* bei entsprechend hohen Temperaturen einstellen (siehe Abschn. 3.3).

Als **extrinsische Fehlstellen** bezeichnet man i. A. Nichtgleichgewichtsfehlstellen. Dazu gehören insbesondere alle ausgedehnten Fehlstellen, z. B. Versetzungen, Grenzflächen, Ausscheidungspartikel. Ihre Bildungsenergie ist so hoch, dass sie im thermischen Gleichgewicht nur in metastabiler Form vorliegen können. Aber auch atomare Fehlstellen können extrinsischen Charakter haben, wenn sie, z. B. nach Abschrecken, nach Kaltverformung oder nach Teilchenbeschuss, im Kristall als sog. Überschuss-Leerstellen vorliegen. In der modernen Werkstoffwissenschaft (s. Kap. 9) wird die extrinsische Fehlordnung oft mit dem klassischen Begriff *Gefüge* bzw. *Mikrogefüge* (engl. microstructure) gleichgesetzt.

Zur Geschichte der Fehlordnung in Kristallen ist zu bemerken, dass bereits 1829 F. Savart die Existenz von Korngrenzen in polykristallinen Materialien beschrieb. Die eigentliche wissenschaftliche Beschäftigung mit Fehlordnungsphänomenen begann aber erst in den 20er bzw. 30er Jahren. Als Pioniere sind hier u. a. zu nennen: J. Frenkel für die Erklärung der Ionenleitfähigkeit in Festkörpern, W. Schottky und C. Wagner für die thermodynamische Beschreibung von Fehlstellengleichgewichten, R. W. Pohl für die Erforschung der Farbzentren in Ionenkristallen; U. Dehlinger, E. Orowan, C. J. Taylor und M. Polyani für die Entdeckung der Versetzungen und deren Bedeutung für die plastische Verformung.

In den letzten Jahrzehnten hat die wissenschaftliche Beschäftigung mit allen Aspekten von Fehlordnung in Festkörpern stark zugenommen. Getrieben wurde diese Entwicklung einmal durch die Verfügbarkeit von immer ausgefeilteren Methoden zur Präparation und zur Charakterisierung von Festkörpern mit „maßgeschneiderter" Mikrostruktur und zum andern durch den zunehmenden Einsatz solcher Materialien in der modernen Technik. Bei den modernen präparativen Techniken sind z. B. die Verfahren zur Züchtung von meterlangen Siliciumeinkristallen, die vielfältigen Methoden zur Festkörpermodifikation mittels Ionen- und Laserstrahlen, die Methoden zur Herstellung dünnster Schichten mittels Verdampfen, Zerstäuben, Plasmaabscheidung, Gasphasenreaktionen, Clusterdeposition usw., das heißisostatische Sintern oder das mechanische Legieren zu nennen. Bei den modernen Charakterisierungsmethoden sei nur erinnert an die Entwicklung der hochauflösenden und der analytischen Elektronenmikroskopie, an die spektroskopischen Methoden, mit denen die Energiezustände von Fehlstellen elektrisch, optisch, akustisch oder magnetisch abgefragt werden können, an den Einsatz von radioaktiven Tracern für Diffusionsuntersuchungen usw.

Wegen der großen Vielfalt von Fehlordnungsphänomenen und deren weitgespannter Bedeutung für so viele Festkörpereigenschaften können im Folgenden nur die wichtigsten Gesetzmäßigkeiten anhand von einfachen Beispielen aufgezeigt und einige experimentelle Untersuchungsmethoden vorgestellt werden. Der Schwerpunkt wird bei den strukturellen und energetischen Fehlstelleneigenschaften und den Platzwechselvorgängen liegen. Für eine eingehendere Diskussion von elektronischen und optischen Fehlstelleneigenschaften wird auf die Abschn. 1.7 und 7.4 sowie 1.8 und

8.2 verwiesen. Die Bedeutung von Fehlstellen für Vorgänge in Werkstoffen wird in Kap. 9 erläutert.

3.2 Atomare Fehlstellen

3.2.1 Einteilung und Notation atomarer Fehlstellen

Die atomaren Fehlstellen lassen sich grob einteilen in Leerstellen, Zwischengitteratome und Fremdatome. Dazu kommen noch Assoziate aus diesen Fehlstellen. Fehlt ein Atom im regulären Gitter, so spricht man von einer **Leerstelle**. Bei mehratomigen Substanzen ist dabei zwischen Leerstellen auf den verschiedenen Untergittern zu unterscheiden. Leerstellen dominieren die thermische Fehlordnung bei hohen Temperaturen. Sie entstehen außerdem bei Teilchenbeschuss und bei der Kaltverformung von Metallen. Da ein Nachbaratom relativ leicht in die Leerstelle hineinspringen kann, sind die Leerstellen in der Regel für Platzwechsel- bzw. Diffusionsprozesse in Festkörpern verantwortlich.

Bei einem Eigenzwischengitteratom, im Folgenden **Zwischengitteratom** genannt, liegt in einer geeignet gewählten Einheitszelle des Kristalls ein zusätzliches Gitteratom vor. Dabei muss nicht, wie der Name dies zunächst nahe legt, das zusätzliche Atom genau zwischen den Gitteratomen des Idealkristalls eingebaut sein (zum Beispiel auf dem Oktaederplatz in Abb. 3.1e). Auch ein doppelt besetzter Gitterplatz (s. Abb. 3.1d, 3.2c, 3.3 und 3.4b) zählt gemäß obiger Definition als ein Zwischengitteratom. Zwischengitteratome werden vor allem durch Verlagerungsprozesse bei Teilchenbestrahlung erzeugt (Abschn. 3.6). Sie sind im Allgemeinen schon bei sehr tiefen Temperaturen beweglich.

Von einem **substitutionellen Fremdatom** spricht man, wenn ein reguläres Gitteratom durch ein Atom einer anderen chemischen Sorte ersetzt wird. Im weiteren Sinne gehören hierzu auch die sog. **Antistrukturatome**, die bei mehratomigen Substanzen auftreten. In diesem Fall sitzt eines der zu den regulären chemischen Konstituenten gehörenden Atome auf dem falschen Untergitter, z. B. ein As-Atom auf einem Ga-Platz in GaAs (siehe Abb. 3.4c). Wird ein Fremdatom auf einem Zwischengitterplatz eingebaut, so spricht man von einem **interstitiellen Fremdatom** (s. Abb. 3.1e, 3.2a, b, 3.4d). Dieses wird oft auch Zwischengitter-(fremd)-atom genannt und darf nicht mit dem oben definierten (Eigen)-Zwischengitteratom verwechselt werden.

Für die **Notation** der atomaren Fehlstellen verwendet man oft die Abkürzung X_β^z. Dabei bezeichnet X die Atomsorte, die als Fehlstelle vorliegt. Speziell bedeutet $X = V$ das Vorhandensein einer Leerstelle (engl. vacancy). Der untere Index β gibt den Platz bzw. das Untergitter an, auf dem das Atom X eingebaut ist. Speziell bedeutet $\beta = i$ den Einbau auf einem Zwischengitterplatz. Der obere Index z kennzeichnet den effektiven Ladungszustand des Defekts. Er ist so definiert, dass für $z = 0$ vom Platz β des Idealkristalls die dort vorliegende chemische Spezies als neutrales Atom entfernt und durch ein neutrales Atom der Sorte X ersetzt wurde. Ausgehend von diesem Zustand erhält man die Ladungszustände „ + " bzw. „ — " durch Entfernen bzw. Hinzufügen von Elektronen an den Defekt. Demnach bedeutet z. B.

V_{Cl}^0 in NaCl, dass vom Cl-Untergitter ein neutrales Cl-Atom, d. h. unter Zurücklassen eines Elektrons des Cl-Ions, entfernt wurde (s. Abb. 3.3 für weitere Beispiele). Diese effektiven Ladungen dürfen keinesfalls verwechselt werden mit den tatsächlichen Ladungen auf dem betreffenden Gitterplatz.

Neben der hier vorgestellten Nomenklatur ist bei Ionenkristallen auch der Ausdruck *Zentrum* gebräuchlich, z. B. F-Zentrum für V_{Cl}^0 (s. Abb. 3.3 für weitere Beispiele). Diese Bezeichnungen sind historisch begründet; z. B. steht F für Farbe, die von der optischen Anregung des im V_{Cl}^0 gebundenen Elektrons herrührt. Die detaillierte Untersuchung solcher optischen Anregungen stellt ein wichtiges Hilfsmittel zur Charakterisierung von Fehlstellen in Isolatoren und in Halbleitern dar (s. Abschn. 1.8, 7.9 und 8.2).

3.2.2 Beispiele für atomare Fehlstellenstrukturen

Aus dem riesigen, inzwischen bekannten „Zoo" der atomaren Fehlstellen können in Abb. 3.1 bis 3.4 nur einige typische Vertreter für verschiedene Substanzklassen vorgestellt werden. Betrachten wir zuerst die **Leerstellen**, so zeigt Abb. 3.1 eine Leerstelle, eine Doppelleerstelle und ein Leerstellen-Fremdatom-Paar in einem kubisch flächenzentrierten fcc-Metall, z. B. Al. Für einen Ionenkristall zeigt Abb. 3.3 Leerstellen auf den beiden Untergittern sowie ein Leerstellen-Fremdatom-Assoziat. Für den technisch so wichtigen Halbleiter Silicium zeigt Abb. 3.4a eine Leerstelle in dessen Diamantgitter. Bei der Entfernung des Gitteratoms werden zunächst vier Doppelbindungen gebrochen. Die verbliebenen vier Elektronen besetzen paarweise die in Abb. 3.4a angedeuteten neuen Elektronenorbitale. Neben der hier beschriebenen neutralen Leerstelle V° können in Si auch noch Leerstellen in den Ladungszuständen V⁻ und V⁺⁺ existieren. Da alle zugehörigen elektronischen Zustände innerhalb

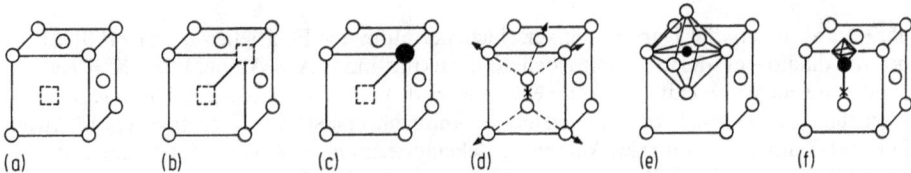

(a)   (b)   (c)   (d)   (e)   (f)

Abb. 3.1 Schematische Darstellung der Struktur einiger atomarer Fehlstellen in einem fcc Metall (engl. *face-centered cubic*). (a) Leerstelle (gestrichelter Bereich in der Einheitszelle); (b) Doppelleerstelle; (c) Assoziat (XV) zwischen einem substitutionellen Fremdatom X (schwarz) und einer Leerstelle V; (d) Zwischengitteratom in der Konfiguration der <100>-Hantel. Die Pfeile deuten die Verschiebungen der Nachbaratome an; (e) interstitielles Fremdatom (schwarz) in Oktaederposition (O-Position). Die Nachbar-Gitteratome bilden ein reguläres Oktaeder; (f) interstitielles Fremdatom (schwarz) in <100>-Off-Center-O-Position; der kleine Oktaederkäfig deutet die Bewegungsmöglichkeit des Fremdatoms um die O-Position an.

Die in den Abbildungen und im weiteren Text verwendeten, kristallographischen Klammersymbole bedeuten: [ ] = *spezielle Richtung im Gitter;* < > = *Satz aller kristallographisch gleichwertigen Richtungen,* <100> *umfasst z. B. auch* [$\bar{1}$00], [010], [0$\bar{1}$0], [001] *und* [00$\bar{1}$]; ( ) = *spezielle Ebene im Gitter;* { } = *Satz aller kristallographisch gleichwertigen Ebenen.*

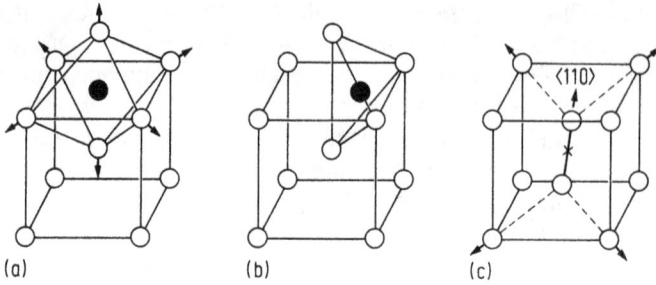

(a)   (b)   (c)

Abb. 3.2 Schematische Darstellung von atomaren Fehlstellen in einem kubisch-raumzentrierten Metall (engl. *body-centered cubic* = bcc); (a) und (b) interstitielles Fremdatom (schwarz) in Oktaederlage bzw. in Tetraederlage. Die Nachbaratome bilden ein (nicht reguläres) Oktaeder bzw. Tetraeder. Die Pfeile in (a) deuten die Verschiebungen der Nachbaratome an. (c) Zwischengitteratom in der Konfiguration der $\langle 110 \rangle$-Hantel.

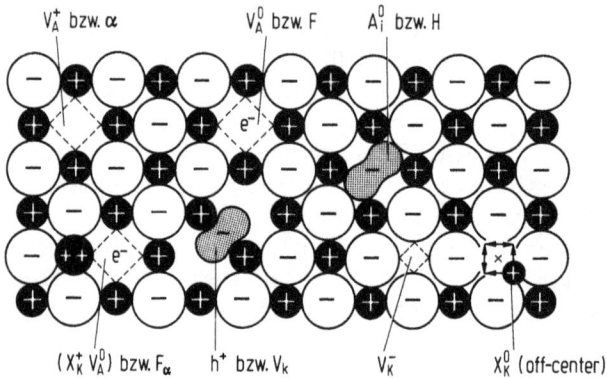

Abb. 3.3 Schematische Darstellung verschiedener atomarer Fehlstellen in der $\{100\}$-Ebene eines Alkalihalogenid-Kristalls mit Kochsalz-Struktur; Index A = Anion; Index K = Kation; V_A^+ oder α-Zentrum = einfache Anionenleerstelle, d. h. ohne eingefangene Ladung; V_A^0 oder F-Zentrum = „neutrale" Anionenleerstelle = Anionenleerstelle mit eingefangenem Elektron; A_i^0 oder H-Zentrum = neutrales Anionenzwischengitteratom = $(A_2)_A^0$ = Molekülion mit Achse in $\langle 110 \rangle$-Richtung an Stelle eines A; $(X_K^+ V_A^0)$ oder F_α-Zentrum = Assoziat aus F-Zentrum und einem zweiwertigen Kationen-Fremdatom; h^+ oder V_k-Zentrum = self trapped hole; V_K^- = einfache Kationenleerstelle, d. h. ohne eingefangene Ladung; X_K^0 (off-center) = Fremd-Kation (z. B. X = Li, Cu, Ag) in einer vom regulären Gitterplatz in $\langle 111 \rangle$-Richtung verschobenen, sog Off-Center-Position (oberhalb der Zeichenebene gelegen).

der Bandlücke liegen, hängt die Ladung der Leerstelle von der Position des Fermi-Niveaus und damit von der Temperatur und dem Dotierungsgrad der Probe ab. Diese Tatsache macht Fehlstellenuntersuchungen in Halbleitern wesentlich komplizierter als in Metallen. Auf der anderen Seite eröffnen sich aber zusätzliche, experimentelle Möglichkeiten. Wenn z. B. in einer Leerstelle durch entsprechende Wahl des Fermi-Niveaus oder nach optischer Anregung eine ungerade Zahl von Elektronen vorliegt, z. B. bei V^-, können sich die Elektronenspins nicht mehr paarweise absättigen. Als sehr empfindliche Nachweismethode ist dann die Elektronenspinresonanz anwendbar, deren Hyperfeinaufspaltung empfindlich auf die Symmetrie der Atomanordnung um die Leerstelle reagiert.

Zwischengitteratome liegen oft in der so genannten *Hantelkonfiguration (split interstitial)* vor, bei der ein „Molekül" aus zwei gleichen Atomen einen regulären Gitterplatz besetzt. In den fcc-Metallen zeigt die Hantelachse in <100>-Richtung (s. Abb. 3.1 d); in den bcc-Metallen in <110>-Richtung (s. Abb. 3.2 c). Ähnliches gilt für Zwischengitteratome im Anionenuntergitter der Alkalihalogenide (siehe Abb. 3.3), wobei die Ausbildung der Hantelstruktur auf einer kovalenten Bindung der beiden Halogenatome beruht. Der Einbau eines Moleküls anstelle eines einzelnen Atoms auf einem Gitterplatz erzeugt meist starke Verschiebungen der Nachbaratome und eine entsprechende Volumenaufweitung.

Für den wichtigsten Halbleiter Si ist die Struktur des Zwischengitteratoms noch nicht völlig geklärt. Die mit verschiedenen Methoden durchgeführten Modellrechnungen legen für das neutrale Zwischengitteratom Si_i^0 die in Abb. 3.4 b gezeigte

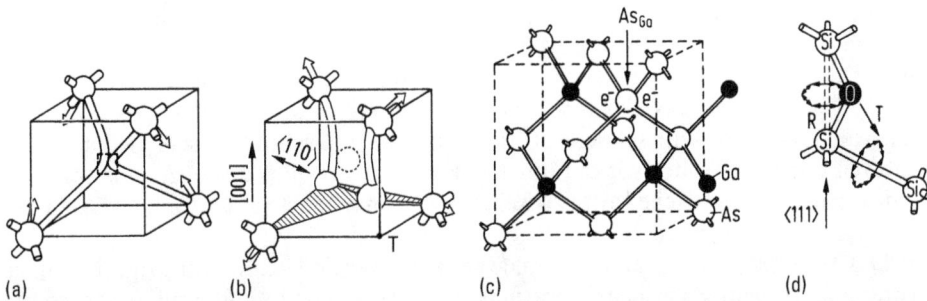

(a)   (b)   (c)   (d)

Abb. 3.4 Schematische Darstellung atomarer Fehlstellen in Halbleitern: (a) Neutrale Leerstelle V^0 in Si (Diamantstruktur). Beim Entfernen des regulären Gitteratoms aus dem Zentrum des Tetraeders mussten vier kovalente Bindungen gebrochen werden. Die verbleibenden vier Elektronen besetzen die beiden, schematisch angedeuteten, neuen Elektronenorbitale. Die Pfeile (übertrieben lang) symbolisieren die lokalen Verschiebungen der Nachbaratome. (b) Neutrales Zwischengitteratom Si_i^0 in Si. Anstelle des punktierten Zentralatoms werden zwei Atome in Form einer <110>-Hantel eingebaut, wobei deren Schwerpunkt etwas in Richtung [00$\bar{1}$] verschoben ist. Die Elektronenkonfigurationen sind schematisch angedeutet: Die beiden oberen Nachbaratome bleiben kovalent zum jeweils nächstgelegenen Hantelatom gebunden. Die beiden unteren Nachbaratome sind äquidistant zu jedem Hantelatom und dadurch fünffach koordiniert. Sie bauen zusammen mit den Hantelatomen die gestrichelt angedeutete, „zweiflügelige", delokalisierte Ladungsverteilung auf, wobei jeder „Flügel" mit drei Elektronen besetzt ist. Mit T ist die Tetraederlage des Si_i angedeutet. Sie dient vermutlich als Sattelpunktskonfiguration beim Platzwechsel der <110>-Hantel. (c) Antistrukturatom As_{Ga}^0 in GaAs (Zinkblende-Struktur). Ein Ga-Atom mit drei Valenzelektronen wird durch ein As-Atom mit fünf Valenzelektronen ersetzt; davon werden drei zur Wiederherstellung der kovalenten Bindungen gebraucht, die restlichen zwei besetzen Donator-Zustände in der Bandlücke. (d) Interstitielles Sauerstoffatom O_i in Si. Lokale Rotationssprünge R um die <111>-Achse sind schon bei sehr tiefen Temperaturen möglich. Ab ca. 600 °C erfolgen auch Translationssprünge T und somit Diffusion des O_i im Gitter.

< 110 >-Hantelstruktur nahe [1,2]. Für das 2-fach positiv geladene Zwischengitter-atom Si_i^{++} wird demgegenüber die (4 + 6)-fach koordinierte Tetraederlage als ener-getisch günstigste Konfiguration berechnet. Die Tatsache, dass das Zwischengitter-atom auch im geladenen Zustand keine elektronischen Niveaus in der Bandlücke aufweist, machen experimentelle Untersuchungen mit den sonst so erfolgreichen, elektronenspektroskopischen Methoden unmöglich. Die nicht kubische Ladungsver-teilung bewirkt für die Zwischengitteratome (und die Leerstellen) in Si eine Sym-metrie-Erniedrigung in der lokalen Atomanordnung. Die daraus resultierende Auf-spaltung der Elektronenniveaus (Jahn-Teller-Effekt) trägt in den Halbleitern wesent-lich zur Stabilisierung der jeweiligen Defektstruktur bei. Dabei kann es auch vor-kommen, dass geladene Defekte – wie das Si_i^{++} – eine andere Gleichgewichtskon-figuration annehmen als im ungeladenen Zustand.

Typische **interstitielle Fremdatome** sind in Metallen meist kleine Atome wie B, C, N oder O. Im Allgemeinen werden sie auf dem *Oktaederplatz* eingebaut (s. Abb. 3.1 e und 3.2 a). Ein wichtiges Beispiel ist C in bcc-Fe. Die Gitteraufweitung durch den interstitiellen Einbau von Kohlenstoffatomen ist verantwortlich für die mechanische Härte der Stähle. Wasserstoff wird in Metallen stets in atomarer Form (nicht als Ion oder Molekül!) im Zwischengitter eingebaut. In bcc-Metallen, z. B. Nb, besetzt er in der Regel *Tetraederplätze* (s. Abb. 3.2 b). Als Beispiel für ein interstitielles Fremdatom in einem Halbleiter ist in Abb. 3.4 d Sauerstoff in Si gezeigt. Das O-Atom bildet dabei mit 2 Si-Atomen kovalente Bindungen in Form eines „geknickten" Si_2O-Moleküls. Da das O-Atom zwischen den sechs äquivalenten Positionen um die < 111 >-Achse sehr schnelle Rotationssprünge R schon bei sehr tiefen Tempe-raturen ausführt – oder sogar tunnelt – kann die Position des O-Atoms somit als eine um die symmetrische Mitte zwischen zwei benachbarten Si-Atomen verschmier-te Lage aufgefasst werden.

Des Weiteren können auch normale substitutionelle Fremdatome durch Anlage-rung eines (Eigen-)Zwischengitteratoms zu interstitiellen Fremdatomen werden. Als Beispiel ist in Abb. 3.1 f das nach Elektronenbestrahlung gebildete Zn_i in Al 0.1 at % Zn gezeigt. Seine Konfiguration kann entweder als eine „gemischte Al-Zn-Hantel" oder besser als eine „Off-Center-O-Position" des interstitiellen Zn-Atoms aufgefasst werden. Dabei sitzt das interstitielle Fremdatom nicht genau auf dem Oktaederplatz (wie in Abb. 3.1 e), sondern ist ein Stück in die < 100 >-Richtung verschoben. Das Bemerkenswerte an dieser Konfiguration ist, dass das Zn-Atom mit einer bestimmten Frequenz um das Zentrum der Oktaederlage, d. h. von Ecke zu Ecke des kleinen Oktaeders in Abb. 3.1 e, tunneln kann. Im Mittel ist also auch hier das Zn-Atom um die zentrale Oktaederlage verschmiert. Ähnliche Off-Center-Lagen mit entspre-chenden Tunnelübergängen wurden auch für normale substitutionelle Fremdatome, z. B. für Li_K^0, Cu_K^0 oder Ag_K^0 in KCl beobachtet (s. Abb. 3.3) und sind somit gar nicht so selten.

3.2.3 Strukturbestimmung atomarer Fehlstellen

Die in Abschn. 3.2.2 erwähnte Methode der Elektronenspinresonanz zur Struktur-analyse atomarer Fehlstellen weist zwar eine sehr hohe Empfindlichkeit auf, ist je-doch an die Existenz von ungepaarten Elektronenspins der Fehlstelle gebunden und

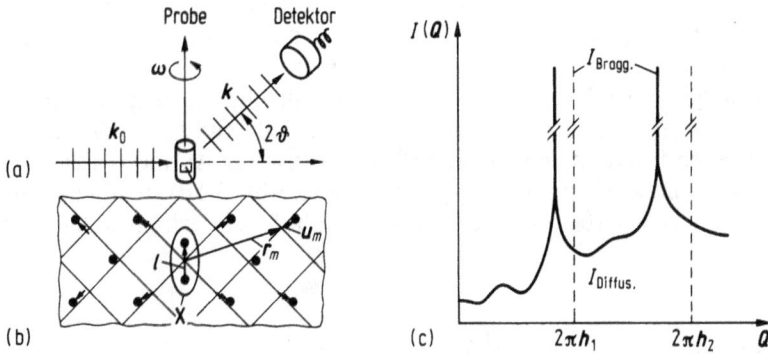

Abb. 3.5 Diffuse Streuung. (a) Prinzip des Streuexperiments: k_0 bzw. k sind die Wellenzahl-vektoren des einfallenden bzw. des gestreuten Strahls; $Q = k - k_0 = $ Streuvektor, $|Q| = (4\pi/\lambda)\sin\theta$. Durch Variation des Streuwinkels 2θ und der Probenorientierung ω kann die Lage von Q im reziproken Raum der Probe eingestellt werden. (b) Fehlstelle und ihre Umgebung in der Probe. Bei $r_m = 0$ sei ein Atom mit Streulänge f durch eine Fehlstelle X mit Streulänge f_X ersetzt. Für eine Leerstelle ist z. B. $f_X = 0$; für das gezeigte Hantelzwischengit-teratom ist $f_X = 2f\cos(Ql/2)$, wobei l den Verbindungsvektor und f die Streulänge jedes der beiden Hantelatome bedeuten; u_m ist die Verschiebung vom idealen Gitterplatz bei $r = r_m$. Der Index m nummeriert die Atome ausgehend vom Defekt. (c) Schematische Darstellung der Streuintensität $I(Q)$: Beim Idealkristall tritt nur Bragg-Streuung I_{Bragg} (gestrichelt) auf. Beim Kristall mit Zwischengitteratomen sind die Bragg-Maxima verschoben, dazwischen tritt die diffuse Streuintensität I_{Diffus} auf.

damit in Metallen meist nicht anwendbar. Eine brauchbare Methode zur Bestimmung der atomaren Struktur von Fehlstellen liefert dann die **diffuse Streuung** von Röntgen- bzw. Neutronenstrahlen [3]. Das Prinzip ist in Abb. 3.5 dargestellt. Bekanntlich (s. Abschn. 2.3) erhält man für einen Idealkristall elastische Streuung nur an den Bragg-Maxima, d. h. für den *Streuvektor* $Q = 2\pi h = $ reziproker Gittervektor. Im Gegen-satz dazu können sich in einem Kristall mit fehlbesetzten Gitterplätzen für $Q \neq 2\pi h$ die Partialwellen der streuenden Atome nicht mehr, wie im Idealkristall, völlig weg-interferieren. Man beobachtet dann eine zwischen den Bragg-Reflexen verteilte, sog. diffus-elastische Streuung. Sie ist nicht zu verwechseln mit der sog. thermisch diffusen Streuung, die, wegen der Beteiligung von Phononen, inelastischer Natur ist.

Unter der Annahme kleiner Defektkonzentrationen und einer regellosen Vertei-lung von Defekten des Typs X gilt:

$$I_{Diffus}(Q) = N_X|A_1 - A_0|^2 = N_X\,|(f_X - f) + f\,\Sigma\,(e^{iQ(r_m + u_m)} - e^{iQr_m})|^2\,. \qquad (3.1)$$

Dabei bedeuten N_X die Zahl der Fehlstellen und A_1 bzw. A_0 die Streuamplitude des Kristalls mit genau einer Fehlstelle X bzw. keiner Fehlstelle. Die Bedeutung der anderen Symbole ist aus Abb. 3.5b ersichtlich. Der Term $(f_X - f)$ in Gl. (3.1) rührt von dem Ersatz eines normalen Gitteratoms durch die Spezies X her. Der folgende Summenterm berücksichtigt den Beitrag des Verschiebungsfeldes u_m. Dieser Beitrag dominiert für $Q \to 2\pi h$ und ist für den steilen Anstieg von I_{Diffus} nahe den Bragg-Maxima verantwortlich (s. Abb. 3.5c).

Ohne auf weitere Einzelheiten einzugehen, erkennt man aus Gl. (3.1), dass sich in der **Q**-Abhängigkeit der diffusen Streuung die Details der Defektstruktur und der dazugehörigen Verschiebungen wiederspiegeln. Ein Vergleich der gemessenen **Q**-Abhängigkeit der Defektstreuung mit Modellrechnungen erlaubt so die Bestimmung der Defektstruktur. Aus Messungen der Differenz I_{Diffus} von bestrahlten und unbestrahlten Einkristallen wurde auf diese Weise für Al und Cu die Struktur der bestrahlungsinduzierten Zwischengitteratome (s. Abb. 3.1 d) identifiziert und der Abstand der beiden $<100>$-Hantelatome zu ca. 0.55 Gitterkonstanten bestimmt.

3.3 Thermische Fehlordnung

3.3.1 Fehlstellengleichgewichte in einatomaren Substanzen

Bei hohen Temperaturen werden in allen Festkörpern atomare Eigenfehlstellen und, durch Austausch mit der Umgebung, auch Fremdatome in einer bestimmten Konzentration eingebaut. Der tiefere Grund für das Auftreten dieser thermischen bzw. chemischen Fehlordnung liegt in der erhöhten Zahl der Anordnungsmöglichkeiten der Atome und der damit verbundenen Entropieerhöhung im defekthaltigen Kristall.

Betrachten wir z. B. einen Idealkristall mit N gleichen Atomen auf N Gitterplätzen, so gibt es dafür nur eine Anordnungsmöglichkeit. Wir erweitern die Zahl der Gitterplätze um N_x und besetzen diese mit Defekten, z. B. Leerstellen oder Fremdatomen (ähnliche Überlegungen gelten auch für Zwischengitteratome). Nach den Regeln der Kombinatorik gibt es dann $(N+N_x)!/(N!\,N_x!)$ verschiedene Anordnungsmöglichkeiten der N Atome und N_x Defekte auf den $N+N_x$ Gitterplätzen. Gegenüber dem Idealkristall wurde also die Entropie des Systems um $S^{\text{konf}} = k \ln[(N+N_x)!/(N!\,N_x!)]$ erhöht (k = Boltzmann-Konstante). Natürlich kostet die Schaffung der Defekte auch Energie, nämlich $N_x G_x^f$ mit G_x^f = freie Bildungsenthalpie pro Defekt (oberer Index f für engl. formation).

Betrachten wir einen abgeschlossenen Kristall, so ist im thermodynamischen Gleichgewicht bei konstanter Temperatur T und konstantem Druck p die freie Enthalpie $G = G_{\text{ideal}} + N_x G_x^f - T S^{\text{konf}}$ minimal, d. h. das chemische Potential der Defekte $\mu_x \equiv \partial G / \partial N_x = 0$. Nach Einsetzen von S^{konf} und Anwenden der Stirling'schen Formel $\ln N! \approx N \ln N - N$ folgt $G_x^f = -kT \ln c_x$ und daraus die (atomare) **Gleichgewichtskonzentration** $c_x = N_x/(N+N_x)$ der Defekte X zu

$$c_X = [\exp(S_x^f/k) \cdot \exp(-E_x^f/kT)](1 - (pV_x^f/kT)). \tag{3.2}$$

Dabei wurde $G_x^f = E_x^f - T S_x^f + p V_x^f$ gesetzt, wobei die Bildungsenergie E_x^f, die Bildungsentropie S_x^f (ohne Konfigurationsanteil) und das Bildungsvolumen V_x^f den Unterschied in Energie, Entropie und Volumen zwischen einem Kristall mit einem Defekt X und einem Idealkristall mit der gleichen Zahl von Atomen angeben. Ferner wurde in Gl. (3.2) für $(pV_x^f/kT) \ll 1$, d. h. $T > 100$ K und $p < 10^8$ Pa angenommen.

Die **Bildungsenergie** E_v^f einer Leerstelle sollte sich eigentlich aus folgender Überlegung abschätzen lassen: Bei der Entfernung eines Atoms aus dem Kristallinnern müssen zunächst Z Bindungen zu den Z Nachbaratomen gebrochen werden. Bei der Anlagerung des so entfernten Atoms an einer Oberflächenstufe werden dann im Mittel $Z/2$ Bindungen wieder hergestellt. Für die Leerstellenbildung sind also nur $Z/2$ Bindungen aufzubrechen, genau so viele wie auch für die Ablösung eines Atoms von der Oberfläche. Da für letzteres die atomare Bildungsenergie E^B des Idealkristalls aufzuwenden ist, würde man $E_V^f \approx E^B$ erwarten. In Wirklichkeit beobachtet man aber Werte von $E_V^f/E^B \approx 0.2$ bis 0.8. Diese Diskrepanz ist besonders groß für Metalle und am geringsten für Edelgaskristalle. Die Ursache dürfte an der lokalen Umverteilung der (Leitungs-)Elektronen um die Leerstelle und der damit verbundenen starken Veränderung der Bindungsverhältnisse zwischen den Nachbaratomen der Leerstelle liegen.

Die **Bildungsentropie** S_x^f berücksichtigt einmal die Änderung der Entropie durch die geänderten Schwingungsamplituden der Atome in und um einen Defekt, typisch $1k$ bis $7k$. Zum andern geht in S_x^f ein Beitrag $k \ln z_x$ ein, wobei z_x die Zahl der kristallographisch äquivalenten Anordnungsmöglichkeiten des Defekts X pro Gitterplatz bzw. seinen Entartungsgrad bedeutet. Z. B. ist für das F-Zentrum, wegen der zwei möglichen Spineinstellungen des eingefangenen Elektrons und der damit verbundenen elektronischen Entartung, $z_F = 2$. Für ein Hantelzwischengitteratom im fcc-Gitter gibt es wegen seiner drei möglichen $<100>$-Orientierungen drei Anordnungsmöglichkeiten auf einem Gitterplatz. Somit ist $z_i = 3$.

In das **Bildungsvolumen** V_x^f geht zum einen der Beitrag des sog. **Relaxationsvolumens** V_x^{rel} ein, d. h. eine Volumenänderung aufgrund der elastischen Verschiebungen um den Defekt X. Dazu kommt bei Zwischengitteratomen bzw. Leerstellen noch ein Beitrag von $-V_0$ bzw. $+V_0$. Dieser rührt davon her, dass für $N = $ const. bei der Erzeugung eines Zwischengitteratoms ein Atom von der Oberfläche weggenommen und ins Kristallinnere gebracht, das Kristallvolumen somit um ein Atomvolumen V_0 verkleinert wird. Für die Leerstellen gilt das Umgekehrte. In Metallen findet man für V_x^{rel} folgende typischen Werte in Einheiten von V_0: -0.4 bis $+0.2$ für substitutionelle Fremdatome und Leerstellen, 0.1 bis 0.5 für interstitielle Fremdatome, und 1 bis 2 für (Eigen-)Zwischengitteratome (s. Tab. 3.2, Spalte 12). In den Halbleitern Si und Ge scheinen sich andererseits die Relaxationsvolumina von Leerstelle und Zwischengitteratom weitgehend zu kompensieren, d. h. $V_i^{rel} \approx -V_v^{rel} \approx 1/2\,V_0$, sodass die Bildungsvolumina der Frenkelpaare fast null werden, s. Tab. 3.2, Spalte 12.

In Metallen wird die thermische Fehlordnung durch Leerstellen dominiert. Ihre Konzentration steigt gemäß Gl. (3.2) exponentiell mit der Temperatur an. Typische Werte von c_V nahe dem Schmelzpunkt T_S liegen bei 10^{-3} bis 10^{-4} (s. Tab. 3.2, Spalte 5). Die thermische Konzentration der Zwischengitteratome ist in Metallen wegen der hohen Bildungsenergien (typisch $E_i^f > 2\,E_V^f$) gegenüber c_V völlig vernachlässigbar. Dagegen scheinen im thermischen Fehlstellengleichgewicht bei Halbleitern, wie Si oder GaAs, auch Zwischengitteratome von Bedeutung zu sein. Insgesamt liegen hier die Defektkonzentrationen für $T \to T_s$ um mindestens zwei bis drei Größenordnungen niedriger als bei Metallen.

Natürlich bedarf es für das Einstellen des thermischen Fehlstellengleichgewichtes *Quellen* und *Senken* für Leerstellen (und Zwischengitteratome). Als solche wirken vor allem die äußere Oberfläche sowie Korngrenzen und Versetzungen. Diese weisen bei höheren Temperaturen eine größere Zahl von leerstellenartigen, strukturellen Unregelmäßigkeiten auf, in die leicht Gitteratome hineinspringen können, so dass auf diese Weise Leerstellen in den Kristall injiziert werden.

Tab. 3.2 Defektparameter repräsentativer Substanzen[a].

Sub-stanz	Struktur	$\dfrac{T_s}{K}$	dominante Fehlordnung[b] bei T_s	$10^4 \cdot c_V(T_s)$	$\dfrac{D_A(T_s)}{10^{-12}\,m^2\,s^{-1}}$	$\dfrac{E^{SD}}{eV}$	$\dfrac{E^f_V}{eV}$	$\dfrac{E^m_V}{eV}$	$\dfrac{E^{f\,[d]}_i}{eV}$	$\dfrac{E^{m\,[c]}_i}{eV}$	$\dfrac{V^{f\,[e]}_F}{V_0}$	$\dfrac{T_d}{eV}$
Al	fcc	933	$V,(V_2)$	9	1.9	1.3	0.66	0.59	3–4	0.1	1.9	16
Cu	fcc	1356	V	2	0.6	2.1	1.3	0.70	3–4	0.1	1.4	19
Au	fcc	1336	$V,(V_2)$	7	1.3	1.8	0.95	0.71		<0.01		34
Ni	fcc	1726	V	0.1	0.4	2.9	1.7	1.05		0.15	0.8	23
Fe	bcc	1805	V	≈0.1	2.2	2.9[h]	1.5[h]	0.55[k]		0.3[k]	1.1	17
Mo	bcc	2890	V	1	1.2	4.5	3.2	1.3		0.08	1.1	34
W	bcc	3680	$V,(i)$		3.4	5.4	4.0	1.7	7–9	0.05		
Ge	Diamant	1211	V	<10⁻²	$10^{-3.5}$	3.1					0	27
Si	Diamant	1683	$i,(V)$	<10⁻²	$10^{-3.5}$	4.8			3.3		0	21
KCl	NaCl	1049	$S \equiv V_K^- + V_{Cl}^+$	20	0.4/0.2[f]	2.1/2.1[f]	2.5[g]	0.2–0.4		0.1(Cl^0_i)	1.2/3.2	
AgCl	NaCl	728	$F \equiv V_{Ag}^- + Ag_i^+$	20	100/0.1[f]	0.9/1.6[f]	1.45[g]	0.7/0.85[f] 0.3/0.7[f]		0.1(Ag_i^+)	2	

[a] Ausgewählte experimentelle Werte, nach [4, 5, 6]. Typische Genauigkeit der angegebenen Energien ca. 5–10% (außer bei E^f_i: T_s = Schmelztemperatur; E^f_V, E^f_i, E^m_V, E^m_i = Bildungs- bzw. Wanderungsenergien der Leerstellen bzw. Zwischengitteratome, E^{SD} = Aktivierungsenergie für Selbstdiffusion; T_d = Schwellenenergie für die Erzeugung eines Frenkel-Paars bei Bestrahlung.

[b] In Klammer: Merkliche Beiträge einer 2. Fehlstellensorte vermutet, z. B. von Doppelleerstellen V_2.

[c] Werte bei $T \leq 0.25\,T_s$ (Erholungsstufe III) außer für Ag_i^+

[d] Differenz der kalorimetrisch gemessenen Rekombinationswärme $E^f_F = E^f_V + E^f_i$ pro Frenkel-Paar und E^f_V aus Gleichgewichtsmessungen (s. Spalte 8). Für Si: E^f_i aus Zn-Diffusionsdaten [7]

[e] Bildungsvolumen eines Frenkel-Paares aus Gitteraufweitung nach Bestrahlung in Einheiten des molaren Volumens. Es gilt $V^f_F = V^{rel}_V + V^{rel}_i$. Die zwei Werte für KCl beziehen sich auf ein $(Cl^0_i + V^0_{Cl})$-Paar bzw. ein $(Cl^-_i + V_{\overline{Cl}})$-Paar. Der Wert für AgCl folgt aus der Druckabhängigkeit von $c_F(T)$ und bezieht sich auf ein $(V^-_{Ag} + Ag^+_i)$-Paar.

[f] Werte für Kation/Anion

[g] Wert für E^f_s bzw. E^f_F

[h] paramagnetischer Zustand

[k] ferromagnetischer Zustand

3.3.2 Methoden zum Nachweis thermischer Leerstellen

Eine direkte Methode zur Bestimmung der thermischen Fehlordnung liefert die sog. **differentielle Dilatometrie,** d.h. die vergleichende Messung der Röntgen- und der Makrodichte eines Kristalls (s. Abb. 3.6). Betrachten wir einen einfach-kubischen Kristall mit der Gitterkonstanten a und dem Volumen V, so ergibt V/a^3 die Zahl der Gitterplätze, gleichgültig ob diese besetzt, unbesetzt oder doppelt besetzt sind. Effekte aufgrund von Anharmonizitäten in den Gitterschwingungen oder von Verzerrungen um die Fehlstellen gehen in gleicher Weise in V und a^3 ein und fallen somit in V/a^3 heraus. Subtrahiert man von der Zahl der Gitterplätze die Zahl der Atome $N = V_R/a_R^3$, wobei der Index R den defektfreien Referenzzustand charakterisiert, so erhält man direkt die Konzentration der Leerstellen in der Probe minus die der Zwischengitteratome zu

$$(c_V - c_i) = (V/a^3)(V_R/a_R^3)^{-1} - 1 \approx 3\left(\frac{L - L_R}{L_R} - \frac{a - a_R}{a_R}\right), \tag{3.3}$$

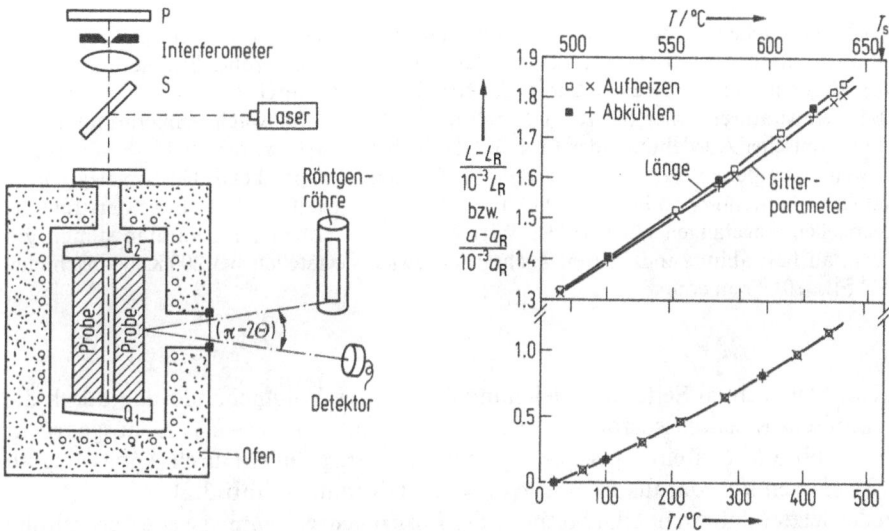

Abb. 3.6 Leerstellennachweis mittels differentieller Dilatometrie (Simmons-Balluffi-Methode). *Links*: Prinzip des experimentellen Aufbaus. Die Probe, ein durchbohrter Einkristall, steht auf dem Quarzspiegel Q_1. Oben liegt der Spiegel Q_2. Dazwischen entstehen bei Beleuchtung mit dem Laser Interferenzen gleicher Dicke. Aus dem Durchwandern der Interferenzringe auf der Mattglasplatte P wird die Längenänderung $L(T) - L_R$ bestimmt. Gleichzeitig wird die Gitterparameter-Änderung röntgenographisch über die Veränderung des Braggwinkels θ gemessen. Aus der Bragg'schen Gleichung folgt: $(a - a_R)/a_R \approx (\theta_R - \theta)\cot\theta_R$. Durch Rückwärtsreflexion ($\theta \approx \pi/2$) erhält man eine hohe Empfindlichkeit. *Rechts*: Experimentelles Ergebnis mit einigen Meßpunkten für einen Aluminium-Einkristall [8]. Untere Kurve: Tiefe Temperaturen, kein Leerstelleneffekt. Obere Kurven (anderer Maßstab!): Ab 500 °C Leerstelleneffekt nachweisbar.

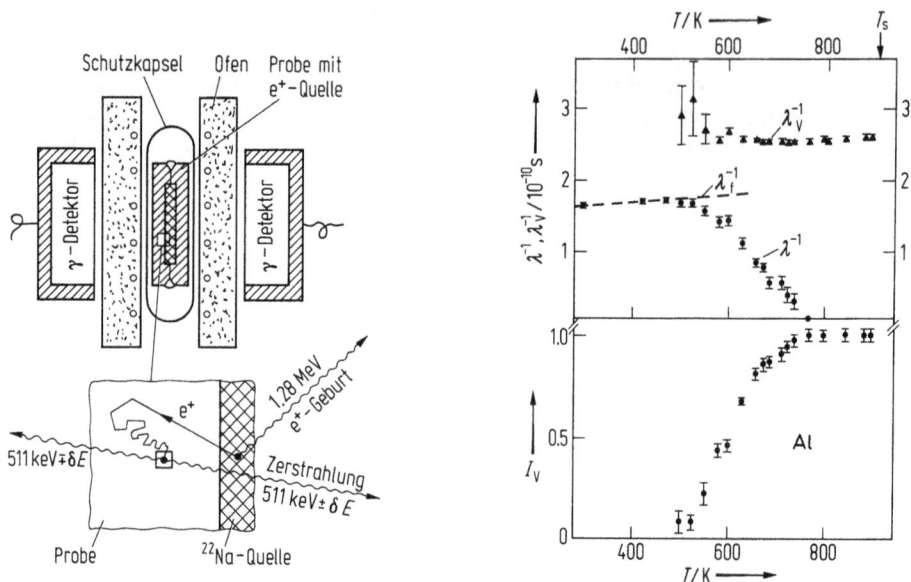

Abb. 3.7 Leerstellennachweis mittels Positronenvernichtung. *Links*: Prinzipieller Experimentaufbau und schematische Darstellung der Vorgänge in der Probe, Erläuterung s. Text. *Rechts*: Ergebnis der Analyse der Lebensdauerspektren $n(t)$ mittels Gl. (3.4) für Aluminium [9]. Bei Temperaturen unter 500 K ist $I_V \approx 0$ und $\lambda^{-1} = \lambda_f^{-1}$ (schwach temperaturabhängig wegen thermischer Ausdehnung der Probe). Oberhalb ca. 500 K wird $c_V \geq 10^{-6}$. In $n(t)$ tritt eine zweite Komponente I_V mit $\lambda_V^{-1} > \lambda_f^{-1}$ auf, λ^{-1} sinkt entsprechend. Der Anstieg von I_V sättigt ($I_V \rightarrow 1$), wenn c_V so hoch ist, dass praktisch alle injizierten e^+ vor ihrer Zerstrahlung in Leerstellen eingefangen werden. Der Wert von λ_V^{-1} bei hohen Temperaturen stimmt gut mit dem an bestrahlungsinduzierten Nichtgleichgewichtsleerstellen bei 200 K beobachteten Wert 2.51×10^{-10} s überein.

wobei in der rechten Seite der Gleichung die relative Volumenänderung durch die – für kubische Kristalle isotrope – relative Längenänderung $(L - L_R)/L_R$ ausgedrückt wurde. Abb. 3.6 zeigt ein typisches experimentelles Ergebnis. Durch Anpassung an Gl. (3.3) lassen sich daraus E_V^f und $c_V(T = T_s)$ bestimmen (Tab. 3.2).

In den letzten Jahren hat die Methode der **Positronenvernichtung** weite Verbreitung für den Leerstellennachweis gefunden. Das Prinzip ist in Abb. 3.7 dargestellt. In die zu untersuchende Probe werden Positionen e^+ injiziert, zum Beispiel aus einer in die Probe eingeschweißten, radioaktiven Na-Quelle. Die „Geburt" des e^+ wird mit einem der γ-Detektoren über das von der Quelle gleichzeitig emittierte 1.28-MeV-γ-Quant registriert. Durch Wechselwirkung mit den Elektronen bzw. Phononen wird im Festkörper das injizierte e^+ schon nach ca. 10^{-12} s thermalisiert. Es diffundiert dann zwischen den Gitteratomen umher, bis es nach ca. 10^{-10} s mit einem e^- zerstrahlt. Dabei werden zwei γ-Quanten mit $E = m_0 c^2 = 511$ keV ausgesandt, die in Koinzidenz nachgewiesen werden. Unter Verwendung einer besonders schnellen Elektronik kann so die Zeit t zwischen Geburt und Zerstrahlung des e^+ registriert werden. Wenn nun in der Probe Leerstellen vorliegen, kann das e^+ während seines

Diffusionsprozesses an diesen eingefangen werden. Da in der Leerstelle ein positives Metallion fehlt, herrscht dort eine negative Überschussladung vor, die das e^+ bis zur Zerstrahlung bindet. Die absolute Elektronendichte in der Leerstelle ist jedoch geringer als im umgebenden Gitter. Dadurch wird die mittlere Lebensdauer des gebundenen e^+ erhöht, was man zum Nachweis von Leerstellen ausnützt. Auch die in der Leerstelle veränderte Verteilung der Elektronenimpulse p kann über die Doppler-Verbreiterung $\pm \delta E = cp/2$ der beiden Zerstrahlungsquanten zum Leerstellennachweis ausgenützt werden.

In der sog. Lebensdauerspektroskopie misst man für viele Positronen, die in der Probe zerfallen, die Häufigkeitsverteilung ihrer Lebensdauern t bis zur Zerstrahlung. Im einfachsten Fall erwartet man folgende normierte Verteilung mit zwei Lebensdauerkomponenten λ^{-1} bzw. λ_V^{-1}:

$$n(t) = (1 - I_V) \lambda e^{-\lambda t} + I_V \lambda_V e^{-\lambda_V t},$$

$$\text{mit} \quad \lambda = \lambda_f + \sigma c_V \quad \text{und} \quad I_V = (\sigma c_V)/(\lambda - \lambda_V). \tag{3.4}$$

Dabei ist σc_V die Einfangrate des Positrons in einer Leerstelle. Die sog. Einfangkonstante σ beträgt etwa $10^{15}\,\text{s}^{-1}$. Die mittleren Lebensdauern des e^+ bis zur Zerstrahlung in der Leerstelle bzw. im Gitter (sog. freier Zustand f) werden mit λ_V^{-1}

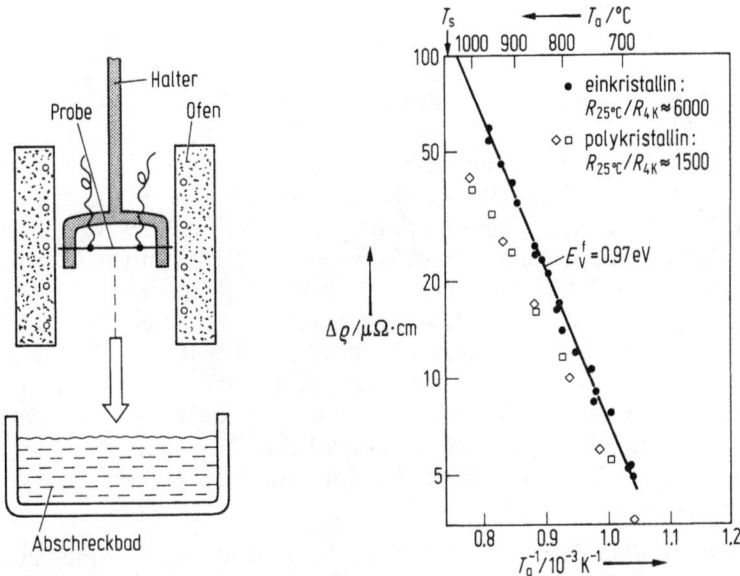

Abb. 3.8 Abschrecken von Leerstellen. *Links*: Prinzipieller Aufbau der Abschreckapparatur. Durch schnelles Eintauchen der Probe aus dem Ofen in eine kalte Flüssigkeit (Salzlösung, flüssiges Helium) lassen sich Abschreckgeschwindigkeiten von $10^3\,\text{K}\,\text{s}^{-1}$ bis $10^4\,\text{K}\,\text{s}^{-1}$ erreichen. *Rechts*: Änderung $\Delta\varrho$ des spezifischen elektrischen Restwiderstands von Au beim Abschrecken von Temperaturen T_a [10]. Da $\Delta\varrho$ proportional zu c_V ist, liefert, gemäß Gl. (3.2), die Steigung der gezeigten Arrhenius-Auftragung E_V^f. Man beachte den Unterschied der Ergebnisse für massive, praktisch versetzungsfreie Einkristalle und polykristalline Drähte, wo Leerstellen an den dort vorliegenden Korngrenzen und Versetzungen z.T. verloren gehen.

bzw. λ_f^{-1} bezeichnet. Die Größe λ ist somit die Rate, mit der freie Positronen verschwinden, entweder durch Zerstrahlung im Gitter (λ_f) oder durch Einfang an Leerstellen (σc_V). Der obige Ausdruck für die relative Häufigkeit I_V von Zerstrahlungen in Leerstellen ergibt sich aus der Bedingung, dass bei $t = 0$ noch keine Positronen eingefangen sind, d. h. $n(t = 0) = \lambda_f$ wird. Durch Anpassen des gemessenen Lebensdauerspektrums an Gl. (3.4) können die Größen I_V, λ und λ_f experimentell bestimmt werden (s. Abb. 3.7). Der gemessene Verlauf von I_V bzw. von λ^{-1} mit der Temperatur T liefert somit $\sigma c_V(T)$. Da σ nur schwach temperaturabhängig ist, kann über Gl. (3.2) so E_V^f bestimmt werden, z. B. für Al aus den Daten von Abb. 3.7 zu (0.68 ± 0.03) eV.

Bei Temperaturen nahe T_s erfordert der direkte Nachweis der thermischen Fehlordnung für viele Substanzen oft einen sehr hohen experimentellen Aufwand oder ist gar unmöglich. Häufig wird daher versucht, die thermische Fehlordnung durch möglichst schnelles **Abschrecken** zu tiefen Temperaturen zu retten, um sie dann mit empfindlicheren Methoden, bei Metallen z. B. durch Messung der elektrischen Restwiderstandsänderung, zu untersuchen. Ein Beispiel ist in Abb. 3.8 gezeigt. Das Abschrecken hat jedoch den Nachteil, dass während des Abkühlens selbst bei den höchsten derzeit realisierbaren Raten von 10^4 K/s Reaktionen der Leerstellen untereinander oder mit inneren Senken kaum zu vermeiden sind (s. Abb. 3.8).

3.3.3 Fehlstellengleichgewichte in mehratomaren Substanzen

Wir betrachten im Folgenden nur den einfachsten Fall einer AB-Verbindung, z. B. KCl, AgCl, MnO (alle mit NaCl-Struktur), NiAl (CsCl-Struktur) oder GaAs. Der Referenzzustand, gegenüber dem Fehlstellen definiert werden, ist wieder der perfekte Kristall, in dem beide Untergitter mit den jeweiligen A- bzw. B-Atomen voll besetzt sind. Mögliche Eigenfehlstellen sind dann: Leerstellen V_A bzw. V_B auf jedem Untergitter, Zwischengitteratome A_i bzw. B_i sowie Antistrukturatome A_B bzw. B_A. Dazu kommen eventuell noch verschiedene Ladungszustände der Defekte sowie freie Elektronen e^-, Löcher h^+ und Defektassoziate. Trotz dieser Vielfalt beobachtet man, dass im thermischen Gleichgewicht im Allgemeinen die Kombination von zwei Typen, z. B. V_A und V_B in der sog. **Schottky-Fehlordnung** oder V_A und A_i in der sog. **Frenkel-Fehlordnung**, dominiert. Die Dominanz nur eines Fehlstellentyps, wie bei den Metallen, ist bei (stöchiometrischen) AB-Kristallen nicht möglich. Der Grund sind *Randbedingungen*, die bei der Aufstellung der Fehlstellengleichgewichte zu beachten sind:

1. *Ladungsneutralität* des Kristalls, d. h. die gesamte effektive Ladung aller positiv bzw. negativ geladenen Fehlstellen (einschließlich der e^- und h^+) muss gleich sein.
2. *Erhaltung der Kristallstruktur*, d. h. die Zahl der A- und B-Gitterplätze muss gleich sein, gleichgültig ob besetzt oder unbesetzt. Die Zwischengitterplätze zählen nicht mit.
3. *Erhaltung der Atomzahlen* im abgeschlossenen System.

Diese Bedingungen lassen sich in Form von chemischen Bilanzgleichungen darstellen, aus denen dann mithilfe des Massenwirkungsgesetzes die Gleichungen für die Fehlstellenkonzentrationen folgen. Sie sind in Tab. 3.3 für die bisher beobachteten

Tab. 3.3 Fehlordnungsgleichgewichte in zweiatomigen Kristallen $A_{1-s}B$.

Bezeichnung	Fehlstellentypen[a] Bilanzgleichung	Massenwirkungsgesetz Stöchiometrieabweichung	Bemerkung, typische Vertreter
Schottky	$V_A + V_B = 0$	$c_{V_B}(c_{V_B} + s) = \exp(-G_S^f/kT)$ $s = c_{V_A} - c_{V_B}$	– gut untersucht für viele Alkalihalogenide z. B. A = Li, Na, K, Rb, Cs; B = F, Cl, Br, J – Behandlung im Alkalimetalldampf gibt zusätzlich V_B^0, d. h. $s < 0$ – Dotieren mit Erdalkali-Verunreinigungen X_A gibt $c_{V_A} - c_{V_B} = c_{X_A}$
Frenkel	$V_A + A_i = A_A$	$c_{A_i}(c_{A_i} + s) = \exp(-G_F^f/kT)$ $s = c_{V_A} - c_{A_i}$	– Kationen-Frenkel-Fehlordnung gut untersucht für AgCl, AgBr und AgJ – analoge Anionen-Frenkel-Fehlordnung gut untersucht in CaF_2, SrF_2, BaF_2 und $SrCl_2$ – vermutete Fehlordnung für Oxide $A_{1-s}O$ mit A = Mn, Fe, Co, Ni; je nach p_{O_2} ist s typisch 10^{-4} bis einige 10^{-2} und somit meist $c_{A_i} \ll c_{V_A}$
Entordnung (Austausch)	$A_B + B_A = A_A + B_B$	$c_{A_B}\left(c_{A_B} - \dfrac{s}{2}\right) = \exp(-G_E^f/kT)$ $s \approx 2(c_{B_A} - c_{A_B})$	– viele geordnete Legierungen vom Typ CuZn, sowie (analog) Cu_3Au, $Ni_3Al\ldots$ für $T \ll$ Ordnungstemperatur – vermutet für GaAs; durch Wahl des As_4-Dampfdruckes ist s zwischen -10^{-5} und 10^{-4} einstellbar. Zusätzlich Frenkel- oder Schottky-Fehlordnung
Tripeldefekt	$A_B + 2V_A = A_A$	$c_{A_B}(2c_{A_B} + s)^2 = \exp(-G_T^f/kT)$ $s \approx c_{V_A} - 2c_{A_B}$	– gut untersucht für intermetallische γ'-AB-Phasen mit A = Co, Fe, Ni, Pd; B = Al, Ga, In; $s \approx \pm$ einige 10^{-2} für $s < 0$ vorwiegend Antistrukturatome A_B für $s > 0$ vorwiegend Leerstellen V_A

[a] Ohne Bezeichnung der Ladungen

Fehlordnungstypen zusammengestellt. Die Defektkonzentrationen werden dabei in Molbruchteilen, d. h. Defekte pro AB-Molekül des Kristalls, angegeben. G^f bedeutet die Summe der freien Bildungsenthalpien der für das betreffende Fehlordnungsgleichgewicht charakteristischen Einzelfehlstellen, z. B. für Schottky-Fehlordnung: $G_S^f = G_{V_A}^f + G_{V_B}^f$. Diejenige Fehlstellenkombination, die unter Berücksichtigung der Randbedingungen den kleinsten Wert von G^f ergibt, dominiert demgemäß das Fehlstellengleichgewicht bei hohen Temperaturen.

In Tab. 3.3 beschreibt ferner s die sog. **Stöchiometrieabweichung**. Mit $|s| \ll 1$ hat der Kristall die Zusammensetzung $A_{1-s}B$. Meist ist s von außen vorgegeben, entweder durch Einwaage der Komponenten und anschließendes Abschließen des Systems (z. B. beim Legieren) oder durch Äquilibrieren einer der Komponenten mit ihrem Dampfdruck, z. B. Vorgabe des Sauerstoffpartialdrucks p_{O_2} über einem Oxid oder von p_{As_4} über GaAs. Eine weitere Möglichkeit zur Erzeugung von Eigenfehlstellen besteht bei Ionenkristallen in der Dotierung mit anderswertigen Fremdionen, z. B. durch Zugabe von $CdCl_2$ zu KCl oder zu AgCl. Zur Ladungskompensation (bzw. Gitterplatzerhaltung) muss dann für jedes Cd-Ion eine zusätzliche Kationenleerstelle eingebaut werden. Für z. B. AgCl gilt dann $c_{V_{Ag}^-} - c_{Ag_i} = c_{Cd_{Ag}^+}$. Diese Fehlordnung wird dann wichtig, wenn mit sinkender Temperatur die rein thermische Fehlordnung ausstirbt. Weil diese Fehlordnung durch die Dotierung dem stöchiometrischen Kristall sozusagen von „außen" aufgezwungen wird, wird sie häufig auch „extrinsisch" genannt. Streng genommen ist sie aber Teil des thermodynamischen Gleichgewichts des (dotierten) Kristalls und somit nach der in Abschn. 3.1 gegebenen Definition eigentlich intrinsischer Natur.

3.4 Platzwechsel atomarer Fehlstellen

Es gilt heute als gesichert, dass in Festkörpern *Platzwechsel von Gitteratomen über Sprünge von Leerstellen oder Zwischengitteratomen* verlaufen. Ein im Prinzip denkbarer, direkter Austausch oder Ringtausch benachbarter Atome im Gitter verlangt einen zu hohen Energieaufwand und wurde bisher nicht beobachtet. Im Folgendem sollen deshalb die Sprünge von Leerstellen und Zwischengitteratomen näher betrachtet werden.

3.4.1 Platzwechsel von Leerstellen

Der Sprung einer Leerstelle ist in Abb. 3.9 illustriert. Ein Nachbaratom springt direkt in den freien Gitterplatz, wobei die Leerstelle in umgekehrter Richtung springt. Falls das Nachbaratom ein reguläres Gitteratom ist, führt dies zur sog. Selbstdiffusion; falls es ein substitutionelles Fremdatom ist (s. Abb. 3.9b) zur Fremdatomdiffusion. Für den Übergang eines Nachbaratoms in die Leerstelle muss der in Abb. 3.9a schraffiert gezeichnete Ring der andern Nachbaratome, die den Sprung behindern, aufgeweitet werden. Wie schematisch in Abb. 3.12a dargestellt, ist hierfür eine Energie E_V^m zur Überwindung des Sattelpunktes notwendig. Falls diese durch

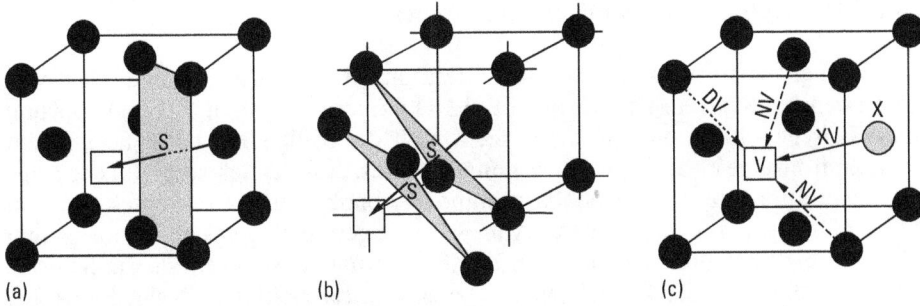

Abb. 3.9 Platzwechsel einer Leerstelle: (a) und (c) in einem fcc- bzw. (b) in einem bcc- Metall. S bezeichnet den Sattelpunkt für den Sprung des Nachbaratoms in die Leerstelle. Im Fall (c) sitzt ein substitutionelles Fremdatom X neben der Leerstelle V. Die Pfeile bezeichnen einige für die Fremdatomdiffusion wichtige Sprungprozesse: XV = Sprung von X in V. NV = Sprung eines zu X und zu V benachbarten Gitteratoms in V. Dadurch bleibt die (XV)-Paarung erhalten. DV = Dissoziations-Sprung des (XV)-Paares.

thermische Fluktuationen aufgebracht werden muss, gilt für die Temperaturabhängigkeit der **Sprungrate** Γ_V ein **Arrhenius-Gesetz**

$$\Gamma_V = \Gamma_{0,V} \exp(-E_V^m/kT), \tag{3.5}$$

wobei E_V^m auch als **Wanderungsenergie** (Index m von engl. migration) der Leerstelle bezeichnet wird. Einige experimentelle Werte für E_V^m sind in Tab. 3.2 aufgeführt.

Der Vorfaktor $\Gamma_{0,V}$ heißt **Versuchsfrequenz** und kann im einfachsten Fall als die Frequenz aufgefasst werden, mit der ein benachbartes Gitteratom um seine Gleichgewichtslage zur Leerstelle hin schwingt. Ein typischer Wert ist $\Gamma_{0,V} \approx 10^{12}\,\mathrm{s}^{-1}$ bis $10^{13}\,\mathrm{s}^{-1}$.

Nimmt man vereinfachend einen sinusförmigen Verlauf des in Abb. 3.12a gezeigten Potentials an, so lässt sich aus der Potentialkrümmung $M\,(\Gamma_{0,V})^2$ mit $M = $ Masse des springenden Atoms und der Sprungweite d eine Daumenregel für die Höhe der Potentialbarriere abschätzen zu

$$E_V^m = 2\,M\,(\Gamma_{0,V}d)^2. \tag{3.6}$$

Für Cu, mit $\Gamma_{0,V} \approx 3 \cdot 10^{12}\,\mathrm{s}^{-1}$ (0.4 Debyefrequenz) und $d = 2.5 \cdot 10^{-10}\,\mathrm{m}$, erhält man so $E_V^m \approx 0.7\,\mathrm{eV}$. Eine Leerstelle würde dann bei $\approx 273\,\mathrm{K}$ etwa einen Schritt pro Sekunde ausführen.

Eine genauere Analyse des in Abb. 3.9 skizzierten Übergangs eines Atoms in die benachbarte Leerstelle legt nahe, dass in eine genauere Berechnung von E_V^m der detaillierte Verlauf des Potentials in und um den Sattelpunkt eingeht. In bcc-Metallen hat das springende Atom, wie aus Abb. 3.9b ersichtlich, sukzessiv zwei Potentialbarrieren zu überwinden. Dies würde in Abb. 3.12a zu einem doppelhöckerigen Potentialverlauf führen. Zudem zeigen in bcc-Metallen die beim Sprung in die <111>-Richtung beteiligten, longitudinalen Phononen mit Ausbreitungsvektoren $(4\pi/3\,a)<111>$ oft ausgeprägte Anomalien in ihrem Dispersionsverhalten. Diese sog. „weichen" Phononen führen dann zu besonders niedrigen Vorfaktoren $\Gamma_{0,V}$ und zu entsprechend niedrigeren Barrierenhöhen für den Leerstellensprung.

3.4.2 Platzwechsel von Zwischengitteratomen

Der Sprungmechanismus der Zwischengitteratome ist komplizierter und hängt von
ihrer jeweiligen Struktur ab. Wie in Abb. 3.10a dargestellt, führen z. B. beim Sprung
eines Zwischengitteratoms in einem fcc-Metall die beiden Hantelatome und ein
Nachbaratom eine koordinierte Bewegung so durch, dass der Schwerpunkt der Hantelkonfiguration um einen Nachbarabstand verschoben und die Hantelachse um
90° gedreht wird. Wie die Pfeile in Abb. 3.10a zeigen, bewegen sich die an diesem
„Drehsprung" beteiligten Atome um deutlich geringere Strecken als die Schwer-
punktsverschiebung der Hantel selbst. Dieser sog. **Interstitialcy-Mechanismus**, bei
dem die Konfiguration des Zwischengitteratoms dadurch springt, dass ein Atom
im „Zwischengitter" ein artgleiches Gitteratom aus seinem Platz verdrängt und dann
dessen Platz einnimmt, während das verdrängte Atom im Zwischengitter landet,
dürfte generell in Materialien mit nicht zu komplizierter Gitterstruktur zutreffen.
Ein weiteres Beispiel ist in Abb. 3.10b gezeigt.

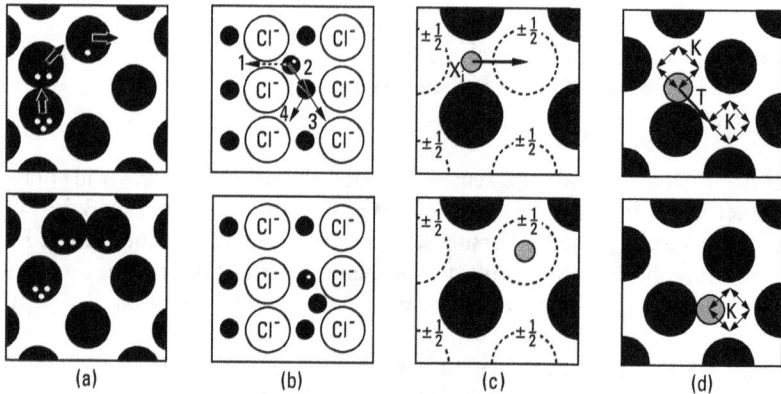

Abb. 3.10 Platzwechsel von Zwischengitteratomen und interstitiellen Fremdatomen. *Oben*:
Ausgangssituation. Der Deutlichkeit halber sind die springenden Atome durch weiße Punkte
markiert. Die Pfeile deuten den Weg der beteiligten Atome an. *Unten*: Atomkonfiguration
nach dem Sprung. (a) Sprung eines <100>-Hantel-Zwischengitteratoms in der {100}-Ebene
eines fcc-Metalls. (b) Mögliche Sprünge eines Ag-Zwischengitterions in der {110}-Ebene von
AgCl von einem Zwischengitter-Tetraederplatz der NaCl-Struktur zum nächsten: Sprung 1
(punktiert) = direkter Sprung des Ag_i^+ von Tetraeder- zu Tetraederplatz (energetisch ungünstig), Sprung 2 + 3 = kollinearer Sprung, Sprung 2 + 4 = nicht-kollinearer Sprung. Man beachte: Die Konfiguration des Zwischengitterions springt jeweils um den Vektor 2 + 3 bzw.
2 + 4, das markierte (Zwischengitter-) Ion nur um den Vektor 2 und landet dabei auf einem
regulären Gitterplatz. (c) Direkter Sprung eines kleinen interstitiellen Fremdatoms X_i (schattiert) von einem Oktaederplatz zum nächsten in der {100}-Ebene eines bcc-Metalls. Die punktierten und mit ±1/2 gekennzeichneten Gitteratome liegen im Abstand a/2 ober- bzw. unterhalb der {100}-Gitterebene mit den vollen Atomen. (d) Platzwechsel eines interstitiellen
Fremdatoms (schattiert), das in einem fcc-Metall in der sog. <100>-Off-Center-O-Position
vorliegt. Das Fremdatom führt in der gezeigten {100}-Ebene schnelle „Käfigsprünge" K um
die zentrale Oktaederposition aus (s. auch Abb. 3.1f). Langreichweitige Diffusion kann jedoch
nur über anschließende Translationssprünge T von einem Käfig zum nächsten erfolgen.

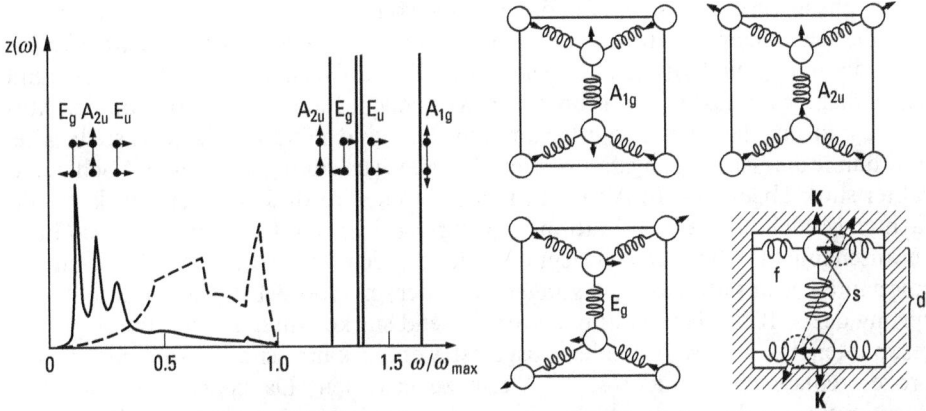

Abb. 3.11 Schwingungsverhalten von $<100>$-Hantel-Zwischengitteratomen in Cu. *Links:* Lokales Frequenzspektrum berechnet für die Hantelatome bzw. für ein normales Gitteratom (gestrichelt) [11]. Die Symbole geben die Symmetrien der Eigenschwingungen der Hantelatome an. $\omega_{max} = 4.7 \cdot 10^{13}$ Hz ist die maximale Phononen-Kreisfrequenz des ungestörten Cu-Kristalls. Die Maxima bei $\omega/\omega_{max} \approx 0.1$ bzw. 0.2 und 0.3 sind niederfrequenten, schwach gedämpften Resonanzmoden der Hantelschwingungen zuzuordnen. Die Maxima bei $\omega/\omega_{max} > 1$ beruhen auf ungedämpften, hochfrequenten, lokalisierten Schwingungsmoden der Hantelatome. *Rechts:* Auslenkungsmuster der resonanten E_g-Librations-, bzw. A_{2u} Translations-Schwingungsmode und der lokalisierten A_{1g}-Mode. Man beachte die gleichgerichtete Bewegung der Hantelatome und derer Nachbaratome bei den resonanten Moden und die entgegengesetzte Bewegung bei den lokalisierten Moden. Die Spiralfedern sollen die Wechselwirkung der Atome symbolisieren. Im Gegensatz zu Atomen auf idealen Gitterplätzen sind die gezeigten Federn durch das Einquetschen der Hantel in den umgebenden Restkristall stark vorgespannt. *Rechts unten:* Stark vereinfachtes Federmodell zur Veranschaulichung der starken Absenkung der effektiven Federkonstante f_{eff} für die Drehung der $<100>$-Hantel. Der schraffierte Kasten stellt den Restkristall dar, in den die Hantel eingequetscht ist. Die durch das Einquetschen erzeugte Vorspannung der zentralen Feder drückt die Hantelatome mit der Kraft K gegen den Restkristall. Bei einer Verkippung der Hantel um den Betrag s in die punktiert gezeichnete Position wirkt auf jedes Hantelatom zunächst die rücktreibende Kraft $-2fs$, die von der Beanspruchung der Federn f zu den beiden Nachbaratomen (Teil des Kastens) herrührt. Hinzu kommt eine nicht mehr durch den Kasten kompensierte Tangentialkomponente $2Ks/d$ der Vorspannung der Zentralfeder. Als effektive Federkonstante für die Hanteldrehung ergibt sich somit $f_{eff} = 2(f - K/d)$. Bei einer entsprechend starken Kompression der Ausgangskonfiguration der Hantelatome kann K durchaus Werte von $K \approx 0.99\,df$ annehmen. Die starke Absenkung der Eigenfrequenz $\omega/\omega_{max} \approx (f_{eff}/2f)^{1/2}$ für die E_g-Librationsmode lässt sich auf diese Weise atomistisch verstehen.

Für die Sprungrate der Zwischengitteratome gilt ebenfalls ein *Arrhenius-Gesetz* (s. Gl. (3.5)), wobei die dazugehörigen *Wanderungsenergien* E_i^m (s. Tab. 3.2) in den meisten Substanzen jedoch um eine Zehnerpotenz kleiner als E_V^m sind. Die experimentelle Bestimmung von E_i^m (und von E_V^m) basiert auf der reaktionskinetischen Analyse der Rekombination von bestrahlungsinduzierten Zwischengitteratomen und Leerstellen und ist in Abschn. 3.6.2 erläutert.

Die physikalische Ursache für die außergewöhnlich niedrigen Wanderungsenergien der Zwischengitteratome ist in ihrem besonderen **Schwingungsverhalten** zu suchen, das häufig niederfrequente Resonanzmoden aufweist, s. Abb. 3.11. Auf Grund der in dichter gepackten Strukturen zu erwartenden, starken Kompression der Atome in und um die Zwischengitterkonfiguration sind nämlich die Rückstellkräfte, und damit die Schwingungsfrequenzen, für alle Auslenkungsmuster mit Scharakter stark abgesenkt. In Abb. 3.11 rechts unten wird dies an einem stark vereinfachten Modell für die E_g-Librationsschwingung einer $<100>$-Hantel im fcc-Gitter veranschaulicht. Ähnliche Überlegungen gelten auch für die in Abb. 3.11 gezeigten, resonanten Translationsschwingungen. Da der in Abb. 3.10a dargestellte Drehsprung der $<100>$-Hantel durch entsprechend starke Anregung der überlagerten, resonanten E_g- und A_{2u}- Moden ausgelöst werden kann, sind für diesen Sprungprozess entsprechend niedrige $\Gamma_{0,i}$-Werte zu erwarten. Da zudem die effektiven Sprungvektoren der am Sprung beteiligten Atome kleiner als beim Leerstellensprung sind, werden so, gemäß Gl. (3.6), die niedrigen Wanderungsenergien der Zwischengitteratome verständlich. Bei manchen Substanzen, z.B. Au oder Nb, findet man eine Wanderung von Zwischengitteratomen bei Temperaturen unterhalb 1 K, eventuell sogar unter dem Einfluss der Nullpunktsschwingungen (Tunneln).

Für Halbleiter und Isolatoren ist außerdem in Betracht zu ziehen, dass Platzwechsel von Zwischengitteratomen auch durch häufige, elektronische Anregung – sozusagen *athermisch* – ausgelöst werden können. So beobachtet man in KCl eine Ausrichtung der $<110>$-Orientierungen der H-Zentren bei 4 K allein durch Einstrahlung von polarisiertem Licht in deren optische Absorptionsbande bei 350 nm. Auch für Zwischengitteratome in Si wurde vorgeschlagen, dass sie unter dem Einfluss von ionisierender Strahlung *athermisch diffundieren* können. Dabei stellt man sich vor, dass die Si_i durch alternierenden Einfang von freien e^- und h^+ sich fortgesetzt umladen und dabei – über die in Abschn. 3.2.2 und Abb. 3.4 geschilderten Konfigurationsänderungen – jeweils auch ihren Schwerpunkt im Gitter verlagern (sog. *Bourgoin-Mechanismus*).

Im Folgendem soll auch noch der *Platzwechsel von interstitiellen Fremdatomen* kurz besprochen werden. Für ihn gelten ähnliche Überlegungen wie für Eigenfehlstellen, d. h. die Gültigkeit eines Arrhenius-Gesetzes (Gl. (3.5)) und die Korrelation von Versuchsfrequenz und Wanderungsenergie (Gl. (3.6)). Für kleine Fremdatome auf hochsymmetrischen Zwischengitterpositionen erfolgt der Platzwechsel einfach durch einen Direktsprung zum nächsten Zwischengitterplatz (Abb. 3.10c). Der Platzwechsel eines Zwischengitterfremdatoms in Off-Center-Position, siehe z.B. Abb. 3.1f oder 3.4d, ist demgegenüber komplizierter. Er involviert sowohl sog. „Käfigsprünge", bei denen das interstitielle Fremdatom den hochsymmetrischen Schwerpunkt des Zwischengitterkäfigs umkreist, als auch Translationssprünge von einem Käfig zum nächsten. Beispiele sind in Abb. 3.10d und 3.4d gezeigt. Da die Käfigsprünge i. A. sehr viel schneller erfolgen, wird die Diffusionsgeschwindigkeit des betrachteten interstitiellen Fremdatoms über größere Strecken im Gitter allein durch die Rate der langsameren Translationssprünge bestimmt.

3.5 Festkörperdiffusion

Unter Diffusion im Festkörper versteht man einen *Materietransport* als Folge vieler Sprünge von Atomen von einem Gitterplatz (oder Zwischengitterplatz) zum nächsten. Die Diffusion spielt bei allen Vorgängen eine wichtige Rolle, bei denen Atome im Festkörper umverteilt werden. Beispiele sind die Homogenisierung oder die Ordnungseinstellung in Legierungen, die Dotierung von Halbleitern, das Ausheilen von Überschussfehlstellen nach Kaltverformung, Abschrecken oder Bestrahlen, das Aufwachsen von Schutzschichten auf Oberflächen aber auch die Ionenleitung in Ionenkristallen oder die mechanische Kriechverformung von Metallen bei hohen Temperaturen.

Im Folgenden beginnen wir mit der Beschreibung der Diffusionsgleichungen und des Diffusionskoeffizienten. Sodann werden experimentelle Ergebnisse für die Selbstdiffusion und die Fremdatomdiffusion in verschiedenen Materialklassen vorgestellt und atomistisch interpretiert.

3.5.1 Diffusionsgleichungen, Diffusionskoeffizienten

Die übliche makroskopische Beschreibung der Diffusion basiert auf der Theorie der irreversiblen Prozesse. Anstelle dieser mehr formalen Theorie soll im Folgenden ein einfaches, atomistisches Bild der Festkörperdiffusion vorgestellt werden. Wir beschränken uns dabei auf kubische Kristalle (skalarer Diffusionskoeffizient), auf eine eindimensionale Diffusionsgeometrie entlang der z-Achse und benutzen ausschließlich atomare Konzentrationen, c = Zahl der Teilchen pro Gitterplatz. Wir nehmen an, dass sich die diffundierenden Teilchen (z. B. Gitteratome, Leerstellen, Zwischengitteratome, Fremdatome, Tracer-Isotope etc.) in dem in Abb. 3.12b dargestellten Potentialgebirge bewegen, und erhalten dann für die zeitliche Änderung der lokalen Konzentration $c(z, t)$ folgende Bilanzgleichung:

$$\partial c(z,t)/\partial t = -c(z,t)(\Gamma^+ + \Gamma^-) + c(z+d,t)\Gamma^- + c(z-d,t)\Gamma^+. \qquad (3.7)$$

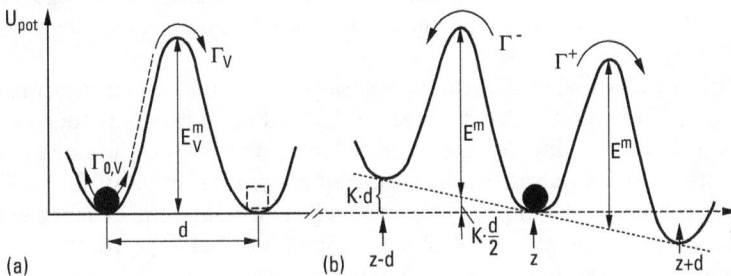

Abb. 3.12 Schematische Darstellung des Verlaufs der potentiellen Energie U_{pot} beim Sprung von diffundierenden Teilchen im Gitter. (a) Sprung eines Nachbaratoms in eine Leerstelle = Sprung der Leerstelle in entgegengesetzter Richtung. (b) Einfluss einer überlagerten äußeren Kraft $K = -dU_{\text{pot}}/dz$ in z-Richtung auf das diffundierende Teilchen. Dadurch erniedrigen sich die Energiebarrieren für alle Sprünge in z-Richtung und die dazugehörige Sprungrate Γ^+ nimmt entsprechend zu. Für die Gegenrichtung und Γ^- gilt das Umgekehrte.

Dabei bedeuten $c(z \pm d)$ die Teilchenkonzentrationen in den Nachbarpositionen bei $z + d$ bzw. bei $z - d$ und Γ^+ bzw. Γ^- die auf Grund einer äußeren Kraft K unterschiedlichen Sprungraten in bzw. entgegengesetzt der z-Richtung. Der erste Term in Gl. (3.7) beschreibt die Gesamtrate, mit der Teilchen aus der Position z herausspringen. Die beiden folgenden Terme beschreiben die Raten, mit denen Teilchen aus den Nachbarpositionen in die Position z hineinspringen (Abb. 3.12b). Für kleine Konzentrationsgradienten $\partial c/\partial z \ll c/d$ und für kleine Kräfte $K \ll 2kT/d$ gilt in guter Näherung folgende Entwicklung der c und $\Gamma^\pm$

und
$$c(z \pm d) = c(z) \pm d(\partial c/\partial z) + 1/2\, d^2 (\partial^2 c/\partial z^2)$$

mit
$$\Gamma^\pm = \Gamma_0 \exp(-(E^m \mp 1/2\, Kd)/kT) \approx \Gamma(1 \pm Kd/2kT)$$

$$\Gamma = \Gamma_0 \exp(-E^m/kT). \tag{3.8}$$

Durch Einsetzen in Gl. (3.7) und Zusammenfassung der Terme erhält man dann das sog. **2. Fick'sche Gesetz**

mit
$$\partial c/\partial t = D(\partial^2 c/\partial z^2) - <v^{\text{drift}}>(\partial c/\partial z) \tag{3.9}$$

$$D = 1/6\, Z\Gamma\, d^2 f \quad \text{und} \quad <v^{\text{drift}}> = DK/kT. \tag{3.10}$$

Die in Gl. (3.10) gegebene Definition des **Diffusionskoeffizienten D** verknüpft diesen mit den atomaren Größen Sprungraten Γ und Sprungweiten d (*Einstein-Smoluchowski-Beziehung*). Der Vollständigkeit halber wurde hier, anstelle der eindimensionalen, eine dreidimensionale Diffusionsgeometrie mit der Möglichkeit von Sprüngen in Z Nachbarplätze (alle im Abstand d) zugelassen. Außerdem wurde der in Abschn. 3.5.3 näher erläuterte *Korrelationsfaktor f* hinzugefügt. Dieser berücksichtigt ev. auftretende „Gedächtniseffekte" in den atomaren Platzwechseln. Es gilt $f = 1$, wenn, wie für Leerstellen, Zwischengitteratome und interstitielle Fremdatome, der Rücksprung eines Teilchens in seine vorherige Position gleich wahrscheinlich ist wie der Weitersprung in eine der anderen Nachbarpositionen. Springt das diffundierende Teilchen dagegen bevorzugt in seine Ausgangsposition zurück, so wird sein Weiterkommen dadurch behindert und es ist $f < 1$. Beispiele hierzu sind Platzwechsel von markierten Traceratomen oder von Fremdatomen über Leerstellen (Abschn. 3.5.3).

Der Diffusionskoeffizient hat die Dimension $\text{m}^2\,\text{s}^{-1}$ und ist ein Maß für die Beweglichkeit der Diffusionsteilchen im Kristall. Sind die diffundierenden Atome von der gleichen Sorte wie eine der chemischen Komponenten des homogen vorausgesetzten Festkörpers, so spricht man von *Selbstdiffusion*, Symbol D, bzw. *Tracer-Diffusion*, Symbol D^* (Abschn. 3.5.3). Ist dagegen das Diffusionsteilchen ein Fremdatom X so spricht man von *Fremdatomdiffusion*, Symbol D_X (Abschn. 3.5.4).

Die zweite Beziehung in Gl. (3.10) stellt einen Zusammenhang zwischen dem Diffusionskoeffizienten D und der mittleren Driftgeschwindigkeit $<v^{\text{drift}}>$ her, mit der diffundierende Teilchen äußeren Kräften folgen. Sie ist unter dem Namen **Nernst-Einstein-Beziehung** bekannt. Beispiele hierzu werden in Abschn. 3.5.2 erläutert.

Die Lösungen des 2. Fick'schen Gesetzes (Gl. (3.9)) beschreiben die zeitliche Entwicklung von Konzentrationsprofilen $c(z, t)$ für vorgegebene Anfangs- und Randbedingungen. Für den stationären Fall, wenn $c(z, t)$ nicht von t abhängt, folgt aus der Kontinuitätsgleichung $-\partial c/\partial t = V_0 \operatorname{div} j$ eine zeitlich konstante Teilchenstromdichte $j =$ Zahl der pro Flächeneinheit (m^2) und Zeiteinheit (s) in eine Richtung strömenden Teilchen. V_0 ist das Atomvolumen. Für j gilt dann das sog. **1. Fick'sche Gesetz:**

$$j = j^{\text{diff}} + j^{\text{drift}}$$

$$\text{mit} \quad j^{\text{diff}} = -(D/N_0)\operatorname{grad} c \quad \text{und} \quad j^{\text{drift}} = (D/V_0)\,Kc/kT). \tag{3.11}$$

Dieses Gesetz ist identisch mit der von der phänomenologischen Theorie geforderten, linearen Beziehung zwischen j und dem verallgemeinerten, chemischen Potentialgradienten. Letzterer lässt sich aufteilen in den Beitrag des (negativen) Gradienten in der Teilchenkonzentration und den Beitrag eines Potentialgradienten, der in Form von äußeren Kräften K auf die diffundierenden Teilchen einwirkt. Der Gesamtstrom kann entsprechend in einen sog. **Diffusionsstrom j^{diff}** und in den **Driftstrom j^{drift}** zerlegt werden. Beispiele für stationäre Teilchenströme sind die Permeation von Gasen durch eine Membran (s. Abb. 3.13) oder die Drift von Ionen in elektrischen Feldern (Abschn. 3.5.2).

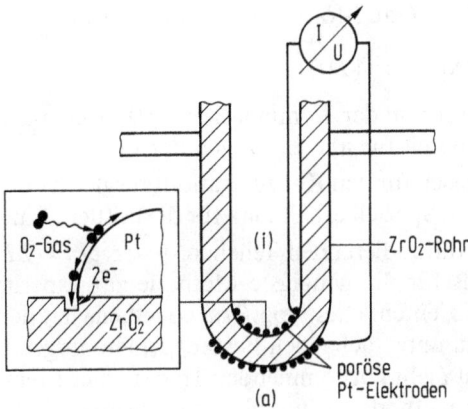

Abb. 3.13 Permeation von Sauerstoff durch Zirkondioxid und Prinzip der Sauerstoffsonde. Im Innen- bzw. Außenraum eines einseitig geschlossenen ZrO_2-Rohrs liegen verschiedene Sauerstoff-Partialdrücke $p^{(i)}$ bzw. $p^{(a)}$ vor. Ab ca. 700 °C können O^{2-}-Ionen relativ schnell durch die Rohrwand, z. B. von (i) nach (a), diffundieren. An den Tripelpunkten der porösen, inneren Pt-Elektrode (s. Ausschnittsbild) werden O^{2-}-Ionen nachgeliefert, indem O_2-Moleküle aus dem Gas an der Pt-Oberfläche in O-Atome zerlegt werden und, nach Aufladen mit je $2\,e^-$, oberflächennahe Sauerstoff-Leerstellen des ZrO_2-Ionenkristalls besetzen. Umgekehrt werden an der äußeren Elektrode O^{2-}-Ionen aus dem ZrO_2 entnommen und in $1/2\,(O_2)_{\text{Gas}} + 2\,e^-$ umgewandelt. Im Kurzschluss fließt somit zwischen den beiden Pt-Elektroden ein Elektronenstrom, der – wegen der vernachlässigbaren elektronischen Leitfähigkeit des ZrO_2 – gleich dem Ionenstrom durch die ZrO_2-Rohrwand ist. Bei offenen Elektroden baut sich zur Verhinderung eines stationären Ionenstroms eine Oberflächenladung und damit eine elektrische Potentialdifferenz $U = (kT/4\,e)\ln(p^{(i)}/p^{(a)})$ zwischen (i) und (a) auf. Diese sog. *Nernst-Spannung* kann, wenn $p^{(a)}$ bekannt ist (z. B. für Luft), zur Messung des Sauerstoffpartialdrucks $p^{(i)}$ verwendet werden.

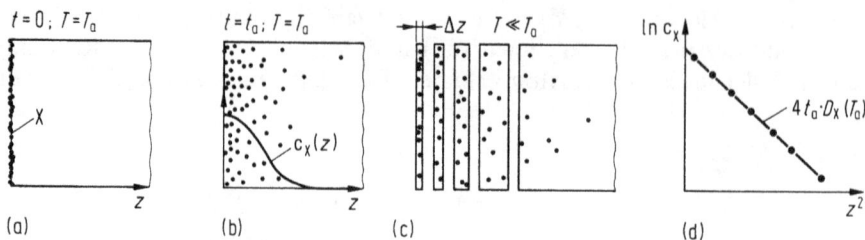

Abb. 3.14   Schematische Darstellung eines Diffusionsexperiments. (a) Aufbringen des Fremd-atoms X (oder Tracers A*) auf die saubere Oberfläche. (b) Diffusionsglühen bei der Temperatur T_a (typisch größer $T_S/2$) für die Zeitdauer t_a (typisch Stunden, Tage) zur Einstellung des Diffusionsprofils $c_X(z)$. (c) Zerteilen der Probe in Schichten Δz parallel zur Oberfläche und Bestimmung der Konzentrationen in den Schichten. (d) Auswertung zur Ermittlung von D_X.

Wir kehren zurück zum 2. Fick'schen Gesetz (Gl. (3.9)) und betrachten die Eindiffusion von Fremdatomen oder Traceratomen von der Oberfläche aus. Starten wir mit einer dünnen Oberflächenbelegung M (Atome pro Fläche) auf der Stirnfläche eines unendlich gedachten Halbraums, so erhalten wir nach der Zeit t als Lösung von Gl. (3.9) für den Fall $K = 0$ ein Gauß-förmiges Diffusionsprofil

$$c(z, t) = (M V_0 / \sqrt{\pi D t}) \exp(-z^2 / 4 D t). \tag{3.12}$$

Man beachte, dass dieses Profil nur von der Kombination $z^2/D t$ abhängt und nicht einzeln von z und t. Dies gilt generell für alle Lösungen der Gl. (3.9). Das daraus resultierende $\sqrt{t}$-Zeitgesetz ist typisch für den Konzentrationsausgleich oder für chemische Reaktionen in Festkörpern. Speziell erhält man für die mittlere Eindringtiefe der von einer Oberfläche aus eindiffundierenden Teilchen: $\sqrt{<z^2>} = (2 D t)^{1/2}$.

Gl. (3.12) bildet auch die Basis für die gängigste Methode zur experimentellen Bestimmung von Diffusionskoeffizienten. Diese sog. **Tracermethode** hat den Vorteil, dass die Zusammensetzung des zu untersuchenden Festkörpers homogen bleibt, da nur Spuren von in der Probe sonst nicht vorkommenden Tracer- oder Fremdatomen eindiffundiert werden. Die Tracermethode ist in Abb. 3.14 schematisch dargestellt: Im 1. Schritt wird der Tracer A* (bzw. das Fremdatom X zur Bestimmung von D_X) auf der flach-polierten, sauberen Stirnfläche der Diffusionsprobe aufgebracht, z. B. durch chemisches Abscheiden, Aufdampfen oder niederenergetische Ionenimplantation. Sodann wird die Probe auf die Untersuchungstemperatur T_a aufgeheizt und dort für die Zeit t_a gehalten. Das sich dabei einstellende Diffusionsprofil wird nach dem Abkühlen durch sukzessives, schichtweises Abtragen der Probe und Ausmessen der in den abgetragenen Einzelschichten pro Volumeneinheit vorliegenden Menge an Traceratomen bestimmt. Dabei werden neben radiometrischen auch massenspektroskopische und andere Methoden zur Konzentrationsanalyse angewandt. Die Wahl der Abtragungsmethode hängt von der jeweils erwarteten, mittleren Eindringtiefe $(2 D^* t_a)^{1/2}$ des Tracers ab. Mechanisches Zerspanen auf der Drehbank oder mit dem Mikrotom erlaubt Schichten von einigen μm abzutrennen. Damit lassen sich, für Diffusionszeiten $t_a \geq 10^6$ s, Werte von $D^* > 10^{-15}$ m^2 s^{-1} erfassen. Für die Messung von Diffusionskoeffizienten bis herunter zu 10^{-22} m^2 s^{-1} kommen Mikro-Abtragetechniken wie elektrochemisches Polieren oder Ionenzerstäubung zum Einsatz, die Schichtdicken im nm-Bereich erfassen. Für die weitere Auswertung zur Bestimmung des Diffusionskoeffizienten D^* wird gemäß Gl. (3.12) der Logarithmus der Schichtkonzentration gegen die quadratische Eindringtiefe aufgetragen, wobei die Steigung die Größe $-(4\,D^*t_a)^{-1}$ ergibt. Man beachte, dass für die Ermittlung von D^* bereits Relativmessungen der Konzentrationen ausreichen. Für eine Genauigkeit von einigen Prozent in D^* sind Messungen des Konzentrationsabfalls um mindesten zwei Größenordnungen nötig. Abweichungen von dem durch Gl. (3.12) beschriebenen Gauß'schen Verhalten bei kleinen Eindringtiefen deuten häufig auf Oberflächenverluste des Tracers z. B. durch Verdampfen hin, während „Schwänze" bei sehr großen Eindringtiefen häufig auf eine überlagerte Kurzschlussdiffusion, etwa entlang von Korngrenzen, zurückzuführen sind.

3.5.2 Driftdiffusion

Wir kehren nun zum 1. Fick'schen Gesetz (Gl. (3.11)) zurück und betrachten atomare Driftströme j^{drift}, die durch äußere Kräfte K in Gang gesetzt werden. Die mit konstanter mittlerer Geschwindigkeit driftenden Teilchen können dabei normale Gitteratome A oder Fremdatome X sein. Im ersten Fall erfolgt der Platzwechsel der A-Atome über Leerstellen V und/oder über Zwischengitteratome i. Aus der Erhaltung der Zahl der A-Atome pro Volumeneinheit folgt somit:

$$j_A^{drift} > D_A\,c_A\,K_A/V_0\,kT = j_i^{drift} - j_V^{drift} \quad \text{oder} \quad D_A\,c_A = D_i\,c_i + D_V\,c_V. \quad (3.13a)$$

Gl. (3.13a) folgt aus Gl. (3.11) durch Berücksichtigung der Tatsache, dass der Energiegewinn $K_A\,d$ beim Sprung eines A-Atoms im äußeren Feld gleich dem Energiegewinn $(K_i\,d)$ bzw. $(-K_V\,d)$ beim Sprung eines i bzw. eines V (in die entgegengesetzte Richtung) ist. Für den **Selbstdiffusionskoeffizienten** $D \equiv D_A$ folgt, mit $c_A = 1$, somit

$$D = c_V\,D_V + c_i\,D_i \quad \text{oder} \quad \Gamma_A = c_V\,\Gamma_V + c_i\,\Gamma_i. \quad (3.13b)$$

D beschreibt die Diffusion von *ununterscheidbaren* Gitteratomen, die (wie die Diffusion der ununterscheidbaren V bzw. i) unkorreliert abläuft. Die totale Sprungrate Γ_A eines Gitteratoms) ergibt sich anschaulich aus den Beiträgen der Sprungraten der i und V, die ja die A-Sprünge vermitteln, gewichtet mit den Wahrscheinlichkeiten c_i und c_V, dass die i bzw. V am Ort des betrachteten A-Atoms bzw. an dessen Nachbarplatz auch zur Verfügung stehen.

Gleichung (3.13a) eröffnet die Möglichkeit, bei Kenntnis der äußeren Kräfte K_A, durch Messung von Driftströmen j_A^{drift}, die diesbezüglichen *Selbstdiffusionskoeffizienten* experimentell zu ermitteln. Eine im Prinzip denkbare Ermittlung von D durch Messung von reinen Diffusionsströmen j_A^{diff} (das heißt bei $K_A = 0$) würde dagegen die Vorgabe einer ortsabhängigen, stationären Über-/Untersättigung der Probe mit i und/oder V verlangen, was aber für einatomare Substanzen nicht realisierbar ist.

Folgende äußere Kräfte können Driftströme in Gang setzten:

1. *Elektrische Felder E*. Sie erzeugen Kräfte $K = e\,z^{eff}\,E$ wobei z^{eff} die effektive Ladung des betrachteten Atoms A oder X in Einheiten von e = Absolutwert der Elekt-

ronenladung ist. Im Fall von Ionenkristallen ist z^{eff} die tatsächliche Valenz des Ions A. Mit Gl. (3.13a) folgt dann für die **Ionenleitfähigkeit:** $\sigma_{\mathrm{ion}} = e z^{\mathrm{eff}} j^{\mathrm{drift}}/E = (e z^{\mathrm{eff}})^2 D/V_0 kT$, aus deren Messung sich der Diffusionskoeffizient D des beweglichen Ions mit hoher Genauigkeit ermitteln lässt (Abb. 3.17). Als weitere Anwendung von Gl. (3.11) zeigt Abb. 3.13 das Prinzip der Sauerstoffsonde, bei der sich Sauerstoff-Ionen unter der kombinierten Wirkung eines stationären Konzentrationsgradienten und eines elektrischen Feldes bewegen.

Auch in Metallen können elektrische Felder Materieströme auslösen. Diese beruhen auf einer Mitführung von Gitteratomen durch den sog. „Elektronenwind" der zur Anode strömenden Leitungselektronen. Dabei stellt man sich vor, dass den diffundierenden Atomen während ihres Sprungs in eine benachbarte Leerstelle durch die lokale Streuung der Leitungselektronen ein Zusatzimpuls übertragen wird, der die Atome in Richtung Anode bzw. die Leerstellen in Richtung Kathode treibt. Die effektive Ladung zur formalen Beschreibung dieser „Windkraft" beträgt z. B. für Al ca. $-20e$. Der dadurch ausgelösten sog. **Elektromigration** kommt besondere technische Bedeutung in Aluminium-Leiterbahnen zu, die in integrierten Schaltungen z. B. die Transistoren auf dem Chip verbinden. Diese Bahnen müssen wegen ihrer geringen Querschnitte z. T. mit extrem hohen Stromdichten belastet werden. Die dadurch ausgelösten Materialverschiebungen (Abb. 3.15) können zu gefürchteten Leiterbahnunterbrechungen führen. Ihre Vermeidung stellt eine hohe technische Herausforderung bei der fortschreitenden Chip-Miniaturisierung dar.

2. *Mechanische Spannungsgradienten* $d\sigma/dz$. Auf Grund der elastischen Wechselwirkung erzeugen sie Kräfte der Größe $K_A = V_0 d\sigma/dz$. Die daraus resultierenden Driftströme führen bei hohen Temperaturen zu einer zeitabhängigen, plastischen Verformung, dem sog. **Diffusionskriechen** (Abb. 3.16), das vor allem bei Metallen und Ionenkristallen beobachtbar ist.

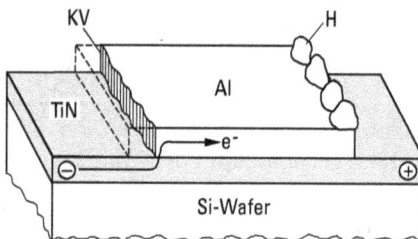

Abb. 3.15 Schematische Darstellung eines Elektromigrations-Experiments an Al-Leiterbahnen: Niederohmiges Aluminium (Dicke ca. 1 μm) wird auf einer hochohmigen, aber ebenfalls elektrisch leitenden, inerten TiN-Schicht aufgebracht und zu Leiterbahnstücken strukturiert. Bei Strombelastung (typisch $10^{10}\,\mathrm{A\,m^{-2}}$) fließen im Bereich der Leiterbahn die Elektronen vorwiegend im Aluminium. Durch den damit verbundenen „Elektronenwind" werden Al-Atome hin zur Anode „+" bzw. Leerstellen hin zur Kathode „−" getrieben. Beim Eintritt der Elektronen aus der inerten Unterlage in das Metall werden deshalb Al-Atome abgezogen und es kommt zur beobachteten Kantenverschiebung KV bzw. zu einer Löcherbildung. Beim Austritt am anderen Ende der Bahn stauen sich dagegen die Al-Atome und es kommt zur Bildung von Hügeln H.

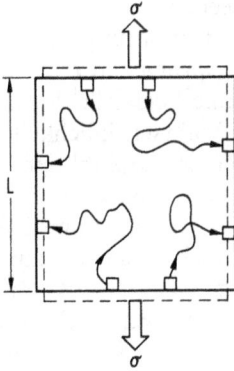

Abb. 3.16 Mechanismus des Diffusionskriechens. Durch die Driftdiffusion von thermischen Leerstellen von den Stirn- zu den Seitenflächen wird der Kristall in Richtung der Zugspannung σ länger und seitlich schmaler. Die treibende Kraft für die Formänderung (gestrichelt gezeichnet) resultiert vom Energiegewinn σV_0, wenn ein Atom von der Seitenfläche, mit Normalspannung Null, zu einer Stirnfläche, mit Normalspannung σ, gebracht wird. Für die Kriechgeschwindigkeit gilt nach Nabarro und Herring $dL/dt \approx 5\,D\,\sigma V_0/LkT$ mit $V_0 =$ Atomvolumen.

3. *Temperaturgradienten.* Sie erzeugen Kräfte der Größe $Q^* dT/dz$, wobei Q^* die sog. Transportwärme darstellt. Der daraus resultierende sog. *Thermotransport* ist zwar technisch wichtig aber in seiner *festkörperphysikalischen Begründung sehr komplex.*

4. *Gradienten in der Schwerkraft*, etwa in Ultrazentrifugen.

3.5.3 Selbstdiffusion und Korrelationsfaktor

Die Möglichkeit zur Bestimmung des durch Gl. (3.13 b) definierten Selbstdiffusionskoeffizienten aus Driftdiffusionsdaten wurde bereits in Abschn. 3.5.2 vorgestellt. Daneben gibt es auch noch eine Reihe von *mikroskopischen Verfahren* zum Nachweis der Selbstdiffusion. Sie alle beruhen darauf, dass die Kohärenz der von einem Atomkern ausgesandten Strahlung bei einem Platzwechsel gestört wird. Dies führt z. B. zu einer Linienverbreiterung im Mößbauer-Effekt, bei der inkohärent-elastischen (sog. quasielastischen) Neutronenstreuung sowie bei der magnetischen Kernresonanz.

Die wichtigste und genaueste Methode zum Nachweis der Selbstdiffusion ist jedoch das bereits vorgestellte Tracer-Verfahren. Dabei bestimmt man aus der Eindiffusion eines seltenen, i. A. radioaktiven Isotops A* in die Substanz A den sog. **Tracerdiffusionskoeffizienten** D^*. Dieser wird, vereinfachend, oft ebenfalls als „Selbstdiffusionskoeffizient" apostrophiert. Obwohl die A* sich chemisch von den normalen Gitteratomen A durch nichts unterscheiden, ist doch $D^* \neq D$!

Dieser Unterschied beruht darauf, dass wir mit A* den Weg eines *markierten* Atoms verfolgen und so der bereits erwähnte **Korrelationsfaktor** $f = D^*/D$ ins Spiel kommt. Es ist immer dann $f < 1$, wenn der Rücksprung des A* auf seinen vorhergehenden Platz wahrscheinlicher ist als der Weitersprung auf einen der anderen $Z - 1$

Nachbarplätze. Wenn der Platzwechsel der A* über Leerstellen erfolgt (s. Abb. 3.9), ist dieser Unterschied unmittelbar einleuchtend: Nach dem Sprung steht ja die vorhandene Leerstelle noch für gewisse Zeit für den Rücksprung zur Verfügung, während für die Sprünge auf andere Nachbarplätze erst eine Leerstelle dorthin diffundieren muss. Von der Leerstelle aus gesehen ist die Wahrscheinlichkeit, dass ihr nächster Sprung ein Rücksprung ist, gleich $1/Z$, wobei Z die Zahl der mit einem Sprung erreichbaren Nachbarpositionen bedeutet. Da der Rücksprung auf den Ausgangsplatz für das Weiterkommen der A* das Resultat von insgesamt 2 Sprüngen vernichtet, erwarten wir $f \approx 1 - 2/Z$. Für eine genaue Rechnung muss, zum Beispiel in einer Computersimulation, das mittlere Verschiebungsquadrat $<r^2>_{A^*}$ nach einer großen Zahl n von Platzwechseln des Tracers mit dem Verschiebungsquadrat, $<r^2>_{r.w.} = nd^2$, nach der gleichen Schrittzahl auf einem reinen Zufallsweg (random walk) verglichen werden. Für den Platzwechsel über Leerstellen ergibt sich dann $<r^2>_{A^*}/<r^2>_{r.w.} \equiv f = 0.78$ für fcc- bzw. 0.73 für bcc-Metalle mit $Z = 12$ bzw. $Z = 8$.

Für den Zwischengitteratommechanismus ist die Berechnung des Korrelationsfaktors komplizierter; außerdem kommen für das Traceratom andere Sprungvektoren ins Spiel als für die Verschiebung des Zwischengitteratom-Schwerpunkts (s. Abb. 3.10a und 3.10b). Der in Abb. 3.17 beobachtete Unterschied zwischen D^* und D für die Diffusion von Ag in AgCl und von O in ZrO_2 demonstriert experimentell den Einfluss der Korrelation.

Für reine Substanzen sind die Diffusionskonstanten meist recht gut gemessen (Tab. 4.2 und Abb. 3.17). Im Allgemeinen wird für die Temperaturabhängigkeit von D ein Arrhenius-Verhalten $D = D_0 \exp(-E^{SD}/kT)$ beobachtet, wobei E^{SD} die **Aktivierungsenergie für Selbstdiffusion** und D_0 den Vorfaktor bezeichnen. Meist ist im thermischen Gleichgewicht die Konzentration der Zwischengitteratome so klein, dass ihr Beitrag zur Selbstdiffusion (2. Term in Gl. (3.13b)) gegenüber dem der Leerstellen vernachlässigt werden kann. Gemäß Gl. (3.13b) erwartet man dann für $E^{SD} = E_V^f + E_V^m$, d. h. die Summe von Bildungs- und Wanderungsenergien der Leerstellen. Ausnahmen von dieser Leerstellendominanz sind einige Halbleiter, wie Si und GaAs, und Ionenkristalle mit typischer Frenkelfehlordnung, wie AgCl.

Für **Metalle** findet man, extrapoliert auf die Schmelztemperatur T_S, typisch $D^*(T_S) \approx 10^{-12}\,\mathrm{m^2\,s^{-1}}$ bis $10^{-13}\,\mathrm{m^2\,s^{-1}}$ und einen empirischen Zusammenhang zwischen E^{SD} und T_S der Form $E^{SD}/eV \approx 1.45 \cdot 10^{-3} T_S/K$. Ferner beobachtet man, dass innerhalb der experimentellen Fehlergrenzen die Beziehung $E^{SD} = E_V^f + E_V^m$ gut erfüllt ist (Tab. 4.2), was für einen einfachen *Leerstellenmechanismus der Diffusion* spricht. Gelegentlich beobachtete leichte Aufwärtskrümmungen in der Arrhenius-Auftragung bei hohen Temperaturen werden i. A. einer geringen Beimengung von schneller beweglichen Doppelleerstellen zugeschrieben. Generell weisen bcc- im Vergleich mit fcc-Metallen höhere Diffusionskoeffizienten auf. Dies gilt in besonderem Maße für Metalle der Gruppe VI des Periodensystems, z. B. für β-Zirkon (Abb. 3.17). Ursache sind die auf besondere elektronische Effekte zurückzuführenden und in Abschn. 3.4.1 angesprochenen, weichen Phononen, die u. a. auch für den Phasenübergang des Zr von bcc nach hcp unterhalb $T = 0.54\,T_S$ verantwortlich sind.

Für **Halbleiter**, z. B. Si, Ge oder GaAs, beobachtet man Selbstdiffusionskoeffizienten, die selbst bei $T \to T_S$ ca. 10^4-mal kleiner sind als bei Metallen (Abb. 3.17). Ursachen hierfür sind – bedingt durch die kovalente Bindung – die im Vergleich

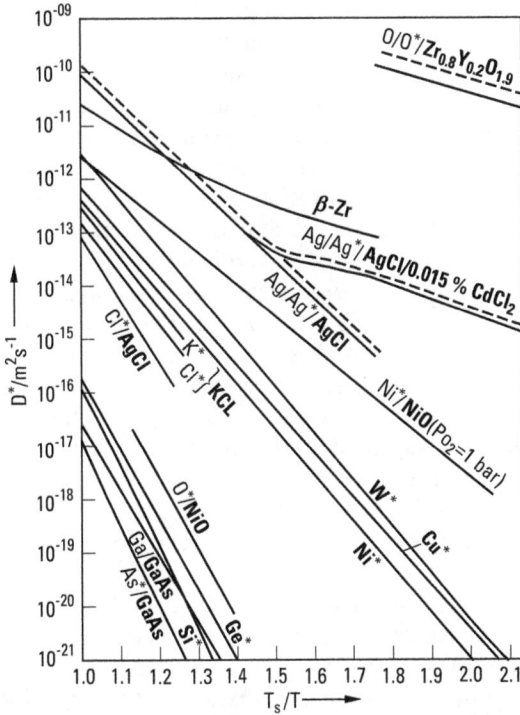

Abb. 3.17 Arrhenius-Auftragung der Selbstdiffusionskoeffizienten verschiedener Substanzen. Zum Vergleich wurden homologe Temperaturen T/T_S gewählt mit T_S = Schmelztemperatur, (T_S-Werte s. Tab. 3.2, sowie Zr: 2125 K, NiO: 2175 K, ZrO$_2$: 2600 K). Der obere Index * bezieht sich auf Messungen mit Tracer-Isotopen. Gestrichelte Kurven geben Diffusionskoeffizienten aus Ionenleitfähigkeitsmessungen für die unkorrelierte Diffusion an.

zu Metallen wesentlich höheren Bildungsenergien der Leerstellen, was zu entsprechend geringeren thermischen Gleichgewichtskonzentrationen führt. Auf der anderen Seite begünstigt die offene Struktur des Diamantgitters den Einbau von Zwischengitteratomen, so dass diese im Vergleich zu Metallen bei der Selbstdiffusion mit in Betracht gezogen werden müssen.

Da die Defekte oft in verschiedenen Ladungszuständen vorliegen können, ist die Deutung der experimentellen Daten relativ komplex und nur in Zusammenschau mit Diffusionsdaten verschieden geladener Fremdatome (s. Abschn. 3.5.4) möglich. Für Ge ist inzwischen jedoch gesichert, dass im intrinsischen Fall die Selbstdiffusion über einen reinen Leerstellenmechanismus erfolgt. Für Si hingegen deuten neuere Ergebnisse [7] darauf hin, dass bei hohen Temperaturen thermisch gebildete Zwischengitteratome wesentlich zur Selbstdiffusion beitragen. In GaAs beobachtet man unterschiedliche Diffusionskoeffizienten auf dem As- bzw. Ga-Untergitter (Abb. 3.17). Unter intrinsischen Bedingungen und einem As$_4$-Partialdruck von ca. 1 bar wird die Ga-Diffusion durch negativ geladene Ga-Leerstellen getragen, während die As-Diffusion über neutrale As-Zwischengitteratome erfolgt [12].

Typische **Ionenkristalle** mit Schottky-Fehlordnung, z. B. Alkalihalogenide, weisen sowohl für die Kationen wie für die Anionen ähnliche Diffusionskonstanten wie normale Metalle auf (Abb. 3.17). In beiden Fällen sind ja normale Leerstellen im Spiel. Ionenkristalle mit Frenkelfehlordnung besitzen demgegenüber meist sehr hohe Diffusionskonstanten auf Grund der schneller beweglichen Zwischengitter-Ionen. Ein Beispiel ist AgCl, ein sog. *schneller Ionenleiter* (Abb. 3.17), wo bei höheren Temperaturen die Ag-Ionen fast gleichmäßig auf Gitter- und Zwischengitterplätze verteilt sind und sich ähnlich schnell wie in einer Schmelze bewegen können [13].

Wie in Abschn. 3.3.3 erläutert, kann in Ionenkristallen durch Dotierung mit höherwertigen Kationen die Konzentration einer Fehlstellenart sozusagen von „außen" festgelegt werden. Ein Beispiel ist Cd^{2+}-dotiertes AgCl. Bei tiefen Temperaturen gilt dort $c_{Ag_i^+} \approx 0$ und $c_{V_{Ag}^-} \approx c_{Cd_{Ag}^+}$. Es kommt dadurch zu dem in Abb. 3.17 gezeigten Abknicken im Verlauf des Diffusionskoeffizienten bei $T \approx 0.67\,T_S$. Die Steigung der Arrhenius-Auftragung im Tieftemperaturbereich ergibt dann $E_{V_{Ag}^-}^m$. Im Hochtemperaturbereich ist demgegenüber, wegen der dominanten Frenkelfehlordnung, $c_{Ag_i^+} \approx c_{V_{Ag}^-}$ und die Steigung liefert $1/2\,E_F^f + E_{Ag_i^+}^m$. Ein weiteres Beispiel ist ZrO_2, das mit $10\,mol\%$ Y_2O_3 dotiert ist. Die zur Kompensation der Stöchiometrieabweichung mit eingebauten 10% Sauerstoff-Leerstellen bewirken eine sehr hohe Sauerstoff-Ionen-Leitfähigkeit (Abb. 3.17), die technisch z. B. in Brennstoffzellen oder in der Sauerstoffsonde (Abb. 3.14) ausgenutzt wird. Da bei dieser hohen Dotierung $c_{V_O^{2+}}$ praktisch temperaturunabhängig ist, ergibt die Steigung der Arrhenius-Auftragung in Abb. 3.18 direkt die Wanderungsenergie der Leerstellen zu $E_{V_O^{2+}}^m \approx 0.9\,eV$.

Diffusionsprozesse wurden ausführlich auch in **Oxiden**, insbes. der Übergangsmetalle, untersucht. Als typisches Beispiel zeigt Abb. 3.17 Messungen für NiO, einem p-Halbleiter mit NaCl-Struktur. Wegen der starken kovalenten Bindung des Sauerstoff-Untergitters weist dieses nur eine geringe Fehlstellendichte und damit auch nur eine sehr beschränkte O-Diffusion auf. Die Ionen der Übergangsmetalle können jedoch leicht ihre Wertigkeit, z. B. von Ni^{2+} nach Ni^{3+} wechseln. Abhängig vom Sauerstoff-Partialdruck können so gemäß: $1/2\,(O_2)_{Gas} = O_O + V_{Ni}^{2+} + 2\,h^+$ relativ einfach Leerstellen ins Ni-Untergitter eingebracht werden. Diese sind dann für die (auch in FeO, MnO und CoO) beobachteten hohen Kationen-Diffusions-Koeffizienten verantwortlich [14].

3.5.4 Fremdatomdiffusion

Im Folgenden betrachten wir die Diffusion von isolierten Fremdatomen in einem reinen Matrixkristall, d. h. von Fremdatomen, die in so hoher Verdünnung vorliegen, dass Wechselwirkungen zwischen ihnen vernachlässigt werden können.

Konzeptionell besonders einfach ist die **interstitielle Fremdatom-Diffusion**, d. h. von Fremdatomen X_i, die im thermodynamischen Gleichgewicht interstitiell gelöst sind (Abschn. 3.2.2). Die Diffusion erfolgt dann, wie in Abschn. 3.4.2 beschrieben, ohne Zuhilfenahme von Eigendefekten durch Sprünge von einem Zwischengitterplatz zum nächsten (Abb. 3.10c und Abb. 3.10d), so dass interstitielle Fremdatome i. A. wesentlich schneller diffundieren als substitutionelle. Die Aktivierungsenergie für die Diffusion der Fremdatome ist in diesen Fällen gleich deren Wanderungsenergie $E_{X_i}^m$.

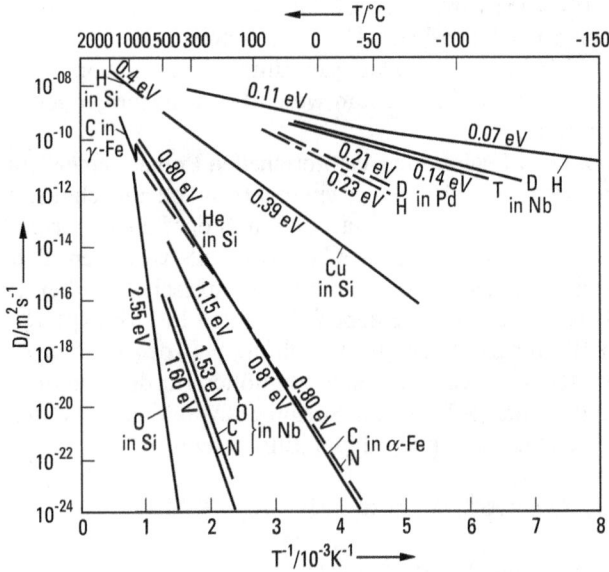

Abb. 3.18 Diffusionskonstanten typischer, interstitiell gelöster Fremdatome. Die Zahlen geben die aus den Steigungen der Arrhenius-Auftragung ermittelten Wanderungsenergien $E_{X_i}^m$ an.

Abbildung 3.18 zeigt typische Beispiele für den Halbleiter Si und für die bcc-Übergangsmetalle Nb und Fe. In letzteren findet man für die gasförmigen Verunreinigungen C, N und O Werte von $E_{X_i}^m$ zwischen 0.8 eV und 1.6 eV. Interstitielle C-Atome können z. B. in Fe bereits bei Zimmertemperatur einige Sprünge pro Sekunde ausführen. Demgegenüber findet man für den Halbleiter Si eine relativ hohe Wanderungsenergie der interstitiellen Sauerstoffatome (Abb. 3.18). Der Grund hierfür ist, dass für den Platzwechsel des O_i die kovalenten Bindungen zu den Si-Nachbarn aufgebrochen werden müssen (Abb. 3.4). Wenn das nicht nötig ist, wie für die inerten, interstitiellen He_i-Atome, diffundieren diese auch wesentlich schneller (Abb. 3.18). Eine Besonderheit ist die Diffusion von Cu in Si. Kupfer ist dort, im Gegensatz zu vielen anderen metallischen Verunreinigungen, dominant im Zwischengitter gelöst und wandert schneller als ein Si-Eigen-Zwischengitteratom.

Am schnellsten diffundieren die besonders kleinen Wasserstoffatome. In Metallen wird dies technisch ausgenützt, z. B. bei der Reinigung von H_2-Gas mittels Wasserstoff-Permeation durch Pd-Membranen oder bei der Wasserstoffspeicherung in Form von Metallhydriden. Vom wissenschaftlichen Standpunkt aus ist die **Wasserstoffdiffusion** deshalb besonders interessant, weil sie ungewöhnliche Isotopieeffekte und Tieftemperatur-Anomalien aufweist (Abb. 3.18). Klassisch würde man für die verschiedenen Wasserstoff-Isotope gleiche Wanderungsenergien, und für den Vorfaktor D_0 eine Proportionalität zu $(M)^{-1/2}$, erwarten. Da H das leichteste Element im Periodensystem ist, liegt es nahe, die beobachteten Abweichungen auf Quanteneffekte zurückzuführen. Das Abknicken in der Arrheniusauftragung für H in Nb

unterhalb $-50\,°C$ (Abb. 3.18) wird so durch inkohärentes Tunneln von Zwischengitterplatz zu Zwischengitterplatz erklärt. Der Unterschied in den Aktivierungsenergien zwischen H und T (Abb. 3.18) erklärt sich durch Beiträge von Phononen-un-
terstützten Tunnelprozessen, die für Tritium wesentlich schwieriger sein sollten als
für das dreimal leichtere H.

Wir betrachten nun die **Diffusion von substitutionellen Fremdatomen**. Im Normalfall erfolgt diese über den in Abb. 3.9c gezeigten Leerstellenmechanismus. Ohne
jede Wechselwirkung zwischen dem Fremdatom X und der benachbarten Leerstelle
V würde sich X wie ein Traceratom A* des Wirtskristalls verhalten, d. h. es wäre:
$D_X = D*$. Im Allgemeinen ist jedoch die Aufenthaltswahrscheinlichkeit einer Leerstelle auf einem nächsten Nachbarplatz neben X um den Faktor $\exp(G_{XV}^B/kT)$ verändert, wobei G_{XV}^B die Bindungsenergie (für Anziehung > 0) des XV-Paares bedeutet.
Außerdem ist zu erwarten, dass auch die Barrierenhöhen für die Leerstellensprünge
in der Nähe des Fremdatomes (z. B. für die Sprünge XV, NV und DV in Abb. 3.9c)
verändert sind. Unter Berücksichtigung dieser Effekte wird:

$$D_X/D* = (f_X/f)\exp(G_{XV}^B/kT)\exp((E_V^m - E_{XV}^m)/kT)\,. \tag{3.14}$$

Dabei bedeutet E_V^m die normale Wanderungsenergie der Leerstelle, E_{XV}^m die Aktivierungsenergie für den Sprung von X in V und f_X der Korrelationsfaktor für die
Fremdatomdiffusion. Im Gegensatz zum Korrelationsfaktor f der normalen Tracer-
diffusion ist f_X kein rein geometrischer Faktor mehr. Er hängt vielmehr entscheidend
vom Verhältnis der Sprungraten Γ_{NV} und Γ_{XV} für die Rotation des XV-Paares und
dem XV-Austausch (Abb. 3.9c) und damit auch von der Temperatur ab. Ist
$\Gamma_{XV} \gg \Gamma_{NV}$, so springt das Fremdatom nur zwischen zwei Gitterplätzen hin und
her, ohne dass X weiter kommt. Ist $\Gamma_{NV} \gg \Gamma_{XV}$, so rotiert das XV-Paar nur um X.
Auch in diesem Fall kommt X nicht weiter. Für eine Diffusion von X über größere
Strecken im Gitter ist stets eine Abfolge von NV- und XV-Sprüngen notwendig
und der langsamere der beiden Sprünge wird letztlich die Größe von D_X bestimmen.

Normalerweise liegen D_X und $D*$ nicht allzu weit auseinander: Für chemisch ähnliche Kombinationen, z. B. Sn in Pb, Cu in Al, Ge in Si oder die III- und V-wertigen
Dotierungen in Ge, unterscheiden sich die Vorfaktoren für D_X und $D*$ maximal
um ca. $+/-$ eine Zehnerpotenz und die Aktivierungsenergien um $+/-25\%$ (s.
Abb. 3.19). Es gibt aber auch markante Ausnahmen. Zum Beispiel erfolgt in Aluminium die Diffusion für gewisse Übergangsmetalle wie Titan, Vanadium oder Scan-
dium um sechs bis acht Größenordnungen langsamer als die Selbstdiffusion
(Abb. 3.19). Der Grund dürfte in einer besonders starken Abstoßung der Leerstellen
von den Fremdatomen liegen.

Relativ komplex ist die **Diffusion der sog. hybriden Fremdatome**. Das sind Fremdatome, die zwar zum überwiegenden Teil substitutionell als X_s aber zu einem merk-
lichen Bruchteil auch interstitiell als X_i im Gitter gelöst sind. Meist sind die Fremdatome in ihrer interstitiellen Konfiguration um viele Größenordnungen beweglicher
als die X_s, d. h. es gilt $D_{X_i} \gg D_{X_s}$. So kann es durchaus sein, dass trotz $c_{X_i}/c_{X_s} \ll 1$
die effektive Diffusionskonstante D_X allein durch den Transport der X_i bestimmt
wird. Es gilt dann:

$$D_X = D_{X_i} c_{X_i}/c_{X_s} \gg D_{X_s}\,. \tag{3.15}$$

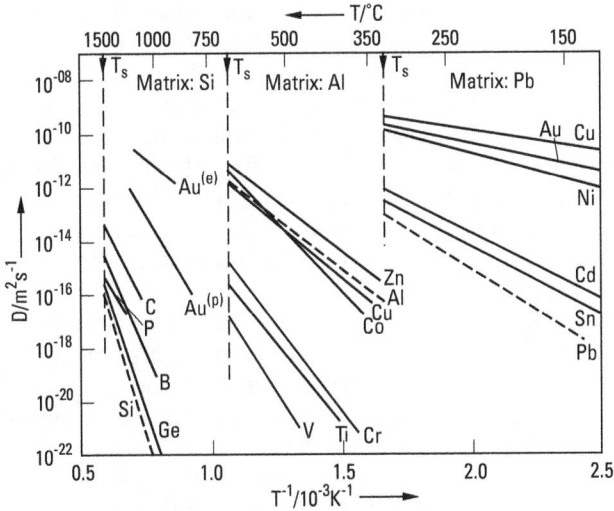

Abb. 3.19 Diffusionskonstanten vorwiegend substitutionell gelöster Fremdatome in Silicium, Aluminium und Blei. Die dazugehörigen Werte für die jeweilige Matrix-Selbstdiffusion sind gestrichelt eingezeichnet. Man beachte die anomal schnelle Diffusion der hybriden Fremdatome in Si und Pb und die anomal langsame Diffusion von V, Ti und Cr in Al. Werte $Au^{(e)}$ und $Au^{(p)}$ beziehen sich auf die Au-Diffusion in stark plastisch verformtem Si (mit c_{X_i}/c_{X_s} im thermischen Gleichgewicht) bzw. in praktisch versetzungsfreien Si-Kristallen (mit starker Untersättigung der X_s im Kristallinneren).

Für die Einstellung der X_i/X_s-Population während der Fremdatom-Eindiffusion ist eine $X_i \leftrightarrow X_s$-Umwandlung im Kristallinnern notwendig. Diese Umwandlung erfolgt durch Reaktion mit Eigen-Defekten, entweder gemäß: $X_s + i = X_i$ oder gemäß: $X_s = X_i + V$. Im ersten Fall assoziiert sich ein Zwischengitteratom i mit einem X_s zu einem X_i (sog. Kick-Out-Mechanismus). Im zweiten Fall dissoziiert ein X_s in ein X_i und eine Leerstelle V (sog. Dissoziations-Mechanismus).

Wenn die beteiligten Eigenfehlstellen schnell genug von ihren Quellen (Oberflächen, Versetzungen) heran- bzw. dorthin abgeführt werden können, liegen die X_s und X_i in ihren thermischen Gleichgewichtskonzentrationen vor. Die Bedingung hierfür ist $D_{X_i} c_{X_i} \ll (c_V D_V + c_i D_i)$. Unabhängig vom Umwandlungs-Mechanismus gilt dann $c_{X_i}/c_{X_s} = \exp(-\Delta G_{s,i}^L/kT)$, wobei $\Delta G_{s,i}^L$ den Unterschied in der freien Lösungsenthalpie bei substitutionellem bzw. interstitiellem Einbau des Fremdatoms im Wirtsgitter bedeutet.

Hybride Fremdatomdiffusion wird beobachtet für Atome mit relativ kleinen Ionenradien, z. B. für Cu, Ag, Au, Pt, Pd, oder Fe, Ni, Co, die in Matrix-Metallen der Gruppe IVB und IIIB des Periodensystems, z. B. in Pb, Sn, In, Tl aber auch in α-Zirkonium oder α-Titan oder in den Halbleitern Ge oder Si eingebaut sind. Beispiele sind in Abb. 3.19 gezeigt. Die o. g. Matrix-Substanzen weisen alle eine relativ offene Gitterstruktur auf, was den Einbau von Fremdatomen auf Zwischengitterplätzen erleichtert.

Gemäß Gl. (3.15) ergibt sich die Aktivierungsenergie von D_X zu: $E_X^D = E_{X_j}^m + \Delta E_{s,i}^L$. Dabei ist $\Delta E_{s,i}^L$ der Energieunterschied eines Kristalls mit einem X_i- bzw. einem X_s-Fremdatom. Für den Dissoziations-Mechanismus muss dabei gelten: $\Delta E_{s,i}^L = E_{iV}^B - E_V^f$. Dabei ist E_V^f die Bildungsenergie einer Leerstelle und E_{iV}^B die Bindungsenergie eines (X_iV)-Paares, das ja auch als X_s aufgefasst werden kann. Nimmt man für $E_{X_i}^m$ typische Werte von 0.1 eV bis 0.5 eV und für $\Delta E_{s,i}^L$-Werte zwischen 0.2 eV und 2 eV an, so lassen sich zwanglos die beobachteten, gegenüber den Matrixatomen teilweise bis zu 10^8-mal höheren D_x-Werte einiger Fremdatome (z. B. Cu in Pb) erklären. Auch die extrem große Spannweite der Diffusionsdaten der verschiedenen Fremdatome wird so verständlich.

Da in Silicium bereits die Selbstdiffusion über Eigen-Zwischengitteratome erfolgt, ist es nicht verwunderlich, dass auch für die Fremdatom-Diffusion die X_i-Komponente den wesentlichen Anteil liefert. Unter Zugrundelegung des o. g. Kick-Out-Mechanismus', gilt für die zur Einstellung des X_i/X_s-Lösungsgleichgewichts maßgebliche Energie $\Delta E_{s,i}^L = E_i^f - E_{s,i}^B$. Dabei ist E_i^f die Bildungsenergie eines Eigen-Zwischengitteratoms und $E_{s,i}^B$ die Bindungsenergie eines i an ein X_s in einem $(i-X_s)$-Paar, das als X_i aufgefasst wird. Die zu erwartende Größenordnung von $\Delta E_{s,i}^L$ ist ähnlich wie für den Dissoziations-Mechanismus.

Diese Überlegungen gelten jedoch nur, wenn die beim Zerfall der eindiffundierten X_i in $X_s + i$ frei werdenden Zwischengitteratome i schnell genug im Kristall verschwinden können. Dies trifft z. B. für die Diffusion von Au in Si nur dann zu, wenn der Si-Kristall vorher plastisch verformt wurde und damit genug Versetzungen als Senken für die i enthält (Abb. 3.19). Ist der Kristall dagegen praktisch versetzungsfrei, so kommt es zu einer starken i-Übersättigung im Kristallinnern, was die Deposition der eindiffundierten X_i in Form von X_s verhindert. Die in dieser Situation beobachtete Au-Eindiffusion ist dann wesentlich langsamer (Abb. 3.19). Sie ist allein durch den Abtransport der i zu den Kristalloberflächen bestimmt, die in diesem Fall als Senken wirken. In Einklang damit beobachtet man auch, dass bei der Au-Eindiffusion von der Vorderseite her sich eine U-förmige Konzentrationsverteilung mit einer starken Anreicherung des Goldes nahe der mit Au unbeschichteten Rückseite des Silicium-Wafers einstellt. Genauere Analysen dieses Verhaltens, und von anderen Nicht-Gleichgewichts-Effekten, lieferten den direkten Nachweis für die Wirksamkeit des Kick-Out-Mechanismus' für die Diffusion hybrider Fremdatome in Si. Sie ermöglichten sogar eine quantitative Bestimmung der Größe $c_i D_i$. Durch deren Vergleich mit der unabhängig davon gemessen Si-Selbstdiffusionskonstanten konnte so direkt nachgewiesen werden, dass die Selbstdiffusion in Si vorwiegend von Eigen-Zwischengitteratomen getragen wird [7].

3.5.5 Diffusion in konzentrierten Legierungen

Die Diffusion in konzentrierten Legierungen spielt in der Materialforschung bzw. der Werkstoffentwicklung eine wichtige Rolle und ist deshalb entsprechend intensiv untersucht worden. Im Folgenden können nur einige Grundbegriffe aufgezeigt werden. Wir beschränken uns dabei auf den einfachsten Fall einer binären, ungeordneten AB-Legierung. Im Gegensatz zur bisher behandelten Tracerdiffusion, bei der die chemische Zusammensetzung der Probe räumlich konstant war, betrachten wir jetzt die Diffusion in einem starken, chemischen Konzentrationsgefälle, wie es typisch bei der Interdiffusion zweier Metalle A und B auftritt (Abb. 3.20).

Es kommen dann folgende zwei Effekte neu ins Spiel:

Erstens die *chemische Wechselwirkung der A- und B-Atome* untereinander. Ihre Ortsabhängigkeit erzeugt eine zusätzliche treibende Kraft $K_{A,B} = -d(\mu_{A,B} - \mu_{A,B}^{ideal})/dz$ in z-Richtung. Dabei ist $\mu_{A,B} = \mu_0 + kT \ln(\gamma_{A,B} c_{A,B})$ das chemische Potential und $\gamma_{A,B}$ der sog. Aktivitätskoeffizient der Komponente A bzw. B. Für ideale Mischungen ist $\mu_{A,B} = \mu_{A,B}^{ideal}$ oder $\gamma_{A,B} = 1$. Somit ist $K_{A,B} = 0$. Für nicht-ideale Mischungen ergibt sich demgegenüber in einem Konzentrationsgradienten eine endliche Kraft $K_{A,B} = -kT(d \ln \gamma_{A,B}/\partial c_{A,B})(\partial c_{A,B}/dz)$ auf die diffundierenden Atome. Der dadurch in Gang gesetzte Driftstrom addiert sich zum Diffusionsstrom im 1. Fick'schen Gesetz, Gl. (3.11), zu einem Gesamtstrom von:

$$j_{A,B} = -(D_{A,B}^*/V_0)[1 + c_{A,B}(d \ln \gamma_{A,B}/\partial c_{A,B})](\partial c_{A,B}/\partial z)$$
$$\equiv -(D_{A,B}/V_0)(\partial c_{A,B}/\partial z). \tag{3.16}$$

Dabei sind V_0 das mittlere, als konstant angenommene Atomvolumen und $D_{A,B}^*(c_{A,B})$ die mit einem Tracer A* bzw. B* gemessenen Tracerdiffusionskoeffizienten. Sie beziehen sich auf eine homogene Legierung mit der festen Zusammensetzung $c_{A,B}$ und werden allein durch die dort vorliegenden Platzwechselmechanismen bestimmt.

Der in der eckigen Klammer in Gl. (3.16) auftretende Faktor wird als **thermodynamischer Faktor** Φ bezeichnet. Es lässt sich zeigen, dass dieser für beide Legierungspartner den gleichen Wert besitzt. Es gilt $\Phi > 1$ falls die Bindungskräfte zwischen A-B-Paarungen stärker sind als zwischen A-A und B-B (exotherme Legierungsbildung). Im umgekehrten Fall weist die Legierung eine Tendenz zur Entmischung auf und es gilt $\Phi < 1$. Insbesondere kann Φ dann sogar negativ werden. Die Atome fließen jetzt nicht mehr entgegen, sondern in Richtung ihres Konzentrationsgradienten (sog. ,,Bergauf-Diffusion''), wie das bei Entmischungsvorgängen in Festkörpern tatsächlich der Fall ist.

Durch Einführen des thermodynamischen Faktors ergeben sich die durch Gl. (3.16) definierten **individuellen Diffusionskonstanten** $D_{A,B} = D_{A,B}^* \Phi$, die oft auch als intrinsische oder partielle Diffusionskonstanten bezeichnet werden. D_A und D_B beschreiben die individuellen Teilchenströme in einer AB-Legierung. Sie sind i.A. verschieden groß und hängen beide von der Zusammensetzung der Legierung ab.

Wichtig wird dann der zweite Effekt, der bei der Diffusion in AB-Legierungen neu ins Spiel kommt: Die *Kopplung der Teilchenströme j_A und j_B*. Hier gehen vor allem die Details der Platzwechselmechanismen der A- und B-Atome ein. Würden z. B. benachbarte A- und B-Atome nur ihre Gitterplätze tauschen, wäre stets $j_A = -j_B$. Wenn andererseits die Diffusion über Leerstellen erfolgt und die A-Atome wesentlich schneller in eine benachbarte Leerstelle springen als die B-Atome, so ist $D_A^* \gg D_B^*$ und somit auch $j_A \gg -j_B$.

Kehren wir zurück zum Interdiffusions-Experiment (Abb. 3.20). Wegen der Erhaltung der Zahl der Gitterplätze muss lokal in jedem Volumenelement der Diffusionszone gelten: $j_A + j_B + j_V = 0$. Mithilfe von Gl. (3.16) und mit $c_A = 1 - c_B$ erhält man daraus:

$$u_K \equiv j_V V_0 = (D_A - D_B) \partial c_A/\partial z. \tag{3.17}$$

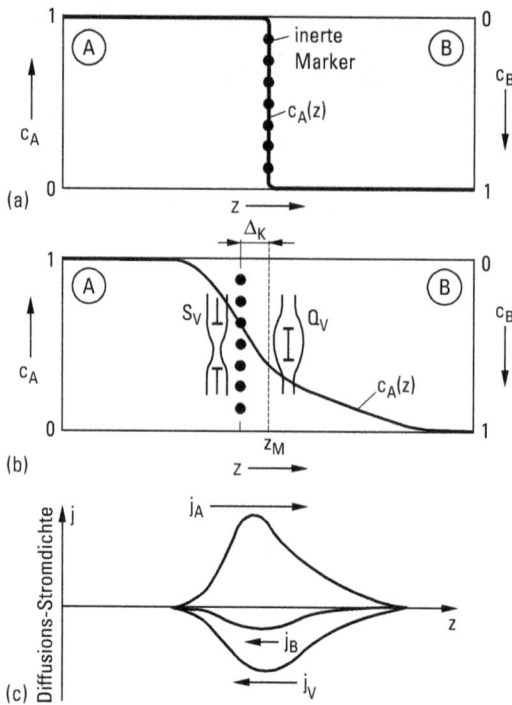

Abb. 3.20 Schematische Darstellung eines Interdiffusions-Experiments.
(a) Ausgangssituation bei $t = 0$. Die Materialien A und B wurden verschweißt und die Schweiß-
ebene durch inerte Einschlüsse markiert.
(b) Diffusionsprofil $c_A(z) = 1 - c_B(z)$ nach der Glühzeit t. Durch den Kirkendall-Effekt sind
die Markierungen um $\Delta_K = \int_0^t u_K \, dt$ verschoben. Δ_K gehorcht einem $\sqrt{t}$-Gesetz. z_M ist die Position der sog. Mantano-Ebene, von der aus gesehen gleich viel B-Atome nach links, wie
A-Atome nach rechts gewandert sind.
(c) Örtlicher Verlauf der im Gittersystem definierten Stromdichten der Atome und Leerstellen.
Letztere werden im Gitter an den in (b) angedeuteten Quellen Q_V gebildet und an den Senken
S_V wieder vernichtet. Es gilt: $j_A + j_B + j_V = 0$.

Dabei ist u_K die sog. Kirkendall-Geschwindigkeit, d. h. die Geschwindigkeit mit der
sich inerte Einschlüsse (unlösliche Oxid-Teilchen oder W-Drähte) während der Interdiffusion der A- und B-Atome in der Probe verschieben. Dieser sog. **Kirkendall-
Effekt** (Entdeckung 1948 durch Kirkendall am System Cu/Zn) lässt sich am einfachsten für die Schweißebene beobachten und liefert den direkten, experimentellen
Nachweis, dass Platzwechsel von Gitteratomen nicht durch den Austausch von benachbarten Atomen erfolgen können, sondern eine dritte Teilchensorte, Leerstellen,
involvieren muss. Die Kirkendall-Verschiebung erfolgt stets hin zur schneller diffundierenden Komponente, z. B. A in Abb. 3.20, weil – bezogen auf die Schweißebene
– dort mehr A-Atome abfließen als B-Atome von der anderen Seite einströmen.

Da, wie aus Abb. 3.20 ersichtlich, der Leerstellenstrom entlang der Diffusionszone örtlich variiert, kann j_V nicht divergenzfrei sein. Es müssen also, von der Schweiß-ebene aus gesehen, auf der Seite der langsamer diffundierenden Atome ständig Leer-stellen aus Quellen (durch Einbau neuer Gitterebenen) erzeugt werden, die auf der Seite der schneller diffundierenden Atome an Senken (durch entsprechendes Schrumpfen von Gitterebenen) wieder verschwinden. Auch die bei der Interdiffusion häufig beobachtete, einseitige Bildung von Poren neben der Schweißnaht ist auf die lokale Leerstellen-Übersättigung vor deren Vernichtung zurückzuführen.

Für die durch Gl. (3.16) definierten Atomströme ist es entscheidend, dass diese – wie bei den Tracerexperimenten – auf das Koordinatensystem der Gitterebenen bezogen sind. Innerhalb der Diffusionszone verschiebt sich dieses Koordinatensys-tem mit der Geschwindigkeit u_K. Üblicherweise werden jedoch Interdiffusionsexpe-rimente in einem ortsfesten Koordinatensystem, z. B. dem am Probenende festge-machten Laborsystem, ausgewertet. Mithilfe der sog. Mantano-Analyse (die hier nicht näher erläutert werden soll) wird aus dem nach der Diffusionszeit t dort ge-messenen Konzentrationsprofil $c_A(z, t) = 1 - c_B(z, t)$ ein sog. **Interdiffusionskoeffi-zient** $\tilde{D}$ (auch chemischer Diffusionskoeffizient genannt) für jeden Konzentrations-wert entlang des Profils bestimmt. Es ist zu beachten, dass bei dieser Auswertung die Atomströme auf das Laborsystem und nicht auf das System der beweglichen Gitterebenen bezogen werden. Im Laborsystem gilt $j_A^L = -j_B^L$ und der Koeffizient $\tilde{D}$ ist für die A- und B-Atome gleich. Durch Umrechnung der Atomströme in den verschiedenen Koordinatensystemen und Benutzung von Gl. (3.16) und Gl. (3.17) ergibt sich:

$$j_A^L = j_A + c_A j_V = -(\tilde{D}/V_0)(\partial c_A/\partial z) \quad \text{mit} \quad \tilde{D} = c_B D_A + c_A D_B. \qquad (3.18)$$

Gl. (3.18) und Gl. (3.17) bilden zusammen die berühmten **Darken-Gleichungen**. Mit ihrer Hilfe können nach Messung von $\tilde{D}$ und von u_K die individuellen Diffusions-koeffizienten D_A und D_B getrennt ermittelt werden.

3.6 Bestrahlungsinduzierte Fehlstellen

Bei der Bestrahlung von Festkörpern mit schnellen Elektronen (e^-), Protonen (p), Neutronen (n) oder Ionen werden Atome von ihren Gitterplätzen herausgestoßen und so Frenkeldefekte, d. h. Zwischengitteratome und Leerstellen in gleicher Zahl erzeugt. Wir betrachten zuerst den Verlagerungsprozess und die dabei gebildete pri-märe Defektstruktur und dann deren Veränderung durch thermische Defektreak-tionen.

3.6.1 Der Verlagerungsprozess

Unsere Kenntnis des Verlagerungsprozesses stammt ganz wesentlich von *Compu-tersimulationsexperimenten*. Dabei werden mit einem Großrechner, unter Annahme eines realistischen Wechselwirkungspotentials, in einem Kristall die Bewegungsab-läufe von 10^3 bis 10^5 Atomen durch Lösen der entsprechenden, gekoppelten Differentialgleichungen berechnet. Die Verlagerung beginnt mit dem Übertrag einer Rückstoßenergie T von einem Bestrahlungsteilchen an den Kern eines Gitteratoms. Dieses sog. *primäre Rückstoßatom* verlässt seinen Gitterplatz und wird durch Stöße mit anderen Gitteratomen in typisch 10^{-13} s abgebremst (Abb. 3.21 und Abb. 3.22). Falls $T \gg T_d$ (T_d = Verlagerungsenergie, s. unten) kommt es dabei zu sekundären Verlagerungen in Form einer **Verlagerungskaskade** (Abb. 3.22). Qualitativ kann man sich diesen Schritt als eine Art lokale Explosion im Gitter vorstellen, von der eine Schockwelle ausläuft. Hinter dieser bleibt ein Gebiet mit niedrigerer atomarer Dichte zurück. Die Front der Schockwelle kommt zum Stehen, wenn nach ca. 10^{-13} s die kinetische Energie aller beteiligten Atome soweit abgeklungen ist, dass keine weiteren

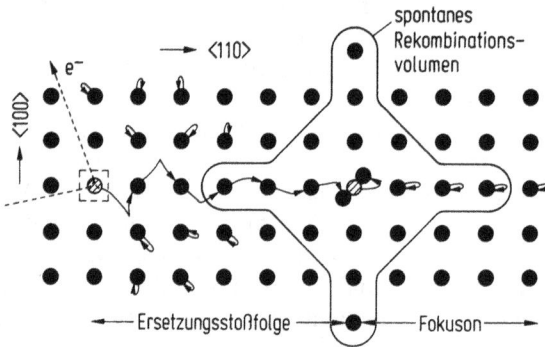

Abb. 3.21 Mittels Computersimulation berechneter Bewegungsablauf nach Übertragung einer Rückstoßenergie von $T = 40$ eV auf ein Gitteratom in der {100}-Ebene von fcc-Kupfer. Das erzeugte Frenkelpaar ist nur stabil, wenn die Leerstelle außerhalb des spontanen Rekombinationsvolumens liegt.

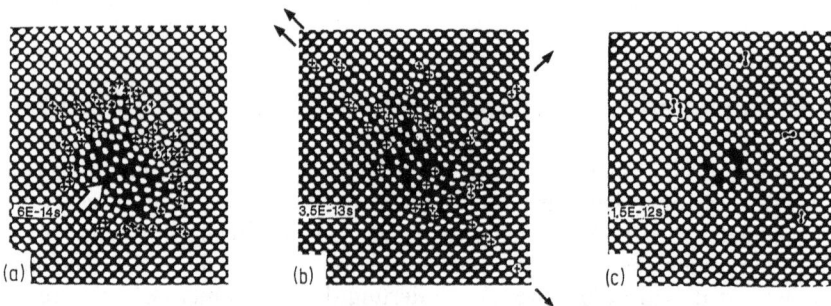

Abb. 3.22 Erzeugung einer kleineren Verlagerungskaskade in der {100}-Ebene von Kupfer. Bewegungsablauf aus Computersimulation [15]. Das primäre Rückstoßatom startet bei $t = 0$s mit $T \approx 250$ eV an der durch den Pfeil in (a) gekennzeichneten Stelle. (a) Atompositionen für $t = 0.06 \cdot 10^{-12}$ s. Die vom primären Rückstoßatom ausgelöste Schockwelle kommt zum Stehen. Die durch Kreuze gekennzeichneten Atome besitzen Energien über 0.5 eV; (b) Atompositionen für $t = 0.35 \cdot 10^{-12}$ s. Vom Kaskadengebiet laufen Stoßfolgen in die gezeigten <100>-Richtungen weg. (c) Stabiles Defektbild nach $t \geq 1.5 \cdot 10^{-12}$ s mit fünf Leerstellen im Zentrum und fünf Zwischengitteratomen (als Hanteln gekennzeichnet) in der Peripherie der Verlagerungskaskade.

Verlagerungen mehr möglich sind (Abb. 3.22 a). In der anschließenden Phase, bis ca. 10^{-11} s, verteilt sich die Primärenergie auf immer mehr Atome und fließt in den umgebenden Kristall ab. Zu Beginn haben dabei die Atome des Primärbereichs kinetische Energien, die Temperaturen von ca. 10^4 K entsprechen. Es kommt zu einer überhitzten Schmelze im Kaskadenkern. Die anschließende Abkühlung erfolgt durch Wärmeleitung in den umgebenden Kristall sehr rasch, in ca. 10^{-11} s.

Für eine anfängliche Rückstoßenergie im Bereich $T_d \le T < 2\,T_d$ findet **Einzelverlagerung** statt, d. h. es bleibt eine Defektstruktur zurück, die aus einem einzelnen Frenkelpaar besteht (Abb. 3.21). Sie ist typisch für die Bestrahlung mit MeV-Elektronen. Dabei wird das Zwischengitteratom meist über eine sog. **Ersetzungsstoßfolge** erzeugt. In dieser stößt entlang einer dicht gepackten Gitterrichtung jedes Atom sukzessive seinen Nachbarn heraus und setzt sich auf dessen Platz (Abb. 3.21). Die Stoßfolge bricht ab, wenn sie an die umgebenden Atome soviel Energie verloren hat, dass das letzte Atom der Folge seinen Nachbarn nicht mehr weit genug verdrängen kann, um dessen Platz einzunehmen. Dort bleibt dann ein Zwischengitteratom zurück, während das primäre Rückstoßatom neben der Leerstelle endet. Der Grund für das Auftreten dieses Defekterzeugungsmechanismus' – gegenüber einer denkbaren, direkten Verlagerung des primären Rückstoßatoms ins Zwischengitter – ist die damit mögliche, größere räumliche Trennung des Zwischengitteratoms von der Leerstelle. Diese Trennung verhindert, dass das resultierende Frenkelpaar auf Grund seiner elastischen i-V-Anziehung nicht wieder spontan rekombinieren kann. Die für den elementaren Verlagerungsprozess charakteristische Schwellenenergie T_d (Index d von engl. displacement) für die Erzeugung eines stabilen Frenkelpaares, auch **Verlagerungsenergie** genannt, wurde für viele Materialien aus der Energieabhängigkeit der Defektproduktionsrate bei Elektronenbestrahlung bestimmt (Werte s. Tab. 3.2). Typischerweise ist T_d ca. fünfmal größer als die thermische Bildungsenergie $E_F^f = (E_V^f + E_i^f)$ eines Frenkelpaares. Letztere beschreibt die „sanfte" Paarbildung durch zufällige thermische Fluktuationen. Demgegenüber bezieht sich T_d auf einen schnellen Stoßprozess, bei dem gleichzeitig viele Atome sehr große Auslenkungen erfahren, d. h. bei dem viele Phononen zusammen mit dem Frenkelpaar erzeugt werden.

Für $T \gg T_d$ (typisch für Neutronen- und Ionenbestrahlung) bleibt nach Abkühlen der Verlagerungskaskade ein stark gestörtes Gittergebiet zurück. In Metallen besteht es aus einem leerstellenreichen Kern, um den eine Schale mit Zwischengitteratomen liegt. Im Zentrum ist die Leerstellendichte so hoch, dass dort keine Zwischengitteratome der spontanen Rekombination entkommen. Nur die über längere Ersetzungsstoßfolgen nach außen gelaufenen Zwischengitteratome sind stabil (Abb. 3.21 c). Für $T > 10$ keV spaltet die Kaskade in einzelne **Subkaskaden** auf (Abb. 3.23). Die Zahl n der von einem Rückstoßatom gebildeten Frenkelpaare ist proportional zu T mit $n \approx 0.15\,T/T_d$.

Während in den einfachen Metallen beim raschen Erstarren der Kaskade im Innern die ursprüngliche Gitterstruktur zurückgebildet wird, ist dies bei komplizierter aufgebauten Substanzen nicht mehr möglich. In vielen intermetallischen Phasen, z. B. NiTi oder $TaSi_2$, aber auch in kovalent gebundenen Materialien wie Si, Ge oder Quarz bleibt dann eine amorphe Phase zurück, man spricht von **bestrahlungsinduzierter Amorphisierung**. Für manche Ordnungslegierungen, wie Cu_3Au oder Ni_3Al, kristallisiert zwar das Kaskadengebiet wieder, aber die verschiedenen Atom-

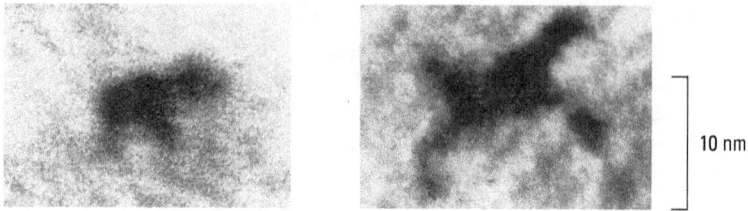

Abb. 3.23 TEM-Dunkelfeldbilder von entordneten Bereichen in Cu_3Au nach Beschuss mit hochenergetischen Cu-Ionen [16]. Zur Abbildung wurde ein stark angeregter Überstruktur-reflex verwendet, so dass Unordnungsbereiche dunkel und geordnete Gitterbereiche hell erscheinen. *Links*: Einschlag eines 50 keV Cu-Ions. *Rechts*: 100 keV Cu-Ion; eine Aufspaltung in Subkaskaden ist erkennbar.

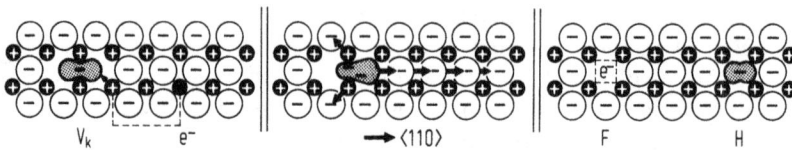

Abb. 3.24 Schematische Darstellung der Stadien bei der Erzeugung eines Frenkeldefekts in einem Ionenkristall (NaCl-Struktur; {100}-Ebene) durch Radiolyse. *Links*: Das durch Ionisation eines Anions erzeugte Elektron e$^-$ rekombiniert entlang des punktierten Wegs mit seinem Loch h$^+$ (in Form eines V_K-Zentrums). *Mitte*: Die bei der strahlungslosen Rekombination frei werdende (kinetische) Energie löst eine Ersetzungsstoßfolge in $<110>$-Richtung aus. Die Impuls- und Ladungsverteilung des aufbrechenden Cl_2^{2-}-Moleküls ist unsymmetrisch. *Rechts*: Das Endprodukt: Ein Frenkelpaar, bestehend aus einer Leerstelle (F-Zentrum) am Ausgangspunkt und einem Zwischengitteratom (H-Zentrum) am Ort des Steckenbleibens der Ersetzungsstoßfolge.

sorten finden beim schnellen Abkühlen nicht mehr auf ihr richtiges Untergitter zurück. Neben den Frenkeldefekten bleibt dann ein Bereich chemischer Umordnung zurück (Abb. 3.23).

In Alkalihalogeniden, z. B. in KCl, können auch mit Röntgen- oder UV-Licht Frenkelpaare auf dem Halogen-Untergitter erzeugt werden. Der Mechanismus dieser sog. **Radiolyse** ist heute weitgehend geklärt. Zunächst entsteht durch Anregung eines Elektrons vom Valenz- ins Leitungsband ein neutrales Halogenatom. Dieses ist jedoch auf seiner Gitterposition nicht stabil und relaxiert zu einem sog. „self trapped hole" (Abb. 3.3 und Abb. 3.24), indem es mit einem benachbarten Halogen-Ion eine kovalente Bindung eingeht. Das so enstandene sog. V_K-**Zentrum** (nicht zu verwechseln mit V_K = Kationenleerstelle!) kann als Vorstufe zu einem Frenkeldefekt aufgefasst werden. Wie Abb. 3.24 zeigt, besteht es aus einem $<110>$-Cl_2^--Molekülion, dessen Schwerpunkt vom regulären Gitterplatz auf einen Zwischengitterplatz verschoben ist und das von zwei halben Leerstellen umgeben wird. Im nächsten Schritt rekombiniert nun das freie Elektron wieder mit dem V_K-Zentrum. Die in diesem strahlungslos verlaufenden Übergang gewonnene, elektronische Energie wird in kinetische Energie der beiden Chloratome des V_K-Zentrums umgewandelt und das Molekülion bricht auf. Wenn dieses Aufbrechen sehr unsymmetrisch erfolgt, kann einseitig eine Ersetzungsstoßfolge in $<110>$-Richtung gestartet und am Ende ein stabiles Frenkelpaar erzeugt werden (Abb. 3.24). Der Unterschied zu dem in Abb. 3.21 gezeigten Verlagerungsprozess besteht jedoch darin, dass die atomare Ausgangssituation für die Bildung einer Verlagerungs-Stoßfolge beim Zerplatzen des V_k-Zentrums wesentlich günstiger ist als beim mehr oder minder ungerichteten Herausstoßen eines Atoms von einem regulären Gitterplatz. Deshalb reicht bereits die bei der (e^-, V_k)-Rekombination freiwerdende Energie von ca. 5 eV bis 10 eV aus, um (gelegentlich) ein Frenkelpaar zu erzeugen, während für die normale Verlagerung Energien $T_d >$ ca. 15 eV erforderlich sind.

3.6.2 Reaktionen bestrahlungsinduzierter Fehlstellen

Bei genügend hohen Temperaturen können die bei der Verlagerung primär gebildeten Defekte im Gitter umher diffundieren und miteinander oder mit äußeren Senken (z. B. Versetzungen, Korngrenzen) reagieren. In isochronen Erholungsmessungen, die für sehr viele Materialien nach Tieftemperaturbestrahlung durchgeführt wurden, machen sich diese Defektreaktionen als charakteristische **Erholungsstufen** bemerkbar. Ein typisches Beispiel zeigt Abb. 3.25. Mit steigender Anlasstemperatur beobachtet man zunächst in *Erholungsstufe* I_A bis I_C die Rekombination von sog. **eng benachbarten Frenkelpaaren**. Bei diesen Paaren wurde beim Verlagerungsprozess das Zwischengitteratom so nahe bei seiner Leerstelle deponiert, dass es schon mit ge-

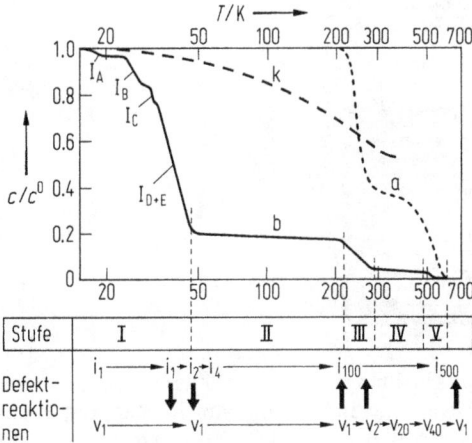

Abb. 3.25 Isochrone Erholungskurven von reinem Cu. Der relative Rückgang der Defektkonzentration beim Anlassen auf die Temperatur T wird mit Hilfe des elektrischen Restwiderstandes verfolgt: Die Kurve b wurde nach *Bestrahlung* mit *3 MeV Elektronen* bei 4.5 K ($c_F^0 = 2 \cdot 10^{-4}$) gemessen. Die Kurve k nach *Kaltverformung* (ca. 10%) bei 4.5 K und die Kurve a nach *Abschrecken* von 1300 K auf 200 K ($c_V^0 = 5 \cdot 10^{-5}$). Unten: Bezeichnung der Erholungsstufen und Darstellung der in ihnen ablaufenden Defektreaktionen. Die waagerechten Pfeile bedeuten Agglomeration von Zwischengitteratomen (z. B. von i_1 nach i_{500}) bzw. von Leerstellen; senkrechte Pfeile bedeuten Rekombination der beweglichen Defekte mit ihren Antidefekten.

ringer thermischer Aktivierung zurückspringen kann. In *Erholungsstufe* I_{D+E} können dann die weiter entfernten Zwischengitteratome frei im Gitter umherwandern und mit Leerstellen rekombinieren oder agglomerieren, d. h. Doppel- und Mehrfachzwischengitteratome bilden.

Misst man in dieser Erholungsstufe bei einer sprunghaften Temperaturerhöhung von T_1 nach T_2 die Änderung der Rekombinationsrate von r_1 nach r_2, z. B. über die zeitliche Änderung des elektrischen Restwiderstandes, so kann man daraus gemäß $r_1/r_2 = \exp[-E_i^m(1/kT_1 - 1/kT_2)]$ die Wanderungsenergie E_i^m der Zwischengitteratome bestimmen (Tab. 3.2). Aus kalorimetrischen Messungen der bei der Rekombination frei werdenden Energie erhält man ferner die Bildungsenergie $(E_V^f + E_i^f)$ pro Frenkelpaar (Tab. 3.2).

In *Erholungsstufe* II setzt sich zunächst die Agglomeration der Zwischengitteratome fort. Agglomerate ab ca. 10 Zwischengitteratome nehmen dabei meist die Form eines scheibchenförmigen Stücks einer eingeschobenen Gitterebene an (Abb. 3.26). Da das Scheibchen von einer Stufenversetzung begrenzt wird, spricht man von einem **Zwischengitteratom-Versetzungsring**. Größere Ringe lassen sich gut im Elektronenmikroskop beobachten (Abb. 3.27).

In *Erholungsstufe* III wandern die Leerstellen und rekombinieren dabei an den Zwischengitteragglomeraten oder lagern sich ihrerseits zu Leerstellenagglomeraten

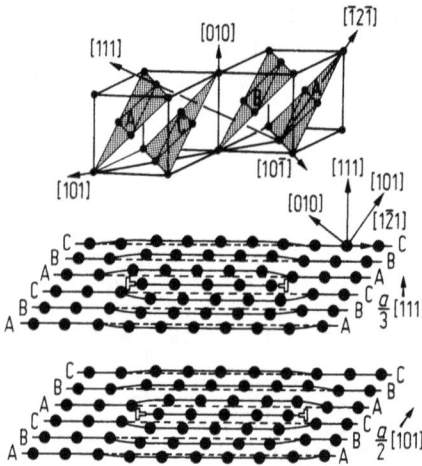

Abb. 3.26 Schnitte durch planare Ausscheidungen von ca. 40 Zwischengitteratomen auf einer (111)-Ebene im fcc-Gitter. *Oben*: Allgemeine Indizierung von Ebenen und Richtungen im fcc-Gitter. Man beachte die Stapelfolge ABCA... der (111)-Ebenen in Richtung [111]. *Mitte*: Atomanordnung in der Ausscheidung mit Stapelfehler. Schnitt entlang einer ($\bar{1}$01)-Ebene. Ausgeschiedene Atome bilden eine eingeschobene (111)-Ebene vom Typ B, die die korrekte Stapelfolge unterbricht. Sie wird von einem Versetzungsring mit Burgers-Vektor $(a/3)[111]$ (sog. Frank'sche Partialversetzung) umrandet. *Unten*: Atomanordnung nach Elimination des Stapelfehlers durch Abscherung um $(a/6)[1\bar{2}1]$ entlang der Ausscheidung. Der Burgers-Vektor der Randversetzung ist jetzt mit $(a/3)[111] + (a/6)[1\bar{2}1] = (a/2)[101]$ ein Translationsvektor des fcc-Gitters. Diese Abscherung tritt auf, wenn der Ring groß genug ist, so dass der Gewinn an Stapelfehlerenergie den Energieaufwand für die Vergrößerung des Burgers-Vektors der Randversetzung überkompensiert.

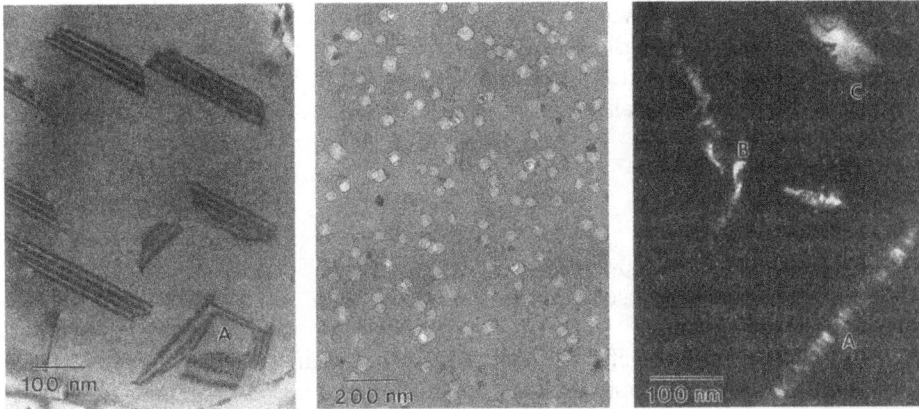

Abb. 3.27 TEM-Bilder typischer bestrahlungsinduzierter Mikrostrukturen (W. Kesternich, private Mitteilung). *Links*: Zwischengitteratom-Versetzungsringe in einer NiCr-Mo-Legierung nach Bestrahlung mit 28 MeV α-Teilchen; Dosis $3.5 \cdot 10^{21}\,\alpha/m^2$; Anlassen bei 750 °C; Ringe (größer als die Dicke der durchstrahlten Probe) am streifenförmigen Beugungskontrast der Stapelfehler (s. Abschn. 3.7.3) erkennbar. *Mitte*: Phasenkontrastbild von Hohlräumen in Aluminium nach Bestrahlung mit schnellen Neutronen bei 55 °C; Dosis $4.5 \cdot 10^{25}\,n/m^2$. Man beachte die Facettierung der Poren. *Rechts*: Nichtgleichgewichtsausscheidungen in Ni8%Si nach Bestrahlung mit 28 MeV α-Teilchen bei 475 °C; Dosis $3 \cdot 10^{21}\,\alpha/m^2$; Dunkelfeldabbildung mit dem Überstrukturreflex von Ni$_3$Si. Es leuchtet nur die geordnete Ni$_3$Si-Phase auf. Die Ausscheidungen entstehen durch Anreicherung von Si, das von Zwischengitteratomen zu deren Senken mitgeschleppt wurde, und zwar zu Korngrenzen (Stelle A), Linienversetzungen (Stelle B) und Versetzungsringen (Stelle C).

zusammen. In Stufe IV vergröbern sich die Defektagglomerate, bis schließlich in *Erholungsstufe* V die Leerstellenagglomerate thermisch zerfallen. Die dabei gebildeten Einzelleerstellen annihilieren dann an den verbliebenen Zwischengitterscheibchen, so dass nach Stufe V alle bestrahlungsinduzierten Defekte ausgeheilt sind.

Bei technischen Anwendungen erfolgen Bestrahlungen meist bei Temperaturen oberhalb Erholungsstufe III. Während der Bestrahlung sind dann sowohl die bestrahlungsinduzierten Zwischengitteratome als auch die Leerstellen hoch beweglich und können rekombinieren, agglomerieren oder an Versetzungen bzw. Korngrenzen annihilieren. Dadurch kommt es zur Entwicklung einer Vielzahl von interessanten Defektstrukturen. Zum Beispiel können die während der Bestrahlung in hoher Nichtgleichgewichts-Konzentration stationär vorhandenen Zwischengitteratome über den Kick-Out-Mechanismus (Abschn. 3.5.5) substitutionell gelöste Fremdatome zu den Senken mitschleppen, so dass sich diese dort anreichern. Abbildung 3.27 zeigt ein Beispiel dieser sog. **bestrahlungsinduzierten Entmischung** in einer Ni8%Si-Legierung.

Ein anderer Effekt beruht darauf, dass Zwischengitteratome wegen ihres starken Verzerrungsfeldes von Versetzungen stärker angezogen werden als Leerstellen und somit dort bevorzugt annihilieren. Im stationären Zustand, in dem ja gleich viele Zwischengitteratome und Leerstellen erzeugt und vernichtet werden, müssen – zur Aufrechterhaltung der Bilanz – folglich andere, im Kristall vorhandene Senken,

z. B. kleine Hohlräume, bevorzugt Leerstellen aufnehmen. Auf diese Weise kann es unter gewissen Bestrahlungsbedingungen zum kontinuierlichen Wachstum von Poren im Innern eines Werkstücks (Abb. 3.27) und damit z. B. zum gefürchteten **bestrahlungsinduzierten Schwellen** von Hüllmaterialien in Kernreaktoren kommen.

3.7 Versetzungen

3.7.1 Topologische Eigenschaften von Versetzungen

Wie in der Einleitung ausgeführt, versteht man unter einer Versetzung eine linienförmige Gitterstörung. Topologisch kann man sie sich folgendermaßen erzeugt denken (Abb. 3.28 und Abb. 3.29): Wir schneiden einen Kristall entlang einer Fläche ein Stück weit ein, verschieben die getrennten Kristallteile um einen Vektor b gegeneinander und verbinden sie dann wieder. Falls b ein Translationsvektor des Gitters ist, wird dabei in der Schnittebene die ursprüngliche Gitterstruktur wiederhergestellt. Fehlende bzw. überzählige Atome denken wir uns gegebenenfalls in der Schnittebene eingefügt bzw. weggenommen. Nur entlang der Linie, bei der der Schnitt im Kristall endete, bleibt somit ein stark gestörter Gitterbereich, der sog. Versetzungskern (Abschn. 3.7.4), zurück. Um ihn herum wurde durch die Fixierung der um b verschobenen Kristallteile ein weitreichendes, elastisches Verschiebungsfeld $u(r)$ eingebracht. Topologisch wird somit eine Versetzung durch den sog. **Burgers-Vektor** b charakterisiert. Im Grenzfall b senkrecht bzw. b parallel zur Versetzungslinie spricht man von einer reinen **Stufenversetzung** bzw. **Schraubenversetzung**. Für erstere ist das Symbol $\perp$ gebräuchlich. Man kann sie sich als Abbruch einer Gitterebene im Kristall vorstellen (Abb. 3.28a). Die Atomordnung um die Schraubenversetzung hat dagegen die Form einer Wendeltreppe (Abb. 3.29).

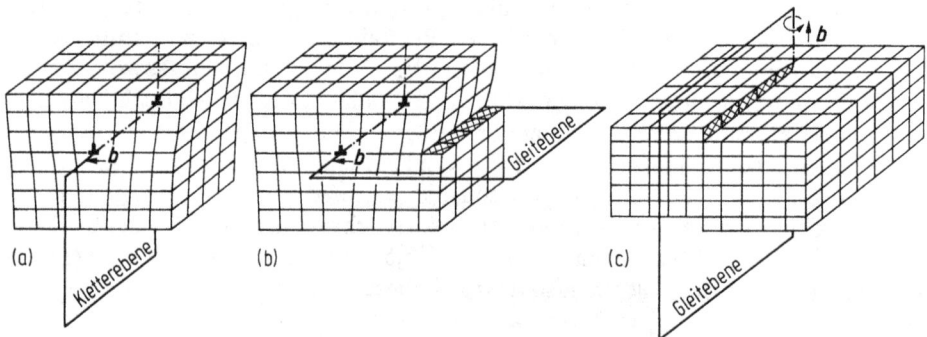

Abb. 3.28 Darstellung gerader Versetzungen im Bauklötzchenmodell. (a) Stufenversetzung, erzeugt durch Entfernen der Atome einer halben Netzebene (Kletterebene). (b) Stufenversetzung, erzeugt durch Abscheren der rechten Kristallhälfte entlang der Gleitebene um den Burgers-Vektor b. (c) Schraubenversetzung, erzeugt durch teilweises Abscheren eines Kristalls entlang der Gleitebene um b.

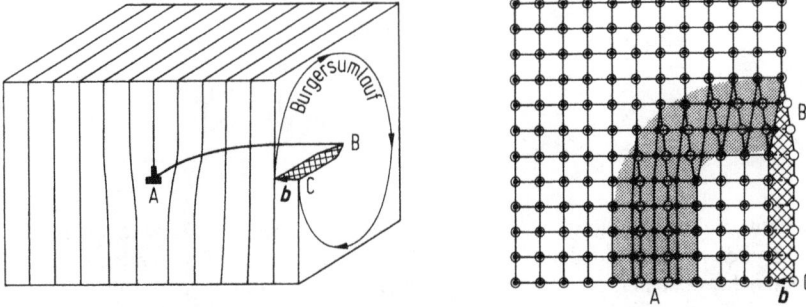

Abb. 3.29 Schematische Darstellung einer gemischten Versetzung. *Links*: Gesamtansicht des Kristalls (nur eine Netzebenenschar gezeigt). Die Versetzung verläuft von A nach B. Sie wurde durch Abscherung des Würfels um einen Gittervektor **b** entlang der Fläche ABC erzeugt. Bei A hat die Versetzung reinen Stufen- und bei B reinen Schraubencharakter. Die Gleitstufe BC hat die Tiefe **b**. *Rechts*: Blick auf die Gleitebene: Atome oberhalb der Gleitebene sind als Punkte, Atome darunter als Kreise gekennzeichnet. Mattierung kennzeichnet den Bereich des Versetzungskerns. Man beachte den Schraubencharakter der Versetzung bei B bzw. den Stufencharakter bei A.

Aus der oben geschilderten Vorschrift zur Erzeugung einer Versetzung ergeben sich folgende Regeln:

1. *b ist eine Erhaltungsgröße entlang der Versetzung.* Bei gekrümmten Versetzungen wird sich im Allgemeinen das Verhältnis der Anteile mit Stufen- bzw. Schraubencharakter kontinuierlich entlang der Linie ändern (s. z. B. Abb. 3.29 und Abb. 3.30a).

2. *Eine Versetzungslinie kann nicht im Kristall enden.* Sie muss entweder in sich geschlossen sein (Abb. 3.30a, b) oder sich an sog. Versetzungsknoten verzweigen. Dabei muss für die beteiligten Versetzungen $b_1 + b_2 + b_3 = 0$ gelten (Abb. 3.30c). Natürlich kann eine Versetzung auch an der Oberfläche oder an einer Korngrenze enden. Falls b nicht genau parallel zu dieser Oberfläche (Korngrenze) ist, muss vom Endpunkt der Versetzung aus eine andere linienhafte Störung, z. B. in Form einer Oberflächenstufe (s. Abb. 3.29), ausgehen. Da sich dort bevorzugt Atome, z. B. aus der Gasphase, anlagern, sind solche Stufen für das Kristallwachstum wichtig.

3. Addieren wir entlang irgend eines Umlaufs um die Versetzung die elastischen Verschiebungen u aller Atome auf, so erhalten wir gerade b. Durch diesen sog. **Burgers-Umlauf** (siehe z. B. Abb. 3.29) kann man b auch ohne die – gedachte – Zerschneidung des Kristalls definieren und eine Konvention für das Vorzeichen von b erhalten, z. B. Burgers-Umlauf immer im Sinn einer Rechtsschraube, nachdem die Richtung der Versetzungslinie (willkürlich, aber einheitlich) festgelegt wurde.

Bei der Bewegung einer Versetzung unterscheidet man Gleiten und Klettern. **Gleiten** ist nur möglich in der durch b und die Versetzungslinie aufgespannten Ebene (im Kontinuum nicht definiert für Schraubenversetzungen!). **Klettern** erfolgt in der zu

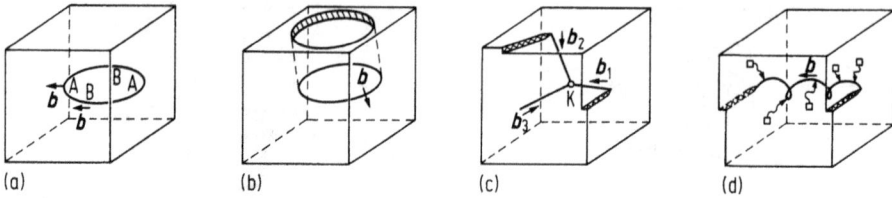

(a)   (b)   (c)   (d)

Abb. 3.30 Schematische Darstellung von Versetzungsanordnungen. (a) Versetzungsring, erzeugt durch Abscheren um **b** auf der Ringebene. Die Versetzung hat bei A reinen Stufen- und bei B reinen Schraubencharakter. (b) Versetzungsring, erzeugt durch Hineinstanzen einer Gitterscheibe der Höhe *b* in den Kristall. Der Versetzungsring hat weitgehend Stufencharakter, d. h. der Ring umschließt die entlang des Gleitzylinders in den Kristall eingebrachte, zusätzliche Gitterebene (vgl. Abb. 3.27). (c) Drei vernetzte Versetzungen mit Burgers-Vektoren b_1, b_2 und b_3. Falls die Richtungen der drei Versetzungen so definiert werden, dass sie auf den Versetzungsknoten K hinzeigen, gilt: $b_1 + b_2 + b_3 = 0$. (d) Klettern einer – zunächst geraden – Schraubenversetzung. Durch Absorption von Leerstellen nimmt sie, bei konstantem *b*, teilweise Stufencharakter an und windet sich durch Klettern zur Spirale.

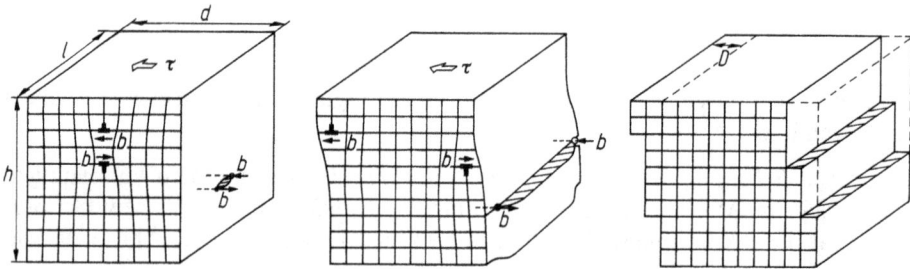

Abb. 3.31 Versetzungsbewegung und plastische Verformung. *Links*: Ausgangssituation: Die Probe (Volumen $V = dlh$) enthält im Innern zwei Stufen- und zwei Schraubenversetzungen. Unter einer Schubspannung τ beginnen die Versetzungen auseinander zu gleiten. *Mitte*: Die Probe ist schon weitgehend plastisch verformt. *Rechts*: Nach Austritt der vier Versetzungen bleiben links und rechts je zwei Stufen auf der Oberfläche zurück. Die Probe wurde um den Winkel $\varepsilon = D/h = b(A_{\parallel} + A_{\perp})/V$ abgeschert. $A_{\perp}$ bzw. $A_{\parallel}$ geben die von den Stufen- bzw. Schraubenversetzungen bei ihrem Auseinanderlaufen überstrichenen Flächen an.

b senkrechten Ebene. Wie Abb. 3.28a für die Stufenversetzung zeigt, erfordert dies das Hinzufügen oder Wegnehmen von Atomen, d. h. Materietransport. Auch Schraubenversetzungen können klettern, indem sie sich zu einer Spirale winden (s. Abb. 3.30d) und auf diese Weise durch Öffnen der Spirale eine immer größere Stufenkomponente einbauen.

Die geschilderte Vorschrift zur Erzeugung einer Versetzung, Aufschneiden + Abscheren + Verschweißen, impliziert bereits, dass die *Bewegung einer Versetzung* entlang der Gleitebene *ein plastisches Abscheren* des Kristalls zur Folge haben muss. Bewegt sich z. B. der Versetzungsbogen in Abb. 3.29 in den Kristall hinein, so ist dies gleichbedeutend mit dem Abscheren von immer größeren Bruchteilen des Probenquerschnitts. Die Scherverformung ε einer Probe mit Volumen V ist folglich proportional zu b und der von den Versetzungen bei ihrer Bewegung überstrichenen Fläche A_d, d. h.

$$\varepsilon = b\,A_d/V \quad \text{oder} \quad \varepsilon = b\,\varrho_d <z>_d, \tag{3.19}$$

wenn A_d durch die mittlere Versetzungslänge $L_d = V\varrho_d$ und den mittleren Weg $<z>_d$ der Versetzungen senkrecht zu ihrer Linie ausgedrückt wird ($\varrho_d =$ Versetzungsdichte). Die Gültigkeit von Gl. (3.19) lässt sich an Hand von Abb. 3.31 nachvollziehen.

3.7.2 Verzerrungsfelder um Versetzungen

Wir betrachten jetzt das Verzerrungsfeld einer Versetzung und beschränken uns zunächst auf eine gerade Schraubenversetzung in einem elastisch isotropen Medium. In einem, diesem Fall angepassten, zylindrischen Koordinatensystem (Abb. 3.32) erhält man dann als einzige von null verschiedene Komponente des sog. Verzerrungstensors ε_{ij} bzw. des Spannungstensors σ_{ij}

$$\varepsilon_{\varphi z} = \varepsilon_{z\varphi} \equiv 1/2\,(r^{-1}\,\partial u_z/\partial\varphi + \partial u_\varphi/\partial z) = b/4\,\pi\,r = \sigma_{\varphi z}/2\,\mu \tag{3.20}$$

mit $\mu =$ Schubmodul. Da alle Diagonalkomponenten ε_{ij} bzw. σ_{ij} verschwinden, hat das obige Verzerrungs- bzw. Spannungsfeld reinen Scharakter, d. h. sein Dilatationsanteil $\equiv$ Spur ε ist null. Außerdem fällt es wie $1/r$ vom Versetzungskern aus ab.

Für eine Stufenversetzung ist das Verzerrungsfeld komplizierter (Abb. 3.33). Es hat für $y = 0$ reinen Scharakter und für $x = 0$ starke Dilatationsanteile. Oberhalb und unterhalb der Ebene $y = 0$ haben die Verzerrungen aber entgegengesetzte Vorzeichen, so dass bei einer Mittelung um die Versetzung die Dilatationsanteile sich gegenseitig kompensieren. Abgesehen von sehr kleinen Beiträgen, die vom Versetzungskern herrühren, ändert sich somit durch den Einbau von Versetzungen das Gesamtvolumen eines Kristalls nicht.

Die längenbezogene, elastische Energie W_{el} einer Schraubenversetzung ergibt sich durch Integration der elastischen Energiedichte $\omega = 2\,\mu\,\varepsilon_{\varphi z}^2$ des Verzerrungsfeldes zu

$$W_{el} = \int_{r_c}^{R} \omega\,r\,\mathrm{d}r\,\mathrm{d}\varphi = (\mu\,b^2/4\,\pi)\ln(R/r_c). \tag{3.21}$$

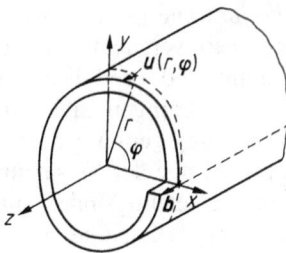

Abb. 3.32 Verschiebungsfeld $u(r,\varphi)$ in einer Zylinderschale um eine Schraubenversetzung entlang der z-Achse im elastisch isotropen Medium. Es gilt $u_r = u_\varphi = 0$ und $u_z = b\,\varphi/2\,\pi$.

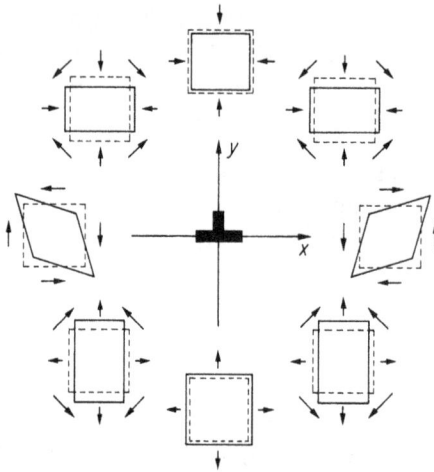

Abb. 3.33 Verzerrungsfeld um eine entlang der z-Achse verlaufende Stufenversetzung im elastisch isotropen Medium. Dargestellt sind die Formänderungen der punktiert gezeigten Einheitsquadrate in der x,y-Ebene. In z-Richtung sind alle Dehnungen Null. Die Pfeile stellen jeweils die Verschiebungen der Flächen bzw. Ecken der Einheitsquadrate aufgrund des Dilatationsanteils bzw. des Scheranteils des planaren Verzerrungsfeldes dar.

Dabei bedeuten $r_c \approx (2 \ldots 3)\,b$ den Radius des Versetzungskerns (wo die lineare Elastizitätstheorie versagt) und $R \approx \varrho_d^{-1}$ den mittleren Versetzungsabstand, bei dem sich die Verzerrungen der unterschiedlichen Versetzungen im Mittel kompensieren. Für Stufenversetzungen liegt W_{el} ca. 30 % höher.

Um die gesamte Linienenergie W zu erhalten, muss man zu W_{el} noch die Fehlordnungsenergie $W_c \approx (0.1 \ldots 0.2)\,W_{el}$ des Kernbereichs der Versetzung hinzufügen. Als Faustformel für typische Versetzungsdichten $\varrho_d \approx 10^{11} - 10^{12}\,\mathrm{m}^{-2}$ ergibt sich so $W \approx 1/2\,\mu\,b^2$, d. h. je nach Material $(3 \ldots 20)\,\mathrm{eV}$ pro Netzebene, die von der Versetzungslinie durchstoßen wird. Die daraus resultierende, hohe Fehlordnungsenergie macht es unmöglich, dass selbst kurze Versetzungen – ähnlich wie Punktdefekte – durch thermische Fluktuationen gebildet werden. Versetzungen werden entweder bereits *beim Wachstum der Kristalle eingebaut*, oder aber sie entstehen durch *Multiplikation aus Versetzungsquellen bei plastischer Verformung* (Abb. 3.34).

Man kann W auch als **Linienspannung** auffassen. Diese versucht, eine Versetzung zwischen zwei Verankerungspunkten – wie ein Gummiband – möglichst geradlinig zu ziehen. Über ihr Verzerrungsfeld wechselwirken Versetzungen auch mit äußeren mechanischen Spannungen. So erzeugt eine Schubspannung τ entlang der Gleitebene eine sog. **Peach-Koehler-Kraft** der Größe $F = b\,\tau$ pro Länge der Versetzung. Diese wirkt in der Gleitebene und steht stets senkrecht zur Versetzungslinie. Unter dieser Kraft können Versetzungen abgleiten (Abb. 3.31) oder, falls sie an Hindernissen festhängen, sich dazwischen ausbauchen (Abb. 3.34). Dabei kann es sogar zur **Versetzungs-Vervielfachung** kommen. Die Wirkungsweise der darauf beruhenden sog. **Frank-Read-Quelle** ist in Abb. 3.34 dargestellt (s. auch Abb. 3.36b).

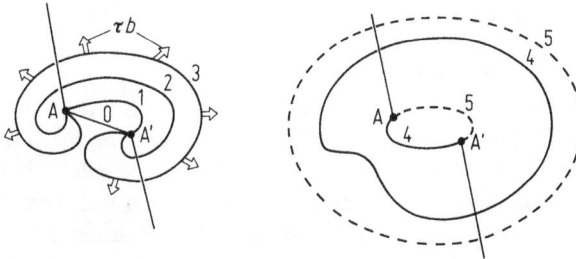

Abb. 3.34 Schematische Darstellung der Stadien der Versetzungsmultiplikation aus einer Frank-Read-Quelle. Eine äußere Schubspannung τ erzeugt Kräfte τb (nur für Position 3 gezeigt) auf die Versetzungslinie. Die Versetzung baucht sich dabei zwischen den Verankerungspunkten A und A' immer weiter aus, von Position 0 nach 1, 2, 3 bis sich die beiden rückwärtigen Versetzungsbögen berühren und miteinander rekombinieren. Es bildet sich so (Fortsetzung im rechten Bild) ein neuer Versetzungsring, 4. Das zwischen A und A' verbleibende Versetzungsstück 4 kann sich erneut ausbauchen, 5, und der ganze Prozess sich so wiederholen.

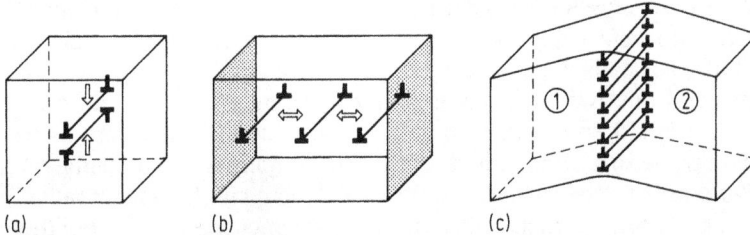

Abb. 3.35 Energetisch bevorzugte Versetzungsanordnungen. (a) Versetzungsdipol, d. h. zwei parallele Versetzungen mit entgegengesetzten Burgers-Vektoren. Ihre Verzerrungsfelder kompensieren sich am besten bei minimalem Versetzungsabstand, folglich Anziehung. Völlige Elimination ist für die gezeigten Stufenversetzungen aber nur möglich durch Auffüllen der zwischen ihnen fehlenden Gitterebene, z. B. durch Emission von Leerstellen. (b) Ein Versetzungsstau (pile up) zwischen zwei Hindernissen, z. B. seitlichen Oxidwänden (im Bild schattiert). Die drei Versetzungen mit gleichgerichteten Burgers-Vektoren stoßen sich ab und versuchen, einen möglichst großen Abstand voneinander einzunehmen. (c) Kleinwinkel-Kippkorngrenze gebildet durch sog. Polygonisation in einem plastisch gebogenen Kristall. Die zuerst homogen verteilten Versetzungen laufen in der Mitte zusammen und ordnen sich dort in Versetzungswänden an. Dadurch wird das Gebiet außerhalb der Kippgrenze in den Körnern 1 und 2 weitgehend verzerrungsfrei (s. auch Abb. 3.51).

Aufgrund ihrer Verzerrungsfelder können Versetzungen auch untereinander wechselwirken. Einige energetisch ausgezeichnete Versetzungsanordnungen sind in Abb. 3.35 illustriert. Wegen der quadratischen Abhängigkeit $W \sim b^2$ ist es für eine Versetzung mit dem Burgers-Vektor $\boldsymbol{b} = (\boldsymbol{b}_1 + \boldsymbol{b}_2)$ energetisch günstiger, in die Einzelversetzungen 1 und 2 zu zerfallen, wenn $(\boldsymbol{b}_1 + \boldsymbol{b}_2)^2 > (\boldsymbol{b}_1^2 + \boldsymbol{b}_2^2)$, d. h. wenn $\boldsymbol{b}_1$ und $\boldsymbol{b}_2$ einen stumpfen Winkel einschließen. Diese Zerfallsmöglichkeit erklärt auch, warum als *Burgers-Vektor* meist *der kleinste Gitter-Translationsvektor*, zum Beispiel $(a/2)<110>$ in fcc- oder $(a/2)<111>$ in bcc-Metallen beobachtet wird (Tab. 3.4).

3.7.3 Beobachtung von Versetzungen im Elektronenmikroskop

Bei den Methoden zur direkten Beobachtung von Versetzungen spielt das **Transmissionselektronenmikroskop** (TEM) die wichtigste Rolle. In Sonderfällen können Versetzungen auch – nach chemischem Anätzen – über ihre Durchstoßpunkte an der Oberfläche im Lichtmikroskop als Ätzgrübchen beobachtet werden (Abb. 3.36a). Eine andere Möglichkeit ist die Dekoration von Versetzungen mit Fremdatomen, so dass sie in (durchsichtigen) Ionenkristallen mit sichtbarem Licht oder in Halbleitern mit Infrarot (Abb. 3.36b) beobachtbar sind.

Das TEM nutzt zur Abbildung die Wellennatur von Elektronen mit ca. 100 keV – 1000 keV Energie aus. Man erreicht damit eine Auflösung bis zu 0.16 nm, die jedoch nicht durch die Wellenlänge der Elektronen (ca. 5 pm bei 100 keV), sondern durch die unvermeidlichen Abbildungsfehler der verwendeten elektromagnetischen Linsen begrenzt wird. Die Technik des TEM ist inzwischen sehr hoch entwickelt, und es gibt kommerzielle Geräte und Zusätze für praktisch alle Anforderungen.

Beim *Aufbau des TEM* unterscheidet man zweckmäßigerweise zwischen dem Beleuchtungssystem, der Probenkammer mit der Objektivlinse, sowie den Nachvergrößerungslinsen einschließlich der Bilderfassung. Sie sind alle im Hochvakuum untergebracht. Im *Beleuchtungssystem* werden die aus einer Quelle, z. B. aus einer geheizten LaB_6-Kristallspitze, emittierten Elektronen auf die gewünschte Energie beschleunigt und mit zwei elektromagnetischen Kondensorlinsen auf die Probe kollimiert. Man erhält so am Probenort einen annähernd parallelen, teilweise kohärenten Elektronenstrahl mit einem typischen Durchmesser von einigen µm.

Die *Probe* selbst muss transparent für Elektronen sein. Dies beschränkt ihre Dicke auf 10 nm bis 1 µm, je nach Substanz, Elektronenenergie und Abbildungsmodus. Um so dünne Präparate herzustellen, werden die dickeren Ausgangsproben entweder

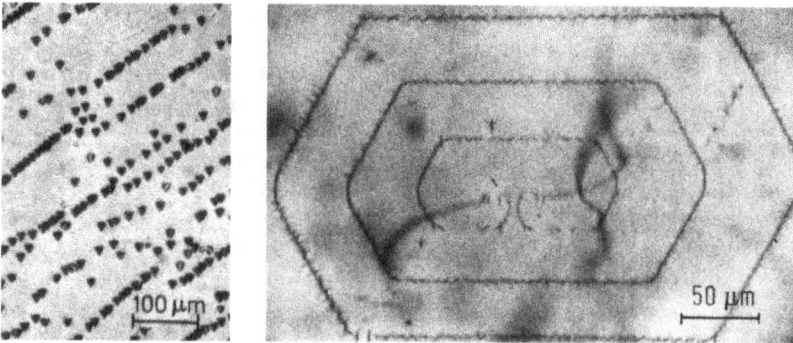

Abb. 3.36 Sichtbarmachen von Versetzungen: (a) Ätzgrübchen auf der (111)-Oberfläche eines verformten Silicium-Wafers (nach Neubert, PTB Berlin). Man beachte die Bildung von Versetzungswänden nach Tempern bei ca. 800°C (Polygonisation analog zu Abb. 3.35c). (b) Versetzungen einer Frank-Read-Quelle in Silicium [17]. Nach Eindiffusion von Kupfer bei 900°C scheidet sich beim Abkühlen das Cu an Versetzungen aus und kann dort im Infrarot-Licht beobachtet werden. Man beachte die Ausrichtung der Versetzungen entlang der energetisch günstigen <110>-Gitterrichtungen. Zwei Ringe sind ausgestoßen, der dritte ist kurz vor der Ablösung.

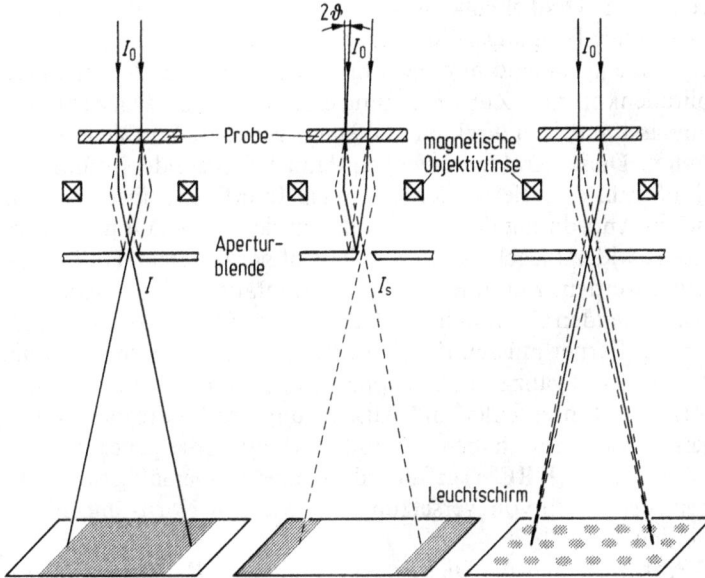

Abb. 3.37 Schematische Darstellung des Strahlengangs im Bereich der Probe und der nachfolgenden Objektivlinse eines TEM sowie der Kontrastentstehung (erstes Zwischenbild) bei kristallinen Proben. I_0 = einfallender Strahl; I = durchgehender Strahl (ausgezogene Linien); I_s = abgebeugte Strahlen (gestrichelte Linien). *Links*: Hellfeldkontrast; *Mitte*: Dunkelfeldkontrast; *Rechts*: Phasenkontrast.

elektrochemisch mithilfe eines Elektrolytstrahls oder durch Ionenbeschuss entsprechend abgedünnt. Dabei erzeugt man am Rande eines beim Abdünnen gerade entstandenen Loches einen möglichst flachen Materialkeil, aus dem dann ein für die Untersuchung geeigneter Kristallbereich ausgewählt wird. Für die richtige Justierung zum Strahl wird die Probe auf einen Manipulator befestigt, der die gewünschte Positionierung bzw. Verkippung ermöglicht.

Für die *Bilderzeugung* werden der durchgehende Strahl und die an den Netzebenen reflektierten Strahlen mithilfe einer knapp hinter der Probe angeordneten *Objektivlinse* zu einem ersten, ca. 50-fach vergrößerten Bild vereinigt (Abb. 3.37). Auf ihrem Weg zur Bildebene treffen sich alle Elektronen, die unter dem gleichen Beugungswinkel zur optischen Achse die Probe verlassen, in einem Punkt in der Fokusebene der Linse. Dort wird mithilfe einer *Aperturblende* die meiste Streustrahlung abgefangen bzw. nur Strahlung von einem bestimmten Bragg-Reflex durchgelassen. Mit weiteren drei bis vier elektromagnetischen Linsen wird dann das erste Bild *nachvergrößert*. Typische Endvergrößerungen liegen bei 10^2 bis 10^6. Die *Bilderfassung* erfolgt mit einem Leuchtschirm, Bildverstärker oder einem Elektronen-empfindlichen Film.

Je nach Positionierung bzw. Einstellung der Aperturblende unterscheidet man drei verschiedene *Abbildungsbedingungen* (Abb. 3.37). Im **Hellfeldkontrast** wird die gebeugte Strahlung abgeblendet und nur der nullte Reflex, d. h. der Primärstrahl, durchgelassen. Beim **Dunkelfeldkontrast** verkippt man den Primärstrahl so, dass nur ein ausgewählter Beugungsreflex durch die Blende fällt. In beiden Fällen wird also von der Probe kommend nur ein Strahl durchgelassen, d. h. man erhält einen reinen Amplitudenkontrast. Zur Erzeugung eines Bildes mit **Phasenkontrast** im Abbe'schen Sinn lässt man den direkten und einige gebeugte Strahlen durch die Aperturblende treten. Diese Strahlen erzeugen dann bei besonders dünnen (≤ 20 nm) und genau im Strahl orientierten Kristallen ein Interferenzmuster herrührend von der periodischen Anordnung der Atomsäulen in der Probe. Obwohl dieses Muster atomare Details widerspiegelt, kann es nicht ohne weiteres als direktes Bild der Atome gedeutet werden. Für eine sichere Interpretation ist vielmehr der Vergleich mit einer entsprechenden Computersimulation der Kontrastentstehung im jeweiligen Mikroskop nötig. Ferner müssen für die Erzeugung von Bildern mit atomarer Auflösung (z. B. Abb. 3.40) ganz spezielle, apparative Voraussetzungen erfüllt sein, u. a. sehr gut korrigierte Linsenfehler und Ausrichtung des Elektronenstrahls genau in der optischen Achse. Diese haben zur Entwicklung von eigenen **Hochauflösungs-Elektronenmikroskopen (HREM)** geführt, die heute routinemäßig für die Aufklärung von atomaren Strukturen von Versetzungen sowie von Korn- und Phasengrenzen eingesetzt werden.

Bei TEM-Proben ist stets die Dicke $t \gg \xi_h$, mit $\xi_h = $ *Extinktionslänge* der Elektronen (typisch 10 nm). Für eine quantitative Beschreibung des Amplitudenkontrastes ist somit die dynamische Streutheorie anzuwenden. Für qualitative Betrachtungen reicht jedoch oft die einfachere, kinematische Näherung aus. Bei ihr wird $I_s \ll I_0$ oder $s\,\xi_h \gg 1$ angenommen. Die Intensitätsverteilung des Dunkelfeldbildes, $I_s(x, y)$, bzw. des Hellfeldbildes, $I = I_0 - I_s$, ergibt sich dann analog zur Röntgenstreuung (Abschn. 3.2.3) durch phasenrichtiges Aufsummieren und Quadrieren der Streuamplituden aller Atome in der Probensäule bei (x, y), d. h.

$$I_s(x, y)/I_0 = |A_s|^2 = (\pi/\xi_h)^2 \left| \int_0^t dz \exp[-2\pi i (\boldsymbol{h}\boldsymbol{u}(\boldsymbol{r}) + sz)] \right|^2 . \tag{3.22}$$

Dabei ist $\boldsymbol{u}(\boldsymbol{r})$ die Verschiebung des bei $\boldsymbol{r}$ liegenden Atoms durch den Defekt. Der Anregungsfehler s und der reziproke Gittervektor $\boldsymbol{h}$ sind in Abb. 3.38c erläutert. Die in Gl. (3.22) im Exponenten auftretende Streuphase ergibt sich aus dem exakten Ausdruck $(\boldsymbol{k} - \boldsymbol{k}_0)(\boldsymbol{r} + \boldsymbol{u})$ durch Vernachlässigung des Terms $s\boldsymbol{u}$, sowie der Berücksichtigung der in Abb. 3.38c gezeigten Streugeometrie und der Bragg-Bedingung: $\boldsymbol{h}\boldsymbol{r} = $ *gerade* Zahl für den defektfreien Kristall.

Der **Versetzungskontrast** (s. Abb. 3.38a) rührt davon her, dass in der Nähe des Versetzungskerns in einem bestimmten Bereich die Verschiebungen $\boldsymbol{u}$ gerade einen Wert erreichen, bei dem $(\boldsymbol{h}\boldsymbol{u} + sz) \approx 0$ wird, während im restlichen Kristall die Bragg-Bedingung nicht erfüllt ist. Dann werden lokal von dort besonders viele Elektronen abgebeugt und man bekommt eine Filmschwärzung im Dunkelfeld- und fehlende Intensität im Hellfeldbild. Für eine reine Schraubenversetzung liegt $\boldsymbol{u}$ stets in Richtung von $\boldsymbol{b}$, d. h. man erhält $I_s = 0$ für $\boldsymbol{h} \perp \boldsymbol{b}$ oder $\boldsymbol{h}\boldsymbol{b} = 0$. Durch Auffinden der Bedingung $I_s \approx 0$ mit zwei verschiedenen Abbildungsvektoren $\boldsymbol{h}$ lässt sich somit $\boldsymbol{b}$ experimentell ermitteln. Für Stufenversetzungen findet man für $\boldsymbol{h}\boldsymbol{b} = 0$ eine Kontrastverminderung, $I_s = 0$ aber nur, wenn die reflektierenden Netzebenen senkrecht zur Versetzungslinie liegen, d. h. wenn die Versetzungslinie auch noch parallel zu $\boldsymbol{h}$ verläuft (Abb. 3.39).

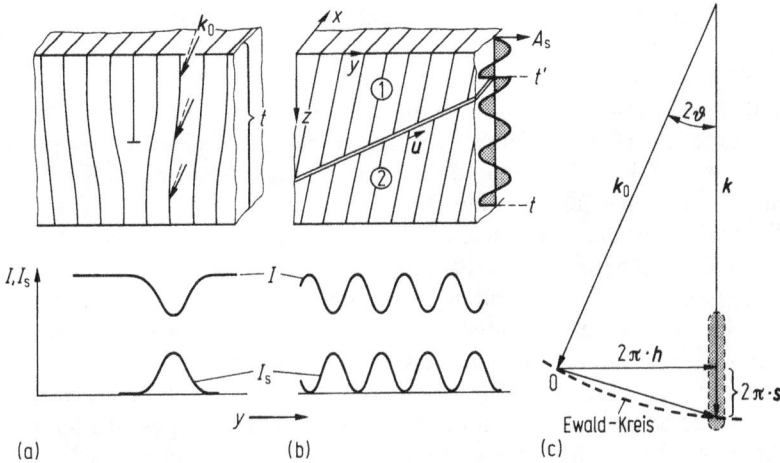

Abb. 3.38 Streugeometrie und Kontrastentstehung an Kristalldefekten. (a) Schematische Darstellung der Elektronenbeugung an einer Stufenversetzung. Ausgezogene Pfeile zeigen die Richtung von k_0, gestrichelte Pfeile diejenigen Einfallsrichtungen, für die lokal die Bragg-Bedingung gerade erfüllt ist, d. h. $hu + sz \approx 0$. Darunter Verteilung der Hellfeld- und Dunkelfeldintensitäten I bzw. I_s. (b) Schematische Darstellung des Stapelfehlerkontrastes und der Streuamplitude A_s im Kristall. Der Phasensprung $2\pi hu$ am schräg in der Probe liegenden Stapelfehler führt zu periodischen Modulationen von I bzw. von I_s. (c) Darstellung des Streuprozesses im reziproken Raum: k_0 bzw. k sind die Wellenvektoren des Einfalls- bzw. des Streustrahls. Der reziproke Gitterpunkt bei $2\pi h$ ist wegen der geringen Probendicke in z-Richtung stäbchenförmig über die Länge $2\pi/t$ verschmiert. Er wird beim „Anregungsfehler" $2\pi s$ vom Ewald-Kreis geschnitten, d. h. bei $k - k_0 = 2\pi(h + s)$. Unmaßstäbliche Darstellung, da $s \ll |h|$ und $|k_0| = |k| \gg 2\pi|h|$.

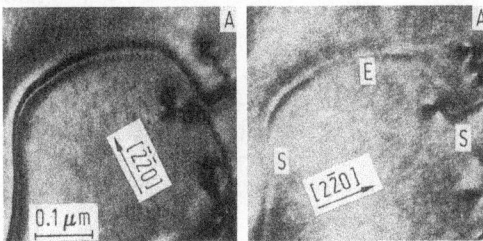

Abb. 3.39 Demonstration des Versetzungskontrastes an einer Ni25%Fe-Legierung nach [18]. Die bogenförmige Versetzung hat $b = (a/2)\,[\bar{1}10]$ und liegt in der (001)-Ebene, die hier auch die Bildebene ist. Durch den hohen Reibungswiderstand in der ungeordneten Legierung konnte sich die Versetzung nicht von selbst wieder gerade ziehen. *Links*: Abbildung mit dem $[\bar{2}\bar{2}0]$-Reflex. Wegen $bh = 2$ weist die Versetzung einen (Doppel-)Kontrast entlang des ganzen Bogens auf. *Rechts*: Abbildung mit dem $[2\bar{2}0]$-Reflex. Wegen $bh = 0$ wird der Kontrast schwächer und verschwindet dort völlig, wo die Versetzung reinen Schraubencharakter hat (Stelle S), bzw. annähernd parallel zu h verläuft (Stelle E).

Außer Versetzungen lassen sich auch innere Grenzflächen in Festkörpern (Abschn. 3.8) gut mithilfe der Transmissionselektronenmikroskopie untersuchen. Dies soll hier am Beispiel eines Stapelfehlers demonstriert werden, bei dem zwei Kristallbereiche um einen Vektor u in sich verschoben werden.

Der **Stapelfehlerkontrast** rührt dann davon her, dass beim Übergang von Kristall 1 nach 2 (Abb. 3.38b) die Streuphase einen Sprung hu erfährt. Im Allgemeinen wird die Stapelfehlerebene schräg in der Probe liegen. Betrachten wir in Abb. 3.38b zuerst nur Kristall 1 und die Amplitude der von ihm ausgehenden Streuwelle. Durch Lösung von Gl. 3.22) für $u = 0$ erhält man $I_s(t_1) \approx \sin^2(\pi s t_1)$. Da die durchstrahlte Dicke t_1 linear von y (und x) abhängt, liefert diese Lösung bereits ein Streifenmuster, die sog. Keilinterferenzen, wie sie tatsächlich an keilförmigen Proben beobachtet werden. Addiert man zur Amplitude von Kristall 1 die entsprechend um $(hu + st_1)$ phasenverschobene Amplitude aus Kristall 2 mit dessen ortsabhängiger Dicke $(t - t_1)$, so findet man für die austretende Welle ein analoges Muster von Interferenzstreifen. Diese laufen parallel zur Schnittlinie des Stapelfehlers mit der Probenoberfläche, wobei allerdings der Kontrast für hu = ganze Zahl verschwindet. Dies kann experimentell zur Ermittlung von u ausgenutzt werden.

3.7.4 Atomistische Struktur des Versetzungskerns

Bei der mehr topologischen Beschreibung in Abschn. 3.7.1 wurde der stark gestörte Kernbereich der Versetzungen zunächst ausgeklammert. Betrachtet man seine atomare Struktur im Detail, so zeigt sich generell, dass für gewisse, kristallographisch ausgezeichnete Lagen im Gitter die Versetzungen in ihrem Kernbereich neue, ein- bzw. zweidimensionale Ordnungsstrukturen aufbauen. Die Einzelheiten dieser „Idealstruktur" hängen naturgemäß stark vom Gitteraufbau und den Bindungsverhältnissen der betreffenden Substanz ab.

Experimentell findet man oft, dass Versetzungen in den dicht gepackten Gitterebenen liegen, die dann auch als Gleitebenen fungieren (s. Tab. 3.4). Darüber hinaus versuchen sie sich meist entlang dicht gepackter Gitterrichtungen anzuordnen (s. Abb. 3.36b). Beides hängt damit zusammen, dass sich im fcc-, hcp- und im Dia-

Tab. 3.4 Versetzungseigenschaften verschiedener Materialien.

Gitterstruktur	typ. Vertreter	Burgers-Vektor	vorherrschende Gleitebene	Aufspaltung	Zahl der Gleitsysteme[a]
fcc	Cu, Al, Ni	$(a/2) < 1\bar{1}0 >$	$\{111\}$	in $\{111\}$	$3 \times 4 = 12$
bcc	α-Fe, Mo, W	$(a/2) < 111 >$	$\{1\bar{1}0\}$ bzw. $\{11\bar{2}\}$	komplex	$2 \times 6 = 12$ $1 \times 12 = 12$
hcp	Cd, Zn, Ti, Zr	$(a/3) < 11\bar{2}0 >$	$\{0001\}$ bzw. $\{1\bar{1}00\}$	in $\{0001\}$	$3 \times 1 = 3$ $1 \times 3 = 3$
Diamant	Si, Ge, GeAs	$(a/2) < 1\bar{1}0 >$	$\{111\}$	in $\{111\}$	$3 \times 4 = 12$
Kochsalz	KCl, MgO, NiO	$(a/2) < 1\bar{1}0 >$	$\{110\}$	keine	$1 \times 6 = 6$

[a] Zahl der Burgers-Vektoren pro Gleitebene mal Zahl der möglichen Gleitebenen.

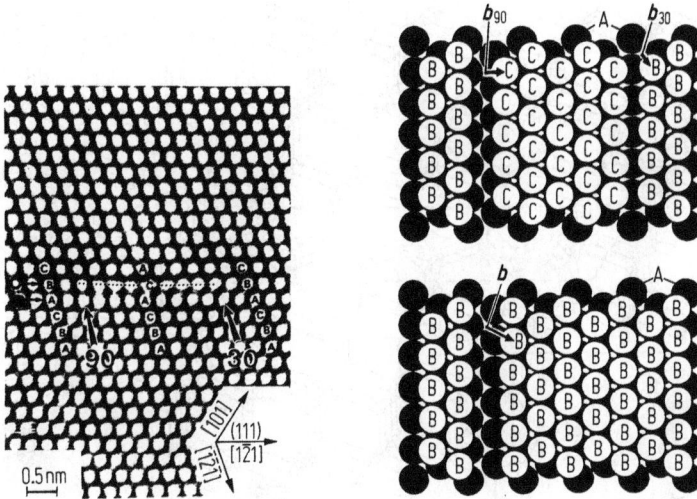

Abb. 3.40 *Links*: HREM-Bild einer 60°-Versetzung in fcc-Au, die in eine 30°- und eine 90°-Partialversetzung aufgespalten ist, nach [19]. Die hellen Punkte stellen $[\bar{1}01]$-Atomsäulen dar, die senkrecht zur Bildebene verlaufen. Die Versetzung mit $b = (a/2)[1\bar{1}0]$ verläuft in $[10\bar{1}]$-Richtung. Man beachte das Stapelfehlerband (punktiert) mit einer Breite von $w = 9$ Atomabständen, wo anstelle der regulären ABC- eine ACA-Stapelung der (111)-Ebenen vorliegt. Bei Schräghalten des Bildes und Blick entlang $[\bar{1}2\bar{1}]$ erkennt man gut, dass von unten her eine zusätzliche Gitterebene an der Versetzung endet. *Rechts*: Schematische Darstellung der Atomanordnung in einem Schnitt entlang der (111)-Ebene durch die Versetzung. Oben: Aufgespaltene Versetzung ($w = 5$ Atomabstände). Die beiden sog. Shockley'schen Partialversetzungen haben Burgers-Vektoren $b_{30} = (a/6)[2\bar{1}\bar{1}]$ und $b_{90} = (a/6)[1\bar{2}1]$. Man beachte den Stapelfehler. *Unten*: Zum Vergleich vollständige Versetzung mit $b = b_{30} + b_{90}$.

mantgitter die Versetzungen gerne in Partialversetzungen mit einem dazwischenliegenden Stapelfehler aufspalten (Beispiele s. Abb. 3.40 und Abb. 3.41). Als **Partialversetzung** bezeichnet man eine Versetzung, deren Burgers-Vektor kleiner als ein Gitter-Translationsvektor ist. Durch die **Aufspaltung** einer vollständigen Versetzung mit $b = b_1 + b_2$ in die Partialversetzungen b_1 und b_2 wird gemäß Gl. (3.21) Linienenergie gewonnen, falls $b^2 > b_1^2 + b_2^2$. Allerdings muss auch Energie für die Ausbildung des dazwischenliegenden Stapelfehlerbandes aufgewandt werden. Seine Gleichgewichtsbreite w ergibt sich aus der Balance zwischen der Abstoßungskraft der beiden Partialversetzungen ($\approx \mu b_1 b_2 / 4 \pi w$) und der Grenzflächenspannung γ_{SF} des Stapelfehlers. In Substanzen mit niedriger Stapelfehlerenergie γ_{SF}, wie Au, Si, Messing, Edelstahl, MoS_2 oder Graphit, sind somit die Versetzungen relativ weit aufgespalten; bei höherem γ_{SF}, wie in Ni oder Al, nur wenig. Aus einer Messung von w im TEM kann somit γ_{SF} indirekt ermittelt werden (Tab. 3.5).

In Halbleitern tritt zusätzlich zur Aufspaltung auch noch eine *Rekonstruktion* im Kernbereich der Partialversetzungen auf. Dabei bauen die Elektronen der gebrochenen Bindungen paarweise wieder kovalente Bindungsbrücken auf (Abb. 3.41). Bei Versetzungen in Ionenkristallen ist der Gesichtspunkt der Ladungsneutralität

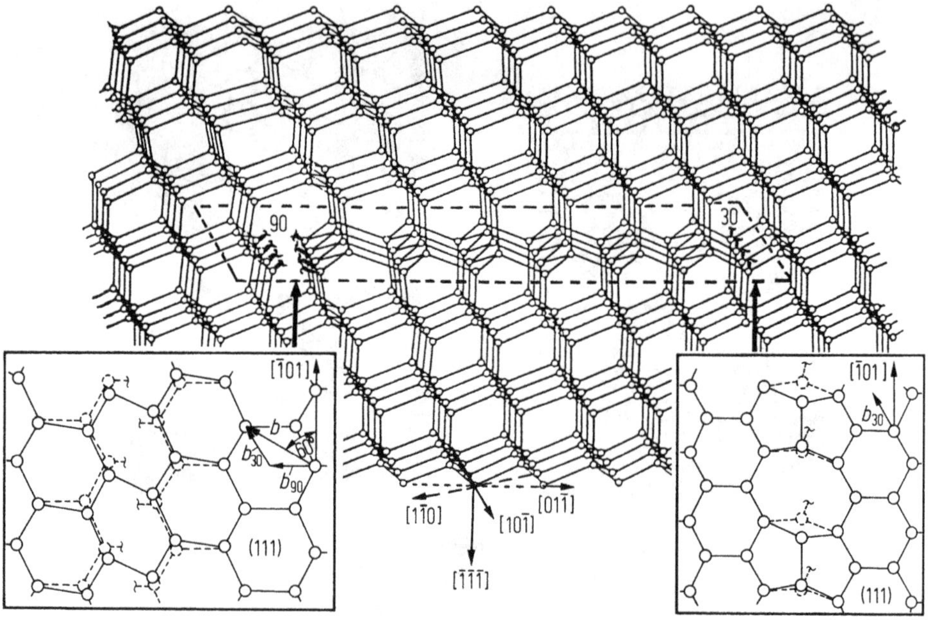

Abb. 3.41 Konfiguration einer 60°-Versetzung in Si aus Beobachtung im HREM und Modellrechnung [20]. Perspektivischer Blick entlang der Versetzung in [$\bar{1}$01]-Richtung. Die Aufspaltung von **b** ist die gleiche wie in Abb. 3.40. Man beachte den Stapelfehler zwischen der 30°- und der 90°-Partialversetzung. Durch Absättigung der gebrochenen Bindungen („dangling bonds") kommt es zu einer Rekonstruktion (fehlt in der perspektivischen Darstellung), die in den Ausschnittsbildern dargestellt ist. Dort sind im Bereich der beiden Partialversetzungen die Atompositionen gezeigt, die unmittelbar über und unter der im Perspektivbild gestrichelten (111)-Ebene liegen. Die Anordnung vor der Rekonstruktion, mit den gebrochenen Bindungen, ist punktiert dargestellt.

wichtig. Er bestimmt z. B. die Auswahl der {110}-Gleitebene, weil sie beide Ionensorten zu gleichen Anteilen enthält und somit elektrisch neutral ist – im Gegensatz zur {111}-Ebene, die zwar dichter gepackt, aber nur mit Ionen einer Sorte belegt ist. Eine Aufspaltung tritt aus Gründen der Ladungsneutralität ebenfalls nicht auf (Abb. 3.42).

Aus dem hier entwickelten Bild einer hohen Ordnung innerhalb des Kernbereichs von Versetzungen folgt zwangsläufig, dass dann auch so etwas wie *„Fehlordnung innerhalb der Fehlordnung"* auftreten muss. Tatsächlich weisen die eindimensionalen Versetzungen eine Reihe von nulldimensionalen (atomaren) Fehlstellen auf. Durch ihren Einbau können Versetzungen auch andere als die kristallographisch bevorzugten Lagen im Gitter einnehmen. Ferner ermöglichen diese Defekte den Versetzungen, sich im Gitter zu bewegen. Über ihre strukturellen Details ist allerdings noch wenig bekannt.

Bei den Fehlstellen innerhalb einer Versetzung unterscheidet man, mehr phänomenologisch, zwischen sog. Kinken (engl. kinks) und Sprüngen (engl. jogs). Unter einer **Kinke** versteht man den Übergang einer Versetzung in der Gleitebene von

einer energetisch bevorzugten Gittergeraden in die benachbarte Gittergerade
(Abb. 3.43a). Für diesen Übergang aus einem sog. **Peierls-Tal** ins nächste ist eine
gewisse potentielle Energie aufzubringen, die für fcc-Metalle in der Regel recht klein
ist (ca. 0.1 eV). In Halbleitern müssen jedoch für die Ausbildung einer Kinke Bindungen gebrochen bzw. rekonstruiert werden (Abb. 3.44). Dieses kostet wesentlich
höhere Energien, z. B. ca. 2 eV in Si. Eine Gleitbewegung von Versetzungen erfolgt
mikroskopisch durch die Bildung von Kinkenpaaren aufgrund von thermischen

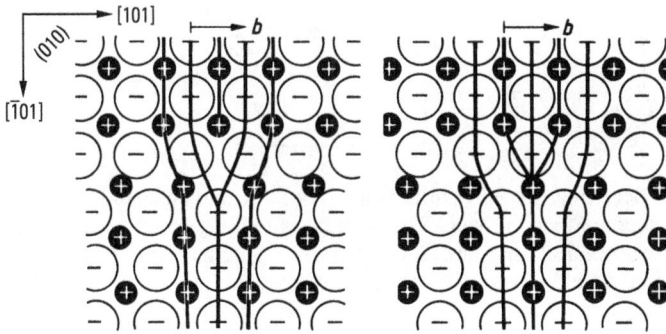

Abb. 3.42 Zwei mögliche Konfigurationen einer reinen Stufenversetzung in NaCl. Gezeigt
sind (010)-Schnitte senkrecht zur Versetzungslinie. $b = (a/2)[101]$, d. h. zwei (101)-Ebenen sind
eingeschoben. Die linke Konfiguration geht durch Abgleiten um $b/2$ in die rechte über. Die
beiden Konfigurationen haben etwas verschiedene Energien.

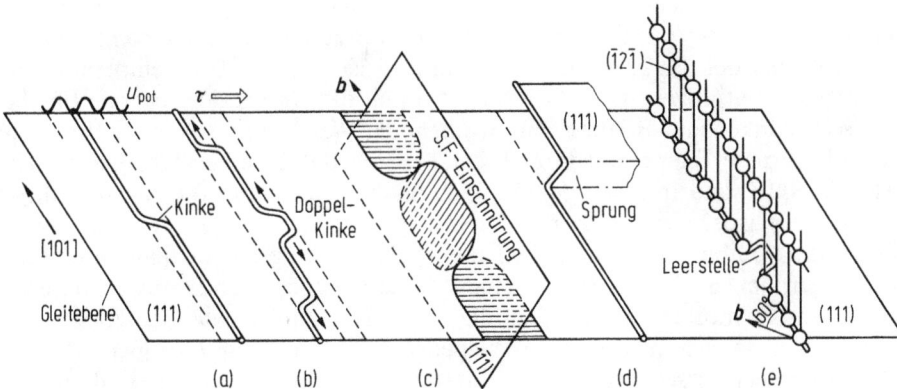

Abb. 3.43 Schematische Darstellung von atomaren Fehlstellen in Versetzungen am Beispiel
des fcc-Gitters. (a) Kinke und dazugehöriger Verlauf der potentiellen Energie U_{pot} einer Versetzung bei ihrer Bewegung in der Gleitebene. (b) Doppelkinke bzw. Kinkenpaare. Die Scher-
spannung τ in der Gleitebene treibt die Kinken entlang der Versetzung auseinander. (a) und
(b) gelten sowohl für Versetzungen mit Stufen – wie mit Schraubencharakter. (c) Zwei Sta-
pelfehlereinschnürungen in einer aufgespaltenen Schraubenversetzung. Die Aufspaltung kann
so eine andere Orientierung einnehmen, womit ein Wechsel der Gleitebenen verbunden ist.
(d) Sprung in einer Versetzung (Burgers-Vektor beliebig). (e) Leerstelle an einer Versetzung
mit Stufencharakter. Am Ende der eingeschobenen ($\bar{1}2\bar{1}$)-Netzebene fehlt ein Atom.

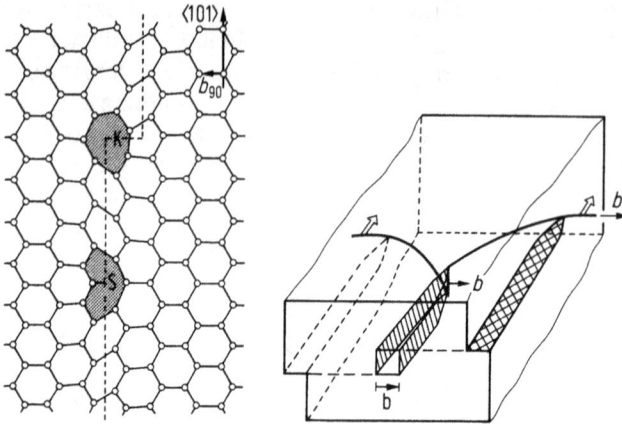

Abb. 3.44 *Links*: Berechnete Konfiguration einer Kinke K und eines sog. Solitons S in einer 90°-Partialversetzung in Silicium, nach [21]. Man beachte die gebrochene Bindung bei S, die auf einen Fehler bei der Rekonstruktion des Versetzungskerns (Abb. 3.41) zurückzuführen ist. *Rechts*: Schematische Darstellung der Erzeugung von Leerstellen beim Gleiten einer Schraubenversetzung mit Sprung. Wird die Versetzung durch eine äußere Spannung gewaltsam in Richtung der Pfeile bewegt, so erzeugt der Sprung eine Diskontinuität in der Abgleitung. Ein hohler Kanal der Breite b und der Höhe des Sprungs bleibt zurück; somit entsteht eine Zeile von Leerstellen.

Fluktuationen und anschließendem Auseinanderlaufen der Kinke unter dem Einfluss einer Schubspannung τ (siehe Abb. 3.43b). Die Versetzung zieht sich so von einem Peierls-Tal über den Bergrücken hinüber in das nächste Tal. Die Temperatur, ab der dieser Abgleitprozess möglich wird, ist durch die Aktivierungsenergie für die thermische Kinkenpaar-Bildung plus Kinkenpaar-Wanderung bestimmt. Für fcc-Metalle liegt diese Temperatur typisch bei 20 K bis 100 K, in bcc-Metallen bei ca. 200 K bis 500 K und in Si bei 900 K. Unterhalb dieser Temperaturen sind diese Stoffe kaum plastisch verformbar und somit spröde.

Durch die Kombination von Kinken in Partialversetzungen kann man ferner Einschnürungen im Stapelfehlerband einer aufgespaltenen Versetzung realisieren (Abb. 3.43c). Schraubenversetzungen, die ja mehrere äquivalente Gleitebenen besitzen, können so zwischen diesen Gleitebenen wechseln. Diese **Quergleitung** wird wichtig, wenn sich Versetzungen in ihrer ursprünglichen Gleitebene vor Hindernissen aufstauen und diese dann durch Wechsel der Gleitebene umgehen möchten.

Der zweite Typ von Fehlstellen in Versetzungen ist der sog. **Sprung**. Man versteht darunter den Übergang von einer Gleitebene in die darüber bzw. darunter liegende Gleitebene (Abb. 3.43d). Wie die Kinke kann sich auch dieser Sprung unter dem Einfluss einer Schubspannung entlang der Versetzung bewegen. Bei Versetzungen mit Stufencharakter führt dies zu einem Kletterprozess, d.h. zu einem Hinein- oder Herauswandern der eingeschobenen Netzebene (Kletterebene, s. Abb. 3.28). Je nach Richtung erfordert dieses Klettern Emission oder Absorption von Leerstellen aus dem umgebenden Gitter und somit i.A. hohe Temperaturen.

Wegen der Konstanz von b entlang einer Versetzung entspricht ein Sprung in einer Schraubenversetzung einem Stück Stufenversetzung von atomarer Länge (Abb. 3.44 *rechts*). Die Mitführung des Sprungs bei der Gleitbewegung der Schraubenversetzung würde somit einen lokalen Kletterprozess, d. h. Zu- oder Abfuhr von Leerstellen und somit hohe Temperaturen erfordern. Trotzdem beobachtet man, dass *bei plastischer Verformung* solche Sprünge auch schon bei tiefen Temperaturen bewegt werden. Aufgrund der starken Spannungskonzentration am Sprung reißt dabei lokal das Gitter entlang eines Kanals von atomarem Querschnitt auf (Abb. 3.44 *rechts*). Im Endeffekt wird eine Zeile von Leerstellen gebildet, wobei die Energie hierfür aus der Verformungsarbeit stammt. Auf diese Weise bleiben nach Beendigung der plastischen Verformung bei tiefen Temperaturen – neben Versetzungen – auch Leerstellen im Gitter zurück, die experimentell z. B. mit der Methode der Positronenvernichtung (Abschn. 3.3.2) oder als Erholungsstufe im elektrischen Restwiderstand (Abb. 3.25) nachgewiesen werden können.

Ein spezieller Fall sind zwei Sprünge mit entgegengesetztem Vorzeichen in atomarem Abstand (Abb. 3.43e). Bei einer Versetzung mit Stufencharakter fehlt damit gerade ein Atom am Ende der eingeschobenen Netzebene, d. h. man hat eine Leerstelle vorliegen. Wegen der i. A. schwächeren Bindung der Atome im Versetzungskern bzw. der starken Dilatation des Gitters um die Stufenversetzung (Abb. 3.33) ist es einleuchtend, dass die Bildungs- wie auch die Wanderungsenergie solcher Leerstellen im Versetzungskern wesentlich geringer ist als im regulären Kristall. Man erwartet somit im Bereich des Versetzungskerns wesentlich höhere thermische Leerstellenkonzentrationen und -beweglichkeiten als im umgebenden Gitter. Versetzungen können so als **Quellen bzw. Senken von Leerstellen** für den umgebenden Kristall wirken. Zum andern kann atomare Diffusion entlang von Versetzungen, als sog. **pipe diffusion**, schon bei wesentlich tieferen Temperaturen als im Volumen auftreten (Abb. 3.53). Empirisch findet man als Aktivierungsenergie für die Versetzungsdiffusion etwa $E^{SD}/2$.

3.8 Innere Grenzflächen

3.8.1 Topologische Eigenschaften, Grenzflächenenergien

Jede innere Grenzfläche können wir uns durch „Verschweißen" der Oberflächen $(hkl)_1$ und $(hkl)_2$ von zwei Kristallen mit Index 1 und 2 hergestellt denken. Falls die Kristalle verschiedene Gitterstrukturen aufweisen, liegt eine Grenzfläche zwischen verschiedenen Phasen, kurz eine *Phasengrenze* vor. Obwohl sie technisch, z. B. bei Verbundwerkstoffen, Oberflächenbeschichtungen oder in Halbleiter-Multischichten, eine wichtige Rolle spielen, können sie hier wegen ihrer Vielfalt und Komplexität nicht behandelt werden.

Wir beschränken uns folglich auf Grenzflächen zwischen Kristallen der gleichen Gitterstruktur. Sind die beiden getrennten Kristalle gleich orientiert, aber um einen Vektor $u \neq$ Gittervektor entlang der Grenzfläche verschoben, so liegt ein sog. **Stapelfehler** vor. Eine wichtige Rolle spielen Fehler in der Stapelung von dicht gepackten Gitterebenen, z. B. von {111}-Ebenen in fcc- oder von {0002}-Ebenen in hcp-Kris-

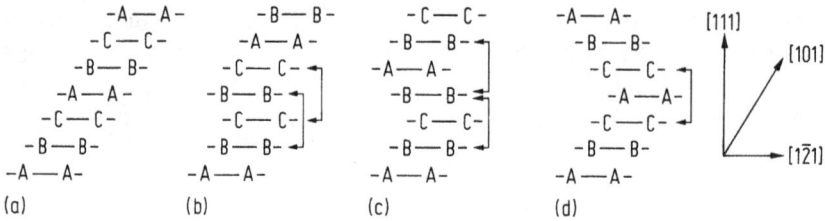

Abb. 3.45 Stapelfehler im fcc-Gitter. Stapelung von (111)-Ebenen (a) im perfekten Gitter bzw. in Kristallen mit (b) einem intrinsischen Stapelfehler, (c) mit einem extrinsischem Stapelfehler und (d) mit einer Zwillingsgrenze. Die Zuordnung von Richtungen und Ebenen ergibt sich aus Abb. 3.26. Die Klammern kennzeichnen energetisch ungünstige Stapelfolgen.

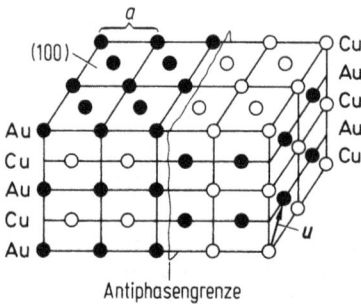

Abb. 3.46 Antiphasengrenze in CuAu. In der stöchiometrischen Überstrukturlegierung sind die {100}-Ebenen eines fcc-Gitters abwechselnd mit Cu bzw. Au besetzt. Die Antiphasengrenze wird erzeugt durch Abscherung der linken gegen die rechte Kristallhälfte um $u = (a/2)<101>$.

tallen. Abbildung 3.45 zeigt Fehler in der regulären ABC . . . Stapelung im fcc-Gitter. Der sog. **intrinsische Stapelfehler** entsteht durch Verschieben um $u = (a/6)[\bar{1}2\bar{1}]$, wodurch in der Stapelung die A- zur B-, die B- zur C- und die C- zur A-Ebene wird. Er kann auch durch Herausnehmen einer A-Ebene, z. B. durch Leerstellenkondensation, erzeugt werden. Der **extrinsische Stapelfehler** entsteht durch Verschieben einer A-Ebene um $(a/6)[\bar{1}2\bar{1}]$ und aller darüber liegenden Ebenen um $(a/3)[\bar{1}2\bar{1}]$ bzw. durch Einfügen einer zusätzlichen B-Ebene (s. auch Abb. 3.26).

Zu den Stapelfehlern zählen auch die sog. **Antiphasengrenzen** in geordneten Legierungen. Wie das Beispiel in Abb. 3.46 zeigt, wechselt an ihnen die Atombesetzung der jeweiligen Untergitter. Ferner gehören dazu die sog. **kristallographischen Scherebenen** in Oxiden (Abb. 3.47). Da auf diesen Scherebenen Sauerstoffatome fehlen, kann durch deren Auftreten in unterschiedlicher, periodischer Abfolge die Sauerstoffstöchiometrie des Oxids dem jeweiligen O_2-Partialdruck angepasst werden.

Falls die beiden durch die Grenzfläche getrennten Kristalle verschieden orientiert sind, liegt eine sog. **Korngrenze** vor, s. z. B. Abb. 3.48. Obwohl solche Korngrenzen die am längsten bekannten und – bei grobkörnigen Materialien – bereits mit bloßem Auge sichtbaren Gitterfehler darstellen, sind sie bis heute noch am wenigsten ver-

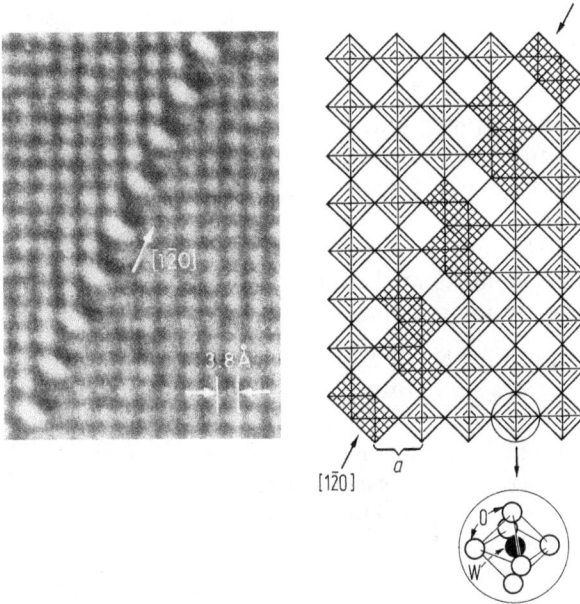

Abb. 3.47 Kristallographische (210)-Scherebene in unterstöchiometrischem Wolframoxid WO_{3-s}. *Links*: Hochauflösendes TEM-Bild mit Elektronenstrahl entlang [001]-Richtung, nach [23]. *Rechts*: Idealisierte Darstellung: Die Struktur des perfekten WO_3-Kristalls besteht aus mit W gefüllten Sauerstoffoktaedern (s. Ausschnitt unten), die an den Ecken miteinander verknüpft sind. In dem TEM-Bild blickt man entlang solcher Oktaedersäulen, die dunkel erscheinen. Für $0.002 < s < 0.06$ werden (210)-Scherebenen (in periodischer Abfolge) eingebaut. Sie sind aus Blöcken von je vier WO_6-Oktaedern aufgebaut, die entlang von drei Kanten verbunden sind. Dies entspricht der Entfernung aller O-Atome aus einer (210)-Ebene und Abscherung um $u = (a/2)[1\bar{1}0]$, d. h. entlang einer Oktaederkante. 1 Å = 0.1 nm.

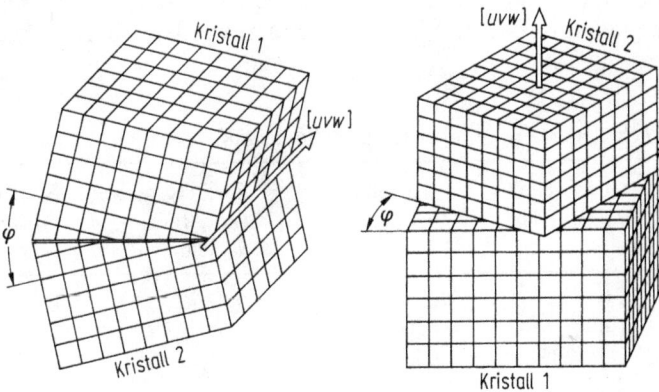

Abb. 3.48 Schematische Darstellung einer symmetrischen Kippkorngrenze (links) bzw. Drehkorngrenze (rechts).

standen. Ihre Komplexität wird bereits daran erkennbar, dass zur allgemeinen Charakterisierung einer ebenen Korngrenze allein 8 verschiedene Parameter bekannt sein müssen:

- die Richtung der Drehachse $[uvw]_1$ (zwei unabhängige Parameter) und ein Drehwinkel φ, der die Orientierung von Kristall 2 in die von Kristall 1 überführt.
- zwei Parameter für die Orientierung der Korngrenzenebene $(hkl)_1$. Damit ist $(hkl)_2$ ebenfalls festgelegt.
- drei weitere Parameter für eine mögliche Verschiebung u von Kristall 2 gegen Kristall 1. Diese Verschiebung kann allerdings nicht von außen festgelgt werden; sie stellt sich durch Relaxation der Atome in der Korngrenze von selbst ein.

Üblich ist ferner noch die Angabe von Σ = Reziprokwert der Häufigkeit der sog. **Koinzidenzgitterpunkte**. Dieses sind Gitterpunkte, die bei einer gedachten Fortsetzung des Kristalls 1 in den Kristall 2 beide Kristalle gemeinsam haben. Kleines Σ, d. h. hohe Koinzidenzhäufigkeit, bedeutet also hochsymmetrische Anordnung des Kristalls 2 bezüglich des Kristalls 1. Insbesondere ist dies der Fall für eine sog. **Zwillingskorngrenze**, bei der der Kristallaufbau an der Grenzfläche nur gespiegelt wird. Ein Beispiel ist die in Abb 3.45d gezeigte Zwillingskorngrenze. Sie hat die Bezeichnung $\Sigma = 3$; 70.35° $[10\bar{1}]$; $(111)_1/(\bar{1}\bar{1}\bar{1})_2$. Das heißt, jede dritte (111)-Ebene in Kristall 1 und 2 fällt zusammen, φ ist 70.35°, die Drehachse ist $[10\bar{1}]$ und die Korngrenze fällt sowohl im Kristall 1 wie in 2 mit einer {111}-Ebene zusammen. Im Gegensatz zu den in Abb. 3.45b, c für fcc-Kristalle gezeigten Stapelfehlern weist die Zwillingsgrenze in Abb. 3.45d nicht zwei, sondern nur eine energetisch ungünstige·Stapelung auf. Folglich ist auch ihre Grenzflächenenergie nur etwa halb so groß wie die der Stapelfehler (s. Tab. 3.5).

Wenn speziell die Drehachse $[uvw]_1$ selbst in der Korngrenze liegt, spricht man von einer **Kippkorngrenze**, wenn sie dazu senkrecht steht, von einer **Drehkorngrenze** (Abb. 3.48). Im Folgenden werden wir meistens nur symmetrische Kipp- bzw. Drehkorngrenzen betrachten.

Obwohl im thermodynamischen Gleichgewicht Korngrenzen im Kristall eigentlich nicht existieren dürften, können sie bei hohen Temperaturen doch einen lokalen, metastabilen Gleichgewichtszustand einnehmen. Dieser kann zur Bestimmung der **Korngrenzenenergie** (Abb. 3.49 und Tab. 3.5) genutzt werden. Hierzu fasst man die

Tab. 3.5 Grenzflächenenergien γ einiger fcc-Metalle nach [22].

Metall (Temperatur)	Oberfläche[a] $\gamma_{\text{Oberfläche}}/\text{J m}^{-2}$	Korngrenze[a] $\gamma_{\text{KG}}/\text{J m}^{-2}$	Zwillingsgrenze (kohärent) $\gamma_{\text{ZG}}/\text{J m}^{-2}$	Stapelfehler[b] $\gamma_{\text{SF}}/\text{J m}^{-2}$	
Al (450 °C)	1.0	0.33	0.07	0.14	(0.17)
Au (1000 °C)	1.4	0.38	0.015	0.025	(0.04)
Ni (1000 °C)	2.3	0.87	0.04	0.09	(0.13)
Pt (1300 °C)	2.2	0.66	0.11	0.22	(0.32)

[a] Mittelwerte für unspezifische Orientierungen
[b] In Klammern Werte bei 25 °C; γ_{SF} (extrinsisch) $\approx \gamma_{\text{SF}}$ (intrinsisch).

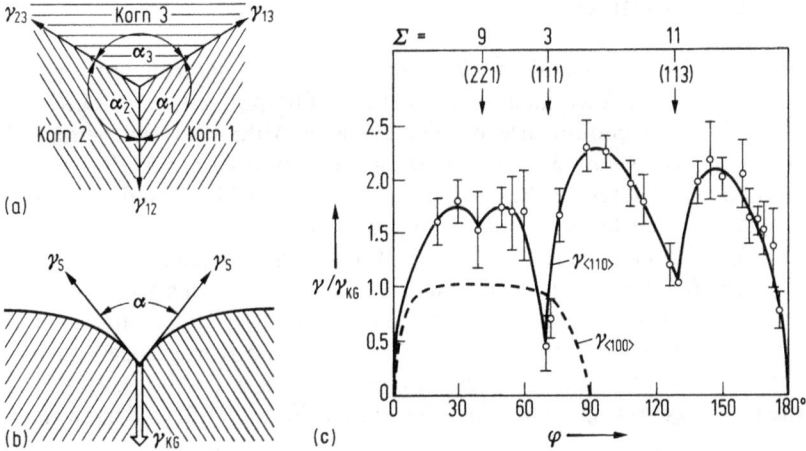

Abb. 3.49 Experimentelle Bestimmung von Korngrenzenenergien: (a) Kräftegleichgewicht an einer Kornecke im Volumen und (b) an der Austrittsstelle einer Korngrenze an der Oberfläche (Oberflächenfurche). (c) Orientierungsabhängigkeit der Energie von <110>- und <100>-Kippkorngrenzen in Al aus Messungen an Kornecken von definiert orientierten Tri-Kristallen bei 650°C, nach [24]. $\gamma_{<110>}$ bzw. $\gamma_{<100>}$ sind bezogen auf die mittlere Korngrenzenenergie $\gamma_{KG} = 0.35$ J/m². Für die energetisch bevorzugten <110>-Kippkorngrenzen bei Kippwinkeln φ von ca. 39°, 70° und 130° sind oben die dazugehörigen Σ-Werte und Korngrenzenebenen angegeben (bei symmetrischen Kippkorngrenzen sind das stets Spiegelebenen für die Körner 1 und 2).

Korngrenzenenergie γ_{KG} (Dimension: Energie/Fläche) als eine mechanische Grenzflächenspannung (Dimension: Kraft/Länge) auf, die versucht, die Korngrenze wie eine gespannte Gummihaut zusammenzuziehen. Für das Kräftegleichgewicht an der Tripellinie, an der sich drei Korngrenzen treffen (Abb. 3.49a), folgt dann:

$$\gamma_{12}/\sin\alpha_3 = \gamma_{23}/\sin\alpha_1 = \gamma_{31}/\sin\alpha_2. \tag{3.23}$$

Über eine Beobachtung der Winkel α_i an den Ecken ausgesuchter Körner im Schliffbild ermöglicht Gl. (3.23) eine Relativmessung der Korngrenzenenergien. Analog ergibt sich aus der Bestimmung des Furchenwinkels α einer an der Oberfläche austretenden Korngrenze $\gamma_{KG}/\gamma_s = 2\cos(\alpha/2)$ mit γ_s = spezifische Oberflächenenergie (Abb. 3.49b). Für Metalle findet man typischerweise $\gamma_{KG}/\gamma_s \approx 0.3$, für Ionenkristalle und Oxide 0.7.

Natürlich muss γ_{KG} vom Typ der Korngrenze (d. h. von Σ, φ usw.) abhängen. Abbildung 3.49c zeigt die typische Orientierungsabhängigkeit: Für die <110>-Kippkorngrenzen findet man, außer für den trivialen Fall $\varphi \to 0$ bzw. 180°, Minima bei drei Kornorientierungen: Für die Zwillingsgrenze $\Sigma = 3$; [1$\bar{1}$0] (111) mit ihrer besonders guten Passung (s. Abb. 3.45d) ist dies nicht verwunderlich. Auch die beiden anderen Korngrenzenkonfigurationen weisen niedrige Σ-Werte auf. Doch kann dies nicht das einzige Kriterium sein, da für viele andere Kornorientierungen mit ähnlich niedrigen Σ-Werten keine energetische Bevorzugung gefunden wird. Generell findet man für <110>-Kippkorngrenzen im Mittel höhere Energien als für <100>-Kipp- oder für Drehkorngrenzen.

3.8.2 Atomistische Strukturen in Korngrenzen

Für die atomare Struktur der *Großwinkelkorngrenzen* müssen die früheren Vorstellungen von einer amorphen Zwischenschicht heute als überholt gelten. HREM-Beobachtungen und Modellrechnungen legen vielmehr einen Aufbau aus sich *periodisch wiederholenden Atomgruppen* nahe. Typische Beispiele sind in Abb. 3.50 dargestellt. Für die Auswahl der Korngrenzen-Baugruppen spielt bei den Metallen die Tendenz zur Ausbildung von möglichst kompakten Polyedern, bei den Halbleitern die Verknüpfung von gebrochenen Bindungen (dangling bonds) und bei den Ionenkristallen die Vermeidung des Kontaktes von Ionen gleicher Ladung eine wichtige Rolle. Bemerkenswert ist, dass in allen Fällen der Störbereich der Korngrenze nur wenige Atomabstände (ca. 0.5 nm bis 1 nm) dick ist. Meist sind die Korngrenzen mit besonders guter innerer Ordnung auch energetisch bevorzugt (s. z. B. Abb. 3.49c). Eine mögliche Liste all dieser sog. **speziellen Korngrenzen** existiert allerdings derzeit noch nicht.

Die in realen Werkstoffen vorliegenden Korngrenzen weichen i. A. von den o. g. energetisch besonders bevorzugten, speziellen Korngrenzen sowohl hinsichtlich ihrer Orientierung wie ihres Verlaufs ab. Diese Abweichungen werden durch den Einbau von zusätzlichen, linienhaften Fehlstellen realisiert. Unmittelbar evident ist dies bei den sog. **Kleinwinkelkorngrenzen**. Wie die Abb. 3.51 und Abb. 3.52 verdeutlichen,

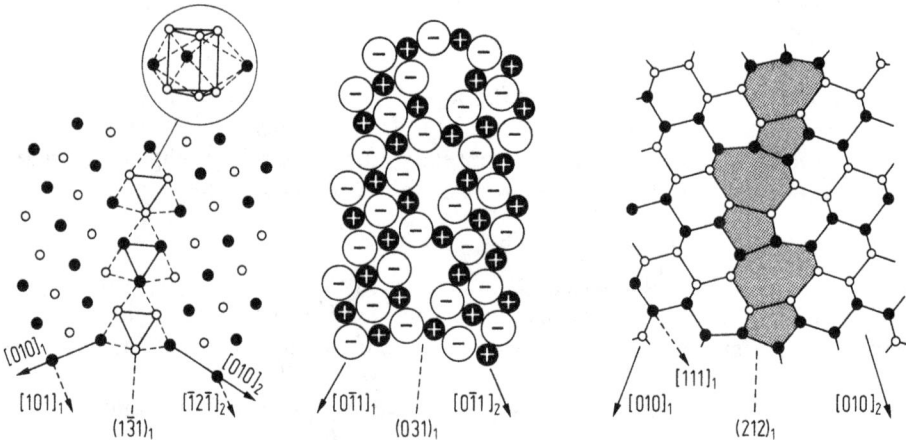

Abb. 3.50 Typische Ordnungsstrukturen in Großwinkelkorngrenzen. *Links*: Symmetrische Kippkorngrenze $\Sigma = 11$; $129.5°$ $[\bar{1}01]$ in einem fcc-Metall, nach [25]. ● Atome in der Schnittebene; ○ Atome in der um $a/\sqrt{2}$ darunter gelegenen Ebene. Die Korngrenze besteht aus einer Aneinanderreihung von Säulen aus trigonalen Prismen, die an jeder Seitenfläche ein weiteres Atom gebunden haben (Seitenansicht s. Ausschnitt). *Mitte*: Symmetrische Kippkorngrenze $\Sigma = 5$; $36.9°$ $[100]$ in einem Ionenkristall mit NaCl-Struktur, nach [26]. Man beachte die offenen Kanäle und die Periodizität der Ionengruppen entlang der Korngrenze. *Rechts*: Symmetrische Kippkorngrenze $\Sigma = 9$; $38.9°$ $[\bar{1}01]$ in Si oder Ge, nach [27]. ● Atome in der Schnittebene; ○ Atome in der Ebene darunter. Man beachte die periodische Abfolge von Ringen aus fünf und sieben Atomen in der Korngrenze. Alle Bindungen sind so gesättigt.

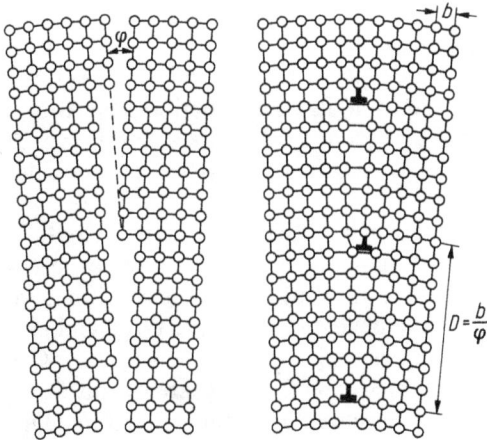

Abb. 3.51 Schematische Darstellung der Erzeugung einer symmetrischen Kleinwinkel-Kipp-korngrenze durch Verschweißen von zwei leicht schräg angeschnittenen Kristallen (links). Die Korngrenze (rechts) besteht aus parallelen Stufenversetzungen im Abstand $D = b/\varphi$.

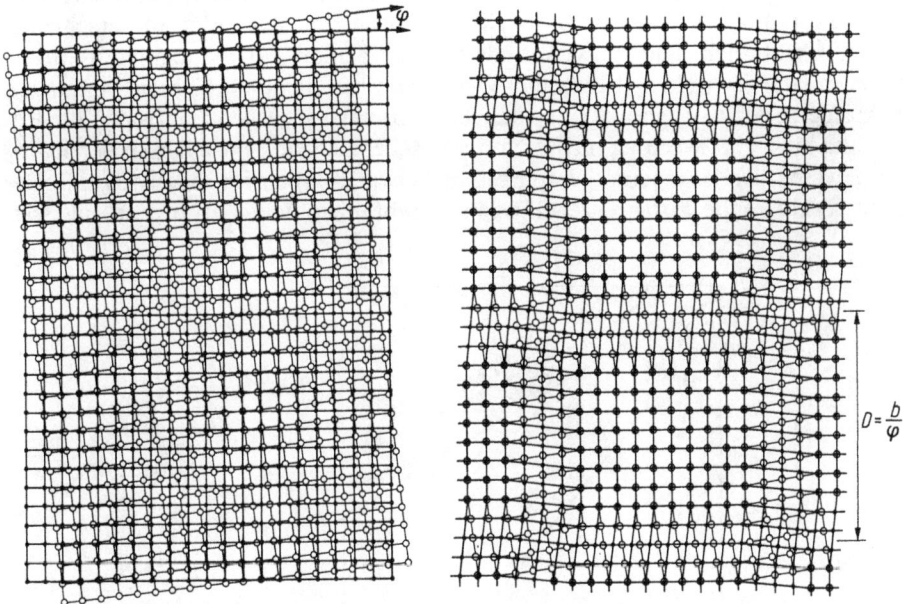

Abb. 3.52 Schematische Darstellung der Erzeugung einer Kleinwinkel-Drehkorngrenze durch Verschweißen zweier um φ verdrehter Kristalle (links). Durch Relaxation der Atome in der Grenzfläche bildet sich (rechts) ein quadratisches Netz von Schraubenversetzungen mit Maschenweite $D = b/\varphi$ aus.

bestehen diese aus einer periodischen Anordnung von Versetzungen im normalen Kristallgitter. Zwischen den Versetzungen relaxieren die Atome der angrenzenden Kristalle so, dass die Netzebenen von einem Korn zum andern ungestört hindurchlaufen. Die Beschreibung von Korngrenzen durch eine periodische Anordnung von Gitterversetzungen bricht allerdings bei Orientierungsunterschieden $\varphi > 20°$ zusammen. Dann wird der Abstand D der Versetzungen so klein, dass sich deren Kernbereiche überlappen.

Das Konzept der Anpassungsversetzungen lässt sich jedoch auch auf Großwinkelkorngrenzen übertragen. Genauso wie man eine Kleinwinkelkorngrenze, ausgehend von einem Idealkristall mit (einem fiktiven) $\Sigma = 1$, durch Einbau von Gitterversetzungen realisiert, kann man eine beliebig orientierte Großwinkelkorngrenze dadurch herstellen, dass man von einer der oben angesprochenen, in der Orientierung benachbarten, speziellen Korngrenze, z. B. einer Zwillingsgrenze mit $\Sigma = 3$, ausgeht und in periodischer Abfolge sog. Korngrenzenversetzungen einfügt. Die Burgers-Vektoren dieser **Korngrenzen-Versetzungen** brauchen dann allerdings keine Gittervektoren mehr zu sein. Neben den o. g. periodisch angeordneten, sog. intrinsischen Korngrenzenversetzungen, die Teil der lokalen Gleichgewichtsstruktur sind, können Korngrenzen auch noch unregelmäßig angeordnete, sog. extrinsische Korngrenzenversetzungen enthalten. Diese erzeugen dann eine zusätzliche Fehlordnung, z. B. in Form von Korngrenzenstufen oder -facetten. Außerdem können Korngrenzen so auch als *Quellen und Senken für Gitterversetzungen* wirken.

Ähnlich zu den Gitterversetzungen können auch die Korngrenzenversetzungen die in Abschn. 3.7.4 beschriebenen, nulldimensionalen (atomaren) Fehlstellen einbauen. Sie ermöglichen dadurch den Korngrenzen sich im Gitter zu verschieben bzw. zu schrumpfen, und sie wirken als Quellen/Senken für die regulären Gitterleerstellen bzw. Zwischengitteratome. Wegen den bereits geschwächten Bindungen der Atome in der Korngrenze ist es naheliegend, dass der Energieaufwand zur Bildung und zum Platzwechsel, insbes. von leerstellenartigen Fehlstellen in der Korngrenze, wesentlich geringer ist (empirisch nur etwa 50 %) als im Massivkristall. Die daraus resultierende **Korngrenzendiffusion** erlaubt einen Materietransport im Fest-

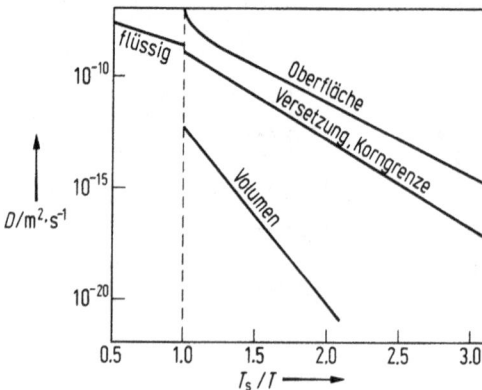

Abb. 3.53 Generalisierte Darstellung der verschiedenen Diffusionskoeffizienten D für fcc-Metalle, nach [28].

körper auch noch bei Temperaturen, bei denen die Volumendiffusion praktisch eingefroren ist (Abb. 3.53). Die Korngrenzendiffusion spielt technisch eine wichtige Rolle, z. B. beim Sintern, bei der langsamen, plastischen Verformung (Kriechen) oder bei der Rekristallisation von Werkstoffen. Aus ähnlichen Überlegungen folgt, dass Platzwechselvorgänge an äußeren Oberflächen von Festkörpern verglichen mit der Diffusion entlang von inneren Grenzflächen, nochmals wesentlich schneller verlaufen müssen (Abb. 3.53). Sie werden in Abschn. 4.6 detaillierter besprochen.

Literatur

Einführende Literatur

Gottstein, G., Physikalische Grundlagen der Metallkunde, Springer, Berlin, 1998
Haasen, P., Physikalische Metallkunde, Springer, Berlin, 1984
Henderson, H., Defects in Crystalline Solids, Edward Arnold, London, 1972
Hull, D., Bacon, D.J., Introduction to Dislocations, Butterworth Heinemann, Oxford, 2001
Philibert, J., Atom Movements – Diffusion and Mass Transport in Solids, Les Editions de Physique, Les Ulis, 1991
Shewman, P., Diffusion in Solids, 2nd Ed., The Minerals, Metals & Materials Society, 1989

Weiterführende Literatur

Agullo-Lopez, F., Catlow, C.R.A., Townsend, P.D., Point Defects in Materials, Academic Press, New York, 1989
Flynn, C.P., Point Defects and Diffusion, Clarendon Press, Oxford, 1972
Heumann, Th., Diffusion in Metallen, Springer, Berlin, 1992
Cahn, R.W., Haasen, P., Kramer, E.J. (Eds), Materials Science and Technology, Vol. 4: Electronic Structure and Properties of Semiconductors (Ed. Schröter, W.), Vol. 10: Nuclear Materials (Ed. Frost, B.R.T.), VCH Publishers Inc., New York, 1991
Hayes, W., Stoneham, A.M., Defects and Defect Processes in Nonmetallic Solids, Wiley, New York, 1985
Hirth, J.P., Lothe, J., Theory of Dislocations, Krieger Publishing, Melbourne, 1992
Murr, L.E., Interfacial Phenomena in Metals and Alloys, Addison Wesley Reading, 1975
Cahn, R.W., Haasen, P. (Eds.), Physical Metallurgy, Amsterdam, 1996
Johnson, R.A., Orlov, A.N. (Eds.), Physics of Radiation Effects in Crystals, Elsevier, Amsterdam, 1986
Harkness, S.D., Peterson, N.L. (Eds.), Radiation Damage in Metals, American Society for Metals, Metals Park, Ohio, 1976
Schmalzried, H., Chemical Kinetics of Solids, VCH, Weinheim, 1995
Sutton A.P., Balluffi R.W., Interfaces in Crystalline Materials, Clarendon Press, Oxford, 1995
Tilley, R.J.D., Defect Crystal Chemistry and its Applications, Blackie, London, 1987
Weertmann, J., Weertmann, J.R., Elementary Dislocation Theory, Oxford University Press, 1992
Wolf, D., Yip, S. (Eds.), Materials Interfaces, Chapman and Hall, London, 1992

Zitierte Publikationen

[1] De Souza, M.M., Sankara Narayanan E.M., Self Diffusion in Silicon, Defect and Diffusion Forum, **153–155**, 69–80, 1998

[2] Clark, S.J., Ackland, G.J., Ab Initio Calculations of the Self-Interstitial in Silicon, Phys. Rev. B, **56**, 47–50, 1997

[3] Ehrhart, P., Haubold, H.-G., Schilling, W., Investigation of Point Defects und their Agglomerates in Irradiated Metals by Diffuse X-Ray Scattering, in: Festkörperprobleme XIV, Vieweg, Braunschweig, 1974

[4] Mehrer, H. (Ed.), Diffusion in Metals and Alloys, Landolt-Börnstein, Numerical Data and Functional Relationships in Science and Technology, New Series Vol. III/26, Springer, 1990

[5] Ullmaier, H. (Ed.), Atomic Defects in Metals, Landolt-Börnstein, Numerical Data and Functional Relationships in Science and Technology, New Series Vol. III/25, Springer, 1991

[6] Beke, D.L. (Ed.), Diffusion in Semiconductors and Non-Metallic Solids, Landolt-Börnstein, Numerical Data and Functional Relationships in Science and Technology, New Series Vol. III/33A, B, Springer, 1991

[7] Bracht, H., Fast Metal Diffusion under Intrinsic and Extrinsic Doping Conditions, Defects and Diffusion Forum, **143–147**, 979–992, 1997

[8] von Gucrard, B., Peisl, H., Zitzmann, R., Equilibrium Vacancy Concentration Measurements on Aluminum, Appl. Phys. **3**, 37–43, 1974

[9] Schaefer, H.E., Gugelmeier, R., Schmolz, M., Seeger, A., Positron lifetime measurements and positron mobility in Aluminum. In: Anderson, N.H. et al. (Eds.), Microstructural Characterization of Materials by Non-Microscopical Techniques, Riso National Laboratory Report, Roskilde, Denmark, 1984, S. 489–500

[10] Lengeler, B., Quenching of high quality gold single crystals, Phil. Mag. **34**, 259–264, 1976

[11] Dederichs, P.H., Lehmann, C., Schober, H.R., Scholz, A., Zeller, R., Lattice Theory of Point Defects, J. Nucl. Mater. **69–70**, 176, 1978

[12] Stolwijk, N.A., Bösker, G., Pöpping, J., Hybrid Impurity and Self-Diffusion in GaAs and Related Compounds: Recent Progress. In: Defect and Diffusion Forum **194–199**, 687–702, 2001

[13] Compton, D.W., Maurer, R.J., Selfdiffusion and electrical conductivity in silver chloride, J. Phys. Chem. Solids, **1**, 191–199, 1956

[14] Peterson, N.L., Wiley, C.L., Point Defects and Diffusion in NiO, J. Phys. Chem. Solids, **46**, 43, 1985

[15] Lehmann, Ch., Scholz, H., Computersimulation bestrahlungsinduzierter Fehlstellen in Metallen, Wissenschaftlicher Film, Forschungszentrum Jülich, 1977 (erhältlich bei Ch. Lehmann. Forschungszentrum Jülich GmbH., IFF, D-52425 Jülich)

[16] Jenkins, M.L., Wilkens, M., Transmission Electron Microscopy Studies of Displacement Cascades in Cu₃Au, Phil. Mag. **34**, 1155–1167, 1976

[17] Dash, W.C., in: Dislocations and Mechanical Properties of Crystals (Fisher et al., Eds.), Wiley, New York, 1955, p. 57–68

[18] Korner, A., Karnthaler, H.P., The study of glide dislocation loops on 001 planes in a fcc alloy, Phil. Mag. A **42**, 753–762, 1980

[19] Takai, Y., Hashimoto, H., Endoh, H., Electron-microscope images of the crystal lattice of gold containing planar defects, Acta Crystallogr. **A39**, 516–523, 1983

[20] Sato, M., Hiraga, K., Sumino, K., HVEM Structure Images of Extended 60°-and Screw Dislocations in Silicon, Jap. J. Appl. Phys. **19**, S.L. 155–158, 1980

[21] Heggie, M., Jones, R., Atomic structure of dislocations and kinks in silicon. In: Gallus, A.G. et al. (Eds.), Microscopy of Semiconducting Materials, Inst. Phys. Conf. Ser. No. **87**, S. 367–374, 1987

[22] Murr, L.E., Interfacial Phenomena in Metals and Alloys, Addison-Wesley Reading, 1975

[23] Iijima, Sumio, High-resolution Electron Microscopy of Ctystallographic Shear Structures in Tungsten Oxides, J. Solid State Chem. **14**, 52–65, 1975

[24] Hasson, G.C., Goux, C., Interfacial energies of tilt boundaries in aluminum. Experimental and theoretical determination, Scripta Metallurgica **5**, 889–894, 1971

[25] Ishida, Y., Ichinose, H., Mori, M., Hashimoto, M., Identification of grain boundary atomic structure in gold by matching lattice imaging micrographs with simulated images, Transact. Japan Inst. Metals **24**, 349–359, 1983

[26] Duffy, D.M., Tasker, P.W., Computer simulation of (001) tilt grain boundaries in nickel oxide Phil. Mag. A **47**. 817–825, 1983

[27] D'Anterroches, C., Bourret, A., Atomic structure of (011) and (001) near-coincident tilt boundaries in germanium and silicon, Phil. Mag. A **49**, 783–807, 1984

[28] Gust, W., Mayer, S., Bogel, A., Predel, B., Generalized representation of grain boundary self-diffusion data, J. Phys. (Paris) Coll. C4, Suppl. 4, Tome 46, 537–544, 1985

4 Oberflächen

Margret Giesen, Harald Ibach

4.1 Einleitung

Wolfgang Pauli wird der Spruch zugeschrieben, dass die Oberflächen vom Teufel gemacht seien. Er hat damit dem Sentiment seiner Zeit Ausdruck verliehen, aber diese Aussage dürfte auch noch einigen nachfolgenden Generationen von Studierenden und Wissenschaftlern aus dem Herzen gesprochen gewesen sein. Die größte Schwierigkeit der Wissenschaft von Festkörper-Oberflächen bis in die 60iger Jahre des vergangenen Jahrhunderts war es, sich den Gegenstand der Forschung also z. B. die Oberfläche eines einkristallinen Festkörpers in kontrollierter und reproduzierbarer Form zu verschaffen. Frühe Konferenzen der Oberflächenphysik waren von Redeschlachten prominenter Wissenschaftler über den Wert von „reinen" Oberflächen (das waren durch Spalten von Kristallen hergestellte Oberflächen) oder „realen" Oberflächen (das waren solche, von denen man annahm, dass sie z. B. in einem Katalysator existierten) ebenso geprägt, wie von dem Generalverdacht aller Gruppen bezüglich der Ergebnisse einer jeweils anderen, dass es sich dort um „Dreckeffekte" handeln müsse. Wissenschaftliches Arbeiten in dieser Zeit bestand in der Regel darin, einen Effekt zu finden, diesen zu kultivieren, und dann andere davon zu überzeugen, dass dieser 1. real sei und dass 2. die eigenen Vorstellungen über Ursachen und Wirkungen der Wahrheit entsprächen, ohne dass das zu einer Wissenschaft notwendige Angebot auf Nachprüfbarkeit der Ergebnisse und unabhängiger Bestätigung durch andere letztendlich einlösbar war. Wissenschaft im Sinne eines Bestandes gesicherter Kenntnisse und Erkenntnisse konnte so nur mühsam entstehen.

Die Entwicklung der Oberflächenforschung zur Wissenschaft wurde entscheidend gefördert durch die sich etwa um 1960 entwickelnde, auf der Verwendung von Metallrezipienten basierenden Ultrahochvakuum (UHV)-Technik, welche die bis dahin übliche Glastechnik zunächst unter Bildung von Hybriden und schließlich gänzlich ablöste. Die reproduzierbare und verlässliche Herstellung von UHV bereitete wiederum die Basis für den Beginn einer stürmischen Entwicklung von Oberflächenanalysemethoden, die bis heute nicht zum Abschluss gekommen ist. Trotz bedeutender Entwicklungen auf dem Gebiet der Rastersondenmethoden, scheint uns die Oberflächenphysik aber heute in viel geringerem Maße eine Methodenforschung zu sein als in der Vergangenheit. Kennzeichen der modernen Oberflächenphysik ist ihr Ausgreifen in neue Randgebiete oder gar andere Disziplinen. Immer mehr präsentiert sich die Festkörperoberfläche als eine wohl definierte Unterlage auf der sich höchst unterschiedliche Systeme von Einzelatomen bis hin zu biologischen Objekten kontrolliert präparieren lassen, woran dann die vielfältigsten Phänomene untersucht werden können und werden. Der Teufelsfluch der auf Grund unkontrollierbarer äußerer Einflüsse unreproduzierbaren Ergebnisse hat sich in die segensreiche Wirkung einer Vielfalt von Präpararationsmöglichkeiten mit einer leichten Zugänglichkeit der präparierten Systeme verwandelt. Diese Entwicklung in einer umfassenden Darstellung der Oberflächenphysik zu würdigen, würde viele Bände erfordern. Der hier gemachte Versuch einer Präsentation der Oberflächenphysik muss sich radikal auf einige wesentliche Aspekte beschränken, die nach unserer durchaus subjektiven Auffassung für den gegenwärtigen Stand der Forschung von besonderer Bedeutung zu sein scheinen. Dies führte uns zu einem deutlich von der früheren Auflage abweichenden Inhalt. Von der Methodenseite her war die Entwicklung der Rastersondenmethoden prägend für die Oberflächenforschung des vergangenen Jahrzehnts. Rastersondenmethoden bieten heute eine mächtige Vielfalt von Möglichkeiten, von der Analyse der atomaren Struktur und der Morphologie, über die Spektroskopie am Einzelmolekül bis hin zur gezielten Manipulation von Atomen und Molekülen. Die Entwicklung von Rastersondenmethoden hat unsere Vorstellung von der Festkörperoberfläche radikal verändert, indem sie die Blicke dafür schärfte, dass die Oberfläche kein statisches Objekt sondern ein dynamisches Vielteilchensystem darstellt, welches ständigen zeitlichen Veränderungen unterliegt. Diese Veränderungen zu beobachten, zu verstehen und für eine gezielte Herstellung von Oberflächensystemen nutzbar zu machen, ist ein wesentliches Element der Forschung geworden. Eigentümlicher Weise hat diese Wendung hin zur zeitlichen Dynamik eine Renaissance thermodynamischer Beschreibungen von Oberflächen, allerdings im Gewande der modernen statistischen Physik unter Einschluss von numerischen Simulationen bewirkt. Diese Entwicklung wird unsere Darlegungen prägen. Zurück treten hingegen Beschreibungen der UHV-Technik und der Oberflächenanalytik. Experimentelle Methoden werden nur kurz jeweils bei den einzelnen Sachgebieten angesprochen. Zurück tritt auch die den Band der vorherigen Auflage prägende Spektroskopie zugunsten eines breiteren Systemverständnisses. Die vielfältigen Möglichkeiten der Oberflächenforschung haben nicht nur diese selbst bereichert, sondern andere Wissensgebiete revolutioniert. Ein Beispiel ist der Magnetismus. Die aktuelle Forschung auf diesem Gebiet betrifft fast ausschließlich den Magnetismus von Oberflächen, Dünnschichtsystemen und nanostrukturierten Systemen. Alle den Magnetismus betreffenden Aspekte von Oberflächen und dünnen Schichten werden deshalb jetzt im Kapitel 5 behandelt.

4.2 Struktur von Oberflächen

Bedeutende methodische Fortschritte in der **Oberflächenkristallographie** haben dafür gesorgt, dass heute die kristallographische Struktur aller interessierenden Oberflächen und Dünnschichtsysteme bekannt ist bzw. bei Bedarf ermittelt werden kann. Die Kenntnis der Struktur ist die Grundlage für ein Verständnis der physikalischen und chemischen Eigenschaften von Oberflächen auf atomarer Basis. Dieses Kapitel soll deshalb mit einer Beschreibung der wichtigsten Strukturelemente und Strukturen beginnen.

4.2.1 Symmetrie von Oberflächen

Im Kapitel 2 dieses Bandes wurden die **Bravaisgitter** und die **Punktgruppen** von Festkörpern besprochen. Während dort ausschließlich Volumeneigenschaften herangezogen wurden, sollen nun die spezifischen Symmetrieeigenschaften verschiedener Festkörperoberflächen betrachtet werden. Dabei beschränken wir uns auf wichtige Oberflächen kubischer Struktur.

4.2.1.1 Oberflächen der kubisch flächenzentrierten Struktur

Um die Netzebene, welche die Oberfläche bildet, eindeutig festzulegen, benötigt man drei Miller'sche Indizes. Bei kubisch **flächenzentrierten** Festkörpern (Abkürzung fcc, engl. *face-centered cubic*) werden die Seitenflächen des Kubus und die Fläche, welche die Seitendiagonale enthält, durch die (100)- bzw. durch die (110)-Netzebene gebildet. Die Fläche senkrecht zur Raumdiagonalen ist die (111)-Netzebene. Diese Netzebenen haben eine hohe Packungsdichte der Atome und deshalb eine geringe Oberflächenenergie.

Abbildung 4.1 zeigt diese Flächen im Atom-Kugel-Modell. Die **(100)-Fläche** besitzt eine quadratische Symmetrie, da sie senkrecht zur 4-zähligen Drehachse der O-Punktgruppe kubischer Strukturen orientiert ist. Die **(110)-Fläche** steht senkrecht zur 2-zähligen Drehachse und weist daher eine 2-zählige Symmetrie auf. Die **(111)-Fläche** scheint nach Abb. 4.1 eine 6-zählige Drehachse zu besitzen. Berücksichtigt man jedoch die darunterliegenden atomaren Lagen, so wird aufgrund der ABC-Stapelfolge in der fcc-Struktur (s. Abschn. 2.2.3) die Oberfläche erst bei Drehung um 120° wieder auf sich selbst abgebildet, was einer 3-zähligen Drehachse entspricht. Während die (111)-Fläche mit $\sim 91\,\%$ totaler Flächenausfüllung die dichteste der

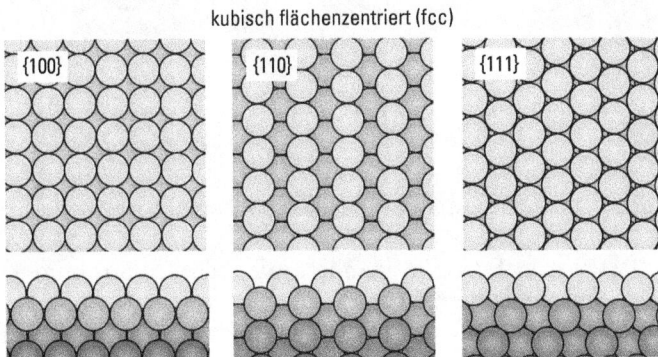

kubisch flächenzentriert (fcc)

{100}   {110}   {111}

Abb. 4.1 Kugelmodelle der (100)-, (110)- und (111)-Netzebenen der fcc-Struktur. Die oberen Abbildungen zeigen jeweils die Aufsicht, während die unteren Abbildungen einen Schnitt senkrecht zur Oberfläche darstellen. Die Kugeln repräsentieren Atome. Wie in den folgenden Abbildungen 4.2–4.4 und 4.7 von Kugelmodellen repräsentieren die verschiedenen Grauwerte Atome in unterschiedlich tiefen Lagen relativ zur Oberfläche. Je näher sich das Atom zur Oberfläche befindet, desto heller ist sein Grauwert.

drei Flächen darstellt, weisen die (100)- bzw. (110)-Flächen mit $\sim 79\,\%$ bzw. $\sim 56\,\%$ eine geringere Flächendichte von Atomen auf. Daraus resultiert, dass die Flächen eine steigende Oberflächenenergie in der Reihenfolge (111), (100), (110) besitzen. Später werden wir sehen (s. Abschn. 4.2.2), dass bei vielen Materialien die große Oberflächenenergie der offenen (110)-Fläche durch Umlagerung von Atomen in der obersten Lage (*Rekonstruktion*) verringert wird.

4.2.1.2 Oberflächen der kubisch raumzentrierten Struktur

Abbildung 4.2 zeigt Kugelmodelle der (100)-, (110)- und (111)-Oberflächen der kubisch **raumzentrierten** Struktur (Abkürzung bcc, engl. *body-centered cubic*). Während die Symmetrieachsen der Flächen mit denen der fcc-Struktur identisch sind, weichen die Flächendichten erheblich ab: Die dichtest gepackte Fläche mit $\sim 83\,\%$ Flächen-ausfüllung ist nun die (110)-Fläche. Dann folgt die (100)-Fläche mit $\sim 59\,\%$, und mit nur $\sim 34\,\%$ Flächenausfüllung ist die (111)-Fläche sehr offen (Abb. 4.2).

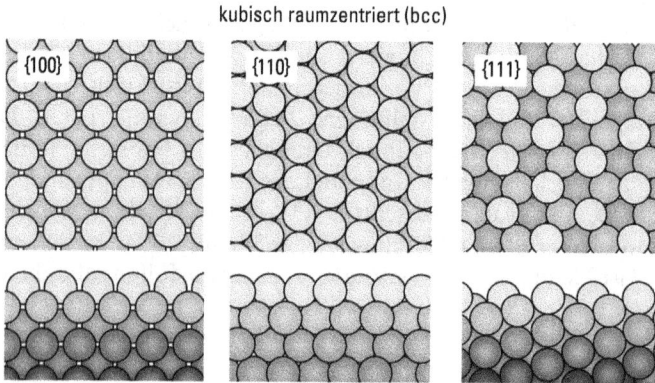

Abb. 4.2   Wie in Abb. 4.1, nun für die bcc-Struktur.

4.2.1.3 Oberflächen der Diamant- bzw. Zinkblendestruktur

Diese Strukturen lassen sich als zwei ineinandergeschobene fcc-Strukturen beschreiben, wobei das Aufatom der zweiten Struktur um einen Vektor $(1/4, 1/4, 1/4)$ entlang der Raumdiagonalen der ersten fcc-Struktur mit Aufatom bei $(0, 0, 0)$ verschoben ist. Während bei der **Diamantstruktur** die beiden fcc-Strukturen mit Atomen gleicher Sorte besetzt sind, bestehen die beiden Strukturen in der **Zinkblende** (ZnS)-Struktur aus unterschiedlichen Atomsorten, z. B. Zink (chemisches Symbol „Zn") und Schwefel (S). Allerdings kann ZnS auch in der hexagonalen **Wurtzitstruktur** kristallisieren. Abbildung 4.3 zeigt die (100)-, (110)- und (111)-Flächen dieser Strukturtypen. Dabei werden die Atome der beiden fcc-Unterstrukturen zur Unterscheidung durch Kugeln unterschiedlichen Durchmessers repräsentiert. Im Vergleich zu den Flächen der fcc-

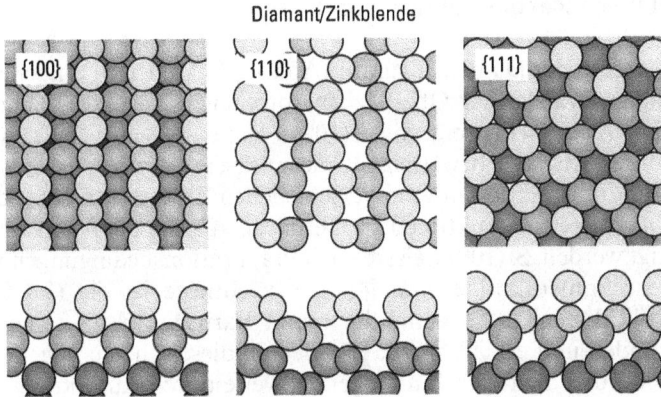

Abb. 4.3 Kugelmodelle für die (100)-, (110)- und (111)-Netzebenen der Diamant- und der Zinkblendestruktur. Darstellung wie in den Abbildungen 4.1 und 4.2. Atome unterschiedlicher Größe repräsentieren im Falle der Zinkblendestruktur Atome verschiedener chemischer Art. Im Falle der Diamantstruktur sind beide Atompositionen mit Atomen gleicher Sorte besetzt.

bzw. bcc-Strukturen sind die Oberflächen in der Diamant- bzw. ZnS-Struktur komplexer und sie besitzen eine deutlich geringere Flächendichte. Wie im nächsten Abschnitt beschrieben, spielt die Diamantstruktur bei Halbleitern eine wichtige Rolle und bietet aufgrund ihrer offenen Oberflächenstruktur viele Möglichkeiten zur Bildung charakteristischer Rekonstruktionen.

4.2.2 Rekonstruktionen von Oberflächen

Die durch die Volumensymmetrie vorgegebene Anordnung von Atomen wird nicht immer zur Oberfläche fortgesetzt. Da den Atomen in der Oberflächenschicht einige Nachbaratome fehlen, sind nicht alle Bindungen der Oberflächenatome abgesättigt. Insbesondere bei offenen Oberflächenstrukturen kann die Zahl der abgesättigten Bindungen dadurch erhöht werden, dass sich die Atome in der Oberflächenschicht umordnen und neue Bindungen untereinander eingehen. Dabei wird die Symmetrie der Oberfläche gegenüber der Symmetrie des Kristallvolumens verändert, und man spricht von einer *Oberflächenrekonstruktion*. Mit der Rekonstruktion geht in der Regel eine *Oberflächenrelaxation* einher, wobei die atomaren Abstände zwischen der Oberflächenschicht und den darunter befindlichen Atomlagen verringert oder vergrößert werden. Oberflächenrelaxationen können auch ohne eine Rekonstruktion, d. h. ohne Symmetrieänderung auftreten.

Rekonstruierte Oberflächen findet man sowohl für reine als auch für adsorbatbedeckte Oberflächen. Sie werden auf Metall- und insbesondere auch auf Halbleiteroberflächen beobachtet. Die meisten diskutierten Rekonstruktionen wurden bei Experimenten im Ultrahochvakuum gefunden [1, 2]. Oberflächenrekonstruktionen spielen aber auch in elektrochemischen Studien eine wichtige Rolle [3]. Im Folgenden seien einige wichtige Oberflächenrekonstruktionen genauer beschrieben.

4.2.2.1 (2 × 1)-Dimer-Rekonstruktion von Si(100)

Silizium kristallisiert in der Diamantstruktur (Abb. 4.3). An der Oberfläche sind die **kovalenten Bindungstetraeder** der Oberflächenatome nicht abgesättigt und weisen freie Valenzen auf. Abb. 4.4 (a) zeigt die Si(100)-Fläche mit einer Stufe, wobei die freien Valenzen durch schwarze bzw. weiße Pfeile repräsentiert werden. Man erkennt, dass die freien Bindungen auf den zwei verschiedenen Terrassen nicht gleich ausgerichtet sind. Durch Rekonstruktion der Oberfläche können die freien Bindungen partiell abgesättigt werden. Si(100) weist je nach Präparationsbedingungen verschiedene Oberflächenrekonstruktionen auf [4]. Die wichtigste ist die **(2 × 1)-Dimer-Rekonstruktion**, die bereits 1959 von Schlier und Farnsworth für reine Si(100)-Oberflächen gefunden und erklärt wurde [5]. Gemäß diesem heute allgemein anerkannten Modell werden die freien Bindungen teilweise durch Ausbildung einer gemeinsamen, paarweisen Bindung zwischen benachbarten Siliziumatomen abgesättigt (Abb. 4.4 (b)).

Es entstehen auf der Oberfläche **Silizium-Dimere**, welche in **Dimerreihen** angeordnet sind (man beachte, dass die Bindung in den Dimeren senkrecht zu den Dimerreihen orientiert ist!).

Ein großer Fortschritt in der Interpretation von Oberflächenstrukturen wurde durch die Entwicklung des Rastertunnelmikroskopes (RTM) durch Binnig und Rohrer [6] (s. Abschn. 4.2.5.1) erzielt, das eine reale Abbildung von Substraten mit einer Auflösung im Bereich eines Atomdurchmessers ermöglicht. Eastman nutze erstmals das RTM [7], um die rekonstruierte Si(100) Oberfläche abzubilden, und er konnte das Dimer-Modell bestätigen. Unklar blieb zunächst, ob die Dimere symmetrisch oder asymmetrisch orientiert sind (Abb. 4.5).

Im Kristallvolumen entsprechen die Bindungen zwischen den Siliziumatomen sp^3-Hybriden. Die **sp^3-Hybridisierung** bliebe bei der Bildung symmetrischer Dimere in

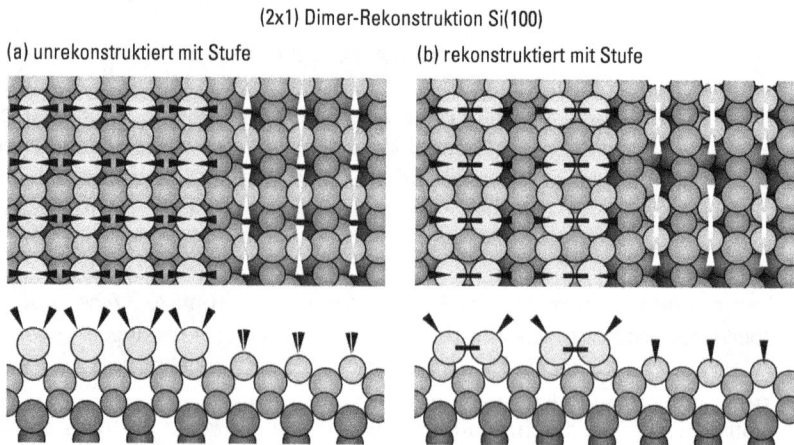

(2x1) Dimer-Rekonstruktion Si(100)

(a) unrekonstruiert mit Stufe   (b) rekonstruiert mit Stufe

Abb. 4.4 Kugelmodell der (2 × 1)-rekonstruierten Si(100)-Oberfläche. Die Siliziumatome an der Oberfläche besitzen jeweils zwei freie Valenzen. Diese werden teilweise durch paarweise Bindung benachbarter Siliziumatome in Dimerreihen abgesättigt. Pro Oberflächenatom bleibt dabei immer noch eine freie Valenz übrig.

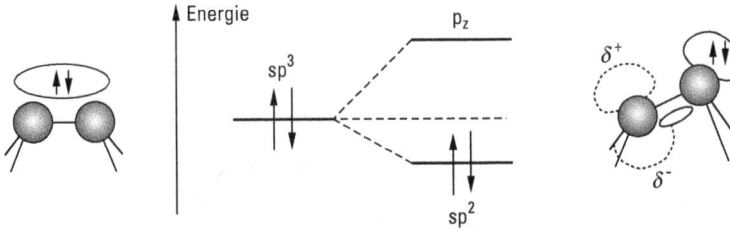

Abb. 4.5 Beim asymmetrischen Silizium-Dimer gibt ein Siliziumatom sein Elektron an das benachbarte Siliziumatom ab. Aus dem ursprünglichen sp^3-Orbital entsteht ein besetztes sp^2- und ein unbesetztes p_z-Orbital. Die Gesamtenergie der Bindung wird dabei verringert (*Jahn-Teller-Effekt*).

der (2×1)-rekonstruierten Si(100)-Oberfläche erhalten. Ist der Dimer asymmetrisch, so gibt ein Siliziumatom sein Elektron an das benachbarte Siliziumatom ab. Es kommt zur Aufspaltung der Energieterme in ein unbesetztes p_z-Orbital und ein besetztes sp^2-Orbital, dessen Energie unterhalb der des sp^3-Orbitals liegt (**Jahn-Teller-Effekt**). Dadurch wird die Gesamtenergie der rekonstruierten Si(100)-Oberfläche verringert. RTM-Bilder der Si(100)-Oberfläche bei Raumtemperatur schienen die Ausbildung asymmetrischer Dimere jedoch nicht zu bestätigen, da keine Asymmetrien in den Ladungsdichten zwischen den Siliziumatomen erkennbar waren. Mittlerweile geht man jedoch davon aus, dass die Dimere asymmetrisch sind [8]. Sie springen jedoch bei höheren Temperaturen in ihrer Orientierung hin und her, so dass im Mittel eine symmetrische Ladungsverteilung in den Dimeren gemessen wird [9].

Wie aus Abb. 4.4 (b) ersichtlich, verlaufen auf benachbarten Terrassen die Dimerreihen, um 90° gegeneinander gedreht. Dies hat zur Folge, dass es auf der rekonstruierten Si(100)-Oberfläche zwei verschiedene Arten von Stufen gibt.

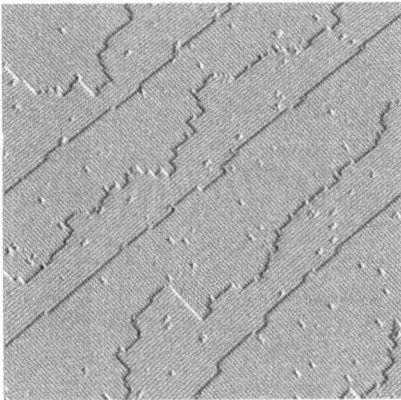

Abb. 4.6 Rastertunnelmikroskopisches Bild einer (2×1)-rekonstruierten Si(100)-Oberfläche [10]. Der gezeigte Oberflächenausschnitt entspricht $109 \times 109 \, nm^2$.

S_A und S_B Stufen auf der (2x1) rekonstruierten Si(100) Oberfläche

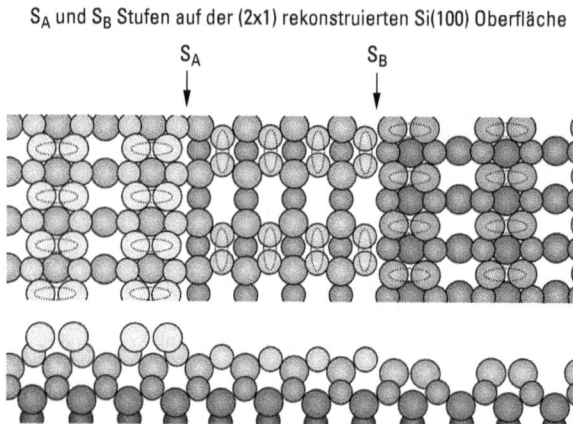

Abb. 4.7 Kugelmodell der (2×1)-rekonstruierten Si(100)-Oberfläche mit S_A- und S_B-Stufen. Die gestrichelten Ovale stellen die paarweise abgesättigten Bindungen zwischen benachbarten Siliziumatomen in den Dimerreihen dar. Auf benachbarten Terrassen stehen die Dimerreihen senkrecht zueinander was zu einer unterschiedlichen Rauhigkeit von S_A- und S_B-Stufen führt. Grauwertskala wie in Abb. 4.1.

Abbildung 4.6 zeigt eine RTM-Aufnahme einer **Si(100)-Oberfläche** [10]. Deutlich sind die Dimerreihen als helle, parallele Streifen zu erkennen. Die Siliziumatome in den Dimeren sowie die einzelnen Dimere sind nicht aufgelöst. Stufen, auf deren oberer Terrasse die Dimerreihen parallel zur Stufenkante verlaufen (**S_A-Stufen**) haben eine relativ geradlinige Kante. Im Gegensatz dazu, haben Stufen auf deren oberer Terrasse die Dimerreihen senkrecht zur Stufe verlaufen (**S_B-Stufen**) eine deutlich rauhere Kante. Abbildung 4.7 zeigt ein Modell für S_A- und S_B-Stufen.

Die größere Rauhigkeit der S_B-Stufe ist dadurch begründet, dass sich Vorsprünge an der Stufenkante entlang der Dimerreihen auf der darunterliegenden Terrasse leichter ausbilden als bei einer S_A-Stufe. Bei der S_A-Stufe wirken die parallel zur Stufenkante verlaufenden Dimerreihen der unteren Terrasse der Bildung von Vorsprüngen entgegen. Die durch die Dimerreihen hervorgerufene Anisotropie der Terrassenstruktur hat Konsequenzen auch für den Oberflächenstress und für das Wachstum von Nanostrukturen auf solchen Flächen (s. Abschn. 4.3).

4.2.2.2 (7×7)-Rekonstruktion Si(111)

Seit ihrer Entdeckung 1959 mittels Elektronenbeugung (*Low Energy Electron Diffraction*: LEED) [5] wurden für die atomare Struktur der rekonstruierten Si(111) sehr verschiedene Modelle vorgeschlagen [11]. Durch das RTM erhielt man 1983 erstmals ein Realraumbild der rekonstruierten Si(111)-Oberfläche [12]. Abb. 4.8 zeigt ein besonders gut aufgelöstes RTM-Bild der (7×7)-Struktur.

Charakteristisch für die **(7×7)-Struktur** sind die ringartig von Siliziumatomen umgebenen Löcher, sowie die zunächst verwunderliche Tatsache, dass man von den theoretisch erwarteten 49 Atomen in der rekonstruierten Oberflächeneinheitszelle

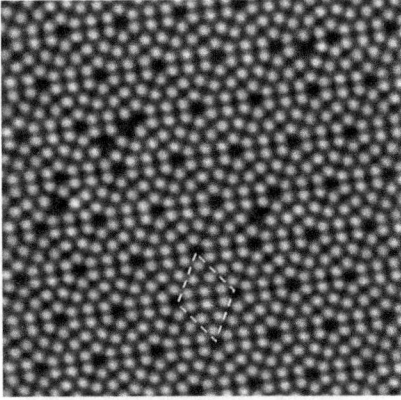

Abb. 4.8 Rastertunnelmikroskopisches Bild einer (7×7)-rekonstruierten Si(111)-Oberfläche [13]. Der gezeigte Bildausschnitt beträgt $18.5 \times 18.5 \, nm^2$. Durch weiße gestrichelte Linien ist die Oberflächenelementarzelle markiert.

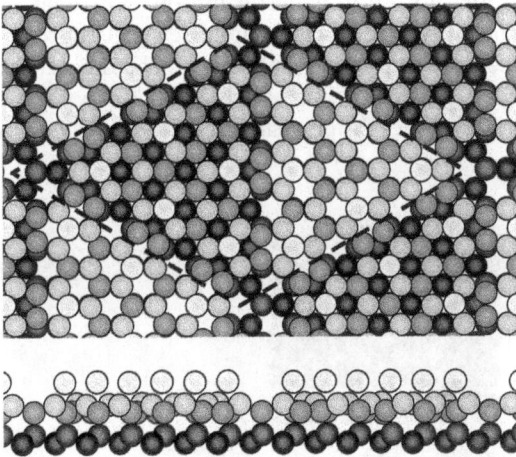

Abb. 4.9 DAS-Modell (*dimer-adatom-stacking fault*) der Elementarzelle (gestrichelte Linie) der (7×7)-rekonstruierten Si(111)-Oberfläche in einer Aufsicht- (oben) und einer Schnittdarstellung (unten). Die unterschiedlichen Grauwerte der Atome repräsentieren unterschiedliche Lagentiefen wie in Abb. 4.1.

nur 12 sieht. In der Folgezeit gab es verschiedene Modellvorschläge, die diese Strukturelemente berücksichtigten. Heute ist das **DAS-Modell** (engl. *dimer-adatom-stacking fault* DAS) von Takayanagi et al. [11] allgemein akzeptiert (Abb. 4.9). Die Einheitszelle ist eine Raute, deren beide Hälften nicht identisch sind. Wie aus der Aufsicht in Abb. 4.9 zu entnehmen ist, weist die rechte Hälfte der Raute einen Stapelfehler bezüglich der Diamantstruktur auf. Während in der linken Hälfte die Oberflächenatome jeweils in den Lücken der Atomlage darunter sitzen, befinden sich die Oberflächenatome in der rechten Hälfte unmittelbar oberhalb der unteren Atome, was der Stapelung in der hexagonalen Wurtzitstruktur entspricht.

4.2.2.3 Rekonstruktionen von 4d- und 5d-Übergangsmetallen

Einige der 4d- und 5d-Übergangsmetalle mit nahezu gefüllten d-Schalen weisen eine Oberflächenrekonstruktion auf. Bekannte Rekonstruktionen sind die von Ir(100) [14, 15], Pt(100) [16, 17], Au(100) [18], Au(111) [19–21] und (unter speziellen Bedingungen) Pt(111) [22–24]. Das für die (100)-Flächen charakteristische Rekonstruktionsmuster beinhaltet die Bildung einer quasi-hexagonal dicht gepackten obersten Atomlage, welche im Vergleich zur (100)-Fläche eine um 20–25 % erhöhte Atomdichte besitzt (Abb. 4.10 (a)). Die quasi-hexagonale Atomlage kann in Bezug auf die Unterlage sowohl kommensurabel (Ir(100) [14, 15]) als auch **inkommensurabel** (Pt(100) [16, 17], Au(100) [18]) sein.

Bei der Rekonstruktion der **Au(111)-Flächen** ($(22 \times \sqrt{3})$-Struktur) wird die hexagonale Koordination der Oberflächenatome beibehalten. Die Oberflächenschicht ist jedoch gegenüber der Volumenstruktur kontrahiert und weist eine um 4 % höhere Packungsdichte auf. Die Lagenkontraktion ist aufgrund der Korrugation der darunter befindlichen Atomlage nicht uniform. Die energetisch günstigsten Lagen der Oberflächenatome sind die fcc- und hcp-Muldenplätze, welche die Atome bemüht sind einzunehmen (Abb. 4.10 (b)). Die Struktur und Dynamik der rekonstruierten Au(111)-Fläche wird sehr gut durch das 2-dimensionale **Frenkel-Kontorova-Modell**

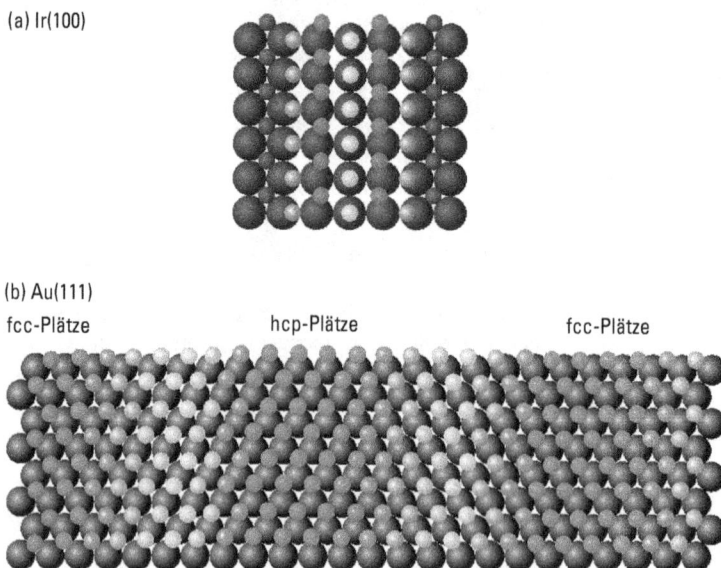

(a) Ir(100)

(b) Au(111)

fcc-Plätze   hcp-Plätze   fcc-Plätze

Abb. 4.10 Kugelmodell der Oberflächenrekonstruktion von (a) Ir(100) und (b) Au(111). Die unterschiedlichen Grauwerte der Atome repräsentieren unterschiedliche Lagentiefen wie in Abb. 4.1.

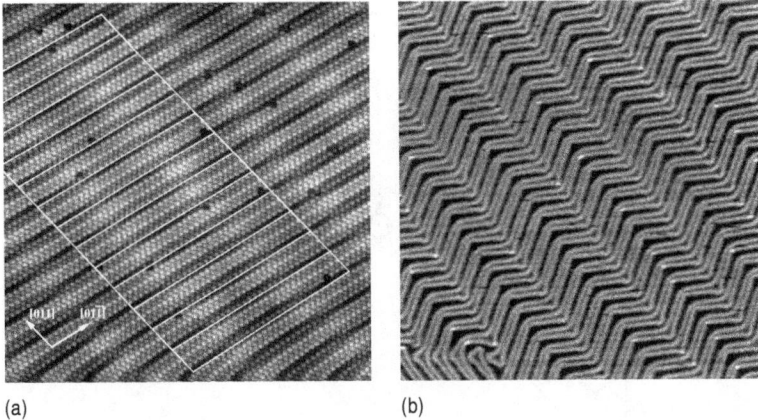

(a)   (b)

Abb. 4.11   Rastertunnelmikroskopische Aufnahmen der (a) Pt(100)- [17] und (b) Au(111)-[28] Oberflächen. Die gezeigten Ausschnitte betragen 20×20 bzw. $170 \times 170\,\mathrm{nm}^2$.

[25–27] beschrieben. Durch die Messung der Änderung des Oberflächenstresses (s. Abschn. 4.3.1.1) konnte geschlossen werden, dass die treibende Kraft für die Oberflächenrekonstruktion bei Au(111) der für die volumenterminierte Oberfläche auftretende große **Oberflächenstress** ist [1, 2].

In RTM-Aufnahmen der genannten Flächen macht sich die Rekonstruktion durch eine Beobachtung heller, paralleler Streifen bemerkbar. Diese entstehen wie aus Abb. 4.10 ersichtlich dadurch, dass die Oberflächenatome teilweise in 2-fach koordinierten Positionen sitzen und höher plaziert sind als die Atome in den 3-fach koordinierten Muldenplätzen. Die Erhöhung wird (wie im Modell in Abb. 4.10 angedeutet) im RTM-Bild durch hellere Grauwerte dargestellt. Abbildung 4.11 zeigt RTM-Aufnahmen der Pt(100)- [17] und Au(111)-Flächen [28].

4.2.3 Notation von Einheitszellen und Überstrukturen

Wir befassen uns zunächst mit der Nomenklatur von Einheitszellen, die durch Rekonstruktionen oder **Adsorbatüberstrukturen** (s. Abschn. 4.4.1) entstehen. Die einfachste, aber nicht immer eindeutige Bezeichnung benutzt die Basisvektoren der Einheitszelle des unrekonstruierten Substrats und drückt die Basisvektoren der Einheitszelle der Rekonstruktionsstruktur in Vielfachen der **Basisvektoren** des Substrats aus. So ergeben sich Bezeichnungen wie (2×1), (2×2), (3×3) etc.. Ist die Rekonstruktionseinheitszelle primitiv, wird das durch den vorgestellten Buchstaben p, also z. B. p(2×2), gekennzeichnet. Eine zentrierte Zelle ist entsprechend mit einem c bezeichnet (Abb. 4.12). Nicht selten, vor allem bei den **(111)-Oberflächen** ist die rekonstruierte Einheitszelle gegenüber der des Substrates um einen Winkel gedreht. So ergeben sich Bezeichnungen wie $(\sqrt{2} \times \sqrt{2})\,\mathrm{R}45°$ oder $(\sqrt{3} \times \sqrt{3})\,\mathrm{R}30°$, die eine Rotation um 45° bzw. 30° anzeigen. Wie in Abb. 4.12 dargestellt, können die Bezeichnungen für zentrierte oder gedrehte Einheitszellen auch durchaus äquivalent

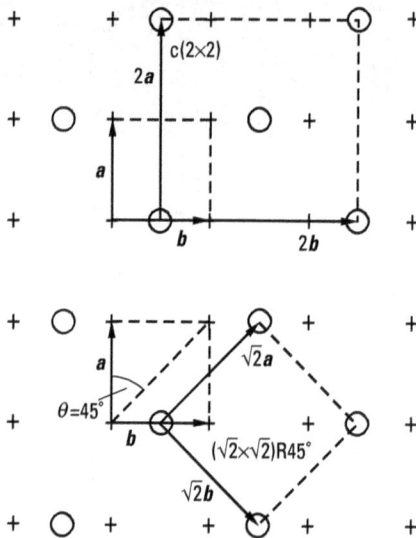

Abb. 4.12   Zur Notation von Einheitszellen und Überstrukturen auf Oberflächen (siehe Text).

sein und die gleiche Rekonstruktionseinheitszelle beschreiben. Ebenfalls noch häufig vorkommende Strukturen sind die **Gleitebenen** enthaltenden Strukturen p2mg und p4g (siehe Abschn. 4.4.1.2). Komplexere Überstrukturen lassen sich nicht oder nicht eindeutig durch die bisher eingeführte Nomenklatur erfassen. Hier muss eine **Matrixdarstellung** gewählt werden, bei der die Basisvektoren der rekonstruierten Oberfläche a_1 und a_2 als lineare Transformation der Basisvektoren s_1 und s_2 der unrekonstruierten Oberfläche beschrieben werden.

$$\begin{pmatrix} a_1 \\ a_2 \end{pmatrix} = \begin{pmatrix} t_{11} & t_{12} \\ t_{21} & t_{22} \end{pmatrix} \begin{bmatrix} s_1 \\ s_2 \end{bmatrix}. \tag{4.1}$$

Die $(\sqrt{3} \times \sqrt{3})\,\mathrm{R}30°$ auf einer fcc(111)-Oberfläche z. B. ist in Matrixschreibweise:

$$\begin{pmatrix} 1 & 1 \\ 1 & -1 \end{pmatrix}.$$

Die Matrixschreibweise erlaubt eine eindeutige Beschreibung auch für **nichtkommensurable** Strukturen, bei denen sich die Atome in der rekonstruierten Oberfläche relativ zu den Atomen in den unteren Lagen auf jeweils verschiedenen, unsymmetrischen Plätzen befinden.

4.2.4 Vizinale Oberflächen und Defekte auf Oberflächen

In Abb. 4.6 haben wir ein Bild einer Siliziumoberfläche gesehen, die eine regelmäßige Abfolge parallel laufender Stufen aufweist. Solche Flächen können gezielt durch einen speziellen Anschnitt mit einem kleinen Winkel relativ zu Kristalloberflächen mit niedrigen **Miller'schen Indizes** (wie z. B. (100) im Falle von Abb. 4.6) hergestellt werden. Da sich die Netzebenenorientierung solcher Flächen in der Regel nur um maximal wenige Grad von Netzebenen niedriger Miller'scher Indizes unterscheiden, nennt man sie **vizinale** (benachbarte) Flächen.

Wie in Abb. 4.13 gezeigt, besteht eine **Vizinale** zur Fläche (hkl) aus einer regelmäßigen Folge von Terrassen mit einer Orientierung (hkl), die durch monoatomar oder mehratomar hohe Stufen getrennt werden. Die Neigung der Vizinalen zur Fläche (hkl) wird allein über die Anzahl der Stufen und die mittlere Länge der Terrassen bestimmt. Erfolgt der Anschnitt parallel zu einer Hochsymmetrierichtung des Kristalls, so verlaufen die Stufen im Mittel ebenfalls entlang einer Hochsymmetrierichtung, die zumeist auch atomar dicht gepackt ist. Schließt die mittlere Stufenorientierung einen Winkel zur Hochsymmetrierichtung ein, so weist die Stufenkante eine definierte Dichte von Vorsprüngen, sog. **Kinken**, auf. Abb. 4.14 zeigt eine RTM-Aufnahme einer Kupferfläche der Orientierung (5,8,90) [29]. Diese ist gegenüber der (001)-Netzebene um 6° geneigt und die mittlere Stufenorientierung ist um 13° gegen die atomar dichte $\langle 100 \rangle$-Richtung gedreht. Die Herstellung von stabilen vizinalen Flächen erfordert eine hohe Präzision und technisches Geschick bei der Orientierung des Grundkristalls im Röntgendiffraktometer und bei der anschließenden Kristallpolitur.

Stufen und **Kinken** stellen wichtige **Defekte** auf Oberflächen dar. Bei vizinalen Oberflächen werden Stufen und Kinken gezielt durch den speziellen Anschnitt erzeugt. Sie können aber bei Temperaturen oberhalb von 0 K auch thermisch erzeugt werden. Neben Stufen und Kinken können auch noch weitere Defektstrukturen auftreten: Auf der Si(100)-Fläche in Abb. 4.6 erkennt man z. B. sog. **Leerstellen**,

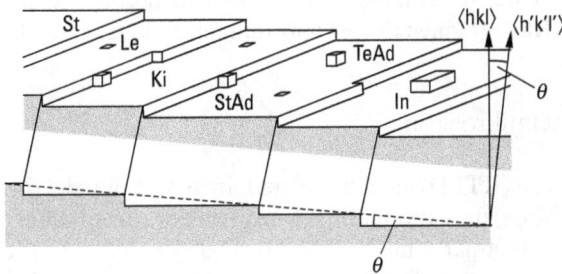

Abb. 4.13   Modell einer vizinalen Fläche mit Miller'schen Indizes ($h'k'l'$). Die vizinale („benachbarte") Fläche schließt mit der Netzebene (hkl) einen Winkel Θ ein. Die Fläche ($h'k'l'$) weist eine Folge paralleler Stufen (St) auf, die zusätzlich auch eine Folge geometrischer Kinken (Ki) besitzen können. Die dazwischen liegenden Terrassen haben eine Orientierung (hkl). Bei Temperaturen oberhalb 0 K weist jede Oberfläche auch thermisch angeregte Defekte auf: Stufen-Adatome (StAd), thermisch angeregte Kinken (Ki), Terrassen-Adatome (TeAd), Leerstellen (Le) und Inseln (In).

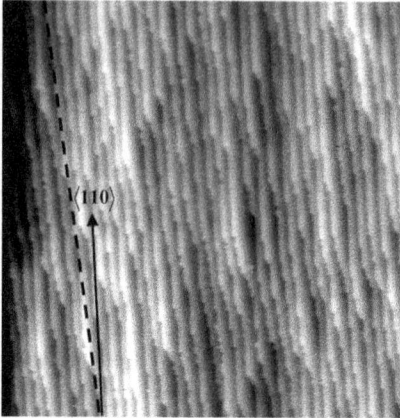

Abb. 4.14   RTM-Bild einer zur (001)-Netzebene vizinalen Kupfer (5,8,90)-Fläche [29]. Der gezeigte Ausschnitt beträgt $24.3 \times 24.3 \, \text{nm}^2$.

wo einzelne Atome oder Atomgruppen (hier Dimere) fehlen. Weitere Defekte sind **Adatome** an Stufen, auf **Terrassen** und **Inseln** (Abb. 4.13). Zur Erzeugung eines Defekts muss eine charakteristische Bildungsenergie E_{Bild} aufgewandt werden, so dass bei einer gegebenen Temperatur die Defekte mit einer der Boltzmann-Statistik folgenden Wahrscheinlichkeit $\exp(-E_{\text{Bild}}/k_{\text{B}}T)$ auf der Oberfläche vorliegen. Defekte spielen eine wichtige Rolle für die Gleichgewichtsthermodynamik, für die Wachstumskinetik und für die Reifung auf Oberflächen.

4.2.5 Wichtige Methoden zur Untersuchung der Struktur von Oberflächen

In diesem Abschnitt beschäftigen wir uns mit zwei wichtigen Methoden zur Untersuchung der Struktur von Oberflächen, die bereits in den vorhergehenden Abschnitten erwähnt wurden, der **Rastertunnelmikroskopie** und der **Beugung an Oberflächen**.

4.2.5.1 Das Rastertunnelmikroskop

Das Rastertunnelmikroskop (RTM) bildet mit einer feinen Metallnadel (im Idealfall mit einem Atom als Abschluss) die exponentiell in den Außenraum abfallende Dichte der elektronischen Zustände am Fermi-Niveau ab. Dabei macht die Metallnadel (auch **Tunnelspitze** genannt) keinen direkten Kontakt mit der Oberfläche, sondern rastert über die Oberfläche des Festkörpers mit einem typischen Abstand von wenigen Atomdurchmessern. Liegt zwischen Nadel und Festkörper eine Spannung an, so fließt ein elektrischer Strom (*Tunnelstrom*), der durch Elektronen hervorgerufen wird, welche die Potentialbarriere zwischen Nadel und Festkörper aufgrund des quantenmechanischen **Tunneleffektes** überwinden können. Da die Zustandsdichte und damit auch der Tunnelstrom exponentiell mit dem Abstand von der Oberfläche abfällt, ist das RTM auf Änderungen der **Oberflächentopographie** sehr empfindlich, und man kann die atomare Struktur von Oberflächen sichtbar machen (für weitere technische Details wie z. B. Abbildungsmechanismus, Tunnel-Spektroskopie und Vibrationsdämpfung siehe [30]).

Seit dem erstem RTM von Binnig und Rohrer hat sich zwar das Design der Mikroskope verändert, stets müssen jedoch zwei wichtige Funktionen erfüllt werden: 1. Es muss das Abrastern eines bis zu wenigen nm kleinen Oberflächenbereichs möglich sein. 2. Die Tunnelspitze muss bis auf 0.1–1 nm mechanisch an die Oberfläche heran gebracht werden und dort mit einer vertikalen Genauigkeit von wenigen 10^{-3} nm stabil gehalten werden. Von einigen wichtigen RTM-Designs [33–35] wollen wir hier nur das sog. **Besocke-Mikroskop** kurz erläutern. Abbildung 4.15 zeigt ein Modell eines RTMs nach K. Besocke und einen Probenhalter nach Frohn et al. [31]. Wesentliches Merkmal dieses RTMs ist der zentrosymmetrische Aufbau aus einem äußeren Dreibein von **Piezoaktuatoren**, die kreisförmig im Winkel von jeweils 120° angeordnet sind. Zu jedem äußeren Aktuator gehört auf dem Probenhalter jeweils eine Steigungsrampe mit einem Winkelbereich von 120° und einem Höhenunterschied von 0.2–0.4 mm. Mittels auf den Aktuatoren befestigter Stahlkugeln werden die äußeren Keramikröhrchen auf den Rampen aufgesetzt. Zum Absetzen wird ein Haltering verwendet, auf dem das Mikroskop mit Haltestiften gelagert ist. Nach dem Absetzen des RTMs kann der Haltering nach unten verfahren werden, so dass das RTM mechanisch vom Haltering entkoppelt ist. Im Zentrum des Kreises befindet sich ein vierter Piezoaktuator, der die Tunnelspitze trägt. Alle Piezoaktuatoren tragen Metallelektroden, die die elektrische Ansteuerung der Piezokeramiken ermöglicht. Durch Anlegen einer Sägezahnspannung an die Elektroden, werden die Piezoröhrchen periodisch seitlich ausgelenkt und mittels eines *slip-and-stick*-Mechanismus entlang der Rampen auf der Steigungsscheibe bewegt. Auf diese Weise kann das gesamte Mikroskop und damit auch die Tunnelspitze um wenige zehntel Millimeter in der Höhe relativ zur Probenoberfläche verschoben werden (*Grobannäherung*). Werden die Elektroden des Piezoröhrchens, das die Tunnelspitze trägt, mit einer Gleichspannung belegt, so dehnt sich der zentrale Aktuator entlang seiner Achse aus, und die Tunnelspitze kann langsam und kontrolliert in den sog. Tunnelbereich gefahren werden. Es sei erwähnt, dass das Besocke-RTM auch in einer umgekehrten Version funktioniert, bei dem die Steigungsscheibe auf den äußeren Piezoaktuatoren abgelegt wird. Von großem Vorteil beim Besocke-Mikroskop ist

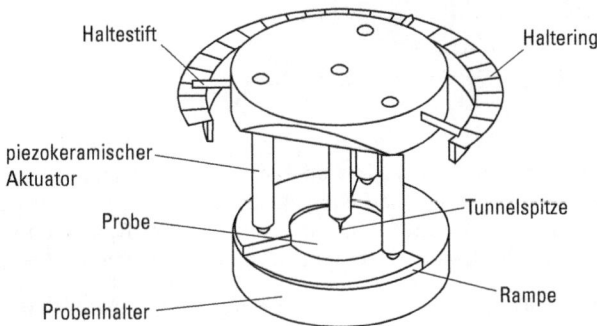

Abb. 4.15   Schema des Rastertunnelmikroskops nach Besocke [31,32].

der vollkommen symmetrische Aufbau auch im Hinblick auf die relative Position zur Probe sowie die Tatsache, dass im Betrieb RTM und Probenhalter relativ zueinander eine feste Einheit bilden. Diese Eigenschaften machen das RTM äußerst **schwingungsstabil** und besonders geeignet für Messungen bei variabler Probentemperatur, da thermische Ausdehnungen der Materialien automatisch kompensiert werden und das RTM deshalb nahezu keine thermische Drift aufweist. Ein Nachteil des Besocke-RTMs gegenüber anderen RTM-Arten besteht im vergleichbar schwereren Annähern der Spitze an die Probenoberfläche, was in der Praxis einiges Geschick und genaue Justierung der Probe im Haltering sowie der Tunnelspitze erfordert.

4.2.5.2 Beugung niederenergetischer Elektronen an Oberflächen

Für **Strukturuntersuchungen** von Oberflächen durch die Beugung von Teilchen muss die Eindringtiefe in das Material klein sein, damit nicht das Volumen des Kristalls sondern ausschließlich die oberflächennahen Bereiche detektiert werden. Dies kann z. B. durch den Einsatz von Röntgenstrahlen unter streifendem Einfall oder durch die Verwendung von **niederenergetischen Elektronen** erzielt werden. Mittels der Beugung langsamer Elektronen (engl. *Low Energy Electron Diffraction*, LEED [36]) kann man sehr gut die Symmetrie der Oberflächenstruktur wie z. B. im Falle von Oberflächenrekonstruktionen nachweisen. Im Gegensatz zur Röntgenbeugung an dreidimensionalen Kristallen müssen bei der Beugung an Oberflächen nur zwei der drei **Laue-Gleichungen** (Abschn. 2.3) erfüllt sein, d. h. bei gegebenen Indizes h und

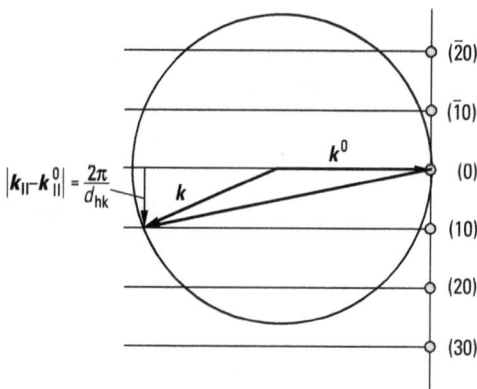

Abb. 4.16   Ewald-Konstruktion für die Beugung langsamer Elektronen mit Wellenvektor k^0 an Oberflächen. Da nur zwei der drei Laue-Bedingungen erfüllt sein müssen, besteht das reziproke Gitter aus Stäben (im Gegensatz zum Punktgitter bei der Beugung an Volumenkristallen). Dort wo die Stäbe die Ewald-Kugel schneiden, ist die Beugungs-Bedingung für den reziproken Gittervektor $|k^0_\| - k_\|| = \dfrac{2\pi}{d_{hk}}$ erfüllt, mit $k^0_\|$ und $k_\|$ den Parallelkomponenten der Wellenvektoren des einfallenden und des gebeugten Strahls und d_{hk} der Abstand zwischen den Stäben (hk), und es entsteht ein Beugungsreflex.

k für das reziproke Gitter der Oberfläche ist der Index l beliebig. Anhand der **Ewald-Konstruktion** in Abb. 4.16 für die **Bragg-Beugung** an einer idealen, zweidimensionalen Oberfläche sieht man, dass das reziproke Gitter aus unendlich langen Stäben durch die durch (hk) aufgespannte Fläche besteht.

In Abb. 4.16 sind k^0 und k die Wellenvektoren des einfallenden bzw. gebeugten Elektronenstrahls, wobei $|k^0| = |k| = 2\pi/\lambda_e$ mit der **de Broglie Wellenlänge** der Elektronen λ_e verknüpft ist. Diese lässt sich aus der Energie der Elektronen $E = \hbar^2 |k^2|/2\,m_e$ (mit m_e der Elektronenmasse und $\hbar$ der Planck'schen Konstante) berechnen, $\lambda_e = 1.23\,\text{nm}\,\sqrt{1/E(\text{in eV})}$. Typische beim LEED verwendete Elektronenenergien liegen zwischen wenigen eV bis etwa 1000 eV. Aus Abb. 4.16 ergibt sich, dass im Falle der Elektronenbeugung an zweidimensionalen Oberflächen unabhängig von der Energie der Elektronen die Bragg-Bedingung stets erfüllt ist, also stets Beugungsreflexe erzeugt werden. Diese werden auf einem Leuchtschirm einer LEED-Vorrichtung abgebildet, welche in Abb. 4.17 schematisch dargestellt ist.

Durch thermische Emission werden freie Elektronen am Filament (Kathode) erzeugt, die auf die Probe treffen und durch Beugung an der periodischen Probenoberfläche **LEED-Reflexe** erzeugen. Die konzentrisch angeordneten Gitter dienen zur Herstellung eines feldfreien Raums an der Probe (Gitter 1) und zur Unterbindung des Durchgriffs des mit 5 kV beaufschlagten Phosphorschirms auf das Gitter 2 (Gitter 3). Das Gitter 2 ist gegenüber der Kathode um wenige Volt positiv vorgespannt und sorgt dafür, dass von der Probe nur die elastisch rückgestreuten Elektronen zum LEED-Bild auf dem Schirm beitragen.

In Abb. 4.17 ist eine LEED-Aufnahme einer **(7×7)-rekonstruierten Si(111)-Oberfläche** dargestellt. Die dominanten Reflexe repräsentieren die (1×1)-Symmetrie des unrekonstruierten Substrates. Dem überlagert sind die Reflexe der (7×7)-Überstruk-

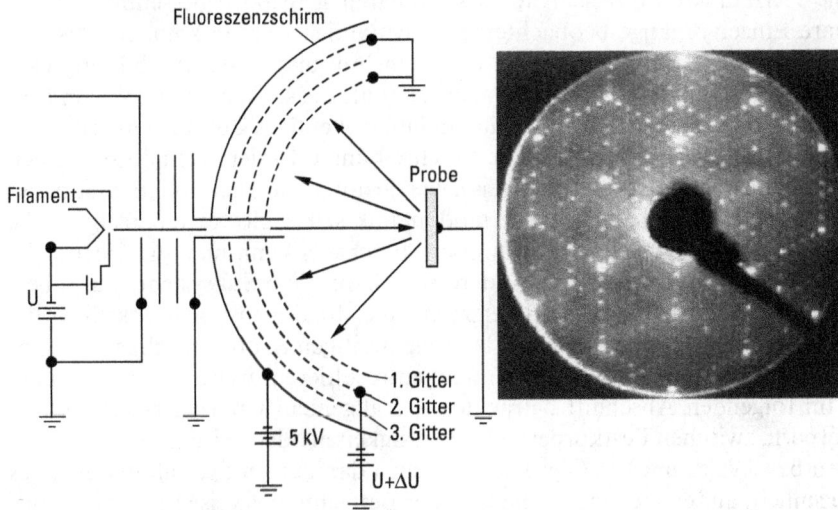

Abb. 4.17 Schematischer Aufbau einer LEED-Vorrichtung und LEED-Bild einer (7×7)-rekonstruierten Si(111)-Oberfläche.

tur durch die Rekonstruktion. Da die (7×7)-Einheitszelle in jeder Richtung der Basisvektoren des unrekonstruierten Substrates um einen Faktor 7 größer ist, befinden sich die **Überstrukturreflexe** im LEED-Bild zwischen den dominanten **Hauptreflexen** und teilen die Distanz zwischen den Hauptreflexen in sieben gleich große Abschnitte. Wie ebenfalls aus Abb. 4.17 ersichtlich, besitzt das LEED-Bild die gleiche Symmetrie wie die Oberfläche.

Je nach Energie der Elektronen verändert sich der Radius der **Ewald-Kugel**, so dass die Zahl der Stäbe des reziproken Gitters, welche die Ewald-Kugel kreuzen, variiert. Dadurch verschieben sich auf dem LEED-Schirm die Beugungsreflexe radial nach außen oder nach innen. Da auch langsame Elektronen noch einige Atomlagen tief in das Kristallvolumen eintreten können, ist die Beugung beim LEED nicht ideal zweidimensional und die Intensitätsverteilung weist entlang der reziproken Gitterstäbe eine Modulation auf [37]. Die höchste Intensität ist dort zu erwarten, wo die dritte Laue-Gleichung für Beugung am Volumenkristall erfüllt ist.

4.3 Grenzflächen als Kontinuum

4.3.1 Die Thermodynamik von Grenzflächen

Es mag veraltet erscheinen, sich mit einer thermodynamischen, kontinuumstheoretischen Beschreibung von Phänomenen zu befassen, will man doch das Verhalten von Oberflächen und Grenzflächen auf atomarer Basis verstehen. **Atomare Betrachtung** und **Kontinuumsthermodynamik** repräsentieren jedoch verschiedene Ebenen einer Beschreibung, die einander ergänzen und die beide zu einem umfassenden Verständnis gehören. So ist z. B. das Wachstum von Schichtsystemen auf Oberflächen durch eine Vielzahl von Einzelschritten des atomaren Transports bestimmt, die z. T. als atomare Einzelvorgänge beobachtet und verstanden werden können. Das Zusammenwirken aller Transportprozesse im Wachstum und in der Ausbildung **charakteristischer Wachstumsstrukturen** ist aber mehr als die schlichte Summe von Einzelprozessen. Erst ihre relativen Gewichte und ihr kollektives Zusammenwirken bestimmen die Struktur. Eine verstehende Beschreibung erfordert deshalb stets auch eine zusammenfassende Betrachtungsweise, wie sie durch die Thermodynamik bereit gestellt wird. Auch innerhalb der Thermodynamik selbst gibt es unterschiedliche Betrachtungsebenen und Betrachtungsweisen. Einerseits kann man die Oberfläche als Gesamtsystem ins Auge fassen. Andererseits kann man Subsysteme auf Oberflächen, z. B. monoatomare Stufen oder zwei- und dreidimensionale Inseln statistisch-thermodynamisch behandeln. Die langreichweitigen Kräfte zwischen den Subsystemen, die z. B. aus elastischen Spannungen resultieren, werden dabei berücksichtigt. Im folgenden Abschnitt betrachten wir allgemein **Grenzflächen**, zwischen festen Körpern, zwischen Festkörpern und Flüssigkeiten oder zwischen Festkörpern und Gasen bzw. Vakuum. Die Oberflächen stellen dann einen Spezialfall dar. Dies gibt Gelegenheit, auf einige Unterschiede in der Bezeichnungsweise thermodynamischer Größen in der Vakuumoberflächenphysik einerseits und in der elektrochemischen Literatur andererseits hinzuweisen.

4.3.1.1 Die freie Energie von Oberflächen und Grenzflächen

Der **erste Hauptsatz** besagt, dass zugeführte Wärme und die am System geleistete Arbeit die **innere Energie** U des Systems um die Summe der beiden erhöhen und dass die innere Energie eine **Zustandsgröße (thermodynamisches Potential)** ist

$$dU = \delta Q + \delta W_{\text{mech}} + \delta W_{\text{chem}} + \delta W_{\text{elektr}}. \tag{4.2}$$

Die Arbeit kann dem System in verschiedenster Form zugeführt werden: als mechanische Arbeit δW_{mech}, als chemische Arbeit δW_{chem} oder als elektrische Arbeit δW_{elektr}. Das thermodynamische Potential, dessen Variation gleich der am System geleisteten Arbeit ist, ist die **(Helmholtz-) freie Energie** F:

$$F = U - TS, \tag{4.3}$$

mit S der Entropie und T der Temperatur. Bildet man das vollständige Differential der freien Energie so erhält man mit Gl. (4.2) nach Einsetzen der Arbeitsterme δW

$$dF = -SdT + V\sum_{kl}\tau_{kl}\,d\varepsilon_{kl} + \sum_i \mu_i\,dn_i + \phi\,dq. \tag{4.4}$$

Da wir **elastisch anisotrope Festkörper** zulassen wollen, ist die mechanische Arbeit durch die Tensoren der infinitesimalen Dehnung $d\varepsilon_{kl}$ und der mechanischen Spannung τ_{kl} ausgedrückt. V ist das Volumen. Ist die elastische Verformung nicht homogen, so muss ein Integral über das Volumen angesetzt werden. Die **chemische Arbeit** ist das Produkt der chemischen Potentiale μ_i eines Reservoirs von Teilchen der Spezies i und der Zahl der Teilchen dn_i, die von dem Reservoir auf das System transferiert wurden, um die chemische Arbeit am System zu leisten. Bezüglich der **elektrischen Arbeit** betrachten wir speziell den Fall eines Systems mit homogenem elektrostatischen Potential ϕ. Die Arbeit wird dann durch Zuführung einer differentiellen Ladung dq geleistet. Die elektrische Arbeit kann zusätzlich oder alternativ Terme enthalten, die von einer **elektrischen oder magnetischen Polarisation** stammen. Die natürlichen unabhängigen Variablen der (Helmholtz-) freien Energie sind gemäß Gl. (4.4) die Temperatur T, die elastische Dehnung ε, die Ladung q sowie die Teilchenzahl n_i. Hat man jetzt ein System, das aus zwei in sich homogenen Subsystemen mit einer (ebenen) Grenze der Fläche A dazwischen besteht, so kann man die gesamte freie Energie in drei Anteile aufteilen, zwei die proportional zu den Volumina der Subsysteme sind und einen Teil $F^{(s)}$, der proportional zur Grenzfläche A ist. Damit die Unterteilung in Volumen und Grenzflächenanteile zu einer sinnvollen Thermodynamik mit Größen führt, denen eine eindeutige experimentelle Bedeutung zukommt, sollte man ein **Gedankenexperiment** oder ein **numerisches Verfahren** in der Form eines Computerexperiments angeben können, welches eine unabhängige Variation der Grenzfläche A und der Volumina gestattet. In den meisten Fällen wird dies möglich sein, aber die Realisierung wird je nach System und Grenzfläche durchaus verschieden aussehen. Analog zu Gl. (4.4) lässt sich das Differential der freien Grenzflächenenergie $dF^{(s)}$ durch einen grenzflächenspezifischen Entropieterm (also einen Beitrag zur Gesamtentropie, der proportional zur Grenzfläche A ist) und durch Arbeitsterme ausdrücken, welche die an der Grenzfläche geleistete Arbeit beschreiben. Für letztere muss man sog. Überschussgrößen (engl. *excess*) einführen. Wie das geschieht, wird anhand von Abb. 4.18 für die Grenzfläche Festkörper/Gas und

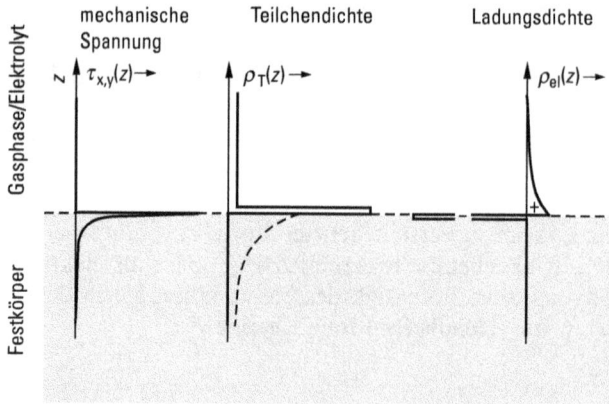

Abb. 4.18 Typische örtliche Verläufe des Stresses $\tau(z)$, der Teilchendichte $\varrho_T(z)$ und Ladungsdichte $\varrho_{el}(z)$ als Funktion der z-Koordinate senkrecht zur Oberfläche, skizziert zur Definition der Überschussgrößen $\tau^{(s)}$, $n^{(s)}$ und $q^{(s)}$.

Festkörper/Elektrolyt erläutert. Wir beginnen mit der mechanischen Grenzflächenarbeit, die durch Spannungs- und Dehnungstensoren beschrieben wird. Die in der Grenzfläche liegenden Dehnungen werden durch $d\varepsilon_{kl}^{(s)}$ beschrieben, wobei die Indizes kl sich jetzt auf ein in der Grenzfläche liegendes orthogonales Achsensystem beziehen. Die Dehnung $d\varepsilon_{kl}^{(s)}$ verändert zwangsläufig auch die beiden Teilvolumina. Zur Beschreibung der grenzflächenspezifischen Arbeit benötigt man deshalb einen **Spannungstensor**, der die Differenz zu den Spannungen in den Teilvolumina angibt. Der Einfachheit halber nehmen wir an, dass die Spannungen in den Volumina weit entfernt von der Grenzfläche verschwinden, das System also keinem äußeren Druck ausgesetzt ist. Damit ist auch die Grenzfläche spannungsfrei bezüglich einer zur Grenzfläche senkrechten Richtung z. Bezüglich der in der Grenzfläche liegenden Komponenten gilt das jedoch nicht: in der Nähe der Grenzfläche kann eine von Null verschiedene Spannung $\tau_{kl}(z)$ existieren (Abb. 4.18). Die grenzflächenspezifische Arbeit ist dann das Produkt aus den Dehnungen $d\varepsilon_{kl}^{(s)}$ und den Spannungen $\tau_{kl}(z)$ integriert über die Koordinate z. Das Integral

$$\tau_{kl}^{(s)} = \int \tau_{kl}(z)\,dz \tag{4.5}$$

ist die gesuchte Überschussgröße. Sie wird **Grenzflächenstress** bzw. **Oberflächenstress** (engl. *surface stress*) genannt. Die Verwendung des englischen Wortes **Stress** anstelle des deutschen Wortes **Spannung** ist erforderlich, weil dem Begriff *Oberflächenspannung* im deutschen Sprachgebrauch traditionell eine andere Bedeutung zukommt. In analoger Weise lassen sich jetzt Teilchenüberschüsse definieren, deren Produkt mit den zugehörigen chemischen Potentialen die an der Oberfläche geleistete chemische Arbeit darstellt. In Abb. 4.18 ist das am Beispiel einer Adsorption erläutert: in der Gas- oder Flüssigphase gibt es eine, i. A. sehr kleine, Konzentration der Teilchen, an der Grenzfläche in einer dünnen Schicht, z. B. einer Monolage, jedoch eine erhöhte Konzentration. Je nachdem ob die Teilchen in das Volumen des Festkörpers eindringen können oder nicht, fällt die Konzentration der Teilchen im Inneren allmählich auf einen dem Lösungsgleichgewicht entsprechenden Wert (gestrichelte Linie) oder abrupt auf Null.

Die Überschüsse $dn_i^{(s)}$ sind Integrale über die entsprechenden **Teilchendichten** $\varrho_i(z)$, abzüglich der Volumenanteile. Um den Abzug der Volumenanteile exakt ausführen zu können, muss man definieren, wo das eine Volumen anfängt und das andere aufhört. Zweckmäßigerweise legt man diese thermodynamische Grenzfläche so, dass alle Atome, die unter den gegebenen thermodynamischen Bedingungen auf jeden Fall im Festkörperverbund bleiben, auf der einen Seite der Grenzfläche liegen und die Atome oder Moleküle der angrenzenden Gas- oder Flüssigphase sowie evtl. **Adsorbate** auf der anderen. Die genaue Lage der Grenze ist meistens unwesentlich, da bei typischen Adsorptionsphänomen die Konzentration der Teilchen in den Volumina um Größenordnungen geringer als an der Grenzfläche ist[1]. Bezüglich der elektrischen Arbeit interessiert hier vor allem der Fall eines Festkörpers im Kontakt mit einem **Elektrolyten**. In Abhängigkeit von der am Festkörper liegenden elektrischen Spannung ϕ kann sich im Elektrolyten in der Nähe der Grenzfläche eine erhöhte Konzentration von Ionen einer Ladungssorte aufbauen, die durch eine entsprechende Gegenladung im Festkörper kompensiert wird (Abb. 4.18). Die beiden Ladungen bilden einen Kondensator und die elektrische Arbeit ist das Produkt aus Spannung und Ladung auf einer der beiden Seiten. Diese Ladung ist die Überschussladung, da die Volumina neutral sind. Insgesamt erhält man für das Differential der freien **Grenzflächenenergie** $dF^{(s)}$

$$dF^{(s)} = -S^{(s)}\,dT + A\sum_{kl}\tau_{kl}^{(s)}\,d\varepsilon_{kl}^{(s)} + \sum_i \mu_i\,dn_i^{(s)} + \phi\,dq^{(s)}. \tag{4.6}$$

Definitionsgemäß ist die freie Grenzflächenenergie proportional zur Fläche A. Deshalb kann man eine flächenspezifische (Helmholtz-) freie Energie $\gamma^{(H)}$ definieren, die in der Festkörperoberflächenphysik, vor allem auch in der theoretisch-statistischen Physik von Oberflächen, als **Grenzflächenspannung** (engl. *surface tension*) bezeichnet wird

$$F^{(s)} = \gamma^{(H)}A. \tag{4.7}$$

Durch Differenzieren erhält man

$$dF^{(s)} = A\,d\gamma^{(H)} + \gamma^{(H)}\,dA = A\,d\gamma + A\gamma^{(H)}\sum_{kl}\delta_{kl}\,d\varepsilon_{kl}. \tag{4.8}$$

Dabei haben wir die Flächenänderung dA unter Verwendung des Kronecker-Symbols δ_{kl} durch die Dehnungen $d\varepsilon_{kl}$ ausgedrückt (nur die Diagonalelemente von ε_{kk} vergrößern die Fläche A!). Aus (4.6) und (4.8) ergibt sich für das Differential von $\gamma^{(H)}$

$$d\gamma^{(H)} = -s\,dT + \sum_{kl}(\tau_{kl}^{(s)} - \gamma^{(H)}\delta_{kl})\,d\varepsilon_{kl}^{(s)} + \sum_i \mu_i\,d\Gamma_i + \phi\,d\sigma, \tag{4.9}$$

---

[1] Gibbs hat die thermodynamische Grenzfläche so gelegt, dass die Summe $\sum_i \mu_i n_i^{(s)} = 0$ ist. Diese Festlegung ist allerdings für Festkörpergrenzflächen ganz unzweckmäßig, da sich dann die Lage der Grenzfläche bei einer Adsorption ändert. Trotzdem wird in den meisten Lehrbüchern die Gibbs Konvention verwendet, was zur Verwirrung führt, wenn man die darauf basierende Thermodynamik auf konkrete Systeme anwenden will (siehe dazu [38]).

mit den flächenspezifischen Größen für die Entropie $s^{(s)} = S^{(s)}/A$, für die Überschüsse $\Gamma_i = n_i^{(s)}/A$ und für die Ladung $\sigma = q^{(s)}/A$. Sind Temperatur, Teilchenüberschüsse und Flächenladung konstant, so erhält man daraus die zuerst von **Shuttleworth** [39] hergeleitete Gleichung

$$\tau_{kl}^{(s)} = \gamma^{(H)} \delta_{kl} + \left. \frac{\partial \gamma^{(H)}}{\partial \varepsilon_{kl}} \right|_{T, \Gamma_i, \sigma} . \tag{4.10}$$

Der Oberflächenspannungstensor hat also i. A. zwei Beiträge, einen von der spezifischen freien Oberflächenenergie $\gamma^{(H)}$ und einen von der Ableitung von $\gamma^{(H)}$ nach einer Dehnung. Bei Flüssigkeiten und Gasen ist $\gamma^{(H)}$ allerdings unabhängig von einer Dehnung, weil bei einer Dehnung der Oberfläche sofort Atome oder Moleküle aus dem Inneren der Flüssigkeit nachströmen und damit die alten Verhältnisse wie vor der Dehnung wiederhergestellt werden. Dann ist also $\tau_{kl}^{(s)} = \gamma^{(H)} \delta_{kl}$.

Für die Grenzfläche Festkörper/Elektrolyt ist die natürliche Variable **spezifische Ladung** σ der freien Grenzflächenenergie im Sinne von Gl. (4.6) nicht zur Beschreibung von Experimenten geeignet, da sich die spezifische Ladung einer Elektrode nicht experimentell vorgeben lässt, sondern nur ihr Potential ϕ. In ähnlicher Weise wie in der Thermodynamik von Gasen (siehe Band 1, Abschn. 36.11), geht man deshalb besser durch eine Legendre-Transformation zu einer neuen thermodynamischen Zustandsgröße $\Pi^{(s)}$ über,

$$\Pi^{(s)} = F^{(s)} - \phi\, q^{(s)} - \sum_i \mu_i\, n_i^{(s)} . \tag{4.11}$$

Bezüglich der mechanischen Spannung wird auf eine Legendre-Transformation verzichtet, da man gerne die Dehnung der Probe vorgeben möchte. Die zugehörigen Unterschiede in der Energie sind klein [40] (außer bei Experimenten unter hohem Druck). Das Differential dieser freien Grenzflächenenergie ist

$$\mathrm{d}\Pi^{(s)} = -S^{(s)}\,\mathrm{d}T + A \sum_{kl} \tau_{kl}^{(s)}\,\mathrm{d}\varepsilon_{kl}^{(s)} - \sum_i n_i^{(s)}\,\mathrm{d}\mu_i - q^{(s)}\,\mathrm{d}\phi . \tag{4.12}$$

Damit kann man eine spezifische freie Grenzflächenenergie $\gamma^{(\Pi)}$ (englisch ebenfalls *surface tension*) einführen:

$$\gamma^{(\Pi)} \equiv \frac{\Pi^{(s)}}{A} = \gamma^{(H)} - \phi\,\sigma - \sum_i \mu_i\,\Gamma_i . \tag{4.13}$$

Ihr Differential ist jetzt

$$\mathrm{d}\gamma^{(\Pi)} = -s^{(s)}\,\mathrm{d}T + \sum_{kl} \left(\tau_{kl}^{(s)} - \gamma^{(\Pi)} \delta_{kl} \right) \mathrm{d}\varepsilon_{kl}^{(s)} - \sum_i \Gamma_i\,\mathrm{d}\mu_i - \sigma\,\mathrm{d}\phi . \tag{4.14}$$

Diese Gleichung spielt in der Elektrochemie eine wichtige Rolle bei der quantitativen Bestimmung von Oberflächenbedeckungen (**Chronocoulometrie**). Aus Gl. (4.14) ergibt sich durch Integration bei konstant gehaltener Temperatur, konstanter Dehnung und konstanten chemischen Potentialen, dass $\gamma^{(\Pi)}$ bei dem Potential, an dem die Ladung σ der Grenzfläche Null ist, dem sog. **Nulladungspotential**, ein Maximum hat. Hingegen ist $\gamma^{(H)}$ um das Nulladungspotential herum eine lineare Funktion des Potentials (vgl. Gl. (4.13)). Aus Gl. (4.14) lässt sich wieder eine **Shuttleworth-Gleichung** wie Gl. (4.10) herleiten, nur dass jetzt die Ableitungen von $\gamma^{(\Pi)}$ bei konstantem chemischen Potential und konstanter Spannung zu bilden sind.

Leider werden in der Literatur sowohl $\gamma^{(H)}$ und $\gamma^{(\Pi)}$ verwendet, ohne dass immer ausdrücklich erwähnt wird, welche der beiden Arten der **surface tension** gemeint ist[2]. In der elektrochemischen Literatur ist $\gamma^{(\Pi)}$ gebräuchlich (siehe z. B. [40]). Oberflächen im Vakuum haben hingegen keinen Ladungsaustausch mit dem angrenzenden Vakuum, und der Bedeckungsgrad ist in der Regel nicht im Gleichgewicht mit der Umgebung sondern fest vorgegeben. Dann ist die Helmholtz freie Energie die richtige thermodynamische Zustandsgröße. Deswegen wird in der Oberflächenphysik, insbesondere in der statistischen Physik von Oberflächen, die Größe $\gamma^{(H)}$ betrachtet.

Die experimentelle Bestimmung von Absolutwerten von $\gamma^{(H)}$ oder $\gamma^{(\Pi)}$ ist für Festkörperoberflächen schwierig. Für Absolutwerte von τ gibt es bislang kein experimentelles Verfahren. In der Theorie hingegen wurden in letzter Zeit im Rahmen der **local density** oder der **general gradient approximation** (LDA und GGA) beachtliche Fortschritte bei der Berechnung von Oberflächenenergien und Oberflächenstress erzielt. Änderungen von γ und τ lassen sich experimentell recht gut bestimmen. Die Messung der Änderung von $\gamma^{(\Pi)}$ als Funktion des Potentials für Oberflächen im Gleichgewicht mit einem Elektrolyten läuft gemäß Gl. (4.14) auf eine Strom–Spannungsmessung hinaus (siehe z. B. [41]). Eine Änderung des Oberflächenstresses auf einer Seite eines Materialstreifens führt zu einer messbaren Verbiegung, aus der sich die Änderung des Stresses ermitteln lässt [1]. Ein Überblick über experimentelle und theoretische Arbeiten zum Thema spezifische freie **Oberflächenenergie und Oberflächenstress** findet sich in [42].

Eine interessante Anwendung des Konzepts der spezifischen freien Energie bietet das **Bauer-Kriterium** für schichtweises Wachstum [43]. Neben den Oberflächenenergien von Substrat γ_{substr} und Schicht γ_{schicht} ist zusätzlich die Grenzflächenenergie γ_{grenz} zu beachten. Letztere kann übrigens, im Gegensatz zu den beiden ersteren, negativ sein. Je nachdem ob die Deposition im Vakuum oder im Elektrolyten erfolgt, sind $\gamma^{(H)}$ bzw. $\gamma^{(\Pi)}$ zu verwenden. In Abb. 4.19 ist schematisch das Wachstum einer Schicht eines Materials auf einem Substrat dargestellt. Schichtweises Wachstum nahe

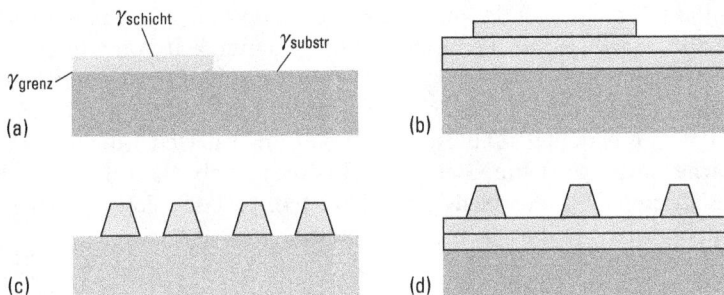

Abb. 4.19 Wachstumsformen an Oberflächen beim Wachstum nahe am Gleichgewicht.

---

[2] Die Verwirrung wird noch größer, wenn man die Gibbs-Konvention für die thermodynamische Grenzfläche $\sum_i \mu_i n_i^{(s)} = 0$ zugrunde legt!

am Gleichgewicht verlangt, dass die spezifischen freien Energien von Substrat, Schicht und Grenzfläche der Relation

$$\gamma_{\text{schicht}} + \gamma_{\text{grenz}} \le \gamma_{\text{substr}} \tag{4.15}$$

folgen. Diese Wachstumsart heißt auch **Frank-van-der-Merwe-Wachstum** (siehe Abb. 4.19 b). Das Adsorbat „benetzt" dann die Oberfläche des Substrates. Ist das Ungleichheitszeichen in Gl. (4.15), umgekehrt, gibt es keine Benetzung und die Schicht wächst in der Form von dreidimensionalen Inseln (Abb. 4.19 c). Diese Wachstumsart wird **Volmer-Weber-Wachstum** genannt. Häufig, insbesondere wenn Substrat und Deponat eine verschiedene Gitterkonstante aufweisen, ist eine Zwischenform anzutreffen, bei der zunächst eine oder mehrere Lagen schichtweise aufwachsen und dann, um die zunehmende Spannungsenergie abzubauen, dreidimensionales Wachstum einsetzt (Abb. 4.19 d). Diese Wachstumsform heißt **Stranski-Krastanov-Wachstum**.

4.3.1.2 Gleichgewichtsformen

Wir betrachten einen Festkörper im Gleichgewicht mit seiner Umgebung z. B. mit einer Gas- oder Flüssigphase, vernachlässigen Dehnungen und lassen das elektrische Potential konstant. Gemäß Gl. (4.14) kann sich die spezifische freie Energie (surface tension) $\gamma^{(\Pi)}$ nur noch ändern, wenn sich das chemische Potential von Komponenten, also ihr Partialdruck bzw. ihre Konzentration ändert. Werden Partialdrücke bzw. Konzentrationen konstant gehalten, so ändert sich auch die freie Energie der Oberfläche nicht mehr. Die Oberfläche befindet sich im **Gleichgewicht** mit der Umgebung. Bei kristallinen Festkörpern hängt die spezifische freie Energie von der kristallographischen Orientierung der Oberfläche ab. Gleichgewicht mit der umgebenden Phase bedeutet dann, dass die Oberflächenenergie insgesamt bei gegebenem Kristallvolumen minimal sein muss. Die Frage, welche Gestalt ein Festkörper mit minimaler Oberflächenenergie besitzt, führt auf die sog. **Wulff-Konstruktion** [44]. Sie sei als Konstruktion in einer Ebene erläutert. Für das Folgende ist der Unterschied zwischen $\gamma^{(\Pi)}$ und $\gamma^{(H)}$ nicht wichtig, und wir sprechen deshalb nur von der spezifischen freien Oberflächenenergie γ. Die Orientierungsabhängigkeit von γ in der Ebene sei durch die Funktion $\gamma(\theta)$ beschrieben. Zur Ermittlung der Gleichgewichtsform wird $\gamma(\theta)$ im Polardiagramm aufgetragen. Auf dem Strahl in Richtung θ wird bei dem Wert $\gamma(\theta)$ das Lot errichtet. Die durch alle so konstruierten Lote eingeschlossene **Minimalfläche** ist die gesuchte Gleichgewichtsform (Abb. 4.20). Für eine kristallographische Orientierung mit **niedrigen Miller-Indizes** lässt sich $\gamma(\theta)$ (bei nicht zu hohen Temperaturen) in eine Reihe entwickeln.

$$\gamma(\theta) = \gamma_0 + \frac{\beta}{h} |\tan\theta| + p_2 \tan^2\theta + p_3 |\tan^3\theta| + \dots . \tag{4.16}$$

Die Größe β ist die freie Linienenergie pro Länge einer **Stufe** mit der Höhe h. Die Größe β wird auch **Linienspannung** (engl. *line tension*) genannt. Wenn die Orientierung $\theta = 0°$ einer atomar glatten, ebenen Oberfläche entspricht, ist die natürliche physikalische Realisation der thermodynamischen Stufe in der Regel eine Stufe zwischen einer Atomlage und der nächst höheren Lage (monoatomare Stufe). Die Ko-

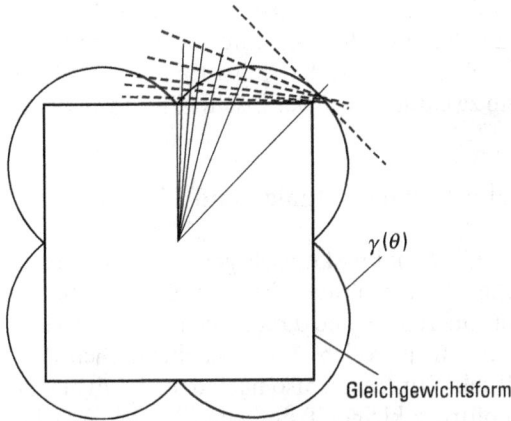

Abb. 4.20   Wulff-Konstruktion der Gleichgewichtsform, dargestellt am Beispiel eines Kossel-Kristalls. In einem Kossel-Kristall sind die Atome Würfel, deren Bindungsenergie proportional zur Anzahl der Kontaktflächen mit den Nachbarwürfeln ist.

effizienten p_2, p_3 usw. können als Wechselwirkungen zwischen den Stufen aufgefasst werden. Umfangreiche und ziemlich komplexe Theorien befassen sich mit der Größe der Koeffizienten p_2 und p_3, die neben energetischen Anteilen (s. Abschn. 4.3.3) auch entropische Anteile beinhalten [45, 46]. Eine nicht verschwindende freie Stufen-energie β führt zu einer **Kerbe** (engl. *cusp*) im Polardiagramm von $\gamma(\theta)$ bei $\theta = 0°$ (Abb. 4.20). Eine solche Kerbe wiederum führt zur Existenz einer ebenen Fläche in der Gleichgewichtsform, einer **Facette**. Deren Größe w, bezogen auf den Abstand der Facette vom Mittelpunkt des Kristalls z_0, ist

$$\frac{w}{z_0} = \frac{\beta}{h\gamma_0},\tag{4.17}$$

wie sich an der Wulff-Konstruktion (für kleine Werte von θ) leicht zeigen lässt. Bei hohen Temperaturen wird die freie Stufenenergie kleiner und kann schließlich ver-schwinden. Die Gleichgewichtsform weist dann für diese Orientierung keine Facette mehr auf. Eine solche Fläche wird als **rauh** bezeichnet, und der entsprechende Phasenübergang als **Rauhigkeitsübergang** [47]. Eine in diesem Sinne rauhe Ober-fläche wird auch dadurch charakterisiert, dass die **Höhenkorrelationsfunktion** $\langle(z(x) - z(x = 0))^2\rangle$ im Limes großer Abstände x auf der Oberfläche divergiert.

Die Stufenenergie β hängt von der azimutalen Orientierung der Stufe ab. Die Form der Facette wird dadurch bestimmt. Das Gleiche gilt für die Gleichgewichts-formen von Inseln mit monoatomarer Stufenhöhe. Die Inselform ist dann durch die Orientierungsabhängigkeit der freien Stufenenergie β entsprechend einer **zwei-dimensionalen Wulff-Konstruktion** gegeben. Umgekehrt lässt sich aus einer Inselform die Abhängigkeit der freien Stufenenergien β vom Winkel durch eine **umgekehrte Wulff-Konstruktion** ermitteln [48]. Da Stufen (in der Regel) quasi-eindimensionale Gebilde sind und es in eindimensionalen Systemen keine **Phasenübergänge** bei end-licher Temperatur gibt, gibt es auch keinen Rauhigkeitsübergang für Stufen: sie sind bei jeder Temperatur $T > 0\,\mathrm{K}$ thermodynamisch rauh. Die freie Stufenenergie hat also auch keine Kerben. Bei höheren Temperaturen, aber noch weit unterhalb der Rauhigkeitstemperatur der Facette, wird die Anisotropie der Stufenenergie zunehmend kleiner, und die Form zweidimensionaler Inseln nähert sich der Kreisform.

4.3.1.3 Chemisches Potential gekrümmter Linien und Flächen

Wir betrachten eine Oberfläche, die makroskopisch gekrümmt ist, also eine thermodynamisch rauhe Oberfläche. Die Krümmung bewirkt eine Erhöhung der freien Energie gegenüber einer ebenen Oberfläche und damit eine Erhöhung des **chemischen Potentials**, welches wir jetzt berechnen wollen. Mit dem chemischen Potential vergrößert sich z. B. der Dampfdruck. Wir fragen also nach dem Äquivalent der **Gibbs-Thomson-Formel** für den Dampfdruck kleiner Tröpfchen (Band 1, Abschn. 15.3) für einen festen Körper. Dazu betrachtet man zunächst ein eindimensional gekrümmtes Teilstück einer Oberfläche mit einem Krümmungsradius R (Abb. 4.21 a). Die Ausdehnung der Oberfläche in der Zeichenebene ist dann φR, senkrecht zur Zeichenebene sei die Ausdehnung L_y. Vergrößert man lokal das Volumen um den Betrag $dV = L_y R \varphi\, dR$ und damit die Oberfläche um $dA = L_y \varphi\, dR = L_y\, dL$, so ist die damit verbundene Änderung der Teilchenzahl

$$dN = L_y \frac{R}{\Omega}\, dL, \qquad (4.18)$$

mit Ω dem Atomvolumen. Das mit der Krümmung $\kappa = 1/R$ verbundene chemische Potential ist durch die Ableitung der freien Energie nach der Teilchenzahl gegeben, die sich gemäß Gl. (4.18) durch die Ableitung nach einer Längenänderung in der Oberfläche ausdrücken lässt:

$$\mu = \frac{dF}{dN} = \frac{1}{L_y} \frac{dF}{dL} \Omega \kappa \equiv \tilde{\gamma} \Omega \kappa. \qquad (4.19)$$

Die Größe $\tilde{\gamma}$ heißt **Steifheit** (engl. *stiffness*). Sie beschreibt, wie die freie Energie (einer rauhen Fläche) von der Länge abhängt. Wie aus der Herleitung unmittelbar

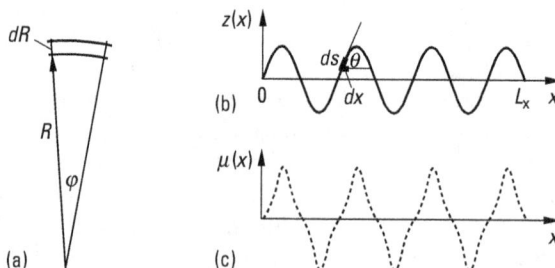

Abb. 4.21   (a) Skizze zur Definition der Größen, mit denen eine lokale Ausbeulung der Oberfläche beschrieben wird. Man beachte, dass die Krümmung für diesen Fall positiv ist. (b) Sinusförmiges Oberflächenprofil $z(x)$ und (c) das chemische Potential $\mu(x)$ dazu.

folgt, kann man in analoger Weise das chemische Potential einer Stufe durch die lokale Krümmung ausdrücken. Anstelle des Atomvolumens tritt dann die Fläche eines Atoms Ω_s. Das Besondere an Gl. (4.19) ist, dass man jetzt ein örtlich und zeitlich veränderliches chemisches Potential entsprechend einer örtlich und zeitlich veränderlichen Krümmung definieren kann. Damit lassen sich dann auch lokale Abweichungen vom thermodynamischen Gleichgewicht beschreiben. Als Beispiel ist in Abb. 4.21b ein **sinusförmiges Oberflächenprofil** und in Abb. 4.21c das dazugehörige chemische Potential gezeigt. Bei der Definition eines lokalen chemischen Potentials ist zu bedenken, dass die Ortskoordinate, auf der Veränderungen zugelassen sind, genügend „unscharf" bleiben muss, also nicht einzelne Atome ins Auge fassen darf. Doch sind schon Ensembles mit Atomzahlen im Bereich von 100 Atomen erfolgreich mit dieser lokalen Thermodynamik beschrieben worden.

Der Zusammenhang zwischen der Steifheit $\tilde{\gamma}$ und der spezifischen freien Energie γ lässt sich leicht angeben. Wir betrachten dazu eine Oberfläche, die im Mittel entlang der x-Achse verläuft, aber um diese Orientierung herum örtlich fluktuieren kann (Abb. 4.21b). Da man jedes beliebige Profil zwischen einem definierten Anfangs- und Endpunkt nach Fourier in Sinusfunktionen zerlegen kann, ist in Abb. 4.21b nur ein Sinusprofil fester Wellenlänge dargestellt. Die Länge gemessen entlang der x-Achse sei L_x, entlang der Kontur der Oberfläche sei die Länge L. Senkrecht zur x-Achse sei die Ausdehnung der Oberfläche L_y. Der Winkel mit der x-Achse an jedem Punkt der Kontur sei $\theta(x)$. Die freie Oberflächenenergie ist gegeben durch das Linienintegral über $\gamma(\theta)$ entlang der fluktuierenden Kontur der Oberfläche:

$$F^{(s)} = L_y \int_0^L \gamma(\theta)\, ds = L_y \int_0^{L_x} \gamma(\theta(x))/\cos\theta(x)\, dx\,. \tag{4.20}$$

Dabei ist $ds = dx/\cos\theta$ das infinitesimale Längenelement (Abb. 4.21b). Die Länge L selbst ist gegeben durch

$$L = \int_0^{L_x} dx/\cos\theta(x)\,. \tag{4.21}$$

Durch Entwicklung von $\gamma(\theta)$ um den Winkel $\theta = 0$ (x-Achse) ergibt sich mit den Abkürzungen $\gamma(\theta = 0) = \gamma$ und $\partial^2\gamma/\partial\theta^2 = \gamma''$:

$$F^{(s)} \cong L_y L_x \gamma + L_y(\gamma + \gamma'') \int_0^{L_x} \frac{1}{2}\theta^2(x)\, dx\,. \tag{4.22}$$

Der Term mit der ersten Ableitung von γ verschwindet, weil das Integral über $\theta(x)$ verschwindet. Wegen

$$L \cong L_x + \int_0^{L_x} \frac{1}{2}\theta^2\, dx \tag{4.23}$$

ist die freie Energie

$$F^{(s)} = L_y[(\gamma L_x + (\gamma + \gamma'')(L - L_x)]\,. \tag{4.24}$$

Die Ableitung von $F^{(s)}/L_y$ nach der Länge der Kontur L ist die Steifheit $\tilde{\gamma}$, also ist

$$\tilde{\gamma} = \gamma + \gamma''\,. \tag{4.25}$$

Das chemische Potential für eine Fläche, die in zwei Richtungen gekrümmt ist, hat zwei Beiträge entsprechend Gl. (4.19). Angewandt auf den Spezialfall eines Tröpfchens einer Flüssigkeit sind diese Krümmungen notwendigerweise gleich und konstant, also $\gamma'' = 0$. Dann erhält man die Gibbs-Thomson-Formel für das **chemische Potential eines Tröpfchens**

$$\mu = \mu_0 + 2\,\Omega\,\frac{\gamma}{R}\,. \tag{4.26}$$

Das chemische Potential einer Gasphase ist bekanntlich proportional dem Logarithmus des Drucks, woraus sich direkt der Dampfdruck kleiner Tröpfchen ergibt.

4.3.2 Kollektive Anregungen

Im Folgenden werden **dielektrische und elastische Oberflächenwellen** eines Halbraum-Kontinuums betrachtet. Die gleichfalls in diesen systematischen Zusammenhang gehörenden magnetostatischen Spinwellen werden in Kapitel 5.6 Spindynamik behandelt (siehe auch [49]).

4.3.2.1 Dielektrische Oberflächenanregungen

Wir betrachten ein **dielektrisches Kontinuum** mit einer ebenen Oberfläche und fragen nach charakteristischen Anregungen, die an der Oberfläche des Halbraums lokalisiert sind. Die dielektrischen Eigenschaften werden durch eine nicht wellenzahlabhängige relative Dielektrizitätskonstante $\varepsilon(\omega)$ beschrieben. Im Inneren des Dielektrikums existieren longitudinale Polarisationswellen ($\nabla P \neq 0$, $\nabla \times P = 0$) bei einer Frequenz, für die $\varepsilon(\omega) = 0$ ist und transversale Wellen ($\nabla P = 0$, $\nabla \times P \neq 0$) bei denen $\varepsilon(\omega)$ nach $\mp \infty$ divergiert [49] (s. Abb. 4.22). Typische **longitudinale dielektrische Anregungen** des Festkörpers sind **longitudinal-optische Phononen** in Ionenkristallen und **Plasmonen**, die eine kollektive Anregung eines Elektronengases darstellen. Zu den longitudinal optischen Phononen gibt es auch die entsprechenden **Transversalwellen** bei etwas niedrigerer Frequenz.

An der Oberfläche gibt es zusätzliche Lösungen, die dadurch charakterisiert sind, dass sowohl die Divergenz als auch die Rotation der Polarisation verschwindet. Das zugehörige elektrostatische Potential $\varphi(x, y, z)$ gehorcht dann der **Laplace-Gleichung**

$$\Delta\varphi(x, y, z) = 0\,. \tag{4.27}$$

Eine Lösung von (4.27) für eine ebene Oberfläche in der x, y-Ebene ist

$$\varphi = \varphi_0\,e^{-q|z|}\,e^{i(qx - \omega t)}\,. \tag{4.28}$$

Sie stellt eine an die Oberfläche lokalisierte, in x-Richtung laufend Welle mit der Frequenz ω dar. Im Gegensatz zu Volumenwellen, haben diese **dielektrischen Oberflächenwellen** ein Feld im Außenraum ($z > 0$), welches um so weiter in den Außenraum hinein reicht, je kleiner die Wellenzahl q ist. Wir weisen hier schon darauf hin, dass für die Gültigkeit der folgenden einfachen Überlegungen die Wellenzahl

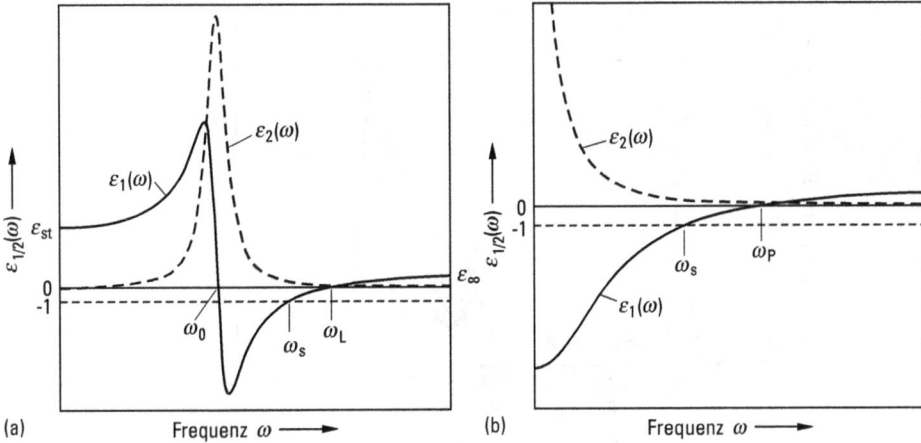

Abb. 4.22   (a) Verlauf des Real- und Imaginärteils der dielektrischen Funktion $\varepsilon(\omega) =$ $\varepsilon_1(\omega) + i\,\varepsilon_2(\omega)$ für einen harmonischen Oszillator, bzw. im Bereich einer infrarot-aktiven Schwingung im Festkörper. Der Wert der statischen Dielektrizitätskonstanten ε_{st} liegt höher als die Dielektrizitätskonstante bei sehr hohen Frequenzen ε_∞. Dort wo $\varepsilon_1(\omega) = 0$ ist liegt die longitudinal-optische Eigenschwingung, das Maximum der Infrarotabsorption (Maximum von $\varepsilon_2(\omega)$) liegt bei ω_0. Die Frequenz des dielektrischen Oberflächenphonons liegt dort wo $\varepsilon_1(\omega) = -1$ ist. (b) Die dielektrische Funktion für ein freies Elektronengas. Das Volumenplasmon liegt bei $\varepsilon_1(\omega) = 0$, das Oberflächenplasmon $\varepsilon_1(\omega) = -1$.

weder zu groß noch zu klein sein darf. Nicht zu klein, damit $q > \omega/c$ mit c der Lichtgeschwindigkeit ist und deshalb die Wechselwirkung mit Licht, oder die sog. Retardierung vernachlässigt werden darf. Je nach Frequenz muss deshalb q größer als 10^{-3}–10^{-5} einer Brillouin-Zone sein. Andererseits darf q auch nicht zu groß sein, sonst würde die Dielektrizitätskonstante $\varepsilon(\omega)$ explizit von q abhängen. Dies beschränkt q auf Werte von $q < 10^{-2}$–10^{-1} einer Brillouin-Zone. Wegen Gl. (4.28) bedeutet dies, dass die Amplitude der Oberflächenwelle viele Gitterkonstanten tief in das Volumen hinein reicht. Die hier diskutierten Oberflächenwellen sind also Oberflächeneigenschaften nur im eingeschränkten Sinn (vgl. Abschn. 4.5.1.1).

Damit die Oberflächenwelle tatsächlich existieren kann, muss die **Randbedingung** erfüllt sein, dass die senkrechte Komponente der dielektrischen Verschiebung stetig ist:

$$D_z = -\varepsilon_0\,\varepsilon(\omega)\left.\frac{\partial\varphi}{\partial z}\right|_{z<0} = \varepsilon_0\,\varepsilon_a\left.\frac{\partial\varphi}{\partial z}\right|_{z>0}. \tag{4.29}$$

Dabei ist ε_a die relative Dielektrizitätskonstante im Außenraum ($= 1$ im Vakuum) und ε_0 ist die absolute dielektrische Permeabilität. Wie aus Abb. 4.22 ersichtlich, liegt die Frequenz der Oberflächenwelle ω_s unterhalb der Frequenz der Longitudinalwelle ω_L bzw. ω_p. Die dielektrischen Oberflächenphononen wurden zuerst theoretisch von Fuchs und Kliewer [50] vorhergesagt und 1970 experimentell durch **inelastische Elektronenstreuung** nachgewiesen [51]. Die Grundlage für die Spektroskopie mit Elektronen ist die Tatsache, dass die dielektrischen Oberflächenwellen

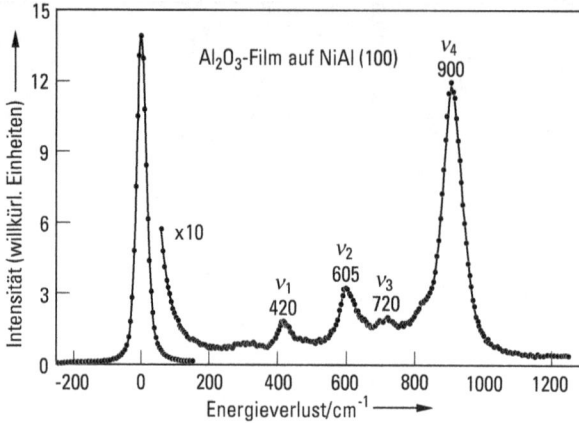

Abb. 4.23 Energieverlustspektrum von Elektronen nach Reflexion an einer Oberfläche. Die Maxima sind Anregungen von dielektrischen Oberflächenphononen in einer dünnen Al_2O_3-Schicht, die durch Oxidation der (001)-Oberfläche eines NiAl-Kristalls hergestellt wurde [53].

ein weit in den Außenraum hinein reichendes Feld aufweisen, was zu einer starken Wechselwirkung mit den an der Oberfläche gestreuten Elektronen führt. Die sog. **dielektrischen Energieverluste** lassen sich auch in Transmission beobachten. Transmissionsverluste sind die Grundlage der elementspezifischen Spektroskopie und Abbildung im Transmissionselektronenmikroskop (TEM). Für die Oberflächenphysik sind aber mehr die in Reflexion beobachteten Energieverluste von Bedeutung [52]. Abbildung 4.23 zeigt ein Spektrum niederenergetischer Elektronen nach Reflexion an einer metallischen NiAl(100)-Oberfläche, die durch Oxidation mit einer sehr dünnen Schicht (ca. 1 nm) von kristallinem Al_2O_3 überzogen ist [53]. Durch die niedrige Symmetrie hat der Al_2O_3-Kristall vier infrarot aktive Schwingungen und damit auch vier dielektrische Oberflächenphononen. Dielektrische Anregungen im Bereich der **Plasmonen** eines freien Elektronengases sind ebenfalls vielfach experimentell und theoretisch untersucht worden. Gegenwärtig konzentriert sich das Interesse insbesondere auf die nicht mehr im Rahmen eines Kontinuummodells beschreibbare Dispersion von Plasmonen sowie auf sog. dipolare Plasmonen [54].

4.3.2.2 Elastische Oberflächenwellen

Die Oberflächenwellen eines isotropen Körpers wurden bereits im 19. Jahrhundert von **Lord Rayleigh** berechnet. Sie gehören damit zu den ältesten bekannten physikalischen Oberflächeneigenschaften. Ähnlich wie bei den dielektrischen Oberflächenwellen fällt die Amplitude eines Verschiebungsvektors $u(x, y, z)$ in das Innere exponentiell ab:

$$u = u_0 \, e^{-q_z|z|} \, e^{-i(q_x x - \omega t)} \qquad (4.30)$$

mit

$$q_z = \sqrt{q_x^2 - \omega^2/c^2} \tag{4.31}$$

und c der Phasengeschwindigkeit der Oberflächenwelle. Wie bei den dielektrischen Oberflächenwellen ist die Polarisation weder rein longitudinal noch rein transversal, sondern sie stellt eine Mischung aus beiden Komponenten dar. Allerdings liegt der Polarisationsvektor in der durch die Fortpflanzungsrichtung und die Oberflächennormale aufgespannten Ebene (*Sagittalebene*). Die Schallgeschwindigkeit v_s liegt je nach Größe der **Querkontraktionszahl** (*Poisson-Zahl*) ν des elastisch isotropen Mediums zwischen 0.874 und 0.955 der Geschwindigkeit der transversalen Welle [55]. Sie liegt also unterhalb der Schallgeschwindigkeit der Volumenwelle, was, wie wir in Abschn. 4.5.1.1 näher diskutieren werden, eine Voraussetzung für die Existenz der Oberflächenwelle ist. Mit zunehmendem Wellenzahlvektor q lokalisiert sich die **Rayleigh-Welle** immer mehr an der Oberfläche und die Frequenz wird mehr von den physikalischen Eigenschaften der Oberfläche als von denen des Volumens bestimmt. Dann erst stellt die Rayleigh-Welle eine Oberflächenanregung im eigentlichen Sinne dar. Wie bei den Schallwellen des Volumens setzt mit zunehmendem Wellenzahlvektor q Gitterdispersion ein (vgl. Abschn. 4.5.1.1).

Elastische Oberflächenwellen gibt es nicht nur im elastisch isotropen Körper, auch anisotrope kristalline Festkörper haben entsprechende Oberflächenwellen. Ihre Schallgeschwindigkeit lässt sich ebenfalls im Rahmen der Elastizitätstheorie, allerdings der anisotroper Körper berechnen [56]. Bei elastisch anisotropen Körpern kann es neben den sagittal polarisierten Rayleigh-Wellen, je nach den relativen Verhältnissen der elastischen Konstanten auch noch in der Oberfläche polarisierte Scherwellen geben.

Während die (langwelligen) akustischen Oberflächenwellen für die Oberflächenphysik im eigentlichen Sinne keine Bedeutung haben, sind sie durchaus wichtig für technische Applikationen. Oberflächenwellen (engl. *Surface Acoustic Waves*, SAW) von piezoelektrischen Materialien werden eingesetzt, um Hochfrequenzfilter zu bauen [57]. Die Empfindlichkeit der Frequenz von SAWs auf eine Massenbelegung auf der Oberfläche erlaubt eine empfindliche Messung von Adsorbatmengen. Auch die Reibung mit angrenzenden Medien, insbesondere Flüssigkeiten lässt sich als Dämpfung der SAWs messen [58].

4.3.3 Elastostatik von Oberflächen

Obgleich die theoretischen Grundlagen des elastostatischen Verhaltens von Oberflächen schon seit vielen Jahrzehnten bekannt sind, haben sie erst in jüngerer Zeit soviel Bedeutung für die Oberflächen- und Dünnschichtphysik gewonnen, dass sie auch in einem kurzen Abriss des Gebietes nicht fehlen sollten. Elastische Wechselwirkungen sind wie elektrostatische Coulomb- oder Dipolwechselwirkungen langreichweitig. Sie spielen deshalb eine wichtige Rolle bei der **Selbstassemblierung** großräumiger Strukturen auf einer Längenskala zwischen 1 und 100 nm. Ferner werden die Versetzungsbildung in Dünnschichtsystemen sowie die elektronischen Eigenschaften von Halbleitermaterialien von elastischen Energien und Verzerrungsfeldern maßgeblich bestimmt. Selbst die **Stabilität vizinaler Flächen** wird durch elastische

Wechselwirkung zwischen monoatomaren Stufen vermittelt. Ähnlich wie bei Volumendefekten (z. B. Versetzungen) kann die Elastizitätstheorie des Kontinuums erfolgreich auf die Berechnung der Wechselwirkung zwischen Oberflächendefekten angewendet werden, wenn der Abstand zwischen den Defekten genügend groß ist. Die entsprechenden Berechnungen sind selbst für den elastisch isotropen Körper, wenn auch nicht grundsätzlich schwierig, so doch wenigstens länglich und auch anderweitig gut dokumentiert. Im Rahmen dieses Textes wollen wir uns auf einige Beispiele und die physikalische Interpretation konzentrieren. Für Details der Rechnungen wird auf die Literatur verwiesen.

4.3.3.1 Spannungsenergie in dünnen Schichten

Epitaktisch gewachsene Schichten sind elastisch verspannt, wenn die Gitterkonstante der Schicht nicht mit dem Substrat übereinstimmt (**Gitterfehlpassung**). Mit zunehmender Schichtdicke steigt die in der Schicht gespeicherte elastische Energie an. Sie kann schließlich so groß werden, dass sich **Versetzungen** bilden. Die Versetzungen können einerseits direkt als Stufenversetzungen an der Grenzfläche lokalisiert sein (Abb. 4.24), sie können sich aber auch durch die ganze Schicht oder einen Teil der Schicht (auch als Shockley-Partialversetzungen) hindurchziehen. Schließlich können sich auch Domänen unterschiedlicher Struktur in der Schicht ausbilden. Man bezeichnet die Dicke, bei der die elastische Energie größer wird als die Bildungsenergie von Defekten (oder auch größer als die Aktivierungsenergie zur Bildung der Defekte), als **kritische Schichtdicke** [59]. Sie soll jetzt im Rahmen eines einfachen Modells berechnet werden.

Die elastische Energie eines homogen verspannten Films pro Fläche γ_{elast} lässt sich durch den Spannungstensor τ_{ij} und den Verformungstensor ε_{ij} ausdrücken. Wir betrachten dazu den Fall, dass die Oberflächennormale mit einer Hauptachse der Tensoren, also mit einer Kristallachse der Schicht, zusammenfällt und die beiden weiteren Hauptachsen orthogonal und in der Schicht liegend gewählt werden können. Dann hat der Spannungstensor nur Diagonalelemente und man erhält mit der Schichtdicke t für die **elastische Energie** pro Fläche:

$$\gamma_{\text{elast}} = t\,\frac{1}{2}\sum_i \tau_{ii}\,\varepsilon_{ii}\,. \tag{4.32}$$

Die Komponenten des Dehnungstensors lassen sich durch die Spannungen beschreiben (verallgemeinertes Hooke'sches Gesetz)

$$\varepsilon_{11} = s_{11}\,\tau_{11} + s_{12}\,\tau_{22}$$
$$\varepsilon_{22} = s_{12}\,\tau_{11} + s_{22}\,\tau_{22}\,. \tag{4.33}$$

Die s_{ij} sind die elastischen Konstanten. Entlang der orthogonal zur Oberfläche orientierten Achse 3 verschwindet die Spannung, $\tau_{33} = 0$. Die Dehnung ε_{33} lässt sich aus dieser Bedingung berechnen. Für epitaktisch gewachsene Filme ist in der Regel die Verformung durch die **Gitterfehlpassung** ε_{mf} vorgegeben. Man erhält für γ_{elast}

$$\gamma_{\text{elast}} = \frac{t}{2\,(s_{11} + s_{12})}\,(\varepsilon_{\text{mf}11}^2 + \varepsilon_{\text{mf}22}^2)\,. \tag{4.34}$$

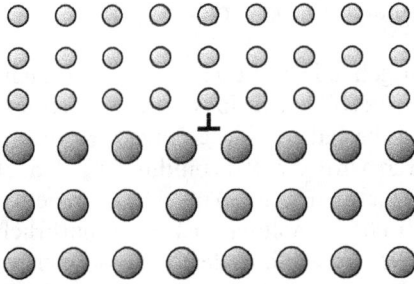

Abb. 4.24 Versetzung in der Grenzschicht zwischen Substrat (große dunkle Kugeln) und aufgewachsener Schicht (kleine helle Kugeln). Die Versetzung entsteht durch die starke Fehlpassung der Gitterkonstanten.

Es ist zu beachten, dass die in Gl. (4.34) auftretenden elastischen Konstanten i. A. nicht unmittelbar die tabellierten elastischen Konstanten für Kristalle (diese beziehen sich auf die Kristallachsen) sind, sondern durch Tensorrotation aus diesen berechnet werden müssen [60]. Zum Beispiel sind die zu verwendenden s_{11} und s_{12} für die (001)-, (011)- und (111)-Flächen eines kubischen Kristalls (u.U. sehr) verschieden. Anstelle der elastischen Konstanten verwendet man gerne auch den (flächenspezifischen) **Young-Modul** Y (in der deutschsprachigen technischen Literatur E-Modul E) und die bei Kristallen ebenfalls flächenspezifische Poisson-Zahl v,

$$Y = \frac{1}{s_{11}} \quad v = -\frac{s_{12}}{s_{11}}. \tag{4.35}$$

Für eine elastisch isotrope Schicht sind diese Größen ebenso wie die Fehlpassung orientierungsunabhängig und man erhält

$$\gamma_{\text{elast}} = \frac{t\,Y}{1 - v}\, \varepsilon_{\text{mf}}^2. \tag{4.36}$$

Basierend auf dieser Formel und einer weiteren groben Abschätzung für die Energie von Stufenversetzungen in der Grenzfläche kann man die **kritische Schichtdicke** $\hat{t}_{\text{c}}$ in Monolagen durch

$$\hat{t}_{\text{c}} = \frac{1}{4\,\pi\,(1 + v)\,\varepsilon_{\text{mf}}}\,[1 + \ln \hat{t}_{\text{c}}] \tag{4.37}$$

abschätzen [1]. Daraus ergibt sich als maximal zulässige Fehlpassung von etwa 6%, bei der wenigstens eine Monolage noch epitaktisch pseudomorph wachsen kann. Für das in der Halbleitertechnik wichtige System Ge(100) auf Si(100) schätzt man eine kritische Schichtdicke von drei Monolagen ab in grober Übereinstimmung mit dem Experiment [61].

Es sei noch darauf hingewiesen, dass Oberflächen mit stark verspannten Schichten auch dadurch elastisch relaxieren können, dass sie eine periodische wellenartige Verformung erhalten. Dies ist die sog. **Asaro-Tiller-Grinfeld Instabilität** [47, 62].

4.3.3.2 Wechselwirkung zwischen lokalen Gitterverzerrungen

Lokale Verspannungen und davon ausgehende Verzerrungsfelder können aus verschiedenen Gründen entstehen. Ein Beispiel bilden die in Abschn. 4.2.4 besprochenen Stufen auf Oberflächen: Die Stufenatome haben eine geringere Koordination als die Atome in der Oberfläche. Dadurch wird die Paarbindung zu den Nachbarn stärker und die Bindungsabstände verkleinern sich. (Abb. 4.25 a). Es entsteht eine **lokale Verzerrung**, die sich durch elastische Kopplung ausbreitet, natürlich mit abnehmender Stärke. Befindet sich eine weitere Stufe in der Nähe, so geht von dieser ebenso eine Verzerrung aus. Je nachdem, ob die beiden Verzerrungsfelder gegeneinander oder in die gleiche Richtung wirken, ergibt sich eine **abstoßende** oder eine **anziehende Wechselwirkung**. Dabei muss man noch zwischen den Verformungen parallel und senkrecht zur Oberfläche unterscheiden. Die parallelen führen stets zur Abstoßung, unabhängig davon, ob die Stufen eine Treppe oder eine Mulde bzw. Erhöhung bilden (Abb. 4.25b). Die senkrechte Komponente führt je nach Stufenfolge zu einer Abstoßung oder Anziehung (Abb. 4.25c). Auch die lokale Gitterverzerrung um Adsorbate herum führt zu einer Wechselwirkung. Da ein adsorbiertes Einzelatom in seiner vertikalen Koordinate frei ist, kann man davon ausgehen, dass in diesem Fall die parallele Komponente des Verzerrungsfeldes überwiegt und die Wechselwirkung abstoßend ist. Eine Möglichkeit, die Wechselwirkungsenergie zu berechnen bestünde darin, zunächst die lokalen Verzerrungen mittels einer mikroskopischen Theorie zu berechnen oder experimentell zu ermitteln, danach mit Hilfe der Kontinuumstheorie das großräumigere Verzerrungsfeld und schließlich die Wechselwirkungsenergie analog zu Gl. (4.32) zu berechnen. Dieses Verfahren wäre zwar methodisch einwandfrei, ist jedoch aufwendig (vgl. [63]). Wichtige allgemeine

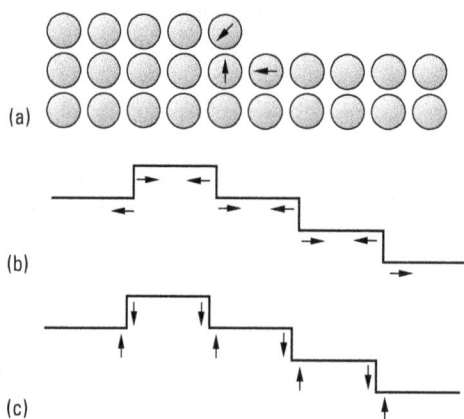

Abb. 4.25 (a) Die verringerte Koordination der Stufenatome führt zu einer Verringerung der Bindungsabstände. Dadurch entsteht ein großräumiges elastisches Verzerrungsfeld. (b) Parallel und (c) senkrechte Verzerrungen an Stufen. Die parallel zur Oberfläche liegenden Verzerrungen wirken stets gegeneinander und führen zu einer repulsiven Wechselwirkung zwischen den Stufen. Die senkrechten Verzerrungen führen je nachdem, ob die Stufen gleich- oder gegensinnig liegen, zu repulsiver oder attraktiver Wechselwirkung.

Aussagen über die Abstandsabhängigkeit der Wechselwirkung lassen sich auch im Rahmen einer reinen Kontiuumstheorie gewinnen, die allerdings die wahren Ursachen für die Wechselwirkung, wie sie oben beschrieben wurden, verdunkelt.

Im Rahmen der Kontinuumstheorie betrachtet man anstelle der von Defekten ausgehenden lokalen Verzerrungen **Punkt- oder Linienkräfte** $f(r)$. Das von den Defekten ausgehende großräumige Verzerrungsfeld werde durch die Verformungsvektoren $u(r)$ beschrieben. Die Wechselwirkungsenergie ist dann durch das Volumenintegral

$$E = -\frac{1}{2V} \int_V dr\, f(r)\, u(r) \tag{4.38}$$

gegeben. Der Faktor $1/2$ berücksichtigt, dass die Produkte bei der Integration über das Volumen doppelt gezählt werden. Als Beispiel sei die Wechselwirkung zwischen Stufen betrachtet. Die veränderten Bindungsverhältnisse der Atome an einer Stufe werden durch Dipole von Kräften beschrieben, die entlang der Stufen plaziert sind (Abb. 4.25). Die von Kraftdipolen an der Stufe 1 am Ort einer Nachbarstufe 2 erzeugte elastische Verformung wird berechnet. Die Wechselwirkungsenergie ist das Produkt aus den Verformungen an der Stufe 2 und den punktförmigen **Dipolkräften**, welche ebenfalls an der Stufe 2 wirken. Die Rückwirkung von Stufe 2 auf Stufe 1 ist identisch und wird in Gl. (4.38) gerade durch den Faktor $1/2$ aufgehoben. Auf diese Weise reduziert sich die Berechnung der Wechselwirkung auf die Aufgabe, das Verformungsfeld einer an der Oberfläche wirkenden punktförmigen Kraft zu ermitteln. Alle weiteren Rechnungen stellen dann lediglich Summationen, bzw. Integrationen entlang der Stufen dar. Für ein **elastisch isotropes Medium** lässt sich das durch eine Punktkraft erzeugte Verformungsfeld durch die Methode der **Green-Funktionen** lösen [55]. Man erhält damit das zuerst von Marchenko und Parshin angegebene Resultat [64] für die Wechselwirkungsenergie pro Stufenlänge für zwei Stufen im Abstand L:

$$E_{ww} = \frac{2(1-v^2)}{\pi Y} \frac{1}{L^2} (F_{d,x}^2 \pm F_{d,z}^2). \tag{4.39}$$

Dabei sind $F_{d,x}$ und $F_{d,z}$ die Dipolkräfte pro Länge parallel bzw. senkrecht zur Oberfläche (Abb. 4.25). Der Stufenabstand L wird als groß gegen die Stufenhöhe h angenommen (vgl. [65]). Das wesentliche Ergebnis von Gl. (4.39) ist die L^{-2}-Abhängigkeit der Wechselwirkung und die Aussage, dass die Wechselwirkung zwischen Stufen gleicher Orientierung stets repulsiv ist (vgl. Abb. 4.25). Hierdurch werden vizinale Oberflächen stabilisiert. Über die Stärke der Wechselwirkung lässt sich nichts aussagen, da die Größe der Dipolkräfte nicht bekannt ist. Es hat Versuche gegeben, die **Dipolkräfte** mit dem **Oberflächenstress** zu korrelieren. Jedoch ist die mikroskopische Ursache für die Dipolkräfte an Stufen das lokale Verformungsfeld, die Ursache für den Oberflächenstress hingegen sind die Bindungsverhältnisse an einer ebenen Oberfläche. Die Stufenwechselwirkung mit dem Oberflächenstress in Verbindung zu bringen, ist daher fragwürdig.

Eine andere, sehr wichtige Anwendung der Elastizitätstheorie der Punktkräfte bezieht sich auf **Stressdomänen**. Nehmen wir an, dass durch Adsorption, einen Wachstumsprozess oder eine Rekonstruktion lokal auf der Oberfläche ein Bereich erhöhten Oberflächenstresses entstanden sei. Dann hat man am Rand dieser Bereiche eine nicht verschwindende Divergenz des Oberflächenstresses und dort deshalb eine parallel zur Oberfläche liegende **Linienkraft** f_x. Wir nehmen der Einfachheit halber an, die Stressdomänen seien periodisch angeordnete Streifen (Abb. 4.26). Dann ist

$$f_x = \tau_x^{(s)}(1) - \tau_x^{(s)}(2).$$ (4.40)

Die Gesamtenergie pro Fläche γ_{stress} ist dann [1, 66]

$$\gamma_{stress} = \frac{2\beta}{l_1 + l_2} - \frac{f_x^2}{\pi} \frac{2(1 - \nu^2)}{Y(l_1 + l_2)} \ln \left\{ \frac{l_1 + l_2}{\pi a_c} \sin \left(\frac{\pi l_1}{l_1 + l_2} \right) \right\}.$$ (4.41)

Dabei ist β die Linienenergie der Grenzlinie zwischen den Domänen, l_1 und l_2 sind die Streifenbreiten und a_c ist eine untere Integrationsgrenze von der Größe einer

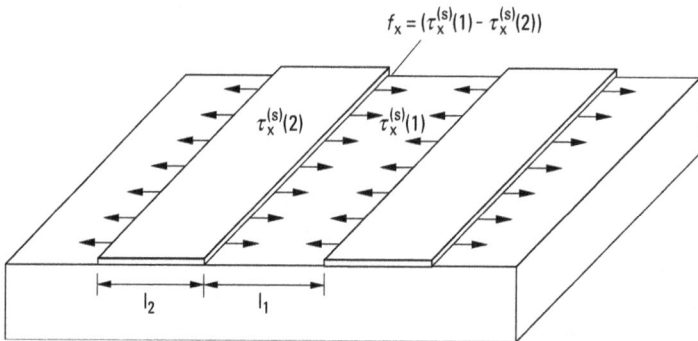

Abb. 4.26 Stressdomänen auf Oberflächen führen zu Linienkräften an den Domänengrenzen.

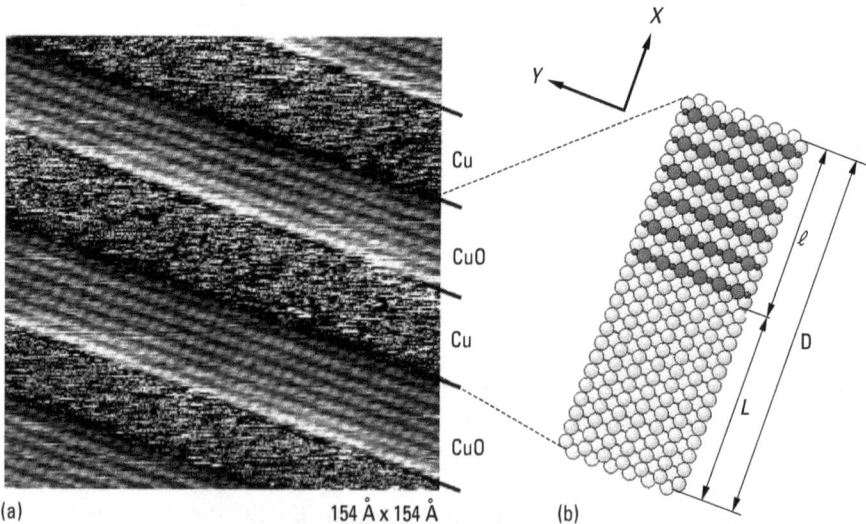

Abb. 4.27 Streifendomänen von Sauerstoff auf einer Cu(110)-Oberfläche (die Abbildung wurde freundlicherweise von P. Zeppenfeld zur Verfügung gestellt).

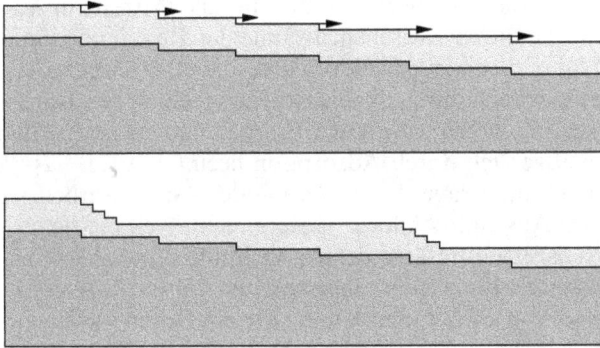

Abb. 4.28 Eine auf einer Vizinalfläche aufgewachsene, verspannte Schicht hat an den Stufenkanten Linienkräfte. Diese Kräfte führen zu einer attraktiven Wechselwirkung zwischen Stufen, und es bilden sich Stufentreppen und große Terrassen.

Gitterkonstanten, die durch die Kontinuumsbetrachtung hineinkommt. Interessant an Gl. (4.41) ist, dass es unabhängig von der Größe der aufzuwendenden Grenzenergie β, immer ein Minimum von $\gamma_{\text{stress}} < 0$ gibt. Die Erzeugung eines periodischen **Streifenmusters** führt also zu einer Verringerung der spez. freien Energie der Oberfläche. Ein interessantes Beispiel bilden die Si(100)- und Ge(100)-Oberflächen, bei denen durch Erzeugung von Stufen Dimere unterschiedlicher Orientierung (vgl. Abb. 4.6) und damit periodische Stressdomänen entstehen [67]. Zuerst beobachtet wurde die **Streifenphase** auf einer teilweise mit Sauerstoff bedeckten Cu(110)-Oberfläche (Abb. 4.27) [68].

Die von Stufen und vom Oberflächenstress ausgehenden Effekte elastischer Kräfte treten bei verspannten Filmen kombiniert auf. In Abb. 4.28 ist eine **Vizinalfläche** dargestellt, auf der ein verspannter epitaktischer Film aufgewachsen sei. Das pseudomorphe Wachstum von Ge oder einer SiGe-Legierung auf einer vizinalen Si(100)-Fläche wäre ein Beispiel. Die Verspannung des Films (hier wegen der größeren Gitterkonstanten des Ge eine Druckspannung) führt zu **Monopolkräften** an den Stufen. Diese sind jetzt aber für benachbarte Stufen gleichsinnig (Abb. 4.28) und führen zu einer attraktiven Wechselwirkung zwischen den Stufen, welche die Vizinalflächen destabilisieren. Es gibt dann einen neuen Gleichgewichtszustand der Oberfläche, der durch abwechselnd hohe und niedrige Stufendichte gekennzeichnet ist (Abb. 4.28 b) [69].

4.4 Adsorption

Die Oberflächenforschung als solche ist erheblich älter als die Festkörperphysik. Lange vor der Entwicklung der Festkörperphysik gab es im Rahmen der Chemie Beobachtungen, zu deren Deutung Eigenschaften von Festkörperoberflächen postuliert wurden. Insbesondere die Wissenschaft von der **heterogenen Katalyse** erklärte die Herabsetzung von Aktivierungsenergien für chemische Prozesse in Anwesenheit einer Festkörperoberfläche durch Zwischenzustände der Reaktanden in der Form adsorbierter Phasen [70]. Erheblich gefördert wurde die Oberflächenforschung auf dem Gebiet der **Adsorption** auch durch die bis zur Entwicklung des Transistors vorherrschenden Verstärkerröhren, denn die Austrittsarbeit und damit die **Glühemission von Elektronen** wird maßgeblich durch Adsorption beeinflusst [71, 72]. Weder die heterogene Katalyse noch die Frage der Änderung der Austrittsarbeit sollen aber den Schwerpunkt dieses Abschnitts bilden. Erstere nicht, weil die heterogene Katalyse ein großes Wissensgebiet umfasst, dessen auch nur skizzenhafte Darstellung den Rahmen dieses Kapitels bei weitem überschreiten würde. Letztere nicht, weil die thermische Emission von Elektronen heute eher ein Seitenaspekt der Oberflächenphysik ist. Dieser Abschnitt ist vielmehr vornehmlich strukturellen Aspekten, der chemischen Bindung sowie der Kinetik der Adsorption und Desorption von Adsorbaten gewidmet. **Elektronische und vibronische Anregungen** von Adsorbaten werden in Abschn. 4.5 angesprochen.

4.4.1 Allgemeines zu Adsorbatstrukturen

4.4.1.1 Lokale Symmetrie

Wenn ein Molekül aus der Gasphase an der Oberfläche adsorbiert, ändert sich seine Umgebung und die urprünglich vorhandene **Symmetrie** des Moleküls wird gebrochen: Das adsorbierte Molekül in seiner neuen Umgebung gehört zu einer anderen **Punktgruppe** als das freie Molekül. Das Sauerstoffmolekül z. B. gehört in der Gasphase zur Punktgruppe $D_{\infty h}$. Die Symmetrieelemente sind eine Drehachse unendlicher Zähligkeit, sowie eine Spiegelebene und ein Inversionszentrum. Elektronische und vibronische Zustände des Moleküls werden entsprechend den **irreduziblen Darstellungen** dieser Punktgruppe klassifiziert. Die elektronischen Zustände können sich z. B. gerade oder ungerade bezüglich des Inversionszentrums verhalten. An einer Oberfläche hingegen gibt es grundsätzlich keine Inversionssymmetrie. Ferner können Spiegelebenen nur senkrecht zur Oberfläche existieren. Die Zahl der möglichen Punktgruppen ist dadurch sehr eingeschränkt. Es sind die Punktgruppen C_s, C_{2v}, C_{3v}, C_{4v}, C_2, C_3, und C_4. Die Punktgruppe C_s hat nur eine Spiegelebene senkrecht zur Oberfläche. Die Punktgruppen C_{pv} haben eine p-zählige Drehachse und entsprechend viele Spiegelebenen senkrecht zur Oberfläche. Die Punktgruppen C_p schließlich besitzen nur die p-zählige Drehachse und haben keine Spiegelebenen (vgl. Abschn. 4.2.2). Letztere Gruppen haben kaum Bedeutung für Adsorbate. Wohl aber spielt die in diesen Gruppen vorhandene Drehsinnigkeit eine Rolle bei der **Enantioselektivität** katalytischer Prozesse wie sie an vizinalen Oberflächen vorkommen, die so orientiert sind, dass die Stufen immer die gleiche Art geometrischer Kinken aufweisen [73, 74]. Von gewisser praktischer Bedeutung ist auch die Punktgruppe C_{6v}. Streng genommen gibt es sie nicht an Oberflächen, da die (111)-Oberflächen eines fcc Kristalls und die (0001)-Oberfläche eines hexagonalen Kristalls nur eine dreizählige Symmetrie aufweisen. Weil die Brechung der sechszähligen Symmetrie der geometrischen Struktur der obersten Atomlage durch die darunter liegende Lage aber gelegentlich nur schwach ausgeprägt ist, lohnt es sich auch, die Eigenschaften

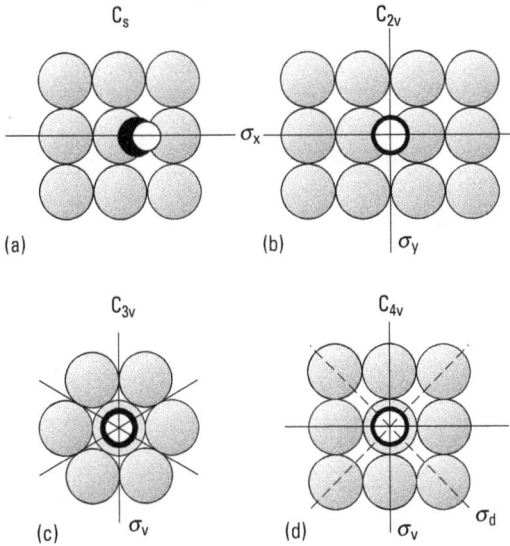

Abb. 4.29 Typische Beispiele für Adsorptionskonfigurationen, die zu den Punktgruppen C_s, C_{2v}, C_{3v}, C_{4v} gehören, am Beispiel eines adsorbierten CO-Moleküls.

der Punktgruppe C_{6v} zu kennen und Eigenzustände nach den **irreduziblen Darstellungen** dieser Gruppe zu klassifizieren. Ferner kommt es nicht selten vor, dass ein Adsorbatkomplex gar kein Symmetrieelement aufweist [75].

Typische Beispiele für Adsorptionskonfigurationen, die zu den Punktgruppen C_s, C_{2v}, C_{3v}, C_{4v} gehören, sind in Abb. 4.29 dargestellt. Tabelle 4.1 listet die Charaktertafeln der wichtigsten Punktgruppen auf, die jetzt kurz besprochen werden sollen.

Die **Punktgruppe C_s** besitzt nur eine Spiegelebene (in Tab. 4.1 die xz-Ebene) und die Eigenzustände können sich nur symmetrisch (irreduzible Darstellung A') oder antisymmetrisch (irreduzible Darstellung A'') zu der Spiegelebene verhalten.

Die **Punktgruppe C_{2v}** hat eine zweizählige Drehachse senkrecht zur Oberfläche, die z-Achse, und zwei senkrecht aufeinander stehende Spiegelebenen, welche die z-Achse enthalten. Die mit A bezeichneten irreduziblen Darstellungen sind symmetrisch zur C_2-Achse, die mit B bezeichneten antisymmetrisch. Die Indizes 1 und 2 bezeichnen die Symmetrie bezüglich der Spiegelebenen.

Die **Punktgruppe C_{3v}** hat eine zweifach entartete irreduzible Darstellung, weil die Darstellung einer Drehung um 120° immer mindestens eine 2x2-Matrix erfordert. Zustände, die zu dieser Darstellung gehören, sind zweifach entartet, da die Darstellung einen zweidimensionalen Unterraum zum gleichen **Energieeigenwert** aufspannt. Außerdem gibt es noch die zur Drehachse symmetrischen Darstellungen A_1 und A_2, welche sich wiederum symmetrisch oder antisymmetrisch bezüglich der Spiegelebenen verhalten.

Die **Punktgruppe C_{4v}** hat neben der zweifach entarteten Darstellung (aus dem gleichen Grund wie bei C_{3v}) die schon bei C_{2v} erläuterten Darstellungen A_1, A_2, B_1 und B_2. Es gibt in diesem Fall zwei nichttriviale Spiegelebenen. Eine Gruppe aus

Tab. 4.1 Charaktertafeln der für die Oberfläche wichtigsten Punktgruppen.

C_s	I	σ_{xz}		$N = 2m + m_{xz}$
A'	$+1$	$+1$	z, x, R_y	$3m + 2m_{xz}$
A''	$+1$	-1	y, R_x, R_z	$3m + m_{xz}$

C_{2v}	I	C_2	σ_{xz}	σ_{yz}		$N = 4m + 2m_{xz} + 2m_{yz} + m_0$
A_1	$+1$	$+1$	$+1$	$+1$	z	$3m + 2m_{xz} + 2m_{yz} + m_0$
A_2	$+1$	$+1$	-1	-1	R_z	$3m + m_{xz} + m_{yz}$
B_1	$+1$	-1	$+1$	-1	x, R_y	$3m + 2m_{xz} + m_{yz} + m_0$
B_2	$+1$	-1	-1	$+1$	y, R_x	$3m + m_{xz} + 2m_{yz} + m_0$

C_{3v}	I	C_3	σ		$N = 6m + 3m_v + m$
A_1	$+1$	$+1$	$+1$	z	$3m + 2m_v + m_0$
A_2	$+1$	$+1$	-1	R_z	$3m + m_v$
E	$+2$	-1	0	x, y, R_x, R_y	$6m + 3m_v + m_0$

C_{4v}	I	C_4	C_4^2	σ_v	σ_d		$N = 8m + 4m_v + 4m_d + m_0$
A_1	$+1$	$+1$	$+1$	$+1$	$+1$	z	$3m + 2m_v + 2m_d + m_0$
A_2	$+1$	$+1$	$+1$	-1	-1	R_z	$3m + m_v + m_d$
B_1	$+1$	-1	$+1$	$+1$	-1		$3m + 2m_v - m_d$
B_2	$+1$	-1	$+1$	-1	$+1$		$3m + m_v + 2m_d$
E	$+2$	0	-2	0	0	x, y, R_x, R_y	$6m + 3m_v + 3m_d + m_0$

C_{6v}	I	C_6	C_6^2	C_6^3	σ_v	σ_d		$N = 12m + 6m_v + 6m_d + m_0$
A_1	$+1$	$+1$	$+1$	$+1$	$+1$	$+1$	z	$3m + 2m_v + 2m_d + m_0$
A_2	$+1$	$+1$	$+1$	$+1$	-1	-1	R_z	$3m + m_v + m_d$
B_1	$+1$	-1	$+1$	-1	$+1$	-1		$3m + 2m_v + m_d$
B_2	$+1$	-1	$+1$	-1	-1	$+1$		$3m + m_v + 2m_d$
E_1	$+2$	$+1$	-1	-2	0	0	x, y, R_x, R_y	$6m + 3m_v + 3m_d + m_0$
E_2	$+2$	-1	-1	$+2$	0	0		$6m + 3m_v + 3m_d$

zwei mit σ_v bezeichneten Spiegelebenen, die ein originäres Symmetrieelement darstellen und die zweite Zweiergruppe der mit σ_d bezeichneten Spiegelebenen, die aus den Symmetrieelementen C_4 und σ_v erzeugt werden, und um 45° gegen die σ_v-Ebenen gedreht liegen.

Die **Punktgruppe** C_{6v} schließlich hat neben den Darstellungen A_1, A_2, B_1 und B_2 zwei zweifach entartete Darstellungen. Zusätzlich zu den Charakteren ist in einer weiteren Spalte in Tab. 4.1 aufgelistet, zu welcher irreduziblen Darstellung die x, y, z Translationen und die Rotationen um die entsprechenden Achsen gehören.

Die wichtigste Folge der Brechung der ursprünglich vorhandenen Symmetrie eines Moleküls durch Adsorption an einer Oberfläche ist die Änderung der **Auswahlregeln** in der Spektroskopie elektronischer Zustände oder der Schwingungsmoden der Moleküle. Besonders das Spektrum der Schwingungszustände ist geeignet, Auskunft über die **lokale Symmetrie** eines Atoms oder Moleküls im adsorbierten Zustand zu geben. Aus diesem Grund ist in der letzten Spalte die Anzahl der Eigenschwingungen eines Moleküls, die zu der jeweiligen irreduziblen Darstellung gehören, angegeben. Diese Zahl hängt von der Anzahl der im Molekül vorhanden Atome und der Lage dieser Atome in Bezug auf die Symmetrieelemente ab. Es bezeichnen m_0 die Anzahl der Atome auf der Drehachse, m_{xy} die Anzahl auf der xy-Spiegelebene, die m_{xz}, m_v, m_d die Anzahl der Atome auf den entsprechenden Spiegelebenen und m die Anzahl der Atome, die auf keinem Symmetrieelement liegen. Die Herleitung der in der letzten Spalte von Tab. 4.1 dargestellten Formeln ist verhältnismäßig einfach. Für eine ausführliche Darstellung sei auf [52] verwiesen. Die Gesamtzahl der Atome N ist in der ersten Zeile der letzten Spalte durch die Anzahl der auf Symmetrieelementen bzw. auf keinem Symmetrieelement liegenden Atome ausgedrückt. Die Gesamtzahl der Schwingungen ist $3N$, entsprechend der Summe aller Freiheitsgrade im Molekül. Aus den drei freien **Translationen** eines Moleküls in der Gasphase werden also an der Oberfläche Eigenschwingungen. Das gleiche gilt für die **Rotationen**. Die Bedeutung dieser Überlegungen für Auswahlregeln in der Spektroskopie wird in Abschn. 4.5.1.2 besprochen.

4.4.1.2 Zweidimensionale Adsorbatstrukturen

Der kleinstmögliche Abstand zwischen adsorbierten Atomen und Molekülen ist fast immer größer als der Abstand zwischen den Substratatomen. Periodische Strukturen von Adsorbaten haben deshalb, von wenigen Ausnahmen abgesehen, immer eine größere Gitterkonstante als das Substrat.

Abbildung 4.30 zeigt einfache aber häufig vorkommende Adsorbatstrukturen. Ebenfalls noch häufig sind die **p2mg- und p4g-Überstrukturen**: Sie enthalten Gleitebenen (Abb. 4.31). Die meisten Adsorbate nehmen in Abhängigkeit vom Bedeckungsgrad der Oberfläche verschiedene Überstrukturen ein. Für bestimmte Bruchteile einer Monolage, (z.B. $\Theta = 1/4$, $= 1/3$, $= 1/2$) ergeben sich geordnete Überstrukturen, weil dann die Adsorbatatome gleichartige, energetisch bevorzugte Bindungsplätze wie z.B. dreifach oder vierfach koordinierte Plätze einnehmen können. Beispiele zeigen schon Abb. 4.30a–d. Bei Bedeckungen, die sich nicht durch einen einfachen Bruch darstellen lassen, können sich je nach relativer Stärke der Wechselwirkung zwischen den Adsorbatatomen (bzw. Molekülen) und zwischen Adsorbat und Substrat entweder **inkommensurable** Zwischenstrukturen ausbilden, oder es ergeben sich endliche Domänen einer energetisch bevorzugten kommensurablen Struktur, die durch **leichte** oder **schwere Domänenwände** (Bereiche geringerer bzw. höherer

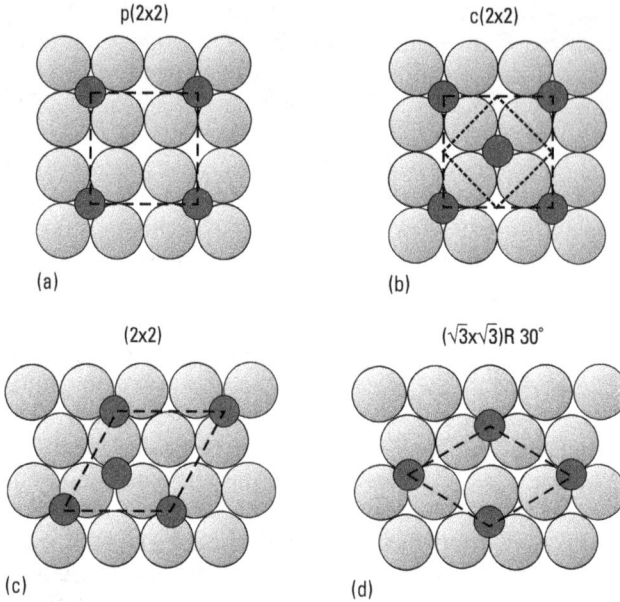

Abb. 4.30 Einfache Einheitszellen von Überstrukturen auf Oberflächen. Die kleineren schwarzen Kugeln repräsentieren Adsorbate, die im einfachsten Fall Atome sein können. (a) fcc(100) mit $p(2\times2)$; (b) fcc(100) mit $c(2\times2)$; (c) fcc(111) mit (2×2); (d) fcc(111) mit $\sqrt{3}\times\sqrt{3}\,R30°$. Die (2×2)-Zelle auf der (111)-Oberfläche ist nicht primitiv, aber auch nicht zentriert. Deshalb fehlt das Symbol „p" bzw. „c" in der Bezeichnung.

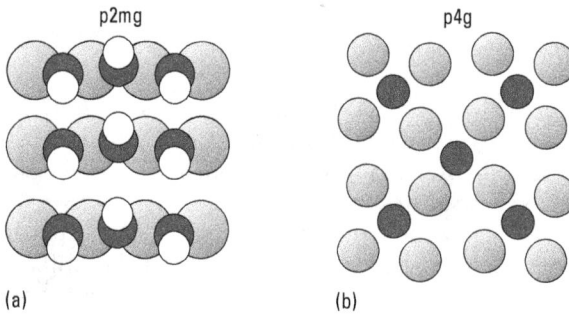

Abb. 4.31 Beipiele für die Gleitebenen enthaltenden Strukturen. (a) p2mg-Struktur von CO auf Ni(110) und (b) p4g-Struktur von C und N auf Ni(100).

Dichte) getrennt sind. Als ein Beispiel von vielen ist die Struktur von Sauerstoff auf Ni(111) gezeigt (Abb. 4.32) [76].

Die bisherige Diskussion betrachtete lediglich die Besetzung bestimmter Plätze durch die Adsorbate auf einem unveränderten Substrat. Bei **starker chemischer Bin-**

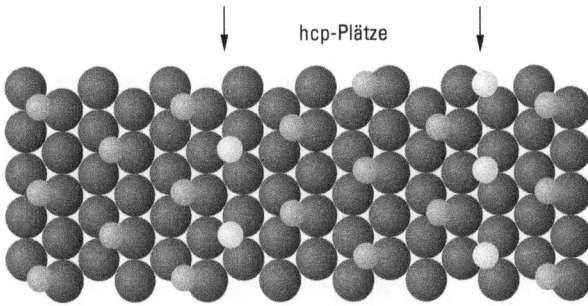

Abb. 4.32 Die mit Sauerstoffatomen bedeckte Ni(111)-Oberfläche bei einem Bedeckungsgrad etwas oberhalb von 0.25. Zwischen den p(2 × 2)-Domänen sind Reihen eingeschoben, bei denen die Sauerstoffatome auf hcp-Plätzen statt auf fcc-Plätzen liegen (erkennbar an der Orientierung der Lückendreiecke).

dung zwischen Adsorbat und Substrat wird aber die Struktur des Substrates selbst verändert. Eine geringe Veränderung, die eigentlich immer – mal mehr, mal weniger – zu beobachten ist, ist die Veränderung des Abstandes zwischen den Atomen der ersten und zweiten Lage des Substrates. Auch können Atome des Substrates einen unterschiedlichen Interlagenabstand aufweisen, je nachdem wie die Atome des Substrates relativ zu den Adsorbatatomen liegen. Die Veränderung der Substratstruktur kann aber auch so weit gehen, dass sich die Basisvektoren der Einheitszelle des Substrates verändern. Dann spricht man von einer **Rekonstruktion** der Oberfläche (s. Abschn. 4.2). Auf der Ni(100)-Oberfläche z. B. entsteht durch Belegung mit einer halben Monolage von Stickstoff oder Kohlenstoff eine **p4g-Gleitebenenstruktur** (Abb. 4.31 b) [1]. Diese wird durch eine adsorbatinduzierte kompressive Oberflächenspannung zwischen den Ni-Oberflächenatomen verursacht. Durch die Rotation der Ni-Atome um ein C- bzw. N-Atom wird der Abstand zwischen den Ni-Oberflächenatomen vergrößert und Spannungsenergie abgebaut.

Adsorbatstrukturen hängen außer vom Bedeckungsgrad auch noch von der Temperatur ab. Mit steigender Temperatur wirkt die höhere Entropie eines ungeordneten Gittergases als treibende Kraft für einen Ordnungs/Unordnungs Übergang. Insgesamt gelangt man so zu **Phasendiagrammen** für die einzelnen Adsorbat/Substrat Systeme.

Ein Beispiel ist in Abb. 4.33 gezeigt. In Abhängigkeit von Temperatur und Bedeckung gibt es Bereiche in denen die p(2 × 2) Phase zusammen mit einem **Gittergas**, für sich alleine, mit **Antiphasen-Domänen** (Abb. 4.32) oder zusammen mit der $(\sqrt{3} \times \sqrt{3})$ R30°-Phase existiert. Bei Bedeckungen zwischen $\Theta = 0.31$ und 0.33 gibt es nur die $(\sqrt{3} \times \sqrt{3})$ R30°-Phase. Schließlich gibt es zu jeder Bedeckung einen **Ordnungs/Unordnungs-Phasenübergang** bei höheren Temperaturen. Die Ermittlung von Phasendiagrammen und ihre Einordnung in die **Universalitätsklassen** von Phasenübergängen ist ein umfangreiches Spezialgebiet der Oberflächenphysik, auf dessen Darstellung hier verzichtet werden muss. Auf einschlägige Übersichtsartikel sei verwiesen [77, 78].

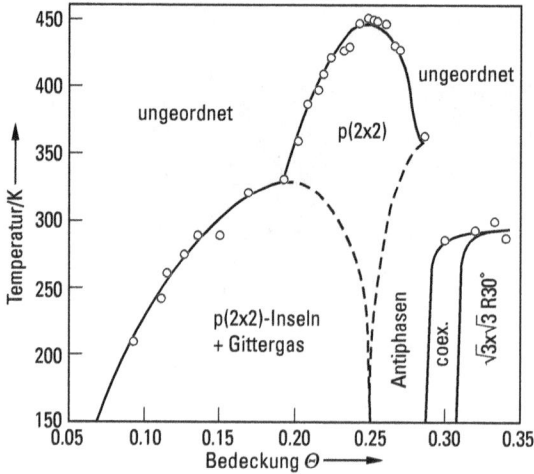

Abb. 4.33 Phasendiagramm von Sauerstoff auf einer Ni(111)-Oberfläche [76].

Eine sehr nützliche Datenbank für bisher insgesamt 1267 Oberflächenstrukturen von reinen Oberflächen ebenso wie von Adsorbat bedingten Überstrukturen ist [79].

4.4.2 Bindung von Adsorbaten

Potentielle Adsorbate liegen in der Gasphase meistens als Moleküle vor. Beschränkt sich die Bindung bei Adsorption auf einer Festkörperoberfläche auf die schwache **van-der-Waals Wechselwirkung**, so spricht man von **Physisorption**. Der Begriff **Chemisorption** wird verwendet, wenn es eine, u. U. auch nur schwache chemische Bindung mit dem Substrat gibt. Chemisorption kann **dissoziativ** oder **nichtdissoziativ** sein, je nachdem ob ein Molekül bei der Adsorption (ganz bzw. teilweise) zerfällt oder nicht zerfällt. Die Frage welche Adsorptionszustände bei Adsorbat/Substrat-Kombinationen realisiert werden, hat die Oberflächenphysik über Jahrzehnte beschäftigt. Heute gibt es für alle wichtigen Oberflächensysteme sehr detaillierte Kenntnisse über die auftretenden Adsorbatphasen. Der Umfang dieses Bandes erlaubt keine auch nur annähernd vollständige Darstellung, aber einige zentrale Aussagen sollen versucht und an Beispielen erläutert werden. Die Vorgehensweise ist dabei so, dass vom Adsorbat ausgehend typische Bindungsformen und daraus resultierende Strukturen besprochen werden. Als Substrate werden wegen ihrer Bedeutung in der **heterogenen Katalyse** bzw. für die **Halbleitertechnologie** vor allem Übergangsmetalle, Edelmetalle und der Halbleiter Silizium herangezogen. Zunächst wird die nichtdissoziative **Chemisorption** der Moleküle CO, NO, O_2, H_2O sowie einiger Kohlenwasserstoffe besprochen.

4.4.2.1 Kohlenmonoxid (CO)

Adsorbiertes **Kohlenmonoxid** (CO) ist wahrscheinlich das am häufigsten untersuchte System der Oberflächenphysik. Nahezu jede neue experimentelle Methode der Oberflächenphysik wurde zunächst an diesem System ausprobiert. Zu den früh gestellten wissenschaftlichen Fragen gehörte die nach der Bindung von CO an Oberflächen und die Frage, ob und an welchen Oberflächen CO molekular oder dissoziativ adsorbiert. Wiederum stand dabei vor allem die Adsorption an Übergangsmetallen und den Edelmetallen im Vordergrund des Interesses. Stark gefördert wurde dieses Interesse durch die in den 70iger Jahren einsetzende intensive Forschung auf dem Gebiet der **Abgaskatalysatoren** in der Automobilindustrie. Dazu gekommen ist in neuerer Zeit die Forschung auf dem Gebiet der **Methanreformierung** in Brennstoffzellen, bzw. der direkten stromerzeugenden Umsetzung von Methan zu CO und H_2O. Durch den Einsatz oberflächensensitiver spektroskopischer Methoden (Abschn. 4.5), insbesondere der **Schwingungsspektroskopie**, wurde die Frage der Dissoziation dahin gehend geklärt, dass alle Übergangsmetalle links einer Grenze im Periodensystem, die zwischen Eisen und Kobalt liegt, CO spontan zu adsorbiertem C und O dissoziieren. Nach Absättigung der Oberflächen kann CO auch auf diesen Oberflächen bei tiefen Temperaturen in molekularer Form (schwächer gebunden) adsorbieren. Rechts der erwähnten Grenze wird CO auf Übergangsmetallen molekular gebunden mit einer Bindungungsenergie von ca. 1.5 eV. Bei den Elementen in der Nähe der Grenzlinie hängt die Frage, ob die Adsorption dissoziativ ist oder nicht, auch von der Struktur der Oberfläche ab: An Oberflächenatomen mit niedriger Koordination, also an Stufen- oder Kinkenatomen, dissoziiert CO leichter.

Die chemische Bindung des Moleküls erfolgt nach dem **Modell von Blyholder** [80] durch **Ladungsdonation** aus dem 5σ-Orbital des CO in die unbesetzten d-Zustände des Metalls und durch **Rückdotierung** von Metallelektronen in das unbesetzte $2\pi^*$-Orbital des CO Moleküls. Der $2\pi^*$-Zustand liegt beim freien Molekül oberhalb des Fermi-Niveaus der Metalle. Durch Kopplung mit den Bandzuständen des Festkörpers verbreitern sich aber die molekularen Energieterme, so dass ein partieller Ladungsübertrag möglich wird. Dem Modell entsprechend ist die Bindung an die Edelmetalle nur schwach, denn dort steht am Fermi-Niveau nur eine geringe Dichte unbesetzter Zustände zur Verfügung. Ein Gleiches gilt für Halbleiteroberflächen,

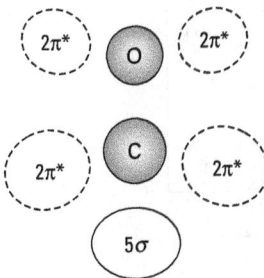

Abb. 4.34 Räumliche Struktur des höchsten besetzten (5σ)-Orbitals und des niedrigsten unbesetzten ($2\pi^*$)-Orbitals von Kohlenmonoxid.

wenn die freien Valenzen durch Rekonstruktion abgesättigt sind. Die räumliche Struktur der an der Bindung beteiligten Molekülorbitale (Abb. 4.34) bestimmt die Struktur im adsorbierten Zustand: Das Molekül bindet immer mit dem C-Atom an das Metall und steht (bei kleinen Bedeckungen, d. h. ohne laterale Wechselwirkungen) senkrecht auf der Oberfläche. Dies ist im Unterschied zu **Stickstoffmonoxid** NO, bei dem das $2\pi^*$-Orbital durch ein Elektron besetzt ist und das deshalb häufig eine geneigte Konfiguration annimmt. Die energetisch bevorzugten Adsorptionsplätze können die endständigen Plätze, so wie die zwei- bis vierfachen Brückenplätze sein. Häufig werden in Abhängigkeit vom Bedeckungsgrad unterschiedliche Plätze eingenommen. Auch kann bei dichter Packung der Moleküle aus sterischen Gründen CO in abgewinkelter Form gebunden sein (Abb. 4.31a).

4.4.2.2 Das Sauerstoffmolekül

Molekularer **Sauerstoff** kann auf Oberflächen in mehreren chemisorbierten Formen vorliegen. Im Schwingungsspektrum von Sauerstoff auf einer Pt(110)-Oberfläche nach Adsorption bei 30 K (Abb. 4.35) [81] lassen sich z. B. vier verschiedene Zustände des Moleküls nachweisen, die sich in charakteristischer Weise durch die Frequenz der O_2-Streckschwingung unterscheiden. Die beiden Zustände mit den niedrigsten Frequenzen sind **peroxidische Zustände**, bei dem die Doppelbindung des O_2-Moleküls aufgebrochen wird und sich zwei Einfachbindungen zu einem bzw. zwei Oberflächenatomen ausbilden. Die Frequenz ist gegenüber der Schwingungsfrequenz in der Gasphase stark rotverschoben, entsprechend der schwächeren Bindung. Der Zustand mit einer Frequenz bei $1262\,cm^{-1}$ stellt einen **Superoxidzustand** dar, bei dem das Sauerstoffmolekül einfach negativ geladen ist. Bekanntlich ist die Bindung der Sauerstoffatome untereinander im O_2^--Ion durch die Besetzung eines zusätzli-

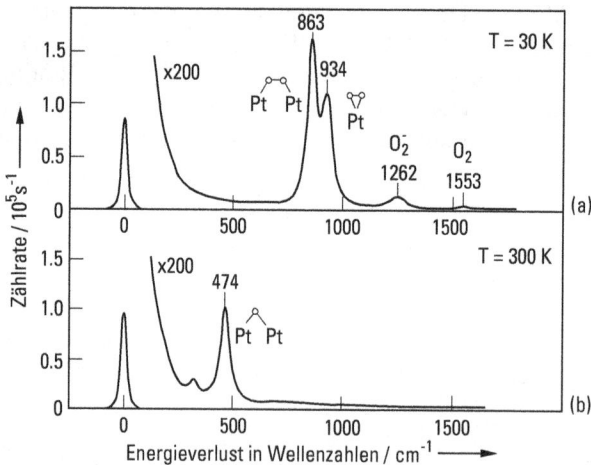

Abb. 4.35 (a) Spektrum einer Pt(110)-Oberfläche nach Adsorption von Sauerstoff bei tiefen Temperaturen. Es sind vier verschiedene Zustände von Sauerstoff zu erkennen. (b) Nach Erwärmen auf 300 K ist der Sauerstoff dissoziiert (Nach [81]).

chen antibindenden Orbitals geringer als im neutralen Sauerstoffmolekül. Die Schwingungsfrequenz ist deshalb in Richtung einer Einfachbindung verschoben. Schließlich finden wir auf der Oberfläche auch **physisorbierten Sauerstoff** mit einer Schwingungsfrequenz bei 1553 cm^{-1}. Nach Erwärmen der Oberfläche auf 300 K dissoziiert das O_2-Molekül, und es bleibt **atomarer Sauerstoff** auf der Oberfläche.

Die Existenz molekularer Sauerstoffphasen hängt stark vom Substrat ab. Bei den weiter links (relativ zu Pt) im Periodensystem stehenden Übergangsmetallen gibt es molekulare Phasen allenfalls nach Adsorption bei sehr tiefen Temperaturen. Bei Silizium ist die Existenz von molekularen Phasen umstritten.

4.4.2.3 Wasser

Die Adsorption von **Wasser** ist von großem Interesse für alle Fragen der Korrosion und auch für das Verständnis **elektrochemischer Prozesse**. Auch sind auf Oberflächen in normaler atmosphärischer Umgebung immer einige Monolagen Wasser zu finden. Die experimentelle Untersuchung der Adsorption von Wasser wird erschwert durch den Umstand, dass bei Verwendung von Elektronen als Sonde Wasser sehr leicht durch den Elektronenstrahl desorbiert. Trotzdem gibt es heute ein gutes qualitatives Verständnis der Wechselwirkung von Wasser mit Oberflächen. Einen wesentlichen Beitrag zur Struktur von adsorbiertem Wasser leistet die **Wasserstoffbrückenbindung**. Sie führt dazu, dass sich bei der Adsorption von Wasser im Regelfall sofort hexagonale Doppellagenstrukturen mit einem Netzwerk von Wasserstoffbrückenbindungen ausbilden (Abb. 4.36a) [82]. Erfolgt die Adsorption bei sehr tiefen Temperaturen, so lassen sich auch einzelne Wassermoleküle auf der Oberfläche stabilisieren [83, 84]. Nach theoretischen Rechnungen ist das Wassermolekül mit dem im Molekül besetzten aber nicht bindenden Sauerstoff 2p-Orbital (engl. *lone pair orbital*) an ein Oberflächenatom gebunden. Die Ebene des Wassermoleküls ist zur Oberfläche geneigt und bildet mit der Oberflächennormalen einen Winkel α (Abb. 4.36b), der zwischen 55° für Al(111) [85] und 90° für Pt(111) liegt [86]. Die Austrittsarbeit der Oberfläche wird reduziert. Die Reduktion kann beschrieben werden, indem man

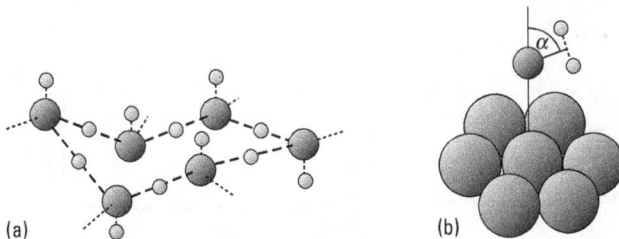

Abb. 4.36 (a) Strukturmodell für die Doppellagen von Wasser an Oberflächen. Die Wassermoleküle sind durch ein Netzwerk von Wasserstoffbrückenbindungen untereinander verbunden. Die Bindung an die Oberfläche erfolgt durch das besetzte, im Wassermolekül nichtbindende 2p-Orbital des Sauerstoffatoms oder auch durch Wasserstoffbrücken zum Metall. (b) Bindung eines einzelnen Wassermoleküls an ein Atom in der Oberfläche. Der Winkel α kann zwischen 55° (Al(111) [85]) und 90° (Pt(111) [86]) betragen.

dem Wassermolekül ein Dipolmoment der Größe $p = p_{H_2O} \cos\alpha + p_0$ zuordnet, wobei p_{H_2O} das Dipolmoment des freien Wassermoleküls und p_0 ein Dipolmoment ist, welches durch den Ladungstransfer vom Wassermolekül auf das Substrat entsteht [86].

4.4.2.4 Kohlenwasserstoffe

Bei der Adsorption von **Kohlenwasserstoffen** an Oberflächen ist zwischen gesättigten und ungesättigten Kohlenwasserstoffen zu unterscheiden. Gesättigte Kohlenwasserstoffe wie z. B. Methan (CH_4), Ethan (C_2H_6) oder Zyklohexan (C_6H_{12}) adsorbieren nur schwach an Oberflächen. Allerdings ist die Adsorptionsenergie größer als bei einer van-der-Waals-Wechselwirkung, denn gesättigte Kohlenwasserstoffe können mit Metalloberflächen eine Wasserstoffbrückenbindung eingehen. Spektroskopisch sieht man das daran, dass es eine sehr stark rotverschobene CH-Streckschwingung nach Adsorption an einer Oberfläche gibt, die keine Entsprechung im Spektrum des freien Moleküls hat [87] (Abb. 4.37). Die Bindungsenergie an die Oberfläche ist naturgemäß um so höher, je mehr H-Atome im Molekül eine für die Ausbildung der **H-Brückenbindung** geeignete Orientierung aufweisen. Langkettige gesättigte Kohlenwasserstoffe binden also stärker. Auch beim Zyklohexan beträgt die Bindungsenergie wenigstens einige Zehntel eV. Dort stehen drei H-Atome für eine H-Brückenbindung zur Verfügung.

Nach Erwärmen der Oberfläche oder nach Adsorption bei höheren Temperaturen dehydrieren die gesättigten Kohlenwasserstoffe und es bilden sich **Metall-Carbon-**

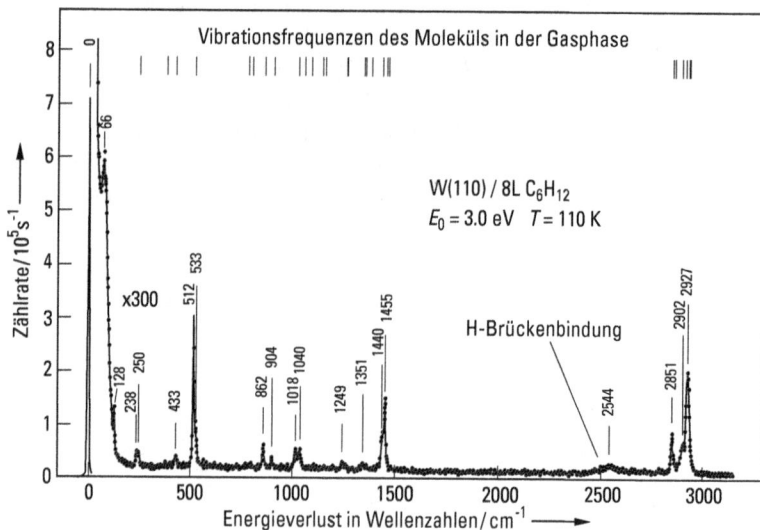

Abb. 4.37 Elektronenenergieverlustspektrum von Zyklohexan auf einer W(110)-Oberfläche. Die Energieverluste entsprechen den Eigenschwingungen des adsorbierten Moleküls. Zum Vergleich sind die Eigenmoden des Moleküls in der Gasphase angegeben. Die breite Bande bei 2550 cm^{-1} hat keine Entsprechung in der Gasphase. Sie ist das Indiz dafür, dass eine H-Brückenbindung zur Oberfläche vorliegt.

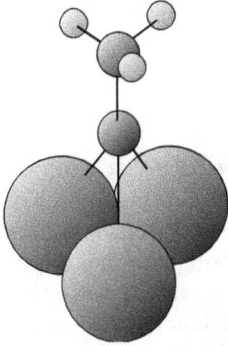

Abb. 4.38   Struktur von Ethylidin auf einer Pt(111)-Oberfläche. Ethylidin entsteht durch Dehydrierung von Ethen nach Adsorption um 300 K oder auch durch Hydrierung von Ethin im gleichen Temperaturbereich.

Bindungen aus. Zyklohexan z. B. dehydriert über die Zwischenstadien Zyklohexen (C_6H_{10}), Zyklohexadien (C_6H_8) zu Benzen (= Benzol, C_6H_6) [88]. Ungesättigte Kohlenwasserstoffe wie Benzen, Ethen (= Äthylen) oder Ethin (= Acetylen) adsorbieren direkt unter Ausbildung von Metal-Kohlenstoff Bindungen. Es kommt dabei zu einer **Rehybridisierung** des Moleküls: Aus den π-Elektronen der Mehrfachbindungen zwischen den Kohlenstoffatomen der ungesättigten Kohlenwasserstoffe werden σ-Elektronen, welche die Bindung zur Oberfläche herstellen. Gleichzeitig restrukturiert sich das Molekül. Aus dem gestreckten Ethin wird eine gewinkelte Struktur ähnlich wie bei Ethan (= Äthan). Eine interessante teilweise dehydrierte Zwischenstruktur entsteht aus Ethen nach Adsorption auf den (111)-Flächen von Pt, Ni und Pd (und vermutlich auch anderen Oberflächen): Unter Abspaltung eines H-Atoms entsteht bei Temperaturen um 300 K Ethylidin (Abb. 4.38) [89, 90].

Erwärmung solcher und anderer σ-gebundener Oberflächenkomplexe auf Temperaturen oberhalb von 300 K verursacht eine weitere Dehydrierung, z. B. zu CH-Einheiten. Schließlich entsteht **graphitischer Kohlenstoff** auf der Oberfläche. Die beschriebene Sequenz der Ereignisse bezieht sich auf eine Erwärmung im UHV, ohne Anwesenheit von Wasserstoff in der Gasphase. Werden die Oberflächen einem Wasserstoffdruck ausgesetzt, so erfolgt umgekehrt eine Hydrierung ungesättigter Kohlenwasserstoffe [91].

4.4.2.5 Alkalimetalle

Das Studium der Adsorption von **Alkaliatomen** auf Festkörperoberflächen begann in den 20iger Jahren des vorigen Jahrhunderts. Das Interesse daran wurde vor allem durch die nach Alkali-Adsorption beobachtete Erniedrigung der Austrittsarbeit und die dadurch effektivere Glühemission von Elektronen geweckt. Wegen ihrer niedrigen Ionisierungsenergie, die kleiner als die Austrittsarbeit fast aller Festkörper ist, geben Alkaliatome ihr s-Elektron bei der Adsorption weitgehend an das Substrat ab. Das dadurch entstehende hohe Dipolmoment p_z eines adsorbierten Alkaliatoms reduziert die Austrittsarbeit Φ_0 des Substrats entsprechend der Gleichung

$$\Phi = \Phi_0 - \frac{e\,p_z}{\varepsilon_0}\,n_s, \tag{4.42}$$

mit ε_0 der absoluten dielektrischen Permeabilität und n_s der Flächenkonzentration der Dipole. Das Dipolmoment eines adsorbierten Alkaliatoms nimmt mit zunehmender Bedeckung rasch ab. Heuristisch kann man diese rasche Abnahme als **Depolarisationseffekt** verstehen: Das von den Nachbardipolen auf den Dipol rückwirkende elektrische Feld führt zu einer Depolarisation, die wegen der hohen elektronischen Polarisierbarkeit des Alkali-Adsorbat/Oberflächenkomplexes besonders stark ist. Ein besseres Verständnis vermittelt jedoch die Quantenmechanik. Das s-Elektron des Alkaliatoms ist räumlich sehr ausgedehnt (Abb. 4.39). Es kann deswegen nicht an lokalisierte d-Zustände abgegeben werden, auch dann nicht wenn diese, wie bei den Übergangsmetallen eine hohe Dichte unbesetzter Zustände am Fermi-Niveau haben. Der Elektronentransfer erfolgt nur an die sp-Zustände. Wegen der geringen Zustandsdichte der sp-Elektronen werden schon bei geringen Bedeckungsgraden alle unbesetzten sp-Zustände zwischen dem Fermi-Niveau und dem s-Zustand des Alkali-Atoms besetzt. Zusätzlich adsorbierte Alkali-Atome können dann keinen weiteren Elektronentransfer bewirken. Die Austrittsarbeit wird nicht weiter erniedrigt, das Dipolment pro adsorbiertem Atom nimmt ab. Das große Volumen des s-Elektrons macht auch verständlich, warum schon bei kleinen Bedeckungen eine laterale Wechselwirkung zwischen den Adsorbaten einsetzt, die schließlich bei größeren Bedeckungen zu einem Isolator/Metallübergang in der Alkalischicht führt. Die dicht gepackte Oberflächenlage verhält sich weitgehend wie das entspre-

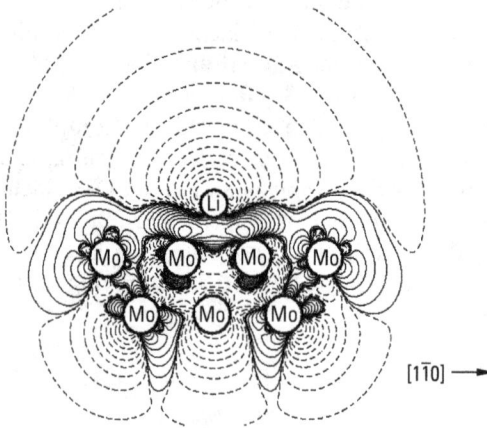

Abb. 4.39 Differenzladungsdichte für Li auf einer Mo (110)-Oberfläche. Gezeigt wird der Unterschied der Ladungsdichte von dem Zustand mit adsorbiertem Li und den addierten Ladungsdichten von Li und der Mo(110)-Oberfläche ohne Adsorption. Gestrichelte Linien zeigen negative Differenz an, d. h. die Ladungsdichte ist dort geringer geworden. Deutlich erkennbar ist die große laterale Ausdehnung des Li 2s-Elektrons (die Abbildung wurde freundlicherweise von J. Müller zur Verfügung gestellt).

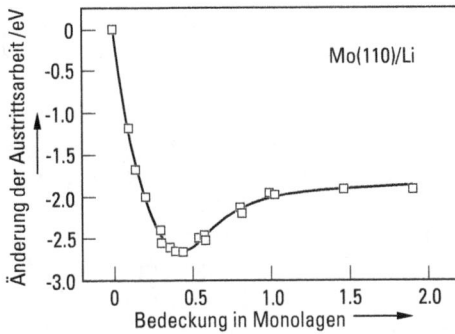

Abb. 4.40   Austrittsarbeit von Mo(110) als Funktion der Bedeckung mit Lithium.

chende Alkali-Metall und das Substrat/Adsorbat System hat dementsprechend die **Austrittsarbeit** des Alkali-Metalls. Insgesamt nimmt die Austrittsarbeit bei Alkali-Adsorption zunächst schnell ab, durchläuft ein Minimum, um sich dann etwa bei der Austrittsarbeit des Alkali-Metalls zu sättigen (Abb. 4.40) [92].

Eine weitere Folge der großen Ausdehnung des s-Elektrons ist, dass die Bindungs-energie nur wenig vom eingenommenen Oberflächenplatz abhängt. Dadurch ist die Diffusion eines Alkaliatoms auf der Oberfläche sehr schnell und sie kann in wenigen Minuten zu einer lateralen Verbreitung im µm und mm-Bereich führen [93, 94]. Die geringe Abhängigkeit der Bindungsenergie vom Adsorptionsplatz bei großer late-raler Wechselwirkung führt abhängig vom Bedeckungsgrad zu zahlreichen Über-strukturen, mithin zu sehr komplexen **Phasendiagrammen**. Auch Rekonstruktionen von Oberflächen und der Einbau von Alkali-Atomen in tiefere Lagen werden be-obachtet. Dies mag im Hinblick auf die delokalisierte Bindung zunächst überraschen. Typische Rekonstruktionen sind aber so beschaffen, dass einerseits durch die Re-konstruktion die Substratoberfläche eine höhere Atomdichte aufweist und anderer-seits das Alkaliatom besser von Substratatomen umgeben wird. Beispiele sind die Alkali-induzierten sog. **missing row** Rekonstruktionen von fcc(110)-Oberflächen [79]. Schließlich ist die Adsorption von Alkaliatomen wegen ihrer Wirkung als **Pro-motoren** in zahlreichen **katalytischen Reaktionen** interessant. Eine zusammenfassen-de Darstellung aller wichtigen Aspekte der Alkali-Adsorption findet sich in der von Bonzel, Bradshaw und Ertl editierten Monographie [95].

4.4.2.6 Wasserstoff

Wasserstoff nimmt unter den 1s Elementen eine Sonderstellung ein. Die Ionisierungs-energie ist im Gegensatz zu den Alkaliatomen hoch. Die **Elektronegativität** liegt im Bereich typischer Übergangsmetalle. Die Bindung von Wasserstoff an der Oberfläche ist deshalb kovalent und lokal. Auf Übergangsmetallen dissoziiert angebotener mo-lekularer Wasserstoff spontan und ohne messbare Aktivierungsbarriere. Es werden sowohl zweifach als auch dreifach koordinierte Brückenplätze eingenommen. Ad-sorbierter Wasserstoff weist eine Besonderheit auf, die in der geringen Masse begründet ist. Die kleine Masse führt dazu, dass die Schwingungsamplituden sehr groß werden, so groß, dass die Bewegungen der Wasserstoff-Atome quantenmechanisch als **Wellenpaket** beschrieben werden müssen. Die Vibrationszustände sind dann räumlich delokalisierte Bandzustände [96]. Die Diffusion kann deshalb auch durch einen Tunnelprozess erfolgen [97], der bei tiefen Temperaturen das Diffusionsverhalten bestimmt. Für Deuterium ist die quantenmechanische Delokalisation infolge der größeren Masse geringer. Eine weitere Besonderheit von Wasserstoff, nämlich die Fähigkeit Wasserstoffbrückenbindungen auszubilden, wird weiter unten besprochen.

Halbleiteroberflächen, wie z. B. die von Si, reagieren nicht mit molekularem Wasserstoff. Atomarer Wasserstoff, hergestellt z. B. durch Dissoziation an einer heißen Fläche, reagiert dagegen sofort mit Si und sättigt die freien Valenzen der Si-Atome an der Oberfläche ab. Eine Absättigung der freien Valenzen und die Herstellung besonders gut geordneter, unrekonstruierter Si-Oberflächen (z. B. eine (1×1)Si(111)-Oberfläche) lässt sich durch eine nass-chemische Präparation erreichen [98]. Einmal ins UHV gebracht, sind diese Oberflächen weitgehend inert und halten sich dort zeitlich fast unbegrenzt.

4.4.2.7 Atome der Gruppen IV–VIII

Adsorptionsphasen von **Sauerstoff**, **Schwefel**, **Stickstoff** und **Kohlenstoff** werden in der Regel durch dissoziative Adsorption von Molekülen aus der Gasphase hergestellt: Sauerstoff durch Dissoziation von O_2 oder auch H_2O, Schwefel durch Dissoziation von H_2S, Stickstoff durch Dissoziation von NH_3 und Kohlenstoff typischerweise durch Zersetzung von Kohlenwasserstoffen. Dabei nutzt man die Tatsache, dass diese Gase auf vielen Oberflächen jedenfalls bei erhöhter Temperatur dissoziieren und dass die Elemente O, S, N und C mit den meisten Substraten eine starke lokale **Valenzbindung** eingehen, der Wasserstoff aber nur schwach gebunden wird und deshalb desorbiert werden kann. Bevorzugte Adsorptionsplätze von O, S, N und C sind die mit hoher Koordination, also die vierfach koordinierten auf fcc(100)-Oberflächen oder die dreifach koordinierten auf fcc(111)-Oberflächen (Abb. 4.30a, 4.30b, 4.32). Die starke Bindung zwischen Substrat und Adsorbat führt zu einer deutlichen Veränderung der Bindungsabstände zwischen den Substratatomen, häufig auch zu einer Rekonstruktion der Oberflächen. Besonders bei Stickstoff und Kohlenstoff ist die Tendenz zur Rekonstruktion ausgeprägt. Bekannt und häufig untersucht worden sind in diesem Zusammenhang vor allen die **p4g-Rekonstruktionen** von Ni(100) (Abb. 4.31b). Die Rekonstruktion entsteht aufgrund des durch die Adsorption von N und C bewirkten starken **kompressiven Oberflächenstresses** (s. Abschn. 4.3.1.1) zwischen den Ni-Atomen. Die p4g-Rekonstruktion gibt den Ni-Atomen mehr Platz in der Oberfläche, und dadurch wird die Spannungsenergie reduziert [99].

Metalle bilden mit den Elementen O, S, N und C häufig stabile Verbindungen. Bei höherem Angebot von Adsorbatatomen können deshalb, in der Regel mit kleinen Keimen beginnend, Volumenverbindungen, also **Oxide, Nitride, Sulfide und Carbide** entstehen. Auf dem Halbleiter Si bildet sich sogar ohne eine Adsorptionsphase direkt ein Oberflächenoxid: Die Sauerstoffatome gehen direkt zwischen zwei Si-Atome, allerdings ist der Si-O-Si Bindungswinkel gegenüber den gewöhnlichen Oxidphasen geändert. Je nachdem, wieviele der Si-Si Bindungen durch Si-O-Si Bindungen ersetzt sind liegt Silizium als Si^0-, Si^{+1}-, Si^{+2}-, Si^{+3}- oder Si^{+4}-Oxid vor. Alle diese Oxidationszustände lassen sich durch Röntgen-Photoemission nachweisen.

Schließlich soll noch kurz die Adsorption von **Edelgasen** angesprochen werden. Man wäre zunächst geneigt, den Edelgasen wegen ihrer abgeschlossenen Schalen nur die Möglichkeit der Physisorption zuzusprechen. Das wäre aber nicht korrekt. Es gibt eine, wenn auch schwache chemische Bindung unter partieller Ladungsübertragung auf das Substrat. Dadurch wird die Austrittsarbeit deutlich (bis zu $\approx 1\,\text{eV}$) reduziert. Die chemische Bindung von Edelgasen bevorzugt – im Gegensatz zur Physisorption – die Koordination mit einem Oberflächenatom, die Edelgasatome sitzen deshalb oben auf einem Atom (**endständige Position**).

4.4.3 Adsorptionsgleichgewichte

Auf Festkörperoberflächen im UHV werden adsorbierte Phasen in der Regel durch Belegung mit einer definierten Gasdosis eingestellt. Die Temperatur des Substrates wird dabei so gewählt, dass keine Desorption erfolgt. Der Bedeckungsgrad Θ ist dann ein fest vorgegebener thermodynamischer Parameter. Die Oberfläche ist in diesem Fall höchstens im Gleichgewicht „mit sich selbst", d. h. bezüglich möglicher Strukturumwandlungen in der **Adsorptionsphase**. Die Herstellung adsorbierter Phasen setzt gewisse Kenntnisse der Kinetik der Adsorption voraus. Solche lassen sich durch entsprechende gezielte Vorexperimente gewinnen. Will man jedoch die Kinetik verstehen, also z. B. die Abhängigkeit des **Haftkoeffizienten** (Bruchteil der angebotenen Moleküle, der auf der Oberfläche haften bleibt) vom schon vorhandenen Bedeckungsgrad, so erweist es sich als nützlich, Gleichgewichte zwischen adsorbierter Phase und Gasphase zu betrachten. Gleichgewicht zwischen adsorbierter Phase und Gasphase herrscht, wenn deren **chemisches Potential** gleich ist. Da in der UHV-Oberflächenphysik die Gasphase stets ein ideales Gas ist, lässt sich für die Gasphase das chemische Potential sofort angeben.

$$\mu_{\text{g}} = E_{\text{g}} + k_{\text{B}}\,T \ln\left[p \, \frac{h^3}{k_{\text{B}}\,T(2\,\pi\,m\,k_{\text{B}}\,T)^{3/2}} \, \frac{1}{Z_{\text{r}}} \, \frac{1}{Z_{\text{v}}} \right]. \tag{4.43}$$

Dabei ist h das Planck'sche Wirkungsquantum, E_{g} die Grundzustandsenergie in der Gasphase, p der Druck, m die Gesamtmasse des Moleküls und Z_{r} und Z_{v} bezeichnen die Zustandssummen der Rotations- und Vibrationsfreiheitsgrade des Moleküls. Für ein zweiatomiges Molekül ist Z_{r}

$$Z_{\text{r}} = 2 I k_{\text{B}}\,T/\hbar^2, \tag{4.44}$$

mit I dem Trägheitsmoment. Die **Vibrationszustandssumme** ist das Produkt der Zustandssummen für jede Eigenschwingung ω_{i}

$$Z_{\text{v}} = \prod_{\text{i}} \left(1 - e^{-\frac{\hbar\omega_{\text{i}}}{k_{\text{B}}T}}\right)^{-1}. \tag{4.45}$$

Meistens ist $\hbar\,\omega_{\text{i}} \gg k_{\text{B}}\,T$ und daher $Z_{\text{v}} \cong 1$.

Für die Adsorbatphase lässt sich ein analytischer Ausdruck für das chemische Potential nur im Rahmen einiger einfacher Modelle angeben. Zu diesen Modellen gehört das Gittergas ohne Wechselwirkung: Es gibt eine feste Anzahl von **Adsorptionsplätzen** mit einem Bedeckungsgrad zwischen Null und eins auf denen die Atome bzw. Moleküle sitzen können. Die sich ergebende Statistik ist die bekannte **Fermi-Statistik**. Die Besetzungswahrscheinlichkeit entspricht dem Bedeckungsgrad der Adsorptionsplätze Θ_{ad}. Das chemische Potential als Funktion des Bedeckungsgrades ist:

$$\mu_{ad} = E_{ad} + k_B T \ln \frac{\Theta_{ad}}{1 - \Theta_{ad}} - k_B T \ln Z_{ad}. \tag{4.46}$$

(Man beachte: in der Fermi-Statistik schreibt man umgekehrt Θ_{ad} als Funktion von μ!). Die **Vibrationszustandssumme** Z_{ad} wird jetzt von den Schwingungszuständen der adsorbierten Spezies gebildet. Da insbesondere die aus den x,y-Translationsfreiheitsgraden der Gasphasenspezies entstehenden Schwingungen oft eine niedrige Frequenz haben ist $Z_{ad} > 1$. Streng genommen müsste man auch noch die Veränderung der **Phononenzustände** durch die Adsorption berücksichtigen, aber diese Beiträge sind klein (im Bereich einiger meV pro Atom) und werden deshalb meistens vernachlässigt. Gl. (4.46) gilt für nichtdissoziative Adsorption. Dissoziiert das Gasphasenmolekül auf der Oberfläche, so ist E_{ad} die Summe der Energien der einzelnen Komponenten und die entropischen Beiträge zum chemischen Potential werden entsprechend größer. Betrachten wir die dissoziative Adsorption von O_2 als Beispiel: Das chemische Potential der adsorbierten Phase ist dann einfach

$$\mu_{ad} = 2 E_{ad} + 2 k_B T \ln \frac{\Theta_{ad}}{1 - \Theta_{ad}} - 2 k_B T \ln Z_{ad}, \tag{4.47}$$

wobei E_{ad} und Z_{ad} jetzt die Energie und Vibrationszustandssumme eines Sauerstoffatoms sind.

Der Bedeckungsgrad im Gleichgewicht mit der Gasphase als Funktion des Gasdruckes ergibt sich durch Gleichsetzung der chemischen Potentiale,

$$\left(\frac{\Theta_{ad}}{1 - \Theta_{ad}} \right)^\alpha = e^{\frac{E_g - \alpha E_{ad}}{k_B T}} \frac{h^3}{k_B T (2 \pi m k_B T)^{3/2}} \frac{1}{Z_r} \frac{Z_{ad}^\alpha}{Z_v} p, \tag{4.48}$$

wobei α die Anzahl (gleicher) Atome ist, in die das Gasmolekül zerfällt; $\alpha = 1$ beschreibt also die nichtdissoziative Adsorption. Aufgelöst nach Θ erhält man

$$\Theta_{ad} = \frac{(K_L(T) p)^{1/\alpha}}{1 - (K_L(T) p)^{1/\alpha}}, \tag{4.49}$$

mit der **Adsorptionskonstanten** $K_L(T)$

$$K_L(T) = e^{\frac{E_g - \alpha E_{ad}}{k_B T}} \frac{h^3}{k_B T (2 \pi m k_B T)^{3/2}} \frac{1}{Z_r} \frac{Z_{ad}^\alpha}{Z_v}. \tag{4.50}$$

Gleichung (4.48) beschreibt die sog. **Langmuir Adsorptionsisotherme**. Sie ist in Abb. 4.41 dargestellt. Für nichtdissoziative Adsorption steigt bei niedrigen Bedeckungen der Bedeckungsgrad linear mit dem Druck, um sich dann mit steigendem Druck sehr langsam der Sättigung zu nähern. Für den Fall dissoziativer Adsorption steigt der Bedeckungsgrad zunächst schneller, nämlich proportional zur Wurzel aus dem Druck, die Sättigung wird aber erst bei sehr viel höheren Drücken als bei nichtdissoziativer Adsorption erreicht. Anschaulich könnte man sich dazu vorstellen,

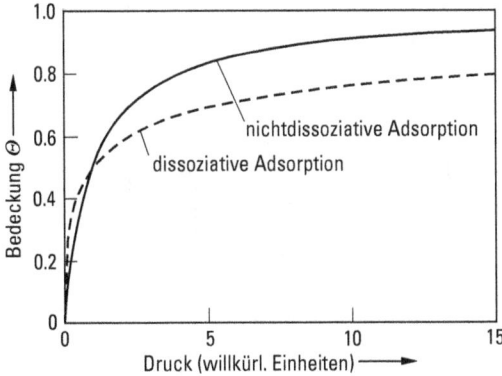

Abb. 4.41 Adsorptionsisotherme für Adsorbate im Gittergasmodell (Langmuir-Isotherme) für nichtdissoziative (ausgezogene Linie) und dissoziative (gestrichelte Linie) Adsorption.

dass es immer schwieriger wird, ein Paar von freien Leerstellen zu finden. Dies wäre aber insofern nicht korrekt, als die Tatsache, dass man für die dissoziative Adsorption benachbarte freie Plätze benötigt, in die Theorie nicht eingebaut ist. Berücksichtigte man diese Bedingung, so erfolgte die Annäherung an die Sättigung noch langsamer und sie würde nie ganz erreicht. Statistische Überlegungen zeigen, das etwa 5 % der Adsorptionsplätze frei bleiben [100].

Neben dem Modell des nichtwechselwirkenden Gittergases gibt es noch zwei weitere Modelle, die analytisch einfache Formen für das chemische Potential haben: Das **Bragg-Williams-Modell** und das **van-der-Waals-Modell**. Im Bragg-Williams-Modell wird eine energetische Wechselwirkung zwischen den adsorbierten Spezies in der Form einer **Molekularfeldnäherung** angenommen, d. h. die Wechselwirkungsenergie soll nur vom Bedeckungsgrad und nicht von der relativen lokalen Koordination der Adsorbate abhängen. Damit wird das chemische Potential in Gl. (4.47) um einen Term $W(\Theta)$ erweitert. Der Term kann attraktiv oder repulsiv sein, oder auch je nach Dichte attraktive und repulsive Komponenten haben. Eine Auflösung der Gleichgewichtsbedingung nach Θ ist dann nicht mehr möglich, aber man kann Θ vorgeben und den notwendigen Gleichgewichtsdruck berechnen. So erhält man für die **Isothermen** den Ausdruck

$$\left(\frac{\Theta_{\mathrm{ad}}}{1-\Theta_{\mathrm{ad}}}\right)^{\alpha} \mathrm{e}^{\frac{\alpha W(\Theta)}{k_{\mathrm{B}} T}} = K_{\mathrm{BW}}(T)\, p \,, \tag{4.51}$$

mit

$$K_{\mathrm{BW}}(T) = \mathrm{e}^{\frac{E_{\mathrm{g}} - \alpha E_{\mathrm{ad}}}{k_{\mathrm{B}} T}} \frac{h^3}{k_{\mathrm{B}}\, T (2\pi m k_{\mathrm{B}} T)^{3/2}} \frac{1}{Z_{\mathrm{r}}} \frac{Z_{\mathrm{ad}}^{\alpha}}{Z_{\mathrm{v}}} \,. \tag{4.52}$$

Der Gleichgewichtsdruck ist höher bei repulsiver Wechselwirkung ($W(\Theta) > 0$) und niedriger bei attraktiver. In Abb. 4.42 sind entsprechende Isothermen für den Fall einer linearen Abhängigkeit der Wechselwirkung von Θ ($W(\Theta) = w\,\Theta$) und $\alpha = 1$ dargestellt, im Gegensatz zur Abb. 4.41 als Funktion von $\ln(Kp)$, mit anderen Worten als Funktion des chemischen Potentials der Gasphase. Man erhält die nach

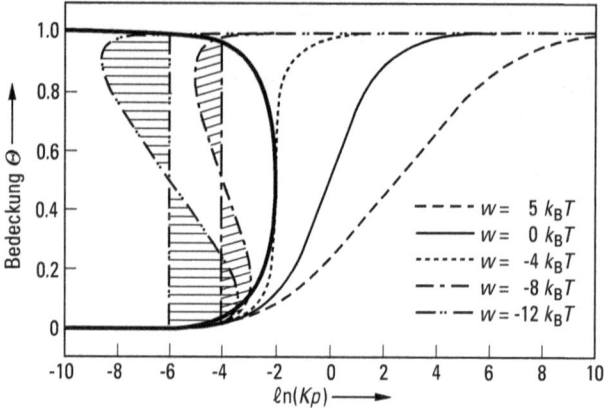

Abb. 4.42 Isothermen im Bragg-Williamsmodell für verschiedene Vorzeichen und Stärken der Wechselwirkungsenergie w. Für attraktive Wechselwirkung oberhalb einer Stärke von $4k_B T$ ergeben sich instabile Bereiche der Isothermen. Der tatsächliche Verlauf der Isothermen ist durch die aus dem van-der-Waals-Modell für die Kondensation bekannte Maxwell-Konstruktion gegeben: Oberhalb eines bestimmten Drucks erhöht sich der Bedeckungsgrad, ohne dass damit ein Druckanstieg verbunden ist.

Fowler benannten Isothermen. Für $w = 0$ ergibt sich wieder die bekannte **Langmuir-Isotherme**. Für positive w wird erwartungsgemäß ein bestimmter Bedeckungsgrad erst bei einem höheren Druck erreicht. Gleichzeitig wird die Kurve $\Theta\,(\ln(Kp))$ breiter auseinandergezogen. Für negative w wird der Kurvenverlauf steiler, bei einem kritischen Wert von $w = -4\,k_B\,T$ wird die Steigung bei $\Theta = 0.5$ unendlich. Für noch stärkere attraktive Wechselwirkung gibt es zwei Werte von Θ zum gleich Druck, d. h. es gibt einen instabilen Bereich. Wie bei der van der Waals **Dampfdruckkurve** wird der instabile Bereich durch die **Maxwell-Konstruktion** ermittelt (vgl. Band 1, Abschn. 35.6). Man zeichnet eine Gerade konstanten Drucks, so dass die Flächen zwischen der Geraden und der Kurve $\Theta\,(\ln(Kp))$ gleich sind (Abb. 4.42). Der gesamte Verlauf der Kurve $\Theta\,(\ln(Kp))$ in dem schraffierten Bereich ist instabil. Kommt man von niedrigen Drücken an den kritischen Bereich heran, so wird ohne weitere Druckerhöhung der Bedeckungsgrad erhöht bis zum oberen Grenzwert. Das Verhalten ist ähnlich wie bei einer Kondensation in eine Flüssigkeit. Allerdings ist der flüssige Zustand der Adsorbatphase durch die Grundannahme des Modells (Gittergas mit Wechselwirkung) ausgeschlossen.

Im **van-der-Waals-Modell** wird angenommen, dass die adsorbierten Spezies harte Kugeln mit einem endlichen Radius darstellen, die auf der Oberfläche die Fläche A einnehmen aber ansonsten völlig frei beweglich sind, also auch im Falle geringer Dichte kein Gittergas bilden. Diese Annahme freier Beweglichkeit ist allerdings in keinem Fall, nicht einmal für die Adsorption von Edelgasen erfüllt. Das chemische Potential für dieses Modell ist in Anlehnung an das van-der-Waals-Modell für ein 3D Gas,

$$\mu_{\mathrm{ad}} = E_{\mathrm{ad}} + k_B\,T \left\{ \frac{\Theta_{\mathrm{ad}}}{1 - \Theta_{\mathrm{ad}}} + \ln\left(\frac{\Theta_{\mathrm{ad}}}{1 - \Theta_{\mathrm{ad}}}\, \frac{2\,\pi\,\hbar^2}{m\,k_B\,T A} \right) \right\}. \tag{4.53}$$

Die zugehörige Isotherme ist

$$\frac{\Theta_{ad}}{1 - \Theta_{ad}} \, e^{\frac{\Theta_{ad}}{1 - \Theta_{ad}}} = K_{vdW}(T)\, p, \tag{4.54}$$

mit einer Konstanten $K_{vdW}(T)$. Man sieht, dass mit Annäherung an $\Theta_{ad} = 1$ extrem hohe Gleichgewichtsdrücke zu verzeichnen sind. Im Übrigen ist der Verlauf der Isothermen wie im Bragg-Williams-Modell mit schwacher Repulsion ($w = k_B T$).

4.4.4 Desorption und Desorptionsspektroskopie

Im Gleichgewicht zwischen adsorbierter Phase und Gasphase sind die Raten für Adsorption und Desorption gleich. Die Zahl der pro Zeit und Fläche auf die Oberfläche auftreffenden Moleküle ist aus der kinetischen Gastheorie bekannt. Sie ist

$$r_{auf} = \frac{p}{\sqrt{2\pi m k_B T}}. \tag{4.55}$$

Von diesen auftreffenden Molekülen wird ein Teil adsorbiert, ein anderer zurückgestreut. Der Bruchteil adsorbierter Moleküle heißt **Haftkoeffizient** und wird üblicherweise mit dem Symbol s bezeichnet. Der Haftkoeffizient hängt von vielen Parametern ab, wie z. B. dem Bedeckungsgrad der Oberfläche. Ferner spielt die Temperatur der Oberfläche eine Rolle, insbesondere im Falle **aktivierter** Adsorption. Der Haftkoeffizient hängt des weiteren von der Richtung ab aus der die Moleküle auftreffen, von ihrer kinetischen Energie, von den Anregungszuständen innerer Freiheitsgrade (Rotation und Vibration). Im Haftkoeffizienten versteckt sich also das ganze Problem der Kinetik der Adsorption. Angesichts der vielen Freiheitsgrade, die zu berücksichtigen sind, ist eine theoretische Berechnung des Haftkoeffizienten nur unter stark vereinfachenden Annahmen möglich. Andererseits ist aber der Haftkoeffizient ebenso wie seine Abhängigkeit von den verschiedenen Parametern messbar. Für die Berechnung der **Desorptionsrate** genügt es, die Abhängigkeit des Haftkoeffizienten von Θ_{ad} und der Probentemperatur T zu kennen. Zwei wesentliche Fälle lassen sich unterscheiden. 1. der Haftkoeffizient ist weitgehend unabhängig von der Temperatur und hängt nur von Θ_{ad} ab, und 2. die Temperaturabhängigkeit folgt einem **Arrhenius-Gesetz**. Letzterer Fall tritt auf, wenn ein Molekül zunächst in einem molekularen **Vorläuferzustand** (engl. *precursor*) adsorbiert wird und aus diesem über eine **Aktivierungsbarriere** hinweg dissoziativ adsorbiert. Kennt man den Haftkoeffizienten $s(\Theta_{ad}, T)$, so kennt man auch die Desorptionsrate im Gleichgewicht, da die Rate der adsorbierenden Moleküle gleich der Rate der desorbierenden sein muss:

$$r_{des} = s(\Theta_{ad}, T)\, r_{auf} = s(\Theta_{ad}, T)\, \frac{p}{\sqrt{2\pi m k_B T}}. \tag{4.56}$$

Unter Verwendung von Gl. (4.43) kann man den Druck in der Gasphase durch das chemische Potential der Gasphase ausdrücken; dieses ist im Gleichgewicht wiederum gleich dem chemischen Potential der adsorbierten Phase und man erhält

$$r_{des} = s(\Theta_{ad}, T)\, \frac{k_B T}{h}\, \frac{2\pi m k_B T}{h^2}\, Z_r Z_v\, e^{-\frac{E_g - \mu_{ad}}{k_B T}}. \tag{4.57}$$

Es ist zweckmäßig diese Desorptionsrate pro Fläche auf die Fläche eines Oberflächenatoms umzurechnen. Bezeichnet n_s die Dichte der Oberflächenatome so ist

$$r_{des} = s(\Theta_{ad}, T) \frac{1}{n_s} \frac{k_B T}{h} \frac{2\pi m k_B T}{h^2} Z_r Z_v e^{-\frac{E_g - \mu_{ad}}{k_B T}}. \tag{4.58}$$

Gl. (4.58) beschreibt zunächst die Desorptionsrate im Gleichgewicht. Man kann sich aber leicht überlegen, dass diese Rate nicht verändert wird, wenn man den umgebenden Gasdruck wegnimmt: Desorptions- und Adsorptionsraten liegen in der Größenordnung von $1\,s^{-1}$ pro Atom. Die inneren **Relaxationszeiten** eines quantenmechanischen Systems liegen höchstens im Bereich von 1ps (inverse Phononfrequenzen). Der Wegfall des äußeren Gasdrucks kann demnach nicht zu einer Umverteilung der Besetzung der inneren Freiheitsgrade eines Festkörpersystems führen und damit auch nicht zur Änderung seiner thermodynamischen Eigenschaften. Mittels Gl. (4.58) wird die Desorptionsrate durch bekannte Größen, den Haftkoeffizienten und das chemische Potential der adsorbierten Phase ausgedrückt, welches sich durch eine Gleichgewichtsmessung des Bedeckungsgrades als Funktion des Druckes und der Temperatur ermitteln lässt. Damit ist ein im Prinzip schwieriges kinetisches Problem auf Eigenschaften des Gleichgewichts zurückgeführt.

Gl. (4.58) besteht aus zwei Anteilen, einem Exponentialterm im Sinne eines Arrhenius-Gesetzes und einem **präexponentiellen Faktor**, der nur mit einer Potenz von T abhängt. In Gl. (4.58) ist die Potenz gleich zwei. Je nachdem welche Zustände in der Gasphase oder der adsorbierten Phase zur Zustandssumme beitragen, können sich andere Potenzen ergeben. Um einen Überblick über die Größenordnung des präexponentiellen Faktors zu bekommen, betrachten wir das Langmuir-Modell für das chemische Potential der Adsorptionsphase, und es sei $s(\Theta_{ad}, T) = 1 - \Theta_{ad}$. Ferner nehmen wir an, dass die desorbierende Spezies Atome (z. B. Desorption von Edelgasen) sind, also Z_v und Z_r gleich 1. Man erhält:

$$r_{des} = \Theta_{ad} \frac{k_B T}{h} \frac{2\pi m k_B T}{n_s h^2} e^{-\frac{E_g - E_{ad}}{k_B T}}. \tag{4.59}$$

Bei $T = 300\,K$ hat der zweite Term in dieser Gleichung $k_B T/h$ den Wert $6.25 \times 10^{12}\,s^{-1}$. Er ist typisch für aktivierte Prozesse und ein Standardergebnis der Theorie des Übergangszustandes (s. Abschn. 4.6.2). Der dritte Term ist das Verhältnis der Fläche eines Oberflächenatoms zur Fläche eines freien Atoms im Phasenraum. Für Argon (Masse 40) beträgt er, je nach Oberfläche, um die 300. Der präexponentielle Faktor für die Desorption liegt damit bei $10^{15}\,s^{-1}$ und nicht, wie häufig fälschlicherweise angenommen im Bereich typischer Schwingungsfrequenzen $10^{13}\,s^{-1}$. Noch höhere Werte ergeben sich für die Desorption von Molekülen, da dann die **Rotationsfreiheitsgrade** im Vakuum relevant werden. Auch hat der präexponentielle Faktor eine höhere Potenz in T. Für dissoziative Adsorption eines zweiatomigen Moleküls ergibt sich entsprechend Gl. (4.47) eine Desorptionsrate proportional Θ^2 und E_{ad} ist die Summe der Bindungsenergien der beiden Atome des Moleküls.

Die Adsorption (besonders die dissoziative) kann aktiviert sein, d. h. der Haftkoeffizient $s(\Theta, T)$ folgt einem Arrhenius-Gesetz

$$s(\Theta, T) = s_0(\Theta) e^{-\frac{E_{diss}}{k_B T}}. \tag{4.60}$$

In allen Fällen lässt sich die Desorptionsrate in guter Näherung durch einen Ansatz der Form

$$r_{des} = \Theta^n v_0(T) e^{-\frac{E_{akt}}{k_B T}} \qquad (4.61)$$

beschreiben, wobei der präexponentielle Faktor von einer Potenz der Temperatur abhängt und n die Ordnung der Desorption ist (also $n = 1$ bei Desorption eines Atoms oder Moleküls, $n = 2$, wenn sich zwei Atome bei der Desorption wieder zu einem Molekül vereinen müssen). Auch Desorption nullter Ordnung ist möglich, wenn die Desorption einen **autokatalytischen Prozess** bewirkt. Die Gl. (4.61) ist die Grundlage der **Desorptionsspektroskopie**. Sie gehört zu den ältesten Verfahren, Adsorptionszustände an Oberflächen zu charakterisieren. Es gibt verschiedene Varianten des Verfahrens. Einen schnellen Überblick über Adsorptionszustände erhält man, wenn man die Temperatur der Probe linear mit der Zeit mit einer Rate α erhöht, also $T(t) = T_0 + \alpha t$.

Abbildung 4.43 zeigt die sich für verschiedene Ordnungen ergebenden Desorptionsraten. Dabei ist die Aktivierungsenergie $E_{akt} = 1$ eV als unabhängig vom Bedeckungsgrad angesetzt und der präexponentielle Faktor ist $v_0 = 10^{15}$ s^{-1}. Die Kurven für die nullte, erste und zweite Ordnung unterscheiden sich deutlich. Bei Vorliegen einer attraktiven Wechselwirkung zwischen den Adsorbaten können allerdings auch Spektren für **Desorption erster Ordnung** wie Spektren nullter Ordnung aussehen. Umgekehrt sehen Spektren für Desorption erster Ordnung bei repulsiver Wechselwirkung wie Spektren für Desorption zweiter Ordnung aus. Die Analyse experimenteller Spektren nach der Desorptionsordnung ist also auf diese einfache Weise nicht zu erreichen. Die Temperatur, bei der das Maximum der Desorptionrate liegt, wird in erster Linie von der Aktivierungsenergie für die Desorption E_{akt} bestimmt. Setzt man diese wiederum als unabhängig vom Bedeckungsgrad an, so liegen die Maxima (Desorption erster Ordnung) wie in Abb. 4.44 dargestellt. Es gibt keinen expliziten analytischen Ausdruck für die Temperatur T_m, bei der das Maximum liegt (transzendente Gleichung), aber eine gute Näherung ist (Abb. 4.44)

$$T_m = 10 + [347 - 20 \lg(10^{-13} v_0/\alpha)] E_{akt} \quad \text{K/eV}. \qquad (4.62)$$

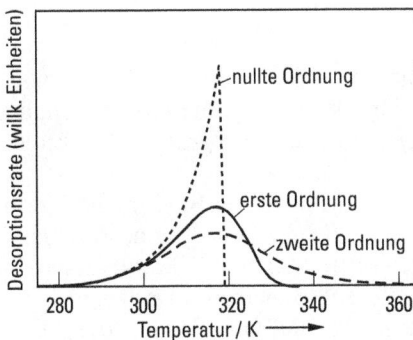

Abb. 4.43 Desorptionsspektren gemäß Gl. (4.61) für Desorption nullter, erster und zweiter Ordnung.

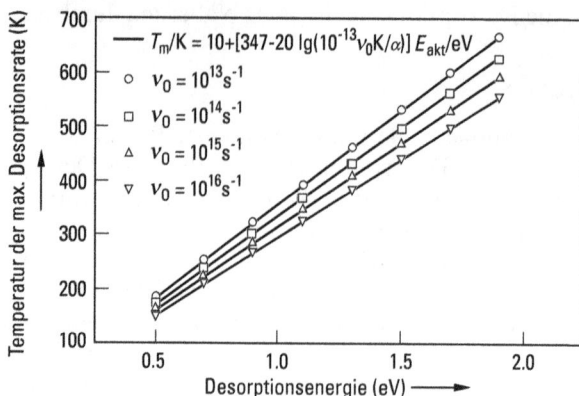

Abb. 4.44 Verschiebung des Maximums T_m im Desorptionsspektrum als Funktion der Desorptionsenergie und für verschiedene präexponentielle Faktoren. Die Symbole sind unter der Annahme einer Aufheizrate von 1 K/s numerisch aus Gl. (4.61) berechnet. Beachte: Θ ist eine Funktion der Zeit! Die ausgezogenen Linien entsprechen der Näherungslösung Gl. (4.62).

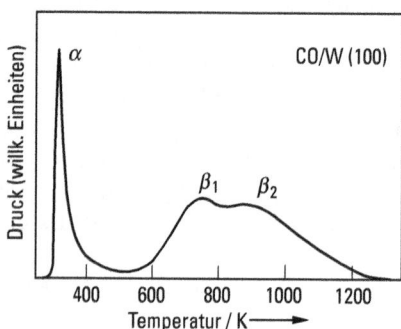

Abb. 4.45 Desorptionsspektrum nach Adsorption von molekularem CO bei 295 K auf einer W(100)-Oberfläche (nach [101]).

Eine grobe Bestimmung der Aktivierungsenergie ist so möglich. Für eine genauere und voraussetzungsfreie Bestimmung der Aktivierungsenergie sollte man allerdings die Desorptionsrate selbst bei einem festen Bedeckungsgrad als Funktion der Temperatur ermitteln.

Gibt es auf der Oberfläche Zustände unterschiedlicher Bindungsenergie und damit auch unterschiedlicher Aktivierungsenergie für die Desorption, so zeigen sich diese im Spektrum als mehr oder weniger getrennte Maxima. Sehr gut lassen sich so molekular und atomar gebundene Zustände unterscheiden. Das Beispiel in Abb. 4.45 betrifft die Desorption von CO von einer W(100)-Oberfläche [101]. Das mit α bezeichnete Desorptionsmaximum entsteht aus dem auf der Oberfläche molekular gebundenen CO, das mit β_1 und β_2 bezeichnete Doppelmaximum aus der **Rekombination** von atomarem Kohlenstoff und Sauerstoff. Historisch gesehen hat man geglaubt, dass die mit β_1 und β_2 gekennzeichneten Maxima der Desorption aus zwei verschiedenen atomaren Zuständen entsprechen. Auch wurden in der gleichen Weise weitere molekulare Zustände nach Adsorption bei tiefen Temperaturen unterschieden. Viel später konnte allerdings mittels spektroskopischer Methoden (vgl. Abb. 4.35) gezeigt werden, dass es auf der Oberfläche nur jeweils eine Form der atomaren und molekularen Spezies gibt. Die Strukturen im Desorptionsspektrum (β_1 und β_2 in Abb. 4.45) entstehen durch energetische und räumliche Wechselwirkungen zwischen den adsorbierten Spezies.

4.5 Quantenzustände an Oberflächen

In diesem Abschnitt werden die **mikroskopischen Quantenzustände** an Oberflächen einschließlich ihrer elementaren Anregungen besprochen. Dies sind zum einen die intrinsischen, an Oberflächen lokalisierten Schwingungszustände und elektronischen Zustände. Sie entstehen durch den Abbruch der periodischen Struktur und die veränderten Bindungsverhältnisse an der Oberfläche. Zum anderen entstehen durch Adsorbate bzw. aufgewachsene Schichten von Fremdmaterial zusätzliche vibronische oder elektronische Quantenzustände. Von besonderem theoretischen und praktischen Interesse sind die magnetischen Eigenschaften von Oberflächen und Dünnschichtsystemen (siehe Kap. 5). **Quantenzustände an Oberflächen** waren seit jeher Gegenstand der Oberflächenforschung. Aus der Fülle der Ergebnisse wird eine kleine Auswahl gezeigt, in die einige neuere Ergebnisse einfließen. Neben den Quantenzuständen selbst werden auch die wichtigsten zu ihrer Untersuchung verwendeten spektroskopischen Methoden kurz beschrieben.

4.5.1 Vibronische Oberflächenzustände

4.5.1.1 Phononen und lokalisierte Schwingungen

Bei einer geordneten einkristallinen Oberfläche haben die Schwingungszustände die Form zweidimensionaler Wellen, deren Amplitude in das Innere des Festkörpers hinein i. A. exponentiell abnimmt. Diese **Oberflächenphononen** sind also, im Gegensatz zu Volumenphononen durch einen nur zweikomponentigen, in der Oberfläche liegenden Wellenzahlvektor $q_{\parallel}$ und eine Frequenz $\omega(q_{\parallel})$ charakterisiert. Wie bei den Volumenphononen unterscheidet man zwischen **akustischen** und **optischen** Oberflächenphononen, je nachdem ob die Frequenz ω bei $q_{\parallel} = 0$ gegen Null geht (*akustisch*) oder nicht (*optisch*). Der Grenzfall langer Wellen, $q_{\parallel} \to 0$, wo (wie bei gewöhnlichen Schallwellen) die Frequenz eine lineare Funktion der Wellenzahl ist, wurde bereits im Rahmen der Elastizitätstheorie (s. Abschn. 4.3.2.2) besprochen. Wir hatten dort gesehen, dass die Amplitude um so mehr an der Oberfläche lokalisiert ist, je kleiner die Wellenlänge, je größer also $q_{\parallel}$ ist. Mit abnehmender Wellenlänge spielen demnach die mikroskopischen Oberflächeneigenschaften eine immer größere Rolle. Bei der kürzest möglichen Oberflächenwelle, bei der die benachbarten Oberflächenatome in Gegenphase schwingen, ist die Amplitude auf die obersten Atomlagen lokalisiert.

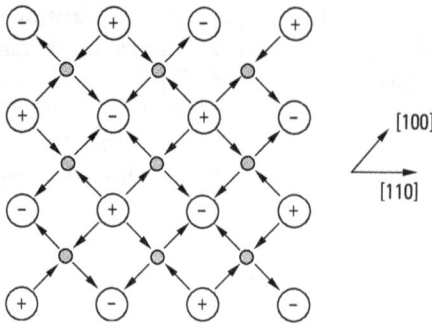

Abb. 4.46 Oberflächenphonon am M-Punkt der Oberflächen-Brillouin-Zone auf der (100)-Oberfläche eines fcc oder bcc Kristalls. Die Ebenen gleicher Phase liegen senkrecht zur eingezeichneten [100]-Richtung. Die Atome in der obersten Lage (große Kreise) bewegen sich senkrecht zur Oberfläche (Richtung durch $+/-$ angezeigt). Die dadurch auf die Atome der nächst tieferen Lage ausgeübten Kräfte (Richtungspfeile) heben sich wegen der vierzähligen Symmetrie auf. Die Atome der nächsten Lage bleiben in Ruhe.

(Wir betrachten der Einfachheit halber Strukturen mit einem Atom pro Elementarzelle). Die Frequenz der Oberflächenwelle spiegelt also die interatomaren Kräfte zwischen den Atomen an Oberflächen wider. Wir betrachten dazu das einfache Beispiel der (100)-Oberfläche eines fcc oder bcc Kristalls. Am M-Punkt der **Brillouin-Zone** der Oberfläche (= Zonenrand in [100]-Richtung) bewegen sich die Oberflächenatome entlang der [100]-Richtung in Phase (große Kreise in Abb. 4.46). Die durch diese Bewegung auf die Atome der nächst tieferen Lage (kleine Kreise in Abb. 4.46) ausgeübten Kräfte (durch Richtungspfeile symbolisiert) heben sich wechselseitig auf. Im Rahmen eines einfachen Modells mit Zentralkräften zu den nächsten Nachbarn nehmen also nur die Oberflächenatome selbst an der Bewegung teil. Die Frequenz des Phonons wird in diesem Fall nur durch Kräfte zwischen der ersten und zweiten Lage bestimmt.

In der schematischen Darstellung von Abb. 4.47 sind die Frequenzen von Oberflächenphononen und Volumenphononen gemeinsam über $q_{\parallel}$ auftragen. In dieser Auftragung bilden die Volumenphononen ein Kontinuum von Frequenzen, gegeben durch die unterschiedlichen Werte der senkrechten Komponente ihres jeweiligen dreidimensionalen Wellenzahlvektors q. Die Frequenzen der Oberflächenphononen haben dagegen einen eindeutigen Wert: zu jedem $q_{\parallel}$ gibt es eine Frequenz $\omega(q_{\parallel})$. Der Dispersionszweig des **Rayleigh-Phonons** (s. Abschn. 4.3.2.2) ist in Abb. 4.47 als ausgezogene Kurve eingezeichnet. Neben der Rayleigh-Welle mit ihrer überwiegend transversalen Polarisation kann es noch maximal zwei weitere akustische Oberflächenwellen geben. Ihre Frequenz muss außerhalb des Bandes von Volumenphononen zur gleichen Darstellung der Raumgruppe liegen. An der Oberfläche eines elastisch isotropen Mediums gibt es allerdings nur die *Rayleigh-Welle*. Wenn der Zonenrand wie in Abb. 4.47 senkrecht zur gezeigten $q_{\parallel}$-Richtung verläuft, münden die Dispersionszweige aufgrund der Zeitumkehrinvarianz mit waagerechter Tangente in den Zonenrand. Weitere Oberflächenphononen gibt es häufig in den Bandlücken des Kontinuums der Volumenphononen (Abb. 4.47). Neben den Oberflächenphononen gibt es auch noch sogenannte **Resonanzen**. Sie stellen Volumenphononen mit erhöhter Amplitude an der Oberfläche dar und können deshalb ebenso wie die Oberflächenphononen mit oberflächensensitiven Methoden nachgewiesen werden (fette Kurven in Abb. 4.47). Die Frequenz, bei der die Amplitudenüberhöhung beobachtet wird, hängt von den Oberflächeneigenschaften ab und kann z. B. durch die Adsorption von Fremdatomen beeinflusst werden. Experimentell lassen sich Resonanzen von Oberflächenphononen durch ihre relativ große spektrale Breite unterscheiden.

Chemisorbierte Atome oder Moleküle bringen pro Atom drei zusätzlich Zweige von Oberflächenphononen ein (zwei davon sind in Abb. 4.47 dargestellt). Ist die Masse der Adsorbatatome kleiner als die der Substratatome und ist die Bindungsenergie hoch, dann liegen die Dispersionszweige über dem Spektrum der Oberflächen- und Volumenphononen des Substrats. Durch die hohe Frequenz und die vergleichsweise geringe Kopplung der Adsorbate untereinander, haben die entsprechenden Schwingungen nur eine geringe Dispersion. Anders ausgedrückt, die Schwingungen adsorbierter Moleküle sind lateral **lokalisiert** und ihre Frequenzen hängen nur wenig von der langreichweitigen Ordnung der Oberfläche ab. Deswegen haben adsorbierte Moleküle ein **charakteristisches Spektrum** von Eigenschwingungen, so dass die chemische Identität einer adsorbierten Spezies aus dem Spektrum abgelesen werden kann (vgl. Abb. 4.35). Wie bereits in Abschn. 4.4.2 besprochen, ist die Untersuchung von Adsorbatschwingungen besonders für die Oberflächenchemie von Interesse. Da das Spektrum auch von der Symmetrie des lokalen Adsorptionsplatzes abhängt, ist in gewissem Umfange auch eine Bestimmung von Strukturelementen möglich. Der Vollständigkeit halber sei noch erwähnt, dass die Schwingungsfrequenzen **physisorbierter Atome** (Edelgase) wegen ihrer schwachen Bindung (kleine Federkonstante der Kopplung) typischerweise unterhalb des Spektrums der Substratphononen liegen (Abb. 4.47).

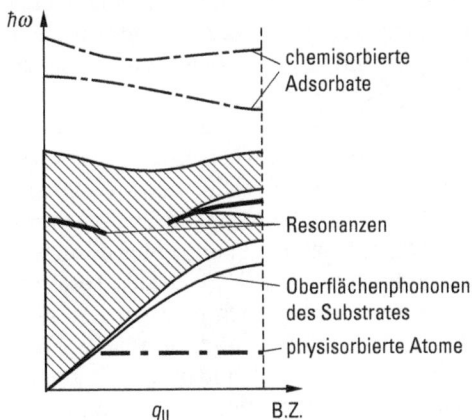

Abb. 4.47 Frequenzbereiche von Oberflächenphononen (Linien) und Volumenphononen (gestrichelter Bereich) in einer Projektion auf die Parallelkomponente des Wellenzahlvektors $q_\parallel$. Die senkrechte gestrichelte Linie markiert die Grenze der zweidimensionalen Brillouin-Zone der Oberfläche.

4.5.1.2 Optische Spektroskopie lokalisierter Schwingungen adsorbierter Moleküle

Experimentelle Methoden zum Nachweis lokalisierter Moden an Oberflächen sind die Raman-Spektroskopie, die Infrarotspektroskopie und die nichtlinear-optische Summenfrequenzspektroskopie. Die **Raman-Spektroskopie** hat den Nachteil geringer Empfindlichkeit. Sie wurde deshalb nur in geringem Maße für die Untersuchung von Oberflächenschwingungen eingesetzt. Erwähnt werden soll in diesem Zusammenhang allerdings, dass durch den resonanten Raman-Effekt eine Verstärkung des Signals erreicht werden kann [102]. Ebenfalls der Erwähnung wert ist der sog. verstärkte Raman-Effekt wie er an rauhen, porösen Oberflächen spezifischer Materialien (z. B. Silber) auftritt [103]. Er ist eine Basis für die qualitative und quantitative **Spurenanalyse von Chemikalien** z. B. in der Umwelt.

Die **Infrarotspektroskopie** wird in verschiedenen Varianten eingesetzt. Für die Untersuchung reiner Oberflächen im Ultrahochvakuum wird die Änderung des Reflexionsvermögens eines Metalls durch die Absorption im Spektralbereich einer dipolaktiven Schwingungsbande gemessen. Das Signal macht sich dann als Verringerung der Reflexion bemerkbar. Höchste Empfindlichkeit erhält man bei streifendem Einfall des IR-Lichtes. Da der elektrische Feldvektor in diesem Fall bei Metalloberflächen nur eine senkrechte Komponente hat, werden in dieser Spektroskopie nur Moden nachgewiesen, die ein Dipolmoment senkrecht zur Oberfläche haben. Dies sind die Moden, die zur totalsymmetrischen Darstellung der Punktgruppe des Oberflächen-Molekül-Komplexes gehören (Tab. 4.1). Die **Auswahlregel** für die Infrarotspektroskopie von Molekülen an Oberflächen ist also **qualitativ verschieden** von der Gasphase. Zum Beispiel ist die Valenzschwingung eines an die Oberfläche gebundenen O_2-Moleküls stets infrarotaktiv. Unter gewissen Umständen machen sich auch Schwingungen mit einer zur Oberfläche parallelen Komponente des Dipolmomentes im Infrarotspektrum bemerkbar, und zwar als Erhöhung der Reflexion [104]. Dieser Effekt stellt eine Verminderung der Absorption durch die freien Elektronen dar und entsteht durch **Elektron-Phonon Kopplung** [105]. Die bekannt gewordenen Beispiele beziehen sich auf niederfrequente Moden mit relativer Bewegung zwischen Molekül und Substrat. Für die inneren Molekülschwingungen und damit den Einsatz der Schwingungsspektroskopie in der chemischen Analyse von Oberflächen spielt dieser Effekt keine Rolle. Eine andere Variante der Infrarotspektroskopie verwendet die Verminderung der Totalreflexion im Absorptionsbereich einer Molekülschwingung. Diese Variante ist besonders für den Einsatz an der Grenzfläche zwischen dem Festkörper und einer Flüssigkeit günstig. Das Infrarotlicht kann einen dünnen Metallfilm auf der Oberfläche eines Prismas durchdringen. Im Bereich der Totalreflexion hat die einfallende und reflektierte Welle des Lichtes noch eine gewisse Feldstärke in der Flüssigkeitszone unmittelbar an der **Metall/Elektrolytgrenzfläche**. Die Reichweite dieses Feldes hängt vom Reflexionswinkel ab. Befinden sich in diesem Bereich lichtabsorbierende Moleküle so wird deren Absorption als Verminderung der Totalreflexion wahrgenommen (engl. *Attenuated Total Reflection*, ATR). Gleichfalls geeignet für den Einsatz an der fest/flüssig Grenzfläche ist die nichtlineare **Summenfrequenzspektroskopie** (siehe z. B. [106]). Dazu wird ein örtlich genau abgegrenztes Flächenstück der Grenzfläche mit Lichtpulsen hoher Leistungsdichte zweier verschiedener Frequenzen, eine aus dem Bereich des infraroten Lichtes und eine aus dem Bereich des sichtbaren Lichtes, gleichzeitig beleuchtet. Durch nichtlineare Kopplung an der Grenzfläche entsteht dann die Summen- und Differenzfrequenz. Die Intensität des Signals durchläuft ein Maximum, wenn einer der drei beteiligten Strahlen, z. B. also der Infrarotstrahl, die Resonanz einer Molekülschwingung durchläuft. Der Vorteil dieser experimentell aufwendigen Methode liegt in der spezifischen **Grenzflächenempfindlichkeit**: Im Volumen der Flüssigkeit und im Volumen des Kristalls (bei genügend hoher Symmetrie) ist die nichtlineare Kopplung dipolverboten!

4.5.1.3 Methoden zur Bestimmung der Dispersion von Oberflächenphononen

Alle optischen Methoden sind auf Anregungen von Phononen bei $q = 0$ beschränkt, da der Wellenzahlvektor des Lichts $q = 2\pi v/c$ klein ist gegen einen reziproken Gittervektor. Dies gilt auch für die Anregung von Oberflächenphononen. Die Ausmessung der Dispersion von Oberflächenphononen erfolgt unter Ausnutzung des **Quasi-Impulssatzes** und der Energieerhaltung bei Streuung

$$k'_\| - k_\| = \pm q_\| + G_\|$$
$$E' - E = \pm \hbar\omega. \tag{4.63}$$

Dabei stellt E die Primärenergie des streuenden Teilchens dar und $k_\|$ die Komponente seines Wellenzahlvektors parallel zur Oberfläche. E' und $k'_\|$ sind entsprechend die Energie und die Parallelkomponente des Wellenzahlvektors des gestreuten Teilchens und $\hbar\omega$ und $q_\|$ sind Energie und Wellenzahlvektor des Oberflächenphonons. Bei der Streuung können Oberflächenphononen angeregt und vernichtet werden, letzteres nur, wenn sie sich vor der Streuung in einem thermisch angeregten Zustand befunden haben. Diese in der Raman-Spektroskopie auch als **Anti-Stokes-Prozesse** bezeichneten Streuereignisse finden wir also bei Teilchenenergien E', die gegenüber der Primärenergie E zu höheren Werten verschoben sind. Für die Messung der Dispersion von Oberflächenphononen kommen nur Teilchen in Frage, die einen großen Streuquerschnitt für die Streuung an Atomen aufweisen, also bereits an den Atomen der Oberfläche ausreichend streuen. Geeignete Teilchen sind He-Atome und Elektronen vorzugsweise mit niedriger Energie (1–200 eV). Da Oberflächenschwingungen typischerweise in einem Energiebereich von 1–100 meV liegen (innere Schwingungen von Molekülen bis 500 meV), müssen die verwendeten Primärteilchen eine schmale Energieverteilung aufweisen.

Inelastische Streuung von He-Atomen. Der **He-Atomstrahl** wird durch adiabatische Expansion eines unter hohem Druck stehenden He-Gases mit einer Temperatur von 300 K erzeugt. Die Temperatur legt die mittlere Energie der He-Atome fest. Sie beträgt etwa 20 meV bei 300 K. Die Energieverteilung ist durch die Maxwell'sche Geschwindigkeitsverteilung mit $|v| > 0$ gegeben. Durch einen Abschäler (engl. *Skimmer*) (Abb. 4.48) werden zunächst alle He-Atome abgeschält, deren Bewegung nicht in Strahlrichtung verläuft. Der verbleibende Strahl hat noch eine sehr breite Energie bzw. Geschwindigkeitsverteilung. Durch die unterschiedlichen Geschwindigkeiten im Strahl kommt es zu Stößen zwischen den He-Atomen und, infolge der nichtzentralen Stöße, werden tangentiale Impulse in Impulse senkrecht zur Strahlrichtung

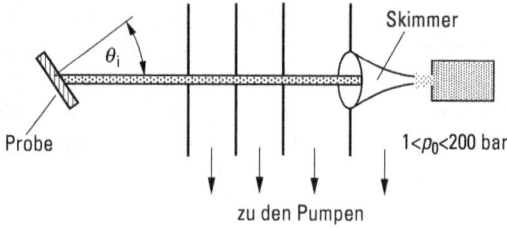

Abb. 4.48 Schema eines Experimentes zur inelastischen He-Streuung. Der monochromatische Strahl von He-Atomen entsteht durch schrittweises Entfernen von He-Atomen aus dem Strahl nach Streuung der He-Atome aneinander. Die Trennung der inelastischen Streuereignisse erfolgt durch Flugzeitmessung.

umgewandelt. Diese He-Atome können dann eine weitere kleine Öffnung (Abb. 4.48) nicht passieren. Indirekte Passagen nach weiteren Wandstößen werden durch Abpumpen verhindert. Nach Passieren mehrerer solcher Öffnungen befinden sich im Strahl schließlich nur noch He-Atome mit einer schmalen Geschwindigkeitsverteilung. Der Grad der erreichbaren Monochromatisierung hängt ab von der Summe der Stoßwahrscheinlichkeiten bis zur Verdünnung in den Hochvakuumbereich, wo keine Stöße mehr stattfinden, und damit also vom Anfangsdruck. Bei einem Primärdruck von 100 bar sind Monochromasien von $\Delta v/v < 1\,\%$ erreichbar. Die Bestimmung der Energie der He-Atome nach der Streuung an der Oberfläche erfolgt durch eine **Flugzeitmessung**. Die Gesamtauflösung des Systems beträgt typischerweise zwischen 0.1 und 1 meV.

He-Atome werden dort gestreut, wo die Elektronendichte etwa 10^{-5} der Dichte im Festkörper beträgt. Die atomare Struktur hat in diesem Abstand noch wenig Einfluss auf das Streupotential; die Oberfläche wirkt in erster Näherung wie ein glatter Spiegel. Die Intensität gebeugter Strahlen und damit die Intensität inelastisch gestreuter Strahlen ist vergleichsweise gering. Es ist leicht einzusehen, dass sich in erster Linie vertikale Bewegungen der Atome in der Streuung bemerkbar machen, und dies besonders dann, wenn sich benachbarte Atome ungefähr gleichphasig bewegen, also bei Phononen mit großer Wellenlänge; dann bewegt sich lokal der Spiegel vor und zurück. Bei kürzeren Wellenlänge nimmt der Streuquerschnitt exponentiell mit $q_{\parallel}$ ab. Oberflächenphononen am Rand der Brillouin-Zone, bei denen benachbarte Oberflächenatome in Gegenphase schwingen, sind mit inelastischer He-Streuung deshalb nur mit geringer Empfindlichkeit nachweisbar. Dies gilt besonders für die Oberflächen von Metallen mit ihrer geringen Korrugation der Elektronendichte vor der Oberfläche. Aus dem gleichen Grunde gelingt es nur selten, parallel zur Oberfläche polarisierte Phononen nachzuweisen. Eine notwendige Voraussetzung für die Quantennatur der Streuung von Atomen an Phononen ist, dass die Wechselwirkungszeit der Atome mit dem Potential der Oberfläche kurz gegen die Schwingungsdauer eines Phonons ist. Bezeichnen wir die relevante Länge des Wechselwirkungspotentials mit Λ, dann muss also die Wechselwirkungszeit Λ/v_{He} kleiner als die inverse Frequenz des Phonons sein. Setzt man $\Lambda = 1\,\text{Å}$ und v_{He} entsprechend der thermischen Energie des He-Atoms von 20 meV an, so ergibt sich, dass die Quantenenergie des Phonons kleiner als ca. 25 meV sein sollte.

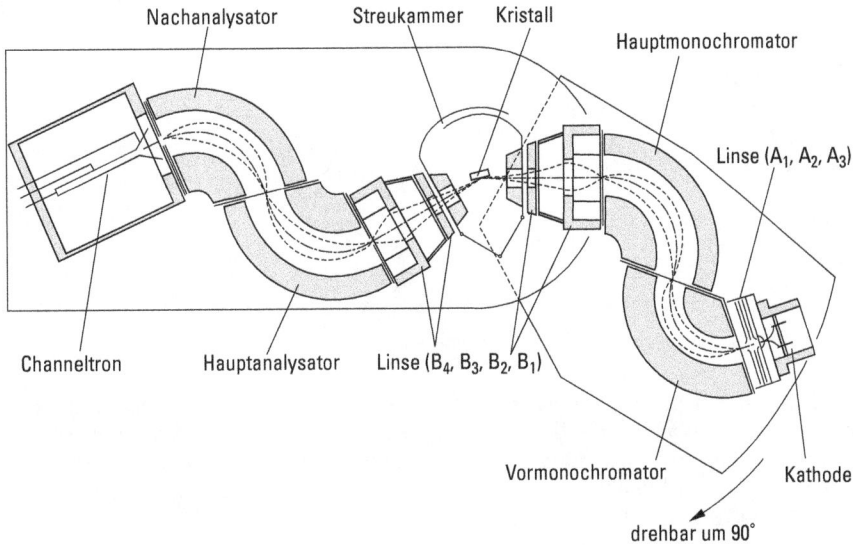

Abb. 4.49   Elektronenspektrometer für die inelastische Streuung von Elektronen an Oberflächen.

Inelastische Streuung von Elektronen. Im Gegensatz zu He-Atomen können Elektronen durch **energiedispersive elektronenoptische Elemente** bezüglich ihrer Energie selektiert werden. Für höchste Auflösung und die geforderten niedrigen Primärenergien (hoher Streuquerschnitt!) kommen ausschließlich elektrostatische Ablenkeinheiten in Frage. Ein komplettes Spektrometer ist in Abb. 4.49 dargestellt. Mit solchen Spektrometern lassen sich Energieauflösungen bis unter 1 meV (Rekord 0.5 meV [107, 108]) bei noch akzeptablen Intensitäten erzielen. Gegenüber der He-Streuung hat die Elektronenspektroskopie (engl. *Electron Energy Loss Spectroscopy* EELS) eine Reihe von Vorteilen. Der untersuchbare Frequenzbereich ist nach oben unbegrenzt. Also sind auch elektronische Energieverluste im Bereich von einigen eV messbar. Der Impulsübertrag $q_\parallel$ kann nach Belieben durch Änderung des Streuwinkels eingestellt werden und ändert sich wegen der relativ hohen Primärenergie praktisch nicht beim Durchlaufen eines Energieverlustspektrums. Schließlich können unterschiedliche Streumechanismen eingesetzt werden.

Diese sind Dipolstreuung, Stoßstreuung und Resonanzstreuung. In der **Dipolstreuung** erfolgt die inelastische Wechselwirkung über die Kopplung des Dipolmomentes einer Schwingung oder elektronischen Anregung mit dem von der Ladung des Elektrons ausgehenden Feld. Die Wechselwirkung ist langreichweitig und deshalb finden wir die entsprechend gestreuten Elektronen im Kleinwinkelbereich um die gebeugten Strahlen herum. Der Impulsübertrag $q_\parallel$ ist also gering. Dies wird in Abb. 4.50 veranschaulicht: Schon in einem relativ großen Abstand von der Oberfläche bildet sich ein elektrisches Feld zwischen Oberfläche und Elektron welches quantitativ durch den Ansatz einer **Bildladung** im Innern beschrieben werden kann. Wegen der langen Reichweite des Feldes können die Energieverluste des Elektrons

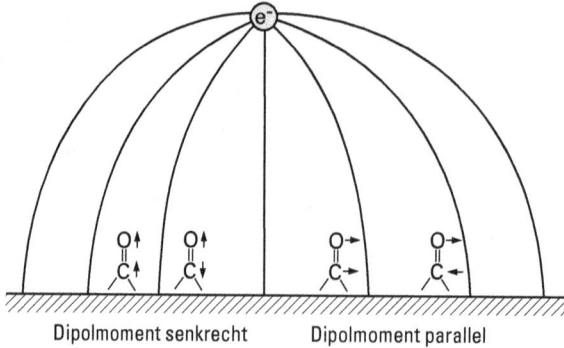

Dipolmoment senkrecht   Dipolmoment parallel

Abb. 4.50 Das von einem Elektron ausgehende elektrische Feld ist an der Oberfläche des Festkörpers nahezu senkrecht orientiert ($\varepsilon \gg 1$). Daraus folgt, dass eine Wechselwirkung nur mit den Schwingungen erfolgt, die ein senkrechtes Dipolmoment aufweisen. Die Anregung benachbarter Moleküle ist annähernd gleichphasig ($q_\parallel \cong 0$). Die Auswahlregeln sind also wie bei der Infrarotabsorption an Oberflächen (Tab. 4.1).

klassisch beschrieben werden. Betrachtet man z. B. die Streuung an einem dielektrischen Halbraum, so ist die Intensität des vom Elektron ausgehenden Feldes im Inneren um den Faktor $|\varepsilon(\omega) + 1|^{-2}$ reduziert und der Energieverlust durch Ohm'sche Verluste ist deshalb proportional zu

$$\frac{\varepsilon_2}{|\varepsilon(\omega) + 1|^2} = -\operatorname{Im}\left(\frac{1}{\varepsilon(\omega) + 1}\right). \tag{4.64}$$

Bei geringer Dämpfung ε_2 liegen die Pole dieser Funktion gerade bei den in Abschn. 4.3.2.1 beschrieben Oberflächenanregungen und die Abb. 4.23 zeigte ein entsprechendes Verlustspektrum.

Die **Stoßstreuung** beinhaltet die Wechselwirkung von Elektronen mit dem lokalen Streupotential der sich bewegenden Atome. Die Grundlagen der inelastischen Wechselwirkung folgen den allgemeinen Prinzipien der Streuung von Wellen an sich bewegenden Streuzentren [49, S. 91]. Eine quantitative Beschreibung des Streuquerschnitts muss die elastische **Vielfachstreuung** der niederenergetischen Elektronen mit einbeziehen [109]. Durch die Vielfachstreuung oszilliert der Streuquerschnitt bei festgehaltenem Impulsübertrag $q_\parallel$ sehr stark. Das hat durchaus praktische Vorteile. Durch die starken Oszillationen findet man immer Bedingungen, wo die Streuamplitude für das interessierende Phonon überwiegt, so dass es im Spektrum dominiert. Auf diesem Prinzip basiert die Messung von Dispersionszweigen von Oberflächenphononen. Berechnungen des Streuquerschnitts hat man wegen ihrer Aufwendigkeit nur für exemplarische Fälle durchgeführt [109, 110]. Als Beispiel für ein experimentelles Ergebnis sind in Abb. 4.51 die **Dispersionskurven von Oberflächenphononen** auf einer Wasserstoff-terminierten (d. h. unrekonstruierten) Si(111)-Oberfläche gezeigt [111].

Als letzten der Streumechanismen wollen wir kurz die sog. **Resonanzstreuung** behandeln. Resonanzstreuung tritt auf, wenn die Primärenergie des Elektrons auf einen unbesetzten Zustand eines Moleküls trifft und das Elektron mit dem Molekül für einige Femtosekunden ein negatives Ion bildet. Solche Zustände existieren insbesondere bei freien Molekülen und sie können auch nach Adsorption an einer Oberfläche erhalten bleiben, wenn die Wechselwirkung mit dem Substrat gering ist, also bei **Physisorption**. Das negative Ion zerfällt unter Aussendung eines Elektrons in ein neutrales Molekül. Die durch solche Prozesse emittierten Elektronen haben eine **charakteristische Winkelverteilung**, welche der Winkelverteilung der Aufenthaltswahrscheinlichkeit des Elektrons in dem Orbital entspricht, in welchem das Elektron eingefangen war. Das nach der Emission des Elektrons zurückbleibende neutrale Molekül kann sich in einem Zustand unterschiedlicher Anregung befinden. Zum einen kann das Molekül nur vibronisch angeregt sein. Die Energie des ausgesandten Elektrons muss dann um die entsprechenden vibronischen Energien vermindert sein. Zum anderen kann der Zustand des Moleküls nach der Elektronenemission auch ein elektronisch angeregter Zustand sein, der ein anderes Spektrum vibronischer Anregungen aufweist als der Grundzustand. Das emittierte Elektron hat dann eine Energie, die gegenüber der Primärenergie wiederum um den entsprechenden Betrag der Anregung vermindert ist. Solche Resonanzstreuphänomene sind in der Vergangenheit vor allem in der Streuung an Molekülen in der Gasphase beobachtet worden. Sie waren zwischen 1950 und 1970 Gegenstand intensiver Forschung [112]. Sie lassen sich auch an auf Oberflächen physisorbierten Molekülen beobachten [113].

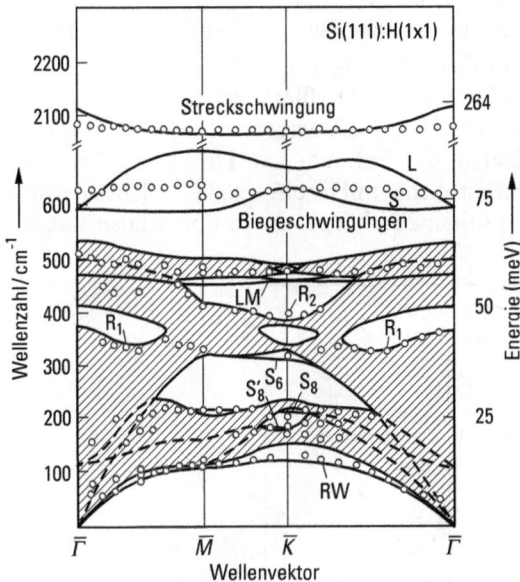

Abb. 4.51 Dispersionskurven von Oberflächenphononen an der Wasserstoff-terminierten (unrekonstruierten) Si(111)-Oberfläche [111]. Die Kreise sind Messpunkte, die ausgezogenen bzw. gestrichelten Linien berechnete Dispersionskurven. Die schraffierten Bereiche sind die auf die Oberfläche projizierten Volumenbänder. Die drei Dispersionszweige oberhalb der Volumenbänder sind die Wasserstoffschwingungen.

4.5.2 Elektronzustände an Oberflächen

4.5.2.1 Elektronendichteverteilung an der Oberfläche und Austrittsarbeit

An der Oberfläche muss die Elektronendichte von ihrem hohen Wert im Inneren des Festkörpers auf Null absinken. Die Berechnung der Abhängigkeit der Elektronendichte von der z-Koordinate senkrecht zur Oberfläche stellt ein **Vielteilchenproblem** dar, das erst durch die Dichtefunktionaltheorie erfolgreich behandelt werden konnte. Im einfachsten Modell dazu vernachlässigt man die Gitterstruktur des Festkörpers und man beschreibt die positive Ladung der Ionenrümpfe als eine homogene Ladungsdichte. Die Oberfläche wird dann durch einen abrupten Abbruch der positiven Ladung markiert. Dieses sogenannte **Jellium-Modell** vermag einige wesentliche Eigenschaften der elektronischen Struktur von Oberflächen zu beschreiben. In Abb. 4.52 ist die von Lang und Kohn berechnete Elektronendichte in diesem Modell für zwei verschiedene Elektronendichten gezeigt [114]. Die Elektronendichten werden, wie in der Theorie üblich, durch r_s beschrieben, wobei r_s den Radius der Kugel angibt, welche die Größe des dem Elektron zustehenden Volumens hat ($r_s = 2$ entspricht einer Dichte von $n = 2.02 \times 10^{23}$ Elektronen cm^{-3}, $r_s = 5$ entspricht 1.29×10^{23} cm^{-3}). Die Elektronendichte vermag dem scharfen Abruch der positiven Ladung der Ionenrümpfe nur innerhalb einer **Abschirmlänge** zu folgen (Abb. 4.52). Die endliche Abschirmlänge folgt aus der Tatsache, dass nicht beliebig kurze Wellenlängen zur Abschirmung zur Verfügung stehen: die kürzeste Wellenlänge ist die Wellenlänge eines Elektrons am Fermi-Niveau ($\lambda_F = 2\pi/(3\pi^2 n)^{1/3}$). Die charakteristische Abschirmlänge entspricht in etwa der **Thomas-Fermi Abschirmlänge** r_{TF} ($r_{TF}/\lambda_F \cong \sqrt{a_0/\lambda_F}$ mit a_0 dem Bohr-Radius, vgl. z. B. Kap. 6.5 in [49]). Die gedämpften Oszillationen der Elektronendichte (**Friedel-Oszillationen**) sind gleichfalls eine Folge der endlichen Abschirmlänge. Abbildung 4.52 zeigt ferner, dass die Elektronendichte einen exponentiellen Ausläufer in das Vakuum hat. Durch den Verlauf der Elektronendichte an der Oberfläche entsteht ein Dipolmoment, welches dafür sorgt, dass das Elektron beim Austritt aus dem Festkörper einen Potentialsprung durchlaufen

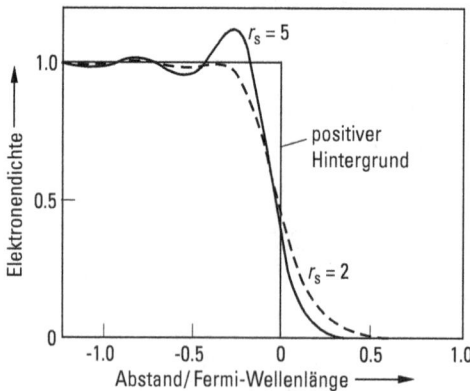

Abb. 4.52 Elektronendichte in einem Metall in der Nähe der Oberfläche gemäß dem „Jellium"-Modell [114].

Tab. 4.2 Austrittsarbeiten der Elemente in eV (polykristalline Proben, nach Michaelsen [Michaelson, 1977, Nr. 355])

Li	Be											B	C		
2.9	4.98											4.45	5.0		
Na	Mg											Al	Si	P	S
2.75	3.66											4.28	4.85	–	–
K	Ca	Sc	Ti	V	Cr	Mn	Fe	Co	Ni	Cu	Zn	Ga	Ge	As	Se
2.30	2.87	3.5	4.33	4.3	4.5	4.1	4.5	5.0	5.15	4.65	4.33	4.2	5.0	3.75	5.9
Rb	Sr	Y	Zr	Nb	Mo	Tc	Ru	Rh	Pd	Ag	Cd	In	Sn	Sb	Te
2.16	2.59	3.1	4.05	4.3	4.6	–	4.71	4.98	5.12	4.26	4.22	4.12	4.42	4.42	4.95
Cs	Ba	La	Hf	Ta	W	Re	Os	Ir	Pt	Au	Hg	Tl	Pb	Bi	Po
2.14	2.7	3.5	3.9	4.25	4.55	4.96	4.83	5.27	5.65	5.1	4.49	3.84	4.25	4.22	–

muss. Zu diesem Potentialsprung kommt noch ein im **Jellium-Modell** nicht berechenbarer klassischer Term durch das **Bildkraftpotential** hinzu und ferner die sog. **Selbstenergie** des Elektrons im Feld der positiven Ladung der Ionenrümpfe und der anderen Elektronen. Die Summe dieser Terme, vermindert um die maximale kinetische Energie eines Elektrons im Fermi-Gas, ist die sog. Austrittsarbeit. Sie ist also die minimale Energie, die aufzuwenden ist, um ein Elektron mit Fermi-Energie ins Vakuum zu bringen, und zwar so weit, bis das Bildkraftpotential keine Rolle mehr spielt. Tabelle 4.2 zeigt die **Austrittsarbeiten** der Elemente nach einer Zusammenstellung von Michaelson [115]. Außer von der Art des Elementes hängen die Austrittsarbeiten von der Struktur der Oberfläche ab. Rauhe Oberflächen, z. B. Oberflächen, deren kristallografische Struktur relativ offen ist, haben eine kleinere Austrittsarbeit (z. B. die (110)-Oberfläche eines fcc-Kristalls). Der Grund ist, dass die Elektronendichte auch einer lateralen Strukturierung der Oberfläche nur im Rahmen der Abschirmlänge zu folgen vermag. Dadurch entstehen auf rauhen Oberflächen Dipolmomente, bei denen die positive Ladung weiter außen liegt, was zu einer Verminderung der Austrittsarbeit führt. Eine spezifische Rauhigkeit ist durch monoatomare Stufen gegeben, wie sie auf Vizinalflächen (s. Abschn. 4.2.4) auftreten. Vizinalflächen haben demnach eine geringere Austrittsarbeit. Die Verminderung der Austrittsarbeit ist proportional zur Stufendichte. Stufendipolmomente liegen im Bereich von einigen $10^{-3} e_0$ nm (e_0 = Elementarladung) [116]. Bei Oberflächen im Kontakt mit Elektrolyten führt die Verkleinerung der Austrittsarbeit durch Stufen zu einer Verschiebung des **Nullladungspotentials** zu negativeren Werten.

4.5.2.2 Elektronische Zustände an Oberflächen

In diesem Abschnitt beschäftigen wir uns mit den spezifischen elektronischen Zuständen an Oberflächen bzw. Grenzflächen. Hat die Oberfläche eine periodische Struktur, so sind die Wellenfunktionen $\Psi(r)$ **zweidimensionale Blochwellen**

$$\Psi(r) = u_k(r_\parallel, z)\, e^{ik_\parallel \cdot r_\parallel}. \tag{4.65}$$

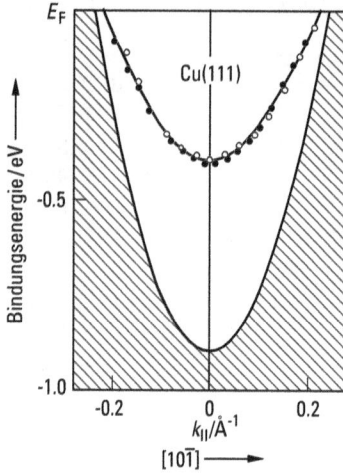

Abb. 4.53 $E(k)$-Abhängigkeit der Oberflächenzustände auf Cu(111). Der Bereich der Volumenzustände ist schraffiert (nach [117]).

Wie bei den Phononen kann man zwischen echten **Oberflächenzuständen** und **Resonanzen** unterscheiden, je nachdem, ob die Amplitudenfunktion $u_k(r_\parallel, z)$ im Inneren verschwindet oder in einen Volumenzustand, also in eine dreidimensionale Blochwelle übergeht. Die Existenzbedingung für einen Oberflächenzustand ist ebenfalls wieder, dass kein Volumenzustand zu gleichem $k_\parallel$ und gleicher Energie existiert. Die echten Oberflächenzustände existieren also in den Lücken der auf die Oberfläche projizierten Volumenbandstruktur. Ein Beispiel dafür bieten Oberflächenzustände auf den (111)-Flächen von fcc-Metallen. In Abb. 4.53 ist die $E(k)$-Abhängigkeit entlang der [10$\bar{1}$]-Richtung für Cu(111) dargestellt [117]. Der schraffierte Bereich wird von Volumenzuständen eingenommen. Der parabelförmige Verlauf der $E(k)$-Abhängigkeit mit einer **effektiven Masse**, die nahezu die des freien Elektrons ist, zeigt, dass das Elektron im Oberflächenzustand parallel zur Oberfläche ein weitgehend freies Elektron ist. Dies liegt daran, dass die Ladungsdichte des Elektrons sich im Wesentlichen im Vakuum außerhalb des Festkörpers befindet. Das Elektron spürt deshalb wenig vom periodischen Potential der Ionenrümpfe. Deutlich davon verschieden sind die Oberflächenzustände auf Halbleiteroberflächen, die sich von den nicht abgesättigten freien Valenzen herleiten. Betrachtet man als Beispiel die (100)-Oberflächen von Ge und Si, so besitzen diese selbst nach Rekonstruktion zu **Dimeren** (s. Abschn. 4.2.2.1) noch eine freie Valenz pro Oberflächenatom, d. h. ein mit nur einem Elektron gefülltes Orbital. Dies entspricht einem halb gefüllten Band von Oberflächenzuständen. Durch Bildung asymmetrischer Dimere entsteht noch eine zusätzliche Bandaufspaltung (Abb. 4.5) in ein gefülltes und ein leeres Band. Schematisch ergibt sich damit die Zustandsdichte in Abb. 4.54. Die Größe der Aufspaltung der Oberflächenzustände in besetzte und unbesetzte hängt vom Material und von der Art der Oberfläche ab. Sie kann so groß sein, dass die Oberflächenzustände in die Volumenbänder hineinrutschen. Dies ist z. B. der Fall bei den [110]-

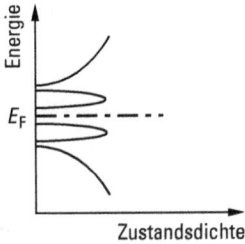

Abb. 4.54   Schematische Zustandsdichte bei einem Halbleiter mit freien Valenzen an der Oberfläche.

Oberflächen von III-V-Verbindungen. Oberflächenzustände sind von besonderer Bedeutung für die **elektronische Struktur von Halbleiteroberflächen**, wenn sie in der Bandlücke liegen. Dabei ist der Umladungscharakter der Oberflächenzustände wesentlich für die elektronischen Eigenschaften von Halbleitergrenzflächen: Der Umladungscharakter der Oberflächenzustände ist so beschaffen, dass die Bänder unterhalb und oberhalb des Fermi-Niveaus neutral sind, wenn die unterhalb liegenden besetzt und die oberhalb liegenden unbesetzt sind. Dies ergibt sich aus der Tatsache, dass das besetzte Band unterhalb des Fermi-Niveaus aus den im neutralen Fall halbgefüllten freien Valenzen entstanden ist. Die Oberfläche wird also positiv geladen, wenn dem Band unterhalb des Fermi-Niveaus Elektronen entzogen werden (= Ladungscharakter eines **Akzeptors**) und negativ geladen, wenn dem Band oberhalb des Fermi-Niveaus Elektronen hinzugefügt werden (= Ladungscharakter eines **Donators**). Wir haben damit die Situation, dass Akzeptoren hoher Zustandsdichte oberhalb des Fermi-Niveaus liegen und Donatoren unterhalb. Dies führt dazu, dass die Lage des Fermi-Niveaus an der Oberfläche weitgehend unabhängig von der Lage des Fermi-Niveaus im Volumen, also von der Dotierung, wird. Eine Verschiebung des Fermi-Niveaus an der Oberfläche würde zu einer starken Aufladung der Oberfläche führen, die durch eine entsprechende Gegenladung im Volumen oder in einem angrenzenden Medium kompensiert werden müsste, was bei mäßiger Dotierung nicht möglich ist. Diese Festlegung des Fermi-Niveaus an der Oberfläche unabhängig von der Dotierung (außer wenn bis in die Entartung dotiert wird) hat wesentliche Konsequenzen für die Transporteigenschaften in Halbleiter-Heterostrukturen und Schottky-Kontakten (vgl. Kap. 7.9 und folgende, siehe auch [118]).

4.5.2.3 Einfluss von Begrenzungen auf die Elektronenzustände

In jüngster Zeit sind auch zahlreiche **Quanteneffekte** in der elektronischen Struktur und in der Energetik von Nanostrukturen auf Oberflächen beobachtet worden, die auf den mit der Strukturierung verknüpften Randbedingungen für das Elektronensystem beruhen. Wir betrachten zunächst Begrenzungen, welche die Folge einer Schichtung des Materials auf Oberflächen sind. Bringt man z. B. eine Schicht eines Metalls auf einen Isolator, Halbleiter oder auch ein anders Metall auf, so kann die Grenzfläche für die Metallelektronen der aufgebrachten Schicht eine Barriere darstellen, ähnlich wie die Austrittsarbeit auf der Vakuumseite der Schicht. Damit sind die vormals freien Elektronen des Metalls in einen eindimensionalen Kasten eingesperrt, was zu einer zusätzlichen **Quantisierung der Zustände** führt. Es sind nur solche Zustände erlaubt, bei denen ein geschlossener Weg eine Phasenverschiebung mit einem Vielfachen von 2π bewirkt:

$$2k_z d + \Phi_s + \Phi_i = 2\pi n. \tag{4.66}$$

Dabei ist k_z die Komponente des Wellenvektors senkrecht zur Schicht, d die Schichtdicke und Φ_s und Φ_i sind die Phasenverschiebungen bei Reflexion an der Oberfläche bzw. an der Grenzfläche zum Substrat. Diese Bedingung bewirkt eine Oszillation der Elektronendichte senkrecht zur Schicht (s. Abb. 4.52). Die zusätzliche Quantisierung lässt sich z. B. in der Photoelektronenspektroskopie nachweisen und wird als **Quantum Size Effect** bezeichnet.

Abbildung 4.55 zeigt die für Mg-Schichten unterschiedlicher Dicke auf Si(111) beobachteten Oszillationen der spektralen Dichte der Zustände als Funktion der Elektronenenergie [119].

Durch die zusätzliche Quantisierung oszilliert auch die kinetische Energie des Elektronensystems und damit die Gesamtenergie mit der Dicke der Schicht. Dies kann Folgen für das epitaktische Wachstum und die Gleichgewichtsstruktur von Schichten haben. Ein ziemlich spektakulärer Fall wurde kürzlich berichtet [120]: Auf eine Si(111)-Oberfläche wurden mehrlagige Inseln aus Blei erzeugt. Diese hatten zunächst die Form runder Platten mit ebener Oberfläche. Im Laufe der Zeit entstand in der Mitte der Insel eine Vertiefung und die frei werdenden Bleiatome vergrößerten die Höhe am Inselrand, so dass insgesamt eine ringartige Struktur entstand. Der

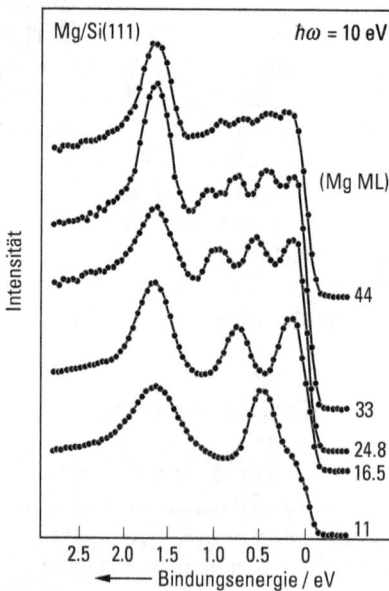

Abb. 4.55 Oszillationen der spektralen Dichte der Zustände als Funktion der Elektronenenergie für Mg-Schichten unterschiedlicher Dicken (in Monolagen ML) auf Si(111) (nach [119]).

Prozess wurde durch eine damit verbundene Verminderung der elektronischen Energie erklärt.

Eine laterale Strukturierung der Oberfläche hat einen besonders großen Einfluss auf die Oberflächenzustände, welche den Schwerpunkt ihrer Ladungsdichte außerhalb der Oberfläche haben. Dies ist z. B. der Fall bei den Oberflächenzuständen der (111)-Oberflächen von Kupfer, Silber und Gold (s. Abb. 4.53). Besonders bekannt geworden sind in diesem Zusammenhang die **Quantum Corrals** [121]: Durch gezielte Positionierung von Atomen mittels der Spitze eines Rastertunnelmikroskops wurde ein geschlossener Ring von Fe-Atomen auf Cu(111)-Oberflächen hergestellt, in denen die Wellenfunktionen der Oberflächenzustände der Cu(111)-Oberfläche eingesperrt werden. Die durch diese Quantenbedingung hervorgerufene Änderung der Zustandsdichte am Fermi-Niveau wird mit dem RTM abgebildet (Abb. 4.56).

Ähnlich wie Fremdatome sind auch monoatomare Stufen Potentialbarrieren für die Elektronen in den Oberflächenzuständen. Deshalb lassen sich die Elektronen auch durch Stufen auf Vizinalflächen oder durch die Berandung **monoatomarer Inseln** bzw. Leerstelleninseln einsperren [122].

Ein einzelnes Adatom auf einer Oberfläche stellt einen Ort erhöhten Potentials für die Elektronen in den Oberflächenzuständen dar. Die Elektronendichte ist deshalb am Ort des Adatoms klein und wächst mit zunehmendem Abstand vom Adatom schließlich auf den normalen Wert der Oberfläche. Der Übergang erfolgt mit gedämpften Oszillationen wie bei der in Abschn. 4.5.2.1 diskutierten Ladungsdichte im **Jellium-Modell**. Die Frequenz der Oszillationen entspricht der Fermi-Wellenlänge der Oberflächenzustände [123]. Befindet sich innerhalb der Übergangszone ein zweites Adatom, so ist die Wellenfunktion der Oberflächenzustände zwischen den Adatomen partiell eingesperrt, mit der Konsequenz einer Erhöhung der kinetischen Energie der solchermaßen eingesperrten Elektronen. Dies führt zu einer repulsiven Wechselwirkung zwischen Adatomen. Da aber die Ladungsdichte als Funktion des Abstands von einem Adatom oszilliert, ist auch die Wechselwirkung zwischen den Adatomen oszillierend [124]. Die repulsive elektronische Wechselwirkung zwischen Adatomen hat Konsequenzen für die **Nukleation**, welche in Abschn. 4.7.1 besprochen wird.

Abb. 4.56 Abbildung der Zustandsdichte von elektronischen Oberflächenzuständen auf einer Cu(111)-Oberfläche, die durch einen Ring aus Fe-Atomen eingesperrt sind [121].

4.6 Nichtperiodische Bewegungen von Atomen an Oberflächen – Diffusion und Fluktuationen

Durch die Entwicklung der **Feldionenmikroskopie** [125] und später der Rastertun-nelmikroskopie [6] wurde die Beobachtung einzelner Atome auf Oberflächen mög-lich, und damit auch die Betrachtung von Diffusionsprozessen direkt am Einzelatom. Eine Beschreibung von Diffusionsprozessen, die von der stochastischen Bewegung von Einzelatomen auf niedrig indizierten Flächen ausgeht, kann somit direkt an neueste Experimente anknüpfen und scheint der natürliche Anfangspunkt einer mo-dernen Abhandlung der Oberflächendiffusion zu sein. Auf der anderen Seite werden **Schichtwachstum, Ausheilprozesse** und generell die großräumige Morphologie von Oberflächen von **kollektiven Diffusionsprozessen** bestimmt, die aus einer Vielzahl unterschiedlicher atomarer Einzelprozesse bestehen. Hier ist der Übergang zu einer kollektiven, kontinuumsmäßigen Beschreibung nicht nur gerechtfertigt, sondern notwendig. Es zeigt sich nämlich, dass wichtige **Zeit- und Skalengesetze** mit einer beachtlichen Allgemeingültigkeit hergeleitet werden können, ohne dass die atomaren Einzelprozesse bekannt oder gar quantifiziert sein müssen.

4.6.1 Stochastische Bewegung von Einzelatomen

Der Einfachheit halber betrachten wir die stochastischen Platzwechselvorgänge eines Einzelatoms (oder auch einer Leerstelle) auf einer Oberfläche mit vierzähliger Sym-metrie (Abb. 4.57). Der Platzwechselvorgang kann mikroskopisch ein **Hüpfprozess** sein, bei dem das Atom aus dem Bindungsplatz mit vier nächsten Nachbarn über einen Zwischenzustand mit zwei Nachbarn zum nächsten Platz springt (Abb. 4.57a). Alternativ wäre entlang der Diagonale auch ein Platzwechsel unter gleichzeitiger Bewegung zweier Atome denkbar (Abb. 4.57b). Der letztere Prozess hat tatsächlich oft die niedrigere Aktivierungsenergie [126]. In beiden Fällen sind die Platzwech-selvorgänge entlang zweier passend gewählter orthogonaler Richtungen unabhängig voneinander. Für die Berechnung der nach insgesamt N Platzwechselvorgängen zu-rückgelegten Strecke genügt es also, die Bewegung in einer Dimension zu betrachten. Die möglichen Adsorptionsplätze und die Zahl der Sprünge seien durch die Indizes i bzw. j bezeichnet. Das diffundierende Atom liege zu Anfang ($j = 0$) am Platz $i = 0$.

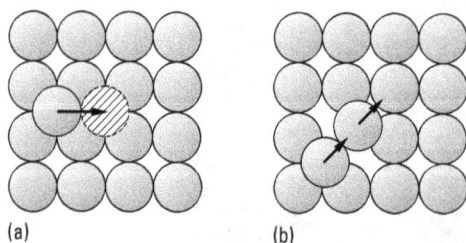

(a)   (b)

Abb. 4.57 Darstellung (a) eines Hüpfprozesses und (b) eines Austauschprozesses. Man be-achte, dass die Bewegungsrichtungen in beiden Fällen verschieden sind.

Die zugehörige Ortskoordinate sei $x_0 = 0$. Nach einem ersten Sprung ($j = 1$) liegt es mit der Wahrscheinlichkeit $1/2$ entweder bei $i = 1$ oder $i = -1$. Der Ort des Atoms ist dann $x_j = \pm l$, mit l der Sprungweite. Nach dem nächsten Sprung ($j = 2$) liegt das Atom mit der Wahrscheinlichkeit $1/4$ bei $i = \pm 2$, also $x_{j=2} = \pm 2l$, und mit der Wahrscheinlichkeit $1/4 + 1/4 = 1/2$ bei $i = 0$, usw. Das Bildungsgesetz für die Wahrscheinlichkeit w_{ij} das Atom nach j Sprüngen am Ort i zu finden ist also

$$w_{ij} = \frac{1}{2}(w_{i+1,j-1} + w_{i-1,j-1}).\tag{4.67}$$

Für eine beliebige Anzahl von Sprüngen, z. B. $j = 2$, berechnet man sofort das mittlere Entfernungsquadrat vom Ursprung zu

$$\langle (x_j - x_0)^2 \rangle = l^2 \sum_i w_{ij} i^2 = l^2 j.\tag{4.68}$$

Durch Verwendung des Bildungsgesetzes Gl. (4.67) und Umnummerierung der Indizes lässt sich die **vollständige Induktion** durchführen

$$\sum_i w_{i,j+1} i^2 = \frac{1}{2}\sum_i (w_{i+1,j} + w_{i-1,j}) i^2 = \frac{1}{2}\sum_i w_{ij}[(i-1)^2 + (i+1)^2]$$
$$= \sum_i w_{ij} i^2 + \sum_i w_{ij} = j + 1.\tag{4.69}$$

Damit gilt Gl. (4.68) für eine beliebige Anzahl Sprünge. Nach Einführung einer mittleren Sprungrate v erhält man für das Entfernungsquadrat in einer Richtung nach einer Zeit t:

$$\langle (\Delta x)^2 \rangle = \langle (\Delta y)^2 \rangle = \bar{l}^2 v t.\tag{4.70}$$

Da die Sprungweiten nicht unbedingt bei jedem Sprung gleich sind, also nicht nur zu den nächsten Nachbarn gehen müssen, haben wir die mittlere Sprungweite $\bar{l}$ eingeführt. Weil die Bewegungen in x-Richtung und y-Richtung statistisch unabhängig sind, ist die mittlere Entfernung vom Ursprung nach einer Zeit t für **zweidimensionale Diffusion** ($r = (x, y)$)

$$\langle (\Delta r)^2 \rangle = 2\bar{l}^2 v t = D_s t.\tag{4.71}$$

Der mit Gl. (4.71) eingeführte Diffusionskoeffizient D_s wird als Sprung-Diffusionskoeffizient bezeichnet.

4.6.2 Absolute Ratentheorie

Sprünge von Atomen stellen aktivierte Prozesse dar. Die in Gl. (4.70) eingeführte Sprungrate hat also die Form:

$$v(T) = v_0 e^{-\frac{E_{akt}}{k_B T}}.\tag{4.72}$$

Der präexponentielle Faktor v_0 selbst kann mit einer Potenz von der Temperatur T abhängen. Die Größe von v_0 und die Bedeutung der Aktivierungsenergie E_{akt} ergeben sich aus der **absoluten Ratentheorie** oder auch **Übergangszustandstheorie**

(**Transition State Theory**). Sie wurde für beliebige aktivierte Prozesse in komplexen Systemen mit vielen Freiheitsgraden entworfen [127] und ist deshalb u. a. auch auf die in Abschn. 4.4.4 diskutierte Desorption anwendbar. Eine kompakte Darstellung findet sich in [128]. Im Fall der Diffusion von Atomen sind Ausgangszustand A und Endzustand E in allen allgemeinen Koordinaten q des Gesamtsystems und den dazu kanonisch konjugierten Impulsen p gleich bis auf die Translation entlang einer Achse. Die von den Ensembles der Koordinaten $\{q\}$ und der Impulse $\{p\}$ abhängenden freien Enthalpien $G(\{q\}, \{p\})$ sind also im Anfangs- und Endzustand gleich. Führt man jetzt das diffundierende Atom auf einem beliebigen Pfad von A nach E, so ändern sich entlang dieses Pfades die Koordinaten q und die Impulse p und damit auch $G(\{q\}, \{p\})$. Da Anfangs- und Endzustände Minima der freien Enthalpie darstellen, ist $G(\{q\}, \{p\})$ entlang des Pfades höher. Die Übergangszustandstheorie nimmt nun an, dass der tatsächlich verfolgte Pfad derjenige ist, der auf dem ganzen Pfad jeweils zu minimalen Zwischenwerten der freien Enthalpie führt. Der Weg entlang dieses speziellen Pfades sei durch die **Reaktionskoordinate** q_r beschrieben. Irgendwo auf dem durch q_r beschriebenen Minimalpfad gibt es ein Maximum. Im Falle eines diffundierenden Atoms wäre das z. B. der zweifach koordinierte Brückenplatz in Abb. 4.57a. Dieses Maximum ist ein Maximum bezüglich q_r und ein Minimum bezüglich der Variation aller anderen Koordinaten q und p und damit ein Sattelpunkt. Dies ist der sog. Übergangszustand. Der durch den Sattelpunkt verlaufende Minimalpfad ist in Abb. 4.58 dargestellt. Die Sprungrate lässt sich durch die Differenz der freien Enthalpien des Übergangszustandes und des Anfangszustandes ausdrücken. Die kinetische Energie entlang der Reaktionskoordinate ist $p_r^2/2\mu$ mit μ einer reduzierten Masse und $p_r = \mu\dot{q}_r$. Die Zahl der Quantenzustände im Phasenvolumen $\mathrm{d}p_r\,\mathrm{d}q_r$ ist $\mathrm{d}p_r\,\mathrm{d}q_r/h$, mit h der Planck-Konstanten. Die Wahrscheinlichkeit das System im Übergangszustand zu finden ist

$$w(q_r, p_r)\,\mathrm{d}q_r\,\mathrm{d}p_r = \frac{\mathrm{e}^{-\frac{G(q^+)}{k_\mathrm{B}T}}\,\mathrm{e}^{-\frac{p_r^2}{2\mu k_\mathrm{B}T}}}{\mathrm{e}^{-\frac{G_A}{k_\mathrm{B}T}}}\,\frac{\mathrm{d}p_r\,\mathrm{d}p_r}{h}. \tag{4.73}$$

Dabei ist q^+ das Ensemble der Koordinaten q ohne die Koordinate, die entlang des **Minimalpfades** führt und $G(q^+)$ die freie Enthalpie im Übergangszustand ohne

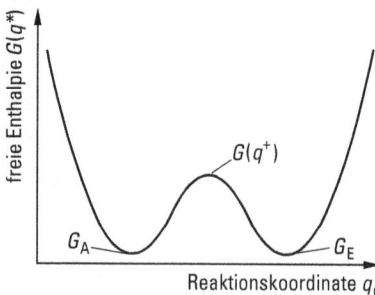

Abb. 4.58 Schematische Darstellung der freien Enthalpie des Gesamtsystems bei der Diffusion eines Atoms von einem Platz zum nächsten.

den Beitrag der Bewegung entlang der Reaktionskoordinate $\exp(-p_r^2/2\mu k_B T)$. G_A ist die freie Energie des Anfangszustands. Die gesuchte Rate v ist dann

$$v = \int\limits_0^\infty dp_r\, w(q_r, p_r)\, \frac{\dot{q}}{h} = \frac{k_B T}{h}\, e^{-\frac{\Delta G}{k_B T}}, \tag{4.74}$$

mit $\Delta G = G(q^+) - G_A$. Für den Fall, dass ΔG nur energetische Anteile enthält, ist also der präexponentielle Faktor $v_0 = k_B T/h$. Der Wert von v_0 bei 300 K ist $6 \times 10^{12}\,s^{-1}$, also von der Größe einer typischen Schwingungsfrequenz im Festkörper. Dies hat oft zu der irrigen Auffassung geführt, dass der **präexponentielle Faktor** eine „Versuchsfrequenz" sei und der nachfolgende Exponentialfaktor die Erfolgswahrscheinlichkeit. Dass dies eine Fehlinterpretation ist, sieht man sofort an dem einfachen Beispiel der Diffusion eines Teilchens in einem eindimensionalen Potential: ΔG ist dann $E_{tr} - (E_A + \frac{1}{2}\hbar\omega)$ für $k_B T \ll \hbar\omega$, mit E_A der Energie im Ausgangszustand, E_{tr} der Energie im Übergangszustand und $\hbar\omega$ der Schwingungsenergie im Anfangszustand entlang der eindimensionalen Richtung. Dann bleibt es bei dem präexponentiellen Faktor $v_0 = k_B T/h$ und die Frequenz ω erscheint nur im Exponenten. Tatsächlich liegen die experimentell ermittelten Werte für v_0 für die Diffusion von Adatomen auf Oberflächen in etwa bei $v_0 = k_B T/h$ [125]. Abweichungen ergeben sich dadurch, dass das Vibrationsspektrum der Oberflächenatome im Übergangszustand anders als im Anfangszustand ist [129].

4.6.3 Übergang zum Kontinuumsmodell

Wir gehen jetzt zur Kontinuumsbeschreibung der Diffusion über und definieren dazu Θ als den Bedeckungsgrad der Adsorptionsplätze mit Atomen bzw. der adsorbierten Spezies. Die Teilchendichte ϱ ist Θ/Ω_s mit Ω_s der Fläche pro Adsorptionsplatz. Die zeitliche Änderung des lokalen Bedeckungsgrades an einem Ort x ist:

$$\begin{aligned}
\dot{\Theta}(x)\,dt &= v\,dt\,[(\Theta(x+l) - \Theta(x)) - (\Theta(x) - \Theta(x-l))] \\
&\cong v\,dt\left\{\left.\frac{\partial\Theta}{\partial x}\right|_{x+l/2} l - \left.\frac{\partial\Theta}{\partial x}\right|_{x-l/2} l\right\} \cong l^2 v\,dt\left.\frac{\partial^2\Theta}{\partial x^2}\right|_x.
\end{aligned} \tag{4.75}$$

Dabei ist $\bar{l}$ wieder die mittlere Sprunglänge, und es wurde vorausgesetzt, dass jeder Sprung auf einen leeren Platz erfolgt, also $\Theta \ll 1$ ist. Andernfalls ist ein Faktor $1 - \Theta$ hinzuzufügen. Für die Teilchendichte ϱ erhält man damit für eindimensionale Diffusion die **Kontinuumsgleichung**

$$\dot{\varrho}(x,y) = v(1 - \Theta)\,\bar{l}^2\,\frac{\partial^2\varrho}{\partial x^2} \tag{4.76}$$

und allgemein für zweidimensionale Diffusion

$$\dot{\varrho}(x,y) = D_s\Delta\varrho, \tag{4.77}$$

mit $D_s = v(1 - \Theta)\,\bar{l}^2$ dem Sprung-Diffusionskoeffizienten und Δ dem **Laplace-Operator**. Stationäre Diffusionsprofile erfüllen also die Laplace-Gleichung $\Delta\varrho = 0$. Statt der lokalen zeitlichen Änderung der Teilchendichte kann man auch die **Teilchenstromdichte** $j(x,y)$ betrachten, also die Anzahl Teilchen, die pro Zeit und Länge fließt. Für die Stromdichte und die zeitliche Änderung von ϱ gilt die Kontinuitäts-gleichung. Einem Längenelement der Länge dx am Ort x fließt von links die Strom-dichte $j_x(x)$ zu, nach rechts fließt die Stromdichte $j_x(x + dx)$ ab. Die Differenz zwi-schen der zufließenden und der abfließenden Stromdichte führt am Ort x zu einer zeitlichen Änderung der Teilchendichte $\varrho(x)$:

$$j_x(x + dx) - j_x(x) = -\dot{\varrho}(x)\,dx\,. \tag{4.78}$$

Also ist

$$\frac{\partial j_x}{\partial x} = -\dot{\varrho} = -D\frac{\partial^2 \varrho}{\partial x^2}$$

oder

$$\boldsymbol{j} = -D\nabla\varrho\,. \tag{4.79}$$

Dies ist das 1. Fick'sche Gesetz für die Diffusion. Der Index s in der Bezeichnung des Diffusionskoeffizienten ist jetzt weggelassen, da ein allgemeiner Zusammenhang zwischen Teilchenstromdichte und dem Konzentrationsgradienten formuliert wird. Der Diffusionskoeffizient D kann in komplexer Weise vom Bedeckungsgrad Θ ab-hängen.

Gl. (4.79) ist eine spezielle Form einer Transportgleichung, die als Ursache für die Ströme lokale Ungleichgewichte des chemischen Potentials der Teilchen betrach-tet. In einer solchen Formulierung setzt man in erster Näherung den Strom pro-portional zum Gradienten des **chemischen Potentials** μ

$$\boldsymbol{j} = -L_T\nabla\mu\,. \tag{4.80}$$

Hier ist L_T ein allgemeiner Transportkoeffizient. Der Zusammenhang mit Gl. (4.79) wird hergestellt, wenn man das chemische Potential als eine Funktion des Bede-ckungsgrades Θ auffasst

$$\boldsymbol{j} = -L_T\Omega_s\frac{\partial\mu}{\partial\Theta}\nabla\varrho\,. \tag{4.81}$$

Der Zusammenhang zwischen L_T, bzw. D und dem Sprungdiffusionskoeffizienten D_s wird hergestellt, wenn man das chemische Potential für ein Gittergas nicht wech-selwirkender Atome ansetzt, die um feste Adsorptionsplätze konkurrieren (vgl. Kap. 4.4.3)

$$\mu = \mu_0 + k_B T\ln\frac{\Theta}{1-\Theta}\,. \tag{4.82}$$

Für kleine Bedeckungen ($\Theta \ll 1$) wird der Diffusionskoeffizient D damit

$$D = L_T\Omega_s\frac{k_B T}{\Theta}\,. \tag{4.83}$$

Für das Gittergas muss aber D gleich dem Sprungdiffusionskoeffizienten $D_s = v\bar{l}^2$ sein. Durch Vergleich ergibt sich dann für L_T

$$L_T = v\bar{l}^2\frac{\Theta}{\Omega_s k_B T}\,. \tag{4.84}$$

Nach Einsetzen in Gl. (4.81) erhält man für die Diffusionsstromdichte

$$j = -v\,\bar{l}^2\,\frac{\partial \mu/k_B T}{\partial \ln \Theta}\,\nabla \varrho,$$ (4.85)

also

$$D = D_s\,\frac{\partial \mu/k_B T}{\partial \ln \Theta}.$$ (4.86)

In dieser Form gilt die **Diffusionsgleichung** auch für **wechselwirkende Teilchen**. Die unbekannte Abhängigkeit des Diffusionskoeffizienten vom Bedeckungsgrad ist jetzt auf die Abhängigkeit des chemischen Potentials vom Bedeckungsgrad zurückgeführt. Letztere ist zwar häufig auch nicht bekannt, kann aber im Rahmen von **Mean-field-Modellen** oder durch moleklardynamische Simulationen bestimmt werden.

4.6.4 Ein Beispiel für ein Diffusionsproblem

Eine wichtige Frage ist, wie Oberflächen, die z. B. durch einen Prozess der **Ionenzerstäubung** oder durch stochastische Deposition (vgl. Abschn. 4.7) uneben geworden sind, durch Diffusionsprozesse ausheilen können. Zur Beleuchtung dieser Frage ist Gl. (4.80) sehr nützlich. Das Profil einer beliebig aufgerauhten Oberfläche kann durch Fourier-Zerlegung als bestehend aus sinusförmigen Profilen aufgefasst werden. Das Glätten eines rauhen Profils kann deshalb auf den Zerfall von sinusförmigen Höhenprofilen $y(x,t) = y_0(t)\sin(q\,x)$ zurückgeführt werden. Gl. (4.19) beschreibt das chemische Potential als Funktion der Krümmung κ. Für kleine Amplituden ist $\kappa \cong -\partial^2 y/\partial x^2$ (man beachte: die Berge haben ein höheres chemisches Potential als die Täler!) und die Oberflächensteifheit $\tilde{\gamma}$ ist näherungsweise konstant. Die Diffusionsstromdichte ist damit gemäß Gl. (4.80)

$$j = L_T\,\Omega_s\,\tilde{\gamma}\,\frac{\partial^3 y}{\partial x^3}.$$ (4.87)

Die zeitliche Änderung des Höhenprofils ergibt sich aus der **Kontinuitätsgleichung** (4.78) wonach ein lokaler Nettozufluss von Atomen zu einem Anstieg des Höhenprofils führt

$$\frac{\partial j}{\partial x} = -\frac{\partial \varrho(x,t)}{\partial t} = -\frac{1}{\Omega_s\,\eta}\,\frac{\partial y(x,t)}{\partial t},$$ (4.88)

mit η der Höhe einer Atomlage. Der **Profilzerfall** folgt also nach dem Zeitgesetz

$$\frac{\partial y(x,t)}{\partial t} = -L_T\,\Omega_s^2\,\eta\,\tilde{\gamma}\,\frac{\partial^4 y(x,t)}{\partial x^4}.$$ (4.89)

Eine jede sinusförmige Komponente des Höhenprofils zerfällt deshalb nach einen exponentiellen Zeitgesetz

$$y_0(t) = y_0(t_0)\,e^{-\frac{t-t_0}{\tau(q)}},$$ (4.90)

mit

$$\tau^{-1}(q) = L_T\,\Omega_s^2\,\eta\,\tilde{\gamma}\,q^4.$$ (4.91)

Großräumige Undulationen der Oberfläche (kleines q) zerfallen langsamer als Störungen auf kleiner Längenskala. Die hohe Potenz, mit der τ von der Wellenzahl q abhängt, hat zur Folge, dass Rauhigkeiten einer Oberfläche nur im Nahbereich thermisch ausheilen. Großräumige Undulationen mit lateralen Ausdehnungen im Bereich von μm, wie sie z. B. bei uneben polierten Kristallen vorliegen können, verbleiben auch nach Glühen im Ultrahochvakuum.

Die von Mullins zuerst entwickelte und hier kurz dargestellte Theorie des Profilzerfalls [130–132] gilt strenggenommen nur für Oberflächen, die thermodynamisch rauh sind, also nicht für Facetten, denn für Facetten ist die Steifheit nicht stetig differenzierbar. Die qualitativen Aussagen bleiben aber bestehen. Es sei ferner noch erwähnt, dass die Potenz, mit der die Relaxationszeit τ von q abhängt einen direkten Schluss auf die Art des Transportprozesses zulässt, der den Ausgleich des chemischen Potentials bewirkt. In Gl. (4.91) mit $\tau^{-1} \propto q^4$ wurde Transport durch Oberflächendiffusion angenommen. Oberflächendiffusion ist jedenfalls bei Oberflächen im Vakuum und bei nicht zu hohen Temperaturen auch tatsächlich der schnellste Diffusionsprozess. In jüngster Zeit sind aber auch zeitliche Veränderungen der Oberflächenmorphologie beobachtet worden, bei denen der Transport von thermisch erzeugten Fehlstellen im Volumen des Festkörpers getragen wird [133]. Erfolgt der Transport über das Volumen des Festkörpers oder die Gasphase und ist der zeitbestimmende Schritt die Verdampfung bzw. die Erzeugung und Vernichtung der diffundierenden Spezies, dann ist $\tau^{-1}(q) \propto q^2$. Ist der Diffusionprozess im Festkörper oder in der Gasphase zeitbestimmend, so ist $\tau^{-1}(q) \propto q^3$ [45]. Die Theorie des Profilzerfalls gilt in gleicher Weise für den Zerfall eines eindimensionalen Profils, also für die Angleichung einer Stufe an ihre Gleichgewichtsform. Wir werden in Abschn. 4.7 darauf zurückkommen.

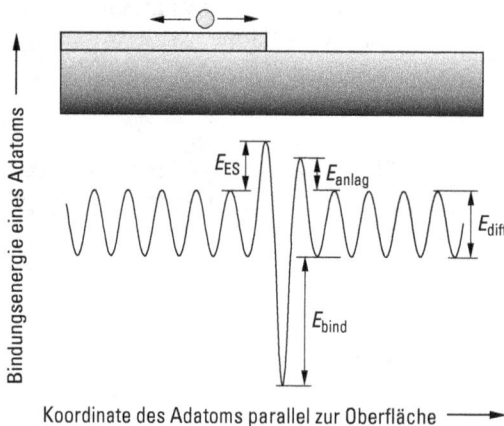

Abb. 4.59 Potentialverlauf für ein diffundierendes Atom in der Nähe einer Stufenkante. Rechts und links der Stufe ist der Potentialverlauf durch die Terrassen bestimmt. Beim Übergang von der höheren zur niedrigeren Lage muss häufig eine zusätzliche Aktivierungsenergie aufgewandt werden („ES-Barriere"). Auch bei der Anlagerung eines Atoms an die Stufenkante von der unteren Terrasse muss unter Umständen eine Anlagerungsbarriere überwunden werden. Bei Metalloberflächen ist die Anlagerungsbarriere Null für Adatome, hat aber einen endlichen Wert für die Anlagerung einer atomaren Leerstelle von der unteren Terrasse.

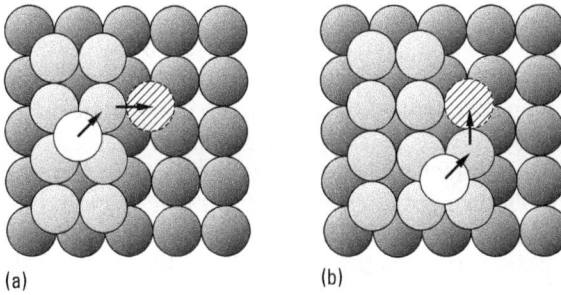

(a)   (b)

Abb. 4.60   Darstellung zweier unterschiedlicher Diffusionsprozesse von Adatomen über die Stufenkante. Der Austauschprozess an einer Kinke (b) weist nach theoretischen Berechnungen eine geringere ES-Barriere auf.

Die elegante, einfache Mathematik der Herleitung des Profilzerfalls ist nicht zuletzt darauf zurückzuführen, dass man alle atomistischen Details der Diffusion in den Transportkoeffizienten L_T gesteckt hat und L_T als unabhängig von der Steigung des Profils, also der Stufendichte angesetzt wurde. Der Ausgleich eines Höhenprofils erfordert aber Diffusionsprozesse nicht nur innerhalb einer Lage von Atomen, sondern auch über Stufenkanten hinweg. Sehr häufig ist die Aktivierungsbarriere für den **Interlagentransport** höher als für die Diffusion auf den Terrassen. Die im Vergleich zur Terrassendiffusion zusätzlich aufzubringende Aktivierungsbarriere heißt auch **Ehrlich-Schwoebel-Barriere** (ES-Barriere) [134, 135] (Abb. 4.59). Die Existenz der ES-Barriere wird manchmal der niedrigeren Koordination der Adatome im Zustand des Übergangs auf die nächste Terrasse zugeschrieben. Allerdings ist bei genauerer Betrachtung nur die Koordination zu den übernächsten Nachbarn reduziert. Richtiger ist wohl die Vorstellung, dass sich die Atome im Übergangszustand in einem Bereich niedrigerer Elektronendichte befinden. Im Übergangszustand ist deshalb die Bindungsenergie des Atoms reduziert. Ähnlich wie bei der Diffusion auf den Terrassen kann die Diffusion über die Stufenkante anstatt durch einen **Hüpfprozess** auch durch einen **Austauschprozess** unter Beteiligung mehrerer Atome erfolgen (Abb. 4.60). Ob und in welchem Maße dann noch eine ES-Barriere besteht, hängt vom System ab. Erwähnt sei zudem, dass bei Austauschprozessen die ES-Barriere auch negativ sein kann, d. h. die Aktivierungsbarriere für den Interlagentransport ist kleiner als für die Diffusion auf Terrassen.

Neben der ES-Barriere kann es auch noch eine **Anlagerungsbarriere** für Atome an die Stufenkante geben (Abb. 4.59). Diese Anlagerungsbarriere spielt eine große Rolle bei der Ostwald-Reifung, die jetzt besprochen werden soll.

4.6.5 Ostwald-Reifung

Wir nehmen an, es gäbe auf einer Oberfläche eine Verteilung von dreidimensionalen (3D) Partikeln oder zweidimensionalen (2D) Inseln unterschiedlicher Größe. Diese Verteilung kann z. B. durch Aufdampfen oder eine andere Depositionsmethode entstanden sein. Das chemische Potential der Partikel oder Inseln skaliert mit dem reziproken mittleren Radius $\mu \propto 1/\langle r \rangle$. Die kleineren Inseln haben also ein höheres chemisches Potential und werden allmählich durch Diffusionsprozesse zu Gunsten größerer Inseln verschwinden. Letztere wiederum werden ihre Atome an gerade Stufen abgeben. Abbildung 4.61 zeigt eine zeitliche Sequenz eines solchen Prozesses für 2D-Inseln auf Cu(111)-Oberflächen. Man nennt den Vorgang **Ostwald-Reifung** oder auch allgemein **Vergröberung** (engl. *coarsening*). In der Theorie der Ostwald-Reifung in 3D-Festkörpern oder bei **kolloidalen Teilchen** interessiert man sich häufig für die zeitliche Änderung der Größenverteilung in Ensembles vieler Teilchen. Die mathematische Behandlung diese Themas kann sehr aufwendig werden [136]. An Oberflächen hat man die Möglichkeit, seine Beobachtungen auf bestimmte Teilchen z. B. einzelne 2D-Inseln in bekannter Umgebung zu beschränken, und auch die Möglichkeit, Inseln in eine definierte Umgebung zu stellen. Ein besonders einfacher Fall ist gegeben, wenn man eine 2D-Insel in einer **Leerstelleninsel** gleichen Materials hat (Abb. 4.62). Die Leerstelleninsel wird durch Ionenzerstäubung hergestellt. Die Größe der Leerstelleninsel hängt von der Zerstäubungsrate und Temperatur ab (vgl. Abschn. 4.7.1). Anschließend wird Material deponiert, z. B. durch Aufdampfen.

Sowohl die Leerstelleninsel als auch die aufgedampfte Adatominsel in Abb. 4.62 haben (bis auf zeitliche Fluktuationen) ihre Gleichgewichtsform, d. h. eine schnelle Diffusion entlang der Stufenkante sorgt dafür, dass das chemische Potential der Inseln entlang der Kante gleich ist. Die Diffusion entlang der Kante ist schneller als die Abdampfung von Atomen von der Stufe auf die Terrasse, weil bei der Abdampfung von Atomen mehr Bindungen gebrochen werden müssen. Da das chemische Potential der 2D-Insel entlang der Stufenkante konstant ist, gilt überall Gl. (4.19).

$$\mu = \mu_{0s} + \Omega_s \tilde{\beta} \kappa = \text{const.} \tag{4.92}$$

Hier ist $\tilde{\beta}$ die Stufensteifigkeit, Ω_s die Fläche eines Atoms und κ die lokale Krümmung des Inselrandes. Man beachte, dass nur das Produkt aus $\tilde{\beta}$ und κ konstant ist, die Krümmung selbst und damit auch die Steifigkeit hängt vom Ort ab. μ_{0s} ist das chemische Potential bei einer Krümmung $\kappa = 0$, also das einer geraden Stufe. Bei nicht zu hoher Temperatur haben die Inseln je nach Symmetrie der Oberfläche annähernd die Form eines Rechtecks, eines Quadrates, eines Dreiecks oder eines Sechsecks. Die Seiten werden jeweils durch atomar gerade Stufen ohne Kinken (s. Abschn. 4.2.4) gebildet. Für diese idealen geometrischen Formen kann man das chemische Potential direkt als Funktion der freien Energie β (also nicht der Steifigkeit $\tilde{\beta}$!) der Seiten formulieren. Gemäß der Definition des chemischen Potentials, als der Ableitung der freien Energie der Insel nach ihrer Teilchenzahl ergibt sich für quadratische, dreieckige und hexagonale Inseln

$$\mu - \mu_{0s} = \frac{\partial F}{\partial N} = \frac{\Omega_s \beta}{y_0}, \tag{4.93}$$

mit y_0 jeweils dem Abstand der Seiten vom Inselschwerpunkt. Für eine Leerstelleninsel ist das Vorzeichen des chemischen Potentials negativ anzusetzen. Für das Folgende benötigt man auch noch das chemische Potential von Adatomen auf Terrassen. Da die Konzentration von Adatomen auf Terrassen im Gleichgewicht sehr klein ist (z. B. 10^{-12} pro Oberflächenatom bei Cu(111)-Flächen und 300 K) können wir das

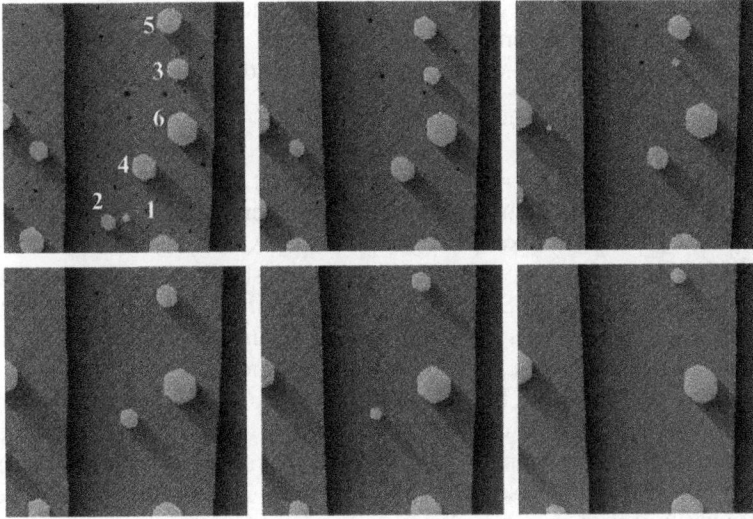

Abb. 4.61 Rastertunnelbilder des Zerfalls von Inseln auf einer gestuften Oberfläche (hier Cu(111) [137]). Der (zweidimensionale) Verdampfungsprozess wird getrieben durch das höhere chemische Potential kleiner Inseln (Gl. (4.93)). Die kleinsten Inseln verschwinden zuerst, die größeren später. Die Inseln in der Nähe einer oberen Stufenkante leben länger, da die ES-Barriere die Anlagerung von Atomen an die Stufenkante von der oberen Terrasse her verhindert und die Atome deshalb den weiteren Weg zur aufsteigenden Stufenkante (im Bild nach links) nehmen müssen.

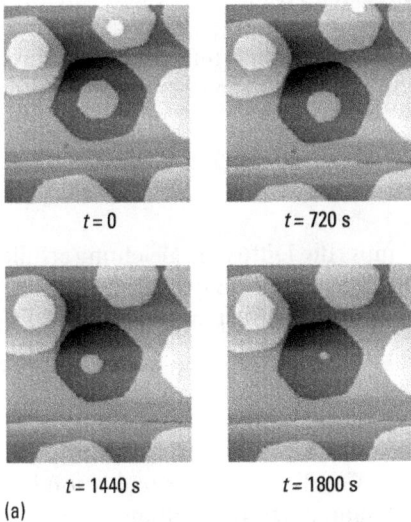

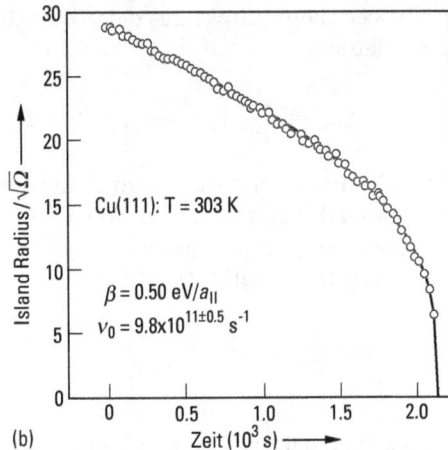

Abb. 4.62 (a) Rastertunnelbilder des Zerfalls einer Adatominsel in einer Leerstelleninsel [150]. Die experimentell beobachtete Zeitabhängigkeit der Fläche der Insel (offene Kreise in (b)) wird gut durch eine numerische Lösung von Gl. (4.99) beschrieben (ausgezogen Linie).

Gittergasmodell ohne Einschränkung der Allgemeinheit verwenden. Dann gilt Gl. (4.82) mit $\Theta < 1$, und somit $\mu = \mu_{0s} + k_B T \ln \Theta$. Die Adatomkonzentration auf den Terrassen im Gleichgewicht mit einer Insel ist deshalb

$$\varrho_{eq} = \Omega_s^{-1} e^{\frac{\mu_0}{k_B T}} e^{-\frac{\Omega_s \beta}{y_0 k_B T}}. \tag{4.94}$$

Das chemische Potential $\mu_0 = \mu_{0t} - \mu_{0s}$ ist die Arbeit, die (im Mittel) zur Erzeugung eines Adatoms aus einer nichtgekrümmten Stufe benötigt wird. Dies ist gerade die **Ablösearbeit** aus einem Kinkenplatz, weil nur die Ablösung eines Atoms aus einer Kinke die Stufenstruktur unverändert lässt und deshalb durch Ablösung aus einer Kinke eine unendlich lange Stufe um eine Atomreihe abgebaut werden kann. Wir betrachten jetzt das Reifungsproblem für eine Insel mit dem Radius r_i in einer Leerstelleninsel mit dem Radius r_a (Abb. 4.62) und nehmen dazu vereinfachend an, dass die Inseln kreisförmig seien. Das Diffusionsproblem wird dann radialsymmetrisch. Wir nehmen ferner an, dass die den Transport auf den Terrassen tragende Spezies Adatome sind. Die Allgemeingültigkeit der Herleitung wird dadurch aber nicht eingeschränkt. Die zentrale Insel wird im Laufe der Zeit kleiner entsprechend dem Nettostrom (Differenz zwischen Anlagerungs- und Verdampfungsstrom), mit dem Atome von der Insel abdampfen. Der Anlagerungsstrom ist durch die tatsächlich vorhandene Konzentration von Adatomen am Inselrand $\varrho(r_i)$, die Diffusionskonstante $D_s = \nu(1 - \Theta) \bar{l}^2$ (vgl. Gl. (4.77)) und einen „Haftkoeffizienten" s gegeben. Der **Haftkoeffizient** ist insbesondere dann kleiner als eins, wenn es eine Barriere für die Anlagerung gibt (vgl. Abschn. 4.6.4, Abb. 4.59), welche ebenfalls als Barriere für das Abdampfen vom Inselrand wirkt. Die Anlagerungsstromdichte ist

$$j_{anlag} = \varrho(r_i) D_s s / a_\perp . \tag{4.95}$$

Die Größe $a_\perp$ ist der Abstand zwischen benachbarten Atomreihen senkrecht zum Inselrand. Ist jetzt die Dichte der Adatome auf den Terrassen mit dem chemischen Potential der Insel im Gleichgewicht, dann ist der Nettozufluss null. Der Nettofluss ergibt sich damit direkt aus der Abweichung von der Gleichgewichtskonzentration der Adatome

$$j_{netto} = \frac{D_s s}{a_\perp} [\varrho(r_i) - \varrho_{eq}(r_i)] = D_s \nabla \varrho(r_i). \tag{4.96}$$

Überall auf der Terrasse, also auch am Inselrand muss die Diffusionsgleichung erfüllt sein; deshalb der rechte Teil von Gl. (4.96). Die zeitliche Veränderung der Größe der Insel erfolgt nur langsam, deshalb kann man für die Diffusionsgleichung (4.77) die stationäre Lösung $\Delta \varrho = 0$ ansetzen.

$$\varrho(r) = \varrho(r_a) + \frac{\varrho(r_i) - \varrho(r_a)}{\ln(r_i/r_a)} \ln(r/r_a). \tag{4.97}$$

Aus Gl. (4.97) lässt sich sofort der Nettostrom als Gradient der Konzentration berechnen und nach geschickter Umwandlung erhält man unter Verwendung des ersten Teils von Gl. (4.96)

$$j_{netto} = -\frac{D_s}{r_i} \frac{\varrho_{eq}(r_i) - \varrho_{eq}(r_a)}{\ln(r_i/r_a) + a_\perp/s \, r_i}. \tag{4.98}$$

Für die Anlagerung an die Stufe der Leerstelleninsel wurde jetzt $s = 1$ angesetzt, andernfalls erhielte man noch einen entsprechenden Term in Gl. (4.98). Die Verkleinerung der Fläche A der Adatominsel mit der Zeit ist damit

$$\dot{A} = 2\pi\, r_i(t)\, j_{\text{netto}} = -2\pi\, D_s\, \frac{e^{-\frac{\mu_0}{k_B T}}\left(e^{\frac{\Omega_s \beta}{y_i(t)\, k_B T}} - 1\right)}{\ln\!\left(r_i(t)/r_a(t)\right) + a_\perp/s\, r_i(t)}. \tag{4.99}$$

Diese Gleichung lässt sich durch numerische Integration lösen. Ein Beispiel unter der Annahme $s = 0$ ist die ausgezogene Kurve in Abb. 4.62b. Anpassparameter sind $D_s \exp(-\mu_0/k_B T)$ und β. Man sieht, dass der experimentell bestimmte Verlauf sehr gut beschrieben wird. Durch Messungen des Inselzerfalls in Abhängigkeit von der Temperatur lassen sich die Summe der Aktivierungsenergie der Diffusion und μ_0, der präexponentielle Faktor der Diffusion und β ermitteln. Näherungsweise gültige analytische Lösungen lassen sich angeben unter der (in der Regel nicht gut erfüllten) Annahme, dass $\Omega_s \beta / y_i(t)\, k_B T \ll 1$ ist. Für den Fall, dass auch noch $s \ll 1$ ist, wird die rechte Seite in Gl. (4.99) unabhängig von der Größe der Insel und damit von der Zeit und man erhält

$$\dot{A} = -2\pi\, D_s\, e^{-\frac{\mu_0}{k_B T}}\, \frac{s\, \Omega_s \beta}{a_\perp\, k_B T} = \text{const.} \tag{4.100}$$

$$A(t) \propto (t_0 - t). \tag{4.101}$$

Dieser Fall heißt **verdampfungslimitiert**, weil die Zerfallsgeschwindigkeit nicht durch die Diffusion auf der Terrasse, sondern durch die Abdampfrate von der Insel bestimmt wird. Ist $s = 1$, dann kann im Nenner von Gl. (4.99) der s enthaltende Term vernachlässigt werden. Dieser Fall heißt **diffusionslimitiert**. In allerdings sehr grober Näherung kann man dann noch die Zeitabhängigkeit unter den logarithmischen Termen vernachlässigen und man erhält für die Zeitabhängigkeit der Fläche A

$$A(t) \propto (t_0 - t)^{\frac{2}{3}}. \tag{4.102}$$

Theoretisch könnte man die beiden Fälle anhand der unterschiedlichen Zeitabhängigkeit des Zerfalls unterscheiden. Wegen der nicht gut erfüllten Näherungen ist

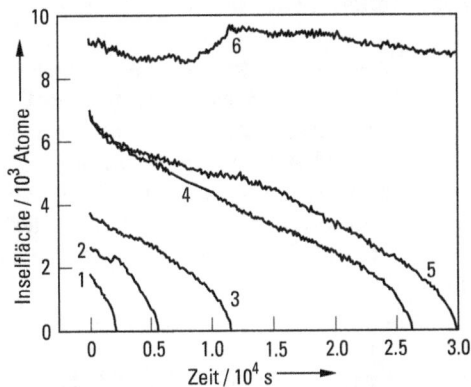

Abb. 4.63 Zeitlicher Verlauf des Zerfalls der in Abb. 4.61 dargestellten Inseln.

dies aber selbst für die einfache Geometrie, Insel in Leerstelleninsel, problematisch. Betrachtet man ein Ensemble von Inseln wie in Abb. 4.61, dann gibt es ein deutliches Indiz für den diffusionslimitierten Zerfall: In Abb. 4.63 sind die Zerfallskurven für mehrere Inseln des in Abb. 4.61 dargestellten Ensembles gezeigt. Die kleinste der Inseln, die Insel 1 verschwindet am schnellsten. In dem Zeitraum, wo sie fast, aber noch nicht ganz verschwunden ist, unterbricht die benachbarte Insel 2 ihren Zerfall und beginnt bis zum endgültigen Verschwinden von Insel 1 wieder zu wachsen. Dieses Wachstum wird von der kurzzeitigen kräftigen Erhöhung der Adatomkonzentration verursacht, welches ihrerseits durch das große chemische Potential der Insel 1 im Moment ihres Verschwindens bewirkt wird. Die Adatomkonzentration im Nahbereich um eine Insel herum reagiert also instantan auf das **Gibbs-Thomson Potential** der Insel. Dies ist nur möglich, wenn es keine zusätzliche Energiebarriere für die Anlagerung und Abdampfung gibt.

Zur Beschreibung der zeitlichen Entwicklung des Zerfalls eines beliebigen Ensembles muss man zu **numerischen Methoden** greifen: An die Stelle der analytischen Lösung Gl. (4.97) der Diffusiongleichung tritt dann eine numerische Lösung der Laplace-Gleichung für die stationäre Diffusion, bei der Inseln die Randwerte setzen. Aus den Konzentrationsgradienten werden dann die Nettoströme berechnet, die in einem nächsten Zeitschritt dann wieder die neuen Inselgrößen bestimmen. Damit wird erneut die Laplace-Gleichung gelöst, und so fort. Mit diesem Verfahren lässt sich eine sehr gute quantitative Beschreibung der Ostwald-Reifung erzielen, die dann wiederum gestattet, die Aktivierungsenergien in Gl. (4.99) und den präexponentiellen Faktor für die Diffusion aus dem Experiment zu bestimmen, ohne dass spezielle Geometrien wie in Abb. 4.62 realisiert werden müssen [137]. Auch die Größe der **ES-Barriere** lässt sich aus der Temperaturabhängigkeit der Reifung von mehrlagigen Inseln ermitteln [138].

4.6.6 Brown'sche Bewegung von Inseln und Fluktuationen

Die Zufallsbewegung einzelner Atome bewirkt, dass Stufenpositionen fluktuieren und die Schwerpunktslage von Inseln sich ständig ändert, einer stochastischen Bewegung unterworfen ist. Die zeitliche Änderung der Inselpositionen ist in Abb. 4.61 (z. B. bei Insel 5) und in Abb. 4.62 deutlich zu sehen. Die stochastische Bewegung der Inseln wird in der Literatur auch als **Brown'sche Bewegung** bezeichnet [139], obgleich sie nicht wie die gewöhnliche Brown'sche Bewegung durch Stöße mit Atomen oder Molekülen verursacht wird. Sie entsteht entweder durch die Bewegung von Atomen entlang der Peripherie der Inseln oder durch Austausch von Atomen mit den Terrassen. Analog zur stochastischen Bewegung von einzelnen Atomen Gl. (4.71) kann man durch die Größe des mittleren Verschiebungsquadrates des Ortes $r(t) = (x(t), y(t))$ der Insel auch für die Brown'sche Bewegung von Inseln einen Diffusionskoeffizienten D_B definieren

$$\langle (\Delta r)^2 \rangle = D_B \, t. \tag{4.103}$$

D_B ist um so größer je kleiner die Insel ist. Die Abhängigkeit des Diffusionskoeffizienten vom Durchmesser d der Insel wird durch ein Potenzgesetz $D_B \propto d^{-\alpha}$ beschrieben. Theoretisch sollten die Exponenten $\alpha = 3, 2$ oder 1 sein [140], je nachdem ob die Brown'sche Bewegung durch **Migration entlang der Peripherie**, durch Austausch mit den Terrassen mit der Diffusion über die Terrassen oder durch Austausch mit den Terrassen mit der Abdampfung der Atome bzw. Anlagerung an die Stufen als **geschwindigkeitsbestimmendem Schritt** bewirkt wird. Im Experiment erhält man jedoch gebrochene Exponenten, die kleiner sind als die von der Theorie für die jeweiligen Szenarien vorhergesagten [141]. Da die Brown'sche Bewegung mit abnehmendem Inselradius immer stärker wird, hat sie Bedeutung für das epitaktische Wachstum, denn aufgrund der Brown'schen Bewegung kommt es häufig zur **Koaleszens** kleiner Inseln und dadurch zu einem schnelleren Glätten der Oberfläche (s. Abschn. 4.7).

Inseln wandern nicht nur in einer stochastischen Bewegung über die Oberfläche, sie ändern auch ständig ihre Form, selbst dann, wenn sie nicht wachsen oder zerfallen. Nur im zeitlichen Mittel haben sie ihre Gleichgewichtsform. Die Formfluktuationen sind in den STM-Bildern Abb. 4.61, 4.62 deutlich zu erkennen. Formfluktuationen sind um so größer, je kleiner die freie Energie β des Inselrandes pro Länge ist[3]. Bezeichnet man mit $r(\theta)$ ($\theta = $ Polarwinkel) den Radius der Insel an einer bestimmten Stelle eines fluktuierenden Inselrandes und mit $R(\theta)$ die Gleichgewichtsform, so ist die mittlere Abweichung

$$\left\langle \frac{(r(\theta) - R(\theta))^2}{R^2} \right\rangle = \frac{3 R k_{\mathrm{B}} T}{4 \pi \bar{\beta}}.$$ (4.104)

Dabei bezeichnen $R = \langle R(\theta) \rangle$ und $\bar{\beta} = \langle \beta(\theta) \rangle$ die Mittelwerte von Radius und freier Stufenenergie pro Länge [143]. Durch Messung der Fluktuationen und unter Verwendung von Gl. (4.104) lassen sich deshalb die freien Energien von Stufen experimentell bestimmen [143, 144].

Zum Abschluss dieses Abschnitts gehen wir noch kurz auf die örtlichen und zeitlichen **Fluktuationen** von „geraden" Stufen ein wie sie z. B. auf Vizinalflächen auftreten. Auch hier lassen sich Fluktuationen am besten mit Hilfe des mittleren Verschiebungsquadrates beschreiben. Bezeichnet x die Koordinate senkrecht zur Stufe und y parallel dazu, so definiert man für die Position $x_{\mathrm{i}}(y, t)$ einer Stufe i die **Korrelationsfunktion** $G(y, t)$

$$G(y, t) = \left\langle (x_{\mathrm{i}}(y - y_0, t - t_0) - x_{\mathrm{i}}(y_0, t_0))^2 \right\rangle,$$ (4.105)

mit y_0 und t_0 einem beliebig gewählten Punkt der Stufe bzw. einer beliebigen Zeit. Bei nicht zu hohen Temperaturen ist die Zeitabhängigkeit der Korrelationsfunktion $G(y, t)$ vernachlässigbar. Der Ortsanteil ist eine Zufallsverteilung (engl. *random walk*) und es gilt (vgl. Gl. (4.67) bis Gl. (4.70))

$$G(y) = \frac{k_{\mathrm{B}} T}{\tilde{\beta}} |y|.$$ (4.106)

Dabei ist $\tilde{\beta}$ die Steifheit der Stufe, die sich analog zur Steifheit einer Oberfläche Gl. (4.25) aus der freien Stufenenergie β und der zweiten Ableitung von β nach dem Winkel, $\tilde{\beta} = \beta + \beta''$ zusammensetzt. Experimentell untersuchen lassen sich Stufen-

---

[3] Bei Oberflächen im Kontakt mit einem Elektrolyten ist β die „line tension" bei konstantem Elektrodenpotential [142] und nicht die freie Energie der Stufe (vgl. die entsprechende Diskussion für die Oberflächenenergie γ in Abschn. 4.3.1.1).

fluktuation mit abbildenden Verfahren wie z. B. dem LEED-Mikroskop [145] oder dem Rastertunnelmikroskop (RTM). Der zeitliche Verlauf von $G(y, t)$ kann mit dem RTM untersucht werden, wenn man immer dieselbe Zeile abrastert und die Bildinformation als x,t-Bild darstellt. Die Zeitabhängigkeit der Korrelationsfunktion $G(t)$ folgt einem Potenzgesetz mit einem Exponenten α, der zwischen 0.25 und 0.5 liegt. Die Korrelationfunktion $G(t)$ hängt ferner vom mittleren Abstand der Stufen L ab, mit einem Exponenten δ, der die Werte -0.5, 0, 0.25, 0.5 annehmen kann

$$G(t) = \left\langle (x_i(y_0, t - t_0) - x_i(y_0, t_0))^2 \right\rangle = c(T) L^\delta t^\alpha. \tag{4.107}$$

Aus den Werten der Exponenten lassen sich Schlüsse bezüglich der die Fluktuationen bestimmenden Diffusionsprozesse ziehen. Der Faktor $c(T)$ enthält die Aktivierungsenergien, welche für diese Prozesse relevant sind. Die Messung von Stufenfluktuationen eröffnet somit eine interessante Möglichkeit, Diffusionsprozesse zu untersuchen. Sie hat sich besonders für Oberflächen in Kontakt mit einem Elektrolyten als sehr nützlich erwiesen [45].

4.7 Keimung und Wachstum

Mehr und mehr hat sich die Oberflächenforschung der Herstellung und Charakterisierung von z. T. auch lateral nanostrukturierten Dünnschichtsystemen zugewandt. Epitaktische Wachstumsprozesse spielen dabei die entscheidende Rolle. Wachstum durch Abscheidung auf einem Substrat gleichen Materials wird **Homoepitaxie** genannt, bei Abscheidung von einem Fremdmaterial spricht man von **Heteroepitaxie**. Deponiert man auf glatte, d. h. stufenfreie Oberflächen, so müssen die deponierten Einzelatome oder Moleküle erst zu stabilen Keimen zusammenfinden, die dann weiter wachsen können. Zur Keimbildung bedarf es einer über dem Gleichgewicht liegenden Konzentration von Einzelatomen, einer **Übersättigung**. Die Dichte der gebildeten Keime hängt von dieser Übersättigung und vom Diffusionskoeffizienten ab. Wachstum im Ultrahochvakuum (UHV) erfolgt in der Regel weit ab vom Gleichgewicht, denn der Dampfdruck, welcher dem Fluss der auftreffenden Atome entspricht, liegt weit über dem Dampfdruck der Oberfläche. Anders ausgedrückt, einmal deponierte Atome verbleiben auf der Oberfläche. Solche Wachstumsvorgänge lassen sich am besten durch einen kinetischen Ansatz beschreiben (Abschn. 4.7.1). Das Wachstum nahe am Gleichgewicht, z. B. aus Lösungen, wird hingegen besser durch ein thermodynamisches Modell erfasst (Abschn. 4.7.2). Epitaktisches Wachstum kann auch an durch die Oberflächenstruktur vorgegebenen Keimen erfolgen, beispielsweise an monoatomaren Stufen auf vizinalen Flächen. Die regelmäßigen Stufenreihen können dabei als Ganzes wandern und man spricht von **Stufenflusswachstum**, welches eine große Rolle in der Herstellung von Halbleiter-Bauelementen spielt. Bei reinem Stufenflusswachstum nimmt die Rauhigkeit der Oberfläche zeitlich nicht zu. Jedoch werden wir in Abschn. 4.7.4 sehen, dass es nicht trivial ist, diesen Idealzustand zu erreichen.

Beim Wachstum weit ab vom Gleichgewicht ergeben sich interessante neue Phänomene wie z. B. **Instabilitäten**, die zur Ausbildung quasiperiodischer Strukturen mit charakteristischen Längen im nm-Bereich führen (Abschn. 4.7.5). Sie bilden einen Schwerpunkt gegenwärtiger theoretischer und experimenteller Untersuchungen. Eine wichtige Rolle beim heteroepitaktischen Wachstum spielen die Spannungen durch Gitterfehlpassung. Durch geschickte Kombination von Keimbildungsprozessen und Spannungsgleichgewichten (Abschn. 4.3.3.2), eventuell mit einer lithografischen Vorstrukturierung, lassen sich gezielt nano-strukturierte Systeme herstellen (Abschn. 4.7.6).

4.7.1 Keimbildung fern vom Gleichgewicht

Zur Einführung betrachte man ein RTM-Bild einer Ag(111)-Oberfläche (Abb. 4.64) nach Deposition von einigen Monolagen im UHV bei drei verschiedenen Temperaturen. Man sieht deutlich die unterschiedliche Inseldichte.

Um diese Tatsache verstehen zu können, stellen wir uns vor, eine ebene Oberfläche werde einem konstanten Zustrom von Atomen ausgesetzt. Der Fluss pro Oberflächenplatz sei Φ. Diese Atome diffundieren auf der Oberfläche, werden sich gelegentlich treffen und für einen Augenblick ein Cluster aus zwei oder mehreren Atomen bilden. Dieses Cluster wird jedoch bei endlicher Temperatur wieder zerfallen, selbst dann wenn die Bindungsenergie, wie typischerweise der Fall, positiv ist. Der Grund ist die große Entropie der Einzelatome gegenüber dem gebundenen Paar. Insgesamt erhält man bei gegebener Dichte der Einzelatome ϱ_1 eine Gleichgewichtsdichte ϱ_i eines aus i Atomen A bestehenden Clusters A_i, die sich aus dem **Massenwirkungsgesetz** für die Reaktionsgleichung $A + A + A \ldots = A_i$ ergibt

$$\varrho_i = (\varrho_1)^i \, e^{\frac{E_i}{k_B T}}, \tag{4.108}$$

mit E_i der Bindungsenergie des Clusters. Für kleine Konzentrationen der Einzelatome erhält man also zu jeder Konzentration von Einzelatomen eine stationäre Verteilung von Clustern aus i Atomen. Die stationäre Verteilung stellt sich durch

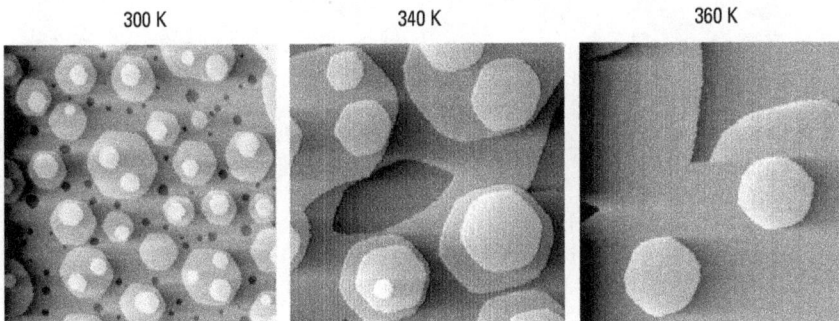

| 300 K | 340 K | 360 K |

abgebildete Fläche: 190 nm x 190 nm

Abb. 4.64 Rastertunnelbilder von Ag(111)-Oberflächen, die bei verschiedenen Temperaturen jeweils dem gleichen Depositionsfluss von Ag-Atomen ausgesetzt waren. Die geringere Dichte der Inseln bei höheren Temperaturen ist eine Folge der schnelleren Diffusion.

ein Gleichgewicht zwischen Abdampfen und Einfang von Einzelatomen ein. Bei ständigem Zustrom neuer Atome auf die Oberfläche kann sich aber die zu einer bestimmten Adatomkonzentration gehörende stationäre Verteilung aufgrund kinetischer Limitierungen nicht mehr einstellen. Man stellt sich vor, dass es eine kritische Größe von Clustern gibt, von der ab die Cluster nicht mehr zerfallen, sondern nur noch wachsen. Bei sehr tiefen Temperaturen ist diese kritische Größe schon bei einem Einzelatom erreicht, d. h. ein Cluster aus zwei Atomen zerfällt nicht, bevor das nächste Adatom eingefangen wird. Mit dieser vereinfachenden Modellvorstellung kann man eine Ratengleichung für die zeitliche Veränderung der Konzentration von Einzelatomen angeben

$$\frac{d\varrho_1}{dt} = \Phi - v' \varrho_1 \varrho_s - v'(\varrho_1)^i e^{\frac{E_i}{k_B T}}.$$ (4.109)

Hier ist ϱ_s die Konzentration aller **stabilen Keime**, deren Größe bereits über der kritischen Größe i liegt. Für die Konzentration der kritischen Keime selbst wird die stationäre Konzentration angesetzt. Die Sprungrate v' ist gegenüber der Sprungrate v auf den Terrassen modifiziert: v' ist einerseits größer v, da alle Atome entlang des Umfanges des kritischen Keims eine Chance haben, den Keim zum Wachsen zu bringen. Andererseits kann die Rate erfolgreicher Sprünge durch eine **Anlagerungsbarriere** verringert sein. Zudem ist nicht jeder Platz an einem Inselrand gleich günstig für eine Anlagerung. Die Größenordnung von v' ist aber in jedem Fall durch v gegeben. Gleichung (4.109) zeigt, dass die Konzentration der Einzelatome zunächst proportional mit der Zeit entsprechend dem Fluss Φ ansteigt. Dadurch steigt die Konzentration der **kritischen Keime**, die dann weiter wachsen. Die Konzentration der Einzelatome läuft also durch ein Maximum und erreicht schließlich einen stationären Wert, der durch die Konzentration der stabilen Keime gegeben ist. Die Konzentration der kritischen Keime spielt in diesem Stadium keine Rolle mehr; sie ist mit der reduzierten Zahl der Einzelatome wieder praktisch Null

$$\varrho_1(t \to \infty) = \frac{\Phi}{v' \varrho_s}.$$ (4.110)

Die stabilen Keime entstehen aus den kritischen Keimen durch Anlagerung eines weiteren Atoms. Die Wachstumsrate der stabilen Keime ist deshalb

$$\frac{d\varrho_s}{dt} = v' \varrho_1 (\varrho_1)^i e^{\frac{E_i}{k_B T}} = v' \left(\frac{\Phi}{v' \varrho_s}\right)^{i+1} e^{\frac{E_i}{k_B T}}.$$ (4.111)

Diese Gleichung lässt sich direkt integrieren, und man erhält für die Dichte der stabilen Keime im Fall $i > 1$ für den Bedeckungsgrad Θ

$$\varrho_s = [\Theta (i + 2)]^{\frac{i}{i+2}} \left(\frac{\Theta}{v'}\right)^{\frac{i}{i+2}} e^{\frac{E_i}{(i+2)k_B T}}$$ (4.112)

und

$$\varrho_s = 3 \Theta \left(\frac{\Theta}{v'}\right)^{\frac{1}{3}}$$ (4.113)

für $i = 1$. Aus der Dichte der stabilen Keime ergibt sich auch der **mittlere Abstand** $\bar{d}_{nukl.}$ zwischen den Inseln zu

$$\bar{d}_{nukl.} = \sqrt{\Omega_s / \varrho_s},\qquad (4.114)$$

mit Ω_s der Fläche eines Atoms. Die geringfügige Zeitabhängigkeit der Dichte der stabilen Keime über die zeitliche Zunahme von Θ in den Gl. (4.112) und (4.113) ist eine Folge der künstlichen Annahmen in der Aufstellung und Lösung der Ratengleichung und deshalb nicht ernst zu nehmen. Generell sollte man diese Gleichungen nur als qualitativ nützliche Skalengesetze betrachten. So lässt sich zum Beispiel die in Abb. 4.64 dargestellte Abnahme der **Keimdichte** mit steigender Temperatur auf die Zunahme des Diffusionskoeffizienten zurückführen. Weitergehende Analysen mit dem Ziel einer Bestimmung des Diffusionskoeffizienten sollte man aber nicht vornehmen (nichtsdestoweniger wurden viele entsprechende Arbeiten publiziert). So ist die kritische Keimdichte im Bereich von 300 K bei Ag-Oberflächen sicher größer als eins, im Gegensatz zu der eingangs gemachten Annahme. Weiterhin hemmt die durch **elektronische Oberflächenzustände** (Abschn. 4.5.2.3) und elastische Kräfte (Abschn. 4.3.3.2) bewirkte repulsive Wechselwirkung zwischen Einzelatomen kinetisch die Bildung von Clustern. Schließlich sind die in Gl. (4.112) und (4.113) zum Ausdruck kommenden Exponenten selbst bei Vorliegen der bei ihrer Herleitung gemachten Voraussetzungen nicht exakt. Abb. 4.65 zeigt das Ergebnis einer **Monte-Carlo-Simulation** mit energetischen Parametern, die zu einer kritischen Keimdichte von eins führen. Während das Modell einen Exponenten von $1/3$ voraussagt, wird in der Simulation über einen weiten Bereich des Verhältnisses Φ/ν ein Exponent 0.38 gefunden.

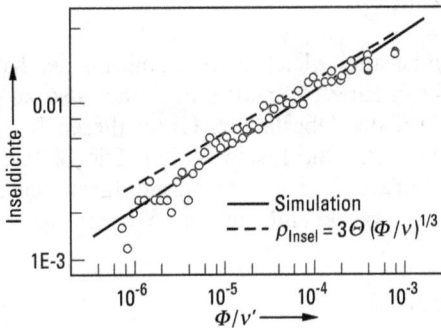

Abb. 4.65 Inseldichte gegen das Verhältnis von Fluss Φ zu Sprungrate ν' gemäß einer Monte-Carlo Simulation. Die im Rechnerexperiment gefundene Potenz der Abhängigkeit beträgt 0.38, weicht also von dem theoretischen Wert $\frac{1}{3}$ etwas ab (4.113).

4.7.2 Thermodynamisches Modell der Keimbildung

Wir betrachten jetzt den Fall geringer Übersättigung. Die Oberfläche befindet sich nahezu im Gleichgewicht mit der Gas- oder Flüssigphase. Es gibt einen großen Austausch von Atomen bzw. Molekülen zwischen Oberfläche und Umgebung mit einem kleinen Nettostrom auf die Oberfläche, der das Wachstum treibt. Der auch bei dieser Art des Wachstums gebräuchliche Begriff eines kritischen Keims hat jetzt eine ganz andere Bedeutung: Es ist der Keim, der bei **gegebener Übersättigung** weiter wächst. Die Größe dieses kritischen Keims ist nicht wie beim Wachstums fern vom Gleichgewicht vorgegeben, sondern er wird durch die Übersättigung bestimmt. Insgesamt hat man bei Wachstum unter Bedingungen geringer Übersättigung auf der Oberfläche ein großes Ensemble von Keimen unterschiedlicher Größe vorliegen, von denen jedoch nur Keime oberhalb einer bestimmten Mindestgröße wachsen. Unter diesen Bedingungen ist ein kinetischer Ansatz schwierig, eine thermodynamische Beschreibung deshalb eher angebracht. Wir beginnen zunächst mit einer genauen Definition des Begriffs der Übersättigung. Als Beispiel betrachten wir eine Oberfläche im Austausch mit der Gasphase, jedoch gilt jeweils das Entsprechende für das Wachstum aus einer Flüssigphase. Die Übersättigung ist das Verhältnis zwischen tatsächlichem Dampfdruck in der Gasphase p und dem Gleichgewichtsdruck p_{eq}, d. h. dem entsprechenden Dampfdruck des Festkörpers. Dieser Dampfdruck ist durch die **Kohäsionsenergie**, also durch die **Ablösearbeit aus Kinken** gegeben. Kinken deshalb, weil man im Limes eines unendlich großen Kristalls alle Atome des Kristalls aus den Kinken in die Gasphase bringt. Die Übersättigung ist gleichbedeutend mit einer Differenz $\Delta\mu$ zwischen dem **chemischen Potential der Gasphase** und dem des Festkörpers

$$\Delta\mu = k_B T \ln(p/p_{eq}) = k_B T \ln(\varrho/\varrho_{eq}) \,. \tag{4.115}$$

Das Verhältnis der Dampfdrücke p ist auch gleich dem Verhältnis der Konzentrationen ϱ auf der Oberfläche (Gl. (4.8)). Eine Übersättigung führt also zu einer höheren Konzentration von Atomen auf der Oberfläche. Unter diesen Bedingungen können sich zwei- oder auch dreidimensionale Inseln bilden. Die Bildung solcher Inseln erfordert einen bestimmten Aufwand an freier Energie durch den Rand der Insel. Bei zweidimensionalen Inseln bestehend aus n Atomen ist dies (vgl. Abschn. 4.6.5)

$$\Delta F_n = 2\pi r_n \beta = 2\beta \left(\frac{\Omega_s}{\pi}\right)^{\frac{1}{2}} n^{\frac{1}{2}} \,. \tag{4.116}$$

Wir haben die Inseln als rund angenommen mit einem Radius r_n; β ist die freie Energie des Randes pro Länge und Ω_s die von einem Atom eingenommene Fläche. Das Symbol Δ soll besagen, dass es sich um die Differenz der freien Energie der Oberfläche mit Insel und ohne Insel handelt. Die entsprechende Differenz der freien Enthalpie ist dann (vgl. Abschn. 4.3.1)

$$\Delta G_n = \Delta F_n - \Delta\mu n = 2\beta \left(\frac{\Omega_s}{\pi}\right)^{\frac{1}{2}} n^{\frac{1}{2}} - \Delta\mu n \,. \tag{4.117}$$

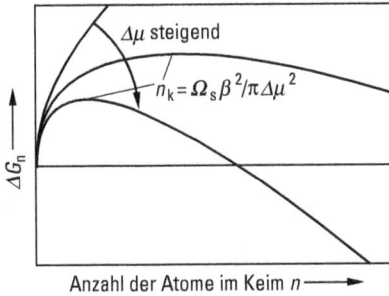

Abb. 4.66   Freie Enthalpie eines Keims als Funktion der Anzahl der Atome im Keim. Jenseits des Maximums vermindert sich die freie Enthalphie durch Hinzufügen weiterer Atome. Der Keim wächst also von selbst weiter. Die Größe des Keims im Maximum wird deshalb als kritische Keimgröße bezeichnet. Sie sinkt mit zunehmender Übersättigung $\Delta\mu$.

In Abb. 4.66 ist ΔG_n als Funktion von n für verschiedene $\Delta\mu$ aufgetragen. Wachstum erfolgt, wenn eine Vergrößerung der Zahl der Atome n zu einer Verminderung der freien Enthalpie des Systems führt, also wenn $\mathrm{d}\Delta G_n/\mathrm{d}n < 0$ ist. Dies bedeutet, dass Keime oberhalb einer kritischen Größe wachsen, aber die kritische Größe hängt jetzt von $\Delta\mu$ ab, d.h. von der Übersättigung. Die Größe dieses **kritischen Keimes** ist durch das Maximum von ΔG_n gegeben und liegt bei einem Inselradius r_k von

$$r_k = \frac{\Omega_s \beta}{\pi \Delta\mu}, \tag{4.118}$$

bzw. bei einer Atomzahl von

$$n_k = \frac{\Omega_s}{\pi}\left(\frac{\beta}{\Delta\mu}\right)^2. \tag{4.119}$$

Mit Hilfe der Theorie des Übergangszustandes können wir jetzt die Bildungsrate von Keimen, die weiter wachsen können, abschätzen; der Übergangszustand ist gerade der Zustand im Maximum von ΔG_n. Man erhält so für die Bildungsrate ν

$$\nu = \frac{k_B T}{h}\exp\left\{-\frac{\Omega_s \beta^2}{\pi(k_B T)^2 \ln(p/p_{eq})}\right\}. \tag{4.120}$$

4.7.3 Wachstum nach der Keimung

Das Weiterwachsen einmal gebildeter Keime erfolgt zum einen durch laterale Vergrößerung existierender Keime bis schließlich eine Lage komplett gefüllt ist, zum anderen können auch auf den Inseln neue Inseln keimen. Wenn keine ES-Barriere existiert und das Wachstum sehr langsam erfolgt ($\nu/\Phi \gg 1$), wird die erste Lage weitgehend gefüllt bevor die Keimung auf der nächsten beginnt. Man erhält so **lagenweises Wachstum**. Abbildung 4.67(a–c) zeigt Simulationsergebnisse für $\nu/\Phi = 10^3$ ohne ES-Barriere. Die Bedeckung der einzelnen Lagen erfolgt nahezu sequentiell

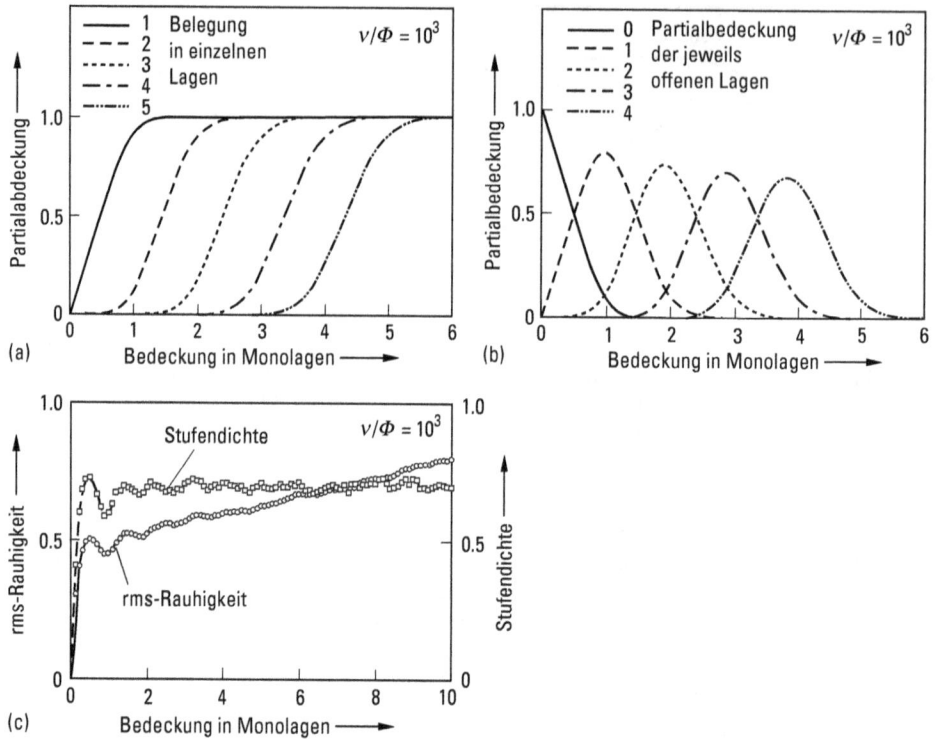

(a)

(b)

(c)

Abb. 4.67   Wachstum bei einem Verhältnis $v/\Phi = 10^3$ ohne ES-Barriere. (a) Partialbedeckung der Lagen 1–5, (b) Partialbedeckung in den offenen Lagen 0–4 und (c) rms-Rauhigkeit und Stufendichte jeweils als Funktion der Gesamtbedeckung in Monolagen. Stufendichte und rms-Rauhigkeit haben Maxima bei jeweils halbzahliger Gesamtbelegung. Die Oszillationen sind gedämpft, weil durch die relativ geringe Diffusivität die Rauhigkeit mit zunehmender Gesamtbelegung immer größer wird.

(Abb. 4.67a). Zu jedem Zeitpunkt sind etwa drei Lagen offen, d. h. nicht durch darüberliegende Schichten abgedeckt (Abb. 4.67b), wobei die zunehmende Breite der Verteilungen mit steigendem Gesamtbedeckungsgrad eine zunehmende Rauhigkeit der Schicht andeutet. Ein übliches Maß für die Rauhigkeit ist die **rms-Rauhigkeit** definiert als

$$w_{\mathrm{ms}} = d_{\mathrm{M}}\sqrt{\langle n(x,y) - \bar{n})^2 \rangle}, \tag{4.121}$$

mit d_{M} der Dicke einer Monolage von Atomen und $n(x,y)$ der Dicke der Schicht in Monolagen an einer Stelle (x,y). Diese rms-Rauhigkeit ist in Abb. 4.67c aufgetragen. Sie steigt zu Anfang rasch an, um dann nur noch allmählich zuzunehmen. Allerdings wächst sie unbegrenzt, d. h. die Schichten werden immer rauher mit zunehmender Schichtdicke. Für kleinere Gesamtbedeckungen zeigt die rms-Rauhigkeit Oszillationen mit Minima bei den Bedeckungen, die einer ganzen Zahl von Monolagen entspricht. Gleichfalls in Abb. 4.67c ist die mittlere Dichte monoatomarer

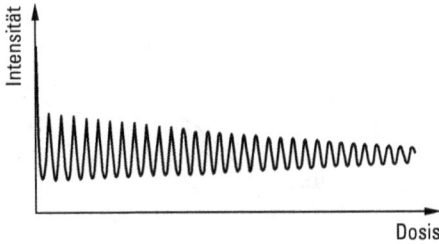

Abb. 4.68 Oszillationen in der Intensität eines spiegelnd reflektierten He-Strahls während des Wachstums einer Pt(111)-Oberfläche [147]. Die Streubedingungen waren so gewählt, dass die Phasendifferenz zwischen Strahlen, die an zwei aufeinanderfolgenden Terrassen gespiegelt werden, gerade π betrug („Anti-Phasen-Bedingung"). Dann ergaben sich Minima der Intensitäten bei jeweils einer halben Monolage Gesamtbedeckung. Die ausgedehnten Oszillationen zeigen, dass das Wachstum weitgehend lagenweise erfolgt.

Stufen dargestellt, die ebenfalls mit der Bedeckung zunächst rasch ansteigt, sich dann aber sättigt. Sie weist noch ausgeprägtere Oszillationen auf. Mit steigendem Verhältnis von v/Φ sinken rms-Rauhigkeit und Stufendichte, und sie zeigen stärkere Oszillationen. Die Messung solcher Oszillationen bietet also eine Methode, die Qualität des Wachstums zu bewerten. Die Oszillation können in Streuexperimenten mit Elektronen z. B. mit dem sog. RHEED-Verfahren (engl. *Reflection High Energy Electron Diffraction* RHEED) [118] oder in der elastischen Streuung von He-Atomen beobachtet werden [146]. Stellt man die Streubedingungen (Energie, Einfalls- und Ausfallswinkel) so ein, dass die an verschiedenen Monolagen reflektierten Teilchenwellen in Phase sind, so erhält man Maxima bei ganzzahligen Bedeckungen und Minima dazwischen. Die umgekehrten Verhältnisse ergeben sich bei Einstellung auf destruktive Interferenz für Reflexion an Terrassen, die sich in ihrer Höhe um eine Monolage unterscheiden. Abbildung 4.68 zeigt ein Beispiel solcher Oszillationen [147].

Der Extremfall geringer Diffusion ist durch $v/\Phi \ll 1$ gegeben. Dann bleibt jedes Atom dort liegen, wo es deponiert wurde. Mit zunehmender Schichtdicke nimmt deshalb die Rauhigkeit stark zu. Man kann zeigen, dass die Bedeckungsgrade der **offenen** Lagen jetzt eine **Poisson-Verteilung** haben. Die Zunahme der Belegung in der n-ten Lage ist durch den Fluss Φ auf die **offene** Belegung in der $(n-1)$-ten Lage, also durch die Differenz der Belegungen in der n-ten und $(n-1)$-ten Lage gegeben:

$$\frac{\mathrm{d}\Theta_n}{\mathrm{d}t} = \Phi\,\Theta_{n-1}^{(\text{offen})} = \Phi(\Theta_{n-1} - \Theta_n)\,. \tag{4.122}$$

Andererseits ist die Summe aller Zuwächse der Fluss Φ selbst:

$$\sum_{n=1}^{\infty} \frac{\mathrm{d}\Theta_n}{\mathrm{d}t} = \Phi\,. \tag{4.123}$$

Diese Gleichung wird durch den Ansatz

$$\frac{\mathrm{d}\Theta_n}{\mathrm{d}t} = \Phi\,\frac{(\Phi t)^n}{n!}\,\mathrm{e}^{-\Phi t} \tag{4.124}$$

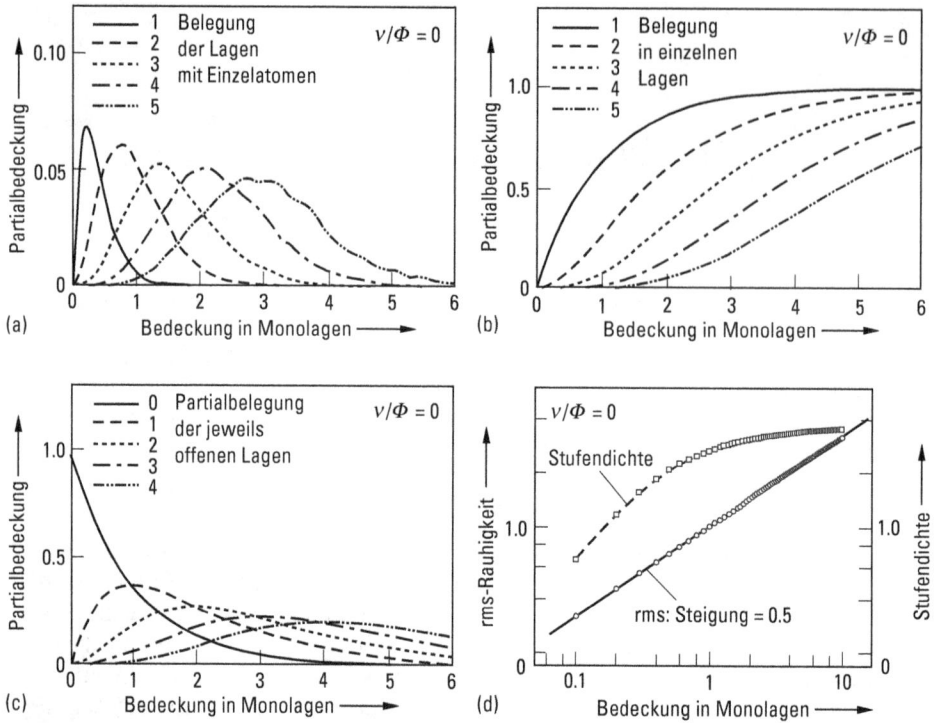

Abb. 4.69 Wachstum bei $v/\Phi = 0$. (a) Partialbelegung der Lagen 1–5 mit Einzelatomen, (b) Partialbedeckung der Lagen 1–5, (c) Partialbedeckung in den offenen Lagen 0–4 und (d) rms-Rauhigkeit und Stufendichte jeweils als Funktion der Gesamtbedeckung in Monolagen.

erfüllt. Die Poisson-Verteilung auf der rechten Seite von Gl. (4.124) ist wegen Gl. (4.122) gerade die Verteilung der Bedeckungsgrade der offenen Lagen $\Theta_{n-1}^{(\text{offen})}$. Damit lässt sich die **rms-Rauhigkeit** der Schicht berechnen zu

$$w_{\text{rms}}/d_{\text{M}} = \sqrt{\langle (n - \bar{n})^2 \rangle} = \bar{n}^{1/2} = (\Phi t)^{1/2}. \tag{4.125}$$

Die Abb. 4.69(a–d) zeigen die Ergebnisse einer Simulation für die Belegung in den einzelnen Lagen mit Einzelatomen, die Gesamtbelegung der Lagen, die Belegungen in den offenen Lagen und die Rauhigkeit als Funktion der mittleren Belegung unter der Annahme, dass keine Diffusion stattfindet. Durch die unterdrückte Diffusion wird Keimbildung verhindert, was eine hohe Zahl von Einzelatomen zur Folge hat (Abb. 4.69a). Die rms-Rauhigkeit nimmt entsprechend Gl. (4.125) zu.

Wie aus der Herleitung ersichtlich, folgt die **Poisson-Verteilung** der offenen Lagen und die Zunahme der rms-Rauhigkeit nur aus der Annahme, dass es keinen Interlagentransport gibt. Man erhält also bezüglich der Verteilung und der Rauhigkeit bei Annahme einer schnellen Diffusion auf den Terrassen und hoher **ES-Barriere** das gleiche Resultat wie ohne Diffusion. Trotzdem ist das Bild der wachsenden Schichten ein ganz anderes. Bei schneller Diffusion auf den Terrassen und unterdrücktem **Interlagentransport** wird die laterale Strukturgröße durch die Keimbildung

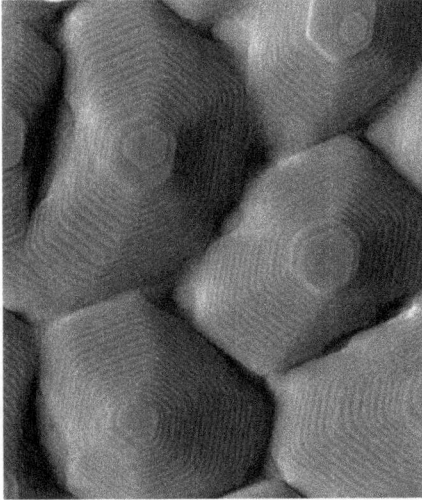

Abb. 4.70 Pyramidenwachstum auf Pt(111) bei großer ES-Barriere. Die Dichte der Pyramiden wird durch die Nukleationsdichte in der ersten Lage (4.112) bestimmt. Danach erfolgt die weitere Nukleation immer auf einer schon vorhandenen Insel, wodurch die Pyramiden entstehen [148]. Die Bildgröße beträgt $120 \times 160 \, \text{nm}^2$.

in der ersten Lage bestimmt (4.114). Danach wächst Insel auf Insel, so dass sich am Ende Pyramiden bilden (Abb. 4.70) [148].

4.7.4 Wachstum auf vizinalen Flächen

Vizinale Flächen weisen eine mehr oder weniger regelmäßige Folge von monoatomaren Stufen auf (Abschn. 4.2.4). Diese Stufen stellen Keime für das Wachstum dar. Das Wachstum auf vizinalen Flächen unterscheidet sich deshalb deutlich vom Wachstum auf glatten Flächen. Im Idealfall würde sich das Wachstum einfach als gleichmäßiges Fortschreiten aller Stufen vollziehen. Insofern wären Vizinalflächen ideale Substrate für das oft erwünschte lagenweise Wachstum. Leider sind die Verhältnisse nicht so einfach. Deshalb soll jetzt das Wachstum auf Vizinalflächen näher analysiert werden.

Zur Berechnung des Fortschreitens der Stufen unter Wachstumsbedingungen, d. h. bei einem homogenen Zufluss von Atomen auf die Terrassen, muss zunächst die Diffusion auf den Terrassen betrachtet werden. Wir nehmen an, dass alle Stufen perfekt gerade senkrecht zur x-Achse verlaufen. Ein Konzentrationsprofil gibt es in diesem Fall in erster Linie senkrecht zu den Stufen und das Problem kann als Eindimensionales behandelt werden. Im stationären Zustand ist dann auf jeder Terrasse die eindimensionale Diffusionsgleichung

$$\frac{\partial \varrho}{\partial t} = \Phi + \nu \frac{\partial^2 \varrho}{\partial x^2} = 0 \tag{4.126}$$

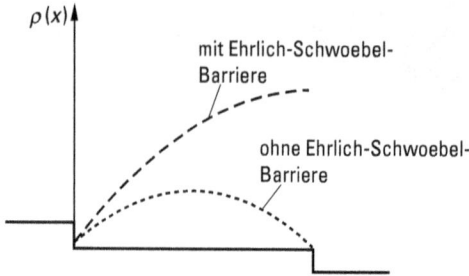

Abb. 4.71 Stationäre Teilchendichte auf einer Vizinalfläche unter dem Einfluss einer konstanten Flussdichte Φ mit (gestrichelte Linie) und ohne (punktierte Linie) ES-Barriere. Die ES-Barriere wird als unendlich hoch angenommen, sodass keine Anlagerung an die Stufen von oben erfolgt. Die Teilchendichte hat deshalb dort den Gradienten Null. Der gesamte Fluss lagert sich an die linke Stufe an, der Gradient ist deshalb dort doppelt so hoch wie ohne ES-Barriere.

zu lösen, wobei die Stufen Randbedingungen setzen. Bei verschwindender **ES-Barriere** und gleichfalls verschwindender Anlagerungsbarriere fixieren die Stufen die Konzentration von Atomen an den Stufenkanten auf die Gleichgewichtskonzentration ϱ_{eq}. Legt man $x = 0$ in den Mittelpunkt der n-ten Terrasse mit einer Breite l_n, so ist die Lösung von Gl. (4.126)

$$\varrho(x) = \varrho_{eq} + \frac{\Phi}{8\,v}\,(l_n^2 - 4\,x^2).$$ (4.127)

Die Adatomdichte ist also eine Parabel mit dem Scheitel im Zentrum der Terrasse (Abb. 4.71). Typischerweise ist $\varrho_{eq} \ll \Phi l^2/8\,v$ und kann vernachlässigt werden. Eine Vorbedingung für das **Stufenflusswachstum** ist, dass die Terrassenweite l kleiner ist als die in Gl. (4.114) berechnete **Nukleationslänge**.

$$l < d_{nukl.} \cong \sqrt{\Omega_s}\left(\frac{v}{F}\right)^{\frac{1}{6}}.$$ (4.128)

Ist diese Bedingung nicht erfüllt, dann setzt Keimbildung ein (Abb. 4.72). Wir berechnen jetzt das Fortschreiten einer Stufe bei stetigem Zufluss von Atomen auf die Oberfläche. Die Stufen werden von beiden Seiten mit Atomen gespeist. Die Anzahl der pro Stufenlänge und Zeit auf die Stufen zufließenden Atome ist durch den Gradienten der Adatomdichte und die Transportrate v gegeben. Wir nehmen an, die Position einer Stufe sei gegenüber ihrer mittleren Position um ein Stück verschoben, so dass die Terrassenweiten rechts und links der Stufe l_n und l_{n+1} unterschiedlich seien (Abb. 4.73a). Die Geschwindigkeit des Fortschreitens der Stufe ist dann

$$\frac{\partial x_n}{\partial t} = v(|\nabla\varrho|_+ + |\nabla\varrho|_-) = \Phi\left(\frac{l_n}{2} + \frac{l_{n+1}}{2}\right) = \Phi\bar{l}.$$ (4.129)

Dieses nur scheinbar triviale Resultat besagt, dass sich die Stufe mit der mittleren Fließgeschwindigkeit bewegt, unabhängig von ihrer Position relativ zu den Nachbarstufen. Das bedeutet aber auch, dass zufällige Fluktuationen im Laufe der Zeit immer mehr anwachsen müssen: eine anfänglich gleichmäßige Stufendichte wird im Laufe der Zeit ungleichmäßig, was einer (Abb. 4.73 b) zunehmenden Rauhigkeit der deponierten Schicht entspricht. Der Vorteil vizinaler Flächen für ein gleichmäßiges Schichtwachstum ist also nur für relativ dünne Schichten von wenigen Monolagen gegeben! Ein anderes Ergebnis erhält man, wenn eine **ES-Barriere** existiert. Zur Vereinfachung setzen wir die Barriere als unendlich hoch an, es gäbe dann keinen Zufluss von Atomen an die Stufe von der oberen Terrasse her. Die Randbedingung auf der oberen Stufenseite ist dann, dass der Gradient der Dichte verschwindet.

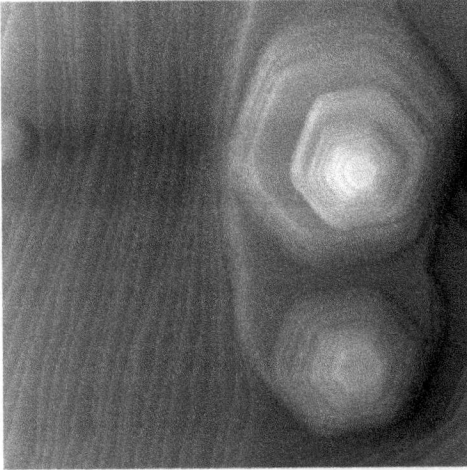

Abb. 4.72 Wachstum auf einer Cu(111)-Vizinalfläche bei der zufällig eine Terrasse die kritische Größe überschritten hat, sodass Nukleation erfolgen konnte. Die Bildgröße beträgt $160 \times 160\,\text{nm}^2$.

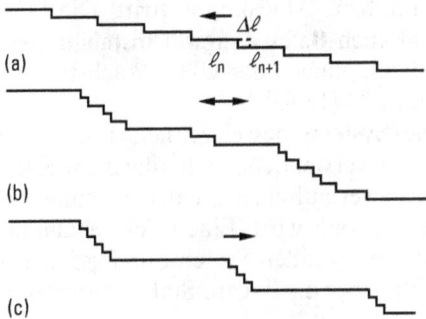

Abb. 4.73 Vizinalflächen unter Wachstumsbedingungen: (a) bei Vorhandensein einer ES-Barriere. Der dadurch entstehende effektive Diffusionsstrom in Aufwärtsrichtung stabilisiert die Vizinalfläche. (b) Ohne ES-Barriere gibt es keinen solchen Stabilisierungseffekt und die Stufen werden nach Aufbringen vieler Monolagen stochastisch verteilt. (c) Eine Anlagerungsbarriere an die Stufen von unten bzw. eine negative ES-Barriere führt zur Ausbildung von Stufenbündeln.

Man kann wieder die Diffusionsgleichung mit dieser Randbedingung lösen, aber auch ohne formale Lösung ist klar, dass alle auf die unterhalb einer Stufe auftreffenden Atome an die Stufe angelagert werden.

$$\frac{\Delta x_n}{\Delta t} = \Phi l_{n+1}.\tag{4.130}$$

Wenn jetzt die Stufe n zufällig ein wenig weiter vorangekommen ist, so dass die Terrassenweite unterhalb der Stufe l_{n+1} kleiner ist als die mittlere Terrassenweite (Abb. 4.73 a), dann wird die Fließgeschwindigkeit langsamer: Die **ES-Barriere** stabilisiert einen **gleichmäßigen Stufenfluss**! Wenn umgekehrt die Anlagerung von Atomen an die Stufe von der oberen Terrasse her leichter als von der unteren ist (z. B. durch eine Anlagerungsbarriere oder eine negative ES-Barriere), dann wird eine voreilende Stufe noch schneller wachsen als die Nachbarstufen, und es gibt eine definitive Tendenz zur **Destabilisierung** der regelmäßigen Stufenfolge, es bilden sich abwechselnd dichte Folgen von Stufen und große Terrassen zwischen ihnen (Abb. 4.73 c).

Man kann die Ergebnisse dieses Abschnitts zusammenfassen, indem man die mittleren Stromrichtungen der Diffusion betrachtet: Ein mittlerer Strom in Aufwärtsrichtung stabilisiert regelmäßige Terrassen, ist der Strom im Mittel in Abwärtsrichtung, so bilden sich Bündel von Stufen (engl. *step bunching*). Die zu den einzelnen Terrassenbildern gehörenden Stromrichtungen sind in Abb. 4.73 durch Pfeile symbolisiert.

4.7.5 Mäander-Instabilitäten von Stufen

Unter bestimmten Wachstumsbedingungen können Stufen eine *Mäander-Instabilität* aufweisen und zwar im Sinne einer gleichmäßigen Form benachbarter Stufen mit einer bevorzugten Wellenlänge. Diese Art von Instabilität einer wachsenden Vizinalfläche wurde zuerst von Bales und Zangwill [149] beschrieben für eine Situation, wo beim Wachstum auch Abdampfung bzw. Ablösung auftritt. Die Mäander-Instabilitäten werden deshalb manchmal auch **Bales-Zangwill Instabilitäten** genannt. Sie treten auch unter den typischen Bedingungen des UHV-Wachstums ohne Abdampfung auf. Ein Beispiel zeigt Abb. 4.74 [150].

Zur Untersuchung der Stabilität eines Systems, dessen zeitliche Entwicklung durch Differentialgleichungen beschrieben wird, verwendet man häufig die sog. lineare Stabilitätsanalyse, bei welcher der zeitliche Verlauf einer kleinen Störung unter Linearisierung der Differentialgleichungen verfolgt wird. Eine solche **Stabilitätsanalyse** hatten wir in sehr einfacher Form bei den geraden Stufen durchgeführt. Der Weg zur Mäander-Instabilität führt ebenfalls über die lineare Stabilitätsanalyse, aber es geht auch einfacher.

Wir nehmen dazu an, dass zwei benachbarte Stufen einen sinusförmigen Verlauf haben (Abb. 4.75). Zur Vereinfachung nehmen wir ferner an, dass es eine perfekte **ES-Barriere** gibt. Die Stufen wachsen dann nur durch den Einbau von Atomen aus der unteren Terrasse. Die gestrichelten Linien senkrecht zu den Stufen in Abb. 4.75 unterteilen die Terrasse zwischen den Stufen in gleich große Flächen. Von diesen Flächen kommt also pro Zeiteinheit die gleiche Anzahl von Atomen. Jedoch treffen

Abb. 4.74 Rastertunnelbild einer Cu(111)-Vizinalfläche nach Aufdampfen einiger Hundert Monolagen. Die Stufen zeigen die typische Mäanderinstabilität, die beim Stufenflusswachstum auftreten kann [150].

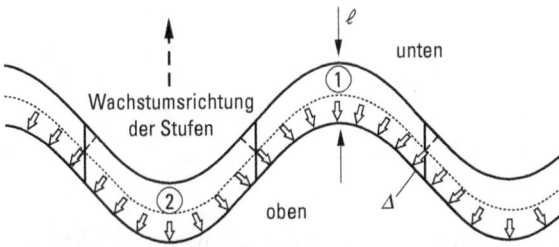

Abb. 4.75 Zur Theorie der Mäanderinstabilität (siehe Text für die Diskussion!).

sie in dem mit 1 bezeichneten Bereich auf eine um die Länge 2Δ verkürzte Stufe gegenüber dem Bereich 2. Beschreibt man die Stufe durch $\zeta(y) = \zeta_0 \sin q y$, so ist $2\Delta = l\zeta_0 q$. Die in der Zeit dt im Bereich 1 zusätzlich angelagerten Atome sind

$$dN = dt\, \Phi l \Delta/\Omega_s = dt\, \Phi l^2 \zeta_0 q/2\, \Omega_s\,. \tag{4.131}$$

Einer endlichen **ES-Barriere** kann man durch einen Asymmetriefaktor f_{ES} Rechnung tragen, der Eins ist bei unendlich hoher Barriere und Null, wenn keine Barriere existiert. Die in der Zeit dt an der Stufe zusätzlich angelagerten Atome dN führen zu einer Vergrößerung der Amplitude der Welligkeit der oberen Stufe um den Betrag

$$d\zeta_0 = \frac{q}{2}\,\Omega_s\,dN\,. \tag{4.132}$$

Die Amplitude der Welligkeit der Stufe wächst deshalb mit der Geschwindigkeit

$$\frac{d\zeta_0}{dt} = \frac{1}{4}\,\Phi l^2 q^2 \zeta_0\,. \tag{4.133}$$

Dieser Zuwachs gilt für jede Stufe. Gegen die Zunahme der Welligkeit wirkt die Diffusion, welche bestrebt ist, den Unterschied des chemischen Potentials entlang der Stufe abzubauen. Das entsprechende Diffusionsproblem war in Abschn. 4.6.4 behandelt worden. Von Gl. (4.89) übernehmen wir die Geschwindigkeit mit der die Welligkeit ohne den Fluss Φ wieder abgebaut wird und erhalten

$$\frac{d\zeta_0}{dt} = \frac{1}{4}\,\Phi l^2\, q^2\, \zeta_0 - L_T\, \Omega_s^2\, \tilde{\beta}\, a_\perp\, q^4\, \zeta_0\,. \tag{4.134}$$

Die Größe $a_\perp$ ist die Länge senkrecht zur Stufe, um den die Position der Stufe bei der Anlagerung einer Atomreihe verschoben wird. Sie tritt an die Stelle der Stufenhöhe in Gl. (4.89), $\tilde{\beta}$ ist die **Stufensteifigkeit** und L_T der **Transportkoeffizient** für die eindimensionale Diffusion entlang der Stufenkante. Er lässt sich entsprechend Abschn. 4.6.3 in einen Diffusionkoeffizienten D_{st} und den Gleichgewichtsbedeckungsgrad Θ_{eq} der den Transport tragenden Teilchen, in der Regel Adatome an den Stufen, umrechnen.

$$L_T = \frac{D_{st}\,\Theta_{eq}}{\Omega\, k_B\, T}\,. \tag{4.135}$$

Die Stufensteifigkeit ist analog zur Oberflächensteifigkeit Gl. (4.19). Tragen wir jetzt die Wachstumsgeschwindigkeit über der Wellenzahl q auf (Abb. 4.76), so ergeben sich für kleine q-Werte positive Geschwindigkeiten, d. h. die Störungen dieser Wellenlängen werden mit der Zeit wachsen, und die Wellenlänge mit der maximalen Geschwindigkeit setzt sich durch

$$\frac{\lambda_{max}}{l} = 4\,\pi \left(\frac{2\,D_{st}\,\Theta_{eq}\,\Omega_s^2\,\tilde{\beta}}{a_\perp\,\Phi\, k_B\, T} \right)^{1/2}\,. \tag{4.136}$$

Dadurch entsteht auf der Oberfläche eine relativ gleichmäßig gewellte Stufenstruktur. Dies ist die gesuchte Mäander-Instabilität. Interessanterweise ergibt sich eine Instabilität selbst bei beliebig kleinen Flüssen Φ. Allerdings wird die Wellenlänge maximaler Wachstumsgeschwindigkeit sehr groß, vor allem aber wird die Geschwindigkeit, mit der die Störung wächst, so klein, dass die Instabilität nicht mehr zu beobachten ist. Damit sie überhaupt sichtbar wird, muss man einen Temperatur-

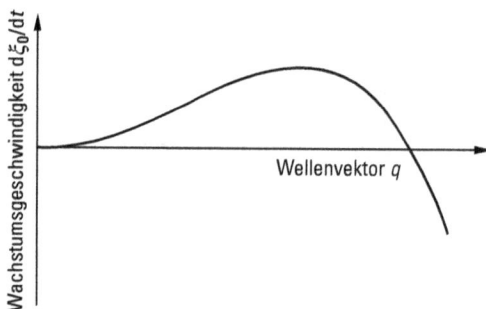

Abb. 4.76 Wachstumsgeschwindigkeit periodischer Störungen der Stufenform. Bei längerem Wachstum bildet sich die Stufenform mit maximaler Wachstumsgeschwindigkeit aus.

bereich wählen, in dem die Diffusion entlang der Stufenkante eingeschränkt ist [151, 152].

In den obigen Diskussionen wurden die Stufen als kontinuierliche Linien beschrieben. Wie beim Wachstum auf zweidimensionalen Oberflächen kann man bezüglich der Anlagerung von Atomen an die Stufen dazu übergehen, die atomare Struktur in Betracht zu ziehen. Das Analogon zu Stufen auf zweidimensionalen Oberflächen sind Kinken in Stufen. Der Transport entlang einer Stufe kann an einem Kinkenplatz durch eine **Kink-ES-Barriere** behindert sein [153]. Ist diese Barriere groß und sind die Stufen entlang der dicht gepackten Richtung orientiert, also ohne Kinken, dann erfolgt die Anlagerung an die Stufen in der Form einer eindimensionalen Keimbildung. Diese Keime können dann lateral wachsen. Gleichzeitig gibt es weitere Keimbildung auf den größer gewordenen Keimen und schließlich bilden sich eindimensionale Pyramiden aus, ganz ähnlich wie beim zweidimensionalen Terrassenwachstum auf Flächen (Abb. 4.70, 4.72). Sind die Stufen fehlorientiert gegen die dicht gepackte Richtung, enthalten sie also regelmäßige Kinken, dann kann man wie beim zweidimensionalen Wachstum auf Flächen wiederum „aufwärts" und „abwärts" gerichtete Ströme definieren, entsprechend einer positiven oder **negativen Kink-ES-Barriere**, die dann zum gleichmäßigen Wachstum der Stufen, oder aber zu einer kinetischen Aufrauhung der Stufen führt.

4.7.6 Wachstum verspannter Filme

Beim heteroepitaktischen Wachstum ergeben sich eine Reihe zusätzlicher Effekte, welche mit der **Gitterfehlpassung** und den daraus folgenden **Verspannungen** zusammenhängen. In Abschn. 4.3.3.2 war bereits erwähnt worden, dass die Gleichgewichtsform von verspannten Filmen auf Vizinalflächen durch Bündelung von Stufen charakterisiert ist. Hier sollen zusätzliche kinetische Effekte und das Zusammenwirken von Kinetik und Gleichgewichtsstruktur angesprochen werden.

Die Filmspannung, oder wohl physikalisch richtiger die Dehnung, bewirkt eine beachtliche Änderung der Aktivierungsenergie für die Diffusion. Bei metallischen Oberflächen scheint es dabei immer so zu sein, dass die Aktivierungsbarriere für die Diffusion zunimmt, wenn die Dehnung positiv ist, die Atomabstände also größer werden. Dieser Effekt kann anschaulich verstanden werden. Die Bindung eines Metallatoms erfolgt entsprechend einem Vielteilchenbild maßgeblich durch die Einbettung in die Ladungsdichte der übrigen Metallatome. Bei vergrößerten Abständen zwischen den Atomen ist die **Korrugation der Ladungsdichte** größer und deshalb auch die Korrugation der Bindungsenergie als Funktion des Ortes, was einer größeren Aktivierungsenergie für die Diffusion entspricht. Theoretische Rechnungen für die Diffusion von Ag auf gedehnten Ag(111)-Oberflächen zeigen, dass eine Dehnung von 5 % die Aktivierungsenergie von ca. 75 meV auf ca. 110 meV erhöht, und umgekehrt [154]. Auch bei **Halbleiteroberflächen** gibt es entsprechende Effekte. Allerdings kann dort die Aktivierungsenergie auch mit einer Dehnung sinken [155]. Experimentell wurde dieser Effekt wahrscheinlich erstmalig von Meyer et al. beim Wachstum von Ni-Filmen auf einer Ru(0001) Unterlage beobachtet [156]. Durch die große Gitterfehlpassung von $-7.8\,\%$ sind die ersten Monolagen der Ni-Filme stark gedehnt. Die erhöhte Aktivierungsenergie für die Diffusion macht sich als erhöhte Keimdichte bemerkbar. Ein besonders interessantes Beispiel bilden Doppel-Lagen aus Ag auf einer Pt(111) Oberfläche. Die Gitterkonstante von Ag ist 4 % größer als die von Pt. Eine pseudomorphe Ag-Schicht ist also komprimiert, was zu einer erniedrigten Aktivierungsbarriere führt. Die starke Verspannung der Ag-Filme (größer als eigentlich der Gitterfehlpassung entspräche [157]), führt nach Anlassen auf 400 K zu einem **Versetzungsnetzwerk** [158]. In den Versetzungslinien ist die Atomdichte reduziert und die Diffusion über die Versetzungslinien hinweg ist behindert. Dampft man weitere Ag-Atome oder auch ein anderes Metall auf, dann wird durch die Unterteilung der Oberfläche in Bereiche leichter Diffusion mit Begrenzungen erschwerter Diffusion eine **Keimbildung in jeder Domäne** erzwungen [159]. Die periodische Struktur des Versetzungsnetzwerks bewirkt somit eine periodische Anordnung von Clustern von nahezu gleicher Größe. Dieser Art von Selbstassemblierung definierter Strukturen wird z. Zt. viel Aufmerksamkeit geschenkt.

Eine weitere interessante **Selbstassemblierung** wird im System Ge/Si beobachtet. Das Wachstum von Ge auf Si(100) erfolgt als Stranski-Krastanov-Wachstum. Auf einem dünnen pseudomorphen Film von wenigen Monolagen (vgl. Abschn. 4.3.3.1) wachsen zunächst sog. Hütten-Cluster (engl. *hut-cluster*) auf, die später in sog. Dome (engl. *domes*) übergehen [160]. Legt man eine weitere Si-Schicht darüber, so ist diese dort, wo die Ge-Inseln liegen, im Sinne einer Dehnung verspannt. Bei einem weiteren Aufbringen von Ge wird dort wiederum Germanium wegen der besseren Anpassung an die Ge-Gitterkonstante bevorzugt neue Cluster bilden. Setzt man dieses Verfahren fort, so erhält man schließlich eine Schichtstruktur aus Silizium- und Germanium-Clustern, in der die Germanium-Cluster übereinander liegen [161]. Die Spannungsfelder sorgen zusätzlich noch dafür, dass die Anordnung der Germanium-Cluster mit zunehmender Anzahl der Schichten immer periodischer wird [162]. Dies ist eine Form der Selbstassemblierung einer periodischen Struktur im nm-Bereich, die durch eine Kombination von Energieminimierung und kinetischen Effekten erzeugt wird.

Generell führen solche Kombinationen aus kinetischen und energetischen Effekten zu einer großen Zahl verschiedenartiger Formen der **Selbstassemblierung**. Im Rahmen der Materialforschung für nanostrukturierte Materialien und Bauelemente ist man zur Zeit bestrebt, solche Effekte systematisch zu erforschen und zu nutzen. Nachdem viele Mechanismen, die zu einer Selbstassemblierung periodischer Nanostrukturen führen können, grundsätzlich bekannt und verstanden sind, wird es in Zukunft darauf ankommen, ein gewünschtes Ergebnis durch eine geschickte Kombination kinetischer und energetischer Effekte zu erzielen. Auch zusätzliche lithografische Strukturierungen der Oberflächen werden eingesetzt. Im Rahmen dieses Kapitels haben wir Selbstassemblierungen kennengelernt, die im Idealfall zu periodischen Strukturen führen. Es sollte nicht unerwähnt bleiben, dass das Thema Selbstassemblierung aber auch jenseits periodischer Strukturen eine große Bedeutung besitzt (siehe z. B. [163]).

Literatur

[1] Ibach, H., Surf. Sci. Rep., **29**, 193, 1997
[2] Ibach, H., Surf. Sci. Rep., **35**, 71, 1999

[3] Kolb, D.M., Prog. Surf. Sci., **51**, 109, 1996
[4] Kubby, J.A., Boland, J.J., Surf. Sci. Rep., **26**, 61, 1996
[5] Schlier, R.E., Farnsworth, H.E., J. Chem. Phys., **30**, 917, 1959
[6] Binnig, G., Rohrer, H., Gerber, C., Appl. Phys. Lett., **40**, 178, 1982
[7] Eastman, D.E., J. Vac. Sci. Technol., **B 17**, 492, 1980
[8] Chadi, D.J., Phys. Rev. Lett., **43**, 43, 1979
[9] Wolkow, R.A., Phys. Rev. Lett., **68**, 2636, 1992
[10] Zhang, Z., Fang, W., Lagally, M.G., Surf. Rev. Lett., **3**, 1449, 1996
[11] Takayanagi, K., Tanishiro, Y., Takahashi, S., Takahashi, M., Surf. Sci., **164**, 367, 1985
[12] Binnig, G., Rohrer, H., Gerber, C., Weibel, E., Phys. Rev. Lett., **50**, 120, 1983
[13] Voigtländer, B., private Mitteilung
[14] van Hove, M.A., Koestner, R.J., Stair, P.C., Bibérian, J.P., Kesmodel, L.L., Bartos, I., Somorjai, G.A., Surf. Sci., **103**, 218, 1981
[15] Lang, E., Müller, K., Heinz, K., van Hove, M.A., Koestner, R.J., Somorjai, G.A, Surf. Sci., **127**, 347, 1993
[16] Bonzel, H.P., Helms, C.R., Kelemen, S., Phys. Rev. Lett., **35**, 1237, 1975
[17] Ritz, G., Schmid, M., Varga, P., Borg, A., Ronning, M., Phys. Rev., **B 56**, 10518, 1997
[18] Ocko, B.M., Gibbs, D., Huang, K.G., Zehner, D.M., Mochrie, S.G.J., Phys. Rev., **B 44**, 6429, 1991
[19] Barth, J.V., Brune, H., Ertl, G., Behm, R.J., Phys. Rev., **B 42**, 9307, 1990
[20] Huang, K.G., Gibbs, D., Zehner, D.M., Sandy, A.R., Mochrie, S.G.J., Phys. Rev. Lett., **65**, 3313, 1990
[21] Sandy, A.R., Mochrie, S.G.J., Zehner, D.M., Huang, K.G., Gibbs, D., Phys. Rev., **B 43**, 4667, 1991
[22] Sandy, A.R., Mochrie, S.G.J., Zehner, D.M., Grübel, G., Huang, K.G., Gibbs, D., Phys. Rev. Lett., **68**, 2192, 1992
[23] Grübel, G., Huang, K.G., Gibbs, D., Zehner, D.M., Sandy, R., Mochrie, S.G.J., Phys. Rev., **B 48**, 18119, 1993
[24] Bott, M., Michely, T., Comsa, G., Phys. Rev. Lett., **70**, 1489, 1993
[25] El-Batanouny, M., Burdick, S., Martini, K.M., Stancioff, P., Phys. Rev. Lett., **58**, 2762, 1987
[26] Ravelo, R., El-Batanouny, M., Phys. Rev., **B 40**, 9574, 1989
[27] Takeuchi, N., Chan, C.T., Ho, K.M., Phys. Rev., **B 43**, 13899, 1991
[28] Schaff, O., Schmid, A.K., Bartelt, N.C., Figuera, J.d.l., Hwang, R.Q., Mat. Sci. Engin., **A 319–321**, 914, 2001
[29] Dieluweit, S., Ibach, H., Giesen, M., Einstein, T.L., Phys. Rev., **B 67**, R 121410, 2003
[30] Chen, C.J., Introduction to Scanning Tunneling Microscopy, Oxford University Press, New York, Oxford, 1993
[31] Frohn, J., Wolf, J.F., Besocke, K., Teske, M., Rev. Sci. Instrum., **60**, 1200, 1989
[32] Besocke, K., Surf. Sci., **181**, 145, 1987
[33] Lyding, J.W., Skala, S., Hubacek, J.S., Brockenbrough, R., Gammie, G., Rev. Sci. Instrum., **59**, 1897, 1988
[34] Hansma, P.K., Elings, V.B., Marti, O., Bracker, C.E., Science, 209, 1988
[35] Burleigh, http://www.exfo.com/en/products/gf_Product189.asp
[36] van Hove, M.A., Weinberg, W.H., Chan, C.M., Low Energy Electron Diffraction: Experiment, Theory and Surface Structure Determination, **6**, Springer, Berlin, Heidelberg, New York, 1986
[37] Henzler, M., Surf. Rev. Lett., **4**, 489, 1997
[38] Herring, C., in: Structure and Properties of Solid Surfaces (Gomer, R., Ed.), The University of Chicago Press, Chicago, 1953, S. 5
[39] Shuttleworth, R., Proc. Phys. Soc., **A63**, 445, 1950
[40] Schmickler, W., Leiva, E., J. Electroanal. Chem., **453**, 61, 1998

[41] Schmickler, W., Interfacial Electrochemistry, Oxford University Press, Oxford, 1995
[42] Sander, D., Ibach, H., in: Landolt-Börnstein New Series, (Bonzel, H.P., Ed.), **III/42A2**, Springer, Berlin, 2002
[43] Bauer, E., Z. Krist., **110**, 372, 1958
[44] Wulff, G., Z. Kristallogr. Mineral., **34**, 449, 1901
[45] Giesen, M., Prog. Surf. Sci., **68**, 1, 2001
[46] Jeong, H.-C., Williams, E.D., Surf. Sci. Rep., **34**, 171, 1999
[47] Pimpinelli, A., Villain, J., Physics of Crystal Growth, Cambridge University Press, Cambridge, 1997
[48] Giesen, M., Steimer, C., Ibach, H., Surf. Sci., **471**, 80, 2001
[49] Ibach, H., Lüth, H., Festkörperphysik-Eine Einführung in die Grundlagen, Springer, Berlin, Heidelberg, New York, 2002
[50] Fuchs, R., Kliewer, K.L., Phys. Rev., **140**, A2076, 1965
[51] Ibach, H., Phys. Rev. Lett., **24**, 1416, 1970
[52] Ibach, H., Mills, D.L., Electron Energy Loss Spectroscopy and Surface Vibrations, Academic Press, New York, 1982
[53] Gaßmann, P., Franchy, R., Ibach, H., J. Electr. Spectros. Rel. Phen., **64/65**, 315, 1993
[54] Rocca, M., Surf. Sci. Rep., **22**, 1, 1995
[55] Landau, L.D., Lifshitz, E.M., Lehrbuch der Theoretischen Physik, Bd. VII, Elastizitätstheorie, Akademie Verlag, Berlin, 1991
[56] Gazis, D.C., Herman, R., Wallis, R.F., Phys. Rev., **E 119**, 533, 1960
[57] Morgan, D.P., International Journal of High Speed Electronics and Systems, **10**, 553, 2000
[58] Krim, J., Widom, A., Phys. Rev., **B 38**, 12184, 1988
[59] Matthews, J.W., Epitaxial Growth, Academic Press, New York, 1975
[60] Brantley, W.A., J. Appl. Phys., **44**, 534, 1973
[61] Thanh, V.L., Surf. Sci., **492**, 255, 2001
[62] Jesson, D.E., Pennycook, S.J., Baribeau, J.-M., Houghton, D.C., Phys. Rev. Lett., **71**, 1744, 1993
[63] Croset, B., Girard, Y., Prévot, G., Sotto, M., Garreau, Y., Pinchaux, R., Sauvage-Simkin, M., Phys. Rev. Lett., **88**, 056103, 2002
[64] Marchenko, V.I., Parshin, A.Y., Sov. Phys. JETP, **52**, 129, 1981
[65] Kukta, R.V., Peralta, A., Kouris, D., Phys. Rev. Lett., **88**, 186102, 2002
[66] Alerhand, O.L., Vanderbilt, D., Meade, R.D., Joannopoulos, J.D., Phys. Rev. Lett., **61**, 1973, 1988
[67] Jones, D.E., Pelz, J.P., Hong, Y., Bauer, E., Tsong, I.S.T., Phys. Rev. Lett., **77**, 330, 1996
[68] Kern, K., Niehus, H., Schatz, A., Zeppenfeld, P., Goerge, J., Comsa, G., Phys. Rev. Lett., **67**, 855, 1991
[69] Tersoff, J., Phang, Y.H., Zhang, Z., Lagally, M.G., Phys. Rev. Lett., **75**, 2730, 1995
[70] Schlosser, E.G., in: Chemische Taschenbücher (Foerst, W., Grünewald, H., Eds.), **18**, Verlag Chemie, 1972
[71] Davidson, C., Pidgeon, H.A., Phys. Rev., **15**, 553, 1920
[72] Langmuir, I., Kingdon, K.H., Phys. Rev., **21**, 380, 1923
[73] Attard, G.A., Ahmadi, A., Feliu, J., Rodes, A., J. Phys. Chem. **B 103**, 1381, 1999
[74] Attard, G.A., Harris, C., Herrero, E., Feliu, J., Farady Discuss., **121**, 253, 2002
[75] Ibach, H., Lehwald, S., J. Vac. Sci. Technol., **18**, 625, 1981
[76] Schwennicke, C., Pfnür, H., Phys. Rev., **B 56**, 10558, 1997
[77] Pfnür, H., Voges, C., Budde, K., Schwenger, L., Prog. in Surf. Science, **53**, 205, 1996
[78] Pfnür, H., Voges, C., Budde, K., Lyuksyutov, I., Everts, H.-H., J. Phys. **C 11**, 9933, 1999
[79] Watson, P.R., Hove, M.A.v., Hermann, K., National Institute of Standards and Technology Database 42, 2001
[80] Blyholder, G., J. Phys. Chem., **68**, 2772, 1964

[81] Schmidt, J., Stuhlmann, C., Ibach, H., Surf. Sci., **284**, 121, 1993

[82] Ibach, H., Lehwald, S., Surf. Sci., **91**, 187, 1980

[83] Andersson, S., Nyberg, C., Tengstal, C.G., Chem. Phys. Lett., **104**, 38, 1984

[84] Jacobi, K., Bedürftig, K., Wang, Y., Ertl, G., Surf. Sci., **472**, 9, 2001

[85] Müller, J.E., Harris, J., Phys. Rev. Lett., **53**, 2493, 1984

[86] Müller, J.E., in: Physics and Chemistry of Alkali Metal Adsorption (Bonzel, H.P., Bradshaw, A.M., Ertl, G., Eds.), **57**, Elsevier, Amsterdam, 1989

[87] Demuth, J.E., Ibach, H., Lehwald, S., Phys. Rev. Lett., **40**, 1044, 1978

[88] Land, D.P., Erley, W., Ibach, H., Surf. Sci., **289**, 237, 1993

[89] Steininger, H., Ibach, H., Lehwald, S., Surf. Sci., **117**, 685, 1982

[90] Parker, S.F., Jayasooriya, U.A., Surf. Sci., **368**, 275, 1996

[91] Somorjai, G.A., Introduction to Surface Chemsitry and Catalysis, Wiley, New York, 1994

[92] Kanash, O.V., Fedorus, A.G., Sov. Phys. JETP, **9**, 126, 1984

[93] Ondrejcek, M., Cháb, V., Stenzel, W., Snábl, M., Conrad, H., Bradshaw, A.M., Surf. Sci., **331–333**, 764, 1995

[94] Loburets, A.T., Lyuksytov, I.F., Naumovets, A.G., Poplavski, V.V., Vedula, Y.S., in: Physics and Chemistry of Alkali Metal Adsorption (Bonzel, H.P., Bradshaw, A.M., Ertl, G., Eds.), **57**, Elsevier, Amsterdam, 1989, S. 91

[95] Bonzel, H.P., Bradshaw, A.M., Ertl, G., in: Materials Science Monographs, (Eds.), **57**, Elsevier, Amsterdam, 1989

[96] Puska, M.J., Nieminen, R.M., Mannien, M., Chakraborty, B., Holloway, S., Norskov, J.K., Phys. Rev. Lett., **51**, 1081, 1983

[97] Auerbach, A., Freed, K.F., Gomer, R., J. Chem. Phys., **86**, 2356, 1987

[98] Chabal, Y.J., Dumas, P., Guyot-Sionnest, P., Higashi, G.S., Surf. Sci., **242**, 524, 1991

[99] Sander, D., Linke, U., Ibach, H., Surf. Sci., **272**, 318, 1992

[100] Miller, A.R., The Adsorption of Gases on Solids, Cambridge University Press, Cambridge, 1949

[101] Yates, J.T., King, D.A., Surf. Sci., **32**, 479, 1972

[102] Esser, N., Appl. Phys., **A69**, 507, 1999

[103] Chang, R.K., Furtak, T.E., Surface Enhanced Raman Scattering, Plenum, New York, 1982

[104] Hirschmugl, C.J., Williams, G.P., Hoffmann, F.M., Chabal, Y.J., Phys. Rev. Lett., **65**, 480, 1990

[105] Persson, B.N.J., Volokitin, A.I., Surf. Sci., **310**, 314, 1994

[106] Klünker, C., Balden, M., Lehwald, S., Daum, W., Surf. Sci., **360**, 104, 1996

[107] Ibach, H., Journal of Electron Spectroscopy and Related Phenomena, **64/65**, 819, 1993

[108] Ibach, H., Balden, M., Lehwald, S., J. Chem. Soc., Faraday Trans., **92**, 4771, 1996

[109] Xu, M.-L., Hall, B.M., Tong, S.Y., Rocca, M., Ibach, H., Lehwald, S., Black, J.E., Phys. Rev. Lett., **54**, 1171, 1985

[110] Wu, Z.Q., Chen, Y., Xu, M.L., Tong, S.Y., Lehwald, S., Rocca, M., Ibach, H., Phys. Rev., **B 39**, 3116, 1989

[111] Stuhlmann, C., Bogdányi, G., Ibach, H., Phys. Rev., **B45**, 6786, 1992

[112] Schulz, G.J., Rev. Mod. Phys., **45**, 423, 1973

[113] Bartolucci, F., Franchy, R., Silva, J.A.M., Moutinho, A.M.C., Teillet-Billy, D., Gauyacq, J.P., J. Chem. Phys., **108**, 2251, 1998

[114] Lang, N.D., Kohn, W., Phys. Rev. **B 1**, 4555, 1970

[115] Michaelson, H.B., J. Appl .Phys., **48**, 4729, 1977

[116] Besocke, K., Krahl-Urban, B., Wagner, H., Surf. Sci., **68**, 39, 1977

[117] Kevan, S.D., Phys. Rev. Lett., **50**, 526, 1983

[118] Lüth, H., Surfaces and Interfaces of Solid Materials, Springer, Berlin, Heidelberg, New York, 1995

[119] Aballe, L., Rogero, C., Horn, K., Surf. Sci., **518**, 141, 2002
[120] Okamoto, H., Chen, D., Yamada, T., Phys. Rev. Lett., **89**, 256101, 2002
[121] Crommie, M.F., Lutz, C.P., Eigler, D.M., Science, **262**, 218, 1993
[122] Li, J., Schneider, W.-D., Berndt, R., Crampin, S., Phys. Rev. Lett., **80**, 3332, 1998
[123] Knorr, N., Brune, H., Epple, M., Hirstein, A., Schneider, M.A., Kern, K., Phys. Rev., **B65**, 115420, 2002
[124] J. Repp, F. Moresco, G. Meyer, Rieder, K.-H., Phys. Rev. Lett., **85**, 2981, 2000
[125] Kellogg, G.L., Surf. Sci. Rep., **21**, 1, 1994
[126] Feibelman, P.J., Phys. Rev. Lett., **65**, 729, 1990
[127] Glasstone, S., Laidler, K.J., Eyring, H., The Theory of Rate Processes, McGraw-Hill, New York, 1941
[128] Marcus, R.A., J. Electroanal. Chem., **483**, 2, 2000
[129] Kürpick, U., Kara, A., Rahman, T.S., Phys. Rev. Lett., **78**, 1086, 1997
[130] Mullins, W.W., J. Appl. Phys., **28**, 333, 1957
[131] Mullins, W.W., J. Appl. Phys., **30**, 77, 1959
[132] Bonzel, H.P., Mullins, W.W., Surf. Sci., **350**, 285, 1996
[133] McCarty, K.F., Nobel, J.A., Bartelt, N.C., Nature, **412**, 622, 2001
[134] Schwoebel, R.L., Shipsey, E.J., J. Appl. Phys., **37**, 3682, 1966
[135] Ehrlich, G., Hudda, F.G., J. Chem. Phys., **44**, 1039, 1966
[136] Zinke-Allmang, M., Feldman, L.C., Grabow, M.H., Surf. Sci. Rep., **16**, 377, 1992
[137] Schulze-Icking-Konert, G., Giesen, M., Ibach, H., Surf. Sci., **398**, 37, 1998
[138] Giesen, M., Ibach, H., Surf. Sci., **431**, 109, 1999
[139] Morgenstern, K., Rosenfeld, G., Poelsema, B., Comsa, G., Phys. Rev. Lett., **74**, 2058, 1995
[140] Khare, S.V., Einstein, T.L., Phys. Rev. **B54**, 11752, 1996
[141] Schlößer, D.C., Morgenstern, K., Verheij, L.K., Rosenfeld, G., Besenbacher, F., Comsa, G., Surf. Sci., **465**, 19, 2000
[142] Ibach, H., Giesen, M., Schmickler, W., J. Electroanal. Chem., **544**, 13, 2003
[143] Steimer, C., Giesen, M., Verheij, L., Ibach, H., Phys. Rev., **B 64**, 085416, 2001
[144] Schlößer, D.C., Verheij, L.K., Rosenfeld, G., Comsa, G., Phys. Rev. Lett., **82**, 3843, 1999
[145] Bauer, E., Appl. Surf. Sci., **92**, 20, 1996
[146] Poelsema, B., Comsa, G., Scattering of Thermal Energy Atoms, Springer, Berlin, Heidelberg, New York, 1989
[147] Kunkel, R., Poelsema, B., Verheij, L.K., Comsa, G., Phys. Rev. Lett., **65**, 733, 1990
[148] Kalff, M., Smilauer, P., Comsa, G., Michely, T., Surf. Sci., **426**, L447, 1999
[149] Bales, G.S., Zangwill, A., Phys. Rev. **B41**, 5500, 1990
[150] Schulze-Icking-Konert, G., PhD Thesis, University of Aachen D82, Jül-Report 3588, Forschungszentrum Jülich, 1998
[151] Schwenger, L., Folkerts, R.L., Ernst, H.-J., Phys. Rev., **B55**, R7406, 1997
[152] Maroutian, T., Douillard, L., Ernst, H.-J., Phys. Rev. **B64**, 165401, 2001
[153] Pierre-Louis, O., D'Orsogna, M.R., Einstein, T.L., Phys. Rev. Lett., **82**, 3661, 1999
[154] Ratsch, C., Seitsonen, A.P., Scheffler, M., Phys. Rev., **B55**, 6750, 1997
[155] Penev, E., Kratzer, P., Scheffler, M., Phys. Rev., **B64**, 085401, 2001
[156] Meyer, J.A., Schmid, P., Behm, R.J., Phys. Rev. Lett., **74**, 3864, 1995
[157] Grossmann, A., Erley, W., Hannon, J.B., Ibach, H., Phys. Rev. Lett., **77**, 127, 1996
[158] Brune, H., Röder, H., Boragno, C., Kern, K., Phys. Rev., **B49**, 2997, 1994
[159] Brune, H., Surf. Sci. Rep., **31**, 121, 1998
[160] Daruka, I., Tersoff, J., Barabási, A.-L., Phys. Rev. Lett., **82**, 2753, 1999
[161] Vescan, L., Goryll, M., Stoica, T., Gartner, P., Grimm, K., Chretien, O., Mateeva, E., Dieker, C., Holländer, B., Appl. Phys. **A71**, 423, 2000
[162] Tersoff, J., Teichert, C., Lagally, M.G., Phys. Rev. Lett., **76**, 1675, 1996
[163] Zhao, Q.T., Klinkhammer, F., Dolle, M., Kappius, L., Mantl, S., Appl. Phys. Lett., **74**, 454, 1999.

5 Magnetismus

Burkard Hillebrands, Stefan Blügel

Gegenstand dieses Kapitels sind die magnetischen Phänomene in Festkörpern. Da jedes Atom oder jedes Leitungselektron ein magnetisches Moment tragen kann, finden wir im Festkörper ein sehr großes Ensemble von magnetischen Momenten vor. Dieses können wir erst, wie viele andere festkörperphysikalische Größen, durch Einführung statistisch definierter Größen wie z. B. die Magnetisierung als Funktion thermodynamischer Variablen, wie z. B. der Temperatur beschreiben. Das Ziel ist, geeignete Modelle für die Beschreibung zu finden. Wir werden die grundlegenden Ansätze diskutieren und dann in den letzten Abschnitten einige moderne Anwendungen kennen lernen.

Das Kapitel baut auf dem Kapitel 14 „Magnetismus" aus Band 2 „Elektromagnetismus" auf. Die dort dargestellten Grundlagen werden hier vielfach vorausgesetzt und nachfolgend kurz zusammengefasst.

5.1 Grundlagen

5.1.1 Maßsysteme, Definitionen und Grundgleichungen

Wir verwenden durchgängig das SI-System. Da die magnetischen Größen in der internationalen Literatur uneinheitlich bezeichnet werden, seien zunächst die in diesem Kapitel verwendeten Größen, ihre Definitionen und Einheiten zusammengestellt.

Verschieden wird in der Literatur die Bezeichnung der Größen H und B gehandhabt. Wir benutzen als Ausgangsgleichung die *Lorentz-Kraft* F_L, die auf ein sich in einem elektrischen und magnetischen Feld mit der Geschwindigkeit v bewegendes geladenes Teilchen der Ladung q einwirkt. Sie beträgt

$$F_L = qE + q\,(v \times B). \tag{5.1}$$

Die Größe B, die traditionell *magnetische Induktion* oder *magnetische Flussdichte* genannt wird, stellt hier das Analogon zur elektrischen Feldstärke E dar. Wir bezeichnen daher B und nicht H als die *magnetische Feldstärke* oder häufig schlicht als das *Magnetfeld*. Die Dimension der magnetischen Feldstärke ist Tesla = T = Vs/m^2 = $N/(Am)$ = Wb/m^2 (im cgs-System = 10^4 Gauß). Die Größe H bezeichnen wir wie in Band 2 „Elektromagnetismus" als die *magnetische Hilfsfeldstärke* oder als die *magnetische Erregung*. Sie wird hauptsächlich für die Berechnung von Streufeldern benötigt. Ihre Dimension ist $A/m = N/Wb$ (im cgs-System $= 4\pi \cdot 10^{-3}$ Oersted), eine Einheit, welche die Erzeugung eines Magnetfeldes durch elektrische Ströme widerspiegelt.

Bringt man ein Material in eine äußere magnetische Erregung H, so zeigt es häufig ein magnetisches Moment. Das Moment pro Einheitsvolumen bezeichnen wir als die Magnetisierung, dargestellt durch den Vektor M mit der gleichen Einheit wie H. Die Richtung des Vektors gibt dabei die Richtung des Dipolmomentes an. Oft ist der Zusammenhang zwischen M und H linear, und wir bezeichnen den dimensionslosen Proportionalitätsfaktor als die magnetische Suszeptibilität χ des Materials:

$$M = \chi H.$$ (5.2)

Wichtige Grundgleichungen sind ferner die Maxwell-Gleichungen in Materie:

$$\nabla \cdot D = \rho$$ (5.3)

$$\nabla \cdot B = 0$$ (5.4)

$$\nabla \times E = -\frac{\partial B}{\partial t}$$ (5.5)

$$\nabla \times H = j + \frac{\partial D}{\partial t}$$ (5.6)

mit D der dielektrischen Verschiebung, j der Stromdichte und ϱ der Ladungsdichte. Die Magnetisierung M geht über die magnetische Feldstärke B ein:

$$B = \mu_0 (H + M).$$ (5.7)

Die magnetische Feldkonstante μ_0 ist die magnetische Permeabilität des Vakuums und ergibt sich zu $4\pi \cdot 10^{-7} N/A^2$. Gl. (5.7) kann umgeschrieben werden zu

$$B = \mu H$$ (5.8)

mit

$$\mu = \mu_0 (1 + \chi) = \mu_0 \mu_r$$ (5.9)

der magnetischen Permeabilität und μ_r der relativen Permeabilität. Oft benutzt man auch den Begriff der magnetischen Polarisation J_{pol}, die gemäß

$$J_{pol} = \mu_0 M$$ (5.10)

definiert ist und die gleiche Dimension wie B hat.

Wir benötigen ferner noch einige weitere Grundlagenbeziehungen. In einer äußeren homogenen Erregung H bzw. einem äußeren Feld $B_0 = \mu_0 H$ im Vakuum hat ein magnetischer Dipol mit dem Dipolmoment μ_m die potentielle Energie

$$E_m = -\mu_m \cdot B_0.$$ (5.11)

Es wirkt auf ihn das Drehmoment

$$T = \mu_m \times B_0$$ (5.12)

und in einem inhomogenen Feld die Kraft

$$F = \nabla(\boldsymbol{\mu}_{\mathrm{m}} \cdot \boldsymbol{B}_0) \,. \tag{5.13}$$

Die vom magnetischen Dipol $\boldsymbol{\mu}_{\mathrm{m}}$ im Abstand r erzeugte Feldstärke ist

$$B = \mu_0 \left(\frac{3\,(\boldsymbol{\mu}_{\mathrm{m}} \cdot \boldsymbol{r})\boldsymbol{r}}{r^5} - \frac{\boldsymbol{\mu}_{\mathrm{m}}}{r^3} \right) \tag{5.14}$$

und die Wechselwirkungsenergie zweier Dipole $\boldsymbol{\mu}_1$ und $\boldsymbol{\mu}_2$ positioniert an den Orten r_1 und r_2 ist

$$E_{\mathrm{dip-dip}} = \mu_0 \left(\frac{\boldsymbol{\mu}_1 \cdot \boldsymbol{\mu}_2}{r^3} - 3\frac{(\boldsymbol{\mu}_1 \cdot \boldsymbol{r})(\boldsymbol{\mu}_2 \cdot \boldsymbol{r})}{r^5} \right), \tag{5.15}$$

wobei $r = r_1 - r_2$ der Abstandsvektor ist.

5.1.2 Das magnetische Moment

Phänomenologisch können wir uns das atomare magnetische Moment μ vorstellen als einen Kreisstrom I des Elektrons um die Fläche A, die von der Bahn des Elektrons umschlossen ist, ($A = A\hat{\boldsymbol{n}}$ mit dem Vektor $\hat{\boldsymbol{n}}$ der Flächennormalen):

$$\boldsymbol{\mu} = I \cdot \boldsymbol{A} \,. \tag{5.16}$$

Mit der Fläche $A = \pi r^2$, der Elementarladung eines Elektrons e, der Umlauffrequenz ω und dem daraus folgenden Kreisstrom gegeben durch $-e\omega/(2\pi)$, erhalten wir

$$\boldsymbol{\mu} = -\frac{1}{2}\,|e|\omega r^2 \,\hat{\boldsymbol{n}} \,. \tag{5.17}$$

Wir vergleichen dies mit dem Drehimpuls eines Elektrons der Masse m_{e}

$$\boldsymbol{J} = \boldsymbol{r} \times m_{\mathrm{e}}\boldsymbol{v} = m_{\mathrm{e}}\omega r^2 \,\hat{\boldsymbol{n}} \,. \tag{5.18}$$

Durch Einsetzen gewinnen wir die Beziehung

$$\boldsymbol{\mu} = -\frac{|e|}{2\,m_{\mathrm{e}}}\,\boldsymbol{J} \tag{5.19}$$

und finden so den bekannten Drehimpulscharakter des magnetischen Momentes. Da der Drehimpuls in Einheiten von $\hbar$ gequantelt ist, unterliegt auch das magnetische Moment einer Quantisierung. Das Elementarquant ist das Bohr'sche Magneton μ_{B}:

$$\mu_{\mathrm{B}} = \frac{|e|\,\hbar}{2\,m_{\mathrm{e}}} = 9.2740 \cdot 10^{-24}\,\mathrm{J/T} \,. \tag{5.20}$$

Es stellt das kleinste, nicht mehr teilbare magnetische Dipolmoment eines Elektrons dar.[1]

---

[1] Das kleinste mögliche, von Null verschiedene magnetische Dipolmoment eines Atomkerns ist wegen der größeren Masse der Kernbausteine wesentlich kleiner.

Elektronen tragen neben dem Bahndrehimpuls einen Eigendrehimpuls. Das Elektron führt demnach zwei Arten von Rotationsbewegungen aus: Eine Bahnbewegung um den positiv geladenen Atomkern und eine Eigenrotation, die sog. Spinbewegung, um eine durch das Magnetfeld ausgezeichnete Achse. Man bezeichnet die mit diesen beiden Drehbewegungen verknüpften magnetischen Momente als das Bahnmoment

$$\boldsymbol{\mu}_\mathrm{l} = -\frac{|e|}{2\,m_\mathrm{e}}\,\boldsymbol{l}, \quad l^2 = l(l+1)\,\hbar^2 \tag{5.21}$$

und das Spinmoment

$$\boldsymbol{\mu}_\mathrm{s} = -g_\mathrm{e}\,\frac{|e|}{2\,m_\mathrm{e}}\,\boldsymbol{s}, \quad s^2 = s(s+1)\,\hbar^2 \tag{5.22}$$

des Elektrons. l und s sind die Quantenzahlen des Bahn- und Spindrehimpulses. Der Faktor $g_\mathrm{e} = 2.0023$ bezeichnet das gyromagnetische Verhältnis des Elektrons.

Das Spinmoment ist parallel zu der durch ein äußeres Magnetfeld ausgezeichneten z-Richtung ausgerichtet und sein Betrag ist

$$\boldsymbol{\mu}_\mathrm{s} = g_\mathrm{e}\,\frac{|e|}{2\,m_\mathrm{e}}\cdot|s_\mathrm{z}|\,\hbar = g_\mathrm{e}\,\mu_\mathrm{B}\,|s_\mathrm{z}| \approx \mu_\mathrm{B}, \quad s_\mathrm{z} = \pm\frac{1}{2}, \tag{5.23}$$

wobei s_z die magnetische Spinquantenzahl ist.

Beim Anlegen eines äußeren Feldes ist es für das Spinmoment energetisch am günstigsten, wenn es sich parallel zum Magnetfeld einstellt. Dies führt zum Phänomen des Paramagnetismus, das wir in Abschn. 5.2.1–5.2.3 diskutieren. Das Bahnmoment hingegen wird durch Anlegen eines äußeren Feldes geschwächt, denn gemäß der Lenz'schen Regel wird durch das äußere Feld ein Gegenstrom induziert. Das Phänomen heißt Diamagnetismus und wird in Abschn. 5.2.4 diskutiert.

Das Gesamtmoment ergibt sich als Vektorsumme von Spin- und Bahnmoment

$$\boldsymbol{\mu}_\mathrm{j} = \boldsymbol{\mu}_\mathrm{l} + \boldsymbol{\mu}_\mathrm{s} = -\mu_\mathrm{B}(\boldsymbol{l} + g_\mathrm{e}\boldsymbol{s}) = -g_\mathrm{j}\,\frac{|e|}{2m_\mathrm{e}}\boldsymbol{j} \tag{5.24}$$

mit dem Landé-Faktor g_j zum Eigenwert $j\hbar$ des Drehimpulses $\boldsymbol{j}$:

$$g_\mathrm{j} = 1 + \frac{j(j+1)+s(s+1)-l(l+1)}{2j(j+1)}. \tag{5.25}$$

Der Betrag des magnetischen Gesamtmomentes beträgt dann

$$\mu_\mathrm{j} = g_\mathrm{j}\,\frac{|e|}{2m_\mathrm{e}}|j| = g_\mathrm{j}\mu_\mathrm{B}\sqrt{j(j+1)}. \tag{5.26}$$

Man beachte, dass gemäß Gl. (5.21) und Gl. (5.22) das Bahn- und das Spinmoment antiparallel zu den zugehörigen Drehimpulsvektoren orientiert sind. In Gl. (5.20), Gl. (5.23) und Gl. (5.26) tritt das Minuszeichen nicht auf.

5.1.3 Die Spin-Bahn-Wechselwirkung

Die Spin-Bahn-Wechselwirkung koppelt den Spin- und den Bahndrehimpuls zum Gesamtdrehimpuls $j = l + s$. Sie wird durch die Wechselwirkungsenergie

$$E_{ls} = \xi(r)\,l \cdot s\,, \quad \xi(r) = \frac{|e|}{2\,m_e^2\,c^2}\,\frac{1}{r}\,\frac{dV}{dr} \tag{5.27}$$

beschrieben und folgt daraus, dass ein Elektron, welches um den Atomkern kreist, von seinem Bezugsystem ausgehend ein Magnetfeld spürt, das von der sich bewegenden positiven Ladung des Atomkerns verursacht wird, und mit dem Spin des Elektrons wechselwirkt. Die Spin-Bahn-Wechselwirkung verknüpft das Bahn- mit dem Spinmoment über das elektrostatische Coulomb-Potential V, welches nahe am Atomkern einen großen Gradienten dV/dr aufweist. Dies ist besonders bei großen Kernladungszahlen der Fall.

Bei *leichten und mittelschweren* Atomen ist die sich ergebende Spin-Bahn-Kopplung der Momente eines Elektrons klein gegenüber der Kopplung zwischen den Elektronen. Die Bahn- und die Spinmomente sind daher jeweils untereinander viel stärker gekoppelt als das Gesamtbahn- mit dem Gesamtspinmoment, und wir erhalten als Grenzfall die so genannte LS-Kopplung

$$L = \sum_{i=1}^{Z} l_i\,, \quad S = \sum_{i=1}^{Z} s_i\,, \quad J = L + S\,, \tag{5.28}$$

aus der Vektorsumme der Drehimpulse der Z Einzelelektronen mit dem entsprechenden Bahnmoment μ_J gemäß Gl. (5.24, 5.25, 5.26). Bei schweren Atomen ist die Spin-Bahn-Kopplung hingegen groß, und pro Elektron werden zuerst der Bahn- und Spindrehimpuls jedes einzelnen Elektrons des Atoms addiert, ehe diese zum Gesamtdrehimpuls koppeln. Im Grenzfall großer Spin-Bahn-Kopplung erhalten wir die so genannte jj-Kopplung

$$j_i = l_i + s_i\,, \quad J = \sum_{i=1}^{Z} j_i\,. \tag{5.29}$$

5.1.4 Hund'sche Regeln

Das Pauli-Prinzip verbietet die Mehrfachbesetzung eines elektronischen Zustandes. In einem System von Elektronen kann jeder Zustand mit der Spin-Quantenzahl $+1/2$ oder $-1/2$ besetzt werden. Regeln für die schrittweise Auffüllung der elektronischen Zustände in einem Atom wurden von Friedrich Hund angegeben [1]. Sie leiten sich aus dem Bestreben ab, die energetisch günstigste Konfiguration einzunehmen. Beachten müssen wir hier die Coulomb-Energie, die antisymmetrische Form der Gesamtwellenfunktion des Systems von Elektronen und die Spin-Bahn-Kopplungsenergie. Die drei Hund'schen Regeln und ihre Begründungen lauten:

1. *Die Multiplizität, d.h. der Gesamtspin S ist maximal.*
   Je größer der Gesamtspin S ist, umso symmetrischer ist der Spinanteil der Wellenfunktion und unsymmetrischer ist der Ortsanteil der Wellenfunktion, d.h. um-

so kleiner ist die Wahrscheinlichkeit, dass sich zwei Elektronen am gleichen Ort befinden. Das System spart so Coulomb-Energie.

2. *Der Bahn-Drehimpuls L ist maximal, soweit mit dem Gesamtspin S verträglich.*
Je größer der Bahn-Drehimpuls ist, umso weiter sind die Elektronen vom Kern und damit von einander entfernt. Dies spart ebenfalls Coulomb-Energie.

3. *Der Gesamtdrehimpuls J ist minimal für weniger als halbgefüllte Schalen oder maximal für mehr als halbgefüllte Schalen.*
Unter dieser Bedingung wird die Spin-Bahn-Kopplungsenergie am stärksten negativ.

5.1.5 Die Zeeman-Aufspaltung

Im äußeren Feld B_0 ist die Quantisierungsachse durch die Richtung des äußeren Feldes gegeben. Für einen Zustand mit dem Gesamtdrehimpuls J lehrt uns die Quantenmechanik, dass ohne ein äußeres Feld dieser Zustand $2J+1$-fach entartet ist. Diese Zustände nummerieren wir mit der Nebenquantenzahl m_J mit $-J \le m_J \le J$.

Entlang der Quantisierungsachse misst man das magnetische Moment μ_{m_J} zum Zustand m_J

$$\mu_{m_J} = -m_J g_J \mu_B. \tag{5.30}$$

In einem äußeren Feld B_0, welches schwach sei im Vergleich zu inneren Kopplungen zwischen Bahn- und Spinmoment[2], ist die Entartung aufgehoben und wir finden unter Anwendung von Gl. (5.11) für die $2J+1$ Zustände die zugehörigen Energie-Eigenwerte

$$E_{m_J}(B_0) = E_0 + m_J g_J \mu_B B_0 \tag{5.31}$$

mit E_0 der Energie in Abwesenheit des externen Feldes. Diese sogenannte Zeeman-Aufspaltung ist in Abb. 5.1 dargestellt. In Abschn. 5.2.2 werden wir die thermische Besetzung der einzelnen Niveaus und das daraus resultierende temperaturabhängige Gesamtmoment diskutieren. Anders als im klassischen Bild, wo wir Momente in

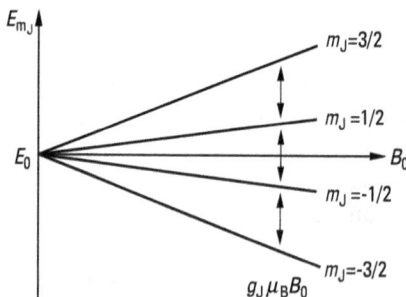

Abb. 5.1   Zeeman-Aufspaltung der Niveaus in einem externen Feld B_0.

[2] Anderenfalls wäre g_J feldabhängig.

einem äußeren Feld ausrichten und dann die Projektion des Momentes auf z. B. die Richtung des äußeren Feldes messen, ist im quantenmechanischen Bild aufgrund der Nichtvertauschbarkeit der drei Komponenten des Momentes nur eine, und als diese zweckmäßigerweise diejenige entlang der Richtung des äußeren Feldes, zugänglich. Die klassische Projektion eines Momentes findet im quantenmechanischen Bild durch die quantisierte Komponente μ_{m_j} entlang der Quantisierungsachse gemäß Gl. (5.30) ihre Entsprechung.

Für den speziellen Fall eines Elektrons kann das Spinmoment relativ zum äußeren Magnetfeld entsprechend den beiden einzigen erlaubten Werten von $m_j = m_s = s_z = \pm \frac{1}{2}$ nur zwei Orientierungen annehmen: entweder parallel oder antiparallel. Der Kürze wegen bezeichnet man diese Zustände üblicherweise als „*Spin oben*" oder „↑" für $m_s = +\frac{1}{2}$ und „*Spin unten*" oder „↓" für $m_s = -\frac{1}{2}$.

5.2 Ensembles nicht-koppelnder magnetischer Momente

Als ersten Schritt zum Verständnis des Magnetismus in Festkörpern betrachten wir ein großes Ensemble von klassischen magnetischen Momenten, die nicht untereinander gekoppelt sind. Jedes Moment wird in einem äußeren Magnetfeld individuell versuchen, sich parallel zum Feld einzustellen, um seine Zeeman-Energie zu minimieren. Gleichzeitig führen bei endlicher Temperatur thermische Prozesse zu Fluktuationen des Momentes um diese Gleichgewichtslage. Nach dem klassischen Ansatz diskutierten wir die entsprechende quantenmechanische Beschreibung sowie den Spezialfall der Ordnung von Leitungselektronen in Metallen.

5.2.1 Paramagnetismus lokalisierter Momente – klassische Betrachtung

Die Erscheinung, dass sich in einem äußeren Feld ein makroskopisches Moment einstellt, heißt Paramagnetismus. Experimentell wird Paramagnetismus gefunden für:

1. Atome, Moleküle und Gitterdefekte mit einer ungeraden Anzahl von Elektronen.
2. Freie Atome und Ionen mit teilweise gefüllten inneren Schalen (3d-, 4f-, 5f-Schalen), wenn sie im Festkörper eingebaut sind.
3. Metalle. Hier trägt jedes Elektron sein Spinmoment.

Wir betrachten ein Medium mit N_0 Atomen pro Volumeneinheit, jedes besitze ein permanentes magnetischen Moment $\boldsymbol{\mu}$. Die Magnetisierung $M = \chi H = \chi B_0/\mu_0$ entsteht durch das Ausrichten der magnetischen Momente im angelegten Feld $\boldsymbol{B}_0$ und gegen die thermische Unordnung. Die potentielle Energie E_{pot} eines magnetischen Moments im äußeren Magnetfeld, d. h. die Zeeman-Energie des Momentes, ist als Funktion des von $\boldsymbol{\mu}$ und $\boldsymbol{B}_0$ eingeschlossen Winkels θ gegeben durch

$$E_{\text{pot}}(\theta) = -\boldsymbol{\mu} \cdot \boldsymbol{B}_0 = -\mu B_0 \cos \theta. \tag{5.32}$$

Die Energie der verfügbaren Zustände variiert kontinuierlich, da θ alle Werte zwischen 0 und π annehmen kann. Der Grad der Orientierung der magnetischen Momente hängt im thermischen Gleichgewicht von der potentiellen Energie der Dipole im Feld relativ zur thermischen Energie ab. Unter allen möglichen Verteilungen der N_0 unabhängigen Momente auf das verfügbare kontinuierliche Energiespektrum ist die Boltzmann-Verteilung diejenige, die im thermischen Gleichgewicht die freie Energie minimiert. Folglich ist zur Temperatur T die Anzahl der magnetischen Momente, die im Winkelbereich θ, $\theta + d\theta$ im Raumwinkelelement $d\Omega = \sin\theta\,d\theta\,d\phi$ die Orientierung $\cos\theta$ und damit die Energie $E_{\text{pot}}(\theta)$ annehmen, proportional zu $\exp(-E_{\text{pot}}(\theta)/k_B T)$. Der Betrag der Magnetisierung ist dann gegeben durch

$$M = N_0\,\mu\,\langle\cos\theta\rangle, \tag{5.33}$$

wobei $\langle\ldots\rangle$ die mittlere Orientierung des magnetischen Momentes im thermischen Gleichgewicht bedeutet.

Wählen wir zweckmäßigerweise ein Polarkoordinatensystem, in dem das äußere Feld $\boldsymbol{B}_0$ entlang der $+z$-Richtung ausgerichtet ist, so erhalten wir

$$\langle\cos\theta\rangle = \frac{\int e^{-E_{\text{pot}}(\theta)/k_B T}\cos\theta\,d\Omega}{\int e^{-E_{\text{pot}}(\theta)/k_B T}\,d\Omega} = \frac{\int_0^\pi e^{\mu B_0\cos\theta/k_B T}\cos\theta\,2\pi\sin\theta\,d\theta}{\int_0^\pi e^{\mu B_0\cos\theta/k_B T}\,2\pi\sin\theta\,d\theta}, \tag{5.34}$$

wobei die ϕ-Integration durchgeführt wurde und den Faktor 2π ergab und der Nenner die Normierung sicherstellt. Mit der Substitution $s = \cos\theta$, $x = \mu B_0/k_B T$ ergibt sich

$$\langle\cos\theta\rangle = \frac{\int_{-1}^{1} e^{sx}\,s\,ds}{\int_{-1}^{1} e^{sx}\,ds} = \frac{d}{dx}\ln\int_{-1}^{1} e^{sx}ds = \coth x - \frac{1}{x}. \tag{5.35}$$

Die Funktion

$$\langle\cos\theta\rangle = \coth x - \frac{1}{x} \equiv L(x), \quad x = \frac{\mu B_0}{k_B T} \tag{5.36}$$

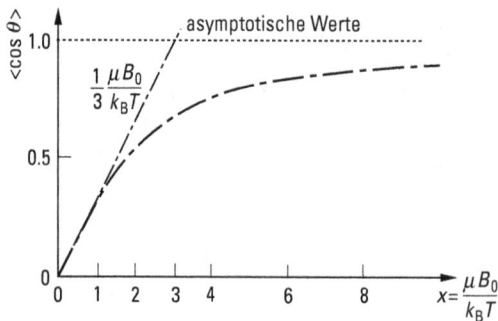

Abb. 5.2 Langevin-Funktion.

ist als Langevin-Funktion $L(x)$ bekannt. x ist dabei das Verhältnis der Beträge der Zeeman-Energie und der thermischen Energie. Abb. 5.2 zeigt die Abhängigkeit grafisch.

Im Grenzfall kleiner Felder oder hoher Temperaturen, d. h. $x \ll 1$, können wir die Langevin-Funktion entwickeln und erhalten mit

$$\coth x = \frac{1}{x} + \frac{x}{3} - \frac{x^3}{45} + \cdots \tag{5.37}$$

für den führenden Term:

$$L(x) \approx \frac{x}{3} = \frac{\mu B_0}{3 k_B T}. \tag{5.38}$$

In dieser Näherung folgt für die Magnetisierung, d. h. das von außen über Gl. (5.11), Gl. (5.12) oder Gl. (5.13) messbare magnetische Dipolmoment pro Volumeneinheit als Funktion des Feldes und der Temperatur:

$$M = N_0 \mu L(x) = N_0 \frac{\mu^2 B_0}{3 k_B T}. \tag{5.39}$$

Man beachte, dass das Moment μ quadratisch eingeht. Ein Faktor μ steht für das Moment selbst und der zweite Faktor μ stammt aus dem Verhältnis der Beträge der Zeeman-Energie und der thermischen Energie.

Aus Gl. (5.39) können wir die paramagnetische Suszeptibilität ableiten:

$$\chi = \frac{\mu_0 M}{B_0} = N_0 \frac{\mu_0 \mu^2}{3 k_B T} = \frac{C}{T} \quad \text{mit} \quad C = N_0 \mu_0 \frac{\mu^2}{3 k_B}. \tag{5.40}$$

Die Suszeptibilität ist somit invers proportional zur Temperatur. Dieses Verhalten bezeichnet man als das Curie-Gesetz. Die Proportionalitätskonstante C nennt man dementsprechend die Curie-Konstante.

5.2.2 Paramagnetismus lokalisierter Momente – quantenmechanische Betrachtung

Wir haben die Ableitung von Gl. (5.40) unter der Annahme einer beliebigen Einstellbarkeit der einzelnen Momente im äußeren Feld durchgeführt. Die Quantenmechanik lehrt uns, dass wir zu einer Quantisierungsachse, der Feldachse, die wir hier entlang der z-Richtung annehmen, nur diskrete Werte der z-Komponente des Drehimpulses m_J erhalten können. Im Folgenden betrachten wir daher zu einem gegebenen Gesamtdrehimpuls J die diskreten Einstellungen der Momente μ_{m_J} im adäquaten quantenmechanischen Bild.

Gemäß Gl. (5.31) sind die Energieniveaus im äußeren Feld B_0 gegeben durch die Zeeman-Niveaus

$$E(m_J) = m_J g_J \mu_B B_0 = \mu_{m_J} B_0 \tag{5.41}$$

mit $-J \leq m_J \leq J$. Wir bezeichnen diese Zustände auch gemeinsam als einen Multiplett-Zustand. Im Fall, dass das äußere Feld Null ist, ist dieser Multiplett-Zustand $2J + 1$-fach entartet.

Die Besetzung erfolgt wieder gemäß der Boltzmann-Verteilungsfunktion. Die Magnetisierung M ist dann die mit der Besetzungswahrscheinlichkeit gewichtete Summe der Momente der Niveaus m_J

$$M = N_0 \sum_{m_J = -J}^{J} \mu_{m_J} \cdot n(E(m_J)).$$

(5.42)

N_0 ist die Gesamtzahl der Momente pro Volumeneinheit und $n(E(m_J))$ ist die Besetzungszahl für das Niveau mit der Energie $E(m_J)$. Analog zu Gl. (5.34) erhalten wir

$$M = N_0 \frac{\displaystyle\sum_{m_J = -J}^{J} \mu_{m_J} \cdot e^{-\mu_{m_J} B_0/k_B T}}{\displaystyle\sum_{m_J = -J}^{J} e^{-\mu_{m_J} B_0/k_B T}}.$$

(5.43)

Gl. (5.43) wird ähnlich ausgewertet wie Gl. (5.34), nur dass hier Terme von endlichen Summen geeignet zusammengefasst werden müssen. Als Lösung erhält man

$$M = N_0 g_J \mu_B J B_J(x), \quad x = \frac{g_J \mu_B J B_0}{k_B T}$$

(5.44)

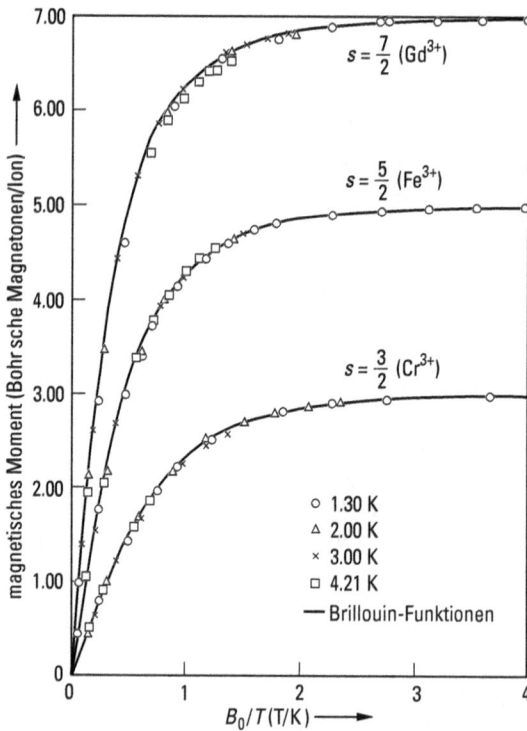

Abb. 5.3 Brillouin-Funktion mit Experimenten.

mit

$$B_J(x) = \frac{2J+1}{2J}\coth\left(\frac{2J+1}{2J}x\right) - \frac{1}{2J}\coth\left(\frac{1}{2J}x\right) \tag{5.45}$$

der sog. Brillouin-Funktion zum Gesamtdrehimpuls J. Abbildung 5.3 zeigt die berechnete Brillouin-Funktion als Funktion des Verhältnisses des externen Feldes B_0 zur Temperatur zusammen mit experimentellen Ergebnissen. Im Grenzfall $J \to \infty$ geht die Brillouin-Funktion in die klassische Langevin-Funktion, Gl. (5.36), über.

5.2.2.1 Grenzfälle

Wir betrachten noch die Grenzfälle hoher und tiefer Temperaturen. In der Hochtemperaturnäherung, $x \ll 1$, können wir $B_J(x)$ nach x entwickeln und finden in niedrigster Ordnung

$$M = N_0 J(J+1)\frac{g_J^2 \mu_B^2}{3 k_B T} B_0, \tag{5.46}$$

und damit für die Suszeptibilität das Curie-Gesetz

$$\chi = N_0 \mu_0 J(J+1)\frac{g_J^2 \mu_B^2}{3 k_B T} = N_0 \mu_0 \frac{p^2 \mu_B^2}{3 k_B T} = \frac{C}{T} \tag{5.47}$$

mit $p^2 = J(J+1)g_J^2$ der so genannten effektiven Magnetonenzahl.

Als Beispiel betrachten wir das Moment eines einzelnen Elektrons, d. h. $S = J = 1/2$, $g \approx 2$. Dann vereinfacht sich die Brillouin-Funktion zu

$$B_{1/2}(x) = \tanh(x), \quad x = \frac{\mu_B B_0}{k_B T}. \tag{5.48}$$

Ferner ist $p^2 = 3$, und für $x \ll 1$ folgt für die Suszeptibilität

$$\chi = N_0 \mu_0 \mu_B^2 / k_B T. \tag{5.49}$$

Ein Vergleich mit der klassischen Herleitung (Gl. (5.40)) zeigt, dass hier der Faktor 1/3 fehlt. Der Grund liegt in den beiden einzig möglichen Einstellungen der z-Komponente $m_{1/2} = \pm 1/2$. Hier wird der quantenmechanische Charakter des Spinmoments besonders deutlich.

In der Tieftemperaturnäherung, $x \gg 1$, d. h. bei hohen Feldstärken und/oder kleinen Temperaturen, konvergiert $\coth(x)$ und damit die Brillouin-Funktion $B_J(x)$ gegen 1. Die Magnetisierung strebt gegen

$$M = N_0 g_J \mu_B J \tag{5.50}$$

und wird damit wie erwartet die Summe aller magnetischen Momente pro Volumeneinheit.

5.2.3 Paramagnetismus von Leitungselektronen

Vor dem Einzug der Quantentheorie in die Festkörperphysik wurde erwartet, dass die Leitungselektronen in einem Festkörper, welche das Spinmoment $g\mu_B S \approx \mu_B$ tragen, ein paramagnetisches Verhalten wie in Gl. (5.49) beschrieben zeigen sollten. Experimentell wurde hingegen eine kleine, temperaturunabhängige Suszeptibilität gefunden. Paulis Entdeckung des Ausschließungsprinzips und der Besetzung der Energieniveaus im freien Elektronengas der Leitungselektronen eines Festkörpers gemäß der Fermi-Dirac-Verteilung ermöglichte es, diesen Widerspruch aufzuklären.

Für Fermi-Teilchen mit dem Spin $S = 1/2$ erwarten wir aus Gl. (5.49) eine Magnetisierung

$$M = \chi H = N_0 \mu_B \cdot \frac{\mu_B B_0}{k_B T}. \tag{5.51}$$

Die Wahrscheinlichkeit, dass sich ein Elektronenspin parallel zu B_0 orientiert, ist um den Faktor $e^{\mu_B B_0/k_B T}$ größer als die Wahrscheinlichkeit, dass er sich antiparallel zu B_0 einstellt. Man beachte, dass in Gl. (5.51) kein Faktor 1/3 auftritt, da der Spin sich nur parallel oder antiparallel zum äußeren Feld B_0 einstellen kann. Das Pauli-Prinzip verbietet nun, einen Spin im Feld umzudrehen, wenn der Zustand mit umgekehrtem Spin schon besetzt ist. Daher haben nur Elektronen innerhalb von $\approx \pm k_B T$ an der Fermi-Kante eine endliche Wahrscheinlichkeit, im äußeren Feld ihren Spin umzukehren. Wir können den Anteil dieser Elektronen mit T/T_F abschätzen, wobei $T_F = E_F/k_B$ die Fermi-Temperatur zur Fermi-Energie E_F ist, und finden,

$$\chi = N_0 \frac{\mu_0 \mu_B^2}{k_B T} \cdot \frac{T}{T_F} = N_0 \frac{\mu_0 \mu_B^2}{k_B T_F} = N_0 \frac{\mu_0 \mu_B^2}{E_F}, \tag{5.52}$$

unabhängig von der Temperatur.

Um diesen Sachverhalt besser zu verstehen, betrachten wir ein freies Elektronengas im äußeren Feld B_0. Für die beiden Spinorientierungen

$$m_{1/2} = +1/2 \equiv \uparrow \quad \text{und} \quad m_{1/2} = -1/2 \equiv \downarrow \tag{5.53}$$

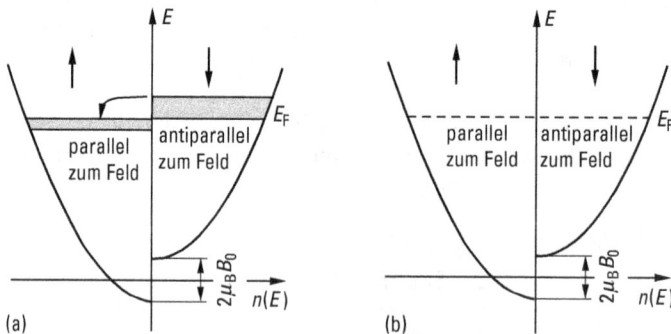

Abb. 5.4 Deutung des Pauli-Paramagnetismus durch Verschieben der ↑- und ↓-Teilbänder im Magnetfeld. (a) Instabile Anordnung mit unterschiedlichen Fermi-Energien. (b) Stabile Anordnung durch Elektronenübergang.

werden aufgrund der Zeeman-Wechselwirkung die Zustände energetisch abgesenkt ($\uparrow$) oder angehoben ($\downarrow$), wie in Abb. 5.4 dargestellt. Die Zustandsdichten für die beiden Spinrichtungen können wir formal schreiben als

$$n_\uparrow(E)\,\mathrm{d}E = \frac{1}{2}n_0(E + \mu_\mathrm{B}B_0)\,\mathrm{d}E \tag{5.54}$$

$$n_\downarrow(E)\,\mathrm{d}E = \frac{1}{2}n_0(E - \mu_\mathrm{B}B_0)\,\mathrm{d}E, \tag{5.55}$$

wobei $n_0(E)$ die Zustandsdichte bzw. $n_0(E)\,\mathrm{d}E$ die Anzahl der Zustände im Energie-intervall $\mathrm{d}E$ der $\uparrow$- und $\downarrow$-Elektronen in Abwesenheit eines Feldes ist. Der Faktor $\frac{1}{2}$ berücksichtigt, dass jeweils die Hälfte der Elektronen mit den entsprechenden Spin-richtungen zur jeweiligen Zustandsdichte beiträgt. Die Magnetisierung M ist gegeben durch die Differenz der Anzahl $N_\uparrow$ der besetzten $\uparrow$-Zustände und $N_\downarrow$ der $\downarrow$-Zustände pro Volumeneinheit mit $N_0 = N_\uparrow + N_\downarrow$:

$$
\begin{aligned}
M &= \mu_\mathrm{B} \cdot (N_\uparrow - N_\downarrow) \\
&= \mu_\mathrm{B}\left(\int_{-\mu_\mathrm{B}B_0}^{E_\mathrm{F}} n_\uparrow(E)f(E)\,\mathrm{d}E - \int_{+\mu_\mathrm{B}B_0}^{E_\mathrm{F}} n_\downarrow(E)f(E)\,\mathrm{d}E \right).
\end{aligned} \tag{5.56}
$$

$f(E)$ ist die Fermi-Funktion, deren Wert in den Integrationsgrenzen im Folgenden gleich eins angenommen wird. Mit E_F bezeichnen wir hier das chemische Potential.[3] Man beachte, dass die magnetische Energie $\mu_\mathrm{B}B_0$ ($\approx 10^{-2}\,\mathrm{eV}$) wesentlich kleiner als das chemische Potential ($\approx 1\,\mathrm{eV}$) ist. Deshalb betrachten wir das chemische Po-tential in guter Näherung als unabhängig von B_0.

Einsetzen von Gl. (5.54) und Gl. (5.55) in Gl. (5.56) und Verschieben der Integra-tionsgrenzen liefert

$$
\begin{aligned}
M &= \frac{\mu_\mathrm{B}}{2}\left(\int_0^{E_\mathrm{F} + \mu_\mathrm{B}B_0} n_0(E)\,\mathrm{d}E - \int_0^{E_\mathrm{F} - \mu_\mathrm{B}B_0} n_0(E)\,\mathrm{d}E \right) \\
&= \frac{\mu_\mathrm{B}}{2} \int_{E_\mathrm{F} - \mu_\mathrm{B}B_0}^{E_\mathrm{F} + \mu_\mathrm{B}B_0} n_0(E)\,\mathrm{d}E \\
&= \mu_\mathrm{B}^2 B_0\, n_0(E_\mathrm{F}), \tag{5.57}
\end{aligned}
$$

wobei wir in der letzten Zeile ausnutzen, dass die Zustandsdichte $n_0(E)$ im Bereich $E = E_\mathrm{F} - \mu_\mathrm{B}B_0 \ldots E_\mathrm{F} + \mu_\mathrm{B}B_0$ durch die Konstante $n_0(E_\mathrm{F})$ genähert werden kann. Für die Suszeptibilität finden wir somit

$$\chi_\mathrm{P} = \mu_0\mu_\mathrm{B}^2 n_0(E_\mathrm{F}). \tag{5.58}$$

Sie ist temperaturunabhängig und ein Maß für die Zustandsdichte an der Fermi-Kante. Man bezeichnet sie auch als Pauli-Suszeptibilität.

---

[3] Wir bezeichnen hier das chemische Potential mit E_F, da das gebräuchlichere Zeichen μ leicht zu Verwechslungen mit dem magnetischen Moment führt. Für $T \to 0$ geht das chemische Potential in die Fermi-Energie über.

Abgeschlossene, d. h. vollbesetzte Elektronenschalen haben keine Zustandsdichte an der Fermi-Energie, und deren Beitrag zur Pauli-Suszeptibilität ist folglich null. Genauso verhält es sich mit der paramagnetischen Suszeptibilität für lokalisierte Spinsysteme, die ebenso null ist, falls $J = 0$. In diesen Fällen wird die magnetische Suszeptibilität von Beiträgen höherer Ordnung bestimmt, bei denen sich die potentielle Energie in höherer Ordnung als linear in B_0 ändert. Diese sind der van Vleck'sche Paramagnetismus und der Diamagnetismus. Der van Vleck'sche Paramagnetismus tritt auf, falls die Elektronenschale nicht vollkommen gefüllt ist ($S \neq 0$, $L \neq 0$), und ist viel schwächer als der Paramagnetismus, der sich gemäß dem Curie-Gesetz verhält.

5.2.4 Diamagnetismus

Diamagnetische Materialien zeigen eine negative Suszeptibilität. Diese Erscheinung folgt aus den Bestrebungen der Ladungen, einen Körper gegen äußere Magnetfelder abzuschirmen (Lenz'sche Regel). Um dies qualitativ zu verstehen, betrachten wir die Larmor-Präzession des Bahndrehimpulses bzw. des Orbitalmomentes von Elektronen der Elektronenhülle um den Atomkern in der Gegenwart eines äußeren Magnetfelds B_0. Die Winkelgeschwindigkeit der Präzessionsbewegung, die Larmor-Frequenz

$$\omega_{\mathrm{L}} = \frac{eB_0}{2m_{\mathrm{e}}}, \tag{5.59}$$

führt zu einer Änderung ΔI des Kreisstroms, eingeführt in Abschn. 5.1.2,

$$\Delta I = -Ze \cdot \frac{\omega_{\mathrm{L}}}{2\pi} = -\frac{Ze^2}{4\pi m_{\mathrm{e}}} B_0, \tag{5.60}$$

mit Z der Zahl der Ladungen, und damit zu einer Änderung des magnetischen Moments μ,

$$\Delta\mu = \Delta I \cdot A = \frac{Ze^2}{4m_{\mathrm{e}}} B_0 \langle \varrho^2 \rangle. \tag{5.61}$$

A ist die vom Kreisstrom eingeschlossene Fläche. Wir nehmen an, dass sie in der (xy)-Ebene liegt und charakterisieren sie mit dem Mittel über die Quadrate aller Bahnradien $\langle \varrho^2 \rangle$, $\langle \varrho^2 \rangle = \langle x^2 \rangle + \langle y^2 \rangle$ als dem mittleren quadratischen Abstand zwischen den Elektronen und der Feldachse. Bei Annahme einer kugelsymmetrischen Ladungsverteilung gilt für die Mittelwerte $\langle x^2 \rangle = \langle y^2 \rangle = \langle z^2 \rangle$. Damit folgt für den mittleren quadratischen Abstand $\langle r^2 \rangle$:

$$\langle r^2 \rangle = \langle x^2 \rangle + \langle y^2 \rangle + \langle z^2 \rangle = \frac{3}{2} \langle \varrho^2 \rangle \tag{5.62}$$

Für die Suszeptibilität ergibt sich damit

$$\chi_{\mathrm{L}} = -\mu_0 \frac{N_0 \mu}{B_0} = -\frac{\mu_0 N_0 Z e^2}{6 m_{\mathrm{e}}} \langle r^2 \rangle, \tag{5.63}$$

die wir als Langevin-Suszeptibilität bezeichnen. Gewöhnlich ist sie sehr klein im Vergleich zu paramagnetischen Werten.

Im Falle abgeschlossener Schalen ($L = 0$, $S = 0$) verschwinden sowohl der Pauli-Paramagnetismus als auch der van Vleck-Paramagnetismus, und der Diamagnetismus dominiert. Gemäß Gl. (5.63) liefern vor allem die äußeren abgeschlossenen Elektronenbahnen einen Beitrag zum Diamagnetismus, wie z. B. die d-Elektronen bei den diamagnetischen Edelmetallen Silber, Gold, Kupfer und Blei. Bei diesen Materialien ist der infolge der Leitungselektronen auftretende Paramagnetismus durch den Diamagnetismus überkompensiert.

Es gibt zudem einen kleinen diamagnetischen Beitrag der Leitungselektronen. Das magnetische Feld induziert eine Bewegung der Elektronen. Die Details sind jedoch schwierig zu berechnen. Ginzburg und Landau [2] konnten mit einer quantenmechanischen Rechnung zeigen, dass die diamagnetische Suszeptibilität der Leitungselektronen genau ein Drittel des paramagnetischen Pauli-Beitrags beträgt,

$$\chi_L = -\frac{1}{3}\chi_P \, . \tag{5.64}$$

Einen Spezialfall stellen supraleitende Systeme dar. Beim Anlegen eines äußeren Magnetfeldes werden Abschirmströme induziert, die wegen des verlustfreien Ladungstransports das äußere Magnetfeld permanent vollständig abschirmen. Es ist daher im Innern des Materials $\boldsymbol{B} = 0$, und die Suszeptibilität nimmt gemäß Gl. (5.8) und (5.9) den betragsmäßig maximal möglichen negativen Wert $\chi = -1$ an.

5.2.5 Kristallfeld-Wechselwirkung

In Abschn. 5.2.2 lernten wir die Aufspaltung eines Zustandes im äußeren Magnetfeld in ein Multiplett mit verschiedenen Energie-Eigenwerten, charakterisiert durch die Nebenquantenzahl m_J kennen. Eine Aufspaltung kann auch durch die elektrostatische Wechselwirkung mit den geladenen Nachbar-Ionenrümpfen erfolgen. Dies bezeichnen wir als die Kristallfeld-Wechselwirkung, da hier das elektrostatische Feld mit der Symmetrie des Kristallgitters die Symmetriebrechung erzeugt. Symmetrieargumente erlauben es, die Zahl und die Entartung der neuen Zustände zu bestimmen. Im Falle von d-Elektronen eines Übergangsmetalls mit $l = 2$ und kubischer Symmetrie gibt es bei $\boldsymbol{B} = 0$ ein fünffach entartetes Multiplett, welches durch die Kristallfeldwechselwirkung in ein Dublett und in ein Triplett aufspaltet.

Seltenerd-Ionen zeigen eine vergleichsweise kleine Kristallfeldaufspaltung mit Energien im meV-Bereich. Dies liegt an der relativ großen Lokalisierung der das magnetische Moment tragenden 4f-Zustände innerhalb des von den Valenzelektronen eingenommenen Raumes. Bei den Übergangsmetallen (Fe, Co und Ni) ist der Überlapp groß und die Aufspaltung liegt im eV-Bereich.

Eine wichtige Konsequenz, die besonders bei den 3d-Übergangsmetallen in Erscheinung tritt, ist das sog. „Quenchen", d. h. das Unterdrücken des Bahndrehimpulses. Durch die Wechselwirkung mit dem Kristallfeld geht die Rotationssymmetrie um die Richtung der Magnetisierung verloren, und es erfolgt eine Mittelung über alle L_z-Werte, die den Wert Null ergibt. 3d-Übergangsmetalle weisen daher nur ein

Spinmoment, nicht jedoch ein Bahnmoment auf, und der g-Faktor ist demnach $g = 2$. Die experimentell beobachtete kleine Abweichung (Beispiel Fe: $g = 2.1$) beruht auf dem Vorliegen einer Spin-Bahn-Kopplung, welche einen kleinen Beitrag des Bahnmomentes restauriert.

5.3 Gekoppelte magnetische Momente

Existiert eine Kopplung zwischen den einzelnen Momenten, so kann das System in einen magnetisch geordneten Zustand übergehen. Ferromagnetismus, Antiferromagnetismus und Ferrimagnetismus sind einige der zahlreich auftretenden Erscheinungsformen, die durch eine kollektive langreichweitige Ordnung der permanenten, magnetischen Momente des Festkörpers gekennzeichnet sind. Diese Phänomene treten unterhalb einer charakteristischen Ordnungstemperatur auf. Charakteristisch für den geordneten Zustand ist die spontane Orientierung der Momente, d. h. das Auftreten einer spontanen Magnetisierung und damit die Brechung der räumlichen Drehinvarianzsymmetrie. Die Suszeptibilität $\chi = \mu_0 M / B$ ist divergent für $B \to 0$ im geordneten Zustand, und der Zusammenhang zwischen der magnetischen Induktion $\boldsymbol{B} = \boldsymbol{B}_0 + \mu_0 \boldsymbol{M}(\boldsymbol{B}_0)$ und dem äußeren Feld $\boldsymbol{B}_0$ ist nichtlinear.

Prominente Beispiele sind die ferromagnetische und die antiferromagnetische Ordnung. Bei der ferromagnetischen Ordnung sind alle Momente parallel zueinander ausgerichtet. Bei der antiferromagnetischen Ordnung sind die magnetischen Momente jeweils paarweise antiparallel zueinander orientiert, und ohne äußeres Feld ist das Gesamtmoment und damit die Magnetisierung null. Einher geht mit der Ordnung eine Erniedrigung der Entropie des Gesamtsystems.

Die Temperaturabhängigkeit des Ordnungsgrades ist, ähnlich wie im vorangegangenen Abschnitt, durch das Wechselspiel der Ordnung durch Kopplungseffekte und der Unordnung durch thermische Energie gegeben. Zwei miteinander verwandte Größen charakterisieren das Ordnungsverhalten. Entscheidend für die Ordnung ist zunächst die Kopplungsstärke zwischen den Momenten, im nachfolgenden beschrieben durch die Austausch-Kopplungskonstante J_{ex}. Eine charakteristische Temperatur, die kritische Temperatur T_c, bestimmt den Übergang vom ungeordneten Zustand für $T > T_c$ zum geordneten Zustand für $T < T_c$. In Ferromagneten bzw. Antiferromagneten wird die kritische Temperatur die Curie-Temperatur T_C bzw. Néel-Temperatur T_N genannt. Dirac und Heisenberg haben unabhängig voneinander 1926 die quantenmechanische Austausch-Wechselwirkung als die wesentliche Ursache für das Vorliegen von kollektivem Magnetismus erkannt.

Oberhalb der Ordnungstemperatur ist der Festkörper paramagnetisch, wobei die charakteristische $1/T$-Abhängigkeit entlang der Temperaturskala verschoben ist.

5.3.1 Dipol-Dipol-Wechselwirkung

Wir betrachten zunächst die Wechselwirkung zwischen zwei magnetischen Dipolmomenten $\boldsymbol{\mu}_k$ und $\boldsymbol{\mu}_l$ im Abstand $\boldsymbol{r}_{kl}$, wobei wir hier jede quantenmechanische Aus-

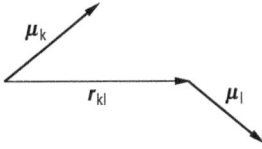

Abb. 5.5 Dipolare Wechselwirkung zwischen zwei Momenten μ_k und μ_l im Abstand r_{kl}.

tauschwechselwirkung vernachlässigen (s. Abb. 5.5). Die magnetostatische Wechselwirkungsenergie ist dann

$$E_d = \mu_0 \left(\frac{\mu_k \mu_l}{r_{kl}^3} - 3\frac{(\mu_k r_{kl})(\mu_l r_{kl})}{r_{kl}^5} \right). \tag{5.65}$$

Im Vergleich zur später diskutierten Austauschwechselwirkung ist die Größenordnung sehr klein. Formal können wir die Wechselwirkung schreiben als das Produkt des Momentes μ_k mit einem von aussen wirkenden effektiven Magnetfeld B_{kl}^d, das die Wechselwirkung mit dem Moment μ_l beschreibt:

$$E_{kl}^d = -\mu_k B_{kl}^d = -\mu_l B_{lk}^d. \tag{5.66}$$

Die Wechselwirkungsenergie des k-ten Momentes mit allen anderen Momenten ergibt dann

$$E_k^d = \sum_l E_{kl}^d = -\mu_0 \left\langle \mu_k \sum_l \left(\frac{\mu_l}{r_{kl}^3} - 3\frac{r_{kl}(\mu_l r_{kl})}{r_{kl}^5} \right) \right\rangle = -\left\langle \mu_k B_k^d \right\rangle, \tag{5.67}$$

wobei $\langle \dots \rangle$ den Erwartungswert der potentiellen Energie des Momentes μ_k in dem von allen anderen Momenten erzeugten dipolaren Magnetfeld $B_k^d = \sum_l B_{kl}^d$ bedeutet.

Wir schätzen die Größenordnung der magnetischen Dipol-Dipol-Wechselwirkung zwischen zwei Nachbarionen ab: mit $r_{kl} = 0.3\,\text{nm}$, $\mu = 1\,\mu_B$ erhalten wir $E_{kl}^d = \mu_0 \mu_B^2 / r_{kl}^3 = 1.26 \cdot 10^{-6}\,\text{eV}$, welches einer Temperatur von $0.01\,\text{K}$ entspricht. Die Dipol-Feldstärke beträgt $B_{kl}^d = E_{kl}^d / \mu_B = 2.9 \cdot 10^4\,\text{A/m}$. Die Ordnungstemperatur im Sub-Kelvin-Bereich ist einige Größenordnungen kleiner als die Ordnungstemperaturen typischer Ferromagnete (Eisen: 1043 K, Kobalt: 1388 K, Nickel: 627 K). Die Momente wären daher bei rein dipolarer Wechselwirkung schon im Kelvin-Bereich thermisch ungeordnet. Der wichtige Einfluss der Dipol-Dipol-Kopplung auf die Formanisotropie, Spinwellen und auf die magnetische Domänenstruktur folgt aus der Langreichweitigkeit der Wechselwirkung. Er wird in Abschn. 5.4 und 5.6 diskutiert.

5.3.2 Direkte Austauschwechselwirkung

Elektronen sind Fermi-Teilchen. Ihre Vielteilchen-Wellenfunktionen müssen daher dem Antisymmetrieprinzip genügen und bei einem Austausch der Elektronen das Vorzeichen wechseln. Wird die Wellenfunktion als Produkt einer Orts- und einer Spinwellenfunktion dargestellt, dann sind nur Kombinationen einer symmetrischen Ortsfunktion mit einer antisymmetrischen Spinfunktion und umgekehrt erlaubt.

Tab. 5.1 Eigenzustände eines Zweielektronensystems.

Zustand	S	S_z	
$\frac{1}{\sqrt{2}}\,(\lvert\uparrow\downarrow\rangle - \lvert\downarrow\uparrow\rangle)$	0	0	Singulett
$\lvert\uparrow\uparrow\rangle$	1	1	
$\frac{1}{\sqrt{2}}\,(\lvert\uparrow\downarrow\rangle + \lvert\downarrow\uparrow\rangle)$	1	0	Triplett
$\lvert\downarrow\downarrow\rangle$	1	-1	

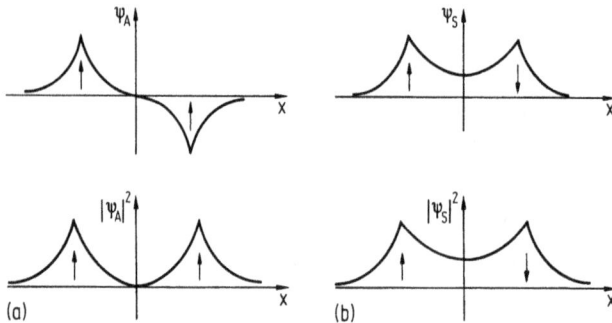

Abb. 5.6 Schematische Darstellung der zwei Wellenfunktionen eines Zweielektronensystems, hier verdeutlicht am Beispiel des H_2-Moleküls. (a) Antisymmetrische Ortsfunktion und symmetrische Spinfunktion (Triplett). (b) Symmetrische Ortsfunktion und antisymmetrische Spinfunktion (Singulett).

Für ein Zweielektronensystem finden wir daher als Eigenzustände zum Gesamtspin S mit der z-Komponente S_z die in Tab. 5.1 genannten Zustände. Für $S = 0$ ist die Ortswellenfunktion symmetrisch und für $S = 1$ antisymmetrisch. Der Sachverhalt ist in Abb. 5.6 dargestellt.

Wir definieren die Austausch-Energie als die Energiedifferenz zwischen dem Singulett- und dem Triplett-Zustand: $E_{ex} = E_s - E_t$. Sie ist eine elektrostatische Energie und zugleich der Ursprung der magnetischen Wechselwirkung. Mit ihrer Hilfe können wir für die Wechselwirkung zweier Spins den Spin-Hamilton-Operator

$$\mathscr{H}_{ex} = -(E_s - E_t)\,\frac{1}{\hbar^2}\,\boldsymbol{S}_1 \cdot \boldsymbol{S}_2 = -2\,J_{ex}\,\frac{1}{\hbar^2}\,\boldsymbol{S}_1 \cdot \boldsymbol{S}_2 \tag{5.68}$$

ansetzen. Dies ist das so genannte Heisenberg-Modell mit der effektiven Spin-Spin-Wechselwirkung. Die Größe $2J_{ex} = E_s - E_t$ bezeichnen wir als die Kopplungskonstante für den direkten interatomaren Austausch oder schlicht das Austauschintegral. Man beachte, dass im Heisenberg-Modell die Kopplung abhängig von der relativen Orientierung der beiden Spins ist. In Abhängigkeit der Balance von Coulomb- und kinetischer Energie kann der direkte interatomare Austausch J_{ex} sowohl positiv als auch negativ sein. Für $J_{ex} > 0$ erhalten wir als Grundzustand eine parallele

Orientierung der beiden Spins und für $J_{ex} < 0$ eine antiparallele Ausrichtung. Die Kopplungskonstante hängt sowohl von den Details der elektronischen Eigenschaften des Systems als auch vom Abstand $|r_1 - r_2|$ ab. Sie wird bestimmt von der Abstandsabhängigkeit des Überlaps der Einteilchen-Wellenfunktionen, die an den Orten r_1 und r_2 zentriert sind. Die Austauschenergie ist dann gegeben durch den Erwartungswert von

$$\mathcal{H}_{12}^{ex} = -2 J_{ex}(|r_1 - r_2|) \frac{1}{\hbar^2} \, S(r_1) \cdot S(r_2) = -2 J_{12}^{ex} \frac{1}{\hbar^2} \, S_1 \cdot S_2 \, . \tag{5.69}$$

Hier beschreibt das Austauschintegral J_{ex} eine Nächste-Nachbar-Wechselwirkung. Zum Austauschintegral J_{ex} gibt es kein klassisches Analogon.

Für einen Festkörper mit n Spins ist die Symmetrisierung der Hamilton-Funktion praktisch nicht durchführbar. Als gute Näherung nehmen wir an, dass wir die Wechselwirkung der n Spins untereinander durch Zwei-Spin-Wechselwirkungen in einem Spin-Paar und Summation über alle Paare von Spins beschreiben können:

$$\mathcal{H}_{ex} = -2 \frac{1}{\hbar^2} \sum_{ij(i>j)} J_{ex}(r_i - r_j) \, S(r_i) \cdot S(r_j) = -2 \frac{1}{\hbar^2} \sum_{ij(i>j)} J_{ij}^{ex} \, S_i \cdot S_j \, . \tag{5.70}$$

Dies ist die Heisenberg-Hamilton-Funktion eines Spinsystems. Deren Indizes i, j laufen über alle n Spins. Die Einschränkung $i > j$ verhindert, dass die Paare (i, j) doppelt gezählt werden. In der Literatur findet man auch häufig die Summation über alle Paare, dann fehlt aber der Vorfaktor 2 in Gl. (5.70). Für den Fall lokalisierter Spinsysteme beschränkt man sich häufig auf die Summation über alle nächsten Nachbarn $j(i) = \delta$ zum Spinvektor S_i. Das Heisenberg-Modell bietet aber einen wesentlich breiteren Rahmen, magnetische Wechselwirkungen zu diskutieren. Spielen z. B. Quantenfluktuationen eine untergeordnete Rolle, weil die lokalen magnetischen Momente μ_i groß sind, dann erhält man bereits hervorragende Ergebnisse, wenn man den Spin $\frac{1}{\hbar} S$ durch „klassische Spinvektoren" vereinfacht, die dann durch die lokalen magnetischen Momente $-\mu/(g\,\mu_B)$ ausgedrückt werden können. Oftmals können komplexere Wechselwirkungen wie der Superaustausch oder der indirekte Austausch ebenfalls in Form von Paarwechselwirkungen dargestellt und dann im Rahmen des Heisenberg-Modells diskutiert werden. Ist dann die Nächste-Nachbar-Wechselwirkung nicht die dominierende Wechselwirkung und ändern die J_{ij} ihre Vorzeichen als Funktion des Abstandes $|r_i - r_j|$, und solche Wechselwirkungen werden wir noch kennen lernen, kann der Wettbewerb der Wechselwirkungen J_{ij} zu sehr komplexen Spinstrukturen führen. Als Beispiel seien hier Spinspiralen genannt, wie man sie bei den Selten-Erd-Metallen oder dem kubisch-flächenzentrierten Fe findet, die sogar inkommensurabel zum zugrundeliegenden Kristallgitter sein können (s. Abschn. 5.3.7). Diese Spinstrukturen beschreibt man vorteilhafterweise durch einen Wellenvektor q. In dieser Notation entspricht zum Beispiel $q = 0$ dem Ferromagnetismus und $q = \pi/a \langle 100 \rangle$ einem lagenweisen Antiferromagnetismus entlang der $\langle 100 \rangle$-Richtung. Im Heisenberg-Modell führt derjenige q-Vektor zur Minimalenergie, für den die Fourier-Transformierte der Austauschkonstanten (Abb. 5.7)

$$J_{ex}(q) = \frac{1}{N} \sum_{ij} J_{ij}^{ex} e^{iq r_{ij}} \tag{5.71}$$

maximal wird, wobei N die Anzahl der Atome auf dem Gitter ist.

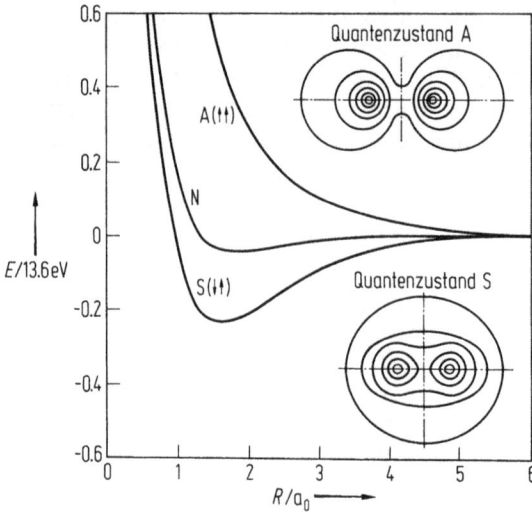

Abb. 5.7 Energie E des H_2-Moleküls als Funktion des H-H-Abstandes R für die symmetrische ($\uparrow\downarrow$) und die antisymmetrische Ortsfunktion ($\uparrow\uparrow$) der beiden Elektronen. Die Kurve N ergibt sich aus der klassischen Coulomb-Wechselwirkung ohne Berücksichtigung der Spins (nach C. Kittel, Einführung in die Festkörperphysik).

Die Abstandsabhängigkeit des Austauschintegrals ergibt sich aus Überlegungen zur Balance der Coulomb- und der kinetischen Energie. Wir betrachten zwei Atome mit je einem Elektron. Sind die Atome zueinander sehr nahe, dann ist die Coulomb-Energie minimal, wenn sich die Elektronen den größten Teil ihrer Zeit zwischen den Atomen befinden. Da in diesem Fall verlangt wird, dass Elektronen zur gleichen Zeit am gleichen Platz des Raumes sind, verlangt das Pauli-Prinzip eine antiparallele Ausrichtung der Elektronen und damit ein negatives J_{ex}. Sind die Atome dagegen weit voneinander entfernt, so sind auch die Elektronen weit entfernt, um die Elektron-Elektron-Abstoßung zu optimieren. Dies begünstigt eine ferromagnetische Ausrichtung der Elektronen. Diese Überlegungen werden in der so genannten Bethe-Slater-Kurve [3] widergegeben, die in Abb. 5.8 am Beispiel von Übergangsmetallen dargestellt ist. Gezeigt ist die Austauschenergie J_{ex} als Funktion des Quotienten aus der Gitterkonstante und dem Radius der unabgeschlossenen Schale. Der Verlauf dieser Kurve konnte in vielen Fällen experimentell bestätigt werden, z. B. durch Variation der Gitterkonstanten mittels hydrostatischem Druck oder durch Einbau anderer Stoffe.

Es sei an dieser Stelle noch darauf hingewiesen, dass die Darstellung der Wechselwirkung von Systemen mit n Spins Terme mit höheren Potenzen als zwei ($< n$) von S erfordert, die als höhere Spinwechselwirkungen in die Literatur eingehen. Als einfachster Beitrag über das Heisenberg-Modell hinaus sei hier die biquadratische Wechselwirkung $\propto (S_i \cdot S_j)^2$ genannt (s. auch Abschn. 5.9).

Es ist praktisch, diese so genannte „Heisenberg-Wechselwirkung" durch ein mittleres effektives Feld zu beschreiben. Vereinfachend nehmen wir an, dass nur eine

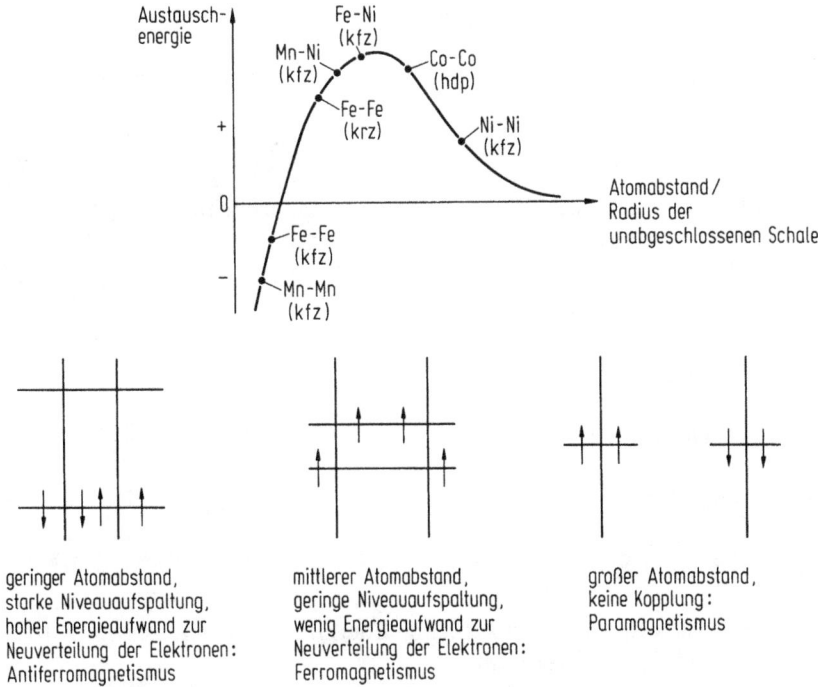

Abb. 5.8 Zur Deutung des Verlaufs der Austauschenergie in der Bethe-Slater-Kurve in Abhängigkeit vom Verhältnis des Atomabstandes und des Radius der d-Schale. Der Einfluss des Atomabstandes auf die Niveauaufspaltung und die Austauschkopplung sind veranschaulicht (zusammengestellt nach Shockley [4, 5]).

Ionensorte mit z nächsten Nachbarn in einem Gitter auf äquidistanten Plätzen vorliegt. Das Austausch-Integral hat dann den gleichen Wert J_{ex} für alle Paare:

$$\mathscr{H}_i^{ex} = -2 J_{ex} \frac{1}{\hbar^2} S_i \sum_{\delta=1}^{z} S_\delta . \tag{5.72}$$

Mit dem Moment $\boldsymbol{\mu}_i = -g\mu_B \frac{1}{\hbar} \boldsymbol{S}_i$ können wir $\mathscr{H}_i^{ex}$ schreiben als

$$\mathscr{H}_i^{ex} = -\frac{2 J_{ex}}{g^2 \mu_B^2} \boldsymbol{\mu}_i \cdot \sum_{\delta=1}^{z} \boldsymbol{\mu}_\delta = -\boldsymbol{\mu}_i \boldsymbol{B}_i^{ex} . \tag{5.73}$$

Die Größe $\boldsymbol{B}_i^{ex}$ bezeichnen wir als das Austauschfeld am Ort i. Es ist kein konventionelles Feld, da es wie ein Kontaktfeld nur auf die Nachbarspins wirkt.

5.3.3 Ferromagnetismus lokaler Momente

In der Austauschenergie des i-ten-Atoms mit seinen z nächsten Nachbarn

$$E_i^{ex} = -2J_{ex}\frac{1}{\hbar^2}\, S_i \sum_{\delta=1}^{z} S_\delta \qquad (5.74)$$

sind noch alle Fluktuationen enthalten. Wir ersetzen näherungsweise die Momentanwerte S_δ durch ihren thermischen Mittelwert $\langle S_\delta \rangle$ und erhalten

$$E_i^{ex} = -2zJ_{ex}\frac{1}{\hbar^2}\, S_i \langle S_\delta \rangle\,. \qquad (5.75)$$

Mit der Magnetisierung

$$M = -N_0 g\mu_B \frac{1}{\hbar} \langle S_\delta \rangle \qquad (5.76)$$

erhalten wir aus Gl. (5.75):

$$E_i^{ex} = -\left(-g\mu_B \frac{1}{\hbar}\, S_i\right) \cdot \frac{2zJ_{ex}}{N_0 g^2 \mu_B^2}\, M\,. \qquad (5.77)$$

Diese Beziehung lässt sich als die potentielle Energie des magnetischen Dipols $(g\mu_B \frac{1}{\hbar} S_i)$ in einem Feld B_{ex} auffassen mit

$$B_{ex} = \frac{2zJ_{ex}}{N_0 g^2 \mu_B^2}\, M = \lambda_{ex}\mu_0\, M\,. \qquad (5.78)$$

Dieses Feld, das so genannte Molekularfeld, Austauschfeld oder auch Weiß'sche Feld (nach Pierre Weiß, der dieses Feld 1907 postuliert hat [6]), ist somit proportional zur Magnetisierung. Die Vorfaktoren von M werden zur Molekularfeldkonstanten λ_{ex} zusammengefasst. Dieses Feld stellt die inneren Wechselwirkungen dar, die die Spins ausrichten.

Wir haben hiermit das Vielteilchenproblem auf ein modifiziertes Einteilchenproblem, nämlich das eines magnetischen Dipols im Austauschfeld reduziert. Der Preis hierfür ist die Vernachlässigung der thermischen Fluktuationen im Spinsystem. Diese so genannte „mean-field" oder Molekularfeldnäherung beschreibt die Situation des Spinsystems im thermischen Gleichgewicht. In Bereichen, wo thermische Fluktuationen eine Rolle spielen, z.B. in der Nähe des Phasenübergangs in die paramagnetische Phase bei T_C, wird diese Näherung naturgemäß unbrauchbar.

Für das effektive Magnetfeld B_{eff} am Ort eines Spins gilt:

$$B_{eff} = B_0 + B_{ex} = B_0 + \lambda_{ex}\mu_0 M\,. \qquad (5.79)$$

Die Magnetisierung können wir gemäß Gl. (5.44) durch die Brillouin-Funktion ausdrücken,

$$M(x) = N_0 g_J \mu_B J B_J(x), \quad x = \frac{g_J \mu_B J B_{eff}}{k_B T}, \qquad (5.80)$$

wobei wir nun gleich den allgemeinen Fall für das Moment zum Gesamtdrehimpuls J betrachten. Da die Größe B_{eff} sowohl auf der linken Seite von Gl. (5.79) als auch

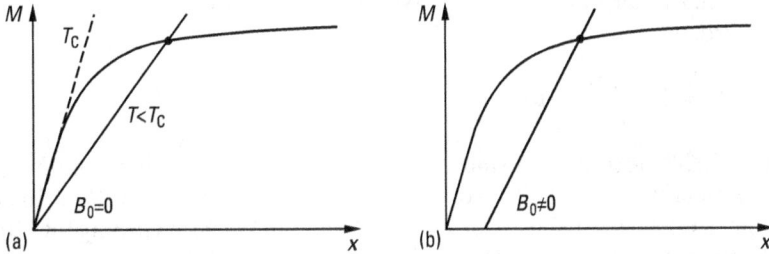

Abb. 5.9 Darstellung der graphischen Bestimmung der Magnetisierung nach Gl. (5.80) und Gl. (5.81) für (a) $B_0 = 0$ und (b) $B_0 \neq 0$.

im Argument von Gl. (5.80) auftritt, können wir Gl. (5.79) und Gl. (5.80) nicht explizit lösen. Eine selbstkonsistente Lösung erhält man durch Iteration. Zur impliziten Bestimmung der Lösung zieht man gerne eine anschauliche, graphische Bestimmung heran: Aus Gl. (5.79) folgt zusätzlich eine lineare Beziehung zwischen M und x:

$$M(x) = \frac{1}{\lambda_{ex}\mu_0}\left(\frac{xk_BT}{g_J\mu_BJ} - B_0\right). \tag{5.81}$$

Die gemeinsame Größe $M(x)$ von Gl. (5.80) und Gl. (5.81) finden wir, indem wir den Schnittpunkt beider Funktionen suchen, wie in Abb. 5.9 dargestellt.

Der Schnittpunkt der beiden Kurven liefert für vorgegebene Werte von B_0 und T die Magnetisierung M. Eine Magnetisierung setzt ein, sobald die mit abnehmender Temperatur T abnehmende Steigung der Geraden (Gl. 5.81) gleich der Anfangssteigung der Brillouin-Funktion wird. Hieraus können wir die Curie-Temperatur T_C abschätzen. Aus der Reihenentwicklung der Brillouin-Funktion $B_J(x)$ (s. Gl. (5.37) und Gl. (5.45)) bis zur zweiten Ordnung erhalten wir $B_J(x) \simeq (J+1)/(3J) \cdot x$ und damit die Anfangssteigung der Brillouin-Funktion zu $N_0 g_J \mu_B (J+1)/3$. Wir erhalten daher ferromagnetische Ordnung, falls

$$\frac{k_BT_C}{g_J\mu_0\mu_B\lambda_{ex}J} < N_0 g_J \mu_B \frac{J+1}{3} \tag{5.82}$$

erfüllt ist. Für die Curie-Temperatur finden wir damit:

$$T_C = \frac{N_0 \mu_0 g_J^2 J(J+1)\mu_B^2}{3 k_B} \lambda_{ex}. \tag{5.83}$$

Mit der Definition der Curie-Konstanten C gemäß Gl. (5.47) folgt die wichtige Beziehung:

$$T_C = C \cdot \lambda_{ex} = 2z \frac{J_{ex}}{3k_B}J(J+1). \tag{5.84}$$

Die Curie-Temperatur ist somit als Produkt der Curie-Konstanten und der Molekularfeld-Konstanten direkt proportional zur Austauschkonstanten J_{ex} und zur Zahl der nächsten Nachbarn z. In verallgemeinerter Form ist Gl. (5.84) auch für die „Mean-field"-Näherung der kritischen Temperatur T_c einer beliebigen magnetischen

Struktur, charakterisiert durch den Wellenvektor $\boldsymbol{q}$, gültig, indem J_{ex} durch $J_{ex}(\boldsymbol{q})$ ersetzt wird,

$$T_c = 2\,\frac{J_{ex}(\boldsymbol{q})}{3k_B}\,|\boldsymbol{S}(\boldsymbol{q})|^2\,.\tag{5.85}$$

Typische Größenordnungen sind z. B. für Fe: Molekularfeldkonstante $\lambda_{ex} \approx 5200$, Austauschfeld $B_{ex}/\mu_0 \approx 1000$ T, Austauschkonstante $J_{ex} \approx 5.2 \cdot 10^{-3}$ eV. In der Praxis liefert die in Gl. (5.84) diskutierte Nächste-Nachbar-Wechselwirkung für Übergangsmetalle nur eine grobe Abschätzung für T_C. Auf Grund des itineranten Charakters der Leitungselektronen muss von Fall zu Fall die Wechselwirkung zwischen 8 bis 100 Nachbarn berücksichtigt werden, um ein gutes Resultat zu erzielen. Diese Wechselwirkungskonstanten kann man heute mit der Dichtefunktionaltheorie berechnen, eine materialspezifische quantenmechanische Theorie, die nun kurz im folgenden Abschnitt behandelt wird.

5.3.4 Itineranter Ferromagnetismus

In metallischen ferromagnetischen Systemen sind die itineranten Leitungselektronen mit ihrem Spin die Ursache der ferromagnetischen Ordnung und bestimmen das magnetische Moment. Aufgrund des delokalisierten Charakters der Elektronen in diesen Systemen sind die Ergebnisse aus dem vorangegangenen Abschnitt, welche eigentlich für lokalisierte Spinsysteme abgeleitet wurden, nur bedingt anwendbar. Insbesondere wird nicht erklärt, wann welche Bedingungen erfüllt sein müssen, damit sich eine spontane Ordnung einstellen kann. Dies erfordert die Berücksichtigung der itineranten Eigenschaften der elektronischen Zustände.

Nehmen wir einmal an, wir haben ein System, welches wir durch ein freies Elektronengas beschreiben können, und es liegt eine ferromagnetische Ordnung vor, in dem der Spin eines jeden Elektrons des Elektronengases parallel ausgerichtet ist. Durch die Parallelstellung der Spins gewinnt das System die Austauschenergie E_{ex}. Gleichzeitig ist jetzt jeder elektronische Zustand statt zweifach ($\uparrow\downarrow$) nur einfach ($\uparrow$) besetzt. Hierdurch verdoppelt sich das Volumen der Fermi-Kugel ($\propto k_F^3 \to \propto 2k_F^3$). Der Fermi-Wellenvektor k_F nimmt um den Faktor $2^{\frac{1}{3}}$ zu. Damit wächst die kinetische Energie ($\propto 2\int^{k_F} k^2 \cdot k^2\,dk \propto 2k_F^5 \to \propto 2^{\frac{5}{3}}k_F^5$) der Elektronen an der Fermi-Kante um den Faktor $2^{\frac{2}{3}}$.

Dieser Zuwachs muss durch einen Gewinn in E_{ex} kompensiert werden. Freie Elektronen haben jedoch wegen ihres itineranten Charakters wenig Überlapp miteinander, und das Austauschintegral und damit E_{ex} sind klein. Entgegen unserer Annahme finden wir daher in Systemen, die sich durch ein rein freies-Elektronengas-Verhalten beschreiben lassen, keine ferromagnetische Ordnung.

Um ferromagnetische Ordnung zu erhalten, muss daher ein System gewählt werden, bei dem der Zuwachs an kinetischer Energie möglichst klein ist. Hierzu eignen sich besonders Systeme mit einer großen Zustandsdichte an der Fermi-Kante, da dann viele Zustände zur Verfügung stehen, die bei der Umbesetzung der im paramagnetischen System doppelt besetzten Zustände als freie Zustände mit parallelem

Spin benötigt werden. Dies sind typischerweise Systeme mit Leitungselektronen mit relativ stark lokalisierten 3d, 4f und 5f Wellenfunktionen.

Eine moderne quantenmechanische Beschreibung dieses Problems bietet die Dichtefunktionaltheorie (DFT). Wir beschreiben die Elektronenverteilung in einem System durch die Spindichten $n_\uparrow(r)$ und $n_\downarrow(r)$ für Majoritäts- und Minoritätselektronen oder dazu äquivalent durch die Elektronendichte $n(r) = n_\uparrow(r) + n_\downarrow(r)$ und die Momentedichte $m(r) = n_\uparrow(r) - n_\downarrow(r)$. Das Integral der Momentedichte ist ein Maß für die Magnetisierung. Die Elektronen wechselwirken mit einem äußeren Potential $V_{ext}^{\uparrow\downarrow}$, welches typischerweise aus der Summe der Coulomb-Potentiale mit den Atomkernen und der Zeeman-Energie $\pm\mu_B B$ gebildet wird, wobei das Pluszeichen für Majoritätselektronen ($\uparrow$) und das Minuszeichen für Minoritätselektronen ($\downarrow$) steht. Das Energiefunktional lautet

$$
\begin{aligned}
E[n_\uparrow(r), n_\downarrow(r)] = {} & E_{kin}[n_\uparrow(r), n_\downarrow(r)] \\
& + \frac{e^2}{8\pi\varepsilon_0} \iint \frac{n(r)\,n(r')}{|r - r'|} \, dr\, dr' \\
& + \int n_\uparrow(r)\, V_{ext}^\uparrow(r)\, dr \\
& + \int n_\downarrow(r)\, V_{ext}^\downarrow(r)\, dr \\
& + E_{xc}[n_\uparrow(r), n_\downarrow(r)] .
\end{aligned}
\tag{5.86}
$$

Der erste Term auf der rechten Seite ist die kinetische Energie für nicht-wechselwirkende Elektronen. Der zweite Term beschreibt die Coulomb-Energie der Elektronen untereinander, der dritte und vierte Term beschreiben die Energie im äußeren Potential, erzeugt durch die Kerne und ein äußeres Magnetfeld, und der letzte Term beschreibt als Funktional die Austausch- und Korrelationswechselwirkung. Die variationelle Suche nach den optimalen Spindichten $n_{\uparrow\downarrow}$, die die Energie minimieren, führt zu einer Schrödinger-artigen Gleichung, in der auf jedes Elektron ein Austausch-Korrelationspotential

$$
V_{xc}^{\uparrow\downarrow}(r) = \frac{\delta E_{xc}}{\delta n_{\uparrow\downarrow}}
\tag{5.87}
$$

wirkt. Ein exakter Ausdruck für die Austauschkorrelationsenergie und damit für das Potential ist unbekannt. Eine erfolgreiche Näherung für die Austauschkorrelationsenergie ist die lokale Dichtenäherung. In dieser Näherung können die Elektronendichten durch Elektronstrukturrechnungen numerisch bestimmt werden. Einfache Näherungen führen zur Einsicht durch das Stoner-Modell.

5.3.4.1 Stoner-Modell

Bei der Ableitung des Stoner-Modells [7] für den Ferromagnetismus macht man sich zu Nutze, dass $|m(r)| \ll |n(r)|$. Man entwickelt zuerst das Austauschkorrelationspotential in der lokalen Dichtenäherung nach $m(r)$,

$$
V_{xc}^{\uparrow\downarrow}(r) = V_{xc}^0(r) \mp \tilde{V}(n(r)) \cdot m(r)
\tag{5.88}
$$

mit „ − "(„ + ")-Zeichen für Spin ↑(↓). Hierbei ist $V^0_{xc}(r)$ das Austausch-Korrelations-Potential im unmagnetischen Fall. $\tilde{V}(n(r))$ sei größer Null. Dann erfahren Elektronen mit Spin ↑(↓) ein stärker anziehendes (abstoßendes) Potential als im unmagnetischen Fall. Zweitens ersetzt man bei der Ableitung des Stoner-Modells die lokale Magnetisierung durch die über das Atomvolumen gemittelte Magnetisierung

$$M_{Atom} = \int_{V_{Atom}} m(r)\, dr,$$

(5.89)

also dem magnetischen Moment des Atoms in Einheiten von μ_B, und erhält:

$$V^{\uparrow\downarrow}_{ex}(r) = V^0_{ex}(r) \mp \frac{1}{2}IM_{Atom}$$

(5.90)

mit I dem so genannten intra-atomaren Austauschintegral (Stoner-Parameter). Mit diesem Ansatz können wir nun sehr effizient die magnetischen Eigenschaften aus der Kenntnis der Bandstruktur im paramagnetischen Zustand erhalten. Durch eine konstante Anhebung bzw. Absenkung des Austausch-Korrelationspotentials werden nämlich die Wellenfunktionen nicht modifiziert und die Energieeigenwerte der elektronischen Bänder ändern sich um konstante Beträge $\mp \frac{1}{2}IM_{Atom}$. Die elektronischen Zustandsdichten $n_{\uparrow\downarrow}(E)$ im ferromagnetisch geordneten Fall können wir nun ausdrücken durch die Zustandsdichte $n_0(E)$ im unmagnetischen Zustand

$$n_{\uparrow}(E) = \frac{1}{2}n_0\left(E + \frac{1}{2}IM_{Atom}\right) \quad \text{und} \quad n_{\downarrow}(E) = n_0\left(E - \frac{1}{2}IM_{Atom}\right).$$

(5.91)

Wir erhalten somit eine spinaufgespaltene Bandstruktur, die sich aus der Bandstruktur des unmagnetischen Falls durch die gleichförmige, gegenläufige Verschiebung

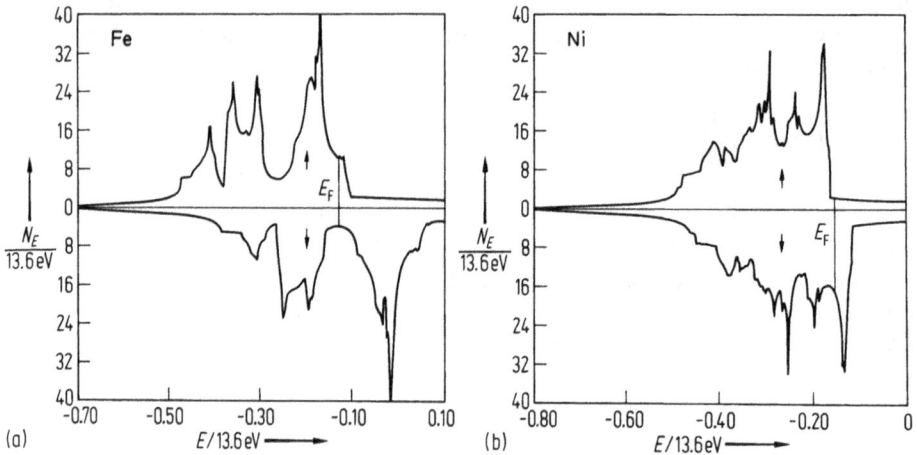

Abb. 5.10 Spin-↑- und ↓-aufgespaltene elektronische Zustandsdichte [8] $n(E)$ in ferromagnetischen Metallen, berechnet auf der Basis der Dichtefunktionaltheorie. Die stark strukturierten Teile der Zustandsdichte werden von den relativ stark lokalisierten d-Elektronen verursacht. (a) Fe (kubisch raumzentriert): die Fermi-Grenze verläuft durch beide d-Bänder. (b) Ni (kubisch flächenzentriert): die Fermi-Grenze verläuft nur durch das ↓-d-Band.

der ↑- und ↓-Bänder um $\Delta E_{\mathrm{ex}} = I M_{\mathrm{Atom}}$ ergibt. ΔE_{ex} nennt man auch die Austausch-aufspaltung. Zur Plausibilität dieses Ansatzes zeigt Abb. 5.10 die berechnete elektronische Zustandsdichte der d- und sp-Elektronen in den ferromagnetischen Metallen Fe und Ni. Die große Ähnlichkeit der ↑- und ↓-Bänder ist offensichtlich.

Das Ziel ist nun, M_{Atom} als das lokale Moment pro Atom in Einheiten von μ_{B} zu berechnen. Hierzu machen wir uns zunächst klar, dass die Gesamtzahl N der Elektronen und das lokale Moment M_{Atom} pro Zelle durch Integration über die besetzten Zustände selbstkonsistent zu bestimmen sind:

$$N = \int_{-\infty}^{E_{\mathrm{F}}(M_{\mathrm{Atom}})} \left\{ n_0\left(E + \frac{1}{2}IM_{\mathrm{Atom}}\right) + n_0\left(E - \frac{1}{2}IM_{\mathrm{Atom}}\right) \right\} \mathrm{d}E \qquad (5.92\,\mathrm{a})$$

$$M_{\mathrm{Atom}} = \int_{-\infty}^{E_{\mathrm{F}}(M_{\mathrm{Atom}})} \left\{ n_0\left(E + \frac{1}{2}IM_{\mathrm{Atom}}\right) - n_0\left(E - \frac{1}{2}IM_{\mathrm{Atom}}\right) \right\} \mathrm{d}E$$

$$\equiv F(M_{\mathrm{Atom}}). \qquad (5.92\,\mathrm{b})$$

Die Berechnung von n_0 für den nichtmagnetischen Fall erfolgt dabei mit Methoden der spinunabhängigen Bandstrukturbestimmung. Die Gesamtzahl N ist festgelegt durch die Ladungsneutralität. Damit haben wir zwei Bestimmungsgleichungen für die unbekannten Größen E_{F} und M_{Atom}. Aus Gl. (5.92a) folgt, dass die Fermi-Energie sich nur quadratisch als Funktion der unbekannten Größe M_{Atom} ändert. Gl. (5.92b) mit der Gestalt $M_{\mathrm{Atom}} = F(M_{\mathrm{Atom}})$ können wir z. B. ganz analog zu Abb. 5.9 graphisch lösen, um das lokale Moment pro Atom zu erhalten. Eine ferromagnetische Lösung erhalten wir, falls die Steigung $F'(0) > 1$ ist.

Aus Gl. (5.92b) folgt durch Bilden der Ableitung nach M_{Atom} das Stabilitätskriterium[4]

$$1 \overset{!}{=} \frac{\mathrm{d}F}{\mathrm{d}M_{\mathrm{Atom}}}$$

$$= \frac{I}{4}\left(n_0\left(E_{\mathrm{F}} + \frac{1}{2}IM_{\mathrm{Atom}}\right) + n_0\left(E_{\mathrm{F}} - \frac{1}{2}IM_{\mathrm{Atom}}\right)\right)$$

$$+ \frac{1}{2}\left(n_0\left(E_{\mathrm{F}} + \frac{1}{2}IM_{\mathrm{Atom}}\right) - n_0\left(E_{\mathrm{F}} - \frac{1}{2}IM_{\mathrm{Atom}}\right)\right) \cdot \frac{\mathrm{d}E_{\mathrm{F}}}{\mathrm{d}M_{\mathrm{Atom}}}. \qquad (5.93)$$

Am Einsatzpunkt der ferromagnetischen Stabilität ausgehend vom unmagnetischen Zustand gilt $M_{\mathrm{Atom}} = 0$. Damit erhalten wir das Stabilitätskriterium für Ferromagnetismus von Stoner

$$\left. \frac{\mathrm{d}F}{\mathrm{d}M_{\mathrm{Atom}}} \right|_{M_{\mathrm{Atom}} = 0} = I \cdot \frac{1}{2} n_0(E_{\mathrm{F}}) = I \cdot \tilde{n}_0(E_{\mathrm{F}}) > 1. \qquad (5.94)$$

---

[4] Man beachte, dass die Variable M_{Atom} sowohl in dem Integranden als auch in der oberen Integrationsgrenze auftritt. Wir nutzen für die Funktion $F(y) = \int_{\varphi(y)}^{\psi(y)} f(x,y)\,\mathrm{d}x$, dass die Ableitung gegeben ist durch $F'(y) = \int_{\varphi(y)}^{\psi(y)} \frac{\partial}{\partial y} f(x,y)\,\mathrm{d}x + f(\psi(y),y)\cdot\psi'(y) + f(\varphi(y),y)\cdot\varphi'(y)$.

Tab. 5.2   Zustandsdichte $\tilde{n}_0(E_F)$ an der Fermi-Kante im nichtmagnetischen Fall, Stoner-Parameter I und Stoner-Kriterium $I \cdot \tilde{n}_0(E_F)$ für verschiedene Materialien [9].

	$\tilde{n}_0(E_F)$ [eV^{-1}]	I [eV]	$I \cdot \tilde{n}_0(E_F)$
Mn	0.77	0.82	0.63
Fe	1.54	0.93	1.43
Co	1.72	0.99	1.70
Ni	2.02	1.01	2.04
Cu	0.14	0.73	0.11
Pd	1.14	0.68	0.78
Pt	0.79	0.63	0.50

In den zwei Größen I und n_0 bzw. $\tilde{n}_0$ drückt dieses Stabilitätskriterium den Wettbewerb zwischen einer großen intra-atomaren Coulomb-Wechselwirkung, in Form des Stoner-Parameters I, die das System in den Magnetismus treibt, und der Zunahme der kinetischen Energie aus, die besonders hoch ist, wenn die Zustandsdichte n_0 niedrig ist. In der Fachliteratur wird das Stoner-Kriterium häufig durch Verwendung der paramagnetischen Zustandsdichte pro Spin, $\tilde{n}_0$, angegeben.

Tabelle 5.2 listet die Werte für gängige Materialien auf. Für die Elemente Fe, Co und Ni ist das Stoner-Kriterium erfüllt. Pd und Mn erfüllen fast das Stoner-Kriterium und gelten daher auch als „Fast-Ferromagnete".

Im Allgemeinen ist die Zustandsdichte stark strukturiert. In guter Näherung ist sie an der Fermi-Kante proportional zum Kehrwert der Breite W des Bandes, denn die Zahl der Zustände im Band ist normiert. Schmale Bänder begünstigen daher ferromagnetische Ordnung. Im atomaren Grenzfall, d. h. $W \to 0$, ist das Stoner-Kriterium immer erfüllt und das maximale Moment gemäß der Hund'schen Regeln stellt sich ein. Wir erhalten als Ergebnis die folgenden Bedingungen, die für das Vorliegen ferromagnetischer Ordnung günstig sind:

1. Das Austauschintegral ist positiv und muss möglichst groß sein.
2. Hohe Zustandsdichten reduzieren den Aufwand an kinetischer Energie und begünstigen daher den ferromagnetischen Grundzustand.
3. Schmale Energiebänder, wie sie bei den Übergangsmetallen auftreten, sind für große Zustandsdichten besonders prädestiniert.

Das Stoner-Kriterium kann verallgemeinert werden für beliebige geordnete periodische magnetische Strukturen im Raum, charakterisiert durch den Wellenvektor q, in dem die Zustandsdichte $\tilde{n}_0$ durch die paramagnetische Suszeptibilität $\tilde{\chi}_0(q, E_F)$ ersetzt wird:

$$I \cdot \tilde{\chi}_0(q, E_F) > 1 \,. \tag{5.95}$$

Für Cr und Mn ist das Stoner-Modell für Antiferromagnetismus erfüllt.

Während das Stoner-Integral in guter Näherung eine atomare Größe ist, hängt die Zustandsdichte stark vom Abstand der Atome untereinander, von der Dimensionalität (Volumen, Oberfläche, dünner Film, magnetische Kette, siehe auch Oberflächenmagnetismus, Abschn. 5.8) des Systems und von der Symmetrie des zugrundeliegenden Kristallgitters ab. Ist zum Beispiel der Abstand groß, so ist der Überlapp der Wellenfunktionen gering, die Zustandsdichte ist groß und wir nähern uns der ersten Hund'schen Regel mit großen lokalen magnetischen Momenten. Da der Überlapp der Wellenfunktionen aber klein ist, ist der interatomare Austausch J_{ex} auch klein, und gemäß Gl. (5.84) sind entsprechend auch die kritischen Temperaturen gering, so dass eine geringe Tendenz zur spontanen Magnetisierung besteht. Ist andererseits der Atomabstand sehr gering, dann ist infolge des großen Überlaps der Wellenfunktionen die Bandbreite groß und damit die Zustandsdichte klein. Es gibt daher einen optimalen Bereich, in dem eine magnetische Ordnung auftritt.

5.3.4.2 Temperaturabhängigkeit

Bei der theoretischen Beschreibung der Temperaturabhängigkeit itineranter Magnete muss auf der einen Seite die kollektive Anregung lokaler magnetischer Momente berücksichtigt werden. Auf der anderen Seite muss man beachten, dass die Elektronen, welche die lokalen magnetischen Momente bilden, auch für die Bildung der Fermi-Oberfläche verantwortlich sind. Das heißt, dass die magnetischen Momente sowohl einer Phasenfluktuation als auch einer Amplitudenfluktuation unterworfen sind. Die letztere führt dann zu Änderungen des Betrags der magnetischen Momente. Die Phasenfluktuation, respektive die Anregung von Spinwellen, wird sehr gut beschrieben durch die Abbildung der itineranten Austauschwechselwirkung auf ein effektives Heisenberg-Modell. Durch Berücksichtigung einer hinreichend großen Anzahl von Nachbarn können Curie-Temperaturen in guter Übereinstimmung mit dem Experiment berechnet werden.

In Systemen, bei denen die Änderung des magnetischen Momentes mit der Temperatur wichtiger ist als die Spinwellenanregung, erhalten wir eine erste einfache Näherung der Temperaturabhängigkeit, in dem man in Gl. (5.92b) die temperaturabhängige Zustandsdichte im nichtmagnetischen Fall $n_0(T)$ einsetzt. Dies stellt einen hohen mathematischen und numerischen Aufwand dar, der sich nicht lohnt, da der verwendete Ansatz einer q-unabhängigen delokalisierten Austauschwechselwirkung recht grob ist. Qualitativ können wir jedoch das Verhalten recht einfach verstehen. Der größte Beitrag zur Zustandsdichte am Fermi-Niveau stammt von den d-Zuständen (z. B. 9.46 Zustände pro Atom bei Ni). Das s-Band können wir vernachlässigen, denn die Austauschaufspaltung ist hier vernachlässigbar klein. Bei $T = 0$ ist bei Ni die Magnetisierung durch die Zahl der nichtbesetzten d-Zustände des Minoritätsbandes gegeben. Aus $M_{\text{Atom}}(T) = 0$ finden wir 0.54 d-Löcher pro Atom, d. h. das effektive Moment pro Atom beträgt $\mu_{\text{eff}} = 0.54\,\mu_{\text{B}}$/Atom. Die Temperaturabhängigkeit erhalten wir nun aus dem Zusammenspiel der Austauschaufspaltung, der Fermi-Statistik und der Zustandsdichte am Fermi-Niveau. Da wir nur an der qualitativen Diskussion interessiert sind, nehmen wir vereinfachend eine Ersatz-Bandstruktur, wie in Abb. 5.11 dargestellt, an. Die Zustandsdichte schreiben wir als

$$n(E) = \frac{\mu_{\text{eff}}}{\mu_{\text{B}}} \left(\delta \left(E - E_{\text{F}} - \mu_{\text{eff}} B - \frac{1}{2} I M_{\text{Atom}} \right) \right.$$

$$\left. + \delta \left(E - E_{\text{F}} + \mu_{\text{eff}} B + \frac{1}{2} I M_{\text{Atom}} \right) \right), \tag{5.96}$$

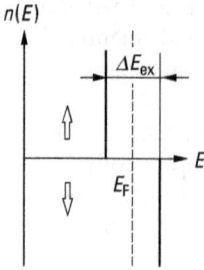

Abb. 5.11 Ersatz-Bandstruktur für einen itineranten Ferromagneten. ΔE_{ex} ist die Austausch-aufspaltung.

d. h. das Fermi-Niveau liegt mittig zwischen zwei als δ-Funktionen ausgebildeten Niveaus, die im Falle von $B_0 = 0$ um $IM_{Atom} \equiv \Delta E_{ex}$ aufgespalten sind. Für das Moment pro Atom M_{Atom} in Einheiten von μ_B erhalten wir dann

$$M_{Atom} = \frac{\mu_{eff}}{\mu_B} \left(\frac{1}{e^{(-\mu_{eff} B - IM_{Atom}/2)/k_B T} + 1} - \frac{1}{e^{(\mu_{eff} B + IM_{Atom}/2)/k_B T} + 1} \right). \tag{5.97}$$

Mit den Abkürzungen

$$T_C = \frac{I\mu_{eff}}{4k_B\mu_B}, \quad \tilde{M}_{Atom} = \frac{\mu_B}{\mu_{eff}} M_{Atom} \tag{5.98}$$

erhalten wir dann für $B = 0$:

$$\tilde{M}_{Atom} = \frac{1}{e^{-2\tilde{M}_{Atom} T_C/T} + 1} - \frac{1}{e^{+2\tilde{M}_{Atom} T_C/T} + 1} = \tanh \frac{\tilde{M}_{Atom} T_C}{T}. \tag{5.99}$$

Im Grenzfall $T = 0$ ist $\tilde{M}_{Atom} = 1$ und damit das maximale Moment μ_{eff} gegeben. Bei $T = T_C$ geht $\tilde{M}_{Atom}$ gegen null.

Es ist nützlich, in der Nähe der Grenzfälle $T \to 0$ und $T \to T_C$ Entwicklungen von Gl. (5.99) zu betrachten:

$$T \ll T_C: \quad \tilde{M}_{Atom} = 1 - 2\,e^{-2T_C/T} \tag{5.100}$$

$$T \approx T_C: \quad \tilde{M}_{Atom} = \sqrt{3} \left(1 - \frac{T}{T_C} \right)^{\frac{1}{2}}. \tag{5.101}$$

Beide Ergebnisse stimmen allerdings mit dem Experiment nicht überein. Für $T \ll T_C$ finden wir experimentell statt dem exponentiellen Abfall von $\tilde{M}_{Atom}$ mit zunehmender Temperatur ein Potenzgesetz. Dies liegt an der Anregung von Spinwellen (s. auch Abschn. 5.7).

Nahe bei T_C wird experimentell statt dem Exponenten 1/2 ein Exponent nahe bei 1/3 gefunden. Dies gibt kritische Fluktuationen, die im Stoner-Ansatz nicht enthalten sind, wieder.

5.3.4.3 Paramagnetische Eigenschaften

Für $T > T_C$ finden wir einen von Null verschiedenen Wert für die Magnetisierung nur, wenn man ein äußeres Feld anlegt. Aus Gl. (5.97) erhalten wir durch Entwicklung der Fermi-Funktion für kleine B und $\tilde{M}_{\text{Atom}}$:

$$\tilde{M}_{\text{Atom}} = \frac{\mu_{\text{eff}}}{k_B T} B + \frac{T_C}{T} \tilde{M}_{\text{Atom}} \tag{5.102}$$

und daraus das Curie-Weiß-Gesetz

$$\tilde{M}_{\text{Atom}} = \frac{\mu_{\text{eff}}}{k_B} \cdot \frac{1}{T - T_C} B . \tag{5.103}$$

Dies ist experimentell gut erfüllt für Temperaturen, die groß gegenüber der Curie-Temperatur sind. Diese ist mit dem Stoner-Parameter I über die Beziehung

$$T_C = \frac{I \mu_{\text{eff}}}{4 k_B \mu_B} \tag{5.104}$$

verknüpft. Die Beziehung liefert viel zu große Werte für die Curie-Temperatur. Allerdings sind Anregungszustände der Elektronen, bei welchen der Spin umgekehrt wird, in das hier diskutierte Modell nicht eingeschlossen.

5.3.5 Weitere Austausch-Wechselwirkungsmechanismen

Neben der direkten Austauschwechselwirkung, beschrieben durch den Heisenberg-Term

$$\mathcal{H}_{ij}^{\text{ex}} = -2 J_{ij}^{\text{ex}} \frac{1}{\hbar^2} \boldsymbol{S}_i \cdot \boldsymbol{S}_j , \tag{5.105}$$

existieren weitere Austausch-Wechselwirkungsmechanismen.

Beim **Superaustausch** wechselwirken zwei magnetische Ionen mit nicht- oder wenig überlappenden Wellenfunktionen über relativ große Distanzen durch Überlapp mit den Wellenfunktionen eines dritten oder weiteren nichtmagnetischen Ions. Ein prominentes Beispiel ist MnO. Bei dem oben diskutierten itineranten Austausch dominiert die kinetische Energie das System. Alle Wellenfunktionen sind ausgedehnt, der Ortsanteil der Vielteilchenwellenfunktion ist vorwiegend antisymmetrisch, um zu vermeiden, dass sich zwei Elektronen nahe kommen. In den hier diskutierten Systemen der Übergangsmetalloxide u.ä. dominiert die Coulomb-Energie über die kinetische Energie. Das Hauptziel der Elektronen ist es, eine starke Coulomb-Abstoßung zu vermeiden, in dem sie räumlich getrennt an den Ionen lokalisert bleiben. Wir gehen von der Situation aus, dass an einem Ion alle Zustände einer Spinsorte vollständig besetzt sind. Trotzdem können die Elektronen aber durch das Tunneln über den schwachen Überlapp mit den Sauerstoff-2p-Orbitalen den Platz austauschen, um die kinetische Energie zu reduzieren. Dies ist nur möglich, falls die Ionen antiferromagnetisch geordnet sind, da sonst keine leeren Zustände zur Verfügung stehen, in die das Elektron hüpfen kann. In diesem Fall erhöht sich aber an dem

Platz, an den das Elektron gehüpft ist, die Coulomb-Energie um den Betrag U. Deshalb findet der Prozess nicht real statt. Man kann den Superaustausch als einen virtuellen Prozess verstehen, der nur zu einer virtuellen Erhöhung der Besetzungszahl führt. Formal kann der Superaustausch durch einen Heisenberg-Term

$$\mathscr{H}_{ij}^{sx} = -2\,J_{ij}^{sx}\,\frac{1}{\hbar^2}\,\boldsymbol{S}_i \cdot \boldsymbol{S}_j \quad \text{mit} \quad J_{ij}^{sx} = -2\,\frac{t_{ij}^2}{U}, \tag{5.106}$$

beschrieben werden, wobei t_{ij} das Hüpfmatrixelement proportional zum Überlapp der Wellenfunktionen ist. Da alle Ionen in einem Gitter gleich sind, favorisiert dieser Prozess eine Vielteilchenwellenfunktion mit einer Ortsraumwellenfunktion, die symmetrisch gegenüber Vertauschung ist und entsprechend antisymmetrische Korrelationen der Spinwellenfunktion aufweist. Ob nun die ferromagnetische oder die antiferromagnetische Korrelation der Spinwellenfunktion überwiegt, hängt vom detaillierten Wechselspiel der d- und p-Orbitale in einer Substanz ab. Viele einfache Übergangsmetalloxide (z. B. MnO) sind antiferromagnetisch.

Sind aber an den Ionen nicht alle Zustände einer Spinsorte besetzt, dann können auch Elektronen über dritte Ionen zu ferromagnetisch koppelnden Nachbarionen hüpfen. Dieser Gewinn an kinetischer Energie führt zu einer ferromagnetischen Austauschwechselwirkung, die man als **Doppelaustausch** bezeichnet. Die Wechselwirkung ist proportional zum Hüpfmatrixelement t_{ij}, $J_{ij}^{dx} = 1/2\,t_{ij}$. In verdünnten magnetischen Halbleitern und Oxiden tritt sie häufig in Konkurrenz zum Superaustausch auf. Die Balance der zwei Austauschwechselwirkungen kann durch das Dotieren von Löchern in fast vollbesetzten Bändern beeinflusst werden. Ein Beispiel ist $LaMnO_3$, ein Antiferromagnet mit einer Néel-Temperatur von $T_N = 141$ K. Wird eine geringe Konzentration x an zweiwertigem La durch das dreiwertige Ba ersetzt, entstehen Löcher, die Elektronen zum Hüpfen nutzen können, und $La_{1-x}Ba_xMnO_3$ ist ferromagnetisch.

Bei der **indirekten Austauschwechselwirkung** erfolgt die Wechselwirkung zwischen lokalisierten Momenten über eine Polarisation der Leitungselektronen. Diese Wechselwirkung wird nach ihren Entdeckern Rudermann, Kittel, Kasuya und Yosida

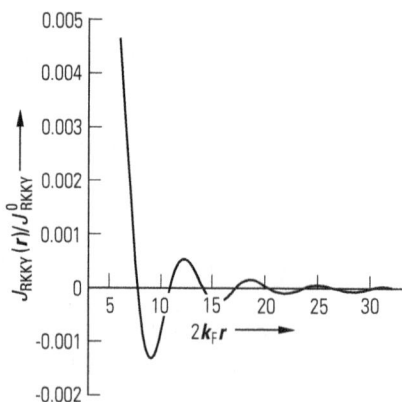

Abb. 5.12   RKKY-Kopplung als Funktion des Abstandes der Momente.

auch als RKKY-Wechselwirkung bezeichnet. Ein prominentes Beispiel ist Gadolinium. Das magnetische Moment wird durch 4f-Elektronen getragen, welche nicht direkt von Atom zu Atom hybridisieren können. Stattdessen polarisieren sie die Leitungselektronen, die wegen ihres itineranten Charakters die Wechselwirkung vermitteln können. Charakteristisch ist für diesen Kopplungsmechanismus, dass die Kopplungsstärke zwischen positiven und negativen Werten als Funktion des Abstandes der magnetischen Momente oszilliert, siehe auch Abb. 5.12.

Wegen ihrer grundlegenden Bedeutung für das Verständnis der in Abschn. 5.9 diskutierten Austauschkopplung zwischen zwei magnetischen Schichten wollen wir den Mechanismus näher betrachten.

Die indirekte Austauschwechselwirkung zwischen zwei Atomen an den Gitterplätzen r_i und r_j schreiben wir in der Form

$$\mathscr{H}_{ij}^{\mathrm{RKKY}} = -2\,J_{\mathrm{RKKY}}\,(r_i - r_j)\,\frac{1}{\hbar^2}\,S(r_i) \cdot S(r_j) \tag{5.107}$$

mit $J_{\mathrm{RKKY}}\,(r_i - r_j)$ der abstandsabhängigen und im Allgemeinen räumlich anisotropen Kopplungskonstanten. Es gilt

$$J_{\mathrm{RKKY}}(r) = \frac{\mathrm{const}}{(2\,k_{\mathrm{F}}\,r)^4}\,((2\,k_{\mathrm{F}}\,r)\cos(2\,k_{\mathrm{F}}\,r) - \sin(2\,k_{\mathrm{F}}\,r))\,. \tag{5.108}$$

Das oszillierende Verhalten können wir uns wie folgt veranschaulichen. Wir betrachten ein freies Elektronengas im fcc-Gitter mit einem Elektron pro Zelle und dem entsprechenden Fermi-Wellenvektor $k_{\mathrm{F}} = \sqrt[3]{12} \cdot (\pi/a)$. Im reziproken Raum hat die elektronische Suszeptibilität eine Singularität bei $k = 2\,k_{\mathrm{F}}$, da hier bevorzugt Übergänge zwischen Zuständen auf gegenüberliegenden parallelen Flächen der Fermi-Kugel möglich sind (siehe Abb. 5.13). Die Fourier-Transformation dieser Singularität in den Ortsraum führt zu einer Oszillation der Kopplungsstärke $J_{\mathrm{RKKY}}(r)$ mit der Periode $\Lambda = 2\,\pi/k = \pi/k_{\mathrm{F}} = \lambda_{\mathrm{F}}/2$ mit λ_{F} der Fermi-Wellenlänge.

Eine genaue Rechnung liefert Gl. (5.108). Man beachte, dass für große r die Kopplung mit $\cos(2\,k_{\mathrm{F}}\,r)/(2\,k_{\mathrm{F}}\,r)^3$ abfällt.

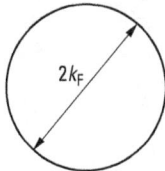

Abb. 5.13 In der Fermi-Kugel sind im reziproken Raum gegenüberliegende, zueinander parallele Flächen durch den Wellenvektor $2\,k_{\mathrm{F}}$ verbunden.

5.3.6 Antiferromagnetismus und Ferrimagnetismus

5.3.6.1 Antiferromagnetismus

Ist die Austauschkopplungskonstante J_{ex} negativ, so werden benachbarte Momente versuchen, sich antiparallel zueinander einzustellen. Dies bezeichnen wir als antiferromagnetische Ordnung. Als Beispiel ist die Spinstruktur von MnO in Abb. 5.14 dargestellt.

Ohne äußeres Feld ist das Gesamtmoment immer null. Antiferromagnetische Ordnung tritt unterhalb einer Ordnungstemperatur T_N, der sog. Néel-Temperatur auf. Oberhalb von T_N zeigt die Suszeptibilität paramagnetisches Verhalten.

Mit einem einfachen Molekularfeldansatz können wir die wesentlichen Eigenschaften verstehen. Wir nehmen an, dass Momente auf zwei Untergittern A und B angeordnet sind, wobei jedes Untergitter in sich ferromagnetisch geordnet ist und die Magnetisierungsrichtungen der beiden Untergitter antiparallel zueinander stehen (s. Abb. 5.14). Das effektive Feld B_A^{eff}, welches auf Momente des Untergitters A wirkt, ist dann

$$B_A^{eff} = -\lambda_{AA}\,\mu_0\,M_A - \lambda_{AB}\,\mu_0\,M_B + B_0 \tag{5.109a}$$

und analog

$$B_B^{eff} = -\lambda_{BA}\,\mu_0\,M_A - \lambda_{BB}\,\mu_0\,M_B + B_0 \tag{5.109b}$$

mit λ_{AA}, λ_{AB}, λ_{BA} und λ_{BB} den entsprechenden Molekularfeldkonstanten. Wir betrachten als einfachsten Fall: $B_0 = 0$ und $M_B = -M_A$. Aus Symmetriegründen ist daher $\lambda_{AB} = \lambda_{BA}$, $\lambda_{AA} = \lambda_{BB}$. Damit finden wir

$$B_A^{eff} = (\lambda_{AB} - \lambda_{AA})\,\mu_0\,M_A \tag{5.110a}$$

$$B_B^{eff} = (\lambda_{AB} - \lambda_{AA})\,\mu_0\,M_B\,. \tag{5.110b}$$

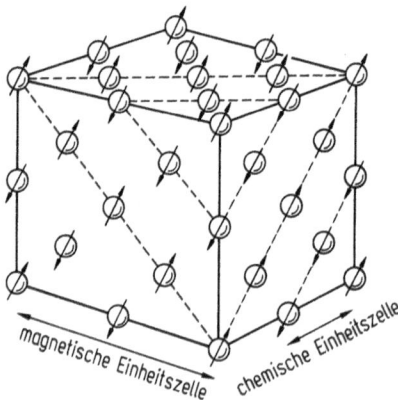

Abb. 5.14 Magnetische und kristallographische (chemische) Struktur von MnO im antiferromagnetischen Zustand. Die zwischen den Mn-Atomen angeordneten Sauerstoff-Atome sind nicht gezeichnet. Die gestrichelten Linien zeigen Schnitte der Einheitszelle mit Ebenen der ferromagnetisch geordneten Untergitter an.

Mit $\lambda \equiv \lambda_{AB} - \lambda_{AA}$ entspricht dies dem Fall der spontanen Magnetisierung beim Ferromagneten. Die kritische Temperatur, bei dem der antiferromagnetische Zustand in den paramagnetischen Zustand übergeht, ergibt sich damit zu

$$T_N = C \cdot \frac{\lambda_{AB} - \lambda_{AA}}{2}, \tag{5.111}$$

wobei der Faktor 1/2 auftritt, weil zu jedem Untergitter nur die Hälfte der Gitteratome beitragen. C ist die Curie-Konstante. Für $B_0 \neq 0$ gilt im paramagnetischen Bereich $M_B = M_A$, d. h. die resultierende Magnetisierung M ist $2M_A$. Aus Gl. (5.109a) folgt

$$B_A^{\text{eff}} = B_0 - \frac{\lambda_{AA} + \lambda_{AB}}{2} \mu_0 M, \tag{5.112}$$

und mit

$$M = \frac{1}{\mu_0} \frac{C}{T} (B_0 + \lambda \mu_0 M) \tag{5.113}$$

folgt aus Gl. (5.46) und Gl. (5.47)

$$M = \frac{1}{\mu_0} \frac{C}{T} \left(B_0 - \frac{\lambda_{AA} + \lambda_{AB}}{2} \mu_0 M \right). \tag{5.114}$$

Für die Magnetisierung erhalten wir

$$M = \frac{1}{\mu_0} \frac{C}{T + \Theta} B_0 \tag{5.115}$$

mit $\Theta = C \cdot (\lambda_{AA} + \lambda_{AB})/2$ der so genannten paramagnetischen Néel-Temperatur. Für das Verhältnis der paramagnetischen zur antiferromagnetischen Néel-Temperatur finden wir

$$\frac{\Theta}{T_N} = \frac{\lambda_{AA} + \lambda_{AB}}{\lambda_{AA} - \lambda_{AB}}. \tag{5.116}$$

Nun diskutieren wir den antiferromagnetisch geordneten Fall, d. h. $T < T_N$. Wir wählen zunächst die Richtung von B_0 senkrecht zu den Untergittermagnetisierungsrichtungen M_A und M_B. Mit anwachsender Feldstärke werden sich die Untergittermagnetisierungen in die Richtung von B_0 drehen (s. Abb. 5.15). Im Gleichgewicht ist das Drehmoment durch das äußere Feld des Austauschfeldes kompensiert:

$$M_A \times B_0 = M_A \times (\lambda_{AA} \mu_0 M_A + \lambda_{AB} \mu_0 M_B). \tag{5.117}$$

Mit dem Winkel φ zwischen M_A und B_0 erhalten wir

$$M_A B_0 \sin\varphi = \lambda_{AB} \mu_0 M_A M_B \sin 2\varphi. \tag{5.118}$$

Durch Auflösen finden wir

$$B_0 = 2\lambda_{AB} \cdot \mu_0 M_B \cos\varphi = \lambda_{AB} \cdot \mu_0 M_{\parallel}, \tag{5.119}$$

wobei $M_{\parallel} = (M_A + M_B) \cos\varphi$ die Komponente der Magnetisierung parallel zu B_0 ist.

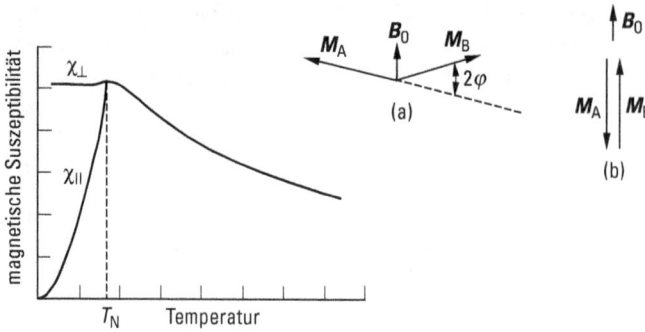

Abb. 5.15 Schematischer Verlauf der magnetischen Suszeptibilität als Funktion der Temperatur für das äußere Feld parallel ($\chi_{\parallel}$) und senkrecht ($\chi_{\perp}$) zur Richtung der Untergittermagnetisierungen. T_N ist die Néel-Temperatur.

Tab. 5.3 Néel-Temperatur T_N und paramagnetische Néel-Temperatur Θ für einige antiferromagnetische Kristalle [10, 11].

	T_N [K]	Θ [K]	Θ/T_N
Cr	308		
$Fe_{50}Mn_{50}$	507		
$Ir_{25}Mn_{75}$	780		
MnO	118	610	5.3
FeO	198	570	2.9
CoO	289	330	1.14
NiO	523		
MnF_2	67	97	1.24
$FeCl_2$	24	48	2.0
$FeCO_3$	35	14	0.4

Die Suszeptibilität $\chi_{\perp}$ ergibt sich damit zu $\chi_{\perp} = \mu_0 M/B_0 = 1/\lambda_{AB}$ und ist konstant.

Für B_0 parallel zu M_A und M_B werden durch das Magnetfeld die Richtungen der Untergittermagnetisierungen nicht geändert. Als Funktion des Betrags von B_0 werden die Untergittermagnetisierungen M_A und M_B zu- bzw. abnehmen. Wir finden $\chi_{\parallel}(T = 0) = 0$ und $\chi_{\parallel}(T = T_N) = \mu_0/\lambda_{AB}$. Abb. 5.15 zeigt dies schematisch.

Typische Werte für T_N und Θ sind für einige antiferromagnetische Systeme in Tab. 5.3 aufgelistet.

5.3.6.2 Ferrimagnetismus

Die Untergitter müssen nicht notwendigerweise betragsmäßig gleiche Magnetisierungen aufweisen. Sind die Untergittermagnetisierungen verschieden, zeigt das System auch in Abwesenheit eines äußeren Feldes ein Nettomoment. Ein prominentes

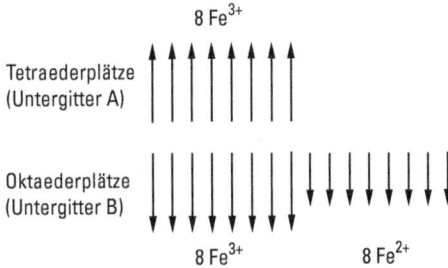

Abb. 5.16 Anordnung der magnetischen Momente in Magnetit.

Beispiel ist Fe_3O_4, welches sich aus dem zweiwertigen FeO und dem dreiwertigen Fe_2O_3 zusammensetzt. Hierbei hat Fe^{2+} den Spin $S = 4/2$ und trägt $4\mu_B$ pro Ion zum Gesamtmoment bei. Fe^{3+} hat den Spin $S = 5/2$ und trägt damit einen größeren Betrag von $5\mu_B$ pro Ion bei. Die Einheitszelle, schematisch dargestellt in Abb. 5.16, hat acht Formeleinheiten. Hierbei besetzen acht Fe^{3+}-Ionen tetraedrische A-Plätze und acht Fe^{3+}-Ionen oktaedrische B-Plätze. Die acht Fe^{2+}-Ionen besetzen ebenfalls oktaedrische B-Plätze. Da jeweils acht Formeleinheiten Fe^{3+} antiparallel zueinander ausgerichtet sind, wird das beobachtete Nettomoment alleine durch die Fe^{2+}-Ionen getragen.

Derartige Systeme, bei denen sich die Momente auf den beiden antiferromagnetisch koppelnden Untergittern nicht vollständig kompensieren, nennt man ferrimagnetisch. Die Curie-Konstanten C_A und C_B der beiden Untergitter sind in der Regel verschieden, und wir finden eine ferrimagnetische Curie-Konstante $C = \sqrt{C_A C_B}$ und damit als ferrimagnetische Curie-Temperatur $T_C = \lambda_{AB}\sqrt{C_A C_B}$.

Wichtige ferrimagnetische Systeme sind die Eisengranate. Diese sind kubische Isolatoren mit der allgemeinen chemischen Formel $M_3Fe_5O_{12}$. „M" ist dabei ein dreiwertiges Metall-Ion. Pro Formeleinheit besetzen von den Kationen drei Fe^{3+}-Ionen tetraedrische Gitterplätze, zwei Fe^{3+}-Ionen oktaedrische Gitterplätze und drei M^{3+}-Ionen separate Gitterplätze. Ein prominenter Vertreter dieser Materialklasse ist $Gd_3^{3+}Fe_5O_{12}$. Hier ist das Moment der beiden Fe^{3+}-Ionen auf oktaedrischen Plätzen parallel zum Gd^{3+}-Moment, während das Moment der drei Fe^{3+}-Ionen auf tetraedrischen Plätzen antiparallel zu den beiden ersteren steht. Für die Fe-Ionen ergibt sich pro Formeleinheit ein Moment von $5\mu_B$. Die Fe-Fe-Kopplung ist stark und dominiert die resultierende Curie-Temperatur, während die Kopplung an das Gd schwach ist. Die Magnetisierung des Gd-Untergitters fällt stark mit zunehmender Temperatur ab. Dies ist schematisch in Abb. 5.17 dargestellt.

Bei tiefen Temperaturen können die Momente der drei Gd-Ionen das resultierende Moment der Fe-Ionen überwiegen. Das Gesamtmoment geht mit zunehmender Temperatur durch null und steigt dann wieder an, sobald die Fe-Momente überwiegen. Die Temperatur, bei der das Gesamtmoment die Nulllinie schneidet, wird als Kompensationstemperatur bezeichnet (s. Abb. 5.17). Da die Kompensationstemperatur deutlich kleiner als T_C ist, eignen sich solche Systeme zum thermomagnetischen Schreiben mit einem Laserstrahl (magneto-optische Datenspeicherung). Hier liegt

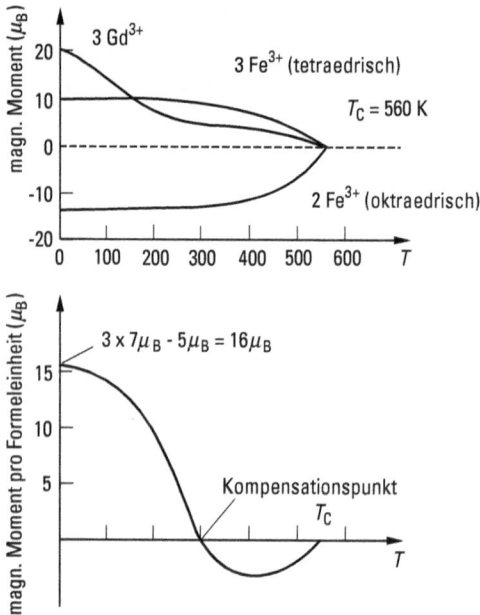

Abb. 5.17   Magnetisches Moment in Abhängigkeit von der Temperatur für $Gd_3Fe_5O_{12}$.

die Kompensationstemperatur nahe bei Raumtemperatur, und wegen dem kleinen Nettomoment kann ein äußeres Feld kaum die Struktur ummagnetisieren. Bei Temperaturerhöhung, verursacht durch intensives Laserlicht, wird das Nettomoment groß und damit die Koerzitivfeldstärke klein. Die Koerzitivfeldstärke ist ein Maß für die Stärke des äußeren Feldes, welches zur Ummagnetisierung benötigt wird.

Ein weiteres wichtiges Beispiel der Eisengranate ist das Yttriumeisengranat $Y_3Fe_5O_{12}$. Hier beruht der Magnetismus nur auf den Fe-Ionen. Wegen dem fehlenden Bahnmoment ($L = 0$) ist die Ladungsverteilung der Fe-Ionen sphärisch symmetrisch und wechselwirkt daher nur wenig mit den Phononen. Daraus resultiert eine sehr schmale Linienbreite in der ferromagnetischen Resonanz. Letzteres ist für technische Anwendungen in der Mikrowellentechnik von Bedeutung.

5.3.7 Selten-Erd-Metalle

Selten-Erd-Metalle bilden vorwiegend hexagonale Kristallstrukturen. Die Kopplung zwischen den Momenten wird hauptsächlich durch die RKKY-Kopplung vermittelt. Diese Kopplung zeigt eine vergleichsweise große Reichweite und ein alternierendes Vorzeichen (s. Abschn. 5.3.5), sie ist außerdem anisotrop. Wir finden daher bei Selten-Erd-Metallen häufig sehr komplizierte Spinstrukturen, die jedoch in der Regel immer eine ferromagnetische Komponente besitzen. Die beobachteten Spinstrukturen, deren Analyse auf Grund von Neutronen-Beugungsexperimenten durchgeführt werden konnte, sind in Abb. 5.18 wiedergegeben. Es werden spiralförmige

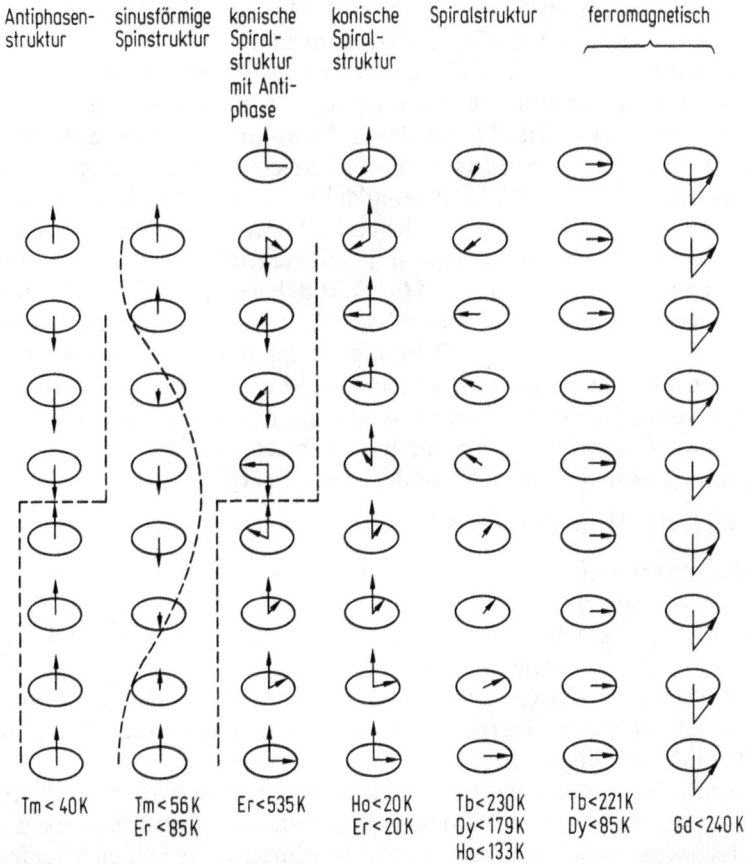

Abb. 5.18 Spinstrukturen der Selten-Erd-Metalle. Auf Grund der fluktuierenden, weitreichenden indirekten Austauschkopplung können beim gleichen Metall je nach Temperatur verschiedenartige Spinstrukturen auftreten (nach [12]).

oder Antiphasen-Spinstrukturen beobachtet, die dadurch zustande kommen, dass auf Grund der oszillatorischen Austausch-Wechselwirkung zwischen übernächsten Nachbarn eine antiparallele Spinstellung bevorzugt wird.

5.4 Magnetische Anisotropie

Unter der magnetischen Anisotropie versteht man die Beobachtung, dass die freie magnetische Energie des Systems von der Richtung der Magnetisierung $\hat{M} = M/M_s$ abhängt. Experimentell findet man eine magnetische Anisotropie in einer Vielzahl von Systemen. Die Richtung der Magnetisierung stellt sich zum Beispiel in einkristallinen Systemen bevorzugt entlang bestimmter Kristallachsen hoher Symmetrie ein, oder aber sie wird durch die makroskopische Gestalt der Probe bestimmt.

Zur Ursache tragen im Wesentlichen zwei Mechanismen bei, die Dipol-Dipol-Wechselwirkung und die Spin-Bahn-Wechselwirkung.

In Abwesenheit eines externen Feldes richtet sich die Richtung der Magnetisierung $\hat{M}$ entlang einer Richtung minimaler Energie, d. h. einer so genannten magnetisch leichten Richtung, aus. Um $\hat{M}$ aus dieser Richtung heraus zu drehen, muss ein externes Magnetfeld B_0 Arbeit leisten. Diese bezeichnet man als magnetische Anisotropieenergie $E = \int B_0 \, dM$. Wir definieren daher die Anisotropieenergie als die Differenz der freien Energien zu verschiedenen Richtungen von $\hat{M}$ bei konstanter Temperatur. Zweckmäßigerweise wählen wir die leichte Richtung als geeignete Referenzrichtung. Die freie Energie $F(T, M_s, \hat{M}, \ldots)$ ist dabei eine Funktion der Temperatur T, des Betrages M_s und der Richtung $\hat{M}$ der Magnetisierung und evtl. noch anderer Größen, wie z. B. der elastischen Dehnung ε beim magnetoelastischen Effekt.

Da im Experiment aber gewöhnlich nicht die Magnetisierung sondern das externe Magnetfeld vom Experimentator eingestellt wird, ist die Verwendung der freien Enthalpie G, auch Gibbs-Potential genannt, geeigneter. Die freie Enthalpie ergibt sich durch eine Legendre-Transformation der freien Energie:

$$G(T, B_M, \hat{M}) = F(T, M_s, \hat{M}) - B_M M_s, \tag{5.120}$$

mit B_M der Projektion des externen Magnetfeldes B_0 auf die Richtung $\hat{M}$. Ferner ist es vorteilhaft, auf die freie Enthalpiedichte $g = G/V$ überzugehen.

Die Änderung in der freien Enthalpiedichte beim Richtungswechsel der Magnetisierung von einem Energieminimum zu einem Energiemaximum ist gewöhnlich sehr klein. Sie ist von der Größenordnung von unter 1 µeV/Atom für die Kristallanisotropie in kubischen Übergangsmetallen bis zu einigen meV/Atom in magnetischen Vielfachschichtsystemen.

Die freie Enthalpiedichte g setzt sich aus verschiedenen Anisotropiebeiträgen zusammen. Neben der Formanisotropie g_{Form}, verursacht durch die makroskopische Gestalt des magnetischen Körpers und der hierdurch verursachten Streufelder, tritt die Kristallanisotropie $g_{Kristall}$ auf, die von der Orientierung der Magnetisierung relativ zum Kristallgitter abhängt und eine Folge der Spin-Bahn-Wechselwirkung ist. Eine elastische Verzerrung der Probe verändert die magnetische Anisotropie. Dies ist die magnetoelastische Anisotropie $g_{magn-elast}$. An Oberflächen und Grenzflächen treten infolge der dort gebrochenen Translationsinvarianz Grenzflächen-Anisotropiebeiträge g_{Grenz} auf.

5.4.1 Formanisotropie

Die Ursache der Formanisotropie ist die magnetische Dipol-Dipol-Wechselwirkung. Da das Dipolfeld eines Dipols gemäß Gl. (5.14) als Funktion des Abstandes sehr langsam abfällt ($\propto 1/r_{ij}^3$) und damit sehr langreichweitig ist, die Anzahl der Dipole in der Probe aber proportional zu dritten Potenz der linearen Abmessung der Probe zunimmt, konvergiert die Summe über Paare (i, j) sehr langsam. Folglich hängt das Dipolfeld, welches ein magnetisches Moment am Ort i in der Probe erfährt, erheblich von den Momenten an der Oberfläche der Probe ab. Dies resultiert in der Formanisotropie. Ein homogenes Magnetfeld in der Probe kann man sich durch magnetische „Oberflächenladungen" erzeugt denken.

Inhomogene Magnetisierungszustände $M_s(r)$ und magnetische Oberflächenladungen sind die Quellen einer magnetischen Erregung H_s, auch Streufeld genannt, die mit dem zugehörigen Potential U über $H_s = -\nabla U$ beschrieben werden kann. U erfüllt die Potentialgleichung

$$\subseteq U = \nabla \cdot M_s. \tag{5.121}$$

Die Enthalpiedichte dieses Streufeldes ist

$$g_s = \frac{1}{2}\mu_0 H_s^2, \tag{5.122}$$

und für die gesamte Streufeldenthalpie erhalten wir durch Integration

$$G_s = \frac{1}{2}\mu_0 \int_{\substack{\text{gesamter}\\\text{Raum}}} H_s^2(r)\,\mathrm{d}V = -\frac{1}{2}\mu_0 \int_{\substack{\text{Proben-}\\\text{volumen}}} M_s(r)\,H_s(r)\,\mathrm{d}V. \tag{5.123}$$

Der Vorfaktor 1/2 tritt auf, da die lokale Magnetisierung selbst Quelle des Feldes ist und somit Doppelzählung vermieden werden muss.

Im allgemeinen Fall wird der Zustand niedrigster Energie nur durch eine inhomogene Verteilung der Sättigungsmagnetisierung $M_s(r)$ erreicht. Lediglich für homogene ellipsoidförmige Körper ist das Streufeld in der Probe und damit die Magnetisierung homogen und zwar in Betrag und Richtung. Beispiele für solche Körper sind neben Kugel und Ellipsoid der Zylinder und die unendlich ausgedehnte Schicht. Das Streufeld H_s ist dann gegeben durch

$$H_s = -\vec{N} M_s, \tag{5.124}$$

und die Enthalpiedichte ist

$$g_s = \frac{1}{2}\mu_0 M_s \vec{N} M_s, \tag{5.125}$$

wobei $\vec{N}$ ein symmetrischer Tensor, der so genannte Entmagnetisierungstensor ist, dessen Spur den Wert 1 hat. $\vec{N}$ kann auf Hauptachsen transformiert werden mit den Diagonalelementen für einige Körper wie in Tab. 5.4 angegeben. Die innere Erregung H_{int} kann geschrieben werden als

$$H_{\text{int}} = B_0/\mu_0 - H_s = B_0/\mu_0 - \vec{N} M_s. \tag{5.126}$$

Tab. 5.4 Komponenten des Entmagnetisierungstensors in Diagonalgestalt für verschiedene Körpergeometrien.

Gestalt	N_{xx}	N_{yy}	N_{zz}
Kugel	1/3	1/3	1/3
Zylinder $\parallel z$	1/2	1/2	0
Film in (x, y)-Ebene	0	0	1

Für die Kugel erhalten wir somit

$$H_{\text{int}}^{\text{Kugel}} = \frac{1}{\mu_0} B_{\text{ext}} - \frac{1}{3} M_{\text{s}}.$$ (5.127)

Für einen ultradünnen Film mit dem Winkel θ zwischen der Richtung der Magnetisierung und der Filmnormalen erhalten wir:

$$g_{\text{s}}^{\text{Film}} = -\frac{1}{2} \mu_0 M_{\text{s}}^2 \sin^2 \theta.$$ (5.128)

Wir finden ein Energieminimum für $\theta = 90°$, d. h. die Magnetisierung liegt in der Filmebene. Dies ist auch anschaulich einfach verständlich, denn für $\theta = 90°$ können die magnetischen Feldlinien den Film nicht verlassen. Damit werden Streufelder und somit Streufeldenergie vermieden.

5.4.2 Magnetokristalline Anisotropie

Die Heisenberg'sche Austauschwechselwirkung

$$\mathcal{H} = -\frac{2}{\hbar^2} \sum_{i\delta(\delta < i)} J_{i\delta}^{\text{ex}} \boldsymbol{S}_{\text{i}} \cdot \boldsymbol{S}_{\delta}$$ (5.129)

ist isotrop, denn sie ist invariant hinsichtlich der Drehung des Spin-Koordinatensystems und kann daher keine Kopplung an das Kristallsystem erzeugen. Wir benötigen daher eine zusätzliche Wechselwirkung, um eine räumliche Anisotropie zu erhalten.

Die bei Einkristallen zu beobachtende ausgeprägte magnetokristalline Anisotropie der freien Enthalpiedichte beruht auf der Spin-Bahn-Wechselwirkung. Anschaulich ist dies in Abb. 5.19 verdeutlicht. Bei einer Drehung der über die Austauschwechselwirkung miteinander gekoppelten Spins üben diese über die Spin-Bahn-Kopplung ein Drehmoment auf die Bahnmomente aus, so dass auch diese eine Drehung erfahren. Bei einer anisotropen Elektronenverteilung, wie sie z. B. bei den d-Elektronen der Übergangsmetalle vorliegt, ist die Drehung der Bahnmomente energieabhängig, da sich bei einer Drehung der Überlapp der Wellenfunktionen zwischen benachbarten Atomen ändert.

Anschaulich ist es klar, dass die Kristallanisotropie die Symmetrieeigenschaften der elektronischen Struktur und damit des Kristallgitters aufweisen muss: Symmetrieoperationen, die das Kristallgitter invariant lassen, dürfen die freie magnetische Enthalpie des Systems nicht ändern.

Eine quantitative Beschreibung mittels *ab-initio*-Rechenverfahren ist heute noch oft nicht zufriedenstellend möglich. Insbesondere ergeben sich bei Rechnungen zu kubischen Systemen magnetisch leichte Richtungen, die nicht mit den experimentell beobachteten übereinstimmen.

Aus diesem Grund wird sehr häufig eine phänomenologische Beschreibung der Kristallanisotropie in Form einer Potenzreihenentwicklung nach den Komponenten (Richtungskosinussen) α_x, α_y und α_z der Magnetisierungsrichtung $\hat{M}$ relativ zu den Kristallachsen verwendet. Die Anzahl der Koeffizienten kann dabei durch Symmetrieüberlegungen stark reduziert werden.

(a)

(b)

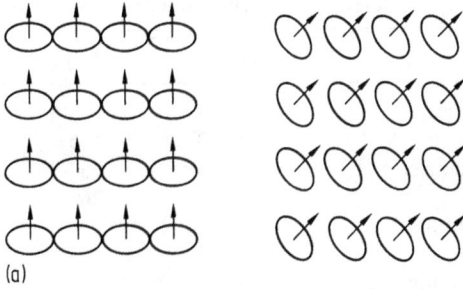

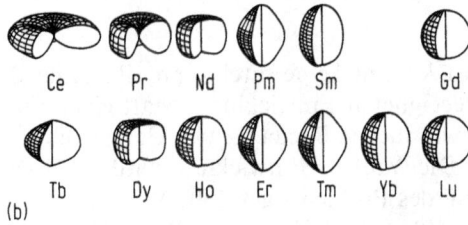

Abb. 5.19   Zur Deutung der magnetischen Kristall-Anisotropie als Folge der Spin-Bahn-Wechselwirkung und des anisotropen Kristallfelds. (a) Änderung des Überlapps benachbarter Elektronenwolken. (b) Anisotrope Ladungsverteilung der 4f-Elektronen der Selten-Erd-Metalle.

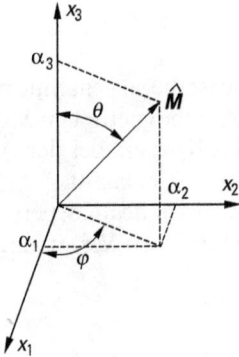

Abb. 5.20   Den Anisotropieberechnungen zu Grunde liegendes Koordinatensystem.

Für kubische Kristalle finden wir die freie Enthalpiedichte in den niedrigsten Ordnungen

$$g_{\text{ani}}^{\text{kub}} = K_1 \left(\alpha_x^2 \alpha_y^2 + \alpha_y^2 \alpha_z^2 + \alpha_z^2 \alpha_x^2 \right) + K_2 \alpha_x^2 \alpha_y^2 \alpha_z^2 + \ldots \tag{5.130}$$

und für eine hexagonale Kristallstruktur mit der hexagonalen Achse in z-Richtung

$$g_{\text{ani}}^{\text{hex}} = K_1 \left(\alpha_x^2 + \alpha_y^2 \right) + K_2 \left(\alpha_x^2 + \alpha_y^2 \right)^2 + K_3 \left(\alpha_x^2 + \alpha_y^2 \right)^3$$
$$+ K_4 \left(\alpha_x^2 + \alpha_y^2 \right) \left(\alpha_x^4 - 14 \alpha_x^2 \alpha_y^2 + \alpha_y^4 \right) + \ldots \tag{5.131}$$

Tab. 5.5 Anisotropiekonstanten für einige ferromagnetische Materialien [13, 14, 15].

Substanz	Kristallstruktur	K_1 [kJ/m^3]	K_2 [kJ/m^3]
Fe	kubisch raumzentriert	54.8	9.5
Co	hexagonal	766.0	105
Ni	kubisch flächenzentriert	−126.3	57.8
Gd	hexagonal	−80	260
EuO	chemische Verbindung	−36	–
Cu$_2$MnAl	Heusler Legierung	0.4	–
SmCo$_5$	chemische Verbindung	≈ 20000	–
Sm$_2$Fe$_{14}$B	chemische Verbindung	≈ 26000	–

Den Anisotropiekonstanten selbst kommt keine direkte physikalische Bedeutung zu. Sie sind Koeffizienten einer geeigneten Entwicklung. Statt einer Entwicklung nach Richtungkosinussen hätten wir auch z. B. eine Entwicklung nach sphärischen Koordinaten vornehmen können. Die Wahl der Entwicklung wird dabei gemäß einer möglichst einfachen Formulierung des Problems gewählt. Mit dem Polarwinkel θ und dem Azimuthal-Winkel φ (s. Abb. 5.20) können wir Gl. (5.131) auch schreiben als:

$$g_{\text{ani}}^{\text{hex}} = K_1 \sin^2\theta + K_2 \sin^4\theta + K_3 \sin^6\theta + K_4 \sin^6\theta \cos^6\varphi + \ldots \; . \tag{5.132}$$

Typische Werte für Kristallanisotropiekonstanten sind in Tab. 5.5 angegeben.

5.4.3 Magnetoelastische Anisotropie

Eng verknüpft mit der magnetokristallinen Anisotropie ist die so genannte magneto-elastische Anisotropie, die bei einer Verzerrung des ferromagnetischen Stoffes entsteht. Ein inverser Effekt, nämlich eine Verzerrung des Körpers bei der Änderung der Richtung der Magnetisierung, ist als Magnetostriktion bekannt.

Sei $u(r)$ die lokale Dehnung aus der Ruhelage am Ort r des Körpers. Wir beschreiben die Dehnung durch Einführung des dimensionslosen Verzerrungstensors $\varepsilon(r)$ mit den Komponenten

$$\varepsilon_{ij}(r) = \frac{\partial u_i(r)}{\partial x_j} \; . \tag{5.133}$$

Die Verzerrungen liegen hierbei in der Größenordnung 10^{-8}–10^{-4}. Die zugehörige elastische Enthalpiedichte ist

$$g_{\text{elast}} = \sum_{i,j,k,l=1}^{3} c_{ijkl}\, \varepsilon_{ij}\, \varepsilon_{kl} \tag{5.134}$$

mit c_{ijkl} den Komponenten des Tensors vierter Stufe der elastischen Konstanten. Wir beschreiben nun die Erzeugung einer magnetischen Anisotropie durch eine elastische Verspannung in niedrigster Ordnung durch

$$g_{\text{ani}} = \sum_{i,j,k,l=1}^{3} b_{ijkl}\, \alpha_i\, \alpha_j\, \varepsilon_{kl} \; . \tag{5.135}$$

Der Tensor vierter Stufe b_{ijkl} beschreibt dabei die magnetoelastische Wechselwirkung. Gleichung (5.135) enthält Produkte $\alpha_i \alpha_j$ der Komponenten der Richtungskosinusse. Aus Symmetriegründen können keine Terme niedrigerer Ordnung, d. h. linear in α_i, auftreten, denn sie würden einen unphysikalischen unidirektionalen Anisotropiebeitrag bewirken, bei der eine Richtung statt einer Achse magnetisch bevorzugt sein würde.

Bei Vorliegen von Magnetostriktion, einer spontanen Verzerrung des Gitters, kann der Ferromagnet seine Gesamtenthalpie (Summe von Anisotropieenthalpie und elastischer Enthalpie) absenken:

$$g_{\text{gesamt}} = g_{\text{ani}} + g_{\text{elast}} . \tag{5.136}$$

Die Richtungsabhängigkeit der Magnetisierung wird durch das Auftreten der Richtungskosinusse α_i im Term auf der rechten Seite von Gl. (5.135) klar. Magnetostriktionseffekte sind klein, aber sie spielen zum Beispiel eine wesentliche Rolle bei Domänenstrukturen in weichmagnetischen Materialien.

Es gibt eine Reihe weiterer Mechanismen, welche eine Anisotropie der freien Enthalpie bewirken. Der Beitrag der Dipol-Dipol-Wechselwirkung zur magnetokristallinen Anisotropie ist klein und in der Regel vernachlässigbar. Weitere Beiträge können durch eine magnetoelektrische Wechselwirkung auftreten.

5.5 Magnetooptische Effekte

Unter magnetooptischen Effekten versteht man eine Änderung der Intensität und/oder des Polarisationszustandes von Licht bei Wechselwirkung (Reflexion oder Transmission) mit einem magnetischen Festkörper. Wir fassen unter dem Oberbegriff „Kerr-Effekt" Effekte zusammen, die bei Reflexion auftreten und unter „Faraday-Effekt" diejenigen, die bei Transmission auftreten. Faraday beobachtete, dass der Polarisationsvektor von linear polarisiertem Licht beim Durchgang durch Bleiglas in einem Magnetfeld längs der Ausbreitungsrichtung gedreht wird. Kerr fand die analoge Erscheinung für Lichtwellen bei Reflexion an einer magnetischen Probe.

Die Effekte treten nicht nur im sichtbaren Bereich auf. Im Röntgen-Bereich etwa werden zum Beispiel diese Effekte nutzbar gemacht, um an elementspezifischen elektronischen Übergängen magnetische Eigenschaften zu studieren. Wesentliche Effekte sind hier der zirkulare magnetische Dichroismus („magnetic x-ray circular dichroism", MXCD) und der lineare Dichroismus („magnetic linear dichroism", MLD) in der Röntgen-Absorption.

Klassisch lassen sich die magnetooptischen Effekte durch das Einwirken der Lorentz-Kraft auf die durch das elektrische Feld der einfallenden Strahlung erzwungenen Schwingungen der Elektronen plausibel machen. Die Lorentz-Kraft dreht die Schwingungsrichtung etwas aus der Richtung des wirkenden elektrischen Feldes heraus und sorgt so im Bilde des Huygens'schen Prinzips zu einer Abstrahlung mit geändertem Polarisationszustand.

Die Antwort eines Festkörpers auf ein externes elektromagnetisches Feld beschreiben wir mit der frequenzabhängigen optischen Leitfähigkeit $\vec{\sigma}(\omega)$. Die Symmetrie dieses Tensors muss die Symmetrie des physikalischen Systems widerspiegeln. Für einen kubischen Festkörper mit der Magnetisierung entlang der z-Achse hat $\vec{\sigma}(\omega)$ die Gestalt

$$\vec{\sigma}(\omega) = \begin{pmatrix} \sigma_{xx}(\omega) & \sigma_{xy}(\omega) & 0 \\ -\sigma_{xy}(\omega) & \sigma_{xx}(\omega) & 0 \\ 0 & 0 & \sigma_{zz}(\omega) \end{pmatrix}. \tag{5.137}$$

Dieser Tensor kann mit den Diagonalelementen $\sigma_+ = \sigma_{xx} - \mathrm{i}\sigma_{xy}$, $\sigma_- = \sigma_{xx} + \mathrm{i}\sigma_{xy}$ und $\sigma_z = \sigma_{zz}$ diagonalisiert werden. Wir diskutieren als einfachstes System die Änderung des Polarisationszustandes des Lichtes bei Transmission durch einen Film. Die Magnetisierung sei senkrecht zur Filmebene und das Licht falle senkrecht auf den Film ein. Der Brechungsindex für links- bzw. rechtszirkular polarisierte Strahlung entspricht dann den komplexen optischen Brechungsindizes $n_\pm(\omega)$, die durch

$$n_\pm(\omega) = \sqrt{\varepsilon_\pm(\omega)} = \sqrt{1 + \frac{4\pi\mathrm{i}}{\omega}\sigma_\pm(\omega)} \tag{5.138}$$

mit der üblichen skalaren Dielektrizitätsfunktion $\varepsilon_\pm(\omega)$ gegeben sind. Unter Verwendung der Fresnel-Gleichungen liefert Gl. (5.138) die Amplituden und Phasenlagen der transmittierten und reflektierten Strahlen. Die Superposition dieser Teilstrahlen mit links- bzw. rechtszirkularer Polarisation liefert die resultierenden reflektierten und transmittierten Gesamtstrahlen. Diese sind im Allgemeinen elliptisch polarisiert, wobei die Hauptachse der Polarisationsellipse gegenüber dem ursprünglichen Polarisationsvektor um den Kerr-Winkel θ_K gedreht ist. Fasst man θ_K und die zugehörige Elliptizität ε_K zum so genannten komplexen Kerr-Drehwinkel ϕ_K zusammen, so lässt sich dieser durch

$$\phi_k = \theta_k + \mathrm{i}\varepsilon_k \simeq \mathrm{i}\frac{\sqrt{n_+} - \sqrt{n_-}}{\sqrt{n_+ n_-} - 1} = \frac{\sigma_{xy}}{\sigma_{xx}\sqrt{1 - \frac{4\pi\mathrm{i}}{\omega}\sigma_{xx}}} \tag{5.139}$$

ausdrücken.

Der Grund für diese Erscheinungen liegt in der spin-aufgespaltenen Bandstruktur. Links- oder rechtszirkular polarisierte Photonen mit dem Drehimpuls $\pm\hbar$ erzeugen wegen der optischen Auswahlregeln selektierte Intra- und Interbandübergänge, deren Übergangswahrscheinlichkeiten je nach Drehimpulsübertrag verschieden sind. Dabei spielt die Spin-Bahn-Kopplung eine wichtige Rolle, um den Drehimpuls des Photons auf den Spin des Elektrons übertragen zu können. Die phasenrichtige Überlagerung der Übergänge führt dann zur experimentell zugänglichen Änderung im Polarisationszustand der auslaufenden Welle. Um einen magnetooptischen Effekt zu erhalten, müssen somit diese Bedingungen erfüllt sein:

1. Mit der verfügbaren Photonenenergie können Übergänge mit dem Drehimpulsübertrag $\pm\hbar$ zwischen besetzten und unbesetzten Zuständen in der Bandstruktur stattfinden. Diese haben ausreichend große Übergangswahrscheinlichkeiten.
2. Die zugehörigen Anfangs- oder die Endzustände sind spinaufgespalten.
3. Übergangswahrscheinlichkeiten mit den Drehimpulsüberträgen $+\hbar$ und $-\hbar$ sind deutlich verschieden.
4. Die Spin-Bahn-Wechselwirkung ist ausreichend groß.

Nicht alle magnetischen Materialien zeigen einen magnetooptischen Effekt. Zum Beispiel liegen bei einigen Selten-Erd-Materialien die das magnetische Moment tragenden 4f-Zustände zu weit unter der Fermi-Kante, als dass Übergänge zwischen ihnen und unbesetzten Zuständen oberhalb der Fermi-Kante bei Verwendung von sichtbarem Licht optisch angeregt werden können.

Für den magnetooptischen Kerr-Effekt im sichtbaren Bereich unterscheidet man je nach Anordnung der Magnetisierung, der Orientierung der Oberfläche und der Streuebene zwischen dem longitudinalen, dem transversalen und dem polaren Kerr-Effekt, wie in Abb. 5.21 dargestellt.

Beim Faraday-Effekt (a) wird die Probe parallel zur Magnetisierung mit linear polarisiertem Licht bestrahlt. Für verlustfreie Medien ergibt sich eine Drehung der Polarisationsebene. Bei absorbierenden Substanzen ist das transmittierte Licht im Allgemeinen elliptisch polarisiert. Beim Voigt-Effekt und dem Cotton-Mouton-Effekt (b) steht das Magnetfeld senkrecht auf der Strahlrichtung und erzeugt eine Doppelbrechung. Das transmittierte Licht ist im Allgemeinen elliptisch polarisiert. Beim magnetooptischen Kerr-Effekt (c–e) tritt in Reflexion im Allgemeinen elliptisch polarisiertes Licht auf. Je nach Orientierung der Magnetisierung relativ zur Oberfläche und zur Einfallsebene unterscheidet man zwischen der polaren, der longitudinalen und der transversalen Geometrie.

Magnetooptische Effekte, besonders der magnetooptische Kerr-Effekt, werden vielfach zur magnetischen Charakterisierung eingesetzt. Besonders bei der Forschung an ultradünnen Schichten ist dies sehr vorteilhaft wegen der Fokussierbarkeit des Laserlichtes auf einen kleinen Durchmesser (in Mikroskopieanwendungen unter 1 µm) und der hohen Sensitivität bis hinab zu Materialdicken im Bereich weniger atomarer Lagen.

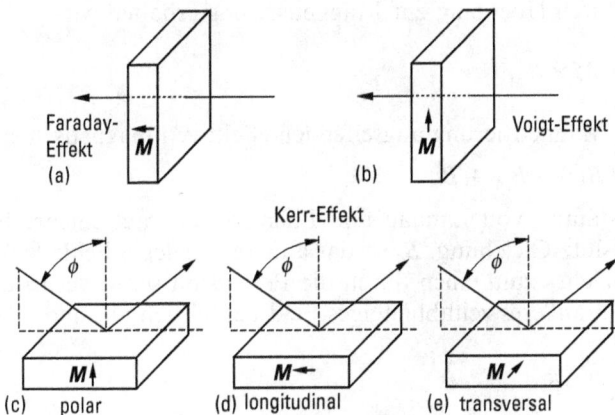

Abb. 5.21 Schema der grundlegenden magnetooptischen Anordnungen.

5.6 Spindynamik

5.6.1 Präzession der Magnetisierung

Bringt man ein magnetisches Moment $\boldsymbol{\mu}_m$ in ein Magnetfeld $\boldsymbol{B}$, so übt dieses ein Drehmoment $\boldsymbol{T} = \boldsymbol{\mu}_m \times \boldsymbol{B}$ auf das Moment aus. Die Richtung von $\boldsymbol{T}$ steht dabei senkrecht zu den Richtungen von $\boldsymbol{\mu}_m$ und $\boldsymbol{B}$, das Moment weicht also senkrecht zur Richtung des wirkenden Feldes aus. Wir können dies in Analogie zum rotierenden Kreisel verstehen, der einer einwirkenden Kraft, die ein Drehmoment auf den Kreisel ausübt, ebenfalls senkrecht ausweicht. Das senkrecht wirkende Drehmoment bewirkt eine Präzessionsbewegung des Momentes um die Richtung des anliegenden Feldes, welche im Fall fehlender Dämpfung für alle Zeiten fortbesteht. Dies hat zwei Konsequenzen:

1. Falls die äußere Feldrichtung nicht parallel zur Richtung des Momentes liegt, dauert es einige Zeit bis das Moment sich parallel zur Feldrichtung eingestellt hat. Es wird zunächst um die Feldrichtung präzidieren, und erst ein Dämpfungsprozess wird es ermöglichen, dass sich das Moment unter kontinuierlicher Änderung der Präzessionsamplitude parallel zum Feld einstellt.
2. Da im Falle magnetisch geordneter Systeme die starke Austauschkopplung zwischen benachbarten Momenten wirkt, muss die Präzession mit hohem Maße an Kohärenz erfolgen – es kommt zur Ausbildung von so genannten Spinwellen.

Da $\boldsymbol{\mu}_m$ mit dem Drehimpuls $\boldsymbol{L} = -(\hbar/g\mu_B)\,\boldsymbol{\mu}_m$ verknüpft ist, können wir schreiben:

$$\boldsymbol{T} = \frac{d\boldsymbol{L}}{dt} = -\frac{1}{\gamma}\frac{d\boldsymbol{\mu}_m}{dt} = \boldsymbol{\mu}_m \times \boldsymbol{B} \tag{5.140}$$

mit $\gamma = g\mu_B/\hbar$ dem so genannten gyromagnetischen Verhältnis. Für $g = 2$ folgt $\gamma = 125.8\,\text{GHz/T}$. Durch Übergang zur Magnetisierung erhalten wir

$$\frac{1}{\gamma}\frac{d\boldsymbol{M}}{dt} = -\boldsymbol{M} \times \boldsymbol{B}_{\text{eff}} \tag{5.141}$$

mit $\boldsymbol{B}_{\text{eff}}$ dem an die Magnetisierung angreifenden effektiven magnetischen Feld:

$$\boldsymbol{B}_{\text{eff}} = \boldsymbol{B}_0 + \boldsymbol{B}(t) + \boldsymbol{B}_{\text{ani}} + \boldsymbol{B}_{\text{ex}}. \tag{5.142}$$

Gleichung (5.141) stammt von Landau und Lifshitz und trägt entsprechend den Namen Landau-Lifshitz-Gleichung. $\boldsymbol{B}_0$ ist das äußere angelegte Feld, $\boldsymbol{B}(t)$ ein zeitabhängiges Feld, welches zum einen durch die Präzession selbst verursacht wird, zum anderen ggf. ein äußeres zeitabhängiges Feld berücksichtigt, und

$$\boldsymbol{B}_{\text{ani}} = -\frac{1}{M}\nabla_{\hat{M}}\, g_{\text{ani}} \tag{5.143}$$

ist das Anisotropiefeld mit $\nabla_{\hat{M}}$ dem Gradientenoperator bezüglich den Richtungen der Komponenten des Einheitsvektors $\hat{\boldsymbol{M}} = \boldsymbol{M}/M$. g_{ani} ist die magnetische freie Anisotropie-Enthalpiedichte. Das Feld $\boldsymbol{B}_{\text{ex}}$ beschreibt die Austauschwechselwirkung zwischen benachbarten Momenten im Kontinuumsmodell und ist gegeben durch

$$\boldsymbol{B}_{\text{ex}} = \frac{2J_{\text{ex}}}{M_s^2}\nabla^2\boldsymbol{M}. \tag{5.144}$$

Es ist proportional zum Quadrat der Verkippung benachbarter Spins für kleine Verkippungen.

Die Präzession ist Energie-erhaltend. Dies sieht man leicht, indem man Gl. (5.141) von links mit M multipliziert:

$$\frac{1}{\gamma} M \cdot \frac{dM}{dt} = \frac{1}{2\gamma} \frac{d}{dt} M^2 = -M \cdot (M \times B_{eff}).$$ (5.145)

Der rechte Term ist als Spatprodukt gleich Null und somit der Betrag $|M^2|$ zeitlich konstant.

Ohne einen Dämpfungsmechanismus würde die Magnetisierung für alle Zeiten um die Richtung von B_{eff} präzidieren. Eine Dämpfung kann phänomenologisch durch das Einführen eines Zusatzterms berücksichtigt werden, welcher eine Vektorkomponente entlang der radialen Richtung zur Präzessionsachse enthält. Ein üblicher Ansatz wurde von Gilbert vorgeschlagen und beinhaltet einen Drehmoment-Term, welcher die Magnetisierung in Richtung der Präzessionsachse dreht:

$$\frac{1}{\gamma} \frac{dM}{dt} = -M \times B_{eff} - \frac{\alpha}{M} M \times (M \times B_{eff}).$$ (5.146)

Die dimensionslose Größe α ist die Dämpfungskonstante.

Wir wollen uns das Präzessionsverhalten an einem Beispiel verdeutlichen. Wir betrachten einen homogenen magnetisierten Film ohne Anisotropie, in dem die Magnetisierung durch ein statisch angelegtes Feld B_{stat} entlang der y-Achse ausgerichtet sei, wie in Abb. 5.22 dargestellt.

Legen wir nun instantan ein zusätzliches Feld B_{puls} entlang der x-Richtung an, so kippt die Richtung des inneren Feldes B_{eff} um den Winkel θ gegen die y-Richtung, und der Magnetisierungsvektor M wird startend von Punkt „1" in Abb. 5.22 um die Richtung B_{eff} auf der Bahn (a) präzidieren.

Nach einer kurzen Zeit möge nun das externe Feld B_{puls} instantan abgeschaltet werden. Dann liegt die Präzessionsachse in Richtung des statischen Feldes B_{stat}. Der Öffungswinkel des Präzessionskegels ist nun durch die Lage der Magnetisierung zum Zeitpunkt des Abschaltens des Feldpulses B_{puls} gegeben: befindet sich der Magnetisierungsvektor gerade am Punkt „2" zum Zeitpunkt des Abschaltens, so wird

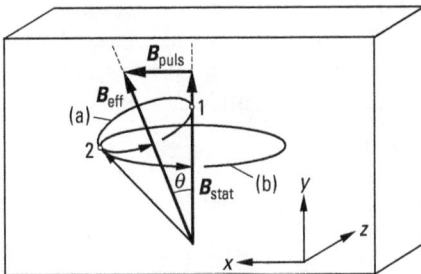

Abb. 5.22 Schematische Darstellung des Experimentes zur Unterdrückung des Nachklingeleffektes. Der Einfluss der Formanisotropie auf die Präzessionsbahn wurde in der Darstellung vernachlässigt.

M anschließend auf der Bahn (b) mit großem Öffnungskegel um B_{stat} präzidieren. Befindet sich M jedoch gerade am Punkt „1", so liegt M schon parallel zu B_{stat} und keine Präzession wird stattfinden. Die Schlussfolgerung hieraus ist: die Präzessionsamplitude, d. h. der Öffungswinkel des Kegels, auf dessen Oberfläche M präzidiert, hängt empfindlich vom momentanen Ort der Magnetisierung M auf der Präzessionsbahn (a) zum Zeitpunkt des Pulsendes ab.

5.6.2 Austauschdominierte Spinwellen

Spinwellen sind das magnetische Pendant zu Gitterschwingungen (Phononen). Jedoch gibt es wesentliche Unterschiede:

1. Im klassischen Bild beruhen Gitterschwingungen auf den inter-atomaren Kräften, auf magnetische Momente wirken wegen ihres Dipolcharakters hingegen Drehmomente.
2. Die Dimensionalität der Anregungen ist bei Spinwellen kleiner. Der Betrag eines jeden magnetischen Moments ist zeitlich konstant, und es bleiben zwei Freiheitsgrade, um die Bewegungen bei einer Spinwellenanregung zu beschreiben.
3. Die Wechselwirkung zwischen Momenten beruht auf zwei vollständig verschiedenen Mechanismen, der Austauschwechselwirkung auf Grund des Pauli-Prinzips und der dipolaren Wechselwirkung. Bei kleinen Wellenlängen werden die Spinwelleneigenschaften durch die Austauschwechselwirkung dominiert, bei großen durch die dipolare Kopplung. Man spricht dementsprechend von Austausch-Moden und von dipolaren Moden.

Wir diskutieren zunächst die Austausch-Moden. Zum Verständnis der wesentlichen Eigenschaften betrachten wir ein einfaches Modell mit N „klassischen Spinvektoren" S auf einer Kette oder einem Ring und berücksichtigen nur Nächste-Nachbar-Wechselwirkungen. Die gesamte Austauschenergie ist dann

$$E_{\text{ex}} = -2\frac{J_{\text{ex}}}{\hbar^2}\sum_{j=1}^{N} S_j \cdot S_{j+1} = -\frac{J_{\text{ex}}}{\hbar^2}\sum_{j=1}^{N} S_j \cdot (S_{j-1} + S_{j+1}). \tag{5.147}$$

Wir benutzen den gewohnten Ansatz aus Gl. (5.73), die Austauschwechselwirkung durch ein am Ort r_j auf das magnetische Moment μ_j wirkendes Feld B_j^{ex} zu beschreiben. j ist ein ganzzahliger Index, der die Gitterplätze nummeriert. Die potentielle Energie des magnetischen Moments μ_j im Austauschfeld B_j^{ex}, hervorgerufen durch die Nachbaratome, ist dann

$$E_{\text{pot}} = -\sum_j \mu_j B_j^{\text{ex}}, \quad \mu_j = -g\mu_B \frac{1}{\hbar} S_j, \tag{5.148}$$

und durch Gleichsetzen von Gl. (5.147) und Gl. (5.148) erhalten wir

$$B_j^{\text{ex}} = -\frac{J_{\text{ex}}}{g\mu_B \hbar}(S_{j-1} + S_{j+1}). \tag{5.149}$$

Wir nutzen nun die Drehimpulserhaltung

$$\frac{1}{\hbar} \frac{d\boldsymbol{S}_j}{dt} = \boldsymbol{\mu}_j \times \boldsymbol{B}_j^{ex} = -\frac{g\,\mu_B}{\hbar}\,\boldsymbol{S}_j \times \boldsymbol{B}_j^{ex} \tag{5.150}$$

und erhalten

$$\frac{d\boldsymbol{S}_j}{dt} = -\gamma\,\boldsymbol{S}_j \times \boldsymbol{B}_j^{ex} = \frac{J_{ex}}{\hbar^2}\,(\boldsymbol{S}_j \times \boldsymbol{S}_{j-1} + \boldsymbol{S}_j \times \boldsymbol{S}_{j+1}) \tag{5.151}$$

mit $\gamma = g\,\mu_B/\hbar$ dem gyromagnetischen Verhältnis. Gleichung (5.151) enthält Produkte von Spinkomponenten und ist daher nichtlinear. Um die geforderten Eigenmoden (Magnonen) der Spinwellen zu finden, nehmen wir kleine Anregungsamplituden an, d. h. $S_{j,x}, S_{j,y} \ll S_{j,z}, S_{j,z} \approx |\boldsymbol{S}| \simeq S\hbar$ und $S_{j,x} \cdot S_{j,y} \approx 0$. Als Lösung erhalten wir zwei Differentialgleichungen erster Ordnung, die wir mit dem Ansatz

$$S_{j,x} = u\,S \cdot e^{i(qja - \omega t)} \tag{5.152a}$$

$$S_{j,y} = v\,S \cdot e^{i(qja - \omega t)} \tag{5.152b}$$

lösen. a ist die Gitterkonstante. Mit $v = -i\,u$ finden wir als Lösung die Dispersionsbeziehung

$$\hbar\omega = 2\,J_{ex}\,S(1 - \cos(qa)) \tag{5.153}$$

für die durch Gl. (5.152a) beschriebenen Spinwellen (Magnonen). Für große Wellenlängen, d. h. für $qa \ll 1$ können wir $\cos(qa)$ entwickeln und erhalten

$$\hbar\omega(q) = J_{ex}\,S\,a^2 \cdot q^2 = D\,q^2. \tag{5.154}$$

Die Materialkonstante D bezeichnet man als die Spinsteifigkeit. Austauschdominierte Spinwellen zeigen somit eine Dispersion quadratisch im Wellenvektor. Die obige Herleitung für eine Spinkette kann leicht auf Kristalle anderer Geometrie übertragen werden. Die Spinwellendispersion $\omega(\boldsymbol{q})$ ist im Wesentlichen durch die Fouriertransformierte des Austauschintegrals $J(\boldsymbol{q})$ (siehe Gl. (5.71)) gegeben. Im Falle einer Nächste-Nachbar-Wechselwirkung ist in Gl. (5.153) $\cos(qa)$ durch

$$\gamma(\boldsymbol{q}) = \frac{1}{2}\sum_\delta e^{i\boldsymbol{q}\boldsymbol{r}_\delta} \tag{5.155}$$

und S durch $z\,S$ zu ersetzen. $\boldsymbol{r}_\delta$ sind die Abstandsvektoren zu den Nachbarplätzen und z die Anzahl der Nachbarn. Die so erhaltenen Dispersionsrelationen stimmen mit den quantenmechanischen Relationen überein.

5.6.2.1 Temperaturabhängigkeit der Magnetisierung

Die thermische Anregung dieser Spinwellen bestimmt wesentlich den Temperaturverlauf der Magnetisierung $M(T)$ bei tiefen Temperaturen ($T < 1/3\,T_C$). Sie ist gegeben durch

$$M(T) = -\frac{g\,\mu_B}{\hbar N}\sum_j \langle S_{j,z} \rangle. \tag{5.156}$$

Die eckigen Klammern $\langle \cdots \rangle$ bedeuten thermische Mittelung über ein kanonisches Ensemble. Entwickelt man $S_z = \sqrt{|\boldsymbol{S}|^2 - S_x^2 - S_y^2} \approx |\boldsymbol{S}|\left(1 - \dfrac{S_x^2 + S_y^2}{2|\boldsymbol{S}|^2}\right)$, so erhält man

$$M(T) = M_s - \frac{1}{2}g\mu_B \cdot \frac{1}{N}\sum_j \left\langle \frac{1}{|\boldsymbol{S}|^2}(S_{j,x}^2 + S_{j,y}^2)\right\rangle = M_s - \frac{1}{2}g\mu_B \cdot \frac{1}{V}\sum_q n(\boldsymbol{q}).$$

$$(5.157)$$

Im Grundzustand sind alle Spins parallel ausgerichtet. Das System nimmt die Sättigungsmagnetisierung M_s ein und die Grundzustandsenergie pro Atom beträgt $E_0 = -z\,J_{ex}\,S^2$. Die Anregung aus dem Gleichgewicht führt zu Spinwellen mit der Spinwellenenergie proportional zu $(S_x^2 + S_y^2)$. Die Besetzungszahl $n(\boldsymbol{q})$ der angeregten Spinwellenmoden zum Wellenvektor $\boldsymbol{q}$ ist wie bei Phononen durch die Bose-Einstein-Verteilung gegeben, mit der Spinwellenenergie

$$E(\boldsymbol{q}) = 2\,J_{ex}\,z\,S(1 - \gamma(\boldsymbol{q})).$$

$$(5.158)$$

Die quadratische Abhängigkeit von $E(\boldsymbol{q}) \propto q^2$ für kleine q führt dann bei der Auswertung von $\Sigma_q\,n(\boldsymbol{q})$ zum viel zitierten Bloch'schen $T^{3/2}$-Gesetz,

$$M(T) - M(T = 0) \propto -T^{3/2}.$$

$$(5.159)$$

Diese Abhängigkeit ist viel stärker als die exponentielle Abhängigkeit aus dem Stoner-Ansatz und beschreibt die experimentellen Befunde besonders zufriedenstellend für Metalle mit hohen Curie-Temperaturen. q^4- oder q^6-Terme in der Entwicklung von Magnonenenergien führen zu zusätzlichen Beiträgen proportional zu $T^{5/2}$ bzw. $T^{7/2}$.

In dünnen Schichten der Dicke d nimmt der Wellenvektor der Spinwellenmoden, die sich senkrecht zur Schicht ausbreiten, diskrete Werte an. Ähnlich wie in einem optischen Fabry-Pérot-Interferometer muss die Schichtdicke gleich einem ganzzah-

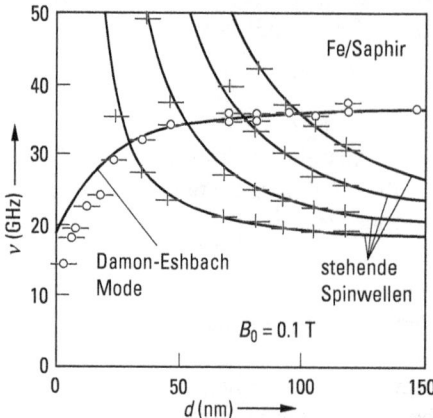

Abb. 5.23 Gemessene Spinwellenfrequenzen $v = \omega/2\pi$ der Damon-Eshbach-Mode und der ersten vier stehenden Spinwellen in Eisen-Schichten auf Saphir-Substraten als Funktion der Eisen-Schichtdicke d (nach [16]).

ligen Vielfachen der halben Spinwellen-Wellenlänge sein und wir erhalten

$$d = \text{n} \cdot \lambda_\text{n}/2, \quad q_\text{n} = \frac{2\pi}{\lambda_\text{n}} = \text{n}\,\frac{\pi}{d}. \tag{5.160}$$

Solche stehenden Austauschmoden findet man experimentell häufig, ein Beispiel ist in Abb. 5.23 gezeigt. Dargestellt sind die ersten vier stehenden Spinwellen mit ihrer charakteristischen $1/d^2$-Abhängigkeit.

5.6.3 Dipolare Spinwellen

Wir betrachten nun den Grenzfall großer Wellenlängen, d. h. kleiner Wellenvektoren. Hier kann der Austauschbeitrag $\boldsymbol{B}_\text{ex}$ vernachlässigt werden, da die Verkippung benachbarter Momente sehr klein und damit der Term $\nabla^2\boldsymbol{M}$ in Gl. (5.144) klein ist. Retardierungseffekte des elektromagnetischen Feldes sind für die hier betrachteten räumlichen Maßstäbe ebenfalls vernachlässigbar. Die auftretenden Moden sind durch die dipolare Wechselwirkung dominiert und heißen daher auch magnetostatische Moden.

Je nach Orientierung des äußeren Feldes $\boldsymbol{B}_0$ und der Magnetisierung $\boldsymbol{M}$ zu einander unterscheiden wir drei Fälle (s. auch Abb. 5.24). Diese sind, zum Teil der englischsprachigen Nomenklatur angelehnt, die dipolare Oberflächenmode (auch Damon-Eshbach-Mode genannt), die magnetostatische Backward-Volumenmode und die magnetostatische Forward-Volumenmode.

Die magnetostatischen Forward- und Backward-Moden sind Volumenmoden, d. h. die Präzessionsamplitude ist nicht an einer der beiden Oberflächen eines Filmes

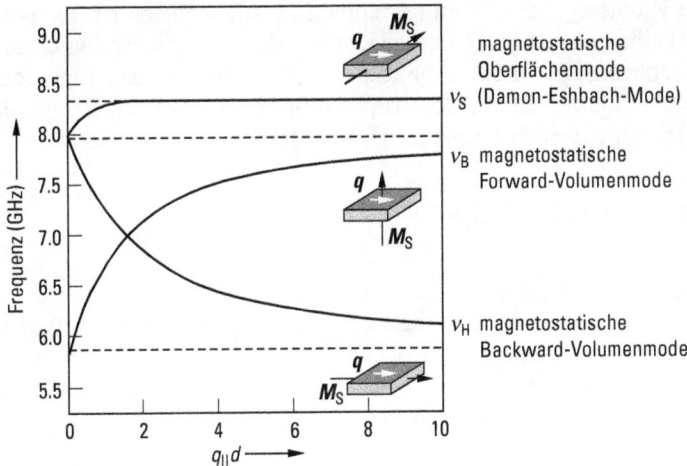

Abb. 5.24 Typologie der Spinwellendispersion für verschiedene Geometrien. $q_\parallel$: Wellenvektor, d: Schichtdicke, ν_S: Frequenz der Oberflächen-Spinwelle auf einem magnetischen Halbraum, ν_B, ν_H: Frequenzen der Volumen-Spinwellen senkrecht und parallel zum äußeren Feld, wie in den Geometrien skizziert.

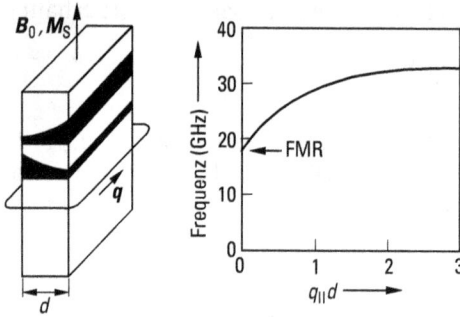

Abb. 5.25   Schematische Darstellung der Damon-Eshbach-Mode. Links sind die Präzessionsamplituden für die Damon-Eshbach-Moden gezeigt, die auf der Filmvorderseite (oberes Profil) und auf der Filmrückseite (unteres Profil) propagieren. Rechts ist die Dispersion dargestellt. Die Frequenz der uniformen Mode ist mit „FMR" gekennzeichnet.

lokalisiert. Bei der Backward-Volumenmode liegt der Wellenvektor parallel zum äußeren Feld. Man beachte die lineare, negative Anfangssteigung in der Dispersion. Die Gruppengeschwindigkeit dieser Mode ist somit negativ.

Die Damon-Eshbach-Moden sind Oberflächenmoden, d. h. ihr Wellenvektor $q_{\|}$ liegt parallel zur Oberfläche und senkrecht zum äußeren Feld, und die Präzessionsamplitude ist an der Oberfläche maximal. Sie fällt ins Schichtinnere exponentiell mit einer Abklinglänge von der Größenordnung von $2\pi/q_{\|}$ ab. Als ein weiteres charakteristisches Merkmal haben Damon-Eshbach-Moden die Eigenschaft, dass sie nicht reziprok sind, d. h. sie haben einen definierten Umlaufsinn um die Schicht, der durch die Richtung der Sättigungsmagnetisierung gegeben ist. Sie propagieren in einem Winkelbereich senkrecht zur Richtung der Sättigungsmagnetisierung, die in der Schichtebene liegen muss. Abbildung 5.25 illustriert diese Eigenschaften.

Für vernachlässigbar kleine Anisotropiebeiträge (bis auf die Formanisotropie) ist die Kreisfrequenz $\omega = 2\pi\nu$ für eine Schichtdicke d gegeben durch

$$\left(\frac{\omega}{\gamma}\right)^2 = B_0\,(B_0 + \mu_0\,M_S) + \left(\frac{\mu_0\,M_S}{2}\right)^2 (1 - \mathrm{e}^{-2q_{\|}\,d}) \qquad (5.161)$$

mit $q_{\|}$ dem Wellenvektor, der parallel zur Schicht liegt. Abbildung 5.25 zeigt graphisch diese Abhängigkeit. Gleichung (5.161) enthält im Grenzübergang $q_{\|}\,d \to 0$ die Frequenz der so genannten „uniformen" Mode, wie sie mit der ferromagnetischen Resonanz ($q_{\|} \approx 0$) gemessen werden kann. Bei der uniformen Mode präzessieren alle Momente mit der gleichen Phase.

5.6.4 Messverfahren

Einen experimentellen Zugang erhält man mit der Ferromagnetischen Resonanz (FMR), mit der Brillouin-Lichtstreuspektroskopie (BLS), mit der inelastischen

Neutronenstreuung und mit zeitaufgelösten Verfahren basierend auf dem Faraday-Effekt oder dem Kerr-Effekt.

Bei der *Ferromagnetischen Resonanz* wird die Magnetisierung der Probe in einem äußeren Mikrowellenfeld zur Präzession angeregt. Ist die Frequenz des Mikrowellenfeldes gleich der Frequenz eines präzidierenden Momentes, so erfolgt resonante Absorption der Mikrowellenstrahlung durch die Probe. In der technisch am einfachsten zu realisierenden und damit am weitesten verbreiteten Konfiguration wird die Absorption als Funktion des äußeren Feldes bei fester Mikrowellenfrequenz gemessen und das Resonanzfeld bestimmt. Die Empfindlichkeit der Methode ist durch die Größe des präzidierenden Moments gegeben. Ein großes Signal erhält man für die so genannte uniforme Mode, bei der alle Momente in Phase präzidieren. In Schichtsystemen sind auch Moden mit einem Wellenvektor proportional zur inversen Schichtdicke zugänglich.

Bei der *Brillouin-Lichtstreuspektroskopie* werden Moden mit einem Wellenvektor in der Größenordnung des Licht-Wellenvektors untersucht ($|k| = 0\text{–}2.5 \cdot 10^7\,\mathrm{m}^{-1}$). Das Verfahren beruht auf der inelastischen Streuung von Photonen im sichtbaren Spektralbereich an den Quanten der Spinwellenanregungen unter Energieerhaltung. Die Verschiebung der Frequenz des gestreuten Lichtes (optischer Doppler-Effekt) ist direkt gleich der Frequenz der Spinwelle. Es gibt Prozesse mit positiver und negativer Frequenzverschiebung. Im Bilde der zweiten Quantisierung bedeutet dies die Vernichtung eines Magnons, d. h. eines Quantes der Spinwelle, bzw. der Erzeugung eines Magnons. Der Nachweis erfolgt mit einem Fabry-Pérot-Interferometer (häufig als Tandem-Interferometer aufgebaut), wobei der Lichtstrahl zur Erzielung des notwendig hohen Kontrastes mehrfach durch das bzw. die Einzelinterferometer geführt wird. Bei lateraler Translationsinvarianz, z. B. längs der Oberfläche eines Filmes, gilt die Erhaltung der entsprechenden Wellenvektorkomponente. Durch Variation des Einfallswinkels kann diese Komponente gezielt eingestellt werden.

Bei der *Neutronenspektrometrie* nutzt man das magnetische Moment des Neutrons, um an Magnonen inelastische Streuprozesse durchzuführen. Hier liegt ebenfalls Energieerhaltung und bei Translationssymmetrie Impulserhaltung zugrunde.

Ein neueres Verfahren ist die *zeitaufgelöste Kerr-Magnetometrie*. Man nutzt den magnetooptischen Kerr-Effekt, um eine oder mehrere Komponenten des Magnetisierungsvektors zu bestimmen. Durch die Verwendung von gepulsten Magnetfeldern, erzeugt zum Beispiel durch einen Strompuls in einem Streifenleiter, und gepulsten Laser-Lichtquellen kann stroboskopisch durch Variation der Verzögerungszeit zwischen Magnetfeldpuls und Lichtpuls die Dynamik ausgemessen werden.

5.6.5 Magnetismus auf der Femtosekunden-Zeitskala

Das Spinsystem existiert neben dem elektronischen und dem phononischen Untersystem als eigenes Untersystem. Von grundlegender Bedeutung sind die Wechselwirkungen zwischen diesen Untersystemen, besonders auf sehr kurzer Zeitskala.

Gerne diskutiert man diese Untersysteme und deren Wechselwirkung untereinander durch die Einführung einer Temperatur für das jeweilige Untersystem. Energie-Transferprozesse zwischen den Untersystemen können dann durch Temperaturunterschied-getriebene Mechanismen beschrieben werden.

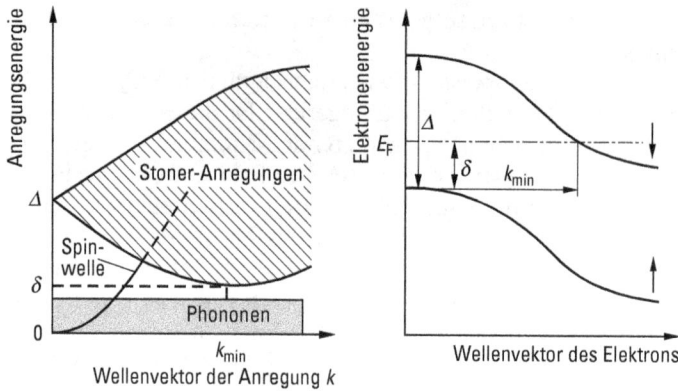

Abb. 5.26   Links: Schematische Darstellung der Wellenvektor-Abhängigkeit von elementaren Anregungen in magnetischen Festkörpern. Die Anregungsenergie bei $k = 0$ ist die Austausch-aufspaltung Δ. In metallischem Ni ist $\Delta = 100\text{--}600$ meV. Rechts: modellmäßige Einelektro-nen-Bandstruktur mit der festen Austauschaufspaltung Δ. Das Kontinuum der Stoner-Anregungen wie links gezeigt kommt durch alle möglichen Übergänge zwischen besetzten Zuständen unterhalb der Fermi-Kante und unbesetzten Zuständen oberhalb der Fermi-Kante zustande. Für Stoner-Anregungen ist die minimale Anregungsenergie δ durch den Abstand des obersten Zustandes des voll besetzten unteren Bandes zur Fermi-Kante gegeben.

Eine bestimmte Temperatur kann aber einem Untersystem nur zugeordnet werden, wenn das Untersystem selbst thermalisiert ist. Die Elektronentemperatur in Metallen kann zum Beispiel durch die Fermi-Verteilungsfunktion der Elektronen beschrieben werden. Falls aber eine nichtthermisch angeregte Elektronenverteilung vorliegt (z. B. nach einer starken Laseranregung) macht eine Temperaturangabe keinen Sinn, und es muss zumindest die Umverteilung in eine quasi-thermische Verteilung abgewartet werden. Etwas schwieriger ist es, dem Spinsystem eine Temperatur zuzuweisen. Üb-licherweise wird die Magnetisierungskurve $M(T)$ als Eichkurve benutzt. Diese Kurve definiert eine Temperatur durch ein bestimmtes Verhältnis zwischen Majoritäts- und Minoritätselektronen, s. Abschn. 5.3.4.2.

Interessant ist nun, wie das Spinsystem energetisch angeregt, d. h. die Spin-Tem-peratur erhöht werden kann. Dazu muss das Verhältnis zwischen der Anzahl der $\uparrow$- und $\downarrow$-Elektronen verkleinert werden, bis es bei der Curie- (oder Néel-) Temperatur den Wert Eins annimmt. Das bedingt aber, dass dem Spinsystem nicht nur Energie zugefügt, sondern auch Drehimpuls abgeführt werden muss.

Die nachfolgenden Arten von Anregungen sind von speziellem Interesse. Ihre Dispersions-Beziehungen sind schematisch in Abb. 5.26 dargestellt.

1. Elektronische Anregungen (Stoner-Anregungen). Elektronische Anregungen (Sto-ner-Anregungen) sind Einelektronenübergänge aus einem besetzten Zustand unter-halb der Fermi-Energie in einen unbesetzten Zustand oberhalb, wobei Anfangs- und Endzustand unterschiedliche Spinrichtungen aufweisen. Der Ursprung des Energie- und Drehimpulsübertrages bei diesem Prozess wird jedoch offen gelassen. Ein solcher Prozess ist z.B durch die Streuung eines hochenergetischen Elektrons am magnetischen Festkörper möglich, wobei das gestreute Elektron eine reduzierte kinetische Energie sowie eine Spinumkehr (zur Drehimpulserhaltung) aufweist. Derartige Zweiteilchen-Anregungen haben keine eindeutige Dispersionsrelation, sie besetzen einen kontinuierlichen Energiebereich für jeden Wellenvektor (s. auch Abb. 5.26).

2. Spinwellen-Magnonen. Die magnetische Grundzustandskonfiguration eines Ferromagneten ist durch die parallele Ausrichtung der atomaren magnetischen Momente eines Kristalls charakterisiert. Kollektive Anregungen eines solchen Systems sind die Spinwellen. In einem semiklassischen Bild werden Spinwellen als die Präzessionen der atomaren magnetischen Momente um die Gleichgewichtslage dargestellt, welche als Wellen durch das Gitter propagieren. Quantenmechanisch entsprechen Spinwellen einer Spinumkehr, welche die Komponente des magnetischen Momentes entlang der Gleichgewichtsrichtung reduziert. Wenn die Spinwellenmoden in Abb. 5.26 das Stoner-Kontinuum erreichen, können sie in Stoner-Anregungen zerfallen, da beide Quasiteilchen aus Spinumkehrprozessen bestehen und so das totale Spinmoment des Systems erhalten bleibt.

Neben den magnetischen Anregungen besteht das Untersystem der **Phononen**. Phononen sind Schwingungen der Kerne im Gitter. Mit ihnen verbunden ist immer eine entsprechende Bewegung der Elektronen. In einem einfachen Bild verkürzen und verlängern die schwingenden Kerne die atomaren Bindungen. Dies beeinflusst die elektronischen Zustände und ihre Besetzung. Wegen der vergleichsweise großen phononischen spezifischen Wärme fließt der größte Teil der Energie einer Nichtgleichgewichtsverteilung letztendlich ins phononische Untersystem.

Interessant ist nun das Wechselspiel zwischen den verschiedenen Untersystemen nach einer nichtadiabatischen Anregung. Mit einem Femtosekunden-Laserpuls kann z. B. gezielt das Elektronen-Untersystem angeregt werden. Es wird dadurch im Vergleich zu dem Phononen- und Spin-Untersystemen kurzfristig eine erheblich erhöhte Temperatur aufweisen. Die Wechselwirkungsmechanismen zwischen diesen Untersystemen (Energiedissipationsschritte) sind von grundlegender Bedeutung, da sie die Dynamik aller Prozesse, besonders auf sehr kurzer Zeitskala, definieren. Abbildung 5.27 zeigt schematisch eine mikroskopische Beschreibung der Prozesse als Energierelaxationen zwischen den verschiedenen Reservoirs von Quasi-Teilchen, nämlich Elektronen, Spins und Phononen. Hierbei wird die Nichtgleichgewichtsverteilung über die verfügbaren Energieniveaus erzeugt. Die angeregten Zustände zerfallen nach einer typischen Relaxationszeit τ, und die Energie wird in die anderen Quasiteilchen-Systeme transferiert, bis sich schließlich ein neues thermisches Gleichgewicht, aber bei höherer Temperatur, etabliert. Um die maximale Geschwindigkeit

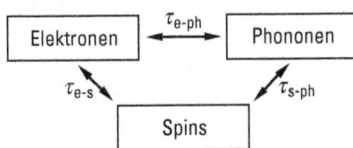

Abb. 5.27 Schematische Darstellung der Energierelaxationsprozesse in Festkörpern.

für einen solchen Thermalisierungsprozess herauszufinden, muss man einerseits die Energie- und Drehimpulsdissipationsmechanismen und andererseits die Größe der dynamischen Parameter (wie Lebensdauer, Spin-Gitterrelaxationszeit, Elektron-Phononrelaxationszeit, etc.) kennen. Derartige Experimente kann man heute in Realzeit mit Pump-Probe-Experimenten unter Verwendung von Femtosekunden-Lasertechniken durchführen. Obwohl die Kopplung des Spinsystems an das elektronische System klein ist (Spin-Bahn-Kopplung), findet man überraschend schnelle Relaxationsprozesse zwischen einem heißen Elektronensystem und einem kalten Spinsystem in einem Metall. Halbleitersysteme hingegen können wegen der Bandlücke lange Relaxationszeiten aufweisen.

5.7 Domänen und Domänenwände

In magnetischen Systemen mit äußeren Begrenzungen führt das Prinzip der Minimierung der Gesamtenergie zu mitunter erstaunlich komplexen Zuständen der Magnetisierungsverteilung. Die Gesamtenergie ist die Summe der in Abschn. 5.4 eingeführten magnetischen Anisotropieenthalpie, der in Abschn. 5.3 diskutierten Austausch-Wechselwirkungsenergie zwischen magnetischen Momenten, der Streufeldenergie und bei Anwesenheit eines äußeren Feldes der Zeeman-Energie.

So kann die Streufeldenergie des Systems dadurch minimiert werden, dass die Magnetisierung in Bereiche verschiedener Magnetisierungsrichtungen, auch Domänen genannt, zerfällt. Dies geschieht auf Kosten von energetisch ungünstigen Domänenwänden, die an den Domänengrenzen entstehen. Bei diesen Überlegungen muss man im Auge behalten, dass die Streufeldenergie proportional zu dem Volumen einer Domäne zunimmt, die Energie der Domänenwand aber nur proportional zu der die Domäne umschließenden Fläche anwächst. Folglich existieren in den meisten magnetischen Objekten ab einer gewissen Größe Domänen. Domänen sind Bereiche einheitlicher Magnetisierungsrichtung. In Ferromagneten werden diese auch Weiß'sche Bezirke genannt. Auf die auch in Antiferromagneten existierenden Domänen wird im Folgenden nicht näher eingegangen. Eine gute Quelle für weiterführende Literatur ist [17].

5.7.1 Mikromagnetische Grundgleichungen

Wir diskutieren magnetische Domänen und deren Substrukturen auf mesoskopischer Basis. Anstelle der atomaren Momente an den diskreten Atompositionen des Kristallgitters betrachten wir jeweils den lokalen Mittelwert in einer gewissen Nachbarschaft. An jedem Ort r der magnetischen Mikrostruktur kann man diesen durch einen klassischen Vektor darstellen, den Magnetisierungsvektor $M(r)$, der in der Regel eine konstante Länge, die so genannte Sättigungsmagnetisierung M_s aufweist. In diesem Kontinuumsmodell beschreiben wir die magnetische Mikrostruktur durch das kontinuierliche Magnetisierungs-Vektorfeld

$$M(r) = M_s \cdot \hat{M}(r), \quad |\hat{M}(r)| = 1. \tag{5.162}$$

Die totale freie Enthalpie des Systems ist ein Integral über das Volumen des Körpers mit den Termen der effektiven Austausch-Energiedichte g_{ex} im Sinne des Heisenberg-Modells, der auf der Spin-Bahn-Wechselwirkung beruhenden magnetokristallinen Anisotropie-Enthalpiedichte g_{ani} (s. Abschn. 5.6.4), der Zeeman-Energiedichte $g_{Zeeman} = -\boldsymbol{M}\boldsymbol{B}_0$, die die Wechselwirkung mit äußeren Magnetfeldern berücksichtigt, und der Streufeld-Energiedichte $g_s = -\mu_0 \boldsymbol{H}_s \boldsymbol{M}/2$:

$$G_{total} = \int_V (g_{ex}(\boldsymbol{r}) + g_{ani}(\boldsymbol{r}) + g_{Zeeman}(\boldsymbol{r}) + g_s(\boldsymbol{r}))\,\mathrm{d}V. \tag{5.163}$$

Weitere Terme, z. B. infolge der Magnetostriktion, können auftreten. Zusätzlich müssen die sich aus den Maxwell-Gleichungen ergebenden Bedingungen

$$\boldsymbol{\nabla}\cdot(\boldsymbol{H}_s + \boldsymbol{M}) = 0\,, \quad \boldsymbol{\nabla}\times\boldsymbol{H}_s = 0 \tag{5.164}$$

erfüllt sein. $\boldsymbol{H}_s$ ist das Streufeld. Die Austausch-Energiedichte schreiben wir als

$$g_{ex} = A\cdot(\boldsymbol{\nabla}\cdot\hat{\boldsymbol{M}})^2. \tag{5.165}$$

A ist die so genannte Austausch-Steifigkeitskonstante und mit der Austauschkonstanten J_{ex} verknüpft. Sie ist in der Regel temperaturabhängig. Ihr Wert bei $T = 0$ kann aus der Curie-Temperatur T_C über die Beziehung $A = k_B T_C/a$ abgeschätzt werden mit a der Gitterkonstanten.

Wie in Abschn. 5.4.1 beschrieben, erhalten wir das Streufeld aus einem Potential U, $\boldsymbol{H}_s = -\boldsymbol{\nabla}U$, welches mit den magnetischen Ladungen über die Potentialgleichung verknüpft ist (s. Gl. (5.121)). Gleichung (5.163) stellt daher eine Integro-Differentialgleichung dar, welche gewöhnlich nur mit geeigneten numerischen Werkzeugen gelöst werden kann.

5.7.2 Bloch- und Néel-Wände

Der einfachste Fall einer Domänenwand zwischen zwei halbunendlichen Bereichen mit antiparalleler Magnetisierungsausrichtung lässt sich als eindimensionales Problem analytisch behandeln. Wir betrachten als einfachsten Fall eine Bloch-Wand,

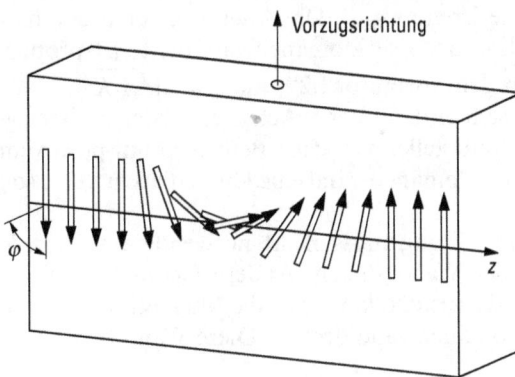

Abb. 5.28 Schematische Darstellung einer 180°-Domänenwand.

wie in Abb. 5.28 dargestellt. Hier dreht sich die Magnetisierungsrichtung von der linken zur rechten Domäne entlang der z-Achse senkrecht zur Domänenwand.

Wir betrachten den Winkel $\varphi(z)$, der die Orientierung des Magnetisierungsvektors entlang der z-Achse wiedergibt (s. Abb. 5.28). Die durch die Wand gegebene Zusatzenergie ist

$$E_{\text{Wand}} = \int_{-\infty}^{\infty} \left(A \cdot \left(\frac{\mathrm{d}\varphi}{\mathrm{d}z} \right)^2 + K \cos^2 \varphi(z) \right) \mathrm{d}z . \tag{5.166}$$

Der erste Term im Integranden ist der Austauschterm, und der zweite Term beschreibt eine uniaxiale Anisotropie mit der leichten Richtung parallel zur Wand. K ist die Anisotropiekonstante. Es sei $\varphi(-\infty) = -\pi/2$, $\varphi(\infty) = \pi/2$. Wir gewinnen die Struktur der Wand, d. h. den Verlauf $\varphi(z)$ durch die Forderung, dass E_{Wand} minimal sein muss, und suchen die Lösung mit einem Variationsrechnungsansatz mit den freien Variablen φ und $\mathrm{d}\varphi/\mathrm{d}z$. Durch Ableiten der Terme unter dem Integral, anschließender Multiplikation mit $\mathrm{d}\varphi/\mathrm{d}z$ und Integration erhalten wir

$$A \cdot \left(\frac{\mathrm{d}\varphi}{\mathrm{d}z} \right)^2 = K \cos^2 \varphi + C \tag{5.167}$$

mit C als Integrationskonstante. Für diese gilt $C = 0$, was direkt aus der Bedingung $\mathrm{d}\varphi/\mathrm{d}z(\pm\infty) = 0$ folgt. Gl. (5.167) zeigt sofort, dass an jedem Punkt z die Austauschenergie gleich der Anisotropie-Energie ist. Aus Gl. (5.166) folgt mit der Substitution $\mathrm{d}z = \sqrt{A/K}\, \mathrm{d}\varphi/\cos\varphi$ die Wandenergie

$$E_{\text{Wand}} = \int_{-\pi/2}^{\pi/2} 2\sqrt{AK} \cos\varphi\, \mathrm{d}\varphi = 4\sqrt{AK} . \tag{5.168}$$

Durch Integration von Gl. (5.167) erhalten wir für die Ortsabhängigkeit $\varphi(z)$ die implizite Gleichung:

$$\sin\varphi(z) = \tanh\left(\frac{z}{\sqrt{A/K}} \right) . \tag{5.169}$$

$\varphi(z)$ ist Null im Zentrum der Domänenwand und schmiegt sich dann exponentiell an den asymptotischen Wert $\pm\pi/2$ in der Domäne an. Streng genommen hat die Domänenwand keine endliche Breite w_{Wand}. Die Angabe einer Breite hängt daher von einer geeigneten Definition ab. Die Domänenwandbreite ist proportional zu $\sqrt{A/K}$ und häufig wählt man den Vorfaktor „2", $w_{\text{Wand}} = 2\sqrt{A/K}$.

Die Magnetisierung kann sich entlang der z-Achse entweder im oder gegen den Uhrzeigersinn drehen. An Schnittstellen zwischen Bereichen mit positivem und negativem Drehsinn bekommt die Domänenwand eine Unterstruktur, eine so genannte Bloch-Linie.

Die Drehachse der Magnetisierung muss nicht notwendigerweise, wie bei der Bloch-Wand, senkrecht auf der Wand stehen. Andere Geometrien sind möglich. Wie in Abb. 5.29 schematisch dargestellt, kann sich die Magnetisierung zum Beispiel um eine Achse parallel zur Domänenwand drehen. Diese Wand bezeichnet man als Néel-Wand.

In dünnen Filmen ist die Ausbildung von Bloch-Wänden energetisch von Nachteil, da im Wandbereich die Magnetisierung aus der Schicht herausdrehen und ein Streu-

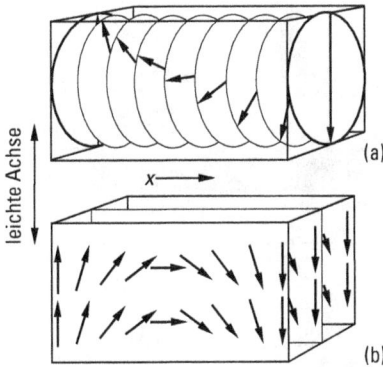

Abb. 5.29 Darstellung der Drehung des Magnetisierungsvektors in einer 180°-Wand. Zwei Drehmoden sind gezeigt. (a) Die Bloch-Wand, bei der die Drehung entlang einer Achse senkrecht zur Wand erfolgt und (b) die Néel-Wand, bei der die Drehung entlang einer Achse parallel zur Wand erfolgt.

feld erzeugen würde. Hier tritt bevorzugt die Néel-Wand auf. Bei ultradünnen, d. h. atomar dünnen Filmen, ist unter Umständen das Streufeld gegenüber der an Grenzflächen sehr großen magnetokristallinen Anisotropie vernachlässigbar. In diesem Fall hängt es von der Kristallstruktur ab, welcher Wandtyp sich ausbildet.

Die obige Ableitung gilt für Bloch und Néel-Wandtypen, wobei für die Néel-Wand der Ansatz für den Anisotropieterm um einen Streufeldbeitrag erweitert werden muss.

5.7.3 Domänenstrukturen

Domänenstrukturen bilden sich, um die energetisch meist dominierende Streufeldenergie zu minimieren. Der Preis ist die Energie zum Aufbau von Domänenwänden. Aus dem Gleichgewicht zwischen beiden Energiebeiträgen bestimmt sich die Domänenstruktur. Als Beispiel zeigt Abb. 5.30 mögliche Magnetisierungsmuster in Permalloy-Dünnschichtelementen. Das Phänomen der Streufeldminimierung durch geeignete Domänenanordnung ist deutlich zu beobachten.

5.7.4 Ummagnetisierungseigenschaften und Koerzitivität

Das Ummagnetisierungsverhalten, d. h. die Gestalt einer aufgenommenen Hystereseschleife, ist charakteristisch für das jeweilige Material. Eine wichtige Kenngröße ist das Koerzitivfeld H_c. Damit bezeichnet man das Gegenfeld, welches man anlegen muss, um die Magnetisierung zu Null zu bringen. Die remanente Magnetisierung M_r ist die Magnetisierung in Abwesenheit vom äußeren Feld.

Die technisch wichtige Kenngröße H_c entzieht sich vielfach einer geeigneten physikalischen Modellierung. In H_c fließen insbesondere die Anisotropieeigenschaften

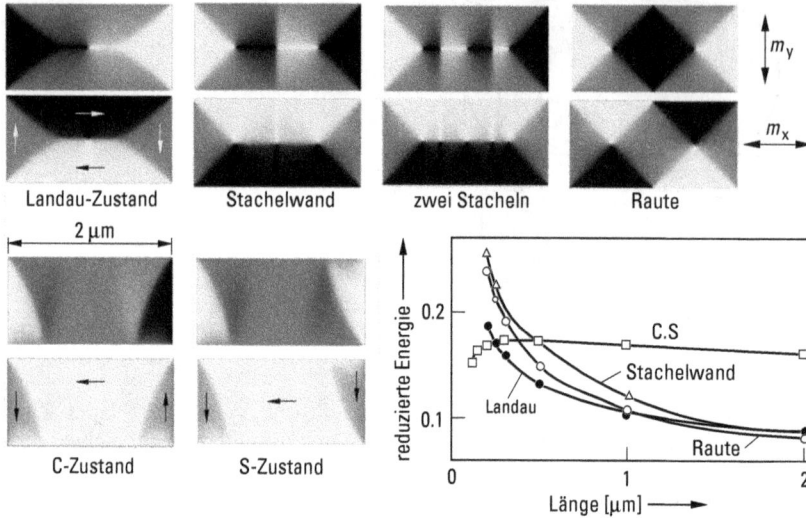

Abb. 5.30 Mögliche Magnetisierungsmuster in 20 nm dicken Permalloy-Dünnschichtelementen, berechnet durch numerische Lösung der mikromagnetischen Gleichungen. Die Bilder wurden für ein 2 μm langes und 1 μm breites Element berechnet. Dabei ist jeweils die x- und y-Komponente in Graustufen aufgetragen (nach [17]).

und das Nukleationsverhalten bei der Ummagnetisierung ein. Im Wesentlichen tragen drei Mechanismen zum Ummagnetisierungsverhalten bei:

1. **Rotationsprozesse:** Liegt das äußere Magnetfeld B_0 nicht parallel zur Magnetisierung M, so wirkt ein Drehmoment $M \times B_0$, welches zu einer Rotation der Magnetisierung führt. Im Zusammenspiel der wirkenden freien Energiebeiträge (s. Gl. (5.163)) verschiebt sich das Energieminimum und die Energiebarriere für die Ummagnetisierung als Funktion des äußeren Feldes. Damit wird die Richtung der Magnetisierung verändert und der Ummagnetisierungsprozess kann erleichtert werden.

2. **Nukleationsprozesse:** Im äußeren Feld können Domänen mit der umgekehrten Magnetisierungsrichtung nukleieren. Dies geschieht bevorzugt nahe so genannter Nukleationszentren, wie z. B. elastische Spannungsfelder bei Versetzungen, Leerstellen und Zwischengitteratome.

3. **Domänenwandpropagation:** Im äußeren Feld bewegen sich die Wände von Domänen und sorgen so für eine Zunahme der Bereiche mit der Magnetisierung entlang der Feldrichtung.

Abbildung 5.31 zeigt typische Hystereseschleifen verschiedener ferromagnetischer Stoffe. Abbildung 5.31a zeigt Einbereichsteilchen für Felder parallel oder senkrecht zur leichten Richtung der uniaxialen Anisotropie. Im ersten Fall magnetisiert das Teilchen komplett um, sofern das externe Magnetfeld eine kritische Feldstärke, das Koerzitivfeld, überschreitet, und wir erhalten eine rechteckige Hysteresekurve. Im zweiten Fall rotiert die Magnetisierung mit dem angelegten Feld aus der leichten

Richtung heraus. Abbildung 5.31 b zeigt Vielteilchendomänen weichmagnetischer (links) und hartmagnetischer (rechts) Materialien. Wir erhalten gerundete Hystereseschleifen. Die Fläche unter der Hysterese $\int_{-\infty}^{\infty} (M_\downarrow - M_\uparrow)\, dB$ ist gleich der Verlustenergie, die bei einem vollständigen Durchlaufen der Hysteresekurve verloren geht. Abbildung 5.31 c zeigt als eines der Beispiele für kompliziertere Verhältnisse eine lanzettartige Hystereseschleife für eine lamellare Bereichsstruktur, wie sie rechts abgebildet ist, mit dem Magnetfeld senkrecht zur Struktur. Die Kurve ist eine Überlagerung von Rotationsprozessen mit Verlustmechanismen durch Domänenwandbewegung.

Je nach Einsatzziel eines magnetischen Materials muss die Hysteresekurve gestaltet sein. Für Anwendungen in Transformatoren wird eine möglichst verlustarme

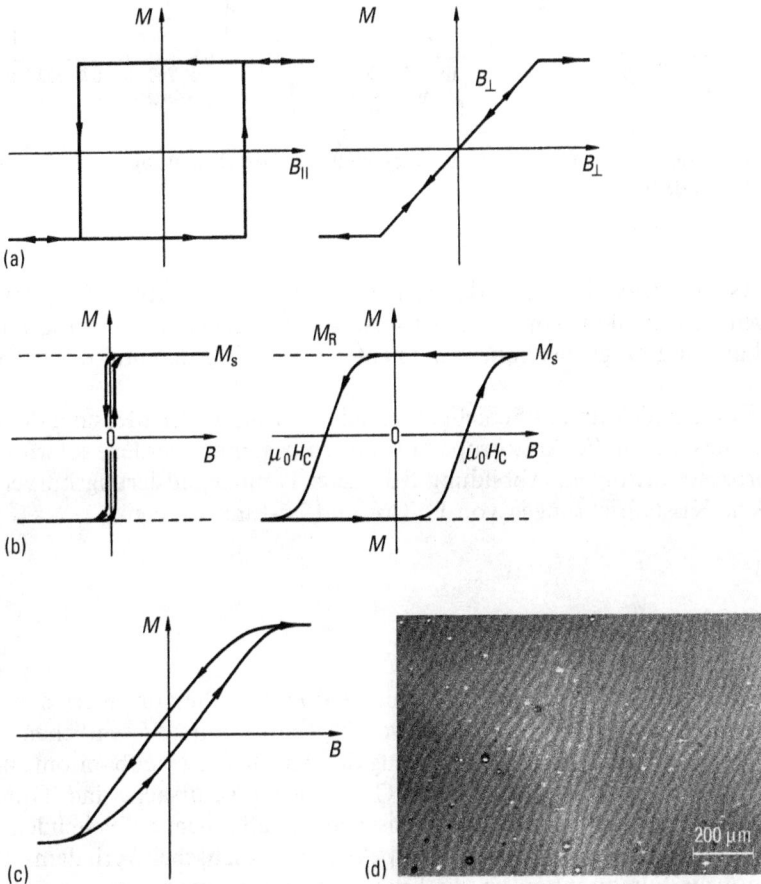

Abb. 5.31 Typische Hystereseschleifen verschiedener ferromagnetischer Stoffe. (a) Einbereichsteilchen für Feld parallel und senkrecht zur leichten Richtung. (b) Vieldomänenteilchen weichmagnetischer (links) und hartmagnetischer (rechts) Stoffe. (c) Lanzettartige Hystereseschleife mit Magnetfeld senkrecht zur lamellaren Bereichsstruktur. (d) Feinlamellare Bereichsstruktur nach einer Magnetfeldanlassbehandlung einer amorphen $Co_{58}Ni_{10}Fe_5Si_{11}B_{16}$-Legierung.

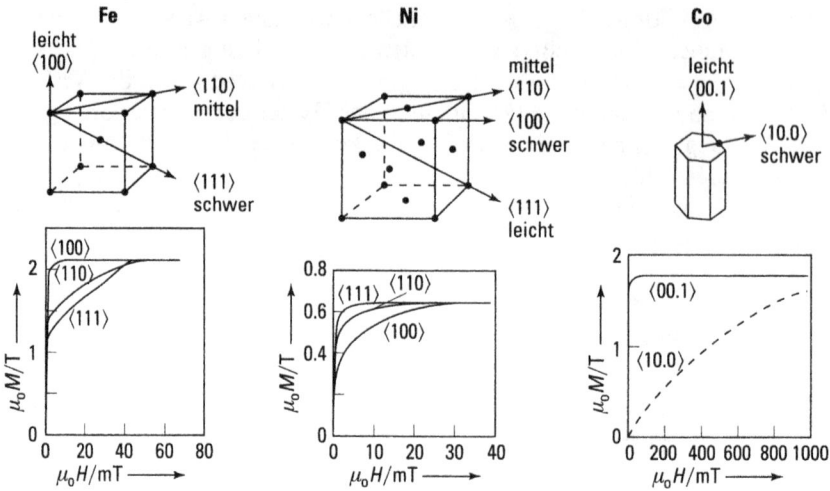

Abb. 5.32 Magnetisierungskurven für verschiedene Kristallrichtungen bei Fe, Ni und Co (nach R. M. Bozorth).

Hysteresekurve erwartet, d. h. das Koerzitivfeld H_c ist kleiner als 0.1 A/m bei einer relativen Permeabilität von typischerweise 10^6. Dauermagnete erfordern eine Hysteresekurve mit möglichst hoher remanenter Magnetisierung und Koerzitivfeldstärke.

Bei Einkristallen und in Schichtsystemen können aus der Messung der Ummagnetisierungskurven die Anisotropiekonstanten bestimmt werden, sofern nur Rotationsprozesse beitragen. Abbildung 5.32 zeigt Ummagnetisierungskurven für verschiedene Kristallrichtungen von Fe-Co- und Ni-Einkristallen.

5.8 Oberflächenmagnetismus

Das Gebiet des Oberflächenmagnetismus hat eine Reihe von interessanten neuen Fragestellungen und Ergebnissen hervorgebracht, die im Wesentlichen durch die Symmetriebrechung, durch die Änderung der Anzahl der Nachbaratome und durch Begrenzungseffekte an den Ober- und Grenzflächen verursacht sind. Dünne Filme deponiert auf unmagnetischen, magnetischen, metallischen, halbleitenden oder oxidischen Oberflächen bieten ein reiches Spektrum magnetischen Verhaltens. Die Oberflächen- bzw. Filmorientierung, die Filmdicke und -verspannung sowie die Ausbildung von Terrassen sind zusätzliche Parameter, die den Magnetismus beeinflussen. Sie sind Gegenstand dieses Unterkapitels. Ein guter Überblick findet sich in [18, 19].

5.8.1 Erhöhte magnetische Momente

Im Vergleich zum Volumen haben Atome, welche die Oberfläche oder Grenzfläche eines Materials bilden, eine reduzierte Zahl z an nächsten Nachbaratomen. Entsprechend verringert sich der Gesamtüberlapp mit den Wellenfunktionen der Nachbaratome, was eine Reduktion der Bandbreite zur Folge hat. Dieses Argument folgt direkt aus dem Modell der starkgebundenen d-Elektronen, für welche die Bandbreite $W \propto \sqrt{z}\, t_{n.n.}$ ist, wobei $t_{n.n.}$ das Hüpfmatrixelement zwischen Nächste-Nachbaratomen ist. Da die Zustandsdichte $n_0(E)$ umgekehrt proportional zur Bandbreite ist, $n_0(E) \propto 1/W$, zeigt sie an Oberflächen und dünnen Filmen häufig eine Erhöhung. Aus dem Stoner-Modell (Abschn. 5.3.4.1) folgt an Oberflächen und in dünnen Filmen die Ausbildung erhöhter magnetischer Momente oder die Existenz neuer magnetischer Systeme, die im Volumen unmagnetisch sind.

Diese einfachen Überlegungen wurden durch theoretische Rechnungen auf der Basis der Dichtefunktionaltheorie (Abschn. 5.3.4) bestätigt, die in Tab. 5.6 zusammengefasst sind. Magnetische Momente wurden für alle untersuchten Oberflächen von Cr, Fe, Co und Ni gefunden. In allen Fällen überschreiten sie den Volumenwert. Für Cr(100) und Fe(100) sind die Oberflächenmomente sogar um einen Faktor 4.25 und 1.35 gegenüber dem Volumenwert erhöht. Für den kubisch-flächenzentrierten Fall ist die (100)-Oberfläche dichter gepackt als die (110)-Oberfläche, und in der Tat ist das magnetische Moment von Ni in der (100)-Oberfläche niedriger als in der (110)-orientierten Oberfläche. Für das kubisch-raumzentrierte Fe sind die Umstände genau umgekehrt.

Der Wert des magnetischen Momentes an der Oberfäche klingt sehr schnell ins Volumen ab. Dies geschieht häufig oszillatorisch schwankend um den Volumenwert. Für Fe(100) wird der Volumenwert nach etwa fünf Lagen unterhalb der Oberfläche erreicht und für Cr(100) nach etwa zehn Lagen.

An Oberflächen und Grenzflächen von Antiferromagneten kommt es zur Ausprägung einer weiteren relevanten Längenskala. Betrachten wir die Cr(100)-Oberfläche. Cr ist ein Antiferromagnet mit dem Wellenvektor senkrecht zur (100)-Oberfläche. Daraus kann man folgern, dass die Cr(100)-Oberfläche ferromagnetisch ist und die magnetischen Momente von Lage zu Lage mit alternierendem Vorzeichen auf den Volumenwert abklingen. Deshalb nennt man Cr auch einen lagenweisen

Tab. 5.6 Berechnete lokale magnetische Spinmomente $\mu_S^{(100)}$, $\mu_S^{(110)}$, and $\mu_S^{(111)}$ im Vergleich zu den entsprechenden Volumenwerten μ_V in μ_B/Atom für kubisch-raumzentriertes Cr und Fe, kubisch-flächenzentriertes Co und Ni, sowie hexagonales Co(0001).

	Cr	Fe	Co	Ni
$\mu_S^{(100)}$	2.55	2.88	1.85	0.68
$\mu_S^{(110)}$	–	2.43	–	0.74
$\mu_S^{(111)}$	–	2.48	–	0.63
$\mu_S^{(0001)}$			1.70	
μ_V	± 0.60	2.13	1.62	0.61

Antiferromagneten. An praktisch allen Oberflächen oder Grenzflächen bilden sich aber aus wachstumskinetischen oder entropischen Gründen Terrassen aus, die typischerweise durch einatomare Stufen getrennt sind. Die Terrassenbreiten und -längen können zwischen wenigen Nanometern und einigen Mikrometern variieren. Da ein lagenweiser Antiferromagnet von Stufe zu Stufe das Vorzeichen der Magnetisierung ändert, erwarten wir für Cr(100) eine Oberfläche, die ferromagnetisches Verhalten auf jeder Terrasse zeigt, aber ein antiferromagnetisches Verhalten von Terrasse zu Terrasse. Dies bezeichnet man als topologischen oder morphologischen Antiferromagnetismus. Im Mittel zeigt die Oberfläche keine Magnetisierung. Nachgewiesen wurde der topologische Antiferromagnetismus mittels der spin-polarisierten Rastertunnelmikroskopie.

Die beste Annäherung an den Fall des zweidimensionalen Magnetismus dünner Filme erreicht man durch Präparation magnetischer Schichten auf unmagnetischen Isolatoren, da hier eine Hybridisierung der magnetischen Zustände mit Zuständen des Substrats auf Grund der großen Bandlücke ausgeschlossen ist. Als Alternative zu den Isolatoren werden häufig die Edelmetalle Cu, Ag und Au genommen, da auf Grund der tiefliegenden d-Bänder der Edelmetalle die Hybridisierung ebenfalls gering ist.

Findet an metallischen Grenzflächen eine gute Hybridisierung der d-Bänder statt, führt dies hingegen häufig zu einer Verringerung der magnetischen Momente. Ist das Substrat oder eine Schicht magnetisch, können durch Hybridisierung der elekt-

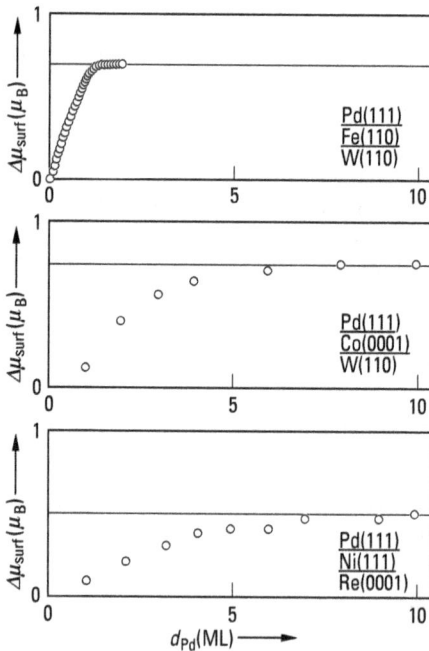

Abb. 5.33 Erhöhung des magnetischen Moments dünner Fe(110)-, Co(001)- und Ni(111)-Schichten als Funktion der Pd-Bedeckung (aus [20]).

ronischen Zustände paramagnetische Materialien an der Grenzfläche durch die magnetische Schicht eine magnetische Polarisation erhalten, obwohl sie im Volumen nicht ferromagnetisch ordnen. Dies nennt man den magnetischen Proximity-Effekt. Ein interessantes Beispiel ist Pd, das gemäß Tab. 5.2 als „Fast-Ferromagnet" das Stoner-Kriterium mit $I \cdot \tilde{n}_0(E_F) = 0.78$ im Volumen bereits fast erfüllt und an der Grenzfläche noch näher an den kritischen Wert von 1 herankommt. Es zeigt daher eine große paramagnetische Suszeptibilität. Abbildung 5.33 zeigt als Beispiel die Erhöhung des magnetischen Momentes dünner Fe(110)-, Co(001)- und Ni(111)-Schichten als Funktion der Pd-Bedeckung. Werden Antiferromagnete auf ferromagnetischen Oberflächen deponiert, entwickelt sich die oben diskutierte Terrassenbildung ebenfalls an dieser Grenzfläche. Dies führt zu magnetischen Frustrationseffekten an den Stufenkanten. Diese Systeme sind Objekte aktueller Forschung und von besonderer Bedeutung für den „Exchange-Bias-Effekt", der in Abschn. 5.9.3 diskutiert wird.

5.8.2 Temperaturabhängigkeit

In Gl. (5.84) haben wir gesehen, dass die Curie-Temperatur T_C proportional zur Anzahl der nächsten Nachbarn z ist, $T_C \propto z\,J_{ex}$. Dementsprechend erwarten wir, dass bei einer gegebenen Temperatur die magnetischen Fluktuationen an der Oberfläche größer als im Volumen sind. Dies bedeutet, dass der Magnetismus von der Oberfläche ins Volumen „schmilzt". Folglich wird man die im vorherigen Abschnitt diskutierten erhöhten magnetischen Momente nur bei entsprechend tiefen Temperaturen messen können. Oberflächenrekonstruktionen, -relaxationen oder der Verlust von Nachbaratomen kann zu einer Erhöhung der interatomaren Austauschwechselwirkung J_{ex} führen, die in seltenen Fällen die Verringerung von z überkompensiert. Dann kann die Oberfläche einen außergewöhnlichen magnetischen Phasenübergang mit einer Curie-Temperatur zeigen, die höher ist als der Volumenwert.

Bei sehr dünnen Schichten werden bei niedrigen Temperaturen nur Spinwellen mit einem verschwindenden senkrechten Wellenvektor $q_\perp$ angeregt, so dass effektiv ein zweidimensionales System vorliegt. Bei endlichen Temperaturen ohne äußeres Feld und ohne magnetische Anisotropien sind langwellige Spinfluktuationen mit sehr großen Amplituden angeregt, die die spontane langreichweitige Ordnung aufbrechen. Allerdings können sehr kleine äußere Felder und/oder Anisotropie-Beiträge bereits eine Ordnung stabilisieren. In einem einfachen Modell, bestehend aus dem Heisenberg-Modell, diskutiert in Abschn. 5.3.2, das den isotropen Austausch beschreibt, und einer lokalen magnetischen Grenzflächenanisotropie erhält man für die Übergangstemperatur T_C^{2D} im Film [21]

$$T_C^{2D} = 2\,T_C^{3D}/\ln(\pi^2\,J_{ex}/k_S^{(2)}), \tag{5.170}$$

wobei $k_S^{(2)}$ die im folgenden Abschnitt diskutierte Grenzflächenanisotropiekonstante ist. T_C^{3D} ist die in Gl. (5.84) diskutierte Curie-Temperatur des isotropen Heisenberg-Modells für das Volumen. Gemäß Gl. (5.170) verschwindet die Curie-Temperatur T_C^{2D} im Limes verschwindender magnetischer Anisotropie. Dies ist konsistent mit dem Mermin-Wagner-Theorem, das uns versichert, dass es im Falle isotroper Austauschwechselwirkung in zwei Dimensionen (2D) keine langreichweitige Ordnung bei endlichen Temperaturen geben kann. Allerdings ist die Abhängigkeit von $k_S^{(2)}$ logarithmisch, was besagt, dass bereits ein sehr moderater Beitrag an magnetischer Anisotropie die langwelligen Spinfluktuationen sehr effizient unterdrückt. Nehmen wir als Beispiel an, dass $k_S^{(2)}/J_{ex} = 10^{-3}$, dann ergibt Gl. (5.170) bereits eine Curie-Temperatur von $T_C^{2D} = 0.22\, T_C^{3D}$. Dies bedeutet, dass bereits ein kleiner relativistischer Effekt die Curie-Temperatur auf fast ein Viertel des Wertes treibt, der im Volumen realisiert wird. Man erhält dann häufig ein mit der Temperatur linear abnehmendes Moment.

5.8.3 Grenzflächenanisotropie

Die Brechung der Translationsinvarianz senkrecht zur Oberfläche führt im Allgemeinen zu einer Symmetrieerniedrigung, und es treten an der Oberfläche zusätzliche Anisotropiebeiträge auf. Aus Symmetriegründen gibt es immer eine zweizählige Anisotropie mit einer Symmetrieebene parallel zur Oberfläche, beschrieben durch die Anisotropiekonstante $k_S^{(2)}$, wobei der Index S für „senkrecht" als Richtung der Symmetriebrechung steht und der hochgestellte Index die Zähligkeit angibt. Für Grenzflächenanisotropien verwenden wir hier generell kleine Buchstaben. In Abhängigkeit des Vorzeichens von $k_S^{(2)}$ liegt die bevorzugte leichte Magnetisierungsrichtung in der Oberflächenebene ($k_S^{(2)} < 0$) oder senkrecht dazu ($k_S^{(2)} > 0$). Die senkrechte Magnetisierung steht allerdings in energetischem Wettbewerb mit der Formanisotropie, die im Allgemeinen eine Magnetisierung in der Film- oder Schichtebene bevorzugt. In der Ebene kann bei einkristallinen Oberflächen mit entsprechender Drehsymmetrie um die Oberflächennormale eine zwei-, vier- oder sechszählige Anisotropie auftreten.

Für ein kubisches Material kann die Oberflächenanisotropie pro Atom leicht zwei Größenordnungen größer sein als im Volumen. Einher mit der gebrochenen Symmetrie bzw. der Reduktion der Koordinationszahl führt die veränderte elektronische Struktur zu einer substanziellen Erhöhung des Bahnmomentes an der Oberfläche. Diese Beobachtung setzt sich fort für atomare Ketten und Adatome, bis das Bahnmoment den Wert erreicht, der durch die zweite Hund'sche Regel für Atome in der Gasphase gegeben ist. Eine weitere Möglichkeit, die magnetische Anisotropie und konsequenter Weise auch das Bahnmoment zu erhöhen, besteht darin, eine magnetische Schicht in Kontakt mit einer unmagnetischen Schicht eines Materials mit einer großen Spin-Bahn-Wechselwirkung (z. B. Au oder W) zu bringen. Der Proximity-Effekt erzeugt dann in diesen Materialien ein magnetisches Spin-Moment und auf Grund der Spin-Bahnwechselwirkung ein großes Orbital-Moment mit einer großen magnetischen Anisotropie.

Mit abnehmender Dicke nimmt meist der Grenzflächenbeitrag zur Gesamtanisotropie des Schichtsystems zu. Ist die Schichtdicke kleiner als die so genannte Austauschkorrelationslänge, $\lambda_{ex} = \sqrt{2A/\mu_0 M_s^2}$, d. h. sind die Momente entlang der Richtung senkrecht zur Schicht parallel zueinander, so kann man eine effektive Anisotropie

$$K_{eff} = K_{Volumen} + (2/d)\, k_{Grenzfl} \tag{5.171}$$

definieren. Der Faktor „2" zählt die beiden Grenzflächen eines Films. Sind die Grenzflächen nicht gleich, ist $2k_{Grenzfl}$ durch die Summe der $k_i^{Grenzfl}$ der beiden Grenzflächen i zu ersetzen.

5.8.4 Reorientierungsübergang

Dünne magnetische Schichten zeigen einen großen Reichtum an magnetischen Phasenübergängen. Diese treten als Funktion der Temperatur wie auch als Funktion der Schichtdicke und der Verspannung auf. Als Funktion der Temperatur ändern sich das magnetische Gesamtmoment wie auch die Anisotropiebeiträge, die verschiedene Temperaturabhängigkeiten zeigen können, je nach physikalischem Ursprung. Als Funktion der Schichtdicke ändert sich primär das Verhältnis von Grenzflächen- zu Volumen-Anisotropiebeiträgen.

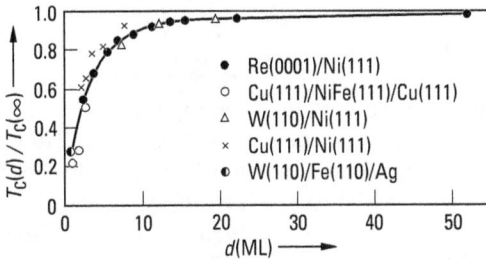

Abb. 5.34 Normierte Curie-Temperatur als Funktion der Schichtdicke d (in Atomlagen für die in der Figur angegebenen ferromagnetischen Schichten) (aus [20]).

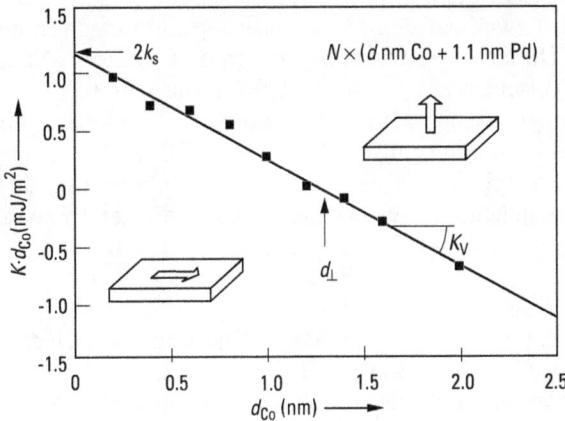

Abb. 5.35 Magnetische Anisotropie-Energie pro Flächeneinheit, pro Co-Schicht als Funktion der Co-Schicht von Co/Pd-Vielfachschichten. Bei 1.3 nm findet der Übergang zwischen in der Ebene magnetisierter zu senkrecht zur Ebene magnetisierter Probe statt. Der y-Abschnitt ist durch den zweifachen Wert der Oberflächenanisotropie, die Steigung durch die Volumenanisotropie gegeben (aus [23]).

Wegen der reduzierten Koordinationszahl der die Grenzfläche bildenden Atome nimmt die Curie-Temperatur mit abnehmender Schichtdicke ab. Ein Beispiel ist in Abb. 5.34 gezeigt.

Da sich als Funktion der Schichtdicke die Anisotropiebeiträge ändern, kann ein Wechsel der magnetisch leichten Richtung auftreten. Dies bezeichnen wir als Reorientierungsübergang. Als Beispiel diskutieren wir den Reorientierungsübergang einer leichten Richtung in der Schichtebene zur Schichtnormalen mit abnehmender Schichtdicke hin, wie durch Gl. (5.171) gegeben. Der Anisotropiebeitrag $K_{Volumen}$ besteht aus der Formanisotropie und einer eventuellen magnetokristallinen Anisotropie. Abbildung 5.35 zeigt als prominentes Beispiel die Situation in einer Co/Pd-Vielfachschicht [22]. Beim Null-Durchgang von K_{eff} bei 1.3 nm wechselt die leichte Richtung der Magnetisierung von in der Ebene für größere Schichtdicken zu senkrecht zur Ebene für kleinere Schichtdicken.

5.9 Zwischenschichtkopplung

Moderne magnetische Bauelemente enthalten meist gekoppelte magnetische Schichten. Es war die bahnbrechende Entdeckung von P. Grünberg und Mitarbeitern im Jahr 1986, die zeigte, dass zwei magnetische Schichten über eine dünne Zwischenschicht in Abhängigkeit der Zwischenschichtdicke ferromagnetisch oder antiferromagnetisch gekoppelt sein können [24]. Auch in Vielfachschichten tritt dieser Effekt auf, und solche aus Selten-Erd-Metallen können vielfältige Spinstrukturen zeigen. Der Effekt der Zwischenschichtaustauschkopplung gewann besonderes Gewicht durch die in diesen Systemen im Jahre 1988 erfolgte Entdeckung des Riesenmagnetowiderstandseffektes[5] parallel durch die Gruppen von P. Grünberg [25] und A. Fert [26]. Beide Gruppen zeigten, dass sich der elektrische Widerstand sehr stark mit dem relativen Winkel zwischen den Magnetisierungsrichtungen in den beiden Einzelschichten ändert. Dieser Aspekt wird in Abschn. 5.10 vertieft. Die Zwischenschichtkopplung wird typischerweise beobachtet für Zwischenschichten aus paramagnetischen oder diamagnetischen Materialien mit einer atomarskaligen Schichtdicke von etwa 0.3 nm bis 1 nm. Eine gute Quelle für weiterführende Literatur ist [27].

Phänomenologisch beschreiben wir die Zwischenschichtkopplung durch einen Kopplungsenergieterm bestehend aus einem bilinearen und einem biquadratischen Anteil

$$E_{ex} = -J_1 \cos\varphi - J_2 \cos^2\varphi . \tag{5.172}$$

Der Winkel φ ist der Verkippungswinkel der Magnetisierungen auf Grund der Zwischenschichtkopplung, wie in Abb. 5.36 gezeigt. Die Konstanten J_1 und J_2 sind die so genannten bilinearen und biquadratischen Kopplungskonstanten. Sie bestimmen die Stärke und den Typ der Kopplung. Dominiert J_1, dann wird Gl. (5.172) minimal für ferromagnetische Kopplung ($\varphi = 0°$) falls $J_1 > 0$ und minimal für antiferromagnetische Kopplung ($\varphi = 180°$) falls $J_1 < 0$. Dominiert dagegen J_2 und ist J_2 negativ, dann erhalten wir eine 90°-Kopplung, $\varphi = 90°$. Wie wir im Folgenden sehen werden,

---

[5] Dieser Effekt wird häufig GMR- (Giant-Magneto-Resistance-)Effekt genannt.

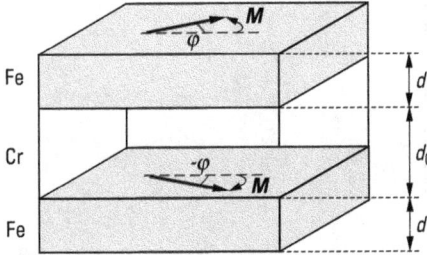

Abb. 5.36 Darstellung der Geometrie eines Fe/Cr/Fe-Lagensystems mit der in-plane-Verkippung der Magnetisierungen um den Winkel $\pm \varphi$.

ist J_1 eine oszillatorische Funktion der Zwischenschichtdicke. Die $90°$-Kopplung erwarten wir für Schichtdicken nahe dem Nulldurchgang von J_1.

5.9.1 Mikroskopische Modelle für die bilineare Kopplung

Der grundlegende Mechanismus der bilinearen Kopplung zwischen zwei magnetischen Schichten beruht auf deren Wechselwirkung über die Leitungselektronen der metallischen dia- oder paramagnetischen Zwischenschichten. In Abschn. 5.3.5 wurde die Rudermann-Kittel-Kasuya-Yosida-Wechselwirkung (RKKY-Wechselwirkung) zwischen zwei lokalisierten Momenten über die Leitungselektronen vorgestellt. Dieses Modell können wir in guter Näherung verwenden, um die Wechselwirkung zwischen zwei Schichten zu verstehen. Hierzu betrachten wir ein magnetisches Moment in der einen Schicht an der Grenzfläche zur Zwischenschicht der Dicke d_0. Es wird eine Wechselwirkung mit allen Grenzflächenmomenten der anderen Schicht spüren. Die Integration über die Grenzfläche liefert für nicht zu kleine Werte von d_0

$$J^{\text{RKKY}}(d_0) = \text{const} \cdot \frac{\sin(2k_{\text{F}} d_0)}{(2k_{\text{F}} d_0)^2}. \tag{5.173}$$

$J^{\text{RKKY}}(d_0)$ bzw. $J_1(d_0)$ in Gl. (5.172) oszillieren mit einer Periode von etwa zwei Monolagen. Die Kopplungsstärke klingt quadratisch mit der Zwischenschichtdicke d_0 ab und nicht proportional zu $1/r^3$ wie im Fall der RKKY-Wechselwirkung zwischen zwei Einzelspins.

Experimentell werden jedoch häufig viel längere Oszillationsperioden beobachtet. Diese Diskrepanz findet ihre Auflösung in der Tatsache, dass die Fermi-Oberfläche für reale Metalle keine Kugel ist, wie es bei der Ableitung von Gl. (5.108) angenommen wurde. Der doppelte Wert des Fermi-Wellenvektors der Zwischenschicht $2k_{\text{F}}$ in Gl. (5.173) ist zu ersetzen durch einen Satz von Wellenvektoren q_i in Richtung der Zwischenschichtkopplung. Diese Wellenvektoren sind Durchmesser komplexer Fermi-Flächen gebildet an so genannten *stationären Punkten*. An diesen Punkten der Fermi-Oberfläche weisen die Zustände eine Gruppengeschwindigkeit $\partial E / \partial (\hbar q)$ in Richtung der Zwischenschichtkopplung auf. Anders ausgedrückt bedeutet dies, dass die Vektoren q_i stationär sind bezüglich ihrer Komponente $q_{\parallel}$ parallel zur Grenzfläche. Wir finden also immer dann einen großen Beitrag zur oszillierenden

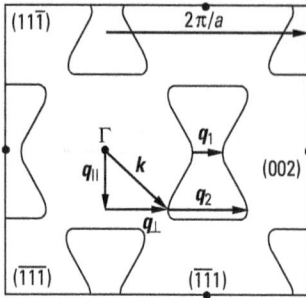

Abb. 5.37 Schnitt der Fermi-Oberfläche von Cu mit der $(1\bar{1}0)$-Ebene. Die stationären Vektoren q_1 und q_2 sind eingezeichnet.

Kopplung, wenn wir zueinander parallele Flächenstücke in der Fermi-Oberfläche finden, deren Flächennormalen senkrecht zur Zwischenschicht stehen. Abb. 5.37 zeigt die Fermi-Oberfläche von Cu in der $(1\bar{1}0)$-Ebene. Hat z. B. die einkristalline Zwischenschicht eine (110)-Orientierung, so finden wir zwei Wellenvektoren q_1 und q_2 entlang der (001)-Richtung, die einen wesentlichen Beitrag zu den Oszillationsperioden liefern.

Der so genannte **Aliasing-** oder **Vernier-Effekt** (s. Abb. 5.38) ist ein weiterer Blickwinkel, um das Rätsel längerer Oszillationsperioden aufzulösen. Über eine kristalline Schicht kann lokal die Kopplung nur für diskrete Werte von d_0 gemessen werden, weil d_0 nur ein ganzzahliges Vielfaches des atomaren Lagenabstandes a sein kann. Das periodische, diskrete Abtasten der mit $2k_F d_0$ bzw. im allgemeinen Fall einer nichtsphärischen Fermi-Oberfläche mit $2q_\perp d_0$ oszillierenden Kopplung führt zu einer Rückfaltung des Wellenvektors in die erste Brillouinzone und resultiert in der Beobachtung einer modifizierten Periode $2\pi/q$ der oszillatorischen Kopplung gemäß

$$q = \left| 2q_\perp - n \cdot \frac{2\pi}{a} \right|. \tag{5.174}$$

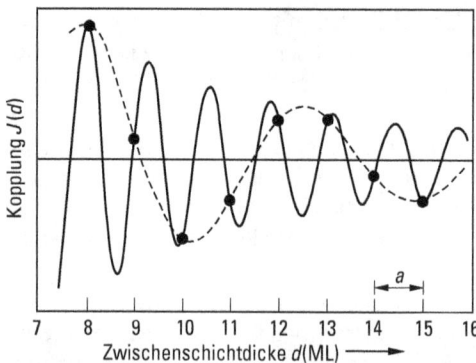

Abb. 5.38 Aliasing-Effekt: durch diskretes Abtasten der Oszillation mit der Wellenlänge π/k_F (ausgezogene Linie) bei Zwischenschichtdicken $d_0 = na$ (Punkte) erhält man eine Oszillation mit größerer Periode (gestrichelte Linie) (nach [28]).

Dieses Modell gibt allerdings weder die richtige Phase wieder, noch macht es eine Aussage über die Stärke der Kopplung.

Beschreiben wir die Stärke der Wechselwirkung im RKKY-Bild im Sinne einer Suszeptibilität, so berücksichtigt das heute allgemein akzeptierte **Quantentrog-Bild** auch die Vielfachstreuung der Elektronen in der Zwischenschicht. Im Rahmen eines Quantentrog-Bildes wird bei paralleler Ausrichtung der Schichtmagnetisierungen die elektronische Wellenfunktion für eine Spinrichtung zwischen zwei parallel magnetisierten Schichten hin und her reflektiert, ähnlich wie Licht in einem Fabry-Pérot-Interferometer. Die Elektronen der anderen Spinrichtung können hingegen weitgehend ungehindert durch die Schichtstruktur propagieren. Durch diesen Lokalisierungseffekt ergeben sich stehende Wellen mit einem diskreten Spektrum von Energieniveaus. Erhöhen wir die Zwischenschichtdicke d_0, so verschieben sich die diskreten Energieniveaus nach unten und neue Energieniveaus durchstoßen die Fermi-Kante und werden dabei bevölkert. Liegt das oberste besetzte Niveau gerade an der Fermi-Energie, so ist die Gesamtenergie für diese Spinrichtung maximal, und das System versucht in einen energetisch günstigeren Zustand überzugehen. Der ist durch die antiparallele Ausrichtung der Magnetisierungen gegeben, da jetzt keine beidseitige Einsperrung der Wellenfunktionen mehr besteht.

Abbildung 5.39 zeigt als experimentelles Beispiel für eine oszillierende Kopplung ein Schichtsystem bestehend aus zwei 5 nm dicken Eisenschichten mit einer Chrom-Zwischenschicht variierender Dicke. Je nach Rauhigkeit des Schichtsystems liegt eine langreichweitige (links) und/oder kurzreichweitige (rechts) Kopplung vor.

Im Gegensatz zur bilinearen Kopplung, welche im Rahmen mikroskopischer Theorien, basierend auf Konzepten des itineranten Magnetismus gut verstanden

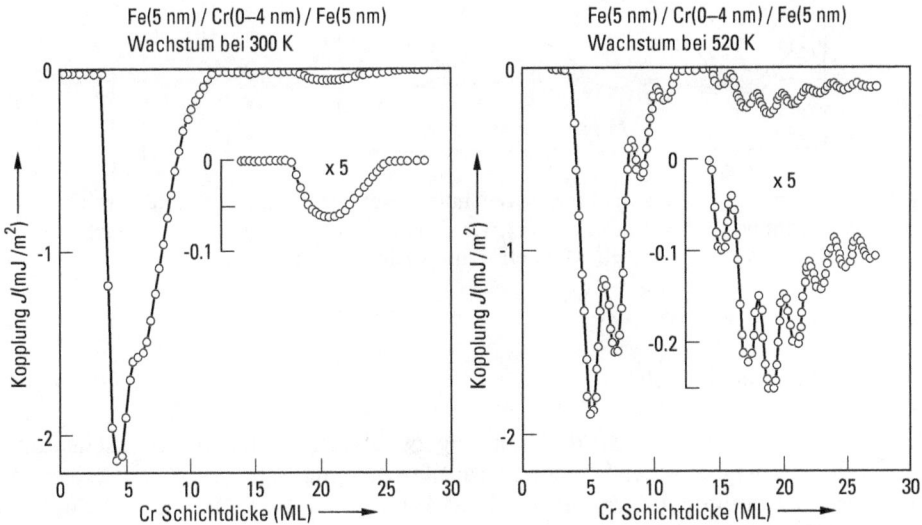

Abb. 5.39   Oszillatorische Kopplung in Fe/Cr/Fe-Schichten. Die Schichten wurden bei verschiedenen Substrat-Temperaturen auf einer Ag(001)-Pufferschicht auf GaAs(001) aufgewachsen. Je nach Rauhigkeit der Schicht, eingestellt über die Substrattemperatur, sieht man eine langreichweitige (links) oder eine kurzreichweitige (rechts) Oszillation [29].

ist, gibt es keine allgemeine Theorie, die alle Beobachtungen der biquadratischen Kopplung beschreibt. Vermutlich liegen hier eine Reihe verschiedener Effekte vor, die teils intrinsischer und teils extrinsischer Natur sind.

5.9.2 „Orange-Peel"-Kopplung

Durch die Rauhigkeit der Grenzflächen in einem Schichtsystem, wie in Abb. 5.36 dargestellt, kann eine Kopplung induziert werden. Nehmen wir den Fall an, dass wir eine dünne homogene Zwischenschicht auf einer Oberfläche mit Rauhigkeit auf-bringen, so folgen beide Grenzflächen der Zwischenschicht der Rauhigkeit des Sub-strats und es ergibt sich das in Abb. 5.40 gezeigte Bild. Bringen wir eine zweite magnetische Schicht auf, und sind die Magnetisierungen beider Schichten parallel zueinander, bilden sich an der Grenzfläche magnetische Ladungen, wie in Abb. 5.40 gezeigt. Die Ladungen sind korreliert und vermitteln über die dipolare Wechselwir-kung eine ferromagnetische Kopplung. Die Kopplungsstärke nimmt exponentiell mit der Zwischenschichtdicke ab. Wesentlich für das Auftreten dieser Kopplungs-form ist die korrelierte Rauhigkeit an beiden Grenzflächen der Zwischenschicht. Für den Fall einer periodischen, antisymmetrischen Dickenänderung der Zwischen-schicht erhält man eine Kopplung, die die antiparallele Magnetisierungsausrichtung bevorzugt.

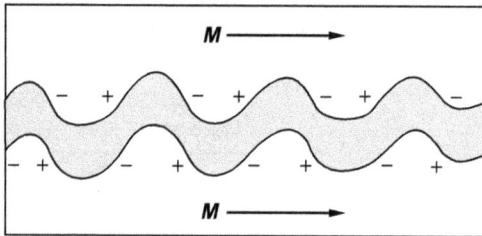

Abb. 5.40   „Orange-Peel"-Kopplung zweier magnetischer Schichten über eine rauhe Zwi-schenschicht hinweg. Die Rauhigkeit erzeugt magnetische Pole an der Grenzfläche, deren dipolare Kopplung eine parallele Magnetisierungsrichtung begünstigen.

5.9.3 Exchange-Bias-Effekt

Von besonderem Interesse ist die Kopplung zwischen einer ferromagnetischen und einer antiferromagnetischen Schicht. Die antiferromagnetische Schicht hat kein mag-netisches Nettomoment. Ein äußeres Feld kann daher kein Drehmoment auf sie ausüben. Allerdings wirken auf die magnetischen Momente der ferromagnetischen Schicht zusätzliche Drehmomente durch die Austauschkopplung zu den Momenten in der antiferromagnetischen Schicht. Diese Kopplung kann dazu führen, dass auf die ferromagnetische Schicht ein zusätzliches Feld, das so genannte Austausch-Ver-schiebungsfeld (engl. Exchange bias field) wirkt, welches zum äußeren Feld hinzu

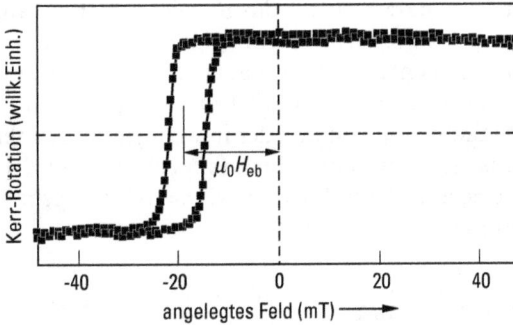

Abb. 5.41 Hysteresekurve einer FeMn/NiFe-Doppelschicht. Gemessen wurde der Kerr-Rotationswinkel als Maß für die Magnetisierung. Die antiferromagnetische FeMn-Schicht übt ein Austausch-Verschiebungsfeld $\mu_0 H_{eb}$ auf die ferromagnetische NiFe-Schicht auf, die als Verschiebung der Hysteresekurve längs der Feldachse zu beobachten ist.

addiert werden muss und damit die Magnetisierungskurve verschiebt. Abbildung 5.41 zeigt als Beispiel die gemessene Hysteresekurve einer FeMn/FeNi-Doppelschicht, wobei FeMn ein Antiferromagnet mit der Néel-Temperatur von 217°C ist.

Der mikroskopische Mechanismus dieses Effektes ist sehr komplex und Gegenstand aktueller Forschung. Zwar verursacht *lokal* die Austauschkopplung zwischen den beiden Schichten ein sehr großes Austausch-Verschiebungsfeld, welches zwei Größenordnungen größer ist als das experimentell beobachtete Feld. Eine auftretende und experimentell nicht zu vermeidende Rauhigkeit würde jedoch diesen Effekt zerstören, da z. B. sich an jeder atomaren Stufe das Vorzeichen der Austauschkopplung umkehrt. Aufwändige Modelle wurden entwickelt, um den Exchange-Bias-Effekt zu verstehen. Eine gute Übersicht findet sich in [30].

Technologisch spielt der Exchange-Bias-Effekt eine wichtige Rolle. Er wird benutzt, um die Koerzitivfeldstärke in Schichtsystemen zu erhöhen und um den Arbeitspunkt in Sensoranwendungen einzustellen.

5.10 Spinabhängiger Transport

Beim spinabhängigen Transport macht man sich zu Nutze, dass das Elektron neben der Ladung auch einen Spin besitzt. Ähnlich wie in Halbleitern zwei Arten von Ladungsträgern, nämlich Elektronen und Löcher betrachtet werden, müssen wir hier ebenfalls zwei Arten von Ladungsträgern, nämlich Elektronen mit dem Spin parallel und solche mit dem Spin antiparallel zu einem angelegten Feld, betrachten.

Wir diskutieren hier zunächst die in metallischen Systemen auftretenden Magnetowiderstandseffekte. Ein Ausblick auf den spinabhängigen Transport in Halbleitern wird in Abschn. 5.12 vorgestellt.

Als Magnetowiderstandseffekt bezeichnet man die Änderung im elektrischen Widerstand bei der Änderung der Richtung oder des Betrages eines äußeren magnetischen Feldes. In nichtmagnetischen Leitern gibt es einen kleinen Effekt, den Hall-

Effekt. Dieser beruht auf der Lorentz-Kraft, die das magnetische Feld auf die sich bewegenden Ladungsträger ausübt. Wesentlich größer sind die Effekte bei elektrischen Strömen in magnetischen Schichten. Erst sie haben den Magnetowiderstandseffekt für Anwendungen nutzbar gemacht. Ein großer Durchbruch gelang 1988 mit der Entdeckung des Riesenmagnetowiderstandes, der in wenigen Jahren seinen Einzug in Leseköpfe von magnetischen Festplatten hielt (s. auch Abschn. 5.11.3), und des Tunnelmagnetowiderstandes, auf dessen Basis inzwischen das so genannte magnetische Random-Access-Memory entwickelt wird.

5.10.1 Anisotroper Magnetowiderstand

Der elektrische Magnetowiderstand in einem ferromagnetischen Volumenmaterial hängt von der relativen Orientierung der Magnetisierung und der Stromrichtung ab. Diese Beobachtung nennt man den anisotropen Magnetowiderstandseffekt (engl. Anisotropic Magneto-Resistance, AMR). Er gründet auf der Spin-Bahn-Wechselwirkung, die zu einer spontanen Anisotropie des elektrischen Widerstandes in einem ferromagnetisch geordneten Leiter führt. Die Spin-Bahn-Wechselwirkung koppelt das äußere Feld an die räumliche Verteilung der Elektronen an der Fermi-Kante. Ist die Verteilung asphärisch, so ist leicht verständlich, dass sich durch eine Änderung der Richtung der Magnetisierung relativ zur elektrischen Stromrichtung der Überlapp der Wellenfunktionen und die Fermi-Oberfläche verändern und sich damit der elektrische Widerstand ändert. Für das weithin verwendete ferromagnetische Material Permalloy beträgt die maximale Widerstandsänderung etwa 3%.

Die relative Widerstandsänderung ist proportional zum Quadrat des Kosinus des von der Magnetisierung und der Stromrichtung eingeschlossenen Winkels. Dies bedeutet, dass man aus der Messung des anisotropen Magnetowiderstandes als Funktion des Winkels die Richtung der Magnetisierung nur Modulo 180° bestimmen kann. Bei den folgenden Riesen- und Tunnelmagnetowiderstandseffekten hingegen ändert sich der Widerstand proportional zum Kosinus des von den Magnetisierungen der Schichten eingeschlossenen Winkels und erlaubt so durch zwei gekreuzte Sensoren den Zugang zum vollen 360°-Winkelbereich (s. Abb. 5.36).

5.10.2 Riesenmagnetowiderstand

Der Riesenmagnetowiderstandseffekt (engl. Giant Magneto-Resistance, GMR) tritt in metallischen Schichtsystemen, wie z. B. in Abb. 5.36 gezeigt, auf. Er ist proportional zum Kosinus des Verkippungswinkels zwischen den Magnetisierungen der beiden magnetischen metallischen Schichten und am größten für antiparallele Ausrichtung. Abbildung 5.42 zeigt schematisch den Effekt.

Der Effekt wurde zeitgleich in Fe/Cr/Fe-Dreilagensystemen und in Fe/Cr-Vielfachschichtsystemen durch Gruppen um P. Grünberg und A. Fert gefunden [25, 26]. Die relative Änderung des Magnetowiderstandes, definiert als das Verhältnis der Widerstandsänderung zum Widerstand in der parallelen Konfiguration

$$MR = \frac{R_{\mathrm{AP}} - R_{\mathrm{P}}}{R_{\mathrm{P}}},$$
(5.175)

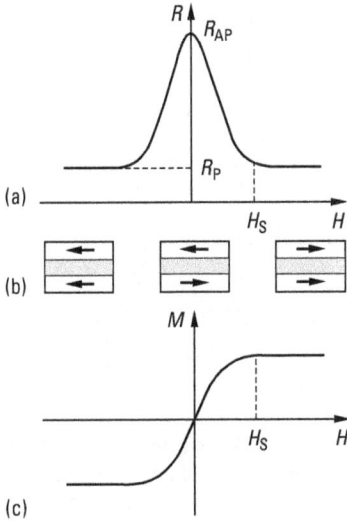

Abb. 5.42 Schematische Darstellung des Riesenmagnetowiderstands-Effekts. (a) Änderung des Widerstandes als Funktion des angelegten Feldes. (b) Die magnetische Konfiguration bei verschiedenen Feldstärken: die Magnetisierungen sind antiparallel im Null-Feld und parallel für Feldstärken größer als die Sättigungsfeldstärke. (c) Magnetisierungskurve.

beträgt typischerweise 20 % bei Raumtemperatur und erreicht bis 80 % bei 4.2 K. Hierbei ist R_P (R_{AP}) der Ohm'sche Widerstand in der parallelen (antiparallelen) Konfiguration.

Zum qualitativen Verständnis nutzen wir zwei Ideen, die schon 1936 von Sir N. Mott [31] vorgeschlagen wurden, um den plötzlichen Anstieg im Widerstand von ferromagnetischen Metallen beim Heizen über die Curie-Temperatur zu verstehen:

1. Die elektrische Leitfähigkeit in Metallen kann für die beiden Spinrichtungen relativ zur Quantisierungsachse (Richtung des inneren Feldes) unabhängig diskutiert werden. Der Gesamtstrom ergibt sich durch Addition der beiden Spinströme. Dies bedeutet, dass die Wahrscheinlichkeit von Spin-Flip-Streuprozessen in Metallen wesentlich kleiner als die Wahrscheinlichkeit von spinerhaltenden Streuprozessen ist.
2. Die Streuwahrscheinlichkeit, die zum Ohm'schen Widerstand führt, ist für beide Spinarten sehr verschieden. In Ferromagneten sind die d-Bänder spinaufgespalten, so dass die Zustandsdichte an der Fermi-Kante für ↑-Spins und ↓-Spins verschieden ist. Die Wahrscheinlichkeit von Streuprozessen in diese Zustände ist proportional zur jeweiligen Zustandsdichte.

Wir betrachten Abb. 5.43, um nun qualitativ den GMR-Effekt zu verstehen. Sind beide magnetischen Schichten parallel magnetisiert, so können ↑-Elektronen beide Schichten ungehindert durchqueren. ↓-Elektronen hingegen werden in beiden Schichten gestreut. Für ↑-Elektronen finden wir somit einen kleinen elektrischen Widerstand, für ↓-Elektronen einen großen. Bei antiparalleler Orientierung erfahren

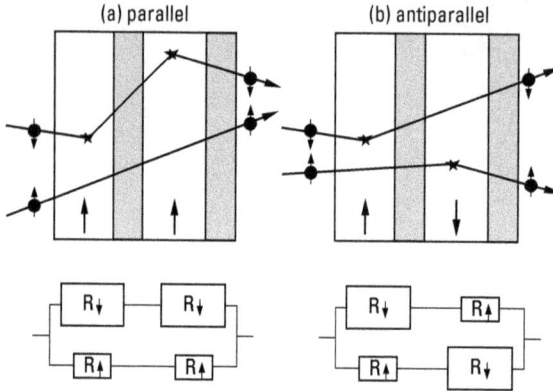

Abb. 5.43 Schematische Darstellung des Elektronentransports in magnetischen Doppelschichten für parallele (a) und antiparallele (b) Magnetisierungsanordnungen. Die Magnetisierungsrichtung ist durch große Pfeile angedeutet. Die durchgezogenen Linien zeigen individuelle Elektronen-Trajektorien für die beiden Spinkanäle. Es ist eine realistische Annahme, dass die mittlere freie Weglänge viel größer als die Einzelschichtdicken sind. Im unteren Teil der Abbildung ist ein Widerstandsnetzwerk als Ersatzschaltbild gezeigt.

Elektronen mit beiden Spinrichtungen in jeweils einer Schicht große Streuprozesse. Die entsprechenden Ersatzschaltbilder sind in Abb. 5.43 gezeigt. Es ist klar, dass die parallele Konfiguration einen deutlich kleineren Gesamtwiderstand zeigt, weil der Gesamtstrom im Wesentlichen über den Zweig mit den beiden kleinen Widerständen fließt.

Der Effekt wird oft in einer Geometrie genutzt, in der die mittlere Stromrichtung entlang der Schichten liegt. Durch Streumechanismen bewegen sich die Elektronen auf Zickzack-Bahnen durch die Schichten und erfahren dabei die vorgestellten spinabhängigen Streuprozesse. Wir bezeichnen diese Geometrie auch als CIP-(„Current In-Plane"-)Geometrie. Der Effekt ist größer in der CPP-(„Current Perpendicular Plane"-)Geometrie, in der der Strom senkrecht durch das Schichtsystem fließt. Allerdings ist hier der Effekt schwer in einer nachgeschalteten Elektronik auszuwerten, da der Innenwiderstand extrem klein ist.

5.10.3 Tunnelmagnetowiderstand

Ein ähnlicher, von der Stärke her sogar deutlich ausgeprägterer Effekt tritt auf, wenn die Zwischenschicht isolierend ist. Die Zwischenschichtdicke muss nun sehr dünn gewählt werden, da Elektronen nur durch den quantenmechanischen Tunneleffekt zwischen den beiden magnetischen Schichten transportiert werden können. Die Schichtdicke liegt daher in einem Bereich von 0.8–1.5 nm. Als Material wird überwiegend Al_2O_3, neuerdings auch MgO, eingesetzt. Wegen der geringen Dicke der Schicht kommen nur wenige Materialien in Frage, da metallische Brücken durch die Schicht („pin holes") vermieden werden müssen. Der Effekt nutzt aus, dass die Tunnelwahrscheinlichkeit in einer ersten Näherung proportional zum Produkt der

Anfangs- und der Endzustandsdichte ist. Bei paralleler Anordnung der Magnetisierungsrichtungen sind für eine Spinrichtung beide Zustandsdichten groß und die
entsprechenden Elektronen tragen einen großen Tunnelstrom. Bei antiparalleler
Ausrichtung ist entsprechend der Strom wesentlich kleiner. Diesen Effekt nennt man
entsprechend den Tunnelmagnetowiderstandseffekt (engl. Tunneling Magneto-Resistance, TMR).

5.10.4 Spin-Ströme

Ein aktuelles Forschungsgebiet befasst sich mit der Erkenntnis, dass ein elektrischer
Strom, zu dem nur Elektronen einer Spinsorte beitragen, einen magnetischen Drehimpuls transportiert. Dies kann ausgenutzt werden, um z. B. durch Übertrag dieses
Drehimpulses auf eine dünne magnetische Schicht deren Magnetisierungsrichtung
zu ändern. Solche Experimente werden typischerweise in sehr schmalen Säulen bestehend aus einem magnetischen Doppelschichtsystem durchgeführt. Die Säulen mit
Durchmessern von wenigen 10 nm ermöglichen bei genügend großer Stromdichte
einen hohen zu übertragenden Drehimpuls bei gleichzeitiger Minimierung von hier
parasitären konventionellen Magnetfeldern, die gemäß des Biot-Savart'schen Gesetzes entstehen. Eine erste, etwas dickere magnetische Schicht polarisiert den Elektronenstrom und eine zweite dünne Schicht dient im Experiment dann zum Nachweis
des Schaltens der Magnetisierung. Im Gegensatz zum Schalten durch magnetische
Induktion, deren Stärke mit dem Strom durch das Element skaliert, ist der Effekt
beim Schalten mit einem spinpolarisierten Strom proportional zur Stromdichte. Relativ nimmt daher die Stärke beim spininduzierten Schalten mit der Skalierung ins
Kleine zu.

5.11 Einige Anwendungen

Der Magnetismus geschichteter Strukturen ist ein Gebiet der modernen Festkörperphysik, aus dem besonders schnell neue Grundlagenerkenntnisse in Anwendungen
münden. Wir schließen daher mit einem kurzen Überblick über einige bedeutende
Anwendungsbereiche.

5.11.1 Spinventil-Strukturen

Das inzwischen schon „klassische" Strukturelement für Anwendungen in der magnetischen Sensorik ist das so genannte magnetische Spinventil (engl. spin valve).
Der zugrunde liegende Effekt ist der GMR-Effekt. Die antiparallele Ausrichtung
der Schichten zueinander wird allerdings nicht durch antiferromagnetische Zwischenschichtaustauschkopplung bewirkt. Stattdessen wird eine Schicht als hartmagnetische Schicht präpariert. Dies wird häufig durch Kopplung an eine antiferromagnetische Schicht realisiert. Eine typische Spinventil-Struktur, die zugehörige Magnetisierungskurve und der Magnetowiderstand als Funktion des äußeren Feldes sind
in Abb. 5.44 dargestellt.

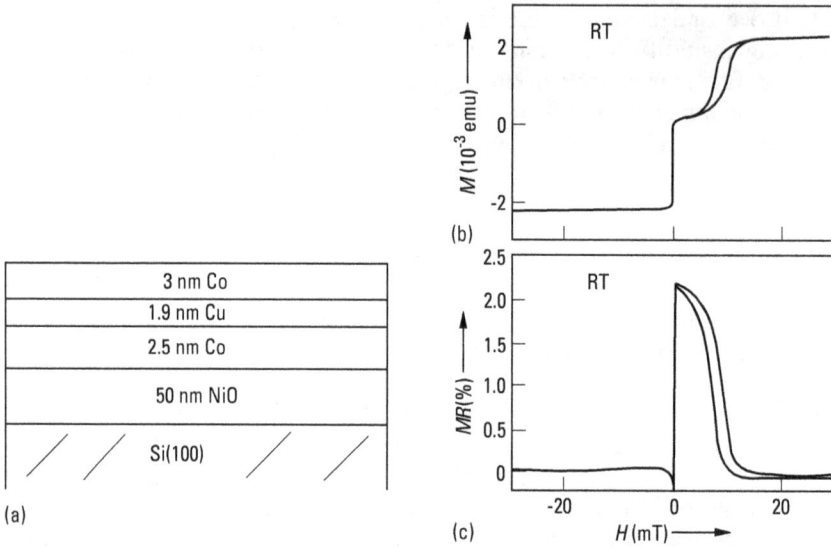

Abb. 5.44   (a) Spinventil-Schichtstapel, (b) Magnetisierungskurve und (c) relative Änderung des elektrischen Widerstandes. Das Magnetfeld liegt in der Schichtebene parallel zum Austauschfeld der NiO-Schicht. Der Strom fließt senkrecht zu dieser Richtung (aus [32]).

Die Magnetisierungskurve zeigt getrennte Ummagnetisierungsprozesse. Bei ca. 0.2 mT schaltet die untere NiFe-Lage um. Zwischen 9 und 13 mT dreht die Magnetisierung der NiFe-Schicht im Kontakt mit der NiO-Schicht in Feldrichtung. Dieses Verhalten spiegelt sich in den Magnetowiderstandskurven wider. Der sehr schnelle Anstieg des Magnetowiderstandes im Bereich von 0.2 mT macht eine derartige Struktur äußerst empfindlich auf kleine Feldänderungen. Ein typischer Einsatzbereich ist in Leseköpfen in magnetischen Festplatten, um das Streufeld der magnetischen Bits auf der Festplatte auszulesen.

5.11.2 Positions- und Drehsensoren

Das Sensorprinzip ist in Abb. 5.45 dargestellt. Auf der Achse, dessen Drehwinkel gemessen werden soll, wird ein Permanentmagnet oder bei Bedarf nach höherer Winkelauflösung ein Polrad bestehend aus periodisch angebrachten Permanentmagneten montiert, dessen Streufeld mit einem GMR-Sensor ausgelesen wird. Da der GMR-Effekt proportional zum Kosinus des Winkels zwischen den Magnetisierungen der beiden Schichten ist, können leicht absolute Winkelsensoren gebaut werden. Mit leicht sättigbaren Materialien, wie z. B. Permalloy, und der Kompensierung von Temperaturdrifts durch eine Brückenschaltung entstehen so Sensoren, die berührungslos mit großer Toleranz gegenüber der Feldstärke, der Temperatur und äußeren Störfeldern als Winkelgeber arbeiten können. Entsprechende kommerzielle Sensoren sind auf dem Markt.

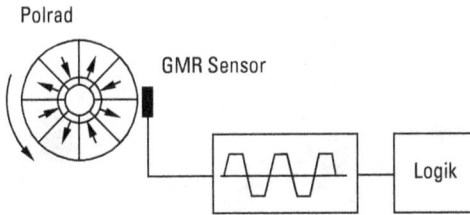

Abb. 5.45 Sensorprinzip z. B. beim Einsatz im ABS-System eines Autos.

5.11.3 Magnetische Festplatte

Die rasante Zunahme der Speicherdichte in magnetischen Festplatten ist jedem Leser geläufig. Bis ca. 1990 nahm die Speicherdichte durch Fortschritte in der Miniaturisierung um ca. 30 % pro Jahr zu. Mit der Einführung von Leseköpfen basierend auf dem anisotropen Magnetowiderstand konnte anschließend eine jährliche Steigerungsrate von 60 % erreicht werden. Der Einzug von GMR-Leseköpfen um 1998 führte um eine weitere Zunahme auf ca. 100 % pro Jahr. Abbildung 5.46 zeigt die Entwicklung der Speicherdichte in den letzten Jahren.

5.11.4 Magnetisches Random-Access-Memory

GMR- und TMR-Elemente sind die Grundbausteine zur Konstruktion von deutlich verbessertem „Random-Access-Memory". Jede Speicherzelle ist als Spinventil auf-

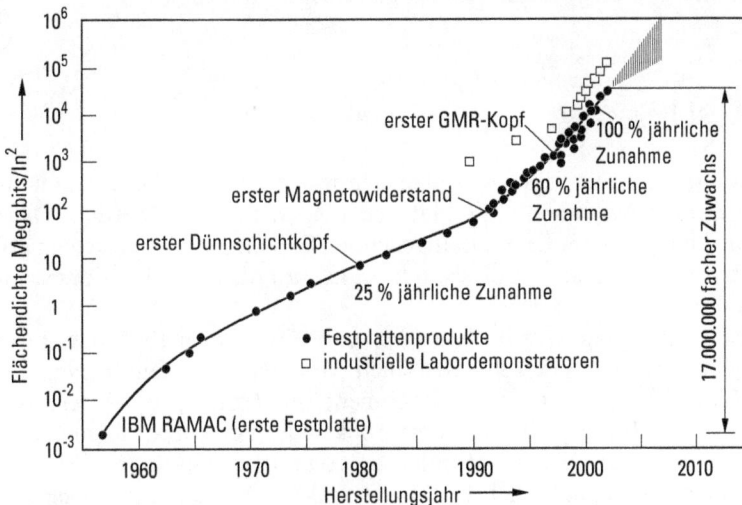

Abb. 5.46 Entwicklung der Speicherdichte in den letzten Jahren. Die Knicke in der Steigung beruhen auf der Einführung des AMR-Lesekopfes 1990 und des GMR-Lesekopfes 1998.

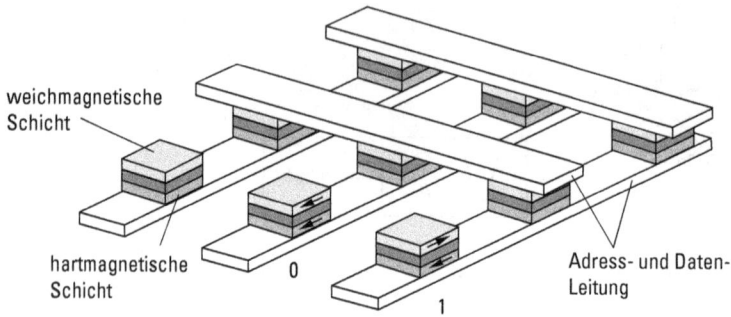

weichmagnetische
Schicht

hartmagnetische
Schicht

0

1

Adress- und Daten-
Leitung

Abb. 5.47   Prinzip des magnetischen Random-Access-Memory.

gebaut. Die Magnetisierungsrichtung der magnetisch weichen Schicht kann sich infolge einer kleinen aufgeprägten uniaxialen Anisotropie parallel oder antiparallel zur Magnetisierung der Referenzschicht einstellen, entsprechend den logischen Werten „0“ und „1“. Ein derartiger Speicher hat den Vorteil der Nichtflüchtigkeit der Daten bei sehr hoher Integrationsdichte. Man erwartet, dass er wesentlich kostengünstiger als das sehr hoch gezüchtete, aber nur flüchtig speichernde Halbleiter-Random-Access-Memory aufgebaut werden kann und daher sehr gute Marktchancen hat. Abbildung 5.47 zeigt den schematischen Aufbau. Das Einschreiben von Information in ein Element erfolgt durch eine stromtragende Address- und Datenleitung, welche ein Magnetfeld erzeugen. Im Kreuzungsbereich dieser Leitungen ist das Magnetfeld groß genug, um die Speicherschicht umzumagnetisieren. Das Auslesen erfolgt durch das Anlegen einer Spannung zwischen einer Address- und einer Datenleitung und das Messen des Magnetowiderstandes.

5.12 Ausblick

Vieles konnte in dieser Übersicht über den modernen Festkörpermagnetismus nur angerissen, manches musste aus Platzgründen weggelassen werden. Den Autoren war es ein Anliegen, dem Leser als angehenden Experimentalphysiker ein gründliches Fundament zu vermitteln und besonders auch an die aktuellen Forschungsgebiete heranzuführen.

Der Festkörpermagnetismus war über lange Zeit hin maßgeblich durch kooperative Effekte zwischen den magnetischen Momenten dominiert. Neu sind in den letzten Jahren Magnetotransportphänomene ins Zentrum des Interesses gerückt. Gegenwärtig erleben wir ein Zusammenrücken des Festkörpermagnetismus mit der Halbleiterphysik. Das Ziel ist es unter anderem, den Spin des Elektrons als Informationsträger in magnetischen Halbleiterstrukturen nutzbar zu machen. Der fundamentale Hintergrund ist, dass in den meisten Halbleitern die Spin-Diffusionslänge viel größer als die Ladungs-Diffusionslänge ist, weil der weitaus größte Teil der Streuprozesse spinerhaltend ist. Spin-Diffusionslängen von mehreren Mikrometern werden bei Raumtemperatur beobachtet. Man ist dabei, die wesentlichen Bausteine für eine sich hieraus anbietende „Spinelektronik" zu erarbeiten und zu ersten Bauelementen zusammenzusetzen. Man benötigt Spininjektoren, welche einen spinpolarisierten Strom im Halbleiter erzeugen, Spinmanipulatoren, welche spinselektiv den Transport beeinflussen und Spindetektoren, mit welchen die im Spin kodierte Information wieder aus dem System entnommen werden kann. Eine gute Einführung gibt [33]. Erste Bauelemente, wie z. B. ein Spintransistor, wurden bereits realisiert, wenn auch noch mit geringen Leistungsdaten. Ein weiteres wichtiges Feld ist die Verknüpfung mit der Optoelektronik. Magnetische Dioden und Laser erlauben eine Kontrolle der emittierten Strahlung durch Magnetfelder und bieten so zusätzliche Lösungsansätze für technologische Erfordernisse. Derzeit befindet sich vermutlich die Spinelektronik in einem Stadium vergleichbar dem Germanium-Transistor in den 50er Jahren. Der derzeitige Forschungsboom lässt interessante neue Technologieansätze erwarten.

Wir danken herzlich Helmut Kronmüller für Material aus seinem Beitrag der vorangegangenen Auflage sowie ihm, Gernot Güntherodt und Martin Aeschlimann für Anregungen zu diesem Kapitel.

Literatur

[1] Hund, F., Z. Phys. **33**, 855, 1925
[2] Ginsburg, V.L., Landau, L.D., Zh. Eksp. Teor. Fiz. **20**, 1044, 1950
[3] Slater, J.C., Phys. Rev. **35**, 509, 1930
[4] Shickley, W., Bell Syst. Tech. J. **18**, 645, 1939
[5] Adler, E., Radeloff, C., Z. Angew. Phys. **26**, 105, 1967
[6] Weiss, P., J. Phys. **6**, 661, 1907
[7] Stoner, E.C., Proc. R. Soc. A **169**, 339, 1939
[8] Andersen, O.K., et al., Proc. Int. Conf. Magnetism 1976, Vol. I, North-Holland, Amsterdam, 1976, S. 249
[9] Gunarsson, O., J. Phys. F **6**, 587, 1976
[10] Keffer, F., in: Handbuch der Physik (Flügge, S., Hrsg.), Springer, Berlin, Heidelberg, New York, 1966, Vol. XVIII/2, S. 1
[11] Landolt-Börnstein (Hellwege, K.-H., Madelung, O., Hrsg.), Springer, Berlin, Heidelberg, New York, London, Paris, Tokyo, 1986, Vol. New Series III/19a
[12] Koehler, W.C., J. Appl. Phys. **36**, 1078, 1965
[13] Carr, J.W.J., in: Handbuch der Physik (Flügge, S., Hrsg.), Springer, Berlin, Heidelberg, New York, 1966, Vol. XVIII/2, S. 274
[14] Buschow, K.H.J., in: Handbook of Magnetic Materials (Wohlfahrth, E.P., Buschow, K.H.J., Hrsg.), North-Holland, Amsterdam, New York, Oxford, Tokyo, 1988, Vol. 4, S. 1
[15] Strnat, K.J., in: Handbook of Magnetic Material (Wohlfahrth, E.P., Buschow, K.H.J., Hrsg.), North-Holland, Amsterdam, New York, Oxford, Tokyo, 1988, Vol. 4, S. 131
[16] Grünberg, P., Mayr, C.M., Vach, W., Grimsditch, M., J. Magn. Magn. Mater. **28**, 319, 1982
[17] Hubert, A., Schäfer, R., Magnetic Domains, Springer, Berlin, Heidelberg, 1998
[18] Ultrathin Magnetic Structures Vol. I (Bland, J.A.C., Heinrich, B., Hrsg.), Springer, Berlin, Heidelberg, 1994
[19] Ultrathin Magnetic Structures Vol. II (Bland, J.A.C., Heinrich, B., Hrsg.), Springer, Berlin, Heidelberg, 1994

[20] Gradmann, U., in: Handbook of Magnetic Materials (Buschow, K.H.J., Hrsg.), North-Holland, Amsterdam, New York, Oxford, Tokyo, 1993, Vol. 7/1, S. 1
[21] Erickson, R.P., Mills, D.L., Phys. Rev. B. **43**, 11527, 1991
[22] den Broeder, F.J.A., Hoving, W., Bloemen, P.J.H., J. Magn. Magn. Mater. **93**, 562, 1991
[23] de Jonge, W.J.M., Bloemen, P.J.H., den Broeder, F.J.A., in: Ultrathin Magnetic Structures (Bland, J.A.C., Heinrich, B., Hrsg.), Springer, Berlin, Heidelberg, 1994, Vol. I, S. 65
[24] Grünberg, P., et al., Phys. Rev. Lett. **57**, 2442, 1986
[25] Binash, G., Grünberg, P., Saurenbach, F., Zinn, W., Phys. Rev. B. **39**, 4828, 1989
[26] Baibich, M.N., et al., Phys. Rev. Lett. **61**, 2472, 1988
[27] Bürgler, D.E., Grünberg, P., Demokritov, S.O., Johnson, M.T., in: Handbook of Magnetic Materials (Buschow, K.H.J., Hrsg.), North-Holland, Amsterdam, New York, Oxford, Tokyo, 2001, Vol. 13, S. 1
[28] Coehoorn, R., Phys. Rev. B. **44**, 9331, 1991
[29] Schmidt, C.M., et al., Phys. Rev. B. **60**, 4158, 1999
[30] Nogues, J., Schuller, I.K., J. Magn. Magn. Mater. **192**, 203, 1999
[31] Mott, N.C., Adv. Phys. **13**, 325, 1964
[32] Dieny, B., et al., Phys. Rev. B. **43**, 1297, 1991
[33] Spin Electronics (Ziese, M., Thornton, M.J., Hrsg.), Springer, Berlin, Heidelberg, 2001

6 Supraleitung

Hilbert v. Löhneysen

Auch fast 100 Jahre nach ihrer Entdeckung durch Kammerlingh-Onnes im Jahre 1911 [1] hat die Supraleitung nichts von ihrer Faszination verloren. Kammerlingh-Onnes erhielt dafür 1913 den Nobelpreis. Die Suche nach dem Mechanismus, der widerstandsloses Fließen des elektrischen Stroms ermöglicht, hat Generationen von Physikern herausgefordert. Erst 1957 gelang Bardeen, Cooper und Schrieffer [2] die Entwicklung einer leistungsfähigen mikroskopischen Theorie der Supraleitung, die nach ihnen BCS-Theorie genannt wird. Sie erhielten hierfür 1972 den Nobelpreis. Obwohl auf den Tieftemperaturbereich beschränkt, ist Supraleitung ein häufig auftretendes Phänomen: Die meisten Metalle und viele Legierungen werden bei hinreichend tiefen Temperaturen supraleitend. In den 60er und 70er Jahren des 20. Jahrhunderts wurden viele neue supraleitende Legierungen gefunden, jedoch blieb die Übergangstemperatur zur Supraleitung auf etwa 20 K beschränkt. Die Vorhersagen der BCS-Theorie wurden glänzend bestätigt. In der Einleitung zu einer umfassenden Monographie zur Supraleitung, die 1969 erschien, heißt es „This book might be the last nail to the coffin of superconductivity" [3]. Völlig unerwartet kam daher 1986 die Entdeckung der supraleitenden Kupferoxide (sog. Kuprate) durch Bednorz und Müller [4], die hierfür 1987 den Nobelpreis erhielten. Die von ihnen gefundene Übergangstemperatur T_c zur Supraleitung einer keramischen La-Ba-Cu-O-Legierung ($T_c = 35$ K) wurde bald auf T_c-Werte bis nahezu 150 K in strukturell verwandten Kupferoxiden gesteigert. Ebenso ungewöhnlich wie die hohe Übergangstemperatur – man spricht von Hochtemperatursupraleitern – sind die Eigenschaften dieser Materialien im normalleitenden Zustand. Supraleiter sind aus vielen Anwendungen – insbesondere im medizinischen Bereich – nicht mehr wegzudenken, etwa die supraleitenden Magnete, die das für die Kernspintomographie benötigte Magnetfeld verlustlos aufrechterhalten, oder die äußerst empfindlichen Magnetfeldsensoren, SQUIDs (Superconducting QUantum Interference Devices), die z. B. in der Lage sind, Gehirnströme berührungsfrei über die durch die Ströme verursachten winzigen Magnetfelder zu messen.

In diesem Kapitel werden nach der Vorstellung der experimentellen Grundtatsachen der Supraleitung (Abschn. 6.1) und erster phänomenologischer Modelle (Abschn. 6.2) die Grundzüge der BCS-Theorie erläutert und die experimentellen Tatsachen im Lichte der BCS-Theorie erklärt (Abschn. 6.3). Der Abschnitt 6.4 ist den Josephson-Effekten gewidmet, die u. a. dem physikalischen Mechanismus der oben erwähnten SQUIDs zugrunde liegen. B. Josephson erhielt für die Vorhersage dieser Effekte [5], die ihm als Doktorand 1961 gelang, 1973 den Nobelpreis. Abschließend werden die Besonderheiten einiger supraleitender Materialien, wie Übergangsmetalllegierungen, supraleitende Kuprate sowie andere Supraleiter, die in der Nähe zu magnetischer Ordnung liegen, diskutiert (Abschn. 6.5).

6.1 Grundlegende Aspekte der Supraleitung

6.1.1 Verschwinden des elektrischen Widerstands

Bei der Untersuchung des elektrischen Widerstands von Metallen bei tiefen Temperaturen entdeckte Heike Kammerlingh-Onnes 1911 die Supraleitung in Quecksilber (Hg). Hg hatte er als Untersuchungsobjekt gewählt, weil dieses durch einfache Destillation besonders rein dargestellt werden konnte. Abbildung 6.1 zeigt die Originalmesskurve von Kammerlingh-Onnes: der Widerstand R fällt bei der Übergangstemperatur T_c (auch kritische Temperatur oder Sprungtemperatur genannt) innerhalb eines sehr kleinen Temperaturintervalls von einem endlichen Wert R_n auf einen unmessbar kleinen Wert. Man definiert die „Übergangsbreite" $\Delta T_c = T(R = 0.9\,R_n) - T(R = 0.1\,R_n)$. Für saubere Proben findet man $\Delta T_c < 0.01$ K, also sehr scharfe Übergänge. Es sei darauf hingewiesen, dass auch verunreinigte Proben und Legierungen Supraleitung zeigen können (mit der Ausnahme magnetischer Verunreinigungen, s. Abschn. 6.5.2). Extrem ungeordnete, amorphe Legierungen weisen in manchen Fällen sogar höhere Sprungtemperaturen auf als entsprechende kristalline Legierungen gleicher Zusammensetzung.

Natürlich ist es prinzipiell nicht möglich, einen Widerstandswert $R = 0$ experimentell exakt nachzuweisen. Mit einer konventionellen Widerstandsmessung erreicht man leicht $R/R_n < 10^{-4}$. Eine wesentlich kleinere obere Schranke für R erreicht man mit einem Induktionsversuch: In einem supraleitenden Ring befindet sich bei

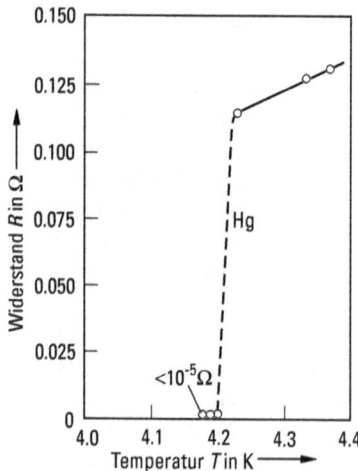

Abb. 6.1 Der Übergang zur Supraleitung von Quecksilber, nach der Original-Messkurve von Kammerlingh-Onnes [1].

einer Temperatur $T > T_c$ ein Stabmagnet. Nach Abkühlen des Rings auf $T < T_c$ wird der Magnet herausgezogen und so ein Strom im Ring induziert, der gemäß $I(t) = I_0 \exp[(-R/L) \cdot t]$ mit der Zeit t abklingt. Dabei bezeichnet L die Induktivität des Rings. Wenn streng $R = 0$ gilt, sollte ein nicht abklingender Dauerstrom fließen. Tatsächlich hat man Dauerströme über Jahre hinweg ohne merkbare Abnahme beobachtet. Der Nachweis des Dauerstroms gelingt dabei über das mit dem Strom verknüpfte magnetische Moment $M = I \cdot A$, wobei A die vom Ring umschlossene Fläche ist. Die so erhaltene obere Grenze von $R/R_n < 10^{-14}$ rechtfertigt die Annahme, dass für Supraleiter tatsächlich $R = 0$ gilt.

6.1.2 Meißner-Ochsenfeld-Effekt

Der Supraleiter ist nicht nur ein *idealer Leiter*, er ist auch ein *idealer Diamagnet*, d. h. er verdrängt den magnetischen Fluss, so dass im Innern unabhängig von der Vorgeschichte die magnetische Induktion $B = 0$ herrscht (wir werden gleich Einschränkungen dieser Behauptung hinnehmen müssen). Dies wurde zuerst von Meißner und Ochsenfeld [6] gezeigt. Im Gegensatz dazu wäre der Zustand eines idealen Leiters (ohne idealen Diamagnetismus) abhängig von der Vorgeschichte, wie folgende Überlegung zeigt. Dazu müssen wir wissen, dass ein äußeres Magnetfeld die Supraleitung unterdrückt, wie qualitativ in Abb. 6.2 dargestellt. Für $T < T_c$ herrscht für außen angelegte Magnetfelder $B_a = \mu_0 H$, wobei μ_0 die magnetische Feldkonstante und H die magnetische Feldstärke ist, unterhalb eines kritischen Felds $B_c(T)$ Supraleitung, für höhere Felder Normalleitung. Wie Abb. 6.2 zeigt, gibt es zwei Möglichkeiten, vom normalleitenden Zustand mit $T > T_c$ und $B = 0$ (Punkt 1) in den supraleitenden Zustand mit $T < T_c$ und $0 < B_a < B_c$ (Punkt 2) zu gelangen. Beim Weg ab wird der Supraleiter im Feld $B_a = 0$ unter T_c abgekühlt (a), beim darauf folgenden Einschalten des Feldes (b) wird wegen $R = 0$ ein Dauerstrom induziert, der nach der Lenz'schen Regel verhindert, dass magnetischer Fluss in das Innere der Probe eindringt, d. h. im Inneren des idealen Leiters ist in diesem Fall

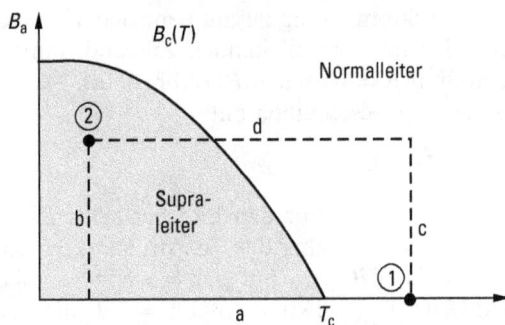

Abb. 6.2 Schematisches Phasendiagramm mit dem Stabilitätsbereich des supraleitenden Zustands im äußeren Magnetfeld B_a. Eingezeichnet sind zwei Wege ab und cd, um vom normalleitenden Zustand mit $T > T_c$ und $B_a = 0$ (Punkt 1) zum supraleitenden Zustand $T < T_c$, $0 < B_a < B_c$ (Punkt 2) zu gelangen.

$B = 0$. Wird andererseits der Weg cd beschritten, so fließt beim Einschalten des Feldes für $T > T_c$ (c) wegen des endlichen Widerstands im Normalzustand nur kurzzeitig ein Induktionsstrom. Wenn dieser abgeklungen ist, ist der Fluss vollständig in die Probe eingedrungen. Beim Abkühlen im endlichen konstanten Feld durch T_c hindurch (d) passiert nichts. Somit ist der Zustand des *idealen Leiters* abhängig von der Vorgeschichte. Der Versuch von Meißner und Ochsenfeld zeigt, wie erwähnt, dass im Inneren eines *homogenen Supraleiters* stets $B = 0$ ist, unabhängig von der Vorgeschichte! Damit ist der supraleitende Zustand ein Gleichgewichtszustand im Sinne der Thermodynamik.

Wir müssen die eben getroffene Aussage, $B = 0$ im Inneren eines Supraleiters, einschränkend noch etwas genauer formulieren:

- $B = 0$ gilt für alle Felder $B_a < B_c$ nur für so genannte Supraleiter 1. Art (Abschn. 6.1.3).
- $B = 0$ gilt bis auf eine dünne Oberflächenschicht. In dieser fließt der supraleitende Dauerstrom, der notwendig ist zur Abschirmung des Feldes (Abschn. 6.2.1).
- Bei nicht stabförmigen Proben sind Entmagnetisierungseffekte zu berücksichtigen (Abschn. 6.1.3).

6.1.3 Supraleiter 1. und 2. Art

Wie schon erwähnt, wird die Supraleitung durch Magnetfelder unterdrückt. Supraleiter 1. Art und 2. Art unterscheiden sich durch ihr Verhalten im Magnetfeld.

6.1.3.1 Supraleiter 1. Art

Wir wollen zunächst das Verhalten einer kompakten, stabförmigen Probe mit langer Achse parallel zum angelegten Magnetfeld $B_a = \mu_0 H$ betrachten, um die erwähnten Entmagnetisierungseffekte zunächst vernachlässigen zu können. Der Meißner-Ochsenfeld-Effekt besagt, dass im Inneren des Supraleiters $B = 0$ herrscht. Dies gilt bis zum kritischen Feld B_c, bei dem die Supraleitung zusammenbricht. Danach dringt Fluss in die Probe ein, und für eine im normalleitenden Zustand unmagnetische Probe mit magnetischer Permeabilität $\mu = 1$ ist $B = B_a$ (Abb. 6.3a). Das Verhalten im supraleitenden Zustand können wir beschreiben mit

$$B = \mu_0 (H + M) = B_a + \mu_0 M = 0. \tag{6.1}$$

Somit ist die Magnetisierung $M = -B_a/\mu_0$. Für den hier betrachteten Fall eines Ellipsoids ist M parallel zu B_a. Wir können daher den Tensorcharakter der magnetischen Suszeptibilität χ, $\chi_{\mu\nu} = \mu_0 (\partial M_\mu/\partial B_\nu)_{B_a \to 0}$ mit $\mu, \nu = x, y, z$ vernachlässigen und schreiben einfach $\chi = \mu_0 (dM/dB_a)_{B_a \to 0}$. Damit folgt $\chi = -1$, also der ideale Diamagnetismus. Die Magnetisierungskurve eines Supraleiters 1. Art zeigt Abb. 6.3b. Typische Werte von $B_c(T = 0)$ sind $B_c = 0.080\,\text{T}$ für Pb und $B_c = 0.01\,\text{T}$ für Al.

Wir können, nachdem durch den Meißner-Ochsenfeld-Effekt die Supraleitung als Gleichgewichtsphase etabliert ist, einige thermodynamische Beziehungen herlei-

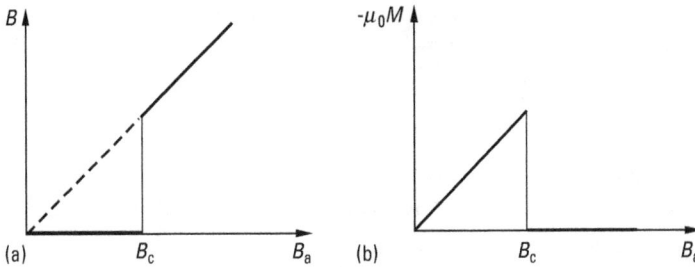

Abb. 6.3   Supraleiter 1. Art im äußeren Magnetfeld $B_a = \mu_0 H$: (a) Die magnetische Induktion im Innern des Supraleiters ist $B = 0$ für $B < B_c$ und springt dann auf den Wert $B = B_a$, gestrichelt ist der Verlauf im (unmagnetischen) normalleitenden Zustand. (b) Magnetisierung M als Funktion von B_a.

ten. Zu den Variablen Temperatur T, Druck p und magnetische Induktion B gehört (bei konstanter Teilchenzahl) die Gibbs-Funktion (freie Enthalpie)

$$G = U - TS + pV - mB. \tag{6.2}$$

Hierbei ist U die innere Energie, S die Entropie und $m = MV$ das magnetische Moment der Probe mit dem Volumen V. Da m entweder parallel oder antiparallel zu B steht, können wir dies im Vorzeichen berücksichtigen und die Vektorbezeichnung weglassen.

Mit der Änderung der inneren Energie

$$dU = T\,dS - p\,dV + B\,dm \tag{6.3a}$$

folgt für die Änderung der freien Enthalpie

$$dG = -S\,dT + V\,dp - m\,dB. \tag{6.3b}$$

Für eine gegebene feste Temperatur T gilt also (mit $p = \text{const}$)

$$G_s(T, B) - G_s(T, 0) = -\int_0^B m\,dB'. \tag{6.3c}$$

Wir betrachten, wie erwähnt, Metalle, die im normalleitenden Zustand unmagnetisch sind, und vernachlässigen die geringe Suszeptibilität der Leitungselektronen durch den Pauli-Paramagnetismus und Landau-Diamagnetismus. Unter diesen Voraussetzungen ist $G_n(T, B) = G_n(T, 0)$. Weiter gilt am Übergang zwischen Supraleiter und Normalleiter bei der kritischen Feldstärke $G_n(T, B_c) = G_s(T, B_c)$, denn dort koexistieren beide Phasen. Damit folgt

$$G_n(T, 0) - G_s(T, 0) = -\int_0^{B_c(T)} m\,dB' = VB_c^2(T)/2\mu_0, \tag{6.4}$$

wobei wir $m = -VB/\mu_0$ benutzt haben und die Volumenabhängigkeit $V = V(T, B)$ vernachlässigen. Diese Enthalpiedifferenz wird die *Kondensationsenergie* des Supraleiters genannt. Der Grund hierfür wird später klar.

Mit Kenntnis der freien Enthalpie lassen sich weitere thermodynamische Größen berechnen, z. B. ist die Entropie $S = (-\partial G/\partial T)_{B,p}$ somit folgt für $B = 0$

$$S_n - S_s = -\frac{V}{\mu_0} B_c \frac{\partial B_c}{\partial T}.$$ (6.5)

In den allermeisten Fällen ist $\partial B_c/\partial T < 0$, d. h. die Entropie ist im supraleitenden Zustand kleiner als im normalleitenden Zustand. Häufig gilt näherungsweise

$$B_c(T) = B_c(0)\,(1 - (T/T_c)^2).$$ (6.6)

Ebenso lässt sich die spezifische Wärme gemäß $C_p = T(\partial S/\partial T)_{p,B}$ aus Gl. (6.5) berechnen. Mit Gl. (6.6) würde man $C_p \sim T^3$ für $T \ll T_c$ erwarten. Tatsächlich nimmt der elektronische Beitrag zur spezifischen Wärme im Supraleiter exponentiell ab (Abschn. 6.3.4).

Bringt man einen räumlich ausgedehnten Supraleiter (z. B. eine supraleitende Kugel) in ein zunächst räumlich konstantes Magnetfeld B_a, so ist das äußere Magnetfeld am Äquator aufgrund der Feldverdrängung größer als an den Polen, wie schematisch in Abb. 6.4a angedeutet. Für ein Ellipsoid mit einer Hauptachse parallel zum angelegten Feld herrscht am Äquator das effektive Feld

$$B_{eff} = B_a - N\mu_0 M,$$ (6.7)

wobei N der Entmagnetisierungsfaktor ist, der nur von der Geometrie abhängt, z. B. $N = 1/3$ für eine Kugel. Für dünne Zylinder oder Platten parallel zum Magnetfeld ist $N \approx 0$. Mit $M = -B_{eff}/\mu_0$ folgt $B_{eff} = B_a/(1 - N) > B_a$. Falls $B_a < B_c < B_{eff}$ ist, dringt magnetischer Fluss in die Probe ein. Würde die Probe aber vollständig normalleitend werden, wäre überall $B = B_a < B_c$. Daher bildet sich ein *Zwischenzustand* mit normalleitenden und supraleitenden Domänen aus. Das Domänenmuster ist im Allgemeinen, wie Abb. 6.5 am Beispiel einer supraleitenden In-Schicht senkrecht zum Magnetfeld ($N \approx 1$) zeigt, recht kompliziert. Falls sich die Domä-

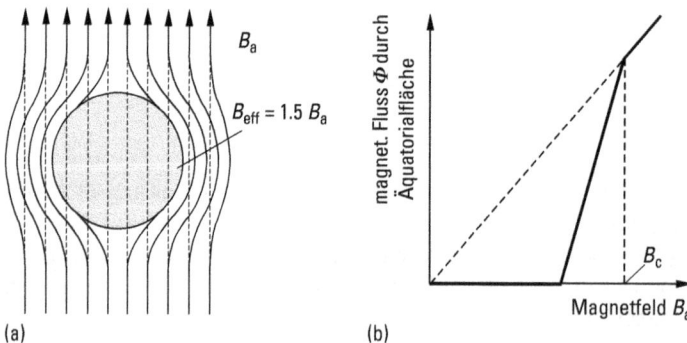

Abb. 6.4 (a) Ausgedehnter Supraleiter 1. Art im äußeren Magnetfeld B_a. Am Äquator ist das effektive Feld $B_{eff} > B_a$. Für das hier gezeigte Beispiel einer Kugel ist $B_{eff} = 1.5\,B_a$. (b) Für $B_a < B_c < B_{eff}$ bildet sich ein Zwischenzustand mit normalleitenden und supraleitenden Bereichen aus. Daher befindet sich Fluss in der Probe. Bei Anstieg von B_a wachsen die normalleitenden Domänen an, bis bei $B_a = B_c$ die Probe vollständig normalleitend ist.

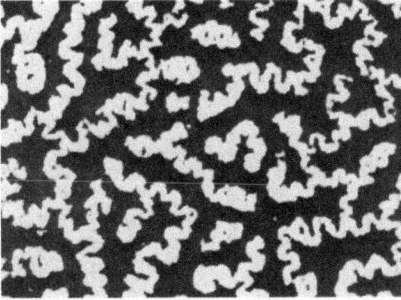

Abb. 6.5 Indiumplatte senkrecht zum angelegten Feld im Zwischenzustand mit supraleitenden (dunkel) und normalleitenden Bereichen (hell). Der Bildausschnitt beträgt etwa $2.0 \times 1.4 \, cm^2$, nach [7].

nenstruktur reversibel bei Änderung von B_a ändert, ist die magnetische Induktion in der Äquatorialebene durch den in Abb. 6.4b dargestellten Verlauf gegeben.

6.1.3.2 Supraleiter 2. Art

Während Supraleiter aus reinen Elementen fast immer Supraleiter 1. Art sind (Nb bildet eine Ausnahme), sind Legierungen oder intermetallische Verbindungen in der Regel Supraleiter 2. Art. Bei diesen – wir nehmen zunächst wieder eine lange stabförmige Probe parallel zum Außenfeld B_a an – wird der Meißner-Ochsenfeld-Effekt $B = 0$ nur bis zu einem unteren kritischen Feld B_{c1} beobachtet, dann dringt magnetischer Fluss teilweise in die Probe ein, der supraleitende Zustand bleibt jedoch bis zu einem oberen kritischen Feld B_{c2} erhalten (Abb. 6.6). Im Feldbereich $B_{c1} < B_a < B_{c2}$ herrscht ein *Mischzustand*. Um diesen nicht mit dem oben besprochenen Zwischenzustand zu verwechseln, bezeichnet man diese Phase auch als *Shub-*

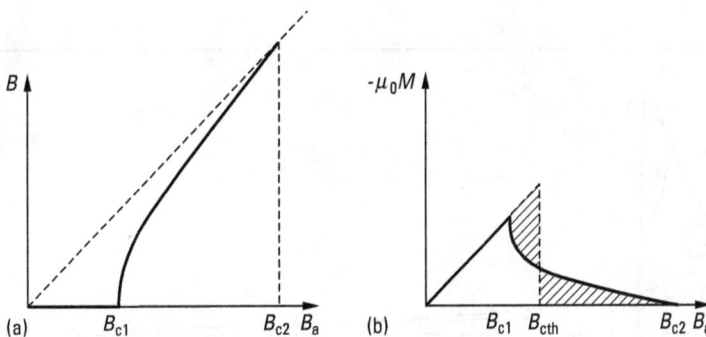

Abb. 6.6 Supraleiter 2. Art im äußeren Magnetfeld $B_a = \mu_0 H$. (a) Die magnetische Induktion im Inneren ist $B = 0$ für $B_a < B_{c1}$ und erreicht den Wert $B = B_a$ für $B_a = B_{c2}$. Dort verschwindet die Supraleitung. (b) Magnetisierungskurve. Das thermodynamische kritische Feld B_{cth} wird aus der Flächengleichheit der beiden gestrichelten Flächen bestimmt (siehe Text).

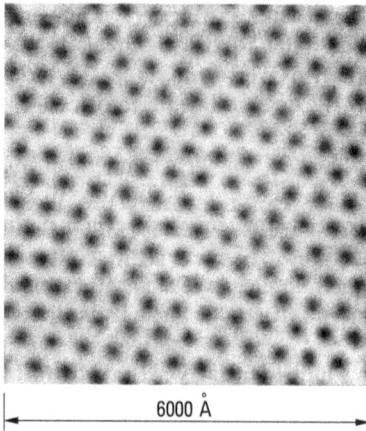

6000 Å

Abb. 6.7   Flussliniengitter des Supraleiters NbSe$_2$ ($T_c = 7.2$ K, $B_{c2}(0) = 3.2$ T), aufgenommen mit dem Rastertunnelmikroskop in einem Feld $B_a = 1$ T bei 1.8 K, nach [8].

nikov-Phase. In der Shubnikov-Phase ist also $B < B_a$. Der magnetische Fluss ist allerdings nicht homogen in der Probe verteilt, sondern in Form von Flusslinien regelmäßig angeordnet. Die Durchstoßpunkte dieser Flusslinien durch eine Ebene senkrecht zu B_a bilden in vielen Fällen ein regelmäßiges hexagonales Gitter. Die Pionierarbeiten zur Sichtbarmachung des *Flussliniengitters* benutzten eine Dekorationsmethode mit Eisenpartikeln, die sich nach dem Verdampfen auf die Durchstoßpunkte der Flusslinien des (natürlich gekühlten) Supraleiters niederschlugen.

Heute kann man Flussliniengitter auch durch Neutronenbeugung oder Rastertunnelmikroskopie beobachten. Abb. 6.7 zeigt ein Beispiel für eine Abbildung des Flussliniengitters mit dem Rastertunnelmikroskop. Die Ursache für das Flussliniengitter ist die Quantisierung des magnetischen Flusses (Abschn. 6.2.1). Man beachte

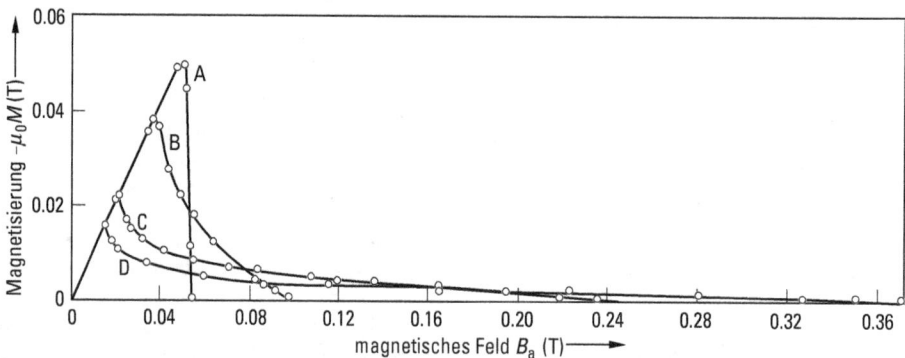

Abb. 6.8   Magnetisierungskurven von reinem Blei (A) und Blei-Indium-Legierungen mit einem Indium-Gehalt von 2 at% (B), 8 at% (C) und 20 at% (D) jeweils bei 4.2 K, nach [9].

den kleinen Abstand der Flusslinien voneinander im Vergleich zur Größe der normalleitenden Bereiche im Zwischenzustand eines Supralciters 1. Art. (Abschn. 6.2.1)

Wie beim Supraleiter 1. Art ist die Kondensationsenergie gegeben durch die Differenz der freien Enthalpie im normalleitenden und im supraleitenden Zustand:

$$G_n(T) - G_s(T) = - \int_0^{B_{c2}(T)} m\, dB = \frac{V}{2\mu_0} B_{cth}^2(T), \qquad (6.8)$$

wobei mit der rechten Gleichung das *thermodynamische kritische Feld* B_{cth} definiert ist. Die Kondensationsenergie eines Supraleiters 2. Art entspricht der eines Supraleiters 1. Art mit $B_c = B_{cth}$, d. h. für Supraleiter 1. Art ist $B_c = B_{cth}$. Für Supraleiter

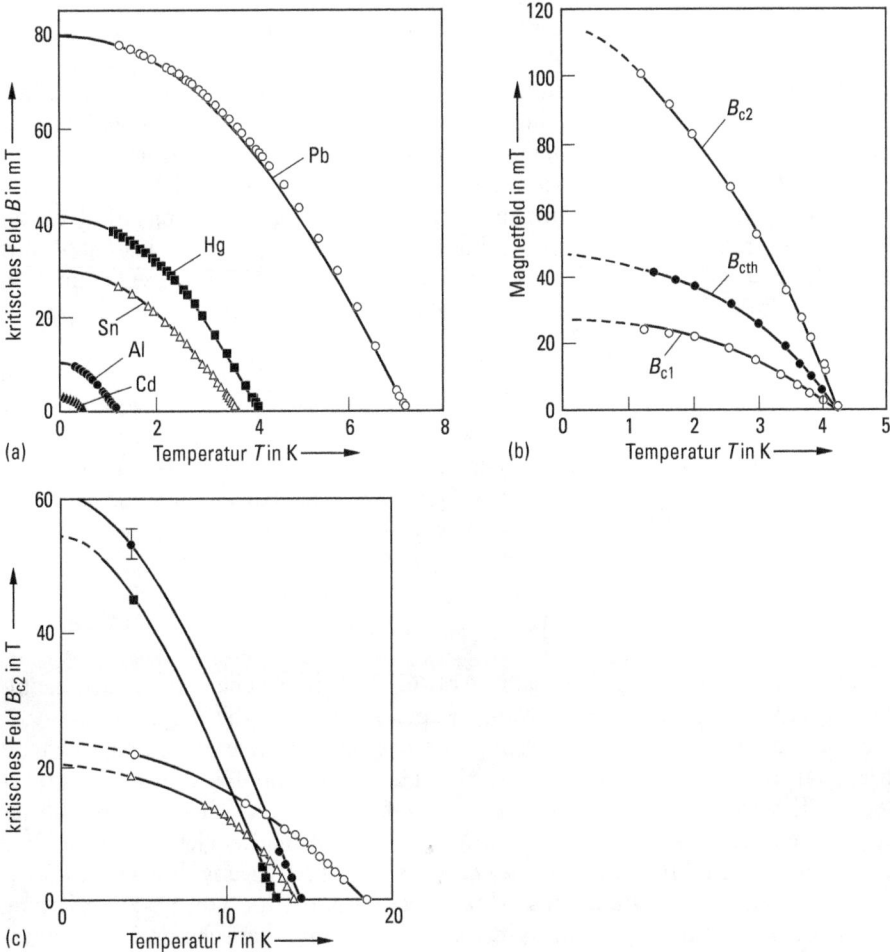

Abb. 6.9   (a) Kritische Felder $B_c(T)$ einiger Supraleiter 1. Art. (b) Kritische Felder $B_{c1}(T)$, $B_{c2}(T)$ und $B_{cth}(T)$ einer Indium-Bismuth-Legierung, nach [10]. (c) Kritische Felder $B_{c2}(T)$ einiger Hochfeldsupraleiter: Nb_3Sn (offene Kreise), V_3Ga (Dreiecke), $PbMo_{6.35}S_8$ (Quadrate) und $PbGd_{0.3}Mo_6S_8$ (geschlossene Kreise); nach [11], [12].

2. Art gilt $B_{c1} < B_{cth} < B_{c2}$, wobei B_{cth} aus der Magnetisierungskurve $m(B)$ durch Flächengleichheit

$$\int_{B_{c1}}^{B_{cth}} (-(B/\mu_0) - m)\, dB = \int_{B_{cth}}^{B_{c2}} m\, dB,$$

wie aus Gl. (6.8) hervorgeht, bestimmt werden kann (s. Abb. 6.6).

Man kann jeden Supraleiter 1. Art durch Zulegieren eines geeigneten weiteren chemischen Elements zu einem Supraleiter 2. Art machen. Abbildung 6.8 zeigt dies am Beispiel von Pb, das durch Zulegieren von einigen Atomprozent In zu einem Supraleiter 2. Art wird, wobei B_{c2} mit steigender In-Konzentration ansteigt. Dies lässt sich auf die abnehmende mittlere freie Weglänge der Elektronen zurückführen. Bei *Hochfeldsupraleitern* sind B_{c2}-Werte von vielen Tesla erreichbar. Abbildung 6.9 zeigt den Verlauf von $B_c(T)$ für einige Supraleiter 1. Art sowie $B_{c1}(T)$, $B_{c2}(T)$ und $B_{cth}(T)$ für einige Supraleiter 2. Art.

Wir haben hier nur reversible Supraleiter 2. Art betrachtet. Bei diesen dringt Fluss beim Überschreiten von B_{c1} reversibel in die Probe ein und wird bei Abnahme von B_a wieder aus der Probe verdrängt. Technisch wichtig sind irreversible Supraleiter 2. Art (sog. *harte Supraleiter*), bei denen durch Haftzentren, z. B. Kristalldefekte oder normalleitende Einschlüsse, magnetischer Fluss bei Feldänderung haften bleibt. Diese Haftzentren verhindern, dass beim Fließen eines Stroms die Lorentz-Kraft zu einer Bewegung der Flusslinien und damit zu Dissipation führt. Diese Dissipation entsteht durch die Bewegung der im Kern der Flusslinien vorhandenen normalleitenden Elektronen (Abschn. 6.2.2.).

Die oben für Supraleiter 1. Art diskutierten Entmagnetisierungseffekte führen in einem Supraleiter 2. Art zu einer Koexistenz makroskopischer Bereiche von feldfreier Meißner-Phase mit der Shubnikov-Phase, wenn $B_a < B_{c1} < B_{eff}$ ist. Der Vollständigkeit halber sei erwähnt, dass in einem Supraleiter 2. Art unter bestimmten Bedingungen Supraleitung in einer dünnen Oberflächenschicht parallel zum äußeren Feld bis zu einem Feld $B_{c3} \approx 1.7\, B_{c2}$ bestehen kann.

6.1.4 Auftreten von Supraleitung

Das Periodensystem der Elemente ist in Abb. 6.10 wiedergegeben. Unter den metallenen Elementen ist, wie schon erwähnt, Supraleitung eher die Regel als die Ausnahme: unter ihnen gibt es über dreißig, die bei tiefen Temperaturen supraleitend werden, darunter einige nur unter hohem Druck. Die höchste Übergangstemperatur unter den Elementen unter Normaldruck hat Nb ($T_c = 9.2$ K), die niedrigste bisher nachgewiesene hat Rh ($T_c = 0.32$ mK). Magnetisch ordnende elementare Metalle (Ferromagnete oder Antiferromagnete) zeigen keine Supraleitung. Vor kurzem wurde jedoch in einer (unmagnetischen) Hochdruckmodifikation von Fe Supraleitung mit $T_c = 2$ K entdeckt [13], ebenso gibt es in Ce eine magnetische und eine supraleitende Phase. Nur wenige metallene Elemente sind weder magnetisch geordnet noch supraleitend (hauptsächlich Alkali-, Erdalkali- und Edelmetalle). Unter einem Druck von 48 GPa zeigt Li Anzeichen von Supraleitung bei 20 K. Ferner tritt Supraleitung in manchen metallischen Hochdruckphasen von Nichtmetallen wie Si, Ge, P oder As und sogar in festem Sauerstoff auf.

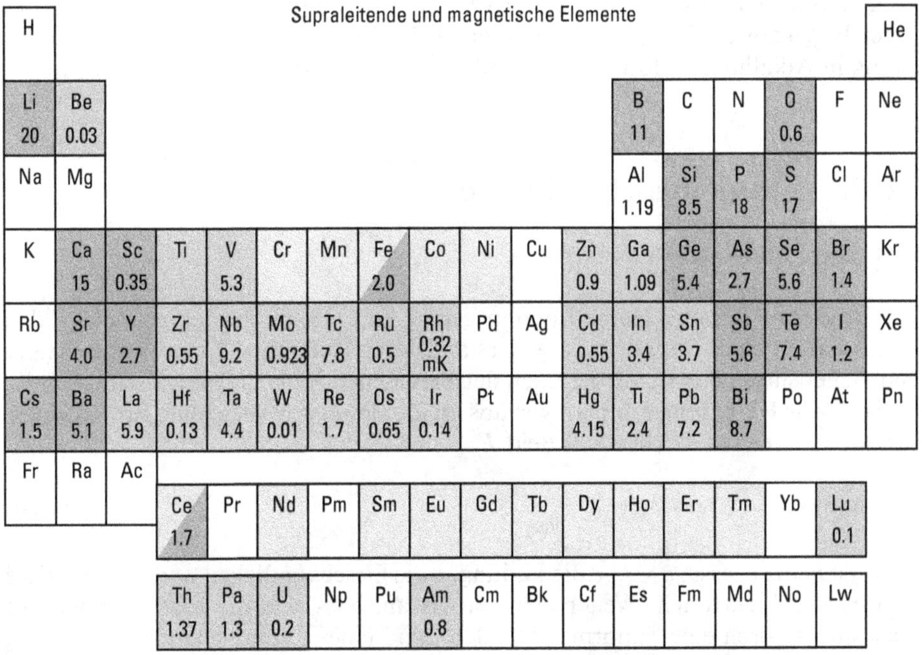

Supraleitende und magnetische Elemente

H																	He
Li 20	Be 0.03											B 11	C	N	O 0.6	F	Ne
Na	Mg											Al 1.19	Si 8.5	P 18	S 17	Cl	Ar
K	Ca 15	Sc 0.35	Ti	V 5.3	Cr	Mn	Fe 2.0	Co	Ni	Cu	Zn 0.9	Ga 1.09	Ge 5.4	As 2.7	Se 5.6	Br 1.4	Kr
Rb	Sr 4.0	Y 2.7	Zr 0.55	Nb 9.2	Mo 0.923	Tc 7.8	Ru 0.5	Rh 0.32 mK	Pd	Ag	Cd 0.55	In 3.4	Sn 3.7	Sb 5.6	Te 7.4	I 1.2	Xe
Cs 1.5	Ba 5.1	La 5.9	Hf 0.13	Ta 4.4	W 0.01	Re 1.7	Os 0.65	Ir 0.14	Pt	Au	Hg 4.15	Tl 2.4	Pb 7.2	Bi 8.7	Po	At	Pn
Fr	Ra	Ac															

Ce 1.7	Pr	Nd	Pm	Sm	Eu	Gd	Tb	Dy	Ho	Er	Tm	Yb	Lu 0.1
Th 1.37	Pa 1.3	U 0.2	Np	Pu	Am 0.8	Cm	Bk	Cf	Es	Fm	Md	No	Lw

Abb. 6.10 Supraleiter im Periodensystem der Elemente. Mittelgrau getönt sind Metalle, die unter Normaldruck supraleitend werden, mit Übergangstemperaturen T_c (in K). Dunkelgrau sind Elemente, die unter hohem Druck supraleitend werden, mit dem höchsten erreichten T_c-Wert. Hellgrau sind Elemente, die magnetische Ordnung zeigen. Fe und Ce zeigen in verschiedenen Modifikationen magnetische Ordnung bzw. Supraleitung. Nur wenige Elemente (weiß) zeigen weder Supraleitung noch magnetische Ordnung. Daten nach [14].

Bisher sind weit über 1000 Legierungen und intermetallische Verbindungen bekannt, die supraleitend werden. Einige besondere seien hier aufgezählt:

- supraleitende Verbindungen aus nicht supraleitenden Elementen, z. B. CuS ($T_c = 1.6\,\mathrm{K}$);
- Metallhydrid-Legierungen, z. B. PdH_x ($T_c \approx 9\,\mathrm{K}$);
- die sog. A15-Phasen, lange Zeit T_c-Rekordhalter, z. B. Nb_3Sn ($T_c = 18\,\mathrm{K}$) und Nb_3Ge ($T_c = 23.2\,\mathrm{K}$);
- anorganische Polymere, z. B. $(SN)_x$ ($T_c = 0.3\,\mathrm{K}$).

Um 1980 wurden organische Supraleiter entdeckt. Deren bisher höchste Übergangstemperatur unter Normaldruck ist $T_c = 11.5\,\mathrm{K}$. Oxidische Supraleiter wie Ba-Pb-Bi-O-Verbindungen sind schon länger bekannt. Durch die bereits erwähnte Entdeckung von Supraleitung in einer La-Ba-Cu-O-Keramik mit $T_c = 35\,\mathrm{K}$ durch Bednorz und Müller [4] wurde ein neues Tor zur Supraleitung geöffnet. Unter diesen Kupratsupraleitern, deren bestimmendes strukturelles Element Kristallgitterebenen sind, die aus Cu und O bestehen, wurde kurz darauf mit $YBa_2Cu_3O_7$ ein Material gefunden, das mit $T_c \approx 90\,\mathrm{K}$ bereits oberhalb der Siedetemperatur von flüssigem Stickstoff

(77 K) supraleitend ist. Rekordhalter ist $HgBa_2Ca_2Cu_3O_8$ mit $T_c = 133\,K$, das unter Druck bis zu etwa 160 K Supraleitung zeigt [15]. Erwähnenswert ist auch die Supraleitung in Alkalimetall-dotierten C_{60}-Fullerenen mit maximalem $T_c = 33\,K$.

6.2 Phänomenologische Modelle

6.2.1 Die London-Gleichungen

Den Brüdern Fritz und Heinz London gelang es 1935, die beiden grundlegenden Eigenschaften eines Supraleiters, widerstandsloser Stromfluss ($R = 0$) und idealer Diamagnetismus ($B = 0$), im Rahmen der klassischen Elektrodynamik zu beschreiben [16]. Zur Herleitung erinnern wir uns an die Bewegungsgleichung für Leitungselektronen in einem elektrischen Feld E:

$$m\dot{v} + \frac{m}{\tau}v = -eE.\tag{6.9}$$

Dabei ist m die Masse, $q = -e$ die Ladung, v die Geschwindigkeit und τ die mittlere Stoßzeit der Elektronen. Weiter nehmen wir an, dass sich die Eigenschaften des Supraleiters durch einen „normalleitenden" und einen „supraleitenden" Anteil n_n und n_s der Ladungsträgerdichte n beschreiben lassen mit $n = n_s + n_n$. Die Begründung für dieses *Zweiflüssigkeitsmodell* wird später deutlich.

Es soll gelten für $T \geq T_c$: $n_s = 0$, $n_n = n$, und für $T \to 0$: $n_s = n$ und $n_n = 0$. Den widerstandslosen Stromfluss der supraleitenden Komponente können wir beschreiben, indem wir $\tau \to \infty$ setzen. Mit der Stromdichte der supraleitenden Komponente $j_s = -e_s n_s v$ und der Abkürzung $\Lambda = m_s/(n_s e_s^2)$ folgt

$$\frac{\partial(\Lambda j_s)}{\partial t} = E.\tag{6.10}$$

Dies ist die 1. London-Gleichung, die den verlustfreien Stromtransport beschreibt. Die Brüder London nahmen an, dass die supraleitenden Elektronen einzelne Elektronen sind. Aus der BCS-Theorie (Abschn. 6.3) wissen wir, dass es sich bei der supraleitenden Komponente um Cooper-Paare handelt mit Masse $m_s = 2\,m$ und Ladung $e_s = 2\,e$, folglich ist ihre Anzahldichte (für $T \to 0$) $n_s = n/2$. Der Faktor 2 kürzt sich in dem obigen Ausdruck für Λ gerade heraus.

Mit der Maxwell-Gleichung $rot\,E = -\dot{B}$ folgt aus Gl. (6.10)

$$\frac{\partial}{\partial t}(rot(\Lambda j_s) + B) = 0.\tag{6.11}$$

Mit der Maxwell-Gleichung $rot\,B = -\mu_0 j_s$ (unter Vernachlässigung des Verschiebungsstroms) folgt $\dot{B} = -(\Lambda/\mu_0)\,rot\,rot\,\dot{B}$ und weiter wegen $rot\,rot = grad\,div - \nabla^2$ und $div\,B = 0$

$$\nabla^2 \dot{B} = \frac{\mu_0}{\Lambda}\dot{B}.\tag{6.12}$$

Diese Gleichung beschreibt, dass der ideale Leiter keine Feldänderung im Innern zulässt. Der Meißner-Ochsenfeld-Effekt lässt sich dagegen nur beschreiben, wenn man die Integrationskonstante bei Integration von Gl. (6.11) zu Null setzt, also

$$\text{rot}(\Lambda \boldsymbol{j}_s) + \boldsymbol{B} = 0. \tag{6.13}$$

Dies ist die 2. London-Gleichung. Damit wird aus Gl. (6.12)

$$\nabla^2 \boldsymbol{B} = \frac{\mu_0}{\Lambda} \boldsymbol{B}. \tag{6.14}$$

Wir betrachten im Folgenden den in Abb. 6.11 gezeichneten Spezialfall, dass der Supraleiter den Halbraum mit $x > 0$ einnimmt und das Magnetfeld in z-Richtung anliegt: $\boldsymbol{B} = (0, 0, B)$. Damit vereinfacht sich Gl. (6.14) zu $\mathrm{d}^2 B / \mathrm{d} x^2 = (\mu_0/\Lambda) B$ mit der Lösung

$$B(x) = B_a \exp\left(-\frac{x}{\lambda_L}\right), \tag{6.15}$$

wobei $B = B_a$ für $x < 0$.

$\lambda_L = (\Lambda/\mu_0)^{1/2}$ wird die *London-Eindringtiefe* genannt. Auf dieser Längenskala klingt die magnetische Induktion ab, und in diesem Bereich nahe der Oberfläche fließen die supraleitenden Abschirmströme mit der Stromdichte

$$\boldsymbol{j}_s = \boldsymbol{j}_0 \exp(-x/\lambda_L), \tag{6.16}$$

die das Innere des Supraleiters feldfrei halten. Die Eindringtiefe λ_L ist temperaturabhängig, da n_s von T abhängt: Für $T \to T_c$, d. h. $n_s \to 0$, divergiert λ_L, das Magnetfeld dringt immer weiter in den Supraleiter ein.

In dünnen supraleitenden Schichten der Dicke $d < \lambda_L$ klingt B nicht vollständig auf Null ab. Wir erläutern dies wieder an einem einfachen Beispiel. Die Schichtnormale sei parallel zur x-Achse und wir legen den Punkt $x = 0$ in die Mitte der Schicht. Dann folgt aus Gl. (6.15) unter Berücksichtigung der Randbedingungen $B(d/2) = B(-d/2) = B_a$:

$$B(x) = B_a \frac{\cosh(x/\lambda_L)}{\cosh(d/\lambda_L)}. \tag{6.17}$$

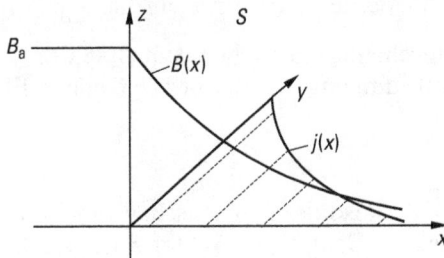

Abb. 6.11 Grenzfläche zwischen einem Supraleiter S ($x > 0$) und Vakuum ($x < 0$). Das äußere Feld B_a (angelegt in z-Richtung) klingt im Inneren exponentiell ab. Eingezeichnet sind auch die supraleitenden Abschirmströme, die parallel zur Grenzfläche in y-Richtung fließen und ebenfalls exponentiell abklingen.

Da das Magnetfeld nicht vollständig abgeschirmt wird, andererseits aber die Kondensationsenergie, die ein Maß für die Stabilität des supraleitenden Zustands ist, in der dünnen Schicht nicht geändert wird, ist das kritische Feld dünner Schichten mit $d < \lambda_L$ größer als B_c des entsprechenden kompakten Materials.

Die London-Gleichungen ergänzen die Maxwell-Gleichungen um die Materialgleichungen für supraleitende Metalle. Wir haben hierbei die normalleitende Komponente vernachlässigt, die bei einem zeitlich sich ändernden Feld berücksichtigt werden muss. So entstehen auch in einem Supraleiter bei endlichen Temperaturen Wechselstromverluste durch die hin und her beschleunigten normalleitenden Elektronen. Zudem haben wir eine *lokale* Beziehung zwischen j_s, E und dem Vektorpotential A, das durch $B = \mathrm{rot}\, A$ gegeben ist, vorausgesetzt: j_s ist an jedem Ort r eindeutig bestimmt durch E und A an diesem Ort. Dies gilt nur, wenn die Felder auf einer Längenskala, auf der sich die Dichte der „supraleitenden" Elektronen ändert, konstant bleiben. Anderenfalls muss man eine allgemeinere nicht lokale Beziehung berücksichtigen, die analog zum Zusammenhang zwischen Stromdichte und elektrischem Feld beim anomalen Skin-Effekt ist und von Pippard [17] hergeleitet wurde.

Mit $B = \mathrm{rot}\, A$ lässt sich die 2. London-Gleichung schreiben als

$$\Lambda j_s + A = 0\,. \tag{6.18}$$

Diese Gleichung ist allerdings nicht eichinvariant. Damit (bei Abwesenheit freier Ladungen) $\mathrm{div}\, j_s = 0$ erfüllt ist, muss A so gewählt werden, dass $\mathrm{div}\, A = 0$ gilt (London-Eichung).

Schon die Brüder London nahmen an, dass sich ein Supraleiter durch eine makroskopische Wellenfunktion beschreiben lässt. Im Rahmen der BCS-Theorie lässt sich dies exakt begründen, wie wir sehen werden. Mit der Existenz einer makroskopischen Wellenfunktion folgt aus den London-Gleichungen eine weitere, ganz wesentliche Eigenschaft von Supraleitern: die Quantisierung des magnetischen Flusses in einem supraleitenden Ring. Wir gehen aus von der Bohr-Sommerfeld-Quantisierungsbedingung,

$$\oint p\, \mathrm{d}s = nh\,, \quad n = 1,\, 2,\, 3\,. \tag{6.19}$$

Hierbei ist $p = m v + q A$ der dynamische Impuls eines Teilchens mit der Ladung q. Der dynamische Impuls p unterscheidet sich somit vom kinetischen Impuls $m v$, der gemäß $\frac{1}{2} m v^2 = \frac{1}{2m}(p - qA)^2$ die kinetische Energie für ein nicht relativistisches Teilchen bestimmt. In der Quantenmechanik entspricht p dem Operator $-i\hbar\nabla$ [18]. Damit lautet die Quantisierungsbedingung für „supraleitende" Elektronen ($q = -e_s$) im Magnetfeld $B = \mathrm{rot}\, A$:

$$\oint m_s v\, \mathrm{d}s - e_s \oint A\, \mathrm{d}s = nh\,. \tag{6.20}$$

Es ist $\oint A\, \mathrm{d}s = \int \mathrm{rot}\, A\, \mathrm{d}F = \int B\, \mathrm{d}F = \phi_F$, also der magnetische Fluss durch die von dem geschlossenen Weg s umschlossene Fläche F (der Vektor F ist parallel zur Flächenelementnormalen).

Mit $j_s = -e_s n_s v_s$ folgt

$$-\frac{nh}{e_s} = \oint \frac{m_s}{n_s e_s^2}\, j_s\, \mathrm{d}s + \phi_F\,. \tag{6.21}$$

Im Inneren eines Supraleiters ist $j_s = 0$, damit folgt, wenn man den Integrationsweg entsprechend wählt,

$$|\phi_F| = \frac{h}{e_s} \cdot n,$$

d. h., der Fluss durch einen ringförmigen Supraleiter ist quantisiert. Die BCS-Theorie liefert wegen der Existenz der Cooper-Paare $e_s = 2e$, der Fluss ist also in Einheiten des Flussquants

$$\phi_0 = \frac{h}{2e} = 2.07 \cdot 10^{-15} \, \text{Vs} \qquad (6.22)$$

quantisiert. ϕ_0 entspricht dem Fluss, den das erdmagnetische Feld in einer Kreisfläche mit dem Durchmesser von etwa 7 μm erzeugt. Notwendig zum Nachweis der Flussquantisierung ist also eine sehr gute Abschirmung des Erdfeldes und die Untersuchung sehr kleiner Ringe. Der Nachweis gelang 1961 Doll und Nähbauer [19] und unabhängig davon Deaver und Fairbank [20]. Doll und Nähbauer bedampften einen 10 μm dicken Quarzfaden ringsherum mit einer Bleischicht ($d > \lambda_L$) und maßen die Größe des in verschiedenen angelegten Magnetfeldern nach Abkühlung unter T_c jeweils eingefrorenen Flusses über das damit verknüpfte magnetische Moment. Sie erhielten – ebenso wie Deaver und Fairbank – für das Flussquant tatsächlich $\phi_0 = h/2e$. Dies war eine überzeugende Demonstration der Existenz von Cooper-Paaren und damit eine eindrucksvolle Bestätigung der Vorhersage der BCS-Theorie. Die allgemeine Quantisierungsbedingung Gl. (6.21) besagt, dass die Größe auf der rechten Seite, das so genannte Fluxoid, quantisiert ist. Auch diese Fluxoidquantisierung wurde nachgewiesen [21].

Die Flussquantisierung belegt eindrucksvoll die Existenz einer makroskopischen Wellenfunktion und die starre Phasenkorrelation der Cooper-Paare. Würde nur ein Cooper-Paar einen Übergang von n nach $n + 1$ gemäß Gl. (6.21) machen, wäre die Flussänderung $\Delta\phi' = (h/2e)/Z_c$, wobei Z_c die Zahl der Cooper-Paare ist, die den Dauerstrom tragen. Diese Änderung wäre wegen der großen Zahl Z_c in einer makroskopischen Probe quasi kontinuierlich, im Gegensatz zur Flussquantisierung $\Delta\phi = h/2e$. Aufgrund der makroskopischen Besetzung der Wellenfunktion des Supraleiters bleibt ein einmal induzierter Kreisstrom – im Prinzip metastabil – erhalten.

6.2.2 Ginzburg-Landau-Theorie

Die London-Gleichungen beschreiben einen räumlich homogenen, supraleitenden Zustand, bei dem die Dichte n_s der „supraleitenden" Elektronen räumlich konstant ist. Das Flussliniengitter in der Shubnikov-Phase, die in Supraleitern 2. Art auftritt, ist damit nicht beschreibbar. Die Ginzburg-Landau-Theorie lässt eine räumliche Variation von n_s zu. Ausgangspunkt ist die Landau-Theorie der Phasenübergänge [22]. Danach wird allgemein eine geordnete Phase (hier die supraleitende Phase) durch einen Ordnungsparameter charakterisiert, der unterhalb der Temperatur T_c des Phasenübergangs endlich ist und für $T > T_c$ verschwindet. Für Phasenübergänge 2. Ordnung geht der Ordnungsparameter stetig gegen Null. Damit kann man nahe

T_c die freie Enthalpie G nach Potenzen des Ordnungsparameters entwickeln. Minimalisierung von G liefert dann die Ginzburg-Landau-Gleichungen.

Ginzburg und Landau [23] schlugen einen komplexen Ordnungsparameter $\psi(r)$ vor, dessen Quadrat als Dichte der „supraleitenden" Elektronen aufgefasst werden kann: $|\psi(r)|^2 = n_s$. Für einen räumlich homogenen Supraleiter mit Volumen V lässt sich die freie Enthalpiedichte des Supraleiters g_s nach Potenzen des Ordnungsparameters entwickeln:

$$g_s = g_n + \alpha|\psi|^2 + \frac{\beta}{2}|\psi|^4 + \dots. \tag{6.23}$$

Dabei ist g_n die (als konstant angenommene) Enthalpiedichte im normalleitenden Zustand. In der Nähe von T_c können wir höhere Terme vernachlässigen; aus der Gleichgewichtsbedingung $\partial g_s/\partial|\psi| = 0$ folgt dann $\beta = -\alpha/|\psi_0|^2$, wobei ψ_0 den räumlich homogenen Gleichgewichtszustand des Supraleiters beschreibt. Die freie Enthalpie G_s im supraleitenden Zustand lässt sich nach Gl. (6.8) schreiben als

$$G_s = G_n + \int_V d^3r \left(\alpha|\psi_0|^2 - \frac{\alpha}{2}|\psi_0|^2\right) = G_n - V\frac{B_{cth}^2}{2\mu_0}. \tag{6.24}$$

Damit wird $\alpha = -B_{cth}^2/\mu_0|\psi_0|^2$ und $\beta = B_{cth}^2/\mu_0|\psi_0|^4$. Wie Abb. 6.12 zeigt, ist die Bedingung $\alpha < 0$ wesentlich, um ein Minimum von $G_s - G_n$ für $|\psi_0| \neq 0$ zu erhalten.

Wird ein Magnetfeld angelegt, so müssen einerseits die Verdrängungsarbeit $(1/2\mu_0)|B_a - B)|^2$ und andererseits die kinetische Energie aufgrund der räumlichen Variation des Ordnungsparameters berücksichtigt werden:

$$G_s = G_n + \int_V d^3r \left[\alpha|\psi|^2 + \frac{\beta}{2}|\psi|^4 + \frac{1}{2\mu_0}|B_a - B|^2 + \frac{1}{2m_s}|(-i\hbar\nabla + e_s A)\psi|^2\right]. \tag{6.25}$$

Variation nach den Variablen ψ (oder ψ^*) und A liefert die Gleichgewichtsbedingung

$$\delta G_s = \frac{\partial G_s}{\partial A}\delta A + \frac{\partial G_s}{\partial \psi^*}\delta\psi^* = 0. \tag{6.26}$$

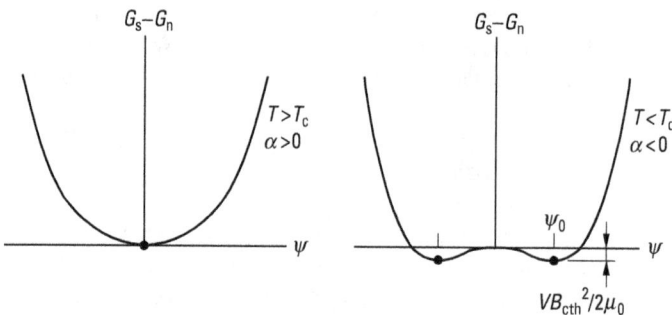

Abb. 6.12 Differenz der freien Enthalpien $G_s - G_n$ eines homogenen Supraleiters im supraleitenden und normalleitenden Zustand in Abhängigkeit vom Ordnungsparameter ψ. Links $T > T_c$, rechts $T < T_c$. Man beachte, dass α temperaturabhängig ist und bei T_c das Vorzeichen wechselt. Im Gleichgewichtszustand mit dem Ordnungsparameter ψ_0 ist $G_s - G_n = -VB_{cth}^2/2\mu_0$.

Diese Gleichung kann nur erfüllt werden, wenn die beiden Summanden getrennt verschwinden. Differentiation von G_s nach A bzw. ψ^* und Nullsetzen liefert nach einiger Rechnung die *Ginzburg-Landau-Gleichungen*

$$\int_V d^3r \left(-\Delta A + \mu_0 \frac{e_s \hbar}{2 m_s i} (\psi^* \nabla \psi - \psi \nabla \psi^*) + \frac{e_s^2}{m_s} \psi^* \psi A \right) = 0, \tag{6.27}$$

$$\int_V d^3r \left(\alpha \psi + \beta (\psi^* \psi) \psi + \frac{1}{2 m_s} |-i\hbar \nabla + e_s A|^2 \psi \right) = 0. \tag{6.28}$$

Dabei entspricht der zweite, längere Summand in Gl. (6.27) gerade dem quantenmechanischen Ausdruck für die Stromdichte (multipliziert mit μ_0), hier für den Suprastrom j_s. Zusätzlich zu den beiden gekoppelten nichtlinearen Differentialgleichungen Gl. (6.27) und Gl. (6.28) muss die Randbedingung

$$\int_\sigma d^2r \left(-i\hbar \nabla + e_s A \right) \psi = 0 \tag{6.29}$$

erfüllt sein, d. h. kein supraleitender Strom soll durch die Oberfläche σ des Supraleiters fließen. Dies entspricht der London-Eichung $\operatorname{div} A = 0$, die bei der Ableitung vorausgesetzt wurde. Für den Fall eines räumlich konstanten Ordnungsparameters mit $\nabla \psi = \nabla \psi^* = 0$ reduziert sich Gl. (6.27) auf die 2. London-Gleichung:

$$\Delta A = \mu_0 (e_s^2/m_s) n_s A = A/\lambda_L^2 = -\mu_0 j_s,$$

wobei $\psi^* \psi = n_s$ benutzt wurde. Zur Bestimmung der charakteristischen Längenskala für den Ordnungsparameter ψ setzen wir in Gl. (6.28) $A = 0$:

$$\alpha \psi + \beta (\psi^* \psi) \psi - \frac{\hbar^2}{2 m_s} \nabla^2 \psi = 0. \tag{6.30}$$

Die Lösung dieser Differentialgleichung ist $\psi = \psi_0$. Mit $\beta = -\alpha/|\psi_0|^2$ und Einführung der normierten Wellenfunktion $\psi' = \psi/|\psi_0|$ folgt

$$-\psi' + |\psi'|^2 \psi' - \xi_{GL}^2 \nabla^2 \psi' = 0. \tag{6.31}$$

Dabei haben wir ξ_{GL} definiert durch $\xi_{GL}^2(T) = -\hbar^2/2 m_s \alpha$. ξ_{GL} heißt die *Ginzburg-Landau-Kohärenzlänge*. Sie gibt an, auf welcher Längenskala der Ordnungsparameter räumlich variieren kann. Betrachten wir etwa die Grenzfläche zwischen einem Normalleiter und einem Supraleiter bei $x = 0$, so ist $\lim_{x \to \infty} \psi'(x) = 1$, $\lim_{x \to \infty} d\psi'(x)/dx = 0$ und $\psi'(0) = 0$. Mit diesen Randbedingungen ist die Lösung von Gl. (6.31): $f(x) = \tanh(x/\sqrt{2} \xi_{GL})$.

Mit ξ_{GL} haben wir neben der London-Eindringtiefe λ_L eine zweite charakteristische Längenskala eines Supraleiters kennen gelernt. Das Verhältnis $\kappa = \lambda_L/\xi_{GL}$ dieser Längenskalen heißt *Ginzburg-Landau-Parameter*. Wir werden gleich sehen, dass κ der entscheidende Parameter ist, mit dem Supraleiter 1. und 2. Art unterschieden werden können. Dazu müssen wir zunächst Lösungen der Ginzburg-Landau-Gleichungen für einen Supraleiter 2. Art in hohen Magnetfeldern $B \lesssim B_{c2}$ suchen. Wir erwarten, dass dann der Ordnungsparameter klein ist und wir Gl. (6.28) linearisieren können (es sei wieder $B \parallel z$):

$$\frac{1}{2 m_s} \left(-i\hbar \nabla + e_s A \right)^2 \psi = -\alpha \psi. \tag{6.32}$$

Diese Gleichung ist identisch mit der Schrödinger-Gleichung eines freien, geladenen Teilchens im Magnetfeld. Sie entspricht der Gleichung eines harmonischen Oszillators mit den Energieeigenwerten

$$-\alpha = \frac{\hbar^2 k_z^2}{2 m_s} + \frac{\hbar e_s B}{m_s}\left(n + \frac{1}{2}\right) = \frac{B_{cth}^2}{\mu_0 |\psi_0|^2}.$$ (6.33)

Mit den Definitionen von λ_L und ξ_{GL} ist $\kappa = \sqrt{2}\, m_s B_{cth}/(\mu_0 e_s \hbar |\psi_0|^2)$. Damit wird aus Gl. (6.33)

$$\frac{\hbar^2 k_z^2}{2 m_s} + \frac{\hbar e_s B}{m_s}\left(n + \frac{1}{2}\right) = \frac{\hbar e_s}{m_s}\frac{\kappa}{\sqrt{2}} B_{cth}.$$ (6.34)

Wir suchen nach Lösungen mit möglichst großem Wert von B. Dazu setzen wir $k_z = 0$, d. h. wir berücksichtigen nur den Zustand kleinster kinetischer Energie, und lösen Gl. (6.34) nach B auf:

$$B = \frac{\kappa}{\sqrt{2}}\frac{B_{cth}}{n + \frac{1}{2}}.$$ (6.35)

Das größte mögliche Feld mit $\psi \neq 0$ erhält man für $n = 0$, dieses Feld entspricht also gerade dem oberen kritischen Feld B_{c2}:

$$B_{c2} = \kappa \sqrt{2}\, B_{cth}.$$ (6.36)

Wenn $\kappa > 1/\sqrt{2}$, ist $B_{c2} > B_{cth}$ (Supraleiter 2. Art). Für $\kappa < 1/\sqrt{2}$ ist $B_{c2} < B_{cth}$, d. h. das größte mögliche Feld ist schon durch B_{cth} gegeben, und es handelt sich um einen Supraleiter 1. Art. Die Berechnung von B_{c1} gestaltet sich umfangreicher, wir geben nur das Ergebnis an:

$$B_{c1} = \frac{1}{2\kappa}(\ln\kappa + 0.08) B_{cth}.$$ (6.37)

Der Unterschied zwischen Supraleitern 1. und 2. Art lässt sich mit einer energetischen Betrachtung der Grenzfläche zwischen normalleitenden und supraleitenden Bereichen veranschaulichen.

Um eine solche Grenzfläche F im Supraleiter aufzubauen, muss die Kondensationsenergie $\Delta E_c \approx (2\mu_0)^{-1} B_{cth}^2 F \xi_{GL}$ aufgewendet werden, da das Volumen $F\xi_{GL}$ normalleitend ist. Andererseits wird die Feldenergie $\Delta E_B \approx (2\mu_0)^{-1} B^2 F \lambda_L$ zurückgewonnen. Zur Vereinfachung haben wir hier den tatsächlichen Verlauf von $\lambda_L(x)$ und $\xi_{GL}(x)$ (s. Abb. 6.13) durch Stufen ersetzt. Damit ist die gesamte Grenzflächenenergie

$$\Delta E_G = \Delta E_c - \Delta E_B \approx \frac{1}{2\mu_0}(B_{cth}^2 \xi_{GL} - B^2 \lambda_L) F.$$ (6.38)

Für $\lambda_L < \xi_{GL}$ (Supraleiter 1. Art) ist $\Delta E_G > 0$ für alle Felder $B < B_{cth}$, es ist also energetisch ungünstig Grenzflächen aufzubauen, die Meißner-Phase ist energetisch immer bevorzugt. Für $\lambda_L > \xi_{GL}$ (Supraleiter 2. Art) ist $\Delta E_G > 0$ für $B < \sqrt{\xi/\lambda_L}\, B_{cth}$, hier herrscht die Meißner-Phase. Für $B > \sqrt{\xi/\lambda_L}\, B_{cth}$ ist die Grenzflächenenergie ne-

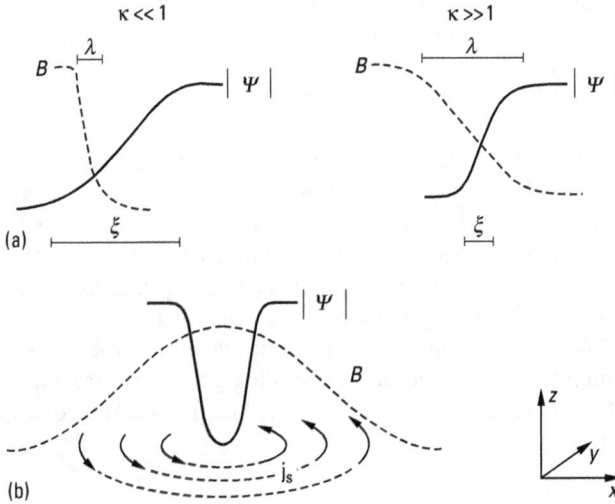

Abb. 6.13 (a) Verlauf der magnetischen Induktion und des Ordnungsparameters an einer Grenzfläche zwischen einem Normalleiter und Supraleiter 1. Art ($\kappa < 1/\sqrt{2}$, links) und 2. Art ($\kappa > 1/\sqrt{2}$, rechts). Der Normalleiter ist jeweils rechts gezeichnet. (b) Verlauf der magnetischen Induktion, des Ordnungsparameters und des supraleitenden Abschirmströme um eine einzelne Flusslinie in einem Supraleiter 2. Art.

gativ, und der Supraleiter bildet die Shubnikov-Phase mit dem Flussliniengitter. Diese einfache Überlegung kann natürlich nicht den genauen Ausdruck Gl. (6.37) von B_{c1} liefern.

Das Flussliniengitter stellt eine periodische Lösung der linearisierten Ginzburg-Landau-Gleichung Gl. (6.32) dar. Eine spezielle Lösung ist

$$\psi = \exp\left(-\frac{(x - x_n)^2}{2\,\xi_{GL}^2}\right) e^{ik_y y} \quad \text{mit} \quad k_z = 0,\; x_n = \frac{k_y \phi_0}{2\pi B}. \tag{6.39}$$

Periodische Lösungen in y bzw. x lassen sich finden mit $k_y = nq$ (mit Periode $\Delta y = 2\pi/q$) bzw. $x_n = nq\phi_0/2\pi B$ (mit Periode $\Delta x = q\phi_0/2\pi B$). Damit ist $B \cdot \Delta x \cdot \Delta y = \phi_0$, jede Einheitszelle enthält also genau ein Flussquant mit normalleitendem Kern, wie es von der Flussquantisierung Gl. (6.22) auch zu erwarten ist. Die allgemeine Lösung

$$\psi = \sum_n C_n \exp\left(-\frac{(x - x_n)^2}{2\,\xi_{GL}^2}\right) e^{inqy} \tag{6.40}$$

ist periodisch in y. Periodizität in x setzt voraus, dass $C_{n-N} = C_n$ für festes N. Die Lösung $N = 1$, die Abrikosov [24] zuerst berechnete, entspricht einem Quadratgitter. Abrikosov erhielt für die Vorhersage des Flussliniengitters 2003 den Nobelpreis. Die Lösung $N = 2$ (Dreiecksgitter) hat für freie Elektronen die niedrigste Energie und wird meist beobachtet (s. Abb. 6.7). Allerdings führt der Einfluss der Kristall-symmetrie auf die Leitungselektronen dazu, dass in manchen Supraleitern ein quadratisches Flussliniengitter auftritt. Abbildung 6.13b zeigt schematisch die Ortsabhängigkeit von $B(x)$ und $|\psi(x)|^2$ sowie der Stromdichte $j_s(x)$ im Bereich einer einzelnen Flusslinie.

Aus Gl. (6.36) erhält man durch Einsetzen von κ und B_{cth} einen einfachen Ausdruck für das obere kritische Feld: $B_{c2} = \phi_0/\pi\xi_{GL}^2$. Diese Beziehung hat eine anschauliche Bedeutung: das obere kritische Feld ist gerade dann erreicht, wenn die Flusslinien etwa den Abstand ξ_{GL} haben. Eine „engere" Packung ist nicht möglich, da dann der Ordnungsparameter auf einer Längenskala kleiner als ξ_{GL} variieren müsste. Auch wenn für die Ableitung der Ginzburg-Landau-Gleichungen T nahe T_c vorausgesetzt wurde, haben diese Gleichungen bis zu tiefen Temperaturen näherungsweise Gültigkeit, wenn man einen (schwach) temperaturabhängigen Ginzburg-Landau-Parameter zulässt. Die Ginzburg-Landau-Gleichungen lassen sich mikroskopisch aus der BCS-Theorie herleiten.

6.3 Grundzüge der BCS-Theorie

Die Supraleitung entsteht durch attraktive paarweise Wechselwirkung zwischen Leitungselektronen in einem Metall. Aufgrund dieser Wechselwirkung, die allgemein durch bosonische Austauschteilchen zu Stande kommt, werden Elektronen mit einlaufendem Wellenvektor k_1 und k_2 in Zustände mit Wellenvektoren k_1' und k_2' gestreut (Abb. 6.14a). Cooper konnte 1956 zeigen, dass selbst eine schwache anziehende Wechselwirkung Elektronen zu Paaren binden kann und damit zu einer Instabilität des Fermi-Gases führt. Bardeen, Cooper und Schrieffer [2] entwickelten diesen Ansatz zu einer selbstkonsistenten Formulierung des supraleitenden Zustands. Sie postulierten Phononen, also quantisierte Gitterschwingungen, als Austauschteilchen,

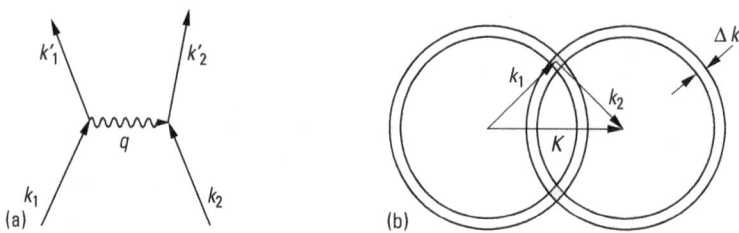

Abb. 6.14 (a) Veranschaulichung des Wechselwirkungsprozesses zwischen zwei Elektronen, die von den Anfangszuständen k_1 und k_2 in die Endzustände k_1' und k_2' übergehen, vermittelt z. B. über ein virtuelles Phonon mit Wellenvektor q, das von Elektron 1 emittiert und vom Elektron 2 absorbiert wird. (b) Impulserhaltung bei der Wechselwirkung eines Elektronenpaares mit Gesamtimpuls K. Die Endzustände k'_1 müssen wegen Impulserhaltung $K = K'$ in einem Torus liegen, dessen Schnittfläche mit der Zeichenebene getönt ist. Die inneren Kugeln haben den Radius k_F. Die Kugelschale der Dicke Δk bezeichnet den Bereich der attraktiven Wechselwirkung.

nicht zuletzt auf Grund experimenteller Hinweise und theoretischer Vorarbeiten. Es ist wichtig, darauf hinzuweisen, dass in der BCS-Theorie die Art der attraktiven Wechselwirkung nicht weiter spezifiziert ist. Neben Phononen – wie in klassischen Supraleitern – können auch Spinfluktuationen – wie in supraleitendem ^{3}He und vermutlich in supraleitenden Kupraten – eine attraktive Wechselwirkung vermitteln. In diesem Sinne ist die BCS-Theorie phänomenologisch. Es müssen natürlich die allgemeinen Symmetrisierungsvorschriften für Fermionen bei der Cooper-Paarbildung berücksichtigt werden, was zu verschiedenen Ausprägungen der Supraleitung führen kann. Hierauf wird am Ende von Abschn. 6.3.1 sowie in Abschn. 6.5.3 kurz eingegangen.

6.3.1 Cooper-Paare

Wir betrachten ein einfaches Modell freier Elektronen in einem Metall bei der Temperatur $T = 0$, d. h. alle Zustände bis zur Fermi-Energie $E_F = \hbar^2 k_F^2 / 2m$ sind besetzt und Zustände höherer Energie unbesetzt. Wir addieren in einem Gedankenexperiment zwei Elektronen, die miteinander, nicht aber mit den Elektronen des „Fermi-Sees" wechselwirken. Aufgrund der Wechselwirkung gehen die beiden Elektronen von den Anfangszuständen k_1 und k_2 in die Endzustände k_1' und k_2' über (Abb. 6.14a). Impulserhaltung erfordert $k_1 + k_2 = k_1' + k_2'$. Für einen Gesamtwellenvektor $K = k_1 + k_2$ der beiden Elektronen ergibt sich somit für die Wechselwirkung ein Phasenraumvolumen, das der Schnittmenge der Schalen der Breite Δk oberhalb k_F entspricht (Abb. 6.14b). Zustände unterhalb k_F sind durch den Fermi-See „blockiert". Dabei ist Δk gegeben durch den Energiebereich E_c der attraktiven Wechselwirkung: $E_c = \hbar^2 [(k_F + \Delta k)^2 - k_F^2]/2m$. Aus Abb. 6.14b wird offensichtlich, dass das Phasenraumvolumen maximal wird, wenn $K = k_1 + k_2 = 0$ ist. Dann kann die attraktive Wechselwirkung auf der gesamten Fermi-Fläche wirksam werden. Dies ist die Ursache für die Paarung von Elektronen entgegengesetzter Impulszustände $k_1 = -k_2 = k$. Wir betrachten daher im Folgenden ein solches Paar.

Wir entwickeln den Ortsanteil der Paarwellenfunktion als Produktfunktion ebener Wellen mit Entwicklungskoeffizienten g_k:

$$\psi(r_1, r_2) = \frac{1}{\Omega} \sum_{k > k_F} g_k e^{ikr_1} e^{-ikr_2} = \frac{1}{\Omega} \sum_{k > k_F} g_k e^{ikr}. \tag{6.41}$$

Dabei ist Ω das Volumen. Unter der Annahme, dass das attraktive Potential nur von der Relativkoordinate $r = r_1 - r_2$ abhängt, lautet die Schrödinger-Gleichung

$$-\frac{\hbar^2}{2m}(\Delta_1 + \Delta_2)\psi + V(r)\psi = E\psi. \tag{6.42}$$

Hierbei bedeuten Δ_1 und Δ_2 die Laplace-Operatoren bezüglich der beiden Elektronen des Cooper-Paares. Einsetzen von Gl. (6.41), Multiplikation mit $e^{-ik'r}$ und Integration über Ω ergibt

$$(E - 2E_k^0)g_k = \frac{1}{\Omega} \sum_{k' > k_F} V_{kk'} g_{k'}. \tag{6.43}$$

Hier ist $E_k^0 = \hbar^2 k^2 / 2m$ der ungestörte Energiezustand eines freien Elektrons (ohne attraktive Wechselwirkung), und

$$V_{kk'} = \int V(r) e^{i(k-k')r} \, dr \tag{6.44}$$

beschreibt das Potential für die Streuung eines Elektronenpaars von $(k, -k)$ nach $(k', -k')$. Cooper nahm ein besonders einfaches isotropes Potential an:

$$V_{kk'} = \begin{cases} -V_0 & \text{für } k_F < k, \; k' < \sqrt{2m(E_F - E_c)}/\hbar \\ 0 & \text{sonst} \end{cases} . \tag{6.45}$$

Damit wird Gl. (6.43) zu

$$\frac{1}{V_0} g_k = -\frac{1}{\Omega} \frac{\sum\limits_{k' > k_F} g_{k'}}{E - 2E_k^0}. \tag{6.46}$$

Durch Summation über k auf beiden Seiten erhalten wir

$$\frac{1}{V_0} = -\frac{1}{\Omega} \sum_{k > k_F} \frac{1}{E - 2E_k^0}. \tag{6.47}$$

Der Übergang von der Summation zur Integration über k und anschließendes Integrieren über dE statt dk liefert

$$\frac{1}{V_0} = \frac{1}{2} N(E_F) \ln \frac{2E_F - E + 2E_c}{2E_F - E}. \tag{6.48}$$

Dabei wird angenommen, dass die Zustandsdichte $N(E) \approx N(E_F)$ konstant ist in dem Bereich $E_c = \hbar\omega_c$ in der Nähe von E_F. Dies ist gleichbedeutend damit, dass die charakteristische Energie $E_c = \hbar\omega_c$ der Austauschbosonen, die die attraktive Wechselwirkung vermitteln, klein ist gegenüber der Fermi-Energie. Auflösen von Gl. (6.48) nach E ergibt

$$E = 2E_F - \frac{2\hbar\omega_c e^{-2/N(E_F)V_0}}{1 - e^{-2/N(E_F)V_0}}. \tag{6.49}$$

Für den Fall schwacher Kopplung, d. h. $N(E_F) V_0 \ll 1$, erhalten wir einen einfachen Ausdruck für die Energie E der beiden Elektronen

$$E \approx 2E_F - 2\hbar\omega_c \exp(-2/N(E_F) V_0). \tag{6.50}$$

Diese Energie ist kleiner als $2E_F$, d. h. wir haben einen gebundenen Zweielektronenzustand („*Cooper-Paar*") erhalten, dessen Energie E gegenüber dem vollbesetzten Fermi-See abgesenkt ist. In Wirklichkeit stehen natürlich alle Elektronen paarweise miteinander in Wechselwirkung, d. h. der gesamte Fermi-See wird instabil, und es bildet sich aufgrund der attraktiven Wechselwirkung ein neuer Grundzustand. Darauf wird in Abschnitt 6.3.3 eingegangen. Für Fermionen muss die gesamte Zwei-Elektronen-Wellenfunktion $\psi(r_1, r_2) \chi(1, 2)$, die neben dem Bahnanteil $\psi(r_1, r_2)$ noch den Spinanteil $\chi(1, 2)$ enthält, antisymmetrisch sein. Mit der einfachen Wahl $V_{kk'} = -V_0$ hängt g_k nur vom Betrag von k ab, daher ist der Bahnanteil symmetrisch, der Spinanteil $\chi(1, 2)$ des Cooper-Paares muss also antisymmetrisch sein, d. h. für den Gesamtspin des Cooper-Paares gilt $S = 0$, die Spins der beiden Elektronen stehen antiparallel. Dies bezeichnet man als Singulett-Paarung. Das Cooper-Paar ist also vollständig charakterisiert durch die Quantenzahlen $(k\uparrow, -k\downarrow)$. Für kompliziertere Wechselwirkungen zwischen Elektronen (oder allgemein Fermionen) kann der Bahnanteil antisymmetrisch sein. Dies ist z. B. der Fall in suprafluidem ^{3}He. ^{3}He-Atome sind wegen des Kernspins $S = 1/2$ Fermionen, im Gegensatz zu ^{4}He-Atomen mit $S = 0$. Aufgrund der Abstoßung der ^{3}He-Atome bei kleinen Abständen hat der Bahnanteil der Paarwellenfunktion p-Wellen-Charakter (Gesamtdrehimpuls $L = 1$). Dann ist notwendigerweise der Spinanteil symmetrisch, d. h. $S = 1$ (Triplett-Paarung). Hier findet man wegen der Bahn- und Spinentartung verschiedene mögliche suprafluide Phasen.

6.3.2 Beispiel für attraktive Wechselwirkung: Elektron-Phonon-Kopplung

Die Cooper-Instabilität entsteht bei beliebig kleiner (insgesamt) attraktiver Wechselwirkung zwischen Leitungselektronen. Natürlich stoßen sich freie Elektronen aufgrund der Coulomb-Wechselwirkung ab. Diese Abstoßung wird durch die gegenseitige Abschirmung der Elektronen reduziert. Für die quasi-klassische Thomas-Fermi-Abschirmung wird das Coulomb-Potential $V(r) = (e^2/r)\exp(-\lambda r)$ mit der Thomas-Fermi-Abschirmlänge λ^{-1}, die Wechselwirkung der Elektronen untereinander ist allerdings immer noch positiv. Eine Kopplung an andere Anregungen ist nötig, um $V_{kk'} < 0$ zu erhalten. Wir betrachten als Beispiel die Kopplung zweier Elektronen über Gitterschwingungen (Phononen). Der wesentliche Grund, warum die Elektron-Phonon-Wechselwirkung attraktiv sein kann, liegt in den unterschiedlichen Zeitskalen für die Elektronen- und Ionenbewegung, die wiederum durch die unterschiedlichen Massen hervorgerufen werden. Die charakteristische Zeitskala für die Ionenbewegung ist durch die Dauer einer Gitterschwingung $\tau_{ph} \sim 2\pi/\omega_D$ gegeben, wobei ω_D die Debye-Frequenz ist. Typisch ist etwa $\omega_D \approx 10^{13}\,\text{s}^{-1}$, zum Beispiel $\omega_D = 0.74 \cdot 10^{13}\,\text{s}^{-1}$ für Al. Die charakteristische Zeitskala für die Elektronenbewegung ist durch die Fermi-Geschwindigkeit v_F gegeben: die Entfernung zwischen zwei Nachbaratomen im Abstand d legt ein Leitungselektron in der Zeit $\tau_{el} \sim d/v_F$ zurück. Für Al ($d = 0.29\,\text{nm}$, $v_F = 2.0 \cdot 10^6\,\text{m/s}$) ist $\tau_{el} = 1.44 \cdot 10^{-16}\,\text{s}$, also etwa drei Größenordnungen kleiner als τ_{ph}.

Die attraktive Kopplung der Elektronen über die Gitterschwingungen lässt sich folgendermaßen veranschaulichen. Ein Leitungselektron polarisiert die umliegenden Ionen des Gitters auf Grund der Coulomb-Wechselwirkung, so dass eine positive Ladungsanhäufung entsteht. Die maximale Polarisation des Gitters in diesem Bereich wird allerdings erst nach einer Zeit τ_{ph} erreicht. Nach dieser Zeit ist das Elektron allerdings schon weit von diesem Bereich entfernt (beim Beispiel von Al etwa 150 nm), so dass ein „zweites" Elektron nur die positive Ladungsanhäufung durch die Gitterpolarisation „spürt" und von dieser angezogen wird. Über die große Entfernung, die das „erste" Elektron zurückgelegt hat, ist die abstoßende Coulomb-Wechselwirkung abgeschirmt, so dass nur die schwache attraktive Wechselwirkung, die über die Gitterpolarisation vermittelt wird, übrig bleibt. Wesentlich für die Anziehung ist also, dass die Wechselwirkung *retardiert* ist. In der Sprache der Quantenmechanik kann ein Elektron virtuelle Phononen der Energie $\hbar\omega$ emittieren. Diese können auf Grund der Heisenberg-Unschärferelation eine Zeit $\tau \sim 2\pi/\omega$ existieren, bevor sie von einem anderen Elektron absorbiert werden. Für Frequenzen $\omega > \omega_D$ ist keine anziehende Wechselwirkung vorhanden, einfach weil keine entsprechenden Phononen existieren. Der Bereich $E_c = \hbar\omega_D$ der attraktiven Wechselwirkung um E_F ist also sehr klein, da $\hbar\omega_D \ll E_F$. Dies ist letzten Endes die Ursache dafür, dass die Übergangstemperaturen von klassischen Supraleitern niedrig sind.

6.3.3 BCS-Grundzustand

Wir hatten im Abschn. 6.3.1 gesehen, dass der Fermi-See bei einer attraktiven Wechselwirkung zwischen Leitungselektronen instabil wird: Die Streuprozesse eines Elektronenpaares $(k, -k)$ nach $(k', -k')$ führen zu einem Gewinn an potentieller Energie. Andererseits müssen für einen solchen Prozess Paarzustände mit k besetzt und mit k' unbesetzt sein. Solche Streuprozesse sind also (bei $T = 0$) nur dann möglich, wenn die scharfe Fermi-Verteilung um E_F im Bereich $E_c = \hbar\omega_C$ „aufgeweicht" wird. Hierzu muss kinetische Energie aufgewendet werden.

Um den BCS-Grundzustand zu beschreiben, benutzen wir (ohne Herleitung) die Schreibweise der zweiten Quantisierung, für die wir hier nur die einfachsten Rechenvorschriften angeben. Der *Erzeugungsoperator* $c_{k\sigma}^+$ erzeugt ein Elektron im Impulszustand k mit Spin σ, der *Vernichtungsoperator* $c_{k\sigma}$ vernichtet ein Elektron in diesem Zustand. Bezeichnen wir den Zustand, bei dem das Einelektronniveau $k\sigma$ besetzt (bzw. unbesetzt) ist, mit $|1\rangle_{k\sigma}$ (bzw. $|0\rangle_{k\sigma}$), so gilt $c_{k\sigma}^+|0\rangle_{k\sigma} = |1\rangle_{k\sigma}$, $c_{k\sigma}^+|1\rangle_{k\sigma} = 0$, $c_{k\sigma}|1\rangle_{k\sigma} = |0\rangle_{k\sigma}$, $c_{k\sigma}|0\rangle_{k\sigma} = 0$. In dieser Schreibweise lässt sich z. B. der Beitrag zum Hamilton-Operator durch Streuung eines Elektrons von $k\sigma$ nach $k'\sigma'$ auf Grund eines Potentials $V_{kk'}$ darstellen durch

$$\sum_{kk'} V_{kk'} c_{k'\sigma'}^+ c_{k\sigma}.$$

Für das hier zu besprechende Problem der Streuung von Elektronen*paaren* lautet der Hamilton-Operator unter Annahme einer Singulett-Supraleitung

$$\mathscr{H} = \sum_{k\sigma} E(k) n_{k\sigma} + \sum_{kk'} V_{kk'} c_{k\uparrow}^+ c_{-k\downarrow}^+ c_{-k'\downarrow} c_{k'\uparrow}, \tag{6.51}$$

der das für die Supraleitung wesentliche attraktive Potential $V_{kk'}$ enthält. Hier ist $n_{k\sigma} = c_{k\sigma}^+ c_{k\sigma}$ der Teilchenzahloperator. Bardeen, Cooper und Schrieffer machten folgenden Ansatz für die Wellenfunktion des supraleitenden Zustands

$$|\Psi_{BCS}\rangle = \prod_k (u_k + v_k c_{k\uparrow}^+ c_{-k\downarrow}^+)|\phi_0\rangle, \tag{6.52}$$

wobei ϕ_0 der Vakuumzustand ohne Teilchen ist. $|v_k|^2$ (bzw. $|u_k|^2$) ist die Wahrscheinlichkeit, dass der Paarzustand $(k\uparrow, -k\downarrow)$ besetzt (bzw. unbesetzt) ist, mit $|v_k|^2 + |u_k|^2 = 1$, u_k und v_k sind also Wahrscheinlichkeits*amplituden*. $|\Psi_{BCS}\rangle$ ist das Produkt der Zustände der einzelnen Paare und entspricht damit einer Hartree-Wellenfunktion, deren Koeffizienten u_k und v_k selbstkonsistent ermittelt werden müssen. Den Erwartungswert der inneren Energie $\langle\mathscr{H}\rangle = \langle\psi_{BCS}|\mathscr{H}|\psi_{BCS}\rangle$ erhält man durch Variation von u_k und v_k. Hierzu drückt man den Erwartungswert von Gl. (6.51) durch u_k und v_k aus:

$$\langle\mathscr{H}\rangle = 2\sum_k \xi_k |v_k|^2 + \sum_{kk'} V_{kk'} u_k v_k u_{k'} v_{k'}. \tag{6.53}$$

Der erste Term beschreibt wieder die kinetische Energie, wobei $\xi_k = (\hbar^2 k^2/2m) - \mu$, d.h. die kinetische Energie wird vom chemischen Potential μ aus gezählt. Der zweite Term beschreibt wieder die Paarwechselwirkung, d.h. Streuung eines Paares von k' nach k mit den entsprechenden Wahrscheinlichkeiten für den Anfangszustand $u_k v_{k'}$, dass der Paarzustand k' besetzt und k unbesetzt ist, und entsprechend für den Endzustand $v_k u_{k'}$. Mit $u_k = \sin\Theta_k$ und $v_k = \cos\Theta_k$ kann man $\langle \mathcal{H} \rangle$ wegen $|u_k|^2 + |v_k|^2 = \sin^2\Theta_k + \cos^2\Theta_k = 1$ nach Θ_k differenzieren. Minimalisieren von $\langle \mathcal{H} \rangle$ bezüglich Θ_k, d.h. Nullsetzen von $\partial\langle \mathcal{H} \rangle/\partial\Theta_k$ führt zu der Konsistenzbedingung

$$\tan 2\Theta_k = -\frac{\Delta_k}{\xi_k} = \frac{1}{2\xi_k}\sum_{k'} V_{kk'} \sin 2\Theta_{k'} = \frac{1}{2\xi_k}\sum_{k'} V_{kk'} \frac{\Delta_{k'}}{E_{k'}}. \tag{6.54}$$

Dabei haben wir folgende Definitionen eingeführt: $E_k = (\Delta_k^2 + \xi_k^2)^{1/2}$ und $\Delta_k = -\sum_{k'} V_{kk'} u_{k'} v_{k'}$. Nehmen wir wieder das einfache Potential $V_{kk'} = -V_0$ an (Gl. (6.45)), wird Δ_k unabhängig von k. Damit vereinfacht sich Gl. (6.54) zu

$$\frac{1}{V_0} = \frac{1}{2}\sum_k \frac{1}{E_k}. \tag{6.55}$$

Wieder wird die Summation über k in eine Integration über die Energie im Bereich $\pm\hbar\omega_c$ um E_F überführt. Für den Fall, dass $\Delta_k = \Delta$ unabhängig von k ist, kann man Gl. (6.54) nach Δ auflösen:

$$\Delta = \frac{\hbar\omega_c}{\sinh(1/N(E_F)\,V_0)} \approx 2\hbar\omega_c \exp(-1/N(E_F)\,V_0). \tag{6.56}$$

Dabei wurde für die rechte Seite wieder die Näherung $N(E_F)\,V_0 \ll 1$ benutzt. Die für den supraleitenden Zustand wichtige Größe Δ beschreibt die Energielücke für Anregungen aus dem Grundzustand. Wird zum Beispiel ein Elektron mit $k\uparrow$ aus einem Paarzustand entfernt, bleibt ein ungepaartes Elektron mit $-k\downarrow$ zurück. Die beiden ungepaarten Elektronen – man spricht auch von *Quasiteilchen* – haben die gleiche Energie $E_k = E_{-k} = \sqrt{\Delta^2 + \xi_k^2}$. Damit gibt es einen Energieunterschied $\Delta E = 2E_k$ zwischen dem Grundzustand und dem Zustand, bei dem ein Cooper-Paar aufgebrochen wurde. Die minimale Energiedifferenz ist (für $\xi_k = 0$) $\Delta E = 2\Delta$. Diese Energie muss also mindestens aufgewendet werden, um ein Cooper-Paar aufzubrechen.

Die Koeffizienten u_k und v_k für die „optimale" BCS-Wellenfunktion lassen sich leicht aus Gl. (6.54) über trigonometrische Beziehungen berechnen:

$$v_k^2 = \frac{1}{2}\left(1 - \frac{\xi_k}{E_k}\right) \qquad u_k^2 = \frac{1}{2}\left(1 + \frac{\xi_k}{E_k}\right). \tag{6.57}$$

Der Verlauf von $|v_k|^2$ ist für $T = 0$ (!) ähnlich wie für die Fermi-Funktion bei der endlichen Temperatur $T = T_c$ (Abb. 6.15). Dies quantifiziert die schon angesprochene Erhöhung der kinetischen Energie: Zustände oberhalb des chemischen Potentials müssen besetzt sein, damit genügend Phasenraum für die Streuung $V_{kk'}$, die zur attraktiven Wechselwirkung und damit zur Cooper-Paarbildung und zum Netto-

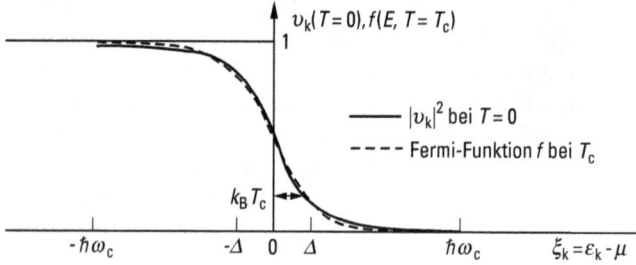

Abb. 6.15 Besetzungswahrscheinlichkeit $|v_k|^2$ eines Cooper-Paarzustands in Abhängigkeit von der kinetischen Energie ξ_k bei $T = 0$. Zum Vergleich ist die Fermi-Funktion $f(T = T_c)$ gestrichelt eingezeichnet. Beide Funktionen sind fast identisch.

Energiegewinn führt, zur Verfügung steht. Die Kondensationsenergiedichte des Supraleiters ist (für $T = 0$) durch

$$\langle \mathscr{H} \rangle = \sum_k \xi_k \left(1 - \frac{\xi_k}{E_k} \right) - \frac{\Delta^2}{V_0} = \left[\frac{\Delta^2}{V_0} - \frac{1}{2} N(E_F) \Delta^2 \right] - \frac{\Delta^2}{V_0} \tag{6.58}$$

gegeben. Diesen Ausdruck erhält man aus Gl. (6.53), Gl. (6.54) und Gl. (6.57). Der Ausdruck in eckigen Klammern ist die kinetische Energie. Insgesamt ist also bei $T = 0$ die Energieabsenkung durch $(1/2) \cdot N(E_F) \cdot \Delta_0^2$ gegeben mit $\Delta_0 = \Delta(T = 0)$, also anschaulich durch das Produkt aus Cooper-Paardichte $(1/2) \cdot N(E_F) \cdot \Delta_0$ im Bereich Δ_0 um E_F und Kondensationsenergie eines Cooper-Paares Δ_0.

6.3.4 Endliche Temperaturen und äußere Felder

Für Temperaturen $T > 0$ besteht eine endliche Wahrscheinlichkeit dafür, dass Elektronenpaare thermisch aufgebrochen werden, bei Annäherung an T_c geht die Energielücke gegen Null. Die Wahrscheinlichkeit, dass bei einer Temperatur T ein Quasiteilchen im Zustand k angeregt ist, ist durch die Fermi-Funktion $f_k = (\exp(E_k / k_B T) + 1)^{-1}$ gegeben. Diese angeregten Quasiteilchen stehen nicht für die Paarzustände zur Verfügung. Aus der Konsistenzbedingung Gl. (6.54) wird dann

$$\Delta_k = - \frac{1}{2} \sum_{k'} V_{kk'} \frac{\Delta_{k'}}{E_{k'}} (1 - 2f(E_{k'})) . \tag{6.59}$$

Hieraus erhält man, wieder unter der Annahme $\Delta_k = \Delta$, $V_{kk'} = - V_0$

$$\frac{1}{V_0} = \frac{1}{2} \sum_k \frac{\tanh(E_k / 2 k_B T)}{E_k} . \tag{6.60}$$

Diese Gleichung bestimmt die T-Abhängigkeit von Δ. Das Ergebnis der numerischen Integration zeigt Abb. 6.16 zusammen mit aus Tunnelmessungen gewonnenen experimentellen Daten von $\Delta(T)$ (s. Abschn. 6.3.5). Die Übergangstemperatur T_c lässt

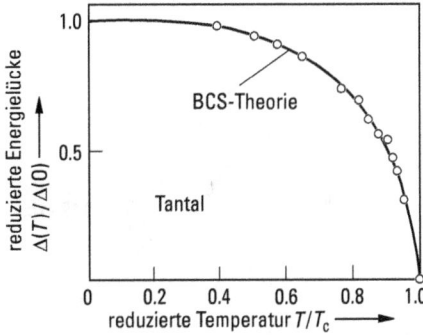

Abb. 6.16 Temperaturverlauf der Energielücke $\Delta(T)$ eines BCS-Supraleiters (mit isotroper Elektron-Phonon-Wechselwirkung). Eingezeichnet sind experimentelle Daten für Ta, nach [25].

sich aus der Bedingung $\Delta = 0$ bestimmen, d. h. man setzt $E_k = \xi_k$ und $T = T_c$ in Gl. (6.60) und erhält

$$k_B T_c = 1.13\,\hbar\omega_c \exp(-1/N(E_F)\,V_0)\,. \tag{6.61}$$

Dies ist die berühmte BCS-Formel für T_c. Für Supraleitung durch Elektron-Phonon-Kopplung entspricht die charakteristische Frequenz ω_c gerade der Debye-Frequenz ω_D.

Eine wichtige Demonstration der Elektron-Phonon-Kopplung als Ursache der attraktiven Wechselwirkung in klassischen Supraleitern ist der Isotopeneffekt, d. h. die Abhängigkeit von T_c von der Atommasse. Für eine Reihe von isotopenreinen supraleitenden Elementen wurde schon vor der Entwicklung der BCS-Theorie experimentell gefunden, dass $T_c \sim M^{-\beta}$ mit $\beta \approx 0.5$. Dies lässt sich folgendermaßen interpretieren. Die Schwingungsfrequenz eines harmonischen Oszillators ist gegeben durch $\omega = \sqrt{f/M}$, wobei f die Kraftkonstante ist, die von der Bindung der Atome im Metall, nicht aber von M abhängt. Damit ist auch $\omega_D \sim M^{-0.5}$. Nimmt man überdies V_0 als unabhängig von M an, so resultiert aus Gl. (6.61) der einfache Isotopenexponent $\beta \approx 0.5$. Allerdings geht M gerade wegen $\omega_D \sim M^{-0.5}$ auch in das Phononenspektrum und damit in V_0 ein, so dass häufig Abweichungen von diesem Wert auftreten (s. Abschn. 6.5.1). Für Ru findet man sogar $\beta = 0$, obwohl auch dies ein klassischer Elektron-Phonon-gekoppelter Supraleiter ist!

Ein Vergleich von Gl. (6.56) und Gl. (6.61) liefert eine einfache Beziehung zwischen der Energielücke Δ_0 bei $T = 0$ und der Übergangstemperatur:

$$\frac{\Delta_0}{k_B T_c} = 1.76\,. \tag{6.62}$$

Experimentell findet man Werte zwischen 1.5 und 2.5. Dabei ergeben sich für klassische Supraleiter mit niedrigen Debye-Temperaturen, bei denen also die charakteristischen Phononenfrequenzen niedrig liegen, systematisch höhere Werte als nach Gl. (6.62) erwartet. Dort ist die Annahme $N(E_F)\,V_0 \ll 1$ nicht mehr gerechtfertigt, und man spricht von *stark-koppelnden* Supraleitern.

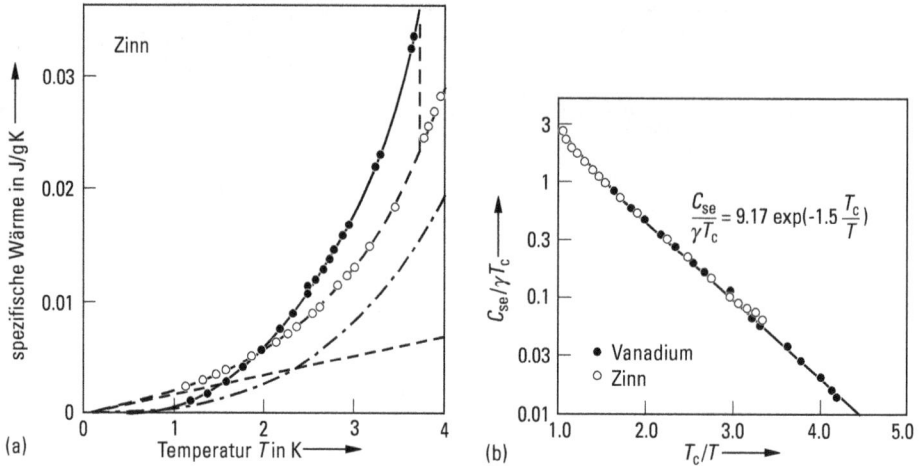

Abb. 6.17 (a) Spezifische Wärme C von Zn im supraleitenden (geschlossene Kreise) und normalleitenden Zustand (offene Kreise). Für $T < T_c$ wurde der normalleitende Zustand durch Anlegen eines überkritischen Feldes $B_a > B_c$ erreicht. Eingezeichnet sind auch der elektronische Beitrag (gestrichelt) und der Gitterbeitrag (strichpunktiert) im normalleitenden Zustand, nach [26]. (b) Elektronische spezifische Wärme C_{es} normiert mit γT_c, halblogarithmisch als Funktion der inversen reduzierten Temperatur T_c/T aufgetragen für Zinn und Vanadium, nach [27].

Wenn $\Delta_k(T)$ bekannt ist, liegt die thermische Besetzung der Quasiteilchenzustände durch die Fermi-Funktion f_k fest. Damit ist auch die Entropie der Quasiteilchen S_{es} gemäß

$$S_{es} = -2\,k_B \sum_k [(1-f_k)\ln(1-f_k) + f_k \ln f_k] \tag{6.63}$$

sowie auch die elektronische spezifische Wärme im supraleitenden Zustand $C_{es} = -T(\partial S/\partial T)$ bestimmbar. Wir wollen C_{es} nur qualitativ diskutieren (Abb. 6.17). Bei tiefen Temperaturen $T \lesssim 0.5\,T_c$ ist $\Delta(T) \approx$ const (s. Abb. 6.16) und wesentlich größer als $k_B T$. Hier nimmt C_{es} exponentiell mit fallender Temperatur ab. Im Bereich $0.5 < T/T_c < 1$ geht $\Delta(T)$ gegen Null, viele Quasiteilchen können mit steigender Temperatur angeregt werden. C_{es} ist daher größer als $C_{en} = \gamma T$ im normalleitenden Zustand. Bei $T = T_c$ springt C_{es} auf den normalleitenden Wert, die Rechnung liefert für den Sprung $\Delta C = 1.43\,\gamma T_c$, wobei γ die Sommerfeld-Konstante ist. Das kritische Feld B_c eines Supraleiters 1. Art hängt über $F_{en}(T) - F_{es}(T) = B_c^2/2\mu_0$ mit der Differenz der freien Energie zwischen normalleitendem und supraleitendem Zustand zusammen. Die näherungsweise parabolische Abhängigkeit $B_c \sim (1-(T/T_c)^2)$ (Gl. (6.6)) ist – wie schon erwähnt – inkonsistent mit der exponentiellen Abhängigkeit von $C_{es}(T)$. $B_c(T)$ ist im Rahmen der BCS-Theorie exakt berechenbar.

Natürlich tragen die Cooper-Paare keine Entropie, daher tragen sie auch nicht zum Wärmetransport bei. Der elektronische Beitrag zur Wärmeleitfähigkeit nimmt daher bei Supraleitern unterhalb T_c gegenüber dem Wert im normalleitenden Zustand stark ab, da die Dichte der thermisch angeregten Quasiteilchen abnimmt (siehe aber

Abschn. 6.5.3). Andererseits nimmt der Gitterbeitrag zur Wärmeleitfähigkeit unterhalb T_c zu, da die Quasiteilchen auch als Streuzentrum für Phononen ausfrieren. Ob insgesamt die Wärmeleitfähigkeit im supraleitenden Zustand größer oder kleiner als im normalleitenden ist, hängt also von dem Verhältnis des Elektronen- und Phononenbeitrags in dem betrachteten Material ab.

Zum Schluss dieses Abschnitts sollen die beiden Hauptmerkmale von Supraleitern, elektrischer Widerstand $R = 0$ und Meißner-Ochsenfeld-Effekt (idealer Diamagnet, $\chi = -1$) kurz im Lichte der BCS-Theorie besprochen werden. Wir betrachten der Einfachheit halber ein einzelnes Cooper-Paar. Der Stromfluss führt zu einem zusätzlichen Impuls $\boldsymbol{P} = \hbar\boldsymbol{K}$, so dass das Cooper-Paar durch $(\boldsymbol{k}_1\uparrow, -\boldsymbol{k}_2\downarrow)$ $= (\boldsymbol{k} + \frac{1}{2}\boldsymbol{K}\uparrow, -\boldsymbol{k} + \frac{1}{2}\boldsymbol{K}\downarrow)$ beschrieben wird. Die Wellenfunktion des Cooper-Paares ist gegeben durch Gl. (6.41):

$$
\begin{aligned}
\psi(\boldsymbol{r}_1, \boldsymbol{r}_2) &= \frac{1}{\Omega} \sum_{\mathbf{k}} g_{\mathbf{k}}\, e^{i(\boldsymbol{k}_1\boldsymbol{r}_1 + \boldsymbol{k}_2\boldsymbol{r}_2)} \\
&= \frac{1}{\Omega} \sum_{\mathbf{k}} g_{\mathbf{k}}\, e^{i\boldsymbol{K}\boldsymbol{R}} \cdot e^{i\boldsymbol{k}\boldsymbol{r}} = e^{i\boldsymbol{K}\boldsymbol{r}} \cdot \psi(\boldsymbol{K} = 0, \boldsymbol{r}_1 - \boldsymbol{r}_2)
\end{aligned}
\tag{6.64}
$$

mit $\boldsymbol{R} = (\boldsymbol{r}_1 + \boldsymbol{r}_2)/2$ und $\boldsymbol{r} = \boldsymbol{r}_1 - \boldsymbol{r}_2$. Aus Gl. (6.64) ist ersichtlich, dass der Stromfluss nur die Phase ändert, nicht aber die Amplitude der Paarwellenfunktion. Da $V(\boldsymbol{r}_1 - \boldsymbol{r}_2)$ nur von der Relativkoordinate abhängt, ist $V_{\mathbf{kk'}}(\boldsymbol{K} \neq 0) = V_{\mathbf{kk'}}(\boldsymbol{K} = 0)$, d. h. die attraktive Wechselwirkung wird durch den Stromfluss nicht geändert. Alle Gleichungen, die oben hergeleitet wurden, bleiben im um $\frac{1}{2}\boldsymbol{K}$ verschobenen reziproken Raum gleich, insbesondere bleibt die Energielücke erhalten. Inelastische Streuprozesse, die zum Widerstand $R \neq 0$ führen, sind somit ausgeschlossen, solange der Energieübertrag kleiner ist als 2Δ. Ein elastischer Streuprozess, der im normalleitenden Zustand zur Impulsänderung eines Elektrons führt, müsste auf Grund der Phasenkorrelation der Cooper-Paare, die, wie wir gesehen haben, zur Flussquantisierung führt, auf alle Cooper-Paare gleichzeitig wirken. Ein solcher Streuprozess ist beliebig unwahrscheinlich. Ein stromtragender Supraleiter befindet sich daher in einem (meta-)stabilen Zustand.

Bei hohen Stromdichten kann durch die Zunahme des Schwerpunktimpulses und damit der kinetischen Energie

$$
\partial E = \frac{\hbar^2 (\boldsymbol{k} + \frac{1}{2}\boldsymbol{K})^2}{2m} - \frac{\hbar^2 \boldsymbol{k}^2}{2m} \approx \frac{1}{2}\frac{\hbar k_F \boldsymbol{K}}{m} = -\frac{\hbar k_F}{en_s}j_s
\tag{6.65}
$$

die kritische Stromdichte $j_c \approx -en_s \Delta/\hbar k_F$ erreicht werden, die durch $2\,\delta E = 2\Delta$ gegeben ist. Bei Gl. (6.65) wurde $\boldsymbol{k} \approx \boldsymbol{k}_F$, $j_s = -en_s \boldsymbol{v}_s$ und $m\boldsymbol{v}_s = \frac{1}{2}\hbar\boldsymbol{K}$ benutzt. Entsprechend wird das kritische Magnetfeld erreicht, wenn die Abschirmstromdichte, die das Eindringen des Magnetfeldes in das Innere des Supraleiters verhindert, j_c übersteigt.

Ein Magnetfeld wirkt nicht nur auf die Impulskorrelation der Cooper-Paare, sondern natürlich auch auf den Spin: Wenn die Zeeman-Aufspaltung $\Delta E_B = g\mu_B B$ der beiden Spins eines Singulett-Supraleiters die Energielücke erreicht, bricht die Supraleitung zusammen. Die genaue Rechnung liefert $\Delta E_B = \sqrt{2}\,\Delta_0$. Das entsprechende maximale Feld $B_{CL}/T = 1.86\,T_c/K$ heißt *Clogston-Limes*. Dieser Grenzwert kann allerdings von B_{c2} überschritten werden, wenn Spin-Bahn-Kopplung vorliegt.

Der ideale Diamagnetismus eines Supraleiters in der Meißner-Phase wurde durch die 2. London-Gleichung $\mathrm{rot}\, j_\mathrm{s} = -B/\lambda_\mathrm{L}$ beschrieben (s. Abschn. 6.2.1). Wir begnügen uns mit der Feststellung, dass diese Gleichung hergeleitet werden kann, wenn man die makroskopische BCS-Wellenfunktion Gl. (6.52) in den quantenmechanischen Ausdruck für die Stromdichte (s. Gl. (6.27)) einsetzt, wobei eine Ortsabhängigkeit von Ψ_BCS nur für die Phase berücksichtigt wird.

6.3.5 Quasiteilchenzustandsdichte und Quasiteilchentunneln

Wir hatten gesehen, dass durch das Aufbrechen eines Cooper-Paares Quasiteilchen oberhalb der Energielücke entstehen. Wie sieht die Zustandsdichte dieser Quasiteilchen aus? Es gibt eine Korrespondenz zwischen Quasiteilchen des Supraleiters mit Energie E_k und Einteilchenanregungen des Normalleiters mit Energie ξ_k. Damit gilt für die Zustandsdichten der Anregungen $N_\mathrm{s}(E_\mathrm{k})\,\mathrm{d}E_\mathrm{k} = N_\mathrm{n}(\xi_\mathrm{k})\,\mathrm{d}\xi_\mathrm{k}$. In der Umgebung $\pm\Delta$ um E_F gilt in guter Näherung $N_\mathrm{n}(E) \approx N(E_\mathrm{F}) = \mathrm{const}$. Unter dieser Voraussetzung ergibt sich, wieder unter der Annahme $V_\mathrm{kk'} = -V_0$:

$$\frac{N_\mathrm{s}(E_\mathrm{k})}{N(E_\mathrm{F})} = \frac{\partial \xi_\mathrm{k}}{\partial E_\mathrm{k}} = \begin{cases} \dfrac{E_\mathrm{k}}{\sqrt{E_\mathrm{k}^2 - \Delta^2}} & \text{für } E_\mathrm{k} > \Delta \\ 0 & \text{für } E_\mathrm{k} < \Delta \end{cases}. \tag{6.66}$$

Dieser Verlauf ist in Abb. 6.18 dargestellt. Die Quasiteilchenzustandsdichte und damit auch die Energielücke, d. h. $N_\mathrm{s}(E_\mathrm{k}) = 0$ für $E_\mathrm{k} < \Delta$, lassen sich aus Tunnelexperimenten ermitteln, wie von Giaever 1960 (Nobelpreis 1973) gezeigt wurde (s. Abb. 6.16). Dies wollen wir im Folgenden erläutern.

Zwischen zwei Leitern, die durch eine dünne isolierende Barriere getrennt sind, gibt es auf Grund des quantenmechanischen Tunneleffekts eine endliche Wahrscheinlichkeit für Ladungstransfer, wenn die Wellenfunktionen auf beiden Seiten der Barriere einen endlichen Überlapp haben. Häufig werden solche Tunnelkontakte auf folgende Weise realisiert: Man dampft zunächst einen Metallstreifen auf ein isolie-

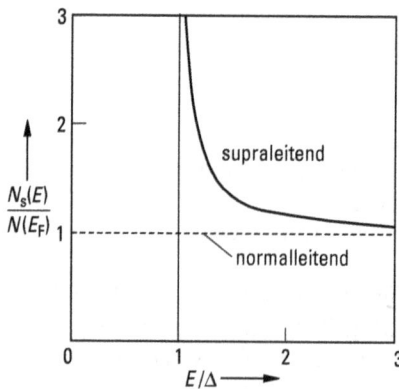

Abb. 6.18 BCS-Zustandsdichte $N_\mathrm{s}(E)$ der Quasiteilchen (Gl. (6.66)) als Funktion der Anregungsenergie E, normiert auf die Zustandsdichte $N(E_\mathrm{F})$ im normalleitenden Zustand.

rendes Substrat. Eine Isolierschicht auf diesem Metallstreifen erhält man durch ober-
flächliche Oxidation oder Aufdampfen eines Isolators. Danach wird ein zweiter Metallstreifen quer darüber gedampft. Dort, wo beide Metalle übereinander liegen,
sind sie durch die isolierende Barriere getrennt. Man misst dann die Strom-Spannungs-Kennlinie $I(U)$ dieses Metall/Isolator/Metall-Kontakts. Die Tunnelwahrscheinlichkeit fällt exponentiell mit steigender Dicke des Isolators ab. Sie hängt
natürlich auch von den Eigenschaften des isolierenden Materials ab. Wir interes-
sieren uns nicht für diese Einzelheiten und nehmen ein phänomenologisches Tun-
nelmatrixelement T_{kq} an, das das Tunneln von dem Zustand k im Metall 1 in den
Zustand q im Metall 2 beschreibt. Für voneinander unabhängige Prozesse ist die
Tunnelwahrscheinlichkeit jeweils $|T_{kq}|^2$, d. h. wir vernachlässigen kohärente Prozesse,
wie z. B. die Josephson-Effekte (s. Abschn. 6.4). Für Einelektronenprozesse in der
Nähe von E_F nehmen wir der Einfachheit halber $T_{kq} = T$ unabhängig von k und q an.

Das Tunneln eines Quasiteilchens in einen Supraleiter in den Zustand k ist nur
möglich, wenn $(k\uparrow, -k\downarrow)$ nicht von einem Cooper-Paar besetzt ist, der entsprechende
Beitrag zum Tunnelstrom ist also $\sim |u_k|^2 |T|^2$. Zu dem Zustand k gibt es einen wei-
teren Zustand k' mit gleicher Energie $E_{k'} = E_k$, aber mit $\xi_{k'} = -\xi_k$. Der Beitrag zum
Tunnelstrom nach k' ist wegen Gl. (6.57) somit $\sim |u_{k'}|^2 |T|^2 = |v_k|^2 |T|^2$. Der Gesamt-
beitrag zum Tunnelstrom für diese Energie ist daher $\sim (|u_k|^2 + |v_k|^2) |T|^2 = |T|^2$, d. h.
unabhängig von den „Kohärenzfaktoren" u_k und v_k. Diese Kohärenzfaktoren spielen
bei anderen Quasiteilchenprozessen in Supraleitern, wie etwa der elektromagnetischen Absorption, der Ultraschalldämpfung und der Kernspinrelaxation eine große
Rolle. Diese Prozesse wollen wir hier nicht weiter betrachten.

Da die Kohärenzfaktoren, die die Besetzung von Paarzuständen beschreiben, beim
(elastischen) Quasiteilchentunneln nicht auftauchen, brauchen wir nur Quasiteilchenzustände zu berücksichtigen, die durch eine Einteilchen-Zustandsdichte dargestellt werden können (s. Abb. 6.19). Diese ist gegeben durch die Quasiteilchenzustandsdichte Gl. (6.66), die am chemischen Potential μ „gespiegelt" wird. Für $T = 0$
sind alle Zustände unterhalb μ besetzt und oberhalb μ leer, für $T > 0$ ist die Besetzung
durch die Fermi-Funktion $f(E)$ gegeben. Für einen Normalleiter ($\Delta = 0$) entspricht
dieses Modell der üblichen Darstellung. In diesem Bild verlaufen Quasiteilchen-
Tunnelprozesse bei konstanter Energie, d. h. horizontal. Inelastische Streuprozesse
in der Oxidschicht oder in den Metallen werden vernachlässigt.

Der Tunnelstrom vom Metall 1 in das Metall 2 bei Anliegen einer Spannung U
ist allgemein gegeben durch

$$I_{1\to 2} = A \int_{-\infty}^{\infty} N_1(E) f(E) |T|^2 N_2(E + eU)(1 - f(E + eU)) \, dE. \qquad (6.67)$$

Dabei ist A eine Proportionalitätskonstante, die die genaue experimentelle Anordnung, z. B. Geometrie und Art der Tunnelbarriere, berücksichtigt. $N_1(E) f(E) \, dE$
ist die Anzahldichte der Elektronen der Energie E, die aus dem Metall 1 gegen die
Barriere laufen, und $N_2(E + eU)(1 - f(E + eU)) \, dE$ die der bei Anliegen einer Spannung U „horizontal" liegenden unbesetzten Zustände im Metall 2. Der Gesamtstrom
$I(U)$ ergibt sich unter Berücksichtigung eines entsprechenden Ausdrucks für $I_{2\to 1}$ zu

$$I(U) = I_{1\to 2} - I_{2\to 1} = A|T|^2 \int_{-\infty}^{\infty} N_1(E) N_2(E + eU)(f(E) - f(E + eU)) \, dE.$$

$$(6.68)$$

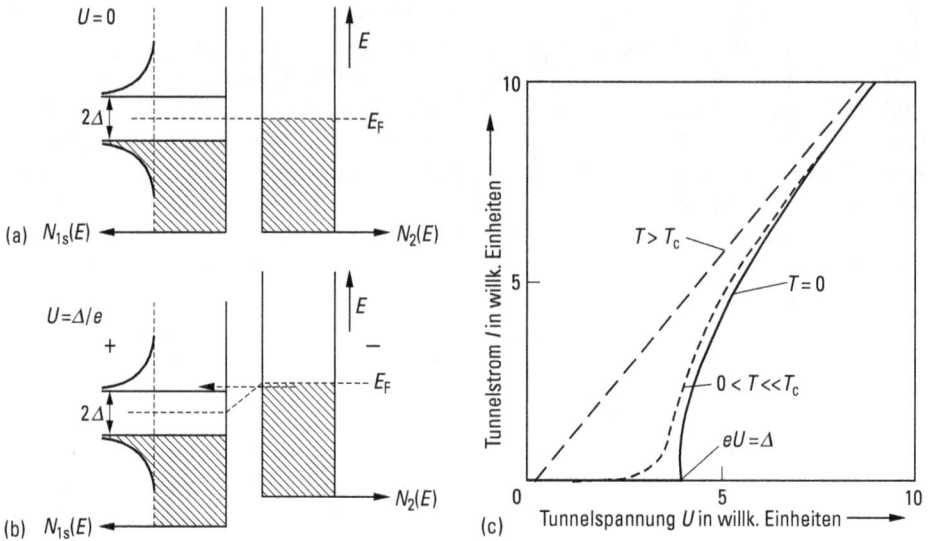

Abb. 6.19 Zum Quasiteilchentunneln zwischen einem Normalleiter (rechts) und einem Supraleiter (links). Beide Metalle sind durch eine isolierende Schicht getrennt. Aufgetragen sind die (Quasiteilchen-) Zustandsdichten (nach links bzw. rechts, schraffiert: besetzte Zustände) als Funktion der Energie (nach oben), (a) ohne Anlegen einer Spannung, (b) bei einer Spannung $U = \Delta/e$. Hier setzt ein hoher Strom ein. (c) Strom-Spannungskennlinie bei $T = 0$, $0 < T \ll T_c$ und $T > T_c$.

Diese allgemeine Beziehung wollen wir auf drei verschiedene Tunnelkontakt-Konfigurationen anwenden.

6.3.5.1 Normalleiter/Isolator/Normalleiter

Wir nehmen an, dass $e\,|U| \ll E_F$, so dass $N(E_F + e\,U) \approx N(E_F) = \text{const.}$ Dann liefert Gl. (6.68)

$$I_{nn} = A\,|T|^2\,N_1\,(E_F)\,N_2\,(E_F) \cdot \int\limits_{-\infty}^{\infty} (f(E) - f(E + e\,U))\,dE$$

$$= A\,|T|^2\,N_1\,(E_F) \cdot N_2\,(E_F)\,e \cdot U = G_{nn}\,U\,, \tag{6.69}$$

wobei wir mit dem letzten Gleichheitszeichen den Leitwert G_{nn} definiert haben. Man erhält also Ohm'sches Verhalten unabhängig von der Temperatur, wie bei der Vernachlässigung inelastischer Prozesse zu erwarten.

6.3.5.2 Supraleiter/Isolator/Normalleiter

Für den Strom zwischen Supraleiter 1 und normalleitendem Metall 2 ergibt sich – unter der gleichen Annahme wie eben – aus Gl. (6.68), wenn wir die rechte Seite mit $N_1(E_F)$, der Einteilchenzustandsdichte des Supraleiters im normalleitenden Zustand, erweitern:

$$I_{ns} = A\,|T|^2\,N_1(E_F)\,N_2(E_F) \cdot \int_{-\infty}^{\infty} \frac{N_{1s}(E)}{N_1(E_F)}\,(f(E) - f(E + eU))\,dE\,. \qquad (6.70)$$

Dabei entspricht der gesamte Ausdruck vor dem Integral auf der rechten Seite gerade G_{nn}/e. Für $T = 0$ ist wegen $N_{1s}(E) = 0$ für $e|U| < \Delta$ auch dort $I = 0$. Bei $e|U| = \Delta$ setzt ein starker Stromanstieg ein: für negative Spannung am Supraleiter, $U < 0$, wegen der großen Zahl von Quasiteilchen, die aus besetzten Zuständen mit hoher Zustandsdichte aus dem Supraleiter tunneln können, und für positive Spannung am Supraleiter, $U > 0$, wegen der großen Zahl unbesetzter Quasiteilchenzustände, in die Elektronen aus dem normalleitenden Metall hineintunneln können (dieser Fall ist in Abb. 6.19b gezeigt). Die $I(U)$-Kennlinien sind also bezüglich des Vorzeichenwechsels der Spannung symmetrisch. Für $T > 0$ ergibt sich eine thermische Verschmierung der $I(U)$-Kennlinie. Der differentielle Leitwert $G_{ns} = dI_{ns}/dU$ ist gegeben durch

$$G_{ns} = G_{nn} \int_{-\infty}^{\infty} \frac{N_{1s}(E)}{N_1(E_F)}\left(-\frac{\partial f(E + eU)}{\partial(eU)}\right) dE\,. \qquad (6.71)$$

Für $T \to 0$ ist $-\partial f(E + eU)/\partial(eU) \to \delta(-eU)$, und

$$G_{ns} = G_{nn}\,\frac{N_{1s}(e|U|)}{N_1(E_F)} \qquad (6.72)$$

spiegelt unmittelbar die Quasiteilchenzustandsdichte des Supraleiters wider.

Zur Messung wird der Gleichspannung U am Tunnelkontakt eine Wechselspannung $u = u_0 \cos\omega t$ kleiner Amplitude u_0 überlagert. Der Strom ist dann

$$I(U + u_0 \cos\omega t) = I(U) + \frac{dI}{dU}\,u_0 \cos\omega t + \frac{1}{2}\frac{d^2I}{dU^2}\,u_0^2\,(1 + \cos 2\omega t) + \dots\,. \qquad (6.73)$$

Das Signal bei der Frequenz ω ist somit direkt proportional zu dI/dU. Hieraus lässt sich genau $\Delta(T)$ bestimmen (vgl. Abb. 6.16). Mit dem Signal bei der Frequenz 2ω kann man kleine Abweichungen von $N_{1s}(E)$ vom BCS-Verlauf nachweisen, die auf die Wechselwirkung der Quasiteilchen mit den die supraleitende Kopplung vermittelnden Bosonen zurückzuführen sind, z. B. den Phononen in klassischen Supraleitern (s. Abschn. 6.5.1). Es sei noch angemerkt, dass für einen metallischen Kontakt zwischen Normalleiter und Supraleiter, also einen Kontakt ohne Tunnelbarriere, ein Elektron aus dem Normalleiter für Spannungen unterhalb Δ/e als lochartiges Quasiteilchen (Ladung $+e$) reflektiert werden kann und so ein Cooper-Paar im Supraleiter mit der Ladung $-2e$ erzeugt wird (*Andreev-Reflexion*). Dies führt zu charakteristischen Strukturen im $I(U)$-Verlauf.

6.3.5.3 Supraleiter/Isolator/Supraleiter

Aus Gl. (6.68) erhält man für diesen Fall unter den gleichen Voraussetzungen:

$$I_{ss} = \frac{G_{nn}}{e} \int_{-\infty}^{\infty} \frac{N_{1s}(E)}{N_1(E_F)}\,\frac{N_{2s}(E + eU)}{N_2(E_F)}\,(f(E) - f(E + eU))\,dE\,. \qquad (6.74)$$

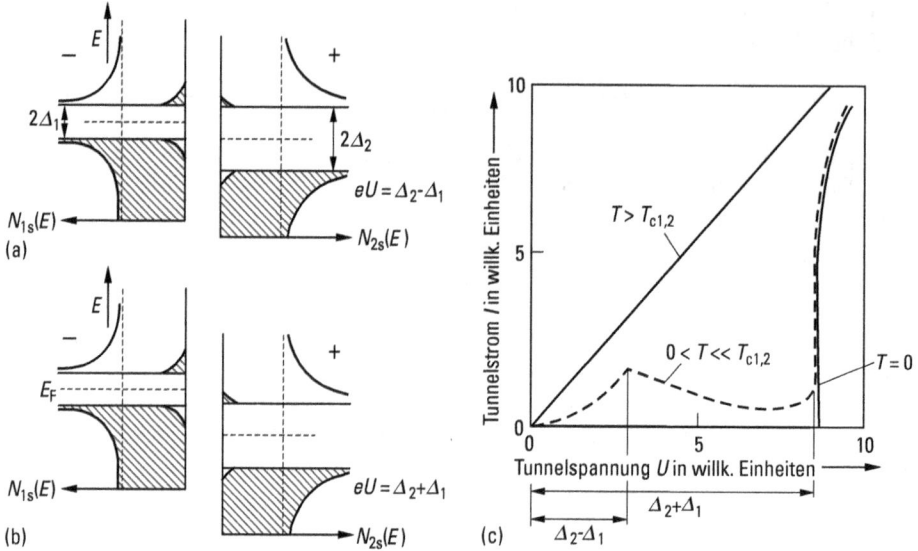

Abb. 6.20 Zum Quasiteilchentunneln zwischen zwei Supraleitern: (a) bei Anlegen einer Spannung $U = (\Delta_2 - \Delta_1)/e$ und (b) mit einer Spannung $U = (\Delta_2 + \Delta_1)/e$. Hier setzt plötzlich ein sehr starker Strom ein, da eine große Anzahl Quasiteilchen (bei hoher Zustandsdichte) in eine große Zahl unbesetzter Zustände tunneln können. Zusätzlich eingezeichnet sind einige wenige thermisch über die Energielücke angeregte Quasiteilchen, die in dieser Darstellung eine gleiche Anzahl Löcher erzeugen. Diese führen zu einem endlichen Strom auch schon bei $U < (\Delta_1 + \Delta_2)/e$ mit einem Maximum bei $U = (\Delta_1 - \Delta_2)/e$. (c) Strom-Spannungskennlinie bei $T = 0$, $0 < T \ll T_{c1,2}$ und $T > T_{c1,2}$.

Wegen $N_{1s}(E) = 0$ für $|E - \mu| < \Delta_1$ und $N_{2s}(E + eU) = 0$ für $|E - \mu + eU| < \Delta_2$ muss mindestens die Spannung $|U| > (\Delta_1 + \Delta_2)/e$ anliegen, damit ein Tunnelstrom bei $T = 0$ fließen kann (s. Abb. 6.20). Dann setzt ein sehr plötzlicher Anstieg des Stroms ein, da die BCS-Singularitäten der besetzten und unbesetzten Zustände auf gleicher Energie liegen und somit eine große Zahl sowohl von Quasiteilchen als auch von freien Zuständen vorhanden ist, in die diese tunneln können. Auch hier ist die $I(U)$-Kennlinie symmetrisch. Für $T > 0$ beobachtet man zusätzlich ein Maximum bei $U = |\Delta_1 - \Delta_2|/e$. Sei $\Delta_2 > \Delta_1$, wie in Abb. 6.20b dargestellt. Dann liegen die bei $T = 0$ besetzten (falls $U > 0$) oder unbesetzten (falls $U < 0$) BCS-Singularitäten auf gleicher Energie und eine große Zahl von Quasiteilchen kann in die wenigen freien unbesetzten Zustände ($U > 0$) oder die wenigen thermisch angeregten Quasiteilchen können in die große Zahl unbesetzter Zustände ($U < 0$) tunneln. Für $\Delta_2 < \Delta_1$ läuft das Argument analog.

6.4 Josephson-Effekte

Im letzten Abschnitt haben wir zwei Supraleiter betrachtet, die durch eine dünne isolierende Barriere getrennt waren, so dass Quasiteilchentunneln möglich war. Das Tunneln von Cooper-Paaren haben wir jedoch ausgeschlossen. Die Josephson-Effekte zwischen zwei Supraleitern entstehen durch Austausch von Cooper-Paaren, d. h. durch die Kopplung der makroskopischen Wellenfunktionen der beiden Supraleiter. Man nennt solche Kontakte zwischen zwei Supraleitern auch Josephson-Kontakte. Wir werden uns – wie auch schon in den vorausgegangenen Abschnitten – auf Singulett-Supraleiter mit isotroper Energielücke beschränken. Die besonderen Effekte bei Kupratsupraleitern werden in 6.5.3 diskutiert.

6.4.1 Phase der makroskopischen Wellenfunktion

In der BCS-Wellenfunktion Ψ_{BCS} des supraleitenden Zustands Gl. (6.52) sind die Entwicklungskoeffizienten $u_{\mathbf{k}}$ und $v_{\mathbf{k}}$ im Allgemeinen komplex. Die Phase zwischen $u_{\mathbf{k}}$ und $v_{\mathbf{k}}$ ist willkürlich, wenn diese die gleiche ist wie die des komplexen Ordnungsparameters $\Delta_{\mathbf{k}}$ (definiert nach Gl. (6.54)). Daher konnten wir die Phase bei der Diskussion von Ψ_{BCS} in Abschn. 6.3.3 vernachlässigen. Die allgemeine BCS-Wellenfunktion mit festgelegter Phase lautet

$$|\Psi_{\varphi}\rangle = \prod_{\mathbf{k}} (|u_{\mathbf{k}}| + |v_{\mathbf{k}}|\, e^{\mathrm{i}\varphi}\, c_{\mathbf{k}\uparrow}^{+} c_{-\mathbf{k}\downarrow}^{+}) |\Phi_0\rangle. \tag{6.75}$$

Dabei ist φ die Phasendifferenz zwischen den Wahrscheinlichkeitsamplituden von Zuständen, die sich gerade um ein Elektronenpaar unterscheiden. Man kann zeigen, dass diese Phase derjenigen der komplexen Ginzburg-Landane-Wellenfunktion ψ entspricht. Ist die Phase eindeutig festgelegt, dann ist die Teilchenzahl unbestimmt, lediglich die mittlere Teilchenzahl $\bar{N}$ ist durch das chemische Potential festgelegt. Ein Zustand mit genau N Teilchen geht durch Fourier-Transformation aus $|\Psi_{\varphi}\rangle$ hervor. Damit herrscht zwischen der Unschärfe ΔN der Teilchenzahl und $\Delta\varphi$ der Phase eine ähnliche Unbestimmtheitsrelation wie zwischen der Frequenzunschärfe $\Delta\omega$ und der Zeitdauer Δt einer Welle, $\Delta\omega \cdot \Delta t = 1$, hier also $\Delta N \cdot \Delta\varphi = 1$. Wir können allerdings ausnutzen, dass die BCS-Wellenfunktion einen makroskopisch besetzten Quantenzustand repräsentiert mit einem typischen Wert $\bar{N} \sim 10^{20}$ in einer makroskopischen Probe. Wenn wir für die Unschärfe der Teilchenzahl $\Delta N \sim 10^{10}$ zulassen, ist die Phase auf $\Delta\varphi \sim 10^{-10}$ genau bestimmt und andererseits auch die Teilchenzahl wegen $\Delta N/\bar{N} \sim 10^{-10}$ hinreichend genau festgelegt. In einer halbklassischen Betrachtung sind N und φ daher „genau" bestimmbar, und wir schreiben für die Wellenfunktion

$$\Psi = \sqrt{n_{\mathrm{c}}}\, e^{\mathrm{i}\varphi}, \tag{6.76}$$

wobei $n_{\mathrm{c}} = |\Psi|^2$ die Cooper-Paardichte ist. Für einen isolierten Supraleiter ist N fest, d. h. die Phase hat keine physikalische Bedeutung. Beobachtbare Manifestationen der makroskopischen Phase treten auf, wenn zwei Supraleiter über den Austausch von Cooper-Paaren in Kontakt stehen.

6.4.2 Josephson-Gleichungen

In der halbklassischen Darstellung Gl. (6.76) der Wellenfunktionen können wir zwei gekoppelte Supraleiter 1 und 2 durch die zeitabhängigen Schrödinger-Gleichungen

$$-\frac{\hbar}{i} \frac{\partial \Psi_1}{\partial t} = E_1 \Psi_1 + K \Psi_2 \quad \text{und} \quad -\frac{\hbar}{i} \frac{\partial \Psi_2}{\partial t} = E_2 \Psi_2 + K \Psi_1 \tag{6.77}$$

beschreiben. Dabei gibt K die Stärke der Kopplung durch den Austausch von Cooper-Paaren an. Einsetzen von Gl. (6.76) für Ψ_1 und Ψ_2 und Trennen von Real- und Imaginärteil liefert

$$\frac{dn_{c1}}{dt} = \frac{2K}{\hbar} \sqrt{n_{c1} n_{c2}} \sin(\varphi_2 - \varphi_1) ;$$

$$\frac{dn_{c2}}{dt} = -\frac{2K}{\hbar} \sqrt{n_{c1} n_{c2}} \sin(\varphi_2 - \varphi_1) \tag{6.78}$$

und

$$\frac{d\varphi_1}{dt} = -\frac{K}{\hbar} \sqrt{\frac{n_{c2}}{n_{c1}}} \cos(\varphi_2 - \varphi_1) - \frac{E_1}{\hbar} ;$$

$$\frac{d\varphi_2}{dt} = -\frac{K}{\hbar} \sqrt{\frac{n_{c1}}{n_{c2}}} \cos(\varphi_2 - \varphi_1) - \frac{E_2}{\hbar} . \tag{6.79}$$

Natürlich muss gelten $dn_{c1}/dt = -dn_{c2}/dt$. Das Tunneln von Cooper-Paaren liefert einen Strom, der für zwei gleiche Supraleiter wegen Gl. (6.78) gegeben ist durch

$$I_s = I_{s\,max} \sin(\varphi_2 - \varphi_1) \tag{6.80}$$

mit $I_{s\,max} = (2K \cdot 2e/\hbar) \Omega n_c$. Ω ist das Gesamtvolumen der beiden Supraleiter. Eine Aufladung der beiden Supraleiter gegeneinander lässt sich verhindern, wenn man den Josephson-Kontakt mit einer Stromquelle verbindet, die Ladungsträger nachliefert. Da der Strom I_s durch Cooper-Paare getragen wird, fließt er ohne Verluste, man spricht daher auch von einem *Suprastrom*. An dem Kontakt fällt also keine Spannung ab, solange $I_s < I_{s\,max}$. Die Größe des maximal möglichen Suprastroms wird durch Eigenschaften der Barriere bestimmt. Bei Überschreiten von $I_{s\,max}$ bricht der Suprastrom zusammen, und die Spannung springt auf den für das Quasiteilchentunneln zwischen zwei Supraleitern minimal möglichen Spannungswert $2\Delta/e$ (s. Abb. 6.21).

Die zeitliche Entwicklung der Phasendifferenz ist durch Gl. (6.79) bestimmt:

$$\frac{d}{dt}(\varphi_2 - \varphi_1) = \frac{1}{\hbar}(E_1 - E_2) . \tag{6.81}$$

Wenn $E_1 = E_2$ ist, die beiden Supraleiter also auf gleichem elektrochemischem Potential liegen, ist $\varphi_2 - \varphi_1 = $ const., und man beobachtet gemäß Gl. (6.80) einen Josephson-Gleichstrom. Herrscht eine Spannung U am Kontakt, so ist $E_1 - E_2 = 2eU$ und Gl. (6.81) wird zu

$$\frac{d}{dt}(\varphi_2 - \varphi_1) = \frac{2eU}{\hbar} . \tag{6.82}$$

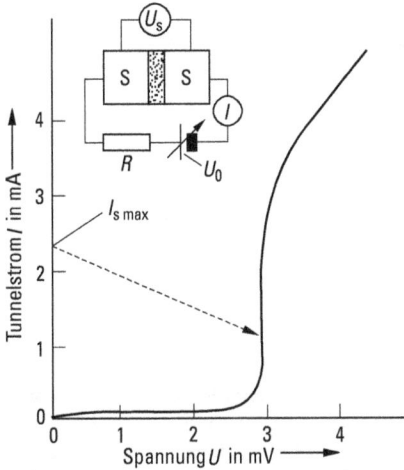

Abb. 6.21 Strom durch einen Josephson-Kontakt zwischen zwei Supraleitern. Wenn der Josephson-Strom bei Spannung $U = 0$ den kritischen Wert $I_{s\,max}$ erreicht, wird Cooper-Paartunneln unterdrückt, und der Strom springt auf die Quasiteilchentunnelkennlinie. Die Steigung der gestrichelten Gerade wird durch den Ohm'schen Vorwiderstand R festgelegt. Das Inset zeigt das Prinzipschaltbild.

Die beiden Gleichungen Gl. (6.80) und Gl. (6.82) heißen Josephson-Gleichungen. Integration von Gl. (6.82) liefert $(\varphi_2 - \varphi_1) = (2\,e\,U/\hbar) \cdot t + \varphi_0$. Dies in Gl. (6.79) eingesetzt ergibt einen Wechselstrom mit der Frequenz $v = 2\,e\,U/h$. Dieses von Josephson vorhergesagte überraschende Ergebnis, dass eine über einem Josephson-Kontakt aufrechterhaltene Gleichspannung einen Supra-Wechselstrom hervorruft, lässt sich anschaulich so interpretieren: Beim Übertritt eines Cooper-Paares durch einen Kontakt ist der Energiesatz bei $U \neq 0$ nur dann erfüllt, wenn gleichzeitig ein Photon mit der Energie $h v = 2\,e\,U$ emittiert wird. Die Josephson-Effekte wurden vielfach experimentell bestätigt. Der Josephson-Wechselstromeffekt hat eine grundsätzliche metrologische Bedeutung. Da Frequenzen sehr genau bestimmt werden können, ermöglicht dieser Effekt eine Präzisionsbestimmung von e/h und liefert einen Eichstandard für Spannungsmessungen.

6.4.3 Josephson-Kontakt im Magnetfeld

Ein angelegtes Magnetfeld führt über das Vektorpotential A zu einer Phasenverschiebung $\Delta\varphi$ längs des Pfades s einer quantenmechanischen Materiewelle mit Ladung q (vgl. Abschn. 6.2.1) für ein Cooper-Paar mit $q = -2\,e$ also:

$$\Delta\varphi = \frac{2\,e}{\hbar} \int A\,\mathrm{d}s.\tag{6.83}$$

In einem Josephson-Kontakt tritt diese Phasendifferenz zusätzlich zu einer gegebenenfalls ohne Magnetfeld vorhandenen Phasendifferenz $\varphi_2 - \varphi_1 = \varphi_0$ zwischen den

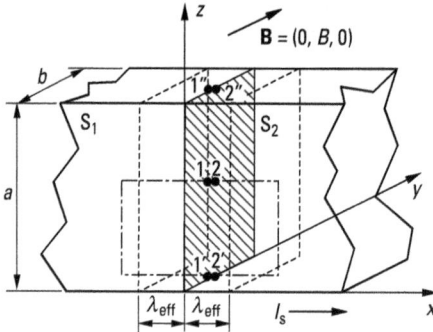

Abb. 6.22   Josephson-Kontakt im Magnetfeld. Die isolierende Schicht bei $x = 0$ (schraffiert) wird als unendlich dünn angenommen. Der Einfachheit halber wird die effektive Feldverteilung in den Supraleitern durch eine Stufe bei λ_{eff} ersetzt. Eingezeichnet sind die Integrationswege $1 \rightarrow 1'$ und $2 \rightarrow 2'$ zur Berechnung der Phasendifferenz durch das Vektorpotential.

beiden Supraleitern auf. Damit wird die Suprastromdichte ortsabhängig,

$$j_{\text{s}} = j_{\text{s\,max}} \sin\left(\varphi_2 - \varphi_1 + \frac{2\,e}{\hbar} \int A\,\mathrm{d}s\right). \tag{6.84}$$

Mit $\boldsymbol{B} = (0, B, 0)$ ist eine mögliche Wahl des Vektorpotentials $\boldsymbol{A} = (0, 0, -xB)$. Abbildung 6.22 zeigt die gewählte Geometrie. Wir nehmen dabei an, dass die Dicke der isolierenden Barriere $d \ll \lambda_{\text{eff}}$ ist. Dabei ersetzen wir das jeweils exponentiell ins Innere der beiden Supraleiter abfallende Magnetfeld durch eine Stufenfunktion:

$$B = \begin{cases} B_0 & \text{für } |x| < \lambda_{\text{eff}} \\ 0 & \text{für } |x| \geq \lambda_{\text{eff}} \end{cases}, \tag{6.85}$$

wobei die effektive Eindringtiefe definiert ist durch $\lambda_{\text{eff}} = \dfrac{1}{B_0} \int\limits_0^\infty B(x)\,\mathrm{d}x$. Die Phasendifferenz zwischen den Punkten 1 und 2 hängt vom Ort der z-Koordinate ab:

$$\Delta\varphi_{12}(z) = \frac{2\,e}{\hbar}\, 2\,\lambda_{\text{eff}}\, B_0\, z + \varphi_0 = 2\,\pi\, \frac{\phi(z)}{\phi_0} + \varphi_0. \tag{6.86}$$

Dabei ist $\phi(z)$ der Fluss durch die effektive Fläche $2\,z\,\lambda_{\text{eff}}$ und $\phi_0 = h/2\,e$ das Flussquant. Wir haben hierbei benutzt, dass die Integrationswege $1 \rightarrow 1'$ und $2' \rightarrow 2$ mit Komponente parallel zu $\boldsymbol{A}$ tief im Innern des Supraleiters liegen und die auf dem Weg insgesamt akkumulierte Phasendifferenz durch das Magnetfeld somit $(2\,e/\hbar)\,2\,\lambda_{\text{eff}}\,B_0\,z$ beträgt. Damit wird die Stromdichte

$$j_{\text{s}}(z) = j_{\text{s\,max}} \sin\left(\varphi_0 + 2\,\pi\, \frac{\phi(z)}{\phi_0}\right). \tag{6.87}$$

Integration über z liefert

$$I_{\text{s\,max}}(B) = I_{\text{s\,max}}(0)\, \frac{\sin(\pi\phi/\phi_0)}{\pi\phi/\phi_0}. \tag{6.88}$$

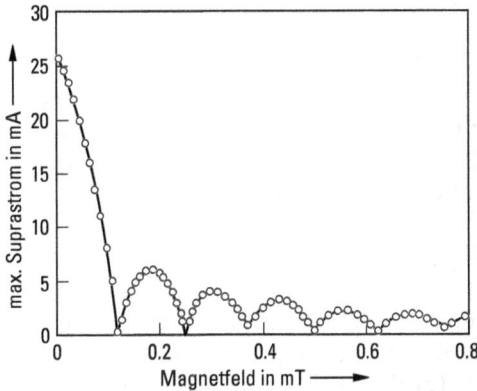

Abb. 6.23 Magnetfeldabhängigkeit des maximalen Josephson-Stroms $I_{s\,max}$ eines Sn/SnO/Sn-Kontakts, nach [28].

$\phi = 2\,B_0\,a\,\lambda_{eff}$ ist der gesamte magnetische Fluss durch den Josephson-Kontakt. Offenbar ist $I_s = 0$, wenn $\phi = \phi_0$: dann ist die Stromdichte bei $z = 0$ gerade durch die entgegengesetzte Stromdichte bei $z = a/2$ kompensiert. Dies ist ganz analog zur optischen Interferenz bei der Beugung an einem Einzelspalt der Breite b, wo der Strahl an einem Rand des Spaltes gerade destruktiv mit dem Strahl in der Mitte des Spaltes interferiert, wenn für den Beobachtungswinkel ϑ gilt $b\sin\vartheta = \lambda$. Entsprechend findet man zu jedem Stromdichtepfad bei $z = \varepsilon$ einen Pfad mit umgekehrter Stromdichte bei $z = \varepsilon + a/2$, mit $0 < \varepsilon \le a/2$. Der Ausdruck für $I_{s\,max}(B)$ ist daher vollkommen analog zum Ausdruck für die Intensität des am Einzelspalt gebeugten Lichts $I(\sin\vartheta)$. Insgesamt hat man Minima von $I_{s\,max}(B)$, wenn $\phi = n\phi_0$ ($n = 1, 2, 3 \ldots$) und Maxima bei $\phi = 0$ sowie wenn $\phi = (n + \tfrac{1}{2})\,\phi_0$. Abbildung 6.23 zeigt die Abhängigkeit des maximalen Josephson-Stroms eines Sn-SnO-Sn-Tunnelkontakts vom angelegten Magnetfeld.

6.4.4 SQUIDs

Mit einem Josephson-Kontakt kann man wegen des kleinen Werts von ϕ_0 sehr kleine Änderungen des magnetischen Flusses durch Messung von $I_{s\,max}$ detektieren. Die Empfindlichkeit gegenüber Magnetfeldänderungen hängt natürlich wegen $\phi = \int B\,dF$ von der vom Fluss durchdrungenen Fläche ab. Eine größere Auflösung lässt sich einfach durch Vergrößerung der Fläche erreichen. Die hohe Empfindlichkeit wird ausgenutzt im schon in der Einleitung erwähnten Superconducting Quantum Interference Device (SQUID). Natürlich kann man auch jede andere physikalische Messgröße, die eine Magnetfeldänderung hervorruft, entsprechend empfindlich bestimmen, wie z. B. elektrische Ströme oder Spannungen. Die Anwendungen von SQUIDs liegen einerseits im wissenschaftlich-technischen Bereich (Magnetometer, hochempfindliche Spannungs- und Widerstandsmessbrücken), andererseits im medizinischen Bereich (kontaktlose Messung von Gehirnströmen: Magnetoenzephalographie).

Beim Gleichstrom-SQUID (dc-SQUID) werden zwei möglichst identische Josephson-Kontakte in einem supraleitenden Ring parallel geschaltet. In einem Magnetfeld senkrecht zur Ringfläche ist der Fluss ϕ_f durch jeden einzelnen Kontakt wesentlich kleiner als der magnetische Fluss ϕ_F durch den gesamten Ring. Dann gilt für den gesamten maximalen Josephson-Strom durch beide Kontakte

$$I_{s\,ges} = 2I_{s\,max}\frac{\sin(\pi\phi_f/\phi_0)}{\pi\phi_f/\phi_0}\cdot\cos\frac{\pi\phi_F}{\phi_0}. \tag{6.89}$$

Hierbei ist wieder $I_{s\,max}$ der maximale Josephson-Strom durch einen einzelnen Kontakt. Es treten also zusätzlich zu den bereits besprochenen Oszillationen des kritischen Stroms des Einzelkontakts Oszillationen im kritischen Strom $I_{s\,ges}$ des Doppelkontakts auf: Maxima von $I_{s\,ges}$ findet man, wenn die Josephson-Ströme durch die beiden Kontakte gleichgerichtet sind, Minima, wenn sie entgegengesetzt gerichtet sind. Auch hier hat man also mit Gl. (6.89) eine vollständige Analogie zum optischen Doppelspalt. Es sei noch erwähnt, dass im praktischen Betrieb dc-SQUIDs immer oberhalb des kritischen Stroms betrieben werden, die abfallende Gleichspannung ist periodisch in ϕ_F mit der Periode ϕ_0.

Beim Radiofrequenz-SQUID (rf-SQUID) hat man nur einen Josephson-Kontakt in einem supraleitenden Ring. Obwohl der rf-SQUID etwas unempfindlicher ist als der dc-SQUID, ist er in der Praxis wegen seines im Prinzip einfacheren Aufbaus mit nur einem Josephson-Kontakt häufiger anzutreffen. In den Kontakt wird über eine Spule, die Teil eines Schwingkreises ist, magnetischer Fluss eingekoppelt mit typischen Frequenzen von 20 MHz–30 MHz. Die rf-Verluste im Schwingkreis, die durch die Kopplung an den supraleitenden Ring entstehen (und damit auch die rf-Spannung an der Spule V_T), hängen periodisch von dem im Ring eingeschlossenen Fluss ϕ_F ab. V_T kann daher als Messsignal benutzt werden.

6.5 Spezielle supraleitende Materialien

In diesem Kapitel wollen wir einige Supraleiter mit besonderen Eigenschaften besprechen. Dabei werden wir einige weitere Eigenschaften von Supraleitern kennenlernen. Besonders wichtig sind natürlich die schon in Abschn. 6.1.5 erwähnten Hochtemperatursupraleiter. Wir wollen aber zunächst – in gewissem Maße der historischen Entwicklung folgend – einige andere Materialien vorstellen.

6.5.1 Supraleiter aus Übergangsmetallen

Metallene Elemente mit nicht abgeschlossener d-Schale haben häufig hohe Übergangstemperaturen, wenn sie nicht wie Fe, Co oder Ni ferromagnetische oder wie Cr oder Mn antiferromagnetische Ordnung zeigen. Nb hat unter den Elementen das höchste $T_c = 9.2$ K unter Normaldruck (s. Abb. 6.10), die intermetallische Ver-

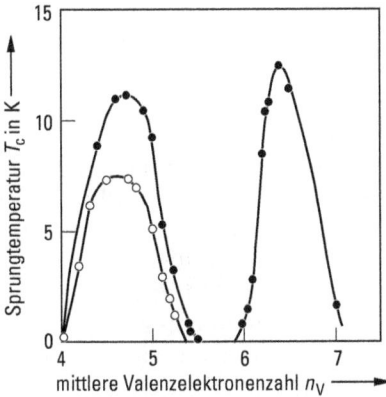

Abb. 6.24 Sprungtemperatur T_c von Legierungsreihen aus 3d- und 4d-Übergangsmetallen (offene bzw. geschlossene Symbole) in Abhängigkeit von der Valenzelektronenkonzentration n_v, nach [31], [32], [33].

bindung Nb_3Ge war mit $T_c = 23.2\,K$ lange Zeit „Rekordhalter". Allgemein führen die d-Orbitale der Übergangsmetallatome auf Grund der geringen räumlichen Ausdehnung im Vergleich zu s- und p-Orbitalen zu schmaleren Bändern mit einer stark strukturierten elektronischen Zustandsdichte. Übergangselemente und deren intermetallische Verbindungen können auf Grund der nicht abgeschlossenen d-Schale daher eine besonders hohe Zustandsdichte $N(E_F)$ an der Fermi-Kante haben. Diese geht ebenso wie die Elektron-Phonon-Kopplung in die BCS-Formel für T_c (Gl. (6.61)) ein. Daher hängt auch T_c stark von der mittleren d-Elektronenzahl in Übergangsmetall-Legierungen ab (Abb. 6.24). Wegen der geringen räumlichen Ausdehnung der Wellenfunktion in den d-Orbitalen ist auch die Elektron-Elektron-Wechselwirkung wichtig. Die Eliashberg-Gleichungen [29] bilden eine Erweiterung der BCS-Theorie, die eine realistische Form der Elektron-Phonen-Kopplung $V_{kk'}$ berücksichtigt, statt $V_0 = const$ anzunehmen. Für so genannte stark koppelnde Supraleiter ergibt sich eine Näherungslösung für T_c, bekannt als McMillan-Formel [30]:

$$T_c = \frac{\langle \Theta_D \rangle}{1.45} \exp\left(-\frac{1.04\,(1+\lambda)}{\lambda - \mu^*(1 + 0.62\,\lambda)}\right). \tag{6.90}$$

Hier ist λ der Elektron-Phonon-Kopplungsparameter

$$\lambda = 2 \int \frac{1}{\omega}\, \alpha^2(\omega)\, F(\omega)\, d\omega \tag{6.91}$$

mit der Phononenzustandsdichte $F(\omega)$ und dem über die Fermi-Fläche gemittelten Elektron-Phonon-Kopplungsmatrixelement $\alpha(\omega)$. Das Produkt $\alpha^2(\omega)\,F(\omega)$ und damit auch λ ist aus Tunnelmessungen bestimmbar. Die Elektron-Phonon-Kopplung führt, wie in Abschn. 6.3.5 erwähnt, zu geringen Abweichungen des gemessenen dI/dU-Verlaufs von der BCS-Zustandsdichte Gl. (6.66). μ^* parametrisiert die Coulomb-Abstoßung zwischen Elektronen. Häufig wird $\mu^* \approx 0.1$ gesetzt.

Die McMillan-Formel (Gl. (6.90)) macht auch die schon erwähnten Abweichungen des Isotopenexponenten β vom Wert 0.5 verständlich, denn $F(\omega)$ geht direkt in λ ein, und nicht nur in den Vorfaktor Θ_D der BCS-Formel. Für freie Elektronen ($\mu^* = 0$) und schwache Kopplung $\lambda \ll 1$ geht Gl. (6.90) in die BCS-Formel Gl. (6.61) über: $T_c \sim \langle \Theta_D \rangle \exp(-1/\lambda)$ mit $\lambda = N(E_F)V_0$.

Es muss betont werden, dass $N(E_F)$ und $F(\omega)$ nicht unabhängig voneinander sind. Eine hohe elektronische Zustandsdichte bei E_F führt zu einer niedrigen Debye-Temperatur. In grober Veranschaulichung schirmen „viele" Elektronen die Ionenrümpfe voneinander ab, und das Gitter wird weicher. Dies begünstigt ein hohes λ und damit die Supraleitung. Tatsächlich findet man experimentell für die Supraleiter in den verschiedenen d-Bändern (3d, 4d, 5d) $\lambda \sim N(E_F)$ mit jeweils unterschiedlichen Vorfaktoren. Das Weichwerden des Gitters durch hohe elektronische Zustandsdichten bedingt, dass die entsprechenden intermetallischen Verbindungen zu Gitterinstabilitäten neigen. Zu nennen sind hier insbesondere die so genannten kubischen A15-Phasen wie Nb_3Sn ($T_c = 18.2$ K) und das erwähnte Nb_3Ge. Hier besteht eine starke Tendenz zu einer tetragonalen Verzerrung mit stabiler Gitterstruktur und deutlich reduziertem T_c. Dennoch gelingt es, z. B. Drähte aus Nb_3Sn herzustellen (im Verbund mit einer Cu-Matrix), die in supraleitenden Spulen zur Erzeugung hoher stationärer Magnetfelder eingesetzt werden. Mit Nb_3Sn-Spulen kann man so Felder bis über 20 T bei 2 K erreichen.

6.5.2 Supraleiter mit magnetischen Atomen

Lokalisierte magnetische Momente können die Impuls- oder Spinkorrelation der Cooper-Paare zerstören, ähnlich wie ein äußeres Magnetfeld. Welcher Mechanismus überwiegt, hängt entscheidend von der Stärke der Wechselwirkung und der räumlichen Anordnung der Atome im Metall ab.

Überlappen die Wellenfunktionen lokalisierter magnetischer Momente mit denen der Leitungselektronen, so führt dies zur Austauschwechselwirkung, die man durch einen Spin-Hamilton-Operator ausdrücken kann:

$$\mathcal{H} = -2J\boldsymbol{S}\boldsymbol{s}. \tag{6.92}$$

Hier ist J das Austauschintegral, $\boldsymbol{S}$ und $\boldsymbol{s}$ bezeichnen die Spinoperatoren der lokalisierten Momente und der Leitungselektronen. Die Austauschwechselwirkung führt zur Spinflip-Streuung und damit zur Cooper-Paarbrechung, da der Singulett-Zustand des Cooper-Paares durch die Streuung zerstört wird. Dies wird häufig für supraleitende Legierungen mit geringer Konzentration magnetischer Atome beobachtet. Abbildung 6.25 zeigt die Übergangstemperatur von La, dem jeweils 1 at% von Seltenerdatomen beigemischt wurde. Man beobachtet eine starke T_c-Absenkung ΔT_c. Das Austauschintegral ist in dieser Serie $J \sim 0.1$ eV $\approx$ const., somit zeigt Abb. 6.25, dass $|\Delta T_c|$ näherungsweise proportional zum Gesamtspin (und nicht zum gesamten magnetischen Moment) der beigemischten Seltenerdatome ist. Einige Atomprozent Beimischung von Ionen mit magnetischen Momenten zerstören also die Supraleitung völlig, ähnliches gilt für Übergangsmetallionen, wenn sie beim Einbau in das Wirtsmetall ihr magnetisches Moment behalten, wie Fe oder Mn z. B. in Pb.

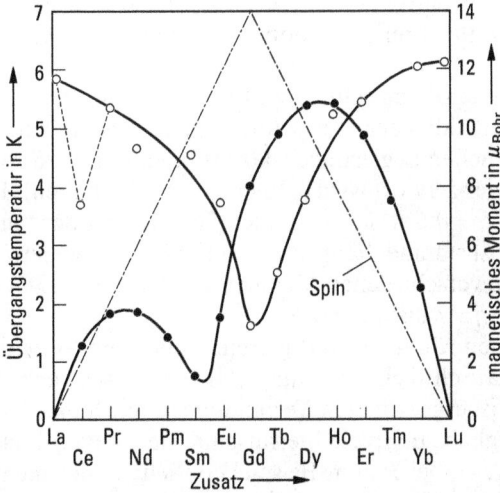

Abb. 6.25 Übergangstemperatur T_c zur Supraleitung von La, dem jeweils 1 at% von Seltenerdmetallen beigemischt wurde (offene Symbole) und magnetisches Moment (geschlossene Symbole) und Gesamtspin (strichpunktierte Kurve) der jeweiligen Seltenerdatome. Die maximale T_c-Absenkung korreliert mit dem maximalen Wert des Spins und belegt so die Spinflip-Streuung als entscheidenden Cooper-Paarbrechungsmechanismus, nach [34].

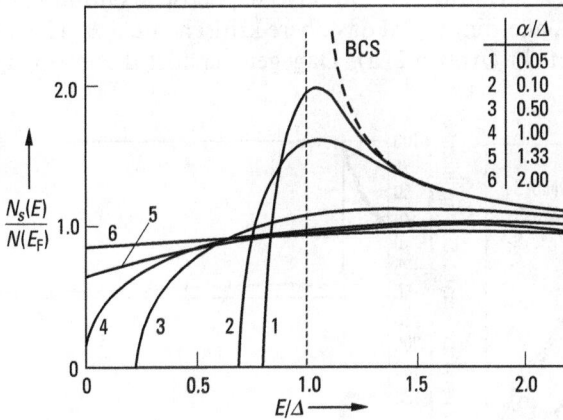

Abb. 6.26 Quasiteilchenzustandsdichte eines Supraleiters mit Paarbrechung, z. B. durch Spinflip-Streuung. α/Δ ist der Paarbrechungsparameter (in Einheiten von Δ). Für $\alpha/\Delta \geq 1$ liegt Supraleitung ohne Energielücke vor, nach [35].

Die Spinflip-Streuung verringert die Lebensdauer τ_{Co} von Cooper-Paaren, damit ist ihre Bindungsenergie gemäß der Unschärferelation $\Delta E \, \tau_{Co} \approx h$ nicht mehr beliebig genau bestimmt, d. h. die Energielücke wird ausgewaschen. Dies kann dazu führen, dass die Energielücke verschwindet, bevor die Sprungtemperatur vollständig unterdrückt ist, wie Abb. 6.26 zeigt. Solange $N_s(E)$ von $N(E_F)$ abweicht, herrscht allerdings noch eine endliche Konzentration von Cooper-Paaren mit Phasenkorrelation und damit Supraleitung.

Im obigen Beispiel der Seltenerdbeimischung zu La fällt Ce aus der Reihe. Hier liegt eine besonders starke, mit fallender Temperatur sogar zunehmende Spinflip-Streuung vor. Dies kann in manchen Legierungen dazu führen, dass die Supraleitung bei tieferen Temperaturen wieder zerstört wird („Reentrance"-Verhalten). Dies wurde zuerst in $La_{1-x}Ce_xAl_2$ mit $x = 0.6\,at\%$ beobachtet [36]. Die mit der temperaturabhängigen Spinflip-Streuung zusammenhängenden vielfältigen außergewöhnlichen Eigenschaften von Ce-Ionen in verschiedenen Metallen werden in der Literatur häufig unter dem Begriff *Kondo-Effekt* diskutiert.

Wenn die magnetischen Ionen räumlich weit getrennt sind vom System der Leitungselektronen, ist die Austauschwechselwirkung (Gl. (6.92)) schwach. Dann ist sogar Supraleitung in magnetisch geordneten Verbindungen mit hoher Konzentration magnetischer Atome möglich. Beispiele hierfür sind die Chevrel-Phasen, Verbindungen der Form RMo_6S_8, wobei R zum Beispiel ein Seltenerdelement ist [37]. So findet man für $ErMo_6S_8$ eine supraleitende Übergangstemperatur $T_c = 6\,K$ und für $DyMo_6S_8$ $T_c = 2\,K$. Wegen des großen Abstands zwischen den Mo_6S_8-Clustern, die das metallische „Gerüst" bilden, und dem Seltenerd-Untergitter ist die Austauschwechselwirkung zwischen beiden mit $J \lesssim 0.01\,eV$ sehr klein. Durch die stöchiometrische Anordnung der Seltenerdionen kommt es zu magnetischer Ordnung. So ordnet $ErMo_6S_8$ antiferromagnetisch bei der Néel-Temperatur $T_N \approx 1\,K$ und $HoMo_6S_8$ ferromagnetisch bei $T_{c2} = 0.7\,K$ mit einer schon bei $T_{c1} = 1.2\,K$ einsetzenden magnetischen Helixstruktur. Die antiferromagnetische Ordnung ist mit der Supraleitung verträglich, allerdings wird das obere kritische Feld $B_{c2}(T)$ im Bereich von T_N deutlich unterdrückt (Abb. 6.27a). Dagegen zerstört die ferromagnetische

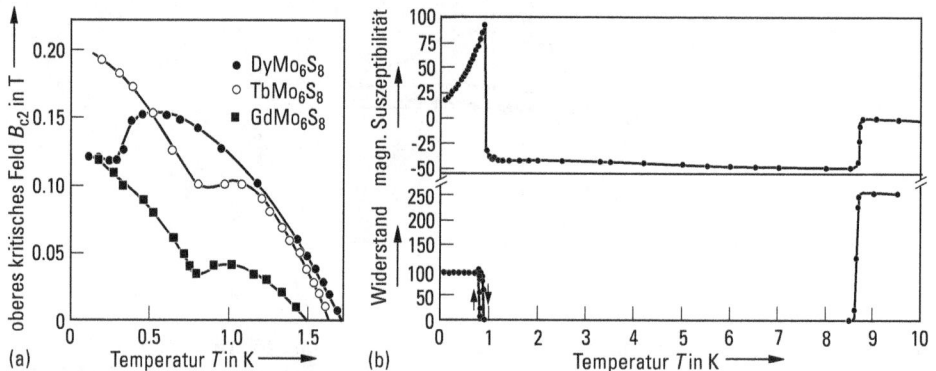

Abb. 6.27   (a) Obere kritische Felder $B_{c2}(T)$ der Chevrel-Phasen-Supraleiter RMo_6S_8 mit $R = Dy$, Tb, Gd. Bei der antiferromagnetischen Ordnungstemperatur T_N beobachtet man eine deutliche Absenkung von B_{c2}, nach [37]. (b) Elektrischer Widerstand (unten) und magnetische Suszeptibilität (oben) von $ErRh_4B_4$. Bei 8.6 K wird $ErRh_4B_4$ supraleitend, unterhalb 1 K setzt ferromagnetische Ordnung ein, die die Supraleitung zerstört („Reentrance"). Das hysteretische Verhalten des Widerstands weist auf einen Phasenübergang 1. Ordnung, nach [38].

Ordnung aufgrund des dadurch entstehenden inneren Magnetfeldes die Supraleitung vollständig, die erwähnte Helixstruktur in einem gewissen Temperaturbereich ist ein „Kompromiss" zwischen Supraleitung und Ferromagnetismus, der sich im Rahmen einer Ginzburg-Landau-Theorie (vgl. Abschn. 6.2.2) mit zwei Ordnungsparametern, Δ und spontane Magnetisierung M_s, sowie einer Kopplung zwischen diesen Ordnungsparametern beschreiben lässt. In $ErRh_4B_4$ liegt eine ähnliche Konkurrenz zwischen Supraleitung und Ferromagnetismus mit Reentrance-Verhalten (siehe Abb. 6.27b) vor [38]. Eine andere, vor nicht allzu langer Zeit entdeckte Substanzklasse, die das Wechselspiel zwischen Supraleitung und magnetischer Ordnung zeigt, bilden Verbindungen des Typs $RNi_2B_2C_x$, so genannte Borokarbide. Interessant ist hier besonders, dass in bestimmten Legierungsreihen die supraleitende Übergangstemperatur T_c und die magnetische Ordnungstemperatur kontinuierlich variiert werden können, so dass T_c größer oder kleiner als die magnetische Ordnungstemperatur sein kann.

Eine räumliche Trennung zwischen Supraleitung und Seltenerdionen liegt auch in mit Seltenerdionen dotierten Kupratsupraleitern vor (s. Abb. 6.31). So zeigen die Varianten des $YBa_2Cu_3O_7$-Supraleiters ($T_c \approx 90\,K$), bei denen Y durch Seltenerdatome ersetzt ist, Supraleitung in Koexistenz mit langreichweitiger antiferromagnetischer Ordnung, z. B. $GdBa_2Cu_3O_7$ mit $T_c = 94\,K$ und $T_N = 2\,K$. Als einzige Ausnahme ist $PrBa_2Cu_3O_7$ nicht supraleitend.

Zum Schluss dieses Abschnitts soll noch auf eine besondere Klasse von Supraleitern kurz eingegangen werden, bei denen Supraleitung und Magnetismus von *denselben* Elektronen hervorgerufen werden. 1979 wurde von Steglich und Mitarbeitern Supraleitung unterhalb von $T_c \approx 0.6\,K$ in der intermetallischen Verbindung $CeCu_2Si_2$ entdeckt [39]. Das Besondere an diesem Material ist eine sehr große Sommerfeld-Konstante $\gamma = 0.6\,J/mol\,K^2$, die auf eine extrem hohe Zustandsdichte $N(E_F)$ an der Fermi-Kante oder äquivalent damit auf eine extrem große effektive Masse der Elektronen bei E_F hinweist (zum Vergleich: für Cu ist $\gamma = 0.695 \cdot 10^{-3}\,J/mol\,K^2$). Diese Materialien werden daher auch *Schwer-Fermion-Systeme* genannt. Die großen

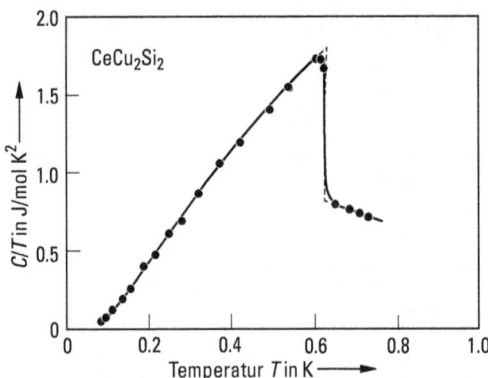

Abb. 6.28 Spezifische Wärme C von $CeCu_2Si_2$ aufgetragen als C/T über der Temperatur T. Man beachte den großen Wert von $\gamma = C/T$ im normalleitenden Zustand. Der Sprung $\Delta C/\gamma T_c$ beim Übergang zur Supraleitung entspricht nahezu dem BCS-Wert von 1.43, nach [40].

effektiven Massen entstehen durch Austauschkopplung der Seltenerdmomente mit den Leitungselektronen, ähnlich Gl. (6.92). Bemerkenswert ist, dass der Sprung in der spezifischen Wärme ΔC bei T_c etwa mit γT_c übereinstimmt (Abb. 6.28). Damit ist sofort klar, dass die schweren Elektronen auch die Träger der Supraleitung sein müssen, denn für „leichte" Elektronen mit einer geringen Zustandsdichte $N(E_F)$ wäre auch $\Delta C = 1.43\,\gamma T_c$ gemäß der BCS-Theorie viel geringer.

Ändert man das System $CeCu_2Si_2$ nur geringfügig, z. B. durch Ersetzen weniger Si-Atome durch Ge, schlägt das System in magnetische Ordnung um. Inzwischen gibt es eine Reihe dieser Schwer-Fermion-Supraleiter. Interessant ist, dass einige dieser Materialien, die unter Normaldruck magnetische Ordnung zeigen, bei Anwendung von hydrostatischem Druck supraleitend werden. Ein solches antiferromagnetisches Material ist $CePd_2Si_2$ (Abb. 6.29) [41]. Kürzlich hat man mit UGe_2, $ZrZn_2$ und URhGe sogar intermetallische Verbindungen gefunden, bei denen Ferromagnetismus und Supraleitung koexistieren [42, 43, 44]. In vielen dieser Verbindungen gibt es starke Hinweise darauf, das die Supraleitung nicht durch Elektron-Phonon-Kopplung, sondern durch Kopplung der Elektronen an magnetische Anregungen erfolgt. Auch gibt es für einige Materialien Anzeichen dafür, dass die Cooper-Paare nicht in einem Singulett- sondern in einem Triplettzustand mit Gesamtspin $S = 1$ gepaart sind. Eine in dieser Hinsicht besonders intensiv untersuchte Verbindung ist UPt_3 [45]. Hier treten neben der Meißner-Phase verschiedene Shubnikov-Phasen auf (siehe z. B. Abb. 6.30), die sich in der k-Abhängigkeit des Ordnungsparameters unterscheiden.

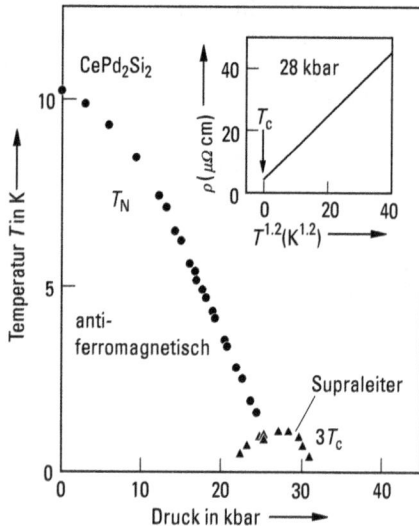

Abb. 6.29 Temperatur-Druck-Phasendiagramm von $CePd_2Si_2$. Unter hydrostatischem Druck wird die antiferromagnetische Ordnung geschwächt. Im Bereich, wo die antiferromagnetische Ordnungstemperatur gegen Null geht, tritt Supraleitung auf. Hier zeigt der elektrische Widerstand eine anomale Temperaturabhängigkeit $\varrho = \varrho_0 + AT^{1.2}$ (Inset). Man beachte, dass der Maßstab für das supraleitende T_c gestreckt ist, nach [24].

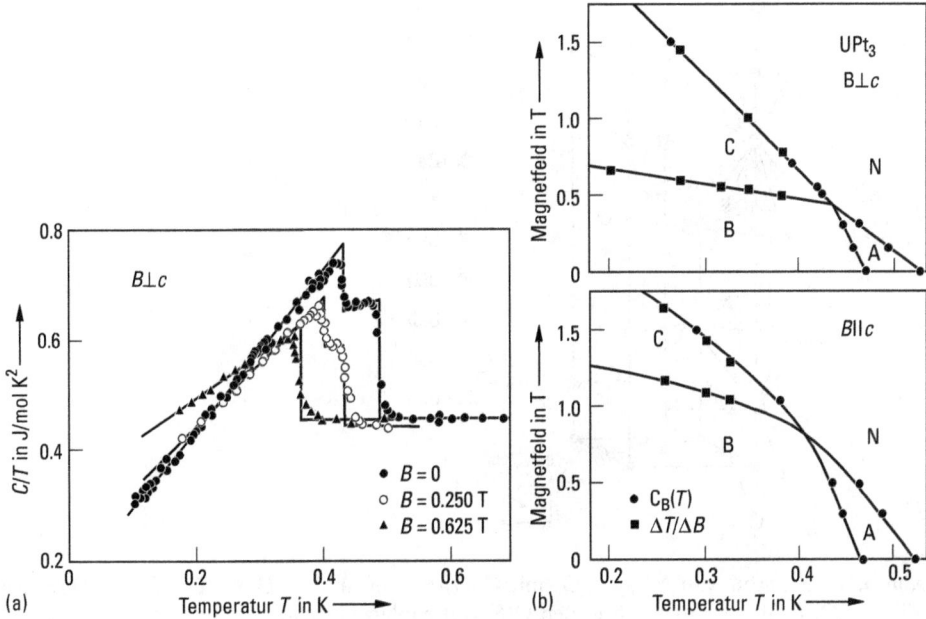

Abb. 6.30 (a) Spezifische Wärme von UPt$_3$, aufgetragen als C/T über T. Der Doppelübergang entspricht dem Übergang in zwei verschiedene supraleitende Phasen, die sich durch die räumliche Struktur des anisotropen Ordnungsparameters unterscheiden. Im Magnetfeld laufen die beiden Phasen zusammen, nach [46]. (b) Feld-Temperatur-Phasendiagramm von UPt$_3$ mit drei verschiedenen supraleitenden Phasen. Nicht eingezeichnet ist die Grenzlinie zwischen Meißner- und Shubnikov-Phase, nach [47].

6.5.3 Supraleitende Kuprate

Wie schon in der Einleitung erwähnt, löste die Entdeckung von Supraleitung bei $T_c = 35$ K in einer La-Ba-Cu-O-Keramik durch Bednorz und Müller [4] eine fieberhafte Suche nach neuen Supraleitern mit hohen Sprungtemperaturen aus. Bemerkenswert ist das Auftreten von Supraleitung in interkalierten C$_{60}$-Kristallen mit einer maximalen Sprungtemperatur von etwa 33 K [48]. Überraschend war auch die Entdeckung von Supraleitung mit $T_c = 39$ K in MgB$_2$ [49], einer altbekannten Substanz. Das letzte Beispiel zeigt, dass das Phänomen der Supraleitung zwar mikroskopisch sehr gut zu verstehen ist – insbesondere wurden wesentliche Aspekte wie die Flussquantisierung mit $\Phi_0 = h/2\,e$ und die Existenz des Flussliniengitters theoretisch vorhergesagt –, aber andererseits die Übergangstemperaturen von konkreten supraleitenden Materialien nur schwer verlässlich vorhergesagt werden können.

Allgemeines Strukturmerkmal der supraleitenden Kuprate sind CuO$_2$-Ebenen, die elektronisch aktiv sind. Im Folgenden werden wir diese Kuprate mit Hochtemperatursupraleiter (HTSL) bezeichnen. Die HTSL sind „Ableger" der kubischen Perovskit-Struktur, die durch Herausnahme von Sauerstoffatomen auf bestimmten

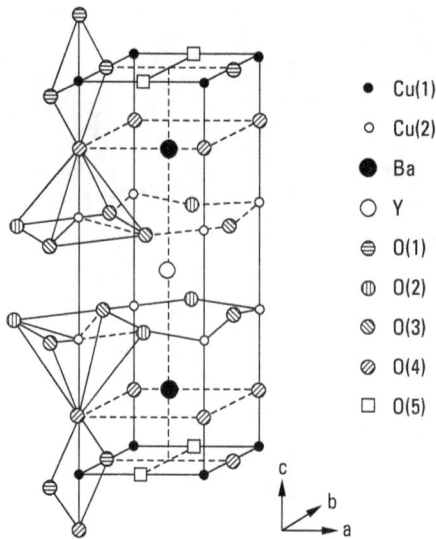

Abb. 6.31   Struktur von $YBa_2Cu_3O_7$ mit CuO_2-Ebenen und CuO-Ketten. Für isolierendes $YBa_2Cu_3O_6$ fehlt der Sauerstoff in den O(5)-Kettenplätzen (quadratische Symbole).

Plätzen entstehen. Der Vollständigkeit halber soll erwähnt werden, dass mit $Ba_{0.6}Ka_{0.4}O_3$ ein Supraleiter mit echter kubischer Perovskit-Struktur und immerhin $T_c = 30\,K$ existiert. Bei den Kupraten gibt es eine Vielzahl verschiedener Strukturen, wir wollen uns hier auf $YBa_2Cu_3O_{6+x}$ (kurz YBCO) beschränken. Es handelt sich bei der Einheitszelle um drei in c-Richtung übereinander gestapelte Perovskit-artige Einheitszellen der Form ABX_3, wobei in der mittleren Zelle $A = Y$ und in den beiden anderen Zellen $A = Ba$ ist und der Sauerstoffgehalt $6 + x$ mit $0 \leq x \leq 1$ vom „vollen" Gehalt von 9 abweicht (Abb. 6.31). $YBa_2Cu_3O_6$ ist ein antiferromagnetischer Isolator. Durch Dotierung mit Sauerstoff wird der Antiferromagnetismus unterdrückt, und es tritt Supraleitung auf mit einem maximalen $T_c \approx 93\,K$ bei $x = 0.93$. Dieses Phasendiagramm (Abb. 6.32b) ist in den supraleitenden Kupraten häufig anzutreffen. Durch Hinzufügen von Sauerstoff, d. h. für $x > 0$, werden CuO-Ketten erzeugt, die Elektronen aus den CuO_2-Ebenen herausziehen. Die CuO_2-Ebenen werden also mit Löchern dotiert. Dasselbe geschieht auch, wenn dreiwertiges Y durch zweiwertiges Ca ersetzt wird. Durch diese Dotierung mit Ca ist es möglich, in den überdotierten Bereich vorzustoßen, wo T_c wieder abnimmt. Während lochdotierte HTSL überwiegen, gibt es auch einige elektronendotierte HTSL, wie z. B. $Nd_{2-x}Ce_xCuO_4$. Das „generische" HTSL-Diagramm ist in Abb. 6.32a gezeigt.

Betrachtet man zunächst die undotierten CuO_2-Ebenen mit den Ionen Cu^{2+} und O^{2-}, so würde eine primitive Elementarzelle mit $Cu^{2+}O_2^{2-}$ eine ungerade Anzahl von Elektronen enthalten und sollte daher metallisch sein, da im Modell unabhängiger Elektronen dann das oberste besetzte Band gerade halb gefüllt ist. Die Aufspaltung der Cu-3d-Zustände aufgrund des Kristallfeldes in der tetragonalen oder orthorhombischen Kristallstruktur von HTSL führt dazu, dass bei Cu^{2+} mit $3d^9$-Konfiguration das $d_{x^2-y^2}$-Orbital energetisch am höchsten liegt. Dieses Orbital ist

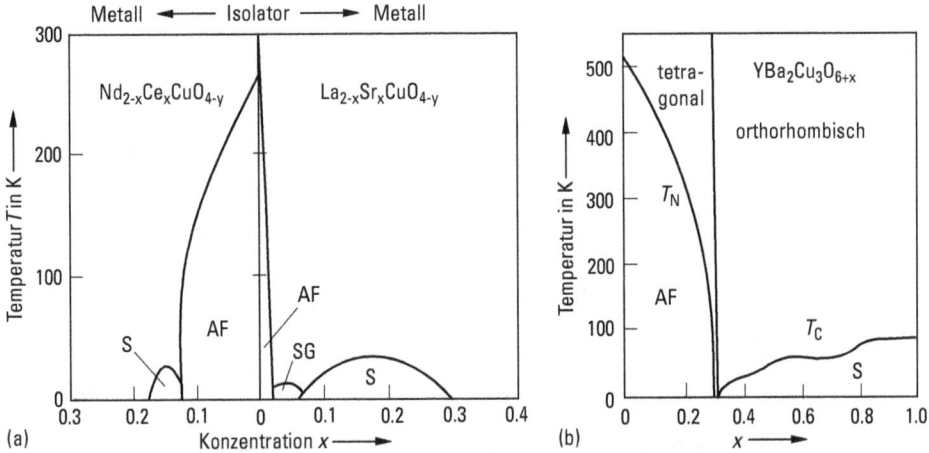

Abb. 6.32 (a) Allgemeines Phasendiagramm für Kupratsupraleiter ausgehend von undotiertem $NdCuO_4$ (nach links) und $LaCuO_4$ (nach rechts). Die antiferromagnetische Ordnung (AF) mit isolierenden CuO_2-Ebenen kann durch Dotieren der Ebenen mit Löchern durch Zulegieren von zweiwertigem Sr (nach rechts aufgetragen) bzw. Elektronen durch Zulegieren von vierwertigem Ce (nach links) zerstört werden. In beiden Fällen beobachtet man in einem gewissen Bereich der Ladungsträgerkonzentration Supraleitung (S). In einem Zwischenbereich kann ein sog. Spinglas (SG) auftreten. (b) Phasendiagramm für $YBa_2Cu_3O_{6+x}$. Bei Dotierung mit Sauerstoff geht das System von der tetragonalen in die orthorhombische Phase durch Ausbildung von CuO-Ketten über. Das Plateau in der Nähe von $x \approx 0.6$ entsteht durch Sauerstoffordnung in den CuO-Ketten. Auch eine mögliche „Streifenordnung" in den CuO_2-Ebenen wird z. Zt. diskutiert.

halb besetzt, und alle anderen Orbitale sind vollständig besetzt. Die Ursache dafür, dass $YBaCu_3O_6$ dennoch ein Isolator ist, liegt in der starken Elektron-Elektron-Wechselwirkung in den Cu-3d-Orbitalen. Diese führt dazu, dass bei genau halber Füllung eines Bandes für den Transfer eines Elektrons an einen anderen Gitterplatz immer die Coulomb-Energie U, oft als Hubbard-Energie bezeichnet, aufgewendet werden muss, da jeder Platz schon mit einem Elektron besetzt ist. Virtuelle Übergänge zum Nachbarplatz während der Zeit $\Delta t \leq \hbar/U$ können die kinetische Energie absenken. Solche Prozesse sind aber nur möglich, wenn die Spins auf benachbarten Plätzen antiparallel stehen, denn das Pauli-Prinzip verbreitet die Doppel-Besetzung eines Gitterplatzes mit zwei Elektronen, die sich in allen Quantenzahlen gleichen. Somit verstehen wir auch qualitativ, warum der Hubbard-Isolator *antiferromagnetisch* ist. In Wirklichkeit sind die Verhältnisse in den HTSL etwas komplizierter, da das besetzte Sauerstoff-2p-Band berücksichtigt werden muss. Daher spricht man auch von einem *Ladungstransfer-Isolator*.

So überraschend wie die hohe Sprungtemperatur ist auch eine Reihe von Eigenschaften von HTSL im normalleitenden Zustand. So verläuft der elektrische Widerstand in optimal dotierten Proben, d. h. in Proben mit maximalem T_c, über einen großen Bereich linear mit der Temperatur (Abb. 6.33), dies ist nicht mit Elektron-Phonon-Streuung erklärbar. Weiter treten im unterdotierten Bereich deutlich ober-

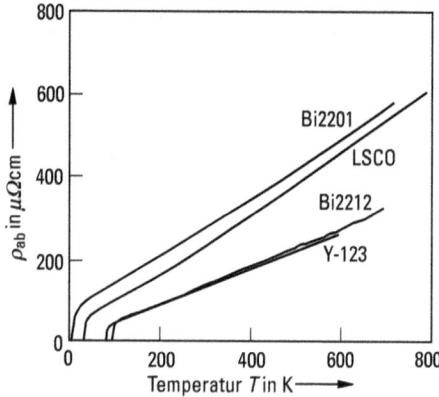

Abb. 6.33 Elektrischer Widerstand $\varrho_{ab}(T)$ von verschiedenen Kupratsupraleitern parallel zu den CuO_2-Ebenen bei optimaler Dotierung. Y-123 steht für $YBa_2Cu_3O_7$, LSCO für $(La_{1-x}Sr_x)_2CuO_4$, Bi-2201 für $Bi_2Ba_2CuO_6$ und Bi-2212 für $Bi_2Ba_2CaCu_2O_8$.

halb T_c Anomalien in verschiedenen Messgrößen auf, die auf die Existenz einer Energielücke deuten. Da diese Anomalien nicht sehr ausgeprägt sind, spricht man auch von einer Pseudolücke. Die Ursache dieser Pseudolücke ist ungeklärt. Eine viel diskutierte Möglichkeit ist, dass sich bei der Temperatur T^*, bei der die Pseudolücke auftritt, Paarkorrelationen zwischen Elektronen bilden, während eine makroskopische Phasenkorrelation, die für den supraleitenden Zustand charakteristisch ist, erst bei T_c entsteht. Damit haben wir schon implizit die Ähnlichkeiten zwischen HTSL und „klassischen" Supraleitern erwähnt: Es gibt auch in HTSL Cooper-Paare mit makroskopischer Wellenfunktion, auch hier nachgewiesen durch die Flussquantisierung mit $\phi_0 = h/2e$. Dagegen steigt die Lebensdauer der Quasiteilchen unterhalb T_c stark an. Wir wollen im Folgenden einige weitere Eigenschaften der HTSL besprechen, in denen diese sich von klassischen Supraleitern unterscheiden: Anisotropie, Kohärenzlänge, Flussliniengitter und Ordnungsparameter.

6.5.3.1 Anisotropie der Kupratsupraleiter

Bedingt durch die hohe elektrische Leitfähigkeit in den CuO_2-Ebenen und die geringe Leitfähigkeit zwischen den Schichten, sind auch die supraleitenden Eigenschaften sehr anisotrop. Diese Anisotropie lässt sich beschreiben durch einen verallgemeinerten Ginzburg-Landau-Ansatz gekoppelter supraleitender Ebenen. Danach schreibt man für die freie Enthalpiedifferenz ΔG_s zwischen supraleitendem und normalleitendem Zustand

$$\Delta G = \sum_n \int d^2r \left(a|\psi_n|^2 + \frac{\beta}{2}|\psi_n|^4 + \frac{\hbar^2}{2m_{ab}}\left(\left|+\frac{\partial\psi_n}{\partial x}\right|^2 + \left|\frac{\partial\psi_n}{\partial y}\right|^2\right) \right.$$
$$\left. + \frac{\hbar^2}{2m_c s^2}|\psi_n - \psi_{n-1}|^2 \right). \tag{6.93}$$

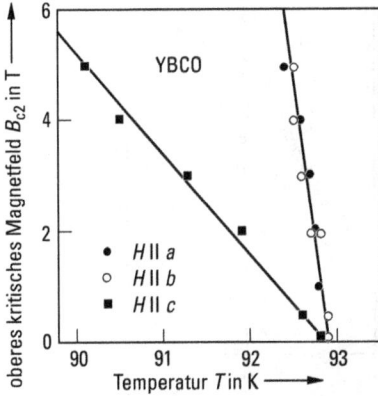

Abb. 6.34 Oberes kritisches Feld $B_{c2}(T)$ von $YBa_2Cu_3O_7$ parallel und senkrecht zu den CuO_2-Ebenen, nach [50].

Dabei bezeichnet man mit n den Ebenen-Index und m_{ab} und m_c die anisotrope effektive Masse (die kleine Anisotropie in der ab-Ebene wird vernachlässigt). In Gl. (6.93) haben wir die Ableitung $\partial\psi/\partial z$ durch $|\psi_n - \psi_{n-1}|/s$ im diskreten Abstand s der ab-Ebenen ersetzt. Mit $\psi_n = |\psi_n|e^{i\varphi_n}$, wobei alle $|\psi_n|$ als gleich angenommen werden, wird der letzte Summand

$$\frac{\hbar^2}{2\,m_c\,s^2}\,|\psi_n|^2\,(1 - \cos(\varphi_n - \varphi_{n-1})). \tag{6.94}$$

Dies entspricht einer Josephson-Kopplung zwischen den CuO_2-Ebenen, die auch experimentell nachgewiesen wurde. Die Ginzburg-Landau-Kohärenzlänge ist wieder durch $(\xi^i(T))^2 = \hbar^2/2\,m_i\,|\alpha(T)|$ gegeben $(i = ab, c)$, mit $m_{ab} \ll m_c$. Wegen $B_{c2} = \phi_0/2\,\pi\,\xi_{GL}^2$ erwartet man eine starke Anisotropie des oberen kritischen Feldes B_{c2}. Diese wird auch beobachtet (Abb. 6.34). Die oberen kritischen Felder für $T \to 0$ sind so hoch, dass sie experimentell nicht direkt zugänglich sind. Daher nimmt man

$$B_{c2}(T = 0) = \frac{\phi_0}{2\,\pi\,\xi_{GL,0}^2}\left(1 - \frac{T}{T_c}\right) \tag{6.95}$$

an und erhält durch Extrapolation $(T \to 0)$ aus den Messungen nahe T_c: $\xi_{GL,0}^{ab} = (1.4 \pm 0.2)\,\text{nm}$ und $\xi_{GL,0}^c = (0.2 \pm 0.1)\,\text{nm}$. Die kleinen Werte von ξ_{GL} sind qualitativ verständlich, wenn man die BCS-Kohärenzlänge $\xi_{Co} = \hbar v_F/\pi\Delta_0$ betrachtet: $v_F \approx 10^5\,\text{m/s}$ ist wegen der geringen Ladungsträgerkonzentration (in YBCO bei optimaler Dotierung etwa 0.25 Löcher pro CuO_2-Elementarzelle in der Ebene) niedriger und Δ_0 wegen des hohen T_c-Werts natürlich viel größer als in klassischen Supraleitern. Zusammen mit den experimentell ermittelten Eindringtiefen $\lambda^{ab} \approx 140\,\text{nm}$ und $\lambda^c \approx 700\,\text{nm}$ ergibt sich, dass HTSL extreme Supraleiter 2. Art sind.

Aufgrund der kleinen Kohärenzlängen ξ^i der HTSL ist natürlich die Anzahl der Cooper-Paare im Kohärenzvolumen $(\xi^{ab})^2\,\xi^c$ viel kleiner als in klassischen Supraleitern, und damit sind Fluktuationen viel stärker ausgeprägt. Daher beobachtet

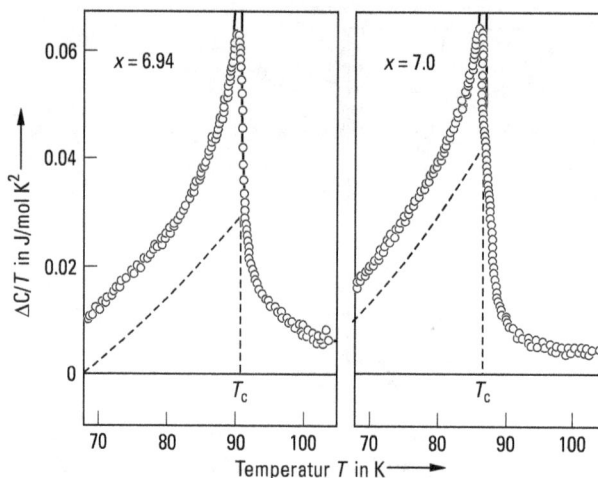

Abb. 6.35 Spezifische Wärme C von $YBa_2Cu_3O_{6+x}$ mit $x \approx 1$ nahe am supraleitenden Übergang. $C(T)$ zeigt keinen Sprung (gestrichelt ist der hierfür erwartete Verlauf eingezeichnet), sondern eine λ-förmige Anomalie, nach [51].

man z. B. in der spezifischen Wärme keinen Sprung bei T_c, sondern eine λ-förmige Singularität, wie sie von suprafluidem ^4He und von magnetischen Phasenübergängen bekannt ist (Abb. 6.35).

6.5.3.2 Flussliniengitter

Wie die klassischen Supraleiter 2. Art bildet sich auch in HTSL ein Flussliniengitter oberhalb des unteren kritischen Feldes B_{c1}. Im Allgemeinen bewegen sich die Flusslinien in einem stromdurchflossenen Supraleiter 2. Art aufgrund der Lorentz-Kraft senkrecht zur Stromrichtung und zum Magnetfeld. Diese Bewegung wird im Englischen als „*flux flow*" bezeichnet. Sie wird durch Einbau von Haftzentren reduziert, die durch eine lokale Variation von ξ, λ oder B_{cth} eine Flusslinie (Durchmesser ξ) festhalten („pinning"). Da ξ in HTSL sehr klein ist, führen hier schon Defekte mit atomaren Abmessungen zum Haften von Flusslinien. Thermisch aktiviertes Hüpfen von Flusslinien bezeichnet man als „*flux creep*". Beide Effekte führen zum Auftreten eines endlichen elektrischen Widerstands im Supraleiter. Für den „flux creep" gilt näherungsweise

$$R \approx R_0 \exp\left(-\frac{U}{k_B T}\right) \tag{6.96}$$

mit der Aktivierungsenergie

$$U = p\left(\frac{B_{cth}^2}{k_B T}\right)\xi^3 . \tag{6.97}$$

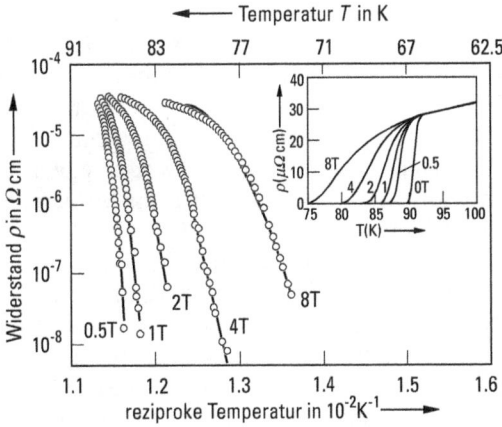

Abb. 6.36 Elektrischer Widerstand $\varrho(T)$ von $YBa_2Cu_3O_7$-Schichten im Magnetfeld parallel zur c-Achse, aufgetragen als „Arrhenius-Darstellung" $\log \varrho$ gegen $1/T$. Eine Gerade in dieser Auftragung entspricht dem Verhalten nach Gl. (6.96). Das Inset zeigt $\varrho(T)$ in üblicher Darstellung, nach [52].

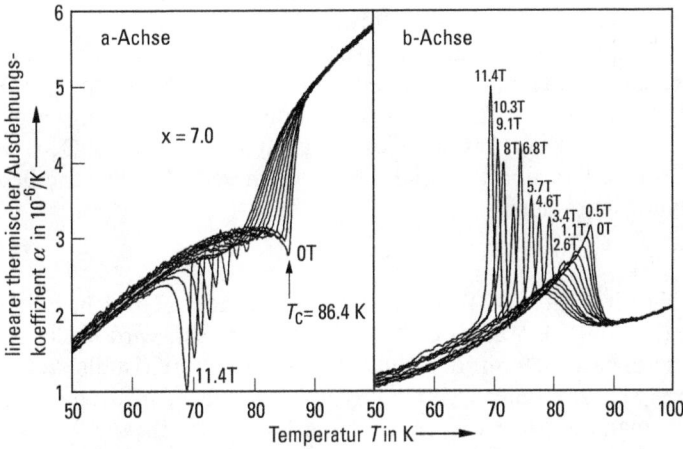

Abb. 6.37 Thermischer Ausdehnungskoeffizient von $YBa_2Cu_3O_7$ längs der a- und der b-Richtung innerhalb der CuO_2-Ebenen in verschiedenen angelegten Magnetfeldern B_a zwischen 0 und 11.4 T. Die scharfe Anomalie für $B_a = 0$, die der Anomalie der spezifischen Wärme entspricht (vgl. Abb. 6.35), wird im Magnetfeld verrundet. Zu höheren Feldern tritt eine scharfe Spitze auf, die das Schmelzen des Flussliniengitters (beim Aufwärmen) signalisiert. Die thermische Ausdehnung ermöglicht wegen der Richtungsabhängigkeit auch die Ermittlung von Anisotropien. So bedeutet eine negative (links) bzw. positive (rechts) Anomalie, dass T_c unter uniaxialem Druck längs der entsprechenden Kristallrichtung abnimmt bzw. zunimmt, nach [53].

Hier bezeichnet p den Bruchteil, um den sich die Kondensationsenergie durch das Haftzentrum ändert. In den HTSL ist ξ klein, aber andererseits B_{cth} groß. Der wesentliche Unterschied liegt in der höheren Temperatur. Direkt unterhalb T_c kann magnetischer Fluss reversibel in die Probe ein- und auch wieder aus ihr austreten. Bei tiefer Temperatur, unterhalb der so genannten Irreversibilitätslinie, ist dies nicht mehr möglich. Abb. 6.36 zeigt, dass in starken Magnetfeldern in einem weiten Bereich ein endlicher Widerstand und keinesfalls „Supra"leitung vorliegt. Hier kann die Temperaturabhängigkeit des Widerstands durch Gl. (6.96) beschrieben werden. Der scharfe Einsatz von Irreversibilität bei einer Temperatur T_{FL} kann als Phasenübergang des Flussliniengitters interpretiert werden. Oberhalb von T_{FL} liegt die Flusslinienschmelze vor, unterhalb von T_{FL} der Flusslinienkristall (man spricht auch von Vortex-Flüssigkeit und Vortexkristall). Dieser Phasenübergang lässt sich z. B. mit Präzisionsmessungen der spezifischen Wärme oder thermischen Ausdehnung nachweisen. Abbildung 6.37 zeigt Messungen des thermischen Ausdehnungskoeffizienten von YBCO für zwei verschiedene Kristallrichtungen.

6.5.3.3 Ordnungsparameter

Der supraleitende Ordnungsparameter ist im allgemeinen Fall experimentell nur schwer zugänglich, da er durch eine Amplitude *und* eine Phase charakterisiert wird. Häufig wird – wie bei den klassischen Supraleitern – die Energielücke bestimmt, die proportional zur Amplitude des Ordnungsparameters ist. Es gibt eine Vielzahl von Experimenten, insbesondere Tunnelmessungen, die eine Energielücke von etwa $2\Delta \approx (6 \pm 2) k_B T_c$ liefern, dies ist ein Hinweis auf starke Kopplung.

Dass der Ordnungsparameter anisotrop ist, überrascht angesichts der starken Anisotropie zwischen ab-Ebenen (CuO_2-Ebenen) und c-Richtung nicht. Der Ordnungsparameter ist aber auch innerhalb der Ebenen anisotrop und hat insbesondere eine niedrigere Symmetrie als die (tetragonale) Kristallsymmetrie der CuO_2-Ebenen. Diese unkonventionelle Paarung lässt sich im Rahmen der BCS-Theorie beschreiben. Für den Ordnungsparameter

$$\Delta_k = -\sum_{k'} V_{kk'} u_{k'} v_{k'} \tag{6.98}$$

hatten wir früher in (Gl. (6.3.3)) Δ_k als isotrop angenommen, d. h. mit voller Kugelsymmetrie („s-Welle"). Wenn der Kristall anisotrop ist, wird in der Regel auch Δ_k anisotrop sein, natürlich mit der vollen Symmetrie des Kristalls. Von *unkonventioneller Paarung* spricht man, wenn die Symmetrie von Δ_k niedriger ist als die des Kristalls. Lässt man die frühere Voraussetzung $V_{kk'} = -V_0$ für die Wechselwirkung, die zur Cooper-Paarbildung führt, fallen, so sind die Entwicklungskoeffizienten g_k der Paarwellenfunktion richtungsabhängig, und Δ_k hat die gleiche Symmetrie wie g_k (s. Gl. (6.43) und Gl. (6.45)).

Man muss also nach solchen Funktionen Δ_k suchen, die nach der Gruppentheorie mit der Symmetrie von $V_{kk'}$ kompatibel sind. Da man experimentell gefunden hat, dass in den HTSL Singulett-Paarung vorliegt, d. h. der Gesamtspin $S = 0$ ist, muss man nach geraden Δ_k-Funktionen suchen. Für YBCO mit tetragonaler Symmetrie ist z. B. ein d-Wellen-Ordnungsparameter mit

$$\Delta_k \sim k_x^2 - k_y^2 \sim \cos 2\Theta \tag{6.99}$$

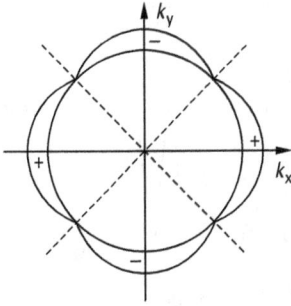

Abb. 6.38 Symmetrie des supraleitenden Ordnungsparameters $\Delta_k \sim k_x^2 - k_y^2 \sim \cos 2\Theta$ in Kupratsupraleitern. Aufgrund des Vorzeichenwechsels von Δ_k ist die Symmetrie niedriger als die tetragonale Kristallsymmetrie. Der Anschaulichkeit halber wurde eine sphärisch symmetrische Fermi-Fläche angenommen. Die gestrichelten Linien deuten die Richtung an, für die $\Delta_k = 0$ ist.

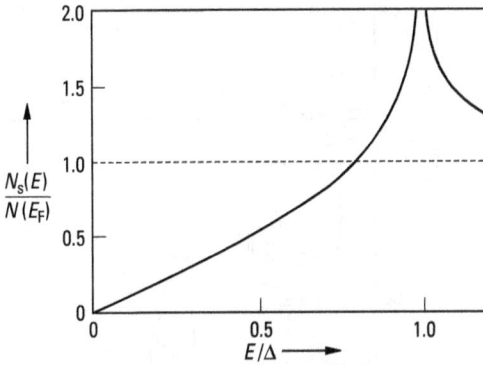

Abb. 6.39 Zustandsdichte eines d-Wellen-Supraleiters mit Ordnungsparameter mit $d_{x^2-y^2}$-Symmetrie.

möglich. Dieser hat eine niedrigere Symmetrie als tetragonal, da er nach jeweils 90° sein Vorzeichen wechselt (Abb. 6.38). Für $\Theta = 45°$, 135° usw. durchläuft Δ_k eine Nullstelle. Hier sind Quasiteilchenanregungen beliebig kleiner Energie möglich.

Die Quasiteilchenzustandsdichte eines d-Wellen-Supraleiters sieht daher ganz anders aus als die des s-Wellen-Supraleiters mit isotroper Energielücke (Abb. 6.16). Für d-Wellen-Supraleiter steigt $N_s(E)$ linear von $E = 0$ aus an (Abb. 6.39). Eine Josephson-Kopplung zwischen zwei verschiedenen Supraleitern i und j, die proportional zu $\Delta_i \Delta_j$ ist, würde für den Josephson-Strom einen Faktor $\cos 2\Theta = \pm 1$ liefern, und damit eine Phasenverschiebung um 0 oder π, wenn einer der Supraleiter ein (klassischer) s-Wellen-Supraleiter und der andere ein d-Wellen-Supraleiter ist. Die Phasenverschiebung um π entspricht formal einem negativen kritischen Josephson-Strom für $B = 0$

$$I_{s\,ges} = I_{s\,max} \cos \frac{\pi \phi}{\phi_0}. \tag{6.100}$$

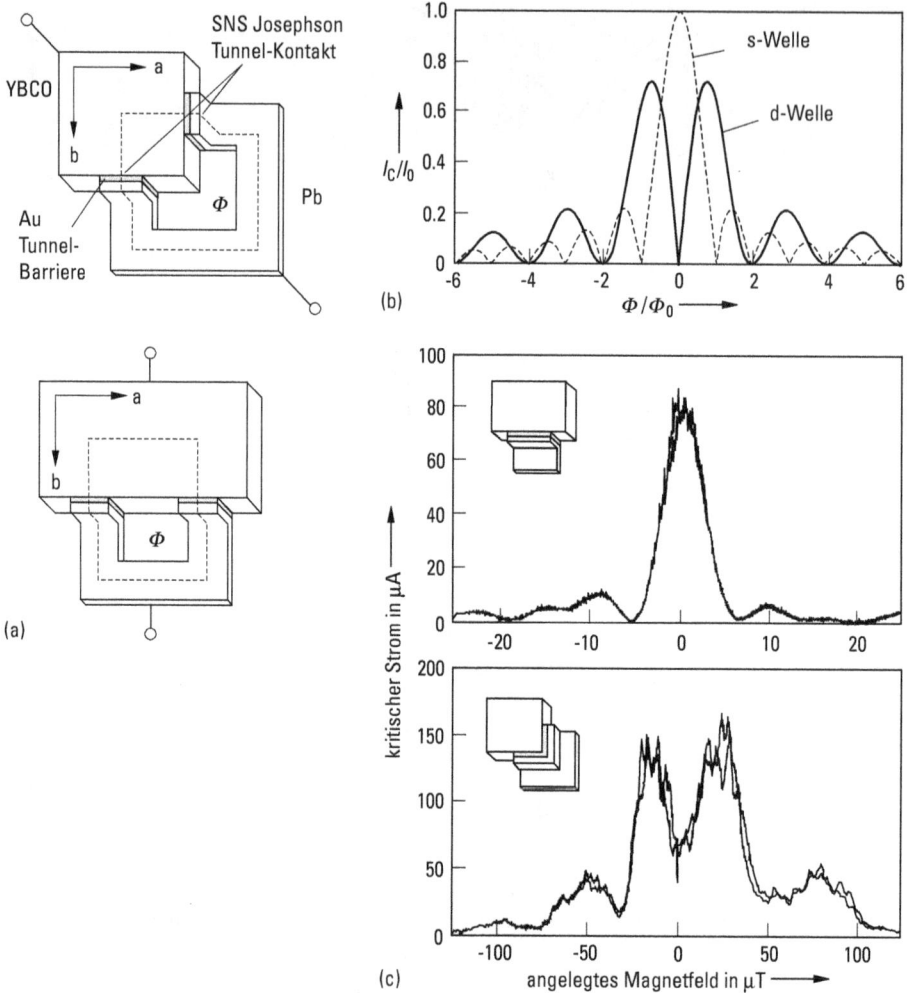

(a)

(b)

(c)

Abb. 6.40 Josephson-Experimente zwischen einem Kupratsupraleiter (YBa$_2$Cu$_3$O$_7$) und einem klassischen Supraleiter (Pb). (a) Schematische Versuchsanordnung. Bei einem Kanten-SQUID (unten) ist die Phasendifferenz zwischen Pb und YBa$_2$Cu$_3$O$_7$ ohne äußeres Magnetfeld stets Null. Bei einem Eck-SQUID (oben) ergibt sich aufgrund des Vorzeichenwechsels des Ordnungsparameters bei Drehung um 90° ohne äußeres Magnetfeld eine Phasendifferenz von π zwischen Pb und YBa$_2$Cu$_3$O$_7$. (b) Erwartete Abhängigkeit des kritischen Stroms I_c vom äußeren magnetischen Fluss ϕ für einen Josephson-Eckkontakt zwischen einem s-Wellen- und einem d-Wellen-Supraleiter (ausgezogen) und zwischen zwei s-Wellen-Supraleitern (gestrichelt). Auch ein Kantenkontakt zwischen s-Wellen- und d-Wellen-Supraleiter liefert den gestrichelten Verlauf. (c) Kritischer Strom in Abhängigkeit vom angelegten Magnetfeld für einen Pb/YBa$_2$Cu$_3$O$_7$-Kantenkontakt (oben) und -Eckkontakt (unten). Die Insets zeigen die gewählte Geometrie mit YBCO-Kristall und Pb-Schicht, die durch eine isolierende Barriere getrennt sind (nach [54]).

Der Effekt einer Phasenverschiebung um π entspricht einer Flussänderung um $\phi_0/2$. Dies wurde zuerst von Wollman et al. 1993 [54] an Messungen zwischen Pb und YBCO nachgewiesen, die einen systematischen Unterschied im kritischen Strom als Funktion des angelegten Magnetfelds fanden, je nachdem, ob sie einen Kanten-SQUID oder Ecken-SQUID untersuchten (Abb. 6.40). Tsui et al. [55] gelang 1994 der direkte Nachweis von eingeschlossenem Fluss, der gerade $(n + 1/2)\,\phi_0$ betrug. Zum Schluss sei noch auf die wichtige Tatsache hingewiesen, dass der Mechanismus, der zur attraktiven Paarung bei HTSL führt, bisher nicht eindeutig nachgewiesen ist. Angesichts der Nähe zu magnetischer Ordnung, die auch in vielen Messungen direkt bestätigt wurde, spricht vieles für eine Cooper-Paar-Bildung durch antiferromagnetische Spin-Fluktuationen statt über Phononen in klassischen Supraleitern. Zukünftige Experimente werden diese Frage klären.

Literatur

[1] Kammerlingh-Onnes, H., Leiden Commun. **120b**, **122b**, **124c**, 1911

[2] Bardeen, J., Cooper, L.N., Schrieffer, J.R., Phys. Rev. **108**, 1175, 1957

[3] Parks, R.D. (Ed.), Superconductivity (2 Bände), Marcel Dekker, New York, 1969. *Dieses Buch bietet einen umfassenden Überblick über Supraleitung der „Vor-HTSL-Zeit".* *Weitere Standardwerke zur Supraleitung:* Buckel, W., Kleiner, R., Supraleitung, 6. Aufl., Wiley-VCH, Weinheim, 2003; Tinkham, M., Introduction to Superconductivity, 2. Aufl., MacGraw-Hill, New York, 1996

[4] Bednorz, J.G., Müller, K.A., Z. Phys. B **64**, 189, 1986

[5] Josephson, B.D., Phys. Rev. Lett. **1**, 251, 1962

[6] Meißner, W., Ochsenfeld, R., Naturwissenschaften **21**, 787, 1933

[7] Haeussler, F. und Rinderer, L., Helv. Phys. Acta **40**, 659, 1967

[8] Hess, H.F., Robinson, R.B., Dynes, R.C., Valles, J.M. Jr., Waszczak, V., Phys. Rev. Lett. **62**, 214, 1989

[9] Livingston, J.D., Phys. Rev. **129**, 1943, 1963

[10] Kinsel, T., Lynton, E.A., Serin, B., Rev. Mod. Phys. **36**, 105, 1964

[11] Otto, G., Saur, E., Wizgall, H., J. Low Temp. Phys. **1**, 19, 1969

[12] Fischer, Ø., Jones, H., Bongi, G., Sergent, M., Chevrel, R., J. Phys. C **7**, L 450, 1974

[13] Shimizu, K., Kimura, T., Furomoto, S., Takeda, K., Kontani, K., Onuki, Y., Amaya, K., Nature **412**, 316, 2002

[14] Buzea, C., Robble, K., Supercond. Sci. Technol. **18**, R1, 2005

[15] Schilling, A., Cantoni, M., Guo, J.D., Ott, H.R., Nature **363**, 56, 1993; Gao, L., Xue, X.X., Chen, F., Xiong, Q., Meng, R.L., Ramirez, D., Chu, C.W., Eggert, J.H., Mao, H.K., Phys. Rev. B **50**, 4260, 1994

[16] London, F., London, H., Proc. Roy. Soc. (London) A **149**, 71, 1935

[17] Pippard, A.B., Proc. Roy. Soc. (London) A **216**, 547, 1953

[18] Feynman, R., Lectures on Physics, Band III, S. 21–1, Addison-Wesley, Reading, 1965

[19] Doll, R., Näbauer, M., Phys. Rev. Lett. **7**, 51, 1961

[20] Deaver, B.S., Jr., Fairbank, W.M., Phys. Rev. Lett. **7**, 43, 1961

[21] Little, W.A., Parks, R.D., Phys. Rev. Lett. **9**, 9, 1962

[22] Landau, L.D., Lifshitz, E.M., Lehrbuch der theoretischen Physik, Band V, S. 423, 7. Aufl., Akademie-Verlag, Berlin, 1987

[23] Ginzburg, V.L., Landau, L.D., Zh. Eksperim. Teor. Fiz. **20**, 1064, 1950

[24] Abrikosov, A.A., Zh. Eksperim. i. Teor. Fiz. **32**, 1142, 1957 (*engl. Übers.:* Soviet Phys. JETP **5**, 1174, 1957)

[25] Giaever, I., Proc. 8th Int. Conf. on Low. Temp. Phys., 251, 1963

[26] Keesom, W.H., van Laer, P.H., Physica **5**, 193, 1938

[27] Biondi, M.A., Forester, A.T., Garfunkel, M.P., Satterthwaite, C.B., Rev. Mod. Phys. **30**, 1109, 1958

[28] Langenberg, D.N., Scalapino, D.J., Taylor, B.N., Proc. IEEE **54**, 560, 1966

[29] Eliashberg, G.M., Zh. Eksperim. i. Teor. Fiz. **38**, 966, 1960 (*engl. Übers.:* Soviet Phys. JETP **11**, 696, 1960)

[30] McMillan, W.L., Phys. Rev. **167**, 331, 1968

[31] Holm, J., Blaugher, R.D., Phys. Rev. **123**, 1569, 1961

[32] Compton, V.B., Corenzwit, E., Maita, E., Matthias, B.T., Morin, F.J., Phys. Rev. B **123**, 1567, 1961

[33] Gey, W., Z. Phys. **229**, 85, 1969

[34] Matthias, B.T., Suhl, H., Corenzwit, E., Phys. Rev. Lett. **1**, 92, 1958

[35] Ambegaokar, V., Griffin, A., Phys. Rev. **137A**, 1151, 1965

[36] Riblet, G., Winzer, K., Solid State Commun. **11**, 175, 1972

[37] Ishikawa, A., Fischer, Ø., Solid State Commun. **24**, 247, 1977.
Einen generellen Überblick gibt: Fischer, Ø., Maple, M.B. (Ed.), Superconductivity in Ternary Compounds (2 Bände), Springer, Berlin, 1982

[38] Fertig, W.A., Johnston, D.C., DeLong, L.E., McCallum, R.W., Maple, M.B., Matthias, B.T., Phys. Rev. Lett. **38**, 987, 1977

[39] Steglich, F., Aarts, J., Bredl, C.D., Lieke, W., Meschede, D., Franz, W., Schaefer, H., Phys. Rev. Lett. **43**, 1892, 1979

[40] Assmus, W., Sun, W., Bruls, G., Weber, D., Wolf, B., Lüthi, B., Lang, M., Ahlheim, U., Zahn, A., Steglich, F., Physica B **165**, 379, 1990

[41] Mathur, D., Grosche, F.M., Julian, S.R., Walker, I.R., Freye, D.M., Haselwimmer, R.K.W., Lonzarich, G.G., Nature **394**, 39, 1998

[42] Saxena, S.S., Agarwal, P., Ahilan, K., Grosche, F.M., Haselwimmer, R.K.W., Steiner, M.J., Pugh, E., Walker, I.R., Julian, S.R., Monthoux, P., Lonzarich, G.G., Huxley, A., Sheikin, I., Braithwaite, D., Flouquet, J., Nature **406**, 587, 2000

[43] Pfleiderer, C., Uhlarz, M., Hayden, S.M., Vollmer, R., v. Löhneysen, H., Bernhoeft, N.R., Lonzarich, G.G., Nature **412**, 58, 2001

[44] Aoki, D., Huxley, A., Ressouche, E., Braithwaite, D., Flouquet, J., Brison, J.P., Lhotel, E., Paulsen, C., Nature **413**, 613, 2001

[45] Joynt, R., Taillefer, L., Rev. Mod. Phys. **74**, 235, 2002

[46] Hasselbach, K., Taillefer, L., Flouquet, J., Phys. Rev. Lett. **63**, 93, 1989

[47] v. Löhneysen, H., Physica B **197**, 551, 1994

[48] Kelly, S.P., Chia, C.C., Lieber, C.M., Nature **352**, 223, 1991

[49] Nagamitsu, J., Nakagawi, N., Muranaka, T., Zenitani et al., Nature **410**, 63, 2001

[50] Welp, U., Grimsditch, M., You, H., Kwok, W.K., Fang, M.M., Crabtree, G.W., Liu, J.Z., Physica C **161**, 1, 1989

[51] Breit, V., Schweiss, P., Hauff, R., Wühl, H., Claus, H., Rietschel, H., Erb, A., Müller-Vogt, G., Phys. Rev. B **52**, R15727, 1995

[52] Zhu, S., Christen, D.K., Klabunde, C.E., Thompson, J.R., Jones, E.C., Feenstra, R., Lowndes, D.H., Norton, D.P., Phys. Rev. B **46**, 5576, 1992

[53] Lortz, R., Dissertation Universität Karlsruhe 2002, gedruckt als Wiss. Bericht des Forschungszentrums Karlsruhe, FZKA 6750

[54] Wollman, D.A., Van Harlingen, D.J., Giapintzakis, J., Ginsberg, D.M., Phys. Rev. Lett. **74**, 797, 1995

[55] Tsui, C.C., Kirtley, J.R., Rev. Mod. Phys. **72**, 960, 2000

7 Halbleiter

Rainer Kassing

7.1 Einführung

Da der Mensch als einzelne Person nur in der Lage ist, ca. 100 W zu leisten, machten erst die Erfindung der Dampfmaschine (James Watt, 1764) und deren Folgeentwicklungen die Industriegesellschaft mit einer hohen Bevölkerungsdichte möglich. Von mindestens gleicher Bedeutung waren und sind die „Erfindung" des Feldeffekt-Transistors (J. E. Lilienfeld, 1926), des Spitzentransistors durch Brittain und Bardeen und des Bipolar-Transistors durch Shockley Ende des Jahres 1947 (Nobelpreis 1956) [40]. Diese Erfindungen begründeten über die Mikroelektronik unsere heutige Informationsgesellschaft und ermöglichten damit die Globalisierung unserer Wirtschaft und Gesellschaft. Die Entwicklung unserer Gesellschaft wäre daher ohne die Halbleiterphysik nicht möglich. Die Forderung der Informationsgesellschaft nach immer schnellerer Informationsverarbeitung und immer höherer Informationsdichte stellt über die Mikroelektronik den Motor unserer weltweiten wirtschaftlichen Entwicklung dar. Denn diese Forderungen sind – aufgrund der Relation Geschwindigkeit ist Weg durch Zeit und einer gegebenen maximalen Geschwindigkeit (Lichtgeschwindigkeit) – nur dadurch zu erfüllen, dass die Abmessungen der Bauelemente der Mikroelektronik immer kleiner werden.

Diese Forderung stellt eine nie gekannte Herausforderung an Technologie und Materialeigenschaften dar. Darüber hinaus ist sie auch eine interessante Herausforderung für die Grundlagenforschung. Denn wenn die Bauelemente-Abmessungen in einen Bereich um die 10 nm kommen, sind Quanteneffekte zu berücksichtigen, und die „Standard-Mikroelektronik" ist an ihrer Grenze. Daher wird weltweit an neuen Bauelemente-Konzepten gearbeitet, die nicht nur die Ladung des Elektrons sondern auch den Spin (Spintronic) bzw. das Photon (Photonics) einbeziehen. Also erst die rasante Technologie- und Materialentwicklung haben die heutige Leistungsfähigkeit der Mikroelektronik möglich gemacht. Daher liegt der Gedanke nahe, diese Methoden nicht nur für die Mikroelektronik – also die Informationsverarbeitung – zu verwenden, sondern auch für komplette Systeme, sog. Mikrosysteme. Ein Mikrosystem besteht aus einer Sensorik und einer Aktuatorik, die beide durch eine Informationsverarbeitung verbunden sind. Ein hervorragendes Beispiel dafür ist die sog. Raster-Sonden-Mikroskopie (Nobelpreis Binnig, Rohrer, 1986). Ein kleiner eingespannter Biegebalken, ein Cantilever, versehen mit einer kleinen Spitze mit einem Krümmungsradius kleiner als 10 nm wird über die Oberfläche des zu untersuchenden Materials gerastert und die Wechselwirkung der Spitze mit der Probenoberfläche gemessen. Diese Wechselwirkung kann z. B. mechanisch, elektrisch, optisch oder magnetisch sein. Man besitzt damit die Möglichkeit, Materialeigenschaften mit höchster lateraler, z. T. atomarer Auflösung zu untersuchen und damit Materialien und Technologien zu optimieren, um auf diese Weise eventuell noch kleinere Bauelemente oder andere Herstellungsverfahren bzw. neue Materialien oder Materialeigenschaften zu realisieren. Es wird weltweit daran gearbeitet, um z. B. auf diese Weise Speicher zu realisieren, bei denen einzelne Atome die Information tragen. Teilweise besteht sogar die Chance, die hohe laterale Auflösung mit einer hohen Zeitauflösung bis in den Subpico-Sekundenbereich zu verbinden. Dies ist jedoch ohne ein grundlegendes physikalisches Verständnis der Festkörper- und insbesondere der Halbleitereigenschaften nicht zu erreichen.

Aus den genannten Gründen nimmt die Halbleiterphysik innerhalb der Physik eine besondere Stellung ein, denn schneller als in anderen physikalischen Teilgebieten folgen auf die Grundlagenentwicklung deren technische und wirtschaftliche Nutzung. Z. B. nutzte bereits W. v. Siemens die Beobachtung der Photoleitung am Selen durch W. Smith (1873) zur Entwicklung eines Belichtungsmessers (1875). Das physikalische Verständnis der Photoleitung wurde erst 50 Jahre später gewonnen (B. Gudden, R. W. Pohl, ab 1925). Allerdings gibt es auch den umgekehrten Fall. So wurde, wie bereits erwähnt, schon im Jahr 1926 die Idee des MOS-Kondensators als Grundlage für den Feldeffekttransistor geboren (von J. E. Lilienfeld patentiert), jedoch aufgrund technologischer Schwierigkeiten (Oberflächenzustände) erst 1960 realisiert.

Aus dem Blickwinkel der Physik hat die Wissenschaft und Technik der Halbleiter eine beispiellose Entwicklung erlebt. Neben den bereits früh anerkannten Gebieten der Mechanik, der Thermodynamik und des Elektromagnetismus gab es vor 100 Jahren die schwer reproduzierbaren und deshalb belächelten Experimente zur Untersuchung der optischen und elektrischen Eigenschaften von Kristallen. Die etablierte Wissenschaft bezweifelte lange Zeit die Resultate von Untersuchungen, die z. B. die allgemeine Gültigkeit des Ohm'schen Gesetzes in Frage stellten. Umso höher sind die bahnbrechenden Entdeckungen von F. Braun anzuerkennen, der 1876 als Gymnasiallehrer in Leipzig den *Gleichrichtereffekt* u. a. an Schwefelkieskristallen nachwies und ebenfalls ein erstes „*Halbleiterbauelement*" vorstellte, den *Kristalldetektor*. Aus dem Verständnis des Gleichrichtereffektes (Photoelemente aus Cu_2O/Cu und Se/Fe, L. O. Grondahl, P. H. Geiger, 1927; E. Presser, B. Lange, 1929; W. Schottky, E. Duhme, 1930 in Berlin) entwickelte sich das Modell des Metall-Halbleiter-Kontakts (W. Schottky, 1938) und das Modell des Halbleiter-Halbleiter-Kontakts, des „*pn*-Überganges" (W. Shockley, 1947). Die schwer reproduzierbaren Eigenschaften der Halbleitermaterialien und ihre Beschreibung im Energiebändermodell, zunächst für Germanium, waren die Grundlagen bei der Erfindung des Transistors. Bauelemente wie die Solarzelle (1954), der Thyristor (1956), der erste integrierte Schaltkreis (J. Kilby, R. Noyce, 1958; Nobelpreis 2000), der MOS-Transistor (1960), der Injektionslaser (1962) folgten. Aus den Experimenten mit unsauberem Material, mit „Dreck" (R. Peierls, nach H. J. Queisser, 1985), hat sich dann die Industrie entwickelt, die in der Mikroelektronik an die Reinheit des Werkstoffs und seine Verarbeitung höchste Anforderungen stellt.

Einige Halbleiterbauelemente wiederum sind in die physikalische Grundlagenforschung zurückgekehrt. MOS-Transistoren aus Silizium dienten bei der *Entdeckung des Quanten-Hall-Effekts* als Proben (K. von Klitzing, 1980). Die Feinstrukturkonstante α wird dabei mit bislang unbekannter Genauigkeit bestimmt, und die Größe

$\frac{h}{e^2}$ dient heute als Eichstandard für das Ohm. Die Physik zweidimensionaler Elektronengase wird an Varianten technischer Bauelemente aus Silizium und Galliumarsenid (Quantum-Well-Strukturen) erforscht. Ein Ende derartiger Entwicklungen ist bislang nicht abzusehen.

In diesem Kapitel wird der geschilderten Entwicklung Rechnung getragen. Nach der Darstellung der Grundlagen der Halbleiterphysik stehen die Halbleiterbauelemente im Mittelpunkt. Ihr Aufbau, ihre Funktion und Technologie bilden den roten Faden durch die Halbleiterphysik.

7.2 Warum Halbleiter? Definition der Halbleiter

Betrachtet man ein Volumen eines beliebigen Materials, das sich zunächst in einem elektrisch neutralen Zustand befinden soll, und bringt zu einem Zeitpunkt $t = t_o$ in dieses z. B. eine zusätzliche positive oder auch negative Ladung, so stört man die Neutralität des Materials. Auf diese Störung reagiert das Material durch Umordnung der lokalen Ladungen aufgrund der Coulomb-Wechselwirkung und es stellt sich ein neues Gleichgewicht ein. Daher ergeben sich die zwei Fragen:

1. Wie lange dauert es bis zur Einstellung des neuen Gleichgewichts?
2. Wie groß ist die räumliche Ausdehnung der Störung, d. h. der sich einstellenden Raumladungszone?

Beide Größen hängen von der Zahl der im betrachteten Materialvolumen vorhandenen Ladungsträger ab. Je größer die Zahl der Ladungsträger, um so schneller wird sich das neue Gleichgewicht einstellen und um so kleiner wird die räumliche Ausdehnung des gestörten Bereiches sein.

Aus der Maxwell'schen Gleichung $\operatorname{div} \boldsymbol{D} = \varrho$ mit ($\boldsymbol{D} = \varepsilon \boldsymbol{E}$) und der Kontinuitätsgleichung $\operatorname{div} \boldsymbol{j} = -\dfrac{\mathrm{d}\varrho}{\mathrm{d}t}$ mit ($\boldsymbol{j} = \sigma \cdot \boldsymbol{E}$) erhält man $\dfrac{\mathrm{d}\varrho}{\mathrm{d}t} = -\dfrac{\sigma}{\varepsilon}\varrho$. Daraus ergibt sich für die Zeitkonstante τ der Raumladungszone (Dielektrische Relaxationszeit) $\tau = \dfrac{\varepsilon}{\sigma} \sim \dfrac{1}{n}$ (n = Dichte der Ladungen). Aus der Debyelänge $l_D = \sqrt{D \cdot \tau}$ (D = Diffusionskonstante) ergibt sich für die räumliche Ausdehnung der Raumladungszone $l_D \sim \dfrac{1}{\sqrt{n}}$ (Abschn. 7.9). Ist also die Ladungsträgerdichte sehr groß (Metalle), werden τ und l_D unmessbar klein. Ist die Ladungsträgerdichte sehr klein (Dielektrika, Isolatoren), so werden τ und l_D nicht mehr sinnvoll nutzbar groß. Da jedoch die Funktion fast aller Bauelemente auf der Messung der zeitlichen und räumlichen Änderung von Raumladungen beruht, besteht und bestand von Anfang an der Wunsch, ein Material zu haben mit einer Ladungsträgerdichte, die zwischen der von Leitern (Metalle) und Nicht-Leitern (Isolatoren) liegt, also Halbleiter. Ferner besteht die Notwendigkeit, diese Ladungsträgerdichte jeweils den gewünschten Werten von τ und l_D anzupassen, also die Ladungsträgerdichte der Halbleiter durch sog. Dotieren vorgeben zu können. Nach dieser Darstellung könnten jedoch auch noch Elektrolyte und/oder Polymere zu den Halbleitern gehören. Um dies auszuschließen, wird folgende **Definition der Halbleiter** vorgenommen:

- Halbleiter sind Festkörper, die bei tiefer Temperatur isolieren und bei höheren Temperaturen jedoch eine messbare elektrische Leitfähigkeit besitzen.

Die elektronische Leitfähigkeit der Halbleiter wird durch die kovalente Bindung zwischen den Kristallbausteinen und im Rahmen der quantenmechanischen Beschreibung (Bändermodell, s. auch Kap. 1) durch die Größe des Abstands von Leitungs- und Valenzband bestimmt. Damit ist die intrinsische elektronische Leitfähigkeit exponentiell temperaturabhängig. Statt durch die thermische Anregung kann die Energie zur Anregung von Ladungsträgern aus dem Valenz- in das Leitungsband natürlich auch durch Strahlung (Licht) entsprechender Energie zugeführt werden. Da sich die spezifische Leitfähigkeit σ aus der Dichte der Ladungsträger mal der Beweglichkeit zusammensetzt, kann bei gleicher Ladungsträgerdichte und bei gleichem Material die Leitfähigkeit dennoch über die Beweglichkeit unterschiedlich sein. Die Beweglichkeit μ der Ladungsträger ergibt sich in erster Näherung über $v = \mu \mathscr{E}$ und $m\ddot{x} = m\dot{v} = q\mathscr{E}$ mit der Lösung $m\dot{x} = mv = qE\tau$ (mit τ = mittlerer Stoßzeit) zu $\mu = \dfrac{q}{m} \cdot \tau$. Damit hängt die Beweglichkeit bei gegebenem Material von den Kristallstörungen ab. Daher sind es gerade die Störungen des regelmäßigen Kristallgitters, welche die Vielfalt der Halbleitereigenschaften ausmachen. Dabei kann das Ausmaß von „Störungen" sehr weit gehen. Die Ordnung des Kristalls wird z. B. im amorphen Zustand auf die Nahordnung von Atomgruppen reduziert, ohne dass die halbleitenden Eigenschaften vollständig verloren gehen. So wird verständlich, dass sogar bei einigen Gläsern und Flüssigkeiten halbleitende Eigenschaften nachgewiesen wurden. Die Erklärung ist stets in der dominierend kovalenten Bindung zwischen Nachbaratomen zu suchen. Atomabstände und Konfigurationswinkel streuen nur geringfügig um die Werte für den Idealkristall (vorhandene Nahordnung), bilden aber über größere Entfernungen Zufallsnetzwerke von Atomen (fehlende Fernordnung).

7.3 Übersicht über die Halbleiter

Zur Gruppe der Halbleiter gehören sowohl *Elemente* als auch *Verbindungen*. Abbildung 7.1 zeigt als Ausschnitt aus dem Periodensystem die Elemente und Verbindungen, die halbleitende Eigenschaften aufweisen. Ohne ins Detail zu gehen, seien einige sich systematisch verändernde Eigenschaften genannt. Rechts von den Halbleitern stehen Nichtleiter mit überwiegend Van-der-Waals-Bindung, links Elemente mit überwiegend metallischer Bindung. Innerhalb der Gruppe der Halbleiter dominiert die kovalente Bindung. Die spezifische Leitfähigkeit innerhalb der Halbleitergruppe wächst von rechts oben nach links unten. Der Kristalltyp der Halbleiter in Gruppe IVa ist das *Diamantgitter*. Bei Zinn ist die Modifikation des grauen Zinn (α-Sn) halbleitend. Der Diamant ist auf Grund seiner geringen elektrischen Leitfähigkeit bei Raumtemperatur als Isolator anzusehen. Silizium und Germanium gelten als Modell-Halbleiter (in Abb. 7.1 hervorgehoben).

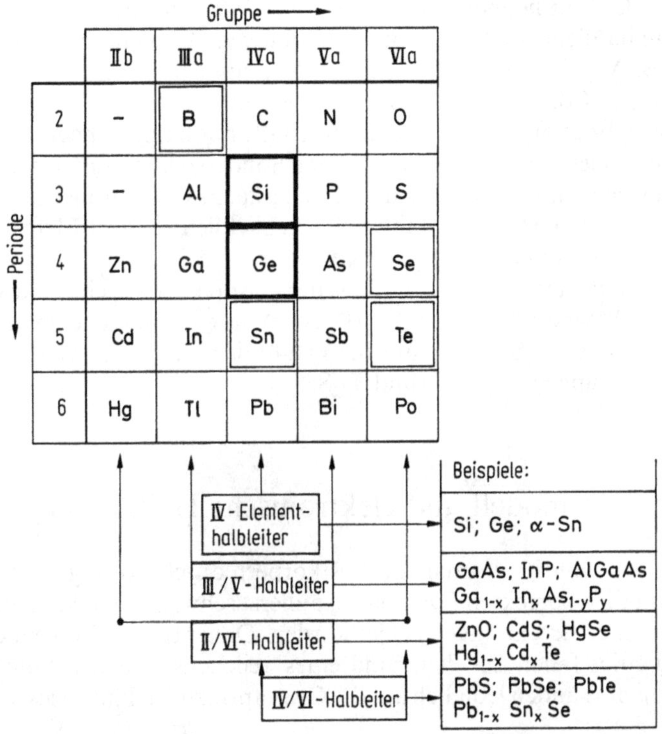

Abb. 7.1 Halbleiter im Periodensystem der Elemente. Beim Sn ist die Modifikation α-Sn ein Halbleiter, C ist ein Isolator (Bandabstand 5.5 eV), Pb ein Metall, Hexagonal-kristalliertes Se und Te sind Halbleiter.

Die Eigenschaften der kovalenten Bindung führen beim Kohlenstoff zum Diamantgitter. Bei den Halbleitern der Gruppe IVa des Periodensystems werden die vier Valenzelektronen eines Gitterbausteins durch vier nächste Nachbarn zur abgeschlossenen Schale von acht Elektronen ergänzt. Die in hohem Maße gerichtete kovalente Bindung baut mit den nächsten Nachbarn ein tedraederartiges Raumnetz auf. Die Bindungsenergie eines kovalenten Kristalls ist der der Ionenkristalle vergleichbar, obwohl sie zwischen neutralen Atomen wirkt. Sie nimmt bei den Halbleitern der Gruppe IVa von oben nach unten fortschreitend ab. Die einzelne Bindung wird normalerweise von zwei Elektronen gebildet, die sich zwischen den verbundenen Atomen aufhalten und deren Spin antiparallel steht, s. auch Kap. 1.

Auch die halbleitenden Verbindungen bilden überwiegend Kristalle mit kovalenter Bindung der Gitterbausteine. *Binäre* Verbindungen mit *Zinkblendegitter* (entsprechend dem Diamantgitter der Elementhalbleiter) sind deshalb bei Elementkombinationen der Gruppen III und V, der Gruppen II und VI und der Gruppen I und VII zu erwarten. Zur Gruppe der III/V-Verbindungen zählen u.a. GaP, GaAs, InSb, InP, zur Gruppe der II/VI-Verbindungen gehören u.a. ZnO, ZnS, CdS. Die letztgenannten Verbindungshalbleiter haben *Wurtzitgitter*, bei dem ebenfalls jeder Gitterbaustein von vier nächsten Nachbarn umgeben ist. Bei der Gruppe der I/VII-

Verbindungen ist CuI zu nennen, für die Gruppe IV/VI PbS und PbSe. Daneben existieren weitere halbleitende kristalline Verbindungen, die nicht dieser Systematik entsprechen, z. B. Mg_2Sn, Bi_2Te_3, NiO. Für alle Gruppen existieren auch *ternäre* (z. B. AlGaAs, $Hg_{1-x}Cd_xTe$) und *quaternäre* (z. B. $Ga_{1-x}In_xAs_{1-y}P_y$) Verbindungshalbleiter. Weiter gibt es organische Molekülkristalle mit halbleitenden Eigenschaften, wie z. B. Anthracen und Phtalocyanin. Eine Sonderstellung unter den Halbleitern nehmen die Elementhalbleiter Se und Te ein, deren Leitungsmechanismus erheblich von dem anderer Halbleiter abweicht. Schließlich gilt das Element Bor in seiner tetragonalen Modifikation als halbleitend.

Als *amorphes Halbleitermaterial* sei das aus der Gasphase abgeschiedene Gemisch aus Silizium und Wasserstoff genannt (Si: H), ebenfalls die Chalkogenid-Gläser (binär: Ge_xTe_y; ternär: $As_xTe_yS_z$ u. a.) und die Oxid-Gläser (z. B. Ta_2O_5), schließlich die flüssigen Verbindungen Te_xSe_{1-x} und Tl_2Se.

7.4 Energiebändermodell und elektronische Halbleitung

Die Berechnung der Bandstrukturen von Festkörpern durch Lösung der Schrödinger-Gleichung mit dem korrekten Potential ist äußerst schwierig und kann nur durch aufwendige Computerberechnungen gelöst werden. Daher soll im Folgenden durch die Betrachtung eines freien Teilchens und eines Teilchens in einem Potentialtopf mit unendlich hohen Wänden lediglich auf die Grundprinzipien hingewiesen werden.

Die Lösung der stationären Schrödinger-Gleichung $\left(-\dfrac{\hbar^2}{2m}\Delta + E_{pot}\right)\psi = E\psi$, mit Δ = Laplace-Operator, liefert für ein freies Teilchen mit $E_{pot} = 0$ eine ebene Welle $\psi = \psi_0 e^{(ikr-\omega t)}$ mit der kontinuierlichen parabolischen Energie-Impulsbeziehung $E = \dfrac{\hbar^2 k^2}{2m_0}$. Bringt man ein solches „Teilchen", d. h. eine solche Welle, in einen Potentialtopf mit unendlich hohen Wänden, so sind nur stehende Wellen mit ganzzahligen Vielfachen der halben Wellenlänge möglich, d. h. es sind nur diskrete Energiewerte möglich, deren Abstände von dem Durchmesser des Potentialtopfes abhängen. Jede Einschränkung eines freien Teilchens führt also zu quantisierten Zuständen.

Führt man nun in einem realistischeren Modell ein periodisches Potential ein, wie es sich bei der periodischen Anordnung von Kristallatomen ergibt, so erhält man das wichtigste Ergebnis der Quantenmechanik für die Physik der Festkörper: **die erlaubten Energiezustände der Elektronen sind in *Bänder* gegliedert**. Zwischen den erlaubten Bändern liegen Energiebereiche, deren Werte die Elektronen eines reinen unbegrenzten Kristalls nicht annehmen können: *die verbotenen Zonen, auch Energie-Gap genannt* (vgl. Abschn. 1.4).

7.4.1 Bändermodell bekannter Halbleiter

Abbildung 7.2 zeigt die **Energiebandstrukturen** von Germanium, Silizium und Galliumarsenid im k-Raum (s. Kap. 1). Die Abszisse zeigt jeweils vom Γ-Punkt (dem Zentrum der Brillouin-Zone: $\Gamma = (2\pi/a)(0,0,0)$) nach links auf den L-Punkt ($L = (2\pi/a)(1/2, 1/2, 1/2)$) entlang der $\langle 111 \rangle$-Achse und nach rechts auf den X-Punkt ($X = (2\pi/a)(0,0,1)$) entlang der $\langle 100 \rangle$-Achse. Die Ordinate gibt die Elektronenenergie in eV mit dem willkürlichen Nullpunkt der obersten Valenzbandspitze an. Eingezeichnet sind die minimalen Breiten der verbotenen Zonen, gemessen vom tiefsten Punkt des Leitungsbandes E_L zum höchsten Punkt des Valenzbandes E_V:

$E_G = E_L - E_V$. Lediglich für GaAs liegt E_G am Γ-Punkt bei $k = 0$, während für Ge das Minimum des Leitungsbandes auf der $\langle 111 \rangle$-Achse und für Si auf der $\langle 100 \rangle$-Achse liegt.

Abbildung 7.2 zeigt, dass im Γ-Punkt das Valenzband der betrachteten Halbleiter entartet ist. Mit Hilfe der *Schrödinger-Gleichung* stellt man fest, dass das Valenzband des Diamant- und Zinkblendegitters in kristallographischen Richtungen hoher Symmetrie, wie sie z. B. die $\langle 111 \rangle$-Achse und $\langle 100 \rangle$-Achse des kovalenten Gitters darstellen, aus zwei unterschiedlichen Bändern besteht. Beide Bänder sind am Γ-Punkt entartet und bilden die obere Valenzbandkante. Sämtliche Valenzbänder enthalten energetisch dicht aufeinanderfolgend diskrete Energiezustände $E_V(k)$, die bei sehr tiefer Temperatur ($T \approx 0$ K) alle mit Elektronen besetzt sind. In jedem dieser Zustände befinden sich zwei Elektronen mit entgegengesetzter Spinrichtung. Bei Berücksichtigung von Spin-Bahn-Wechselwirkung spalten die Bänder bei $k = 0$ auf.

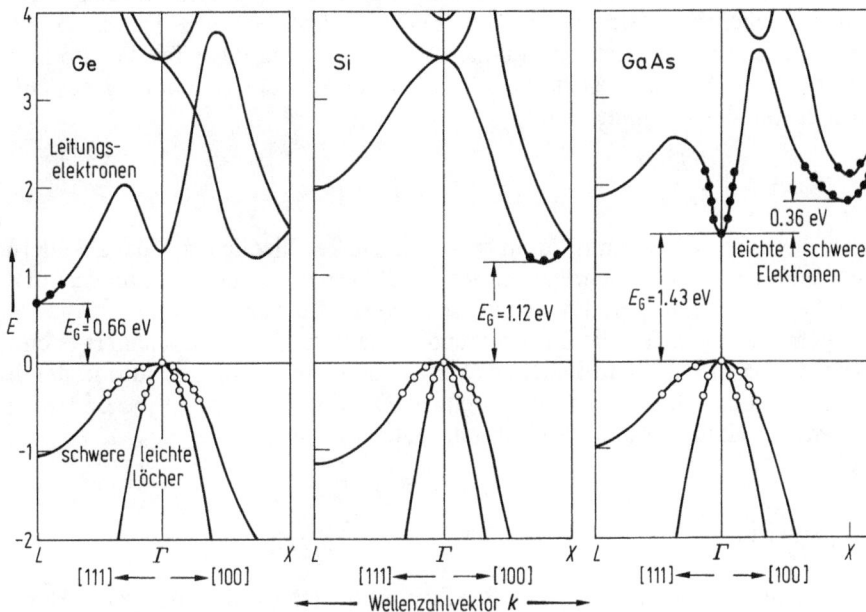

Abb. 7.2 Energiebänder über dem Wellenzahlvektor für Ge, Si und GaAs. E_G ist die Breite des verbotenen Bandes (Angaben für 300 K) (nach [1]).

Auch das Leitungsband besteht aus einer Anzahl von Unterbändern. Theoretisch gewonnene Energiebänder zeigen, dass das Minimum der Leitungsbänder für Si und Ge nicht bei $k = 0$ liegt. Bringt man daher mit Hilfe thermischer Energie Elektronen ins Leitungsband, geht dies nicht nur unter Energieaufnahme E_G, sondern gleichzeitig mit Änderung des Elektronenimpulses $\hbar \cdot \Delta k$ vor sich. Man bezeichnet solche **Elektronenübergänge** als **indirekt**, entsprechend derartige Halbleiter wie Ge und Si als **indirekte Halbleiter**, im Gegensatz zu GaAs, einem **direkten Halbleiter**. Im Falle des GaAs liegt das Hauptminimum bei $k = 0$, ein weiteres Minimum bei $k > 0$ längs [100]. Zu dem Einfluss von Vielteilcheneffekten s. Abschn. 8.2.11.

7.4.2 Die effektive Masse

Die Energie-Impulsbeziehung eines freien Teilchens $E = \dfrac{\hbar^2 k^2}{2\,m_0}$ stellt einen parabolischen Verlauf dar. Die Krümmung dieser Parabel wird durch die Masse m_0 bestimmt. Man erhält $m_0 = \hbar^2 \cdot \left(\dfrac{\mathrm{d}^2 E}{\mathrm{d}k^2}\right)^{-1}$. Betrachtet man die Bandstruktur der Halbleiter in Abb. 7.2, so erkennt man, dass die $E(k)$-Verläufe in Teilbereichen einem parabolischen Verlauf sehr nahe kommen. Daher kann man in diesen Bereichen die Bandstruktur durch einen parabolischen Verlauf annähern. Das bedeutet, dass in diesen Teilbereichen die Bewegung eines Teilchens durch die eines freien Teilchens beschrieben werden kann. Da jedoch die Krümmung der Bandstruktur nicht mit der der Parabel eines freien Teilchens übereinstimmen muss, schreibt man den Teilchen eine sog. effektive Masse zu, m_{eff}. Die Ladungsträger bewegen sich also durch den Kristall wie freie Teilchen, die Einflüsse des Kristalls auf diese Teilchen können in einer effektiven Masse berücksichtigt werden, die von der Krümmung des entsprechenden Bandes bestimmt wird:

$$m_{\mathrm{eff}} = \hbar^2 \left(\frac{\mathrm{d}^2 E}{\mathrm{d}k^2}\right)^{-1}.$$

Wie man aus Abb. 7.2 erkennt, kann man den unterschiedlichen Valenzbändern „leichte" und „schwere" Löcher zuordnen; z. B. besitzt das höher liegende Band eine geringere Krümmung und damit die schwereren Löcher.

Diese Betrachtungsweise, die Einführung der effektiven Masse, erleichtert es entscheidend, die Dichte der Ladungsträger im Leitungs- und Valenzband und damit die Leitfähigkeit der Halbleiter zu beschreiben. Zu Abweichungen, insbesondere in zugverspannten Halbleitern, sei auf Abschn. 8.4.2 verwiesen.

7.4.3 Eigenleitung

In idealen, ungestörten Halbleitern (z. B. Silizium) dienen die äußeren (vier) Elektronen eines jeden Siliziumatoms der kovalenten Kristallbindung. Bei niedrigen Temperaturen ($T = 0\,\mathrm{K}$) befinden sich alle Elektronen daher im Valenzband. Führt man dem Kristall Energie zu, z. B. durch Erhöhung der Temperatur, können Gitterbin-

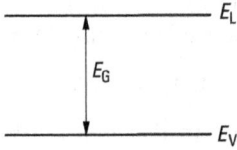

Abb. 7.3 Die Unterkante des Leitungsbandes E_L und die Oberkante des Valenzbandes E_V (s. Abb. 7.2) besitzen einen Abstand E_G, den sog. Bandabstand bzw. die sog. verbotene Zone.

dungen aufgebrochen werden, und die freigesetzten Elektronen können sich wie quasi-freie Ladungsträger (s. o.) mit der zugehörigen effektiven Masse im Kristall bewegen; sie befinden sich energetisch im Leitungsband. Abbildung 7.3 zeigt diese beiden energetischen Zustände, das Valenzband E_V und das Leitungsband E_L. Diese beiden Zustände E_L, E_V sind durch die sog. verbotene Zone, in der sich keine Zustände befinden, getrennt. Man nennt diesen energetischen Abstand auch den **Bandabstand** E_G (von englisch *gap*). Die Energie $E_L - E_V = E_G$ muss also mindestens aufgewendet werden, um eine Gitterbindung aufzubrechen, um also ein Elektron (im Leitungsband) und ein Defektelektron (Loch) im Valenzband zu erzeugen.

Da jedes freigesetzte Elektron, das sich im Leitungsband befindet, eine aufgebrochene Gitterbindung, ein Loch (Defektelektron), im Valenzband hinterlässt, muss die Dichte der Elektronen n gleich der der Löcher p sein, also $n = p = n_i$, mit n_i der sog. **Eigenleitungskonzentration** (engl. intrinsic concentration).

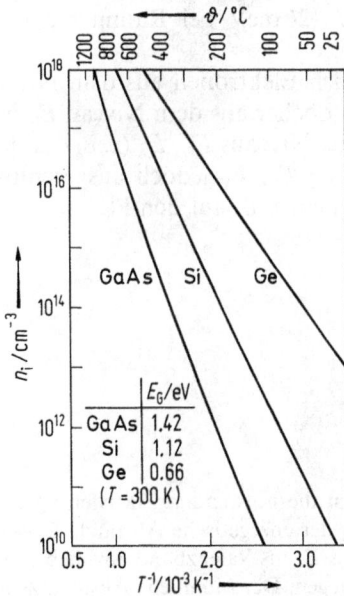

Abb. 7.4 Eigenleitungskonzentration n_i von GaAs, Si und Ge als Funktion der reziproken Temperatur sowie Werte für den Bandabstand E_G (nach [2]).

Abbildung 7.3 macht deutlich, dass n_i bei gegebenem Material (z. B. Si) nur noch von der Temperatur bzw. der zugeführten Energie zur Aufbrechung der Gitterbindungen abhängt: $n_i \sim \exp\left(-\dfrac{E_L - E_V}{2kT}\right)$, analog zum Boltzmann-Faktor. Da jedoch bei jedem Übergang eines Elektrons aus dem Valenz- in das Leitungsband zwei Ladungsträger entstehen, ein Elektron und ein Loch, beträgt die Aktivierungsenergie pro Teilchen nur $(E_L - E_V)/2$.

Abbildung 7.4 zeigt die Eigenleitungskonzentration von einigen wichtigen Halbleitern.

Man erkennt, dass die Kurven keine exakten Geraden darstellen, so dass der Proportionalitätsfaktor in $n_i \sim \exp(\ldots)$ ebenfalls temperaturabhängig sein muss. Aber auch die Bandlücke selbst ist noch geringfügig temperaturabhängig. Den bisherigen Betrachtungen entnimmt man jedoch, dass die Konzentration der Ladungsträger in Eigenhalbleitern (auch Intrinsic-Halbleiter genannt) bei gegebenem Material, d. h. Bandabstand, lediglich über die Temperatur geändert werden kann. In der Einführung war jedoch der Wunsch motiviert, bei gegebenem Material und gegebener Temperatur, die Ladungsträgerdichte vorgeben zu können.

7.4.4 Störstellenleitung

Betrachtet man Abb. 7.3, so erkennt man, dass die einzige Chance, zusätzlich zur intrinsischen Leitfähigkeit Elektronen ins Leitungsband und/oder Löcher in das Valenzband zu bringen, darin besteht, dass entsprechende zusätzliche Zustände im verbotenen Band existieren, deren Aktivierungsenergie kleiner ist als der Bandabstand und in der Größenordnung von kT (26 meV bei Raumtemperatur) liegt (Abb. 7.5).

Dabei muss beachtet werden, dass lediglich Elektronen aus dem Niveau E_D in das Leitungsband E_L emittiert werden bzw. Löcher aus dem Niveau E_A in das Valenzband, der Ladungstransport innerhalb der Niveaus E_D, E_A (z. B. durch Tunneln von einem Dotieratom zum nächsten) analog E_L, E_V jedoch ausgeschlossen sein muss. Wie lässt sich das realisieren? Bringt man z. B. auf den Platz eines Silizium-

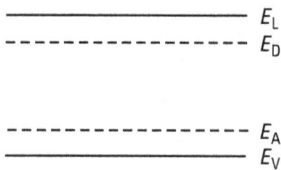

Abb. 7.5 Der energetische Abstand $(E_L - E_D)$ ist die notwendige Aktivierungsenergie, um Elektronen aus E_D ins Leitungsband anzuheben, der energetische Abstand $(E_A - E_V)$ ist die notwendige Aktivierungsenergie, um ein Loch aus E_A ins Valenzband anzuheben. $(E_L - E_D)$, $(E_A - E_V)$ sollen in der Größenordnung von kT liegen. Der räumliche Abstand zwischen den Störstellen mit der Aktivierungsenergie E_D, E_A ist so groß, dass ein Tunnelprozess zwischen diesen nicht möglich ist, so dass ein Ladungstransport von Elektronen nur über E_L und der von Löchern nur über E_V stattfindet.

atoms im Siliziumgitter ein Phosphoratom, so werden von den fünf äußeren Phosphorelektronen nur vier für die Bindung zu den Si-Atomen der Umgebung benötigt, ein Elektron bleibt daher übrig. Wie stark ist dieses überschüssige Elektron nun gebunden? Hat das Phosphoratom das überschüssige Elektron abgegeben, ist es positiv geladen. Die Situation gleicht daher dem Wasserstoffatom. Die Ionisierungsenergie des Wasserstoffatoms (im Vakuum) beträgt 13.56 eV. Daher scheint keine Chance zu bestehen, mit der Aktivierungsenergie in die Größenordnung von kT zu kommen. Man hat hier jedoch zu berücksichtigen, dass das Phosphoratom sich nicht im Vakuum, sondern in einer Si-Umgebung befindet. Daher stellt sich hier exakt der in der Einleitung diskutierte Fall der Störung eines neutralen Materials (Si) durch eine positive Ladung (Phosphoratom) ein. Das bedeutet, dass das positive Phosphoratom von den Elektronen des umgebenden Siliziums abgeschirmt wird. Diese Abschirmung wird makroskopisch durch die Dielektrizitätskonstante ε_{Si} des Siliziums beschrieben. Die Coulombenergie $E_D = \dfrac{1}{4\pi\varepsilon_0\,\varepsilon_{Si}} \cdot \dfrac{q_1\,q_2}{r}$ zwischen dem positiven Phosphoratom und dem gebundenen Elektron wird also in 1. Näherung um den Faktor $1/\varepsilon_{Si}^2$ reduziert (die Ladung des Phosphoratoms wird um $1/\varepsilon_{Si}$ reduziert und dadurch der Radius r der Bahn des gebundenen Elektrons um ε_{Si} vergrößert). Da ε_{Si} von Silizium 11.6 beträgt, wird die Ionisierungsenergie von 13.56 eV um 11.6^2 auf ca. 100 meV reduziert, und man kommt damit in die gewünschte Größenordnung. Die Messung liefert einen Wert von 45 meV bei 300 K. Das Einbringen von fünfwertigen Atomen (z. B. Phosphor, Antimon, Arsen) auf Gitterplätze schafft also das geforderte Niveau in der verbotenen Zone mit einer Aktivierungsenergie in der Größenordnung von kT bei Raumtemperatur. Man nennt solche Störstellen mit sehr kleiner Aktivierungsenergie **flache Störstellen**. Jedes eingebrachte Phosphoratom ist also im Prinzip in der Lage, ein zusätzliches Elektron für die elektronische Leitfähigkeit zu liefern. Diese Art des kontrollierten Einbaus von Fremdatomen zur Festlegung der Leitfähigkeit eines Halbleiters nennt man **Dotieren**. Aufgrund des im Vergleich zu $(E_L - E_D)$ großen Bandabstands $(E_L - E_V)$ ist die Eigenleitungskonzentration der Elektronen des Siliziums relativ gering, sie beträgt etwa 10^{10} cm^{-3}, s. w. u. Bringt man also z. B. 10^{15} cm^{-3} Phosphoratome ein und geben alle ihr Elektron an das Leitungsband ab, sog. vollständige Ionisierung, so ist die Ladungsträgerkonzentration aufgrund der Dotierung 10^5 mal größer als die Eigenleitungskonzentration und somit allein bestimmt. In diesem Sinne lässt sich die Leitfähigkeit der Halbleiter den Anforderungen entsprechend in weiten Bereichen ganz gezielt einstellen. Gleichzeitig erkennt man, dass bei etwa 10^{15} Phosphoratomen pro cm^3 und etwa 10^{23} Si-Atomen pro cm^3 nur etwa jedes 500ste Si-Atom in jeder Dimension durch ein Phosphoratom ersetzt wurde. Damit haben im Mittel zwei benachbarte Phosphoratome einen Abstand von ca. 100 nm, so dass ein Ladungstransport von Phosphoratom zu Phosphoratom, also längs E_D, analog zum Leitungsband E_L, nicht möglich ist. Die Elektronen können sich daher lediglich im Leitungsband (mit ihrer effektiven Masse) frei bewegen. Daher kann die anfangs formulierte Wunschvorstellung – jede gewünschte Leitfähigkeit gezielt einzustellen – auf diese Weise realisiert werden. Statt des Einbringens von fünfwertigen Phosphoratomen zur Einstellung der gewünschten Elektronenkonzentration, sog. **Donatoren**, kann man im Fall des Siliziums auch dreiwertige Atome (z. B. Bor, Aluminium, Gallium), sog. **Akzeptoren,** auf Gitterplätze einbringen, dann fehlt dort ein Bindungselektron und

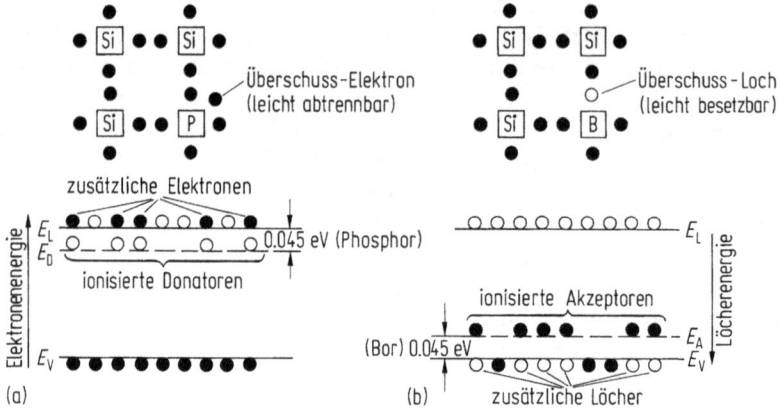

Abb. 7.6 Störstellenleitung im Energiebändermodell. (a) Elektronenleitung, (b) Löcherleitung.

es wird ein Loch erzeugt. Dadurch dass ein anderes Elektron diesen freien Gitterplatz einnehmen kann, sind die eingebrachten Löcher beweglich. Durch das Einbringen von Akzeptoren kann daher, entsprechend den Überlegungen bei den Donatoren, die Löcherleitung ganz gezielt eingestellt werden.

Abbildung 7.6 zeigt die beschriebenen Prozesse noch einmal schematisch. Damit ergibt sich die Möglichkeit, die Elektronen- und Löcherkonzentration, unabhängig voneinander und insbesondere räumlich getrennt voneinander den Anforderungen entsprechend einzustellen. Die Anforderungen werden dabei – wie in der Einleitung diskutiert – von der gewünschten Relaxationszeit τ und der gewünschten Raumladungsweite l_D bestimmt.

Bringt man z. B. N_D Donatoren bzw. N_A Akzeptoren pro cm³ in den Kristall, so geben davon N_D^+ Donatoren bzw. N_A^- Akzeptoren pro cm³ ihr Elektron bzw. Loch an das Leitungs- bzw. Valenzband ab, und N_D^0 Donatoren bzw. Akzeptoren behalten ihre Ladungsträger. Dann gilt: $N_D = N_D^+ + N_D^0 = n + N_D^0$

$$N_A = N_A^- + N_A^0 = p + N_A^0,$$

mit n = Zahl der von den Donatoren abgegebenen Elektronen pro cm³ und p = Zahl der von den Akzeptoren abgegebenen Löcher pro cm³. Dazu kommt natürlich noch die Eigenleitungskonzentration n_i, wenn die Gesamtkonzentration der beweglichen Ladungsträger im Leitungs- und Valenzband betrachtet wird. Im Folgenden sollen die Konzentrationen der ortsfesten Atome mit Groß- und die der beweglichen Ladungsträger mit Kleinbuchstaben bezeichnet werden. Sind alle Atome vollständig ionisiert (abhängig von der Aktivierungsenergie und der Temperatur) gilt: $n = N_D^+ = N_D$, $p = N_A^- = N_A$.

Die Aktivierungsenergie der gängigen Dotiersubstanzen für flache Störstellen der bekanntesten Halbleiter gibt Tab. 7.1 an.

Die bisher beschriebenen Dotierstoffe führen zu den oben genannten sog. flachen Störstellen, die jeweils nur mit einem Band wechselwirken, Donatoren mit dem Leitungsband, Akzeptoren mit dem Valenzband. Es liegt nach den beschriebenen Vor-

Tab. 7.1 Ionisierungsenergien für Donatoren und für Akzeptoren für die Halbleiter Silizium, Germanium und Galliumarsenid (nach [3]).

		Silicium	Germanium	Galliumarsenid
Donatoren E_D/eV	P	0.045	0.012	Sn 0.006
	As	0.054	0.013	S 0.006
	Sb	0.039	0.0096	Te 0.03
	Li	0.033	0.0093	Si 0.006
Akzeptoren E_A/eV	B	0.045	0.0104	Zn 0.031
	Al	0.067	0.0102	Be 0.028
	Ga	0.072	0.0108	Si 0.035
	In	0.160	0.0112	Mg 0.028

gängen natürlich nahe, auch andere Stoffe als Dotierung zu verwenden und deren Aktivierungsenergie festzustellen. Ein Niveau von der Größenordnung $1/2\,(E_L - E_V)$, also nahe der Bandmitte, müsste mit beiden Bändern wechselwirken. Ein bekanntes Beispiel ist Gold in Silizium. Gold besitzt ein äußeres Elektron und kann daher dieses an das Leitungsband abgeben (Wechselwirkung mit dem Leitungsband) oder weitere Elektronen aufnehmen und damit Löcher erzeugen, also mit dem Valenzband wechselwirken. Gold besitzt ein Akzeptorniveau von $0.54\,\text{eV}$ unterhalb des Leitungsbandes des Siliziums, also nahe der Bandmitte ($1/2\,(E_L - E_V) = 0.56\,\text{eV}$), und ein Donatorniveau von $0.29\,\text{eV}$ oberhalb des Valenzbandes. Man nennt solche Störniveaus **tiefe Niveaus**. Aufgrund der großen Aktivierungsenergie ist verständlich, dass solche tiefen Niveaus bei Raumtemperatur nicht vollständig ionisiert sind, sondern im Gegensatz meist neutral sind und insbesondere ein anderes Zeitverhalten für ihre Umladung aufweisen als die flachen Störstellen. Im Allgemeinen ist es nicht so einfach, die Leitungseigenschaften der Halbleiter lediglich durch flache und tiefe Niveaus allein zu beschreiben. Es gibt häufig unerwünschte Verunreinigungen und Gitterfehler bei der Halbleiterherstellung, die oft zu mehreren verschiedenen Niveaus führen. Ferner gibt es Störungen der periodischen Struktur, insbesondere an Ober- oder Grenzflächen, die sogar zu kontinuierlichen Verteilungen von sog. Oberflächen-zuständen im verbotenen Band des Halbleiters an den Ober- oder Grenzflächen führen.

7.4.5 Übersicht über die Methoden der Halbleiterdotierung

Die technischen Dotierungsverfahren setzen Festkörper, meist Einkristalle, voraus, die möglichst gut von unerwünschten Fremdatomen gereinigt sind. Erst nach Reinigung werden die Dotieratome in die Probe eingebracht, meist bei erhöhter Temperatur des Halbleitermaterials.

Eine Grundaufgabe der Halbleitertechnik ist es, im gleichen Halbleiterkristall z. B. von Elektronenleitung auf Löcherleitung überzugehen, d. h. einen sog. pn-Übergang durch geeignete Dotierung zu erzeugen. In Abschn. 7.12 (Herstellung einer Halb-

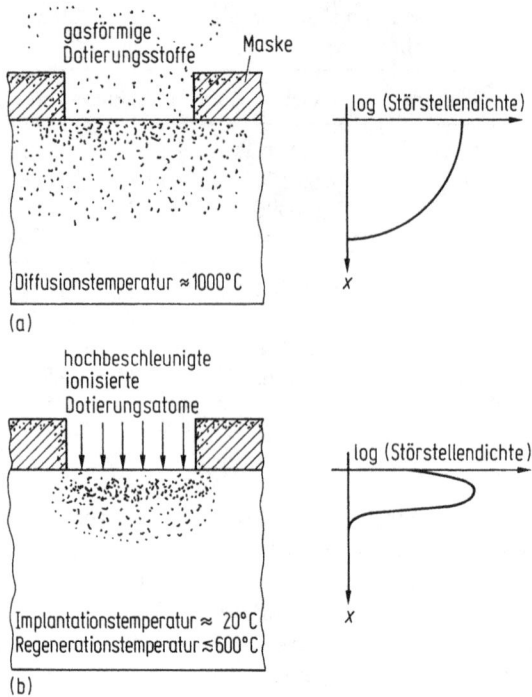

Abb. 7.7 Diffusion (a) und Ionenimplantation (b) von Störstellen mit schematischem Störstellenprofil.

leiterdiode) wird dazu das **Legierungsverfahren** im Einzelnen erläutert. Der Prozess bedient sich der Aufschmelzung oberflächennaher Halbleiterschichten im Kontakt mit einem Dotierstoff entsprechend dem Phasendiagramm und der anschließenden Rekristallisierung dotierter Schichten. Ein anderes wichtiges Verfahren der Erzeugung oberflächennaher dotierter Schichten ist die **Festkörperdiffusion** (s. Abb. 7.7a).

Dotieratome diffundieren entweder aus der Gasphase oder aus aufgebrachten Feststoffschichten bei hoher Temperatur in den Halbleiterkristall und ergeben je nach Anfangsbedingung unterschiedliche Dotierungsprofile, die aber sämtlich in die Probe hinein abklingen (Abb. 7.7a).

Eine wichtige Variante ist die **Ionenimplantation** von Dotieratomen (s. Abb. 7.7b) in die Oberfläche von Halbleiterkristallen hinein, die mit Hilfe von Teilchenbeschleunigern durchgeführt wird. Dabei werden die Dotieratome nach Ionisierung auf hohe Energie gebracht und in die Halbleiterprobe geschossen, in der sie nach einer charakteristischen Eindringtiefe abgebremst werden und um diese charakteristische mittlere Endringtiefe herum statistisch verteilt zur Ruhe kommen. Bei diesem Prozess wird das Gitter des Halbleiterkristalls erheblich geschädigt und muss durch thermische Behandlung regeneriert werden. Dabei diffundieren die implantierten Störstellen und werden gleichzeitig ins Gitter eingebaut. Entsprechend bilden sich Mischprofile aus Ionenimplantation und Störstellendiffusion (Abb. 7.73).

Als letztes Verfahren zur Erzeugung dotierter Halbleiterschichten wird die **Epi-taxie** (griech. „aufeinander angeordnet") genannt. Dabei werden aus der Gasphase Wirtsgitter- und Dotierungsatome auf einem Halbleitersubstrat (lat. „Unterlage") abgeschieden und in kristalliner Ordnung an die Substratatome angelagert. Der Vorteil dieses Verfahrens ist die in weiten Grenzen freie Wahl der Störstellendichte und des Störstellenprofils innerhalb der epitaktischen Schicht. Damit lassen sich insbesondere geringdotierte Schichten auf hochdotiertem Substrat verwirklichen, die mit dem zuvor erwähnten Verfahren nicht zu erreichen sind (Abb. 7.63). Beispiele für die hier genannten Dotierungsverfahren werden weiter unten im Zusammenhang mit technischen Bauelementen gegeben.

7.5 Das Fermi-Niveau und die Dichten freier Ladungsträger

In Abschn. 7.4.3 wurde schon angegeben, dass die Konzentration der Ladungsträger in den Bändern von der Aktivierungsenergie, d. h. dem Bandabstand, und der für die Anregung zur Verfügung stehenden Energie kT abhängt. Im Folgenden soll nun die Temperaturabhängigkeit der Ladungsträgerkonzentration berechnet werden. Dabei kommt uns die schon eingeführte effektive Masse in besonderem Maße zur Hilfe. Im Folgenden soll zunächst die Eigenleitung betrachtet werden.

7.5.1 Bedeutung des Eigenleitungs-Fermi-Niveaus

Bei der Eigenleitung werden Elektronen aus dem Valenzband in das Leitungsband angeregt. Die Konzentration der Elektronen n_0 im Leitungsband ergibt sich aus der Dichte der besetzbaren Zustände $D_L(E)$ und der Wahrscheinlichkeit $f(E)$, dass diese Zustände besetzt sind. Analog ergibt sich für das Valenzband die Konzentration der Löcher p_0 aus der Zustandsdichte $D_V(E)$ und der Wahrscheinlichkeit, dass die Zustände **nicht** mit einem Elektron (sondern mit einem Loch) besetzt sind, also $1 - f(E)$.

Damit kann man schreiben:

$$n_0 = \int_{E_L}^{+\infty} 2 D_L(E) f(E) \, dE \qquad (7.1)$$

$$p_0 = \int_{-\infty}^{E_V} 2 D_V(E) [1 - f(E)] \, dE. \qquad (7.2)$$

Dabei wurde benutzt, dass jeder Zustand mit zwei Elektronen entgegengesetzten Spins besetzt werden kann, das liefert den Faktor zwei in der Zustandsdichte. Ferner wird im Folgenden die Konzentration der Ladungsträger im thermodynamischen Gleichgewicht – darum handelt es sich bei diesen Betrachtungen – mit dem Index „0" versehen, also n_0, p_0.

Für die Wahrscheinlichkeit $f(E)$ ergibt sich für Teilchen mit ungeradem Spin, sog. Fermi-Teilchen (z. B. Elektronen), die Fermi-Dirac-Verteilung:

$$f(E) = \left[1 + \exp\left(\frac{E - E_F}{kT} \right) \right]^{-1}, \tag{7.3}$$

mit dem **Fermi-Niveau** E_F. Das Fermi-Niveau ist das **elektro-chemische Potential**, s. Abschn. 7.6.2. Für die Bestimmung der Zustandsdichte $D(E)$ müsste korrekterweise die konkrete Bandstruktur, der $E(k)$-Verlauf, s. auch Kap. 1, herangezogen werden. Die Einführung der effektiven Masse, d. h. die Annahme eines parabolischen Bandverlaufs $E(k) = E_L + \dfrac{\hbar^2 k^2}{2\, m_{eff}}$ in dem interessierenden Bereich des $E(k)$-Verlaufs, macht jedoch die Bestimmung von $D(E)$ sehr einfach, denn man kann von quasifreien Teilchen ausgehen. Die Impulse freier Teilchen mit Werten zwischen 0 und $\hbar k_{max}$ erfüllen eine Impulskugel mit dem Volumen $\dfrac{4\pi}{3} (\hbar k_{max})^3$. Freie Teilchen besitzen eine Wellenfunktion $\psi = \psi_0 e^{i(kr - \omega t)}$, eine ebene Welle. In einem periodischen Einkristall muss gelten $\psi(r_i) = \psi(r_i + L_i)$ mit den Kristalldimensionen L_i, $i = x, y, z$. Daher erhält man für die Wellenfunktion des freien Teilchens die Quantenbedingungen $k_i = n_i \dfrac{2\pi}{L_i}$. Ein einzelner Zustand nimmt also das Volumen $V_k = \dfrac{(2\pi)^3}{L_x \cdot L_y \cdot L_z} = \dfrac{(2\pi)^3}{V_0}$ im k-Raum ein. Da somit das Gesamtvolumen und das Volumen eines einzelnen Zustandes bekannt sind, kann die Dichte der Zustände zwischen k und $k + dk$, die Zustandsdichte im k-Raum, leicht berechnet werden. Man erhält (siehe auch Abschn. 1.4.2)

$$D(k)\, dk = \frac{4\pi k^2}{(2\pi)^3}\, dk. \tag{7.4}$$

Benötigt wird jedoch die Dichte $D(E)\, dE$, die sich leicht aus Gl. (7.4) über $E = \dfrac{\hbar^2 k^2}{2\, m_{eff}}$ umrechnen lässt. Es ergibt sich:

$$D(E)\, dE = \frac{(2\, m_{eff})^{3/2}}{4\pi^2 \hbar^2} \cdot \sqrt{E}\, dE = \frac{1}{4\pi^2} \left(\frac{2\, m_{eff}}{\hbar^2} \right)^{3/2} \cdot \sqrt{E}\, dE. \tag{7.5}$$

Mit Gl. (7.3) und Gl. (7.5) erhält man für Gl. (7.1) folgenden Zusammenhang:

$$n_0 = \frac{1}{2\pi^2} \left(\frac{2\, m_{eff}}{\hbar^2} \right)^{3/2} \int\limits_{E_L}^{+\infty} \frac{(E - E_L)^{1/2}}{1 + \exp\left(\dfrac{E - E_F}{kT} \right)}\, dE. \tag{7.6}$$

Normiert man die Energie durch kT und spaltet noch aus später ersichtlichen Gründen einen Faktor $\dfrac{2}{\sqrt{\pi}}$ ab, so erhält man:

$$n_0 = \frac{1}{2\pi^2} \left(\frac{2\, m_{eff} \cdot kT}{\hbar^2} \right)^{3/2} \cdot \frac{\sqrt{\pi}}{2} \cdot \frac{2}{\sqrt{\pi}} \int\limits_{E_L}^{+\infty} \frac{\left(\dfrac{E - E_L}{kT} \right)^{1/2}}{1 + \exp\left(\dfrac{E - E_F}{kT} \right)}\, d\left(\frac{E}{kT} \right). \tag{7.7}$$

Fasst man den Faktor

$$\frac{1}{2\pi^2}\cdot\left(\frac{2\,m_{\text{eff}}\cdot kT}{\hbar^2}\right)^{3/2}\cdot\frac{\sqrt{\pi}}{2}=2\left(\frac{m_{\text{eff}}\cdot kT}{2\,\pi\hbar^2}\right)^{3/2}=N_{\text{L}}\tag{7.8}$$

zu N_{L} zusammen, so ergibt sich:

$$n_0=N_{\text{L}}\cdot\frac{2}{\sqrt{\pi}}\int\limits_{E_{\text{L}}}^{+\infty}\frac{\left(\dfrac{E-E_{\text{L}}}{kT}\right)^{1/2}}{1+\exp\left(\dfrac{E-E_{\text{F}}}{kT}\right)}\,\mathrm{d}\left(\frac{E}{kT}\right).\tag{7.9}$$

N_{L} hat die Dimension cm^{-3} und liefert einen Wert von

$$2.5\times10^{-19}\cdot\left(\frac{m_{\text{eff}}}{m_0}\cdot\frac{T}{300\,\text{K}}\right)^{3/2}\text{cm}^{-3}.$$

Man nennt N_{L} aus später deutlich werdenden Gründen die **effektive Zustandsdichte**.

Das Integral in Gl. (7.9) lässt sich analytisch nicht lösen. Ersetzt man im Nenner $E-E_{\text{F}}$ durch $E-E_{\text{F}}=(E-E_{\text{L}})+(E_{\text{L}}-E_{\text{F}})$, erhält man im Nenner das Produkt der Exponentialfunktionen $\exp\left(\dfrac{E-E_{\text{L}}}{kT}\right)\cdot\exp\left(\dfrac{E_{\text{L}}-E_{\text{F}}}{kT}\right)$. Da die Integration von E_{L} bis $+\infty$ läuft, ist der 1. Term immer gleich oder größer 1. Fordert man nun als Näherung $E_{\text{L}}-E_{\text{F}}\gg kT$, so kann im Nenner von Gl. (7.9) die „1" vernachlässigt werden, und man erhält:

$$n_0=N_{\text{L}}\exp\left(-\frac{E_{\text{L}}-E_{\text{F}}}{kT}\right)\frac{2}{\sqrt{\pi}}\int\limits_{E_{\text{L}}}^{+\infty}\left(\frac{E-E_{\text{L}}}{kT}\right)^{1/2}\cdot\exp\left(-\frac{E-E_{\text{L}}}{kT}\right)\mathrm{d}\left(\frac{E}{kT}\right).\tag{7.10}$$

Das Integral liefert den Wert $\dfrac{\sqrt{\pi}}{2}$. Dies ist die Motivation für das Abspalten des Faktors $\dfrac{2}{\sqrt{\pi}}$.

Damit ergibt sich in dieser Näherung:

$$n_0=N_{\text{L}}\exp\left(-\frac{E_{\text{L}}-E_{\text{F}}}{kT}\right).\tag{7.11}$$

Was bedeutet nun diese Näherung $E_{\text{L}}-E_{\text{F}}\gg kT$? Sie bedeutet, n_0 muss klein gegen N_{L} sein. Betrachtet man noch einmal den Wert von N_{L} bei Raumtemperatur und setzt $m_{\text{eff}}\approx m_0$, so erhält man für die effektive Zustandsdichte $N_{\text{L}}=2.5\cdot10^{19}\,\text{cm}^3$. Damit muss die Dichte der Elektronen im Leitungsband kleiner sein als $2.5\cdot10^{19}\,\text{cm}^3$. Dies war jedoch gerade die Forderung für Halbleiter, nämlich eine (einstellbare) Konzentration zwischen der von Metallen und Isolatoren zu besitzen. Damit ist diese Näherung praktisch keine Einschränkung und im Folgenden kann mit Gl. (7.11) gerechnet werden.

Der anfänglich quantenmechanische Ansatz führt mit der angegebenen Näherung also zu einem klassischen Ergebnis. Die Ladungsträgerkonzentration im Leitungsband ergibt sich aus einem Niveau E_L, das mit N_L Ladungsträgern besetzbar ist, und wird durch die Lage des Fermi-Niveaus innerhalb des verbotenen Bandes in Form eines Boltzmannfaktors festgelegt.

Die analoge Überlegung für das Valenzband, für die Löcherkonzentration, ergibt:

$$p_0 = N_V \exp\left(-\frac{E_F - E_V}{kT}\right), \tag{7.12}$$

wobei sich N_L und N_V lediglich durch die entsprechende effektive Masse der Elektronen bzw. Löcher unterscheiden. Je größer also die Konzentration der Ladungsträger ist, desto näher liegt das Fermi-Niveau an den Bandkanten E_L bzw. E_V. Allerdings muss aufgrund der gewählten Näherung der Abstand $E_L - E_F$ bzw. $E_F - E_V$ immer groß gegen kT sein (sog. **nicht entartete Halbleiter**).

Man entnimmt den Gl. (7.11) und Gl. (7.12), dass deren Multiplikation zur Eliminierung des Fermi-Niveaus führt:

$$n_0 \cdot p_0 = N_L \cdot N_V \exp\left(-\frac{E_L - E_V}{kT}\right) = N_L \cdot N_V \exp\left(-\frac{E_G}{kT}\right). \tag{7.13}$$

Gl. (7.13) ist in der Chemie als Massenwirkungsgesetz bekannt. Das Produkt $n_0 p_0$ ist gemäß Gl. (7.13) bei gegebenem Halbleiter und gegebener Temperatur eine Konstante, so dass man

$$n_0 \cdot p_0 = f(T) = n_i^2(T) \tag{7.14}$$

Tab. 7.2 Zahlenangaben zu wichtigen Halbleitermaterialien für Zimmertemperatur (300 K) (nach [4]).

Halbleiter	Si	Ge	GaAs
Kristallgitter-Typ	Diamant	Diamant	Zinkblende
Gitterkonstante a/nm	0.543	0.565	0.565
Bandübergang	indirekt	indirekt	direkt
Bandabstand E_G/eV			
für 300 K	1.12	0.67	1.42
für 0 K	1.17	0.78	1.52
Eigenleitungsdichte n_i/cm^{-3}	$1.2 \cdot 10^{10}$	$2.4 \cdot 10^{13}$	$\approx 1.8 \cdot 10^{6}$
Elektronenbeweglichkeit μ_n/cm^{2}V^{-1}s^{-1}	1450	3900	8500
Löcherbeweglichkeit μ_p/cm^{2}V^{-1}s^{-1}	450	1900	400
effektive Zustandsdichte im Leitungsband N_L/cm^{-3}	$2.8 \cdot 10^{19}$	$1.0 \cdot 10^{19}$	$4.7 \cdot 10^{17}$
effektive Zustandsdichte im Valenzband N_V/cm^{-3}	$1.0 \cdot 10^{19}$	$6.0 \cdot 10^{18}$	$7.0 \cdot 10^{18}$

schreiben kann. Da im Eigenleiter (keine Störstellen, Dotierung) immer $n_0 = p_0$ gelten muss, entnimmt man Gl. (7.14):

$$n_0 = p_0 = n_i = \sqrt{N_L N_V} \exp\left(- \frac{E_G}{2kT}\right). \tag{7.15}$$

Da man n_0 bzw. p_0 jedoch auch aus Gl. (7.11) bzw. Gl. (7.12) entnehmen kann, ergibt sich z. B. für den Eigenleiter eine Lage des Fermi-Niveaus $E_F = E_i$:

$$E_L - E_F = E_L - E_i = \frac{1}{2}(E_L - E_V) + \frac{1}{2}kT \ln\frac{N_L}{N_V}. \tag{7.16}$$

Das bedeutet, dass im Eigenleiter bei $T = 0$ das Fermi-Niveau in der Bandmitte liegt und bei $T \neq 0$ nur dann aus der Mitte verschoben ist, wenn die effektiven Zustandsdichten, sprich die effektiven Massen im Leitungs- und Valenzband, verschieden sind. Tabelle 7.2 gibt für die bekanntesten Halbleiter die wichtigsten Angaben wieder.

7.5.2 Berechnung des Fermi-Niveaus bei Störstellenleitung

Da die Eigenleitung bei gegebenem Halbleiter (Bandabstand) und vorgegebener Temperatur nur **eine** Ladungsträgerkonzentration $n_0 = p_0 = n_i$ zulässt, werden Halbleiter dotiert, um eine gewünschte Ladungsträgerdichte einzustellen. Da jedoch auch die eingebrachten Störatome eine bestimmte Aktivierungsenergie benötigen, um die Ladungsträger freizusetzen, entsteht auch hier eine Temperaturabhängigkeit der Dichte der Ladungsträger. Wie bereits erwähnt, lässt sich die Zahl der eingebrachten Dotieratome in solche aufteilen, die von ihrem Ladungsträger besetzt sind, und in solche, die ihn abgegeben haben. Für die Donatoren mit dem Niveau E_D gilt daher $N_D = N_D^+ + N_D^0$.

Für die Temperaturabhängigkeit dieser Aufspaltung gilt analog Gl. (7.1) und Gl. (7.2):

$$N_D^0 = N_D f(E_D)$$
$$N_D^+ = N_D (1 - f(E_D)).$$

Dabei gibt $f(E_D)$ die Wahrscheinlichkeit dafür an, dass das Niveau E_D mit einem Elektron besetzt ist, und $1 - f(E_D)$ gibt die Wahrscheinlichkeit an, dass das Niveau E_D nicht mit einem Elektron besetzt ist.

Die Funktion $f(E_D)$ ist die Fermi-Dirac-Verteilung, bei der jedoch der sog. **Degenerationsfaktor** des Niveaus noch zu berücksichtigen ist:

$$f(E) = \left[1 + g_D \exp\left(\frac{E - E_F}{kT}\right)\right]^{-1}.$$

Die Größe g_D ist hier der sog. Degenerationsfaktor des Donatorniveaus, der bei Silizium und Germanium gleich zwei ist, weil das Donatorniveau entweder kein Elektron enthält oder aber ein Elektron beliebigen Spins beim Austausch mit einem einzelnen Leitungsband. Der Degenerationsfaktor eines Akzeptorniveaus g_A ist analog definiert, unterscheidet sich jedoch im Zahlenwert von g_D, weil die Wechselwirkung prinzipiell mit mehreren unterschiedlichen Valenzbändern möglich ist, die bei $k = 0$ entartet sind. (Bei Si, Ge und GaAs gilt $g_A = 4$). Der Vorfaktor g wird meist mit in die Exponentialfunktion gezogen und zur Störstellenenergie addiert, die man dann effektive Störstellenenergie nennt: $E = E_0 + kT \ln(g)$. Dies geschieht auch im folgenden, indem einfach $g = 1$ gesetzt wird.

Damit erhält man:

$$N_D^0 = N_D \, \frac{1}{1 + \exp\left(\dfrac{E_D - E_F}{kT}\right)} \tag{7.17}$$

$$N_D^+ = N_D \left(1 - \frac{1}{1 + \exp\left(\dfrac{E_D - E_F}{kT}\right)}\right) = N_D \, \frac{1}{1 + \exp\left(-\dfrac{E_D - E_F}{kT}\right)}. \tag{7.18}$$

Man erkennt hier eine Eigenschaft der Fermi-Funktion: $1 - f(E) = f(-E)$.

Es soll an dieser Stelle gleichzeitig auf eine weitere Eigenschaft von $f(E)$ hingewiesen werden, die jedoch erst später verwendet wird (Abschn. 7.9.4).

Es gilt:

$$\frac{\mathrm{d}f(E)}{\mathrm{d}E} = \frac{\mathrm{d}}{\mathrm{d}E} \frac{1}{1 + \exp\dfrac{E - E_F}{kT}} = -\frac{1}{kT} \cdot \frac{\exp\dfrac{E - E_F}{kT}}{\left\{1 + \exp\left(\dfrac{E - E_F}{kT}\right)\right\}^2}$$

$$= -\frac{1}{kT} \, f(E) \cdot (1 - f(E)) = -\frac{1}{kT} \, f(E) \cdot f(-E). \tag{7.19}$$

Dabei hat das Produkt $f(E)f(-E)$ den Charakter einer δ-Funktion.

Damit setzt sich die Gesamtkonzentration der Elektronen im Leitungsband aus der Konzentration p_0 der freien Plätze im Valenzband, d. h. der Konzentration der aus dem Valenzband emittierten Elektronen, und der Konzentration der ionisierten Donatoratome zusammen $n_0 = p_0 + N_D^+$.

Mit $n_0 p_0 = n_i^2$ erhält man für $p_0 = \dfrac{n_i^2}{n_0}$ und somit:

$$n_0 = \frac{n_i^2}{n_0} + N_D \cdot \frac{1}{1 + \exp\left(-\dfrac{E_D - E_F}{kT}\right)}. \tag{7.20}$$

Betrachtet man nun noch die Größenverhältnisse – die Eigenleitungskonzentration für Si liegt bei $\approx 10^{10}\,\mathrm{cm}^{-3}$ und die Konzentration der Donatoren im Bereich um $10^{15}\,\mathrm{cm}^{-3}$ – so erkennt man, dass i. A. die Eigenleitungskonzentration vernachlässigbar ist. Die Konzentration n_0 der Elektronen im Leitungsband wird daher praktisch allein durch die Konzentration der ionisierten Donatoren bestimmt. Diese wird wiederum bei gegebener Temperatur vor allem durch die Lage des Fermi-Niveaus vorgegeben.

7.5.3 Temperaturabhängigkeit der Ladungsträgerkonzentration

Ersetzt man in Gl. (7.18) $E_D - E_F$ durch:

$$E_D - E_F = -(E_L - E_D) + (E_L - E_F),\qquad(7.21)$$

so erhält man in der Näherung $n_0 \gg n_i$:

$$n_0 = N_D \, \frac{1}{1 + \exp\left(\dfrac{E_L - E_D}{kT}\right) \cdot \exp\left(-\dfrac{E_L - E_F}{kT}\right)}.\qquad(7.22)$$

In Gl. (7.22) kann man gemäß Gl. (7.11) $\exp -\dfrac{E_L - E_F}{kT}$ durch $\dfrac{n_0}{N_L}$ ersetzen. Für einen gegebenen Halbleiter mit gegebener Dotierung und vorgegebener Temperatur ist die Größe $\exp\left(-\dfrac{E_L - E_D}{kT}\right)$ eine Konstante. Für diese Konstante führt man die Größe $\dfrac{n_1}{N_L}$ ein, mit der sog. **reduzierten effektiven Zustandsdichte** n_1, denn für den speziellen Fall, dass das Fermi-Niveau E_F mit E_D zusammenfällt, erhält man aus Gl. (7.11) die Konzentration n_1. Mit dieser Größe kann man Gl. (7.22) nun wie folgt schreiben:

$$n_0 = N_D \cdot \frac{1}{1 + \dfrac{n_0}{N_L} \cdot \dfrac{N_L}{n_1}} = N_D \cdot \frac{1}{1 + \dfrac{n_0}{n_1}}.\qquad(7.23)$$

Daraus folgt:

$$n_0^2 + n_1 n_0 - n_1 N_D = 0,$$

mit der Lösung:

$$n_0 = -\frac{n_1}{2} \pm \sqrt{\frac{n_1^2}{4} + n_1 N_D}\,.$$

Da negative Konzentrationen physikalisch nicht sinnvoll sind, entfällt die Lösung mit dem negativen Vorzeichen vor der Wurzel, und man erhält:

$$n_0 = \frac{n_1}{2} \cdot \left\{ \sqrt{1 + 4\,\frac{N_D}{n_1}} - 1 \right\}.\qquad(7.24)$$

Ist $n_1 \gg N_D$, also $E_L - E_D \le kT$, erhält man als Näherung $n_0 \approx N_D$. Das heißt, alle Störstellen sind ionisiert.

Ist $n_1 \ll N_D$, also $E_L - E_D \gg kT$, bei tiefen Störstellen oder niedriger Temperatur, erhält man als Näherung:

$$n_0 = \sqrt{n_1 N_D} = \sqrt{N_L N_D} \cdot \exp\left(-\frac{E_L - E_D}{2kT}\right).\qquad(7.25)$$

Man entnimmt Gl. (7.25), dass sie dieselbe Struktur hat wie Gl. (7.15). Das bedeutet, die temperaturabhängige Konzentration der Elektronen im Leitungsband kann analog der Eigenleitung durch einen Halbleiter mit dem Bandabstand $E_L - E_D$ beschrieben werden. E_D entspricht dem Valenzband mit einer effektiven Zustandsdichte N_D.

Allerdings besteht bei diesem Störstellenhalbleiter ein Unterschied zum reinen Eigenhalbleiter. Bei diesem Störstellenhalbleiter ist das Reservoir, aus dem die Elektronen kommen, endlich und durch die Dotierungskonzentration bestimmt. Haben alle Donatoratome ihr Elektron abgegeben, kann die Elektronenkonzentration nicht mehr zunehmen, es sei denn durch Anregung aus dem Valenzband. Damit bekommt man folgende prinzipielle Temperaturabhängigkeiten der Elektronenkonzentration in einem Störstellen-Halbleiter. Bei niedrigen Temperaturen $kT < E_L - E_D$, nimmt die Elektronenkonzentration gemäß

$$n_0 = \sqrt{N_L \cdot N_D} \exp\left(-\frac{E_L - E_D}{2\,kT}\right) \quad \text{zu.}$$

Bei höheren Temperaturen sind alle Störstellen ionisiert, und die Elektronenkonzentration ist konstant $n_0 = N_D$.

Bei noch höheren Temperaturen ist das Valenzband Quelle der dominierenden Elektronenkonzentration, und es gilt:

$$n_0 = \sqrt{N_L \cdot N_V} \exp\left(-\frac{E_L - E_V}{2\,kT}\right).$$

Damit bekommt man eine Temperaturabhängigkeit, wie sie Abb. 7.8 zeigt.

Man erkennt in der logarithmischen Darstellung in Abb. 7.8 – beginnend bei niedrigen Temperaturen (großem $1/T$) – zunächst den linearen Anstieg mit $1/2\,(E_L - E_D)$. In diesem Bereich stellen die Donatoren die einzige Quelle für Elektronen dar. Man nennt diesen Bereich die **Störstellenreserve**. Bei der Temperatur T_u haben dann praktisch alle Donatoren ihre Elektronen abgegeben, es gilt $n_0 = N_D$. Man nennt diesen Bereich die **Störstellenerschöpfung**. Daran schließt sich bei der Temperatur T_o der Bereich an, in dem die Eigenleitung dominiert und der lineare Anstieg von

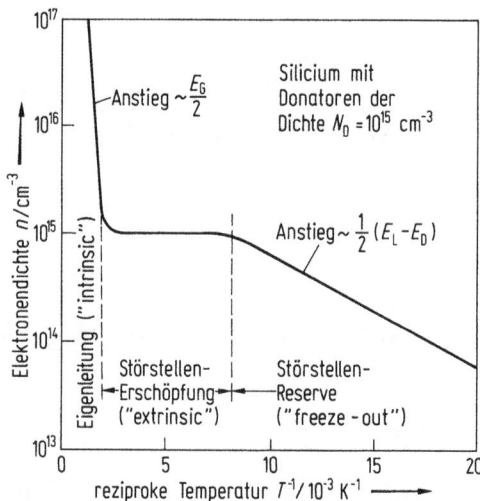

Abb. 7.8 Temperaturabhängigkeit der Elektronenkonzentration einer dotierten Siliziumprobe ($N_D = 10^{15}\,\mathrm{cm}^{-3}$).

$1/2\,(E_L - E_V)$ bestimmt wird. Dieser Bereich wird erreicht, wenn gilt $n_0 = N_D \approx n_i$. Man nennt diesen Bereich, wie bereits bekannt, die **Eigenleitung**. Sollen daher z. B. Bauelemente realisiert werden, deren Eigenschaften in einem großen Bereich temperaturunabhängig sind, muss $T_o - T_u$ möglichst groß gewählt werden. Will man z. B. ein Thermometer herstellen, muss man in den Bereich der Störstellenreserve oder Eigenleitung gehen.

Man erhält aus

$$n_i = \sqrt{N_L\, N_V}\exp\left(-\frac{E_L - E_V}{2\,k T_o}\right) = N_D$$

$$T_o = \frac{E_L - E_V}{k\,\ln\left(\dfrac{N_L\,N_V}{N_D^2}\right)} \tag{7.26}$$

und für die untere Temperaturgrenze T_u des praktisch temperaturunabhängigen Bereichs:

$$n_0 = \sqrt{N_L\, N_D}\exp\left(-\frac{E_L - E_D}{2\,k T_u}\right) = N_D$$

$$T_u = \frac{E_L - E_D}{k\,\ln\left(\dfrac{N_L}{N_D}\right)}. \tag{7.27}$$

Damit erhält man für den temperaturunabhängigen Bereich mit der vereinfachenden Annahme $N_L = N_V$:

$$T_o - T_u = \frac{(E_L - E_V) - 2\,(E_L - E_D)}{2\,k\,\ln\dfrac{N_L}{N_D}}, \tag{7.28}$$

$$\frac{T_o}{T_u} = \frac{E_L - E_V}{2\,(E_L - E_D)}. \tag{7.29}$$

Man entnimmt Abb. 7.8, sowie Gl. (7.28) und Gl. (7.29) daher unmittelbar, was getan werden muss, um den temperaturunabhängigen Bereich möglichst groß zu machen. Wird $E_L - E_V$ möglichst groß und $E_L - E_D$ möglichst klein gewählt, so wird die Kurve, welche die Eigenleitung beschreibt, sehr steil und die, welche die Störleitung beschreibt, sehr flach und damit der temperaturunabhängige Bereich sehr groß. Ferner sollte N_D möglichst groß sein.

7.6 Transporterscheinungen

7.6.1 Driftprozesse

Bisher wurde die Anzahl der quasi frei beweglichen Ladungsträger im Leitungs- und Valenzband pro cm³, der Elektronen n_0 und der Löcher p_0, berechnet. Legt man nun an einen Halbleiter mit solchen quasi frei beweglichen Ladungsträgern eine Spannung an, so bewegen sich diese Ladungsträger in dem zugehörigen elektrischen Feld, und es fließt ein Strom. Diese Stromdichte $j = \varrho v$ wird bestimmt von der Anzahl der Ladungsträger pro cm^3, ϱ und deren Geschwindigkeit v. Bei einer gegebenen Temperatur T besitzen die Ladungsträger jedoch schon eine große thermische Geschwindigkeit v_{th} ($\approx 10^7\, cm/s$ bei Raumtemperatur), die sich aus $1/2\, m_{eff}\, v_{th}^2 = 3/2\, kT$ ergibt (Abschn. 7.7.4). Mit dieser Geschwindigkeit bewegen sich die Ladungsträger jedoch statistisch ungeordnet durch den Halbleiter, so dass im Mittel kein Gesamtstrom fließt. Beim Anlegen des elektrischen Feldes überlagert sich dieser ungeordneten Bewegungen eine mittlere Driftgeschwindigkeit v_d, die von der Größe des elektrischen Feldes $\mathscr{E}$ abhängt. Solange v_d klein gegen v_{th} ist, gilt: $|v_d| = \mu|\mathscr{E}|$, $|v_d| \ll |v_{th}|$, dabei ist μ die bereits erwähnte Driftbeweglichkeit der Ladungsträger, die sich aus der mechanischen Bewegungsgleichung wie folgt ergibt:

$$m_{eff}\left(\dot{v}_d + \frac{1}{\tau} v_d\right) = q\mathscr{E}, \quad (\tau = \text{Relaxationszeit}), \tag{7.30}$$

mit der stationären Lösung

$$v_d = \frac{q}{m_{eff}}\tau\mathscr{E} = \mu\mathscr{E}. \tag{7.31}$$

Die Relaxationszeit τ wird als Abklingdauer der Driftgeschwindigkeit nach Abschalten des elektrischen Feldes $\mathscr{E}$ anschaulich.

Für $\mathscr{E} = 0$ ergibt sich aus Gl. (7.30) $v_d(t) \sim \exp\left(-\frac{t}{\tau}\right)$. Die Vorzugsbewegung in Feldrichtung nimmt also innerhalb der Relaxationszeit τ ab.

Für die Stromdichte j bei **einer** Ladungsträgerart (Elektronen n oder Löcher p) ergibt sich also:

$$j_n = \varrho_n \cdot v_d = -qn(-v_d) = qn\mu_n\mathscr{E} = \sigma_n\mathscr{E} \tag{7.32}$$

$$j_p = \varrho_p \cdot v_d = qpv_d = qp\mu_p\mathscr{E} = \sigma_p\mathscr{E}. \tag{7.33}$$

Tragen **beide** Ladungsträgerarten zum Stromtransport bei, gilt:

$$j = j_n + j_p = q(n\mu_n + p\mu_p)\mathscr{E} = \sigma\mathscr{E}. \tag{7.34}$$

Man entnimmt Gl. (7.32, 7.33, 7.34), dass solange $v_d = \mu\mathscr{E}$, also solange $v_d < v_{th}$ ist, für Halbleiter das Ohm'sche Gesetz gilt. Abweichungen vom Ohm'schen Gesetz sind zu erwarten, wenn $v_d \approx v_{th}$ erreicht. Für die zugehörige kritische Feldstärke ergibt sich:

$$\mathscr{E}_{krit} = \frac{1}{\mu(\mathscr{E} = 0)} \cdot \sqrt{\frac{3\,kT}{m_{eff}}}. \tag{7.35}$$

Bei Raumtemperatur beträgt $\mathscr{E}_{krit} \approx 10^4\, V/cm$. Abbildung 7.9 zeigt die mittleren Driftgeschwindigkeiten v_d von Elektronen und Löchern in Silizium in Abhängigkeit von der elektrischen Feldstärke. Der Bereich $v_d = \mu\mathscr{E}$ ist gestrichelt eingezeichnet. Die Temperaturabhängigkeit der Leitfähigkeit $\sigma(T)$ setzt sich aus der Ladungsträgerdichte $n(T)$, $p(T)$ und der Beweglichkeit $\mu(T)$ zusammen. Die Temperaturabhängigkeit der Beweglichkeit wird von Streuprozessen bestimmt. Für Halbleiter wie Germanium (Ge), Silizium (Si) und Galliumarsenid (GaAs) beeinflussen insbesondere zwei Streumechanismen die Beweglichkeit der Ladungsträger.

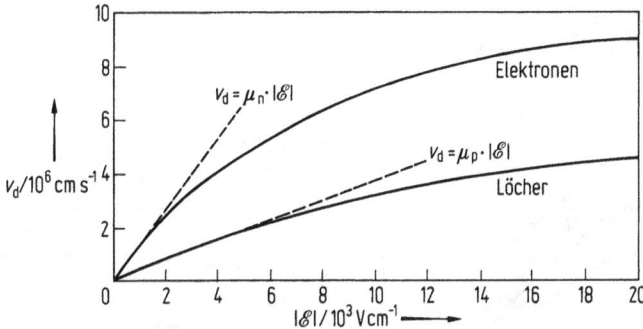

Abb. 7.9 Abhängigkeit der Driftgeschwindigkeit v_D der Ladungsträger in Silizium von der elektrischen Feldstärke $|\mathscr{E}|$ (nach [5]).

1. *Streuung der Ladungsträger an Phononen.* Bei endlicher Temperatur sind zahlreiche Schwingungszustände (Phononen, siehe Kap. 1.2) des Kristallgitters angeregt. Infolgedessen findet beim Transport der Ladungsträger eine Wechselwirkung zwischen ihnen und den Phononen statt. Bei Elementhalbleitern wie Ge und Si überwiegt die Streuung an *akustischen Phononen*, mit einer Beweglichkeit, die mit steigender Temperatur sinkt: $\mu_{\text{aku.}} \sim T^{-3/2}$ (Abb. 7.10).

Bei einem Verbindungshalbleiter wie GaAs überwiegt die Streuung an *optischen Phononen* mit einer Beweglichkeit, die mit steigender Temperatur wächst: $\mu_{\text{opt.}} \sim T^{1/2}$.

2. *Streuung der Ladungsträger an ionisierten Störstellen.* Alle ionisierten Fremdatome lenken die Ladungsträger aus ihrer Bahn ab, d. h. „streuen" sie. Die damit verbundene Beweglichkeit wächst mit steigender Temperatur, weil die Wechselwirkung mit der geladenen Störstelle abnimmt: $\mu_i \sim T^{3/2}$.

Weiterhin geben sämtliche Abweichungen des Kristallgitters von seiner idealisierten Form Anlass zu zusätzlicher Streuung, also z. B. Oberflächen, alle Gitterfehler (z. B. Frenkel-Defekte), Versetzungen. Darüber hinaus existieren Wechselwirkungen von Ladungsträgern und Phononen aufgrund bestimmter Energieband-Verläufe im $E(k)$-Raum (Intervalley-Streuung: Übergänge von Elektronen zwischen zwei Minima der Leitungsbänder), die zu Beweglichkeitsanteilen führen.

Die Gesamtbeweglichkeit ergibt sich unter der Annahme der gegenseitigen Unabhängigkeit der Einzelmechanismen durch die Gleichung

$$\mu_{\text{ges}}^{-1} = \sum_i \mu_i^{-1} \quad \textbf{(Matthiessen-Regel)}.$$

Demnach dominiert der Streuvorgang mit der geringsten Beweglichkeit. Eine Übersicht über die Elektronen- und Löcherbeweglichkeit verschiedener Halbleitermaterialien bei Zimmertemperatur gibt Tab. 7.2.

Abbildung 7.10 zeigt zusammenfassend das Zusammenspiel von Ladungsträgerdichten und Beweglichkeit für die spezifische Leitfähigkeit σ von n-leitendem Germanium in Abhängigkeit von der Temperatur.

Im Diagramm der Elektronendichte über $1/T$ steigt die Donatorendichte von unten nach oben und zeigt wie in der schematischen Abb. 7.8 die Bereiche der Stör-

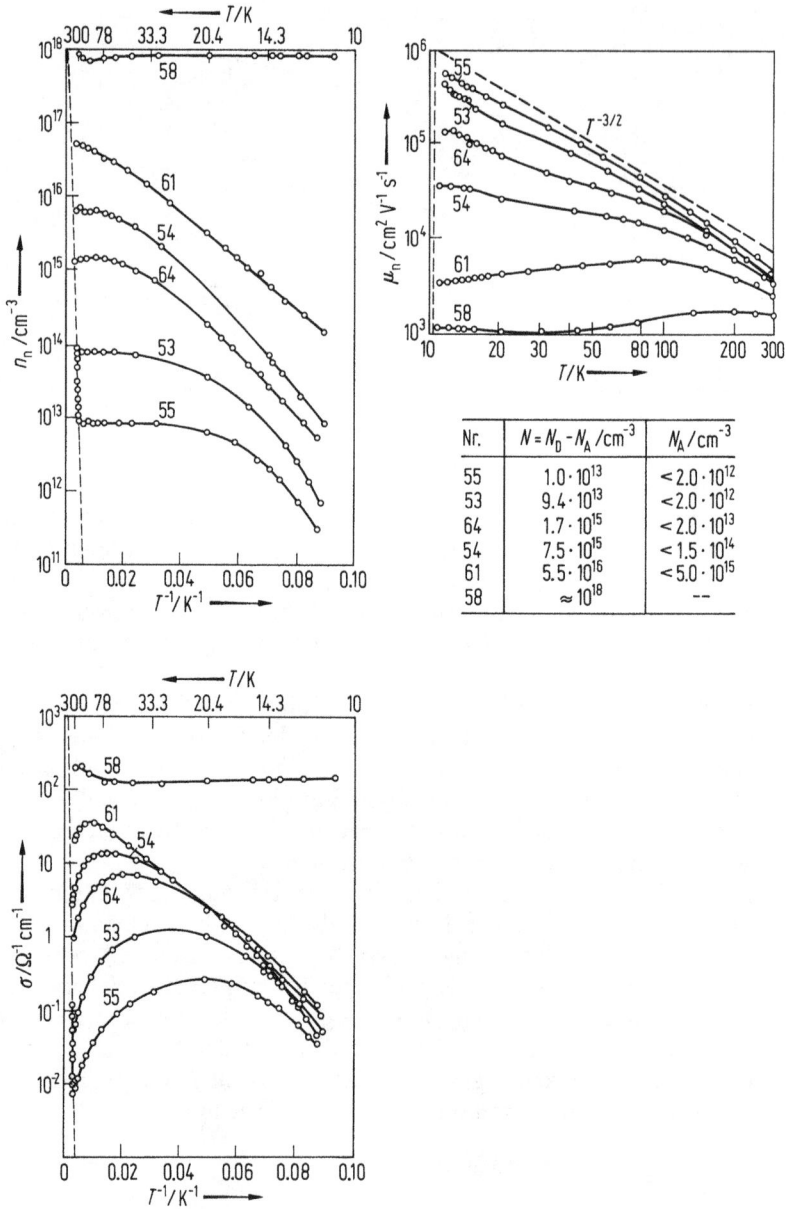

Abb. 7.10 Elektronendichte n_n, Beweglichkeit der Elektronen μ_n und spezifische Leitfähigkeit σ von As-dotierten Ge-Proben (n-Ge) als Funktion der (reziproken) Temperatur (nach [6]). Die gestrichelte Gerade im Beweglichkeits-Diagramm zeigt die theoretischen Anstiege reiner Phononenstreuung ($T^{-3/2}$).

stellenreserve, der Störstellenerschöpfung und der Eigenleitung. Die Beweglichkeit über T ist bei geringer Dotierung hoch (oberste Kurven) und nähert sich dem $T^{-3/2}$-Verlauf der Streuung an akustischen Phononen. Bei starker Dotierung ist sie gering (untere Kurven), im Bereich niedriger Temperaturen bleibt die Beweglichkeit konstant. Das rechte Diagramm zeigt die gemäß $\sigma = q\,(n\mu_\mathrm{n} + p\mu_\mathrm{p})$ gewonnene spezifische Leitfähigkeit der n-Ge-Probe über $1/T$.

Lediglich der Bereich der Eigenleitung ist hier klar zu erkennen, während die Bereiche der Störstellenreserve und -erschöpfung schwer voneinander abzugrenzen sind.

7.6.2 Diffusionsprozesse

Diffusionsprozesse laufen immer dann ab, wenn Konzentrationsunterschiede vorhanden sind. Existieren daher in einem Halbleiter lokale Konzentrationsunterschiede der Ladungsträger, so fließt ein Diffusionsstrom, der dafür sorgt, dass sich ein neues Gleichgewicht einstellt.

Die Gleichungen

$$ n_0 = N_\mathrm{L}\exp\!\left(-\frac{E_\mathrm{L} - E_\mathrm{F}}{kT}\right), \quad p_0 = N_\mathrm{V}\exp\!\left(-\frac{E_\mathrm{F} - E_\mathrm{V}}{kT}\right) \quad \text{und} \quad n_0 p_0 = n_\mathrm{i}^2\,(T) $$

wurden für das thermodynamische Gleichgewicht abgeleitet. Ändert man nun auf irgendeine Weise (z. B. durch optische Anregung) kurzfristig die Konzentration der Elektronen im Leitungsband und die der Löcher im Valenzband, so ist das thermodynamische Gleichgewicht gestört. Nimmt man nun einmal an, dass die Elektronen im Leitungsband aufgrund ihrer kleinen Relaxationszeit untereinander und entsprechend die Löcher im Valenzband jeweils im Gleichgewicht sind, nicht jedoch die Elektronen und Löcher miteinander, so kann man die Konzentrationen im Leitungs- und Valenzband jeweils durch ein sog. **Quasi-Fermi-Niveau** $E_{\mathrm{F_n}}$, $E_{\mathrm{F_p}}$ beschreiben. Man erhält dann folgende Zusammenhänge:

$$ n = N_\mathrm{L}\exp\!\left(-\frac{E_\mathrm{L} - E_{\mathrm{F_n}}}{kT}\right), \qquad p = N_\mathrm{V}\exp\!\left(-\frac{E_{\mathrm{F_p}} - E_\mathrm{V}}{kT}\right), \tag{7.36} $$

$$ n \cdot p = n_0 \cdot p_0 \exp\!\left(\frac{E_{\mathrm{F_n}} - E_{\mathrm{F_p}}}{kT}\right) = n_\mathrm{i}^2 \exp\!\left(\frac{E_{\mathrm{F_n}} - E_{\mathrm{F_p}}}{kT}\right). \tag{7.37} $$

Nun sei auch noch ein lokaler Konzentrationsunterschied, z. B. der Elektronen im Leitungsband $n(x)$ vorhanden, dann erhält man

$$ \frac{\mathrm{d}n(x)}{\mathrm{d}x} = \frac{\mathrm{d}}{\mathrm{d}x}\left(N_\mathrm{L}\exp\!\left(-\frac{E_\mathrm{L} - E_{\mathrm{F_n}}}{kT}\right)\right), \tag{7.38} $$

$$ \frac{\mathrm{d}n(x)}{\mathrm{d}x} = \frac{-1}{kT}\,n(x)\left\{+\frac{\mathrm{d}E_\mathrm{L}(x)}{\mathrm{d}x} - \frac{\mathrm{d}E_{\mathrm{F_n}}(x)}{\mathrm{d}x}\right\}. \tag{7.39} $$

$E_L(x)$ stellt die potentielle Energie der Elektronen dar. Diese kann man auch durch $qV(x)$, ein Potential, beschreiben. Multipliziert man die Gleichungen noch mit der Beweglichkeit μ_n der Elektronen und stellt sie um, erhält man:

$$\mu_n n(x) \frac{dE_{F_n}(x)}{dx} = \mu_n n(x) q \frac{dV(x)}{dx} + \mu k T \frac{dn(x)}{dx}. \tag{7.40}$$

Aufgrund der Beziehung $E = -\operatorname{grad} V$ stellt der 1. Term der rechten Seite den elektrischen Feldstrom dar. Der 2. Term stellt den Diffusionsstrom dar. Man erkennt, der Gesamtstrom $j = j_{Feld} + j_{Diff}$ ist proportional zum Gradienten des Quasi-Fermi-Niveaus. Das macht noch einmal die Bedeutung des Fermi-Niveaus als sog. Elektrochemisches Potential deutlich. Aufgrund eines Gradienten des **Elektrochemischen Potentials** hat ein Konzentrationsunterschied von neutralen Teilchen (z. B. neutralen Gasen) einen Diffusionsstrom und ein Konzentrationsunterschied geladener Teilchen einen Diffusions- **und** einen Feldstrom zur Folge. (Das Gleiche gilt natürlich auch für die Löcher.)

Man entnimmt Gl. (7.40) noch einen weiteren wichtigen Zusammenhang, die sog. **Einstein-Relation**: $D/\mu = kT/q$. Denn meist beschreibt man den Diffusionsstrom in folgender Form: $j = qD \frac{dn}{dx}$, indem man die Diffusionskonstante D einführt. Der Vergleich von $j = qD \frac{dn}{dx}$ mit Gl. (7.40) führt zur Einstein-Relation.

7.7 Generations- und Rekombinationsprozesse

7.7.1 Generations- und Rekombinationsraten

Die Gleichung $n_0 = N_L \exp\left(-\frac{E_L - E_F}{kT}\right)$ gibt die Anzahl der Elektronen im Leitungsband im thermodynamischen Gleichgewicht an. Diese Konzentration kommt dadurch zustande, dass im Intrinsic-Halbleiter aufgrund der thermischen Energie kT Elektronen aus den Bindungen gelöst werden und sich quasifrei im Kristall bewegen können, dass also Elektronen aus dem Valenz- ins Leitungsband angehoben werden. Im Halbleiter mit Störstellen kommen noch die Elektronen aus den Störniveaus dazu. Dieser Prozess der Elektronenanregung, der im zeitlichen Mittel zu der Konzentration n_0 führt, ist natürlich ein dynamischer Prozess, Elektronen werden aus den Bindungen freigesetzt und wieder eingefangen. Damit kommt man zu folgendem Bild für den Intrinsic-Halbleiter und den Störstellen-Halbleiter, s. Abb. 7.11.

Der Prozess (1) beschreibt den Übergang der Elektronen aus dem Valenzband in das Leitungsband, die **Generation**. Der Prozess (2) beschreibt den Übergang der Elektronen aus dem Leitungsband in das Valenzband, die **Rekombination**. Die Prozesse (3)–(6) beschreiben die entsprechende Wechselwirkung der Störstellen mit den Bändern, die **Elektronenemission** (3), den **Elektroneneinfang** (4), die **Löcheremission** (5) und den **Löchereinfang** (6).

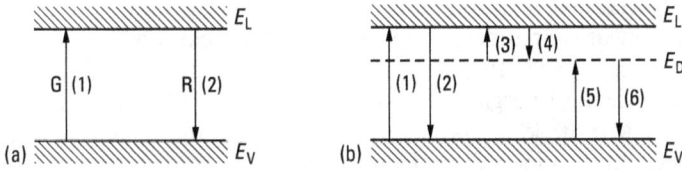

Abb. 7.11 Übergänge in einem Intrinsic-Halbleiter (a) und in einem Störstellen-Halbleiter (b). Im Intrinsic-Halbleiter gibt es nur die Generation G (1) und die Rekombination R (2). Im Störstellenhalbleiter kommen noch Übergänge aus dem Störniveau ins Leitungs- und Valenzband hinzu, die Prozesse (3)–(6). Die Elektronenemission (3), der Elektroneneinfang (4), die Löcheremission (5) und der Löchereinfang (6).

Alle diese Prozesse sind zeitabhängig. Im thermodynamischen Gleichgewicht müssen die Raten der Prozesse mit Pfeil nach oben gleich sein zu denen mit Pfeil nach unten. Im Folgenden sind daher die Zeitabhängigkeiten der einzelnen Prozesse zu bestimmen. Aus der Temperaturabhängigkeit der Ladungsträgerkonzentration im thermodynamischen Gleichgewicht ergaben sich die Möglichkeiten, den Bandabstand $E_L - E_V$, die Störstellenaktivierungsenergie $E_L - E_D$ und die Störstellenkonzentration N_D und N_A zu bestimmen. Wird nun die Zeitabhängigkeit hinzugenommen, so ist zu erwarten, dass sich ein weiterer Parameter ergibt. Es wird sich zeigen, dieser ist der sog. **Wirkungsquerschnitt** σ.

Bevor nun die Zeitabhängigkeit der einzelnen Raten betrachtet wird, sollen zunächst noch einmal die Bilanzgleichungen der Elektronen und Löcher aufgestellt werden, die **Kontinuitätsgleichungen**. Betrachtet man ein Volumenelement eines Halbleiters, dann ergibt sich die zeitliche Änderung der Ladungsträgerkonzentration in diesem Volumenelement durch in das Volumenelement ein- und austretende Ladungsträger sowie in dem Volumenelement erzeugte und „vernichtete" Ladungsträger:

$$\frac{\partial n}{\partial t} = \frac{1}{q} \operatorname{div} j_n + g_n - r_n$$

$$\frac{\partial p}{\partial t} = -\frac{1}{q} \operatorname{div} j_p + g_p - r_p \,,$$

mit g den Generations- und r den Rekombinationsraten.

Nimmt man im Folgenden einen homogenen Halbleiter an, so verschwinden die Terme mit Ortsableitungen, dann ist $\operatorname{div} j = 0$ und die Gleichungen beschreiben nur die Generations- und Rekombinationsvorgänge.

7.7.2 Lebensdauer der Ladungsträger im Eigenhalbleiter

In einem Intrinsic-Halbleiter sind nur die beiden Prozesse der **Generation** (1) und der **Rekombination** (2) möglich (Abb. 7.11).

Der Prozess (1), die Generation, setzt voraus, dass Energie zugeführt wird, der Prozess (2), die Rekombination, geschieht unter Energieabgabe. In Halbleitern mit direktem Bandverlauf, d. h. Maximum des Valenzbandes und Minimum des Leitungsbandes liegen übereinander, kann diese bei der Rekombination freiwerdende Energie unter Abgabe eines Photons emittiert werden. Bei indirekten Halbleitern wird diese freiwerdende Energie in Form von Phononen (Wärme) an das Kristallgitter abgegeben. Mit direkten Halbleitern lassen sich daher lichtemittierende Bauelemente entwickeln, mit indirekten Halbleitern nicht.

Die Rekombinationsrate wird von zwei Größen abhängen, der Wahrscheinlichkeit r für diesen Prozess und der Konzentration der beteiligten Teilchen. Wenn keine Elektronen im Leitungsband und keine freien Plätze im Valenzband vorhanden sind, kann keine Rekombination stattfinden. Die Generationsrate wird nur von der Temperatur (bestimmt durch die Aktivierungsenergie) abhängen, denn es wird angenommen, dass genügend Elektronen im Valenzband und genügend freie Plätze im Leitungsband vorhanden sind (ca. $10^{23}\,\mathrm{cm}^{-3}$).

Damit erhält man folgende Ratengleichung für den Intrinsic-Halbleiter:

$$\frac{\mathrm{d}n}{\mathrm{d}t} = \frac{\mathrm{d}p}{\mathrm{d}t} = g(T) - rnp\,. \qquad (7.41)$$

Der Ansatz für die Rekombinationsrate entspricht dem Massenwirkungsgesetz in der Chemie. Meist wird diese Gleichung wie folgt geschrieben, indem die Abnahme der Konzentration der Elektronen im Leitungsband $-\dfrac{\mathrm{d}n}{\mathrm{d}t} = R =$ Rekombinationsüberschuss betrachtet wird:

$$-\frac{\mathrm{d}n}{\mathrm{d}t} = R = rnp - g(T)\,. \qquad (7.42)$$

Da die Generationsrate $g(T)$ nur von der Temperatur und nicht von der Konzentration der Ladungsträger abhängt, kann $g(T)$ für irgendeine Konzentration ermittelt werden. Hier bietet sich die Gleichgewichtskonzentration $n = n_0$, $p = p_0$ und $\mathrm{d}n/\mathrm{d}t \equiv 0$ an. In diesem Fall ergibt sich: $g(T) = r n_\mathrm{o} p_\mathrm{o} = r \cdot n_\mathrm{i}^2$.

Damit lässt sich Gl. (7.42) schreiben:

$$-\frac{\mathrm{d}n}{\mathrm{d}t} = r(n \cdot p - n_\mathrm{i} \cdot n_\mathrm{i})\,. \qquad (7.43)$$

Man erkennt, dass die Rekombinationsrate neben der Wahrscheinlichkeit r für den Prozess von den Konzentrationen der Reaktionspartner n, p abhängt, die Generationsrate besitzt die gleiche Wahrscheinlichkeit r und hängt wegen $n_\mathrm{i}^2 = N_\mathrm{L} N_\mathrm{V} \exp\left(-\dfrac{E_\mathrm{L} - E_\mathrm{V}}{kT}\right)$ von den effektiven Zustandsdichten im Valenz- und Leitungsband und der Aktivierungsenergie $(E_\mathrm{L} - E_\mathrm{V})$, dem Bandabstand, ab.

Gl. (7.43) lässt sich einfach im Rahmen eines Kleinsignalansatzes lösen, indem man annimmt $n = n_0 + \Delta n$, $p = p_0 + \Delta p$, mit $\Delta n \ll n_0$, $\Delta p \ll p_0$, n_0, p_0 den Gleichgewichtskonzentrationen und Δn, Δp als von 2. Ordnung klein und daher vernachlässigbar. Man erhält dann:

$$-\frac{\mathrm{d}\Delta n}{\mathrm{d}t} = r(\Delta n\, p_0 + \Delta p\, n_0 + n_0 p_0 - n_\mathrm{i}^2)\,. \qquad (7.44)$$

Da im Eigenhalbleiter $n_0 = p_0 = n_i$, $\Delta n = \Delta p$ gilt, ergibt sich:

$$-\frac{d\Delta n}{dt} = 2\,r\,n_i\,\Delta n\,,$$

mit der Lösung

$$\Delta n(t) = \Delta n(t=0)\exp\left(-\frac{t}{\tau}\right) \quad \text{und} \quad \tau = \frac{1}{2\,r\,n_i} = \frac{1}{r(n_0 + p_0)}. \qquad (7.45)$$

Eine z. B. durch Einstrahlung von Photonen mit $h\nu \geq E_G = (E_L - E_V)$ in einem Eigenleiter erzeugte geringfügig erhöhte Konzentration an Elektronen $n_0 + \Delta n$ im Leitungsband und Löchern $p_0 + \Delta p$ im Valenzband klingt exponentiell mit der Zeitkonstanten τ auf die Gleichgewichtskonzentrationen n_0, p_0 ab. Die Zeitkonstante τ wird aus dem reziproken Produkt der Wahrscheinlichkeit r und der Intrinsic- bzw. Gleichgewichtskonzentration $n_i = n_0 = p_0$ bestimmt.

7.7.3 Lebensdauer der Ladungsträger im Störstellenhalbleiter

Enthält der Halbleiter ein Störstellenniveau, so können im Intrinsic-Halbleiter neben den Prozessen Generation (1) und Rekombination (2) auch die Prozesse Elektronen- (4) und Löchereinfang (6) sowie Elektronen-(3) und Löcheremission (5) stattfinden (Abb. 7.11).

Im Folgenden soll zunächst nur die Wechselwirkung des Störniveaus mit dem Leitungsband, die Prozesse (3) und (4), betrachtet werden, da sich diese dann leicht auf die Wechselwirkung des Störniveaus mit dem Valenzband, die Prozesse (5) und (6), übertragen lassen.

Für die zeitliche Abnahme der Elektronenkonzentration $n(t)$ im Leitungsband ergibt sich:

$$-\frac{dn(t)}{dt} = \text{Einfangrate} - \text{Emissionsrate}\,.$$

Die Einfangrate wird – analog der Betrachtung des Prozesses (2) im Eigenleiter – proportional zur Konzentration der Elektronen im Leitungsband und der Konzentration der freien Plätze im Störniveau sein. Diese Konzentration der freien Plätze, der „Löcher" im Störniveau, wird im Folgenden mit p_T bezeichnet. Der Index T für „Trap" = Falle berücksichtigt dabei, dass zwischen Donator- und Akzeptorniveau hier nicht unterschieden werden muss. Daher wird das Niveau im Folgenden einfach mit englisch „Trap"-Niveau und der Proportionalitätsfaktor mit c_n (capture of electrons) bezeichnet. Damit ergibt sich:

$$-\frac{dn(t)}{dt} = c_n\,n(t)\,p_T(t) - e_n(T)\,, \qquad (7.46)$$

wobei berücksichtigt ist – analog dem Generationsprozess im Eigenleiter – dass die Elektronenemissionsrate e_n lediglich von der Temperatur abhängt. Da e_n nicht von den Konzentrationen sondern nur von der Temperatur abhängt, lässt sie sich bei einer bestimmten Konzentration – der Gleichgewichtskonzentration – aus $dn/dt = 0$ bestimmen. Aus $c_n n_0 \cdot p_{T_0} = e_n(T)$ und den früher hergeleiteten Beziehungen

$$N_T = N_T^+ + N_T^0, \quad p_{T_0} = N_T^+ = N_T \frac{1}{1 + \dfrac{n_0}{n_1}} \quad \text{und} \quad n_{T_0} = N_T^0 = N_T \frac{1}{1 + \dfrac{n_1}{n_0}}$$

ergibt sich

$$c_n \cdot n_0 \cdot p_{T_0} = c_n \cdot n_0 \cdot \frac{N_T}{1 + \dfrac{n_0}{n_1}} = c_n \cdot n_0 \cdot n_1 \frac{N_T}{n_1 + n_0} = c_n \cdot n_1 \frac{N_T}{1 + \dfrac{n_1}{n_0}} = c_n \cdot n_1 \cdot n_{T_0},$$

und somit:

$$e_n(T) = c_n n_1 n_T(t).$$

Damit lässt sich Gl. (7.46) schreiben als:

$$-\frac{dn(t)}{dt} = c_n \{n(t) \cdot p_T(t) - n_1(T) n_T(t)\}. \tag{7.47}$$

Sie hat damit die gleiche Struktur wie Gl. (7.43), allerdings enthält die „Generationsrate", sprich die Elektronenemissionsrate, neben dem Faktor n_1, der nur von der Temperatur abhängig ist, nun auch einen konzentrations- und zeitabhängigen Faktor $n_T(t)$, der der Tatsache Rechnung trägt, dass – anders als beim Intrinsic-Halbleiter – im Störstellen-Halbleiter die Konzentration der Störstellen, somit die Elektronenquelle, endlich ist. Gl. (7.47) soll nun ebenfalls im Rahmen einer Kleinsignalnäherung gelöst werden.

Man erhält dann mit $n_0 p_{T_0} - n_1 n_{T_0} = 0$ und $\Delta n \cdot \Delta p_T$ von zweiter Ordnung klein und daher vernachlässigbar:

$$-\frac{d\Delta n(t)}{dt} = c_n (n_0 \cdot \Delta p_T(t) + p_{T_0} \Delta n(t) - n_1 \Delta n_T(t)). \tag{7.48}$$

Zunächst sollen für die Lösung von Gl. (7.48) die Grenzfälle betrachtet werden, die von Bedeutung sind und ein vertieftes Verständnis der Vorgänge liefern. Sie lassen sich auch experimentell relativ einfach realisieren.

1. Nimmt man einmal an, dass Emissionsvorgänge keine Rolle spielen, z. B. weil die Temperatur sehr klein ist, so dass im Störniveau eingefangene Elektronen dieses praktisch nicht wieder verlassen können, da die Aktivierungsenergie $E_L - E_T \gg kT$ ist, so kann man Gl. (7.48) vereinfachen zu:

$$-\frac{d\Delta n(t)}{dt} = c_n (n_0 \cdot \Delta p_T(t) + p_{T_0} \Delta n(t)) = c_n n_0 p_{T_0} \left(\frac{\Delta p_T(t)}{p_{T_0}} + \frac{\Delta n(t)}{n_0} \right). \tag{7.49}$$

(a) Setzt man nun voraus, dass die relative Änderung der Konzentration im Störniveau $\dfrac{\Delta p_T(t)}{p_{T_0}}$ klein gegen die relative Änderung der Konzentration im Leitungsband $\dfrac{\Delta n(t)}{n_0}$ ist, so erhält man:

$$-\frac{d\Delta n(t)}{dt} = c_n p_{T_0} \Delta n(t). \tag{7.50}$$

Die Lösung von Gl. (7.50) liefert mit $\Delta n(t) \sim \exp\left(-\dfrac{t}{\tau_{c_n}^{LB}}\right)$ eine Elektroneneinfang-zeitkonstante

$$\tau_{c_n}^{LB} = \frac{1}{c_n p_{T_o}}. \tag{7.51}$$

(b) Setzt man andererseits voraus, dass die relative Änderung der Konzentration der Elektronen im Leitungsband $\Delta n/n_0$ klein gegen die relative Änderung der Konzentration im Störniveau $\Delta p_T/N_T$ ist, so erhält man mit

$$-\frac{d\Delta n(t)}{dt} = +\frac{d\Delta n_T(t)}{dt} = -\frac{d\Delta p_T(t)}{dt},$$

d. h. jedes Elektron, das aus dem Leitungsband in das Störniveau eingefangen wird, erhöht die Zahl der Elektronen im Störniveau und verringert die Zahl der Löcher im Störniveau:

$$-\frac{d\Delta p_T(t)}{dt} = c_n n_0 \Delta p_T(t). \tag{7.52}$$

Für diesen Fall erhält man eine Zeitkonstante

$$\tau_{c_n}^{N_T} = \frac{1}{c_n n_0}. \tag{7.53}$$

Wurde unter (a) die zeitliche Änderung der Elektronenkonzentration im Leitungsband betrachtet – diese lässt sich durch die zeitliche Änderung des Stroms $I(t)$ messen –, so wurde unter (b) die zeitliche Änderung der Störstellenbesetzung betrachtet – diese lässt sich z. B. durch die zeitliche Änderung der Kapazität messen (Abschn. 7.11.3).

2. Findet kein Elektroneneinfang statt, sondern im Wesentlichen nur eine Emission, so erhält man mit $-\dfrac{d\Delta n(t)}{dt} = \dfrac{d\Delta n_T(t)}{dt}$:

$$\frac{d\Delta n_T(t)}{dt} = -c_n n_1 \Delta n_T(t) \tag{7.54}$$

und somit eine Emissionszeitkonstante τ_{e_n}:

$$\tau_{e_n} = \frac{1}{c_n n_1}. \tag{7.55}$$

Dieser Fall ist gegeben, wenn das Leitungsband nahezu leer ist und das Störniveau mit Elektronen gefüllt.

Man entnimmt Gl. (7.51), Gl. (7.53) und Gl. (7.55) eine gleiche Struktur für die Zeitkonstante. Der Koeffizient für die Übergangswahrscheinlichkeit vom Leitungsband zum Störniveau (Einfang) und vom Störniveau zum Leitungsband (Emission) ist gleich, lediglich die Raten für die Prozesse sind aufgrund verschiedener Konzentrationen verschieden. Damit wird der für die dynamische Betrachtung erwähnte neue Parameter „**Wirkungsquerschnitt**" sichtbar. Allerdings lässt sich dieser aufgrund folgender Betrachtung noch anschaulicher darstellen. Dazu ordnet man den

Störstellen einen Querschnitt, den sog. Wirkungsquerschnitt σ zu. Bewegt sich ein Elektron mit seiner thermischen Geschwindigkeit durch den Kristall und kommt in einen bestimmten Abstand, der innerhalb des Wirkungsquerschnittes σ_n für den Elektroneneinfang liegt, zu dem Störatom, wird es eingefangen. Bewegt sich das Elektron mit der mittleren thermischen Geschwindigkeit v_{th}, so legt es in der Zeit Δt die Strecke $v_{th}\Delta t$ zurück. Nimmt man nun einmal an – da es nur auf die Relativbewegung ankommt – die Elektronen ruhen und die Atome mit dem Wirkungsquerschnitt σ_n bewegen sich, so überstreichen diese in der Zeit Δt das Volumen des Zylinders $\sigma_n v_{th}\Delta t$. Elektronen, die sich in diesem Volumen befinden, können eingefangen werden, jedoch nur von solchen Atomen, die noch kein Elektron eingefangen haben. Damit erhält man für die Elektronenabnahme durch Einfang

$$-\Delta n(t) = p_T\,\sigma_n\,v_{th}\,n\,\Delta t\,.$$

Damit erkennt man durch den Vergleich mit Gl. (7.50), dass sich $c_n = \sigma_n v_{th}$ schreiben und sich damit sehr anschaulich als Wirkungsquerschnitt multipliziert mit der thermischen Geschwindigkeit interpretieren lässt.

Mit dieser Einsicht lassen sich die berechneten Zeitkonstanten größenordnungsmäßig sehr gut abschätzen und die sowohl für das thermische Gleichgewicht als auch für die dynamischen Vorgänge abgeleiteten Zusammenhänge sehr anschaulich verstehen.

Die vorhergesagte neue Größe ist also der Wirkungsquerschnitt. Damit werden zur vollständigen Beschreibung der Halbleiter der Bandabstand $E_L - E_V$, der Störstellenabstand $E_L - E_T$, die Störstellenkonzentration und die Wirkungsquerschnitte für den Elektronen- und Löchereinfang benötigt.

7.7.4 Abschätzung der Zeitkonstanten

Das freie Elektron besitzt aufgrund seiner drei Freiheitsgrade, mit der Energie $1/2\,kT$ pro Freiheitsgrad, insgesamt eine kinetische Energie $3/2\,kT$ (Abschn. 7.6.1). Für die mittlere thermische Geschwindigkeit v_{th} erhält man daher aus $3/2\,kT = 1/2\,m_{eff}v_{th}^2$ den Zusammenhang

$$v_{th} = \sqrt{\frac{3\,kT}{m_{eff}}}\,.$$

Für Raumtemperatur (300 K) und $m_{eff} \approx m_0$, erhält man $v_{th} \approx 10^7\,\mathrm{cm/s}$. Wählt man für den Wirkungsquerschnitt σ_n einmal vereinfachend den Atomquerschnitt πr^2 (r = Atomradius), so ergibt sich: $\sigma_n \approx 10^{-15}\,\mathrm{cm^2}$. Damit erhält man für $c_n = \sigma_n v_{th}$, $c_n \approx 10^{-8}\,\mathrm{cm^3/s}$. Mit diesem Wert für c_n ergibt sich für die verschiedenen Zeitkonstanten:

$$\text{1. Einfangzeitkonstante}\quad \tau_{c_n}^{LB} = \frac{1}{c_n p_{T_o}} \approx \frac{1}{10^{-8}\cdot p_{T_o}}\,\mathrm{s}\,.$$

Nimmt man weiterhin an, dass die eingebrachten Störstellen der Konzentration N_T alle ihr äußeres Elektron abgegeben haben, dann ist $p_{T_o} = N_T$. Wählt man ferner einmal eine mittlere Konzentration $N_T = 10^{15}\,\mathrm{cm^{-3}}$, so erhält man: $\tau_{c_n}^{LB} \approx 10^{-7}\,\mathrm{s}$.

2. Emissionszeitkonstante $\tau_{e_n} = \dfrac{1}{c_n n_1} \approx \dfrac{1}{10^{-8} n_1}$ s.

Geht man hier ebenfalls davon aus, dass die eingebrachten Störstellen der Konzentration N_T alle ihr äußeres Elektron abgegeben haben, ist $n_0 = 10^{15}$ cm^{-3}. Für $n_1 = N_L \exp\left(-\dfrac{E_L - E_T}{kT}\right)$ erhält man unter der Annahme $E_L - E_T \approx kT$ (sog. flache Störniveaus) $n_1 \approx N_L \approx 10^{19}$ cm^{-3}. Damit ergibt sich für τ_{e_n} ein Zahlenwert $\tau_{e_n} \approx 10^{-11}$ s.

In diesem Fall der flachen Störniveaus ist die Emissionszeitkonstante wesentlich kleiner (im Beispiel vier Größenordnungen) als die Einfangzeitkonstante. Damit wird die bei der Betrachtung des thermischen Gleichgewichts abgeleitete „vollständige Ionisierung" der flachen Störstellen bei Raumtemperatur ebenfalls aus der Betrachtung der oben genannten zeitlichen Vorgänge sehr anschaulich. Denn betrachtet man die Einfangzeitkonstante einmal als die mittlere Verweilzeit der Elektronen im Leitungsband und die Emissionszeitkonstante als die mittlere Verweilzeit der Elektronen im Störniveau, erkennt man, dass die Elektronen in dem betrachteten Beispiel fast ausschließlich im Leitungsband verweilen. Sie halten sich im Mittel 10^{-7} s im Leitungsband auf, werden dann von den Störstellen eingefangen, jedoch im Mittel „sofort", d. h. nach 10^{-11} s, wieder ins Leitungsband emittiert.

Anders ist die Situation bei den tiefen Störniveaus. Ist $E_L - E_T \gg kT$, so wird $n_1 \ll N_L \approx 10^{19}$ cm^{-3}. Nimmt man ein Niveau im Silizium nahe der Bandmitte an, dann wird z. B. $n_1 \approx 10^{11}$ cm^{-3}, und es ergibt sich für $\tau_{e_n} \approx 10^{-3}$ s.

In diesem Fall der tiefen Störniveaus ist also die mittlere Verweilzeit der Ladungsträger im Störniveau wesentlich länger als im Leitungsband. Die Elektronen bleiben im Mittel etwa 10^{-7} s im Leitungsband, werden dann eingefangen und halten sich im Mittel etwa 10^4 mal länger dort auf als im Leitungsband. Daher befinden sich im Falle von tiefen Störniveaus die Elektronen im thermischen Gleichgewicht praktisch alle im Störniveau.

7.7.5 Energetische tief liegende Niveaus

Bisher wurde nur die Wechselwirkung des Störniveaus mit dem Leitungsband, die Prozesse (3) und (4) der Abb. 7.11, sowie die zugehörigen Zeitkonstanten betrachtet und der Elektronenwirkungsquerschnitt σ_n berechnet.

Entsprechende Ergebnisse erhält man, wenn man die Wechselwirkung des Störniveaus mit dem Valenzband, die Prozesse (5) und (6) der Abb. 7.11, betrachtet. Man erhält dann die entsprechenden Zeitkonstanten für die Löcher und den Löcherwirkungsquerschnitt σ_p.

Um diese Vorgänge getrennt betrachten zu können, wurden im Prinzip flache Störniveaus vorausgesetzt. Betrachtet man jedoch tiefe Störniveaus, so kann ein Elektron des Leitungsbandes in dieses Niveau eingefangen werden und von dort in das Valenzband übergehen. Umgekehrt kann ein Elektron aus dem Valenzband in das Störniveau und von dort aus ins Leitungsband emittiert werden. In diesen Fällen ist also die Wechselwirkung des Störniveaus mit beiden Bändern E_L, E_V zu betrachten. Als Beispiel möge das Goldakzeptorniveau in n-Silizium dienen, das praktisch exakt in der Bandmitte liegt. Injiziert man z. B. Elektronen in das Leitungsband, so können diese nach ihrer mittleren Verweilzeit im Leitungsband vom Goldniveau eingefangen werden und dort aufgrund der großen Emissionszeitkonstanten nahezu beliebig lange verbleiben bzw. bei entsprechender Löcherkonzentration im Valenzband dorthin übergehen. Dieser Prozess wird messtechnisch bei Hochleistungsbauelementen, wie z. B. Thyristoren, genutzt. Für die zeitliche Änderung der Besetzung der Störstellen erhält man daher

$$\frac{dn_T(t)}{dt} = \frac{dp(t)}{dt} - \frac{dn(t)}{dt}$$

$$= c_n\{n(t)p_T(t) - n_1 n_T(t)\} - c_p\{p(t)n_T(t) - p_1 p_T(t)\}. \tag{7.56}$$

Für den stationären Zustand $\dfrac{dn_T(t)}{dt} = 0$ erhält man:

$$\frac{n_T}{N_T} = \frac{c_n n + c_p p_1}{c_n(n+n_1) + c_p(p+p_1)}, \quad \text{sowie} \quad \frac{p_T}{N_T} = \frac{c_p p + c_n n_1}{c_n(n+n_1) + c_p(p+p_1)}. \tag{7.57}$$

Diese Gleichungen lassen sich natürlich auch durch die entsprechenden Zeitkonstanten ausdrücken. Für

$\dfrac{n_T}{p_T}$ erhält man z. B.: $\dfrac{n_T}{p_T} = \dfrac{c_n n + c_p p_1}{c_p p + c_n n_1} = \dfrac{\dfrac{1}{\tau_{c_n}^{N_T}} + \dfrac{1}{\tau_{e_p}}}{\dfrac{1}{\tau_{c_p}^{N_T}} + \dfrac{1}{\tau_{e_n}}}.$ \hfill (7.58)

Ersetzt man in der zeitabhängigen Gl. (7.56) die Elektronen- und Löcherkonzentrationen n_T und p_T durch die Konzentration der beweglichen Ladungsträger gemäß Gl. (7.57) und Gl. (7.58), so erhält man:

$$-\frac{dn}{dt} = R = \frac{dp}{dt} = N_T \frac{\sigma_n \sigma_p v_{th}(np - n_1 p_1)}{\sigma_n(n+n_1) + \sigma_p(p+p_1)},$$

unter Benutzung von $c_n = \sigma_n v_{th}$ und $c_p = \sigma_p v_{th}$. Verwendet man noch:

$$n_1 p_1 = n_i^2$$

und

$$n_1 = N_L \exp\left(-\frac{E_L - E_T}{kT}\right) = N_L \exp\left(-\frac{E_L - E_i}{kT}\right) \cdot \exp\left(-\frac{E_i - E_T}{kT}\right)$$

$$= n_i \exp\left(-\frac{E_i - E_T}{kT}\right),$$

und ganz analog

$$p_1 = n_i \exp\left(\frac{E_i - E_T}{kT}\right),$$

so erhält man:

$$R = \left(\frac{np - n_i^2}{\tau_{p_0}(n+n_1) + \tau_{n_0}(p+p_1)}\right). \tag{7.59}$$

Mit

$$\tau_{p_0} = \frac{1}{c_p N_T}, \quad \tau_{n_0} = \frac{1}{c_n N_T}$$

ergibt sich:

$$R = \frac{\sigma_n \sigma_p v_{th} N_T (pn - n_i^2)}{\sigma_n \left(n + n_i \exp\left(\frac{E_T - E_i}{kT}\right)\right) + \sigma_p \left(p + n_i \exp\left(\frac{E_i - E_T}{kT}\right)\right)} . \tag{7.60}$$

Die letzte Gleichung vereinfacht sich wesentlich, wenn man berücksichtigt, dass σ_n, σ_p nicht wesentlich verschieden sind, so dass man $\sigma_n = \sigma_p = \sigma$ setzen kann:

$$R = \sigma v_{th} N_T \frac{pn - n_i^2}{n + p + 2 n_i \cosh\left(\frac{E_T - E_i}{kT}\right)} . \tag{7.61}$$

Betrachtet man noch einmal Gl. (7.59), dann lassen sich zwei Fälle unterscheiden, der sog. **Hoch-** und der sog. **Niederinjektionsfall**. Im Hochinjektionsfall ist $\Delta n \gg n_0$, $\Delta p \gg p_0$ und $\Delta n \approx \Delta p$. Dann liefert Gl. (7.59)

$$-\frac{\Delta n}{R} = \tau_{p_0} + \tau_{n_0} = \left(N_T \frac{c_p c_n}{c_p + c_n}\right)^{-1} = \tau_h \approx \frac{1}{N_T \sigma} . \tag{7.62}$$

Die Hochinjektionszeitkonstante τ_h hängt also nicht mehr von der beweglichen Ladungsträgerkonzentration ab, sondern nur noch von der Gesamtkonzentration der Störstellen N_T und den Wirkungsquerschnitten σ_n, σ_p.

Im Niederinjektionsfall ist $\Delta n = \Delta p \ll n_0, p_0, n_1, p_1$, daher ist $\Delta n \Delta p$ vernachlässigbar und es gilt:

$$-\frac{d\Delta n}{dt} = R = \frac{\Delta n(n_0 + p_0)}{\tau_{p_0}(n_0 + n_1) + \tau_{n_0}(p_0 + p_1)} , \tag{7.63}$$

und somit für die Niederinjektionslebensdauer $\tau_n = \frac{\Delta n}{R}$:

$$\tau_n = \tau_{n_0} \frac{p_0 + p_1}{n_0 + p_0} + \tau_{p_0} \frac{n_0 + n_1}{n_0 + p_0} . \tag{7.64}$$

Die Niederinjektionslebensdauer hängt also von den Gleichgewichtskonzentrationen der beweglichen Ladungsträger n_0, p_0 ab, in einem n-Halbleiter ist $\tau_n \approx \tau_{p_0}$ und in einem p-Halbleiter ist $\tau_n \approx \tau_{n_0}$, so dass aus der Messung dieses Verhältnisses das Verhältnis der Wirkungsquerschnitte σ_n/σ_p bestimmt werden kann.

7.7.6 Messung der Zeitkonstanten, raumladungsbegrenzte Ströme

Da die Größen Bandabstand, Dotierungskonzentration und Aktivierungsenergie und nach den Betrachtungen der dynamischen Vorgänge zusätzlich die Wirkungsquerschnitte die Halbleiter- und auch die daraus resultierenden Bauelementeeigenschaften bestimmen, müssen diese Größen – insbesondere die Wirkungsquerschnitte –

auch gemessen werden. Im Folgenden soll dazu die Methode der sog. raumladungsbegrenzten Ströme beschrieben werden. Diese spielt zwar heutzutage keine wesentliche messtechnische Rolle mehr, ist jedoch insbesondere für alle später zu beschreibenden Bauelemente von entscheidendem didaktischen Wert. Die heute meist verwendete Methode zur Bestimmung der Wirkungsquerschnitte, ist das in
Abschn. 7.11.3 dargestellte DLTS-Verfahren (Deep Level Transient Spectroscopy).

7.7.6.1 Raumladungsbegrenzte Ströme

Abbildung 7.12 zeigt die Anordnung eines sog. Plattenkondensators. Zwei Metallplatten im Abstand $L \ll$ Plattendurchmesser werden mit einer Spannung U versehen. Die negative Elektrode wird mit „Kathode", die positive mit „Anode" bezeichnet.

Durch die angelegte Spannung fließt auf die beiden Platten die Ladung $Q = CU$,
mit $C = \dfrac{\varepsilon_0 \varepsilon_r A}{L}$, $A = $ Plattenfläche und den Dielektrizitätskonstanten des Vakuums
ε_0 bzw. des Mediums zwischen den Platten ε_r.

Nimmt man an, dass von der negativen Elektrode, der Kathode, Elektronen in
das Vakuum zwischen den Platten emittiert werden, so bewegen sich diese im elektrischen Feld zur Anode. Da die Ladung Q auf den Platten fest durch die angelegte
Spannung U definiert ist, $-Q$ auf der Kathode, $+Q$ auf der Anode, müssen die
fehlenden Elektronen der Kathode über die Zuleitung ersetzt werden. Es fließt also
ein elektrischer Strom. Dieser Strom wird von der Laufzeit t_L der Ladungsträger
von der Kathode zur Anode bestimmt, und man erhält:

$$I = \frac{Q}{t_L} = \frac{C \cdot U}{t_L} = \frac{CU}{L} \cdot v,$$

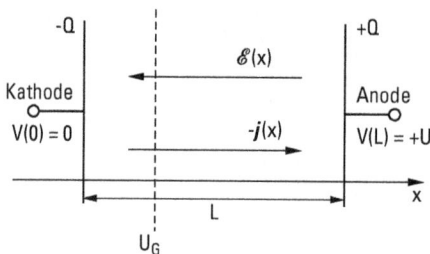

Abb. 7.12 Plattenkondensator, bestehend aus zwei Metallplatten im Abstand L ($\ll$ Plattendurchmesser). Bei angelegter Spannung U, befindet sich gemäß $Q = CU$, auf der Anode die
Ladung $+Q$ und auf der Kathode die Ladung $-Q$, mit $|-Q| = +Q$. Zwischen den Platten
entsteht ein elektrisches Feld $\mathscr{E}(x)$. Werden von der Kathode Elektronen emittiert, fließt ein
Elektronenstrom von der Kathode zur Anode, $-j(x)$. (Bringt man noch ein elektronendurchlässiges Gitter mit einer gegen die Kathode variablen negativen Spannung U_G an (gestrichelt),
hat man das Grundprinzip einer Röhre vorliegen (Abschn. 7.13.3.3)).

mit $L/t_{\mathrm{L}} = v$. Im Vakuum gilt für die Geschwindigkeit $v(x)$ der Ladungsträger gemäß $\frac{m_0}{2} v^2(x) = q\,U(x)$:

$$v(x) = \sqrt{\frac{2q}{m_0}} \cdot \sqrt{U(x)}\,.$$

Für den Strom erhält man daher:

$$I = \frac{\varepsilon_0 A}{L^2} \cdot \sqrt{\frac{2q}{m_0}} \cdot U^{3/2}\,. \tag{7.65}$$

Man erhält also einen I, U-Zusammenhang, der vom Ohm'schen Gesetz $I \sim U$ abweicht. Das rührt daher, dass in der allgemeinen Gleichung für die Stromdichte $j = \varrho\,v$ sowohl die Ladungsdichte ϱ als auch die Geschwindigkeit von der Spannung abhängen können. In dem vorliegenden Fall ist die Ladung gemäß $Q = C\,U$ proportional zu U, und aufgrund von $1/2\,m_0 v^2 = q\,U$ ist $v \sim \sqrt{U}$, so dass sich ein Zusammenhang $I \sim U^{3/2}$ ergibt. Ersetzt man das Medium zwischen den Kondensatorplatten z. B. durch einen hochohmigen Halbleiter, wird gemäß $v = \mu\mathscr{E} = \mu U/L$ die Geschwindigkeit der Ladungsträger proportional zu U, und man erhält:

$$I = \frac{\varepsilon_0\,\varepsilon_{\mathrm{HL}}}{L^3} \cdot \mu U^2\,. \tag{7.66}$$

Diese Gleichungen werden **Child-Langmuir-Gleichungen** genannt. In der bisherigen Betrachtung wurde angenommen, dass das elektrische Feld zwischen den Platten konstant ist. Aufgrund der Ladungen zwischen den Platten ist es jedoch ortsabhängig. Diese Ortsabhängigkeit des elektrischen Feldes ändert die Kapazität und die Laufzeit. Es ergibt sich allerdings insgesamt lediglich ein Faktor 9/8, so dass der Fehler in Gl. (7.65) und Gl. (7.66) lediglich in der Größenordnung von 10 % liegt. Berücksichtigt man die Ortsabhängigkeit des elektrischen Feldes, so erhält man für die Kapazität:

$$C = \frac{Q}{U} = \frac{A \cdot \displaystyle\int_0^L \varrho(x)\,dx}{\displaystyle\int_0^L \mathscr{E}(x)\,dx} = \frac{A \cdot \varepsilon_{\mathrm{HL}}\,\varepsilon_0 \displaystyle\int_0^L \frac{d\mathscr{E}(x)}{dx}\,dx}{\displaystyle\int_0^L \mathscr{E}(x)\,dx}$$

$$= \frac{A \cdot \varepsilon_0\,\varepsilon_{\mathrm{HL}}\,\{\mathscr{E}(L) - \mathscr{E}(0)\}}{\mathscr{E}(L) \displaystyle\int_0^L \frac{\mathscr{E}(x)}{\mathscr{E}(L)}\,dx}\,. \tag{7.67}$$

Mit $\mathscr{E}(0) \equiv 0$ erhält man:

$$C = \varepsilon_0\,\varepsilon_{\mathrm{HL}}\,A \cdot \left(\int_0^L \frac{\mathscr{E}(x)}{\mathscr{E}(L)}\,dx \right)^{-1}\,. \tag{7.68}$$

Mit $\mathscr{E}(x) \sim \sqrt{x}$ ergibt sich:

$$C = \frac{\varepsilon_0 \, \varepsilon_{HL} \, A}{L} \cdot \frac{3}{2} = \frac{3}{2} C_{\text{geometrisch}} \, . \tag{7.69}$$

Man erkennt, die Kapazität hängt nur von der Raumladungsverteilung ($\sqrt{x}$), nicht von der Raumladung selbst ab. Die $\sqrt{x}$-Abhängigkeit der elektrischen Feldstärke $\mathscr{E}(x)$ liefert den Faktor 3/2.

Für die Laufzeit t_L ergibt sich mit dieser $\mathscr{E}(x)$-Abhängigkeit gemäß:

$$t_L = \int_0^L \frac{dx}{v(x)} = \int_0^L \frac{dx}{\mu \mathscr{E}(x)} = \frac{4}{3} \frac{L^2}{\mu U} \, . \tag{7.70}$$

Mit dem Faktor 4/3 aus der Laufzeit und 3/2 aus der Kapazität ergibt sich der Faktor 9/8 für den Strom:

$$I = A \cdot \frac{9}{8} \frac{\mu \varepsilon_0 \, \varepsilon_{HL}}{L^3} \cdot U^2 \, . \tag{7.71}$$

Bisher wurde nicht berücksichtigt, dass auch in einem hochohmigen Halbleiter noch ein paar bewegliche Ladungsträger n_0 vorhanden sind, die parallel zu dem Strom, der durch die Injektion von Ladungsträgern von der Kathode hervorgerufen wird, einen Strom erzeugen. Unter Berücksichtigung dieser Tatsache kann man schreiben:

$$I = A \cdot \left\{ q \, \mu n_0 \, \frac{U}{L} + \frac{9}{8} \, \varepsilon_0 \, \varepsilon_{HL} \cdot \mu \, \frac{U^2}{L^3} \right\} \, . \tag{7.72}$$

Man erhält also einen linearen und einen quadratischen Stromanteil. Man erkennt, der lineare Anteil enthält das Produkt μn_0, der quadratische Anteil lediglich die Beweglichkeit μ. Damit lässt sich aus der Übergangsspannung U_K des linearen in den quadratischen Bereich (Abb. 7.13):

$$U_K = \frac{8}{9} \frac{q n_0 L^2}{\varepsilon_0 \, \varepsilon_H} \, , \tag{7.73}$$

n_0 bestimmen und damit dann auch μ.

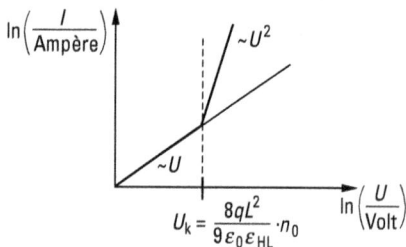

Abb. 7.13 *I, U*-Kennlinie raumladungsbegrenzter Ströme (Gl. 7.72). Aus der Spannung U_K kann die Ladungsträgerkonzentration n_0 und mit diesem Wert kann dann aus dem quadratischen Anstieg die Beweglichkeit μ bestimmt werden. Aus der Temperaturabhängigkeit der *I, U*-Kennlinie können darüber hinaus $(E_L - E_V)$, $(E_L - E_T)$ und $\mu(T)$ bestimmt werden.

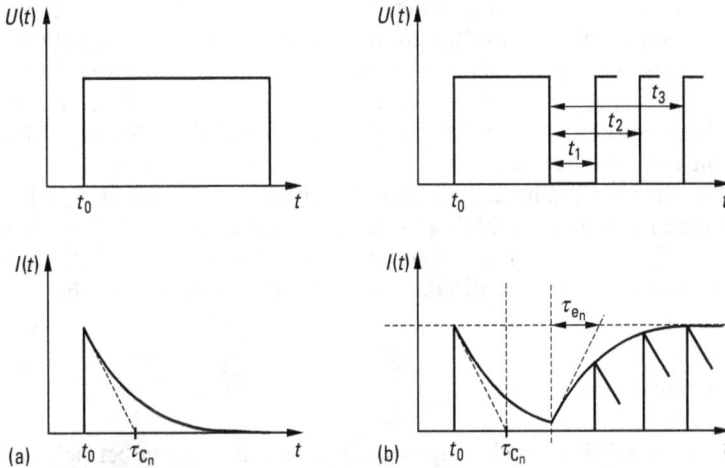

Abb. 7.14 Aus der Zeitabhängigkeit des Stromes lassen sich die Einfangzeitkonstante (a) und die Emissionzeitkonstante (b) bestimmen. Mit den Ergebnissen aus Abb. 7.13 lässt sich dann der Wirkungsquerschnitt σ ermitteln.

Das bedeutet, dass aus der I, U-Kennlinie dieses raumladungsbegrenzten Stromes sowohl n_0 als auch μ bestimmt werden können und aus deren Temperaturabhängigkeit auch Bandabstand und Aktivierungsenergie der Störstellen. Dies ist sonst nur aus der Messung der Leitfähigkeit **und** dem Halleffekt (s. Abschn. 7.14.3) möglich.

Nutzt man nun eine solche Anordnung, so lassen sich mit dieser auch die vorher beschriebenen Zeitkonstanten bestimmen.

Der Messung dieser Zeitkonstanten liegt die folgende Idee zugrunde. Wählt man als Medium zwischen den Kondensatorplatten einen hochohmigen Halbleiter mit tiefen Störstellen, so laufen dort folgende Prozesse ab. Bei Anlegen eines Spannungspulses werden über die Kathode Elektronen in diesen Halbleiter injiziert. Diese Elektronen werden von den tiefen Störstellen während ihrer Laufzeit zur Anode eingefangen und tragen daher während ihrer Einfangzeit nicht zum Stromtransport bei, der Strom nimmt daher zeitlich ab (Abb. 7.14).

Setzt man einmal vereinfachend voraus, dass fast alle injizierten Ladungsträger eingefangen werden, so nimmt der Strom auf nahezu Null ab. In diesem Zustand befindet sich praktisch die gesamte Ladung, die aufgrund des angelegten Spannungspulses U im Kondensator gespeichert ist, eingefangen in den Störstellen des Halbleiters. Aus dem zeitlichen Verlauf $I(t)$ lässt sich die Einfangzeitkonstante bestimmen. Nach Abschalten des Spannungspulses muss der Kondensator entladen werden. Da die Ladung sich jedoch in den Störstellen befindet, müssen diese die gespeicherte Ladung emittieren. Da diese emittierte Ladung bei einem kurzgeschlossenen Kondensator jedoch sowohl über die Kathode als auch über die Anode gleichberechtigt abfließt, kann die Emissionszeitkonstante auf diese Weise nicht als zeitliche Stromänderung gemessen werden. Diese kann man jedoch aufgrund der Tatsache bestimmen, dass in einem Kondensator die Ladung Q eindeutig durch die angelegte Spannung U festgelegt ist. Legt man daher eine bestimmte Zeit nach Ende des ersten Spannungspulses einen zweiten Puls an, so wird die in dieser Zeit emittierte Ladung, die in den Störstellen gespeichert war, wieder aufgefüllt, um die Ladungsbilanz $Q = CU$ wieder richtig zu stellen. Verändert man nun diese Zeitspanne zwischen erstem und zweitem Puls (Abb. 7.14), so kann man auf diese Weise auch die Emissionszeitkonstante bestimmen.

Mit Hilfe der raumladungsbegrenzten Ströme (sclc = space charge limited currents) und deren Temperaturabhängigkeit kann man also alle interessierenden Größen $E_L - E_V$, $E_L - E_T$, N_T, n, σ_n, σ_p relativ einfach bestimmen. Gleichzeitig liefert dieses Kondensatormodell die didaktische Grundlage für fast alle Bauelemente.

7.7.7 Diffusionslänge

Bisher wurde die **zeitliche** Änderung von Überschussladungen betrachtet. Von gleichem Interesse ist jedoch auch die **räumliche** Ausdehnung dieser Raumladungen, die sog. Diffusionslänge. Betrachtet man dazu noch einmal die Gleichung $\dfrac{dn}{dt} = -\dfrac{1}{q}\operatorname{div}\boldsymbol{j} + g - r$, in der man vereinfachend annimmt, dass der Feldstrom vernachlässigt werden kann und die Generations- und Rekombinationsprozesse durch die Lebensdauer der Ladungsträger beschrieben werden können, erhält man:

$$\frac{d\Delta n(t)}{dt} = D_n \frac{d^2 \Delta n(t)}{dx^2} - \frac{\Delta n(t)}{\tau_n}. \tag{7.74}$$

Die stationäre Lösung von Gl. (7.74) liefert $\Delta n(x) = \Delta n_0 \exp\left(-\dfrac{x}{L_n}\right)$, mit der **Diffusionslänge** $L_n = \sqrt{D_n \tau_n}$. Diese Diffusionslänge L gibt an, welche Strecke ein Ladungsträger in einem Material mit der Diffusionskonstanten D in der Zeit seiner Lebensdauer im Mittel zurücklegen kann.

Der Nachweis und die Messung der verschiedenen Diffusionskonstanten gelingt nach der von Dember entwickelten Methode.

7.7.8 Der Dember-Effekt

Bei *intensiver* Beleuchtung einer dünnen Halbleiterprobe beobachtet man eine elektrische Spannung, die **Dember-Spannung**, zwischen der beleuchteten und der unbeleuchteten Seite der Probe. Die zusätzliche elektrische Feldstärke weist dabei meist in Richtung der Lichtstrahlen.

Dieses Auftreten der Dember-Spannung U_{Dember} lässt sich auf die unterschiedlichen Diffusionskonstanten der beiden Ladungsträgerarten zurückführen, die als optische Injektion nach innerem Photoeffekt im Bereich der beleuchteten Oberfläche entstehen (Abb. 7.15). Die Richtung der elektrischen Feldstärke wird mit der Tatsache erklärt, dass i.A. die Diffusionskonstante der Elektronen D_n größer ist als diejenige der Löcher D_p. Voraussetzung für den Dember-Effekt ist der Fall der „**Hochinjektion**" von zusätzlichen Ladungsträgern, also $n_0 < \Delta n = \Delta p$ bei n-leiten-

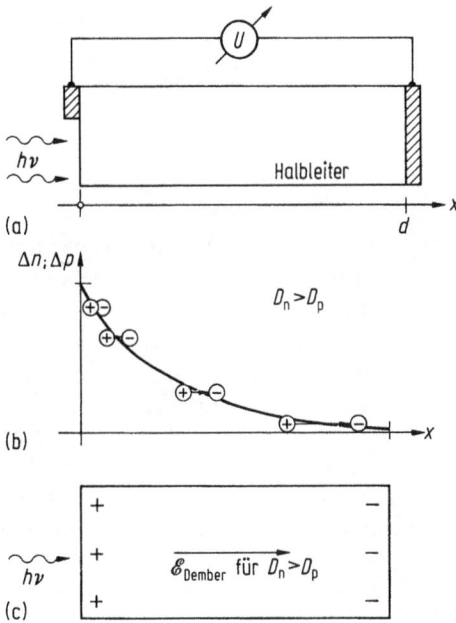

Abb. 7.15 Dember-Effekt. (a) räumliche Anordnung des einfallenden Lichtes und der Ohm'schen Kontakte, (b) in der Richtung des eindringenden Lichtstrahles abklingende Dichten Δn und Δp der Überschussladungsträger, (c) Richtung des Dember-Feldes $\mathscr{E}_{Dember}$ für $D_n > D_p$.

dem Halbleitermaterial. Beide Stromdichten sind ortsabhängig (eindimensional, x-Koordinate in Abb. 7.15) und bilden den Gesamtstrom

$$j_{ges}(x) = j_n(x) + j_p(x),\tag{7.75}$$

der an der Vorderseite ($x = 0$) und Rückseite ($x = d$) der Probe verschwindet:

$$j_{ges}(0) = j_{ges}(d) = 0.\tag{7.76}$$

Zunächst werden die Stromgleichungen für $\Delta n(x)$ und $\Delta p(x)$,

$$j_n(x) = q \cdot D_n \left(\frac{d\Delta n}{dx}\right) + q \cdot \mu_n \cdot \Delta n \cdot |\mathscr{E}|\tag{7.77a}$$

und

$$j_p(x) = -q \cdot D_p \left(\frac{d\Delta p}{dx}\right) + q \cdot \mu_p \cdot \Delta p \cdot |\mathscr{E}|\tag{7.77b}$$

formuliert, und ihre Addition ergibt den Gesamtstrom, wenn angenommen wird $\Delta n(x) \approx \Delta p(x)$, sowie $(d\Delta n/dx) \approx (d\Delta p/dx)$. Dabei wurde benutzt, dass sich der Gesamtstrom aus den beiden Teilen Diffusions- und Feldstrom zusammensetzt. Es gilt dann

$$j_{ges}(x) = q(D_n - D_p) \cdot \frac{d\Delta p}{dx} + q(\mu_n + \mu_p) \cdot \Delta p \cdot |\mathscr{E}|.\tag{7.78}$$

Aufgelöst nach der elektrischen Feldstärke $|\mathcal{E}|$ erkennt man das **Dember-Feld**

$$|\mathcal{E}(x)| = \frac{j_{\text{ges}}(x)}{q(\mu_n + \mu_p) \cdot \Delta p} - \frac{D_n - D_p}{\mu_n + \mu_p} \cdot \frac{d \ln(\Delta p)}{dx} = |\mathcal{E}_{\text{Drift}}| + |\mathcal{E}_{\text{Dember}}|$$

mit

$$\frac{d \ln(\Delta p)}{dx} < 0. \tag{7.79}$$

Das Dember-Feld hat für den Fall $D_n > D_p$ das gleiche Vorzeichen wie der Gesamt-strom j_{ges}. Es ist – wie der erzeugende Lichtstrahl – von der beleuchteten Seite aus *in* die Probe gerichtet. Es hängt dann lediglich von der Steilheit des in die Probe hinein absinkenden und deshalb negativ zu wertenden Ladungsträgerprofiles ab, ob das Dember-Feld groß wird. Erwartungsgemäß bilden sich bei kürzeren Wellen-längen der Beleuchtung höhere Dember-Spannungen aus: $U_{\text{Dember}}(\lambda_1) > U_{\text{Dember}}(\lambda_2)$ für $\lambda_1 < \lambda_2$. Beim Stromfluss in die Probe hinein stellt sich eine Abbremsung der Elektronen durch die Löcher und eine Beschleunigung der Löcher durch die Elek-tronen ein, was zur sog. „ambipolaren" **Diffusion** der Ladungsträger bei Hochinjek-tion führt. Alle Gleichungen behalten ihre Schreibweise, wenn die **ambipolare Dif-fusionskonstante**

$$D_{\text{ambipolar}} = \frac{2 D_n D_p}{D_n + D_p} \tag{7.80}$$

zur Beschreibung des Dember-Effektes verwendet wird.

Ein Vergleich der Verhältnisse für optische Niedriginjektion $\Delta n = \Delta p < n_0$ und für Hochinjektion $\Delta n = \Delta p > n_0$ führt auf die wichtige Rolle des Feldstromes bei der Behandlung der Ladungsträgerarten. Bei Niedriginjektion wird der Feldstrom vernachlässigt, bei optischer Hochinjektion führt er zum Dember-Feld. Die Bedeu-tung des Feldstromes hängt immer von der Höhe der Abweichung vom Gleichge-wichtswert beider Ladungsträgerarten ab.

7.8 Die Halbleiteroberfläche

Bisher bezogen sich sämtliche Betrachtungen auf das *Halbleitervolumen*. Jede Probe aus Halbleitermaterial besitzt jedoch *Oberflächen*, bei denen das homogene Halb-leiterinnere aufhört und an benachbarte Stoffe in unterschiedlichem Aggregatzu-stand grenzt.

Es existieren Phasengrenzen zu einem Gasraum, zu Flüssigkeiten oder zu einem anderen Festkörper. Gegenstand der folgenden Betrachtungen ist zunächst die **Pha-sengrenze Halbleiter-Vakuum** bzw. **Halbleiter-Gasphase**, die Halbleiteroberfläche im engeren Sinne. Die **Phasengrenze Halbleiter-Isolator** besitzt eine große Bedeutung für den MOS-Kondensator und den Feldeffekt Transistor, sie wird daher zusammen mit den Phasengrenzen **Halbleiter-Metall** und **Halbleiter-Halbleiter** in eigenen Ab-schnitten unter den Halbleiterbauelementen dargestellt.

7.8.1 Phasengrenze Halbleiter-Gasphase

Ähnlich wie die Störstellen im Halbleitervolumen eine Störung des idealen Gitteraufbaus bedeuten und zu zusätzlichen energetischen Niveaus im Bereich der verbotenen Zone führen, erzeugt der *Abbruch des idealen Kristallgitters* an der Oberfläche eine starke Störung, für die auf der Grundlage des Bändermodells zusätzliche energetische Oberflächenniveaus, sog. **Oberflächenzustände**, in der verbotenen Zone errechnet wurden (I. Tamm; W. Shockley).

Eine quantitative Übereinstimmung von Theorie und Experiment dieser strukturellen Oberflächenniveaus ist schwer zu erzielen, weil die unabgesättigten Valenzen der obersten Atomlagen im Allgemeinen eine Anlagerung von Fremdatomen und -molekülen begünstigen und dadurch energetische *Verunreinigungs*-Oberflächenniveaus erzeugen, die sich den *strukturellen* Oberflächenniveaus überlagern (J. Bardeen).

Man hat deshalb neben der **idealen Oberfläche** in der Theorie im Experiment die reale und die reine Oberfläche zu unterscheiden. **Reale Oberflächen** sind durch angelagerte Fremdstoffschichten und aufgewachsene Deckschichten gestört; **reine Oberflächen** sind reale Oberflächen, die von Anlagerungsschichten befreit sind, jedoch nur asymptotisch der Theorie der idealen Oberfläche nahe kommen, z. B. nach Spalten im UHV (s. auch Kap. 4).

Mit den energetischen Oberflächenniveaus ist ursächlich eine **Oberflächenladung** verbunden, die – an der Halbleiteroberfläche lokalisiert – am Gleichgewicht der Ladungsträger im Halbleiter teilnimmt. So werden durch sie elektrostatisch Ladungsträger mit gleichem Vorzeichen ins Innere gedrängt, mit entgegengesetztem Vorzeichen aus dem Inneren angezogen. Es entsteht eine **Raumladungsschicht** unterhalb der Oberfläche, die sich größenordnungsmäßig eine **Debye-Länge** tief erstreckt (Si: $l_D \approx 10^{-4}$ cm) und deren Wert mit abnehmender Ladungsträgerdichte des Halbleitermaterials wächst. Die Debye-Länge charakterisiert dabei die Tiefe, über der die elektrische Feldstärke abgebaut wird.

Hier ist ein wichtiger Unterschied zwischen Metallen und Halbleitern zu verzeichnen. Aufgrund der hohen Ladungsträgerdichte in Metallen beträgt $l_D \approx 10^{-7}$ cm, so dass durch gleiche *Influenzeffekte* bei Metallen immer flächenhafte Oberflächenladungen ohne Raumladungsschicht entstehen (s. Abschn. 7.2).

Energetische Oberflächenniveaus oder *Oberflächenzustände* wurden von J. Bardeen zur Erklärung von Experimenten an Germanium eingeführt. Er setzte dessen mechanisch und chemisch vorbereitete Oberflächen nacheinander unterschiedlichen Gasen aus: zunächst Ozon (O_3) oder auch Wasserstoffperoxid (H_2O_2), dann feuchtem Sauerstoff (O_2) mit Stickstoff (N_2), schließlich trockenem O_2. Eine Kapazitätsmessung nach der *Kelvin-Methode* mit einer mechanisch schwingenden Platin-Referenzelektrode gegenüber der unbeweglichen Germaniumelektrode ergibt die Kontaktspannung U_K zwischen Germanium und Platin (Abb. 7.16a).

Ausgehend von der Beziehung $Q = C U_K$ erhält man für den Verschiebungsstrom $I(t)$ über den Widerstand R unter Annahme harmonischer Schwingungen der Referenzelektrode und damit einer zeitabhängigen Kapazität $C(t)$

$$I(t) = \frac{dQ}{dt} = U_K \cdot \frac{dC}{dt},$$

$$(7.81)$$

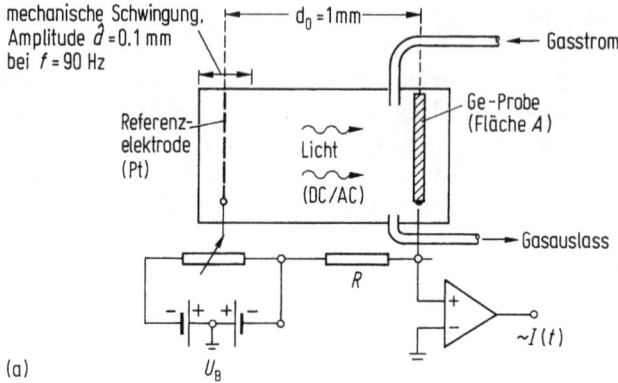

(a)

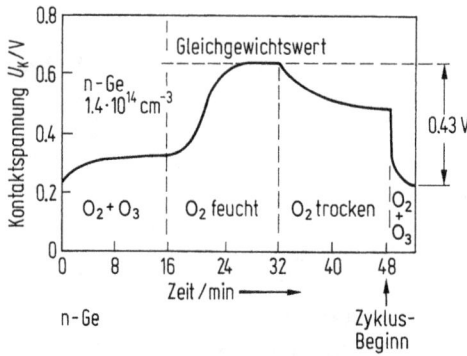

(b)

Abb. 7.16   Kelvin-Messung der Kontaktspannung U_K (Ge/Pt) zwischen Germanium und Platin-Referenzelektrode in Gegenwart gasförmiger Adsorbate des Bardeen'schen Zyklus $O_2 + O_3$, $O_2 + H_2O$, O_2 trocken. (a) Messaufbau, (b) Ergebnisse nach Brattain und Bardeen [7].

$$C(t) = \varepsilon_0 \varepsilon_r \frac{A}{d_0 + \hat{d} \cdot \sin(\omega t)} \tag{7.82}$$

$$|I(t)| = \varepsilon_0 \varepsilon_r A \cdot \frac{\hat{d}}{d_0^2} \frac{\omega \cdot \cos(\omega t)}{\left(1 + \dfrac{\hat{d}}{d_0} \sin(\omega t)\right)^2} U_K. \tag{7.83}$$

Mit Hilfe von $U_B \neq 0$ kompensiert man nun den Verschiebungsstrom $I(t) = 0$, so dass sich $U_K = -U_B$ ergibt. Abbildung 7.16b zeigt eine geringfügig umgezeichnete Originalkurve eines Bardeen-Zyklus der Kontaktspannung einer n-leitenden Ge-Elektrode. Kontrollmessungen mit Gold anstelle von Germanium stellten sicher, dass hier ein Halbleitereffekt vorliegt. Weiterhin konnte gezeigt werden, dass nicht die Störstellen im Halbleitervolumen, sondern nur die gasförmigen Oberflächenverunreinigungen für die Beeinflussung von U_K in Frage kommen.

Zur Erklärung seiner Beobachtungen entwickelte Bardeen das **Modell der umladbaren Energiezustände der Halbleiteroberfläche**. Dabei verursachen Fremdstoffe oder Strukturfehler eine *zusätzliche* energetische Dichte, N_{SS} (Surface States), besetzbarer

Energielagen im verbotenen Band des Halbleiters bei der Energie E_{SS}. Die adsorbierten Gase geben bei Adsorption ihre Neutralität auf und nehmen Elektronen aus dem Halbleiter auf, um unter Energieabsenkung der Edelgaskonfiguration näher zu kommen. Diese Elektronen entstammen im Falle des n-leitenden Germaniums den oberflächennahen Donator-Störstellen, die nach Elektronenübergang auf die Gasatome unkompensiert eine positive Ladung bilden. Insgesamt bleibt die Oberfläche des Halbleiters dabei neutral. Im Energiebändermodell verarmt die Oberfläche an Elektronen. Bei ortskonstantem Fermi-Niveau „hebt" sich das gesamte Energiebänderdiagramm zur Oberfläche hin, und seine Mitte E_i nähert sich der Fermi-Energie E_F (Abb. 7.17). Als Folge verändert sich die **Austrittsarbeit** $q\Phi_s$ zwischen Fermienergie E_F und **Makropotential** oder **Vakuumenergie** E_{Vak}. Das Makropotential beschreibt dabei die Energie eines Elektrons außerhalb der Mikropotentiale des Festkörperinneren, unmittelbar vor dessen Oberfläche (z. B. im Abstand 10^{-4} cm) im Vakuum.

Auch die energetische Lage E_{SS} der adsorbierten Gasmoleküle verschiebt sich mit den Bandkanten an der Oberfläche, wie Abb. 7.17 zeigt. Je nachdem, ob E_{SS} anfangs energetisch oberhalb oder unterhalb von E_F liegt, bewegt sich E_{SS} von E_F weg oder auf E_F zu. Wir charakterisierten die betrachteten Sauerstoffatome zunächst als *neutral* und dann adsorbiert als *negativ*.

Damit folgen wir dem Beschreibungsschema eines *Akzeptors*, das den Wechsel vom neutralen zum negativ geladenen Zustand einer Störstelle fordert. Mit einer weiteren Überlegung kann man die Energielage E_{SS} des Oberflächenakzeptors Sauerstoff relativ zum Fermi-Niveau E_F einordnen. Bei hoher Dichte adsorbierter Oberflächenatome beobachtete bereits Bardeen eine Sättigung der sich einstellenden Kontaktspannung U_K (z. B. Abb. 7.16b (O_2 feucht)). Im Energiebändermodell hebt sich bei wachsender Dichte adsorbierter Gasatome der Oberflächenbereich immer stär-

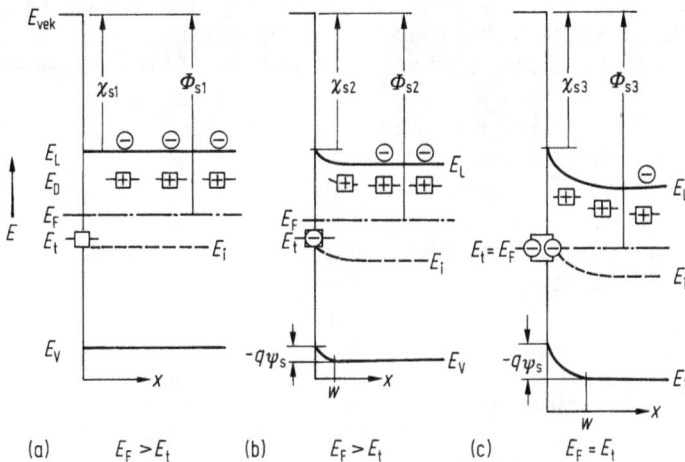

Abb. 7.17 Umladung der Halbleiteroberfläche durch Adsorbatmoleküle. (a) vorher; bei wachsender Raumladungszone ohne (b) und mit (c) Gleichgewicht für $E_F = E_t$. Das Energiebändermodell zeigt die Veränderung der Austrittsarbeit $\Phi_{S1} < \Phi_{S2} < \Phi_{S3}$, jedoch die Konstanz der Elektronenaffinität $\chi_{S1} = \chi_{S2} = \chi_{S3}$ des Halbleiters.

ker, bis eine Gleichgewichtslage erreicht ist. Diese stellt sich nur dann ein, wenn für die Akzeptor-Störstelle Sauerstoff die anfängliche Energielage E_{SS} unterhalb von E_F liegt. Bei weiterer *Bandaufbiegung* überquert E_{SS} die Energie E_F. Nach den Regeln der Fermi-Statistik sinkt dann aber für $E_{SS} > E_F$ die Wahrscheinlichkeit der Besetzung mit einem Elektron. Die Gasmoleküle geben wieder Elektronen ab. Deshalb stellt sich die Gleichgewichtslage $E_{SS} = E_F$ bei hoher Adsorbatdichte N_{ad} ein: das *„pinning"* des Fermi-Niveaus beim Energiewert der Oberflächenzustände (s. Abb. 7.17c).

Mit der Gleichgewichtslage ist wiederum eine adsorbatspezifische Gleichgewichts-Kontaktspannung U_K (Ge/Pt) verbunden.

Abbildung 7.17 zeigt, dass sich bei unterschiedlicher Adsorbatbedeckung die Austrittsarbeit $q\Phi_s$ ändert, jedoch die Elektronenaffinität χ_s als Energieunterschied zwischen Leitungsbandkante an der Oberfläche $E_L (x = 0) = E_{L_0}$ und dem Vakuumpotential E_{Vak} gleich bleibt.

Der Bardeen'sche Versuch kann leicht erklärt werden, indem den einzelnen Adsorbaten unterschiedliche Energielagen E_{SS} von Oberflächenstörstellen zugeordnet werden. Ein Oxidationsmittel wie Ozon (oder Wasserstoffperoxid) bildet Energiezustände energetisch unterhalb des Fermi-Niveaus, der feuchte Sauerstoff mit dem schwachen Reduktionsmittel OH energetisch oberhalb des Fermi-Niveaus. Durch aufeinanderfolgenden Kontakt mit den erwähnten Gasen kann ein *„Zyklus"* der Kontaktspannung U_K durchlaufen werden, der nach dem Entdecker **Bardeen-Zyklus** genannt wird. Die Kontaktspannung U_K (Pt/Ge + Adsorbat) ist dabei bis auf den Faktor q identisch mit der Differenz der Austrittsarbeiten von Pt und adsorbatbedecktem Germanium Φ (Pt/Ge + Adsorbat)$/q$.

Dieses Modell kann leicht erweitert werden, indem auch die Mitwirkung von *Donatorzuständen* eingeführt wird, deren Ladungszustand zwischen neutral und positiv wechselt. Ebenso kann die Mitwirkung von Löchern bei der Einstellung von „Bandverbiegungen" im Kontakt mit energetischen Oberflächenzuständen beschrieben werden. Versuche bei dunkler und beleuchteter Halbleiteroberfläche (Abb. 7.16a) unterschiedlichen Leitungstyps klären die *Mitwirkung der beiden Ladungsträgersorten*. Schließlich wird der energetisch diskrete Oberflächenzustand zu einem **kontinuierlichen Verlauf der Dichte** $N_{SS}(E)$ über der Energie E innerhalb der verbotenen Zone verallgemeinert.

Die Betrachtung der Phasengrenzen Halbleiter – Gas lässt sich auch auf die Phasengrenzen Halbleiter – Festkörper übertragen. Da diese auch ganz wesentlich die Eigenschaften der Bauelemente mitbestimmt, sollen diese Betrachtungen in die Beschreibung der Bauelemente integriert werden.

7.9 Halbleiterbauelemente

7.9.1 Der Metall-Isolator-Halbleiter – (MIS-)Kondensator

Die Eigenschaften der Halbleiter-Isolator-Grenzfläche bestimmen die Funktionen eines der grundlegenden Bauelemente, des sog. MIS- (Metal-Insulator-Semiconductor-) bzw. MOS- (Metal-Oxide-Semiconductor-)Kondensators ganz wesentlich. Der

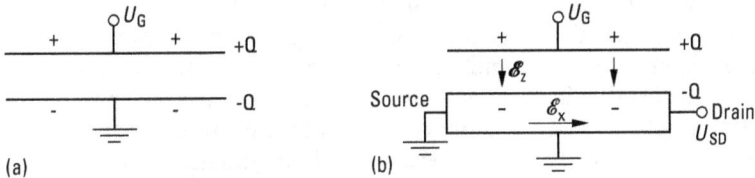

Abb. 7.18 Grundprinzip des Metall-Oxid-Feldeffekt-Transistors (MOS-FET). Auf den Platten eines Plattenkondensators (a) mit der angelegten Spannung U_G befindet sich gemäß $Q = CU_G$ die Ladung $+Q$, $-Q$ mit $+Q = |-Q|$. Wählt man die untere Platte etwas dicker (und aus einem Halbleitermaterial) und legt eine Source-Drain-Spannung U_{SD} an, fließt die über das elektrische Feld $\mathscr{E}_z$ influenzierte Ladung aufgrund der Source-Drainspannung (des elektrischen Feldes $\mathscr{E}_x$) als Strom.

MOS-Kondensator ist der Grundbaustein für den sog. Feldeffekt-Transistor (FET) und das in Stückzahl meist realisierte Bauelement überhaupt. Die Idee des Feldeffekt-Transistors mit dem Grundbaustein MOS-Kondensator gibt Abb. 7.18 wieder.

Legt man an einen Plattenkondensator, s. Abb. 7.18a, eine Spannung, so werden die Platten gemäß $Q = CU$ mit der Ladung Q aufgeladen. Aus didaktischen Gründen wurde die untere, negativ geladene Kondensatorplatte etwas dicker gezeichnet. Legt man nun an diese untere Platte mit den Kontakten Source und Drain ebenfalls eine Spannung, s. Abb. 7.18b, so fließt die auf der Platte befindliche (negative) Ladung von der Source- zur Drain-Elektrode. Es wird hier jedoch nur die auf der Platte **influenzierte** Ladung betrachtet und davon abgesehen, dass im Metall selbst Ladungen vorhanden sind. Da aufgrund der an den Kondensator angelegten Spannung U_G die Ladung $Q = CU_G$ fest vorgegeben ist, muss diese abfließende Ladung immer nachgeliefert werden, um Q aufrecht zu erhalten. Es fließt also ein Strom. Dieser Strom ist jedoch bei gegebenem Material (Beweglichkeit μ) allein von der Dichte der Ladungsträger, also der Ladung Q, und der Source-Drainspannung U_{SD} bestimmt. Liegt keine Spannung U_G an, gibt es keine Ladung Q, und es kann trotz Source-Drain-Spannung U_{SD} kein Strom fließen.

Das Grundprinzip des FET kann man daher wie folgt zusammenfassen. Ein elektrisches Feld in vertikaler Richtung (erzeugt durch die angelegte Gate-Spannung U_G) bestimmt die Dichte der Ladungsträger, die aufgrund des in dazu senkrechter Richtung (aufgrund der Source-Drain-Spannung U_{SD}) angelegten elektrischen Feldes als Strom fließen. FET ist daher die Abkürzung für **Feldeffekt-Trans**fer-**R**esistor.

Bei der Realisierung dieser Idee stellen sich folgende Probleme:

1. Mittels der Source-Drain-Spannung soll nur die aufgrund der Gate-Spannung influenzierte Ladung als Strom gemessen werden. In einem Metall befindet sich diese Ladung jedoch in einer unmessbar dünnen Raumladungszone, so dass die restliche Metalldicke einen sehr geringen Parallelwiderstand und damit einen Kurzschluss darstellen würde. Daher kommen als Elektrode nur Halbleiter in Frage (Abschn. 7.2). Ferner müssen die Source- und Drainkontakte so geartet sein, dass zwischen ihnen lediglich die durch die Gatespannung U_G influenzierten Ladungsträger und nicht die in viel größerer Zahl vorhandenen restlichen Gleichgewichtsladungsträger fließen.

2. Um bei möglichst geringer Gate-Spannung U_G eine möglichst große Ladung Q zu erzeugen, muss die Kapazität möglichst groß sein. Dies erreicht man durch einen kleinen Plattenabstand und eine große Dielektrizitätskonstante ε_r. Um gleichzeitig die Oberflächenzustandsdichte so klein wie möglich zu halten, müssen die Grenzflächen zwischen Isolator und Halbleiter in dieser Richtung optimiert werden. Daher sind bisher praktisch alle Bauelemente dieser Art aus Silizium mit Siliziumdioxid als Isolator realisiert worden.

Diese Forderungen erfüllt der MOS-Kondensator zusammen mit dem in Abschnitt 7.12 beschriebenen Halbleiter-Halbleiter-(pn-)Kontakt bzw. Metall-Halbleiter-(Schottky-)Kontakt (Abschn. 7.11.1 und 7.12).

Abbildung 7.19 zeigt die MOS-Anordnung bzw. die Metall-Isolator-Halbleiter-Anordnung.

Der Halbleiter sei ein n-Halbleiter. Legt man nun an diese Anordnung eine Spannung, und zwar die positive Polung an das Metall, so werden die entsprechenden Ladungen influenziert. Auf dem Metall befindet sich die positive, im Halbleiter die negative Ladung. Da die negative Ladung im Halbleiter aus Elektronen besteht, die sich frei bewegen können, werden diese an die Halbleiter-Isolator-Grenzfläche driften. Damit ergibt sich eine Kapazität, die bei gegebenem ε des Isolators und gegebener Fläche allein durch den „Plattenabstand", die Isolatordicke, bestimmt ist. Diese wird im Folgenden die geometrische Kapazität C_0 genannt. Polt man die Spannung um, so wird die Metallelektrode negativ und der Halbleiter positiv geladen. Da im n-Halbleiter praktisch keine positiven beweglichen Ladungsträger vorhanden sind $\left(p_0 = \dfrac{n_i^2}{n_0} \ll n_0 \right)$, kann die Ladungsbilanz nur dadurch erfüllt werden, dass die Elektronen von der Isolator-Halbleiter-Grenzfläche weiter ins Halbleiterinnere verschoben werden, und dadurch die ortsfesten positiv geladenen Donator-Atome die positive Ladung stellen und so die Ladungsbilanz erfüllen. Auf diese Weise bildet sich im Halbleiter eine Raumladungszone aus, deren Ausdehnung mit wachsender negativer Spannung zunimmt. Da gemäß $C_{diff} = \dfrac{dQ}{dU}$ die spannungsabhängige Änderung dieser Raumladung eine Kapazität darstellt und diese zur geometrischen Kapazität C_0 in Serie geschaltet ist, ändert sich die Gesamtkapazität $\dfrac{1}{C_{ges}} = \dfrac{1}{C_0} + \dfrac{1}{C_{diff}}$ als Funktion der Spannung. Man erhält damit eine spannungsabhängige Kapazität des MOS-Kondensators. Eine erste, einfache Abschätzung der

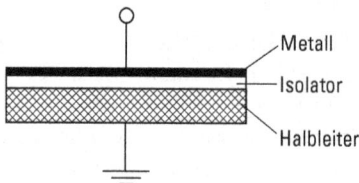

Abb. 7.19 Grundprinzip des MOS-Kondensators. An die Anordnung Metallkontakt-Isolator-Halbleiter-(Ohm'scher)Metallkontakt wird eine Spannung angelegt. Die dadurch im Halbleiter influenzierte Raumladung ändert ihre Weite mit der Spannung.

Spannungsabhängigkeit der differentiellen Kapazität ergibt sich aus der Lösung der Poissongleichung:

$$\frac{\mathrm{d}^2\psi(x)}{\mathrm{d}x^2} = -\frac{\varrho(x)}{\varepsilon_0\,\varepsilon_{\mathrm{HL}}}. \tag{7.84}$$

$\psi(x)$ ist dabei die ortsabhängige Spannung in der Raumladungszone, die sog. Bandverbiegung (Abb. 7.17).

Nimmt man vereinfachend an $\varrho(x) = qN_{\mathrm{D}}^+$, so ergibt die Lösung von Gl. (7.84):

$$\psi(x) = -\frac{1}{2}\frac{q}{\varepsilon_0\,\varepsilon_{\mathrm{HL}}}\cdot N_{\mathrm{D}}^+\,(x-l)^2. \tag{7.85}$$

Mit den Randbedingungen $\psi(0) = \psi_{\mathrm{S}}$, $\psi(l) = 0$ gilt:

$$\psi_{\mathrm{S}} = -\frac{1}{2}\frac{q}{\varepsilon_0\,\varepsilon_{\mathrm{HL}}}N_{\mathrm{D}}^+\cdot l^2. \tag{7.86}$$

Damit ist die Ausdehnung der Raumladung, die Sperrschichtweite l, gegeben durch:

$$l = \sqrt{\frac{2\,|\psi_{\mathrm{S}}|\,\varepsilon_0\,\varepsilon_{\mathrm{HL}}}{qN_{\mathrm{D}}^+}}. \tag{7.87}$$

Da sich die Raumladung (space charge) Q_{SC} pro Fläche zu $Q_{\mathrm{SC}}^* = qN_{\mathrm{D}}^+\cdot l$ ergibt, ist $Q_{\mathrm{SC}}^* \sim \sqrt{\psi_{\mathrm{S}}}$, und man erhält für die Kapazität C_{diff} pro Fläche

$$C_{\mathrm{diff}}^* = \frac{\mathrm{d}Q_{\mathrm{SC}}^*}{\mathrm{d}\psi_{\mathrm{S}}} = \frac{\mathrm{d}Q_{\mathrm{SC}}^*}{\mathrm{d}l}\frac{\mathrm{d}l}{\mathrm{d}\psi_{\mathrm{S}}} = \sqrt{\frac{\varepsilon_0\,\varepsilon_{\mathrm{HL}}\,qN_{\mathrm{D}}^+}{2\,|\psi_{\mathrm{S}}|}}. \tag{7.88}$$

Die Kapazität ändert sich also $\sim \dfrac{1}{\sqrt{\psi_{\mathrm{S}}}}$ mit der über dem Halbleiter abfallenden Spannung ψ_{S}. Diese Abschätzung wird Schottky-Näherung genannt. Abbildung 7.20 zeigt die vereinfachend angenommene Raumladungsverteilung $\varrho(x)$, das aus der Poissongleichung bestimmte elektrische Feld $\mathscr{E}(x)$ und die Spannung $\psi(x)$.

Abbildung 7.21 zeigt die zugehörige Kapazitäts-Spannungsabhängigkeit von $1/C_{\mathrm{diff}}^2$. Man entnimmt Gl. (7.88), dass sich aus dem Anstieg die Konzentration der ionisierten Donatoren bestimmen lässt. Dies ist eine technologisch sehr einfache Methode, um die Störstellenkonzentration und deren Ortsabhängigkeit zu bestimmen, die auch in großem Stil eingesetzt wird.

Erhöht man nun die negative Spannung an der Metallelektrode, so werden immer mehr Elektronen von der Isolator-Halbleitergrenze verschoben. An dieser Stelle muss an die Betrachtung der dynamischen Vorgänge, die Generation und Rekombination, erinnert werden. Im thermischen Gleichgewicht sind beide Raten gleich, und es gilt $n_0 = p_0 = n_{\mathrm{i}}^2$. Nimmt man n-Silizium als Beispiel, so ergibt bei Raumtemperatur $n_{\mathrm{i}}^2 \approx 10^{20}\,\mathrm{cm}^{-6}$. Mit einer Dotierung von $N_{\mathrm{D}} \approx 10^{15}\,\mathrm{cm}^{-3}$ ergibt sich bei vollständiger Ionisierung p_0 zu $\approx 10^5\,\mathrm{cm}^{-3}$. Die Löcherkonzentration p_0 ist also etwa 10 Größenordnungen kleiner als $n_0 \approx N_{\mathrm{D}}$. Wird jedoch die Elektronenkonzentration n_0 durch die angelegte Spannung in der Raumladungszone sehr stark reduziert, so kann praktisch keine Rekombination mehr stattfinden, da keine Elektronen mehr im Leitungsband vorhanden sind. Da die Generationsrate lediglich T-abhängig ist,

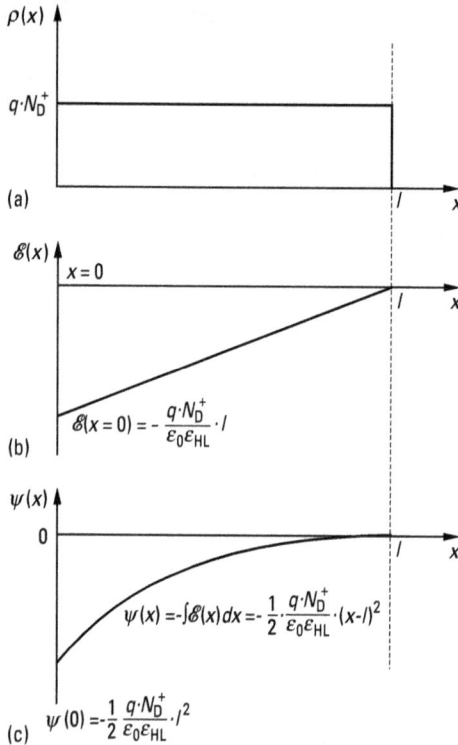

Abb. 7.20 Die Raumladungsverteilung $\varrho(x)$ (a), das zugehörige elektrische Feld $\mathscr{E}(x)$ (b) und der Spannungsverlauf $\Psi(x)$ über der Raumladungszone. (Berechnet im Rahmen der Schottky-Näherung der Poissongleichung.)

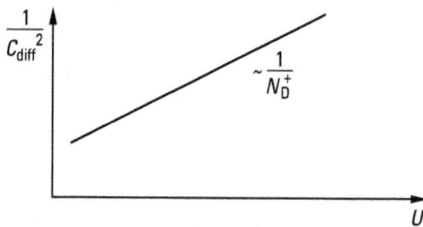

Abb. 7.21 C_{diff}^{-2}/U-Kurve bei ortsunabhängiger Raumladung $q\,N_D^+$ im Rahmen der Schottky-Näherung. Der Anstieg liefert N_D^+. Bei gekrümmter Kurve ist N_D^+ ortsabhängig. Die Differentiation der Kurve liefert dann $N_D^+(x)$.

werden ständig weiter Elektronen-Lochpaare generiert, von denen die Elektronen sofort aus der Raumladungszone verdrängt werden. Wird daher die Elektronenkonzentration auf die Gleichgewichtslöcherkonzentration p_0 ($\approx 10^5\,\mathrm{cm}^{-3}$) reduziert, also $n = 10^5\,\mathrm{cm}^{-3}$, wird nach der entsprechenden Generationszeit die Löcherkonzentration gemäß $n \cdot p = n_i^2$ auf die Elektronenkonzentration im Gleichgewicht, also etwa

$10^{15}\,\text{cm}^{-3}$, zugenommen haben. Es gibt in der Raumladungszone nun also ebensoviel Löcher wie vorher Elektronen. Diese beweglichen Löcher wandern im elektrischen Feld an die Halbleiter-Isolator-Grenzfläche und erfüllen dort die Ladungsbilanz. Es ergibt sich damit folgendes Bild. Aus einer Schicht der Dicke l sind praktisch sämtliche negativen beweglichen Ladungsträger (Elektronen) verdrängt. In einer dünnen Schicht an der Isolator-Halbleiter-Grenzfläche befinden sich bewegliche positive Ladungsträger (Löcher). Diese Schicht nennt man **Inversionsschicht**, da hier die Halbleiter-Leitfähigkeit praktisch invertiert ist, von Elektronen- in Löcher-Leitung beim n-Halbleiter, von Löcher- in Elektronen-Leitung beim p-Halbleiter. Diese Schicht ist vom Rest des Halbleiters durch eine praktisch von beweglichen Ladungsträgern freie Zone getrennt. Da nun bei kleinen Spannungsänderungen die Ladungsbilanz auf den Kondensatorplatten auf der Halbleiterseite im Wesentlichen durch die positiven beweglichen Ladungsträger, die Löcher in der Inversionsschicht an der Halbleiter-Isolator-Grenzfläche, erfüllt wird, steigt die Kapazität mit wachsender negativer Spannung wieder auf den Wert der geometrischen Kapazität C_0 an.

Durch die Verwendung eines Halbleiters als eine der beiden Kondensatorplatten gelingt es also, in der entstehenden Raumladungszone mit durch die Dotierung einstellbarer Größe, Elektronen und Löcher zu trennen. Die Löcher befinden sich in der dünnen Inversionsschicht an der Isolator-Halbleiter-Grenzfläche, und die Elektronen sind durch eine von allen beweglichen Ladungsträgern freie Zone getrennt im Halbleiterinneren. Damit ergibt sich die Möglichkeit, durch geeignete Source-Drain-Kontakte am Halbleiter, pn-Kontakte (Abschn. 7.12), lediglich die Löcher der Inversionsschicht zum Ladungstransport zwischen Source und Drain zu nutzen. Damit ist die Idee des FET realisiert. In einem Kanal (der Inversionsschicht) fließen die von der an die Gateelektrode angelegten Gatespannung influenzierten Ladungsträger. Deren Konzentration und damit der Source-Drain-Strom wird von U_G bestimmt.

Im Folgenden sollen die bisherigen Betrachtungen noch einmal anhand des Bänderschemas erläutert und daran anschließend die $C(U)$-Kurve berechnet werden.

7.9.2 Bänderschema des MOS-Kondensators

Geht man zunächst, stark vereinfachend, von dem sog. Potentialtopfmodell für Festkörper aus, erhält man das Bild aus Abb. 7.22. Dabei werden das Metall und der Halbleiter durch einen Potentialtopf dargestellt.

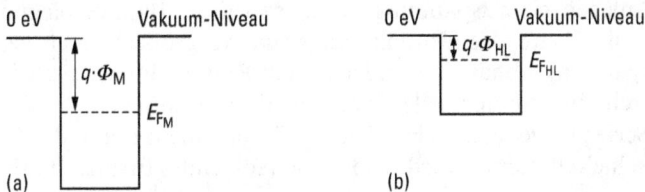

Abb. 7.22 Potentialtopf-Modell für das Metall (a) und den Halbleiter (b). Die Austrittsarbeit $q\Phi_M$ des Metalls ist i. A. größer als die des Halbleiters $q\Phi_{HL}$. E_{F_M}, $E_{F_{HL}}$ sind die Fermi-Niveaus des Metalls bzw. des Halbleiters.

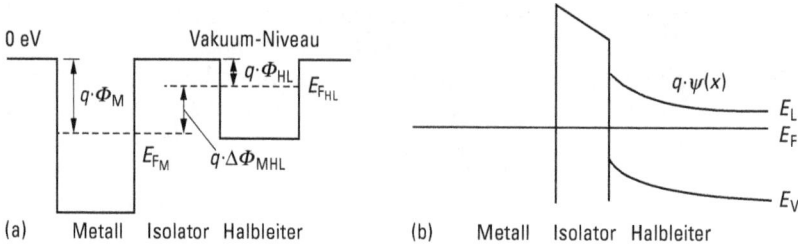

Abb. 7.23 Bringt man zu einem Zeitpunkt $t = t_o$ Halbleiter und Metall zusammen, so dass sie das gleiche Vakuum-Niveau besitzen, ergibt sich ein Sprung der Fermi-Niveaus um die Differenz der Austrittsarbeiten $q\Delta\Phi_{MHL}$. Das System ist daher nicht im Gleichgewicht. Nach Einstellung des Gleichgewichts erhält man daher eine Raumladung bzw. Bandverbiegung $q\Psi(x)$ im Halbleiter (b).

Die Energie, die notwendig ist, um ein Elektron aus dem Metall bzw. dem Halbleiter ins Vakuum freizusetzen, wird Austrittsarbeit, $q\Phi_M$ bzw. $q\Phi_{HL}$, genannt (Abschn. 7.8). Diese ist von Material zu Material verschieden. Im Allgemeinen ist sie jedoch für Metalle größer als für Halbleiter. Bringt man daher ein Metall und einen Halbleiter zur Zeit $t = t_0$ in einem Abstand d zusammen, so dass sie das gleiche Vakuum-Energieniveau besitzen, erhält man das Bild aus Abb. 7.23. Es ergibt sich eine Differenz der Austrittsarbeiten des Metalls $q\Phi_M$ und des Halbleiters $q\Phi_{HL}$ zu $q\Delta\Phi_{MHL}$.

Da die Fermi-Niveaus im Metall und im Halbleiter um diesen Beitrag $q\Delta\Phi_{MHL}$ verschoben sind, ist diese Anordnung nicht im thermodynamischen Gleichgewicht, denn dieses ist durch gleiche Fermi-Niveaus definiert (Abschn. 7.6.2). Es muss daher ein Ladungstransfer zwischen Metall und Halbleiter stattfinden, um die Fermi-Niveaus anzugleichen:

$$Q = C \cdot \Delta\Phi_{MHL} = \frac{\varepsilon_0 \varepsilon_r}{d} \Delta\Phi_{MHL},$$

mit ε_r als Dielektrizitätskonstante des Mediums zwischen Metall und Halbleiter und Q = Ladung pro Fläche. Die aus dem Halbleiter in das Metall übertretende Ladung macht sich im Halbleiter als Raumladung bemerkbar. So gehen z. B. in einem n-Halbleiter Elektronen in das Metall über und erzeugen eine positiv geladene Raumladungszone im Halbleiter. Schon ohne außen angelegte Spannung erhält man also aufgrund der Austrittsarbeitsunterschiede eine Bandverbiegung im Halbleiter (Silizium). Durch Anlegen einer Spannung kann man diese Bandverbiegung $q\Phi(x)$ und damit auch die Weite der Raumladungszone vergrößern oder verkleinern (Abb. 7.24). Die spannungsabhängige Änderung der Raumladungsweite wird gemäß $dQ = C_{diff} dU$ durch eine differenzielle Kapazität C_{diff} beschrieben.

Diese liegt in Serie zur geometrischen Kapazität, die allein durch die Dicke und das ε der Isolatorschicht bestimmt wird, so dass sich folgendes Ersatzschaltbild ergibt (Abb. 7.25).

Bei diesen Überlegungen wurde für die Ladungsbilanz lediglich berücksichtigt, dass die Ladung auf der Metallelektrode durch die Ladung im Halbleiter kompensiert wird, also $Q_M = Q_{HL}$. Dabei wird die Ladung im Halbleiter Q_{HL} von den Elekt-

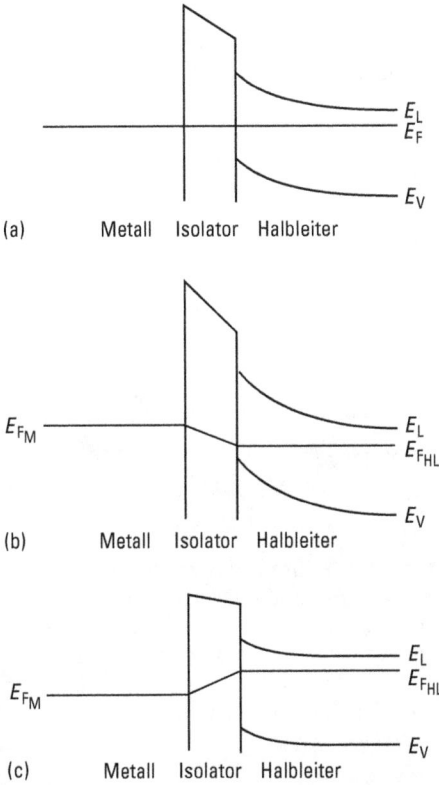

(a)   Metall   Isolator   Halbleiter

E_L
E_F

E_V

(b)   Metall   Isolator   Halbleiter

E_{F_M}

E_L
$E_{F_{HL}}$

E_V

(c)   Metall   Isolator   Halbleiter

E_{F_M}

E_L
$E_{F_{HL}}$

E_V

Abb. 7.24 Bandverbiegung $q\Psi(x)$ im n-Halbleiter ohne angelegte Spannung (a), die Bandverbiegung vergrößernde (b) und verringernde Spannung (c). Wird die ohne angelegte Spannung aufgrund der Austrittarbeitsdifferenz auftretende Bandverbiegung vollständig kompensiert (nahezu in (c) geschehen), benötigt man dafür die sog. Flachbandspannung U_{FB}.

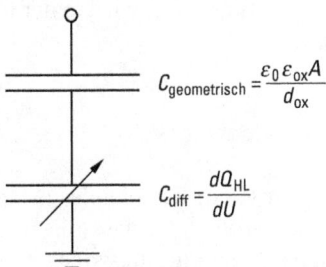

$$C_{\text{geometrisch}} = \frac{\varepsilon_0 \varepsilon_{\text{ox}} A}{d_{\text{ox}}}$$

$$C_{\text{diff}} = \frac{dQ_{\text{HL}}}{dU}$$

Abb. 7.25 Ersatzschaltbild des idealen MOS-Kondensators. $C_{\text{geometrisch}}$ repräsentiert die Kapazität, die durch die Oxidschicht bestimmt ist. In Serie dazu liegt die spannungsabhängige Halbleiterkapazität C_{diff}, die durch die spannungsabhängige Änderung der Raumladung dQ_{HL}/dU gegeben ist.

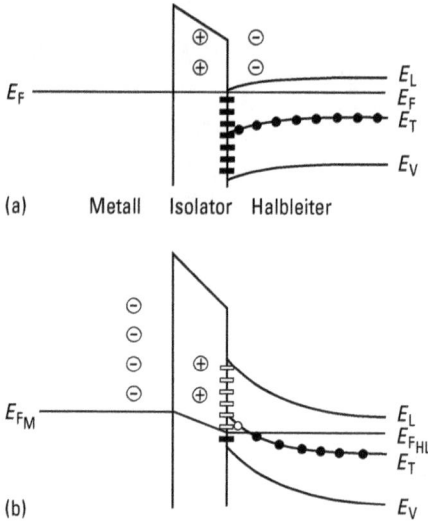

(a)   Metall Isolator Halbleiter

(b)

Abb. 7.26 Einfluss von Ladungen im Oxid (Q_{ox}), Grenzflächenzuständen (Q_{ss}) und einem tiefen Niveau E_T ohne angelegte Spannung (a) und mit angelegter Spannung (b). Aufgrund der Ladung ($+$) im Oxid wird zur Kompensation eine negative Ladung im Halbleiter ($-$) erzeugt. In einem n-Halbleiter entsteht eine Anreicherungsrandschicht. Ohne angelegte Spannung liegen in (a) E_T und die Grenzflächenzustände unterhalb von E_F und sind mit Elektronen besetzt. Mit angelegter Spannung (b) wird der Teil von E_T und der Grenzflächenzustände oberhalb E_F umgeladen und trägt zur Raumladung bei.

ronen und Löchern sowie von den geladenen Dotieratomen der flachen Störstellen gebildet: $Q_{HL} = q(n_0, p_0, N_D^+, N_A^-)$. Die Ladungsbilanz wird jedoch dadurch komplizierter, dass a) im Isolator ortsfeste Ladungen existieren können, dass b) energetisch tiefe Niveaus im Halbleiter und c) die im vorigen Abschnitt beschriebenen Oberflächenzustände vorhanden sein können. Abbildung 7.26 zeigt dies schematisch.

Für die Ladungsbilanz ergibt sich in diesem Fall: $Q_M = Q_{HL} + Q_{OX} + Q_{SS}$, mit Q_{OX} für die Oxidladung und Q_{SS} für die Ladung in den Oberflächenzuständen (surface states). Der Beitrag dieser Ladungen zur Gesamtkapazität wird in der folgenden Berechnung der MOS-Kapazität berücksichtigt.

7.9.3 Berechnung der Kapazität des MOS-Kondensators

Im Folgenden soll die Berechnung Schritt für Schritt am Beispiel des n-Halbleiters durchgeführt werden (Abb. 7.23). Man entnimmt Abb. 7.23, dass die Elektronenkonzentration aufgrund der Bandverbiegung in der Raumladungszone ortsabhängig ist. Mit der Bandverbiegung $q\psi(x)$ erhält man für diese ortsabhängige Elektronenkonzentration $n(x)$:

$$n(x) = N_L \exp\left(-\frac{E_L(x) - E_F}{kT}\right) = n_0 \exp\left(\frac{q \cdot \psi(x)}{kT}\right), \tag{7.89}$$

mit n_0 der Konzentration im thermischen Gleichgewicht. Für die zugehörige Löcherkonzentration $p(x)$ ergibt sich:

$$p(x) = p_0 \exp\left(-\frac{q \cdot \psi(x)}{kT}\right). \tag{7.90}$$

Damit erhält man für die Poissongleichung

$$\frac{d^2\psi(x)}{dx^2} = -\frac{\varrho(x)}{\varepsilon_0\,\varepsilon_{HL}} = -\frac{q}{\varepsilon_0\,\varepsilon_{HL}}\left(N_D^+ + p(x) - N_A^- - n(x)\right), \tag{7.91}$$

wenn zunächst tiefe Niveaus, Oberflächenzustände sowie Oxidladungen unberücksichtigt bleiben. Setzt man in Gl. (7.91) Gl. (7.89) und Gl. (7.90) ein und berücksichtigt noch $N_D^+ = n_0$ und $N_A^- = p_0$ so ergibt sich:

$$\frac{d^2\psi(x)}{dx^2} = -\frac{q}{\varepsilon_0\,\varepsilon_{HL}} \cdot \left\{ p_0 \underbrace{\left[\exp\left(-\frac{q\psi(x)}{kT}\right) - 1\right]}_{\text{Löcheranteil}} - n_0 \underbrace{\left[\exp\left(\frac{q \cdot \psi(x)}{kT}\right) - 1\right]}_{\text{Elektronenanteil}} \right\}. \tag{7.92}$$

Man erkennt, es handelt sich hier um eine implizite Gleichung, die analytisch nicht gelöst werden kann. Vernachlässigt man die exp-Funktionen, ergibt sich eine einfache Lösung, die schon bekannte Schottky-Näherung (Gl. (7.85)), die eine gute Näherung für die Raumladungsweite (Debye-Länge) und die Spannungsabhängigkeit der Kapazität liefert, wenn die beweglichen Ladungsträger n_0, p_0 vernachlässigt werden und nur N_D^+, N_A^- berücksichtigt werden müssen.

Da jedoch im Folgenden lediglich die Kapazität berechnet werden soll und nicht der Bandverlauf $\psi(x)$ selbst, und die Kapazität schon aus der 1. Ableitung von $\psi(x)$, dem elektrischen Feld über $\operatorname{div} \boldsymbol{D} = \varepsilon \cdot \operatorname{div} \boldsymbol{\mathscr{E}} = \varrho$ und $\int \varrho(x)\,dx = Q(\psi)$ aus $\frac{dQ}{d\psi} = C$ berechnet werden kann, genügt es, das elektrische Feld zu bestimmen. Das bedeutet, dass Gl. (7.92) nur einmal integriert zu werden braucht. Dies ist mit Hilfe folgenden Zusammenhanges leicht möglich:

$$\frac{d^2\psi}{dx^2} = \frac{1}{2}\frac{d}{d\psi}\left(\frac{d\psi}{dx}\right)^2. \tag{7.93}$$

Denn nun wird die 1. Integration nicht nach x, sondern nach ψ durchgeführt, und das Ergebnis liefert das Quadrat der elektrischen Feldstärke, nämlich das Quadrat des Gradienten von ψ. Da in Gl. (7.92) die exp-Funktion leicht nach ψ integriert werden kann, erhält man als Ergebnis für die Feldstärke $\mathscr{E}(x)$:

$$\mathscr{E}(x) = \pm\sqrt{2\frac{kT}{q}\cdot\frac{qn_0}{\varepsilon_0\,\varepsilon_{HL}}\cdot F(\psi(x))}, \tag{7.94}$$

mit

$$F(\psi(x)) = \sqrt{\frac{p_0}{n_0}\cdot\left\{\exp\left(-\frac{q\cdot\psi(x)}{kT}\right) + \frac{q\cdot\psi(x)}{kT} - 1\right\} + \left\{\exp\left(\frac{q\cdot\psi(x)}{kT}\right) - \frac{q\cdot\psi(x)}{kT} - 1\right\}}.$$

Schreibt man in Gl. (7.94) den Vorfaktor um, erhält man:

$$\sqrt{2\frac{kT}{q}\cdot\frac{qn_0}{\varepsilon_0\varepsilon_{HL}}} = \frac{kT}{q}\sqrt{\left(\frac{\varepsilon_0\varepsilon_{HL}\cdot\dfrac{kT}{q}}{2qn_0}\right)^{-1}} \;. \tag{7.95}$$

Auf der rechten Seite steht jedoch kT/q dividiert durch die Debye-Länge $l_D(\psi)$ für $\psi = kT/q$ (siehe Gl. (7.87)). Damit kann man Gl. (7.94) schreiben als:

$$\mathscr{E}(x) = \pm\frac{2\dfrac{kT}{q}}{l_D}\cdot F(\psi(x))\,. \tag{7.96}$$

Gleichzeitig ergibt sich mit dieser Schreibweise:

$$\left(\frac{l}{l_D}\right)^2 = \frac{|\psi|}{\dfrac{kT}{q}}$$

und unter Zuhilfenahme der Einstein-Relation $D/\mu = kT/q$ auch wieder die Beziehung $l_D = \sqrt{D\tau}$ mit der dielektrischen Relaxationszeit $\tau = \varepsilon/\sigma$ (Abschn. 7.2).

Für die Raumladung $Q_{HL}(\psi_s)$ erhält man gemäß:

$$Q_{HL} = \int_0^l \varrho(x)\,\mathrm{d}x = \varepsilon_0\varepsilon_{HL}\int_0^l \frac{\mathrm{d}\mathscr{E}(x)}{\mathrm{d}x}\,\mathrm{d}x = \varepsilon_0\varepsilon_{HL}\left(\mathscr{E}(l)-\mathscr{E}(0)\right) = \varepsilon_0\varepsilon_{HL}\,\mathscr{E}(0)$$

mit

$$\mathscr{E}(l) = 0$$

und somit

$$Q_{HL}(\psi_s) = \pm 2\frac{\varepsilon_0\varepsilon_{HL}}{l_D}\cdot\frac{kT}{q}\cdot F(\psi_s)\,. \tag{7.97}$$

Damit lässt sich C_{HL} gemäß $C_{HL} = \dfrac{\mathrm{d}Q_{HL}}{\mathrm{d}\psi_s}$ berechnen, und man erhält:

$$C_{HL} = \frac{\varepsilon_0\varepsilon_{HL}}{l_D}\cdot\frac{\dfrac{p_0}{n_0}\left[1-\exp\left(\dfrac{-q\psi_s}{kT}\right)\right]+\left[\exp\left(\dfrac{q\psi_s}{kT}\right)-1\right]}{F(\psi_s)}\,. \tag{7.98}$$

Abbildung 7.27a zeigt den berechneten $Q_{HL}(\psi_s)$-Verlauf und Abb. 7.27b den zugehörigen $C_{HL}(\psi_s)$-Verlauf.

Zur Diskussion der Gleichung für $Q_{HL}(\psi_s)$ geht man zunächst von $\psi_s > 0$ aus, dann kann der Term $\dfrac{p_0}{n_0}[\;]$ aufgrund von $n_0 \gg p_0$ und $\exp\left(\dfrac{q\psi_s}{kT}\right) \ll 1$ vernachlässigt werden, und man erhält:

$$Q_{HL} = -2\frac{\varepsilon_0\varepsilon_{HL}}{l_D}\cdot\frac{kT}{q}\sqrt{\exp\left(\frac{q\psi_s}{kT}\right)-\frac{q\psi_s}{kT}-1}\,. \tag{7.99}$$

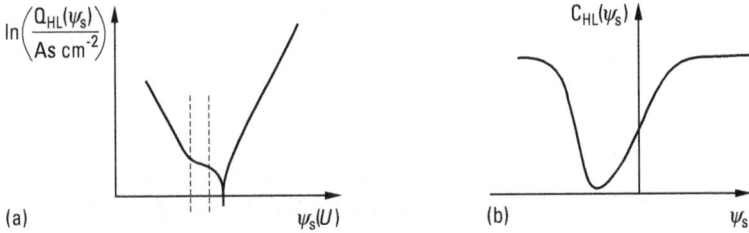

Abb. 7.27   Berechneter $Q_{\mathrm{HL}}(\Psi_{\mathrm{S}})$-Verlauf (a) und berechnete $C_{\mathrm{HL}}(\Psi_{\mathrm{S}})$-Kurve (b).

Bei kleinem ψ_{s} ($\psi_{\mathrm{s}} \approx kT/q$) kann die e-Funktion entwickelt werden, und es ergibt sich, wenn nach dem 2. Glied abgebrochen wird:

$$Q_{\mathrm{HL}} = -\sqrt{2}\frac{\varepsilon_0\,\varepsilon_{\mathrm{HL}}}{l_{\mathrm{D}}}\cdot\psi_{\mathrm{s}}, \tag{7.100}$$

die Ladung in der Raumladungszone ist also proportional zu ψ_{s}.

Bei $\psi_{\mathrm{s}} \gg kT/q$ ist die exp-Funktion entscheidend, und man erhält:

$$Q_{\mathrm{HL}} = -2\frac{\varepsilon_0\,\varepsilon_{\mathrm{HL}}}{l_{\mathrm{D}}}\cdot\frac{kT}{q}\cdot\exp\!\left(\frac{q\psi_{\mathrm{s}}}{2\,kT}\right), \tag{7.101}$$

die Raumladung steigt exponentiell an.

Für negative Spannungen $\psi_{\mathrm{s}} = -|\psi_{\mathrm{s}}|$ wird der Löcheranteil, die Klammer mit dem negativen Exponenten, entscheidend.

Allerdings hat diese den Vorfaktor p_0/n_0 ($\approx 10^{-10}$ für die üblichen Dotierungen), so dass das Produkt aus $p_0/n_0\,[\ ]$ betrachtet werden muss.

Ist $\dfrac{p_0}{n_0}\cdot\exp\!\left(\dfrac{q\,|\psi_{\mathrm{s}}|}{kT}\right) \ll 1$, erhält man als Näherung:

$$Q_{\mathrm{HL}} = 2\frac{\varepsilon_0\,\varepsilon_{\mathrm{HL}}}{l_{\mathrm{D}}}\cdot\frac{kT}{q}\cdot\sqrt{\frac{q\,|\psi_{\mathrm{s}}|}{2\,kT}}. \tag{7.102}$$

Die Raumladung nimmt also proportional zu $\sqrt{|\psi_{\mathrm{s}}|}$ zu. Dies ist der Fall, wenn die Majoritätsträger (Elektronen im n-Halbleiter) aus der Raumladungszone verdrängt werden und allein die ortsfesten Donatoren (N_{D}^{+}) die Raumladung darstellen (Gl. (7.85), Schottky-Näherung).

Ist dagegen $\dfrac{p_0}{n_0}\exp\!\left(\dfrac{q\,|\psi_{\mathrm{s}}|}{kT}\right) \gg 1$, erhält man:

$$Q_{\mathrm{HL}} = 2\frac{\varepsilon_0\,\varepsilon_{\mathrm{HL}}}{l_{\mathrm{D}}}\cdot\frac{kT}{q}\cdot\sqrt{\frac{p_0}{n_0}}\cdot\exp\!\left(\frac{q\,|\psi_{\mathrm{s}}|}{2\,kT}\right). \tag{7.103}$$

Die Raumladung steigt exponentiell, jedoch sind die Ladungsträger diesmal die beweglichen positiven Ladungsträger, die Löcher. Gl. (7.103) beschreibt also den Aufbau der Inversionsladung. Der Übergang zwischen den beiden Näherungen beschreibt also den Übergang von der Verarmungszone zur Bildung der Inversionsschicht. In der Verarmungszone bilden die **ortsfesten** positiv geladenen Donatoren die Raumladung, in der Inversionsschicht die **beweglichen** positiven Ladungsträger, die Löcher. Dieser Übergang ergibt sich aus der Bedingung:

$$\frac{p_0}{n_0} \exp\left(\frac{q\,|\psi_{s\,max}|}{kT}\right) = 1 . \tag{7.104}$$

Damit erhält man für die Bandverbiegung $|\psi_{s\,max}|$ am Übergang von der Verarmung zur Inversion:

$$|\psi_{s\,max}| = \frac{kT}{q} \cdot \ln\left(\frac{n_0}{p_0}\right) = 2\frac{kT}{q} \cdot \ln\left(\frac{N_D^+}{n_i}\right) . \tag{7.105}$$

Da in einem n-Halbleiter gilt: $E_F - E_i = kT \cdot \ln\left(\dfrac{N_D^+}{n_i}\right) = q\psi_B$, kann man schreiben:

$$|\psi_{s\,max}| = 2\frac{1}{q}(E_F - E_i) = 2\,\psi_B . \tag{7.106}$$

Da $E_F - E_i = q\psi_B$ im ungestörten Halbleiter außerhalb der Raumladungszone die Konzentration der Majoritätsträger beschreibt (für $E_F = E_i$ ist $n_0 = p_0 = n_i$), gibt Gl. (7.106) an, welche Bandverbiegung zum Aufbau der Inversionsschicht mindestens vorhanden sein muss. Für die vorher beschriebene Idee der Funktion eines FET bedeutet dies, dass an die Gateelektrode zumindest eine solche Spannung angelegt werden muss, dass diese Bandverbiegung erreicht wird. Man nennt diese notwendige Spannung die **Einsatzspannung**. Gl. (7.106) erlaubt auch, die für das Einsetzen der Inversion notwendige Raumladungsweite abzuschätzen. Aus der Lösung der Poissongleichung (Gl. (7.84)) ergab sich Gl. (7.86). Mit dieser erhält man:

$$|\psi_{s\,max}| = \frac{q N_D^+ l_{max}^2}{2\,\varepsilon_0\,\varepsilon_{HL}} = 2\,|\psi_B| = 2\frac{kT}{q} \ln\left(\frac{N_D^+}{n_i}\right), \tag{7.107}$$

und somit:

$$l_{max} = l_D \cdot \ln\left(\frac{N_D^+}{n_i}\right) . \tag{7.108}$$

Bisher wurde nur die Bandverbiegung, bzw. die über dem Halbleiter abfallende Spannung ψ_s betrachtet, jedoch insbesondere für den FET interessiert die an die Gateelektrode anzulegende Spannung U, die diese Bandverbiegung zur Folge hat. Da die Raumladungskapazität C_{HL} in Serie zur geometrischen Kapazität pro Fläche $C_{geo} = \varepsilon_0\,\varepsilon_{ox}/d_{ox}$ liegt, setzt sich die anzulegende Gesamtspannung (Gatespannung) aus dem Spannungsabfall über dem Oxid U_{ox}, die zu kompensierende Metall-Halbleiter-Austrittsarbeit $\Delta\Phi_{MHL}$ und die über dem Halbleiter abfallende Spannung ψ_s zusammen: $U = U_{ox} + \psi_s - \Delta\Phi_{MHL}$.

7.9.4 Einfluss von Oxid-Ladungen, tiefen Niveaus und Grenzflächenzuständen

Wie bereits erwähnt, muss bei der Realisierung eines MOS-Kondensators bzw. FET berücksichtigt werden, dass Oxidladungen, tiefe Niveaus und Grenzflächenzustände zusätzlich vorhanden sind.

7.9.4.1 Oxidladungen

Zur Herstellung der Oxidschicht können bei der thermischen Oxidation des Siliziums unbewegliche, ortsfeste Ladungen eingebracht werden. Meist sind es positive Alkali-Ionen (Na^+), die aus den zur Oxidation verwendeten Quarzrohren stammen. Diese Ladung Q_{ox} ruft eine entsprechende Ladung und eine damit verbundene Bandverbiegung im Halbleiter hervor. Diese muss durch eine außen angelegte Spannung kompensiert werden, die sog. Flachbandspannung. Für die $C(U)$-Kurve erhält man also lediglich eine um diese Flachbandspannung verschobene Kurve, die Kurvenform wird nicht verändert. Aus dieser Flachbandspannung U_{FB} kann die Oxidladung gemäß $Q_{ox} = C_{ox} U_{FB}$ bestimmt werden.

7.9.4.2 Tiefe Störstellen

Energetisch tief liegende Störniveaus in einem z. B. n-Halbleiter liegen im Gleichgewicht unterhalb des Fermi-Niveaus (Abb. 7.28a) und sind damit mit Elektronen besetzt. Legt man nun eine Spannung an, verbiegen sich die Bänder (Abb. 7.28b) und bei entsprechender Spannung, wenn das Störniveau das Fermi-Niveau schneidet, gibt ein Teil der Störstellen seine eingefangenen Ladungsträger ab und trägt zur Ladungsbilanz bei.

Man erhält damit auch einen Beitrag zur Kapazität, allerdings erst bei Spannungen, bei denen eine Umladung der Störstellen stattfindet. Dieser Beitrag ist abhängig von der Frequenz, mit der die Kapazität gemessen wird. Ist die Frequenz groß gegen die Umladezeitkonstante der Störstellen, dann werden diese nicht im Rhythmus der Wechselspannung umgeladen. Sie verschieben die $C(U)$-Kurve ab der Gleichspannung, ab der das Störniveau E_F schneidet um den Betrag: $\Delta U = \dfrac{q N_{D\,tief}}{C_{ox}} \cdot l.$

Dabei ist l der Abstand von der Grenzfläche des Schnittpunkts des Störniveaus mit dem Fermi-Niveau. Sie verhalten sich also praktisch wie Oxidladungen, die erst bei einer bestimmten Spannung wirksam werden. Ist die Frequenz der zur Kapazitäts-

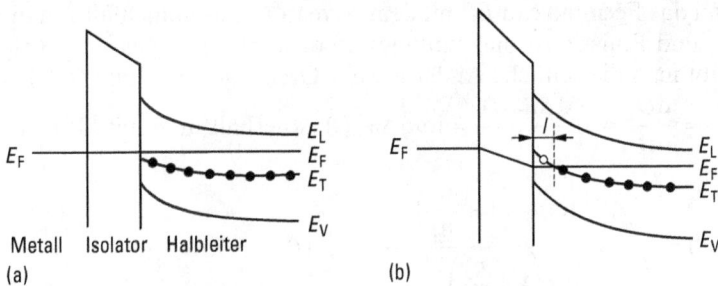

Abb. 7.28 Einfluss energetisch tiefliegender Niveaus E_T. Ohne angelegte Spannung (a) liegt das Niveau z. B. vollständig unterhalb E_F und ist damit mit Elektronen besetzt. Mit angelegter Spannung (b) nimmt die Bandverbiegung zu und im Bereich 0 bis l liegt E_T oberhalb von E_F und gibt daher in diesem Bereich seine Elektronen ab. Diese Umladung im Rhythmus der angelegten Spannung trägt daher zur Kapazität bei, s. auch Abb. 7.26.

messung verwendeten Wechselspannung kleiner Amplitude, die die angelegte Gleichspannung überlagert, jedoch klein gegen die Umladezeitkonstante der Störstellen, so tragen diese entsprechend zur Kapazität bei.

7.9.4.3 Grenzflächenzustände

Der Einfachheit halber soll zunächst angenommen werden, dass es lediglich einen Grenzflächenzustand gibt. Dann kann für die Zeitabhängigkeit der Umladung dieses Niveaus von Gl. (7.47) ausgegangen werden: $-\dfrac{\mathrm{d}n}{\mathrm{d}t} = \dfrac{\mathrm{d}n_T}{\mathrm{d}t} = c_n(np_T - n_T n_1)$, sofern dieses Niveau nur mit dem Leitungsband wechselwirkt.

Gelöst wird diese Gleichung wieder im Rahmen einer Kleinsignalnäherung, denn bei der Messung der Kapazität durch eine der Gleichspannung $U_=$ überlagerten Wechselspannung $\tilde{u}e^{\mathrm{i}\omega t}$ wird angenommen, dass $\tilde{u} \ll \dfrac{kT}{q}$ ist. Man erhält mit $\dfrac{\mathrm{d}}{\mathrm{d}t} \rightarrow \mathrm{i}\omega$:

$$\mathrm{i}\omega\,\Delta n_T = c_n(p_{T_0}\,\Delta n - (n_0 + n_1)\,\Delta n_T) \tag{7.109}$$

bzw.

$$\Delta n_T = \frac{c_n p_{T_0}}{\mathrm{i}\omega + c_n(n_0 + n_1)}\,\Delta n. \tag{7.110}$$

Mit $n = n_0 \exp\left(\dfrac{q\psi_s}{kT}\right)$ und daraus abgeleitet $\dfrac{\Delta n}{n} = \dfrac{q}{kT}\,\Delta\psi_s$, erhält man in Gl. (7.110) eingesetzt:

$$\Delta n_T = \frac{p_{T_0}\left(1 + \dfrac{n_1}{n_0}\right)^{-1}}{\mathrm{i}\omega\tau\left(1 + \dfrac{n_1}{n_0}\right)^{-1} + 1} \cdot \frac{q}{kT}\,\Delta\psi_s. \tag{7.111}$$

Dabei wurde noch benutzt, dass die Umladung des Grenzflächenzustandes erst stattfindet, wenn das Ferminiveau E_F mit dem Niveau E_T zusammenfällt. In diesem Fall gilt $n = n_1$, und Emissions- und Einfangzeitkonstante sind gleich $\tau_{e_n} = \tau_{c_n}^{p_T} = \tau$.

Beschreibt man die zeitliche Änderung der Grenzflächenladung $Q_S(t)$ als Stromdichte $j_s(t) = \dfrac{\mathrm{d}Q_s}{\mathrm{d}t} = q\dfrac{\mathrm{d}\Delta n_T(t)}{\mathrm{d}t} = \mathrm{i}\omega q\Delta n_T(t)$, so erhält man mit Gl. (7.111)

$$j_s(t) = \frac{q^2}{kT} \cdot \frac{\mathrm{i}\omega p_{T_0}\left(1 + \dfrac{n_1}{n_0}\right)^{-1}}{\mathrm{i}\omega\tau\left(1 + \dfrac{n_1}{n_0}\right)^{-1} + 1} \cdot \Delta\psi_s(t). \tag{7.112}$$

Man entnimmt Gl. (7.112), dass die Stromdichte proportional zur Spannung ist, so dass der Vorfaktor eine komplexe Admittanz darstellt, die als Serien-RC-Glied beschreibbar ist. Rechnet man das Serien-RC-Glied in ein Parallel-RC-Glied um, so erhält man:

$$C_S = \frac{q^2}{kT}\,p_{T_0}\left(1 + \frac{n_1}{n_0}\right)^{-1} \cdot \frac{1}{1 + (\omega\tau')^2}, \qquad (7.113)$$

$$\frac{G_S}{\omega} = \frac{q^2}{kT}\,p_{T_0}\left(1 + \frac{n_1}{n_0}\right)^{-1} \cdot \frac{\omega\tau'}{1 + (\omega\tau')^2}, \qquad (7.113)$$

mit $\tau' = \tau \cdot \left(1 + \dfrac{n_1}{n_0}\right)^{-1}$.

Dieses Parallel-RC-Glied mit der Kapazität C_S und dem Leitwert G_S, die die Umladung von Grenzflächenzuständen (surface states) beschreiben, liegt parallel zur Halbleiterkapazität C_{HL}. Damit ergibt sich folgendes Ersatzschaltbild für den MOS-Kondensator mit Grenzflächenzuständen, s. Abb. 7.29.

In der bisherigen Betrachtung wurde angenommen, dass lediglich **ein** Grenzflächenzustand umgeladen wird. In realen Bauelementen existiert jedoch ein Kontinuum von Grenzflächenzuständen der energieabhängigen Dichte $N_{SS}(E)$ (surface states). Die Umladung dieses Kontinuums $N_{SS}(E)$ beeinflusst daher die MOS-Kapazität praktisch bei allen Spannungen. In diesem Fall erhält man die Stromdichte $j_{SS}(t)$ für die Umladung des Kontinuums $N_{SS}(E)$ durch Aufaddieren der Beträge von allen Zuständen:

$$j_{SS}(t) = i\omega\frac{q^2}{kT}\int_{E_V/q}^{E_L/q} \frac{p_{T_0}}{\left(1 + \dfrac{n_1}{n_0}\right)} \cdot \frac{1}{1 + i\omega\tau\left(1 + \dfrac{n_1}{n_0}\right)^{-1}}\,d\psi_{SS}. \qquad (7.115)$$

Aufgrund von

$$\frac{p_{T_0}}{1 + \dfrac{n_1}{n_0}} = p_{T_0}\frac{n_{T_0}}{N_T} = p_{T_0}f(E_T) \quad \text{und} \quad p_{T_0} = N_T(1 - f(E_T)),$$

erhält man:

$$\frac{p_{T_0}}{1 + \dfrac{n_1}{n_0}} = N_T f(E_T) \cdot (1 - f(E_T)) = -\frac{kT}{q}N_T\frac{df(E_T)}{d\psi_{SS}}.$$

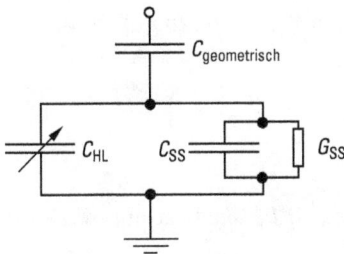

Abb. 7.29 Ersatzschaltbild für den MOS-Kondensator bei Berücksichtigung von Grenzflächenzuständen N_{ss}.

Die letzte Beziehung ergibt sich aus der in Gl. (7.19) angegebenen Eigenschaft der Fermi-Dirac-Verteilung, nämlich $f(E) \cdot (1 - f(E)) = -kT \dfrac{\mathrm{d}f(E)}{\mathrm{d}E}$ (Abschn. 7.5.2).

Damit lässt sich für die Stromdichte schreiben:

$$
\begin{aligned}
j_{SS}(t) &= -\mathrm{i}\omega \frac{q^2}{kT} \int\limits_{E_V/q}^{E_L/q} \frac{N_{SS}(\psi_s) \cdot \dfrac{kT}{q} \cdot \dfrac{\mathrm{d}f(E_T)}{\mathrm{d}\psi_{SS}}}{\mathrm{i}\omega\tau(\psi_s)\,f(E_T) + 1}\,\mathrm{d}\psi_{SS} \\[2mm]
&= -\mathrm{i}\omega q \int\limits_0^1 \frac{N_{SS}(E_T)}{\mathrm{i}\omega\tau(E_T)\,f(E_T) + 1}\,\mathrm{d}f(E_T),
\end{aligned}
\tag{7.116}
$$

da $f(E_V) = 1$ und $f(E_L) = 0$ ist. Diese Gleichung wäre dann einfach zu integrieren, wenn $N_{SS}(E_T) = \mathrm{const.}$ wäre. Da jedoch die Umladung des Störniveaus N_{SS} nur dort stattfindet, wo das Fermi-Niveau mit dem entsprechenden Niveau E_T zusammenfällt, und da $f(E)(1 - f(E)) = -kT \dfrac{\mathrm{d}f}{\mathrm{d}E}$ den Charakter einer δ-Funktion hat (Abschn. 7.5.2), kann man in guter Näherung annehmen, dass die Änderung von $N_{SS}(E)$ in der Umgebung der jeweiligen spannungsabhängigen Lage des Fermi-Niveaus nicht bedeutend ist, so dass N_{SS} dort als konstant angenommen und vor das Integral gezogen werden darf. Dann gilt natürlich auch, dass $\tau(E) = \mathrm{const.}$ angenommen werden darf. Dadurch kann die Integration sehr einfach ausgeführt werden, und man erhält nach Aufspalten in Real- und Imaginärteil:

$$
C_{SS} = \frac{qN_{SS}}{\omega\tau} \arctan(\omega\tau)
\tag{7.117}
$$

$$
\frac{G_{SS}}{\omega} = \frac{qN_{SS}}{\omega\tau} \frac{1}{2}\ln(1 + (\omega\tau)^2).
\tag{7.118}
$$

Man erhält damit das gleiche Ersatzschaltbild (Abb. 7.29) wie im Falle nur eines Grenzflächenzustandes, hat also lediglich die Kapazität C_S und den Leitwert G_S durch C_{SS}, G_{SS} (surface states) nach Gl. (7.117) und Gl. (7.118) zu ersetzen. Damit suggeriert das Ersatzschaltbild eine sehr effiziente Methode zur Bestimmung von $N_{SS}(E)$, die sog. **Leitwertmethode** [8].

Man legt eine Gleichspannung an die Probe, überlagert dieser eine Wechselspannung kleiner Amplitude ($\ll kT/q$) und misst in Abhängigkeit der angelegten Gleichspannung die Impedanz Z der Probe, die sich gemäß Abb. 7.29 zu

$$
Z = \frac{1}{\mathrm{i}\omega C_{geo}} + \frac{1}{\mathrm{i}\omega(C_{HL} + C_{SS}) + G_{SS}}
\tag{7.119}
$$

ergibt.

Da die geometrische Kapazität $C_{geo} = \varepsilon_0\varepsilon_{ox}A/d_{ox}$ leicht zu messen ist (in Anreicherung), kann aus dem Realteil von

$$
\left(Z - \frac{1}{\mathrm{i}\omega C_{geo}}\right)^{-1} = \mathrm{i}\omega(C_{HL} + C_{SS}) + G_{SS}
\tag{7.120}
$$

der Leitwert G_{SS} leicht ermittelt werden und damit N_{SS} gemäß Gl. (7.118) bestimmt werden. Durch die Variation der angelegten Gleichspannung erhält man auf diese Weise $N_{SS}(E)$.

7.10 Technologie des Silizium-MOS-Kondensators

Abbildung 7.19 gibt den prinzipiellen Aufbau eines MOS-Kondensators aus Silizium wieder. Bei der Herstellung werden die beiden Metallschichten zuletzt aufgebracht. Zuvor muss das Si-Substrat oxidiert werden, damit eine dünne SiO_2-Schicht entsteht, die das Gateoxid bildet.

An die SiO_2-Schicht werden hohe Anforderungen gestellt. Zunächst muss sie die Atome der Halbleiteroberfläche **passivieren**, so dass nur geringe Dichten von Grenz-flächenzuständen N_{SS} und der Oxidladung Q_{ox} entstehen (Abschn. 7.8). Weiterhin muss sie eine **hohe Durchbruchfeldstärke** E_D aufweisen ($E_D(SiO_2) \geq 5 \cdot 10^6\,V/cm$), damit Feldeffektexperimente an MOS-Kondensatoren mit z. B. nur 5 nm Oxiddicke bis zu Gatespannungen von $+/-25\,V$ ohne Gefahr für die Probe durchgeführt werden können. Bei anliegender Gatespannung wenig unterhalb der Durchbruch-spannung sollen sich die Kenngrößen (z. B. die Kapazität $C(U_G)$) nicht verändern. Dies ist nur gewährleistet, wenn **driftende Fremdionen** (insbesondere Alkalimetall-Ionen wie Na^+ u. a.) **nur in geringer Dichte** in der dielektrischen Schicht vorhanden sind. Hieraus wird deutlich, dass nur eine **hochreine Technologie** bei der Präparation der MOS-Schichten angewendet werden darf. Schließlich muss das Oxid auch als **Diffusionshemmer** gegenüber dotierenden Störstellen (wie Phosphor, Bor u. a.) in-nerhalb der **Planartechnologie** verwendbar und ebenfalls durch **Mikrolithographie** strukturierbar sein. Sämtliche genannten Gesichtspunkte erfüllt eine SiO_2-Schicht, die durch **thermische Oxidation** entstanden ist. Dabei setzt man die sorgfältig ge-reinigte Oberfläche des Siliziums im Ofen bei ca. 1000°C dem Strom eines Sauer-stoffgases oder aber inerten Stickstoffgases mit einem Anteil an Wasserdampf aus. An den beiden Reaktionen

$$Si\ (fest) + O_2\ (Gas)\ \rightarrow\ SiO_2\ (fest)$$

$$Si\ (fest) + 2\ H_2O\ (Gas)\ \rightarrow\ SiO_2\ (fest) + 2H_2\ (Gas)$$

erkennt man, dass bei der Bildung von SiO_2 stets Silizium verbraucht wird. Man kann schnell errechnen (aus der Dichte $\varrho = 2.27\,gcm^{-3}$ und der molaren Masse von SiO_2 sowie der Dichte $\varrho = 2.33\,gcm^{-3}$ und der molaren Masse $M = 28.09\,g/mol$ von Si, dass zum Aufbau einer SiO_2-Schicht der Dicke d_0 eine Si-Schicht der Dicke $0.45d_0$ verbraucht wird. Nach erstem Wachstum einer SiO_2-Schicht muss das oxidierende Medium durch diese vorhandene Schicht durchdiffundieren, um an der „**Oxidations-front**" weiteres Silizium in Siliziumdioxid umzuwandeln. Die **Oxidationskinetik** ist sehr genau erforscht worden (siehe [2], [4]). Nach Abbruch der Oxidation muss die SiO_2-Schicht zum Schutz gegen Verunreinigungen möglichst schnell durch eine **Me-tallisierung** (z. B. Aluminium) verschlossen werden. Sämtliche Reagenzien bis hin zum Wasser und der Luft im Technologie-Labor müssen gewissenhaftester Kontrolle unterliegen. Da z. B. die Befeuchtung des inerten N_2-Gases in einem Quarzkolben (dem sog. „Bubbler") doch noch unkontrollierbare Lösung von Alkalimetall-Ionen befürchten lässt, wählt man häufig die *pyrogenetische Oxidation*, bei der aus spektroskopisch reinen Gasen H_2 und O_2 in einer kontrollierten Knallgas-Reaktion im Oxidationsofen bei $1000\,°C$ Wasser synthetisiert wird, ohne dass es eine *„nasse"* Phase außerhalb des Ofens gibt. Allerdings muss auch auf die *Gefährlichkeit des Prozesses* hingewiesen werden.

7.11 Raumladungsschichten an Kontaktübergängen

Im Mittelpunkt dieses Abschnittes steht die Betrachtung des pn-Übergangs und der elektronischen Eigenschaften der Phasengrenze zwischen zwei Halbleitermaterialien unterschiedlichen Leitungstyps. Der ursprüngliche Begriff des **pn-Übergangs** wurde für den Kontakt zwischen p- und n-leitendem Germanium, später Silizium geprägt. Begriffliche Erweiterungen brachte der Kontakt zwischen unterschiedlichen Halbleitermaterialien, der **Hetero-Übergang**, z. B. zwischen AlGaAs und GaAs, im Gegensatz zum oben eingeführten *Homo*-Übergang z. B. aus Ge oder Si. Da als ausschlaggebender Gesichtspunkt für einen pn-Übergang das Vorhandensein einer Raumladungsschicht in zwei benachbarten Festkörper-Phasen betrachtet wird, lässt sich der Begriff noch anders erweitern, wenn man Kontakte zwischen Materialien gleichartigen Leitungstyps mit einbezieht (**„isotype"** Übergänge), bei denen sich lediglich die Dichte einer Störstellenart örtlich ändert und daraufhin eine Raumladung entsteht.

Wegbereiter für das Verständnis des pn-Überganges sind Arbeiten zum *Kontakt zwischen Halbleiter und Metall* (F. Braun, 1874; W. Schottky, 1937). Als Abgrenzung zum Abschnitt über die Halbleiteroberfläche dient der Gesichtspunkt, dass dort *kein Stromfluss* durch die Oberfläche aus dem Halbleiter hinaus ins Vakuum, den Gasraum oder die Isolatorschicht angenommen wird, außer bei den raumladungsbegrenzten Strömen (space charge limited current, **sclc**). In diesem Abschnitt ist es die Regel, dass die Phasengrenzen mit ihren Raumladungszonen von *Ladungsträgern überquert* werden, also Ströme fließen.

7.11.1 Kontakt zwischen Metall und Halbleiter

In einem MOS-Kondensator sind die Ladungen auf der Metallelektrode und im Halbleiter von einander durch eine Isolierschicht getrennt, so dass kein Gleichstrom fließen kann. Da die Ladung $Q = CU$ bei gegebener Spannung und gegebenem Isolatormaterial (gegebenes ε_{ox}) nur durch den Plattenabstand, die Isolatordicke d_{ox}, beeinflusst werden kann, liegt es nahe, um bei möglichst kleiner Spannung eine möglichst große Ladung zu erzielen, die Isolatordicke möglichst klein zu wählen. Dann stellt sich aber die Frage, was passiert, wenn $d_{ox} = 0$ gewählt wird, also ein direkter Metall-Halbleiter-Kontakt entsteht. Da dann die isolierende Schicht nicht mehr vorhanden ist, wird ein neuer Aspekt zu berücksichtigen sein, nämlich dass ein Gleichstrom fließen kann.

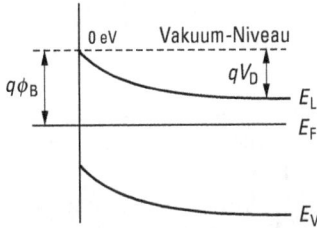

Abb. 7.30 Bänderschema des Metall-Halbleiter-(MS-)Kontaktes, mit $q\Phi_B$ = Metall-Halbleiter-Austrittsarbeit und V_D = Diffusionsspannung.

Geht man zunächst noch einmal von dem Potentialtopfmodell und dem daraus abgeleiteten Bänderschema aus (Abb. 7.22, Abb. 7.23), so erkennt man, dass für $d_{ox} = 0$ die Metall-Halbleiter-Austrittsarbeitsdifferenz direkt über dem Halbleiter abfallen wird, man erhält also den folgenden Bandverlauf für einen Metall-Halbleiter-Kontakt, s. Abb. 7.30. Als Halbleiter wurde ein n-Halbleiter gewählt.

Es existiert aufgrund der Austrittsarbeitsdifferenz $q\Delta\Phi_{MHL} = q\Phi_B$ (Abb. 7.30) eine Bandverbiegung und damit eine Raumladungszone, die durch eine anliegende Spannung verändert werden kann. Aufgrund der Tatsache, dass die Raumladung spannungsabhängig ist, $Q = Q(U)$, weist der Metall-Halbleiter-(Metal-Semiconductor = MS-)Kontakt (auch **Schottky-Kontakt** genannt) kapazitive Eigenschaften $dQ(U)/dU$ auf. Aus der Poissongleichung mit $\varrho(x) = qN_D^+$ (n-Halbleiter) ergeben sich für die Kapazität und für die Raumladungsweite die bei dem MOS-Kondensator schon angegebenen Zusammenhänge. Daher kann gleich zu der neuen Eigenschaft, dem Stromtransport, übergegangen werden.

7.11.1.1 Strom-Spannungskennlinie des Schottky-Kontaktes

Abbildung 7.31a,b,c zeigen die Bandverbiegung des Schottky-Kontaktes ohne (Abb. 7.31a) und mit angelegter Spannung. Ist die Metallelektrode gegenüber dem n-Halbleiter positiv gepolt, wird die Bandverbiegung verringert (Durchlassspan-

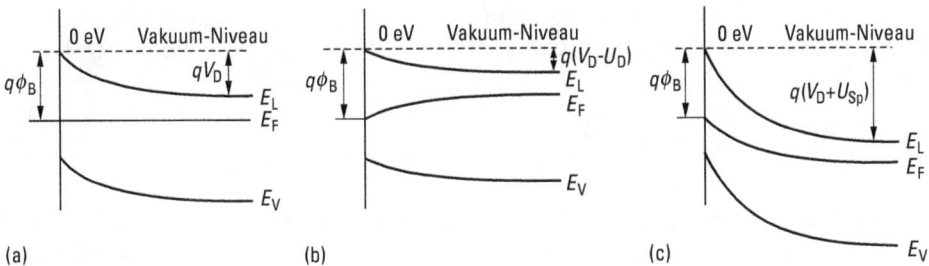

Abb. 7.31 Bänderschema des Metall-Halbleiter-(MS-)Kontaktes ohne (a), mit Durchlass-(U_D) (b) und Sperrspannung (U_{Sp}) (c). Aufgrund des Gradienten von E_F fließt ein Strom, s. Gl. (7.40).

nung, Abb. 7.31 b). Wird der Metallkontakt negativ gegenüber dem n-Halbleiter gepolt (Sperrspannung, Abb. 7.31 c), wird die Bandverbiegung erhöht.

Ohne angelegte Spannung ist das Fermi-Niveau ohne Gradient, es fließt kein Gesamtstrom. Bei angelegter Spannung tritt diese über $q\,|U|$ als Differenz der Fermi-Niveaus im Metall und Halbleiterinneren auf, es existiert also ein Gradient von E_F und damit gemäß $j_{\text{ges}} = n\mu\,\text{grad}\,E_F$ ein Gesamtstrom.

Man kann nun in guter Näherung die I, U-Kennlinie sehr einfach aus folgender Überlegung ermitteln. Es fließt ein Strom vom Metall in den Halbleiter und ein Strom vom Halbleiter in das Metall. Im thermischen Gleichgewicht kompensieren sich beide Ströme. Der Strom vom Metall in den Halbleiter kann nur aus solchen Ladungsträgern bestehen, die die Energie besitzen, die Barriere $q\Delta\Phi_{\text{MHL}} = q\Phi_B$ zu überwinden. Da zunächst angenommen werden soll, dass diese Barriere selbst nicht spannungsabhängig ist, ist diese Zahl der Ladungsträger, die als Strom vom Metall in den Halbleiter fließen, proportional zu $\exp\left(-\dfrac{q\Phi_B}{kT}\right)$ und somit bei gegebenem Φ_B lediglich T-abhängig. Die Ladungsträger, die vom Halbleiter in das Metall übertreten, müssen die spannungsabhängige Bandverbiegung überwinden. Bezeichnet man die Bandverbiegung ohne außenangelegte Spannung aus später ersichtlichen Gründen mit $q V_D$ (V_D = **Diffusionsspannung**), muss der Strom vom Halbleiter in das Metall proportional zu $n_0\exp\left(-\dfrac{q(V_D + U)}{kT}\right)$ sein, denn die Aktivierungsenergie ist $q(V_D + U)$ und die Zahl pro cm^3 der Elektronen, die aktiviert werden können, entspricht der Gleichgewichtskonzentration n_0 im Halbleiterinneren.

Es fließt also ein konstanter, spannungsunabhängiger, lediglich von der Aktivierungsenergie $q\Phi_B$ und der Temperatur abhängiger Strom vom Metall in den Halbleiter und ein exponentiell von der Spannung (Bandverbiegung) abhängiger Strom vom Halbleiter in das Metall. Nennt man den konstanten Strom vom Metall in den Halbleiter Sättigungsstrom I_S, bekommt man also folgende I, U-Kennlinie:

$$I = I_S\left\{\exp\left(\frac{qU}{kT}\right) - 1\right\}.\tag{7.121}$$

Ist die außen angelegte Spannung $U = 0$, so ist auch der Gesamtstrom $I = 0$. Zur Bestimmung von I_S geht man von folgender Überlegung aus. Im thermischen Gleichgewicht ohne außen angelegte Spannung ist der Gesamtstrom Null. Der Strom vom Halbleiter in das Metall ist jedoch für diesen Fall bekannt, nämlich gemäß $j = \varrho\,v$ gleich

$$j_{\text{MHL}} = q n_0\exp\left(-\frac{q V_D}{kT}\right)\cdot v.\tag{7.122}$$

Nimmt man an, dass die Geschwindigkeit der Ladungsträger durch die Raumladung im Halbleiter durch die thermische Geschwindigkeit gegeben ist (Abschn. 7.6.1), so gilt:

$$v = \frac{1}{\sqrt{6\pi}}\cdot v_{\text{th}} = \frac{1}{\sqrt{6\pi}}\sqrt{\frac{3kT}{m_{\text{eff}}}}.$$

Der Faktor $\dfrac{1}{\sqrt{6\pi}}$ rührt daher, dass nur die Elektronen die Metallelektrode erreichen, die sich in x-Richtung auf diese zu bewegen. Man erhält diesen Faktor aus der Maxwell-Boltzmann-Verteilung. Ferner erhält man unter Berücksichtigung der Beziehung:

$$n_0 \exp\left(-\frac{qV_D}{kT}\right) = N_L \exp\left(-\frac{E_L - E_F}{kT}\right) \exp\left(-\frac{qV_D}{kT}\right) = N_L \exp\left(-\frac{q\Phi_B}{kT}\right),$$

für I_S, wenn für N_L Gl. (7.8) berücksichtigt wird:

$$I_S = A^* T^2 \exp\left(-\frac{q\Phi_B}{kT}\right), \qquad (7.123)$$

mit $A^* = \dfrac{q\,m_{\text{eff}}}{2\pi^2} \dfrac{k^2}{\hbar^3}$, der sog. Richardson-Konstanten. Es ergibt sich für den Sperrstrom also der gleiche Zusammenhang, wie er sich für die Emission von Elektronen aus Metallen in das Vakuum ergibt. Anstelle der Metall-Vakuum-Austrittsarbeit tritt lediglich die Metall-Halbleiter-Austrittsarbeit, die sog. **Barrierenhöhe** $q\Phi_B$. Statt der Ruhemasse der Elektronen m_0 erscheint die effektive Masse m_{eff}, so dass gilt: $A^* = A\,m_{\text{eff}}/m_0$, mit $A = 120\,\text{A/cm}^2\text{K}^2$. Aus der Temperaturabhängigkeit des Sperrstromes kann die Barrierenhöhe ermittelt werden, indem $\ln(I_S/T)$ gegen $1/T$ aufgetragen wird. Abbildung 7.32 zeigt die Spannungsabhängigkeit des Stromes.

Man erkennt den Diodencharakter. Nur in Durchlassrichtung fließt ein größerer Strom, in Sperrrichtung fließt lediglich der spannungsunabhängige geringe Sperrstrom. Damit kann eine solche Diode als Stromschalter verwendet werden. Bisher wurde jedoch nur **ein** Kontakt als Metall-Halbleiter-Kontakt diskutiert. Um ein Bauelement, eine Diode, zu realisieren, werden jedoch **zwei** Kontakte benötigt. Da der hier besprochene Schottky-Kontakt jedoch Strom praktisch nur in eine Richtung fließen lässt, wäre bei Anlegen einer Spannung immer einer von zwei Kontakten in Sperrrichtung gepolt und somit kein Stromfluss möglich. Einer der Kontakte muss

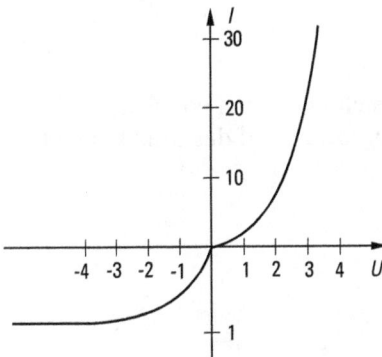

Abb. 7.32 Für eine Barrierenhöhe $q\Phi_B$ von $0.7\,\text{eV}$ und Raumtemperatur berechnete I, U-Kennlinie der Metall-Halbleiter-(Schottky-)Diode. Aufgrund des geringen Sperrstromes wurde die Skala der Achse für den Sperrstrom gegenüber der für den Durchlassstrom geändert.

daher ein sog. „Ohm'scher" Kontakt sein, d. h. praktisch spannungsrichtungsunabhängig den Innenwiderstand Null besitzen. Da jedoch alle möglichen Metalle eine größere Austrittsarbeit besitzen als die verwendeten Halbleiter, so dass immer eine entsprechende Barrierenhöhe $q\Phi_B$ auftritt, scheint eine solche Realisierung eines Ohm'schen Kontakts unmöglich. Um zu verstehen, dass dies dennoch möglich ist, müssen zunächst weitere Randschichtprobleme diskutiert werden.

Bisher wurde angenommen, dass die Barrierenhöhe, die Metall-Halbleiter-Austrittsarbeit spannungsunabhängig ist. Ferner wurde vorausgesetzt, dass die Ladungsträger die Raumladungszone mit der thermischen Geschwindigkeit durchlaufen. Quantenmechanische Effekte wurden bisher vernachlässigt.

7.11.1.2 Einfluss der Bildkräfte

Betrachtet man die Metall-Vakuum-Grenzfläche (Abb. 7.33), so erkennt man, dass aufgrund der Coulomb-Kräfte eine Wechselwirkung des Elektrons mit dem Metall stattfindet, wenn ein Elektron die Metalloberfläche verlässt.

Betrachtet man die Metalloberfläche als Äquipotentialfläche, so kann man die Wechselwirkung des Elektrons mit dem Metall mit der Methode der Spiegelladung beschreiben. Das Elektron im Abstand x von der Metalloberfläche influenziert im Metall im Abstand $-x$ von der Metalloberfläche eine positive Elementarladung. Damit erhält man für die Coulomb-Kraft auf das Elektron

$$F(x) = \frac{q^2}{16\pi\varepsilon_0 x^2},$$

und entsprechend für die Coulomb-Energie zweier Elementarladungen q im Abstand $2x$

$$E(x) = \frac{q^2}{16\pi\varepsilon_0 x}. \tag{7.124}$$

Durch die außen angelegte Spannung mit dem zugehörigen elektrischen Feld $\mathscr{E}$ ergibt sich

$$E(x) = \frac{q^2}{16\pi\varepsilon_0 x} + q\mathscr{E}x. \tag{7.125}$$

Damit erhält man den in Abb. 7.34 dargestellten Verlauf von $E(x)$, und man erkennt, dass die Barriere um den Betrag $q\Delta\Phi$ abgesenkt und das Maximum an den Ort x_m verschoben wird.

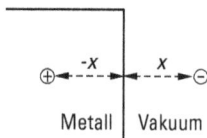

Abb. 7.33 Einfluss der Bildkräfte. Ein Elektron im Abstand $+x$ vor der Metalloberfläche influenziert im Rahmen der Betrachtung mittels der Methode der Spiegelladung eine positive Ladung im Metallinneren im Abstand $-x$.

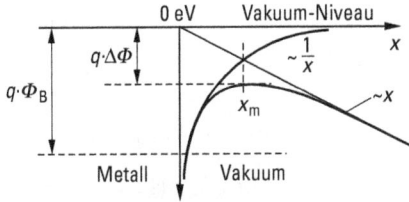

Abb. 7.34 Einfluss der Bildkräfte auf die effektive Metall-Halbleiter-Austrittsarbeit.

Aus

$$\frac{dE(x)}{dx} = 0 = -\frac{q^2}{16\,\pi\varepsilon_0\,x^2} + q\mathscr{E} \tag{7.126}$$

erhält man:

$$\Delta\Phi = \sqrt{\frac{qE}{4\,\pi\varepsilon_0}} \quad \text{und} \quad x_{\mathrm{m}} = \sqrt{\frac{q}{16\,\pi\varepsilon_0\,E}}. \tag{7.127}$$

Ersetzt man nun das Vakuum durch einen Halbleiter, so geht ε_0 in $\varepsilon_0\,\varepsilon_{\mathrm{HL}}$ über. Für die Feldstärke $\mathscr{E}$ in Gl. (7.126) erhält man in der entstehenden Raumladungszone im Halbleiter gemäß Gl. (7.94)

$$\mathscr{E} = \sqrt{\frac{2\,q\,N_{\mathrm{D}}}{\varepsilon_0\,\varepsilon_{\mathrm{HL}}}\left(U - V_{\mathrm{D}} - \frac{kT}{q}\right)}$$

und somit für die spannungsabhängige Barrierenhöhe:

$$q\Delta\Phi_{\mathrm{B}}(U) = q\sqrt[4]{\frac{N_{\mathrm{D}}}{8\,\pi^2} \cdot \frac{q^3}{\varepsilon_0^3\,\varepsilon_{\mathrm{HL}}^3}\left(\left|U - V_{\mathrm{D}} - \frac{kT}{q}\right|\right)}. \tag{7.128}$$

Aufgrund dieser Barrierenabsenkung als Funktion der Spannung wird der Sperrstrom $\sim \sqrt[4]{U}$ spannungsabhängig.

7.11.1.3 Einfluss der Geschwindigkeit

Bisher wurde angenommen, dass sich die Ladungsträger mit der thermischen Geschwindigkeit v_{th} durch die Raumladungszone bewegen, so dass sich die Stromdichte gemäß $j = \varrho \cdot v_{\mathrm{th}}$ einfach berechnen ließ. Diese Annahme setzt jedoch voraus, dass die Ladungsträger innerhalb der Raumladungszone keine Stöße erleiden. Ist die Raumladungsweite entsprechend groß, so werden Stoßprozesse auftreten, und statt der thermischen Geschwindigkeit ist die Diffusionsgeschwindigkeit v_{D} einzusetzen. Aufgrund des Zusammenhanges $v_{\mathrm{D}} = \mu E = \mu U/l$ wird in diesem Fall der Sperrstrom ebenfalls spannungsabhängig. Welche der beiden Geschwindigkeiten vorliegt, hängt von der Sperrschichtweite ab. Führt man eine effektive Geschwindigkeit gemäß:

$$\frac{1}{v_{\text{eff}}} := \frac{1}{v_{\text{th}}} + \frac{1}{v_{\text{D}}} \quad \text{bzw.} \quad v_{\text{eff}} = \frac{v_{\text{th}}}{1 + \dfrac{v_{\text{th}}}{v_{\text{D}}}}$$

ein, so gilt: $v_{\text{eff}} = v_{\text{th}}$ falls $v_{\text{D}} \gg v_{\text{th}}$ und $v_{\text{eff}} = v_{\text{D}}$ falls $v_{\text{D}} \ll v_{\text{th}}$ ist.

Mit $v_{\text{D}} = \mu \mathscr{E}$, $v_{\text{th}} = \dfrac{1}{\sqrt{6\pi}} \cdot \sqrt{\dfrac{3kT}{m_{\text{eff}}}}$ und $\mu = \dfrac{q\tau}{m_{\text{eff}}}$, erhält man für $v_{\text{D}} = v_{\text{th}}$

$$\mu E = \sqrt{\frac{kT}{2\pi m_{\text{eff}}}}. \tag{7.129}$$

Mit $v_{\text{th}}\tau = l_{\text{m}}$, der mittleren freien Weglänge der Ladungsträger, erhält man dann:

$$l_{\text{m}}\mathscr{E} = \frac{1}{2\pi} \cdot \frac{kT}{q}.$$

Damit erhält man eine leicht verständliche Interpretation für die Bedingung $v_{\text{D}} \gg v_{\text{th}}$. Ist der Spannungsabfall in der Raumladungszone groß gegen die Temperaturspannung kT/q, bzw. die mittlere freie Weglänge l_{m} groß gegen die Strecke, in der das Potential um kT/q abfällt, so gilt $v_{\text{D}} \gg v_{\text{th}}$.

7.11.2 Quantenmechanische Einflüsse

Bisher wurde angenommen, dass die Barriere durch die Differenz der Austrittsarbeiten von Metall und Halbleiter bestimmt ist und nur durch die Bildkräfte spannungsabhängig abgesenkt wird. Die Elektronen, die vom Halbleiter in das Metall übertreten, müssen diesen Potentialwall überwinden (Abb. 7.35a). Das kann dadurch geschehen, dass sie den gesamten Potentialwall hinauflaufen (**Thermische-Emissions-Theorie**) oder aber nur ein bestimmtes Stück, und wenn es die Dicke des Potentialwalls erlaubt, können sie diesen durchtunneln (**Thermische Feldemission**), s. Abb. 7.35b. In diesem Fall ist die effektive Barrierenhöhe kleiner, als wenn die Elektronen den gesamten Potentialwall überwinden müssen. An dieser Stelle wird deutlich, dass die Messung der Barrierenhöhe durch die Temperaturabhängigkeit des Sperrstroms in diesem Fall einen anderen Wert für $q\Phi_{\text{B}}$ liefern wird als die

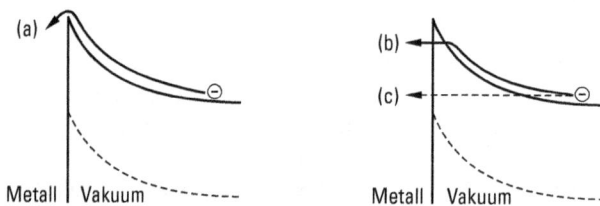

Abb. 7.35 Quantenmechanische Einflüsse. Thermische Emissions-Theorie, ein Elektron läuft den gesamten Potentialwall hinauf (a) oder bis es tunneln kann (b) bzw. es kann den Potentialwall vollständig durch Tunneln überwinden, thermische Feldemission (Ohm'scher Kontakt) (c).

Messung über die spannungsabhängige Kapazität. Denn für den Stromtransport ist nur die Barrierenhöhe bis zum Einsetzen der Tunnelprozesse maßgebend, während für die Kapazität die Raumladungsweite und damit die gesamte Potentialhöhe maßgebend ist. Gleichzeitig wird an dieser Stelle ein ganz entscheidender Effekt sichtbar.

Bisher wurde immer davon ausgegangen, dass an einem Metall-Halbleiterkontakt, eine Schottky-Diode, eine Spannung angelegt werden kann, und dass dann ein Gleichstrom fließen kann. Besäße jedoch ein jeder Metall-Halbleiterkontakt eine hohe Barrierenhöhe, läge der Fall vor, dass zwei Schottky-Dioden in Serie geschaltet sind. Damit wäre jedoch immer ein Kontakt in Sperrrichtung gepolt, unabhängig vom Vorzeichen der angelegten Spannung, und ein Gleichstrom könnte nicht fließen, außer dem Sperrstrom. Gelingt es jedoch, die Weite der Raumladungszone des Metall-Halbleiterkontaktes so klein zu wählen, dass die Elektronen die gesamte Raumladungszone durchtunneln können, verfügt man über einen so genannten **Ohm'schen Kontakt**, dessen Kontaktwiderstand also nahezu Null ist. Damit hat man die gewünschte Diodenkonfiguration erreicht, nämlich einen Metall-Halbleiter-Kontakt mit großer Raumladungsweite und einen Metall-Halbleiter-Kontakt mit ganz geringer Raumladungsweite, einem Ohm'schen Kontakt, zu kombinieren. Der Ohm'sche Kontakt lässt sich durch eine hohe Dotierung erreichen, wenn gemäß

$$l \sim \frac{1}{\sqrt{N_D}}$$ die Raumladungsweite durch ein entsprechend großes N_D sehr klein wird,

so dass diese vollständig durchtunnelt werden kann. Dies ist die einzige Methode, sog. Ohm'sche Kontakte herzustellen.

Bisher wurde die Barrierenhöhe $q\Phi_B$ des Schottky-Kontakts als spannungsunabhängige Differenz der Metall-Halbleiter-Austrittsarbeiten betrachtet. Danach müssten sich metallabhängige Barrierenhöhen im Bereich von $1\,\text{eV} - 2\,\text{eV}$ ergeben. Gemessen werden jedoch nahezu metallunabhängige Barrierenhöhen, bei Silizium z. B. um $0.7\,\text{eV} - 0.8\,\text{eV}$. Dieses ist nur durch eine Betrachtung zu verstehen, die den Rahmen dieses Buches sprengt, da sie auf der Berücksichtigung von Zwischenschichten und Grenzflächenzuständen beruht.

Allerdings wurde die große Bedeutung des Metall-Halbleiter-Kontakts bereits deutlich. Die Verwendung der Schottky-Diode ist

a) die einfachste und preiswerteste Methode zur Bestimmung der ortsabhängigen Dotierungskonzentration,

b) bei hohen Dotierungen macht sie den Ohm'schen Kontakt möglich und da nur eine Ladungsträgersorte verwendet wird, im Gegensatz zum anschließend zu beschreibenden pn-Übergang, ist

c) die Schottky-Diode der schnellste Schalter.

Darüber hinaus findet der Schottky-Kontakt als technologisch einfachste und damit preiswerte Methode zur Bestimmung der Eigenschaften von tiefen Störstellen mittels der sog. **Deep Level Transient Spectroscopy** (**DLTS**-Verfahren) seine Anwendung.

7.11.3 Analyse tiefer Störstellen (DLTS-Verfahren)

Die charakteristischen Eigenschaften der tiefen Störstellen sind die energetische Lage und der Wirkungsquerschnitt. Diese lassen sich gemäß $\tau_{c_n} = \dfrac{1}{c_n n_0}$ und $\tau_{e_n} = \dfrac{1}{c_n n_1}$ (Abschn. 7.7.3, Gl. (7.53), Gl. (7.55)) aus den Einfang- und Emissionszeitkonstanten bestimmen. Die Grundlage der DLTS besteht also darin, diese Zeitkonstanten zu messen. Es ist das genaueste Verfahren zur Messung dieser Größen.

Das geschieht dadurch, dass die Raumladungszone eines Metall-Halbleiter-Kontaktes, einer Schottky-Diode, durch einen Spannungspuls in Durchlassrichtung zunächst sehr verkleinert wird. Dadurch werden die tiefen Störstellen, da sie nun praktisch alle unter dem Fermi-Niveau E_F liegen, mit Elektronen gefüllt (Abb. 7.36).

In einem nächsten Schritt wird die Raumladungsweite durch einen Spannungspuls in Sperrrichtung vergrößert. Dadurch liegt dann ein Teil des energetisch tiefen Störniveaus über dem Fermi-Niveau, und die vorher mit Elektronen besetzten Störstellen müssen ihre Elektronen wieder emittieren. Da die Emissionszeitkonstante, je nach energetischer Lage der Niveaus, groß gegen die Anstiegszeit des Spannungspulses

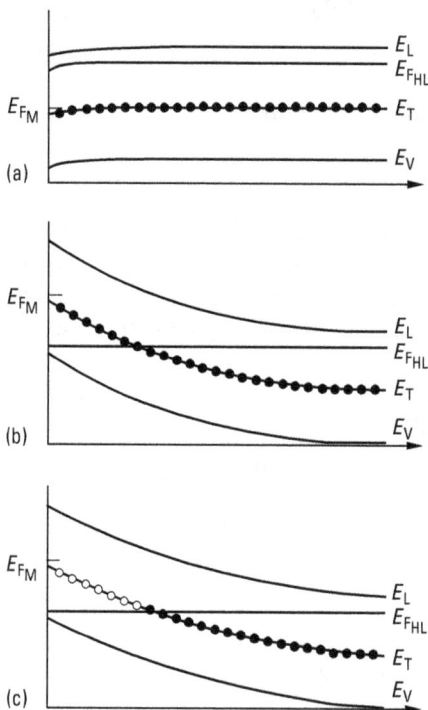

Abb. 7.36 Bänderschema mit energetisch tiefliegendem Niveau bei Anlegen von Füllimpulsen. (a) In Durchlassrichtung gepolt liegt E_T vollständig unterhalb E_F und ist mit Elektronen gefüllt. (b) Mit einem Puls einer Anstiegszeit $\ll \tau_e$ in Sperrrichtung gepolt, liegt E_T in der Raumladungszone oberhalb E_F, ist jedoch noch mit Elektronen gefüllt. (c) Nach einer Zeit $t \gg \tau_e$ hat der Teil des tiefen Niveaus oberhalb von E_F seine Elektronen abgegeben.

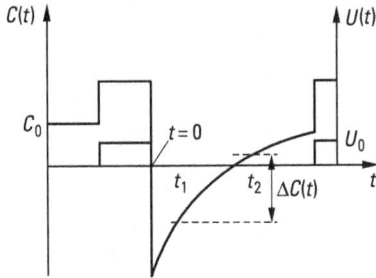

Abb. 7.37 $C(t)$ aufgrund der Umladung von energetisch tiefliegenden Störniveaus durch Spannungspulse.

ist, muss die Ladungsbilanz $-Q_M = Q_{HL}$ zunächst durch die ortsfesten flachen Störstellen erfüllt werden ($Q_{HL} = A q N_D^+ l$ im n-Halbleiter). Erst nach ihrer Umladung in der Zeit $t \cong \tau_e$ tragen die tiefen Zentren zur Raumladung und damit zur nun zeitabhängigen Kapazität bei (Abb. 7.37). Aus dieser Zeitabhängigkeit lässt sich die Emissionszeitkonstante bestimmen.

Für die quantitative Zeitabhängigkeit $C(t)$ ergibt sich im Fall eines n-Halbleiters

$$C(t) = \sqrt{\frac{q \varepsilon_0 \varepsilon_{HL}}{2} \frac{N_D}{U + V_D - \dfrac{kT}{q}} \left(1 - \frac{N_T}{N_D} \exp\left(-\frac{t}{\tau_{e_n}}\right)\right)}. \tag{7.130}$$

Dabei wurde gemäß Gl. (7.88) für die Raumladung

$$q(N_D - N_T(t)) = q\left(N_D - N_T \exp\left(-\frac{t}{\tau_{e_n}}\right)\right)$$

und für

$$|\psi_S| = U + V_D - \frac{kT}{q}$$

eingesetzt.

Ist $N_T \ll N_D$, kann man Gl. (7.130) vereinfachen zu

$$C(t) = \sqrt{\frac{q \varepsilon_0 \varepsilon_{HL}}{2} \frac{N_D}{U + V_D - \dfrac{kT}{q}}} \cdot \left(1 - \frac{N_T}{2 N_D} \exp\left(-\frac{t}{\tau_D}\right)\right), \tag{7.131}$$

und man erkennt direkt die exponentielle Zeitabhängigkeit der Kapazität.

Die Versuchsdurchführung (Abb. 7.38) kennt inzwischen zahlreiche Varianten, z. B. das Fourier-DLTS, DLTFS [9].

Wie bereits erwähnt, setzt das Verfahren eine Halbleiterprobe mit einem **gleichrichtenden** (Schottky-)Metallkontakt voraus. Sehr häufig wird hier ein bequem zu handhabender Quecksilberkontakt verwendet, wenn keine Gefahr der Hg-Kontamination besteht, zum Beispiel beim hochohmigen Silizium. Bei Dunkelheit (Ver-

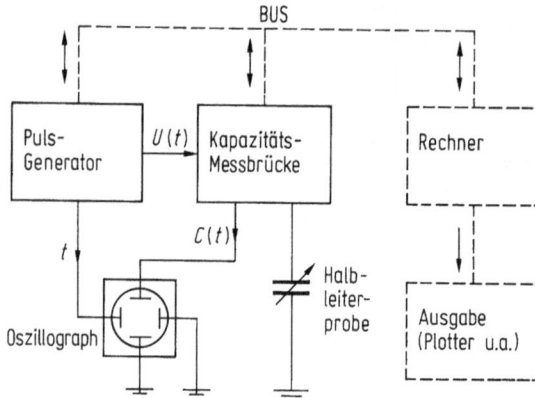

Abb. 7.38 DLTS-Versuch im Blockschaltbild (gestrichelt: mit Rechnersteuerung).

meidung optischer Generation) wird die Probe vom Durchlassverhalten analog Abb. 7.36 und Abb. 7.37 in die Sperrung mit steilen Pulsflanken gepolt und gleichzeitig mit einer überlagerten Kleinsignal-Wechselspannung (von z. B. 20 mV-Amplitude und 1 MHz-Frequenz) die Raumladungskapazität gemessen.

Die DLTS-Vorgehensweise bei der Auswertung von Kapazitätstransienten sieht nun folgendermaßen aus. Man bewertet für zwei ausgewählte Zeitpunkte t_1 und t_2 (das „**Ratenfenster**") das eigentliche DLTS-Signal ΔC bei fester Temperatur T:

$$\Delta C(T) = C(t_1) - C(t_2) \sim \frac{N_T}{N_D^+} \left[\exp(-e_n t_2) - \exp(-e_n t_1)\right] \qquad (7.132)$$

und rechnet die maximale Kapazitätsänderung als Folge einer stark von der Temperatur T abhängigen Emissionskonstanten $e_n(T)$ für dieses Ratenfenster aus:

$$\frac{d\Delta C}{de_n} = 0: \quad \tau_{v,\max} = \frac{1}{e_{n,\max}} = \frac{t_2 - t_1}{\ln(t_2/t_1)}. \qquad (7.133)$$

Abbildung 7.39 zeigt die Entstehung des **DLTS-Messsignals** als transiente Kapazität mit eingestelltem Fenster (horizontal) sowie seinen Verlauf über die Temperatur (vertikal). Die schematische Zuordnung der Größen zeigt, dass durch ein bestimmtes Ratenfenster $(t_1 - t_2)$ dem DLTS-Signal $\Delta C(T) = C(t_1) - C(t_2)$ ein Maximum bei einer bestimmten Temperatur $T = T_{\max}$ zugeordnet wird. Eine Veränderung des Ratenfensters auf der Zeitachse verändert auch $T_{\max}$. Abbildung 7.40 zeigt den Verlauf des DLTS-Signals $\Delta C(T)$ für fünf unterschiedliche Ratenfenster einer n-GaAs-Probe. Die Maxima werden entsprechend Gl. (7.133) zur Bestimmung von $e_{n,\max}$ und darauf basierend zur Bestimmung der **Aktivierungsenergie** E_A des thermisch-aktivierten Emissionsprozesses benutzt. Der Energiewert ergibt sich aus der Steigung der Arrhenius-Auftragung (Arrhenius-Plot) als $\log e_n \sim -E_A/kT$.

Abschließend zeigt Abb. 7.41 die beiden Energielagen des Rekombinationszentrums, die Goldatome auf Gitterplätzen (Au substitutionell) im n-Silizium bilden: als Akzeptoren bei 0.54 eV unterhalb des Leitungsbandes, als Donatoren bei 0.29 eV

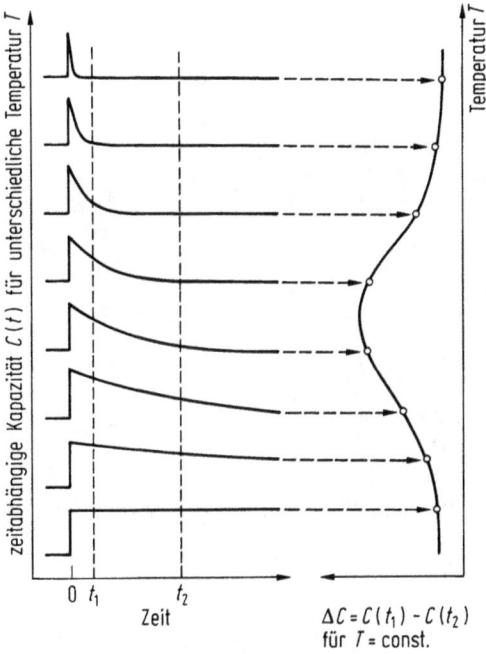

Abb. 7.39   Entstehung des DLTS- Messsignales $\Delta C(T)$ (nach [10]).

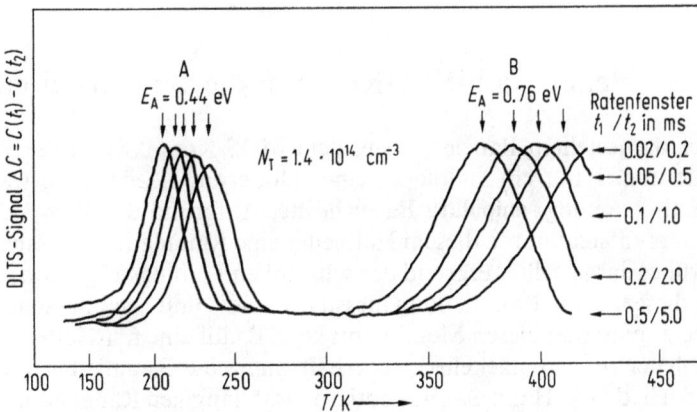

Abb. 7.40   DLTS-Spektren $\Delta C(T)$ für Löcherfallen in n-GaAs. Löcherfalle A hat eine Aktivierungsenergie von 0.44 eV, B von 0.76 eV oberhalb des Valenzbandes. Beider Dichte beträgt $N_T = 1.4 \cdot 10^{14}\,\mathrm{cm}^{-3}$ (nach [10]).

oberhalb des Valenzbandes. Bemerkenswert ist hier die Identifizierung der beiden Ladungszustände von $5 \cdot 10^{13}$ Au-Atomen je cm^3 in 10^{23} Si-Atomen, d. h. von 1 Au-Atom unter $2 \cdot 10^9$ Si-Atomen, mit Hilfe der DLTS-Methode. Voraussetzung dafür

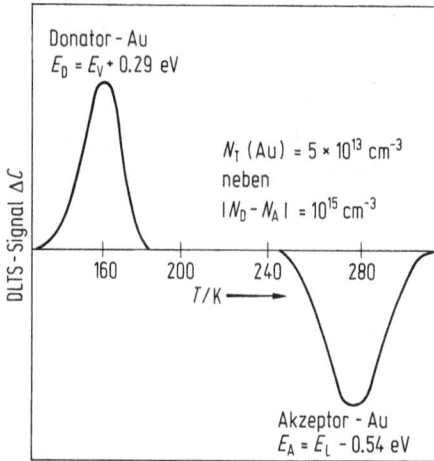

Abb. 7.41   DLTS-Signal des Gold-Rekombinationszentrums in n-Silizium (nach [10]).

sind i. A. gut sperrende Schottky-Kontakte, bei denen ein geringer Sättigungssperr-strom bis zum dielektrischen Durchbruch U_{Br} des Halbleitermaterials anhält. Die **Auflösungsgrenze** der DLTS-Methode liegt bei einer nachweisbaren Störstelle unter 10^{14} Gitteratomen, also absolut bei 10^9 Störstellen je cm³ im Halbleitermaterial.

7.12 Der Halbleiter-Halbleiter-Kontakt, die Bipolar-Diode

In den bisher dargestellten Bauelementen, dem MOS-Kontakt und der Schottky-Diode, wurde immer nur ein Halbleiter einer Dotierung n oder p verwendet. Es handelt sich also um sog. **unipolare Bauelemente**. Aufgrund der Verwendung nur eines Halbleiters entsteht nur in diesem Halbleiter eine Raumladung messbarer Grö-ße, da, wie früher dargestellt, aufgrund der sehr hohen Ladungsträgerkonzentration im Metall in diesem keine Raumladung messbarer und somit beeinflussbarer Größe entsteht. Ersetzt man nun diesen Metallkontakt, z. B. auf einem n-Halbleiter, durch einen p-Halbleiter (oder umgekehrt), so erhält man eine Raumladung sowohl in dem n- als auch in dem p-Halbleiter mit dotierungsabhängigen Raumladungsweiten. Durch eine außen angelegte Spannung können die jeweiligen Raumladungsweiten beeinflusst werden, man erhält eine **bipolare Diode**, eine sog. **pn**-Diode.

7.12.1 Die I, U-Kennlinie der pn-Diode

Abbildung 7.42 zeigt den Bandverlauf eines pn-Überganges für das thermische Gleichgewicht. Dabei wird angenommen, dass der Übergang vom p- zum n-Bereich abrupt erfolgt.

Da im thermischen Gleichgewicht die Fermi-Niveaus keinen Gradienten aufweisen (Gl. (7.40)), die Abstände $E_L - E_F$ im n- und p-Halbleiter jedoch verschieden sind, tritt eine Verbiegung der Bänder der Größe qV_D (V_D = **Diffusionsspannung**) auf. Diese Bandverbiegung wird durch folgende Überlegung auch anschaulich verständlich. Bringt man einen p-Halbleiter mit einem n-Halbleiter in Kontakt, so entstehen große Konzentrationsunterschiede der Majoritäts- und Minoritätsladungsträger. Aufgrund dieser Konzentrationsunterschiede findet ein Diffusionsprozess statt, Löcher diffundieren in das n- und Elektronen in das p-Gebiet, es fließt also ein Diffusionsstrom. Würde es sich bei den diffundierenden Teilchen nicht um geladene Teilchen handeln sondern um neutrale, so würde dieser Diffusionsstrom so lange fließen, bis ein Konzentrationsausgleich erreicht ist. Da die Teilchen jedoch geladen sind, hinterlässt jedes Loch, das ins n-Gebiet diffundiert, eine ortsfeste negative Ladung durch die Akzeptoren N_A^- im p-Gebiet, und jedes Elektron, welches ins p-Gebiet diffundiert, hinterlässt eine ortsfeste positive Ladung durch die Donatoren N_D^+ im n-Gebiet.

Durch diese Ladungen entsteht ein elektrisches Feld, das einen elektrischen Stromfluss zur Folge hat, der dem Diffusionsstrom entgegengerichtet ist (Gl. (7.40)). Das thermodynamische Gleichgewicht ist dann erreicht, wenn beide Ströme, Diffusions- und Feldstrom, gleich groß sind. Durch ein außen angelegtes Feld kann man dieses Gleichgewicht verändern und damit einen spannungsabhängigen Gesamtstrom erzeugen. An dieser Stelle soll noch einmal auf die Bedeutung des Fermi-Niveaus als **elektrochemisches Potential** hingewiesen werden. Aufgrund eines Konzentrationsgradienten, eines **chemischen Potentials**, fließt ein **Diffusionsstrom**, aufgrund eines **elektrischen Potentials** ein **Feldstrom**. Das Fermi-Niveau repräsentiert daher beide Potentiale. Fließt ein Gesamtstrom, muss ein Gradient des elektrochemischen Potentials, des Fermi-Niveaus, existieren.

Die Bandverbiegung qV_D ohne außen angelegte Spannung lässt sich aus $qV_D = (E_L - E_F)_p - (E_L - E_F)_n$ unter Benutzung von:

$$n = N_L \exp\left(-\frac{E_L - E_F}{kT}\right) \quad \text{und} \quad n_p \cdot p_p = n_n \cdot p_n = n_i^2$$

zu

$$qV_D = kT \cdot \ln\left(\frac{n_n}{n_p}\right) = kT \cdot \ln\left(\frac{N_D N_A}{n_i^2}\right) = kT \cdot \ln\left(\frac{N_D N_A}{N_L N_V}\right) + (E_L - E_V)$$

einfach bestimmen.

Bevor die I, U-Kennlinie exakt berechnet wird, soll die Form der I, U-Kennlinie sehr einfach aus einer anschaulichen Betrachtung, analog der beim Metall-Halblei-

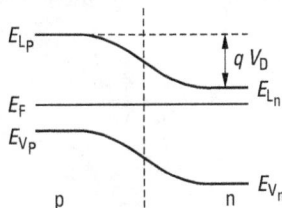

Abb. 7.42 Bänderschema des pn-Übergangs im thermodynamischen Gleichgewicht (ohne außen angelegte Spannung).

terkontakt, abgeleitet werden. Bei der pn-Diode gibt es zwei Sorten von Ladungs-trägern, **Majoritätsträger** und **Minoritätsträger**. Im n-Halbleiter sind die Elektronen, im p-Halbleiter sind die Löcher die Majoritätsträger. Wie im Metall-Halbleiterkon-takt fließen auch in der pn-Diode zwei Teilströme, einer in Richtung vom p- zum n-Gebiet und einer vom n- zum p-Gebiet. Beide Ströme setzen sich aus den beiden Beiträgen der Majoritäts- und Minoritätsträger zusammen. Betrachtet man die Bandstruktur in Abb. 7.42, so erkennt man, dass die Majoritätsträger den Poten-tialwall, der ohne außen angelegte Spannung die Höhe $q\,V_\mathrm{D}$ und mit angelegter Span-nung die Höhe $q(V_\mathrm{D} \pm |U|)$ besitzt, herauflaufen müssen, während die Minoritäts-träger immer den Potentialwall herunterlaufen.

Damit hat man genau wie bei der Schottky-Diode eine I, U-Kennlinie des Typs

$$I = I_\mathrm{S}\left(\exp\left(\frac{q\,U}{kT}\right) - 1\right) \tag{7.134}$$

zu erwarten. Die exp-Funktion trägt der Tatsache Rechnung, dass die Majoritäts-träger den spannungsabhängigen Potentialwall herauflaufen müssen. $-I_\mathrm{S}$ beschreibt den spannungsunabhängigen **Sperrstrom** durch die Minoritätsträger, die den Poten-tialwall herablaufen. Ohne außen angelegte Spannung ($U = 0$) ist der Gesamtstrom gleich Null. Auch der Sperrstrom lässt sich in einer einfachen, näherungsweisen Betrachtung gewinnen.

Der Sperrstrom setzt sich aus der Minoritätsträgerkonzentration, der Löcher p_n im n-Gebiet und der Elektronen n_p im p-Gebiet multipliziert mit deren Geschwin-digkeit und Ladung zusammen. Für die Geschwindigkeit kommt aufgrund der gro-ßen Raumladungsweite nur die Diffusionsgeschwindigkeit $v_\mathrm{D} = l_\mathrm{D}/\tau$ in Frage. Be-stimmt man τ aus $l_\mathrm{D} = \sqrt{D\tau}$, erhält man für den Sperrstrom bei der Kontaktfläche A:

$$I_\mathrm{S} = A\,q\left\{p_\mathrm{n}\frac{D_\mathrm{p}}{l_\mathrm{p}} + n_\mathrm{p}\frac{D_\mathrm{n}}{l_\mathrm{n}}\right\}. \tag{7.135}$$

Ersetzt man noch gemäß $np = n_\mathrm{i}^2$, $p_\mathrm{n} = \dfrac{n_\mathrm{i}^2}{n_\mathrm{n}} \approx \dfrac{n_\mathrm{i}^2}{N_\mathrm{D}}$ und $n_\mathrm{p} = \dfrac{n_\mathrm{i}^2}{p_\mathrm{p}} \approx \dfrac{n_\mathrm{i}^2}{N_\mathrm{A}}$, so erhält man

mit $n_\mathrm{i}^2 = N_\mathrm{L}\,N_\mathrm{V}\exp\left(-\dfrac{E_\mathrm{L} - E_\mathrm{V}}{kT}\right)$:

$$I_\mathrm{S} = A\,q \cdot N_\mathrm{L}\,N_\mathrm{V}\left(\frac{D_\mathrm{p}}{l_\mathrm{p}}\frac{1}{N_\mathrm{D}} + \frac{D_\mathrm{n}}{l_\mathrm{n}}\frac{1}{N_\mathrm{A}}\right)\exp\left(-\frac{E_\mathrm{L} - E_\mathrm{V}}{kT}\right). \tag{7.136}$$

Für einen stark unsymmetrischen pn-Übergang, d. h. mit einem großen Dotierungs-konzentrationsunterschied, erhält man bei z. B. $N_\mathrm{A} \gg N_\mathrm{D}$:

$$I = A\,q\,n_\mathrm{i}^2\frac{D_\mathrm{p}}{l_\mathrm{p}\,N_\mathrm{D}} \cdot \left\{\exp\left(\frac{q\,U}{kT}\right) - 1\right\}, \quad \text{mit } I_\mathrm{S} = A\,q\,n_\mathrm{i}^2\frac{D_\mathrm{p}}{l_\mathrm{p}\,N_\mathrm{D}}. \tag{7.137}$$

Im Folgenden soll nun eine echte Berechnung der I, U-Kennlinie folgen. Fasst man noch einmal die ablaufenden Prozesse zusammen, so gehen Löcher des p-Gebietes in das n-Gebiet über, sie sind dort Minoritätsträger und rekombinieren mit den Majoritätsträgern, den Elektronen. Gleichzeitig gehen Elektronen vom n-Gebiet ins p-Gebiet über, sie sind dort Minoritätsträger und rekombinieren mit den Ma-

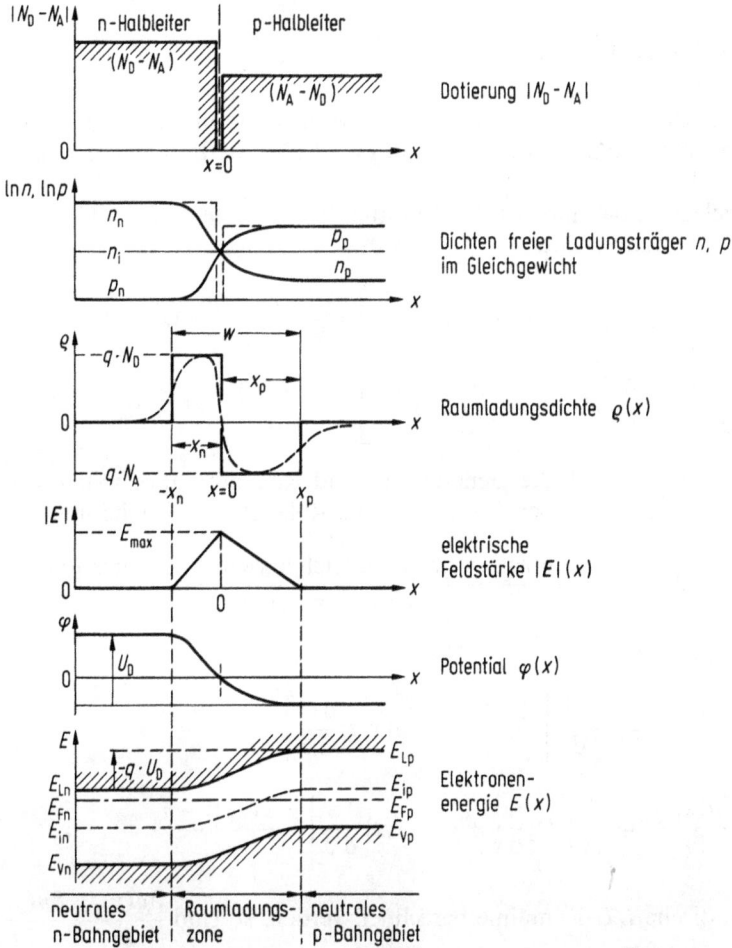

Abb. 7.43 Abrupter pn-Übergang (schematisiert). Ortsverläufe verschiedener Größen für den Gleichgewichtsfall.

joritätsträgern, den Löchern. Dadurch entsteht eine Raumladungszone mit den Abmessungen $x_p - x_n$ und einem Konzentrationsverlauf $n(x)$, $p(x)$ wie Abb. 7.43 zeigt.

Im thermischen Gleichgewicht sind der Diffusionsstrom und der Feldstrom gleich groß, man erhält also für die Ströme pro Fläche:

$$|I_{\text{Feld}}| = q\mu_p p \frac{dU}{dx} = |I_{\text{Diff}}| = qD_p \frac{dp}{dx}. \tag{7.138}$$

Daraus folgt

$$\frac{1}{p}\frac{dp}{dx} = \frac{\mu_p}{D_p}\frac{dU}{dx},$$

bzw.

$$p = p_0 \exp\left(\frac{\mu_p U}{D_p}\right),\tag{7.139}$$

sowie die Einstein-Beziehung $kT/q = D/\mu$. Man entnimmt Gl. (7.139) den exponentiellen Konzentrationsverlauf, wie er in Gl. (7.134) als Boltzmann-Faktor vorausgesetzt wurde.

Bei angelegter Spannung ist die Kontinuitätsgleichung $\operatorname{div}\boldsymbol{j} = -\mathrm{d}\varrho/\mathrm{d}t$ zu berücksichtigen, und man erhält:

$$\frac{\mathrm{d}}{\mathrm{d}x}\left[D_p \frac{\mathrm{d}}{\mathrm{d}x}p(x,t) - \mu_p p(x,t)\frac{\mathrm{d}U}{\mathrm{d}x}\right] = -\frac{\partial p(x,t)}{\partial t} + G_p - R_p$$

$$\frac{\mathrm{d}}{\mathrm{d}x}\left[D_n \frac{\mathrm{d}}{\mathrm{d}x}n(x,t) + \mu_n n(x,t)\frac{\mathrm{d}U}{\mathrm{d}x}\right] = \frac{\partial n(x,t)}{\partial t} + G_n - R_n.$$

Dabei beschreiben G, R die Generations- und Rekombinationsraten. Ersetzt man diese der Einfachheit halber durch eine sog. Relaxationszeitnäherung

$$G - R = \frac{\text{Konzentration } (x,t) - \text{Gleichgewichtskonzentration}}{\text{Relaxationszeit } \tau},$$

so erhält man:

$$\frac{\partial p(x,t)}{\partial t} = -\frac{\mathrm{d}}{\mathrm{d}x}\left[D_p \frac{\mathrm{d}p}{\mathrm{d}x} - \mu_p p(x,t)\frac{\mathrm{d}U}{\mathrm{d}x}\right] + \frac{p(x,t) - p_n}{\tau_p}\tag{7.140}$$

$$\frac{\partial n(x,t)}{\partial t} = \frac{\mathrm{d}}{\mathrm{d}x}\left[D_n \frac{\mathrm{d}n}{\mathrm{d}x} + \mu_n n(x,t)\frac{\mathrm{d}U}{\mathrm{d}x}\right] - \frac{n(x,t) - n_p}{\tau_n}.\tag{7.141}$$

Soll die statische I, U-Kennlinie berechnet werden, so sind $\dfrac{\partial p(x,t)}{\partial t}$, $\dfrac{\partial n(x,t)}{\partial t}$ gleich Null zu setzen. Da jedoch der mathematische Aufwand nicht größer ist, sollen auch die Wechselstromeigenschaften im Rahmen einer Kleinsignalnäherung der pn-Diode mit berücksichtigt werden.

Die Berechnung kann weiter vereinfacht werden, wenn man folgender Tatsache Rechnung trägt. Durch die angelegte Spannung wird der Potentialwall der Höhe qV_D geändert. Dadurch gehen – wenn er z. B. erniedrigt wird – mehr n-Majoritätsträger in das p-Gebiet und mehr p-Majoritätsträger in das n-Gebiet über. Diese sind dort jeweils Minoritätsträger und rekombinieren. Dadurch verursachen sie einen Feldstrom. Dieser Feldstrom wird durch das lokale elektrische Feld und die Ladungsträgerkonzentration gemäß $\boldsymbol{j} = \sigma\boldsymbol{\mathscr{E}}$ bestimmt. Da der Strom jedoch dort, wo die Rekombination stattfindet, in den so genannten Bahngebieten, außerhalb der Raumladungszone fließt, wird das Feld dort von der jeweiligen Majoritätsträgerkonzentration bestimmt und ist daher entsprechend klein. Aus diesem Grunde besteht der Strom in den Bahngebieten praktisch ausschließlich aus einem Diffusionsstrom, so dass der Feldstrom vernachlässigt werden kann. Damit vereinfachen sich Gl. (7.140) und Gl. (7.141) weiterhin zu:

$$\frac{\mathrm{d}p(x,t)}{\mathrm{d}t} = \frac{p(x,t) - p_\mathrm{n}}{\tau_\mathrm{p}} - D_\mathrm{p}\frac{\mathrm{d}^2 p}{\mathrm{d}x^2} \tag{7.142}$$

$$\frac{\mathrm{d}n(x,t)}{\mathrm{d}t} = -\frac{n(x,t) - n_\mathrm{p}}{\tau_\mathrm{n}} + D_\mathrm{n}\frac{\mathrm{d}^2 n}{\mathrm{d}x}. \tag{7.143}$$

Für den Gleichanteil sind $\dfrac{\mathrm{d}p(x,t)}{\mathrm{d}t} = \dfrac{\mathrm{d}n(x,t)}{\mathrm{d}t} = 0$. Für den Wechselanteil erhält man im Rahmen einer Kleinsignalnäherung mit $U(t) = U + \tilde{u}\exp(\mathrm{i}\omega t)$ mit $\tilde{u} \ll U$ und $p(x,t) = p_0 + p(x)\exp(-\mathrm{i}\omega t)$, $n(x,t) = n_0 + n(x)\exp(\mathrm{i}\omega t)$ eine einfache Lösung:

$$\mathrm{i}\omega p(x) = \frac{p(x)}{\tau_\mathrm{p}} - D_\mathrm{p}\frac{\mathrm{d}^2 p}{\mathrm{d}x^2} \tag{7.144}$$

$$\mathrm{i}\omega n(x) = -\frac{n(x)}{\tau_\mathrm{n}} + D_\mathrm{n}\frac{\mathrm{d}^2 n}{\mathrm{d}x^2}. \tag{7.145}$$

Benutzt man nun noch die Beziehungen $l_i^2 = D_i \tau_i$ für den Gleichanteil und $l_i^{*2} = \dfrac{D_i \tau_i}{1 + \mathrm{i}\omega\tau_i}$ für den Wechselanteil, so erhält man für Gleich- und Wechselanteil praktisch die gleichen Diffusions-Gleichungen:

$$\frac{\mathrm{d}^2 p(x)}{\mathrm{d}x^2} = \frac{p(x) - p_0}{l_\mathrm{p}^2} \quad \text{und} \quad \frac{\mathrm{d}^2 n(x)}{\mathrm{d}x^2} = \frac{n(x) - n_0}{l_\mathrm{n}^2} \tag{7.146}$$

für den Gleichanteil und

$$\frac{\mathrm{d}^2 p(x)}{\mathrm{d}x^2} = \frac{p(x)}{l_\mathrm{p}^{*2}} \quad \text{und} \quad \frac{\mathrm{d}^2 n(x)}{\mathrm{d}x^2} = \frac{n(x)}{l_\mathrm{n}^{*2}} \tag{7.147}$$

für den Wechselanteil.
Diese Gleichungen sind zu lösen unter den Randbedingungen

$$p(x) - p_0 = p_0\left\{\exp\left(\frac{qU}{kT}\right) - 1\right\} \quad \text{bei } x = x_\mathrm{n}$$

$$p(x) - p_0 = 0 \quad\qquad\qquad\qquad \text{bei } x = d$$

für den Gleichanteil bzw.

$$p(x) = p_0\exp\left(\frac{qU}{kT}\right) \cdot \frac{q}{kT}\tilde{u} \quad\qquad \text{bei } x = x_\mathrm{n}$$

$$p(x) = 0 \quad\qquad\qquad\qquad\qquad\qquad \text{bei } x = d$$

für den Wechselanteil und analog für die Elektronenkonzentration.
Es wurde davon ausgegangen, dass in der Raumladungszone selbst keine Rekombination stattfindet, d. h. dass die mittlere freie Weglänge der Ladungsträger groß

gegen deren Weite ist, und daher die Rekombination vollständig in den Bahngebieten stattfindet. Ferner wurde aufgrund von $\tilde{u} \ll U$ die Näherung benutzt:

$$\exp\left(\frac{q(U + \tilde{u}\exp(\mathrm{i}\omega t)}{kT}\right) \approx \exp\left(\frac{qU}{kT}\right) \cdot \left(1 + \frac{q}{kT}\tilde{u}\exp(\mathrm{i}\omega t)\right).$$

Mit diesen Annahmen erhält man mit Gl. (7.146) und Gl. (7.147) folgende Lösung für die Gleich- und Wechselstromdichten, wenn man noch benutzt:

$$j_{\mathrm{n}}(x_{\mathrm{p}}) = qD_{\mathrm{n}}\left(\frac{\mathrm{d}n}{\mathrm{d}x}\right)_{x = x_{\mathrm{p}}} \quad \text{und} \quad j_{\mathrm{p}}(x_{\mathrm{n}}) = -qD_{\mathrm{p}}\left(\frac{\mathrm{d}p}{\mathrm{d}x}\right)_{x = x_{\mathrm{n}}}$$

$$j_{=} = q\left(\frac{D_{\mathrm{p}}p_{\mathrm{n}}}{l_{\mathrm{p}}}\coth\left(\frac{d - x_{\mathrm{n}}}{l_{\mathrm{p}}}\right) + \frac{D_{\mathrm{n}}n_{\mathrm{p}}}{l_{\mathrm{n}}}\coth\left(\frac{x_{\mathrm{p}}}{l_{\mathrm{n}}}\right)\right) \cdot \left(\exp\left(\frac{qU}{k_{\mathrm{B}}T}\right) - 1\right) \quad (7.148)$$

und

$$j_{\sim} = q\left(\frac{D_{\mathrm{p}}p_{\mathrm{n}}}{l_{\mathrm{p}}^*}\coth\left(\frac{d - x_{\mathrm{n}}}{l_{\mathrm{p}}^*}\right) + \frac{D_{\mathrm{n}}n_{\mathrm{p}}}{l_{\mathrm{n}}^*}\coth\left(\frac{x_{\mathrm{p}}}{l_{\mathrm{n}}^*}\right)\right) \cdot \exp\left(\frac{qU}{k_{\mathrm{B}}T}\right) \cdot \frac{q}{k_{\mathrm{B}}T}\tilde{u}.$$

$$(7.149)$$

Man erkennt, es ergibt sich bis auf die Faktoren coth(...) genau die Struktur der I, U-Kennlinie, wie sie aus der allgemeinen Plausibilitätsbetrachtung abgeleitet wurde (Gl. (7.134); Gl. (7.136)). Die Faktoren coth (...) berücksichtigen die Länge der Bahngebiete im Vergleich zur Diffusionslänge der Ladungsträger. Ist die Länge der Bahngebiete groß gegen die Diffusionslänge, dabei genügt der Faktor zwei bis drei, so geht der coth (...) gegen 1, und man erhält genau Gl. (7.136). Diese Kennlinienform stimmt exakt mit derjenigen des Metall-Halbleiterkontaktes, der Schottky-Diode, überein. Allerdings setzt sich der Sperr- oder Sättigungsstrom aus zwei Anteilen (Löcher und Elektronen) zusammen und hat andere Ursachen. Bestand der Sättigungsstrom der Schottky-Diode aus denjenigen Ladungsträgern im Metall, die ohne außen angelegte Spannung die Energie besitzen, den Potentialwall der Höhe $q\Phi_{\mathrm{B}}$ zu überwinden, so besteht der Sättigungsstrom der pn-Diode aus den in den p- und n-Gebieten generierten Minoritätsträgern, die die Raumladungszone erreichen und den Potentialwall $q(V_{\mathrm{D}} + U_{\mathrm{sperr}})$ herunterlaufen.

Betrachtet man noch einmal die Wechselspannungs-Kennlinie (Gl. (7.149)), so erkennt man, dass man diese auch in folgender Form schreiben kann:

$$j_{\sim} = Y\exp\left(\frac{qU}{kT}\right) \cdot \tilde{u}, \qquad (7.150)$$

mit einem auf den Faktor $\exp\left(\dfrac{qU}{kT}\right)$ normierten Leitwert Y. Für diesen ergibt sich folgende Frequenzabhängigkeit:

$$Y = q\frac{\mu_{\mathrm{p}}p_{\mathrm{n}}}{l_{\mathrm{p}}}\sqrt{1 + \mathrm{i}\omega\tau_{\mathrm{p}}} + q\frac{\mu_{\mathrm{n}}n_{\mathrm{p}}}{l_{\mathrm{n}}}\sqrt{1 + \mathrm{i}\omega\tau_{\mathrm{n}}}. \qquad (7.151)$$

Für eine schnelle Diode, die jedem Zeitsignal folgen können soll, ist τ sehr klein zu wählen. Gemäß $l^2 = D\tau$ ist dann jedoch auch die Diffusionslänge der Ladungsträger klein und somit der Sperrstrom groß. Ist $\omega\tau \ll 1$, so lässt sich der komplexe Leitwert leicht in Real- und Imaginärteil aufteilen, und man erhält das folgende

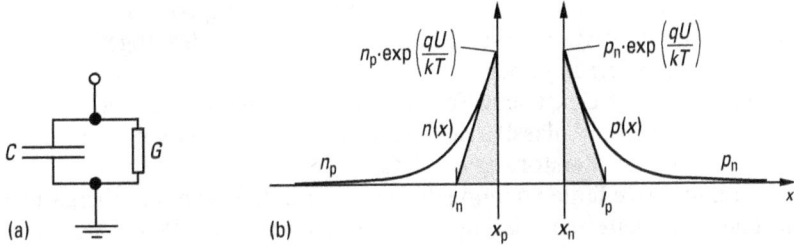

Abb. 7.44 (a) Ersatzschaltbild für eine in Durchlassrichtung gepolte pn-Diode (Diffusionskapazität und -leitwert). (b) Erklärung der Diffusionskapazität anhand der sog. Diffusionsdreiecke.

Ersatzschaltbild (Abb. 7.44a) mit den Gleichungen für die Kapazität und den Leitwert:

$$G = q\left(\frac{\mu_p}{l_p}p_n + \frac{\mu_n}{l_n}n_p\right)\exp\left(\frac{qU}{kT}\right) \tag{7.152}$$

$$C = q\left(\frac{\tau_p}{2}\frac{\mu_p}{l_p}p_n + \frac{\tau_n}{2}\frac{\mu_n}{l_n}n_p\right)\exp\left(\frac{qU}{kT}\right). \tag{7.153}$$

Man erhält ein sehr anschauliches Verständnis für die Entstehung der kapazitiven Eigenschaften, wenn man Abb. 7.44b betrachtet und in Gl. (7.153) τ durch l^2/D ersetzt, sowie $D/\mu = kT/q$ benutzt. Man erhält in diesem Fall

$$C = \frac{q}{kT}\left\{p_n\exp\left(\frac{qU}{kT}\right)\cdot\frac{l_p}{2} + n_p\exp\left(\frac{qU}{kT}\right)\cdot\frac{l_n}{2}\right\}. \tag{7.153a}$$

Da gemäß Abb. 7.44 die Größen in der geschweiften Klammer in Gl. (7.153a) die Raumladungen in den Bahngebieten repräsentieren, lässt sich C schreiben als

$$C = \frac{Q_p + Q_n}{\dfrac{kT}{q}}.$$

Man versteht die kapazitiven Eigenschaften der Diode daher als die spannungsabhängige Änderung der Raumladung in den sog. Diffusionsdreiecken (Abb. 7.44). Daher bezeichnet man die Kapazität einer in Durchlassrichtung gepolten Diode auch als **Diffusionskapazität**.

Die allgemeine Strom-Spannungs-Kennlinie eines pn-Überganges

$$I \sim \left(\exp\left(\frac{qU}{kT}\right) - 1\right)$$

wurde ohne besondere Annahmen hinsichtlich der verwendeten Halbleitermaterialien und der Geometrie lediglich aus der Struktur des Bändermodells und der Existenz von Rekombinations- und Generationsströmen in den beiden Halbleiterbereichen abgeleitet (hier spielt nur die *Existenz*, nicht aber die *Form* des Potentialwalles im Energiebändermodell des pn-Überganges eine Rolle).

Vergleichen wir dieses Ergebnis mit dem Experiment, so stellt man z. B. für eine *Planardiode* qualitativ eine gute Übereinstimmung mit der abgeleiteten Beziehung fest. Es existiert Sperrung über einen großen Spannungsbereich bis zur **Durchbruchspannung**, bei der die elektrische Feldstärke im Raumladungsbereich einen kritischen Wert erreicht. Im Durchlassbereich steigt der Strom bereits nach wenigen 100 mV bis zur thermischen Zerstörung der Diode.

Eine quantitative Untersuchung des Sperrverhaltens von pn-Übergängen aus verschiedenen Halbleitermaterialien bei Raumtemperatur (300 K) zeigt jedoch, dass der spannungsunabhängige Sättigungssperrstrom nur bei Germanium existiert; bei Silizium hingegen steigt der Sättigungssperrstrom I_S infolge dominierender Trägergeneration innerhalb der Raumladungszone proportional zu ihrer spannungsabhängigen Weite. Auch der Durchlassstrom weicht von der Theorie ab. Nur für Germanium steigt er durchweg proportional zu $\exp(q\,U/kT)$; für Si und GaAs existieren in der halblogarithmischen Darstellung (mindestens) zwei Bereiche unterschiedlichen Anstiegs. Genauere Analysen zeigen, dass die festgestellten Abweichungen vom hier entwickelten Modell eines pn-Überganges mit den Generations/Rekombinations-Vorgängen innerhalb und außerhalb der Raumladungsschicht zusammen hängen. Das Gewicht beider Vorgänge ist bei unterschiedlichen Halbleitermaterialien verschieden. Von Bedeutung ist dabei die Breite der verbotenen Zone, E_G. Ein *hoher* Wert von E_G hat *starke* Abweichungen vom hier entwickelten einfachen Modell zur Folge. Eine genauere Berechnung der I, U-Kennlinie lässt sich nur durch Computer-Simulation durchführen. Im Vorhergehenden konnten nur die prinzipiellen Grundlagen dargestellt werden.

7.12.1.1 Diodendurchbruch

Im Sperrbereich kann die Sperrspannung lediglich bis zur Durchbruchspannung erhöht werden. Von diesem Wert ab steigt der Diodenstrom steil an. Der wichtigste Mechanismus, der für den Diodendurchbruch verantwortlich ist, ist der **Lawinendurchbruch**. Innerhalb der Raumladungszone, deren Breite sich unter Wirkung der anliegenden Sperrspannung erhöht, steigt ebenfalls die elektrische Feldstärke an und führt den Ladungsträgern innerhalb der mittleren Stoßzeit eine wachsende kinetische Energie zu, die über mehrere Stöße nicht abgegeben wird, sondern den Wert des Bandabstandes erreicht und nun beim Stoß mit Gitterbausteinen ein **zusätzliches Elektron-Loch-Paar** erzeugen kann. Wenn nun die Raumladungszone genügend breit ist, dass jeder eintretende Ladungsträger zur Stoßionisation kommt, führt dies zur **Lawinenbildung** beider Ladungsträgersorten, zur sog. **Stoßmultiplikation**, entsprechend dem Lawinendurchbruch in einem Plasma nach dem Modell von J. S. Townsend. Die kritische Größe für das Einsetzen des Lawinendurchbruchs ist der **Ionisationskoeffizient** $\alpha_i(x)$ für Elektronen oder Löcher, der mit dem **Multiplikationsfaktor** M zusammenhängt und den **Sperrstrom** bestimmt.

7.12.1.2 Herstellung der pn-Diode

Im Folgenden geht es um Proben, in denen p-leitendes Halbleitermaterial innerhalb einer Probe in n-leitendes übergeht und beide Materialien an ihrer Grenzfläche einen **pn**-Übergang bilden. Wegen der Zahl der Anschlüsse wird der als Halbleiterbauelement gefertigte pn-Übergang **Diode** genannt.

Es soll nun die Entstehung einer Germaniumdiode mit Hilfe des **Legierungsverfahrens** näher betrachtet werden. Der Legierungsprozess ist seit 1950 (Hall und Dunlap) bekannt und seitdem einer der einfachsten und deshalb vielfach benutzten Prozesse, um ebene pn-Übergänge zu erzeugen. Man geht von Halbleiter-Einkristallen aus, deren Leitfähigkeit der weniger dotierten, hochohmigen Seite (Abb. 7.45) des späteren pn-Überganges entspricht.

Von diesem Kristall werden mit der Diamantsäge kleine Scheibchen abgeschnitten. Auf ein solches Scheibchen z. B. aus n-leitendem Germanium (mit As dotiert) wird eine Indiumpille aufgepresst (Abb. 7.45a) und unter Schutzgas (z. B. Wasserstoff) über die **Eutektikum-Temperatur** der Germanium-Indium-Legierung aufgeheizt. Aus der ursprünglichen Indiumpille bildet sich dann ein Tropfen, in dem Ge und In entsprechend der Temperatur in einem bestimmten Verhältnis gelöst sind. Die untere Grenze des Tropfens frisst sich je nach dem Anteil gelösten Germaniums mehr oder weniger tief in das Ge-Plättchen ein (Abb. 7.45b), dabei diffundiert das Indium – in geringer Menge – über die Grenze zwischen fester und flüssiger Phase in das n-Ge-Grundmaterial hinein. Eine Folge davon ist, dass der eigentliche Übergang zwischen p- und n-leitendem Material ($N_A - N_D$) nicht an der Grenze zwischen flüssiger und fester Phase sondern im ungelösten Grundmaterial liegt (Abb. 7.45c). Beim langsamen Abkühlen kristallisiert aus dem geschmolzenen Tropfen zuerst Germanium im ursprünglichen Gitter auf dem festen n-Material. Dieses Germanium ist stark mit Indium legiert und deshalb p-leitend. Der Rest des erstarrten Tropfens besteht hauptsächlich aus Indium.

Eine der wichtigsten Eigenschaften eines legierten pn-Überganges ist der nahezu **ideal abrupte Störstellenübergang** vom n- zum p-Material. Die Germaniumdiode findet als IR-Detektor breite Verwendung.

Im Folgenden werden darüber hinaus weitere technisch wichtige Anwendungen des pn-Überganges kurz erörtert.

7.12.2 Die Solarzelle

Wenn auf einen großflächigen pn-Übergang **Licht** der Strahlungsleistungsdichte p_E gestrahlt wird, entsteht ein **Photostrom** I_A und eine **Photospannung** U_A, die die pho-

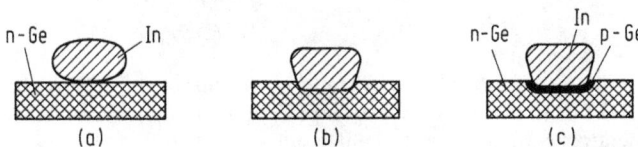

Abb. 7.45 Legierungsverfahren zur Herstellung von Ge-pn-Übergängen.

tovoltaische Energiewandlung darstellen. Dabei muss die spektrale Verteilung des Lichts im Wellenlängenintervall $\lambda_1 \ldots \lambda_2$ die Anforderung des Halbleitermaterials mit dem Bandabstand E_G für Absorption erfüllen,

$$p_E = c_0 \int_{\lambda_1}^{\lambda_2} u(\lambda)\, d\lambda \quad \text{mit} \quad \lambda_2 > \lambda_1 \quad \text{und} \quad \frac{hc_0}{\lambda_2} \gtrsim E_G; \tag{7.154}$$

$u(\lambda)\, d\lambda$ ist die Dichte der spektralen Strahlungsenergie im Inkrement λ, $\lambda + d\lambda$ und c_0 die Vakuumlichtgeschwindigkeit. Als **Kennliniengleichung** erhält man die um den Photostrom I_{ph} verschobene Diodenkennlinie

$$I(U) = I_s\left\{\exp\left(\frac{qU}{kT}\right) - 1\right\} - I_{ph} \quad \text{mit} \quad I = A \cdot j, \tag{7.155}$$

wobei A die nutzbare Oberfläche der Diode ist (Abb. 7.46).

Im vierten Quadranten des Kennlinienfeldes liegt der **Generatorbereich**, in dem Strom I_A und Spannung U_A einander im Vorzeichen *entgegengesetzt* sind und an einem Lastwiderstand R_L Arbeit leisten können (Abb. 7.46a). Je nach Wahl von R_L ist die Ausnutzung des Generatorbereiches unterschiedlich. Für die *optimale Anpassung* von R_L ist die entnommene Energie maximal (das Produkt $U_{A.opt} \cdot I_{A.opt}$ bildet das Rechteck größter Fläche innerhalb der Kennlinie), und dafür wird der **Wandlungswirkungsgrad** η im Hinblick auf die einfallende Lichtleistung p_E definiert:

$$\eta = \frac{U_{A,opt} \cdot I_{A,opt}}{p_E}. \tag{7.156}$$

Je nach Material, Aufbau und Licht erzielte man schon 1991 einen maximalen Wirkungsgrad nahe 30% beim Einzelelement, der Wirkungsgrad industrieller Serienprodukte bleibt darunter (kristallines Silizium 15%, amorphes Silizium 8%, Al-GaAs-Zellen 20%). Die spektrale Verteilung und integrale Strahlungsleistung p_E wird mit dem Sonnenlicht verglichen, das für *terrestrische Anwendung* die Lufthülle (air mass, AM) senkrecht ($\hat{=}$ AM1) durchquert. In Breiten außerhalb der Wende-

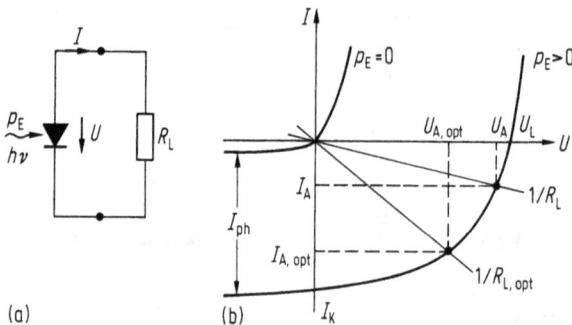

Abb. 7.46 Solarzellenbetrieb für Strahlungsleistung p_E = const. (a) Betriebsschaltung mit Lastwiderstand R_L; (b) Kennlinien $I(U) = I_0(\exp(U/U_T - 1) - I_{ph}$. Dunkelkennlinie mit $I_{ph}(p_E = 0) = 0$, Generatorkennlinie für $p_E > 0$ mit zwei Lastgraden ($U_{A,opt}I_{A,opt} > U_A I_A$) sowie den Kenngrößen Leerlaufspannung $U_L = U(I = 0)$, Kurzschlussstrom $I_K = I(U = 0)$, Photostrom $|I_{ph}| = I_K$.

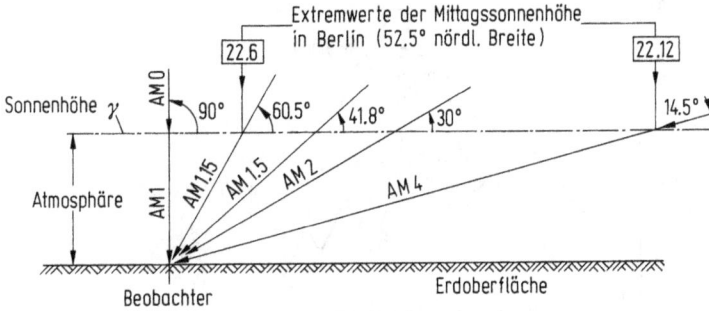

Abb. 7.47 Wege der Sonnenstrahlung durch die Erdatmosphäre entsprechend AM X ($X = 1/\sin\gamma$ mit γ = Mittagssonnenhöhe).

kreise geschieht dies niemals senkrecht (für Berlin, 52.5° nördl. Breite, gilt z. B. am 22. 6. mit der Mittagssonnenhöhe von 60.5° AM 1.15, am 22. 12. dagegen AM 4, s. Abb. 7.47).

Das Licht wird dabei gedämpft und erfährt spektrale Veränderungen durch spezifische Absorption bestimmter Moleküle (z. B. H_2O) in der Lufthülle. Außerhalb der Lufthülle im erdnahen Weltraum gilt nach dieser Bezeichnung **AM0**, mit einer Strahlungsleistungsdichte von 1353 W/m², wohingegen der meist für terrestrische Zwecke herangezogene Wert AM 1.5 dem Wert p_E (AM 1.5) = 831.8 W/m² entspricht.

Neben dem Wandlungswirkungsgrad η, der vor allem für technische Zwecke von Interesse ist, hat die **spektrale Empfindlichkeit** $S(\lambda)$ für die Analyse der halbleiterphysikalischen Parameter (Rekombinationsparameter, Diffusionslänge und Oberflächenrekombinationsgeschwindigkeit) Bedeutung:

$$S(\lambda) = \frac{I_K(\lambda)/A}{c_0\, u(\lambda)\, \Delta\lambda} \quad \text{(SI-Einheit: } A/W) \tag{7.157}$$

für die Mittenwellenlänge λ im Intervall $\Delta\lambda$ zwischen λ und $\lambda + \Delta\lambda$. Abbildung 7.48 zeigt spektrale Empfindlichkeiten und Generatorkennlinien für Solarzellen unterschiedlicher Siliziumtechnologie.

Eng mit $S(\lambda)$ hängt der **Quantenwirkungsgrad** $Q(\lambda)$ zusammen, bei dem der Teilchenfluss nutzbarer Ladungsträger $j_K(\lambda)/q$ (mit $j_K(\lambda) = I_K(\lambda)/A$) mit dem spektralen Teilchenfluss $N_0(\lambda)\,\Delta\lambda$ an der Zellenoberfläche A auftreffender Photonen der Wellenlänge λ verglichen wird:

$$Q(\lambda) = \frac{I_K(\lambda)}{q\,A \cdot N_0(\lambda)\,\Delta\lambda}. \tag{7.158}$$

Der **photovoltaische Effekt** umfasst *Absorption* von Photonen innerhalb der Bahngebiete und der Raumladungszone der Diode, gleichzeitige *Erzeugung* von Elektron-Loch-Paaren innerhalb der Diode und deren *Diffusion* aus den Bahngebieten zur Raumladungszone, wo sie durch die vorhandene Feldstärke *getrennt* werden. Die jeweiligen Minoritätsladungsträger des Generationsvorganges fließen über den Außenkreis mit dem Lastwiderstand zurück (Abb. 7.46) und leisten dabei Arbeit.

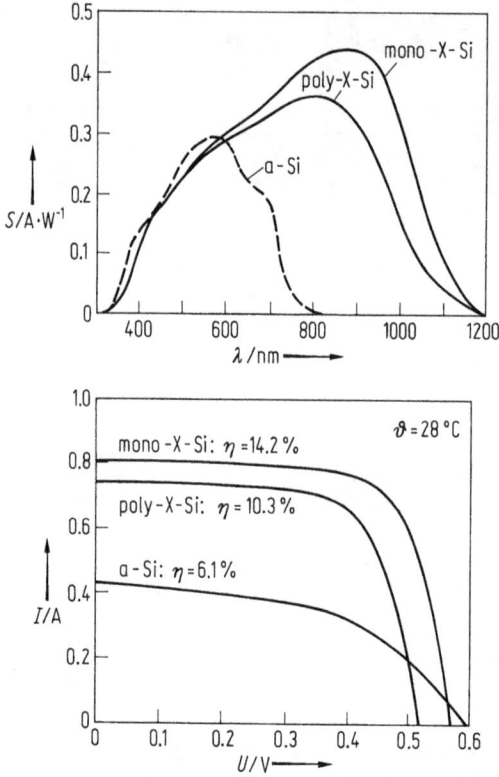

Abb. 7.48 Spektrale Empfindlichkeit $S(\lambda)$ und Generatorkennlinien $I(U)$ für Solarzellen aus mono- und polykristallinem sowie amorphem Silizium bei einer Strahlungsleistungsdichte von $100\,\mathrm{mW/cm^2}$ (nach [11]).

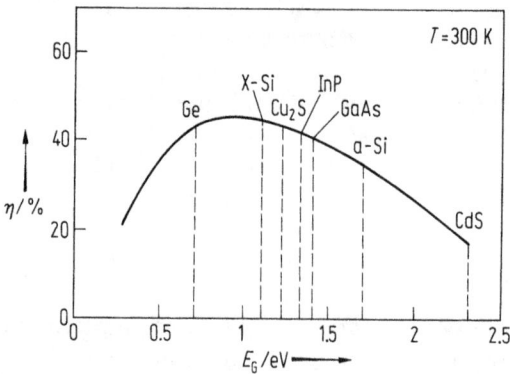

Abb. 7.49 Grenzwirkungsgrad η für Halbleitermaterial des Bandabstandes E_G bei Sonnenlicht der Strahlungsleistungsdichte AM 0 (Annahme: vollständige Ein-Elektronen-Loch-Anregung pro einfallendes Photon der Energie $h\nu \geq E_G$ (nach [12]).

Entsprechend dieser Beschreibung lassen sich die Prozesse kennzeichnen, die zu unvollkommener Wandlung des Sonnenlichtes führen. Zunächst tritt das Licht unvollständig in den Halbleiter ein, weil es teilweise vorher reflektiert wird (Reflexionsgrad $R(\lambda) > 0$). Der Absorptionskoeffizient $\alpha(\lambda)$ beschreibt die Absorption des Lichts durch ein bestimmtes Halbleitermaterial: beim direkten Halbleiter GaAs mit steilem Übergang in einem schmalen, beim indirekten Halbleiter Si mit allmählichem Übergang in einem breiten Wellenlängenintervall. Beim GaAs reichen daher sehr dünne Schichten ($\approx 5\,\mu$m), beim *kristallinen* Silizium (x-Si) erst relativ dicke Schichten ($\approx 300\,\mu$m ... $400\,\mu$m) zur Absorption aus. Die Photonen der den Bandabstand E_G energetisch übersteigenden Strahlungsanteile der Wellenlänge $\lambda < \lambda_0 = hc_0/E_G$ erzeugen aber jeweils nur ein einziges Elektron-Loch-Paar, der Energieüberschuss geht dabei in nutzlose Wärme über. Für das Sonnenspektrum liegen *kristallines* Silizium und GaAs, aber auch das *amorphe* Silizium (a-Si) nahe am Maximum dieser Materialanalyse hinsichtlich des Grenzwirkungsgrades von maximal 44 % (Abb. 7.49).

Durch vorzeitige Rekombination im Volumen und an der Oberfläche des Bauelements werden ferner nicht alle verfügbaren Ladungsträgerpaare gesammelt. Von *Volumenrekombination* ist dabei vor allem Si, von *Oberflächenrekombination* vor allem GaAs betroffen. Deshalb benutzt man kristallines Si-Material mit hoher Minoritäten-Diffusionslänge ($> 200\,\mu$m), bei GaAs hingegen solches mit passivierter Oberfläche (dünne AlGaAs-Fensterschicht), um niedrige Werte der Oberflächenrekombinationsgeschwindigkeit zu erzielen ($s < 10^4\,\mathrm{cm\,s^{-1}}$). Unvollkommene Kontakte und Dotierung der Halbleiterschichten führen zu parasitären Spannungsabfällen, unvollkommene Kantenpassivierung zu parasitären Stromkurzschlüssen im Bauelement.

Bei der Herstellung von Solarzellen verfolgt man zwei unterschiedliche Strategien. Entweder wird man teure Hochleistungssolarzellen mit hohem Wirkungsgrad (*kristallines* GaAs und Silizium) oder preiswerte Zellen mit geringem Wirkungsgrad (*amorphes* Silizium) herstellen. Kristalline GaAs-Zellen mit epitaktischer AlGaAs-Fensterschicht werden neuerdings in Weltraumsatelliten wegen ihrer höheren **Strahlungsresistenz** gegenüber extraterrestrischen, hochenergetischen Elektronen und Protonen im Vergleich zum Silizium eingesetzt, das bislang jedoch stets aus wirtschaft-

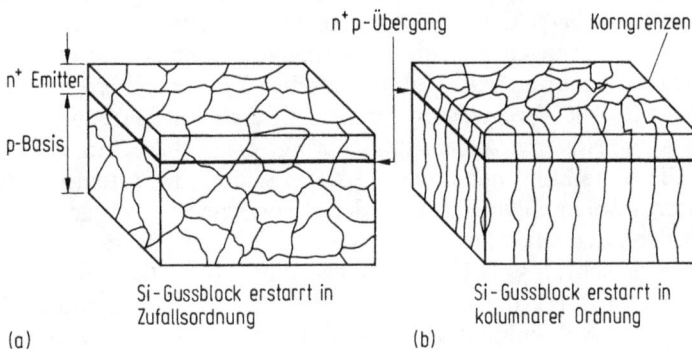

Abb. 7.50 Poly-Si-Solarzellen aus in Zufallsordnung (a) und in kolumnarer Ordnung (b) erstarrtem Blockguss; (a) geringer, (b) hoher Wandlungswirkungsgrad η.

lichen Gründen dominiert. Preiswerte Solarzellen werden aus gegossenem und gerichtet erstarrtem polykristallinen Silizium („kolumnares" Silizium) hergestellt (Abb. 7.50) und ebenso als Dünnschichtzellen aus amorphem Silizium auf Glas- oder Stahlsubstrat.

7.12.2.1 Diffusionstechnologie der kristallinen Silizium-Solarzellen

Ausgangsmaterial sind entweder gezogene Einkristalle (Durchmesser $3''\ldots 4''$, Länge 2 m, spezifischer Widerstand $1\,\Omega\text{cm}\ldots 10\,\Omega\text{cm}$, mit Bor dotiert) oder gegossene und gerichtet erstarrte Blöcke. In beiden Fällen beginnt die **Rohdarstellung** des Siliziums mit der *Reduktion von Quarz mit Kohle* im elektrischen Ofen

$$SiO_2 + 2\,C \xrightarrow{\ 1460\,°C\ } Si + 2\,CO, \quad \Delta H_r = 680\,\text{kJ/mol} \tag{7.159}$$

mit anschließender Reinigung nach Überführung des Siliziums in Silan (SiH_4), Chlorsilan (z. B. $SiHCl_3$) oder Siliziumtetrachlorid ($SiCl_4$) durch *fraktionierte Destillation*

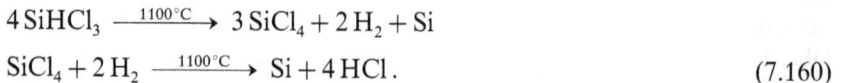

$$4\,SiHCl_3 \xrightarrow{\ 1100\,°C\ } 3\,SiCl_4 + 2\,H_2 + Si$$

$$SiCl_4 + 2\,H_2 \xrightarrow{\ 1100\,°C\ } Si + 4\,HCl. \tag{7.160}$$

Diese Prozessfolge ist als **Silizium-Trichlorsilan-Prozess** bekannt. Danach liegt das Silizium als polykristalliner „Dünnstab" vor, dessen Reinheitsgrad durch **Zonenschmelzen und -reinigen** bis auf EGS-Qualität (engl. electronic grade silicon) angehoben werden kann (EGS-Reinheitsgrad $|N_A - N_D| \lesssim 10^{15}\,\text{cm}^{-3}$). Ebenfalls kann der Dünnstab als Ausgangsmaterial des Kristallziehens für den Schmelzeinsatz dienen.

Hochleistungssolarzellen werden aus Scheiben (engl. wafer) hergestellt, die man durch **Zersägen des Einkristalls** erhält. Bei einer Scheibendicke von $300\,\mu\text{m}\ldots 500\,\mu\text{m}$ geht ungefähr die Hälfte des Materials als Sägeverschnitt verloren. Auch wenn polykristallines Material durch gerichtete Erstarrung einer Si-Schmelze gewonnen und für terrestrische Standard-Solarzellen benutzt wird, verliert man beim Sägen wieder die gleiche Menge hochreinen Materials. Nach **Sägen, Läppen** und **Reinigen** der Scheiben folgen die **Emitterdiffusion der Frontseite** im Quarzrohr eines Dreizonenofens ($PBr_3 + N_2$ bei $800\,°C$ führen zu einer Diffusionstiefe von $0.1\,\mu\text{m}\ldots 0.2\,\mu\text{m}$), die **beiden Metallisierungen** und die **Aufbringung der optischen Vergütungsschicht** (engl. antireflective coating, ARC) als aufwendige Vakuumprozesse sowie – bei den Raumfahrtzellen – die Vereinzelung der Zellen durch Laser-Trennung.

Einen kostengünstigeren Arbeitsablauf bringt die **Siebdrucktechnik**, bei der die Dotierung, die Metallisierungen und die ARC-Schicht in Pastenform aufgetragen und im Durchlaufofen eingebrannt werden. Inzwischen haben die Wirkungsgrade der industriellen Solarzellen aus polykristallinem Silizium die der monokristallinen Zellen nahezu erreicht ($\eta \approx \mathbf{11\%\ldots 12\%}$ gegenüber $14\%\ldots 15\%$). Die Wirkungsgradminderung ist durch die **Korngrenzen** des polykristallinen Materials bedingt, in denen zusätzlich Rekombination von Ladungsträgern stattfindet. Insofern ist der *kolumnare Aufbau* des Materials wichtig, bei dem der pn-Übergang *senkrecht* zur Vorzugsrichtung der säulenförmig nebeneinander stehenden Mikrokristallite angeordnet ist (Abb. 7.50). Hier brauchen die zur Raumladungszone diffundierenden

Ladungsträger keine Korngrenzen zu überschreiten. Anätzung der kristallographisch unterschiedlich gerichteten Mikrokristallite erzeugt zusätzlichen Gewinn durch Rückreflexion des Lichtes in das Zelleninnere (Farbbild 1, S. 704) an der aufgerauhten Oberfläche.

7.12.2.2 Epitaxietechnologie der kristallinen AlGaAs-Solarzellen

Hier startet man mit n-leitendem GaAs-Material ($10^{-3}\,\Omega\text{cm}\ldots10^{-2}\,\Omega\text{cm}$, Donator Sn) und führt nach Sägen, Läppen und Reinigen der Scheiben die p-Emitter-Diffusion mit z. B. Be-Akzeptoren bei gleichzeitiger Flüssigphasenepitaxie (engl. liquid phase epitaxy, LPE) einer AlGaAs-Fensterschicht durch. Man benutzt dabei die *Schiebetiegeltechnik* (Abb. 7.51), bei der zunächst das GaAs-Substrat durch Kontakt mit einem AlGaAs-Gemisch bei einer Temperatur oberhalb der Liquidus-Grenze (Abb. 7.52) angeschmolzen wird.

Das zugleich eingewogene Beryllium diffundiert dabei in das Substrat und dotiert es bis zur vorgesehenen Emittertiefe um, bevor sich durch Temperatursenkung die eingestellte Mischung aus AlAs und GaAs als dünne Schicht eines AlGaAs-Mischkristalles auf dem GaAs-Substrat epitaktisch abscheidet. Da die Gitterkonstanten von AlGaAs und GaAs sich wenig unterscheiden, jedoch der Bandabstand von AlGaAs höher ist als derjenige des GaAs ($E_G(\text{AlGaAs}) = 2.16\,\text{eV}$; $E_G(\text{GaAs}) = 1.43\,\text{eV}$), hat man auf diese Weise eine mechanisch stabile, gering absorbierende

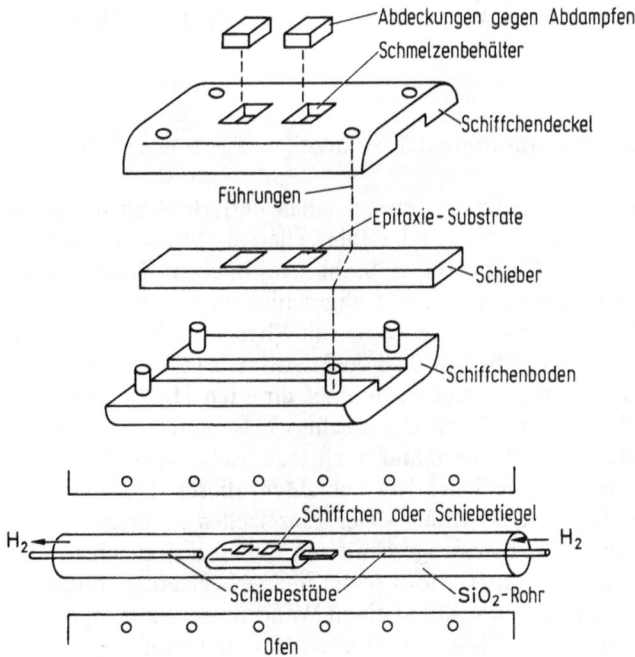

Abb. 7.51 LPE-Schiebetiegeltechnik (nach [4]).

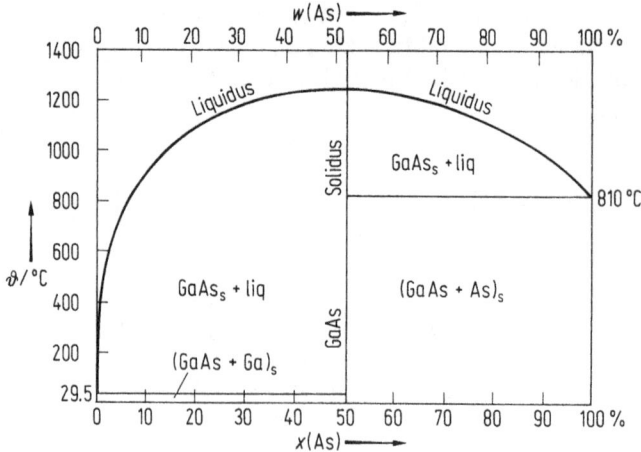

Abb. 7.52 Phasendiagramm des GaAs. Die LPE-Technologie läuft meist auf der arsenarmen Seite ($700\,°C \leqq v \leqq 900\,°C$) ab; x = Stoffmengenanteil, w = Massenanteil, liq = flüssige Phase, s = feste Phase (nach [4]).

Fensterschicht erzeugt, die einen *Heteroübergang* (AlGaAs/GaAs) darstellt und die GaAs-Oberfläche gegen Oberflächenrekombination wirksam passiviert. Nach dem LPE-Prozess folgt, wie im vorigen Abschnitt erwähnt, die Aufbringung von Kontakten und einer ARC-Schictakten und einer ARC-Schicht (s. Hetero-Übergänge, Abschn. 7.12.5).

7.12.2.3 Dünnschichttechnologie der Solarzellen aus amorphem Silizium

Nach mehreren Gesichtspunkten eignen sich **dünne dotierte Schichten aus amorphem Silizium** ganz besonders für terrestrische Solarzellen als Massenprodukt. *Amorphes* Silizium, auf preiswerten Trägern (Glas, Stahl u. a.) in einer **Gasphasenreaktion aus Silan** (SiH_4) in dünner ($< 1\,\mu m$) Schicht abgeschieden, bedeutet kostensparenden Umgang mit dem teuren hochreinen Material. Physikalisch hat man dann einen Halbleiter vor sich, dessen Absorptionskoeffizient $\alpha(\lambda)$ von der Bandkante ab bei $E_G = 1.6\,eV$ sehr viel stärker demjenigen eines **direkten** Halbleiters als dem eines **indirekten** entspricht, weil er durch einen sehr viel steileren $\alpha(\lambda)$-Verlauf auffällt. Schließlich bietet der **Herstellungsablauf** auch technische Vorteile. Durch Ritzung und Versatz der aufeinanderliegenden Schichten dieser Dünnschicht-pin-Zelle (Abb. 7.53) ist eine **Serienverschaltung vieler Einzelzellen** zu erreichen (Abb. 7.54), wodurch bei zum Beispiel 30 seriengeschalteten Zellen auf gleichem Glassubstrat ein $30\,cm \times 30\,cm$-Modul („square foot panel") eine Leerlaufspannung $U_L \gtrsim 20\,V$, einen Kurzschlussstrom $I_K \gtrsim 0.4\,A$ und einen Wandlungswirkungsgrad $\eta \gtrsim 7\%$ erreicht. Allerdings weist die a-Si-Solarzelle auch Nachteile auf.

Der bereits anfänglich geringe Wirkungsgrad wird besonders in der ersten Zeit der Zellennutzung noch geringer (**Staebler-Wronski-Effekt**). Die Ursache ist im Aufbau des a-Si-Materials zu sehen, das aus der Silan-Zersetzung einen sehr hohen Anteil an Wasserstoffatomen enthält (bis zu 30 Volumenprozent), so dass man das Material eher als **Silizium-Wasserstoff-Legierung** ansprechen müsste. Der Wasser-

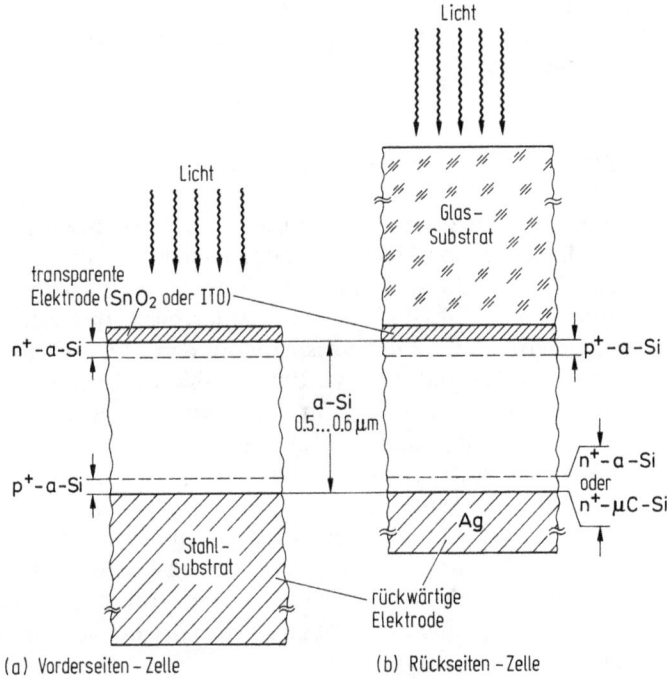

Abb. 7.53 Aufbau einer Solarzelle aus amorphem Silizium. (a) Vorderseiten-Zelle. (b) Rückseiten-Zelle; ITO: Indium-Zinn-Oxid (engl. indium tin oxide), μC-Si: mikrokristallines Silizium.

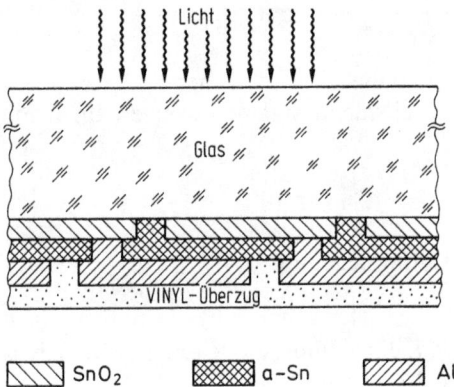

Abb. 7.54 Serienschaltung von a-Si-Solarzellen durch versetzte Ritzung aufeinander liegender Schichten.

stoff wird in das Silizium-Netzwerk des amorphen Materials eingebaut und passiviert dabei die zahlreichen *unabgesättigten* Valenzen der Atome im amorphen Zufallsnetzwerk. Durch Beleuchtung werden die Bindungen aufgebrochen, und diese zusätzlichen „dangling bonds" tragen zur vorzeitigen Rekombination der lichterzeugten Überschussladungsträger bei, so dass der Wandlungswirkungsgrad η sinkt. Zahlreiche Arbeiten richten sich auf das Verständnis und die Verringerung des Staebler-Wronski-Effekts (Abschn. 7.15.3).

7.12.3 Die Photodiode

Die schnelle Erfassung lichtschwacher Signale ist der Zweck technischer Photodioden, die als Schottky-Diode oder pn-Übergang aufgebaut sind. Dabei ist das Halbleitermaterial stets sorgsam auf die spektrale Verteilung der einfallenden Lichtleistung abgestimmt, entsprechend Gl. (7.154) bei den Solarzellen. Im Unterschied zu den Solarzellen werden Photodioden mit Vorspannung betrieben, die das Bauelement i. A. in den gesperrten Zustand versetzt. Ein **absorbiertes Photon** ist bei sorgsamer Wahl des Arbeitspunktes der Anlass für eine **Vergrößerung des thermischen Sättigungssperrstroms** I_S, der ja seiner Natur nach ein Generationsstrom ist (Gl. (7.121)), bis zur Bildung einer *Ladungsträgerlawine* (engl. avalanche, **Avalanchediode**). Auf diese Weise findet eine Vervielfachung eines ersten Elektron-Loch-Paares statt. Im gesperrten Zustand vergrößert sich das Volumen des Raumladungsbereiches Gl. (7.87), in der die zusätzlichen Elektron-Loch-Paare schnell getrennt werden. Um den empfindlichen Feldbereich zu verbreitern, führt man zwischen p- und n-leitendem Bereich häufig einen nahezu *eigenleitenden* Bereich ein und baut damit eine **p-i-n**-Diode auf (Abb. 7.55).

Da das hohe elektrische Feld die Ladungsträger zu schneller Drift veranlasst, ist auch die **Grenzfrequenz** f_g höher als bei pn-Dioden gleichen Aufbaus, bei denen f_g weitgehend durch das reziproke Produkt von Raumladungskapazität $C(U)$ und Sättigungssperrstrom (Gl. (7.123) bzw. Gl. (7.135)) bestimmt wird:

$$f_g \sim \frac{1}{RC} \sim \frac{I_S}{U_T} \sqrt{\frac{2(V_D - U)}{\varepsilon_{HL}\,\varepsilon_0\,q\,|N_D - N_A|}}, \quad \text{mit} \quad U_T = \frac{kT}{q}, \tag{7.161}$$

die Dichte $|N_D - N_A|$ charakterisiert dabei die schwächer dotierte Seite einer unsymmetrisch dotierten Diode. Lichtschwache Signale erzeugen einen Photostrom (Gl. (7.158))

$$I_{ph} = A \cdot q \cdot Q(\lambda) \cdot N_0 \Delta\lambda \tag{7.162}$$

als Folge der Absorption von Strahlungsleistung: $p_E = \dfrac{hc_0}{\lambda} N_0 \Delta\lambda$

und bestimmen die Empfindlichkeit R einer Photodiode (engl. responsivity) bei der Wellenlänge λ im Intervall $\lambda \ldots \lambda + \Delta\lambda$

$$R(\lambda) = \frac{I_{ph}}{A \cdot p_E} = \frac{q\,Q(\lambda) \cdot \lambda}{hc_0}. \tag{7.163}$$

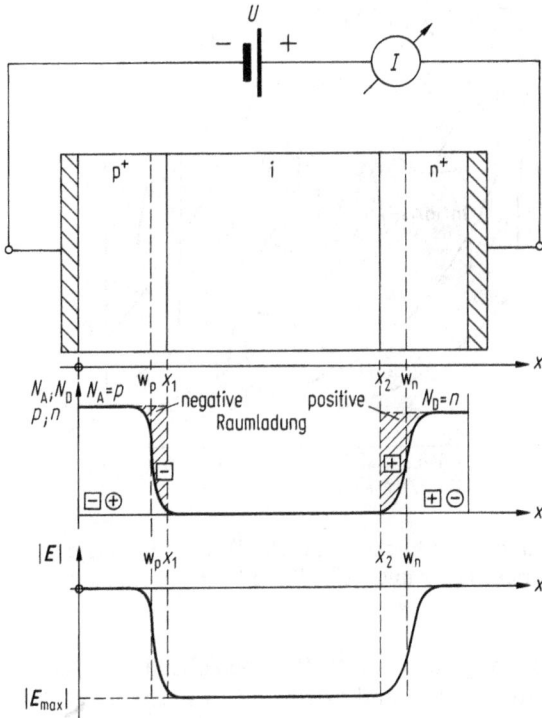

Abb. 7.55 p-i-n-Diode unter Sperrspannung mit Ortsverläufen der Ladungsträgerdichten und der elektrischen Feldstärke.

Falls demnach der Quantenwirkungsgrad Q des Halbleitermaterials im betrachteten Wellenlängenbereich annähernd konstant ist, zeigt die idealisierte Empfindlichkeit $R(\lambda)$ einen sägezahnförmigen Verlauf, mit einem Maximum bei der Abschneidewellenlänge λ_{co} (engl. cut-off wavelength), die durch die Bedingung

$$\lambda_{co} = \frac{hc_0}{E_{exc}} \qquad (7.164)$$

gegeben ist. Die minimale Anregungsenergie E_{exc} bezeichnet dabei alle Elektronen-übergänge, die zur Absorption einfallender Strahlung führen; neben Band-Band-Übergängen ($E_{exc} = E_G$, **intrinsischer Betrieb**) ebenfalls Anregung aus Störstellen im verbotenen Band ($E_{exc} < E_G$, **extrinsischer Betrieb**). Der Steilabfall des Absorptionsvermögens $\alpha(\lambda)$ der unterschiedlichen Halbleitermaterialien bezeichnet dabei jeweils den Wellenlängenbereich λ, in dem der Quantenwirkungsgrad $Q(\lambda)$ seine höchsten Werte erreicht. Abbildung 7.56 gibt den $Q(\lambda)$-Verlauf für Materialien an, die sich entsprechend ihrem Bandabstand im IR-Bereich als Photodetektoren verwenden lassen.

Zusätzlich eingezeichnet sind die *Hyperbeln konstanter Empfindlichkeit* $R(\lambda)$ (Gl. (7.163)), die zeigen, dass bei Annäherung an λ_{co} auch Einbußen von $Q(\lambda)$ hin-

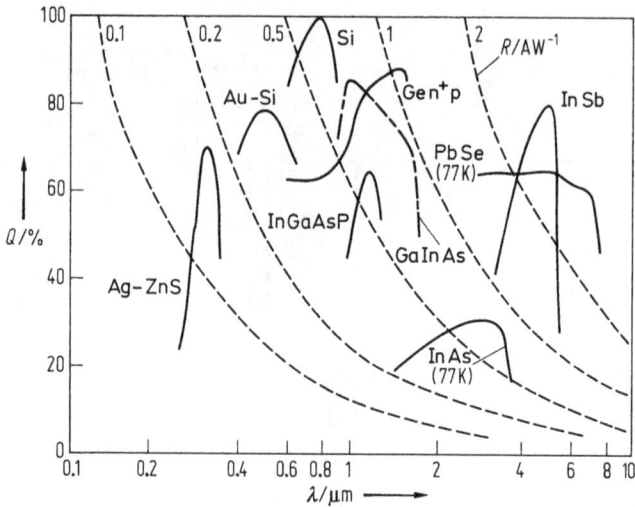

Abb. 7.56   Quantenwirkungsgrad $Q(\lambda)$ (durchgezogene Verläufe) mit den Hyperbeln konstanter Empfindlichkeit $R(\lambda)$ (gestrichelt) für unterschiedliche Halbleitermaterialien (nach [4]).

genommen werden können, um gleiche Werte $R(\lambda)$ beizubehalten. Tabelle 7.3 zeigt Halbleitermaterialien für intrinsischen und extrinsischen Betrieb von Photodioden. Da sich durch Kühlung die Absorptionskante $\alpha(\lambda)$ der intrinsisch arbeitenden Photodioden verschiebt (i. A. in Richtung kürzerer Wellenlänge λ_{co}), andererseits der Quantenwirkungsgrad $Q(\lambda)$ sich dabei erheblich verbessert, vor allem für Stoffe, die IR-empfindlich sind, wächst auch die Empfindlichkeit $R(\lambda)$ bei tiefer Temperatur. Außerdem verringert der Betrieb bei tiefer Temperatur die Dichte thermisch erzeugter Elektron-Loch-Paare, die das Nutzsignal als „Rauschen" verändern und die Empfindlichkeit der Photodiode herabsetzen.

7.12.4 Die Tunneldiode

Im Jahre 1958 berichtete Leo Esaki über „anormale" Strom-Spannungs-Kennlinien von entartet dotierten Germanium-pn-Übergängen (Abb. 7.57); im Durchlassbereich beobachtete er bei geringen Spannungen ein ausgeprägtes Stromstärkemaximum und erklärte es mit Hilfe des quantenmechanischen **Tunneleffektes** als Majoritätsladungsträger-Transportvorgang. Die Sperrseite der Kennlinie zeigte eine anormal hohe Stromdichte.

Man erreicht für Germanium bei einer Störstellendichte $N \approx 2 \cdot 10^{19}\,\mathrm{cm}^{-3}$ den Fall der „Ladungsträgerentartung". Das Fermi-Niveau stimmt energetisch mit einer der Bandkanten überein. Für noch höhere Dotierungen wandert es in die Bänder hinein, und das diskrete Störstellenniveau entartet zu einem Störstellenband (Abb. 7.94).

Errechnet man nach Gl. (7.87) die Weite der Raumladungsschicht für einen pn-Übergang aus beiderseits entartet dotiertem Halbleitermaterial am Spannungsnull-

Tab. 7.3 Halbleitermaterial für Photodioden.

(a) Intrinsischer Betrieb bei $T = 4\,\mathrm{K}$ und $300\,\mathrm{K}$

Halbleiter	E_G/eV	$\lambda_{co}/\mu\mathrm{m}$
Si	300 K: 1.11 4 K: 1.20	1.12 1.03
Ge	300 K: 0.67 4 K: 0.74	1.85 1.68
PbS	300 K: 0.41 4 K: 0.29	3.02 4.28
PbSe	300 K: 0.29 4 K: 0.15	4.28 8.27
GaP	300 K: 2.26 4 K: 2.34	0.55 0.53
CdTe	300 K: 1.5 4 K: 1.6	0.83 0.77

(b) Extrinsischer Betrieb über Störstellen mit Ionisierungsenergie E_{exc} und Abschneidewellenlänge λ_{co} nach Gl. (7.164)

Silizium mit Störstelle

	P	B	Al	As	Ga	In	Sb	Bi
$\dfrac{E_{exc}}{\mathrm{meV}}$	45	45	68.5	54	72	155	43	71
$\dfrac{\lambda_{co}}{\mu\mathrm{m}}$	28	28	18	23	17	8	29	17

Germanium mit Störstelle

	Au	Hg	Cd	Cu	Zn	B
$\dfrac{E_{exc}}{\mathrm{meV}}$	150	90	60	41	33	10
$\dfrac{\lambda_{co}}{\mu\mathrm{m}}$	8.3	14	21	30	38	124

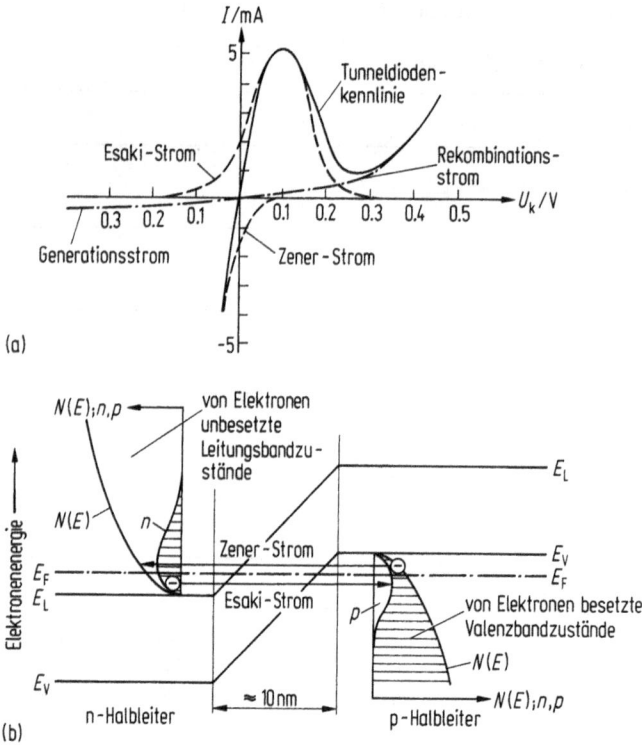

Abb. 7.57 Strom-Spannungs-Kennlinien (a) und Energiebänderschema (b) einer Tunneldiode.

punkt, so gewinnt man Werte der Größenordnung $l \approx 1\,\text{nm} \ldots 10\,\text{nm}$. Die dazu gehörige Diffusionsspannung V_D liegt bei 1 V, so dass im Raumladungsbereich elektrische Feldstärken von etwa $10^6\,\text{V/cm}$ auf die Ladungsträger wirken. Abbildung 7.57b zeigt das Bändermodell eines pn-Überganges zweier entartet dotierter Halbleitermaterialien. Die zahlreichen Elektronen des Leitungsbandes des n-Leiters stehen – durch den ca. 10 nm breiten Potentialwall der verbotenen Zone getrennt – den zahlreichen Löchern des Valenzbandes des p-Leiters am Fermi-Niveau gegenüber. Die Elektronen sind dann in der Lage, den Potentialwall **äquienergetisch** (in Abb. 7.57 horizontal) zu **durchtunneln**. Die Durchtunnelung beschreibt die Quantenmechanik im Rahmen der Heisenbergschen Unschärferelation $\Delta E \cdot \Delta t \geq \hbar$.

Mit Hilfe der **Unschärferelation** kann die Energieunschärfe der tunnelnden Elektronen abgeschätzt werden. Setzen wir für die zeitliche Unschärfe $\Delta t = \Delta x/v$ an (Δx = Tunnellänge $\approx 1\,\text{nm}$; $v = v_d \approx 10^7\,\text{cm/s}$ bei einer elektrischen Feldstärke von $10^6\,\text{V/cm}$ (Abb. 7.9 für Si)), so gilt $\Delta t = 10^{-14}\,\text{s}$. Mit $\hbar \approx 10^{-15}\,\text{eVs}$ ergibt sich als untere Grenze $\Delta E \geq 0.1\,\text{eV}$. Die Energieunschärfe ist demnach von gleicher Größenordnung wie die Energiebarriere des verbotenen Bandes E_G des Germaniums.

Aufgrund der geringen Tunnellänge und der hohen elektrischen Feldstärke ist die quantenmechanische Wahrscheinlichkeit des Tunnelprozesses groß. Im Spannungsnullpunkt existieren zwei gegenläufige Tunnelströme gleicher Größe. Vom Leitungsband des n-Halbleiters werden Elektronen in das Valenzband des p-Halbleiters injiziert bei der energetischen Lage des Gleichgewichts-Fermi-Niveaus (sog. **Esaki-Strom**); vom Valenzband des p-Halbleiters tunneln umgekehrt Elektronen auf freie Plätze des Leitungsbandes des n-Halbleiters (sog. **Zener-Strom**).

Für äußere Spannungen $U \neq 0$ greift man in dieses dynamische Gleichgewicht ein und verschiebt es für Durchlassspannungen ($U > 0$) zugunsten des Esaki-Stromes, für Sperrspannungen ($U < 0$) zugunsten des Zener-Stromes. Für **Durchlassspannungen** vergrößert sich zunächst der Energiebereich, in dem Esaki-Übergänge stattfinden können, bis besetzte Leitungsbandzustände und unbesetzte Valenzbandzustände der beiden Halbleitermaterialien sich optimal breit *äquienergetisch* überlappen. Der Esaki-Strom zeigt ein Maximum und geht anschließend zurück, weil der gemeinsame Energiebereich beider Bänder zurückgeht. Der Strom nimmt bei fehlender Überlappung wieder zu, wenn der bekannte Rekombinationsstrom der Minoritätsladungsträger anzusteigen beginnt. Für **Sperrspannungen** vergrößert sich zunehmend der Energiebereich, in dem gleichenergetische Zener-Übergänge stattfinden können. Also wird in Sperrrichtung ein hoher Tunnelstrom das Bauelement charakterisieren und den Sättigungsstrom der Minoritätsladungsträgergeneration bei weitem überdecken.

Als Majoritätsladungsträgereffekt wird der Durchgang durch die Potentialbarriere durch die Relaxationszeit ($\tau_r < 10^{-10}$ s) bestimmt. Deshalb sind kleinflächige Tunneldioden aus Si und Ge sehr gut im Mikrowellenbereich und als schnelle binäre Schalter verwendbar. Im Bereich negativer differentieller Leitfähigkeit wird die Tunneldiode vielfach zur Schwingungserregung benutzt.

7.12.5 Halbleiter-Heteroübergänge

Kontakte zwischen unterschiedlichen Halbleitermaterialien setzen voraus, dass die **Gitterkonstanten** und deren thermische Ausdehnungskoeffizienten beider Stoffe nicht zu stark voneinander abweichen. Abbildung 7.58 zeigt für die dafür in Frage kommenden Materialien aus der III. und V. Hauptgruppe des Periodensystems sowie für Si, Ge und PbS die Darstellung des Bandabstandes E_G in Abhängigkeit von der Gitterkonstanten a.

Bei *ternären* Materialien sind $Al_xGa_{1-x}As$ in jeder Zusammensetzung miteinander kombinierbar, bei *quaternären* Verbindungen gilt dies im Allgemeinen nicht. Für die beiden quaternären Hauptsysteme

$$Ga_xIn_{1-x}As_yP_{1-y} \quad \text{mit} \quad 0.3\,eV \leq E_G \leq 2.3\,eV$$

sowie

$$Al_xGa_{1-x}As_ySb_{1-y} \quad \text{mit} \quad 0.75\,eV \leq E_G \leq 2.3\,eV \tag{7.166}$$

können zwei Materialien mit unterschiedlichem Bandabstand E_G dann miteinander kombiniert werden, wenn sie im Diagramm übereinander liegen. Damit kommt der senkrechten Linie mit InP, dem **Standardsubstrat der Optoelektronik** (Kap. 8) und den darauf liegenden Stoffzusammensetzungen große Bedeutung zu. Insbesondere den beiden *gitterangepassten* Endpunkten ternärer Zusammensetzung

$$In_{0.52}Al_{0.48}As \quad \text{mit} \quad E_G = 1.45\,eV$$

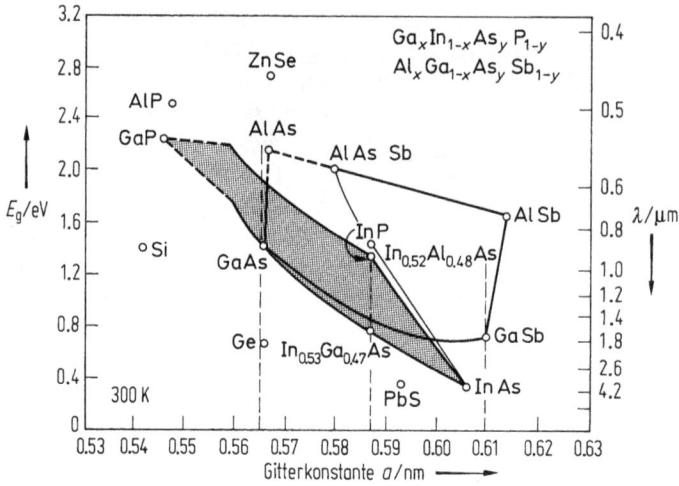

Abb. 7.58 Bandabstand E_G und Gitterkonstante a für III/V-Verbindungshalbleiter zum Aufbau ternärer und quaternärer Hetero-Übergänge; Linien verbinden quaternäre Systeme: - - - indirekter, — direkter Halbleiter (nach [4]).

und

$$\text{In}_{0.53}\text{Ga}_{0.47}\text{As} \quad \text{mit} \quad E_G = 0.73 \, \text{eV}, \tag{7.167}$$

die beide zu den *direkten* Halbleitermaterialien zählen. Neben den III/V-Materialien gibt es noch weitere Möglichkeiten, z. B. kann n-Ge mit p-GaAs oder p-ZnSe kombiniert werden; Ge mit Si hingegen lässt sich wegen starker Fehlanpassung der Gitter schwer zu einem Heteroübergang verarbeiten.

Ein besonderes Merkmal der Heteroübergänge ist die Ausbildung von **Banddiskontinuitäten** am Kontakt. Abbildung 7.59a zeigt die beiden getrennten Halbleitermaterialien vor dem Kontakt und der Ausbildung von Diskontinuitäten.

Es existieren *unterschiedliche* Bandlücken E_G, *unterschiedliche* Austrittsarbeiten $q\Phi_{HL}$ und *unterschiedliche* **Elektronenaffinitäten** χ. Auch die Fermi-Energien E_F des n-dotierten Schmalband-Halbleiters und des p-dotierten Breitband-Halbleiters sind vor dem Kontakt unterschiedlich. Gemeinsamer Bezugspunkt aller Energien ist die Vakuum-Energie, die ein Elektron unmittelbar vor der jeweiligen Oberfläche (Abschn. 7.8.1) charakterisiert. Die Energiedifferenzen ΔE_L zwischen beiden unteren Leitungsbandkanten und ΔE_V zwischen beiden oberen Valenzbandkanten sind eingezeichnet. Man findet

$$\Delta E_L = \chi_1 - \chi_2,$$
$$\Delta E_V = \chi_1 - \chi_2 + E_{G_2} - E_{G_1}. \tag{7.168}$$

Beim Kontakt (Abb. 7.59b) gehen wie beim pn-Übergang (s. Abschn. 7.12) diffundierende Majoritätsladungsträger zum anderen Leitertyp über und hinterlassen Raumladungszonen, also eine positive Raumladungszone im n-Halbleiter und eine negative im p-Halbleiter. Dabei stellt sich eine gemeinsame und konstante Lage des Fermi-Niveaus E_F ein und zeigt damit das Gleichgewicht zwischen Diffusions- und

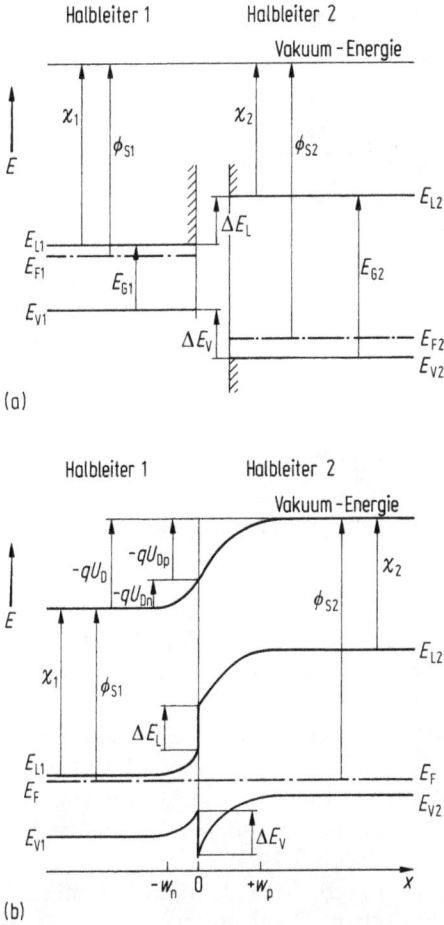

Abb. 7.59 Halbleiter unterschiedlichen Bandabstandes (a) und (b) nach Bildung eines anisotypen Heteroüberganges.

Feldstrom an. Da die Vakuum-Energie weiter parallel zu den Bandkanten verläuft, dabei jedoch an der Phasengrenze keine Diskontinuität zeigt (Annahme vernachlässigbarer Dichte von energetischen Phasengrenzen-Zuständen und ihrer Flächenladung infolge guter Gitteranpassung), bleibt Gl. (7.168) auch nach Herstellung des Heteroüberganges erhalten.

Die I, U-Kennlinien und ebenso die Diffusionsspannung V_D, die aus den beiden Anteilen V_{Dn} und V_{Dp} zusammengesetzt ist, ergeben sich nach bekannter Rechnung. Wichtige Besonderheiten des Heteroüberganges sind aber die **Banddiskontinuitäten**, mit deren Hilfe in einer neuartigen Weise auf den Ladungsträgertransport eingewirkt werden kann. Die Diskontinuitäten führen zu Potentialwällen (z. B. in Abb. 7.59b im Valenzband), die den Transport der *einzelnen Ladungsträgersorten* über die Phasengrenze hinweg *unterschiedlich* beeinflussen (in Abb. 7.59b wird z. B. im Sperrfall

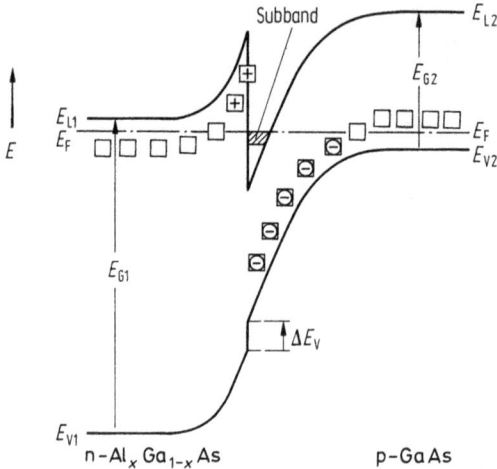

Abb. 7.60 Heteroübergang mit Leitungsband-Potentialtopf und Subband nahe $T = 0\,\mathrm{K}$ (nicht maßstäblich) (nach [13]).

der Löchertransport vom n-leitenden Halbleiter 1 zum p-leitenden Halbleiter 2 durch die Valenzbanddiskontinuität ΔE_V behindert). Andererseits entstehen durch die Kombination gut gitterangepasster Materialien (wie $Al_xGa_{1-x}As$ auf GaAs) tiefe und schmale **Potentialtöpfe**, in denen **Quanteneffekte** der Elektronen beobachtet werden (Bedingungen: $\Delta E > kT$; $\mathrm{d} \approx \lambda_{\mathrm{deBroglie}}$). Senkrecht zum pn-Heteroübergang kann ein **zweidimensionales Elektronengas** in Subbändern geführt werden (Abb. 7.60), das bei tiefen Temperaturen im hohen Magnetfeld die Aufspaltung der Landau-Niveaus und den **Quanten-Hall-Effekt** zeigt (s. Abschn. 7.14.4).

Durch abwechselnde Folge zahlreicher (z. B. 30), sehr dünner (1 nm … 2 nm), unterschiedlicher Halbleiterbereiche zwischen Heteroübergängen (z. B. wiederum $Al_xGa_{1-x}As$ und GaAs) entsteht ein sich wiederholender Potentialtopf, eine sog. **Multiple-Quantum-Well-Struktur**, die sich vor allem für optoelektronische Effekte nutzen lässt (Injektionslaser, optische Modulatoren, Lichtleiter u. a., s. Kap. 8).

Für die Herstellung von Heteroübergängen sind spezielle Epitaxieverfahren, die **Molekularstrahlepitaxie** (engl. molecular beam epitaxy, **MBE**) und die Gasphasenepitaxie in der Form der **Gasphasenabscheidung aus metall-organischen Verbindungen** (Metal Organic Chemical Vapour Deposition, **MOCVD**) entwickelt worden. Sie werden in Kap. 8 behandelt.

7.13 Bauelemente mit mehrfachen Raumladungsschichten

Der Transistor ist das wichtigste Bauelement der Halbleiterphysik. Wie bereits erwähnt, wurde die Idee des **Feldeffekt-Transistors** schon 1925 von J. E. Lilienfeld patentiert. Jedoch wurde er als (Metal-Oxid-Semiconductor-)**MOS-Transistor**, bzw. als (Metal-Insulator-Semiconductor-)**MIS-Transistor** aus technologischen Gründen erst im Jahre 1960 von D. Kahng realisiert. Der MOS-Transistor ist ein so genanntes unipolares Bauelement, bei dem nur eine Ladungsträgersorte, Elektronen oder Löcher, verwendet werden.

Hingegen ist der zuerst von J. Bardeen und W.H. Brittain 1948 veröffentlichte Germanium-Spitzentransistor, dessen Funktion erst ein Jahr später von W. Shockley erklärt wurde, ein sog. **Bipolar-Transistor**, da sowohl Elektronen als auch Löcher zum Stromtransport benötigt werden.

Die heutige Technologie ist in der Lage, durch die Wahl von Material und Herstellungsprozess für einen bestimmten Anwendungszweck optimierte Transistoren zu entwickeln, und zwar als einzelne **(diskrete) Bauelemente** oder gemeinsam mit vielen anderen **(integrierten)** Bauelementen in **integrierten Schaltkreisen** (integrated circuit, IC). So gelingt die Verstärkung hochfrequenter Ströme bis zu Grenzfrequenzen $f_t \leq 30\,\text{GHz}$ (GaAs-Sperrschicht-Feldeffekttransistor mit Schottky-Kontakt), die Steuerung hoher Stromstärken $I \leq 5000\,\text{A}$ (Si-Thyristor, nach dem Planar-Diffusionsverfahren hergestellt), die Ausführung digitaler Schaltfunktionen mit kurzen Schaltzeiten $t_S < 1\,\text{ns}$ (Gatter-Schaltung mit ausschließlich Si-MOS-Transistoren), der Einsatz als Steuerungselement in Satelliten bei extremen Temperaturwechseln $(\Delta T \cong 400\,\text{K})$ und bei Strahlungsbelastung durch hochenergetische Elektronen und Protonen im Van-Allen-Gürtel.

7.13.1 Der Bipolar-Transistor

Betrachtet man zunächst noch einmal eine Bipolar-Diode, z. B. in Form eines pn-Überganges, bei dem beide Bereiche, der n- und der p-Bereich gleich hoch dotiert sind, dann entsteht aufgrund der beschriebenen Diffusions- und elektrischen Feld-Prozesse eine Potentialbarriere der Höhe qV_D. Legt man nun eine Spannung z. B. in Durchlassrichtung an, bewegen sich wegen der gleich großen Dotierung gleich viel Elektronen als Majoritätsträger aus dem n- ins p-Gebiet wie Löcher als Majoritätsträger aus dem p- ins n-Gebiet. Die Ströme sind aufgrund der verschiedenen Beweglichkeiten natürlich verschieden groß. Die jeweiligen Sperrstromanteile werden von den Minoritätsträgern gebildet. Betrachtet man entsprechend dieser in Durchlassrichtung gepolten pn-Diode eine mit großer Sperrspannung in Sperrrichtung gepolte np-Diode, so fließt in dieser praktisch nur der Sperrstrom, da die Majoritätsträger nicht die Energie besitzen, die hohe Potentialschwelle hinaufzulaufen. Als Sperrstrom laufen die durch die thermische Generation erzeugten Minoritätsträger, die gemäß ihrer Diffusionslänge die Raumladungszone erreichen, den hohen Potentialwall herunter und nehmen dadurch entsprechend der Höhe des Potentialwalls, also entsprechend der angelegten Sperrspannung, Energie auf. Die Minoritätsträger gewinnen daher Energie.

In einer in Durchlass gepolten pn-Diode fließen also von dem p-Gebiet ins n-Gebiet Majoritätsträger, die Löcher, mit einem Energieaufwand von der Größenordnung einiger kT. In einer mit der Spannung U_{sperr} in Sperrrichtung gepolten np-Diode fließen aus dem n-Gebiet ins p-Gebiet Minoritätsträger, die Löcher, und gewinnen dabei die Energie von der Größenordnung qU_{sperr}. Gelänge es daher, z. B. durch Hintereinanderschaltung einer in Durchlassrichtung gepolten pn-Diode mit einer in Sperrrichtung gepolten np-Diode, die mit dem Energieaufwand $\approx kT$ produzier-

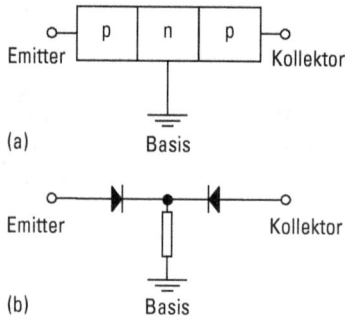

Abb. 7.61   pnp-Struktur als Prinzip für einen Bipolar-Transistor (a) und dem vereinfachten Ersatzschaltbild in Form zweier gegeneinander geschalteter (pn- und np-)Dioden (b).

ten Löcher des in Durchlassrichtung gepolten pn-Übergangs als Sperrstrom des in Sperrrichtung gepolten np-Übergangs zu nutzen, so hätte man eine Spannungsverstärkung der Größenordnung qU_{sperr}/kT erreicht. Dies ist die Idee des Bipolartransistors. Da die Löcher aus dem p-Gebiet einer in Durchlassrichtung geschalteten pn-Diode normalerweise jedoch mit den Elektronen im n-Gebiet rekombinieren, stehen sie normalerweise nicht für einen Verstärkungseffekt in einer np-Diode zur Verfügung.

Das bedeutet, durch die einfache Hintereinanderschaltung zweier Dioden gemäß Abb. 7.61 lässt sich der gewünschte Verstärkungseffekt nicht erreichen. Es muss gewährleistet werden, dass die Löcher nicht im n-Gebiet rekombinieren, sondern das p-Gebiet der np-Diode erreichen. Dies kann nur dann gewährleistet werden, wenn die Lebensdauer τ der Löcher so groß ist, dass ihre Diffusionslänge l gemäß $l = \sqrt{D\tau}$ groß gegen die Dicke der n-Zone wird. Man nennt den Kontakt (1) **Emitter**, er emittiert die zur Verstärkung vorgesehenen Löcher, den Kontakt (2) den **Kollektor** und (3) die **Basis**. Die Forderung zur Realisierung des Bipolartransistors lautet also, die Basiszone muss hinreichend dünn sein, so dass ein namhafter Anteil der vom Emitter gelieferten Majoritätsladungsträger den Kollektor erreicht, um dort die über die Sperrspannung zur Verfügung gestellte Energie aufzunehmen. Es ist jedoch noch eine zweite Forderung zu stellen, um eine hohe Effektivität des Verstärkungsmechanismus zu erreichen. Der Einfachheit halber war davon ausgegangen, dass das p- und das n-Gebiet der Dioden gleich hoch dotiert sei. In diesem Falle fließen also gleichviel Löcher vom Emitter in die Basis wie Elektronen von der Basis in den Emitter. Diese Elektronen gehen jedoch prinzipiell dem Verstärkungsmechanismus verloren, da sie nicht den Kollektor erreichen.

Für einen hohen Wirkungsgrad des Transistors muss gefordert werden, dass möglichst ausschließlich Löcher vom Emitter zur Basis und lediglich vernachlässigbar wenig Elektronen von der Basis zum Emitter fließen. Es wird also ein hoher sogenannter **Emitterwirkungsgrad**

$$\gamma = \frac{\text{Strom Emitter} \rightarrow \text{Basis}}{\text{Gesamtstrom}} \approx 1$$

vorausgesetzt.

Wie kann diese 2. Forderung nach einem möglichst hohen Emitterwirkungsgrad realisiert werden? Setzt man gemäß Gl. (7.135) die Werte für diese Stromanteile ein, erhält man:

$$\gamma = \frac{p_n \dfrac{D_p}{l_p}}{p_n \dfrac{D_p}{l_p} + n_p \dfrac{D_n}{l_n}} = \frac{1}{1 + \dfrac{n_p}{p_n}\dfrac{D_n}{D_p}\dfrac{l_p}{l_n}}. \tag{7.169}$$

Dabei sind p_n die Löcherkonzentration im n-Gebiet, n_p die Elektronenkonzentration im p-Gebiet, D_n, D_p und l_n, l_p die entsprechenden Diffusionskonstanten und -längen. Verwendet man nun noch $np = n_i^2$, also $p_n n_n = n_i^2$ und $n_p p_p = n_i^2$ und setzt $n_n = N_D$ und $p_p = N_A$, so erhält man:

$$\gamma = \frac{1}{1 + \dfrac{D_n(2)}{D_p(1)}\dfrac{l_p(1)}{l_n(2)}\dfrac{n_i^2(1)}{n_i^2(2)}\dfrac{N_D(2)}{N_A(1)}}. \tag{7.170}$$

Dabei wurde noch berücksichtigt, dass Emitter und Basis nicht das gleiche Material sein müssen. Der Emitter wird durch ein Material (1) und die Basis durch ein Material (2) realisiert, so dass die Eigenleitungskonzentrationen verschieden sein können, die sich bei gleichem Material herauskürzen würden.

Um den Emitterwirkungsgrad γ gegen 1 gehen zu lassen, hat man, wie Gl. (7.170) zeigt, zwei Möglichkeiten:

1. Es muss $n_i^2(2) \gg n_i^2(1)$ sein oder/und
2. es muss $N_A(1) \gg N_D(2)$ sein,

denn die Diffusionskonstanten und -längen sind nur wenig unterschiedlich. Die Forderung $n_i^2(2) \gg n_i^2(1)$ ist gemäß Gl. (7.13) äquivalent zu $(E_L - E_V)(1) >$

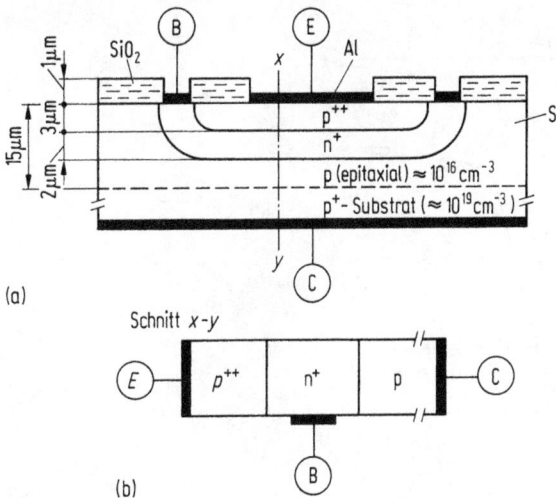

Abb. 7.62 (a) Typischer Si-Planar-pnp-Transistor, (b) idealisierte eindimensionale Darstellung längs des in (a) eingezeichneten Schnittes (nach [2]).

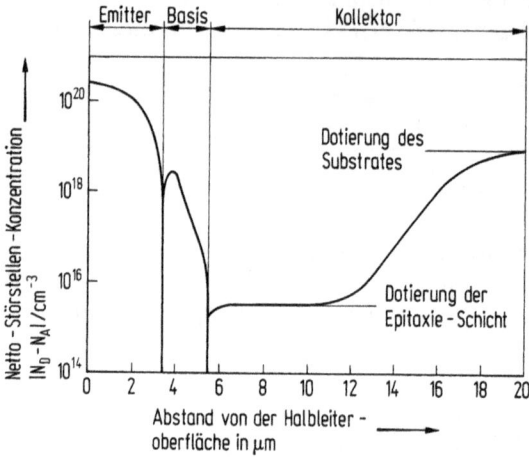

Abb. 7.63 Störstellenverteilung eines Si-Planar-pnp-Transistors mit Epitaxieschicht (nach [2]).

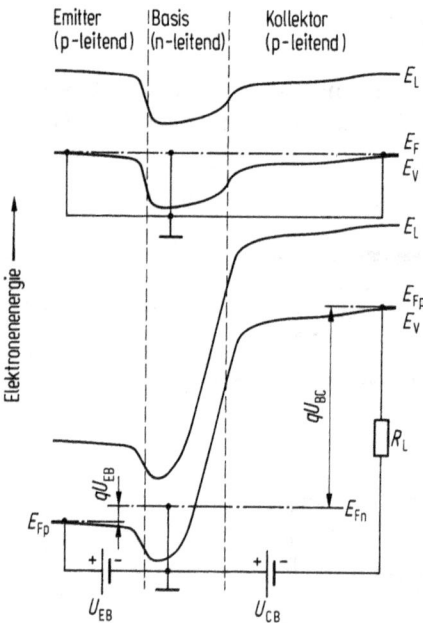

Abb. 7.64 Energiebänderverlauf (schematisiert) eines Si-Planar-pnp-Biopolar-Transistors mit Epitaxieschicht. *Oben:* stromloser Fall (thermodynamisches Gleichgewicht), *unten:* $U_{EB} > 0$; $U_{CB} < 0$ (thermodynamisches Nichtgleichgewicht), Lastwiderstand R_L.

$(E_L - E_V)(2)$, d. h. der Bandabstand des Materials (1) muss größer sein als der des Materials (2). Dies führt zu dem so genannten **Wide-Gap-Emitter**. Die zweite Forderung bedeutet, dass der Emitter gegenüber der Basis hochdotiert sein muss.

Realisiert man also einen Transistor aus nur einem Material, z. B. Silizium, wie es heute fast ausschließlich üblich ist, dann besteht die eine Möglichkeit, den Emitterwirkungsgrad groß zu machen ($\gamma \approx 1$), darin, die Emitterdotierung groß gegenüber der Dotierung der Basis zu wählen. Bei der Verwendung von verschiedenen Materialien sollte zusätzlich der Bandabstand des Emitters größer als der des Basismaterials sein.

Abbildung 7.62 zeigt den typischen Aufbau eines Si-Planar-Transistors, Abb. 7.63 die zugehörige Störstellenverteilung und Abb. 7.64 den zugehörigen Bandverlauf mit und ohne angelegte Spannung, die den vorher beschriebenen Zusammenhang noch einmal deutlich werden lässt.

7.13.2 Grundschaltungen des Bipolar-Transistors

Aufgrund der bisherigen Überlegungen zur Bipolar-Diode und zu dem Bipolar-Transistor kommt man zu folgendem Ersatzschaltbild des Transistors (Abb. 7.65).

Die Eigenschaft der in Durchlassrichtung gepolten Emitter-Basis pn-Diode wird durch deren Diffusionskapazität und -leitwert repräsentiert, die der in Sperrrichtung gepolten Basis-Kollektor np-Diode durch deren entsprechende Sperrschichtkapazität und -leitwert. Die Größen r_E, r_K, r_B repräsentieren die entsprechenden Bahnwiderstände. Ferner ist noch eine eventuelle Kollektor-Emitter-Rückkopplung in Form eines RC-Gliedes angegeben. Damit lassen sich nun zwei typische Schaltungen realisieren, die Basis- und die Emitterschaltung (Abb. 7.66).

Für die **Basisschaltung** wird in Abb. 7.67a das **Kennlinienfeld** eines **Si-pnp-Transistors** gezeigt. Vom Nullpunkt bis hin zur Durchbruchspannung der Kollektor-Basis-Strecke von ca. $-80\,\text{V}$ gilt annähernd $I_C \approx I_E$. Die **Stromverstärkung** α der Basisschaltung errechnet man aus der Beziehung

$$I_C = \alpha I_E + I_{CBO}.$$

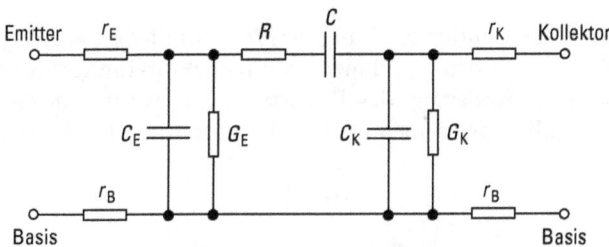

Abb. 7.65   Vereinfachtes Ersatzschaltbild eines pnp-Biopolar-Transistors. C_E, G_E (Diffusionskapazität und- leitwert) repräsentieren die Eigenschaften der in Durchlassrichtung gepolten Emitter-Basis-(pn-)Diode, C_K, G_K repräsentieren die in Sperrrichtung gepolte Basis-Kollektor-(np-)Diode. R, C beschreiben eine mögliche Rückkopplung. r_E, r_B, r_K sind entsprechende Bahnwiderstände.

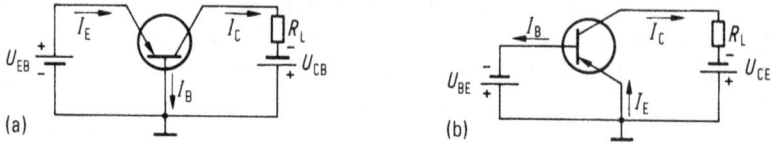

Abb. 7.66 Grundschaltungen eines pnp-Bipolar-Transistors. (a) Basisschaltung, (b) Emitter-schaltung.

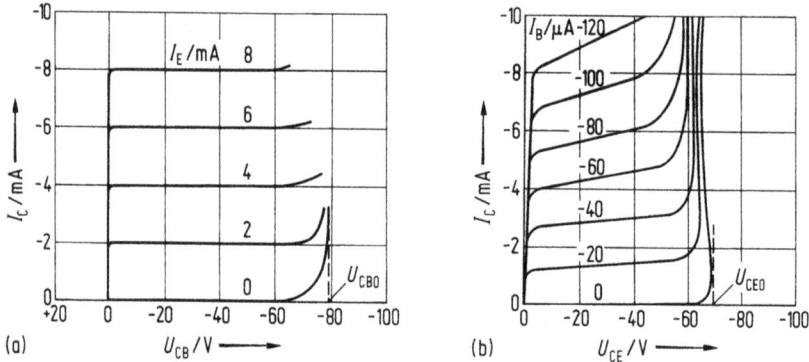

Abb. 7.67 Kennlinienfelder eines pnp-Bipolar-Transistors: (a) Basisschaltung, (b) Emitter-schaltung.

Dabei ist $I_{CBO} = I_C (I_E = 0)$ der gegenüber I_C sehr viel kleinere **Sättigungssperrstrom** des Kollektor-Basis-Überganges. Die Stromverstärkung α ist im genannten Bereich ≤ 1, weil die Löcher des Emitterstroms nach Rekombinationsverlusten in der Basis um den Faktor α verringert im Kollektor ankommen. Bei dem in Abb. 7.67b gezeigten Kennlinienfeld der **Emitterschaltung** des gleichen Transistors beschreibt die Beziehung

$$I_C = \beta I_B + I_{CEO} \tag{7.171}$$

die Stromverstärkung β der Emitterschaltung, wiederum mit $I_{CEO} = I_C (I_B = 0)$ als Sättigungssperrstrom. Bei $I_C = 4\,\text{mA}$ und niedrigen Kollektor-Emitter-Spannungen ermittelt man $\beta \approx 60$. Eine Änderung des Basisstromes I_B verursacht eine 60-mal höhere Änderung des Kollektorstromes I_C. Der Emitterstrom I_E ist nach der Beziehung

$$I_E = I_B + I_C \tag{7.172}$$

um weniger als 2 % größer als I_C und damit im Kennlinienfeld Abb. 7.67a nicht von I_C zu unterscheiden.

Dem Basisstrom I_B kommt für den Transistoreffekt zentrale Bedeutung zu. Nach der Injektion aus dem Emitter diffundieren die Löcher durch die Basis hindurch, bis sie die Basis/Kollektor-Sperrschicht erreichen. An der Emitterseite ist die Löcherkonzentration angehoben, an der Kollektorseite abgesenkt. Dadurch entsteht der Konzentrationsgradient durch die neutrale Basis, der den Löcherstrom treibt. Dabei geht in der Basis ein bestimmter Teil der Löcher durch Rekombination verloren. Jedem in der Basis rekombinierenden Loch entspricht ein Elektron, das von außen über die Zuleitung in die Basis eintritt. Im Basisstrom sind die beiden Diodenströme und der Strom der Basisrekombination enthalten. Der Basisstrom ist deshalb ein Maß für die Elektronen im Emitter-Basis-Durchlass- und im Basis-Kollektor-Sperrstrom (letzterer vernachlässigbar) sowie für die Basisrekombination. Wenn die Breite der Basis w_B gering ist (verglichen mit der Diffusionslänge der Minoritätsladungsträger), bleiben die Rekombinationsverluste und mithin der Basisstrom klein und geben Anlass zu hohen β-Werten. Desgleichen wird die **Grenzfrequenz des Transistors** durch die Basisweite w_B bestimmt: $f_t \sim w_B^{-2}$. Typische Werte der Basisweite moderner Epitaxie-Planartransistoren liegen unterhalb von 2 μm, bis herab zu 0.2 μm.

7.13.3 Der MOS-Feldeffekt-Transistor (MOS-FET)

7.13.3.1 Die Funktionsweise des MOS-FET

In Abschn. 7.9 wurde mit dem MOS-Kondensator das Grundprinzip eines MOS-FET bereits beschrieben. Abbildung 7.68a zeigt noch einmal die prinzipielle Anordnung, Abb. 7.68b seine Realisierung.

Ein Metall-Isolator-Halbleiter-Kondensator wird mit einem **Source-** und einem **Drainkontakt** versehen. Handelt es sich bei dem Halbleiter z. B. um einen n-Halbleiter, so sind, aus anschließend deutlich werdenden Gründen, diese beiden Kontakte aus hochdotiertem p-Material. Besteht der Halbleiter aus p-Material, so sind diese Kontakte aus hochdotiertem n-Material. Damit erhält man sowohl an der Source-

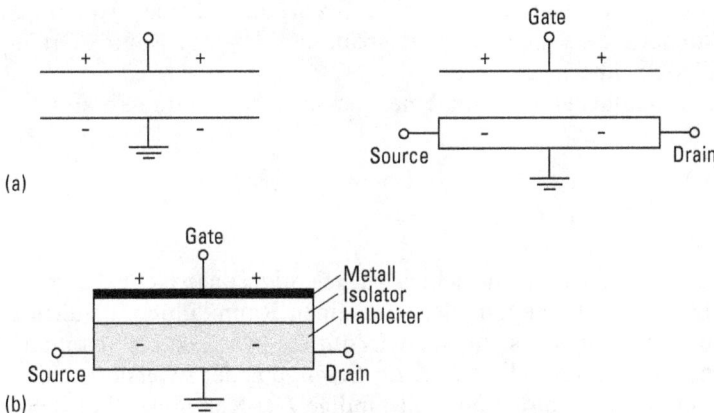

Abb. 7.68 Grundprinzip des Metall-Oxid-Semiconductor-Feldeffekt-Transistors (MOS-FET). In einem Plattenkondensator wird die untere Platte dicker gewählt und mit Kontakten (Source und Drain) versehen (a). Wählt man für die untere Platte einen Halbleiter und füllt den Plattenabstand mit einem Isolator und wählt ferner geeignete Source-, Drain-Kontakte, erhält man die Grundstruktur des MOS-FET (b).

als auch an der Drainelektrode eine p$^+$n- (bzw. n$^+$p-)Diode, die beide gegeneinander geschaltet sind, so dass außer dem Sperrstrom, unabhängig von der Polung von Source oder Drain, kein Strom fließen kann. Verwendet man z. B. einen n-Halbleiter und legt an die **Gateelektrode** eine entsprechend große negative Spannung an, so bildet sich an der Isolator-n-Halbleiter-Grenzfläche die **Inversionsschicht** aus Löchern, die durch eine praktisch von beweglichen Ladungsträgern freien Zone vom Rest des n-Halbleiters getrennt ist. Da diese Inversionsschicht gewissermaßen einen hochdotierten p-Halbleiter repräsentiert, bilden die Source und Drain p$^+$-Schichten an der Inversionsschicht p-p-Übergänge, also keine Dioden mehr. Bei Anlegen einer entsprechenden Source-Drain-Spannung kann die Ladung in der Inversionsschicht als Strom von der Source- zur Drain-Elektrode fließen. Das Grundprinzip des MOS-FET besteht also darin, dass durch die Gatespannung U_G eine gemäß $Q = CU_G$ definierte Raumladung erzeugt wird, deren Ladung durch die Source-Drain-Spannung zu einem Strom führt. Ein elektrisches Feld in z-Richtung bestimmt also die Zahl der Ladungsträger, die durch ein elektrisches Feld in x-Richtung zu einem Strom führen. Diese Tatsache hat zu dem Namen **Feldeffekt-Trans**(fer)-(Re)**sistor** geführt. Aufgrund dieses Zusammenhangs lässt sich in einfacher Weise die Kennlinie eines idealen MOS-FET angeben.

Der Source-Drain-Strom ergibt sich gemäß $I_{SD} = Q/t$ aus der vom Gatekontakt influenzierten Ladung in der Inversionsschicht dividiert durch die Zeit, die die Ladung benötigt, vom Source- zum Drainkontakt zu gelangen. Gemäß $Q = A \cdot Q^* = A C_{ox}^* U_G$ und $t = L^2/\mu U_{SD}$ (mit L = Source-Drain-Abstand, s. Abschn. 7.7.6) erhält man mit der Gatefläche $A = ZL$:

$$I_{SD} = A \frac{C_{ox}^*}{L^2} \mu U_G U_{SD}. \tag{7.173}$$

Dabei wurde jedoch noch nicht berücksichtigt, dass durch die angelegte Source-Drain-Spannung die Isolator-Halbleiter-Grenzfläche keine Äquipotentialfläche mehr ist, sondern dass sich der Gatespannung U_G das Source-Drain-Potential $U_{SD}(x) = U_{SD} x/L$ überlagert.

Unter der vereinfachenden Annahme eines solchen linearen Potentialverlaufs erhält man mit $A = ZL$:

$$I_{SD} = Z \frac{C_{ox}^*}{L} \mu \left\{ U_G U_{SD} - \frac{1}{2} U_{SD}^2 \right\}. \tag{7.174}$$

Hierbei wurde allerdings noch nicht berücksichtigt, dass nicht die gesamte Gatespannung U_G für die Erzeugung der wirksamen Raumladung, nämlich der Inversionsschicht, zur Verfügung steht, sondern nur $U_G - U_{th}$, da die Spannung U_{th} (**Einsatzspannung**, engl. threshold voltage) zur Erzeugung der Inversionsschicht notwendig ist. Damit erhält man die nun vollständige I, U-Kennlinie des MOS-FET:

$$I_{SD} = Z \frac{C_{ox}^*}{L} \mu \left\{ (U_G - U_{th}) \cdot U_{SD} - \frac{1}{2} U_{SD}^2 \right\}. \tag{7.175}$$

In dieser vereinfachenden Betrachtung wurde eine Reihe von Einflüssen noch nicht berücksichtigt. Einmal gilt diese Betrachtung generell nur in dem Spannungsbereich, in dem $U_G \geq U_{SD}$ ist, denn ein negativer Strom macht keinen Sinn. Wenn das Potential an der Drainelektrode genau so groß ist wie das an der Gateelektrode, existiert an der Drainelektrode keine Inversionsschicht mehr, sondern der sog. Kanal ist abgeschnürt. Darüber hinaus wurde nicht berücksichtigt, dass

1. die Annahme einer linearen Potentialverteilung längs des Kanals nicht gerechtfertigt ist,
2. die Beweglichkeit μ von der Feldstärke abhängig ist,
3. die Einsatzspannung U_{th} noch von Oxid-Ladungen und Grenzflächenzuständen abhängig ist und
4. die Kanalabschnürung auftreten kann.

Gleichung (7.175) gibt jedoch den wesentlichen und grundsätzlichen Zusammenhang wieder.

7.13.3.2 Kennlinienberechnung des FET

War bisher die Kennlinie des FET aus den grundlegenden Zusammenhängen in anschaulicher Weise abgeleitet worden, so soll die Kennlinie nun detaillierter berechnet werden. Es wird sich allerdings herausstellen, dass dabei als Resultat die gleiche Kennlinie herauskommt. Zunächst soll keine lineare Potentialverteilung längs des Kanals angenommen werden, so dass man längs des Inversions-Kanals eine ortsabhängige Ladungsträgerkonzentration erhält. In einem n-Halbleiter mit Löchern als Inversionsladung erhält man daher für die ortsabhängige Ladung pro Fläche im Inversionskanal $Q_i^*(x)$:

$$Q_i^*(x) = q p(x) \cdot D(x), \tag{7.176}$$

mit der ortsabhängigen Dicke des Inversionskanals $D(x)$.

Über $Q_i^*(x) = C_{ox}^* \{(U_G - U_{th}) - U_{SD}(x)\}$ (Gl. (7.175)) erhält man:

$$p(x) = \frac{C_{ox}^*}{q D(x)} \cdot \{(U_G - U_{th}) - U_{SD}(x)\} \tag{7.177}$$

und mittels $j_{SD}(x) = q \mu_p p(x) \mathscr{E}(x) = -q \mu_p p(x) \cdot \dfrac{d U_{SD}(x)}{dx}$ sowie durch Multiplikation mit dem ortsabhängigen Kanalquerschnitt $Z D(x)$:

$$I_{SD}(x) = Z \mu_p C_{ox}^* \{(U_G - U_{th}) - U_{SD}(x)\} \frac{d U_{SD}(x)}{dx}. \tag{7.178}$$

Die Integration von Gl. (7.178) von $x = 0$ bis $x = L$ (L = Kanallänge) mit $I_{SD}(x)$ $= I_{SD}$ = const. liefert exakt Gl. (7.175). Bei diesen Überlegungen war immer μ = const. angenommen worden. Integriert man Gl. (7.178) nicht bis zu $x = L$ sondern nur bis zu $x < L$, erhält man über $\int\limits_0^x I_{SD}(x)\,dx = \int\limits_0^{U(x)} \ldots dU$ das Potential U an der Stelle x. Daraus lässt sich über $\mathscr{E}(x) = -\mathrm{d}U(x)/\mathrm{d}x$ die elektrische Feldstärke $\mathscr{E}(x)$ berechnen. Man erhält:

$$\mathscr{E}(x) = \frac{U_{\mathrm{SDS}}}{L} \frac{2\dfrac{U_{\mathrm{SD}}}{U_{\mathrm{SDS}}} - \left(\dfrac{U_{\mathrm{SD}}}{U_{\mathrm{SDS}}}\right)^2}{2\sqrt{1 - \dfrac{x}{L}\left(2\dfrac{U_{\mathrm{SD}}}{U_{\mathrm{SDS}}} - \left(\dfrac{U_{\mathrm{SD}}}{U_{\mathrm{SDS}}}\right)^2\right)}}, \tag{7.179}$$

mit U_{SDS} Sättigungsspannung. Man entnimmt Gl. (7.179), dass $\mathscr{E}(x)$ längs des Kanals in Richtung Drainkontakt sehr stark wächst. Es besteht also kein linearer Zusammenhang mehr zwischen v und $\mathscr{E}$, so dass die Beziehung $v = \mu\mathscr{E}$ ihre Berechtigung verliert und somit $\mu = \mu(x)$ ebenfalls ortsabhängig wird. Beschreibt man diese Abhängigkeit näherungsweise durch:

$$v(\mathscr{E}) = \frac{\mu_0}{1 + \dfrac{\mathscr{E}(x)}{\mathscr{E}_{\mathrm{S}}}} \cdot \mathscr{E}(x), \tag{7.180}$$

mit $\mathscr{E}_{\mathrm{S}}$ der Sättigungsfeldstärke, bei der die Geschwindigkeit $v(\mathscr{E}_{\mathrm{S}}) = v_{\mathrm{S}}$ ebenfalls ihren maximalen Wert erreicht, so erhält man für die feldstärkeabhängige Beweglichkeit:

$$\mu(\mathscr{E}(x)) = \frac{\mu_0}{1 - \dfrac{\mathrm{d}U_{\mathrm{SD}}(x)}{\mathrm{d}x} \cdot \dfrac{1}{\mathscr{E}_{\mathrm{S}}}}. \tag{7.181}$$

Mit diesem Zusammenhang ergibt sich aus Gl. (7.178)

$$I_{\mathrm{SD}}(x)\left\{1 - \frac{U_{\mathrm{SD}}}{\mathscr{E}_{\mathrm{S}} \cdot L}\right\} = Z\mu C_{\mathrm{ox}}^*\left\{(U_{\mathrm{G}} - U_{\mathrm{th}}) - U_{\mathrm{SD}}(x)\right\}\frac{\mathrm{d}U_{\mathrm{SD}}(x)}{\mathrm{d}x}. \tag{7.182}$$

Sowohl der Source-Drain-Strom als auch die Steilheit werden herabgesetzt. Die Beschreibung der $\mu(x)$-Abhängigkeit durch Gl. (7.181) und insbesondere die Kanalabschnürung bei $(U_{\mathrm{G}} - U_{\mathrm{th}}) = 1/2\,U_{\mathrm{SD}}$ tragen jedoch den physikalischen Vorgängen nur ungenügend Rechnung.

Da die Dimensionen dieser Transistoren heute immer kleiner werden, teilweise im Bereich unter 100 nm liegen, sind zusätzlich so viele technologische Einflüsse zu berücksichtigen, dass eine analytische Lösung nicht mehr möglich ist und nur die Computersimulation eine befriedigende Lösungen liefert.

Um anschließend einen grundlegenden Vergleich von MOS-FET, Bipolar-Transistor und Röhre (diese wird aus didaktischen Gründen mit einbezogen) zu ermöglichen, sei hier noch ein wesentlicher Parameter, nämlich die Steilheit der FET-Kennlinie, betrachtet.

Die Steilheit

$$S = \frac{\mathrm{d}I_{\mathrm{SD}}}{\mathrm{d}U_{\mathrm{G}}}\bigg|_{U_{\mathrm{SD}} = \mathrm{const.}}$$

ist ein Maß für die Empfindlichkeit des FET, d. h. ein Maß dafür, wie gut der Source-Drain-Strom bei konstanter Source-Drain-Spannung durch die Gatespannung gesteuert werden kann. Aus Gl. (7.174) erhält man

$$S = \frac{Z}{L} \mu C_{ox}^* U_{SD}. \tag{7.183}$$

Mit der Laufzeit der Ladungsträger $t = L^2/\mu U_{SD}$ erhält man für die auf die Flächeneinheit ZL bezogene Steilheit $S/ZL = S^*$:

$$\frac{S}{Z \cdot L} = S^* = \frac{C_{ox}^*}{t}. \tag{7.184}$$

Man erkennt, dass die Steilheit mit wachsender Kapazität der Oxidschicht, also abnehmender Oxiddicke, bzw. großem ε_{ox} zunimmt. Das ist verständlich, da dann steuernde (Gateladung) und gesteuerte (Inversionsladung) Ladung näher aneinanderrücken. Hier wird schon deutlich, dass der Bipolar-Transistor eine prinzipiell größere Steilheit besitzen muss als der MOS-FET, da man sich den Bipolar-Transistor vom Prinzip her als ein MOS-FET mit der Oxiddicke gleich Null denken kann (dabei wird jedoch vorausgesetzt, dass der Gate-Kontakt ein Ohm'scher Kontakt ist, andernfalls erhielte man einen sog. MeS-FET, bei dem die Raumladung im Halbleiter über einen Schottky-Kontakt gesteuert wird).

Aus dem bisher Dargestellten wird ebenfalls deutlich, dass die kritische Grenzfläche beim MOS-FET die Isolator-Halbleiter-Grenzfläche darstellt. Ortsfeste Ladungen im Oxid selbst, sog. Oxidladungen, beeinflussen die Einsatzspannung U_{th} für den Aufbau der Inversionsladung, und sog. Grenzflächenzustände können die Möglichkeit des Aufbaus der Inversionsschicht sogar ganz verhindern. Die Reduzierung der Grenzflächenzustände war die bereits erwähnte technologische Hürde, die verhinderte, dass der FET nach seiner Erfindung 1925 früher als 1960 realisiert werden konnte.

Allerdings bieten diese zunächst ungenügend beherrschten technologischen Probleme heute, nach ihrer Beherrschung, auch hervorragende positive Möglichkeiten. So können z. B. durch die Ionenimplantation gezielt eingebrachte Oxid- bzw. Grenzflächenladungen dazu genutzt werden, die Einsatzspannung nahezu beliebig einzustellen und damit ganz neue Anwendungsgebiete, z. B. im Bau von elektronischen Datenspeichern, zu eröffnen. Das Gleiche gilt für die Grenzflächenzustände. So lassen sich durch Anwendung von zwei verschiedenen Isolatorschichten, z. B. eine dünne SiO_2- und eine dickere Si_3N_4-Schicht ein elektrisch programmierbarer Speicher herstellen, ein sog. EPROM (Electrically Programmable Read Only Memory). Die SiO_2/Si-Grenzfläche ist nahezu frei von Grenzflächenzuständen. Die Si_3N_4/SiO_2-Grenzfläche bietet jedoch Zustände, die mit Elektronen besetzt werden können. Durch eine hinreichend hohe Spannung können Elektronen die dünne SiO_2-Schicht durchqueren und die Zustände an der Si_3N_4/SiO_2-Grenzfläche besetzen. Durch die dort fixierte Ladung wird die Einsatzspannung zur Erzeugung der Inversionsschicht verschoben. Es ist damit z. B. eine logische „1" eingeschrieben. Soll diese gelöscht werden, kann dies durch Energiezufuhr z. B. mittels UV-Strahlung geschehen. Die Elektronen können durch diese Energiezufuhr ihren „Potentialtopf" an der Grenzfläche wieder verlassen, und somit kann die „1" wieder gelöscht werden.

7.13.3.3 Vergleich von FET, Bipolar-Transistor und Röhre

In diesem Abschnitt sollen der FET, der Bipolar-Transistor und die Röhre in ihren fundamentalen Eigenschaften verglichen werden. Also in Eigenschaften, die allein von der Physik und nicht von der Technologie bestimmt werden. Dabei soll die Röhre – obgleich sie keine Halbleiter enthält – als Vorläufer der anderen Bauelemente berücksichtigt werden. Das grundlegende Prinzip der Röhre ist sehr einfach (Abb. 7.12). Von der Kathode emittierte Elektronen bewegen sich bei angelegter Spannung im elektrischen Feld im Vakuum von der Kathode zur Anode. Bringt man zwischen die Kathode und die Anode ein elektronendurchlässiges Gitter, so kann man durch Anlegen einer negativen Spannung an dieses Gitter den Strom von der Kathode zur Anode steuern. Als Kathode verwendet man einen geheizten Wolframdraht, der mit einer die Austrittsarbeit des Wolframs reduzierenden Schicht (Bariumtitanat) versehen wird. Gemäß $n \sim \exp(-q\Phi_B/kT)$ kann man auf diese Weise namhafte Ströme erzielen.

Als vergleichende Parameter sollen die Steilheit als Effizienz der Steuermöglichkeit und die Leistungsverstärkung herangezogen werden. Der auf die Flächeneinheit bezogenen Steilheit S^*, $S^* = C/t$ (Gl. (7.184)), entnimmt man, dass die Steilheit bei gegebener Laufzeit t der Ladungsträger lediglich von der Eingangskapazität abhängt. Daher ist der Bipolar-Transistor in dieser Hinsicht das beste Bauelement. Bei ihm ist $C = C_{\text{Diffusion}}$ prinzipiell am größten, da bei ihm steuernde und gesteuerte Ladung am dichtesten beisammen sind. Beim FET ist $C = C_{\text{ox}}$ von der Dicke der Oxidschicht und dem zugehörigen ε bestimmt. Da man den Bipolar-Transistor als aus dem FET mit $d_{\text{ox}} = 0$ hervorgegangen betrachten kann (mit dem Gate-Kontakt als Ohm'schen Kontakt), wird noch einmal die größere Steilheit des Bipolar-Transistors gegenüber dem FET deutlich. Da die Gitter-Kathoden-Kapazität der Röhre um Größenordnungen kleiner ist ($d_{\text{ox}} \approx 10\,\text{nm}$, $d_{\text{GK}} \approx 1\,\mu\text{m}$), ist die Steilheit der Röhre prinzipiell am kleinsten.

Ein Vergleich der möglichen Leistung ergibt sich aus folgender Überlegung. Die maximal mögliche Spannung U_{max} ist durch die Durchbruchfeldstärke $\mathscr{E}_D$ der Materialien gegeben: $U_{\text{max}}/L_{\text{min}} = \mathscr{E}_D$, mit dem minimalen Abstand der Kontakte. Mit einer maximalen (Sättigungs-)Geschwindigkeit v_S der Ladungsträger $v_S = L_{\text{min}}/t_{\text{min}}$ erhält man:

$$\frac{U_{\text{max}}}{t_{\text{min}}} = v_S \mathscr{E}_D, \quad \text{bzw.} \quad U_{\text{max}} \cdot f_g = \frac{v_S \mathscr{E}_D}{2\pi},$$

mit der Grenzfrequenz $2\pi f_g = \dfrac{1}{t_{\text{min}}}$. Bestimmt man den Strom aus der Beziehung $U_{\text{max}} = Z \cdot I_{\text{max}}$, mit Z der entsprechenden Admittanz, so erhält man mit der Leistung $P_{\text{max}} = I_{\text{max}} \cdot U_{\text{max}}$:

$$\sqrt{Z \cdot P_{\text{max}}} \cdot f_g = \frac{v_S \mathscr{E}_D}{2\pi}.$$

Vergleicht man nun die drei genannten Bauelemente FET, Röhre und Bipolar-Transistor, so erkennt man, dass für eine gegebene Grenzfrequenz f_g, feste Sättigungsgeschwindigkeiten v_S und Durchbruchfeldstärken E_D das Produkt $Z P_{\text{max}}$ eine Konstante ist. Damit ergibt sich, dass wiederum der Bipolar-Transistor aus rein physikalischen Gründen das leistungsstärkste Bauelement ist, da seine Eingangskapazität, die bei hohen Frequenzen allein die Admittanz Z bestimmt, die größte ist (Abb. 7.65) gefolgt vom FET und zuletzt der Röhre.

Abschließend soll in diesem Zusammenhang jedoch ein großer Vorteil des FET beschrieben werden. Die Zahl der Ladungsträger im Kanal des FET wird allein aus der anliegenden Gate-Spannung bestimmt und ändert sich mit der Temperatur nicht. Ändert man die Temperatur, so ändert sich der fließende Strom lediglich aufgrund der sich ändernden Beweglichkeit $\mu(T)$ (Abschn. 7.6). Erhöht man die Temperatur, nimmt der Strom ab, da μ abnimmt. Man erhält also eine sog. Gegenkopplung im FET. Der Bipolar-Transistor verhält sich ganz anders. Erhöht man die Temperatur, werden mehr Ladungsträger generiert und der Strom erhöht sich, obgleich natürlich auch die Beweglichkeit abnimmt. Da jedoch $n_i \sim \exp(-E_G/2\,kT)$ ist und $\mu \sim T^{-3/2}$, nimmt die Ladungsträgerdichte wesentlich stärker mit der Temperatur zu als die Beweglichkeit ab. Dies bedeutet, dass man Bipolar-Transistoren wegen dieser sog. Mitkopplung nicht parallel schalten kann. FETs hingegen kann man parallel schalten. Daher kann man den inhärenten Leistungsvorteil des Bipolar-Transistors durch die Parallelschaltung von vielen FETs kompensieren.

7.13.3.4 Einteilung der MOS-Bauelemente

Aus dem soeben Dargestellten wird deutlich, dass die MOS-Bauelemente seltener als Einzelbauelemente hergestellt werden. Da die Inversionsschichten, der Kanal des MOS-FET, sowohl aus Elektronen (n-Kanal) als auch aus Löchern (p-Kanal) besteht, ergibt sich die Möglichkeit, einen sog. Inverter zu realisieren. Das Schaltungssymbol der diskutierten MOS-FETs wird mit den zugehörigen Ausgangskennlinienfeldern in Abb. 7.69a, b dargestellt.

Die MOS-FETs, deren Inversionskanal erst durch Influenz erzeugt werden muss, heißen **selbstsperrende** MOS-FETs oder **Anreicherungs- bzw. Enhancement-Typen**; der zunächst (bei $U_{GS} = 0$) nicht vorhandene Kanal ist im Symbol durch die unterbrochene Linie dargestellt. Daneben gibt es die **selbstleitenden** MOS-FETs vom **Verarmungs- oder Depletion-Typ**, bei denen anfänglich (bei $U_{GS} = 0$) der Kanal bereits vorhanden ist und mit $|U_{GS}| > 0$ weiter aufgesteuert (Enhancement-Betrieb) aber auch wieder zugesteuert (Depletion-Betrieb) werden kann. Eine gute Übersicht geben die **Eingangskennlinien** $I_{SD}(U_{GS})$ (Abb. 7.69c), die die Bedeutung der Einsatzspannung $U_{th} = U_{GS}(I_{SD} = 0,\ U_{DS} = \text{const.})$ (Gl. (7.175)) unterstreichen. In **Integrierten Schaltkreisen** (IC, integrated circuit) beherrschen die MOS-FETs insbesondere die digitalen Schaltungen, die als logische Gatter und autonome Recheneinheiten (Mikroprozessoren) gebaut werden. Insofern soll hier die Entstehung eines MOS-Inverters, der aus zwei MOS-FETs besteht und das Eingangssignal U_e invertiert in das Ausgangssignal U_a überträgt, gezeigt werden (Abb. 7.70a).

Der **Inverter** steht hier für sämtliche Integrierten Schaltkreise seiner Technologie, die alle zwar **komplexer** aufgebaut sind, also aus zahlreicheren Bauelementen bestehen, die jedoch sämtlich die gleichen Grundstrukturen der verwendeten Bauelemente enthalten. Wichtig ist dabei, dass alle benötigten Bauelemente (aktive und passive Bauelemente; Schalter, Kondensatoren und Widerstände) auf wenige

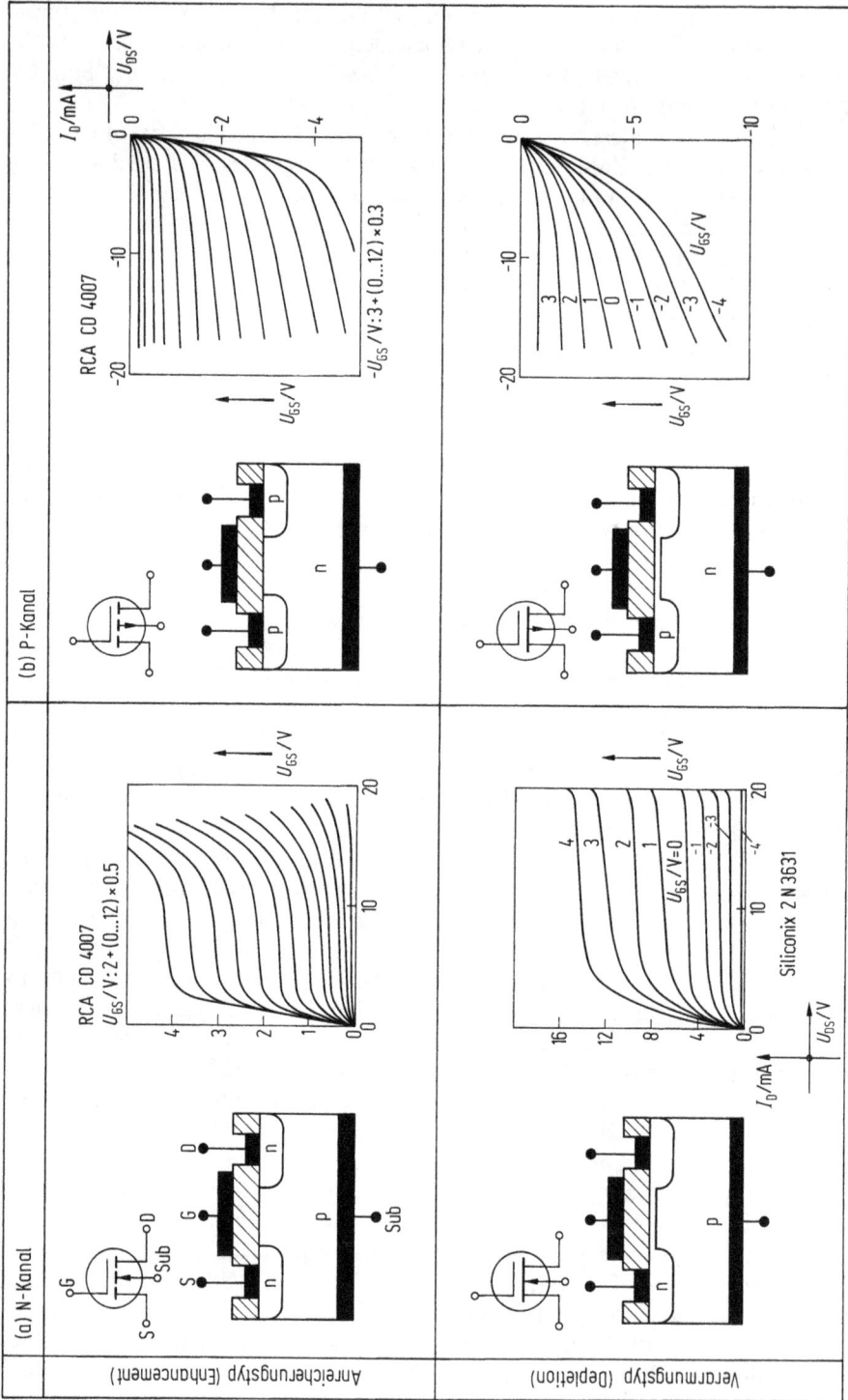

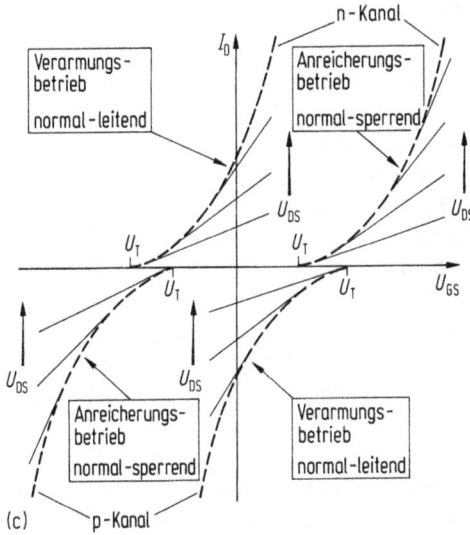

Abb. 7.69 Übersicht über MOS-Transistoren. Symbole, Strukturen und Ausgangskennlinien, oben für Anreicherungstypen (normal-sperrend/Enhancement) und unten für Verarmungstypen (normal-leitend/Depletion); (a) n-Kanal, (b) p-Kanal. In einigen Fällen sind kommerzielle Bauelemente vermessen. (c) Übersicht über MOS-Transistoren. Eingangs- oder Übertragungskennlinien für die vier unterschiedlichen MOS-FET-Typen; gestrichelt: Sättigungsbereich für $U_{DS} > U_{GS} - U_T$, durchgezogen: parabolischer Bereich für $U_{DS} < U_{GS} - U_T$.

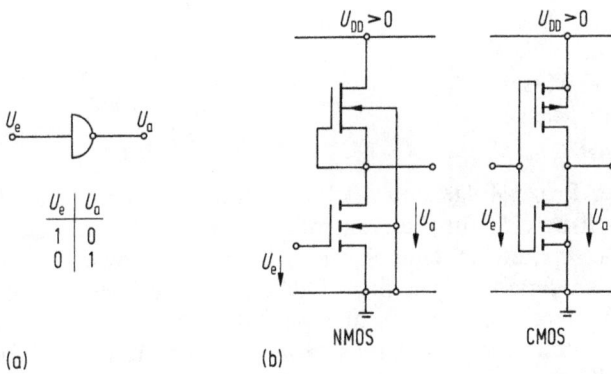

Abb. 7.70 Inverter-Gatter. (a) Symbol mit Wahrheitstabelle, (b) NMOS, CMOS-Inverter.

Grundstrukturen (in der MOS-Technologie minimal zwei unterschiedliche Bauelemente) reduziert werden. Beim Aufbau eines Inverter-Gatters haben wir die Wahl zwischen der **Einkanaltechnologie** (NMOS- oder PMOS-Bauelemente für alle Funktionen) und der **Zweikanaltechnologie** (NMOS- und PMOS-Bauelemente in jeder Grundstruktur) (Abb. 7.70b). Insofern existieren **NMOS-** und **PMOS-Einkanalbausteine** und **CMOS-Zweikanalbausteine** (CMOS entspricht complementary MOS).

7.13.3.5 Technologie eines CMOS-Inverters

Wegen der geringeren Beweglichkeit der Löcher und der damit zusammenhängenden geringeren Grenzfrequenz der PMOS-Gatter werden heute in Einkanaltechnologie nur noch NMOS-Gatter gebaut, die jedoch auch wegen ihrer höheren (statischen) Verlustleistung von den CMOS-Gattern weitgehend verdrängt wurden. Deshalb beschreiben wir nun den prinzipiellen Herstellungsprozess für einen CMOS-Inverter.

Der Ablauf orientiert sich an Abb. 7.71, die die Prozessschritte (links), den Querschnitt durch die Struktur und die Maskenfolge (Mitte) sowie die Überlagerung der Masken (rechts) zeigt.

Der Prozess läuft als **Planarprozess** ab. Alle Strukturen werden planar nebeneinander in der gleichen horizontalen Ebene aufgebaut. Dazu dienen aufeinanderfolgende Diffusions- oder Ionenimplantationsschritte, Oxidationen und Metallisierungen, deren Lokalisierung an der Oberfläche i. A. durch Öffnungen in der dicken Feldoxidschicht ($2 \, \mu m \ldots 3 \, \mu m$ thermisches SiO_2) bestimmt wird. Die Öffnungen in der SiO_2-Schicht werden durch **Maskenbelichtungen** festgelegt. Dabei beschichtet man die Siliziumscheibe (engl. *wafer*; Durchmesser 4 Zoll bis 8 Zoll) mit *photoempfindlichem Lack* (engl. *resist*), belichtet ihn mit UV-Licht und löst ihn nach Entwicklung an den unbelichteten Stellen *(Negativ-Resist)* bzw. an den belichteten Stellen *(Positiv-Resist)* von der Scheibe ab (Abb. 7.72).

Durch nachfolgendes Ätzen mit Flusssäure erzielt man Öffnungen in der ungeschützten SiO_2-Schicht, durch die hindurch Diffusionen oder Ionenimplantationen der erwünschten Störstellensorte erfolgen.

Der hier beschriebene **CMOS-Prozess** arbeitet mit sechs Masken:

1. p-Well-Maske,
2. pMOS-S/D-Maske,
3. nMOS-S/D-Maske,
4. n- und pMOS-Gate-Maske,
5. S/D-Kontaktlöcher-Maske,
6. Metallisierungsmaske.

Kritische Schritte der Prozessfolge sind die Einstellung der Oberflächendichte der Akzeptoren im p-Well-Bereich für die Kontrolle der Schwellenspannung $U_{th} > 0$, was meist durch eine separate Ionenimplantation geschieht, sowie die Erzeugung eines elektrisch stabilen Gate-Oxids geringer Dicke ($\leq 50 \, nm$). Meist lässt man die Strukturen unter der Metallisierung verschlossen, bis die Scheibe weiterverarbeitet wird. Die Einzelelemente werden als „Chips" *separiert* (Ritzen mit nachfolgendem Brechen längs kristallographischer Achsen), die Chips auf einem Sockel *aufgebaut* und die Anschlüsse *angeschlossen* (ein weicher Metalldraht wird durch „Thermokompression" mit den Anschlussflächen der Schaltung, den so genannten „pads", verschweißt). Der hier beschriebene CMOS-Prozess kann nur ein Schema für den technologischen Ablauf einer Halbleiterfertigung abgeben. Wichtige Teilschritte sind hier übersprungen worden, die vor jedem neuen Bearbeitungsschritt mit hoher Zuverlässigkeit ausgeführt werden müssen. Die Reinigung der Wafer beispielsweise

Abb. 7.71 CMOS-Prozess. Prinzipielle Prozess-Schritte. ▶

Prozessschritte	Querschnitte und Maskenfolge	Überlagerung der Masken
Strukturierung der SiO₂-Schicht über n-Silicium-Substrat für p-Wanne der n-MOSFET's	SiO_2 SiO_2 n-Silicium 1. Maske: p-Well	
Diffusion oder Ionenimplantation von Bor-Akzeptoren in p-Wanne (p-Well)	p-Silicium n-Silicium 1. Bor-Diffusion oder Bor-Implantation	p-Well-Bereich
Strukturierung von Source-und Drain-Öffnungen für p-Bereiche der p-MOSFET's	2. Maske: p-Kanal-Source und -Drain	p-Well-Bereich D S n-MOSFET p-MOSFET
Diffusion oder Ionenimplantation von Bor-Akzeptoren in p-Bereiche von p-MOSFET und anschließende Temperung	p-Well p-Silicium 2. Bor-Diffusion oder Bor-Implantation	
Strukturierung von Source-und Drain-Öffnungen für n-Bereiche im p-Well der n-MOSFET's	3. Maske: n-Kanal-Source und -Drain	S D n-MOSFET
Phosphor-Abscheidung (thermisch oder durch Ionenimplantation) mit Eintrieb-Diffusion für n-Bereiche im p-Well	n p-Well n p p n-Silicium Phosphor-Abscheidung und Diffusion	
Strukturierung der Gate-Bereiche beider MOSFET's	4. Maske: n-und p-Kanal-Gate	Gate Gate n-MOSFET p-MOSFET
Thermische Oxidation von Gate-Oxid für beide MOSFET's nachfolg. Strukturierung S-und D-Kontaktlöcher	Gate-Oxid Feld-Oxid 5. Maske: Source-und Drain-Kontakte	S D D S n-MOSFET p-MOSFET
Metallisierung mit nachfolgender Strukturierung der Leiterbahnen	S G D D G S n p-Well n p p n-Silicium 6. Maske: Leiterbahnen	U_{Ein} U_{Aus} U_- U_{DD} >0

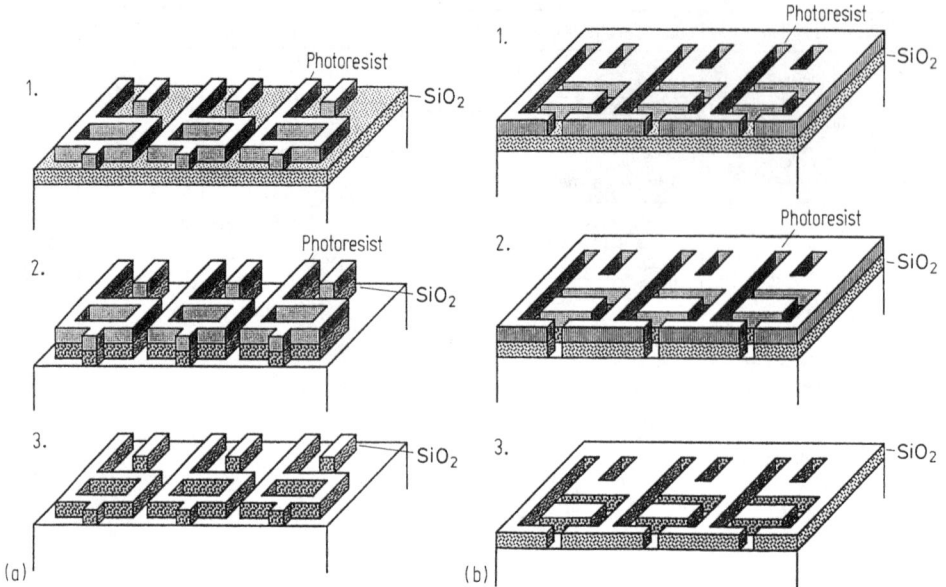

Abb. 7.72 Photolithographie der Silizium-Planartechnik, (a) mit Positiv-Resist, (b) mit Negativ-Resist von der gleichen Maske (nach [14]).

spielt für die Qualität einer MOS-Technologie die ausschlaggebende Rolle. Geringste Spuren von *Metallen* (insbes. Alkalimetall-Ionen wie Na$^+$), aber auch von *Staubteilchen* (Bildfehler bei Belichtungen) gefährden den Erfolg. Deshalb werden durch aufeinanderfolgende mechanische und chemische Behandlungen jeweils dünne kontaminierte Oberflächenschichten des Wafers abgelöst, und die Probe wird mit hochreinem Wasser des spezifischen Widerstandes $\varrho(20\,°\mathrm{C}) = 20\,\mathrm{M\Omega cm}$ gewaschen. Erst wenn das abfließende Wasser z. B. einen Widerstand $\varrho \geq 15\,\mathrm{M\Omega cm}$ zeigt, gilt die Scheibe als „rein". Die Anforderungen einer hochreinen Technologie gehen jedoch noch weiter. Sämtliche Reagenzien, vom hochreinen Wasser bis zur Labor-Umluft, haben bestimmten **Reinheitsanforderungen** zu genügen. Für die Labor-Umluft gelten Maßstäbe entsprechend der US-Norm, die eine Standard-MOS-Technologie bei einer Staubteilchendichte $N(\emptyset > 5\,\mu\mathrm{m}) > 100$ pro Kubikfuß Luft (≈ 3500 pro m^3 Luft) als aussichtslos erscheinen lassen. Dabei gelten hier als feinste Strukturgrößen eines Entwurfs Abmessungen von ca. $2\,\mu\mathrm{m} \ldots 3\,\mu\mathrm{m}$.

Bei der Abwägung, ob **Diffusion oder Ionenimplantation** das geeignetere Verfahren zur Dotierung planarer Strukturen ist, hat die Ionenimplantation stets den Vorzug. Da es um präzise eingestellte Dotierungsverläufe oberflächennah im Inversionskanal geht, ergibt Ionenimplantation *flache* Störstellenprofile (Gauß-Verteilungen mit mittlerer Eindringtiefe $\approx l_{\mathrm{Debye}}$, s. Abb. 7.7), deren Höhe sich durch *Vermessung des Strahlenstromes auftreffender Ionen* exakt überwachen lässt. Jede nachfolgende Hochtemperaturbehandlung lässt allerdings implantierte Profile oberflächennaher Störstellen durch Diffusion „*verfließen*", so dass **Niedrigtemperaturprozesse**, insbesondere bei der Oxidation, wichtig sind. Andererseits kombiniert man zur Einstellung bestimmter Profile häufig Ionenimplantation mit nachfolgender Diffusion (Dif-

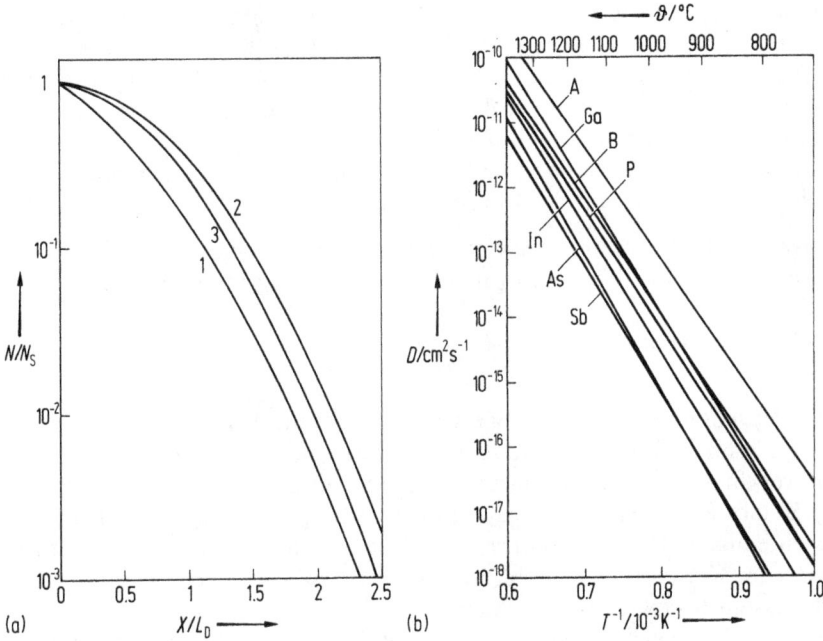

Abb. 7.73   (a) Vergleich von unterschiedlichen Diffusionsprofilen $N/N_S = f(X/L_D)$ mit Normierungen auf Oberflächenkonzentration N_S und Diffusionslänge L_D. (1) $N/N_S = \text{erfc}(X/L_D)$ mit $L_D = 2\sqrt{Dt}$ bei unerschöpflicher Störstellen-Quelle (Diffusion aus Gasphase). (2) $N/N_S = \exp(-X^2/L_D^2)$ mit $L_D = 2\sqrt{Dt}$ bei erschöpflicher, δ-förmiger Quelle (Diffusion nach Ionenimlantation). (3) $N/N_S = $ Smith-Funktion $(-X^2/L_D^2)$ mit $L_D = 2\sqrt{D_v t_v + D \cdot t}$ bei erschöpflicher Quelle in Form eines erfc-Profiles mit vorausgehender Vorbelegungszeit t_v (Eintreibdiffusion nach Abschalten der Gasphase). (b) Temperaturabhängigkeit der Diffusionskoeffizienten $D(T) = D_0 \cdot \exp(-E_A/kT)$ von unterschiedlichen Störstellen geringer Konzentration in Silizium (nach [15]).

fusion aus implantierter gaußförmiger Quelle), zum Smith-Profil der Störstellendichte führend und damit zwischen Diffusion aus unerschöpflicher Quelle mit erfc-Profil und derjenigen aus flächenhafter erschöpflicher Oberflächenquelle mit δ-Funktion-Profil liegend (Abb. 7.73a) die zugehörigen Diffusionskoeffizienten in Abb. 7.73b. Das gilt z. B. für die Einstellung des p-Well-Bereiches (Abb. 7.71).

7.13.3.6 Gesichtspunkte für eine VLSI-Technologie

Die meisten Prozessschritte ändern sich, wenn die kleinsten Strukturmaße des Bauelement-Entwurfes die 1 µm-Grenze unterschreiten (Submikron-Technologie). Als kleinstes Strukturmaß gilt dabei z. B. die Gatelänge L, die maßgeblich die **Grenzfrequenz f_m eines MOS-FET-Bauelementes** bestimmt,

$$f_m = \frac{1}{2\pi} \frac{S}{C_{ein}} = \frac{\mu \cdot U_{DS}}{2\pi \cdot L^2}.$$

Hier bestimmen die Steilheit $S = (Z/L)\,\mu\,C_{ox}^{*}\,U_{SD}$ (Gl. (7.183)) im Sättigungsbereich des MOS-FET und die **Eingangskapazität** $C_{ein} \approx C_{ox}$ die Grenzfrequenz f_m (Gl. (7.184)). Neben der *Geometrie* spielt die *Beweglichkeit* μ der Ladungsträger im Inversionskanal eine entscheidende Rolle. Sie bleibt in ihrer Höhe hinter dem Volumenwert (Tab. 7.2) zurück (Abschn. 7.13.3.1).

Die Notwendigkeit zur Verkleinerung der Bauelementeabmessungen in den integrierten Schaltkreisen wird von der Forderung nach

1. immer größerer Zahl von Einzelbauelementen pro cm², also nach immer größerer Packungsdichte, die die sog. ULSI (ultra large scale integration) charakterisiert, sowie
2. immer schnellerer Verarbeitung der Information,

bestimmt.

Aufgrund der schon in der Einleitung erwähnten begrenzten Geschwindigkeit der Ladungsträger kann die Verarbeitungszeit nur durch immer kleinere Bauelementeabmessungen verkürzt werden, was gleichzeitig eine größere Packungsdichte einschließt. Z.B. gibt es bei Mikroprozessoren bis zu einigen 10^6 und Speicherschaltungen bis zu einigen 10^9 aktive Bauelemente, die alle über interne Verbindungen untereinander im Kontakt sind. Da die **Fertigungsausbeute** mit der Vergrößerung der Chipabmessungen *sinkt,* ist die Verkleinerung aller Strukturen notwendig. Ebenfalls verringert sich die **elektrische Verlustleistung** bei sinnvoller Verkleinerung der Bauelementstrukturen, die nach den „**Maßstabsregeln**" (engl. scaling laws) z. B. unter Beachtung von internen **Maximalfeldstärken** miniaturisiert werden. Die unterste Grenze der Verkleinerung bilden dabei die Weiten von Raumladungszonen, die eine durch Dotierung und Betriebsbedingungen vorgegebene elektrische Feldstärke ohne Durchbruch aufnehmen können. Dabei verringern geringe Dotierungen hohe Feldstärken, vergrößern jedoch die Weiten der Raumladungszonen.

Ein anderes Problem bei der Miniaturisierung ist – selbst bei kleinen Signalströmen – das **Auftreten hoher Stromdichten** in Leitungsbahnen mit einem geringen Querschnitt (Beispiel: 100 µA im Rechteck-Querschnitt von 2 µm × 2 µm entspricht einer Stromdichte von 2500 A/cm²). Zur Verringerung der Verlustleistung benutzt man anstelle der für eine Miniaturisierung ungeeignete Aluminiumbeschichtung ($\varrho(\text{Al}) \approx 3 \cdot 10^{-5}\,\Omega\text{cm}$) Schichten aus Metall/Silizium-Verbindungen (*Silicide* wie MoSi$_2$, TaSi$_2$ und TiSi$_2$), die fein strukturierbar sind und den geringen spezifischen Widerstand des Aluminiums erreichen. Die ebenfalls bei größeren MOS-Strukturen häufig verwendete Beschichtung mit dotiertem *polykristallinem Silizium* bleibt demgegenüber zurück ($\varrho(\text{poly-Si}) \approx 5 \cdot 10^{-4}\,\Omega\text{cm}$).

Wichtigste Forderung an die Technologie für Submikron-Schaltkreise ist die geeignete Mikrostrukturierung, nämlich die entsprechende Lithographie für das Schreiben der Strukturen bis in den unteren nm-Bereich, sowie die zugehörigen Ätzprozesse zur Übertragung der geschriebenen Strukturen in das Substrat, z. B. Silizium.

Da die physikalische Grenze der Lithographie durch die Beugung bestimmt ist, ist das Standardverfahren, die optische Lithographie, bei ca. 100 nm an seiner Grenze. Eine Verkleinerung der Strukturabmessungen in den Bereich weit unter 100 nm setzt also die Entwicklung neuer Lithographiemethoden voraus. Dazu bieten sich zwei prinzipiell unterschiedliche Verfahren an, die Verwendung von Photonen und die Verwendung von Teilchen. Werden Photonen verwendet, muss man zu kürzeren Wellenlängen übergehen (190 nm bzw. 156 nm Eximer-Laser) oder gar in den Bereich von 10 nm–13 nm Wellenlänge, in den sog. EUV (extreme UV). Bei der Verwendung von Teilchen (Elektronen, Ionen) ist die Wellenlänge nicht länger der begrenzende Faktor, denn gemäß der de Broglie-Wellenlänge $\lambda = \dfrac{h}{\sqrt{2mqU}}$ ergeben sich Wellenlängen bei einer Beschleunigungsspannung um 100 kV im Bereich von 10^{-3} nm bis 10^{-5} nm (Elektronen, Ionen). Die Begrenzung wird hier durch die Wechselwirkung dieser Teilchen mit der Materie bestimmt. Es stellt sich jedoch heraus, dass nicht die Kosten der Lithographiegeräte die entscheidende Größe darstellen, sondern die Masken. Daher wird weltweit intensiv an der sog. maskenlosen Lithographie gearbeitet. Z. B. indem Cantilever mit Spitzen, wie sie in der Rastersondenmikroskopie verwendet werden, sehr kleine Strukturen bis in den atomaren Bereich schreiben. Die benötigte hohe Arbeitsgeschwindigkeit soll durch die Integration solcher Cantilever zu Arrays mit einer großen Zahl von Cantilevern erreicht werden. Abbildung 7.74 zeigt das Prinzip und eine Realisierung.

Die **Strukturierungstechnik** muss ebenfalls auf die Submikronverkleinerung abgestimmt werden. Während *nasschemische* Verfahren der Halbleiterätzung **isotrope** Unterätzungen der Lackschichten mit abgerundeten Kanten durch flüssige Ätzmittel

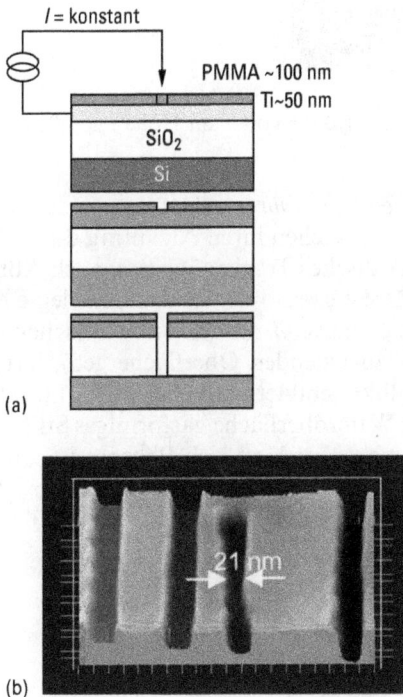

Abb. 7.74 Prinzip einer maskenlosen Lithographie (a) und eine mit einem solchen Prinzip realisierte Struktur von ca. 21 nm (b). Mit einem Cantilever mit Spitze als Elektronenemitter (Abb. 7.105) wurde die Struktur „geschrieben".

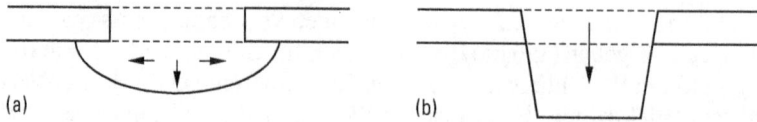

(a)   (b)

Abb. 7.75 Prinzip des Trockenätzens mittels plasma-angeregter Teilchen. Das reine nassche-mische Ätzen liefert meist eine isotrope Ätzstruktur (a). Der reine Ionenbeschuss (Sputtern) liefert nahezu senkrechte Wände durch seine Anisotropie (b). Die Kombination beider Ver-fahren – es wird chemisch nur dort geätzt, wo der Ionenbeschuss die notwendige Aktivie-rungsenergie liefert – ist das optimale Verfahren (s. auch Abb. 7.108).

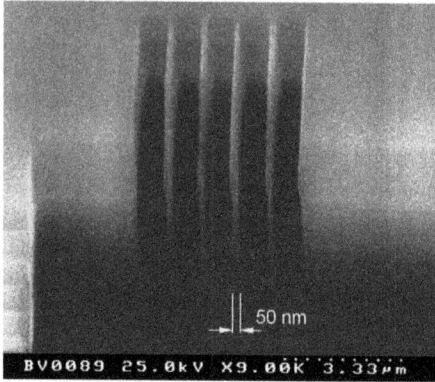

Abb. 7.76 Mit dem Trockenätzen realisierte Struktur von 3 μm Höhe und 50 nm Breite.

hervorrufen (Abb. 7.75a), greifen *Trockenätzverfahren* **anisotrop** von der Oberfläche ins Innere hinein an (Abb. 7.75b). Sie verursachen ihren Ätzabtrag durch Ionenbe-schuss aus einem Plasma heraus (physikalisches Trockenätzen, s. auch Abb. 7.108). Allerdings tragen sie die abdeckende Maske ebenso ab wie das freigelegte Material. Diese fehlende **Selektivität** kann durch eine *chemische Reaktion* zwischen den Teil-chen im Plasma und den Atomen der zu ätzenden Oberfläche gefördert werden, wenn z. B. ein flüchtiges Reaktionsprodukt gebildet wird (Beispiel: Fluoratome des Plasmas bilden mit Siliziumatomen der Waferoberfläche gasförmiges SiF_4 und ätzen nur Si, nicht aber den Photoresist). Umgekehrt lässt sich Photoresist gut im Sau-erstoffplasma wiederum mit gasförmigen Reaktionsprodukten ätzen.

Abbildung 7.76 zeigt eine Struktur von 50 nm Breite und 3 μm Höhe, die mit einer Plasmaätztechnik (Gas-chopping) realisiert wurde.

7.13.4 Der Thyristor

Der Thyristor ist ein Halbleiterbauelement mit einer pnpn-Struktur (Abb. 7.77). Er wurde 1950 von W. Shockley und J. J. Ebers erfunden, und sein Name wurde vom „Thyratron" entlehnt, einer Röhre, die sehr ähnliche elektrische Eigenschaften wie der Thyristor aufweist.

In der englischen Literatur trägt er auch häufig den Namen „semiconductor controlled rectifier", SCR, was ebenfalls im Schaltsymbol zum Ausdruck kommt und letztlich in der Ähnlichkeit der Kennlinien begründet ist.

Die **Strom-Spannungs-Kennlinie des Thyristors** wechselt im Durchlassbereich bei Überschreiten der Spannung U_{BO} (engl. break over voltage), beim **Zünden**, vom *Vorwärts-Sperrverhalten* mit hohem Widerstand zum *Vorwärts-Durchlassverhalten* (Abb. 7.78).

Der Steuerstrom I_G (engl. gate) verkürzt dabei den Vorwärts-Sperrbereich. Der Rückwärts-Sperrbereich entspricht dem Verhalten einer gesperrten Diode. Der technisch interessante 1. Quadrant mit dem Zünden des Thyristors führt zu zahlreichen

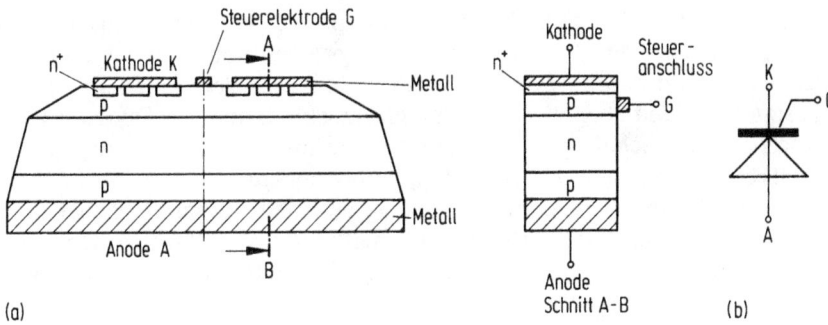

Abb. 7.77 Aufbau und Symbol des Thyristors: (a) funktionsfähige Struktur mit Schnitt der pnpn-Schichtenfolge, (b) Schaltsymbol.

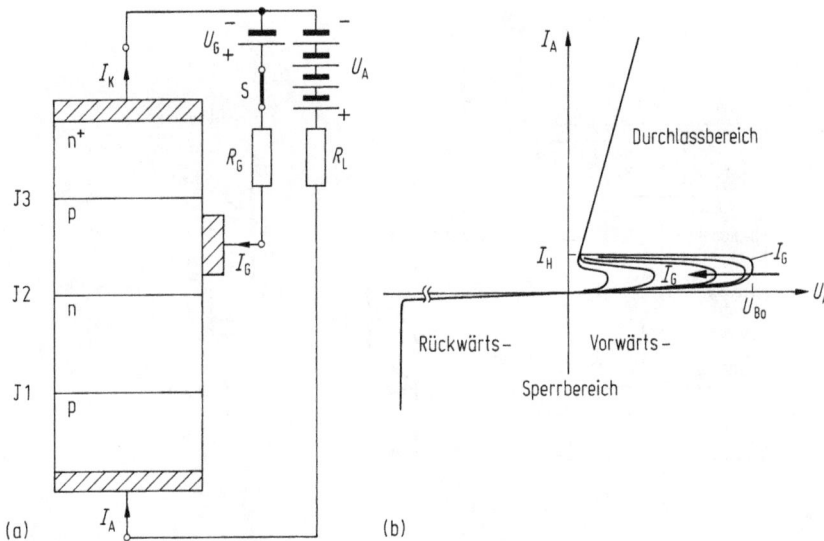

Abb. 7.78 (a) Beschaltung der Thyristoranschlüsse; (b) Thyristorkennlinien $I_A(U_A)$ mit $I_G = $ const.

Anwendungen in der **Leistungselektronik.** Dabei sind Thyristoren in der Lage, Durchlassströme von mehr als 5000 A zu führen und Spannungen von bis zu 10000 V zu sperren. Von größter Bedeutung ist dabei das Verhalten des Thyristors als **Schalter.** I.A. lässt er sich leichter ein- als ausschalten. Beim Schaltverhalten interessiert auch, wie weit sich ein Thyristor durch optische Signale einschalten lässt.

7.13.4.1 Funktionsweise des Thyristors

Der Thyristor hat im **Vorwärts-Sperrbereich** (Abb. 7.78) zwei *durchlassende* (J_1 und J_3) und einen *sperrenden* (J_2) pn-Übergang, wenn die Anodenspannung $U_A < U_{BO}$ und der Schalter S geöffnet bleiben. Durch Erhöhung $U_A \geq U_{BO}$ dehnen sich die J_2-Raumladungszonen in den hochohmigen n- und p-Gebieten so weit aus, dass es zur Berührung mit den benachbarten Raumladungszonen von J_1 und J_3 kommt. Der Übergang J_3 wird daraufhin von Ladungsträgern beider Vorzeichen überflutet, der Sperrzustand wechselt ebenfalls zum Durchlasszustand, und der Thyristor zündet. Mit geschlossenem Schalter S führt man den Zustand der Ladungsträgerüberflutung bereits für geringere Werte $U_A < U_{BO}$ herbei, indem *über den Gatekontakt Löcher injiziert* werden und diese dann die **Zündung** einleiten. Veranschaulichen lässt sich der Zündvorgang im **2-Transistor-Ersatzschaltbild** (Abb. 7.79), bei dem zwei komplementäre Bipolartransistoren über Basen und Kollektoren miteinander rückgekoppelt sind.

Ohne Gatestrom führt die Steigerung von $U_A > U_{BO}$ zur Berührung der Raumladungszonen zwischen Kollektor und Emitter bei mindestens einem der beiden Transistoren, meist in der hochohmigen Basis des pnp-Transistors. Daraufhin bricht die Sperrspannung zwischen A und G, also über dem pnp-Transistor, zusammen

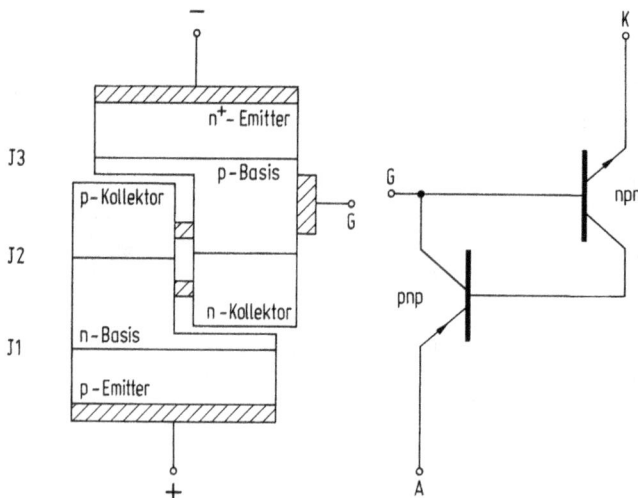

Abb. 7.79 Zerlegung der Thyristorstruktur in zwei rückgekoppelte komplementäre Bipolartransistoren als Thyristor-Ersatzschaltung.

und treibt entsprechend die Sperrspannung zwischen Basis und Kollektor des n^+pn-Transistors ebenfalls in den Durchlass. Der Widerstand der Basis-Kollektor-Raumladungszone des n^+pn-Transistors geht vom hohen Wert (Abb. 7.78 Vorwärts-Sperrung) in den geringen Wert (Vorwärts-Durchlass) über. Diese anschauliche Beschreibung lässt sich quantitativ nachvollziehen. Dabei setzt die Zündung jeweils dann ein, wenn die *Summe der Stromverstärkungen* der beiden komplementären Ersatzschaltbild-Transistoren als Folge der erhöhten Spannung U_A oder als Folge eines Gatestromes I_G den Wert 1 erreicht (s. auch Abb. 7.67: β wächst als Folge erhöhter Spannung U_{CE}, sichtbar in der wachsenden Neigung der Kennlinien, also auch $\alpha = \beta/(1 + \beta)$):

$$\text{Thyristor-Zündung:} \quad \alpha_{npn} + \alpha_{pnp} \gtrsim 1 \quad \text{mit} \quad \alpha_{npn}; \alpha_{pnp} = f(U_A, I_G).$$

Der Vorgang der Thyristor-Abschaltung ist weniger gut überschaubar. Insofern sollen hier nur einige Bemerkungen dazu gemacht werden. Nur bei Thyristoren kleiner Leistung lässt sich der Zustand der Zündung durch Umpolung der Gatespannung oder der Anodenspannung schnell wieder abschalten, weil sich die hohen Dichten der Überschussladungsträger nicht rasch genug durch Abfluss und Rekombination abbauen lassen. Beim Absaugen von Ladungsträgern aus dem Elektron-Loch-Plasma über den umgepolten Gatekontakt muss man maximal die Freiwerdezeit t_q abwarten, nach der auch die über Kontakte nicht erreichbaren Überschussladungsträger genügend weit rekombiniert sind, um nicht für $I_G = 0$ doch sogleich wieder zu zünden. Die Freiwerdezeit t_q lässt sich als die 10fache *Trägerlebensdauer* τ abschätzen: $t_q \lesssim 10\,\tau$.

Die Freiwerdezeit bestimmt die obere Frequenzgrenze für Thyristoranwendungen. Deshalb wird sehr oft bei sog. *schnellen* Thyristoren die Trägerlebensdauer in den hochohmigen n- und p-leitenden Bereichen durch *Eindiffundieren von Gold* als zusätzliche Rekombinationszentren wohldefiniert herabgesetzt (s. Abb. 7.41). Das gleiche Ziel wird durch *Bestrahlung* des fertigen Thyristors *mit hochenergetischen Elektronen* verfolgt, wobei die bestrahlungsverursachten Kristallfehler als bequem einbringbare Rekombinationszentren wirken. Für eine geringere Sperrfähigkeit (hoher Sättigungssperrstrom), die der Anwender in Kauf nimmt, erzielt man Freiwerdezeiten von $\tau_q \leq 25\,\mu s$ ($U_{BR} \approx 1200\,V$) im Vergleich zu unbehandelten Hochspannungsthyristoren mit $\tau_q \leq 250\,\mu s$ ($U_{BR} \approx 3200\,V$) (s. [21]).

7.13.4.2 Technologie der Thyristoren

Bei der Herstellung eines Leistungsthyristors beginnt man mit *n*-dotiertem, hochreinem monokristallinen Silizium, dessen Phosphordotierung ($\varrho \approx 100\,\Omega cm \ldots 300\,\Omega cm$) heute durch **Neutronenbestrahlung** im Kernreaktor sehr gleichmäßig eingestellt wird:

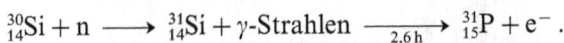

$$^{30}_{14}\text{Si} + \text{n} \longrightarrow ^{31}_{14}\text{Si} + \gamma\text{-Strahlen} \xrightarrow{2,6\,h} ^{31}_{15}\text{P} + e^-.$$

Angesichts der beim Kristallziehen unumgänglichen Temperaturschwankungen über den Querschnitt eines Einkristalls mit einem Radius $R \lesssim 15\,cm$ findet entsprechend dem temperaturabhängigen Verteilungskoeffizienten des Phosphors zwischen fester und flüssiger Phase ein über den Querschnitt des Kristalls schwankender Einbau von Dotieratomen statt (Abb. 7.80a), man beobachtet sog. *Striationen*.

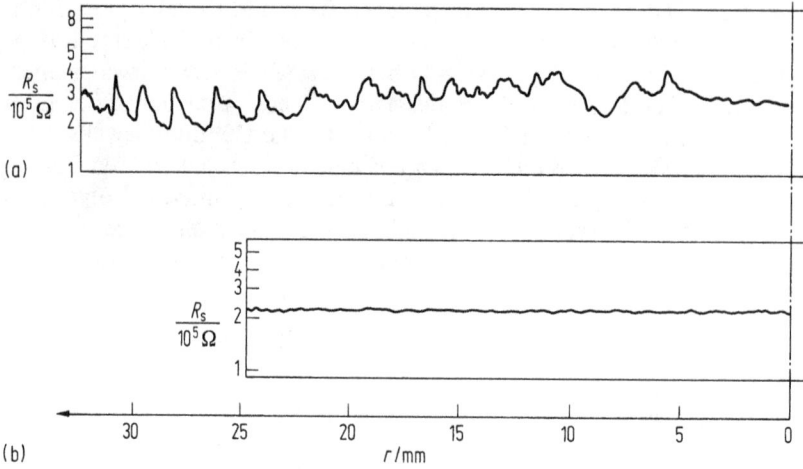

Abb. 7.80 Phosphordotierung und Widerstandsstriationen über dem Radius r eines Silizium-Einkristalles (a) bei konventioneller Technik, (b) durch Neutronenbestrahlung (nach [19]).

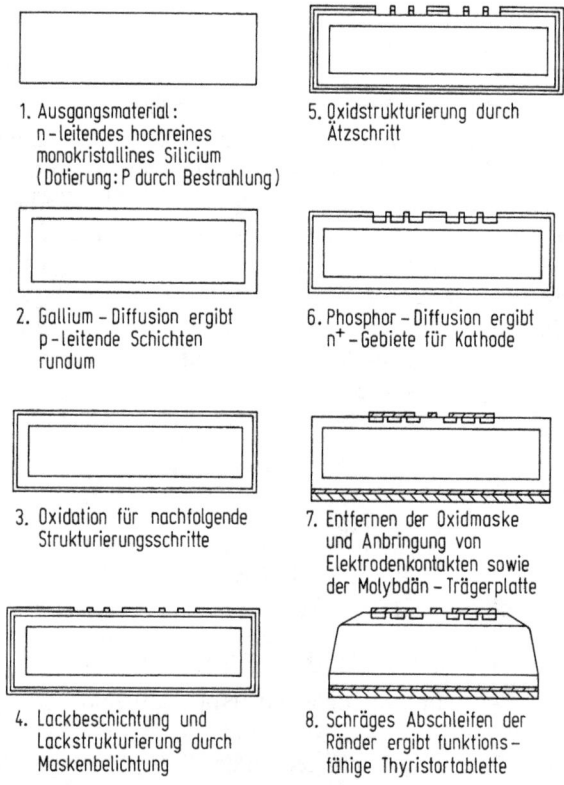

1. Ausgangsmaterial:
   n-leitendes hochreines
   monokristallines Silicium
   (Dotierung: P durch Bestrahlung)

2. Gallium-Diffusion ergibt
   p-leitende Schichten
   rundum

3. Oxidation für nachfolgende
   Strukturierungsschritte

4. Lackbeschichtung und
   Lackstrukturierung durch
   Maskenbelichtung

5. Oxidstrukturierung durch
   Ätzschritt

6. Phosphor-Diffusion ergibt
   n^+-Gebiete für Kathode

7. Entfernen der Oxidmaske
   und Anbringung von
   Elektrodenkontakten sowie
   der Molybdän-Trägerplatte

8. Schräges Abschleifen der
   Ränder ergibt funktionsfähige Thyristortablette

Abb. 7.81 Thyristor-Technologie (nach [20]).

Da die Eindringtiefe der Neutronen in Silizium über 100 cm beträgt, ist die Phosphordotierung durch die angegebene Kernreaktion außerordentlich gleichmäßig und führt zu sehr viel geringeren Schwankungen des spezifischen Widerstandes über den Waferquerschnitt ($\pm\Delta R/R \approx 1\%$ gegenüber 15% beim konventionellen Verfahren). Gleiche Betrachtungen gelten für den Vergleich diffundierter und Neutronen-bestrahlter Si-Wafer.

Daher beginnt man mit einer schwach n-leitenden Si-Scheibe, die nun tief ($\approx 50\,\mu$m) allseitig p-leitend kompensiert wird mittels einer Ga-Diffusion in der geschlossenen Ampulle (s. Abb. 7.81).

Durch Photolithographie werden die Bereiche für die hochdotierten n^+-Bereiche definiert und mit Phosphoratomen aus der Gasphase flach diffundiert ($\approx 50\,\mu$m). Schließlich wird der Anoden- (unten) und Kathodenkontakt (oben außen) angebracht, ebenso die zentrale Gate- oder Steuerelektrode. Durch schräges Anschleifen am Rande zur Vermeidung hoher elektrischer Randfeldstärken entsteht die funktionsfähige pnpn-Thyristortablette, die im anschließenden Arbeitsablauf noch „aufgebaut" und „eingehäust" wird, unter sorgfältiger Beachtung aller Probleme der Hochstromkontakte und der Wärmeabfuhr.

7.13.5 Der IGBT (Insulated Gate Bipolar-Transistor)

Obgleich die Leistung des Thyristors als intelligente Integration zweier Bipolartransistoren – eines pnp- und eines npn-Transistors – schon diejenige von einzelnen Leistungs-Bipolartransistoren um Größenordnungen übertrifft und viele Jahre das dominierende Leistungsbauelement war, wird er heute zunehmend von dem sog. IGBT (Insulated Gate Bipolar-Transistor) verdrängt, s. [41]. Der IGBT ist – anders als der Thyristor – die intelligente Integration von einem MOS- und einem Bipolartransitor, er vereint gewissermaßen die Vorteile des FET- und des Bipolartransistors.

Er wurde Ende der 1970er Jahre von B. J. Baliga in den USA bei der Firma General Electric entwickelt und besitzt heute ein sehr breites Anwendungsfeld (Elektrolokomotiven und -triebwagen, Elektroautos, Klimaanlagen, Medizintechnik, etc.). Er verarbeitet 100 V – einige 1000 V und ca. 1 A–1000 A, so dass aufgrund seiner Überlegenheit dem Thyristor gegenüber diesem lediglich der Bereich $U \geq 5000$ V und $I \geq 1000$ A bleibt.

Durch die Kombination eines FET mit einem Bipolartransistor (meist ein n-Kanal FET und ein pnp-Transistor) und Nutzung der Vorteile beider Bauelemente gelingt es, mit Stromimpulsen von wenigen Milliampere und Steuerspannungen im Bereich von wenigen Volt für den FET im IGBT einige 100 A bei bis zu 1500 V Spannung zu steuern und dies insbesondere auch bei höheren Frequenzen. Gerade diese Eigenschaft, die der Thyristor nicht aufweist, nämlich bei geringen Bauelementegrößen relativ große Leistungen schnell zu schalten und Leistungsvariationen vornehmen zu können, bewirken die Verdrängung des Thyristors. Denn aufgrund dieser schnellen Schalt- und Regelbarkeit besteht die Möglichkeit, den IGBT z. B. mit Mikroprozessorsteuerungen zu kombinieren und damit das Anwendungsfeld außerordentlich zu verbreitern (Einsatz als gesteuerter Wechselrichter beim Umwandeln von Gleich- in Wechselströme z. B. im Automobil- und Elektrolokbereich, der Windenergie, in Klimaanlagen, Küchengeräten und auch in der Medizintechnik, in der Computertomographie und in Defibrillatoren).

7.14 Einige grundlegende Experimente der Halbleiterphysik

7.14.1 Messung der Leitfähigkeit

Die Messung der Leitfähigkeit σ gemäß Abb. 7.82a scheitert im Allgemeinen an der Tatsache, dass metallische Kontakte auf Halbleitermaterial nicht-ohmsch sind, d. h. ihr Widerstand von Stromstärke und Polarität abhängt.

Eine korrekte Messung ist mit Hilfe einer **Kompensationsschaltung** nach Abb. 7.82b möglich, bei der über zwei äußere Kontakte ein Strom I_0 fließt, der eine Potentialverteilung im Halbleitermaterial zur Folge hat, die mit den beiden inneren Kontakten abgetastet wird. Die entstehende Spannung U_1 zwischen den inneren Kontakten wird kompensiert. Auf diese Weise entgeht man dem verfälschenden Spannungsabfall in den Potentialkontakten. Man nennt diese Messanordnung **Vierpunktmethode**. Dabei werden die *vier* notwendigen Kontakte gut isoliert voneinander und meist in *festem* Abstand zueinander angebracht. Als Material wählt man z. B. Wolframcarbid, das die notwendige mechanische Stabilität bei hohem Anpressdruck besitzt.

Die Analyse der Vierpunktanordnung zeigt, dass die äußeren Kontakte im stationären Fall Quelle und Senke von Ladungen sind, die den Stromfluss verursachen. Die Oberfläche des Halbleiters ist eine Symmetriefläche, deshalb können wir das Problem des Stromflusses im unendlich ausgedehnten Halbleiter analog zu dem Problem der Elektrostatik behandeln, das sich mit der Potentialverteilung zwischen positiver und negativer Ladung in einem unendlich ausgedehnten Raum beschäftigt. Es ergibt sich für den spezifischen Widerstand eines einseitig begrenzten, ansonsten unendlich ausgedehnten Halbleitermaterials

$$\varrho = 2\pi d \frac{U_1}{I_0} = F \frac{U_1}{I_0} \quad \text{mit} \quad F = 2\pi d, \tag{7.185}$$

d = gegenseitiger Abstand der Spitzen. Es leuchtet ein, dass z. B. für dünne Halbleiterplättchen der **Geometriefaktor F** andere Werte besitzt.

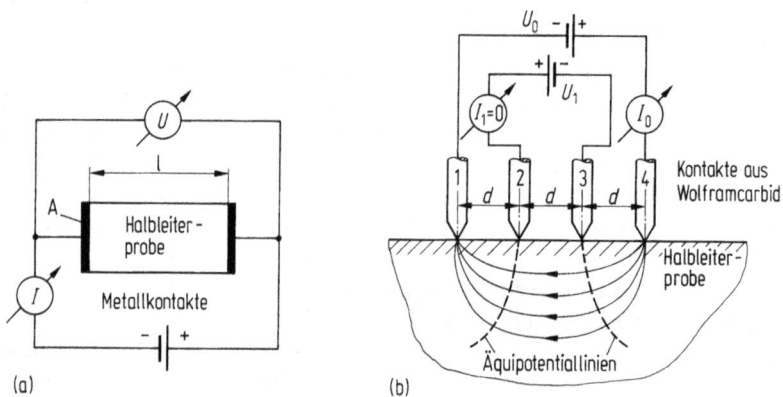

Abb. 7.82 Messung der elektrischen Leitfähigkeit σ. (a) Zwei-Punkt-Methode, (b) Vier-Punkt-Methode (Kompensation).

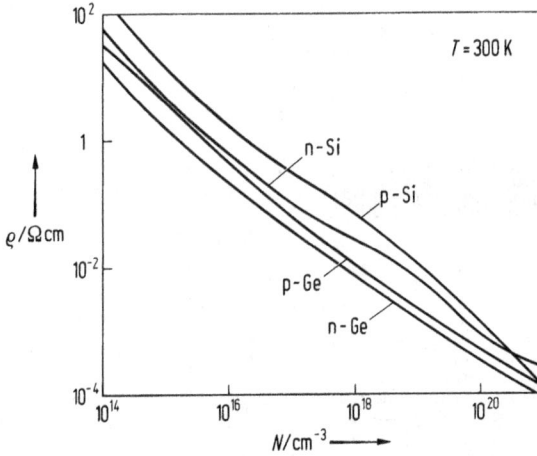

Abb. 7.83 Experimentell ermittelte Werte des spezifischen Widerstandes ϱ von Germanium und Silizium als Funktion der Störstellenkonzentration N (nach [4]).

Für ein dünnes rundes Halbleiterplättchen (Wafer) mit Dicke $W \ll$ Durchmesser D und für eine Vierpunktanordnung mit $d \ll D$ ist der spezifische Widerstand

$$\varrho = \left(\frac{\pi}{\ln 2}\right) \frac{W \cdot U_1}{I_0} = F \frac{U_1}{I_0} \quad \text{mit} \quad F = 4.53 \, \text{W}. \tag{7.186}$$

Der gemessene spezifische Widerstand bei $300 \, \text{K}$ als Funktion der Störstellenkonzentration wird in Abb. 7.83 für Ge und Si gezeigt.

Im Bereich der Störstellenkonzentration $(10^{14} \ldots 10^{16}) \, \text{cm}^{-3}$ ist die Hyperbel-Abhängigkeit nach Gl. (7.186) gut erfüllt. Zu höheren Störstellenkonzentrationen hin macht sich die *Veränderung der Beweglichkeit durch die Störstellenkonzentration* bemerkbar.

Wenn man aus Abb. 7.83 die Konzentrationen freier Ladungsträger in Abhängigkeit vom spezifischen Widerstand entnehmen will, muss man sich erst davon überzeugen, ob die Bedingung Störstellenkonzentration gleich Majoritätsladungsträgerkonzentration gilt. Wird die Abhängigkeit der Leitfähigkeit vom Strom untersucht, so bedeuten Gleichstrommessungen meist eine unzulässige thermische Belastung. Man geht dann vorteilhaft zu kurzen Strompulsen über (Dauer $10^{-9} \, \text{s} \ldots 10^{-6} \, \text{s}$), die mit einer Frequenz von $10^2 \, \text{Hz} \ldots 10^3 \, \text{Hz}$ wiederholt werden.

7.14.2 Der Gunn-Effekt

Bei Experimenten mit *heißen* Elektronen ($v_d \approx v_{th}$, s. Gl. (7.31)) in Halbleitern beobachtete J. B. Gunn 1963 das Auftreten von *Mikrowellen-Stromoszillationen*, wenn an homogenen Proben aus einkristallinem n-leitendem GaAs mit einer Länge von ca. $100 \, \mu\text{m}$ eine Gleichspannung bestimmter Höhe lag. Abbildung 7.84 zeigt ein von Gunn veröffentlichtes Oszillogramm eines Stromes durch eine GaAs-Probe, an

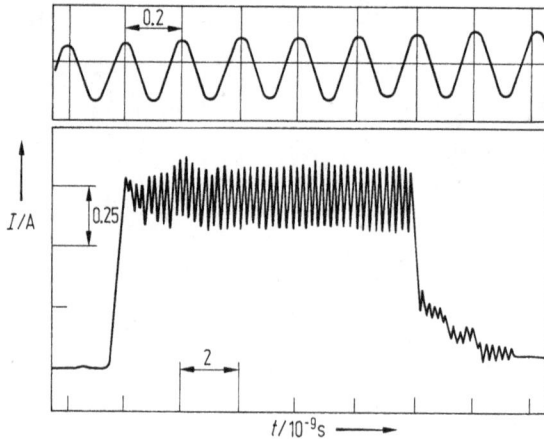

Abb. 7.84 Mikrowellen-Stromschwingungen bei GaAs (oben: gedehnter Zeitmaßstab) (nach [22]).

die Spannungs-Impulse gelegt wurden. Im unteren Teil der Abb. 7.84 sind sowohl der Stromverlauf kurz vor Einsatz der Schwingungen zu sehen als auch die Schwingungen selbst, wenn am GaAs-Kristall eine kritische Feldstärke von $(3\ldots 4)\,\mathrm{kV/cm}$ erreicht wird.

In der oberen Hälfte des Bildes ist ein in der Zeitachse gedehnter Ausschnitt der Schwingung zu sehen, die einen fast sinusförmigen Verlauf aufweist. Der Gunn-Effekt wurde 1964 von H. Krömer anhand theoretischer Arbeiten von Ridley, Watkins und Hilsum (RWH-Theorie) gedeutet. In diesem Modell ist die Bandstruktur von GaAs für das Auftreten negativer differentieller Leitfähigkeit verantwortlich. Bereits Abb. 7.9 zeigte für Silizium, dass oberhalb einer kritischen Feldstärke keine Proportionalität mehr – wie es in $v_\mathrm{d} = \mu\mathscr{E}$ angenommen wird – zwischen dem Betrag der mittleren Driftgeschwindigkeit v_d und der elektrischen Feldstärke $\mathscr{E}$ herrscht. Die Beweglichkeit selbst wird eine Funktion der Feldstärke:

$$\mu = \mu(\mathscr{E}).\tag{7.187}$$

Abbildung 7.85 zeigt entsprechende Messungen der Driftgeschwindigkeit v_d für Galliumarsenid bei hohen Feldstärken.

Abweichend vom Verlauf für Silizium existiert für Galliumarsenid bei $|\mathscr{E}| > |\mathscr{E}_\mathrm{k}|$ $\approx 3\,\mathrm{kV/cm}$ ein Bereich mit $\mathrm{d}v_\mathrm{d}/\mathrm{d}|\mathscr{E}| < 0$. Diese Beobachtung hat jedoch nach Gl. (7.188) einen Bereich mit negativem differentiellen Widerstand ϱ_diff zur Folge:

$$\varrho_\mathrm{diff}^{-1} = \frac{\mathrm{d}j}{\mathrm{d}|\mathscr{E}|} = qn\frac{\mathrm{d}v_\mathrm{d}}{\mathrm{d}|\mathscr{E}|} = qn\mu + qn\left(\frac{\mathrm{d}\mu}{\mathrm{d}|\mathscr{E}|}\right)|\mathscr{E}| < 0.\tag{7.188}$$

Beiderseits dieses Bereiches $\mathrm{d}j/\mathrm{d}|\mathscr{E}| < 0$ ist die Beweglichkeit μ positiv, hat aber unterschiedliche Werte. Für geringe Feldstärken ist μ größer als für hohe. Zusätzlich zu den experimentellen Ergebnissen zeigen die gestrichelten Kurven die theoretischen Grenzkurven, aus denen unterschiedliche Werte für μ gewonnen werden. Im Folgenden soll der Zusammenhang der Beweglichkeit μ der Ladungsträger in Gallium-

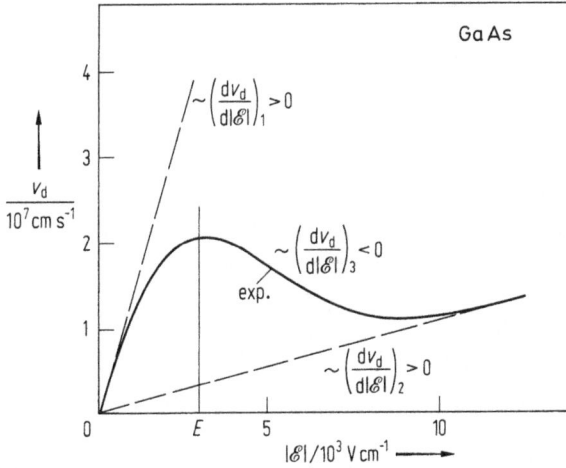

Abb. 7.85 Driftgeschwindigkeit v_d der Elektronen des GaAs in Abhängigkeit von der elektrischen Feldstärke $|\mathscr{E}|$ (nach [23]).

arsenid mit seiner Bandstruktur im $E(k)$-Raum hergestellt werden (zur deutlichen Unterscheidung von der elektrischen Feldstärke $\mathscr{E}$ wird die Elektronenenergie im k-Raum stets als $E(k)$ bezeichnet).

Mit $m_{\text{eff}} = \hbar^2 \left(\dfrac{d^2 E(k)}{dk^2} \right)^{-1}$ (Abschn. 7.4.2) und $\mu = \dfrac{q}{m_{\text{eff}}} \tau$ (Abschn. 7.6) erhält man:

$$\mu = \frac{q \tau_r}{m_{\text{eff}}} = \frac{q \tau_r}{\hbar^2} \frac{\partial^2 E(k)}{\partial k^2}. \tag{7.189}$$

Gl. (7.189) besagt, dass die Beweglichkeit μ der Ladungsträger an den Bandkanten proportional mit der Krümmung der Bandkante wächst. μ wird konstant, wenn die Krümmung konstant ist. Parabolische Bandverläufe $E(k) \sim k^2$ haben eine konstante Beweglichkeit der Ladungsträger an den Bandrändern zur Folge. In der Nähe des Leitungsband-Minimums ist für die meisten Halbleiter die parabolische Näherung möglich, deshalb gilt hier das Ohm'sche Gesetz.

Anhand des $E(k)$-Diagramms von GaAs (Abb. 7.2) erkennt man, dass in (100)-Richtung am X-Punkt, 0.36 eV oberhalb des untersten schlanken Leitungsband-Minimums, ein zweites breites Minimum (Satellitenminimum) vorhanden ist. Aufgrund der geringeren Krümmung der **Satellitenminima** ist die Beweglichkeit von Elektronen in ihnen geringer als diejenige der Elektronen im Hauptminimum des Leitungsbandes, weil die Elektronen im Satellitenminimum eine größere effektive Masse haben als im Hauptminimum. Weiter erkennt man, dass der Energieunterschied zwischen den beiden Leitungsband-Tälern geringer ist als der des direkten Überganges zwischen Valenz- und Leitungsband. Stoßionisation setzt demnach erst bei höheren Feldstärken ein, als sie für den Elektronenübergang zwischen den beiden Leitungsband-Tälern notwendig sind. In Gl. (7.188) können wir also die Dichte n der Elektronen tatsächlich als konstant ansehen.

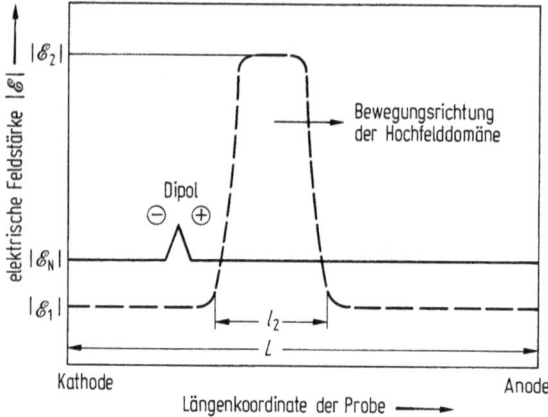

Abb. 7.86 Entstehung einer Hochfelddomäne (z. B. in GaAs) $U = |\mathcal{E}_2|\, l_2 + |\mathcal{E}_1|\,(L - l_2) =$ const. mit U = anliegende Spannung, L = Probenlänge.

Durch ein hohes elektrisches Feld (oberhalb der experimentell beobachteten kritischen Feldstärke $\mathcal{E}_{krit}$) wird die Energie der Leitungsbandelektronen derartig erhöht, dass sie durch Stoßwechselwirkung den Energiewall in (100)-Richtung überwinden können und in das Satellitenminimum gelangen. So ergibt sich für einen Teil der Elektronen eine Abnahme der Beweglichkeit, sie werden „*schwerer*", und als Folge sinkt die Volumenleitfähigkeit der Probe. Diese Abnahme von μ mit zunehmendem elektrischen Feld erfolgt abrupt und so ausgeprägt, dass über einen gewissen Bereich der $j(|\mathcal{E}|)$-Kennlinie die Driftgeschwindigkeit v_d der Elektronen mit zunehmendem Feld $|\mathcal{E}|$ absinkt, also entsprechend Gl. (7.188) ein Bereich mit negativem differentiellen Widerstand ϱ_{diff} auftritt, der zu hochfrequenten Stromoszillationen Anlass gibt.

Im Folgenden wird der Einsatz der HF-Schwingung anhand des **Potentialverlaufs an der Probe** näher betrachtet. In Abb. 7.86 ist die elektrische Feldstärke in der Probe über der Probenausdehnung (Länge L) aufgetragen.

Die Probe werde im negativen Kennlinienteil mit der Vorspannung $U = |\mathcal{E}_N|\,L$ betrieben. Es wird nun angenommen, dass in der Nähe der negativen Elektrode eine *Ladungsinhomogenität* geringer Ausdehnung im Kristall bestehe, die einen Ladungsdipol verursacht (durchgezogene Kurve). Das geringfügig erhöhte Feld im Bereich des Dipols hat dann zur Folge, dass dort mehr Elektronen in das Satellitenminimum gehoben werden. Das führt hier lokal zur Abnahme der Leitfähigkeit und damit zu weiterer Felderhöhung. So entwickelt sich eine schmale Hochfeldzone (Domäne), die mit der Driftgeschwindigkeit v_d von den nachfolgenden leichteren Elektronen zur positiven Elektrode geschoben wird. Da die Vorspannung U konstant ist, muss die Feldstärke außerhalb der Hochfeldzone bei deren Aufbau absinken (gestrichelte Kurve), bis in den Ohm'schen Kennlinienbereich hinein.

Wenn also eine Hochfeldzone in der Probe entstanden ist, sinkt deshalb der Strom im Außenkreis, weil die Feldstärke außerhalb der Hochfeldzone verringert ist. Der Strom behält diesen niedrigen Wert, *bis die Hochfeldzone am positiven Kontakt an-*

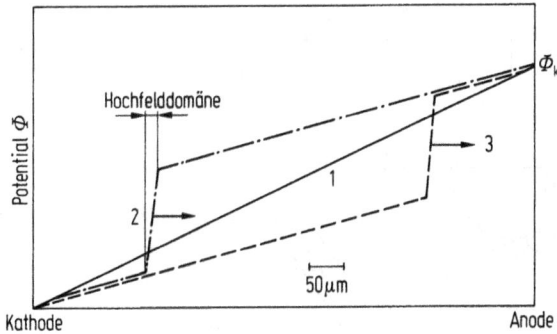

Abb. 7.87 Potentialprofile und Domänenbewegung in einer Gunn-Probe. (1) vor der Domänenbildung, (2) unmittelbar nach der Domänenbildung nahe der Kathode, (3) kurz vor dem Auslaufen der Domäne an der Anode.

langt und ausläuft. Da nun der Spannungsabfall über der Hochfeldzone entfällt, wächst die elektrische Feldstärke wieder auf ihren anfänglichen Wert an. Der Ablauf des Vorganges wiederholt sich periodisch. Die *Periodendauer T der Stromoszillation ist gleich der Laufzeit der Hochfeldzone durch die Probe.* Angenommen, die Hochfeldzone werde unmittelbar am negativen Kontakt ausgelöst, so gilt näherungsweise

$$t_{d} = \frac{L}{v_{d}}. \tag{7.190}$$

Mit einer Driftgeschwindigkeit $v_{d} \approx 10^{7}\,\text{cm/s}$ und einer Probenlänge $L = 100\,\mu\text{m}$ erhält man eine Periodendauer von $10^{-9}\,\text{s}$. Die Auswertung von Abb. 7.84 ergibt eine Schwingfrequenz von $4.5\,\text{GHz}$.

Messungen des Zeitverlaufes der Potentialverteilung haben die Erklärung des Gunn-Effektes mit Hilfe driftender Hochfelddomänen vollauf bestätigt. Abbildung 7.87 zeigt einen schematisierten Potentialverlauf.

Die Abszisse entspricht der Probenausdehnung, die Ordinate dem Potential, Parameter ist die Zeit, und sie wächst für die Kurven von eins nach drei. Die steile Potentialfront repräsentiert die Hochfelddomäne, während der Potentialgradient im übrigen Teil der Probe flacher ist. Die Domäne läuft von der Kathode zur Anode.

7.14.3 Der Hall-Effekt

Messungen der elektrischen Leitfähigkeit allein reichen nicht aus, um die Dichte stromführender Ladungen n und p und dazu ihre Beweglichkeiten μ_{n} und μ_{p} getrennt zu gewinnen. Darüber hinaus erlauben Leitfähigkeitsmessungen nicht, den Typ der überwiegenden Ladungsträgerart (Elektron oder Loch) zu bestimmen. Mit Hilfe des Hall-Effektes (E. H. Hall, 1879) werden diese wichtigen Halbleiter-Kenngrößen zugänglich. Hall-Effekt-Messungen an Beryllium, Zink und Radium warfen bei der Entwicklung des Bändermodells die Frage auf, ob es elektrische Leitung mit positiven Ladungsträgern gibt.

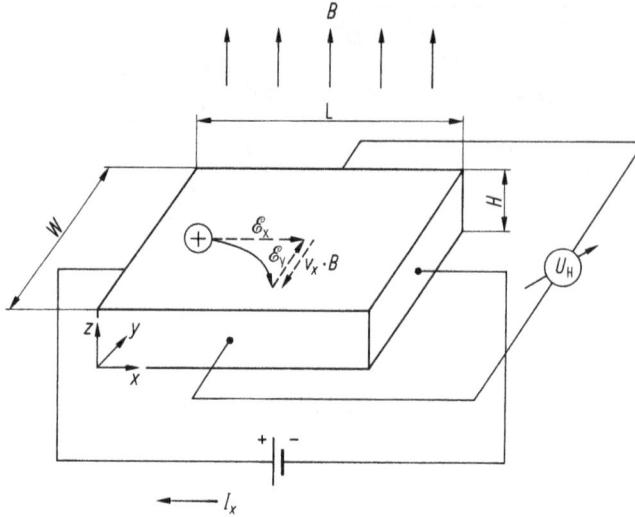

Abb. 7.88 Der Hall-Effekt bei einem p-leitenden Halbleiter.

Die grundsätzliche Messanordnung des Hall-Effektes für Halbleiter ist mit der für Metalle gebräuchlichen identisch. Ein elektrisches Feld $\mathscr{E}$ wirkt auf eine Probe in x-Richtung und ein magnetisches Feld B in z-Richtung. Es fließt ein Strom der Flächendichte $j_x = \sigma \mathscr{E}_x$ in positiver x-Richtung. Für eine p-leitende Halbleiterprobe (Löcherdichte p) der in Abb. 7.88 angegebenen Größe bewirkt die **Lorentz-Kraft**:

$$F_L = q[\boldsymbol{v} \times \boldsymbol{B}], \tag{7.191}$$

eine *auf den Betrachter hin gekrümmte* Driftbewegung der Löcher. Der damit verbundene Löcherstrom baut eine Überfluss-Löcherdichte an der Probenvorderseite und Löchermangel an der Rückseite auf, deren Umverteilung eine elektrische Feldstärke zur Folge hat.

Wenn im stationären Zustand kein Strom in y-Richtung fließt, kompensiert das elektrische Feld $\mathscr{E}_y$, das Hall-Feld, die y-Komponente der Lorentz-Kraft:

$$q |\mathscr{E}_y| + q v_x B = 0. \tag{7.192}$$

Mit $v_d = v_x = \mu_p |\mathscr{E}_x|$ sowie $j_x = \sigma |\mathscr{E}_x|$ und $\sigma = q \mu_p p$ ergibt sich für das **Hall-Feld**

$$|\mathscr{E}_y| = -\mu_p |\mathscr{E}_x| B = -\frac{1}{qp} j_x B = -R_H j_x B, \tag{7.193}$$

mit $R_H = 1/(qp)$. Beim Hall-Experiment misst man die **Hall-Spannung** U_H bei Stromlosigkeit in y-Richtung mit Stromfluss I_x in x-Richtung

$$U_H = -\int_0^W |\mathscr{E}_y| \, dy = -|\mathscr{E}_y| \cdot W = R_H \cdot \frac{I_x}{H} \cdot B, \tag{7.194}$$

wobei $I_x = H W j_x$ gilt. Der Ausdruck trägt entsprechend seiner Einheit den Namen **Hall-Widerstand**, jedoch stehen bei ihm – im Gegensatz zu einem Ohm'schen Widerstand – Spannung U_H und Strom I_x senkrecht aufeinander (die Größen H und W werden in Abb. 7.88 erklärt).

Man nennt $R_H = (qp)^{-1}$ die **Hall-Konstante**. Für Löcherleitung ist R_H positiv, für Elektronenleitung negativ. Abbildung 7.89 zeigt die Hall-Konstante von verschieden dotiertem Silizium in Abhängigkeit von der Temperatur.

Bei n-leitendem Halbleitermaterial und ansonsten gleicher Experimentführung bewegen sich die Elektronen in negativer x-Richtung und werden ebenfalls zur Probenvorderseite abgelenkt; $|\mathscr{E}_x|$ erhält das negative Vorzeichen. Als **Hall-Beweglichkeit** μ_{Hall} bezeichnet man den Ausdruck

$$\mu_{Hall} = \left| \frac{|\mathscr{E}_y|}{|E_x| B} \right|. \tag{7.195}$$

Die Werte der Hall-Beweglichkeit μ_{Hall} und der Driftbeweglichkeit μ_{Drift} unterscheiden sich, weil durch die ablenkende Lorentz-Kraft das Einzelelektron seine Beschleunigung *nicht in Richtung von* $|\mathscr{E}_x|$ erfährt, ($|\mathscr{E}_x|$ und $|\mathscr{E}_y|$ schließen den **Hall-Winkel** Θ ein). Für die Berechnung von Korrekturfaktoren ist die Bewegung der Ladungs-

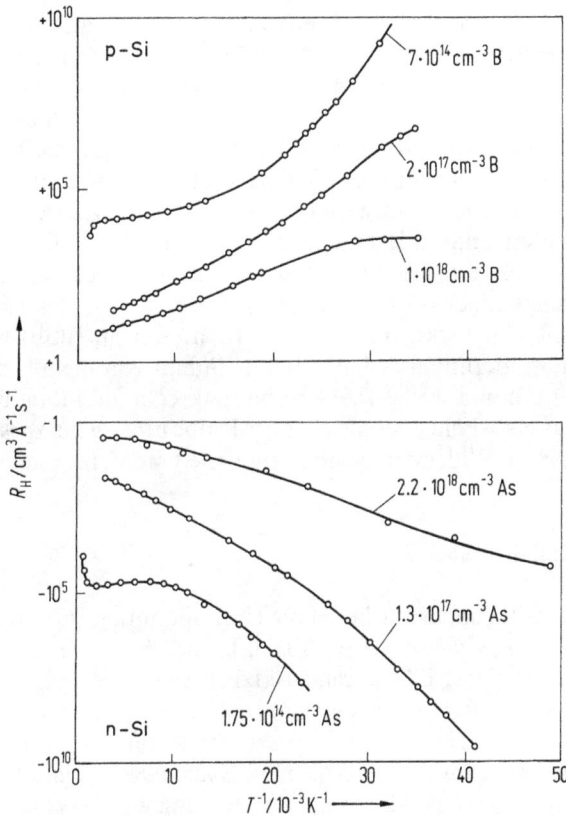

Abb. 7.89 Hall-Konstante R_H von unterschiedlich mit Bor und As dotiertem Silizium als Funktion der reziproken Temperatur T^{-1} (nach [24]).

träger auf Fermi-Flächen und die resultierende mittlere Zeit zwischen zwei Stößen zu untersuchen. Für *Phononenstreuung* erhält man $r = \mu_{\text{Hall}}/\mu_{\text{Drift}} = 1.18$, für *Störstellenstreuung* $r = 1.93$.

Falls der Unterschied zwischen μ_{Hall} und μ_{Drift} vernachlässigt wird, kann man einen Ausdruck für die Hall-Konstante R_H ableiten, wenn Elektronen und Löcher in vergleichbaren Konzentrationen vorliegen (Hall-Effekt im „gemischten Halbleiter"):

$$R_H = \frac{1}{q} \frac{p\mu_p^2 - n\mu_n^2}{(p\mu_p + n\mu_n)^2}. \tag{7.196}$$

Für den Fall des Eigenleiters ist $n = p = n_i$ und Gl. (7.189) geht mit $b = \mu_n/\mu_p$ über in

$$R_H(\text{intr.}) = \frac{1}{qn_i} \frac{1-b}{1+b}. \tag{7.197}$$

Das Vorzeichen des Hall-Effektes hängt dann vom Verhältnis der Beweglichkeiten ab. Besitzen die Elektronen die höhere Beweglichkeit, so ist $R_H < 0$.

Bei genau bekannten Materialeigenschaften ist der Hall-Effekt eine Möglichkeit, mit Hilfe der transversalen Hall-Spannung Magnetfelder zu bestimmen (4-Pol-Hall-Generator). Man kann jedoch auch die Beeinflussung des longitudinalen Bahnwiderstandes $(L/WH)(|\mathscr{E}_x|/j_x)$ einer Probe durch das Magnetfeld B (Abb. 7.88) als Messgröße benutzen. Zunächst erkennt man allerdings, dass – longitudinal gerechnet – alle Ladungsträger mit und ohne Magnetfeld die (ungefähr) gleiche Geschwindigkeitsverteilung besitzen. Da das Hall-Feld die senkrecht zum longitudinalen elektrischen Feld durch das Magnetfeld hervorgerufenen Beschleunigungen kompensiert, ist eine longitudinale Widerstandsänderung nicht zu erwarten. Schließt man die elektrische Hall-Spannung allerdings kurz (z. B. durch die Nähe der Metallelektrode), so können die Ladungsträger dort der Lorentz-Kraft folgen. Bei sehr unterschiedlicher Beweglichkeit von Elektronen und Löchern (z. B. in InSb) wird eine longitudinale Widerstandsänderung messbar. Durch Einbau von metallisch leitenden Nadeln aus Nickelantimonid in die InSb-Probe senkrecht zum longitudinalen elektrischen Feld kann das Hall-Feld über die gesamte Probe hinweg kurzgeschlossen und eine starke longitudinale Widerstandsänderung erzielt werden.

7.14.4 Der Quanten-Hall-Effekt

1980 untersuchten von Klitzing und Mitarbeiter die Hall-Spannung U_H von **Silizium-MOS-FETs** *in hohen Magnetfeldern* ($B \leq 18$ Tesla) und *bei tiefer Temperatur* ($T = 1.5\,\text{K}$). Diese n-Kanal-MOS-FETs waren zusätzlich zu den geläufigen Source-, Drain- und Gatekontakten seitlich am Kanal mit mehreren Ohm'schen Kontaktpaaren versehen worden (Abb. 7.90), so dass bei senkrecht auf der Ebene der Anschlüsse stehender magnetischer Induktion B die **Hall-Spannung U_H eines Inversionskanales** (Gl. (7.194)) vermessen werden konnte. Die Messung wurde bei konstantem Drainstrom $I_{SD} = 1\,\mu\text{A}$ vorgenommen; nach Gl. (7.175) entspricht einer allmählichen Steigerung der Gatespannung U_{GS} dann eine entsprechende Verringerung der relativ kleinen Drainspannung U_{SD}.

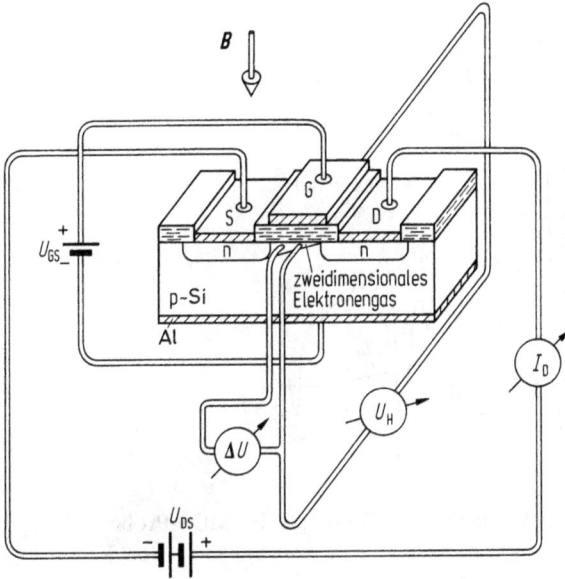

Abb. 7.90 Quanten-Hall-Effekt. Zuordnung von Geometrie und Spannungen.

Erwartet wurde entsprechend Gl. (7.194) eine mit *wachsender* Gatespannung *monoton fallende* Hall-Spannung

$$|U_H| = R_H \frac{I_x}{H} B = \frac{I_{SD} \cdot B}{q \cdot n(U_{GS}) \cdot D(U_{GS})} = \frac{I_{SD} \cdot B}{Q_S(U_{GS})} \qquad (7.198)$$

als Ausdruck der U_H-Abhängigkeit von der Flächendichte der Kanalladung Q_S, die mit *steigender* Gatespannung infolge Influenz *wächst* ($D(U_{GS})$ ist die Kanaltiefe, s. Abschn. 7.13.3.2).

Das Experiment bewies zwar die erwartete reziproke Abhängigkeit, jedoch nicht als monoton fallenden Verlauf, sondern unterbrochen von Stufen für bestimmte Werte U_H (Abb. 7.91).

Der Spannungsabfall ΔU längs des Kanals (ΔU ist bis auf den Spannungsabfall in den Source- und Drain-Raumladungszonen mit U_{SD} identisch) wurde gleichzeitig mittels der kanalparallelen Potentialproben (Abb. 7.90) vermessen. Entsprechend Gl. (7.175) schätzt man für die Längsspannung ΔU einen Ausdruck ab:

$$\Delta U = \frac{L}{Z \cdot C_{ox} \bar{\mu}_n} \cdot \frac{I_{SD}}{a \cdot (U_{GS} - U_{th})}, \text{ mit } a = f(U_{SD}; U_{GS} - U_{th}) < 1, \quad (7.199)$$

der ebenfalls für I_{SD} = const. mit *wachsender* Gatespannung U_{GS} monoton *sinken* sollte. Wiederum treten erhebliche Abweichungen im Experiment auf. An den Stellen der U_H-Stufen sinkt die Längsspannung ΔU auf unmessbar kleine Werte ab. Durch weitere Experimente konnte sichergestellt werden, dass unabhängig von der Probengeometrie sowie vom Strom I_{SD} und der magnetischen Induktion B die U_H-Stufen und ΔU-Einbrüche stets bei gleichen Werten des Hall-Widerstandes

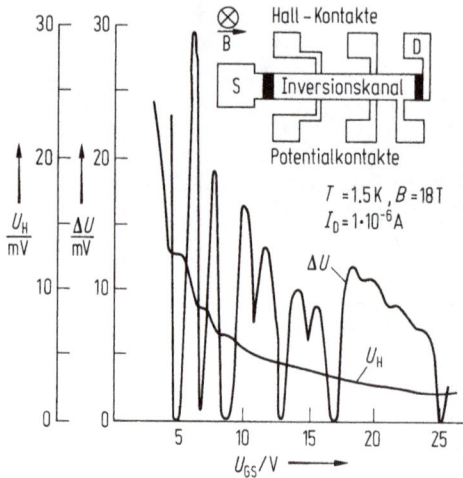

Abb. 7.91 Quanten-Hall-Effekt (nach [25]). Topologie der MOS-Probe und Ergebnisse.

$$\frac{|U_{\mathrm{H}}|}{I_{\mathrm{SD}}} = \frac{B}{Q_{\mathrm{S}}(U_{\mathrm{GS}})} = \frac{25.8\,\mathrm{k}\Omega}{1+i} \quad \text{mit} \quad i = 1, 2, 3 \ldots \tag{7.200}$$

festgestellt wurden. Diese Beobachtungen bilden den **Quanten-Hall-Effekt**, der auch nach seinem Entdecker **Von-Klitzing-Effekt** heißt.

Die physikalische Erklärung des Quanten-Hall-Effektes hat von dem Zustand der Ladungsträger im MOS-Inversionskanal auszugehen. Sie bilden ein **zweidimensionales Elektronengas**, das *bei tiefer Temperatur* und *im starken Magnetfeld ausgeprägte Quanteneffekte* hervorbringt. Alle Bewegungen senkrecht zur Grenzfläche Si/SiO$_2$ zeigen gequantelte Energien, nur parallel zur Grenzfläche Si/SiO$_2$ ist uneingeschränkte Bewegung möglich. Im ca. 100 nm breiten, annähernd dreiecksförmigen Potentialtopf des Inversionskanals existieren somit diskrete Energiezustände als „Subbänder", deren Dichte D_{x} *nicht* mehr von der Energie abhängt, wie man mit der Schrödinger-Gleichung nachweisen kann:

$$D_{\mathrm{x}} = \frac{m}{2\pi\hbar^2}. \tag{7.201}$$

Man vergleiche dies Ergebnis mit Gl. (7.5) für uneingeschränkte dreidimensionale Elektronengase. Im starken Magnetfeld spalten sich die bereits gequantelten Subbänder der Dichte D_{x} des zweidimensionalen Elektronengases im Inversionskanal auf zu den Landau-Niveaus mit unterschiedlichen Energiewerten

$$E_{\mathrm{i}} = (i + 1/2) \cdot \hbar\omega_{\mathrm{c}} \quad \text{mit} \quad i = 1, 2, 3 \ldots, \tag{7.202}$$

wobei die Zyklotron-Kreisfrequenz ω_{c} beschrieben wird durch

$$\omega_{\mathrm{c}} = \frac{qB}{m_{\mathrm{eff}}}, \tag{7.203}$$

mit der effektiven Masse m_{eff}. Die Flächendichte N besetzbarer Zustände eines **Landau-Niveaus** hängt nun von der wirksamen magnetischen Induktion B und dem elementaren Flussquantum $\Phi_0 = h/q$ eines einzelnen Elektrons ab,

$$N = \frac{B}{\Phi_{\mathrm{B}}} = \frac{q \cdot B}{h}, \tag{7.204}$$

so dass – unabhängig vom Material – jedes Landau-Niveau mit N Elektronen pro Fläche besetzt ist. Bei niedriger Temperatur haben wir nun eine scharfe Grenze besetzter Zustände erzwungen durch $\hbar\omega_c \gg kT$, so dass wir bei einer Verschiebung des Fermi-Niveaus E_{F} abwechselnd besetzte Landau-Zustände und Lücken austasten.

Mit Hilfe der Gatespannung U_{GS} erzeugen wir eine Bandverbiegung ψ_{S} und schieben die Landau-Niveaus über die Fermi-Energie E_{F} hinweg. Sind gerade i Landau-Niveaus vollständig besetzt, erhalten wir für die Elektronendichte

$$Q_{\mathrm{S}}(U_{\mathrm{GS}}) = i \cdot qN = i\frac{q^2 \cdot B}{h} \quad \text{mit} \quad i = 1, 2, 3 \ldots . \tag{7.205}$$

In diesem Falle ergibt sich für den Hall-Widerstand in Gl. (7.200)

$$\left|\frac{U_{\mathrm{H}}}{I_{\mathrm{SD}}}\right| = \frac{1}{i}\frac{h}{q^2} \quad \text{mit} \quad i = 1, 2, 3 \ldots, \tag{7.206}$$

und wir beobachten im $U_{\mathrm{H}}(U_{\mathrm{GS}})$-Verlauf eine Stufe. Das Verschwinden der Längsspannung ΔU kann ebenfalls in diesem Modell erklärt werden.

Nach diesem Modell bestimmt der Quotient zweier Naturkonstanten den Quanten-Hall-Effekt, die beobachteten Widerstandswerte (Gl. (7.200)) lassen sich quantitativ erklären. Die gleiche Kombination von h und q bestimmt auch die Sommerfeld-Feinstrukturkonstante

$$\alpha^{-1} = \frac{2}{\mu_0 c_0}\frac{h}{q^2} = 137.03599, \tag{7.207}$$

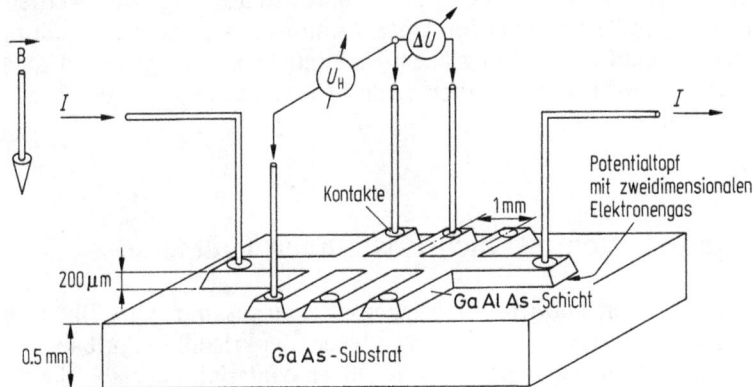

Abb. 7.92 GaAlAs/GaAs-Heteroübergang zur Messung des Quanten-Hall-Effektes (nach [13]).

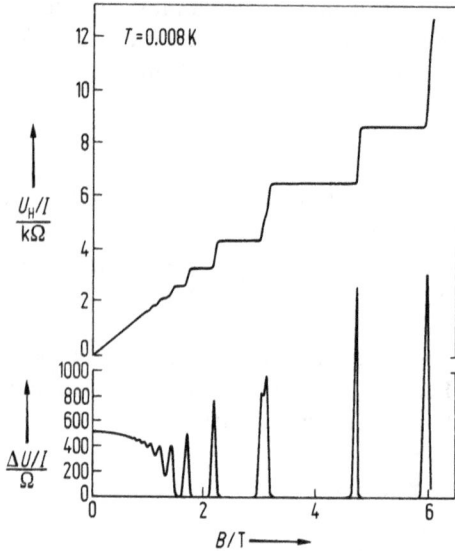

Abb. 7.93 Quanten-Hall-Effekt am AlGaAs/GaAs-Heteroübergang (s. Abb. 7.60 u. Abb. 7.92). Oben: Tieftemperatur-Hall-Widerstand $|U_H/I|$, unten: Tieftemperatur-Längswiderstand $|\Delta U/I|$, beide als Funktion der magnetischen Induktion B (nach [26]).

die mit einer Genauigkeit besser als $5 \cdot 10^{-7}$ mit dem Quanten-Hall-Effekt überprüft wurde. Eine ganz besondere Bedeutung des Quanten-Hall-Effektes ist jedoch darin zu sehen, dass mit seiner Hilfe elektrische Normalwiderstände – als Vielfache von h/q^2 – erheblich genauer geeicht werden können als bisher. Auf dieser Basis hat eine Neudefinition der Einheit Ohm über den Quanten-Hall-Effekt stattgefunden.

Der Quanten-Hall-Effekt wurde ebenfalls in der Potentialmulde von **Heteroübergängen** nachgewiesen. Die erhaltenen Verläufe an GaAs/Ga$_{1-x}$Al$_x$As-Strukturen (Abb. 7.60 und Abb. 7.92) sind noch ausgeprägter, weil die Heteroübergang-Phasengrenze weniger „rauh" als die Si/SiO$_2$-Phasengrenze hergestellt werden kann.

„Rauhigkeit" äußert sich bei den Untersuchungen in parasitärer Ladung, die die Schärfe der Landau-Aufspaltung beeinträchtigt. Daneben verbessert auch die inzwischen verfügbare außerordentlich niedrige Temperatur $T = 0.008$ K die Konturschärfe der Kurven (Abb. 7.93).

7.15 Eigenschaften des nichtkristallinen Halbleiters

Abschließend werden die wichtigsten Eigenschaften zusammengestellt, die ein Halbleitermaterial charakterisieren, bei dem entweder der kristalline Aufbau stark gestört ist, wie beim **hochdotierten** und **polykristallinen Material**, oder aber keinerlei kristalline Struktur zu erkennen ist, wie beim **amorphen Halbleiter**, der z. B. entsprechend der Technologie wie sie im Abschnitt Solarzellen (Abschn. 7.12.2) dargestellt wurde, als dünne amorphe Siliziumschicht abgeschieden wird.

7.15.1 Eigenschaften des hochdotierten Halbleiters

Halbleitermaterial, dessen Dotierung die Werte N_L und N_V der effektiven Zustandsdichten (Abschn. 7.5) erheblich überschreitet, verringert seinen Bandabstand E_G,
seine Ladungsträgerbeweglichkeiten μ_n und μ_p sowie seine Minoritätenlebensdauern
τ_n und τ_p. Zur Verringerung des Bandabstandes kommt es durch Verbreiterung der
energetisch diskreten Lagen der Donatoren oder Akzeptoren in der jeweiligen Band-
kantenumgebung zu Störstellenbändern, die sich mit dem Leitungs- oder Valenzband
vereinigen (Abb. 7.94).

Die starken Störungen, die sich z. B. für eine Störstellendichte $\approx 10^{20}\,\mathrm{cm}^{-3}$ im
Kristallgitter ergeben, wenn in jeder Richtung nach durchschnittlich 2 nm ein Fremdatom im Gitter vorhanden ist, führen zu starker Verkürzung der Relaxationszeit

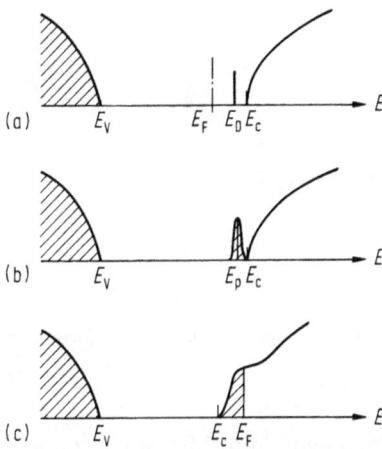

Abb. 7.94 Bandlückenverengung (engl. band gap narrowing) durch hohe Dotierung. (a) N_D
$\approx 10^{16}\,\mathrm{cm}^{-3}$, (b) $N_D \approx 10^{18}\,\mathrm{cm}^{-3}$, (c) $N_D \approx 10^{20}\,\mathrm{cm}^{-3}$.

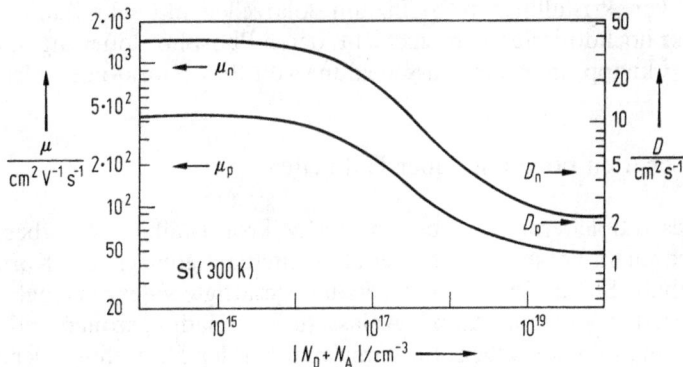

Abb. 7.95 Beweglichkeiten μ_n und μ_p und Diffusionskonstanten D_n und D_p (Gl. (7.40)ff.) als
Funktion der Störstellendichte $|N_D + N_A|$ für Silizium.

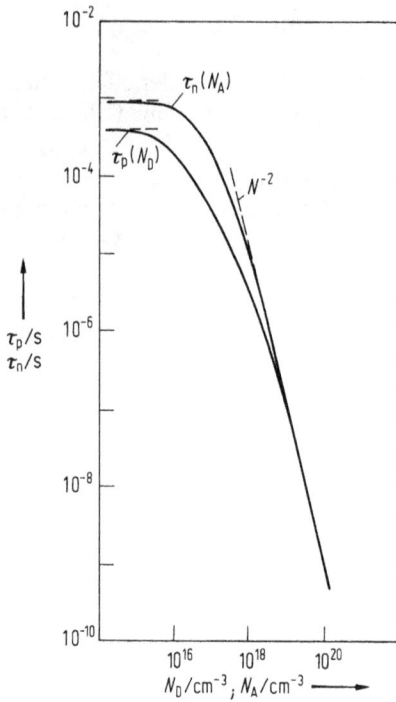

Abb. 7.96 Minoritätenlebensdauer τ_n und τ_p als alleinige Funktion der Dotierung N_A und N_D für Silizium (nach [27]).

und damit der Verringerung der Beweglichkeiten (Abb. 7.95) sowie zu hoher Dichte zusätzlicher Rekombinationszentren und damit *zur Verringerung der Minoritäten-lebensdauern* (Abb. 7.96).

Der Einfluss hoher Dotierung auf die Halbleiterkonstanten ist in Rechnung zu stellen beim Aufbau bipolarer Transistoren mit hochdotiertem Emitter, aber auch beim Aufbau von kristallinen n^+p-Silizium-Solarzellen mit sehr dünner (0.1 µm ...0.3 µm) aber hochdotierter Vorderschicht, deren Phosphordotierung mit Werten $N_L \approx 10^{21}\,cm^{-3}$ knapp unter der Ausscheidung von Phosphoratomen bleibt.

7.15.2 Eigenschaften polykristalliner Halbleiter

Polykristallines Halbleitermaterial besteht aus Mikrokristalliten, die über flächen-hafte Korngrenzen im Volumen des Materials aneinander grenzen. Die Korngrenzen stellen flächenhafte Störungen dar, in denen unabgesättigte Valenzen (engl. dangling bonds) der obersten Kristallit-Atome Anlass zu Raumladungszonen und zu lokal hoher Rekombinationsrate geben. So kann man bei der Darstellung der Energie-bänder beiderseits der Korngrenze im Allgemeinen Bandverbiegungen feststellen, die entsprechend der Beschreibung der Halbleiteroberfläche zu Anreicherungs-, Ver-armungs- oder Inversions-Korngrenzen führen (Abb. 7.97).

Bei der Analyse von polykristallinem Siliziummaterial wurde bestätigt, dass die energetische Verteilung von Korngrenzenzuständen $N_{gb}(\Psi_S)$ ebenfalls den Verhältnissen der Halbleiteroberfläche entspricht, wie sie dort der $C(U)$-Versuch ergibt, nämlich einer U-förmigen Verteilung innerhalb der verbotenen Zone. Die Korngrenzenrekombination lässt sich mit einer H_2-Behandlung bei erhöhter Temperatur ($\approx 700\,°C$) herabsetzen, weil die Wasserstoffatome in die Korngrenzenfläche diffundieren und die unabgesättigten Valenzen passivieren. Damit lässt sich z. B. auch beim polykristallinen Material für Silizium-Solarzellen ein guter Energiewandlungswirkungsgrad erzielen ($\eta(polykristallin) \leq 12\,\%$ gegenüber $\eta(kristallin) \leq 16\,\%$) (s. Farbbild 2, S. 704).

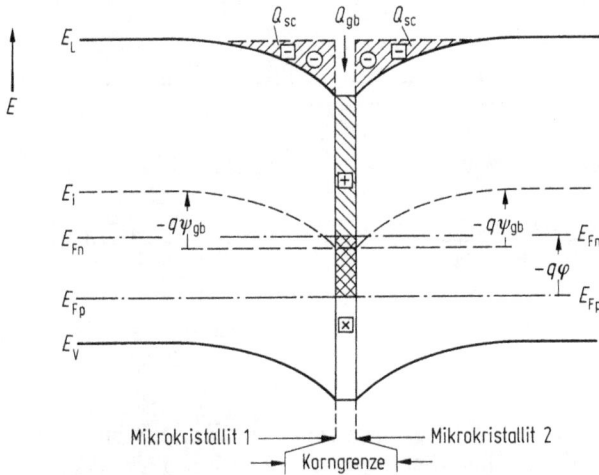

Abb. 7.97 Energiebändermodell einer Verarmungskorngrenze mit Donatorzuständen der Korngrenze: $2Q_{SC} + Q_{g0}$ im Nichtgleichgewicht (nach [28]).

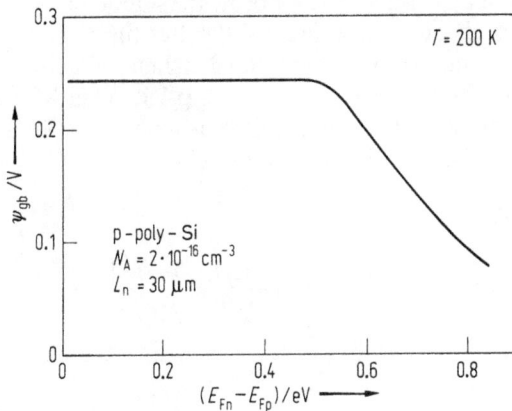

Abb. 7.98 Abbau der Potentialbarriere Ψ_{gb} durch Minoritätsträgerinjektion der Energiehöhe $E_{Fn} - E_{Fp}$ an einer Verarmungskorngrenze (nach [28], leicht vereinfacht).

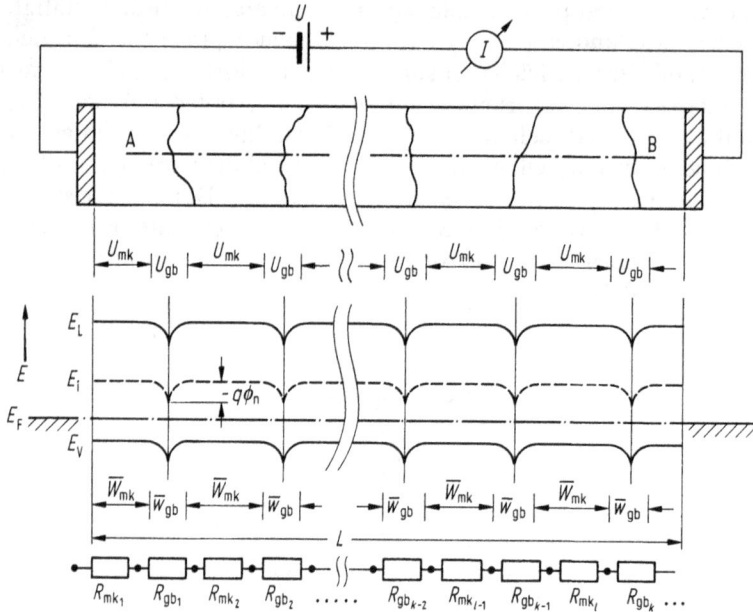

Abb. 7.99 Polykristalliner Photowiderstand. Serienschaltung von l Mikrokristalliten (mk) und k Korngrenzen (gb).

Beim Stromfluss über die Korngrenzen hinweg sind die Aufwölbungen der Energiebänder die Ursache dafür, dass die *Trägerbeweglichkeit* des polykristallinen Materials erheblich von den Injektionsbedingungen des Experimentes abhängt (Abb. 7.97). Mit Hilfe von Versuchen an Einzelkorngrenzen wurde gezeigt, dass eine Energiebarriere von 0.2 eV beim polykristallinen Silizium durch Trägerinjektion abgebaut wird (Abb. 7.98).

Beim polykristallinen CdS_xSe_{1-x}-Material für Fotowiderstände macht man sich den Abbau der Barriere Φ durch optische Injektion der Leistung p_E zunutze, um möglichst hohe optische Widerstandsmodulation zu erreichen. Mit der Annahme einer Serienschaltung von k Energiebarrieren zwischen l p-leitenden Mikrokristalliten (Abb. 7.99) gelangt man zur Beschreibung der Strom-Spannungs-Kennlinie mit Hilfe thermionischer Emission über die Barriere hinweg:

$$
\begin{aligned}
I(U) &= \frac{A}{L} q p \cdot \bar{\mu}_{\mathrm{p}}(p_{\mathrm{E}}) \cdot U \\
&= A \cdot A^* \cdot T^2 \cdot \exp\left(-\frac{q\Phi_{\mathrm{p}}(p_{\mathrm{E}})}{kT}\right) \cdot \left[\exp\left(\frac{qU_{\mathrm{gb}}}{kT}\right) - 1\right] \\
&= +\frac{A}{W_{\mathrm{mk}}} q p \cdot \mu_{\mathrm{p}} \cdot U_{\mathrm{mk}}.
\end{aligned} \tag{7.208}
$$

Hier sind A und L die äußeren Maße des Widerstandes, p die Dichte und $\bar{\mu}_{\mathrm{p}}(p_{\mathrm{E}})$ die von der Dichte der Lichtleistung p_{E} abhängende mittlere Beweglichkeit der Ladungsträger in der Gesamtprobe, A^* die effektive Richardson-Konstante (Abschn.

7.11.1), $q\Phi_p(p_E)$ die von der Lichtleistung abhängige Barrierenhöhe, $\overline{w_{gb}}$ bzw. $\overline{W_{mk}}$ die mittleren Ausdehnungen der Korngrenzen bzw. Mikrokristallite, μ_p die Volumenbeweglichkeit der Löcher und U_{gb} bzw. U_{mk} der mittlere Spannungsabfall über der Korngrenze bzw. dem Mikrokristalliten. Zur Gl. (7.208) gelten die folgenden Nebenbedingungen:

$$L = k \cdot \overline{w_{gb}} + l \cdot \overline{W_{mk}} \qquad (7.209\,a)$$

$$U = k \cdot U_{gb} + l \cdot U_{mk}. \qquad (7.209\,b)$$

Gl. (7.208) zeigt, dass sich die mittlere Beweglichkeit $\bar{\mu}_p(p_E)$ über mehrere Größenordnungen ändern kann, wenn Licht der Strahlungsleistungsdichte p_E (sowie der Energie $h\nu > E_G$) auf den polykristallinen Halbleiter fällt.

7.15.3 Eigenschaften amorpher Halbleiter

Für die Existenz von Energiebändern spielt lediglich die Nahordnung der Atome, nicht aber die Fernordnung eine Rolle. **Nahordnung** beschreibt in der räumlichen Anordnung den Bereich des *nächsten*, vielleicht noch des *übernächsten* Nachbaratoms. Nahordnung existiert in jeder Flüssigkeit und in jedem Festkörper. Im Unterschied dazu bezeichnet man die *sich über lange Folgen von Atomen periodisch wiederholende Ordnung* im Festkörper als **Fernordnung**, auch wenn sie sich in feinkristallinen Materialien auf ein Gebiet von lediglich 25 bis 100 Atomlagen beschränkt. Amorph werden diejenigen Festkörper genannt, die keinerlei derartige Fernordnung aufweisen. Die Anordnung der Atome entspricht dabei einem *regellosen* Netzwerk mit vielen freien Valenzen (Abb. 7.100).

Dafür brauchen die *Bindungswinkel* und die *atomaren Abstände* nur geringfügig um ihre kristallinen Idealwerte zu variieren. Freie Valenzen gelten dabei als Defekte, deren Art und Zahl sehr stark von den Herstellungsbedingungen abhängen. Amorphe Halbleiter lassen sich in zwei Hauptgruppen gliedern:

1. die kovalent gebundenen Elemente der IV. Hauptgruppe (Beispiel: amorphes Silizium, a-Si)

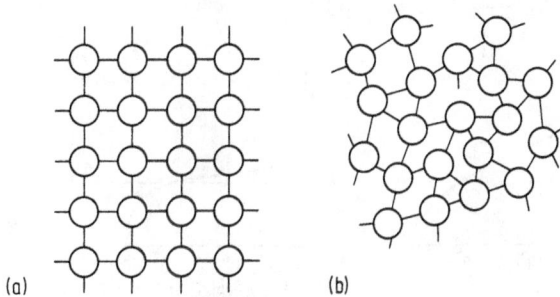

(a)   (b)

Abb. 7.100 Anordnung von Atomen (a) in einem Kristall mit Nah- und Fernordnung. (b) im amorphen Festkörper mit Zufallsnetzwerk und unabgesättigter innerer Valenz („dangling bond").

2. die Chalkogenidhalbleiter, bei denen mindestens ein Element aus der VI. Hauptgruppe ist (Beispiele: $As_2S_3 : 2\,PbS$, $As_2Se_3 : As_2Te_2$).

Die wichtigsten Merkmale des amorphen Halbleiters sind die energetischen Bandlückenzustände (engl. tail states), über die jedoch wegen der Beweglichkeitslücke
der Ladungsträger im amorphen Material kein ungehinderter Ladungstransport ablaufen kann (Abb. 7.101).

Neben lokalisierten Elektronenfallen stellen die Bandlückenzustände im Bereich
der Mitte der verbotenen Zone Rekombinationszustände dar. Als Erklärung der
Bandlückenzustände dient die fehlende Fernordnung, weil durch sie über die Valenzbandkante hinaus besetzte sowie energetisch unterhalb der Leitungsbandkante
unbesetzte Zustände außerhalb der Bänder existieren, also in der *oberen* Hälfte *Akzeptoren*, in der *unteren* Hälfte *Donatoren*. Die Beweglichkeitslücke beschreibt den
Sachverhalt, dass lediglich *durch thermionische Anregung und Tunnelprozesse* Ladungsträger über Bandlückenzustände mit erheblich reduzierter Beweglichkeit transportiert werden (**Hopping-Leitung**). Zwischen nicht-lokalisierten Energiezuständen
in den Bändern gibt es den normalen Ladungstransport mit hoher Beweglichkeit
$\mu_{Band} \approx (10 \ldots 10^2)\,cm^2 V^{-1} s^{-1}$. Zwischen lokalisierten Energiezuständen der Bandlücke läuft er mit verschwindender Beweglichkeit $\mu_{hopping} < 0.1\,cm^2 V^{-1} s^{-1}$ ab.

Die Untersuchung von Photo- und Dunkelleitfähigkeit des amorphen Materials
weist auf abweichende Eigenschaften beim Vergleich mit (poly-)kristallinem Silizium
hin. Dabei ergibt sich beim amorphen Silizium zunächst aus der Temperaturabhängigkeit der Leitfähigkeit eine Aktivierungsenergie, die auf einen höheren Bandab-
stand E_G (a-Si) $\approx 1.55\,eV$ hinweist im Vergleich zu E_G (krist. Si) $\approx 1.12\,eV$. Der **Absorptionskoeffizient** $\alpha(\lambda)$ steigt als Funktion sinkender Wellenlänge *sehr viel steiler*
an, als man es von einem indirekten Halbleiter erwartet. Die Erklärung liegt wieder
in der gestörten Fernordnung, aufgrund derer der Absorptionsvorgang nicht durch
Phononen bestimmter Energie begrenzt wird, sondern für Generations- und Rekombinationsprozesse über Netzwerkdefekte sich stets geeignete Phononen finden.

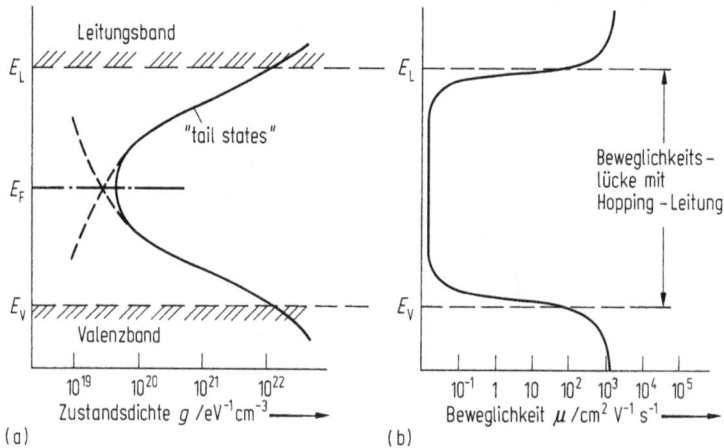

(a)   (b)

Abb. 7.101 Amorpher Halbleiter. (a) Bandlückenzustände ohne Zusatz-Dotierung, (b) Beweglichkeitslücke.

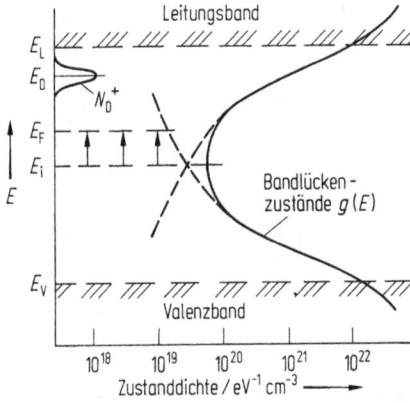

Abb. 7.102 Dotierung von amorphem Silizium durch ionisierte Donatoren der Dichte $N_D^+ (E_D)$.

Amorphes Silizium wird deshalb auch als quasidirekter Halbleiter bezeichnet (Kap. 8). Daraufhin ist die für vergleichbare Lichtabsorption benötigte Schichtdicke beim a-Si erheblich reduziert: α^{-1}(krist. Si) $\approx 300\,\mu m$ entspricht α^{-1}(a-Si) $\approx 1\,\mu m$ für $\lambda = 550\,nm$. Auch die Art und Weise, das amorphe Material zu dotieren, weicht von der Wirksamkeit der Dotierung im kristallinen Material ab.

Die Dichten $D(E)$ der kontinuierlich verteilten Bandlückenzustände wirken mit der Störstellendichte $N_D(E_D)$ bzw. $N_A(E_A)$ in der Nähe der Bandkante E_L bzw. E_V zusammen (Abb. 7.102).

Durch die eingebrachten Störstellen verschiebt sich das Fermi-Niveau aus der Mitte des verbotenen Bandes E_i, z. B. bei amorphem Silizium mit zusätzlichen Phosphoratomen der Dichte N_D, in Richtung des Leitungsbandes. Die Lage E_F des Fermi-Niveaus wird eingestellt durch die *Neutralität des Materials zwischen ionisierten Donatoren der Dichte N_D^+, unkompensierten Ladungen in Bandlückenzuständen* der energetischen Dichte $D(E)$ zwischen der Mitte E_i des verbotenen Bandes und dem Fermi-Niveau E_F *sowie den freien Elektronen* im Leitungsband der Dichte n:

$$N_D^+ - \int_{E_i}^{E_F} \frac{D(E)\,dE}{1 + \exp\left(\dfrac{E + E_i}{kT}\right)} - n = 0\,. \tag{7.210}$$

Beim *amorphen* Silizium ist n sehr viel *kleiner* als das Integral in Gl. (7.210), beim *kristallinen* Silizium ist es *umgekehrt*. Liegt nun E_F in einem Bereich der Bandlückenzustände, wo $D(E)$ annähernd konstant ist, und gilt weiterhin $E_D > E_F$ (vollständige Ionisierung der Störstellen) sowie $n \approx 0$ im Vergleich zu den anderen Summanden, so nähert man

$$N_D \approx D(E) \cdot (E_F - E_i) \tag{7.211}$$

und findet für die Zunahme der Leitfähigkeit

$$\frac{\Delta\sigma}{\sigma} = \exp\left(\frac{E_F - E_i}{kT}\right) \approx \exp\left(\frac{N_D}{kT \cdot D(E)}\right). \tag{7.212}$$

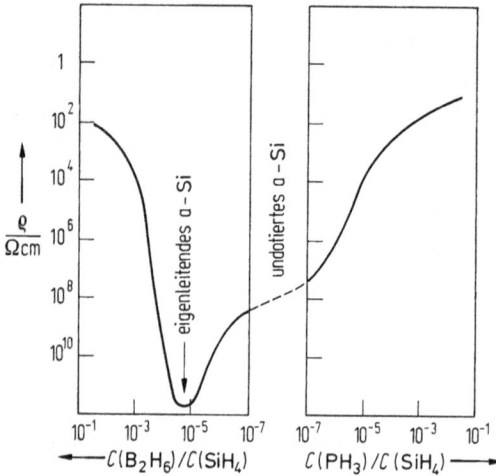

Abb. 7.103 Spezifischer Widerstand ϱ von unbeleuchtetem gd-a-Si:H. Links: mit Bor dotiert (Abszisse: Diboran/Silan-Konzentrationsverhältnis im Reaktor), rechts: mit Phosphor dotiert (Abszisse: Phosphin/Silan-Konzentrationsverhältnis im Reaktor) (nach [29]).

Nimmt man nun als Dichte der Phosphoratome z. B. $N_D \sim 10^{18}\,\mathrm{cm^{-3}}$ an und als energetische Dichte der Bandlückenzustände $D(E) \approx 5 \cdot 10^{19}\,\mathrm{cm^{-3}eV^{-1}}$ (siehe Abb. 7.102), so folgt daraus für die Zunahme der Leitfähigkeit $\Delta\sigma/\sigma \approx 2.2$. Dieser Wert erweist sich als relativ gering, zumal wir bereits hohe Störstellenkonzentrationen N_D im Vergleich zum kristallinen Material angenommen haben. Das numerische Ergebnis unterstreicht aber die andere Folgerung, die man aus Gl. (7.212) ziehen kann. Eine wirksame Beeinflussung der Leitfähigkeit ist ebenfalls durch Verringerung der energetischen Dichte der Bandlückenzustände $D(E)$ zu erreichen. Dieser Weg ist technisch wirkungsvoll durch den Einbau von Wasserstoff in das Netzwerk des amorphen Siliziums beschritten worden. Mit Hilfe der Si-Abscheidung aus Silan (SiH_4) im Reaktor einer *Glimmentladung* (engl. glow discharge, entsprechend „gd-a-Si:H") ist in Anwesenheit von *Dotiergasen* Phosphin (PH_3) und Diboran (B_2H_6) die Leitfähigkeit in weiten Grenzen verändert worden (Abb. 7.103).

Der *unsymmetrische* Verlauf der Leitfähigkeit in Abb. 7.103 zeigt, dass eine geringe Menge B_2H_6 zunächst eine Abnahme der Leitfähigkeit verursacht und damit auf einen asymmetrischen Verlauf der Bandlückenzustände innerhalb der verbotenen Zone hinweist. Somit ist *undotiertes gd-a-Si:H leicht n-leitend.* Mit der passivierenden Wirkung des Wasserstoffs im Netzwerk des a-Si:H scheint auch der **Staebler-Wronski-Effekt** zusammenzuhängen, der die Abnahme von Hell- und Dunkel-Leitfähigkeit des gd-a-Si:H *nach Beleuchtung* beschreibt, der jedoch durch Temperaturerhöhung auf $\vartheta \geq 150\,°C$ rückgängig gemacht werden kann. Man kann über ESR-Experimente zeigen, dass beim Staebler-Wronski-Effekt Si-H-Bindungen *zerstört* werden und zusätzliche *unabgesättigte* Elektronenvalenzen („dangling bonds") entstehen, die dann u. a. als zusätzliche Rekombinationszentren wirken. Dadurch sinkt bei einer gd-a-Si:H-Solarzelle der Wirkungsgrad.

7.16 Ausblick

Das Kapitel Halbleiter wurde – von der grundlegenden Beschreibung des Ladungs-
transportes ausgehend – auf die Grundstrukturen der Halbleiterbauelemente hin
entwickelt. Wichtige Gesichtspunkte waren dabei die unterschiedlichen Stromtypen,
die Abweichungen vom thermodynamischen Gleichgewicht und von der elektrischen
Neutralität, schließlich die Raumladungen an Phasengrenzen in unterschiedlich dotiertem Material und an der Halbleiteroberfläche. Als Ergebnisse wurden die
Grundstrukturen technischer Bauelemente entwickelt (in Kap. 8 folgen weitere wie
die Lumineszenzdiode und der Halbleiter-Laser). Bei den Materialien beschränkten
wir uns auf wenige Stoffe, vorwiegend auf den Elementhalbleiter Silizium, meist als
kristalline Phase, bei den Verbindungshalbleitern auf III/V-Mischkristalle. Im Folgenden sollen nun die **zukünftigen Entwicklungen** betrachtet werden.

7.16.1 Fragen an die zukünftige Halbleitertechnik

Wie bereits in der Einleitung erwähnt, ist neben dem rein wissenschaftlichen Interesse
insbesondere das Bedürfnis der Gesellschaft nach höherer Lebensqualität, also das
wirtschaftliche Interesse der Motor für neue und weitere Entwicklungen. So entwickelte sich unsere Gesellschaft über die rein landwirtschaftliche Phase, durch die
Realisierung von Energiesystemen (Dampfmaschine, James Watt, 1764) zur Indus-
trie-Gesellschaft und über die Erfindung des Transistors mit der Konsequenz der
Mikroelektronik zur heutigen globalisierten Informationsgesellschaft. Aufgrund der
Möglichkeit, weltweit Informationen auszutauschen (Computer, Internet, Handy
etc.) besteht u. a. das Bedürfnis nach immer schnellerer Verarbeitung von immer
komplexeren Informationen. Das bedeutet gleichzeitig die Entwicklung von intel-
ligenten Sensoren und komplexen Systemen z. B. im Automotive-Bereich. Da diese
Entwicklung sich weltweit vollzieht, kommt natürlich auch die Endlichkeit unserer
Ressourcen ins Blickfeld. Daher ergeben sich folgende zukünftige Problemkreise
für die Halbleiterphysik und -Technologie:

1. Herstellung immer schnellerer und komplexerer Informationsverarbeitungssyste-
   me durch Bauelemente mit immer kleineren Abmessungen.
2. Realisierung allgemeiner komplexer Systeme (Mikro-, Nano-Systeme).
3. Erschließung von preiswerten erneuerbaren Energien in großem Stil (z. B. Brennstoffzellen für Autos, Solarzellen).

7.16.2 Entwicklungstendenzen von Bauelementen

Die Grenzen der Miniaturisierung der Bauelemente werden a) von der Technologie
und den Materialeigenschaften sowie b) von prinzipiellen physikalischen Grenzen
bestimmt.

Die technologischen Grenzen werden von der Mikrostrukturierung, der Lithographie und der Ätztechnik bestimmt. Da durch die Beugung die physikalische Auflösungsgrenze einer Abbildung mittels optischer Methoden gemäß des sog. Rayleigh-

Kriteriums $A = \lambda/2N_A$ (A = Auflösung, N_A = numerische Apertur) bei etwa $\lambda/2$ liegt, können Strukturen unter 100 nm nicht mehr mit Standard-Lithographieverfahren realisiert werden.

Die Abb. 7.104a zeigt die Entwicklung und Prognose der Miniaturisierung, die dem sog. Moore'schen Gesetz folgt.

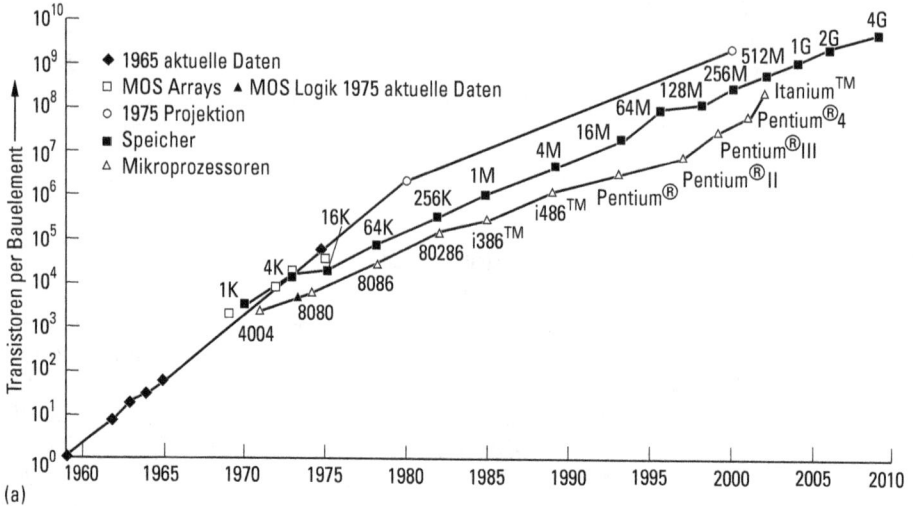

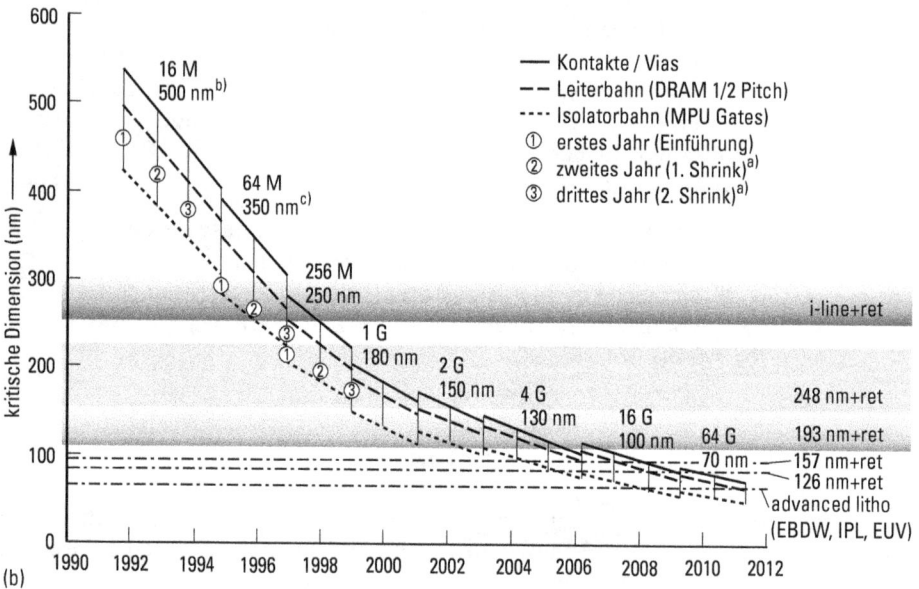

Abb. 7.104 Das sog. Moore'sche Gesetz. (a) Entwicklung der Mikroprozessoren, (b) Entwicklung der Strukturabmessungen [30].

Im Jahr 1965 traf G.E. Moore aufgrund einer halblogarithmischen Darstellung der Entwicklung bis 1965 die Voraussage, dass sich die Zahl der Komponenten einer integrierten Schaltung jedes Jahr verdoppeln würde [30]. Abbildung 7.104b zeigt die von SEMATEC (Semiconductor Manufacturing Technology) prognostizierten Strukturabmessungen bis zum Jahre 2010. Man erkennt aus dieser Abbildung, dass ganz neue Lithographieverfahren entwickelt werden müssen, um diese Ziele zu erreichen. Hier bieten sich kurzwellige optische Verfahren (Extreme UV, EUV) mit Wellenlängen im Bereich 10 nm–13 nm bzw. die Verwendung von Teilchen (Elektronen oder Ionen) an [31]. Da jedoch in allen Verfahren die notwendige Maskentechnologie, insbesondere von den Kosten her, eine Begrenzung darstellt, wird weltweit an sog. maskenlosen Technologien gearbeitet. Eine der erfolgversprechendsten Methoden bedient sich der sog. **Raster-Sonden-Mikroskopie (RSM)**, die auch für die Materialanalyse mit bis zu sub-atomarer Auflösung eine entscheidende Rolle spielt. Ausgangspunkt war die **Tunnelmikroskopie**, für die G. Binnig und H. Rohrer 1986 den Nobelpreis erhielten. Abbildung 7.105 zeigt die Aufnahmen einer Cu-(110)-Oberfläche mit Sauerstoff-Nanostreifen, die bei $T = 5$ K mit einem modernen Tieftemperatur-Tunnelmikroskop aufgenommen wurden [32].

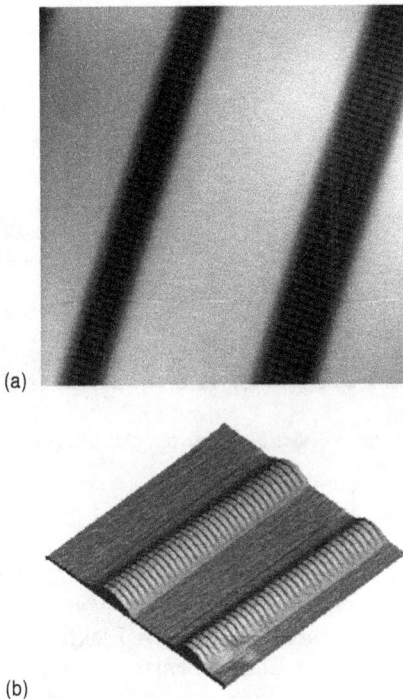

(a)

(b)

Abb. 7.105   (a) Eine mit einem modernen Tieftemperatur-Tunnelmikroskop bei $T = 5$ K abgebildete Cu-(110)-Oberfläche mit Sauerstoff-Nanostreifen [32]. Die durch Selbstorganisation gebildeten Streifen haben eine (2×1)-Struktur und sind 2 nm bzw. 3 nm breit. (b) Spektroskopische Aufnahme der Nanostreifen bei 0.85 eV oberhalb der Fermi-Energie. Die Darstellung des differentiellen Tunnelstromes $\mathrm{d}I/\mathrm{d}V$ macht die lokale Zustandsdichte $|\psi|^2$ einer stehenden Elektronenwelle von Elektronen in einem Oberflächenzustand sichtbar.

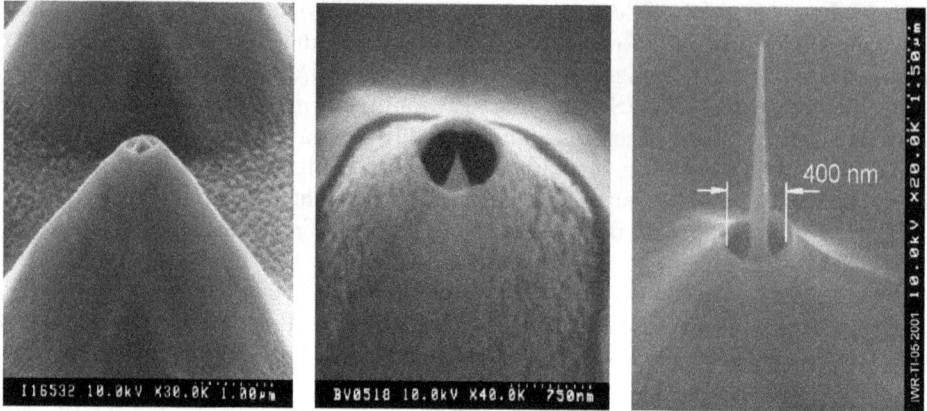

Abb. 7.106 Durch winkelabhängiges Trockenätzen hergestellter Feldemitter. Eine mit einer solchen Spitze als Feldemitter integriert auf einem Cantilever geschriebene Struktur zeigt Abb. 7.74 [17].

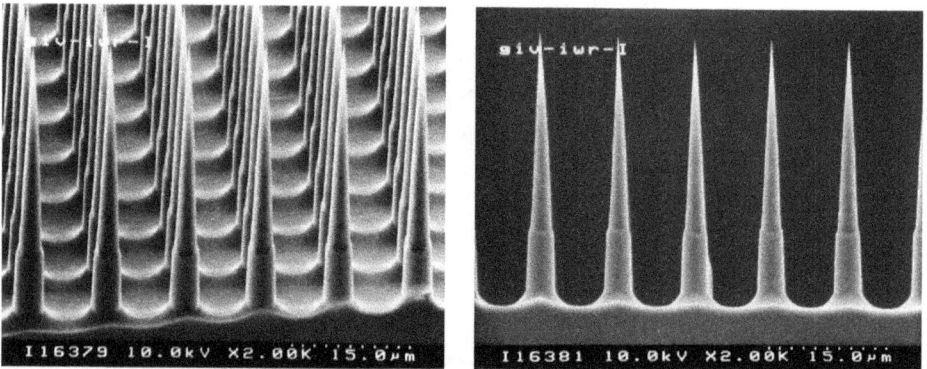

Abb. 7.107 Herstellung sehr vieler Spitzen zur Vervielfältigung der Arbeitsgeschwindigkeit [17, 33].

In der RSM wird ein eingespannter Balken, ein sog. Cantilever, mit einer Spitze versehen und über die Oberfläche des zu analysierenden Materials geführt (Abb. 7.74a zeigt das Prinzip). Wird diese Spitze zur lokalen Elektronenemission verwendet (Abb. 7.106), lassen sich analog der Elektronenstrahllithographie sehr kleine Strukturen schreiben. Dieses serielle Verfahren hat natürlich den Nachteil, dass es sehr langsam ist, da die Spitze mechanisch über die Oberfläche geführt werden muss. Daher geht man dazu über, große komplexe Arrays zu realisieren (Abb. 7.107). Abbildung 7.74b zeigt eine mit einer Spitze (Abb. 7.106) geschriebene Struktur mit ca. 20 nm Abmessungen. Dieses Verfahren wird im sog. **Atomic Force Microscope (AFM)** auch zur Charakterisierung von Materialoberflächen mit atomarer Auflösung genutzt (s. z. B. Kap. 3 und Abb. 9.36 in Kap. 9). Durch Verwendung sehr vieler solcher Spitzen (Abb. 7.107) kann die Arbeitsgeschwindigkeit ganz wesentlich erhöht werden.

Die mittels der Lithographie definierten Strukturen müssen dann durch sog. Trockenätzverfahren in das Substrat (meist Silizium) übertragen werden. Die Forderungen dabei sind eine hohe Ätzrate, eine hohe Selektivität (das Substrat soll geätzt werden, die Maske nicht) und die Realisierung senkrechter Wände für die zu ätzenden Strukturen mit einem sog. hohen Aspektverhältnis (Verhältnis zwischen Tiefe und Breite der Strukturen). Diese Ansprüche lassen sich z. Z. nur durch das sog. Gas-chopping-Verfahren realisieren. Soll eine Struktur mit hohem Aspektverhältnis geätzt werden (Abb. 7.108), so wird die Struktur zunächst mit einer dünnen Schutzschicht versehen, indem dem Plasma ein Gas zugesetzt wird, das zur Schichtabscheidung geeignet ist. Danach wird diese Struktur geätzt, indem dem Plasma nun ein Ätzgas zugeführt wird. Durch die Schutzschicht werden die Seitenwände weitgehend geschützt, da dort aufgrund der geringeren Zahl auftreffender Ionen weniger geätzt wird. Der Boden wird jedoch stark geätzt. Anschließend wird die Struktur wieder mit einer Schutzschicht versehen, danach wieder geätzt, usw. Die durch diese sich abwechselnden Prozesse entstehende Feinstruktur ist in Abb. 7.108 gut erkennbar.

Zu den Lithographie- und Strukturier-Problemen kommen noch diejenigen, die durch die abnehmenden Bauelementeabmessungen und damit wachsende Zahl der Bauelemente pro Schaltung auftreten: a) die Wärmeabfuhr und b) das komplexe Chipdesign. Da mit abnehmenden Abmessungen der Leiterbahnen die Stromdichte und damit verbunden die produzierte Wärme immer größer werden, tritt z. B. die **Elektromigration** auf und die Wärme kann nicht mehr abgeführt werden. Bei der Elektromigration wird durch den Stromtransport auch Materie transportiert und dadurch die Leiterbahn u.U. unterbrochen. Statt des bisher verwendeten Aluminiums als Material für die Leiterbahnen, wird daher seit neuestem Kupfer verwendet, obgleich dadurch ein großes Strukturierproblem entsteht.

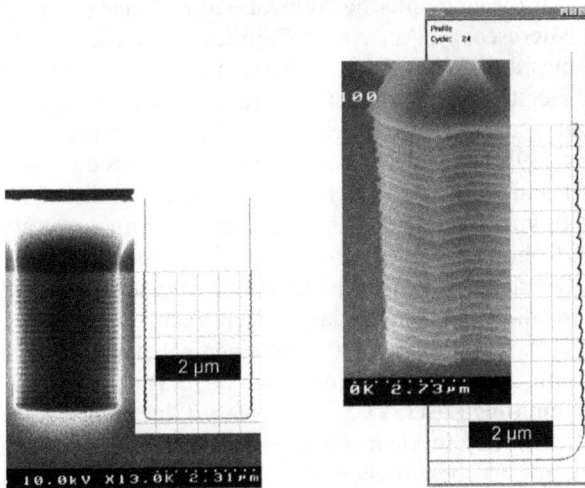

Abb. 7.108 Das sog. Gas-chopping-Verfahren beim reaktiven Ionenätzen [34].

Aufgrund der technologischen Fortschritte können natürlich auch immer komplexere Schaltungen realisiert werden, die enorme Ansprüche an die computerunterstützten Entwurfsmodelle für diese Schaltungen stellen. Dabei sind insbesondere die Signallaufzeiten zwischen den einzelnen Punkten der komplexen Schaltungen zu optimieren [35].

Auch auf der Materialseite ergeben sich Neuerungen. Wurden bisher fast ausschließlich Silizium bzw. III,V-Halbleiter verwendet, so werden in neuester Zeit aus Kostengründen auch erfolgreich **leitende makromolekulare Materialien und Polymere**, insbesondere in Form sog. **Nanocluster** eingesetzt [36].

Es existieren jedoch auch prinzipielle, physikalische Grenzen. Betrachtet man einen pn-Übergang wie er für die Source- und Drainkontakte des MOS-FETs verwendet wird, so geht man dabei von einer typischen Dotierung bis zu etwa $10^{19}\,cm^{-3}$ aus. Das bedeutet, das auf einer Länge von 10 nm nur noch ca. zwei Dotieratome vorhanden sind. Damit ist in diesen Dimensionen kein pn-Übergang mehr zu realisieren. Ferner befinden sich die Elektronen in diesem Bereich in einem Potentialtopf so kleiner Abmessungen, dass Quanteneffekte dominierend werden.

7.16.3 Sensoren und Aktuatoren, Mikro-, Nano-Systeme

Wie bereits erwähnt, lassen sich die für die Mikroelektronik so erfolgreich entwickelten Technologien auch auf die Herstellung von Sensoren, Aktuatoren bzw. auf deren Verbindung über eine Informationsverarbeitung zu komplexen Mikro- und Nanosystemen übertragen. So werden heute bereits im Automotive-Bereich die verschiedensten Sensoren verwendet (z. B. Druck-, Beschleunigungs-, Abstandssensoren) und über eine Informationsverarbeitung und Aktuatorik zu komplexen Systemen integriert (brake by wire, drive by wire etc.).

Zu den z. Z. herausforderndsten Mikro- bzw. Nanosystemen gehört jedoch die schon erwähnte Raster-Sonden-Mikroskopie. Abbildung 7.109 zeigt z. B. einen optischen Nahfeld-Sensor für die sog. **optische Nahfeld-Mikroskopie (SNOM = Scanning Nearfield Optical Microscopy)**. Auf einem Cantilever befindet sich eine hohle Spitze mit einem Öffnungsradius (Apertur) im Bereich von (30...100) nm.

Die reproduzierbare Herstellung so kleiner Aperturen ist eine besondere technologische Herausforderung, die nur durch einen materialbestimmten Selbstjustierungsprozess möglich ist [39]. Der Vorteil dieses Sensors ist, dass die Aperturgröße die Auflösung bestimmt und nicht die Wellenlänge, wenn durch diese hohle Spitze Licht hindurch geschickt wird, von dessen Intensität ein Bruchteil von etwa 10^{-3}–10^{-5} aufgrund einer Art photonischen Tunnelns aus der Apertur austritt und mit der zu untersuchenden Oberfläche wechselwirkt. Schickt man anstelle der Photonen angeregte Teilchen durch diese Spitzen, so lassen sich auch sehr feine Strukturen ätzen oder aufwachsen [17]. Abbildung 7.110 zeigt einen solchen optischen Sensor, in dessen Spitze die Lichtquelle in Form eines sog. vertikal emittierenden Lasers **(Vertical Cavity Surface Emitting Laser, VCSEL)** (s. Kap. 8) integriert wurde. Jedoch auch für die Temperaturmessung in kleinsten Dimensionen, z. B. zur Optimierung der Wärmeabfuhr bei den oben beschriebenen kleinsten Leiterbahnen, eignet sich diese Technologie. So zeigt Abb. 7.111 einen Cantilever mit einer 8 nm dünnen Platinspitze, die über eine entsprechende elektrische Zuleitung von Strom durchflossen

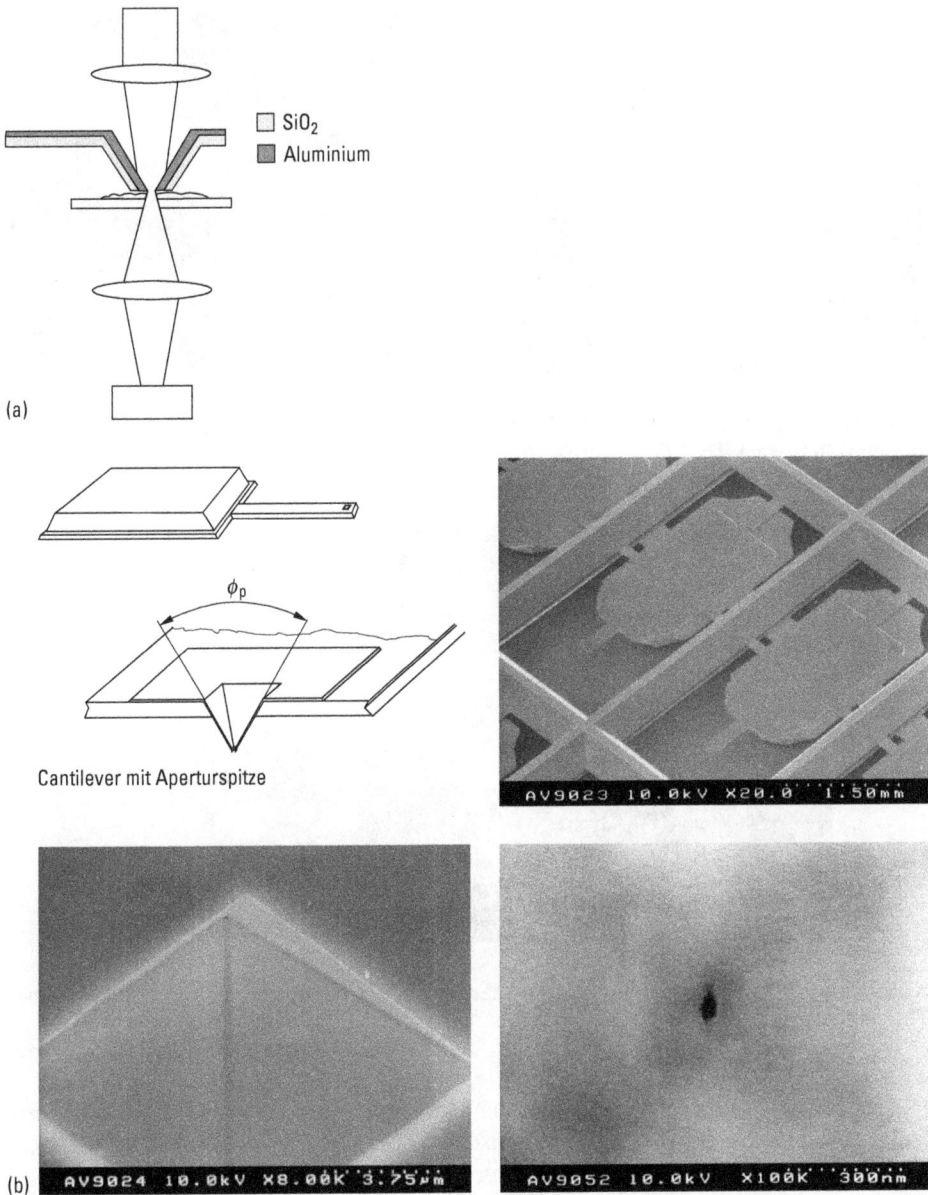

Abb. 7.109 Optische Nahfeld Mikroskopie (SNOM), Prinzip (a); Realisierung der hohlen Spitzen mit reproduzierbar einstellbarer Öffnung (Apertur) (b) [17, 39].

wird und deren temperaturabhängige Widerstandsänderung gemessen wird. Und schließlich zeigt Abb. 7.112 einen chemisch bzw. biologisch aktiven Sensor, der als Array verwendet, die Möglichkeit der Realisierung einer sog. elektronischen Nase bietet. Der Cantilever wird über einen integrierten Aktuator zu seiner mechanischen

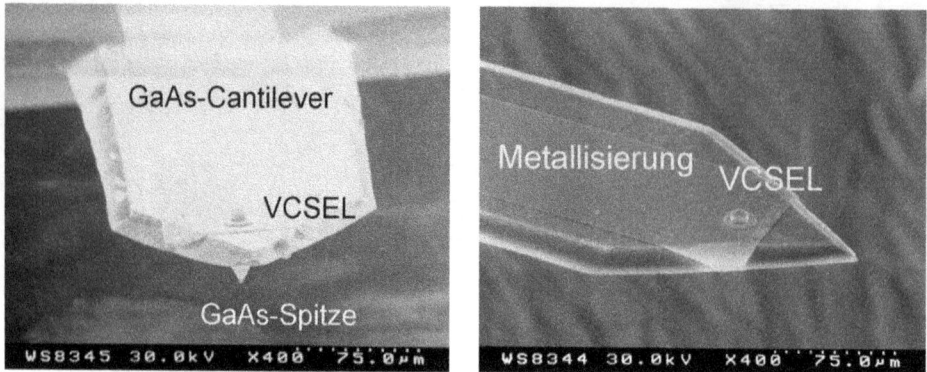

Abb. 7.110   Optischer Nahfeld (SNOM-)Sensor mit integriertem VCSEL (vertical cavity surface emitting laser) [16, 17].

Abb. 7.111   Cantilever mit einer dünnen Platinspitze (ca. 8nm) zur Verwendung als kleines Thermometer [17, 37].

Resonanzfrequenz ω_R angeregt. Auf der Oberfläche an der Spitze des Cantilevers befindet sich eine chemisch oder biologisch sensitive Schicht. Legt sich ein Molekül der nachzuweisenden Substanz auf diese sensitive Schicht, ändert sich die Masse des Cantilevers und damit gemäß $\omega_R \sim \dfrac{1}{\sqrt{m}}$ seine Resonanzfrequenz. Ein solcher Sensor weist drei entscheidende Vorteile auf:

1. eine hohe Empfindlichkeit aufgrund der hohen Güte des Resonators,
2. eine angemessene laterale Auflösung und
3. die Realisierung einer „elektronischen Nase" durch Integration vieler solcher Cantilever. Dabei wird die Durchbiegung des Cantilevers (seine Resonanzfrequenz) über integrierte Piezo-Widerstände gemessen.

Abb. 7.112   Ein Array aus Cantilevern. Die einzelnen Cantilever werden mit verschiedenen chemisch oder biologisch sensitiven Materialien versehen und mit ihrer mechanischen Resonanzfrequenz angeregt. Die Änderung der Masse wird als Änderung der Resonanzfrequenz gemessen. Sie können als sog. elektrische Nase eingesetzt werden [38].

Die hier zunächst beschriebene Notwendigkeit zur Herstellung immer kleinerer Strukturen für die Mikroelektronik bietet also über die Erfolge in der Technologie und des Materialverständnisses (Nano-Technologie) die Möglichkeit, ganz neue Mikro- und Nanosysteme zu schaffen. Diese versetzen uns in die Lage, zum einen noch kleinere Bauelemente für die Mikroelektronik zu schaffen und zum andern auch ganz neue Anwendungsgebiete zu erschließen.

Ein für unsere Gesellschaft außerordentlich bedeutendes neues Anwendungsgebiet ist die Gen-Technik. Die Erfolge in diesem Gebiet und die größeren Ansprüche unserer Gesellschaft in Richtung „Gesundheit" lassen nach unserer derzeitigen Informationsgesellschaft eine „Wellness-Gesellschaft" erwarten.

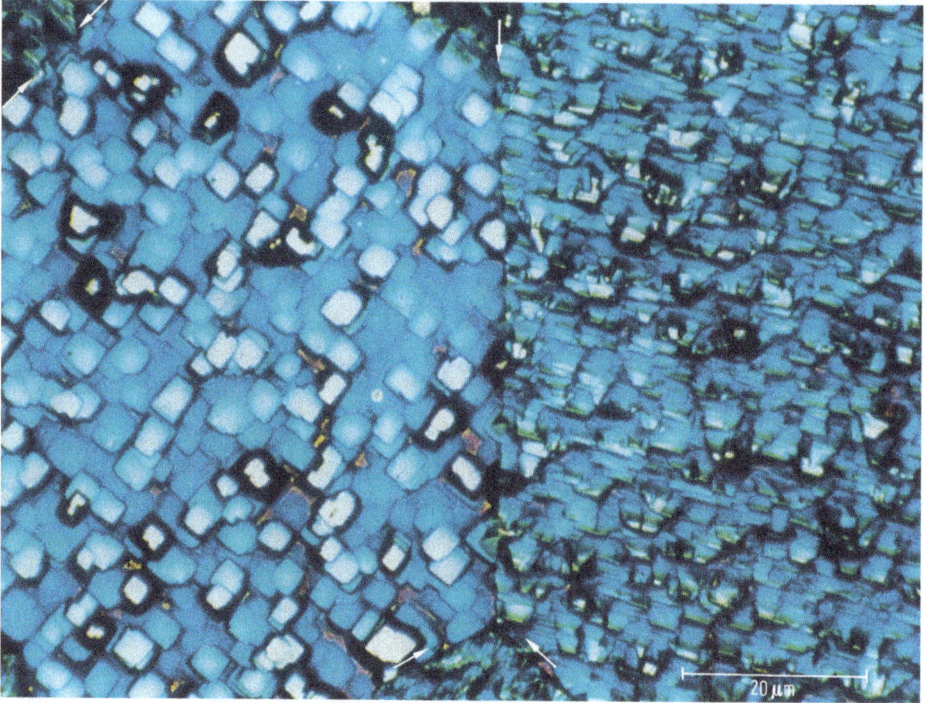

Farbbild 1   Polykristallines Silizium nach Anätzen und Hervorheben der Ätzgrübchen (mit 3- bzw. 4-zähliger Symmetrie); Pfeile zeigen Korngrenzen (TU Berlin, Inst. f. Werkstoffe d. Elektrotechnik, 1984).

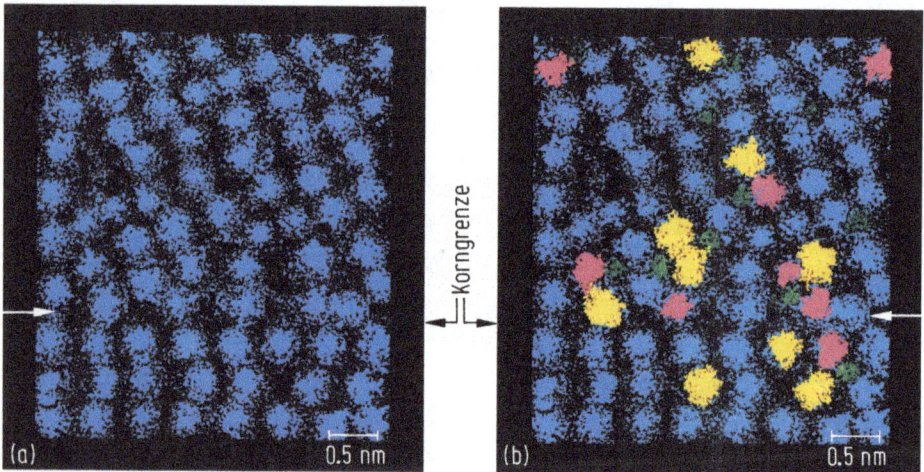

Farbbild 2   Polykristallines Silizium, Korngrenze zwischen zwei um ca. 28° gekippten (111)-Ebenen. Aufnahme nach In-Vacuo-Brechen bei 80 K. (a) Alle Atome gleichartig dargestellt, (b) unterschiedliche Elemente farblich hervorgehoben (Si: blau, Al: gelb, O: rot, H: grün) mittels spektrographischer STM-Technik (STM, scanning tunnel microscopy, Rastertunnel-mikroskop) (mit frdl. Genehmigung von L. I. Kasmerski, Solar Energy Res. Inst./SERI, USA, 1988).

Literatur

Weiterführende Literatur

Lehrbücher

Grove, A.S., Physics and Technology of Semiconductor Devices, Wiley, New York, 1967
Jain, S.C., Radhakrishna, Physics of Semiconductor Devices, WS PC, 1985
Kittel, Ch., Einführung in die Festkörperphysik, Oldenbourg, München, Wien, 1980
Mead, C., Conway, L., Introduction to VLSI Systems, Addison-Wesley, New York, 1980
Milnes, A.G., Deep Impurities in Semiconductors, Wiley, New York, 1973
Paul, R., Halbleiterphysik, Hüttig, Heidelberg, 1975
Schaumburg, H., Halbleiter, B.G.Teubner, Stuttgart, 1991
Seeger, K., Semiconductor Physics, Springer, Berlin, Heidelberg, New York, 1982
Shockley, W., Electrons and Holes in Semiconductors, van Nostrand, Princeton, 1950
Sze, S.M., Physics of Semiconductor Devices, 2. Aufl., Wiley, New York, 1981
Sze, S.M., (Ed.), VLSI-Technology, McGraw Hill, New York, 1983
Sze, S.M., Semiconductor Devices, Physics and Technology, New York, 1985
Sze, S.M., Semiconductor Devices, Physics and Technology, 2. Aufl., Wiley, New York, 2001
Weißmantel, Ch., Hamann, C., Grundlagen der Festkörperphysik, Springer, Berlin, Heidelberg, New York 1979

Reihen

Festkörperprobleme (Sauter, W. et al., Hrsg.) Bd. 1, 1963; Bd. 26, Vieweg, Braunschweig 1988, Springer, Berlin
Halbleiter-Elektronik (Heywang, W., Müller, R., Hrsg.) Bd. 1, 1971; Bd. 19, Vieweg, Braunschweig 1988, Springer, Berlin

Geschichtliche Entwicklung

Augarten, S., State of the Art. A Photographic History of the Integrated Circuit, Ticknor Fields, New Haven, 1983
Queisser, H.J., Kristalline Krisen, Piper, München, 1985

Allgemeinverständliche Darstellungen in „Spektrum der Wissenschaft"

Chaudhari, P., Elektronische und magnetische Werkstoffe, Spektrum der Wissenschaft **12**, 1986
Corcoran, E., Nanotechnik, Spektrum der Wissenschaft **1**, 1991
Hamakawa, Y., Photovoltaische Stromerzeugung, Spektrum der Wissenschaft **6**, 1987
von Klitzing, K., Der Quanten-Hall-Effekt, Spektrum der Wissenschaft **3**, 1986
Meindl, J.D., Chips für künftige Computergenerationen, Spektrum der Wissenschaft **12**, 1987

Zitierte Publikationen

[1] Cohen, M.L., Bergstresser, T.K., Phys. Rev. **141**, 789, 1966
[2] Grove, A.S., Physics and Technology of Semiconductor Devices, Wiley, New York, 1967
[3] Sze, S.M., Physics of Semiconductor Devices, Wiley, New York, 1981
[4] Sze, S.M., Semiconductor Devices, Physics and Technology, New York, 1985
[5] Ryder, E.J., Phys. Rev. **90**, 766, 1953
[6] Conwell, E.M., Proc. IRE **40**, 1327, 1952

[7] Brattain, W.H., Bardeen, J., Bell Syst. Techn. J. **32**, 1, 1953
[8] Nicollian, E.H., Goetzberger, A., Bell System Tech. J. **46**, 1055, 1967
[9] Weiss, S., Kassing, R., Solid-St. Electron. **31**, 1733, 1988
[10] Lang, D.V., J. Appl. Phys. **45**, 3023, 1974
[11] Wagemann, H.G., Kerntechnik **52**, 14, 1988
[12] Wolf, M., Proc. IRE **48**, 1246, 1960
[13] Störmer, H.L., The Fractional Quantum Hall Effect, Festkörperprobleme **XXIV**, 25, 1984
[14] Maly, W., Atlas of IC Technologies, Benjamin-Cummings Publ. Comp. Inc., 1987
[15] Schade, K. (Hrsg.), Halbleitertechnologie, Bd. 2, VEB Verlag Technik, Berlin, 1983
[16] Oesterschulze, E., Rangelow, I.W., Kassing, R., Maßgefertigte Sensoren für die Raster-
    sondenmikroskopie, Spektrum der Wissenschaft **12**, 1999
[17] Kassing, R., Rangelow, I.W., Oesterschulze, E., Stuke, M., Appl. Phys. **A 76**, 907–911,
    2003
[18] Volland, B. et al., J. Vac. Sci. Technology, **B 18**, 3202–3206, 2000
[19] Herrmann, H. et al, Festkörperprobleme XV, **279**, 1984
[20] Dahlinger, D., Leistungs-Halbleiter, AEG, Frankfurt
[21] Gerlach, W., Thyristoren, Halbleiter-Elektronik, Bd. **12**, Berlin, 1979
[22] Gunn, J., IBM J. Res. Dev. **8**, 141, 1964
[23] Ruch, J.G., Kino, G.S., Appl. Phys. Lett. **10**, 40, 1967
[24] Morin, F.J., Maita, J.P., Phys. Rev. **96**, 28, 1954
[25] von Klitzing, K. et al., Phys, Rev. Letts. **45**, 494, 1980
[26] Tsui, D.C. et al., Phys. Rev. Lett. **48**, 1559, 1982
[27] van Overstraeten, R. et al., Sol. State Electr. **30**, 1077, 1987
[28] Böhm, M., Advances in Amorphous Silicon Based Thin Film Microelectronics, Solid
    State Technology, Sept. 1988, S. 125 ff.
[29] Spear, W.E. et al., Topics in Applied Physics, Vol. **55**, Berlin, 1984
[30] SEMATEC, Semiconductor Devices Roadmap, 2001
[31] Kassing, R., Käsmaier, R., Rangelow, I.W., Lithographie der nächsten Generation, Phy-
    sikalische Blätter **56**, Nr. 2, 31–36, 2000
[32] Hager, J., Michalke, Th., Matzdorf, R., Physik, Universität Kassel
[33] Ivanov, Tz., Rangelow, I.W., Biehl, S., J. Vac. Sci. Technology, **B 19**, 2789, 2001
[34] Volland, B., Ivanov, Tz., Rangelow, I.W., Profile simulation of gas chopping based et-
    ching processes, J. Vac. Sci. Technology, B, 2002
[35] Phys. Journal, Deutsche Physikalische Gesellschaft, Januar 2003, S. 29–34
[36] Fuhrmann, Th., Salbeck, J., Advances in Photochemistry **27**, Wiley, New York, 2002,
    und MRS BULLETIN, Volume **28**, No. 5, May 2003
[37] Rangelow, I.W. et al., Microelectronic Engineering, Volume **57–58**, 737–748, 2001
[38] Zambov, L.M. et al., Advanced Materials **12**, No. 9, 656, 2000
[39] Mihalcea, C., Vollkopf, A., Oesterschulze, E., J. Electrochemical Society, **147**, p. 1970,
    2000
[40] Hilmer, H., Der Fernmelde-Ingenieur, Heft 1-3, Verlag für Wissenschaft und Leben,
    G. Heidecker GmbH, Erlangen, 2000
[41] Baliga, B.J., Spektrum der Wissenschaft **3**, 83–88, 1998

8 Materialien der Optoelektronik – Grundlagen und Anwendungen

Hartmut Hillmer, Josef Salbeck

8.1 Einleitung

Das 20. Jahrhundert können wir heute aus wissenschaftlich-technischer Sicht als das Jahrhundert der Elektronik bezeichnen. Mit der Patentierung des Feldeffekttransistors 1926, der Erfindung des Bipolartransistors 1947 und der Realisierung der ersten integrierten Schaltung 1958 wurden die Türen zu unserem Informationszeitalter aufgestoßen. Unser 21. Jahrhundert hingegen, so glauben viele Experten, wird sich höchstwahrscheinlich zum Jahrhundert der Photonik (Optoelektronik) und der Nanostrukturtechnologie und Nanosystemtechnik entwickeln. Fortschritte in der modernen Optoelektronik waren bisher eng mit Fortschritten in der Materialherstellung und dem Verständnis der involvierten Physik korreliert. Bereits heute spannen die Anwendungen photonischer Komponenten bemerkenswert weite Felder auf, wie z. B.: Kommunikationstechnik, Beleuchtungstechnik, Anzeigeelemente, selbstleuchtende Displays, Projektionsdisplays wie z. B. die digitale Mikrospiegeltechnik und das Laser-TV, optische Speichertechnik, Medizintechnik (Diagnostik, Gesundheitsüberwachung und Chirurgie), Analytik und Sensorik (Umwelttechnik, Gas- und Flüssigkeitsdetektion), Hochpräzisionsjustage und Abstandskontrolle inkl. kollisionsvermeidender mobiler Systeme und schließlich direkte Laseranwendungen (Schneiden, Schweißen, Löten und Bohren).

Die enorme Vielfalt verschiedener Festkörpermaterialien in der Optoelektronik (z. B. Element-, III/V- und II/VI-Halbleiter; organische Leiter, Halbleiter und Isolatoren; anorganische und organische Gläser; anorganische dielektrische Materialien; Metalle und Granate) kann in diesem Kapitel nicht annähernd abgebildet werden. Deshalb werden die wichtigsten Familien selektiert, Beispiele herausgegriffen und in Anwendungen diskutiert. In fast allen Fällen erweist sich die Materialqualität der Festkörper wie die Reinheit oder die präzise kontrollierbare Dotierung, die Homogenität oder die kristalline Perfektion als wichtige Voraussetzung für leistungsfähige optoelektronische Komponenten oder Systeme. Gute Beispiele sind die extrem geringe Absorption in Glasfasern und die hohe Emissionseffizienz anorganischer und organischer LEDs und Laser. Jedoch existieren auch erstaunliche Ausnahmen, wie die Nitridhalbleiter-Laser und -LEDs, welche trotz hoher Versetzungsdichten und Defektdichten unerwartet hohe Emissionsleistungen erzielen. Viele Festkörper-Materialklassen ermöglichen es heute, verschiedene Materialien in komplizierten Geometrien bis hinunter zu Strukturabmessungen im Nanometerbereich zu kombinieren und dabei Grenzflächen in nahezu allen Orientierungen auf der Basis von Epitaxie, Deposition, Ätzen und anderen Verfahren zu realisieren.

In der optischen Kommunikationstechnik werden als Lichtemitter gewöhnlich Laser oder LEDs auf der Basis von III/V-Halbleitern oder auch organischen Materialien eingesetzt. Als Übertragungsmedium dient meist die optische Faser (Glas für längere Entfernungen, Polymere für kürzere). Das Schreiben und Lesen von Information in optischen Speichersystemen auf der Basis der CD (compact disc) oder der DVD (digital versatile disc) basiert wiederum auf Lasern. Im Empfängerteil von optischen Kommunikationssystemen dominieren Element- und Verbindungshalbleiter. Auf dem LED- und Displaymarkt werden zur Zeit kostengünstige molekulare (organische) Materialien immer bedeutender.

In den vergangenen Jahren waren sehr starke Aktivitäten auf dem Gebiet der Halbleiternitride und der organischen Materialien zu verzeichnen. Ein großer Fortschritt in Richtung **Vollfarben-LED-Displays** und hochdichte optische Speichertechnologie wurde durch die Realisierung von blauen LEDs und Lasern erreicht. Als Durchbruch ist auch die Entwicklung neuartiger weißer LEDs anzusehen. Weitere Kostenreduktionen in diesem Bereich werden zu einer Revolution in der Beleuchtungstechnik generell führen. Auch auf dem Gebiet der **optischen Fasern** (Polymere, Quarzglas, Fluoridglas) kann in einem immer größeren Spektralbereich sowie zwischen kurzen bis ultralangen Distanzen übertragen werden. Schließlich werden mit den enormen Fortschritten auf dem Gebiet ultraschneller Halbleiterlaser heute neben den konventionellen kantenemittierenden Lasern immer mehr oberflächenemittierende Mikrokavitätslaser für Kommunikationssysteme außerordentlich hoher Datenübertragungskapazität verfügbar.

Die Festkörpermaterialien der Optoelektronik werden in Tab. 8.1 in verschiedenen Bauelementen je nach Materialeigenschaften und Anwendungshintergrund sehr unterschiedlich eingesetzt.

8.1.1 Lumineszenz

8.1.1.1 Definition

Lumineszenz ist die spontane Emission von elektromagnetischer Strahlung im ultravioletten, sichtbaren oder infraroten Spektralbereich ausgehend von **elektronisch angeregten Zuständen** in Gasen, Flüssigkeiten oder Festkörpern. Die Besetzung elektronisch angeregter Zustände in Atomen, Molekülen oder kondensierter Materie erfolgt durch Energieabsorption, wobei die absorbierte Energie anschließend, entweder unmittelbar oder über einen längeren Zeitraum, als Licht, welches die thermische Strahlung übersteigt, wieder emittiert wird. In dieser Beziehung unterscheidet sich die Lumineszenz von anderen **nichtthermischen Leuchterscheinungen**, wie Lichtstreuung, Raman-Effekt und Cherenkov-Effekt, welche zeitgleich mit dem Anregungsimpuls abklingen.

8.1.1.2 Allgemeines und Historisches

Lumineszenz wird bei sehr vielen organischen und anorganischen Substanzen, den **Leuchtstoffen oder Luminophoren**, beobachtet. Sie kann auf verschiedenartige Weise

Tab. 8.1 Anwendung von Festkörper-Materialsystemen in optoelektronischen Bauelementen. Die relative Bedeutung eines Materialsystems ist durch die Anzahl der Sterne angedeutet und reicht von (x) = weniger bedeutend über x und xx bis xxx = sehr bedeutend.

	Element-Halbleiter	III/V-Halbleiter	II/VI-Halbleiter	Dielektrika	anorganische Gläser	organische Materialien	Metalle	keramische Festkörper	Granate
Laser	(x)	xxx	x	xx	x	x	x	x	x
LED's	(x)	xxx	x	x	x	xxx	x		
Photodioden	xx	xx		x		x	x		
Modulatoren	x	xxx		xx	x	xx	x	x	xx
Optische Isolatoren	x					x	x		xx
Multiplexer, Demultiplexer	x	x		xx	xx	x	x		
Verzweiger, Richtkoppler	x	x		xx	xx	x	x		
Verstärker	xx	xxx		xx	xxx	x	x		
Filter und „add/drop Komponenten"	xx	x		xx	xx	x	x		
Schalter und Zirkulatoren	xx	xx		x	xx	x	x		
„Gain equalizers", variable Abschwächer	x	x		xx	x	x	x		x
Dispersions-Kompensatoren		x		x	xx	x			
Fasern					xxx	xxx	(x)		
Wellenleiter	xx	x		xx	xx	xx	(x)	(x)	

angeregt werden und ist von sehr unterschiedlichen elektronischen Prozessen begleitet. Historisch gibt es eine Unterteilung der Lumineszenz entsprechend der Dauer des Leuchtens nach Ende der Anregung. Klingt dieses sehr rasch ab (bis 10^{-5} s), so dass bis vor ca. 60 Jahren kein Nachleuchten beobachtet werden konnte, sprach man von Fluoreszenz und bei längerem Nachleuchten (bis zu mehreren Stunden) von Phosphoreszenz. Aus diesem Grunde wurde Fluoreszenz auch als Mitleuchten und Phosphoreszenz als Nachleuchten bezeichnet.

Fluoreszenz wird heute definiert als die spontane Emission von Strahlung (Lumineszenz), welche von einer angeregten Einheit beim Übergang in den Grundzustand unter **Erhalt der Spinmultiplizität** abgestrahlt wird, während bei der **Phosphoreszenz** der Übergang der angeregten molekularen Einheit in den Grundzustand von einem **Wechsel der Spinmultiplizität** begleitet wird. Die zugrunde liegenden Lumineszenzmodelle werden später erläutert.

Verschiedene Verbindungen speichern die absorbierte Energie zudem über längere Zeit und emittieren Licht nur unter dem Einfluss von Wärme oder IR-Strahlung. Dieser Prozess wird als thermische Stimulation bezeichnet. Das umgekehrte Phänomen, wobei die Lichtemission bei Einwirkung von Wärme oder IR-Strahlung auf das Lumineszenzmaterial abnimmt, wird als Quenchen bezeichnet.

Leuchterscheinungen wie das Polarlicht oder das kalte Licht in der belebten Natur (Biolumineszenz), z. B. bei Glühwürmchen oder faulendem Fisch, sind seit jeher zu beobachten. Die Lumineszenz einer anorganischen Verbindung (vermutlich CaS) wird bereits von Titus Livius (geb. 59 v. Chr.) in seiner Geschichte des Römischen Reiches erwähnt [1]. Die wissenschaftliche Auseinandersetzung mit dem Phänomen der Lumineszenz begann jedoch erst im 16. bzw. 17. Jahrhundert. So sind die ersten dokumentierten Beobachtungen der heute als Fluoreszenz bezeichneten Erscheinung an wässrigen Extrakten von Blauem Sandelholz (Lignum nephriticum) auf Nicolas Monardes (1575) und Athansius Kircher (1646) zurückzuführen [2]. Einer der ersten Berichte über die Herstellung der Bologneser Steine (BaS mit Spuren von Bi oder Mn) und deren rötliche Phosphoreszenz geht auf die alchemistischen Versuche zur Goldherstellung von Vincenci Casciarola (Casciavolus) 1603 zurück. Der Hamburger Alchimist Henning Brand (ca. 1630–1710) entdeckte im Jahre 1669 auf der Suche nach dem „Stein der Weisen" eine im Dunkeln leuchtende (Aufgrund von Chemilumineszenz) und hoch entzündliche Substanz (weißer Phosphor), die er „kaltes Feuer" nannte. Der Name des dabei entdeckten Elements Phosphor leitet sich vom griechischen Wort *phosphorus* (Lichtträger) ab. Auf die gleiche Bedeutung geht auch die Bezeichnung Phosphore für anorganische Lumineszenzmaterialien zurück. David Brewster beschreibt 1833 die Lichtemission alkoholischer Extrakte von Laub (Chlorophylllösungen) und Flussspatkristallen. Im Jahre 1845 beobachtete John Frederick William Herschel die blaue Oberflächenfärbung einer sonst vollständig farblosen Chinin-Lösung. Herschel nutzte bereits ein Prisma, um das zur Anregung genutzte Sonnenlicht aufzuspalten, aber erst George Gabriel Stokes fand 1852 die richtige Deutung für die Natur der Fluoreszenz, der er auch diesen Namen gab. Der Name ist abgeleitet von dem Mineral Flussspat (lat. Fluorit, CaF_2), welches bereits im Sonnenlicht und besonders stark unter UV-Licht „fluoresziert". Im Falle des Flussspats ist die Leuchterscheinung aber auf Verunreinigungen im Kristall zurückzuführen (Ersatz von Ca^{2+} durch Seltene Erden wie Y^{3+} und Ce^{3+}), welche damals noch nicht erkannt wurden. Auch Stokes nutzte für seine Experimente Chininlösungen und zerlegte das Sonnenlicht spektral mit einem Prisma. Eine Küvette mit Chininlösung wurde vor einen Schirm, auf dem das Sonnenspektrum aufgefangen wurde, in den Strahlengang gestellt. Die Chininlösung leuchtete nur dort, wo violettes oder kurzwelligeres Licht auftraf. Stokes erkannte als Erster den Unterschied zwischen der Fluoreszenz, die mit einer Veränderung der Wellenlänge einhergeht, und der Lichtstreuung. Er postulierte, dass bei der Fluoreszenz das emittierte Licht immer langwelliger ist als das absorbierte (Stokes'sche Regel)[1]. Darüber hinaus beschrieb er auch bereits die Phänomene der Konzentrationslöschung und der Fremdlöschung (quenching), welche er beim Versetzen von Chininsulfatlösung mit Salzsäure beobachtete. Als Geburtsstunde für synthetisch hergestellte Fluoreszenzfarbstoffe kann das Jahr 1856 mit dem von William Perkin hergestellten Mauvein betrachtet werden. Théodore Sidot entdeckte 1866 die Lumineszenz von Zinksulfid (ZnS, Sidot'sche Blende). Die Bedeutung von Schwermetallverunreinigungen für die Lumineszenz in anorganischen Verbindungen (sog. Aktivatoren, z. B. Cu oder Mn in ZnS) wurde jedoch erst 1887 von Auguste Verneuil entdeckt. 1871 wurde von Adolf von Bayer mit Fluorescein ein erster Vertreter der heute noch als **Laserfarbstoffe** bedeutenden Verbindungsklasse der Triphenylmethanfarbstoffe synthetisiert. Die Bezeichnung Lumineszenz wurde schließlich 1889 von Gustav Eilhardt Wiedemann eingeführt, um all jene Leuchterscheinungen zu beschreiben, die nicht ausschließlich durch Temperaturerhöhung bedingt sind. Wilhelm Conrad Röntgen nutzte 1895 Bariumtetracyanoplatinat(II) zur Sichtbarmachung der von ihm entdeckten Röntgenstrahlen.

Weitere wissenschaftliche Untersuchungen während der ersten Hälfte des zwanzigsten Jahrhunderts führten dann zu unserem heutigen Verständnis der Lumineszenz. Einige bedeutende Namen aus dieser Zeit sind Jean Baptist Perrin (Theorie der Fluoreszenz in Farbstoffen, verzögerte Fluoreszenz), Stern und Volmer (Fluoreszenzlöschung), Francis Perrin (theoretische Behandlung und Unterscheidung von Fluoreszenz und Phosphoreszenz), Aleksander Jablonski (Jablonski-Diagramm), N. Rhiel und M. Schön (Bändermodell für die Lumineszenz kristalliner Leuchtstoffe), Theodor Förster (quantenmechanische Beschreibung für Dipol-Dipol Energietransfer) [3].

Eine einheitliche Beschreibung der Lumineszenz ist wegen der Verschiedenheit der zugrunde liegenden Phänomene nicht möglich, deshalb werden nach der Einführung einiger, in der Literatur üblicher – zumeist rein phänomenologischer – Einteilungen, Begriffe und Gesetzmäßigkeiten anhand einfacher Modelle die möglichen physikalischen Prozesse bei der Anregung, der Energiespeicherung, der Energiewanderung und der Emission diskutiert.

---

[1] Anti-Stokes-Linien, treten nur dann auf, wenn am Anregungsprozess mehrere Photonen mitwirken (Zwei- oder Mehr- Photonen-Prozesse) oder aber, wenn zur elektromagnetischen Anregungsenergie die Energie von Molekülschwingungen bzw. Gitterschwingungen (Phononen) hinzukommt.

8.1.1.3 Lumineszenzarten

Abhängig von der Natur der Anregungsenergie wird die Lumineszenz bezeichnet als:

Lumineszenzart	hervorgerufen durch
Photolumineszenz	Absorption von Licht (Photonen)
Kathodolumineszenz	Kathodenstrahlen (Elektronenstrahlen)
Radio(Röntgen)lumineszenz	ionisierende Strahlung (Röntgenstrahlen, α, β, γ)
Chemilumineszenz	chemische Reaktionen (z. B. Oxidationen)
Biolumineszenz	biochemische Prozesse
Tribolumineszenz	mechanische Kräfte (Reibung, Elektrostatik)
Sonolumineszenz	Ultraschall
Elektrolumineszenz	elektrisches Feld
Thermolumineszenz	Erhitzen nach vorausgehender Energiespeicherung (z. B. durch ionisierende Strahlung)

Abgesehen von Unterschieden bei der mittleren Anregungsdichte und deren zeitlicher und örtlicher Verteilung sind die physikalischen Vorgänge bei verschiedenen Anregungsarten gleichartig. Die Diskussion der Anregungs- und Rekombinationsprozesse erfolgt deshalb im Allgemeinen für die Anregung mit Photonen (je nach Leuchtstoff bis zu ca. 10 eV Photonenenergie). Gesondert behandelt wird lediglich die **Elektrolumineszenz**, bei der wesentliche neue Gesichtspunkte zu berücksichtigen sind.

Bei der **Photolumineszenz** erfolgt die Anregung durch die Absorption von Photonen. Dabei werden Elektronen in einem Leuchtzentrum auf ein höheres Niveau gehoben oder im Leuchtstoff freie Ladungsträger erzeugt. Insbesondere bei den Kristallphosphoren unterscheidet man zwischen der Grundgitteranregung, bei der Übergänge zwischen Valenz- und Leitfähigkeitsband erfolgen, und der Ausläuferanregung, bei welcher ein Elektron aus einem Störterm in der verbotenen Zone ins Leitfähigkeitsband gehoben wird. Da die Absorption bei der Grundgitteranregung sehr stark ist, bleibt die Anregung auf oberflächennahe Schichten beschränkt, bei der Ausläuferanregung hingegen kann sie, je nach der Dotierung, verhältnismäßig homogen den Leuchtstoff erfassen.

Die **Kathodolumineszenz** wurde zuerst von W. Crookes (1879) beobachtet, der verschiedene Mineralien in ein Gasentladungsrohr (ca. 0.1 Pa, Kaltkathode) brachte, wo sie durch die Kathodenstrahlen angeregt wurden. Die Primärelektronen erzeugen im Phosphor durch Stoßprozesse zusätzliche freie Elektronen. Durch derartige Kaskadenprozesse werden die Elektronen abgebremst, bis ihre mittlere Energie in der Größenordnung der für einen einzelnen, elementaren Anregungsprozess notwendigen Energie liegt. Die Anregung ist dabei konzentriert auf verhältnismäßig enge Kanäle, in denen eine sehr hohe Anregungsdichte vorliegt. Die Eindringtiefe ist gering, sie beträgt etwa 1 µm für 10 kV-Elektronen.

Die **Radiolumineszenz** wird durch Röntgenstrahlen (Röntgenlumineszenz) oder durch Korpuskularstrahlung angeregt (Anwendung in Szintillationszählern). Röntgenstrahlen können die Lumineszenzzentren im Allgemeinen nicht direkt anregen, in einem Zwischenschritt erzeugen sie schnelle Elektronen durch den inneren Photoeffekt. Die örtliche Anregungsdichte ist zwar ebenfalls sehr inhomogen, aber die Eindringtiefe ist wesentlich größer (Größenordnung mm). Bei der Anregung durch Gammastrahlen treten zusätzliche Energieabsorptionsprozesse durch Compton-Effekt und Paarerzeugung auf. Die Anregungsprozesse bei Beschuss mit energiereicher Korpuskularstrahlung (z. B. Protonen- oder Alphastrahlung) verlaufen ähnlich wie bei der Kathodolumineszenz. Wegen der vergleichbaren Masse der Stoßpartner ist die bei einem Stoß auf einen Gitterbaustein übertragene Energie jedoch sehr viel größer, und daher führt diese Anregungsart zu starken Strahlungsschäden.

Bei der **Chemilumineszenz** (auch Chemolumineszenz) erfolgt die Anregung durch Energieübertragung bei chemischen Reaktionen, insbesondere Oxidationsprozessen, und ist auch die Ursache für das Leuchten von weißem Phosphor an Luft. Der erste Bericht über Chemilumineszenz in Lösung stammt von Radziszewski 1871 (Autooxidation von Lophin). Chemilumineszenz wird heute u. a. für energieautarke Lichtquellen z. B. in Signalstäben, für Notlichtquellen oder für Campingbeleuchtung angewendet. In den sog. Cyalume-Leuchtstäben („Knicklichter") wird dabei die Oxidation substituierter Oxalsäurediarylester mit Wasserstoff-peroxid in Gegenwart geeigneter Fluoreszenzfarbstoffe (Fluorophore) als Chemilumineszenzreaktion genutzt. Durch Variation des Fluoreszenzfarbstoffes kann die Farbe des emittierten Lichtes von blau bis rot angepasst werden.

Sehr verwandt mit der Chemolumineszenz ist die **Biolumineszenz**, für die Stoffwechselreaktionen bei Lebensvorgängen die Anregungsenergie liefern. Beispiele sind das Leuchten von Glühwürmchen (Johanniswürmchen), welche eigentlich Leuchtkäfer sind, von verschiedenen Pilzen und Meeresorganismen (vom Meeresleuchten bis zu Tiefseefischen) sowie von Leuchtbakterien auf faulendem Fleisch oder Fisch. Der die Energie liefernde Prozess ist die Oxidation von **Luciferin** mit Luftsauerstoff unter katalytischer Wirkung des Enzyms **Luciferase** (dabei ist zu beachten, das Luciferin/Luciferase als Sammelbegriffe zu verstehen sind, da jede Spezies verschiedene chemische Strukturen nutzt). Die Energieausbeute für die Biolumineszenz ist mit 80–90 % außerordentlich hoch verglichen mit der von Glühbirnen (3 %) und Leuchtstoffröhren (15 %). In diesem Zusammenhang sei besonders betont, dass für jede/n Naturwissenschaftler/in und Ingenieur/in die Erfolgsrezepte der Natur wertvolle Anregungen für die eigene Arbeit liefern können. Interdisziplinäres Arbeiten, wie z. B. in der Bionik (Biotechnik) [4] in Korrelation mit optischen Nanotechnologien, avanciert heute zu einem interessanten Gebiet mit hohem Entwicklungspotential. Farbfilter, welche Interferenzeffekte an Nanostrukturen nutzen, spielen in der zukünftigen höchstbitratigen optischen Kommunikationstechnik eine besondere Rolle, wobei Vorbilder in der Natur, z. B. bei speziellen Insekten und exotischen Vögeln, vorliegen [5, 6].

Die **Tribolumineszenz** wird beim Zerbrechen und Mörsern von Kristallen beobachtet. Beispiele sind das Reiben von Zuckerstückchen und das Zerbrechen von Quarz. Dabei wird die Anregung durch mechanische Energie bewirkt. Selbst beim Wachsen von Kristallen, z. B. beim Kristallisieren von Uranylnitrat, können starke mechanische Kräfte auftreten, welche Tribolumineszenz bewirken. Auch die Leuchterscheinung, welche beim Abziehen von Klebefilmen („Tesafilm" und manche selbstklebende Umschläge) zu beobachten ist, zählt zur Tribolumineszenz.

Sonolumineszenz kann bei der Einwirkung von Ultraschall auf verschiedene Flüssigkeiten auftreten. Werden Flüssigkeiten mit darin gelösten Gasen fokussierten Ultraschallfeldern ausgesetzt, so können die durch Kavitationseffekte entstehenden Gasbläschen in einem stehenden Schallfeld gefangen (Bjerknes-Kraft) und dort über mehrere Zyklen periodisch komprimiert und dekomprimiert werden, wobei sie Licht aussenden. Der Effekt ist jedoch noch nicht vollständig aufgeklärt.

Bei der **Elektrolumineszenz** wird die Anregung durch variable elektrische Felder und dadurch steuerbare Injektionsströme verursacht (anorganische und organische LEDs sowie kanten- und oberflächenemittierende Laser basieren darauf). Die dabei auftretenden elektronischen Prozesse werden, wie bereits erwähnt, in einem besonderen Abschnitt behandelt.

Häufig wird bei der Aufzählung der Anregungsprozesse auch die Thermolumineszenz (TL) erwähnt. Bei der Thermolumineszenz handelt es sich jedoch nicht um einen Anregungsvorgang – eine spezielle Art der Anregung – sondern um die thermische Befreiung vorher gespeicherter Energie. Die bessere Bezeichnung für den Prozess ist daher auch **thermisch stimulierte Lumineszenz** (engl. thermal stimulated luminescence, TSL). Das Lumineszenzspektrum gibt dabei Informationen über den strahlenden Rekombinationsprozess, der Temperaturverlauf der Lumineszenz („Glowkurve") lässt Rückschlüsse auf die Haftstellen zu. Der erste verbürgte Bericht stammte von Robert Boyle, welcher 1663 vor der Royal Society über ein Glimmlicht beim Erwärmen eines Diamanten berichtete.

Eine wichtige Anwendung findet dieser Effekt z. B. in **Dosimetern** (TLDs) zur Kontrolle der Strahlenbelastung von Personen in Kernanlagen. Das Material im Dosimeter (z. B. $Li_2B_4O_7:Mn^{2+}$, LiF, mit einer effektiven Atomnummer ähnlich dem menschlichen Gewebe) absorbiert die ionisierende Strahlung und akkumuliert die absorbierte Energie über einen langen Zeitraum. Zur Auswertung wird das Dosimetermaterial kontrolliert aufgeheizt, wobei die Intensität der dabei auftretenden thermisch stimulierten Lumineszenz proportional zur vorher absorbierten ionisierenden Strahlung ist. Auch zur **Altersbestimmung** antiker Keramik kann dieser Effekt herangezogen werden. Eine analoge Wirkung wie die Zufuhr thermischer Energie hat die Absorption optischer Quanten hinreichender Energie.

Die **Energieausbeute** der Lumineszenz η_E ist definiert als das Verhältnis der vom Leuchtstoff in Form von Lichtquanten emittierten zur aufgenommenen Energie (für alle Anregungsformen). Sie ist stets kleiner als 1, da immer eine Wahrscheinlichkeit für die strahlungslose Rückkehr in den Grundzustand besteht, wobei ein Teil der Energie in Wärme umgewandelt und meist – entsprechend der Stokes'schen Regel – die Emission langwelliger als die Anregung ist.

8.2 Grundlagen optischer Eigenschaften der Festkörper

In dem folgenden Abschnitt werden übergreifende Festkörpereigenschaften dargestellt, welche teilweise im Band III Optik und in dem vorliegenden Band in Kap. 7 und 9 ebenfalls behandelt werden. In der Optoelektronik spielen Energiedifferenzen (Übergangsenergien) zwischen diskreten Energiezuständen oder zwischen den quasikontinuierlichen Energiezuständen der Bänder eine zentrale Rolle. Die korrespondierende Lumineszenz kann dabei einerseits mit **Zentrenmodellen** für organische Festkörper (Molekülkristalle oder organische Gläser) oder Leuchtzentren wie z. B.

in mit Übergangselementen oder Seltenerdelementen dotierten anorganischen Gläsern und andererseits mittels **Bändermodellen** (z. B. für anorganische Halbleiter) beschrieben werden.

An die Zentren- und Bändermodelle anschließend werden dielektrische Materialeigenschaften behandelt, welche materialübergreifend die Brechzahl, Absorption, Reflexion und Transmission bestimmen. Den Abschluss bilden in Abschn. 8.2.3 optisch nichtlineare Phänomene, welche bei hohen elektrischen Feldstärken der Lichtwelle zum Tragen kommen.

8.2.1 Lumineszenzmodelle/Elektronische Energieschemata

Lumineszenz erfolgt, wenn durch eine **Anregung** energetisch höher liegende Zustände besetzt werden und zumindest ein Teil der bei der Anregung aufgenommenen Energie bei der Rückkehr in den Grundzustand bzw. in das thermodynamische Gleichgewicht in Form von Licht emittiert wird. Anregung und Emission können sich dabei innerhalb eines Atoms, eines Moleküls oder eines komplexen Leuchtzentrums abspielen. In anderen Fällen werden durch die Anregung Elektronen im Leitungsband bzw. Elektronen im Leitungsband und Löcher (Defektelektronen) im Valenzband geschaffen. Dann bewirkt die Anregung neben der Lumineszenz auch eine **Photoleitung**.

Das Abklingen der Lumineszenz zeigt für die beiden oben angegebenen Fälle charakteristische Unterschiede. Sind die Prozesse lokalisiert, dann ist der Abklingvorgang eine Reaktion 1. Ordnung (monomolekulare Reaktion) bzw. eine Überlagerung verschiedener monomolekularer Prozesse. Die Zahl der je Zeit und Volumen erfolgenden Rekombinationen und damit die **Flussdichte** der emittierten Photonen J ist proportional der Zahl angeregter Zentren N:

$$J = -k \cdot \frac{\mathrm{d}N}{\mathrm{d}t} = c \cdot N. \tag{8.1}$$

Man erhält als Abklinggesetz

$$J = J_0 \cdot e^{-t/\tau}, \tag{8.2}$$

wobei die Abklingzeit $\tau = k/c$ eine von J_0 und damit von der Anregung unabhängige Konstante ist.

Werden hingegen freie Ladungsträger geschaffen, dann ist die Zahl der Rekombinationen von der Zahl beider Reaktionspartner – also sowohl von der Zahl der freien Elektronen n als auch von der Zahl der Löcher p bzw. der ionisierten Aktivatorniveaus a – abhängig. Falls $n = p$ bzw. $n = a$ ist, so ergibt sich

$$J = -k \frac{\mathrm{d}N}{\mathrm{d}t} = c \cdot n \cdot p = c \cdot n^2. \tag{8.3}$$

Damit lautet das Abklinggesetz

$$J = J_0 \cdot \left(\frac{1+t}{\tau} \right)^{-2}, \tag{8.4}$$

mit

$$\tau = k \cdot (c \cdot J_0)^{-1/2}. \tag{8.5}$$

τ ist hier keine Materialkonstante, sondern auch von der Anregungsstärke abhängig. Diese streng bimolekulare Reaktion wird selten beobachtet, denn es setzt voraus, dass die Zahl der Reaktionspartner gleich groß ist und Haftprozesse vernachlässigbar sind. Für die beiden skizzierten Fälle lassen sich einfache Modelle angeben.

8.2.1.1 Das Zentrenmodell/Energie-Konfigurations-Diagramm

Dieses Modell basiert auf den **Energieniveau-Diagrammen** von Atomen und Molekülen und ist anwendbar auf Lumineszenzprozesse, in welchen Anregung und Emission am selben Lumineszenzzentrum erfolgen. Insbesondere für organische Leuchtstoffe, aber auch für Ionen der Übergangselemente und der Seltenerdmetalle, bei denen die Übergänge in einer inneren, nicht voll gefüllten Schale erfolgen, ist dieses Modell anwendbar.

Die Anregung und Emission, die Polarisationseffekte und die strahlungslose Rekombination bei Zentrenleuchtstoffen lassen sich sehr anschaulich durch das Energie-Konfigurations-Koordinatenmodell von N. F. Mott und F. Seitz darstellen. In diesem werden die Energien der möglichen Mott-Seitz-Zustände in Abhängigkeit von einer allgemeinen Raumkoordinate aufgetragen. Zu jedem elektronischen Zustand gehört eine Kurve, welche die **Schwingungsenergie-Schwingungsamplitude-Funktion** charakterisiert. Die diskreten Schwingungsniveaus werden dabei durch waagerechte Striche angedeutet. Die elektrische Polarisation bewirkt, dass die Zustände geringster Schwingungsenergie, d. h. die Minima der Kurven, für die unterschiedlichen elektronischen Zustände im Allgemeinen bei verschiedenen Werten der Konfigurationskoordinate (Q) liegen.

Das Franck-Condon-Prinzip. Entsprechend der Born-Oppenheimer-Näherung (s. Kap. 1) ist der strahlungsgekoppelte Elektronenübergang bei der Absorption und Emission (optischer Übergang) mit 10^{-15} s viel schneller als die typische Zeit für eine molekulare Schwingung (10^{-10} s–10^{-12} s), weshalb die Position der Atomkerne eines Moleküls (aber auch die seiner Umgebung z. B. im Lösungsmittel) während eines solchen Übergangs im Wesentlichen unverändert bleibt. Dies ist die Basis für das Franck-Condon-Prinzip: Es ist derjenige Übergang am wahrscheinlichsten, dessen Schwingungswellenfunktion sich gegenüber der Grundzustandswellenfunktion am wenigsten ändert und damit die größte Überlappung mit dieser aufweist (schematisch dargestellt in Abb. 8.1 a). Der **Franck-Condon-Faktor** ist das Quadrat des Überlappungsintegrals zwischen der Grundzustands- und der Schwingungswellenfunktion und ist ein Maß für die Intensität des entsprechenden Übergangs. Die Form der Absorptions- und Emissionsbande werden deshalb in gleicher Weise durch die Franck-Condon-Faktoren bestimmt (und sind im Idealfall zueinander spiegelbildlich)[2]. Der resultierende („heiße") angeregte Zustand wird als Franck-Condon-

---

[2] Abweichungen von der idealen, spiegelbildlichen Symmetrie zwischen Absorptions- und Emissionsbande sind auf eine unterschiedliche Stabilisierung von Grundzustand und angeregtem Zustand durch die Umgebung zurückzuführen.

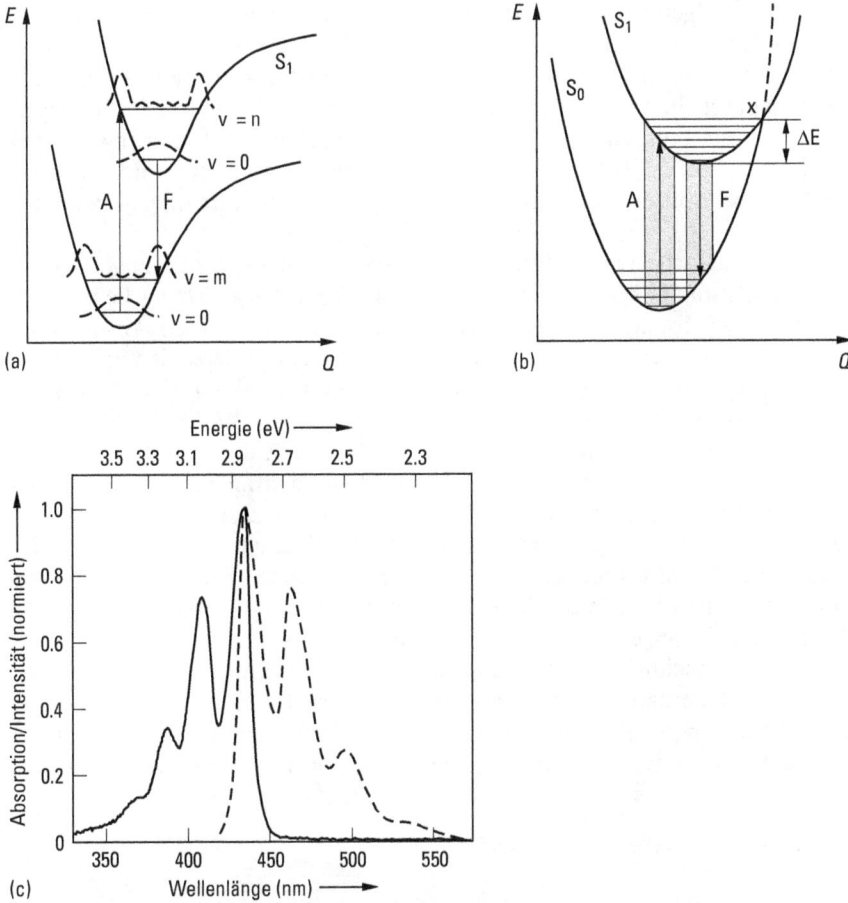

Abb. 8.1 Energie-Konfigurationskoordinaten-Diagramme mit unterschiedlichen Kerngeometrien im Grund- (S_0) und angeregten Zustand (S_1); (a) mit Wahrscheinlichkeitsverteilung in den verschiedenen Schwingungsniveaus, die dem Quadrat der Schwingungswellenfunktion proportional ist; (b) skizziert ist die Möglichkeit eines strahlungslosen Übergangs am Überkreuzungspunkt (x) der Potentialkurven; (c) Absorptions- und Fluoreszenzspektrum von Perylen in Benzol mit annährend spiegelbildlicher Symmetrie.

Zustand bezeichnet. Die entsprechenden **Übergänge** werden als vertikale Übergänge bezeichnet und als senkrechte Pfeile in das entsprechende Energie-Konfigurations-Diagramm eingezeichnet.

Die nachfolgenden **Relaxationsvorgänge** bewirken eine der Temperatur entsprechende Verteilung auf die Schwingungszustände des angeregten Zustandes (Einstellung des thermodynamischen Gleichgewichtes). Abhängig vom Unterschied zwischen der Gleichgewichtsgeometrie des Grundzustandes und des angeregten Zustandes wird auch bei der Emission der entsprechende Elektronenübergang aus dem schwingungsrelaxierten angeregten Zustand in ein höheres Schwingungsniveau des

Grundzustands erfolgen (mit anschließender Schwingungsrelaxation im Grundzustand), wie in Abb. 8.1 a, b dargestellt. Diese Verteilung auf verschiedene Schwingungszustände hat zur Folge, dass **Absorption** (A) und **Emission** (F) in Form von Banden (angedeutet durch die grau schattierten Bereiche in Abb. 8.1 b) erfolgen, deren Breite mit der Temperatur zunimmt. Die thermische Äquilibrierung hat weiterhin zur Folge, dass die Intensitätsverteilung in den Fluoreszenz- und Phosphoreszenzspektren bei optischer Anregung unabhängig von der Anregungswellenlänge ist.

Vom Unterschied zwischen der Gleichgewichtsgeometrie des Grundzustands und des angeregten Zustands hängt auch die als **Stokes'sche Verschiebung** bezeichnete langwelligere Verschiebung des Emissionsmaximums gegenüber dem Absorptionsmaximum ab (in Abb. 8.1 a, b anschaulich gemacht durch die unterschiedlichen Pfeillängen für Absorption und Fluoreszenz, welche proportional zur Energie für den jeweiligen Elektronenübergang sind).

Das Modell stellt also anschaulich die Ursache für die Stokes'sche Verschiebung dar, es erklärt aber auch die Lumineszenzlöschung durch **strahlungslose Übergänge** bei hohen Temperaturen. Je höher die Temperatur ist, in desto höheren Schwingungszuständen wird das angeregte Molekül sich im zeitlichen Mittel befinden. Erreicht es dabei den Schnittpunkt der Kurven (x) für den angeregten und den Grundzustand (s. Abb. 8.1 b), der ΔE über dem Energieminimum liegt, so wird es mit großer Wahrscheinlichkeit in den energiegleichen Schwingungszustand des Grundzustandes übergehen. Der Überschuss an Schwingungsenergie wird nachfolgend rasch im Molekül verteilt, der Übergang in den Grundzustand erfolgt also strahlungslos.

Elektronisch angeregte Zustände besitzen in der Regel nur eine kurze Lebensdauer. Bei ihrer Desaktivierung spielen eine Reihe von Prozessen eine Rolle. Die

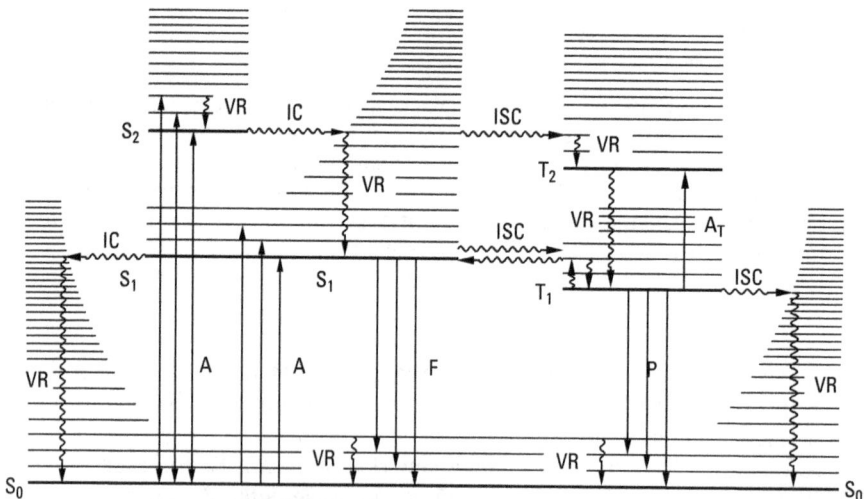

Abb. 8.2 Jablonski-Diagramm [4]. Absorptions- (A) und Emissionsprozesse (F = Fluoreszenz, P = Phosphoreszenz) sind durch gerade Pfeile und strahlungslose Prozesse durch Wellenlinienpfeile angedeutet (IC = innere Umwandlung, ISC = Interkombinationsübergänge, VR = Schwingungsrelaxation).

durch Lichtabsorption aufgenommene überschüssige Energie kann in monomolekularen Prozessen sowohl in Form von Strahlung (Emission) als auch strahlungslos
abgegeben oder in bimolekularen Prozessen auf andere Moleküle übertragen werden,
wobei die relative Bedeutung der verschiedenen Prozesse sowohl von der Molekülstruktur als auch von der molekularen Umgebung abhängt. In anschaulicher Weise
lassen sich die verschiedenen monomolekularen photophysikalischen Prozesse, welche für die Beschreibung von lumineszierenden Atomen, Molekülen und vielen
Leuchtzentren in Festkörpern wichtig sind, mithilfe des in Abb. 8.2 dargestellten
Jablonski-Diagramms diskutieren. Im Jablonski-Diagramm sind auf der Ordinate
die Energien der Potentialminima der verschiedenen Elektronenzustände und der
jeweils korrespondierenden Schwingungszustände aufgetragen, die Abszisse hat keine physikalische Bedeutung.

Bimolekulare photophysikalische (Wechselwirkung zwischen den Molekülen bzw.
zwischen ihnen und einem Lösungsmittel oder den Nachbarn im Kristallgitter) sowie
photochemische Prozesse sind im Jablonski-Diagramm nicht enthalten. Sie eröffnen
weitere mögliche Wege für eine Desaktivierung angeregter Zustände, die getrennt
diskutiert werden. Der Singulett-Grundzustand S_0 und die angeregten Singulettzu-
stände S_1 und S_2 sowie die Triplettzustände T_1 und T_2 sind schematisch dargestellt.
Der energetische Abstand zwischen den einzelnen Schwingungsniveaus nimmt für
mehratomige Moleküle mit steigender Energie schnell ab. Die Besetzung der Niveaus
ist temperaturabhängig und folgt einer Boltzmann-Verteilung. Die photophysikalischen Prozesse sind durch Pfeile angedeutet, wobei für die strahlungslosen Prozesse
Wellenlinien verwendet werden. Strahlungslose Übergänge zwischen Zuständen gleicher Multiplizität werden als **innere Umwandlung** (engl. internal conversion, IC)
oder als **Interkombinationsübergänge** (engl. Intersystem crossing, ISC) bei Übergängen zwischen verschiedener Multiplizität bezeichnet. Je nachdem, ob die Emission
oder Lumineszenz einem spinerlaubten (S_1-S_0) oder einem spinverbotenen (T_1-S_0)
Übergang entspricht, wird sie als Fluoreszenz oder als Phosphoreszenz bezeichnet.
Die der Absorption entsprechenden vertikalen Pfeile beginnen alle beim niedrigsten
Schwingungsniveau des Grundzustandes (S_0), da die Mehrzahl der Moleküle bei
Raumtemperatur auf diesem Energieniveau vorliegen. Abhängig von der Energie
des absorbierten Lichtquants (Wellenlänge des anregenden Lichtes) erfolgt der Über-
gang (innerhalb von 10^{-15} s) in einen angeregten Schwingungszustand des angeregten
Elektronenzustands S_1 bzw. S_2. Von S_2 erfolgt in der Regel eine schnelle innere
Umwandlung (IC) nach S_1.[3]

Im Festkörper (aber auch in flüssiger Lösung) erfolgt die **Schwingungsrelaxation**
(engl. vibrational relaxation, VR) zum Schwingungsgrundzustand von S_1 (bzw. genauer zu dem der Boltzmann-Verteilung im thermischen Gleichgewicht entsprechenden Schwingungszustand) meist sehr rasch (10^{-12} s–10^{-10} s). Vom schwingungsrelaxierten S_1-Zustand kann das Molekül unter Fluoreszenz in den Grundzustand S_0
zurückkehren oder in einem Interkombinationsübergang (ISC, 10^{-10} s–10^{-8} s) in
den Triplettzustand T_1 gelangen, von wo wiederum nach Abgabe der überschüssigen

---

[3] Die strahlungslosen Übergänge $S_n \rightarrow S_1$ (bzw. $T_n \rightarrow T_1$) gehen gewöhnlich sehr schnell vor sich
(10^{-11}–10^{-9} s). In den allermeisten Fällen beobachtet man daher fast ausschließlich die Lumineszenz vom tiefsten angeregten Zustand (Kasha-Regel). Bekannteste Ausnahme: Azulen zeigt
Fluoreszenz ausgehend vom S_2-Zustand. Auch der strahlungslose Übergang $S_1 \rightarrow S_0$ ist möglich
(jedoch weniger effizient) und konkurriert daher mit der Emission.

Schwingungsenergie unter Phosphoreszenz der Grundzustand S_0 erreicht werden kann. Durch innere Umwandlung (IC) und anschließende Schwingungsrelaxation (VR) kann eine strahlungslose Desaktivierung von S_1 nach S_0 erfolgen.

In einzelnen Fällen können die Interkombinationsübergänge jedoch so schnell sein, dass sie mit der Fluoreszenz oder sogar mit der Schwingungsrelaxation im angeregten Zustand konkurrieren können. Wie ebenfalls in Abb. 8.2 angedeutet, können auf diese Weise abhängig von der energetischen Lage der verschiedenen Zustände auch höher angeregte Triplettzustände erreicht werden, so dass die gesamte Schwingungsrelaxation im Triplett-System erfolgen kann. Aus dem T_1-Zustand sind die höher angeregten Triplettzustände auch durch Triplett-Triplett-Absorption zugänglich[4]. Schließlich ist in Abb. 8.2 auch die Möglichkeit angedeutet, dass in T_1 durch thermische Anregung ein Schwingungsniveau erreicht wird, von dem aus ein Interkombinationsübergang nach S_1 möglich ist (wenn T_1 und S_1 nur wenige kT auseinander liegen). Auf diese Weise kann eine temperaturabhängige **verzögerte Fluoreszenz** auftreten (Fluoreszenz vom E-Typ genannt, da sie zuerst beim Eosin untersucht wurde). Bei hohen Anregungsdichten im Festkörper (bzw. bei höheren Konzentrationen in Lösung) kann auch eine bimolekulare Reaktion zwischen zwei Molekülen im T_1-Zustand (Triplett-Triplett-Annihilation) zu einer Besetzung des S_1-Zustandes führen. Wenn der S_1-Zustand fluoresziert, so beobachtet man aufgrund der Lebensdauer des Triplett-Zustands wiederum verzögerte Fluoreszenz (Fluoreszenz vom P-Typ genannt, da sie zuerst am Pyren untersucht wurde).

Jeder der im Diagramm gezeigten Übergänge (A, IC, ISC, F, P) ist mit einer entsprechenden Geschwindigkeitskonstante verknüpft (k_A, k_{IC}, $k_{S \to T}$[5], k_F, k_P), welche für eine quantitative Beschreibung der ablaufenden Prozesse verwendet werden können.

So lässt sich beispielsweise die Lebensdauer des angeregten Singulett-Zustands angeben als:

$$\tau = \frac{1}{k_F + k_{IC} + k_{S \to T}}. \tag{8.6}$$

Damit wird die beobachtbare, *tatsächliche* Lebensdauer beschrieben, die *strahlende* Lebensdauer[6] (radiative lifetime τ_0), welche in Abwesenheit von strahlungslosen Prozessen mit $\tau_0 = 1/k_F$ definiert ist, hängt von der Einstein'schen Emissionswahrscheinlichkeit ab und lässt sich abschätzen zu:

$$\tau \approx \frac{1.5}{\tilde{v}_{max}^2 f}, \tag{8.7}$$

wobei $\tilde{v}_{max}$ die Wellenzahl des Absorptionsmaximums (in cm^{-1}) und f die Oszillatorstärke des entsprechenden Elektronenübergangs ist [8].

---

[4] Der spinerlaube Übergang $T_1 \to T_n$ führt bei hoher Anregungsdichte (da dann viele Moleküle im T_1-Zustand vorliegen) zu einer neu auftretenden (üblicherweise langwelligeren) Absorptionsbande welche z. B. beim Betrieb von Farbstofflasern unerwünscht ist.

[5] Da für ISC sowohl der Übergang $S_1 \to T_1$ als auch der $T_1 \to S_1$ Übergang gezeichnet sind, kennzeichnet der Index die Richtung des ISC.

[6] Die Verwendung der früheren Bezeichnung *natürliche* Lebensdauer wird nicht mehr empfohlen.

Die **Quantenausbeute der Fluoreszenz** (Φ_F) errechnet sich mit

$$\Phi_F = \frac{k_F}{k_F + k_{IC} + k_{S \to T}} = k_F \cdot \tau = \frac{\tau}{\tau_0} \tag{8.8}$$

aus dem Verhältnis der beobachteten zur strahlenden Lebensdauer.

Wie im Diagramm angegeben, resultiert die Phosphoreszenz aus dem elektronischen Übergang von T_1 nach S_0 und damit einem Übergang zwischen Zuständen verschiedener Multiplizität, der Spinumkehr erfordert (spinverbotener Übergang), was auch die längere Lebensdauer des T_1-Zustands erklärt. Dass der Übergang dennoch beobachtet werden kann, liegt an der **Spin-Bahn-Kopplung**. Die längere Lebensdauer des T_1-Zustands hat aber zur Folge, dass (insbesondere bei Molekülen) strahlungslose Desaktivierungsprozesse stärker mit der Phosphoreszenz konkurrieren können.

Die Fluoreszenz organischer Verbindungen wird im Festkörper aber durch weitere Prozesse beeinflusst. So sind viele hocheffiziente Fluoreszenzfarbstoffe bekannt, die in verdünnter Lösung mit nahe 100 % Quantenausbeute emittieren, bei steigender Konzentration jedoch nimmt die Quantenausbeute bei vielen Verbindungen ab. Dieser Effekt wird als **Konzentrationslöschung** bezeichnet und ist auf intermolekulare Wechselwirkungen (Aggregation) zurückzuführen, welche im Festkörper in der Regel noch stärker ausgeprägt sind. Aus diesem Grund ist die Fluoreszenzquantenausbeute Φ_F bei vielen Verbindungen im reinen Festkörper geringer als für das isolierte Molekül (in flüssiger oder fester Lösung). Ist die Bindungsenergie in diesen Aggregaten größer als die mittlere kinetische Energie $(3/2) \, kT$, so handelt es sich um eine eigene Spezies mit einem Minimum in der Potentialfläche des angeregten Zustands. In diesem Zusammenhang sind zwei wichtige Spezies zu nennen. Ein **Excimer** (excited dimer) entsteht aus der Wechselwirkung eines Moleküls im angeregten Zustand und einem Molekül der gleichen Art im Grundzustand. Die Fluoreszenz eines Excimers (Excimeremission) erscheint im Vergleich zur ursprünglichen Fluoreszenz als unstrukturierte Bande bei größeren Wellenlängen. So emittiert z. B. Perylen in verdünnter Lösung blau, im Festkörper aufgrund der Excimeremission jedoch gelb. Erfolgt die stabilisierende Wechselwirkung eines Moleküls im angeregten Zustand mit einem Molekül anderer Art im Grundzustand, so entsteht ein **Exciplex** (excited complex). Im Gegensatz zum Excimer fungiert dabei im Exciplex eines der Moleküle überwiegend als (Elektronen-)Donor (D), das andere als (Elektronen-)Akzeptor (A). Wenn der (Elektronen-)Donor/Akzeptor-Charakter der beiden Moleküle entsprechend ausgeprägt ist, kann es zur vollständigen (photoinduzierten) Ladungstrennung kommen, was z. B. als Wirkprinzip in **organischen Solarzellen** ausgenutzt wird.

Der Donor/Akzeptor-Begriff wird, jedoch mit einer anderen Bedeutung, auch im Zusammenhang mit dem Transfer der Anregungsenergie von einem angeregten Donormolekül (D*) auf ein anderes Akzeptormolekül (A) angewendet:

$$D^* + A \to D + A^* \quad \text{(Heterotransfer)}.$$

Als Resultat wird dann die (üblicherweise langwelligere) Emission des Akzeptormoleküls und nicht die des Donormoleküls beobachtet. Donor und Akzeptor können hierbei aber auch von gleicher Molekülart sein:

$$D^* + D \to D + D^* \quad \text{(Homotransfer)},$$

worauf der Transport der Anregungsenergie (Exzitonentransport, Energiemigration) nach dem Zentrenmodell beruht.

Die Exzitonen (Anregungszustände) in diesem Modell sind **Frenkel-Exzitonen**, da der angeregte Zustand in jedem Augenblick weitgehend auf ein Molekül bzw. seine unmittelbare Umgebung lokalisiert ist.[7] Dieser Exzitonentransport (Homo- und Heterotransfer) kann auch zu einer Abnahme der Emission führen, wenn die Exzitonen von Verunreinigungen (oder Strukturdefekten) eingefangen und strahlungslos desaktiviert (gequencht) werden. Auf der anderen Seite kann der Effekt genutzt werden, um durch Zusatz von wenigen Prozent eines langwelligeren Emitters (optische Dotierung[8]) zu einem emittierenden Hostmaterial die Emissionsfarbe zu variieren, wobei die Emission des zugesetzten Emitters (Dotierfarbstoff) dabei sogar mit höherer Quantenausbeute (Φ_F) erfolgen kann.

Für den Transportmechanismus werden verschiedene Fälle diskutiert. Die als „trivialer" Mechanismus bezeichnete Energieübertragung durch Strahlung ist ein Zweistufenprozess unter Emission des Donors und Absorption des Akzeptors.

$$D^* \rightarrow D + h\nu$$

$$A + h\nu \rightarrow A^*.$$

Da hierbei keine direkte Wechselwirkung zwischen den beiden Zentren nötig ist, kann dieser Mechanismus eine große Reichweite besitzen. Strahlungsloser Energietransfer erfordert eine Wechselwirkung zwischen Donor und Akzeptor. Im Falle der **Resonanzübertragung** (Förster-Mechanismus) ist es die Dipol-Dipol-Wechselwirkung von Donor und Akzeptor, welche möglich ist, wenn das Emissionsspektrum des Donors mit dem Absorptionsspektrum des Akzeptors überlappt und der Spin in beiden Komponenten erhalten bleibt. Nur in diesem Fall kann der induzierte oszillierende Dipol des anzuregenden Akzeptors in Resonanz mit dem oszillierenden Dipol des Donors treten, wobei dann die Energieübertragung über größere Distanzen erfolgen kann ($\sim 4\,\text{nm}$). Die Transferrate kann mit

$$k_{D \rightarrow A} = \frac{K^2 J \cdot 8.8 \cdot 10^{-28}\,\text{mol}}{\bar{n}^4 \tau_0 r^6} \tag{8.9}$$

beschrieben werden, wobei K für den Orientierungsfaktor, $\bar{n}$ für die Brechzahl des Mediums, τ_0 für die strahlende Lebensdauer des Donors und r für die Distanz (in cm) zwischen Donor (D) und Akzeptor (A) steht. J ist der spektrale Überlapp (in der kohärenten Einheit $\text{cm}^6\,\text{mol}^{-1}$) zwischen dem Absorptionsspektrum des Akzeptors und dem Fluoreszenzspektrum des Donors. Der kritische Quenchradius r_0 ist die Distanz, bei welcher gilt $k_{D \rightarrow A} = 1/\tau_0$, d.h.

$$r_0 = \sqrt[6]{\frac{K^2 J \cdot 8.8 \cdot 10^{-28}\,\text{mol}}{\bar{n}^4}} . \tag{8.10}$$

---

[7] Exzitonen, die nur schwach an ein Zentrum (Gitterbaustein) gebunden sind, werden Wannier-Exzitonen genannt und spielen beim nachfolgend besprochenen Bändermodell eine große Rolle.

[8] Dieser Begriff der optischen Dotierung darf nicht mit dem Dotierbegriff in der Halbleiterphysik oder der Redox-Dotierung bei organischen Halbleitern verwechselt werden.

Ein Energietransfer nach dem **Förster-Mechanismus** kann aber nur bei spinerlaubten Übergängen stattfinden. Im Gegensatz dazu läuft der strahlungslose Triplett-Triplett-Energietransfer bei phosphoreszierenden Zentren nach dem sog. **Dexter-Mechanismus** ab. Dies ist ein kurzreichweitiger Prozess, wobei die Exzitonen vom Donor zum Akzeptor über intermolekularen Elektronenaustausch wandern. Die Geschwindigkeit ist deshalb proportional zum Orbitalüberlapp zwischen Donor- und Akzeptormolekül.

8.2.1.2 Die elektronische Struktur organischer Festkörper

In Abb. 8.3 soll ausgehend vom Bild der Elektronenstruktur für das Wasserstoffatom (Abb. 8.3a) die elektronische Struktur organischer Festkörper veranschaulicht werden. Auf der Ordinate ist die Energie der Elektronen aufgetragen. Die Potentialmulde entspricht dem Coulombpotential des Atomkerns. Die verschiedenen Orbitale befinden sich in dieser Potentialmulde und das einzige Elektron besetzt das niedrigste 1s-Orbital. Die oberste Linie entspricht dem **Vakuumenergieniveau** (engl. vacuum level, VL). Bei Energien über diesem Niveau ist das Elektron nicht mehr an den Kern gebunden.

Das elektronische Energieschema eines mehratomigen Moleküls ist in Abb. 8.3b dargestellt. Das effektive Potential für ein Elektron wird durch die Gesamtheit der Atomkerne und die anderen Elektronen gebildet, wodurch im Ergebnis bei höheren Energien ein Zusammenlaufen der einzelnen Kernpotentiale zu einem breiten Potentialtopf für das ganze Molekül resultiert, wie in Abb. 8.3b angedeutet. Tief liegende Atomorbitale unterliegen noch dem Einfluss der jeweiligen Kernpotentiale (core levels), die höher liegenden Atomorbitale jedoch wechselwirken miteinander und bilden delokalisierte Molekülorbitale (MOs). Der Energieabstand zwischen dem **höchsten besetzten Molekülorbital** (HOMO) und dem **niedrigsten unbesetzten Molekülorbital** (LUMO) kann nach dem Zentrenmodell für die Lumineszenz mit der Wellenlänge der Absorption, bzw. Fluoreszenz korreliert werden. Die Ionisationsenergie des Einzelmoleküls, die **Gasphasen-Ionisationsenergie** (IP_g), entspricht der Energiedifferenz zwischen dem HOMO und dem Vakuumenergieniveau (VL),

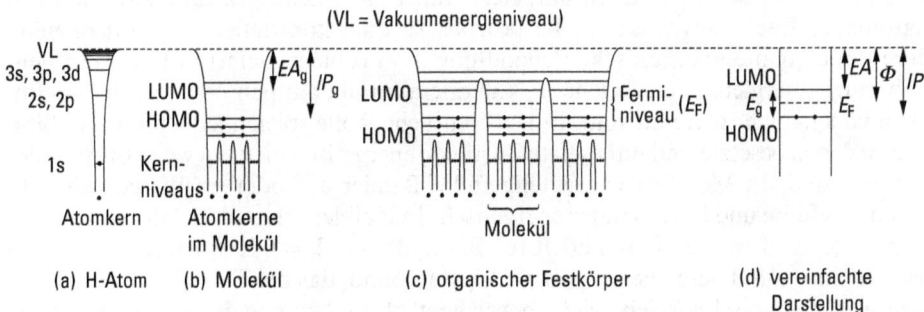

(VL = Vakuumenergieniveau)

VL				
3s, 3p, 3d		EA_g IP_g	LUMO	LUMO EA Φ IP
2s, 2p	LUMO HOMO			E_g E_F
			{ Fermi- niveau (E_F)	
			HOMO	HOMO
1s	Kern- niveaus			

Atomkern	Atomkerne im Molekül		Molekül	
(a) H-Atom	(b) Molekül	(c) organischer Festkörper		(d) vereinfachte Darstellung

Abb. 8.3 Schematische Darstellung elektronischer Energieschemata eines organischen Festkörpers (c), ausgehend vom Wasserstoffatom (a), über ein isoliertes Molekül (b) und vereinfachte Darstellung (d).

während die **Elektronenaffinität** des Moleküls EA_g der Energiedifferenz zwischen LUMO und VL entspricht. Abb. 8.3c veranschaulicht die elektronische Struktur eines aus Molekülen aufgebauten Festkörpers. Organische Festkörper unterscheiden sich von anorganischen Festkörpern u. a. durch eine schwächere elektronische Wechselwirkung zwischen den Bausteinen (organische Moleküle, deren Wechselwirkung in der Reihenfolge Kristall, Flüssigkristall und amorpher Festkörper weiter abnimmt) und einer kleineren relativen Dielektrizitätskonstante ε (typischerweise 3–4 im Vergleich zu 11 für Si). Aus diesem Grund sind sowohl die oberen besetzten Valenzzustände (Valenzband) als auch die unteren unbesetzten Energieniveaus (Leitfähigkeitsband) für gewöhnlich auf jedem Molekül lokalisiert, und es werden nur sehr schmale ($< 0.1\,\text{eV}$) intermolekulare Bänder ausgebildet. Dies erklärt, weshalb die Gültigkeit des Bandmodells (welches frei bewegliche Elektronen voraussetzt) für organische Festkörper in der Regel eingeschränkt ist. Die elektronische Struktur eines organischen Festkörpers entspricht demnach im Wesentlichen der des einzelnen Moleküls. Da die Energieniveaus einer Fermi-Statistik folgend mit Elektronen aufgefüllt werden, kann dennoch ein **Ferminiveau** (E_F) angegeben werden, welches in Abb. 8.3c entsprechend skizziert ist. Die Verhältnisse in Abb. 8.3c werden häufig vereinfacht, wie in Abb. 8.3d dargestellt. Ionisationsenergie (IP) und Elektronenaffinität (EA) im organischen Festkörper sind analog zum Einzelmolekül definiert als Energiedifferenz zwischen HOMO bzw. LUMO und dem Vakuumenergieniveau (VL). Aufgrund von Mehrelektroneneffekten unterscheiden sich die Werte jedoch von denen im isolierten Molekül. Durch Umgebungspolarisation können z. B. geladene Zustände im Festkörper stabilisiert werden, weshalb im Festkörper IP kleiner und EA größer als in der Gasphase sind [9].

Obwohl die Gültigkeit des Bändermodells für organische Halbleiter wie bereits oben erwähnt eingeschränkt ist, werden im üblichen Sprachgebrauch dennoch die Begriffe Leitfähigkeitsband (E_C) und Valenzband (E_V) für die HOMO/LUMO-Energieniveaus im organischen Festkörper benutzt und organische Halbleiter als vollständig verarmte Halbleiter behandelt.

8.2.1.3 Bändermodelle anorganischer Festkörper

Wie in Abschn. 8.4 ausführlich dargelegt, führt die Wechselwirkung zwischen den „atomaren Energieniveaus" im Festkörper zu quasikontinuierlichen **Energiebändern**. Eine quantenmechanische Behandlung des Problems liefert in Einelektronennäherung Energiebänder, welche im Energieraum überlappen oder durch Bandlücken voneinander getrennt sind. Eine wesentliche Rolle spielen jedoch nur die Bänder, in denen besetzte und unbesetzte Zustände energetisch nicht zu weit voneinander entfernt sind. In Metallen treten teilgefüllte Bänder auf oder es überlappen vollständig gefüllte und leere Bänder energetisch. In Halbleitern und Isolatoren befindet sich zwischen dem energetisch höchsten Band, das bei $T = 0\,\text{K}$ vollbesetzt ist – dem **Valenzband** –, und dem energetisch niedrigsten Band, das bei $T = 0\,\text{K}$ leer ist – dem **Leitungsband** – ein Energiebereich, in welchem, abgesehen von den durch Dotierung hervorgerufenen Störstellenniveaus, keine erlaubten Energieniveaus liegen (verbotene Zone). Der **Bandabstand (Bandlücke)** E_g (engl. gap) bezeichnet die Energiedifferenz zwischen der Valenzband-Oberkante E_V und der Leitungsband-Unterkante

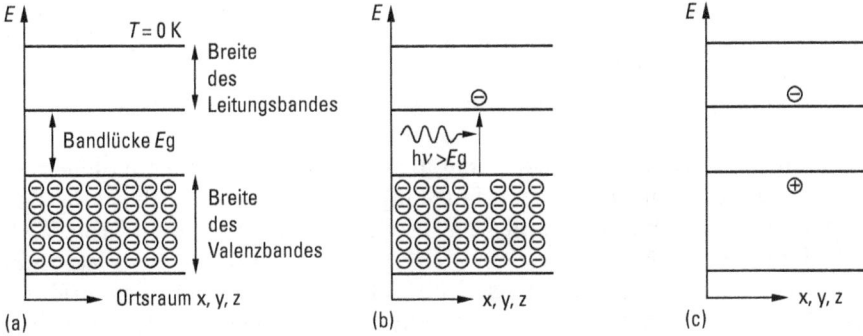

Abb. 8.4 Bandstruktur im Ortsraum, Einführung der Elektronenfehlstelle (Loch).

E_L. Isolatoren weisen gegenüber Halbleitern wesentlich größere Bandlücken auf. Abbildung 8.4 zeigt für einen Halbleiter das **Bänderschema im Ortsraum**, d. h. die **Bandstruktur im Ortsraum $E(x)$**. Analog zu den Atomen sind die energetischen Zustände bis zu einer bestimmten Grenze mit Elektronen besetzt (Pauli-Prinzip). Von allen besetzten Bändern liegt das Valenzband energetisch am höchsten, ist bei T = 0 K vollständig mit Elektronen gefüllt und wird durch die Bandlücke E_g von dem darüber liegenden bei T = 0 K völlig leeren Leitungsband getrennt (Abb. 8.4a). Wird z. B. durch Absorption eines Photons die Energie $hv > E_g$ zugeführt, so wird (unter Aufbrechen einer Valenzbindung) ein Elektron aus dem Valenzband in das leere darüber liegende Leitungsband angehoben, wobei im Valenzband eine Elektronenfehlstelle zurückbleibt (Abb. 8.4b). Sowohl das Elektron im Leitungsband als auch die Elektronenfehlstelle im Valenzband sind dadurch im Ortsraum beweglich geworden. Im Valenzband kann beispielsweise ein Elektron, das der Elektronenfehlstelle benachbart ist, deren Platz einnehmen und dadurch einen gegenseitigen Platzwechsel verursachen. Durch Zusammenwirken aller Valenzbandelektronen kann sich die Elektronenfehlstelle beinahe beliebig bewegen. Eine sehr elegante Beschreibung dieses Vorgangs erreicht man, wenn, anstatt alle Elektronenbewegungen im Valenzband zu betrachten, vielmehr die Bewegung der Elektronenfehlstelle (-stellen) beschrieben wird (Abb. 8.4c). In diesem Formalismus führt man für die **Elektronenfehlstelle** ein Quasiteilchen ein, das positiv geladene „**Loch**" (s. auch Kap. 7).

Um den Leitungsmechanismus zu illustrieren, werden Gitterstrukturen (in Abb. 8.5 a, c und e für Indiumphosphid, InP) oft schematisch in der Ebene dargestellt. Jedes In-Atom stellt aufgrund seiner Dreiwertigkeit im Periodischen System der Elemente drei Valenzelektronen aus seiner äußeren Schale für die Bindung im Kristall zur Verfügung, jedes P-Atom entsprechend fünf, so dass jedes In- und jedes P-Atom mit seinen vier nächsten Nachbarn über je ein Elektronenpaar verbunden ist (Elektronenpaarbindung, kovalente Bindung). Diese bindenden Valenzelektronen sind im Kristall fest lokalisiert und bewegen sich bei T = 0 K in völliger Dunkelheit auch in einem angelegten elektrischen Feld nicht. Bei höherer Temperatur kann jedoch ein sehr kleiner Teil der Bindungen aufgebrochen werden, wobei die Aktivierungsenergie aus dem Wärmehaushalt des Kristalls (Phononensystem) stammt. Wird ein Valenzelektron aus einer Bindung herausgelöst und diesem mindestens die

Energie E_g zugeführt, so ist dieses Elektron im Kristall frei beweglich und befindet sich im Energieraum gesehen (Abb. 8.5b) nun im Leitungsband. Mit steigender Temperatur wächst die Zahl aufgebrochener Bindungen an, weshalb es zu einer für die Halbleiter charakteristischen Zunahme der freien Ladungsträger und damit der Leitfähigkeit kommt (siehe auch Kap. 7.4). Diese Eigenleitfähigkeit ist relativ schwach ausgeprägt und für Bauelemente i.A. nicht ausreichend. Eine effiziente Steuerung der Zahl freier Elektronen und Löcher gelingt hingegen durch eine gezielte Dotierung mit Fremdatomen, wobei eine Fremdleitung erreicht wird. Dotiert man (Abb. 8.5c) den Kristall mit dem sechswertigen Schwefel (S) und nimmt dieser den Platz eines fünfwertigen P-Atoms ein, so wird das sechste Elektron nicht zur Bindung benötigt. Es ist nur noch relativ schwach an den S-Rumpf gebunden. Durch Zuführung einer charakteristischen Aktivierungsenergie löst es sich vom S-Atom, wird ins Leitungsband angehoben und ist im Ortsraum frei beweglich. Am S-Atom bleibt eine lokalisierte einfach positive Ladung zurück, welche in Abb. 8.5d als Quadrat eingezeichnet ist. Auf einem Gruppe-V-Gitterplatz spielt der sechswertige Schwefel die Rolle eines **Donators**. Aufgrund der geringen Aktivierungsenergie (auch Donator-Bindungsenergie genannt) liegt das Donatorniveau energetisch knapp unterhalb der Leitungsband-Unterkante E_L.

Löcherleitung hingegen erreicht man nach Abb. 8.5e durch Dotierung mit **Akzeptoren**. Im InP-Kristall ist das Beryllium (Be) auf einem In-Platz ein Akzeptor. Aufgrund der geringen Aktivierungsenergie (auch Akzeptor-Bindungsenergie ge-

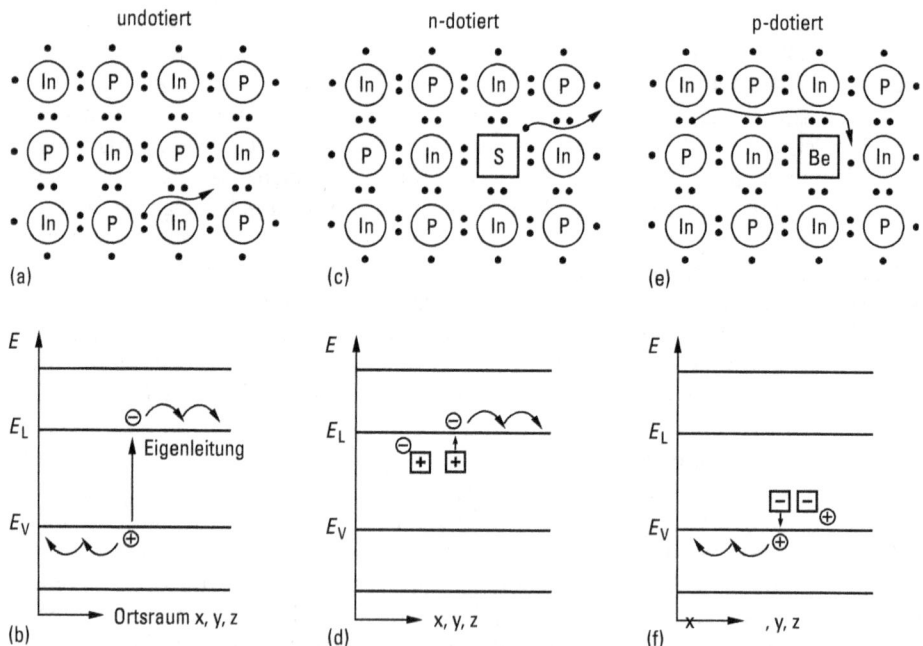

Abb. 8.5 Schematische Darstellung der planarisierten Gitterstruktur von undotiertem, n- und p-dotiertem InP. Darunter schematisch das korrespondierende Bänderschema im Ortsraum.

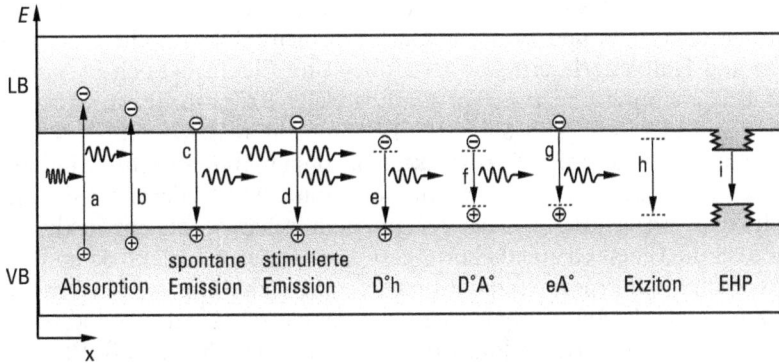

Abb. 8.6 Übersicht verschiedener elektronischer Übergänge im Bändermodell.

nannt) liegt das Akzeptorniveau energetisch dicht oberhalb der Valenzband-Oberkante E_V. Da die Donator- und die Akzeptorbindungsenergien im Vergleich zur Bandlücke sehr gering sind, ist die Fremdleitung, außer bei geringer Dotierung, somit wesentlich stärker als die Eigenleitung. Sie lässt sich zudem über die Dotierungskonzentrationen in idealer Weise einstellen. Die Fremdleitung steigt, ebenso wie die Eigenleitung, als thermisch aktivierter Prozess mit zunehmender Temperatur an.

Es existiert eine Vielzahl von elektronischen Übergängen unter Beteiligung von Photonen – eine Auswahl ist für Halbleiter in Abb. 8.6 wiedergegeben:

(a, b) Generation von zwei Elektron-Loch-Paaren durch Absorption zweier Photonen unterschiedlicher Energie (hv_1, hv_2) als Band-Band-Übergang,

(c) spontane Emission eines Photons durch Rekombination eines Elektron-Loch-Paares als Band-Band-Übergang,

(d) stimulierte Emission durch Rekombination eines Trägerpaars (Kopie des einfallenden Photons in Frequenz und Phase),

(e) D°h: Rekombination eines an einen Donator gebundenen Elektrons (neutraler Donator D°) mit einem freien Loch (h für engl. hole),

(f) eA°: Rekombination eines freien Elektrons (e für engl. electron) mit einem an einen Akzeptor gebundenen Loch (neutraler Akzeptor A°),

(g) D°A°: Rekombination eines an einen Donator gebundenen Elektrons mit einem an einen Akzeptor gebundenen Loch,

(h) X: Rekombination eines Exzitons (stark vereinfacht),

(i) EHP (engl. electron hole plasma): Rekombination eines Elektron-Loch-Paars aus dem Ensemble eines Elektron-Loch Plasmas (stark vereinfacht).

In verschiedenen Bauelementen haben diese Prozesse eine unterschiedliche relative Bedeutung. Die Absorption dominiert in Photodioden und Solarzellen, die stimulierte Emission in Halbleiterlasern und die spontane Emission in LEDs. Anhand grün emittierender LEDs soll darauf hingewiesen werden, dass neben Band-Band-Übergängen wie in modernen Halbleiternitrid-Dioden auch Störstellen-Übergänge wie in den konventionellen GaP:N-Dioden vorkommen. Elektronen im Leitungsband und Löcher im Valenzband können jedoch auch stark korreliert sein, z. B. in Form von Exzitonen und Elektron-Loch-Plasmen (Details siehe unten). In Modulatoren und Halbleiterlasern sind Exzitonen und Elektron-Loch-Plasmen beteiligt.

Zur Beschreibung und zum Verständnis vieler Phänomene ist jedoch die Bandstruktur im Ortsraum (Abb. 8.4 bis 8.6) allein nicht ausreichend. Sie wird durch die in Abschn. 7.4 eingeführte **Bandstruktur im Impuls-Raum (E(k)-Relation)** ergänzt, welche im folgenden in Abschn. 8.4 für verspannte und niederdimensionale Systeme vertieft wird. Verwendet man bei der quantenmechanischen Entwicklung des Bändermodells die Einelektronennäherung, so bewegt sich ein Elektron im periodischen Potential aller Atomrümpfe. In der Einelektronennäherung werden ferner die Wechselwirkungen der Ladungsträger untereinander pauschal in das periodische Potential integriert. Damit gelten diese Bandstrukturen nur für nicht zu große Elektronen- und Löcherdichten. Durch Wechselwirkung eines oder mehrerer Elektron-Loch-Paare können Zustände erreicht werden, welche zu einer Energieabsenkung des korrelierten Ensembles führen. Das System Elektron-Loch bezeichnet man als **Exziton**, und seine Anregungszustände als **Exzitonenniveaus** (s. a. Abschn. 1.6). Die quantentheoretische Behandlung erfolgt mittels eines Wasserstoffmodells, bei dem sich das Elektron und das Loch um einen gemeinsamen Schwerpunkt bewegen. Analog dem Wasserstoffatom treten verschiedene Anregungszustände (Termschemata) auf (s. Abschn. 1.6). Die Seriengrenze des Termschemas bedeutet dabei die Dissoziation des Exzitons und ist damit energetisch korreliert mit der Bandkante (Abb. 1.56). Es muss darauf hingewiesen werden, dass streng genommen in das Einteilchenbild (Abb. 8.6) das Exziton oder das unten behandelte EHP nicht eingezeichnet werden kann.

In anorganischen Halbleitern sind Elektron und Loch in Exzitonen viele Gitterkonstanten voneinander entfernt (**Mott-Wannier-Exzitonen**). Im Gegensatz dazu sind das Elektron und das Loch in **Frenkel-Exzitonen**, wie sie in Abschn. 8.2.1.2 behandelt werden, auf ein Molekül des Molekülkristalls lokalisiert und damit weniger weit voneinander entfernt. Neben diesen freien Exzitonen können auch **gebundene Exzitonen** auftreten, bei denen entweder das Loch oder das Elektron an eine Störstelle oder an mehrere neutrale oder ionisierte Störstellen gebunden ist. Bei höheren Ladungsträgerdichten können ferner mehrere Exzitonen miteinander wechselwirken (z. B. Biexzitonen und Exzitonenmoleküle). Bei noch höheren Ladungsträgerdichten (Hochanregung, z. B. mit sehr intensivem Laserlicht) können **Elektron-Loch-Plasmen (EHP)** erzeugt werden. Thermodynamisch betrachtet ist die Gesamtenergie dieses Ensembles noch wesentlich geringer als die einer äquivalenten Zahl freier Exzitonen (durch eine höhere Anzahl statistischer Realisierungsmöglichkeiten des Ensembles wird die Gesamtenergie minimiert). Dadurch treten die geringsten Emissionsenergien nicht mehr bei der Bandkantenenergie auf, sondern die Emission ist zu geringeren Energien verschoben. Dies ist bei der optischen Verstärkung, dem optischen Gewinn (engl. gain) insbesondere in Festkörperlasern von Bedeutung. Durch diese sogenannten **Vielteilcheneffekte** in EHP werden die Gewinnprofile (engl. gain profile, d. h. die energetische Variation der optischen Verstärkung, (s. Abschn. 8.4.4) bei höheren Ladungsträgerdichten (höheren Injektionsströmen) zu geringeren Energien verschoben. Abschließend sei darauf hingewiesen, dass es analog dem Zweiphasensystem Wasserdampf/Wassertröpfchen auch in dem vorliegenden Fall ein Zweiphasensystem aus freien Exzitonen/Elektron-Loch-Tröpfchen gibt.

Im letzten Abschnitt wurden Korrekturen des einfachen Bändermodells bei hohen Ladungsträgerdichten angesprochen, welche eine Reduktion der Bandlücke bewirken (**Bandkantenrenormalisierung** durch Vielteilcheneffekte). Jedoch ergeben sich auch bei sehr hohen Störstellendichten effektive Bandlückenreduktionen. Mit wachsenden Störstellendichten verbreitern sich die Störstellenniveaus im Energieraum zunehmend, bei sehr hohen Dichten entstehen so genannte band-tails [10]. Während bei geringerer Dotierung fast nur die Prozesse $D°h$ und $eA°$ auftreten (s. Abb. 8.6), steigt mit wachsender Dotierung die Wahrscheinlichkeit, dass sich ein Donator mit gebundenem Elektron und ein Akzeptor mit gebundenem Loch in unmittelbarer Nähe befinden, so dass dadurch Donator-Akzeptorübergänge $D°A°$ sehr wichtig werden. Beispiele wie die grüne Emissionsbande von ZnS:Cu mit $D°A°$, die freien Mott-Wannier-Exzitonen-Spektren in ZnO und die gebundenen Exzitonen in GaP:N und EHP-Emission in Ge sind u. a. in [11] zu finden.

Während die elektrische Leitfähigkeit in Metallen mit wachsender Temperatur sinkt, steigt diese bei Halbleitern und Isolatoren an. Dies ist ein strenges Abgrenzungsmerkmal. In Abb. 8.7 ist die Leitfähigkeit für verschiedene reine Volumen-Materialien dargestellt. Eine Leitfähigkeitsvariation erreicht man durch Dotierung

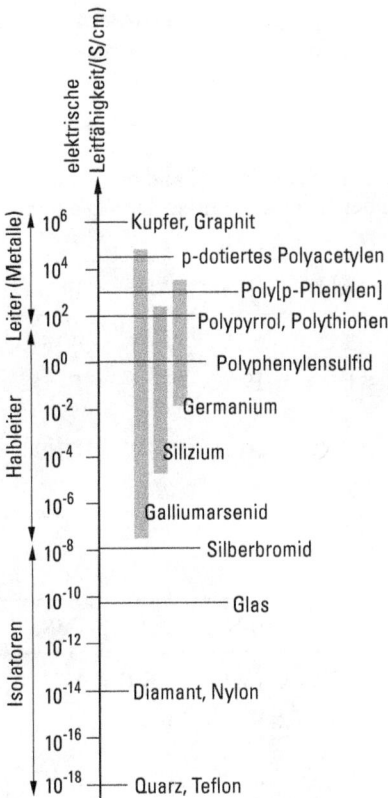

Abb. 8.7 Elektrische Leitfähigkeiten verschiedener Festkörpermaterialien bei Raumtemperatur.

und Legierung. Die elektronische Leitfähigkeit wird wesentlich durch die Material-eigenschaften Bandlücke (außer in Metallen) und Bandstruktur, die Temperatur, die Dotierung und die Geometrie bestimmt. Während in elektronischen Bauelemen-ten in erster Linie die elektronische Leitfähigkeit und deren örtliche Variation und in zweiter Linie die Bandlücke und deren örtliche Variation die entscheidende Rolle spielen (Kap. 7), ist die Situation in der Optoelektronik gerade umgekehrt. In der Optoelektronik stellt die Bandlücke (Tab. 8.2) mit Abstand die wichtigste Kenngröße dar, da sie, wie unten dargestellt, in erster Näherung die Emissionsenergien der Bauelemente (z. B. Laser-LEDs) bzw. spezifische spektrale Empfindlichkeitsgrenzen (Photodioden, Solarzellen) oder spektrale Bereiche starker optischer Verlustände-rungen begrenzen.

Abschließend sei bemerkt, dass in der Optoelektronik als extrem wichtige Kenn-größe ferner die komplexe Brechzahl und deren örtliche Variation hinzukommt. Ein Halbleiterlaser stellt momentan das komplexeste Einzelbauelement dar.

In anorganischen Festkörpern sind die Elektronen im Leitungsband und die Lö-cher im Valenzband nicht lokalisiert, mit vielen Einschränkungen gilt dies sogar für die Valenzelektronen. Dagegen sind Ladungsträger, welche an Störstellen gebunden sind, lokalisiert. Damit können Band-Band-Übergänge als delokalisiert und Über-gänge, in welche Störstellen involviert sind, als lokalisiert betrachtet werden. In den in den Abschnitten 8.2.1.1, 8.3.1.4 und 8.5 behandelten Festkörpern hingegen findet die Anregung und Emission ausschließlich innerhalb eines Ions, Moleküls oder Leuchtzentrums im Festkörper statt.

Tab. 8.2 Bandlücken bei Raumtemperatur, Lage des Leitungsband-Minimums im k-Raum, involvierte Gruppen im periodischen System der Elemente; Gitter: D = Diamant, Z = Zink-blende, W = Wurtzit.

Halbleiter	Si	GaAs	InP	AlAs	GaSb	AlSb	InAs	GaP
E_g/eV	1.12	1.42	1.34	2.15	0.75	1.63	0.36	2.27
Leitungsband-Minimum	X	Γ	Γ	Γ	Γ	X	Γ	X
Typ	IV	III/V	III/V	III/V	III/V	III/V	III/V	III/V
Gitter	D	Z	Z	Z	Z	Z	Z	Z

Halbleiter	AlP	InSb	GaN	AlN	InN	ZnS	CdSe	CdTe
E_g/eV	2.45	0.17	3.42	6.28	1.89	3.68(Z)	1.75	1.43
Leitungsband-Minimum	X	Γ	Γ	Γ	Γ	Γ	Γ	Γ
Typ	III/V	III/V	III/V	III/V	III/V	II/VI	II/VI	II/VI
Gitter	Z	Z	W	W	W	Z oder W	Z oder W	Z oder W

Abschließend sei nochmals ein vergleichender Bogen zu den organischen Festkörpern (Abschn. 8.2.1.2) gespannt. Während sich Mott-Wannier-Exzitonen in anorganischen Halbleitern, wie in diesem Abschnitt dargelegt, räumlich über viele Gitterperioden erstrecken, sind Frenkel-Exzitonen auf ein Ion, Molekül oder Leuchtzentrum lokalisiert. Die Anregung und Emission von Frenkel-Exzitonen in organischen Molekülkristallen oder seltenerd-dotierten Gläsern ist auf das entsprechende Ion, Molekül oder Leuchtzentrum beschränkt und wird durch das Zentrenmodell beschrieben.

8.2.2 Dielektrische Materialeigenschaften

Die Wechselwirkung von elektromagnetischen Wellen mit Materie wird durch die dielektrische Funktion beschrieben. Sie gibt an, wie stark sich die **elektrische Polarisation** (Materialpolarisation) eines Festkörpers durch ein elektrisches Feld ausbildet – vergleichbar mit einem Antwort/Frage- oder einem Wirkung/Ursache-Zusammenhang. Da zwischen Ursache und Wirkung **Kausalität** besteht, sind Real- und Imaginärteil der verbindenden Funktion (in unserem Fall der dielektrischen Funktion) nicht unabhängig, sondern über die **Kramers-Kronig-Relation** verknüpft [12]. Die komplexe dielektrische Funktion ist mit der komplexen Brechzahl verknüpft. Der Realteil der komplexen Brechzahl beschreibt die spektrale Brechzahländerung (Materialdispersion) und der Imaginärteil die spektrale Absorption. Es folgt eine vereinfachende aber anschauliche Darstellung dieses recht schwierigen Sachverhaltes.

Eine sich in einem Halbleiter oder Isolator ausbreitende elektromagnetische Welle regt über das oszillierende elektrische Feld die unterschiedlichen Oszillatoren (Atomgruppen, Moleküle, Atome und Elektronen) zu erzwungenen gedämpften Schwingungen an. Die Polarisation beschreibt dabei die Schwingungs-Maximalamplituden aller beteiligten Oszillatoren. Bei geringen Frequenzen können alle Oszillatoren den erzwungenen Schwingungen folgen. Erhöht man die Frequenz, so gelangen nacheinander die verschiedenen Oszillatoren in Resonanz, wobei jeweils Leistung absorbiert wird. Es entstehen individuelle charakteristische Absorptionsprofile. Ganz entscheidend ist jedoch, dass bei Frequenzen oberhalb einer Resonanz der korrespondierende Oszillator den nunmehr sehr schnellen Wechseln des elektrischen Feldes nicht mehr folgen kann, so dass die Polarisation um den Beitrag dieses Oszillators geringer geworden ist (Abb. 8.8).

Mit steigender Frequenz können zuerst die Orientierungspolarisationen (Orientierungsschwingungen einer Atomgruppe) nicht mehr folgen, danach die Vibrationen (z. B. Schwingungen der Atome) und zuletzt die Oszillation der Elektronen. Die vibronischen Resonanzen liegen im infraroten, die elektronischen Resonanzen im ultravioletten Spektralbereich. Die Polarisation P und das elektrische Feld E hängen mit der dielektrischen Funktion wie folgt zusammen:

$$\varepsilon_r = 1 + \frac{P}{\varepsilon_0 E}. \tag{8.11}$$

Für den Realteil der dielektrischen Funktion lässt sich demnach ein Bild erstellen,

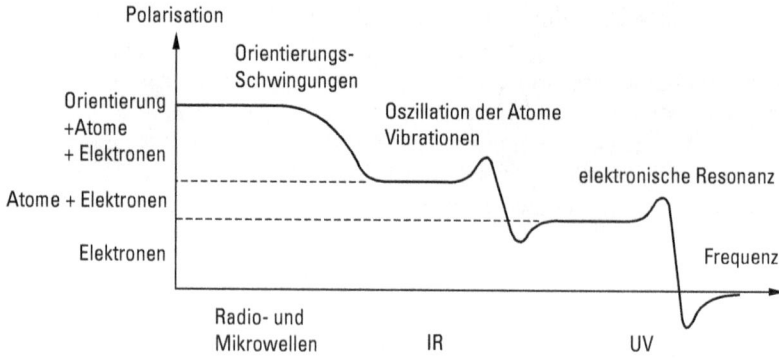

Abb. 8.8   Variation der elektrischen Polarisation als Funktion der Lichtfrequenz.

das Abb. 8.8 qualitativ sehr ähnlich ist. Mit der Brechzahl $\bar{n}$ und dem Extinktions-koeffizienten κ gilt für die komplexe Brechzahl η

$$\eta = \bar{n} - i\kappa \tag{8.12}$$

und für die komplexe dielektrische Funktion

$$\varepsilon_r = \varepsilon_r' - i\varepsilon_r'' . \tag{8.13}$$

Mit der Absorptionskonstanten α besteht der Zusammenhang: $\kappa = \alpha\lambda/4\pi$. Wegen $\varepsilon_r = \eta^2 = (\bar{n} - i\kappa)^2$ erhält man

$$\varepsilon_r' = \bar{n}^2 - \kappa^2 \quad \text{und} \quad \varepsilon_r'' = 2\bar{n}\kappa . \tag{8.14}$$

Außerhalb der spektralen Gebiete starker Absorption erhält man daher mit $\kappa \approx 0$ ferner $\varepsilon_r' \approx \bar{n}^2$.

Jede der polstellenähnlichen Resonanzen im Realteil ist präzise mit einer glocken-förmigen Absorptionslinie verknüpft. Diese enge Verknüpfung von Real- und Ima-ginärteil (Brechzahl und Absorption) spiegelt sich auch in der Kramers-Kronig-Relation wider. Schöne Beispiele sind für ein Modellmetall, einen Modellhalbleiter und einen Modellisolator in Bd. 6, 1. Aufl. (Abb. 5.71), für Al_2O_3-Kristalle in [13] und für Quarzglas (SiO_2) in Abschn. 8.3.1.2 (Abb. 8.10) sowie in [13] zu finden.

8.2.3 Nichtlineare Optik

Die nichtlineare Optik (NLO) hat in der letzten Zeit aufgrund ihrer vielfältigen Anwendungen in der Optoelektronik an Bedeutung gewonnen. Während im Bereich der linearen Optik die Frequenz der in ein Medium eingestrahlten optischen Welle konstant bleibt und Materialeigenschaften wie Brechzahl und Absorptionsverhalten sich infolge der optischen Wechselwirkung nicht verändern, gelten diese Einschrän-kungen in der nichtlinearen Optik nicht mehr. Viele der Effekte, welche vom nicht-linearen Energieaustausch der am Prozess beteiligten Wellen verursacht werden, kön-nen für Funktionen in der optischen Informationsverarbeitung genutzt werden. Bei-spiele sind die optische Verstärkung, die elektrooptische Modulation, optisches

Schalten und die Erzeugung von Summen- und Differenzfrequenzen. Alle diese Prozesse sind mit den elektromagnetischen Materialgleichungen verknüpft, welche die bezüglich der elektrischen Feldstärke E nichtlinearen Anteile der Polarisation P enthalten. Entscheidend sind hierbei die nichtlinearen optischen Materialeigenschaften oder genauer **Suszeptibilitätstensoren**, welche die Polarisation mit quadratischen, kubischen und höheren Potenzen der elektrischen Feldstärken verknüpfen:

$$P_i(f) = P_i^o + \chi_{ij}^{(1)}(-f)\,E_j(f) + \chi_{ijk}^{(2)}(-f;f_1,f_2)\,E_j(f_1)\,E_k(f_2)$$
$$+ \chi_{ijkl}^{(3)}(-f;f_1,f_2,f_3)\,E_j(f_1)\,E_k(f_2)\,E_l(f_3) + \dots . \qquad (8.15)$$

In Gl. (8.15) beschreibt $\chi_{ij}^{(1)}$ einen Prozess erster Ordnung und deckt somit den gesamten Bereich der linearen Optik ab (Brechung und Absorption). $\chi_{ijk}^{(2)}$ beschreibt folglich einen Prozess zweiter und $\chi_{ijkl}^{(3)}$ einen Prozess dritter Ordnung. Hierbei ist eine Summation über identische Indizes angenommen. Die Tensoren weisen wichtige Symmetrie-Eigenschaften auf: Während für die Tensoren geradzahliger Stufe $\chi_{ij}^{(1)}$ und $\chi_{ijkl}^{(3)}$ (die Stufe ist durch die Zahl der Indizes bestimmt) die nichtlinearen Tensorkomponenten auch in zentrosymmetrischen Materialien von Null verschieden sind, ist eine strukturelle Nichtzentrosymmetrie für die Existenz von Komponenten der Tensoren ungeradzahliger Stufe $\chi_{ijk}^{(2)}$ zwingend notwendig.

Zwei für die Anwendung besonders interessante $\chi^{(2)}$-Anwendungen sind die Erzeugung der zweiten optischen Harmonischen (**Frequenzverdopplung**) und die elektro-optische Modulation (**Pockels-Effekt**), beides Spezialfälle des Dreiwellenmischens. Die Erzeugung der zweiten optischen Harmonischen wird zur Zeit in leistungsstarken und relativ kompakten cw-Laserdioden verwendet, die im sichtbaren Spektralbereich (speziell im momentan noch schwer zugänglichen grünen Bereich) emittieren. Der Pockels-Effekt (linear elektro-optischer Effekt) bildet die Grundlage für das elektro-optische Schalten und beschreibt die Änderung der Brechzahl eines Materials durch das Anlegen eines niederfrequenten elektrischen Feldes. Damit diese Effekte auftreten können, müssen, wie oben bereits teilweise erwähnt, zwei Bedingungen erfüllt sein: erstens darf das Material kein Symmetriezentrum aufweisen und zweitens muss sich zur Erzielung maximaler Effizienz der Frequenzverdopplung das Licht im Kristall in der Richtung ausbreiten, in der die **optische Doppelbrechung** des Festkörpers die natürliche Dispersion auslöscht, was zu dem Zustand gleicher Brechzahlen bei der fundamentalen und der zweiten harmonischen Frequenz führt. Dies ist als „**Phasenanpassung**" bekannt und ermöglicht die Konversion eines Teils des Lichtes in die zweite Harmonische. Ferner muss das Material eine langreichweitige strukturelle Ordnung zeigen und optische Transparenz im Spektralbereich der fundamentalen und der zweiten harmonischen Welle aufweisen, um optische Verluste zu vermeiden. Der für schnelle elektrooptische Modulation mit Schaltzeiten im Sub-Pikosekundenbereich wesentliche Pockels-Koeffizient r ist direkt proportional zur nichtlinearen Suszeptibilität zweiter Ordnung $\chi^{(2)}$. Der Pockels-Effekt bewirkt eine Deformation des Brechzahl-Ellipsoids unter Einwirkung eines externen elektrischen Feldes gemäß

$$\Delta(1/\bar{n}^2)_i = \sum_{j=1}^{3} r_{ij}\,E_j \quad \text{und} \quad r_{ij} \sim \chi^{(2)}, \qquad (8.16)$$

wobei $\bar{n}$ die Brechzahl ist (i läuft von 1 bis 6 und j von 1 bis 3). Ist die Materialnichtlinearität groß genug, lassen sich selbst mit kleinen Feldern (5 V/µm) in Mikrointerferometern so große Brechzahlunterschiede und damit optische Gangdifferenzen erzeugen, dass die Lichtintensität wirkungsvoll moduliert und sogar die Grenzen 0 % und 100 % fast vollständig erreicht werden. Dabei wird deutlich, dass neben den nichtlinearen Eigenschaften auch insbesondere die Strukturierbarkeit eines Materials von entscheidender Bedeutung ist.

Der mit $\chi^{(3)}$ behaftete Term führt zum Vierwellenmischen (Effekte dritter Ordnung) und beschreibt als Spezialfälle die Frequenzverdreifachung und den elektrooptischen Kerr-Effekt. Für die Anwendung besonders interessant ist die intensitätsabhängige Brechzahl eines $\chi^{(3)}$-Materials. Hiermit lassen sich z. B. Resonatorstrukturen realisieren, die je nach Anwesenheit einer optischen Schaltwelle die Blockierung oder die Transmission einer optischen Signalwelle realisieren („all-optical switching"). Die Suszeptibilität $\chi^{(3)}$ muss allerdings groß genug sein, um eine ausreichende Änderung in den Ausbreitungseigenschaften eines optischen Strahls über die Bauelementelänge L zu verursachen. Gleichzeitig müssen aber auch die Absorptionsverluste sehr gering sein, was zu einer Beschränkung auf nichtresonante Effekte zwingt. Konjugierte Polymere sind typische optisch nichtlineare Materialien 3. Ordnung, die für die Anwendung in komplett optischen Bauelementen (engl. all-optical devices) untersucht werden, für die aber bisher noch zu kleine optische Nichtlinearitäten erreicht wurden. Völlig neue Perspektiven eröffnen hier neueste Entwicklungen wie „Optical Cascading". Hiermit lassen sich um Größenordnungen stärkere Effekte erzeugen und in Bauelementen nutzen, die vollkommen optisch arbeiten.

8.3 Dielektrische Materialien

Die in diesem Abschnitt behandelten Festkörper der Optoelektronik sind grundsätzlich Isolatoren, wobei außer bei den keramischen Materialien eine in einem bestimmten Spektralbereich hohe Transparenz im Vordergrund steht.

8.3.1 Anorganische Gläser

Die Materialklasse der Gläser ist heute sowohl in der Technologie als auch im Alltagsgebrauch in außerordentlich großem Umfang vertreten. Diese Vielfalt liegt in der Möglichkeit begründet, z. B. dem Quarzglas (Siliziumdioxid SiO_2, engl. fused silica) eine große Anzahl verschiedener Oxide in den unterschiedlichsten Mischungsverhältnissen beimengen zu können und dadurch Gläser mit sehr unterschiedlichen physikalischen Eigenschaften herstellen zu können. Obwohl Glas einer der ältesten vom Menschen synthetisierten Festkörper ist, sind die physikalischen Ursachen für dessen so geschätzte Transparenz immer noch nicht vollständig ergründet. Im Gegenteil, alle Ursachen für lichtabsorbierende Defekte treten in Glas in konzentrierter Form auf: Die Netzstruktur ist fern von einer Idealstruktur, unstöchiometrisch und mit hohen Konzentrationen von Verunreinigungen behaftet. Die Eigenschaften als elektrischer Isolator lassen sich durch die große Bandlücke erklären, welche aber aufgrund dieser Tatsachen mit Störtermen geradezu übersät sein müsste. Diesen physikalischen Paradoxa zum Trotz zeichnen sich Gläser jedoch durch eine außergewöhnlich hohe Transparenz aus. Die Transparenz ist in optischen Glasfasern in bestimmten Spektralbereichen besonders ausgeprägt und verhalf u. a. der optischen Kommunikationstechnik zum Durchbruch. Im Folgenden werden als Beispiel drei Glasarten angeführt, welche sich bezüglich Transmissionseigenschaften, Herstellungskosten, Handhabbarkeit und Einsatzfeldern wesentlich voneinander unterscheiden. In der Reihe (a) Na_2O-B_2O_3-SiO_2, (b) SiO_2-GeO_2 und (c) ZrF_2-BaF_2-LuF_3-ThF_4-GdF_4-AlF_3 verschiebt sich die spektrale Lage des Dämpfungsminimums von (a) nach (c) immer mehr ins Infrarote, wobei gleichzeitig die maximale optische Transmission erheblich zunimmt, aber die Handhabbarkeit beträchtlich verschlechtert wird.

8.3.1.1 Grundlagen und Struktur

Als Festkörper bezeichnet man ein steifes Material, das nicht zu fließen beginnt, wenn man es moderaten Kräften, Spannungen oder Drehmomenten aussetzt. Um diese Charakterisierung zu quantifizieren: Festkörper weisen Viskositäten oberhalb von $10^{13.6}$ kg/s · cm auf. Ein Festkörper wird als amorph bezeichnet, wenn er keine

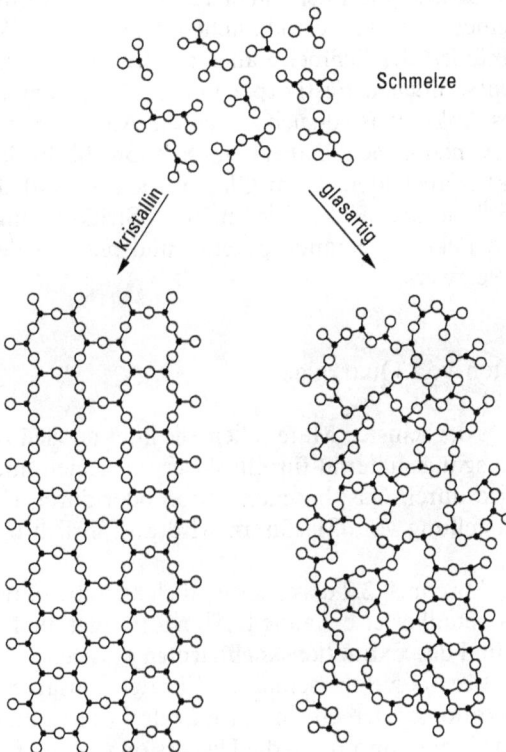

Abb. 8.9 Schematische Darstellung von kristallinen und glasartigen Festkörperstrukturen nach Abkühlen einer Schmelze. Beiden Fällen liegt eine hypothetische A_2O_3-Verbindung zu Grunde, wobei O für Sauerstoff und A stellvertretend für verschiedene Atome steht.

Periodizität in der Anordnung und den Abständen seiner atomaren oder molekularen Bestandteile aufweist. Daher ist Glas ein amorpher Festkörper, wobei bei Gläsern aufgrund weiterer Besonderheiten der Begriff glasartig anstatt amorph verwendet wird. Beispielsweise weist Quarzglas (SiO_2) eine kurzreichweitige aber keine langreichweitige Ordnung mehr auf. Trotz der stark anwachsenden Verbreitung und Bedeutung von Gläsern ist es überraschend, wie wenig bisher über den glasartigen Zustand bekannt ist. Im Gegensatz dazu kann aufgrund der nahezu perfekten Ordnung in kristallinen Festkörpern deren Struktur relativ unproblematisch aufgeklärt werden, mithilfe von Streuung und Beugung von Strahlung an der Kristallstruktur (z. B. mit der Röntgenstrahlbeugung). Im Gegensatz dazu müssen Gläser ohne die Mithilfe dieser Periodizität charakterisiert werden. Die für die Gläser charakteristische langreichweitige Unordnung erschwert gerade strukturelle Studien und deren Interpretation erheblich. Gläser weisen jedoch zumindest eine kurzreichweitige Ordnung auf einer Skala von 0.2 bis 1 nm auf. Diese lokale Ordnung kann mit großem computergestützten Aufwand und mit speziellen experimentellen Verfahren untersucht werden, welche Röntgenstrahl-, Neutronenstrahl- und Elektronenbeugung mit anderen Analysetechniken involviert.

Durch Unterkühlung einer Schmelze können sowohl kristalline als auch glasartige Strukturen entstehen (Abb. 8.9). Übersichtsarbeiten zu Glasstrukturen sind in [14] zu finden. Die Gebiete lokaler Ordnung können dabei aus einzelnen Atomgruppen (z. B. Tetraedern oder allgemeiner: Vielflächnern) bestehen. Die Art und Weise, wie diese Atomgruppen beim Abkühlen der Schmelze aneinandergekettet werden, bestimmt, ob es sich bei dem entstandenen Festkörper um ein Glas oder um einen Kristall handelt. Während des Abkühlens versuchen sich die Atome in einer Konfiguration mit niedriger Energie anzuordnen. Dabei kann sich sowohl eine kristalline als auch eine glasartige Struktur ausbilden. Beim Glas werden wesentliche Züge, welche die Unordnung in der Schmelze charakterisieren, in der Struktur eingefroren. Die Vielflächner sind an ihren Ecken aneinandergekettet und bilden so ein kompliziertes, dreidimensionales Netzwerk.

8.3.1.2 Optische Eigenschaften von Quarzglas

Reines Quarzglas (SiO_2) ist eines der reinsten Materialien, die kommerziell verfügbar sind. Es stellt ein wichtiges Ausgangsmaterial für Glasfasern, Prismen und Linsen dar. Das reinste Quarzglas wird durch Gasphasenoxidation oder durch Hydrolyse von $SiCl_4$ gewonnen. Die Herstellung von Glasfasern wird ausführlich in [15] beschrieben.

Im Folgenden werden die in Abschn. 8.2.2 diskutierten dielektrischen Eigenschaften am Beispiel von Quarzglas detaillierter behandelt. Abb. 8.10 zeigt die Frequenzabhängigkeit der Brechzahl $\bar{n}$ und des **Extinktionskoeffizienten** κ, welcher direkt mit dem **Absorptionskoeffizient** $\alpha = 4\pi\kappa/\lambda$ zusammenhängt. Für den Einsatz von Glasfasern in optischen Kommunikationssystemen sind primär drei Eigenschaften entscheidend: der optische Verlust (Lichtdämpfung), die Dispersion und die Festigkeit. Der optische Verlust rührt in Fasern von verschiedenen Absorptionsprozessen und der Lichtstreuung her. In modernen Fasern ist es gelungen, die Schwächung des Lichtes auf Grund von Restverunreinigungen (Fremdatome, man spricht von ex-

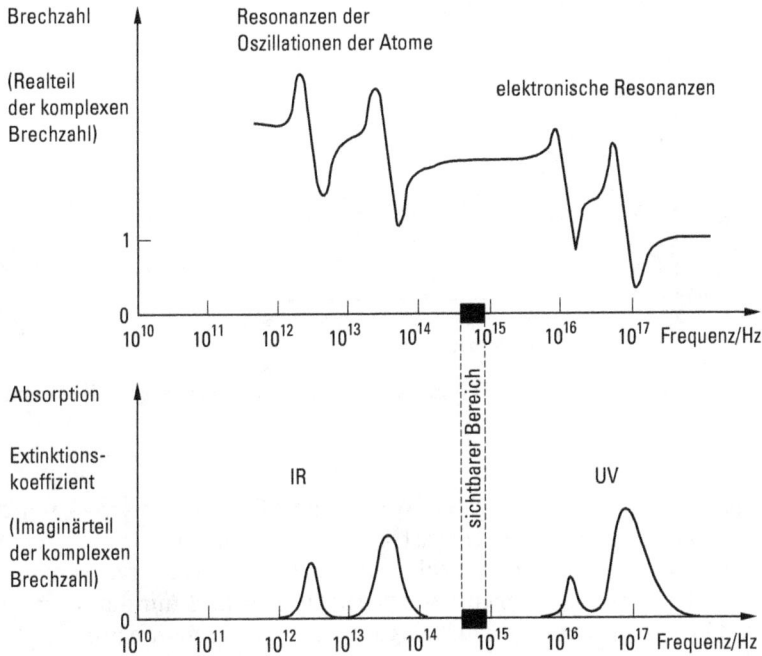

Abb. 8.10   Variation der Brechzahl und der Absorption von Quarzglas als Funktion der Frequenz.

trinsischen Störstellen) durch spezielle Reinigungs- und Herstellungsverfahren ganz erheblich zu reduzieren. In Fasern auf der Basis von SiO_2 liegen im spektralen Dämpfungsminimum die optischen Verluste heute bereits bei $< 0.2\,dB/km$ (ein Verlust in dieser Größenordnung entspricht über 1 km Strecke einer Transmission von 95 %, 10 dB/km entsprechen einer Transmission von 10 %, 20 dB/km von 1 % u.s.w.). Im linearen Maßstab (Abb. 8.10 unten) ist das Absorptionsminimum zwischen den Ausläufern der hochfrequentesten vibronischen Absorptionslinie und der niederfrequentesten elektronischen Absorptionslinie nicht zu sehen. Daher stellt man die Absorption logarithmisch, meist über der Lichtwellenlänge λ, dar (Abb. 8.11). Bei kleinen Wellenlängen (ultravioletter Spektralbereich: UV) erkennt man den Ausläufer der elektronischen Absorptionsprozesse. Im sichtbaren Spektralbereich und im nahen Infrarot (IR) bis 1.2 μm dominiert die Rayleigh-Streuung an Inhomogenitäten, welche proportional zu λ^{-4} ist [16]. Im langwelligen Bereich steigen die optischen Verluste durch die Anregung von atomaren Schwingungen (Phononen) wieder stark an. Hier erkennt man den Ausläufer der vibronischen Absorption (Abb. 8.10 unten). Je nach verwendeter Glasart verschieben sich die Absorptionsprofile im IR und im UV spektral. Dies ist physikalisch sofort verständlich, da sich analog zu den Betrachtungen in Abschn. 8.2.2 die elektronische Bandstruktur und damit das spektrale UV-Absorptionsprofil je nach der Struktur und der Art der den Festkörper aufbauenden Atome stark ändert. Auf der anderen Seite verändern die Atommassen und Bindungsstärken die spektrale Lage der IR-Absorption beachtlich. Je nach An-

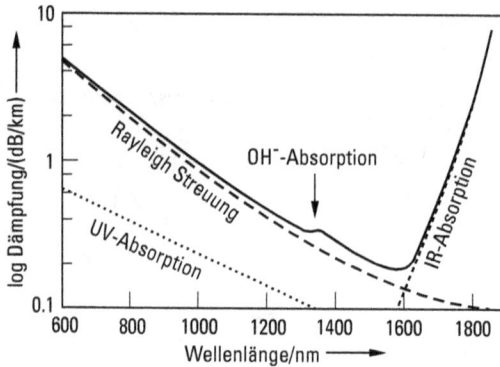

Abb. 8.11 Absorption (hier Schwächungskoeffizient) von Quarzglas als Funktion der Wellenlänge.

wendungszweck (Leistungsfähigkeit, Wellenlängenfenster, Kosten) kann demnach eine Faser mit entsprechender Glasart gewählt werden. Da die spektrale Charakteristik der Rayleigh-Streuung physikalisch vorgegeben ist, erreicht man eine effiziente Reduzierung des optischen Verlustes nach Abb. 8.11 nur durch eine Verschiebung der IR Absorption ins Langwellige, vorausgesetzt man würde die Unterdrückung der extrinsischen Verluste in allen Systemen in gleicher Weise beherrschen. Dies hat zur Wahl von Fasern geführt, welche auf SiO_2-GeO_2-Gläsern basieren. In diesem System beherrscht man die Unterdrückung von extrinsischen Absorptionen, z. B. durch Übergangsmetalle und OH^--Störstellen, am besten. Absorptionen, die durch OH^--Vibrationen hervorgerufen werden, treten bei 1.38 µm und 1.24 µm auf. Abbildung 8.11 zeigt die geringsten optischen Verluste bei 1.55 µm. Während bei 1.3 µm ebenfalls nur geringe optische Verluste vorliegen, profitiert man jedoch dort zusätzlich davon, dass eine Standard-Monomode-Glasfaser so konstruiert werden kann, dass sich die Anteile der Materialdispersion und der Wellenleiterdispersion im Dispersionskoeffizienten gerade kompensieren, wie im folgenden Abschnitt gezeigt wird.

8.3.1.3 Wellenleitende Eigenschaften der Quarzglasfaser und Dispersionsarten

Eine Begrenzung der maximal übertragbaren Bitrate wird einerseits durch Dämpfung und andererseits durch Laufzeitunterschiede, genauer gesagt durch Dispersionseffekte (s. u.) verursacht und hängt sehr von Aufbau und Materialkompositionen der Fasern ab. Mit Hilfe des Strahlenmodells kann auf der Basis vielfacher interner Totalreflexionen die Wellenleitung veranschaulicht werden (Abb. 8.12). Im Strahlenmodell bewirkt bei der **Stufenprofil-Faser** die Totalreflexion am Brechzahlsprung (**Faserkern** $\bar{n}_1$, **Fasermantel** $\bar{n}_2$) die Lichtführung. Dieses Modell ist jedoch aus mehreren Gründen unzureichend. Erstens dringt das Licht, wie das Wellenmodell (Helmholtzgleichung) zeigt, je nach Brechzahlprofil mehr oder weniger in den Mantel ein (s. Abb. 8.13). Zweitens liefert ein „kürzerer" Weg nicht zwangsläufig eine kürzere Laufzeit eines Lichtpulses (s. u.). Drittens ist nicht die Phasengeschwindigkeit, son-

LWL-Typ	Brechzahl-profil	Wellenausbreitung	Kern-durchmesser in µm	Gesamt-durchmesser in µm	Dämpfung in dB/km	numerische Apertur
Multimode mit Stufenprofil			Glas-Glas 50...500, Standard für LWL 50, (Polymere 600...3000)	Glas-Glas 100...1000, Standard für LWL 125	bei 0.85 µm 2...10, bei 1.3 µm 0.4...10	0.2...0.4
Multimode mit Gradienten-profil			40...100, Standard für LWL 50	100...200, Standard für LWL 125	bei 0.85 µm ≈2, bei 1.3 µm ≈0.4	0.2...0.4 für Eintritt in Achsennähe
Monomode			bei 0.85 µm ≈4, bei 1.55 µm ≈8	100...200	bei 0.85 µm ≈2.5, bei 1.55 µm ≈0.18	0.1...0.2

Abb. 8.12 Quarzglas-Lichtwellenleiter (LWL): schematische Darstellung von Grundtypen und deren Eigenschaften.

dern die Gruppengeschwindigkeit in axialer Richtung relevant. Jedoch gelingt bereits mit dem Strahlenmodell eine anschauliche Erklärung der Ausbildung einzelner Moden. Zu den individuellen Moden korrespondieren ganz bestimmte Winkel, denn nur diese erlauben konstruktive Interferenz nach zwei aufeinanderfolgenden Reflexionen [17]. In multimodigen Stufenprofilfasern führen die Laufzeitunterschiede der Moden am Faserausgang zu beträchtlichen „Verschmierungen" von Bitmustern und somit zu einer starken Begrenzung des Bitraten-Längen-Produktes. Bei **Gradienten-profil-Fasern** wird dies durch das maßgeschneiderte Brechzahlprofil weitgehend kompensiert, denn (stark vereinfacht) profitieren die äußeren Strahlen von den äu-

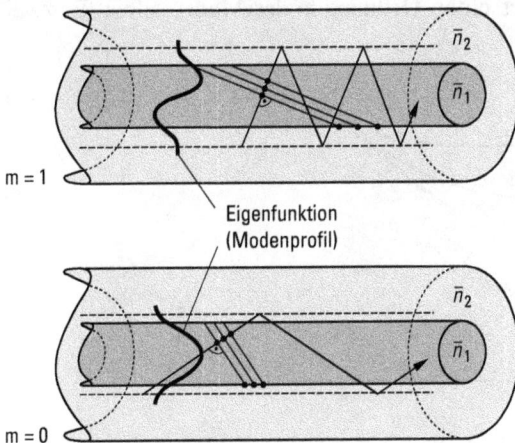

Abb. 8.13 Darstellung zweier ausbreitungsfähiger Moden im Wellen- und Strahlenmodell.

ßeren Bereichen geringerer Brechzahl und damit höherer **Phasengeschwindigkeit**
$v_{ph} = \omega/k = c_o/\bar{n}_{ph}$. Leider ist auch dieses Bild nicht ganz korrekt, da nicht die Phasengeschwindigkeit in Pfeilrichtung, sondern die **Gruppengeschwindigkeit** in axialer
Richtung $v_{gr} = d\omega/dk_{axial} = c_o/\bar{n}_{gr}$ entscheidet. Dabei ist $\bar{n}_{ph}$ die **Phasenbrechzahl** und
$\bar{n}_{gr}$ die **Gruppenbrechzahl**. Gänzlich vermieden werden diese Laufzeitunterschiede
bei **Singlemode-Fasern**, in denen sich nur ein Mode ausbreiten kann, und somit
keine **Modendispersion** existiert. Die Lösung der Helmholtzgleichung liefert in diesem
Fall nur einen **Eigenwert**, d. h. einen **effektiven Index** und eine **Eigenfunktion**, d. h.
das **Modenprofil** des fundamentalen Modes.

Eine weitere Ursache für die Signalverzerrung ist die Polarisationsmodendisper-
sion, die Profil-Dispersion und die in Singlemode-Fasern dominierende **Chromatische Dispersion**, welche sich aus der **Wellenleiterdispersion** und der **Materialdispersion**
(direkte Wellenlängenabhängigkeit der Brechzahl) zusammensetzt. Eine korrekte,
wenn auch nicht so anschauliche Beschreibung liefert die **Dispersionsrelation**
$\omega = \omega(\beta_m)$, wobei β_m die **Ausbreitungskonstante** in axialer Richtung (komplexe Wellenzahl) ist (Abb. 8.14). Diese Dispersionsrelationen sind auch bei Phononen und
Polaritonen als Lösungen von Eigenwertproblemen geläufig. Auch die bereits eingeführte Bandstruktur $E(k)$ wird als Dispersionsrelation bezeichnet, da auch sie die
Energie bzw. die Kreisfrequenz ω mit dem **Wellenvektor** k („**Kristallimpuls**") verknüpft. Nach Abb. 8.14 ist der Lichtwellenleiter für $\omega > \omega_{cut-off}$ mehrmodig. Für
eine bestimmte Kreisfrequenz treten unterschiedliche Gruppengeschwindigkeiten in
Form unterschiedlicher Steigungen in Abb. 8.14 auf. Dabei kann es bei dieser Modendispersion vorkommen (wie oben erwähnt), dass ein zwischen dem fundamentalen Mode und dem Mode höchster Ordnung liegender Mode die geringste Gruppengeschwindigkeit aufweist (der Vergleich kurzer und langer Wege in Abb. 8.12 ist
meist irreführend!). Bei der Wellenleiterdispersion muss die Krümmung von
$\omega = \omega(\beta_m)$ in der Nähe der betrachteten Kreisfrequenz berücksichtigt werden. Denn
selbst ein monofrequenter (monomodiger) Laser weist keine spektral unendlich
scharfe Emissionslinie auf. Insbesondere ist diese bei hochbitratig modulierten Lasern stark verbreitert. Eine anschaulichere Deutung der Wellenleiterdispersion gelingt mit der Betrachtung des Anteils des Modenprofils, das im Mantel verläuft
(Abb. 8.13). Dieser ist bei derselben **Ordnung m des Modes** selbst für zwei sehr eng

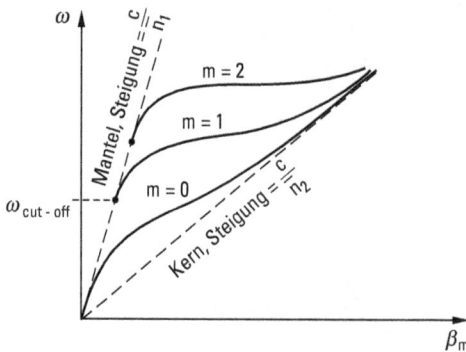

Abb. 8.14 Schematische Darstellung der Dispersionsrelation einer Quarzglasfaser, funda-
mentaler Mode m = 0, Mode erster Ordnung m = 1, Mode zweiter Ordnung m = 2.

benachbarte Wellenlängen unterschiedlich, was eine leicht verschiedene effektive Brechzahl verursacht. Damit ist die effektive Brechzahl auch über die Wellenleiterstruktur nochmals von der Wellenlänge abhängig. Es soll nochmals betont werden, dass stets auch eine direkte Abhängigkeit der Brechzahl von der Wellenlänge vorliegt (Materialdispersion). Nach Abb. 8.14 ist der Lichtwellenleiter für $\omega < \omega_{\text{cut-off}}$ einmodig, es existiert nur noch ein Eigenwert und es dominiert die **Chromatische Dispersion** (Wellenleiterdispersion plus Materialdispersion).

Genau genommen ist für die Chromatische Dispersion nicht die Wellenlängenabhängigkeit der Brechzahl ausschlaggebend, sondern die Wellenlängenabhängigkeit des **Materialdispersionskoeffizienten** M_{m}, der mit der zweiten Ableitung der Brechzahl von der Wellenlänge korreliert ist [15]. Mit Hilfe komplizierter Brechzahlprofile gelingt es, dass der **chromatische Dispersionskoeffizient** M_{ch} einer Glasfaser so maßgeschneidert werden kann, dass sich erstens die Anteile der Materialdispersion (Abb. 8.10 oben und Abb. 8.15) und der Wellenleiterdispersion (Abb. 8.15) bei einer bestimmten Wellenlänge gerade aufheben [18]. Zweitens lässt sich diese Wellenlänge verschieben und ferner ein relativ ausgedehnter Bereich mit sehr geringem chromatischen Dispersionskoeffizienten realisieren (Abb. 8.15) [17, 19].

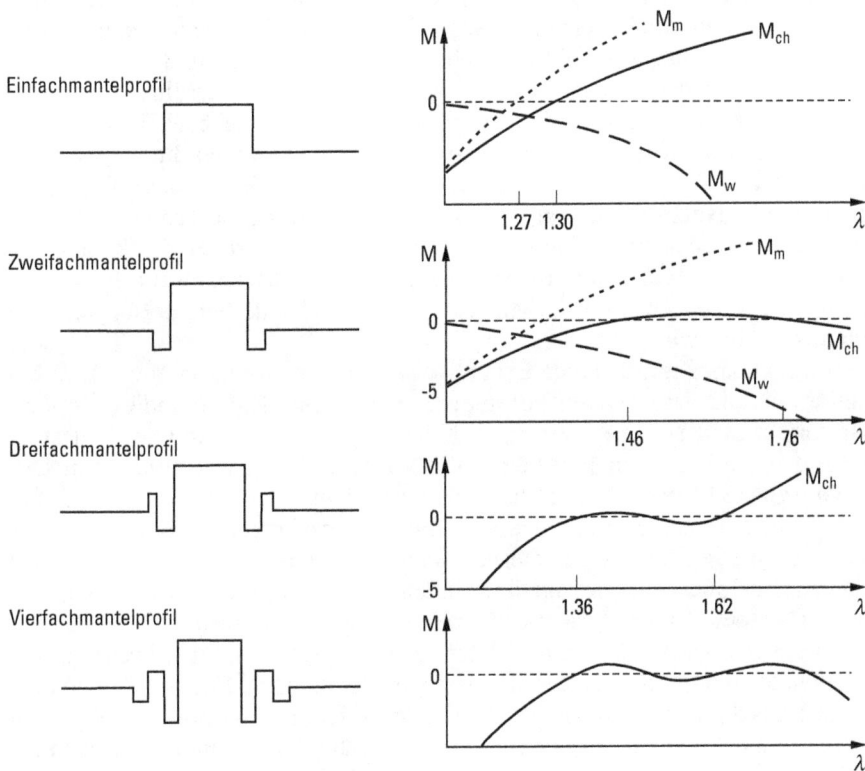

Abb. 8.15 Schematische Darstellung verschiedener Glasfaserarten mit abruptem Brechzahlsprung und korrespondierendem chromatischem Dispersionskoeffizient als Funktion der Wellenlänge, chromatische Dispersion $M_{\text{ch}} = M_{\text{m}} + M_{\text{w}}$.

Analog zur Faser mit kreisförmigem Faserquerschnitt können jedoch auch in planaren Materialien **planare optische Wellenleiter** mit rechteckförmigem Wellenleiterkern realisiert werden, wobei polymere, halbleitende (u. a. für Laser und Modulatoren) und dielektrische Materialien ([20] und Abschn. 8.3.2) eingesetzt werden.

8.3.1.4 Dotiertes Glas

Durch das definierte Dotieren der **Glasfasern** können gezielt zusätzliche energetische Zustände in das Bänderschema der Gläser integriert werden. Beispiele für Dotierstoffe sind aus dem periodischen System der Elemente z. B. die „Seltenen Erden" wie Erbium (Er), Neodym (Nd), Praseodym (Pr), Thulium (Tm) und Holmium (Ho). Diese Dotierstoffe erlauben z. B. die Realisierung von optisch gepumpten Faserverstärkern oder Faserlasern.

Alle Seltenen Erden haben dieselbe äußere Elektronenkonfiguration $5s^2 5p^6 6s^2$ (komplett gefüllte Schalen), während die Zahl der Elektronen, welche die innere 4f-Schale besetzen, die optischen Eigenschaften wesentlich bestimmen. Seltene Erden werden meist in dreifach ionisierten Zuständen (z. B. Er^{3+}, Nd^{3+}, Pr^{3+}) eingebaut, indem zwei 6s-Elektronen und ein 4f-Elektron entfernt werden. Die verbleibenden 4f-Elektronen werden durch die vollständig aufgefüllten und weiter außen liegenden 5s- und 5p-Schalen nahezu perfekt abgeschirmt. Die Emissions- und Absorptions-Wellenlängen sind daher weniger von externen Feldern (z. B. herrührend von den Wirtsatomen, d. h. der Glasmatrix) als von den Ionen der Seltenen Erden selbst bestimmt. Die Energieschemata sind relativ komplex und werden durch das Zentrenmodell (Abschn. 8.2.1.1) beschrieben. In der Glasmatrix werden die Seltenen Erden entweder auf Netzwerkplätzen oder auf Zwischennetzwerkplätzen eingebaut. Die Wirtsmatrix verursacht die energetische Aufspaltung entarteter Zustände sowie deren energetische Verbreiterung. Insbesondere der zweite Mechanismus ist für den Einsatz in Faserverstärkern sehr erwünscht, da der spektrale Verstärkungsbereich dadurch ausgedehnt wird.

Dotiert man Gläser mit Seltenen Erden, so werden die atomaren Niveaus durch den Einfluss der sie umgebenden Glasmatrix nicht wesentlich verändert. Treffenderweise spricht man bei einer derartigen Konstellation von einem Gast-Wirtsverhältnis (in dem vorliegenden Fall beim Glas von der Wirtsmatrix und beim Dotierstoff vom Gast). Physikalisch gesehen erfordert ein auf Glas basierender optischer Verstärker, dass der Gast im Energieraum mindestens drei geeignete Energieniveaus aufweist (Abb. 8.16). Durch eine externe Lichtquelle (z. B. einen Pumplaser) wird den Seltenen Erd-Ionen Energie zugeführt, indem Elektronen durch resonante Lichteinstrahlung aus einem Grundzustand E_1 in einen angeregten Zustand E_3 angehoben werden. Diese Energie wird dort eine kurze Zeit gespeichert und teilweise an die zu verstärkende Signalwelle transferiert (stimulierte Emission). Für den Fall, in dem die Energie eines Signalphotons gerade der Energiedifferenz $E_3 - E_2$ entspricht, kann dieses Photon ein Elektron, das sich im Energiezustand E_3 befindet, veranlassen, in den Energiezustand E_2 überzugehen. Dieser Vorgang läuft unter Aussendung eines Photons der Energie $E_3 - E_2$ ab, wodurch der gewünschte Verstärkungseffekt eintritt. Bei der Auswahl geeigneter Dotier-Atome ist auf zwei Dinge zu achten: Erstens muss ein Ion gefunden werden, welches nach Einbau in die Glasmatrix, eine Ener-

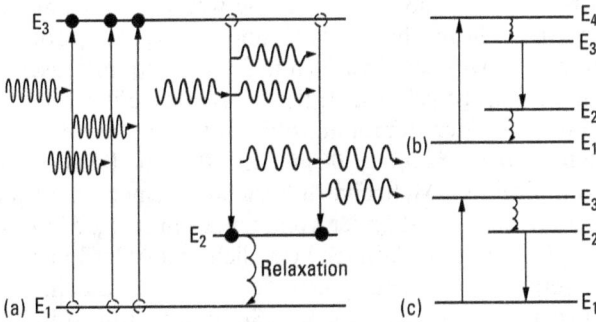

Abb. 8.16 Beispiele für Energieniveausysteme von mit Seltenen Erden dotierten Gläsern.
(a) Dreiniveausystem; die höherenergetischen Photonen des Pumplichtes sind mit kürzerer
Wellenlänge dargestellt als die niederenergetischen Photonen des Signal-Lichts. (b) Vierniveau-
system Nd^{3+} bei 1.06 µm, 1.35 µm, (c) Dreiniveausystem Er^{3+} bei 1.55 µm.

giedifferenz $E_3 - E_2$ (genauer gesagt einen Energiebereich, Band) aufweist, die im
gewünschten Spektralbereich (z. B. zwischen 1.26 µm und 1.62 µm) liegt. Zweitens
muss das Energieniveausystem eine optische Anregung des Übergangs E_1–E_3 ermöglichen, die mit einem existierenden, verlässlichen und kostengünstigen Pumplaser realisiert werden kann. Er-dotiertes SiO_2-GeO_2-P_2O_5-Glas erfüllt diese und weitere Bedingungen im Bereich um 1.55 µm hervorragend und führte zu einer revo-
lutionären Entwicklung im 3. Telekommunikationsfenster (alte Nomenklatur) bei
1.55 µm, ausgelöst durch diesen leistungsfähigen und extrem rauscharmen Faserverstärker. Mit Neodym (Nd) war im SiO_2-GeO_2-P_2O_5 Glas auch bald ein Kandidat
für das 2. Telekommunikationsfenster bei 1.3 µm (alte Nomenklatur) gefunden. Allerdings erwiesen sich die spektralen Verstärkungsprofile als etwas zu langwellig.
Als ein sehr aussichtsreicher Dotierstoff erwies sich schließlich Praseodym (Pr). Leider zeigte sich überraschend, nachdem Pr in die SiO_2-GeO_2-P_2O_5-Matrix dotiert
wurde, dass die Lebensdauer des angeregten Zustandes E_3 mit 1 µs [21, 22] viel zu
gering ist, im Vergleich zu den 10 ms, welche beispielsweise in Er-dotierten Glas
gemessen wurden. Ein alternatives Wirtsmaterial wurde in den ursprünglich für die
Telekommunikation über ultralange Distanzen untersuchten Schwermetall-Fluorid-
Gläsern gefunden. Pr-dotierte Faserverstärker scheinen momentan die aussichts-
reichsten Faserverstärker für den Bereich um 1.3 µm zu sein [23], deren Leistungsfähigkeit jedoch noch weit hinter dem Er-dotierten Faserverstärker zurückliegt. Da
in heutigen Wellenlängen-Multiplex-Systemen verstärkt auch der spektrale Bereich
zwischen dem 2. und 3. Telekommunikationsfenster (in Abb. 8.17 mit II und III
bezeichnet) anvisiert wird, ist man zu einer neuen Nomenklatur übergegangen: von
1.26 µm bis 1.675 µm liegt nacheinander lückenlos das **O-, E-, S-, C-, L- und U-Band**
[24] (Abb. 8.17). Man wünscht sich heute, dass der Bereich zwischen 1.26 µm und
1.675 µm mit verschiedenen Faserverstärkern abgedeckt wird. Dieser gesamte Bereich lässt sich heute jedoch nur in Kombination mit **Raman-Verstärkern** [19] und
verschiedenen **Halbleiter-Laserverstärkern** [19] abdecken.

Abbildungen 8.17a, b zeigen die spektrale Absorptions- und Emissions-Charak-
teristik von Er^{3+} und Nd^{3+}-dotiertem SiO_2-GeO_2-P_2O_5-Glas. Er-dotiertes Glas lässt

sich am effizientesten bei 980 nm und 1.48 μm sowie weniger wirksam bei 820 nm pumpen. Verstärkungsbänder liegen bei 1.55 μm und ermöglichen dort innerhalb einer spektralen Breite von inzwischen über 70 nm [25] die extrem rauscharme Verstärkung optischer Signale. Das genaue spektrale Emissionsprofil variiert sehr stark mit der Zusammensetzung und der Pumpintensität. Nd-dotiertes Glas besitzt drei wichtige Emissions-Bänder bei 1.32 μm, 1.06 μm und 0.9 μm. Bemerkenswert ist, dass es aufgrund der komplizierten Mehrniveau-Systeme zu einem spektralen Überlapp der Absorptions- und Emissionsbänder kommen kann, bei 1.55 μm im Fall a und bei 0.9 μm im Fall b. Die Spektren können bezüglich spektraler Lage der Bänder und relativer Maxima verändert werden, indem die Wirtsmatrix, d. h. die Glaszusammensetzung, modifiziert wird. Übersichts- und Spezialliteratur ist in [26–29, 19] zu finden.

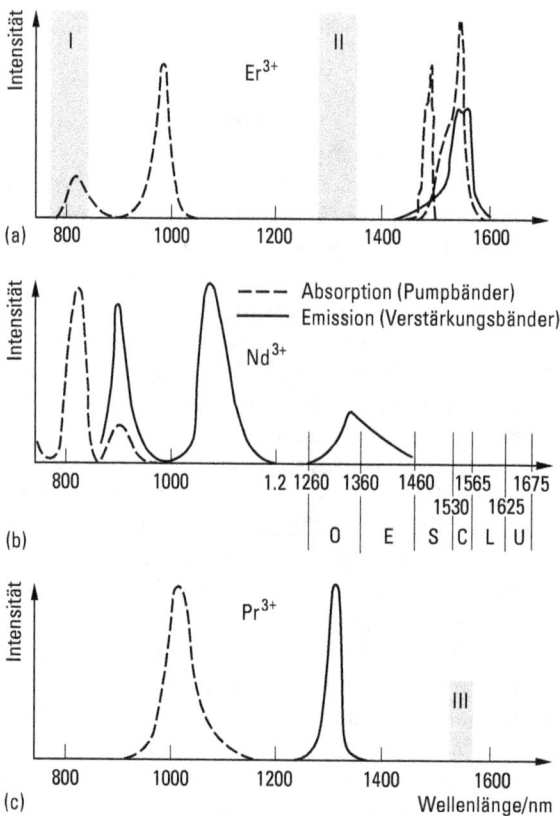

Abb. 8.17   (a) und (b) Typische spektrale Absorptions- und Emissionsprofile von Er^{3+} und Nd^{3+} in einer Glas-Matrix der folgenden Zusammensetzung in mol%: 94.5 % SiO_2/5 % GeO_2/ 0.5 % P_2O_5. (c) Dieselben Profile für Pr^{3+}-dotiertes Schwermetallfluorid-Glas; die gestrichelten Profile zeigen die Pumpbänder und die durchgezogenen Linien die Verstärkungsbänder an.

8.3.1.5 Spezielle Gläser: Fluoridglas

Fluoridgläser wurden ab dem Jahre 1974 synthetisiert und untersucht [30]. Bald danach erkannte man, dass, verglichen mit Quarzgläsern, die Fluoridgläser Transparenzeigenschaften besitzen, welche spektral wesentlich weiter in den langwelligen Bereich hineinreichen. Der Grund dafür ist die spektrale Verschiebung der Multi-Phononen Absorptionskante durch den Einbau wesentlich schwererer Ionen. Da die Rayleigh-Streuung mit wachsender Wellenlänge sehr stark abnimmt, sind die Fluoridgläser potentielle Kandidaten, um bei längeren Wellenlängen Fasern mit geringsten optischen Verlusten zu realisieren. Nachdem die Möglichkeiten, welche diese neue Materialklasse für die Telekommunikation bot, erkannt waren, folgten bald theoretische Abschätzungen der Grenzen der Transmission sowie der optimalen Spektralbereiche. Bei einer Trägerwellenlänge von $\lambda = 3.5\,\mu m$ wurden die theoretischen Verluste mit $10^{-3}\,dB/km$ abgeschätzt [31]. Neuere Abschätzungen, in die wesentlich verbesserte experimentelle Ergebnisse einflossen, ergaben eine geringstmögliche Abschwächung von $10^{-2}\,dB/km$ bei $\lambda = 2.5\,\mu m$ [32], wie in Abb. 8.18 dargestellt ist. Technologische Schwierigkeiten bei der Materialherstellung und der Faserpräparation sowie die ungünstigen mechanischen Eigenschaften und das Verhalten in feuchter Umgebungsluft haben die Euphorie aber wieder erheblich gedämpft. Die momentan in der Praxis erzielten Dämpfungswerte der Fluoridfasern zeigen, dass noch viel Forschungs- und Entwicklungsarbeit auf dem Weg zum Fernziel, der zwischenverstärkerfreien transozeanischen optischen Fasersysteme, geleistet werden muss.

Wie auch bei den auf Quarzglas basierenden Fasern werden bei den Fluoridgläsern die optischen Verluste nach intrinsischen und extrinsischen Mechanismen eingeteilt, wobei eine weitere Unterteilung in Absorptions- und in Streuverluste erfolgt. Die

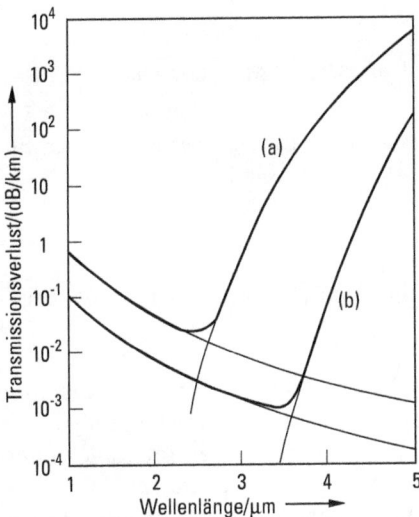

Abb. 8.18 Abgeschätzte spektrale Abhängigkeit des optischen Verlustes (Dämpfung) von Fluoridglasfasern, (a) nach [32], (b) nach [31].

drei Quellen der intrinsischen Verluste sind auch hierbei die UV-Absorption, die Rayleigh-Streuung und die Multiphononen-Absorption. Extrinsische Verluste können überwiegend auf Störstellen-Absorption und die Streuung an in der Glasmatrix eingeschlossenen Mikrokristalliten zurückgeführt werden. Im periodischen System der Elemente absorbieren die meisten Übergangselemente und Seltenen Erden im nahen IR, so dass eine sehr aufwendige Reinigungstechnologie verwendet werden muss. In den Fluoridgläsern ist die Bildung von Mikrokristalliten wesentlich wahrscheinlicher als in Quarzgläsern. Ein weiteres Problem der Fluoridfasern ist ihre Brüchigkeit und ihre Empfindlichkeit gegenüber externen Einflüssen wie Feuchtigkeit. Da Fluoridfasern ungünstigerweise wasserlöslich sind, kann auf eine hermetisch abdichtende, schützende Vergütung (engl. coating), z. B. aus MgO oder MgF_2, nicht verzichtet werden. Trotz der großen technologischen Schwierigkeiten ist es gelungen, auf einem kurzen Fluoridfaserstück eine Dämpfung von nur 0.025 dB/km zu erreichen [33]. Eine Sammlung von interessanten Übersichtsartikeln ist in [34] enthalten.

Im Gegensatz zu Quarzglasfasern können Fluoridfasern wesentlich höher mit anderen Stoffen dotiert werden und versprechen dadurch in Faserverstärkern eine höhere Effizienz. Abb. 8.19 zeigt die spektrale Kleinsignal-Verstärkung eines Fluoridfaserverstärkers nach [22]. Durch die Dotierung von Fluoridfasern mit Tm, Ho, Er, Pr und Nd können neben der Anwendung in Faserverstärkern auch Faserlaser hergestellt werden, welche in den Wellenlängenbereichen zwischen 0.5 μm und 3 μm emittieren.

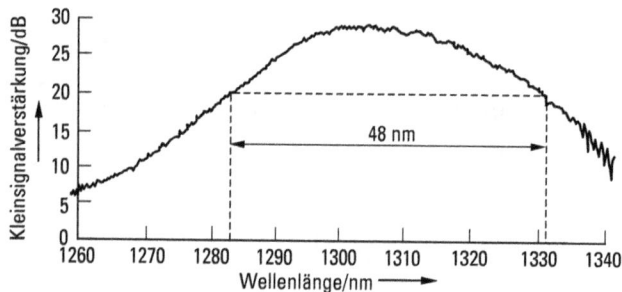

Abb. 8.19 Spektrale Variation der Kleinsignalverstärkung eines Pr-dotierten Fluoridfaser-Verstärkers für eine Pumpleistung von 490 mW nach [22].

8.3.2 Amorphe dielektrische Materialien für Dünnfilm- und Wellenleiterstrukturen

Amorphe (glasartige) Materialien finden in der Optoelektronik Verwendung in Form von Multischichtstrukturen für Spiegel und optische Beschichtungen (engl. coatings), als Wellenleitermaterialien, als optisch nichtlineare Materialien hauptsächlich für Modulatoren und sogar als exotische Lasermaterialien. Im Rahmen der vorliegenden Abhandlung wird amorph und glasartig als gleichwertige Bezeichnungen gebraucht. Auf geringe Unterschiede einzugehen, würde den Rahmen der vorliegenden Abhandlung sprengen.

Auf der Basis von Vielfachschichtstrukturen lassen sich auf den Facetten opto-elektronischer Bauelemente und optischer Komponenten, wie z. B. Linsen und Prismen, sehr hochwertige optische Vergütungsschichten mit oxidischen, nitridischen und fluoridischen Dielektrika realisieren [35]. Dabei können die spektralen Eigenschaften (Reflexions- und Transmissionsspektrum) maßgeschneidert werden und z. B. Antireflexvergütungen, höchstreflektierende Spiegelflächen oder optische Filter realisiert werden. Dabei kombiniert man Materialien unterschiedlicher Brechzahl wie z. B. Si_3N_4, SiO_2, TiO_2, ZrO_2, HfO_2, Nb_2O_5, Ta_2O_5, TiN_x, MgO, CaF_2, MgF_2, CaO, CaO_2, TiC, V_2O_5, TaC und Al_2O_3. Die Herstellung dieser Schichten erfolgt mittels Aufdampfen, Aufsputtern oder Gasphasendeposition.

In Abb. 8.20 (oben rechts) ist die spektrale Reflektivität $R(\lambda)$ einer Multischicht-struktur mit jeweils 14 Perioden gezeigt, wobei eine Periode aus 268nm SiO_2/198 nm Si_3N_4 besteht. Zwischen $1.37\,\mu m$ und $1.653\,\mu m$ zeigt dieser Spiegel eine extrem hohe Reflektivität (bei $\lambda = 1.495\,\mu m$ ist $R_{max} = 0.9979$) [36].

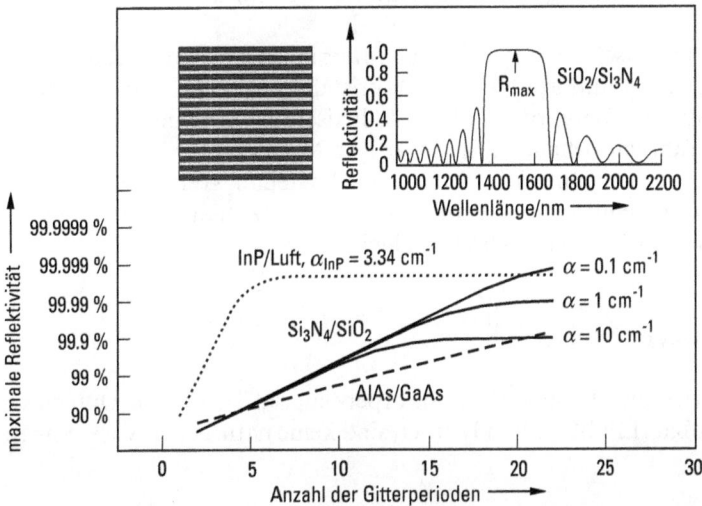

Abb. 8.20 Multischicht-Struktur eines DBR-Spiegels (linkes Teilbild) mit Reflexionsspektrum (rechtes Teilbild). Der Pfeil im rechten Teilbild markiert die maximale Reflektivität, welche als Funktion der Periodenzahl p im Hauptbild für verschiedene Materialsysteme dargestellt ist.

8.3.3 Amorphe organische dielektrische Materialien für Faseranwendungen

Organische Materialien (Polymere) werden heute in Form amorpher (glasartiger) Materialien in zunehmendem Maße für kostengünstige **Polymerfasern** verwendet. Die Dämpfung verschiedener Polymerfasern [37] ist in Abb. 8.21 für Plexiglas (Polymethylmethacrylat, PMMA) dargestellt. Verlustmechanismen stellen dabei wie in anorganischen Glasfasern einerseits Streuung an Inhomogenitäten, Dotierkluster und Verunreinigungen und andererseits Absorption dar. Absorptionsverluste resultieren erstens aus Anregungen von Streckschwingungen der Seitenketten-Moleküle und der Polymerketten und zweitens von elektronischen Anregungen der Dotierstoffe und Verunreinigungen. Da die Absorption jedoch im Vergleich zur Glasfaser relativ hoch ist, ist die Polymerfaser auf dem Massenmarkt der Kurzstreckenverbindungen sehr erfolgreich. Aus Kostengründen hat sich heute bisher nur die reine PMMA-Faser durchgesetzt, welche momentan mit roten Laser-LEDs in dem in Abb. 8.21 markierten Datenkommunikationsfenster betrieben wird. Attraktiv erscheinen auch die Minima im kurzwelligeren Bereich, aufgrund wesentlich geringerer Absorption. Allerdings fehlen dort, wie in Abschn. 8.4.6 bis 8.4.8 erläutert, geeignete kostengünstige Laser hoher Lebensdauer, welche nicht auf der Frequenzverdopplung basieren. In verschiedenen Polymerfasertypen kann dabei entweder das linke oder das rechte Minimum die geringsten Dämpfungswerte aufweisen bzw. es kann, wie dargestellt, gleiche minimale Absorption auftreten.

8.3.4 Kristalline anorganische dielektrische Materialien

Oxidische, nitridische und fluoridische Materialien treten herstellungsbedingt überwiegend glasartig (amorph) aber auch kristallin auf. SiO_2 tritt kristallin als Quarz (in der Natur als Bergkristall oder synthetisch als Schwingquarz), aber auch wie bereits ausführlich behandelt in glasartiger Modifikation auf, wobei die morphologiebestimmenden Unterschiede in den Herstellungsverfahren begründet liegen. Viele der in Abschn. 8.3.2 aufgeführten Oxide nutzt man auch in ihrer kristallinen Form, z. B. als dünne epitaktische Schichten.

8.3.4.1 Lithium-Niobat

Ein sehr wichtiges kristallines Festkörpermaterial ist für die Optoelektronik das Lithiumniobat ($LiNbO_3$). Von $LiNbO_3$ sind keine natürlichen Vorkommen bekannt,

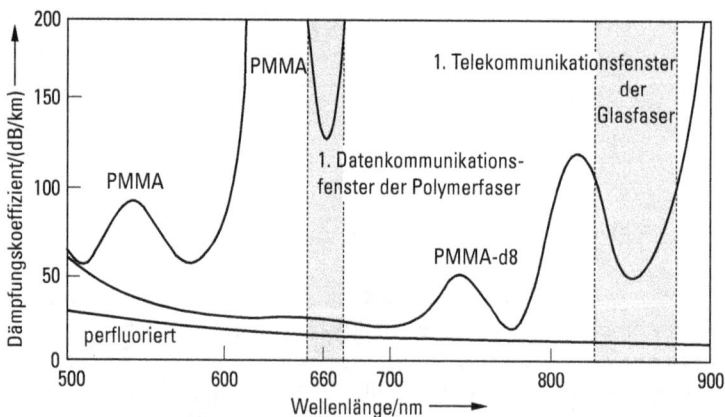

Abb. 8.21   Spektrale Dämpfung von Polymerfasern nach [37].

weshalb es ausschließlich synthetisch erzeugt wird. Gezüchtet wird es mit Hilfe des Czochralski-Verfahrens in einkristalliner Form, orientiert nach verschiedenen kristallographischen Richtungen. $LiNbO_3$ besitzt ferroelektrische Eigenschaften, wobei in den gezüchteten zylinderförmigen Einkristallen mit einem Durchmesser bis zu 8 cm eine Vielzahl von individuellen Domänen vorliegt. Diese Einkristalle werden in einzelne Scheiben zersägt und diese dann anschließend poliert. Die Scheiben werden Substrate genannt, sind typischerweise 1 mm dick und bilden das Ausgangsmaterial für auf $LiNbO_3$ basierende Bauelemente. Die Substrate erfüllen höchste Anforderungen bezüglich Homogenität und Reinheit.

In $LiNbO_3$ werden häufig die optisch nichtlinearen Eigenschaften (siehe kurze Einführung in Abschn. 8.2.3) genutzt, was längere Wechselwirkungsstrecken des Lichtes der Wellenlänge λ mit dem Material erforderlich macht. Dabei zahlt sich der große optische Transparenzbereich von $350\,nm < \lambda < 4.5\,\mu m$ aus, der die Realisierung auch längerer Bauelemente ermöglicht. $LiNbO_3$ ist ein optisch doppelbrechendes (einachsiges) Material mit einer Brechzahl, die wesentlich größer als die von Glas ist, was jedoch **Antireflexbeschichtungen** für die Lichteinkopplung erforderlich macht. Die Brechzahlen für den ordentlichen Strahl n_o und den außerordentlichen Strahl $\bar{n}_e$ sind in Tab. 8.3 für einige Wellenlängen angegeben.

$LiNbO_3$ ist ein herausragendes elektro-optisches Material. Bei $\lambda = 630\,nm$ wurde für den elektrooptischen Koeffizienten r_{33} im Experiment $31 \cdot 10^{-12}\,m/V$ ermittelt, was sehr nah an dem theoretisch berechneten Wert von $36 \cdot 10^{-12}\,m/V$ liegt. Dies erlaubt z. B. die Realisierung von Modulator-Bauelementen, die mit relativ geringen Spannungen zwischen 5 V und 10 V betrieben werden können. $LiNbO_3$ besitzt eine trigonale Kristallsymmetrie und weist aufgrund des zentralsymmetrischen Aufbaus nichtverschwindende nichtlineare Terme 2. Ordnung auf. An dieser Stelle sei auf die umfangreiche Zusammenstellungen aller wichtigen Materialeigenschaften [39–43] verwiesen.

Die Möglichkeit Wellenleiterstrukturen zu realisieren, ist für den überwiegenden Teil von optoelektronischen Bauelementen von grundlegender Wichtigkeit. Aus diesem Grund wird im Folgenden auf verschiedene Möglichkeiten eingegangen, welche eine Änderung der Brechzahl in $LiNbO_3$ erlauben. Momentan werden dazu vor allem drei Verfahren genutzt: die Eindiffusion von Titan, der Protonenaustausch und die Ionenimplantation.

Tab. 8.3 Brechzahlen von stöchiometrischem $LiNbO_3$ bei 25 °C nach [38].

λ (nm)	n_o	n_e
420	2.4144	2.3038
532	2.3281	2.2314
630	2.2906	2.2001
1064	2.2367	2.1547
1200	2.2291	2.1481
1400	2.2208	2.1410
1600	2.2139	2.1351
1800	2.2074	2.1297

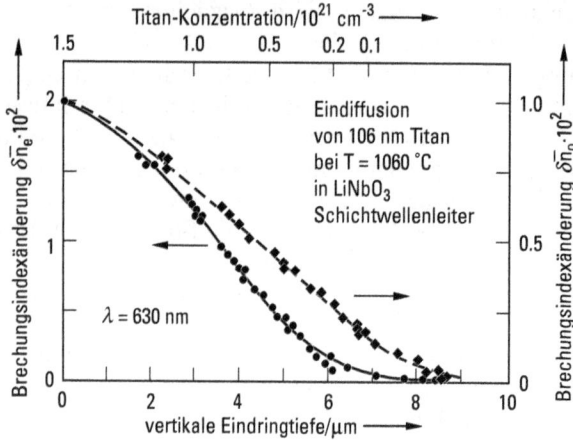

Abb. 8.22 Brechzahländerung durch Eindiffusion von Ti in LiNbO$_3$ in Richtung der Kristalloberflächen-Normale.

1. Durch **Eindiffusion von Ionen** der Übergangsmetalle [44, 45] aus dem periodischen System der Elemente lassen sich die Brechzahlen $\bar{n}_o$ und $\bar{n}_e$ gezielt erhöhen, wobei sich besonders Titan bewährt hat. Abb. 8.22 zeigt die Abhängigkeit der Brechzahländerung als Funktion der Titan (Ti)-Konzentration bzw. der Eindringtiefe. Die Brechzahlen nehmen mit steigender Konzentration zu, allerdings zeigen die ordentliche und die außerordentliche Brechzahl unterschiedliche funktionelle Abhängigkeiten (Abb. 8.23). Wellenleiter werden wie folgt realisiert: Aufdampfen eines Metallfilms (z. B. Titan), photolithographische Strukturierung und thermische Eindiffusion. Die aufgedampfte Ti-Schichtdicke liegt dabei typischerweise zwischen 30 und 100 nm. Die Eindiffusion wird bei Temperaturen zwischen 1000 °C und 1100 °C in einer Argon- oder Sauerstoff-Atmosphäre vorgenommen,

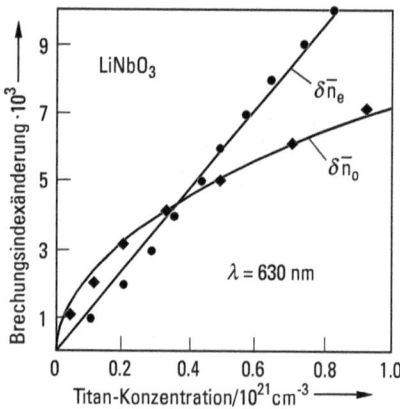

Abb. 8.23 Brechzahländerung durch Eindiffusion von Ti in LiNbO$_3$ als Funktion der Ti-Konzentration bei $\lambda = 630$ nm.

wobei sich ein Konzentrationsprofil bis zu mehreren μm Tiefe ergibt (Abb. 8.22). Durch streifenförmige Eindiffusion von Ti^{4+} kann die Brechzahl konzentrationsabhängig bis zu 0.01 erhöht werden, was die Realisierung planarer optischer Wellenleiter erlaubt. Die Wellenleiterverluste in $Ti:LiNbO_3$ können bei sorgfältiger Präparation (Reinraum, qualitativ höchstwertige Masken und sehr reines Ti) bei $\lambda = 1.15\,\mu m$ kleiner als 0.03 dB/cm betragen. Ein Nachteil von $LiNbO_3$ ist jedoch, dass durch intensive Lichteinwirkung, also speziell durch das geführte Licht, eine optisch induzierte Brechzahländerung und damit eine partielle Zerstörung der eingeprägten Wellenleitungseigenschaften durch die Umladung von Störstellen hervorgerufen werden kann. Diese Einschränkungen spielen jedoch für $\lambda > 1.1\,\mu m$ keine Rolle mehr.

2. Eine Brechzahländerung kann auch durch **Protonenaustausch** vorgenommen werden [46, 47]. Im Oberflächenbereich des $LiNbO_3$ werden dabei Li^+-Ionen durch Protonen ausgetauscht [46, 47]. Zunächst wird eine Metallmaske auf der Oberfläche des $LiNbO_3$ photolithographisch definiert. Das Substrat wird danach in eine flüssige Protonenquelle getaucht, wobei z. B. Benzoesäure mit 1 % Lithiumbenzoat bei Temperaturen zwischen 200 und 400 °C verwendet werden kann. Durch den Protonenaustausch entsteht $H_xLi_{1-x}NbO_3$, wobei in unverdünnten Säuren x bis zu 0.7 betragen kann. Die außerordentliche Brechzahl kann dadurch um bis zu 0.12 angehoben werden und die ordentliche Brechzahl bis zu -0.04 abgesenkt werden. Durch eine anschließende Temperung kann das Brechzahlprofil in vertikaler Richtung noch ausgedehnt werden. Aus einem annähernd stufenförmigen Profil entsteht dabei ein glockenförmiges [48]. Die physikalische Ursache ist auch hier eine starke Zunahme der Diffusionskonstanten mit der Temperatur. Wellenleiter, welche durch Protonenaustausch realisiert wurden, zeigen, verglichen mit Ti-diffundierten Wellenleitern, eine um etwa den Faktor zehn geringere Empfindlichkeit gegenüber durch hohe Lichtleistungen hervorgerufene Brechzahlvariation. Bei $\lambda = 700\,nm$ konnte der $LiNbO_3$-Wellenleiter eines Heterodyninterferometers Lichtleistungen bis zu 7.5 mW [49] problemlos führen.

3. Brechzahlvariationen können schließlich auch durch **Ionenimplantation** erreicht werden [50–53]. Ionenimplantation bietet sich vor allem dann an, wenn durch hohe Ionenkonzentrationen (zum Beispiel Ti) eine starke Brechzahländerung für stark führende optische Wellenleiter erreicht werden soll oder sich die gewünschten Ionen mit anderen Verfahren nicht in das $LiNbO_3$ einbringen lassen. Die Kristalldefekte, welche durch die Implantation in großem Ausmaß entstehen, müssen jedoch thermisch ausgeheilt werden. Mit dem Ausheilen ist wie bei den bereits erwähnten Verfahren eine Diffusion der Fremd-Ionen in tiefere Bereiche des Substrats verbunden. Kürzlich gelang die Implantation von Nd- und Er-Ionen in $LiNbO_3$ und ermöglichte die Herstellung von Wellenleiter-Lasern und -Verstärkern [54]. Eine Übersicht zu Bauelementen auf $LiNbO_3$-Basis für die optoelektronische Integration und weiterführende Literatur ist in [54] zu finden.

Im Folgenden sind einige optoelektronische Komponenten zusammengestellt, welche bisher in $LiNbO_3$ realisiert werden konnten. Zunächst wurde eine Vielzahl passiver Komponenten realisiert: Gitterfilter, Strahlteiler, Gitterkoppler, Resonatoren, Polarisatoren und Linsen. Daneben existieren einige aktive Komponenten, welche

1. elektrooptische Effekte ausnützen wie optische Modulatoren und Schalter,

2. akustooptische Effekte einsetzen wie Bragg-Reflektoren, Polarisationsdreher, Polarisationskonverter und Wellenlängenfilter und

3. auf optisch nichtlinearen Effekten basieren, wie Frequenzverdoppler, Frequenzvervielfacher, Frequenzmischer, parametrische Verstärker, Oszillatoren, Wellenleiter-Laser und Wellenleiterverstärker.

Abschließend soll ein Vergleich mit anderen Materialien angestellt werden. Während in Glas und Silizium passive Komponenten realisiert werden können, kommen in $LiNbO_3$ zusätzlich Bauelemente hinzu, bei denen die Lichtausbreitung aktiv gesteuert werden kann. Die größte Komponentenvielfalt lässt sich jedoch momentan und sicherlich auch in Zukunft auf der Basis von Verbindungshalbleitern realisieren. Die Anwendung aller genannten $LiNbO_3$-Komponenten leidet jedoch an deren Polarisationsabhängigkeit, d. h. den Bauelementen muss das Licht in geeignetem Polarisationszustand zugeführt werden.

8.3.4.2 Spinelle und Granate

Spinelle und Granate (z. B. Nd-dotiertes Yttrium-Aluminium-Granat, YAG) stellen eine weitere Klasse kristalliner Festkörpermaterialien dar, bei deren Nutzung die dielektrischen Eigenschaften im Vordergrund stehen. Nd:YAG Kristalle sind äußerst wichtige laseraktive Materialien, welche optisch gepumpt werden und zur Materialbearbeitung und in der Spektroskopie eingesetzt werden. Mit optisch nichtlinearen Materialien erschließt man ausgehend von der infraroten Linie (1.064 μm) durch Frequenzverdopplung eine grüne (532 nm) und durch Frequenzverdreifachung eine ultraviolette Linie (355 nm). Die Längen der Nd:YAG Kristalle reichen von ca. 1 cm (grüner Laserpointer) bis 100 cm und darüber. Jedoch werden diese optisch gepumpten Festkörperlaser auch auf dem Gebiet der Materialbearbeitung immer mehr verdrängt von Halbleiterlaserzeilen, welche zur Erzielung höchster Energiedichten zusätzlich gestapelt (engl. stacked laser arrays) und auf der Basis von Mikrokanälen wassergekühlt werden können. Der Grund für die Verdrängung sind wesentlich geringere Komponentengrößen und höhere Wirkungsgrade (Tab. 8.3) im Falle von anorganischen Halbleitermaterialien.

8.3.5 Keramische Werkstoffe

In der Optoelektronik finden noch weitere anorganische dielektrische Materialien Anwendung, wobei jedoch die elektrischen (insbesondere die isolierenden) Eigenschaften im Vordergrund stehen. Sehr wichtig sind z. B. keramische Materialien, welche u. a. in der Montagetechnik, speziell der Hochfrequenztechnik, von Bedeutung sind.

8.4 (Anorganische) Halbleiter

8.4.1 Grundlagen

Halbleiter stellen eine Materialklasse dar, welche zahlreiche Aspekte unseres modernen Lebens entscheidend geprägt und revolutioniert hat, wie z. B. die Elektronik, die Computertechnik, die Daten- und Telekommunikation, die Regelungstechnik, die Sensorik, die Analytik und die Medizintechnik. Diese vielfältigen Einsatzmöglichkeiten wurden primär dadurch eröffnet, dass es erstens durch stete Optimierung der Wachstumsprozesse gelungen war, eine Vielfalt verschiedener Halbleiterkristalle in hervorragenden Reinheitsgraden herzustellen, dass zweitens durch Dotierung und Materialwahl die physikalischen Eigenschaften über viele Größenordnungen gezielt eingestellt werden können, und dass drittens Bauelemente entwickelt wurden, welche die herausragenden Materialeigenschaften optimal ausnutzen. Selbst anfängliche Randbedingungen, dass bei dem Übereinanderwachsen von Schichten unterschiedlicher Halbleitermaterialien auf identische Gitterkonstante (Gitteranpassung) geachtet werden musste, sind inzwischen weniger bedeutsam. Im Gegenteil, moderne optoelektronische Bauelemente enthalten sehr oft so genannte verspannte Halbleiterschichten, deren Gitterkonstante von der des Substrats abweicht. Dabei handelt es sich z. B. um gezielt verspannte dünne Halbleiterschichtenfolgen oder um eine dicke, gitterfehlangepasste Pufferschicht auf dem Substrat, wobei die Kristalloberfläche der Pufferschicht wieder die natürliche Gitterkonstante der Pufferschicht aufweist und nahezu defektfrei ist.

Eine weitere Möglichkeit, Materialeigenschaften maßzuschneidern (engl. „material engineering"), ist durch den Einsatz **niederdimensionaler Halbleitersysteme (Quantenfilme, Quantendrähte und Quantenpunkte)** gegeben. Eine Voraussetzung für diese Heterostrukturen ist das Wachsen quasi-abrupter Übergänge zwischen verschiedenen Materialien. Engt man die üblicherweise dreidimensionale Bewegungsfähigkeit der Ladungsträger auf wenige Nanometer künstlich ein, so treten interessante **Quantisierungseffekte** in zwei-, ein- oder nulldimensionalen Ladungsträgersystemen mit neuartigen Materialeigenschaften auf.

Im vorliegenden Abschnitt werden die in Kap. 7 mit Schwerpunkt auf elektronische Eigenschaften gelegten Grundlagen der Halbleiterphysik in Richtung optoelektronischer Anwendungen vertieft. Halbleiter überspannen zwischen Isolatoren und metallischen Leitern einen sehr weiten Bereich elektrischer Leitfähigkeit. Einstellen lässt sich diese für Bauelemente-Anwendungen essentielle Größe u. a. über die Materialwahl und die Dotierung mit Fremdatomen. Im Gegensatz zu den Metallen nimmt die Leitfähigkeit der Halbleiter wie bei den Isolatoren mit steigender Temperatur zu. Bei den Halbleiterkristallen trifft man sowohl Halbleiter aus der IV. Hauptgruppe des Periodischen Systems der Elemente an, wie zum Beispiel Silizium (Si), Germanium (Ge) und Silizium-Germanium (SiGe), als auch Verbindungshalbleiter, welche aus typischerweise zwei, drei oder vier verschiedenen Elementen aus der III. und V. oder der II. und VI. Hauptgruppe bestehen, wie zum Beispiel Gallium-Arsenid (GaAs), Indium-Phosphid (InP), Gallium-Indium-Arsenid-Phosphid (GaInAsP), Aluminium-Gallium-Indium-Nitrid (AlGaInN), Aluminium-Gallium-Indium-Arsenid (AlGaInAs) oder Aluminium-Gallium-Indium-Arsenid-Antimonid (AlGaInAsSb). Metalloxid-Halbleiter wie z. B. ZnO könnten in

der Zukunft neben dem heute weit verbreiteten GaN für kurzwellige sichtbare Lichtemitter eine bedeutendere Rolle spielen. Halbleiter unterteilt man in (a) kristalline
(periodische) Strukturen, (b) amorphe (ungeordnete) Strukturen und (c) polykristalline Strukturen (ungeordnete Zusammensetzung von Mikrokristalliten). In Abschn. 8.4 werden aus Platzgründen nur kristalline Halbleiter behandelt und hier darauf hingewiesen, dass gerade in der Photovoltaik jedoch amorphe und polykristalline Halbleiter (z. B. Si) aus Kostengründen unter Inkaufnahme geringerer Wirkungsgrade in den meisten Fällen der Vorzug gegeben wird. Abschn. 8.4 legt den
Schwerpunkt auf Laser und LEDs auf der Basis anorganischer Halbleiter, während
Solarzellen und Photodioden in Abschn. 7.12.2 und 7.12.3 zu finden sind.

Alle hier betrachteten Halbleiter kristallisieren im Diamant-, im kubischen Zink-
blende- (Abb. 1.1) oder im hexagonalen Wurtzitgitter (Abb. 1.2). Im Si-Kristall und
Diamant-Kristall [55, 56] (Diamantgitter) ist jedes Atom zu seinen vier nächsten
Nachbarn mit identischen Bindungsabständen kovalent gebunden, wobei die betreffenden Atome ein regelmäßiges Tetraeder aufspannen. Der Gesamtkristall entsteht
durch mehrfaches, lückenloses Aneinandersetzen des in Abb. 1.1 dargestellten Würfels. Man kann sich den Gesamtkristall jedoch auch durch Kombination zweier um
1/4 der Würfel-Raumdiagonalen schräg gegeneinander versetzten kubisch-flächenzentrierten Gitter [12] aufgebaut vorstellen.

Als nächstes soll mit InP ein binärer III/V-Verbindungshalbleiter betrachtet wer-
den, der aus einer identischen Anzahl von Atomen der III. und der V. Hauptgruppe
des Periodischen Systems zusammengesetzt ist. Es sind jeweils abwechselnd ein In-
und ein P-Atom kovalent mit leicht ionischem Anteil aneinander gebunden. In
Abb. 1.1 identifiziert man z. B. die größeren Kugeln mit den In- und die kleineren
Kugeln mit den P-Atomen. Analog ist der Aufbau von II/VI-Halbleitern, wie z. B.
CdS und ZnS, zu verstehen. Diese beiden Halbleiter kristallisieren im hexagonalen
Wurtzitgitter (Abb. 1.2) und alternativ im Zinkblendegitter. Die heute außerordentlich wichtig gewordenen Halbleiternitride wie GaN, InN und AlN kristallisieren im
hexagonalen Wurtzitgitter (Abb. 1.2). Für die Optoelektronik sind heute ternäre,
quaternäre und pentanäre Verbindungshalbleiter besonders interessant geworden.
In ternären Materialien können z. B. zwei Elemente der III. Hauptgruppe und ein
Element der V. Hauptgruppe enthalten sein (z. B. $Al_zGa_{1-z}As$ mit $0 \leq z \leq 1$ oder
$Ga_{1-x}In_xAs$ mit $0 \leq x \leq 1$), wobei im ersten Fall im Vergleich zum GaAs gerade
der Bruchteil $(1 - z)$ der Ga-Atome durch den Bruchteil (z) an Al-Atomen ersetzt
wurde. Entsprechend sind die in der Photonik äußerst wichtigen quaternären Verbindungshalbleiter $Ga_{1-x}In_xAs_yP_{1-y}$ aus je zwei Elementen der Gruppe III und V
zusammengesetzt und $Al_zGa_{1-x-z}In_xN$ aus drei Gruppe-III-Elementen und einem
Gruppe-V-Element.

Wie in Abschn. 8.2 angekündigt, wird nun das einfache Bändermodell im Ortsraum durch das Bändermodell im k-Raum (siehe auch Abschn. 7.4.1 und 1.4) ergänzt
und ganz wesentliche Heterostrukturaspekte, niederdimensionale Systeme und Gitterverspannungen eingeführt. Für die Ermittlung der Bandstruktur im Impulsraum
(k-Raum) ist jedoch ein beträchtlicher mathematischer und numerischer Aufwand
nötig, der den Rahmen dieses Buches bei Weitem sprengt, so dass auf die sehr ausführliche Literatur [57] verwiesen werden muss. Dort werden verschiedene Methoden
beschrieben, die Bandstruktur $E(k)$ unter Einbeziehung experimenteller Daten zu
berechnen. Ausgangspunkt ist jedoch immer die Schrödinger-Gleichung für ein ein-

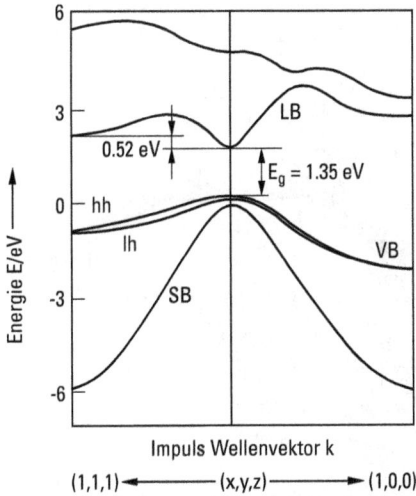

Abb. 8.24 Bandstruktur $E(k)$ für InP, einen Halbleiter mit direkter Bandlücke. Man beachte, dass $E(k) = E(-k)$ gilt, im Bild sind jedoch zu beiden Seiten von $k = 0$ verschiedene Raumrichtungen (1,1,1) und (1,0,0) dargestellt. LB: Leitungsband, VB: Valenzband, SB: Spin-Bahnabgespaltenes Band, hh: schweres Loch, lh: leichtes Loch.

zelnes Elektron im periodischen Gitterpotential. Im Rahmen dieses Abschnitts wollen wir uns unmittelbar mit dem Ergebnis dieser Rechnung befassen, das in Abb. 1.34 für InSb und ZnS, in Abb. 1.37 für Si, in Abb. 1.40 für GaP und in Abb. 8.24 für InP gezeigt ist.

Für die physikalischen Eigenschaften des Halbleiters sind folgende Merkmale besonders wichtig:

1. Im Allgemeinen stellt $E(k)$ eine stark richtungsabhängige Funktion im vierdimensionalen Raum dar, die zu einem Impuls-Wellenvektor k die korrespondierende Energie E liefert. Der Vektor $k = (k_x, k_y, k_z)$ ist im „reziproken Gitter" definiert, jedoch im Ortsraum (x, y, z) orientiert. Der Begriff des reziproken Gitters ist in Kap. 2 eingeführt. Eine perspektivische Ansicht der $E(k)$ Relation ist für GaAs in Abb. 8.25 dargestellt.

2. In GaAs und InP liegt das Leitungsbandminimum wie das Valenzbandmaximum bei einem Impuls-Wellenvektor von $k = 0$ (Γ-Punkt). Halbleiter mit diesem Merkmal spielen in der Optoelektronik für lichtemittierende Bauelemente eine zentrale Rolle (der Grund dafür wird in Abschn. 8.4.3 erläutert) und werden **Halbleiter mit direkter Bandstruktur** genannt (Tab. 8.4). Halbleiter, bei denen das Valenzbandmaximum bei k = 0 liegt und die tiefsten Leitungsbandminima bei $|k| > 0$ (X- oder L-Punkt) liegen, nennt man **Halbleiter mit indirekter Bandstruktur**. Beispiele hierfür sind Si und SiGe, welche heute bei elektronischen Bauelementen eine dominierende Rolle spielen. In der Optoelektronik spielt Si in Photodetektoren für Wellenlängen $\lambda < 1.1\,\mu m$ eine wichtige Rolle. Ob Si in der Zukunft auch bei lichtemittierenden Bauelementen (LEDs und Lasern) wichtig werden könnte, wird in Abschn. 8.4.5 diskutiert.

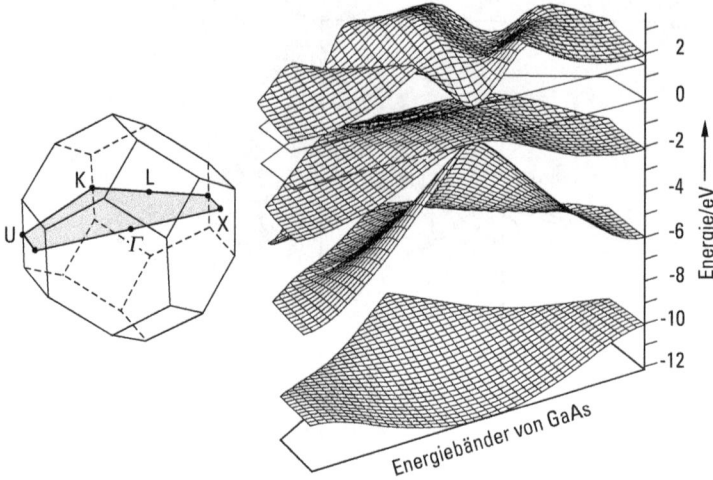

Abb. 8.25   Perspektivische 3D-Ansicht der GaAs-Bandstruktur nach Frensl [71].

Tab. 8.4   Wirkungsgrade der Konversion elektrischer in optische Energie für diverse Laser.

Gaslaser Ar$^+$	HeNe	CO$_2$	Festkörperlaser Isolatoren (z. B. Nd:YAG)	Halbleiter
< 0.1 %	< 1 %	30 %	1–20 %	> 60 %

3. Das Valenzband ist bei $k = 0$ entartet und spaltet sich für $k > 0$ in das schwere Löcherband (hh, engl. heavy hole) und das leichte Löcherband (lh, engl. light hole) auf. Da $1/m^*$ proportional zur Bandkrümmung ist, entspricht die stärkere Krümmung des leichten Löcherbandes einer kleineren (d. h. leichteren) effektiven Masse m^*, und die schwächere Krümmung des schweren Löcherbandes einer größeren (d. h. schwereren effektiven Masse), wodurch die Namensgebung der Bänder sofort evident wird. In der Nähe von $k = 0$ ist die Krümmung nahezu parabolisch und der Ladungsträger verhält sich beinahe wie ein freies Teilchen, jedoch mit geänderter effektiver Masse (Zahlenbeispiel für InP in Richtung $(1,1,0)$: $m_e^* = 0.08\,m_o$, $m_{hh}^* = 0.56\,m_o$, $m_{lh}^* = 0.12\,m_o$). Demnach lässt sich das Elektron am leichtesten und das schwere Loch am schwersten beschleunigen. Ein freies Teilchen besitzt nur kinetische Energie, welche sich als $m^* v^2/2 = \hbar^2 k^2/(2\,m^*)$, also in parabolischer Form darstellen lässt; $\hbar$ ist hierbei das Planck'sche Wirkungsquantum h dividiert durch 2π.

4. In den Richtungen $(1,1,1)$ und $(1,0,0)$ existieren im Leitungsband bei größeren k-Werten weitere lokale Minima. Der Bewegungsvorgang eines Elektrons lässt sich im $E(k)$-Diagramm wie folgt veranschaulichen: Ist kein Feld angelegt und ist das Leitungsband mit nur einem einzigen Elektron besetzt, so findet man es bei $T = 0$ im Zustand $k = 0$. Nach Einschalten des Feldes wird das Elektron

beschleunigt, k nimmt stetig zu, bis es z. B. zur Wechselwirkung mit einem Phonon kommt. Dabei treten Energie- und Impulsänderungen auf, welche durch den Energie- und den Impulserhaltungssatz beschrieben werden. In den meisten Fällen besitzt das Elektron nach dem Stoß in der ursprünglichen Bewegungsrichtung eine kleinere Impulskomponente. Bei Anlegen sehr starker Felder gelingt es dem Elektron jedoch mitunter, ein Nebenminimum zu erreichen, bevor es zu einem Stoß mit einem Phonon kommt. Dort besitzt es jedoch aufgrund der hier vorliegenden größeren effektiven Masse eine geringere Beweglichkeit. Eine ausführliche Beschreibung elektrischer Leitfähigkeit ist in Kap. 7 und in [54] beschrieben, wobei besonders auf verschiedene Streumechanismen eingegangen wird, wie z. B. Wechselwirkung mit geladenen Störstellen, Wechselwirkung mit akustischen und optischen Phononen sowie den Einfluss von Legierungsfluktuationen.

8.4.2 Quanteneffekte und verspannte Halbleiter-Heterostrukturen

In modernen optoelektronischen Bauelementen werden zunehmend Halbleiter-Heterostrukturen eingesetzt, in denen eine Folge von Materialien verschiedener Zusammensetzung übereinander aufgewachsen wird. Wird zwischen zwei Materialien höherer Bandlücke eine Schicht geringerer Bandlücke eingebettet, deren Dicke in der Größenordnung der Elektronenwellenlänge liegt, so tritt analog zu den Energiezuständen im Atom eine Quantisierung der Ladungsträgerbewegung auf (Abb. 8.26a). Man spricht dann von einer **Quantenfilmstruktur** (QW, engl. quantum well, siehe a. Abb. 1.12), deren Eigenschaften sich mithilfe der Quantenmechanik beschreiben lassen, wobei sich das Elektron in einem **Leitungsband-Potentialtopf** und das Loch in einem **Valenzband-Potentialtopf** aufhalten [58, 59]. Abbildung 8.26b zeigt den Potentialtopf des Elektrons im Leitungsband. Die Bewegung des Ladungsträgers ist senkrecht zur Filmebene stark eingeschränkt und quantisiert, wobei die Quantenmechanik die Aufenthaltswahrscheinlichkeiten als Quadrat der gestrichelt eingezeichneten Wellenfunktionen angibt. Eine quasifreie Bewegung im Halbleiterkristall liegt in diesem Fall nur noch in der Filmebene vor. Diese zweidimensionale (2D) Bewegung spiegelt sich in einer 2D-Bandstruktur $E(k_x, k_z)$ wider (Abb. 8.26c).

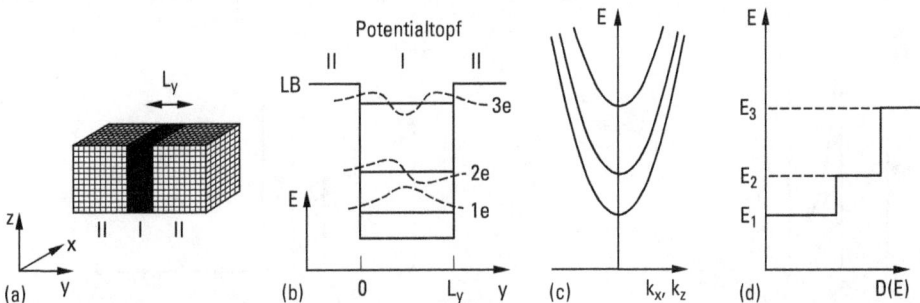

Abb. 8.26   (a) Quantenfilmstruktur im Ortsraum, (b) Potentialtopf im Leitungsband mit drei quantisierten Niveaus und den entsprechenden Wellenfunktionen (gestrichelt), (c) Bandstruktur im 2D-Impuls-Wellenvektorraum (k_x, k_z), (d) korrespondierende Zustandsdichte $D(E)$.

Die Leitungs- und Valenzbänder spalten durch die Quantisierung in Subbänder auf, wobei leichte und schwere Löcher aufgrund ihrer unterschiedlichen Massen getrennte Subband-Systeme ausbilden. Die Lokalisierung der Ladungsträger in y-Richtung hat tiefgreifende Konsequenzen für die Zustandsdichte. Während in 3D-Halbleitern für parabolische Bänder $D(E) \propto E^{1/2}$ gilt (Abb. 8.27a), ergibt sich aus einer 2D-Bandstruktur $E(k_x, k_z)$ pro Subband ein konstanter, energieunabhängiger Beitrag zur Zustandsdichte. Durch das Zusammenwirken aller Subbänder ergibt sich die in Abb. 8.26d und Abb. 8.27b dargestellte stufenförmige Zustandsdichte.

Schränkt man die Bewegung der Ladungsträger in einer weiteren Raumrichtung ein (z. B. in z- und y-Richtung (Abb. 8.27c)), so erhält man ein eindimensionales Ladungsträgersystem (1D) und somit einen **Quantendraht** [60] mit hyperbelartig verlaufenden Zustandsdichtezweigen. Eine Einschränkung der Ladungsträgerbewegung in allen Raumrichtungen erzeugt **Quantenpunkte** [60–66], d. h. ein nulldimensionales Ladungsträgersystem (0D) mit δ-förmiger Zustandsdichte (Abb. 8.27d). Für viele physikalische Eigenschaften des Halbleiters (z. B. Ladungsträgerbeweglichkeiten, Einfang von Ladungsträgern in Quantenfilme und insbesondere Absorption oder spontane und stimulierte Emission von Licht) spielt die Zustandsdichte eine zentrale Rolle. Beim Entwurf optoelektronischer Bauelemente können mit der Wahl der Dimensionalität des Ladungsträgersystems gewünschte Eigenschaften verstärkt und unerwünschte unterdrückt werden. Die Realisierung von 2D-Halbleiterheterostrukturen erfolgt mit modernen Epitaxieverfahren wie der MBE und der MOCVD (Abschn. 8.4.3). Von diesen Grundstrukturen ausgehend lassen sich 1D- und 0D-Strukturen durch geeignete laterale Strukturierung (z. B. Ätzen oder Implantation) herstellen, die in manchen Fällen epitaktisch nochmals überwachsen werden [60].

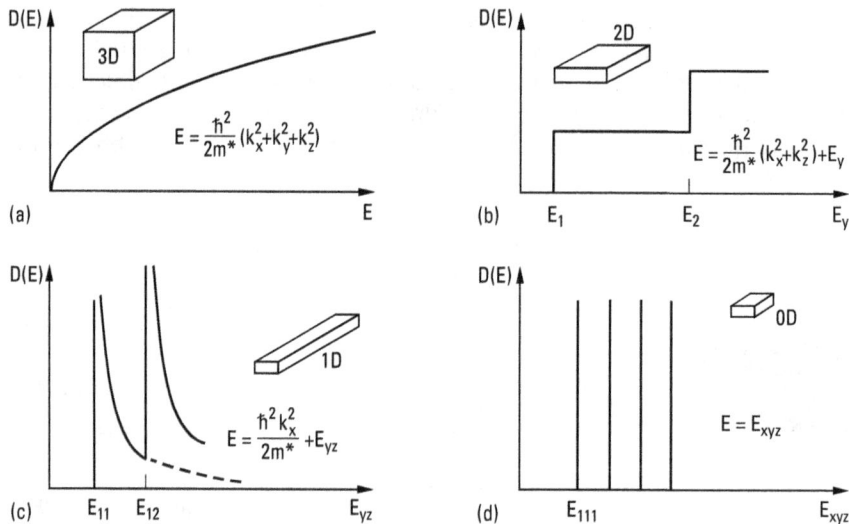

Abb. 8.27 Zustandsdichte $D(E)$ und Bandverlauf in parabolischer Näherung für (a) einen in allen drei Raumrichtungen ausgedehnten Halbleiter, 3D, (b) einen Quantenfilm, 2D, (c) einen Quantendraht, 1D und (d) einen Quantenpunkt, 0D.

1D-Strukturen konnten sich aufgrund ungünstiger dynamischer Eigenschaften nicht durchsetzen. Quantenpunktstrukturen (0D) lassen sich heute mit Hilfe epitaktischer Selbstorganisation (Stranski-Krastanow-Verfahren, siehe auch Kap. 4) [61, 62, 65, 66] epitaktisch herstellen, wobei sich heute die MBE hierbei als das geeignetere Verfahren erweist. Abb. 8.28 zeigt Beispiele von InAs- und CdSe-Quantenpunkten. Schematisch ist in Abb. 8.28a die Quantenpunktbildung in einem Querschnitt der Kristallstruktur dargestellt. Zu sehen sind die obersten drei Monolagen des GaAs-Substrates. Bei der selbstorganisierten Ausbildung der Quantenpunkte spielt die gezielte Verspannung (detaillierte Erläuterung nachfolgend) des InAs gegenüber dem GaAs eine zentrale Rolle. Aus thermodynamischen und elastomechanischen Gründen bilden sich zunächst zwei Monolagen verspannten InAs. Setzt man den Wachs-

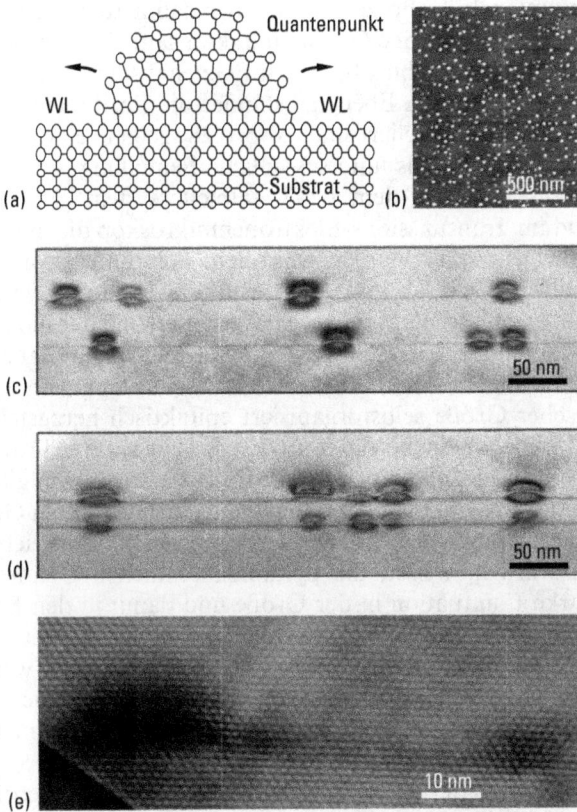

Abb. 8.28 (a) Von unten nach oben zu sehen sind: die obersten 3 Monolagen des GaAs-Substrates, darüber zwei kompressiv verspannte Monolagen InAs (WL, engl. wetting layer), sowie darüber der überwiegende Teil des Quantenpunktes. (b) Hochauflösende AFM-Oberflächentopographie von InAs-Quantenpunkten (helle Punkte). (c) (d) Transmissions-Elektronenmikroskop-Aufnahmen eines Zweistapels von Quantenpunkten: (c) Ebenenabstand 40 nm mit unkorrelierten Punkten und (d) Ebenenabstand 20 nm mit vertikal ausgerichteten Punkten (a–d nach K. Eberl). (e) Transmissions-Elektronenmikroskop-Aufnahme eines CdSe-Quantenpunktes (dunkel) in einer ZnSe-Matrix (hell), nach A. Pawlis [67].

tumsprozess weiter fort, so ist es für die kristalline Halbleiteroberfläche gesamt-energetisch wesentlich günstiger, ein lokales inselförmiges Wachstum anzuschließen. Eine möglichst geometrische Form der Quantenpunkte ist dabei eine Pyramide, deren Grundfläche an die oberste der zwei InAs-Monologen anschließt. Experimentell kann dieses Stadium mit einem Rasterkraftmikroskop (AFM, engl. atomic force microscope) untersucht werden. Abb. 8.28b zeigt in Aufsicht ein typisches Oberflächenprofil (stark vereinfacht wird die Oberfläche mit einer nanotechnologisch hergestellten ultra-feinen Nadel abgetastet, ganz entfernt verwandt mit dem Abspielen einer Schallplatte). Im nächsten Prozessschritt werden die Quantenpunkte wieder mit GaAs überwachsen und dadurch schließlich rundum eingebettet. Experimentell charakterisiert man die Schichtfolgen, indem man die Strukturen kristallographisch spaltet und die Spaltflächen mit Transmissions-Elektronenmikroskop analysiert. Um die Dichte der Quantenpunkte auch senkrecht zur Substratgrenzfläche zu erhöhen, wiederholt man den gesamten InAs-Prozess nach einer definierten GaAs-Schichtdicke. Dadurch erhält man ebenenartige Quantenpunktansammlungen. Abb. 8.28c und d zeigen das experimentelle Ergebnis für einen Ebenenabstand von 40 nm und 20 nm, wobei im Falle des geringeren Ebenenabstandes die Positionen der Quantenpunkte in vertikaler Richtung korreliert sind. Abb. 8.28e zeigt in einer sehr hohen Vergrößerung (man beachte die jeweils unterschiedliche Bemaßung der Balkenlängen) die Quantenpunktausbildung in dem II/VI-Halbleitersystem CdSe/ZnSe. In dieser Vergrößerung sind im Transmissions-Elektronenmikroskop die individuellen Kristallebenen aufgelöst. Der CdSe-Quantenpunkt hebt sich dunkel von dem umgebenden heller dargestellten ZnSe ab [67]. Quantenpunktstrukturen versprechen in der Theorie auf Grund ihrer vorteilhaften Zustandsdichten und der modifizierten Bandstruktur, z. B. in Halbleiterlasern eingesetzt, ausgezeichnete Bauelemente-Eigenschaften. Falls es gelingen sollte, eine große Ansammlung von Quantenpunktstrukturen identischer Größe selbstorganisiert epitaktisch herzustellen, wodurch jede Struktur identische Energieniveaus aufweist, ist eine stark reduzierte Temperatursensitivität und eine sehr hohe differenzielle optische Verstärkung (dadurch extrem hohe Übertragungsraten) zu erwarten. Obwohl weltweit auf dem Gebiet der Quantenpunkt-Epitaxie sehr intensiv gearbeitet wird und bereits zahlreiche Quantenpunktlaser realisiert wurden, weisen die pyramidenähnlichen Quantenpunktstrukturen eine sehr starke Fluktuation in der Größe und damit in den Energieniveaus auf. Damit konnten jene erhofften Verbesserungen noch nicht gezeigt werden, statt dessen jedoch ein stark spektral verbreitertes Verstärkungsprofil, was wieder für andere Anwendungen von Vorteil ist. Jedoch muss auch daran erinnert werden, dass es mehr als 10 Jahre dauerte, bis die Laser mit aktiven 2D-Schichten reproduzierbar diejenigen mit aktiven 3D-Schichten übertrafen.

Mit der Wahl des Halbleitermaterials und der Wahl der Ladungsträgerdimensionalität sind jedoch noch nicht alle Möglichkeiten ausgeschöpft, um für Bauelemente-Anwendungen bestimmte, d. h. quasi künstliche Materialien mit neuartigen und herausragenden physikalischen Eigenschaften maßzuschneidern. Durch definierte Gitterfehlanpassung lassen sich wichtige Größen wie Massen oder Zustandsdichten ebenfalls gezielt verändern. Hierzu ist jedoch zunächst die Variation der Gitterkonstante a mit der Komposition zu betrachten. In Abb. 8.29 ist die Gitterkonstante für verschiedene ternäre Verbindungshalbleiter, welche durch ein geeignetes „Mischungsverhältnis" aus jeweils zwei binären Komponenten entstehen, dargestellt.

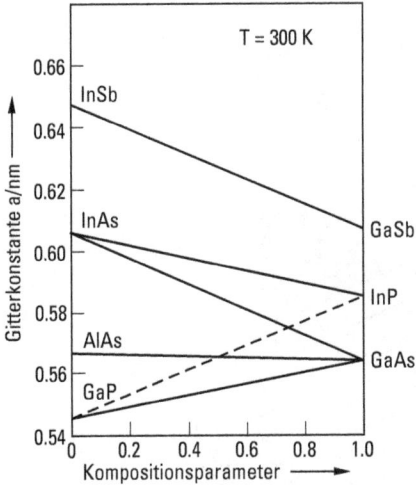

Abb. 8.29 Gitterkonstante a als Funktion verschiedener ternärer und quaternärer Verbindungshalbleiter.

Diese linearen Zusammenhänge werden als Vegard'sches Gesetz bezeichnet. Für die Materialwahl ist jedoch ferner die gleichzeitige Variation der Bandlücke ein entscheidendes Kriterium (Abb. 8.30). Das abfallend schraffierte Gebiet beschreibt das quaternäre $Al_zGa_{1-x-z}In_xN$. Das ansteigend schraffierte Gebiet beschreibt das quaternäre $Ga_{1-x}In_xAs_{1-y}P_y$.

Alle Verbindungshalbleiter, welche auf einer der 5 grauen vertikalen Linien liegen (markieren die Gitterkonstante von wichtigen Halbleiter-Substratmaterialien), kön-

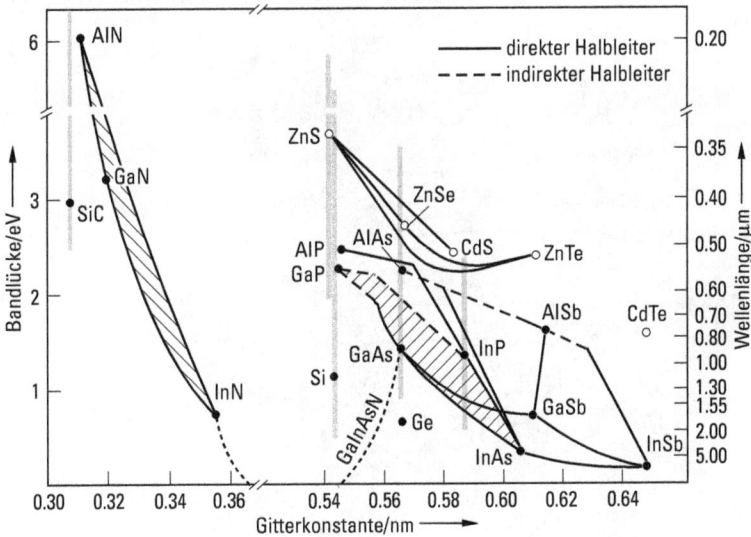

Abb. 8.30 Bandlückenenergie E_g (links) und Bandlücken-Wellenlänge (rechts) als Funktion der Gitterkonstante a.

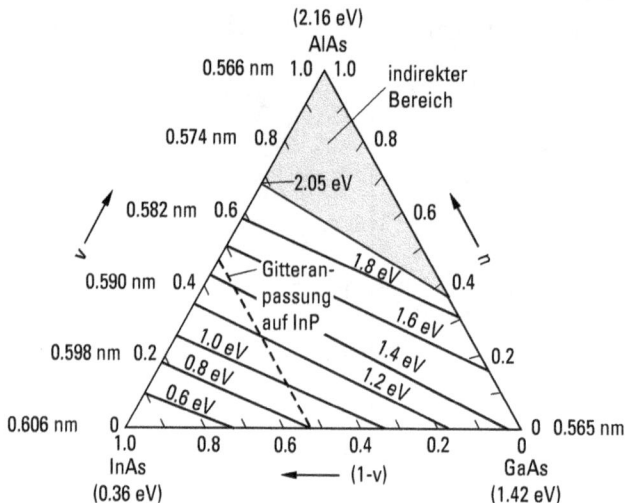

Abb. 8.31 Kompositionelle Abhängigkeit der Bandlücke und der Gitterkonstante in $(Al_uGa_{1-u})_vIn_{1-v}As$; Kompositionsparameter $0 \leq v \leq 1$ und $0 \leq u \leq 1$.

nen präzise gitterangepasst (identische Gitterkonstante) auf dem jeweiligen Substrat aufgewachsen werden. Gemäß Abb. 8.30 und der gestrichelten Linien in Abb. 8.31 und Abb. 8.32, besitzt $Al_{0.48}In_{0.52}As$ und $Ga_{0.47}In_{0.53}As$ dieselbe Gitterkonstante wie InP, das als scheibenartiges Substratmaterial mit bis zu 150 mm Durchmesser kommerziell verfügbar ist. Beispielsweise kann $Ga_{0.47}In_{0.53}As$ ($E_g = 0.75$ eV) auf Grund der Gitteranpassung in beliebiger Dicke auf $Al_{0.48}In_{0.52}As$ ($E_g = 1.43$ eV) oder InP ($E_g = 1.34$ eV) aufgewachsen oder zwischen diese Materialien eingebettet werden.

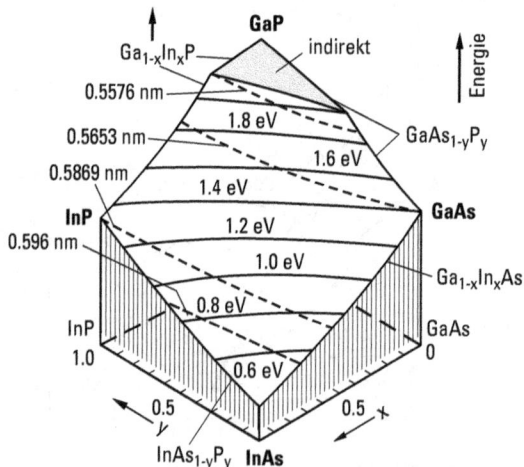

Abb. 8.32 Kompositionelle Abhängigkeit der Bandlücke und der Gitterkonstante in $Ga_{1-x}In_xAs_{1-y}P_y$.

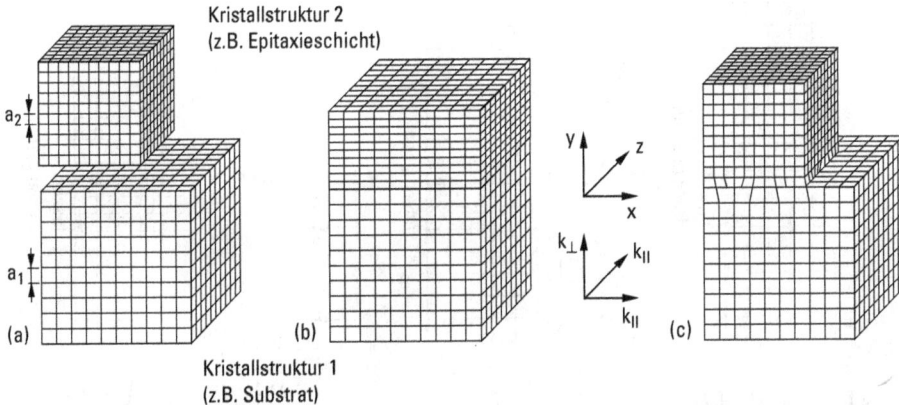

Abb. 8.33 Gitterfehlanpassung zwischen Epitaxieschicht und Substrat. (a) Schematisch getrennt, (b) 100% verspannte und (c) 100% relaxierte Epitaxieschicht in Kontakt mit dem Substrat.

Für diese zwei in der Optoelektronik sehr wichtigen quaternären Verbindungshalbleiter $Al_zGa_{1-x-z}In_xAs$ (Abb. 8.31) und $Ga_{1-x}In_xAs_yP_{1-y}$ (Abb. 8.32) ist die Variation der Bandlücke (in der Einheit eV) und der Gitterkonstante (in der Einheit nm) als Funktion der Komposition dargestellt.

Verkleinert man jedoch ausgehend von $x = 0.53$ den In Gehalt des $Ga_{1-x}In_xAs$, so nimmt nach Abb. 8.29, Abb. 8.30 und Abb. 8.32 die Gitterkonstante ab. Abbildung 8.33 a zeigt schematisch die Gitterstruktur einer in Gedanken vom Substrat abgelösten kräftefreien Epitaxieschicht (z. B. $Ga_{0.64}In_{0.36}As$) mit einer kleineren Gitterkonstante a_2 als die Gitterkonstante a_1 des Substratmaterials (InP). Von den zahlreichen Situationen, welche beim Aufwachsen von $Ga_{0.64}In_{0.36}As$ auf InP eintreten können, sind in Abb. 8.33 b, c die beiden Extremfälle gezeigt. In Abb. 8.33 b wird dem $Ga_{0.64}In_{0.36}As$ in x- und z-Richtung die größere Gitterkonstante des InP aufgezwungen. Man spricht von einer biaxial **zugverspannten Schicht** (engl. tensile strain). Auf Grund der Gesetze der Kontinuumsmechanik verkleinert sich dafür in y-Richtung die Gitterkonstante. Abb. 8.33 c zeigt den Grenzfall der vollständigen Spannungsrelaxation, bei dem die Kristallstruktur 2 (hier z. B. eine $Ga_{0.64}In_{0.36}As$ Epitaxieschicht) in hinreichendem Abstand von der Heterogrenzfläche ihre natürliche Gitterkonstante a_2 aufweist. An der Grenzfläche der beiden Kristallstrukturen liegen Gitterfehler vor, sogenannte Versetzungen (Kap. 3.7, [12]). Im Allgemeinen reichen diese viel weiter in beide Kristallvolumina hinein als in Abb. 8.33 c angedeutet ist. Eine verspannte Deckschicht oder Zwischenschicht ist jedoch nur bis zu einem von der Schichtdicke L_y und der Verspannung abhängigen Limit stabil. Die maximal mögliche Schichtdicke (kritische Schichtdicke), bei der noch keine Gitterrelaxation auftritt, nimmt mit wachsender Verspannung ab. Für eine einseitig freiliegende, verspannte Deckschicht (Abb. 8.33 b) ist bei identischer Gitterfehlanpassung diese kritische Schichtdicke nur ungefähr halb so dick wie für eine verspannte eingebettete Schicht (Abb. 8.34 a, c), bei welcher die Verspannung an beiden Heterogrenzflächen zur Hälfte abgefangen werden kann. Reale Halbleiterkristalle sind im Gegensatz zu den in den Abb. 8.34 a–c dargestellten Kristallausschnitten in x- und z-Richtung

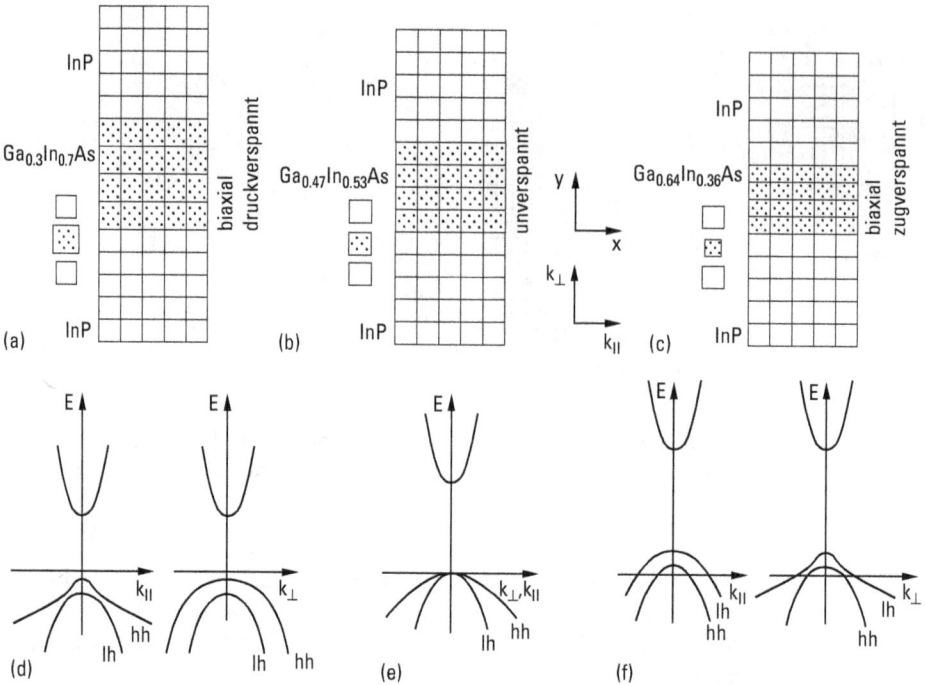

Abb. 8.34 Unverspannte sowie biaxial druck- und zugverspannte 3D-Halbleiterstrukturen, (a) – (c) Gitterstrukturen, (d) – (f) korrespondierende 3D Bandstrukturen $E(k)$, dabei gibt $k_\perp$ die Richtung senkrecht und $k_\parallel$ die Richtung parallel zur Heterogrenzfläche an; hh: schweres Loch, lh: leichtes Loch.

wesentlich weiter ausgedehnt. Ferner ist zur Vereinfachung nur die kubische Einheitszelle (s. Abb. 1.1) der Kantenlänge a (Gitterkonstante) vielfach aneinandergesetzt, ohne auf Details der atomaren Struktur einzugehen.

Vergrößert man jedoch ausgehend von $x = 0.53$ den In-Gehalt des $Ga_{1-x}In_xAs$, so nimmt nach Abb. 8.29 die Gitterkonstante zu. Dem als Beispiel betrachteten $Ga_{0.3}In_{0.7}As$ wird in x- und z-Richtung die kleinere Gitterkonstante des InP aufgezwungen. Man spricht dabei von einer **druckverspannten Schicht** (engl. compressive strain). Auf Grund der Gesetze der Kontinuumsmechanik vergrößert sich dafür in y-Richtung die Gitterkonstante. Die in der xz-Ebene vorliegende **biaxiale Druckverspannung** lässt sich zerlegen in einen hydrostatischen (allseitigen) Druck plus einer in y-Richtung orientierten **uniaxialen Zugspannung**. Entsprechend lässt sich die in Abb. 8.33 b gezeigte, in der xz-Ebene vorliegende **biaxiale Zugverspannung** (engl. tensile strain) zerlegen in einen hydrostatischen (allseitigen) Zug plus einer in y-Richtung orientierten **uniaxialen Druckspannung**. Diese Zerlegungen erweisen sich bei der Berechnung verschiedener Kenngrößen, wie z. B. der Bandstruktur $E(k)$ von verspannten Halbleitergittern, als sehr praktisch [68–70].

In Abb. 8.34 a, b, c sind die soeben eingeführten biaxial zug- und druckverspannten Strukturen zusammen mit einer entsprechenden unverspannten Struktur an Hand von Flächengittern einander gegenübergestellt. Die punktiert dargestellte, in y-Richtung wenig ausgedehnte $Ga_{1-x}In_xAs$-Schicht ist hierbei zwischen zwei in x-, y- und z-Richtung weit ausgedehnten InP-Schichten eingebettet. Abb. 8.34b zeigt den unverspannten Fall, in dem die $Ga_{1-x}In_xAs$-Schicht dieselbe Gitterkonstante aufweist wie die des InP-Gitters, was durch geeignete Wahl des In- und Ga-Gehaltes erreicht wird. Abb. 8.34a zeigt biaxial druckverspanntes $Ga_{0.3}In_{0.7}As$, das in der xz-Ebene eine verkleinerte und in y-Richtung eine vergrößerte Gitterkonstante besitzt. Abb. 8.34c zeigt biaxial zugverspanntes $Ga_{0.64}In_{0.34}As$, das in der xz-Ebene eine verlängerte und in y-Richtung eine verkürzte Gitterkonstante aufweist. Die zwei auf Grund der Symmetrie wichtigen Komponenten des Wellenvektors sind folgendermaßen definiert: in der xz-Ebene (parallel zur Ebene der Heterogrenzfläche, d. h. in der biaxialen Spannungsebene) liegt die parallele Komponente $k_{\parallel}$ des Vektors; in der y-Richtung (Wachstumsrichtung, uniaxiale Spannungsrichtung, d. h. senkrecht zur Heterogrenzfläche) liegt die senkrechte Komponente $k_{\perp}$ des Vektors.

Die Abb. 8.34d–f stellen die zu Abb. 8.34a–c korrespondierenden Bandstrukturen dar. Abb. 8.34e zeigt die aus Abb. 8.24 bereits geläufige Bandstruktur $E(k)$ eines 3D-Volumenhalbleiters mit direkter Bandlücke. Das schwere Lochband (hh) und das leichte Lochband (lh) sind bei $k = 0$ energetisch entartet. In der senkrechten und parallelen Richtung liegt das hh-Band jeweils über dem lh-Band. Durch das Verspannen dieser Schicht (Abb. 8.34d, f) wird die Valenzbandkante bei $k = 0$ durch den hydrostatischen Anteil energetisch verschoben und die Entartung durch den uniaxialen Anteil aufgehoben, d. h. es kommt zu einer zusätzlichen Energieentartung.

Abb. 8.34d zeigt eine Absenkung der Valenzbandkanten unter biaxialer Druckverspannung. In paralleler Richtung (linkes Teilbild) kommt es durch die Aufspaltung scheinbar zu einer Überkreuzung des schweren und des leichten Löcherbandes. Quantenmechanisch ist dies jedoch ausgeschlossen, weshalb das hh-Band bei kleinen $k_{\parallel}$ der Krümmung des ursprünglichen leichten Löcherbandes folgt und dann am fiktiven Überkreuzungspunkt der schwächeren Krümmung des ursprünglichen schweren Löcherbandes folgt, ohne dass eine reale Überkreuzung des hh- und des lh-Bandes auftritt. Demzufolge weist das lh-Band bei kleinen $k_{\parallel}$ eine schwere Masse und bei größeren $k_{\parallel}$ eine leichte Masse auf. Das rechte Teilbild zeigt den Verlauf $E(k_{\perp})$, wobei bei $k = 0$ dieselben Energiewerte wie im linken Teilbild auftreten müssen. Die Krümmung des hh-Bandes besitzt für alle $k_{\perp}$ den Charakter eines schweren Loches; die Krümmung des lh-Bandes zeigt für alle $k_{\perp}$ den Charakter eines leichten Loches.

Abb. 8.34f demonstriert eine Anhebung der Valenzbandkanten unter biaxialer Zugverspannung. In paralleler Richtung (linkes Teilbild) ist das lh-Band jedoch für alle $k_{\parallel}$ schwach gekrümmt (schwere effektive Masse!) und das hh-Band ist für alle $k_{\parallel}$ schwach gekrümmt (leichte effektive Masse!). In senkrechter Richtung (rechtes Teilbild) kommt es bei der Aufspaltung scheinbar ebenfalls zu einer Überkreuzung des ursprünglichen schweren und des leichten Löcherbandes. Das hh-Band liegt jedoch hier unterhalb des lh-Bandes und weist bei kleinen $k_{\perp}$ einen Schwerloch-Charakter und bei größeren $k_{\perp}$ einen Leichtloch-Charakter auf. Umgekehrt zeigt das lh-Band bei kleinen $k_{\perp}$ eine leichte Masse bei größeren $k_{\perp}$ eine schwere Masse. Abb. 8.34f zeigt im linken und rechten Teilbild bei $k = 0$ identische Energiewerte.

Besonders interessierte Leser seien auf weiterführende Literatur [68–70] verwiesen: Die senkrechte und parallele Richtung sind in der Literatur leider nicht durchgängig in der gleichen Weise definiert. Ferner kann folgende Tatsache zur Konfusion beitragen, dass in vielen Artikeln ein Halbleiter betrachtet wird, der bei konstant gehaltener Zusammensetzung in einer gedachten „Druckkammer" verspannt wird. In diesem Fall verursachen die hydrostatische und uniaxiale Verspannung die einzigen Energieverschiebungen. Biaxial zugverspannte Strukturen weisen für diesen hypothetischen Fall eine kleinere Bandlücke auf als biaxial druckverspannte Halbleiter. Im realen Fall wird die Verspannung der Schicht jedoch fast ausschließlich durch eine Kompositionsänderung erreicht. Zur Energieverschiebung des Leitungsbandes gegen die Valenzbänder durch die hydrostatische und uniaxiale Verspannung kommt überkompensierend der Einfluss der Bandkantenvariation durch die Änderung der chemischen Zusammensetzung hinzu. Dadurch verhalten sich die Bandlücken unter Zug- und Druckverspannung im idealen Fall gerade umgekehrt: zugverspannte Strukturen weisen eine größere Bandlücke auf als druckverspannte Halbleiter. In diesem realen Fall wird die Verspannung durch eine Kompositionsänderung hervorgerufen. Durch die Verspannung verschieben sich jedoch nicht nur die Bänder, es werden zudem die Krümmungen (effektive Massen) der Bänder modifiziert. Auch hier überlagert sich die durch die Verspannung und die Kompositionsänderung ausgelöste Variation der Massen. Für die Bauelementeanwendung können durch die Ausnutzung gezielter Verspannungen in Halbleiterheterostrukturen folgende attraktive Eigenschaften maßgeschneidert werden: Die Valenzbänder weisen bei $k = 0$ in paralleler und senkrechter Richtung jeweils inverse Krümmungen auf. In paralleler Richtung weist das höherliegende und dadurch thermisch stärker besetzte Löcherband bei $k = 0$ in einer druckverspannten Struktur eine kleine und in einer zugverspannten Struktur eine große effektive Masse auf. Druckverspannte Halbleiterschichten werden daher besonders als aktives Schichtmaterial für Halbleiterlaser verwendet (um die Elektronen- und Löchermasse größenmäßig besser anzugleichen) und zugverspannte Halbleiterschichten werden oft als aktives Schichtmaterial für Halbleiterverstärker verwendet, um die Polarisationsabhängigkeit zu reduzieren.

Abschließend sei nochmals betont, dass in Abb. 8.34 nur 3D-Halbleiterschichten behandelt werden. Dies ist u. a. daran zu erkennen, dass das Valenzband im unverspannten Fall bei $k = 0$ entartet ist (Abb. 8.34e). Da jedoch auf Grund der limitierenden kritischen Schichtdicke die stark verspannten Filme meist sehr dünn sein müssen, treten zusätzlich Quanteneffekte auf. In beiden Fällen kommt es bei $k = 0$ zu einer Aufhebung der Entartung der Valenzbandstruktur $E(k)$, wodurch sich mehrere Phänomene mischen. Aus didaktischen Gründen werden hier die Einflüsse der Quantisierung und der Verspannung separat behandelt.

Die „effektive Masse"-Näherung (Abschn. 8.4.1 und Kap. 7) ist jedoch in 3D- und 2D-Strukturen nur für näherungsweise entkoppelte Subbänder, z. B. in Potentialtöpfen im Leitungsband, einsetzbar. Für die stark gekoppelten Subbänder des Valenzbandes muss die Schrödingergleichung numerisch gelöst werden. Abbildung 8.35 zeigt das Ergebnis der Rechnung [71] für vier verschiedene GaAs/AlGaAs-Quantenfilmstrukturen für $k_\parallel$ (parallel zu den Heterogrenzflächen). Ein unverspannter 8 nm breiter GaAs-Potentialtopf mit $Al_{0.15}Ga_{0.85}As$ Barrieren ist in Abb. 8.35a behandelt. Die Kopplung der Bänder führt zu stark nichtparabolischem Verhalten im Falle des ersten leichten Lochbandes (1lh) und des dritten schweren Lochbandes (3hh) sogar zu negativen Massen am Γ-Punkt. In Abb. 8.35b ist gegenüber 8.35a die Topfbreite halbiert, was die Subbänder zu höheren Energien verschiebt. Dadurch, dass oberhalb der gepunktet dargestellten Bandkantenenergie der Barrieren keine im Topf gebundenen Zustände existieren, reduziert sich die Zahl der Bänder beträchtlich. Im Grunde ist das zweite schwere Lochband (2hh) kaum noch gebunden. Der Vergleich mit dem Bandverlauf auf der Basis der 3D-Massen (schwere und leichte Löcher, gestrichelt) verdeutlicht die enorme Abweichung und die Notwen-

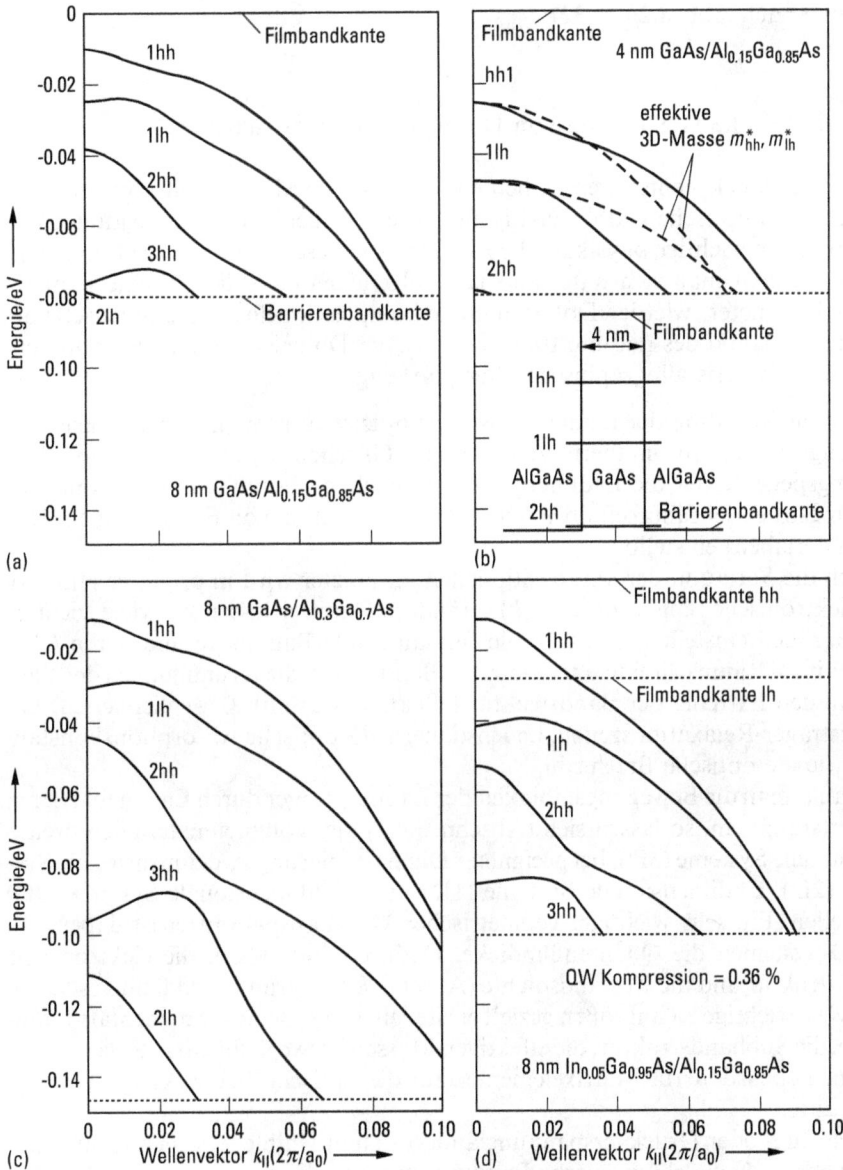

Abb. 8.35 Valenzbandstruktur $E(k_{\parallel})$ verschiedener Ga(In)As/AlGaAs-Quantenfilmstrukturen nach [71].

digkeit der präziseren Rechnung. Im Fall (c) ist die Barrierenenergie vergrößert ($Al_{0.3}Ga_{0.7}As$), was im Vergleich zu (a) zu einer Verschiebung der Bänder zu höheren Energien führt. Abb. 8.35 d zeigt die Bandstruktur für einen 8 nm breiten verspannten $Ga_{0.95}In_{0.05}As$-Potentialtopf. Man beachte, dass nun die 3D-Bandkante für schwere und leichte Löcher verschieden ist (gepunktet). Aus diesem Grund tritt nur noch ein leichtes Lochband auf. In allen vier Fällen ist die gegenüber dem GaAs-Substrat bestehende Barrierenverspannung äußerst gering (siehe die fast identischen Gitterkonstanten nach Abb. 8.29–8.32).

8.4.3 Epitaktische Herstellung von Halbleiter-Heterostrukturen

In modernen Bauelementen werden heute verschiedenste Möglichkeiten genutzt, um elektrische und optische Halbleiter-Eigenschaften für bestimmte Anwendungen zu optimieren. Um wichtige physikalische Kenngrößen dieser Halbleiterstrukturen einzustellen, bedient man sich unter anderem folgender durch die Epitaxie kontrollierbarer Parameter, wie der Dotierung, der kompositionellen Zusammensetzung, der Dimensionalität des Ladungsträgersystems, der Dimensionalität des Photonensystems und der kristallographischen Verspannung.

a) Durch die Variation der Dotierung ist eine präzise Einstellung der extrinsischen Ladungsträgerdichte im thermodynamischen Gleichgewicht möglich. Da der Dotierungspegel ferner die Ladungsträgerbeweglichkeit beeinflusst, wird somit die Ladungsträgerleitfähigkeit über Art und Konzentration von Fremdatomen (Dotiermaterialien) einstellbar.

b) Durch die Variation der kompositionellen Parameter wird in primärer Hinsicht die elektronische Bandstruktur $E(k)$ verändert. Dadurch lassen sich viele wichtige Kenngrößen einstellen, wie z. B. die fundamentale Bandlücke und deren Charakter im k-Raum (direkte oder indirekte Bandlücke), die Krümmungen der Bänder an den Extrema der Bandstruktur (effektive Massen), Beweglichkeiten, Ladungsträger-Relaxationszeiten, Lebensdauern, die optische Absorptionskonstante sowie die optische Brechzahl.

c) Schränkt man die Bewegungsfähigkeit der Ladungsträger durch Energiebarrieren im Ortsraum ein, so lassen sich (Abschn. 8.4.2) aus Volumenmaterialien dreidimensionale Systeme (3D), bei geeigneter Dimensionierung zweidimensionale Systeme (2D), eindimensionale Systeme (1D) und nulldimensionale Systeme (0D) herstellen. Ein sehr wichtiger geometrischer Variationsparameter ist dabei z. B. in 2D-Systemen die Quantenfilmdicke. Dadurch ändert sich die elektronische Bandstruktur und die Zustandsdichte (Abschn. 8.4.2) grundlegend, und es lassen sich viele wichtige Kenngrößen gezielt einstellen, wie z. B. die fundamentale Bandlücke, die Subbandstruktur, die effektiven Massen, Beweglichkeiten, Relaxationszeiten, Lebensdauern, Matrixelemente und die optische Verstärkung in Laserstrukturen.

d) Durch Zug- oder Druckverspannung ändert sich in Halbleiterschichten in erster Linie ebenfalls die elektronische Bandstruktur und die Zustandsdichte. Infolgedessen lassen sich dieselben Kenngrößen, welche bereits unter c) aufgeführt wurden, einstellen, wie z. B. Energiedifferenzen zwischen ausgezeichneten Punkten der Bandstruktur, effektive Massen, Matrixelemente, Lebensdauern und über Veränderungen der Bandstruktur z. B. auch die optische Verstärkung in Laserstrukturen.

8.4.3.1 Grundlagen der Epitaxie von III/V-Halbleitern auf GaAs-, InP-, GaP- SiC-, Si- und Saphir-Substraten

Einkristalline Halbleiter-Heterostrukturen können heute mit Hilfe einer Vielzahl von epitaktischen Verfahren auf scheibenförmigen **Substraten** (Trägermaterialien, engl. wafer) abgeschieden werden. Das Wort **Epitaxie** leitet sich aus dem Griechischen ab (epi: auf, über; taxis: Ordnung) und bedeutet, dass die epitaktisch abgeschiedene Schicht sich an der kristallinen Ordnung des Substrates orientiert. Dabei ist die Nukleation der Quellenmaterialien auf der geheizten Substratoberfläche das Grundprinzip der Epitaxie. Im Folgenden sei vereinfacht der Vorgang veranschaulicht, welcher dem Wachstum einer III/V-Halbleiterschicht zugrunde liegt: Zunächst wird die Adsorption eines Atoms auf der Substratoberfläche betrachtet. Die Substrat-Temperatur ist ausreichend hoch gewählt, um eine hinreichende Beweglichkeit dieses Atoms auf der Substratoberfläche zu gewährleisten. Zunächst kann das Atom in den zwei Raumrichtungen, welche die Oberfläche definieren, umherwandern. Trifft es während dieser Bewegung an eine mono-atomare Stufe, so lagert es sich dort bevorzugt an. Nun ist das Atom jedoch nur noch in einer Raumrichtung, d. h. längs der Stufenkante, beweglich. Der Migrationsprozess ist beendet, wenn eine weitere monoatomare Stufe, welche senkrecht zur ersten verläuft, den Weg versperrt, d. h. wenn es in einer Ecke angelangt ist. Entsprechend kann das Atom während des Migrationsprozesses auch über eine Stufe hinabgleiten und dann, wie eben beschrieben, entlang der Stufenkante weiterwandern. Bezüglich ihrer Beweglichkeit auf der Oberfläche bestehen zwischen den einzelnen Atomsorten jedoch sehr große Unterschiede. Durch das Zusammenwirken der Migrationsprozesse und Anlagerungsprozesse vieler Atome kommt es im Regelfall zu einer wachsenden, mono-atomaren Bedeckung einer Fläche (man spricht vom zweidimensionalen Wachstum) und schließlich zu einem „Atomlage für Atomlage"-Wachstum. Bei der Epitaxie von III/V-Halbleitern kommt hinzu, dass mindestens zwei verschiedene Untergitter auftreten und dass der Haftkoeffizient der einzelnen Atomsorten sehr unterschiedlich ist. Durch sequenzielle Abscheidung verschiedener Halbleiterschichten lassen sich kompliziert aufgebaute Halbleiter-Heterostrukturen realisieren, welche die Grundstrukturen, d. h. die Ausgangsbasis der Technologie moderner Halbleiter-Bauelemente bilden. Während des gesamten Epitaxievorgangs lassen sich die Dicken, die Dotierung und die kompositionellen Parameter (Zusammensetzung) der individuellen Schichten gezielt steuern. Heute gibt es bereits eine größere Zahl, zum Teil sehr unterschiedlicher Epitaxieverfahren. Dabei bestimmen die Steuerbarkeit, Reinheit, Wachstumsrate, Homogenität, Handhabung, Stabilität und Toxizität der Quellenmaterialien die Vor- und Nachteile der unterschiedlichen Epitaxieverfahren. Eine häufig vorgenommene Einteilung dieser Verfahren orientiert sich unter anderem am Aggregatzustand der verwendeten Quellenmaterialien. Eine Übersicht ist dazu in Abb. 8.36 dargestellt, welche eine Einteilung in die **Gasphasenepitaxie**, die **Flüssigphasenepitaxie** und die **Feststoffquellenepitaxie** vornimmt. Die Gasphasenepitaxie

Aggregatzustand der Quellenmaterialien für die Epitaxie				
fest	flüssig			gasförmig
	mehr-komponentige metallische Lösung	metall-organische Verbindungen Gruppe III	alternative Quellen Gruppe V	metallische In Schmelze + HCl Gas	Hydride PH_3, AsH_3, SiH_4, NH_3

Sublimation (As, P, Si, Be, Sb, C)

Verdampfen von (Ga, In, Al, Sb) aus Schmelzen

(Ga, As, Al, In, Sb, P)

mittels Träger-Gas H_2 N_2

Gas   Gas

Träger-Gas H_2 | N_2

Gas $InCl_2$

Molekular-Strahl   Molekular-Strahl

MBE   LPE   MOVPE   VPE

GS MBE   MO MBE   CBE

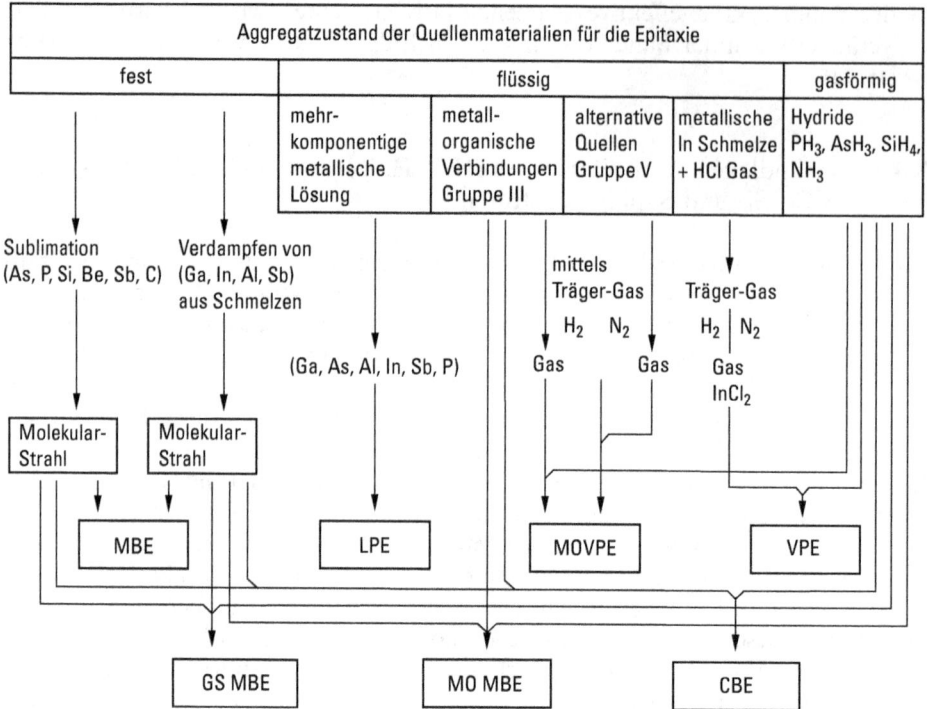

Abb. 8.36 Klassifizierung diverser Epitaxieverfahren nach dem Aggregatzustand der Quellenmaterialien.

(VPE, engl. vapor phase epitaxy) verwendet gasförmige Quellen, wie z. B. PH_3, AsH_3, SiH_4 und gasförmige Trägergase wie z. B. H_2 und N_2. Elemente der III. Hauptgruppe werden mithilfe eines über eine Metallschmelze (z. B. In) geleiteten Gasstroms (z. B. HCl) mitgeführt (z. B. als $InCl_3$). Die metallorganische Gasphasenepitaxie (MOVPE, engl. metallorganic vapor phase epitaxy) [72] bedient sich metallorganischer Verbindungen als Quelle der Metalle In, Ga und Al, welche als Flüssigkeit vorliegen und mit Hilfe von durchgeleitetem Trägergas, z. B. H_2, in den gasförmigen Zustand gebracht werden. Die Elemente der V. Hauptgruppe und die Dotierstoffe stammen entweder aus gasförmigen Quellen, wie z. B. PH_3, AsH_3, SiH_4 oder aus alternativen flüssigen Quellen. Die Flüssigphasenepitaxie (LPE, engl. liquid phase epitaxy) bedient sich z. B. der Lösung von GaAs (InP) in einem Lösungsmittel z. B. Ga (In) bis zur Sättigungsgrenze. Nachdem die Lösung an die Substratoberfläche gebracht wurde (Schieben, Verkippen), wird die Temperatur der Lösung abgesenkt und die Löslichkeitsgrenze unterschritten, so dass sich GaAs (InP) an der Substratoberfläche abscheidet. Die Molekularstrahl-Epitaxie (MBE, engl. molecular beam epitaxy) [73] bedient sich sowohl der Sublimation von Feststoffen (z. B. As, P, Si, Be, C) als auch dem Dampfdruck, der sich über Metallschmelzen wie z. B. Ga, In und Al bildet. Wie unten ausführlicher beschrieben wird, wird auf geeignete Weise ein steuerbarer Molekularstrom jeder einzelnen Quellenkomponente geformt und auf das Substrat gerichtet. Dies wird physikalisch durch die im Ultrahochvakuum großen „mittleren freien Weglängen" ermöglicht. Schließlich existieren noch eine Anzahl von Mischformen aus der MBE, der MOVPE und der VPE: die GS-MBE (engl. gas source molecular beam epitaxy), die MOMBE (engl. metallorganic molecular beam epitaxy) und die CBE (engl. chemical beam epitaxy), welche sich der in Abb. 8.36 angegebenen unterschiedlichen Quellen bedienen. Verglichen mit den Temperatur-Rampen, welche mit Feststoffquellen erforderlich sind, erlauben Gasquellen dabei eine schnellere Änderung im Fluss des Molekularstrahls. Aufgrund der existierenden Mischformen wird die in Abb. 8.36 erstbesprochene Art der MBE auch als Feststoffquellen-MBE bezeichnet.

8.4.3.2 Grundlagen der Molekularstrahl-Epitaxie

Bei der **Molekularstrahl-Epitaxie (MBE)** bewegt man sich während des epitaktischen Vorgangs fern vom thermodynamischen Gleichgewicht, im Gegensatz zu der im thermodynamischen Gleichgewicht operierenden LPE. Erste Arbeiten zur MBE begannen mit Studien zur Wechselwirkung von Ga- und As-Atomen mit GaAs Oberflächen im Ultrahochvakuum. Stimulierend wirkten dabei die Voraussagen über künstliche Hetero-Materialsysteme, in denen die „Abruptheit" des Heteroübergangs kleiner als die Elektronenwellenlänge ist. Dadurch öffnete die MBE das Tor zur epitaktischen Realisierung dieser neuartigen Hetero-Materialsysteme, welche, wie sich in den folgenden Jahren zeigte, sehr attraktive physikalische Eigenschaften ermöglichten. Als Beispiele seien hierzu angeführt:

1. die Erhöhung der Ladungsträgerbeweglichkeit in modulationsdotierten Strukturen, d. h. die Realisierung hoher Ladungsträgerkonzentrationen ohne Einbußen durch übermäßige Streuung an geladenen Dotierstoff-Rümpfen. Dies wurde durch die teilweise Trennung des Leitfähigkeitskanals von den unvermeidlichen Streuzentren ermöglicht;
2. die Legierungshalbleiter;
3. maßgeschneiderte Gitterverspannungen und Quanteneffekte (Quantenfilme, Quantendrähte und Quantenpunkte) für modernste elektronische und optoelektronische Bauelemente.

Das kristalline Schichtwachstum mit der MBE erfolgt in einer Ultrahochvakuumkammer (Abb. 8.37) bei einem Restdruck $< 10^{-10}$ mbar. Vor dem Einbau der Substratscheibe (engl. wafer) in die Kammer ist eine sorgfältige Reinigung entweder im Labor oder bereits vom Hersteller (engl. epi-ready) wesentlich. Die Oxidschicht des Substrates wird durch Abheizen im Ultrahochvakuum entfernt. Wie oben bereits erwähnt, liegen die Quellenmaterialien ursprünglich in hochreiner Form im festen Aggregatzustand vor. Jedes dieser Materialien ist in einer individuellen Effusionszelle mit einem Tiegeleinsatz aus Bornitrid-Keramik untergebracht, welche sich auf spezifische Temperaturen einstellen lässt. Dadurch können die Quellenmaterialien entweder aus der Schmelze verdampft oder aus dem festen Zustand sublimiert werden. Durch eine spezifisch geformte Öffnung kann so ein definierter Molekularstrom jeder individuellen Effusionszelle auf das geheizte, rotierende Substrat gelenkt werden. Der Fluss des Molekularstrahls kann durch die Effusionszellen-Temperatur variiert und durch Verschlüsse (engl. shutter) ein- und ausgeschaltet werden. Bei

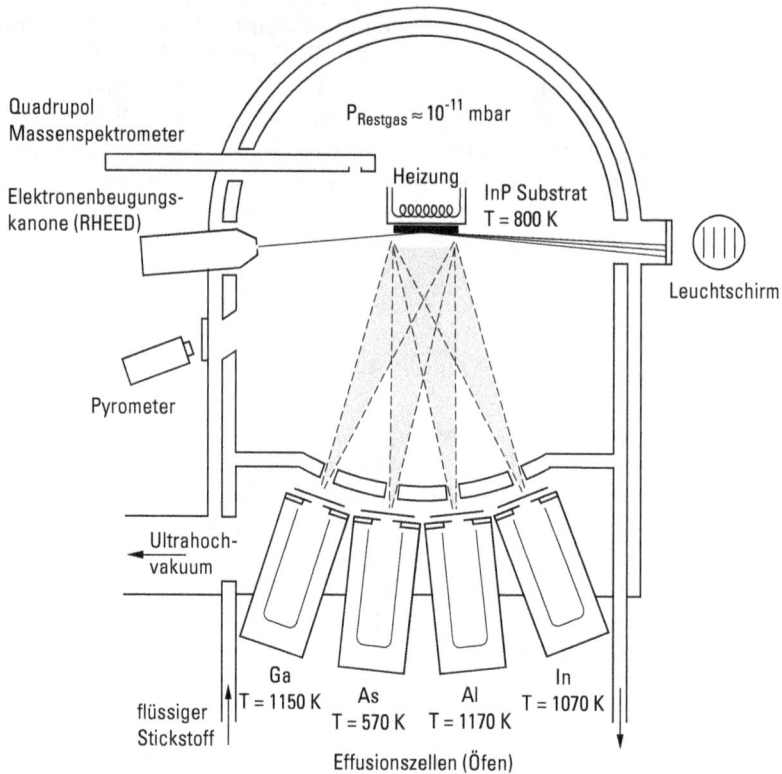

Abb. 8.37   Schematischer Aufbau einer Feststoffquellen-MBE (engl. solid source molecular beam epitaxy) im Querschnitt, welche für AlGaInAs ausgelegt ist. Von den typischerweise 8 bis 16 Effusionszellen sind stellvertretend vier gezeigt.

den verwendeten Wachstumstemperaturen (auf GaAs-Substraten z. B. 620 °C für GaAs, 620 °C für $Al_{0.7}Ga_{0.3}As$, 520 °C für GaInAs; auf InP-Substraten z. B. 510 °C für GaInAs, AlGaInAs und AlInAs) ist der Haftkoeffizient des Gruppe-III-Elements auf der Wachstumsoberfläche gleich 1, was gleichbedeutend mit dem vollständigen Einbau des Angebots an Gruppe-III-Elementen ist. Da der Haftkoeffizient der As-Atome maximal 1 beträgt, müssen zur Stabilisierung der Oberfläche während des Wachstums die Elemente der V. Hauptgruppe des periodischen Systems der Elemente (z. B. As) im Überschuss angeboten werden. Dies erreicht man z. B. durch einen hohen As-Partialdruck. Die Stöchiometrie des Halbleiters wird dadurch gewahrt, dass überschüssige Elemente der V. Hauptgruppe (z. B. As) wieder von der Substrat-oberfläche abdampfen. Über diesen Vorgang, d. h. über den Fluss der Elemente aus der III. Hauptgruppe, ist die Wachstumsgeschwindigkeit einstellbar. Sie liegt typischerweise im Bereich von 1 µm/h. Die Einstellung des Flusses jeder einzelnen Effusionszelle, welche Gruppe-III-Elemente enthält, wird separat unter Abschattung aller sonstigen Quellen (geschlossene „shutter") über Druckmessungen mit einer Ionisationsmessröhre am Ort des Substrats vorgenommen. Dabei kann über eine mathematische Umrechnung jedem äquivalenten Druck in der Wachstumskammer ein bestimmter Fluss der Effusionszelle mit hinreichender Genauigkeit zugeordnet werden. Jedes einzelne Element und jede Effusionszellengeometrie erfordert dabei eine individuelle mathematische Umrechnung bzw. Zuordnung. Die Temperaturen der Effusionszellen werden über geeichte Thermoelemente eingestellt und die Temperatur des rotierenden Substrates über eine Pyrometermessung bestimmt. Durch Elektronenbeugung an der Substratoberfläche (RHEED-Oszillationen) kann die Oberflächenmorphologie über das reziproke Gitter oder genauer der Bedeckungsgrad einer Monolage, aufgezeichnet werden. Der Wachstumsprozess kann durch die Flüsse, die Wachstumstemperatur, das V/III-Flussverhältnis und die Wachstumsraten kontrolliert werden. Vereinfachend kann man sagen, dass eine niedrigere Wachstumstemperatur eine geringere Wachstumsrate erfordert, aufgrund der reduzierten Migrationsbeweglichkeiten der Atome auf der Halbleiteroberfläche. In Produktionsanlagen rotieren mehrere Substrate simultan auf einem Substrathalter, was die gleichzeitige Herstellung von bis zu 7 identischen Substraten mit 150 mm Durchmesser erlaubt. Im Folgenden sind ferner einige Vorteile des epitaktischen Wachstums mit der MBE zusammengestellt:

1. Die Wachstumstemperaturen sind verglichen mit anderen Epitaxieverfahren wie LPE und MOVPE geringer, was eine Interdiffusion von verschiedenen Atomsorten an Heteroübergängen oder von Dotierstoffen drastisch reduziert.
2. Es können niedrige Wachstumsraten erzielt werden, wodurch eine Kontrolle der Schichtdicken, der kompositionellen Gradienten und der Dotierungsprofile innerhalb atomarer Dimensionen möglich ist.
3. Die MBE erlaubt eine in situ Kontrolle des Wachstumsprozesses, z. B. über eine Oberflächenanalyse.
4. Die MBE kann als Ultrahochvakuum-Einheit in einem geschlossenen Verbund mit anderen MBE-Anlagen oder anderen Ätz-, Lithographie-, Implantations- und Depositionsanlagen betrieben werden.
5. Das MBE-Wachstum findet fern vom thermodynamischen Gleichgewicht statt, wodurch die Herstellung metastabiler Materialien und Strukturen ermöglicht wird.

Als Nachteile der MBE seien angeführt:

1. die großen Schwierigkeiten bei der Epitaxie phosphorhaltiger Materialien und
2. die Grenzen beim selektiven Wachstum, bei der chemischen Reduktion von Oberflächen und der Planarisierung.

8.4.3.3 Grundlagen der Metallorganischen Gasphasenepitaxie

Die metallorganische Gasphasenepitaxie (MOVPE), auch MOCVD (engl. metallorganic chemical vapor deposition), ist heute das Epitaxieverfahren, welches am häufigsten zur epitaktischen Herstellung der Halbleiterheterostrukturen für optoelektronische Bauelemente verwendet wird. Dabei bereitet das Materialsystem GaInAsP weniger Schwierigkeiten als das AlGaInAs-System (gerade invers zur MBE). Ferner werden mit der MOVPE zur Zeit im AlGaInN-System mit hohen Stickstoffanteilen große Fortschritte und Erfolge erzielt. Bei der MOVPE werden für die Gruppe-III-Elemente metallorganische Verbindungen und im Allgemeinen für die Gruppe-V-Elemente Hydride (Phosphin PH_3, Arsin AsH_3, NH_3) oder alternative Quellen (z. B.

Tertiärbutylarsin und -phosphin) benutzt. Da die Komponenten bei Raumtemperatur gasförmig vorliegen, kann man sie mit Massenflussreglern und Ventilen leicht während des Wachstums an- bzw. abschalten, mischen und ihre Konzentration variieren, was eine hohe Flexibilität beim Wachstum komplexer Schichtstrukturen ermöglicht. In Abb. 8.38 ist eine MOVPE-Anlage schematisch gezeigt. Die metallorganischen Verbindungen befinden sich meist als Flüssigkeiten in Waschflaschen und beim Durchspülen mit H_2 oder N_2 wird das metallorganische Gas herausgeleitet. Alle Gasströme werden im Gasmischsystem gemischt und dem Reaktionsrohr oder dem Auspuff zugeführt. Die Abscheidung findet bei Drücken zwischen 20 mbar und Atmosphärendruck und bei Temperaturen zwischen 550 °C und 1080 °C statt. In den heute größten Produktionsanlagen mit Planetenreaktoren können gleichzeitig bis zu 95 identische Substrate mit 50 mm Durchmesser oder sieben Substrate mit 150 mm Durchmesser epitaktisch hergestellt werden [74].

Als Beispiel sei die Reaktionsgleichung für die Abscheidung von InP aus Trimethylindium und Phosphin angegeben.

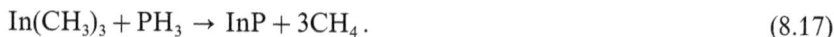

$$In(CH_3)_3 + PH_3 \rightarrow InP + 3CH_4 \,. \tag{8.17}$$

Das entstehende Methan verlässt als flüchtige Verbindung den Reaktorraum. Der Einbau von Stickstoff in Gruppe-III-Nitriden (AlGaInN) erfolgt mittels NH_3. Das MOVPE Verfahren weist folgende Vorteile auf:

1. MOVPE-Schichten zeichnen sich in In-haltigen Halbleitermaterialien durch sehr hohe Lumineszenzausbeuten aus. Dies hängt mit den höheren Wachstumstemperaturen zusammen.

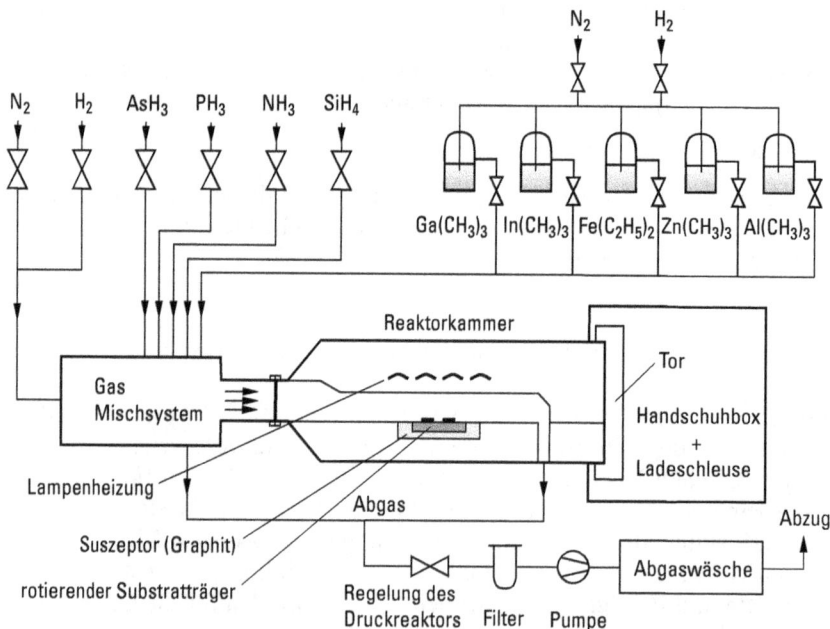

Abb. 8.38 Schematischer Aufbau einer MOVPE-Anlage, welche für GaInAsP ausgelegt ist.

2. Semiisolierende Materialien (z. B. InP:Fe) lassen sich herstellen.
3. Besonders gut eignet sich die MOVPE im Gegensatz zur MBE für das selektive Wachstum, z. B. auf teilweise maskierten Halbleiteroberflächen.
4. auch zum Überwachsen nichtplanarer Oberflächen eignet sich die MOVPE besser.
5. Die Wachstumsgeschwindigkeit ist mit 1 µm bis 4 µm pro Stunde etwas höher als die der MBE, was kommerzielle Vorteile bei der Produktion liefert. Die Abruptheit der Heterogrenzflächen ist dabei fast so gut wie bei der MBE.

Nachteile der MOVPE sind

1. der hohe Gasverbrauch durch relativ hohe V/III-Verhältnisse,
2. die extreme Giftigkeit (Toxizität) der verwendeten Hydride und
3. die gegenüber der MBE geringere Homogenität, die durch das laterale Verarmen verursacht wird, welches durch das laterale Strömen der Prozessgase bedingt ist.

8.4.4 Optische Eigenschaften von III/V-Halbleitern

Für optoelektronische Heterostruktur-Bauelemente spielen momentan Quantenfilmstrukturen eine zentrale Rolle. Neben der Quantenfilmdicke und den effektiven Massen bestimmen die Bandlücken des Quantenfilms und des Barrierenmaterials

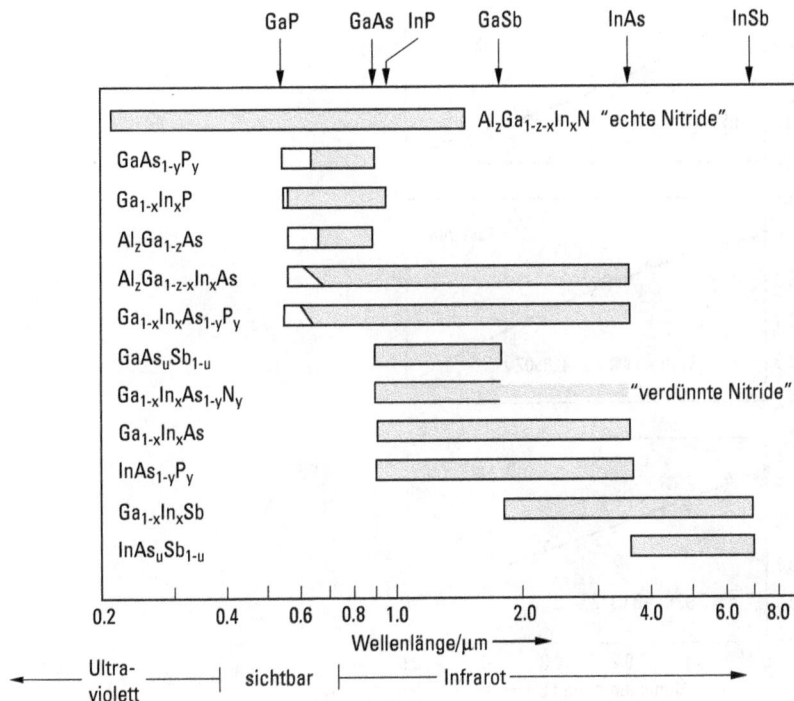

Abb. 8.39 Durch kompositionelle Variationen erreichbare Bereiche der Bandlücken-Wellenlänge für verschiedene ternäre und quaternäre Halbleiter.

die energetische Lage der quantisierten Niveaus und so den Spektralbereich, in dem diese Strukturen Licht absorbieren oder emittieren. In Abb. 8.39 ist der Bereich der Bandlückenwellenlängen dargestellt, der durch Variation der Komposition für verschiedene ternäre und quaternäre Halbleiter-Zusammensetzungen überstrichen werden kann. Es zeigt sich, dass ein sehr großer Wellenlängenbereich lückenlos abgedeckt werden kann und demonstriert die Leistungsfähigkeit moderner Halbleitermaterialien. Auf dem kurzwelligen Gebiet arbeitet man an Lasern für die Datenkommunikation über Polymerfasern und die hochdichte Datenspeichertechnik, auf dem langwelligen Sektor sucht man u. a. Laser für die Sensorik und leistungsfähige Sende-Laser für Schwermetall-Fluoridfaser-Systeme. Da die meisten optoelektronischen Bauelemente Lichtwellenleiter enthalten, ist ferner die optische Brechzahl eine zentrale Kenngröße, welche in Abb. 8.40 für das Beispiel $Al_zGa_{1-x-z}In_xAs$ [75–77] als Funktion des Aluminiumgehaltes für drei verschiedene Wellenlängen dargestellt ist. Variiert man die Zusammensetzung der Halbleiter in Wachstumsrichtung während der Epitaxie abrupt (stufenförmig) oder kontinuierlich, so lassen sich planare Lichtwellenleiter herstellen (s. Abschn. 8.3.1.3).

Im Folgenden wird kurz auf die physikalischen Prozesse eingegangen, welche mit der Absorption und Emission von Licht in Halbleitern mit direkter Bandstruktur

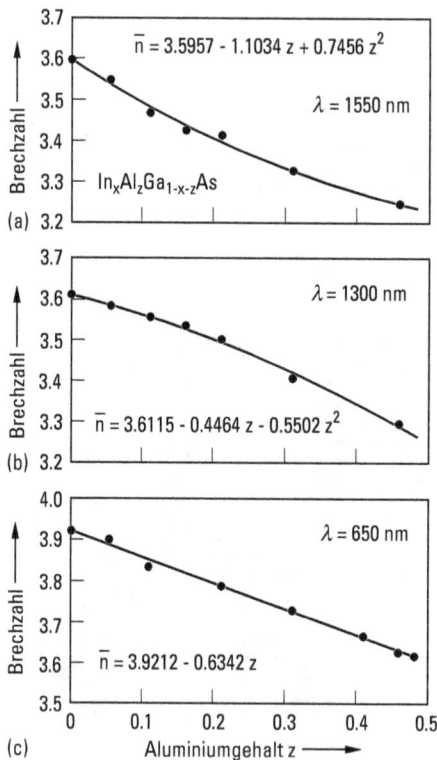

Abb. 8.40 Optische Brechzahl von auf InP gitterangepasstem $Al_zGa_{1-x-z}In_xAs$ als Funktion des Aluminiumgehaltes für drei verschiedene Wellenlängen nach [75–77].

verknüpft sind, der Aktualität wegen unmittelbar für Quantenfilm-Strukturen, aber ohne Einbuße an Allgemeingültigkeit. Abbildung 8.41 b zeigt eine unverspannte Quantenfilm-Struktur mit jeweils einem gebundenen Elektronen-, einem schweren Loch- und einem leichten Loch-Zustand. 1e bezeichnet das 1. Elektronen-Niveau der Quantenzahl $l = 1$ und 1hh dementsprechend das 1. schwere Lochniveau ($l = 1$). Die einfachste Auswahlregel für optische Übergänge in Quantenfilmen erfordert die Erhaltung der Quantenzahl im Elektronen- und Loch-Potentialtopf, d. h. $\Delta l = 0$. 1ehh bezeichnet daher einen Übergang vom 1. Elektronen- zum 1. schweren Loch-Niveau. In Abb. 8.41 c, d sind die korrespondierenden Subbänder in der Bandstruktur $E(k)$ gezeigt. Wird Licht variabler Energie eingestrahlt, so absorbiert der Halbleiter oberhalb der Bandlücke E_g' mit steigender Energie stark zunehmend, bis ein Plateau erreicht wird (Abb. 8.41 c). Dieses Plateau ist für Quantenfilm-Strukturen charakteristisch und eine direkte Folge der Zustandsdichte (Abb. 8.26 d und 8.27 b). Wegen $\Delta l = 0$ weist der spektrale Verlauf der Absorption z. B. zwei Plateaus auf, wenn das unterste schwere und leichte Subband existieren (Abb. 8.41 c, eingesetztes Teilbild). Existieren in dickeren Töpfen auch höhere Subbänder (Abb. 8.41 a), so treten weitere Stufen in der spektralen Absorption auf. Die Absorption ist einer kombinierten Zustandsdichte aus Leitungs- und Valenzband proportional. Durch die Absorption von Licht befindet sich der Halbleiter in einem Nichtgleichgewichts-

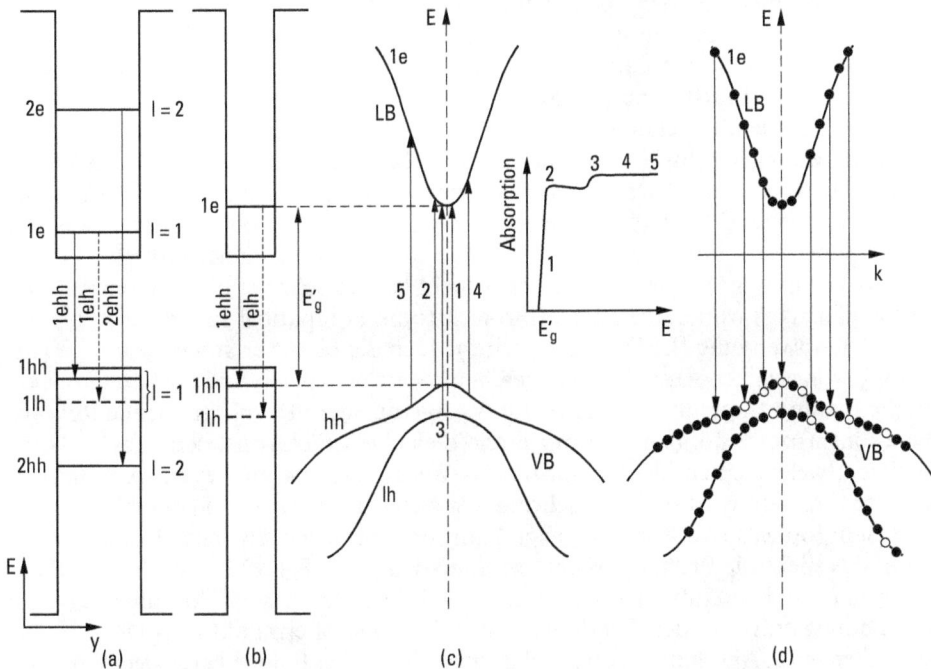

Abb. 8.41 (a) und (b): Potentialtöpfe im Leitungsband LB und im Valenzband VB zweier verschieden dicker Quantenfilm-Strukturen. (c) Bandstruktur $E(k)$ der in (b) gezeigten Quantenfilmstruktur. Dabei sind optische Absorptionsprozesse eingezeichnet. Im eingesetzten Teilbild ist schematisch das korrespondierende Absorptions-Spektrum dargestellt. (d) Strahlende Rekombinationsprozesse.

zustand. Zunächst streben die Elektronen im Leitungsband und die Löcher im Valenzband innerhalb ihrer Bänder durch Wechselwirkung mit dem Phononensystem und Rekombinationsprozessen jeweils thermische Verteilungen an. Die Besetzungswahrscheinlichkeiten werden für das Leitungs- und Valenzband durch individuelle Fermi-Verteilungsfunktionen f_{LB} und f_{VB} beschrieben.

Schaltet man das anregende Lichtfeld ab, so stellt sich im Halbleiter durch Rekombinationsprozesse innerhalb typischerweise 1 ns wieder das ursprüngliche thermische Gleichgewicht zwischen den Bändern ein (die energetische Verteilung aller Ladungsträger gehorcht nun wieder einer einzigen gemeinsamen Fermi-Verteilung). Bei strahlenden Rekombinationsprozessen fällt ein Elektron aus dem Leitungsband unter Aussendung eines Photons auf den Platz eines Loches im Valenzband zurück (Abb. 8.41 d). Man spricht von einer **Elektron-Loch-Paar Rekombination**. Für diese Prozesse gilt Energie- und Impulserhaltung. Demnach entspricht die Photonenergie gerade der Energiedifferenz zwischen dem Elektron- und dem Lochzustand. Da Photonen einen vernachlässigbar kleinen Impuls aufweisen, erfolgt der optische Rekombinationsmechanismus in der Bandstruktur $E(k)$ vertikal. In Halbleitern mit direkter Bandstruktur ist die optische Absorption und Emission sehr effizient. Bei indirekten Halbleitern lassen sich die Zustände im Leitungsband nahe $k = 0$ nicht effizient genug besetzen (Abb. 1.52), wodurch fast keine direkten Rekombinationsprozesse stattfinden können. Elektronen, welche sich in einem Nebenminimum befinden, können hingegen nicht mit den Löchern im Valenzband in der Nähe von $k = 0$ strahlend rekombinieren, da das Photon die große Impulsdifferenz nicht ausgleichen kann. Ein strahlender Rekombinationsprozess ist hier nur unter gleichzeitiger Absorption oder Emission eines Phonons möglich, wodurch auch Impulserhaltung erfüllt ist [78]. Die strahlende Rekombination indirekter Halbleiter ist daher um etwa vier Größenordnungen schwächer als in direkten Halbleitern. Dies ist der Grund, weshalb in Lasern oder LEDs derzeit fast nur Halbleiter mit direkter Bandstruktur verwendet werden. Es wird jedoch sehr intensiv versucht, hocheffiziente Emission auf Si-Substraten mithilfe von Si- oder SiGe-Mikro- und Nanostrukturen zu erreichen (Abschn. 8.4.5). Aus ökonomischer Sicht ist dies sehr verlockend, um mit den kostengünstigen Materialien der Mikroelektronik kompatibel zu werden.

In der Anwendung (LEDs, Laser) wird jedoch die bisher erläuterte optische Anregung, von wenigen Ausnahmen abgesehen, wenig praktiziert und statt dessen elektrische Ladungsträgerinjektion (Abschn. 8.4.8) eingesetzt. Durch strahlende Rekombinationsprozesse können im Prinzip alle diejenigen Elektron-Loch-Paare rekombinieren, welche einen identischen Impuls-Wellenvektor k aufweisen (Abb. 8.41d). Bei der Emission wird strikt zwischen der spontanen Emission und der stimulierten Emission (optische Verstärkung, engl. gain) unterschieden. In erster Näherung beginnt das spektrale Profil der **spontanen Emission** (Abb. 8.42a) bei der Bandlücken-Energie E_g und verläuft nach Passieren eines Maximums bis zur Auffüllungsgrenze der Ladungsträger in den Bändern, welche durch den Fermifaktor $f_{LB}(1 - f_{VB})$ beschrieben wird. Anschaulich gesprochen wird durch den Faktor berücksichtigt, dass die Anfangszustände (angeregte Elektronenzustände im Leitungsband) besetzt und die Endzustände frei sein müssen, d. h. geeignete Löcher-Positionen besetzt sind.

Für die spektrale Form des Emissionsspektrums ist das Produkt aus der reduzierten elektronischen Zustandsdichte D_{red}, der photonischen Zustandsdichte und dem oben erwähnten Fermifaktor maßgebend. Wie aus Abb. 8.27 ersichtlich, un-

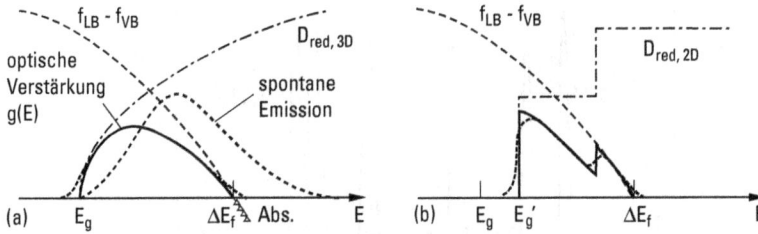

Abb. 8.42 Profil des optischen Gewinns (engl. gain), der spontanen Emission, Fermifaktoren und Zustandsdichten als Funktion der Energie für (a) 3D- und (b) 2D-Materialien.

terscheidet sich die elektronische Zustandsdichte im 3D-, 2D-, 1D- und 0D-Fall erheblich. Mit den in Kap. 7 eingeführten Zustandsdichten im Leitungsband und Valenzband ergibt sich

$$D_{\text{red, 3D}} = (D_{\text{LB}}^{-1} + D_{\text{VB}}^{-1})^{-1} = \frac{1}{2}\,\pi^2 \left(\frac{2\,m_{\text{r}}}{\hbar^2}\right)^{3/2} (E - E_{\text{g}})^{1/2}\,. \tag{8.18}$$

Dabei stellt m_{r} die reduzierte Masse $(m_{\text{LB}}^{-1} + m_{\text{LB}}^{-1})^{-1}$ dar. Für jedes individuelle Subband eines Quantenfilms der Dicke L_{y} ergibt sich abschnittsweise definiert

$$D_{\text{red, 2D}} = \frac{m_{\text{r}}}{\pi\hbar^2}\,L_{\text{y}}\,. \tag{8.19}$$

Abbildungen 8.41 a, b zeigen die Elektronen- und Löcher-Potentialtöpfe zweier Quantenfilm-Strukturen, welche identische Materialkompositionen aufweisen, sich jedoch in der Quantenfilmdicke L_{y} unterscheiden. Quantenmechanische Modellrechnungen zeigen [59, 71], dass mit abnehmendem L_{y} die Quantisierungsenergien im Elektronen- und Löchertopf ansteigen, d. h., dass sich die Elektronen-Niveaus energetisch nach oben und die Löcher-Niveaus nach unten verschieben. In breiten Quantenfilmen findet man eine größere Anzahl, in dünneren eine kleinere Anzahl quantisierter Energieniveaus. Es existiert pro symmetrischem Potentialtopf jedoch immer mindestens ein Niveau. Die quantenmechanischen Modellrechnungen beschreiben die experimentellen Resultate hervorragend. Abbildung 8.43 zeigt experimentelle Emissionsspektren von Quantenfilmstrukturen nach optischer Anregung (Photolumineszenz) [76].

Das Quantenfilm-Material ist zugverspanntes quaternäres $Al_zGa_{1-x-z}In_xAs$, das Barrierenmaterial ist druckverspanntes quaternäres $Al_wGa_{1-w-y}In_yAs$, wobei der Grad der Verspannungen sowie die Quantenfilm- und Barrierenbreiten gerade so gewählt sind, dass sich die Verspannung insgesamt kompensiert. Man spricht dann von Verspannungskompensation, wodurch im Prinzip beliebig viele Töpfe und Barrieren aneinandergereiht werden können, ohne dass die kritische Schichtdicke erreicht wird. Abbildung 8.43 zeigt an diesem Beispiel, wie durch Wahl der Quantenfilmdicke L_{y} die in der Optoelektronik essentielle Emissionsenergie elegant eingestellt werden kann. Variiert man Materialien, Kompositionsverhältnisse, Verspannungsgrade und Schichtdicken, so lassen sich im Zusammenspiel dieser Größen heute gezielt Halbleiter-Heterostrukturen und Bauelemente mit definierten Eigenschaften maßschneidern.

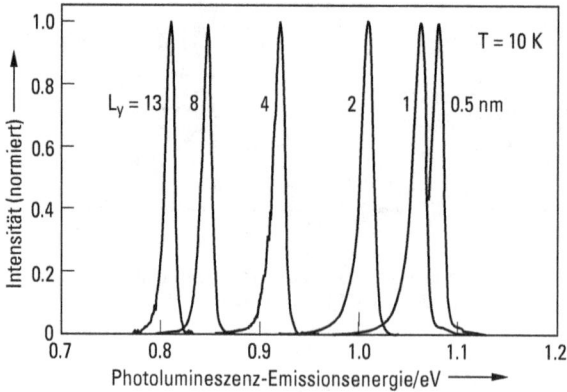

Abb. 8.43   Photolumineszenzspektren einer Serie von Potentialtöpfen der Dicke $L_y = 0.5\,\text{nm}$, 1 nm, 2 nm, 4 nm, 8 nm und 13 nm.

Im Gegensatz zur spontanen Emission wird das spektrale Profil der **stimulierten Emission** (gain, **optische Verstärkung**) im Wesentlichen durch das Produkt aus der reduzierten elektronischen Zustandsdichte und dem nun anders lautenden Fermifaktor $(f_{\text{LB}} - f_{\text{VB}})$ bestimmt (siehe Abb. 8.42). Dieser Fermifaktor entsteht aus $f_{\text{LB}}(1 - f_{\text{VB}}) - f_{\text{VB}}(1 - f_{\text{LB}})$, nämlich der *Wahrscheinlichkeit photonengenerierender Prozesse (Emission)*, d. h. der Wahrscheinlichkeit elektronenbesetzter Leitungsbandzustände und nicht mit Elektronen besetzter Valenzbandzustände $f_{\text{LB}}(1 - f_{\text{VB}})$ minus der *Wahrscheinlichkeit photonenvernichtender Prozesse (u. a. Reabsorption)*, d. h. der Wahrscheinlichkeit elektronenbesetzter Valenzbandzustände und nicht mit Elektronen besetzter Leitungsbandzustände $f_{\text{VB}}(1 - f_{\text{LB}})$. In Abb. 8.42a zeigt die durchgezogene Linie schematisch das spektrale Profil der optischen Verstärkung (engl. gain profile) für ein 3D-Halbleitermaterial. Die optische Verstärkung reicht spektral von der Bandlückenenergie E_g bis zur Differenz der beiden Fermi-Niveaus ΔE_f. In der Realität ergeben sich jedoch eine ganze Reihe von zusätzlichen Effekten, wie z. B. die fett gestrichelt angedeutete Verbreiterung [71] oder die bereits angesprochenen Vielteilcheneffekte. In Abb. 8.42b zeigt im Vergleich dazu die durchgezogene Linie schematisch das spektrale Profil der optischen Verstärkung eines 2D-Halbleitermaterials. Auch hier ist die Verbreiterung des Profils fett gestrichelt dargestellt.

8.4.5 Effiziente Emission auf der Basis von Si

Das Materialsystem Si dominiert heute in extrem ausgeprägter Weise die Mikroelektronik. Der Erfolg des Si ist dabei nicht einmal in besonders hohen Ladungsträgerbeweglichkeiten begründet. Im Gegenteil, diese sind im Vergleich zu GaAs, InP und InAs gering. Der Erfolg des Si basiert wesentlich auf den hervorragenden Materialeigenschaften seines natürlichen Oxids (SiO_2) und dessen universeller Verwendbarkeit in Transistoren, integrierten Schaltungen und als technologisches Hilfsmittel (Maske). Dadurch, dass GaAs und InP leider kein technologisch brauchbares natürliches Oxid vorzuweisen haben, ist man auf Fremdoxide angewiesen. Dies hat dazu geführt, dass der Miniaturisierungsgrad in der Verbindungshalbleiter-Elektronik weit hinter der Si-Elektronik zurückgeblieben ist. Ganz wesentlich kommt hinzu, dass sich Si wesentlich reiner, kostengünstiger und in größeren Substratdurchmessern herstellen lässt. Durch den Einsatz technologischer Batchprozesse (Massenfabrikation integrierter Schaltungen auf möglichst großen Substratflächen, Verarbeitung vieler Substrate gleichzeitig) verbunden mit dem enormen Preiskampf der Chiphersteller bleibt das GaAs und InP auf elektronischem Gebiet auf Spezialanwendungen begrenzt (z. B. ultraschnelle Bauelemente für Mobiltelefonchips, Satellitenkommunikation).

Auch optoelektronische Bauelemente werden in der näheren Zukunft immer auf eine elektronische Peripherie angewiesen sein. Als Beispiele seien in der optischen Kommunikationstechnik die Lasertreiberelektronik und die Photodetektor-Empfängerelektronik genannt.

Enorme Kostenvorteile und außergewöhnliche Integrationsmöglichkeiten entstünden durch die Möglichkeit, leistungsfähige LEDs oder Laser auf Si-Basis herzustellen. Daher ist es nicht verwunderlich, dass weltweit zahlreiche Forscherteams versuchen, mit speziell strukturiertem Si eine enorme Steigerung der strahlenden Rekombination zu erreichen und den III/V-Halbleitern auf ihrer Hauptdomäne (der Optoelektronik) Konkurrenz zu machen.

In Germanium lassen sich Intervalenzband-Übergänge zur Erzeugung von infrarotem Licht nutzen (zur Erinnerung: alle bisher betrachteten optischen Übergänge waren Inter-Bandübergänge zwischen dem Leitungs- und Valenzband). Die Effizienz ist jedoch nicht besonders hoch und hat bisher keine Anwendung gefunden. An dieser Stelle seien einige sehr interessante Möglichkeiten angeführt, welche kürzlich enorme Potentiale sichtbar werden ließen. Durch die Verwendung von Übergitterstrukturen aus Si und Si_xGe_{1-x}, bzw. Si_xGe_{1-x} und Si_zGe_{1-z} (Vielfachquantenfilmstrukturen) können durch Zonenfalten der Brillouin'schen Zone die indirekten X- und L-Minima in Richtung kleinerer k-Vektoren bzw. in Richtung auf den Γ-Punkt gefaltet werden. Dadurch entsteht eine direkte Bandstruktur. Weitere Möglichkeiten liegen z. B. in Quantenkaskaden, porösem Si, Quanteneffekten in Si-Nanokristalliten, welche in SiO_2 eingebettet sind oder Versetzungsringen um in Si ionenimplantiertes Bor.

Eine weitere enorme Kostenreduktion könnte sich durch die Verwendung organischer Materialien (siehe Abschn. 8.5) ergeben. Kostengünstige elektronische Schaltungen und optoelektronische Komponenten könnten auf Polymerbasis vereint werden.

8.4.6 LEDs auf der Basis anorganischer Halbleiter

Generell stellen sowohl Halbleiterlaser, LEDs, Photodioden und Solarzellen mehr oder weniger komplizierte pn-Dioden dar. Die ersten beiden Bauelemente basieren auf vorwärts vorgespannten pn-Übergängen, die Photodiode ist rückwärts und die Solarzelle nicht vorgespannt. Während durch die letztgenannten Komponenten ein Lichtsignal in ein Stromsignal verwandelt wird, ist es bei den erstgenannten Bauelementen gerade umgekehrt, wobei der Laser die stimulierte und die LED die spontane Rekombination nutzt.

Jeder in Durchlassrichtung vorgespannte III/V-Halbleiter-pn-Übergang stellt eine Lumineszenzdiode (engl. light emitting diode, **LED**) dar, sofern im Übergangsgebiet – dem aktiven Bereich – die Rekombination strahlend erfolgt. In Abschn. 7.12.1 wurde die ideale Diodenkennline unter kompletter Vernachlässigung der Rekombination in der Raumladungszone im sogenannten Diffusionsmodell für elektronische Dioden (z. B. Ge) abgeleitet. Im sogenannten Rekombinationsmodell dagegen, welches 100 % Rekombination zugrunde legt, ergibt sich eine bezüglich der Sättigungsstromdichte und eines Idealitätsfaktors modifizierte Diodenkennlinie, welche z. B. GaAs-LEDs näherungsweise beschreibt. Dabei bestimmt die Bandlücke des optisch aktiven Bereichs den niederenergetischen Rand des Emissionsbandes. Eine Übersicht verschiedener binärer, ternärer und quaternärer Verbindungshalbleiter und deren korrespondierender Emissionsenergien ist aus Abb. 8.29–8.32 zu entnehmen. Heute dominieren fast ausschließlich LEDs mit direkter Bandstruktur. Um auch bei indirekten Halbleitern, z. B. GaP, eine hohe Elektrolumineszenzausbeute zu erreichen, werden an eine Störstelle (hier N) gebundene Exzitonen involviert.

Soweit geeignete Materialien zur Verfügung stehen, werden die LEDs in Form von Mehrfach-**Heterostrukturen** hergestellt, bei denen Halbleitermaterialien unterschiedlicher Bandlücke kombiniert werden. Dabei ist es in vielen Fällen nicht einfach, sowohl effiziente p-Dotierungen als auch eine Gitteranpassung auf das verwendete Substrat zu erzielen. In Tab. 8.5 sind die wichtigsten Materialsysteme für das sichtbare, UV- und IR-Spektralgebiet zusammengestellt. Während die Anwendungen der sichtbaren LEDs hauptsächlich auf den Gebieten der Anzeigeelemente, Beschilderung, Ampelanlagen, Displays, Beleuchtungstechnik, optischen Datenspeicherung, Sensorik und Datenkommunikationstechnik zu finden sind, ist der UV-Bereich für die Sensorik und Speichertechnik und der IR-Bereich für die Telekommunikationstechnik interessant. Abbildung 8.44a zeigt schematisch den Querschnitt und Abb. 8.44b die korrespondierende Bandstruktur im Ortsraum einer AlGaInN-LED. Ausgehend vom p-Gebiet werden Löcher und vom n-Gebiet Elektronen in den optisch aktiven Bereich am pn-Übergang injiziert. Die Heterostruktur unterstützt dabei, wie auch beim Halbleiterlaser, die Bildung hoher Elektron-Loch-Paar-Dichten im aktiven Bereich durch gezielt positionierte Barrieren für Elektronen und Löcher. Durch diese Konzentration wird die Ausbeute der strahlenden Rekombination der Paare pro Fläche wesentlich erhöht.

Eine LED weist nur in Sonderfällen einen Wellenleiter auf [15]. Das Licht tritt im Normalfall flächig aus der Struktur aus, wobei für einen einfachen pn-Homo-

Tab. 8.5 Häufig verwandte anorganische LED-Halbleitermaterialien, deren spektraler Emissionsbereich und Effizienz.

Material	Substrat	Wellenlängenbereich	externe Quantenausbeute
GaInAsP	InP	1–1.6 µm (NIR)	10 %
(Al)Ga(In)As	GaAs	640–1000 (NIR)	5–50 %
AlGaInP	GaAs	590–630	15–50 %
(Al)GaInN	Saphir, SiC, ((GaN))	400–540	10–30 %
AlGa(In)N	Saphir, SiC, ((GaN))	340 (UV)	< 1 %

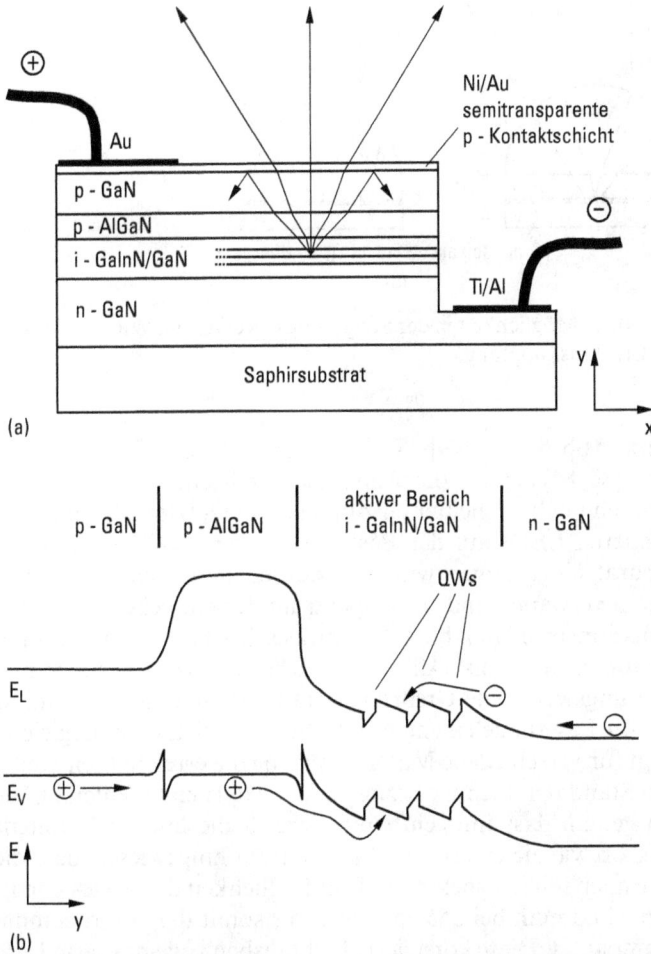

Abb. 8.44 Schematischer Aufbau einer blauen AlGaInN-LED (a), Bandstruktur (b).

übergang auf Grund des großen Brechzahlunterschiedes Luft/Halbleiter, der Grenzwinkel der Totalreflexion $\arcsin(n_{\mathrm{Luft}}/n_{\mathrm{HL}})$ mit 17° sehr gering ist. Unter zusätzlicher Berücksichtigung des relativ geringen Transmissionskoeffizienten von ca. 0.7 würden insgesamt nur 1.7 % der in der Diode erzeugten Strahlung austreten. Durch das Aufbringen einer $\lambda/4$-Schicht aus einem Material der Brechzahl $(n_{\mathrm{Luft}}\,n_{\mathrm{HL}})^{-0.5} \approx 1.8$ kann der Transmissionskoeffizient auf fast 1.0, d. h. die Transmission auf fast 100 % gesteigert werden. Durch auf die Oberfläche aufgebrachte Glas- oder Epoxy-Kappen maßgeschneiderter Form (Abb. 8.45a) kann die externe Quantenausbeute weiter erhöht und gleichzeitig eine Lichtbündelung erreicht werden. Heute werden zunehmend raffiniertere Strukturen auf der Basis mikro- und nanostrukturierter Oberflächen eingesetzt, um die externe Quantenausbeute weiter zu erhöhen. Einerseits werden viele gezielt gekippte Flächen zu Pyramiden oder noch komplexeren Ge-

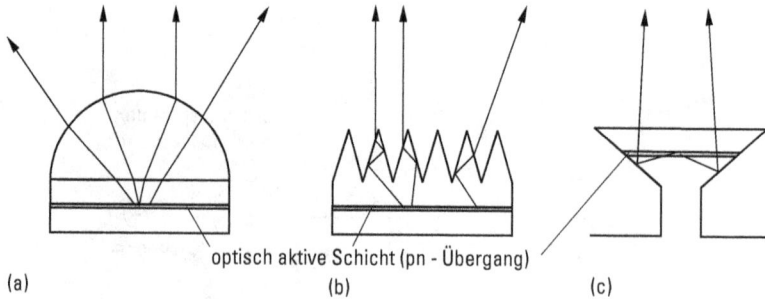

optisch aktive Schicht (pn - Übergang)

(a)   (b)   (c)

Abb. 8.45   Verschiedene Möglichkeiten der Steigerung des externen Wirkungsgrades in LEDs durch effizientere Lichtauskopplung.

bilden kombiniert (Abb. 8.45 b) [79]. Andererseits stellt man auch pilzartige Strukturen (Abb. 8.45 c) [80, 81] her, um die primär nicht in Richtung der Auskoppelfläche emittierten Photonen noch effizienter einzufangen und letztendlich noch auszukoppeln. Ferner existieren LEDs auf der Basis resonanter Kavitäten, auf welche hier jedoch nicht separat eingegangen wird, da sie den in Abschn. 8.4.9 behandelten VCSEL-Strukturen verwandt sind. Das Spektrum der einfachen LEDs wird durch das spontane Emissionsprofil in Abb. 8.42 a gut beschrieben und weist eine spektrale Halbwertsbreite von etwa 2.5 bis 3 kT auf [15]. Die Lichtleistungs-Strom-Kennlinie der LED ist näherungsweise eine Ursprungsgerade [15] und lässt sich mit der spontanen Emission von Laserbauelementen unterhalb der Schwelle vergleichen.

Tabelle 8.5 zeigt für verschiedene Materialsysteme die erreichbaren Wellenlängenbereiche und den Stand der Technik bezüglich der externen Quantenausbeuten. Als Faustregel kann gelten, dass im sichtbaren Bereich die interne Quantenausbeute etwa doppelt so groß wie die externe ist. Es sei darauf hingewiesen, dass die externe Quantenausbeute noch mit der spektralen Empfindlichkeit des Auges korrigiert werden muss, dessen Maximum bei 555 nm liegt, was somit die Wahrnehmung grüner Farbtöne sehr unterstützt. Diese korrigierte Lichtausbeute, gemessen in Lumen/Watt ist letztendlich physiologisch für alle Anwendungen relevant. Abbildung 8.46 basiert auf zahlreichen experimentellen Daten und zeigt die interne Quantenausbeute und die Lichtausbeute als Funktion der Wellenlänge des Intensitätsmaximums der LED-Emission. Die durchgezogenen Linien wurden aus den besten Ergebnissen zahlreicher LEDs unterschiedlicher Komposition ermittelt. Zwischen 400 nm und 560 nm geben die Kurven Bestwerte verschiedener AlGaInAs LEDs wieder, zwischen 560 nm und 650 nm repräsentieren die Kurven Bestwerte der AlGaInP LEDs. Zwischen beiden Bereichen existiert im grüngelben Spektralbereich ein deutlicher „Einbruch". Durch die Faltung mit der Augenempfindlichkeit werden die Maxima der Lichtausbeute im Vergleich zur internen Quantenausbeute zur Bildmitte verschoben.

In diesem Kapitel wurde für Abb. 8.44 bewusst das sehr komplexe Materialsystem der Gruppe-III-Nitride gewählt, da in vielen Lehrbüchern einfachere Beispiele anzutreffen sind, wie z. B. AlGaAs/GaAs/AlGaAs-Strukturen [15]. Außerdem steckt in diesem Materialsystem ein außergewöhnliches Potential, unter anderem auch die Möglichkeit **weiße LEDs** zu realisieren, welche zur Zeit beginnen, die Beleuchtungstechnik zu revolutionieren. Die erste Generation weißer LEDs wandelte einen Teil

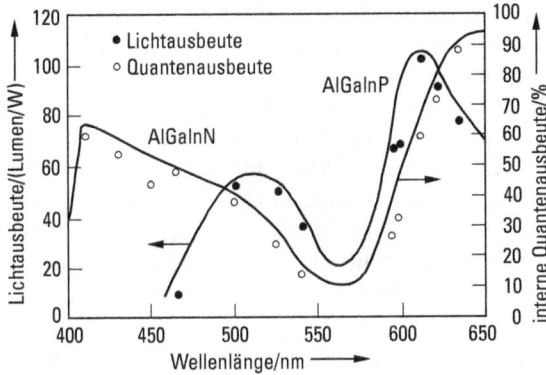

Abb. 8.46 Lichtausbeute und interne Quantenausbeute als Funktion der zentralen Emissionswellenlänge für AlGaInN- und AlGaInP-LEDs.

des im optisch aktiven Bereich erzeugten blauen Lichtes durch einen Fluoreszenzüberzug in gelbes Licht. Dieses Verfahren ähnelt der Leuchtstoffröhre, bei der aus ultraviolettem Licht durch einen Fluoreszenzüberzug sichtbares (weißes) Licht erzeugt wird. In der LED entsteht durch eine geeignete Mischung beider Farbanteile ein beinahe weißer Gesamt-Farbeindruck. Die zweite Generation weißer LEDs konvertiert einen Teil des im aktiven Bereich erzeugten blauen Lichtes mittels zweier Lumineszenz-Konversionsschichten in rotes und grünes. Eine beliebige Einstellung des weißen Farbeindruckes wird mit Hilfe weißer LEDs der dritten Generation erreicht, bei denen der optisch aktive Bereich der LED im UV emittiert und durch drei aufeinanderfolgende Lumineszenz-Konversionsschichten die Farbkomponenten blau, grün und rot erzeugt werden. Dabei kann insbesondere auch der Blauton bezüglich seiner Farbkoordinaten optimal gewählt werden.

Hier ein wichtiger physikalischer Vergleich. Frühere, hauptsächlich auf Verbrennung beruhende Lichtquellen (z. B. Kerzen, Fackeln, Gasbeleuchtung) wurden in fast allen Bereichen durch Glühlampen und später Halogenlampen abgelöst, was mit einer steten Effizienzsteigerung einherging. Diese thermischen Lichtquellen sind näherungsweise schwarze Strahler. Als wesentlich effizienter erweist sich die Lichterzeugung durch elektronische Übergänge zwischen atomaren Niveaus in Leuchtstofflampen (dessen zunächst im UV erzeugtes Licht in den sichtbaren Bereich konvertiert wird) oder Energiebändern (anorganische oder organische LEDs). Der für Beleuchtungszwecke nutzbare Spektralanteil beträgt bei Halogenlampen 5 % bei Leuchtstofflampen bis zu 8 %. Bezüglich Helligkeit, Lebensdauer und Wirkungsgrad hat die LED die Glühlampe längst übertroffen. Im Dauerbetrieb arbeitet eine LED bis zu 20 Jahre, eine Glühlampe nur bis zu 1/2 Jahr. Ein Einsatz von LEDs in Ampelanlagen reduziert z. B. Wartungs- und Energiekosten erheblich.

Eine große Herausforderung war bei den Gruppe-III-Nitriden die p-Dotierung, weshalb lange Zeit die Herstellung von pn-Dioden nicht gelang. Die Nitride werden unter Akzeptanz einer hohen Gitterfehlanpassung auf Fremdsubstraten gewachsen (Saphir, SiC und Si), wodurch eine hohe Konzentration an Versetzungen (s. Kap. 1 und 3) auftritt. Während z. B. in roten AlGaInP-LEDs bei mehr als 1000 Defekten

pro Quadratzentimeter eine erhebliche Effizienzreduktion beobachtet wird, vertra-
gen blaue Gruppe-III-Nitrid-LEDs erstaunlicherweise Versetzungsdichten, die mehr
als 5 Größenordnungen größer sind. Entsprechend dürften GaN-Laser aufgrund
eindeutiger nichtstrahlender Rekombinationsprozesse durch diese hohen Versetzungsdichten – mit GaAs-Maßstäben gemessen – im Grunde gar nicht stimuliert
emittieren. Aufgrund der stark polaren Natur der Bindung der Elemente der
III. Hauptgruppe mit Stickstoff resultiert ein extrem starker piezoelektrischer Effekt
und damit starke interne elektrische Felder in Heterostrukturen (s. Abb. 8.44) [82,
83]. Diese Felder bewirken in den Quantenfilmen der aktiven Zone über den **Quantum-Confined-Stark-Effekt** eine effiziente Rotverschiebung der Emission in LEDs.
Dies ist überhaupt der Grund, dass neben den exzellenten blauen LEDs auch wirklich
effiziente grüne LEDs existieren. Man erkennt aus Abb. 8.46, dass die Stärke der
Gruppe-III-Nitride jedoch eindeutig im Blauen liegt. Eine weitere damit zusammen-
hängende Kuriosität, ist die Tatsache, dass es trotz grüner nitridischer LEDs keine
effizienten grünen nitridischen Halbleiterlaser gibt. Im Gegensatz zu den LEDs, bei
denen im Betrieb die Bandkanten der aktiven Schicht stark verkippt sind (Abb. 8.44),
ist dies bei Halbleiterlasern (s. Abb. 8.53) nicht der Fall, so dass der ins Längerwellige
verschiebende Quantum-Confined-Stark-Effekt bei Halbleiterlasern nicht unterstüt-
zend wirksam werden kann.

8.4.7 Klassifikation von Halbleiterlasern

Abbildung 8.47 zeigt eine klassifizierende Übersicht der wichtigsten Halbleiterlaser-
Bauformen, welche zum Teil in den folgenden drei Abschnitten behandelt werden.
Dabei sind durchgehend die Halbleitergrenzflächen horizontal orientiert. Zunächst
unterscheidet man zwischen horizontalen (links) und vertikalen (rechts) Resonatorstrukturen, was jeweils durch die Orientierung des Lichtfeldes, d. h. des breiten
grauen Doppelpfeiles angedeutet ist. Im englischen Sprachgebrauch spricht man
von „horizontal cavity" Lasern (in-plane) und „vertical cavity" Lasern (VC).
    A. Im ersten Fall erfolgt in sogenannten **Fabry-Perot-(FP-)**Strukturen die optische
Reflexion bzw. die Rückkopplung an den Resonatorendflächen. Dabei liefert in
vielen Fällen bereits der große Brechzahlunterschied zwischen dem Halbleiter und
der Luft einen ausreichenden Intensitätsreflektionsgrad von ca. 30 %. Durch zusätzliche Facettenbeschichtungen (engl. coatings) lässt sich der Reflexionsgrad zwischen
0 und 100 %, d. h. zwischen einer Entspiegelung und einer Vollverspiegelung, frei
wählbar einstellen. Die Eigenschwingungen oder Moden (s. Bergmann/Schaefer,
Band III) des Resonators ergeben sich aus

$$m_{fp}\left(\lambda_B / 2\, \bar{n}_{eff}\right) = L\,. \tag{8.20}$$

Anschaulich gesprochen heißt das, dass die Resonatorlänge L ein ganzzahliges Vielfaches der halben Lichtwellenlänge im Medium betragen muss, wobei $\bar{n}_{eff}$ die **effektive
Brechzahl** (Eigenwert der Helmholtzgleichung (s. Abschn. 8.3.1.3) des Wellenleiters
ist. Im zweiten Fall, in so genannten Strukturen mit **verteilter Rückkopplung (DFB**
für engl. **distributed feedback**), erfolgt die optische Reflexion durch das DFB-Gitter
auf den gesamten Resonator verteilt. Eine effiziente Rückkopplung wird bei der

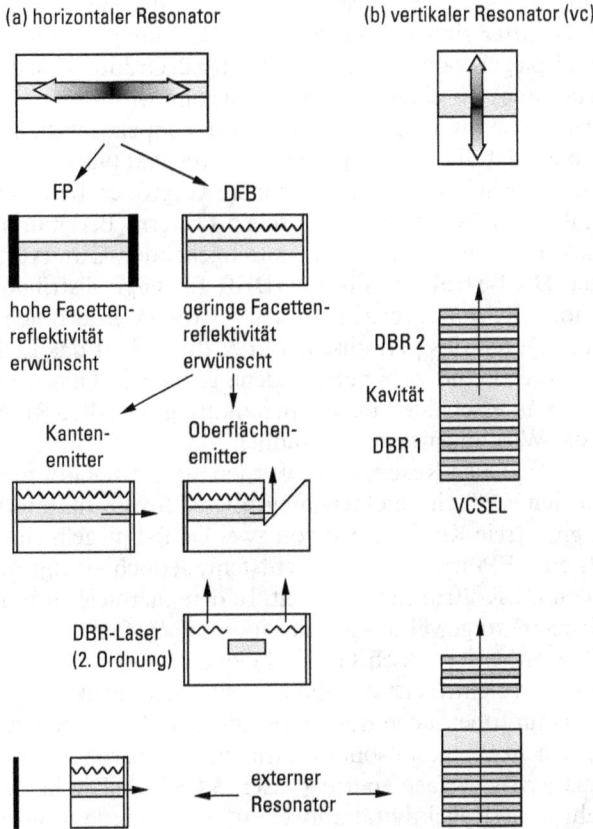

Abb. 8.47 Übersicht verschiedener Halbleiterlaser mit horizontalem (a) und vertikalem Resonator (b).

Bragg-Wellenlänge λ_B erzielt, welche mit der DFB **Gitterperiode** Λ über die Bragg-Beziehung korreliert ist

$$m_{\mathrm{dfb}}\,(\lambda_B/\bar{n}_{\mathrm{eff}}) = 2\Lambda\,. \tag{8.21}$$

Dabei ist m_{dfb} eine natürliche Zahl und beschreibt die Ordnung des Gitters. $\bar{n}_{\mathrm{eff}}$ ist wiederum die effektive Brechzahl. Für einen bei $\lambda_B = 1.55\,\mu\mathrm{m}$ emittierenden DFB-Laser ist für ein Gitter erster Ordnung ($m_{\mathrm{dfb}} = 1$) und eine effektive Brechzahl von 3.27 eine Gitterperiode von ca. 237 nm erforderlich. Anschaulich gesprochen muss ein ganzzahliges Vielfaches der Wellenlänge im Medium nach Gl. (8.21) der doppelten Gitterperiode entsprechen. Man beachte, dass die mathematische Struktur von Gl. (8.20) und Gl. (8.21) identisch ist. In Lasern einer typischen Länge von 200 μm ist im Falle der FP-Laser m_{fp} für Moden innerhalb des optischen Verstärkungsprofils sehr groß (Größenordnung 1000) und im Falle der DFB-Laser ist m_{dfb} meist 1 (Gitter erster Ordnung).

Die Lichtauskopplung erfolgt bei **Kantenemittern** (engl. edge emitter) horizontal (Abb. 8.47). **Oberflächenemitter** sind realisierbar entweder durch Ätzen eines z. B. 45° geneigten Auskoppelspiegels oder durch DFB-Gitter 2. Ordnung (man beachte die verdoppelte Gitterperiode). In einem Gitter 2. Ordnung wird das Lichtfeld sowohl horizontal rückgekoppelt als auch nach oben ausgekoppelt. Ist die Bragg-Beziehung exakt erfüllt, so erfolgt die Auskopplung exakt vertikal (90°). Je größer die Abweichung nach oben oder nach unten ist, um so mehr vergrößert bzw. verkleinert sich dieser Winkel, analog zur Beugung an optischen Gittern (Bergmann/Schäfer Band III). Abschließend sei noch auf den nicht durchgehenden Gitterverlauf hingewiesen, wodurch eine **DBR-Struktur** entsteht (**DBR** für engl. **distributed bragg reflector**). Im vorliegenden Beispiel grenzen an den zentralen gitterfreien Bereich zwei DBR-Sektionen an. Durch das periodische Gitter durchläuft das Lichtfeld in horizontaler Richtung abwechselnd zwei verschiedene gedachte „Quasischichten", deren Brechzahl sich leicht unterscheidet. Bei der Behandlung der DBR-Resonatoren in Abschn. 8.4.9 wird die Wirkungsweise verständlich.

B. Im zweiten Fall der vertikalen Resonatoren werden nur DBR-Gitterstrukturen eingesetzt, welche aus realen Vielfachschichten mit größeren Brechzahlunterschieden bestehen. Die zentrale gitterfreie Kavität wird von zwei DBR-Spiegeln eingeschlossen, wodurch ebenfalls eine FP-artige Struktur entsteht. Jedoch erfolgt die Rückkopplung über die beiden DBR-Strukturen verteilt. In den allermeisten Fällen wird die Periode (ein Schichtpaar) so gewählt, dass sie einer halben Lichtwellenlänge im Medium entspricht. Dies entspricht nach Gl. (8.21) einem Gitter erster Ordnung. Da der Resonator senkrecht orientiert ist und die Emission senkrecht zur Oberfläche erfolgt (gemeint ist die Hauptoberfläche des Chips, die parallel zur Substratfläche liegt), spricht man von einem vertikalresonatorbasierenden oberflächenemittierenden Laser (engl. **vertical cavity surface emitting laser**, **VCSEL**). Die beiden DBR-Spiegel müssen eine sehr hohe Reflektivität aufweisen, um die Laserschwelle zu erreichen, da die laseraktive Schicht relativ dünn ist und einen sehr geringen Überlapp mit dem Lichtfeld im Resonator aufweist. Realisiert man eine derartige Struktur ohne laseraktive Schicht, so entstehen qualitativ sehr hochwertige optische Filter.

Sowohl kantenemittierende Laser als auch VCSEL werden in den folgenden Abschnitten noch ausführlich behandelt. Auf der Basis beider Fälle, A und B, kann wie in der letzten Reihe von Abb. 8.47 dargestellt, jeweils ein Laser mit externem Resonator realisiert werden.

8.4.8 Kantenemittierende Laser mit horizontalem Resonator

Der Aufbau eines kantenemittierenden Halbleiterlasers ist dem einer LED nicht unähnlich. Er unterscheidet sich jedoch im Wesentlichen darin, dass zusätzlich immer ein Resonator (hier in z-Richtung) involviert ist, das Licht parallel zum pn-Übergang geführt wird und das Licht aus einer oder beiden Seitenflächen des Bauelementes austritt. In Abb. 8.48 erkennt man an der vorderen Seitenfläche (eine der zwei Laserfacetten) in der Mitte den rechteckförmigen laseraktiven Kern, welcher eine geringere Bandlückenenergie aufweist als die der benachbarten Regionen. Dies bedeutet i. A., dass sowohl im Schnitt A-A und Schnitt B-B sichtbar die Brechzahl im Kern am größten ist (Teilbilder in Abb. 8.48 links und unten). Analog zur Glasfaser liegt ein in z-Richtung verlaufender optischer Wellenleiter vor. Man bezeichnet diese „optische Führung" in x- und y-Richtung als **optisches Confinement** und diese Bauelemente als **indexgeführte Laser** (herrührend von Brechungsindex = Brechzahl). Bei geeigneter Dimensionierung erreicht man in x- und y-Richtung die alleinige Ausbildung des Grundmodes (einmodige Wellenführung, siehe Teilbilder). Dabei bewirkt der Wellenleiter in diesen indexgeführten Lasern u. a. einen möglichst hohen Überlapp des Lichtfeldes mit der laseraktiven Schicht zum Zweck hoher Verstärkungseffizienz.

Die in x- und y-Richtung vorliegende Doppelheterostruktur dient aber nicht nur dem optischen Confinement sondern trickreicherweise gleichzeitig dem ebenso wichtigen **elektrischen Confinement.** Dadurch wird die für eine Laser-Emission notwendige **Inversion des Ladungsträgersystems** am pn-Übergang erreicht, d. h. eine energetische Lage des Quasi-Fermi-Niveaus der Elektronen im Leitungsband und des der Löcher im Valenzband. Die Elektronen werden in die laseraktive Zone über einen n-Kontakt in die n-dotierte Schicht injiziert, die Löcher über einen p-Kontakt der p-dotierten Schicht zugeführt, was in Abb. 8.48 durch die Pfeile verdeutlicht wird. Um in der laseraktiven Schicht (i. A. undotiert = intrinsisch, was in Abb. 8.48 durch ein i angedeutet ist) gleichzeitig eine sehr hohe Elektronenkonzentration im Leitungsband und eine sehr hohe Löcherkonzentration im Valenzband zu erreichen, muss der Stromfluss außerhalb der laseraktiven Schicht unterbunden werden (graue Bereiche semiisolierende Schichten, mit si bezeichnet). Ferner muss der Fluss der Elektronen und Löcher in y-Richtung möglichst unmittelbar hinter der laseraktiven Schicht effizient gestoppt werden. Dies erreicht man durch eine Elektronenbarriere auf der dem n-Kontakt abgewandten Seite der aktiven Zone und eine Löcherbarriere auf der dem p-Kontakt abgewandten Seite der aktiven Zone. Technologisch wird das optische und elektrische Confinement durch mindestens zwei Heteroübergänge (engl. separate confinement heterostructure, SCH) und einen raffinierten Dotierungsverlauf realisiert. Dadurch konnte die Schwellstromdichte für den Lasereinsatz

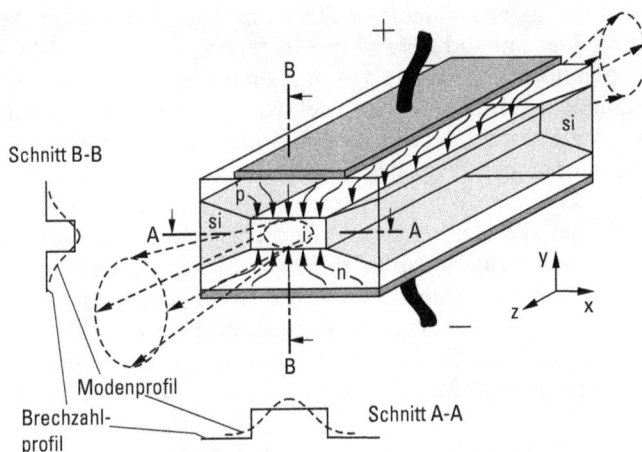

Abb. 8.48 Perspektivischer schematischer Aufbau eines Halbleiterlasers mit 3D-laseraktiver Schicht und vergrabenem Wellenleiter; Teilbilder zeigen Brechungsindexprofile und Modenprofile in x- und y-Richtung durch das Zentrum der aktiven Zone.

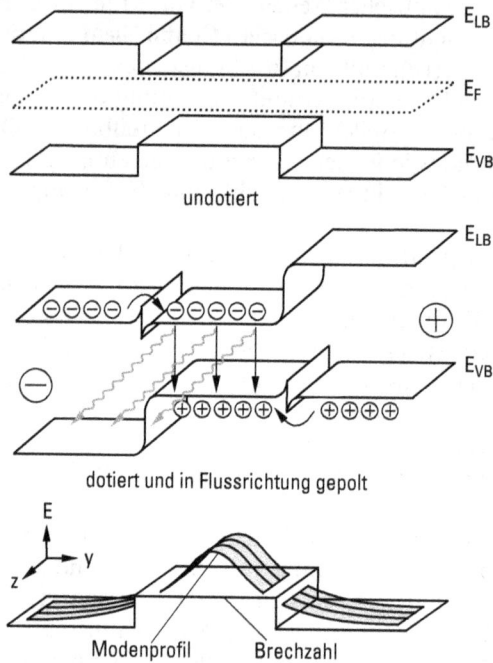

Abb. 8.49 Doppelheterostruktur mit von links nach rechts n-dotierter Schicht, undotierter 3D-laseraktiver Schicht, p-dotierter Schichtlaserstruktur. (Oben) Bandkantenverlauf einer undotierten SCH-Struktur, (Mitte) Bandkantenverlauf derselben, aber nun dotierten und in Flussrichtung gepolten SCH-Struktur, (unten) Brechzahlverlauf mit dem fundamentalen Mode des geführten Lichtfeldes.

von 10^5 Acm^{-2} in den Anfängen auf heute ca. 300 Acm^{-2} gesenkt werden. Abbildung 8.49 verdeutlicht diese Idee anhand einer Doppelheterostruktur mit 3D-laseraktiver Schicht. Die Elektroneninjektion erfolgt von links nach rechts, wobei die nicht in der laseraktiven Schicht rekombinierenden Elektronen an der Energiebarriere des rechten Heteroübergangs gestaut werden. Nur ein kleiner Teil kann thermisch aktiviert diese Barriere überwinden (Leckstrom). Entsprechendes gilt für die von rechts nach links injizierten Löcher, welche an der Energiebarriere des linken Heteroübergangs gestaut werden. Es stellt einen naturgegebenen Glücksfall dar, dass abgesehen von ganz wenigen Ausnahmen für eine feste Lichterwellenlänge die Brechzahl mit abnehmender Bandlücke steigt. Auf diese Weise gelingt es elegant, die laseraktive Zone mit der geringsten Bandlücke der Gesamtheterostruktur gleichzeitig als Wellenleiterkern dienend mit der höchsten Brechzahl auszugestalten. Mit Hilfe der SCH-Struktur kann man so elektrisches und optisches Confinement elegant kombinieren (Abb. 8.49).

Wie in der LED bestimmt auch im Laser die Bandkante des Materials, in welchem die Emission entsteht (laseraktive Zone genannt), in etwa die Photonenenergie. Dies ist jedoch nur für Band-Band-Übergänge, d. h. bipolare Laser gültig, bei denen Elektron-Loch-Paare rekombinieren. Der für LEDs in Abb. 8.46 dargestellte Mangel an effizienten grünen LEDs ist bei grünen Lasern noch ausgeprägter. Wie bereits erwähnt verschiebt sich in Gruppe-III-Nitrid-LEDs mit Quantenfilmen im optisch aktiven Bereich der LED die Emission durch den Quantum-Confined-Stark-Effekt etwas in das Längerwellige, vom blauen also ins blaugrüne. In Lasern sind die Bänder oberhalb der Laserschwelle kaum noch verkippt, so dass diese hilfreiche Grünverschiebung nicht zustande kommt. II/VI-Halbleiterlaser (z. B. CdZnSeTe) emittieren zwar im Grünen, erreichen jedoch kaum eine Lebensdauer von größer als 1000 Stunden, was für technische Anwendungen bei weitem nicht ausreichend ist. Effiziente und langlebige anorganische Halbleiterlaser mit direkter Lichterzeugung existieren somit bisher nur im blauen und roten Spekralbereich. Zu den in Tab. 8.5 aufgeführten Materialien für den sichtbaren Spektralbereich kommen bei Lasern im nahen Infrarot (750 nm bis 2 µm) die Arsenide (AlGaInAs), die Phosphide (GaInAsP), die Antimonide (AlGaInAsSb) und Nitride (AlGaInAsN) hinzu. Von den „echten" Nitriden mit hohem Stickstoffgehalt für blauemittierende Bauelemente unterscheiden sich die letztgenannten Nitride durch ihren sehr geringen Stickstoffgehalt von typisch 1 %, weshalb man sie auch als „verdünnte Nitride" (engl. dilute nitrides) bezeichnet. Weitere Details sind in einem Sonderband über Materialien der Optoelektronik zu finden [83, 84]. Die effizientesten, leistungsstärksten und kostengünstigsten Laserdioden emittieren heute im Bereich zwischen 850 nm und 980 nm und werden im Materialsystem AlGaInAs auf GaAs-Substraten hergestellt [85]. In dem oben erwähnten Spektralbereich liegen auch die für die glasfaseroptische Telekommunikationstechnik wichtigen Bereiche um 1.3 µm und 1.55 µm. Nach Abb. 8.30 eignen sich dafür zuerst einmal die auf InP-Substraten gitterangepasst aufwachsbaren 3D-GaInAsP- und 3D-AlGaInAs-Schichtsysteme. Dabei können jedoch die Quantenfilme und Barrieren gezielt zug- oder druckverspannt sein (Abschn. 8.4.2). Da die auf InP-Substraten basierende Technologie jedoch wesentlich teurer ist als die auf GaAs-Substraten basierende, versucht man diesen Wellenlängenbereich auch auf GaAs zu erschließen. Dies ist mit zunehmender Wellenlänge schwieriger und wird zur Zeit mit verschiedenen Ansätzen verfolgt: laseraktive Schichten auf der Basis von (a) Quantenpunkten, (b) Antimoniden oder (c) verdünnten Nitriden (GaInNAs).

Das Spektrum der Laser wird durch unterschiedliche wellenlängenselektive Elemente bestimmt. Der FP-Laser besitzt im Allgemeinen ein mehrmodiges Spektrum (Abb. 8.50a), dessen Modenabstände je nach Resonatorlänge variieren. FP-Laser sind für Laserdirektanwendungen, wie Bohren, Schneiden, Schweißen und Löten, ideal, für faseroptische Telekommunikationsanwendungen über große Entfernungen jedoch im Allgemeinen nicht geeignet. Die Integration eines DFB-Gitters in die Laserstruktur sollte nun in etwas voreiliger Erwartung jedoch eine einmodige Oszillation bei der Bragg-Wellenlänge λ_B bewirken. Jedoch ist beim DFB-Laser ohne Phasenverschiebung im Gitter die Phasenanpassungsbedingung der Lichtwelle nach exakt einem Resonatorumlauf nur für die das Stoppband begrenzenden Seitenmoden erfüllt. Dadurch tritt eine Modenentartung auf, wobei prinzipiell beide Seitenmoden gleichberechtigt oszillieren können (Abb. 8.50b), was jedoch experimentell nur selten beobachtet wird, da Laserfacetten-Einflüsse oder kleinste spektrale Verlustunterschiede der beiden Moden diese Entartung aufheben. Durch Einfügen einer $\lambda/4$-Phasenverschiebung im Gitter (entspricht $\lambda/2$ nach Gl. (8.21)) wird die Phasenanpassungsbedingung präzise für die Bragg-Wellenlänge erfüllt, wodurch eine spektral

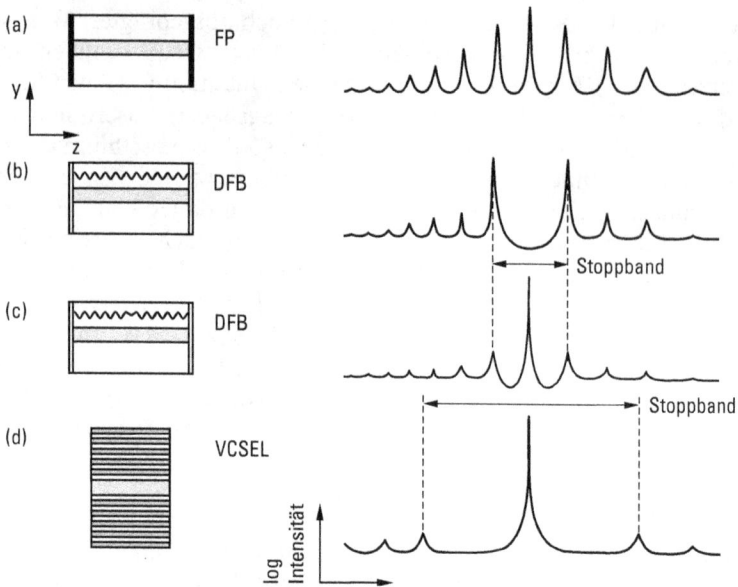

Abb. 8.50 Schematische Strukturquerschnitte (links) und korrespondierende Emissionsspektren (rechts) für diverse Halbleiterlaser.

eindeutige, einmodige Oszillation und eine sehr hohe Seitenmodenunterdrückung (experimentell bis 55 dB) erreicht wird (Abb. 8.50c).

Abschließend sei mit Abb. 8.51 nochmals darauf verwiesen, dass die Bragg-Reflexion

1. von Röntgenlicht an den atomaren Netzebenen eines Festkörperkristalls (Röntgenlichtbeugung), Abb. 8.51a,
2. von sichtbarem oder infrarotem Licht an den Grenzflächen eines periodischen Mehrfachschichtsystems (DBR-Spiegel), Abb. 8.51b, und
3. von sichtbarem oder infrarotem Licht durch ein DFB-Gitter, Abb. 8.51c, auf demselben physikalischen Mechanismus beruht.

Während eine Periode des DFB-Gitters aus zwei virtuellen Schichten (in Abb. 8.51c ist die erste virtuelle Schicht hellgrau und die zweite benachbarte Schicht ungetönt dargestellt) geringfügig verschiedener effektiver Brechzahl besteht, wird im DBR-Spiegel eine Periode aus zwei realen Schichten unterschiedlicher Komposition und wesentlich höherem Brechzahlkontrast gebildet. Deshalb ist in Abb. 8.51b auch ein dunklerer Grauton gewählt, als in Abb. 8.51c, was einen höheren Brechzahlkontrast zu den dazwischenliegenden ungetönten Schichten andeutet. Für einen DBR-Spiegel ist bei schrägem Lichteinfall der Fall konstruktiver und destruktiver Interferenz gezeigt (man beachte die unterschiedliche Wellenlänge). Bei den meisten Anwendungen (z. B. im VCSEL und Fabry-Perot-Filter auf der Basis zweier DBR-Spiegel) kann man vereinfacht von senkrechtem Einfall ausgehen.

Für höchstbitratige faseroptische Datenübertragung (1.25 μm bis 1.6 μm) erfolgt auf der Sendeseite mittels Halbleiterlasern eine ultraschnelle Konversion der Daten

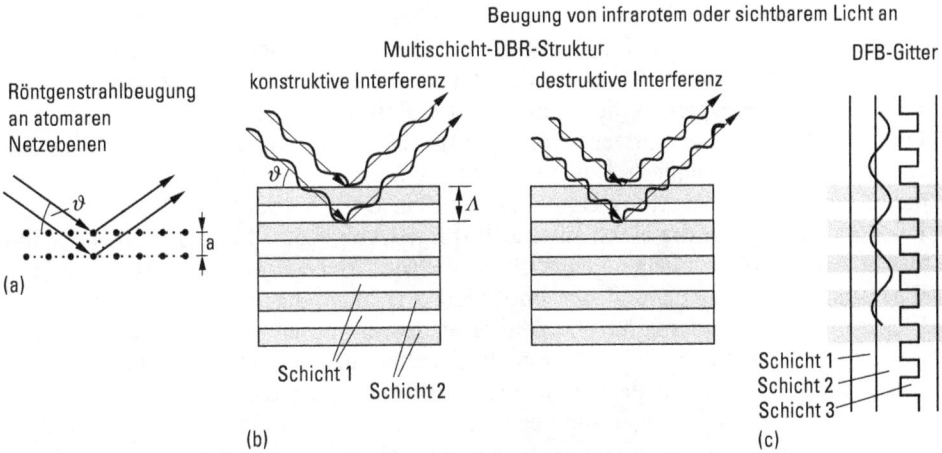

Abb. 8.51   Bragg-Reflexionen an periodischen Strukturen: (a) an atomaren Netzebenen eines Kristalls, (b) an realen Multischichtstrukturen (z. B. DBR-Spiegel) und (c) an Quasi-Schichtstrukturen (DFB-Gitter in einem DFB-Laser).

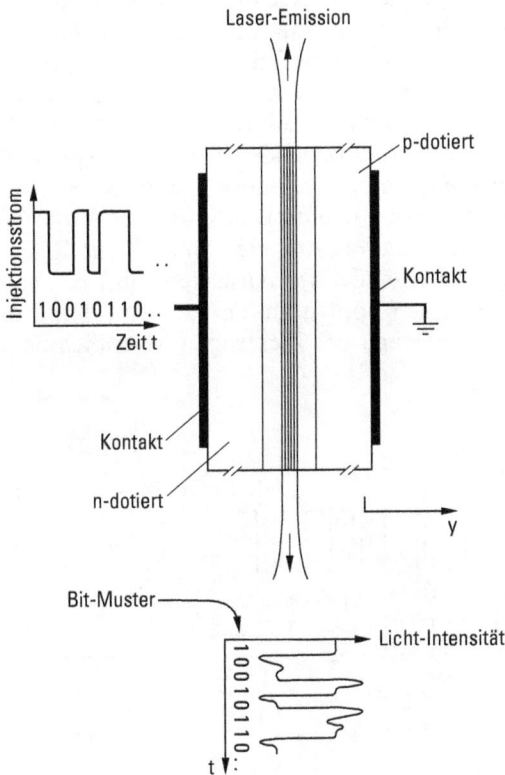

Abb. 8.52   Schematische Darstellung direkter Modulation eines Halbleiterlasers, Übersetzung eines elektronischen Bitmusters (links) in ein optisches (unten).

von der elektronischen Bitfolge in die entsprechende optische Bitfolge. Dies geschieht entweder durch einen cw-Laser mit nachfolgendem ultraschnellen optischen Modulator oder durch Modulation des Lasers (Intensitäts- oder Frequenz-Modulation). Als einfachstes Beispiel sei die Intensitätsmodulation des Lasers direkt beschrieben. Das in einer Folge ultrakurzer Stromimpulse vorliegende Bitmuster wird durch den Laser in die entsprechende Folge ultrakurzer Lichtblitze übersetzt, die dann über die Faserstrecke in Richtung Empfänger laufen. Der Photodetektor übernimmt die Rückübersetzung in die elektronische Bitfolge (Abb. 8.52). Im anschaulichen Bild zweier Sprachwörterbücher gesprochen übersetzt der Laser ultraschnell aus der Elektronik in die Optik und der Photodetektor ultraschnell aus der Optik in die Elektronik. Dazu müssen im Halbleiterlaser sowohl die durch den n-Kontakt injizierten Elektronen so rasch wie möglich in die energetisch tiefsten gebundenen Zustände der Leitungsband-Potentialtöpfe gelangen als auch die durch den p-Kontakt injizierten Löcher schnellstens in die Grundzustände der Valenzband-Potentialtöpfe (Abb. 8.53). Dabei sind mehrere retardierende physikalische Transport- und Relaxationsprozesse involviert, deren Gesamtzeitverzug jedoch minimiert werden kann [86, 87]. Durch die sehr hohe Dotierung in den langen, den Kontakten benachbarten Bahngebieten treten dort sehr kurze dielektrische Relaxationszeiten auf. Anschaulich kann man sich das mittels eines völlig mit Bällen gefüllten Rohres (Länge des Bahngebietes) veranschaulichen. Injiziert man an einem Rohrende einen Ball, so tritt unmittelbar aus dem anderen Rohrende ein Ball aus. Ein „Stromimpuls" wird in hochdotierten Halbleitern nahezu verzögerungsfrei an dessen anderes Ende übertragen. Um optische Verluste durch Reabsorption zu reduzieren, dürfen die Confinement-Schichten nur wenig dotiert werden. Dadurch treten dort durch Ladungsträgertransport (Ziffer 1 in (Abb. 8.53) retardierende Effekte auf. Anschaulich muss ein Ball in einem leeren Rohr die gesamte Rohrlänge (Länge einer Confinement-Schicht) durchlaufen, bevor er aus dem anderen Ende austreten kann. Weitere retardierende Effekte treten durch den Ladungsträgereinfang (2), die Relaxion (3) in die jeweiligen Potentialtopf-Grundzustände, den Ausgleich von Ladungsträger-Inhomogenitäten zwischen den einzelnen Töpfen, durch Tunneln (4) und thermische Reemission (5) auf. Da die Beweglichkeit der Elektronen wesentlich höher als die

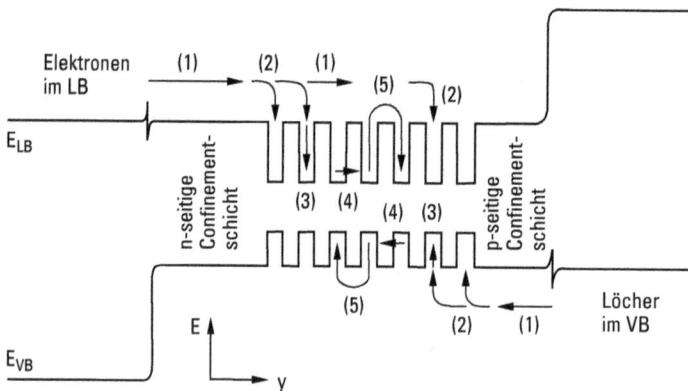

Abb. 8.53 Schematische Darstellung der Ladungsträgerdynamik nahe der aktiven Zone (hier sieben QWs) in der Bandstruktur im Ortsraum.

der Löcher ist, werden in asymmetrischen Laserstrukturen [87] die p-seitigen Confinement-Schichten zugunsten der n-seitigen in deren Dicken reduziert. Dies begünstigt den Transfer der langsameren Löcher. In den heute schnellsten Laserdioden (größte Modulationsbandbreite) konnten −3 dB **Modulationsgrenzfrequenzen** bis zu 40 GHz erzielt werden.

Eine Wellenlängenabstimmung der kantenemittierenden Halbleiterlaser kann nach Gl. (8.21) im einfachsten Fall über eine Variation der effektiven Brechzahl auf thermischem oder ladungsträgerinduziertem (Plasmaeffekt-)Weg erfolgen. Eine Überlagerung beider Effekte findet man in Mehrsektions-DFB-Lasern mit geraden oder gekrümmten Wellenleitern [88, 19]. Den Plasmaeffekt nutzt man z. B. in 3-Sektions-DBR-Lasern und TTG-Lasern. Eine Wellenlängenselektion über das gegenseitige Verstimmen zweier Modenkämme unterschiedlicher Modenabstände nutzt man z. B. im C3-, Y-, SSG- und SG-Laser. Weitere Möglichkeiten bietet das kodirektionale Koppeln zwischen zwei Wellenleitern. Details sind in [89] umfassend dargestellt.

In den bisher betrachteten **bipolaren Lasern** erfolgt die Lichterzeugung in der laseraktiven Schicht über die Rekombination eines Elektrons im Leitungsband mit einem Loch im Valenzband (**Band-Band-Übergang** oder <u>Interbandübergang</u>). In **unipolaren Lasern** erfolgt der strahlende Übergang innerhalb des Leitungsbandes zwischen zwei gebundenen Zuständen eines Potentialtopfes (<u>Intrabandübergang</u>) (Abb. 8.54). Durch so genanntes Elektronen-Recycling kann dieser Vorgang in Stufen erfolgen und kaskadiert werden (**Quantenkaskadenlaser**, engl. quantum cascade laser (Abb. 8.54)). Durch das angelegte elektrische Feld werden die Bandkanten entsprechend gekippt. Die hier gezeigte Vielfachquantenfilmstruktur [90] basiert auf einer einheitlichen Quantenfilmkomposition und einer davon verschiedenen, aber untereinander wieder einheitlichen Barrierenkomposition. Jedoch sind jeweils sechs verschiedene Quantenfilmbreiten (untere Zahlenfolge) und Barrierenbreiten (obere Zahlenfolge) involviert. Durch die maßgeschneiderte Dimensionierung wird erreicht, dass im Resonanzfall (für eine bestimmte Spannung) die vier schmaleren Quantenfilme jeweils genau einen gebundenen Zustand aufweisen, wobei diese vier Zustände energetisch identisch sind (d. h. sie liegen horizontal auf einer Linie). Ferner wird

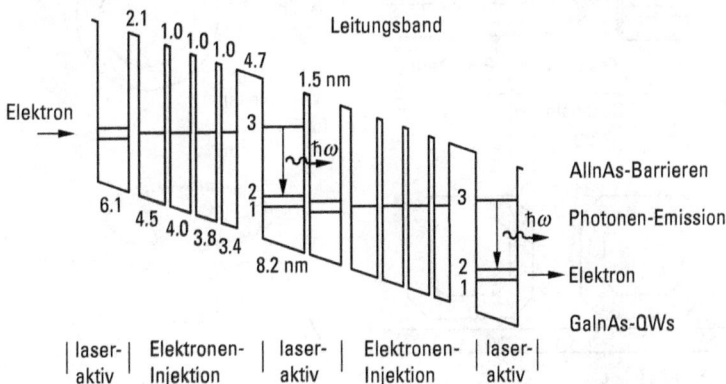

Abb. 8.54 Funktionsprinzip eines Quantenkaskaden-Lasers nach Faist [90].

der breiteste Quantenfilm so dimensioniert, dass der in Abb. 8.54 mit 3 bezeichnete oberste der gebundenen drei Zustände nur unwesentlich von den oben erwähnten vier identischen Niveaus abweicht. Aufgrund der dünnen Barrieren und den dadurch möglichen Tunnelprozessen tunnelt ein von links injiziertes Elektron horizontal bis in das angeregte Niveau 3. Nach einem strahlenden Übergang gelangt es in das Niveau 2. Aufgrund der sehr dünnen Barrieren, sind die Wellenfunktionen generell stark delokalisiert. Durch das Design der Quantenfilme ist die Relaxationszeit vom Zustand 2 in den Zustand 1 sehr gering, wobei die Maxima der Wellenfunktion des Zustandes 2 im linken und des Zustands 1 im rechten der beiden breiteren Quantenfilme liegt. Daran schließt sich wieder der gerade beschriebene horizontale Tunnelprozess an, so dass eine treppenartige Kaskade durchlaufen wird, von der in Abb. 8.54 jedoch nur zwei Stufen dargestellt sind. Auch dieses Beispiel zeigt den heute sehr erfolgreichen Einsatz komplexer niederdimensionaler Quantenfilm-Strukturen, wobei heute eine Vielfalt verschiedener Quantenkaskaden-Strukturen existieren. Mit Hilfe der Quantenkaskadenlaser gelingt es insbesondere, Laseremission im mittleren Infrarot (typ. 3.5 µm bis 10 µm, in einigen Fällen jedoch bereits bis 60 µm) zu erzeugen, in Bereichen, in denen kaum geeignete Halbleitermaterialien mit extrem geringen Bandlücken für bipolare Lasertypen existieren.

Eine sehr elegante Art, einen FP-Laser longitudinal einmodig oszillieren zu lassen, ist deren Ausführung mit je einer hochreflektierenden (HR-) und einer antireflexvergüteten (AR-)Facette, wobei an letztgenannter optisch ein Faserstück angekoppelt wird (Abb. 8.55a), in welches ein DBR-Gitter eingeprägt ist, dessen Gitterperiode (Gl. (8.21)) so gewählt ist, dass es aus dem spektralen Verstärkungsprofil genau eine einzelne oszillierende Mode extrahiert. Diese Laserbauform wird als **(Halbleiter-)Faserlaser** bezeichnet. Im Gegensatz dazu existieren auch **Faserlaser**, deren aktives Medium eine dotierte Faser darstellt, welche optisch gepumpt wird.

Bisher wurden Laserbauformen mit gestrecktem Resonator behandelt. Im **Ringlaser** (Abb. 8.55b, c) und **Mikroscheibenlaser** (engl. micro disc laser, Abb. 8.55d) hin-

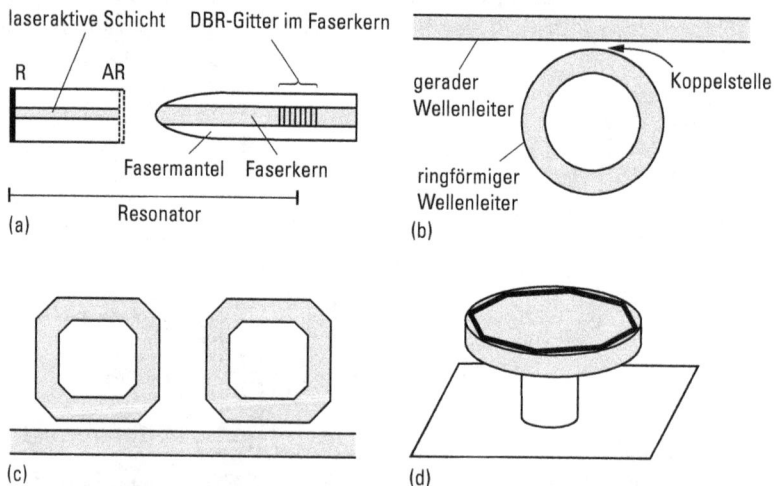

Abb. 8.55   Sonderformen von Lasern mit horizontalem Resonator.

gegen gehen Anfang und Ende des Resonators ineinander über. Bei Wellenleiter-
führung (Abb. 8.55b) ergeben sich Modenlösungen, wenn der Umfang der ringförmigen optischen Achse näherungsweise ein ganzzahliges Vielfaches der Wellenlänge
im Medium beträgt. In den Mikroscheibenlasern gelten ähnliche Auswahlregeln,
die sich auch im Strahlenbild durch Vielfachreflexionen (acht in Abb. 8.55d) an den
Außenflächen veranschaulichen lassen. Diese Moden bezeichnet man auch als „whis-
pering gallery modes" in Anlehnung an die akustischen Phänomene auf der Gallerie
der Saint Paul's Cathedral in London und im Mausoleum Gol Gumgaz in Bijapur
in Indien. Dort gelangt ein geflüstertes Wort nach Mehrfachreflexionen an den Innen-
wänden der Kuppel deutlich vernehmbar wieder zum Ohr des Flüsternden zurück.

8.4.9 Oberflächenemittierende Laser mit vertikalem Resonator

Eine sehr große technologische Herausforderung stellt beim oberflächenemittierenden Laser mit vertikalem Resonator (VCSEL) die Realisierung von DBR-Spiegeln
mit extrem hoher Reflektivität dar. Im Gegensatz zum kantenemittierenden DFB-
oder DBR-Laser werden im VCSEL die individuellen Schichten der DBR-Spiegel
nacheinander abgeschieden (z. B. durch Epitaxie). Dabei bilden die Schicht A und
die Nachbarschicht B zusammen eine Periode. Da die Reflektivität der DBR-Spiegel
mit der Periodenanzahl und dem Brechzahlkontrast steigt, kombiniert man bevorzugt Materialien mit großem Brechzahlkontrast, um die Gesamtperiodenzahl und
damit die Kosten zu reduzieren. Die Teilbilder in Abb. 8.20 zeigen einen DBR-Spiegel
(links) und die vom Spiegel reflektierte Lichtintensität als Funktion der Wellenlänge
(Reflexionsspektrum, rechts). Bei $\lambda = 1.55\,\mu$m ist im Hauptbild die maximale Reflektivität im Stoppband als Funktion der Periodenzahl für verschiedene Materialsysteme dargestellt. Die Daten resultieren aus theoretischen Modellrechnungen unter
Berücksichtigung der spektralen Brechzahlen und Absorptionskonstanten [36, 91,
92]. Da sich im Materialsystem GaInAsP leider keine großen relativen **Brechzahl-
kontraste** $2\,(\bar{n}_A - \bar{n}_B)/(\bar{n}_A + \bar{n}_B)$ realisieren lassen, wird zur Erzielung einer Reflektivität
von 99.8 % eine für die Praxis zu hohe Zahl von 50 Perioden benötigt. Im Gegensatz
dazu erreicht man dies in AlAs/GaAs-DBRs bereits mit 21 Perioden. Kombiniert
man die beiden Dielektrika Si_3N_4 und SiO_2, so genügen dafür sogar 13 Perioden
auf Grund eines sehr hohen relativen Brechzahlkontrastes.

Diese enorm hohe Reflektivität wird durch die konstruktive Interferenz der an
allen Heterogrenzflächen reflektierten Teilwellen erreicht. Dabei ist zu berücksichtigen, dass bei einer Reflexion an der Grenzfläche vom optisch dünneren zum optisch
dichteren Medium ein Phasensprung von π ($\hat{=} \lambda/2$) auftritt, umgekehrt aber nicht
[15]. Die Bedingung konstruktiver Interferenz wird z. B. durch die Kombination
von $\lambda/4$ dicken Schichten A und B erfüllt, wie im Falle von Abb. 8.20. Dabei sind
d_A und d_B die **physikalischen Dicken** und $\lambda/4\,\bar{n}_A$ $\lambda/4\,\bar{n}_B$ die **optischen Dicken**. Im Allgemeinen gilt zur Erzielung konstruktiver Interferenz bei der Reflexion

$$\bar{n}_A\,d_A + \bar{n}_B\,d_B = m\,\lambda/2 \quad (\text{mit m} = 1, 3, 5, \ldots). \tag{8.22}$$

Auf GaAs-Substraten ist die nahezu gitterangepasste AlAs/(Al)GaAs-Kombination
für Laser im Wellenlängenbereich zwischen 800 nm und 1300 nm ideal. Obwohl man,
wie bei den Kantenemittern, versucht, auch langwelligere VCSELs auf GaAs-Sub-

straten zu realisieren, basieren 1.55 µm-VCSEL immer noch auf InP. Dies liegt daran, dass die laseraktiven Schichten (z. B. GaInAsP, AlGaInAs) im Spektralbereich um 1.55 µm am allerbesten auf InP-Substraten realisiert werden können. Es gibt verschiedene Möglichkeiten, hochreflektierende 1.55 µm-DBR-Spiegel auf InP-Substraten zu realisieren: eine Art Druckverbindungstechnik (Waferfusion) von AlAs/GaAs-DBRs [93, 94], stark gitterfehlangepasste AlAs/GaAs-DBRs [95], AlGaInAs-, AlAsSb/AlGaAsSb- oder AlGaAsSb/InP-DBRs [96, 97].

Durch Kombination zweier DBR-Spiegel entsteht ein Resonator, wobei der Raum zwischen den zur Mitte orientierten DBR-Spiegelenden als **Kavität** bezeichnet wird. Ist das Kavitätsmaterial passiv, so liegt ein **optischer Filter** vor (s. u.), ist es laseraktiv, ein VCSEL. Abbildung 8.56b zeigt schematisch den Aufbau eines VCSELs mit zwei Halbleiter-Vielfachschicht-DBR-Spiegeln. In der Abbildung ist der obere Spiegel höherreflektierend, so dass das Laserlicht im Wesentlichen nach unten austritt (Pfeil). Die nachfolgend näher besprochene Einhüllende der Intensitätsverteilung als Funktion der vertikalen Richtung ist durch die laterale Ausdehnung des Lichtpfeiles angedeutet (s. auch Abb. 8.47, dort als Grautonvariation dargestellt). Die Löcher werden durch den oberen p-dotierten DBR-Spiegel in die laseraktive Zone injiziert, die Elektronen von unten durch den unteren n-dotierten DBR-Spiegel. Die geschwungenen Pfeile deuten den Stromfluss an. Eine Herausforderung ist es, den elektrischen Widerstand des p-dotierten DBR-Spiegels durch trickreiche Dotierungsprofile zu reduzieren, um die Arbeitsspannungen und die Entwicklung Joule'scher Wärme zu reduzieren. Abbildung 8.56a zeigt schematisch den Aufbau eines VCSELs mit zwei dielektrischen DBR-Spiegeln. Die Löcher und Elektronen werden mittels Ringkontakten injiziert, wobei der Stromfluss die elektrisch nichtleitenden DBR-Spiegel umgeht. Ganz entscheidend ist ferner das laterale elektrische Confinement, um hohe Elektron-Loch-Paar-Dichten im lateral gesehen zentralen Teil der aktiven Zone und damit sehr geringe Schwellstromdichten zu erzeugen. Dazu wird in Bereichen außerhalb des lateralen Lasermodes eine Art Ringblende elektrisch isolierend ausgestaltet. Dies ist technologisch anspruchsvoll und gelingt z. B. durch Ionenimplantation oder selektive Oxidation. Wichtig ist ferner eine ausreichend hohe Wärmeleitfähigkeit der DBR-Spiegel, um die in der aktiven Zone und gegebenenfalls den DBR-Spiegeln erzeugte Wärme effizient an die Wärmesenke abführen zu können.

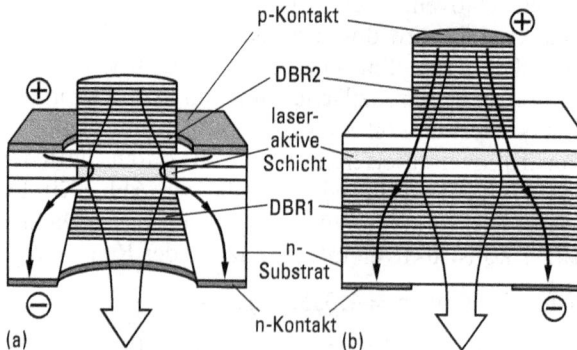

Abb. 8.56 Schematischer Aufbau eines VCSEL mit elektrisch nicht leitfähigen (a) und leitfähigen DBR-Spiegeln (b).

Für den in Abb. 8.56a gezeigten VCSEL mit zwei dielektrischen DBR-Spiegeln und einer Kavitätslänge von $3\lambda/2$ ist das elektrische Feld der stehenden Lichtwelle berechnet [36, 91, 92] und in Abb. 8.57 zusammen mit der gesamten Schichtstruktur dargestellt. Um eine hohe Verstärkung zu erreichen, positioniert man die QWs beim Laserdesign in die Maxima der Halbwellen. In die dargestellte $3\lambda/2$-Kavität platziert man sinnvollerweise drei QWs, drei Doppel-QWs oder drei Tripel-QWs. Die Einhüllende des stehenden Lichtfeldes fällt auf Grund der verteilten reflektierenden Wirkung der DBR-Spiegel nach außen immer mehr ab. Es sei nochmals darauf hingewiesen, dass auf jede Spiegelschicht genau ein Viertel der Wellenlänge entfällt ($\lambda/4$-Schichten) und die Knoten für die im Stoppband zentral liegende Wellenlänge genau auf den Heterogrenzflächen liegen.

Im Folgenden sei das Zustandekommen des Laserspektrums veranschaulicht. Dazu ist in Abb. 8.58 links oben eine Halbleiterkavität zwischen zwei Spiegeln angedeutet. Die feste Kavitätslänge erlaubt nach Gl. (8.20) unter anderem die drei dargestellten Moden, welche im Spektrum rechts daneben als Linien auftreten, die um so schärfer ausfallen, je höher die Spiegelreflektivitäten sind. Das bedeutet, dass sich eine Kavität dieser Länge für jede dieser (Laser-)Wellenlängen eignet, wenn die stehende Welle an ihren Bäuchen ausreichend optische Verstärkung erfährt. Oder, dass bei gewünschter (festgehaltener) Laserwellenlänge λ die Kavitätslänge gerade $\lambda/2$, $2\lambda/2$, $3\lambda/2$ gewählt werden kann. Realisiert man die zwei Spiegel als DBRs (links unten), so ist das Linienspektrum rechts oben mit dem bekannten Reflexionsspektrum (Abb. 8.58 rechts unten) der DBR-Spiegel zu „überlagern", und es entsteht das bereits in Abb. 8.50d gezeigte Laserspektrum. Das Stoppband des VCSELs ist wegen des hohen Brechzahlkontrastes in den DBR-Spiegeln wesentlich größer als das des DFB-Lasers mit dem relativ geringen Brechzahlkontrast zwischen den Quasischichten des DFB-Gitters. Nach Abb. 8.50c und d kann der $\lambda/4$-phasenverschobene DFB-Laser auch als ein Laser mit einer $\lambda/2$-Kavität und zwei sehr langen DBR-Spiegeln mit geringem Brechzahlkontrast angesehen werden. Man beachte, dass die nachfolgend angeführten Zahlenwerte sehr stark wellenlängen- und mate-

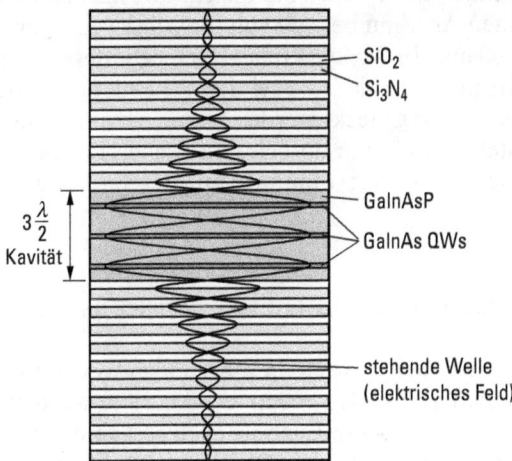

Abb. 8.57   Schichtstruktur eines VCSEL mit stehender Welle des elektrischen Feldes.

rialabhängig sind und eine komplett aufgeschlüsselte Darstellung den Rahmen dieses Bandes bei Weitem sprengen würde. Für VCSELs sind optische Ausgangsleistungen von < 1 mW (lateral einmodig) typisch. Lateral ausgedehntere, d. h. lateral multimodige VCSELs erreichen bis zu 120 mW. Typische Schwellströme liegen bei 1 mA, Rekordwerte bei 0.06 mA (entspricht 350 A/cm²). Dabei werden die höchsten Ausgangsleistungen und die geringsten Schwellen im spektralen Bereich zwischen 850 nm und 1000 nm erreicht. Verglichen mit Kantenemittern sind die Schwellströme phantastisch gering, aber die Ausgangsleistungen eher bescheiden. In Breitstreifen-Kantenemittern wurden beispielsweise über 6 W [85] und externe Quantenwirkungsgrade von mehr als 56% [85] erreicht. Während der VCSEL bei der Laser-Faserkopplung durch die geringe Strahldivergenz und das symmetrische Modenprofil enorme Vorteile hat, verursacht der Kantenemitter bei der Lichteinkopplung auf Grund der höheren Divergenz und des elliptischen Modenprofils erhebliche Zusatzkosten. Dies kann mit asphärischen Linsen oder komplizierten Wellenleiter-Taperstrukturen im Laser oder der Faser erreicht werden. Einen weiteren wesentlichen Vorteil bietet der VCSEL durch das unproblematische optische Testen auf dem Wafer (engl. onwafer testing) analog zu integrierten elektronischen Schaltungen. Kantenemitter müssen hingegen zur Charakterisierung vereinzelt, d. h. zumindest in Riegel gespalten werden, oder es müssen zur Oberflächenauskopplung zusätzlich 45° Spiegel (Abb. 8.47) in Kombination mit geätzten Spiegeln realisiert werden.

Modulationsbandbreiten der VCSELs liegen typischerweise bei 1 GHz (Rekord bei 10 GHz), im Vergleich zu 40 GHz bei Kantenemittern. Vergleicht man Laserlinienbreiten von Bauelementen ohne externen Resonator, so erreichen VCSELs typischerweise 200 MHz (Rekorde bei 50 MHz) und Kantenemitter typischerweise 1 MHz (Rekord bei 10 kHz). Kantenemittierende Halbleiterlaser existieren im Bereich zwischen 350 nm und 12 μm, wobei im Grünen und im mittleren IR Spektralbereiche auftreten, für die es entweder bisher keine Bauelemente gibt oder die Lebensdauer für Anwendungen nicht ausreicht. Elektrisch gepumpte VCSELs existieren bisher in einem spektral kleineren Bereich (420 nm bis 2.05 μm) [98, 99]. Besonders schwierig gestaltet sich im VCSEL eine Wellenlängenabstimmung über eine ladungsträgerinduzierte (strominduzierte) oder thermische Brechzahländerung. Im VCSEL erreicht man dabei einen Abstimmbereich von typischerweise 1 nm, in Kantenemittern einmodig bis zu 80 nm. In **Mehrsektions-Kantenemittern** müssen dazu vier bis elf Steuerströme kontrolliert werden, wobei der Wellenlängenbereich zwar lückenlos aber nicht kontinuierlich abgedeckt werden kann. Abschließend wird ein Abstimmungskonzept vorgestellt, welches in optoelektronischen Bauelementen mit vertikalem Resonator eine Wellenlängenabstimmung auf der Basis nur eines Abstimmparameters erlaubt.

8.4.10 Kantenemitter und VCSELs mit niederdimensionaler aktiver Zone

In kommerziellen Halbleiterlaserdioden wurden 25 Jahre lang ausschließlich aktive Zonen aus Halbleitervolumenmaterial (3D) verwendet. Ab 1990 wurden Kantenemitter mit Quantenfilmen (2D) in Forschungslabors realisiert und kontinuierlich verbessert. Erst nach weiteren 5 Jahren wurden QW-Laser kommerzialisiert und übertrafen die 3D-Laser mit geringeren Schwellstromdichten, höheren Ausgangsleistungen, höheren charakteristischen Temperaturen T_o und höheren Bitraten auf Grund vorteilhafterer Gainprofile und besserem elektronischen „Confinement". Obwohl 1D-Laser noch bessere Eigenschaften aufweisen sollten, sind diese aus technologischen und geometrischen Gründen bisher nicht sehr erfolgreich. Insbesondere begrenzen lange Transfer- und Einfangzeiten der Ladungsträger in die Quantendrähte die Bitraten erheblich. Wesentlich erfolgversprechender sind Quantenpunkt-Laserstrukturen (0D) [61–66]. Ein Problem ist jedoch zur Zeit noch die stark variierende Größe der Quantenpunkte (Abb. 8.28). Dadurch sind die theoretisch sehr scharfen Zustandsdichteprofile sehr stark inhomogen verbreitert, so dass der zu erwartende differentielle Gain dg/dn nicht zustande kommt. Verglichen mit den 3D- und 2D-Strukturen konnten daher bisher keine spektral schmaleren und höheren Gainprofile erzielt werden, im Gegenteil. Besonders breite Gainprofile können jedoch für extrem weit durchstimmbare Laser (Abschn. 8.4.11) von Vorteil sein.

8.4.11 Mikromechanisch abstimmbare Filter und VCSELs

Eine senkrecht auf einen hochreflektierenden DBR-Spiegel fallende Lichtwelle (Wellenlänge λ_D) werde von diesem zu 99.9 % reflektiert. Dabei wurde die Periodenlänge gerade so gewählt, dass λ_D gerade im Zentrum des Stoppbandes liegt (Abb. 8.58

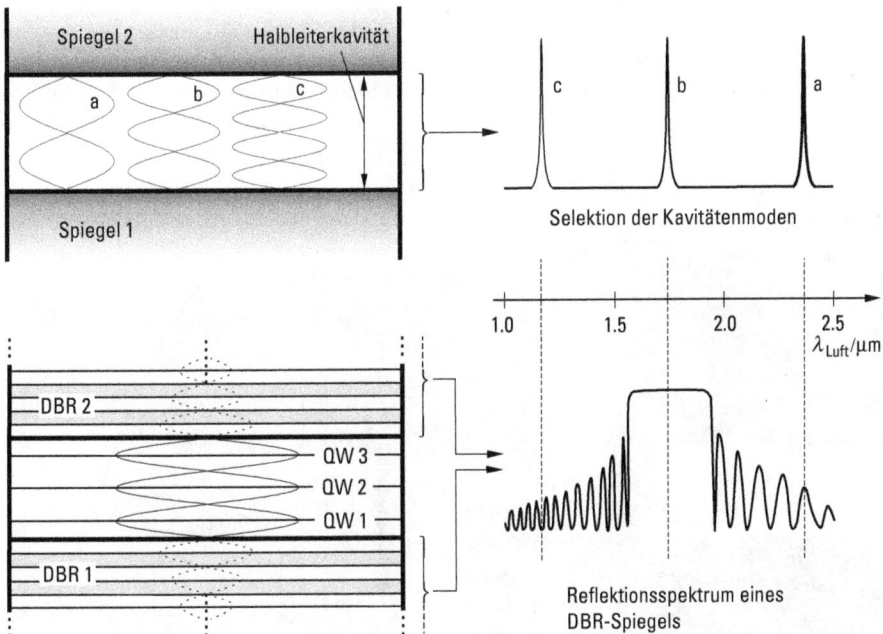

Abb. 8.58 Charakteristische spektrale Komponenten eines VC-Resonators. Drei stehende Wellen in der Kavität (oben links) bewirken, durch die Klammer verdeutlicht, die Ausbildung der Fabry-Perot-Moden (oben rechts); die DBR-Spiegel (unten links) sind durch das Reflektionsspektrum (unten rechts) charakterisiert, was durch die zwei Klammern angedeutet wird. Bei sehr geringer Kavitätslänge liegt nur eine Fabry-Perot-Mode innerhalb des Stoppbandes (man verfolge die vertikalen gestrichelten Linien).

rechts unten). Positioniert man wie in Abb. 8.58 dargestellt einen identischen Spiegel parallel zu diesem im Abstand von z. B. 1.5 λ_D, so beobachtet man experimentell, dass der erste Spiegel die Wellenlänge λ_D nicht mehr reflektiert. Wundersamerweise ist nun die Anordnung beider DBR-Spiegel für λ_D nahezu 100 % transparent.

Bei einem DBR-Spiegel interferieren für λ_D alle an den Grenzflächen reflektierten Teilwellen auf der Einfallseite konstruktiv (99.9 % Reflexion), auf der anderen Seite destruktiv. Dabei kommen vereinfacht dargestellt auch komplizierte Mehrfachreflexionen und im simplen Strahlenmodell gesprochen komplexe Zickzackwege vor. Die Lichtwellen durchdringen den Spiegel zwar, übertragen auf Grund der perfekten destruktiven Interferenz jedoch keine Energie. Durch die gezielte Positionierung des zweiten Spiegels (und dem Hinzufügen weiterer Grenzflächen) interferieren nun alle Teilwellen auf der Einfallseite destruktiv und auf der entgegengesetzten Seite (hinter dem zweiten DBR-Spiegel) konstruktiv. Ferner bildet sich in der Kavität für λ_D eine stehende Welle aus (Abb. 8.58).

Innerhalb des Stoppbandes werden außer im Bereich der sehr scharfen Filterlinie (Zentrum bei λ_D) alle Wellenlängen bis zu 99.9 % reflektiert. Auf diese Weise lassen sich extrem hochwertige optische Filter z. B. für die faseroptische Telekommunikation auf der Basis des dichten Wellenlängenmultiplex realisieren.

Abbildung 8.20 enthält noch ein weiteres bisher nicht besprochenes Materialsystem mit extrem hohem Brechzahlunterschied ($n_{InP} = 3.2$, $n_{Luft} = 1$). Mit nur vier Perioden lassen sich nach Abb. 8.20 Reflektivitäten von über 99.8 % erzielen. Diese ungewöhnliche Struktur lässt sich z. B. aus einer Halbleitervielfachschichtstruktur mit alternierenden InP- und $Ga_{0.43}In_{0.57}As$-Schichten durch selektives Herausätzen der GaInAs-Schichten (**mikromechanische Opferschichttechnologie**) herstellen. Dabei

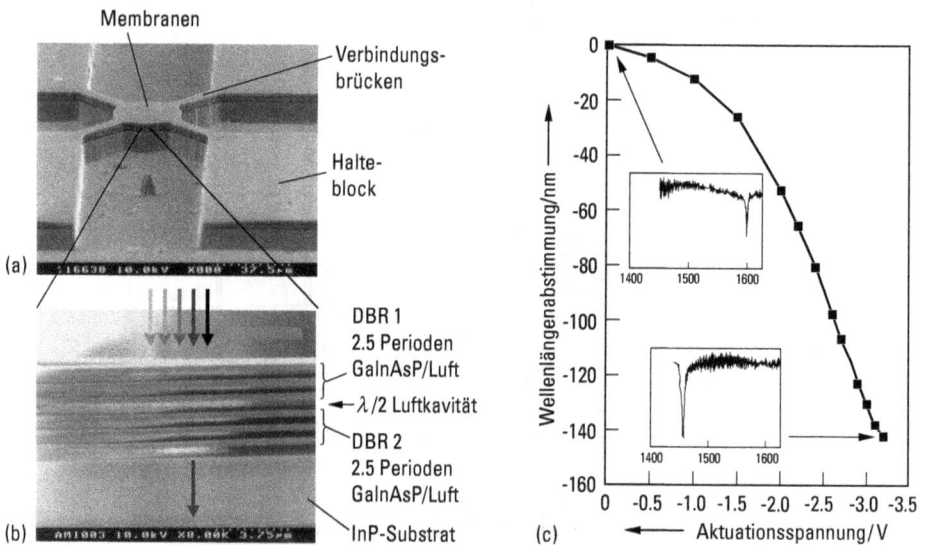

Abb. 8.59 Bauelemente mit vertikalem Resonator auf Halbleiter-Luftspalt-Basis. Elektronenmikroskopische Aufnahme des Querschnitts eines Filters (a), Detail in (b), korrespondierende experimentelle Wellenlängenabstimmung als Funktion der Aktuationsspannung (c).

besteht bereits bei der Epitaxie eine Gitteranpassung auf InP-Substraten und im Bedarfsfall eine hervorragende Kompatibilität mit laseraktiven 1.55 μm-GaInAsP-Schichten. Abbildungen 8.59a, b zeigen eine Filterstruktur mit sechs InP-Membranen, welche mit jeweils vier Verbindungsbrücken an Halteblöcken fixiert sind. Wird zwischen dem oberen p-dotierten und dem unteren n-dotierten DBR-Spiegel eine variable Rückwärtsspannung angelegt, so lassen sich im Wesentlichen die die Luftkavität einschließenden Membranen elektrostatisch aktuieren. Die Kavitätslänge und damit die Filterwellenlänge lässt sich auf diese Weise mit nur einem Spannungs-Parameter abstimmen. Mit derartigen optischen Filtern konnte experimentell (Abb. 8.59c) mit nur 3.2 V ein enormer Wellenlängenbereich von 142 nm in anderen Strukturen derselben Arbeitsgruppe sogar von über 220 nm kontinuierlich abgestimmt werden [36, 92, 100, 101]. Abbildung 8.60c und d zeigt ein VCSEL mit InP/Vielfachluftspalt-DBR-Spiegeln, GaInAsP laseraktiven QW-Schichten und InP-Substrat.

Abschließend wird mit Abb. 8.60 auf eine sehr interessante Parallele zwischen der **Quantenelektronik** (a, b) und der **Quantenphotonik** (c, d) hingewiesen. Wie bereits in Abschn. 8.4.2 beschrieben, werden, um elektronische Niveaus für Elektronen und Löcher maßzuschneidern, Halbleiterheterostrukturen bestimmter Komposition und Dicke realisiert. Wenn die Schichtdicke des Materials mit der geringeren Bandlücke

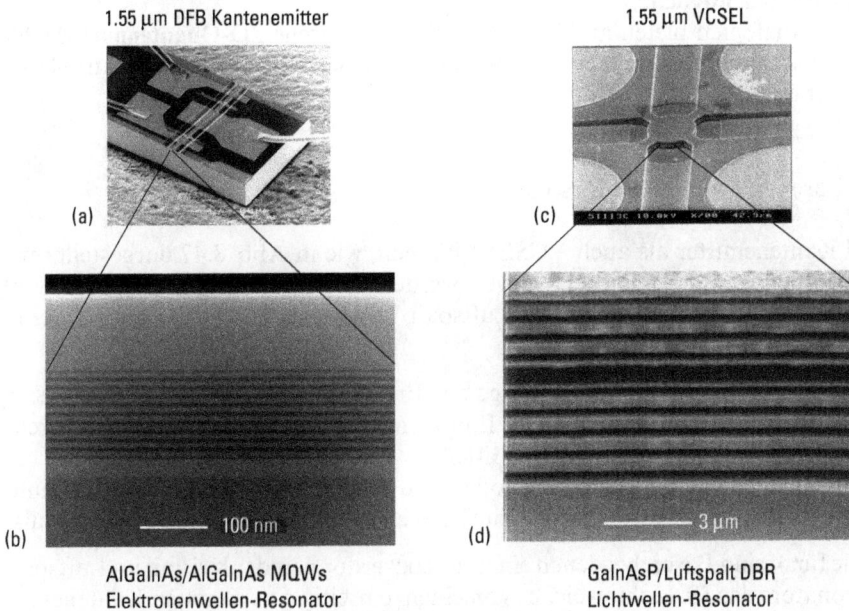

Abb. 8.60 (a) durchstimmbarer, kantenemittierender 3-Sektionslaser mit axial variiertem DFB-Gitter (engl. chirped DFB grating), (b) spannungskompensierte Vielfach-Quantenfilmstruktur mit zugverspannten AlGaInAs-Barrieren und druckverspannten AlGaInAs-Filmen, (c) VCSEL auf der Basis von Vielfachmembranen (Mitte), welche jeweils mit vier Verbindungsbrücken an den quadratischen Haltepfosten aufgehängt sind, (d) Ausschnitt des vertikalen Resonators, bestehend aus dem laseraktiven GaInAsP-Quantenfilmbereich, welcher zwischen zwei InP/Luftspalt-DBR-Spiegeln eingebettet ist.

in der Größenordnung der **Elektronen-Wellenlänge** liegt, tritt eine Quantisierung ein, welche zu definierten quantisierten Energieniveaus in den Quantenfilmen führt. Diese **quantisierten Energieniveaus (Eigenwerte)** und die korrespondierenden **elektronischen Wellenfunktionen (Eigenfunktionen bzw. Moden)** sind Lösungen der **Schrödinger-Gleichung**. Die Materialien, Verspannung und Schichtdicken wurden bei den 10 AlGaInAs-Quantenfilmen (Abb. 8.60 b) in einer Weise eingestellt, dass die optische Emission bei 1.55 µm liegt. Diese Quantenfilme dienen als laseraktives Medium eines ultraschnellen Halbleiterlasers (Abb. 8.60 a) [86–88]. In einem sehr vereinfachten Bild definieren also die Quantenfilme einen **Resonator** für Elektronenwellen.

Die rechten Elektronenmikroskopaufnahmen zeigen das exakte Analogon für Photonen. Um einen definierten Mode im Resonator eines VCSELs auszuwählen, werden unter Berücksichtigung der Brechzahlen Schichtdicken in der Größenordnung der **Photonen-Wellenlänge** gewählt. Auch in diesem Fall tritt eine Art Quantisierung auf. Die **effektiven Brechzahlen (Eigenwerte)** und die korrespondierenden **Photonen-Wellenfunktionen (Eigenfunktionen bzw. Moden)** sind Lösungen der **Helmholtz-Gleichung**. Aus mathematischer Sicht verhält sich der ortsabhängige Teil der Schrödinger- und Helmholtz-Gleichung äquivalent. In Abb. 8.60 d wird wieder der starke Brechzahlkontrast von InP/Luftspalt-Multimembranstrukturen genutzt, um DBR-Spiegel sehr hoher Reflektivität für 1.55 µm VCSEL (Abb. 8.60 c) zu realisieren [36, 92, 100, 101]. Analog definiert die periodische Brechzahlvariation einen **Resonator für Photonenwellen**.

Weitere Analogien bieten auf diesem Gebiet periodische 2D-**Quantenpunktfelder** und 2D-**photonische Kristalle** oder **photonische Bandstrukturen** und **elektronische Bandstrukturen**.

8.4.12 Laser mit externem Resonator

Sowohl Kantenemitter als auch VCSELs können, wie in Abb. 8.47 dargestellt, mit einem externen Resonatorspiegel realisiert werden, wobei im Gegensatz zu Abb. 8.59 und 8.60 c und d ein relativ großer Luftspalt involviert ist. Dies kann mehreren Zwecken dienen:

1. der Verlängerung der Resonatorlänge zur Erzielung geringerer Linienbreiten,
2. der Wellenlängenabstimmung durch Einfügen eines wellenlängenselektiven, drehbaren Elementes (Prisma, Etalon, Gitter),
3. des **Modenkoppelns** zur Erzeugung von periodischen Folgen ultrakurzer Pulse und
4. der **Wellenlängenkonversion** durch Einfügen eines optisch nichtlinearen Kristalls.

Beispiele für 4. sind Laser, bei denen ein frequenzverdoppelnder Kristall im Luftspalt des Resonators das IR Licht, welches von einem einseitig entspiegelten Kantenemitter oder einem Halbkavitäts-VCSEL mit aktiver Zone und einem DBR-Spiegel emittiert wird, in den gelben, grünen und blauen Bereich transformiert. Die optische Kommunikationstechnik abschließend, wird nochmals auf weiterführende Literatur verwiesen [1, 11, 17, 102].

8.5 Organische Festkörper

Neben den klassischen, anorganischen Materialien der Optoelektronik, welche in Abschn. 8.3 und Abschn. 8.4 besprochen wurden, finden immer stärker auch organische Materialien als Funktionsmaterialien Anwendung in verschiedenen Bereichen der Optoelektronik. So haben organische Materialien die klassischen anorganischen Photoleiter für die elektrophotographische Reproduktion, z. B. in heutigen **Photokopierern** und **Laserdruckern**, bereits vollständig ersetzt. Organische Leuchtdioden (**OLEDs**, engl. organic light emitting devices) sind ein weiteres, vielversprechendes Anwendungsfeld organischer Funktionsmaterialien (organischer Halbleiter), deren Anwendungspotential mit hohen Erwartungen verbunden ist. Während die Markteinführung von OLEDs mit Anzeigen für Autoradios und Miniaturbildschirmen für Kameras und Mobiltelefone bereits begonnen hat, ist die Funktion organischer Solarzellen, organischer Transistoren bzw. integrierter Schaltungen zumindest erfolgreich demonstriert worden.

Im Gegensatz zu anorganischen Halbleitern, deren strukturelle Perfektion (z. B. in Form von Einkristallen oder epitaktischen Schichten) eine wesentliche Voraussetzung für ihre Funktion ist, werden die **organischen Halbleiter** für die oben aufgeführten Anwendungen üblicherweise als **amorphe, glasartige Schichten** eingesetzt. Dies wiederum erlaubt eine relativ einfache und preisgünstige Herstellung dieser Schichten mittels Lösemittel basierender Prozesse wie Aufschleudern (spin-coating), Rakeln (doctor blade), Siebdruck oder Vakuumsublimation. Insbesondere großflächige Anwendungen profitieren deshalb von diesen Verfahren.

Eine Unterteilung der **organischen Funktionsmaterialien** erfolgt üblicherweise auf Grund der Molekülstruktur, mit kleinen Molekülen (molekulare Materialien) auf der einen Seite und konjugierten Polymeren auf der anderen Seite (dazwischen sind nichtkonjugierte Polymere, Polymerblends, Seitenketten-Polymere und Mischungen aus Polymeren und kleinen Molekülen einzuordnen). Diese Unterscheidung bezieht sich im Folgenden jedoch mehr auf die unterschiedlichen Verarbeitungsmethoden (Vakuumsublimation bei molekularen Materialien und Lösemittel basierende Prozesse bei Polymeren) als auf die Unterschiede in elektronischer Hinsicht, da selbst in (ideal) voll konjugierten Polymeren in der Realität die Konjugation durch Strukturdefekte unterbrochen ist, womit die elektronische Einheit wieder auf einzelne Segmente reduziert ist. Für den Ladungstransport ist es in erster Näherung unerheblich, ob die jeweiligen Einheiten im organischen Festkörper nun einzelne Moleküle in einem organischen Glas, kleine Moleküle in einer nichtkonjugierten polymeren Matrix (kovalent gebunden oder eingemischt) oder einzelne Segmente in einem konjugierten Polymer sind.

Der Einsatz dieser Materialien als glasartige (amorphe) Filme bedingt jedoch eine weitere Materialeigenschaft, nämlich eine **hohe morphologische Stabilität** des glasartigen Zustands, welche den Übergang in den thermodynamisch stabileren kristallinen Zustand (die Rekristallisation der Filme) verhindert. Während Polymere organische Glasbildner per se sind, ist eine hohe morphologische Stabilität amorpher Filme bei molekularen Materialien schwieriger zu erreichen.

8.5.1 Ladungstransport in organischen Festkörpern

Nach dem in Abschn. 8.2.1.2 vorgestellten Modell für die Elektronenstruktur organischer Festkörper sind die Ladungsträger (Loch oder Elektron) an einem Molekül lokalisiert, dies entspricht einem geladenen Molekül bzw. **Radikalion**. Der Ladungstransport in organischen Festkörpern kann damit als **Hopping-Prozess** bzw. als Folge von Elektronentransferreaktionen (Redoxreaktionen) zwischen identischen Redoxpartnern unter dem Einfluss eines externen elektrischen Feldes betrachtet werden, wie in Abb. 8.61 schematisch dargestellt. Ein positiver Ladungsträger (Loch) entspricht demnach einem **Radikalkation**, welches ein Elektron von einem neutralen Nachbarmolekül aus dessen höchstem besetzten Niveau (HOMO) übernimmt, womit die positive Ladung auf diesem Energieniveau in das Nachbarmolekül unter Bildung eines neuen Radikalkations transferiert wird. Ein negativer Ladungsträger (Elektron) wird entsprechend durch ein **Radikalanion** gebildet, dessen ungepaartes Elektron auf das niedrigste unbesetzte Niveau (LUMO) des Nachbarmoleküls unter Bildung eines neuen Radikalanions übertragen wird.

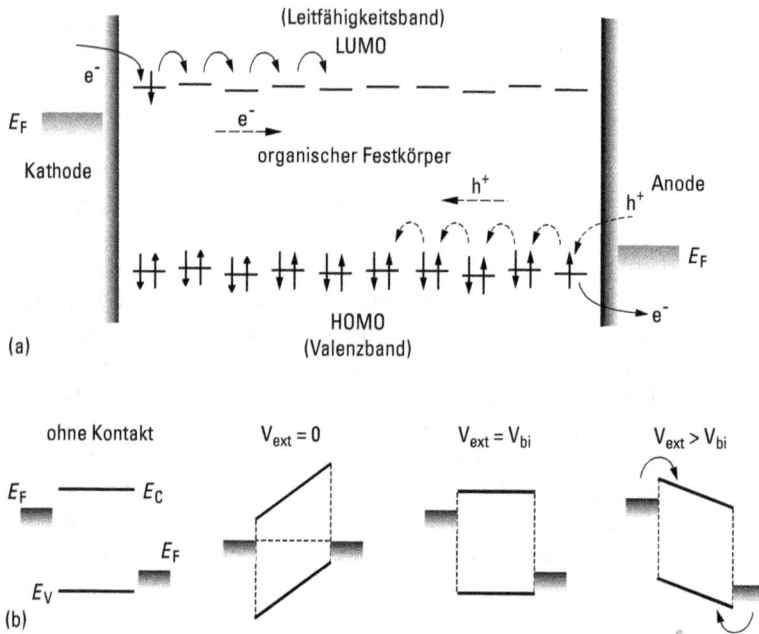

Abb. 8.61 (a) Ladungstransport im organischen Festkörper als Hopping-Prozess von Elektronen im LUMO (Leitfähigkeitsband) und Löchern im HOMO (Valenzband). Die horizontale Variation der HOMO/LUMO-Paare soll die statistische Verteilung der Energieniveaus andeuten. (b) Vereinfachtes Energieniveaudiagramm für einen organischen Festkörper zwischen zwei Elektroden unterschiedlicher Austrittsarbeit, wobei das organische Material als vollständig verarmter (depleted) Halbleiter betrachtet wird. Wenn die Elektroden mit dem organischen Halbleiter in Kontakt gebracht werden, entsteht ein Potentialunterschied, der durch eine extern angelegte Spannung erst kompensiert werden muss, bevor Ladungsträger injiziert werden können.

Loch- und Elektronentransport sind im organischen Festkörper somit analoge Phänomene, die auf verschiedenen Energieniveaus ablaufen. Lochtransport erfolgt auf dem Niveau des HOMO (in der Halbleiterterminologie Valenzband genannt), während der Elektronentransport auf dem Niveau des LUMO (Leitfähigkeitsband in der Halbleiterterminologie) stattfindet. Die Richtung des Ladungstransports ist durch das externe elektrische Feld vorgegeben.

Zur Quantifizierung des Ladungstransports in amorphen organischen Festkörpern wird üblicherweise das **Bässler-Modell** herangezogen [103]. Hierbei wird berücksichtigt, dass in einem ungeordneten System die Energieniveaus einer statistischen Verteilung unterliegen und die Hüpfprozesse der Ladungsträger im Mittel thermisch aktiviert sind. Die temperatur- und feldabhängige Ladungsträgerbeweglichkeit (μ) ergibt sich nach diesem Modell zu Gl. (8.23):

$$\mu = \mu_0 \exp\left[-\left(\frac{2\sigma}{3kT}\right)^2 \right] \exp\left[C\left(\frac{\sigma^2}{(kT)^2} - \Sigma^2\right) E^{1/2} \right]. \tag{8.23}$$

Dabei ist C eine empirische Konstante ($2.9 \times 10^{-4}\,\mathrm{cm}^{1/2}\,\mathrm{V}^{-1/2}$), σ und Σ stehen für die energetische (diagonal) und positionelle (off-diagonal) Variation der Hoppingsites. Diese Formel gibt auch die experimentell gefundene Temperatur- und Feldabhängigkeit der Beweglichkeit wieder: $\log\mu \sim T^{-2}$ und $\log\mu \sim E^{1/2}$.

Da geordnete Strukturen den elektronischen Überlapp zwischen benachbarten Molekülen begünstigen, ist die **Ladungsträgerbeweglichkeit** in Molekülkristallen höher als in amorphen Systemen. Die stärkere Wechselwirkung in Molekülkristallen begünstigt darüber hinaus Kohärenzeffekte, welche mit dem Hopping-Mechanismus überlagern, wodurch eine theoretische Behandlung jedoch erschwert wird.

8.5.2 Injektion von Ladungsträgern

Wie in Abb. 8.61a skizziert, können aus der Kathode Elektronen, deren Energie nahe dem Ferminiveau des Kathodenmaterials liegt, in das niedrigste unbesetzte Niveau (LUMO) des organischen Films injiziert werden, während auf der Anodenseite Elektronen aus dem höchsten besetzten Niveau (HOMO) des organischen Films in die Anode übergehen. Dieser Übergang kann jedoch nur in ein Energieniveau nahe dem Ferminiveau des Anodenmaterials stattfinden, da alle Zustände mit $E < E_F$ besetzt sind. Für den letzten Prozess ist es üblich, nicht den Wechsel des Elektrons aus dem HOMO des organischen Films in die Anode zu betrachten, sondern den Vorgang als Injektion eines positiv geladenen Lochs (Defektelektron) in das HOMO des organischen Films zu betrachten. Da die Ferminiveaus der beiden **Kontaktelektroden** im Kurzschlussfall ($V_{ext} = 0$) gleich sind, entsteht ein Potentialunterschied (built-in-Potential V_{bi}) über die organische Schicht. Bevor eine Ladungsinjektion und ein Ladungstransport stattfinden kann, muss das extern angelegte Potential (V_{ext}) größer als V_{bi} sein, wie schematisch in Abb. 8.61b dargestellt. Der bei $V_{ext} = V_{bi}$ erreichte Zustand (flat band condition) kennzeichnet damit auch die minimale Einsatz-Spannung (onset) für dieses Device.

Die **Energiebarrieren**, welche von den Ladungsträgern bei der Injektion zu überwinden sind, ergeben sich in erster Näherung für die Elektronen auf der Kathodenseite als Differenz zwischen der Elektronenaffinität (*EA*) des organischen Materials und der Austrittsarbeit des Kathodenmaterials (ϕ_c) zu $EA - \phi_c$, bzw. für die Löcher auf der Anodenseite als Differenz zwischen dem Ionisationspotential (*IP*) des organischen Materials und der Austrittsarbeit des Anodenmaterials (ϕ_a) zu $IP - \phi_a$. Aus diesem Grund werden für die Elektroneninjektion Elektroden (Kontakte) mit niedriger Austrittsarbeit (unedle Metalle wie Al, Mg, Ca usw.) eingesetzt, während für die Lochinjektion Elektroden mit hoher Austrittsarbeit (edle Metalle wie z. B. Gold oder transparente Elektroden wie ITO) Verwendung finden. Nachteilig bei den Metallen niedriger Austrittsarbeit ist deren hohe Korrosionsanfälligkeit.

Bei kleiner Barriere und ausreichender Temperatur kann die Ladungsträgerinjektion thermisch erfolgen, bei sehr hohen Feldstärken (10^5–10^6 Vcm^{-1}) und damit hinreichend dünner Barriere kann die Injektion auch über einen Tunnelprozess ablaufen.

Zur Beschreibung der Ladungsträgerinjektion in dielektrische organische Materialien bei hohen elektrischen Feldern werden üblicherweise das Fowler-Nordheim-Modell für die **Tunnelinjektion** und das Richardson-Schottky-Modell für die **thermionische Emission** herangezogen. Obwohl beide Modelle die tatsächlichen Verhältnisse nur unvollständig wiedergeben, wurden sie vielfach angewendet, um die Ladungsträgerinjektion z. B. in organischen Leuchtdioden zu beschreiben.

Der Tunnelstrom durch eine dreieckige Barriere nach dem **Fowler-Nordheim Modell** ergibt sich zu Gl. (8.24):

$$j(F) = BF^2 \exp - \frac{4\sqrt{2\,m_{\text{eff}}\,\Delta^3}}{3\,heF},$$

(8.24)

wobei Effekte durch Spiegelladungen unberücksichtigt bleiben. In Gl. (8.24) ist m_{eff} die effektive Masse des Ladungsträgers, Δ die Barrierenhöhe und F die Feldstärke. Sowohl die Annahme einer dreieckigen Tunnelbarriere, wie auch die Annahme eines Kontinuums freier Zustände, in welche die Ladungsträger tunneln, ist bei organischen Festkörpern problematisch.

Der Injektionsstrom nach dem **Richardson-Schottky-Modell** ergibt sich zu Gl. (8.25):

$$j(F) = AT^2 \exp\left[- \left(\Delta - \left(\frac{eF}{4\,\pi\varepsilon\varepsilon_0} \right)^{1/2} \right) \bigg/ kT \right],$$

(8.25)

wobei nicht berücksichtigt wird, dass der Ladungsträgertransport im organischen Festkörper als inkohärenter Hopping-Transport zu beschreiben ist. Aus diesem Grund werden die Details der Ladungsträgerinjektion in organische Festkörper noch kontrovers diskutiert. Eine vollständige Beschreibung des Injektionsstroms muss schlussendlich sowohl die Feld- und Temperaturabhängigkeit des primären Injektionsvorgangs als auch des nachfolgenden Transportmechanismus enthalten.

Der Strom, der durch einen verarmten (*depleted*) Halbleiter fließt, kann durch das Bulkmaterial oder die Kontakte limitiert sein. Im ersten Fall liefern die Kontakte so viel Strom wie der Bulk aufnehmen kann und der Strom ist limitiert durch die intrinsischen Transporteigenschaften des Halbleiters. Dies entspricht einem **raumladungsbegrenzten Strom** (SCLC, engl. space charge limited current). In vielen Fällen ist der Strom jedoch injektionslimitiert, auf Grund von Fallenzuständen an der Grenzfläche zwischen Metall und organischer Schicht.

Wenn Kathode und Anode perfekt injizierend sind, wird die Ladungsträgerbeweglichkeit der limitierende Faktor für eine weitere Reduktion der Betriebsspannung, denn selbst wenn der Strom injektionslimitiert ist, wird die Injektionsrate proportional zur Ladungsträgermobilität im organischen Halbleiter sein.

Die Werte für IP und E_F können für den organischen Film und die Elektroden unabhängig durch UPS-Messungen bestimmt werden, der Wert für EA wird üblicherweise abgeschätzt aus den IP-Werten und dem HOMO/LUMO-Abstand, der durch spektroskopische Messungen erhalten werden kann. Erschwerend kommt jedoch hinzu, dass für das vorgestellte System Kathode/organischer Halbleiter/Anode die Annahme eines gemeinsamen Vakuumniveaus nicht gültig ist. Für nahezu alle Grenzflächen, die unter Ultrahochvakuumbedingungen zwischen organischen Materialien und Metallen durch Gasphasenabscheidung gebildet werden, ist die Ausbildung einer **Dipolschicht** zu berücksichtigen. Dies hat verschiedene Ursachen, wie z. B. Chargetransfer über die Grenzfläche, chemische Reaktionen an der Grenzfläche und andere Arten der elektrischen Ladungsumverteilung [104]. Diese Ausbildung einer Dipolschicht an der Grenzfläche führt zu einem Sprung des elektrischen Potentials über diese Dipolschicht und damit zu einer Verschiebung des virtuellen Vakuumenergieniveaus an der Grenzschicht. Der Betrag dieser Verschiebung ist abhängig von der Stärke des Dipols [105]. Aber die Abhängigkeit der Dipolstärke von der Austrittsarbeit des Metalls variiert zusätzlich in Abhängigkeit vom beteiligten organischen Material. Hinzu kommt, dass die Grenzfläche auch davon beeinflusst wird, ob das organische Material auf der Metalloberfläche oder umgekehrt die Metallelektrode auf der Oberfläche des organischen Films abgeschieden wird. Die Ausbildung einer Dipolschicht wird z.T. auch gezielt genutzt, um die Injektionsbedingungen positiv zu beeinflussen [106].

8.5.3 Organische Leuchtdioden

In Abschn. 8.4 wurden ausführlich Leucht- und Laserdioden aus anorganischen Halbleitern besprochen, welche aus unserem täglichen Leben nicht mehr wegzudenken sind. Seit wenigen Jahren gibt es aber auch bereits erste kommerzielle Produkte, in denen organische Festkörper als aktive Materialien für Leuchtanzeigen eingesetzt werden. In diesen organischen Leuchtdioden (OLEDs, engl. organic light emitting devices) werden sowohl die Ladungstransporteigenschaften als auch die Lumineszenzeigenschaften organischer Festkörper (in der Regel in Form von amorphen Filmen) genutzt. Die als Elektrolumineszenz bezeichnete direkte Umwandlung von elektrischem Strom in Licht in diesen OLEDs beruht auf der **strahlenden Rekombination von Elektronen-Loch-Paaren**, die durch Anlegen eines elektrischen Feldes in den Bereich einer Leuchtzone (Rekombinationszone) injiziert werden. Das große Interesse an der Verwendung organischer Materialien erklärt sich unter anderem mit technologischen Aspekten, so ist der prinzipielle Aufbau einer OLED (Sandwich-Geometrie) einerseits ideal für die Realisierung von selbst leuchtenden Flachbildschirmen und erlaubt andererseits ganz neue Möglichkeiten zur Herstellung von großflächigen und sogar flexiblen Anzeigesystemen, die bisher undenkbar erschienen (z. B. die Herstellung eines Displays mittels Siebdruck oder eines Tintenstrahldruckers).

Elektrolumineszenz organischer Verbindungen wurde bereits Anfang der sechziger Jahre des letzten Jahrhunderts von Pope et al. bzw. Helfrich und Schneider beschrieben [107]. Die Dicke der als aktives Material verwendeten Anthracen-Einkristalle (mehrere Millimeter) erforderte jedoch Spannungen von 400 V–2000 V. Ausschlaggebend für das gegenwärtige Interesse an diesem Gebiet sind Arbeiten die Ende der achtziger und Anfang der neunziger Jahre (des letzten Jahrhunderts) gezeigt haben, dass aus organischen Fluoreszenzfarbstoffen in dünnen Mehrschichtstrukturen [108] bzw. mit Filmen aus konjugierten Polymeren [109] Elektrolumineszenzdioden herstellbar sind, deren Leistungsdaten eine kommerzielle Anwendung möglich machen.

8.5.3.1 Funktionsprinzip

OLEDs sind üblicherweise Flächenleuchtdioden, welche im einfachsten Fall (Einschicht-Device) aus einem ca. 100 nm dicken Film des aktiven organischen Materials zwischen zwei Kontaktelektroden bestehen, wie in Abb. 8.62 dargestellt. Da die Leitfähigkeit organischer Materialien sehr gering ist, leuchtet der elektrolumineszente Film nur in dem Bereich, in welchem die beiden Kontaktelektroden überlappen. Aus diesem Grund muss mindestens eine der beiden Elektroden optisch transparent sein ist.

Beim Anlegen einer externen elektrischen Spannung werden aus der Kathode Elektronen in das niedrigste unbesetzte Orbital (LUMO) der angrenzenden organischen Schicht injiziert. Die Anode wiederum zieht Elektronen aus dem höchsten besetzten Orbital (HOMO) der angrenzenden Schicht, oder mit anderen Worten, injiziert Löcher (positiv geladene Ladungsträger) in dieses Energieniveau der angrenzenden Schicht. Unter dem Einfluss des externen elektrischen Feldes migrieren Elektron und Loch innerhalb der organischen Schicht aufeinander zu. Irgendwo im Inneren des Filmes können Loch und Elektron auf einem Molekül rekombinieren, wobei dieses Molekül dann im elektronisch angeregten Zustand (Frenkel-Exziton) vorliegt und unter Aussendung von Licht in den Grundzustand übergehen kann. Die Farbe des emittierten Lichtes ist abhängig vom HOMO/LUMO-Abstand des verwendeten Materials. Ein Vergleich des Elektrolumineszenzspektrums mit dem Photolumineszenzspektrum der emittierenden Schicht belegt, dass in beiden Fällen

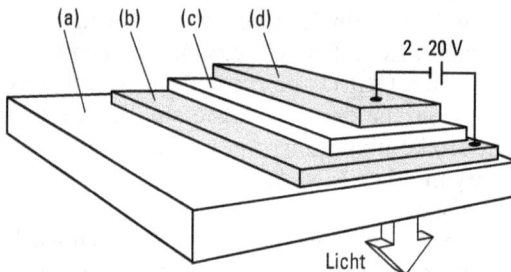

Abb. 8.62 Prinzipieller Aufbau einer Einschicht-OLED; (a) optisch transparentes Substrat, (b) optisch transparente Elektrode, (c) organische Lumineszenzschicht (ca. 100 nm Dicke), (d) metallische Elektrode (Kathode, z. B. Al, Mg/Ag, Ca).

der gleiche angeregte Zustand, d. h. der (thermisch relaxierte) angeregte Singulett-zustand (S_1) beteiligt ist. Für den strahlenden Zerfall des S_1-Zustandes spielt es in erster Näherung keine Rolle, wie dieser Zustand erzeugt worden ist, so dass alle bereits beim Zentrenmodel der Lumineszenz diskutierten Phänomene weiterhin gültig sind. Der wesentliche Unterschied zwischen elektrischer und optischer Anregung in den S_1-Zustand ist durch die **Spinstatistik** gegeben. Während, wie in Abschn. 8.2.1 bereits diskutiert, die optische Anregung zu 100% in den S_1-Zustand führt, liefert die Rekombination von Elektron und Loch wegen der Unabhängigkeit der verschiedenen Spinpolarisationen in nur einem von vier Rekombinationsprozessen einen Singulettzustand, während die Linearkombination der beteiligten Wellenfunktionen für die anderen drei Fälle einen Triplettzustand beschreibt. Für eine effiziente Ladungsträgerinjektion müssen zudem die Austrittsarbeiten der eingesetzten Elektrodenmaterialien und die beiden Energieniveaus des organischen Materials aufeinander abgestimmt werden, wie bereits oben näher erläutert.

Die Helligkeit bzw. Luminanz der OLEDs ist nach diesem Modell proportional zur Dichte der angeregten S_1-Zustände, d. h. der (Frenkel-)Exzitonendichte, diese wiederum ist proportional zur Dichte der Elektronen/Loch-Paare und deshalb proportional zur Stromdichte im OLED. Diese lineare Abhängigkeit der Luminanz von der Stromdichte wird auch experimentell gefunden. Für die Effizienz von OLEDs sind verschiedene Definitionen eingeführt. So ist die Quanteneffizienz der Elektrolumineszenz ϕ_{el} definiert als das Verhältnis von emittierten Photonen zu den durch die OLED geflossenen Elektronen. Damit kann ϕ_{el} nach Gl. (8.26) beschrieben werden als das Produkt aus der Quanteneffizienz der Singulettexzitonbildung ϕ_{exci} und der Quanteneffizienz für die Photolumineszenz dieses Singulett-Exzitons ϕ_{pl}:

$$\phi_{el} = \frac{\#\ \text{Photonen}}{\#\ \text{Elektronen}} = \phi_{exci} \cdot \phi_{pl}. \tag{8.26}$$

Aufgrund der vorher bereits diskutierten Spinstatistik ist für fluoreszierende Emitter $\phi_{exci} < 1/4$ da in erster Näherung pro vier Elektron/Loch-Rekombinationen nur ein Singlettzustand besetzt wird (auf die Verwendung von phosphoreszierenden Materialien, mit denen es möglich ist, auch Triplett-Exzitonen für die Emission zu nutzen, wird später eingegangen).

Die so definierte Effizienz entspricht der **internen Quanteneffizienz** einer OLED. Die durch das transparente Substrat außen gemessene Quanteneffizienz (die sog. **externe Quanteneffizienz**) unterscheidet sich davon wegen der unvollständigen Lichtauskopplung um einen Faktor von ca. 0.2. Dieser Faktor ergibt sich als Fresnelverlust in der dünnen emittierenden Schicht zu $1/(2\,\bar{n}^2)$ mit $\bar{n} \sim 1.6$ als Brechzahl für die meisten organischen Materialien.

Bei der unter Anwendungsaspekten wichtigeren **Leistungseffizienz** η_{power} einer OLED, die definiert ist als das Verhältnis der erzeugten Lichtleistung zur aufgenommenen elektrischen Leistung, spielt die notwendige Betriebsspannung U als weiterer Parameter eine Rolle:

$$\eta_{power} = \phi_{exci} \cdot \phi_{pl} \cdot \frac{h\nu}{eU}. \tag{8.27}$$

Der Term $h\nu/e$ in Gl. (8.27) berücksichtigt dabei die Wellenlängenabhängigkeit der Energie des emittierten Lichtes (blaues Licht ist energiereicher als rotes Licht). Wie aus Gl. (8.27) ebenfalls hervorgeht, ist für eine hohe Leistungseffizienz eine möglichst geringe Betriebsspannung notwendig.

Damit ist der prinzipielle Aufbau einer OLED, wie in Abb. 8.62 skizziert, relativ einfach: Auf ein transparentes, elektrisch leitfähig beschichtetes Substrat (z. B. Glas oder eine Polymerfolie) wird ein ca. 100 nm dicker Film des aktiven organischen Materials aufgebracht, auf welchen anschließend als zweite Elektrode ein dünner Metallfilm abgeschieden wird. Im Gegensatz zur Konvention in der Oberflächenphysik werden bei einer OLED die verschiedenen Schichten in der Reihenfolge ihres Aufbringens aufgeführt, so bedeutet z. B. ITO/PPV/Al dass die Anode (ITO, auf ein transparentes Substrat) zuerst aufgebracht wird, anschließend PPV (Polyparaphenylenvinylen) und abschließend Al als Kathode aufgebracht wird.

In einem **Einschichtdevice** muss das (aktive) organische Material sämtliche Funktionen wie Lochtransport, Elektronentransport und Lichtemission möglichst optimal und effizient erfüllen. Das bedeutet u. a. auch, dass die Injektionsraten für die Löcher aus der Anode und für die Elektronen aus der Kathode für einen effizienten Betrieb möglichst gleich sein müssen, da die Überschuss-Ladungsträger die organische Schicht durchqueren ohne zu rekombinieren und damit nur Ohm'sche Verluste erzeugen. Diese Bedingung wird nur von wenigen Materialien erfüllt. Ein Beispiel sind Dialkoxy-PPVs (Polyparaphenylenvinylene), welche zwischen einer ITO-Anode und einer Calcium-Kathode als Einschichtsystem betrieben werden können.

Alternativ können die verschiedenen Funktionen in einer OLED aber auch von verschiedenen Materialien erfüllt werden, was uns zu den derzeit überwiegend untersuchten **Mehrschicht-Devices** führt. So kann die zentrale Lumineszenzschicht (emitting layer, EML) auf die Emissionseigenschaften hin optimiert werden, während eine zwischen Lumineszenzschicht und Kathode eingebrachte Schicht für Elektroneninjektion und -transport (engl. electron transport layer, ETL) und evtl. eine weitere, zwischen Lumineszenzschicht und Anode liegende Schicht für Lochinjektion und -transport (engl. hole transport layer, HTL) sorgt. Dieser Ansatz war auch der Durchbruch in der OLED-Entwicklung Ende der achtziger Jahre.

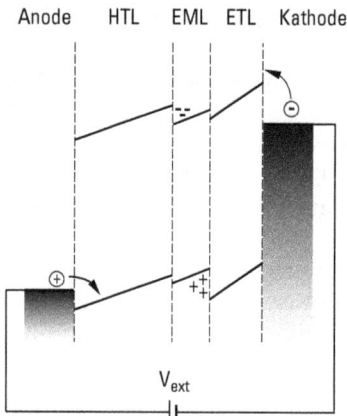

Abb. 8.63 Schematische Darstellung der Energieniveaus in einem Mehrschichtsystem; HTL (engl. hole transport layer) Lochtransportschicht, EML (engl. emitting layer) Lumineszenzschicht, ETL (engl. electron transport layer) Elektronentransportschicht.

Die zusätzliche Grenzschicht zwischen den organischen Materialien führt dabei zu einem weiteren Effekt, der in Abb. 8.63 veranschaulicht ist. Die verschiedenen Energieniveaus in den Schichten können den Durchtritt der jeweils anderen Ladungsträger behindern, so werden z. B. die Löcher (deren Injektion und Transport in der Regel das kleinere Problem darstellt) durch die Elektronentransportschicht daran gehindert, direkt zur Kathode zu wandern (aus diesem Grund wird die Elektronentransportschicht häufig auch als Lochblockierschicht bezeichnet). Auf Grund dieser Barriere kommt es zudem zu einer Erhöhung der positiven Ladungsträgerdichte (Raumladung) in der Lumineszenzschicht, was die Wahrscheinlichkeit einer strahlenden Rekombination für jedes die Grenzschicht zur EML überwindenden Elektrons erhöht. Damit wird zum einen die **Rekombinationszone** in der EML festgelegt, zum anderen erhöht die positive Raumladung das elektrische Feld über die ETL und unterstützt damit die Injektion von Elektronen aus der Kathode in die ETL. Die Strukturen einiger Emitter- und Ladungstransportmaterialien sind in Abb. 8.64 wiedergegeben.

Der Vollständigkeit halber sei erwähnt, dass die Anzahl der Schichten weiter erhöht werden kann, wenn z. B. auch Ladungsträgerinjektion und Ladungsträgertransport mit Hilfe verschiedener Schichten optimiert werden soll, oder etwa zusätzliche Ladungsträger- oder Exzitonenblockierschichten eingeführt werden.

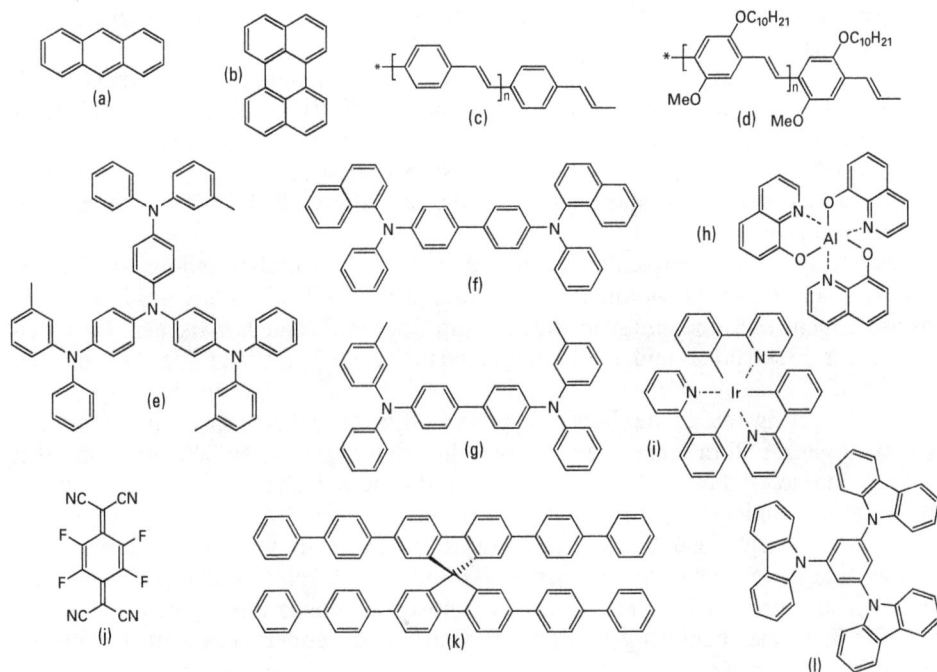

Abb. 8.64 Strukturen einiger Emitter- und Ladungstransportmaterialien; (a) Anthracen, (b) Perylen, (c) PPV (Polyparaphenylenvinylen), (d) Dialkoxy-substituiertes PPV, (e) MTDATA, (f) α-NPD, (g) TPD, (h) Alq$_3$, (i) Ir(ppy)$_3$, (j) F$_4$-TCNQ, (k) Spiro-6Φ, l) 4,4',4''-Tri(N-carbazolyl)triphenylamin.

Die meisten Materialien zeigen sehr unterschiedliche Beweglichkeiten für Elektronen bzw. Löcher (10^{-8}–10^{-2} cm^2/Vs), wobei in sehr vielen Fällen die Elektronenbeweglichkeit um Größenordnungen unter der Lochbeweglichkeit liegt. Eines der wichtigsten Elektronentransportmaterialien ist derzeit noch das von C. Tang et al. eingeführte Tris(8-hydroxyquinolinato)aluminium (Alq$_3$). Alq$_3$ wird auch als Emissionsschicht eingesetzt, mit einer breiten Emission um 530 nm. Andere Emissionsfarben können erhalten werden, wenn wenige Prozent eines langwelligeren Emitters eingemischt werden. Diese sog. **Fluoreszenzdotierung** (oder optische Dotierung) war eine weitere Schlüsselentwicklungen in der Geschichte der OLEDs [110]. Damit ist es möglich, ein Hostmaterial mit optimierten Transport- und Emissionseigenschaften zusammen mit wenigen Prozent (0.5 %–4 %) eines fluoreszierenden Dotierfarbstoffs einzusetzen und dabei die Farbe des emittierten Lichtes zu variieren. In vielen Fällen wird durch die optische Dotierung auch die Effizienz erhöht, da die Emittermoleküle eine energetische Senke im Hostmaterial darstellen und voneinander separiert sind, womit die Wahrscheinlichkeit für einen strahlungslosen Zerfall der Exzitonen abnimmt. Je nach Lage der Energieniveaus kann der Dotierfarbstoff bereits als Falle für einen Ladungsträger wirken und damit die Rekombination direkt auf dem Dotiermolekül stattfinden, oder die Ladungsträger-Rekombination erfolgt im Hostmaterial und die Energieübertragung auf den Dotierfarbstoff geschieht über **Förster-Transfer** (s. Abschnitt 8.2.1.1). Bei Verwendung eines blau emittierenden Hostmaterials kann somit prinzipiell mit geeigneten **Dotierfarbstoffen** (bzw. deren Mischungen) sowohl das gesamte sichtbare Spektrum abgedeckt als auch weißes Licht erzeugt werden [111].

Zwei intensiv untersuchte **Lochtransportverbindungen** sind N,N'-diphenyl-N,N'-bis(3-methylphenyl)(1,1'-biphenylyl)-4,4'diamin (TPD) und N,N'-bis(1-naphthyl)-N,N'-diphenyl-(1,1'-biphenylyl)-4,4'-diamin (NPB), mit Lochbeweglichkeiten im Bereich von 10^{-3}–10^{-4} cm^2/Vs. Die Austrittsarbeit von ITO liegt im Bereich von 4.5 eV–5.0 eV und hängt stark von der Vorbehandlung ab (UV-Ozon-, oder Sauerstoffplasma-Behandlung).

Die Struktur der Grenzschicht organisches Material/Metall ist jedoch, wie bereits erwähnt, sehr komplex, womit sich als Konsequenz die Bestimmung der Injektionsbarriere nicht auf eine einfache Berechnung des Unterschieds zwischen Austrittsarbeit der Elektroden und den Energieniveaus des organischen Festkörpers beschränkt.

Um die geringstmögliche (Betriebs-)Spannung zu erreichen, ist es wünschenswert, einen möglichst Ohm'schen Kontakt zwischen den organischen Schichten und den Elektrodenmaterialien zu haben und zudem die Beweglichkeit für beide Ladungsträger zu maximieren.

Eine unausgewogene Ladungsträgerinjektion führt zum Überschuss eines Ladungsträgers, welcher nicht zur Lichtemission beiträgt, sondern nur Ohm'sche Verluste erzeugt und darüber hinaus eine **Fluoreszenzlöschung** durch Wechselwirkung mit den Exzitonen begünstigen kann. Ein vielversprechender Ansatz zur Erzeugung eines Ohm'schen Kontaktes in einer OLED (und damit zur Verringerung der Betriebsspannung) ist die sog. Redoxdotierung der Transportschichten. So führt eine Li-Dotierung (Li wirkt als starkes Reduktionsmittel) in einer Alq$_3$-Schicht nahe der Kathode durch Reduktion des Alq$_3$ zum entsprechenden Radikalanion (Alq$_3^-$) und kann als n-Dotierung betrachtet werden [112], während die oxidative Dotierung von Arylamin basierenden Lochtransportschichten mit starken Oxidationsmitteln, wie z. B. F_4-TCNQ, zu den entsprechenden Arylamin-Radikalkationen führt und als p-Dotierung betrachtet werden kann [113]. Diese Dotierung verringert nicht nur die Injektionsbarriere für die jeweiligen Ladungsträger sondern führt auch zu einer Zunahme der Leitfähigkeit der Schichten. Diese Zunahme der Leitfähigkeit wird durch die erhöhte Zahl der intrinsischen Ladungsträger (Radikalanionen bzw. Radikalkationen) bei der Dotierung bewirkt, wobei die Ladungsträgerbeweglichkeit erhalten bleibt.

Eine weitere Schlüsselentwicklung im Bereich der OLEDs stellt die **Elektrophosphoreszenz** dar, welche die Grenze für die interne EL-Quantenausbeute von 25 % für fluoreszenzdotierte Systeme auf annähernd 100 % erhöhen kann [114]. In organischen Verbindungen, die aus leichteren Elementen (C, N, O, S, H) aufgebaut sind, ist der strahlende Übergang vom T_1 in den S_0-Zustand spinverboten. Dieses Übergangsverbot wird durch Spin-Bahn-Kopplung abgeschwächt, wenn schwerere Elemente in das Molekül eingebaut werden. Der strahlende Übergang führt dann zur Phosphoreszenz. Phosphoreszenz ist zwar ein inhärent langsamer und üblicherweise wenig effizienter Prozess (s. Abschn. 8.2.), aber Triplettzustände stellen die Mehrzahl (75 %) der elektrogenerierten Zustände dar (nur 25 % entsprechen Singulett-Zuständen). Damit kann die erfolgreiche Nutzung von Triplettzuständen für die Lichterzeugung die Effizienz einer OLED deutlich steigern.

Die Lösung liegt in der Nutzung einer **Phosphoreszenz-Dotierung** von einem ladungstransportierenden Host-Material. Die Emission erfolgt durch Bildung eines Exzitons im Host und anschließendem Energietransfer zum lumineszierenden Gastmolekül durch Triplett-Triplett-Transfer (Dexter-Mechanismus). Dies ist ein kurzreichweitiger Prozess, wobei Exzitonen vom Donor (Host) zum Akzeptor (Phosphoreszenzfarbstoff) über intermolekularen Elektronenaustausch wandern, dabei ist die Geschwindigkeit proportional zum Orbitalüberlapp zwischen Donor- und Akzeptormolekül. Der **Dexter-Mechanismus** unterscheidet sich damit von dem über größere Distanzen ($\sim 4\,nm$) möglichen Singulett-Singulett Energietranfer durch Dipol-Dipol Wechselwirkung (Förster-Mechanismus) zwischen Donor und Akzeptor. Aus diesem Grund ist die Konzentration der Phosphoreszenz-Dotierung, welche notwendig ist, um den Triplett-Transfer und damit die Quantenausbeute zu optimieren, sehr hoch (bis zu 26 %) im Vergleich zur notwendigen Dotierung mit Fluoreszenz-Farbstoffen (0.5–5 %). Effiziente Triplet-Emitter sind Schwermetall-Komplexe (z. B. Pt- oder Ir-Komplexe), in denen eine starke **Spin-Bahn-Kopplung** (Schwermetalleffekt) zu einer Singulett-Triplett-Mischung führt, welche die eigentlich spinverbotene strahlende Relaxation des T_1-Zustands möglich macht.

Wegen der langen Lebensdauer ist jedoch auch die Diffusionslänge der Triplett-Exzitonen in organischen Materialien wesentlich größer als für Singulett-Exzitonen. Es ist deshalb notwendig, die Triplett-Exzitonen in der Lumineszenzschicht zu halten, um die Wahrscheinlichkeit für einen Energietransfer vom Host auf den Phosphor zu erhöhen, was durch angepasste Energieniveaus der Matrix und der benachbarten Schichten (sog. Exziton-blocker) erreicht werden kann. Möglich ist dies z. B. mit einer Loch-Blockierschicht (HBL, engl. hole blocking layer) mit einem hohen Ionisationspotential, welche durch ein großes Bandgap (HOMO/LUMO-Abstand) auch als Barriere für die Exzitondiffusion wirkt. Ein bemerkenswerter Unterschied zwischen Fluoreszenz- und Phosphoreszenz-OLEDs liegt derzeit noch in der starken

Effizienzabnahme bei höheren Stromdichten in Phosphoreszenz-OLEDs. Ursache dafür ist wiederum die lange Phosphoreszenzlebensdauer, welche bei höheren Stromdichten zu einer Sättigung der Emissionszentren führt. Außerdem bewirkt eine zunehmende Triplett-Triplett-Annihilation, welche zudem durch die hohe Dotierkonzentration begünstigt ist, einen weiteren Effizienzverlust. Diese Prozesse können jedoch minimiert werden, wenn etwa die Phosphoreszenzlebensdauer verkürzt wird (z. B. durch verstärkte Spin-Bahn-Kopplung), was gegenwärtig eine Herausforderung bei der Entwicklung und Synthese neuer Phosphoreszenzfarbstoffe darstellt.

Hohe Effizienzen in OLEDs werden erhalten, wenn sowohl Singulett- als auch Triplett-Exzitonen aus dem Host auf Triplettzustände des Phosphoreszenzfarbstoffs übertragen werden via Energietransfer und Intersystemcrossing bzw. durch direkte Elektron-Loch-Rekombination auf dem phosphoreszierenden Farbstoff.

Für den phosphoreszierenden Komplex Ir(ppy)$_3$ in einer Matrix aus 4,4'4'' Tri(N-carbazolyl)triphenylamin wurden externe Quanteneffizienzen von 19.2 % beschrieben. Die Einsatzspannung in diesem Device beträgt 2.4 V und eine maximale Leistungseffizienz von 72 lm/W wird berichtet [115]. Diese Leistungsdaten resultieren zum einen aus einem effizienten Transfer sowohl der Singulett- als auch der Triplett-Exzitonen des Hostmaterials auf das phosphoreszierende Ir(ppy3) und zum anderen aus der relativ kurzen Phosphoreszenzlebensdauer ($< 1 \mu s$) des Ir(ppy)$_3$. Obwohl noch ein deutlicher Entwicklungsbedarf für phosphoreszierende OLEDs besteht, um diese Leistungseffizienz auch bei hohen Leuchtdichten zu realisieren, werden derzeit große Anstrengungen unternommen, derartige OLEDs nicht nur für Displayanwendungen, sondern auch für Beleuchtungszwecke einzusetzen.

Ein beträchtlicher Teil des Lichtes, welches von den Emissionszentren einer OLED abgestrahlt wird, kann infolge von **optischen Wellenleitereffekten** nicht wie eigentlich gewünscht durch das transparente Substrat austreten, sondern wird an den Kanten des Devices gestreut, bzw. innerhalb des Filmes reabsorbiert. Dieses Problem resultiert aus der Dünnschichtanordnung in einer OLED. Das Licht, welches durch das transparente Substrat (Glas $\bar{n} \sim 1.5$) und die ITO-Schicht ($\bar{n} \sim 1.9$) aus dem organischen Film ($\bar{n} \sim 1.6$–1.8) abgestrahlt werden kann, resultiert aus einem Abstrahlungswinkel kleiner als $\theta_1 = \sin^{-1}(\bar{n}_{\text{Luft}}/n_{\text{org}})$. Licht, welches unter einem größeren Winkel abgestrahlt wird, ist entweder im Glassubstrat oder in der organischen Schicht (einschließlich der ITO-Schicht) gefangen. Dies ist einer der Hauptgründe, weshalb die extern (in Vorwärtsrichtung) gemessene Effizienz einer OLED um etwa einen Faktor 0.2 kleiner ist als die interne Effizienz. Um diesen Faktor lässt sich somit die externe Effizienz bei identischen Betriebsbedingungen verbessern, wenn es gelingt, durch geeignete Maßnahmen, die **Lichtauskopplung** zu verbessern.

Eine Möglichkeit, um diesem Problem zu begegnen, liegt in der Nutzung optischer Microcavity-Effekte. Hierbei kann durch optimierte Dicke der organischen Schichten zusammen mit der reflektierenden Aluminium-Kathode für eine bestimmte Wellenlänge die Abstrahlungscharakteristik beeinflusst werden [116]. Ein anderer Ansatz zielt auf eine Verringerung des **Brechzahlkontrastes** ab. So konnte durch Einbringen einer SiO$_2$-Aerogelschicht ($\bar{n} \sim 1.03$) zwischen Glassubstrat und ITO-Schicht die Lichtauskopplung um den Faktor 1.8 verbessert werden [117].

OLED-Displays können sowohl als Passiv-Matrix-Displays als auch als Aktiv-Matrix-Displays eingesetzt werden. Passiv-Matrix-Displays sind relativ einfach und preiswert herzustellen, jedoch erfordert diese Betriebsart einen gepulsten Betrieb der einzelnen Pixel. Damit eine gewünschte mittlere Helligkeit des Displays erreicht wird, sind hohe Pulshelligkeiten und damit hohe Pulsstromdichten notwendig (die erforderliche Pulshelligkeit ergibt sich aus der gewünschten mittleren Helligkeit des Displays multipliziert mit der Zeilenanzahl und der Bildwiederholfrequenz). Für hochauflösende Displays würden deshalb die erforderlichen Pulsstromdichten neben steigenden Ohm'schen Verlusten auch zu einer hohen Belastung und damit sowohl zu einer Verringerung der Leuchteffizienz als auch einer Reduktion der Lebensdauer der Einzelpixel führen. Bei Aktiv-Matrix-Displays hingegen wird jedes Pixel durch eine auf dem Substrat integrierte elektronische Schaltung angesteuert und erlaubt auch bei hochauflösenden Displays, die Einzelpixel im optimalen Effizienzbereich für die erforderliche Helligkeit zu betreiben. Entsprechende Displays (basierend auf fluoreszenten OLEDs) sind bereits kommerziell verfügbar, z. B. in Autoradios der Fa. Pioneer (265×64 Pixel) oder als Miniaturbildschirme z. B. in Digitalkameras der Fa. Kodak (5.6 cm Bildschirmdiagonale, 123×578 Pixel). Als Prototypen wurden auch bereits 33 cm- (Sony) bzw. 38 cm- (Kodak/Sanyo) Farbbildschirme präsentiert. Im Jahr 2003 wurde ein Aktiv-Matrix-Prototyp vorgestellt (IDTech), dessen Transistoren aus amorphem Silizium aufgebaut sind, dabei handelt es sich um einen **OLED-Videobildschirm** mit 1280×768 Pixeln (WXGA-Vollfarbbildschirm) und 55 cm Bildschirmdiagonale. Bei einer Leuchtdichte von 300 cd/m^2 liegt die Leistungsaufnahme dieses OLED-Bildschirms mit 25W bei nur etwa dem halben Wert eines vergleichbaren Flüssigkristall-Bildschirms.

Literatur

[1] Jorrissen, W.P., J. Chem. Educ. **25**, 685, 1948

[2] O'Haver, T.C., J. Chem. Educ. **55**, 423, 1978

[3] Nickel, B., EPA Newsletter **58**, 9, 1996; **61**, 27, 1997; **64**, 19, 1998

[4] Nachtigall, W., Bionik: Grundlagen und Beispiele für Ingenieure und Naturwissenschaftler, Springer, Berlin, 1998

[5] Spektrum der Wissenschaft, Sonderband, „Farben", 4/2000

[6] Hillmer, H. et al., SPIE Proceedings **5246**, 18, 2003; SPIE Proceedings **4983**, 203, 2003

[7] Abbildung nach: Valeur, B., Molecular Fluorescence – Principles and Applications, VCH, Weinheim, 2002

[8] Strickler, S.J., Berg, R.A., J. Chem. Phys. **37**, 814, 1962

[9] Seki, K., Mol. Cryst. Liq. Cryst. **171**, 255, 1989

[10] Pankove, J.I., Optical Processes in Semiconductors, Prentice Hall, Englewood Cliffs, 1971

[11] Bergmann/Schaefer, Experimentalphysik, Band 6 Festkörper, Kap. 7, de Gruyter, Berlin, 1992; EHP-Emission in Ge:D: Störmer, H.L., Nuovo Cimento **39 B**, 615, 1977; gebundene Exzitonen in GaP:N: Wiesner, P.J. et al., Phys. Rev. Lett. **35**, 1366, 1975; Exzitonenspektren in ZnO: Wiesner, P.J. et al., Phys. Rev. Lett. **35**, 1366, 1975; grüne Emissionsbande von ZnS:Cu: Shionoya, S., J. Luminescence **1–2**, 17, 1970

[12] Kittel, Ch., Einführung in die Festkörperphysik, 5. Aufl., Oldenbourg, München, 1980

[13] Bergmann/Schaefer, Experimentalphysik, Band 3 Optik, 10. Aufl., de Gruyter, Berlin, 2004

[14] Doremus, R.H., Glass science, Wiley-Interscience, New York, 1993;

Zarzycki, J., Glasses and amorphous materials, Vol. 9 of Cahn, R.W., Haasen, P., Kramer, E.J. (Eds.), Materials Science and Technology, VCH Weinheim, 1991

[15] Kasap, S.O., Optoelectronics and Photonics – Principles and Practices, Prentice Hall, London, 2001

[16] Guenot, P., MRS Bulletin (Hillmer, H., Germann, R., Eds.), 360, 2003

[17] Grau, G., Freude, W., Optische Nachrichtentechnik – eine Einführung, 3. Aufl., Springer, Berlin, 1991

[18] Jang, S.J., Cohen, L.G., Mammel,W.L., Saifi, M.A., Experimental Verification of Ultra-Wide Bandwidth Spectra in Double-Clad Single-Mode Fiber, The Bell System Technical Journal **61**, 385, 1982

[19] Brückner, V., Optische Nachrichtentechnik: Grundlagen und Anwendungen, 1. Aufl., Teubner, Stuttgart, 2003

[20] Hibino, Y., MRS Bulletin (Hillmer, H., Germann, R., Eds.), 365, 2003

[21] Whitley, T. et al., British Telecom Technol. J. **11**, **2**, 115, 1993

[22] Whitley, T. et al., IEEE Phot. Technol. Lett. **4**, 399, 1993

[23] Ohishi, Y. et al., IEEE Phot. Technol. Lett. **3**, 715, 1991;
Whitley, T. et al., IEEE Phot. Technol. Lett. **4**, 399, 1993

[24] Eberlein, D., Funkschau **15–16**, 38, 2003; www.funkschau.de

[25] Yamada, M. et al., OFC, Technical digest, PD7, 1998

[26] Urquhart, P., Review of Rare Earth Doped Fibre Lasers and Amplifier, IEE Proceed. **135**, 385, 1988

[27] Yamada, M. et al., IEEE Phot. Technol. Lett. **2**, 656, 1990

[28] Steckl, A.J., Zavada, J.M. (Eds.), Photonic Applications of Rare-earth-doped Materials, MRS Bulletin, 1999

[29] Quimby, R.S. et al., Applied Optics **30**, 2546, 1991

[30] Poulain, M. et al., Mat. Res. Bull. **10**, 243, 1975

[31] Shibata, S. et al., Electron. Lett. **17**, 775, 1981

[32] France, P.W. et al., Brit. Telecom. Techn. J. **5**, 28, 1987;
France, P.W. et al., Extended Abstract for the 5th International Symposium on Halide Glasses, Shizuoka, Japan, 64, 1988

[33] Aggarwal, I.D. et al., Mat. Sci. Forum **32–33**, 495, 1988

[34] Aggarwal, I.D., Lu, G., Fluoride Glass Fiber Optics, Academic Press Inc., London, 1991

[35] Sargent, R.B., O'Brien, N.A., MRS Bulletin (Hillmer, H., Germann, R., Eds.), 372, 2003

[36] Hillmer, H. et al., Appl. Phys. **B 75**, 3, 2002.

[37] Hornak, L.A. (Ed.), Polymers for Lightwave and Integrated Optics., Marcel Dekker Inc., New York, 1992

[38] Börner, M., Müller, R., Schiek, R., Tommer, G., Elemente der integrierten Optik, Teubner, Stuttgart, 1990

[39] Abrahams, S.C., Properties of Lithium Niobate. EMIS Datareviews Series No. 5, veröffentlicht von INSPEC, The Institution of Engineers, London, 1989

[40] Räuber, A., Chemistry and Physics of Lithium Niobat. Current Topics in Materials Science. Band 1, (Kaldis, E., Hrsg.), North-Holland Publishing Company, 1978 S. 481

[41] Sohler, W. et al., Chapter 6, Erbium-Doped Lithium Niobate Waveguide Devices, in: Integrated Optical Circuits and Components Design and Applications, (Murphy, E.J., Ed.), Marcel Dekker, New York, 1999, S. 127

[42] Smit, M.K. et al., Chap. 7 Wavelength Selective Devices, in: Venghaus, H., Grote, N. (Eds.), Devices for Optical Communication Systems, Springer, Berlin, 2001, S. 262

[43] Becker, C. et al., IEEE J. Select. Topics Quant. Electr. **6**, 101, 2000

[44] Schmidt, R.V., Kaminov, I.P., Appl. Phys. Lett. **25**, 458, 1974

[45] Lüdtke, H. et al., Digest of Workshop on Integrated Optics (Kersten, R.Th., Ulrich, R., Hrsg.), Technische Universität Berlin, 1980, S. 122

[46] Jackel, J.L. et al., Appl. Phys. Lett. **41**, 607, 1982

[47] Hinkov, V., Ise, E., IEEE J. Lightw. Technol. **LT-4**, 444, 1986

[48] Sze, S.M., Physics of Semiconductor Devices, 2. Aufl., John Wiley & Sons, New York, 1981

[49] Suchoski, P.G. et al., Technical Digest IOOC'89 Kobe Japan, **5**, 64, 1989

[50] Buchal, C. et al., Materials Science and Engineering A, **109**, 189, 1989

[51] Heibei, J., Voges, E., Phys. Stat. Sol. **A 57**, 609, 1980

[52] Buchal, C., Mohr, S., J. Materials Research, **6**, 134, 1991

[53] Brinkmann, R. et al., Technical Digest Integrated Photonics Research Band **5**, PD1-1, OSA, Washington D.C., 1990

[54] Voges, E., Neyer, A., J. Lightw. Technol. **LT-5**, 9, 1229, 1987

[55] Sauer, R., Synthetic Diamond – Basic Research and Applications, Cryst. Res. Technol. **34**, 227, 1999

[56] Sauer, R., Characterization of CVD-Diamond Layers: Electronic States, in Festkörperprobleme/Solid State Physics. **38** (Kramer, B., Ed.), Vieweg, Braunschweig/Wiesbaden, 1999, S. 125

[57] Heywang, W., Pötzl, H.W., Bänderstruktur und Stromtransport, Band 3 der Serie Halbleiter Elektronik, Springer, Berlin, 1976

[58] Greiner, W., Theoretische Physik, Band 4 Quantenmechanik, Harri Deutsch, Frankfurt, 1979

[59] Dingle, R., Festkörperprobleme, Advances in Solid State Physics, Band 15 (Queisser, H.J., Hrsg.), Vieweg, 1975

[60] Merz, J.L., Petroff, P.M., Materials Science and Engineering **B 9**, 275–284, 1991

[61] Ledentsov, N.N., Growth Processes and Surface Phase Equilibria in Molecular Beam Epitaxy, Springer tracts in modern physics, **156**, Springer, Berlin, 1999

[62] Ledentsov, N.N., IEEE Journal of Selected Topics in Quantum Electronics, **8**, 1015, 2002

[63] Bimberg, D. et al., Spektrum der Wissensch. 64, 1996.

[64] Grundmann, M. et al., Phys. Bl. **53**, 517, 1997

[65] Woggon, U., Optical Properties of Semiconductor Quantum Dots, Springer Tracts in Modern Physics, **136**, Springer, Berlin, 1997

[66] Eberl, K., Physics World, 47, 1997

[67] Pawlis, A., Arens, C., Kirihakidis, K., Lischka, K. and Schikora, K., J. of Cryst. Growth (2004), im Druck

[68] O'Reilly, E.P., Semicond. Science and Technol. **4**, 121, 1989

[69] Wang, T.Y., Stringfellow, G.B., J. Appl. Phys. **67**, 344, 1990

[70] Chuang, S.L., Phys. Rev. B **43**, 12, 9649, 1991

[71] Piprek, J., Semiconductor Optoelectronic Devices, 1. Aufl., Academic Press, San Diego, 2003

[72] Stringfellow, G.B., Organometallic Vapor-phase Epitaxy, Theory and Practice, Academic Press, Boston, 1989

[73] Parker, E.H.C. (Ed.), The Technology and Physics of Molecular Beam Epitaxy, Plenum Press, New York, 1985

[74] Schmitz, D. et al., MRS, Internet Journal, Nitride Semiconductor Research, MIJ-NSR, Vol. 2, Article 9, http://nrs.mij.mrs.org/2/9/complete.html;
Juergensen, H. et al., Materials Sci. and Engin. **B 50**, 1997

[75] Hillmer, H. et al., J. Crystal Growth **175**, 1120, 1997

[76] Hillmer, H. et al., Phys. Rev. Rapid Commun. **52**, R17025, 1995

[77] Hillmer, H., Research Trends **3**, 159, 1997

[78] Madelung, O., Grundlagen der Halbleiterphysik. Heidelberger Taschenbücher Band 71, Springer, Berlin Heidelberg, 1970.

[79] Strauss, U. et al., Phys. Stat. Sol. **C 1**, 276, 2002

[80] Linder, N. et al., SPIE Proceedings **4278**, 19, 2001

[81] Wirth, R. et al., SPIE Proceedings **4996**, 19, 2001
[82] Hangleiter, A., Kap. 13, Optoelectronic Devices Based on Low-dimensional Nitride He-
    terostructures, in: Low-Dimensional Nitride Semiconductors, (Gil, B., Ed.), Oxford
    Science Publications, S. 311
[83] Hangleiter, A., MRS Bulletin (Hillmer, H., Germann, R., Eds.), 350, 2003
[84] Tu, C.W., Yu, P.K.L., MRS Bulletin (Hillmer, H., Germann, R., Eds.), 360, 2003
[85] Unger, P., Introduction to Power Diode Lasers, in High-power diode lasers, Topics
    Appl. Phys. **78**, 1, Springer, Berlin, 2000
[86] Hillmer, H., Marcinkevicius, S., Appl. Phys. **B 66**, 1, 1997
[87] Hillmer, H. et al., SPIE Proceedings **2693**, 352, 1996
[88] Hillmer, H. et al., „Tailored DFB laser properties by individually chirped gratings using
    bent waveguides" IEEE J. of Selected Topics in Quant. Electron. **1**, 356, 1995.
[89] Amann, M.C., Buus, J., Tunable Laser Diodes, 2. Auflage, Artech House, Boston, 2004
[90] Faist, J. et al., IEEE, J. Quantum Electron. **34**, 336, 1998
[91] Prott, C. et al., IEEE J. Sel. Topics Quantum Electron., 2003
[92] Römer, F. et al., Appl. Phys. Lett. **82**, 176, 2003
[93] Babic, D.I. et al., Electronics Letters **31**, 653, 1994
[94] Margalit, N.M., IEEE J. of Selected Topics in Quant. Electron. **3**, 359, 1997
[95] Boucart, J. et al., IEEE J. of Selected Topics in Quant. Electron. **5**, 520, 1999
[96] Ortsiefer, M. et al., Appl. Phys. Lett. **76**, 2179, 2000
[97] Hall, E. et al., Electronics Letters **36**, 1465, 2000
[98] Chang-Hasnain, C.J., IEEE Opt. Commun. 530, 2003
[99] Lauer, C. et al., Electron. Lett. **39**, 57, 2003
[100] Irmer, S. et al., Phot. Technol. Lett. **15**, 434, 2003
[101] Daleiden, J. et al., Appl. Phys. **B 76**, 821–832, 2003
[102] Zarschizky, H., Richter, A., Mit Terabit pro Sekunde durch photonische Netze, Phys.
    Journal **2**, 33, WILEY-VCH Verlag, Weinheim, 2003
[103] Bässler, H., Phys .Stat. Sol. **B 175**, 15, 1993
[104] Hill, I.G. et al., Appl. Phys. Lett. **73**, 662, 1998; Ishii, H. et al., Adv. Mater. **8**, 605, 1999
[105] Cox, P.A., The Electronic Structure & Chemistry of Solid, Oxford University Press,
    Oxford, 1987, S. 231
[106] Nüsch, F. et al., Appl. Phys. Lett. **74**, 880, 1999; ibid **75**, 1357, 1999
[107] Pope, M., Kallmann, H.P., Magnante, P., J. Chem. Phys. **38**, 2042, 1963;
    Helfrich, W., Schneider, W.G., J. Chem. Phys. **44**, 2902, 1965
[108] Tang, C.W., VanSlyke, S.A., Appl. Phys. Lett. **51**, 913, 1987;
    Adachi, C. et al., Jpn. J. Appl. Phys. **27**, 269, 713, 1988
[109] Burroughes, J.H. et al., Nature **347**, 539, 1990
[110] Tang, C.W., VanSlyke, S.A., Chen, C.H., J. Appl. Phys. **65**, 3610, 1989
[111] Hosokawa, C. et al., Synth. Met. **91**, 3, 1997;
    Steuber, F. et al., Adv. Mater. **12**, 130–133, 2000
[112] Kido, J., Matsumoto, T., Appl. Phys. Lett. **73**, 2866, 1998
[113] Pfeiffer, M. et al., Appl. Phys. Lett. **73**, 3202, 1998
[114] Baldo, M.A, Thompson, M.E., Forrest, S.R., Nature **403**, 750, 2000;
    Adachi, C., Baldo, M.A., Thompson, M.E., Appl. Phys. Lett. **90**, 5048, 2001
[115] Ikai, M. et al., Appl. Phys. Lett. **79**, 156, 2001
[116] Jordan, R.H. et al., Appl. Phys. Lett. **69**, 1997, 1996
[117] Tsutsui, T. et al., Adv. Mater. **13**, 1149, 2001

9 Werkstoffe

Ludwig K. Thomas[1]

9.1 Vorbemerkung zum Begriff Werkstoffe

Ein Werkstoff ist ein Material, das technisch genutzt wird. Der Begriff *Werkstoff* wird in viele Sprachen mit „Material" übersetzt. Im deutschen Sprachgebrauch muss aber ein Material besondere Eigenschaften besitzen, damit es als Werkstoff bezeichnet werden kann. Hierzu gehören bestimmte Werte der mechanischen, physikalischen und chemischen Kenngrößen sowie wirtschaftlich vertretbare Kosten für Herstellung und Verarbeitung. Außerdem ist die Umweltverträglichkeit zu berücksichtigen. Früher wurde der Übergang vom Material zum Werkstoff rein empirisch vollzogen. Irgendwann fanden unsere Vorfahren heraus, dass Lehm, zu einem Gefäß geformt, sich in Feuer härten lässt und der so gebrannte Topf als Behälter verwendet werden kann; aus Lehm war ein keramischer Werkstoff geworden. Die moderne *Werkstoffwissenschaft* dient heute u.a. dazu, die Eigenschaften der Materialien zu verstehen, um sie als Werkstoffe zu verwenden und im Hinblick auf mögliche Anwendungen zu optimieren. Methoden der Festkörperphysik, der Chemie und der Thermodynamik werden dazu angewendet. Vor allem diese werkstoffwissenschaftliche Betrachtungs- und Vorgehensweise hat die Verbesserung der Werkstoffe und die Entstehung moderner Technologien ermöglicht. In den vorhergehenden Kapiteln sind u.a. Materialien und deren Eigenschaften behandelt worden. In diesem Kapitel soll zur Sprache kommen, welche Eigenschaften für die technische Anwendung nutzbar gemacht und wie diese Eigenschaften auch modifiziert und nach Möglichkeit optimiert werden können; wo es notwendig ist, werden hierzu kurz Grundlagen dargestellt.

Werkstoffe werden in *metallische Werkstoffe* (Metalle und Legierungen), *nichtmetallische anorganische Werkstoffe* (Keramik und Gläser) und *polymere Werkstoffe* unterteilt. Einige Autoren nennen zusätzlich Baustoffe als eine besondere Werkstoffgruppe. Hier sollen im Sinne einer ganzheitlichen Betrachtungsweise die verschiedenen Gruppen gemeinsam besprochen werden, wobei allerdings die Baustoffe in den Hintergrund treten. Diese Betrachtungsweise kann im Einzelfall nicht völlig gleichmäßig durchgehalten werden, weil zum Teil die Unterschiede der Eigenschaften zu groß und die Kenntnisse über den Zusammenhang zwischen den Eigenschaften eines Werkstoffes und seiner Struktur unterschiedlich weit entwickelt sind. Es zeigt sich aber, dass eine derartige gemeinsame Betrachtungsweise das Verständnis für

[1] Der Autor dankt Herrn Prof. Dr. rer. nat. Hans Hausner und Herrn Prof. Dr. rer. nat. Georg Hinrichsen für wertvolle Ratschläge bei der Abfassung des Manuskriptes der 1. Auflage sowie Herrn Gerhard Pruskil und Frau Helga Malks für die Hilfe bei der digitalen Textverarbeitung der 2. Auflage.

das Verhalten der Werkstoffe und die Optimierung von Eigenschaften, Verarbeitbarkeit und Wirtschaftlichkeit vorantreibt.

Werkstoffe werden in der Technik zu Werkstücken verarbeitet. Für Metalle sind Methoden hierzu z. B. Gießen und Umformen. Für Gläser ist die Herstellung und Verarbeitung meist ein Prozess, nämlich die Abkühlung aus der Schmelze mit einer Wärmebehandlung. Auch bei der Keramik liegt eine Prozessfolge vor. Aus pulverförmigen Ausgangsstoffen werden Formteile hergestellt und gebrannt. Bei den polymeren Werkstoffen werden aus Kohlenstoffverbindungen, welche die Grundmoleküle bilden, vor allem durch Polymerisation die Werkstoffe hergestellt und dann in schmelzflüssigem Zustand zu gebrauchsfähigen Teilen verarbeitet.

Im Folgenden liegt der Schwerpunkt nicht auf der Beschreibung und Untersuchung der Werkstücke, sondern der Werkstoffe in ihren Zuständen und Eigenschaften. Die Unterscheidung von Werkstoff und Werkstück ist fließend.

9.2 Strukturen von Werkstoffen

Für technische Anwendungen von Werkstoffen ist deren Realstruktur wesentlich, die im Gegensatz zum idealen Festkörper viele Baufehler enthält. Diese werden in Kap. 3 ausführlicher nach physikalischen Gesichtspunkten behandelt. Hier soll nur darauf hingewiesen werden, dass man technologisch vor allem zwei Bereiche der Abmessungen unterscheidet. Die *Mikrostruktur* (molekularer und kristalliner Aufbau) ist durch die Größenordnung von 1 nm bis 1 μm, die *Makrostruktur* (Gefüge) durch den Bereich von 1 μm bis 1 mm charakterisiert. Da das Auflösungsvermögen des bloßen Auges etwa 0.2 mm beträgt, erscheinen die meisten Werkstoffe homogen. Die Kenntnis dieser Strukturen ist für die technische Nutzung sowie für die Möglichkeiten der Optimierung sehr wesentlich.

9.2.1 Mikrostruktur

Der Aufbau der Werkstoffe im Bereich der Abmessungen von Atomen und Molekülen wird durch die Mikrostruktur beschrieben. Die Bindungskräfte zwischen diesen Bestandteilen bestimmen deren Anordnung. Sie kann *kristallin* oder *amorph* sein. In einer kristallinen Struktur sind die Atome regelmäßig in Bezug auf die nächsten Nachbarn über große atomare Entfernungen angeordnet. Es besteht eine *Nahordnung* und eine *Fernordnung*. Wenn die Kristallbereiche makroskopische Dimensionen annehmen, also ein Werkstück einen Einkristall darstellt, sind die Eigenschaften unmittelbar durch die Mikrostruktur bestimmt. Es besteht z. B. eine Richtungsabhängigkeit der mechanischen und elektrischen Eigenschaften. Im Bereich der Mikrostruktur treten Baufehler auf, die ihrerseits die Eigenschaften wesentlich beeinflussen. Eine Einteilungsmöglichkeit für die Baufehler ist deren Dimension. Leerstellen und Zwischengitteratome sind Punktdefekte. Linienförmige Defekte sind Versetzungen. Zweidimensionale Gitterstörungen sind Korngrenzen, Phasengrenzen und Änderungen der Stapelfolge von Gitterebenen. Dreidimensionale Gitterfehler sind Ausscheidungen, d. h. Bereiche anderer Zusammensetzung.

In einer amorphen Struktur – man spricht auch von Gläsern – ist die Anordnung benachbarter Atome ähnlich der in der kristallinen Struktur, aber über größere atomare Entfernungen hinweg ungeordnet, statistisch, ohne Fernordnung. Einige speziell hergestellte metallische, viele keramische Werkstoffe und Gläser sowie die meisten polymeren Werkstoffe gehören zu dieser Gruppe. Derartige Werkstoffe sind isotrop und homogen, aber thermodynamisch nicht stabil, d. h. mit steigender Temperatur oder über längere Zeiten hinweg erfolgt eine Umordnung der Atome.

Der kristalline und der amorphe Festkörper stellt jeweils einen Grenzfall dar. In der Praxis sind verschiedene Zwischenzustände realisiert, durch die Eigenschaften beeinflusst werden. Abbildung 9.1 zeigt schematische Darstellungen dieser Mikrostruktur.

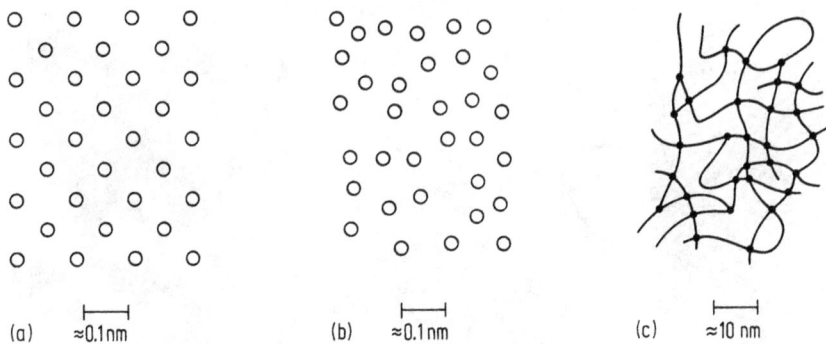

Abb. 9.1 Schematische Darstellung des atomaren bzw. molekularen Aufbaus von Werkstoffen. (a) Kristall, (b) amorpher Werkstoff, (c) Polymerwerkstoff, vernetzt. Die „Dicke" der Molekülketten beträgt ca. 0.3 nm, die Netzbogenlänge zwischen Vernetzungsstellen 1 nm bis 1 μm.

9.2.2 Makrostruktur

In den Abmessungen von 100 nm und größeren Längen beobachtet man homogene Ansammlungen von Atomen einheitlicher Gitterstruktur mit charakteristischen Eigenschaften. Sie werden als Körner bezeichnet. Bei feinkörnigem Gefüge ist deren Abmessung kleiner als 100 μm. Die Körner werden durch Korngrenzen voneinander getrennt. Sind die Körner kleiner als 100 nm, spricht man von nanokristallinem Material. Werkstoffe aus vielen Körnern sind polykristallin. Sie sind makroskopisch isotrop, d. h. sie besitzen in jeder Richtung gleiche Eigenschaften. Dies ist sehr häufig erwünscht.

Liegen in einem Werkstoff mehrere Arten von Körnern unterschiedlicher Zusammensetzung vor, spricht man von einem heterogenen System. Die Bereiche eines Werkstoffes mit gleicher Zusammensetzung und somit gleichen physikalischen und chemischen Eigenschaften nennt man *Phasen*. Man bezeichnet die Anordnung der Körner, der Phasen und der Störungen des kristallinen oder amorphen Aufbaus des Werkstoffes als *Gefüge* des Werkstoffes. Hat der kristalline Aufbau der Körner eine gemeinsame Orientierung, so liegt eine *Textur* vor. Gefügebestandteile sind:

1. Poren, d. h. kleine Hohlräume. Wenn sie in einem Bauteil während dessen Nutzung neu auftreten, steht möglicherweise ein Bruch bevor. In geschäumte Werkstoffe werden zur Erzeugung bestimmter Eigenschaften Poren bei der Herstellung absichtlich eingebracht.
2. Einschlüsse. Dies sind oft unerwünschte Bestandteile in Werkstoffen, aber auch absichtliche Zugaben zur Beeinflussung von Eigenschaften, z. B. Farbe, Festigkeit, Härte.
3. Ausscheidungen. Sie entstehen in der Regel durch Abkühlung einer metallischen Legierung. Dort haben sie große technische Bedeutung. Eutektische und martensitische Ausscheidungen sind hier hervorzuheben.

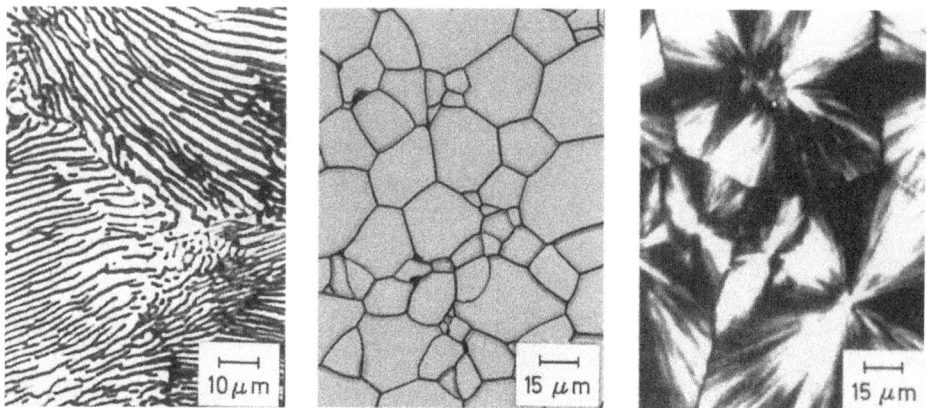

Abb. 9.2 Gefügebilder eines Metalls, einer Keramik und eines Polymers. (a) Groblamellarer Perlit, (b) Al_2O_3, (c) Sphärolithisch kristallisierte Polymerprobe im Polarisationsmikroskop (nach [1]).

9.2.3 Oberflächen

Oberflächen sind Grenzflächen eines Werkstoffes zum Vakuum oder zum umgebenden Medium, Gas oder Flüssigkeit. Grenzflächen zwischen festen Werkstoffen sind Korn- oder Phasengrenzen. In den Oberflächen ist die Bindung zwischen den Atomen anders als im Volumen. In einer Oberfläche zum Vakuum fehlen die Bindungen, die in das Vakuum weisen. Die fehlende Bindungsenergie stellt die Oberflächenenergie dar. In den obersten Atomlagen ist daher die Atomanordnung anders als im Volumen. Man nennt diese Erscheinung *Rekonstruktion* der Oberfläche. Von Innen her ändert sich die Zusammensetzung, wenn verschiedene Atome vorhanden sind. Man spricht von *Oberflächensegregation*. Abbildung 9.3 zeigt als Beispiel ein Tiefenprofil einer Au/Ag/Cu-Kontaktlegierung. Für die Kontakteigenschaften ist eine derartige Kenntnis wichtig.

Technische Oberflächen unterscheiden sich durch die Wechselwirkung mit dem Umgebungsmedium erheblich von reinen Oberflächen zum Vakuum. Durch das Umgebungsmedium können Verunreinigungen, Adsorptionsschichten und häufig Oxid-

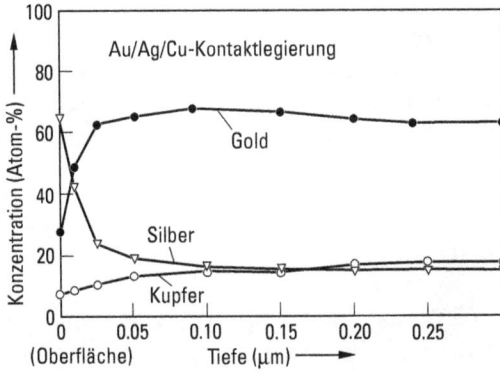

Abb. 9.3 Tiefenprofil der chemischen Zusammensetzung einer Au/Ag/Cu-Kontaktlegierung, Messung mit Augerelektronenspektroskopie (nach [2]).

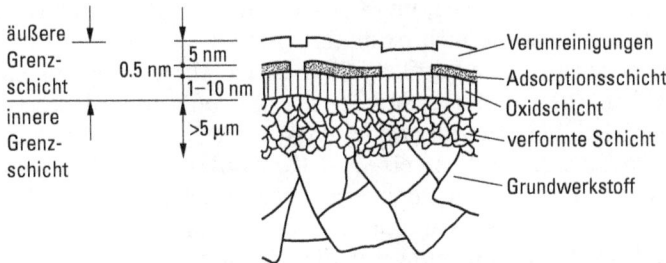

Abb. 9.4 Aufbau technischer Oberflächen, schematische Darstellung des Querschnitts einer Metalloberfläche (nach [3]).

schichten vorliegen. Es kann Korrosion auftreten. Durch Aufbringung einer Beschichtung können günstige Oberflächeneigenschaften erzeugt werden.

9.3 Herstellung und Verarbeitung

Die Grundlage für die Werkstoffherstellung bilden für Metalle die natürlich vorkommenden Erze, für Keramiken und Gläser bestimmte Minerale und für polymere Werkstoffe vor allem Erdöl, Erdgas und Kohle. Eine umfangreiche hier nicht zu besprechende Technologie ist für den Abbau dieser natürlich vorkommenden Rohstoffe vorhanden. Deren Aufbereitung für die Werkstoffherstellung und Verarbeitung ist unterschiedlich. Physikalische und chemische Eigenschaften sowie wirtschaftliche Überlegungen und Gesichtspunkte des Umweltschutzes sind für die jeweiligen Prozesse maßgebend.

Die *Metallurgie* befasst sich mit pyro- und hydrometallurgischen sowie schmelzelektrolytischen Verfahren zur Gewinnung der Rohmetalle sowie deren Reinigung und Legierungsbildung. Metalle werden also vornehmlich aus der Schmelze hergestellt. Durch spanabhebende oder verformende Verarbeitung entsteht das Werkstück. Keramiken werden aus Pulvern durch „Brennen" hergestellt, wobei unmittelbar das Werkstück entsteht. Die Ausgangsstoffe für die Herstellung der polymeren Werkstoffe werden mittels Crack- und Raffinierverfahren gewonnen und durch Polyreaktionen zu Polymeren synthetisiert. Im Folgenden soll auf einige grundlegende Schritte dieser Prozesse hingewiesen werden.

9.3.1 Verwendung natürlicher Rohstoffe

In der Natur kommen nur wenige Werkstoffe gediegen vor, z. B. Gold. Die meisten Metalle sind in Erzen in Form von Oxiden, Sulfiden, Hydraten, Karbonaten, Silicaten usw. enthalten. Das Erz wird zerkleinert und der metallische Teil von nichtmetallischen Teilen getrennt. Dies geschieht durch Ausnutzung der unterschiedlichen physikalischen Eigenschaften, z. B. Dichte und Benetzung in Flüssigkeiten. Wichtige chemische Eigenschaften sind in diesem Zusammenhang z. B. die Löslichkeit der Komponenten in Säuren und Basen, um Konzentrate herzustellen. Durch Erhitzen an Luft („Rösten") werden die nichtoxidischen Erze in Oxide überführt, die nun ihrerseits wieder zu gewünschten Partikelgrößen in der Abmessung von einigen cm^3 agglomeriert werden. Mit metallurgischen Prozessen kann hieraus durch Reduktion ein verunreinigtes Metall erzeugt und dieses dann weiter gereinigt werden. Dies erfolgt in der *Pyrometallurgie* im Schmelz- und Konverterprozess. Die nichtmetallischen Reaktionsprodukte lösen sich dabei in flüssigen Schlacken. Die Zusammensetzung der Schlacken beeinflusst sehr die der Schmelze und hat daher eine wichtige Funktion. Wirksame Reduktionsmittel für die Metalloxide sind Kohlenstoff und Wasserstoff. Es soll dabei nur das Metall und kein Begleitelement reduziert werden. Im Einzelnen geben die Werte der Reaktionsenthalpien als Funktion der Temperatur für die jeweiligen Oxidationen an, welche Reaktion ablaufen kann. Je größer die angegebene Reaktionsenthalpie ist, um so stabiler ist das entstehende Oxid. Bei Temperaturen unter ca. 500 °C ist Wasserstoff ein besseres Reduktionsmittel als Kohlenstoff. Die Herstellung von Roheisen und Rohstahl erfolgt in dieser Weise pyrometallurgisch. In Abb. 9.5 sind schematisch einzelne Verfahrensschritte hierzu angegeben.

In der *Hydrometallurgie* wird das Metall mit einer reaktiven Flüssigkeit aus dem Erz herausgelaugt; dies geschieht z. B. bei Kupfer-, Nickel- und Kobalterzen. Aus der Lösung wird dann das Metall chemisch ausgefällt oder elektrolytisch abgeschieden. Sehr unedle Metalle können aus wässrigen Elektrolyten nicht abgeschieden werden. In einzelnen Fällen kann aber eine nichtwässrige Lösung verwendet werden. Bei der Herstellung von Aluminium z. B. benutzt man ein bei 962 °C schmelzendes Eutektikum aus Kyrolith (Na_3AlF_6) und Aluminiumoxid (Al_2O_3), um daraus Al elektrolytisch abzuscheiden (*Schmelzelektrolyse*). Als Elektrodenmaterial dient Kohle.

Die Herstellung von Pulvern kann mechanisch oder chemisch erfolgen. Mechanische Verfahren beruhen auf dem Mahlen fester Stoffe oder auf dem sog. Verdüsen von Schmelzen (bei Metallen). Chemisch können gasförmige Verbindungen zersetzt werden, z. B. Carbonyle, oder Substanzen aus Lösungen ausgefällt oder elektrolytisch abgeschieden werden.

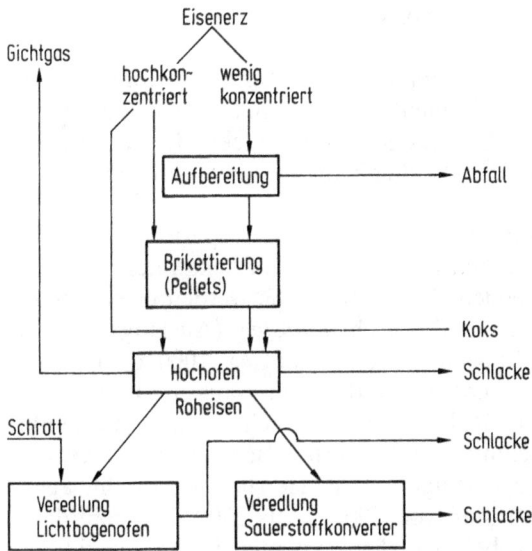

Abb. 9.5 Prozessschritte zur Erzeugung von Rohstahl (schematisch).

Klassische keramische Rohstoffe sind in der Natur vorkommende Mineralien, die man nach ihrer Verformbarkeit in bildsame (plastische), wenig bildsame (weiche) und nicht bildsame Stoffe einteilt. Zu den bildsamen Rohstoffen gehört vor allem das *Tonmineral Kaolinit*, das aus [SiO$_4$]- und [AlO$_6$]-Schichten aufgebaut ist, wobei in den letzteren mehrere Sauerstoffatome durch OH-Gruppen ersetzt sind. In primärer Lagerstätte bezeichnet man es als Kaolin, in sekundärer Lagerstätte, oft durch die Verwitterung und den natürlichen Transport in Wasser z. B. mit Eisen verunreinigt, als Ton. Die wichtigsten Begleitminerale in den Kaolinen sind Quarz, Feldspat, Glimmer und Kalk. Die Korngrößen der Bestandteile liegen zwischen 1 µm und 100 µm. Ein wenig bildsamer Rohstoff ist z. B. das Schichtsilikat Talk 3 MgO 4 SiO$_2$ H$_2$O, das als blättriges Material oder auch kristallin als Speckstein (Steatit) vorkommt. Nicht bildsame Rohstoffe sind u. a. das Siliciumdioxid SiO$_2$ als Quarzit und Sand in den Korngrößen 0.1 mm bis 0.3 mm. Die gelbliche Farbe des Sandes wird durch Verunreinigungen hervorgerufen. Weiterhin sind hier die verschiedenen Feldspate mit verschiedenen Alkali- und Erdalkalimetallgehalten zu nennen. Diese Rohstoffe werden in der Aufbereitung trocken oder nass gemahlen, wobei nicht nur die Korngröße, sondern auch die Struktur der Oberflächenschicht geändert wird.

Der wichtigste Rohstoff für Glas ist natürlicher *Quarzsand*, der möglichst wenig verfärbende Verunreinigungen, z. B. Eisenoxid, enthalten sollte. Durch den Zusatz von Oxiden der verschiedensten Elemente zu der Schmelze, insbesondere von Blei, Zink und Aluminium und Elementen der Alkali- und Erdalkalimetallgruppe, werden die optischen Eigenschaften verändert. Wesentlich ist die Führung des Schmelzvorganges und der Abkühlung nach einem Abguss.

9.3.2 Verwendung synthetischer Rohstoffe

Die angedeutete Herstellung von Metallen aus natürlichen Rohstoffen ist in Bezug auf die Reinheit der Werkstoffe oft nicht ausreichend. In diesem Falle müssen weitere Reinigungsprozesse folgen, z. B. Zonenreinigung, Elektrolyse oder chemische Verfahren. Synthetische Rohstoffe sind daher in diesem Sinne gereinigte natürliche Rohstoffe.

Wenn Keramik für den Einsatz in der Technik mit speziellen Eigenschaften hergestellt werden soll, sind synthetische Rohstoffe in bekannter und gleichmäßiger Zusammensetzung zu verwenden. Diese Rohstoffe werden chemisch aus geeignet zusammengesetzten Mineralien z. B. durch *Auflösung* (Auslaugung) und *Ausfällen* erzeugt. Das sehr feine Fällungsprodukt wird auf ca. 1000°C erhitzt, um wieder ein Oxid zu erhalten (Calcinieren). So werden *Pulver* aus Al_2O_3, MgO, CaO, ZrO_2, TiO_2 und BiO hergestellt. Die Rohstoffe für die nichtoxidische Keramik, wie Kohlenstoff, Siliciumcarbid, Siliciumnitrid, Borcarbid, Bornitrid u. a., werden durch spezielle Verfahren hergestellt. So erfolgt z. B. die Herstellung von SiC aus Quarzsand und Petrolkoks bei Temperaturen von 2000°C bis 2300°C gemäß der Gleichung $SiO_2 + 3\,C \rightarrow SiC + 3\,CO$, wobei dies allerdings nur eine pauschale Beschreibung des Reaktionsablaufes ist.

Polymere Werkstoffe können im Prinzip aus jedem Material hergestellt werden, das Kohlenstoff liefern kann. Hier sind Kohle, Holz, Pflanzen aber auch Kalkstein ($CaCO_3$), Kohlendioxid aus Abgasen von Kraftwerken und aus der Luft zu nennen. Die Technologien hierfür sind im Prinzip bekannt. Welches Ausgangsmaterial gewählt wird, hängt von den Kosten ab. Zur Zeit ist Erdöl die kostengünstigste Rohstoffquelle. In der chemischen Industrie werden aus den Rohstoffen die niedermolekularen Substanzen – die Monomere – gewonnen. Aus den Monomeren werden durch chemische Reaktionen die hochmolekularen Verbindungen aufgebaut. Die Polymerbildungsreaktionen kann man nach ihrem Wachstumsmechanismus in Kettenreaktionen und Stufenreaktionen einteilen (Abb. 9.6). Die Polymerisation beginnt an einem aktiven Keim R*, wobei mit * eine aktive Stelle – z. B. eine aufgebrochene Doppelbindung zwischen zwei Kohlenstoffatomen – gemeint ist, die mit einem Monomer M reagiert; das neu gebildete Molekül wirkt nun seinerseits als Keim: $R* + M \rightarrow (R\,M)*$. Die aktive Stelle bleibt also erhalten und reagiert in schneller Folge weiter, bis durch eine Abbruchreaktion das Wachstum des Polymermoleküls beendet ist. Die Aktivierungsenergie der Keimbildung ist meist größer als die des Kettenwachstums. Die Polymerisationsreaktionen sind im Einzelnen in Band 5 dargestellt.

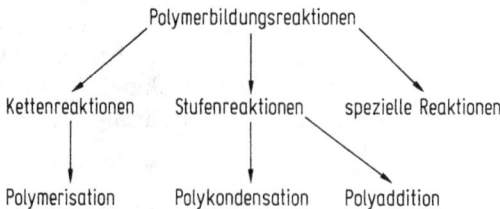

Abb. 9.6   Schematische Darstellung von Polymerbildungsreaktionen.

Eine hochpolymere Verbindung ist noch kein Rohstoff für einen technisch verwendbaren polymeren Werkstoff. Erst spezielle Mischungen der Polymere zusammen mit bestimmten Zusätzen, ergeben den zu verarbeitenden Rohstoff. Die Zusätze sind Gleitmittel zur Verringerung der Reibung zwischen Polymerschmelze und Oberflächen der Verarbeitungsmaschine, Fließmittel für die Schmelze, Stabilisatoren zur Verhinderung des Abbaus von Polymeren bei den relativ hohen Verarbeitungstemperaturen und Keimbildner zur Beschleunigung der Kristallisation.

Andere Zusätze beeinflussen die Materialeigenschaften. Hierzu gehören Weichmacher. Dies sind schwerflüchtige Flüssigkeiten, deren Moleküle durch Nebenvalenzen an die Polymerketten gebunden sind. Dadurch wird die Wechselwirkung zwischen den Polymerketten und somit die Erweichungstemperatur, Sprödigkeit und Härte des Werkstoffes herabgesetzt. Außerdem sind hier Füllstoffe zu nennen, die den Werkstoff verbilligen (Papierfasern, Gesteinsmehl) oder auch wieder verfestigen (Ruß, Glasfasern), Farbstoffe, Antistatika, Alterungs- und Lichtschutzmittel, Flammschutz- und Vulkanisationsmittel, Treibmittel für die Schaumstoffherstellung usw. Diese Zusätze werden mit der polymeren Grundsubstanz gemischt. Für die Verarbeitung werden diese gemischten Stoffe in verschiedenen Formen bereitgestellt. Lieferformen sind Flüssigkeiten (Kunstharze), Pulver, Dispersionen und Formmassen (Granulate, Schnitzel, Tabletten usw.).

9.3.3 Verarbeitung

9.3.3.1 Metalle

Die Verarbeitung metallischer Werkstoffe durch Schmelzen, Gießen und Erstarren hängt im Einzelnen u.a. von den jeweiligen Dampfdrücken, Schmelztemperaturen, Viskositäten und den Keimbildungs- und Keimwachstumsbedingungen ab. Als Gießformmaterial werden Keramiken und Metalle verwendet. Verfahren mit keramischen Formen sind der Sandguss, der Formmaskenguss, das Ausschmelzverfahren und das Vollformgießen. Metallische Formen werden beim Kokillenguss und beim Druckguss verwendet.

Der *Sandguss* ist die klassische Form des Metallgießens. Die Sandform wird durch Einbetten des Modells erzeugt und ist nach dem Guss verloren. Beim *Formmaskenguss* werden durch Phenolharze stabilisierte Sandformen verwendet. Das *Ausschmelzverfahren* wird bei komplizierten Metallteilen angewendet. Es wird dabei zunächst eine immer wieder benutzte metallische Form verwendet, mit deren Hilfe ein Wachsmodell erzeugt wird. Dieses Modell wird mit einem dünnen keramischen Überzug versehen, der nach Abschmelzen des Wachses die Gießform darstellt. Diese dünne Schale wird dann zur Stützung mit Sand in einem Formkasten gelagert. Für diese Technik ist auch die Bezeichnung *Feinguss* üblich. Beim *Kokillenguss* und *Druckguss* wird für niedrig schmelzende Metalle und Legierungen eine metallische Form verwendet, die für große Serien vielfach benutzt wird.

Die plastische Verformung – die sog. *Umformtechnik* – gehört zu der hier nicht im Einzelnen zu besprechenden Fertigungstechnik. Zu den Umformungsverfahren zählt man u.a. das Walzen, Schmieden, Strangpressen, Fließpressen und Ziehen. Durch das Umformen werden die Werkstoffeigenschaften geändert. Dies geschieht vor allem durch Gitterfehler, die bei der Umformung entstehen. Durch eine Wärmebehandlung können sie wieder rückgebildet werden.

Der Vorteil der Verarbeitung von metallischen Pulvern durch Pressen und Erhitzen auf hohe Temperaturen (*Sintern*) – s. Abschn. 9.3.3.6 – liegt vor allem darin, dass sich Werkstoffe mit bestimmten Eigenschaftskombinationen herstellen lassen, die aus der Schmelze oder plastischen Masse nicht hergestellt werden können. Zu diesen Werkstoffen gehören u. a. Hartmetalle, Werkstoffe für Kontakte und Anwendung bei Reibung, dispersionsgehärtete Werkstoffe sowie Werkstoffe mit einer bestimmten Porosität.

9.3.3.2 Keramik

Der Rohstoff für die meisten keramischen Werkstoffe liegt als *Pulver* vor, aus dem durch Zugabe von Wasser eine keramische Rohmasse gewünschter Bildsamkeit entsteht.

Töpferton ist eine Dispersion aus Wasser und festen Mineralteilchen, die mit dem rheologischen Modell einer Bingham'schen Flüssigkeit beschrieben werden kann (eine Parallelschaltung eines Newton'schen Dämpfungsgliedes und eines Reibungselementes nach Saint-Venant, s. unten). Gibt man zu einer keramischen Masse reichlich Wasser, so entsteht ein fließender Brei, ein *Schlicker*. Die Formen sind bei Schlickerguss aus Glas so porös, dass das Wasser durch diese abgesaugt werden kann und dadurch eine Verfestigung entsteht. Die treibende Kraft für die Entwässerung ist die Kapillaraktivität für die Füllung der Kapillaren zwischen den nadeligen Kristallen der Form. Es bleibt dann der sog. Scherben zurück, dessen Festigkeit noch sehr gering ist. Eine Bindung und Erhöhung der Festigkeit ergibt sich durch Erhitzen auf hohe Temperaturen, das sog. *Brennen*. Hierbei entsteht der feste Körper durch Sintern, das mit oder ohne flüssige Phase erfolgen kann. Die Verarbeitung der Rohmasse ist gleichzeitig der Prozess zur Formgebung des endgültigen Werkstückes. Werkstoffverarbeitung und Werkstückherstellung bilden in der Keramik häufig eine Einheit. Die Vorgänge beim Brennen können je nach Art der keramischen Masse sehr unterschiedlich sein. Während des Brennens können verschiedene Glasphasen auftreten. Die Porosität, die Schwindung und die Formbeständigkeit sind wichtige zu beachtende Größen. Die Brennatmosphäre hat oft Einfluss auf die Farbe.

9.3.3.3 Polymere

Polymere Werkstoffe werden zum großen Teil aus dem schmelzflüssigen Zustand verarbeitet. Da der molekulare Aufbau der Polymere sehr komplex ist, ergibt sich ein kompliziertes Fließverhalten. Dieses wird in der *Rheologie* untersucht und beschrieben. Polymere Schmelzen verhalten sich elastisch, d. h. Spannungen sind proportional zu Dehnungen, und viskoelastisch, d. h. Spannungen werden zeitlich verzögert abgebaut. Diese Erscheinungen müssen bei Herstellungsprozessen berücksichtigt werden

Der *Spritzguss* erfolgt ähnlich wie bei Metallen, nur bei wesentlich niedrigeren Temperaturen. Ein spritzgegossenes Werkstück aus einem teilkristallinen Thermo-

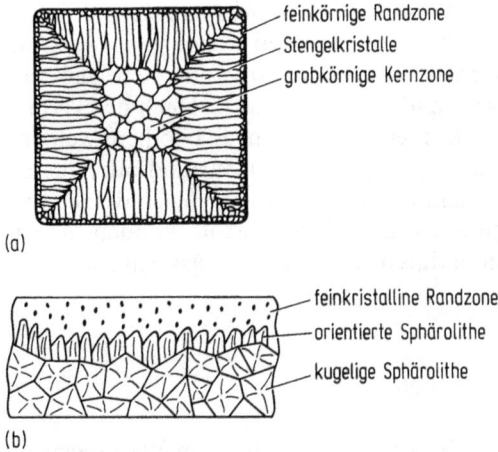

(a)

— feinkörnige Randzone
— Stengelkristalle
— grobkörnige Kernzone

— feinkristalline Randzone
— orientierte Sphärolithe
— kugelige Sphärolithe

(b)

Abb. 9.7 Erstarrungsgefüge (schematisch). (a) metallischer Gussblock, (b) teilkristalliner Thermoplast.

plasten hat ein ähnliches Gefüge wie ein metallisches Gussstück (Abb. 9.7). Es gibt von außen nach innen die feinkristalline Randzone, gerichtete Stengelkristalle und grobkörnige Innenbereiche.

Der Formgebungsprozess der thermoplastischen Polymere erfolgt neben dem Gießen vor allem durch *Extrudieren* oder *Kalandrieren*. Beim Extrudieren wird das z. B. in Granulatform vorliegende Material in einem Extruder, der als wesentlichen Bestandteil eine in einem Zylinder laufende Schnecke besitzt (Abb. 9.8), zu einer plastisch verformbaren heißen Masse verdichtet, geschmolzen und durch eine der Schnecke nachgeschaltete Düse gedrückt. Dort tritt es als Halbzeug aus. Es können Rohre, Schläuche – die durch Aufblasen in Folienschläuche verwandelt werden –

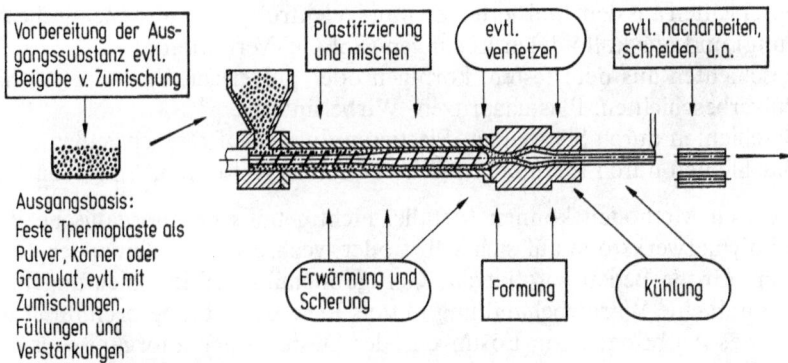

Vorbereitung der Ausgangssubstanz evtl. Beigabe v. Zumischung

Plastifizierung und mischen

evtl. vernetzen

evtl. nacharbeiten, schneiden u.a.

Ausgangsbasis:
Feste Thermoplaste als Pulver, Körner oder Granulat, evtl. mit Zumischungen, Füllungen und Verstärkungen

Erwärmung und Scherung

Formung

Kühlung

Druck für Formung: 30 bis 200 bar (Extrusion), 600 bis 1500 bar (Spritzgießen), bis 5000 bar (Kalander)
durch: Schubkraft von Schnecke, hydraulisch vorbewegter Schnecke bzw. Kolben, Druck zwischen Walzen u.a.
Erwärmung: von 20°C bis 100 bis 270°C
mit: Wärmeleitung von elektrischer Heizung, Heißluft- und Dampfheizung, Scherung u.a.

Abb. 9.8 Extrudieren eines Rohres (nach [4]).

und Profile erzeugt werden. Ein Kalander ist ein System von mehreren gegenläufigen Walzen, in dem die plastische heiße Formmasse zu Folien ausgewalzt wird.

Duroplaste werden als unvernetzte Vorkondensate aus dem gelösten, flüssigen oder plastischen Zustand geformt und danach vernetzt. Nach der Vernetzung bzw. Härtung lassen sich die Teile nicht mehr verformen. Elastomere werden im Allgemeinen ebenfalls vor der Vernetzung im plastischen Zustand oder aus Emulsionen (Latex) formgebend verarbeitet und dann vulkanisiert. Sie sind nach dieser Verarbeitung elastisch, nicht plastisch verformbar. Schaumstoffe können aus Thermoplasten, Elastomeren und Duromeren durch Begasung im flüssigen Zustand hergestellt werden.

9.3.3.4 Beschichten von Oberflächen

Da Werkstoffe über ihre Oberfläche mit der Umgebung in Wechselwirkung treten, kommt der Oberfläche eine besondere Bedeutung zu. Die Oberfläche ist zwar im ursprünglichen Sinn eine zweidimensionale Begrenzung eines Werkstoffes, im physikalischen Sinne ist sie aber als dreidimensionaler Randbereich aufzufassen (s. Abschn. 9.2.3). Die Oberflächen können durch Beschichtungen vielfältiger Art verändert und damit die Eigenschaften von Werkstoffen und vor allem von Werkstücken beeinflusst werden. Die Oberflächenphysik und -technik sowie die Beschichtungstechnologie von Werkstücken hat eine immer größer werdende Bedeutung erhalten.

In neuerer Zeit sind verschiedene Verfahren entwickelt worden. Man kann folgende *Beschichtungsverfahren* unterscheiden:

1. Beschichten aus dem gas- oder dampfförmigen Zustand (Physical Vapor Deposition (PVD)): Aufdampfen, Kathodenzerstäuben, Ionenplattieren; Chemische Abscheidung aus der Gasphase (Chemical Vapor Deposition (CVD));
2. Beschichten aus dem flüssigen, breiigen oder pastenförmigen Zustand (Lackieren, Feuerverzinken, Emaillieren, Glasieren, thermisches Spritzen);
3. Beschichten aus dem ionisierten Zustand (elektrolytische und chemische Ausscheidung) und aus kolloidalen Lösungen (Sol-Gel-Verfahren);
4. Beschichten aus dem festen, körnigen oder pulverigen Zustand (Aufhämmern, Pulverbeschichten, Plasmaspritzen, Wirbelsintern);
5. Beschichten durch Schweißen (Plattieren durch Auftragsschweißen);
6. Beschichten durch thermochemische Diffusion (Nitrieren, Einsatzhärten).

Mit diesen Methoden können Metalle, nichtmetallische anorganische Werkstoffe und Polymerwerkstoffe auf sich selbst oder wechselseitig aufeinander aufgebracht werden. Große Bedeutung hat das Gefüge metallischer Beschichtungen. Es kann z. B. durch eine Wärmebehandlung mittels Laserbestrahlung beeinflusst werden.

Für das Aufbringen von Lösungen oder Dispersionen anorganischer oder polymerer Substanzen zum Schutze und zur Farbgebung von Oberflächen gibt es eine umfangreiche Technologie (Anstreichen).

9.3.3.5 Verbundwerkstoffe

In der Technik werden immer häufiger Werkstoffe verlangt, die sich durch besondere Eigenschaftskombinationen auszeichnen, die einzelne Werkstoffe für sich nicht besitzen. Für den Flugzeugbau z. B. sollen Werkstoffe möglichst leicht, gleichzeitig aber steif und hochfest sein. Es liegt daher nahe, für viele Anwendungen Werkstoffe zu kombinieren. Diese Kombination wird nicht nur als Konstruktion aus verschiedenen Werkstoffen ausgeführt sondern auch als unmittelbarer Verbund von Werkstoffen. Jedes Material aus zwei Phasen, z. B. ein Metall mit Ausscheidungen, könnte streng genommen in diesem Zusammenhang schon ein Verbundwerkstoff sein. Es ist aber meist üblich, von Verbundwerkstoffen zu sprechen, wenn ein äußerlich homogen wirkender Stoff vorliegt, der aber in seiner Makrostruktur heterogen und durch Zusammenfügen von wenigstens zwei Bestandteilen hergestellt ist [6]. Die Gefüge von Verbundwerkstoffen haben Formen zwischen homogen eingelagerten Teilchen und gleichmäßig in eine Matrix eingebetteten Fasern, die ein-, zwei- und dreidimensional ausgerichtet sein können. Bei der Kombination von zweidimensionalen Strukturen spricht man auch von Schichtverbunden.

Die Herstellung von metallischen Fasern erfolgt durch Drahtziehen. Glasfasern werden durch Ziehen aus der Schmelze erzeugt. Keramische Fasern (z. B. Bor, Kohle, Siliziumkarbid, Korund) entstehen durch thermische Zersetzung von entsprechenden chemischen Verbindungen. Kohlefäden werden aus hochpolymeren Molekülen hergestellt. Borfäden erzeugt man durch Kondensation auf dünnen Metallfäden. Polymere Kettenmoleküle können selber als Fasern verwendet werden. Siliziumkarbid- und Korundfasern werden aus organischen Materialien hergestellt. Faser und Matrix müssen in Bezug auf mechanische Eigenschaften auf einander abgestimmt sein. Die Faseroberfläche muss eine gute Grenzflächenhaftung besitzen. Die Fasern werden mit Methoden der Textiltechnik wie Garne gesponnen und zu zweidimensionalen Geweben geflochten. Die Herstellung von dreidimensionalen Anordnungen hat sich wegen der dazu aufwendigen Technik noch nicht durchgesetzt.

Als Matrixmaterialien werden für zunehmende Einsatztemperaturen jeweils Polymere, Metalle und Keramiken sowie Kohlenstoff verwendet. Großtechnisch werden polymere Faserverbundwerkstoffe vor allem im Flugzeugbau und auch im Fahrzeugbau verwendet. Im Maschinenbau finden glas- (GFK) und kohlefaserverstärkte Kunststoffe (CFK) Verwendung. In CFK-Werkstoffen dienen ungesättigte Polyester- und Epoxidharze als Matrix. Sie werden als Flüssigkeiten mit den Glasfasern in einer endkonturnahen Struktur zusammengebracht und härten dann aus. Die Herstellung der Bauteile erfolgt so häufig noch handwerklich manuell.

Verbundwerkstoffe aus Metallen und Karbiden der Übergangsmetalle sind die sog. Hartmetalle. Sie werden durch Sintern hergestellt. Das Sintern bei hohen Temperaturen und bei hohem Druck nennt man heißisostatisches Pressen (HIP). *Cermets* sind Hochtemperaturwerkstoffe aus Metallen und keramischen Oxiden. Wird ein poröser keramischer Körper mit hohem Schmelzpunkt mit einem flüssigen Metall niedrigerem Schmelzpunktes getränkt, das dann die Poren ausfüllt, so spricht man von *Tränkwerkstoffen*. Sie werden z. B. für den Strahlaustritt von Raketen verwendet.

Ein wichtiger traditioneller Verbundwerkstoff in der Bautechnologie ist der *Beton*. Bei dessen Herstellung wird eine Zement-Wassermischung mit Sand und Kies vermengt. Die Zement-Wassermischung erhärtet zu einer spröden Matrix. Wenn in die

Mischung vor dem Erhärten Stahlteile eingetaucht sind, entsteht Stahlbeton. Wird der Beton mithilfe von Stahlkomponenten unter Druckspannung gesetzt, spricht man von Spannbeton.

9.3.3.6 Sinterwerkstoffe

Sintern ist eine Technik, bei der aus Pulver durch Pressen in Formen Werkstoffe hergestellt werden. Es handelt sich dabei meist um metallische oder keramische Materialien. Das Sintern ermöglicht einerseits, weniger stark beanspruchte Teile kostengünstig herzustellen, andererseits optimierte Bauteile herzustellen, für die es keine andere Herstellungsmethode gibt. Diese Herstellungsart wird angewendet, wenn z. B. die Schmelzpunkte der Komponenten zu hoch sind oder die Komponenten in der Schmelze sich nicht mischen.

Die Pulverherstellung kann durch Mahlen oder durch Zerstäuben einer Schmelze in einem Gas- oder Wasserstrahl erfolgen. Niederschläge aus der Dampfphase sind ebenfalls möglich. Auch eine elektrolytische Abscheidung oder eine Reduktion von Metalloxiden wird angewendet. Es werden Korngrößen von bis zu 50 µm verwendet. Die Pulverform ist bei den einzelnen Verfahren unterschiedlich. Zu verarbeitende Metallpulver müssen oxidfrei sein.

Die Pulver werden unter hohem Druck zu einem „Rohling" gepresst. Bei dem Pressen in Formen (Matrizen) entsteht wegen der Reibung zwischen den Pulverteilchen und der Wand der Matrize leicht eine ungleichmäßige Dichteverteilung. Das kann durch isostatisches Pressen eines elastischen Behälters in einer Flüssigkeit vermieden werden. Auch Mischungen von unterschiedlichen Komponenten sind möglich.

Das eigentliche Sintern erfolgt durch Erhitzen der gepressten Körper auf Temperaturen von etwa 80 % der Schmelztemperatur der Hauptkomponente. Die treibende Kraft bei der Entstehung des Kompaktkörpers ist die Verminderung der Oberflächen- und Gitterenergien. Bei mehrphasigen Systemen kann zusätzlich die Verminderung der freien Enthalpie durch Legierungsbildung wirken. Abbildung 9.9 zeigt den Zusammenhang zwischen Dichte und Druck für ein Pulver eines Werkzeugstahles mit einer Teilchengröße von 25 µm bei heißisostatischem Pressen bei 1200 °C. Die Linien geben die Dichte für konstante Zeiten an. Man sieht, dass für einen gegebenen Druck die Dichte durch plastische Verformung, Kriechen und Diffusion ansteigt. Dabei erfolgt durch Diffusion die Verdichtung des Materials zu einem kompakten Körper. Das Sintern erfolgt in der Regel unter Schutzgas, um vor allem eine Oxidation zu verhindern.

Sinterwerkstoffe sind häufig auch Verbundwerkstoffe. Eine besondere Anwendung ist die Herstellung von porösen Lagerwerkstoffen.

9.3.3.7 Nanokristalline Werkstoffe

Wenn die Korngröße in Werkstoffen kleiner als etwa 100 nm ist und dadurch die Korngrenzenbereiche sehr groß werden – eine Korngröße von 10 nm entspricht einem Volumenanteil der Korngrenzen von etwa 30 % –, spricht man von nanokris-

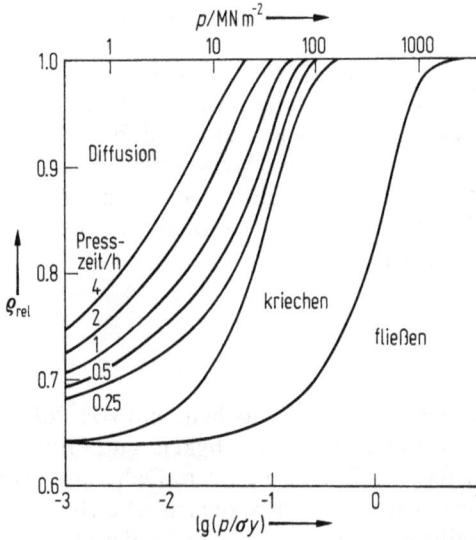

Abb. 9.9 Zusammenhang von relativer Dichte und Pressdruck p für heißisostatisches Pressen (HIP) von Pulver aus Werkzeugstahl, Teilchengröße 25 μm, Temperatur 1200 °C; σy = Fließspannung des Pulvermaterials (nach [5]).

tallinen Werkstoffen [7]. Das Interesse an derartigen Werkstoffen ist in den letzten Jahren gewachsen, weil sie konventionellen polykristallinen Werkstoffen in Bezug auf viele Eigenschaften überlegen sind. Die Herstellung erfolgt mit speziellen Methoden aus Pulvern. Generell ist die Verarbeitung von Pulvern wegen der hohen spezifischen Oberflächenenergie schwierig. Daher werden hohe Anforderungen an die Prozesskontrolle gestellt.

Zu den physikalischen Herstellungsverfahren gehört die *Inertgas-Kondensation*. In ein Hochvakuumsystem wird ein neutrales Gas, z. B. Helium, eingelassen und dort das gewünschte Metall verdampft. Durch die Wechselwirkung mit dem Helium kondensiert der Metalldampf in Form von Nanokristallen, die sich an einer gekühlten Fläche als Pulver niederschlagen. Von dort werden sie abgestreift und unter hohem Druck kompaktiert. Für Metalle ergibt sich so ein Werkstoff, der etwa 80 % der theoretischen Dichte besitzt. Mit dieser Methode können auch Substanzen mit Ionenbindung oder kovalenter Bindung hergestellt werden. Bei dem *mechanischen Legieren* wird Metallpulver der gewünschten Zusammensetzung in einer Schutzgasathmosphäre in einer Kugelmühle weiter zerkleinert. Durch das gleichzeitige Zermahlen von verschiedenen Substanzen und deren dabei auftretenden Kaltverschweißungen können Werkstoffe aus Bestandteilen erzeugt werden, die thermodynamisch nicht mischbar sind. Allerdings können in diesem Prozess Verunreinigungen im Material durch Wechselwirkung mit dem Behälter und dem Kugelmaterial auftreten.

Chemische Herstellungsverfahren beruhen auf Fällungen aus wässrigen Lösungen. So können Pulver aus Metallen, Halbleitern und keramischen Werkstoffen hergestellt werden. Bei der *Sprühmethode* wird aus der wässrigen Lösung ein Aerosol erzeugt und dieses durch Sprühen schnell getrocknet. Es entsteht ein Pulver, das mit Wasserstoff reduziert das nanokristalline Pulver ergibt, das dann kompaktiert wird. Auch die *chemische Abscheidung aus der Gasphase (CVD-Verfahren)* ist anwendbar.

Ein nanokristalliner Werkstoff kann auch durch Kristallisation aus amorphem Material erzeugt werden. Das amorphe Material erhält man z. B. durch schnelles Abkühlen aus einer Schmelze. Durch eine Wärmebehandlung bei relativ niedrigen Temperaturen ergibt sich dann der nanokristalline Werkstoff.

Obwohl es einige Firmen gibt, die nanokristallines Material herstellen, hat sich bisher eine Anwendung nur in besonderen Fällen – z. B. bei magnetischen Werkstoffen und bei Golfbällen – durchgesetzt.

9.3.3.8 Metallschäume

Von natürlichen Werkstoffen, wie z. B. Holz und Knochen, und von Polymerschäumen ist bekannt, dass hochporöse Werkstoffe hohe Steifigkeit, gutes Energieabsorptionsvermögen und geringes spezifisches Gewicht besitzen. Daher gibt es auch Bemühungen, Metallschäume herzustellen und zu untersuchen. Die Herstellung kann schmelzmetallurgisch, pulvermetallurgisch und durch Abscheidetechniken erfolgen [8].

Beim *schmelzmetallurgischen Verfahren*, das vor allem für Aluminium angewandt wird, erfolgt die Porenbildung durch ein Treibmittel, z. B. pulverförmiges TiH_2. Aluminiumpulver wird mit diesem Treibmittel gemischt, gepresst und über den Schmelzpunkt erhitzt. Der von dem Treibmittel freigesetzte Wasserstoff führt zur Porenbildung. Auch besondere Gießverfahren werden angewandt, durch die Poren über Kanäle verbunden werden. Dadurch entsteht eine offene Struktur. Derartige Werkstoffe können z. B. zum Bau von Wärmetauschern verwendet werden.

Das *pulvermetallurgische Verfahren* ermöglicht Porenausfüllung in der Größenordnung von 80 % des Volumens. Dies ist ein Sintervorgang, der so gesteuert wird, dass die sonst beim Sintern erwünschte Kompaktierung nicht stattfindet. Dieses Verfahren kann für Werkstoffe auf Cu-, Ni- und Ta-Basis sowie für Stähle und Hochtemperaturlegierungen eingesetzt werden.

Abscheidetechniken gehen von organischem Trägerschaum aus. Dieses Material wird bedampft oder durch Tränken in Graphitlösungen zunächst leitfähig gemacht und dann elektrochemisch mit Metall beschichtet. Durch Erhitzen zersetzt sich der organische Trägerschaum.

Metallschäume sind Neuentwicklungen, deren industrieller Einsatz in der Zukunft erwartet wird.

9.4 Zustandsdiagramme

9.4.1 Thermodynamische Grundlagen

Die meisten Werkstoffe bestehen aus mehreren Komponenten, d. h. verschiedenen chemischen Elementen oder Verbindungen. Die Struktur und das Gefüge von Werkstoffen sind abhängig von der Zusammensetzung, aber auch von der Vorbehandlung des Werkstoffes, die häufig in einer bestimmten Wärmebehandlung besteht. Ein Werkstoff ist im *thermodynamischen Gleichgewicht*, wenn er sich bei gleichbleibenden Werten der Zustandsvariablen, vor allem Druck, Temperatur und Zusammensetzung, mit der Zeit nicht ändert und dieser Zustand unabhängig von den Werten der Zustandsvariablen ist, mit denen man ihn erreicht. Tatsächlich sind viele technisch benutzte Werkstoffe z. B. aushärtbare Legierungen, Stähle, Aluminiumlegierungen, alle Gläser und die meisten Polymere in einem *Ungleichgewichtszustand*. Häufig ist die Zeitdauer der Eigenschaftsänderung groß gegen die vorgesehene Lebensdauer des Werkstoffes. So sind z. B. Gläser aus römischer Zeit noch nicht kristallisiert. In besonderen, nicht seltenen Fällen, wenn die Gebrauchstemperatur mehr als etwa 50 % der Schmelztemperatur beträgt, ist jedoch die Zeitdauer der Eigenschaftsänderung zu berücksichtigen. Die Änderung der Eigenschaften des Werkstoffes als Funktion der Temperatur allein führt dabei immer in Richtung auf den thermodynamisch stabilen, vom Gebrauch her allerdings oft nicht wünschenswerten Zustand; z. B. führt Überalterung von ausscheidungsgehärteten Legierungen zur Festigkeitsabnahme; polymere Werkstoffe werden spröde. Liegt zusätzlich noch – wie es häufig vorkommt – eine mechanische Beanspruchung vor, so kann es zu gefährlichen Rissbildungen kommen, die gesondert betrachtet werden müssen.

In jedem Gleichgewichtszustand muss nach der Thermodynamik die *freie Enthalpie* ΔG (Gibbs'sche freie Enthalpie, Gibbs'sches Potential) den niedrigsten Wert annehmen. Es gilt nach Helmholtz-Gibbs

$$\Delta G = \Delta H - TS = 0 \,. \tag{9.1}$$

Hierbei sind H die Enthalpie, T die Temperatur und S die Entropie. Die Enthalpie ist $H = U + pV$, wobei U die innere Energie, d. h. die Summe der kinetischen und potentiellen Energie des Systems, p den Druck und V das Volumen bedeuten. Die freie Enthalpie ist als Funktion der Temperatur schematisch in Abb. 9.10 für einen Stoff dargestellt, der mit steigender Temperatur flüssig und dann gasförmig wird. Der Temperaturbereich mit dem *jeweils niedrigsten Wert von* ΔG gibt den Zustands-

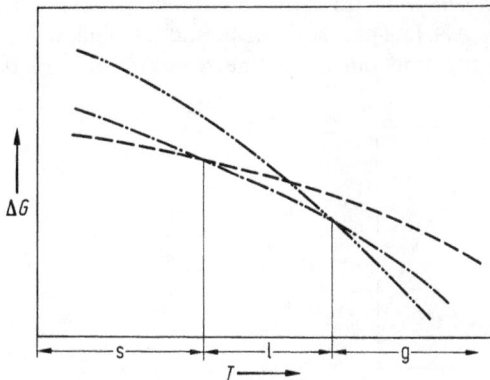

Abb. 9.10 Freie Enthalpie ΔG als Funktion der Temperatur T für einen Stoff im festen s (---), flüssigen f (-·-) und gasförmigen g (-··-)Zustand. Der thermodynamisch stabile Zustand ist der mit dem niedrigsten ΔG-Wert.

bereich der festen, flüssigen und gasförmigen Phase an. Für Werkstoffe aus mehreren Komponenten lässt sich für die freie Enthalpie der Lösung schreiben:

$$\Delta G_{\text{Lösung}} = \Delta G_{\text{Gemenge}} - T\Delta S_{\text{misch}} + \Delta G_{\text{Überschuss}}. \tag{9.2}$$

$\Delta G_{\text{Gemenge}}$ ist der Wert der freien Enthalpie unter der Annahme einer additiven Mischung unter Berücksichtigung der Stoffmengenanteile x_i der Komponenten. Für den einfachsten Fall von zwei Komponenten A und B ist

$$\Delta G_{\text{Gemenge}} = x_A \Delta G_A + x_B \Delta G_B. \tag{9.3}$$

ΔS_{misch} ist die Mischungsentropie der Komponenten:

$$\Delta S_{\text{misch}} = - R(x_A \ln x_A + x_B \ln x_B). \tag{9.4}$$

Die freie Überschussenthalpie $\Delta G_{\text{überschuss}}$ berücksichtigt die unterschiedlichen Bindungsenergien zwischen A-A, B-B und A-B sowie die entsprechenden Entropieänderungen. In vielen Betrachtungen wird $\Delta G_{\text{überschuss}} = 0$ gesetzt, dann spricht man von einer idealen Lösung. Der Verlauf der Mischungsentropie einer idealen Lösung ist in Abb. 9.11 schematisch angegeben. Die Kurve $\Delta S_{\text{misch}} = f(x_B)$ nähert sich für $x \to 0$ mit der Steigung unendlich der Ordinate. Dies bedeutet, dass eine beliebig kleine Zugabe der Substanz B zu A den Wert der freien Enthalpie verringert, dass daher also im Prinzip jeder Stoff in jedem anderen in kleinen Mengen löslich ist. Anders ausgedrückt bedeutet dies, dass es sehr schwer möglich ist, einen reinen Stoff herzustellen.

Liegen zwei Phasen α und β in einem z. B. binären Stoff mit den Komponenten A und B vor, so zeigt jede Phase als Funktion der Zusammensetzung eine $\Delta S_{\text{misch}} = f(x_B)$-Kurve wie Abb. 9.11. Das Gleichgewicht zwischen den Phasen wird dann durch die Forderung bestimmt, dass die freie Enthalpie sich nicht ändert, wenn A-Teilchen von der α-Phase durch die Phasengrenze in die β-Phase eindringen. Dasselbe gilt für die B-Teilchen. Es muss also das *chemische Potential* $\mu = \partial G/\partial x$ in jeder Phase gleich sein. In einem $\Delta G(x_i)$-Diagramm mit zwei Phasen bedeutet dies, dass die Gleichgewichtszusammensetzung der beiden Phasen durch die Berührungspunkte der gemeinsamen Tangente an die beiden $\Delta G(x_i)$-Kurven gegeben ist.

Die *Gleichgewichtszustandsdiagramme* von mehrkomponentigen Systemen lassen sich auf diese Weise verstehen. Als Beispiel soll ein einfaches binäres System mit beschränkter Mischkristallbildung und einem Schmelzpunktminimum betrachtet

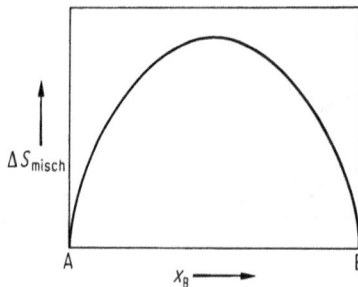

Abb. 9.11 Ideale Mischungsentropie ΔS_{misch} als Funktion der Zusammensetzung in einem System aus zwei Komponenten A und B (schematische Darstellung).

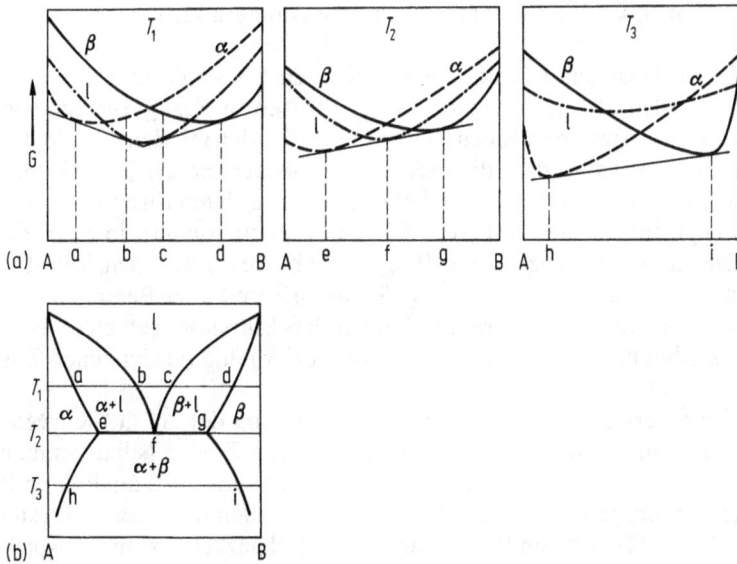

Abb. 9.12 Eutektisches System mit beschränkter Mischkristallbildung (z. B. Cu-Ag, Pb-Sn, AlSi); schematische Darstellung, Erklärung im Text. (a) freie Enthalpie als Funktion der Zusammensetzung bei drei Temperaturen, (b) Zustandsdiagramm.

werden, s. Abb. 9.12. Bei Abkühlung wandelt sich am Schmelzpunktminimum eine Phase, die Schmelze, in zwei andere Phasen um, die festen Mischkristallphasen α und β (*eutektische Reaktion*). Im Teilbild (a) sind die Kurven der freien Enthalpie als Funktion der Zusammensetzung für die bei den Temperaturen T_1, T_2, T_3 auftretenden Phasen, die Mischkristalle α und β sowie die Flüssigkeit l, gezeichnet. Mit sinkender Temperatur steigt die freie Enthalpie ΔG, und zwar für die Flüssigkeit stärker als für die festen Lösungen, wie in Abb. 9.10 dargestellt. Es verschiebt sich also die relative Lage der Kurven bei sich ändernder Temperatur; ebenso ändert sich auch die Form etwas. Nach der oben angegebenen *Tangentenregel* besteht also bei der Temperatur T_1 zwischen den Zusammensetzungen A und a ein α-Mischkristall, zwischen a und b ein Zweiphasengebiet aus dem α-Mischkristall der Zusammensetzung a und der Flüssigkeit der Zusammensetzung b, zwischen den Zusammensetzungen b und c die Flüssigkeit l usw. Bei der Temperatur T_2 hat sich die relative Lage der Kurven so verschoben, dass eine gemeinsame Tangente an die $\Delta G(x_i)$-Kurven der drei Phasen α, β und l gezeichnet werden kann. Es liegt ein Dreiphasengleichgewicht – hier ein Eutektikum – vor, bei dem also die Flüssigkeit mit den beiden festen Phasen im Gleichgewicht steht: $l \leftrightarrow \alpha + \beta$. Mit sinkender Temperatur wandelt sich die Flüssigkeit vollständig in die festen Phasen um. Bei T_3 ist keine Flüssigkeit mehr vorhanden. Zwischen den Zusammensetzungen h und i liegt ein Zweiphasengebiet vor. Die α-Phase hat die Zusammensetzung h, die β-Phase die Zusammensetzung i. Liegt die Legierungszusammensetzung zwischen h und i, so hat kein Teil der Legierung im Gleichgewicht diese Gesamtzusammensetzung; diese spaltet sich vielmehr in die Werte h und i auf; die Anteile der α-Phase der Zusammensetzung i und der β-Phase der Zusammensetzung j stellen sich so ein, dass sich rechnerisch die Gesamtzusammensetzung ergibt. Dies ist Inhalt des sog. *Hebelgesetzes*.

In Abb. 9.12b ist das aus den $\Delta G(x_i)$-Kurven konstruierte Zustandsdiagramm dargestellt, in dem der Existenzbereich der Phasen in Bezug auf Temperatur und Zusammensetzung wiedergegeben ist. Es ist wichtig, sich mit den angedeuteten Überlegungen klarzumachen, dass die drei Zweiphasengebiete $\alpha + 1$, $\beta + 1$ und $\alpha + \beta$ eigentlich leer sind. Das bedeutet, dass keine Legierung, deren Zustandspunkt in diesen Gebieten liegt, tatsächlich in diesem Zustand auftritt sondern in zwei Phasen aufspaltet. Die Zusammensetzung der Phasen ergibt sich durch den Schnittpunkt der jeweiligen isothermen Geraden – sog. *Konoden* – mit den Begrenzungslinien der Phasenfelder im Zustandsdiagramm. Nur in den Einphasengebieten des Zustandsdiagramms gibt ein Legierungszustandspunkt (T, x_i) den tatsächlichen Zustand der Legierung direkt an.

Derartige Überlegungen über den Zusammenhang der $\Delta G(x_i)$-Kurven mit dem Zustandsdiagramm führen zu den Grundtypen von Zustandsdiagrammen, die für binäre Systeme in Abb. 9.13 dargestellt sind. Es kann sich dabei um Phasenübergänge zwischen flüssigen, festen oder um Übergänge zwischen flüssigen und festen Phasen handeln. Diese Typen sind: **vollständige Mischbarkeit**, zum Beispiel Cu–Ni, $2FeOSiO_2$–$2MgOSiO_2$; **Mischungslücke**, z. B. Pb–Zn, SiO_2–CaO; **eutektisches Gleichgewicht**, z. B. Cd–Zn, Al_2O_3–Na_2AlF_6 und **peritektisches Gleichgewicht**, z. B. Ag–Pt, ZrO_2-SiO_2. Die meisten realen Zustandsdiagramme sind aus diesen Typen zusammengesetzt. Dabei können die Komponenten nicht nur aus reinen Elementen sondern auch aus Verbindungen bestehen. Für bestimmte Phasenumwandlungen sind besondere Bezeichnungen üblich, z. B. für die Umwandlung einer festen Phase in zwei andere feste Phasen die Bezeichnung *eutektoides Gleichgewicht* und für die Umwandlung einer flüssigen in eine feste und eine andere flüssige Phase (Mischungslücke im flüssigen Zustand) die Bezeichnung *monotektisches Gleichgewicht*.

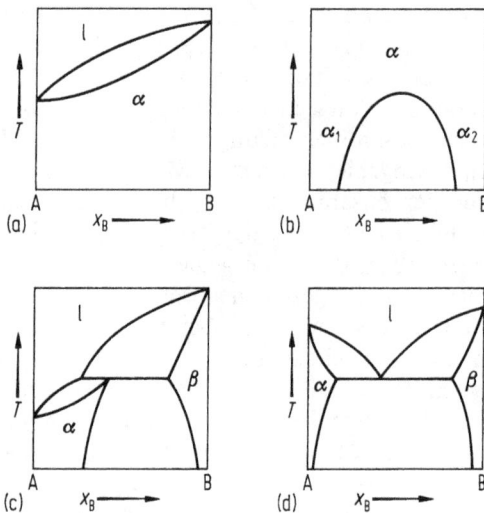

Abb. 9.13 Grundtypen von binären Zustandsdiagrammen (schematisch): (a) Vollständige Mischbarkeit, (b) Mischungslücke, (c) Peritektikum, (d) Eutektikum.

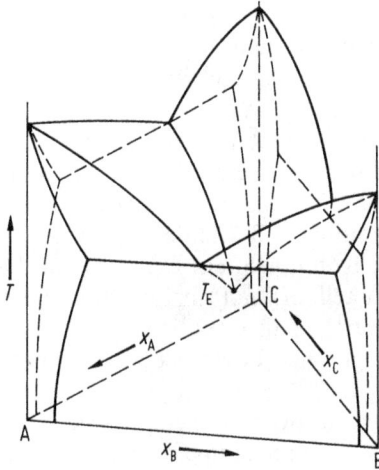

Abb. 9.14 Ternäres eutektisches System, schematische räumliche Darstellung. T_E = ternärer eutektischer Punkt.

Zustandsdiagramme von Werkstoffen aus drei Komponenten lassen sich für konstanten Druck nur in einer räumlichen Darstellung erläutern. In einer Ebene wird innerhalb eines Gehaltsdreiecks die Zusammensetzung und senkrecht dazu die Temperatur aufgetragen. Es entsteht dann ein dreiseitiges Prisma, auf dessen drei Wänden die drei binären Zustandsdiagramme dargestellt sind, die das **ternäre System** bilden. Abbildung 9.14 zeigt als Beispiel ein derartiges System, das aus drei eutektischen Randsystemen besteht. Die Abb. 9.15 zeigt einen isothermen Schnitt durch das in Abb. 9.14 dargestellte System kurz oberhalb der eutektischen Temperatur.

Durch zwei Gehaltsangaben und eine Temperaturangabe wird der Zustandspunkt festgelegt. Allgemein können bei drei Komponenten Ein- und Zweiphasenräume auftreten, zusätzlich an Stelle der binären, eutektischen oder peritektischen Dreiphasengleichgewichte *Dreiphasenräume*. Außerdem gibt es die *Vierphasengleichge-*

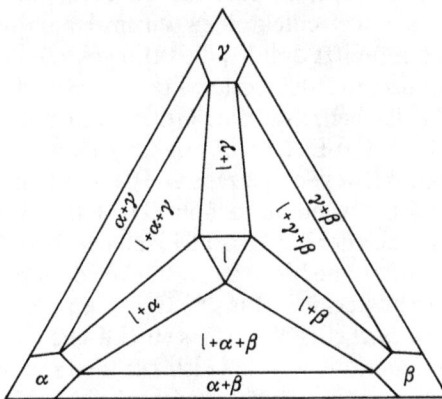

Abb. 9.15 Isothermer Schnitt durch das ternäre System von Abb. 9.14 kurz oberhalb der Temperatur des ternären eutektischen Punktes. l = flüssige Phase; α, β, γ = feste Phasen.

wichte, nämlich das eutektische Gleichgewicht $1 \leftrightarrow \alpha + \beta + \gamma$, das Übergangsgleichgewicht $1 + \alpha \leftrightarrow \beta + \gamma$ und das peritektische Gleichgewicht: $1 + \alpha + \beta \leftrightarrow \gamma$. Bei Vorgabe eines Legierungszustandspunkts lassen sich ähnlich wie bei binären Systemen die Phasen, die Zusammensetzungen der Phasen und die Mengenanteile der Phasen bestimmen. Auch die komplizierteren ternären Systeme lassen sich im Prinzip aus einer Anzahl einfacher ternärer Systeme zusammensetzen, wobei als Komponenten auch Verbindungen auftreten können und die zusammengesetzten Dreiecke nicht gleichseitig zu sein brauchen. Viele Werkstoffe, z. B. Stähle, Porzellane oder Polymermischungen, enthalten mehr als drei Komponenten. Die Zustandsdiagramme sind dann räumlich nicht mehr einfach darstellbar. Im Prinzip können die Zustandsdiagramme aus den Kurven der freien Enthalpie als Funktion von Temperatur und Zusammensetzung nach dem Prinzip der gleichen Potentiale jeder Komponente in den einzelnen Phasen berechnet werden.

Das Problem liegt aber in der immer noch notwendigen empirischen Bestimmung der Kurven der freien Enthalpie als Funktion von Temperatur und Zusammensetzung durch Messung der spezifischen Wärmekapazität sowie der Temperatur- und Druckabhängigkeit dieser Größen als Funktion der Zusammensetzung. Obwohl in einzelnen Fällen erfolgreiche Ansätze zur Berechnung der Gleichgewichtszustandsdiagramme vorhanden sind, bleibt deren Berechnung aus Naturkonstanten und den Potentialen zwischen den Atomen im Festkörper eine Aufgabe für die Zukunft.

9.4.2 Beispiele von Zustandsdiagrammen realer Systeme

9.4.2.1 Metalle

Ein besonders wichtiges binäres System ist das **System Eisen-Kohlenstoff**. Es bildet die Grundlage für die Herstellung von Stählen und Gusseisen. Abbildung 9.16 zeigt das Zustandsdiagramm. Da für technische Werkstoffe nur die eisenreiche Seite bis zur Konzentration der intermetallischen Verbindung Zementit (Fe_3C; 6.67 Masse-% C) von Bedeutung ist, wird nur dieser Teil dargestellt. Die ausgezogenen Linien sind die des Systems Fe-Fe_3C. Es ist metastabil, aber für die Praxis maßgebend. Das System ist zusammengesetzt aus einem eutektoiden, einem eutektischen und einem peritektischen Teil. Reines Eisen besitzt drei Modifikationen. Unterhalb von 911°C liegt α-Fe (*Ferrit*, kubisch raumzentriertes Gitter, krz) vor, zwischen 911°C und 1392°C γ-Fe (*Austenit*, kubisch flächenzentriertes Gitter, kfz) und zwischen 1392°C und dem Schmelzpunkt bei 1536°C δ-Eisen (*δ-Ferrit*, krz). Durch den Zusatz von Kohlenstoff werden die Temperaturen des Schmelzens und der α-γ-Umwandlung erniedrigt und die Temperatur der γ-δ-Umwandlung erhöht. Diese Erweiterung des γ-Bereiches kommt dadurch zustande, dass der kfz-Kristall in seinen Oktaederlücken mehr Platz für die kleineren Kohlenstoffatome bietet als in Lücken des krz-Kristalls vorhanden ist. Die eutektische Erstarrung bei 4.3 Masse% C lässt aus der Schmelze *Austenit* mit 2.06 Masse% C und *Zementit* entstehen. Das eutektische Gefüge wird *Ledeburit* genannt. Mit fallender Temperatur wandelt sich bei dieser eutektischen Zusammensetzung der kohlenstoffreiche *Austenit* des *Ledeburits* in kohlenstoffärmeren *Austenit* und *Zementit* um. Bei der Temperatur 723°C erfolgt dann die eutektoide Zerfallsreaktion von *Austenit* der Zusammensetzung 0.8 Masse% C in α-Fe

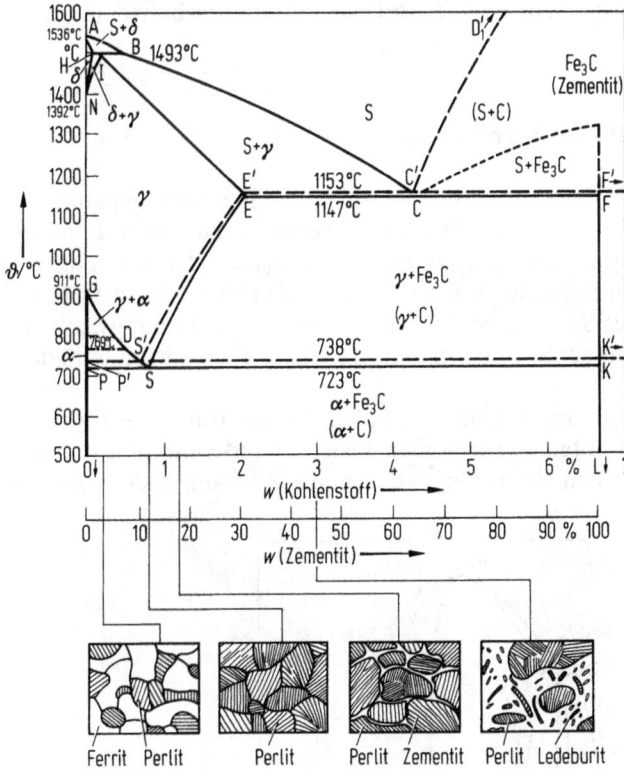

Abb. 9.16 Zustandsdiagramm des Systems Eisen-Kohlenstoff mit schematischer Gefügeangabe, w = Massenanteil (nach [9]).

mit 0.09 Masse% und *Zementit*. Das Gefüge, das aus der Mischung dieser Bestandteile bei dieser eutektoiden Zusammensetzung vorliegt, nennt man *Perlit*.

Das Eisen-Kohlenstoff-Diagramm bildet die Grundlage für die Stahlherstellung und die Weiterentwicklung von Stahlqualitäten. Die Existenz der beiden Zustandsformen *Ferrit* und *Austenit* ist deshalb so wichtig, weil man durch Erhitzen und Abkühlen eine doppelte Umwandlung der Struktur erreichen und diese so gezielt ändern kann. Neben Kohlenstoff werden viele andere Legierungselemente eingesetzt. Tabelle 9.1 führt einige auf und ordnet die Wirkung der Elemente entsprechenden

Tab. 9.1 Wirkung von Legierungselementen in Stahl (nach [10]).

Element	Wirkung
Mn, Si, Cr, N, V	Festigkeitserhöhung
Mn, Ni	Austenitbildung bei 20°C
Si, Al, Cr	Verringerung der Oxidation, „Verzunderung" bei hohen Temperaturen
Mn, Ni, Cr	Vergrößerung der Härtungstiefe
Cr, Cu	Verbesserung der Korrosionsbeständigkeit
Mo, V, W, Co	Erhöhung der Festigkeit bei hohen Temperaturen

Eigenschaften zu, wobei ein Element auf mehrere Eigenschaftsänderungen Einfluss haben kann.

9.4.2.2 Intermetallische Verbindungen

Intermetallische Verbindungen, auch intermetallische Phasen genannt, sind Verbindungen zwischen zwei oder mehr Metallen. Die Schmelztemperaturen dieser Phasen und auch ihre Festigkeiten können höher sein als die der Komponenten. Daher besteht an ihnen ein technologisches Interesse. Als Beispiel ist in Abb. 9.17 das Zustandsdiagramm des Systems Ni-Al mit den Werten der Bildungsenthalpie angegeben. Dem Maximum der Schmelztemperatur entspricht ein Minimum der negativen Bildungsenthalpie.

Die thermodynamische Stabilität bei hohen Temperaturen hat Eigenschaften dieser Werkstoffe zur Folge, die zwischen denen der Metalle und den keramischen Werkstoffen liegen. Von Bedeutung ist, dass die Zusammensetzungen nicht genau

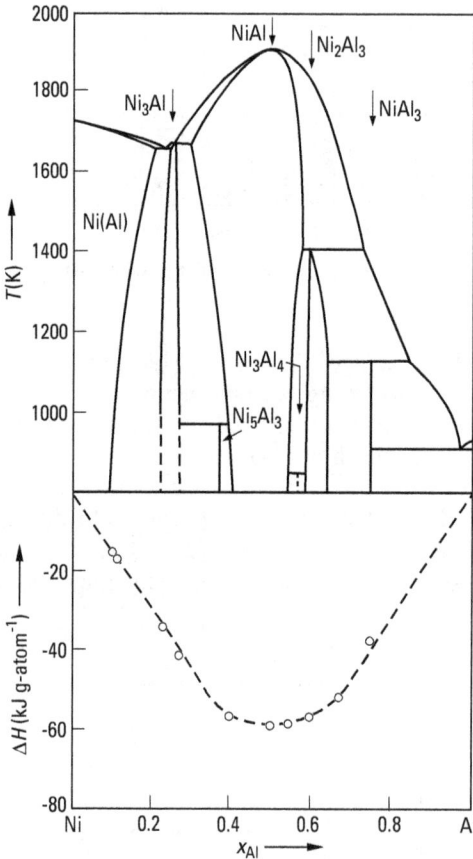

Abb. 9.17 Zustandsdiagramm des Systems Ni—Al mit Angabe der Bildungsenthalpie (nach [11]).

stöchiometrisch sein müssen, sondern dass z. B. bei zwei Komponenten zwei Untergitter bestehen, die einen breiteren Homogenitätsbereich ermöglichen, der die Eigenschaften für die technische Nutzung positiv beeinflusst.

9.4.2.3 Keramische Werkstoffe

Als ein Beispiel für ein binäres System von keramischen Werkstoffen sei das System mit den Komponenten SiO_2 (Cristobalit) und Al_2O_3 (Korund) angegeben, siehe Abb. 9.18. Dieses System bildet die Grundlage vieler feuerfester Steine. Die Zusammensetzung der binären Verbindung Mullit kann in Bezug auf den Al_2O_3-Gehalt zwischen 72 % ($3Al_2O_3 \cdot 2SiO_2$) und 78 % ($2Al_2O_3 \cdot SiO_2$) schwanken. Bei 1595 °C erfolgt eine eutektische Reaktion mit der Schmelze l:

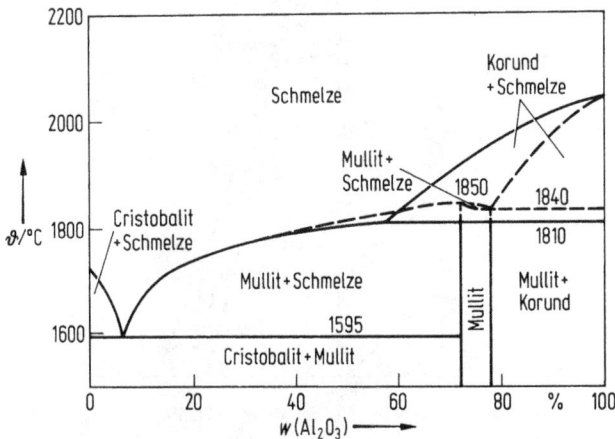

$$l \leftrightarrow SiO_2 + 3Al_2O_3 \cdot 2SiO_2 .$$

Abb. 9.18 Zustandsdiagramm des Systems SiO_2—Al_2O_3 mit inkongruent (—) oder kongruent (- -) schmelzendem Mullit, w = Masseanteil (nach [12]).

Mullit schmilzt inkongruent mit einer peritektischen Reaktion bei 1810 °C oder kongruent bei 1850 °C. Fügt man zu den Komponenten SiO_2 und Al_2O_3 noch eine dritte Komponente hinzu, z. B. MgO, so ergibt sich ein ternäres System. Abbildung 9.19 zeigt eine Projektion der Liquidusfläche auf das Grunddreieck. Die Existenzbereiche der verschiedenen ternären Phasen sind angegeben, ebenfalls mit Pfeilen die „Rinnen" in der Liquidusfläche; man sieht die niedrigen Eutektika bei 1355 °C und 1365 °C. Auf der Seite MgO–Al_2O_3 befindet sich ein binäres Eutektikum bei 1850 °C zwischen den Phasen MgO und dem Spinell MgO $\cdot$ Al_2O_3. Von diesem Eutektikum führt eine Rinne zum ternäreren Eutektikum bei 1710 °C. Wenn z. B. eine Legierung der Zusammensetzung I aus der Schmelze abgekühlt wird, kristallisiert beim Durchgang des Legierungspunktes durch die Liquidusfläche das MgO aus und die Zusammensetzung der Schmelze bewegt sich auf der Geraden MgO-P nach P. Wenn der Punkt P erreicht ist, kristallisiert zusätzlich MgO $\cdot$ Al_2O_3 aus, und wenn die

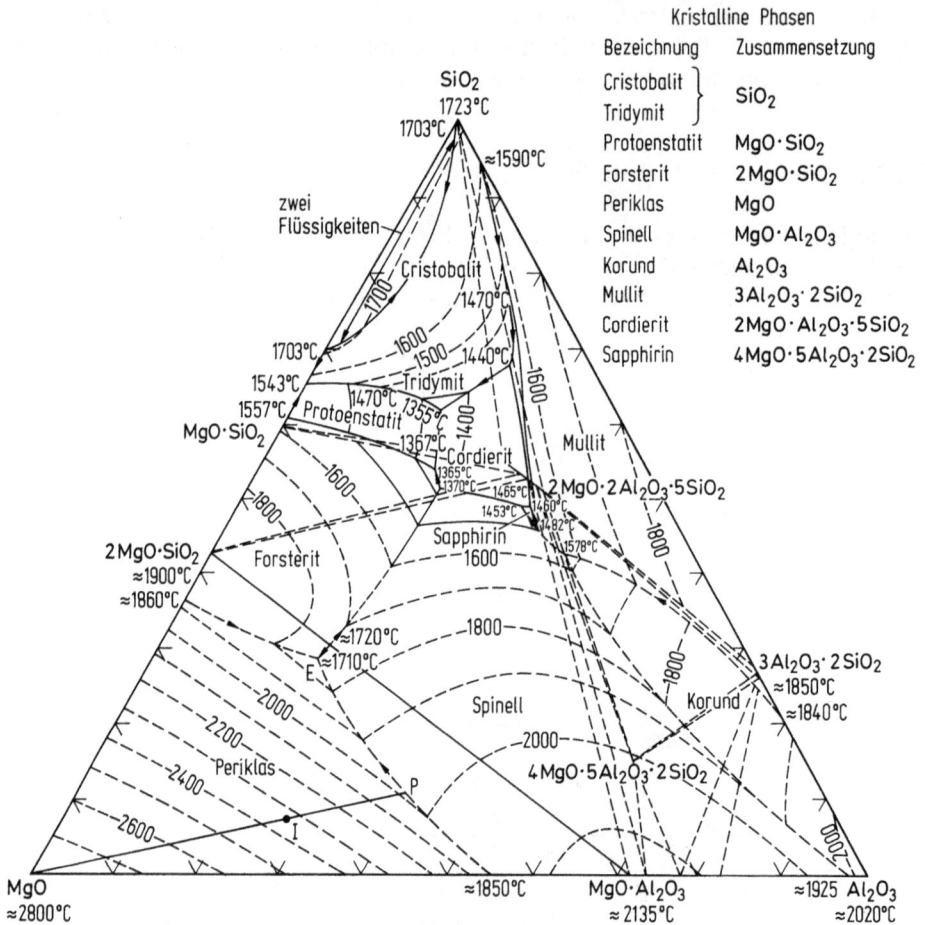

Kristalline Phasen

Bezeichnung	Zusammensetzung
Cristobalit	SiO_2
Tridymit	
Protoenstatit	$MgO \cdot SiO_2$
Forsterit	$2MgO \cdot SiO_2$
Periklas	MgO
Spinell	$MgO \cdot Al_2O_3$
Korund	Al_2O_3
Mullit	$3Al_2O_3 \cdot 2SiO_2$
Cordierit	$2MgO \cdot Al_2O_3 \cdot 5SiO_2$
Sapphirin	$4MgO \cdot 5Al_2O_3 \cdot 2SiO_2$

Abb. 9.19 Projektion der Liquidusfläche des Systems $MgO—Al_2O_3—SiO_2$ auf das Gehaltsdreieck (nach [13]).

Schmelzzusammensetzung in der Rinne von P nach E gelangt ist, erfolgt zusätzlich eutektisch bei 1710 °C die Kristallisation von $2MgO \cdot SiO_2$ (Fosterit).

9.4.3 Ungleichgewichtszustände

Viele Werkstoffe werden aus dem flüssigen Zustand durch Abkühlung hergestellt. Bei den in der großtechnischen Produktion üblichen Abkühlgeschwindigkeiten kann jedoch oft nicht der thermodynamisch stabile Zustand entstehen, da dies zu lange dauern würde. Die Phasenumwandlungen erfordern in vielen Fällen eine Diffusion der Komponenten, und da die Diffusion ein thermisch aktivierter und dadurch zeit- und temperaturabhängiger Vorgang ist, wird bei schneller Abkühlung die Ausbildung des Gleichgewichtszustands unterdrückt. Oft ist nun gerade die Einstellung eines Ungleichgewichtszustands von besonderer Bedeutung, da hierdurch erst die erwünschten, meist mechanischen Eigenschaften erhalten werden. Um festere, steifere und leichtere Materialien herzustellen, verläuft die Entwicklung der Werkstoffwissenschaften dahin, Materialien in Ungleichgewichtszuständen herzustellen. Das Ziel ist, durch Einbringung von Energie einen Ungleichgewichtszustand – auch metastabiler Zustand genannt – zu erzeugen, der für die vorgesehene Anwendung optimiert ist.

In der Regel wird dieser Vorteil dadurch erkauft, dass bestimmte durch den Ungleichgewichtszustand gegebene Temperaturen bei der Nutzung nicht überschritten werden dürfen, weil sonst ein Übergang in den Gleichgewichtszustand erfolgt. Bei der Herstellung müssen also die Parameter Temperatur, Zeit und die Abkühlungsgeschwindigkeit mitberücksichtigt werden. Liegt ein kristallisierbarer Stoff vor, so benutzt man Zeit-Temperatur-Umwandlungskurven (ZTU-Diagramme), um die Beziehungen darzustellen.

9.4.3.1 Metalle, Gläser, metallische Gläser

Die Bedeutung des Ungleichgewichtszustandes soll am Beispiel der Umwandlung eines Stahls, Abb. 9.20, erörtert werden. Mit wachsender Abkühlgeschwindigkeit verlagert sich die untere Begrenzungslinie des *Austenits* schneller zu tieferen Temperaturen als die Gerade des eutektoiden Gleichgewichts, so dass bei einer bestimmten Abkühlgeschwindigkeit beide zusammenfallen. Dann gibt es keine *eutekoide Perlitbildung* mehr. Steigt die Abkühlgeschwindigkeit weiter, wird die Austenitumwandlung unvollständig, es entsteht das Zwischenstufengefüge (*Bainit*), und bei noch größerer Abkühlgeschwindigkeit unterbleibt auch diese. Dann erfolgt eine diffusionslose Scherumwandlung, und es bildet sich *Martensit*.

Bei Substanzen, die weniger leicht kristallisieren, wie z. B. Glasschmelzen, die hauptsächlich aus miteinander zusammenhängenden SiO_4-Tetraedern bestehen, oder bei einer Reihe von Polymerschmelzen, die lange Kettenmoleküle enthalten, kommt

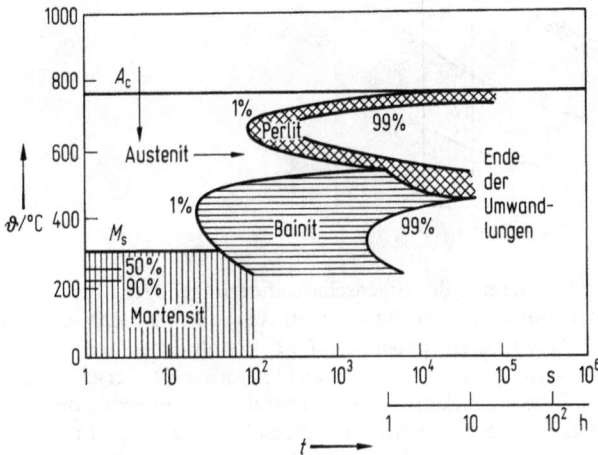

Abb. 9.20 Zeit-Temperatur-Umwandlungsdiagramm für die isotherme Umwandlung eines Stahles mit 0.42% C, 1.5% Cr, 1.5% V nach Glühung bei 1050°C (nach [14]).

es auch schon bei relativ langsamer Abkühlung nicht zu einer Keimbildung der festen Phase. Der Stoff geht dann stetig aus dem Zustand der Schmelze in den der *unterkühlten Schmelze* und in den **Glaszustand** über. Silicatwerkstoffe (Gläser) und Polymerwerkstoffe werden in einem solchen Zustand verwendet. Abbildung 9.21 zeigt schematisch die Enthalpie oder das Volumen derartiger Stoffe als Funktion der Temperatur für verschiedene Abkühlgeschwindigkeiten. Bei sehr langsamer Abkühlung entsteht eine kristallisierte Phase. Bei schnellerer Abkühlung bildet sich zunächst die unterkühlte Schmelze, deren Existenzbereich von der *Schmelztemperatur* T_S und der *Einfriertemperatur* oder *Glastemperatur* T_E eingegrenzt ist. Bei weiterer Abkühlung wird die *Viskosität* η der Schmelze so groß ($\eta > 10^{12}\,\mathrm{Pa\,s}$), dass eine Umlagerung von Atomen nicht mehr möglich ist. Dann liegt der amorphe Glaszustand vor. Mit steigender Temperatur ist die thermische Ausdehnung im Glaszustand gering, weil nur die anharmonischen thermischen Schwingungen der Atome um die Ruhelage die Ausdehnung bewirken. Im flüssigen Zustand ist die Ausdehnung wesentlich größer, da dort das so genannte freie Volumen auftritt, das mit zunehmender Temperatur ansteigt. Bei sehr schneller Erstarrung (Abkühlgeschwindigkeit $> 10^6\,\mathrm{K\,s^{-1}}$) können sich auch bei Metallen, die normalerweise kristallin erstarren, amorphe Strukturen ergeben, die auch als **metallische Gläser** bezeichnet werden. Die Unterdrückung der Kristallisation ist bei solchen Legierungen besonders leicht möglich, die ein sehr tief liegendes Eutektikum besitzen. Bekannte metallische Gläser haben als eine Komponente ein Übergangsmetall (z. B. Fe, Ni, Pd) und als zweite Komponente ein Nichtmetall (z. B. Si, B, P).

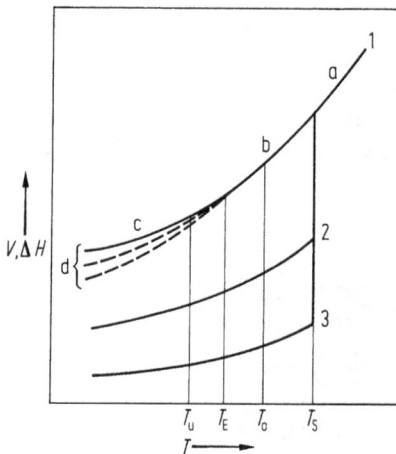

Abb. 9.21 Schematische Darstellung der Eigenschaftsänderungen (zum Beispiel Volumen V oder Enthalpie ΔH) als Funktion der Temperatur bei Silicatgläsern und Polymeren. T_S = Schmelztemperatur, T_E = Einfriertemperatur, T_u, T_o = untere und obere Temperatur des Einfrierbereiches bei Gläsern, je nach betrachteter Eigenschaft verschieden festgelegt, a = Schmelze, b = unterkühlte Schmelze, c = Glaszustand, d = amorphe Polymere verschiedener Abkühlgeschwindigkeit. *Kurve 1:* hohe Abkühlgeschwindigkeit (bei niedrigen Temperaturen amorphes Material), *Kurve 2:* mittlere Abkühlgeschwindigkeit (bei niedrigen Temperaturen teilkristallin), *Kurve 3:* niedrige Abkühlgeschwindigkeit (bei niedrigen Temperaturen kristallin).

9.4.3.2 Polymere Werkstoffe

Die polymeren Werkstoffe bestehen aus langgestreckten Molekülen, in denen sich bestimmte Atomgruppen, die *Monomere*, wie Kettenglieder aneinanderreihen. Die Zahl der Monomeren in einer Kette kann relativ klein sein – bei technischem Polyamid (Nylon) liegt sie zwischen 50 und 500, bei hochmolekularem Polyethylen ist sie sehr groß und kann 10^6 betragen. Einige Monomere, die in häufig vorkommenden Polymeren verwendet werden, sind in Tab. 9.2 in ihren Strukturformeln mit ihren Kurzzeichen, ihren Bezeichnungen und Verwendungen angegeben. Hier sollen nur einige für den Werkstoffzustand wichtige Begriffe genannt werden, da sie für das Verständnis des charakteristischen Verhaltens von Polymeren notwendig sind.

Die *Konstitution* einer Kette gibt Information über den chemischen Aufbau, die Anordnung der Kettenatome und die Art der Verzweigungen. Die gleichzeitige Verbindung chemisch unterschiedlicher Monomere nennt man *Copolymerisation*. Verschiedene Monomere können in regelloser Folge, geordnet oder in einer Aneinanderlagerung von Blöcken aus jeweils einer Art (*Blockcopolymere*) aufeinander folgen. Falls Seitenketten aus einem zweiten Monomer vorhanden sind, spricht man von *Pfropfcopolymeren.*

Unter *Konfiguration* versteht man die Beschreibung der stabilen räumlichen Anordnung – der *Taktizität* – bestimmter Atome oder Atomgruppen relativ zueinander oder längs der Kette. Die Substituenten der Seitengruppen von z. B. linear aufgebauten Polymeren können statistisch regellos, alternierend auf einer und der anderen Seite und nur auf einer Seite angeordnet sein.

Die *Konformation* beschreibt die geometrische Anordnung und Zuordnung der Atomgruppen in der Molekülkette, die durch Drehung um die Richtung der kovalenten Bindung als Achse zustande kommt. Es gibt zwei stabile Lagen, die um 60° oder 120° gegeneinander gedreht sein können. Es sind daher zwei Anordnungen möglich, nämlich die gedeckte, in der in Richtung der kovalenten Bindung die Seitengruppen direkt hintereinander liegen, und die gestaffelte, in der aufeinanderfolgende Gruppen um 60° versetzt sind. Diese Dreizähligkeit in Verbindung mit den Valenzwinkeln zwischen den C-Atomen in der Kettenachse (109°) bewirkt, dass drei verschiedene stabile Anordnungsmöglichkeiten vorhanden sind. Bei der *trans*-Bindung ist die gewinkelte Kette insgesamt gestreckt, bei der *gauche*-Bindung – positiv oder negativ – sind aufeinanderfolgende Kettenglieder um $+120°$ oder $-120°$ gedreht. Durch Kombination mehrerer *gauche*-Bindungen entstehen die so genannten *Kinken* oder die *Kettenfalten* bei Polymerketten. In der Schmelze und im amorphen Zustand wird die Konformation durch ein „statistisches Knäuel" beschrieben.

Die Kristallisation von Polymeren erfolgt um so leichter, je regelmäßiger das Molekül in Kettenrichtung aufgebaut ist. Bei der Abkühlung eines flüssigen Polymers beginnt die Kristallisation häufig an vielen Stellen und wächst von den jeweiligen Keimen radial nach außen. Die typische Struktur des festen Polymers besteht dann aus kugelförmigen *Sphärolithen*. Abbildung 9.22 zeigt derartige Sphärolithe schematisch. Ein so kristallisierter Stoff ist teilkristallin, da zwischen den Lamellen innerhalb der Sphärolithe und auch im Grenzbereich zwischen den Sphärolithen ungeordnete Kristalle vorhanden sind. Verknäulte Kettenmoleküle können sich nicht nur durch Van-der-Waals- oder Wasserstoffbindungen anziehen sondern an den Berührungspunkten auch kovalente Bindungen eingehen. Es entsteht dann ein räum-

Tab. 9.2 Beispiele für polymere Werkstoffe.

Monomer	Kurz-zeichen	Bezeichnung	Beispiele für Verwendungen Namen
$\left[\begin{array}{cc} H & H \\ \mid & \mid \\ C{-}C \\ \mid & \mid \\ H & H \end{array}\right]_n$	PE	Polyethylen	Folien, Kabelisolierung, Behälter, Tragetaschen
$\left[\begin{array}{cc} H & H \\ \mid & \mid \\ C{-}C \\ \mid & \mid \\ H & Cl \end{array}\right]_n$	PVC	Polyvinyl-chlorid	Fußböden, Rohre, Apparate, Fensterrahmen
$\left[\begin{array}{cc} H & H \\ \mid & \mid \\ C{-}C \\ \mid & \mid \\ H & CH_3 \end{array}\right]_n$	PP	Polypropylen	Folien, Platten, Rohre, Hohlkörper
$\left[\begin{array}{cc} H & CH_3 \\ \mid & \mid \\ C{-}C{-}{-} \\ \mid & \mid \\ H & COOCH_3 \end{array}\right]_n$	PMMA	Polymethyl-methacrylat	Verglasungen (Plexiglas), Waschbecken, Zahnfüllungen
$\left[\begin{array}{cc} F & F \\ \mid & \mid \\ C{-}C \\ \mid & \mid \\ F & F \end{array}\right]_n$	PTFE	Polytetra-fluorethylen	Beschichtungen (Teflon), Lager, Kabelisolierungen
$\left[\begin{array}{c} H \qquad\qquad H \\ \mid \qquad\qquad \mid \\ N{-}(CH_2)_6{-}N{-}C{-}(CH_2)_4{-}C \\ \qquad\qquad \| \qquad\qquad \| \\ \qquad\qquad O \qquad\qquad O \end{array}\right]_n$	PA	6,6-Polyamid	Textilfasern (Nylon), Zahn-räder, Leitungen
$\left[\begin{array}{c} CH_3 \\ \mid \\ Si{-}O \\ \mid \\ CH_3 \end{array}\right]_n$	SI	Silicon-kautschuk	Dichtungen, Verfugungsmate-rial im Hochbau, Schläuche

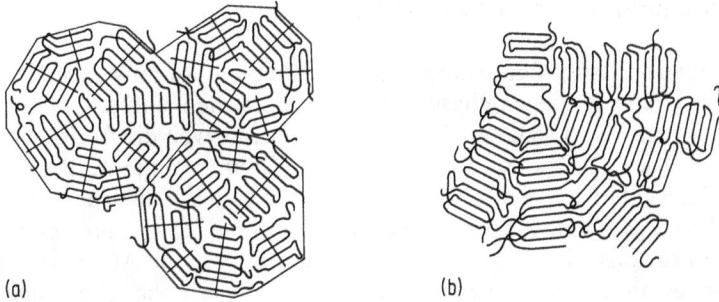

Abb. 9.22 Struktur von Sphärolithen, (a) Überblick, (b) kristalline und amorphe Bereiche innerhalb eines Sphärolithen (nach [15]).

liches Netzwerk mit nicht lösbaren Verknüpfungspunkten. Derartige Polymerwerkstoffe nennt man je nach Vernetzungsart *Elastomere* oder *Duroplaste*. Bei mittlerem Vernetzungsgrad entsteht Hartgummi. Ist die Vernetzung besonders eng, so ist eine Verformung des Materials schwer möglich. Es liegt dann ein Duroplast vor. Die enge Vernetzung erfolgt chemisch oft durch Zugabe von geeigneten Reaktionsmitteln („Härter"). Sind die Moleküle unvernetzt, so spricht man von *Thermoplasten* oder *Plastomeren*. In ihrem Aufbau sind diese teilkristallin oder amorph.

Ähnlich wie verschiedene Metalle durch Mischung eine Legierung ergeben, können auch chemisch unterschiedliche Polymere, z. B. Polyethylen und Polypropylen, gemischt werden und so eine *Polymerlegierung* bilden. Bei Metalllegierungen besteht nur die eine metallische Bindungsart. Da bei Polymerlegierungen aber zwei Bindungsarten wirken, nämlich die kovalente Bindung innerhalb der Haupt- und Seitenketten der Polymermoleküle und die durch van-der-Waals-Kräfte hervorgerufene Nebenvalenzbindung zwischen den Polymermolekülen, ist bei Polymerlegierungen eine größere Variabilität der Eigenschaftsänderungen möglich als bei den Metalllegierungen.

9.4.4 Umwandlungen von Werkstoffen

Für technische Anwendungen müssen Werkstoffe in einem bestimmten Gefüge vorliegen, da dieses in großem Maße die Eigenschaften bestimmt. Das Gefüge wird vor allem durch kontrollierte Temperaturänderung des Werkstoffes (Wärmebehandlung) erzeugt. So erfolgt beim Abkühlen einer Schmelze Erstarrung, die kristallin oder amorph sein kann. Bei Abkühlung eines festen Werkstoffes treten im Allgemeinen ebenfalls Phasenumwandlungen auf. Entsprechend können auch bei der Erwärmung Phasenumwandlungen erfolgen. Grundlagen für diese Vorgänge sind die Zustandsdiagramme (Abschn. 9.4.1), in denen die Phasen als Funktion von Temperatur und Zusammensetzung dargestellt sind.

9.4.4.1 Umwandlung mit Strukturänderung

Bei der Neubildung einer Phase unterscheidet man zwei Vorgänge, die *Keimbildung*, d. h. die Entstehung der neuen Phase in kleinsten Bereichen, und das *Keimwachstum*.

Die neue Phase bildet sich bei Temperaturänderung, weil die freie Enthalpie pro Volumen dabei um ΔG_V kleiner wird, als wenn die ursprüngliche Phase bestehen bliebe. Andererseits wird eine neue Grenzfläche zwischen der neuen und der vorhandenen Phase gebildet, für welche die freie Enthalpie ΔG_{Grenz} notwendig ist. Insgesamt muss für das Eintreten der Keimbildung die Summe $\Delta G = \Delta G_V + \Delta G_{Grenz}$ mit zunehmendem Volumenanteil der neuen Phase abnehmen. Die Folge ist, dass eine Unterkühlung auftreten und für jede Temperatur eine *kritische Keimgröße* vorliegen muss (vgl. Abb. 9.23); erst oberhalb dieser Größe wächst der Keim spontan weiter. Geringe Unterkühlung bedeutet das Entstehen weniger großer Keime, eine starke Unterkühlung bewirkt das Entstehen vieler kleiner Keime. Diese thermodynamische Betrachtungsweise setzt natürlich immer Keime mit einer hinreichend großen Atomzahl voraus. Für einen Keim aus nur wenigen Atomen muss die Anlagerung der Atome an der Grenzfläche eines solchen Clusters besonders betrachtet werden. Die Keimbildung kann auch von anderen physikalischen Parametern, wie Strömungsgeschwindigkeit der Flüssigkeit beim Erstarren, Anwesenheit von Schallschwingungen und starken elektrischen und magnetischen Feldern abhängen.

Bei Polymeren sind bei der Erstarrung verschiedene Keimformen möglich, deren Oberflächenenergie unterschiedlich ist. Es werden dann die Keime zuerst wachstumsfähig, die über die kleinere Oberflächenenergie verfügen. Daher besteht die Vorstellung, dass ein Keim aus gefalteten Makromolekülen im Vergleich zu einem Keim von parallelen Makromolekülen („Bündeln") wegen seiner kleineren Oberflächenenergie leichter wächst. Darin liegt die Ursache für die bei teilkristallinen Polymeren häufig beobachtete *Kettenfaltung*.

Wenn man die Korngröße eines Werkstoffes nicht der Statistik der Keimbildung überlassen sondern z. B. ein besonders gleichmäßiges feines Korn erzielen will, kann man etwa der Schmelze kleine Mengen von Elementen oder einer Legierung zusetzen,

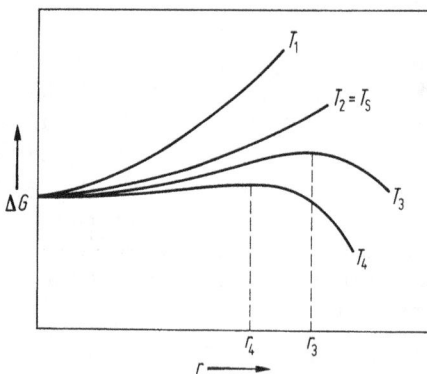

Abb. 9.23 Bildungsenthalpie von Keimen in Abhängigkeit vom Radius r der Keime oberhalb und unterhalb der Schmelztemperatur T_S. $T_1 > T_2 > T_3 > T_4$; r_3, r_4 kritische Keimgrößen.

die als Keimbildner wirken (*Kornfeinung*), z. B. bei Aluminium Al-Ti-B-Legierungen. Durch Erstarrung in einem besonderen Temperaturgradienten kann man auch einen bestimmten Keim schneller wachsen lassen als andere und so einen Einkristall erzeugen.

Bisher wurde vor allem von *homogener Keimbildung* gesprochen. Die Keimbildung wird erleichtert, wenn feste Fremdpartikel in der Schmelze vorhanden sind. An der Wand eines mit einer Schmelze gefüllten Tiegels kann leicht die Ankristallisation erfolgen. Es liegt dann *heterogene Keimbildung* vor. Sie kommt zustande, wenn die Energie einer Grenzfläche, die von der sich bildenden Phase benetzt werden kann, kleiner ist als die der nicht benetzten Grenzfläche.

Beim *Kristallwachstum* eines homogenen Stoffes lagern sich an den vorhandenen Keim mehr neue Atome an als gleichzeitig den Keim verlassen und wieder in die ursprüngliche Phase zurückgehen. Für das Wachstum muss die Temperatur der Grenzfläche unterhalb der Umwandlungstemperatur liegen. Die Grenzflächentemperatur hängt davon ab, wie schnell die Umwandlungswärme Q durch Wärmeleitung abtransportiert werden kann. Die Wachstumsgeschwindigkeit v_w hängt exponentiell von der Grenzflächentemperatur T ab: $v_w = A \exp(-Q/kT)$.

Es sei x der Volumenanteil der kristallisierten Phase und $(1 - x)$ der Anteil der noch nicht umgewandelten Phase. Wenn die Länge r die Abmessung eines Keimes ist, wird $x = A \cdot r^3$. Das Wachstum des Keimes erfolge durch Diffusion. Dann ist $r = \sqrt{B \cdot t}$ (t = Zeit) und die Keimwachstumsgeschwindigkeit $dr/dt = C \cdot (1 - x)/\sqrt{t}$. Der Faktor $(1 - x)$ wird zugesetzt, um den Anteil der noch nicht umgewandelten Phase zu berücksichtigen. Für die Zeitabhängigkeit der kristallisierten Phase ergibt sich dann:

$$\frac{dx}{dt} = \frac{dx}{dr}\frac{dr}{dt}, \quad \text{d. h.} \quad \frac{dx}{dt} = 3Ar^2 C\frac{(1-x)}{\sqrt{t}}.$$

Mit $r^2 = Bt$ erhält man

$$\frac{dx}{dt} = D\sqrt{t}(1 - x), \tag{9.5}$$

wo $D = 3ABC$ das Produkt der Proportionalitätsfaktoren ist. Die Trennung der Variablen und die Integration ergibt dann

$$x = 1 - \exp(-kt^{1.5}), \tag{9.6}$$

mit $k = D/1.5$. Eine Gleichung der Form $x = 1 - \exp(-kt^n)$ beschreibt also die Gesamtkristallisation. Die Kurve $x = f(t)$ ist s-förmig (*Avrami-Kristallisation*) (siehe Abb. 9.24). Auch Polymere kristallisieren in dieser Weise, der Exponent n hat wegen der Faltung der Moleküle einen anderen Wert, oft ist dort $n \approx 3$.

Kompliziert aufgebaute Schmelzen, z. B. geschmolzene Silicatgläser und Hochpolymere, kristallisieren relativ langsam; es vergeht sehr viel Zeit bis Umordnungsprozesse zur Kristallisation führen. Kühlt die Schmelze schnell ab, so kommt es zu einer *Erstarrung ohne Kristallisation*. Die Struktur der Schmelze bleibt erhalten; es bildet sich ohne Keimbildung ein *Glas*. Bei einer Erwärmung kann Glas auch wieder

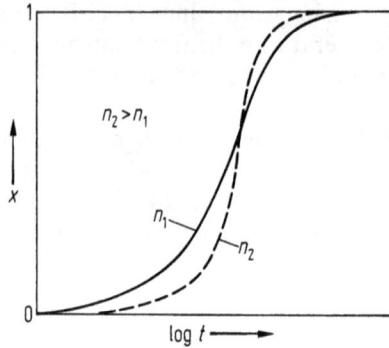

Abb. 9.24 Schematische Darstellung der Zeitabhängigkeit der Phasenumwandlung $(x = 1 - \exp(-kt^n)$, Avrami-Gleichung).

kristallisieren. Bei bestimmten Glaszusammensetzungen entsteht bei kontrollierter Kristallisation dann die *Glaskeramik*.

9.4.4.2 Umwandlung mit Konzentrations- und Strukturänderung

Neben Umwandlungen, bei denen die Zusammensetzung unverändert bleibt, aber die Struktur geändert wird, gibt es auch solche, bei denen die Struktur unverändert bleibt und nur die Zusammensetzung sich ändert. Dies sind z. B. Entmischungsvorgänge in übersättigten Mischkristallen. Allgemein aber erfolgt bei einer Umwandlung sowohl eine Änderung der Zusammensetzung als auch eine Änderung der Struktur.

Liegt eine Schmelze aus mehreren Komponenten vor, so hat im Allgemeinen bei der Erstarrung die feste Phase eine andere Zusammensetzung als die Schmelze. Diese Erscheinung wird beim **Zonenschmelzen** zur Reinigung von Werkstoffen ausgenutzt. Abbildung 9.25 zeigt schematisch einen Teil eines binären Zustandsdiagrammes mit

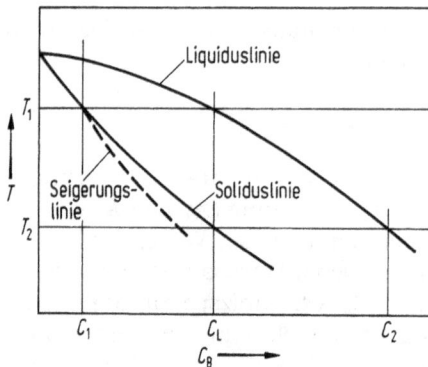

Abb. 9.25 Teil des Zustandsdiagrammes eines Zweistoffsystems mit vollständiger Löslichkeit der Komponenten und Seigerungslinie. Erklärung im Text.

Mischkristallbildung. Bei Abkühlung einer Legierung der Zusammensetzung C_L scheidet sich bei der Temperatur T_1 der Mischkristall der Zusammensetzung C_1 aus. Bei sehr langsamer Gleichgewichtsabkühlung läuft die Zusammensetzung der Schmelze längs der Liquiduslinie zu C_2, die des Mischkristalls längs der Soliduslinie von C_1 nach C_L. Bei $T < T_2$ liegt dann nur der Mischkristall der Zusammensetzung C_L vor. Normalerweise kann sich aber im festen Zustand kein vollständiger Konzentrationsausgleich vollziehen, die Zusammensetzung ändert sich längs der gestrichelten Linie; es findet eine *Seigerung* statt.

Dieser Seigerungseffekt wird beim Zonenschmelzen ausgenutzt (s. Abb. 9.26). Eine Heizvorrichtung erzeugt eine geschmolzene Zone in einem Stab der Zusammensetzung C_L. Die Schmelzzone befindet sich, durch die Oberflächenspannung gehalten, zwischen den beiden festen Teilen und wird durch Bewegung der Heizvorrichtung langsam von links nach rechts bewegt. Sie hinterlässt am linken Stab einen Kristall der Zusammensetzung C_1. Die Komponente B bleibt in der Schmelze und wandert mit der Schmelze nach rechts. Mehrfache Durchgänge von links nach rechts bewirken ein weiteres Abnehmen der Konzentration von B im linken Festkörper. Das Zonenschmelzen besitzt größte Bedeutung für die Herstellung von reinen Halbleiterkristallen aus Si und Ge und hat erst die Halbleitertechnologie ermöglicht.

Phasenumwandlungen im festen Zustand sind für viele Werkstoffe sehr wichtig. Die Wärmebehandlung von Legierungen bewirkt die *Ausscheidung von Phasen* und

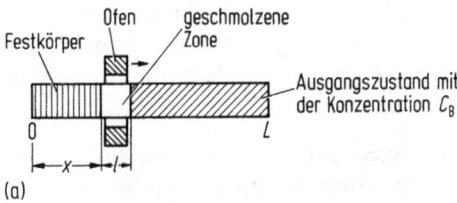

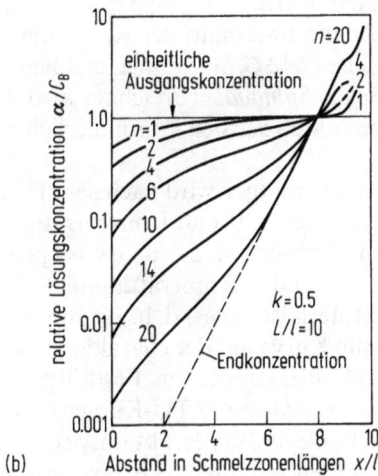

Abb. 9.26 Zonenschmelzen (a) Prinzip, (b) Reinigungseffekt in Abhängigkeit von der Zahl der Durchgänge (nach [16]).

dadurch oft eine mechanische Verfestigung. Beispiele für Werkstoffe mit Ausscheidungen und eine dadurch eintretende *Aushärtung* sind die Al-Cu-Mg-Legierungen (Fahrzeug- und Flugzeugbau) sowie hochwarmfeste Nickellegierungen mit Al- und Ti-Zusätzen zur Bildung der γ'-Phase (Turbinenwerkstoffe). Bei Abkühlung kann die statistisch regellose Verteilung verschiedener Atome in eine geordnete Anordnung ohne Strukturänderung übergehen (*Ordnungsumwandlung*), wie sie z. B. bei Cu-Zn-Legierungen (β-Messing) vorkommt. Wenn sich neue Phasen bilden, sind sie oft nicht die thermodynamisch stabilen sondern Zwischenzustände. Gerade diese sind aber technisch, z. B. wegen der Festigkeitssteigerung, bedeutsam.

Zusätzlich zu der Änderung der freien Enthalpie, des Volumens und der Grenzfläche spielen für die Ausscheidung im Festkörper weitere Parameter eine wichtige Rolle:

1. Wenn das spezifische Volumen der neuen Phase sich von dem der alten Phase unterscheidet, muss der elastische Anteil der Volumenenergie mit berücksichtigt werden.
2. Es ist bedeutungsvoll, ob die Ausscheidung *kohärent*, d. h. mit einer sich in den Ausgangskristall gut einfügenden Struktur, oder *inkohärent* erfolgt, d. h. in einer nicht passenden und dadurch eine neue Phasengrenze erzeugenden Struktur.
3. Eine Ausscheidung kann *homogen*, d. h. gleichmäßig im Volumen, oder *heterogen*, d. h. an besonderen Stellen wie Korngrenzen oder Versetzungsanhäufungen, erfolgen. Eine heterogene Ausscheidung erfordert eine geringere Übersättigung.
4. Eine Ausscheidung kann *kontinuierlich*, d. h. durch thermische Schwankungen an vielen einzelnen Stellen mittels Keimbildung und -wachstum, stattfinden oder *diskontinuierlich*, d. h. nur längs einer einzigen, sich in die übersättigte Matrix hineinschiebenden Ausscheidungsfront.

In bestimmten Bereichen der Zusammensetzung von Mischkristallen, nämlich solchen, wo die Krümmung der freien Enthalpie ΔG als Funktion der Zusammensetzung c negativ ist, ist jede Konzentrationsänderung mit einem Enthalpiegewinn verbunden. Die Verbindungsgerade zwischen den Werten der freien Enthalpie der neuen Zusammensetzungen liegt in diesem Fall dann unterhalb der Kurve der alten Zusammensetzung. Die Temperaturen, bei denen $\partial^2 \Delta G/\partial c^2 = 0$ ist, ergeben als Funktion der Zusammensetzung eine Kurve, die als *Spinodale* bezeichnet wird. Innerhalb der Spinodalen können sich also ohne Keimbildungsarbeit kontinuierlich homogene Ausscheidungen bilden.

Die Wachstumsgeschwindigkeit von Ausscheidungen wird nach dem 1. Fick'schen Gesetz durch das Produkt aus Diffusionskoeffizient D und Konzentrationsgradient dc/dx bestimmt. D nimmt mit steigender Temperatur zu; dc/dx ist proportional dem Übersättigungsgrad der Lösung. Mit steigender Temperatur nimmt dieser Wert ab. Daher ergibt sich für die Größe des Materialstromes, d. h. für die Wachstumsgeschwindigkeit, die in Abb. 9.27 dargestellte Kurve mit der charakteristischen „Nase". Diese Kurvenform ist typisch für viele Reaktionen im Festkörper. Beispiele hierfür sind die *Zeit-Temperatur-Umwandlungskurven* (ZTU-Kurven) von Stählen (siehe Abb. 9.20). Die Spitze der Nase, d. h. die größte Reaktionsgeschwindigkeit, entsteht durch die Überlagerung der genannten gegenläufigen Tendenzen.

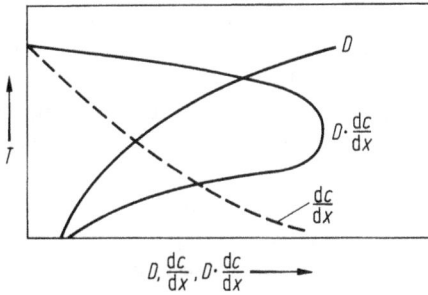

Abb. 9.27 Temperaturabhängigkeit des Diffusionskoeffizienten D, des Konzentrationskoeffizienten $\mathrm{d}c/\mathrm{d}x$ und des Produktes $D \cdot (\mathrm{d}c/\mathrm{d}x)$ (schematisch).

9.4.4.3 Diffusionslose Umwandlung (Martensitumwandlungen)

Bei einer diffusionslosen Umwandlung erfolgt die Phasenveränderung durch eine gemeinsame koordinierte Bewegung von vielen Atomen, wobei die meisten Atome dieselben Nachbarn nur in anderer Anordnung behalten. Die wichtigste Umwandlung dieser Art kommt bei der α-γ-Umwandlung von Stählen vor. Die entstehende Phase wird dort *Martensit* genannt; daher wird die diffusionslose Umwandlung auch als Martensitumwandlung bezeichnet. Tabelle 9.3 zeigt einige Beispiele. Die Keime für die Martensitumwandlung können Stapelfehler oder besondere Versetzungsanordnungen sein. Die Keimbildung ist also heterogen. Die Keimbildungsarbeit wird durch die Verzerrungsenergie bestimmt. Daher setzt die Umwandlung erst bei einer relativ starken Unterkühlung ein. Die jeweilige Umwandlungstemperatur nennt man Martensittemperatur.

Bei dem Wachstum der Phase verlagert sich jedes Atom um eine Strecke, die kleiner als die Gitterkonstante ist. Der Prozess läuft mit der Geschwindigkeit ab, mit der eine elastische Störung sich im Gitter fortbewegen kann, d. h. mit Schall-

Tab. 9.3 Martensitumwandlungen (diffusionslose Umwandlungen).

Metall bzw. Legierung	Strukturänderung	
Fe–C	kubisch flächenzentriert	→ tetragonal raumzentriert
Fe–Ni	kubisch flächenzentriert	→ raumzentriert
Cu–Al	kubisch raumzentriert	→ verzerrt hexagonal
Cu–Sn	kubisch raumzentriert	→ tetragonal flächenzentriert
Au–Cd	kubisch raumzentriert	→ orthorhombisch
In–Tl	kubisch flächenzentriert	→ tetragonal flächenzentriert
Co	kubisch flächenzentriert	→ hexagonal
Ti	kubisch raumzentriert	→ hexagonal
U	kubisch raumzentriert	→ orthorhombisch

geschwindigkeit. Die umgewandelte Phase hat oft die Form von Platten, die im Schliffbild wie Nadeln aussehen. Da die alte und neue Phase kristallographisch einander zugeordnet werden können, ist eine beiden Phasen gemeinsame Ebene, die Habitusebene, vorhanden. Die Phasenumwandlung kann bezüglich dieser Ebene als eine Scherung zusammen mit einer Volumenänderung aufgefasst werden. Die Martensitumwandlung läuft bei einer vorgegebenen Temperatur nur so weit ab, bis durch die steigende Verzerrungsenergie bei der Umwandlung diese zum Stillstand kommt. Für eine weitere Umwandlung ist eine erneute Temperaturerniedrigung notwendig. Erst bei der sog. *unteren Martensittemperatur* kann die Umwandlung vollständig ablaufen.

Die *Martensitumwandlung* in Stählen ist besonders häufig untersucht worden. Das Eisen-Kohlenstoff-Diagramm (Abb. 9.16) zeigt, dass bei der eutektoiden Zusammensetzung von 0.8 % C bei 723 °C sich *Austenit* zu *Ferrit* und *Zementit* umformt. Da der *Austenit* mehr Kohlenstoff löst als der *Ferrit*, muss der Kohlenstoff für diese Gleichgewichtsumwandlung beträchtliche Wege durch Diffusion zurücklegen. Wenn die Abkühlung schnell erfolgt, ist diese Diffusion nicht möglich. Der übersättigte *Austenit* bleibt erhalten, bis schließlich bei weiterer Abkühlung die *Martensitumwandlung* einsetzt. Der kristallographische Zusammenhang ist dadurch gegeben, dass man die kubisch flächenzentrierte Struktur des *Austenits* als raumzentrierte tetragonale Struktur auffassen kann. Die Kohlenstoffatome sitzen dabei in der Mitte der c-Achsen. Sie verlängern die c-Achse etwas über die Länge, die dem kubisch raumzentrierten Kristall entsprechen würde, und verkürzen die beiden auf dieser Achse senkrechten Gitterabstände (a-Achse). In der einfachsten Vorstellung werden bei der Martensitbildung die c-Achsen komprimiert und die a-Achsen ausgedehnt. Mit dieser Vorstellung können nicht alle Erscheinungen erklärt werden. Nach moderneren Auffassungen können zwei komplizierte Deformationen den Vorgang genauer beschreiben.

9.4.5 Wärmebehandlung von Werkstoffen

Die technische Bedeutung der Phasenumwandlung im festen Zustand ist sehr groß, da die Strukturen und die Eigenschaften der Werkstoffe durch gesteuerte Phasenumwandlungen in weiten Grenzen beeinflusst werden können. Die wesentlichen Schritte sind dabei das Erhitzen auf hohe Temperaturen (*Homogenisieren, Lösungsglühen*), schnelles oder langsames Abkühlen (Erzeugen der verschiedenen Phasenumwandlungen) und Auslagern bei erhöhten Temperaturen (weitere Beeinflussung des Gefüges). Bei amorphen Metallen, Gläsern und Polymeren kann eine Kristallisation eingeleitet werden; kristalline und teilkristalline Polymere können eine Änderung der Koordinationszahl (*Nahordnungsumwandlung*) oder eine Verschiebung der Kettenmoleküle (*Fernordnungsumwandlung*) erleiden.

Vor allem die mechanischen Eigenschaften der Werkstoffe hängen von derartigen Wärmebehandlungen ab. Wenn z. B. in Metallen Ausscheidungen im Abstand von ca. 10 nm auftreten, können diese mit den Versetzungen in Wechselwirkung treten und das Material fester machen. Auch elektrische und magnetische Eigenschaften können in großem Maße durch Wärmebehandlung beeinflusst werden. Die Bedeutung der Eisenlegierungen für die Technik hängt vor allem damit zusammen, dass

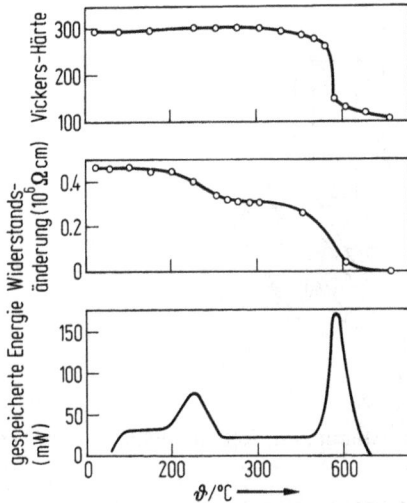

Abb. 9.28 Erholung von Nickel, das zuvor durch Torsion verformt wurde, beim Erhitzen mit der Geschwindigkeit 6 K/min (nach [17]).

in Eisen die $\alpha - \gamma$-Umwandlung auch durch die verschiedenen Legierungselemente beeinflusst werden kann.

9.4.6 Erholung und Rekristallisation

Alle Gitterfehler, die sich in einem Werkstoff nicht im thermodynamischen Gleichgewicht befinden, können bei höheren Temperaturen ausheilen. Gitterfehler entstehen in Werkstoffen z. B. bei der Herstellung (Korn- und Phasengrenzen bei der Erstarrung), bei der Verarbeitung (Verformung) und beim Gebrauch (z. B. Bestrahlung in einem Reaktor). Häufig sollen die durch die Gitterfehler verursachten Eigenschaftsveränderungen rückgängig gemacht werden. Die wichtigste Methode hierfür ist die Temperaturerhöhung, da dann durch thermische Aktivierung ein Abbau der Gitterfehler eintritt. Diesen Vorgang nennt man *Erholung*. Sie erfolgt in Stufen und besteht bei Metallen vor allem im Ausheilen von Leerstellen, Zwischengitteratomen und in der Umordnung von Versetzungen (Quergleiten von Schraubenversetzungen und Klettern von Stufenversetzungen). Abbildung 9.28 zeigt als Beispiel Erholungskurven. Die Kornstruktur bleibt bei der Erholung erhalten. In einem Reaktor kann die durch Bestrahlung z. B. in Graphit erzeugte hohe Defektkonzentration bei Temperaturerhöhung ausheilen und dann seinerseits die Temperatur vergrößern. Beim Ausheilen der Defekte können sich Keime neuer, störungsarmer Kristallite bilden, die in die Bereiche hoher Gitterfehlerdichte hineinwachsen. Es liegt dann eine *Rekristallisation* vor. Die Tendenz dazu steigt mit der Temperatur und mit der Dichte der Gitterfehler. Dadurch wird die endgültige Korngröße von der Gitterfehlerdichte, die z. B. proportional dem Verformungsgrad ist, und der Temperatur abhängig. Abbildung 9.29 zeigt ein Rekristallisationsdiagramm.

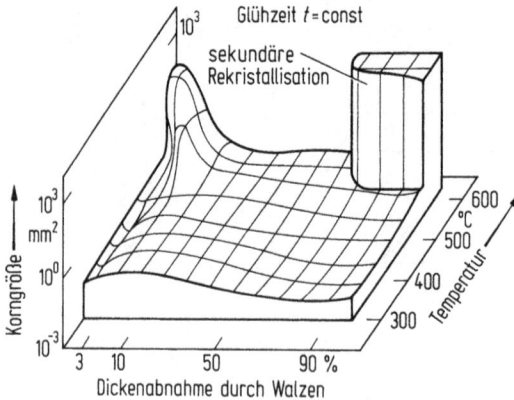

Abb. 9.29 Rekristallisationsdiagramm von Aluminium, Reinheit 99.6% (nach [18]).

Durch Rekristallisationsvorgänge in bestimmten Gläsern, z. B. im System Li_2O – Al_2O_3 – SiO_2, wird Glaskeramik erzeugt. Die Zahl der Keime sollte dabei groß sein, um eine gute Festigkeit zu erzeugen. Glaskeramische Werkstoffe dehnen sich als Funktion der Temperatur weniger aus als Quarzglas. Sie werden z. B. für Kochplatten und für Kochgefäße verwendet.

Rekristallisation tritt nicht nur in metallischen Werkstoffen auf. Halbleiterschichten, die Defekte enthalten, rekristallisieren bei Temperaturerhöhung. In kristallinen Polymerwerkstoffen mit Gitterfehlern erfolgt auch ein Kristallwachstum. Bei den schwach und stärker vernetzten Elastomeren macht sich die mit steigender Temperatur erhöhte Molekülbewegung durch Eigenschaftsänderungen bemerkbar. Es kommt aber dort im Allgemeinen nicht zu einer Kristallisation.

Die Orientierungsverteilung der Kristallite bzw. Körner der rekristallisierten Werkstoffe ist für die Werte von Eigenschaften wichtig. Diese Verteilung nennt man *Rekristallisationstextur*. Sie kann je nach Verformung bei Metallen (z. B. Walzen oder Ziehen) sehr unterschiedlich sein (*Walztextur*, *Ziehtextur*).

Nach der Rekristallisation kann bei weiterer Wärmebehandlung die vorhandene Kornstruktur sich noch einmal ändern, indem durch Wachstum nur weniger Körner viele Korngrenzen verschwinden und dadurch ein thermodynamisch noch stabilerer Zustand auftritt. Man spricht von *Sekundärrekristallisation*.

9.5 Werkstoffprüfung

9.5.1 Grundlagen

Um einem Konstrukteur Daten über die Eigenschaften eines Werkstoffes an die Hand zu geben, sind definierte Prüfmethoden zur Bestimmung der Werte dieser Daten notwendig. Sie sind in der Regel durch Normung festgelegt [19]. *Technische Prüfungen* ergeben Werte, die für die Verwendung der Werkstoffe wichtig sind. Diese technischen Werte sind aber häufig physikalisch nicht eindeutig durch einen wünschenswerten Parameter definiert. So ist z. B. die Härte der Widerstand, den ein Werkstoff dem Eindringen eines anderen Körpers entgegensetzt. Das Eindringen wird aber von mehreren Parametern bestimmt, wie z. B. Verfestigung, Streckgrenze und Richtung des Eindringens. Trotzdem ist die Härte eine wichtige technische Größe, da es Regeln gibt, mit denen z. B. bei Stählen aus der Härte die Streckgrenze abgeschätzt werden kann.

Die Kennzahlen sind auch von dem Zustand des Werkstoffes abhängig. Dieser ist nicht nur durch die Zusammensetzung, sondern auch durch die Vorbehandlung der Versuchsprobe, z. B. durch die Wärmebehandlung oder die Verformung, abhängig. Um die erhaltenen Kennzahlen zu verstehen und beeinflussen zu können, ist der Zusammenhang zu den physikalischen Grundlagen, wie z. B. Struktur, Gefüge, Bindungsart, Elektronenzustände wesentlich. Erst dann können physikalisch begründet die Kennzahlen verändert und optimiert werden. In der Praxis wird allerdings häufig empirisch vorgegangen.

Die Werkstoffprüfung umfasst zahlreiche Verfahren, da im Prinzip jede Eigenschaft eines Werkstoffes zur Prüfung verwendet werden kann. Es gibt mechanisch-zerstörende, zerstörungsfreie, metallographische, chemische, physikalische, technologische und viele andere Prüfungen. Es kommt auch auf die Beanspruchungsarten an: kurzzeitige oder langzeitige Prüfung, Temperatur, Druck usw. Oft genügt nicht eine Prüfung, sondern weil die Einzelwerte wegen der nicht vermeidbaren Zustandsunterschiede der Werkstoffe streuen, sind viele Prüfungen notwendig. Dann muss eine statistische Auswertung erfolgen.

9.5.2 Mechanische Prüfverfahren

9.5.2.1 Spannung und Dehnung

Der wichtigste Versuch zur Bestimmung der mechanischen Eigenschaften ist der *Zug-* bzw. *Druckversuch*. Die Probe ist ein in den Abmessungen (Länge *l*, Querschnitt *A*) genormter Stab, der einer zeitlich ansteigenden Kraft *F* ausgesetzt wird. Außer der Kraft wird die Verlängerung Δl gemessen. Da in erster Näherung das Volumen der Probe konstant ist, tritt bei Zug eine Querschnittsverringerung ein, die ebenfalls gemessen werden kann. Man kann die Kraft auf den Ausgangsquerschnitt oder auf den jeweiligen Querschnitt beziehen, um die Spannung $\sigma = F/A$ zu erhalten. Die Verlängerung ergibt die Dehnung $\varepsilon = \Delta l/l$. Ein Diagramm $\sigma = \mathrm{f}(\varepsilon)$, das sog. *Spannungs-Dehnungs-Diagramm*, kennzeichnet die wichtigsten mechanischen Eigenschaften eines Werkstoffes. In Abb. 9.30 sind schematisch Spannungs-Dehnungs-Kurven für die verschiedenen Werkstoffgruppen angegeben. Der Bereich, in dem Spannung und Dehnung proportional sind, ist der *elastische Bereich*. Die Steigung der Geraden ist der Elastizitätsmodul *E*. Für das Ende dieses Bereiches gibt es mehrere Definitionen: Die *Proportionalitätsgrenze* gibt die Spannung σ_P an, bis zu welcher die Dehnung proportional mit der Spannung wächst. Da diese Spannung schwer zu bestimmen ist, wurde die *Streckgrenze* bzw. Fließspannung eingeführt als die Spannung, bei der eine bestimmte bleibende Dehnung nach Entlastung auftritt, z. B. 0.01 % ($R_{p\,0.01}$) oder 0.2 % ($R_{p\,0.2}$). Die *Zugfestigkeit* R_m ist die Spannung, die sich aus der höchsten Kraft und dem Anfangsquerschnitt ergibt.

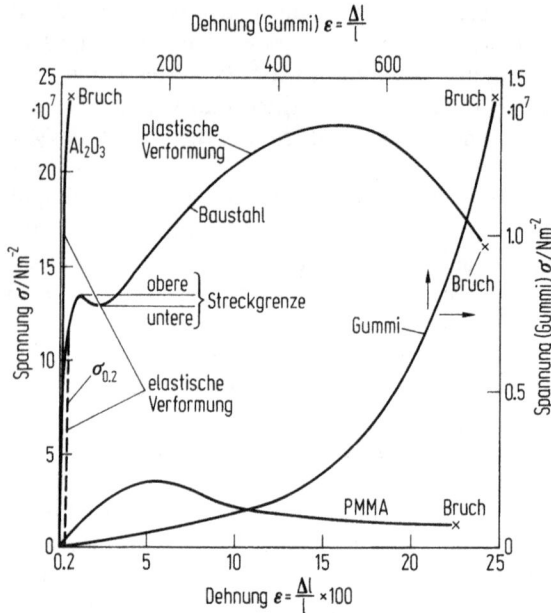

Abb. 9.30 Spannungs-Dehnungs-Kurven verschiedener Werkstoffe (nach [20]).

Wenn die Spannung weiter steigt, wird die Spannungserhöhung nicht mehr durch eine Verfestigung ausgeglichen. Die Probe dehnt sich nicht mehr gleichmäßig, sondern schnürt sich an einer Stelle ein, bis es zum Bruch kommt. In Abb. 9.30 ist die Spannung auf den Ausgangsquerschnitt bezogen. Daher sinkt die Spannung mit höheren Dehnungswerten. Wenn auf den jeweiligen Querschnitt bezogen wird, steigt sie weiter bis zum Maximalwert beim Bruch an. Man erkennt, dass keramische Werkstoffe spröde sind, d. h. sie zeigen vor dem Bruch keine plastische Verformung, dass Metalle elastische und plastische Verformung zeigen, wobei Stähle eine obere und untere Streckgrenze besitzen, und dass Polymerwerkstoffe eine wesentlich größere Dehnung bei wesentlich kleineren Spannungen zeigen können.

Die plastische Verformung erfolgt bei kristallinen Werkstoffen in *Gleitebenen* in bestimmten *Gleitrichtungen*. Es sind dann wesentlich der Winkel φ zwischen Gleitebenennormale und Stabachse und der Winkel ψ zwischen Gleitrichtung und Stabachse. Physikalisch interessiert nicht so sehr die Spannungskomponente σ_0 in Stabrichtung, sondern die Spannung in der Gleitebene in Gleitrichtung. Es ist, wenn man beispielsweise einen Einkristall untersucht, dessen Orientierung bekannt ist, $\sigma = \sigma_0 \cdot \cos\varphi \cdot \cos\psi$. Man erhält dann aus der makroskopischen Spannungs-Dehnungs-Kurve die physikalisch interessantere *Schubspannungs-Abgleitungskurve*. Das Produkt $\cos\varphi \cdot \cos\psi$ wird *Schmid-Faktor* genannt. Während der Verformung ändert er seinen Wert, da sich die Gleitebenen zur Achsenrichtung der Probe hindrehen. Neben der Orientierung der Probe haben die Temperatur und die Abgleitgeschwindigkeit à auf die Verformung wesentlichen Einfluss. Hält man à konstant, so nennt man das einen *dynamischen Zugversuch*, hält man σ konstant, so spricht man von einem *statischen Zugversuch*.

Wirkt auf einen Werkstoff für lange Zeit eine konstante Kraft, die eine plastische Verformung hervorruft, so tritt *Kriechen*, eine langsame Verformung, ein. Für derartige *Zeitstandsversuche* gibt es spezielle *Kriechprüfstände*, die häufig mit der Möglichkeit der Erwärmung der Proben gekoppelt sind, da Kriechen besonders bei hohen Temperaturen auftritt. Im *Entspannungsversuch* wird die Abnahme der Kraft bei konstanter Verformung, d. h. die *Relaxation* bestimmt.

9.5.2.2 Härte

Ein besonders häufig angewandtes Prüfverfahren ist die Härtemessung, da es besonders einfach durchzuführen ist. Die Härte ist der Widerstand eines Werkstoffes gegen das Eindringen eines anderen Körpers, auf den eine Kraft W einwirkt. Eine grobe Information gibt die Mohs'sche Härteskala. Hier sind Werkstoffe dadurch geordnet, dass ein harter Werkstoff einen weicheren ritzt. Diese Skala erstreckt sich von 1 (Talk) bis 10 (Diamant). Genauere Werte werden mit speziellen Eindringkör-

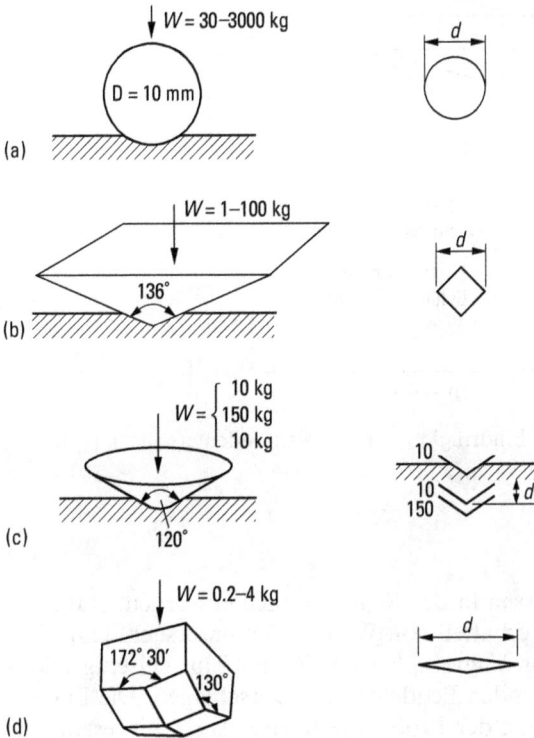

Abb. 9.31 Methoden der Härtemessung (nach [21]).
(a) Brinell und Meyer: Die Eindringkraft W wird für eine Größe $d = 2.5\,\text{mm} - 5\,\text{mm}$ eingestellt. $H_B = W/\text{gekrümmte Fläche} = 2\,W/\pi D[D - \sqrt{(D^2 - d^2)}]\ \text{kg/mm}^2$. $H_M = W/\text{projizierte Fläche} = 4\,W/\pi d^2\ \text{kg/mm}^2$. (b) Vickers: W wird auf einen Wert $d = 0.5\,\text{mm} - 1\,\text{mm}$ eingestellt. $H_V = W/\text{Pyramidenfläche} = 1.854\,W/\pi d^2\ \text{kg/mm}^2$ (c) Rockwell: $H_R = $ Differenz der Eindringtiefen zwischen 1. und 2. Belastung. (d) Knoop: $H_K = W/\text{projizierte Fläche} = W/0.0703\,d^2$.

pern ermittelt. Das ist auch unter dem Mikroskop möglich, wo einzelne Gefügebestandteile gesondert untersucht werden können (Mikrohärte). Abbildung 9.31
zeigt schematisch die wichtigsten Verfahren. Da die Härte in der Regel zur Festigkeit
proportional ist, ergibt sich durch diese Messung schnell ein Wert für die Festigkeit
des Werkstoffes. Die Härte ist aber physikalisch schlecht definierbar, da die Beanspruchung nicht eindimensional – wie beim Zugversuch – sondern mehrdimensional
erfolgt und auch die Reibung zwischen Eindringkörper und Werkstoff eine Rolle
spielt.

Wegen der in den letzten Jahren zunehmenden Verkleinerung der Bauteile ist die
Untersuchung mechanischer Eigenschaften im Submikrometerbereich mithilfe eines
Nanoindenters von zunehmender Bedeutung. Eine Diamantspitze wird in das zu
untersuchende Material eingedrückt, und die Eindringtiefe sowie die beim Eindringen ansteigende Last werden kontinuierlich aufgezeichnet. Abbildung 9.32 zeigt
schematisch die so erhaltene *Last-Eindringkurve*. Mit dieser Messmethode ergibt
sich nicht nur ein Härtewert, sondern auch die Fließspannung und die Energie, die
bei der elastischen und plastischen Verformung aufgewendet wurde.

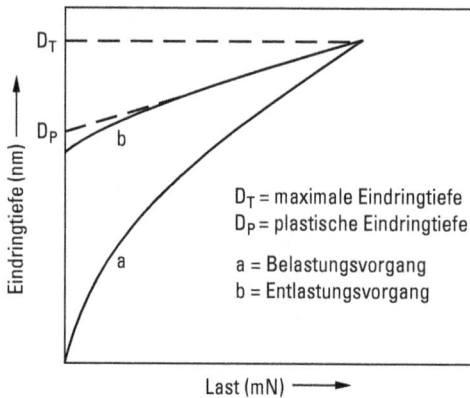

Abb. 9.32   Idealisierte Last – Eindringkurve eines Nanoindenters (nach [22]).

9.5.2.3 Bruch

Brüche in Werkstoffen müssen in der Regel vermieden werden. Daher wird in besonderer Weise das Bruchverhalten von Werkstoffen untersucht [23]. Ein einfacher
Versuch hierzu ist der *Kerbschlagveruch* nach *Charpy*. Eine einseitig gekerbte Probe
wird durch einen herabfallenden Pendelhammer zerschlagen. Die Energie zur Verformung und Durchtrennung der Probe, die Kerbschlagarbeit, ergibt sich aus der
Differenz der kinetischen Energie des Pendelhammers vor und nach der Trennung.
Die Versuchsprobe kann erhitzt oder gekühlt werden, so dass mit dieser Methode
die Temperaturabhängigkeit des Bruchverhaltens – der Übergang spröde-duktil –
ermittelt werden kann.

Werkstoffe enthalten in der Regel Fehler, an denen sich Risse bilden können, die
bei entsprechender Beanspruchung zum Bruch führen können. Zur Bestimmung

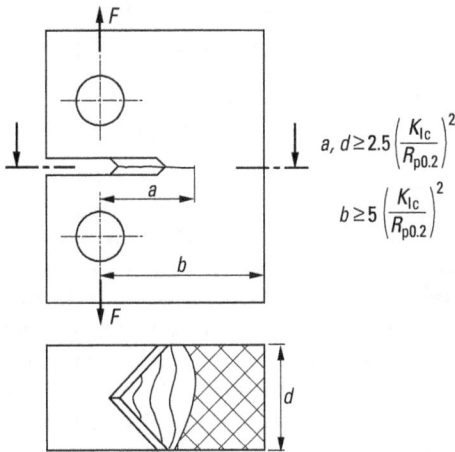

$$a, d \geq 2.5 \left(\frac{K_{Ic}}{R_{p0.2}}\right)^2$$

$$b \geq 5 \left(\frac{K_{Ic}}{R_{p0.2}}\right)^2$$

Bergmann/Schaefer, Bd.6, 2. Aufl.
Abb. 09.33

Abb. 9.33 Kompakt-Zugprobe (CT-Probe, Compact-Tension-Probe) (nach [23]).

der Rissausbreitung wird ein spezieller Kompakt-Zugversuch durchgeführt, der zur Messung des *Spannungsintensitätsfaktors K* führt. Die Versuchsproben haben eine besondere Form, siehe Abb. 9.33. Diese Proben, deren Abmessungen erst iterativ bei den Versuchen ermittelt werden müssen, weil die Bruchzähigkeit dazu bekannt sein muss, enthalten eine winkelförmige Kerbe, an deren Spitze durch Wechselbeanspruchung ein Anriss bestimmter Länge eingebracht werden muss. Diese so vorbereiteten Proben werden bei Versuchen der sog. Rissöffnungsart I im Zugversuch zerrissen. Die Messgröße ist die Spannung, bei der sich der Riss plötzlich ausbreitet. Weiter wird während der Spannungserhöhung bis zum Bruch die Kerbaufweitung gemessen. Mithilfe der theoretischen Vorstellungen aus der Bruchmechanik (siehe Abschn. 9.6.6.2) über die plastische Verformung an der Riss-Spitze wird die Bruchzähigkeit, für die geschilderte Anordnung der Rissöffnung in Normalspannungsrichtung (Fall I) also der K_{IC}-Wert, berechnet. Gemäß der Vorschrift über die Probendimensionen – siehe Abb. 9.33 – ergeben sich für Stähle sehr große Probendimensionen. Daher sind derartige Versuche sehr aufwändig.

9.5.2.4 Schwingende Beanspruchung

Werkstoffkennwerte, die im Zugversuch bestimmt werden, gelten für eine einmalige stetig größer werdende Zugbelastung, wobei unterschieden wird, ob mit konstanter Spannungsgeschwindigkeit oder konstanter Dehnungsgeschwindigkeit gearbeitet wird. Viele technische Werkstücke werden aber dynamisch, d.h. mit wechselnden Spannungen beansprucht. Für derartige Wechselbeanspruchungen gibt es spezielle Maschinen und entsprechende Verfahren. Z.B. wird in einer *Umlaufbiegemaschine* eine zylinderförmige Probe auf Biegung beansprucht und gleichzeitig gedreht. Eine periodisch sich ändernde Zug-Druck-Belastung einer Probe erfolgt in sog. *Zug-Druck-Pulsern.*

9.5.3 Zerstörungsfreie Prüfung

Die zerstörungsfreie Prüfung von Werkstücken dient in der Regel nicht dazu, Werkstoffeigenschaften allgemein zu ermitteln, sondern Eigenschaften oder Fehler eines Werkstückes vor Inbetriebnahme oder während des Betriebes zu erkennen. Kleine Fehlstellen im Material, z. B. Risse, Poren, Inhomogenitäten der Zusammensetzung und lokale Eigenspannungsmaxima können zu Verlusten der Festigkeit führen. Die Fehlstellen müssen vor Inbetriebnahme des Werkstückes und nach bestimmten Nutzungsdauern überprüft werden, um die Betriebssicherheit zu gewährleisten. Zur Untersuchung werden u. a. benutzt: Absorption von Röntgen-, Gamma- und Neutronenstrahlung, Reflexion von Ultraschallwellen sowie magnetische und elektrische Eigenschaften.

9.5.3.1 Analyse mit Röntgen-, Gamma- und Neutronenstrahlung

Es wird die Absorption dieser Strahlungen gemessen, die i. A. einer e-Funktion folgt ($I = A \exp(-\mu x)$, $I =$ Strahlstärke nach Durchgang durch das Material, $A =$ auffallende Strahlstärke, $\mu =$ Absorptionskoeffizient, $x =$ Dicke des durchstrahlten Materials). I wird durch unterschiedliche Dicke, Hohlräume (Lunker, Poren) und durch Unterschiede der Zusammensetzung (Seigerungen) beeinflusst. Solche Fehler können somit gewissermaßen durch ihren Schattenriss festgestellt werden. Die Registrierung von I erfolgt durch Filme und vor allem durch elektronische Bildverstärker. Besonders Schweißnähte von Blechen, Röhren und Behältern werden so überprüft. Wird das Werkstück während der Aufnahme bewegt und synchron dazu I gemessen, so kann aus den Schattenwürfen rechnerisch der Fehler analysiert werden. Es handelt sich dabei um die Computer-Tomographie. Das Messprinzip ist in Abb. 9.34 angegeben.

Die beobachtbare Größe der Fehler wird bei dieser Methode bestimmt vom Fokusdurchmesser der Röntgenröhre, der Ortsauflösung des Detektors und dem geo-

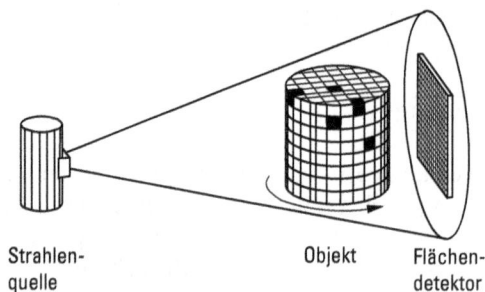

Strahlen-   Objekt   Flächen-
quelle   detektor

Abb. 9.34 Prinzip der 3D-Computer-Tomographie (nach [24]).

metrischen Vergrößerungsverhältnis. Außerdem ist das Verhältnis von Bildkontrast zu Oberflächenkontrast wesentlich. Gegenwärtig wird eine Ortsauflösung von ca. 20 µm erreicht. Die Dichteauflösung liegt bei 5 %.

9.5.3.2 Eigenspannungen

Obwohl auf ein unbeanspruchtes kräftefreies Werkstück keine von außen angelegten Spannungen wirken, sind häufig im Innern und in Oberflächenbereichen sog. Eigenspannungen vorhanden, die Einfluss auf die Eigenschaften haben. Sie entstehen durch die Art der Herstellung des Werkstückes (Verformung und Wärmebehandlung). Besonders in der Nähe von Schweißnähten liegen derartige Spannungen vor. Sie können bei Beanspruchung des Werkstückes zu Schäden führen, da von den Eigenspannungsbereichen Rissbildung und Korrosion ausgehen können. Andererseits können z. B. Druckeigenspannungen in Oberflächenbereichen eine Rissausbreitung verhindern. Die Bestimmung von Eigenspannungen ist daher ein wichtiges Gebiet der Werkstoffprüfung [25]. Man unterscheidet Eigenspannungen 1. Art (relativ homogen in größeren Werkstoffbereichen), 2. Art (homogen in kleinen Bereichen wie z. B. in einzelnen Körnern) und 3. Art (homogen im Bereich der Atomabstände).

Die Eigenspannungen im elastischen Bereich in Oberflächennähe werden durch röntgenographische Bestimmung der Gitterabstände ermittelt. Aus diesen Abständen ergeben sich über das Hooke'sche Gesetz die Spannungen. Die Messung der reflektierten Röntgenstrahlung erfolgt bei verschiedenen Winkeln ψ gegenüber dem Oberflächenlot der Probe ($\sin^2 \psi$-Methode). Eigenspannungen im Innern werden mit Neutronenstrahlung untersucht. Die neuere Entwicklung zielt darauf hin, möglichst kleine Bereiche eines Werkstückes, also Eigenspannungen 2. und 3. Art zu untersuchen. Die Bestimmung von phasenspezifischen Mikroeigenspannungen in mehrphasigen Werkstoffen und eine Optimierung derartiger Eigenspannungen kann die Lebensdauer von Werkstücken vergrößern.

9.5.3.3 Ultraschall-Prüfung

Die Prüfung mit Ultraschall ist ebenfalls eine Durchstrahlung des Werkstoffes. Sie geschieht mit Schallwellen im Frequenzbereich zwischen 1 MHz und 25 MHz. Für Stahl mit einer Schallgeschwindigkeit von $v = 6 \cdot 10^3 \, \text{m/s}$ und einer Frequenz von $f = 10 \, \text{MHz}$ haben die Wellen eine Größe von $\lambda = 0.6 \, \text{mm}$ gemäß der Beziehung $v = \lambda f$. Dies ist also etwa in diesem Fall die Auflösungsgrenze. Zur Fehlererkennung dient die reflektierte Strahlung, da an den Grenzflächen zu Vakuum, anderen Phasen und Materialien die Schallwellen reflektiert werden. Da die Absorption in der Regel gering ist, ergeben sich Eindringtiefen in der Größenordnung von 10 cm. Es wird meistens ein Impuls-Echo-Verfahren verwendet. Von einem Signalgeber werden für kurze Zeit Impulse abgegeben. Danach wird die Zeit gemessen, die der Impuls braucht, um nach Reflexion an der Grenzfläche wieder an der Stelle des Impulsgebers empfangen zu werden. Aus der Laufzeit ergibt sich die Lage der reflektierenden Grenzfläche. Da auch Mehrfachreflexionen möglich sind, besonders wenn die

Grenzfläche schräg zur Laufrichtung liegt, ist die Auswertung des Signals manchmal nicht einfach.

9.5.3.4 Metallographie und Oberflächenanalyse

Zur Untersuchung des Gefüges von Werkstoffen werden *lichtmikroskopische* (Metallographie) und *elektronenmikroskopische Verfahren*, vor allem Transmissions- und Rasterelektronen-Mikroskopie, angewendet. Es müssen Anschliffe oder auch für die Durchstrahlungselektronenmikroskopie durchstrahlbare Folien hergestellt werden. Hierbei liegt ein großes Problem darin, ohne Veränderungen des Gefüges eine repräsentative ebene Fläche des zu untersuchenden Werkstoffes zu erhalten.

Die Arbeitsgänge der Metallographie sind Schleifen, Polieren und Ätzen, wobei beim Ätzen chemische, elektrochemische oder physikalische Vorgänge (z. B. Ionenätzen, thermisches Ätzen) genutzt werden. Die verschiedenen Ätzmethoden ermöglichen gezielt bestimmte Gefügebestandteile, z. B. Kornflächen, Korngrenzen oder Durchstoßpunkte von Versetzungen durch die Oberfläche, sichtbar zu machen. Das metallographische Präparieren erfordert großes experimentelles Geschick und Erfahrung. Verfeinerte lichtmikroskopische Untersuchungsmethoden sind das Phasenkontrastverfahren, die Polarisations- und die Interferenzmikroskopie. In Abb. 9.2 sind Beispiele gezeigt.

In der *Elektronenmikroskopie* unterscheidet man Auflicht- und Durchstrahlungsverfahren. Beim Auflichtverfahren werden durch auftreffende Elektronen Sekundäroder rückgestreute Primärelektronen aus der Oberfläche emittiert. Es können zur Elektronenemission aber auch auftreffende Ionen oder Photonen verwendet werden. Die emittierten Elektronen werden beschleunigt und zur Bilderzeugung verwendet. Im Rasterelektronenmikroskop wird die Sekundärelektronenemission durch einen die Probe zeilenförmig abtastenden Primärelektronenstrahl hervorgerufen.

In der Durchstrahlungselektronenmikroskopie wird der Elektronenstrahl in der präparierten dünnen Folie auf Grund verschiedener Gefügebestandteile örtlich unterschiedlich absorbiert und gebeugt. Mit den durchgehenden Elektronen wird ein Bild erzeugt. In den letzten Jahren ist es gelungen, hochauflösende Bilder herzustellen, auf denen die atomare Gitterstruktur der Werkstoffe sichtbar gemacht werden kann.

Ein Gerät, das Licht-, Elektronen- und Röntgenstrahlungsmethoden kombiniert, ist der Elektronenstrahl-Mikroanalysator, kurz *Mikrosonde* genannt. Abbildung 9.35 zeigt ein Schema dieses Gerätes.

Das Ziel der Gefügeanalysen besteht darin, von der Beobachtung der Oberfläche auf die Verteilung der Gefügebestandteile im Volumen zu schließen. Hierfür sind mathematische Modelle notwendig, die es ermöglichen, aus den Ergebnissen einer Beobachtung der Oberfläche die das Volumen charakterisierenden Parameter zu berechnen. In diesem Zusammenhang spricht man von *Stereometrie*. Es gibt hier automatisierte Messgeräte, welche die Auswertung der metallographischen Beobachtungen sehr erleichtern.

Neben den bisher genannten Untersuchungsmethoden haben für die Werkstoffwissenschaften auch oberflächenanalytische Verfahren große Bedeutung, die vor allem in der Oberflächenphysik – siehe Kap. 4 – eine große Rolle spielen [27]. Hierzu

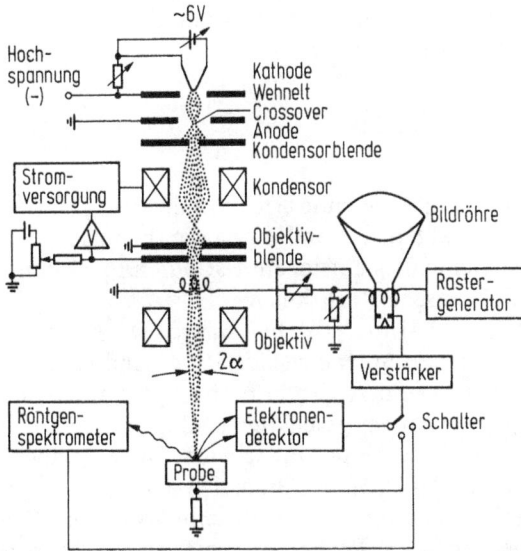

Abb. 9.35 Prinzipieller Aufbau eines Elektronenstrahl-Mikroanalysators (nach [26]).

gehören *Auger-Elektronenspektroskopie, Photoelektronenspektroskopie* und *Sekundärionenmassenspektroskopie, Rastertunnel- und Rasterkraftmikroskopie*. Diese Verfahren finden neben den geschilderten Prüfmethoden vor allem in Forschung und Entwicklung sowie in den Bereichen der Qualitätssicherung und der Schadensfallanalyse Anwendung. Als Beispiel für die Rasterkraftmikroskopie ist in Abb. 9.36 ein Bild einer bei eigenen Untersuchungen erhaltenen Wolframoxid-Oberfläche dargestellt, die durch reaktives Aufdampfen von WO_3-Pulver hergestellt worden ist. (Basisdruck $3 \cdot 10^{-6}$ mbar, O_2-Partialdruck $1 \cdot 10^{-3}$ mbar, Substrat Quarzglas, 150°C, Quelle elektrisch aufgeheiztes Mo-Blech mit WO_3-Pulver bedeckt). Von Interesse

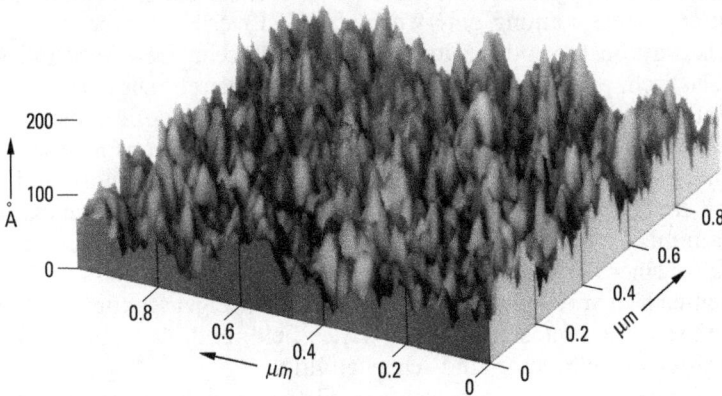

Abb. 9.36 Oberfläche einer durch reaktives Aufdampfen hergestellten WO_3-Schicht, Abbildung mit einem Rasterkraftmikroskop.

ist hier die Struktur der Oberfläche und ihre Beeinflussung durch die Herstellungs-
parameter, um die optischen Reflexions- und Emissionseigenschaften zu verändern.

9.5.4 Thermische Analyse

Eine wesentliche die Werkstoffe kennzeichnende Größe ist ihr Energieinhalt. Er wird
durch die spezifische Wärme charakterisiert und durch die thermische Analyse gemessen. Änderungen des Energieinhaltes entstehen u.a. durch Phasenumwandlungen, Ordnungsvorgänge und chemische Reaktionen.

Eine wichtige Methode ist die *Differential-Thermoanalyse (DTA)*. In einem kontrolliert heizbaren Ofen werden die zu untersuchende Probe und eine neutrale bekannte Vergleichsprobe gemeinsam erhitzt. Beide berührt je ein Thermoelement.
Beide Thermoelemente sind gegeneinander geschaltet, so dass nur eine Temperaturänderung von Probe und Vergleichsprobe bestimmt wird. Diese Temperaturänderung ist die Messgröße für die in der Probe ablaufenden Vorgänge. Ähnlich wird
mit dem *Differenz-Wärmefluss-Kalorimeter (Differential-Scanning-Calorimetry,
DSC)* gearbeitet. Hier werden nicht die Probentemperaturen direkt, sondern der
elektrisch bestimmte Wärmefluss in die Heizelemente, auf denen die Proben liegen,
gemessen.

9.6 Mechanische Eigenschaften

9.6.1 Abgrenzung und Überblick

Da Werkstoffe vor allem als Konstruktionsmaterialien benutzt werden, kommt den
mechanischen Eigenschaften eine besondere Bedeutung zu. Deshalb werden diese
im Allgemeinen getrennt von anderen Eigenschaften betrachtet; das soll auch hier
geschehen.

Die mechanischen Eigenschaften geben vor allem an, wie sich ein Werkstoff verhält, wenn er einer Spannung unterworfen wird. Er erleidet dabei eine Dehnung.
Die Kraft kann konstant oder zeitlich veränderlich sein. Der Werkstoff kann auf
die Kraft elastisch, plastisch oder mit dem Bruch reagieren. Die *elastische Dehnung*
geht bei Entlastung vollständig zurück, bei *plastischer Verformung* bleibt eine Dehnung erhalten. Eine plastische Verformung ist für Konstruktionsmaterialien im Allgemeinen unerwünscht, in der Umformtechnik ist sie aber gerade notwendig. Metalle
dehnen sich ca. 0.1 % elastisch, Polymerwerkstoffe können sich um mehr als 500 %
dehnen (Gummi), keramische Werkstoffe besitzen kaum elastische Dehnung; sie brechen schon bei einer Dehnung von 0.1 %; auch Gläser und bestimmte Polymerwerkstoffe verhalten sich spröde. Alle diese mechanischen Eigenschaften sind auch temperaturabhängig. Sie umfassen also ein weites Feld, und die technologischen Methoden zu ihrer Beeinflussung sind sehr vielfältig.

Im Verständnis für diese Eigenschaften gibt es zwei Betrachtungsweisen. Eine
erste *mikroskopisch* orientierte Betrachtungsweise fragt nach den *atomistischen Vorgängen* bei der Verformung. Werkstoffeigenschaften beruhen häufig z. B. auf Git-

terfehlern (s. Kap. 3), Gefügeeinstellungen, Änderung der Zusammensetzung in kleinen Bereichen. Auch hier werden Kontinuumsvorstellungen, d. h. Differentialgleichungen, zur Berechnung mit herangezogen, aber die Zielsetzung ist das Verständnis der atomaren Wechselwirkungen und Platzwechselvorgänge.

Eine zweite kontinuumsmechanische Betrachtungsweise verknüpft die phänomenologischen *makroskopischen* Größen, wie z. B. Spannung, Dehnung und Temperatur, gemäß den Beobachtungen über empirische Koeffizienten miteinander. Diese sog. *Stoffgleichungen* beschreiben das thermisch-mechanische Werkstoffverhalten *makroskopisch*. Die makroskopischen mechanischen Belastungen von Bauteilen einer Konstruktion können mithilfe der technischen Mechanik berechnet werden. Diese Belastungen wirken häufig in mehreren Richtungen; man sagt, es liegt eine mehrachsige Beanspruchung vor. Durch Anwendung der makroskopischen Fließkriterien (s. u.) wird aus den mehrachsigen Belastungsgrößen eine einachsige Vergleichsspannung berechnet. Diese muss dann mit den aus dem einachsigen Zugversuch (s. o.) für den jeweiligen Werkstoff bekannten Kennwerten der Festigkeit verglichen werden. So kann man entscheiden, ob die Konstruktion oder der Werkstoff richtig dimensioniert ist oder geändert werden muss.

Es wird sehr daran gearbeitet, eine Verbindung zwischen der physikalisch-mikroskopischen und der technologisch-makroskopischen Betrachtungsweise herzustellen. Das ist aber bisher nur in speziellen Fällen, z. B. der Einkristallverformung, gelungen.

9.6.2 Elastische Eigenschaften

9.6.2.1 Mikroskopisches Werkstoffmodell

Das elastische Verhalten von Metallen und keramischen Werkstoffen lässt sich mit dem *Potentialverlauf zwischen den Atomen* im Festkörper in Zusammenhang bringen. Das Potential enthält einen abstoßenden Term $U_1 \sim 1/r^n$ und einen anziehenden Term $U_2 \sim 1/r^m$ mit $n > m$ (s. Abb. 9.37). Wenn man davon ausgeht, dass in erster Näherung der Verlauf des Potentials an der Gleichgewichtslage parabelförmig ist, ergibt die Ableitung nach dem Ort, die im Prinzip eine Kraft darstellt, in der Nähe der Gleichgewichtslage eine Gerade. Dieser lineare Zusammenhang zwischen der nötigen Kraft bzw. Spannung zur Verschiebung der Atome und ihrer Ortskoordinate ist das Hooke'sche Gesetz. Die Steigung der Geraden ist der Elastizitätsmodul. Die Richtungsabhängigkeit dieses Moduls im Kristall ist unmittelbar verständlich, da der Potentialverlauf auch in den verschiedenen Kristallrichtungen unterschiedlich ist.

Für Materialien mit Ionenbindung, kovalenter und metallischer Bindung ist die Kraft F zwischen den Atomen elektrostatischer Art, d. h. es ist $F \sim q^2/r_o^2$ (q = Ladung, r_o = Abstand). Die Spannung ist die Kraft, dividiert durch die entsprechende atomare Fläche A, die hier durch r_o^2 gegeben sein soll; also wird $\sigma = F/A = q^2/r_o^4$, d. h. $\ln \sigma \sim -4 \ln r_o$. Abbildung 9.38 zeigt eine solche Auftragung. Man sieht, dass die Werte der elastischen Konstanten von Materialien mit gleicher Bindungsart und gleicher Kristallstruktur sich qualitativ in dieser Weise beschreiben lassen.

Ein weiterer Zusammenhang zwischen den Exponenten des anziehenden und abstoßenden Terms in der Potentialkurve wird durch die sog. *erste Grüneisen'sche Regel* gegeben, nach welcher der Kompressionsmodul gegeben ist durch

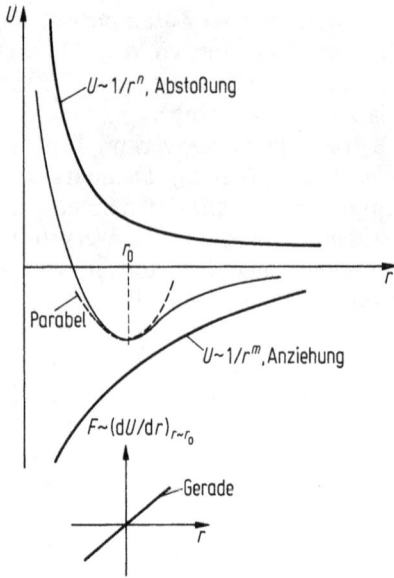

Abb. 9.37 Verlauf des Potentials U in der Nähe eines Atoms als Funktion des Abstandes r; r_0 = Gleichgewichtsabstand, m, n = Konstanten, F = Kraft (schematische Darstellung).

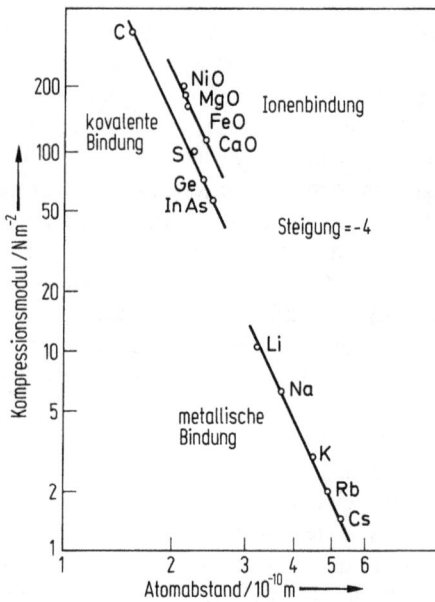

Abb. 9.38 Abhängigkeit des Kompressionsmoduls verschiedener Materialien vom Abstand nächster Nachbarn im Gitter (nach [28]).

$$K = -\frac{mn}{9}\frac{U_S}{V_0} \tag{9.7}$$

(U_S = Sublimationsenergie, V_0 = Atomvolumen, m und n oben eingeführte Exponenten von r).

In dieser Weise lassen sich die elastischen Eigenschaften von kristallinen Werkstoffen unmittelbar verstehen. Feste zwischenatomare Bindungen bedeuten hohe Werte der elastischen Konstanten; z. B. hat Diamant mit der festen C-C-Bindung einen besonders hohen Elastizitätsmodul. Amorphe keramische Werkstoffe (Gläser) und metallische Gläser verhalten sich aus Gründen der entsprechenden Bindungskräfte elastisch ähnlich wie kristalline Stoffe. Bei den polymeren Werkstoffen dagegen sind die Verhältnisse aufgrund der verschiedenartigen Bindungen anders. Der verknäuelte Zustand der Kettenmoleküle ist bei amorphen Polymeren und Elastomeren thermodynamisch am stabilsten. Eine Änderung der freien Energie F des Polymers setzt sich bei einer isothermen Längenänderung zusammen aus einer Änderung der inneren Energie U und der Entropie S ($dF = dU - T dS - S dT$), d. h.

$$\frac{\partial F}{\partial r} = \frac{\partial U}{\partial r} - T\left(\frac{\partial S}{\partial r}\right)_{T,V}. \tag{9.8}$$

Der erste Anteil $\partial U/\partial r$ wurde oben diskutiert, es ist der *energieelastische Anteil*; der zweite Term ist der *entropieelastische Anteil*. Bei Metallen und keramischen Werkstoffen ist dieser Null. Bei Elastomeren, z. B. Gummi, wird bei Vorliegen einer Spannung das weitmaschige Netz aus verknäulten Kettenmolekülen gestreckt. Dort ist also der entropieelastische Anteil sehr groß und der energieelastische Anteil sehr klein. Wegen der gegenseitigen Verknüpfung können die Moleküle aber nicht voneinander abgleiten. Die innere Spannung bleibt erhalten, bis nach Wegnahme der äußeren Belastung die Moleküle wieder in den verknäulten ungespannten Zustand zurückfallen. Es lässt sich zeigen, dass $\partial S/\partial r = -k(2r/r_h^2)$, wobei k eine Proportionalitätskonstante, r der Abstand der Kettenenden und r_h der häufigste Abstand der Kettenenden im ungedehnten Material ist.

Tab. 9.4 Elastische Konstanten einiger Werkstoffe mit quasi-isotroper Struktur (nach [30]).

Werkstoff	E [10^3 Nmm^{-2}]	G [10^3 Nmm^{-2}]	v
W	360	130	0.35
α-Fe, Stahl	215	82	0.33
Ni	200	80	0.31
Cu	125	46	0.35
Al	72	26	0.34
Pb	16	5.5	0.44
Porzellan	58	24	0.23
Kieselglas	76	23	0.17
Flintglas	60	25	0.22
Plexiglas	4	1.5	0.35
Polystyrol	3.5	1.3	0.32
Hartgummi	5	2.4	0.2
Gummi	0.1	0.03	0.42

9.6.2.2 Makroskopisches Werkstoffmodell

Das Spannungs-Dehnungs-Diagramm zeigt nur positive Spannungs- und Dehnungswerte. Die Anfangssteigung ergibt den *Elastizitätsmodul*. Bei Anlegen einer negativen Spannung, also eines Druckes, tritt Kompression auf, d. h. negative Dehnung, durch die der *Kompressionsmodul* bestimmt ist. Für viele Werkstoffe ist die Kurve etwa symmetrisch, abgesehen von dem Bauschinger-Effekt (s. unten). Keramische Werkstoffe und auch Gusseisen besitzen aber unter Druck eine wesentlich höhere Festigkeit als unter Zugbeanspruchung. Die Ursache liegt darin, dass immer vorhandene Risse oder Kerben für Zugbeanspruchung wesentlich ungünstiger wirken als für Druckbeanspruchung (s. unten). Mit der Dehnung ist in einem isotropen Körper auch eine **Querkontraktion** verbunden. Sie wird durch die *Poisson-Zahl v* angegeben, die bei einer zylindrischen Zugprobe das Verhältnis der Änderung des Durchmessers zur Änderung der Länge angibt. Die Erfahrung zeigt, dass v zwischen 0.25 und 0.5 liegt. Im elastischen Gebiet hat diese Zahl einen anderen Wert als im plastischen. Die elastische Verlängerung und die gleichzeitige Querkontraktion bewirken zusammen eine Volumenvergrößerung, während die plastische Verformung das Volumen unverändert lässt. Nach der Theorie muss v kleiner als 0.5 sein. Der Fall $v = 0.5$ kennzeichnet einen Körper, dessen Volumen sich bei Verformung nicht ändert, wie z. B. weiches Gummi. Zur Beschreibung des elastischen Verhaltens des isotropen Körpers sind also zwei elastische Konstanten – hier der Elastizitätsmodul E und die Poisson-Zahl v – notwendig. Für den isotropen Körper können auch andere Paare von elastischen Konstanten benutzt werden. Üblich sind z. B. die sog. *Lame'schen Konstanten* λ und μ sowie der *Kompressionsmodul K* und *Schubmodul G*. Alle Modulpaare lassen sich ineinander umrechnen. In Tab. 9.4 sind für einige Werkstoffe Werte von E, G und v angegeben.

Für einen anisotropen Körper ist die Zahl der elastischen Konstanten größer als zwei. Der Elastizitätsmodul ist für einen anisotropen Körper daher auch richtungsabhängig. Abb. 9.39 zeigt in Form eines räumlichen Polardiagramms schematisch

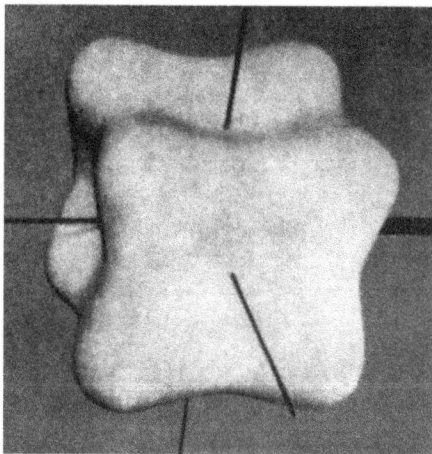

Abb. 9.39   Richtungsabhängigkeit des Elastizitätsmoduls von Eisen (nach [29]).

den Elastizitätsmodul eines Eisen-Einkristalls. Die an einem Körper in beliebiger Richtung angreifende Spannung kann in drei reine Zugspannungen und sechs Schubspannungen zerlegt werden, von denen im Gleichgewicht – keine Translation und keine Drehung des Körpers – je zwei gleich sind. Die Spannung enthält also sechs Komponenten, ebenso die Dehnung, so dass bei einer linearen Hooke'schen Verknüpfung zwischen allen Spannungs- und Dehnungskomponenten $6 \cdot 6 = 36$ elastische Konstanten C_{ij} mit $i, j = 1 \dots 6$ vorliegen. Es besteht ein Dehnungstensor. Aus der Aussage, dass die Deformationsarbeit unabhängig vom Wege ist, über den sie erzeugt wird, ergibt sich, dass $C_{ij} = C_{ji}$ ist, d. h. dass 21 *Konstanten* vorliegen. Dies ist tatsächlich für das trikline Kristallsystem der Fall. Die *Symmetrieeigenschaften* der Kristalle *reduzieren* diese Zahl; kubische Kristalle, aus denen z. B. die meisten metallischen Werkstoffe bestehen, besitzen noch drei elastische Konstanten C_{11}, C_{21} und C_{44}. Auf einige theoretische Zusammenhänge sowie die übliche Bestimmung der elastischen Konstanten mit Ultraschall ist in Kap. 1 hingewiesen.

Da keramische Werkstoffe im Allgemeinen aus Kristallen geringer Symmetrie aufgebaut sind und vor allem Ionenbindung vorliegt, lassen sie sich nur wenig elastisch verformen. Bei Gläsern ist die Situation ähnlich.

Die Festigkeit von Polymeren ist im Allgemeinen gering, weil die zwischen den Ketten wirkenden intermolekularen *van-der-Waals-Bindungen* relativ schwach sind. Wenn es gelingt, nur die starken intramolekularen *kovalenten Bindungen* zu beanspruchen (polymere hochfeste Fäden), ergeben sich höhere Festigkeiten.

9.6.3 Plastische Eigenschaften

Plastische Verformung tritt vor allem bei Metallen auf, da die metallische Bindung und die Versetzungen das Gleiten von Gitterebenen ermöglichen. Keramische Werkstoffe zeigen wegen der dort auftretenden Ionenbindung bzw. kovalenten Bindung sprödes Verhalten. Bei Polymeren wirken zwar in Kettenrichtung größere Bindungskräfte durch die kovalenten Bindungen, untereinander werden die unvernetzten Ketten aber nur durch schwache van-der-Waals-Kräfte zusammengehalten. Bei den verschiedenen Polymeren (amorphe, kristalline, orientierte Polymere, Elastomere, Duroplaste) liegen sehr unterschiedliche Festigkeiten vor.

9.6.3.1 Mikroskopisches Werkstoffmodell

Versetzungen. Wenn man davon ausgeht, dass bei einer plastischen Verformung die Atomebenen des Werkstoffes als Ganzes wie Spielkarten aufeinander abgleiten, dann kann mit dem folgenden Modell nach Frenkel die *kritische Schubspannung*, d. h. die Schubspannung, bei der im Kristall eine plastische Verformung einsetzt, abgeschätzt werden. Abbildung 9.40 zeigt schematisch zwei Gitterebenen in Gleichgewichtslage. Wenn bei einer Verschiebung die Atome A_i in die Position A_i' gelangen, dann ist wie in der Gleichgewichtslage A_i die zur differentiellen Verschiebung dx nötige Kraft gleich Null. Es kann daher der Ansatz gemacht werden, dass die Schubspannung τ sich mit der Verschiebung x sinusförmig ändert: $\tau = K \cdot \sin 2\pi x/a \sim K \cdot 2\pi x/a$ für kleinere Werte von τ. Die Konstante K ergibt sich aus der Forderung,

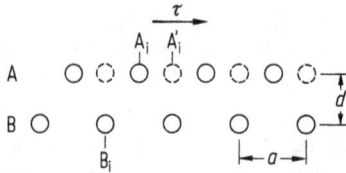

Abb. 9.40   Gleiten von zwei Gitterebenen A und B; τ = Schubspannung, d = Ebenenabstand, a = Atomabstand; $A_i B_i$ = Lage der Atome vor dem Gleiten, A'_i = metastabile Zwischenlage der Atome beim Gleiten.

dass bei kleinen Spannungen das Hooke'sche Gesetz gelten muss: $\tau = G \cdot x/d$ (G = Schubmodul). Damit wird $K = Ga/2d$. Wenn $x \sim d \sim a$ ist, sollte die maximale Schubspannung $\sigma_{Max} = G$ betragen. Die experimentellen Werte liegen aber um einen Faktor 10^2 bis 10^3 niedriger. Die plastische Verformung erfolgt also grundsätzlich anders. Es gleiten nicht alle Atome einer Gitterebene gleichzeitig, sondern nur ein kleiner Teil. Ähnlich wie eine in einem Teppich von einer zur anderen Seite wandernde Falte mit viel geringerem Arbeitsaufwand eine Verschiebung hervorruft, als wenn der Teppich als Ganzes gezogen wird, ist durch das Einführen eines linienförmigen Gitterfehlers, nämlich einer Versetzung, die plastische Verformung mit wesentlich geringeren Spannungen möglich.

Versetzungen sind in Kap. 3 bereits eingeführt worden. Als Gitterfehler werden sie dort ausführlicher behandelt. Hier soll nur ihr Einfluss auf die Verformung angedeutet werden. Dazu sind folgende Ergebnisse der linearen Elastizitätstheorie zu nennen:

1. Kräfte zwischen parallelen *Schraubenversetzungen* nehmen proportional zu r^{-1} ab (r = Abstand). Sind die *Burgers-Vektoren* parallel, stoßen die Versetzungen sich ab. Sind sie antiparallel, ziehen sie sich an.
2. Kräfte, die parallele *Stufenversetzungen* in derselben Gleitebene aufeinander ausüben, sind ähnlich wie die der parallelen Schraubenversetzungen. Trifft eine Versetzung beim Gleiten auf ein Hindernis, das nicht überwunden werden kann, so stauen sich gleichartige Versetzungen auf. Der Aufstau bewirkt die Verfestigung. Parallele Stufenversetzungen in verschiedenen Gleitebenen können stabile Lagen zueinander einnehmen, wenn sie die Gleitebenen nicht verlassen können.
3. Das Überwechseln einer Versetzung in eine andere Gleitebene bzw. die Bewegung von Versetzungssprüngen nennt man *Klettern* von Versetzungen. *Quergleiten* nennt man die Änderung der Gleitebene einer Schraubenversetzung.
4. *Versetzungssprünge* sind eine um so stärkere Behinderung der Gleitbewegung von Versetzungen, je stärker der Schraubencharakter der Versetzung ist. Bei höheren Temperaturen lässt die Behinderung nach.
5. *Versetzungsdichten* nehmen mit steigender Temperatur ab, da nur die Versetzungen, die stabile Lagen zueinander haben, erhalten bleiben. In weichgeglühten Metallen liegt die Versetzungsdichte bei 10^6 bis 10^8/cm^2. Durch eine Kaltverformung wird sie auf 10^{12}/cm^2 bis 10^{14}/cm^2 erhöht. Die Vervielfachung von Versetzungen erfolgt in Quellen (vgl. Kap. 3).
6. Versetzungen können sich in Teilversetzungen aufspalten. Diese können auch unter sich *Versetzungsreaktionen* bilden, wobei Versetzungen entstehen können, die

weder gleiten noch klettern können. Eine derartige unbewegliche Versetzung ist nach *Lomer-Cottrell* benannt.

Der niedrige Wert der kritischen Schubspannung, von dem oben die Rede war, wird durch den Wert der Kräfte erklärt, die eine Versetzung zum Gleiten bringen können. Die von einer äußeren Spannung σ bei Verschiebung eines Versetzungsstückes von 1 cm Länge um den Burgers-Vektor b aufzubringende Kraft pro cm ist $F_1 = \sigma b$. Der Ausbiegung wirkt die von der Linienspannung der Versetzung $\Gamma = Gb^2$ herrührende Kraft $F_2 = \Gamma/R$ entgegen, wenn R der Krümmungsradius der Versetzung ist. Mit $F_1 = F_2$ wird dann $\sigma = Gb/R$. Es tritt also zum Schubmodul der Faktor b/R, der Werte von 10^2 bis 10^3 haben kann und somit die richtige Größenordnung für die kritische Schubspannung ergibt.

Metalle. Die wesentliche mechanische Eigenschaft der Metalle ist ihre *Verformbarkeit* gekoppelt mit einer ausreichenden Festigkeit. Dazu kommt die *Verfestigung*, d. h. die Erscheinung, dass mit der plastischen Verformung die nötige Kraft für eine weitere Verformung steigen muss. Eine Verfestigungskurve von kubisch flächenzentrierten Einkristallen ist schematisch in Abb. 9.41 dargestellt. Es ist eine *Schubspannungs-Abgleitungs-Kurve*, die aus einer Spannungs-Dehnungskurve mithilfe des Schmid-Faktors berechnet wird (s. oben). Der elastische Teil der Verformung ist also nicht dargestellt. Die Kurve beginnt mit einem flachen, linearen Anfangsteil (Bereich I), es folgt ein ebenfalls ungefähr linearer, steilerer Teil (Bereich II) und schließlich tritt ein allmählich flacher werdender, gekrümmter Teil (Bereich III) auf. In der Abbildung sind die sog. *Verfestigungskenngrößen* angegeben. Dies sind die kritische Schubspannung τ_o, bei der die plastische Verformung einsetzt, die Schubspannung τ_{II} und die Abgleitung a_{II}, bei denen der Bereich I in den Bereich II übergeht, die entsprechenden Größen τ_{III} und a_{III} für den Übergang vom Bereich II in den Bereich III und die Steigungen der Kurven $\arctan\vartheta_I$ und $\arctan\vartheta_{II}$. Die Kenngrößen τ_0, ϑ_I und ϑ_{II} sind am kleinsten für Kristalle, bei denen die Zugrichtung in der Nähe der dichtest gepackten Gitterrichtung liegt. Mit sinkender Temperatur steigen τ_o, τ_{II} und a_{II}. Der Wert des Quotienten ϑ_{II}/G (G = Schubmodul) ist temperaturunabhängig.

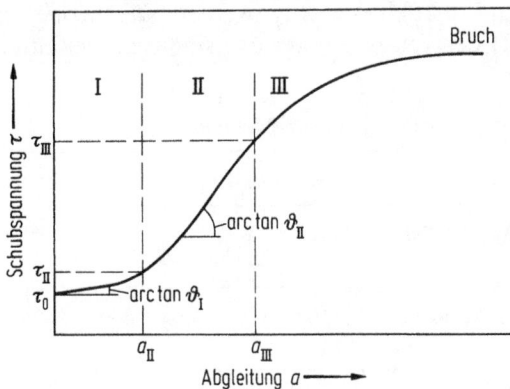

Abb. 9.41 Verfestigungskurve von kfz-Einkristallen mit Kenngrößen (schematisch) (nach [31]).

Es besteht ein linearer Zusammenhang zwischen $\ln \tau_{III}$ und $\ln \dot{a}$ ($\dot{a}$ = Abgleitgeschwindigkeit).

Die Deutung der Vorgänge bei der plastischen Verformung geht auf Arbeiten von *Orowan*, *Polanyi* und *Taylor* (1934) zurück. Eine genauere Theorie ist aber erst seit ca. 1955 entwickelt worden. Das Verständnis dafür ist wesentlich für die Entwicklung von Werkstoffen mit bestimmten mechanischen Eigenschaften. Das Gleiten durch Bewegung von Versetzungen erfolgt in bestimmten *Gleitebenen* und *Gleitrichtungen*. Die Gleitebenen sind im Allgemeinen die dichtest gepackten Ebenen, die Gleitrichtungen ebenfalls die Richtungen dichtester Packung. Tabelle 9.5 zeigt Gleitebenen und Gleitrichtungen von einigen Metallen. Da von einem Ebenentyp mehrere Ebenen in einem Metall vorhanden sind, beginnt das Gleiten in der Ebene, in der die wirkende Schubspannung am größten ist und einen kritischen Wert τ_0 überschreitet. Die Gleitebenen und Gleitrichtungen, in denen sich die Versetzungen zuerst bewegen, nennt man das *Hauptgleitsystem* oder das *primäre Gleitsystem*. Eine Verfestigung erfolgt durch die abstoßende Wechselwirkung der Versetzungen. Die Schubspannung τ_{II} ist die kritische Schubspannung eines zweiten Gleitsystems, das beim Erreichen dieser Schubspannung in Gang gesetzt wird; τ_{II} ändert sich in Abhängigkeit von Temperatur und Abgleitgeschwindigkeit wie τ_0. Diese Abhängigkeit kann dadurch erklärt werden, dass allgemein die Schubspannung aus zwei Anteilen besteht, $\tau = \tau_G + \tau_S$. Die Größe τ_G enthält alle Anteile der elastischen Wechselwirkung der Versetzungen aufeinander, die durch den Schubmodel G beschrieben werden, eine große Reichweite besitzen und relativ *temperaturunabhängig* sind. Die Größe τ_S wird durch Kräfte bestimmt, die auftreten, wenn zwei Versetzungen sich schneiden. Dabei treten Wechselwirkungen in atomaren Abständen auf. Die Energie kann z. T. durch thermische Schwingungen aufgebracht werden, sie ist also thermisch aktivierbar. Oberhalb einer bestimmten Temperatur kann die thermische Energie so groß sein, dass $\tau_s = 0$ ist. Dann ist τ nicht mehr temperaturabhängig.

Im Bereich II findet das Gleiten im *primären* und *sekundären Gleitsystem* statt. Die Verfestigung erfolgt weiter durch Aufstauung von Versetzungen, die aus Versetzungsquellen stammen. Im Elektronenmikroskop beobachtet man andererseits häufig in einigen Gebieten Versetzungsnetzwerke, während andere Bereiche relativ versetzungsfrei sind (*Zellbildung*). Andere Beobachtungen deuten darauf hin, dass durch Versetzungsbewegungen Punktfehler erzeugt werden. Die theoretischen Vorstellungen über den Bereich II der Verfestigungskurve sind sehr vielfältig.

Tab. 9.5 Gleitebenen und Gleitrichtungen bei einigen Metallen.

Gitter	Metall	Gleitebene	Gleitrichtung
kubisch-flächen-zentriert (kfz)	Al, Cu, Ag, Au, Ni	$\{111\}$	$\langle 110 \rangle$
kubisch-raum-zentriert (krz)	α-Fe, Mo, W, Na, K	$\{110\}, \{211\}, \{321\}$	$\langle 111 \rangle$
hexagonal dicht gepackt (hdp)	Mg, Cd, Zn, Ti	$\{0001\}, \{10\bar{1}1\}, \{10\bar{1}0\}$	$\langle \bar{1}\bar{1}20 \rangle$

Im Bereich III nimmt die Verfestigung ab. Die Zahl der aufgestauten Versetzungen muss also kleiner werden. Dies geschieht durch *Quergleiten von Schraubenversetzungen*. Die Schraubenkomponente einer Versetzung umgeht dabei beim Aufstau ein Hindernis in der jeweiligen Gleitebene, indem sie auf eine andere, das Hindernis nicht schneidende Ebene ausweicht. Von besonderer Bedeutung für diesen Vorgang ist die Stapelfehlerenergie, weil Teilversetzungen für das Quergleiten zu einer vollständigen Versetzung rekombinieren müssen. Durch Messung der Temperatur- und Geschwindigkeitsabhängigkeit von τ_{III} kann die Stapelfehlerenergie bestimmt werden.

Ähnlich wie die plastische Verformung von kubisch-flächenzentrierten Metallen läuft die von hexagonalen Metallen ab. Das plastische Verhalten von derartigen Metallen ist besonders in den Anfängen der Erforschung der Kristallplastizität untersucht worden.

Die Verformung von kubisch-raumzentrierten Metallen ist erst in den letzten ca. 35 Jahren erforscht worden. Hier liegt eine stärkere Temperaturabhängigkeit vor. Unterhalb einer kritischen Temperatur treten drei Bereiche wie bei den kubisch-flächenzentrierten Metallen auf, oberhalb davon aber nur eine einsinnige gekrümmte Kurve.

Bei der *Verformung von polykristallinen Materialien* sind die Unterschiede im Vergleich zum Einkristall vor allem im Bereich I der Verfestigungskurve am größten. In Abb. 9.42 sind für polykristalline Proben, die verschieden große Mittelwerte der Kornzahlen über den Probenquerschnitt besitzen, die Verfestigungskurven angegeben. Mit wachsender Kornzahl wird der Bereich I kleiner; bei 4...7 Körnern ist er verschwunden. Bei polykristallinem Material ist eine Umrechnung auf die Schubspannungsabgleitungskurve nicht möglich. Die Ursache für die Unterschiede liegt u.a. in folgenden Gesichtspunkten:

1. Die Laufwege von Versetzungen werden durch Korngrenzen behindert. An der Korngrenze müssen Stetigkeitsbedingungen für Dehnung und Spannung erfüllt sein, wenn Gleitung von einem Korn in ein anderes erfolgen soll.
2. Die Schubspannungen in den Hauptgleitsystemen sind unterschiedlich groß.

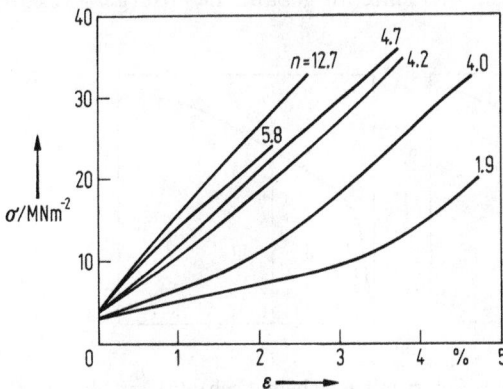

Abb. 9.42 Verfestigungskurve von polykristallinem Aluminium bei 4.2 K für verschiedene mittlere Kornzahlen im Probenquerschnitt (nach [32]).

3. Bei Vielkristallen tritt zusätzlich Korngrenzenfließen auf.
4. Korngrenzen können als Versetzungsquellen wirken.

Betrachtet man nicht nur den Anfangsbereich, sondern die ganze Verfestigungskurve bis zum Bruch, so ergeben sich für kubisch-raumzentrierte und kubisch-flächenzentrierte Metalle von technischer Reinheit die in Abb. 9.43 gezeigten Kurven.

Bei kubisch-raumzentrierten Metallen tritt die *obere* und *untere Streckgrenze* auf, die nach Cottrell und Petch durch die Wechselwirkung zwischen Fremdatomen und Versetzungen erklärt wird; Fremdatome sammeln sich in durch die Versetzungen gedehnten Kristallbereichen an und halten die Versetzungen fest. Die obere Streckgrenze wird dann erreicht, wenn bei steigender Spannung die Versetzungen sich von diesen „Wolken" der Verunreinigungen lösen. Dann sind die Versetzungen plötzlich frei beweglich, so dass die Spannung auf den Wert der unteren Streckgrenze sinkt und die Dehnung bei diesem Wert so lange fortschreitet, bis die Versetzungen erneut auf Hindernisse treffen und sich aufstauen. Da die Behinderung dieser Bewegung vor allem Korngrenzen darstellen, besteht nach Hall und Petch ein Zusammenhang zwischen der unteren Streckgrenze und der Korngröße: $\sigma_{US} = \sigma_o + k \sqrt{d}$, wobei k und σ_o empirische Konstanten und d den mittleren Korndurchmesser darstellen. Der Bereich ε_L ist der sog. *Lüders-Band-Bereich*, in dem durch das Fließen des Metalls charakteristische Gleitlinien (*Lüders-Bänder*) auf der Metalloberfläche auftreten.

Keramische Werkstoffe, Intermetallische Phasen. Die geringe plastische Verformbarkeit von kristallinen keramischen Werkstoffen ist durch die Ionenbindung und kovalente Bindung begründet. Außerdem liegen weniger dicht gepackte Gitterstrukturen vor. Die plastische Verformung kommt, wie oben gesagt, durch die Bewegung von Versetzungen auf Gleitebenen zustande. Wegen der geringen Packungsdichte sind die Gleitebenen hier „rauher" als bei Metallen. In Metallen können sich Versetzungen bei niedrigen Spannungen bewegen, da die metallische Bindung einen relativ großen Durchmesser des Kernes der Versetzungen ermöglicht. Da in kovalent gebundenen keramischen Stoffen die Bindung zwischen ganz spezifischen Atomen besteht, haben Versetzungskerne einen kleinen Durchmesser und der Widerstand gegen Gleiten ist auch daher groß. In keramischen Werkstoffen ist das Gitter komplizierter aus Atomen mehrerer Elemente aufgebaut. Der Burgers-Vektor b (siehe

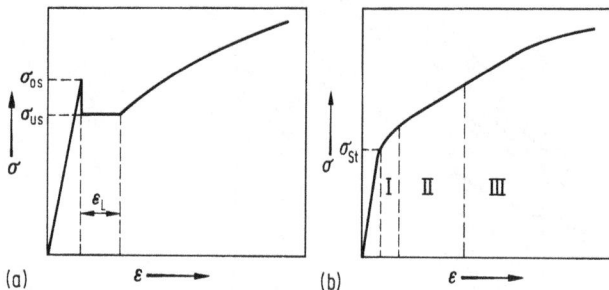

Abb. 9.43 Verfestigungskurve von Vielkristallen (schematisch). (a) krz-Metalle, (b) kfz-Metalle σ_{OS} = obere Streckgrenze, σ_{US} = untere Streckgrenze, ε_L = Lüders-Dehnung, σ_{St} = Streckgrenze.

Kap. 3) ist dann größer als ein interatomarer Abstand, und die Versetzungsenergie, die proportional zu b^2 ist, wird sehr groß. Die hohen Versetzungsenergien begrenzen die Zahl der natürlich vorkommenden Versetzungen, und die komplizierten Spannungsfelder lassen ein Gleiten schwer zu.

Wegen der geringen Plastizität sind Poren, Risse und kleine Fehler im Gefüge, die wie Risse wirken, besonders gefährlich. Die *Spannungskonzentrationen an den Rissspitzen* können nicht abgebaut werden. Es kommt daher bei Zugbeanspruchung leichter zum Bruch als bei Druckbeanspruchungen, weil bei Druck Risse zusammengedrückt oder gar geschlossen werden.

Polymere Werkstoffe. Bei amorphen und teilkristallinen Werkstoffen kommt die Verformung nicht durch Versetzungsbewegung zustande, denn Versetzungen setzen Kristalle voraus. Für die plastische Verformung ist hier wesentlich, ob die Beanspruchung unterhalb oder oberhalb der Glastemperatur T_g erfolgt. Unterhalb von T_g sind diese Werkstoffe spröde und hart; oberhalb von T_g liegen Polymere im gummi- oder viskoelastischen Zustand vor. Der Verlauf des Spannungs-Dehnungs-Diagrammes ist daher vor allem durch die Temperatur und besonders auch durch die Verformungsgeschwindigkeit bestimmt. Eine höhere Temperatur bewirkt eine größere Beweglichkeit der Molekülsegmente. Die Viskosität fällt mit steigender Temperatur. Höhere Temperaturen wirken wie niedrige Dehngeschwindigkeiten bzw. längere Versuchszeiten. Die Äquivalenz von Temperatur und Zeit bei der Belastung, das sog. *Zeit-Temperatur-Superpositionsprinzip*, das allerdings nicht für kristalline Polymere oder solche mit amorpher Struktur unterhalb von T_g gilt, erklärt die Beobachtung, dass bei zunehmenden Werten der Verformungsgeschwindigkeit das Material spröder wird. Schematisch sind Spannungs-Dehnungs-Diagramme bei verschiedenen Temperaturen in Abb. 9.44 dargestellt.

Die Verfestigung kommt dadurch zustande, dass durch *Streckung der Moleküle* immer mehr Anteile der Spannungen von den Hauptvalenzbindungen übernommen werden. Beim Fließen durch die parallele Ausrichtung der Moleküle wird die Möglichkeit zur thermischen Bewegung eingeschränkt und durch Reibung Wärme abgegeben. Dies führt zu einer lokalen Erwärmung. Hierdurch kann es zu einer oberen

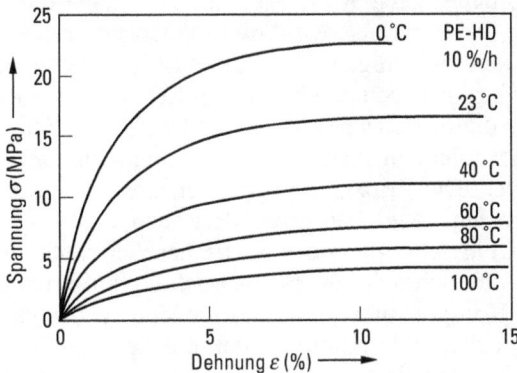

Abb. 9.44 Dehnungsgeregelte Zugversuche an Polyethylen hoher Dichte (PE-HD) bei verschiedenen Temperaturen (nach [33]).

und unteren Streckgrenze kommen. Vollständig gestreckte Moleküle besitzen höchste Festigkeiten.

Im Einzelnen verhalten sich die verschiedenen polymeren Werkstoffe in Abhängigkeit von der Temperatur unterschiedlich:

1. *Amorphe Thermoplaste*, z. B. Polyisobutylen (PIB), Polyvinylchlorid (PVC) und Polystyrol (PS), besitzen unterhalb der Glastemperatur T_g hohe Zugfestigkeit bei geringer Bruchdehnung. Mit steigender Temperatur fällt die Festigkeit wegen der einsetzenden Molekülbeweglichkeit ab. Die Bruchdehnung nimmt dabei zu. Der Temperaturbereich für den Gebrauch dieser Werkstoffe liegt unterhalb von T_g.
2. Bei *teilkristallinen Thermoplasten*, z. B. Polyethylen (PE) und Polypropylen (PP), hat eine Temperaturerhöhung zunächst nur eine Wirkung in Bezug auf die amorphen Bereiche. Oberhalb der Glastemperatur ist das Material durch den Molekülzusammenhalt in den Kristalliten fest, aber wegen der Beweglichkeit in den amorphen Bereichen auch zäh. Mit steigender Temperatur sinkt die Festigkeit und steigt die Dehnung. Der Temperaturbereich für den Gebrauch liegt zwischen T_g und der Schmelztemperatur der Kristallite T_s.
3. Schwach vernetzte *amorphe Elastomere*, z. B. Kautschuk, natürlich und synthetisch gewonnen, sind unterhalb von T_g hart und spröde. Bei T_g steigt die Beweglichkeit der Moleküle an, unter Abnahme der Festigkeit und Übergang in den gummielastischen Zustand. Die Dehnbarkeit steigt mit der Temperatur ebenfalls an. Der Gebrauchsbereich liegt oberhalb von T_g.
4. *Duroplaste*, z. B. Kondensationsharze sowie vernetzte Polyester, Epoxidharze und Polyurethane, zeigen geringere Temperaturabhängigkeit der Festigkeit wegen der allseitigen Verknüpfung der Moleküle durch die Hauptvalenzverbindungen. Erst wenn die Bindungen durch Temperaturerhöhung gelöst werden, tritt Abfall der Festigkeit ein.

9.6.3.2 Makroskopisches Werkstoffmodell

Fließkriterien. In der Spannungs-Dehnungkurve des Zugversuches wird das plastische Verhalten in dem Bereich von der Streckgrenze R_P, an der das plastische Verhalten beginnt, bis zur Zugfestigkeit R_m dargestellt. Die Zugfestigkeit ist der Maximalwert der Spannung, wenn sie auf den Anfangsquerschnitt der Zugprobe bezogen wird. Die Zugfestigkeit von einigen Werkstoffen ist in Tab. 9.6 angegeben. Der Bereich vom Wert R_m bis zum Bruch beschreibt den Bereich der Querschnittsverminderung. Die Kenntnis dieses Bereiches ist für die Umformtechnik wichtig.

Das Hooke'sche Gesetz postuliert für kleine Werte von Spannung und Dehnung Proportionalität dieser Größen. Das Prinzip der jeweils linearen Überlagerung von Spannungen und Dehnungen führt wie oben geschildert dazu, dass bis zu 21 Proportionalitätskoeffizienten zur Beschreibung des elastischen Verhaltens notwendig sind und die verschiedenen bei mehrachsiger Beanspruchung auftretenden Spannungs- und Dehnungswerte Komponenten von Tensoren sind. Bei einer mehrachsigen Beanspruchung müssen dann alle Komponenten des Spannungs- und Dehnungstensors berücksichtigt werden. Im sog. *Hauptachsensystem* reduzieren diese sich zu den jeweils drei Hauptachsenkomponenten der Spannung σ_I, σ_{II}, σ_{III} und der Dehnung ε_I, ε_{II}, ε_{III}.

Tab. 9.6   Zugfestigkeit von Werkstoffen.

Werkstoff	Zugfestigkeit [MPa]
Armco-Eisen, weichgeglüht	270
Eisen-Whisker	10 000
Stahl (0.8–1.2 % C), gehärtet	2 000
Messing M558, weichgeglüht	400
Aluminium 99.99, weichgeglüht	60
AlCuMg$_2$, kalt ausgehärtet	500
Al$_2$O$_3$-Fasern	2 000
SiC-Fasern	2 300
SiC-Whisker	21 000
Gläser	70
Glasfasern (SiO$_2$)	5 800
Polyethylen, unverstreckt	25
Polyethylen, verstreckt	600
Polyvinylchlorid, unverstreckt	50
Polyvinylchlorid, verstreckt	360

Von großem Interesse ist eine Aussage über den Übergang vom elastischen zum plastischen Verhalten, d. h. über die *Streck- oder Fließgrenze*. Aus der Erfahrung ist bekannt, dass durch hydrostatischen Druck keine plastische Verformung zustande kommt. Aus dem Zugversuch ergibt sich für die einachsige Beanspruchung eine Fließspannung σ_F. Wie groß ist die Fließspannung bei mehrachsiger Beanspruchung? Fließen vollzieht sich, wenn die in das Material eingebrachte Energie für die elastische Formänderung einen bestimmten materialspezifischen aus dem Experiment zu ermittelnden Wert erreicht; im einachsigen Zugversuch ist bei der Fließspannung σ_F dieser Zustand erreicht. Nach dem *Fließkriterium von v. Mises* lässt sich für die dreiachsige Beanspruchung eine *Vergleichsspannung σ_v* für das plastische Fließen errechnen:

$$\sigma_v = \frac{1}{\sqrt{2}}\left[(\sigma_I - \sigma_{II})^2 + (\sigma_{II} - \sigma_{III})^2 + (\sigma_{III} - \sigma_I)^2\right]. \tag{9.9}$$

Der Wert von σ_v kann im einachsigen Zugversuch ermittelt werden, wo $\sigma_v = \sigma_I = \sigma_F$ ist. Es gibt weitere Fließkriterien, die aber im Prinzip ähnliche Aussagen machen. Derartige Kriterien sind für die Praxis für die Berechnung von Werkstückquerschnitten wichtig.

Der Bereich der plastischen Verformung wird kontinuumsmechanisch am einfachsten durch eine Erweiterung des Hooke'schen Gesetzes zu einem Potenzgesetz $\sigma = K\varepsilon^n$ oder einer Reihe $\sigma = K_1\varepsilon + K_2\varepsilon^3 + K_3\varepsilon^5 + \ldots$ beschrieben, wo K, n und K_i experimentell zu bestimmende Größen für einen bestimmten Werkstoff und dessen gegebenen Zustand sind. Eine Aussage über die Abhängigkeit dieser Größen vom Werkstoffzustand, wie er durch die Wärmebehandlung, den Ablauf der mechanischen Beanspruchung und der Temperaturführung sowie durch die Verfestigung gegeben ist, kann aber allgemein beim gegenwärtigen Erkenntnisstand nicht gemacht werden.

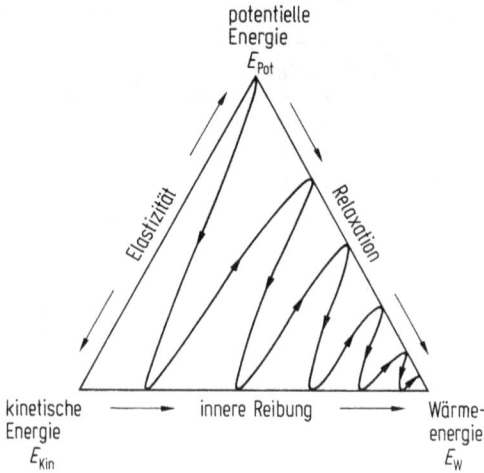

Abb. 9.45   Energieaustausch in einem Werkstoff (nach [34]).

Energiebetrachtung. Die Zustandsänderungen von Werkstoffen kommen durch *Ener-gietransformationen* zustande. Mechanische Energie wird in Wärme, kinetische Ener-gie in potentielle Energie verwandelt. Man kann den energetischen Zustand eines Körpers durch einen Punkt im Innern eines Dreiecks beschreiben, dessen Ecken den Energieinhalt an kinetischer Energie E_{Kin}, potentieller Energie E_{Pot} und Wär-meenergie E_W angeben (Abb. 9.45). Zustandsänderungen werden durch Änderung der Dreieckskoordinaten des Zustandspunktes ausgedrückt. Die Energiebilanz muss lauten:

$$\frac{\mathrm{d}A}{\mathrm{d}t} = \frac{\mathrm{d}E_{Kin}}{\mathrm{d}t} + \frac{\mathrm{d}E_{Pot}}{\mathrm{d}t} + \frac{\mathrm{d}E_{W}}{\mathrm{d}t}, \tag{9.10}$$

wobei A die Arbeit bedeutet. Die zeitliche Änderung der Arbeit, die von den äußeren Kräften am Werkstoff in der Zeiteinheit geleistet wird, muss gleich sein der Summe der in derselben Zeit eintretenden Änderungen der kinetischen, der potentiellen und der thermischen Energie. Die Seite (E_{Kin} E_{Pot}) stellt den reversiblen Austausch zwi-schen potentieller und kinetischer Energie dar. Die Seite (E_{Kin} E_W) gibt die Umwand-lung von kinetischer Energie in Wärme infolge der inneren Reibung bzw. Viskosität an. Längs der Seite (E_{Pot} E_W) erfolgt eine Umwandlung von ruhender potentieller Energie in Wärme, was man auch mit Relaxation beschreibt. Bei einer gedämpften Schwingung bewegt sich der Zustandspunkt längs des Linienzuges im Dreieck in Abb. 9.45. Eine Streckgrenze muss die Bedingung definieren, unter der die Ener-gieumwandlung längs der Seite (E_{Pot} E_W) in Richtung auf E_{Kin} beginnt.

9.6.4 Zeitabhängigkeit der Verformung

Im Hooke'schen Gesetz wird davon ausgegangen, dass die Dehnung sich unmittelbar zeitgleich mit der Spannung ändert. Tatsächlich laufen aber alle Vorgänge zeitab-

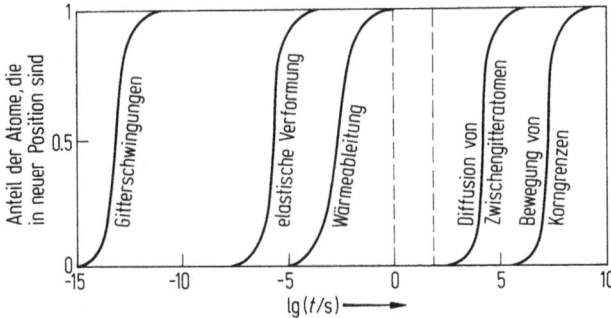

Abb. 9.46 Schematische Darstellung von Relaxationsvorgängen (nach [35]).

hängig ab. Die Zeitabhängigkeit wird durch den Begriff *Relaxationszeit* beschrieben. Diese kann für die einzelnen im Material ablaufenden Vorgänge sehr unterschiedlich sein. Abb. 9.46 zeigt schematisch einige Relaxationsprozesse. Der Anteil X der Atome in einer neuen Gleichgewichtsposition kann beschrieben werden durch die Gleichung $X = 1 - \exp(-t/\tau)$. Nach der Zeit $t = \tau$ hat X den Wert 0.63, d. h. 63 % der Atome sind dem Prozess unterworfen worden. Bei $t = 1/3\,\tau$ ist $X = 0.05$, der Prozess hat also kaum begonnen, und bei $t = 3\,\tau$ ist $X = 0.95$, der Prozess ist also fast beendet.

Ein normaler Zugversuch wird in dem Zeitraum 1 s bis 100 s durchgeführt. Bei Metallen und keramischen Werkstoffen sind atomare Schwingungen, elastische Wellen und Wärmeentwicklung bereits abgeschlossen. Andere Prozesse, die Diffusion und Korngrenzenbewegung, sind wesentlich langsamer. Daher kann beim Zugversuch die Zeitabhängigkeit vernachlässigt werden. Bei Polymeren gilt dies nicht.

Zeitabhänige Prozesse im elastischen Bereich können durch empfindliche Messungen nachgewiesen werden. Eine zweite Möglichkeit ist die der Temperaturänderung, denn diese verschiebt das Relaxationsspektrum. Weiterhin kann man die Zeit der Beanspruchung verändern. Die Messung der elastischen Konstanten mit Ultraschall ergibt etwas andere Werte als der „statische" Zugversuch, weil der Prozess der Wärmeleitung innerhalb der Schwingungszeit noch nicht abgeschlossen ist; man erhält adiabatische Werte.

9.6.4.1 Kriechen

Belastet man einen Werkstoff konstant und lässt man die Belastung bei konstanter Temperatur andauern, so stellt man eine zeitabhängige Dehnung fest. Diese plastische Verformung wird als *Kriechen* bezeichnet.

Typische Kriechkurven sind schematisch in Abb. 9.47 dargestellt. Man kann die Kriechkurve in drei Bereiche teilen:

1. *Übergangs-* oder *primäres Kriechen*, bei dem die Kriechgeschwindigkeit von sehr großen Werten unmittelbar nach Aufbringen der Last abfällt,
2. *stationäres* oder *sekundäres Kriechen* mit konstanter Kriechgeschwindigkeit und
3. *beschleunigtes* oder *tertiäres Kriechen*.

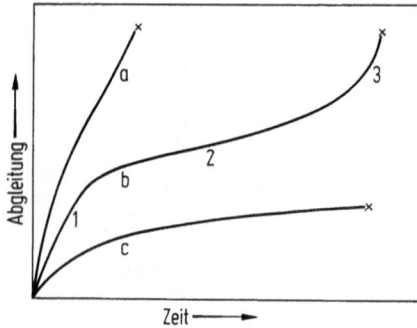

Abb. 9.47 Kriechkurven (schematisch). (a) hohe Spannung, hohe Temperatur; (b) 1 = Übergangskriechen (primäres Kriechen), 2 = stationäres Kriechen (sekundäres Kriechen), 3 = beschleunigtes Kriechen (tertiäres Kriechen); (c) niedrige Spannung, niedrige Temperatur.

Das Kriechen kann auch auf andere Weise dargestellt werden. Abbildung 9.48 zeigt Messungen an Polypropylen in Form von Dehnungs-Zeit-Kurven für verschiedene Spannungen. Daraus können abgeleitet werden 1. Spannungs-Dehnungs-Kurven für konstante Zeiten, 2. Spannungs-Zeit-Kurven für konstante Dehnung und 3. das

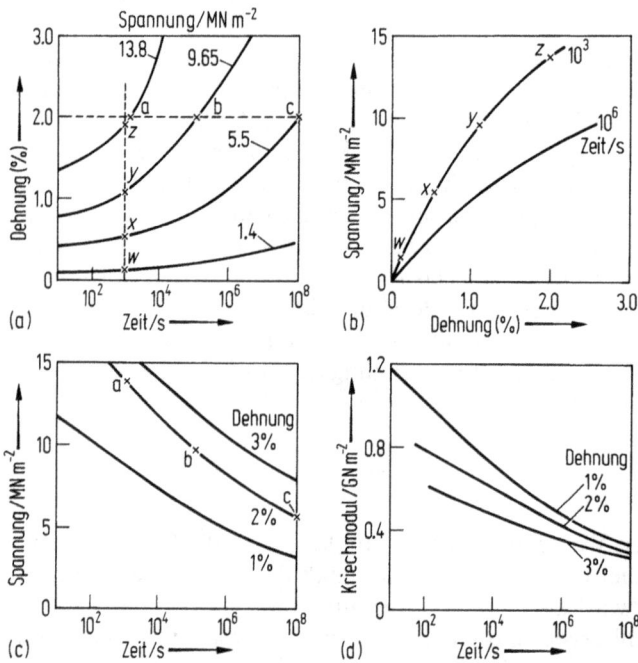

Abb. 9.48 Verschiedene Darstellungen von Kriechvorgängen. Die Kurven b, c, d sind von a abgeleitet; Material: Polypropylen. (a) Konstante Spannung als Funktion der Zeit (die Zahlen an den Kurven sind die Spannungen), (b) Isochrone Spannung als Funktion der Dehnung, (c) Spannung für gegebene Dehnwerte als Funktion der Zeit, (d) Kriechmodul (Steigung) für gegebene Dehnung als Funktion der Zeit (nach [36]).

Verhältnis von Spannung zu Dehnung als Funktion der Zeit für konstante Dehnungen. Alle Darstellungsarten werden verwendet.

Das Kriechen ist erst bei höheren Temperaturen ($T > 0.5\,T_\mathrm{S}$, T_S = Schmelztemperatur) bedeutungsvoll. In Abb. 9.49 sind in auf die Schmelztemperatur und auf den Schubmodul bezogenen Maßstäben die Bereiche für verschiedene Arten von Kriechvorgängen bei Metallen angedeutet.

Die zeitabhängige Dehnung ist bei vielen kristallinen Materialien gering. Bei amorphen Polymeren dagegen muss sie berücksichtigt werden. Hier wird der Begriff *Viskosität η* benutzt. Diese Größe ist ein Maß für den Widerstand gegen die Verformung, die hier oft auch als Fließen bezeichnet wird. η ist definiert als das Verhältnis von Schubspannung (SI-Einheit N/m²) und Schergeschwindigkeit (SI-Einheit s^{-1} und hat demnach die SI-Einheit $Nm^{-2}s = Pa\,s$. Früher war die Einheit Poise (P) gebräuchlich, $1P = 0.1\,Pa\,s$. Flüssigkeiten haben eine Viskosität von ca. $0.1\,Pa\,s$, sehr zähflüssiger Teer besitzt $\eta = 10^7\,Pa\,s$. Die Viskosität von Flüssigkeiten steigt beim Abkühlen an. Bei 10^{13} Pas ist eine Flüssigkeit, wenn keine Kristallisation erfolgt, so starr geworden, dass sie als fester Körper betrachtet werden muss. Materialien, für die η bei gegebener Temperatur einen konstanten Wert besitzt, zeigen sog. *Newton'sches Fließen.*

Eine weitere Beschreibungsmöglichkeit für einen komplizierteren zeitabhängigen Zusammenhang zwischen Spannung und Dehnung ist die Einführung zeitabhängiger Moduln. An Stelle des Hooke'schen Gesetzes wird eingeführt: $\sigma(t) = M(t)\,\varepsilon$. Diese Beschreibung ist besonders bei polymeren Werkstoffen zweckmäßig; man nennt einen sich so verhaltenden Werkstoff *viskoelastisch.* Bei schwingender Beanspruchung führt viskoelastisches Verhalten zu einer *Hysterese im Spannungs-Dehnungs-Diagramm,* d. h. es wird Energie verbraucht, es tritt Dämpfung ein. Werkstoffe guter Dämpfungsfähigkeit sind z. B. Gummi, Gusseisen (wegen des Graphitgehaltes) und

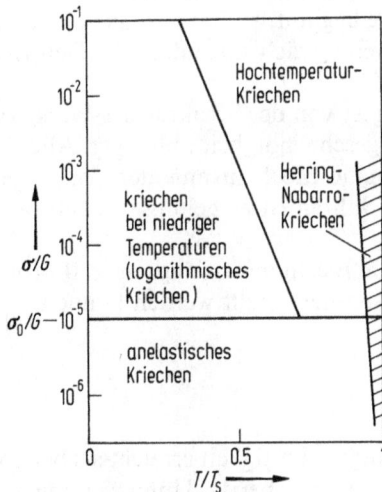

Abb. 9.49 Kriechdiagramm mit normierten Koordinaten für Metalle. T = Temperatur, T_S = Schmelztemperatur, σ = Schubspannung in Gleitebene und Gleitrichtung, σ_0 = Kritische Schubspannung, G = Schubmodul (nach [37]).

einige ferromagnetische Legierungen (Dämpfung durch spannungsabhängige Bewegung von Bloch-Wänden).

9.6.4.2 Superplastizität

Mit den Vorgängen beim Kriechen hängt die Erscheinung der Superplastizität zusammen. Liegt in einem Werkstoff eine kleine gleichmäßig stabile Korngröße (kleiner als ca. 15 µm) vor, so kann bei einer Temperatur oberhalb der halben Schmelztemperatur bei kleiner Verformungsgeschwindigkeit $d\varepsilon/dt \sim 10^{-4}\,\text{s}^{-1}$ eine sehr große Dehnung, bei Metallen etwa 1000 % erreicht werden. Die Metalle verhalten sich dann wie viskose Werkstoffe. Diese Erscheinung tritt bei einphasigen und mehrphasigen Gefügen auf, wobei die Phasen in etwa gleichem Volumenanteil vorliegen sollten. Superplastische Legierungen sind daher häufig eutektisch oder eutektoid, wobei die Schmelztemperaturen der Komponenten nicht zu verschieden sein dürfen. Superplastizität tritt aber auch bei intermetallischen Phasen und bei keramischen Werkstoffen auf.

Phänomenologisch kann geschrieben werden: $\sigma = \eta(d\varepsilon/dt)^m$. Da $\sigma = F/A$ und bei Volumenkonstanz $\varepsilon = dl/l = -dA/A$ ist, ergibt sich durch Einsetzen:

$$dA/dt = (F/\eta)^{1/m} A^{(m-1)/m}. \qquad (9.11)$$

Man sieht, dass für m = 1 (Newton'sches Fließen) hohe Dehnungen möglich sind, weil die Querschnittsabnahme unabhängig vom jeweiligen Querschnitt wird und nur von der Last abhängt.

Superplastizität wird ermöglicht durch eine geeignete Kombination von Korngrenzengleiten und Diffusion, so dass der Materialzusammenhalt bestehen bleibt. Es darf nicht nur ein Gleiten in Kraftrichtung erfolgen, vielmehr muss auch eine Bewegung senkrecht dazu möglich sein. Verfestigung und Erholung kompensieren sich gerade, d. h. wenn eine Einschnürung beginnt, ändert sich die lokale Spannung genau so, dass die Einschnürung nicht weiter wächst, sondern die Deformation an anderer Stelle auftritt.

Die Größe m in der obigen Gleichung ist von der Struktur des Werkstoffes, von der Temperatur und auch von der Dehngeschwindigkeit abhängig. Alle Parameter müssen richtig gewählt werden. Der genaue Mechanismus der Vorgänge ist aber nicht vollständig geklärt. In den letzten Jahren ist es gelungen, auch höhere Verformungsgeschwindigkeiten zuzulassen.

Die Superplastizität hat Bedeutung für Blechumformung, da z. B. komplizierte Karosserieteile damit in einem Arbeitsgang hergestellt werden können.

9.6.4.3 Wechselfestigkeit

Bei Wechselbeanspruchung wird eine geringere Festigkeit erreicht als bei konstanter Belastung. Dies wurde schon von Wöhler ca. 1850 bei der Untersuchung der Brüche von Eisenbahnachsen festgestellt. In einem sog. Wöhlerdiagramm ist die Zahl der Lastwechsel als Funktion der Belastung bis zum Bruch dargestellt. Man braucht hierfür mindestens 10 absolut gleichartige Proben. Jede Probe wird einer konstanten

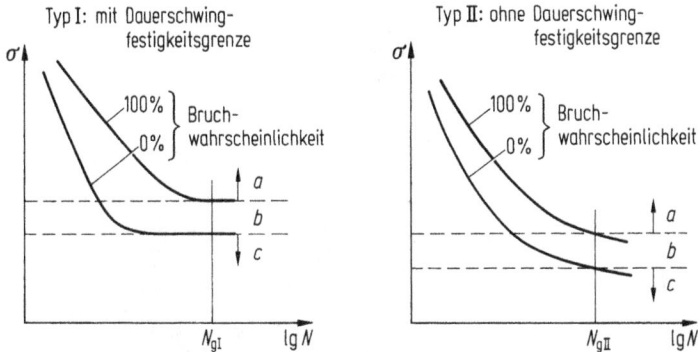

Abb. 9.50 Wöhler-Diagramm (Dauerschwingfestigkeitsschaubild).
σ = Amplitude der Schwingbeanspruchung, N = Lastspielzahl, a = Gebiet der Zeitfestigkeit, b = Übergangsgebiet, c = Gebiet der Dauerfestigkeit, N_{gI} = Grenzlastspielzahl mit Dauerschwingfestigkeitsgrenze (krz-Baustahl), N_{gII} = Technische Ersatz-Grenzlastspielzahl (nach [38]).

häufig sinusförmig wechselnden Schwingbeanspruchung so lange ausgesetzt, bis Bruch eintritt. Diese Belastung wird als Funktion der Zahl der Lastwechsel beim Bruch dargestellt. In Abb. 9.50 sind schematisch Wöhlerdiagramme dargestellt.

Es gibt Metalle, bei denen die Bruchspannung von einer bestimmten Zahl der Lastwechsel an sich nicht ändert, z. B. Baustahl und andere krz-Metalle (Typ I, mit Dauerschwingfestigkeitsgrenze) und solche, bei denen die Bruchspannung weiter abnimmt, z. B. Al-Werkstoffe (Typ II, ohne Dauerschwingfestigkeitsgrenze). Obwohl die Versuchsproben für derartige Untersuchungen gleichartig hergestellt werden, tritt der Bruch in der Regel nicht bei der genau gleichen Lastspielzahl auf. Zur Berechnung der Bruchwahrscheinlichkeit werden daher statistische Methoden benutzt.

Bei einer Wechselbeanspruchung ist die Mittelspannung σ_m wesentlich, um welche die Schwingung der Spannung erfolgt. Um ein vollständiges Bild über das Eintreten eines Schwingungsbruches zu erhalten, werden die Grenzlastspielzahlen aus mehreren Wöhlerdiagrammen in einem Dauerfestigkeitsdiagramm nach Smith dargestellt (Abb. 9.51), wo die Dauerschwingfestigkeit als Funktion der Mittelspannung abgelesen werden kann.

9.6.5 Temperaturabhängigkeit der Verformung

Mechanische Eigenschaften sind temperaturabhängig. Die wichtigste Folge einer Temperaturänderung ist, dass mit steigender Temperatur die Festigkeit abnimmt. Abbildung 9.52 zeigt schematisch die Fließspannung verschiedener Materialien als Funktion der Temperatur. Es gibt bei niedrigen Temperaturen oft *sprödes Verhalten*, bei höheren *duktiles Verhalten*. Diese Temperaturabhängigkeit wird bei vielen technischen Prozessen ausgenutzt (z. B. Walzen, Ziehen, Strangpressen), weil bei hohen Temperaturen weniger Energie zur Verformung benötigt wird. Andererseits ist für

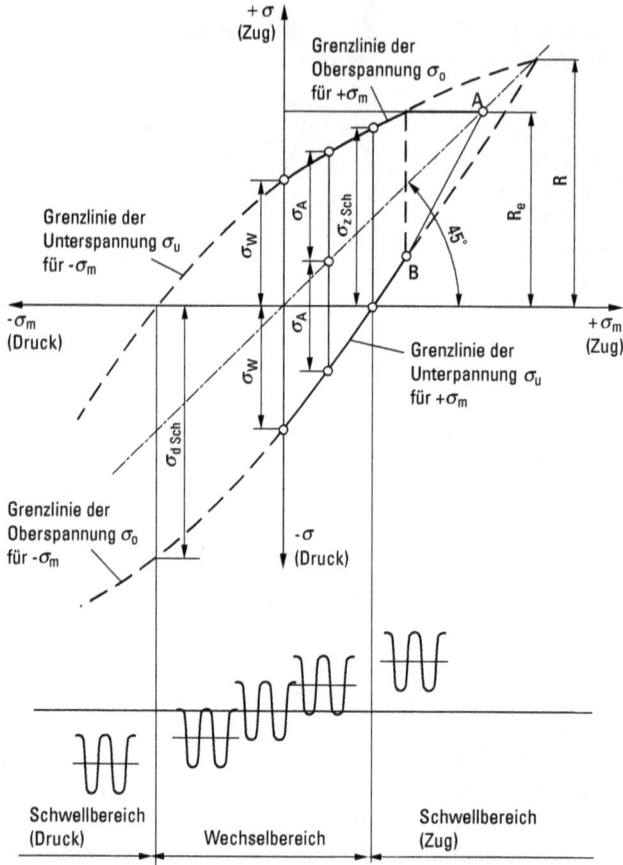

Abb. 9.51   Dauerschwingfestigkeitsdiagramm nach Smith (schematisch nach [39]).

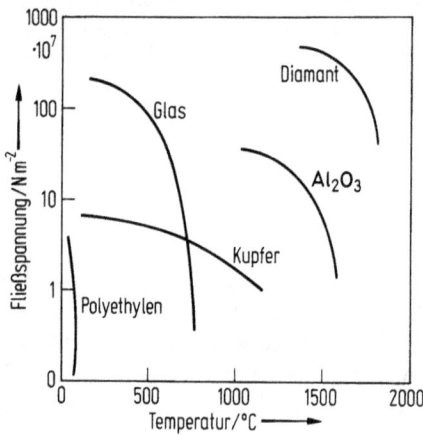

Abb. 9.52   Temperaturabhängigkeit der Fließspannung.

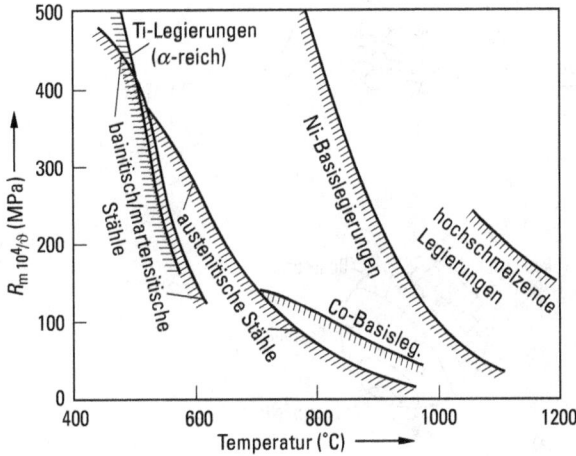

Abb. 9.53   Zeitstandfestigkeiten (Zeit 10^4 h) für verschiedene Hochtemperatur-Werkstoff-gruppen in Abhängigkeit von der Temperatur (nach [40]).

bestimmte Konstruktionen oft eine Hochtemperaturfestigkeit erwünscht (s. unten). Abbildung 9.53 zeigt die Abnahme der Festigkeit mit steigender Temperatur für verschiedene hochwarmfeste Legierungen.

Im Zusammenhang mit der oben genannten Relaxationszeit ist wichtig, dass häufig die Mechanismen für verschiedene Relaxationszeiten ähnliche Temperaturabhängigkeit besitzen, so dass sich die bei verschiedenen Temperaturen vorliegenden Relaxationsmodulen durch Verschieben längs der logarithmischen Zeitachse ineinander überführen lassen. Hohe Temperaturen bedeuten kürzere Relaxationszeiten. Dies gilt insbesondere für viskoelastische Stoffe.

9.6.6 Bruch

9.6.6.1 Beschreibung

Eine mechanische Beanspruchung eines Werkstoffes kann neben der elastischen und plastischen Verformung auch zum Bruch führen, d. h. zu der makroskopischen Trennung eines Körpers infolge der Lösung von atomaren Bindungen. Für die Bezeichnung von Brüchen existiert eine vielfältige Terminologie. Nach der Beanspruchungsart kann man unterscheiden:

1. Zügig in einer Richtung aufgebrachte Beanspruchung: Spröd- und Duktilbruch,
2. langzeitige Beanspruchung bei hohen Temperaturen: Kriechbruch,
3. schwingende Beanspruchung: Dauer- und Ermüdungsbruch.

Bei einem **Sprödbruch** erfolgt nach elastischer Verformung unmittelbar die Trennung des Werkstoffes. Polykristalline Metalle und keramische Werkstoffe können entlang Korngrenzen interkristallin oder durch die Körner entlang niedrig indizierter Gitterebenen transkristallin spröde brechen. Spröde Materialien können auch unter

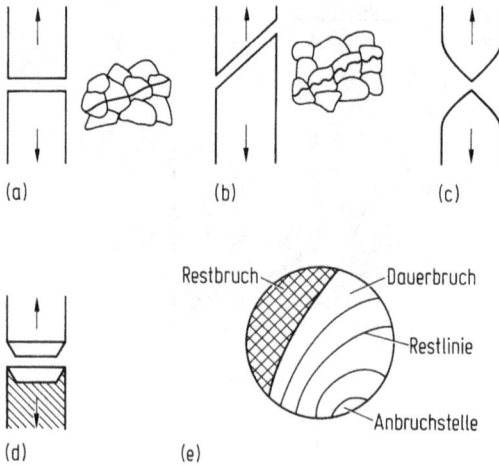

Abb. 9.54   Bruchformen (schematisch). (a) Sprödbruch, transkristallin, mit einem vergrößerten Querschnitt durch die Bruchzone. (b) Duktiler Bruch (Scherbruch), transkristallin, mit vergrößertem Querschnitt durch die Bruchzone. (c) Duktiler Bruch (Einschnürbruch). (d) Duktiler Bruch („Teller-Tassen"-Bruch). (e) Dauerbruch nach schwingender Beanspruchung.

Druck versagen, allerdings ist die Belastung dann wesentlich höher als beim Zug. Bei einem **duktilen Bruch** erfolgt die Trennung im Einschnürbereich, wo besonders viel plastische Verformung vorliegt. Im Material wird also wesentlich mehr Energie verbraucht als beim Sprödbruch. Ein duktiler Bruch kommt in der Praxis weniger häufig vor, weil durch eine vorangehende Verformung die Konstruktion, in der das Werkstück benutzt wird, bereits vor dem Bruch unbrauchbar wird. Abbildung 9.54 zeigt schematisch das äußere Aussehen von Proben, die gebrochen sind.

Einem Bruch geht die *Rissbildung* und die *Rissausbreitung* voraus; beide können an bestimmte Gitterebenen gekoppelt sein. Bei Brüchen, die durch Gleiten im Material hervorgerufen werden, verläuft die Bruchfläche oft unter 45° gegenüber der Hauptbeanspruchungsrichtung, da dies die Ebene maximaler Schubspannung ist. In Abhängigkeit von der Temperatur kann ein Material spröde oder duktil sein. Abbildung 9.55 zeigt den Temperatureinfluss auf das Bruchverhalten von kubisch raumzentrierten Metallen. Die Übergangstemperatur wird durch die Zusammensetzung der Korngrenzen beeinflusst. Gläser und Polymere sind unterhalb der Glastemperatur im Allgemeinen spröde.

Wenn bei einer Belastung eines Materials die plastische Dehnung nicht zu einem Endwert führt, sondern weiter wächst, kommt es zum **Kriechbruch**. Die Bruchspannung ist um so kleiner, je länger die Belastung dauert. Bei Polymeren kann sich dieser Vorgang schon bei Zimmertemperatur vollziehen. Abbildung 9.56 zeigt, dass die Spannung für den Bruch von Polyethylen um die Hälfte sinken kann, wenn die Zeit der Belastung um den Faktor 100 gesteigert wird. Bei den meisten Konstruktionswerkstoffen erfolgt der Bruch nach dem Kriechen bei höheren Temperaturen. Für viele Materialien wird bei einsinniger Belastung das Produkt aus der Lebensdauer bis zum Bruch und der kleinsten Dehnungsgeschwindigkeit eine Konstante, so dass man dann von Kurzzeitversuchen auf das Langzeitverhalten schließen kann.

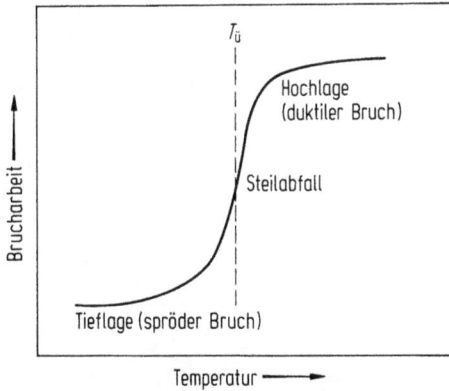

Abb. 9.55 Einfluss der Temperatur auf das Bruchverhalten von kubisch-raumzentrierten Metallen (schematisch); $T_{\ddot{u}} = $ Übergangstemperatur, je nach Material sind Werte zwischen $-100\,°C$ und $+30\,°C$ möglich.

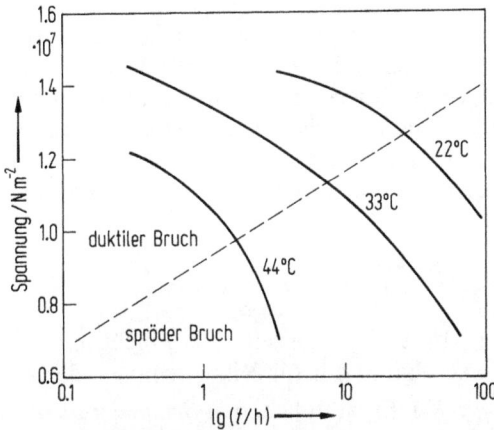

Abb. 9.56 Abhängigkeit einer zweiachsigen Spannung von der Zeit bis ein Bruch bei verschiedenen Temperaturen eintritt. Material Polyethylen (nach [41]).

Es fehlt eine in sich geschlossene Beschreibung der Bruchvorgänge, da sehr viele Mechanismen zu berücksichtigen sind. Von Einfluss sind z. B. vorhandene Oberflächenrisse, Werkstoff-Fehler im Innern, Art der Rissentstehung und Rissausbreitung sowie plastische Verformung an der Riss-Spitze. Wegen der technologischen Bedeutung hat sich die *Bruchmechanik* in den letzten 35 Jahren zu einem wichtigen Gebiet der Festkörpermechanik entwickelt (s. unten).

9.6.6.2 Bruchmechanik

Die aus dem Zugversuch abgeleiteten Kenngrößen der Werkstoffe sind als Aussage für die Festigkeit nicht ausreichend, weil eine makroskopische Trennung eines Werk-

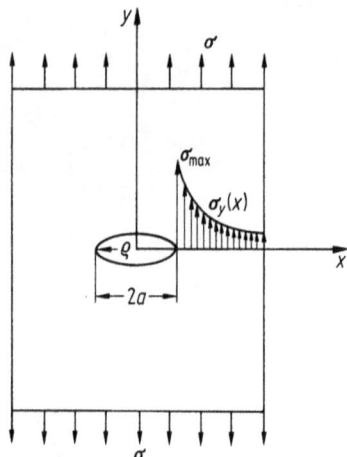

Abb. 9.57 Spannungsverteilung an einer Platte mit einem elliptischen Innenriss.

stoffes durch die *Ausbreitung von Rissen* erfolgt. Die Risse können durch die Herstellung in den Werkstoff eingebracht sein oder durch die Beanspruchung entstehen. Nicht die Verminderung des tragenden Querschnittes eines Bauteils ist bei der Rissausbreitung entscheidend, sondern die *Spannungsvergrößerung an der Riss-Spitze*. Die Berechnung der elastischen Spannung an einem Riss mit der Länge $2a$ und dem Krümmungsradius ϱ an der Rissspitze ergibt, dass eine Maximalspannung an der Riss-Spitze

$$\varrho_{max} = \sigma(1 + 2\sqrt{a/\varrho}) \sim 2\sigma\sqrt{a/\varrho} \quad \text{für} \quad a \gg \varrho. \tag{9.12}$$

auftritt. Dies ist schematisch in Abb. 9.57 dargestellt. Da ϱ nicht unter die Grenze von einigen Atomabständen sinken kann, gilt für Risse demnach der Zusammenhang $\sigma_{max} = f(\sigma \cdot \sqrt{\text{Risslänge}}) = f(K')$. Es ist üblich, den *Spannungsintensitätsfaktor* $K = \sigma\sqrt{\pi \cdot a}$ zu betrachten. Die SI-Einheit von K ist demnach $N/m^2 \cdot \sqrt{m} = Nm^{-3/2}$.

Für das Werkstoffverhalten ist entscheidend, ob die Spannungskonzentration an der Riss-Spitze bei einer Belastung so groß wird, dass der Riss sich vergrößern kann. Dieser kritische Zustand wird durch einen Wert K_c, den *kritischen Spannungsintensitätsfaktor*, beschrieben, der z. B. durch eine niedrige Spannung und einen großen Riss hervorgerufen werden kann. Für ein Bauteil mit endlichen Abmessungen hängt K_c auch von der Bauteilgeometrie ab. In der Nähe der Oberfläche entsteht ein ebener Spannungszustand, aber infolge der Querkontraktion eine dreidimensionale Dehnung. In der Mitte einer Platte führt die Verformungsbehinderung zu einem ebenen Dehnungszustand mit dreidimensionaler Spannungsverteilung. Üblicherweise wird die Geometrieabhängigkeit durch eine Funktion Y beschrieben:

$$K_c = Y \cdot \sigma\sqrt{\pi \cdot a}. \tag{9.13}$$

K_c ist außerdem eine Funktion der Art der Belastung. Man unterscheidet (siehe Abb. 9.58) drei Rissöffnungsarten:

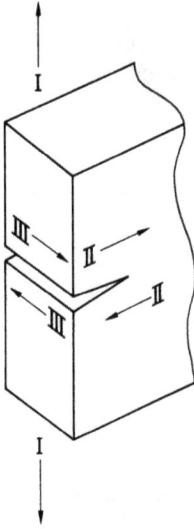

Abb. 9.58 Rissöffnungsarten. I = Spaltriss, II = Längsscherriss, III = Querscherriss.

I: **Spaltriss** (die Zugspannung wirkt senkrecht zu den Rissflächen und führt zu gegenseitigem Abheben); dieser Fall hat die größte technische Bedeutung.

II: **Längsscherriss** (Schubspannung wirkt senkrecht zur Risskante).

III: **Querscherriss** (Schubspannung wirkt parallel zur Risskante).

Für die Rissöffnungsart I ist der Einfluss der Bauteildicke schematisch in Abb. 9.59 angegeben. Für eine sehr dicke Platte wird der Wert K_{Ic} erreicht, der für das Material der charakteristische Kennwert ist.

Experimentell wird K_c an speziell genormten Proben bestimmt, für welche die Funktion Y bekannt ist. Diese Proben besitzen außer einem absichtlich eingebrachten Kerb einen durch Wechselbeanspruchung erzeugten atomar scharfen Riss be-

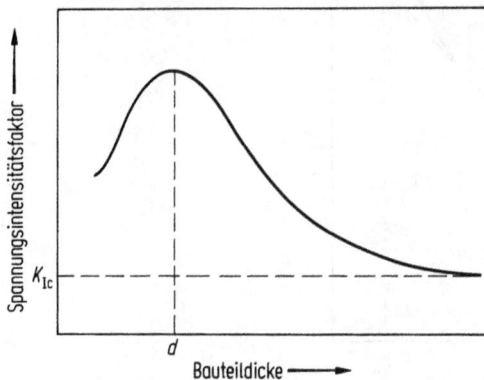

Abb. 9.59 Einfluss der Bauteildicke auf den Spannungsintensitätsfaktor (schematisch). Bei der Dicke d liegt eine ebene Spannungsverteilung vor (dünne Platte), bei sehr großer Dicke eine ebene Dehnungsverteilung (dicke Platte). K_{Ic} = Kritischer Spannungsintensitätsfaktor.

kannter Tiefe. Aus dem während der Belastung ermittelten Zusammenhang zwischen angelegter Spannung und Ausweitung des Kerbes wird bestimmt, wann der Riss instabil wird und sich plötzlich sehr schnell ausbreitet. Tabelle 9.7 gibt Werte für kritische Spannungsintensitätsfaktoren an.

Tab. 9.7   Kritische Spannungsintensitätsfaktoren.

Werkstoff	K_{Ic} [MPa $\cdot$ m$^{1/2}$]
SiO$_2$	0.3...0.6
Polymethylmetacrylat	1
WC-Co-Cermet	13
Aluminiumlegierungen	22...33
Titanlegierungen	30...120
Hochfeste Stähle	30...150
Stahl St37 ($T > T_{Übergang}$)	200
Stahl St37 ($T < T_{Übergang}$)	40

Eine andere Betrachtungsweise in der Bruchmechanik geht von der kritischen *Energiefreisetzungsrate G* aus, welche als Maß für die zur Rissausbreitung erforderlichen Energie angesehen werden kann. Für ebenen Spannungszustand lässt sich der Zusammenhang $G = K_c^2/E$ ableiten, mit E dem Elastizitätsmodul.

Wenn eine Wechselbeanspruchung $\Delta\sigma = \sigma_{max} - \sigma_{min}$ an einem Material mit einem Riss angreift, kann ein Risswachstum bei wesentlich kleineren Spannungen als der Fließspannung auftreten. Abbildung 9.60 zeigt eine Risswachstumskurve als Funktion von $\Delta K = K_{max} - K_{min}$. Wenn der Riss lang oder die Spannung groß ist, dann kann ΔK den Wert K_{Ic} erreichen, und es kommt zum Bruch. Bei niedrigeren Werten erfolgt ein stetiges Risswachstum. Die Kurve kann durch die Gleichung $da/dN =$

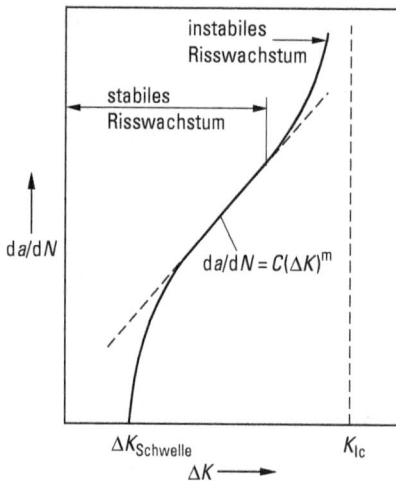

Abb. 9.60   Schematische Darstellung der Risswachstumsgeschwindigkeit da/dN als Funktion des zyklischen Spannungsintensitätsfaktors ΔK.

$C(\Delta K)^m$ beschrieben werden (N = Zyklenzahl, m und C Konstanten, die u.a. vom Material, dem Spannungszustand und der Temperatur abhängen). Eine derartige Gleichung wird benutzt, um die Lebensdauer von Teilen mit Rissen abzuschätzen. Bei niedrigen Werten wird ein Schwellenwert ΔK erreicht, unterhalb dessen kein Risswachstum erfolgt.

In diesen geschilderten Zusammenhängen wird linear-elastisches Werkstoffverhalten vorausgesetzt. Tatsächlich bildet sich bei vielen Werkstoffen vor der Rissspitze eine plastische Zone heraus. Dadurch tritt die instabile Rissausbreitung später auf, was wünschenswert ist.

9.6.7 Mechanische Modelle

Das *elastische, viskoelastische* und *plastische* Verhalten von Werkstoffen kann formal mit Hilfe einer endlichen Anzahl von Federn, Dämpfern und Reibungselementen beschrieben werden. Mit diesen **rheologischen Modellen** soll nicht etwa die innere Struktur der Werkstoffe simuliert werden. Es geht vielmehr darum, dass der Werkstoff als System betrachtet wird, an dessen Eingang man eine zeitlich sich ändernde Spannung anlegt und an dessen Ausgang der Verlauf der Dehnung angegeben werden soll, wobei die Volumenänderung nicht betrachtet und nur der Deformationsanteil berücksichtigt wird.

Es handelt sich um *Federn nach Hooke* ($\sigma = E\varepsilon$), um Dämpfungsglieder aus einem Kolben in einem mit zäher Flüssigkeit gefüllten *Zylinder nach Newton* ($\sigma = \eta\,\mathrm{d}\varepsilon/\mathrm{d}t$, η = Viskosität) und um *Trockenreibungselemente nach St. Venant*, die aus einem Stein auf rauher Unterlage bestehen und bei denen Gleiten bei σ_0 einsetzt, d.h. $\mathrm{d}\varepsilon/\mathrm{d}t = 0$ für $\sigma < \sigma_0$, $\mathrm{d}\varepsilon/\mathrm{d}t \neq 0$ für $\sigma \geq \sigma_0$. Das Verhalten dieser Modelle ist elastisch, viskos und starrplastisch. Bestimmte Kombinationen dieser Elemente haben besondere Namen; sie sind in Abb. 9.61 angegeben.

In Abschn. 8.4 von Band V ist das *Maxwell-Element* etwas ausführlicher für eine konstante Dehnung betrachtet, bei der eine Spannungsrelaxation mit der Relaxationszeit $\tau = \eta/E$ auftritt.

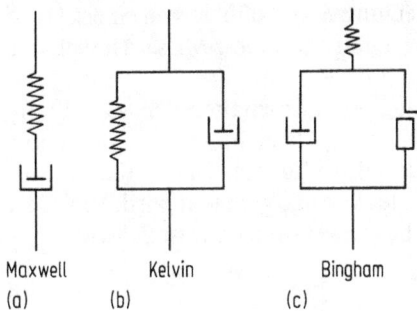

Abb. 9.61 Modelle für das Werkstoffverhalten. (a) Maxwell-Körper. Hintereinanderschaltung von Hooke'scher Feder und Newton'schem Dämpfungsglied. (b) Kelvin-Körper: Parallelschaltung von Hooke'scher Feder und Newton'schem Dämpfungsglied. (c) Bingham-Körper: Maxwell-Körper, bei dem parallel zum Newton'schen Dämpfungsglied ein Reibungselement nach St. Venant geschaltet ist.

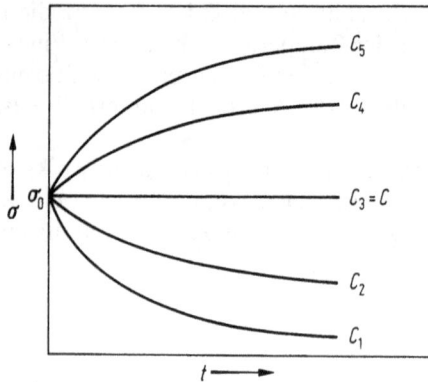

Abb. 9.62 Schematische Darstellung eines Spannungs-Zeit-Diagramms für einen Maxwell-Körper bei verschiedenen Dehngeschwindigkeiten C_i nach Aufbringen einer Anfangsspannung σ_0; $C_1 < C_2 < C_3 < C_4 < C_5$.

Hier soll kurz der Fall der konstanten Dehngeschwindigkeit, wie sie etwa im Zugversuch angewendet wird, betrachtet werden. Für die Zeitabhängigkeit ergibt sich folgendes: für kleine Dehngeschwindigkeiten tritt Spannungsrelaxation ein, d. h. die Spannungen nehmen ab. Bei einer bestimmten Dehngeschwindigkeit $d\varepsilon/dt = C$ erfolgt die Dehnung der Feder so schnell, wie das Dämpfungsglied mit der nötigen Spannung immer gerade nachfließt. Ist $d\varepsilon/dt > C$, steigt die Spannung im System weiter an, bis sich nach sehr langer Zeit eine konstante Spannung eingestellt hat (s. Abb. 9.62). Rechnerisch ergibt sich

$$d\sigma/dt = \sigma(0)\,e^{-t/\tau} + C\eta(1 - e^{-t/\tau}).\tag{9.14}$$

Eliminiert man t und setzt man $\sigma(0) = 0$ für $t \leq 0$ (Beginn der Kurve am Nullpunkt), so ergibt sich (s. Abb. 9.63)

$$\sigma(\varepsilon) = C\eta(1 - e^{-\varepsilon/\tau c}).\tag{9.15}$$

Die Kurve besitzt am Ursprung die Steigung E und nähert sich einem von der Dehngeschwindigkeit abhängigen Höchstwert, hat also eine gewisse Ähnlichkeit mit einer experimentellen Spannungs-Dehnungs-Kurve.

Durch geeignetes Parallel- und Hintereinanderschalten der Modellkörper lassen sich die verschiedensten Spannungs-Dehnungs-Beziehungen phänomenologisch beschreiben, ohne dass über die im Material bei der elastischen und plastischen Verformung real ablaufenden Vorgänge eine Aussage gemacht wird. Eine derartige Beschreibung ist für bestimmte technische Anwendungen ausreichend.

9.6.8 Pseudoelastizität (Gedächtnis-Effekt)

Die Temperaturabhängigkeit der Fließspannung führt für einige Materialien, z. B. Nickel-Titan-Legierungen, zu besonderen Erscheinungen. Bei niedriger Temperatur T_1 (s. Abb. 9.64) ist das Spannungs-Dehnungs-Diagramm bei kleinen Spannungen

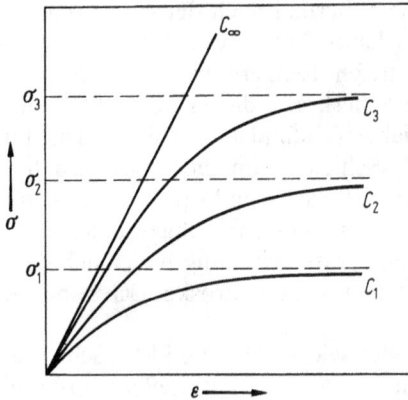

Abb. 9.63 Schematische Darstellung der Spannungs-Dehnungs-Beziehung eines Maxwell-Körpers bei verschiedenen Dehngeschwindigkeiten C_i mit $C_1 < C_2 < C_3 < \ldots < C_\infty$; $\varepsilon =$ Dehnung, $\sigma =$ Spannung.

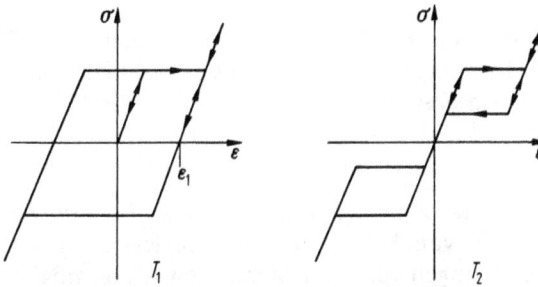

Abb. 9.64 Spannungs-Dehnungs-Diagramme von Legierungen „mit Gedächtnis" bei zwei verschiedenen Temperaturen T_1 und T_2 ($T_2 > T_1$) (nach [42]).

ähnlich dem eines elastisch-plastischen Körpers. Bei steigender Spannung aber kommt der Fließvorgang zum Stillstand an einer zweiten elastischen Geraden, bei der über die erste Grenzlast hinaus elastische Verformung erfolgt. Bei Entlastung bleibt dann eine Restdehnung ε_1 erhalten. Bei höherer Temperatur T_2 jedoch kriecht der Körper, wenn bei Entlastung die Spannung unter einen bestimmten Wert fällt, zur ursprünglichen elastischen Geraden zurück und erreicht bei vollständiger Entlastung wieder den Nullpunkt. Dieses Verhalten nennt man *pseudoelastisch*; der Körper besitzt nach Entlastung keine bleibende Verformung, aber er hat eine Hystereseschleife durchlaufen. Prägt man bei tiefer Temperatur dem Körper z. B. die Restdehnung ε_1 auf, so geht diese bei Erwärmung auf T_2 auf Null zurück. So kann man z. B. einen geraden Draht aus einer derartigen Gedächtnislegierung zu einer Spirale verbiegen. Bei Erwärmung „erinnert" er sich an seine gerade Form und kehrt in diese zurück.

Dieses Werkstoffverhalten beruht auf einer *Martensitumwandlung* (s. oben). Bei Eisen-Kohlenstoff-Legierungen gehen die Martensitzwillinge durch Scherung aus den Austenitteilchen hervor, wobei die Scherung nach der einen Seite (M_+) oder nach der anderen Seite (M_-) erfolgen kann. Man kann sich einen Modellkörper aus Martensitschichten $M_\pm$ bei einer tiefen Temperatur T_1 vorstellen (Abb. 9.65). Bei Zugbeanspruchung werden durch Scherkräfte die M_+-Schichten zur Seite gedrückt, die M_--Schichten aber aufgerichtet (Teilbild a). Erhöht man die Last weiter, so klappen die M_--Schichten in die M_+-Schichten um und vergrößern die Dehnung (Teilbild c). Bei weiterer Lasterhöhung tritt elastische Formänderung auf; bei Entlastung gehen alle Schichten in die M_+-Stellung des Gleichgewichtes. Es bleibt eine Restdehnung übrig (Teilbild d). Bei Temperaturerhöhung bildet sich der Austenit. Dadurch zieht sich der Körper zusammen und hat makroskopisch seine äußere Ausgangsform erreicht

Bei nachfolgender Abkühlung entstehen wieder M_+- und M_--Schichten, so dass der Ausgangszustand wieder hergestellt ist. Der Gedächtniseffekt wird u. a. bei temperaturabhängigen Schaltvorgängen, bei der thermomechanischen Energieumwandlung und auch bei Implantaten zum Schienen gebrochener Knochen angewendet.

9.6.9 Festigkeitssteigerung

Eine Festigkeitssteigerung, d. h. die Erhöhung des Elastizitätsmoduls, des Widerstandes gegen plastische Verformung und der Bruchfestigkeit, kann auf mehrfache Weise erfolgen. Bei **metallischen Werkstoffen** ist es vor allem die Behinderung der Bewegung von Versetzungen, die eine Verbesserung der Festigkeit bewirkt. Eine derartige Behinderung kann durch verschiedene Maßnahmen hervorgerufen werden.

1. Vergrößerung der Zahl der Versetzungen mittels plastischer *Verformung*, z. B. von Drähten durch Ziehen (Seile von Hängebrücken, Klaviersaiten). Die erhöhte Wechselwirkung von Versetzungen verringert deren Bewegungsmöglichkeit.
2. Einlagerung von Fremdatomen (*Mischkristallhärtung*). Hierbei besteht die Möglichkeit des Einbaues in Zwischengitterplätze, z. B. C in Fe, oder die des Ersatzes

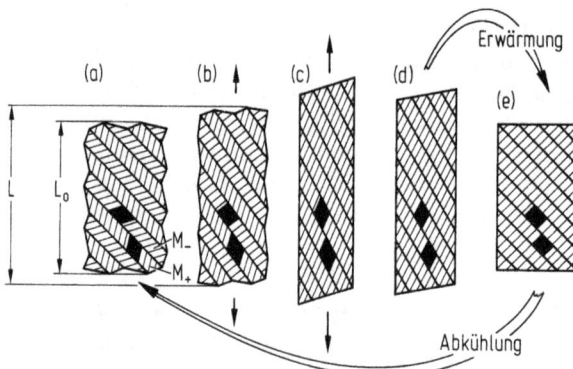

Abb. 9.65 Erläuterung zur Pseudoelastizität. Modellkörper aus martensitischen Schichten M_+ und M_- (a), unter Last (b, c) und nach folgender Entlastung (d) sowie Erwärmung (e) (nach [42]).

von Gitteratomen (Beispiel: Bronze, Messing). Die Fremdatome bilden Hindernisse in den Gleitebenen.

3. Erzeugung von Ausscheidungen bei Zugabe höherer Fremdatomkonzentration (*Ausscheidungshärtung*, z. B. bei der Stahlhärtung, Duralumin, γ'-Phase in hochwarmfesten Nickelbasislegierungen).

4. Einbau von Fremdteilchen, vor allem von Oxiden, in das Gitter. Die Teilchen können nicht von Versetzungen geschnitten werden (*Dispersionshärtung*). Hier werden nach der Theorie von Orowan (s. Abb. 9.66) die Versetzungslinien bei Beanspruchung zwischen den eingelagerten Teilchen hindurchgedrückt und bilden um diese Versetzungsringe.

5. *Martensitbildung*. Diese ist besonders beim Stahl wichtig. Die Martensitbildung wird durch Abschrecken von Temperaturen über der Umwandlungstemperatur kfz $\leftrightarrow$ krz erzwungen. Im Martensit wirkt eine Mischkristallhärtung des Kohlenstoffs, andererseits werden im verbleibenden kfz-Eisen durch die bei der Martensitbildung ablaufende plastische Verformung hohe Versetzungskonzentrationen erzeugt.

6. Übergang zu Metallen und Legierungen mit geringerer Packungsdichte von Atomen (*strukturbedingte Härtung*). Sie spielt für die Festigkeit intermetallischer Phasen eine Rolle, in denen der Struktur wegen die Versetzungsbewegung behindert ist.

7. Verkleinerung der Körner (*Härtung durch Kornfeinung*). Die Erhöhung der Festigkeit ist nach Hall-Petch umgekehrt proportional zur Wurzel der Korngröße. Die Versetzungen können sich nicht ohne weiteres über Korngrenzen verschieden orientierter Körner hinwegbewegen.

Für die Festigkeitsveränderung von **Polymeren** gibt es Analogien zu den entsprechenden Vorgängen bei Metallen. Der Verformung entspricht die *Verstreckung*, d. h. die Erzeugung einer Vorzugsorientierung der Moleküle. In der Längsrichtung besitzen die Moleküle wegen der dort wirksamen kovalenten Bindung die größte Festigkeit. Allerdings ist die Festigkeit in der zur Verstreckrichtung senkrechten Richtung wesentlich geringer. Die Mischkristall- und Ausscheidungshärtung kann mit dem *Einbringen von Zusätzen* verglichen werden. In eine Kette des Grundpolymers können andere Kettenabschnitte mit hoher Kettenbeweglichkeit eingesetzt werden. Hier-

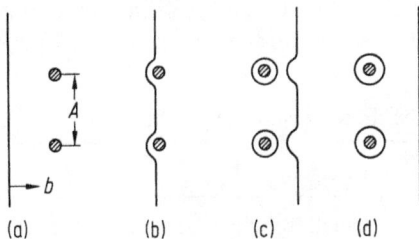

(a)   (b)   (c)   (d)

Abb. 9.66 Aushärtungsmodell nach Orowan. Die Versetzungslinie wird zwischen den undurchdringlichen Teilchen hindurchgedrückt (Folge a–d) und bildet dabei um die Teilchen Versetzungsringe. Die Streckgrenzenerhöhung entspricht der Spannung, die für diesen Prozess notwendig ist. $\Delta\sigma = \alpha \cdot Gb/A$ (α = Konstante, G = Schubmodul, b = Burgers-Vektor, A = Abstand der undurchdringlichen Teilchen, z. B. Ausscheidungen, Oxidpartikel).

durch steigt die Verformbarkeit und gleichzeitig die Bruchdehnung. Dies ist erwünscht und wird als *innere Weichmachung* bezeichnet (z. B. Copolymerisate des PVC). Eine weitere Art von Weichmachung ist das Einbringen von polaren Substanzen (z. B. verschiedene Ester), die zwischen den Molekülketten eingelagert werden und deren Beweglichkeit erhöhen. Eine besonders gute weichmachende Wirkung hat bei hydrophilen Polymeren das Wasser wegen seiner kleinen Molekülgröße im Vergleich zu denen der Polymere. Auch feste Füllstoffe erhöhen die Festigkeit. Hier kann eine Verwandtschaft zur Ausscheidungshärtung bzw. Dispersionshärtung gesehen werden.

Für die Steigerung der Bruchfestigkeit muss vor allem die *Rissbildung an Oberflächen und im Innern* vermieden werden. Hierzu sind glatte Oberflächen notwendig. Mit Druckeigenspannungen kann die Rissbildung verhindert werden, was z. B. bei Gläsern durch thermische Oberflächenhärtung erreicht wird. Dabei wird Glas so schnell abgekühlt, dass die Oberfläche schon kalt ist, wenn das Innere noch eine hohe Temperatur besitzt. Bei weiterer Abkühlung hat das Innere das Bestreben, sich stärker zusammenzuziehen als die Oberfläche. Im Innern entsteht eine Zugspannung, während die Oberfläche unter Druckspannung steht. Bei Zimmertemperatur tritt dann keine Änderung der Spannung auf. Das Innere des Werkstoffes muss zur Vermeidung von Rissen außerdem homogen ausgebildet sein.

Insgesamt ist zu sagen, dass oft ein Zusammenwirken von mehreren hier genannten Mechanismen zur Festigkeitssteigerung benutzt wird. Man spricht daher auch manchmal von einer thermomechanischen Behandlung eines Werkstoffes zur Verbesserung der Festigkeit, weil sowohl mechanische Behandlungen als auch Erwärmungs- und Abkühlungsvorgänge in diesem Zusammenhang zur Anwendung kommen.

In **Verbundwerkstoffen** werden verschiedene Materialien zusammengesetzt, um Festigkeiten oder auch andere Eigenschaften zu erhalten, die mit nur einem Material nicht erreichbar sind. Als Matrixmaterialien werden für steigende Gebrauchstemperaturen Polymere, Metalle, Keramiken und Kohlenstoff verwendet. Je nach der Dimension des eingebrachten Materials spricht man von Verstärkung durch Kugeln, Fasern, Schichten und dreidimensionale Strukturen. Tabelle 9.8 zeigt als Beispiel Kombinationen von Werkstoffen bei Faserverstärkung. Eine Matrix aus weichen Metallen, z. B. Aluminium, oder aus Polyethylen kann verstärkt werden, indem man einen zweiten Werkstoff, etwa in Faserform, in das Material einbringt. Bei Metallen können Fasern aus Bor, Graphit, Aluminiumoxid oder Wolfram verwendet werden, bei Polymeren vor allem Glasfasern. Es wird dann bei Anlegen einer Spannung die

Tab. 9.8 Kombination von Werkstoffen bei Faserverstärkung (nach [43]).

Grundmasse	Faser	Beispiel
Keramik	Metall	metalldrahtverstärktes Glas oder Beton
Metall	Keramik	korundfaserverstärktes Aluminium
Metall	Kunststoff	hartfaserverstärktes Aluminium
Kunststoff	Metall	metallfaserverstärkter Gummi
Keramik	Kunststoff	kunststoffgebundener Beton
Kunststoff	Keramik	glasfaserverstärkter Kunststoff

Last vor allem von diesen Fasern getragen. Die weiche Grundmatrix hat u.a. die Funktion, den Abstand der Fasern zu gewährleisten und ihre Oberfläche vor Beschädigung zu schützen.

Die technische Bedeutung der faserverstärkten Werkstoffe wächst. In der Luftfahrttechnik werden kohlefaserverstärkte, im Maschinenbau glasfaserverstärkte Polymere verwendet. Die Fasern können auch in Schichten (Laminaten) angeordnet werden, wobei die Beanspruchungsrichtung in Faserrichtung erfolgen soll (Abb. 9.67).

Eine grobe Voraussage der Eigenschaften des Verbundes ergibt die einfache Mischungsregel, in welche die Volumenanteile der Komponenten eingehen. Sind die Komponenten nicht isotrop, lassen sich richtungsabhängige Eigenschaften in erster Näherung unter Annahme von jeweiligen Parallel- und Hintereinanderschaltungen der Komponenten berechnen. Eine allgemeine quantitative Beschreibung der Eigenschaften ist schwierig, weil es auch auf die Haftung der Grenzflächen und die jeweiligen Beanspruchungsrichtungen ankommt.

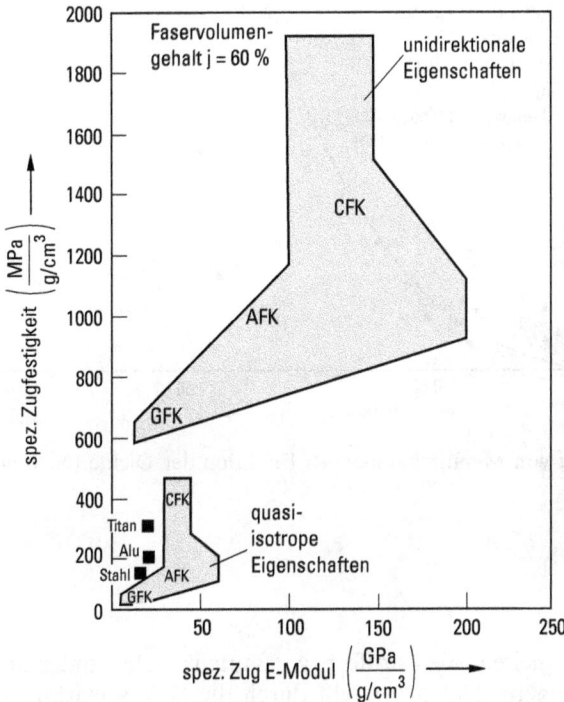

Abb. 9.67 Spezifische Festigkeitseigenschaften von faserverstärkten Kunststoff-Laminaten; GFK: Glasfaser-, AFK:Aramidfaser-, CFK: Kohlefaserverstärkter Kunststoff (nach [44]).

9.6.10 Gewichtsverminderung

Um Konstruktionen leichter zu machen, hat in den letzten Jahren das Interesse an der Gewichtsverminderung von Werkstoffen zugenommen. Natürliche Werkstoffe, wie Holz oder Knochen, sind porös. Das **Kunststoffschäumen** ist bereits länger bekannt. Die Dichte kann auf ein Hundertstel des kompakten Werkstoffes verringert werden. Die gute Isolation von Schall und Wärme dieser Schaumstoffe bestimmt deren Verwendung. **Metallschäume** sind interessant, weil sie eine hohe Festigkeit bei geringem spezifischen Gewicht kombiniert mit hohem Energieabsorptionsvermögen bei Stoß verbinden. Abbildung 9.68 zeigt Werte der Druckfestigkeit verschiedener Metallschäume als Funktion der Dichte. Metallschäume werden wie bei Kunststoffen durch Einbringen von Gase erzeugenden Treibmitteln in die Schmelze erzeugt, bei Aluminium z. B. TiH$_2$.

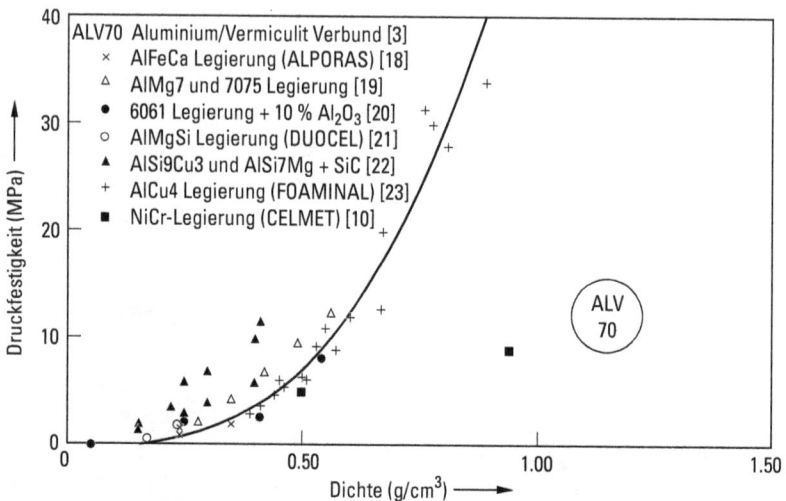

Abb. 9.68   Druckfestigkeit von Metallschäumen als Funktion der Dichte (nach [45]).

9.6.11 Tribologie

In technischen Geräten gleiten Werkstoffe bzw. Bauteile aufeinander ab, z. B. in Zahnrädern oder Gleitlagern. Dabei entsteht durch die Wechselwirkung Reibung und Verschleiß. Die Tribologie ist ein Fachgebiet zur Optimierung mechanischer Technologien durch Verminderung reibungs- und verschleißbedingter Energie- und Stoffverluste [46].

Technische Oberflächen sind komplex aufgebaut. In Abb. 9.4 ist bereits schematisch der Querschnitt einer Metalloberfläche gezeigt worden. Man erkennt, dass für die Beschreibung des Aufeinanderabgleitens von zwei derartigen Oberflächen viele Gesichtspunkte wesentlich sind. Hier sollen die Reibpartner möglichst direkt charakterisiert werden, d. h. es wird die sog. Trockenreibung betrachtet. Sie wird in sog. Tribometern untersucht, in denen verschiedene Prüfgeometrien angewendet werden, z. B. Stift-Scheibe oder Fläche-Fläche in Linearbewegung, rotierender Stift-Scheibe oder rotierende Scheibe-Stift (Stirnflächenkontakt), rotierender Zylinder gegen Stift oder Zylinder (Mantelflächenkontakt). Die erhaltenen Messgrößen sind sehr von der Messanordnung abhängig. Einzelne Werte sind nur unter der Berücksichtigung der Versuchsanordnung zu vergleichen.

Die Berührung von zwei Flächen geschieht nicht mit der makroskopischen Fläche A_0, sondern wegen der Rauhigkeit mit einer Fläche A. Reibung entsteht dadurch, dass bei einer senkrecht zur Oberfläche angelegten Druckkraft F_N eine Fläche mit einer Kraft F_R über die andere gezogen wird. Der Reibungskoeffizient ist $\mu = F_R/F_N$. Er hängt von der Oberflächenrauhigkeit und der Härte ab. Die Ursachen für die Reibung sind die Adhäsionsenergie, elastische und plastische Verformung, Entstehung von Brüchen und chemische Reaktionen. Das Ergebnis ist eine Dissipation von Energie in der effektiven Berührungsfläche, die u. a. zur Temperaturerhöhung führt, die den Schmelzpunkt der Reibungspartner erreichen kann.

Bei der Reibung kann es zum Verschleiß kommen, d. h. zum Abtrag von Material. Das Verschleißvolumen W_V ist in erster Näherung proportional der Normalkraft F_N und dem Gleitweg s und umgekehrt proportional der Härte H. Der Proportionalitätsfaktor K ist der Verschleißkoeffizient der Werkstoffes 1, der auf dem Werkstoff 2 gleitet, s. Abb. 9.69.

Der Verschleißkoeffizient hängt von vielen Parametern ab. Auch er ist auf das jeweilige tribologische System bezogen. Weitere Parameter sind der Druck, die Gleitgeschwindigkeit und die Temperatur, die Oxidation und die Formänderung. Wegen der Vielzahl der Parameter erfolgt die Beschreibung des Verschleißes nur qualitativ. Eine Optimierung ist im Wesentlichen empirisch. Allgemein gilt: die Grenzflächenenergie zwischen beiden Reibpartnern soll möglichst groß und dadurch die Adhäsion möglichst klein sein. Daraus folgt, dass für geringen Verschleiß die Partner verschieden sein sollten.

Reibung und Verschleiß werden durch Schmiermittel zwischen den Reibpartnern verringert. Hierzu gibt es umfangreiche empirische Daten. Andererseits ist für viele technische Vorgänge (Rad/Schiene, Reifen/Straße) ein hoher Reibungskoeffizient und ein niedriger Verschleißkoeffizient erwünscht.

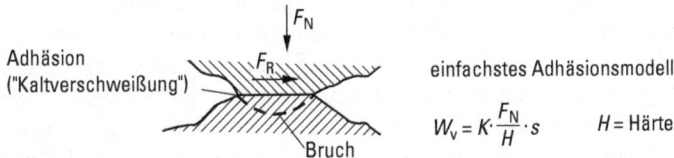

Abb. 9.69 Modell des Verschleißes durch Adhäsion (nach [47]).

9.7 Physikalische Eigenschaften

Die mechanischen Eigenschaften werden, wie im vorangehenden Abschnitt geschildert, besonders durch Struktur und Gefüge der Werkstoffe und bei Vorliegen von Kristallen durch die Gitterfehler bestimmt. Für die physikalischen Eigenschaften und deren Nutzung, Modifizierung und Optimierung ist die sog. *Elektronenstruktur* der Werkstoffe entscheidend. Deren Grundlagen müssen daher hier kurz in einfacher anwendungsnaher Weise dargestellt werden. Zur Beschreibung dieser Elektronenstruktur wird das Modell freier und gebundener Ladungen sowie das Bändermodell verwendet (s. Kap. 1).

Im Folgenden wird vor allem die Material-, Temperatur- und Frequenzabhängigkeit von Größen wie Zahl der Elektronen, Lage der Fermi-Grenze und Fermi-Oberfläche, freie Weglänge, Streuquerschnitt für Elektronen usw. benutzt, um die durch Bewegung von Ladungen hervorgerufenen Eigenschaften der Werkstoffe zu beschreiben. In den Abschnitten über die thermischen Eigenschaften und über die Wechselwirkung von Strahlung und Werkstoffen treten diese Gesichtspunkte allerdings wegen anderer zu berücksichtigender Größen in den Hintergrund. Die magnetischen Eigenschaften werden hier nicht behandelt.

9.7.1 Vorbemerkung

Im Rahmen des Modells freier und gebundener Ladungen kann die Wirkung eines elektrischen Feldes E auf die Elektronen mit der Gleichung für eine erzwungene Schwingung beschrieben werden:

$$m \frac{d^2 s}{d t^2} + \gamma \frac{d s}{d t} + \alpha s = qE; \quad E = E_o e^{i \omega t}. \tag{9.16}$$

Es ist dabei s die Verschiebung der Ladung q aus der Ruhelage, m die Masse, γ ein Reibungskoeffizient, α eine Federkonstante und ω die Frequenz des von außen wirkenden Feldes. Die verschiedenen Werkstoffe und ihre Eigenschaften werden durch unterschiedliche Werte von s, γ, α und ω charakterisiert.

Metalle. Es liegen freie Elektronen vor, d. h. $\gamma = 0$, $\alpha = 0$; frei können die Elektronen nur zwischen zwei Stoßprozessen sein, deren räumlicher Abstand durch die *freie Weglänge l* und deren zeitlicher Abstand durch die *Relaxationszeit τ* gekennzeichnet ist. Die Gleichung ist dann lediglich eine Formulierung des Newton'schen Gesetzes. Elektronen folgen, abgesehen von den Stoßprozessen, der wirkenden Kraft. Die charakteristische Materialgröße ist die spezifische *elektrische Leitfähigkeit σ*. Sie stellt die Verknüpfung zwischen geometrischen Größen (Länge L, Fläche A) und elektrischen Größen (Strom I, Spannung U) dar: $I/U = \sigma A/L$.

Keramische Stoffe und Polymere. In diesen Stoffen sind die Ladungen (Elektronen und/oder Ionen) gebunden, wenn man von Sonderfällen, wie z. B. von keramischen Supraleitern oder elektrisch leitenden Polymeren absieht. Es muss also mit einer Eigenfrequenz $\omega_o = \sqrt{(\alpha/m)}$ und mit Dämpfung gerechnet werden. Bei Bindung an eine Ruhelage können die Ladungen der wirkenden Kraft nur wenig folgen. Deshalb wird hier der Begriff *Polarisation* eingeführt. Die entsprechende Materialgröße ist hier die sog. *Dielektrizitätskonstante* ε (SI-System: Permittivität). Sie stellt ebenfalls eine Verknüpfung von elektrischen (Ladung q, Spannung U) und geometrischen Größen (Länge L, Fläche A) dar: $q/U = \varepsilon \cdot A/L$.

Optische Eigenschaften. In den Metallen fließen Ladungen, in isolierenden keramischen Werkstoffen und Polymeren können sie sich nur um einen bestimmten, kleinen atomaren Abstand verlagern. Beide Fälle gehen ineinander über, wenn kein Gleichfeld, sondern ein Wechselfeld hoher Frequenz vorliegt, da dann die Ladungen nur während einer Halbperiode in einer Richtung bewegt werden und daher keine großen Wege mehr zurücklegen können. Die charakteristischen Materialgrößen sind die sog. *optischen Konstanten.*

Bei Betrachtung der Frequenzabhängigkeit der Leitfähigkeit, der Dielektrizitätskonstanten und der optischen Konstanten kommt es zu einer frequenzabhängigen Phasenverschiebung zwischen angreifender Kraft und Ladungsverlagerung. Daher wird mathematisch mit komplexen Größen gerechnet; es müssen also immer Real- und Imaginärteil betrachtet werden. Die Frequenzabhängigkeit ist am ausgeprägtesten bei den optischen Eigenschaften. Daher gibt es hier schon im Sprachgebrauch zwei Größen, die *Brechzahl* und den *Absorptionskoeffizienten*, die nichts anderes als andere Formulierungen für den Real- und Imaginärteil der *Dielektrizitätsfunktion* darstellen.

9.7.2 Elektrische Leitfähigkeit

Für die elektrische Leitfähigkeit σ ist der Transport von Ladungen, d. h. von Elektronen, der wesentliche Vorgang. Unter einfachen Annahmen im Rahmen des Modells freier Elektronen für Metalle kann abgeleitet werden (s. Kap. 1):

$$\sigma = ne^2\tau/m, \tag{9.17}$$

wobei n die Dichte der Elektronen, e die Elektronenladung, τ die Relaxationszeit ($\tau = l/2v$ mit l = freie Weglänge, v = Fermi-Geschwindigkeit der Elektronen) und m die Elektronenmasse bedeuten. Die Formel ist plausibel: Der Faktor ne gibt die transportierte Ladung an, der Faktor e/m sagt, dass die Beschleunigung im elektrischen Feld proportional zu e und umgekehrt proportional zur Masse der Elektronen m ist, der Faktor τ ist die Zeit, in der das elektrische Feld ein Elektron ungehindert beschleunigen kann. Eine genauere Betrachtung im Rahmen des Bändermodells ergibt

$$\sigma = \frac{e^2\tau}{12\pi^3\hbar} \int\limits_{Oberfl.} v\,\mathrm{d}S_F. \tag{9.18}$$

Hier ist $\mathrm{d}S_F$ ein Oberflächenelement der Fermi-Oberfläche, über die integriert wird. Die Leitfähigkeit hängt also von der Richtung und Größe der Geschwindigkeit der Elektronen und der Form der Fermi-Fläche ab.

Die Relaxationszeit τ bzw. die freie Weglänge l ergeben die Abhängigkeit der Leitfähigkeit von Temperatur, Gitterfehlern und Fremdatomen. Die Zahl der Elektronen n, die Masse m und die Geschwindigkeit v bestimmen die Materialabhängigkeit.

9.7.2.1 Einfluss der freien Weglänge

Die *Temperaturabhängigkeit der elektrischen Leitfähigkeit* ist eine Folge der Temperaturbewegung der Ionen. Sie schwingen mit der Masse M um ihre Ruhelage mit einer Frequenz v_E und einer Amplitude y. Es gilt im Rahmen des Einstein-Modells, das für diese prinzipielle Überlegung ausreicht und nach dem $k_B \cdot \Theta_E = h v_E$ ist (Θ_E = Einstein-Temperatur, v_E = Einstein-Frequenz):

$$M v_E^2 y^2 = M (k_B \Theta_E / h)^2 y^2 \sim k_B \cdot T. \tag{9.19}$$

Die Größe y^2 kann als Wirkungsquerschnitt Q für die Streuung der Elektronen interpretiert werden, der seinerseits umgekehrt proportional zur freien Weglänge ist: $y^2 \sim Q \sim l^{-1} \sim \sigma^{-1}$. Es wird also $\sigma \sim M \Theta_E^2 / T$. Diese Temperaturabhängigkeit $\sigma \sim T^{-1}$ bzw. $\varrho \sim T$ (ϱ = spezifischer elektrischer Widerstand) wird bei Metallen und Legierungen, abgesehen vom hier nicht betrachteten Tieftemperaturbereich, beobachtet. Beim Vergleich der Leitfähigkeit einzelner Metalle ist es zweckmäßig, nicht σ direkt, sondern $\sigma / M \Theta_E^2$ als mehr materialspezifische Größe zu vergleichen. Abbildung 9.70 zeigt diese Darstellung, die den Zusammenhang der Leitfähigkeitswerte zum Periodensystem angibt.

Auch Fremdatome einer Konzentration c bilden einen zusätzlichen additiven Streuquerschnitt. Für verdünnte Lösungen kann daher für den spezifischen Widerstand ϱ geschrieben werden (*Matthiessen'sche Regel*): $\varrho = \varrho(T) + \varrho(c)$, das heißt $\partial \varrho / \partial T \neq f(c)$. Der Temperaturkoeffizient ist also in erster Näherung unabhängig

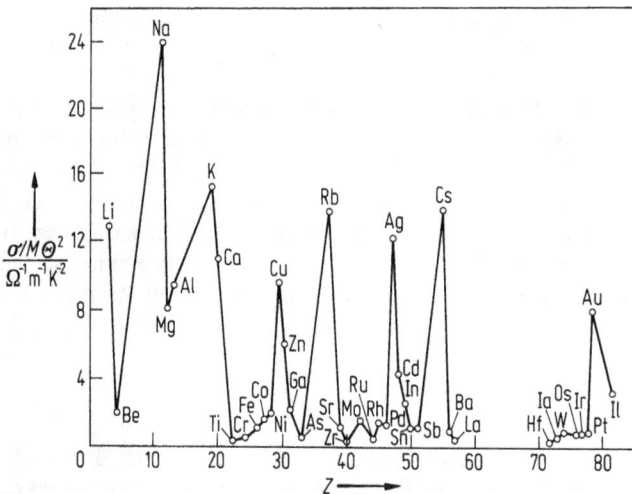

Abb. 9.70 Werte der Größe $\sigma/(M \Theta^2)$ (σ = elektrische Leitfähigkeit bei $0\,°C$, M = Atomgewicht, Θ = Einstein-Temperatur) in Abhängigkeit von der Ordnungszahl Z im Periodensystem (nach [48]).

von der Konzentration eines zulegierten Elementes. Der Anteil $\varrho(c)$ wird auch als *Restwiderstand* bezeichnet, da er der Widerstand ist, der bei tiefen Temperaturen übrig bleibt. Der Restwiderstand bzw. das Verhältnis der Widerstände bei Raumtemperatur und bei der Temperatur des flüssigen Heliums wird als grobes Maß für die Reinheit eines Metalls betrachtet. Das Verhältnis kann Werte bis zu 10^5 annehmen. Allerdings vergrößert nicht jede Verunreinigung den Restwiderstand. Zum Beispiel hat Sauerstoff in Kupfer keine Erhöhung des Restwiderstandes zur Folge. Es ist natürlich nur dann sinnvoll, von einem Restwiderstand zu sprechen, wenn das Metall bei 4.2 K noch nicht supraleitend ist.

Auch die *Anordnung von Streuzentren* hat Einfluss auf den Widerstand. So können Ordnungsvorgänge durch Widerstandsänderungen verfolgt werden. Magnetische Streuzentren können beim Übergang vom Ferro- zum Paramagnetismus die „normale" Temperaturabhängigkeit unterdrücken, so dass der Widerstand bei einer Temperaturänderung konstant bleibt. Tabelle 9.9 gibt einige Werte von Heizleitern und Widerstandswerkstoffen an.

Auch Gitterfehler wirken als Streuzentren. So steigt durch Verformung der Widerstand an. Dies wird in der Messtechnik bei Dehnungsmess-Streifen ausgenutzt. Erholungsvorgänge im Material können durch Widerstandsmessung verfolgt werden. Von außen angelegter Druck verringert die Zahl der Gitterfehler. Somit fällt der Widerstand der meisten Metalle mit steigendem Druck.

Tab. 9.9   Heizleiter und Widerstandswerkstoffe (nach [49]).

Heizleiter

Legierung	Zusammensetzung (Masse-%)	$\varrho \, [10^{-8}\,\Omega\text{m}]$	$\alpha \, [10^{-5}\,\text{K}^{-1}]$	$\vartheta \, [^\circ\text{C}]$	$\vartheta_{max} \, [^\circ\text{C}]$
Chromnickel	20 Cr, 78–80 Ni, 0–2 Mn	106	14	20	1150
Kanthal A 1	72 Fe, 20 Cr, 5 Al, 3 Co	145	6	20	1300
Megapyr I	65 Fe, 30 Cr, 5 Al	140	2.5	20	1350

Widerstandswerkstoffe

Legierung	Zusammensetzung (Masse-%)	$\varrho \, [10^{-8}\,\Omega\text{m}]$	$\alpha \, [10^{-5}\,\text{K}^{-1}]$	$\vartheta \, [^\circ\text{C}]$	$\vartheta_{max} \, [^\circ\text{C}]$
Nickelin	67 Cu, 2–3 Mn, 30–31 Ni	40	11	20–100	300
Konstantan	54 Cu, 1 Mn, 45 Ni	50	−3	20–100	400
Manganin	86 Cu, 12 Mn, 2 Ni	43	2	20	300
Resistin	85 Cu, 15 Mn	51	0.8	20	
Neusilber	60 Cu, 17 Ni, 23 Zn	30	35	20–100	

ϑ_{max} = maximale Gebrauchstemperatur, $\alpha \equiv \dfrac{1}{\varrho}\dfrac{\text{d}\varrho}{\text{d}T}$.

9.7.2.2 Einfluss der Zahl der Elektronen

Die Zahl der beweglichen Elektronen ergibt den wesentlichen Unterschied zwischen den spezifischen Widerständen der Werkstoffe. Für Leiter (Metalle, Graphit) liegt er bei $10^{-8}\,\Omega\mathrm{m} < \varrho < 10^{-4}\,\Omega\mathrm{m}$, für Halbleiter (Germanium, Silicium) sind die Werte $10^{-4}\,\Omega\mathrm{m} < \varrho < 10^{+6}\,\Omega\mathrm{m}$ und für Isolatoren (Polymere, Keramik) ergibt sich der Bereich $10^{+7}\,\Omega\mathrm{m} < \varrho < 10^{+16}\,\Omega\mathrm{m}$. Im Rahmen des Bändermodells hängt die Zahl der beweglichen Elektronen von der Lage der Fermi-Energie und vom Abstand der Bänder ab. Im Einzelnen ergeben sich folgende Gesichtspunkte:

In den gutleitenden Metallen (Alkalimetalle, Edelmetalle) wird pro Atom etwa ein Elektron an den Kristall als Ganzes abgegeben. Dadurch wird das oberste mit Elektronen besetzte Band etwa halb gefüllt. Diese Elektronen sind leicht beweglich (*freie Elektronen*). Da diese Elektronen aus s-Zuständen der Atome stammen, spricht man von s-Leitung. Die Fermi-Grenze liegt in der Mitte des s-Bandes, das hier das Leitungsband darstellt. Bei den Übergangsmetallen liegt die Fermi-Grenze bei einem Energieniveau, das gleichzeitig wegen der Bänderüberlappung in der Mitte eines s-Bandes und nahe der Obergrenze eines d-Bandes liegt. Im s-Band besteht daher *Elektronenleitung*, im d-Band *Löcherleitung*. Beide Anteile überlagern sich. Die Leitfähigkeit ist niedriger als bei der reinen s-Leitung, weil die leicht beweglichen s-Elektronen in die lokalisierten d-Zustände gestreut und dort festgehalten werden. So erklärt sich die schlechtere Leitfähigkeit der Übergangsmetalle. Die im Vergleich zu den gut leitenden einwertigen Metallen schlechtere Leitfähigkeit der zweiwertigen Metalle lässt sich so verstehen, dass beim Übergang zum zweiwertigen Metall das s-Band gefüllt wird und dadurch im Zusammenhang mit der Bänderüberlappung die Leitfähigkeit schlechter wird.

Ist durch die vorhandene Zahl der Elektronen das Leitungsband gerade gefüllt, das nächsthöhere Band leer und die Bandlücke E_g zwischen den Bändern groß gegen die thermische Energie, und gibt es keine Bänderüberlappung, dann liegt ein *Isolator* vor. Dies ist der Fall bei vielen keramischen Werkstoffen. Auch Polymerwerkstoffe sind i.A. Isolatoren, da auch dort das oberste Band besetzt ist und das nächsthöhere Band energetisch zu weit entfernt ist. Im Bild der beweglichen Elektronen kann man sagen, dass die kovalenten Bindungen der Kettenmoleküle die Elektronen unbeweglich machen.

Bei den *Halbleitern* ist der Abstand zwischen dem letzten vollbesetzten Band (Valenzband) und dem nächst höheren leeren Band (Leitungsband) so klein (Ge: $E_g = 0.7\,\mathrm{eV}$, Si: $E_g = 1.2\,\mathrm{eV}$), dass Übergänge bei der Temperatur 300 K möglich sind. Durch Zugabe von Fremdatomen (Dotieren) kann die Zahl der Leitungselektronen und auch die Zahl der fehlenden Elektronen im Valenzband („*Löcher*") in weiten Grenzen verändert werden. Im Einzelnen wird hier auf Kap. 7, Halbleiter, verwiesen.

9.7.2.3 Ionenleitung

Bei keramischen Werkstoffen stehen keine Elektronen zur Stromleitung zur Verfügung. Es könnten aber Ionen diffundieren, und dann fließt ein Strom. Der Zusammenhang zum Diffusionskoeffizienten D ist durch die sog. *Nernst-Einstein-Gleichung*

$D = \sigma RT/(cz^2 F^2)$ gegeben (c = Konzentration, z = Wertigkeit, F = Faraday-Konstante). Da die positiv geladenen Kationen i. A. klein, die negativen Anionen relativ groß sind, wird der Strom durch die Kationen bestimmt. Die Temperaturabhängigkeit der Leitfähigkeit (s. Abb. 9.71) ist praktisch die des Diffusionskoeffizienten, der mit steigender Temperatur exponentiell ansteigt ($D = D_0 \exp(-Q/RT)$).

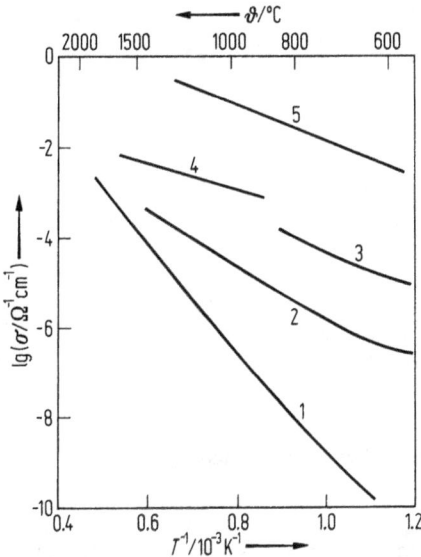

Abb. 9.71 Temperaturabhängigkeit der elektrischen Leitfähigkeit σ einiger keramischer Werkstoffe; 1 = Sinterkorund, 2 = Silikatstein, 3 = Feldspatporzellan, 4 = $Al_2O_3^-$Stein, 5 = $Zr_{0.85}Y_{0.15}O_{1.93}$ (nach [50]).

9.7.2.4 Elektrisch leitende Polymere

Der typische polymere Werkstoff ist ein Isolator; elektrische Isolation ist ein Hauptanwendungsgebiet der Polymere. Die Leitfähigkeit steigt normalerweise mit zunehmender Temperatur. Es gibt aber spezielle Polymere, z. B. das Polyacetylen, in denen die Molekülkette aus einer Reihe konjugierter Doppelbindungen besteht und halbleitende Eigenschaften vorhanden sind. Behandelt man derartige Substanzen mit Oxidations- oder Reduktionsmitteln, so beobachtet man einen starken Anstieg der elektrischen Leitfähigkeit; dies wurde 1977 erstmals festgestellt. Die Oxidation entspricht der Zuführung von Elektronendonatoren, die Reduktion der von Elektronenakzeptoren; es wird also wie in der Halbleitertechnik von einer Dotierung gesprochen. Der Anstieg der Leitfähigkeit wird dadurch erklärt, dass durch die Dotierung ein Bindungsdefekt in einer Reihe konjugierter Doppelbindungen entsteht (siehe Abb. 9.72). Dieser Defekt kann sich relativ leicht entlang der Molekülkette bewegen. Diese Vorstellung entspricht der eines Solitons in der Festkörperphysik.

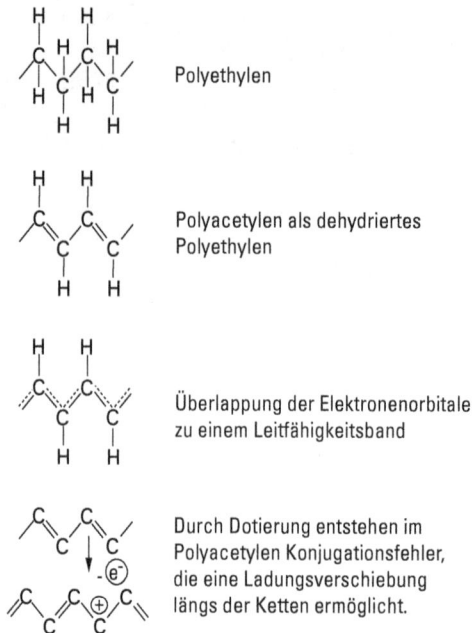

Abb. 9.72   Leitfähigkeitsmechanismus beim Polyacetylen (nach [51]).

Das geladene Soliton wird als Ladungsträger im Sinne der elektrischen Leitung identifiziert. Ob diese elektrisch leitfähigen Polymere technische Anwendung als Leiterwerkstoffe finden werden, ist noch nicht entschieden, da sie sich schlecht verarbeiten lassen. Es gibt Versuche, leitende Polymere mit üblichen Kunststoffen zu Polymerlegierungen zu verarbeiten.

Isolierende Polymere werden auch dadurch leitfähig, dass man während der Verarbeitung bis zu 50 Masse-% leitfähige Partikel zusetzt. Besonders Ruß wird in dieser Weise zur Erhöhung der Leitfähigkeit verwendet. Abbildung 9.73 zeigt, dass die Leitfähigkeitswerte um 16 Größenordnungen geändert werden können. Je kleiner die Partikelgröße, d. h. je größer die spezifische Oberfläche ist, um so wirksamer wird die Leitfähigkeit erhöht. Der physikalische Mechanismus der Erhöhung der Leitfähigkeit ist nicht im Rahmen der Vorstellung einer *Perkolationsgrenze* durch die Berührung der Rußpartikel begründet, sondern durch Hindurchtunneln der Ladungsträger durch polymergefüllte Zwischenräume zwischen eng benachbarten Rußpartikeln. Dies kann aus der Temperaturabhängigkeit des Widerstandes von Polymer-Ruß-Mischungen geschlossen werden.

9.7.2.5 Spezielle keramische Leiter

Bei einer üblichen Keramik steigt die Leitfähigkeit mit steigender Temperatur. Dies ist im Zusammenhang mit der oben angegebenen Nernst-Einstein-Gleichung verständlich. Ähnlich wie bei den Metallen mit einem sehr geringen Temperaturkoef-

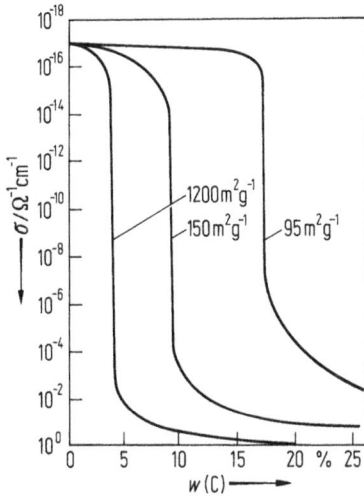

Abb. 9.73 Elektrische Leitfähigkeit σ von Polypropylen-Ruß-Mischungen in Abhängigkeit vom Massenanteil w(C) und der spezifischen Oberfläche des Rußes (nach [52]).

fizienten etwa magnetische Erscheinungen den Widerstand beeinflussen, so gibt es auch bei Keramiken durch das Zusammenwirken von magnetischen, elektrischen und strukturellen Gesichtspunkten eine Fülle von Möglichkeiten der Beeinflussung des elektrischen Widerstandes.

Keramische Materialien mit positiven Temperaturkoeffizienten (*PTC-Widerstände*) haben bei Raumtemperatur einen niedrigen, fast metallischen Widerstand, der oberhalb einer bestimmten Temperatur plötzlich sehr stark ansteigt (*Kaltleiter*). Derartige Substanzen besitzen Perowskitstruktur, die wegen der Hochtemperatursupraleitung große Bedeutung hat; sie zeigen Ferroelektrizität. Die plötzliche Zunahme des Widerstandes der PTC-Widerstände tritt ein, wenn die Curie-Temperatur überschritten wird. Die Lage der Curie-Temperatur von z. B. Bariumtitanat kann durch Zugabe von PbO angehoben und durch Zugabe von SrO gesenkt werden, so dass eine Einstellung im Bereich von $-100\,°C$ bis $+350\,°C$ möglich ist.

Keramische Materialien mit negativen Temperaturkoeffizienten (*NTC-Widerstände, Heißleiter*) besitzen eine bestimmte, durch Tempern bei der Herstellung einstellbare Zuordnung von Temperatur und Widerstand. Sie bestehen aus Mischoxidspinellen oder dotierten Oxiden, z. B. Cu_2O, Al_2O_3 mit Cr_2O_3.

Varistoren sind keramische Bauelemente, die einen spannungsabhängigen Widerstand besitzen. ZnO ist ein Halbleiter, der durch Dotierung zu einem Leiter gemacht werden kann. Wenn man solche dotierten ZnO-Kristalle in eine nichtleitende Matrix einbettet, so verhindert dieses Material den Stromfluss bei niedrigen angelegten Spannungen. Bei hohen Spannungen können die Elektronen jedoch die Matrix durchdringen, die wie dicke Korngrenzenschichten die ZnO-Kristalle umhüllt, dann wird das Material leitend. Abbildung 9.74 zeigt die Strom-Spannungs-Kennlinie eines derartigen Varistors.

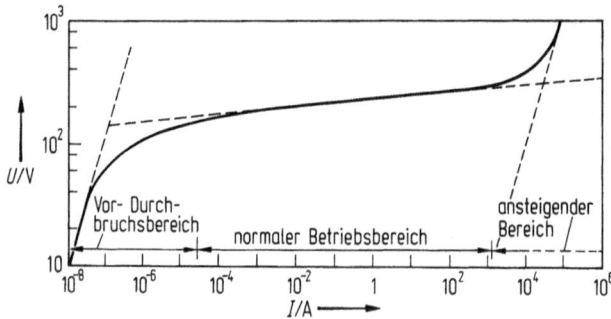

Abb. 9.74 Strom-Spannungs-Kennlinie eines ZnO-Varistors (nach [53]).

9.7.2.6 Elektrotransport

In der Technologie integrierter Schaltungen sind die leitenden Verbindungen – oft aus Aluminium – zwischen den Komponenten etwa 1 µm dick und 1 µm–5 µm breit. Als Folge dieser kleinen Dimensionen können dort Stromdichten von $10^6\,A\,cm^2$ auftreten. Bei derartigen Stromdichten wandern die Metallionen. Diese Wanderung erfolgt besonders an Korngrenzen und kann zur Unterbrechung des Stromflusses führen [54]. Zur Verminderung dieses Effektes wird Aluminium mit nur wenig löslichen Fremdatomen vermischt, z. B. mit bis zu 4 % Kupfer oder 2 % Silicium. Diese Fremdatome sammeln sich in oder an den Korngrenzen und behindern dadurch diesen Elektrotransport. Für den Elektrotransport lässt sich wie für die Diffusion eine Aktivierungsenergie bestimmen, die im Zusammenhang mit der Selbstdiffusion in Kap. 3 diskutiert wird.

9.7.3 Dielektrische Eigenschaften

Wenn auch in einem Isolator bei Anlegen einer Spannung kein Strom fließt, so verschieben sich doch die Ladungsschwerpunkte, und es bilden sich Dipole. An der Oberfläche entstehen dadurch Ladungen. Diesen Vorgang nennt man *elektrische Polarisation*. Man bezieht die Oberflächenladung auf die Fläche und nennt sie dielektrische Verschiebung D (SI-Einheit: As/m^2). Der Zusammenhang zwischen D, der Feldstärke E, welche diese hervorruft, und der Polarisation P kann multiplikativ ($D = \varepsilon_0\,\varepsilon_r\,E$) oder additiv ($D = \varepsilon_0\,E + P$) beschrieben werden, wobei ε_0 die elektrische Feldkonstante und ε_r die Permittivitätszahl ist. P kann durch Verlagerung der Elektronen, durch Verlagerung der Ionen, durch Ausrichtung von vorhandenen Dipolen und durch Ladungsverschiebungen an Grenzflächen erfolgen. Die statische Permittivitätszahl hat Werte zwischen 1 und 100 (Gläser, Porzellan, Polymerwerkstoffe: $1 < \varepsilon_r < 5$; Eis: $\varepsilon_r = 80$); Keramische Sonderwerkstoffe (Ferroelektrika, z.B. $BaTiO_3$) haben Werte bis 10^4.

Bei Anlegen einer Wechselspannung folgt die dielektrische Verschiebung $D(t)$ dem Erregerfeld $E(t)$ mit einer zeitlichen Verzögerung, da die Ladungen eine Masse besitzen. Es liegt eine erzwungene Schwingung vor, wobei die Resonanzfrequenz je nach dem zugrundeliegenden physikalischen Vorgang verschiedene Werte besitzt. Daher muss die Größe ε_r in einen Realteil ε_r' und einen Imaginärteil ε_r'' aufgespalten werden. Der Realteil ist ein Maß für die Verschiebung der Ladung, der Imaginärteil ein Maß für die durch die Phasenverschiebung auftretenden Energieumwandlungen (Verluste).

Abbildung 9.75 zeigt schematisch den Verlauf von ε_r' und ε_r'' als Funktion der Frequenz. Das Verhältnis von ε_r'' zu ε_r' wird auch als Verlustfaktor $tan\delta = \varepsilon_r''/\varepsilon_r'$ bezeichnet.

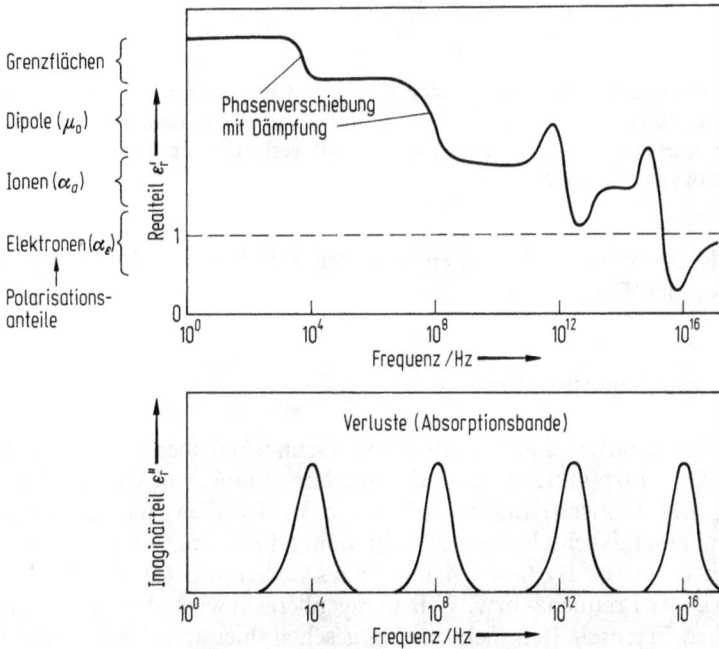

Abb. 9.75 Frequenzabhängigkeit des Real- und Imaginärteils der dielektrischen Funktion (schematisch).

Hohe Werte von ε_r sind erwünscht, wenn mechanische in elektrische Energie umgewandelt werden soll. Hier sind die keramischen **piezoelektrischen Materialien** zu nennen. Technisch wichtig ist hier das Bleizirconattitanat Pb (Zr, Ti) O_3 (PZT), eine feste Lösung von je zur Hälfte $PbZrO_3$ und $PbTiO_3$. Derartige Substanzen werden in Sonargeräten und in medizinischen Ultraschallgeräten verwendet. In piezoelektrischen Keramiken können umgekehrt durch mechanische Verformungen hohe elektrische Spannungen entstehen. Auch bei Polymeren sind die dielektrischen Eigenschaften druckabhängig.

Insgesamt bestimmen elektrische und mechanische Vorgänge die dielektrischen Eigenschaften. Es ist nicht verwunderlich, dass alle Vorgänge auch temperaturabhängig sind. Abbildung 9.76 zeigt als Beispiel den Widerstand, den Verlustfaktor

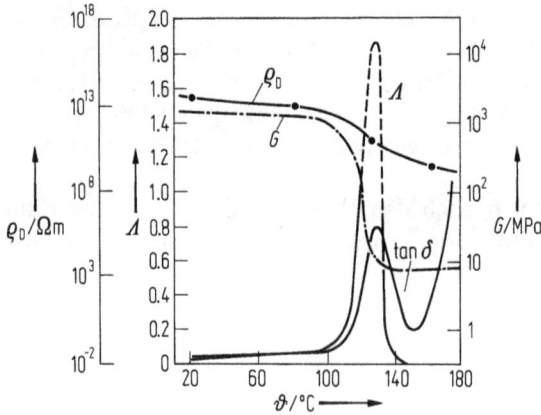

Abb. 9.76 Abhängigkeit des Schubmodels G, des logarithmischen Dekrements Λ (Logarithmus des Verhältnisses von zwei aufeinanderfolgenden Amplituden) sowie des spezifischen Durchgangswiderstandes ϱ_D und des dielektrischen Verlustfaktors $\tan\delta$ eines Epoxidharzes von der Temperatur (nach [55]).

$\tan\delta$, das logarithmische Dekrement und den Schubmodul G eines Epoxidharzes als Funktion der Temperatur.

9.7.4 Optische Eigenschaften

Optische Eigenschaften sind in Kap. 1 vom Grundsätzlichen her besprochen. Hier werden die Gesichtspunkte genannt, die zum Verständnis von Werkstoffkenngrößen notwendig sind. Optische Eigenschaften von Werkstoffen sind elektrische Eigenschaften bei einer Wechselspannung sehr hoher Frequenz. Der sichtbare Bereich liegt zwischen $7.5 \cdot 10^{14}$ Hz ($\lambda = 0.4\,\mu m$, blaues Licht) und $4.3 \cdot 10^{14}$ Hz ($\lambda = 0.7\,\mu m$, rotes Licht). Der Frequenz- bzw. Wellenlängenbereich wird aber bei der Diskussion der optischen Eigenschaften nicht so eng gesehen; hier soll das Intervall zwischen ca. 10^{12} Hz und 10^{18} Hz betrachtet werden.

Die optischen Eigenschaften werden durch die *Brechzahl* $n = c/v$ (c = Lichtgeschwindigkeit im Vakuum, v = Lichtgeschwindigkeit im Material) und den *Absorptionskoeffizienten* k bestimmt. Die Größe k hängt mit der Schwächung der Strahlung beim Durchgang durch das Material zusammen; nach Durchlaufen einer Strecke $\lambda/4\pi k$ ist die Intensität der Strahlung mit der Wellenlänge λ auf $1/e = 0.37$ ihres Ausgangswertes abgefallen. Beide Werte n und k werden zur sog. *komplexen Brechzahl* zusammengefasst: $n \rightarrow n \pm ik$. Wenn für die Zeitabhängigkeit des elektrischen Feldes $E = E_o \exp(-i\omega t)$ angesetzt wird, wird die komplexe Brechzahl $n + ik$; wenn $E = E_o \exp(+i\omega t)$ angesetzt wird, wird sie $n - ik$. Zwischen der Brechzahl und der oben eingeführten komplexen Permittivitätszahl $\tilde{\varepsilon} = \varepsilon'_r + \varepsilon''_r$ besteht der Zusammenhang

$$\varepsilon'_r = n^2 - k^2, \quad \varepsilon''_r = 2nk. \tag{9.20}$$

Sind die optischen Größen n und k in ihrer Wellenlängenabhängigkeit bekannt, so lassen sich alle anderen optisch interessierenden Größen berechnen; z. B. der Reflexionsgrad R bei senkrechtem Lichteinfall und der Emissionsgrad ε bei senkrechtem Lichtaustritt:

$$R = \frac{(n-1)^2 + k^2}{(n+1)^2 + k^2}, \quad \varepsilon = \frac{4n}{(n+1)^2 + k^2}. \tag{9.21}$$

Die Frequenzabhängigkeit der optischen Konstanten im Frequenzbereich von 10^{12} Hz bis 10^{18} Hz ist schematisch in Abb. 9.77 dargestellt.

Bei niedrigen Frequenzen ist die *Absorption der Metalle* sehr hoch, weil die freien Leitungselektronen sehr kleine Energien aufnehmen können. Die angeregten Elektronen gehen sofort wieder auf ihre ursprünglichen Energiezustände zurück, sie emittieren das Licht wieder. Da dieser Vorgang wegen des hohen Absorptionskoeffizienten in einer Tiefe von nur maximal ca. 100 Atomlagen stattfindet, wirkt er als starke *Reflexion*. Steigt die Frequenz, wird die Plasmafrequenz überschritten, und es treten Übergänge z. B. von s- zu d-Bändern auf; bei den farbigen Metallen Kupfer und Gold liegt die entsprechende Wellenlänge im sichtbaren Bereich.

Bei Isolatoren liegt bei niedrigen Frequenzen keine Absorption vor, da wegen des gefüllten Valenzbandes und des durch eine große Bandlücke ($E_g \approx 5$ eV) davon getrennten Leitungsbandes keine Interbandübergänge möglich sind. Der Wert der

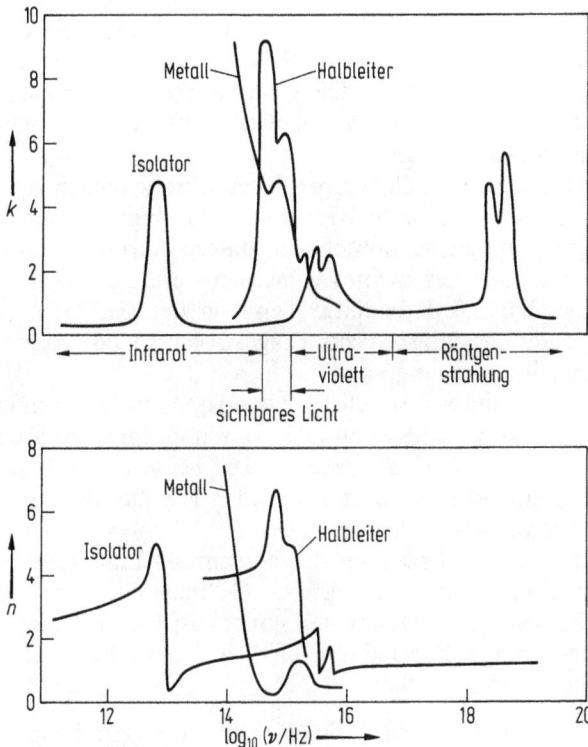

Abb. 9.77 Schematische Darstellung von Brechzahl n und Absorptionskoeffizienten k von Isolatoren, Halbleitern und Metallen als Funktion der Frequenz v (nach [56]).

Brechzahl lässt sich im Bild der erzwungenen Schwingung (Phasenverschiebung) verstehen. Wird die Resonanzfrequenz von Gitterschwingungen bei ca. 10^{13} Hz erreicht, kommt es zu starker Absorption bzw. einem Phasenumschwung. Es kann mehrere derartige Resonanzen geben. Oberhalb des sichtbaren Frequenzbereiches kann es z. B. zu Anregungen durch Exzitonen kommen (siehe Kap. 8). Halbleiter sind in diesem Zusammenhang Isolatoren mit einer kleinen Bandlücke ($E_g \approx 1$ eV).

Für **optische Werkstoffe** wird eine Fülle von Erscheinungen bei der Wechselwirkung von Licht und Werkstoff ausgenutzt. Besonders wichtig ist im Sichtbaren die Transparenz von Fenstern, für die verschiedene Gläser und Polymere verwendet werden. Für bestimmte Anwendungen, z. B. Lichtleiter, sollen Lichtverluste möglichst niedrig sein. Da Anregungen von Gitterschwingungen und Elektronenübergänge möglich sind, können Verluste dadurch vermieden werden, dass eine Frequenz gewählt wird, die weit weg von beiden Eigenfrequenzen liegt. Für *glasfaseroptische Nachrichtenübertragung* wählt man daher eine Wellenlänge von 1550 nm. Lichtemitter und Lichtempfänger können aus Indium-Gallium-Arsenid-Phosphid (InGaAsP) hergestellt werden.

Der Wellenlängenbereich der optischen Transmission von Gläsern lässt sich durch Wahl der chemischen Zusammensetzung verändern. So hat z. B. Quarzglas eine Transmission von 0.18 µm bis 4 µm. Glas auf Fluoridbasis ist von 0.3 µm bis 9 µm transparent. Wenn Sauerstoff durch Chalkogene (S, Se, Te) ersetzt wird, ergibt sich eine Transmission von 0.9 µm bis 20 µm.

Bringt man Resonanzfrequenzen absichtlich in den sichtbaren Bereich, so wird das Material *farbig*. Als Beispiel soll das an sich farblose Al_2O_3 genannt werden, das durch etwas Chrom zum Rubin wird. Die grüne Farbe von Flaschen entsteht durch Zugabe von Eisen. Auf die Fülle der organischen und anorganischen Farbstoffe soll hier nur hingewiesen werden

Die Verluste durch Streuung an zufällig vorhandenen Abweichungen von der mittleren Zusammensetzung des betrachteten Werkstoffes (*Rayleigh-Streuung*, proportional zu λ^{-4}) können durch möglichst homogenes Material vermieden werden. Für andere Zwecke ist die Streuung des Lichtes wünschenswert. Die Herstellung von glaskeramischen Werkstoffen mit Kristallitgrößen von der Größenordnung der Lichtwellenlänge hat Undurchsichtigkeit zur Folge. Auch in Porzellan und sog. *Milchglas* liegt eine derartige Streuung vor.

In der optischen Industrie müssen durchsichtige Gläser mit bestimmten Brechzahlen erzeugt werden. Die Brechzahl n von Gläsern nimmt im sichtbaren Bereich mit der Wellenlänge ab (sog. *normale Dispersion*), weil bei kürzeren Wellenlängen im Ultravioletten eine Elektronenresonanz vorhanden ist. Zur Beschreibung der Wellenlängenabhängigkeit von n wird die sog. *Abbe'sche Zahl* $v_A = (n_D - 1)/(n_F - n_C)$ benutzt, wo D, F und C die Wellenlängen der Natrium-D-Linie (589.3 nm), der Wasserstoff-F-Linie (486.1 nm) und der Wasserstoff-C-Linie (656.3 nm) repräsentieren. Kleine Abbe'sche Zahlen ($v_A < 55$) bedeuten starke Dispersion (*Flintglas*), große Werte ($v_A > 55$) bedeuten geringe Dispersion (*Kronglas*). Die Brechzahl n kann durch verschiedene Größen beeinflusst werden:

1. n steigt, wenn das Material dichter wird. Der Kristallisationsgrad von teilkristallinen Substanzen, der durch Abkühlungsbedingungen beeinflusst werden kann, kann also zur Veränderung von n benutzt werden.

2. Große Ionen haben größere Brechzahlen zur Folge. Da Sauerstoffionen relativ groß sind, ist der Sauerstoffgehalt wesentlich.
3. Metallionen, die Netzwerke in Gläsern trennen (Netzwerkwandler, z. B. Na), bewirken ein Ansteigen der Brechzahl.

Auf Grund derartiger Parameter kann die Brechzahl von Gläsern in der Glasindustrie genau auf bestimmte Werte eingestellt werden. Für besondere Anwendungen (Brillengläser) ist es wünschenswert, Gläser zu benutzen, deren Transparenz bei starkem Lichteinfall gering und bei geringem Lichteinfall hoch ist (sog. *phototrope Gläser*). Derartige Gläser enthalten Ausscheidungen von Silberchlorid. Bei Bestrahlung wird das Silberchlorid durch Elektronenübergang vom Chlor zum Silber in metallisches Silber und Chlor umgewandelt. Dadurch entstehen Absorptionszentren, welche die Transparenz verringern. Hört die Bestrahlung auf, so entsteht durch einen Elektronenrücksprung wieder transparentes Glas.

Die *Temperaturstrahlung* realer Körper wird durch den Emissionsgrad ε bestimmt, dessen Wellenlängen-, Temperatur- und Materialabhängigkeit gemäß der oben angegebenen Gleichung durch die entsprechenden Abhängigkeiten von n und k bestimmt ist. Sie hängt außerdem von der Geometrie der Oberfläche des betrachteten Körpers ab, da der Reflexionsgrad vom Einfallswinkel des Lichtstrahles abhängt. Als Beispiel für die Materialabhängigkeit des Emissionsgrades ist in Abb. 9.78 der spektrale Emissionsgrad bei senkrechtem Lichtaustritt von W-Mo-Legierungen angegeben. Die Materialabhängigkeit lässt sich mit der Änderung der Zustandsdichte der Elektronen in der Legierungsreihe W-Mo in Zusammenhang bringen.

Bisher wurde hier Isotropie der optischen Eigenschaften vorausgesetzt. Tatsächlich liegt aber außer bei kubischen Kristallen im kristallinen Material eine Rich-

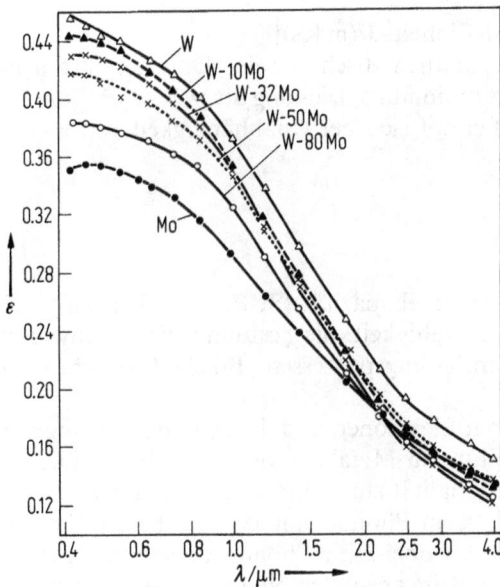

Abb. 9.78 Spektraler Emissionsgrad ε bei senkrechtem Lichtaustritt von W-Mo-Legierungen bei 2400 K (nach [57]).

tungsabhängigkeit der optischen Eigenschaften vor (s. Kap. 1). Jedes optisch isotrope Material kann durch äußere mechanische Spannung anisotrop gemacht werden. Das wird in der Spannungsoptik ausgenutzt. Die Lichtausbreitung in anisotropen Medien erfolgt in zwei zueinander und zur Fortpflanzungsrichtung senkrecht polarisierten Wellen, die verschiedene Geschwindigkeiten, d. h. verschiedene Brechzahlen haben. Diese Eigenschaft nennt man *Doppelbrechung*. Sie wird bei polymeren Werkstoffen ausgenutzt, um Spannungsverteilungen in Werkstücken am Modell zu untersuchen. Das Modell wird belastet, und bei Beobachtung mit polarisiertem Licht erscheinen Flächen gleicher Spannung in der gleichen Farbe.

9.7.5 Thermische Eigenschaften

Alle Werkstoffeigenschaften sind temperaturabhängig. Hierauf wurde oben an jeweils geeigneter Stelle hingewiesen. Hier soll lediglich kurz die Wärmeleitfähigkeit und die thermische Ausdehnung besprochen werden. Die Grundlagen hierfür sind bereits in Kap. 1 erörtert worden.

9.7.5.1 Wärmeleitfähigkeit

Wenn ein Temperaturgradient in einem Material vorhanden ist, fließt ein Wärmestrom Q (SI-Einheit: J/s). Nach dem Fourier'schen Ansatz sind Wärmestrom und Temperaturgradient proportional:

$$Q = -\lambda \operatorname{grad} T, \tag{9.22}$$

mit λ = Wärmeleitfähigkeit [SI-Einheit: J/(m Ks)].

Der Wärmestrom wird also mathematisch wie der Diffusionsstrom behandelt. Durch Einsetzen von Q in die Kontinuitätsgleichung $\operatorname{div} Q = -\varrho\, \partial U/\partial t$ (U = Innere Energie, t = Zeit, ϱ = Dichte) ergibt sich bei Unabhängigkeit von λ vom Ort die *Wärmeleitungsgleichung*

$$\frac{\lambda}{c_{\mathrm{v}}\varrho} \operatorname{div} \operatorname{grad} T = \frac{\partial T}{\partial t}, \tag{9.23}$$

mit $c_{\mathrm{v}} = \partial U/\partial T$ = spezifische Wärmekapazität [SI-Einheit: J/(K kg)]. Die Größe $a = \lambda/(c_{\mathrm{v}}\varrho)$ ist die Temperaturleitfähigkeit. Sie bestimmt die Geschwindigkeit der Temperaturänderung bei Wärmeleitungsprozessen. Tabelle 9.10 gibt einige Werte für a an.

Die Wärmeleitung kann durch Elektronen und durch Gitterschwingungen (*Phononen*) erfolgen. Die Wärmeleitung in Metallen vollzieht sich vor allem durch die Elektronen. Es besteht Proportionalität zur elektrischen Leitfähigkeit: $\lambda = \mathrm{const.}\ \sigma$ (*Wiedemann-Franz-Gesetz*). Mit dem Phononenmodell hat Debye für die Wärmeleitung abgeleitet: $\lambda = 1/3\, c_{\mathrm{v}} \cdot v \cdot l$, wobei v die Phononengeschwindigkeit und l die freie Weglänge der Phononen ist. Beim absoluten Nullpunkt ist $\lambda = 0$, da dort $c_{\mathrm{v}} = 0$ ist. Mit steigender Temperatur steigt c_{v}; v ändert sich wenig. Die freie Weglänge der Phononen wird durch Streuung an Inhomogenitäten (Phasengrenzen, Korngren-

Tab. 9.10 Wärme- und Temperaturleitfähigkeiten einiger Stoffe bei Raumtemperatur (nach [58]).

Werkstoff	λ [W/mK]	a [m^2/s]
Silber	418	$1.7 \cdot 10^{-4}$
α-Eisen	72	$2.1 \cdot 10^{-5}$
Austenit-Stahl	16	$4.0 \cdot 10^{-6}$
Aluminiumoxid	30	$9.0 \cdot 10^{-6}$
Fensterglas	0.9	$2.2 \cdot 10^{-7}$
Ziegelstein	0.5	$3.7 \cdot 10^{-7}$
Holz	0.2	$2.3 \cdot 10^{-7}$
Styropor	0.16	$1.2 \cdot 10^{-7}$

zen, Oberflächen, Füllstoffe), durch Wechselwirkung mit anderen Phononen und durch Wechselwirkung mit den Elektronen (Raman-Prozesse) begrenzt. Mit Hilfe der Verteilungsfunktion der Phononen ergibt sich bei hohen Temperaturen $l \sim T^{-1}$. Im Prinzip besitzt also die Temperaturabhängigkeit der Wärmeleitung ein Maximum. Bei einer gegebenen Temperatur kann je nach Lage des Maximums für die einzelnen Materialien die Wärmeleitung mit der Temperatur zunehmen, etwa konstant sein oder auch abnehmen. Abbildung 9.79 zeigt die Wärmeleitfähigkeit von Stählen. Die Wärmeleitung von Keramiken und Polymeren ist niedrig, da die Wärme hier durch Phononen übertragen wird. Phononen können gestreut werden. Daher ist bei tiefen Temperaturen und in ungestörten Kristallen die Wärmeleitung relativ groß, und mit steigenden Temperaturen fällt sie. Aufgrund der niedrigen Wärme-

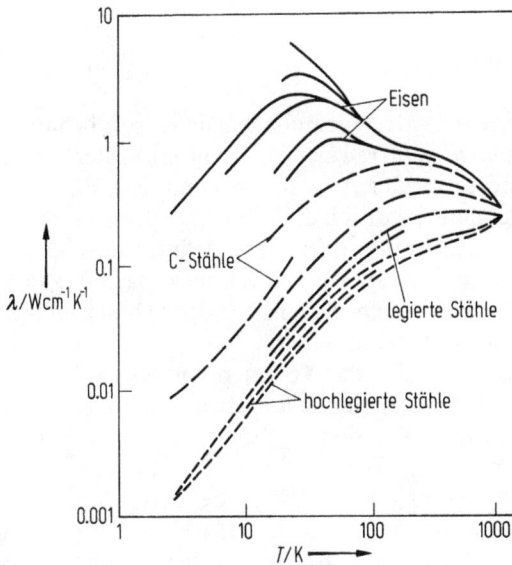

Abb. 9.79 Wärmeleitfähigkeit λ von Stählen als Funktion der Temperatur T (nach [59]).

leitfähigkeit von Keramiken und Polymeren werden diese zur Isolation verwendet. Bei Polymeren ist die Wärme- bzw. Phononenleitung entlang der Kettenmoleküle (kovalente Bindung) schneller als quer dazu (van der Waals-Bindung). Daher hat die Verstreckungsrichtung Einfluss auf die Wärmeleitung, s. Abb. 9.80. Mit zunehmender Anzahl von Vernetzungsstellen und damit von der Zahl der kovalenten Bindungen im Netzwerk von Duroplasten steigt die Wärmeleitung. Bei Polymeren mit gasgefüllten Hohlräumen trägt Konvektion der Gase zur Wärmeleitung bei. Da die Konvektion mit der Größe der Poren zunimmt, hat ein leichter Schaumstoff (mit großen Zellen) eine größere Wärmeleitfähigkeit als ein kleinporiger, dichterer Schaumstoff.

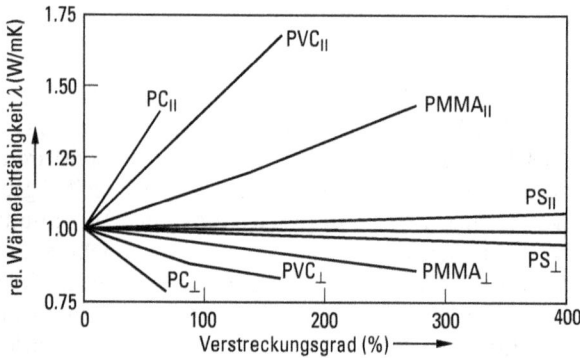

Abb. 9.80 Anisotropie der Wärmeleitfähigkeit in Abhängigkeit vom Verstreckungsgrad von Polymeren (nach [60]).

9.7.5.2 Thermische Ausdehnung

Die thermische Ausdehnung, die in den Grundlagen in Kap. 1 behandelt ist, ist durch die *unsymmetrischen Potentialkurven* der Bindung im Gitter begründet. Es besteht ein Zusammenhang zwischen der Ausdehnung und dem Energieinhalt des Festkörpers. Dieser Zusammenhang ist durch die Grüneisen-Konstante $\gamma = (3\,\alpha\,V)/(\chi\,c_v)$ gegeben mit $\alpha =$ linearer Ausdehnungskoeffizient, definiert durch $\alpha = l^{-1}\,dl/dT$ ($l =$ Länge, $V =$ molares Volumen, $c_v =$ spezifische Wärmekapazität, $\chi =$ Kompressibilität). Der Wert von α ist um so kleiner, je höher die Schmelztemperatur des Werkstoffes ist. Dies ist in Abb. 9.81 dargestellt.

Dies hängt damit zusammen, dass sich das Volumen von festen Stoffen im Temperaturbereich von 0 K bis zum Schmelzpunkt um etwa 7% ändert. Werte von α im Temperaturbereich von 0 °C bis 50 °C sind in Tab. 9.11 angegeben.

Für die Technik sind besonders die Werkstoffe interessant, die ein besonderes Ausdehnungsverhalten zeigen. Hierzu gehören die Stoffe, deren Ausdehnungskoeffizient sehr klein ist. Legierungen aus Eisen mit ca. 25% Nickel zeigen beim Übergang von 0 °C auf 100 °C einen Nulldurchgang des Ausdehnungskoeffizienten von kleinen negativen auf kleine positive Werte. Die Ursache liegt im Zusammenwirken von Magnetostriktion im Rahmen des Ferromagnetismus und thermischer Ausdehnung. Eine derartige Legierung ist z. B. das *Invar*. Sehr niedrige α-Werte besitzt auch Quarzglas. Die [SiO$_4$]-Tetraeder in dem unregelmäßigen Netzwerk führen zwar Temperaturschwingungen durch, zwischen den Tetraedern kommt es aber nur zu geringer Wechselwirkung, so dass das Netzwerk unverändert erhalten bleibt.

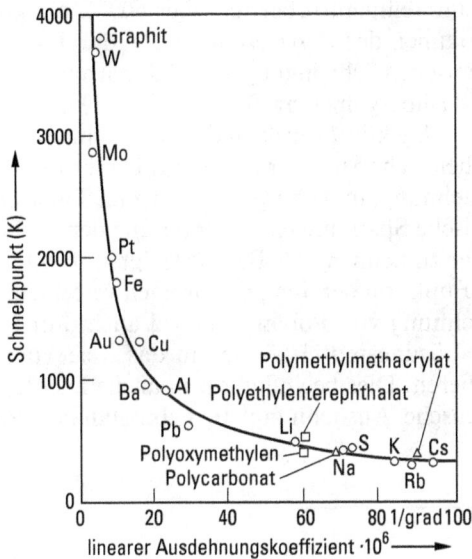

Abb. 9.81 Wärmeausdehnung von Metallen und Kunststoffen bei 20 °C (nach [61]).

Tab. 9.11 Lineare thermische Ausdehnungskoeffizienten im Temperaturbereich von 0 °C bis 50 °C.

Werkstoff	$\alpha \ [10^{-5}\,\mathrm{K}^{-1}]$
Polyethylen	20
Ungesättigte Polyesterharze	12
Polyamid	8
Polyvinylchlorid	7
Polystyrol	7
Zink	3
Aluminium	2.44
Kupfer	1.68
Eisen	1.21
Porzellan	0.5
„Jenaer Glas"	0.36
Al$_2$O$_3$	0.15
Invar	0.12
Quarzglas	0.05

Die meisten Werkstoffe bestehen aus mehreren Phasen, die z. T. in Abhängigkeit von der Temperatur Umwandlungen erleiden, welche auch Längenänderungen zur Folge haben. Für *feuerfeste Keramiken* ist dies besonders wichtig. Während bei vielen feuerfesten Steinen (z. B. Magnesia, Chromit, Schamotte, Siliciumcarbid) die Länge gleichmäßig mit der Temperatur zunimmt, zeigen Silikatsteine aufgrund der Modifikationsänderung der SiO_2-Phasen bis ca. 600 °C eine besonders starke Ausdehnung, während bei höheren Temperaturen der Ausdehnungskoeffizient sehr gering ist. Daher besitzen Silikatsteine im Temperaturbereich über 600 °C ein gutes Temperaturwechselverhalten. Das Volumen der *Polymere* wird u. a. durch den Platzbedarf der Moleküle mit ihren thermischen Schwingungen und durch das *freie Volumen* bestimmt. Der Anteil des beim Glasübergang eingefrorenen freien Volumens ist um so größer, je schneller das Polymer abgekühlt wurde und je steifer eine Molekülkette ist. Die Steifigkeit ist durch die chemische Struktur bestimmt. Diese Gesichtspunkte beeinflussen die thermische Ausdehnung, und es ergeben sich zum Teil komplizierte Zusammenhänge. Auch mechanische Spannungen, Orientierung der Moleküle und Wärmevorbehandlungen sind hier zu nennen. Als Beispiel zeigt Abb. 9.82 die Längenänderung von Polystyrol als Funktion der Temperatur nach verschiedenen Vorbehandlungen. Die Wärmeausdehnung von Polymeren wird auch durch Umwelteinflüsse bestimmt. Wasser und Lösungsmittel können in das freie Volumen von amorphen Polymeren eindiffundieren. Dies beeinflusst primär die Dichte, hat aber auch Auswirkung auf die thermische Ausdehnung. In teilkristallinen Polymeren

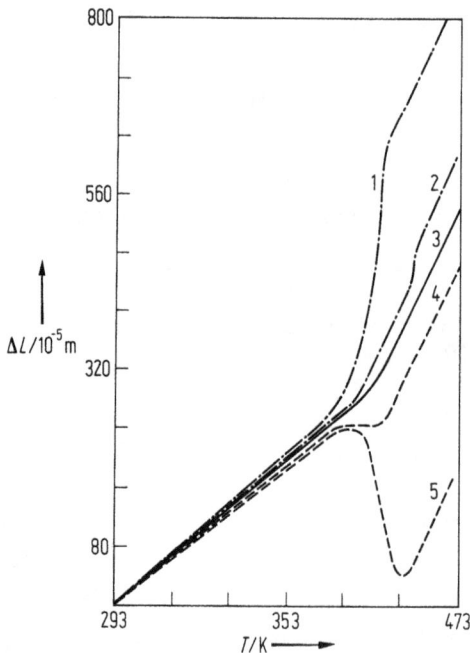

Abb. 9.82 Längenänderung ΔL von Polystyrol als Funktion der Temperatur nach verschiedenen Vorbehandlungen. 1, 2 = Probe zuvor stark bzw. schwach komprimiert, 3 = Probe unbelastet, 4, 5 = Probe zuvor schwach bzw. stark gedehnt (nach [62]).

kann eine Nachkristallisation induziert werden, die zur Abnahme der Ausdehnungs-koeffizienten führt.

9.7.6 Wechselwirkung zwischen Strahlung und Werkstoff

Werkstoffe unterliegen im Gebrauch stofflichen und energetischen Einwirkungen. Dies können z. B. biologisch wirksame Medien, Sauerstoff und andere chemische Substanzen sowie Wärme und Strahlung sein. Einwirkungen, die vor allem durch chemische Prozesse eine Änderung hervorrufen, werden im Abschn. 9.8 behandelt. In diesem Abschnitt soll der Einfluss von Strahlung kurz erörtert werden.

9.7.6.1 Energiearme Strahlung

Hier ist an Werkstoffveränderungen unter dem Einfluss von Sonnenlicht zu denken. Die Energien der Lichtquanten liegen im Bereich von 1.5 eV bis 5 eV; sie dringen gemäß dem Absorptionskoeffizienten in das Material ein. Es kann dabei zu chemischen Reaktionen kommen, nicht aber zur Verlagerung von Atomen, denn dafür sind höhere Energien notwendig. Metalle und keramische Werkstoffe werden durch Lichteinwirkung nicht verändert. Polymerwerkstoffe dagegen können durch Licht geschädigt werden. Änderung von Farben („*Lichtechtheit*") und Alterung, das heißt irreversibel ablaufende Vorgänge, können eintreten. Voraussetzung für eine photochemische Reaktion in einem Polymermolekül ist, dass die eingestrahlte Energie absorbiert wird, an nur einer Stelle zur Verfügung steht und nicht über ausgedehnte Bereiche des Moleküls verteilt wird. Auf die Reaktion haben die chemische und morphologische Struktur sowie vorhandene mechanische Spannungen, die Temperatur und die Feuchtigkeit großen Einfluss. Die Mechanismen der *Photodegradation* sind sehr unterschiedlich. Abbildung 9.83 zeigt als Beispiel die Temperaturabhängigkeit der Geschwindigkeit der Photooxidation von Polyethylen niedriger Dichte.

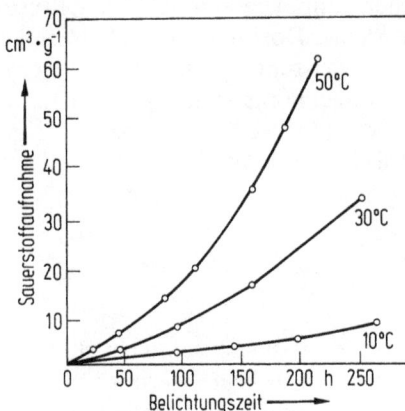

Abb. 9.83 Temperaturabhängigkeit der Geschwindigkeit der Photooxidation von Polyethylen niedriger Dichte. Belichtung mit Fluoreszenzlicht der Wellenlänge 313 nm (nach [63]).

Sogenannte Lichtstabilisatoren binden die Lichtenergie chemisch oder verwandeln sie meist in Licht mit geringer Frequenz und in etwas Wärme. Für Anwendungen, wo eine Schwärzung keine Rolle spielt, kann Ruß verwendet werden; ein weißer Stabilisator ist TiO_2.

9.7.6.2 Energiereiche Strahlung

Mit energiereicher Strahlung sind hier Wellen- und Teilchenstrahlung gemeint, deren Energie im MeV-Bereich liegt, d. h. α-, β-, γ-, n-Strahlung, wie sie durch Kernspaltung, in Teilchenbeschleunigern und Röntgenanlagen erzeugt werden kann. Wenn ein Energiequant einer solchen Strahlung auf ein Atom in einem Festkörper trifft, wird dieses mit hoher Energie aus seiner Umgebung herausgeschlagen. Das Atom trifft auf andere Atome und schlägt diese heraus. Es entsteht eine *Stoßkaskade*, die eine große Zahl von verlagerten Atomen und im Falle von kristallinen Material viele Gitterfehlstellen und kleine Hohlräume („Leerstellencluster") zurücklässt. Das Gesamtvolumen steigt an. Außerdem können durch Kernreaktionen Radionuklide entstehen. Dies ist aber nicht Thema dieses Abschnittes.

Da die meisten Werkstoffe mehrphasig und nicht im thermodynamischen Gleichgewicht sind, kommt es zu einer *strahlungsinduzierten Phasenumwandlung*, die häufig zu einer Versprödung führt. Derartige Vorgänge spielen in der Nukleartechnik eine große Rolle, wo sowohl metallische als auch keramische Werkstoffe benutzt werden. Insbesondere kommen keramische Werkstoffe als Kernbrennstoffe, als Hüll- und Strukturmaterial zur Anwendung. Im Kernbrennstoff entstehen zusätzlich auch durch die Anwesenheit von Spaltprodukten Volumenänderungen.

Die verschiedenen polymeren Werkstoffe weisen unterschiedliche *radiochemische Beständigkeiten* auf. Polystyrol gehört zu den strahlenbeständigsten Polymeren, da hohe Kettensteifigkeit und die aromatischen Strukturelemente die Rekombination entstandener radikalischer Bruchstücke begünstigen. Der Bruch einer Kette kommt weniger häufig vor als die Abspaltung von H-Atomen. Wesentlich ist die Anwesenheit von Luftsauerstoff, da dieser in das geschädigte Material eindiffundieren und durch Oxidation einen Abbau verursachen kann. Dieser möglichen Diffusion wegen ist bei langandauernder Bestrahlung mit kleiner Dosisleistung die Schädigung größer als bei kurzer Bestrahlung mit hoher Dosisleistung. Dünne Proben werden daher mehr geschädigt als dicke Proben. Unter Sauerstoffausschluss kann eine Kettenvernetzung eintreten, was in einigen Fällen die Eigenschaften verbessert. Man spricht hier von „Vulkanisation durch energiereiche Strahlung".

9.8 Chemische Eigenschaften

Die meisten Werkstoffe werden in einem thermodynamisch nicht stabilen Zustand verwendet. Die vorgesehene Gebrauchstemperatur liegt meistens weit weg von den Umwandlungs-, Glas- oder Schmelztemperaturen. Je näher die Gebrauchstemperatur diesen Temperaturen kommt, um so leichter treten chemische Umwandlungen und Schädigungen im Innern des Werkstoffes auf. Für die Anwendung sind daher

Kenntnisse über diese Vorgänge wesentlich. Da die keramischen Werkstoffe die höchsten Schmelzpunkte haben, ist dort dieses Problem relativ unwichtig. Bei vielen Metallen wird es entscheidend, wenn für den Gebrauch der Temperaturbereich 600 °C bis 1000 °C vorgesehen ist. Bei Polymeren erfolgen oft schon im Bereich der Raumtemperatur bis 200 °C Alterungsvorgänge.

Andere Mechanismen zur chemischen Schädigung wirken von der Oberfläche des Werkstoffes her. Flüssige Medien rufen dort chemische Reaktionen hervor, die zur Verschlechterung der Eigenschaften führen. Derartige Korrosionsvorgänge treten vor allem bei Metallen auf. Hier ist die Schädigung durch wässrige Lösungen besonders wichtig. Eine weitere Art der Oberflächenveränderung erfolgt durch Reaktion mit Gasen. Hier ist der wichtigste Vorgang die Verzunderung, d. h. die Oxidation von Metallen an Luft, vor allem bei höheren Temperaturen.

9.8.1 Chemische Reaktionen im Innern

In übersättigten Mischkristallen kann eine zweite Phase in fein verteilter Form ausgeschieden werden, die – wie oben ausgeführt – zur Festigkeitssteigerung führt („Aushärtung"), weil sie die Bewegung von Versetzungen behindert. Wichtige Beispiele hierzu sind für metallische Werkstoffe Aluminiumlegierungen. Die Entwicklung der Luftfahrtindustrie ist wesentlich durch die Entdeckung von Duraluminium (Al 4 Cu 0.5 Mg) im Jahre 1906 bestimmt worden. Legierungen aus Ni, Cr, Co mit Zusätzen von Al, Si, Ti, Mo, Nb, W (sog. Hochtemperaturlegierungen z. B. mit der Ausscheidung Ni_3Al) gehören u.a. dazu. Man kann hier auch die Legierungen nennen, die durch Phasenumwandlungen gehärtet werden; dies sind vor allem Stähle der verschiedensten Zusammensetzung. Abbildung 9.84 zeigt als Beispiel für *Ausscheidungshärtung* schematisch die Streckgrenzenänderung im Verlauf der Auslagerung.

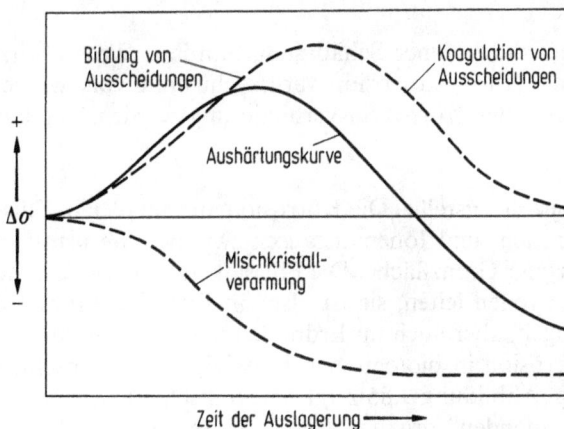

Abb. 9.84 Schematische Darstellung der Streckgrenzenänderung $\Delta\sigma$ im Verlauf der Auslagerung bei einer Entmischung (Aushärtung: $\Delta\sigma > 0$; Überalterung: $\Delta\sigma < 0$).

Silicatglas ist ein homogenes Material, aber einige seiner Komponenten können besonders leicht chemische Änderungen erleiden. Die Alkalimetalloxide K_2O und Na_2O sind als Netzwerkwandler nicht in das Siliciumdioxid-Netzwerk eingebunden. Wenn Wasser vorhanden ist, kann sich dissoziertes NaOH bilden, das seinerseits weitere Si-O-Bindungen aufbrechen kann: Das Glas wird „blind". Dies ist unerwünscht. Bei *Glaskeramiken* wird dagegen durch eine kontrollierte nachträgliche Kristallisation absichtlich ein zweiphasiger Zustand erzeugt; glaskeramische Werkstoffe besitzen niedrige Ausdehnungskoeffizienten und daher hohe Temperaturwechselbeständigkeit.

Bei polymeren Werkstoffen kann eine Temperaturerhöhung zu verschiedenen schädigenden chemischen Abläufen führen. Hierzu gehören die Abspaltung von speziellen Atomen und Segmenten, der Kettenbruch, Vernetzungsreaktionen und die Oxidation (Verbrennung). Der Bruch von kovalenten Bindungen setzt bei den Bindungen niedrigster Energie ein. Die thermische Schädigung kann auch dadurch beginnen, dass sich Monomere vom Ende der Kette ablösen (*Depolymerisation*) – so beim PMMA – oder die Kette kann statistisch zerfallen wie beim PE. Oben wurde auf die schädigende Wirkung von Licht hingewiesen. Diese wird durch die Gegenwart von Sauerstoff noch vergrößert. Diese Art von Schädigung kann aber durch Antioxidanzien wie die Amine oder Phenole, die den unerwünschten oxidativen Abbau verzögern, verhindert werden.

9.8.2 Chemische Reaktionen an Oberflächen

Ein wesentlicher Teil der Wechselwirkung eines Werkstoffes mit seiner Umgebung erfolgt über die Oberfläche. Diese ist chemischen Angriffen ausgesetzt. Die Umgebung eines Werkstoffes kann ein fester Stoff, eine Flüssigkeit, vor allem Wasser, oder ein Gas, vor allem Luft mit dem wirksamsten Bestandteil Sauerstoff, sein.

9.8.2.1 Korrosion

Unter Korrosion soll hier die zu einer Schädigung führende Wechselwirkung mit Flüssigkeiten verstanden werden. Korrosion verursacht hohe volkswirtschaftliche Schäden. Zum Verständnis der Korrosionsverhinderung werden hier kurz einige Grundlagen dargestellt.

Korrosion an Metallen, Spannungsreihe. Die Korrosion an Metallen in Flüssigkeiten erfolgt durch den Elektronen- und Ionenaustausch zwischen Werkstoff und Flüssigkeit an deren gemeinsamer Grenzfläche. Die Flüssigkeit kann elektrischen Strom durch die Bewegung von Ionen leiten, sie ist also ein Elektrolyt. Elektrolyte sind meistens wässrige Lösungen, aber auch im Erdboden oder in Salzschmelzen ist Ionenleitung möglich. Korrosion in biologischen Flüssigkeiten (s. Abschn. 9.8.4) ist ebenfalls von Bedeutung. Abbildung 9.85 zeigt schematisch als Beispiel die bei der Korrosion von Eisen ablaufenden Vorgänge in einer Säure, wobei auch die Analogie zur elektrochemischen Zelle sichtbar wird. Ursache für die Korrosion ist der elektrolytische Lösungsdruck, die *Lösungstension*, d. h. die Eigenschaft des Metalls, po-

anodische Reaktion
Fe $\longrightarrow$ Fe^{2+} + 2e$^-$
Oxidation

kathodische Reaktion
2H$^+$ + 2e$^-$ $\longrightarrow$ H$_2$ (g)
Reduktion

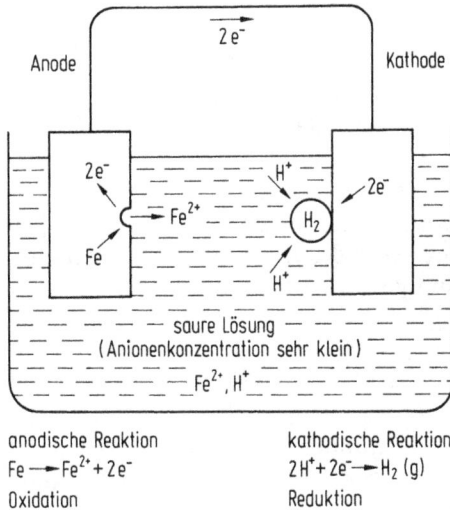

Abb. 9.85 Schematische Darstellung der Vorgänge an Anode und Kathode bei der Korrosion von Eisen in saurer wässriger Lösung.

sitive Ionen in die Lösung abzugeben (Fe → Fe^{2+} + 2 e$^-$). Die negativen Elektronen bleiben im Metall und laden dieses negativ auf. Diesen Prozess bezeichnet man als *anodische Metallauflösung*. Wenn das Metall leitend mit einer Kathode verbunden ist, können die Elektronen dort die Wasserstoffionen der Säure zu Wasserstoffgas reduzieren (2 e$^-$ + 2 H$^+$ → H$_2$). Diesen Prozess bezeichnet man als *kathodische Wasserstoffabscheidung*. Als Kathode kann auch ein anderer Bereich desselben Metallstückes wirken, an dem auch anodische Prozesse ablaufen. Es liegt dann ein sog. *Lokalelement* vor. Insgesamt lässt sich der Prozess an den Elektroden durch die Gleichung beschreiben:

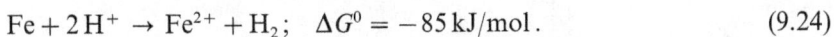

$$ \text{Fe} + 2\,\text{H}^+ \to \text{Fe}^{2+} + \text{H}_2 ; \quad \Delta G^0 = -85\,\text{kJ/mol} . \qquad (9.24) $$

Die treibende Kraft ist die Erniedrigung der freien Enthalpie des Systems (vgl. Abschn. 9.4.1). ΔG° ist die freie Reaktionsenthalpie unter Standardbedingungen. Diese Größe kann z. B. kalorimetrisch gemessen werden. Neben diesen Prozessen sind an der Kathode noch eine *kathodische Metallabscheidung* (M$^+$ + e$^-$ → M) oder eine *kathodische Hydroxidionenbildung* (H$_2$O + 1/2 O$_2$ + e$^-$ → 2 OH$^-$) möglich. An der Anode kann es auch zu einer anodischen Oxidation (6 OH$^-$ + 2 Al → Al$_2$O$_3$ + 3 H$_2$O + 6 e$^-$) kommen. Welche Prozesse ablaufen, hängt von dem p_H-Wert der wässrigen Lösung, d. h. der Konzentration der H$^+$-Ionen, und der Enthalpieänderung ΔG des Prozesses ab.

Die Enthalpieänderung des an einer Elektrode ablaufenden Vorgangs kann durch die auftretenden elektrischen Potentialänderungen $\Delta \Phi = \Delta G/(ze)$ beschrieben werden (z = Zahl der ausgetauschten Ladungen, e = Elektronenladung). Diese Beziehung wird üblicherweise auf die Stoffmenge und den Standardzustand (25 °C, 1.01325 bar = 1 atm) bezogen:

$$\Delta\Phi = \frac{\Delta G^{\circ}}{zF} + \frac{RT}{zF}\ln K.$$ (9.25)

Es ist F = Faraday-Konstante, K = Gleichgewichtskonstante für die ablaufende Reaktion aus dem Massenwirkungsgesetz. Für die anodische Metallauflösung $Fe \rightarrow Fe^{2+} + 2e^{-}$ ist $K = a_{Fe^{2+}}$ ($a_{Fe^{2+}}$ = Aktivität von Fe^{2+}, bei kleinen Konzentrationen gleich der Konzentration der Fe^{2+}-Ionen). Der Wert der Größe ΔG° für die sog. *Standardwasserstoffelektrode* wird definitionsgemäß Null gesetzt. Benutzt man eine derartige Elektrode als Referenzelektrode, gegen welche die Spannung der Metallelektrode gemessen wird, so kann geschrieben werden:

$$U = U_0 + \frac{RT}{zF}\ln K.$$ (9.26)

U ist das Gleichgewichtspotential, U_0 das Standard(elektroden)potential. Ist die Konzentration bzw. Aktivität der bei den anodischen und kathodischen Teilreaktionen vorhandenen Ionen gleich, also z.B. $a_{Fe^{2+}} = a_{2H^+}$, wird definitionsgemäß $K = 1$ und $U = U_0$.

Für die verschiedenen Metalle lässt sich so das Standardpotential U_0 messen, und es ergibt sich die sog. *Spannungsreihe der Metalle* (Tab. 9.12).

Tab. 9.12   Spannungsreihe der Metalle.

Metall	Standardpotential bei 25°C [V]
Au/Au^{3+}	$+1.498$
Pt/Pt^{2+}	$+1.200$
Ag/Ag^{2+}	$+0.987$
Cu/Cu^{2+}	$+0.337$
$(H_2/H^+$	$0.000)$
Pb/Pb^{2+}	-0.126
Sn/Sn^{2+}	-0.136
Ni/Ni^{2+}	-0.250
Co/Co^{2+}	-0.277
Fe/Fe^{2+}	-0.440
Cr/Cr^{3+}	-0.744
Zn/Zn^{2+}	-0.763
Al/Al^{3+}	-1.662
Mg/Mg^{2+}	-2.363
K/K^+	-2.925

Eine übersichtliche Darstellung für die Gleichgewichtselektrodenspannung als Funktion des pH-Wertes der Lösung und der Aktivität bzw. Konzentration der Metallionen als Parameter ist von Pourbaix eingeführt worden (*Pourbaix-Diagramm*). Ein derartiges Diagramm für das System Fe/H_2O ist in Abb. 9.86 angegeben. Die der Reaktion $Fe \leftrightarrow Fe^{2+}$ entsprechende Spannung ist nach der oben angegebenen Gleichung keine Funktion des pH-Wertes, also im Diagramm eine Gerade parallel zur Abszisse. Sie ist für die Konzentration $c(Fe^{2+}) = 10^{-6}\,mol/l$ bei dem Wert $U = -0.62\,V$ eingezeichnet (Linie 1). Diese Konzentration ist gewählt, weil

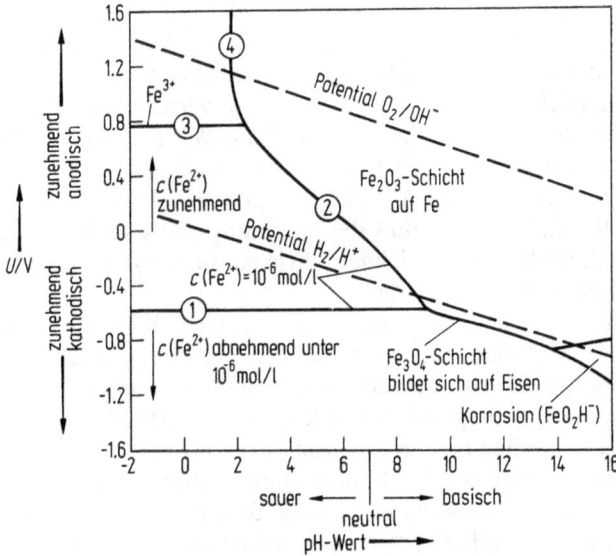

Abb. 9.86 Elektrodenspannung U als Funktion des pH-Wertes einer wässrigen Eisenlösung. Linie 1: $Fe \leftrightarrow Fe^{2+} + 2e^-$, bei einer Konzentration von 10^{-6} mol/l als Grenze zwischen Stabilität und Korrosion betrachtet; Linie 2: $2 Fe^{2+} + 3 H_2O \leftrightarrow Fe_2O_3 + 6 H^+ + 2 e^-$; Linie 3: $Fe^{2+} \leftrightarrow Fe^{3+} + e^-$; Linie 4: $2 Fe^{3+} + 3 H_2O \leftrightarrow Fe_2O_3 + 6 H^+$ (nach [64]).

bei diesem niedrigen Wert praktisch keine Reaktion erfolgt. Für Elektrodenspannungen unter dieser Linie löst sich Fe also praktisch nicht auf. Für höhere Spannungen steigt die Fe^{2+}-Konzentration sehr schnell an, d. h. es erfolgt eine anodische Metallauflösung; bei $U = -0.44$ V wird die Konzentration $c(Fe^{2+}) = 1$ mol/l. Die Kurve 2 bezieht sich auf die Reaktion $2 Fe^{2+} + 3 H_2O \leftrightarrow Fe_2O_3 + 6 H^+ + 2 e^-$, d. h. das Fe^{2+} wird zu Fe^{3+} oxidiert; das Fe_2O_3 schlägt sich auf der Elektrode nieder und schützt diese vor weiterer Korrosion (*Passivierung*). Die Linie 3 ($U = 0.77$ V) trennt den Bereich der Fe^{2+}-Ionen von dem der Fe^{3+}-Ionen, ($Fe^{2+} \leftrightarrow Fe^{3+} + e^-$); Linie 4 stellt das Gleichgewicht $2 Fe^{3+} + 3 H_2O \leftrightarrow FeO_3 + 6 H^+$ dar. Im vollständigen Pourbaix-Diagramm für Fe gibt es etwa 30 Reaktionen dieser Art. Der Rost von Eisen bildet keine passivierende Schicht, weil sich bei der Reaktion von Wasser und Sauerstoff mit Eisen das schwer lösliche $Fe(OH)_3$ bildet, das aber nicht stabil ist, sondern unter Wasserabspaltung in $FeO(OH)$ zerfällt.

Im Gleichgewicht ist der Strom der anodischen Metallauflösung gleich dem der kathodischen Wasserstoffabscheidung. Da die Ablöse- und Durchtrittsreaktionen wie die Diffusion thermisch aktiviert sind, kann für die anodische Reaktion

$$i_{\text{Anode}} = i_0 \exp\left[\frac{\alpha z F \eta}{RT}\right] \tag{9.27}$$

und für die kathodische Reaktion

$$i_{\text{Kathode}} = -i_0 \exp\left[-\frac{(1-\alpha) z F \eta}{RT}\right] \tag{9.28}$$

geschrieben werden. η ist die sog. Überspannung, welche die elektrochemische Reaktion hervorruft; für $\eta = 0$ ist $|i_{\text{Anode}}| = |i_{\text{Kathode}}| = i_o$ die Austauschstromdichte; z ist die Wertigkeit, α der Durchtrittsfaktor mit Werten zwischen 0 und 1. Für hohe Werte von η kann je nach Polarität i_{Kathode} oder i_{Anode} vernachlässigt werden, und durch Auflösung nach η ergibt sich die sog. *Tafel-Gleichung*: $\eta = a + b \ln i$.

Für kleinere Werte von η ergibt die Summe von i_{Kathode} und i_{Anode} die Gesamtstromdichte. Dies ist schematisch in Abb. 9.87 dargestellt. Die Gesamtstromdichte ist für $\eta = 0$ ebenfalls Null. Dort nimmt die Spannung den Gleichgewichtswert U an. Ein unedles Metall besitzt eine Gleichgewichtsspannung mit hohen Teilströmen, ein edles Metall hat geringere Teilströme.

Aus den geschilderten Grundlagen ergibt sich, dass die Korrosoin ein komplizierter Vorgang ist, der vor allem von den jeweiligen Metallen und der Wasserstoffkonzentration abhängt. Bisher ist die anodische Metallauflösung und die kathodische Wasserstoffabscheidung besprochen worden; auf die kathodische Hydroxidionenbildung und die anodische Oxidation wurde kurz hingewiesen. Es gibt also die verschiedensten Korrosionsformen. Sie können durch kleine Unterschiede der Materialeigenschaften hervorgerufen werden, wie sie z. B. in Korngrenzen, Kornflächen, Bereichen verschiedener plastischer Verformung und Ausscheidungen vorliegen. Vor allem setzt Korrosion ein, wenn verschiedene, miteinander verbundene Metalle mit einem Elektrolyten in Kontakt stehen. Auch unterschiedliche Bereiche des Elektrolyten, wie verschiedene Strömungszustände (Kavitation) oder kleine Konzentrationsunterschiede von gelösten Stoffen können Korrosion verursachen. Besonders kritisch ist Korrosion mit zusätzlicher mechanischer Beanspruchung, d. h. *Spannungsriss-* und *Schwingungsrisskorrosion*.

Korrosion an nichtmetallischen anorganischen Werkstoffen. Für nichtmetallische anorganische Werkstoffe spielt die Korrosion in wässrigen Lösungen eine wesentlich geringere Rolle als für die Metalle. Dies ist vor allem eine Folge der kovalenten

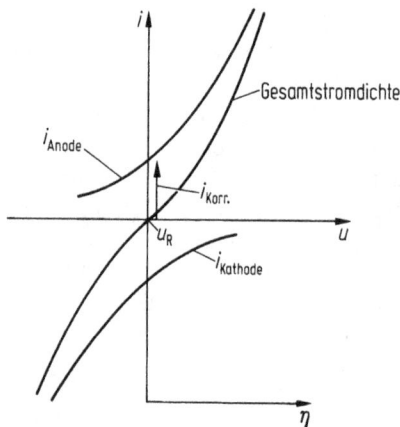

Abb. 9.87 Schematische Darstellung der Stromdichte-Potential-Kurve. U_R = Ruhepotential (Gesamtstromdichte = 0); i_{Korr} = Korrosionsstromdichte, η = Überspannung; i_{Korr} klein → edles Metall, i_{Korr} groß → unedles Metall.

und ionischen Bindung. Allerdings ist die *Korrosion bei Gläsern* mit Silicatstruktur nicht zu vernachlässigen. Hierauf wurde oben bereits hingewiesen. Im sauren Medium wird das Si-O-Netzwerk nicht angegriffen, aber die relativ leicht beweglichen Netzwerkwandler (Al^{3+}, Mg^{2+}, Zn^{2+}) diffundieren nach außen in die Lösung, während Wasserstoffionen oder hydratisierte Wasserstoffionen, also H_3O^+, in das Glas hineinwandern. Es kommt dabei zu einem Ionenaustauschprozess; die Konzentrationsänderungen sind aber unter Normalbedingungen gering. In alkalischen Lösungen führen die OH^--Ionen zum Aufbrechen von Si-O-Si-Bindungen:

$$(\equiv Si-O-Si\equiv) + OH^- \rightarrow (\equiv Si-OH) + (-O-Si\equiv). \tag{9.29}$$

Es kann zur Auflösung des Glases kommen. Bei der Wechselwirkung mit reinem Wasser, das H^+- und OH^--Ionen enthält, ist der Ionenaustausch durch die H^+-Ionen am schnellsten, dadurch steigt die Konzentration der OH^--Ionen, und es kommt durch diese zum Aufbrechen des Netzwerkes. Die Beständigkeit von Gläsern wird durch Al_2O_3- und auch B_2O_3-Gehalte verbessert.

Da viele natürlich vorkommenden Werkstoffe, z. B. Natursteine, porös sind und Phasen enthalten, die mit alkalischen oder sauren wässrigen Lösungen in ähnlicher Weise reagieren, kommt es bei Bauwerken durch den Kontakt mit der durch die Abgase der Industrie sauren Luftfeuchtigkeit zu Zerfallserscheinungen.

Keramische Werkstoffe werden als feuerfestes Material für Tiegel von z. B. Glasschmelzen verwendet. Hier kommt es zum Materialabtrag aufgrund einer Kombination von mechanischem und chemischem Angriff.

Korrosion an Polymeren. Polymere sind relativ beständig gegen schwache Säuren, Basen und wässrige Salzlösungen. Treibstoffe, Fette, Öle und organische Lösungsmittel sind z. T. chemisch den Polymeren ähnlich. Daher können u. U. dadurch Polymere geschädigt werden. Die auftretenden Schädigungen hängen von der chemischen Struktur und Morphologie des Polymers, von vorhandenen Zusatzstoffen, von der mechanischen und thermischen Vorgeschichte und vor allem von der chemischen Struktur des angreifenden Mediums ab.

Solche Medien, die nur auf die Sekundärbindungen zwischen den Ketten einwirken, können im Polymer bis zu gewissen Grenzen gelöst werden. Es besteht eine Analogie zur Löslichkeit von Fremdatomen in Metallen und zur Bildung eines Mischkristalls. Je mehr sich die wechselwirkenden Komponenten ähneln, um so größer ist die Löslichkeit. Bei unbegrenzter Löslichkeit kommt es zur *Auflösung* des Polymers. Das ist nur bei unvernetzten Polymeren möglich. Bei begrenzter Löslichkeit kommt es zum *Quellen* des Polymers. Die Abb. 9.88 zeigt die Massenzunahme von Polyethylen durch verschiedene organische Lösungsmittel. Mit dem Quellen ist ein Absinken des E-Moduls und der Glastemperatur verbunden, d. h. das Material wird weicher (Weichmachereffekt). Wird das Lösungsmittel wieder entfernt, so kehrt das Polymer weitgehend reversibel in seinen ursprünglichen Zustand zurück. Wenn gleichzeitig mit der Einwirkung des Lösungsmittels das Material unter mechanischer Spannung steht, kann es zur Rissbildung kommen. Man spricht daher hier von einer Spannungsrisskorrosion oder vom Spannungsrissverhalten der Polymere.

Wenn durch ein angreifendes Medium die kovalenten Primärbindungen in den Ketten gelöst werden, wird das Polymer irreversibel abgebaut. Diese Erscheinungen sind für die *Chemikalienbeständigkeit der Polymere* bestimmend, die je nach dem

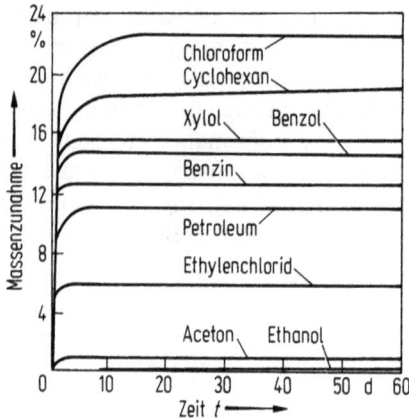

Abb. 9.88 Quellung von Polyethylen in organischen Lösungsmitteln bei 20°C (nach [74]).

chemischen Aufbau, dem Vernetzungsgrad, dem Kristallinitätsgrad des Polymers und der Art des Lösungsmittels sehr unterschiedlich sein können. So erleiden z. B. Polymere mit bestimmten funktionellen Gruppen (Amide, Ester, Acetate usw.) in Wasser oder in sauren Lösungen eine hydrolytische Kettenspaltung. In Verbindung mit dem Quellen führen derartige chemische Veränderungen zu einer Schädigung des Werkstoffes, wie z. B. Versprödung und Verhärtung. Dies ist besonders ungünstig für Fäden und Folien, deren große Oberfläche die Schädigung begünstigt.

Korrosionsschutz. Durch den Korrosionsschutz soll die Korrosion verzögert oder vollständig verhindert werden. Dies kann durch aktiven Korrosionsschutz in der Weise geschehen, dass das Korrosionssystem durch Wahl geeigneter Werkstoffe, durch kathodischen oder anodischen Schutz, durch Verwendung von sog. Inhibitoren oder durch korrosionsvermeidende Konstruktion direkt beeinflusst wird. Zum passiven Korrosionsschutz zählen alle Maßnahmen, die den Elektrolyten vom zu schützenden Material fernhalten, z. B. durch Oberflächenschutzschichten.

Die Werkstoffauswahl hat naturgemäß entscheidenden Einfluss auf die Korrosion. Reinere Metalle und einphasige Legierungen sind stabiler als verunreinigte Metalle und zweiphasige Legierungen. Bei Zweiphasigkeit ist eine feindisperse Verteilung günstiger als eine grobdisperse. Durch geeignete Legierungselemente kann eine *Passivierung* oder die *Bildung von Deckschichten* erreicht werden. Hier sind die ferritischen Chromstähle ($> 13\%\,Cr$), die austenitischen Chromnickelstähle (sog. 18-8-Stähle), die korrosionsbeständigen Aluminium- und Titanlegierungen und Kupfernickellegierungen zu nennen. Die Schädigung von polymeren Werkstoffen kann durch Zugaben, welche den Widerstand gegen das Quellen erhöhen, verringert werden. Aktive Zentren im Makromolekül können durch Stabilisatoren abgebunden werden.

Beim kathodischen Korrosionsschutz wird das Metall so aufgeladen, dass seine Gleichgewichtsspannung keine Bildung von Metallionen zulässt, dass es also eine Kathode wird. Man verbindet dazu das zu schützende Metall elektrisch leitend mit einem unedleren Metall, z. B. Magnesium oder Zink; der Stromkreis wird über den ionenleitenden Elektrolyten, der mit beiden Metallen in Berührung sein muss, geschlossen. Das unedle Metall wirkt als *„Opferanode"*, wird also aufgelöst. Die gleiche Wirkung lässt sich auch mit einer Gleichspannungsquelle erreichen, die ebenfalls so angeschlossen wird, dass das zu schützende Metall Kathode wird. Der Stromkreis wird dann über eine Fremdstromanode geschlossen. Es wird so praktisch eine Elektrolyse des Elektrolyten durchgeführt. Als Anodenmaterial kommt z. B. Graphit in Frage. Grundsätzlich kann bei passivierbaren Metallen ein anodischer Schutz auch dadurch erreicht werden, dass die Spannung in den Passivbereich gelegt wird. Bei Eisen, dessen normales Korrosionsverhalten bei pH = 6 durch eine Spannung von ca. -0.45 V charakterisiert ist (s. Abb. 9.86), kann durch eine Verschiebung um 0.4 V der Zustandspunkt in das Gebiet in der Nähe von Fe_2O_3 verlegt werden. Es ergibt sich dadurch ein passivierendes Mischoxid.

Auch der Elektrolyt kann durch Zusätze, z. B. polare organische Verbindungen, so verändert werden, dass er weniger korrosionswirksam ist. Diese *Inhibitoren* werden an den kritischen Stellen der Metalloberfläche absorbiert und verringern dadurch die Metallauflösung. Auch *Passivatoren* (z. B. Chromate, Nitrite) sind möglich, sie verschieben das Potential des zu schützenden Metalls in den Passivbereich. Die Verwendung von geschlossenen Wasserkreisläufen, z. B. für Kühlung oder Heizung, hat nach Verbrauch des Sauerstoffs neutrales Wasser und weniger Korrosion zur Folge.

Um die Korrosion eines Werkstoffes zu verringern, werden auf den Werkstoff Schutzschichten aufgebracht. Durch die Beschichtung wird auch der Werkstoff in Oberflächennähe durch Diffusionsvorgänge zwischen Schicht und Grundwerkstoff beeinflusst. Das ist in Abb. 9.89 schematisch dargestellt. Neben der Korrosion werden damit auch Reibung und Verschleiß des Werkstoffes (s. Abschn. 9.6.1.2) verändert. Als korrosionsbeständige Beschichtungen sind Anstriche z. B. aus Bleimen-

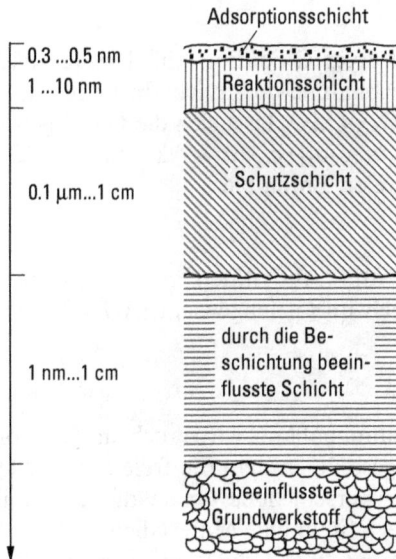

Abb. 9.89   Aufbau eines beschichteten Werkstoffes (nach [65]).

nige (Pb_3O_4) mit einem darüber angelegten Deckanstrich, Bitumenanstriche, Polymerbeschichtungen, Lackieren, Emaillieren usw. üblich.

Metallische Schutzschichten, die durch Oxidbildung spontan passiv sind, können in Dicken von einigen Mikrometern bis Millimetern auf sonst korrodierende Metalle aufgebracht werden. Derartige Schichten werden z. B. durch Eintauchen des zu schützenden Metalls in die Metallschmelze (*Verzinken*) erzeugt. Nickel- und Chromschichten können elektrolytisch abgeschieden werden. Leicht oxidbildende Elemente, wie z. B. Al, können als Anoden in alkalischen Elektrolyten oxidische Schutzschichten aufbauen. Das zu schützende Metall ist bei der Oxidation als Kathode geschaltet (*Eloxal-Verfahren*). Beschichtungsmethoden sind in Abschn. 9.3.3.4 genannt.

9.8.3 Schädigung bei hohen Temperaturen

Wenn Materialien hohen Temperaturen ausgesetzt werden, wie es z. B. in Öfen oder Gasturbinen geschieht, können sie wegen abnehmender Festigkeit oder wegen einer Reaktion mit der umgebenden Atmosphäre versagen. Die Oxidation ist eine besonders häufige Schadensursache. Viele keramische Materialien sind bereits Oxide, daher sind sie im Prinzip bei hohen Temperaturen in Sauerstoffumgebung relativ stabil. Auf Metall-Legierungen geeigneter Zusammensetzung dagegen bildet sich eine keramische Oberflächenschicht wie z. B. Al_2O_3 oder Cr_2O_3 aus, die das darunter liegende Metall schützt. Für die Schutzwirkung solcher Oxide an Hochtemperaturwerkstoffen sind weniger thermodynamische als vielmehr kinetische und strukturelle Gesichtspunkte maßgebend.

9.8.3.1 Oxidation von Metallen

Wie bei einer Korrosion kommt es zu einer Oxidation auf der Oberfläche eines Metalls, wenn mit der Reaktion eine Abnahme der freien Enthalpie des Systems verbunden ist. Für eine Reaktion $M + O_2 \leftrightarrow MO_2$ lässt sich die Gleichgewichtskonstante des Massenwirkungsgesetzes $K = a_{MO_2}/a_M \cdot p_{O_2}$ (a = Aktivität, p = Druck) berechnen und damit die Änderung der freien Enthalpie

$$\Delta G = \Delta G^\circ + RT \ln K. \tag{9.30}$$

Für reine Metalle und Oxide sind die Aktivitäten $a = 1$, so dass $\Delta G = \Delta G^\circ - RT \ln p_{O_2}$ wird. Hieraus ergibt sich im Gleichgewicht ($\Delta G = 0$) der Partialdruck zu

$$p_{O_2} = \exp(\Delta G^\circ / RT). \tag{9.31}$$

Diese Werte sind bekannt. Dieser Zusammenhang wird auch in der Form eines *Ellingham-Richardson-Diagrammes* dargestellt, in dem die freie Standardenthalpie ΔG° als Funktion der Temperatur für verschiedene Oxide dargestellt ist, siehe Abb. 9.90. Derartige Diagramme sind auch für andere Materialien, z. B. für Karbide, Nitride und Sulfide bekannt. Es kommt zu einer Oxidation, wenn der Sauerstoffpartialdruck an der Grenzfläche größer als der Gleichgewichtsdruck ist. Wegen der

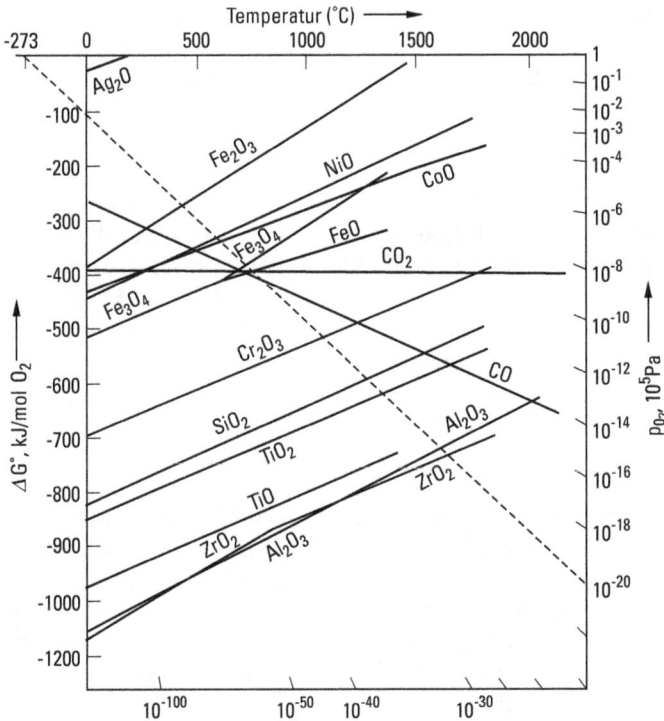

Abb. 9.90 Ellingham-Richardson-Diagramm einiger Oxidationsreaktionen. Die Umrandungsachse gibt die O_2-Partialdrücke an, wobei die Werte mit dem absoluten Nullpunkt zu verbinden sind. Als Beispiel ist die gestrichelte Linie für $p_{O_2} = 10^{-15}\,Pa = 10^{-20}\,bar$ eingetragen. Nur Oxide, deren ΔG°-Werte unterhalb dieser Linie liegen, sind bei diesem p_{O_2}-Wert noch thermodynamisch stabil (nach [66]).

sehr kleinen Gleichgewichtsdrücke oxidieren die Metalle leicht. Besonders stabile, wichtige Oxide sind Al_2O_3, SiO_2 und Cr_2O_3. Das sich bildende Oxid wächst epitaktisch, d. h. an die Kristallstruktur des Metalls gebunden, auf. Die Oxidationsgeschwindigkeit hängt von der Orientierung des Kristalls ab. Es bildet sich zunächst eine Monolage einer Oxiddeckschicht.

Die gebildete Schicht kann nur weiter wachsen, wenn entweder das Metall oder der Sauerstoff oder beide durch die bereits vorhandene Schicht hindurch diffundieren. Durch Anwendung der Diffusionsgesetze ergibt sich für das Dickenwachstum (d = Dicke, t = Zeit) ein parabolisches Zeitgesetz: $d^2 = kt$; k ist die sog. *parabolische Zunderkonstante*. Meistens diffundiert das Metall durch die Schicht an die Oberfläche.

Ist die Oxidschicht durch Poren oder Risse beschädigt, so kann nicht die Diffusion der geschwindigkeitsbestimmende Schritt sein, sondern die Reaktion an der Phasengrenze Werkstoff–Sauerstoff. In diesem Fall beobachtet man ein lineares Wachstum: $d = kt$, k = lineare Zunderkonstante.

Es ist grundsätzlich auch möglich, dass der Sauerstoff durch die Oxidschicht in das Metall eindiffundiert. Dann wächst die Eindringtiefe wiederum parabolisch.

Liegt im Metall eine zweite Komponente vor, die stärker als das Grundmetall oxidiert wird, dann bildet sich ein fein verteiltes Oxid dieser Komponente. Dies ist die sog. *innere Oxidation*, die zur Dispersionshärtung führt. Oxidbildner sind z. B. Cd, Zr, Y, Th.

Eine hohe thermodynamische Stabilität eines Oxids ist für die Schutzwirkung bei hohen Temperaturen nicht ausreichend. Das Oxid darf auch nicht verdampfen. Es darf weiter andere Komponenten, wie B, C, N, S, die z. B. in Brennkammern von Turbinen vorhanden sind, nicht hindurchdiffundieren lassen, es darf keine Rissbildung geben. Wenn diese da ist, muss der Riss wieder von selbst ausheilen, und das Oxid muss auf der Unterlage fest haften. All diese Gesichtspunkte machen die Optimierung von Oxiden zum Schutz von Metallen, insbesondere von Hochtemperaturwerkstoffen zu einer sehr komplexen Aufgabe.

9.8.3.2 Heißgaskorrosion

Zusätzlich zur Beanspruchung durch reaktive Gase erleiden Werkstoffe bei hohen Temperaturen unter Betriebsbedingungen Schädigungen durch die Bildung von flüssigen Salzen auf der reinen oder oxidierten Oberfläche. Besonders häufig kommt es z. B. in Gasturbinen bei Anwesenheit von Schwefel und Natrium aus Brennstoff- und Verbrennungsluftverunreinigungen durch chemische Reaktion im Heißgas zur Bildung von Na_2SO_4, das auf dem Hochtemperaturwerkstoff kondensiert und als Flüssigkeit die Oberfläche benetzt.

Die Heißgaskorrosion verläuft in zwei Stufen, einer Anfangsstufe, in der die Korrosionsgeschwindigkeit niedrig ist, und einer Ausbreitungsstufe mit schneller zerstörender Korrosion. Während der Anfangsstufe wird oft das Element aus den oberflächennahen Bereichen herausgelöst, das eine schützende Oxidschicht bilden kann – meist ist das Chrom oder Aluminium. Dann kommt es zur Bildung von Sulfiden im Metall, da Schwefel durch die Oxidschicht dringt, und zur Auflösung der Oxidschicht. Die Zeit für diese Vorgänge liegt je nach Bedingungen zwischen Sekunden und Wochen.

Na_2SO_4, das hier als Modellsubstanz gewählt wird, hat eine basische (Na_2O) und eine saure (SO_3) Komponente. Entsprechend kann die Ausbreitungsstufe aufgrund einer basischen oder sauren Reaktion erfolgen. Bei der basischen Reaktion bildet sich ein nicht schützendes, möglicherweise flüssiges Salz, z. B. bei Anwesenheit von Cr_2O_3 flüssiges Na_2CrO_4; dadurch wird die Ausheilung von Rissen in der Metalloxidschicht verhindert. Die saure Reaktion besteht in der Auflösung der Oxidschicht, da die Sauerstoffkonzentration in der Metallschmelze niedriger ist als der Wert, der für ein Gleichgewicht mit dem Oxid nötig wäre. Der Schwefel wirkt bei der Oxidauflösung wie ein Katalysator.

Teilweise wird auch der Bildung von niedrig schmelzenden Eutektika aus Na_2SO_4, SO_3 und dem Metalloxid große Bedeutung beigemessen. Da die geschilderten Reaktionen z. T. nacheinander und z. T. gleichzeitig, je nach den Reaktionsbedingungen, ablaufen, sind die Prozesse wegen der Abhängigkeit der Vorgänge von dem Gefüge des Metalls unübersichtlich. Sie haben aber große technische Bedeutung. Abbildung 9.91 vergleicht schematisch den Temperaturbereich der Heißgaskorrosion und der Oxidation.

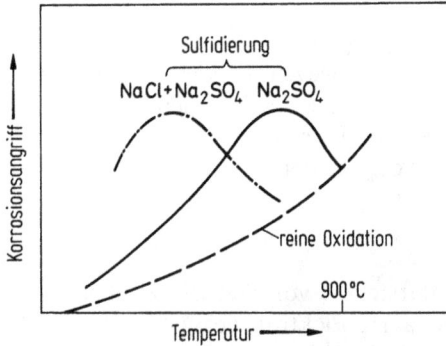

Abb. 9.91 Heißgas-Korrosionsangriff in Abhängigkeit von der Temperatur (nach [67]).

9.8.3.3 Schutz von Metallen bei hohen Temperaturen

Neben Chrom als Hauptlegierungszusatz zum Zweck des Oxidationsschutzes finden für Hochtemperaturlegierungen auf Eisen-, Kobalt- und Nickelbasis weitere Zusätze Verwendung. Es handelt sich um Al, Si, Ca, Y, La und Ce. Al und Si können im Prinzip auch allein Schutzschichten aus SiO_2 und Al_2O_3 bilden. Die übrigen Elemente werden in der Größenordnung 0.1 % zugesetzt, um die chromhaltigen Oxidschichten zu verbessern.

Für alle Anwendungen, wo Temperaturen oberhalb von ca. 900 °C notwendig sind, reichen Oxide der Legierungsbestandteile als Schutz nicht aus. Daher bringt man auf die Werkstoffe zusätzliche metallische Oxidationsschutzschichten, sog. *Coatings*, auf. Da die Verbrennungsgase in Turbinen auch Kohlenstoff als wesentlichen Bestandteil enthalten, muss auch die Beständigkeit der jeweiligen Metalloxide und Metallcarbide verglichen werden. Chromoxid ist weniger beständig als Chromcarbid. Außerdem verdampft Cr_2O_3 in O_2-haltigen Atmosphären bei hohen Temperaturen über die Bildung des flüchtigen CrO_3 sehr schnell. Dagegen haben Al_2O_3 und auch SiO_2 in diesem Zusammenhang gute Eigenschaften. Es hat sich herausgestellt, dass Schutzschichten aus einem Metall und Cr, Al und Y viel verwendet werden (*MeCrAlY-Schichten*). Abgesehen davon, dass Yttrium ein sehr stabiles Oxid bildet, beeinflusst es die Haftung der Schicht auf dem Grundmaterial positiv. Die Lebensdauer derartiger Schichten ist dadurch begrenzt, dass die auf diesen Schichten gebildeten Oxide abdampfen und deren metallischer Anteil aus der Schicht durch Diffusion nachgeliefert werden muss; es müsste also die Lebensdauer mit dem Quadrat der Schichtdicke ansteigen. Oft besteht aber nur ein linearer Zusammenhang, da die sog. Selbstheilung, d. h. das Zuwachsen von Rissen, schwer zu kontrollieren ist.

9.8.3.4 Oxidation von Polymeren

„Hohe" Temperaturen für Polymere liegen wegen ihres molekularen Aufbaues im Bereich von ca. 100°C bis 200°C. Die Oxidation der Polymere macht sich u.a. durch Verfärbung des Werkstoffes, Auftreten von Rissen, Abfall der Dehnbarkeit und der Zugfestigkeit bemerkbar. Der Grundvorgang der Oxidation von Polymeren ist endotherm. Er wird durch die Gleichung

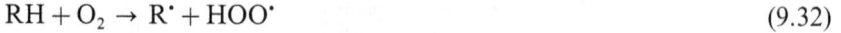

$$RH + O_2 \rightarrow R^{\cdot} + HOO^{\cdot} \tag{9.32}$$

beschrieben. RH soll das Polymer darstellen, von dem ein H abgespalten werden kann, der Punkt bedeutet das ungepaarte Elektron des gebildeten Polymer- bzw. Hydroperoxidradikals. Die Reaktion findet bei Temperaturerhöhung, bei mechanischer Beanspruchung oder auch bei Lichteinstrahlung statt. Bei Raumtemperatur ist die Oxidationsgeschwindigkeit klein, so dass Abbauerscheinungen erst nach Monaten oder Jahren auftreten. Mit steigender Temperatur nimmt nicht nur die Diffusionsgeschwindigkeit des Sauerstoffs zu, sondern der Zerfall der Hydroperoxide wird beschleunigt. Abbildung 9.92 zeigt den Einfluss der Temperatur und der Sauerstoffkonzentration auf die Oxidationsgeschwindigkeit. Unter Verarbeitungsbedingungen können die Polymere innerhalb weniger Minuten durch Oxidation geschädigt werden. Daher werden z. B. die meisten Thermoplaste vor der Verarbeitung mit *Antioxidationsmitteln* stabilisiert.

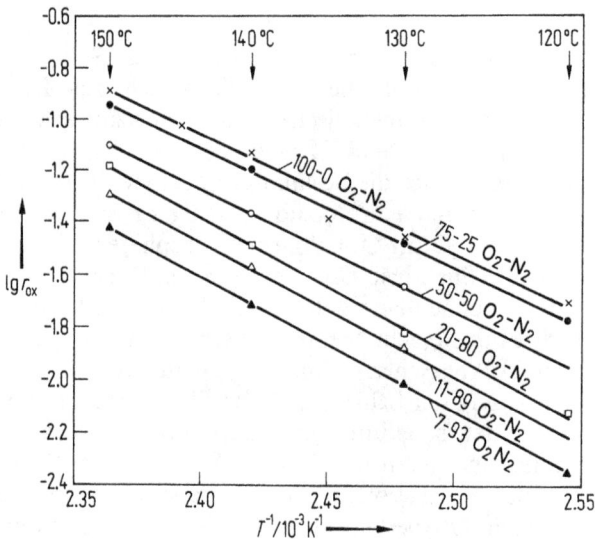

Abb. 9.92 Oxidationsgeschwindigkeit r_{ox} von Polypropylen als Funktion der Temperatur bei verschiedenen Sauerstoffkonzentrationen (nach [68]).

9.8.4 Biologische Verträglichkeit

Biologisch verträgliche Werkstoffe sollen im menschlichen Körper Gewebe ersetzen oder dessen Funktion unterstützen [69]. Die Wirkungsweise der Werkstoffe ist im einzelnen sehr verschieden, angefangen vom Knochen- und Gefäßersatz über Kapseln für Herzschrittmacher, Kontaktlinsen, Katheder und Membranen zur kontrollierten Abgabe von Medikamenten bis hin zu Fäden, die vom Körper resorbiert werden. Die biologische Verträglichkeit muss einerseits berücksichtigen, dass Eigenschaftsänderungen des Materials durch elektrochemische oder mechanische Reaktionen mit dem Körper erfolgen können, andererseits aber der Körper nicht durch an dem Material erfolgende Reaktionen geschädigt wird. Die Wirkung in Bezug auf das Material sind u.a. Verschleiß und Verformung, wobei es zur Abgabe von Partikeln an das Gewebe, Verlust von passivierenden Oberflächenschichten, Rissbildung und Bruch kommen kann. Elektrochemisch ist hier Korrosion bis hin zur unerwünschten Auflösung möglich.

Häufig verwendete metallische Werkstoffe sind Edelstähle, z.B. ein Chromnickelstahl (Cr18, Ni8, Mo3, Rest Fe), Nickel-Titan-Legierungen, die den Gedächtniseffekt (s. Abschn. 9.6.10) zeigen (Ti55 bis Ti59, Rest Ni), Kobalt-Legierungen (Cr27 bis Cr30, Mo5 bis Mo7, Ni2 bis Ni5, Rest Co), Titanlegierungen (Al6, V14, Rest Ti), sowie reines Titan oder reines Niob. Die elastischen Eigenschaften sollen bei Kontakt mit Knochen diesen entsprechen. Hier sind besonders Ti-Legierungen geeignet. Eine Korrosion der Implantate bedeutet eine Belastung des Körpers mit Fremddionen, die bestimmte Konzentrationen nicht überschreiten dürfen, besonders bei Co, Cr, Ni und V. Titan und Titan-Legierungen bilden eine dichte sehr stabile sich günstig auswirkende Oxidschicht. Günstig ist auch eine Einkapselung der Fremdstoffe durch das umgebende Gewebe. Der Werkstoff Ti30Ta wird bei Hüftoperationen verwendet, da er das Nachwachsen von Knochensubstanz nicht behindert. Bei Koronarprothesen (Stents) ist die Oberfläche wesentlich. Eine elektrochemische Politur hat sich als vorteilhaft erwiesen, um die Thrombosebildung möglichst zu verhindern.

Keramische biologische Werkstoffe sind z.T. Substanzen, die denen des Knochenmaterials ähnlich sind. Hier wird Kalziumphosphat besonders für bioaktive Metallbeschichtungen und für Knochenauffüllungen verwendet. Aber auch Oxidkeramiken (Al_2O_3 mit MgO dotiert und ZrO_2 mit MgO oder Y2O3 dotiert) sowie Hydroxylapatit-Keramik werden verwendet.

Polymere Werkstoffe sind in diesem Zusammenhang z.B. Acrylpolymerisate, Polyethylen, Polyurethan und vom Körper resorbierbare Polyester, die sich z.B. von Milchsäure und Glycolsäure ableiten [70]. Polymere Werkstoffe dienen u.a. dem Ersatz von Blutgefäßen. Dabei muss die Thrombosebildung vermieden werden. Auch hier ist die Oberfläche des Implantats wesentlich. Es wird einerseits versucht, eine glatte Oberfläche zur Vermeidung der Ablagerung von Blutkörperchen zu verwenden, andererseits wird angestrebt, eine Oberfläche zu erzeugen, die eine Beschichtung mit solchen Zellen ermöglicht, wie sie die natürlichen Blutgefäße auskleiden. Hierfür wird die Oberflächenrauhigkeit als ein wesentlicher Parameter angesehen. Es haben sich Schläuche aus gestrickten Polytetrafluorethylen bewährt, die eine gleichmäßige Oberflächenstrukturierung besitzen [71].

Für konkrete Anwendungen wird häufig nicht ein Werkstoff, sondern eine Kombination von verschiedenen Werkstoffen benutzt. So besteht z. B. eine Hüftprothese im Wesentlichen aus vier Teilen:

1. dem in den Oberschenkelknochen eingelassenen Hauptteil aus Metall,
2. einer auf diesem Teil aufgesetzten Halbkugel aus Metall,
3. einer Kappe aus einem Polymer für die Aufnahme dieser Kugel und
4. Befestigungsmaterial, welches das Hauptteil im Oberschenkelknochen und die Kappe im Beckenknochen fixiert.

Als Werkstoffe für diese vier Teile kommen die oben genannten in Frage, die dann über ihre Bioverträglichkeit hinaus auch füreinander optimiert werden müssen, z. B. im Hinblick auf den Verschleiß bei der Bewegung der Kugel in der Kappe. Auch ein Zahnersatz besteht aus mehreren Teilen:

1. einer metallischen Verankerung im Kieferknochen,
2. der Zahnkrone und
3. dem Zwischenteil zwischen beiden.

Verschiedene Materialkombinationen sind auch hier möglich [72].

9.8.5 Wasserstoffspeicherung in Metallhydriden

Die Löslichkeit von Wasserstoff in Metallen wirkt in Bezug auf Festigkeitseigenschaften meist ungünstig. Diffundiert Wasserstoff z. B. in Kupfer, in dem Cu_2O enthalten ist, so entsteht H_2O; dies führt zu Korngrenzenrissen („Wasserstoff-Krankheit"). In der Reaktortechnologie kann in Hüllenröhren aus Zirconium aus dem Kühlwasser von Druckwasserreaktoren Wasserstoff eindiffundieren und Sprödigkeit hervorrufen. Das Wasserstoff-Speichervermögen von Metallhydriden ist jedoch eine positive Eigenschaft, die für die Nutzung von Wasserstoff als Energieträger große Bedeutung hat.

Die Reaktionsgleichung für die Hydridbildung lautet

$$H_2 + Me \leftrightarrow MeH_2 + Q, \tag{9.32}$$

wo Me eines der Metalle Mg, Ca, Ti, Zr, V oder eine Legierung dieser Metalle mit z. B. Mn, Fe, Co, Ni ist und Q die Reaktionswärme bedeutet. Für die Speicherung von Wasserstoff sind die *Kristallstrukturen* und die *Elektronendichten* im Leitungsband wesentlich. Wegen der Kleinheit des Wasserstoff-Ions kann in Zwischengitterplätzen so viel Wasserstoff eingelagert werden, dass die Zahl der Wasserstoff-Ionen dieselbe Größenordnung wie die der Metallatome besitzt. Es entsteht in der Elektronenbandstruktur ein tiefliegender s-Zustand, dessen energetische Lage für die Stabilität des Hydrids entscheidend ist. Durch die Wechselwirkung zwischen den s- und d-Zuständen der Elektronen sowie durch die Größe der Zwischengitterplätze lässt sich die Speicherfähigkeit verstehen. Es gibt Vorstellungen darüber, dass amorphe, glasartig erstarrte Legierungen mehr Wasserstoff speichern können als kristalline Materialien.

Die Bildung der Hydride als Funktion des Drucks sowie der Temperatur zeigt schematisch Abb. 9.93. Hieraus lassen sich die Temperaturen bestimmen, bei denen

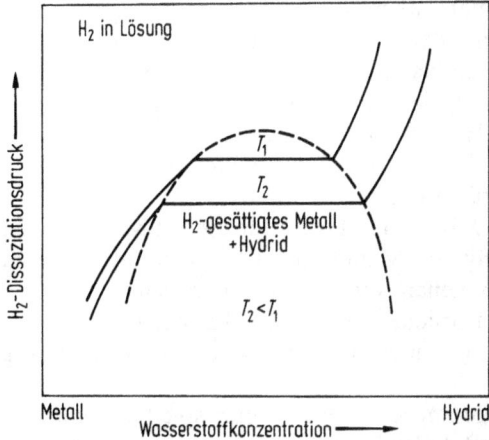

Abb. 9.93 Bildung exothermer Hydride in Abhängigkeit von Druck und Temperatur (Konzentrations-Druck-Isothermen, schematische Darstellung (nach [73]).

der für den technischen Einsatz entscheidende Druck von 1 bar überschritten wird, ab denen also Wasserstoff aus dem Hydrid ohne Pumpe abgegeben werden kann. Des weiteren lassen sich die Temperaturen des Hydridzerfalls bei hohem Druckanstieg bestimmen, was für die Sicherheit von Hydridbehältern wichtig ist. Damit also Wasserstoff abgegeben wird („Entladen"), muss Wärme zugeführt werden. Beim Beladen mit Wasserstoff entsteht Wärme, die abgeführt werden muss; die Wärmeleitfähigkeit wird daher z. B. durch Zugabe von metallischen Aluminium zu dem Hydrid erhöht. Technisch verwendet werden *Hochtemperaturhydride*, z. B. MgH_2 und $MgNiH_4$, bei denen der Druck 1 bar bei $T = 200\,°C$ erreicht wird, und *Tieftemperaturhydride*, z. B. FeTiH und $TiZrCrMnH_x$ ($x = 1.5\ldots 2$), bei denen 1 bar sich schon bei $T < 50\,°C$ einstellt.

Für den Vergleich der verschiedenen Systeme als Energiespeicher sind technisch die massenbezogenen Energiedichten wesentlich. Der *Heizwert* von Wasserstoff beträgt etwa 120 MJ/kg; Benzin und Heizöle besitzen ca. 40 MJ/kg, Metallhydride etwa 4 MJ/kg, und die Energiespeicherung in einem Bleiakkumulator ergibt einen Wert von ca. 0.1 MJ/kg. Aus diesen Zahlen ergibt sich, dass, bezogen auf die gleiche Energieabgabe, im Vergleich zu Benzin für Metallhydride ein etwa zehnfaches und für den Bleiakkumulator ein etwa vierzigfaches Gewicht notwendig ist. Dies hat natürlich große Bedeutung für die Kraftfahrzeugtechnik. Der Vorteil der Wasserstoffspeicherung mit Hydriden gegenüber der Speicherung in Gasflaschen liegt darin, dass bei gleicher gespeicherter Menge der Gleichgewichtsdruck bei Hydriden ca. tausendmal kleiner und die auf das Volumen bezogene Wasserstoffmenge ca. zehnmal größer als bei Gasflaschen sein kann.

9.8.6 Recycling, Entsorgung, Verwertung von Werkstoffen

Die in der Technik verwendeten Werkstoffe haben eine begrenzte, im einzelnen sehr unterschiedliche Lebensdauer, von den nur einmal verwendeten Verpackungsmaterialien an bis hin zu den Baumaterialien, die Jahrtausende halten. Wenn die Lebensdauer abgeschlossen ist, kann der Werkstoff in Deponien gelagert und dadurch seiner natürlichen Zersetzung überlassen oder auch neu verarbeitet werden. In der Gegenwart setzt sich immer mehr die Vorstellung eines Kreislaufes der Werkstoffe durch, von der Aufbereitung, Herstellung und Fertigung über den Gebrauch bis hin zur erneuten Aufbereitung. Wichtig ist dabei die ökologische Gesamtbilanz, die alle Phasen des Kreislaufes berücksichtigt.

Die Wiederverarbeitung von Metallen mit metallurgischen Methoden ist seit langer Zeit Praxis. Die Verwendung von Metallschrott hat sich durchgesetzt, weil für die Erzeugung von daraus gewonnenen neuen Werkstoffen weniger Energie benötigt wird als bei der Verwendung natürlicher Rohstoffe. Die Steigerung des Recyclings von Aluminiumwerkstoffen hat gegenwärtig Vorrang, weil dadurch Energie eingespart werden kann.

Die Wiederverwendung von keramischen Werkstoffen spielt nur eine geringe Rolle, da sie schwer umformbar sind, hohe Temperaturen angewendet werden müssten und da sie gegenüber chemischen Einflüssen sehr widerstandsfähig sind. Die Wiederverwendung von Glas über den flüssigen Zustand hat sich dagegen durchgesetzt.

Das Recycling von Polymeren ist, verglichen mit der zunehmenden Bedeutung dieser Werkstoffe, erst in der Anfangsphase. Thermoplaste lassen sich einschmelzen und können direkt wieder verwendet werden. Dies ist bei Elastomeren und Duroplasten ohne Änderung des molekularen Aufbaues nicht möglich. Nur die Rückführung der Polymermoleküle zu niedermolekularen Bausteinen ermöglicht deren Wiederverwendung für eine erneute Polymerisation. Sehr viele Polymerwerkstoffe zersetzen sich auf Deponien nicht, da es keine Organismen gibt, die dies bewerkstelligen können. Abbau durch Oxidation und Korrosion (s. o.), ist bei einem Teil der Polymere möglich. Dagegen zersetzen sich durch Mikroorganismen die Polymere, die in der Natur durch Wachstum entstehen (Cellulose, Naturkautschuk). Ein Ziel der Werkstoffentwicklung der Polymere ist die Entwicklung von biologisch abbaubaren Werkstoffen. .

Für das Recycling ist es notwendig, die Werkstoffe in den Bauteilen zu trennen, um sie einzeln bearbeiten zu können. Im Bereich von Trennverfahren – mechanisch, optisch, spektroskopisch, thermisch usw. – sind künftig Verbesserungen denkbar.

9.9 Zukünftige Entwicklungen

In Zukunft werden in der Technik Werkstoffe mehr als bisher belastet werden. Daher sind höhere Spezialisierung und Leistungsfähigkeit, bessere Wirtschaftlichkeit der Herstellung und größere Zuverlässigkeit gefordert. Der Konstrukteur muss die Eigenschaften der Werkstoffe besser verstehen.

Bisher beruht die Kenntnis der Werkstoffeigenschaften vor allem auf Erfahrung. Diese hat zu einer makroskopischen Beschreibung von Eigenschaften wie z. B. Elastizität, Plastizität, Diffusion, thermische und elektrische Leitfähigkeit und Korrosion geführt. Diese Eigenschaften werden im Allgemeinen mathematisch in Form von Kontinuumstheorien formuliert und generalisiert. Derartige Theorien sind aber ungeeignet, Voraussagen über das Verhalten von Werkstoffen unter *neuen Beanspru-*

chungen zu geben. Das Hooke'sche Gesetz z. B. sagt bei hohen Temperaturen kein Kriechen voraus, keine Werkstoffzerrüttung bei einer Wechselbeanspruchung, keine Schwächung des Werkstoffes durch Spannungsrisskorrosion.

Die Mängel der mit makroskopischen spezifischen Kennzahlen arbeitenden Kontinnuumstheorien liegen darin, dass sie keine Aussagen über atomare Mechanismen enthalten. Nur die atomistische Betrachtungsweise aber ermöglicht die Erklärung von und Voraussagen über Werkstoffeigenschaften. Zum Beispiel erklären die Potentiale und Bindungen zwischen den Atomen die Elastizität, Gitterdefekte beschreiben die Deformation und das Kriechen, die Zahl und Streuung der freien Elektronen den elektrischen Widerstand. So ist in einigen Fällen die Verbindung zwischen der makroskopischen und atomistischen Betrachtungsweise hergestellt. Insgesamt aber fehlt insbesondere für die mechanischen Eigenschaften ein derartiger Zusammenhang. Es ist z. B. noch nicht möglich, aus der Zusammensetzung und dem Gefüge das Festigkeitsverhalten von Werkstoffen als Funktion der Temperatur und Beanspruchung vorherzusagen.

Die zukünftige Entwicklung der Werkstoffwissenschaft wird u. a. darauf gerichtet sein, die *ingenieurwissenschaftliche Erfahrung* mit der *atomistischen Betrachtung* der Festkörperphysik zu verbinden. Hierbei werden immer mehr mathematische Betrachtungsweisen benutzt werden, welche die immer größer werdenden Rechenkapazitäten der EDV-Anlagen ausnutzen. In Zukunft wird also voraussichtlich die makroskopische empirische Betrachtungsweise durch genauere Kenntnis der zugrunde liegenden physikalischen Vorgänge und darauf aufbauende mathematische Modelle ersetzt werden.

Die Bedeutung der einzelnen Werkstoffgruppen wird sich vermutlich verschieben. Da die Technologie der Erzeugung, Verarbeitung und Anwendung der *Metalle* eine lange Geschichte hat, sind für diese nur langsam Änderungen zu erwarten. Sie werden sich u. a. auf die Verbesserung der Leichtmetalllegierungen, z. B. Al-Li-Legierungen, der Stähle und der Hochtemperaturlegierungen, wie z. B. Nickel-Basislegierungen („Super-Legierungen"), erstrecken. Es wird um genauere Kontrolle und das Verständnis der Zusammensetzung und des Gefüges im Hinblick auf die Eigenschaften gehen.

Ob zu den neuen Entwicklungen etwa die Herstellung von Legierungen unter *Schwerelosigkeit* („μ-g-Bedingungen") in einer Orbitalstation gehört, ist sehr fraglich. Es muss im Einzelnen das Verhältnis der entstehenden Kosten zu der möglichen Verbesserung der Eigenschaften überprüft werden. Bisherige Erfahrungen zeigen, dass für Grundlagenuntersuchungen, etwa die Diffusion in flüssigen Metallschmelzen oder die Züchtung von besonders großen, fehlerfreien Einkristallen, Erfolge erzielt wurden. Für die Produktion von in größeren Mengen zu verwendenden Werkstoffen bestehen aber z. Zt. kaum realistische Planungen.

Die Eigenschaften von sehr schnell abgeschreckten Schmelzen, bei denen der flüssige Zustand in den festen Glaszustand überführt wird, können sich sehr von langsam abgekühlten Materialien unterscheiden. Der Grund hierfür ist darin zu suchen, dass dabei Stoffe mit neuen Zusammensetzungen und anderen Strukturen entstehen. Die abzukühlenden Flüssigkeiten sind vor allem Legierungen im weitesten Sinne, d. h. sie bestehen aus zwei oder mehr Metallen, Polymeren oder keramischen Verbindungen. Solche Materialien, z. B. sog. *metallische Gläser*, werden in ihrer Bedeutung zunehmen, da hier ungewöhnliche Kombinationen von chemischen und physikalischen Eigenschaften möglich sind, wie z. B. hohe Festigkeit, hoher Korrosionswiderstand oder besonderes hart- bzw. weichmagnetisches Verhalten. Auch die nanokristallinen Materialien, s. Abschn. 9.3.3.7, werden mehr zur Anwendung kommen.

Die Bedeutung von *Polymeren* wird wachsen, da sie leichter als Metalle sind und in bestimmten Eigenschaften – z. B. Korrosion – die der Metalle übertreffen können. Die Entwicklung von hochfesten Polymeren, elektrisch leitenden Polymeren oder auch Polymeren zur Anwendung bei höheren Temperaturen ist hier zu nennen. Bei den *keramischen Werkstoffen* wird es vermutlich möglich sein, durch Verwendung von reinen synthetischen Rohstoffen die Zusammensetzung und das Gefüge so weit zu kontrollieren, dass die noch typische Sprödigkeit und unzureichende mechanische Festigkeit von keramischen Werkstoffen überwunden werden. Die Bedeutung der Keramiken für elektronische Werkstoffe, wie sie z. B. heute in der Perowskit-Struktur (ABO_3) für Kondensatoren, piezoelektrische und supraleitende Werkstoffe sowie in der Spinell-Struktur (AB_2O_4) für weichmagnetische Werkstoffe und Thermistoren angewendet werden, wird weiter wachsen.

Von besonderer Bedeutung wird die fortschreitende Entwicklung der *Verbundwerkstoffe* sein. Ihr Anteil an der Verwendung von Werkstoffen wird wie der von keramischen und polymeren Werkstoffen zunehmen. Zu lösende Aufgaben sind hier u.a. die Untersuchung der Vorgänge an den Grenzflächen der Komponenten und die Verbesserung der Herstellungstechnologie.

In diesem Zusammenhang gehört auch die *umweltfreundliche Herstellung* sowie die Wiederverwendung bzw. Wiederaufarbeitung von gebrauchten Werkstoffen, s. Abschn. 9.8.6. Besonders bei den polymeren Werkstoffen werden in dieser Hinsicht große Anstrengungen unternommen. Hier ist in den nächsten Jahren mit neuen Entwicklungen zu rechnen.

Die zukünftigen Entwicklungen der Werkstoffe in der Halbleitertechnologie und in der Optoelektronik sind nicht Thema dieses Kapitels über Werkstoffe.

Literatur

Weiterführende Literatur

Gesamtdarstellungen der Werkstoffwissenschaften

Ashby, M.F., Jones, D.R.H., Ingenieurwerkstoffe, Springer, Berlin, 1986
Bargel, H.J., Schulze, G., Werkstoffkunde, 8.Aufl., Springer, Berlin, 2004
Bergmann, W., Werkstofftechnik, 1, 5.Aufl., 2003; Werkstofftechnik 2, 3. Aufl., 2002, Hauser, München.
Bever, M.B., (Ed.), Encyclopedia of Materials Science and Engineering, Vol. 8, Pergamon Press, Oxford, 1986
Brostow, W., Einstieg in die moderne Werkstoffwissenschaft, Hanser, München, 1984
Bürgel, R., Handbuch der Hochtemperatur-Werkstofftechnik, 2.Aufl., Vieweg, Wiesbaden, 2001
Czichos, H., Habig, M., Tribologie Handbuch, 2.Aufl., Vieweg, Braunschweig, 2003
Hornbogen, E., Werkstoffe, 7.Aufl., Springer, Berlin, 2002
Hummel, R.E., Understanding Materials Science, 2.Aufl., Springer, New York, 2004

Ilschner, B., Singer, R. F. Werkstoffwissenschaften und Fertigungstechnik, 3. Aufl., Springer, Berlin, 2001

Kretschmer, Th., Kohlhoff, J., (Hrsg.), Neue Werkstoffe, Springer, Berlin, 1995

Rösler, J., Harders, H. Bäcker, M., Mechanisches Verhalten der WErkstoffe, Teubner, Wiesbaden, 2003

Schatt, W., Worch, H., (Hrsg.), Werkstoffwissenschaft, 9. Aufl. Wiley-VCH, Weinheim, 2003

Smallmann, R. E., Bishop, R. J., Metals and Materials, Butterworth-Heinemann, Oxford, 1995

Williams, D., (Ed.), Concise Encyclopedia of Medical and Dental Materials, Pergamon/MIT-Press, Oxford, Cambridge, 1990

VDI-Berichte 600, Metallische und nichtmetallische Werkstoffe und ihre Verarbeitungsverfahren im Vergleich, 4 Bände, VDI-Verlag, Düsseldorf, 1986

Reihen

Annual Review of Materials Science, Annual Reviews Inc, Palto, Calif., seit 1970

Murch, G. E. (Hrsg.), Materials Science Forum, Trans. Techn. Publ., Aedermannsdorf, Schweiz, seit 1984

Metalle

Berns, H., Stahlkunde für Ingenieure, 2. Aufl., Springer, Berlin, 1993

Cahn, R. W., Haasen, P., (Ed.), Physical Metallurgy, Vol. 2, North-Holland Physics Publishing, Amsterdam, 1983

Gottstein, G., Physikalische Grundlagen der Materialkunde, Springer, Berlin, 1998

Haasen, P., Physikalische Metallkunde, 3. Aufl., Springer, Berlin, 1994

Lange, K., (Hrsg.), Umformtechnik, 2. Aufl., Springer, Berlin, Band 1, 1984; Band 2, 1988

Metals Handbook, ASM International Handbook Committee, 9. ed., American Society for Metals, Metals Park, Ohio, Vol. 14, 1978–88

Oeters, F., Metallurgie der Stahlherstellung, Stahleisen-Springer, Berlin, 1989

Schumann, H., Metallographie, 13. Aufl., Deutscher Verlag für Grundstoffindustrie, Leipzig, 1991

Keramik

McCohn, I. J., Ceramic Science for Materials Technologists, Hill, Glasgow, 1983

Salmang, H., Scholze, H., Keramik, Springer, Berlin, Band 1, 1982; Band 2, 1983

Scholze, H., Glas, 3. Aufl., Springer, Berlin, 1988

Polymere

Batzer, H., (Hrsg.), Polymere Werkstoffe, Thieme, Stuttgart, Band 1, 1985; Bände 2 und 3, 1984

Dominghaus, H., Die Kunststoffe und ihre Eigenschaften, 5. Aufl., Springer, Berlin, 1998

Franck, A., Biederbick, K., Kunststoff-Kompendium, 3. Aufl., Vogel, Würzburg, 1990

Käufer, H., Arbeiten mit Kunststoffen, Springer, Berlin, Band 1, 1978; Band 2, 1981

Menges, G., Haberstroh, E., Michaeli, W., Schmachtenberg, E., Werkstoffkunde Kunststoffe, 5. Aufl., Hanser, München, 2002

Zitierte Publikationen

[1] Fischer, E. W., Sterzel, M. J., Wegner, G., Kolloid, Z., Polymere **251**, 980, 1973

[2] Czichos, H., Habig, K. H., Tribologie-Handbuch, 2. Aufl. Vieweg, Wiesbaden, 2003, S. 20

[3] Czichos, H., Habig, K.H., Tribologie-Handbuch, 2. Aufl. Vieweg, Wiesbaden, 2003, S. 21

[4] Käufer, H., Arbeiten mit Kunststoffen, Bd. 2, Springer, Berlin, 1981, S. 126

[5] Arzt. E., Ashby, M.F., Easterling, K.E., Metall. Transact. **14A**, 211, 1983

[6] Keller, H., Stand und Perspektiven moderner Verbundwerkstoffe, 2. Symposium Materialforschung des BMFT, 1991

[7] Gleiter, H., Nanostructured Materials, Adv. Mater. **4**, 474, 1992

[8] Banhart, J., (Hrsg.), Metallschäume, Verlag Metall Innovation Technologie, MIT Bremen, 1997

[9] Schatt, W., Worch, H., (Hrsg,), Werkstoff-Wissenschaft, 8. Aufl., Deutscher Verlag für Grundstoffindustrie, Stuttgart, 1996, S. 208

[10] Neumann, P., Spektrum **11**, 98, 1995

[11] Westbrook, J.H., Fleischer, R.L. (Hrsg.), Intermetallic Compounds, Bd. 1, John Wiley & Sons, Chichester, 1995, S. 114

[12] Salmang, H., Scholze, H., Keramik I, Springer, Berlin, 1982, S. 202

[13] Guy, A.G., Introduction to Materials Science, Mc Graw Hill Kogakusha, Tokyo, 1972, S. 108

[14] Ilschner, B., Singer, R.F., Werkstoffwissenschaften und Fertigungstechnik, 3. Aufl., 2002, S. 124

[15] Bergmann, W., Werkstofftechnik, Bd. 1, 4. Aufl., Hanser, München, 2002, S. 297

[16] Guy, A.G., Metallkunde für Ingenieure, Akad. Verlagsgesellschaft, Wiesbaden, 1987, S. 197

[17] Clarebrough, L.M., Hargraeves, M.E., West, G.W., Proc. Roy. Soc. **A 232**, 252, 1955

[18] Dahl, O., Pawlek, F.Z. Metallkunde **28**, 266, 1936

[19] DIN-Taschenbücher, Beuth-Verlag, Berlin, seit 1974 erschienen und immer neu ergänzt

[20] Guy, A.G., Introduction to Materials Science, Mc Graw Hill Kogakusha, Tokyo, 1972, S. 400

[21] Wyatt, O.H., Hughes, D.D., Metals, Ceramics and Polymers, Cambridge Univ Press, Cambridge, 1974, S. 154

[22] Kehrel, A., Bestimmung mechanischer Eigenschaften auf mikroskopischer Skala mit Hilfe der Nanoindentations-Technik, Diss., Techn. Univ. Berlin, 1994, S. 2

[23] Blumenauer, H., Pusch, G., Technische Bruchmechanik, 3. Aufl., Deutscher Verlag für Grundstoffindustrie, Stutttgart, 1993, S. 63

[24] Goebbels, J., Entwicklung und Einsatz computertomographischer Verfahren für die Prüfung von Keramikrotoren und Verbindungsstellen, Abschlußbericht SFB 339, Teilprojekt D4, TU-Berlin, 1997

[25] Noyan, I.C., Cohen, J.B., Residual Stress, Springer, New York, 1987

[26] Brümmer, O., (Hrsg.), Mikroanalyse mit Elektronen- und Ionensonden, 2. Aufl., Deutscher Verlag für die Grundstoffindustrie, Leipzig, 1977, S. 54

[27] Hunger, H.-J., (Hrsg.), Werkstoffanalytische Verfahren, Deutscher Verlag für Grundstoffindustrie, Leipzig, 1995

[28] Guy, A.G., Introduction to Materials Science, Mc Graw Hill Kogakusha, Tokyo, 1972, S. 408

[29] Schulze, G.E.R., Metallphysik, 2. Aufl., Springer, Wien, 1974, S. 150

[30] Hornbogen, E., Werkstoffe, 7. Aufl., Springer, Berlin, 2002, S. 125

[31] Seeger, A., (Hrsg.), Moderne Probleme der Metallphysik I, Springer, Berlin, 1965, S. 50

[32] Fleischer, R.L., Horsford, W.F. jr., Transact. AIME **244**, 244, 1961

[33] Menges, G., Haberstroh, E., Michaeli, W., Schmachtenberg, E., Werkstoffkunde Kunststoffe, 5. Aufl., Hanser, München, 2002, S. 154

[34] Freudenthal, A.M., Inelastisches Verhalten von Werkstoffen, Verlag Technik, Berlin, 1955, S. 152

[35] Guy, A.G., Introduction to Materials Science, Mc Graw Hill Kogakusha, Tokyo, 1972, S. 411

[36] Wyatt, O.H., Hughes, D.D., Metals, Ceramics and Polymers, Cambridge Univ, Press, Cambridge, 1974, S. 319

[37] Cahn, R.W., Haasen, P., (Hrsg.), Physical Metallurgy, 3. Aufl., North-Holland Physics Publishing, Amsterdam, 1983, S. 1312

[38] Maennig, W., Pfender, M., in: Liebowitz, A., (Hrsg.), Progress in Fatigue and Fracture, Freudenthal Anniv. Vol., Pergamon, Oxford, 1976

[39] Seidel, W., Werkstofftechnik, 4. Aufl., Carl Hanser, München, 2000, S. 333

[40] Bürgel, R., Handbuch der Hochtemperatur-Werkstofftechnik, 2. Aufl. Vieweg, Wiesbaden, 2001, S. 347

[41] Guy, A.G., Introduction to Materials Science, Mc Graw Hill Kogakusha, Tokyo, 1972, S. 461

[42] Müller, I., Phys. Bl. **44**, 135, 1988

[43] Hornbogen, E., Werkstoffe, 7. Aufl., Springer, Berlin, 2002, S. 349

[44] Menges, G., Haberstroh, E., Michaeli, W., Schmachtenberg, E., Werkstoffkunde Kunststoffe, 5. Aufl., Carl Hanser, München, 2002, S. 232

[45] Banhart, J., (Hrsg.), Metallschäume, Verlag Metall Innovation Technologie MIT, Bremen, 1997, S. 12

[46] Czichos, H., Habig, K.H., Tribologie-Handbuch, 2. Aufl. Vieweg, Wiesbaden, 2003, S. 2

[47] Czichos, H., Habig, K.H., Tribologie-Handbuch, 2. Aufl. Vieweg, Wiesbaden, 2003, S. 127

[48] Mott, N.F., Jones, H., The Theory of the Properties of Metals and Alloys, Oxford, Univ. Press, 1936, S. 246

[49] Schulze, G.E.R., Metallphysik, 2. Aufl., Springer, Wien, 1974, S. 329

[50] Salmang, H., Scholze, H., Die Keramik, 5. Aufl., Springer, Berlin, 1968, S. 359

[51] Menges, G., Haberstroh, E., Michaeli, W., Schmachtenberg, E., Werkstoffkunde Kunststoffe, 5. Aufl., Carl Hanser, München, 2002, S. 287

[52] Gilg, R., Grundlagen und Anwendungen von Farbruß, Teil 7, Ruß für leitfähige Kunststoffe, Schriftreihe Pigmente Nr. 69 DEGUSSA, Fankfurt/M., 1982

[53] Salmang, H., Scholze, H., Keramik II, 6. Aufl., Springer, Berlin, 1983, S. 188

[54] Hummel, R.E., International Material Reviews **39**, 97, 1994

[55] Schmid, R., Kunstoffe **57**, 711, 1967

[56] Guy, A.G., Introduction to Materials Science, Mc Graw Hill Kogakusha, Tokyo, 1972, S. 575

[57] Thomas, L.K., Phys. Stat. Sol. **28**, 401, 1968

[58] Ilschner, B., Singer, R.F., Werkstoffwissenschaften und Fertigungstechnik, 3. Aufl., 2002, S. 104

[59] Eder, F.X., Moderne Meßmethoden der Physik, Teil II, Deutscher Verlag der Wissenschaften, Berlin, 1988, S. 358

[60] Menges, G., Haberstroh, E., Michaeli, W., Schmachtenberg, E., Werkstoffkunde Kunststoffe, 5. Aufl., Carl Hanser, München, 2002, S. 252

[61] Menges, G., Haberstroh, E., Michaeli, W., Schmachtenberg, E., Werkstoffkunde Kunststoffe, 5. Aufl., Carl Hanser, München, 2002, S. 257

[62] Kan, K.N., Nikolayevich, A.F., Milen, E.A., Vyxokomol. Soedin. Ser, A **17**, 445, 1975

[63] Winslow, E.H. et al., SPE-Journal **28**, 21, 1972

[64] Kortüm, G., Lehrbuch der Elektrochemie, 2. Aufl., Verlag Chemie, Weinheim, 1957, S. 531

[65] Czichos, H., Habig, K.H., Tribologie-Handbuch, 2. Aufl. Vieweg, Wiesbaden, 2003, S. 396

[66] Bürgel, R., Handbuch der Hochtemperatur-Werkstofftechnik, 2. Aufl. Vieweg, Wiesbaden, 2003, S. 261

[67] Rätzer-Scheibe, H.J., DFVLR-Mitt., Rep. Nr. 84–04, 1984, S. 96

[68] Stivala, S. et al, Makromol. Chemie **59**, 28. 1963

[69] Williams, D., (Hrsg.), Concise Encyclopedia of Medical and Dental Materials, Pergamon/ MIT Press, Oxford, Cambridge, 1990

[70] Plank, H., Kunststoffe und Elastomere in der Medizin, Kohlhammer, Stuttgart, 1993

[71] Bongers, A., Oberflächenfibrillierung polymerer Implantate, Diss. TU-Berlin, 1997

[72] Marxkors, R., Meiners, H., Taschenbuch der zahnärztlichen Werkstoffkunde, 5. Aufl., Dt. Zahnärzteverlag, DÄV- Hanser, Köln, München, 2001

[73] Buchner, H., Energiespeicherung in Metallhydriden, Springer, Wien, 1982, S. 21

[74] Schreyer, G. (Hrsg.), Konstruieren mit Kunstoffen, Teil 2, Hanser, München, 1972

Register

(1.1.1)-Bicyclopentan 202f.

Abbe'sche Zahl 918
Abscheidung aus der Gasphase, chemische
  (CVD-Verfahren) 836
Absorption 718
Absorptionskoeffizient 736, 907, 916
Absorptionskante 57, 83
Adatom 304
– -insel 374
Adhäsion 905
Adsorbatüberstruktur 301
Adsorption 327 ff.
AES 97
AIM-Theorie 202, 204
Aktivierungsenergie 552, 554
Akzeptor 80, 92 ff., 363, 553 f., 726
Aldosereduktase 184
Algorithmus, genetischer 162
Aliasing-Effekt 472
Alkalimetall 339 ff.
Altersbestimmung 714
Amorphisierung, bestrahlungsinduzierte 259
Amplitudenfluktuation 429
AMR 476
anisotroper Magnetowiderstand (AMR) 476
Anisotropic Magneto-Resistance 476
Anode 929
Anregung 715
Anthranilsäure 140
Antiferromagnet 465 f.
antiferromagnetische Ordnung 434
Antiferromagnetismus 416, 434 ff.
Antiphasen-Spinstruktur 439
Antireflexbeschichtung 749
Antistrukturatom 222, 234
– in GaAS 225
Antisymmetrieprinzip 417
Arbeit
– chemische 309
– elektrische 309
Arrhenius-Gesetz 237
ARUPS 59

Arzneimittelforschung 187, 191
Asaro-Tiller-Grinfeld-Instabilität 323
asymmetrische Einheit 116
– Bestimmung der Struktur 116
atomares magnetisches Moment 403
Atombewegung, thermische 155
Atomformfaktor 148
– -kurven 148
Atomic Force Microscope (AFM) 698
Atomradius 131
Au(111)-Fläche 300
Auflösung
– atomare 184
– einer Struktur 184
Aufstellung, absolute 191
Auger-Effekt 97
Auger-Elektronen-Spektroskopie 97
Auger-Prozesse 83
Ausbreitungskonstante 740
Ausbreitungskugel 142
– Volumen der 143
Ausbreitungsvektor 48
Ausdehnung, thermische 42
Ausdehnungskoeffizient 922
– thermischer 41
Aushärtung 856, 901, 927
Aushärtungmodell 901
Auslaugung 828
Auslöschung
– integrale 152
– serielle 152
– systematische 152
– zonale 152
Ausscheidung 824, 856, 927, 932
Ausscheidungshärtung 927
Austausch
– -aufspaltung 427, 456
– -energie 52, 420
– -feld 421 f., 424
– -integral 419, 421
– -konstante 424, 459
– -kopplung 475
– -kopplungskonstante 434

– -korrelationsenergie 425
– -korrelationspotential 425 f.
– -Mode 450
– -Steifigkeitskonstante 459
– -Verschiebungsfeld 475
Austauschwechselwirkung 450
– direkte 417 ff.
– indirekte 432
Austenit 842, 858
Austrittsarbeit 361, 589
Auswahlregel 331, 354
Avrami-Kristallisation 853
Azbel-Kaner-Effekt 72

Bändermodell 32, 46 ff., 65, 546, 548 ff., 715
Bässler-Modell 806
Bahndrehimpuls 406
– Quenchen 415
Bahnmoment 404, 416
Bales-Zangwill-Instabilität 392
„Bananen"-Bindungen 200 f.
Band
– Energie- 724
– Leitungs- 724
– Leitungsband-Potentialtopf 757
– O-, E-, S-, C-, L-, U- 743
– Valenz- 724
– Valenzband-Potentialtopf 757
Bandabstand (s. Bandlücke) 551 f., 724
Band-Band-Übergang 795
Bandkantenrenormalisierung 729
Bandlücke 910
Bandstruktur 725
– direkte 755
– elektronische 804
– im Impuls-Raum (E(k)-Relation) 728
– im Ortsraum 725
– indirekte 755
– photonische 804
– spinaufgespaltene 426
Bardeen 543
Barrierenhöhe 611
Basis 648
Basisvektor 301
Bauer-Kriterium 313
BCS-Theorie 485, 498 f., 504 ff., 530, 538
Bednorz 189
Benzol 132
Beschichtungsverfahren 832
Bestrahlung von Festkörpern 257
Bethe-Slater-Kurve 420

Beton 833
Beugung an Oberflächen 304
Beugungstheorie, Ergebnisse 140 ff.
Beugungswinkel 143
Beweglichkeit 74 f.
Bijvoet 191
Bilanzgleichung 79 ff.
Bildkraft 612
Bildladung 357
Bildungsenergie 63
Bildungsentropie 229
Bildungsvolumen 229
bilineare Kopplung 470 f.
Bindung 3 ff.
– chemische 198
– ionische 202
– kovalente 199, 202
Bindungsenergie 61 f.
Bindungspfad 201
Bingham-Körper 897
Binnig 543
biologische Verträglichkeit 941
biquadratische Kopplung 470
biquadratische Wechselwirkung 420
Blauzungenkrankheit 206, 208
Bloch-Funktionen 48
Bloch-Linie 460
Bloch'sches $T^{3/2}$-Gesetz 452
Bloch-Wand 459 ff.
Blochwellen 361
Blockcopolymere 849
BLS 454 f.
Blyholder-Modell 335
body centered cubic 131
Bohr'sches Magneton 403
Boltzmann-Verteilung 408
Boltzmann-Verteilungsfunktion 410
Born-Haber-Kreisprozess 62
Born-Oppenheimer-Näherung 52, 102
Bose-Einstein-Verteilung 36
Bragg-Beugung 307
Bragg-Brentano-Methode 159
Bragg reflector 788
Bragg-Reflexion 34, 37
Bragg'sche Gleichung 112, 143, 148, 170
Bragg, W.H. 112
Bragg, W.L. 112
Bragg-Wellenlänge 787
Bragg-Williams-Modell 345
Braun, F. 544
Bravais-Gitter 124 ff., 293
Brechzahl 907, 916, 918 ff.

– effektive 786, 804
– Gruppen- 740
– Phasen- 740
Brechzahlkontrast 797, 816
Bridgman-Verfahren 11
Brillouin-Funktion 410f., 422f.
Brillouin-Lichtstreuspektroskopie (BLS) 454f.
Brillouin-Streuung 32, 57
Brillouin-Zone 25, 352
Brittain 543
Brown'sche Bewegung 378
Bruch 864f., 891ff.
– duktiler 892
– Kriech- 892
– Spröd- 891
Bruchmechanik 865, 893ff.
Buckminsterfulleren 133
Buerger-Precession-Kamera 167
Buerger-Precession-Methode 168
Bullvalen 196, 200
Burgers-Umlauf 265
Burgers-Vektor 264, 274

Cahn-Ingold-Prelog-Konvention 192
Calcinieren 828
Cambridge Structural Data Base (CSD) 113
Cantilever 543
Capsid 206
Carbide 342
Cermets 833
chemische Abscheidung aus der Gasphase
    (CVD-Verfahren) 836
chemisches Potential 316, 343, 370, 413, 838
Chemisorption 334
Child-Langmuir-Gleichungen 581
Chronocoulometrie 312
CIP-Geometrie 478
Clogston-Limes 513
Coatings 939
Computer-Tomographie 866
Confinement
– elektrisches 789
– optisches 789
Cooper-Paar 499, 505ff., 509f., 512ff., 519,
    521, 526, 534
Copolymerisation 849
Cotton-Mouton-Effekt 447
Coulomb-Energie 405, 420, 425, 431
Coulomb-Potential 405
CPP-Geometrie 478
Crambin 184
Crick 192

Cristobalit 845
Curie-Gesetz 409
Curie-Konstante 409, 423, 435, 437
Curie-Temperatur 416, 423, 431, 437, 467ff.
Curie-Weiß-Gesetz 431
Curl, R.F. 133
Current In-Plane 478
Current Perpendicular Plane 478
Cyanamid
– Neutronenbeugung 150
– Röntgenbeugung 150
Cyclobutan 197
Cyclohexan 132
Czochralski-Verfahren 11

Damon-Eshbach-Mode 452ff.
Dampfdruck kleiner Tröpfchen 316
Darken-Gleichungen der Diffusion 257
Darstellung, ORTEP- 156
DAS-Modell 299
DBR-Struktur 788
Dämpfungskonstante 449
de-Broglie-Wellenlänge 37, 307
De-Haas-van-Alphen-Effekt 72
Debye
– -Abschirmungslänge 82
– -Gesetz 41
– -Länge 545, 587
– -Temperatur 42
Debye-Scherrer 159
– -Aufnahme 160
– -Kamera 159
– -Methode 159
Debye-Waller-Faktor 155, 193
Deckschicht 934
Deep Level Transient Spectroscopy
    (s. DLTS) 615
Defekt 303
– -elektron 69, 551
Deformationsdichte
– dynamische 200
– statische 200
Deformationselektronendichteverteilung 200
Degenerationsfaktor 561
Dehnung, elastische 870
Dehnungsmess-Streifen 909
Dehnungstensor 882, 875
Deisenhofer 205
Dember
– -Effekt 584ff.
– -Feld 584ff.
– -Spannung 584

Depolarisationseffekt 340
Desorptionsspektroskopie 349 ff.
DESY 157, 207
Dexter-Mechanismus 723, 815
Diamagnetismus 404, 414 f.
Diamant
– -gitter 131, 547
– -struktur 131 f., 294
Dichroismus, linearer 445
Dichtefunktionaltheorie 54, 425, 465
Dicke
– optische 798
– physikalische 798
dielektrischer Energieverlust 320
Dielektrizitätskonstante 907
Differenzelektronendichte 186
Differenzsynthese 176
Diffraktionsebene 170
– horizontale 169
Diffraktometer, CCD- 174 f.
diffuse Streuung 227
Diffusion 366 ff.
– 1. Fick'sches Gesetz 242 f.
– 2. Fick'sches Gesetz 242 f.
– ambipolare 586
– athermische 240
– Drift- 245 ff.
– im Festkörper 241 ff.
– in konzentrierten Legierungen 254
– Korrelationsfaktor 247
– Selbst- 245 ff.
– thermodynamischer Faktor 255
Diffusionsgleichungen 241 ff., 371
Diffusionskapazität 569, 627
Diffusionskoeffizient 242
– Bestimmung mit Tracermethode 244
– chemischer 257
Diffusionskonstante 80, 545
– individuelle in Legierungen 255
Diffusionskriechen 246
Diffusionslänge 81, 584
diffusionslimitiert 377
Diffusionsprozess 569
Diffusionsspannung 610, 621
Diffusionsstrom 621
Diffusionsverfahren 14
Dimere 296, 362
Diode
– Bipolar- 620
– Photo- 638 ff.
– Tunnel- 640 ff.
Dipol-Dipol-Wechselwirkung 416 f., 440

dipolare Oberflächenmode 453 f.
Dipolkräfte 325
Dipolmoment 402
Dipolschicht 809
Dipolstreuung 357
DIRDIF 182
direct space techniques 162
direkte Austauschwechselwirkung 417 ff.
direkte Methode 112, 174, 178, 182
direkte Phasenbestimmung 181
Dispersion 26
– anomale 149, 191 f.
– chromatische 740 f.
– Material- 740
– Moden- 740
– normale 918
– Wellenleiter- 740
Dispersionsgesetz 22 ff.
Dispersionskoeffizient
– chromatischer M_{ch} 741
– Material- M_m 741
Dispersionskurve 21 ff. 37 ff., 359
Dispersionsrelation 740
Dissoziationsenergie 63
DLTS-Verfahren 106, 580, 615 ff.
DNS-Struktur 192
Domäne 458 ff.
Domänenstruktur 79
Domänenwand 331, 458 ff.
– propagation 462
Donator 80, 92 ff., 363, 553 ff., 726
Doppelaustausch 432
Doppelbrechung 920
– optische 733
Doppelhelix 192
Doppler-Effekt, optischer 455
Dosimeter 714
Dotierfarbstoff 814
Dotierung 75, 545, 553
Dotierungsverfahren 555
Drehachse, n-zählige 119
Drehimpulserhaltung 451
Drehimpulsübertrag 446
Drehinversionsachse 120
Drehkristall
– -Aufnahme 166
– -Technik 158, 172
– -Verfahren 165 f.
Drehsensor 480
Driftbeweglichkeit 566
Driftdiffusion 245 ff.

Driftgeschwindigkeit 45, 74, 567
Driftprozess 565 ff.
Druckversuch 861
Drude-Näherung 45
Duhme, E. 544
Dulong-Petit-Gesetz 41
Duroplaste 832, 851, 882
dynamische Matrix 24

E-map 181
E-Modul 323
E-Wert 178 ff.
Edelgas, festes 3, 7
Edelgasverbindung 190
effektive Magnetonenzahl 411
effektive Masse 66 ff., 362, 550, 558
effektive Zustandsdichte 559
– reduzierte 563
Ehrlich-Schwoebel-Barriere 373, 389
Eigenfrequenz 906
Eigenfunktion 740, 803 f.
Eigenleitung 550 ff., 557, 565
Eigenleitungskonzentration 551 f.
Eigenspannung 867
Eigenwert 740, 804
Einelektronennäherung 48
Eindiffusion von Ionen 750
Einfang
– Elektronen- 570
– Löcher- 570
Einfangzeitkonstante, Elektronen-
  575 f.
Einheitszelle 301 ff.
Einkristall 185
– -Beugungsexperiment 164
– -Experiment 158
Einkristalldiffraktometer, automatisches
  158, 169
Einschichtdevice 812
Einstein-Modell 908
Einstein-Relation 600
Einstein-Smoluchowski-Beziehung
  der Diffusion 242
Eisengranate 437
elastische Dehnung 870
elastische Energie 322
elastische Konstante 18 f., 875
elastisches Verhalten 871, 897
Elastizitätsmodul 18, 861, 871, 874
Elastomer 832, 851, 873, 882
elektrische Leitfähigkeit 906 f.
elektrische Polarisation 731, 914

elektrochemisches Potential 558, 570, 621
Elektrolyt 928
Elektromigration 246
– Al-Leiterbahn 246
Elektron-Elektron-Wechselwirkung
  533
Elektron-Loch-Paar 88
Elektron-Loch-Paar-Rekombination 778,
  809
Elektron-Loch-Plasma 91, 782
Elektron-Phonon-Kopplung 507 f., 511, 525,
  530
Elektronegativität 341
Elektronen 70
– elastische Streuung (*s.* LEED) 319
– inelastische Streuung 319, 357 f.
– niederenergetische 306
Elektronenaffinität 724
Elektronendichte 176, 197 f., 425
– asphärische 199
– atomare 147, 198
– experimentelle 203
– Gesamt- 147, 199
– Grundzustands- 54
– kugelsymmetrische 148
– skalare Laplacefunktion der 202
– theoretische 203
Elektronendichtefunktion 144
Elektronendichteverteilung 176, 181
– Differenz 176
Elektronenfehlstelle 724
Elektronengas 52 ff.
– freies 412
– homogenes 52
– inhomogenes 54
– zweidimensionales 96
Elektronenleitung 910
Elektronenmikroskopie 868
Elektronenpaar, einsames 198
Elektronenstrukturrechnung 425
Elektronentemperatur 456
Elektronen-Wellenlänge 803
Elektron-Loch-Plasmen 728
Elektronspinresonanz 104
Elektrophosphoreszenz 814
Elektroreflexion 87
elektrostatische Wechselwirkung 415
Elektrotransport 914
Elementarzelle 23, 114 f., 117
Ellingham-Richardson-Diagramm 936
Elliptizität 446
Eloxal-Verfahren 936

Emission 718
- Elektronen- 570
- Glüh- 328
- Löcher- 570
- spontane 778
- stimulierte 780
- thermionische 808
Emissionsgrad 917, 919
Emitter 648
- Wide-Gap- 651
Emitterschaltung 648, 652
Emitterwirkungsgrad 648
Enantioselektivität 328
ENDOR 106
Energie, elastische 322
Energie-Gap 548
Energieausbeute 714
Energieaustausch 884
Energieband 47, 54ff.
Energiebändermodell 548ff.
Energiebandstruktur 549
Energiebarriere 807
Energieflächen 66
Energiefreisetzungsrate 896
Energielücke 49
Energieniveau-Diagramm 716
Energieniveaus, quantisierte 803
Enthalpie, freie 837, 929
Enthalpiedichte, freie 440
Entmagnetisierungstensor 441
Entmischung, bestrahlungsinduzierte
   in Legierungen 263
Entropie 40
entropieelastischer Anteil 873
Epitaxie 15, 557, 769
- Feststoffquellen- 769
- Flüssigphasen- 769
- Gasphasen- 769
- Hetero- 380
- Homo- 380
- metallorganische Gasphasen- 773
- Molekularstrahl- (MBE) 771
EPR 104
Erholung 859
Ersatz, molekularer 182
Ersetzungsstoßfolge 259
erster Hauptsatz 309
ESCA 58, 97
ESR 104
ESRF 157, 160, 206
Ethan 338
Ethylidin 339

Euler-Wiege 170
Euler-Wiegen-Geometrie 170
Euler-Wiegen-Mechanik 169
Euler-Winkel 170
Eutektikum 840
eutektische Reaktion 839
Ewald-Konstruktion 307
Ewald-Kugel 142, 165f., 308
Ewald'sche Beugungsbedingung 142, 170
EXAFS 106
Exchange-Bias-Effekt 467, 474f.
Excimer 721
Exciplex 721
Extinktionskoeffizient 736
Extrudieren 831
Exzitonen 87
- Frenkel- 722, 728
- gebundene 90, 728
- Mott-Wannier- 728
- Wannier- 88
Exzitonenmolekül 91
Exzitonenniveau 728

F-Zentrum 102, 223
Fabry-Pérot-Interferometer 452, 455, 473
Fabry-Pérot-Struktur 786
face centered cubic 130
Facette 315
Faltungsintegral 146
Faltungsquadrat 175
Faraday-Effekt 445, 447
Farbzentren 101ff.
Faser 833
- Glas- 742
- Gradientenprofil- 739
- optische 708
- Polymer- 747
- Singlemode- 740
- Stufenprofil- 738
Faserkern 738
Fasermantel 738
Faserverstärkung 902
Fedorov 124
Fehlordnung
- Frenkel- 234ff.
- in Kristallen 219ff.
- Schottky- 234f.
- thermische 228ff.
- Tripeldefekt 234f.
Fehlordnung, thermische 228ff.
- differentielle Dilatometrie 231
- Einfrieren durch Abschrecken 234

Fehlstellen 219 ff.
Fehlstellen, atomare 220 ff.
– Bildungsenergie 228
– Bildungsentropie 229
– Bildungsvolumen 229
– Defektparameter repräsentativer Substanzen 230
– extrinsische 221
– Gleichgewichtskonzentration 228
– in bcc Metall 224
– in fcc Metall 223
– in Halbleitern 225
– in Ionenkristallen 224
– intrinsische 221
– Ladung 222
– Notation 222
– Quellen und Senken 229
– Relaxationsvolumen 229
– Strukturbestimmung 226 ff.
– Übersicht 219
Fehlstellen, bestrahlungsinduzierte 257 ff., 261 ff.
– Erholungsstufen 261
Fehlstellendichte 219 f.
Fehlstellengleichgewichte
– einatomarer Substanzen 228 ff.
– in mehratomaren Substanzen 234 ff.
Feldeffekt-Trans(fer)-(Re)sistor (s. Transistor) 654
Feldionenmikroskopie 366
Fenster 918
Fermi-Dirac-Verteilung 57
Fermi-Energie 52, 412, 427
Fermi-Fläche 68, 907
Fermi-Funktion 431
Fermi-Grenze 910
Fermi-Kante 412, 424, 456
Fermi-Niveau 429, 557 ff., 724
– Quasi- 569
Fermi-Oberfläche 429, 471
Fermi-Statistik 344
Fermi-Temperatur 412
Fermi-Verteilungsfunktion 456
Fermi-Wellenvektor 424
Ferrimagnetismus 416, 436 ff.
Ferrit 842, 858
ferromagnetische Resonanz (FMR) 438, 454
Ferromagnetismus 416, 422 ff.
Festigkeitssteigerung 900
Festkörper
– amorphe 3, 8 ff.
– biologische 3, 10 f.

Festkörperdiffusion 241 ff., 556
Festplatte 480 f.
Fibonacci-Folge 153
Fick'sche Gesetze 242 f.
figures of merit 181
Filmverfahren 158
– monochromatisches 158
Filter, optischer 798
first-setting 123
Flächendetektion 184
Flächendetektor 173
– CCD- 158
Fließgrenze 883
Fließkriterium 882 f.
– von v. Mises 883
Fließspannung 861, 889
Flintglas 918
Fluktuation 379
Fluoreszenz 709
– Quantenausbeute 721
– verzögerte 720
Fluoreszenzdotierung 813
Fluoreszenzlöschung 814
Flussdichte 715
Flusslinengitter 492, 503 f., 531, 538
Flussquantisierung 492, 498 f., 503, 513, 531
FMR 438, 454 f.
Formanisotropie 417, 440, 470
Förster-Mechanismus 723
Förster-Transfer 814
Fourier, Faltungs-Theorem der Theorie 178
Fourier-Inverstransformation 145, 176
Fourier-Raum 145
Fourier-Transformation 144
Fowler-Nordheim-Modell 808
Frame 172
Franck-Condon-Prinzip 103, 716
Franck-Condon-Faktor 716
Frank-Read-Quelle 268
Frank-van-der-Merwe-Wachstum 314
Franz-Keldysch-Effekt 87
freie Elektronen 906 f., 910
– Streuzentren 909
freie Energie 40
freie Enthalpie 837, 929
freie Enthalpiedichte 440
freies Elektronengas 412
freies Volumen 924
freie Weglänge 906 f.
Fremdatom, hybrides 252

Fremdatom, interstitielles 222, 250
– im Halbleiter 226
– in Metallen 226
– Off-Center-Lagen 226
– Platzwechsel 238
Fremdatom, substitutionelles 222, 250
Fremdatomdiffusion 250 ff.
– in Aluminium 253
– in Blei 253
– in Silicium 253 f.
– in Wasserstoff 251
Frenkel-Defekt bei Bestrahlung 257
Frenkel-Fehlordnung 234 f.
Frenkel-Kontorova-Modell 300
Frenkel-Paare
– eng benachbarte 261
– Schwellenenergie für die Erzeugung bei Bestrahlung 230
Frequenzverdopplung 733
Fresnel-Gleichung 446
Friedel-Oszillation 360
Friedel'sches Gesetz 150, 191
Friedrich 112
– Beugung von Röntgenstrahlen 112
Füllstoff 829
Fulleren 8, 133
– Buckminster- 133
– C_{60} 133, 204, 208
– C_{70} 133
– Molekülstruktur von $C_{60}F_{18}$ 191

Gadobutrol 190, 208
Gasphasen-Ionisationsenergie 723
Gedächtnis-Effekt 898 ff.
Gefüge 221, 822 f., 833
Generation 570
Genomprojekt 184
Gesamtdrehimpuls 406, 409
Geschwindigkeit 67
– Gruppen- 740
– Phasen- 740
Gewichtsverminderung 904
Giant Magnetoresistance (GMR) 476, 479
Gibbs-Konvention 311
Gibbs-Potential 440
Gibbs-Thomson-Formel 316
Gibbs-Thomson-Potential 378
Gießen 829 f.
– Druckguss 829
– Feinguss 829
– Kokillenguss 829
– Sandguss 829

– Spritzguss 830
Ginzburg-Landau-Kohärenzlänge 501, 535
Ginzburg-Landau-Parameter 501, 504
Ginzburg-Landau-Theorie 499 ff., 529, 534
Gitter
– (einseitig) flächenzentriertes 124
– allseitig flächenzentriertes 124
– basiszentriertes 124
– direktes 118
– dreifach primitives 124
– innenzentriertes 124
– kubisches 4
– primitives 124
– reziprokes 23, 116 ff.
– rhomboedrisches 124
– zentriertes 124
Gitterdefekt 407
Gitterfehler 219 ff.
Gitterfehlpassung 322, 395
Gittergas 333
– -modell 376
Gitterkonstanten 23, 61, 114 ff.
– direkte 118
Gitterkonstantenvektoren 114
– reziproke 117
Gitterperiode 787
Gitterschwingung 20
Gittervektor 23
Glanzwinkel 143
Glasfaser 742
Glaskeramik 854, 918, 928
glaskeramische Werkstoffe 918
Glastemperatur T_g 848, 881
Glaszustand 848
Gläser 8 ff., 848, 873
– metallische 848, 873, 945
Gleichgewicht 837
– eutektoides 840
– monotektisches 840
Gleitebene 274, 302, 862, 876, 878, 880
Gleiten 876
Gleitrichtung 862, 878
Gleitspiegelebene 124 f.
Glühemission 328
GMR 476, 479
Gold-Struktur 131
Gradientenvektorfeld 200 f.
– flusslose Flächen im 204
– Trajektorien des 199, 201
Graphit, Struktur 131 f.
Grenzflächen 95 ff., 308 ff.
– innere 220, 279 ff.

Grenzflächenanisotropie 440, 468f.
Grenzflächenstress (s. Oberflächenstress) 310
Grenzflächenzustände 602ff.
Grüneisen-Konstante 44, 922
Grüneisen'sche Regel 871
Grundgebiet 26
Grundzustandseigenschaften 59ff.
Grundzustandselektronendichte 54
Grundzustandsenergie 54
Gudden, B. 544
Guinier-Kamera 159
Gunn-Effekt 78, 675ff.
gyromagnetisches Verhältnis 404, 448, 451

H-Zentrum 224
Hämoglobin 184, 204, 206
– Struktur 205
Härte 863
– Mikro- 864
Haftkoeffizient 343, 347, 376
Haftstellen 92
Halbleiter 51, 65, 543ff. 910
– amorpher 9, 686
– Definition 546
– direkter 550
– Eigen- 552
– gestörter 91
– indirekter 83, 550
– Intrinsic- 552
– organischer 805
Halbleiterkristalle, Züchtung 11ff.
Halbleitersysteme, niederdimensionale 753
Halbmetalle, glasige 9
Hall
– -Beweglichkeit 681
– -Effekt 77, 475, 679ff.
– -Konstante 681
– -Spannung 680
– -Widerstand 680
Hall und Petch 880
Hamilton-Operator 144
Hasylab 157
Hauptgleitsystem 878
Hauptmann, H. 178
– Entwicklung der Direkten Methoden 178
– Shake & Bake 192
– Tangens-Formel 181
He-Atomstrahl 355f.
Hebelgesetz 840
Heisenberg-Modell 418ff., 429, 459
Heißleiter 913
Heizwert 943

Heliumkryostat 194
Hellmann-Feynman-Theorem 64
(Helmholtz-)freie Energie 309
Helmholtz-Gleichung 804
Hermann und Maugin, Nomenklatur nach 122, 123
Heteroepitaxie 380
heterogene Katalyse 327, 334
Heterostruktur 15, 98ff., 782
Histamin 191
– α, β-Dimethyl- 191
Hochinjektion 579, 584
Hochleistungselastomer 8
Hochtemperatursupraleiter 208, 485, 531
– flux creep 536
– flux flow 536
– Kupratsupraleiter 529, 531
– oberes kritisches Feld 535
– Ordnungsparameter 538
– spezifische Wärme 536
– thermischer Ausdehnungskoeffizient 538f.
Hodgkin, D. 177
Homoepitaxie 380
Homogenisieren 858
Hooke'sches Gesetz 871, 882ff., 887, 945
Hopping-Leitung 79
Hopping-Prozess 805
Hosemann-Diagramm 146, 174
Hubbard-Energie 533
Huber 205
Hüpfmatrixelement 432, 465
Hund'sche Regeln 405f., 428f., 468
Hydrid 942
Hyperfeinstruktur 104
Hystereseschleife 461ff.

IGBT 673f.
Ikosaëdersymmetrie 206
Imaging-Plate 158
– -Messplatz 172
Implantat 941
independent atom model 148
Index, effektiver 740
indirekte Austauschwechselwirkung 432
inelastische Neutronenstreuung 454f.
Inertgas-Kondensation 835
Infrarotspektroskopie 354
Inhibitor 935
Injektionsfall
– Hoch- 579, 584
– Nieder- 579
innere Energie 42, 309

innere Weichmachung 902
Inseln 304
Instabilität 380
integrierter Schaltkreis 544
Intensitätssymmetrie 150
Interband-Magneto-Optik 87
Interband-Übergang 83, 795
Interdiffusionskoeffizient 257
Interkombinationsübergang 719
Interlagentransport 373, 388
intermetallische Verbindung 844
International Tables for Crystallography
 128, 148
Interstitialcy-Mechanismus 238
Intraband-Übergang 83, 795
Invar 923
Inversionsschicht 595, 654
Inversionszentrum 120
Ionenimplantation 14, 556, 751
Ionenkristall 3, 6f.
Ionenleiter, schneller 250
Ionenleitfähigkeit 246
Ionenleitung 910f.
Ionenzerstäubung 371
Ir(100) 300
irreduzible Darstellung 328
Isolator 51, 65, 910
isomorphe Struktur 182
isomorpher Ersatz 182, 204

Jablonski-Diagramm 719
Jahn-Teller-Effekt 297
Jellium-Modell 360, 365
jj-Kopplung 405
Josephson-Effekt 519, 535, 539ff.
Joule'sche Wärme 74

k-Auswahlregel 82
Kaltgasstromanlage 193
Kaltleiter 913
Kaolinit 827
Karle, J. 178
– Entwicklung der Direkten Methoden 178
– Tangens-Formel 181
Kathode 929
Kavität 798
Kavitation 932
Keimbildung 852
– heterogene 853
– homogene 853
Keim
– kritischer 382, 385
– stabiler 382

Keimung 380ff.
Keimwachstum 852
Kelvin-Körper 897
Kendrew 204f.
Keramiken 3, 8ff.
keramischer Werkstoff 845, 946
Kerbschlagversuch 864
Kernspin(NMR)-Tomographie 190
Kerr-Effekt 445, 447
Kerr-Winkel 446
Kettenfaltung 852
Kilby, J. 544
Kinke 276ff., 303, 849
– in Versetzungen 277
Kirkendall-Effekt 256
Kleinwinkel 269
Klitzing, K. von 544
Knipping 112
– Beugung von Röntgenstrahlen 112
Koaleszens 379
Kochsalz 187
Koerzitivfeld 461
– -stärke 438, 475
Koerzitivität 461
Kohäsionsenergie 384
Kohlenmonoxid 335
Kohlenstoffe 342
Kohlenstoff-Nanoröhren 18
Kohlenwasserstoff 338
Kohn-Sham-Gleichung 54
Kollektor 648
Kompensationstemperatur 437f.
Komponente 838
Kompressionsmodul 18, 41, 60f., 871
Kondensator
– MIS 590
– MOS 590ff., 595ff.
Kondo-Effekt 528
Konfiguration 849
Konfigurationskoordinatenmodell 102
Konformation 849
Konode 840
Konstitution 849
Kontakt
– Drain 653
– Source 653
Kontaktelektrode 807
Konzentrationslöschung 721
Koordinate, fraktionelle 115
Koordinationszahl 6, 130, 134f.
Kopplung, biquadratische 470
Kornfeinung 853

Korngrenze 269, 280ff., 822f., 834, 879f., 932
- atomistische Strukturen 284
- Dreh- 282
- Großwinkel- 284
- Kipp- 282
- Kleinwinkel- 284
- spezielle 284
- Zwillings- 282
Korngrenzen-Versetzung 286
Korngrenzendiffusion 286
Korngrenzenenergie 282
- Orientierungsabhängigkeit 283
Korngröße 888
Korrelationsfaktor 247
Korrelationsfunktion 379
Korrosion 928ff.
- an Polymeren 933
- bei Gläsern 933
- Heißgas- 938
- Korrosionsschutz 934
Korund 845
Körner 823
Kramers-Kromig-Relation 731
Kriechen 863, 885f.
- Kriechkurve 886
Kristall-Cluster 6
Kristallanisotropie 440, 442ff.
Kristall 111ff.
- Elektronenbeugung 141
- photonisches 804
- Röntgen/Neutronenbeugung 140ff.
Kristallelektronen 66ff.
Kristallfeld-Wechselwirkung 415f.
Kristallgitter 114ff.
Kristallimpuls 740
Kristallklassen 118ff., 122
kristallographische Klammersymbole 223
Kristallstruktur 111ff.
Kristallstrukturanalyse 112
- Anwendungen der 187ff.
Kristallstrukturbestimmung mit Beugungsmethoden 140ff.
Kristallsymmetrie 118ff.
Kristallsystem 121ff.
- hexagonales 122ff.
- kubisches 122ff.
- monoklines 122ff.
- orthorhombisches 122ff.
- tetragonales 122ff.
- trigonales 122ff.
- triklines 122ff.

kritische Schichtdicke 322
kritische Punkte 85, 201
- bindungskritische Punkte 201
- käfigkritische Punkte 201
- kernkritische Punkte 201
- ringkritische Punkte 201
kritische Schubspannung 875, 877
Kronenetherkomplex, 18-Krone-6 × KClO$_4$ 195
Kronglas 918
Kroto, H.W. 133
kubisches Gitter 4
Kugelflächenfunktion 198
Kugelpackung, dichteste 5
Kupfer, Gitterkonstante von 161

Ladunsträgerbeweglichkeit 807
Ladungsträgersystem, Inversion 789
Lamé-Konstanten 18
Landau-Lifshitz-Gleichung 448
Landau-Niveau 72
Landé-Faktor 404
Langevin-Funktion 409, 411
Langevin-Suszeptibilität 415
Langmuir-Adsorptionsisotherme 344
Laplace-Gleichung 318
Laplace-Operator 369
Laplace-Feld 200
Larmor-Frequenzen 73
Larmor-Präzession 414
Laser
- bipolarer 795
- DBR- 787
- DFB- 787
- Faser- 796
- (Halbleiter-)Faser- 796
- indexgeführter 789
- Kantenemitter 788
- Mehrsektions-Kantenemitter 800
- Mikroscheiben- 796
- Oberflächenemitter 788
- Quantenkaskaden- 795
- Ring- 796
- unipolarer 795
- vertical cavity surface emitting laser (VCSEL) 788
Laserdrucker 804
Laserfarbstoff 711
Laue, Max von 112, 116
Laue
- -Aufnahme 165
- -Bedingung 141, 144

Laue
- -Beugung von Röntgenstrahlen 112
- -Diffraktometer 164
- -Gleichungen 306
- -Gruppen 152
- -Kegel 159, 165
- -Methode 164
- -Symmetrie 122f.
- -Verfahren 158
Lebensdauer 571ff.
LED 782
- OLED 805
- OLED-Videobildschirm 817
- Vollfarben-LED-Display 708
- weiße 784
Ledeburit 842
LEED 97, 306
- Reflex 307
- Vorrichtung 307
Leerstelle 222, 303
- Bildung bei plastischer Verformung 279
- Bildungsenergien 230
- Doppel- 223
- in Si 225
- Platzwechsel 236ff.
- Positronenvernichtung 232
- thermische 231ff.
- Wanderungsenergien 230
Leerstellen-Fremdatom-Paar 223
Leerstelleninsel 374
Legendre-Transformation 440
Legieren, mechanisches 835
Legierung, Emissionsgrad 919
Legierungsverfahren 556
Leichtatomstruktur 178
Leitfähigkeit
- elektrische 73ff., 906f.
- optische 445
Leistungseffizienz 811
Leitungsband 50, 550f., 910
Leitungselektronen 79
Leitwertmethode 606
Lenz'sche Regel 404, 414
Leuchtdiode, organische 804
Leuchterscheinung, nichtthemische 708
Leuchtstoff 708
Lewis-Modell 202
Lichtauskopplung 816
Lichtechtheit 925
Lichtleiter 918
Lilienfeld, J.E. 543
linearer Dichroismus 445

Linienkraft 326
Linienspannung 314
Lochtransportverbindung 814
Löcher 69f., 725
- leichte 550
- schwere 550
Löcherleitung 910
Lösungsglühen 858
Lösungstension 928
Lokale-Dichte-Näherung 55, 425
London-Eindringtiefe 497, 501, 535
London-Gleichung 498, 501, 514
Lorentz-Kraft 401, 445, 476
Lorenz-Konstante 46
LS-Kopplung 405
Luciferase 713
Luciferin 713
Lumineszenz
- Bio- 713
- Chemi- 713
- Elektro- 712, 714
- Kathodo- 712
- Photo- 712
- Radio- 712
- Sono- 713
- thermisch stimulierte 714
- Tribo- 713
Luminophor 708

Madelung-Konstante 6
Mäander-Instabilität 392
Magnesium-Struktur 131
Magnetfeld 401
Magnetfeldaufspaltung 104
magnetische Anisotropie 439ff.
magnetische Anisotropieenergie 440
magnetische Domänenstruktur 417
magnetische Erregung 401f., 441
magnetische Feldkonstante 402
magnetische Feldstärke 401
magnetische Flussdichte 401
magnetische Hilfsfeldstärke 401
magnetische Induktion 401
magnetische Momente 526
magnetische Permeabilität 402
magnetische Polarisation 402
magnetischer Dipol 402
magnetisches Moment 402
magnetisches Random-Access-Memory 481
magnetische Suszeptibilität 402
Magnetisierung 402, 422f., 425
- remanente 461

magneto-optische Datenspeicherung 437
magnetoelastische Anisotropie 440, 444f.
magnetoelastische Wechselwirkung 445
magnetoelektrische Wechselwirkung 445
magnetokristalline Anisotropie 442ff., 470
Magnetonenzahl, effektive 411
magnetostatische Backward-Volumenmode
    453f.
magnetostatische Forward-Volumenmode
    453f.
Magnetostriktion 444f., 459
Magnetowiderstandseffekt 475f.
Magnon 457
Majoritätselektronen 425
Majoritätsträger 622
Makrolidantibiotikum 190, 208
Makromolekül 204ff.
Martensit 847, 857, 899, 901
– -temperatur 857
Masse, effektive 66ff., 362, 550, 558
Massenwirkungsgesetz 381
Material 821
Materietransport im Festkörper 241ff.
Matthiesen-Regel 76, 567, 908
Maxwell-Gleichungen 402, 545
Maxwell-Konstruktion 346
Maxwell-Körper 897
MBE 15, 98, 646
mechanisches Legieren 835
Mehrschicht-Device 812
Mehrstrahlfall 145
Meißner-Ochsenfeld-Effekt 487f., 497, 513
Membranprotein-Pigment-Komplex 205
Mermin-Wagner-Theorem 467
Metall 3, 5f., 51, 65
metallische Gläser 848, 873, 945
Metallographie 868f.
Metallschäume 836
Metallurgie 825
– Hydro- 826
– Pyro- 826
Methan 338
– -reformierung 335
Methode der Kleinsten Quadrate 186
Michel 205
Mikrogefüge 221
Mikrosonde 868
Mikrostrukturen, bestrahlungsinduzierte 263
Milchglas 918
Miller-Index 118, 303
– der Netzebenenschar 117
Minimalpfad 368

Minoritätselektronen 425
Minoritätsträger 622
Mischkristallhärtung 900
Mischungsentropie 838
MITHRIL 181
mittlere freie Weglänge 45
MLD 445
MOCVD 15, 98, 646
Mode 803f.
Modenkoppeln 804
Modenprofil 740
MODFET 99
Modulationsgrenzfrequenzen 795
Modulationsspektroskopie 84, 87
molekularer Ersatz 182
Molekularfeld 422
– -ansatz 434
– -konstante 422, 424
– -näherung 345, 422
Molekularstrahlepitaxie 15, 98
Moleküle
– große 187
– kleine 187
Molekülkristall 3, 7f.
Molekülorbital 723
Momentedichte 425
monokline Achse 121
monokliner Winkel 121
Monomer 828, 849
Monopolkräfte 327
Monte-Carlo-Methode 162
Moore'sches Gesetz 696
Müller 189
MULTAN 181
Multiplett-Zustand 409
Multipolmodell 198
MXCD 445
Myoglobin 204

Nachklingeleffekt 449
Nächste-Nachbar-Wechselwirkung 419
Nahfeld-Mikroskopie, optische (SNOM) 700
Nanoindenter 864
nanokristalline Werkstoffe 834ff.
Nanoröhren (nanotubes) 133
Nanostruktur 16ff.
Natriumchlorid 112
Néel-Temperatur 416, 432, 434
– paramegnetische 435
Néel-Wand 459f.
Nernst-Einstein-Beziehung der Diffusion
    242

Nernst-Einstein-Gleichung 910f.
Nernst-Spannung 243
Netzebenen 116ff., 142
– -schar 116, 118
Neutronen 37
– magnetisches Moment 141
Neutronenbeugung 149
Neutronenspin 141
Neutronenstreulänge 149
Neutronenstreuung, inelastische 454f.
Neutronenstruktur 196
Niederinjektion 579
niederenergetische Elektronen 306
Nipi-Struktur 99
Nitride 342
Niveau, tiefes 555
Normung 860
Noyce, R. 544
NTC-Widerstand 913
Nucleinsäure 206
Nukleationsprozesse 462
Nukleationsverhalten 462
Nullladungspotential 312, 361
Nullpunktsreflexe 180
Nullpunktsschwingungsenergie 60

Oberflächen 95ff., 824f., 832
– technische 825
Oberflächenanisotropie 468
Oberflächenanregung, dielektrische 318ff.
Oberflächenkristallographie 292ff.
Oberflächenmagnetismus 428, 464ff.
Oberflächenphononen 351
Oberflächenrekonstruktion 97, 824
Oberflächensegregation 824
Oberflächenstress 301, 310, 325
Oberflächenstruktur 292ff.
Oberflächensymmetrie 293f.
Oberflächentopographie 304
Oberflächenzustände 362, 544, 555, 587
– elektronische 383
Observable, physikalische 144
Octannucleoid 192, 208
ODMR 105
Ohm'scher Kontakt 615
Ohm'sches Gesetz 73, 544, 566
Opferanode 935
Opferschichttechnologie, mikromechanische
    802
optische Konstanten 907
– Absorptionskoeffizient 907, 916
– Brechzahl 907, 916, 918f.

optische Leitfähigkeit 445
optische Nahfeld-Mikroskopie (SNOM) 700
optischer Doppler-Effekt 455
Orange-Peel-Kopplung 474
Orndung m des Modes 740
Ordnungsumwandlung 856
Ostwald-Reifung 373ff.
Oxidation 936ff.
– innere 938
– von Polymeren 940
Oxid 342
Oxidladungen 603

Paarbrechung 526
packing
– cubic close 130
– hexagonal close 130
Packung 128
– hexagonal dichteste 130
– kubisch dichteste 130
Packungsdichte 131
paramagnetische Néel-Temperatur 435
Paramagnetismus 404ff., 407ff.
Partialversetzung 275
Passivierung 931, 934
PATSEE 182
Patterson-Funktion 146, 174f.
Patterson-Methoden 174ff.
PATTSEE 192
Pauli-Paramagnetismus 412, 415
Pauli-Prinzip 52, 412, 420
Pauli-Suszeptibilität 413f.
Peach-Koehler-Kraft 268
Penrose-Muster 153
Periodizität
– Bestimmung der 116
– dreidimensionale 114ff.
Peritektikum 840
Perlit 843
Permeabilität, relative 402
Permittivitätszahl 914
Perowskit 189
Perowskit-Struktur 137f., 531f.
Perutz 204f.
Pfropfcopolymer 849
Phasen 823, 838, 842, 924
– -anpassung 733
– -bestimmung, direkte 181
– -grenze 822
– -umwandlung, strahlungsinduzierte 926
Phasendiagramm 333, 341
Phasenfluktuation 429

Phasenproblem 145
- Lösung des 174ff.
Phasenübergang 61
Phonon 457
Phonon-Phonon-Streuung 35
Phononen 27ff., 567, 920
- lokale 36
- longitudinal-optische 318
- Oberflächen- 65
Phononen-Satelliten 31
Phosphoreszenz 709
- -Dotierung 815
- Elektro- 814
Photo-ESR 105
Photo
- -Spannung 629
- -Strom 629
Photodegradation 925
Photoelektronenspektroskopie 57
Photokopierer 804
Photoleitfähigkeit 92
Photoleitung 544, 715
Photonen-Wellenfunktion 804
Photonen-Wellenlänge 804
Photooxidation 925
Photozelle 93
Physisorption 334, 359
Piezoaktuator 305
piezoelektrische Materialien 915
Plasmafrequenz 53
Plasmaschwingung 52
Plasmon 318, 320
plastische Verformung 862, 870, 875, 900, 932
Plastomer 851
Platzwechsel 238
Platzwechsel von interstitiellen Fremdato-
    men 240
Platzwechsel von Gitteratomen 236ff.
- Arrhenius-Gesetz 237
- Sprungrate Γ_V 237
- Versuchsfrequenz 237
- Wanderungsenergie 237
pn-Übergang 544, 555, 608
Pockels-Effekt 733
Pohl, R. W. 544
Poisson-Verteilung bei Wachstum 388
Poisson-Zahl 18, 321
Polarisation 907
- elektrische 914
Polymer 3, 7f., 851, 873, 946
polymere Werkstoffe 828, 830, 849ff., 881,
    946

Polymerisation 828
- Depolymerisation 928
polymorph concomitant 139
- disappearing 139
Polymorphie 138f.
- gleichzeitig auftretende 139
- Natrium-Dihydrogenphosphat 138
- p-Methylchalcon 138
- verschwindende 139
- von Benzamid 139
Polynucleotid 204
Porzellan 918
Positionssensor 480
Positronen-Lebensdauer 107
Positronenvernichtung
- Methode 232
- Lebensdauerspektroskopie 233
Potential
- chemisches 316, 343, 370, 413,
    838
- elektrochemisches 558, 570, 621
- elektrostatisches 202f.
Potentialgleichung 441, 459
Potentialverlauf 871
Pourbaix-Diagramm 930
Präzession 448ff.
Präzessionsachse 449
Präzessionsamplitude 453
Präzessionskegel 449
Präzessionsmethode 168
Precession
- -Aufnahme 168
- -Kamera 167
- -Methode 168
- -Technik 158
Promolekül 200
Promotor 341
Proportionalitätsgrenze 861
Protein 204ff.
- -Kristalle 184
- -Kristallographie 184
- -Strukturen 183
Protein Data Bank (PDB) 113
Protonenaustausch 751
Proximity-Effekt 467f.
Pseudoelastizität 898ff.
Pt(100) 300
PTC-Widerstand 913
Pulver 826, 828, 830, 835
- -herstellung 834
Pulver-Verfahren 158
Pulverdiffraktometrie 140ff., 159

Pulverlinien 159
– Indizierung von 161
Punktdefekt 91, 220
Punktfehler 220
Punktgruppe 293 ff., 328
Punktgruppensymmetrieoperationen 118 ff.
Punktspiegelung 120

quadratische Form 161
Quanten
– -Hall-Effekt 78, 544, 646, 682 ff.
– -effizienz, externe 811
– -effizienz, interne 811
– -elektronik 803
– -filmstruktur 757
– -photonik 803
– Quantum-Confined-Stark-Effekt 786
– -kristalle 7
– -punkte 17
– -punktfelder 804
– -trog 473
– -zustände 351 ff.
Quanten (niederdimensionale Systeme)
– -drähte 753, 758
– -filme 753
– -punkte 753, 758
– Quantisierungseffekte 753
Quantum Corral 365
Quantum Size Effect 364
Quarzsand 827
Quasi-Impuls 69
Quasi-Impulssatz 355
Quasikristall 152
– Al-Co-Ni 153
Quellen 933
Quergleiten 879
Querkontraktionszahl 321

Radialfunktionen 198
Radikalanion 806
Radikalion 805
Radikalkation 805
Radiolyse 260
Raman-Streuung 32, 57
Randbedingungen, periodische 49
random phase 181
Raster-Sonden-Mikroskopie 543, 697
Raster-Tunnelelektronen-Spektroskopie 97
Rasterkraftmikroskopie 869
Rastertunnelmikroskopie 304
Rauhigkeitsübergang 315

Raum
– Fourier- 145
– physikalischer 145
Raumgruppen 124 ff.
raumladungsbegrenzter Strom 579 ff., 808
Raumladungszone 545
Rayleigh-Phonon 352
Rayleigh-Welle 321
Reaktionskoordinate 368
Recycling 943
reduzierter Bereich 23, 25
Reflexionsgrad 917
Reibungskoeffizient 905
Rekombinationszone 813
Rekonstruktion von Oberflächen 295 ff., 333
Rekristallisation 859
– Rekristallisationstextur 860
– Sekundär- 860
relative Permeabilität 402
Relaxationszeit 74, 457, 566, 885, 906 f.
– dielektrische 545
Relaxationsvorgang 717
remanente Magnetisierung 461
Reorientierungsübergang 469 f.
Resonanzstreuung 358
Resonanzübertragung 722
Resonator 803
– für Photonenwellen 804
Restelektronendichte 186
Reststrahlenfrequenz 31
Restwiderstand 75, 909
rheologische Modelle 897
Ribosom 205
– Struktur 205, 208
Richardson-Gleichung 58
Richardson-Konstante 611
Richardson-Schottky-Modell 808
Riesenmagnetowiderstand (GMR) 470, 476 ff.
Rietveld-Verfeinerung 162 f.
Riss 894 ff.
– Längsscher- 895
– Querscher- 895
– Spalt- 895
Rissausbreitung 892
Rissbildung 892, 902, 938
Ritonavir (HIV-Wirkstoff) 138 f.
RKKY-Kopplung 438
RKKY-Wechselwirkung 433, 471
Röntgenbeugung, experimentelle Grundlagen der 156
Röntgenlaser 207

Röntgenstrahlen 157
Röntgenstreuung, diffuse 227
Rohrer 543
Rohstoffe 827ff.
– synthetische 828f.
Rotationsprozesse 462
Rubin-Laser 108
Rückkopplung, verteilte 787
Rumpfelektronen 47

S_A-Stufen 298
Saccharose 187, 189, 208
Sauerstoff 336, 342
Sauerstoffsonde 243
Sayre, D. 179
Sayre-Gleichung 179
S_B-Stufen 298
SCHAKAL 114, 189
Schallgeschwindigkeit 18, 30
Schaltkreis, integrierter 544
Schaumstoffe 904
– Kunststoffschäume 904
– Metallschäume 904
Scherebene, kristallographische 280
Schicht
– amorphe, glasartige 805
– zugverspannte 763
Schichtdicke, kritische 322
Schichtlinie 165
Schlicker 830
Schmelzelektrolyse 826
Schmid-Faktor 862, 877
Schottky
– -Diode 615
– -Fehlordnung 234f.
– -Kontakt 609
Schottky, W. 544
Schönflies, Nomenklatur nach 122ff.
Schraubenachse 124f.
Schraubenversetzung 264
– mit Sprung 279
Schrödinger-Gleichung 144, 803
Schubspannung, kritische 875, 877
Schubspannungs-Abgleitungs-Kurve 862, 877
Schutzschicht 935
Schwefel 342
Schwellen von Werkstücken, bestrahlungs-induziertes 264
Schwer-Fermion-Systeme 529
Schweratom, Struktur 176
Schweratomderivate 182

Schweratom-Methode 177
Schwingung
– akustische 22
– optische 22
Schwingungsenergie-Schwingungsamplitu-de-Funktion 716
Schwingungsrelaxation 719
Schwingungsspektroskopie 335
second setting 121
Seigerung 855
Sekundärionen-Massenspektroskopie 97
Selbstassemblierung 321, 396
Selbstdiffusion 245ff.
– Aktivierungsenergie 230, 248
– im Ionenkristall 250
– in Halbleitern 248
– in Metallen 248
– in Oxiden 250
self trapped hole 260
Selten-Erd-Metalle 438
Sheldrick 192
SHELX 181
SHELXS 181
Shockley, W. 543f.
Shubnikov-Phase 491, 499, 503, 530
Shuttleworth-Gleichung 312
SI-System 401
Si(100)-Oberfläche 298ff.
Si(111)-Oberfläche 299ff.
Siemens, W. v. 544
Silizium 296
– -Dimer 296
SIMS 97
simulated annealing 162
Sintern 830, 833f.
SIR97 181
Skin-Effekt 71
Slater-Funktionen 198
Smalley, R. E. 133
Solarzelle 629ff.
– organische 721
Soliton 911
sp^3-Hybridisierung 296
Spannungs-Dehnungs-Diagramm 861, 874
Spannungsintensitätsfaktor 865, 894, 896
Spannungskoeffizient 41
Spannungskonzentration an den Rissspitzen 881
Spannungsoptik 920
Spannungsreihe der Metalle 930
Spannungstensor 310
Speicherdichte 481

Sperrstrom 622
spezifische Ladung 312
spezifischer elektrischer Widerstand 908, 910
Sphärolithen 849
Spiegelebene 119
Spin-Bahn-Kopplung 405, 416, 442, 446, 721, 815
Spin-Bahn-Wechselwirkung 405, 440, 442 ff., 476
Spin-Hamilton-Operator 418
Spindynamik 448 ff.
Spinelektronik 483
Spinfluktuation 467
Spinmultiplizität 709
Spinmoment 404, 407, 411, 416
Spinodale 856
Spinspiralen 419
Spinstatistik 810
Spinsteifigkeit 451
Spintransistor 483
Spinventil 479
Spinwelle 417, 450 ff.
split interstitial 225
Sprühmethode 835
Sprung in Versetzungen 277
Sprungtemperatur 75
SQUID 541
Stabilitätskriterium 427
Stapelfehler 279
– extrinsischer 280
– intrinsischer 280
Stapelfehlereinschnürung in Versetzungen 277
Stapelfehlerenergie 879
stationärer Punkt 471
Steifheit 316
Steilheit 656
Stereometrie 868
Stickstoff 342
– -dioxid 197
– -monoxid 336
Stöchiometrieabweichung 236
Störstellen
– flache 94 f., 553 f.
– tiefe 100, 603
Störstellenerschöpfung 564
Störstellenleitung 552 ff., 561
Störstellenniveau 105
Störstellenreserve 564
Stoffgleichungen 871
Stokes'sche Verschiebung 103, 718
Stoner-Anregung 456 ff.

Stoner-Ansatz 452
Stoner-Integral 428
Stoner-Kontinuum 457
Stoner-Kriterium 428, 467
Stoner-Modell 425 ff., 465
Stoner-Parameter 426, 428, 431
Stoßkaskade 926
Stoßstreuung 358
Strahlenschäden 257 ff.
Strahlung
– CuKα 144, 156
– MoKα 144, 156 f.
strahlungsloser Übergang 83
Stranski-Krastanov-Wachstum 314
Streckgrenze 861, 880, 882 f.
Streifenmuster 327
Streifenphase 327
Stressdomäne 325
Streufeld 401, 441, 459
– -energie 458
– -enthalpie 441
Streuung, diffuse 227
Strominstabilität 78
Struktur 822 ff.
– AB- 133 ff.
– amorphe 823
– Caesiumchlorid- 134
– CaF$_2$- 135 f.
– Cristobalit- 137
– Diamant- 294
– DBR- 788
– Fluorit- 135
– inkommensurable 300, 331
– isomorphe 182
– Ketten- 137
– kristalline 822
– Kristall- 942
– kubisch flächenzentrierte 293 f.
– kubisch raumzentrierte 294 f.
– Makro- 822 ff.
– Matrixdarstellung 302
– Mikro- 822 f.
– Natriumchlorid- 134
– nichtkommensurable 302
– Perowskit- 137 f., 531 f.
– Quarz- 137
– Rutil- 136
– Schichten- 137
– SiO$_2$- 137
– TiO$_2$- 136
– Tridymit- 137
– von Oberflächen 292 ff.

– Wurtzit- 135
– Zinkblende- 135, 294
Strukturanalyse bei tiefen Temperaturen
  193ff.
Strukturbestimmung
– Gang einer 184ff.
– von Makromolekülen 183
Strukturfaktor 145, 155
– beobachteter 176
– berechneter 176
– normierter 178
Strukturtyp 128ff.
Stufen 303
– -flusswachstum 380, 390
– -versetzung 264
Sublimationsenergie 63
Substrat 769
Sulfide 342
Summenfrequenzspektroskopie 354
Superaustausch 431f.
superfluides ^{4}He 536
Supergitter 99
Superhyperfeinstruktur 105
Superplastizität 888
Suprafluidität von flüssigem ^{3}He 507
Supraleiter 189
– 1. Art 488, 491, 501ff.
– 2. Art 499, 501f.
– Abschirmströme 497, 503
– Energielücke 509, 511, 514
– Entmagnetisierungseffekt 488, 494
– freie Enthalpie 489, 493, 500
– harter 494
– Hochtemperatur- s. Hochtemperatursup-
  raleiter
– idealer Diamagnet 487
– Isotopeneffekt 511
– Isotopenexponent 526
– Kohärenzfaktoren 515
– Kondensationsenergie 489, 493, 510
– koppelnder 525
– McMillan-Formel 525f.
– Mischzustand im 491
– oberes kritisches Feld 491, 502, 528, 535
– Ordnungsparameter 499ff., 519, 538
– Quasiteilchen 509f., 512, 514ff., 517ff.
– spezifische Wärme 490, 512, 529, 536
– stark-koppelnder 511
– thermodynamisches kritisches Feld 493
– Wärmeleitfähigkeit 512
– Zweiflüssigkeitsmodell 496
– Zwischenzustand im 490

Supraleitung 485ff.
– Oberflächen- 494
surface tension 313
Suszeptibilität 411, 414, 416
Suszeptibilitätstensor 733
Symmetrie 115, 328
– Bestimmung der 116
– fünfzählige 152f.
– von Oberflächen 293f.
– zehnzählige 152f.
Symmetrieelement 119
Symmetrieoperation 119
– Fixpunkt einer 120
Symmetriezentrum 120
Synchrotronstrahlung 157, 160, 185, 199, 207
– Durchstimmbarkeit 158
– Linienschärfe 158
– Zeitstruktur der 158, 207
System Eisen-Kohlenstoff 842
System MgO—Al_2O_3—SiO_2 846
System Ni—Al 844
System SiO_2—Al_2O_3 845
Szintillationszähler 158

Tafel-Gleichung 932
Taktizität 849
Tangentenregel 839
TEM 270ff.
– Bilderzeugung 271
– Dunkelfeldkontrast 272
– Hellfeldkontrast 271
– Hochauflösung 272
– Phasenkontrast 272
– Stapelfehlerkontrast 274
– Strahlengang 271
– Versetzungskontrast 272
Temperaturellipsoid 155
Temperaturfaktor, isotroper 155
Temperaturleitfähigkeit 920
Temperatursensor, anisotroper 155
Terbogrel 203, 208
ternäres System 841
Terrassen 304
Textur 823
Thalidomid (s. Contergan) 192
thermische Analyse 870
– Differential-Thermoanalyse 870
– Differenz-Wärmefluss-Kalorimeter 870
thermische Ausdehnung 922ff.
thermodynamischer Faktor der Diffusion
  255
thermomagnetisches Schreiben 437

Thermoplaste 851, 882
Thermotransport 247
Thomas-Fermi-Abschirmlänge 360
Thomas-Fermi-Abschirmung 507
Thyristor 668
Tieftemperaturanlage 193
TMR 478 f.
Töpferton 830
Ton 827, 830
topologische Analyse 198 ff.
Tracerdiffusionskoeffizient 247
Tracermethode 244
Transistor
– Bipolar- 543, 647 ff.
– Feldeffekt- 543 f., 591, 646, 654
– MIS 646
– MOS 646
– Spitzen- 543
Transition State Theory 368
Translationssymmetrie 124 ff.
Translationsvektor
– individueller 124
– universeller 124
Transmissionselektronenmikroskop
   (s. TEM) 270 ff.
Tribologie 904 f.
Tripeldefekt 234 ff.
Tunneleffekt 78, 304, 514
Tunneling Magneto-Resistance 478 ff.
Tunnelinjektion 898
Tunnelmagnetowiderstand 478 ff.
Tunnelmikroskopie 697
Tunnelspitze 304

Überalterung 837
Übergänge 717
– strahlungslose 718
Ultraschall 885
– -Prüfung 867
Übergangsmetalle 108, 910
Übergangszustandstheorie 367
Übersättigung 380, 384
Überspannung 932
Überstruktur 301 ff.
Umformtechnik 829
Umklappprozess 29
Umlaufbiegemaschine 865
Ummagnetisierung 438
Ummagnetisierungsprozess 480
Ungleichgewichtszustand 837, 846
uniforme Mode 454 f.
Universalitätsklassen 333

Untergittermagnetisierung 435 f.
UPS 58

Vakuum-Niveau 95
Vakuumenergie 589
– -niveau 723
Valenzband 50, 549, 551 f., 910
Valenzelektron 47
Valenzkristall 3 ff.
van-der-Waals-Wechselwirkung 334
van Vleck'scher Paramagnetismus 414 f.
Varistor 913
Vektorsuchmethoden 177, 182
verbotene Zone 548, 551
Verbundwerkstoffe 833 f., 902, 946
– Faser- 833
– Makrostruktur 833
– Tränkwerkstoffe 833
verdampfungslimitiert 377
Verfestigung 877, 881
– Ausscheidungshärtung 901
– Dispersionshärtung 901
– Härtung durch Kornfeinung 901
– strukturbedingte Härtung 901
Verfestigungskurve 880
Vergleichsspannung 871, 883
Verhalten
– elastisches 897
– plastisches 897
– viskoelastisches 897
Verlagerung von Gitteratomen
– Computersimulation 257
– Einzel- 259
– Ersetzungsstoßfolge 259
– Subkaskaden 259
– Verlagerungsenergie 259
– Verlagerungskaskade 258
Vernier-Effekt 472
Verschiebungsparameter 156
– anisotrope 196
– isotrope 195
Verschleißkoeffizient 905
Versetzung 220, 264 ff., 322, 875 ff.
– als Quellen bzw. Senken von Leerstellen
   279
– Aufspaltung 275
– Beobachtung im Elektronenmikroskop
   270 ff.
– gemischte 264 ff.
– Kinke 276
– Kräfte auf 268
– Linienenergie 268

– Linienspannung 268
– Quellen 268
– Schrauben- 264
– Sichtbarbmachen 270
– Stufenversetzung 264
– topologische Eigenschaften 264ff.
– Verzerrungsfelder um 267ff.
– Volumenänderung durch 267ff.
Versetzungsanordnung 266, 269
Versetzungsbewegung 265
– Gleiten 265
– Klettern 265
– plastische Verformung 266
Versetzungsdipol 269
Versetzungskern 274ff.
– pipe diffusion 279
– Rekonstruktion 275
– Stapelfehlerband 275
Versetzungsquergleitung 278
Versetzungsring 266
Versetzungssprung 278
Versetzungsstau 269
Versetzungsvervielfachung 268
Versetzungswechselwirkung 269
verspannte Schicht
– biaxiale Druckverspannung 764
– biaxiale Zugverspannung 764
– druckverspannte Schicht 764
– uniaxiale Druckspannung 764
– uniaxiale Zugspannung 764
Versprödung 926
Verstärker
– Halbleiter-Laserverstärker 743
– Raman-Verstärker 743
Verstärkung, optische 780
Verstreckungsgrad 922
Verzinken 936
Vielfachstreuung 358
Vielteilcheneffekte 728
Vierkreisdiffraktometer 169
Virusstruktur 204ff.
viskoelastischer Werkstoff 887
Viskosität 848, 887
Vitamin B_{12} 165, 177
Vizinalfläche 303, 327, 389
V_k-Zentrum 224, 260
Voigt-Effekt 447
Volmer-Weber-Wachstum 314
Von-Klitzing-Effekt 684

Wachstum 380ff.
– lagenweises 385

Wärmebehandlung 851
Wärmekapazität 41ff. 920
Wärmeleitfähigkeit 45, 920ff.
Wärmeleitung 34, 44ff.
Wärmestromdichte 45
Wasser 337
Wasserstoff 341
– -atome, Bestimmung 186
– -brücke 203
– -brückenbindung 337
– -speicherung 942
Watson 192
Wechselbeanspruchung 865, 888, 896
Wechsellichtmethode 81
Wechselwirkung, elektrostatische 415
Weichmacher 829
Weichmachung, innere 902
Weinsäure
– D- 191
– L- 191
Weissenberg
– -Kamera 167
– -Technik 158, 167
Weiß'scher Bezirk 458
Weiß'sches Feld 422
Wellenfunktion 144f.
– elektronische 803
Wellenlängenkonversion 804
Wellenleiter, planarer optischer 742
Wellenleitereffekt, optischer 816
Wellenvektor k 740
Werkstoff 821ff.
– glaskeramischer 918
– keramischer 845, 946
– polymerer 828, 830, 849ff. 881, 946
– viskoelastischer 887
Widerstand, elektrischer 74
Wiedemann-Franz-Gesetz 46, 920
Wilson-Plot 180
Wirkungsquerschnitt 571, 575, 908
Wöhler-Diagramm 888
Wolfram-Struktur 131
Wulff-Konstruktion 314
– umgekehrte 315
– zweidimensionale 315
Wurtzitgitter 547
Wurtzitstruktur 4f., 294

XPS 58

Young-Modul 323

Zeeman-Aufspaltung 406f.
Zeeman-Energie 407, 409, 425, 458
Zeit-Temperatur-Umwandlungskurven
   (ZTU-Kurven) 856
Zeitkonstante
– Einfang 576
– Emissions- 575f., 577
Zeitstandfestigkeit 891
Zellbildung 878
Zementit 842
Zener-Effekt 78
Zentren
– Farb- 101ff.
– spezielle 108
– tiefe 100ff.
Zentrenmodelle 714
zerstörungsfreie Prüfung 866ff.
Zinkblendestruktur 4, 294
Zinkblendegitter 547
zirkularer magnetischer Dichroismus 445
Zonenschmelzen 854
Zonenschmelzverfahren 11
ZTU-Diagramm 847
Züchtung
– aus der Gasphase 13
– von Halbleiterkristallen 11ff.
Zug-Druck-Pulser 866
Zugfestigkeit 861, 882
zugverspannte Schicht 763

Zugversuch 861f., 885
– dynamischer 862
– statischer 862
Zunderkonstante 937
Zustand, elektronisch angeregter 708
Zustandsdiagramm 836ff., 851
Zustandsdichte 56
– effektive 559
– kombinierte 84
– reduzierte effektive 563
Zustandsgleichung 41
Zustandsgröße 309
Zustandssumme 40, 343
zweiatomige lineare Kette 20ff.
Zwischengitteratom 222
– Bildungsenergien 230
– „Drehsprung" 238
– Eigenschwingungen von 239
– Hantelkonfiguration 225
– in Si 225
– Interstitialcy-Mechanismus 238
– Platzwechsel 238ff.
– Schwingungsverhalten 240
– Wanderungsenergien 230, 240
Zwischengitteratom-Versetzungsring 262
Zwischenschichtkopplung 470ff.
Zyklohexan 338
Zyklotronfrequenz 71